Hans H. Maurer, Karl Pfleger, and Armin A. Weber

Mass Spectral and GC Data
of Drugs, Poisons, Pesticides, Pollutants
and Their Metabolites

The Maurer/Pfleger/Weber collection is also available as an electronic database

Maurer, H.H., Pfleger, K., Weber, A.A.

Mass Spectral Library
of Drugs, Poisons, Pesticides, Pollutants
and Their Metabolites

2016 DVD with booklet
ISBN: 978-3-527-33951-8

Hans H. Maurer, Karl Pfleger, and Armin A. Weber

Mass Spectral and GC Data
of Drugs, Poisons, Pesticides, Pollutants and Their Metabolites

Volume 2: Spectra (m/z 300 and higher)

5th, revised and enlarged edition

Verlag GmbH & Co. KGaA

The Authors

Prof. Dr. Dr. h.c. Hans H. Maurer
Prof. Dr. Karl Pfleger (†)
Armin A. Weber
Department of Experimental and Clinical Toxicology
Saarland University
66421 Homburg (Saar)
Germany

■ All books published by **Wiley-VCH** are carefully produced. Nevertheless, authors, editors, and publisher do not warrant the information contained in these books, including this book, to be free of errors. Readers are advised to keep in mind that statements, data, illustrations, procedural details or other items may inadvertently be inaccurate.

Library of Congress Card No.:
applied for

British Library Cataloguing-in-Publication Data
A catalogue record for this book is available from the British Library.

Bibliographic information published by the Deutsche Nationalbibliothek
Die Deutsche Nationalbibliothek lists this publication in the Deutsche Nationalbibliografie; detailed bibliographic data are available in the Internet at http://dnb.d-nb.de.

© 2017 WILEY-VCH Verlag GmbH & Co. KGaA, Boschstr. 12, 69469 Weinheim, Germany

All rights reserved (including those of translation into other languages). No part of this book may be reproduced in any form – by photoprinting, microfilm, or any other means – nor transmitted or translated into a machine language without written permission from the publishers. Registered names, trademarks, etc. used in this book, even when not specifically marked as such, are not to be considered unprotected by law.

Printing and Binding   Strauss GmbH, Mörlenbach

Printed in the Federal Republic of Germany
Printed on acid-free paper

Print ISBN   978-3-527-34287-7

Volume 2

9.3 (continued) Mass spectra (*m/z* 300 - 1910)

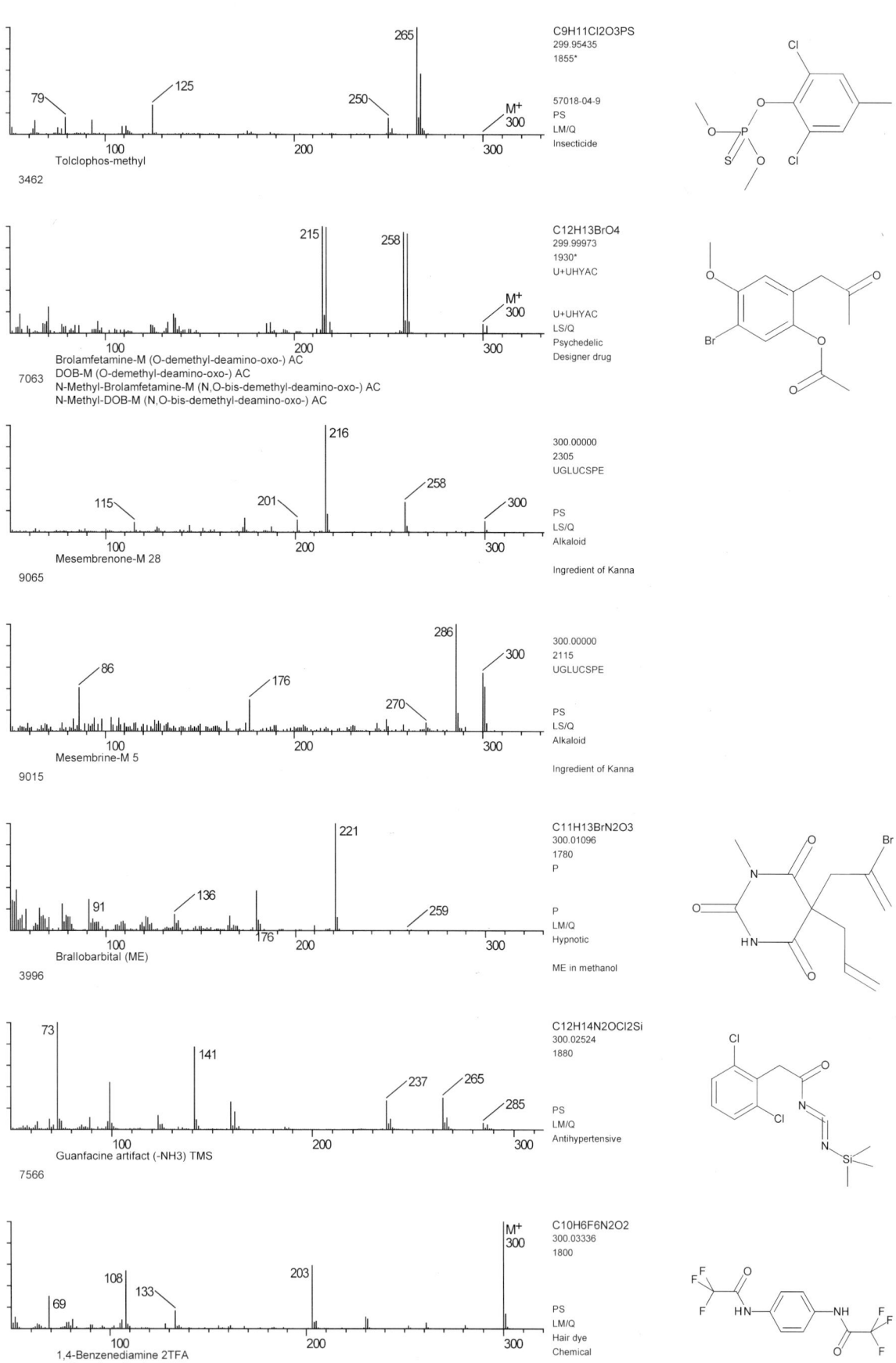

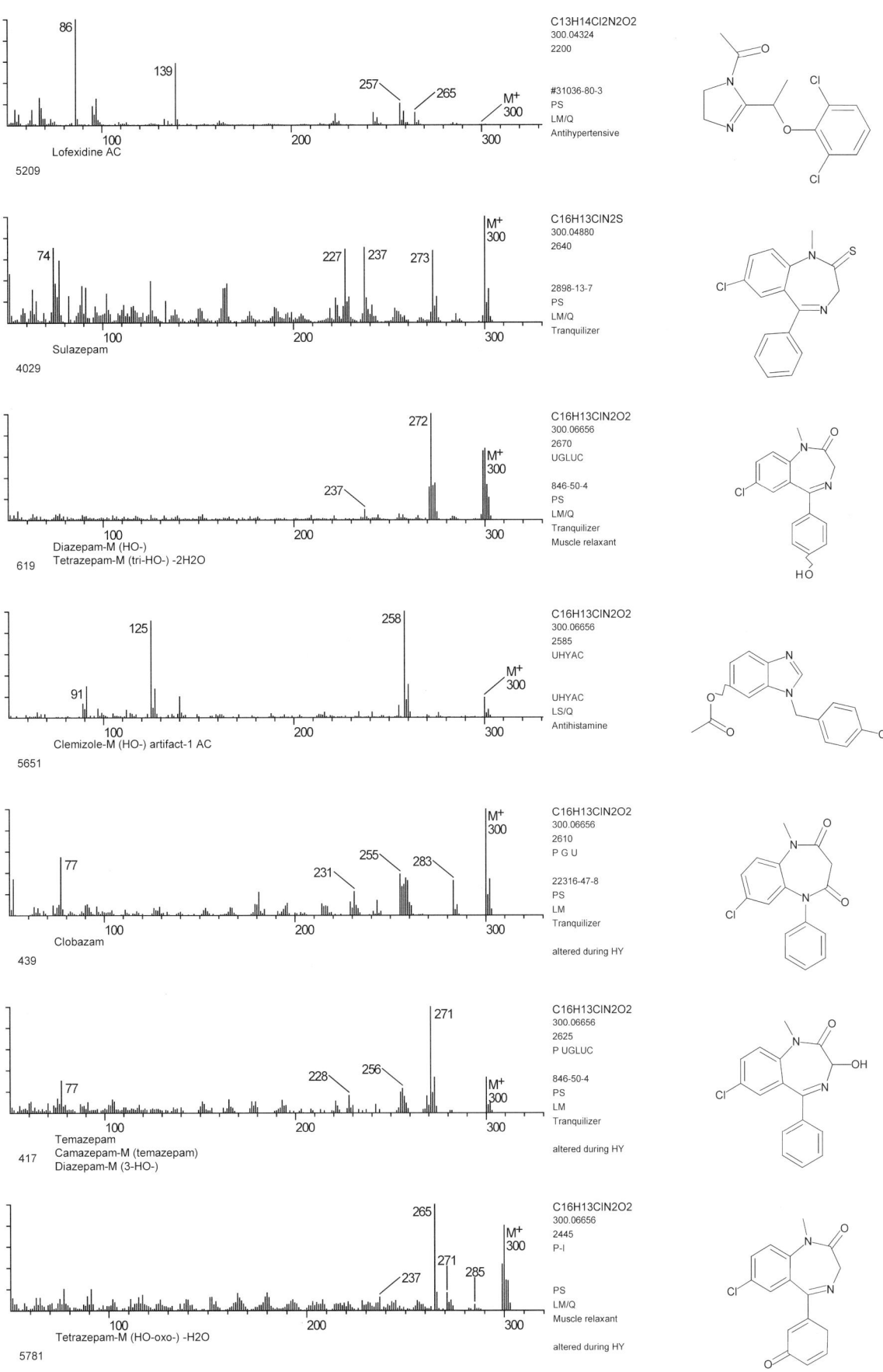

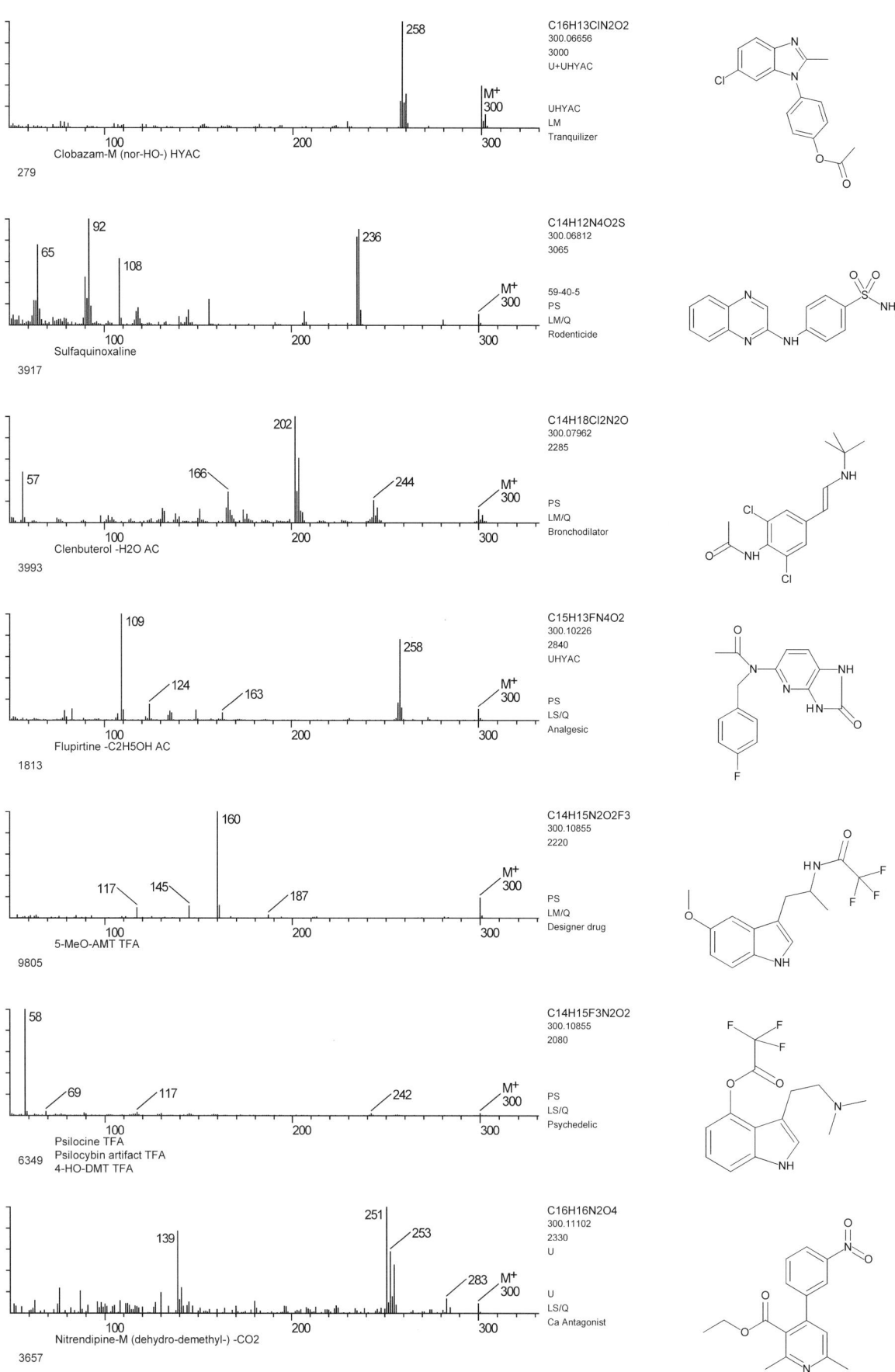

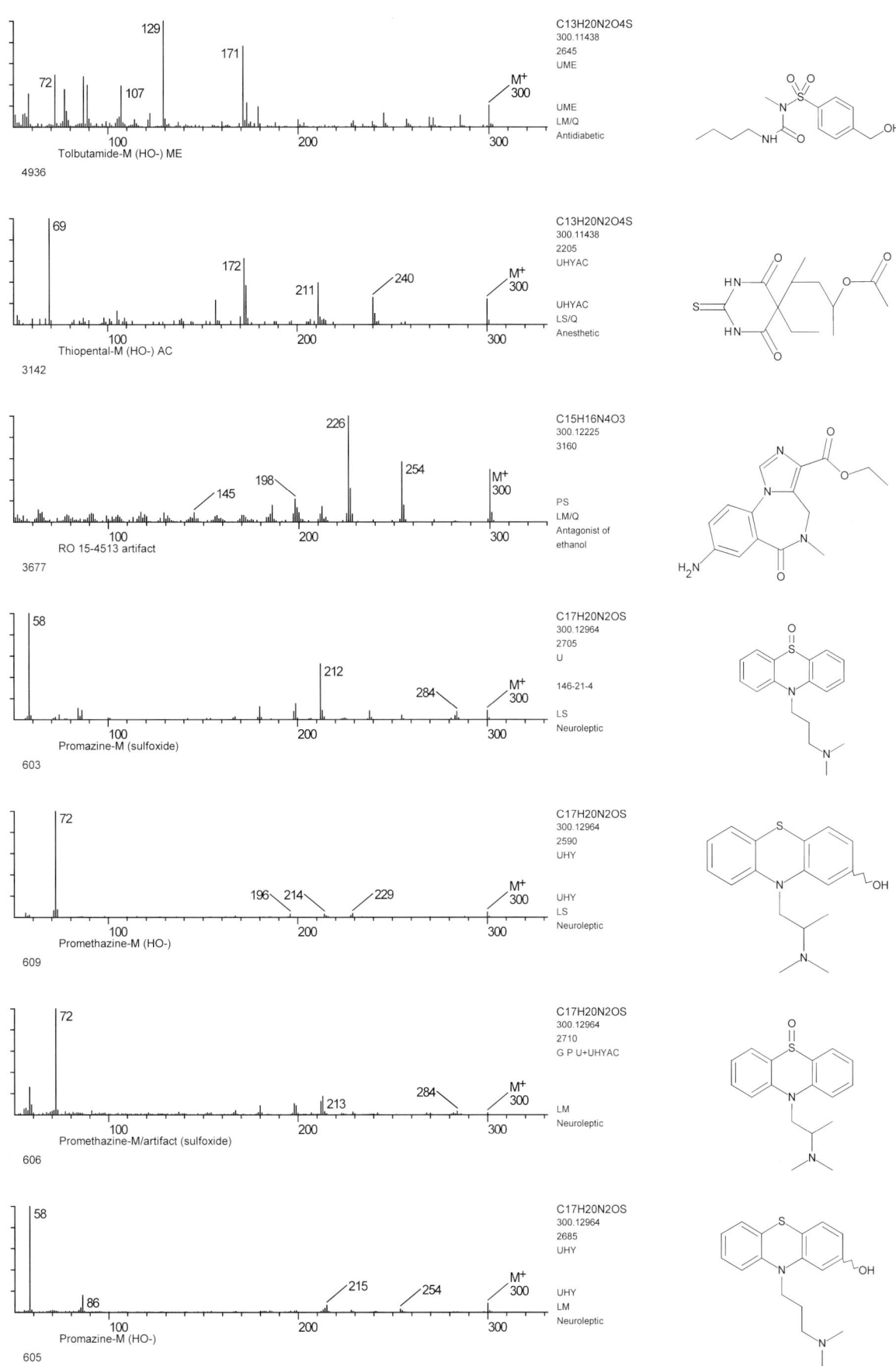

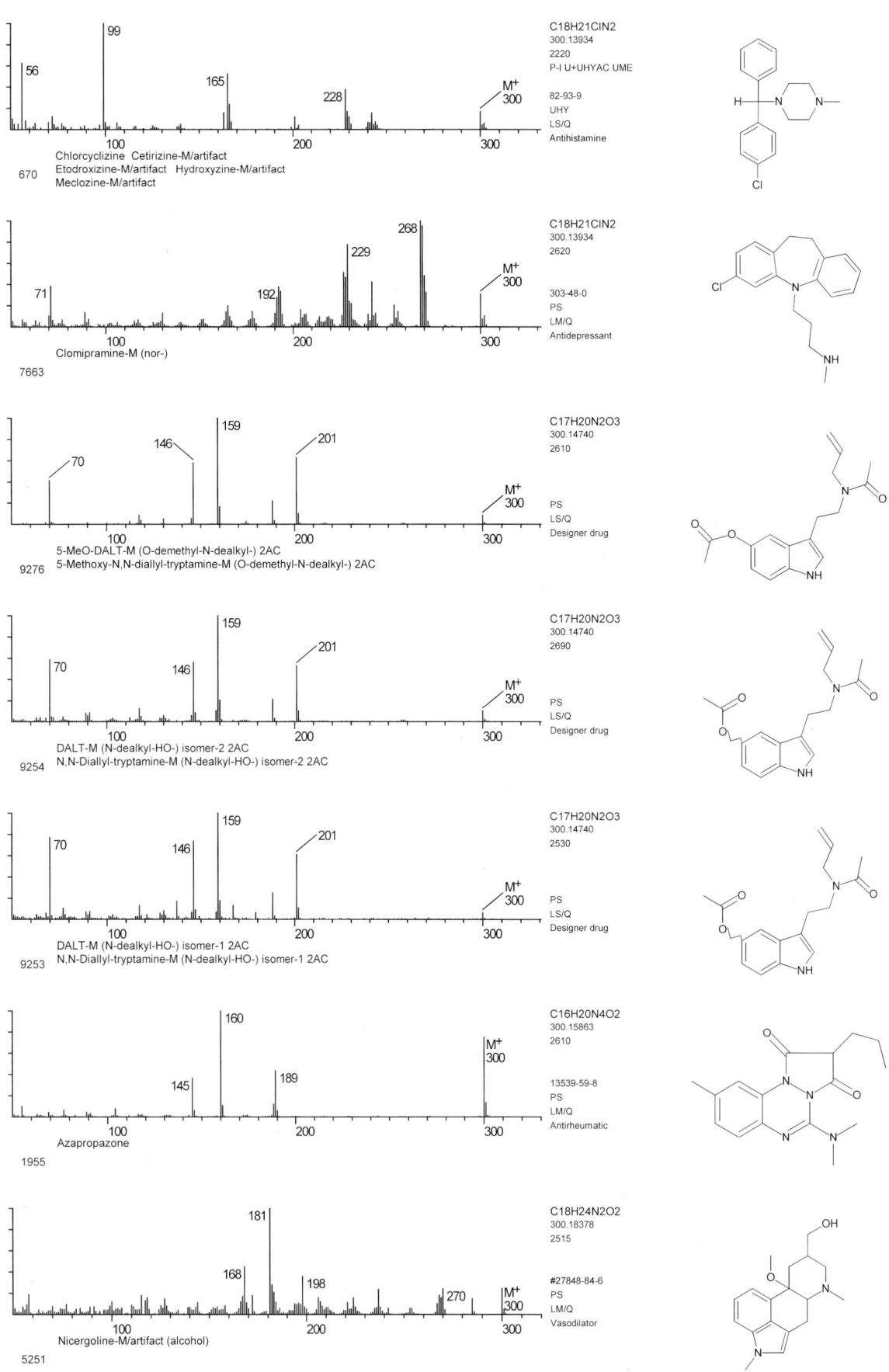

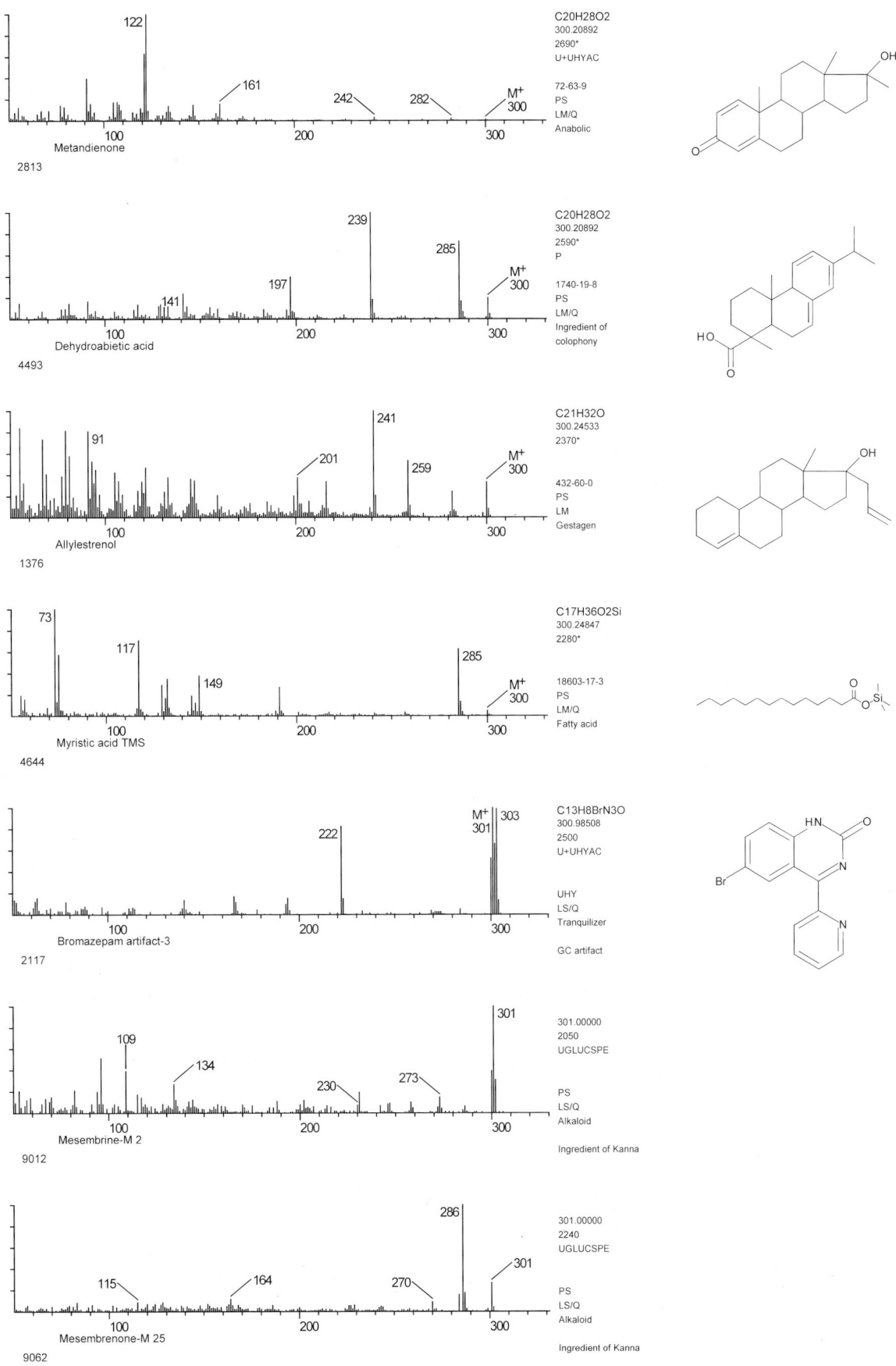

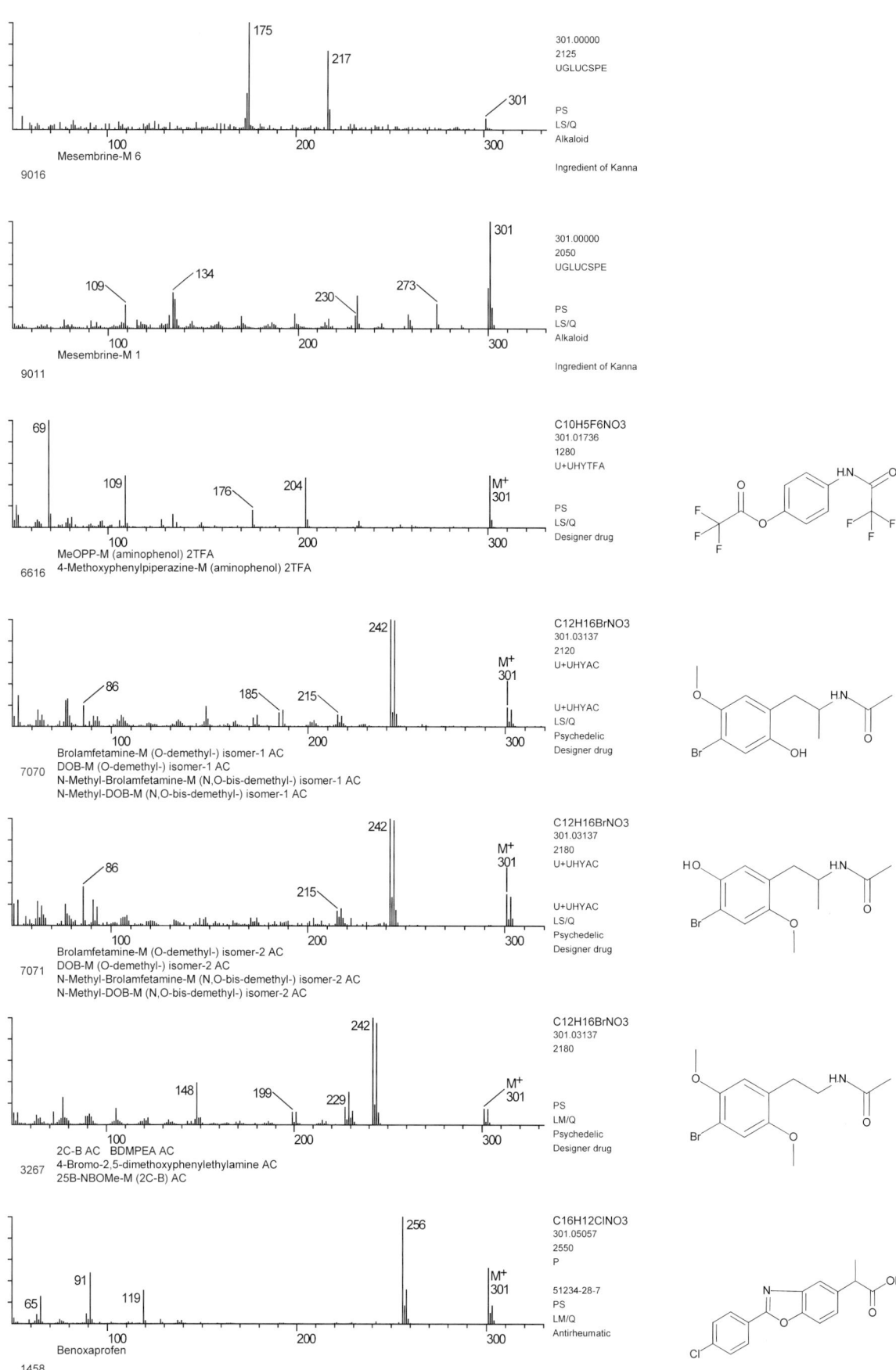

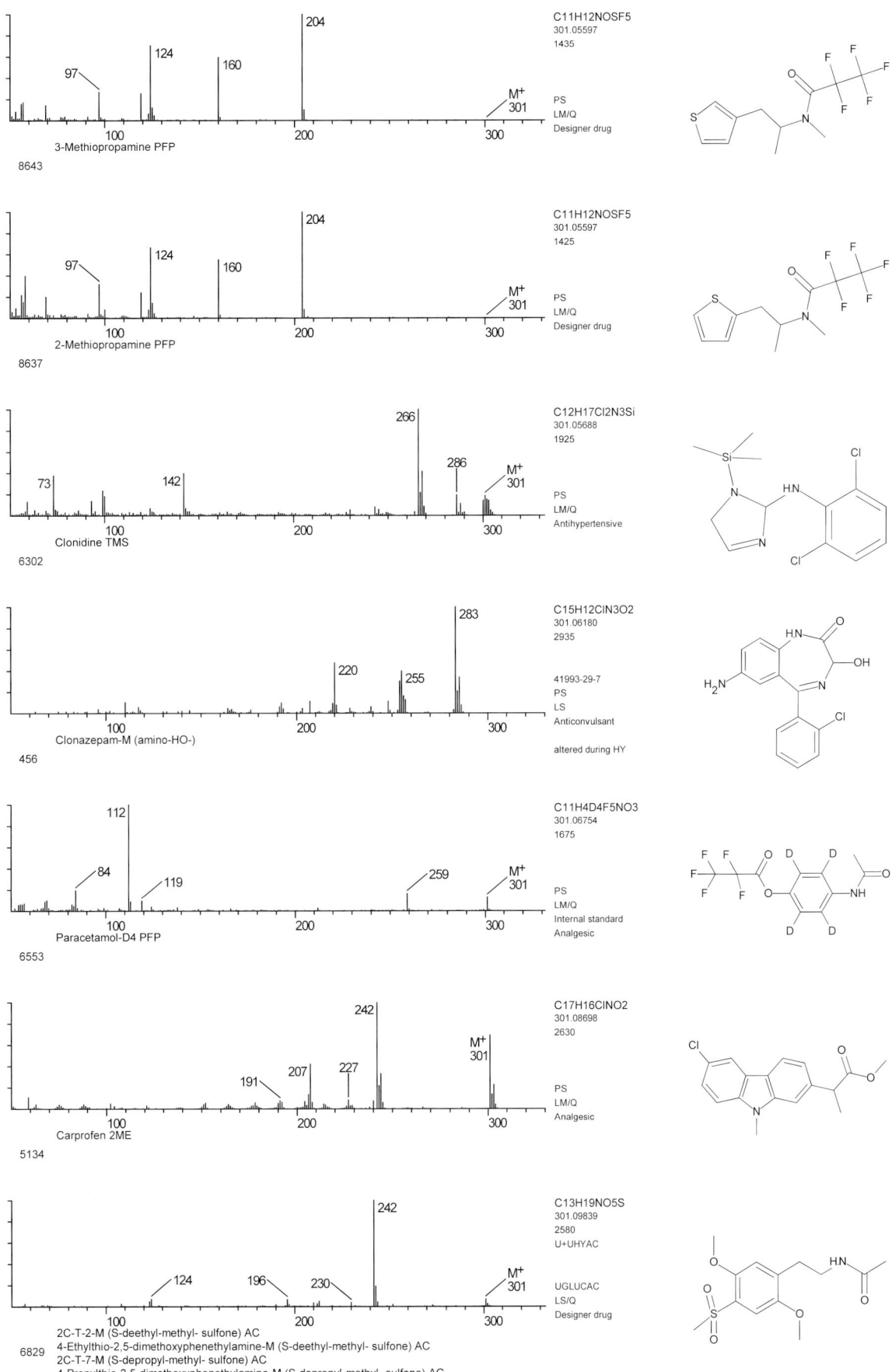

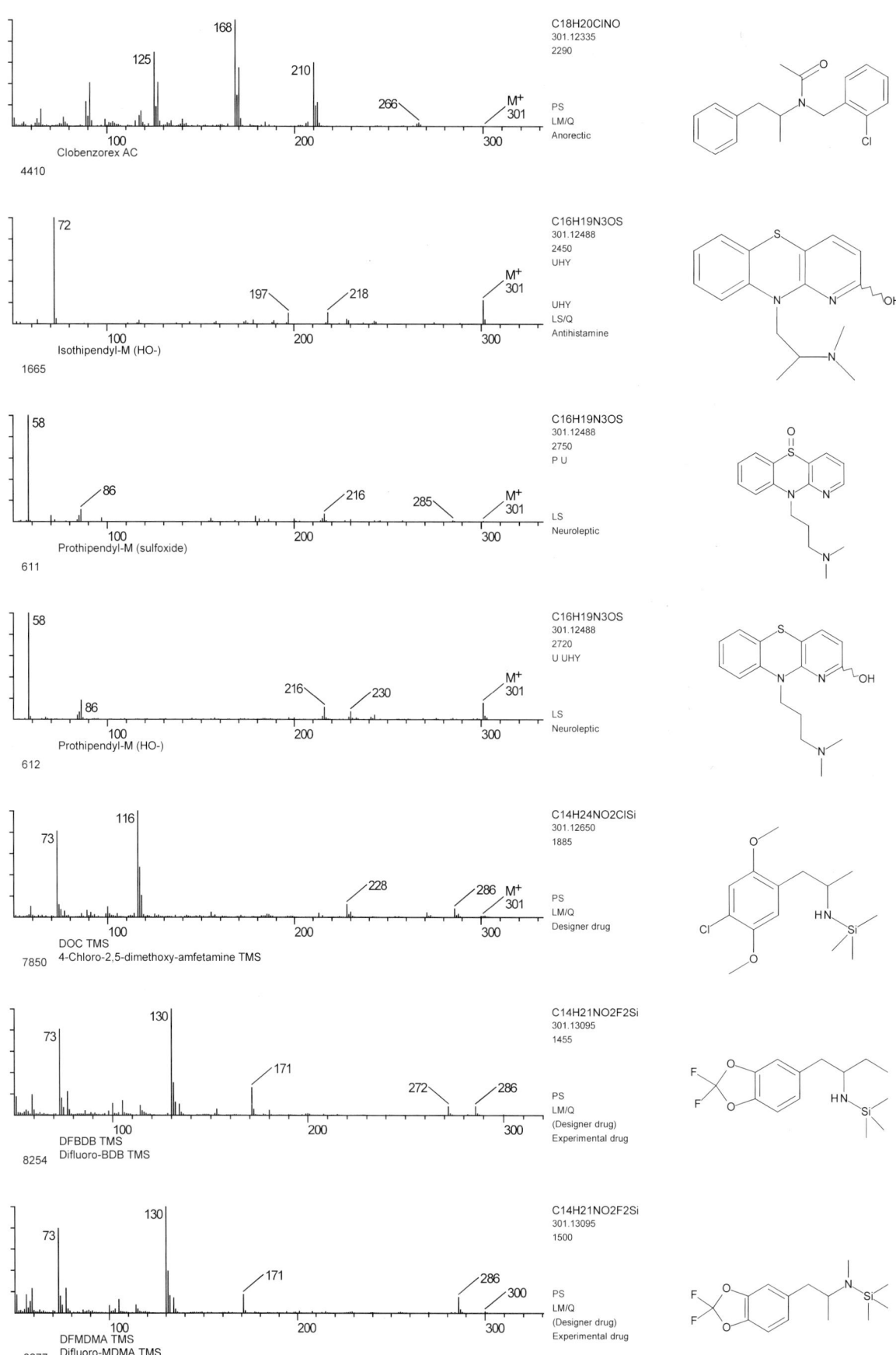

301

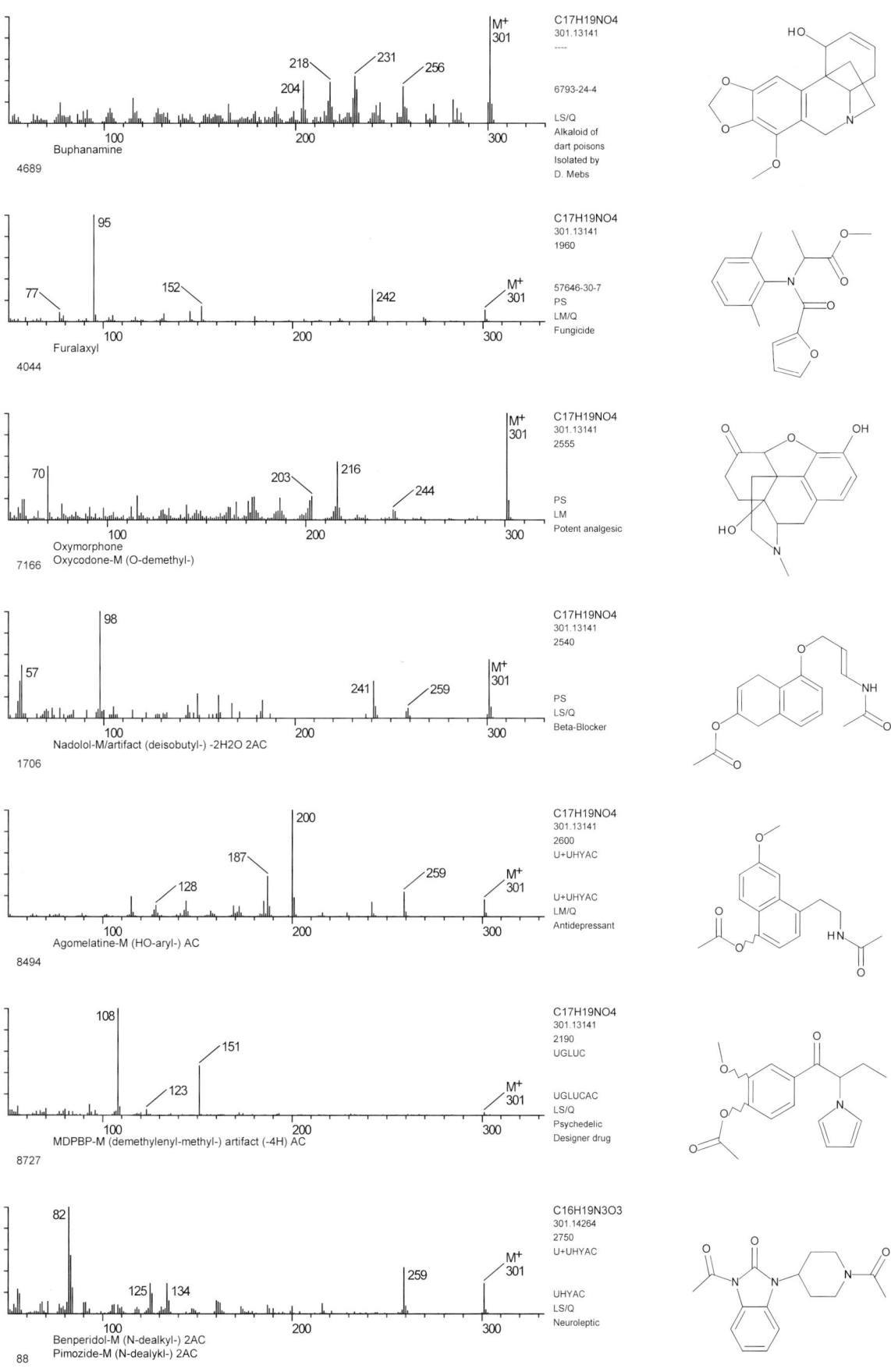

Buphanamine	C17H19NO4 301.13141 ---- 6793-24-4 LS/Q Alkaloid of dart poisons Isolated by D. Mebs	
Furalaxyl	C17H19NO4 301.13141 1960 57646-30-7 PS LM/Q Fungicide	
Oxymorphone Oxycodone-M (O-demethyl-)	C17H19NO4 301.13141 2555 PS LM Potent analgesic	
Nadolol-M/artifact (deisobutyl-) -2H2O 2AC	C17H19NO4 301.13141 2540 PS LS/Q Beta-Blocker	
Agomelatine-M (HO-aryl-) AC	C17H19NO4 301.13141 2600 U+UHYAC U+UHYAC LM/Q Antidepressant	
MDPBP-M (demethylenyl-methyl-) artifact (-4H) AC	C17H19NO4 301.13141 2190 UGLUC UGLUCAC LS/Q Psychedelic Designer drug	
Benperidol-M (N-dealkyl-) 2AC Pimozide-M (N-dealykl-) 2AC	C16H19N3O3 301.14264 2750 U+UHYAC UHYAC LS/Q Neuroleptic	

301

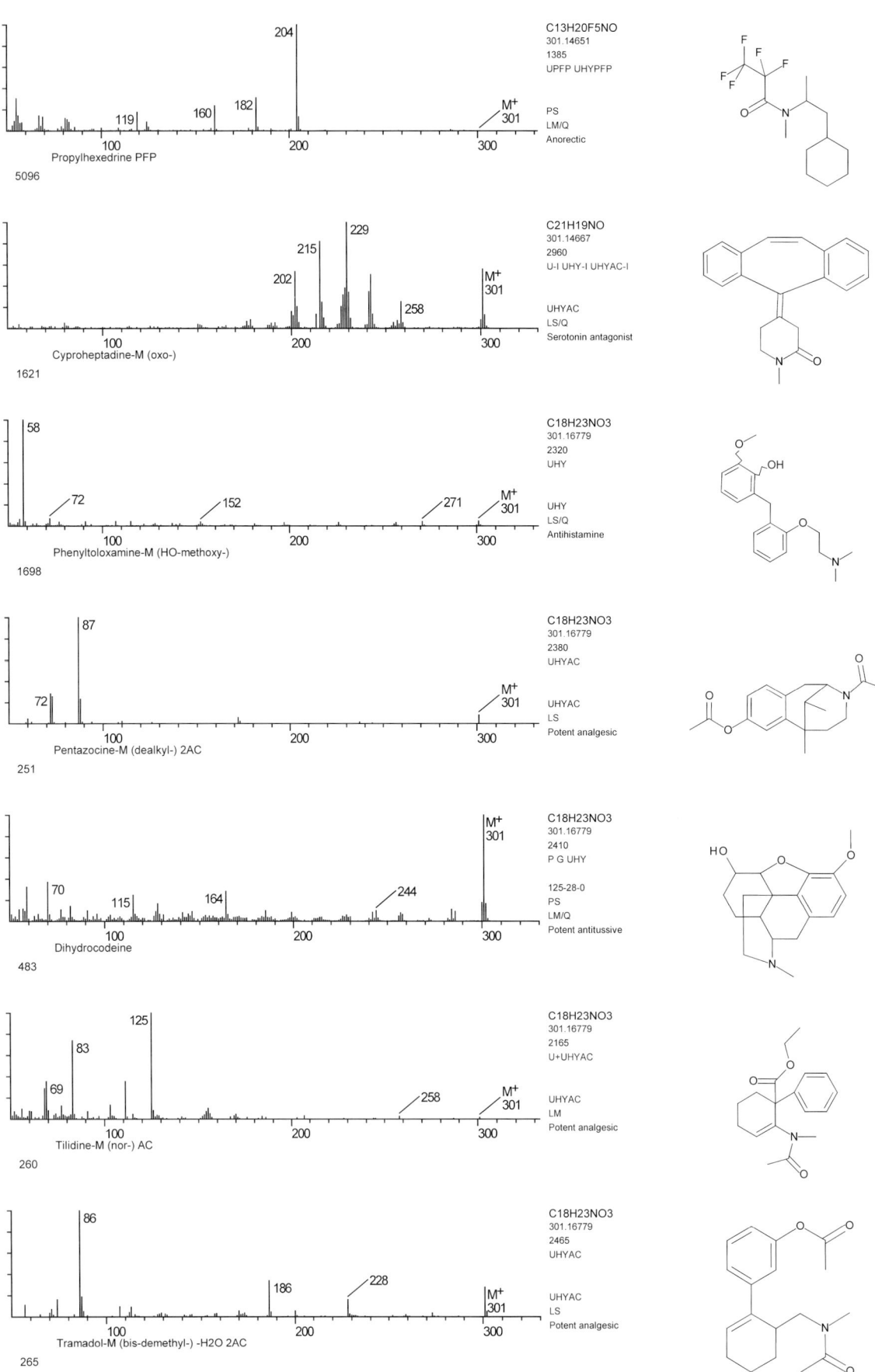

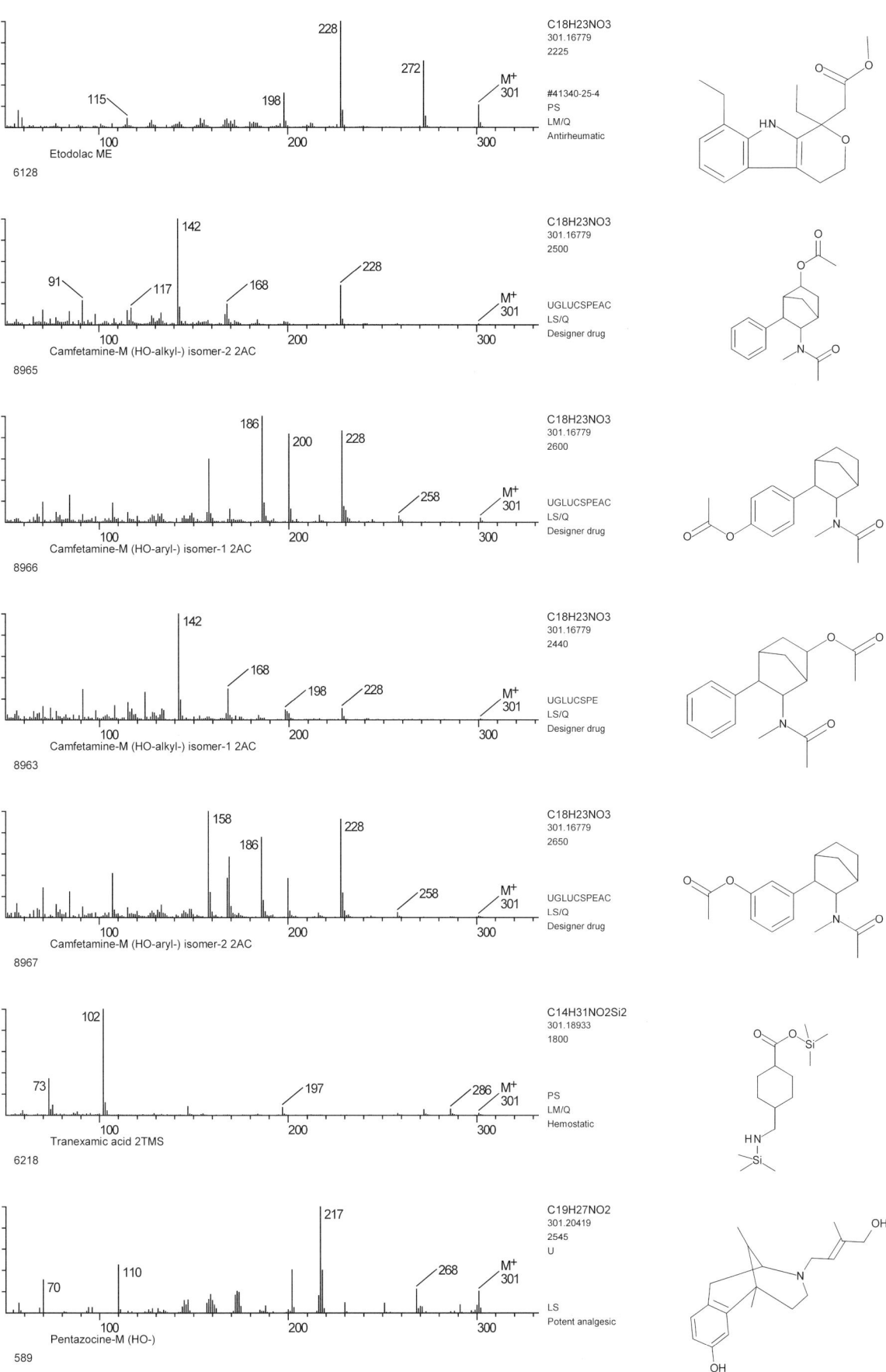

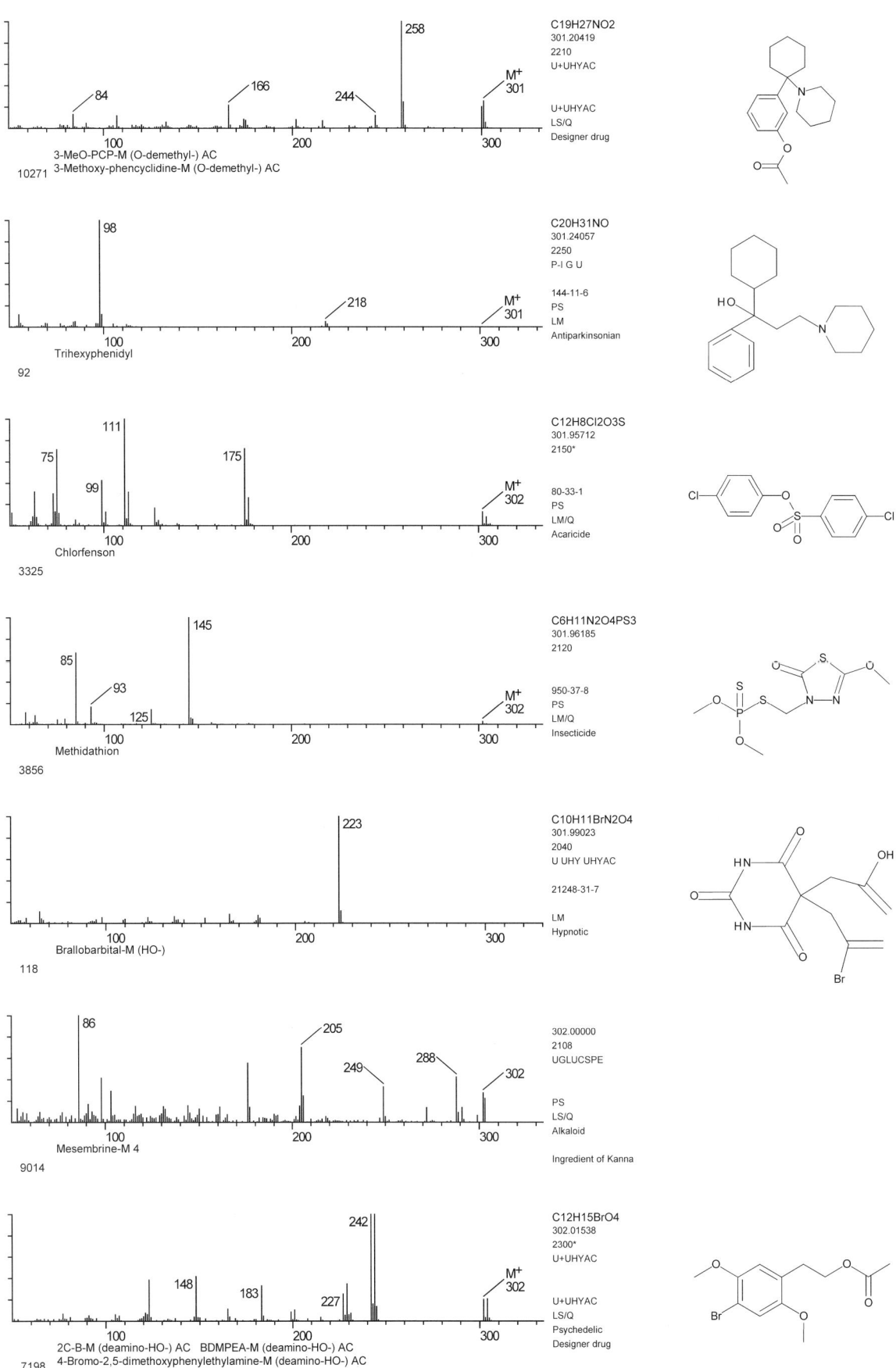

302

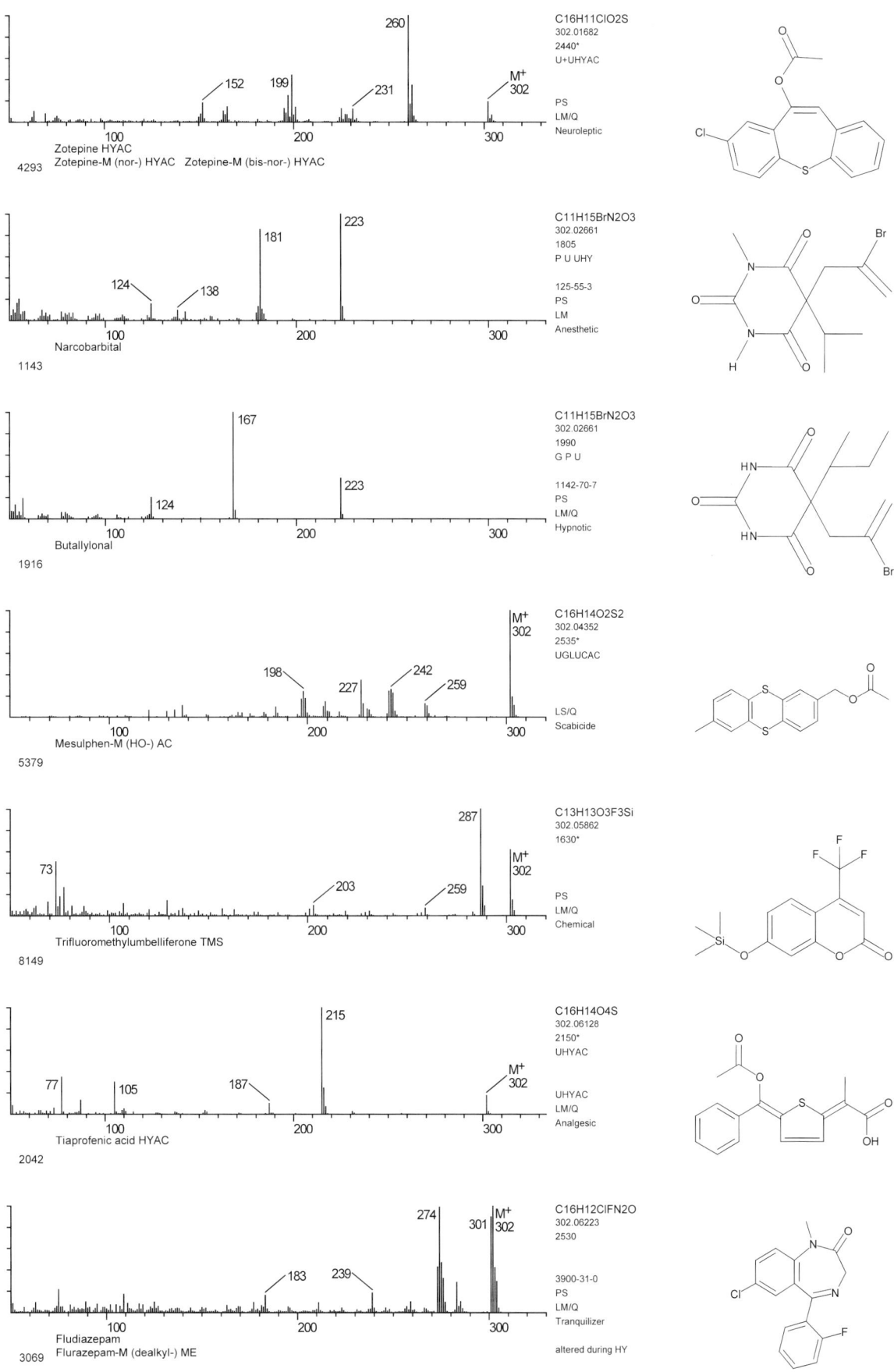

302

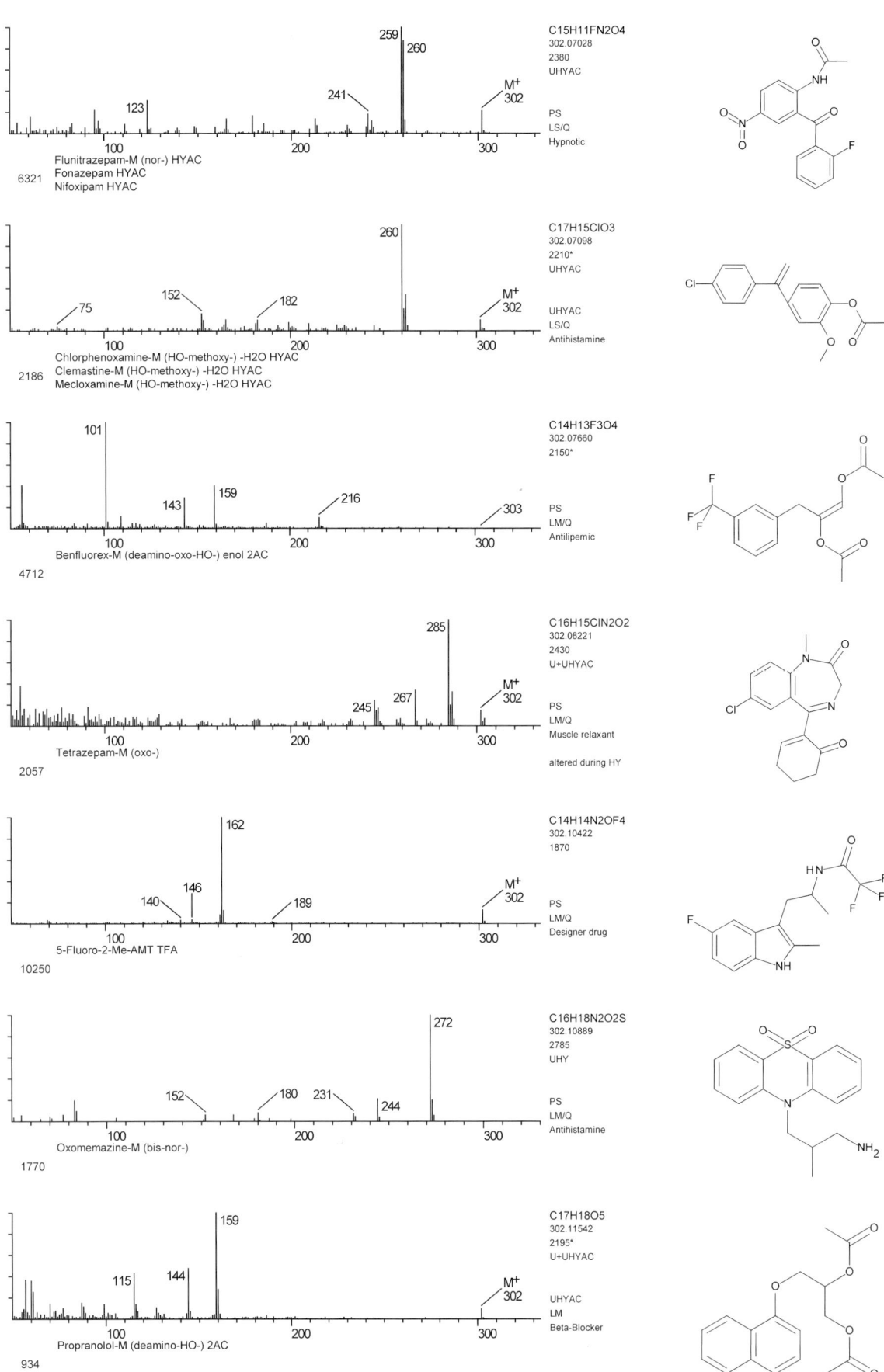

302

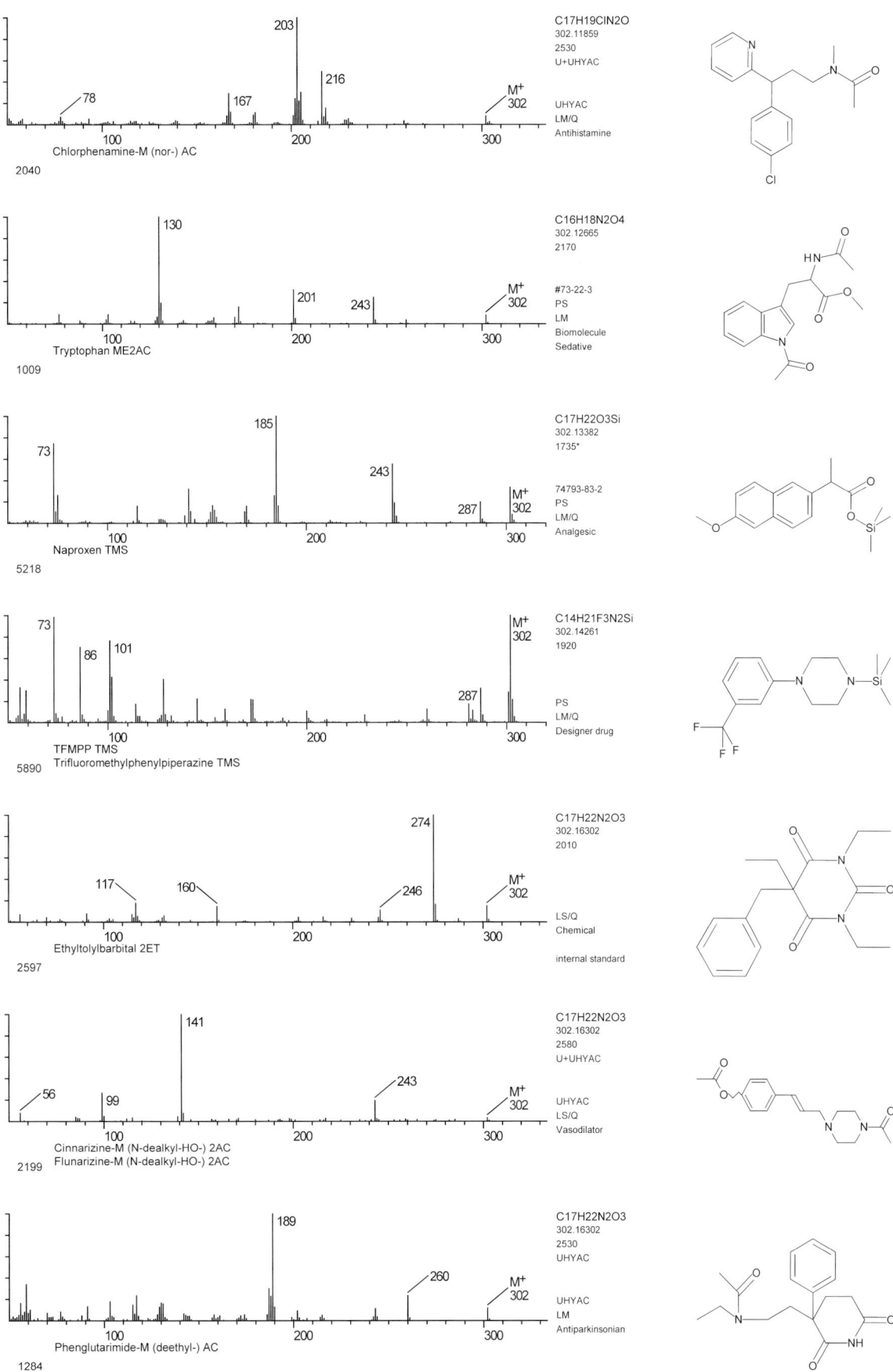

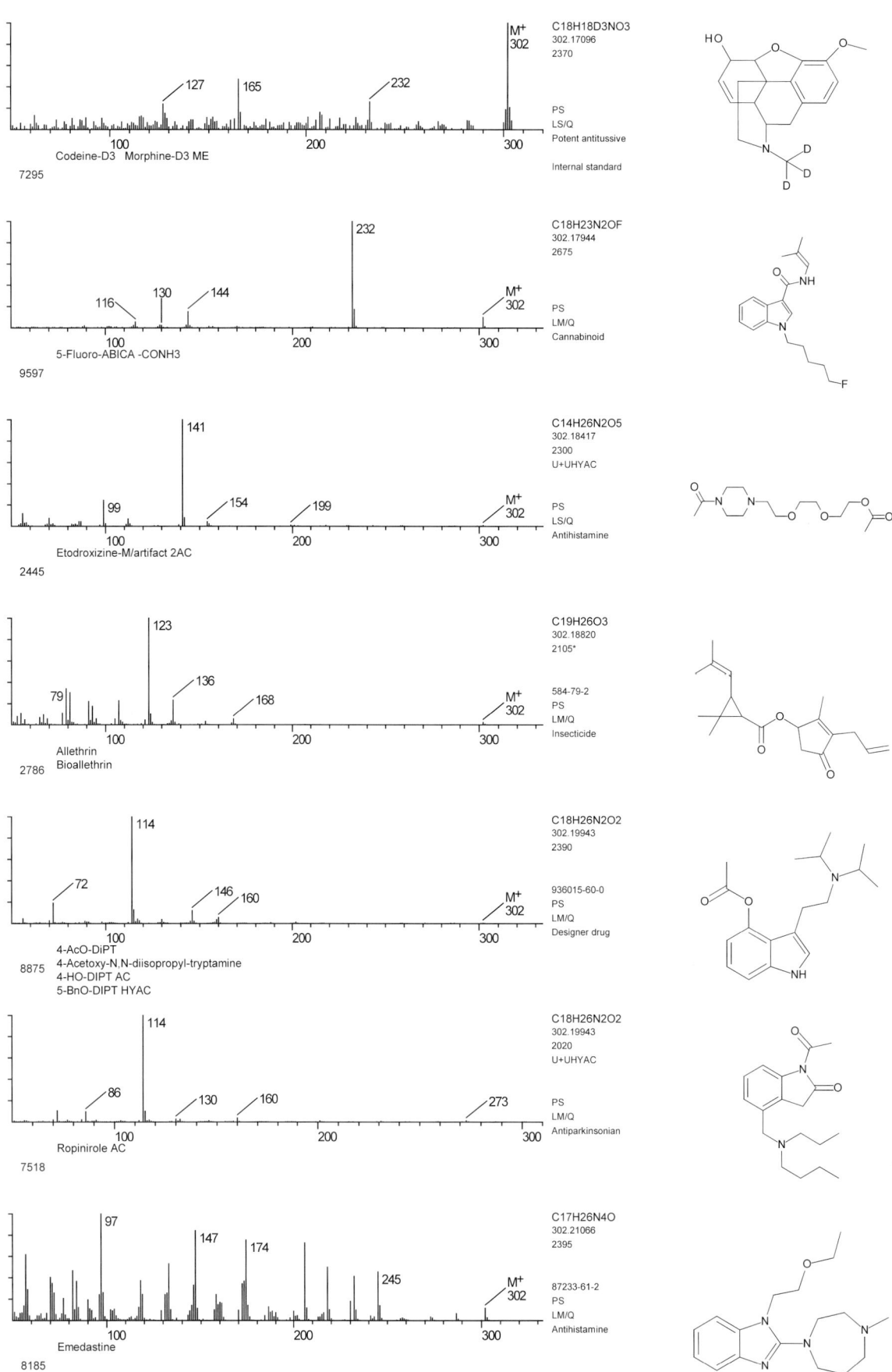

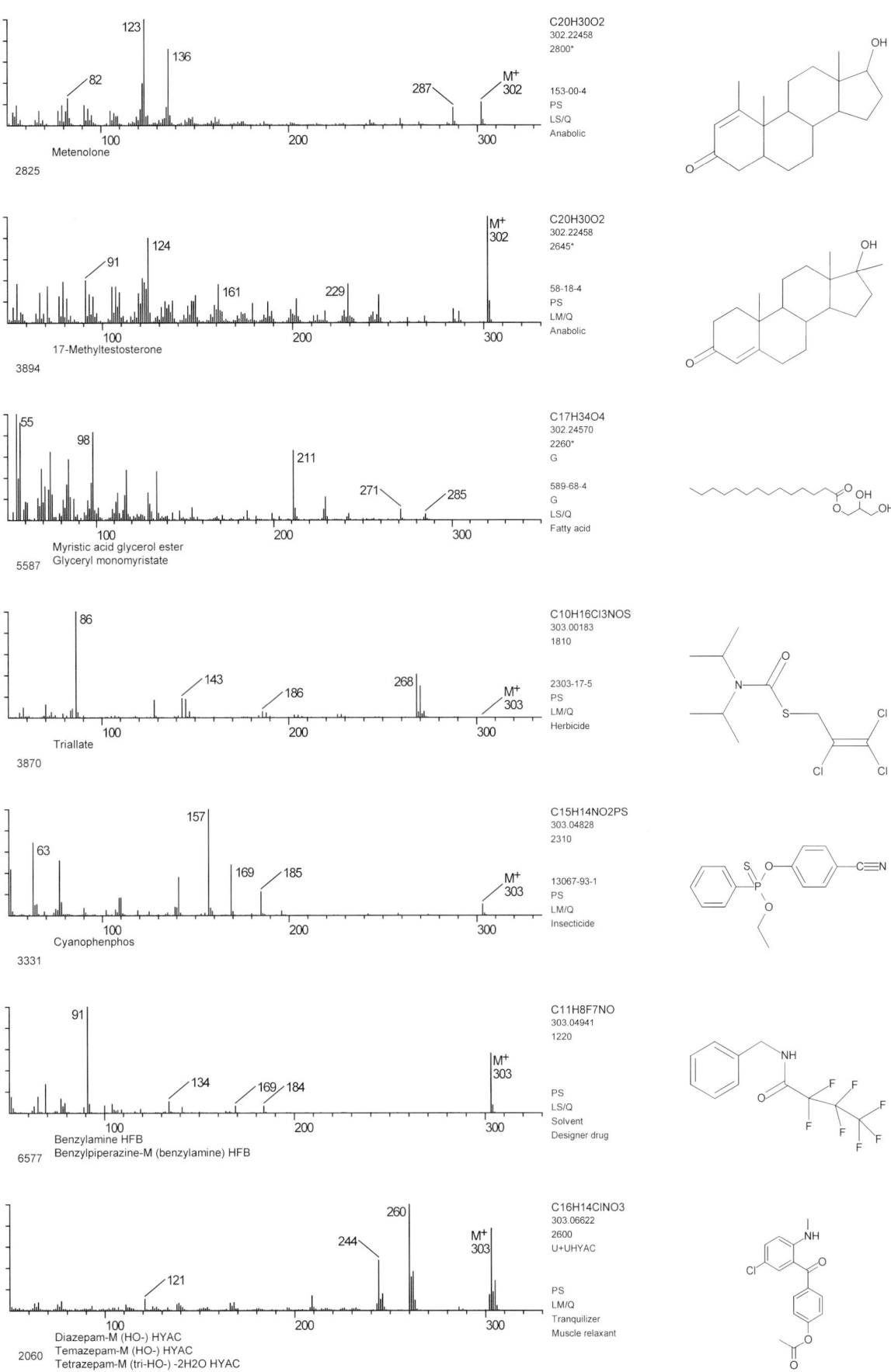

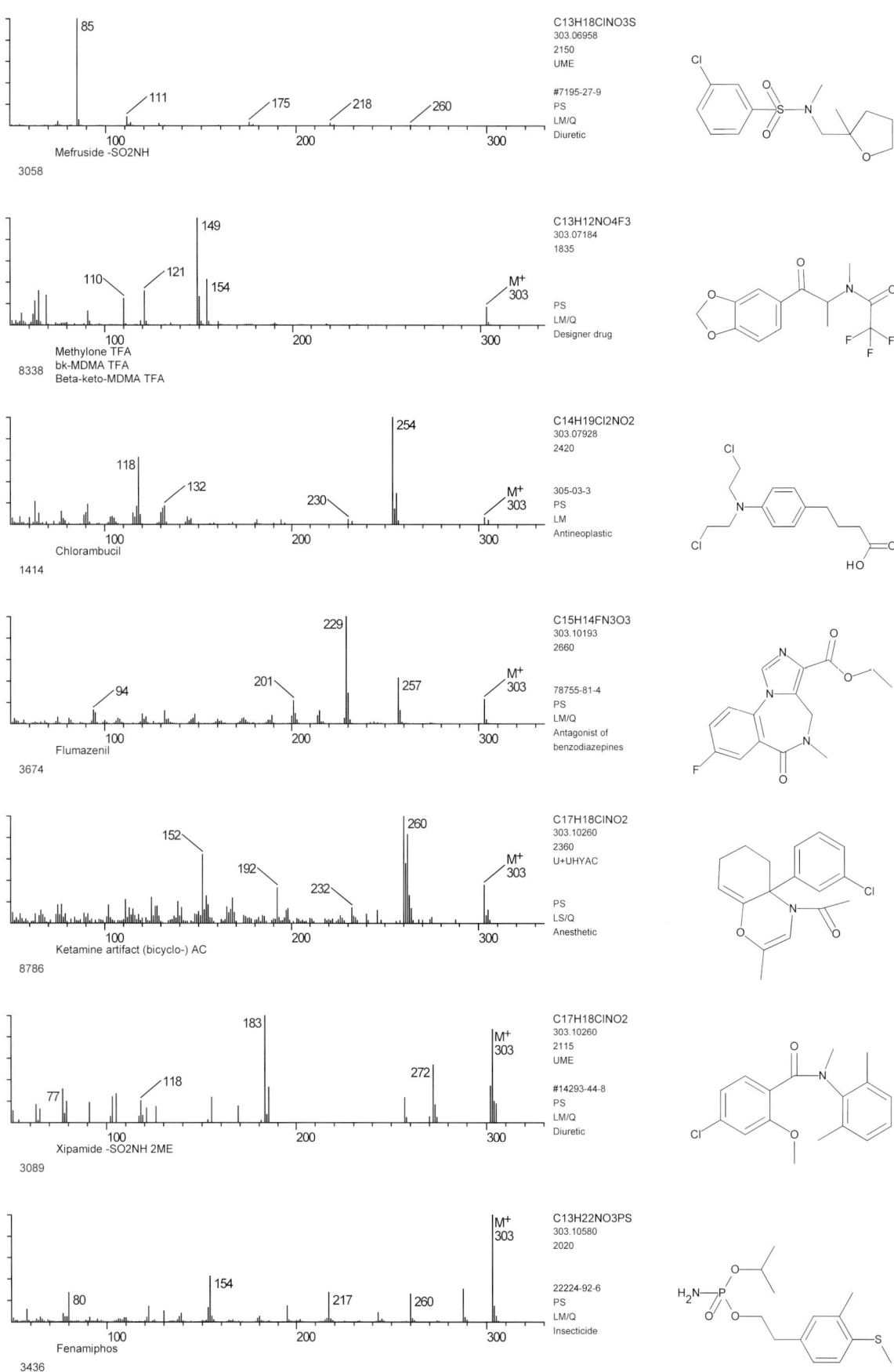

303

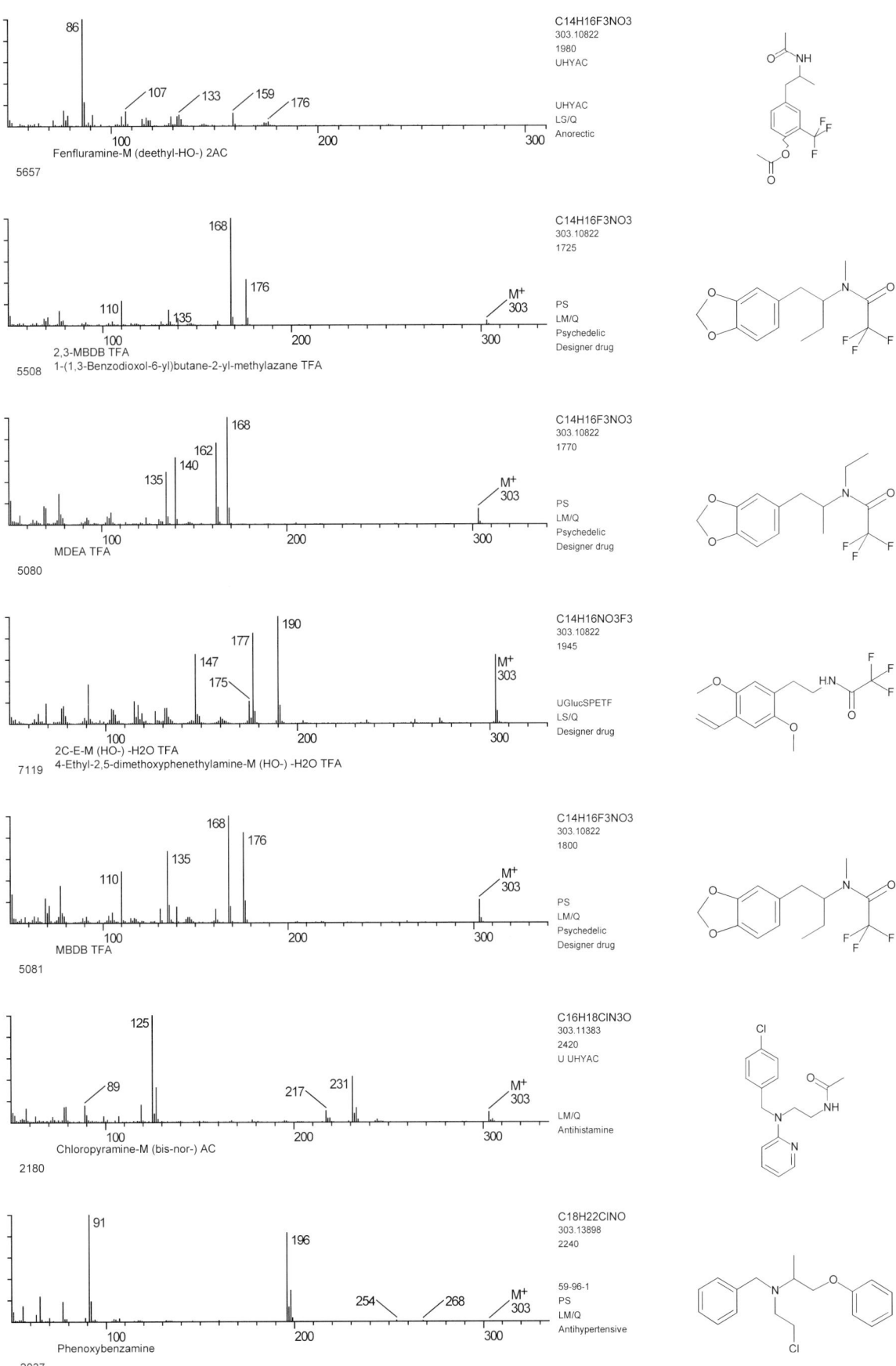

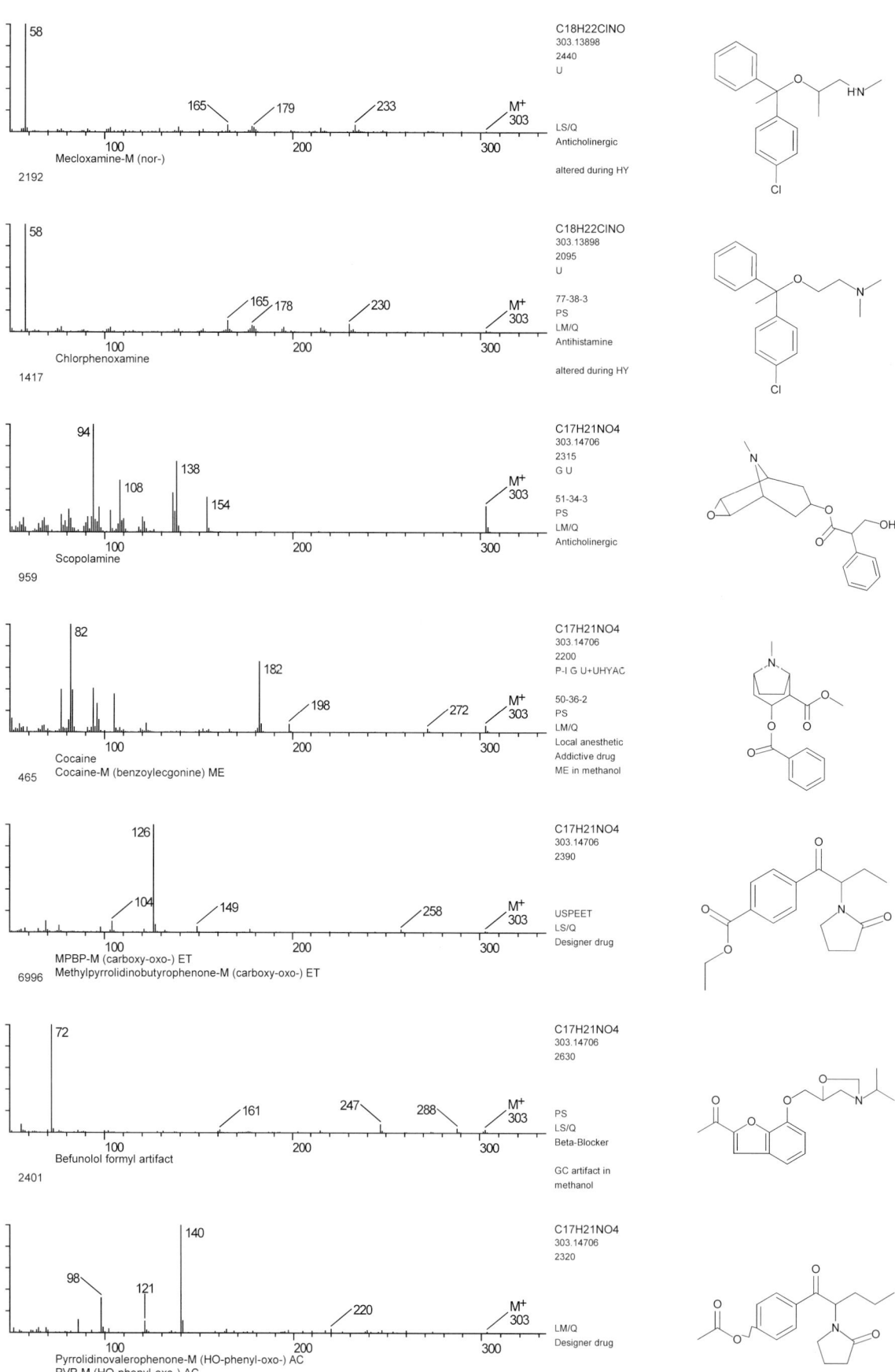

303

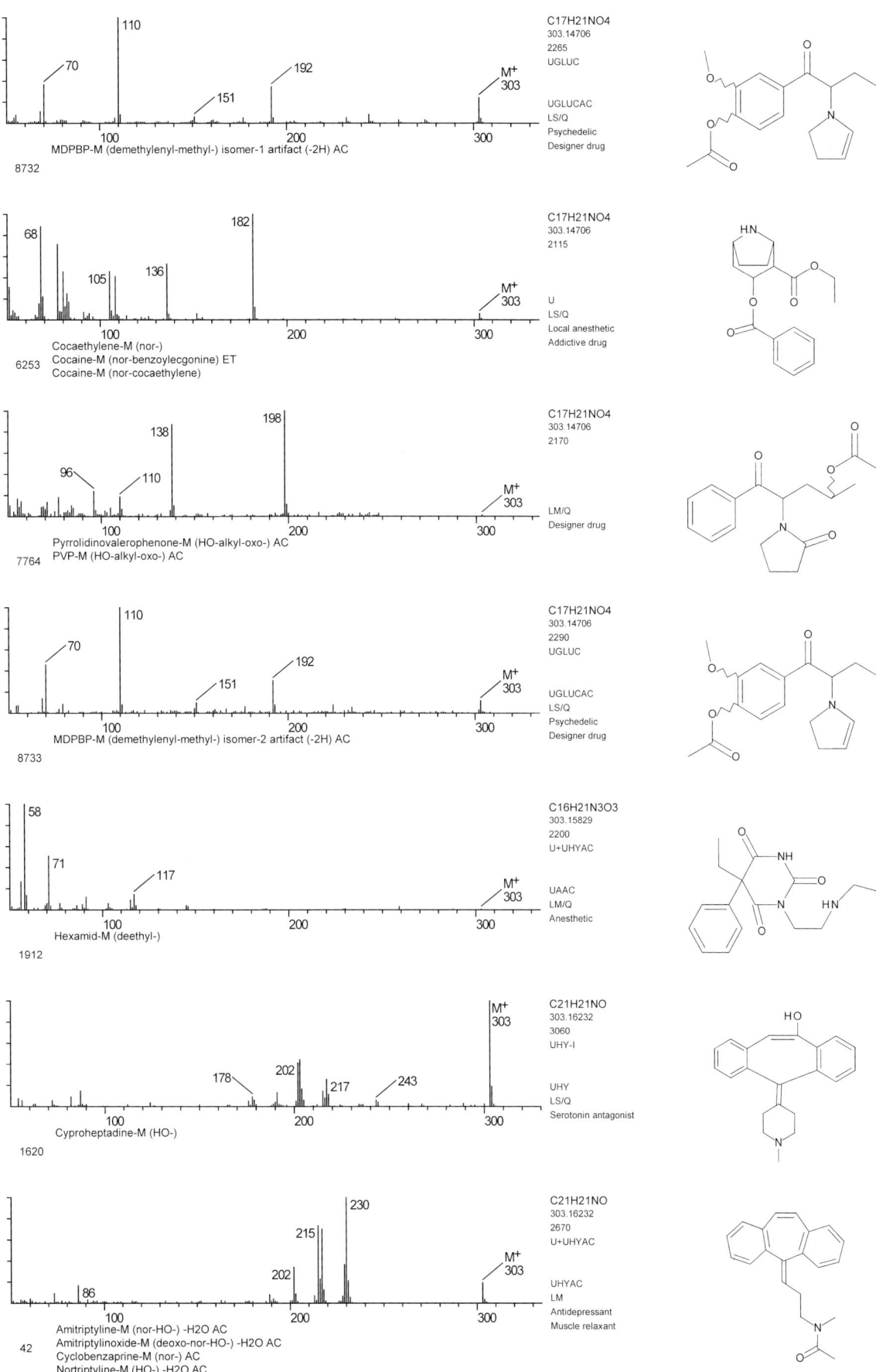

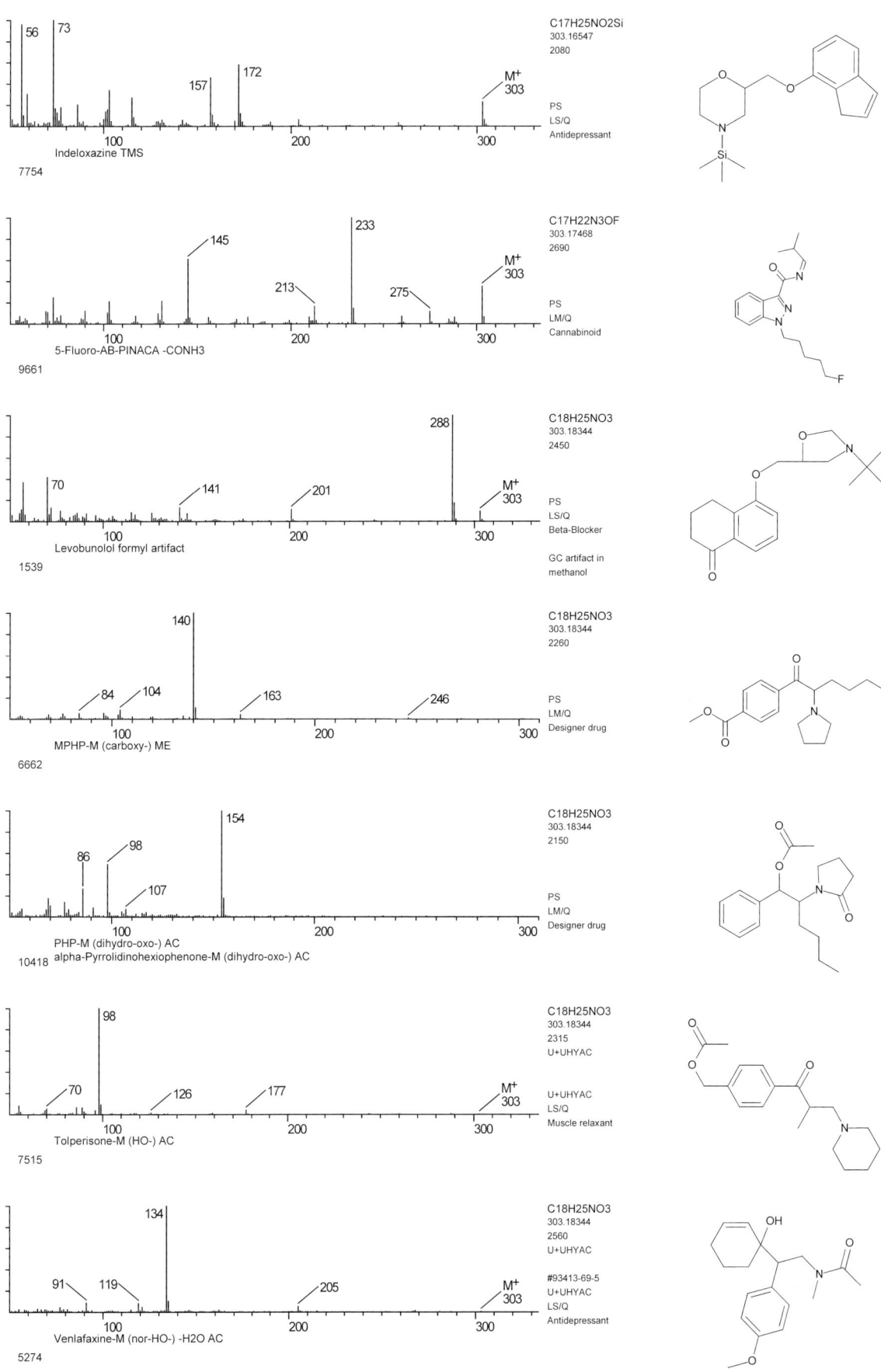

303

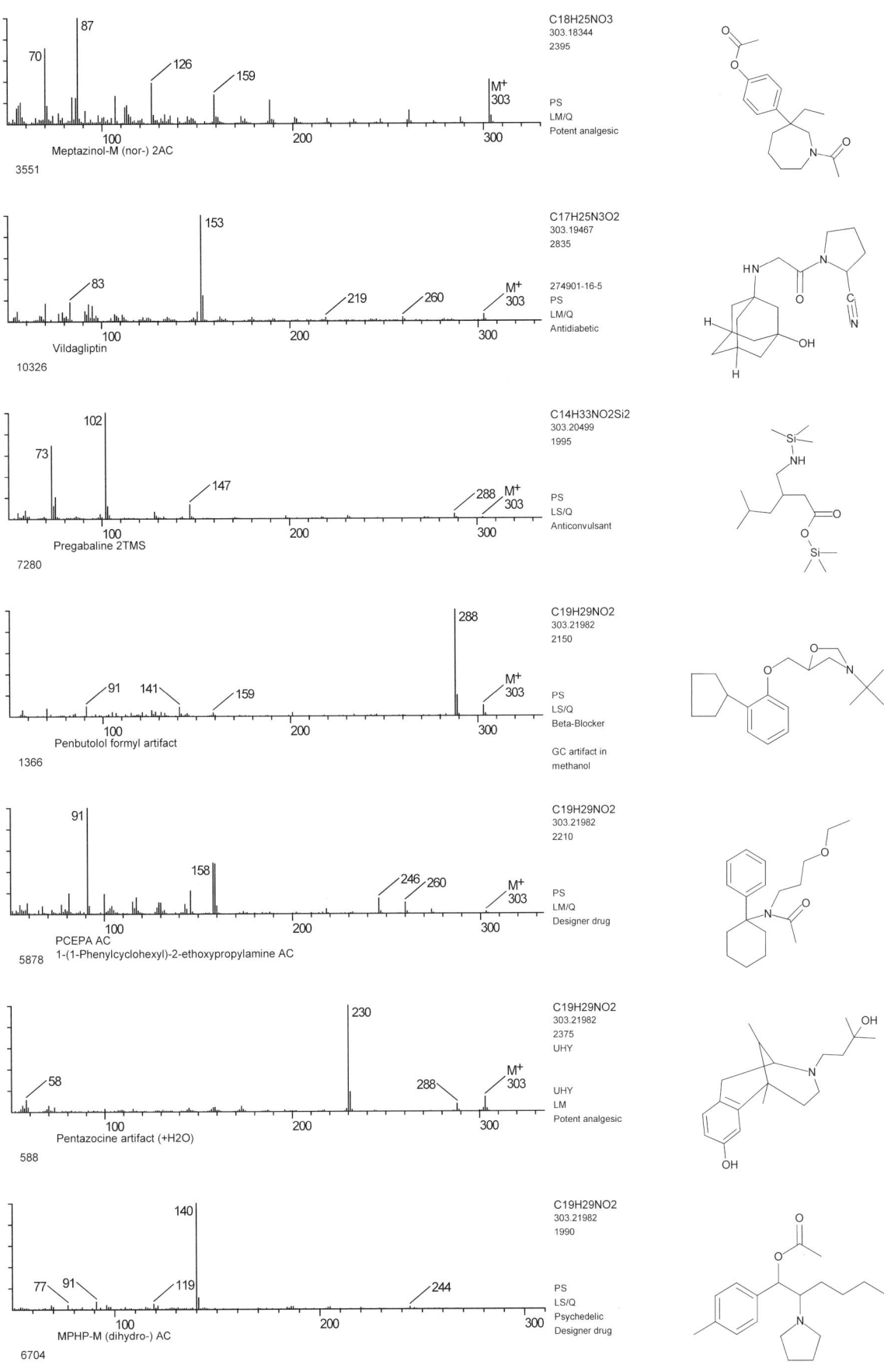

927

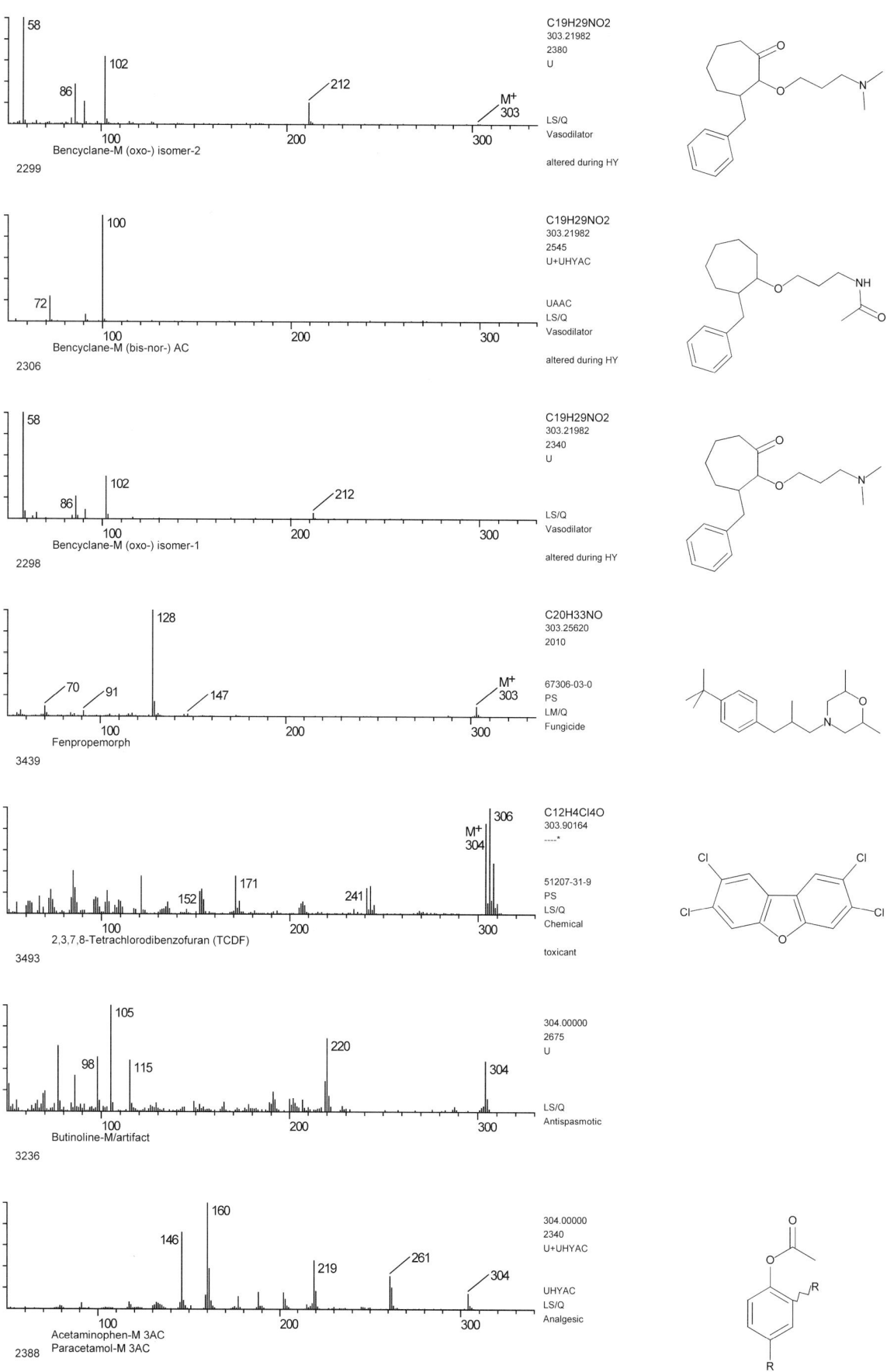

304

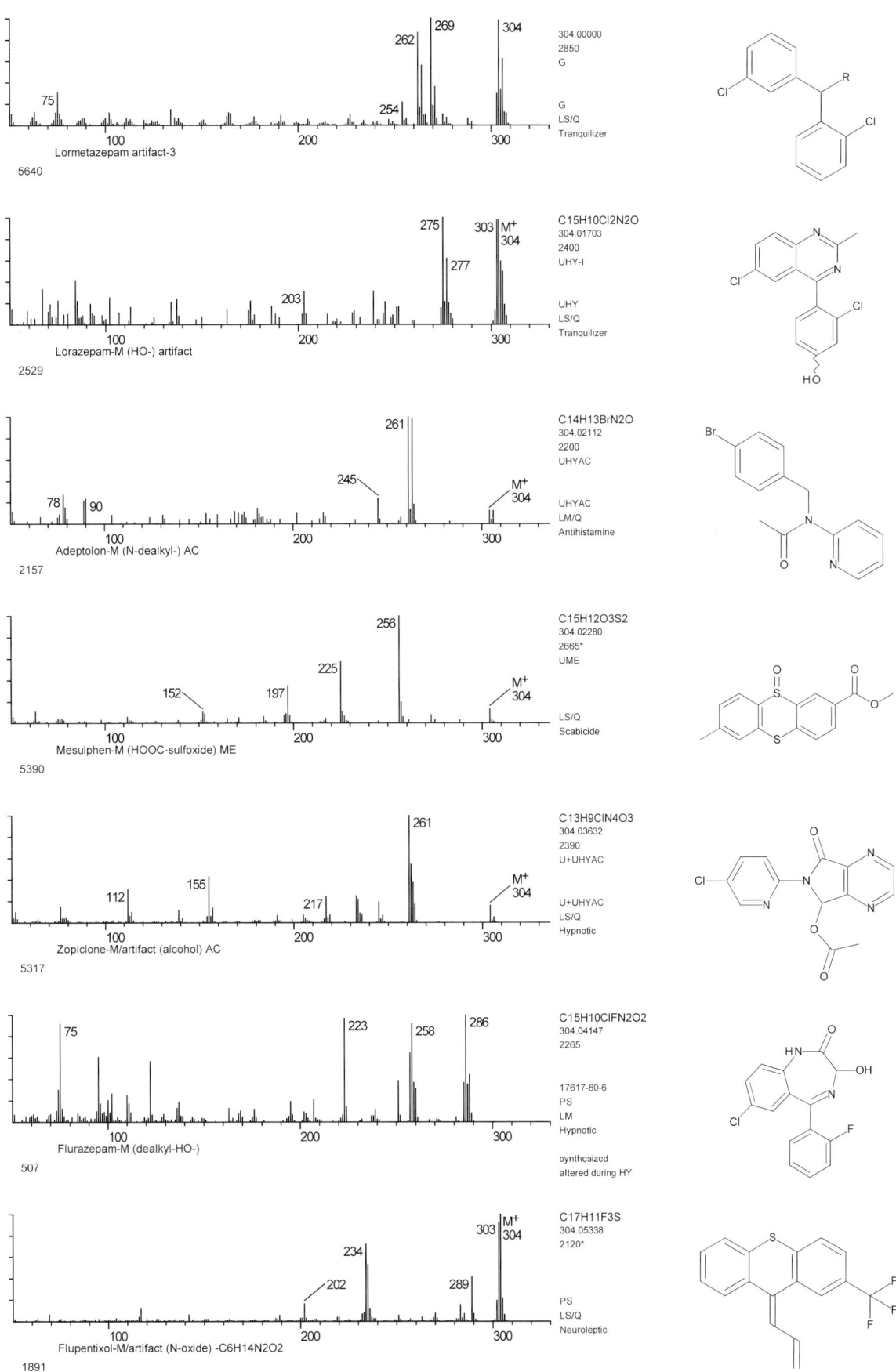

304

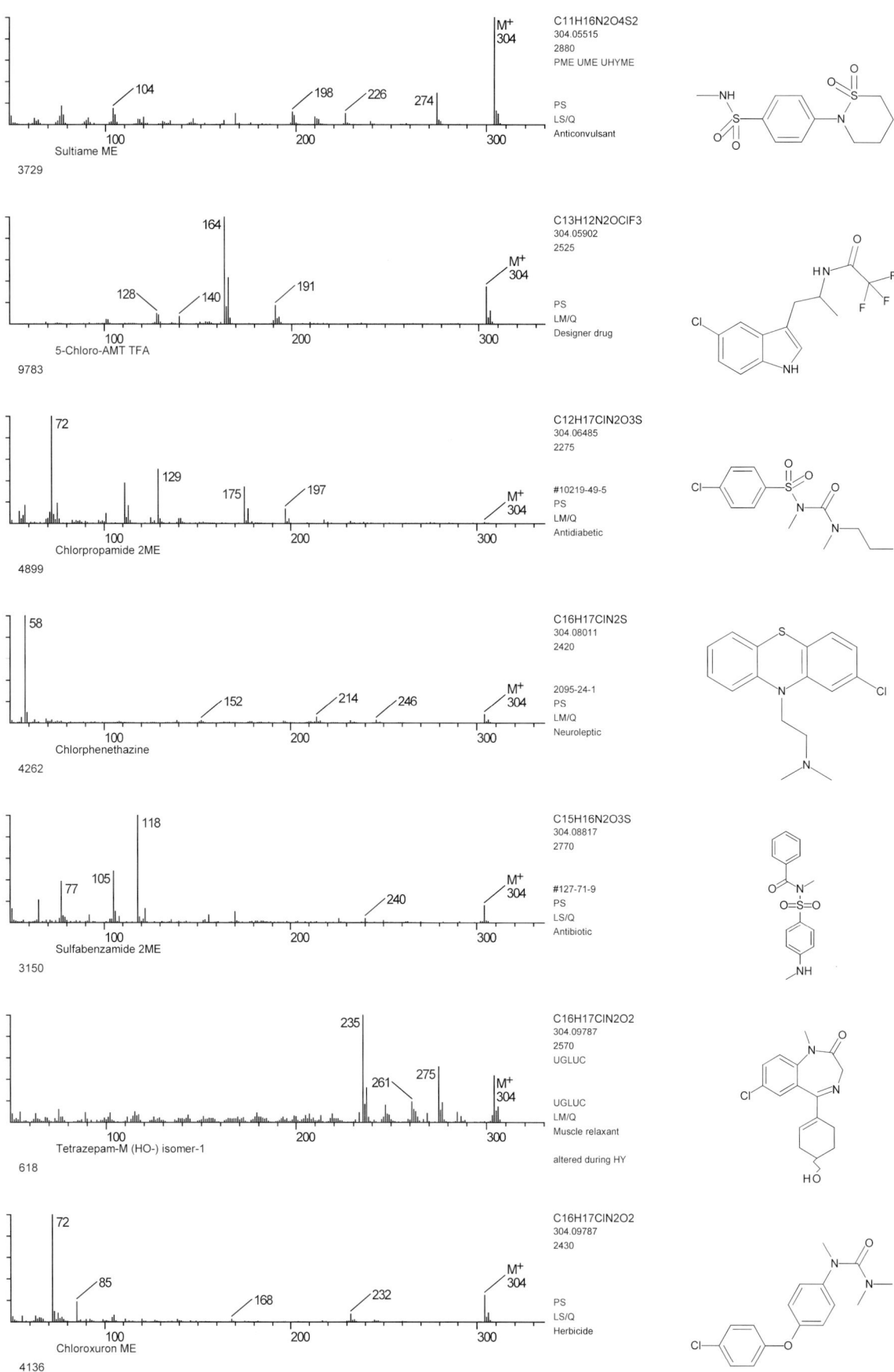

304

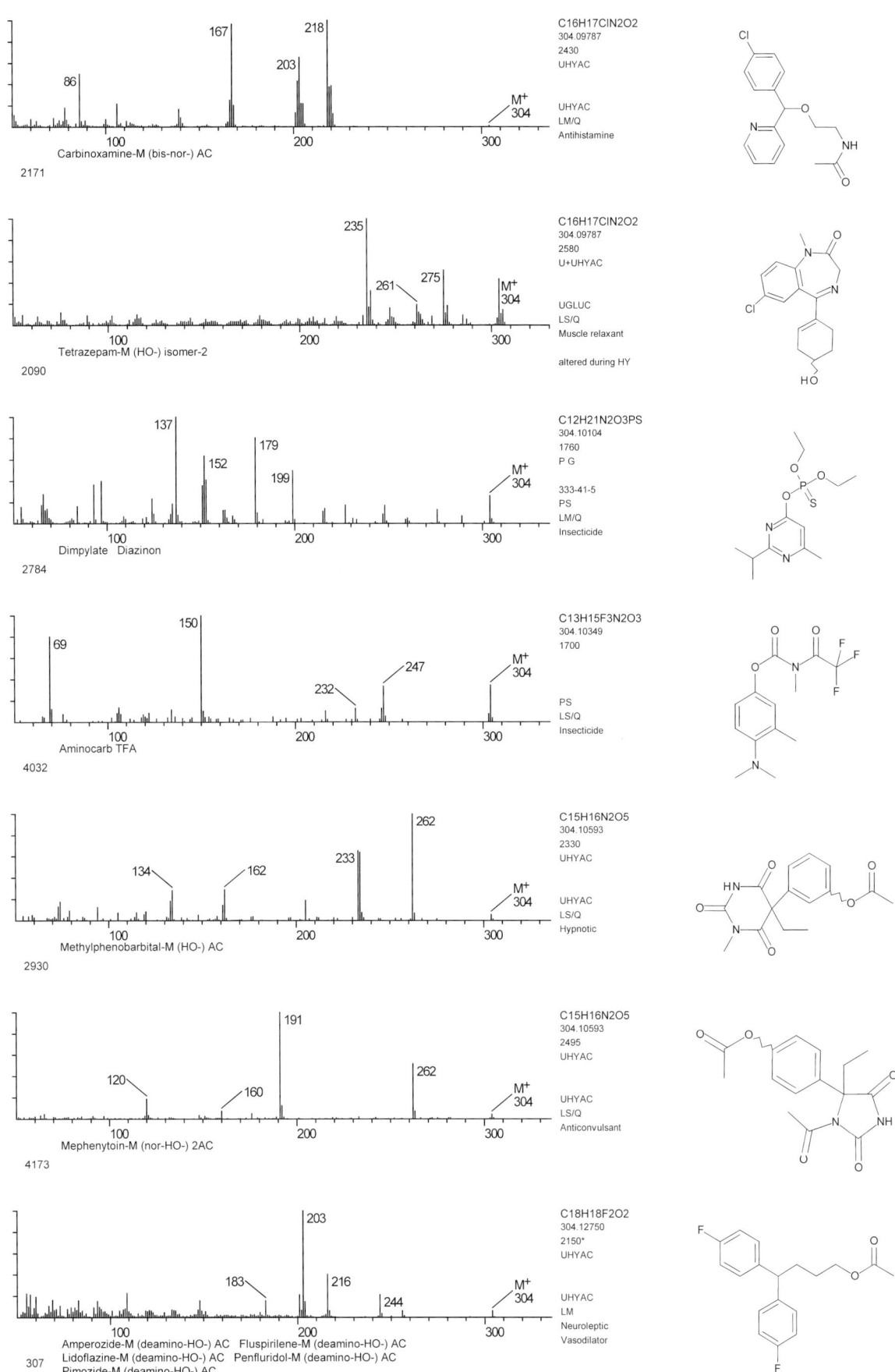

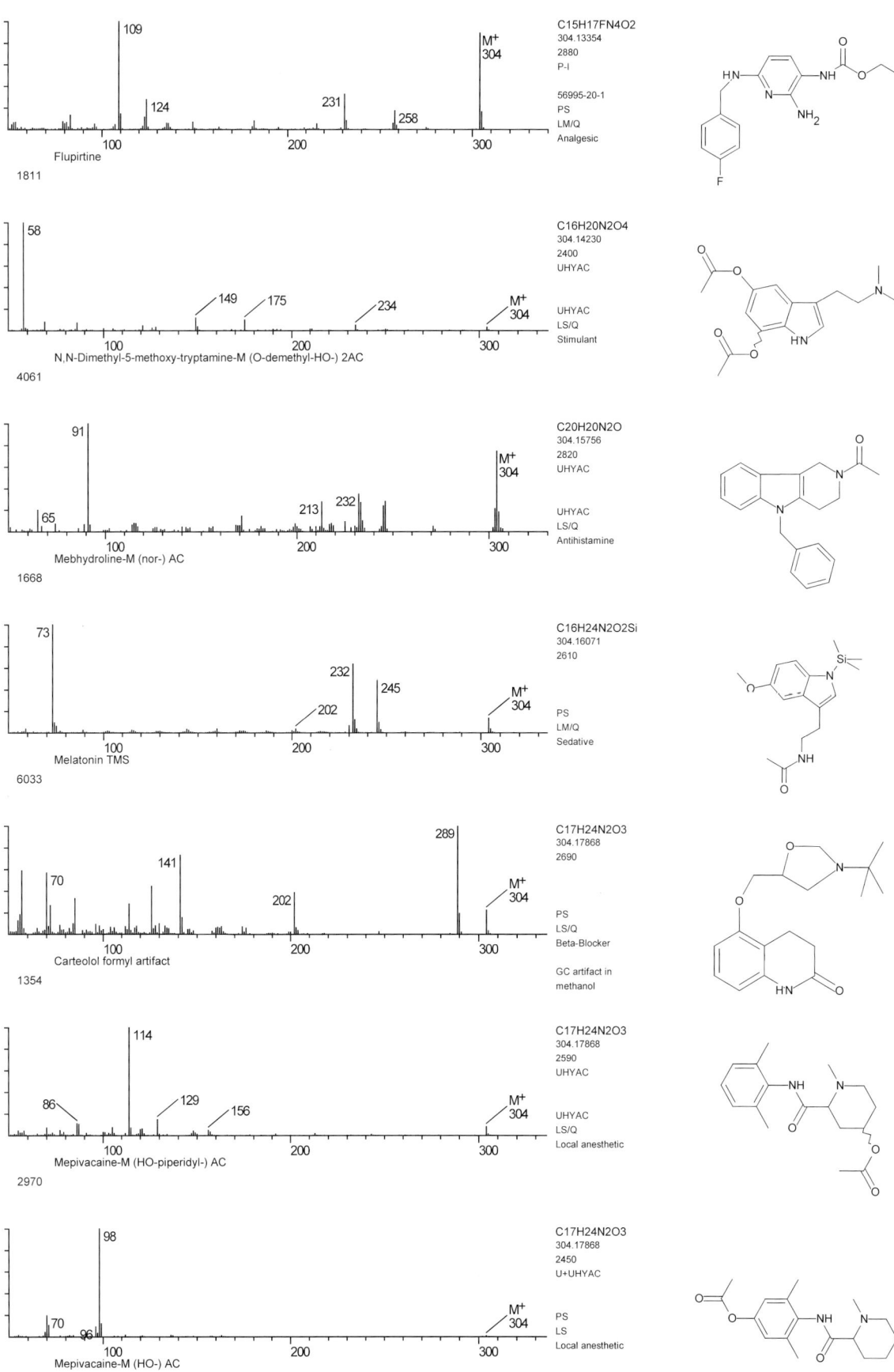

304

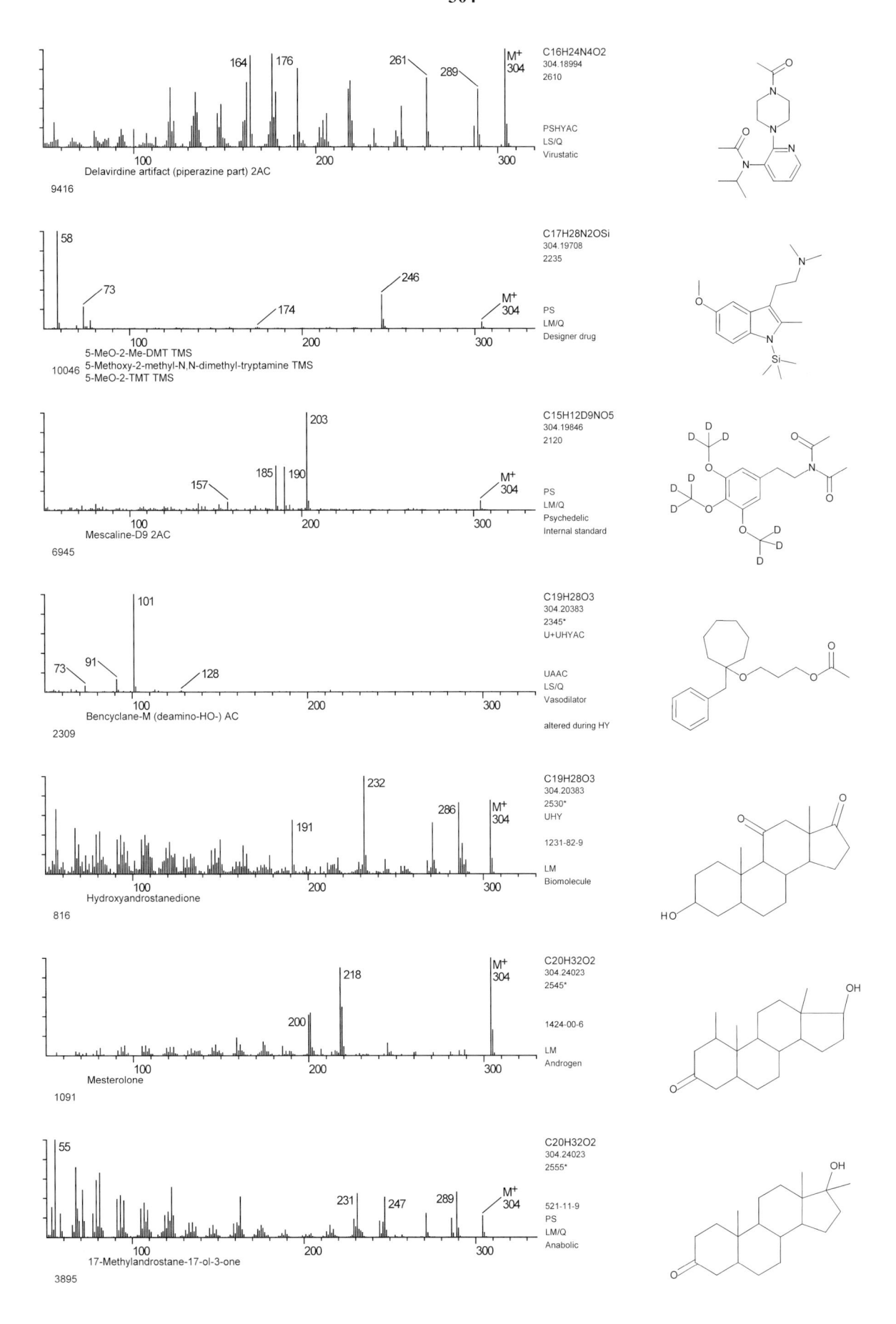

C16H24N4O2 304.18994 2610 PSHYAC LS/Q Virustatic	164, 176, 261, 289, M+ 304

Delavirdine artifact (piperazine part) 2AC
9416

C17H28N2OSi
304.19708
2235

PS
LM/Q
Designer drug

5-MeO-2-Me-DMT TMS
5-Methoxy-2-methyl-N,N-dimethyl-tryptamine TMS
5-MeO-2-TMT TMS
10046

C15H12D9NO5
304.19846
2120

PS
LM/Q
Psychedelic
Internal standard

Mescaline-D9 2AC
6945

C19H28O3
304.20383
2345*
U+UHYAC

UAAC
LS/Q
Vasodilator

altered during HY

Bencyclane-M (deamino-HO-) AC
2309

C19H28O3
304.20383
2530*
UHY

1231-82-9

LM
Biomolecule

Hydroxyandrostanedione
816

C20H32O2
304.24023
2545*

1424-00-6

LM
Androgen

Mesterolone
1091

C20H32O2
304.24023
2555*

521-11-9
PS
LM/Q
Anabolic

17-Methylandrostane-17-ol-3-one
3895

933

304

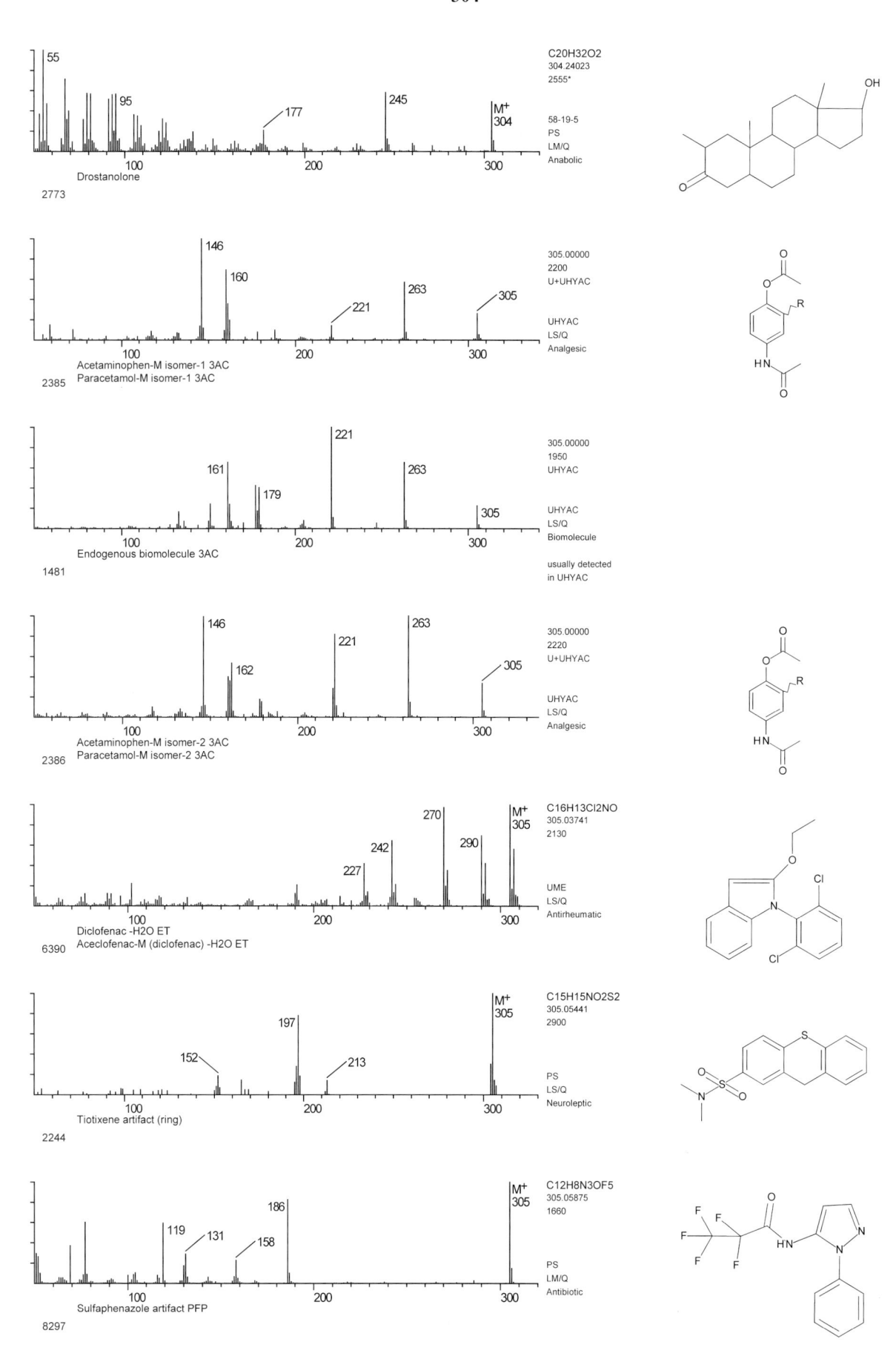

Drostanolone — C20H32O2, 304.24023, 2555*, 58-19-5, PS, LM/Q, Anabolic
Peaks: 55, 95, 177, 245, M+ 304
2773

Acetaminophen-M isomer-1 3AC / Paracetamol-M isomer-1 3AC — 305.00000, 2200, U+UHYAC, UHYAC, LS/Q, Analgesic
Peaks: 146, 160, 221, 263, 305
2385

Endogenous biomolecule 3AC — 305.00000, 1950, UHYAC, UHYAC, LS/Q, Biomolecule, usually detected in UHYAC
Peaks: 161, 179, 221, 263, 305
1481

Acetaminophen-M isomer-2 3AC / Paracetamol-M isomer-2 3AC — 305.00000, 2220, U+UHYAC, UHYAC, LS/Q, Analgesic
Peaks: 146, 162, 221, 263, 305
2386

Diclofenac -H2O ET / Aceclofenac-M (diclofenac) -H2O ET — C16H13Cl2NO, 305.03741, 2130, UME, LS/Q, Antirheumatic
Peaks: 227, 242, 270, 290, M+ 305
6390

Tiotixene artifact (ring) — C15H15NO2S2, 305.05441, 2900, PS, LS/Q, Neuroleptic
Peaks: 152, 197, 213, M+ 305
2244

Sulfaphenazole artifact PFP — C12H8N3OF5, 305.05875, 1660, PS, LM/Q, Antibiotic
Peaks: 119, 131, 158, 186, M+ 305
8297

305

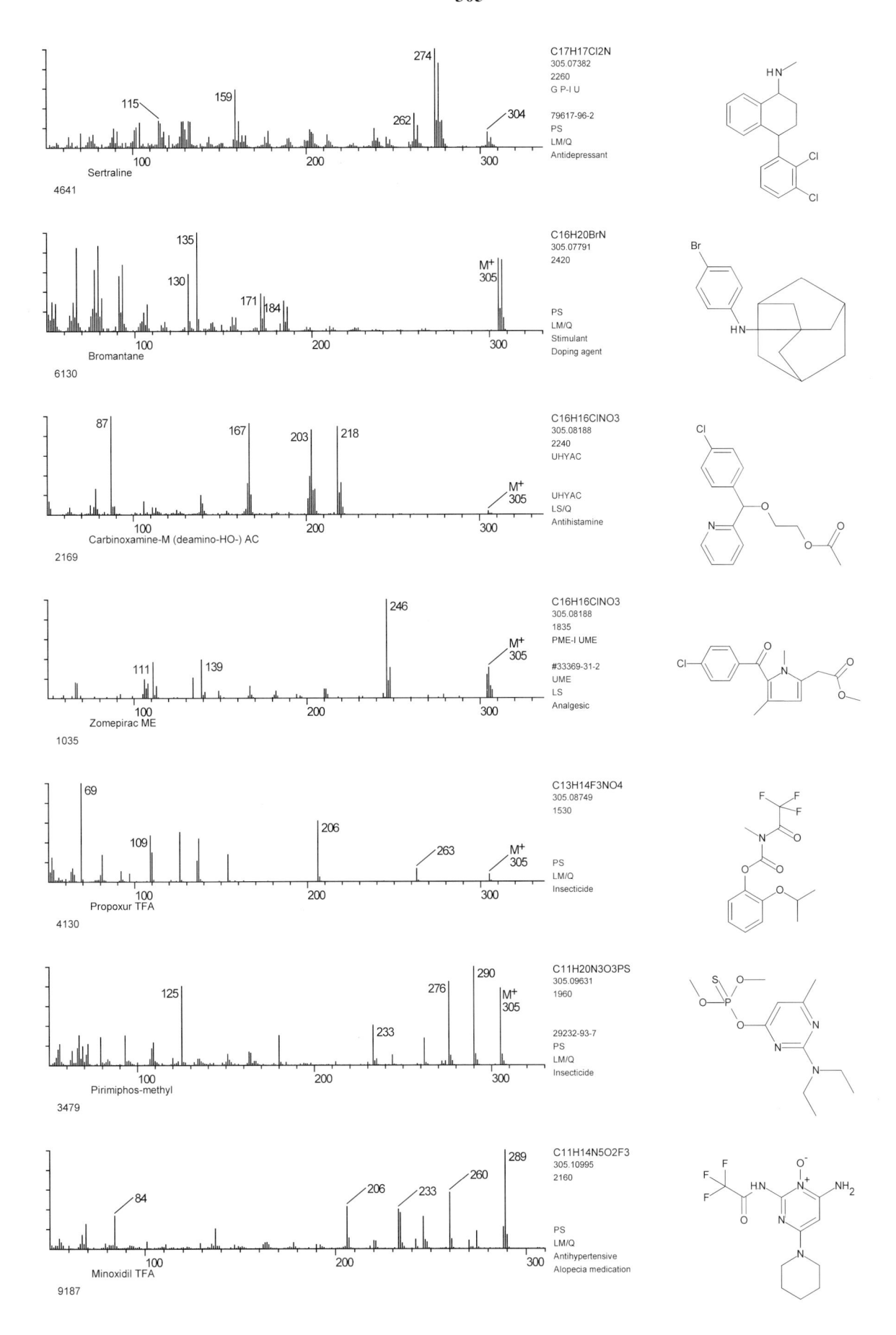

Compound	Formula	Mass	Info
Sertraline	C17H17Cl2N	305.07382	2260, G P-I U, 79617-96-2, PS, LM/Q, Antidepressant
Bromantane	C16H20BrN	305.07791	2420, PS, LM/Q, Stimulant, Doping agent
Carbinoxamine-M (deamino-HO-) AC	C16H16ClNO3	305.08188	2240, UHYAC, UHYAC, LS/Q, Antihistamine
Zomepirac ME	C16H16ClNO3	305.08188	1835, PME-I UME, #33369-31-2, UME, LS, Analgesic
Propoxur TFA	C13H14F3NO4	305.08749	1530, PS, LM/Q, Insecticide
Pirimiphos-methyl	C11H20N3O3PS	305.09631	1960, 29232-93-7, PS, LM/Q, Insecticide
Minoxidil TFA	C11H14N5O2F3	305.10995	2160, PS, LM/Q, Antihypertensive, Alopecia medication

Key fragment peaks:
- Sertraline (4641): 115, 159, 262, 274, 304
- Bromantane (6130): 130, 135, 171, 184, M+ 305
- Carbinoxamine-M (deamino-HO-) AC (2169): 87, 167, 203, 218, M+ 305
- Zomepirac ME (1035): 111, 139, 246, M+ 305
- Propoxur TFA (4130): 69, 109, 206, 263, M+ 305
- Pirimiphos-methyl (3479): 125, 233, 276, 290, M+ 305
- Minoxidil TFA (9187): 84, 206, 233, 260, 289

305

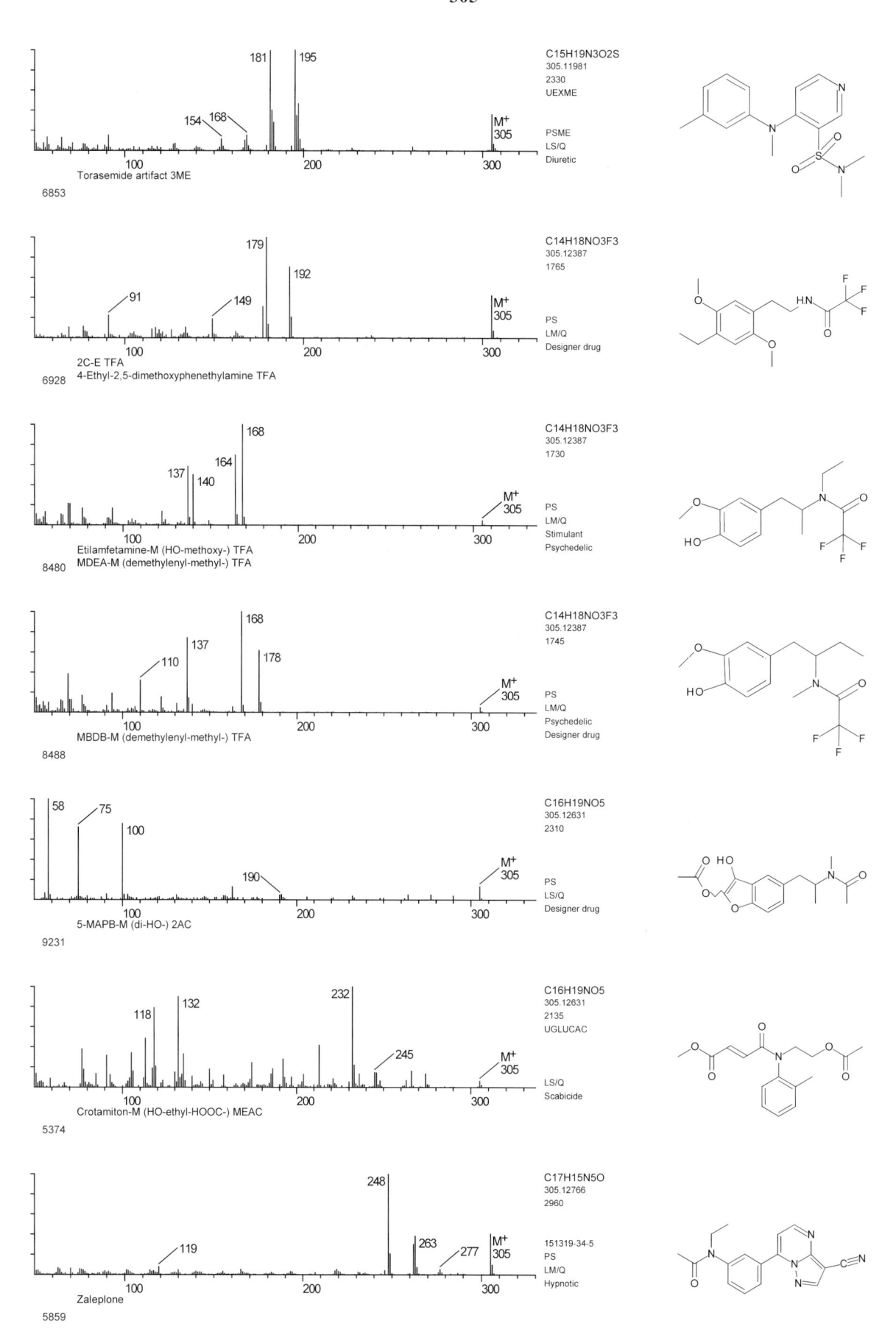

C15H19N3O2S
305.11981
2330
UEXME
PSME
LS/Q
Diuretic

Torasemide artifact 3ME
6853

C14H18NO3F3
305.12387
1765
PS
LM/Q
Designer drug

2C-E TFA
4-Ethyl-2,5-dimethoxyphenethylamine TFA
6928

C14H18NO3F3
305.12387
1730
PS
LM/Q
Stimulant
Psychedelic

Etilamfetamine-M (HO-methoxy-) TFA
MDEA-M (demethylenyl-methyl-) TFA
8480

C14H18NO3F3
305.12387
1745
PS
LM/Q
Psychedelic
Designer drug

MBDB-M (demethylenyl-methyl-) TFA
8488

C16H19NO5
305.12631
2310
PS
LS/Q
Designer drug

5-MAPB-M (di-HO-) 2AC
9231

C16H19NO5
305.12631
2135
UGLUCAC
LS/Q
Scabicide

Crotamiton-M (HO-ethyl-HOOC-) MEAC
5374

C17H15N5O
305.12766
2960
151319-34-5
PS
LM/Q
Hypnotic

Zaleplone
5859

305

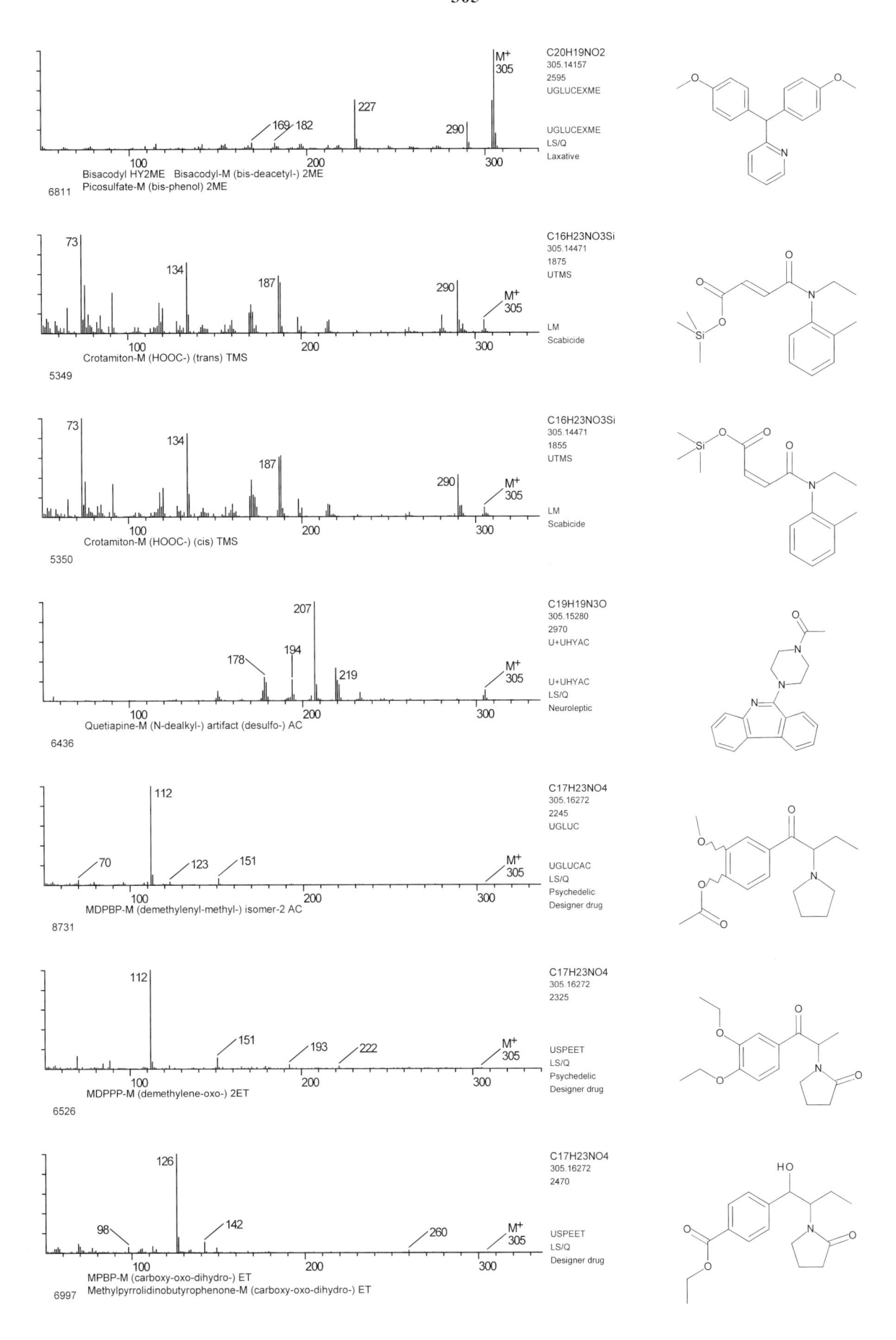

Bisacodyl HY2ME Bisacodyl-M (bis-deacetyl-) 2ME Picosulfate-M (bis-phenol) 2ME 6811	C20H19NO2 305.14157 2595 UGLUCEXME UGLUCEXME LS/Q Laxative	
Crotamiton-M (HOOC-) (trans) TMS 5349	C16H23NO3Si 305.14471 1875 UTMS LM Scabicide	
Crotamiton-M (HOOC-) (cis) TMS 5350	C16H23NO3Si 305.14471 1855 UTMS LM Scabicide	
Quetiapine-M (N-dealkyl-) artifact (desulfo-) AC 6436	C19H19N3O 305.15280 2970 U+UHYAC U+UHYAC LS/Q Neuroleptic	
MDPBP-M (demethylenyl-methyl-) isomer-2 AC 8731	C17H23NO4 305.16272 2245 UGLUC UGLUCAC LS/Q Psychedelic Designer drug	
MDPPP-M (demethylene-oxo-) 2ET 6526	C17H23NO4 305.16272 2325 USPEET LS/Q Psychedelic Designer drug	
MPBP-M (carboxy-oxo-dihydro-) ET Methylpyrrolidinobutyrophenone-M (carboxy-oxo-dihydro-) ET 6997	C17H23NO4 305.16272 2470 USPEET LS/Q Designer drug	

305

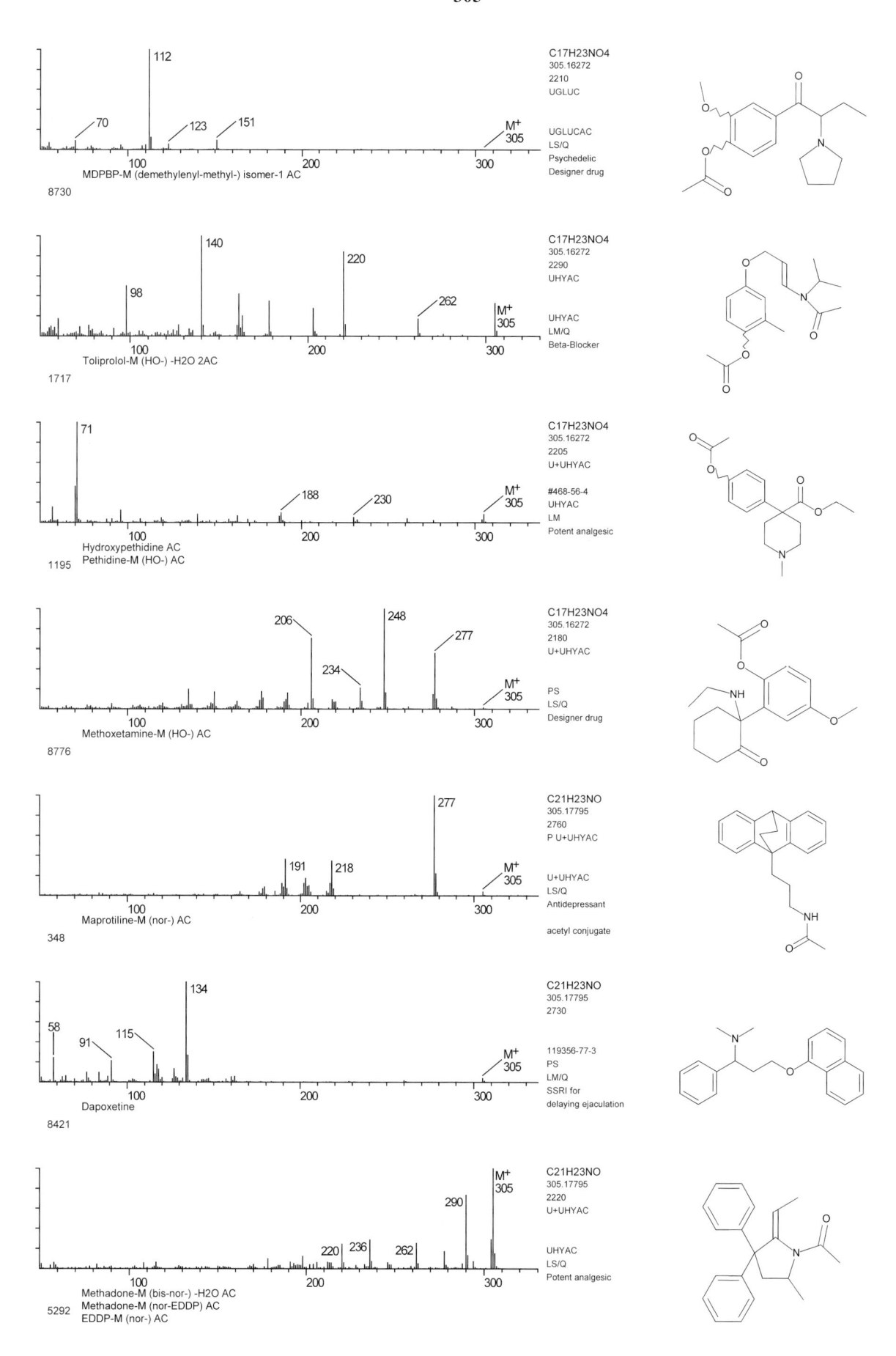

MDPBP-M (demethylenyl-methyl-) isomer-1 AC
8730

C17H23NO4
305.16272
2210
UGLUC

UGLUCAC
LS/Q
Psychedelic
Designer drug

Toliprolol-M (HO-) -H2O 2AC
1717

C17H23NO4
305.16272
2290
UHYAC

UHYAC
LM/Q
Beta-Blocker

Hydroxypethidine AC
Pethidine-M (HO-) AC
1195

C17H23NO4
305.16272
2205
U+UHYAC

#468-56-4
UHYAC
LM
Potent analgesic

Methoxetamine-M (HO-) AC
8776

C17H23NO4
305.16272
2180
U+UHYAC

PS
LS/Q
Designer drug

Maprotiline-M (nor-) AC
348

C21H23NO
305.17795
2760
P U+UHYAC

U+UHYAC
LS/Q
Antidepressant

acetyl conjugate

Dapoxetine
8421

C21H23NO
305.17795
2730

119356-77-3
PS
LM/Q
SSRI for
delaying ejaculation

Methadone-M (bis-nor-) -H2O AC
Methadone-M (nor-EDDP) AC
EDDP-M (nor-) AC
5292

C21H23NO
305.17795
2220
U+UHYAC

UHYAC
LS/Q
Potent analgesic

305

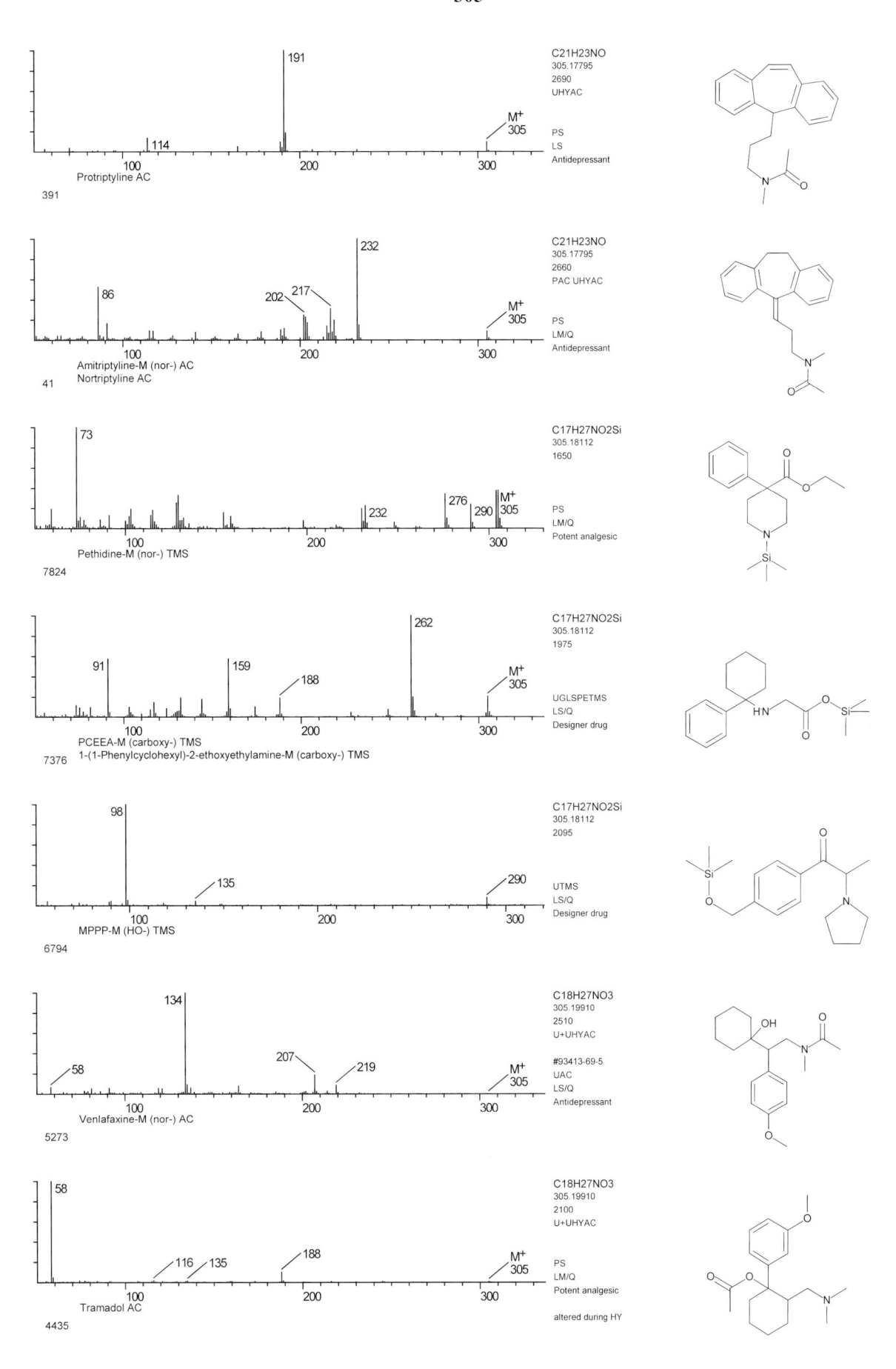

Protriptyline AC — peaks 114, 191, M+ 305	C21H23NO 305.17795 2690 UHYAC / PS LS Antidepressant	
391		
Amitriptyline-M (nor-) AC / Nortriptyline AC — peaks 86, 202, 217, 232, M+ 305	C21H23NO 305.17795 2660 PAC UHYAC / PS LM/Q Antidepressant	
41		
Pethidine-M (nor-) TMS — peaks 73, 232, 276, 290, M+ 305	C17H27NO2Si 305.18112 1650 / PS LM/Q Potent analgesic	
7824		
PCEEA-M (carboxy-) TMS / 1-(1-Phenylcyclohexyl)-2-ethoxyethylamine-M (carboxy-) TMS — peaks 91, 159, 188, 262, M+ 305	C17H27NO2Si 305.18112 1975 UGLSPETMS LS/Q Designer drug	
7376		
MPPP-M (HO-) TMS — peaks 98, 135, 290	C17H27NO2Si 305.18112 2095 UTMS LS/Q Designer drug	
6794		
Venlafaxine-M (nor-) AC — peaks 58, 134, 207, 219, M+ 305	C18H27NO3 305.19910 2510 U+UHYAC #93413-69-5 UAC LS/Q Antidepressant	
5273		
Tramadol AC — peaks 58, 116, 135, 188, M+ 305	C18H27NO3 305.19910 2100 U+UHYAC / PS LM/Q Potent analgesic altered during HY	
4435		

305

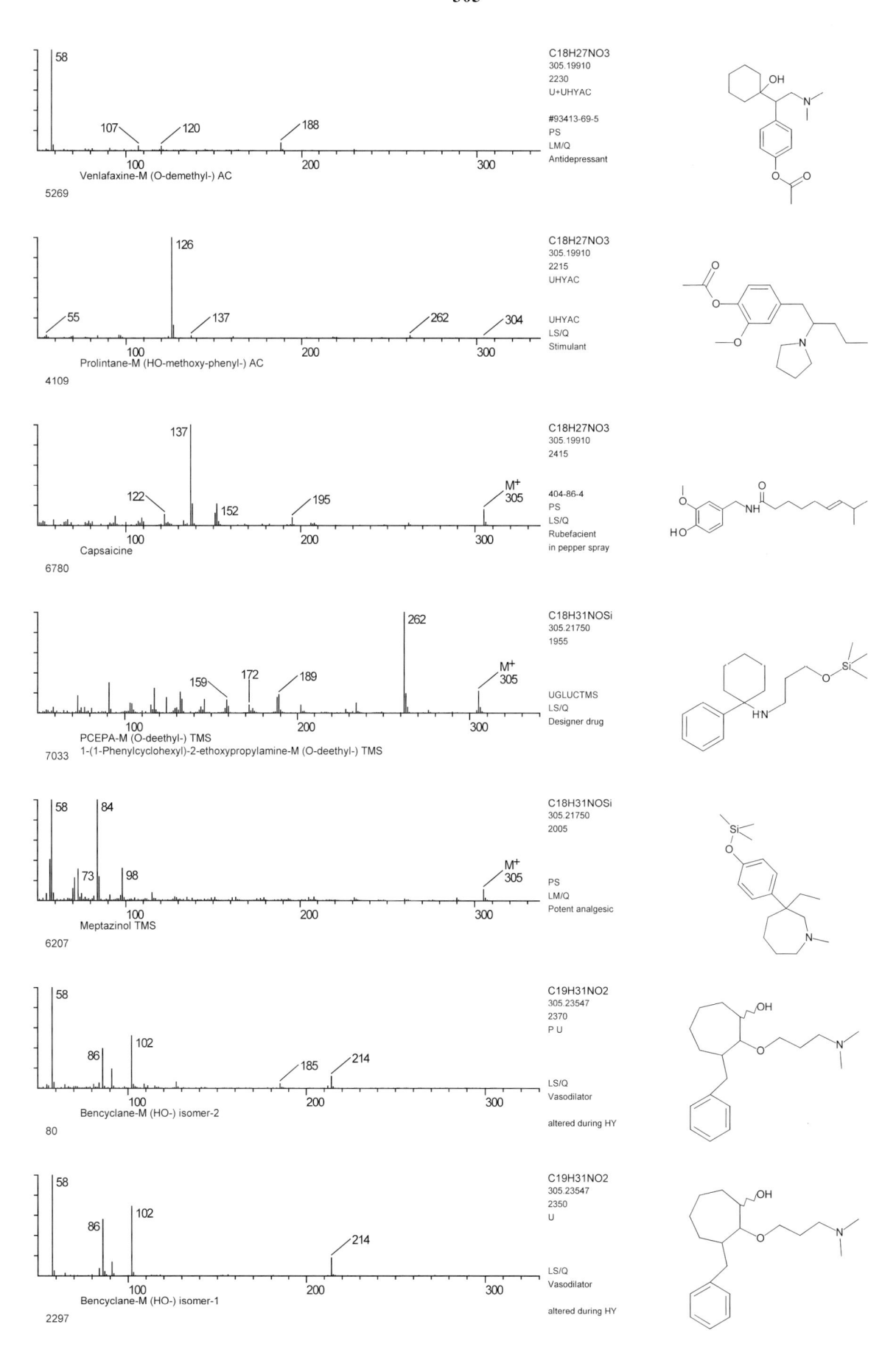

58 / 107 / 120 / 188	C18H27NO3
	305.19910
	2230
	U+UHYAC
	#93413-69-5
	PS
	LM/Q
	Antidepressant

Venlafaxine-M (O-demethyl-) AC
5269

55 / 126 / 137 / 262 / 304	C18H27NO3
	305.19910
	2215
	UHYAC
	UHYAC
	LS/Q
	Stimulant

Prolintane-M (HO-methoxy-phenyl-) AC
4109

122 / 137 / 152 / 195 / M+ 305	C18H27NO3
	305.19910
	2415
	404-86-4
	PS
	LS/Q
	Rubefacient
	in pepper spray

Capsaicine
6780

159 / 172 / 189 / 262 / M+ 305	C18H31NOSi
	305.21750
	1955
	UGLUCTMS
	LS/Q
	Designer drug

PCEPA-M (O-deethyl-) TMS
1-(1-Phenylcyclohexyl)-2-ethoxypropylamine-M (O-deethyl-) TMS
7033

58 / 73 / 84 / 98 / M+ 305	C18H31NOSi
	305.21750
	2005
	PS
	LM/Q
	Potent analgesic

Meptazinol TMS
6207

58 / 86 / 102 / 185 / 214	C19H31NO2
	305.23547
	2370
	P U
	LS/Q
	Vasodilator
	altered during HY

Bencyclane-M (HO-) isomer-2
80

58 / 86 / 102 / 214	C19H31NO2
	305.23547
	2350
	U
	LS/Q
	Vasodilator
	altered during HY

Bencyclane-M (HO-) isomer-1
2297

306

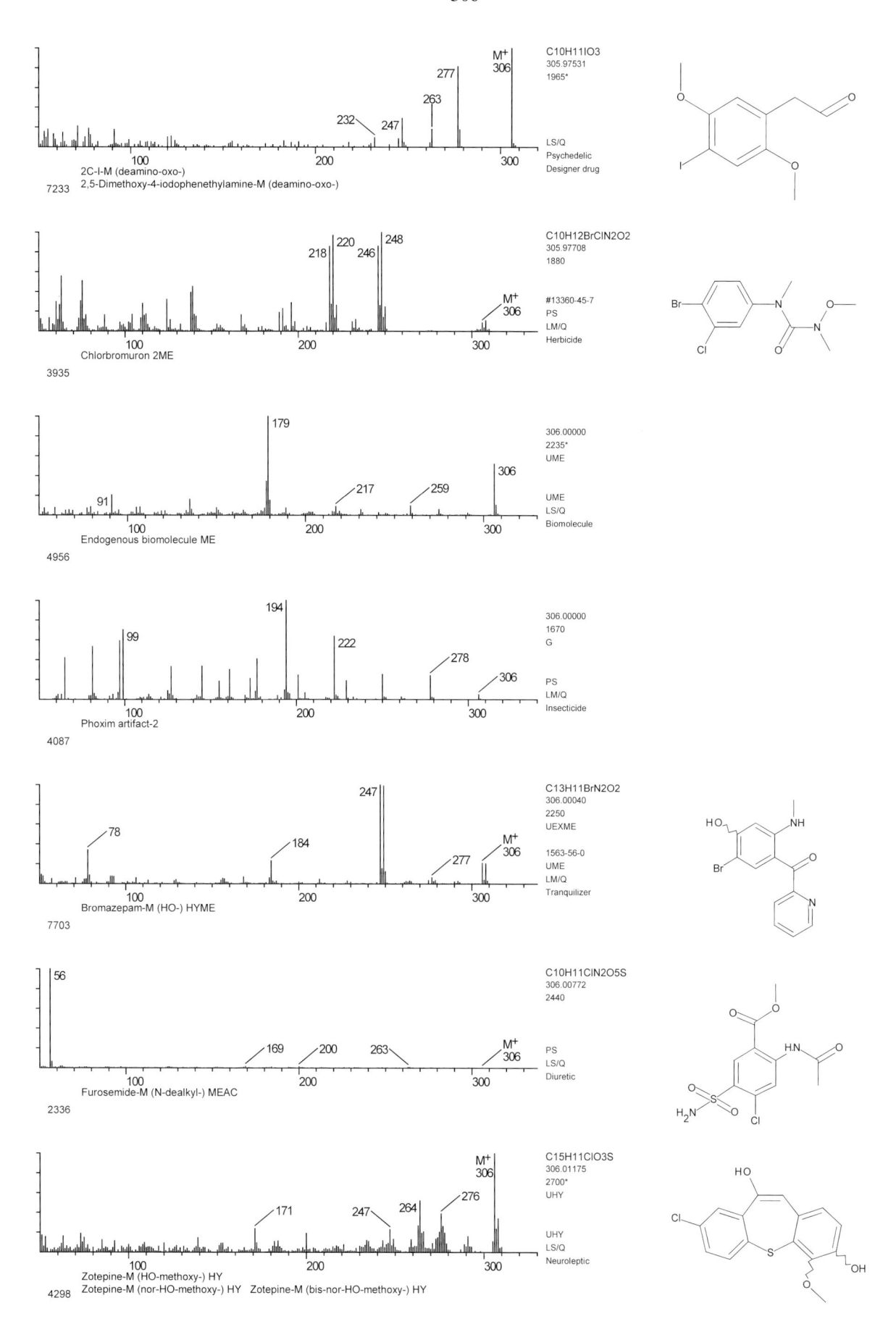

7233	2C-I-M (deamino-oxo-) 2,5-Dimethoxy-4-iodophenethylamine-M (deamino-oxo-)	C10H11IO3 305.97531 1965* LS/Q Psychedelic Designer drug
3935	Chlorbromuron 2ME	C10H12BrClN2O2 305.97708 1880 #13360-45-7 PS LM/Q Herbicide
4956	Endogenous biomolecule ME	306.00000 2235* UME UME LS/Q Biomolecule
4087	Phoxim artifact-2	306.00000 1670 G PS LM/Q Insecticide
7703	Bromazepam-M (HO-) HYME	C13H11BrN2O2 306.00040 2250 UEXME 1563-56-0 UME LM/Q Tranquilizer
2336	Furosemide-M (N-dealkyl-) MEAC	C10H11ClN2O5S 306.00772 2440 PS LS/Q Diuretic
4298	Zotepine-M (HO-methoxy-) HY Zotepine-M (nor-HO-methoxy-) HY Zotepine-M (bis-nor-HO-methoxy-) HY	C15H11ClO3S 306.01175 2700* UHY UHY LS/Q Neuroleptic

306

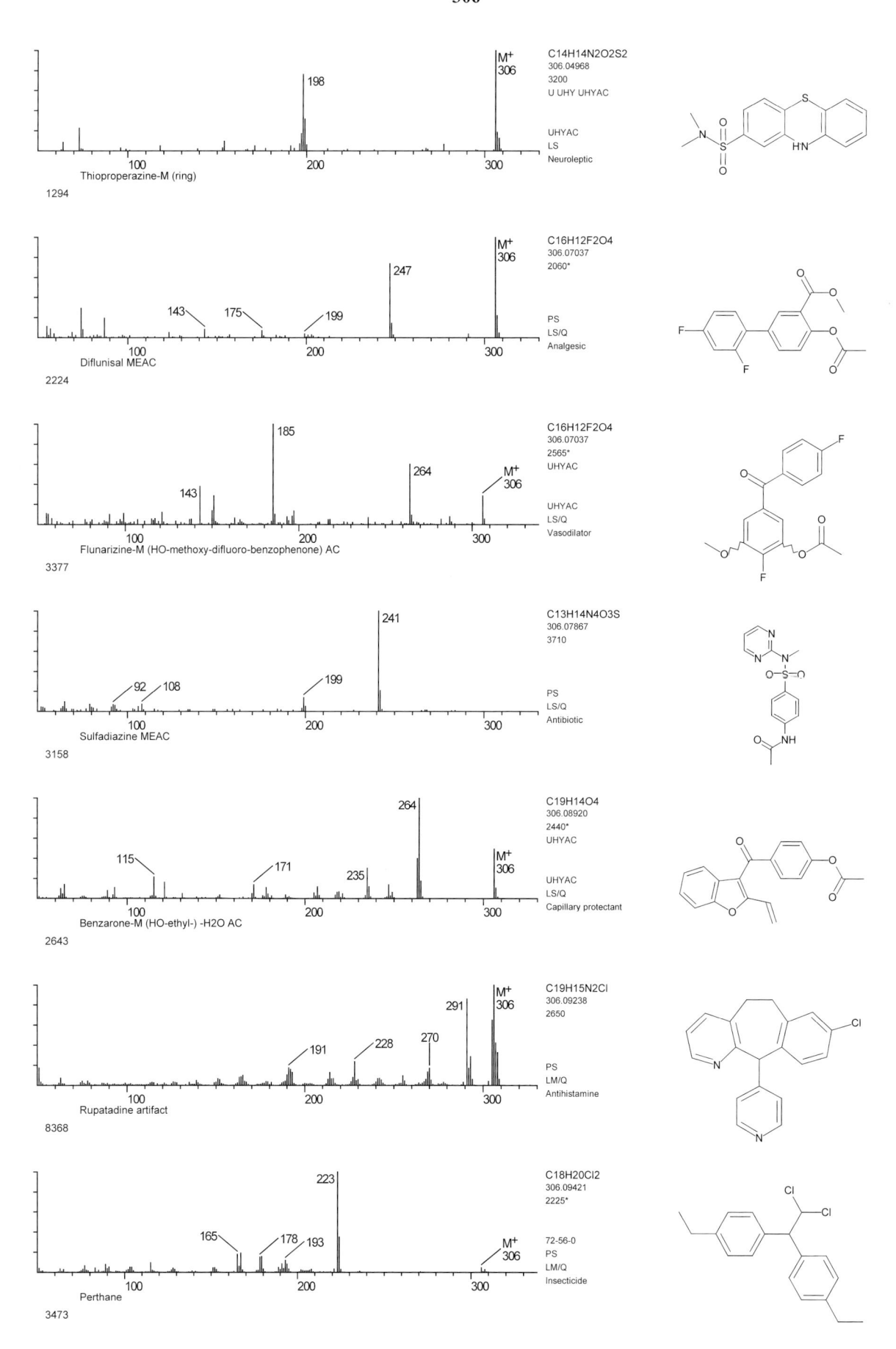

Thioproperazine-M (ring) — 198, M+ 306
C14H14N2O2S2
306.04968
3200
U UHY UHYAC

UHYAC
LS
Neuroleptic
1294

Diflunisal MEAC — 143, 175, 199, 247, M+ 306
C16H12F2O4
306.07037
2060*

PS
LS/Q
Analgesic
2224

Flunarizine-M (HO-methoxy-difluoro-benzophenone) AC — 143, 185, 264, M+ 306
C16H12F2O4
306.07037
2565*
UHYAC

UHYAC
LS/Q
Vasodilator
3377

Sulfadiazine MEAC — 92, 108, 199, 241
C13H14N4O3S
306.07867
3710

PS
LS/Q
Antibiotic
3158

Benzarone-M (HO-ethyl-) -H2O AC — 115, 171, 235, 264, M+ 306
C19H14O4
306.08920
2440*
UHYAC

UHYAC
LS/Q
Capillary protectant
2643

Rupatadine artifact — 191, 228, 270, 291, M+ 306
C19H15N2Cl
306.09238
2650

PS
LM/Q
Antihistamine
8368

Perthane — 165, 178, 193, 223, M+ 306
C18H20Cl2
306.09421
2225*

72-56-0
PS
LM/Q
Insecticide
3473

306

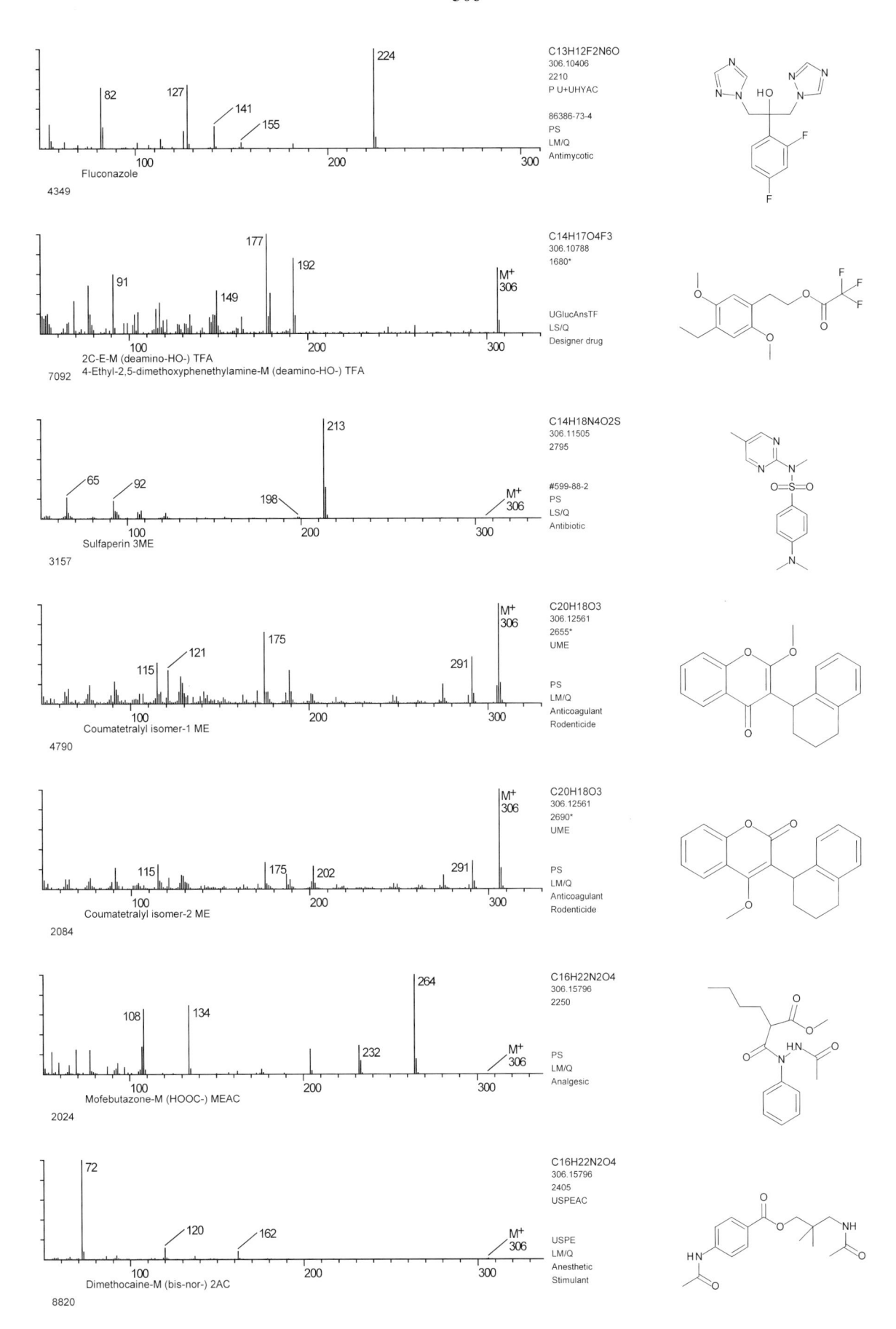

Spectrum peaks	Compound info
82, 127, 141, 155, 224	C13H12F2N6O 306.10406 2210 P U+UHYAC 86386-73-4 PS LM/Q Antimycotic Fluconazole 4349
91, 149, 177, 192, M+ 306	C14H17O4F3 306.10788 1680* UGlucAnsTF LS/Q Designer drug 2C-E-M (deamino-HO-) TFA 4-Ethyl-2,5-dimethoxyphenethylamine-M (deamino-HO-) TFA 7092
65, 92, 198, 213, M+ 306	C14H18N4O2S 306.11505 2795 #599-88-2 PS LS/Q Antibiotic Sulfaperin 3ME 3157
115, 121, 175, 291, M+ 306	C20H18O3 306.12561 2655* UME PS LM/Q Anticoagulant Rodenticide Coumatetralyl isomer-1 ME 4790
115, 175, 202, 291, M+ 306	C20H18O3 306.12561 2690* UME PS LM/Q Anticoagulant Rodenticide Coumatetralyl isomer-2 ME 2084
108, 134, 232, 264, M+ 306	C16H22N2O4 306.15796 2250 PS LM/Q Analgesic Mofebutazone-M (HOOC-) MEAC 2024
72, 120, 162, M+ 306	C16H22N2O4 306.15796 2405 USPEAC USPE LM/Q Anesthetic Stimulant Dimethocaine-M (bis-nor-) 2AC 8820

306

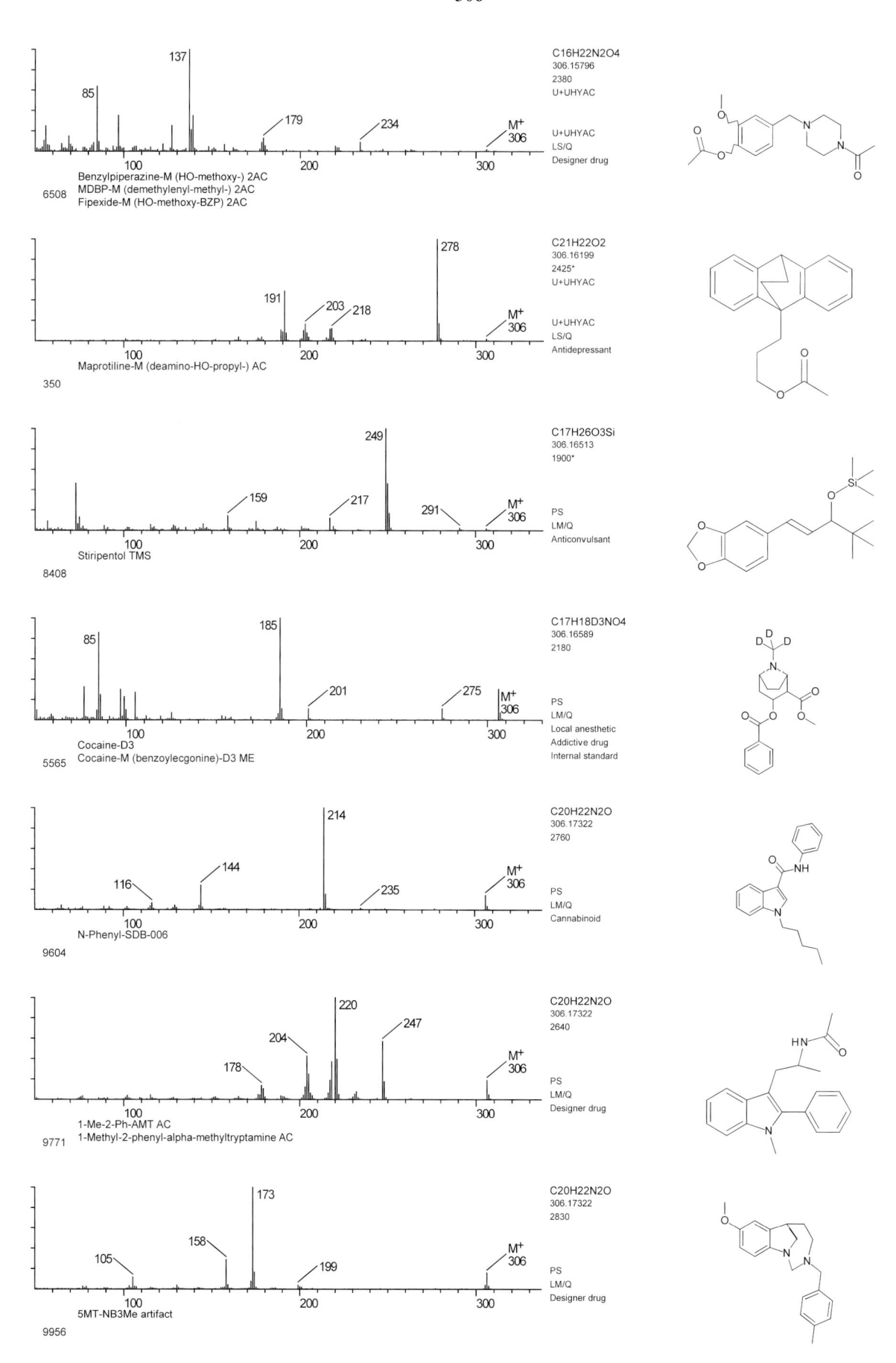

C16H22N2O4
306.15796
2380
U+UHYAC

U+UHYAC
LS/Q
Designer drug

Benzylpiperazine-M (HO-methoxy-) 2AC
MDBP-M (demethylenyl-methyl-) 2AC
Fipexide-M (HO-methoxy-BZP) 2AC
6508

C21H22O2
306.16199
2425*
U+UHYAC

U+UHYAC
LS/Q
Antidepressant

Maprotiline-M (deamino-HO-propyl-) AC
350

C17H26O3Si
306.16513
1900*

PS
LM/Q
Anticonvulsant

Stiripentol TMS
8408

C17H18D3NO4
306.16589
2180

PS
LM/Q
Local anesthetic
Addictive drug
Internal standard

Cocaine-D3
Cocaine-M (benzoylecgonine)-D3 ME
5565

C20H22N2O
306.17322
2760

PS
LM/Q
Cannabinoid

N-Phenyl-SDB-006
9604

C20H22N2O
306.17322
2640

PS
LM/Q
Designer drug

1-Me-2-Ph-AMT AC
1-Methyl-2-phenyl-alpha-methyltryptamine AC
9771

C20H22N2O
306.17322
2830

PS
LM/Q
Designer drug

5MT-NB3Me artifact
9956

306

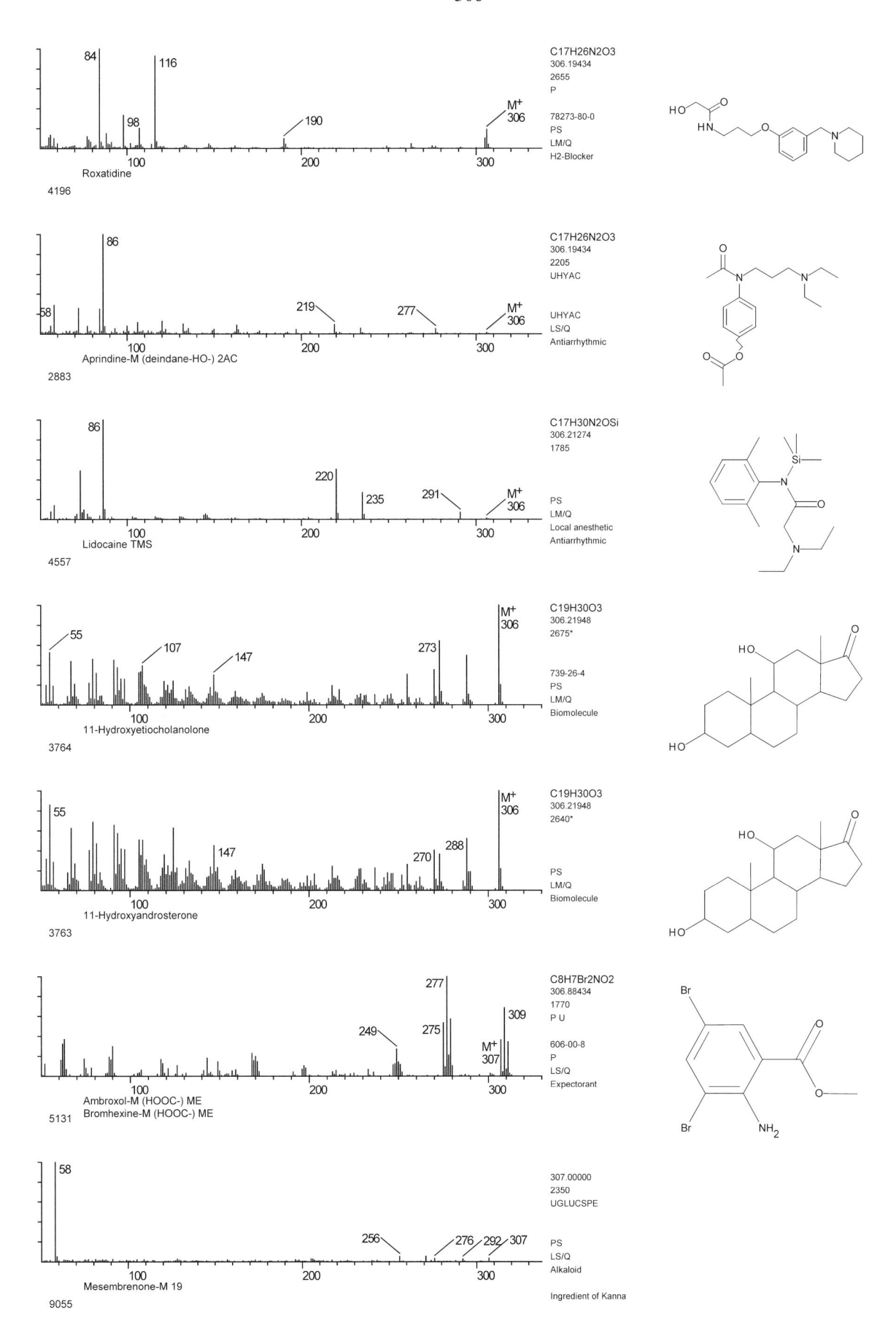

Roxatidine	C17H26N2O3 306.19434 2655 P 78273-80-0 PS LM/Q H2-Blocker
Aprindine-M (deindane-HO-) 2AC	C17H26N2O3 306.19434 2205 UHYAC UHYAC LS/Q Antiarrhythmic
Lidocaine TMS	C17H30N2OSi 306.21274 1785 PS LM/Q Local anesthetic Antiarrhythmic
11-Hydroxyetiocholanolone	C19H30O3 306.21948 2675* 739-26-4 PS LM/Q Biomolecule
11-Hydroxyandrosterone	C19H30O3 306.21948 2640* PS LM/Q Biomolecule
Ambroxol-M (HOOC-) ME / Bromhexine-M (HOOC-) ME	C8H7Br2NO2 306.88434 1770 P U 606-00-8 P LS/Q Expectorant
Mesembrenone-M 19	307.00000 2350 UGLUCSPE PS LS/Q Alkaloid Ingredient of Kanna

307

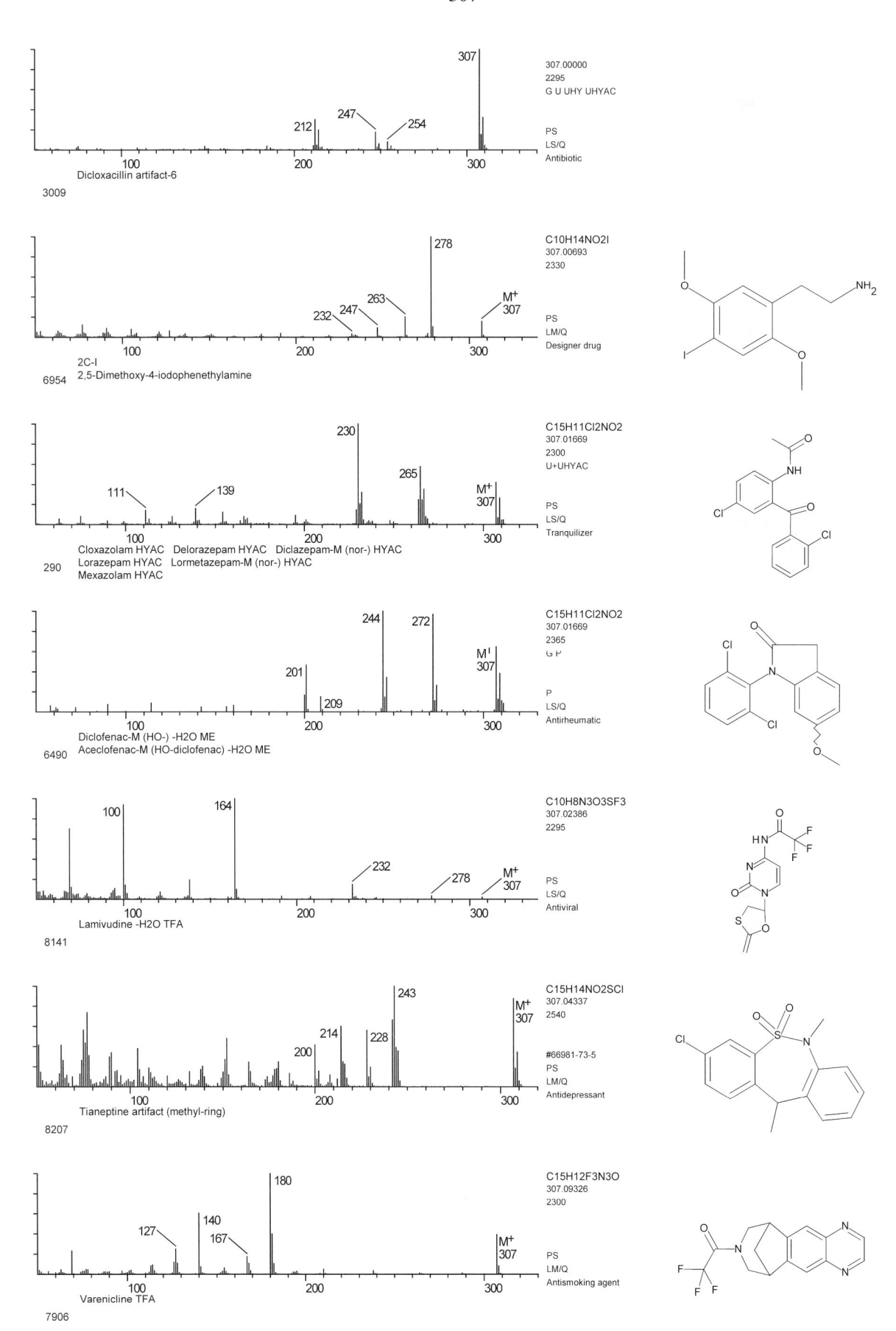

Dicloxacillin artifact-6	peaks: 212, 247, 254, 307	307.00000 2295 G U UHY UHYAC PS LS/Q Antibiotic
3009		
2C-I 2,5-Dimethoxy-4-iodophenethylamine	peaks: 232, 247, 263, 278, M+ 307	C10H14NO2I 307.00693 2330 PS LM/Q Designer drug
6954		
Cloxazolam HYAC Delorazepam HYAC Diclazepam-M (nor-) HYAC Lorazepam HYAC Lormetazepam-M (nor-) HYAC Mexazolam HYAC	peaks: 111, 139, 230, 265, M+ 307	C15H11Cl2NO2 307.01669 2300 U+UHYAC PS LS/Q Tranquilizer
290		
Diclofenac-M (HO-) -H2O ME Aceclofenac-M (HO-diclofenac) -H2O ME	peaks: 201, 209, 244, 272, M+ 307	C15H11Cl2NO2 307.01669 2365 G P P LS/Q Antirheumatic
6490		
Lamivudine -H2O TFA	peaks: 100, 164, 232, 278, M+ 307	C10H8N3O3SF3 307.02386 2295 PS LS/Q Antiviral
8141		
Tianeptine artifact (methyl-ring)	peaks: 200, 214, 228, 243, M+ 307	C15H14NO2SCl 307.04337 2540 #66981-73-5 PS LM/Q Antidepressant
8207		
Varenicline TFA	peaks: 127, 140, 167, 180, M+ 307	C15H12F3N3O 307.09326 2300 PS LM/Q Antismoking agent
7906		

307

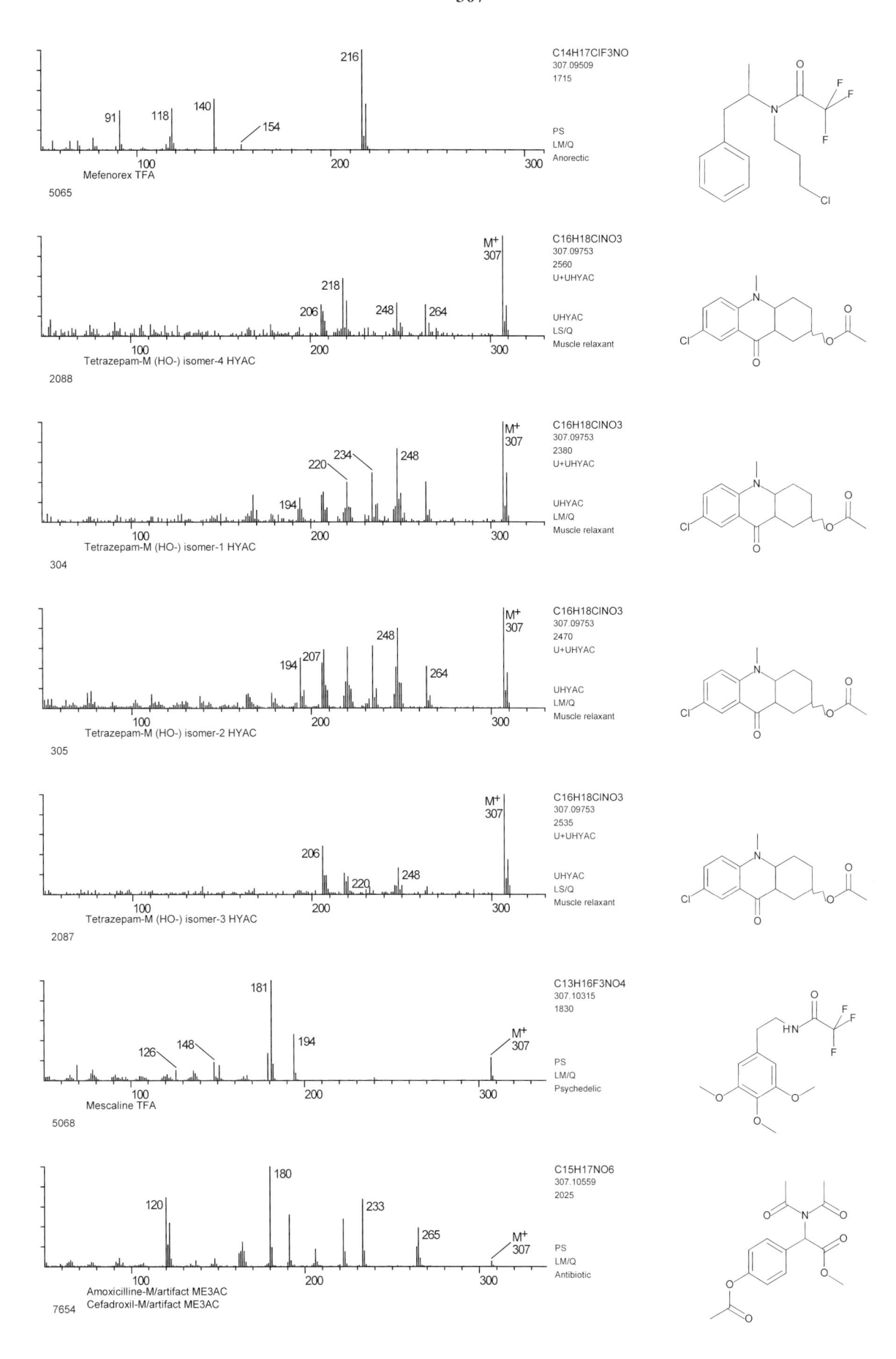

Mefenorex TFA 5065	C14H17ClF3NO 307.09509 1715 PS LM/Q Anorectic	
Tetrazepam-M (HO-) isomer-4 HYAC 2088	C16H18ClNO3 307.09753 2560 U+UHYAC UHYAC LS/Q Muscle relaxant	
Tetrazepam-M (HO-) isomer-1 HYAC 304	C16H18ClNO3 307.09753 2380 U+UHYAC UHYAC LM/Q Muscle relaxant	
Tetrazepam-M (HO-) isomer-2 HYAC 305	C16H18ClNO3 307.09753 2470 U+UHYAC UHYAC LM/Q Muscle relaxant	
Tetrazepam-M (HO-) isomer-3 HYAC 2087	C16H18ClNO3 307.09753 2535 U+UHYAC UHYAC LS/Q Muscle relaxant	
Mescaline TFA 5068	C13H16F3NO4 307.10315 1830 PS LM/Q Psychedelic	
Amoxicilline-M/artifact ME3AC Cefadroxil-M/artifact ME3AC 7654	C15H17NO6 307.10559 2025 PS LM/Q Antibiotic	

307

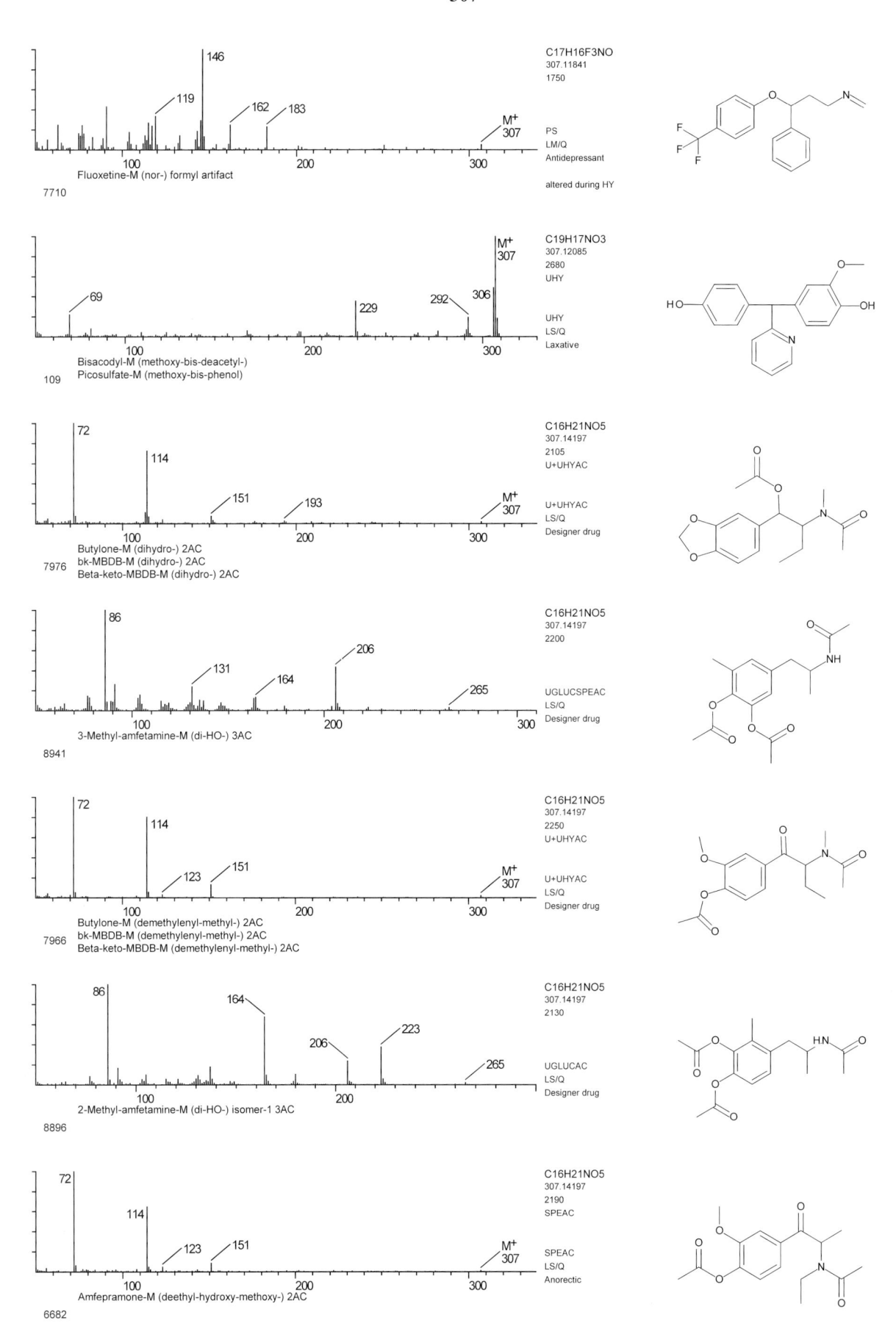

C17H16F3NO
307.11841
1750

PS
LM/Q
Antidepressant

altered during HY

Fluoxetine-M (nor-) formyl artifact
7710

C19H17NO3
307.12085
2680
UHY

UHY
LS/Q
Laxative

Bisacodyl-M (methoxy-bis-deacetyl-)
Picosulfate-M (methoxy-bis-phenol)
109

C16H21NO5
307.14197
2105
U+UHYAC

U+UHYAC
LS/Q
Designer drug

Butylone-M (dihydro-) 2AC
bk-MBDB-M (dihydro-) 2AC
Beta-keto-MBDB-M (dihydro-) 2AC
7976

C16H21NO5
307.14197
2200

UGLUCSPEAC
LS/Q
Designer drug

3-Methyl-amfetamine-M (di-HO-) 3AC
8941

C16H21NO5
307.14197
2250
U+UHYAC

U+UHYAC
LS/Q
Designer drug

Butylone-M (demethylenyl-methyl-) 2AC
bk-MBDB-M (demethylenyl-methyl-) 2AC
Beta-keto-MBDB-M (demethylenyl-methyl-) 2AC
7966

C16H21NO5
307.14197
2130

UGLUCAC
LS/Q
Designer drug

2-Methyl-amfetamine-M (di-HO-) isomer-1 3AC
8896

C16H21NO5
307.14197
2190
SPEAC

SPEAC
LS/Q
Anorectic

Amfepramone-M (deethyl-hydroxy-methoxy-) 2AC
6682

948

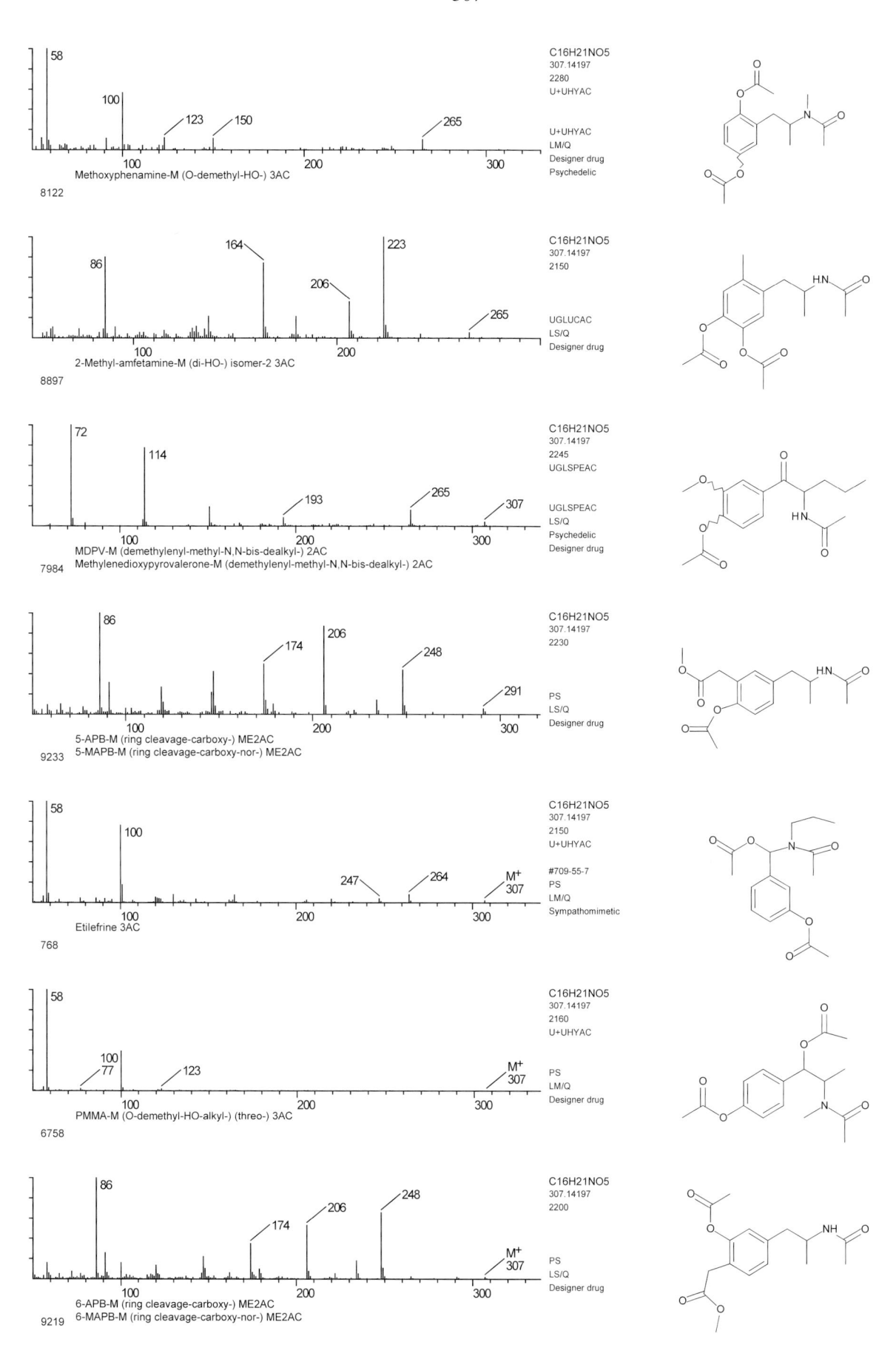

Methoxyphenamine-M (O-demethyl-HO-) 3AC	C16H21NO5 307.14197 2280 U+UHYAC / U+UHYAC LM/Q Designer drug Psychedelic	
2-Methyl-amfetamine-M (di-HO-) isomer-2 3AC	C16H21NO5 307.14197 2150 UGLUCAC LS/Q Designer drug	
MDPV-M (demethylenyl-methyl-N,N-bis-dealkyl-) 2AC Methylenedioxypyrovalerone-M (demethylenyl-methyl-N,N-bis-dealkyl-) 2AC	C16H21NO5 307.14197 2245 UGLSPEAC / UGLSPEAC LS/Q Psychedelic Designer drug	
5-APB-M (ring cleavage-carboxy-) ME2AC 5-MAPB-M (ring cleavage-carboxy-nor-) ME2AC	C16H21NO5 307.14197 2230 PS LS/Q Designer drug	
Etilefrine 3AC	C16H21NO5 307.14197 2150 U+UHYAC #709-55-7 PS LM/Q Sympathomimetic	
PMMA-M (O-demethyl-HO-alkyl-) (threo-) 3AC	C16H21NO5 307.14197 2160 U+UHYAC PS LM/Q Designer drug	
6-APB-M (ring cleavage-carboxy-) ME2AC 6-MAPB-M (ring cleavage-carboxy-nor-) ME2AC	C16H21NO5 307.14197 2200 PS LS/Q Designer drug	

307

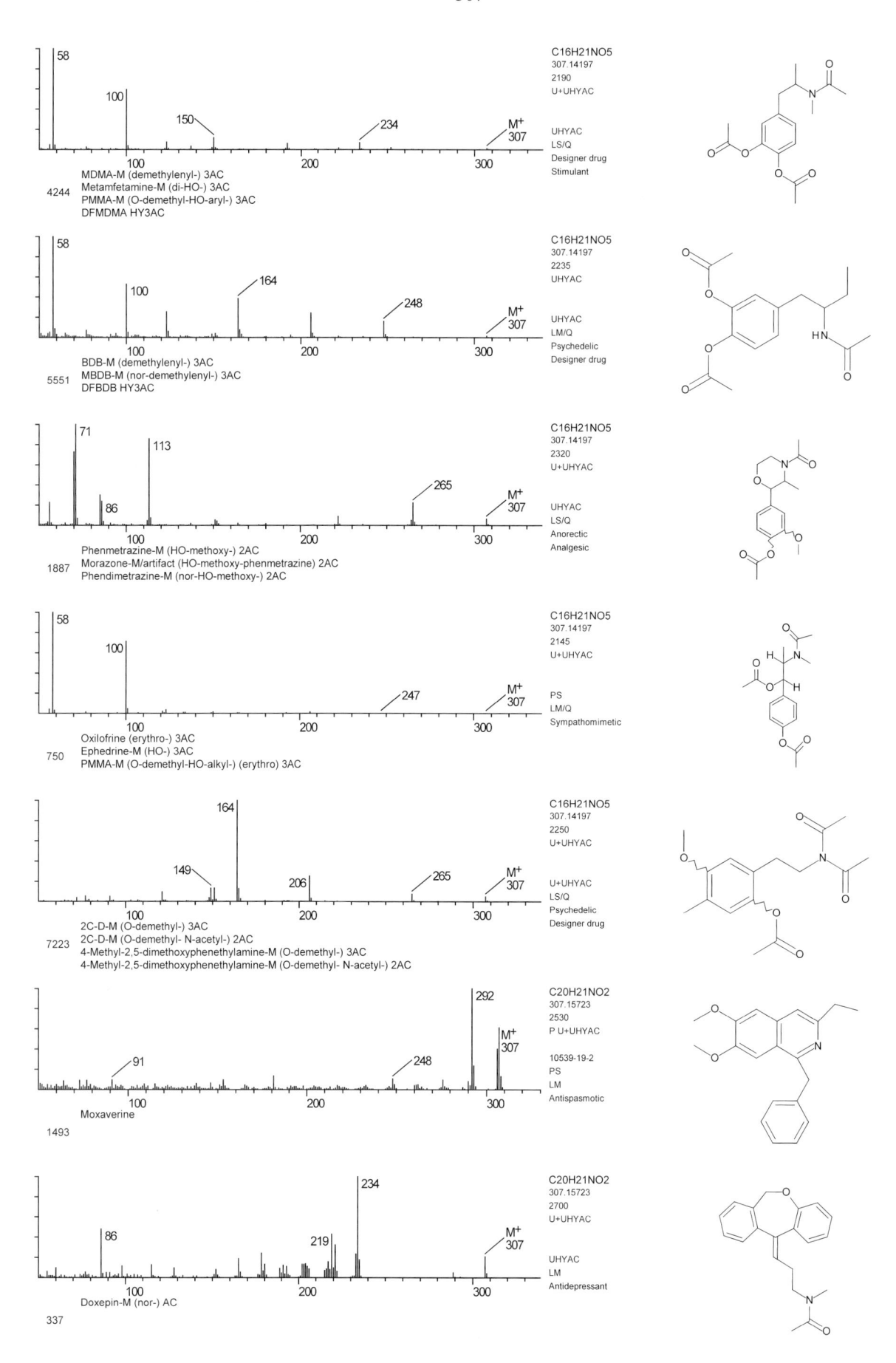

4244
MDMA-M (demethylenyl-) 3AC
Metamfetamine-M (di-HO-) 3AC
PMMA-M (O-demethyl-HO-aryl-) 3AC
DFMDMA HY3AC

C16H21NO5
307.14197
2190
U+UHYAC

UHYAC
LS/Q
Designer drug
Stimulant

5551
BDB-M (demethylenyl-) 3AC
MBDB-M (nor-demethylenyl-) 3AC
DFBDB HY3AC

C16H21NO5
307.14197
2235
UHYAC

UHYAC
LM/Q
Psychedelic
Designer drug

1887
Phenmetrazine-M (HO-methoxy-) 2AC
Morazone-M/artifact (HO-methoxy-phenmetrazine) 2AC
Phendimetrazine-M (nor-HO-methoxy-) 2AC

C16H21NO5
307.14197
2320
U+UHYAC

UHYAC
LS/Q
Anorectic
Analgesic

750
Oxilofrine (erythro-) 3AC
Ephedrine-M (HO-) 3AC
PMMA-M (O-demethyl-HO-alkyl-) (erythro) 3AC

C16H21NO5
307.14197
2145
U+UHYAC

PS
LM/Q
Sympathomimetic

7223
2C-D-M (O-demethyl-) 3AC
2C-D-M (O-demethyl- N-acetyl-) 2AC
4-Methyl-2,5-dimethoxyphenethylamine-M (O-demethyl-) 3AC
4-Methyl-2,5-dimethoxyphenethylamine-M (O-demethyl- N-acetyl-) 2AC

C16H21NO5
307.14197
2250
U+UHYAC

U+UHYAC
LS/Q
Psychedelic
Designer drug

1493
Moxaverine

C20H21NO2
307.15723
2530
P U+UHYAC

10539-19-2
PS
LM
Antispasmotic

337
Doxepin-M (nor-) AC

C20H21NO2
307.15723
2700
U+UHYAC

UHYAC
LM
Antidepressant

307

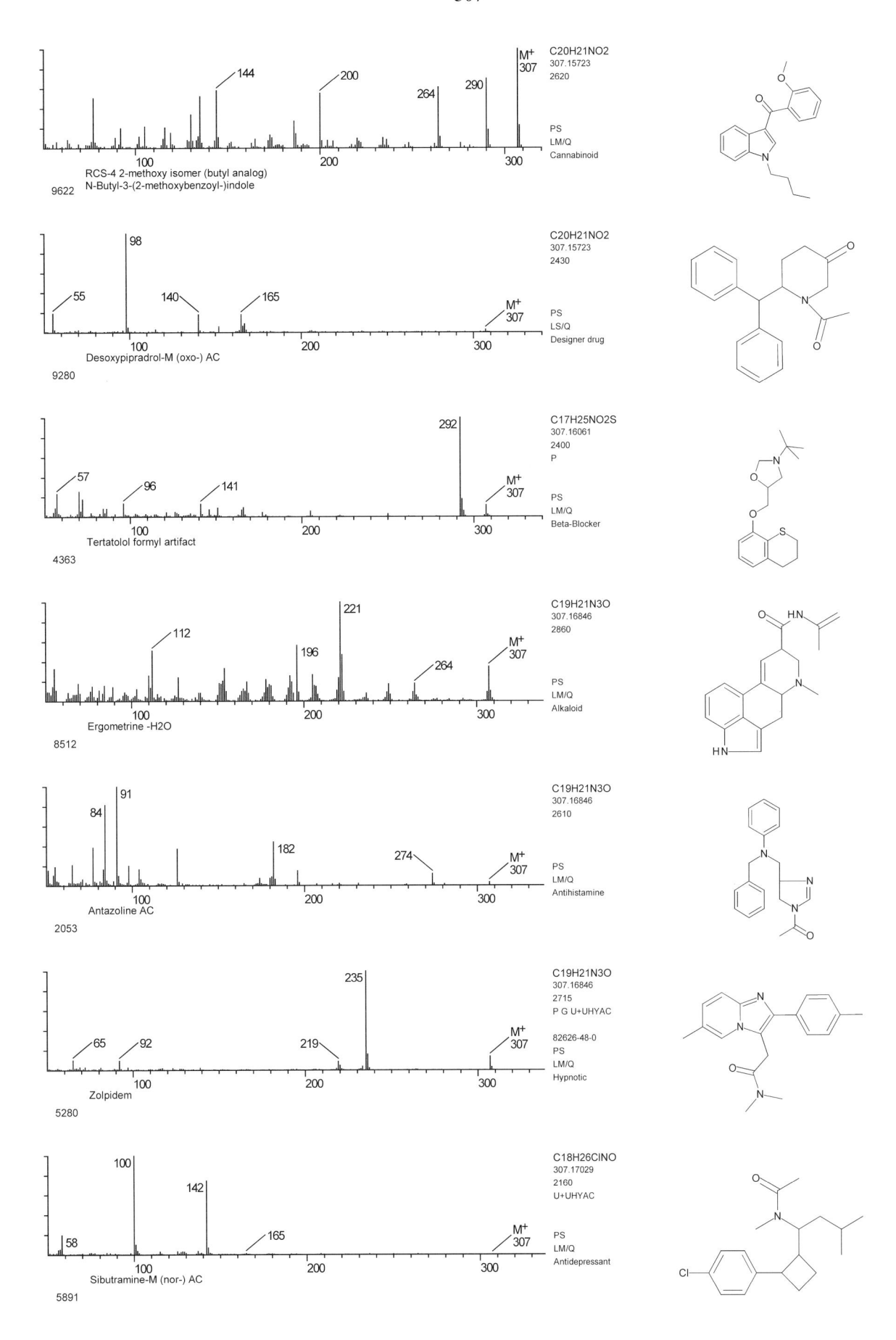

RCS-4 2-methoxy isomer (butyl analog) N-Butyl-3-(2-methoxybenzoyl-)indole — 9622	C20H21NO2 / 307.15723 / 2620 / PS / LM/Q / Cannabinoid
Desoxypipradrol-M (oxo-) AC — 9280	C20H21NO2 / 307.15723 / 2430 / PS / LS/Q / Designer drug
Tertatolol formyl artifact — 4363	C17H25NO2S / 307.16061 / 2400 / P / PS / LM/Q / Beta-Blocker
Ergometrine -H2O — 8512	C19H21N3O / 307.16846 / 2860 / PS / LM/Q / Alkaloid
Antazoline AC — 2053	C19H21N3O / 307.16846 / 2610 / PS / LM/Q / Antihistamine
Zolpidem — 5280	C19H21N3O / 307.16846 / 2715 / P G U+UHYAC / 82626-48-0 / PS / LM/Q / Hypnotic
Sibutramine-M (nor-) AC — 5891	C18H26ClNO / 307.17029 / 2160 / U+UHYAC / PS / LM/Q / Antidepressant

951

307

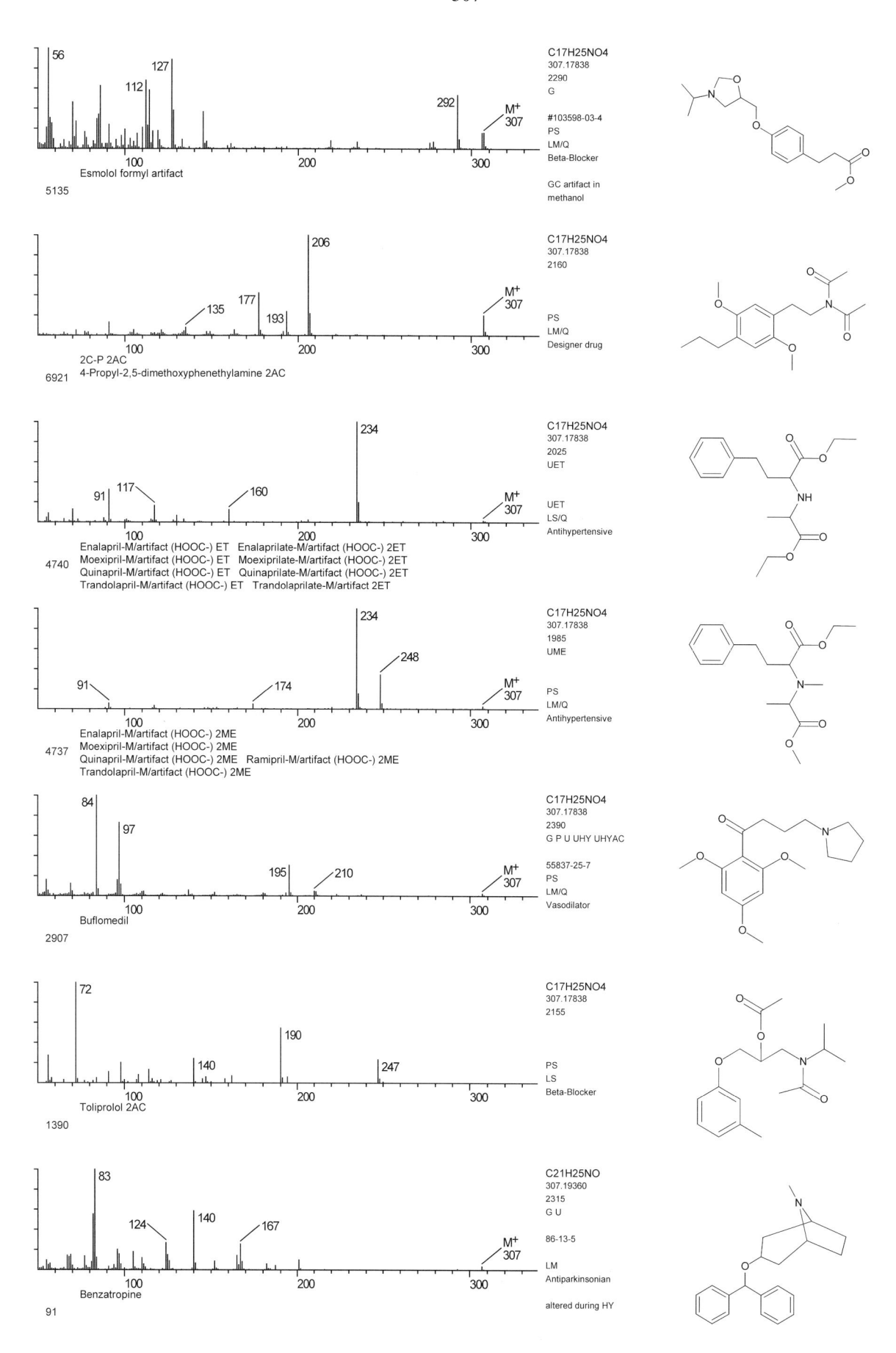

Esmolol formyl artifact 5135	C17H25NO4 307.17838 2290 G #103598-03-4 PS LM/Q Beta-Blocker GC artifact in methanol	
2C-P 2AC 4-Propyl-2,5-dimethoxyphenethylamine 2AC 6921	C17H25NO4 307.17838 2160 PS LM/Q Designer drug	
Enalapril-M/artifact (HOOC-) ET Enalaprilate-M/artifact (HOOC-) 2ET Moexipril-M/artifact (HOOC-) ET Moexiprilate-M/artifact (HOOC-) 2ET Quinapril-M/artifact (HOOC-) ET Quinaprilate-M/artifact (HOOC-) 2ET Trandolapril-M/artifact (HOOC-) ET Trandolaprilate-M/artifact 2ET 4740	C17H25NO4 307.17838 2025 UET UET LS/Q Antihypertensive	
Enalapril-M/artifact (HOOC-) 2ME Moexipril-M/artifact (HOOC-) 2ME Quinapril-M/artifact (HOOC-) 2ME Ramipril-M/artifact (HOOC-) 2ME Trandolapril-M/artifact (HOOC-) 2ME 4737	C17H25NO4 307.17838 1985 UME PS LM/Q Antihypertensive	
Buflomedil 2907	C17H25NO4 307.17838 2390 G P U UHY UHYAC 55837-25-7 PS LM/Q Vasodilator	
Toliprolol 2AC 1390	C17H25NO4 307.17838 2155 PS LS Beta-Blocker	
Benzatropine 91	C21H25NO 307.19360 2315 G U 86-13-5 LM Antiparkinsonian altered during HY	

307

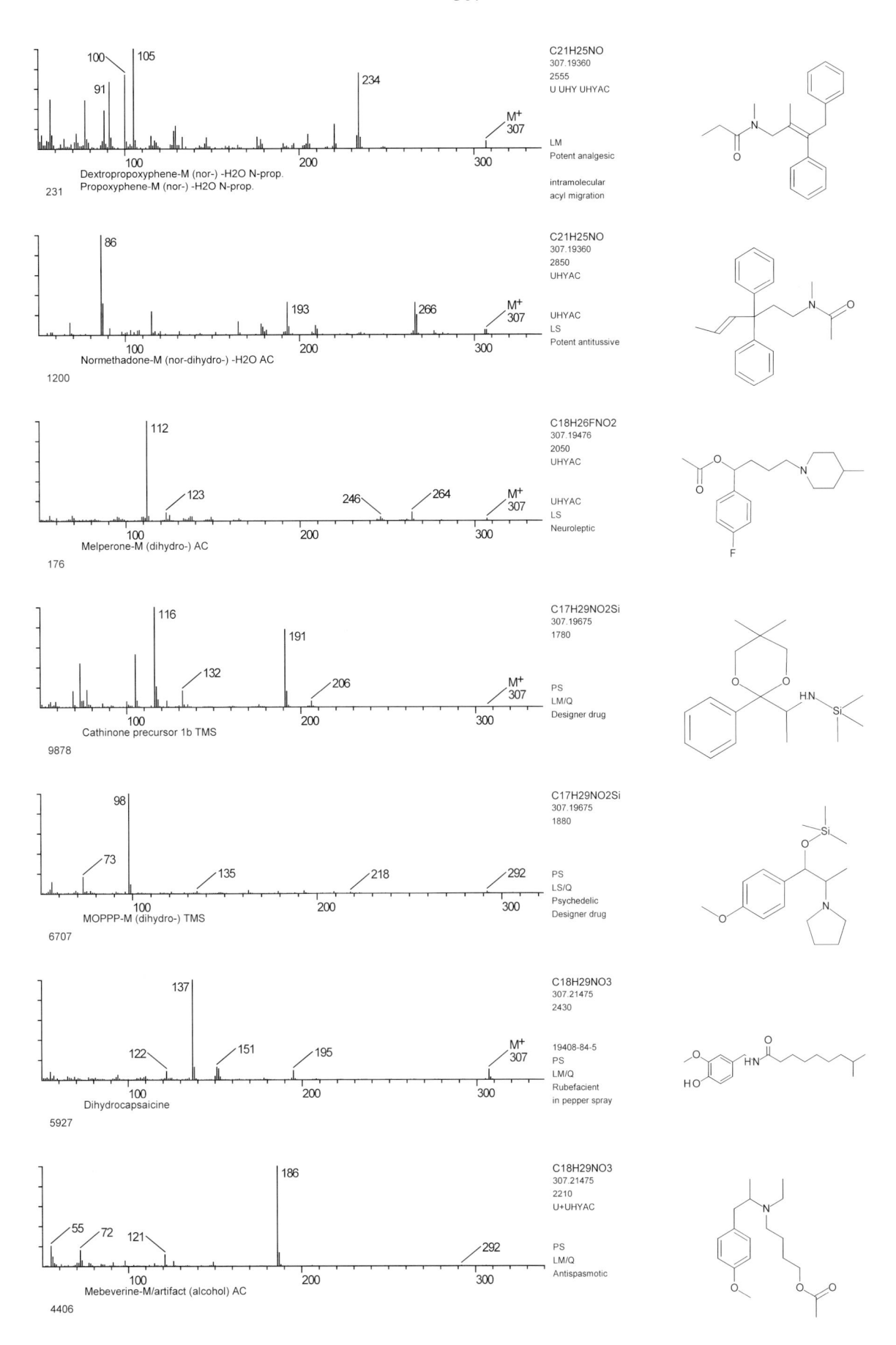

100, 105, 91, 234, M+ 307	C21H25NO 307.19360 2555 U UHY UHYAC LM Potent analgesic intramolecular acyl migration	
Dextropropoxyphene-M (nor-) -H2O N-prop. Propoxyphene-M (nor-) -H2O N-prop. 231		
86, 193, 266, M+ 307	C21H25NO 307.19360 2850 UHYAC UHYAC LS Potent antitussive	
Normethadone-M (nor-dihydro-) -H2O AC 1200		
112, 123, 246, 264, M+ 307	C18H26FNO2 307.19476 2050 UHYAC UHYAC LS Neuroleptic	
Melperone-M (dihydro-) AC 176		
116, 191, 132, 206, M+ 307	C17H29NO2Si 307.19675 1780 PS LM/Q Designer drug	
Cathinone precursor 1b TMS 9878		
98, 73, 135, 218, 292	C17H29NO2Si 307.19675 1880 PS LS/Q Psychedelic Designer drug	
MOPPP-M (dihydro-) TMS 6707		
137, 122, 151, 195, M+ 307	C18H29NO3 307.21475 2430 19408-84-5 PS LM/Q Rubefacient in pepper spray	
Dihydrocapsaicine 5927		
186, 55, 72, 121, 292	C18H29NO3 307.21475 2210 U+UHYAC PS LM/Q Antispasmotic	
Mebeverine-M/artifact (alcohol) AC 4406		

953

307

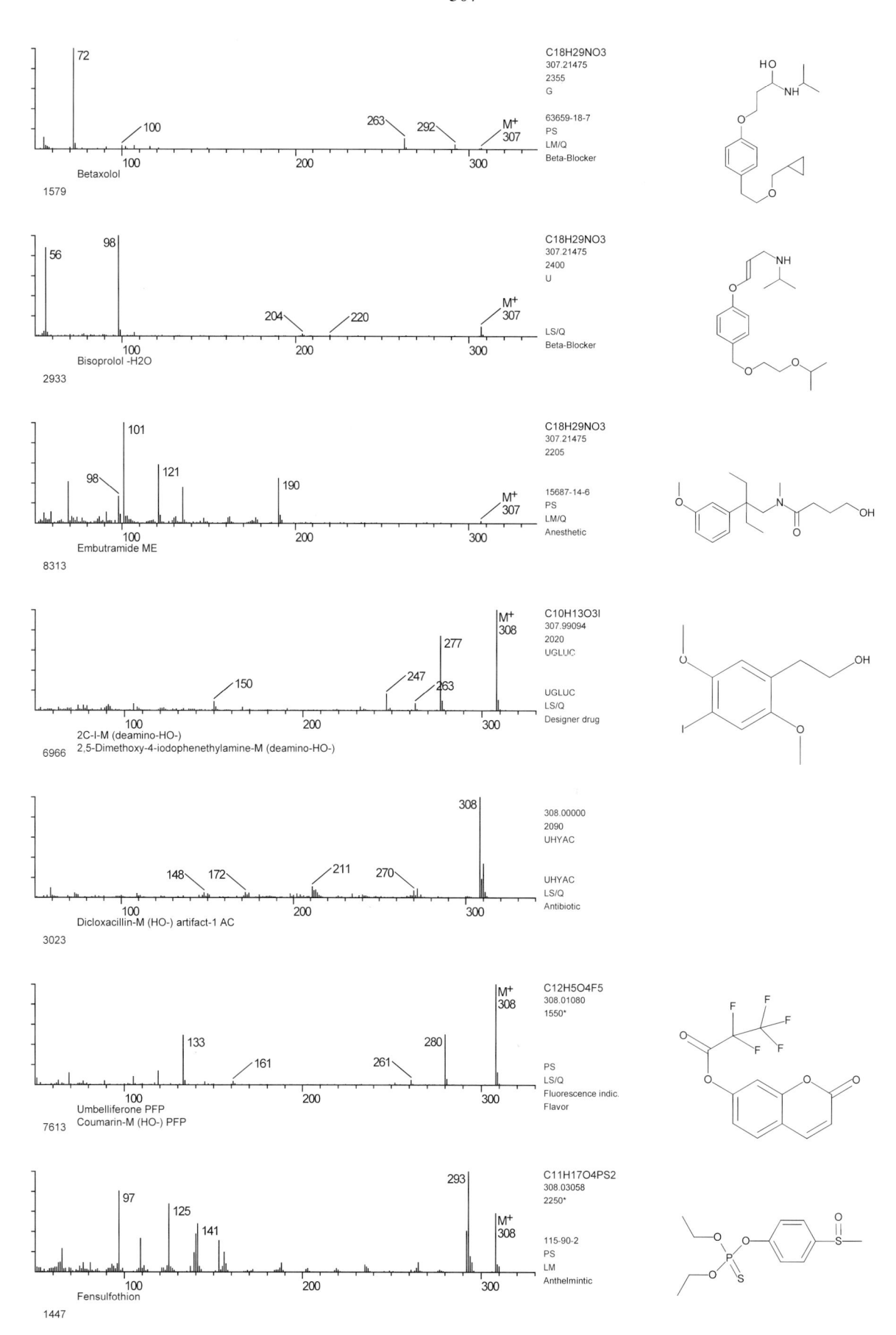

Betaxolol — C18H29NO3, 307.21475, 2355, G, 63659-18-7, PS, LM/Q, Beta-Blocker
Peaks: 72, 100, 263, 292, M+ 307
1579

Bisoprolol -H2O — C18H29NO3, 307.21475, 2400, U, LS/Q, Beta-Blocker
Peaks: 56, 98, 204, 220, M+ 307
2933

Embutramide ME — C18H29NO3, 307.21475, 2205, 15687-14-6, PS, LM/Q, Anesthetic
Peaks: 98, 101, 121, 190, M+ 307
8313

2C-I-M (deamino-HO-) / **2,5-Dimethoxy-4-iodophenethylamine-M (deamino-HO-)** — C10H13O3I, 307.99094, 2020, UGLUC, UGLUC, LS/Q, Designer drug
Peaks: 150, 247, 263, 277, M+ 308
6966

Dicloxacillin-M (HO-) artifact-1 AC — 308.00000, 2090, UHYAC, UHYAC, LS/Q, Antibiotic
Peaks: 148, 172, 211, 270, 308
3023

Umbelliferone PFP / **Coumarin-M (HO-) PFP** — C12H5O4F5, 308.01080, 1550*, PS, LS/Q, Fluorescence indic., Flavor
Peaks: 133, 161, 261, 280, M+ 308
7613

Fensulfothion — C11H17O4PS2, 308.03058, 2250*, 115-90-2, PS, LM, Anthelmintic
Peaks: 97, 125, 141, 293, M+ 308
1447

308

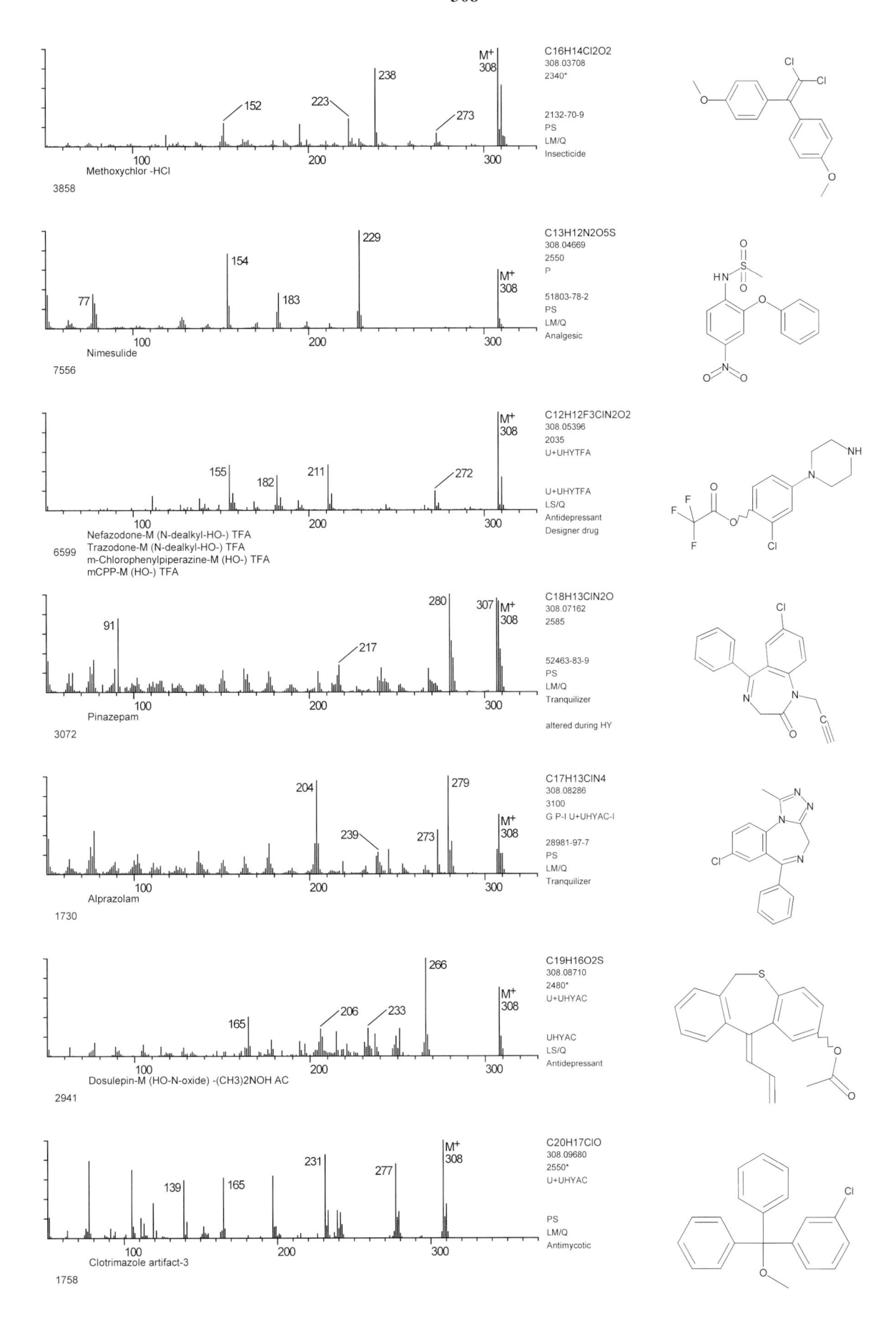

Methoxychlor -HCl 3858	C16H14Cl2O2 308.03708 2340* 2132-70-9 PS LM/Q Insecticide
Nimesulide 7556	C13H12N2O5S 308.04669 2550 P 51803-78-2 PS LM/Q Analgesic
Nefazodone-M (N-dealkyl-HO-) TFA Trazodone-M (N-dealkyl-HO-) TFA m-Chlorophenylpiperazine-M (HO-) TFA mCPP-M (HO-) TFA 6599	C12H12F3ClN2O2 308.05396 2035 U+UHYTFA U+UHYTFA LS/Q Antidepressant Designer drug
Pinazepam 3072	C18H13ClN2O 308.07162 2585 52463-83-9 PS LM/Q Tranquilizer altered during HY
Alprazolam 1730	C17H13ClN4 308.08286 3100 G P-I U+UHYAC-I 28981-97-7 PS LM/Q Tranquilizer
Dosulepin-M (HO-N-oxide) -(CH3)2NOH AC 2941	C19H16O2S 308.08710 2480* U+UHYAC UHYAC LS/Q Antidepressant
Clotrimazole artifact-3 1758	C20H17ClO 308.09680 2550* U+UHYAC PS LM/Q Antimycotic

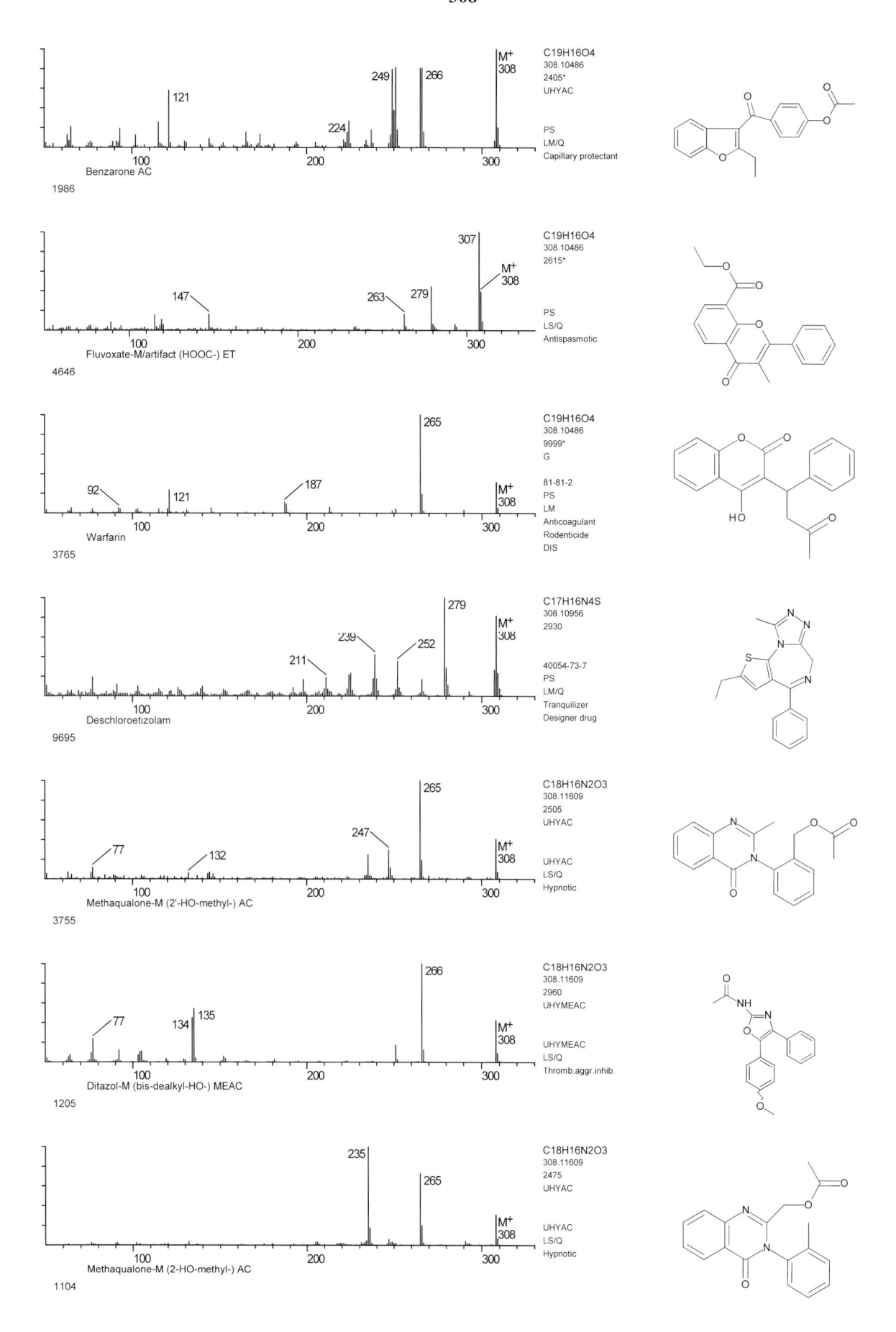

Benzarone AC	121, 224, 249, 266, M+ 308	C19H16O4 308.10486 2405* UHYAC PS LM/Q Capillary protectant
1986		
Fluvoxate-M/artifact (HOOC-) ET	147, 263, 279, 307, M+ 308	C19H16O4 308.10486 2615* PS LS/Q Antispasmotic
4646		
Warfarin	92, 121, 187, 265, M+ 308	C19H16O4 308.10486 9999* G 81-81-2 PS LM Anticoagulant Rodenticide DIS
3765		
Deschloroetizolam	211, 239, 252, 279, M+ 308	C17H16N4S 308.10956 2930 40054-73-7 PS LM/Q Tranquilizer Designer drug
9695		
Methaqualone-M (2'-HO-methyl-) AC	77, 132, 247, 265, M+ 308	C18H16N2O3 308.11609 2505 UHYAC UHYAC LS/Q Hypnotic
3755		
Ditazol-M (bis-dealkyl-HO-) MEAC	77, 134, 135, 266, M+ 308	C18H16N2O3 308.11609 2960 UHYMEAC UHYMEAC LS/Q Thromb.aggr.inhib.
1205		
Methaqualone-M (2-HO-methyl-) AC	235, 265, M+ 308	C18H16N2O3 308.11609 2475 UHYAC UHYAC LS/Q Hypnotic
1104		

308

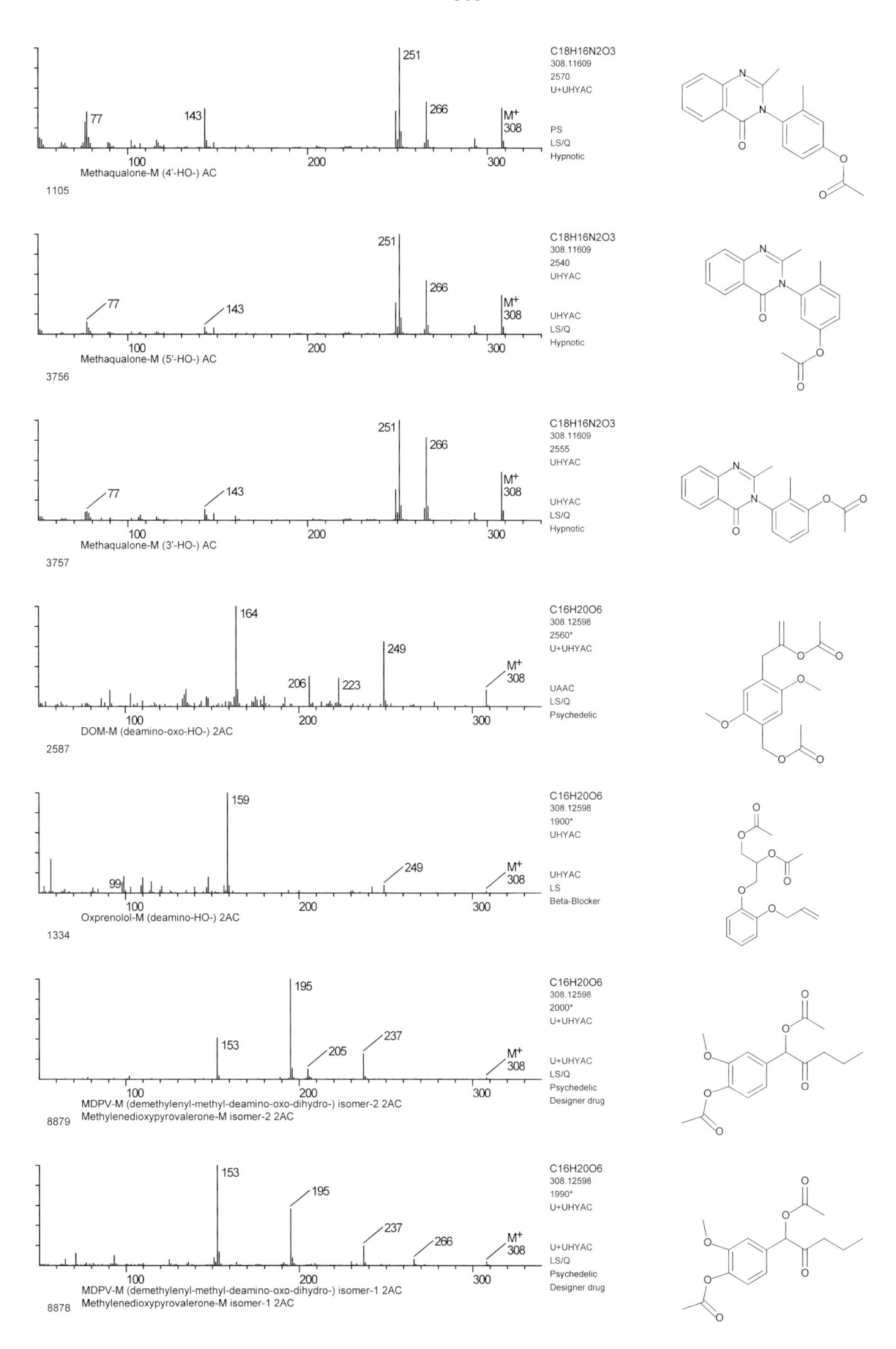

Spectrum	Formula/Info
Methaqualone-M (4'-HO-) AC	C18H16N2O3, 308.11609, 2570, U+UHYAC, PS, LS/Q, Hypnotic — peaks: 77, 143, 251, 266, M+ 308
Methaqualone-M (5'-HO-) AC	C18H16N2O3, 308.11609, 2540, UHYAC, UHYAC, LS/Q, Hypnotic — peaks: 77, 143, 251, 266, M+ 308
Methaqualone-M (3'-HO-) AC	C18H16N2O3, 308.11609, 2555, UHYAC, UHYAC, LS/Q, Hypnotic — peaks: 77, 143, 251, 266, M+ 308
DOM-M (deamino-oxo-HO-) 2AC	C16H20O6, 308.12598, 2560*, U+UHYAC, UAAC, LS/Q, Psychedelic — peaks: 164, 206, 223, 249, M+ 308
Oxprenolol-M (deamino-HO-) 2AC	C16H20O6, 308.12598, 1900*, UHYAC, UHYAC, LS, Beta-Blocker — peaks: 99, 159, 249, M+ 308
MDPV-M (demethylenyl-methyl-deamino-oxo-dihydro-) isomer-2 2AC / Methylenedioxypyrovalerone-M isomer-2 2AC	C16H20O6, 308.12598, 2000*, U+UHYAC, U+UHYAC, LS/Q, Psychedelic, Designer drug — peaks: 153, 195, 205, 237, M+ 308
MDPV-M (demethylenyl-methyl-deamino-oxo-dihydro-) isomer-1 2AC / Methylenedioxypyrovalerone-M isomer-1 2AC	C16H20O6, 308.12598, 1990*, U+UHYAC, U+UHYAC, LS/Q, Psychedelic, Designer drug — peaks: 153, 195, 237, 266, M+ 308

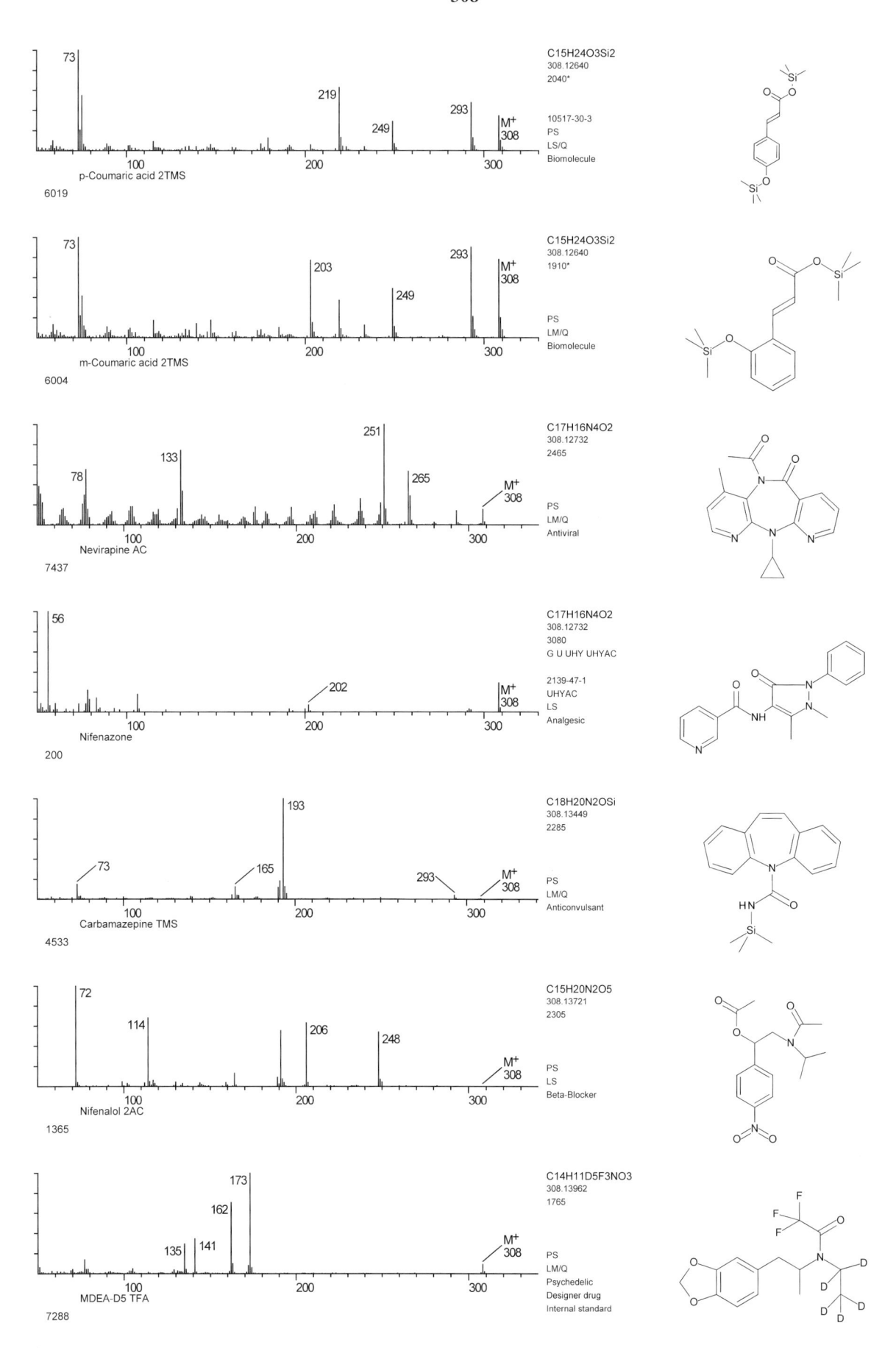

p-Coumaric acid 2TMS
6019
C15H24O3Si2
308.12640
2040*
10517-30-3
PS
LS/Q
Biomolecule

m-Coumaric acid 2TMS
6004
C15H24O3Si2
308.12640
1910*
PS
LM/Q
Biomolecule

Nevirapine AC
7437
C17H16N4O2
308.12732
2465
PS
LM/Q
Antiviral

Nifenazone
200
C17H16N4O2
308.12732
3080
G U UHY UHYAC
2139-47-1
UHYAC
LS
Analgesic

Carbamazepine TMS
4533
C18H20N2OSi
308.13449
2285
PS
LM/Q
Anticonvulsant

Nifenalol 2AC
1365
C15H20N2O5
308.13721
2305
PS
LS
Beta-Blocker

MDEA-D5 TFA
7288
C14H11D5F3NO3
308.13962
1765
PS
LM/Q
Psychedelic
Designer drug
Internal standard

308

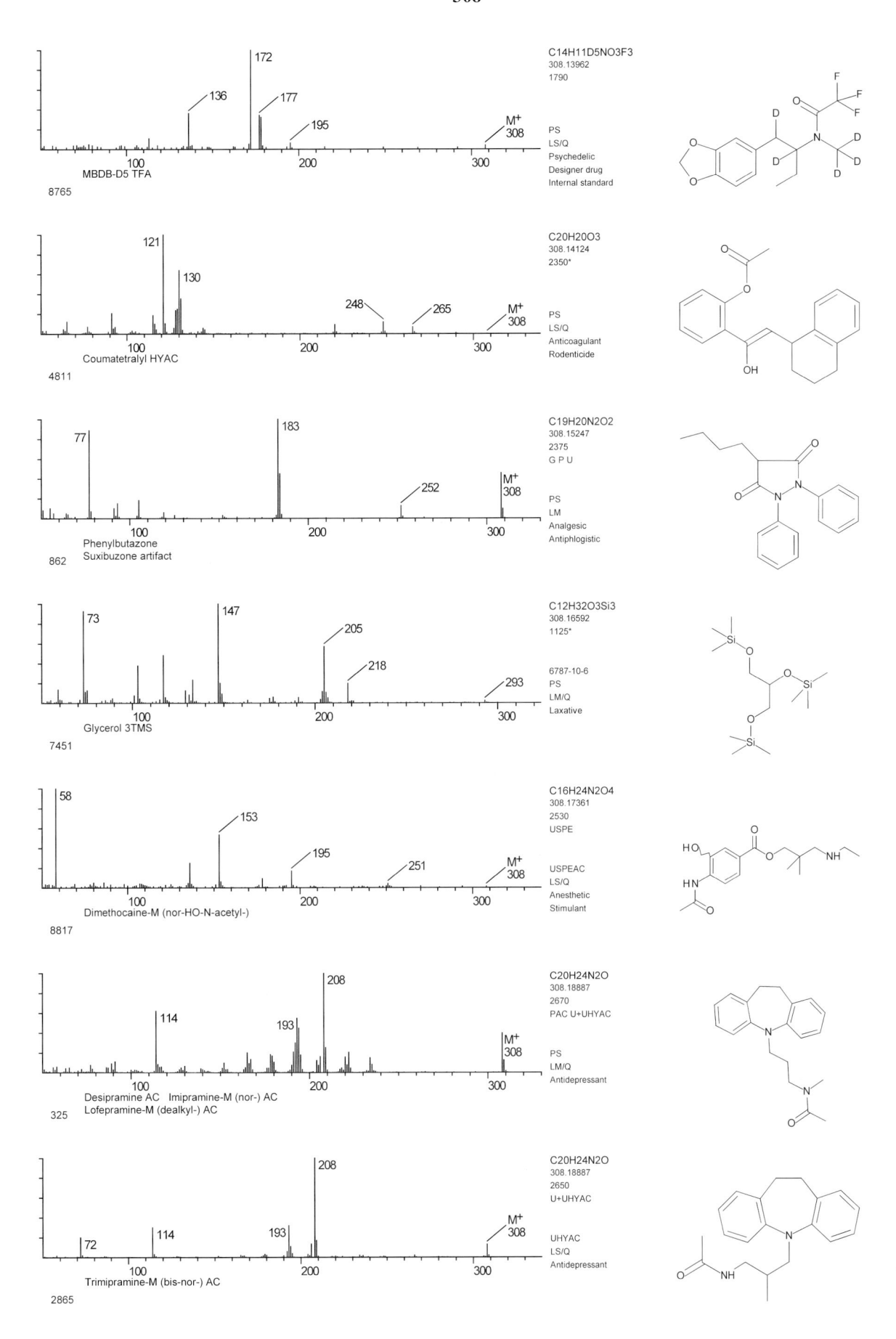

Spectrum label	Formula / Info
MBDB-D5 TFA — 8765	C14H11D5NO3F3, 308.13962, 1790, PS, LS/Q, Psychedelic Designer drug, Internal standard. Peaks: 136, 172, 177, 195, M+ 308
Coumatetralyl HYAC — 4811	C20H20O3, 308.14124, 2350*, PS, LS/Q, Anticoagulant, Rodenticide. Peaks: 121, 130, 248, 265, M+ 308
Phenylbutazone / Suxibuzone artifact — 862	C19H20N2O2, 308.15247, 2375, G P U, PS, LM, Analgesic, Antiphlogistic. Peaks: 77, 183, 252, M+ 308
Glycerol 3TMS — 7451	C12H32O3Si3, 308.16592, 1125*, 6787-10-6, PS, LM/Q, Laxative. Peaks: 73, 147, 205, 218, 293
Dimethocaine-M (nor-HO-N-acetyl-) — 8817	C16H24N2O4, 308.17361, 2530, USPE, USPEAC, LS/Q, Anesthetic, Stimulant. Peaks: 58, 153, 195, 251, M+ 308
Desipramine AC / Imipramine-M (nor-) AC / Lofepramine-M (dealkyl-) AC — 325	C20H24N2O, 308.18887, 2670, PAC U+UHYAC, PS, LM/Q, Antidepressant. Peaks: 114, 193, 208, M+ 308
Trimipramine-M (bis-nor-) AC — 2865	C20H24N2O, 308.18887, 2650, U+UHYAC, UHYAC, LS/Q, Antidepressant. Peaks: 72, 114, 193, 208, M+ 308

308

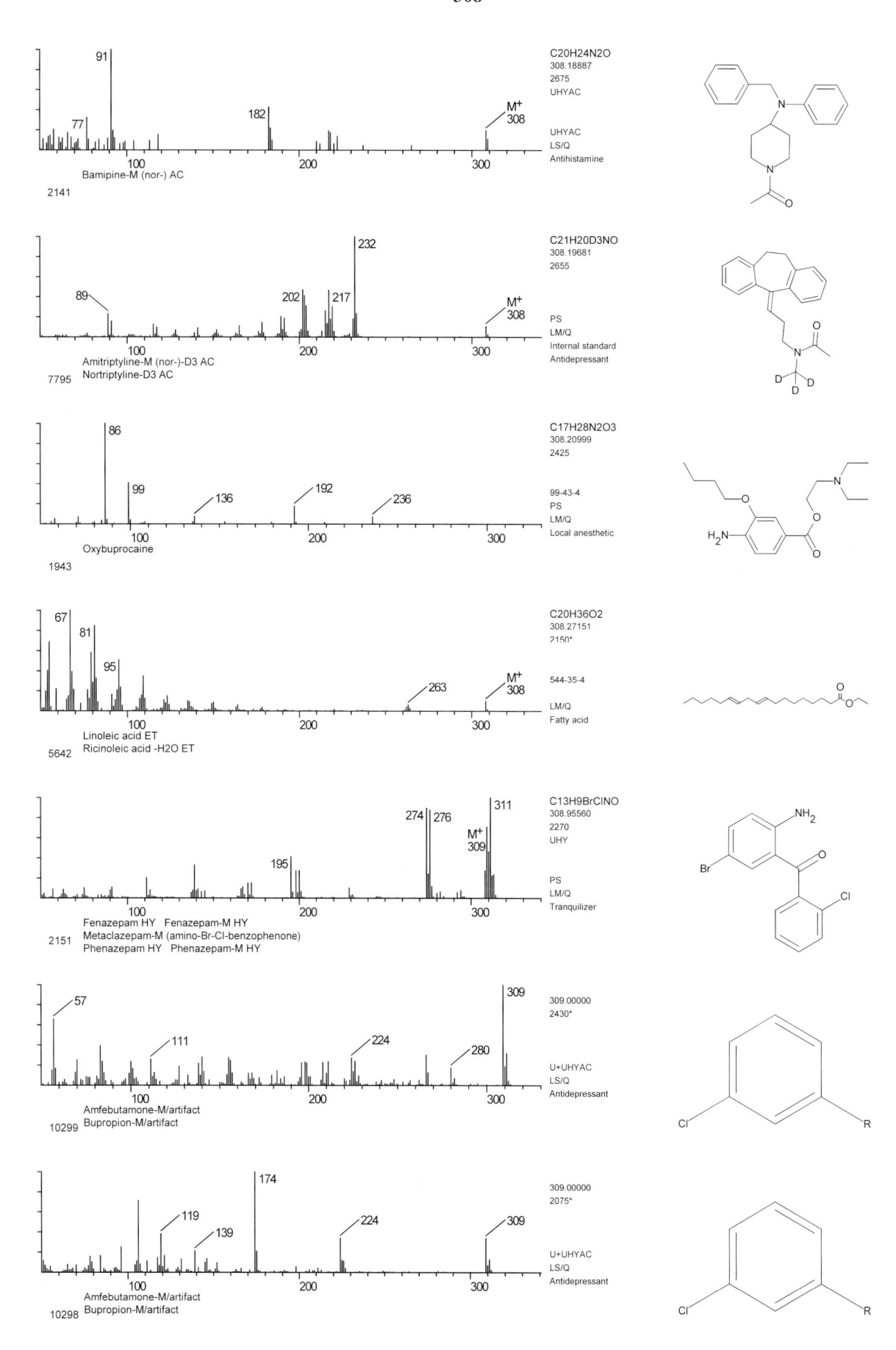

Bamipine-M (nor-) AC
2141

C20H24N2O
308.18887
2675
UHYAC

UHYAC
LS/Q
Antihistamine

Amitriptyline-M (nor-)-D3 AC
Nortriptyline-D3 AC
7795

C21H20D3NO
308.19681
2655

PS
LM/Q
Internal standard
Antidepressant

Oxybuprocaine
1943

C17H28N2O3
308.20999
2425

99-43-4
PS
LM/Q
Local anesthetic

Linoleic acid ET
Ricinoleic acid -H2O ET
5642

C20H36O2
308.27151
2150*

544-35-4
LM/Q
Fatty acid

Fenazepam HY Fenazepam-M HY
Metaclazepam-M (amino-Br-Cl-benzophenone)
Phenazepam HY Phenazepam-M HY
2151

C13H9BrClNO
308.95560
2270
UHY

PS
LM/Q
Tranquilizer

Amfebutamone-M/artifact
Bupropion-M/artifact
10299

309.00000
2430*

U+UHYAC
LS/Q
Antidepressant

Amfebutamone-M/artifact
Bupropion-M/artifact
10298

309.00000
2075*

U+UHYAC
LS/Q
Antidepressant

960

309

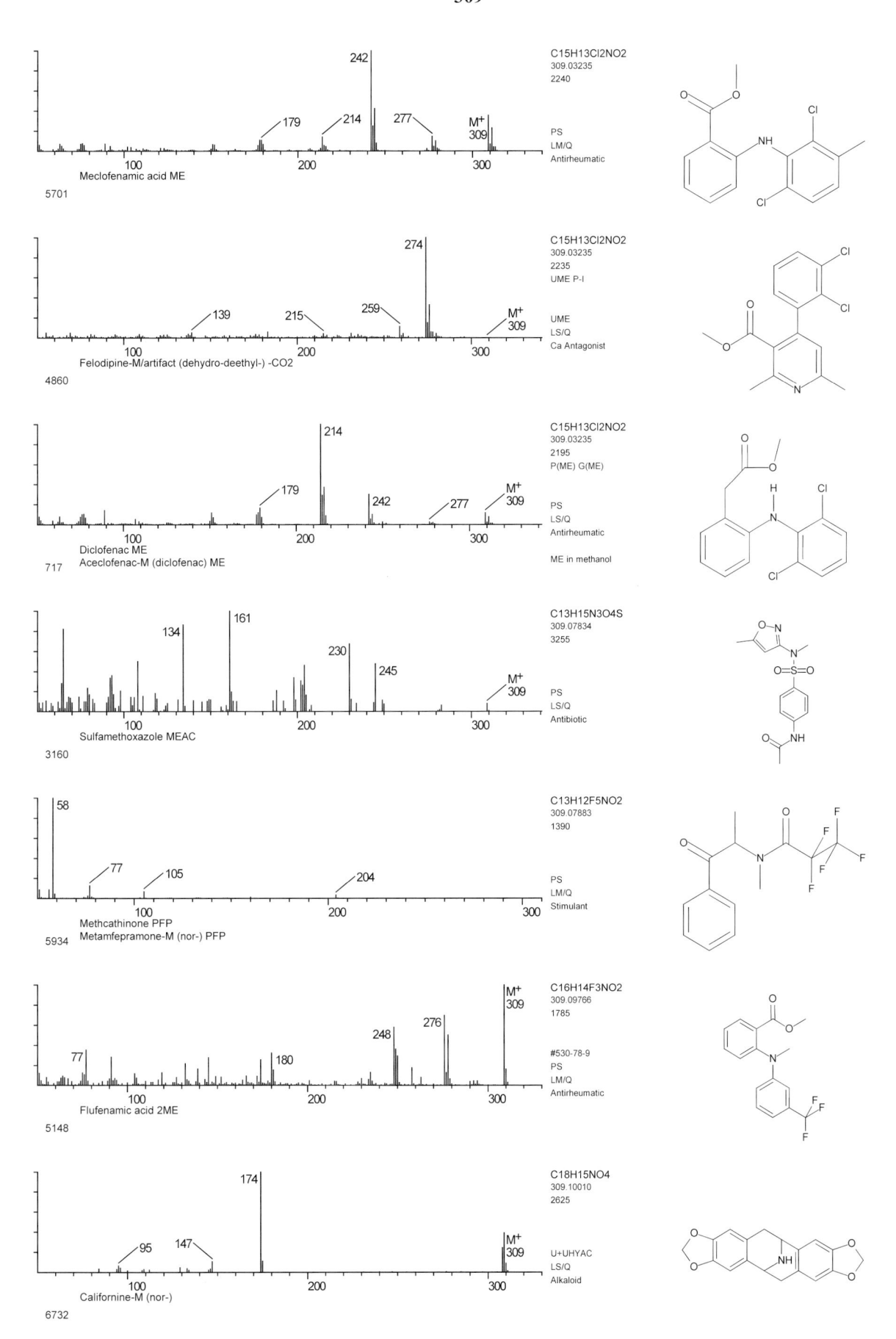

Spectrum	Formula / Info
Meclofenamic acid ME — 5701; peaks 179, 214, 242, 277, M+ 309	C15H13Cl2NO2; 309.03235; 2240; PS; LM/Q; Antirheumatic
Felodipine-M/artifact (dehydro-deethyl-) -CO2 — 4860; peaks 139, 215, 259, 274, M+ 309	C15H13Cl2NO2; 309.03235; 2235; UME P-I; UME; LS/Q; Ca Antagonist
Diclofenac ME / Aceclofenac-M (diclofenac) ME — 717; peaks 179, 214, 242, 277, M+ 309	C15H13Cl2NO2; 309.03235; 2195; P(ME) G(ME); PS; LS/Q; Antirheumatic; ME in methanol
Sulfamethoxazole MEAC — 3160; peaks 134, 161, 230, 245, M+ 309	C13H15N3O4S; 309.07834; 3255; PS; LS/Q; Antibiotic
Methcathinone PFP / Metamfepramone-M (nor-) PFP — 5934; peaks 58, 77, 105, 204	C13H12F5NO2; 309.07883; 1390; PS; LM/Q; Stimulant
Flufenamic acid 2ME — 5148; peaks 77, 180, 248, 276, M+ 309	C16H14F3NO2; 309.09766; 1785; #530-78-9; PS; LM/Q; Antirheumatic
Californine-M (nor-) — 6732; peaks 95, 147, 174, M+ 309	C18H15NO4; 309.10010; 2625; U+UHYAC; LS/Q; Alkaloid

309

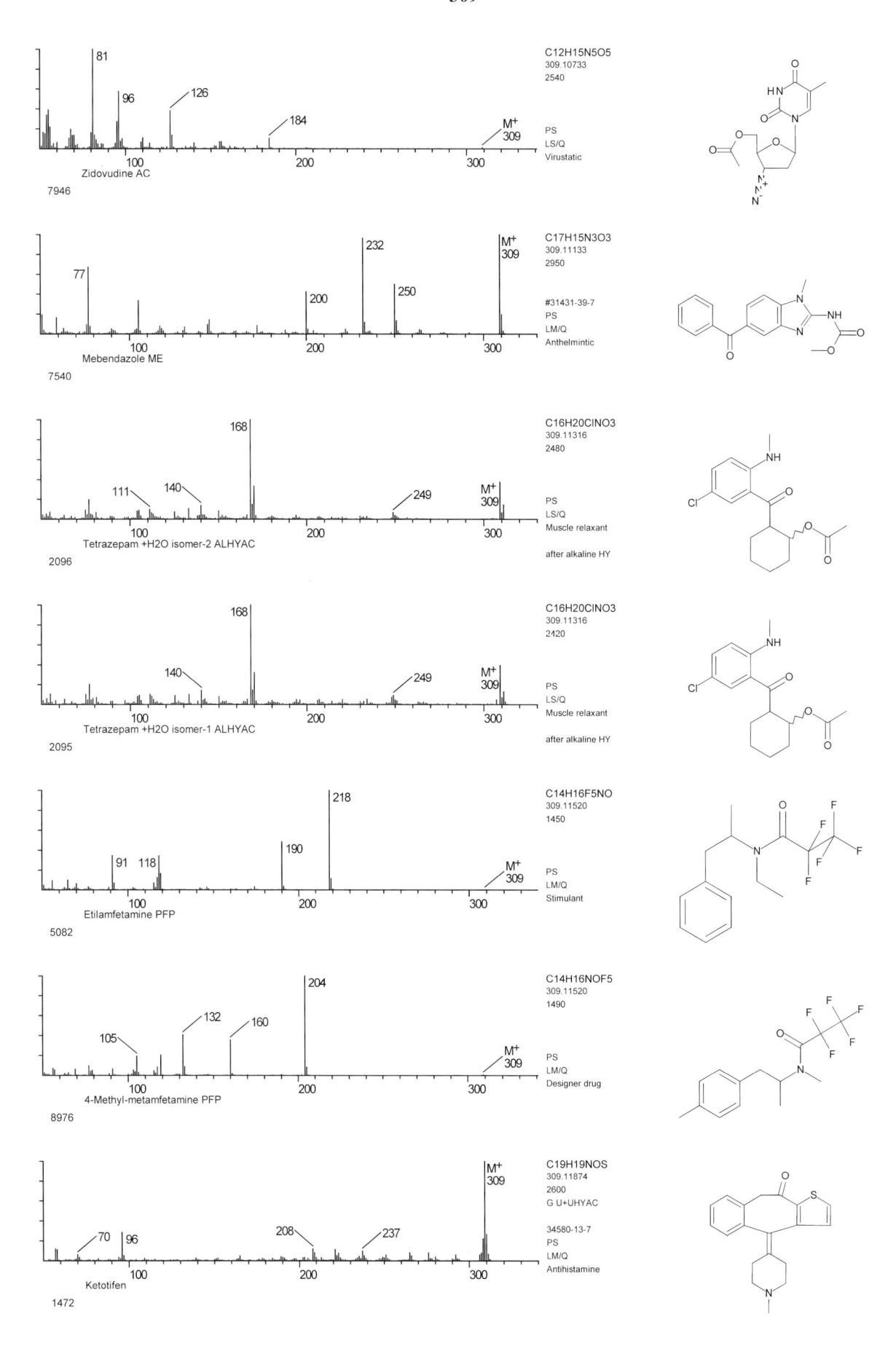

Zidovudine AC — 7946	C12H15N5O5, 309.10733, 2540, PS, LS/Q, Virustatic. Peaks: 81, 96, 126, 184, M+ 309
Mebendazole ME — 7540	C17H15N3O3, 309.11133, 2950, #31431-39-7, PS, LM/Q, Anthelmintic. Peaks: 77, 200, 232, 250, M+ 309
Tetrazepam +H2O isomer-2 ALHYAC — 2096	C16H20ClNO3, 309.11316, 2480, PS, LS/Q, Muscle relaxant, after alkaline HY. Peaks: 111, 140, 168, 249, M+ 309
Tetrazepam +H2O isomer-1 ALHYAC — 2095	C16H20ClNO3, 309.11316, 2420, PS, LS/Q, Muscle relaxant, after alkaline HY. Peaks: 140, 168, 249, M+ 309
Etilamfetamine PFP — 5082	C14H16F5NO, 309.11520, 1450, PS, LM/Q, Stimulant. Peaks: 91, 118, 190, 218, M+ 309
4-Methyl-metamfetamine PFP — 8976	C14H16NOF5, 309.11520, 1490, PS, LM/Q, Designer drug. Peaks: 105, 132, 160, 204, M+ 309
Ketotifen — 1472	C19H19NOS, 309.11874, 2600, G U+UHYAC, 34580-13-7, PS, LM/Q, Antihistamine. Peaks: 70, 96, 208, 237, M+ 309

309

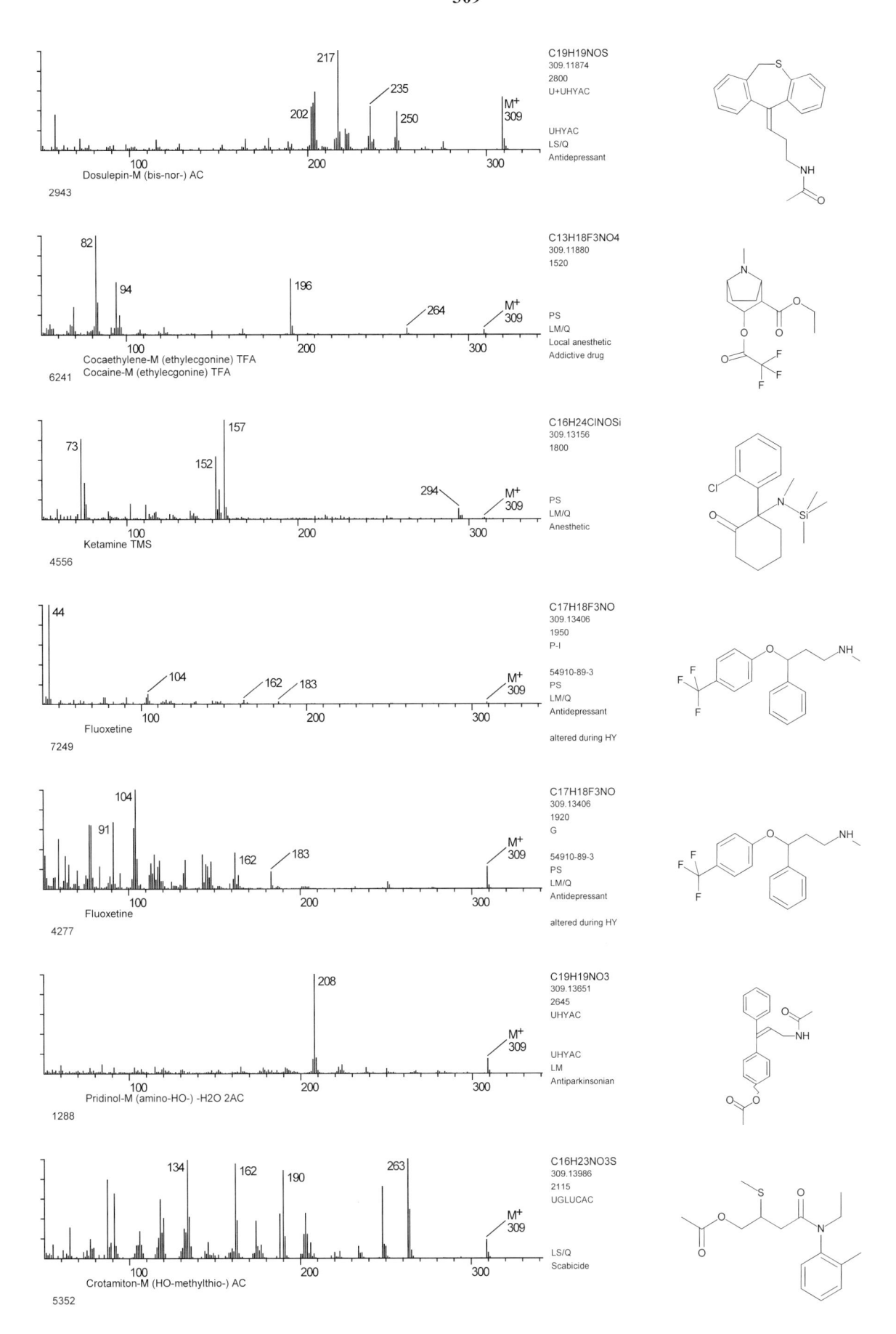

C19H19NOS
309.11874
2800
U+UHYAC

UHYAC
LS/Q
Antidepressant

Dosulepin-M (bis-nor-) AC
2943

C13H18F3NO4
309.11880
1520

PS
LM/Q
Local anesthetic
Addictive drug

Cocaethylene-M (ethylecgonine) TFA
Cocaine-M (ethylecgonine) TFA
6241

C16H24ClNOSi
309.13156
1800

PS
LM/Q
Anesthetic

Ketamine TMS
4556

C17H18F3NO
309.13406
1950
P-I
54910-89-3
PS
LM/Q
Antidepressant

altered during HY

Fluoxetine
7249

C17H18F3NO
309.13406
1920
G
54910-89-3
PS
LM/Q
Antidepressant

altered during HY

Fluoxetine
4277

C19H19NO3
309.13651
2645
UHYAC

UHYAC
LM
Antiparkinsonian

Pridinol-M (amino-HO-) -H2O 2AC
1288

C16H23NO3S
309.13986
2115
UGLUCAC

LS/Q
Scabicide

Crotamiton-M (HO-methylthio-) AC
5352

309

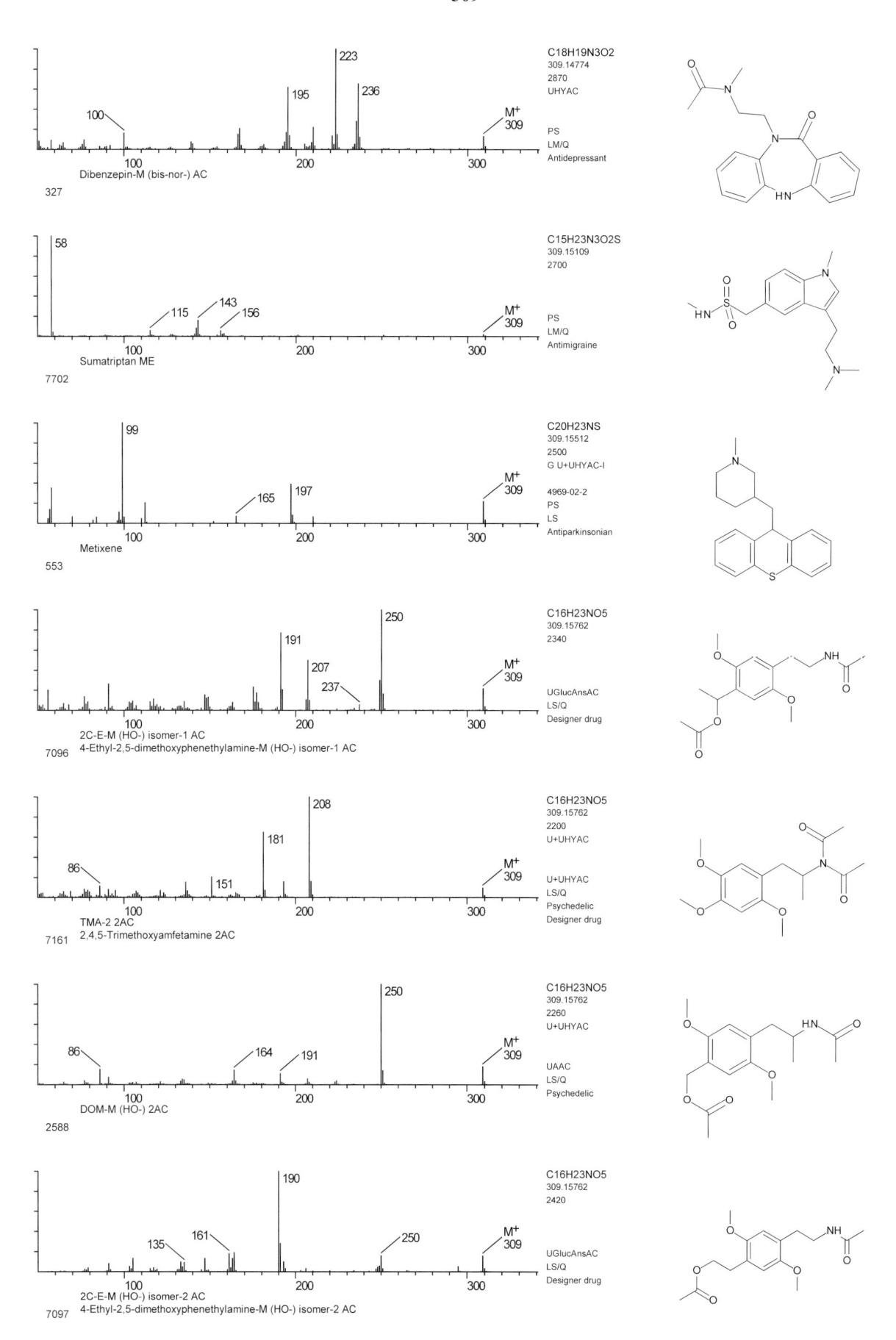

Dibenzepin-M (bis-nor-) AC — C18H19N3O2, 309.14774, 2870, UHYAC, PS, LM/Q, Antidepressant
Peaks: 100, 195, 223, 236, M+ 309

Sumatriptan ME — C15H23N3O2S, 309.15109, 2700, PS, LM/Q, Antimigraine
Peaks: 58, 115, 143, 156, M+ 309

Metixene — C20H23NS, 309.15512, 2500, G U+UHYAC-I, 4969-02-2, PS, LS, Antiparkinsonian
Peaks: 99, 165, 197, M+ 309

2C-E-M (HO-) isomer-1 AC / 4-Ethyl-2,5-dimethoxyphenethylamine-M (HO-) isomer-1 AC — C16H23NO5, 309.15762, 2340, UGlucAnsAC, LS/Q, Designer drug
Peaks: 191, 207, 237, 250, M+ 309

TMA-2 2AC / 2,4,5-Trimethoxyamfetamine 2AC — C16H23NO5, 309.15762, 2200, U+UHYAC, U+UHYAC, LS/Q, Psychedelic, Designer drug
Peaks: 86, 151, 181, 208, M+ 309

DOM-M (HO-) 2AC — C16H23NO5, 309.15762, 2260, U+UHYAC, UAAC, LS/Q, Psychedelic
Peaks: 86, 164, 191, 250, M+ 309

2C-E-M (HO-) isomer-2 AC / 4-Ethyl-2,5-dimethoxyphenethylamine-M (HO-) isomer-2 AC — C16H23NO5, 309.15762, 2420, UGlucAnsAC, LS/Q, Designer drug
Peaks: 135, 161, 190, 250, M+ 309

309

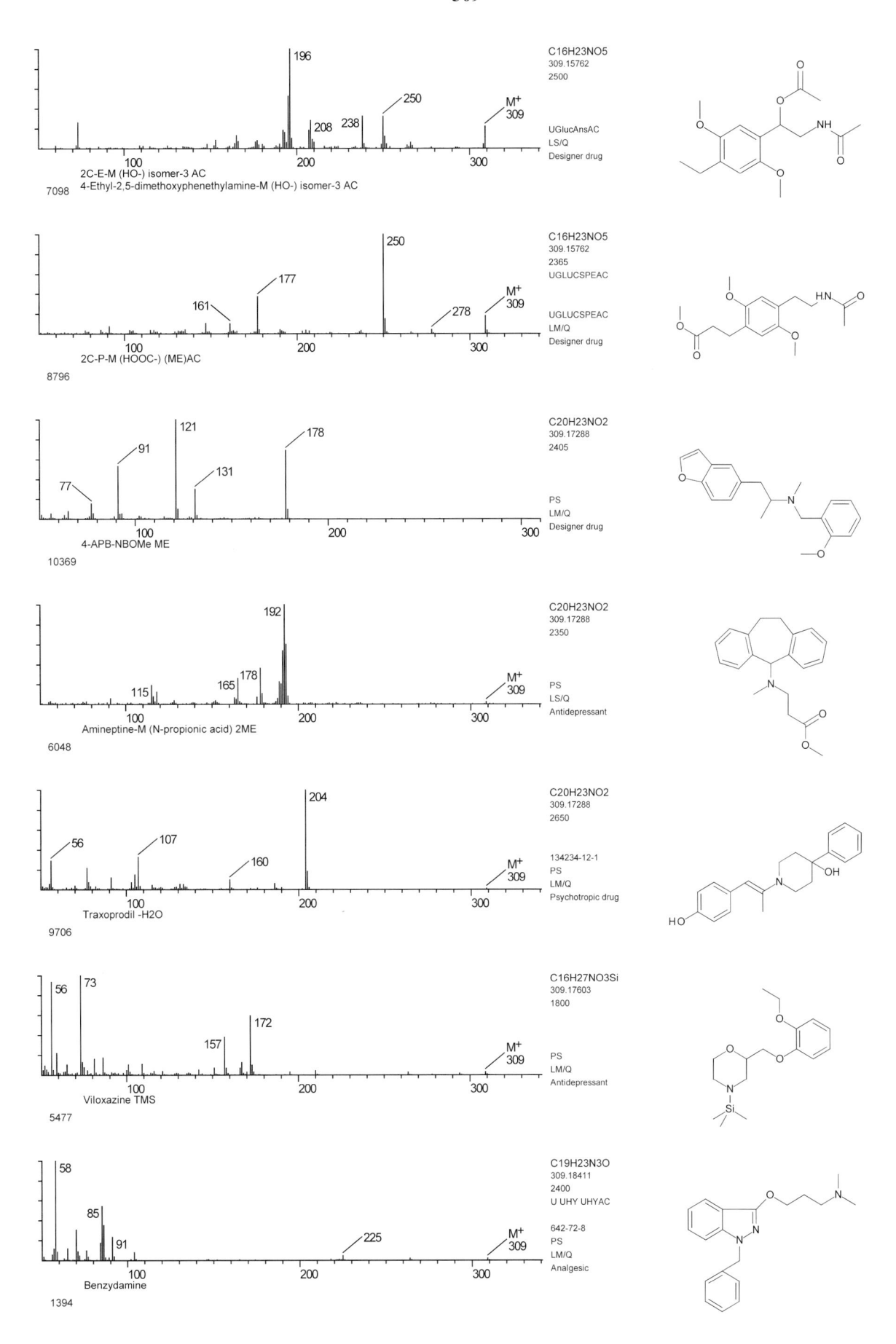

Spectrum label	Formula / Info
2C-E-M (HO-) isomer-3 AC / 4-Ethyl-2,5-dimethoxyphenethylamine-M (HO-) isomer-3 AC — 7098	C16H23NO5, 309.15762, 2500, UGlucAnsAC, LS/Q, Designer drug
2C-P-M (HOOC-) (ME)AC — 8796	C16H23NO5, 309.15762, 2365, UGLUCSPEAC, UGLUCSPEAC, LM/Q, Designer drug
4-APB-NBOMe ME — 10369	C20H23NO2, 309.17288, 2405, PS, LM/Q, Designer drug
Amineptine-M (N-propionic acid) 2ME — 6048	C20H23NO2, 309.17288, 2350, PS, LS/Q, Antidepressant
Traxoprodil -H2O — 9706	C20H23NO2, 309.17288, 2650, 134234-12-1, PS, LM/Q, Psychotropic drug
Viloxazine TMS — 5477	C16H27NO3Si, 309.17603, 1800, PS, LM/Q, Antidepressant
Benzydamine — 1394	C19H23N3O, 309.18411, 2400, U UHY UHYAC, 642-72-8, PS, LM/Q, Analgesic

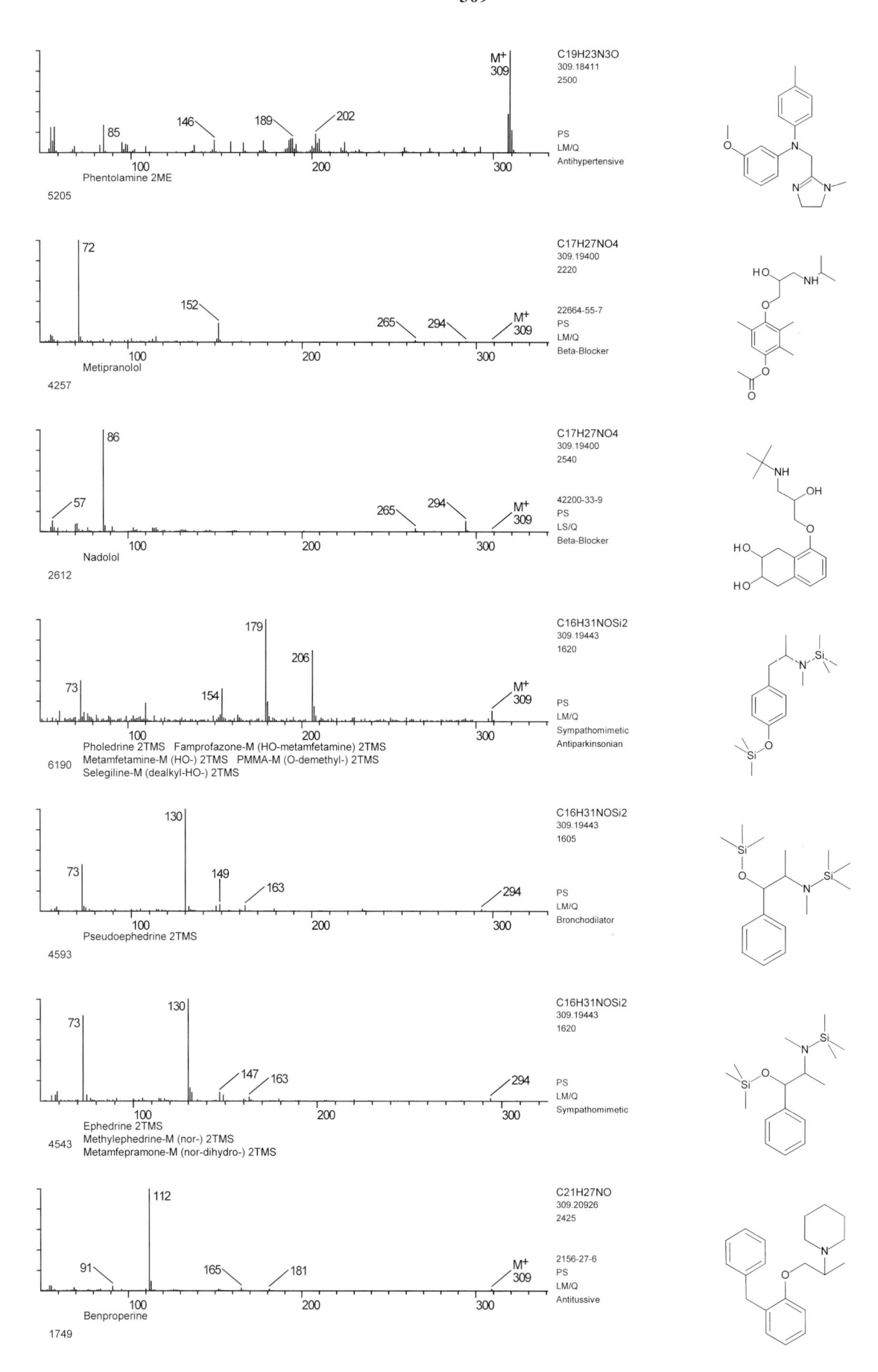

Phentolamine 2ME	C19H23N3O 309.18411 2500 / PS LM/Q Antihypertensive
Peaks: 85, 146, 189, 202, M+ 309	
5205	

Metipranolol	C17H27NO4 309.19400 2220 / 22664-55-7 PS LM/Q Beta-Blocker
Peaks: 72, 152, 265, 294, M+ 309	
4257	

Nadolol	C17H27NO4 309.19400 2540 / 42200-33-9 PS LS/Q Beta-Blocker
Peaks: 57, 86, 265, 294, M+ 309	
2612	

Pholedrine 2TMS Famprofazone-M (HO-metamfetamine) 2TMS
Metamfetamine-M (HO-) 2TMS PMMA-M (O-demethyl-) 2TMS
Selegiline-M (dealkyl-HO-) 2TMS	C16H31NOSi2 309.19443 1620 / PS LM/Q Sympathomimetic Antiparkinsonian
Peaks: 73, 154, 179, 206, M+ 309	
6190	

Pseudoephedrine 2TMS	C16H31NOSi2 309.19443 1605 / PS LM/Q Bronchodilator
Peaks: 73, 130, 149, 163, 294	
4593	

Ephedrine 2TMS
Methylephedrine-M (nor-) 2TMS
Metamfepramone-M (nor-dihydro-) 2TMS	C16H31NOSi2 309.19443 1620 / PS LM/Q Sympathomimetic
Peaks: 73, 130, 147, 163, 294	
4543	

Benproperine	C21H27NO 309.20926 2425 / 2156-27-6 PS LM/Q Antitussive
Peaks: 91, 112, 165, 181, M+ 309	
1749	

309

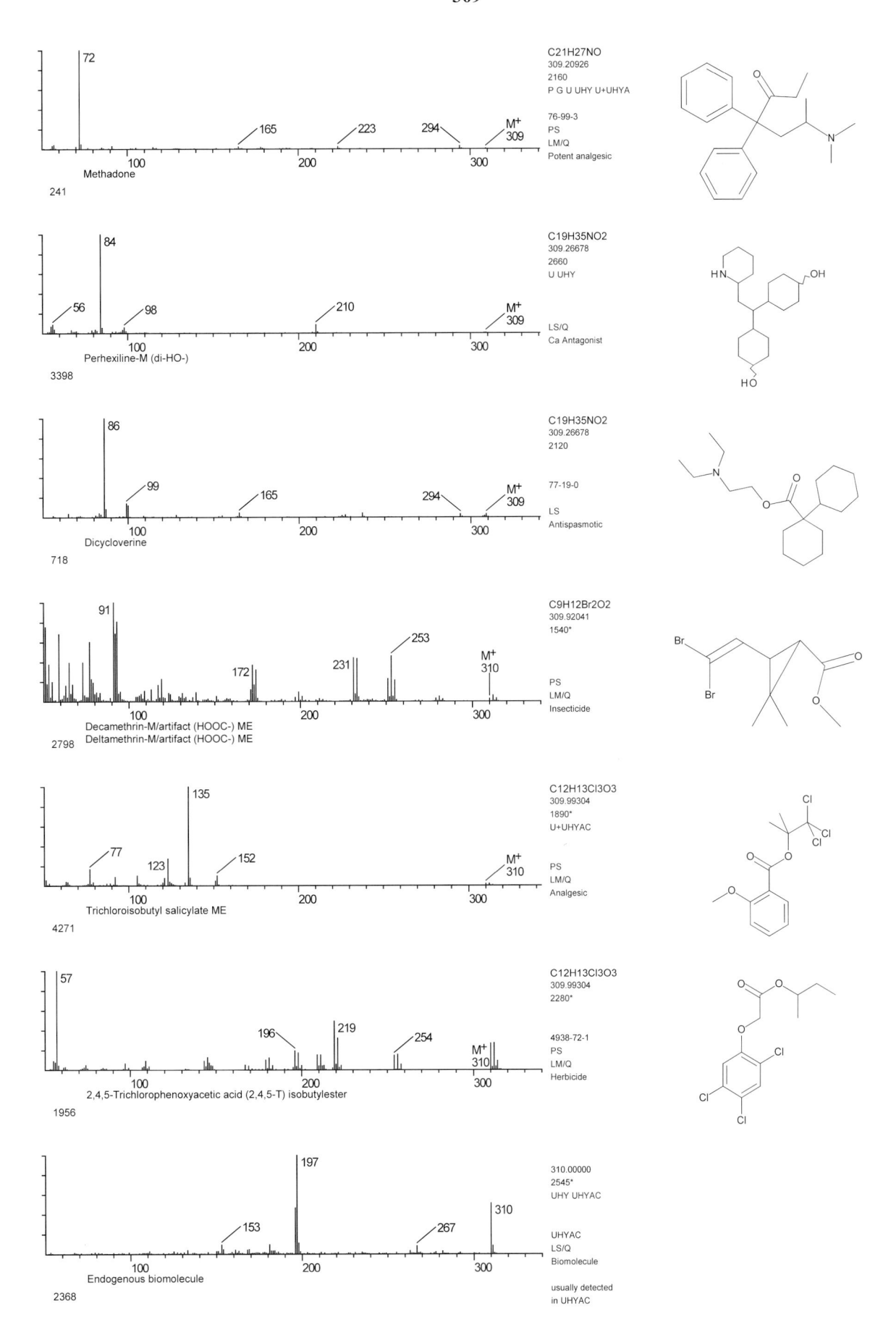

Methadone
C21H27NO
309.20926
2160
P G U UHY U+UHYA
76-99-3
PS
LM/Q
Potent analgesic

Peaks: 72, 165, 223, 294, M+ 309
241

Perhexiline-M (di-HO-)
C19H35NO2
309.26678
2660
U UHY
LS/Q
Ca Antagonist

Peaks: 56, 84, 98, 210, M+ 309
3398

Dicycloverine
C19H35NO2
309.26678
2120
77-19-0
LS
Antispasmotic

Peaks: 86, 99, 165, 294, M+ 309
718

Decamethrin-M/artifact (HOOC-) ME
Deltamethrin-M/artifact (HOOC-) ME
C9H12Br2O2
309.92041
1540*
PS
LM/Q
Insecticide

Peaks: 91, 172, 231, 253, M+ 310
2798

Trichloroisobutyl salicylate ME
C12H13Cl3O3
309.99304
1890*
U+UHYAC
PS
LM/Q
Analgesic

Peaks: 77, 123, 135, 152, M+ 310
4271

2,4,5-Trichlorophenoxyacetic acid (2,4,5-T) isobutylester
C12H13Cl3O3
309.99304
2280*
4938-72-1
PS
LM/Q
Herbicide

Peaks: 57, 196, 219, 254, M+ 310
1956

Endogenous biomolecule
310.00000
2545*
UHY UHYAC
UHYAC
LS/Q
Biomolecule
usually detected in UHYAC

Peaks: 153, 197, 267, 310
2368

310

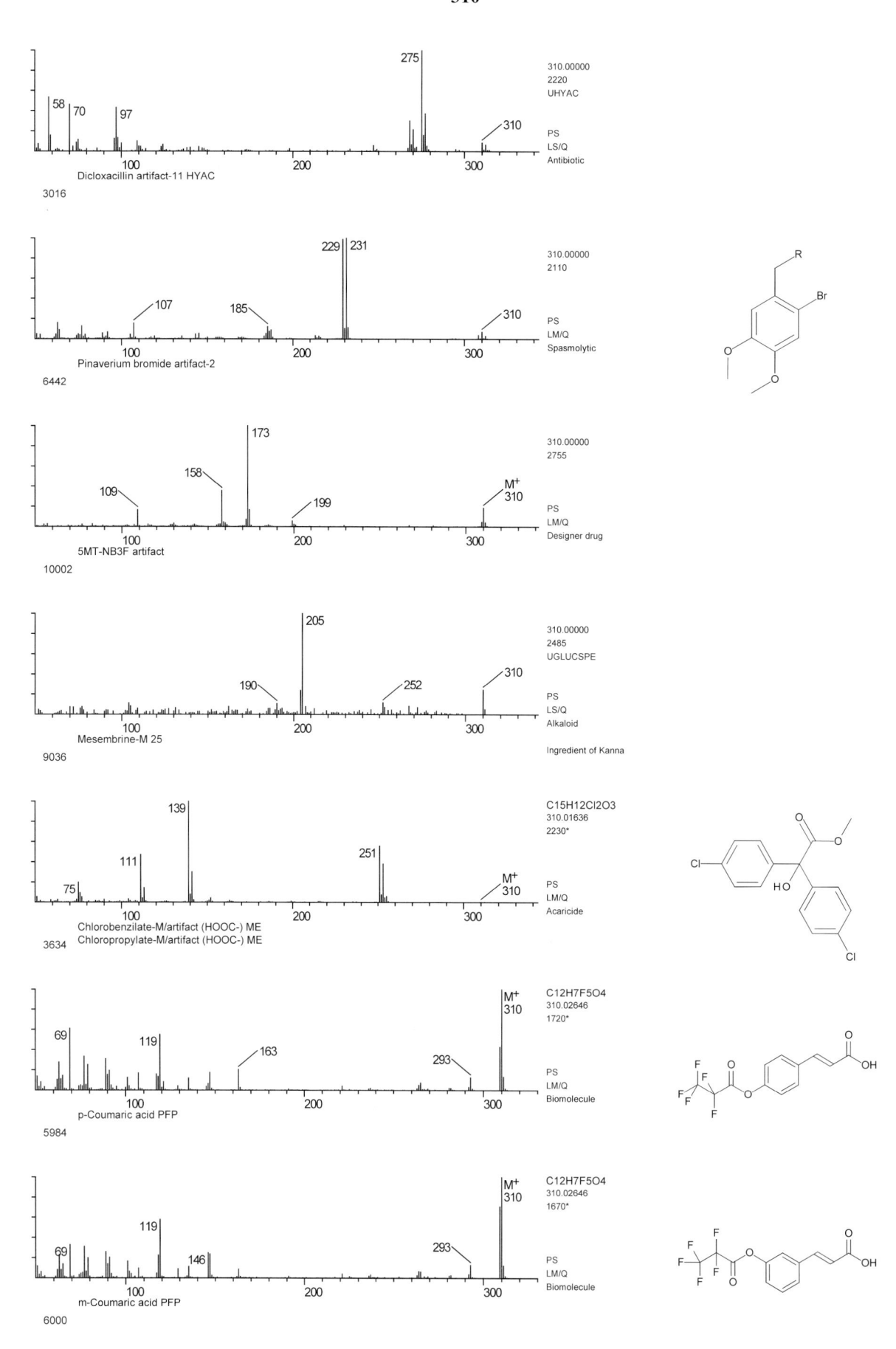

Dicloxacillin artifact-11 HYAC	310.00000 2220 UHYAC / PS LS/Q Antibiotic
3016	
Pinaverium bromide artifact-2	310.00000 2110 / PS LM/Q Spasmolytic
6442	
5MT-NB3F artifact	310.00000 2755 / PS LM/Q Designer drug
10002	
Mesembrine-M 25	310.00000 2485 UGLUCSPE / PS LS/Q Alkaloid / Ingredient of Kanna
9036	
Chlorobenzilate-M/artifact (HOOC-) ME Chloropropylate-M/artifact (HOOC-) ME	C15H12Cl2O3 310.01636 2230* / PS LM/Q Acaricide
3634	
p-Coumaric acid PFP	C12H7F5O4 310.02646 1720* / PS LM/Q Biomolecule
5984	
m-Coumaric acid PFP	C12H7F5O4 310.02646 1670* / PS LM/Q Biomolecule
6000	

310

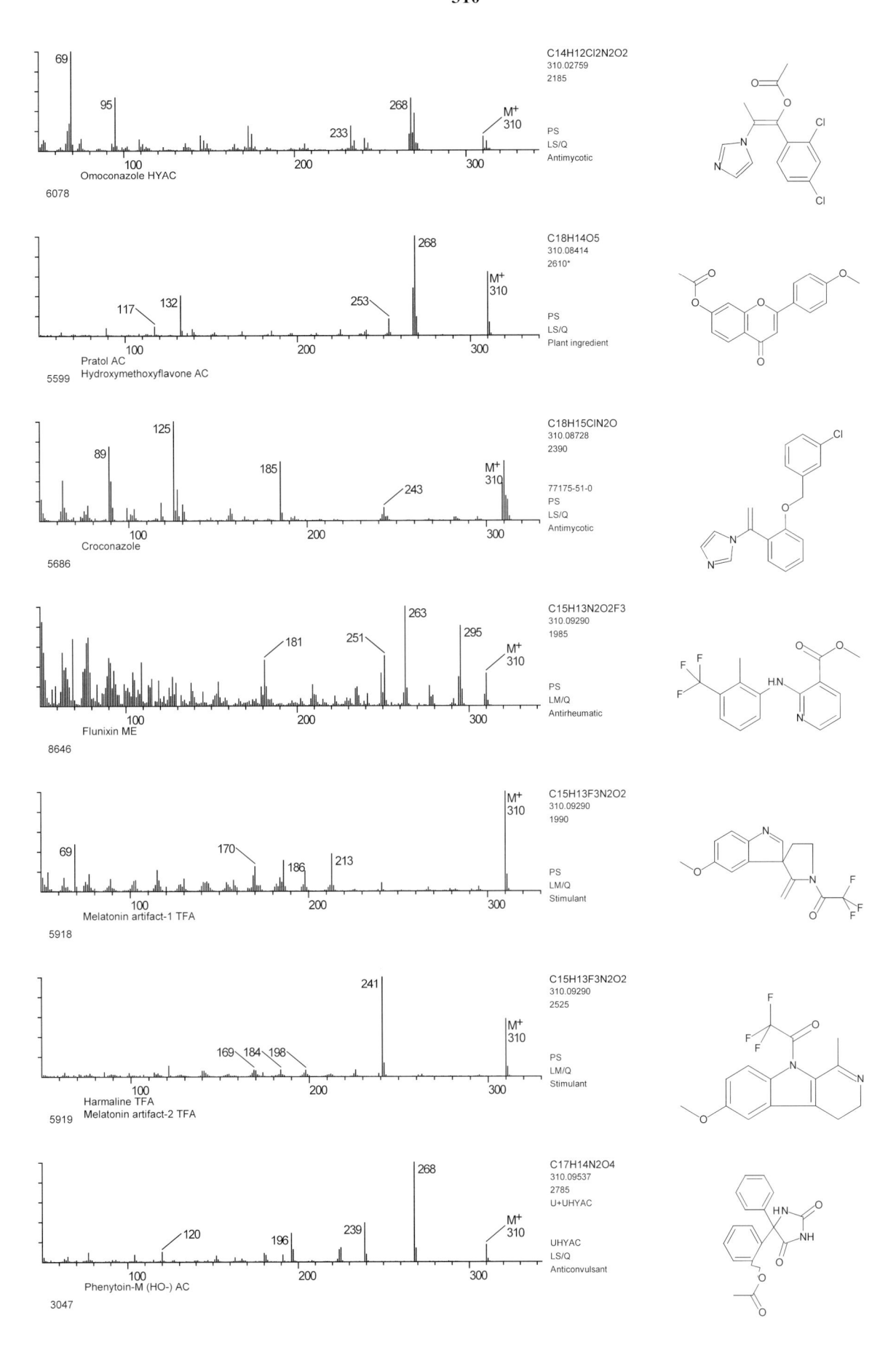

C14H12Cl2N2O2
310.02759
2185

PS
LS/Q
Antimycotic

Omoconazole HYAC
6078

C18H14O5
310.08414
2610*

PS
LS/Q
Plant ingredient

Pratol AC
Hydroxymethoxyflavone AC
5599

C18H15ClN2O
310.08728
2390

77175-51-0
PS
LS/Q
Antimycotic

Croconazole
5686

C15H13N2O2F3
310.09290
1985

PS
LM/Q
Antirheumatic

Flunixin ME
8646

C15H13F3N2O2
310.09290
1990

PS
LM/Q
Stimulant

Melatonin artifact-1 TFA
5918

C15H13F3N2O2
310.09290
2525

PS
LM/Q
Stimulant

Harmaline TFA
Melatonin artifact-2 TFA
5919

C17H14N2O4
310.09537
2785
U+UHYAC

UHYAC
LS/Q
Anticonvulsant

Phenytoin-M (HO-) AC
3047

969

310

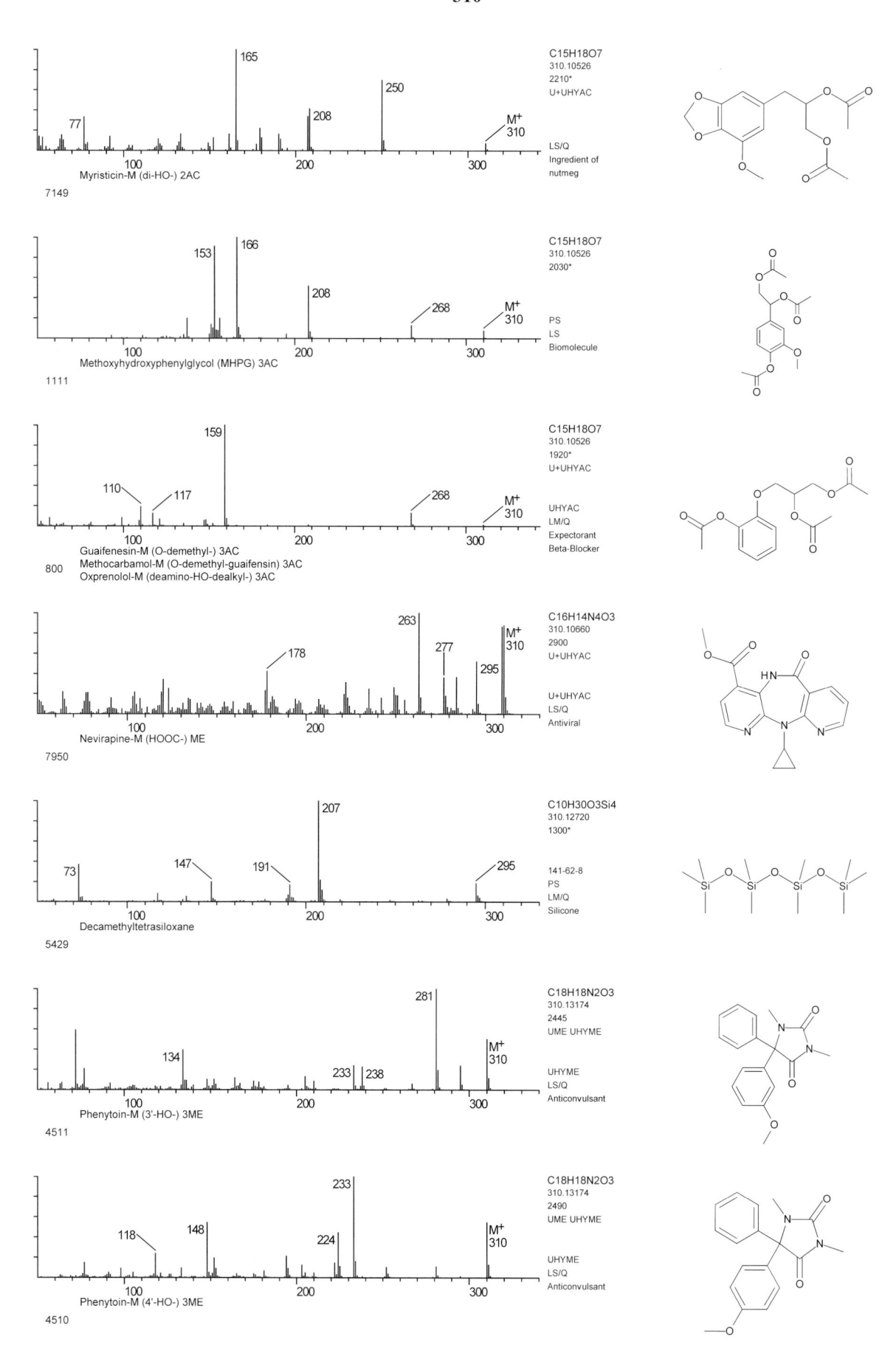

C15H18O7
310.10526
2210*
U+UHYAC

LS/Q
Ingredient of nutmeg

Myristicin-M (di-HO-) 2AC
7149

C15H18O7
310.10526
2030*

PS
LS
Biomolecule

Methoxyhydroxyphenylglycol (MHPG) 3AC
1111

C15H18O7
310.10526
1920*
U+UHYAC

UHYAC
LM/Q
Expectorant
Beta-Blocker

Guaifenesin-M (O-demethyl-) 3AC
Methocarbamol-M (O-demethyl-guaifensin) 3AC
Oxprenolol-M (deamino-HO-dealkyl-) 3AC
800

C16H14N4O3
310.10660
2900
U+UHYAC

U+UHYAC
LS/Q
Antiviral

Nevirapine-M (HOOC-) ME
7950

C10H30O3Si4
310.12720
1300*

141-62-8
PS
LM/Q
Silicone

Decamethyltetrasiloxane
5429

C18H18N2O3
310.13174
2445
UME UHYME

UHYME
LS/Q
Anticonvulsant

Phenytoin-M (3'-HO-) 3ME
4511

C18H18N2O3
310.13174
2490
UME UHYME

UHYME
LS/Q
Anticonvulsant

Phenytoin-M (4'-HO-) 3ME
4510

310

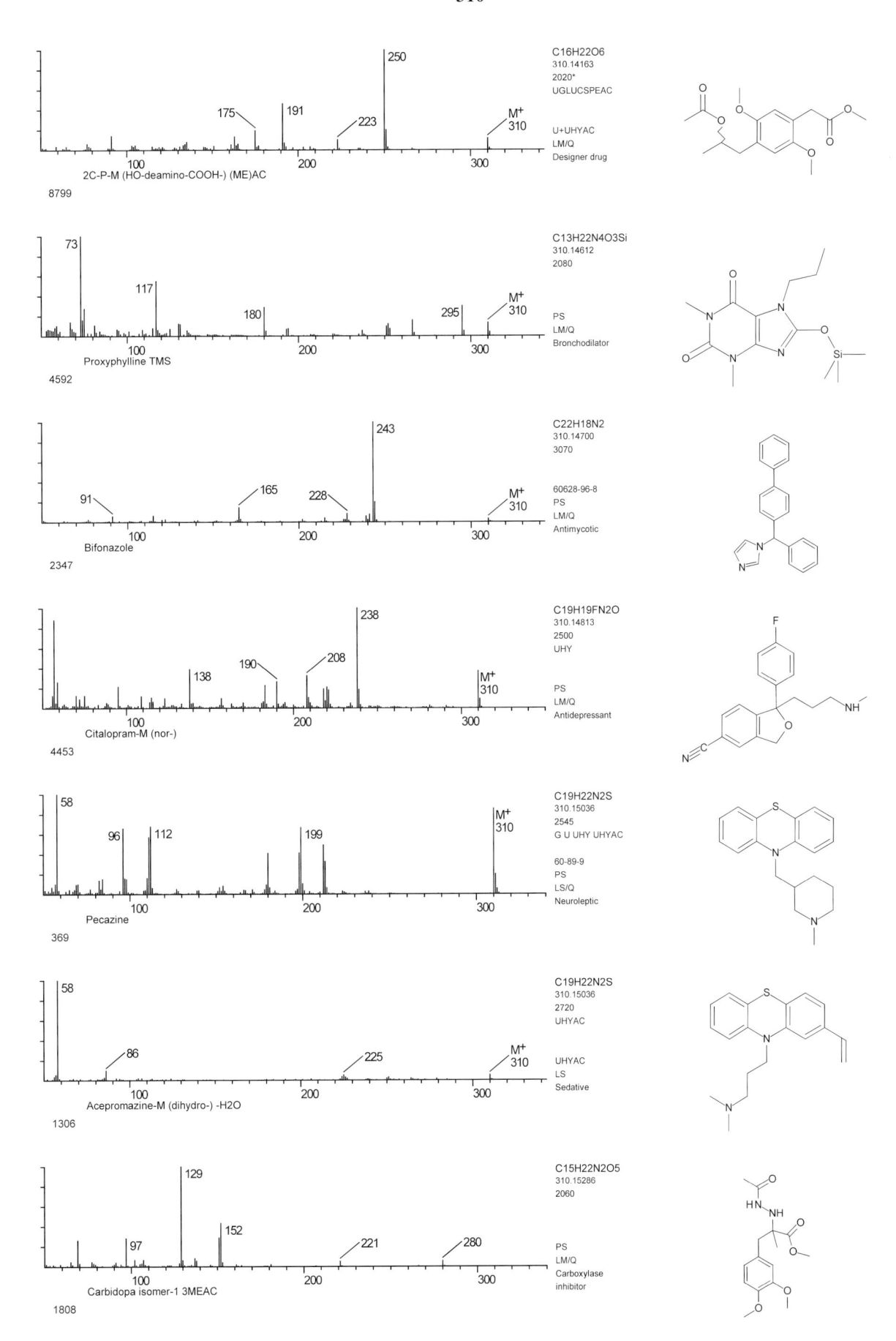

2C-P-M (HO-deamino-COOH-) (ME)AC — 8799	C16H22O6 310.14163 2020* UGLUCSPEAC U+UHYAC LM/Q Designer drug
Proxyphylline TMS — 4592	C13H22N4O3Si 310.14612 2080 PS LM/Q Bronchodilator
Bifonazole — 2347	C22H18N2 310.14700 3070 60628-96-8 PS LM/Q Antimycotic
Citalopram-M (nor-) — 4453	C19H19FN2O 310.14813 2500 UHY PS LM/Q Antidepressant
Pecazine — 369	C19H22N2S 310.15036 2545 G U UHY UHYAC 60-89-9 PS LS/Q Neuroleptic
Acepromazine-M (dihydro-) -H2O — 1306	C19H22N2S 310.15036 2720 UHYAC UHYAC LS Sedative
Carbidopa isomer-1 3MEAC — 1808	C15H22N2O5 310.15286 2060 PS LM/Q Carboxylase inhibitor

310

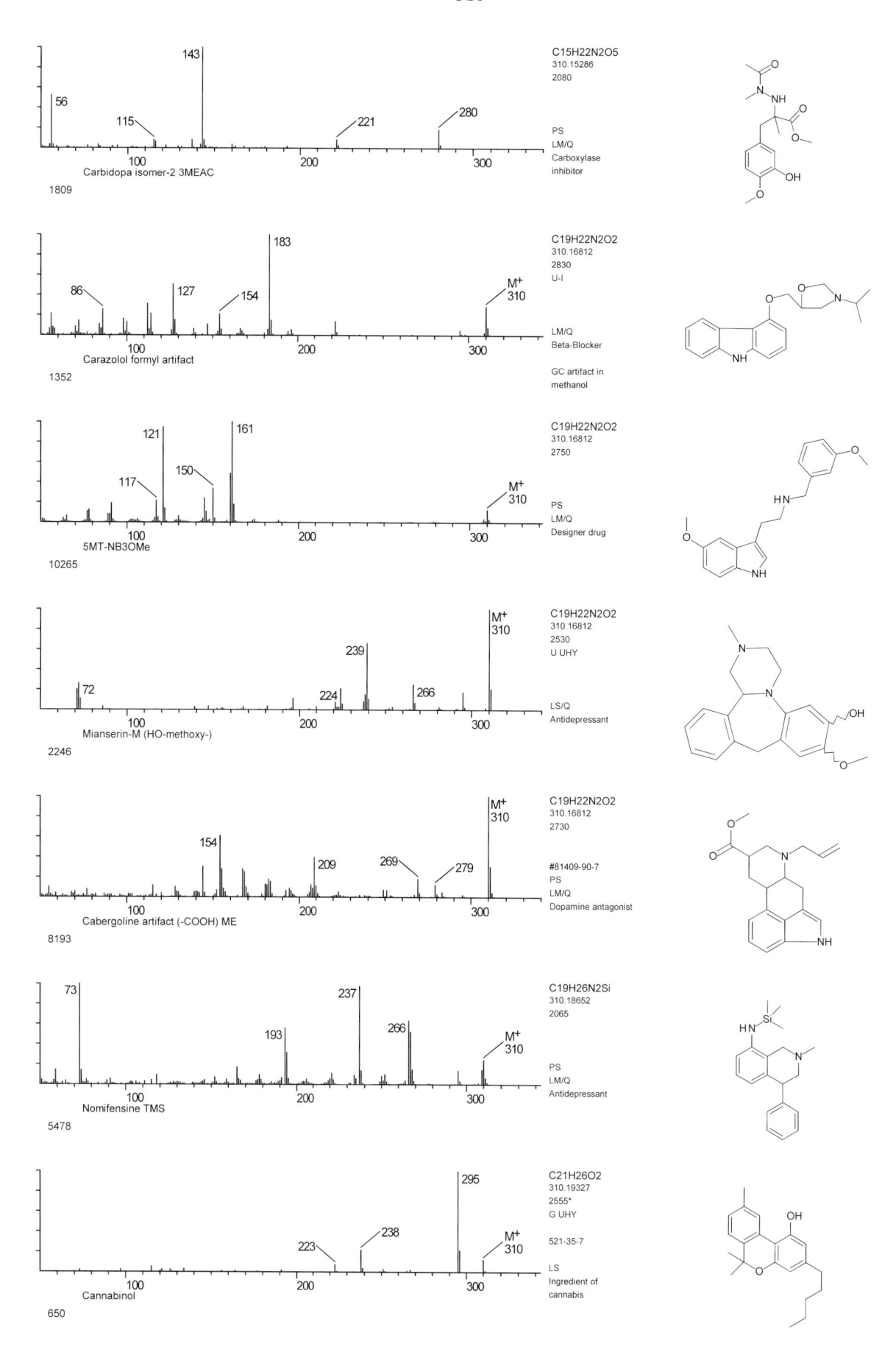

Spectrum	Formula / Info
Carbidopa isomer-2 3MEAC — peaks 56, 115, 143, 221, 280; 1809	C15H22N2O5; 310.15286; 2080; PS; LM/Q; Carboxylase inhibitor
Carazolol formyl artifact — peaks 86, 127, 154, M+ 310; 1352	C19H22N2O2; 310.16812; 2830; U-I; LM/Q; Beta-Blocker; GC artifact in methanol
5MT-NB3OMe — peaks 117, 121, 150, 161, M+ 310; 10265	C19H22N2O2; 310.16812; 2750; PS; LM/Q; Designer drug
Mianserin-M (HO-methoxy-) — peaks 72, 224, 239, 266, M+ 310; 2246	C19H22N2O2; 310.16812; 2530; U UHY; LS/Q; Antidepressant
Cabergoline artifact (-COOH) ME — peaks 154, 209, 269, 279, M+ 310; 8193	C19H22N2O2; 310.16812; 2730; #81409-90-7; PS; LM/Q; Dopamine antagonist
Nomifensine TMS — peaks 73, 193, 237, 266, M+ 310; 5478	C19H26N2Si; 310.18652; 2065; PS; LM/Q; Antidepressant
Cannabinol — peaks 223, 238, 295, M+ 310; 650	C21H26O2; 310.19327; 2555*; G UHY; 521-35-7; LS; Ingredient of cannabis

972

310

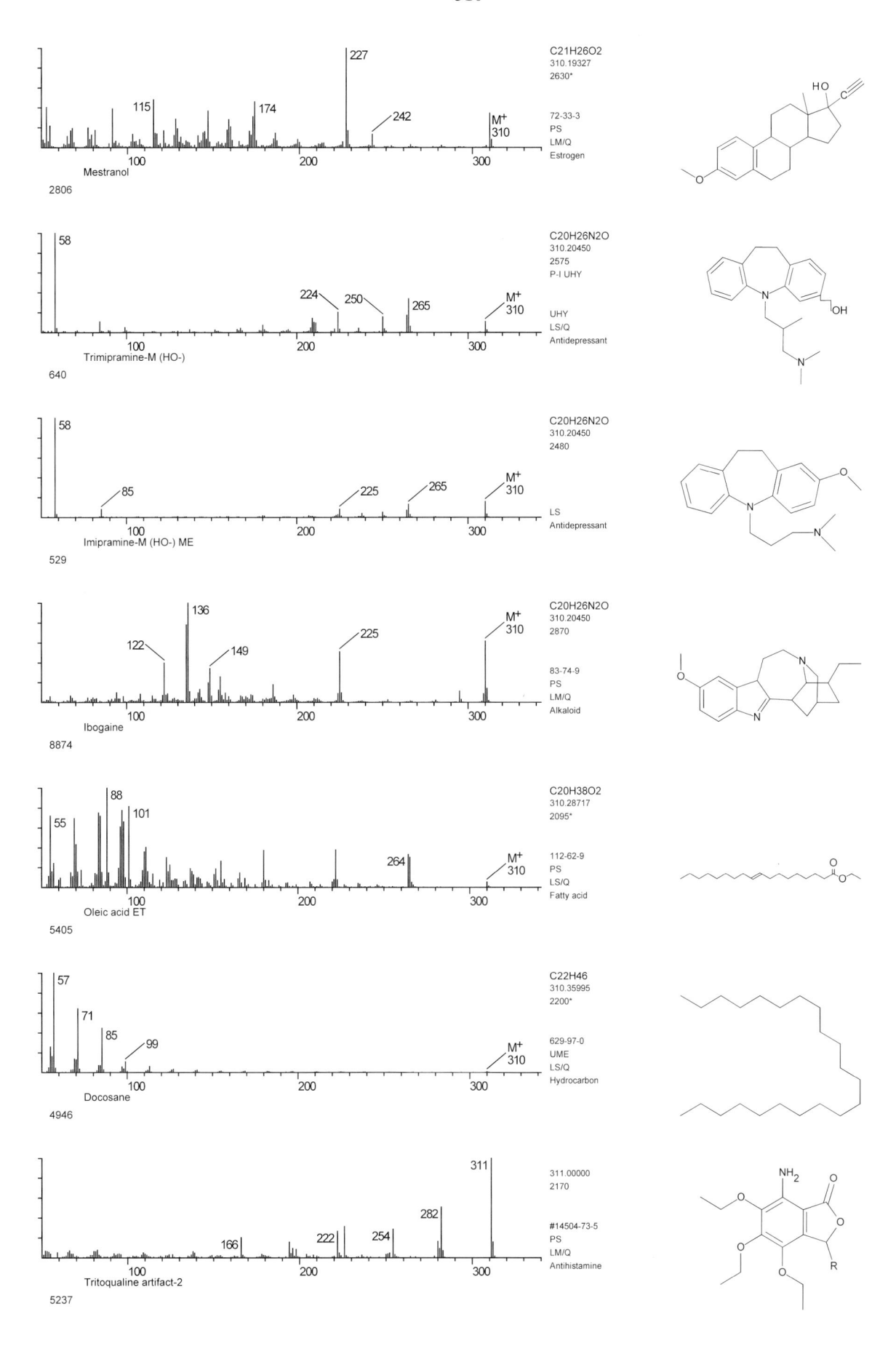

Compound	Formula	Data
Mestranol (2806)	C21H26O2	310.19327, 2630*, 72-33-3, PS, LM/Q, Estrogen
Trimipramine-M (HO-) (640)	C20H26N2O	310.20450, 2575, P-I UHY, UHY, LS/Q, Antidepressant
Imipramine-M (HO-) ME (529)	C20H26N2O	310.20450, 2480, LS, Antidepressant
Ibogaine (8874)	C20H26N2O	310.20450, 2870, 83-74-9, PS, LM/Q, Alkaloid
Oleic acid ET (5405)	C20H38O2	310.28717, 2095*, 112-62-9, PS, LS/Q, Fatty acid
Docosane (4946)	C22H46	310.35995, 2200*, 629-97-0, UME, LS/Q, Hydrocarbon
Tritoqualine artifact-2 (5237)		311.00000, 2170, #14504-73-5, PS, LM/Q, Antihistamine

311

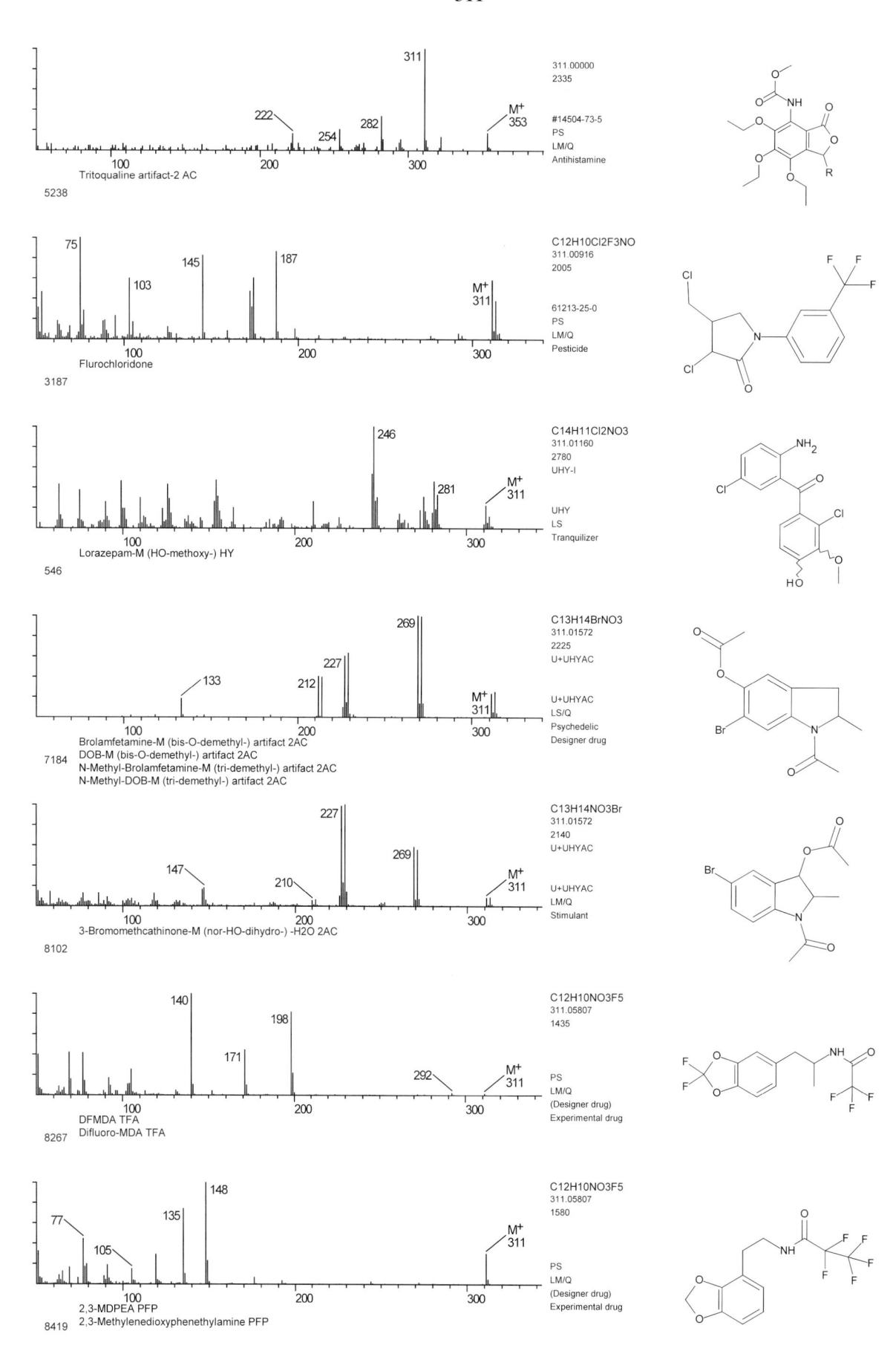

Tritoqualine artifact-2 AC — 311.00000, 2335, #14504-73-5, PS, LM/Q, Antihistamine
5238

Flurochloridone — C12H10Cl2F3NO, 311.00916, 2005, 61213-25-0, PS, LM/Q, Pesticide
3187

Lorazepam-M (HO-methoxy-) HY — C14H11Cl2NO3, 311.01160, 2780, UHY-I, UHY, LS, Tranquilizer
546

Brolamfetamine-M (bis-O-demethyl-) artifact 2AC
DOB-M (bis-O-demethyl-) artifact 2AC
N-Methyl-Brolamfetamine-M (tri-demethyl-) artifact 2AC
N-Methyl-DOB-M (tri-demethyl-) artifact 2AC
— C13H14BrNO3, 311.01572, 2225, U+UHYAC, U+UHYAC, LS/Q, Psychedelic, Designer drug
7184

3-Bromomethcathinone-M (nor-HO-dihydro-) -H2O 2AC — C13H14NO3Br, 311.01572, 2140, U+UHYAC, U+UHYAC, LM/Q, Stimulant
8102

DFMDA TFA
Difluoro-MDA TFA
— C12H10NO3F5, 311.05807, 1435, PS, LM/Q, (Designer drug), Experimental drug
8267

2,3-MDPEA PFP
2,3-Methylenedioxyphenethylamine PFP
— C12H10NO3F5, 311.05807, 1580, PS, LM/Q, (Designer drug), Experimental drug
8419

311

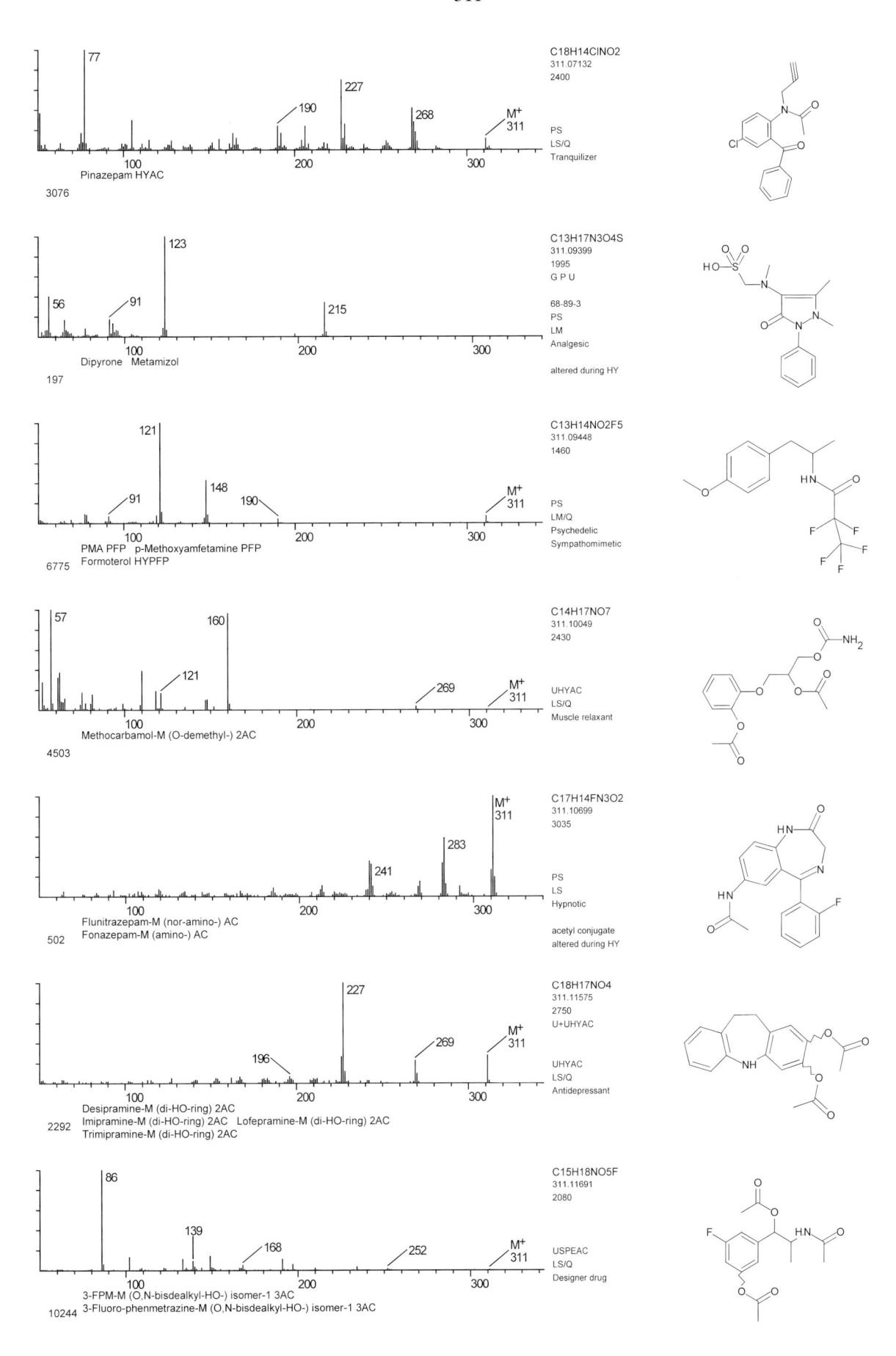

77, 190, 227, 268, M+ 311	C18H14ClNO2
	311.07132
	2400
	PS
	LS/Q
Pinazepam HYAC	Tranquilizer
3076	

56, 91, 123, 215	C13H17N3O4S
	311.09399
	1995
	G P U
	68-89-3
	PS
	LM
Dipyrone Metamizol	Analgesic
197	altered during HY

91, 121, 148, 190, M+ 311	C13H14NO2F5
	311.09448
	1460
	PS
	LM/Q
PMA PFP p-Methoxyamfetamine PFP	Psychedelic
6775 Formoterol HYPFP	Sympathomimetic

57, 121, 160, 269, M+ 311	C14H17NO7
	311.10049
	2430
	UHYAC
	LS/Q
Methocarbamol-M (O-demethyl-) 2AC	Muscle relaxant
4503	

241, 283, M+ 311	C17H14FN3O2
	311.10699
	3035
	PS
	LS
Flunitrazepam-M (nor-amino-) AC	Hypnotic
Fonazepam-M (amino-) AC	acetyl conjugate
502	altered during HY

196, 227, 269, M+ 311	C18H17NO4
	311.11575
	2750
	U+UHYAC
	UHYAC
	LS/Q
Desipramine-M (di-HO-ring) 2AC	Antidepressant
Imipramine-M (di-HO-ring) 2AC Lofepramine-M (di-HO-ring) 2AC	
2292 Trimipramine-M (di-HO-ring) 2AC	

86, 139, 168, 252, M+ 311	C15H18NO5F
	311.11691
	2080
	USPEAC
	LS/Q
3-FPM-M (O,N-bisdealkyl-HO-) isomer-1 3AC	Designer drug
10244 3-Fluoro-phenmetrazine-M (O,N-bisdealkyl-HO-) isomer-1 3AC	

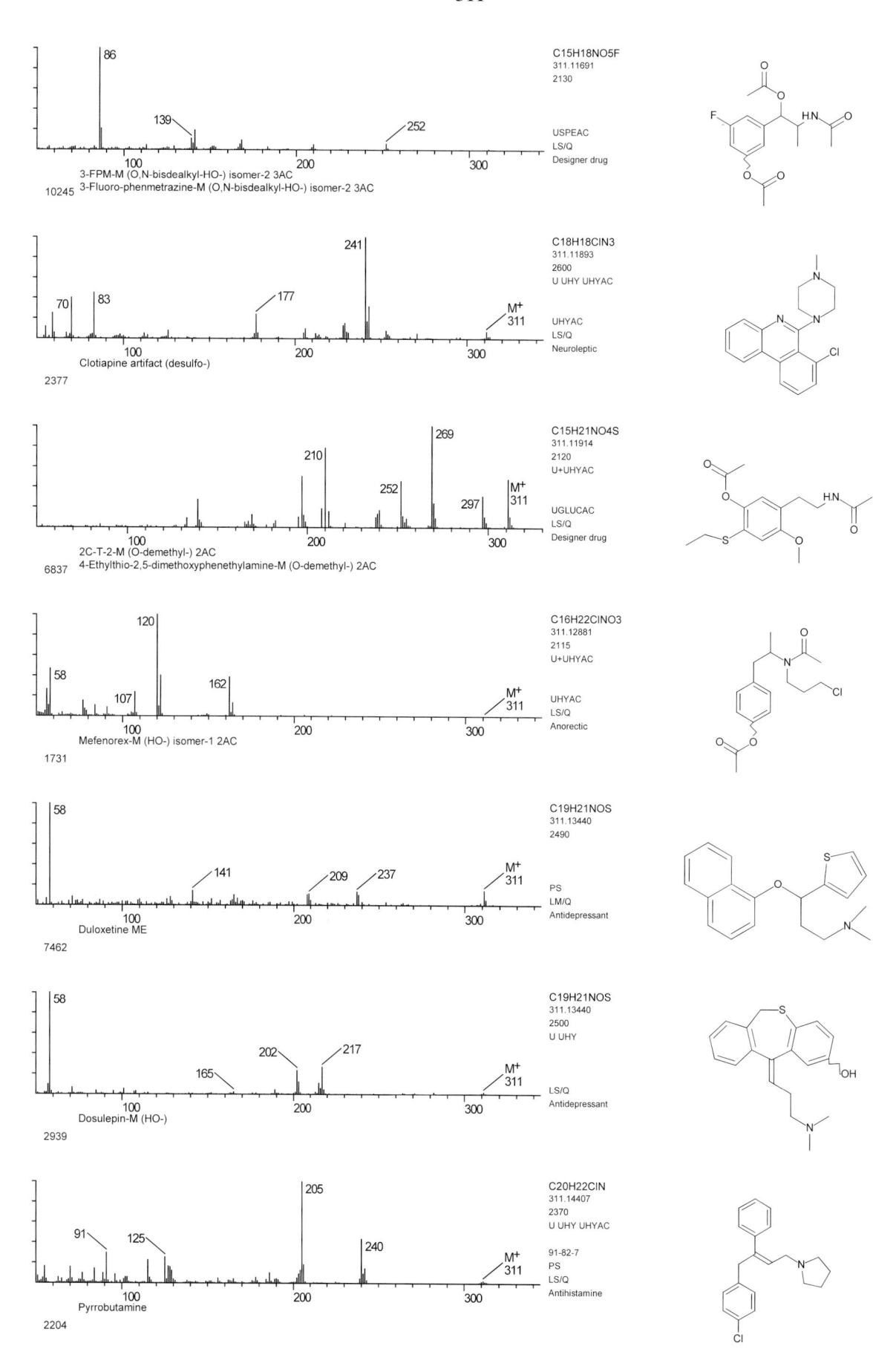

3-FPM-M (O,N-bisdealkyl-HO-) isomer-2 3AC
10245 3-Fluoro-phenmetrazine-M (O,N-bisdealkyl-HO-) isomer-2 3AC	C15H18NO5F
311.11691
2130
USPEAC
LS/Q
Designer drug
Clotiapine artifact (desulfo-)
2377	C18H18ClN3
311.11893
2600
U UHY UHYAC
UHYAC
LS/Q
Neuroleptic
2C-T-2-M (O-demethyl-) 2AC
6837 4-Ethylthio-2,5-dimethoxyphenethylamine-M (O-demethyl-) 2AC	C15H21NO4S
311.11914
2120
U+UHYAC
UGLUCAC
LS/Q
Designer drug
Mefenorex-M (HO-) isomer-1 2AC
1731	C16H22ClNO3
311.12881
2115
U+UHYAC
UHYAC
LS/Q
Anorectic
Duloxetine ME
7462	C19H21NOS
311.13440
2490
PS
LM/Q
Antidepressant
Dosulepin-M (HO-)
2939	C19H21NOS
311.13440
2500
U UHY
LS/Q
Antidepressant
Pyrrobutamine
2204	C20H22ClN
311.14407
2370
U UHY UHYAC
91-82-7
PS
LS/Q
Antihistamine

311

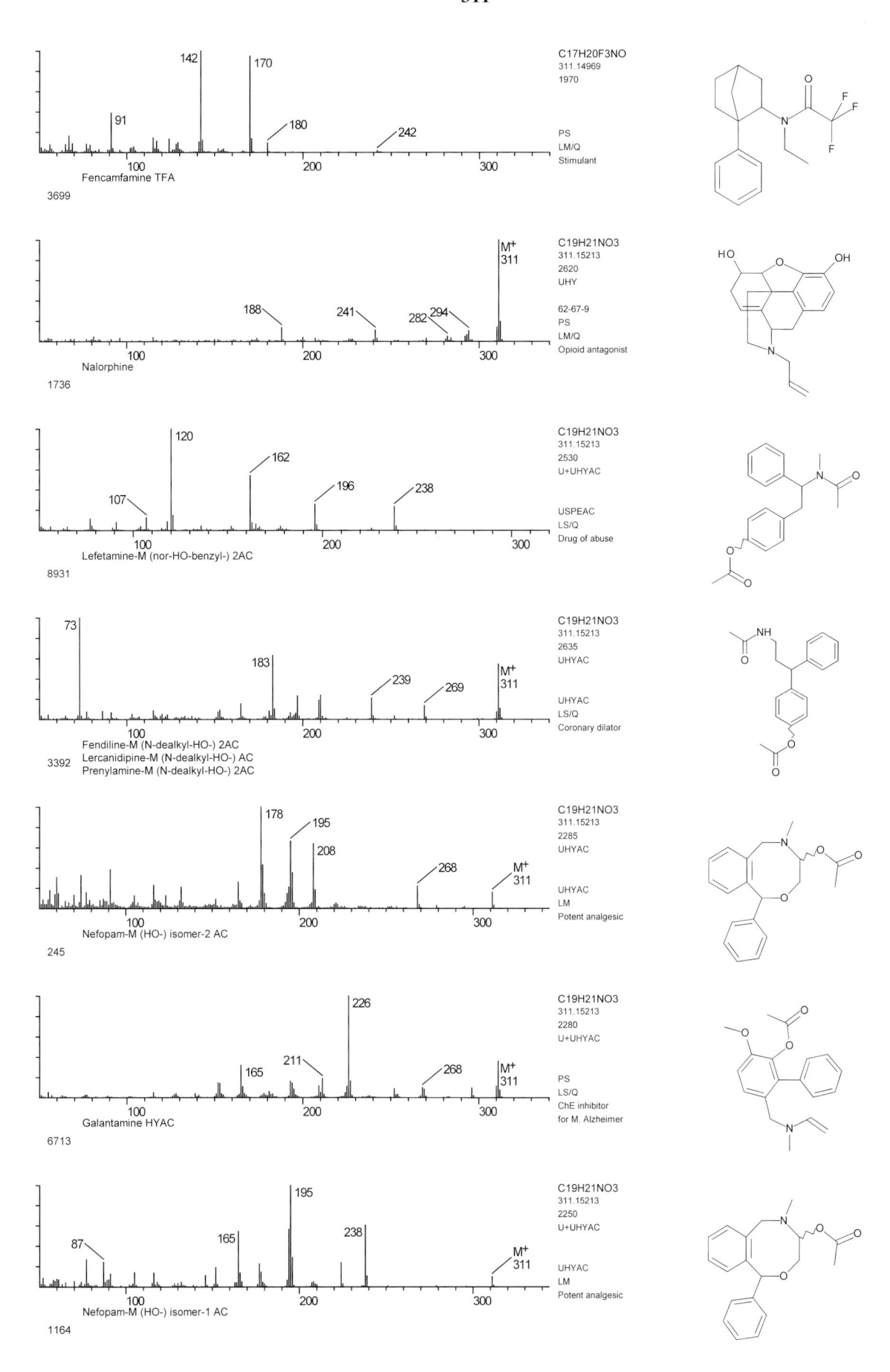

Spectrum peaks	Compound	Formula / Info
91, 142, 170, 180, 242	Fencamfamine TFA	C17H20F3NO 311.14969 1970 PS LM/Q Stimulant
188, 241, 282, 294, M+ 311	Nalorphine	C19H21NO3 311.15213 2620 UHY 62-67-9 PS LM/Q Opioid antagonist
107, 120, 162, 196, 238	Lefetamine-M (nor-HO-benzyl-) 2AC	C19H21NO3 311.15213 2530 U+UHYAC USPEAC LS/Q Drug of abuse
73, 183, 239, 269, M+ 311	Fendiline-M (N-dealkyl-HO-) 2AC / Lercanidipine-M (N-dealkyl-HO-) AC / Prenylamine-M (N-dealkyl-HO-) 2AC	C19H21NO3 311.15213 2635 UHYAC UHYAC LS/Q Coronary dilator
178, 195, 208, 268, M+ 311	Nefopam-M (HO-) isomer-2 AC	C19H21NO3 311.15213 2285 UHYAC UHYAC LM Potent analgesic
165, 211, 226, 268, M+ 311	Galantamine HYAC	C19H21NO3 311.15213 2280 U+UHYAC PS LS/Q ChE inhibitor for M. Alzheimer
87, 165, 195, 238, M+ 311	Nefopam-M (HO-) isomer-1 AC	C19H21NO3 311.15213 2250 U+UHYAC UHYAC LM Potent analgesic

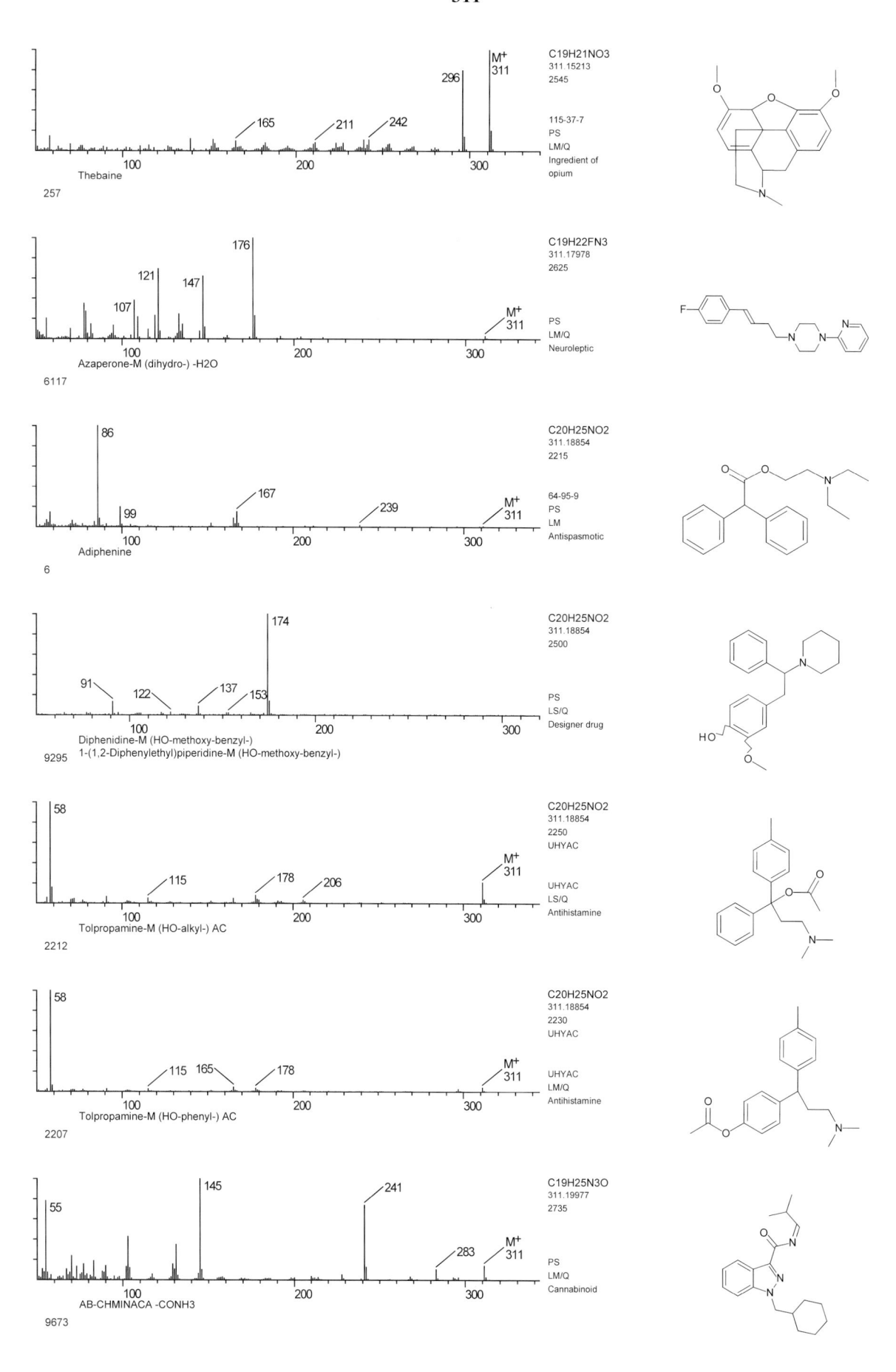

Thebaine	296, 311 M+; 165, 211, 242	C19H21NO3 311.15213 2545 115-37-7 PS LM/Q Ingredient of opium
Azaperone-M (dihydro-) -H2O	176; 121, 147, 107; 311 M+	C19H22FN3 311.17978 2625 PS LM/Q Neuroleptic
Adiphenine	86; 99, 167, 239; 311 M+	C20H25NO2 311.18854 2215 64-95-9 PS LM Antispasmotic
Diphenidine-M (HO-methoxy-benzyl-) 1-(1,2-Diphenylethyl)piperidine-M (HO-methoxy-benzyl-)	174; 91, 122, 137, 153	C20H25NO2 311.18854 2500 PS LS/Q Designer drug
Tolpropamine-M (HO-alkyl-) AC	58; 115, 178, 206; 311 M+	C20H25NO2 311.18854 2250 UHYAC UHYAC LS/Q Antihistamine
Tolpropamine-M (HO-phenyl-) AC	58; 115, 165, 178; 311 M+	C20H25NO2 311.18854 2230 UHYAC UHYAC LM/Q Antihistamine
AB-CHMINACA -CONH3	145, 241; 55, 283, 311 M+	C19H25N3O 311.19977 2735 PS LM/Q Cannabinoid

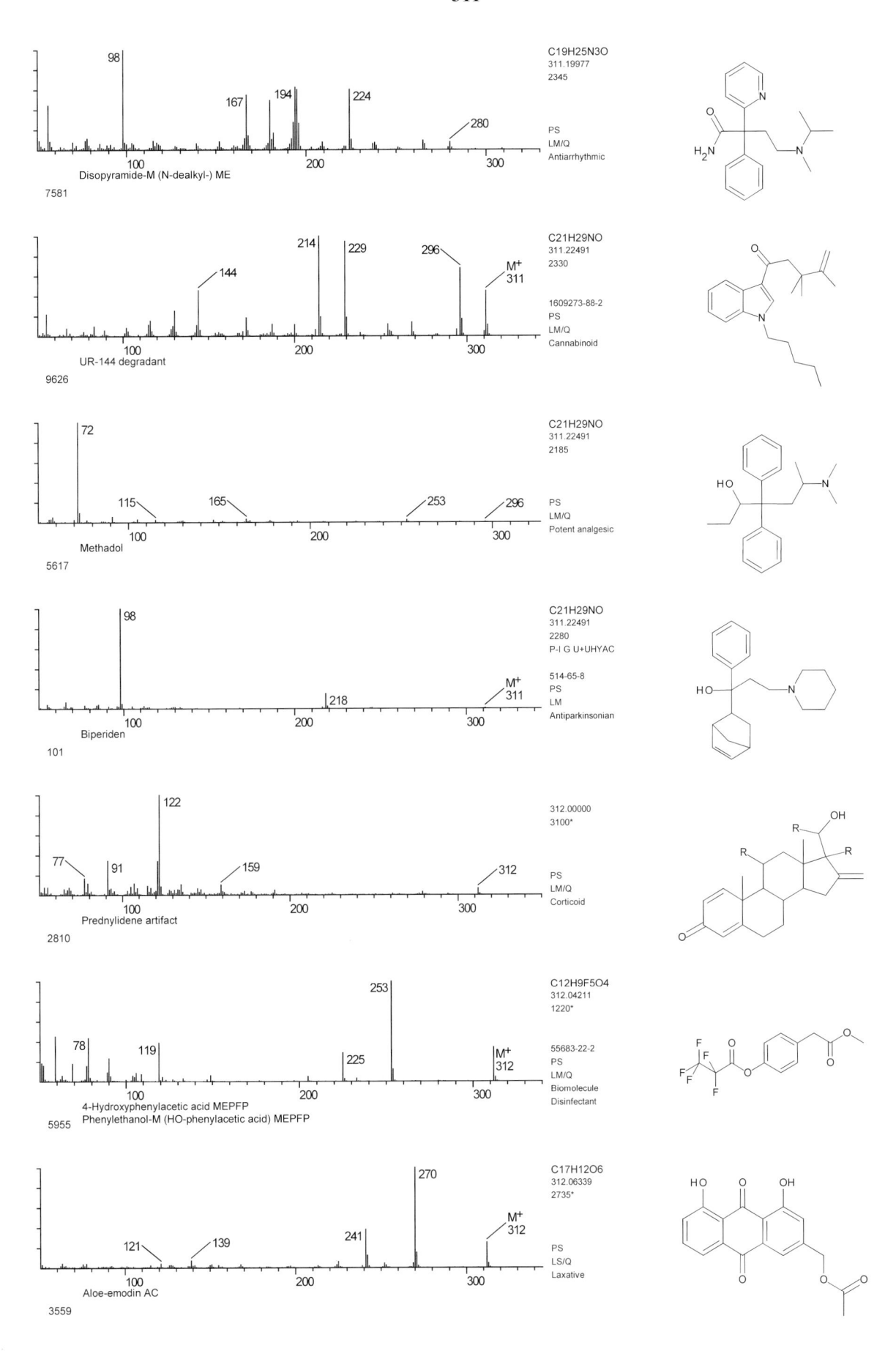

Disopyramide-M (N-dealkyl-) ME
7581
Peaks: 98, 167, 194, 224, 280
C19H25N3O
311.19977
2345
PS
LM/Q
Antiarrhythmic

UR-144 degradant
9626
Peaks: 144, 214, 229, 296, M+ 311
C21H29NO
311.22491
2330
1609273-88-2
PS
LM/Q
Cannabinoid

Methadol
5617
Peaks: 72, 115, 165, 253, 296
C21H29NO
311.22491
2185
PS
LM/Q
Potent analgesic

Biperiden
101
Peaks: 98, 218, M+ 311
C21H29NO
311.22491
2280
P-I G U+UHYAC
514-65-8
PS
LM
Antiparkinsonian

Prednylidene artifact
2810
Peaks: 77, 91, 122, 159, 312
312.00000
3100*
PS
LM/Q
Corticoid

4-Hydroxyphenylacetic acid MEPFP
Phenylethanol-M (HO-phenylacetic acid) MEPFP
5955
Peaks: 78, 119, 225, 253, M+ 312
C12H9F5O4
312.04211
1220*
55683-22-2
PS
LM/Q
Biomolecule
Disinfectant

Aloe-emodin AC
3559
Peaks: 121, 139, 241, 270, M+ 312
C17H12O6
312.06339
2735*
PS
LS/Q
Laxative

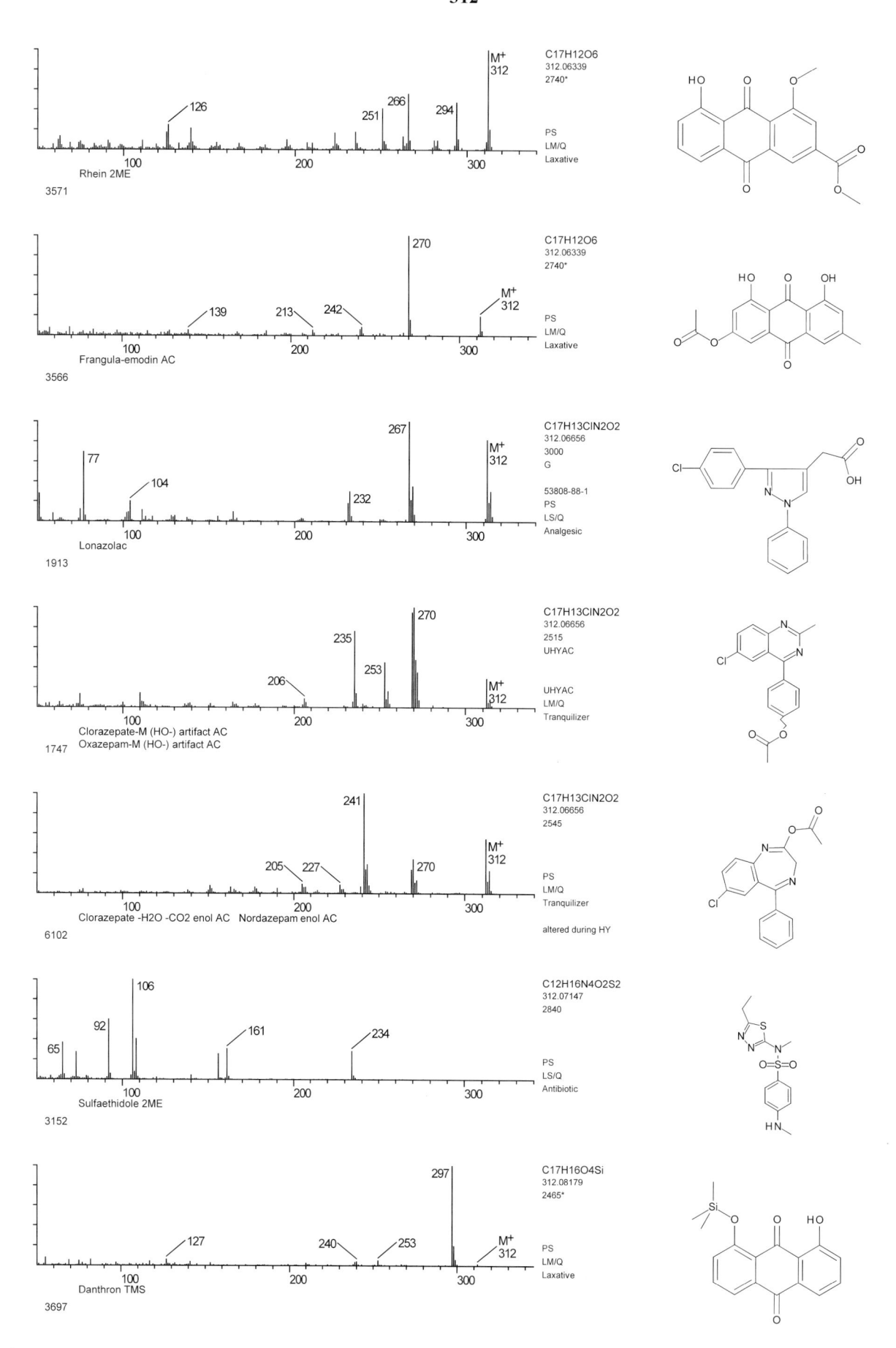

312

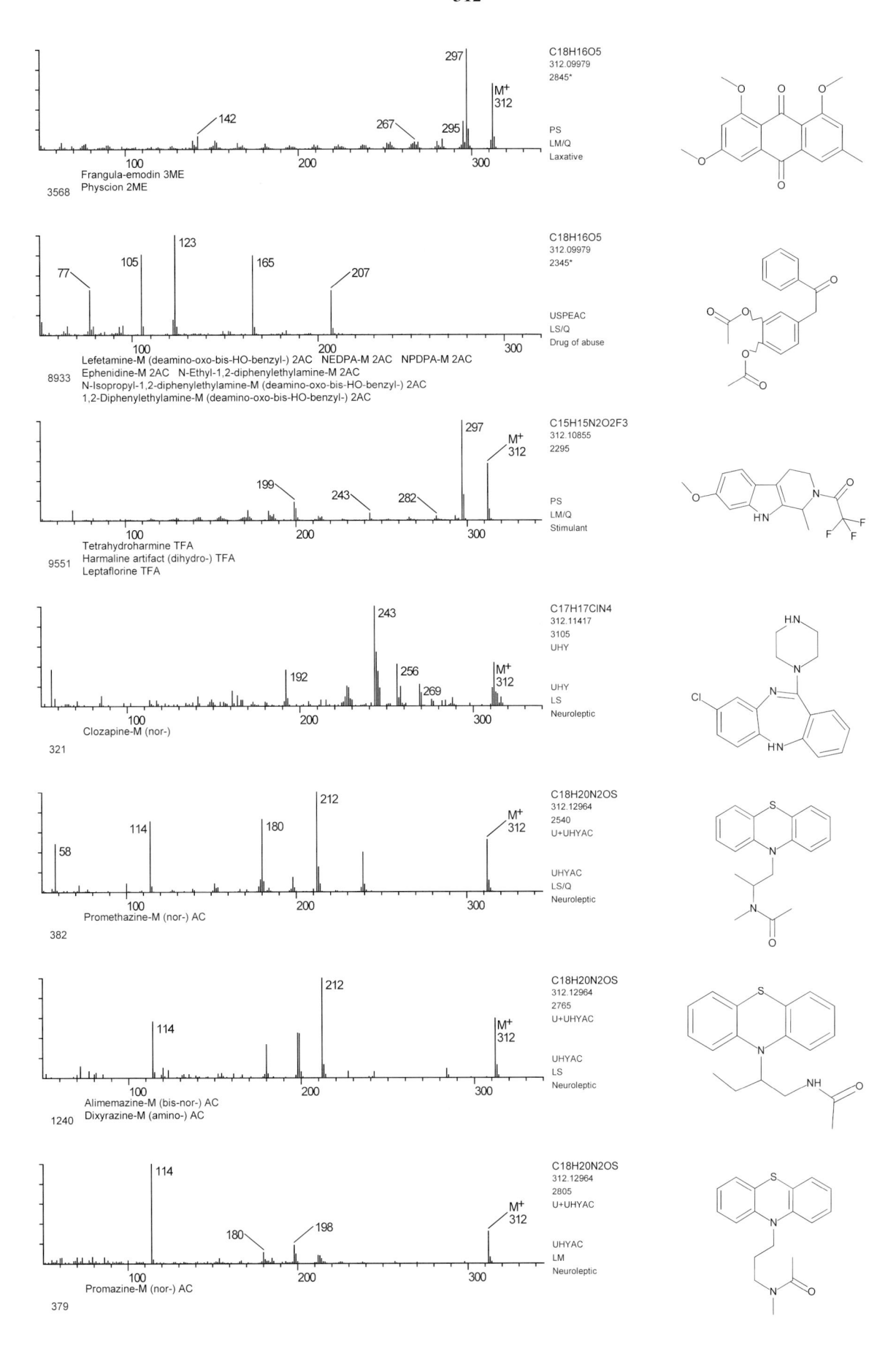

Frangula-emodin 3ME / Physcion 2ME	C18H16O5 312.09979 2845* PS LM/Q Laxative	peaks: 142, 267, 295, 297, M+ 312
Lefetamine-M (deamino-oxo-bis-HO-benzyl-) 2AC; NEDPA-M 2AC; NPDPA-M 2AC; Ephenidine-M 2AC; N-Ethyl-1,2-diphenylethylamine-M 2AC; N-Isopropyl-1,2-diphenylethylamine-M (deamino-oxo-bis-HO-benzyl-) 2AC; 1,2-Diphenylethylamine-M (deamino-oxo-bis-HO-benzyl-) 2AC	C18H16O5 312.09979 2345* USPEAC LS/Q Drug of abuse	peaks: 77, 105, 123, 165, 207
Tetrahydroharmine TFA; Harmaline artifact (dihydro-) TFA; Leptaflorine TFA	C15H15N2O2F3 312.10855 2295 PS LM/Q Stimulant	peaks: 199, 243, 282, 297, M+ 312
Clozapine-M (nor-)	C17H17ClN4 312.11417 3105 UHY UHY LS Neuroleptic	peaks: 192, 243, 256, 269, M+ 312
Promethazine-M (nor-) AC	C18H20N2OS 312.12964 2540 U+UHYAC UHYAC LS/Q Neuroleptic	peaks: 58, 114, 180, 212, M+ 312
Alimemazine-M (bis-nor-) AC; Dixyrazine-M (amino-) AC	C18H20N2OS 312.12964 2765 U+UHYAC UHYAC LS Neuroleptic	peaks: 114, 212, M+ 312
Promazine-M (nor-) AC	C18H20N2OS 312.12964 2805 U+UHYAC UHYAC LM Neuroleptic	peaks: 114, 180, 198, M+ 312

312

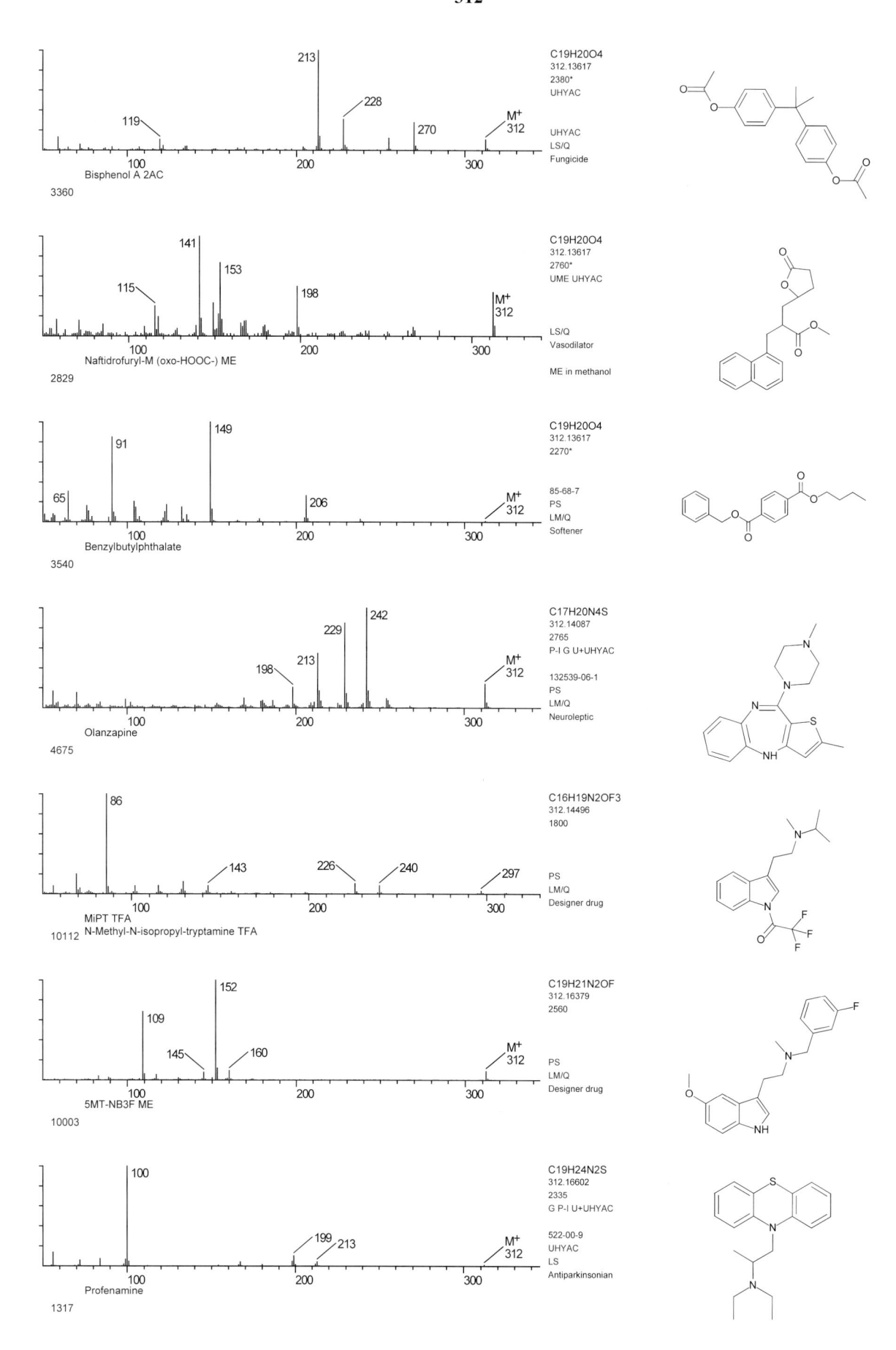

Bisphenol A 2AC — 3360
C19H20O4, 312.13617, 2380*, UHYAC
UHYAC, LS/Q, Fungicide
Peaks: 119, 213, 228, 270, M+ 312

Naftidrofuryl-M (oxo-HOOC-) ME — 2829
C19H20O4, 312.13617, 2760*, UME UHYAC
LS/Q, Vasodilator, ME in methanol
Peaks: 115, 141, 153, 198, M+ 312

Benzylbutylphthalate — 3540
C19H20O4, 312.13617, 2270*
85-68-7, PS, LM/Q, Softener
Peaks: 65, 91, 149, 206, M+ 312

Olanzapine — 4675
C17H20N4S, 312.14087, 2765, P-I G U+UHYAC
132539-06-1, PS, LM/Q, Neuroleptic
Peaks: 198, 213, 229, 242, M+ 312

MiPT TFA (N-Methyl-N-isopropyl-tryptamine TFA) — 10112
C16H19N2OF3, 312.14496, 1800
PS, LM/Q, Designer drug
Peaks: 86, 143, 226, 240, 297

5MT-NB3F ME — 10003
C19H21N2OF, 312.16379, 2560
PS, LM/Q, Designer drug
Peaks: 109, 145, 152, 160, M+ 312

Profenamine — 1317
C19H24N2S, 312.16602, 2335, G P-I U+UHYAC
522-00-9, UHYAC, LS, Antiparkinsonian
Peaks: 100, 199, 213, M+ 312

312

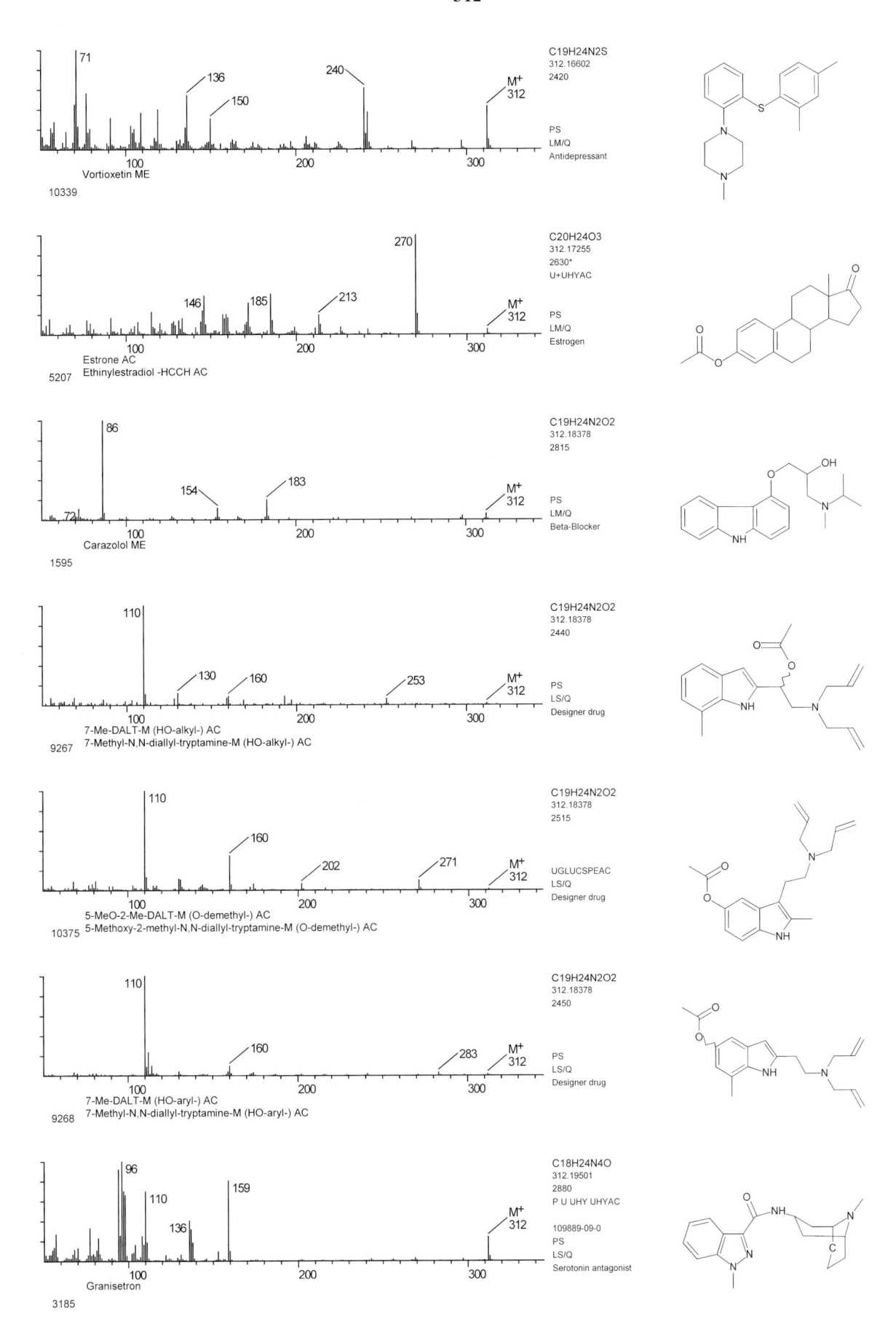

71, 136, 150, 240, M+ 312	C19H24N2S 312.16602 2420 PS LM/Q Antidepressant	
Vortioxetin ME 10339		

146, 185, 213, 270, M+ 312	C20H24O3 312.17255 2630* U+UHYAC PS LM/Q Estrogen	
Estrone AC Ethinylestradiol -HCCH AC 5207		

72, 86, 154, 183, M+ 312	C19H24N2O2 312.18378 2815 PS LM/Q Beta-Blocker	
Carazolol ME 1595		

110, 130, 160, 253, M+ 312	C19H24N2O2 312.18378 2440 PS LS/Q Designer drug	
7-Me-DALT-M (HO-alkyl-) AC 7-Methyl-N,N-diallyl-tryptamine-M (HO-alkyl-) AC 9267		

110, 160, 202, 271, M+ 312	C19H24N2O2 312.18378 2515 UGLUCSPEAC LS/Q Designer drug	
5-MeO-2-Me-DALT-M (O-demethyl-) AC 5-Methoxy-2-methyl-N,N-diallyl-tryptamine-M (O-demethyl-) AC 10375		

110, 160, 283, M+ 312	C19H24N2O2 312.18378 2450 PS LS/Q Designer drug	
7-Me-DALT-M (HO-aryl-) AC 7-Methyl-N,N-diallyl-tryptamine-M (HO-aryl-) AC 9268		

96, 110, 136, 159, M+ 312	C18H24N4O 312.19501 2880 P U UHY UHYAC 109889-09-0 PS LS/Q Serotonin antagonist	
Granisetron 3185		

983

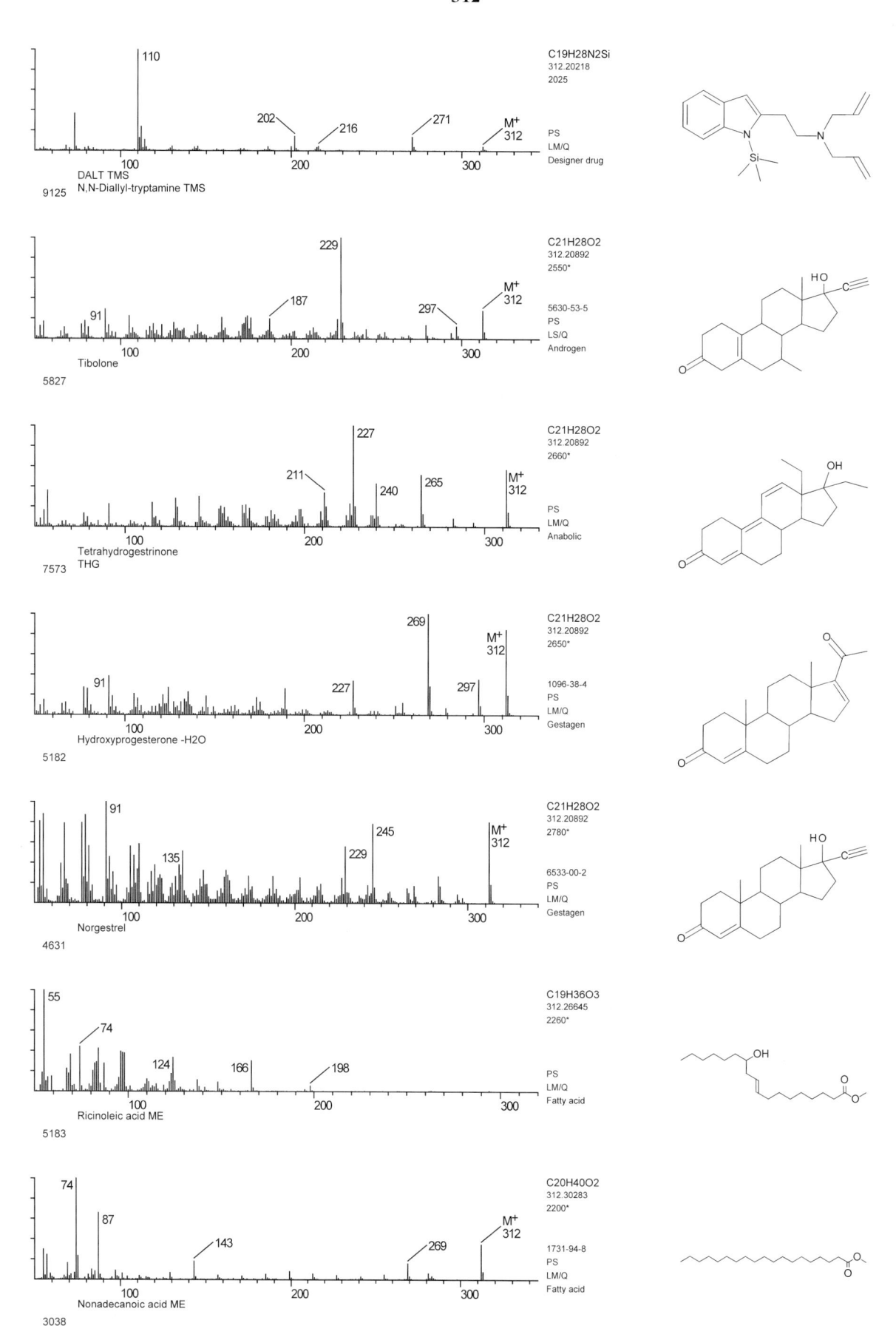

DALT TMS 9125 N,N-Diallyl-tryptamine TMS	peaks: 110, 202, 216, 271, M+ 312	C19H28N2Si 312.20218 2025 PS LM/Q Designer drug
Tibolone 5827	peaks: 91, 187, 229, 297, M+ 312	C21H28O2 312.20892 2550* 5630-53-5 PS LS/Q Androgen
Tetrahydrogestrinone THG 7573	peaks: 211, 227, 240, 265, M+ 312	C21H28O2 312.20892 2660* PS LM/Q Anabolic
Hydroxyprogesterone -H2O 5182	peaks: 91, 227, 269, 297, M+ 312	C21H28O2 312.20892 2650* 1096-38-4 PS LM/Q Gestagen
Norgestrel 4631	peaks: 91, 135, 229, 245, M+ 312	C21H28O2 312.20892 2780* 6533-00-2 PS LM/Q Gestagen
Ricinoleic acid ME 5183	peaks: 55, 74, 124, 166, 198	C19H36O3 312.26645 2260* PS LM/Q Fatty acid
Nonadecanoic acid ME 3038	peaks: 74, 87, 143, 269, M+ 312	C20H40O2 312.30283 2200* 1731-94-8 PS LM/Q Fatty acid

312

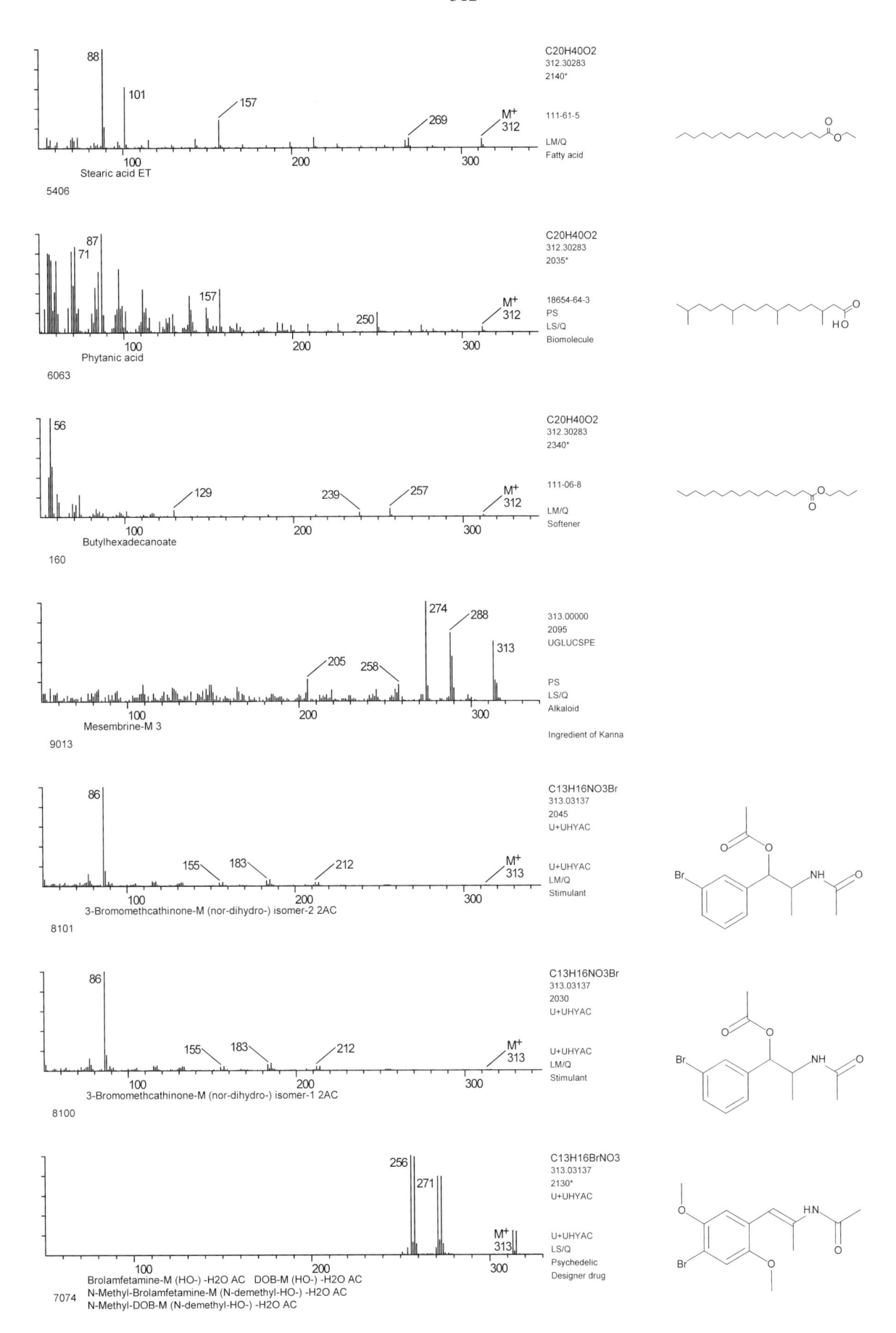

C20H40O2
312.30283
2140*

111-61-5

LM/Q
Fatty acid

Stearic acid ET
5406

C20H40O2
312.30283
2035*

18654-64-3
PS
LS/Q
Biomolecule

Phytanic acid
6063

C20H40O2
312.30283
2340*

111-06-8

LM/Q
Softener

Butylhexadecanoate
160

313.00000
2095
UGLUCSPE

PS
LS/Q
Alkaloid

Mesembrine-M 3
9013

Ingredient of Kanna

C13H16NO3Br
313.03137
2045
U+UHYAC

U+UHYAC
LM/Q
Stimulant

3-Bromomethcathinone-M (nor-dihydro-) isomer-2 2AC
8101

C13H16NO3Br
313.03137
2030
U+UHYAC

U+UHYAC
LM/Q
Stimulant

3-Bromomethcathinone-M (nor-dihydro-) isomer-1 2AC
8100

C13H16BrNO3
313.03137
2130*
U+UHYAC

U+UHYAC
LS/Q
Psychedelic
Designer drug

Brolamfetamine-M (HO-) -H2O AC   DOB-M (HO-) -H2O AC
N-Methyl-Brolamfetamine-M (N-demethyl-HO-) -H2O AC
7074 N-Methyl-DOB-M (N-demethyl-HO-) -H2O AC

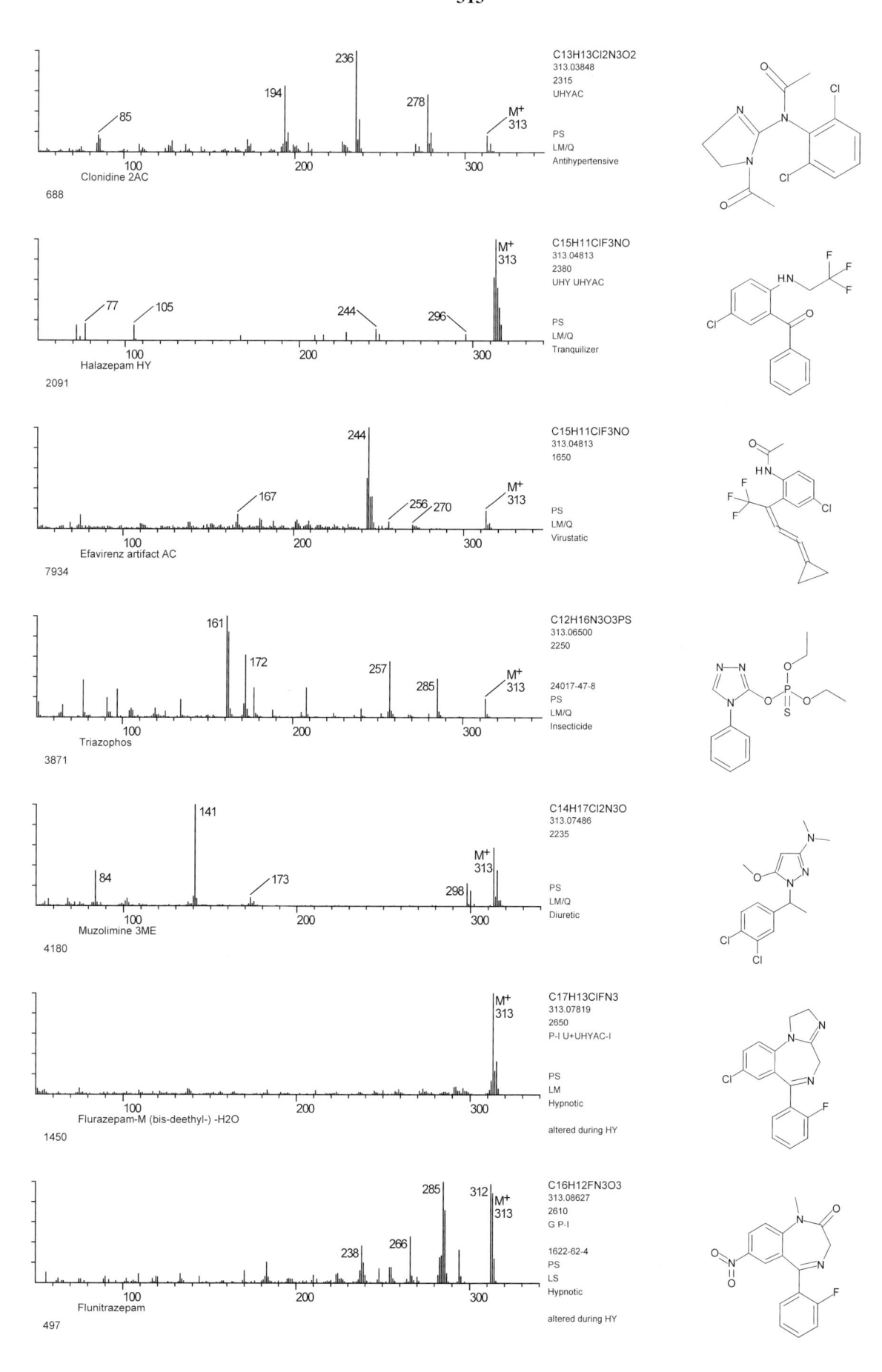

Clonidine 2AC 688	C13H13Cl2N3O2 313.03848 2315 UHYAC PS LM/Q Antihypertensive
Halazepam HY 2091	C15H11ClF3NO 313.04813 2380 UHY UHYAC PS LM/Q Tranquilizer
Efavirenz artifact AC 7934	C15H11ClF3NO 313.04813 1650 PS LM/Q Virustatic
Triazophos 3871	C12H16N3O3PS 313.06500 2250 24017-47-8 PS LM/Q Insecticide
Muzolimine 3ME 4180	C14H17Cl2N3O 313.07486 2235 PS LM/Q Diuretic
Flurazepam-M (bis-deethyl-) -H2O 1450	C17H13ClFN3 313.07819 2650 P-I U+UHYAC-I PS LM Hypnotic altered during HY
Flunitrazepam 497	C16H12FN3O3 313.08627 2610 G P-I 1622-62-4 PS LS Hypnotic altered during HY

313

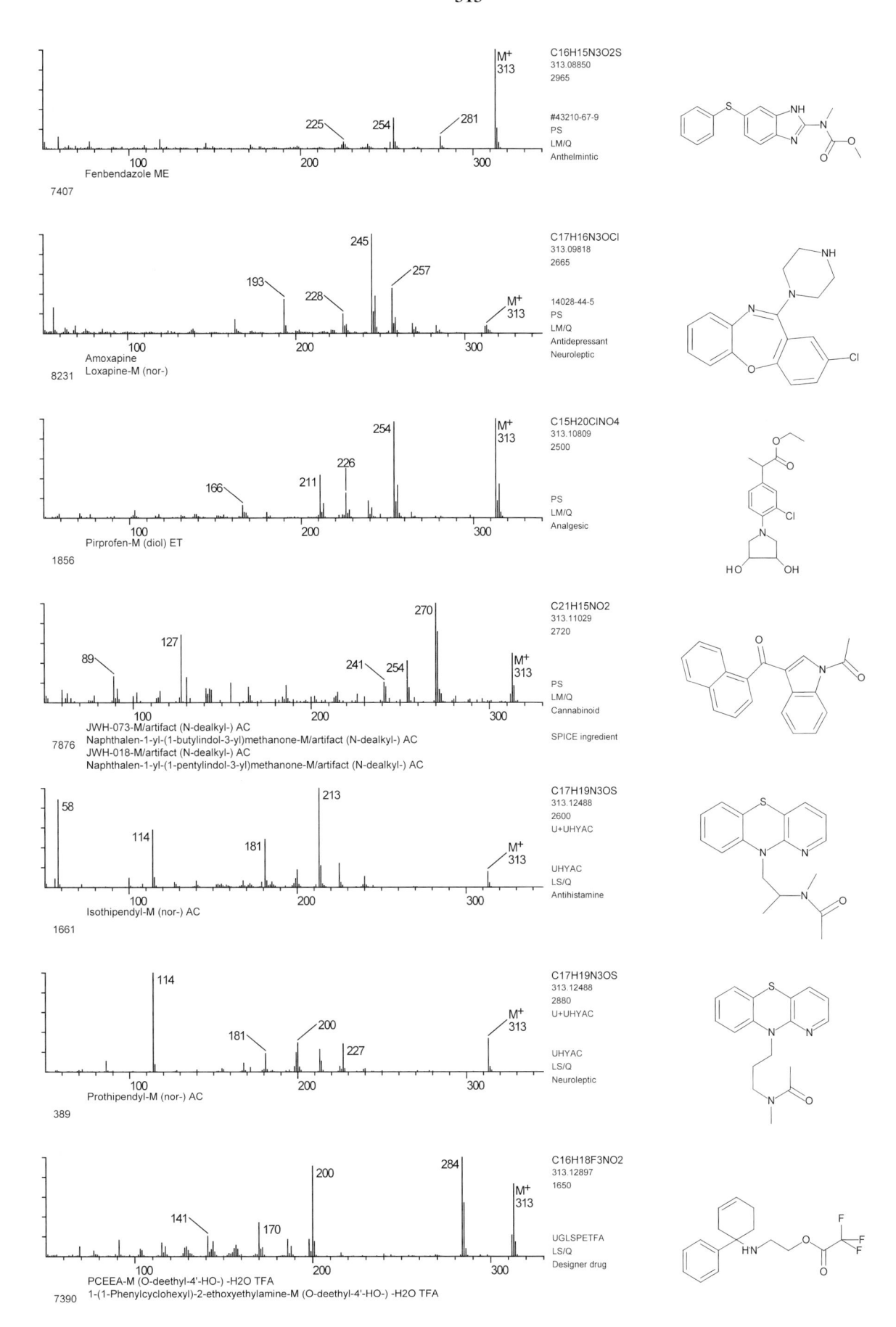

Spectrum	Formula / Info
Fenbendazole ME (7407) — peaks: 225, 254, 281, M+ 313	C16H15N3O2S, 313.08850, 2965, #43210-67-9, PS, LM/Q, Anthelmintic
Amoxapine / Loxapine-M (nor-) (8231) — peaks: 193, 228, 245, 257, M+ 313	C17H16N3OCl, 313.09818, 2665, 14028-44-5, PS, LM/Q, Antidepressant, Neuroleptic
Pirprofen-M (diol) ET (1856) — peaks: 166, 211, 226, 254, M+ 313	C15H20ClNO4, 313.10809, 2500, PS, LM/Q, Analgesic
JWH-073-M/artifact (N-dealkyl-) AC; Naphthalen-1-yl-(1-butylindol-3-yl)methanone-M/artifact (N-dealkyl-) AC; JWH-018-M/artifact (N-dealkyl-) AC; Naphthalen-1-yl-(1-pentylindol-3-yl)methanone-M/artifact (N-dealkyl-) AC (7876) — peaks: 89, 127, 241, 254, 270, M+ 313	C21H15NO2, 313.11029, 2720, PS, LM/Q, Cannabinoid, SPICE ingredient
Isothipendyl-M (nor-) AC (1661) — peaks: 58, 114, 181, 213, M+ 313	C17H19N3OS, 313.12488, 2600, U+UHYAC, UHYAC, LS/Q, Antihistamine
Prothipendyl-M (nor-) AC (389) — peaks: 114, 181, 200, 227, M+ 313	C17H19N3OS, 313.12488, 2880, U+UHYAC, UHYAC, LS/Q, Neuroleptic
PCEEA-M (O-deethyl-4'-HO-) -H2O TFA; 1-(1-Phenylcyclohexyl)-2-ethoxyethylamine-M (O-deethyl-4'-HO-) -H2O TFA (7390) — peaks: 141, 170, 200, 284, M+ 313	C16H18F3NO2, 313.12897, 1650, UGLSPETFA, LS/Q, Designer drug

313

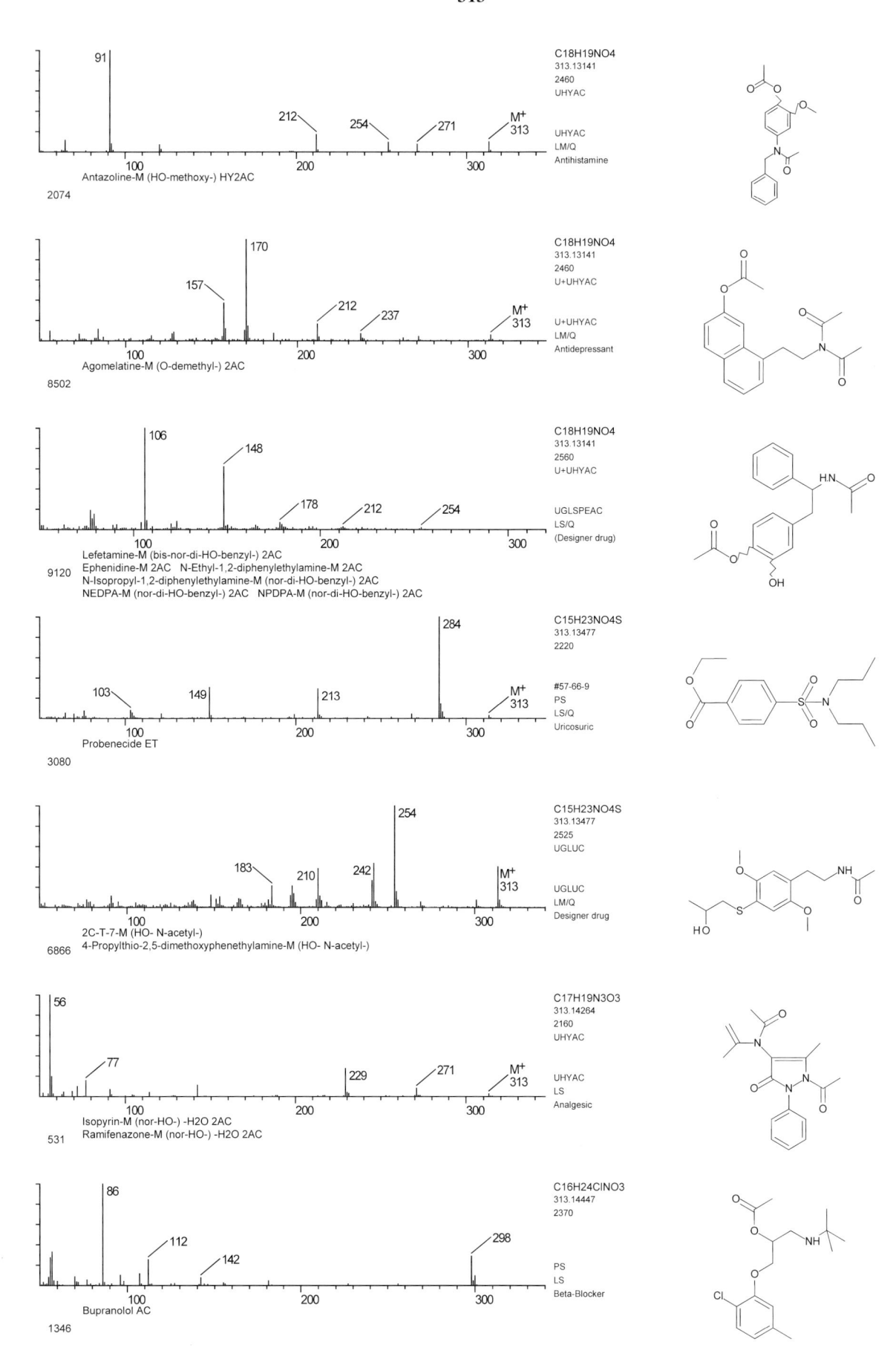

Spectrum peaks	Formula / Info
91, 212, 254, 271, M+ 313	C18H19NO4 313.13141 2460 UHYAC / UHYAC LM/Q Antihistamine

Antazoline-M (HO-methoxy-) HY2AC
2074

| 157, 170, 212, 237, M+ 313 | C18H19NO4 313.13141 2460 U+UHYAC / U+UHYAC LM/Q Antidepressant |

Agomelatine-M (O-demethyl-) 2AC
8502

| 106, 148, 178, 212, 254 | C18H19NO4 313.13141 2560 U+UHYAC UGLSPEAC LS/Q (Designer drug) |

Lefetamine-M (bis-nor-di-HO-benzyl-) 2AC
9120 Ephenidine-M 2AC   N-Ethyl-1,2-diphenylethylamine-M 2AC
N-Isopropyl-1,2-diphenylethylamine-M (nor-di-HO-benzyl-) 2AC
NEDPA (nor-di-HO-benzyl-) 2AC   NPDPA-M (nor-di-HO-benzyl-) 2AC

| 103, 149, 213, 284, M+ 313 | C15H23NO4S 313.13477 2220 #57-66-9 PS LS/Q Uricosuric |

Probenecide ET
3080

| 183, 210, 242, 254, M+ 313 | C15H23NO4S 313.13477 2525 UGLUC / UGLUC LM/Q Designer drug |

2C-T-7-M (HO- N-acetyl-)
6866 4-Propylthio-2,5-dimethoxyphenethylamine-M (HO- N-acetyl-)

| 56, 77, 229, 271, M+ 313 | C17H19N3O3 313.14264 2160 UHYAC / UHYAC LS Analgesic |

Isopyrin-M (nor-HO-) -H2O 2AC
531 Ramifenazone-M (nor-HO-) -H2O 2AC

| 86, 112, 142, 298 | C16H24ClNO3 313.14447 2370 PS LS Beta-Blocker |

Bupranolol AC
1346

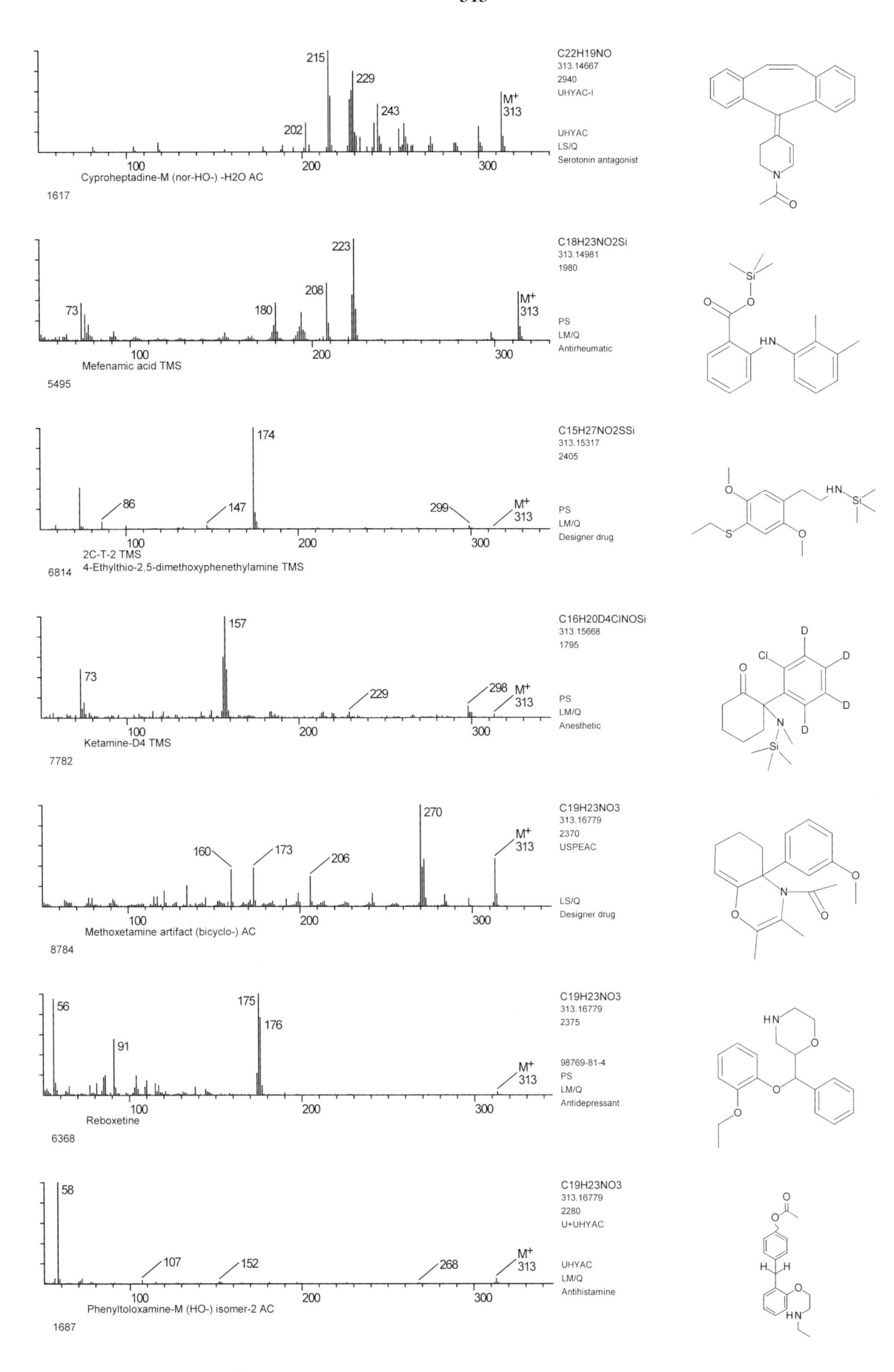

Cyproheptadine-M (nor-HO-) -H2O AC
1617
C22H19NO
313.14667
2940
UHYAC-I
UHYAC
LS/Q
Serotonin antagonist

Mefenamic acid TMS
5495
C18H23NO2Si
313.14981
1980
PS
LM/Q
Antirheumatic

2C-T-2 TMS
4-Ethylthio-2,5-dimethoxyphenethylamine TMS
6814
C15H27NO2SSi
313.15317
2405
PS
LM/Q
Designer drug

Ketamine-D4 TMS
7782
C16H20D4ClNOSi
313.15668
1795
PS
LM/Q
Anesthetic

Methoxetamine artifact (bicyclo-) AC
8784
C19H23NO3
313.16779
2370
USPEAC
LS/Q
Designer drug

Reboxetine
6368
C19H23NO3
313.16779
2375
98769-81-4
PS
LM/Q
Antidepressant

Phenyltoloxamine-M (HO-) isomer-2 AC
1687
C19H23NO3
313.16779
2280
U+UHYAC
UHYAC
LM/Q
Antihistamine

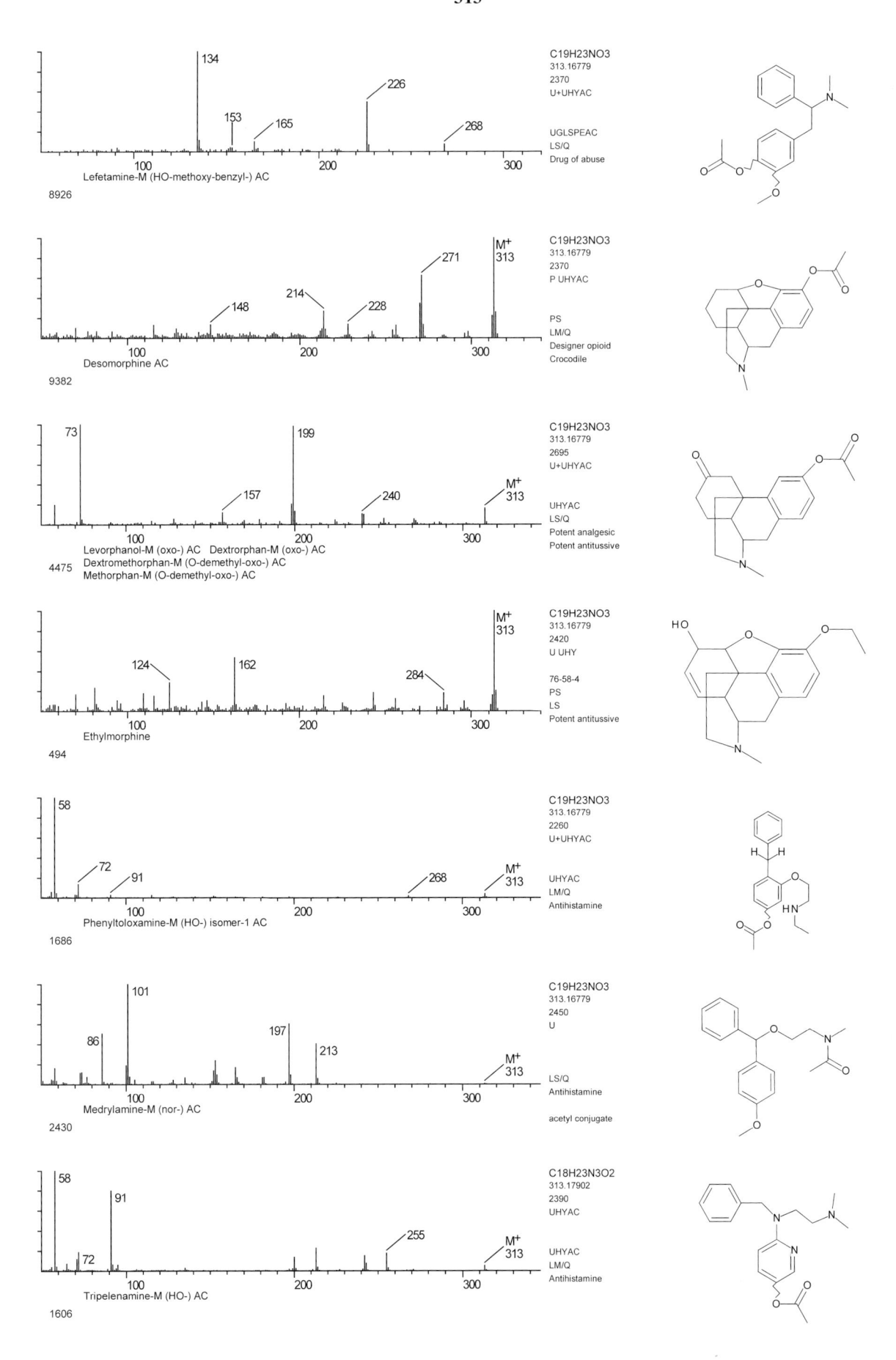

Lefetamine-M (HO-methoxy-benzyl-) AC 8926	C19H23NO3 313.16779 2370 U+UHYAC UGLSPEAC LS/Q Drug of abuse
Desomorphine AC 9382	C19H23NO3 313.16779 2370 P UHYAC PS LM/Q Designer opioid Crocodile
Levorphanol-M (oxo-) AC Dextrorphan-M (oxo-) AC Dextromethorphan-M (O-demethyl-oxo-) AC Methorphan-M (O-demethyl-oxo-) AC 4475	C19H23NO3 313.16779 2695 U+UHYAC UHYAC LS/Q Potent analgesic Potent antitussive
Ethylmorphine 494	C19H23NO3 313.16779 2420 U UHY 76-58-4 PS LS Potent antitussive
Phenyltoloxamine-M (HO-) isomer-1 AC 1686	C19H23NO3 313.16779 2260 U+UHYAC UHYAC LM/Q Antihistamine
Medrylamine-M (nor-) AC 2430	C19H23NO3 313.16779 2450 U LS/Q Antihistamine acetyl conjugate
Tripelenamine-M (HO-) AC 1606	C18H23N3O2 313.17902 2390 UHYAC UHYAC LM/Q Antihistamine

313

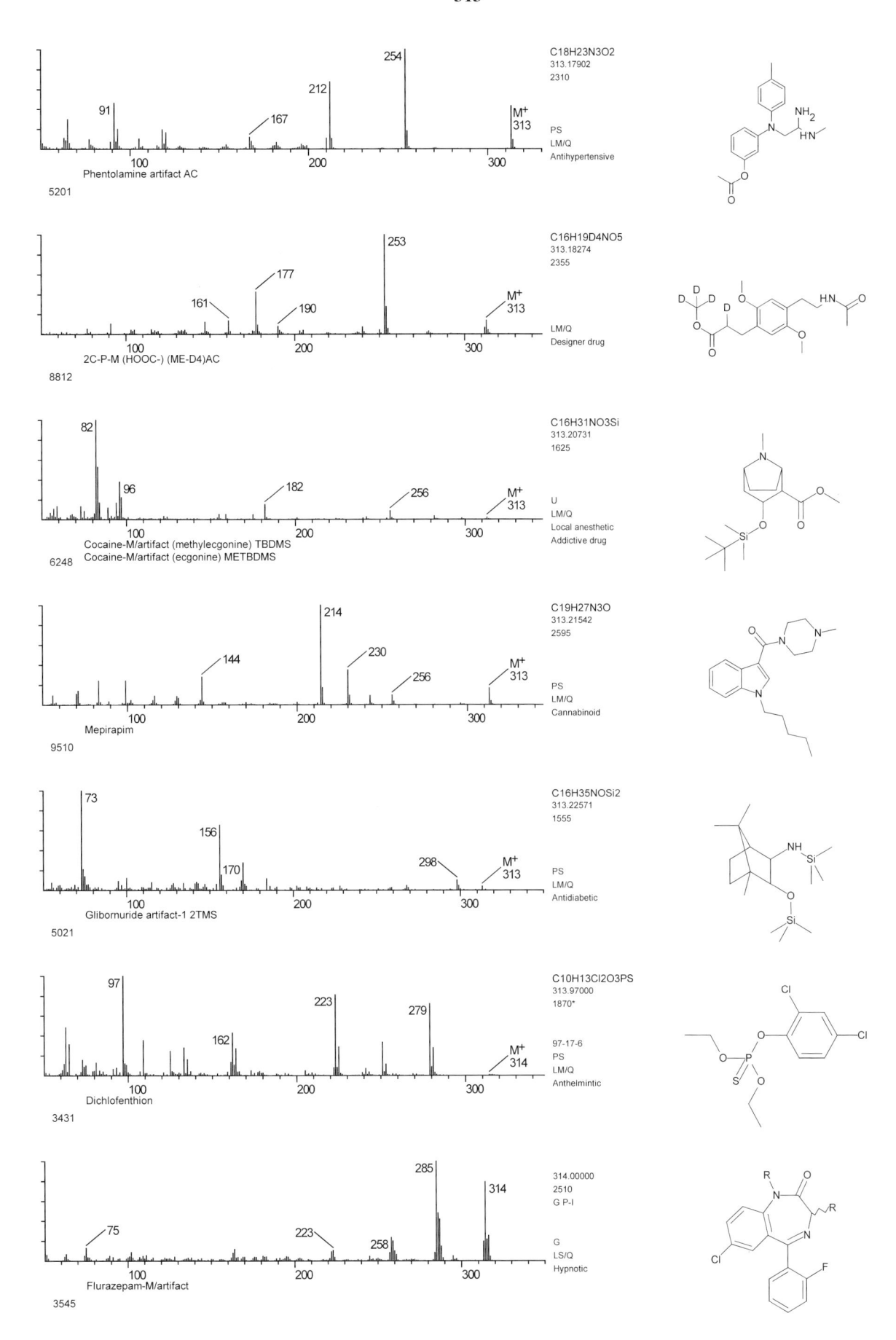

5201 — Phentolamine artifact AC
C18H23N3O2
313.17902
2310
PS
LM/Q
Antihypertensive
Peaks: 91, 167, 212, 254, M+ 313

8812 — 2C-P-M (HOOC-) (ME-D4)AC
C16H19D4NO5
313.18274
2355
LM/Q
Designer drug
Peaks: 161, 177, 190, 253, M+ 313

6248 — Cocaine-M/artifact (methylecgonine) TBDMS / Cocaine-M/artifact (ecgonine) METBDMS
C16H31NO3Si
313.20731
1625
U
LM/Q
Local anesthetic
Addictive drug
Peaks: 82, 96, 182, 256, M+ 313

9510 — Mepirapim
C19H27N3O
313.21542
2595
PS
LM/Q
Cannabinoid
Peaks: 144, 214, 230, 256, M+ 313

5021 — Glibornuride artifact-1 2TMS
C16H35NOSi2
313.22571
1555
PS
LM/Q
Antidiabetic
Peaks: 73, 156, 170, 298, M+ 313

3431 — Dichlofenthion
C10H13Cl2O3PS
313.97000
1870*
97-17-6
PS
LM/Q
Anthelmintic
Peaks: 97, 162, 223, 279, M+ 314

3545 — Flurazepam-M/artifact
314.00000
2510
G P-I
G
LS/Q
Hypnotic
Peaks: 75, 223, 258, 285, 314

314

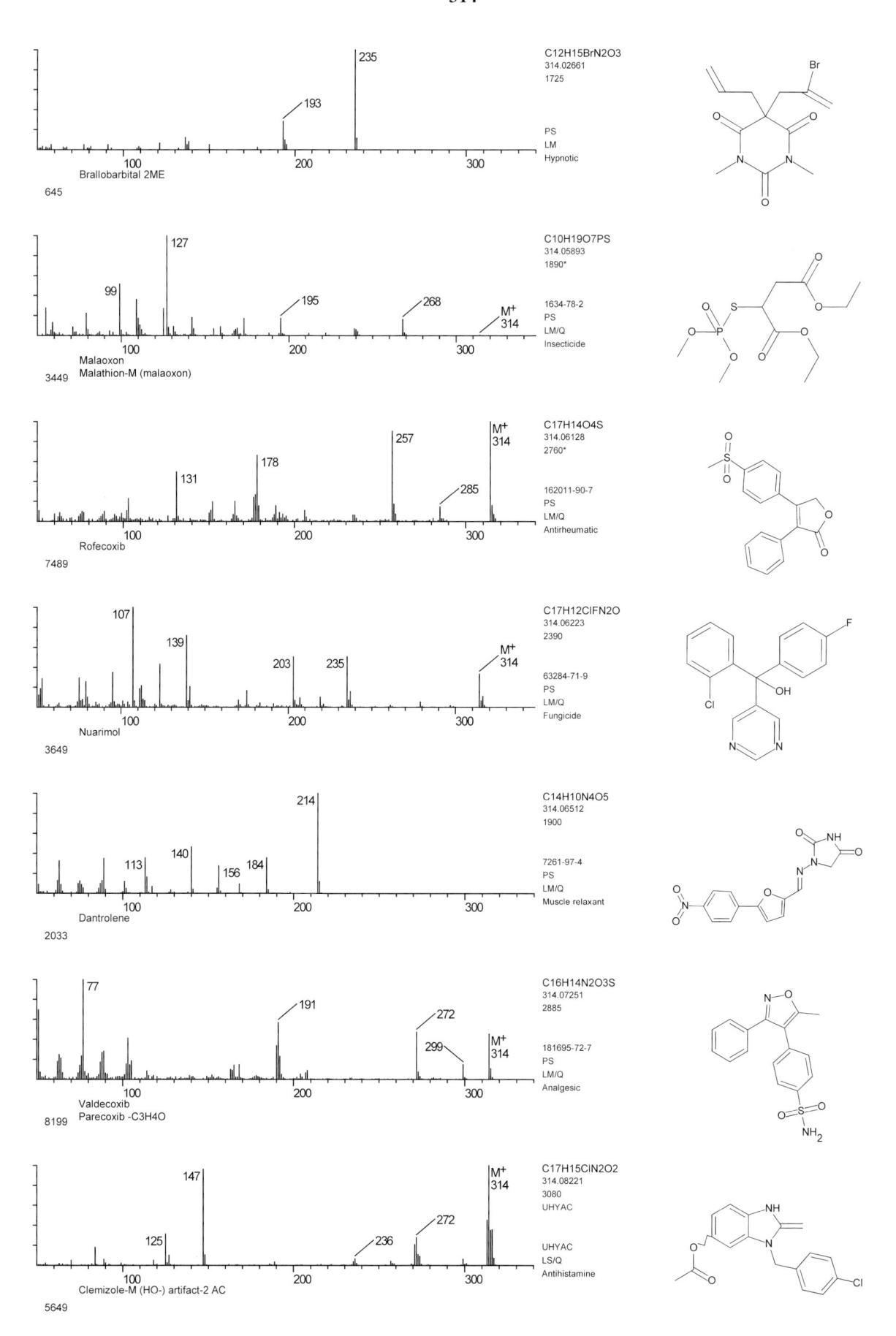

Brallobarbital 2ME — 645
m/z: 193, 235
C12H15BrN2O3
314.02661
1725
PS
LM
Hypnotic

Malaoxon / Malathion-M (malaoxon) — 3449
m/z: 99, 127, 195, 268, M+ 314
C10H19O7PS
314.05893
1890*
1634-78-2
PS
LM/Q
Insecticide

Rofecoxib — 7489
m/z: 131, 178, 257, 285, M+ 314
C17H14O4S
314.06128
2760*
162011-90-7
PS
LM/Q
Antirheumatic

Nuarimol — 3649
m/z: 107, 139, 203, 235, M+ 314
C17H12ClFN2O
314.06223
2390
63284-71-9
PS
LM/Q
Fungicide

Dantrolene — 2033
m/z: 113, 140, 156, 184, 214
C14H10N4O5
314.06512
1900
7261-97-4
PS
LM/Q
Muscle relaxant

Valdecoxib / Parecoxib −C3H4O — 8199
m/z: 77, 191, 272, 299, M+ 314
C16H14N2O3S
314.07251
2885
181695-72-7
PS
LM/Q
Analgesic

Clemizole-M (HO-) artifact-2 AC — 5649
m/z: 125, 147, 236, 272, M+ 314
C17H15ClN2O2
314.08221
3080
UHYAC
UHYAC
LS/Q
Antihistamine

314

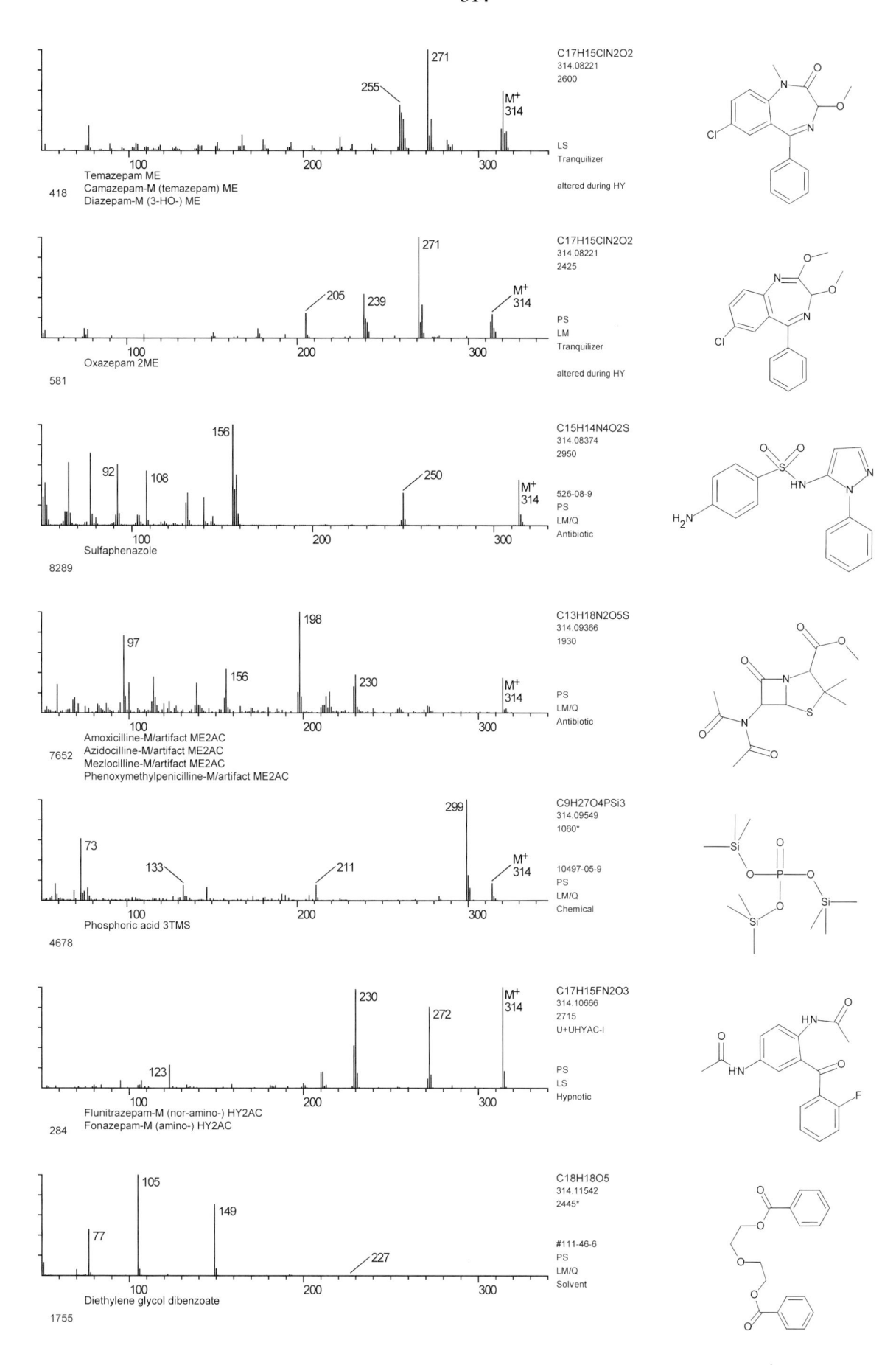

Temazepam ME Camazepam-M (temazepam) ME Diazepam-M (3-HO-) ME	255, 271, M+ 314	C17H15ClN2O2 314.08221 2600 LS Tranquilizer altered during HY
418		
Oxazepam 2ME	205, 239, 271, M+ 314	C17H15ClN2O2 314.08221 2425 PS LM Tranquilizer altered during HY
581		
Sulfaphenazole	92, 108, 156, 250, M+ 314	C15H14N4O2S 314.08374 2950 526-08-9 PS LM/Q Antibiotic
8289		
Amoxicilline-M/artifact ME2AC Azidocilline-M/artifact ME2AC Mezlocilline-M/artifact ME2AC Phenoxymethylpenicilline-M/artifact ME2AC	97, 156, 198, 230, M+ 314	C13H18N2O5S 314.09366 1930 PS LM/Q Antibiotic
7652		
Phosphoric acid 3TMS	73, 133, 211, 299, M+ 314	C9H27O4PSi3 314.09549 1060* 10497-05-9 PS LM/Q Chemical
4678		
Flunitrazepam-M (nor-amino-) HY2AC Fonazepam-M (amino-) HY2AC	123, 230, 272, M+ 314	C17H15FN2O3 314.10666 2715 U+UHYAC-I PS LS Hypnotic
284		
Diethylene glycol dibenzoate	77, 105, 149, 227	C18H18O5 314.11542 2445* #111-46-6 PS LM/Q Solvent
1755		

314

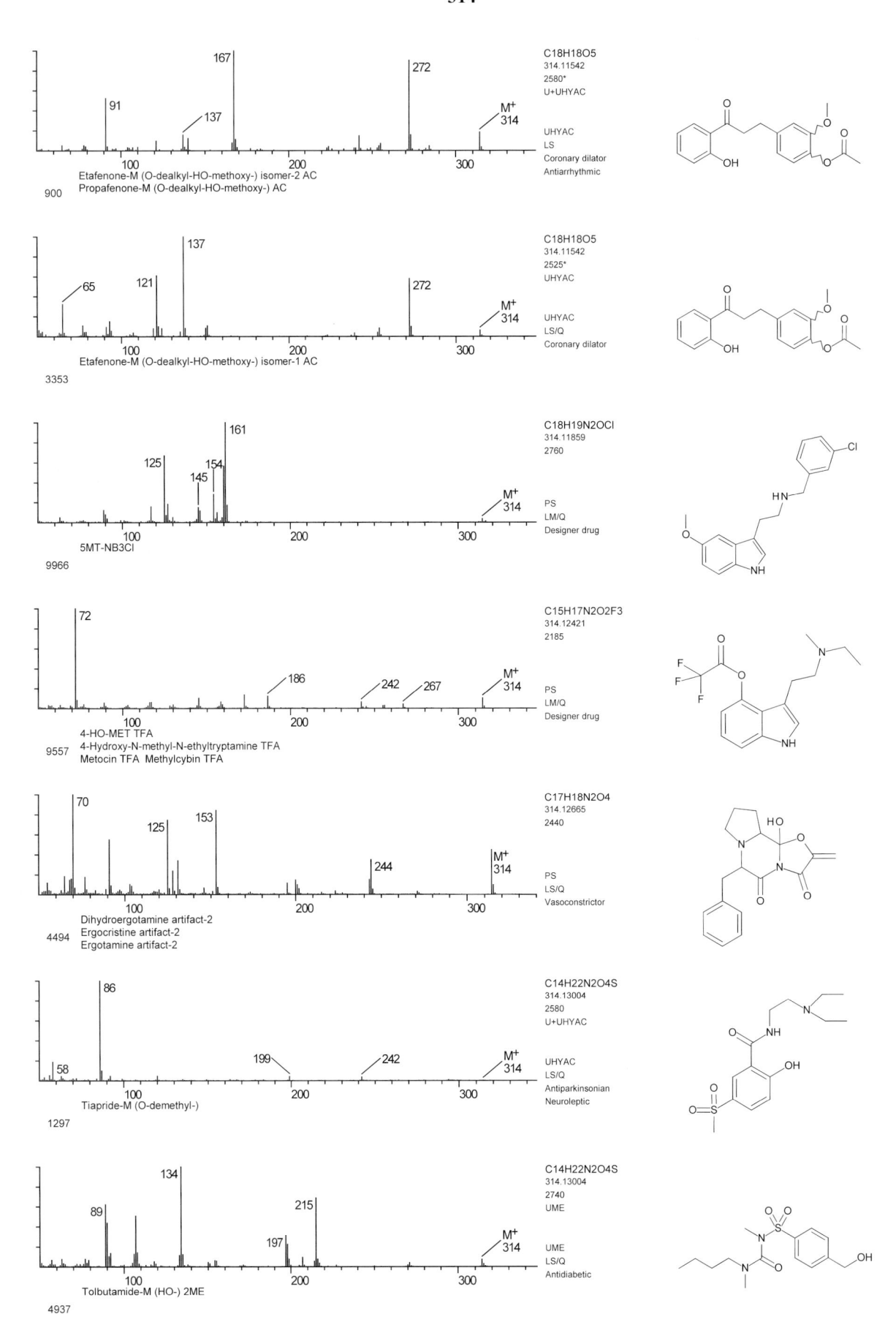

C18H18O5
314.11542
2580*
U+UHYAC

UHYAC
LS
Coronary dilator
Antiarrhythmic

Etafenone-M (O-dealkyl-HO-methoxy-) isomer-2 AC
Propafenone-M (O-dealkyl-HO-methoxy-) AC

C18H18O5
314.11542
2525*
UHYAC

UHYAC
LS/Q
Coronary dilator

Etafenone-M (O-dealkyl-HO-methoxy-) isomer-1 AC

C18H19N2OCl
314.11859
2760

PS
LM/Q
Designer drug

5MT-NB3Cl

C15H17N2O2F3
314.12421
2185

PS
LM/Q
Designer drug

4-HO-MET TFA
4-Hydroxy-N-methyl-N-ethyltryptamine TFA
Metocin TFA Methylcybin TFA

C17H18N2O4
314.12665
2440

PS
LS/Q
Vasoconstrictor

Dihydroergotamine artifact-2
Ergocristine artifact-2
Ergotamine artifact-2

C14H22N2O4S
314.13004
2580
U+UHYAC

UHYAC
LS/Q
Antiparkinsonian
Neuroleptic

Tiapride-M (O-demethyl-)

C14H22N2O4S
314.13004
2740
UME

UME
LS/Q
Antidiabetic

Tolbutamide-M (HO-) 2ME

314

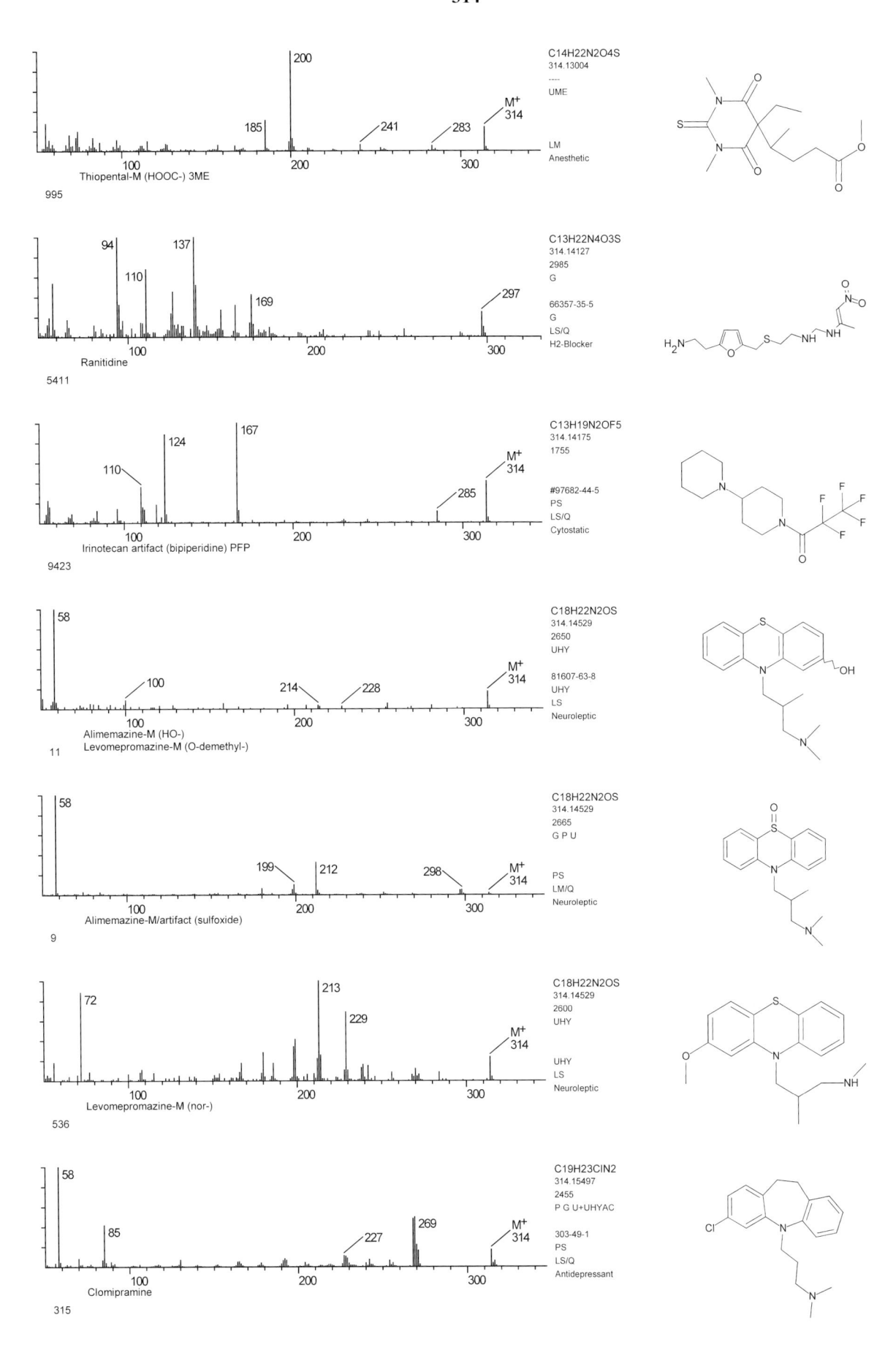

C14H22N2O4S
314.13004

UME

M+ 314
LM
Anesthetic

Thiopental-M (HOOC-) 3ME
995

C13H22N4O3S
314.14127
2985
G

66357-35-5
G
LS/Q
H2-Blocker

Ranitidine
5411

C13H19N2OF5
314.14175
1755

#97682-44-5
PS
LS/Q
Cytostatic

Irinotecan artifact (bipiperidine) PFP
9423

C18H22N2OS
314.14529
2650
UHY

81607-63-8
UHY
LS
Neuroleptic

Alimemazine-M (HO-)
Levomepromazine-M (O-demethyl-)
11

C18H22N2OS
314.14529
2665
G P U

PS
LM/Q
Neuroleptic

Alimemazine-M/artifact (sulfoxide)
9

C18H22N2OS
314.14529
2600
UHY

UHY
LS
Neuroleptic

Levomepromazine-M (nor-)
536

C19H23ClN2
314.15497
2455
P G U+UHYAC

303-49-1
PS
LS/Q
Antidepressant

Clomipramine
315

995

314

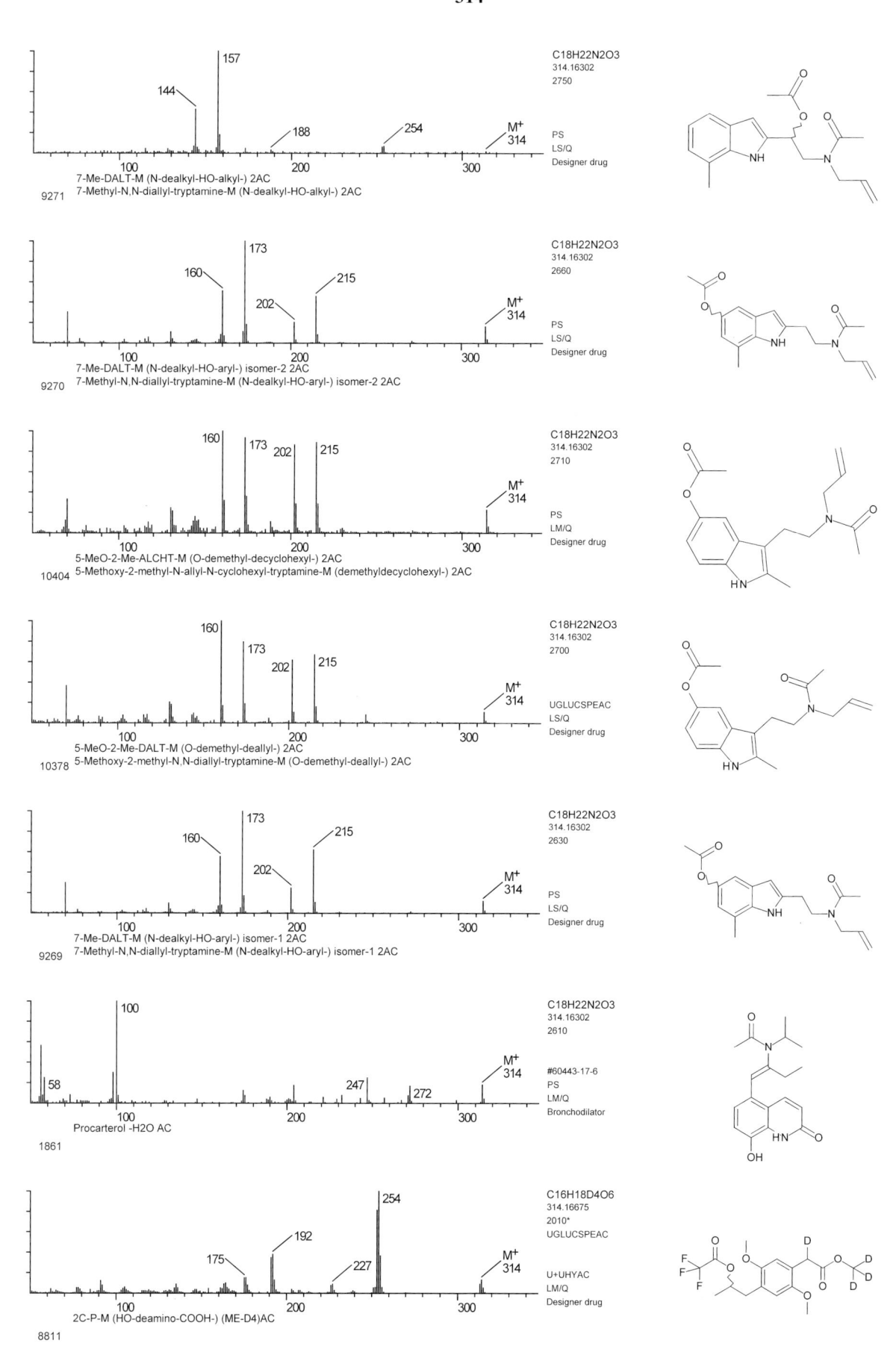

157, 144, 188, 254, M+ 314	C18H22N2O3 314.16302 2750 PS LS/Q Designer drug	

9271   7-Me-DALT-M (N-dealkyl-HO-alkyl-) 2AC
7-Methyl-N,N-diallyl-tryptamine-M (N-dealkyl-HO-alkyl-) 2AC

173, 160, 202, 215, M+ 314	C18H22N2O3 314.16302 2660 PS LS/Q Designer drug	

9270   7-Me-DALT-M (N-dealkyl-HO-aryl-) isomer-2 2AC
7-Methyl-N,N-diallyl-tryptamine-M (N-dealkyl-HO-aryl-) isomer-2 2AC

160, 173, 202, 215, M+ 314	C18H22N2O3 314.16302 2710 PS LM/Q Designer drug	

10404   5-MeO-2-Me-ALCHT-M (O-demethyl-decyclohexyl-) 2AC
5-Methoxy-2-methyl-N-allyl-N-cyclohexyl-tryptamine-M (demethyldecyclohexyl-) 2AC

160, 173, 202, 215, M+ 314	C18H22N2O3 314.16302 2700 UGLUCSPEAC LS/Q Designer drug	

10378   5-MeO-2-Me-DALT-M (O-demethyl-deallyl-) 2AC
5-Methoxy-2-methyl-N,N-diallyl-tryptamine-M (O-demethyl-deallyl-) 2AC

173, 160, 202, 215, M+ 314	C18H22N2O3 314.16302 2630 PS LS/Q Designer drug	

9269   7-Me-DALT-M (N-dealkyl-HO-aryl-) isomer-1 2AC
7-Methyl-N,N-diallyl-tryptamine-M (N-dealkyl-HO-aryl-) isomer-1 2AC

100, 58, 247, 272, M+ 314	C18H22N2O3 314.16302 2610 #60443-17-6 PS LM/Q Bronchodilator	

1861   Procarterol -H2O AC

254, 192, 175, 227, M+ 314	C16H18D4O6 314.16675 2010* UGLUCSPEAC U+UHYAC LM/Q Designer drug	

8811   2C-P-M (HO-deamino-COOH-) (ME-D4)AC

314

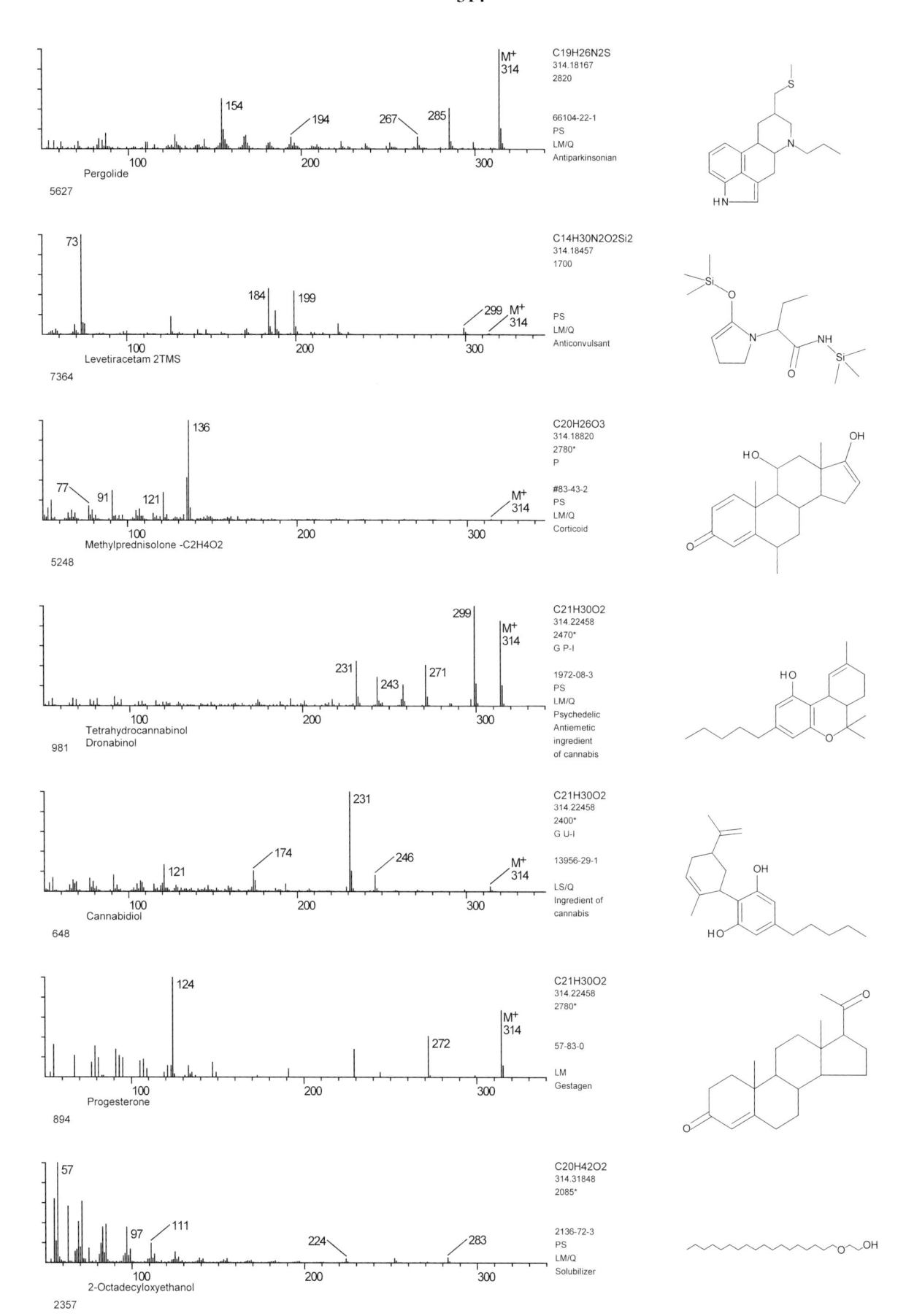

Pergolide — C19H26N2S, 314.18167, 2820, 66104-22-1, PS, LM/Q, Antiparkinsonian
Peaks: 154, 194, 267, 285, M+ 314
5627

Levetiracetam 2TMS — C14H30N2O2Si2, 314.18457, 1700, PS, LM/Q, Anticonvulsant
Peaks: 73, 184, 199, 299, M+ 314
7364

Methylprednisolone -C2H4O2 — C20H26O3, 314.18820, 2780*, P, #83-43-2, PS, LM/Q, Corticoid
Peaks: 77, 91, 121, 136, M+ 314
5248

Tetrahydrocannabinol / Dronabinol — C21H30O2, 314.22458, 2470*, G P-I, 1972-08-3, PS, LM/Q, Psychedelic Antiemetic ingredient of cannabis
Peaks: 231, 243, 271, 299, M+ 314
981

Cannabidiol — C21H30O2, 314.22458, 2400*, G U-I, 13956-29-1, LS/Q, Ingredient of cannabis
Peaks: 121, 174, 231, 246, M+ 314
648

Progesterone — C21H30O2, 314.22458, 2780*, 57-83-0, LM, Gestagen
Peaks: 124, 272, M+ 314
894

2-Octadecyloxyethanol — C20H42O2, 314.31848, 2085*, 2136-72-3, PS, LM/Q, Solubilizer
Peaks: 57, 97, 111, 224, 283
2357

997

315

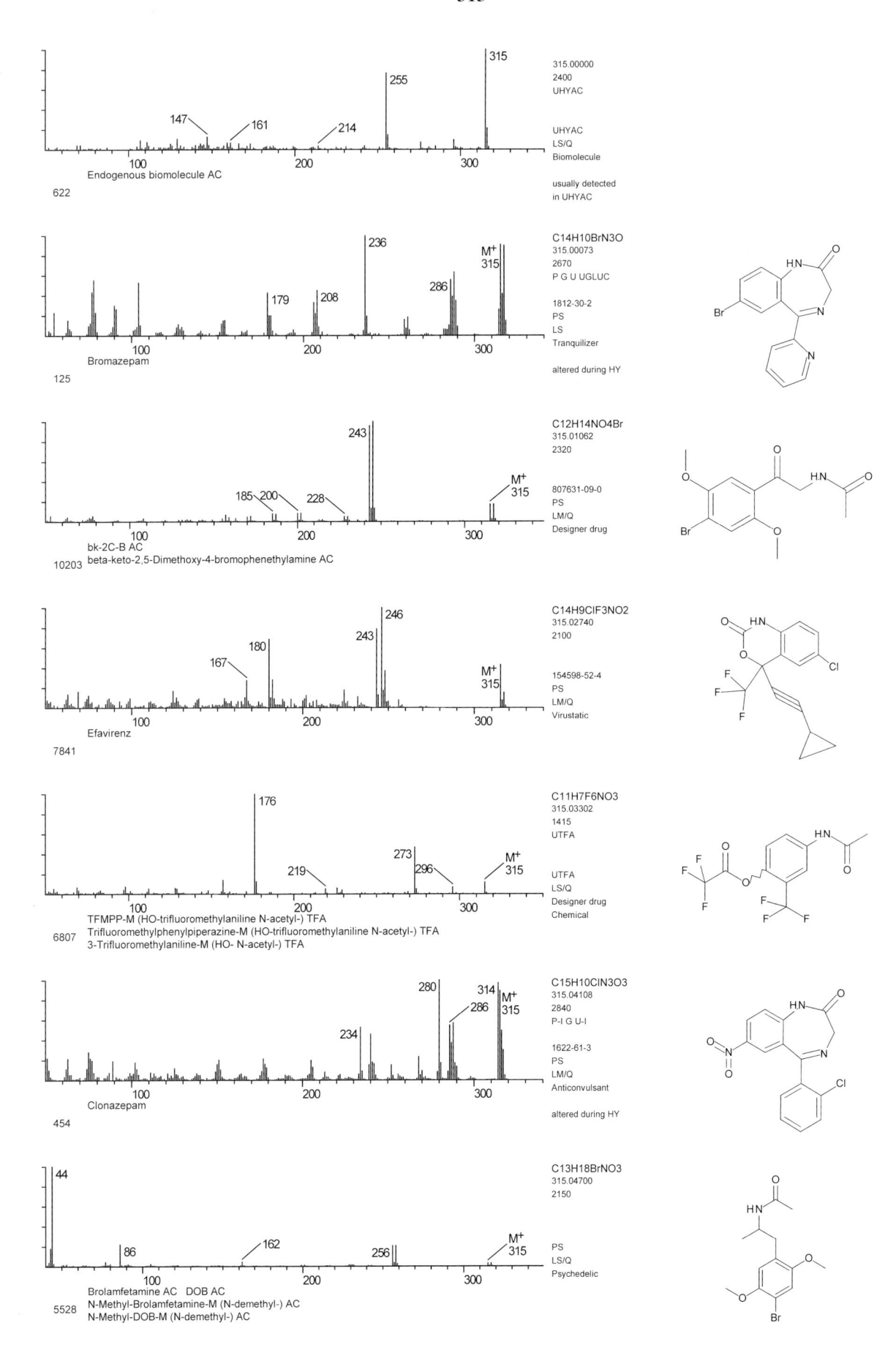

315.00000
2400
UHYAC

UHYAC
LS/Q
Biomolecule

usually detected in UHYAC

Endogenous biomolecule AC
622

C14H10BrN3O
315.00073
2670
P G U UGLUC

1812-30-2
PS
LS
Tranquilizer

altered during HY

Bromazepam
125

C12H14NO4Br
315.01062
2320

807631-09-0
PS
LM/Q
Designer drug

bk-2C-B AC
beta-keto-2,5-Dimethoxy-4-bromophenethylamine AC
10203

C14H9ClF3NO2
315.02740
2100

154598-52-4
PS
LM/Q
Virustatic

Efavirenz
7841

C11H7F6NO3
315.03302
1415
UTFA

UTFA
LS/Q
Designer drug
Chemical

TFMPP-M (HO-trifluoromethylaniline N-acetyl-) TFA
Trifluoromethylphenylpiperazine-M (HO-trifluoromethylaniline N-acetyl-) TFA
3-Trifluoromethylaniline-M (HO- N-acetyl-) TFA
6807

C15H10ClN3O3
315.04108
2840
P-I G U-I

1622-61-3
PS
LM/Q
Anticonvulsant

altered during HY

Clonazepam
454

C13H18BrNO3
315.04700
2150

PS
LS/Q
Psychedelic

Brolamfetamine AC   DOB AC
N-Methyl-Brolamfetamine-M (N-demethyl-) AC
N-Methyl-DOB-M (N-demethyl-) AC
5528

315

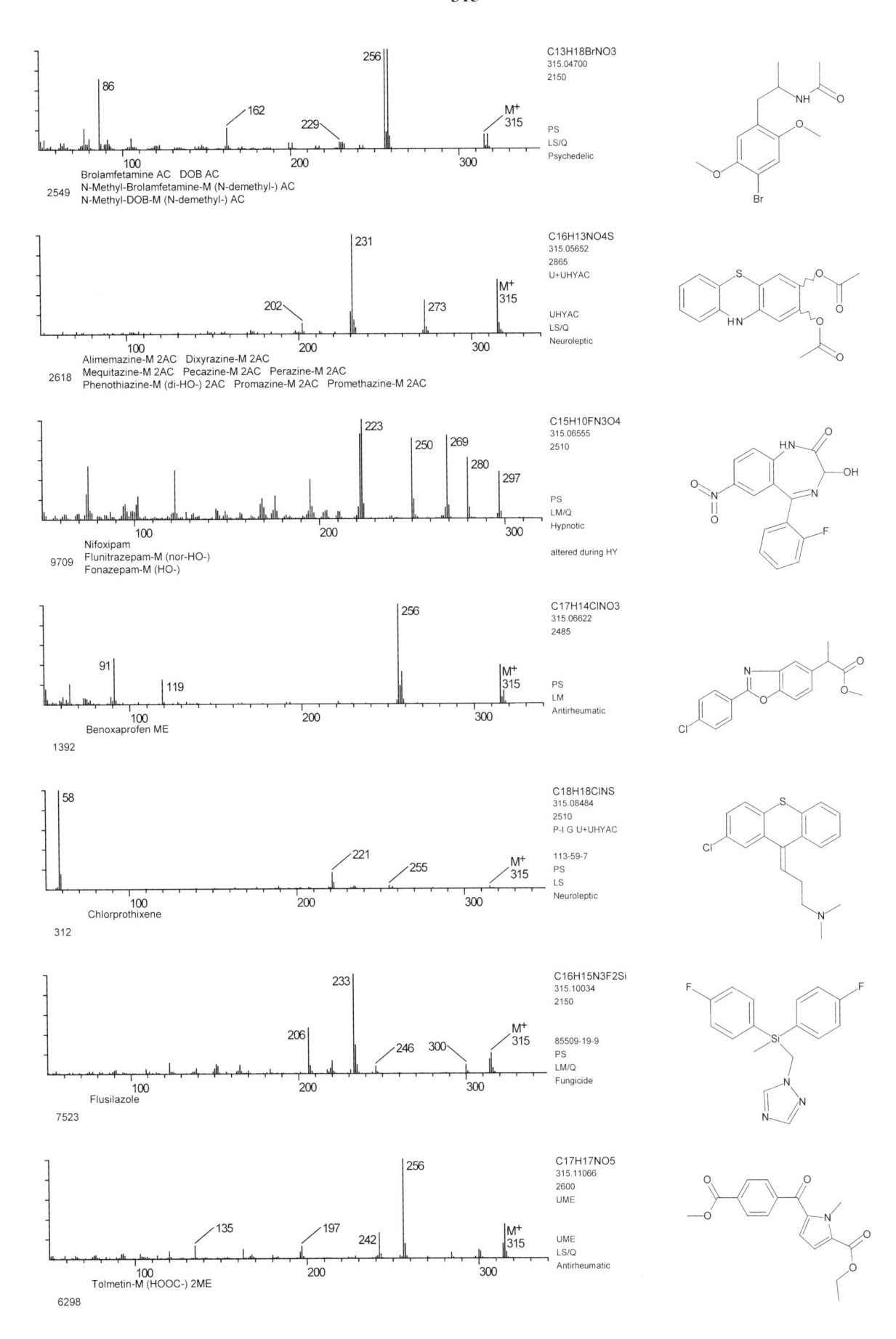

C13H18BrNO3
315.04700
2150

PS
LS/Q
Psychedelic

Brolamfetamine AC   DOB AC
N-Methyl-Brolamfetamine-M (N-demethyl-) AC
N-Methyl-DOB-M (N-demethyl-) AC
2549

C16H13NO4S
315.05652
2865
U+UHYAC

UHYAC
LS/Q
Neuroleptic

Alimemazine-M 2AC   Dixyrazine-M 2AC
Mequitazine-M 2AC   Pecazine-M 2AC   Perazine-M 2AC
Phenothiazine-M (di-HO-) 2AC   Promazine-M 2AC   Promethazine-M 2AC
2618

C15H10FN3O4
315.06555
2510

PS
LM/Q
Hypnotic

Nifoxipam
Flunitrazepam-M (nor-HO-)
Fonazepam-M (HO-)
9709

altered during HY

C17H14ClNO3
315.06622
2485

PS
LM
Antirheumatic

Benoxaprofen ME
1392

C18H18ClNS
315.08484
2510
P-I G U+UHYAC

113-59-7
PS
LS
Neuroleptic

Chlorprothixene
312

C16H15N3F2Si
315.10034
2150

85509-19-9
PS
LM/Q
Fungicide

Flusilazole
7523

C17H17NO5
315.11066
2600
UME

UME
LS/Q
Antirheumatic

Tolmetin-M (HOOC-) 2ME
6298

315

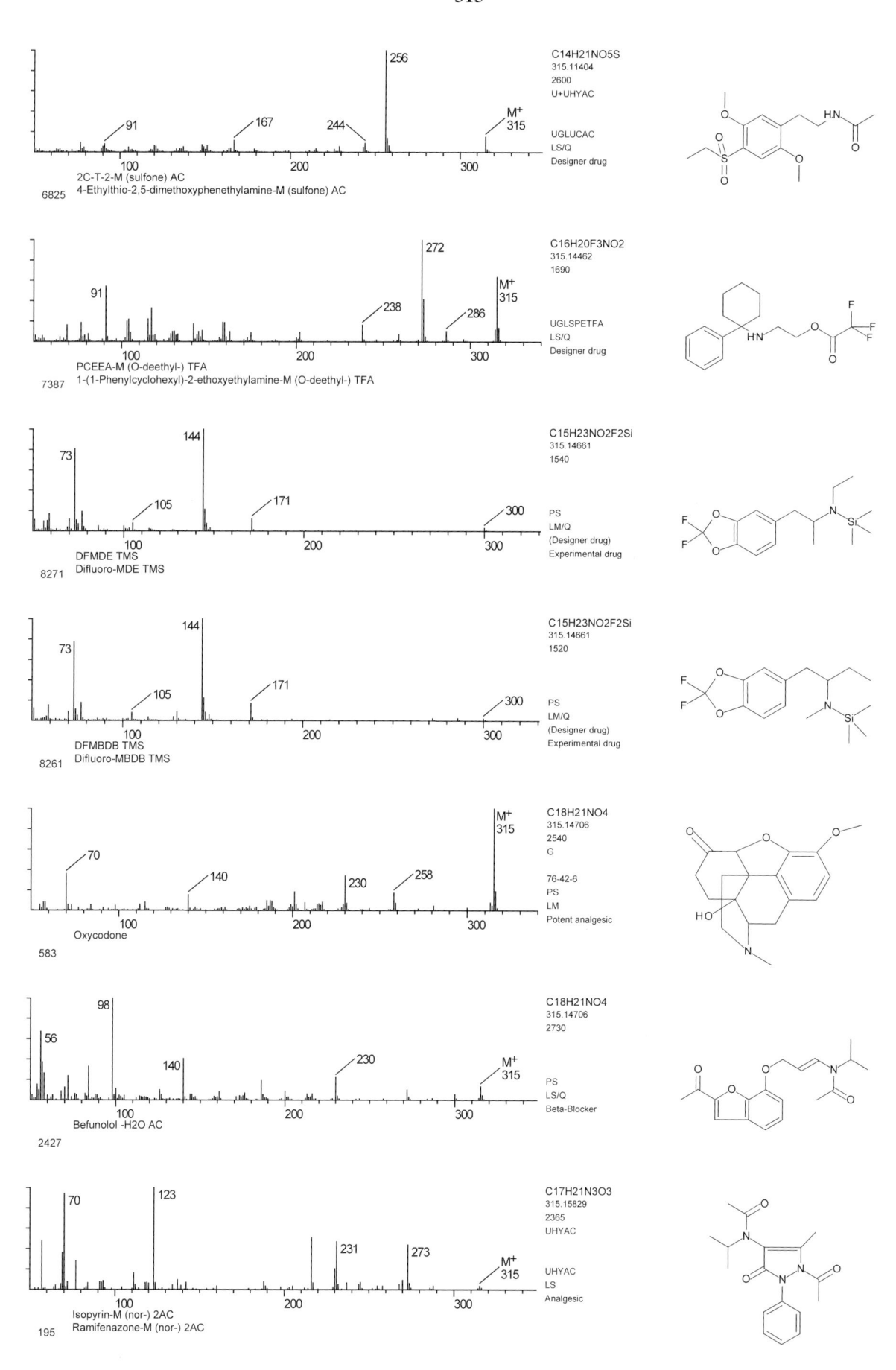

C14H21NO5S
315.11404
2600
U+UHYAC

UGLUCAC
LS/Q
Designer drug

2C-T-2-M (sulfone) AC
4-Ethylthio-2,5-dimethoxyphenethylamine-M (sulfone) AC
6825

C16H20F3NO2
315.14462
1690

UGLSPETFA
LS/Q
Designer drug

PCEEA-M (O-deethyl-) TFA
1-(1-Phenylcyclohexyl)-2-ethoxyethylamine-M (O-deethyl-) TFA
7387

C15H23NO2F2Si
315.14661
1540

PS
LM/Q
(Designer drug)
Experimental drug

DFMDE TMS
Difluoro-MDE TMS
8271

C15H23NO2F2Si
315.14661
1520

PS
LM/Q
(Designer drug)
Experimental drug

DFMBDB TMS
Difluoro-MBDB TMS
8261

C18H21NO4
315.14706
2540
G

76-42-6
PS
LM
Potent analgesic

Oxycodone
583

C18H21NO4
315.14706
2730

PS
LS/Q
Beta-Blocker

Befunolol -H2O AC
2427

C17H21N3O3
315.15829
2365
UHYAC

UHYAC
LS
Analgesic

Isopyrin-M (nor-) 2AC
Ramifenazone-M (nor-) 2AC
195

315

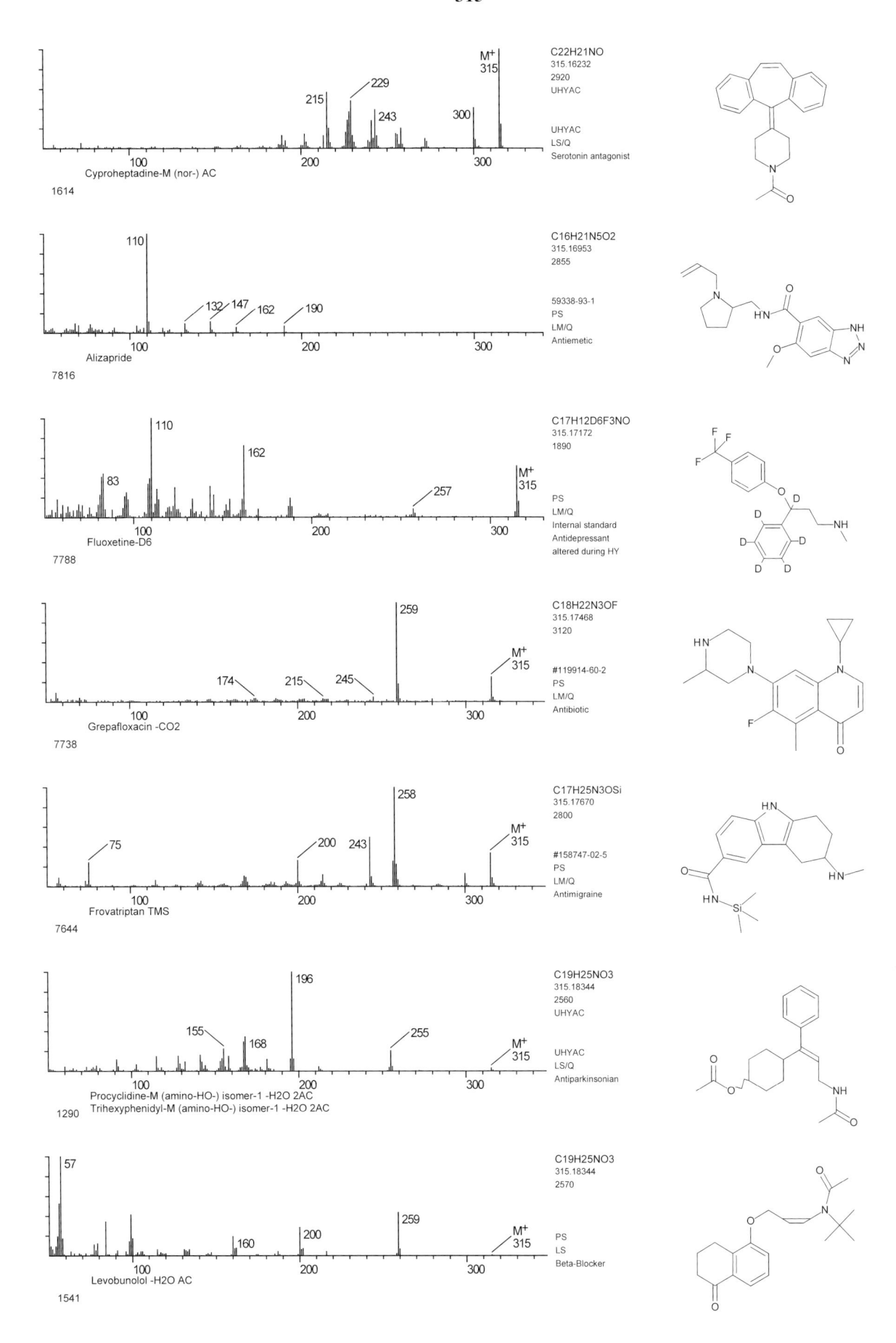

Cyproheptadine-M (nor-) AC	M+ 315, 300, 243, 229, 215	C22H21NO 315.16232 2920 UHYAC / UHYAC LS/Q Serotonin antagonist
1614		
Alizapride	110, 132, 147, 162, 190	C16H21N5O2 315.16953 2855 59338-93-1 PS LM/Q Antiemetic
7816		
Fluoxetine-D6	M+ 315, 257, 162, 110, 83	C17H12D6F3NO 315.17172 1890 PS LM/Q Internal standard Antidepressant altered during HY
7788		
Grepafloxacin -CO2	M+ 315, 259, 245, 215, 174	C18H22N3OF 315.17468 3120 #119914-60-2 PS LM/Q Antibiotic
7738		
Frovatriptan TMS	M+ 315, 258, 243, 200, 75	C17H25N3OSi 315.17670 2800 #158747-02-5 PS LM/Q Antimigraine
7644		
Procyclidine-M (amino-HO-) isomer-1 -H2O 2AC / Trihexyphenidyl-M (amino-HO-) isomer-1 -H2O 2AC	M+ 315, 255, 196, 168, 155	C19H25NO3 315.18344 2560 UHYAC / UHYAC LS/Q Antiparkinsonian
1290		
Levobunolol -H2O AC	M+ 315, 259, 200, 160, 57	C19H25NO3 315.18344 2570 PS LS Beta-Blocker
1541		

1001

315

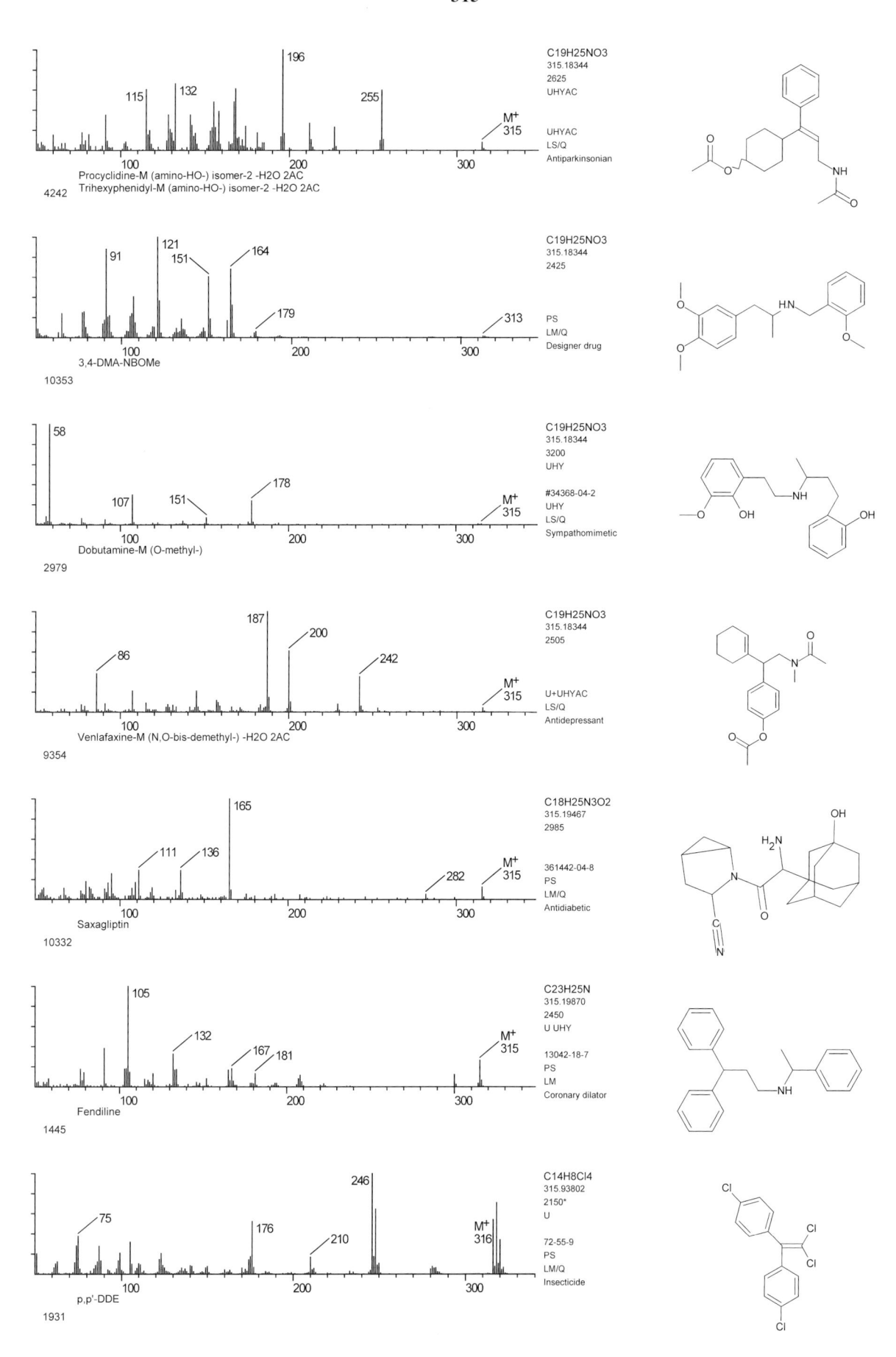

C19H25NO3
315.18344
2625
UHYAC

UHYAC
LS/Q
Antiparkinsonian

Procyclidine-M (amino-HO-) isomer-2 -H2O 2AC
Trihexyphenidyl-M (amino-HO-) isomer-2 -H2O 2AC
4242

C19H25NO3
315.18344
2425

PS
LM/Q
Designer drug

3,4-DMA-NBOMe
10353

C19H25NO3
315.18344
3200
UHY

#34368-04-2
UHY
LS/Q
Sympathomimetic

Dobutamine-M (O-methyl-)
2979

C19H25NO3
315.18344
2505

U+UHYAC
LS/Q
Antidepressant

Venlafaxine-M (N,O-bis-demethyl-) -H2O 2AC
9354

C18H25N3O2
315.19467
2985

361442-04-8
PS
LM/Q
Antidiabetic

Saxagliptin
10332

C23H25N
315.19870
2450
U UHY

13042-18-7
PS
LM
Coronary dilator

Fendiline
1445

C14H8Cl4
315.93802
2150*
U

72-55-9
PS
LM/Q
Insecticide

p,p'-DDE
1931

1002

316

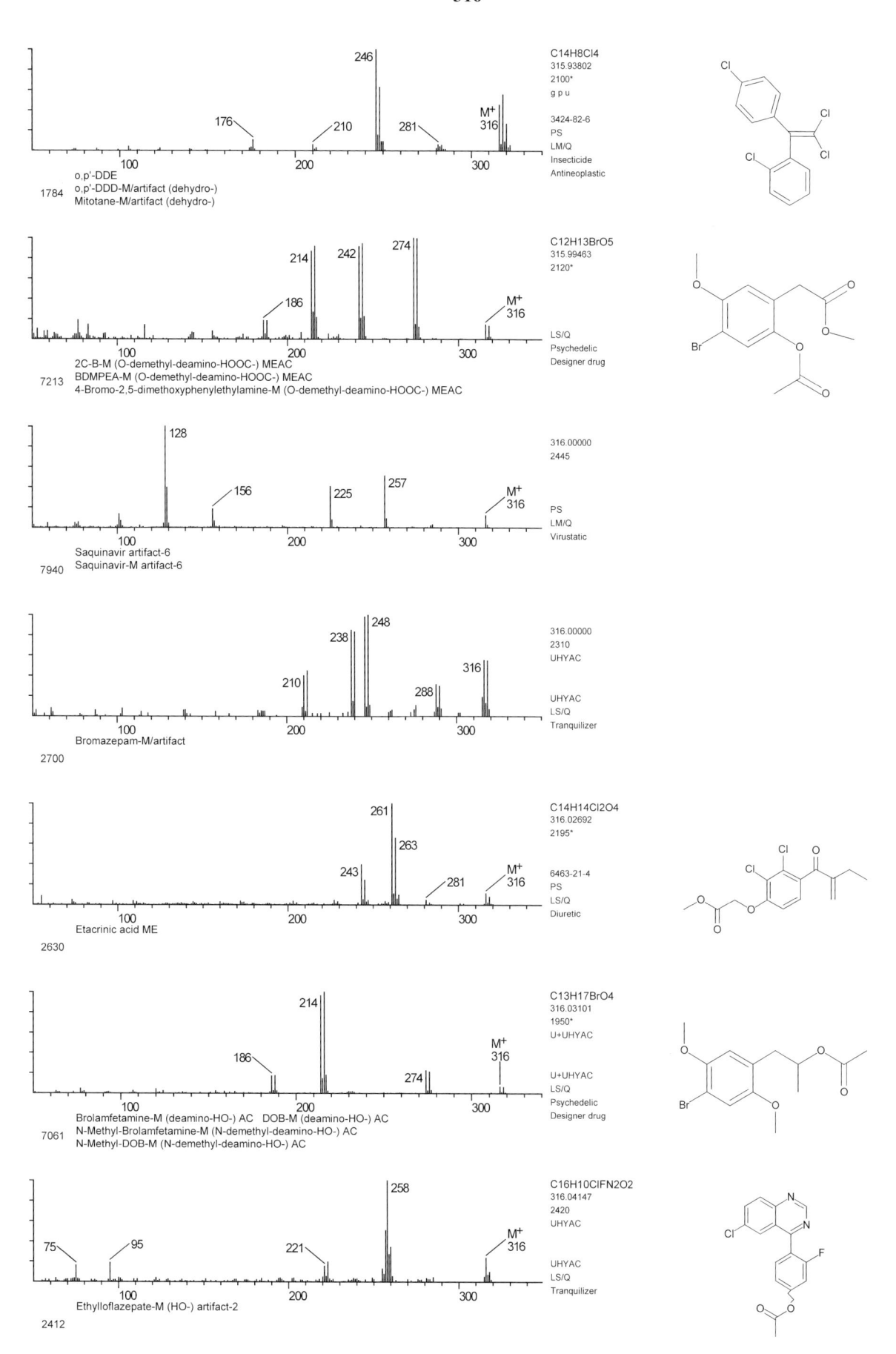

C14H8Cl4
315.93802
2100*
g p u

3424-82-6
PS
LM/Q
Insecticide
Antineoplastic

o,p'-DDE
o,p'-DDD-M/artifact (dehydro-)
Mitotane-M/artifact (dehydro-)
1784

C12H13BrO5
315.99463
2120*

LS/Q
Psychedelic
Designer drug

2C-B-M (O-demethyl-deamino-HOOC-) MEAC
BDMPEA-M (O-demethyl-deamino-HOOC-) MEAC
4-Bromo-2,5-dimethoxyphenylethylamine-M (O-demethyl-deamino-HOOC-) MEAC
7213

316.00000
2445

PS
LM/Q
Virustatic

Saquinavir artifact-6
Saquinavir-M artifact-6
7940

316.00000
2310
UHYAC

UHYAC
LS/Q
Tranquilizer

Bromazepam-M/artifact
2700

C14H14Cl2O4
316.02692
2195*

6463-21-4
PS
LS/Q
Diuretic

Etacrinic acid ME
2630

C13H17BrO4
316.03101
1950*
U+UHYAC

U+UHYAC
LS/Q
Psychedelic
Designer drug

Brolamfetamine-M (deamino-HO-) AC   DOB-M (deamino-HO-) AC
N-Methyl-Brolamfetamine-M (N-demethyl-deamino-HO-) AC
N-Methyl-DOB-M (N-demethyl-deamino-HO-) AC
7061

C16H10ClFN2O2
316.04147
2420
UHYAC

UHYAC
LS/Q
Tranquilizer

Ethylloflazepate-M (HO-) artifact-2
2412

1003

316

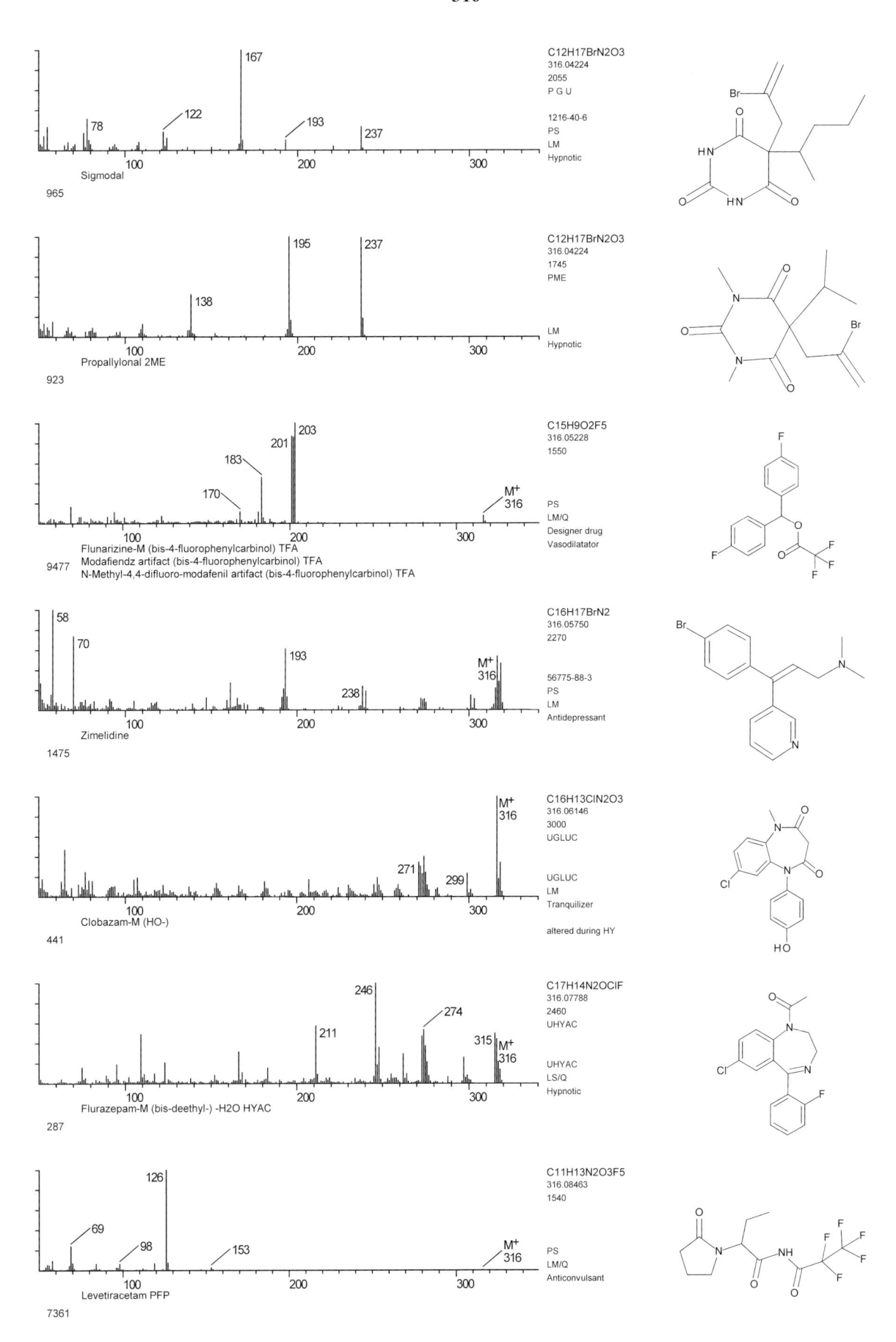

C12H17BrN2O3
316.04224
2055
P G U

1216-40-6
PS
LM
Hypnotic

Sigmodal
965

C12H17BrN2O3
316.04224
1745
PME

LM
Hypnotic

Propallylonal 2ME
923

C15H9O2F5
316.05228
1550

PS
LM/Q
Designer drug
Vasodilatator

Flunarizine-M (bis-4-fluorophenylcarbinol) TFA
Modafiendz artifact (bis-4-fluorophenylcarbinol) TFA
N-Methyl-4,4-difluoro-modafenil artifact (bis-4-fluorophenylcarbinol) TFA
9477

C16H17BrN2
316.05750
2270

56775-88-3
PS
LM
Antidepressant

Zimelidine
1475

C16H13ClN2O3
316.06146
3000
UGLUC

UGLUC
LM
Tranquilizer

altered during HY

Clobazam-M (HO-)
441

C17H14N2OClF
316.07788
2460
UHYAC

UHYAC
LS/Q
Hypnotic

Flurazepam-M (bis-deethyl-) -H2O HYAC
287

C11H13N2O3F5
316.08463
1540

PS
LM/Q
Anticonvulsant

Levetiracetam PFP
7361

316

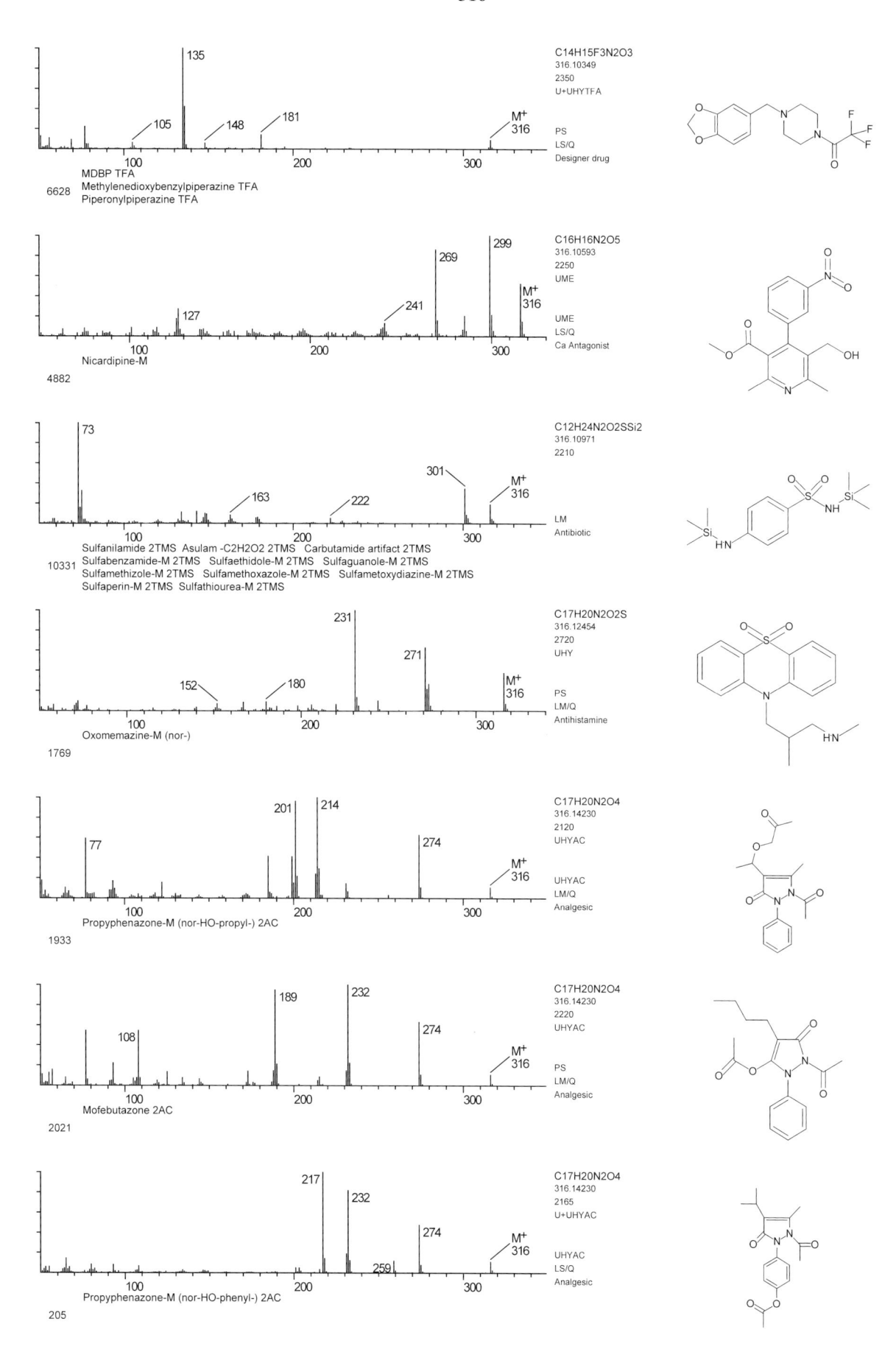

C14H15F3N2O3
316.10349
2350
U+UHYTFA

PS
LS/Q
Designer drug

MDBP TFA
Methylenedioxybenzylpiperazine TFA
6628   Piperonylpiperazine TFA

C16H16N2O5
316.10593
2250
UME

UME
LS/Q
Ca Antagonist

Nicardipine-M
4882

C12H24N2O2SSi2
316.10971
2210

LM
Antibiotic

Sulfanilamide 2TMS Asulam -C2H2O2 2TMS Carbutamide artifact 2TMS
Sulfabenzamide-M 2TMS Sulfaethidole-M 2TMS Sulfaguanole-M 2TMS
10331 Sulfamethizole-M 2TMS Sulfamethoxazole-M 2TMS Sulfametoxydiazine-M 2TMS
Sulfaperin-M 2TMS Sulfathiourea-M 2TMS

C17H20N2O2S
316.12454
2720
UHY

PS
LM/Q
Antihistamine

Oxomemazine-M (nor-)
1769

C17H20N2O4
316.14230
2120
UHYAC

UHYAC
LM/Q
Analgesic

Propyphenazone-M (nor-HO-propyl-) 2AC
1933

C17H20N2O4
316.14230
2220
UHYAC

PS
LM/Q
Analgesic

Mofebutazone 2AC
2021

C17H20N2O4
316.14230
2165
U+UHYAC

UHYAC
LS/Q
Analgesic

Propyphenazone-M (nor-HO-phenyl-) 2AC
205

1005

316

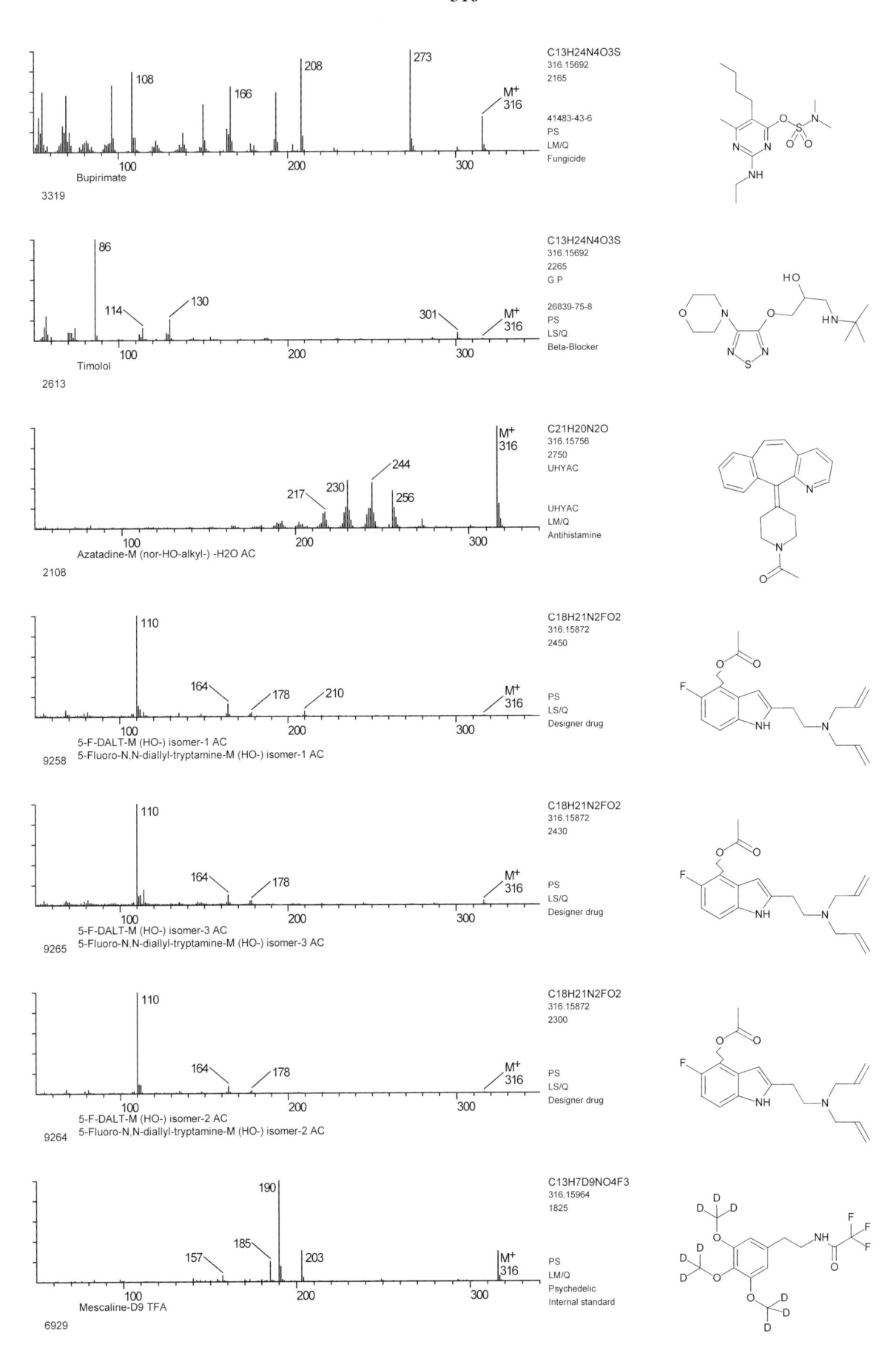

Bupirimate	C13H24N4O3S 316.15692 2165 41483-43-6 PS LM/Q Fungicide Peaks: 108, 166, 208, 273, M+ 316	
Timolol	C13H24N4O3S 316.15692 2265 G P 26839-75-8 PS LS/Q Beta-Blocker Peaks: 86, 114, 130, 301, M+ 316	
Azatadine-M (nor-HO-alkyl-) -H2O AC	C21H20N2O 316.15756 2750 UHYAC UHYAC LM/Q Antihistamine Peaks: 217, 230, 244, 256, M+ 316	
5-F-DALT-M (HO-) isomer-1 AC 5-Fluoro-N,N-diallyl-tryptamine-M (HO-) isomer-1 AC	C18H21N2FO2 316.15872 2450 PS LS/Q Designer drug Peaks: 110, 164, 178, 210, M+ 316	
5-F-DALT-M (HO-) isomer-3 AC 5-Fluoro-N,N-diallyl-tryptamine-M (HO-) isomer-3 AC	C18H21N2FO2 316.15872 2430 PS LS/Q Designer drug Peaks: 110, 164, 178, M+ 316	
5-F-DALT-M (HO-) isomer-2 AC 5-Fluoro-N,N-diallyl-tryptamine-M (HO-) isomer-2 AC	C18H21N2FO2 316.15872 2300 PS LS/Q Designer drug Peaks: 110, 164, 178, M+ 316	
Mescaline-D9 TFA	C13H7D9NO4F3 316.15964 1825 PS LM/Q Psychedelic Internal standard Peaks: 157, 185, 190, 203, M+ 316	

1006

316

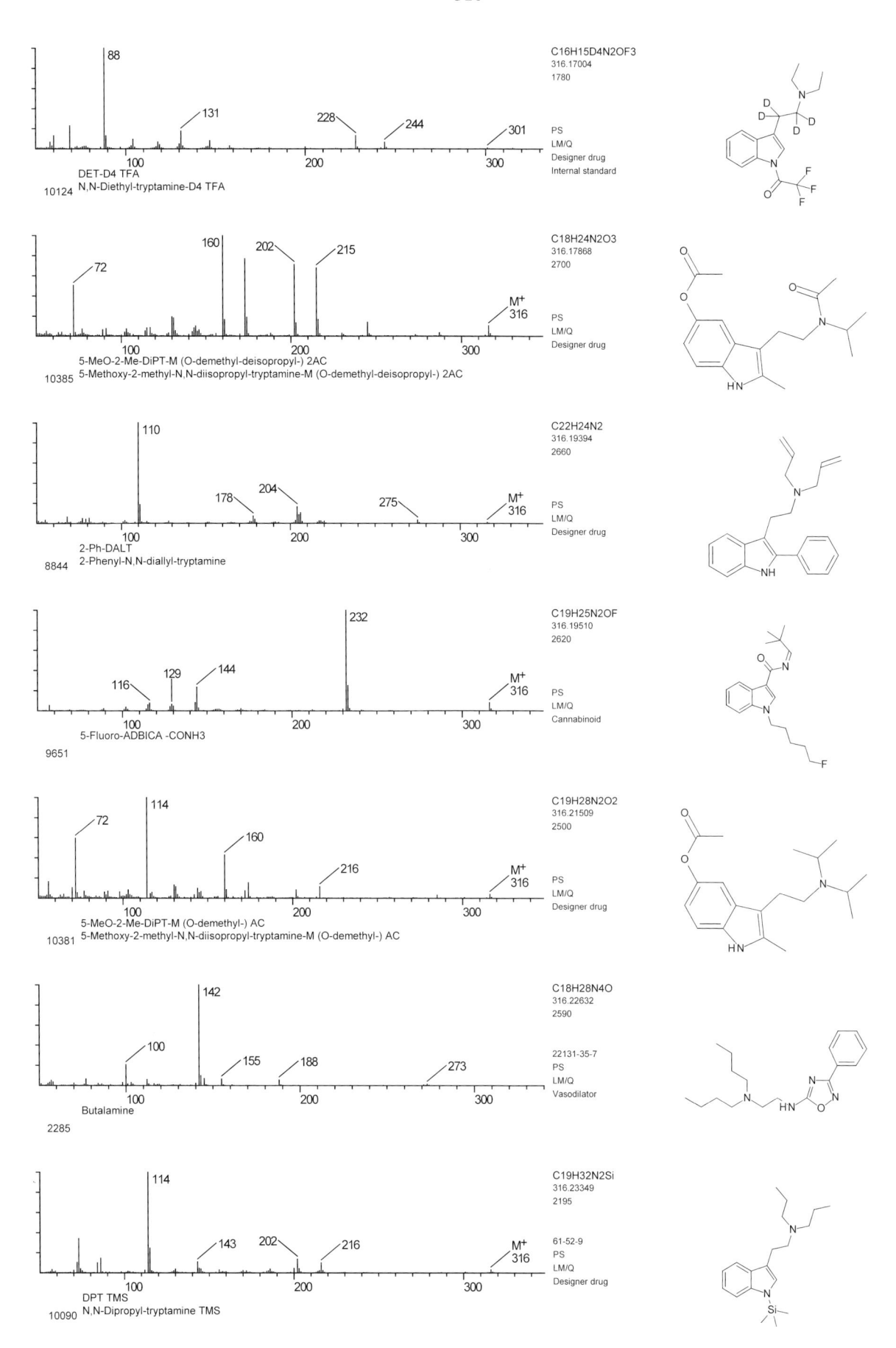

C16H15D4N2OF3 316.17004 1780 PS LM/Q Designer drug Internal standard	10124 DET-D4 TFA — N,N-Diethyl-tryptamine-D4 TFA; peaks at 88, 131, 228, 244, 301
C18H24N2O3 316.17868 2700 PS LM/Q Designer drug	10385 5-MeO-2-Me-DiPT-M (O-demethyl-deisopropyl-) 2AC — 5-Methoxy-2-methyl-N,N-diisopropyl-tryptamine-M (O-demethyl-deisopropyl-) 2AC; peaks at 72, 160, 202, 215, M+ 316
C22H24N2 316.19394 2660 PS LM/Q Designer drug	8844 2-Ph-DALT — 2-Phenyl-N,N-diallyl-tryptamine; peaks at 110, 178, 204, 275, M+ 316
C19H25N2OF 316.19510 2620 PS LM/Q Cannabinoid	9651 5-Fluoro-ADBICA -CONH3; peaks at 116, 129, 144, 232, M+ 316
C19H28N2O2 316.21509 2500 PS LM/Q Designer drug	10381 5-MeO-2-Me-DiPT-M (O-demethyl-) AC — 5-Methoxy-2-methyl-N,N-diisopropyl-tryptamine-M (O-demethyl-) AC; peaks at 72, 114, 160, 216, M+ 316
C18H28N4O 316.22632 2590 22131-35-7 PS LM/Q Vasodilator	2285 Butalamine; peaks at 100, 142, 155, 188, 273
C19H32N2Si 316.23349 2195 61-52-9 PS LM/Q Designer drug	10090 DPT TMS — N,N-Dipropyl-tryptamine TMS; peaks at 114, 143, 202, 216, M+ 316

1007

316

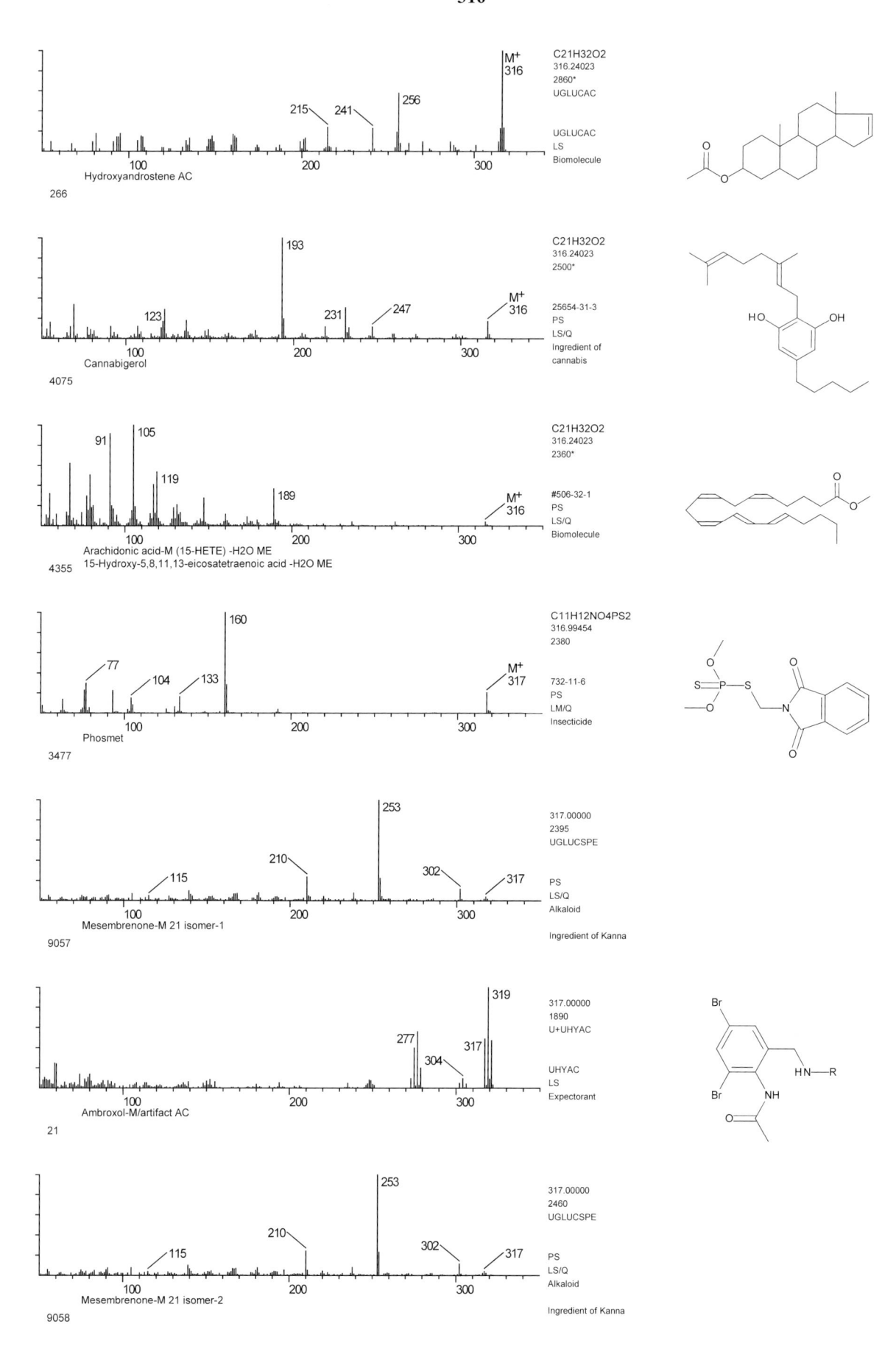

Hydroxyandrostene AC	215, 241, 256, M+ 316	C21H32O2 316.24023 2860* UGLUCAC / UGLUCAC LS Biomolecule
266		
Cannabigerol	123, 193, 231, 247, M+ 316	C21H32O2 316.24023 2500* / 25654-31-3 PS LS/Q Ingredient of cannabis
4075		
Arachidonic acid-M (15-HETE) -H2O ME 15-Hydroxy-5,8,11,13-eicosatetraenoic acid -H2O ME	91, 105, 119, 189, M+ 316	C21H32O2 316.24023 2360* / #506-32-1 PS LS/Q Biomolecule
4355		
Phosmet	77, 104, 133, 160, M+ 317	C11H12NO4PS2 316.99454 2380 / 732-11-6 PS LM/Q Insecticide
3477		
Mesembrenone-M 21 isomer-1	115, 210, 253, 302, 317	317.00000 2395 UGLUCSPE / PS LS/Q Alkaloid Ingredient of Kanna
9057		
Ambroxol-M/artifact AC	277, 304, 317, 319	317.00000 1890 U+UHYAC / UHYAC LS Expectorant
21		
Mesembrenone-M 21 isomer-2	115, 210, 253, 302, 317	317.00000 2460 UGLUCSPE / PS LS/Q Alkaloid Ingredient of Kanna
9058		

1008

317

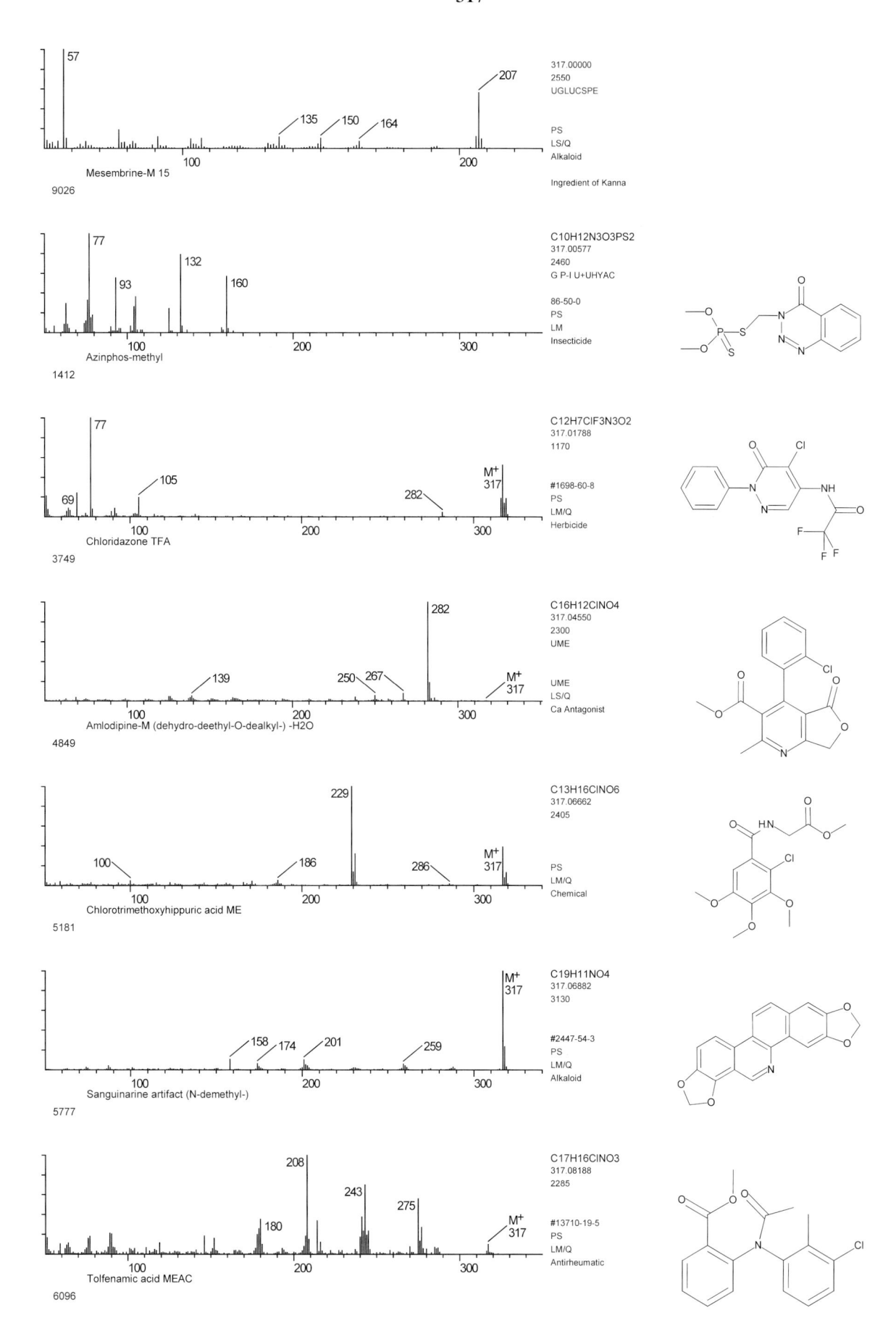

Mesembrine-M 15
9026
57, 135, 150, 164, 207
317.00000
2550
UGLUCSPE
PS
LS/Q
Alkaloid
Ingredient of Kanna

Azinphos-methyl
1412
77, 93, 132, 160
C10H12N3O3PS2
317.00577
2460
G P-I U+UHYAC
86-50-0
PS
LM
Insecticide

Chloridazone TFA
3749
69, 77, 105, 282, M+ 317
C12H7ClF3N3O2
317.01788
1170
#1698-60-8
PS
LM/Q
Herbicide

Amlodipine-M (dehydro-deethyl-O-dealkyl-) -H2O
4849
139, 250, 267, 282, M+ 317
C16H12ClNO4
317.04550
2300
UME
UME
LS/Q
Ca Antagonist

Chlorotrimethoxyhippuric acid ME
5181
100, 186, 229, 286, M+ 317
C13H16ClNO6
317.06662
2405
PS
LM/Q
Chemical

Sanguinarine artifact (N-demethyl-)
5777
158, 174, 201, 259, M+ 317
C19H11NO4
317.06882
3130
#2447-54-3
PS
LM/Q
Alkaloid

Tolfenamic acid MEAC
6096
180, 208, 243, 275, M+ 317
C17H16ClNO3
317.08188
2285
#13710-19-5
PS
LM/Q
Antirheumatic

317

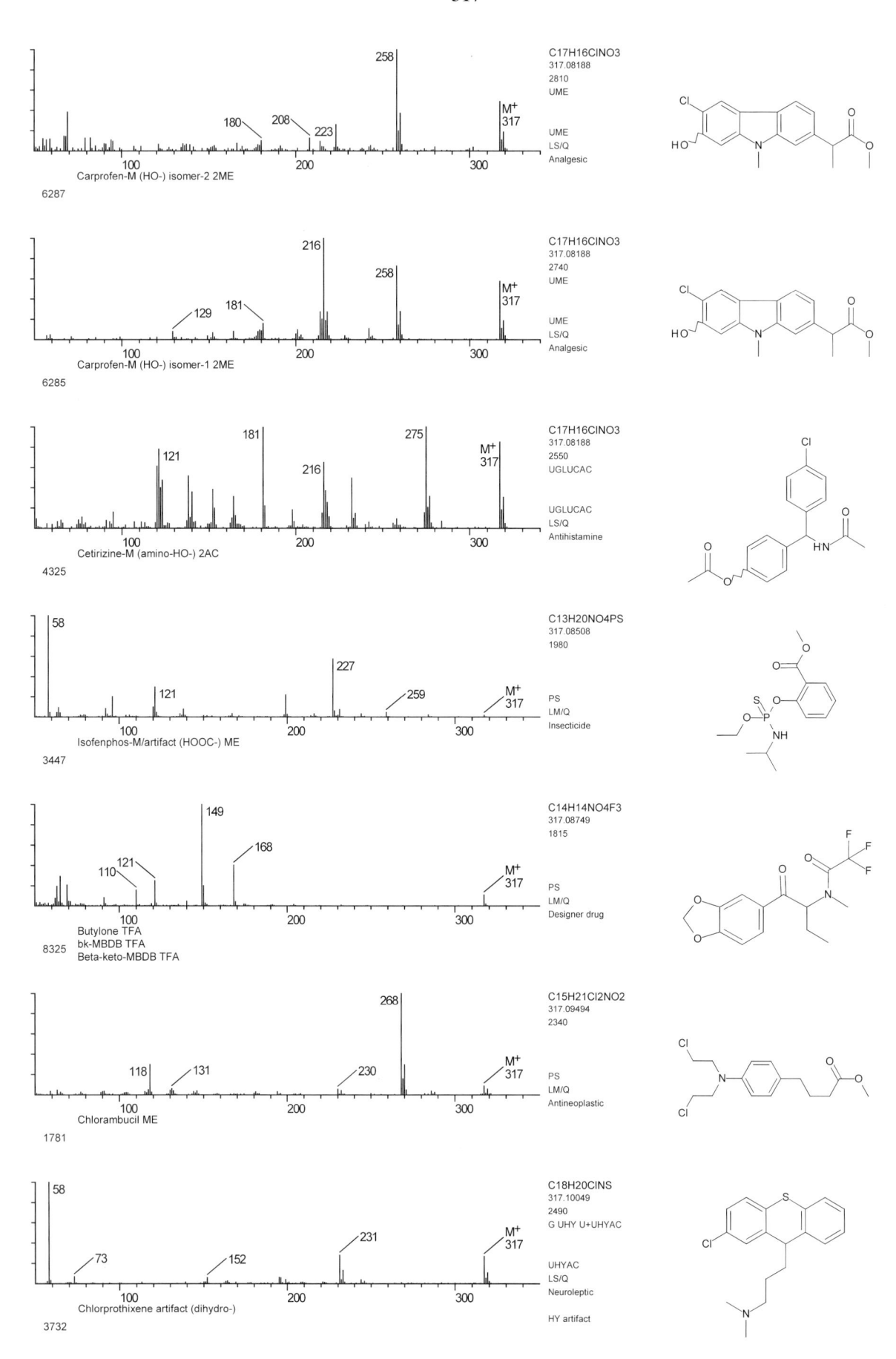

Carprofen-M (HO-) isomer-2 2ME 6287	peaks: 180, 208, 223, 258, M+ 317	C17H16ClNO3 317.08188 2810 UME UME LS/Q Analgesic
Carprofen-M (HO-) isomer-1 2ME 6285	peaks: 129, 181, 216, 258, M+ 317	C17H16ClNO3 317.08188 2740 UME UME LS/Q Analgesic
Cetirizine-M (amino-HO-) 2AC 4325	peaks: 121, 181, 216, 275, M+ 317	C17H16ClNO3 317.08188 2550 UGLUCAC UGLUCAC LS/Q Antihistamine
Isofenphos-M/artifact (HOOC-) ME 3447	peaks: 58, 121, 227, 259, M+ 317	C13H20NO4PS 317.08508 1980 PS LM/Q Insecticide
Butylone TFA bk-MBDB TFA Beta-keto-MBDB TFA 8325	peaks: 110, 121, 149, 168, M+ 317	C14H14NO4F3 317.08749 1815 PS LM/Q Designer drug
Chlorambucil ME 1781	peaks: 118, 131, 230, 268, M+ 317	C15H21Cl2NO2 317.09494 2340 PS LM/Q Antineoplastic
Chlorprothixene artifact (dihydro-) 3732	peaks: 58, 73, 152, 231, M+ 317	C18H20ClNS 317.10049 2490 G UHY U+UHYAC UHYAC LS/Q Neuroleptic HY artifact

1010

317

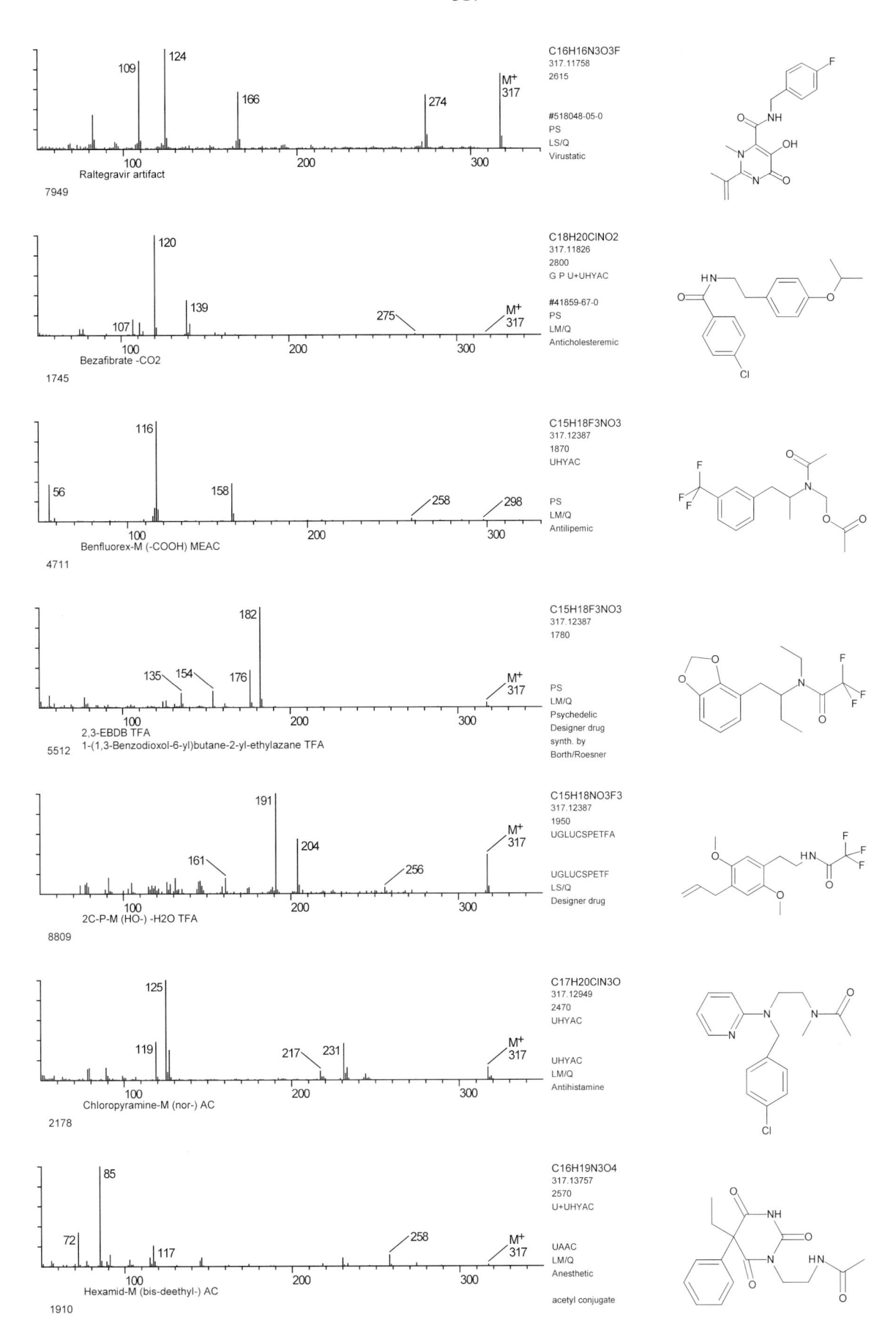

C16H16N3O3F
317.11758
2615

#518048-05-0
PS
LS/Q
Virustatic

Raltegravir artifact
7949

C18H20ClNO2
317.11826
2800
G P U+UHYAC

#41859-67-0
PS
LM/Q
Anticholesteremic

Bezafibrate -CO2
1745

C15H18F3NO3
317.12387
1870
UHYAC

PS
LM/Q
Antilipemic

Benfluorex-M (-COOH) MEAC
4711

C15H18F3NO3
317.12387
1780

PS
LM/Q
Psychedelic
Designer drug
synth. by
Borth/Roesner

2,3-EBDB TFA
1-(1,3-Benzodioxol-6-yl)butane-2-yl-ethylazane TFA
5512

C15H18NO3F3
317.12387
1950
UGLUCSPETFA

UGLUCSPETF
LS/Q
Designer drug

2C-P-M (HO-) -H2O TFA
8809

C17H20ClN3O
317.12949
2470
UHYAC

UHYAC
LM/Q
Antihistamine

Chloropyramine-M (nor-) AC
2178

C16H19N3O4
317.13757
2570
U+UHYAC

UAAC
LM/Q
Anesthetic

acetyl conjugate

Hexamid-M (bis-deethyl-) AC
1910

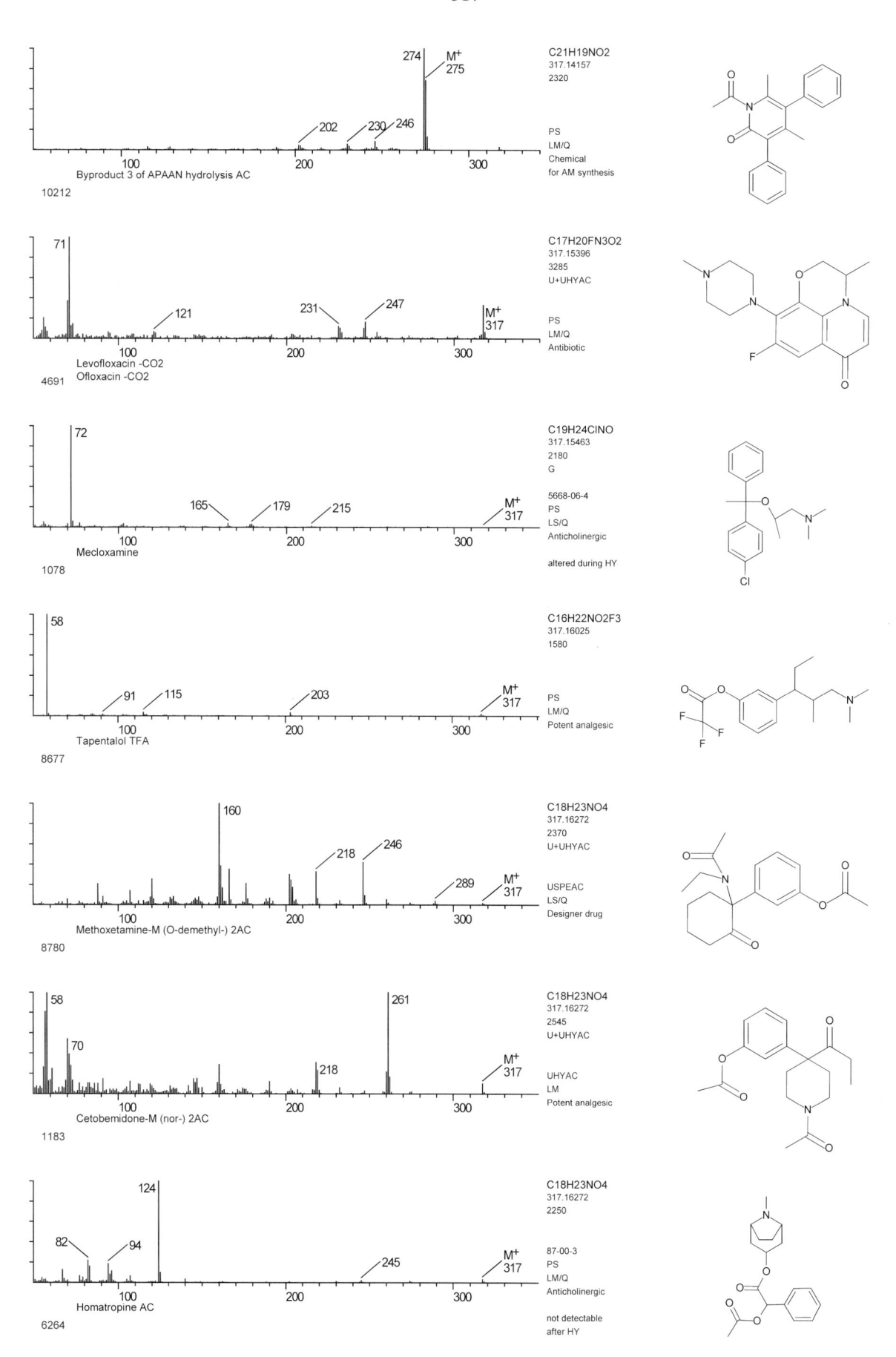

Byproduct 3 of APAAN hydrolysis AC — peaks 202, 230, 246, 274, M+ 275	C21H19NO2 317.14157 2320 PS LM/Q Chemical for AM synthesis 10212
Levofloxacin -CO2 / Ofloxacin -CO2 — peaks 71, 121, 231, 247, M+ 317	C17H20FN3O2 317.15396 3285 U+UHYAC PS LM/Q Antibiotic 4691
Mecloxamine — peaks 72, 165, 179, 215, M+ 317	C19H24ClNO 317.15463 2180 G 5668-06-4 PS LS/Q Anticholinergic altered during HY 1078
Tapentalol TFA — peaks 58, 91, 115, 203, M+ 317	C16H22NO2F3 317.16025 1580 PS LM/Q Potent analgesic 8677
Methoxetamine-M (O-demethyl-) 2AC — peaks 160, 218, 246, 289, M+ 317	C18H23NO4 317.16272 2370 U+UHYAC USPEAC LS/Q Designer drug 8780
Cetobemidone-M (nor-) 2AC — peaks 58, 70, 218, 261, M+ 317	C18H23NO4 317.16272 2545 U+UHYAC UHYAC LM Potent analgesic 1183
Homatropine AC — peaks 82, 94, 124, 245, M+ 317	C18H23NO4 317.16272 2250 87-00-3 PS LM/Q Anticholinergic not detectable after HY 6264

317

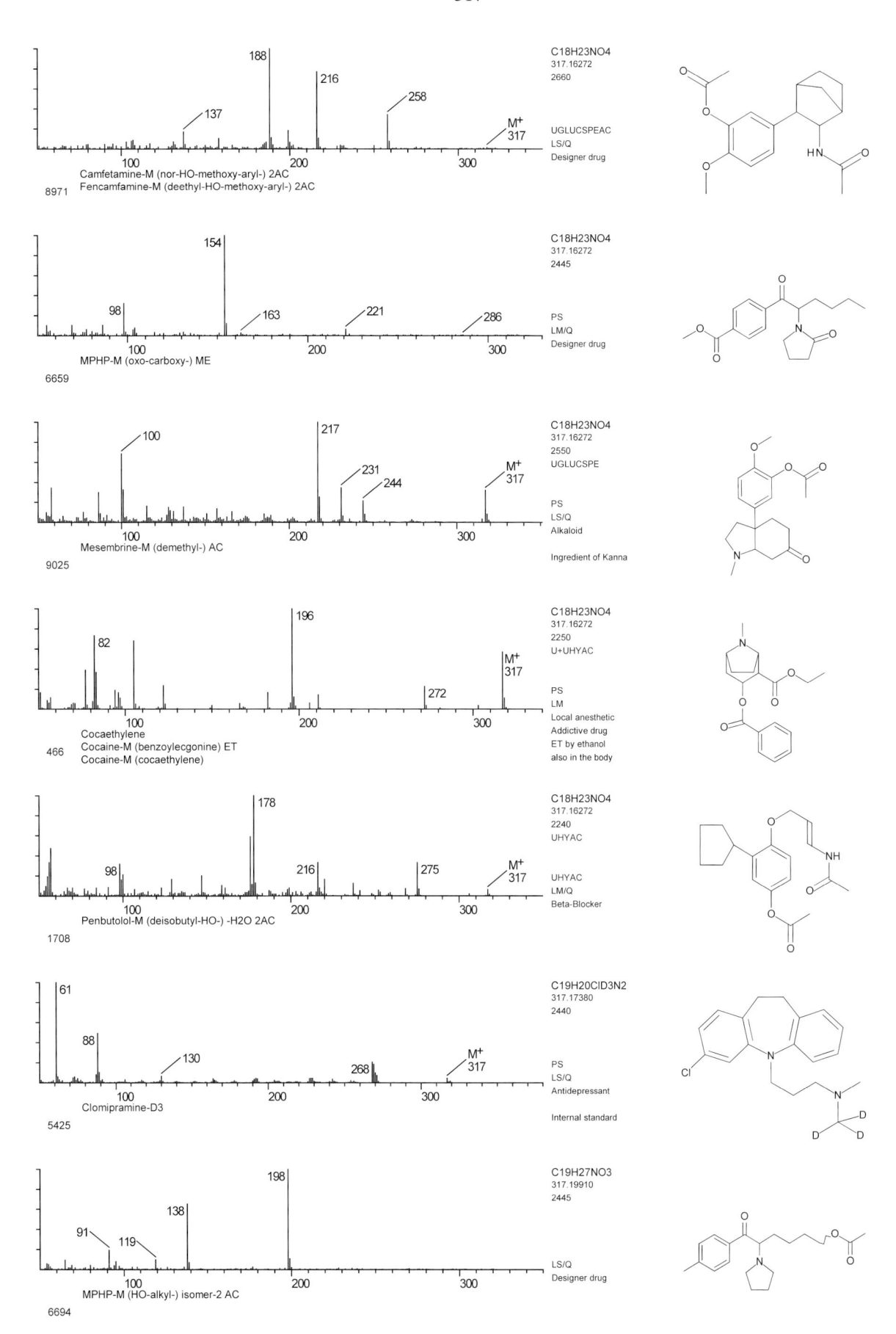

8971	Camfetamine-M (nor-HO-methoxy-aryl-) 2AC Fencamfamine-M (deethyl-HO-methoxy-aryl-) 2AC	C18H23NO4 317.16272 2660 UGLUCSPEAC LS/Q Designer drug
6659	MPHP-M (oxo-carboxy-) ME	C18H23NO4 317.16272 2445 PS LM/Q Designer drug
9025	Mesembrine-M (demethyl-) AC	C18H23NO4 317.16272 2550 UGLUCSPE PS LS/Q Alkaloid Ingredient of Kanna
466	Cocaethylene Cocaine-M (benzoylecgonine) ET Cocaine-M (cocaethylene)	C18H23NO4 317.16272 2250 U+UHYAC PS LM Local anesthetic Addictive drug ET by ethanol also in the body
1708	Penbutolol-M (deisobutyl-HO-) -H2O 2AC	C18H23NO4 317.16272 2240 UHYAC UHYAC LM/Q Beta-Blocker
5425	Clomipramine-D3	C19H20ClD3N2 317.17380 2440 PS LS/Q Antidepressant Internal standard
6694	MPHP-M (HO-alkyl-) isomer-2 AC	C19H27NO3 317.19910 2445 LS/Q Designer drug

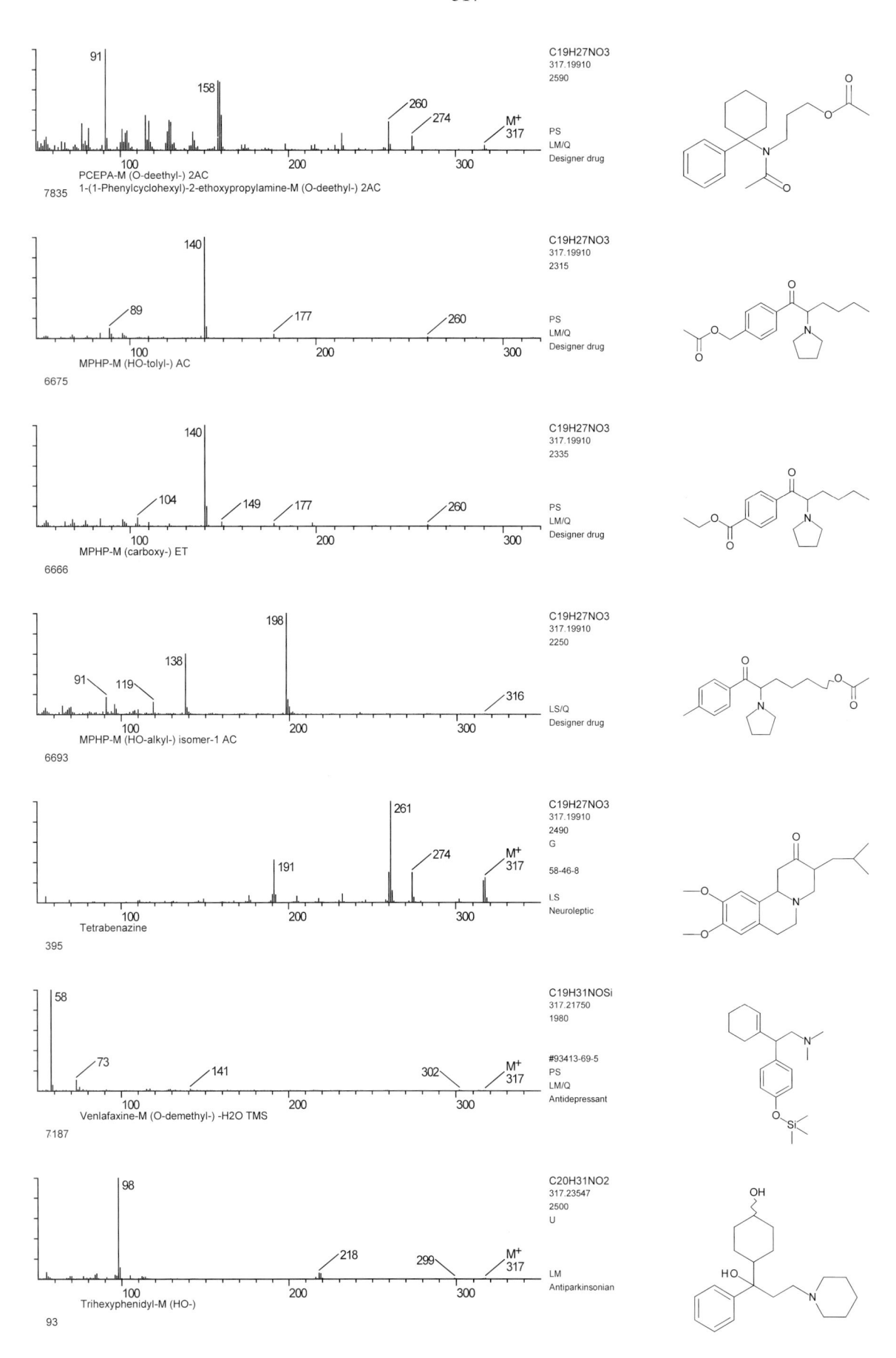

PCEPA-M (O-deethyl-) 2AC 1-(1-Phenylcyclohexyl)-2-ethoxypropylamine-M (O-deethyl-) 2AC 7835	C19H27NO3 317.19910 2590 PS LM/Q Designer drug	
MPHP-M (HO-tolyl-) AC 6675	C19H27NO3 317.19910 2315 PS LM/Q Designer drug	
MPHP-M (carboxy-) ET 6666	C19H27NO3 317.19910 2335 PS LM/Q Designer drug	
MPHP-M (HO-alkyl-) isomer-1 AC 6693	C19H27NO3 317.19910 2250 LS/Q Designer drug	
Tetrabenazine 395	C19H27NO3 317.19910 2490 G 58-46-8 LS Neuroleptic	
Venlafaxine-M (O-demethyl-) -H2O TMS 7187	C19H31NOSi 317.21750 1980 #93413-69-5 PS LM/Q Antidepressant	
Trihexyphenidyl-M (HO-) 93	C20H31NO2 317.23547 2500 U LM Antiparkinsonian	

317

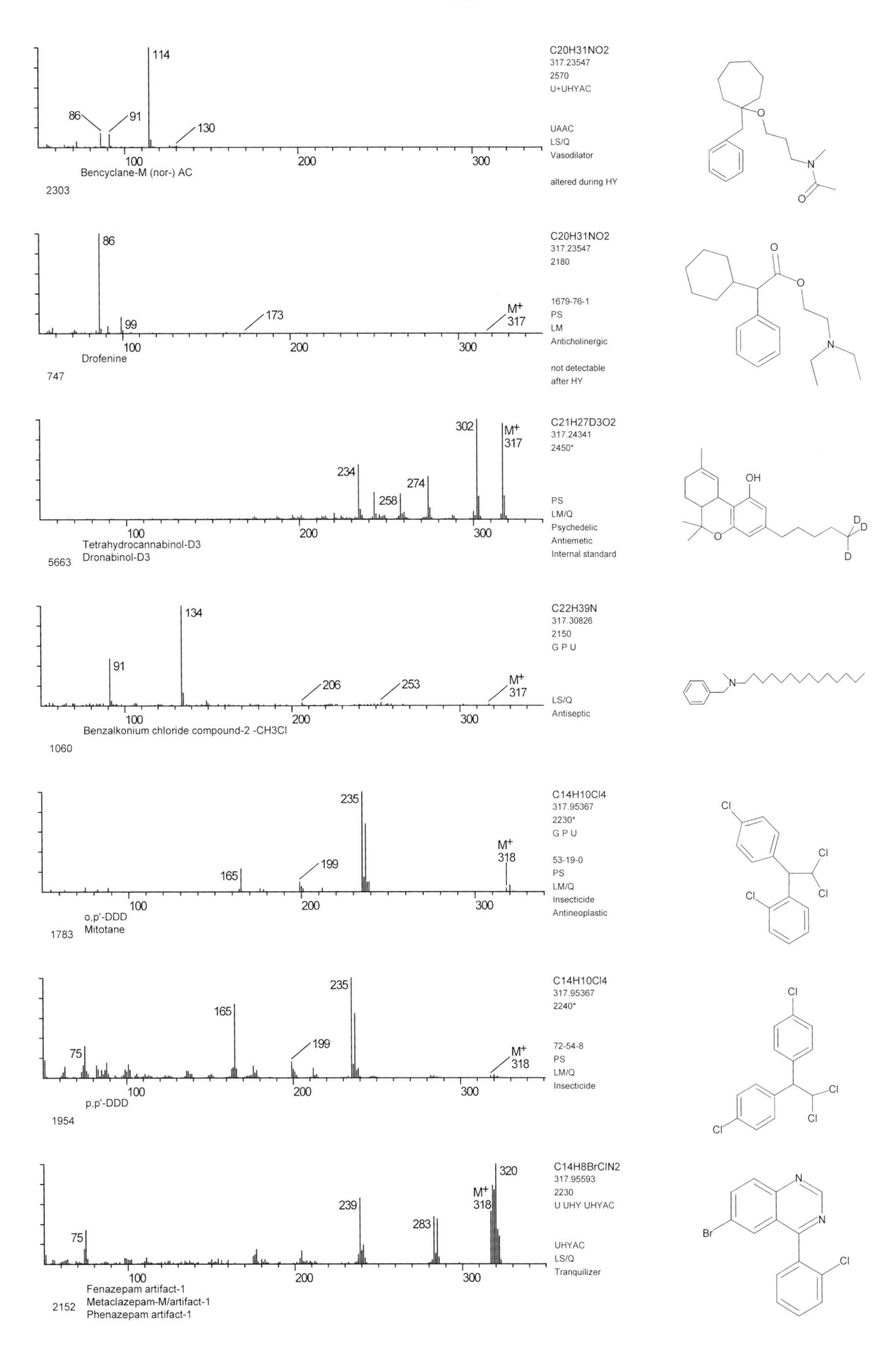

Bencyclane-M (nor-) AC — 2303	Peaks: 86, 91, 114, 130	C20H31NO2 317.23547 2570 U+UHYAC UAAC LS/Q Vasodilator altered during HY
Drofenine — 747	Peaks: 86, 99, 173, M+ 317	C20H31NO2 317.23547 2180 1679-76-1 PS LM Anticholinergic not detectable after HY
Tetrahydrocannabinol-D3 Dronabinol-D3 — 5663	Peaks: 234, 258, 274, 302, M+ 317	C21H27D3O2 317.24341 2450* PS LM/Q Psychedelic Antiemetic Internal standard
Benzalkonium chloride compound-2 -CH3Cl — 1060	Peaks: 91, 134, 206, 253, M+ 317	C22H39N 317.30826 2150 G P U LS/Q Antiseptic
o,p'-DDD Mitotane — 1783	Peaks: 165, 199, 235, M+ 318	C14H10Cl4 317.95367 2230* G P U 53-19-0 PS LM/Q Insecticide Antineoplastic
p,p'-DDD — 1954	Peaks: 75, 165, 199, 235, M+ 318	C14H10Cl4 317.95367 2240* 72-54-8 PS LM/Q Insecticide
Fenazepam artifact-1 Metaclazepam-M/artifact-1 Phenazepam artifact-1 — 2152	Peaks: 75, 239, 283, M+ 318, 320	C14H8BrClN2 317.95593 2230 U UHY UHYAC UHYAC LS/Q Tranquilizer

318

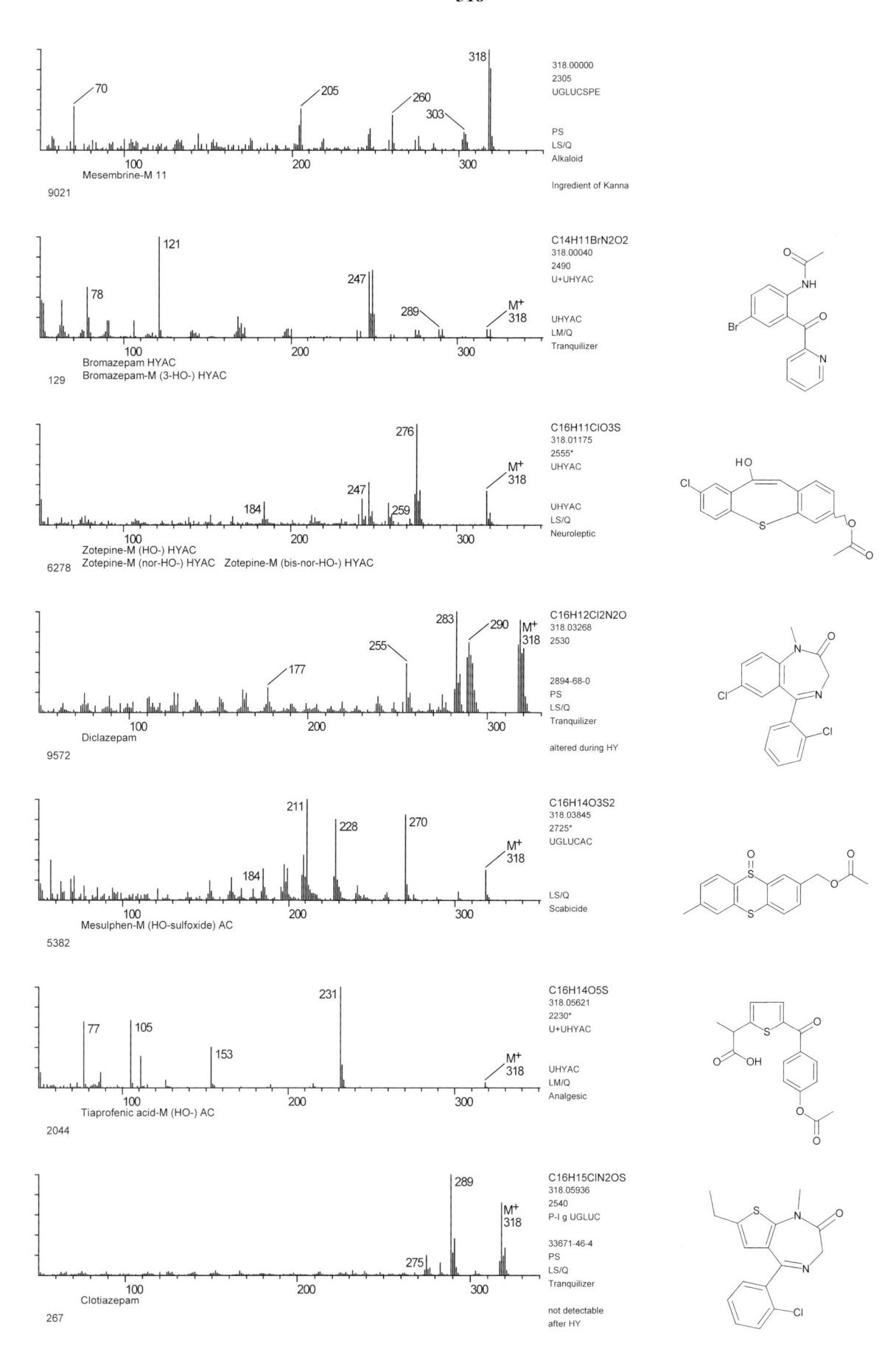

Mesembrine-M 11
9021
318.00000
2305
UGLUCSPE

PS
LS/Q
Alkaloid

Ingredient of Kanna

Bromazepam HYAC
Bromazepam-M (3-HO-) HYAC
129
C14H11BrN2O2
318.00040
2490
U+UHYAC

UHYAC
LM/Q
Tranquilizer

Zotepine-M (HO-) HYAC   Zotepine-M (nor-HO-) HYAC   Zotepine-M (bis-nor-HO-) HYAC
6278
C16H11ClO3S
318.01175
2555*
UHYAC

UHYAC
LS/Q
Neuroleptic

Diclazepam
9572
C16H12Cl2N2O
318.03268
2530

2894-68-0
PS
LS/Q
Tranquilizer

altered during HY

Mesulphen-M (HO-sulfoxide) AC
5382
C16H14O3S2
318.03845
2725*
UGLUCAC

LS/Q
Scabicide

Tiaprofenic acid-M (HO-) AC
2044
C16H14O5S
318.05621
2230*
U+UHYAC

UHYAC
LM/Q
Analgesic

Clotiazepam
267
C16H15ClN2OS
318.05936
2540
P-I g UGLUC

33671-46-4
PS
LS/Q
Tranquilizer

not detectable
after HY

318

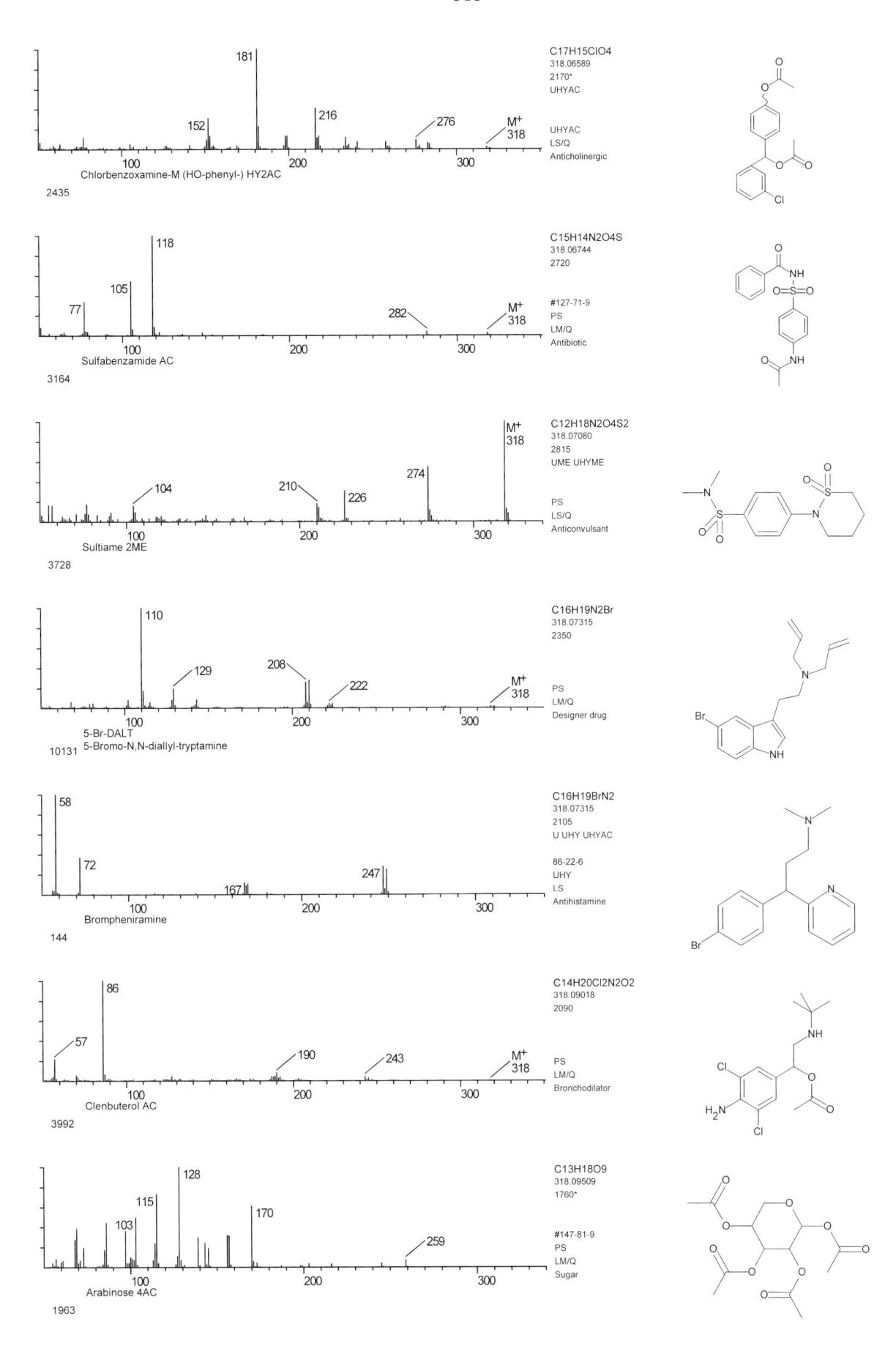

Chlorbenzoxamine-M (HO-phenyl-) HY2AC — peaks 152, 181, 216, 276, M+ 318	C17H15ClO4 318.06589 2170* UHYAC UHYAC LS/Q Anticholinergic
Sulfabenzamide AC — peaks 77, 105, 118, 282, M+ 318	C15H14N2O4S 318.06744 2720 #127-71-9 PS LM/Q Antibiotic
Sultiame 2ME — peaks 104, 210, 226, 274, M+ 318	C12H18N2O4S2 318.07080 2815 UME UHYME PS LS/Q Anticonvulsant
5-Br-DALT / 5-Bromo-N,N-diallyl-tryptamine — peaks 110, 129, 208, 222, M+ 318	C16H19N2Br 318.07315 2350 PS LM/Q Designer drug
Brompheniramine — peaks 58, 72, 167, 247	C16H19BrN2 318.07315 2105 U UHY UHYAC 86-22-6 UHY LS Antihistamine
Clenbuterol AC — peaks 57, 86, 190, 243, M+ 318	C14H20Cl2N2O2 318.09018 2090 PS LM/Q Bronchodilator
Arabinose 4AC — peaks 103, 115, 128, 170, 259	C13H18O9 318.09509 1760* #147-81-9 PS LM/Q Sugar

318

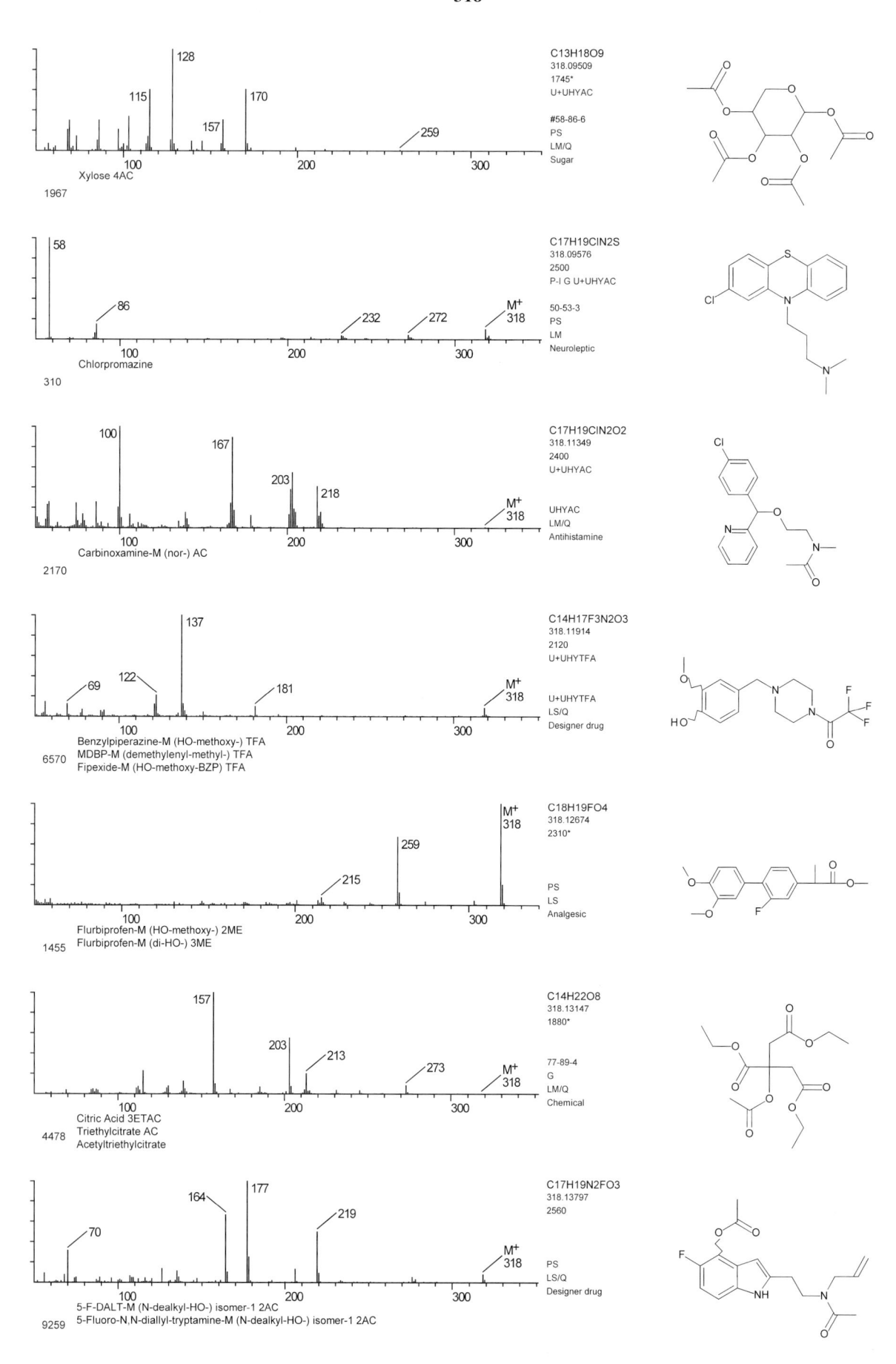

Spectrum	Compound	Formula / Data
1967	Xylose 4AC	C13H18O9, 318.09509, 1745*, U+UHYAC, #58-86-6, PS, LM/Q, Sugar; peaks 115, 128, 157, 170, 259
310	Chlorpromazine	C17H19ClN2S, 318.09576, 2500, P-I G U+UHYAC, 50-53-3, PS, LM, Neuroleptic; peaks 58, 86, 232, 272, M+ 318
2170	Carbinoxamine-M (nor-) AC	C17H19ClN2O2, 318.11349, 2400, U+UHYAC, UHYAC, LM/Q, Antihistamine; peaks 100, 167, 203, 218, M+ 318
6570	Benzylpiperazine-M (HO-methoxy-) TFA / MDBP-M (demethylenyl-methyl-) TFA / Fipexide-M (HO-methoxy-BZP) TFA	C14H17F3N2O3, 318.11914, 2120, U+UHYTFA, U+UHYTFA, LS/Q, Designer drug; peaks 69, 122, 137, 181, M+ 318
1455	Flurbiprofen-M (HO-methoxy-) 2ME / Flurbiprofen-M (di-HO-) 3ME	C18H19FO4, 318.12674, 2310*, PS, LS, Analgesic; peaks 215, 259, M+ 318
4478	Citric Acid 3ETAC / Triethylcitrate AC / Acetyltriethylcitrate	C14H22O8, 318.13147, 1880*, 77-89-4, G, LM/Q, Chemical; peaks 157, 203, 213, 273, M+ 318
9259	5-F-DALT-M (N-dealkyl-HO-) isomer-1 2AC / 5-Fluoro-N,N-diallyl-tryptamine-M (N-dealkyl-HO-) isomer-1 2AC	C17H19N2FO3, 318.13797, 2560, PS, LS/Q, Designer drug; peaks 70, 164, 177, 219, M+ 318

318

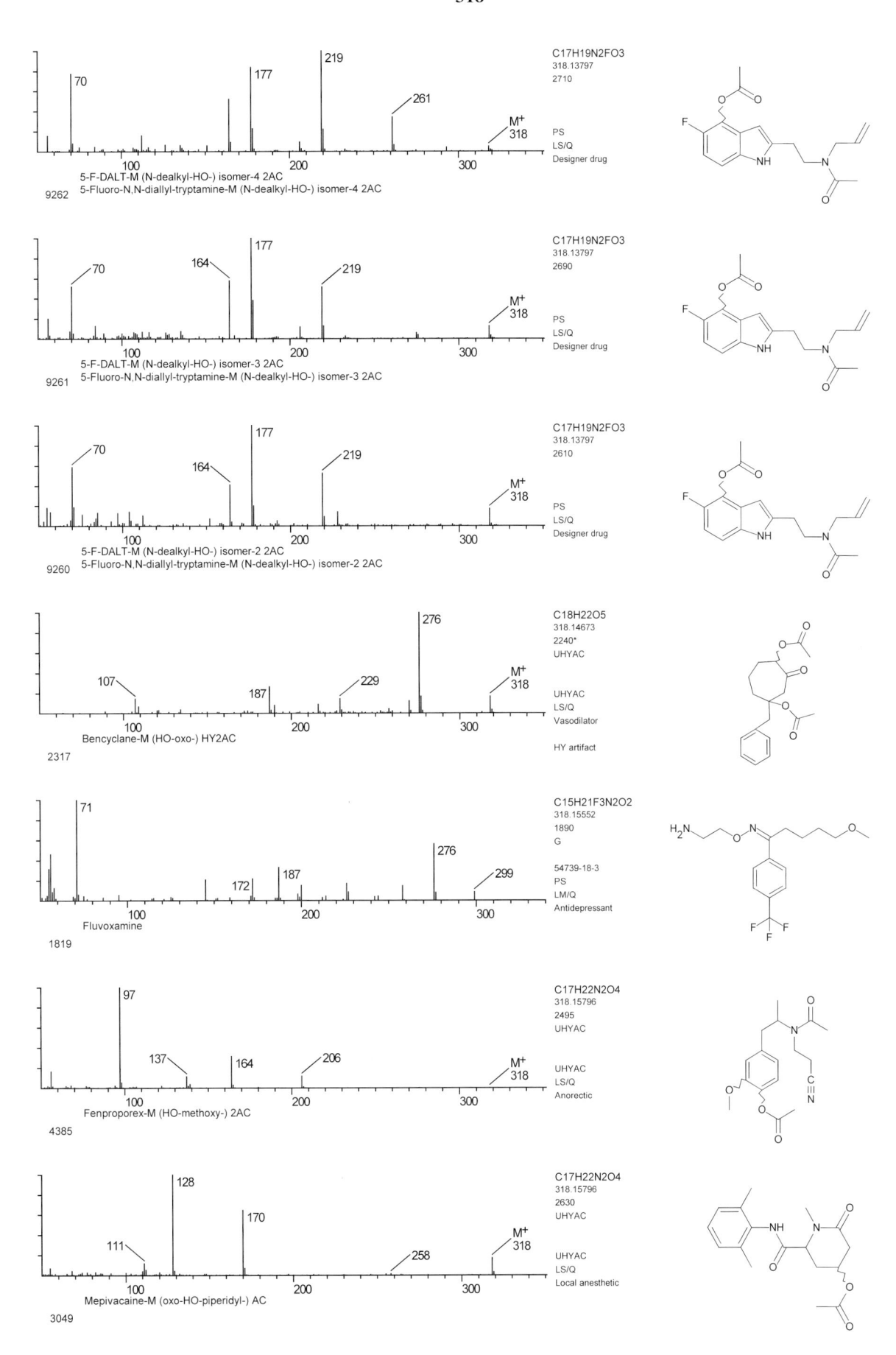

70, 177, 219, 261, M+ 318	C17H19N2FO3 318.13797 2710 PS LS/Q Designer drug	
5-F-DALT-M (N-dealkyl-HO-) isomer-4 2AC 5-Fluoro-N,N-diallyl-tryptamine-M (N-dealkyl-HO-) isomer-4 2AC 9262		
70, 164, 177, 219, M+ 318	C17H19N2FO3 318.13797 2690 PS LS/Q Designer drug	
5-F-DALT-M (N-dealkyl-HO-) isomer-3 2AC 5-Fluoro-N,N-diallyl-tryptamine-M (N-dealkyl-HO-) isomer-3 2AC 9261		
70, 164, 177, 219, M+ 318	C17H19N2FO3 318.13797 2610 PS LS/Q Designer drug	
5-F-DALT-M (N-dealkyl-HO-) isomer-2 2AC 5-Fluoro-N,N-diallyl-tryptamine-M (N-dealkyl-HO-) isomer-2 2AC 9260		
107, 187, 229, 276, M+ 318	C18H22O5 318.14673 2240* UHYAC UHYAC LS/Q Vasodilator HY artifact	
Bencyclane-M (HO-oxo-) HY2AC 2317		
71, 172, 187, 276, 299	C15H21F3N2O2 318.15552 1890 G 54739-18-3 PS LM/Q Antidepressant	
Fluvoxamine 1819		
97, 137, 164, 206, M+ 318	C17H22N2O4 318.15796 2495 UHYAC UHYAC LS/Q Anorectic	
Fenproporex-M (HO-methoxy-) 2AC 4385		
111, 128, 170, 258, M+ 318	C17H22N2O4 318.15796 2630 UHYAC UHYAC LS/Q Local anesthetic	
Mepivacaine-M (oxo-HO-piperidyl-) AC 3049		

318

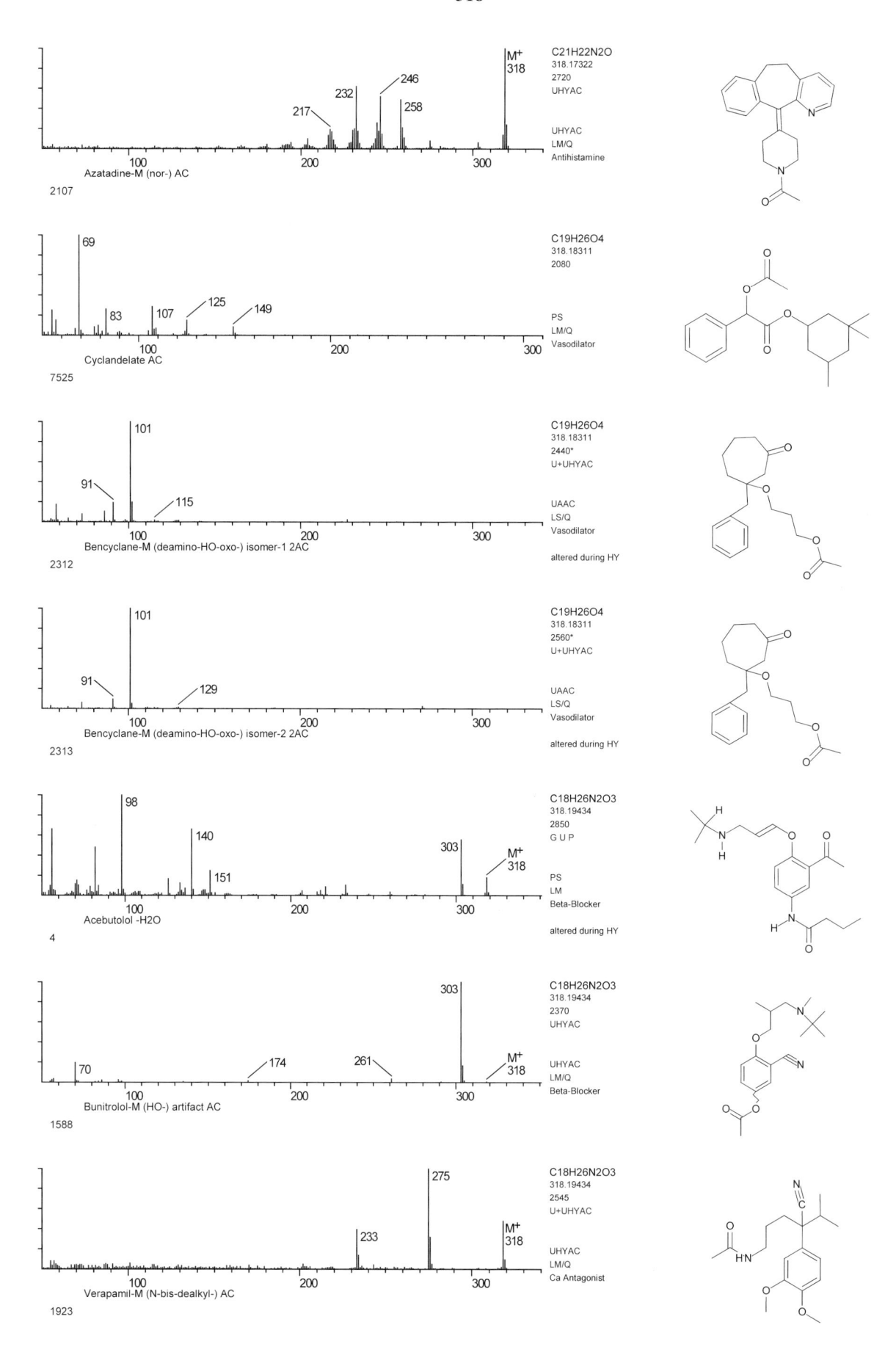

Azatadine-M (nor-) AC 2107	217, 232, 246, 258, M+ 318	C21H22N2O 318.17322 2720 UHYAC UHYAC LM/Q Antihistamine
Cyclandelate AC 7525	69, 83, 107, 125, 149	C19H26O4 318.18311 2080 PS LM/Q Vasodilator
Bencyclane-M (deamino-HO-oxo-) isomer-1 2AC 2312	91, 101, 115	C19H26O4 318.18311 2440* U+UHYAC UAAC LS/Q Vasodilator altered during HY
Bencyclane-M (deamino-HO-oxo-) isomer-2 2AC 2313	91, 101, 129	C19H26O4 318.18311 2560* U+UHYAC UAAC LS/Q Vasodilator altered during HY
Acebutolol -H2O 4	98, 140, 151, 303, M+ 318	C18H26N2O3 318.19434 2850 G U P PS LM Beta-Blocker altered during HY
Bunitrolol-M (HO-) artifact AC 1588	70, 174, 261, 303, M+ 318	C18H26N2O3 318.19434 2370 UHYAC UHYAC LM/Q Beta-Blocker
Verapamil-M (N-bis-dealkyl-) AC 1923	233, 275, M+ 318	C18H26N2O3 318.19434 2545 U+UHYAC UHYAC LM/Q Ca Antagonist

318

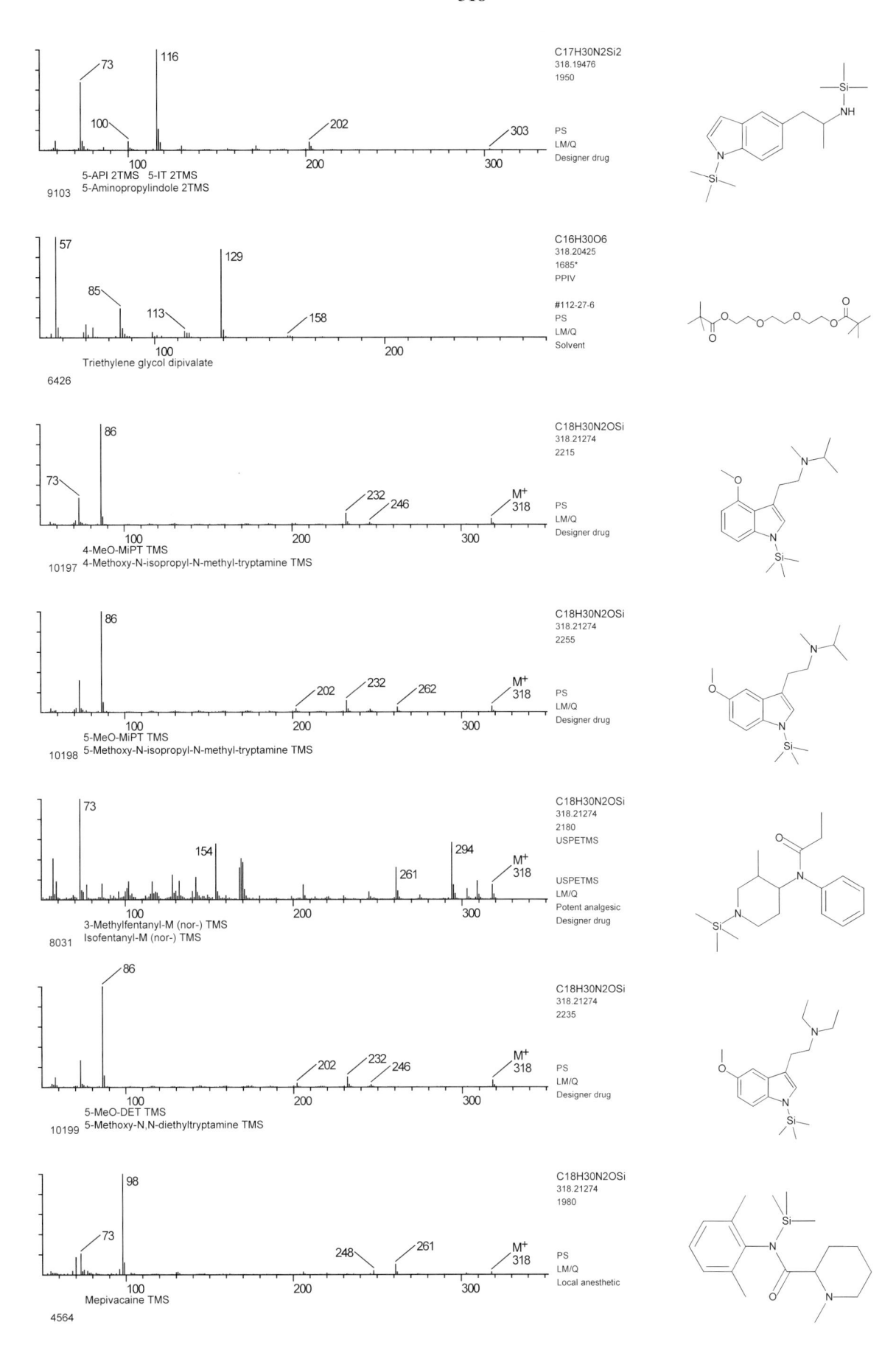

Spectrum	Compound	Formula/Info
73, 100, 116, 202, 303	5-API 2TMS 5-IT 2TMS 5-Aminopropylindole 2TMS 9103	C17H30N2Si2 318.19476 1950 PS LM/Q Designer drug
57, 85, 113, 129, 158	Triethylene glycol dipivalate 6426	C16H30O6 318.20425 1685* PPIV #112-27-6 PS LM/Q Solvent
73, 86, 232, 246, 318 M+	4-MeO-MiPT TMS 4-Methoxy-N-isopropyl-N-methyl-tryptamine TMS 10197	C18H30N2OSi 318.21274 2215 PS LM/Q Designer drug
86, 202, 232, 262, 318 M+	5-MeO-MiPT TMS 5-Methoxy-N-isopropyl-N-methyl-tryptamine TMS 10198	C18H30N2OSi 318.21274 2255 PS LM/Q Designer drug
73, 154, 261, 294, 318 M+	3-Methylfentanyl-M (nor-) TMS Isofentanyl-M (nor-) TMS 8031	C18H30N2OSi 318.21274 2180 USPETMS USPETMS LM/Q Potent analgesic Designer drug
86, 202, 232, 246, 318 M+	5-MeO-DET TMS 5-Methoxy-N,N-diethyltryptamine TMS 10199	C18H30N2OSi 318.21274 2235 PS LM/Q Designer drug
73, 98, 248, 261, 318 M+	Mepivacaine TMS 4564	C18H30N2OSi 318.21274 1980 PS LM/Q Local anesthetic

318

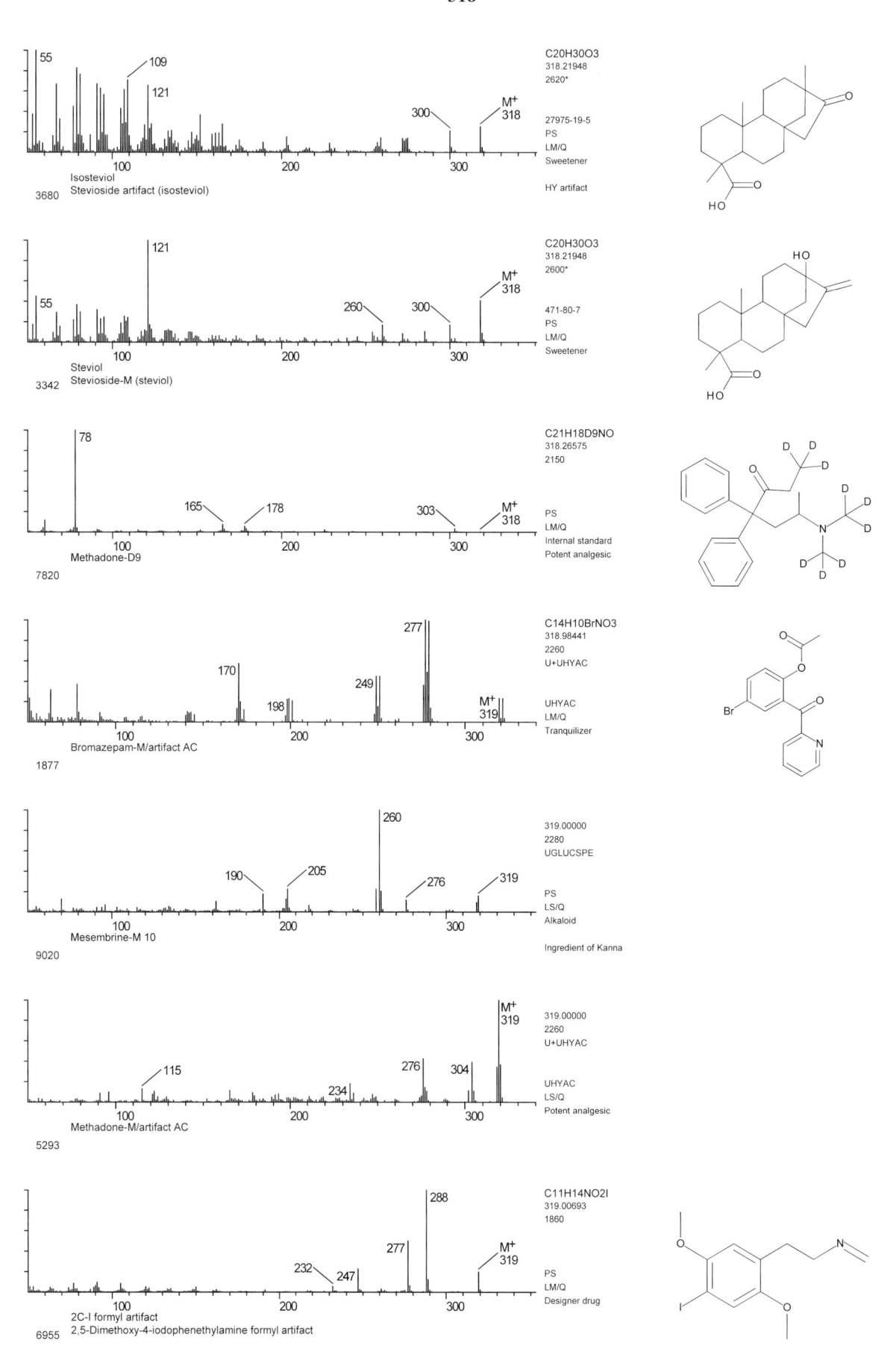

3680	Isosteviol Stevioside artifact (isosteviol)	C20H30O3 318.21948 2620* 27975-19-5 PS LM/Q Sweetener HY artifact
3342	Steviol Stevioside-M (steviol)	C20H30O3 318.21948 2600* 471-80-7 PS LM/Q Sweetener
7820	Methadone-D9	C21H18D9NO 318.26575 2150 PS LM/Q Internal standard Potent analgesic
1877	Bromazepam-M/artifact AC	C14H10BrNO3 318.98441 2260 U+UHYAC UHYAC LM/Q Tranquilizer
9020	Mesembrine-M 10	319.00000 2280 UGLUCSPE PS LS/Q Alkaloid Ingredient of Kanna
5293	Methadone-M/artifact AC	319.00000 2260 U+UHYAC UHYAC LS/Q Potent analgesic
6955	2C-I formyl artifact 2,5-Dimethoxy-4-iodophenethylamine formyl artifact	C11H14NO2I 319.00693 1860 PS LM/Q Designer drug

319

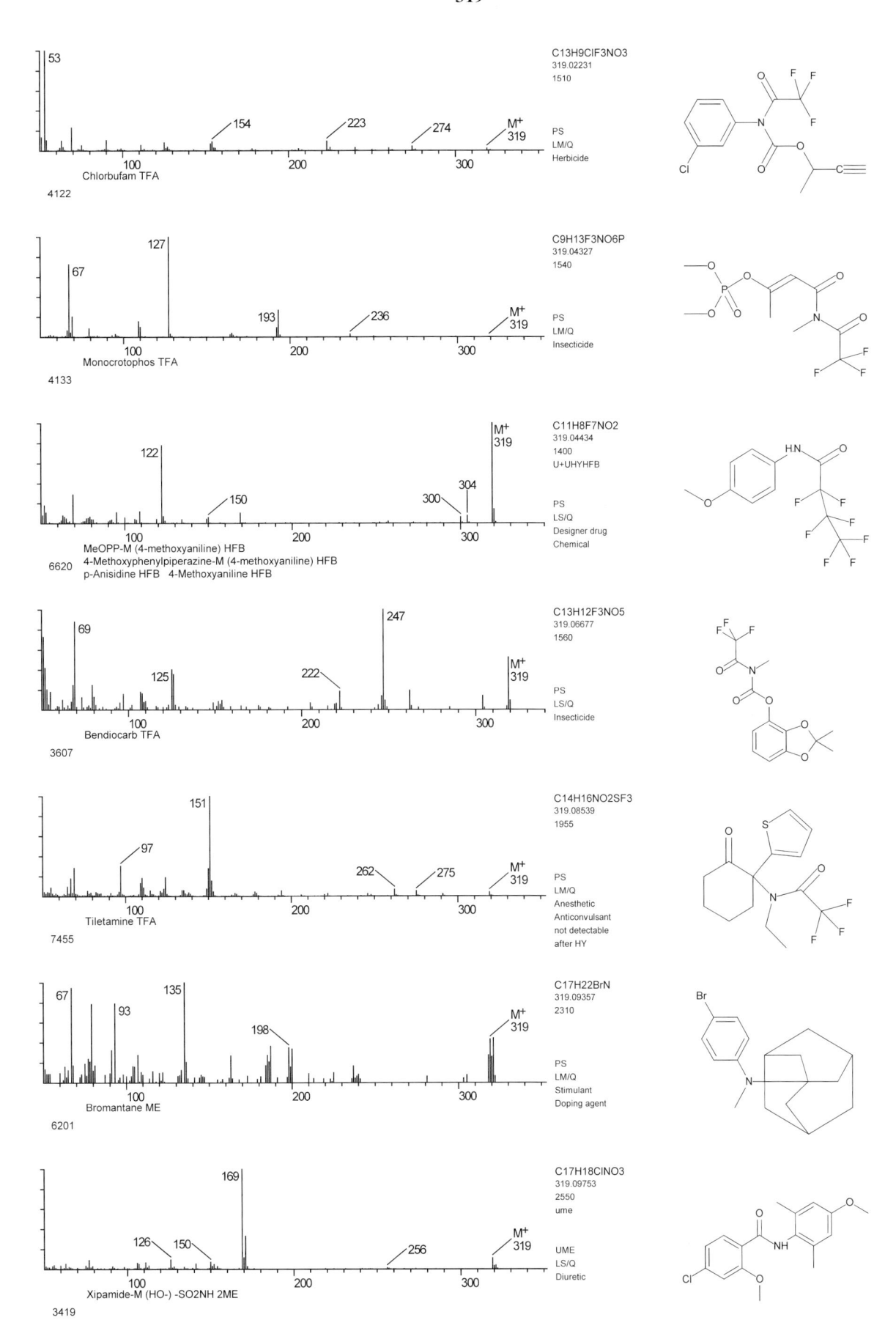

C13H9ClF3NO3
319.02231
1510

PS
LM/Q
Herbicide

Chlorbufam TFA
4122

C9H13F3NO6P
319.04327
1540

PS
LM/Q
Insecticide

Monocrotophos TFA
4133

C11H8F7NO2
319.04434
1400
U+UHYHFB

PS
LS/Q
Designer drug
Chemical

MeOPP-M (4-methoxyaniline) HFB
4-Methoxyphenylpiperazine-M (4-methoxyaniline) HFB
p-Anisidine HFB   4-Methoxyaniline HFB
6620

C13H12F3NO5
319.06677
1560

PS
LS/Q
Insecticide

Bendiocarb TFA
3607

C14H16NO2SF3
319.08539
1955

PS
LM/Q
Anesthetic
Anticonvulsant
not detectable
after HY

Tiletamine TFA
7455

C17H22BrN
319.09357
2310

PS
LM/Q
Stimulant
Doping agent

Bromantane ME
6201

C17H18ClNO3
319.09753
2550
ume

UME
LS/Q
Diuretic

Xipamide-M (HO-)-SO2NH 2ME
3419

319

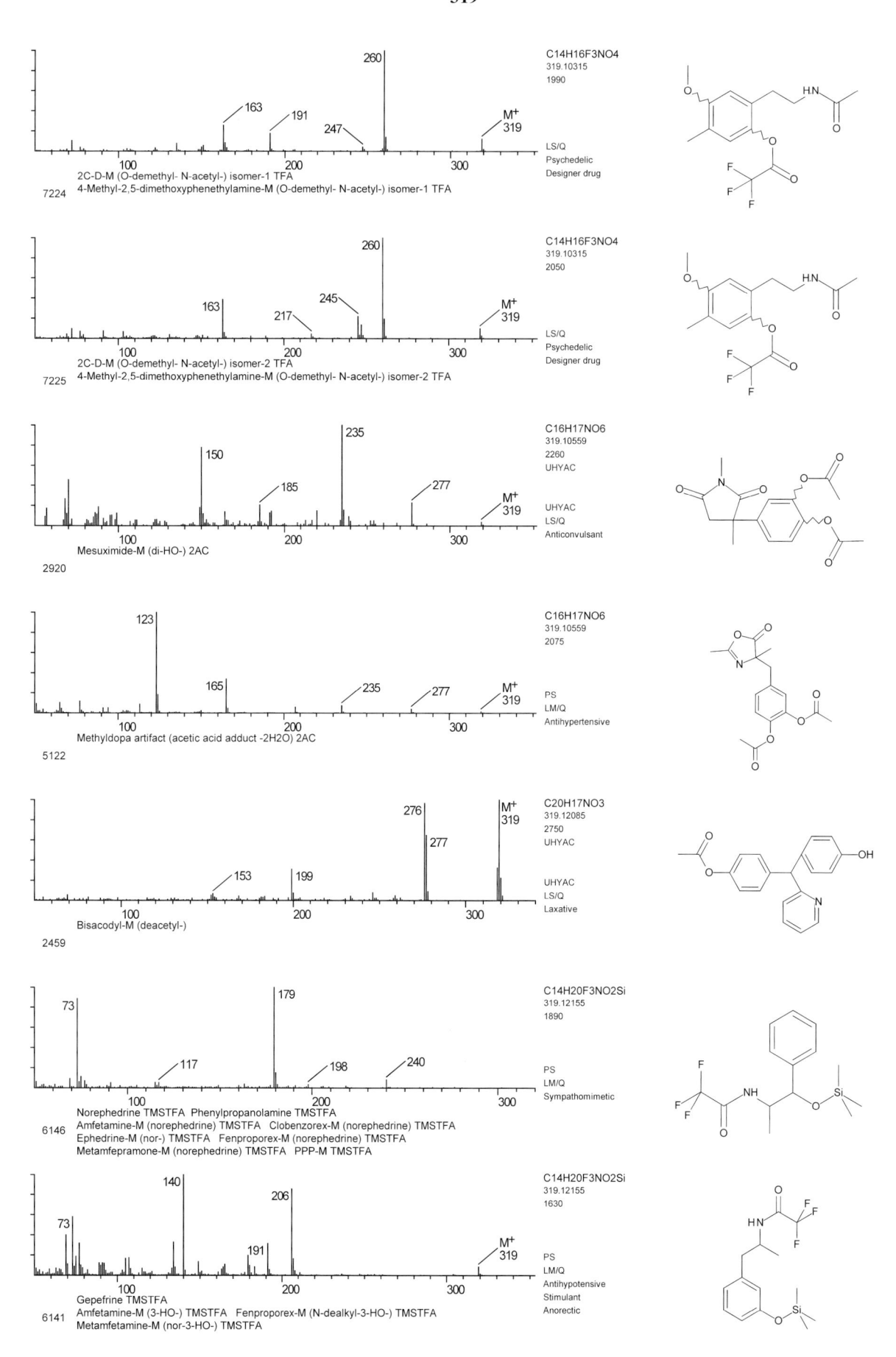

	C14H16F3NO4 319.10315 1990 LS/Q Psychedelic Designer drug

2C-D-M (O-demethyl- N-acetyl-) isomer-1 TFA
7224 4-Methyl-2,5-dimethoxyphenethylamine-M (O-demethyl- N-acetyl-) isomer-1 TFA

	C14H16F3NO4 319.10315 2050 LS/Q Psychedelic Designer drug

2C-D-M (O-demethyl- N-acetyl-) isomer-2 TFA
7225 4-Methyl-2,5-dimethoxyphenethylamine-M (O-demethyl- N-acetyl-) isomer-2 TFA

	C16H17NO6 319.10559 2260 UHYAC UHYAC LS/Q Anticonvulsant

Mesuximide-M (di-HO-) 2AC
2920

	C16H17NO6 319.10559 2075 PS LM/Q Antihypertensive

Methyldopa artifact (acetic acid adduct -2H2O) 2AC
5122

	C20H17NO3 319.12085 2750 UHYAC UHYAC LS/Q Laxative

Bisacodyl-M (deacetyl-)
2459

	C14H20F3NO2Si 319.12155 1890 PS LM/Q Sympathomimetic

Norephedrine TMSTFA Phenylpropanolamine TMSTFA
6146 Amfetamine-M (norephedrine) TMSTFA Clobenzorex-M (norephedrine) TMSTFA
Ephedrine-M (nor-) TMSTFA Fenproporex-M (norephedrine) TMSTFA
Metamfepramone-M (norephedrine) TMSTFA PPP-M TMSTFA

	C14H20F3NO2Si 319.12155 1630 PS LM/Q Antihypotensive Stimulant Anorectic

Gepefrine TMSTFA
6141 Amfetamine-M (3-HO-) TMSTFA Fenproporex-M (N-dealkyl-3-HO-) TMSTFA
Metamfetamine-M (nor-3-HO-) TMSTFA

319

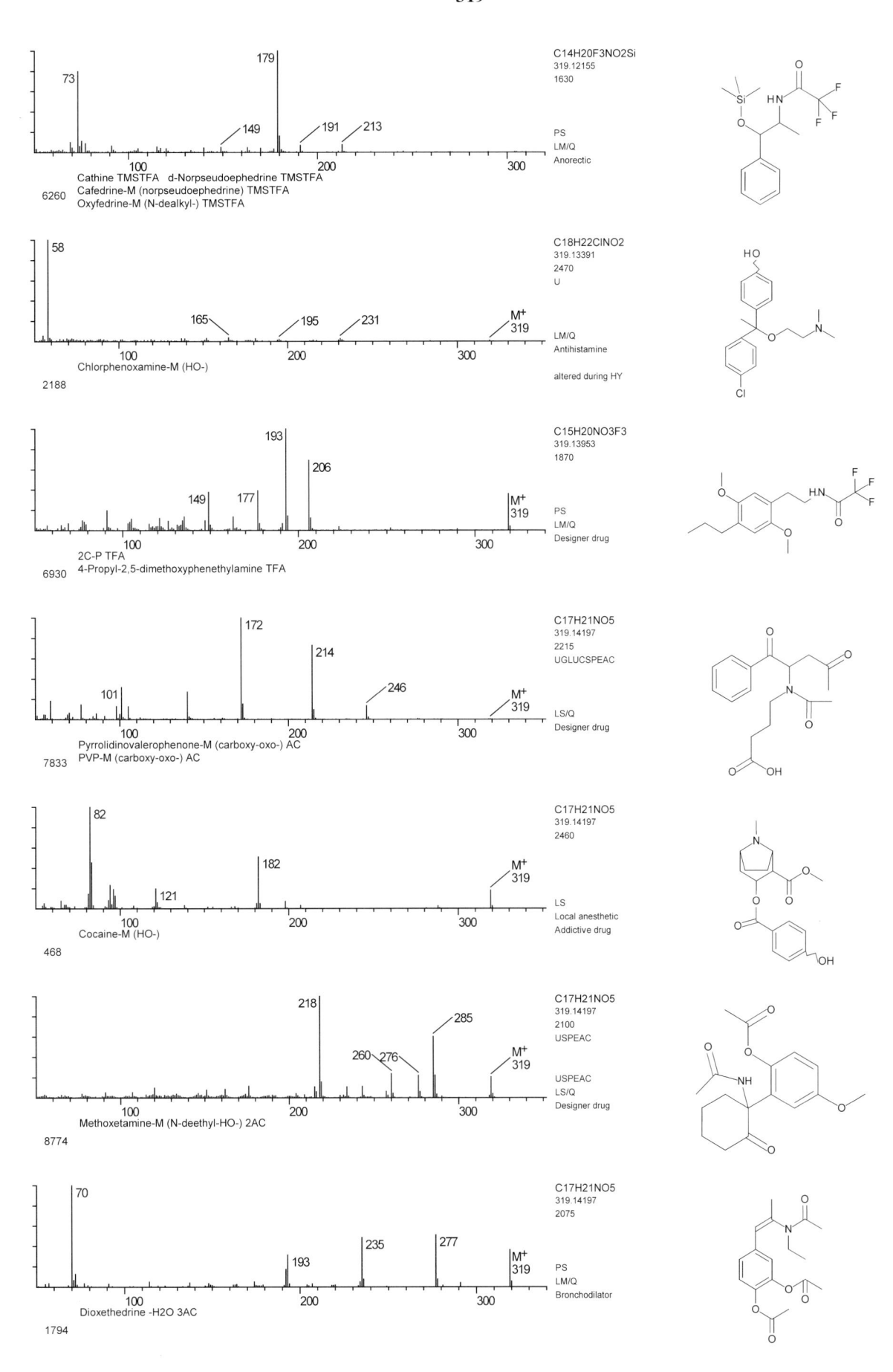

Spectrum	Compound	Formula/Mass
73, 179, 149, 191, 213	Cathine TMSTFA d-Norpseudoephedrine TMSTFA Cafedrine-M (norpseudoephedrine) TMSTFA Oxyfedrine-M (N-dealkyl-) TMSTFA	C14H20F3NO2Si 319.12155 1630 PS LM/Q Anorectic
58, 165, 195, 231, M+ 319	Chlorphenoxamine-M (HO-)	C18H22ClNO2 319.13391 2470 U LM/Q Antihistamine altered during HY
149, 177, 193, 206, M+ 319	2C-P TFA 4-Propyl-2,5-dimethoxyphenethylamine TFA	C15H20NO3F3 319.13953 1870 PS LM/Q Designer drug
101, 172, 214, 246, M+ 319	Pyrrolidinovalerophenone-M (carboxy-oxo-) AC PVP-M (carboxy-oxo-) AC	C17H21NO5 319.14197 2215 UGLUCSPEAC LS/Q Designer drug
82, 121, 182, M+ 319	Cocaine-M (HO-)	C17H21NO5 319.14197 2460 LS Local anesthetic Addictive drug
218, 260, 276, 285, M+ 319	Methoxetamine-M (N-deethyl-HO-) 2AC	C17H21NO5 319.14197 2100 USPEAC USPEAC LS/Q Designer drug
70, 193, 235, 277, M+ 319	Dioxethedrine -H2O 3AC	C17H21NO5 319.14197 2075 PS LM/Q Bronchodilator

319

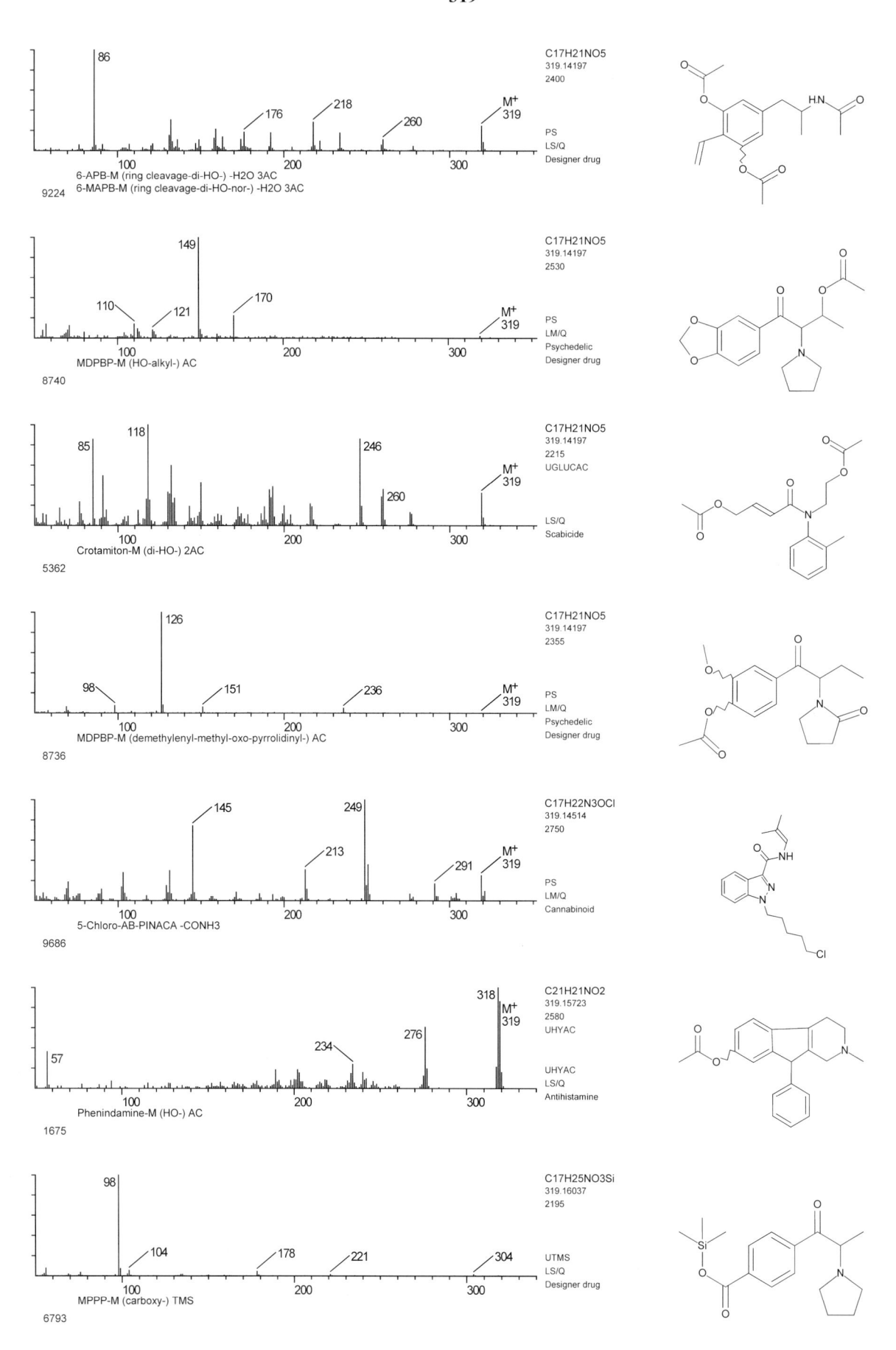

86, 176, 218, 260, M+ 319	C17H21NO5 319.14197 2400 PS LS/Q Designer drug	
9224 6-APB-M (ring cleavage-di-HO-) -H2O 3AC 6-MAPB-M (ring cleavage-di-HO-nor-) -H2O 3AC		
110, 121, 149, 170, M+ 319	C17H21NO5 319.14197 2530 PS LM/Q Psychedelic Designer drug	
8740 MDPBP-M (HO-alkyl-) AC		
85, 118, 246, 260, M+ 319	C17H21NO5 319.14197 2215 UGLUCAC LS/Q Scabicide	
5362 Crotamiton-M (di-HO-) 2AC		
98, 126, 151, 236, M+ 319	C17H21NO5 319.14197 2355 PS LM/Q Psychedelic Designer drug	
8736 MDPBP-M (demethylenyl-methyl-oxo-pyrrolidinyl-) AC		
145, 213, 249, 291, M+ 319	C17H22N3OCl 319.14514 2750 PS LM/Q Cannabinoid	
9686 5-Chloro-AB-PINACA -CONH3		
57, 234, 276, 318, M+ 319	C21H21NO2 319.15723 2580 UHYAC UHYAC LS/Q Antihistamine	
1675 Phenindamine-M (HO-) AC		
98, 104, 178, 221, 304	C17H25NO3Si 319.16037 2195 UTMS LS/Q Designer drug	
6793 MPPP-M (carboxy-) TMS		

319

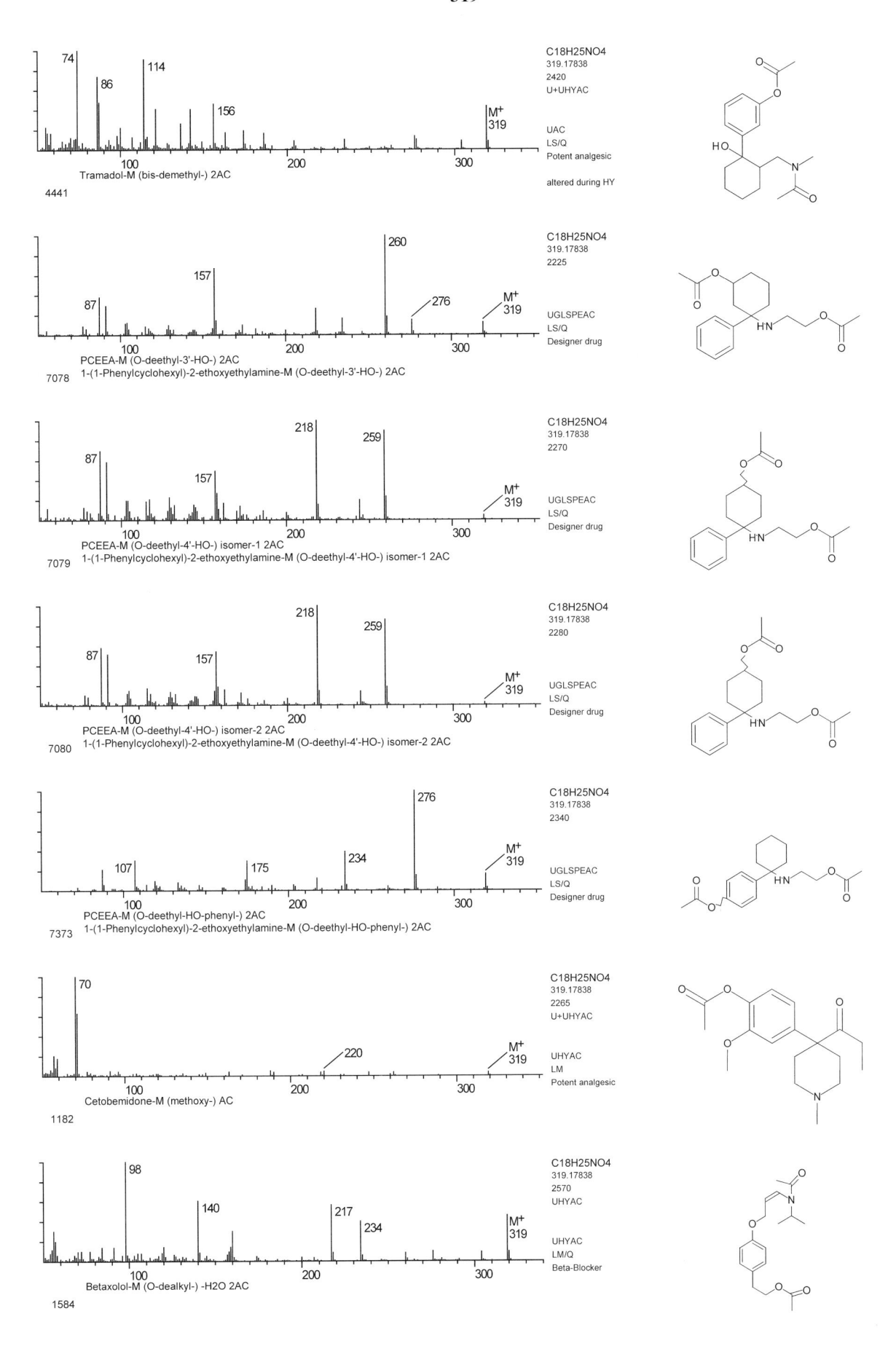

C18H25NO4
319.17838
2420
U+UHYAC

UAC
LS/Q
Potent analgesic
altered during HY

4441 Tramadol-M (bis-demethyl-) 2AC

C18H25NO4
319.17838
2225

UGLSPEAC
LS/Q
Designer drug

7078 PCEEA-M (O-deethyl-3'-HO-) 2AC
1-(1-Phenylcyclohexyl)-2-ethoxyethylamine-M (O-deethyl-3'-HO-) 2AC

C18H25NO4
319.17838
2270

UGLSPEAC
LS/Q
Designer drug

7079 PCEEA-M (O-deethyl-4'-HO-) isomer-1 2AC
1-(1-Phenylcyclohexyl)-2-ethoxyethylamine-M (O-deethyl-4'-HO-) isomer-1 2AC

C18H25NO4
319.17838
2280

UGLSPEAC
LS/Q
Designer drug

7080 PCEEA-M (O-deethyl-4'-HO-) isomer-2 2AC
1-(1-Phenylcyclohexyl)-2-ethoxyethylamine-M (O-deethyl-4'-HO-) isomer-2 2AC

C18H25NO4
319.17838
2340

UGLSPEAC
LS/Q
Designer drug

7373 PCEEA-M (O-deethyl-HO-phenyl-) 2AC
1-(1-Phenylcyclohexyl)-2-ethoxyethylamine-M (O-deethyl-HO-phenyl-) 2AC

C18H25NO4
319.17838
2265
U+UHYAC

UHYAC
LM
Potent analgesic

1182 Cetobemidone-M (methoxy-) AC

C18H25NO4
319.17838
2570
UHYAC

UHYAC
LM/Q
Beta-Blocker

1584 Betaxolol-M (O-dealkyl-) -H2O 2AC

319

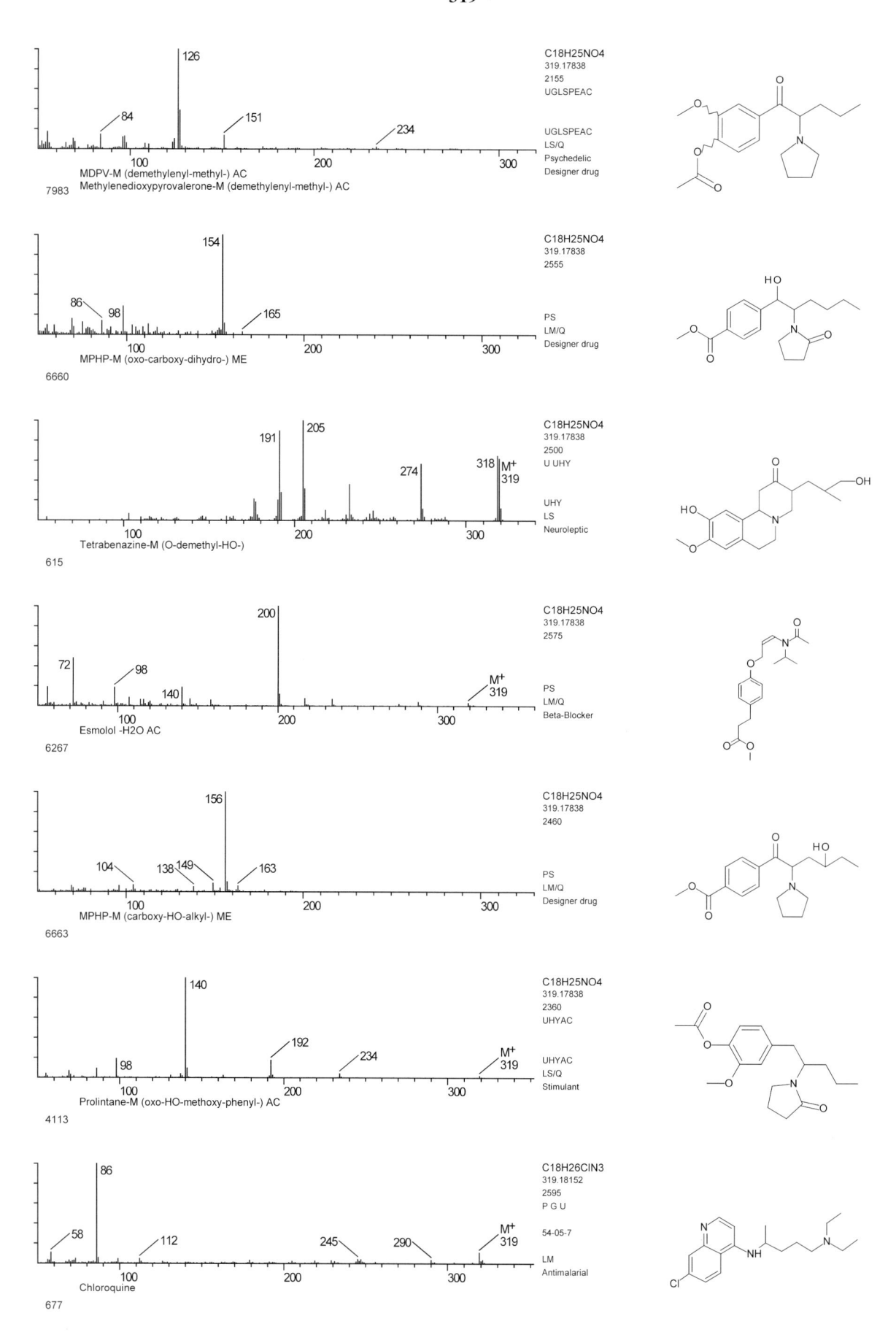

Spectrum peaks	Formula / Info
126, 84, 151, 234	C18H25NO4, 319.17838, 2155, UGLSPEAC, UGLSPEAC LS/Q, Psychedelic Designer drug — MDPV-M (demethylenyl-methyl-) AC / Methylenedioxypyrovalerone-M (demethylenyl-methyl-) AC (7983)
154, 86, 98, 165	C18H25NO4, 319.17838, 2555, PS, LM/Q, Designer drug — MPHP-M (oxo-carboxy-dihydro-) ME (6660)
191, 205, 274, 318, M+ 319	C18H25NO4, 319.17838, 2500, U UHY, UHY LS, Neuroleptic — Tetrabenazine-M (O-demethyl-HO-) (615)
200, 72, 98, 140, M+ 319	C18H25NO4, 319.17838, 2575, PS, LM/Q, Beta-Blocker — Esmolol -H2O AC (6267)
156, 104, 138, 149, 163	C18H25NO4, 319.17838, 2460, PS, LM/Q, Designer drug — MPHP-M (carboxy-HO-alkyl-) ME (6663)
140, 98, 192, 234, M+ 319	C18H25NO4, 319.17838, 2360, UHYAC, UHYAC LS/Q, Stimulant — Prolintane-M (oxo-HO-methoxy-phenyl-) AC (4113)
86, 58, 112, 245, 290, M+ 319	C18H26ClN3, 319.18152, 2595, P G U, 54-05-7, LM, Antimalarial — Chloroquine (677)

1028

319

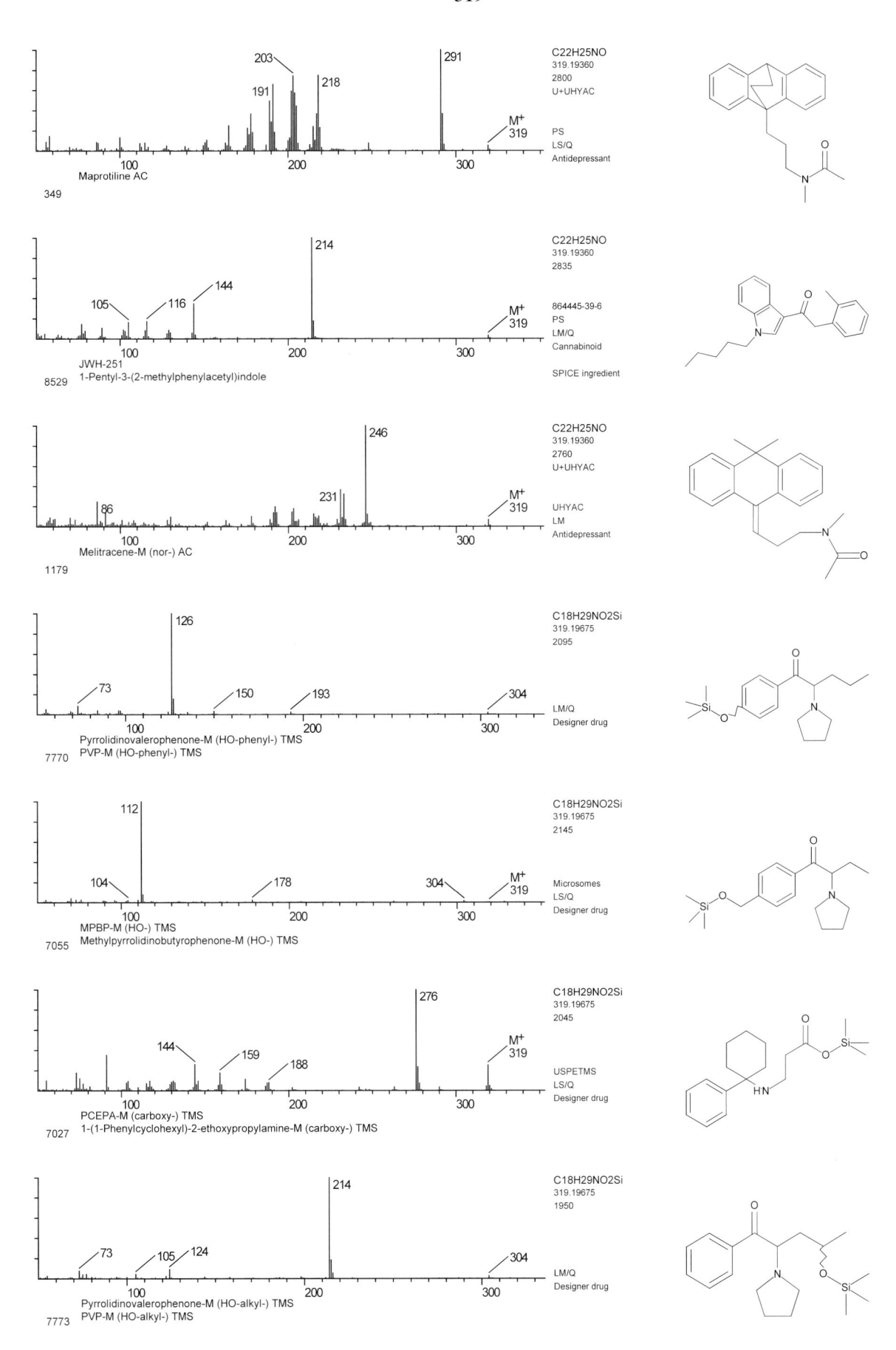

Maprotiline AC	191, 203, 218, 291, M+ 319	C22H25NO / 319.19360 / 2800 / U+UHYAC / PS / LS/Q / Antidepressant
349		
JWH-251 1-Pentyl-3-(2-methylphenylacetyl)indole	105, 116, 144, 214, M+ 319	C22H25NO / 319.19360 / 2835 / 864445-39-6 / PS / LM/Q / Cannabinoid / SPICE ingredient
8529		
Melitracene-M (nor-) AC	86, 231, 246, M+ 319	C22H25NO / 319.19360 / 2760 / U+UHYAC / UHYAC / LM / Antidepressant
1179		
Pyrrolidinovalerophenone-M (HO-phenyl-) TMS / PVP-M (HO-phenyl-) TMS	73, 126, 150, 193, 304	C18H29NO2Si / 319.19675 / 2095 / LM/Q / Designer drug
7770		
MPBP-M (HO-) TMS / Methylpyrrolidinobutyrophenone-M (HO-) TMS	104, 112, 178, 304, M+ 319	C18H29NO2Si / 319.19675 / 2145 / Microsomes / LS/Q / Designer drug
7055		
PCEPA-M (carboxy-) TMS / 1-(1-Phenylcyclohexyl)-2-ethoxypropylamine-M (carboxy-) TMS	144, 159, 188, 276, M+ 319	C18H29NO2Si / 319.19675 / 2045 / USPETMS / LS/Q / Designer drug
7027		
Pyrrolidinovalerophenone-M (HO-alkyl-) TMS / PVP-M (HO-alkyl-) TMS	73, 105, 124, 214, 304	C18H29NO2Si / 319.19675 / 1950 / LM/Q / Designer drug
7773		

319

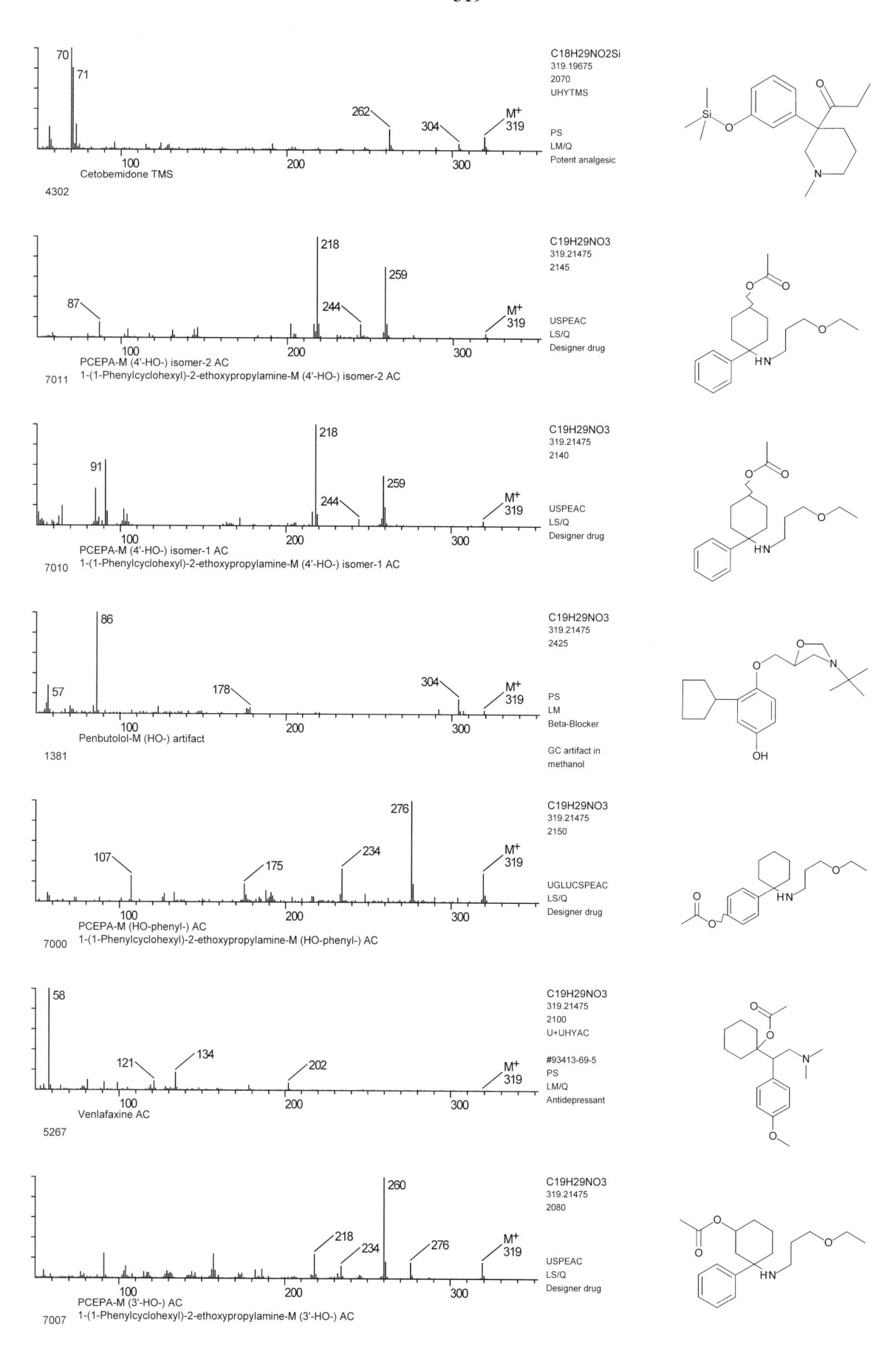

Cetobemidone TMS	C18H29NO2Si 319.19675 2070 UHYTMS PS LM/Q Potent analgesic
4302	

Peaks: 70, 71, 262, 304, M+ 319

PCEPA-M (4'-HO-) isomer-2 AC
1-(1-Phenylcyclohexyl)-2-ethoxypropylamine-M (4'-HO-) isomer-2 AC
7011

C19H29NO3 319.21475 2145 USPEAC LS/Q Designer drug

Peaks: 87, 218, 244, 259, M+ 319

PCEPA-M (4'-HO-) isomer-1 AC
1-(1-Phenylcyclohexyl)-2-ethoxypropylamine-M (4'-HO-) isomer-1 AC
7010

C19H29NO3 319.21475 2140 USPEAC LS/Q Designer drug

Peaks: 91, 218, 244, 259, M+ 319

Penbutolol-M (HO-) artifact
1381

C19H29NO3 319.21475 2425 PS LM Beta-Blocker GC artifact in methanol

Peaks: 57, 86, 178, 304, M+ 319

PCEPA-M (HO-phenyl-) AC
1-(1-Phenylcyclohexyl)-2-ethoxypropylamine-M (HO-phenyl-) AC
7000

C19H29NO3 319.21475 2150 UGLUCSPEAC LS/Q Designer drug

Peaks: 107, 175, 234, 276, M+ 319

Venlafaxine AC
5267

C19H29NO3 319.21475 2100 U+UHYAC #93413-69-5 PS LM/Q Antidepressant

Peaks: 58, 121, 134, 202, M+ 319

PCEPA-M (3'-HO-) AC
1-(1-Phenylcyclohexyl)-2-ethoxypropylamine-M (3'-HO-) AC
7007

C19H29NO3 319.21475 2080 USPEAC LS/Q Designer drug

Peaks: 218, 234, 260, 276, M+ 319

319

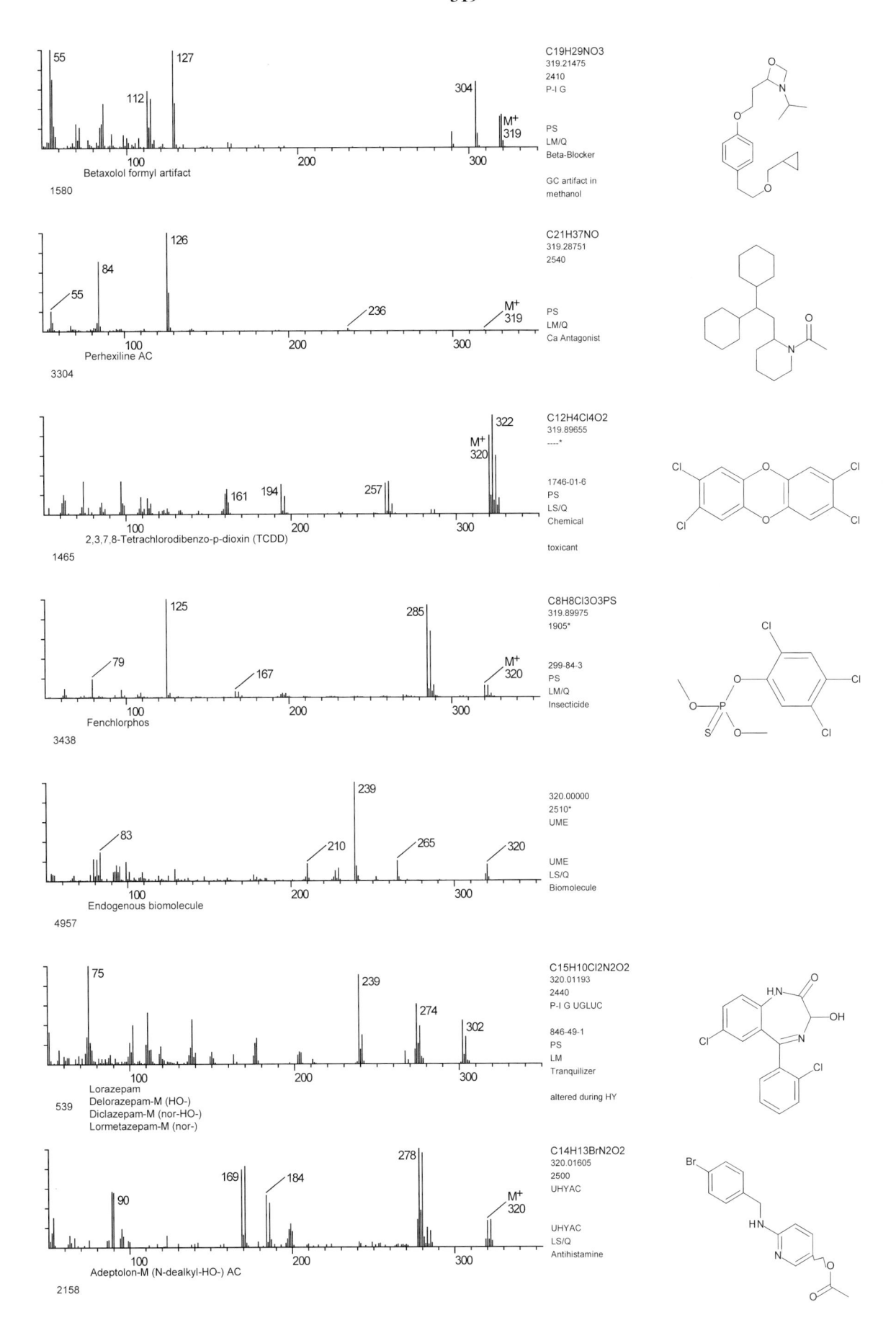

Betaxolol formyl artifact — 1580
C19H29NO3
319.21475
2410
P-I G
PS
LM/Q
Beta-Blocker
GC artifact in methanol

Perhexiline AC — 3304
C21H37NO
319.28751
2540
PS
LM/Q
Ca Antagonist

2,3,7,8-Tetrachlorodibenzo-p-dioxin (TCDD) — 1465
C12H4Cl4O2
319.89655
----*
1746-01-6
PS
LS/Q
Chemical toxicant

Fenchlorphos — 3438
C8H8Cl3O3PS
319.89975
1905*
299-84-3
PS
LM/Q
Insecticide

Endogenous biomolecule — 4957
320.00000
2510*
UME
UME
LS/Q
Biomolecule

Lorazepam
Delorazepam-M (HO-)
Diclazepam-M (nor-HO-)
Lormetazepam-M (nor-) — 539
C15H10Cl2N2O2
320.01193
2440
P-I G UGLUC
846-49-1
PS
LM
Tranquilizer
altered during HY

Adeptolon-M (N-dealkyl-HO-) AC — 2158
C14H13BrN2O2
320.01605
2500
UHYAC
UHYAC
LS/Q
Antihistamine

320

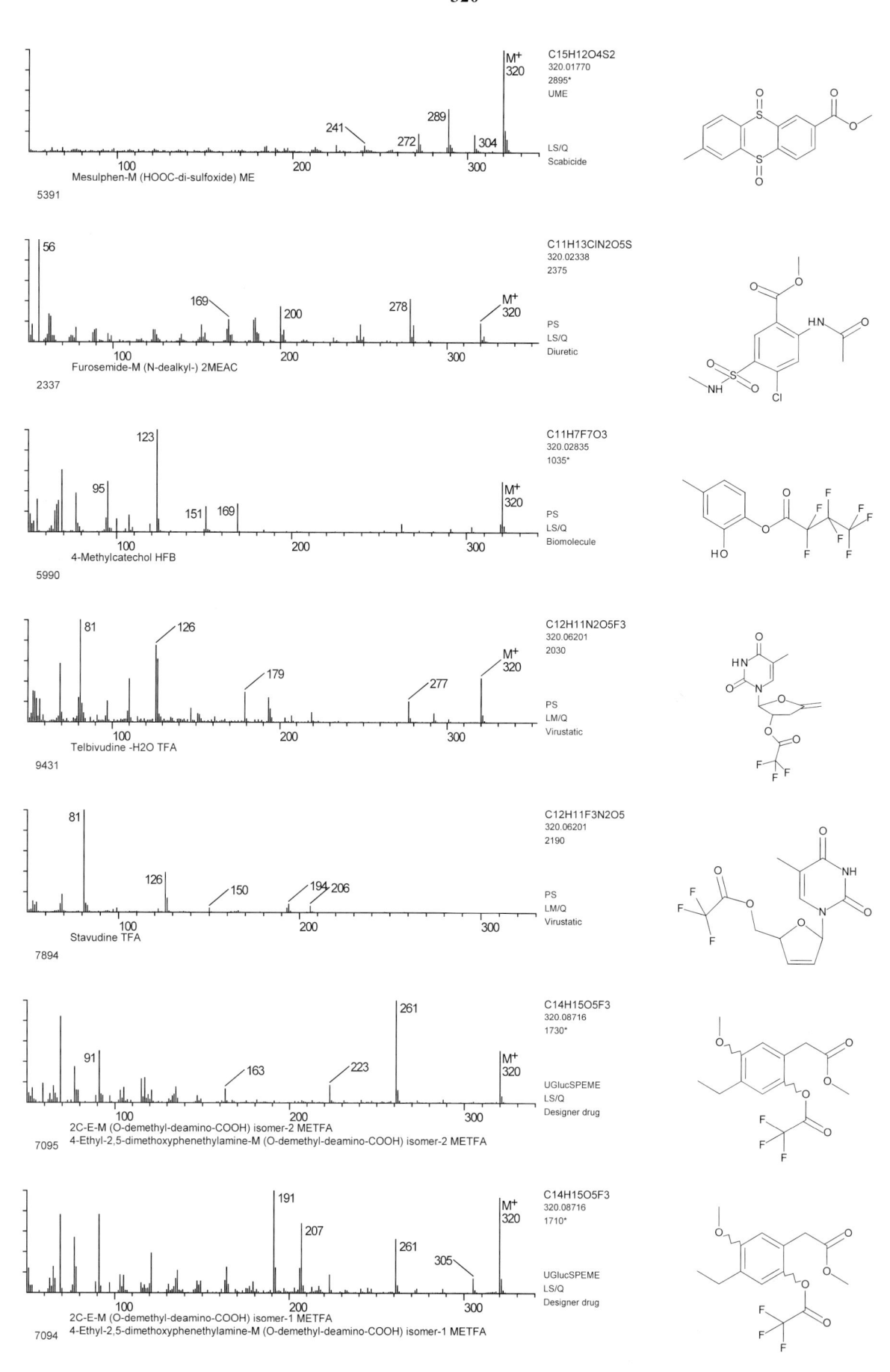

C15H12O4S2
320.01770
2895*
UME

LS/Q
Scabicide

Mesulphen-M (HOOC-di-sulfoxide) ME
5391

C11H13ClN2O5S
320.02338
2375

PS
LS/Q
Diuretic

Furosemide-M (N-dealkyl-) 2MEAC
2337

C11H7F7O3
320.02835
1035*

PS
LS/Q
Biomolecule

4-Methylcatechol HFB
5990

C12H11N2O5F3
320.06201
2030

PS
LM/Q
Virustatic

Telbivudine -H2O TFA
9431

C12H11F3N2O5
320.06201
2190

PS
LM/Q
Virustatic

Stavudine TFA
7894

C14H15O5F3
320.08716
1730*

UGlucSPEME
LS/Q
Designer drug

2C-E-M (O-demethyl-deamino-COOH) isomer-2 METFA
4-Ethyl-2,5-dimethoxyphenethylamine-M (O-demethyl-deamino-COOH) isomer-2 METFA
7095

C14H15O5F3
320.08716
1710*

UGlucSPEME
LS/Q
Designer drug

2C-E-M (O-demethyl-deamino-COOH) isomer-1 METFA
4-Ethyl-2,5-dimethoxyphenethylamine-M (O-demethyl-deamino-COOH) isomer-1 METFA
7094

320

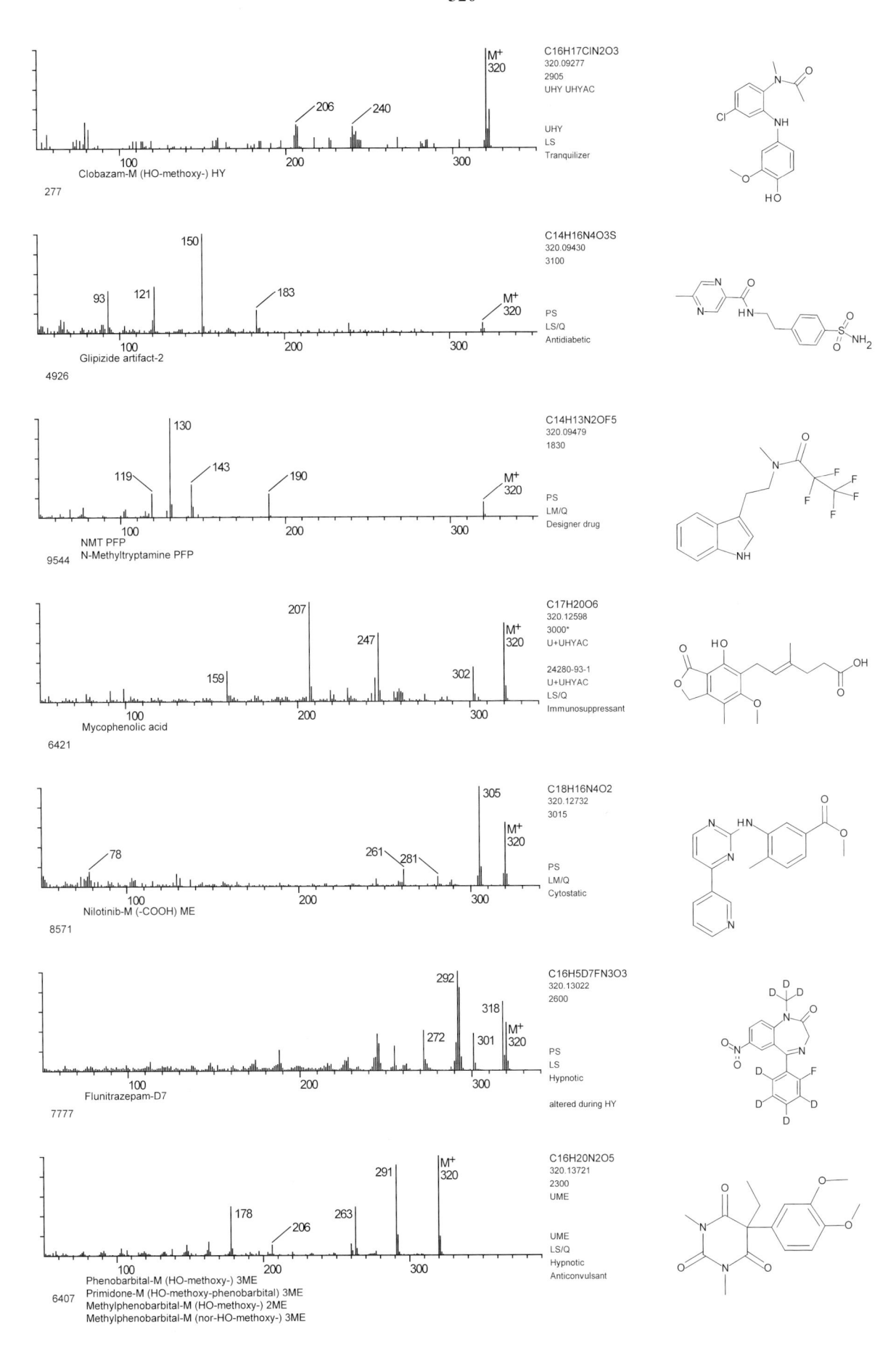

C16H17ClN2O3
320.09277
2905
UHY UHYAC

UHY
LS
Tranquilizer

Clobazam-M (HO-methoxy-) HY
277

C14H16N4O3S
320.09430
3100

PS
LS/Q
Antidiabetic

Glipizide artifact-2
4926

C14H13N2OF5
320.09479
1830

PS
LM/Q
Designer drug

NMT PFP
N-Methyltryptamine PFP
9544

C17H20O6
320.12598
3000*
U+UHYAC

24280-93-1
U+UHYAC
LS/Q
Immunosuppressant

Mycophenolic acid
6421

C18H16N4O2
320.12732
3015

PS
LM/Q
Cytostatic

Nilotinib-M (-COOH) ME
8571

C16H5D7FN3O3
320.13022
2600

PS
LS
Hypnotic

altered during HY

Flunitrazepam-D7
7777

C16H20N2O5
320.13721
2300
UME

UME
LS/Q
Hypnotic
Anticonvulsant

Phenobarbital-M (HO-methoxy-) 3ME
Primidone-M (HO-methoxy-phenobarbital) 3ME
Methylphenobarbital-M (HO-methoxy-) 2ME
Methylphenobarbital-M (nor-HO-methoxy-) 3ME
6407

320

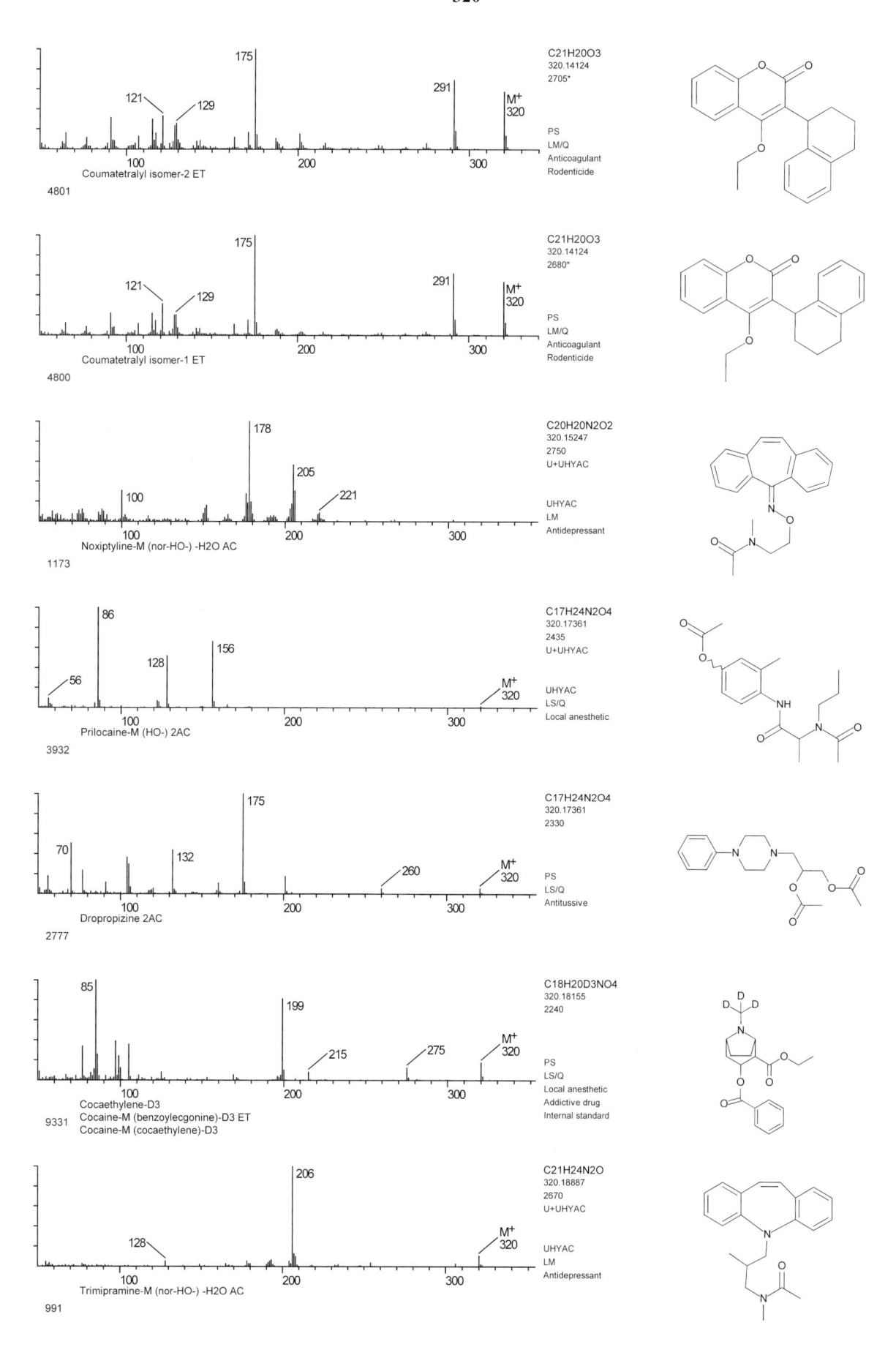

C21H20O3
320.14124
2705*

PS
LM/Q
Anticoagulant
Rodenticide

Coumatetralyl isomer-2 ET
4801

C21H20O3
320.14124
2680*

PS
LM/Q
Anticoagulant
Rodenticide

Coumatetralyl isomer-1 ET
4800

C20H20N2O2
320.15247
2750
U+UHYAC

UHYAC
LM
Antidepressant

Noxiptyline-M (nor-HO-) -H2O AC
1173

C17H24N2O4
320.17361
2435
U+UHYAC

UHYAC
LS/Q
Local anesthetic

Prilocaine-M (HO-) 2AC
3932

C17H24N2O4
320.17361
2330

PS
LS/Q
Antitussive

Dropropizine 2AC
2777

C18H20D3NO4
320.18155
2240

PS
LS/Q
Local anesthetic
Addictive drug
Internal standard

Cocaethylene-D3
Cocaine-M (benzoylecgonine)-D3 ET
Cocaine-M (cocaethylene)-D3
9331

C21H24N2O
320.18887
2670
U+UHYAC

UHYAC
LM
Antidepressant

Trimipramine-M (nor-HO-) -H2O AC
991

320

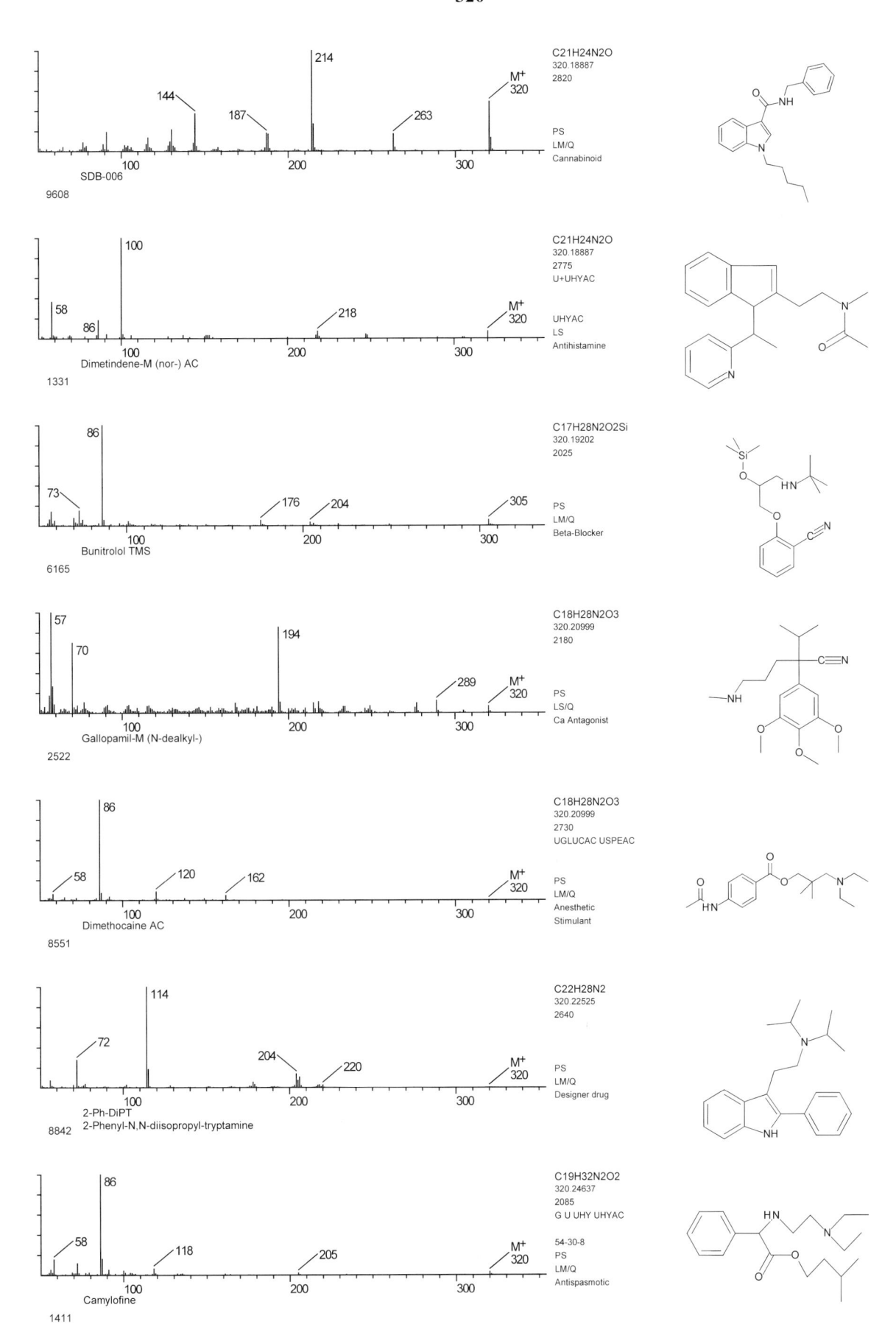

SDB-006	Peaks: 144, 187, 214, 263, M⁺ 320	C21H24N2O / 320.18887 / 2820 / PS / LM/Q / Cannabinoid
Dimetindene-M (nor-) AC	Peaks: 58, 86, 100, 218, M⁺ 320	C21H24N2O / 320.18887 / 2775 / U+UHYAC / UHYAC / LS / Antihistamine
Bunitrolol TMS	Peaks: 73, 86, 176, 204, 305	C17H28N2O2Si / 320.19202 / 2025 / PS / LM/Q / Beta-Blocker
Gallopamil-M (N-dealkyl-)	Peaks: 57, 70, 194, 289, M⁺ 320	C18H28N2O3 / 320.20999 / 2180 / PS / LS/Q / Ca Antagonist
Dimethocaine AC	Peaks: 58, 86, 120, 162, M⁺ 320	C18H28N2O3 / 320.20999 / 2730 / UGLUCAC USPEAC / PS / LM/Q / Anesthetic / Stimulant
2-Ph-DiPT / 2-Phenyl-N,N-diisopropyl-tryptamine	Peaks: 72, 114, 204, 220, M⁺ 320	C22H28N2 / 320.22525 / 2640 / PS / LM/Q / Designer drug
Camylofine	Peaks: 58, 86, 118, 205, M⁺ 320	C19H32N2O2 / 320.24637 / 2085 / G U UHY UHYAC / 54-30-8 / PS / LM/Q / Antispasmotic

1035

320

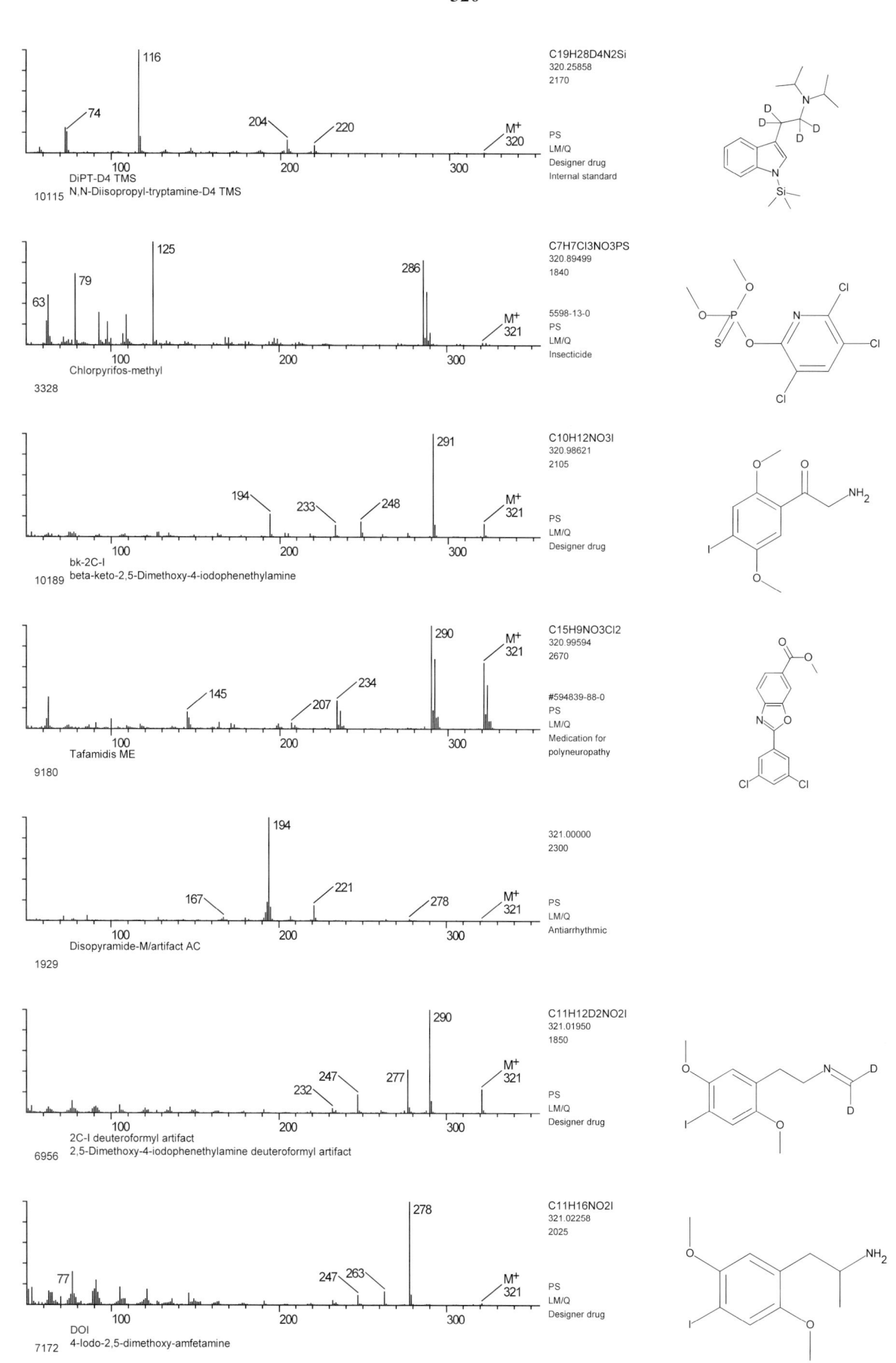

C19H28D4N2Si
320.25858
2170

PS
LM/Q
Designer drug
Internal standard

DiPT-D4 TMS
10115 N,N-Diisopropyl-tryptamine-D4 TMS

C7H7Cl3NO3PS
320.89499
1840

5598-13-0
PS
LM/Q
Insecticide

Chlorpyrifos-methyl
3328

C10H12NO3I
320.98621
2105

PS
LM/Q
Designer drug

bk-2C-I
10189 beta-keto-2,5-Dimethoxy-4-iodophenethylamine

C15H9NO3Cl2
320.99594
2670

#594839-88-0
PS
LM/Q
Medication for polyneuropathy

Tafamidis ME
9180

321.00000
2300

PS
LM/Q
Antiarrhythmic

Disopyramide-M/artifact AC
1929

C11H12D2NO2I
321.01950
1850

PS
LM/Q
Designer drug

2C-I deuteroformyl artifact
6956 2,5-Dimethoxy-4-iodophenethylamine deuteroformyl artifact

C11H16NO2I
321.02258
2025

PS
LM/Q
Designer drug

DOI
7172 4-Iodo-2,5-dimethoxy-amfetamine

321

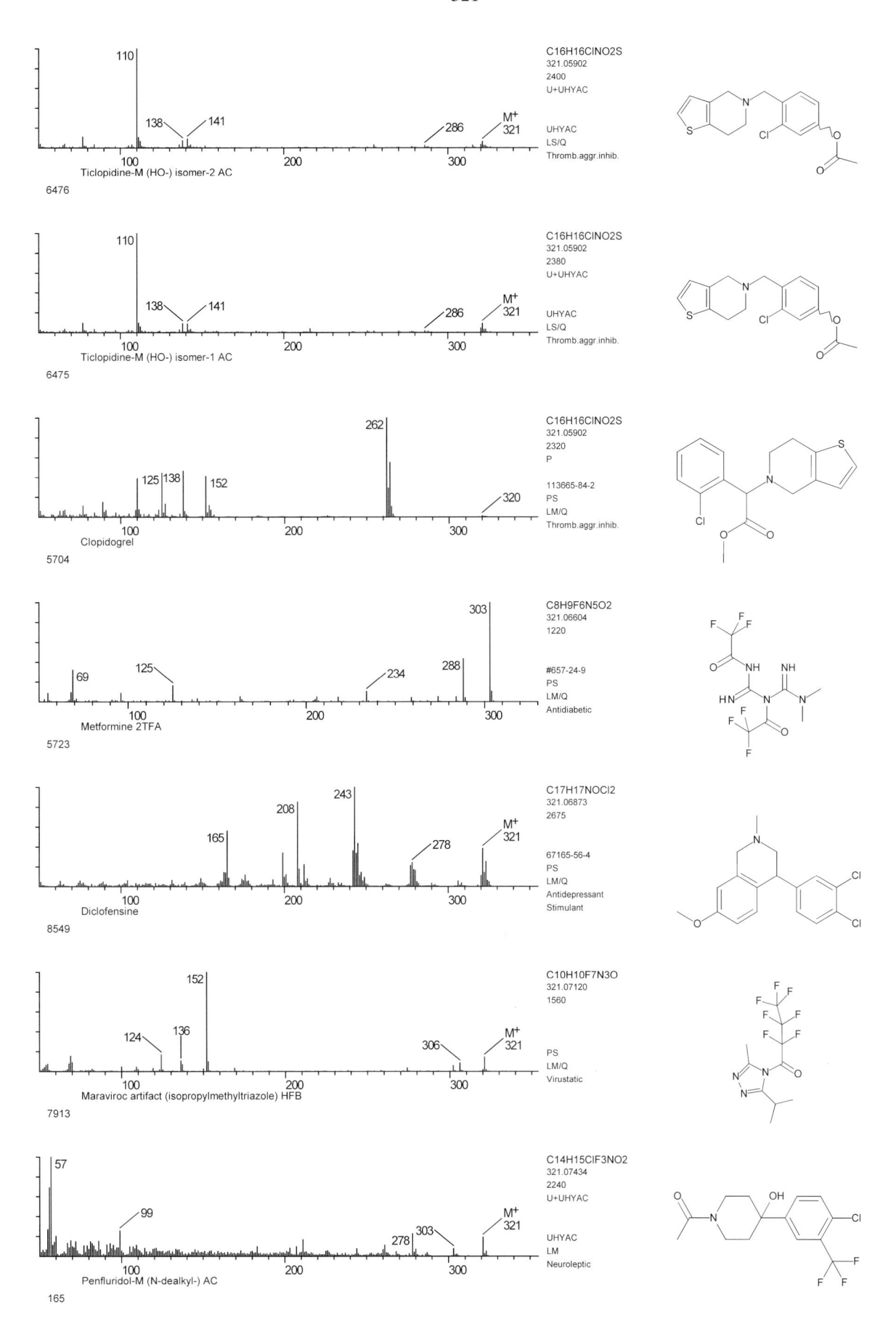

Ticlopidine-M (HO-) isomer-2 AC — 6476
C16H16ClNO2S
321.05902
2400
U+UHYAC
UHYAC
LS/Q
Thromb.aggr.inhib.

Ticlopidine-M (HO-) isomer-1 AC — 6475
C16H16ClNO2S
321.05902
2380
U+UHYAC
UHYAC
LS/Q
Thromb.aggr.inhib.

Clopidogrel — 5704
C16H16ClNO2S
321.05902
2320
P
113665-84-2
PS
LM/Q
Thromb.aggr.inhib.

Metformine 2TFA — 5723
C8H9F6N5O2
321.06604
1220
#657-24-9
PS
LM/Q
Antidiabetic

Diclofensine — 8549
C17H17NOCl2
321.06873
2675
67165-56-4
PS
LM/Q
Antidepressant
Stimulant

Maraviroc artifact (isopropylmethyltriazole) HFB — 7913
C10H10F7N3O
321.07120
1560
PS
LM/Q
Virustatic

Penfluridol-M (N-dealkyl-) AC — 165
C14H15ClF3NO2
321.07434
2240
U+UHYAC
UHYAC
LM
Neuroleptic

321

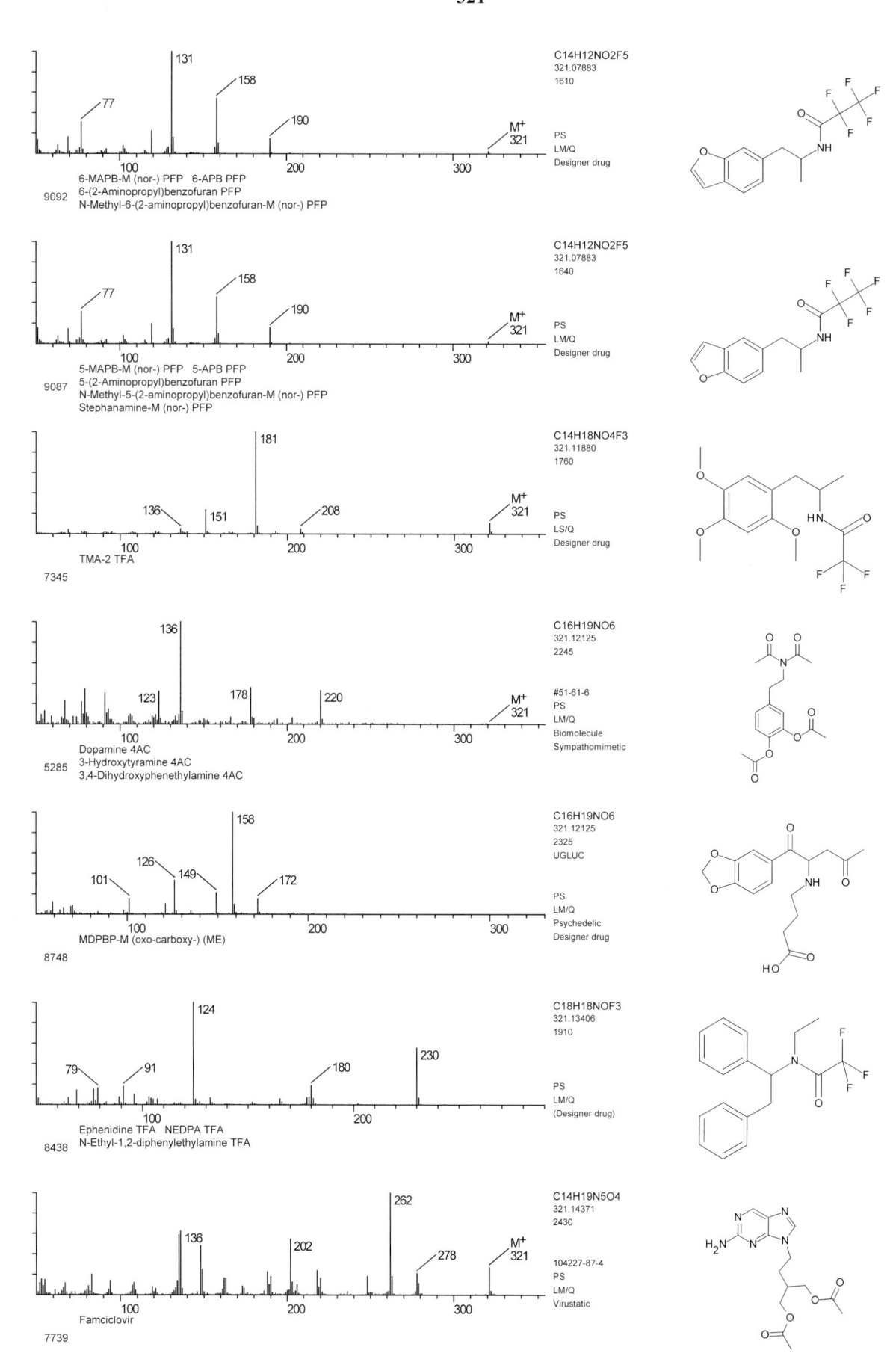

C14H12NO2F5
321.07883
1610
PS
LM/Q
Designer drug

9092
6-MAPB-M (nor-) PFP   6-APB PFP
6-(2-Aminopropyl)benzofuran PFP
N-Methyl-6-(2-aminopropyl)benzofuran-M (nor-) PFP

C14H12NO2F5
321.07883
1640
PS
LM/Q
Designer drug

9087
5-MAPB-M (nor-) PFP   5-APB PFP
5-(2-Aminopropyl)benzofuran PFP
N-Methyl-5-(2-aminopropyl)benzofuran-M (nor-) PFP
Stephanamine-M (nor-) PFP

C14H18NO4F3
321.11880
1760
PS
LS/Q
Designer drug

7345
TMA-2 TFA

C16H19NO6
321.12125
2245
#51-61-6
PS
LM/Q
Biomolecule
Sympathomimetic

5285
Dopamine 4AC
3-Hydroxytyramine 4AC
3,4-Dihydroxyphenethylamine 4AC

C16H19NO6
321.12125
2325
UGLUC
PS
LM/Q
Psychedelic
Designer drug

8748
MDPBP-M (oxo-carboxy-) (ME)

C18H18NOF3
321.13406
1910
PS
LM/Q
(Designer drug)

8438
Ephenidine TFA   NEDPA TFA
N-Ethyl-1,2-diphenylethylamine TFA

C14H19N5O4
321.14371
2430
104227-87-4
PS
LM/Q
Virustatic

7739
Famciclovir

321

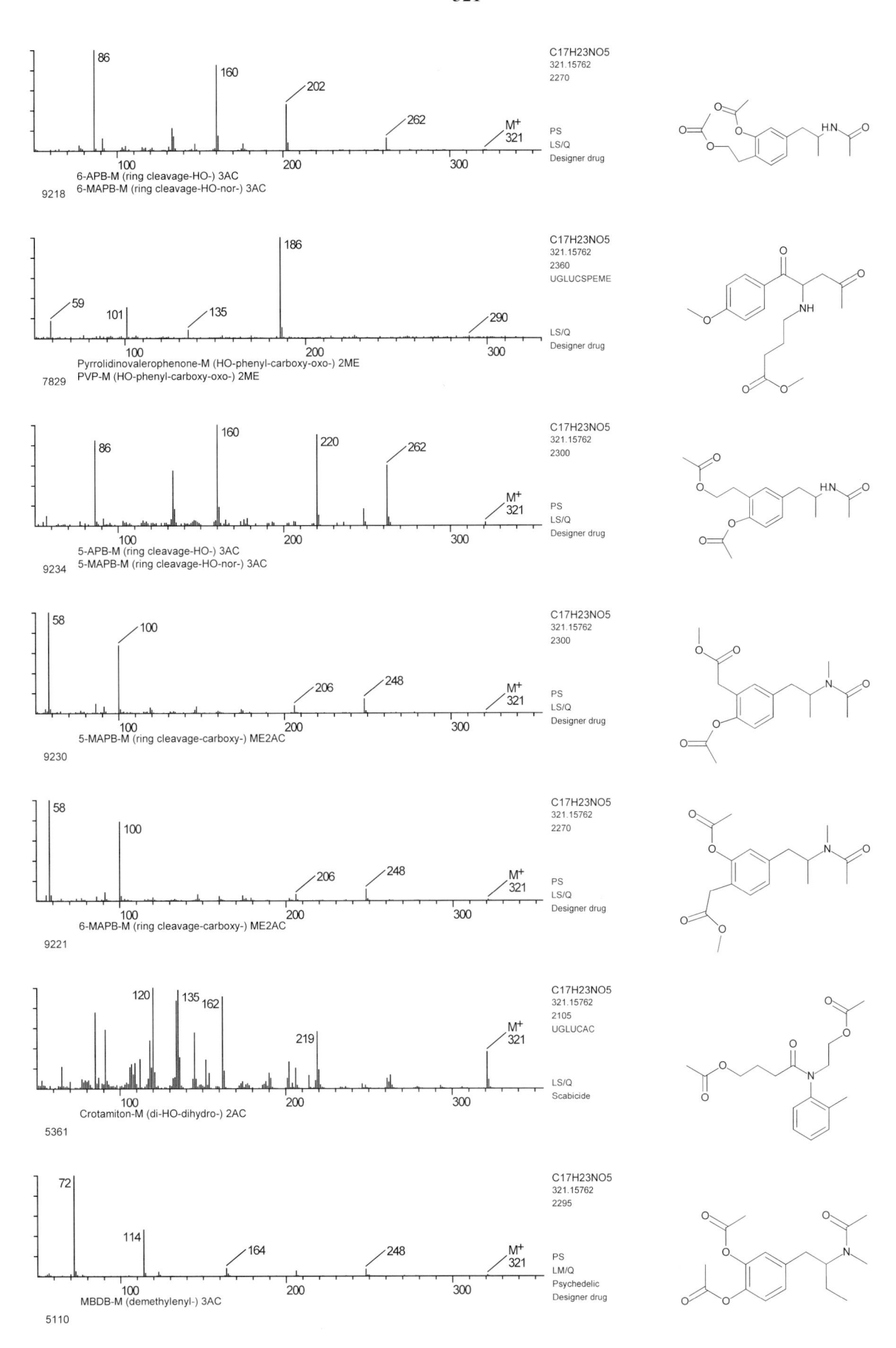

Spectrum	Compound	Formula info
9218	6-APB-M (ring cleavage-HO-) 3AC / 6-MAPB-M (ring cleavage-HO-nor-) 3AC	C17H23NO5, 321.15762, 2270, PS, LS/Q, Designer drug
7829	Pyrrolidinovalerophenone-M (HO-phenyl-carboxy-oxo-) 2ME / PVP-M (HO-phenyl-carboxy-oxo-) 2ME	C17H23NO5, 321.15762, 2360, UGLUCSPEME, LS/Q, Designer drug
9234	5-APB-M (ring cleavage-HO-) 3AC / 5-MAPB-M (ring cleavage-HO-nor-) 3AC	C17H23NO5, 321.15762, 2300, PS, LS/Q, Designer drug
9230	5-MAPB-M (ring cleavage-carboxy-) ME2AC	C17H23NO5, 321.15762, 2300, PS, LS/Q, Designer drug
9221	6-MAPB-M (ring cleavage-carboxy-) ME2AC	C17H23NO5, 321.15762, 2270, PS, LS/Q, Designer drug
5361	Crotamiton-M (di-HO-dihydro-) 2AC	C17H23NO5, 321.15762, 2105, UGLUCAC, LS/Q, Scabicide
5110	MBDB-M (demethylenyl-) 3AC	C17H23NO5, 321.15762, 2295, PS, LM/Q, Psychedelic Designer drug

321

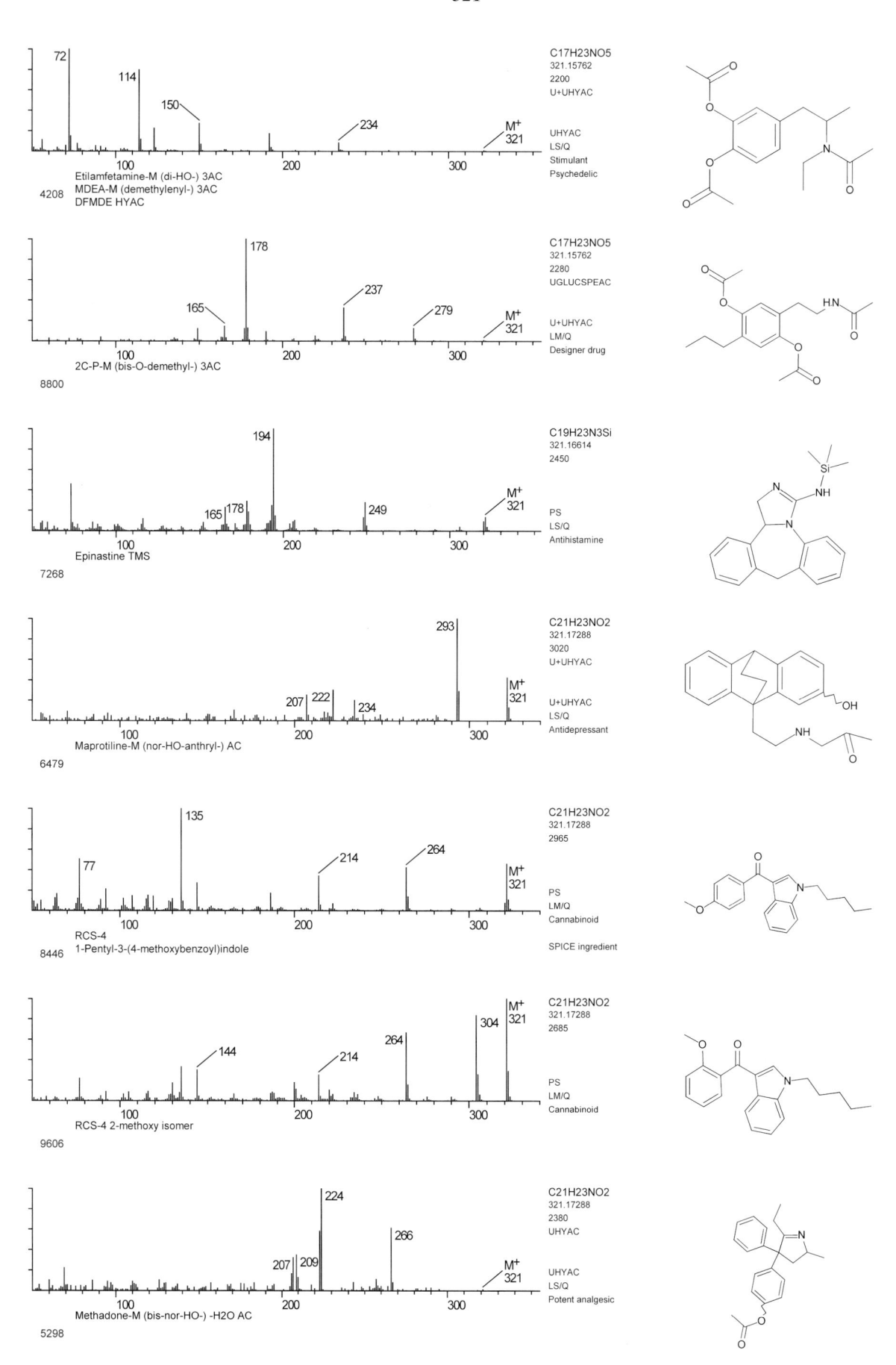

C17H23NO5
321.15762
2200
U+UHYAC

UHYAC
LS/Q
Stimulant
Psychedelic

Etilamfetamine-M (di-HO-) 3AC
MDEA-M (demethylenyl-) 3AC
DFMDE HYAC
4208

C17H23NO5
321.15762
2280
UGLUCSPEAC

U+UHYAC
LM/Q
Designer drug

2C-P-M (bis-O-demethyl-) 3AC
8800

C19H23N3Si
321.16614
2450

PS
LS/Q
Antihistamine

Epinastine TMS
7268

C21H23NO2
321.17288
3020
U+UHYAC

U+UHYAC
LS/Q
Antidepressant

Maprotiline-M (nor-HO-anthryl-) AC
6479

C21H23NO2
321.17288
2965

PS
LM/Q
Cannabinoid
SPICE ingredient

RCS-4
1-Pentyl-3-(4-methoxybenzoyl)indole
8446

C21H23NO2
321.17288
2685

PS
LM/Q
Cannabinoid

RCS-4 2-methoxy isomer
9606

C21H23NO2
321.17288
2380
UHYAC

UHYAC
LS/Q
Potent analgesic

Methadone-M (bis-nor-HO-) -H2O AC
5298

321

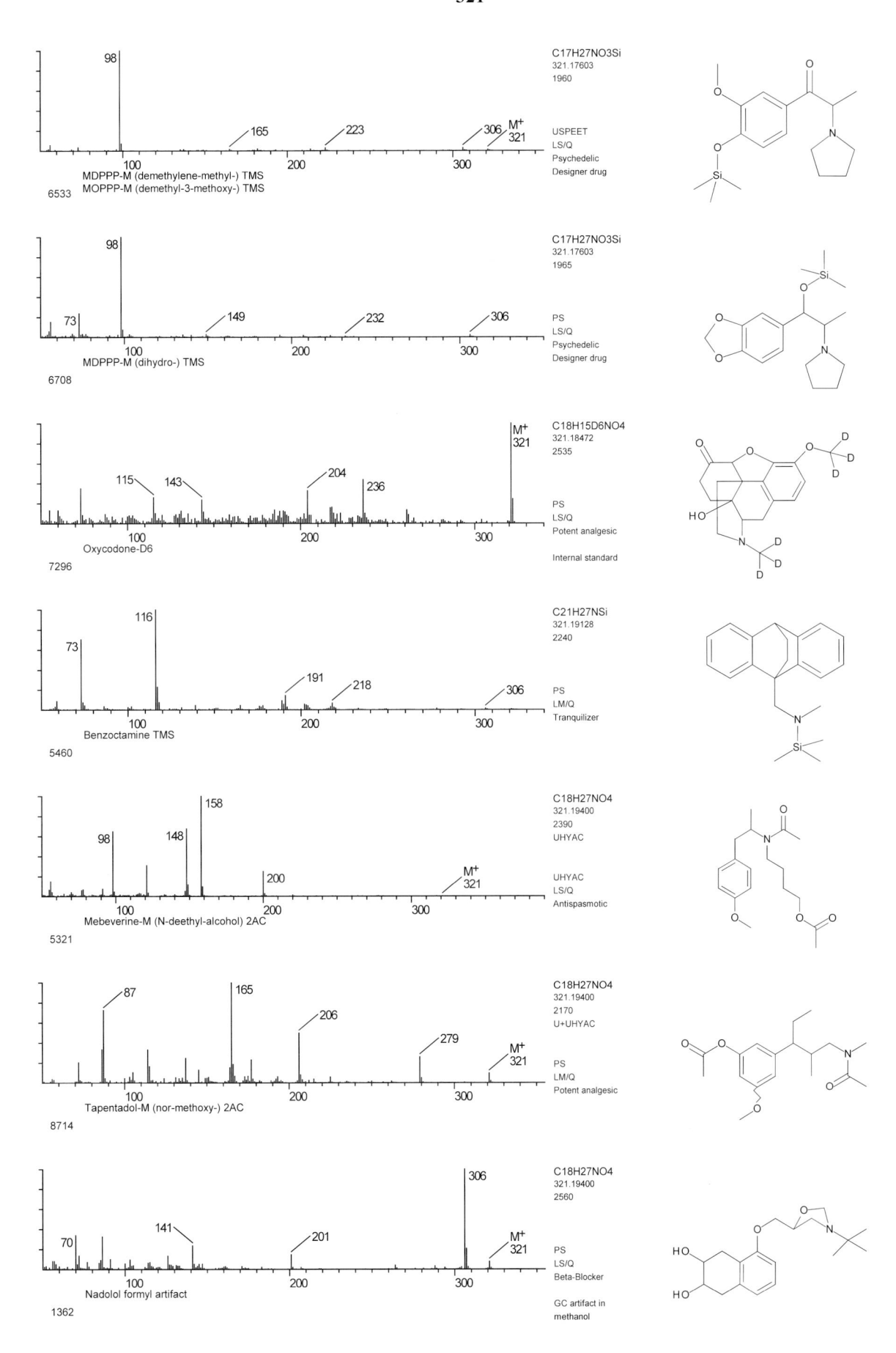

Spectrum	Formula / Info
6533 — MDPPP-M (demethylene-methyl-) TMS / MOPPP-M (demethyl-3-methoxy-) TMS; peaks 98, 165, 223, 306, M+ 321	C17H27NO3Si; 321.17603; 1960; USPEET; LS/Q; Psychedelic; Designer drug
6708 — MDPPP-M (dihydro-) TMS; peaks 73, 98, 149, 232, 306	C17H27NO3Si; 321.17603; 1965; PS; LS/Q; Psychedelic; Designer drug
7296 — Oxycodone-D6; peaks 115, 143, 204, 236, M+ 321	C18H15D6NO4; 321.18472; 2535; PS; LS/Q; Potent analgesic; Internal standard
5460 — Benzoctamine TMS; peaks 73, 116, 191, 218, 306	C21H27NSi; 321.19128; 2240; PS; LM/Q; Tranquilizer
5321 — Mebeverine-M (N-deethyl-alcohol) 2AC; peaks 98, 148, 158, 200, M+ 321	C18H27NO4; 321.19400; 2390; UHYAC; UHYAC; LS/Q; Antispasmotic
8714 — Tapentadol-M (nor-methoxy-) 2AC; peaks 87, 165, 206, 279, M+ 321	C18H27NO4; 321.19400; 2170; U+UHYAC; PS; LM/Q; Potent analgesic
1362 — Nadolol formyl artifact; peaks 70, 141, 201, 306, M+ 321	C18H27NO4; 321.19400; 2560; PS; LS/Q; Beta-Blocker; GC artifact in methanol

1041

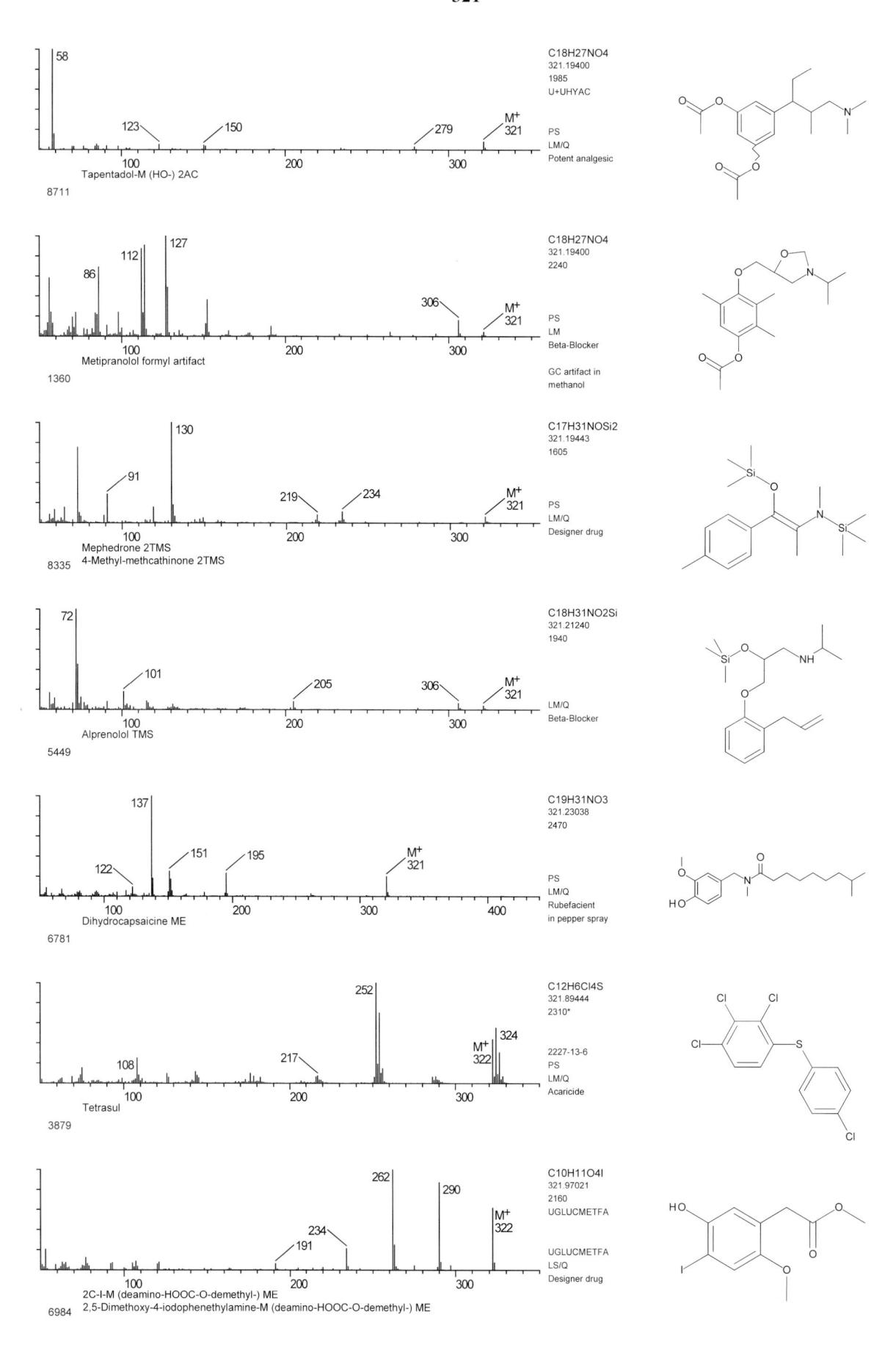

Tapentadol-M (HO-) 2AC	C18H27NO4 321.19400 1985 U+UHYAC PS LM/Q Potent analgesic
8711	
Metipranolol formyl artifact	C18H27NO4 321.19400 2240 PS LM Beta-Blocker GC artifact in methanol
1360	
Mephedrone 2TMS 4-Methyl-methcathinone 2TMS	C17H31NOSi2 321.19443 1605 PS LM/Q Designer drug
8335	
Alprenolol TMS	C18H31NO2Si 321.21240 1940 LM/Q Beta-Blocker
5449	
Dihydrocapsaicine ME	C19H31NO3 321.23038 2470 PS LM/Q Rubefacient in pepper spray
6781	
Tetrasul	C12H6Cl4S 321.89444 2310* 2227-13-6 PS LM/Q Acaricide
3879	
2C-I-M (deamino-HOOC-O-demethyl-) ME 2,5-Dimethoxy-4-iodophenethylamine-M (deamino-HOOC-O-demethyl-) ME	C10H11O4I 321.97021 2160 UGLUCMETFA UGLUCMETFA LS/Q Designer drug
6984	

322

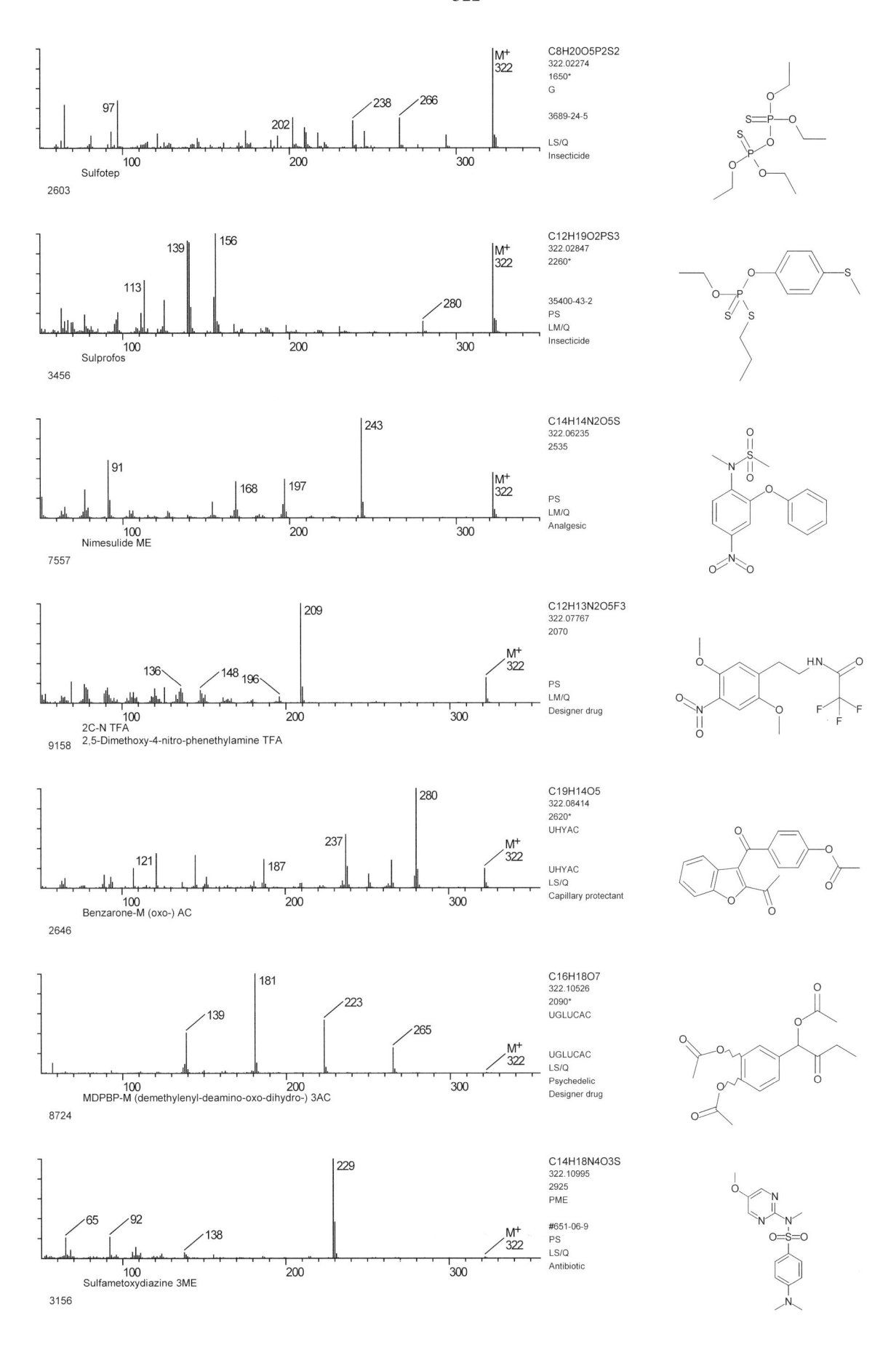

Sulfotep — C8H20O5P2S2, 322.02274, 1650*, G, 3689-24-5, LS/Q, Insecticide
Peaks: 97, 202, 238, 266, M+ 322
2603

Sulprofos — C12H19O2PS3, 322.02847, 2260*, 35400-43-2, PS, LM/Q, Insecticide
Peaks: 113, 139, 156, 280, M+ 322
3456

Nimesulide ME — C14H14N2O5S, 322.06235, 2535, PS, LM/Q, Analgesic
Peaks: 91, 168, 197, 243, M+ 322
7557

2C-N TFA, 2,5-Dimethoxy-4-nitro-phenethylamine TFA — C12H13N2O5F3, 322.07767, 2070, PS, LM/Q, Designer drug
Peaks: 136, 148, 196, 209, M+ 322
9158

Benzarone-M (oxo-) AC — C19H14O5, 322.08414, 2620*, UHYAC, UHYAC, LS/Q, Capillary protectant
Peaks: 121, 187, 237, 280, M+ 322
2646

MDPBP-M (demethylenyl-deamino-oxo-dihydro-) 3AC — C16H18O7, 322.10526, 2090*, UGLUCAC, UGLUCAC, LS/Q, Psychedelic Designer drug
Peaks: 139, 181, 223, 265, M+ 322
8724

Sulfametoxydiazine 3ME — C14H18N4O3S, 322.10995, 2925, PME, #651-06-9, PS, LS/Q, Antibiotic
Peaks: 65, 92, 138, 229, M+ 322
3156

1043

322

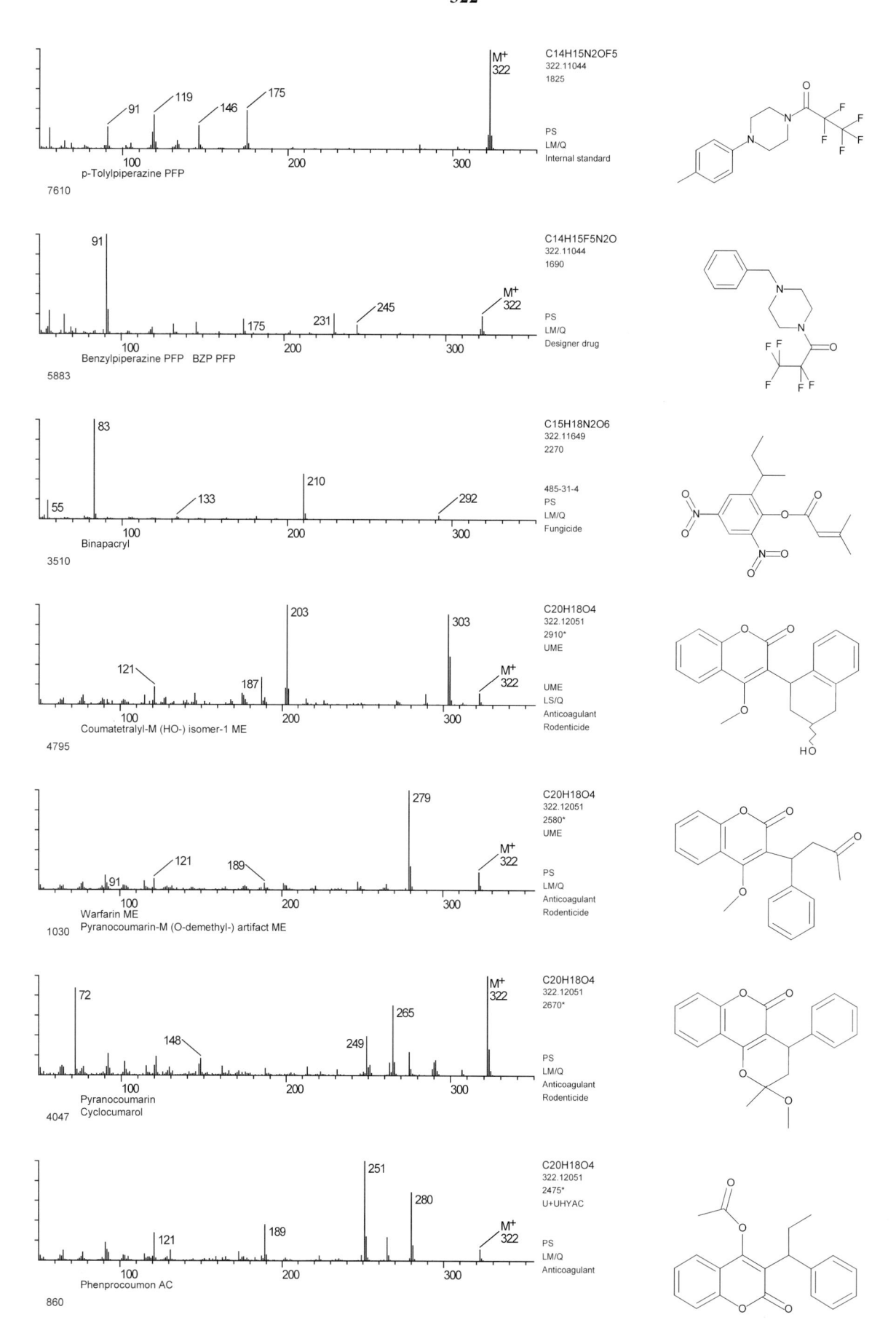

C14H15N2OF5
322.11044
1825

PS
LM/Q
Internal standard

p-Tolylpiperazine PFP
7610

C14H15F5N2O
322.11044
1690

PS
LM/Q
Designer drug

Benzylpiperazine PFP   BZP PFP
5883

C15H18N2O6
322.11649
2270

485-31-4
PS
LM/Q
Fungicide

Binapacryl
3510

C20H18O4
322.12051
2910*
UME

UME
LS/Q
Anticoagulant
Rodenticide

Coumatetralyl-M (HO-) isomer-1 ME
4795

C20H18O4
322.12051
2580*
UME

PS
LM/Q
Anticoagulant
Rodenticide

Warfarin ME
Pyranocoumarin-M (O-demethyl-) artifact ME
1030

C20H18O4
322.12051
2670*

PS
LM/Q
Anticoagulant
Rodenticide

Pyranocoumarin
Cyclocumarol
4047

C20H18O4
322.12051
2475*
U+UHYAC

PS
LM/Q
Anticoagulant

Phenprocoumon AC
860

322

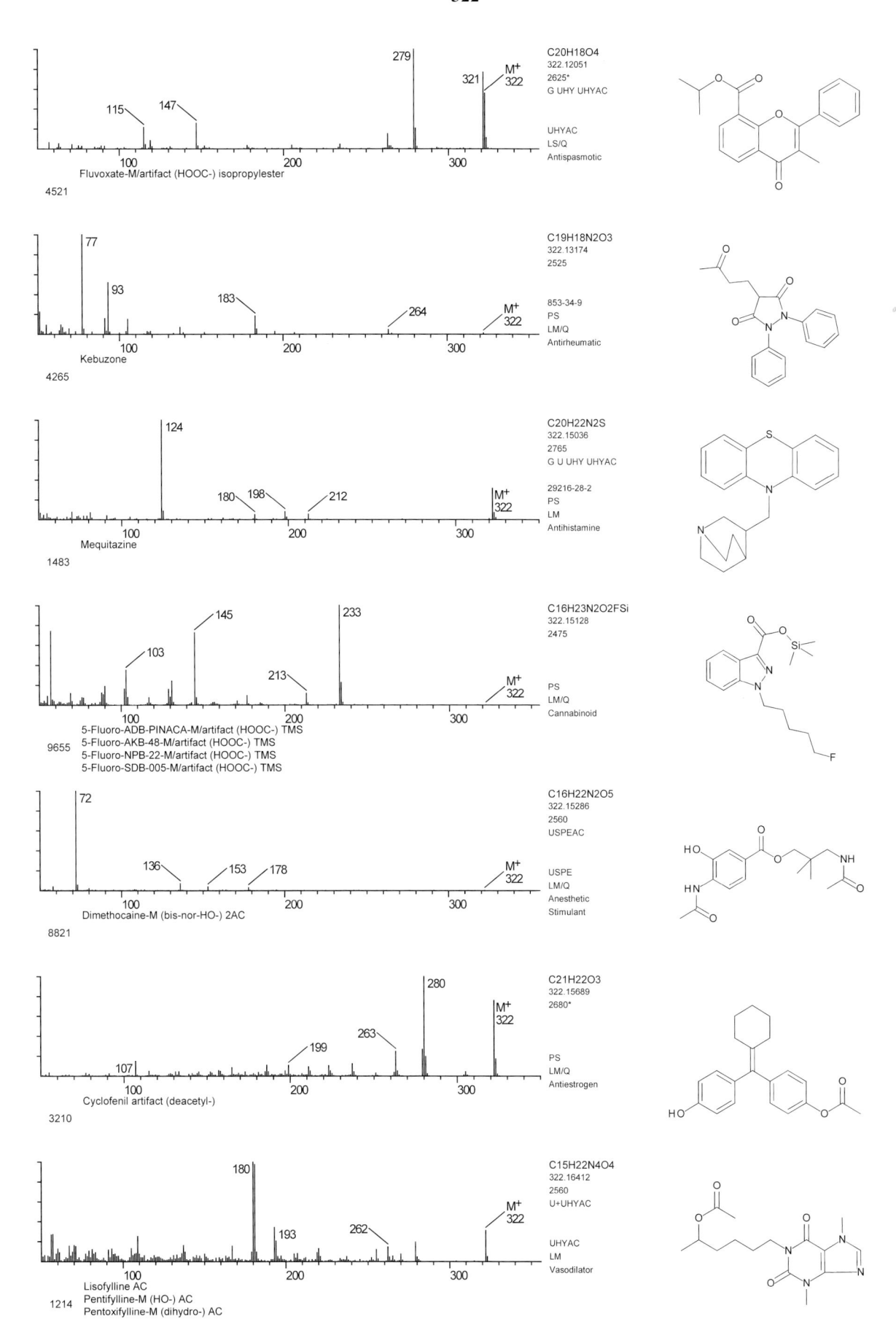

Fluvoxate-M/artifact (HOOC-) isopropylester
4521

C20H18O4
322.12051
2625*
G UHY UHYAC

UHYAC
LS/Q
Antispasmotic

Kebuzone
4265

C19H18N2O3
322.13174
2525

853-34-9
PS
LM/Q
Antirheumatic

Mequitazine
1483

C20H22N2S
322.15036
2765
G U UHY UHYAC

29216-28-2
PS
LM
Antihistamine

5-Fluoro-ADB-PINACA-M/artifact (HOOC-) TMS
5-Fluoro-AKB-48-M/artifact (HOOC-) TMS
5-Fluoro-NPB-22-M/artifact (HOOC-) TMS
5-Fluoro-SDB-005-M/artifact (HOOC-) TMS
9655

C16H23N2O2FSi
322.15128
2475

PS
LM/Q
Cannabinoid

Dimethocaine-M (bis-nor-HO-) 2AC
8821

C16H22N2O5
322.15286
2560
USPEAC

USPE
LM/Q
Anesthetic
Stimulant

Cyclofenil artifact (deacetyl-)
3210

C21H22O3
322.15689
2680*

PS
LM/Q
Antiestrogen

Lisofylline AC
Pentifylline-M (HO-) AC
Pentoxifylline-M (dihydro-) AC
1214

C15H22N4O4
322.16412
2560
U+UHYAC

UHYAC
LM
Vasodilator

322

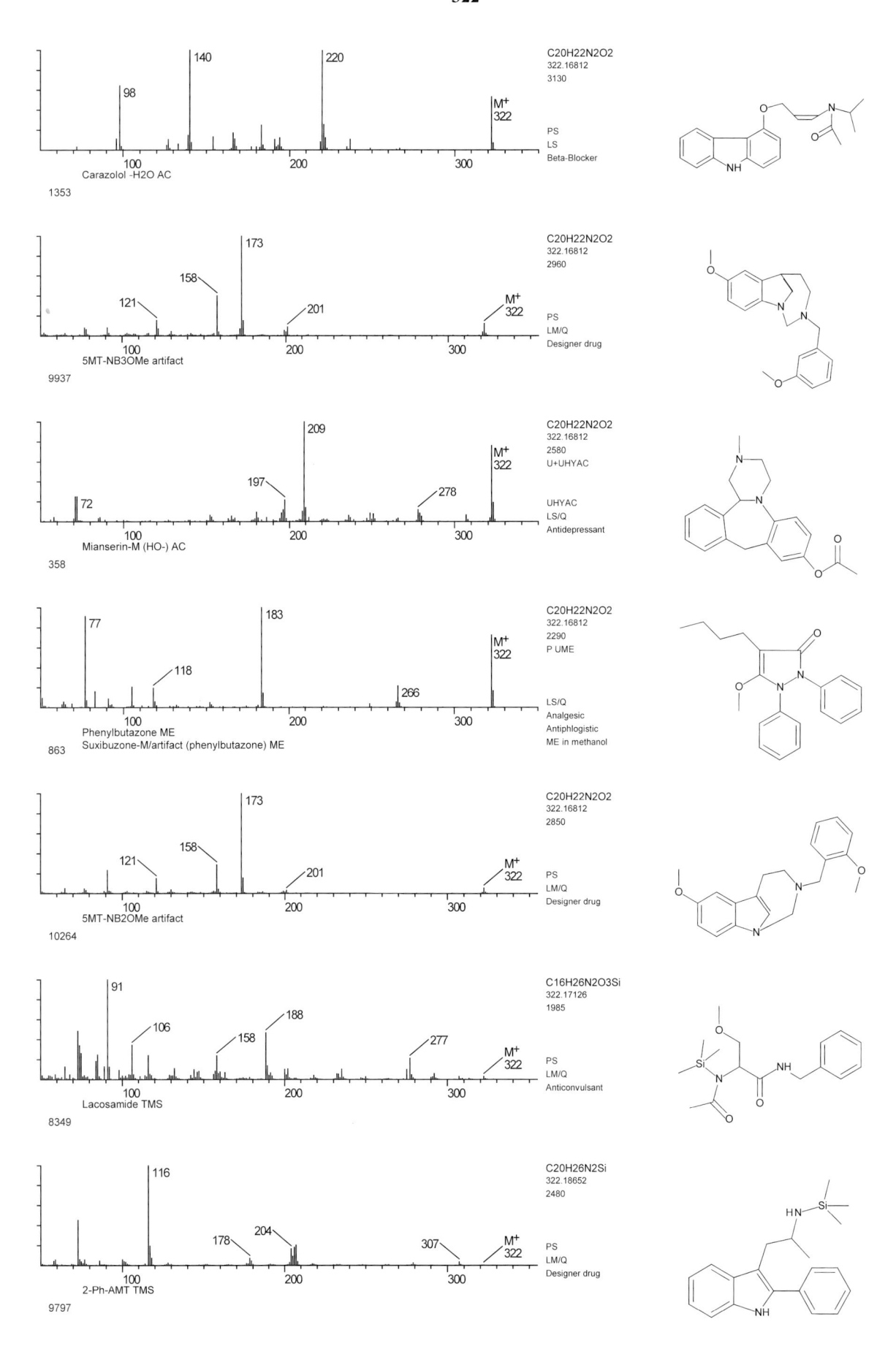

Spectrum	Formula / Info
98, 140, 220, M+ 322 — Carazolol -H2O AC — 1353	C20H22N2O2 / 322.16812 / 3130 / PS / LS / Beta-Blocker
121, 158, 173, 201, M+ 322 — 5MT-NB3OMe artifact — 9937	C20H22N2O2 / 322.16812 / 2960 / PS / LM/Q / Designer drug
72, 197, 209, 278, M+ 322 — Mianserin-M (HO-) AC — 358	C20H22N2O2 / 322.16812 / 2580 / U+UHYAC / UHYAC / LS/Q / Antidepressant
77, 118, 183, 266, M+ 322 — Phenylbutazone ME / Suxibuzone-M/artifact (phenylbutazone) ME — 863	C20H22N2O2 / 322.16812 / 2290 / P UME / LS/Q / Analgesic / Antiphlogistic / ME in methanol
121, 158, 173, 201, M+ 322 — 5MT-NB2OMe artifact — 10264	C20H22N2O2 / 322.16812 / 2850 / PS / LM/Q / Designer drug
91, 106, 158, 188, 277, M+ 322 — Lacosamide TMS — 8349	C16H26N2O3Si / 322.17126 / 1985 / PS / LM/Q / Anticonvulsant
116, 178, 204, 307, M+ 322 — 2-Ph-AMT TMS — 9797	C20H26N2Si / 322.18652 / 2480 / PS / LM/Q / Designer drug

322

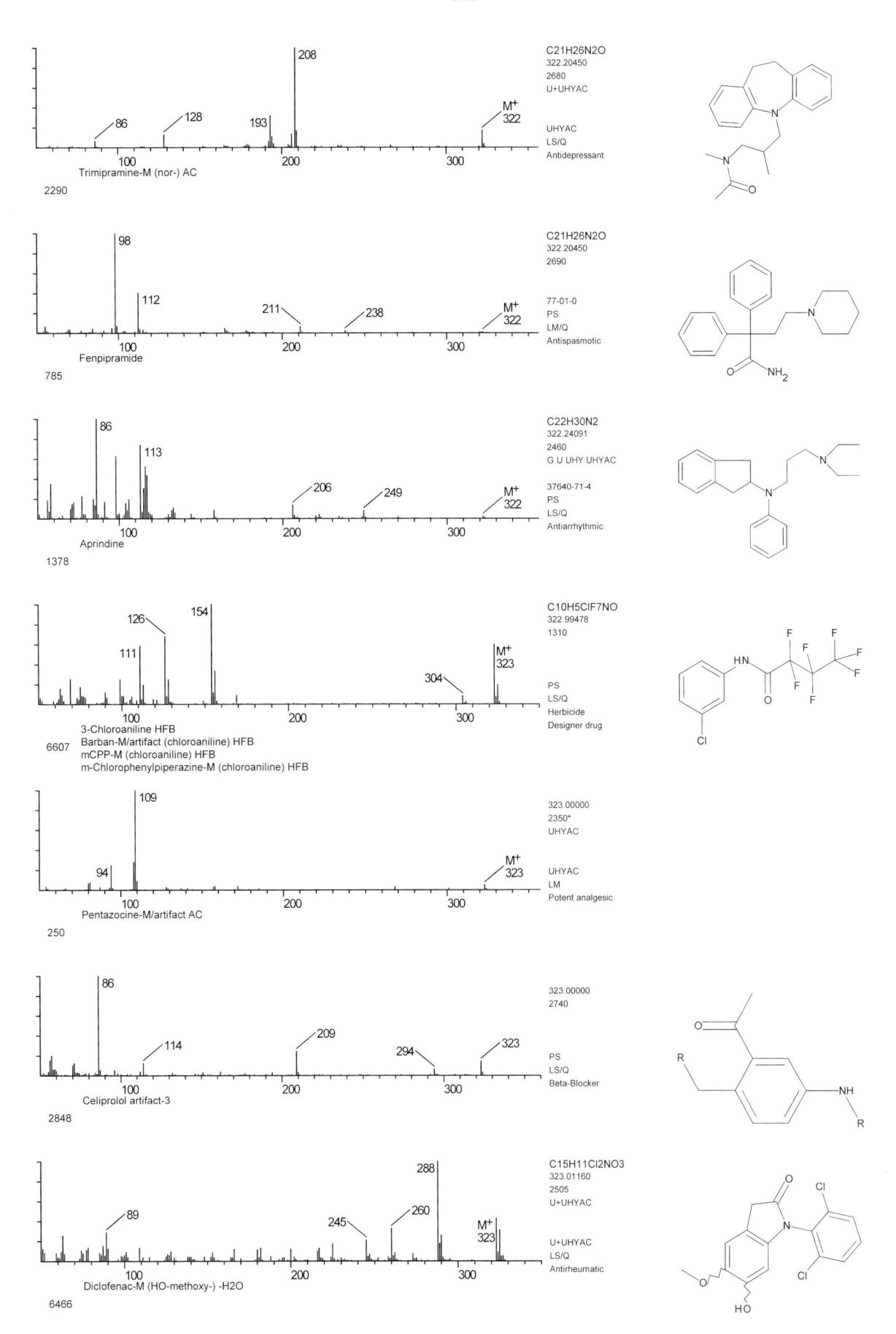

Trimipramine-M (nor-) AC
2290
Peaks: 86, 128, 193, 208, M+ 322
C21H26N2O
322.20450
2680
U+UHYAC
UHYAC
LS/Q
Antidepressant

Fenpipramide
785
Peaks: 98, 112, 211, 238, M+ 322
C21H26N2O
322.20450
2690
77-01-0
PS
LM/Q
Antispasmotic

Aprindine
1378
Peaks: 86, 113, 206, 249, M+ 322
C22H30N2
322.24091
2460
G U UHY UHYAC
37640-71-4
PS
LS/Q
Antiarrhythmic

3-Chloroaniline HFB
Barban-M/artifact (chloroaniline) HFB
mCPP-M (chloroaniline) HFB
m-Chlorophenylpiperazine-M (chloroaniline) HFB
6607
Peaks: 111, 126, 154, 304, M+ 323
C10H5ClF7NO
322.99478
1310
PS
LS/Q
Herbicide
Designer drug

Pentazocine-M/artifact AC
250
Peaks: 94, 109, M+ 323
323.00000
2350*
UHYAC
UHYAC
LM
Potent analgesic

Celiprolol artifact-3
2848
Peaks: 86, 114, 209, 294, 323
323.00000
2740
PS
LS/Q
Beta-Blocker

Diclofenac-M (HO-methoxy-) -H2O
6466
Peaks: 89, 245, 260, 288, M+ 323
C15H11Cl2NO3
323.01160
2505
U+UHYAC
U+UHYAC
LS/Q
Antirheumatic

1047

323

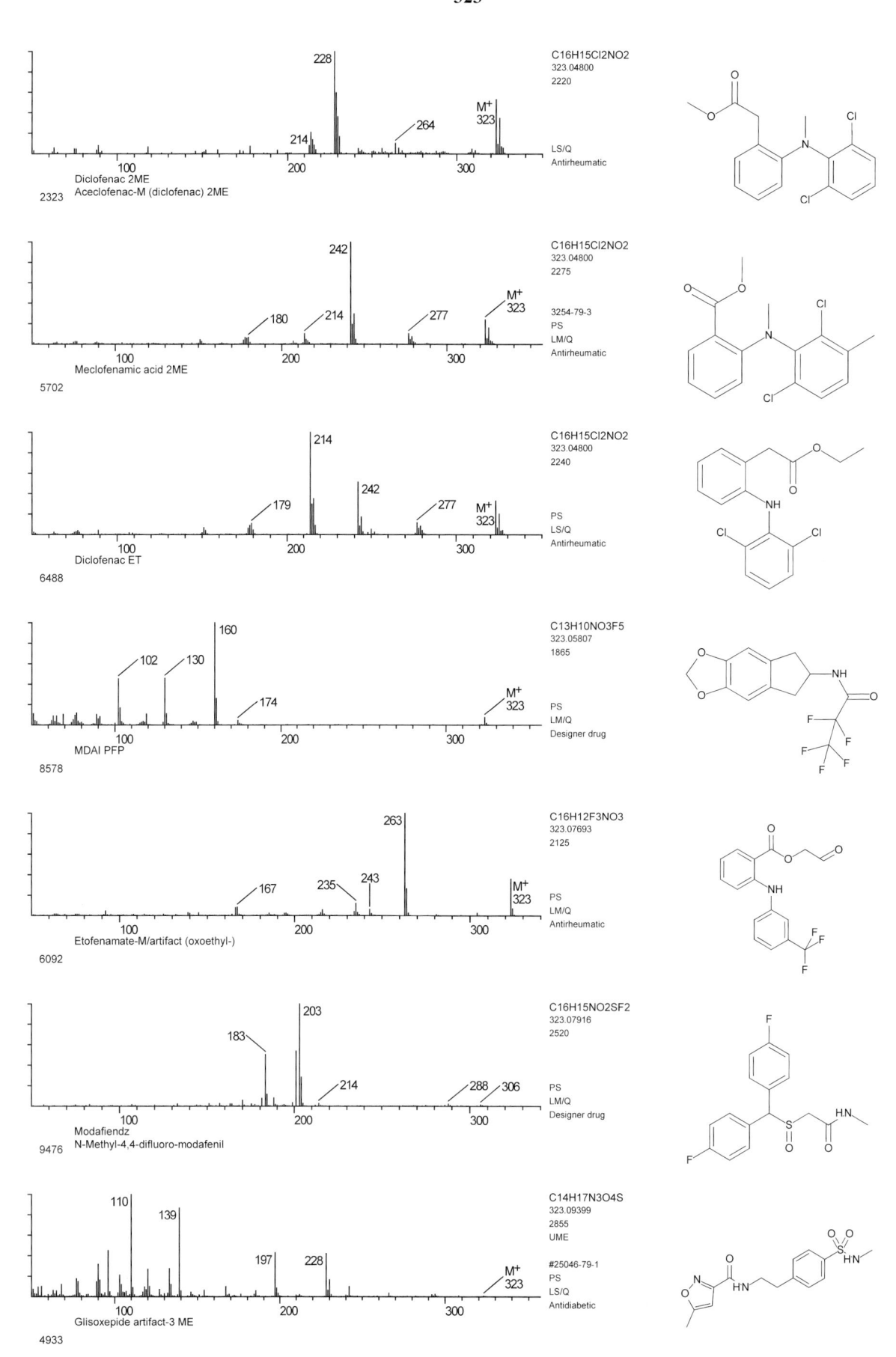

Spectrum	Compound	Formula	Details
2323	Diclofenac 2ME / Aceclofenac-M (diclofenac) 2ME — peaks: 228, 214, 264, M+ 323	C16H15Cl2NO2	323.04800, 2220, LS/Q, Antirheumatic
5702	Meclofenamic acid 2ME — peaks: 180, 214, 242, 277, M+ 323	C16H15Cl2NO2	323.04800, 2275, 3254-79-3, PS, LM/Q, Antirheumatic
6488	Diclofenac ET — peaks: 179, 214, 242, 277, M+ 323	C16H15Cl2NO2	323.04800, 2240, PS, LS/Q, Antirheumatic
8578	MDAI PFP — peaks: 102, 130, 160, 174, M+ 323	C13H10NO3F5	323.05807, 1865, PS, LM/Q, Designer drug
6092	Etofenamate-M/artifact (oxoethyl-) — peaks: 167, 235, 243, 263, M+ 323	C16H12F3NO3	323.07693, 2125, PS, LM/Q, Antirheumatic
9476	Modafiendz / N-Methyl-4,4-difluoro-modafenil — peaks: 183, 203, 214, 288, 306	C16H15NO2SF2	323.07916, 2520, PS, LM/Q, Designer drug
4933	Glisoxepide artifact-3 ME — peaks: 110, 139, 197, 228, M+ 323	C14H17N3O4S	323.09399, 2855, UME, #25046-79-1, PS, LS/Q, Antidiabetic

323

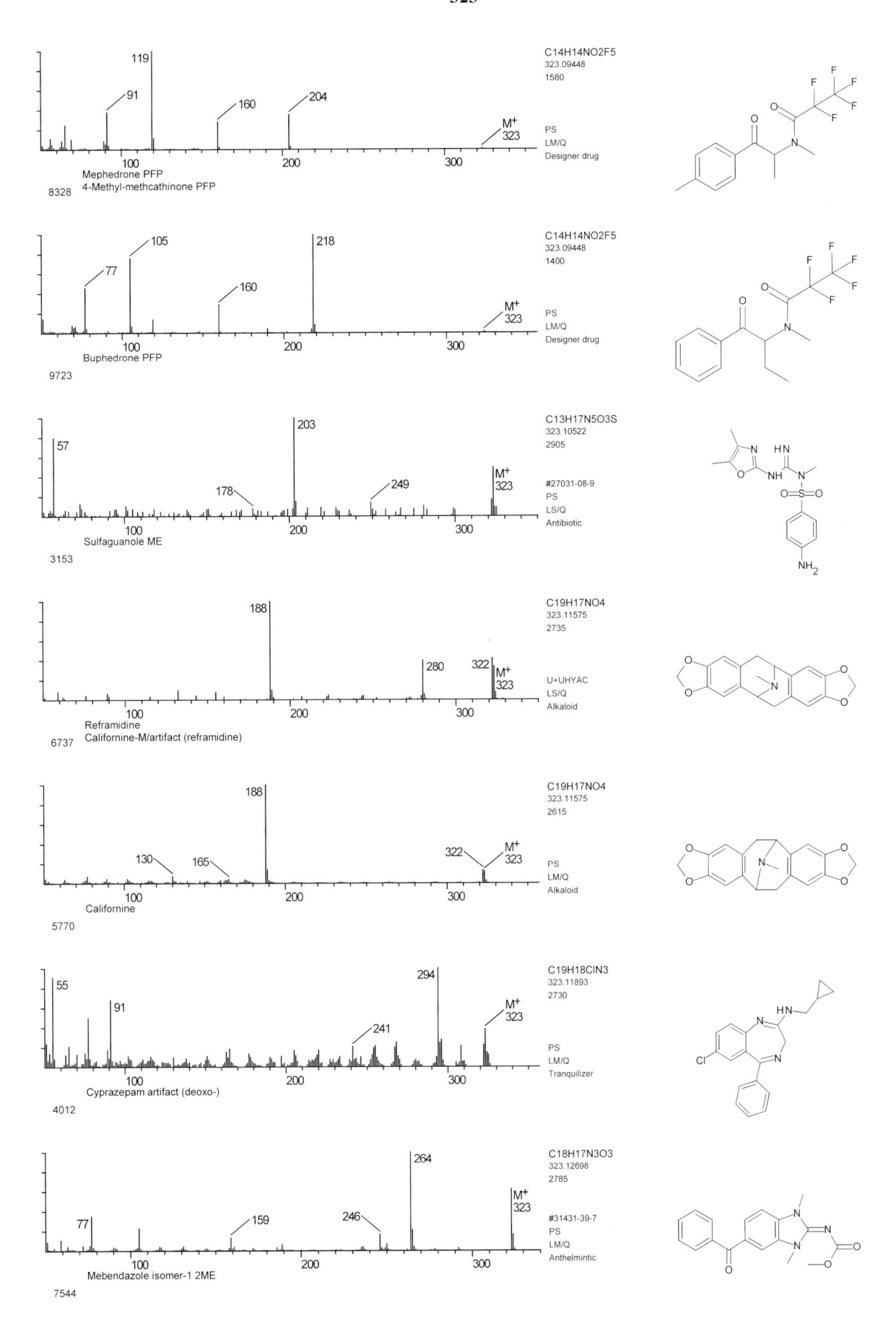

Spectrum	Formula / Info
8328 — Mephedrone PFP / 4-Methyl-methcathinone PFP; peaks 91, 119, 160, 204, M+ 323	C14H14NO2F5; 323.09448; 1580; PS; LM/Q; Designer drug
9723 — Buphedrone PFP; peaks 77, 105, 160, 218, M+ 323	C14H14NO2F5; 323.09448; 1400; PS; LM/Q; Designer drug
3153 — Sulfaguanole ME; peaks 57, 178, 203, 249, M+ 323	C13H17N5O3S; 323.10522; 2905; #27031-08-9; PS; LS/Q; Antibiotic
6737 — Reframidine / Californine-M/artifact (reframidine); peaks 188, 280, 322, M+ 323	C19H17NO4; 323.11575; 2735; U+UHYAC; LS/Q; Alkaloid
5770 — Californine; peaks 130, 165, 188, 322, M+ 323	C19H17NO4; 323.11575; 2615; PS; LM/Q; Alkaloid
4012 — Cyprazepam artifact (deoxo-); peaks 55, 91, 241, 294, M+ 323	C19H18ClN3; 323.11893; 2730; PS; LM/Q; Tranquilizer
7544 — Mebendazole isomer-1 2ME; peaks 77, 159, 246, 264, M+ 323	C18H17N3O3; 323.12698; 2785; #31431-39-7; PS; LM/Q; Anthelmintic

1049

323

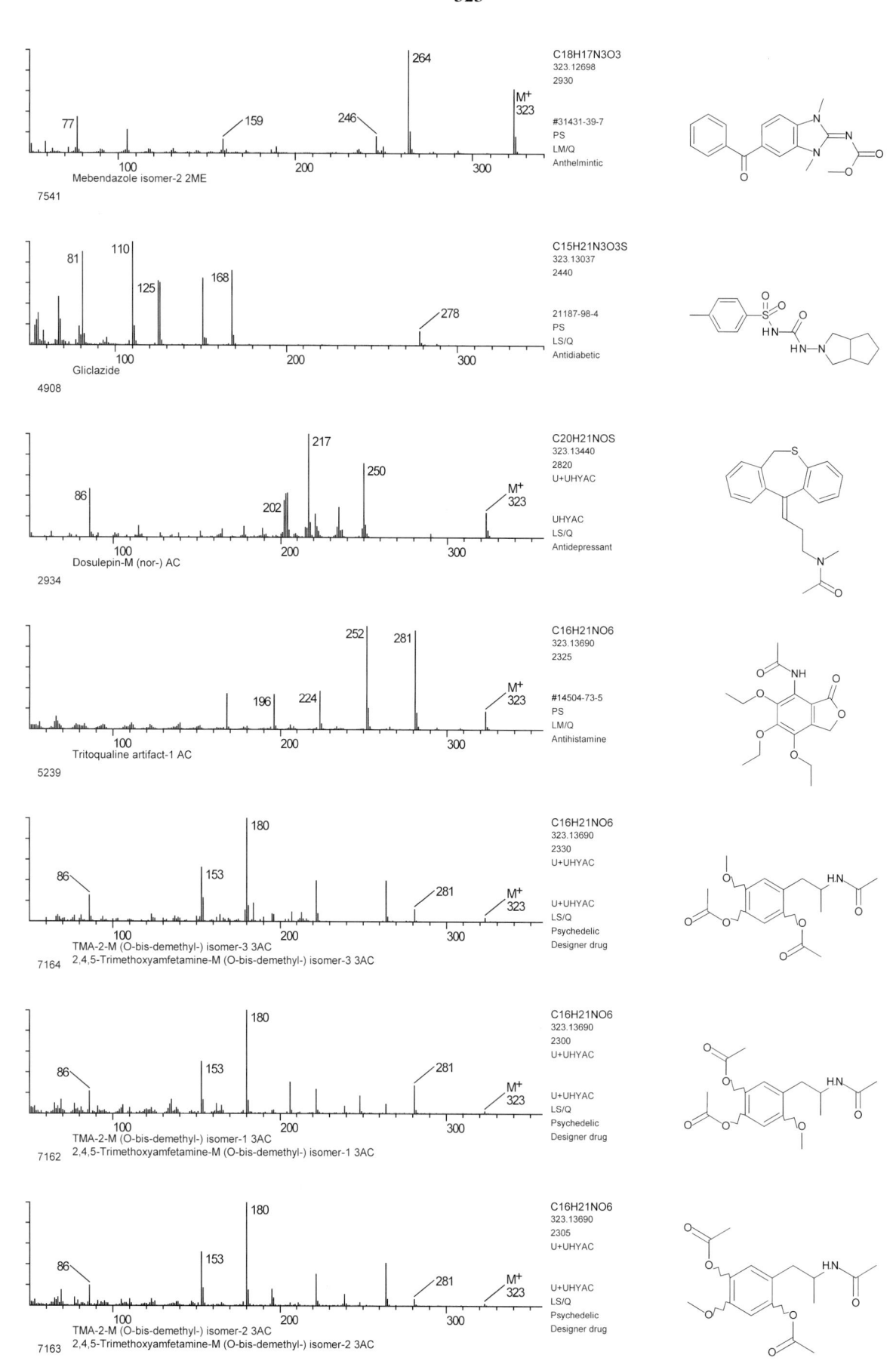

Mebendazole isomer-2 2ME
7541
C18H17N3O3
323.12698
2930
#31431-39-7
PS
LM/Q
Anthelmintic

Gliclazide
4908
C15H21N3O3S
323.13037
2440
21187-98-4
PS
LS/Q
Antidiabetic

Dosulepin-M (nor-) AC
2934
C20H21NOS
323.13440
2820
U+UHYAC
UHYAC
LS/Q
Antidepressant

Tritoqualine artifact-1 AC
5239
C16H21NO6
323.13690
2325
#14504-73-5
PS
LM/Q
Antihistamine

TMA-2-M (O-bis-demethyl-) isomer-3 3AC
2,4,5-Trimethoxyamfetamine-M (O-bis-demethyl-) isomer-3 3AC
7164
C16H21NO6
323.13690
2330
U+UHYAC
U+UHYAC
LS/Q
Psychedelic
Designer drug

TMA-2-M (O-bis-demethyl-) isomer-1 3AC
2,4,5-Trimethoxyamfetamine-M (O-bis-demethyl-) isomer-1 3AC
7162
C16H21NO6
323.13690
2300
U+UHYAC
U+UHYAC
LS/Q
Psychedelic
Designer drug

TMA-2-M (O-bis-demethyl-) isomer-2 3AC
2,4,5-Trimethoxyamfetamine-M (O-bis-demethyl-) isomer-2 3AC
7163
C16H21NO6
323.13690
2305
U+UHYAC
U+UHYAC
LS/Q
Psychedelic
Designer drug

323

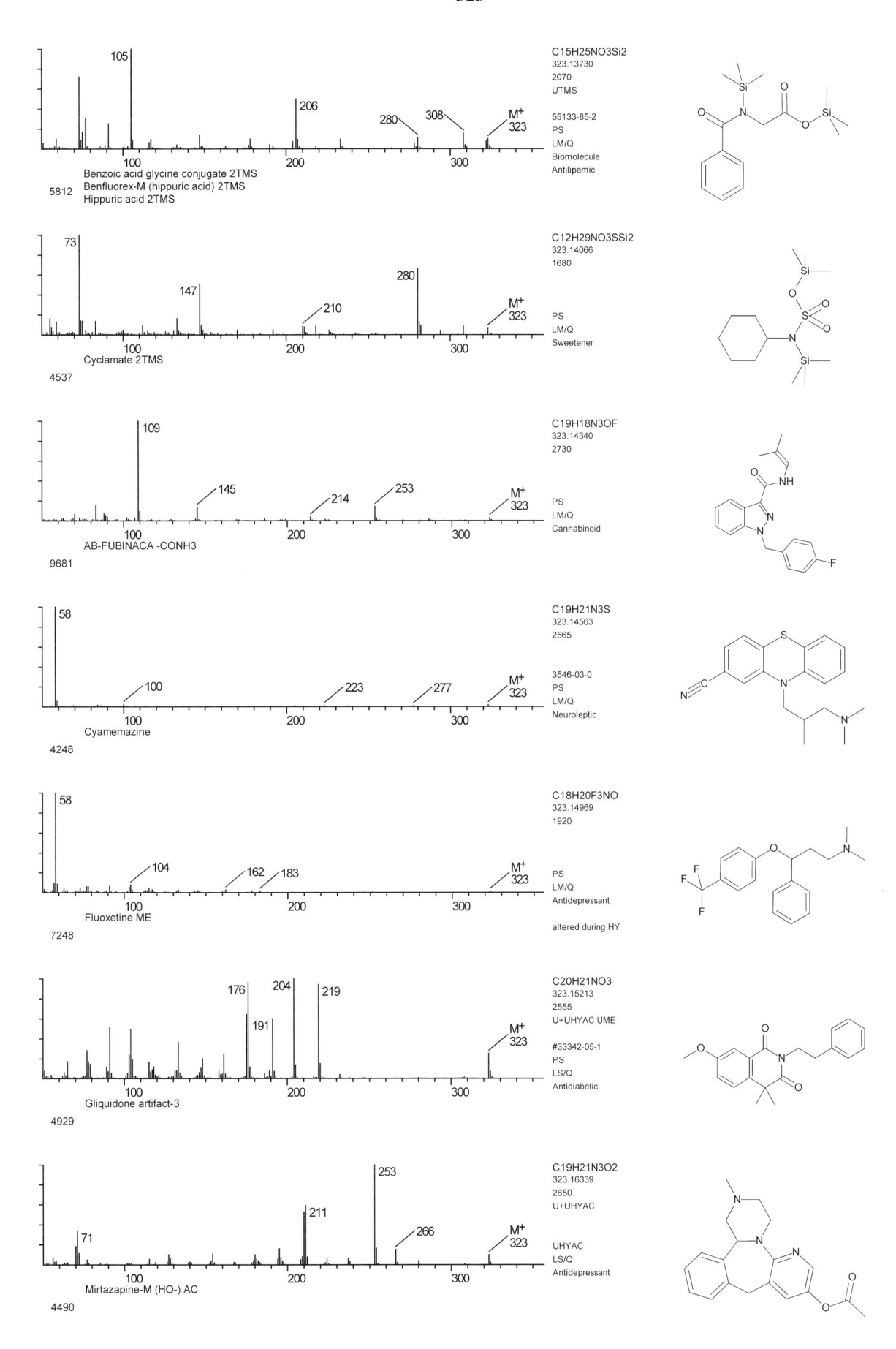

Benzoic acid glycine conjugate 2TMS / Benfluorex-M (hippuric acid) 2TMS / Hippuric acid 2TMS
5812
Peaks: 105, 206, 280, 308, M+ 323
C15H25NO3Si2
323.13730
2070
UTMS
55133-85-2
PS
LM/Q
Biomolecule
Antilipemic

Cyclamate 2TMS
4537
Peaks: 73, 147, 210, 280, M+ 323
C12H29NO3SSi2
323.14066
1680
PS
LM/Q
Sweetener

AB-FUBINACA -CONH3
9681
Peaks: 109, 145, 214, 253, M+ 323
C19H18N3OF
323.14340
2730
PS
LM/Q
Cannabinoid

Cyamemazine
4248
Peaks: 58, 100, 223, 277, M+ 323
C19H21N3S
323.14563
2565
3546-03-0
PS
LM/Q
Neuroleptic

Fluoxetine ME
7248
Peaks: 58, 104, 162, 183, M+ 323
C18H20F3NO
323.14969
1920
PS
LM/Q
Antidepressant
altered during HY

Gliquidone artifact-3
4929
Peaks: 176, 191, 204, 219, M+ 323
C20H21NO3
323.15213
2555
U+UHYAC UME
#33342-05-1
PS
LS/Q
Antidiabetic

Mirtazapine-M (HO-) AC
4490
Peaks: 71, 211, 253, 266, M+ 323
C19H21N3O2
323.16339
2650
U+UHYAC
UHYAC
LS/Q
Antidepressant

323

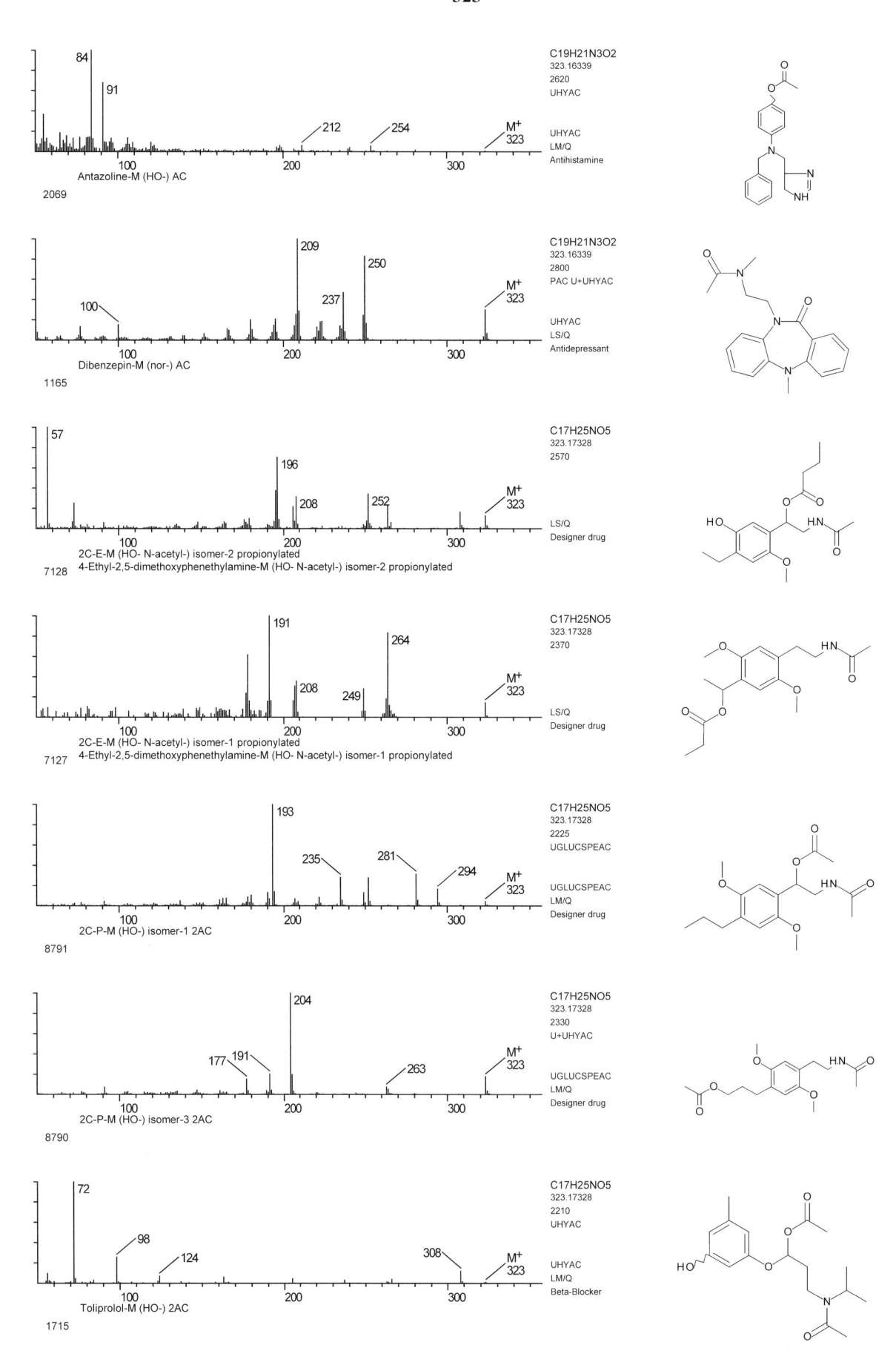

C19H21N3O2
323.16339
2620
UHYAC

UHYAC
LM/Q
Antihistamine

Antazoline-M (HO-) AC
2069

C19H21N3O2
323.16339
2800
PAC U+UHYAC

UHYAC
LS/Q
Antidepressant

Dibenzepin-M (nor-) AC
1165

C17H25NO5
323.17328
2570

LS/Q
Designer drug

2C-E-M (HO- N-acetyl-) isomer-2 propionylated
4-Ethyl-2,5-dimethoxyphenethylamine-M (HO- N-acetyl-) isomer-2 propionylated
7128

C17H25NO5
323.17328
2370

LS/Q
Designer drug

2C-E-M (HO- N-acetyl-) isomer-1 propionylated
4-Ethyl-2,5-dimethoxyphenethylamine-M (HO- N-acetyl-) isomer-1 propionylated
7127

C17H25NO5
323.17328
2225
UGLUCSPEAC

UGLUCSPEAC
LM/Q
Designer drug

2C-P-M (HO-) isomer-1 2AC
8791

C17H25NO5
323.17328
2330
U+UHYAC

UGLUCSPEAC
LM/Q
Designer drug

2C-P-M (HO-) isomer-3 2AC
8790

C17H25NO5
323.17328
2210
UHYAC

UHYAC
LM/Q
Beta-Blocker

Toliprolol-M (HO-) 2AC
1715

323

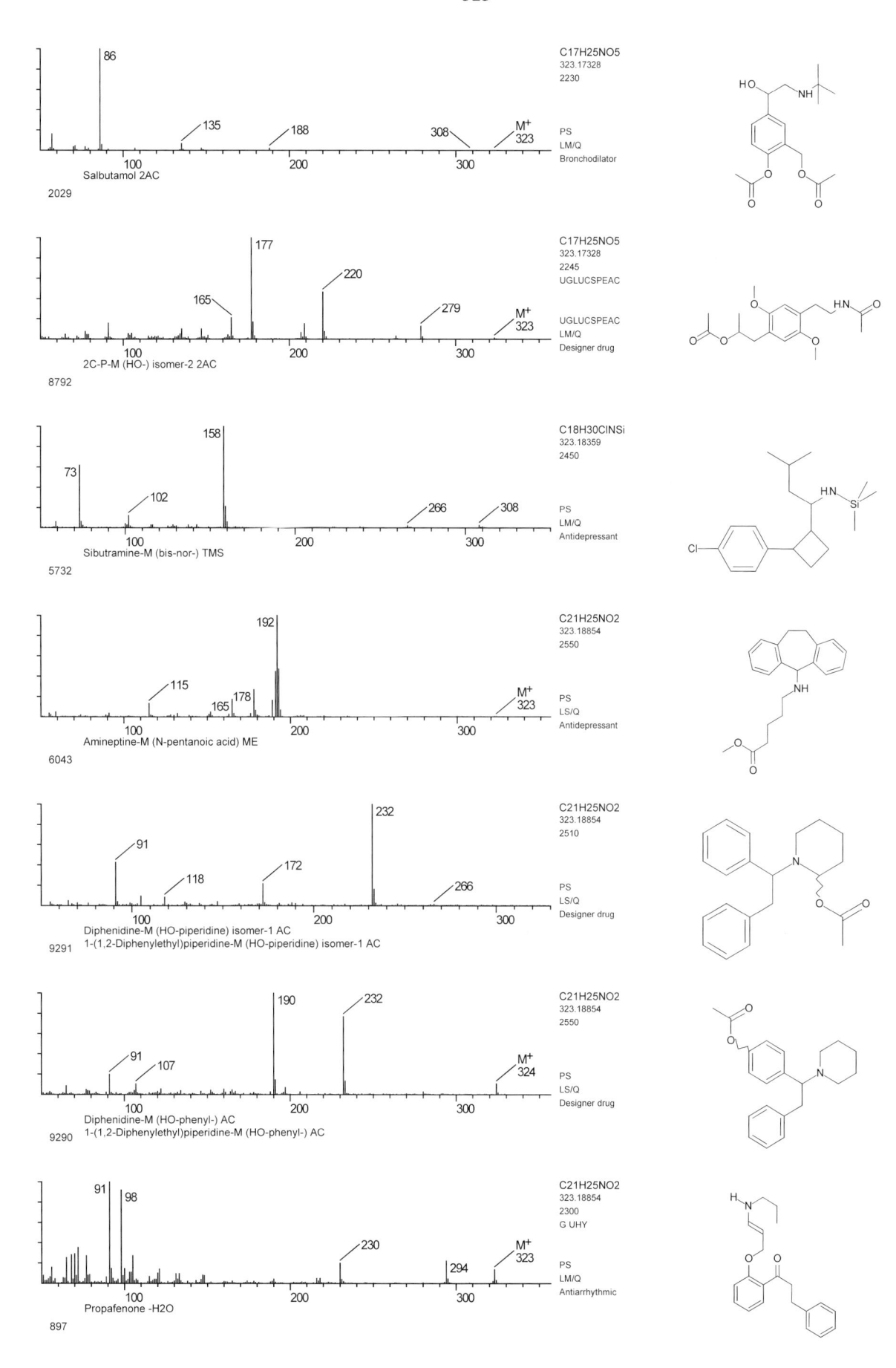

Salbutamol 2AC — 2029
Peaks: 86, 135, 188, 308, M+ 323
C17H25NO5
323.17328
2230
PS
LM/Q
Bronchodilator

2C-P-M (HO-) isomer-2 2AC — 8792
Peaks: 165, 177, 220, 279, M+ 323
C17H25NO5
323.17328
2245
UGLUCSPEAC
UGLUCSPEAC
LM/Q
Designer drug

Sibutramine-M (bis-nor-) TMS — 5732
Peaks: 73, 102, 158, 266, 308
C18H30ClNSi
323.18359
2450
PS
LM/Q
Antidepressant

Amineptine-M (N-pentanoic acid) ME — 6043
Peaks: 115, 165, 178, 192, M+ 323
C21H25NO2
323.18854
2550
PS
LS/Q
Antidepressant

Diphenidine-M (HO-piperidine) isomer-1 AC — 9291
1-(1,2-Diphenylethyl)piperidine-M (HO-piperidine) isomer-1 AC
Peaks: 91, 118, 172, 232, 266
C21H25NO2
323.18854
2510
PS
LS/Q
Designer drug

Diphenidine-M (HO-phenyl-) AC — 9290
1-(1,2-Diphenylethyl)piperidine-M (HO-phenyl-) AC
Peaks: 91, 107, 190, 232, M+ 324
C21H25NO2
323.18854
2550
PS
LS/Q
Designer drug

Propafenone -H2O — 897
Peaks: 91, 98, 230, 294, M+ 323
C21H25NO2
323.18854
2300
G UHY
PS
LM/Q
Antiarrhythmic

323

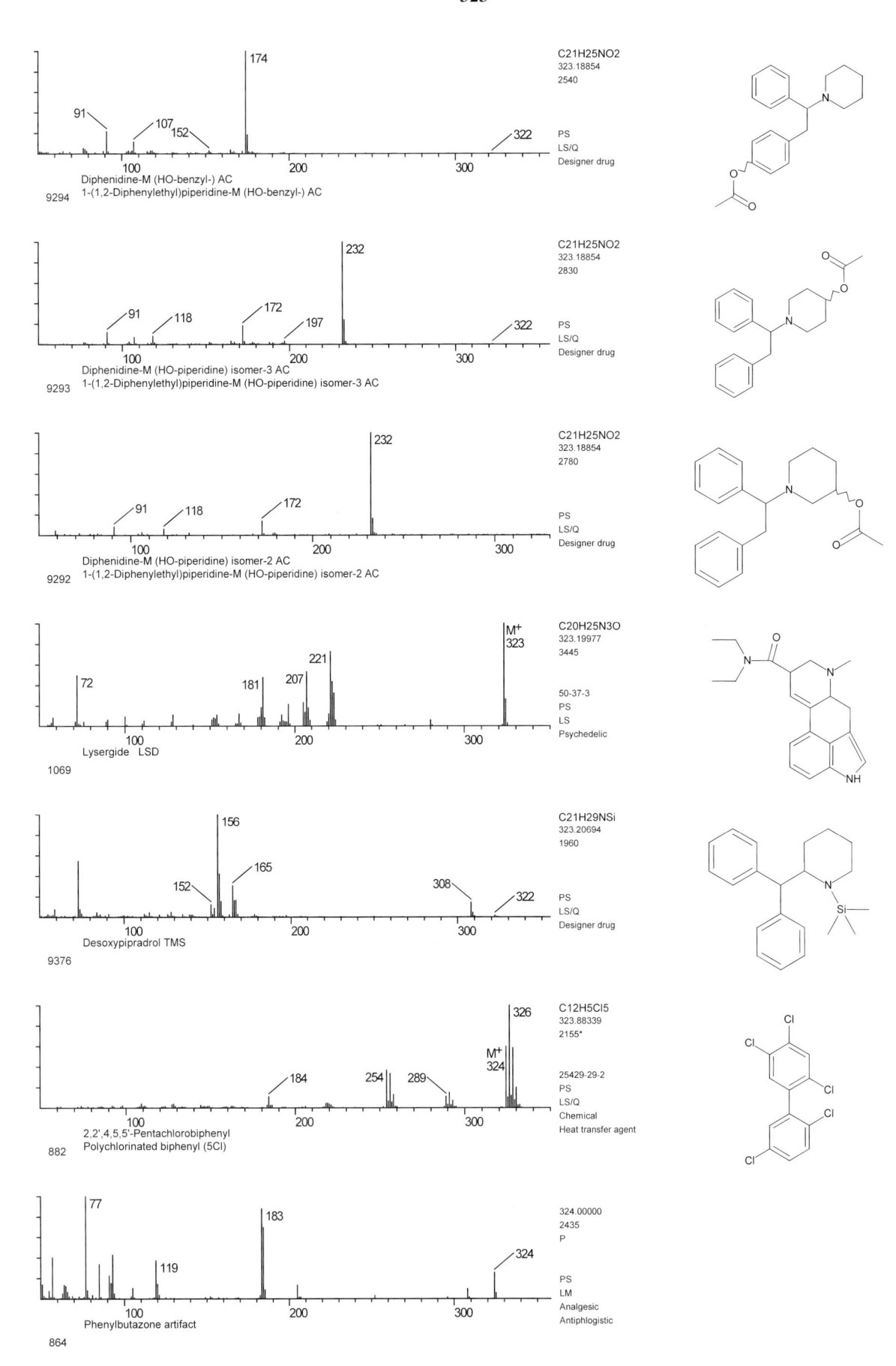

9294	Diphenidine-M (HO-benzyl-) AC 1-(1,2-Diphenylethyl)piperidine-M (HO-benzyl-) AC Peaks: 91, 107, 152, 174, 322	C21H25NO2 323.18854 2540 PS LS/Q Designer drug
9293	Diphenidine-M (HO-piperidine) isomer-3 AC 1-(1,2-Diphenylethyl)piperidine-M (HO-piperidine) isomer-3 AC Peaks: 91, 118, 172, 197, 232, 322	C21H25NO2 323.18854 2830 PS LS/Q Designer drug
9292	Diphenidine-M (HO-piperidine) isomer-2 AC 1-(1,2-Diphenylethyl)piperidine-M (HO-piperidine) isomer-2 AC Peaks: 91, 118, 172, 232	C21H25NO2 323.18854 2780 PS LS/Q Designer drug
1069	Lysergide LSD Peaks: 72, 181, 207, 221, M+ 323	C20H25N3O 323.19977 3445 50-37-3 PS LS Psychedelic
9376	Desoxypipradrol TMS Peaks: 152, 156, 165, 308, 322	C21H29NSi 323.20694 1960 PS LS/Q Designer drug
882	2,2',4,5,5'-Pentachlorobiphenyl Polychlorinated biphenyl (5Cl) Peaks: 184, 254, 289, M+ 324, 326	C12H5Cl5 323.88339 2155* 25429-29-2 PS LS/Q Chemical Heat transfer agent
864	Phenylbutazone artifact Peaks: 77, 119, 183, 324	324.00000 2435 P PS LM Analgesic Antiphlogistic

324

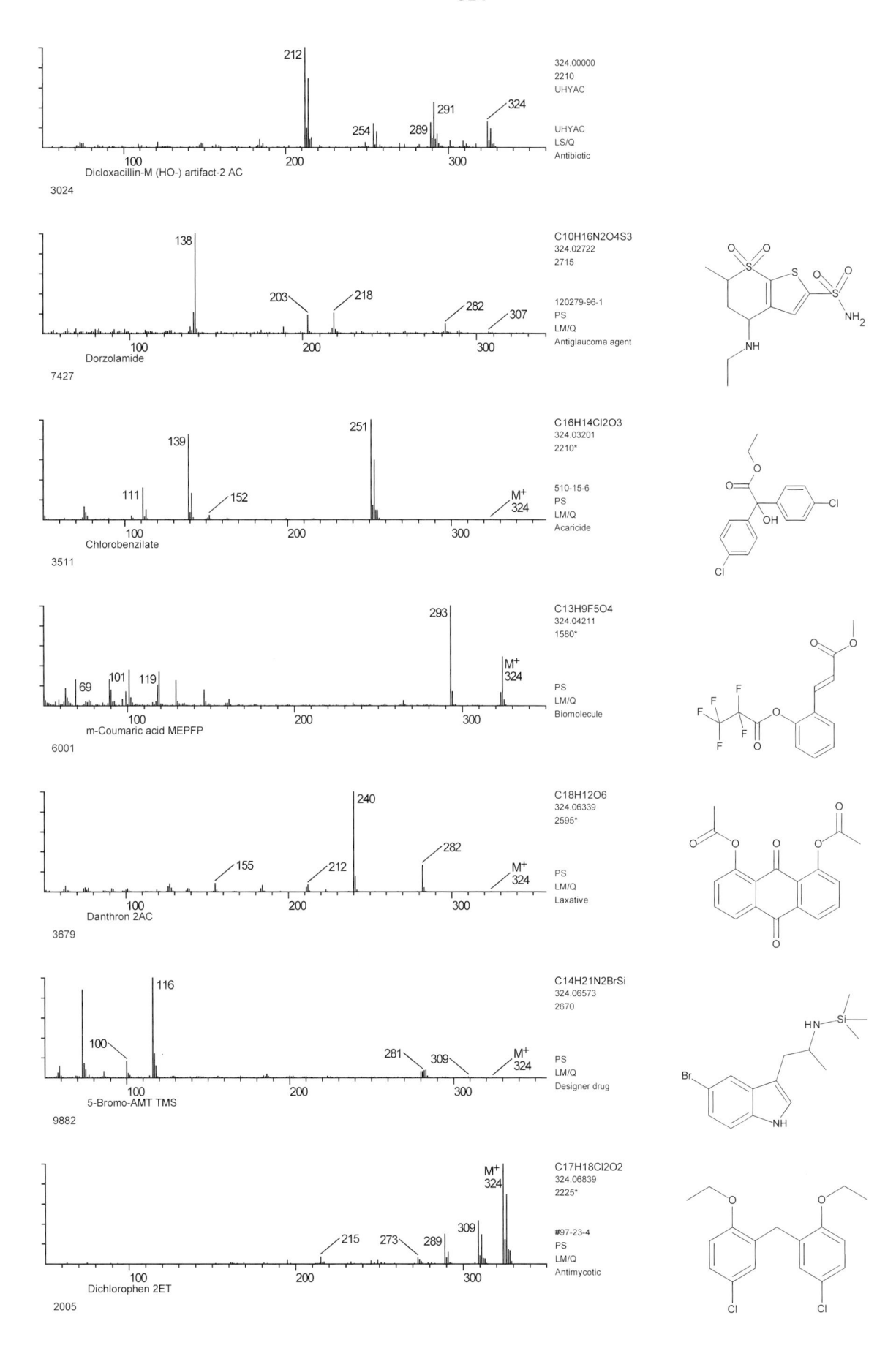

Dicloxacillin-M (HO-) artifact-2 AC
3024
324.00000
2210
UHYAC

UHYAC
LS/Q
Antibiotic

Dorzolamide
7427
C10H16N2O4S3
324.02722
2715

120279-96-1
PS
LM/Q
Antiglaucoma agent

Chlorobenzilate
3511
C16H14Cl2O3
324.03201
2210*

510-15-6
PS
LM/Q
Acaricide

m-Coumaric acid MEPFP
6001
C13H9F5O4
324.04211
1580*

PS
LM/Q
Biomolecule

Danthron 2AC
3679
C18H12O6
324.06339
2595*

PS
LM/Q
Laxative

5-Bromo-AMT TMS
9882
C14H21N2BrSi
324.06573
2670

PS
LM/Q
Designer drug

Dichlorophen 2ET
2005
C17H18Cl2O2
324.06839
2225*

#97-23-4
PS
LM/Q
Antimycotic

1055

324

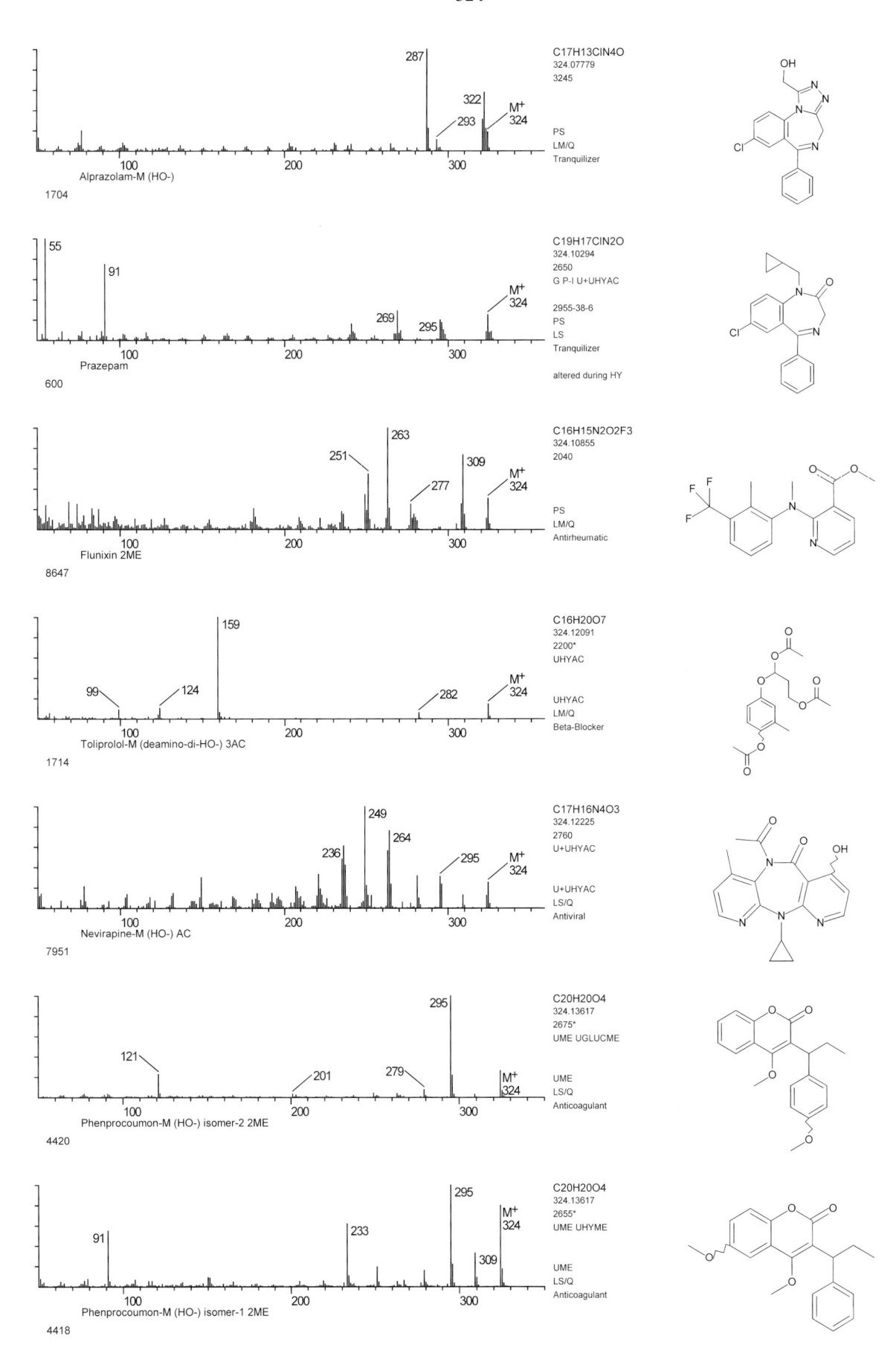

Alprazolam-M (HO-) — 1704
287, 322, 293, M+ 324
C17H13ClN4O
324.07779
3245
PS
LM/Q
Tranquilizer

Prazepam — 600
55, 91, 269, 295, M+ 324
C19H17ClN2O
324.10294
2650
G P-I U+UHYAC
2955-38-6
PS
LS
Tranquilizer
altered during HY

Flunixin 2ME — 8647
251, 263, 277, 309, M+ 324
C16H15N2O2F3
324.10855
2040
PS
LM/Q
Antirheumatic

Toliprolol-M (deamino-di-HO-) 3AC — 1714
99, 124, 159, 282, M+ 324
C16H20O7
324.12091
2200*
UHYAC
UHYAC
LM/Q
Beta-Blocker

Nevirapine-M (HO-) AC — 7951
236, 249, 264, 295, M+ 324
C17H16N4O3
324.12225
2760
U+UHYAC
U+UHYAC
LS/Q
Antiviral

Phenprocoumon-M (HO-) isomer-2 2ME — 4420
121, 201, 279, 295, M+ 324
C20H20O4
324.13617
2675*
UME UGLUCME
UME
LS/Q
Anticoagulant

Phenprocoumon-M (HO-) isomer-1 2ME — 4418
91, 233, 295, 309, M+ 324
C20H20O4
324.13617
2655*
UME UHYME
UME
LS/Q
Anticoagulant

1056

324

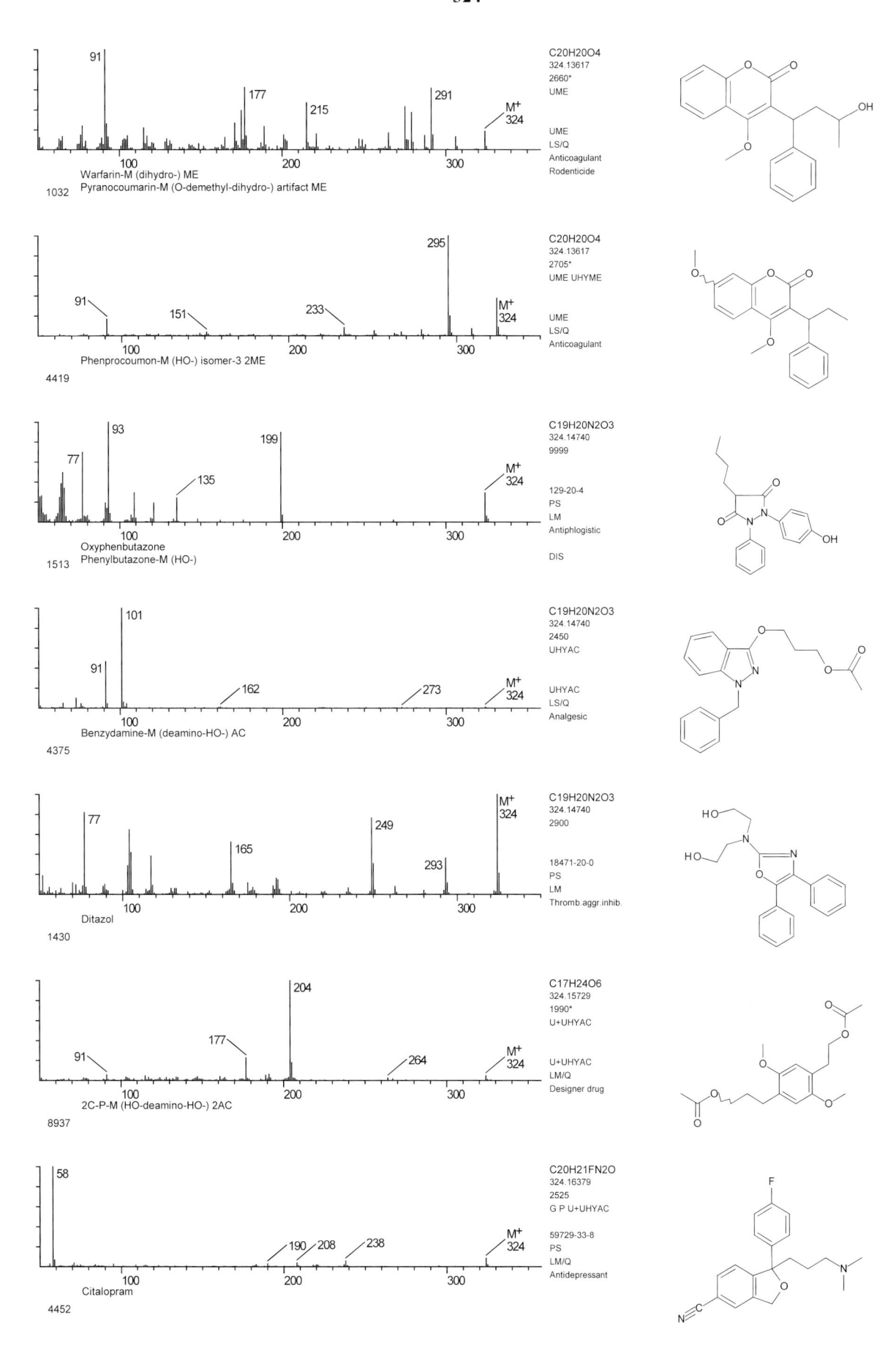

C20H20O4
324.13617
2660*
UME

UME
LS/Q
Anticoagulant
Rodenticide

Warfarin-M (dihydro-) ME
Pyranocoumarin-M (O-demethyl-dihydro-) artifact ME
1032

C20H20O4
324.13617
2705*
UME UHYME

UME
LS/Q
Anticoagulant

Phenprocoumon-M (HO-) isomer-3 2ME
4419

C19H20N2O3
324.14740
9999

129-20-4
PS
LM
Antiphlogistic

Oxyphenbutazone
Phenylbutazone-M (HO-)
1513
DIS

C19H20N2O3
324.14740
2450
UHYAC

UHYAC
LS/Q
Analgesic

Benzydamine-M (deamino-HO-) AC
4375

C19H20N2O3
324.14740
2900

18471-20-0
PS
LM
Thromb.aggr.inhib.

Ditazol
1430

C17H24O6
324.15729
1990*
U+UHYAC

U+UHYAC
LM/Q
Designer drug

2C-P-M (HO-deamino-HO-) 2AC
8937

C20H21FN2O
324.16379
2525
G P U+UHYAC

59729-33-8
PS
LM/Q
Antidepressant

Citalopram
4452

1057

324

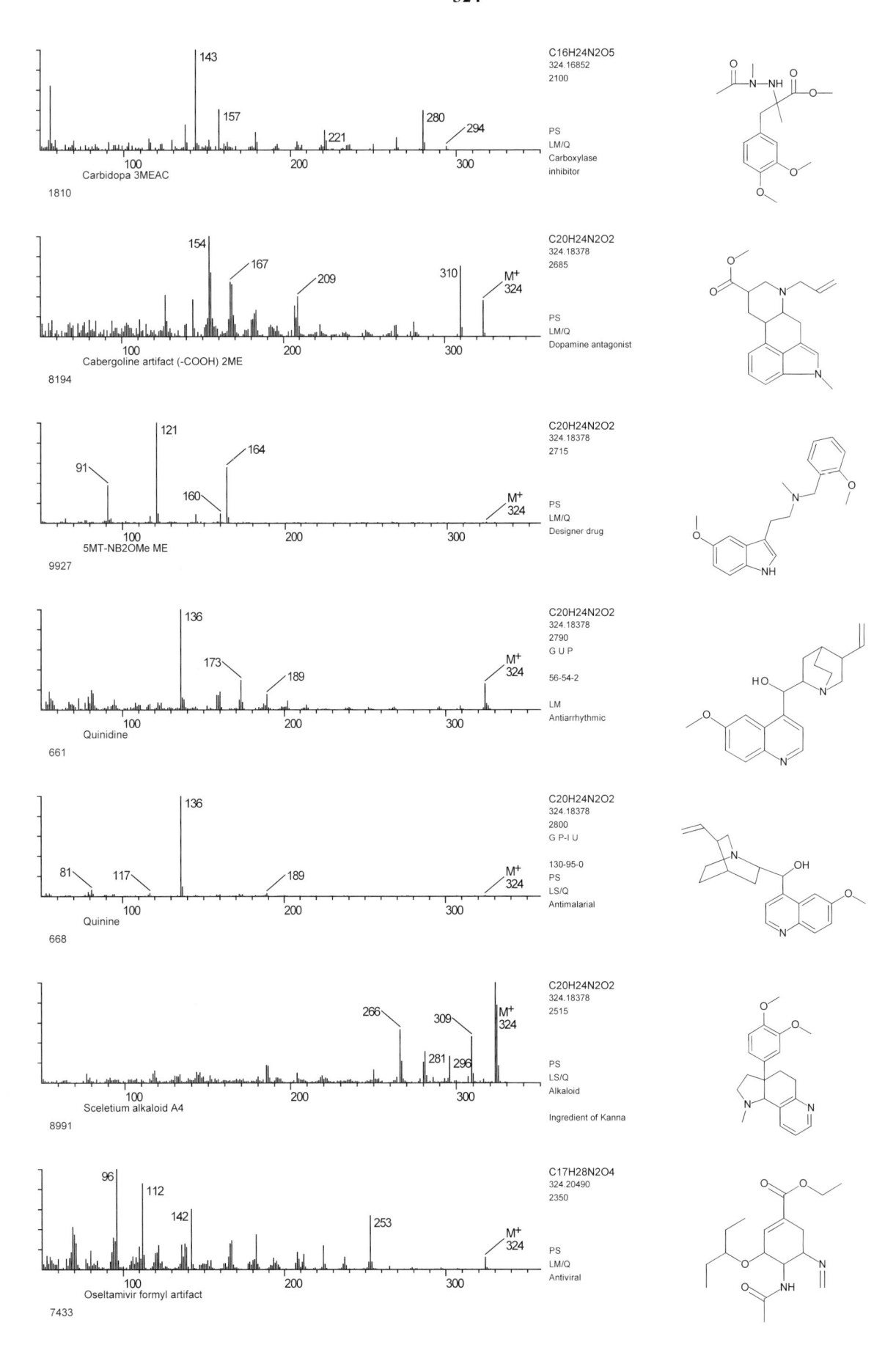

C16H24N2O5
324.16852
2100

PS
LM/Q
Carboxylase inhibitor

Carbidopa 3MEAC
1810

C20H24N2O2
324.18378
2685

PS
LM/Q
Dopamine antagonist

Cabergoline artifact (-COOH) 2ME
8194

C20H24N2O2
324.18378
2715

PS
LM/Q
Designer drug

5MT-NB2OMe ME
9927

C20H24N2O2
324.18378
2790
G U P
56-54-2

LM
Antiarrhythmic

Quinidine
661

C20H24N2O2
324.18378
2800
G P-I U
130-95-0
PS
LS/Q
Antimalarial

Quinine
668

C20H24N2O2
324.18378
2515

PS
LS/Q
Alkaloid

Ingredient of Kanna

Sceletium alkaloid A4
8991

C17H28N2O4
324.20490
2350

PS
LM/Q
Antiviral

Oseltamivir formyl artifact
7433

1058

324

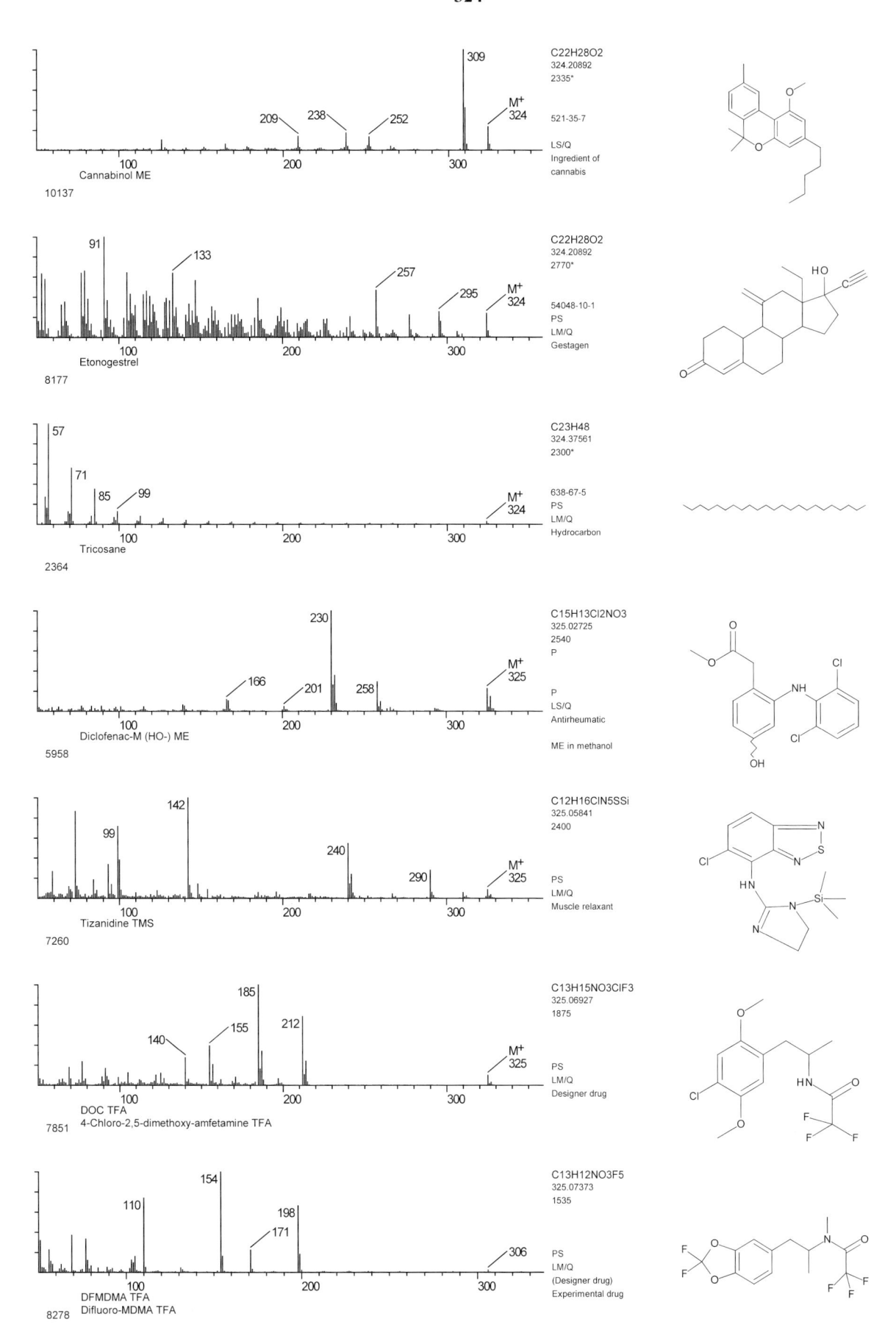

Cannabinol ME — 10137
C22H28O2
324.20892
2335*
521-35-7
LS/Q
Ingredient of cannabis
Peaks: 209, 238, 252, 309, M+ 324

Etonogestrel — 8177
C22H28O2
324.20892
2770*
54048-10-1
PS
LM/Q
Gestagen
Peaks: 91, 133, 257, 295, M+ 324

Tricosane — 2364
C23H48
324.37561
2300*
638-67-5
PS
LM/Q
Hydrocarbon
Peaks: 57, 71, 85, 99, M+ 324

Diclofenac-M (HO-) ME — 5958
C15H13Cl2NO3
325.02725
2540
P
P
LS/Q
Antirheumatic
ME in methanol
Peaks: 166, 201, 230, 258, M+ 325

Tizanidine TMS — 7260
C12H16ClN5SSi
325.05841
2400
PS
LM/Q
Muscle relaxant
Peaks: 99, 142, 240, 290, M+ 325

DOC TFA — 7851
4-Chloro-2,5-dimethoxy-amfetamine TFA
C13H15NO3ClF3
325.06927
1875
PS
LM/Q
Designer drug
Peaks: 140, 155, 185, 212, M+ 325

DFMDMA TFA — 8278
Difluoro-MDMA TFA
C13H12NO3F5
325.07373
1535
PS
LM/Q
(Designer drug)
Experimental drug
Peaks: 110, 154, 171, 198, 306

1059

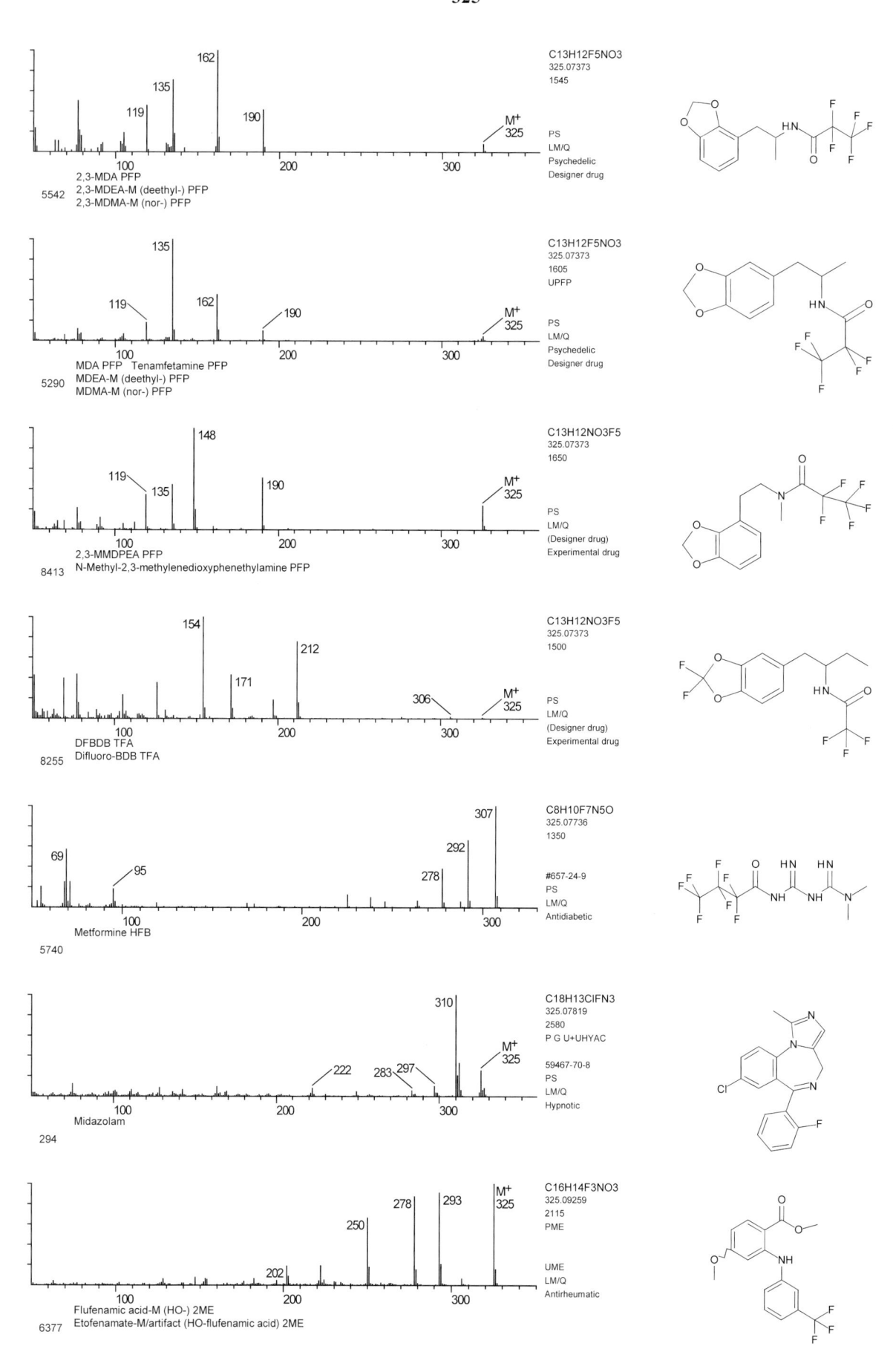

5542	C13H12F5NO3 325.07373 1545 PS LM/Q Psychedelic Designer drug 2,3-MDA PFP 2,3-MDEA-M (deethyl-) PFP 2,3-MDMA-M (nor-) PFP
5290	C13H12F5NO3 325.07373 1605 UPFP PS LM/Q Psychedelic Designer drug MDA PFP Tenamfetamine PFP MDEA-M (deethyl-) PFP MDMA-M (nor-) PFP
8413	C13H12NO3F5 325.07373 1650 PS LM/Q (Designer drug) Experimental drug 2,3-MMDPEA PFP N-Methyl-2,3-methylenedioxyphenethylamine PFP
8255	C13H12NO3F5 325.07373 1500 PS LM/Q (Designer drug) Experimental drug DFBDB TFA Difluoro-BDB TFA
5740	C8H10F7N5O 325.07736 1350 #657-24-9 PS LM/Q Antidiabetic Metformine HFB
294	C18H13ClFN3 325.07819 2580 P G U+UHYAC 59467-70-8 PS LM/Q Hypnotic Midazolam
6377	C16H14F3NO3 325.09259 2115 PME UME LM/Q Antirheumatic Flufenamic acid-M (HO-) 2ME Etofenamate-M/artifact (HO-flufenamic acid) 2ME

325

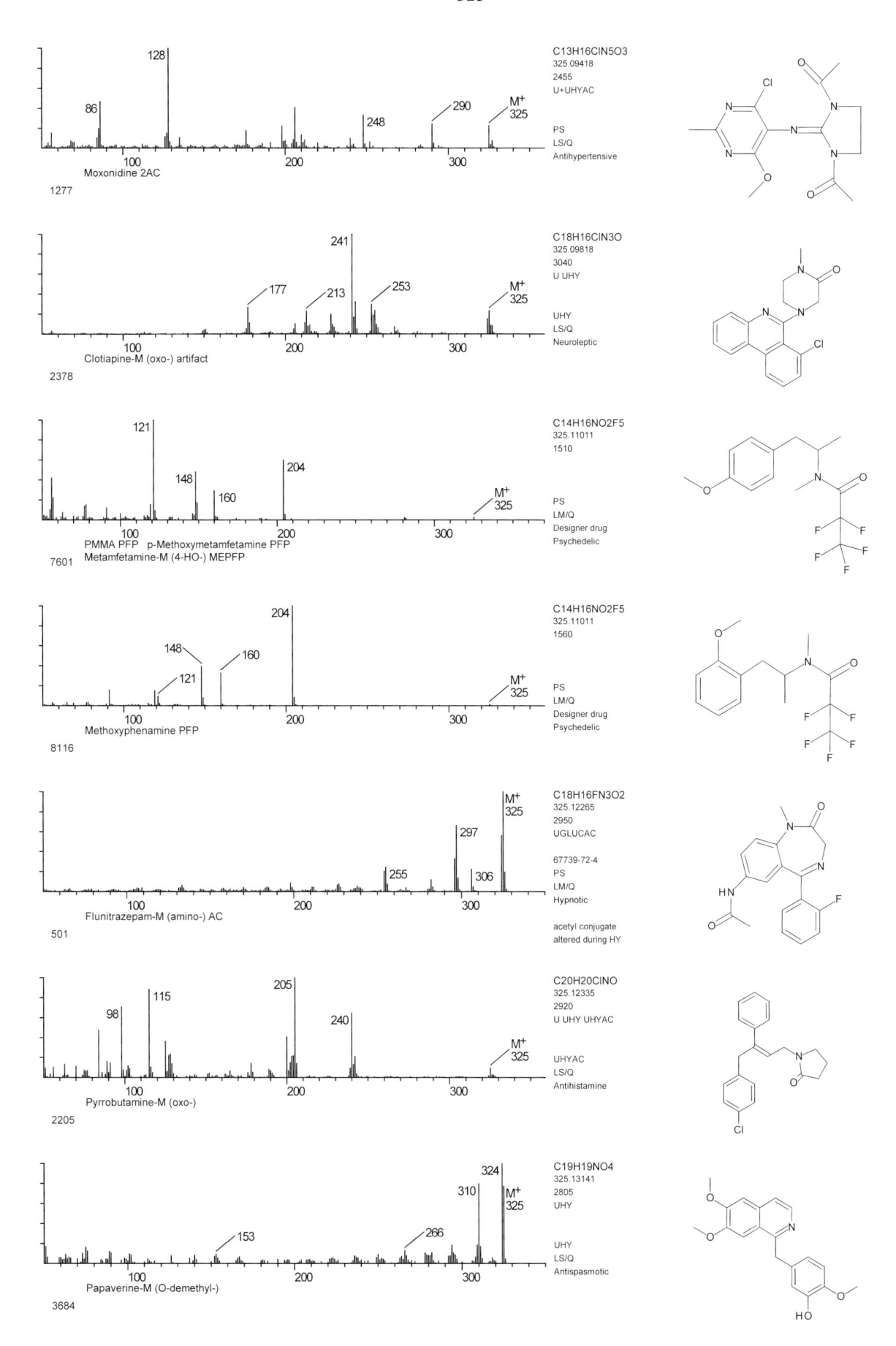

Moxonidine 2AC — 1277
C13H16ClN5O3
325.09418
2455
U+UHYAC
PS
LS/Q
Antihypertensive
Peaks: 86, 128, 248, 290, M+ 325

Clotiapine-M (oxo-) artifact — 2378
C18H16ClN3O
325.09818
3040
U UHY
UHY
LS/Q
Neuroleptic
Peaks: 177, 213, 241, 253, M+ 325

PMMA PFP p-Methoxymetamfetamine PFP
Metamfetamine-M (4-HO-) MEPFP — 7601
C14H16NO2F5
325.11011
1510
PS
LM/Q
Designer drug
Psychedelic
Peaks: 121, 148, 160, 204, M+ 325

Methoxyphenamine PFP — 8116
C14H16NO2F5
325.11011
1560
PS
LM/Q
Designer drug
Psychedelic
Peaks: 121, 148, 160, 204, M+ 325

Flunitrazepam-M (amino-) AC — 501
C18H16FN3O2
325.12265
2950
UGLUCAC
67739-72-4
PS
LM/Q
Hypnotic
acetyl conjugate altered during HY
Peaks: 255, 297, 306, M+ 325

Pyrrobutamine-M (oxo-) — 2205
C20H20ClNO
325.12335
2920
U UHY UHYAC
UHYAC
LS/Q
Antihistamine
Peaks: 98, 115, 205, 240, M+ 325

Papaverine-M (O-demethyl-) — 3684
C19H19NO4
325.13141
2805
UHY
UHY
LS/Q
Antispasmotic
Peaks: 153, 266, 310, 324, M+ 325

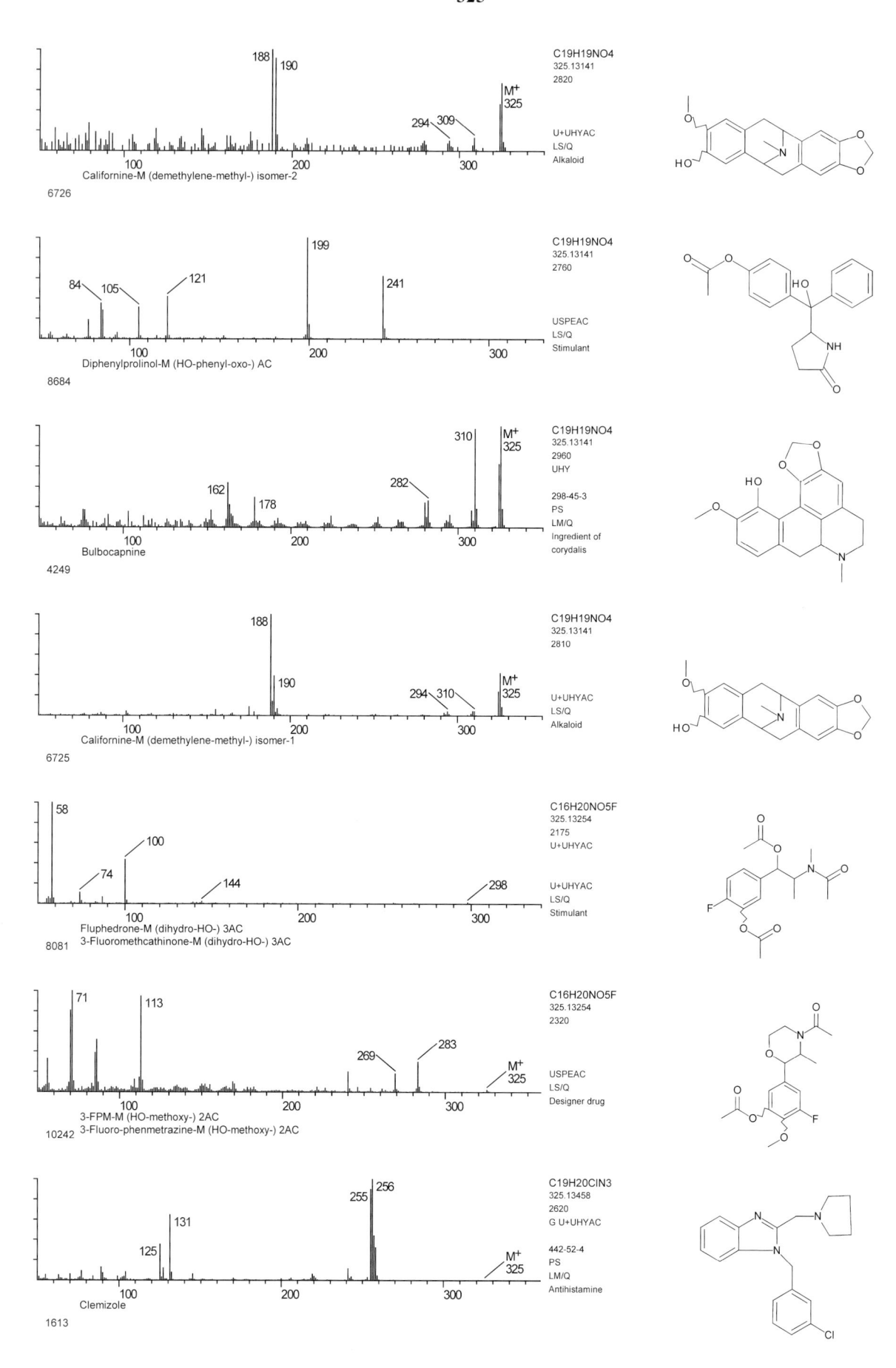

325

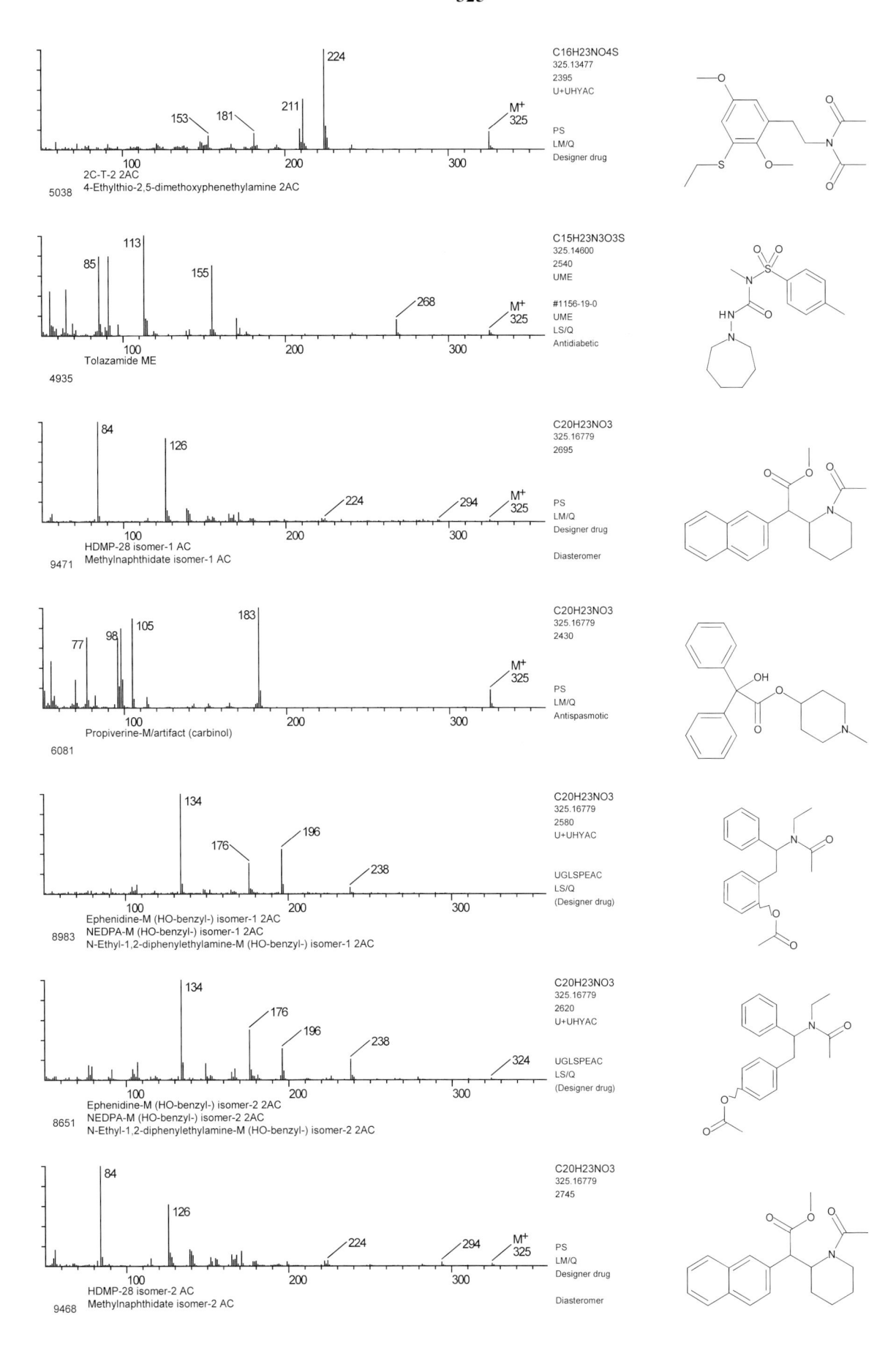

C16H23NO4S
325.13477
2395
U+UHYAC

PS
LM/Q
Designer drug

2C-T-2 2AC
4-Ethylthio-2,5-dimethoxyphenethylamine 2AC
5038

C15H23N3O3S
325.14600
2540
UME
#1156-19-0
UME
LS/Q
Antidiabetic

Tolazamide ME
4935

C20H23NO3
325.16779
2695

PS
LM/Q
Designer drug
Diasteromer

HDMP-28 isomer-1 AC
Methylnaphthidate isomer-1 AC
9471

C20H23NO3
325.16779
2430

PS
LM/Q
Antispasmotic

Propiverine-M/artifact (carbinol)
6081

C20H23NO3
325.16779
2580
U+UHYAC

UGLSPEAC
LS/Q
(Designer drug)

Ephenidine-M (HO-benzyl-) isomer-1 2AC
NEDPA-M (HO-benzyl-) isomer-1 2AC
N-Ethyl-1,2-diphenylethylamine-M (HO-benzyl-) isomer-1 2AC
8983

C20H23NO3
325.16779
2620
U+UHYAC

UGLSPEAC
LS/Q
(Designer drug)

Ephenidine-M (HO-benzyl-) isomer-2 2AC
NEDPA-M (HO-benzyl-) isomer-2 2AC
N-Ethyl-1,2-diphenylethylamine-M (HO-benzyl-) isomer-2 2AC
8651

C20H23NO3
325.16779
2745

PS
LM/Q
Designer drug
Diasteromer

HDMP-28 isomer-2 AC
Methylnaphthidate isomer-2 AC
9468

325

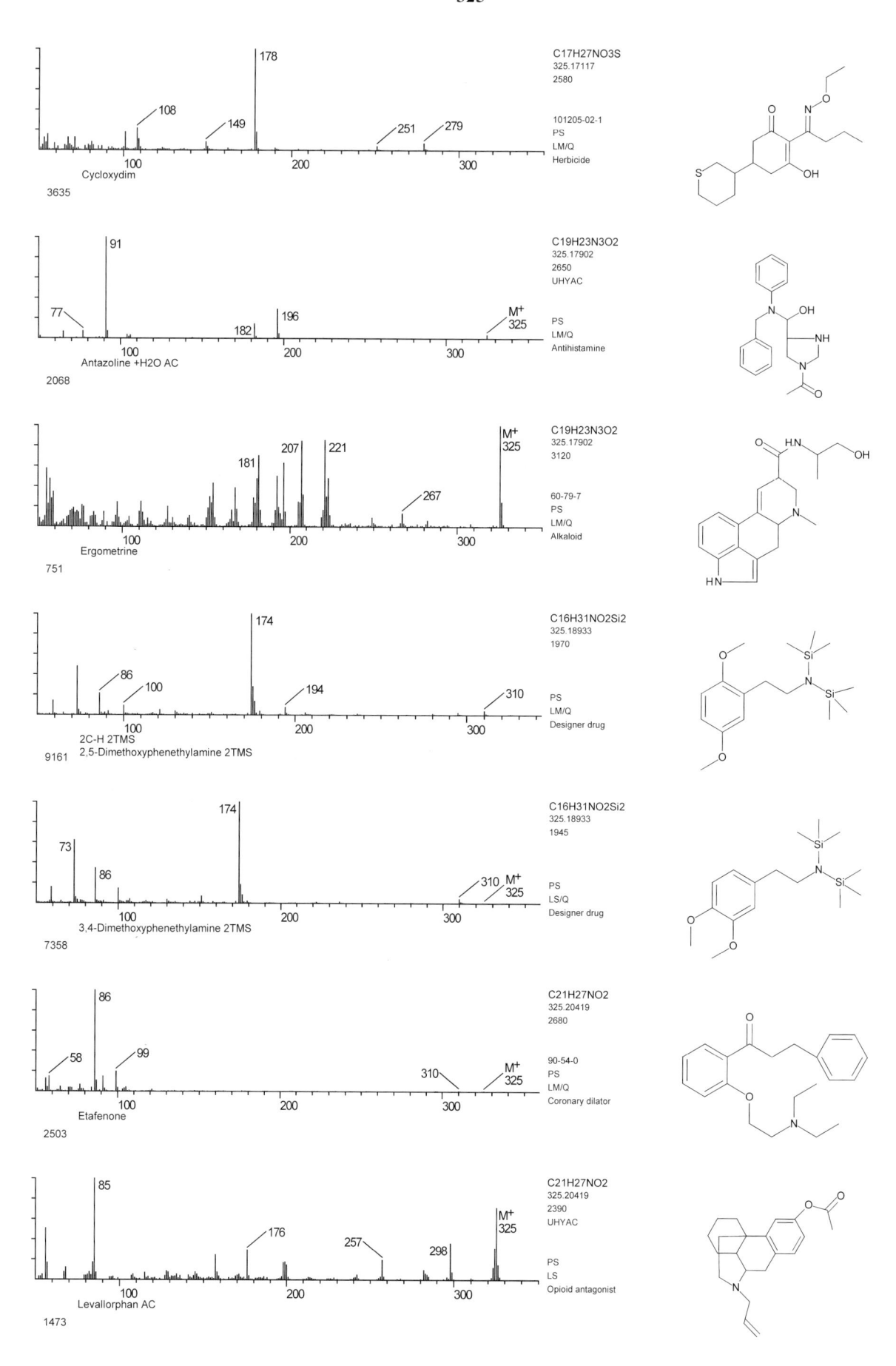

Compound	Formula	Mass	ID	CAS	Type	Use
Cycloxydim	C17H27NO3S	325.17117	2580	101205-02-1	PS LM/Q	Herbicide
Antazoline +H2O AC	C19H23N3O2	325.17902	2650	UHYAC	PS LM/Q	Antihistamine
Ergometrine	C19H23N3O2	325.17902	3120	60-79-7	PS LM/Q	Alkaloid
2C-H 2TMS / 2,5-Dimethoxyphenethylamine 2TMS	C16H31NO2Si2	325.18933	1970		PS LM/Q	Designer drug
3,4-Dimethoxyphenethylamine 2TMS	C16H31NO2Si2	325.18933	1945		PS LS/Q	Designer drug
Etafenone	C21H27NO2	325.20419	2680	90-54-0	PS LM/Q	Coronary dilator
Levallorphan AC	C21H27NO2	325.20419	2390	UHYAC	PS LS	Opioid antagonist

325

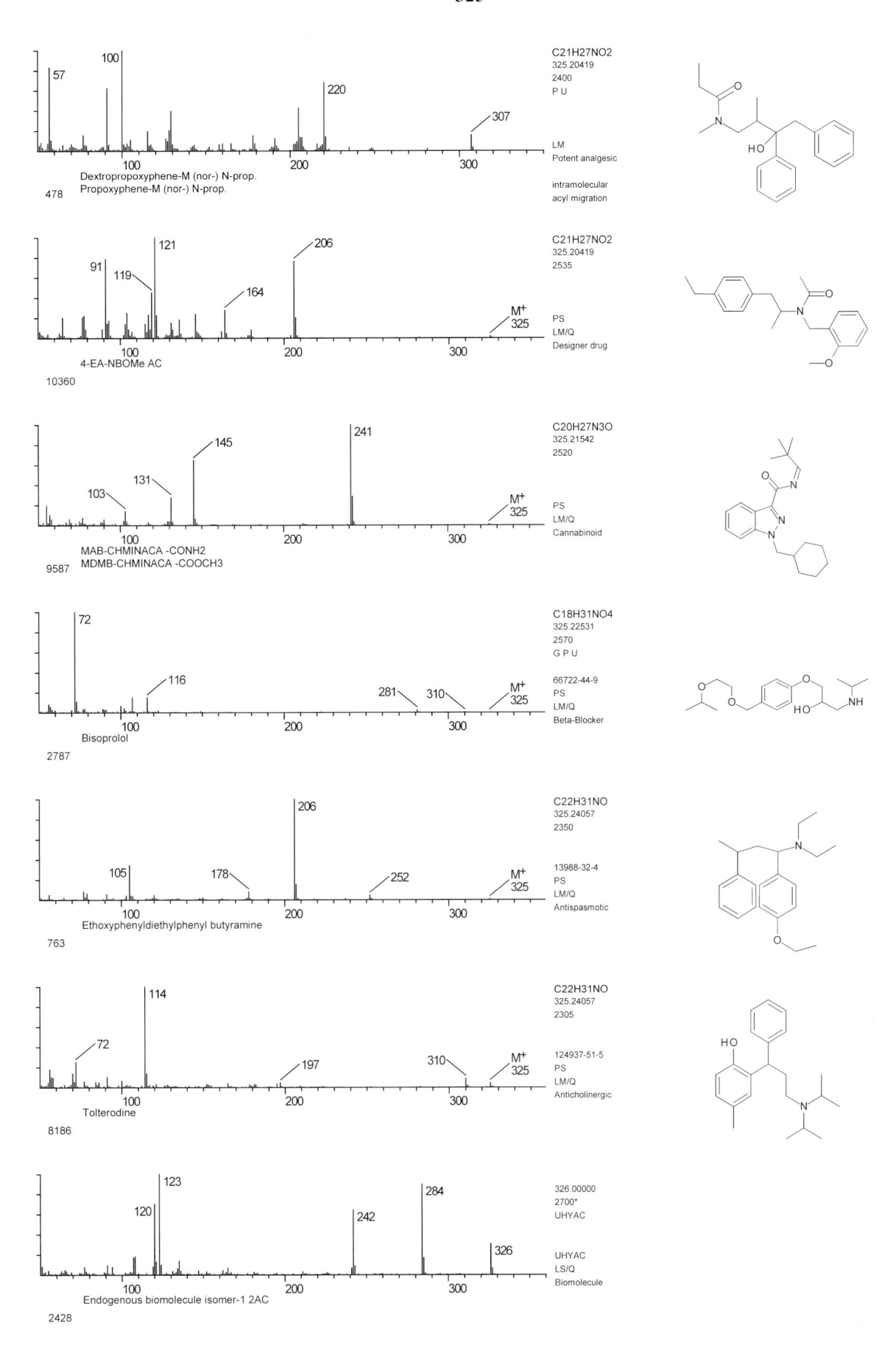

C21H27NO2
325.20419
2400
P U

LM
Potent analgesic

intramolecular
acyl migration

Dextropropoxyphene-M (nor-) N-prop.
Propoxyphene-M (nor-) N-prop.
478

C21H27NO2
325.20419
2535

PS
LM/Q
Designer drug

4-EA-NBOMe AC
10360

C20H27N3O
325.21542
2520

PS
LM/Q
Cannabinoid

MAB-CHMINACA -CONH2
MDMB-CHMINACA -COOCH3
9587

C18H31NO4
325.22531
2570
G P U

66722-44-9
PS
LM/Q
Beta-Blocker

Bisoprolol
2787

C22H31NO
325.24057
2350

13988-32-4
PS
LM/Q
Antispasmotic

Ethoxyphenyldiethylphenyl butyramine
763

C22H31NO
325.24057
2305

124937-51-5
PS
LM/Q
Anticholinergic

Tolterodine
8186

326.00000
2700*
UHYAC

UHYAC
LS/Q
Biomolecule

Endogenous biomolecule isomer-1 2AC
2428

1065

326

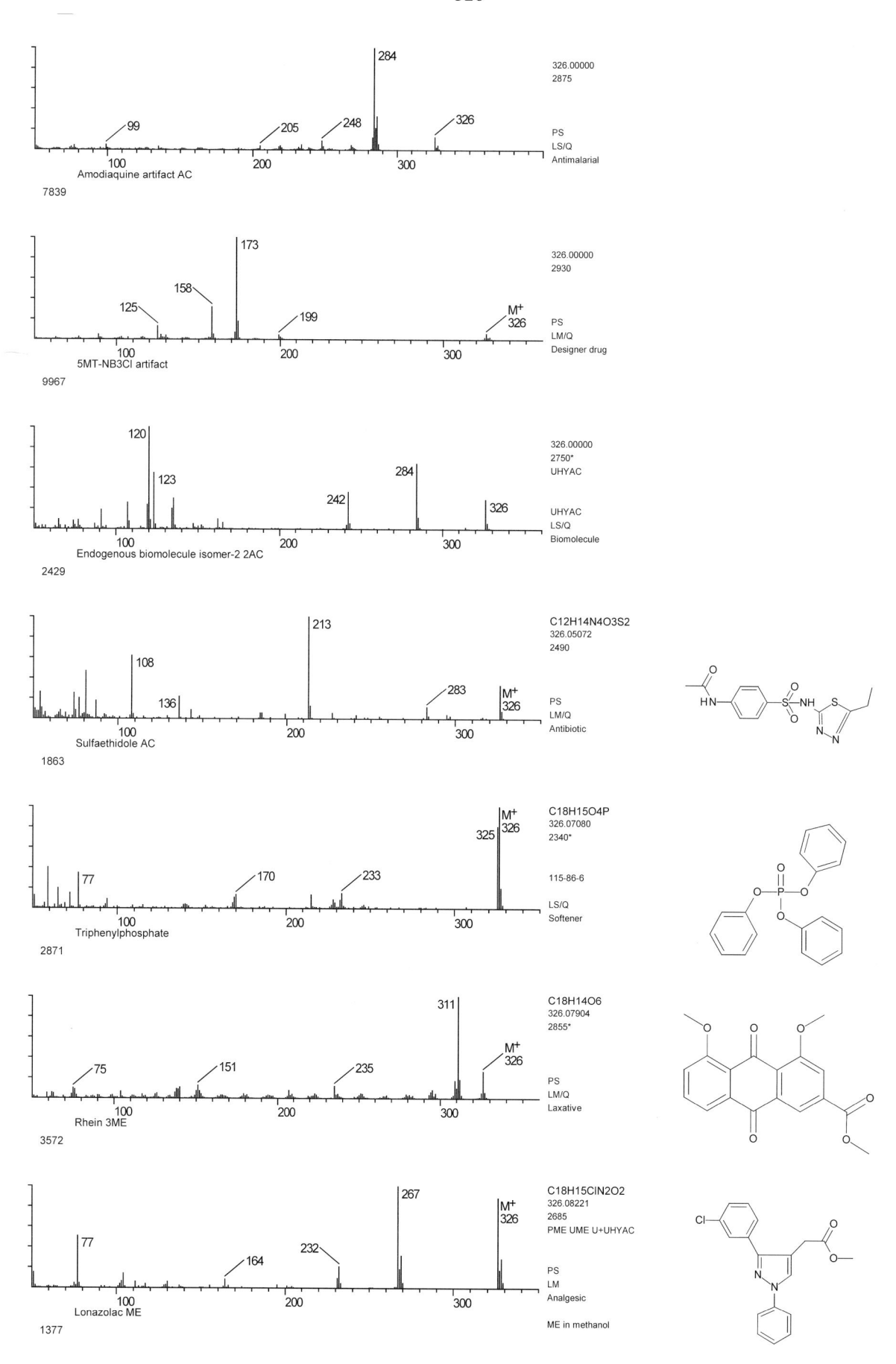

Amodiaquine artifact AC — peaks: 99, 205, 248, 284, 326	326.00000 / 2875 / PS / LS/Q / Antimalarial
7839	
5MT-NB3Cl artifact — peaks: 125, 158, 173, 199, M+ 326	326.00000 / 2930 / PS / LM/Q / Designer drug
9967	
Endogenous biomolecule isomer-2 2AC — peaks: 120, 123, 242, 284, 326	326.00000 / 2750* / UHYAC / UHYAC / LS/Q / Biomolecule
2429	
Sulfaethidole AC — peaks: 108, 136, 213, 283, M+ 326	C12H14N4O3S2 / 326.05072 / 2490 / PS / LM/Q / Antibiotic
1863	
Triphenylphosphate — peaks: 77, 170, 233, 325, M+ 326	C18H15O4P / 326.07080 / 2340* / 115-86-6 / LS/Q / Softener
2871	
Rhein 3ME — peaks: 75, 151, 235, 311, M+ 326	C18H14O6 / 326.07904 / 2855* / PS / LM/Q / Laxative
3572	
Lonazolac ME — peaks: 77, 164, 232, 267, M+ 326	C18H15ClN2O2 / 326.08221 / 2685 / PME UME U+UHYAC / PS / LM / Analgesic / ME in methanol
1377	

326

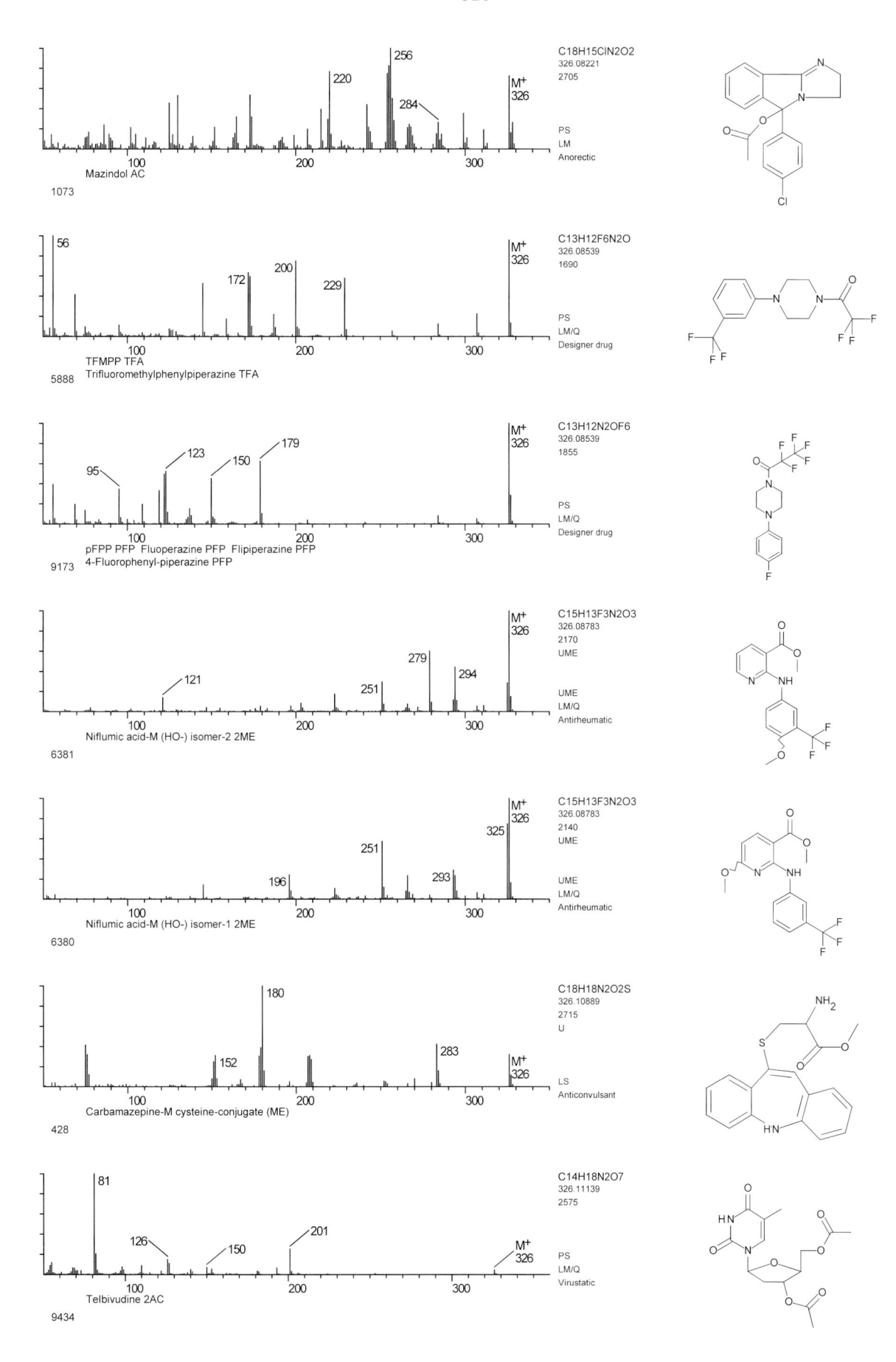

C18H15ClN2O2
326.08221
2705

PS
LM
Anorectic

Mazindol AC
1073

C13H12F6N2O
326.08539
1690

PS
LM/Q
Designer drug

TFMPP TFA
Trifluoromethylphenylpiperazine TFA
5888

C13H12N2OF6
326.08539
1855

PS
LM/Q
Designer drug

pFPP PFP Fluoperazine PFP Flipiperazine PFP
4-Fluorophenyl-piperazine PFP
9173

C15H13F3N2O3
326.08783
2170
UME

UME
LM/Q
Antirheumatic

Niflumic acid-M (HO-) isomer-2 2ME
6381

C15H13F3N2O3
326.08783
2140
UME

UME
LM/Q
Antirheumatic

Niflumic acid-M (HO-) isomer-1 2ME
6380

C18H18N2O2S
326.10889
2715
U

LS
Anticonvulsant

Carbamazepine-M cysteine-conjugate (ME)
428

C14H18N2O7
326.11139
2575

PS
LM/Q
Virustatic

Telbivudine 2AC
9434

1067

326

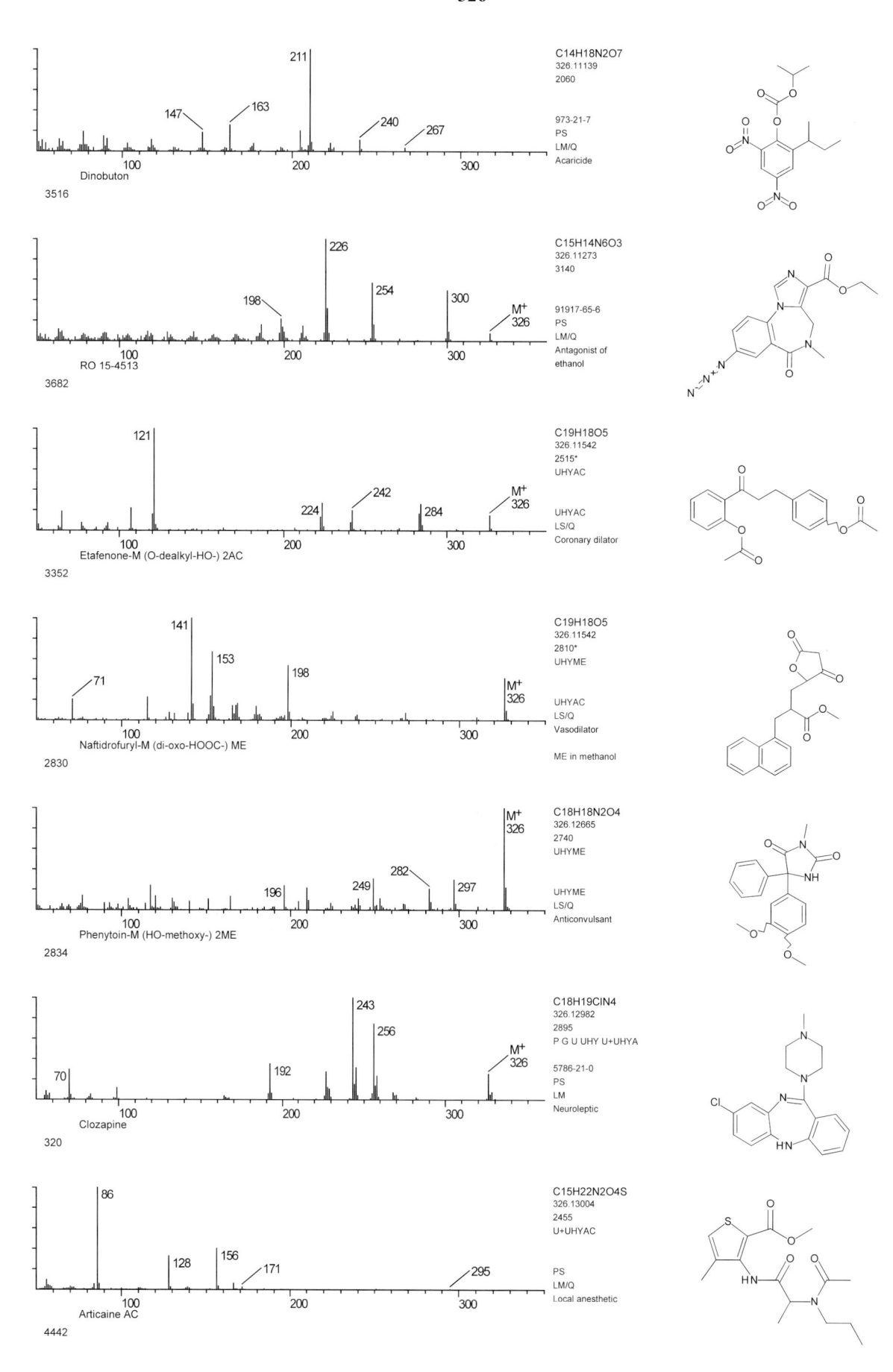

Dinobuton — peaks: 147, 163, 211, 240, 267	C14H18N2O7 326.11139 2060 973-21-7 PS LM/Q Acaricide
3516	
RO 15-4513 — peaks: 198, 226, 254, 300, M+ 326	C15H14N6O3 326.11273 3140 91917-65-6 PS LM/Q Antagonist of ethanol
3682	
Etafenone-M (O-dealkyl-HO-) 2AC — peaks: 121, 224, 242, 284, M+ 326	C19H18O5 326.11542 2515* UHYAC UHYAC LS/Q Coronary dilator
3352	
Naftidrofuryl-M (di-oxo-HOOC-) ME — peaks: 71, 141, 153, 198, M+ 326	C19H18O5 326.11542 2810* UHYME UHYAC LS/Q Vasodilator ME in methanol
2830	
Phenytoin-M (HO-methoxy-) 2ME — peaks: 196, 249, 282, 297, M+ 326	C18H18N2O4 326.12665 2740 UHYME UHYME LS/Q Anticonvulsant
2834	
Clozapine — peaks: 70, 192, 243, 256, M+ 326	C18H19ClN4 326.12982 2895 P G U UHY U+UHYA 5786-21-0 PS LM Neuroleptic
320	
Articaine AC — peaks: 86, 128, 156, 171, 295	C15H22N2O4S 326.13004 2455 U+UHYAC PS LM/Q Local anesthetic
4442	

1068

326

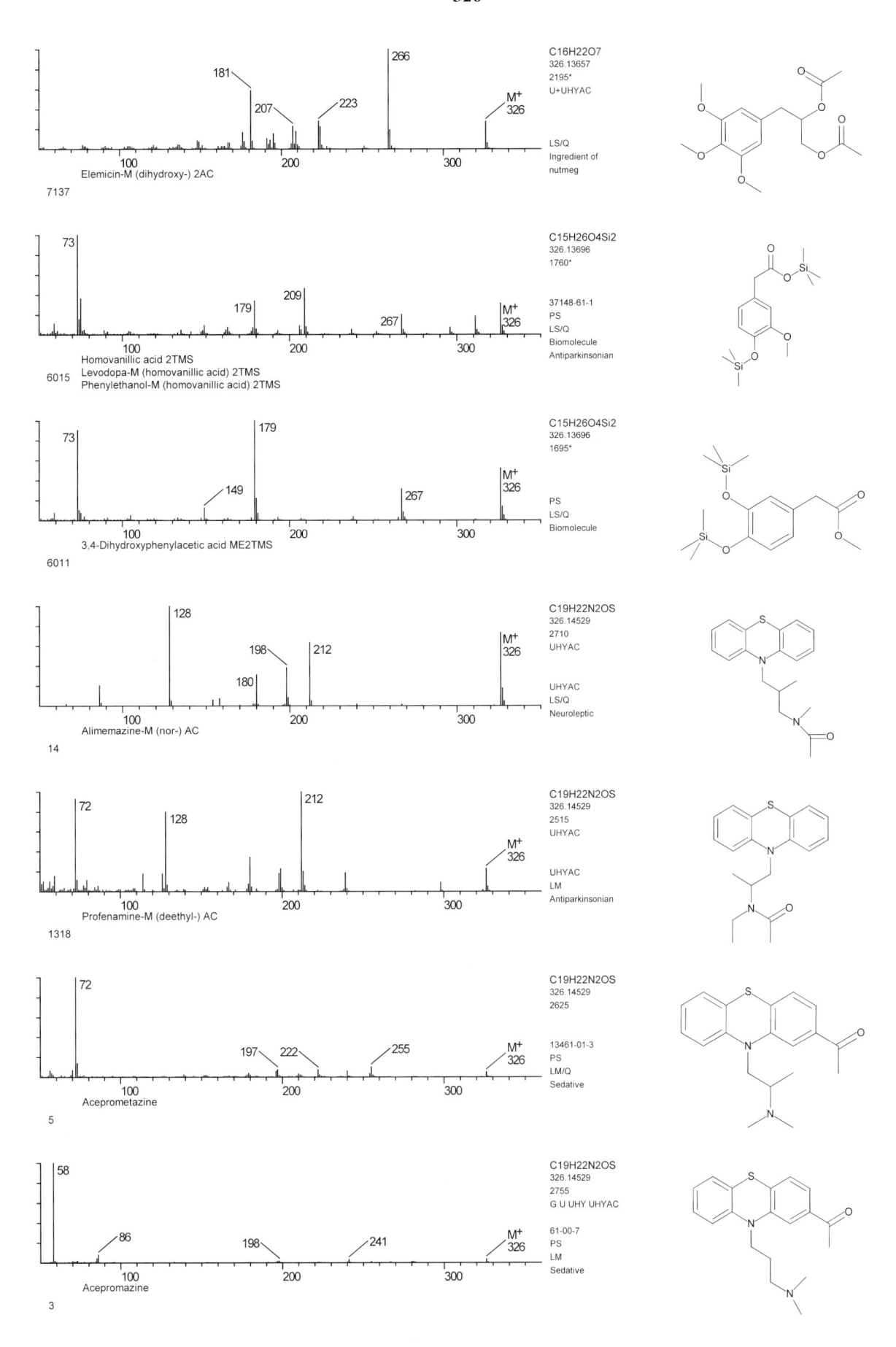

Elemicin-M (dihydroxy-) 2AC
7137
C16H22O7
326.13657
2195*
U+UHYAC
LS/Q
Ingredient of nutmeg

Homovanillic acid 2TMS
Levodopa-M (homovanillic acid) 2TMS
Phenylethanol-M (homovanillic acid) 2TMS
6015
C15H26O4Si2
326.13696
1760*
37148-61-1
PS
LS/Q
Biomolecule
Antiparkinsonian

3,4-Dihydroxyphenylacetic acid ME2TMS
6011
C15H26O4Si2
326.13696
1695*
PS
LS/Q
Biomolecule

Alimemazine-M (nor-) AC
14
C19H22N2OS
326.14529
2710
UHYAC

UHYAC
LS/Q
Neuroleptic

Profenamine-M (deethyl-) AC
1318
C19H22N2OS
326.14529
2515
UHYAC

UHYAC
LM
Antiparkinsonian

Aceprometazine
5
C19H22N2OS
326.14529
2625

13461-01-3
PS
LM/Q
Sedative

Acepromazine
3
C19H22N2OS
326.14529
2755
G U UHY UHYAC
61-00-7
PS
LM
Sedative

326

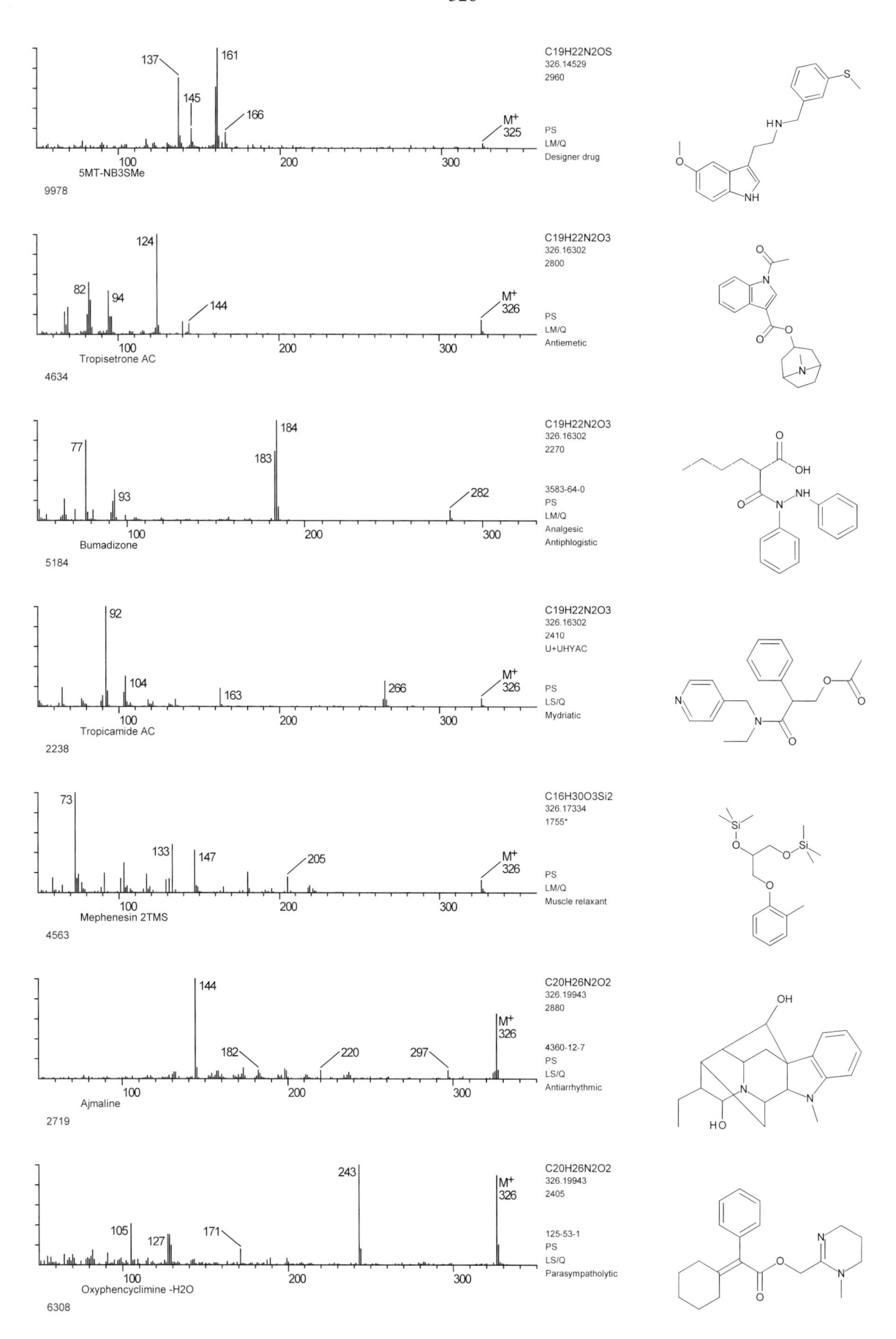

5MT-NB3SMe
C19H22N2OS
326.14529
2960
PS
LM/Q
Designer drug
Peaks: 137, 145, 161, 166, M+ 325

Tropisetrone AC
C19H22N2O3
326.16302
2800
PS
LM/Q
Antiemetic
Peaks: 82, 94, 124, 144, M+ 326

Bumadizone
C19H22N2O3
326.16302
2270
3583-64-0
PS
LM/Q
Analgesic
Antiphlogistic
Peaks: 77, 93, 183, 184, 282

Tropicamide AC
C19H22N2O3
326.16302
2410
U+UHYAC
PS
LS/Q
Mydriatic
Peaks: 92, 104, 163, 266, M+ 326

Mephenesin 2TMS
C16H30O3Si2
326.17334
1755*
PS
LM/Q
Muscle relaxant
Peaks: 73, 133, 147, 205, M+ 326

Ajmaline
C20H26N2O2
326.19943
2880
4360-12-7
PS
LS/Q
Antiarrhythmic
Peaks: 144, 182, 220, 297, M+ 326

Oxyphencyclimine -H2O
C20H26N2O2
326.19943
2405
125-53-1
PS
LS/Q
Parasympatholytic
Peaks: 105, 127, 171, 243, M+ 326

326

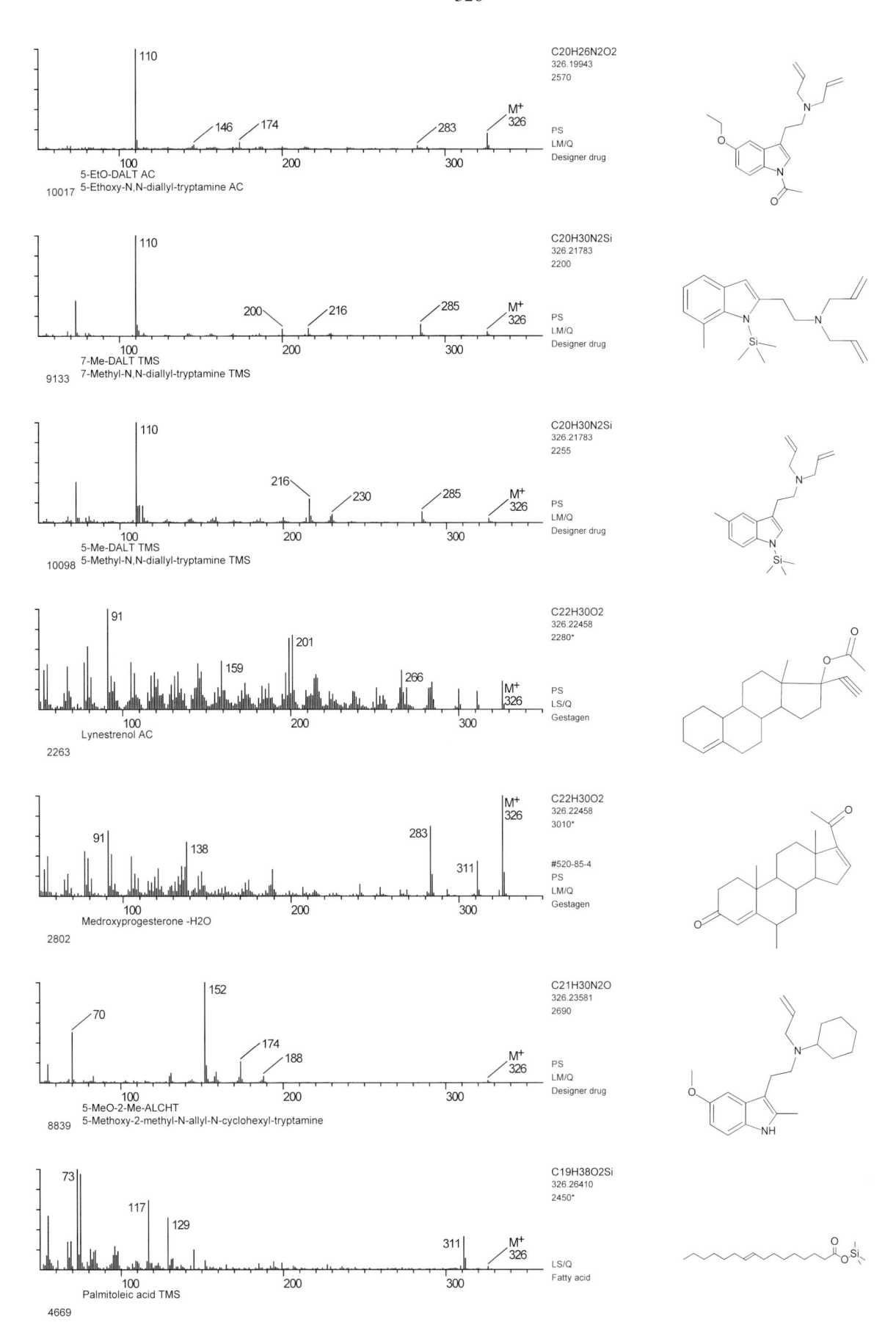

5-EtO-DALT AC — 5-Ethoxy-N,N-diallyl-tryptamine AC (10017)	Peaks: 110, 146, 174, 283, M+ 326	C20H26N2O2; 326.19943; 2570; PS; LM/Q; Designer drug
7-Me-DALT TMS — 7-Methyl-N,N-diallyl-tryptamine TMS (9133)	Peaks: 110, 200, 216, 285, M+ 326	C20H30N2Si; 326.21783; 2200; PS; LM/Q; Designer drug
5-Me-DALT TMS — 5-Methyl-N,N-diallyl-tryptamine TMS (10098)	Peaks: 110, 216, 230, 285, M+ 326	C20H30N2Si; 326.21783; 2255; PS; LM/Q; Designer drug
Lynestrenol AC (2263)	Peaks: 91, 159, 201, 266, M+ 326	C22H30O2; 326.22458; 2280*; PS; LS/Q; Gestagen
Medroxyprogesterone -H2O (2802)	Peaks: 91, 138, 283, 311, M+ 326	C22H30O2; 326.22458; 3010*; #520-85-4; PS; LM/Q; Gestagen
5-MeO-2-Me-ALCHT — 5-Methoxy-2-methyl-N-allyl-N-cyclohexyl-tryptamine (8839)	Peaks: 70, 152, 174, 188, M+ 326	C21H30N2O; 326.23581; 2690; PS; LM/Q; Designer drug
Palmitoleic acid TMS (4669)	Peaks: 73, 117, 129, 311, M+ 326	C19H38O2Si; 326.26410; 2450*; LS/Q; Fatty acid

326

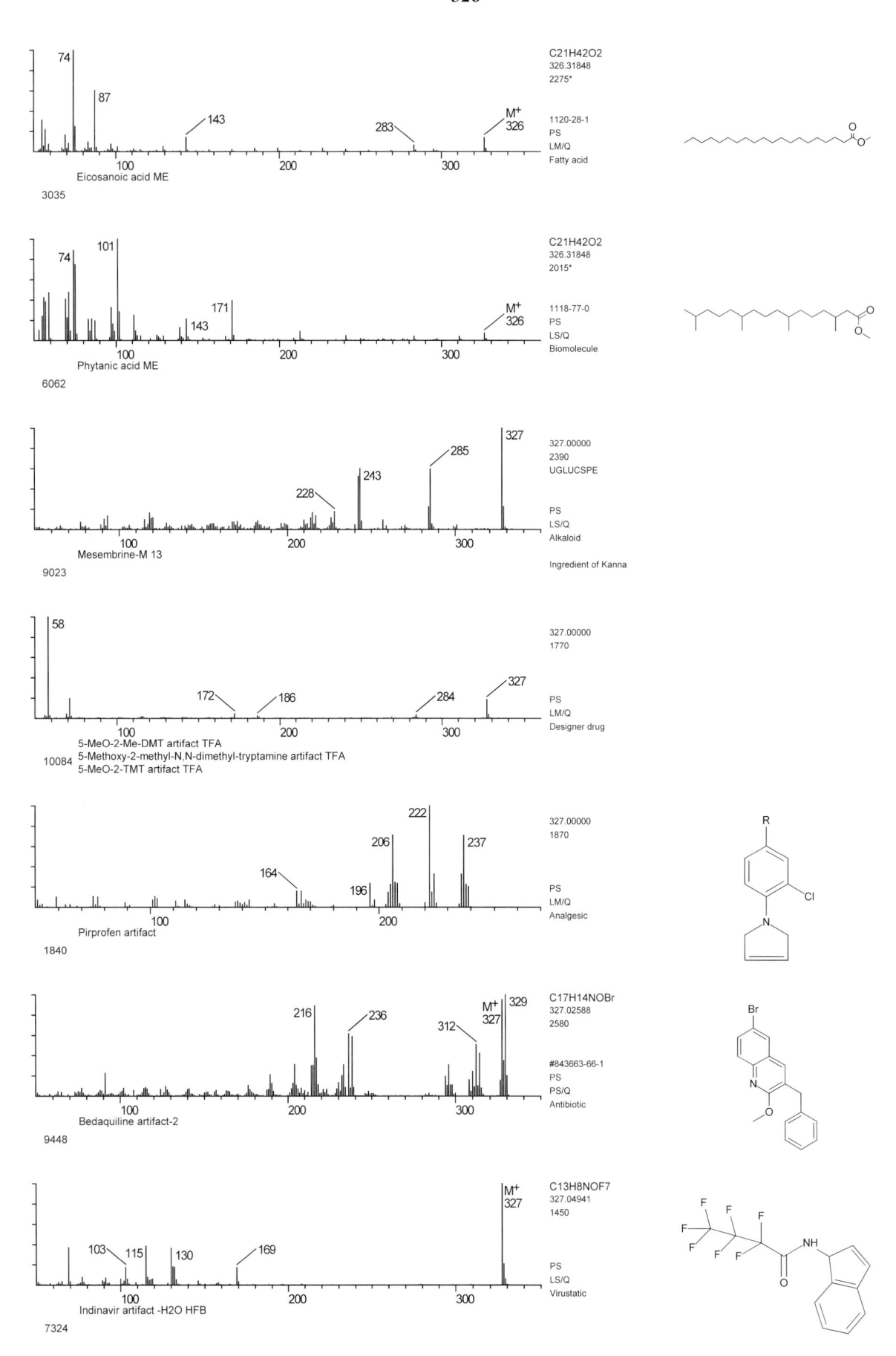

Eicosanoic acid ME — peaks 74, 87, 143, 283, M+ 326	C21H42O2 326.31848 2275* 1120-28-1 PS LM/Q Fatty acid	structure: methyl eicosanoate
Phytanic acid ME — peaks 74, 101, 143, 171, M+ 326	C21H42O2 326.31848 2015* 1118-77-0 PS LS/Q Biomolecule	structure: phytanic acid methyl ester
Mesembrine-M 13 — peaks 228, 243, 285, 327	327.00000 2390 UGLUCSPE PS LS/Q Alkaloid Ingredient of Kanna	
5-MeO-2-Me-DMT artifact TFA / 5-Methoxy-2-methyl-N,N-dimethyl-tryptamine artifact TFA / 5-MeO-2-TMT artifact TFA — peaks 58, 172, 186, 284, 327	327.00000 1770 PS LM/Q Designer drug	
Pirprofen artifact — peaks 164, 196, 206, 222, 237	327.00000 1870 PS LM/Q Analgesic	structure: chlorophenyl-pyrroline with R
Bedaquiline artifact-2 — peaks 216, 236, 312, M+ 327, 329	C17H14NOBr 327.02588 2580 #843663-66-1 PS PS/Q Antibiotic	structure: 6-bromo-2-methoxy-3-benzylquinoline
Indinavir artifact -H2O HFB — peaks 103, 115, 130, 169, M+ 327	C13H8NOF7 327.04941 1450 PS LS/Q Virustatic	structure: heptafluorobutanamide of indanyl amine

1072

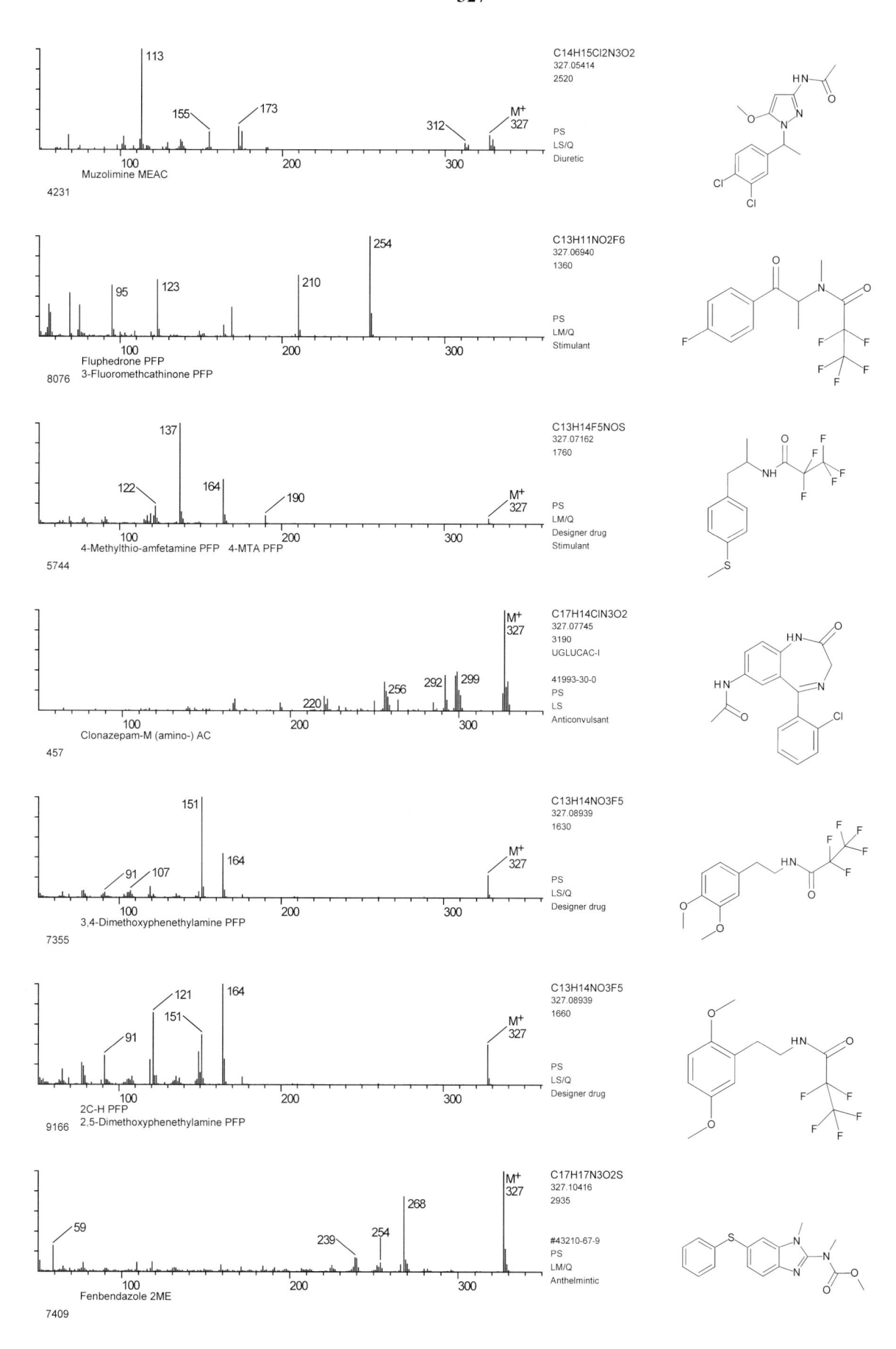

Spectrum	Formula	Details
Muzolimine MEAC (4231) — peaks: 113, 155, 173, 312, M+ 327	C14H15Cl2N3O2	327.05414; 2520; PS; LS/Q; Diuretic
Fluphedrone PFP / 3-Fluoromethcathinone PFP (8076) — peaks: 95, 123, 210, 254	C13H11NO2F6	327.06940; 1360; PS; LM/Q; Stimulant
4-Methylthio-amfetamine PFP / 4-MTA PFP (5744) — peaks: 122, 137, 164, 190, M+ 327	C13H14F5NOS	327.07162; 1760; PS; LM/Q; Designer drug; Stimulant
Clonazepam-M (amino-) AC (457) — peaks: 220, 256, 292, 299, M+ 327	C17H14ClN3O2	327.07745; 3190; UGLUCAC-I; 41993-30-0; PS; LS; Anticonvulsant
3,4-Dimethoxyphenethylamine PFP (7355) — peaks: 91, 107, 151, 164, M+ 327	C13H14NO3F5	327.08939; 1630; PS; LS/Q; Designer drug
2C-H PFP / 2,5-Dimethoxyphenethylamine PFP (9166) — peaks: 91, 121, 151, 164, M+ 327	C13H14NO3F5	327.08939; 1660; PS; LS/Q; Designer drug
Fenbendazole 2ME (7409) — peaks: 59, 239, 254, 268, M+ 327	C17H17N3O2S	327.10416; 2935; #43210-67-9; PS; LM/Q; Anthelmintic

327

1073

327

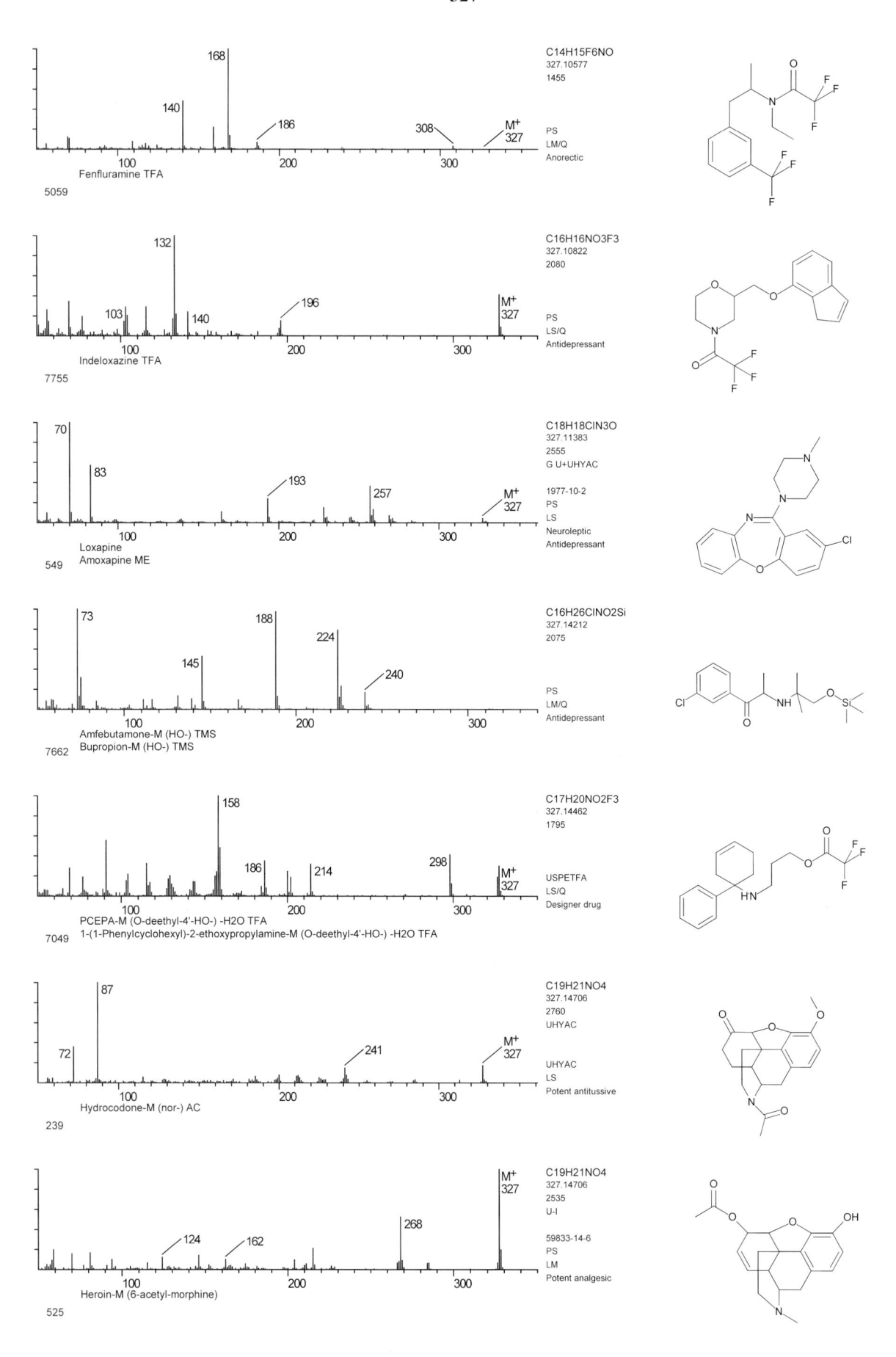

C14H15F6NO
327.10577
1455

PS
LM/Q
Anorectic

Fenfluramine TFA
5059

C16H16NO3F3
327.10822
2080

PS
LS/Q
Antidepressant

Indeloxazine TFA
7755

C18H18ClN3O
327.11383
2555
G U+UHYAC
1977-10-2
PS
LS
Neuroleptic
Antidepressant

Loxapine
Amoxapine ME
549

C16H26ClNO2Si
327.14212
2075

PS
LM/Q
Antidepressant

Amfebutamone-M (HO-) TMS
Bupropion-M (HO-) TMS
7662

C17H20NO2F3
327.14462
1795

USPETFA
LS/Q
Designer drug

PCEPA-M (O-deethyl-4'-HO-) -H2O TFA
1-(1-Phenylcyclohexyl)-2-ethoxypropylamine-M (O-deethyl-4'-HO-) -H2O TFA
7049

C19H21NO4
327.14706
2760
UHYAC

UHYAC
LS
Potent antitussive

Hydrocodone-M (nor-) AC
239

C19H21NO4
327.14706
2535
U-I

59833-14-6
PS
LM
Potent analgesic

Heroin-M (6-acetyl-morphine)
525

1074

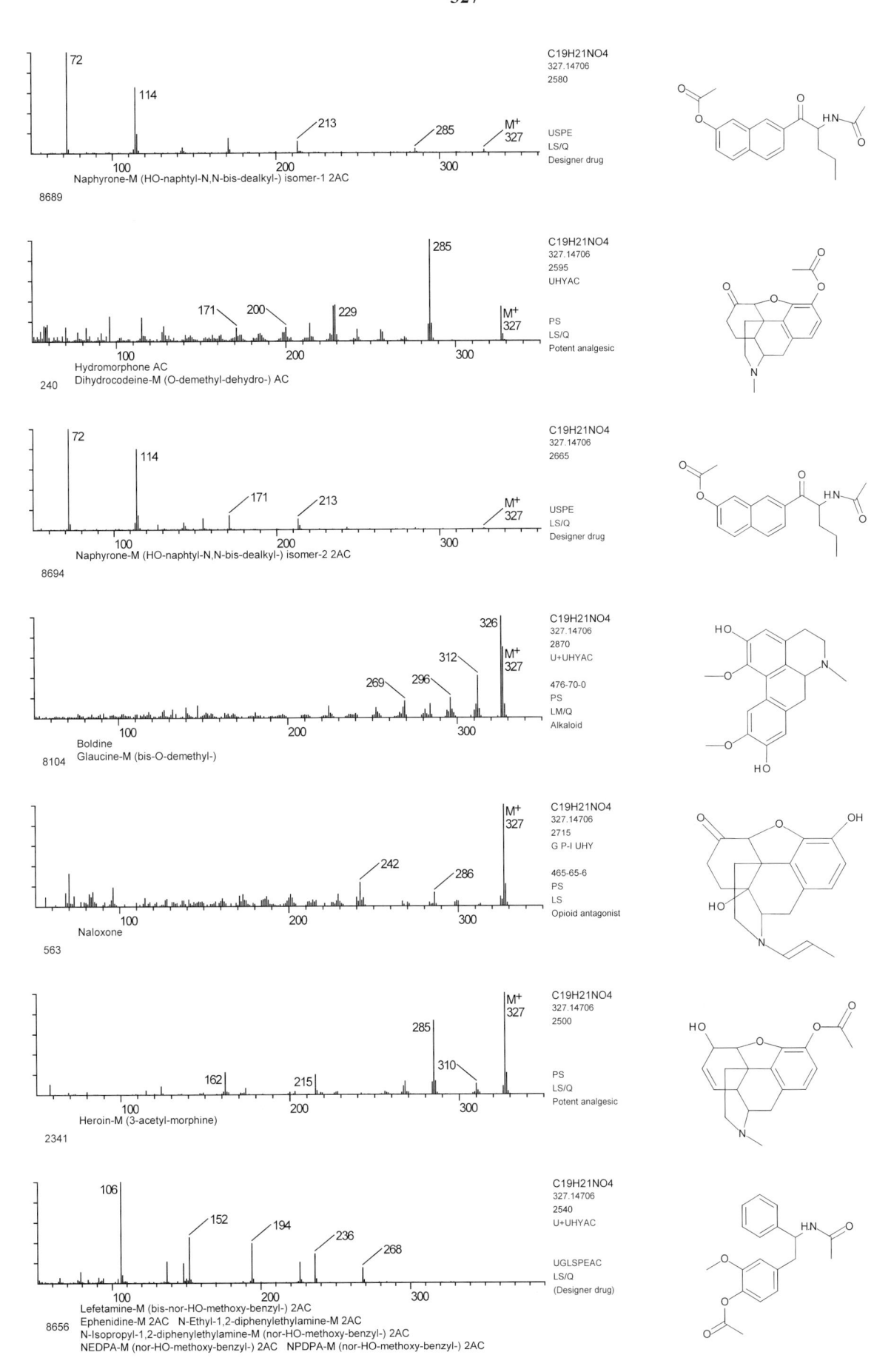

Naphyrone-M (HO-naphtyl-N,N-bis-dealkyl-) isomer-1 2AC
C19H21NO4
327.14706
2580
USPE
LS/Q
Designer drug

Hydromorphone AC
Dihydrocodeine-M (O-demethyl-dehydro-) AC
C19H21NO4
327.14706
2595
UHYAC
PS
LS/Q
Potent analgesic

Naphyrone-M (HO-naphtyl-N,N-bis-dealkyl-) isomer-2 2AC
C19H21NO4
327.14706
2665
USPE
LS/Q
Designer drug

Boldine
Glaucine-M (bis-O-demethyl-)
C19H21NO4
327.14706
2870
U+UHYAC
476-70-0
PS
LM/Q
Alkaloid

Naloxone
C19H21NO4
327.14706
2715
G P-I UHY
465-65-6
PS
LS
Opioid antagonist

Heroin-M (3-acetyl-morphine)
C19H21NO4
327.14706
2500
PS
LS/Q
Potent analgesic

Lefetamine-M (bis-nor-HO-methoxy-benzyl-) 2AC
Ephenidine-M 2AC N-Ethyl-1,2-diphenylethylamine-M 2AC
N-Isopropyl-1,2-diphenylethylamine-M (nor-HO-methoxy-benzyl-) 2AC
NEDPA-M (nor-HO-methoxy-benzyl-) 2AC   NPDPA-M (nor-HO-methoxy-benzyl-) 2AC
C19H21NO4
327.14706
2540
U+UHYAC
UGLSPEAC
LS/Q
(Designer drug)

327

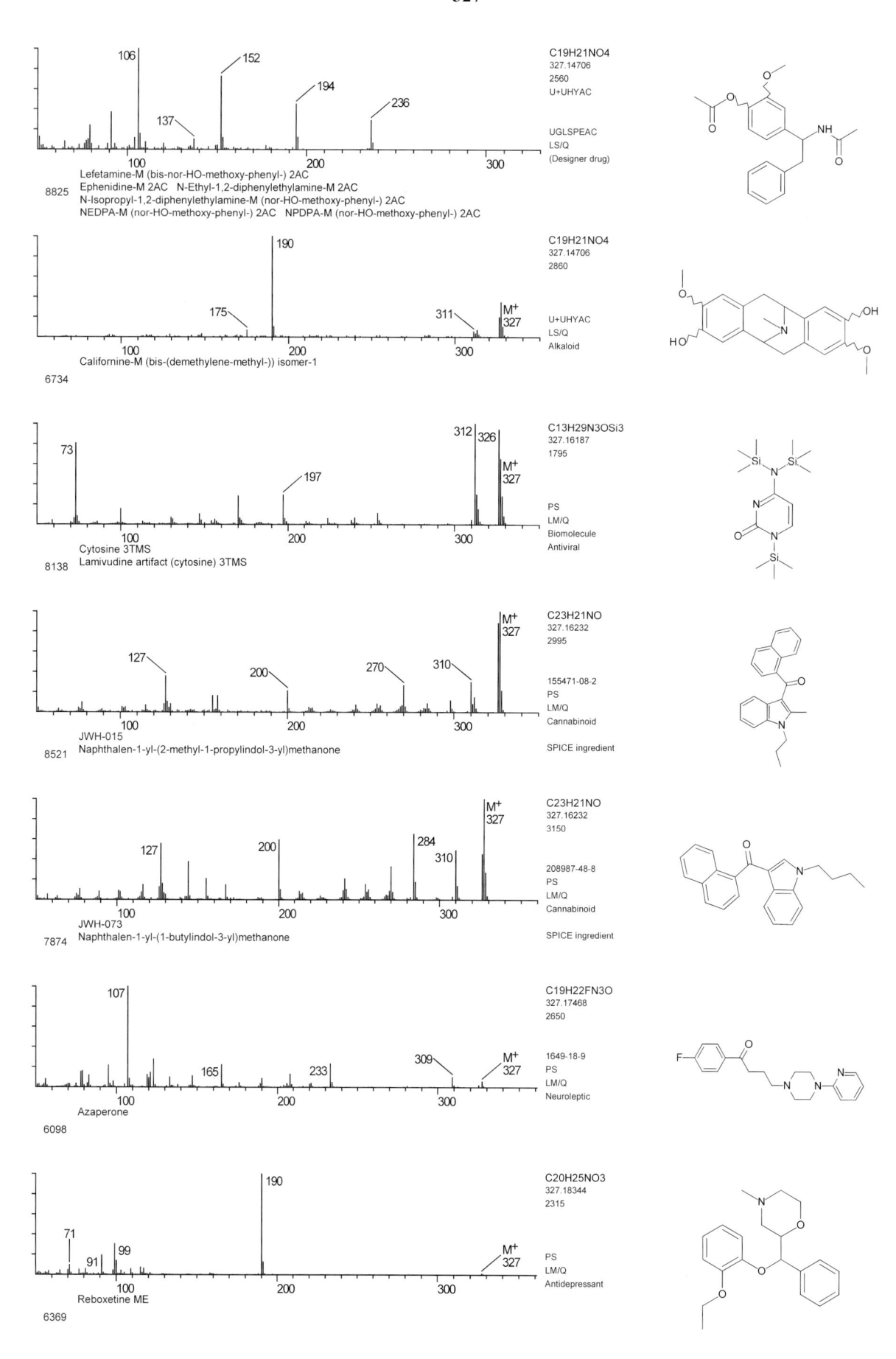

C19H21NO4
327.14706
2560
U+UHYAC

UGLSPEAC
LS/Q
(Designer drug)

Lefetamine-M (bis-nor-HO-methoxy-phenyl-) 2AC
Ephenidine-M 2AC N-Ethyl-1,2-diphenylethylamine-M 2AC
8825 N-Isopropyl-1,2-diphenylethylamine-M (nor-HO-methoxy-phenyl-) 2AC
NEDPA-M (nor-HO-methoxy-phenyl-) 2AC NPDPA-M (nor-HO-methoxy-phenyl-) 2AC

C19H21NO4
327.14706
2860

U+UHYAC
LS/Q
Alkaloid

Californine-M (bis-(demethylene-methyl-)) isomer-1
6734

C13H29N3OSi3
327.16187
1795

PS
LM/Q
Biomolecule
Antiviral

Cytosine 3TMS
8138 Lamivudine artifact (cytosine) 3TMS

C23H21NO
327.16232
2995

155471-08-2
PS
LM/Q
Cannabinoid

JWH-015
8521 Naphthalen-1-yl-(2-methyl-1-propylindol-3-yl)methanone SPICE ingredient

C23H21NO
327.16232
3150

208987-48-8
PS
LM/Q
Cannabinoid

JWH-073
7874 Naphthalen-1-yl-(1-butylindol-3-yl)methanone SPICE ingredient

C19H22FN3O
327.17468
2650

1649-18-9
PS
LM/Q
Neuroleptic

Azaperone
6098

C20H25NO3
327.18344
2315

PS
LM/Q
Antidepressant

Reboxetine ME
6369

327

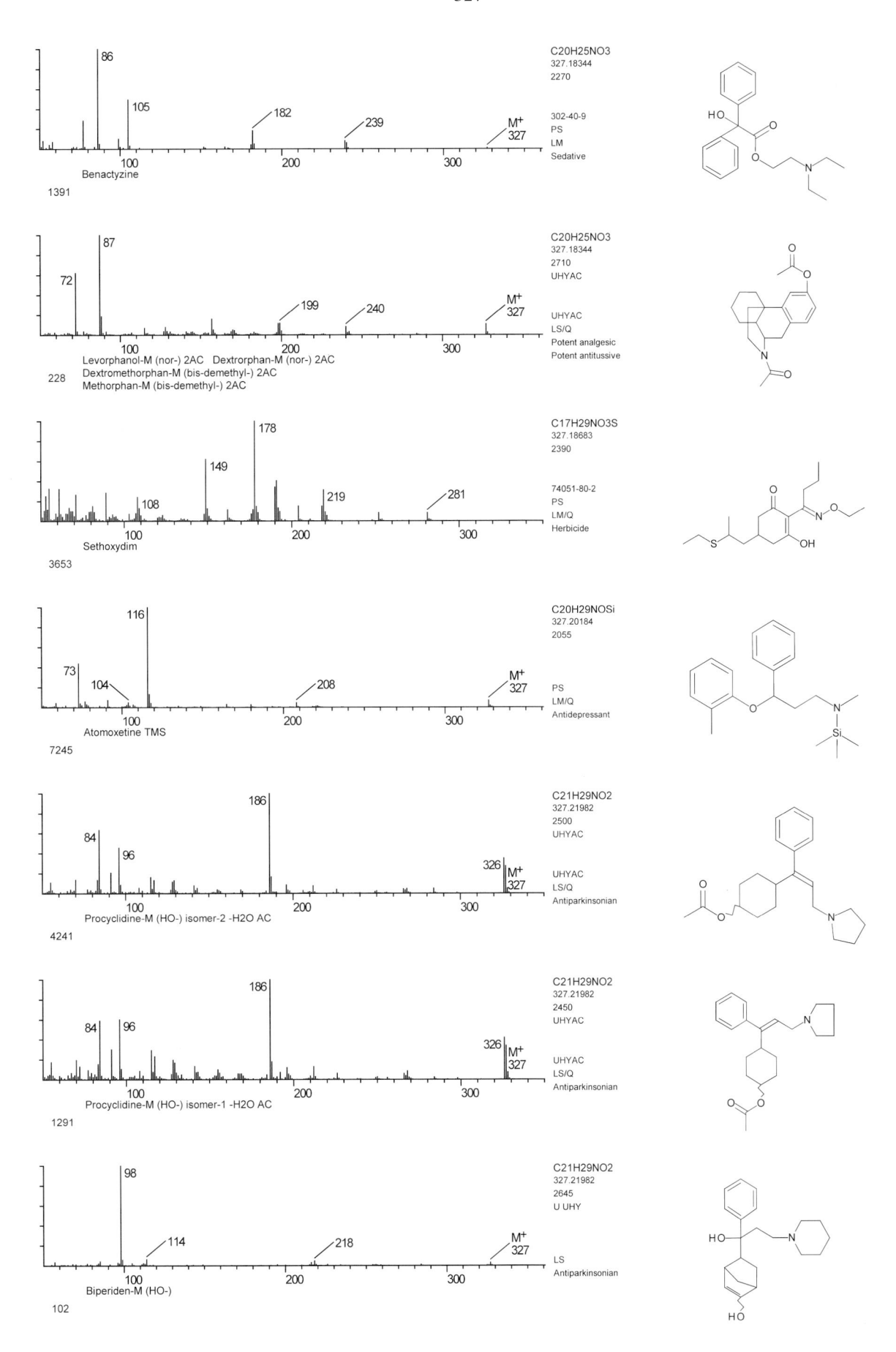

Benactyzine	86, 105, 182, 239, M+ 327	C20H25NO3 327.18344 2270 302-40-9 PS LM Sedative
1391		

Levorphanol-M (nor-) 2AC Dextrorphan-M (nor-) 2AC Dextromethorphan-M (bis-demethyl-) 2AC Methorphan-M (bis-demethyl-) 2AC	72, 87, 199, 240, M+ 327	C20H25NO3 327.18344 2710 UHYAC UHYAC LS/Q Potent analgesic Potent antitussive
228		

Sethoxydim	108, 149, 178, 219, 281	C17H29NO3S 327.18683 2390 74051-80-2 PS LM/Q Herbicide
3653		

Atomoxetine TMS	73, 104, 116, 208, M+ 327	C20H29NOSi 327.20184 2055 PS LM/Q Antidepressant
7245		

Procyclidine-M (HO-) isomer-2 -H2O AC	84, 96, 186, 326, M+ 327	C21H29NO2 327.21982 2500 UHYAC UHYAC LS/Q Antiparkinsonian
4241		

Procyclidine-M (HO-) isomer-1 -H2O AC	84, 96, 186, 326, M+ 327	C21H29NO2 327.21982 2450 UHYAC UHYAC LS/Q Antiparkinsonian
1291		

Biperiden-M (HO-)	98, 114, 218, M+ 327	C21H29NO2 327.21982 2645 U UHY LS Antiparkinsonian
102		

327

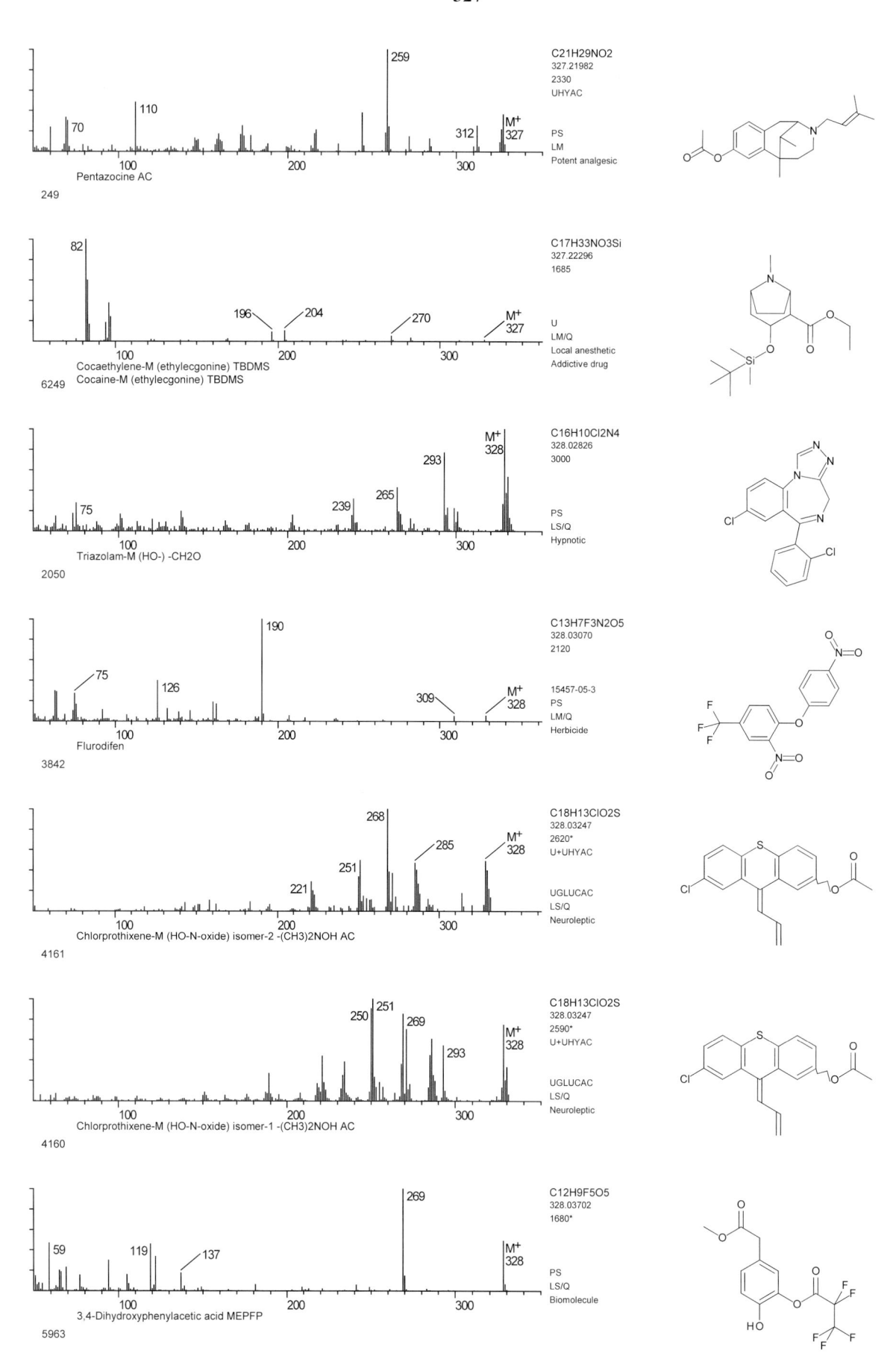

259	C21H29NO2	
70 110 312 M+ 327	327.21982 2330 UHYAC PS LM Potent analgesic	
Pentazocine AC		
249		

82	C17H33NO3Si	
196 204 270 M+ 327	327.22296 1685 U LM/Q Local anesthetic Addictive drug	
Cocaethylene-M (ethylecgonine) TBDMS Cocaine-M (ethylecgonine) TBDMS		
6249		

M+ 328 293	C16H10Cl2N4	
75 239 265	328.02826 3000 PS LS/Q Hypnotic	
Triazolam-M (HO-) -CH2O		
2050		

190	C13H7F3N2O5	
75 126 309 M+ 328	328.03070 2120 15457-05-3 PS LM/Q Herbicide	
Flurodifen		
3842		

268 285 M+ 328 221 251	C18H13ClO2S 328.03247 2620* U+UHYAC UGLUCAC LS/Q Neuroleptic	
Chlorprothixene-M (HO-N-oxide) isomer-2 -(CH3)2NOH AC		
4161		

250 251 269 293 M+ 328	C18H13ClO2S 328.03247 2590* U+UHYAC UGLUCAC LS/Q Neuroleptic	
Chlorprothixene-M (HO-N-oxide) isomer-1 -(CH3)2NOH AC		
4160		

269 M+ 328 59 119 137	C12H9F5O5 328.03702 1680* PS LS/Q Biomolecule	
3,4-Dihydroxyphenylacetic acid MEPFP		
5963		

1078

328

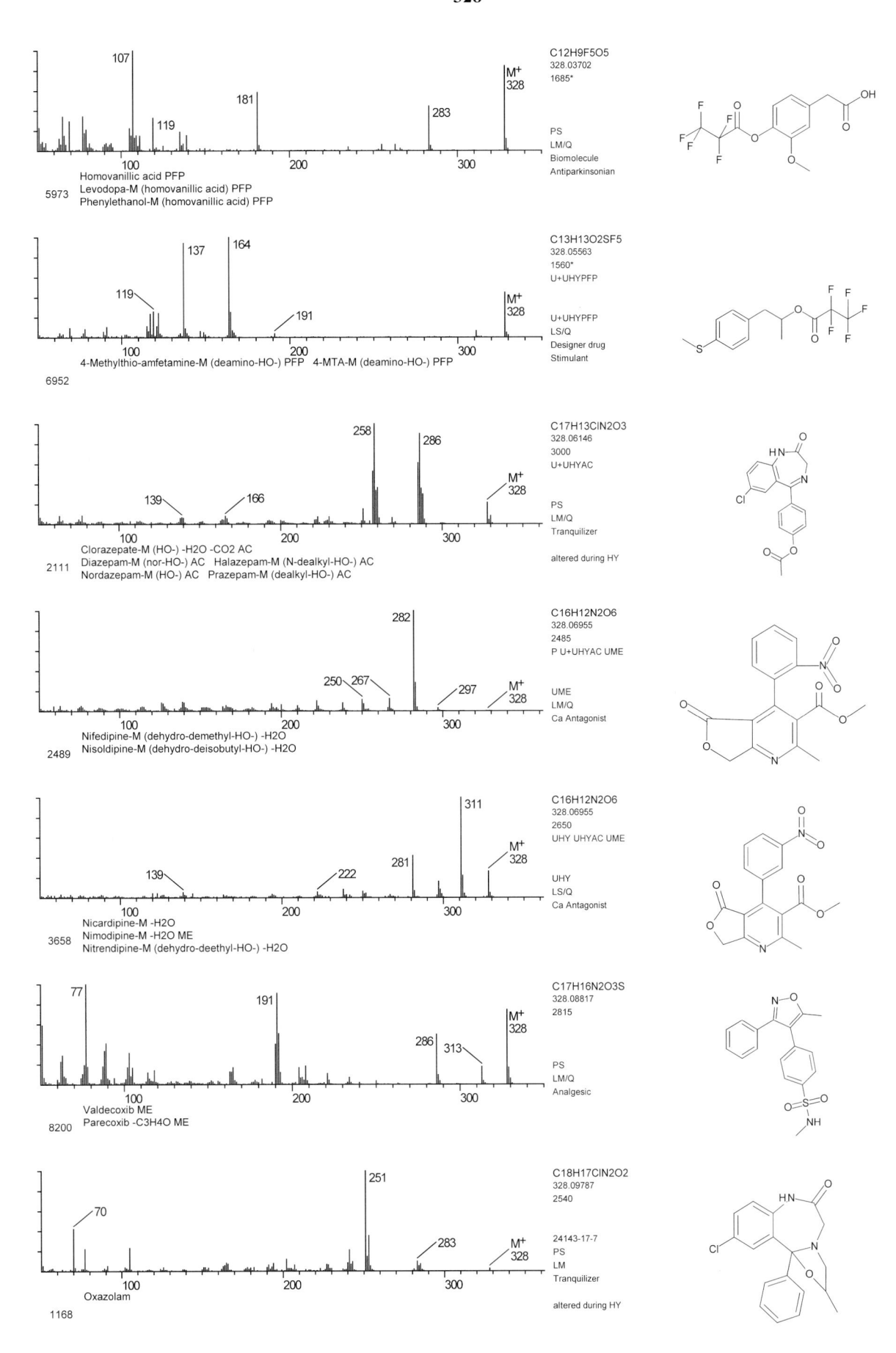

C12H9F5O5
328.03702
1685*

PS
LM/Q
Biomolecule
Antiparkinsonian

Homovanillic acid PFP
Levodopa-M (homovanillic acid) PFP
Phenylethanol-M (homovanillic acid) PFP
5973

C13H13O2SF5
328.05563
1560*
U+UHYPFP

U+UHYPFP
LS/Q
Designer drug
Stimulant

4-Methylthio-amfetamine-M (deamino-HO-) PFP   4-MTA-M (deamino-HO-) PFP
6952

C17H13ClN2O3
328.06146
3000
U+UHYAC

PS
LM/Q
Tranquilizer

Clorazepate-M (HO-) -H2O -CO2 AC
Diazepam-M (nor-HO-) AC   Halazepam-M (N-dealkyl-HO-) AC
Nordazepam-M (HO-) AC   Prazepam-M (dealkyl-HO-) AC
altered during HY
2111

C16H12N2O6
328.06955
2485
P U+UHYAC UME

UME
LM/Q
Ca Antagonist

Nifedipine-M (dehydro-demethyl-HO-) -H2O
Nisoldipine-M (dehydro-deisobutyl-HO-) -H2O
2489

C16H12N2O6
328.06955
2650
UHY UHYAC UME

UHY
LS/Q
Ca Antagonist

Nicardipine-M -H2O
Nimodipine-M -H2O ME
Nitrendipine-M (dehydro-deethyl-HO-) -H2O
3658

C17H16N2O3S
328.08817
2815

PS
LM/Q
Analgesic

Valdecoxib ME
Parecoxib -C3H4O ME
8200

C18H17ClN2O2
328.09787
2540

24143-17-7
PS
LM
Tranquilizer

Oxazolam
altered during HY
1168

328

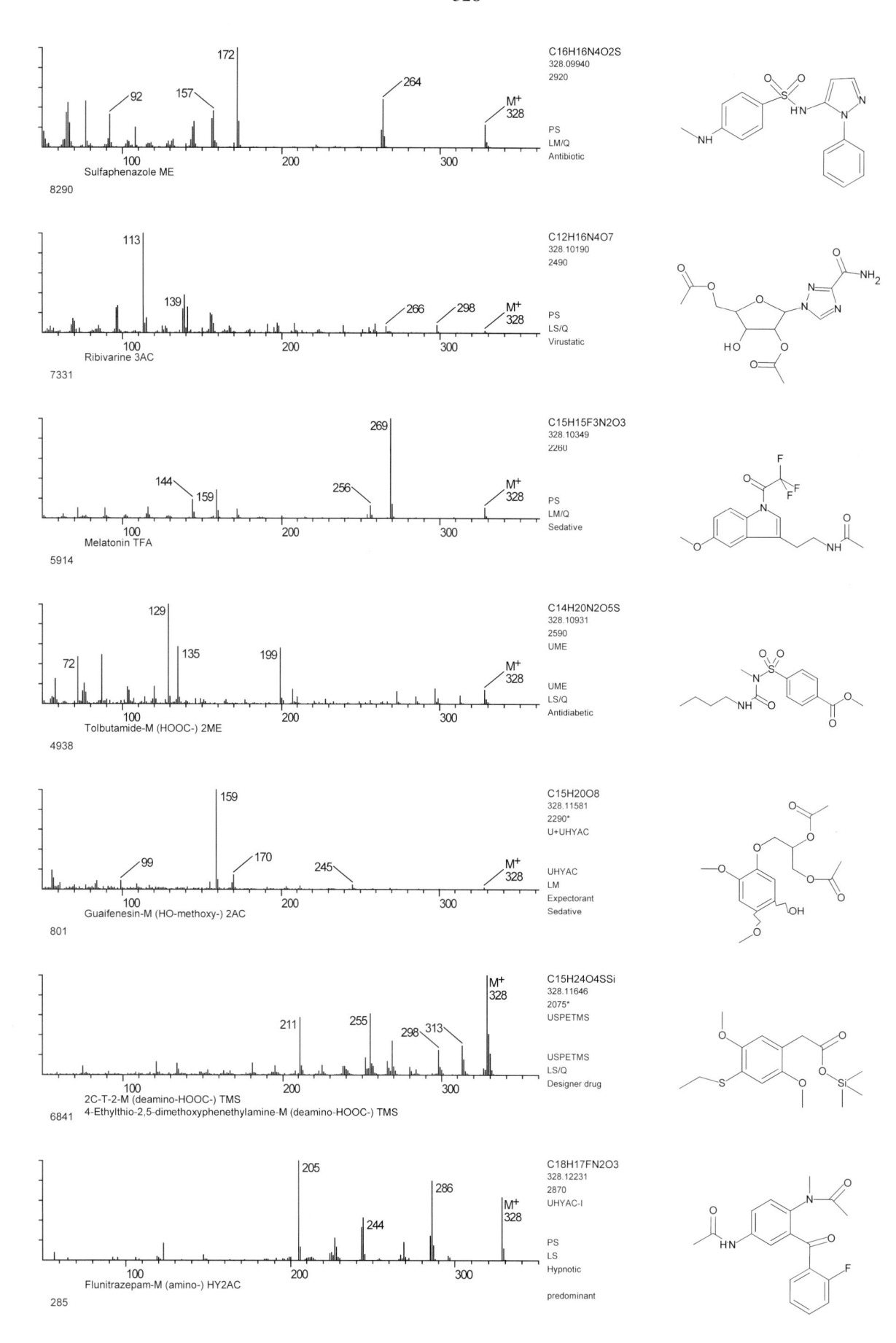

Sulfaphenazole ME — 8290
Peaks: 92, 157, 172, 264, M+ 328
C16H16N4O2S
328.09940
2920
PS
LM/Q
Antibiotic

Ribivarine 3AC — 7331
Peaks: 113, 139, 266, 298, M+ 328
C12H16N4O7
328.10190
2490
PS
LS/Q
Virustatic

Melatonin TFA — 5914
Peaks: 144, 159, 256, 269, M+ 328
C15H15F3N2O3
328.10349
2260
PS
LM/Q
Sedative

Tolbutamide-M (HOOC-) 2ME — 4938
Peaks: 72, 129, 135, 199, M+ 328
C14H20N2O5S
328.10931
2590
UME
UME
LS/Q
Antidiabetic

Guaifenesin-M (HO-methoxy-) 2AC — 801
Peaks: 99, 159, 170, 245, M+ 328
C15H20O8
328.11581
2290*
U+UHYAC
UHYAC
LM
Expectorant
Sedative

2C-T-2-M (deamino-HOOC-) TMS
4-Ethylthio-2,5-dimethoxyphenethylamine-M (deamino-HOOC-) TMS — 6841
Peaks: 211, 255, 298, 313, M+ 328
C15H24O4SSi
328.11646
2075*
USPETMS
USPETMS
LS/Q
Designer drug

Flunitrazepam-M (amino-) HY2AC — 285
Peaks: 205, 244, 286, M+ 328
C18H17FN2O3
328.12231
2870
UHYAC-I
PS
LS
Hypnotic
predominant

328

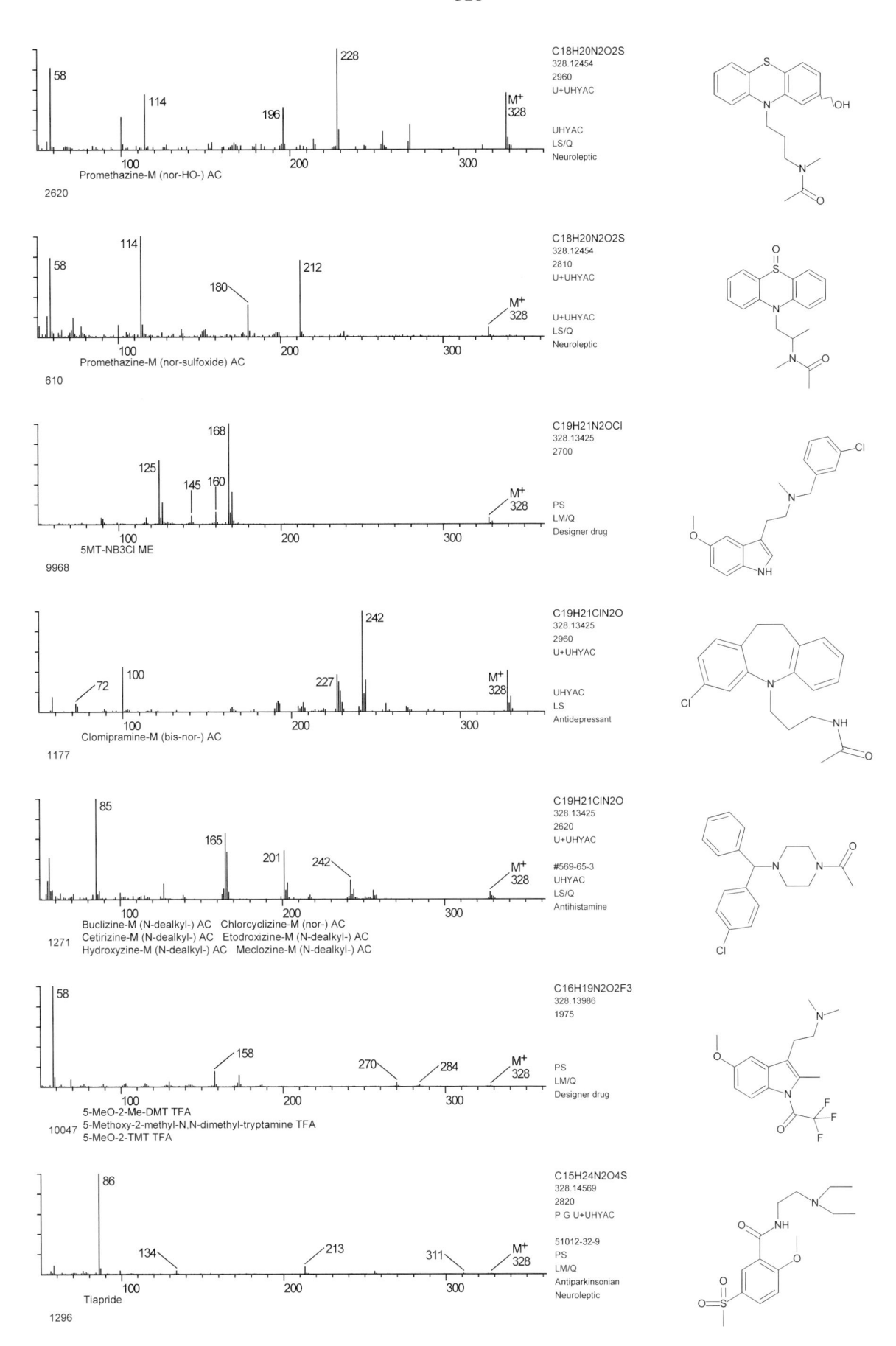

C18H20N2O2S
328.12454
2960
U+UHYAC

UHYAC
LS/Q
Neuroleptic

Promethazine-M (nor-HO-) AC
2620

C18H20N2O2S
328.12454
2810
U+UHYAC

U+UHYAC
LS/Q
Neuroleptic

Promethazine-M (nor-sulfoxide) AC
610

C19H21N2OCl
328.13425
2700

PS
LM/Q
Designer drug

5MT-NB3Cl ME
9968

C19H21ClN2O
328.13425
2960
U+UHYAC

UHYAC
LS
Antidepressant

Clomipramine-M (bis-nor-) AC
1177

C19H21ClN2O
328.13425
2620
U+UHYAC

#569-65-3
UHYAC
LS/Q
Antihistamine

Buclizine-M (N-dealkyl-) AC   Chlorcyclizine-M (nor-) AC
Cetirizine-M (N-dealkyl-) AC   Etodroxizine-M (N-dealkyl-) AC
Hydroxyzine-M (N-dealkyl-) AC   Meclozine-M (N-dealkyl-) AC
1271

C16H19N2O2F3
328.13986
1975

PS
LM/Q
Designer drug

5-MeO-2-Me-DMT TFA
5-Methoxy-2-methyl-N,N-dimethyl-tryptamine TFA
10047 5-MeO-2-TMT TFA

C15H24N2O4S
328.14569
2820
P G U+UHYAC

51012-32-9
PS
LM/Q
Antiparkinsonian
Neuroleptic

Tiapride
1296

328

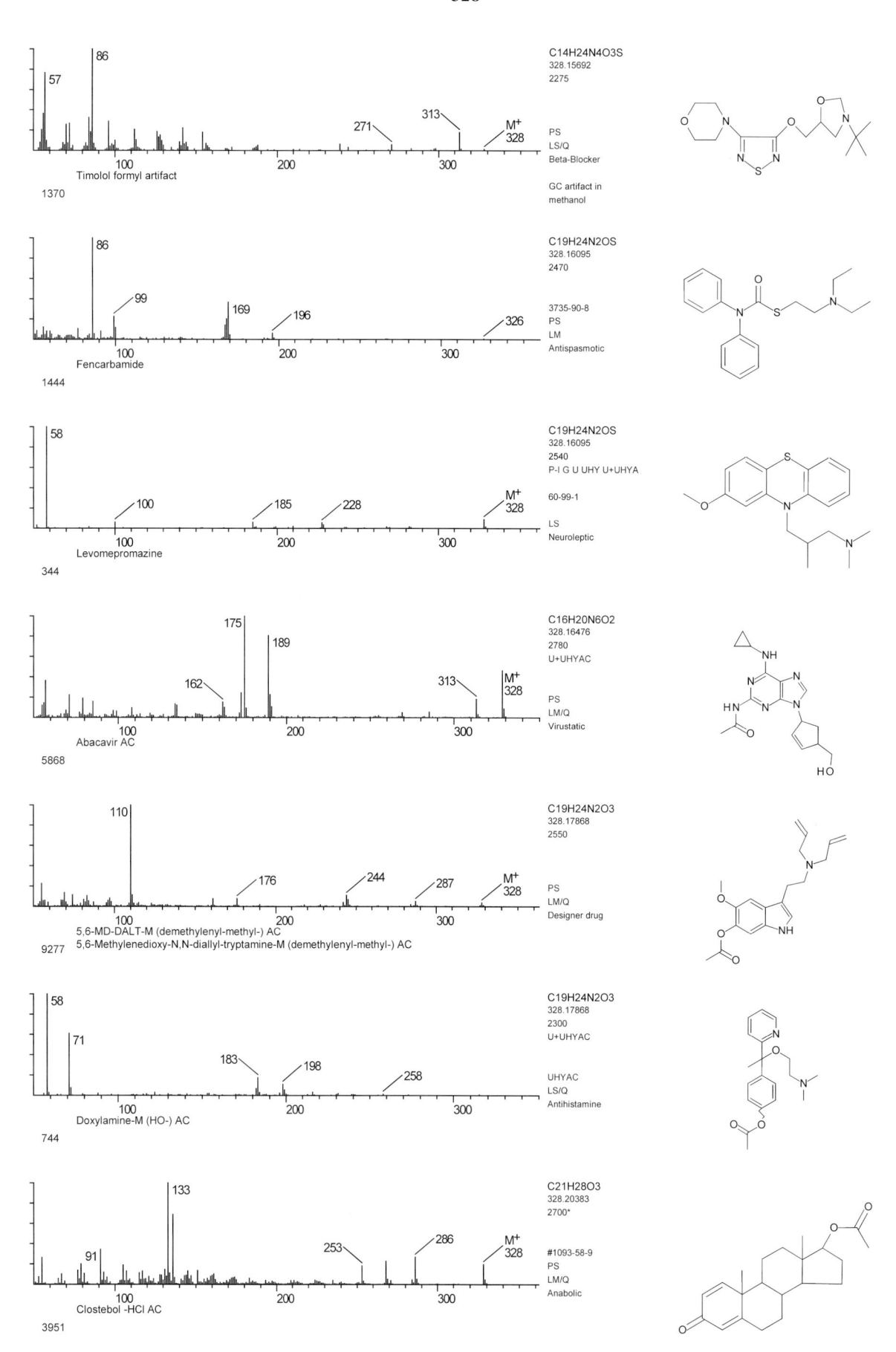

Spectrum	Compound	Formula / Info
1370	Timolol formyl artifact (57, 86, 271, 313, M+ 328)	C14H24N4O3S; 328.15692; 2275; PS; LS/Q; Beta-Blocker; GC artifact in methanol
1444	Fencarbamide (86, 99, 169, 196, 326)	C19H24N2OS; 328.16095; 2470; 3735-90-8; PS; LM; Antispasmotic
344	Levomepromazine (58, 100, 185, 228, M+ 328)	C19H24N2OS; 328.16095; 2540; P-I G U UHY U+UHYA; 60-99-1; LS; Neuroleptic
5868	Abacavir AC (175, 189, 162, 313, M+ 328)	C16H20N6O2; 328.16476; 2780; U+UHYAC; PS; LM/Q; Virustatic
9277	5,6-MD-DALT-M (demethylenyl-methyl-) AC / 5,6-Methylenedioxy-N,N-diallyl-tryptamine-M (demethylenyl-methyl-) AC (110, 176, 244, 287, M+ 328)	C19H24N2O3; 328.17868; 2550; PS; LM/Q; Designer drug
744	Doxylamine-M (HO-) AC (58, 71, 183, 198, 258)	C19H24N2O3; 328.17868; 2300; U+UHYAC; UHYAC; LS/Q; Antihistamine
3951	Clostebol -HCl AC (91, 133, 253, 286, M+ 328)	C21H28O3; 328.20383; 2700*; #1093-58-9; PS; LM/Q; Anabolic

328

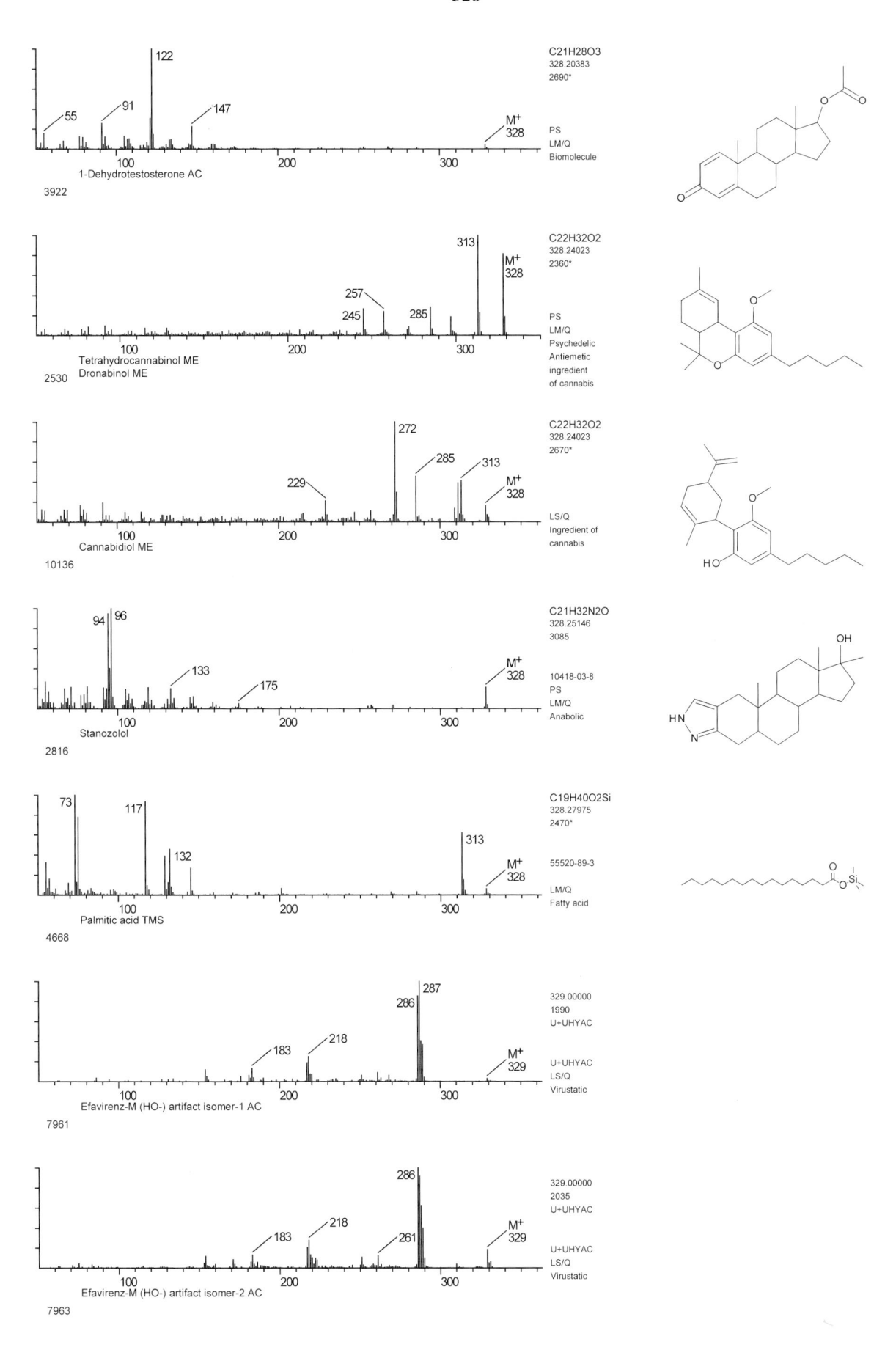

1-Dehydrotestosterone AC	C21H28O3 328.20383 2690* PS LM/Q Biomolecule
Tetrahydrocannabinol ME Dronabinol ME	C22H32O2 328.24023 2360* PS LM/Q Psychedelic Antiemetic ingredient of cannabis
Cannabidiol ME	C22H32O2 328.24023 2670* LS/Q Ingredient of cannabis
Stanozolol	C21H32N2O 328.25146 3085 10418-03-8 PS LM/Q Anabolic
Palmitic acid TMS	C19H40O2Si 328.27975 2470* 55520-89-3 LM/Q Fatty acid
Efavirenz-M (HO-) artifact isomer-1 AC	329.00000 1990 U+UHYAC U+UHYAC LS/Q Virustatic
Efavirenz-M (HO-) artifact isomer-2 AC	329.00000 2035 U+UHYAC U+UHYAC LS/Q Virustatic

329

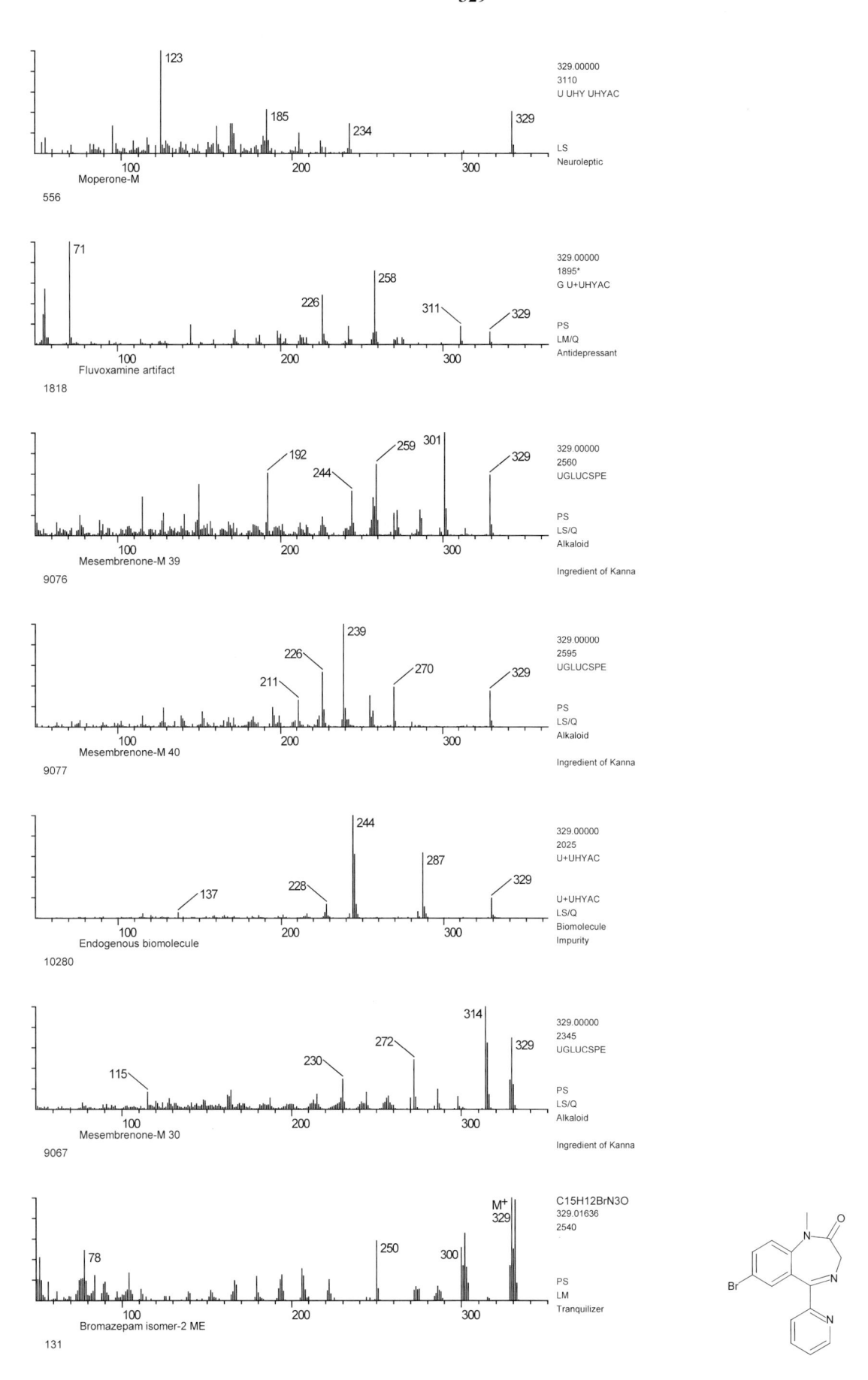

123, 185, 234, 329	329.00000 / 3110 / U UHY UHYAC / LS / Neuroleptic
Moperone-M / 556	
71, 226, 258, 311, 329	329.00000 / 1895* / G U+UHYAC / PS / LM/Q / Antidepressant
Fluvoxamine artifact / 1818	
192, 244, 259, 301, 329	329.00000 / 2560 / UGLUCSPE / PS / LS/Q / Alkaloid / Ingredient of Kanna
Mesembrenone-M 39 / 9076	
211, 226, 239, 270, 329	329.00000 / 2595 / UGLUCSPE / PS / LS/Q / Alkaloid / Ingredient of Kanna
Mesembrenone-M 40 / 9077	
137, 228, 244, 287, 329	329.00000 / 2025 / U+UHYAC / U+UHYAC / LS/Q / Biomolecule / Impurity
Endogenous biomolecule / 10280	
115, 230, 272, 314, 329	329.00000 / 2345 / UGLUCSPE / PS / LS/Q / Alkaloid / Ingredient of Kanna
Mesembrenone-M 30 / 9067	
78, 250, 300, M+ 329	C15H12BrN3O / 329.01636 / 2540 / PS / LM / Tranquilizer
Bromazepam isomer-2 ME / 131	

1084

329

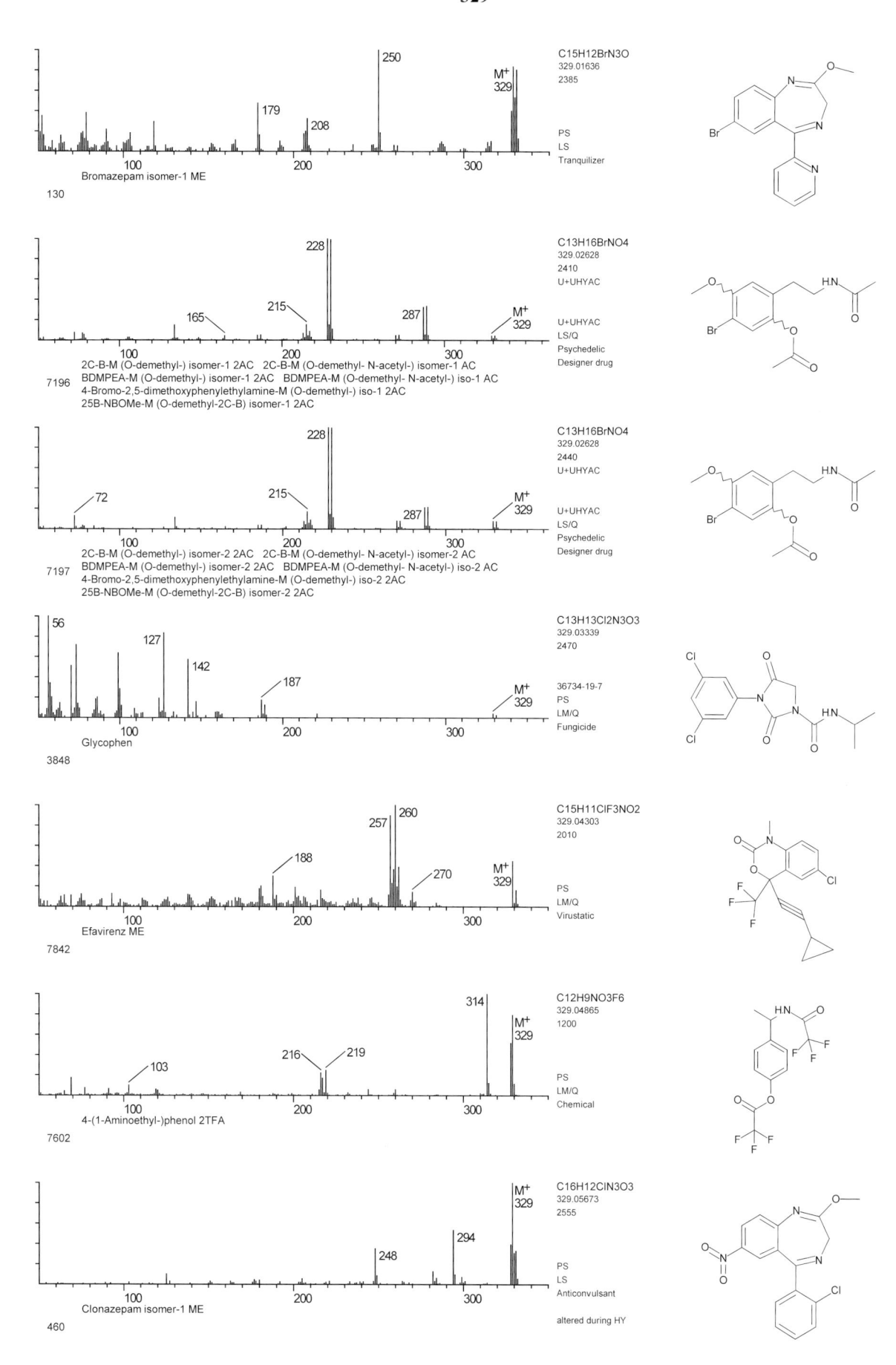

Bromazepam isomer-1 ME — 130
M+ 329, 250, 208, 179
C15H12BrN3O
329.01636
2385
PS
LS
Tranquilizer

2C-B-M (O-demethyl-) isomer-1 2AC   2C-B-M (O-demethyl- N-acetyl-) isomer-1 AC
BDMPEA-M (O-demethyl-) isomer-1 2AC   BDMPEA-M (O-demethyl- N-acetyl-) iso-1 AC
4-Bromo-2,5-dimethoxyphenylethylamine-M (O-demethyl-) iso-1 2AC
25B-NBOMe-M (O-demethyl-2C-B) isomer-1 2AC — 7196
M+ 329, 287, 228, 215, 165
C13H16BrNO4
329.02628
2410
U+UHYAC
U+UHYAC
LS/Q
Psychedelic
Designer drug

2C-B-M (O-demethyl-) isomer-2 2AC   2C-B-M (O-demethyl- N-acetyl-) isomer-2 AC
BDMPEA-M (O-demethyl-) isomer-2 2AC   BDMPEA-M (O-demethyl- N-acetyl-) iso-2 AC
4-Bromo-2,5-dimethoxyphenylethylamine-M (O-demethyl-) iso-2 2AC
25B-NBOMe-M (O-demethyl-2C-B) isomer-2 2AC — 7197
M+ 329, 287, 228, 215, 72
C13H16BrNO4
329.02628
2440
U+UHYAC
U+UHYAC
LS/Q
Psychedelic
Designer drug

Glycophen — 3848
M+ 329, 187, 142, 127, 56
C13H13Cl2N3O3
329.03339
2470
36734-19-7
PS
LM/Q
Fungicide

Efavirenz ME — 7842
M+ 329, 270, 260, 257, 188
C15H11ClF3NO2
329.04303
2010
PS
LM/Q
Virustatic

4-(1-Aminoethyl-)phenol 2TFA — 7602
M+ 329, 314, 219, 216, 103
C12H9NO3F6
329.04865
1200
PS
LM/Q
Chemical

Clonazepam isomer-1 ME — 460
M+ 329, 294, 248
C16H12ClN3O3
329.05673
2555
PS
LS
Anticonvulsant
altered during HY

329

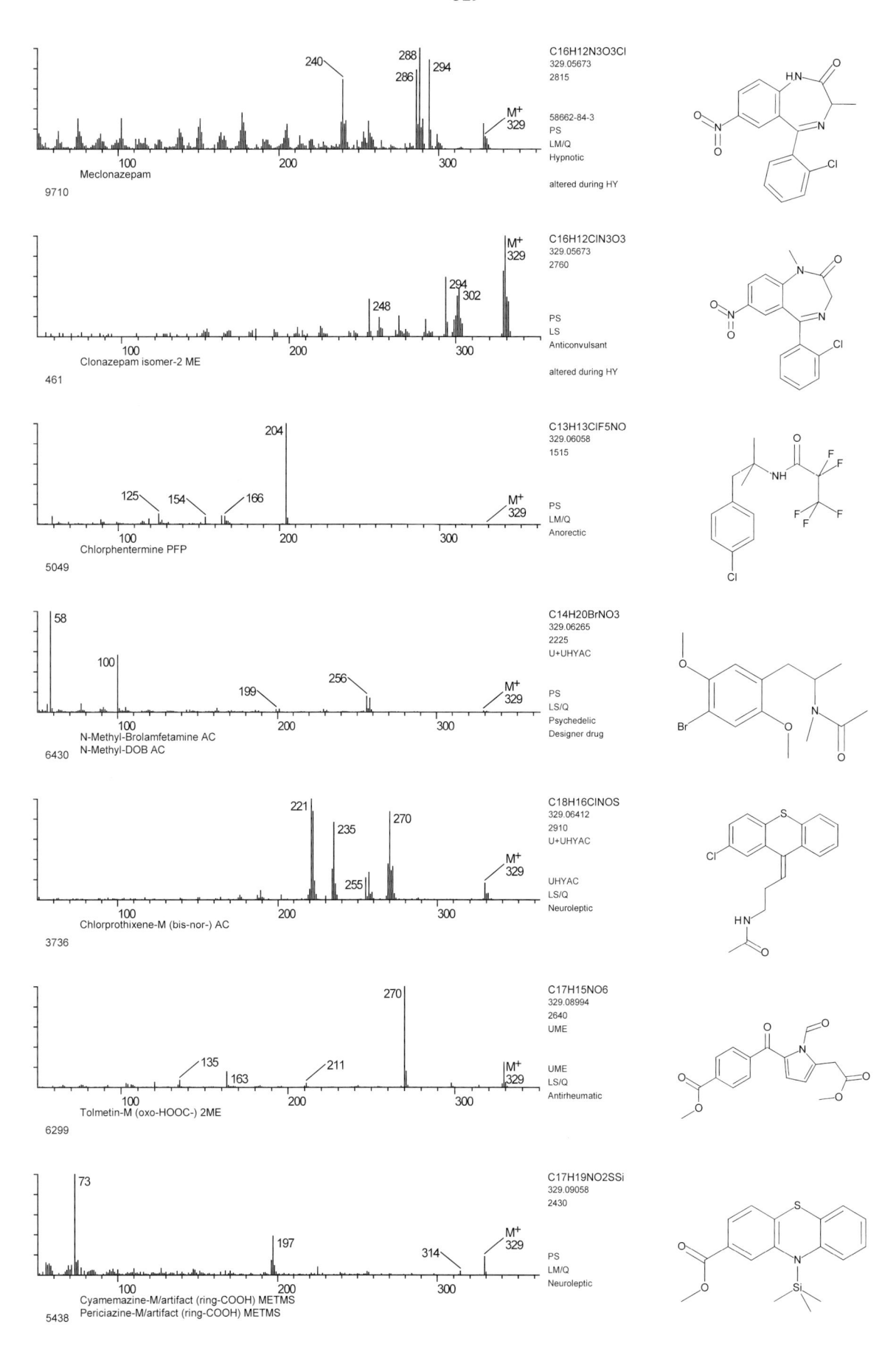

C16H12N3O3Cl
329.05673
2815

58662-84-3
PS
LM/Q
Hypnotic

altered during HY

Meclonazepam
9710

C16H12ClN3O3
329.05673
2760

PS
LS
Anticonvulsant

altered during HY

Clonazepam isomer-2 ME
461

C13H13ClF5NO
329.06058
1515

PS
LM/Q
Anorectic

Chlorphentermine PFP
5049

C14H20BrNO3
329.06265
2225
U+UHYAC

PS
LS/Q
Psychedelic
Designer drug

N-Methyl-Brolamfetamine AC
N-Methyl-DOB AC
6430

C18H16ClNOS
329.06412
2910
U+UHYAC

UHYAC
LS/Q
Neuroleptic

Chlorprothixene-M (bis-nor-) AC
3736

C17H15NO6
329.08994
2640
UME

UME
LS/Q
Antirheumatic

Tolmetin-M (oxo-HOOC-) 2ME
6299

C17H19NO2SSi
329.09058
2430

PS
LM/Q
Neuroleptic

Cyamemazine-M/artifact (ring-COOH) METMS
Periciazine-M/artifact (ring-COOH) METMS
5438

329

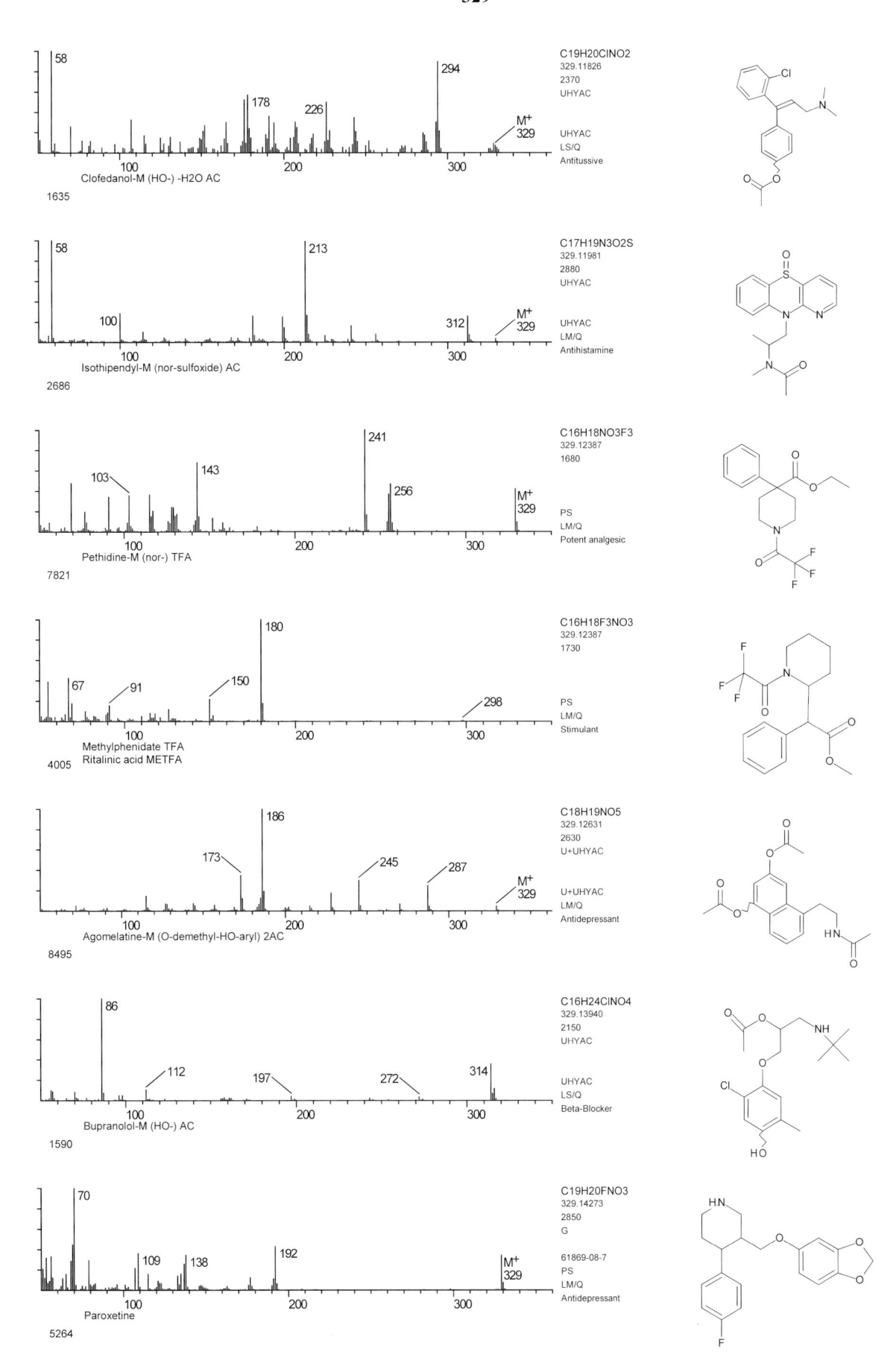

C19H20ClNO2
329.11826
2370
UHYAC

UHYAC
LS/Q
Antitussive

Clofedanol-M (HO-) -H2O AC
1635

C17H19N3O2S
329.11981
2880
UHYAC

UHYAC
LM/Q
Antihistamine

Isothipendyl-M (nor-sulfoxide) AC
2686

C16H18NO3F3
329.12387
1680

PS
LM/Q
Potent analgesic

Pethidine-M (nor-) TFA
7821

C16H18F3NO3
329.12387
1730

PS
LM/Q
Stimulant

Methylphenidate TFA
Ritalinic acid METFA
4005

C18H19NO5
329.12631
2630
U+UHYAC

U+UHYAC
LM/Q
Antidepressant

Agomelatine-M (O-demethyl-HO-aryl) 2AC
8495

C16H24ClNO4
329.13940
2150
UHYAC

UHYAC
LS/Q
Beta-Blocker

Bupranolol-M (HO-) AC
1590

C19H20FNO3
329.14273
2850
G

61869-08-7
PS
LM/Q
Antidepressant

Paroxetine
5264

329

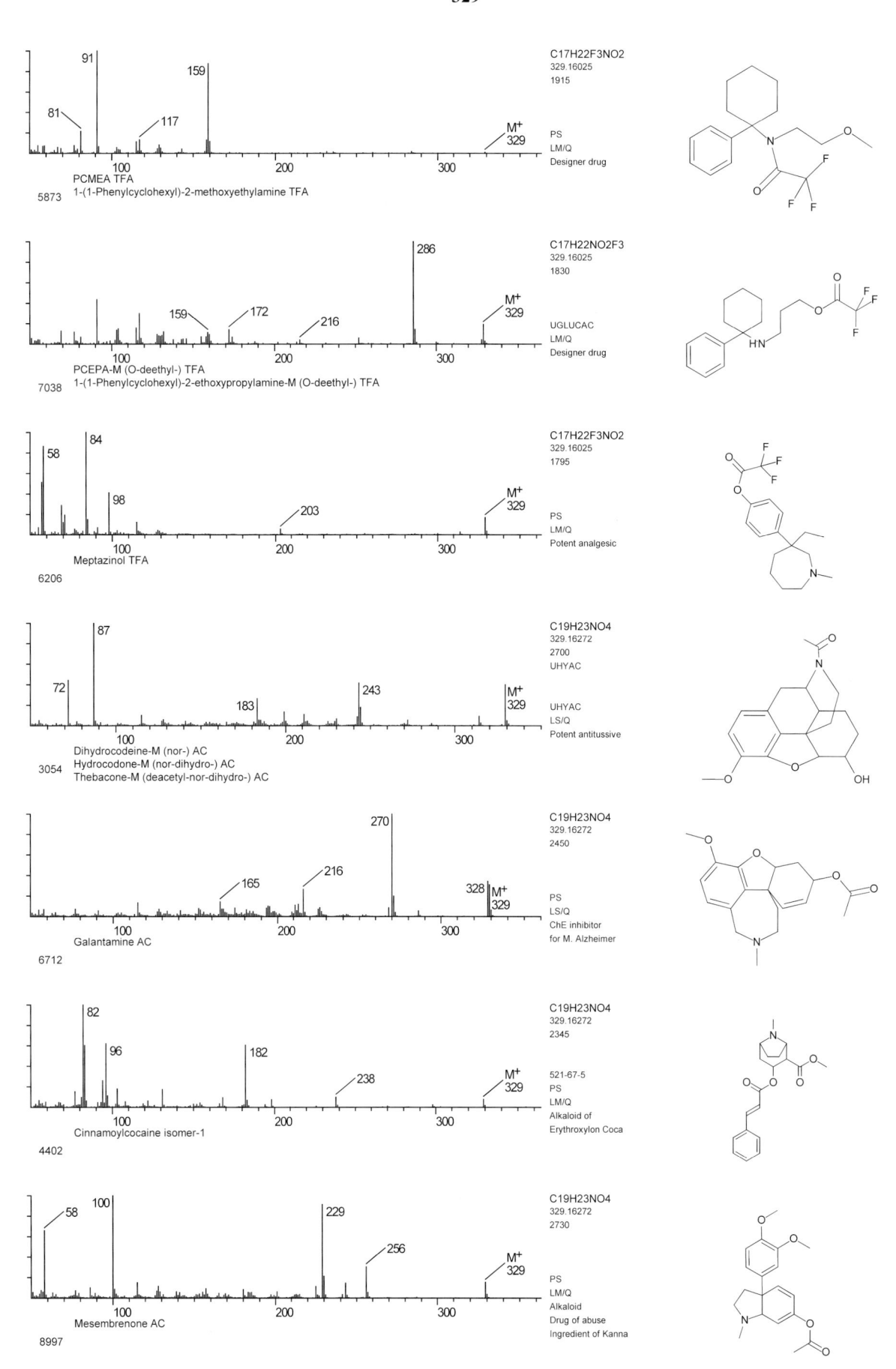

5873	PCMEA TFA 1-(1-Phenylcyclohexyl)-2-methoxyethylamine TFA Peaks: 91, 81, 117, 159, M⁺ 329	C17H22F3NO2 329.16025 1915 PS LM/Q Designer drug
7038	PCEPA-M (O-deethyl-) TFA 1-(1-Phenylcyclohexyl)-2-ethoxypropylamine-M (O-deethyl-) TFA Peaks: 159, 172, 216, 286, M⁺ 329	C17H22NO2F3 329.16025 1830 UGLUCAC LM/Q Designer drug
6206	Meptazinol TFA Peaks: 58, 84, 98, 203, M⁺ 329	C17H22F3NO2 329.16025 1795 PS LM/Q Potent analgesic
3054	Dihydrocodeine-M (nor-) AC Hydrocodone-M (nor-dihydro-) AC Thebacone-M (deacetyl-nor-dihydro-) AC Peaks: 72, 87, 183, 243, M⁺ 329	C19H23NO4 329.16272 2700 UHYAC UHYAC LS/Q Potent antitussive
6712	Galantamine AC Peaks: 165, 216, 270, 328, M⁺ 329	C19H23NO4 329.16272 2450 PS LS/Q ChE inhibitor for M. Alzheimer
4402	Cinnamoylcocaine isomer-1 Peaks: 82, 96, 182, 238, M⁺ 329	C19H23NO4 329.16272 2345 521-67-5 PS LM/Q Alkaloid of Erythroxylon Coca
8997	Mesembrenone AC Peaks: 58, 100, 229, 256, M⁺ 329	C19H23NO4 329.16272 2730 PS LM/Q Alkaloid Drug of abuse Ingredient of Kanna

329

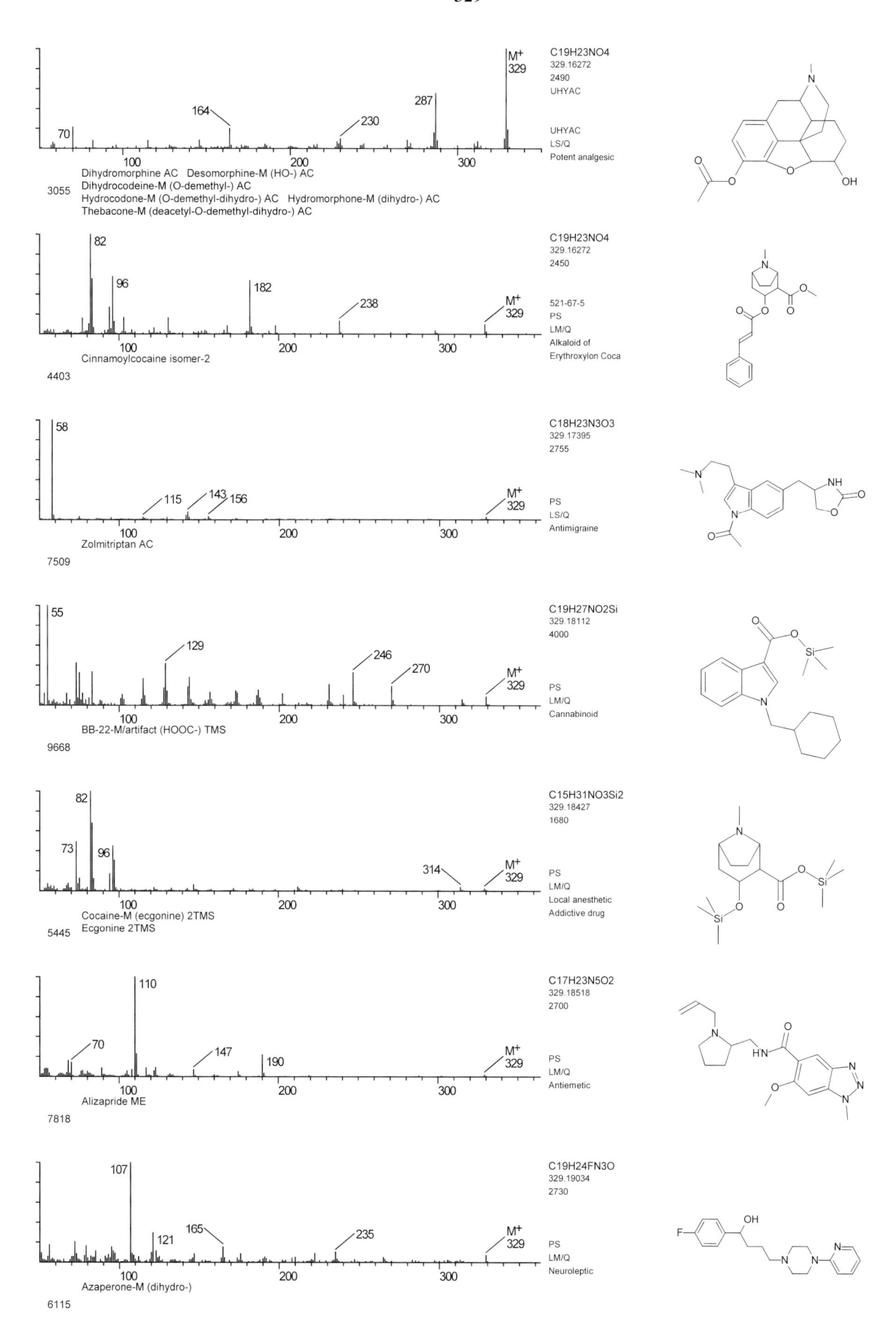

3055	Dihydromorphine AC Desomorphine-M (HO-) AC Dihydrocodeine-M (O-demethyl-) AC Hydrocodone-M (O-demethyl-dihydro-) AC Hydromorphone-M (dihydro-) AC Thebacone-M (deacetyl-O-demethyl-dihydro-) AC Peaks: 70, 164, 230, 287, M+ 329	C19H23NO4 329.16272 2490 UHYAC UHYAC LS/Q Potent analgesic
4403	Cinnamoylcocaine isomer-2 Peaks: 82, 96, 182, 238, M+ 329	C19H23NO4 329.16272 2450 521-67-5 PS LM/Q Alkaloid of Erythroxylon Coca
7509	Zolmitriptan AC Peaks: 58, 115, 143, 156, M+ 329	C18H23N3O3 329.17395 2755 PS LS/Q Antimigraine
9668	BB-22-M/artifact (HOOC-) TMS Peaks: 55, 129, 246, 270, M+ 329	C19H27NO2Si 329.18112 4000 PS LM/Q Cannabinoid
5445	Cocaine-M (ecgonine) 2TMS Ecgonine 2TMS Peaks: 73, 82, 96, 314, M+ 329	C15H31NO3Si2 329.18427 1680 PS LM/Q Local anesthetic Addictive drug
7818	Alizapride ME Peaks: 70, 110, 147, 190, M+ 329	C17H23N5O2 329.18518 2700 PS LM/Q Antiemetic
6115	Azaperone-M (dihydro-) Peaks: 107, 121, 165, 235, M+ 329	C19H24FN3O 329.19034 2730 PS LM/Q Neuroleptic

329

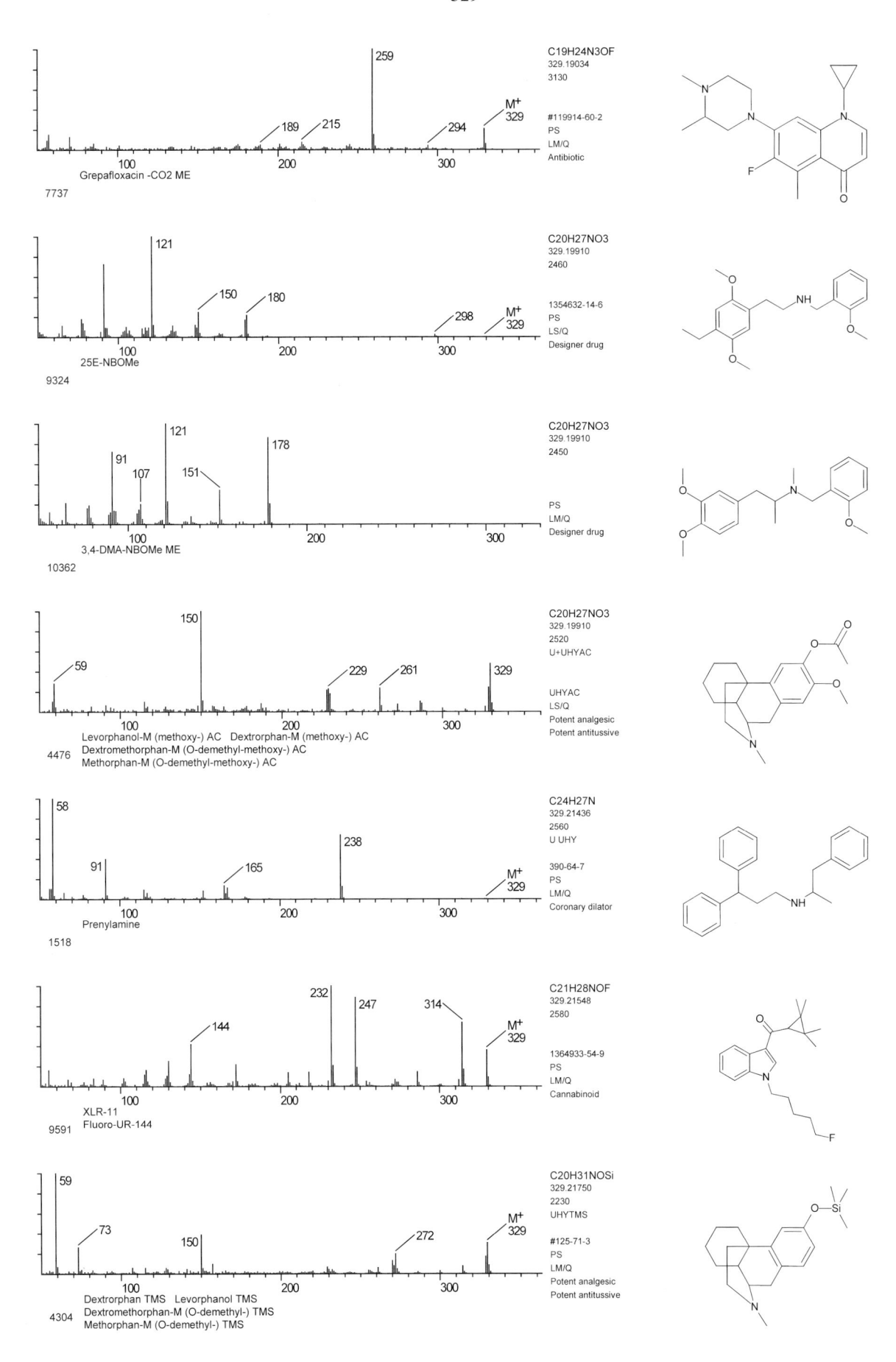

C19H24N3OF
329.19034
3130

#119914-60-2
PS
LM/Q
Antibiotic

Grepafloxacin -CO2 ME
7737

C20H27NO3
329.19910
2460

1354632-14-6
PS
LS/Q
Designer drug

25E-NBOMe
9324

C20H27NO3
329.19910
2450

PS
LM/Q
Designer drug

3,4-DMA-NBOMe ME
10362

C20H27NO3
329.19910
2520
U+UHYAC

UHYAC
LS/Q
Potent analgesic
Potent antitussive

Levorphanol-M (methoxy-) AC   Dextrorphan-M (methoxy-) AC
Dextromethorphan-M (O-demethyl-methoxy-) AC
Methorphan-M (O-demethyl-methoxy-) AC
4476

C24H27N
329.21436
2560
U UHY

390-64-7
PS
LM/Q
Coronary dilator

Prenylamine
1518

C21H28NOF
329.21548
2580

1364933-54-9
PS
LM/Q
Cannabinoid

XLR-11
Fluoro-UR-144
9591

C20H31NOSi
329.21750
2230
UHYTMS

#125-71-3
PS
LM/Q
Potent analgesic
Potent antitussive

Dextrorphan TMS   Levorphanol TMS
Dextromethorphan-M (O-demethyl-) TMS
Methorphan-M (O-demethyl-) TMS
4304

329

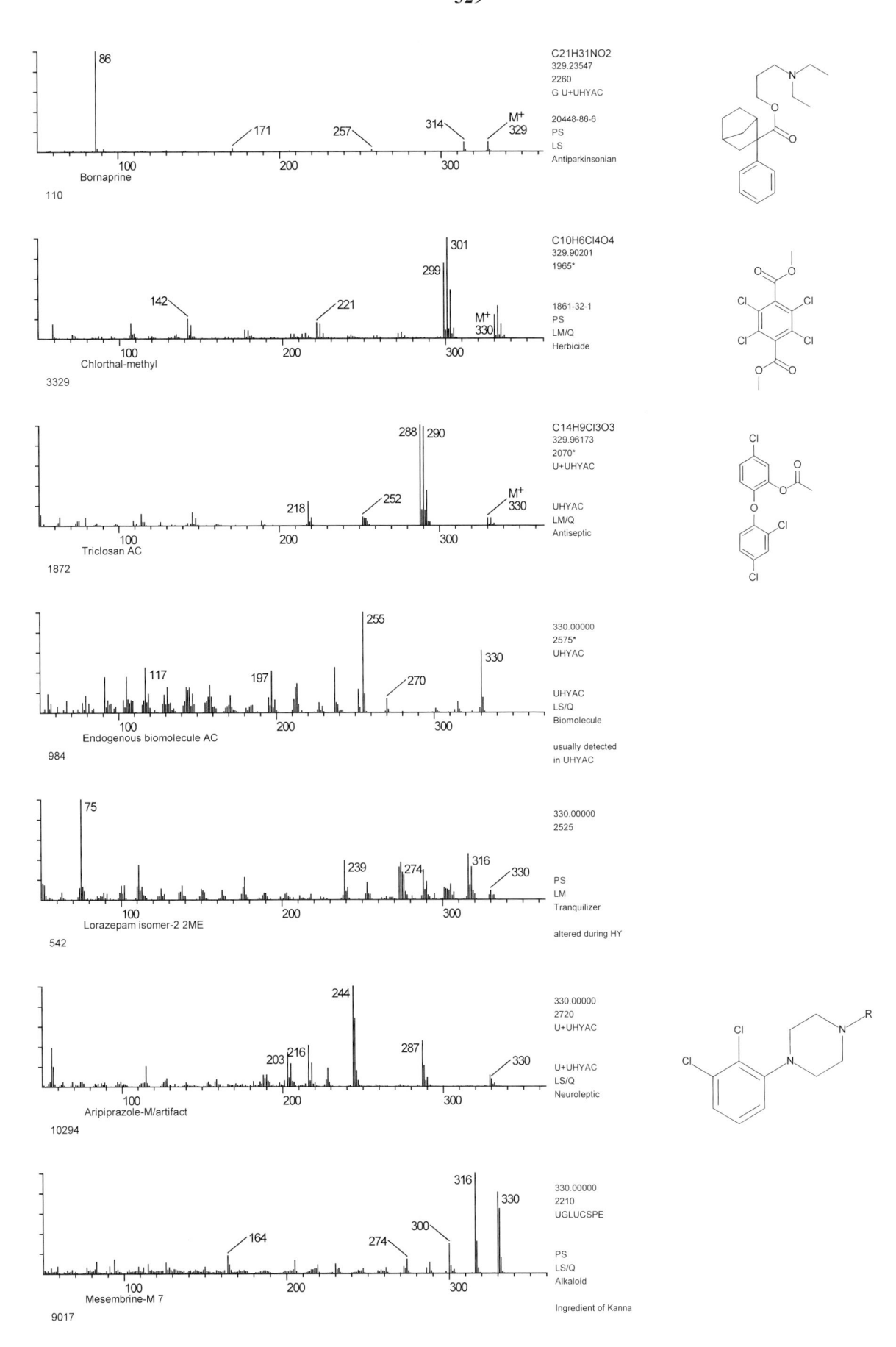

86, 171, 257, 314, M+ 329 — Bornaprine — 110	C21H31NO2 / 329.23547 / 2260 / G U+UHYAC / 20448-86-6 / PS / LS / Antiparkinsonian
142, 221, 299, 301, M+ 330 — Chlorthal-methyl — 3329	C10H6Cl4O4 / 329.90201 / 1965* / 1861-32-1 / PS / LM/Q / Herbicide
218, 252, 288, 290, M+ 330 — Triclosan AC — 1872	C14H9Cl3O3 / 329.96173 / 2070* / U+UHYAC / UHYAC / LM/Q / Antiseptic
117, 197, 255, 270, 330 — Endogenous biomolecule AC — 984	330.00000 / 2575* / UHYAC / UHYAC / LS/Q / Biomolecule / usually detected in UHYAC
75, 239, 274, 316, 330 — Lorazepam isomer-2 2ME — 542	330.00000 / 2525 / PS / LM / Tranquilizer / altered during HY
203, 216, 244, 287, 330 — Aripiprazole-M/artifact — 10294	330.00000 / 2720 / U+UHYAC / U+UHYAC / LS/Q / Neuroleptic
164, 274, 300, 316, 330 — Mesembrine-M 7 — 9017	330.00000 / 2210 / UGLUCSPE / PS / LS/Q / Alkaloid / Ingredient of Kanna

1091

330

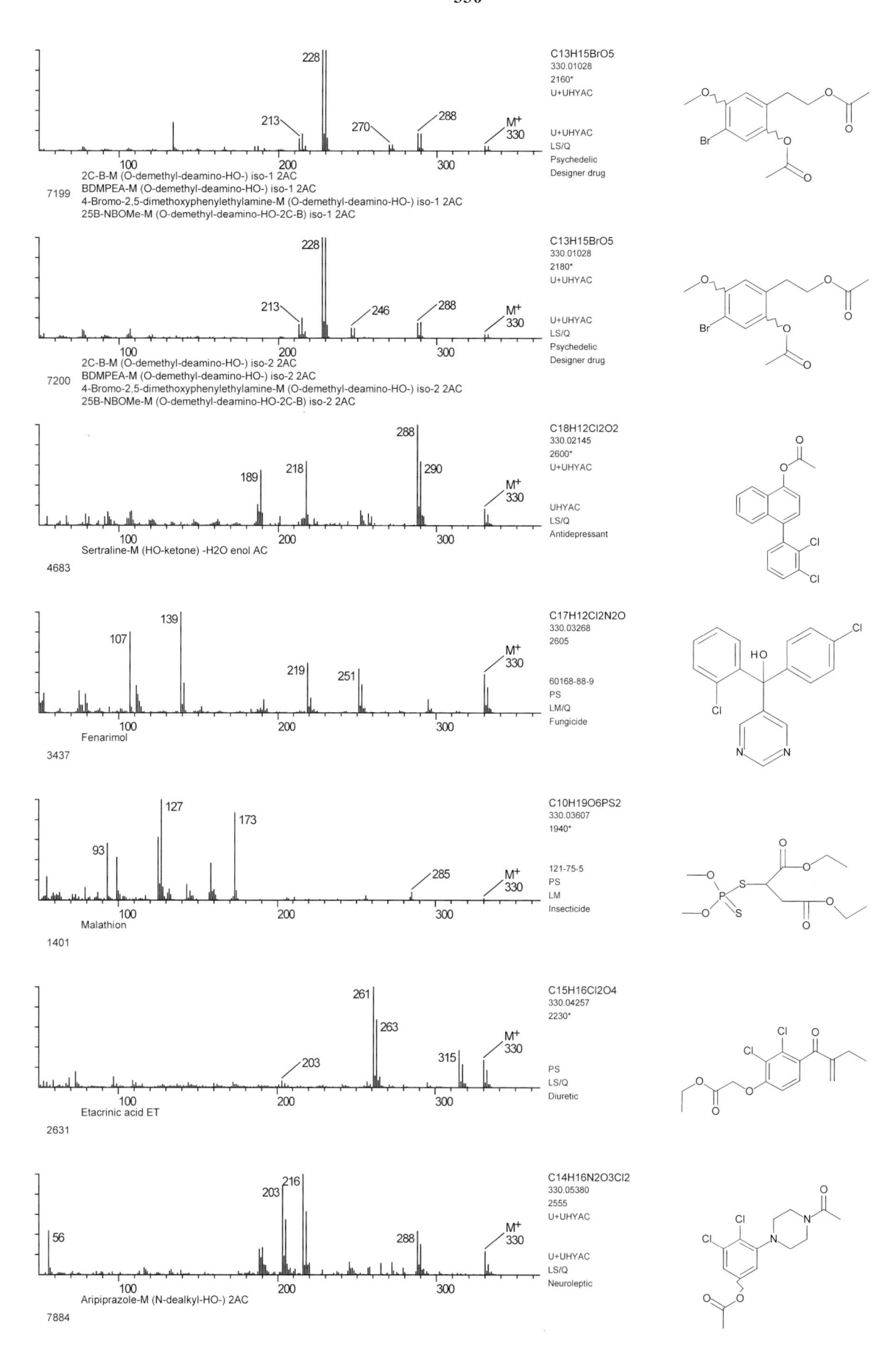

7199
- 2C-B-M (O-demethyl-deamino-HO-) iso-1 2AC
- BDMPEA-M (O-demethyl-deamino-HO-) iso-1 2AC
- 4-Bromo-2,5-dimethoxyphenylethylamine-M (O-demethyl-deamino-HO-) iso-1 2AC
- 25B-NBOMe-M (O-demethyl-deamino-HO-2C-B) iso-1 2AC

C13H15BrO5
330.01028
2160*
U+UHYAC

U+UHYAC
LS/Q
Psychedelic
Designer drug

7200
- 2C-B-M (O-demethyl-deamino-HO-) iso-2 2AC
- BDMPEA-M (O-demethyl-deamino-HO-) iso-2 2AC
- 4-Bromo-2,5-dimethoxyphenylethylamine-M (O-demethyl-deamino-HO-) iso-2 2AC
- 25B-NBOMe-M (O-demethyl-deamino-HO-2C-B) iso-2 2AC

C13H15BrO5
330.01028
2180*
U+UHYAC

U+UHYAC
LS/Q
Psychedelic
Designer drug

Sertraline-M (HO-ketone) -H2O enol AC
4683

C18H12Cl2O2
330.02145
2600*
U+UHYAC

UHYAC
LS/Q
Antidepressant

Fenarimol
3437

C17H12Cl2N2O
330.03268
2605

60168-88-9
PS
LM/Q
Fungicide

Malathion
1401

C10H19O6PS2
330.03607
1940*

121-75-5
PS
LM
Insecticide

Etacrinic acid ET
2631

C15H16Cl2O4
330.04257
2230*

PS
LS/Q
Diuretic

Aripiprazole-M (N-dealkyl-HO-) 2AC
7884

C14H16N2O3Cl2
330.05380
2555
U+UHYAC

U+UHYAC
LS/Q
Neuroleptic

1092

C17H12ClFN2O2
330.05713
2380
UHYAC

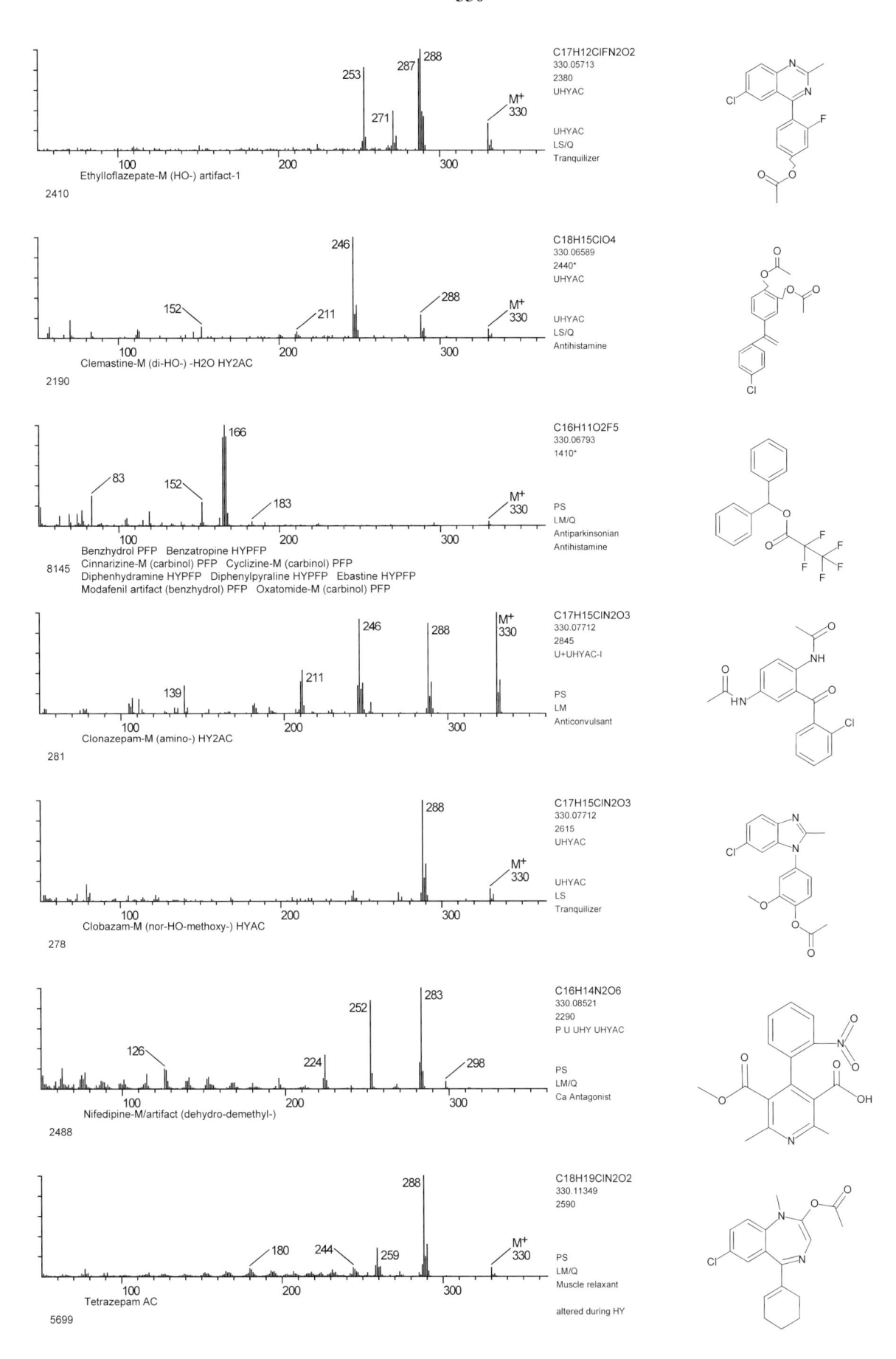

UHYAC
LS/Q
Tranquilizer

Ethylloflazepate-M (HO-) artifact-1

C18H15ClO4
330.06589
2440*
UHYAC

UHYAC
LS/Q
Antihistamine

Clemastine-M (di-HO-) -H2O HY2AC

C16H11O2F5
330.06793
1410*

PS
LM/Q
Antiparkinsonian
Antihistamine

Benzhydrol PFP Benzatropine HYPFP
Cinnarizine-M (carbinol) PFP Cyclizine-M (carbinol) PFP
Diphenhydramine HYPFP Diphenylpyraline HYPFP Ebastine HYPFP
Modafenil artifact (benzhydrol) PFP Oxatomide-M (carbinol) PFP

C17H15ClN2O3
330.07712
2845
U+UHYAC-I

PS
LM
Anticonvulsant

Clonazepam-M (amino-) HY2AC

C17H15ClN2O3
330.07712
2615
UHYAC

UHYAC
LS
Tranquilizer

Clobazam-M (nor-HO-methoxy-) HYAC

C16H14N2O6
330.08521
2290
P U UHY UHYAC

PS
LM/Q
Ca Antagonist

Nifedipine-M/artifact (dehydro-demethyl-)

C18H19ClN2O2
330.11349
2590

PS
LM/Q
Muscle relaxant

altered during HY

Tetrazepam AC

330

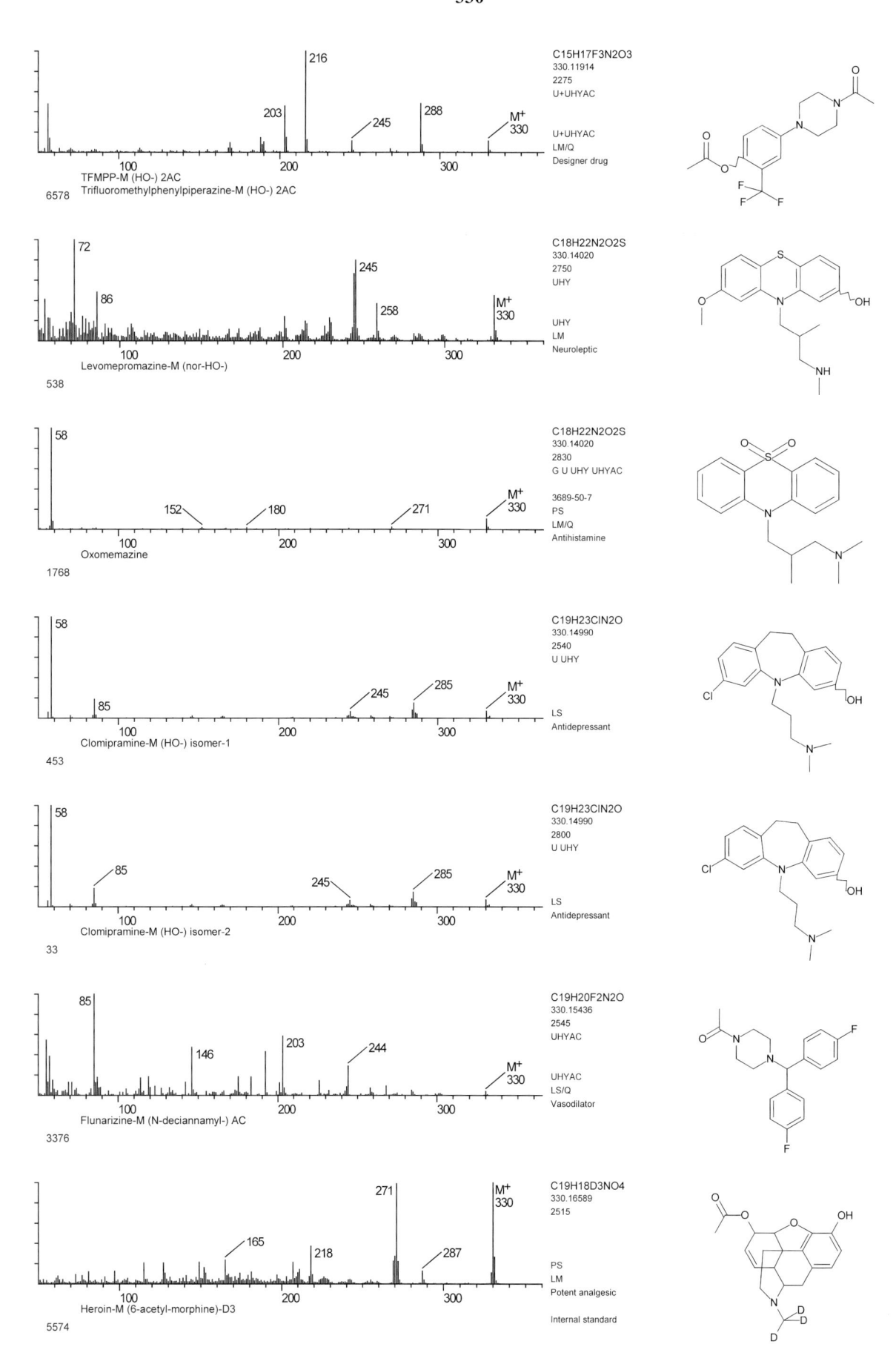

TFMPP-M (HO-) 2AC Trifluoromethylphenylpiperazine-M (HO-) 2AC 6578	C15H17F3N2O3 330.11914 2275 U+UHYAC U+UHYAC LM/Q Designer drug
Peaks: 216, 203, 245, 288, M+ 330	
Levomepromazine-M (nor-HO-) 538	C18H22N2O2S 330.14020 2750 UHY UHY LM Neuroleptic
Peaks: 72, 86, 245, 258, M+ 330	
Oxomemazine 1768	C18H22N2O2S 330.14020 2830 G U UHY UHYAC 3689-50-7 PS LM/Q Antihistamine
Peaks: 58, 152, 180, 271, M+ 330	
Clomipramine-M (HO-) isomer-1 453	C19H23ClN2O 330.14990 2540 U UHY LS Antidepressant
Peaks: 58, 85, 245, 285, M+ 330	
Clomipramine-M (HO-) isomer-2 33	C19H23ClN2O 330.14990 2800 U UHY LS Antidepressant
Peaks: 58, 85, 245, 285, M+ 330	
Flunarizine-M (N-deciannamyl-) AC 3376	C19H20F2N2O 330.15436 2545 UHYAC UHYAC LS/Q Vasodilator
Peaks: 85, 146, 203, 244, M+ 330	
Heroin-M (6-acetyl-morphine)-D3 5574	C19H18D3NO4 330.16589 2515 PS LM Potent analgesic Internal standard
Peaks: 165, 218, 271, 287, M+ 330	

1094

330

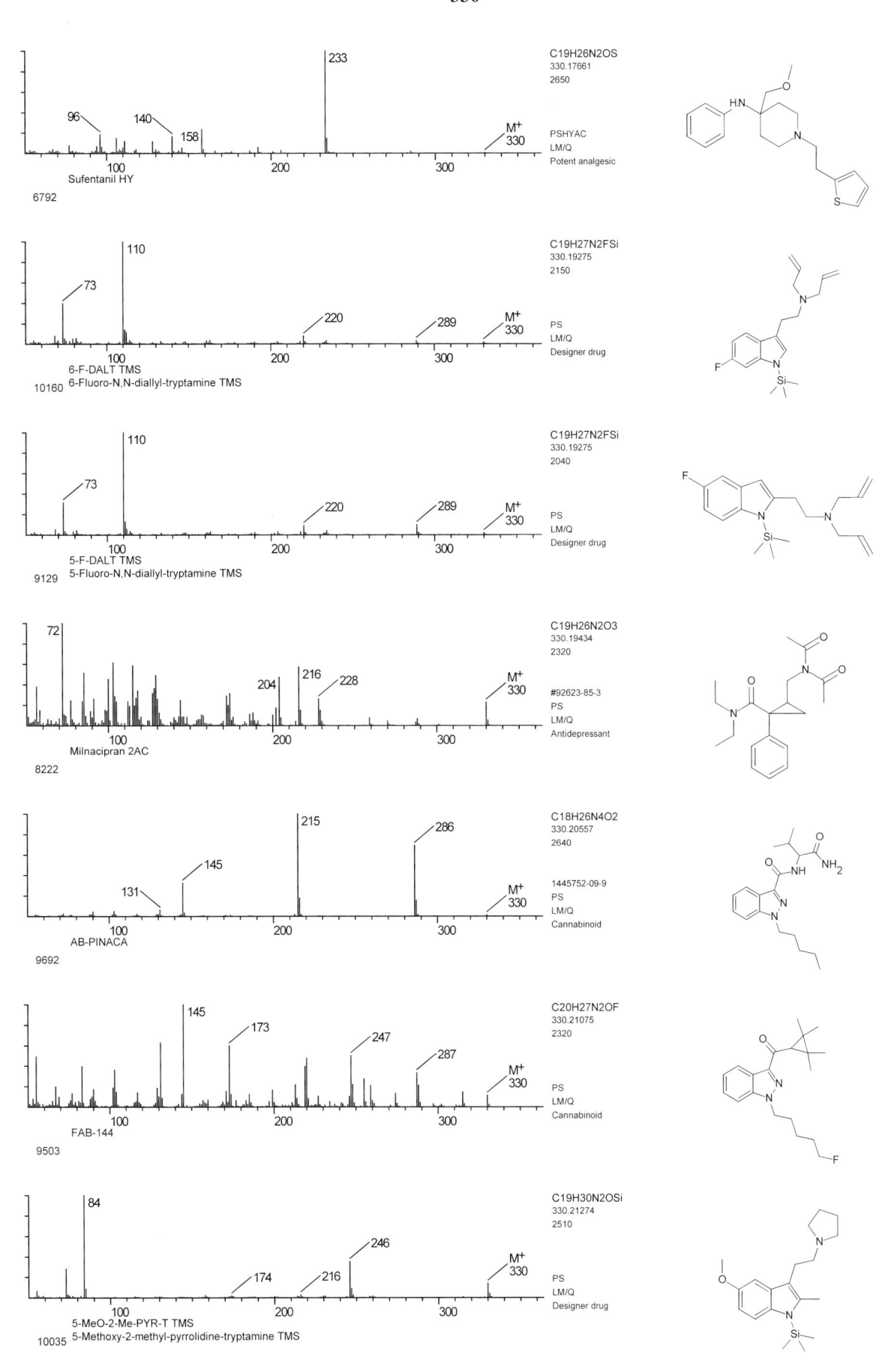

Sufentanil HY	96, 140, 158, 233, M+ 330	C19H26N2OS 330.17661 2650 PSHYAC LM/Q Potent analgesic
6-F-DALT TMS 6-Fluoro-N,N-diallyl-tryptamine TMS	73, 110, 220, 289, M+ 330	C19H27N2FSi 330.19275 2150 PS LM/Q Designer drug
5-F-DALT TMS 5-Fluoro-N,N-diallyl-tryptamine TMS	73, 110, 220, 289, M+ 330	C19H27N2FSi 330.19275 2040 PS LM/Q Designer drug
Milnacipran 2AC	72, 204, 216, 228, M+ 330	C19H26N2O3 330.19434 2320 #92623-85-3 PS LM/Q Antidepressant
AB-PINACA	131, 145, 215, 286, M+ 330	C18H26N4O2 330.20557 2640 1445752-09-9 PS LM/Q Cannabinoid
FAB-144	145, 173, 247, 287, M+ 330	C20H27N2OF 330.21075 2320 PS LM/Q Cannabinoid
5-MeO-2-Me-PYR-T TMS 5-Methoxy-2-methyl-pyrrolidine-tryptamine TMS	84, 174, 216, 246, M+ 330	C19H30N2OSi 330.21274 2510 PS LM/Q Designer drug

330

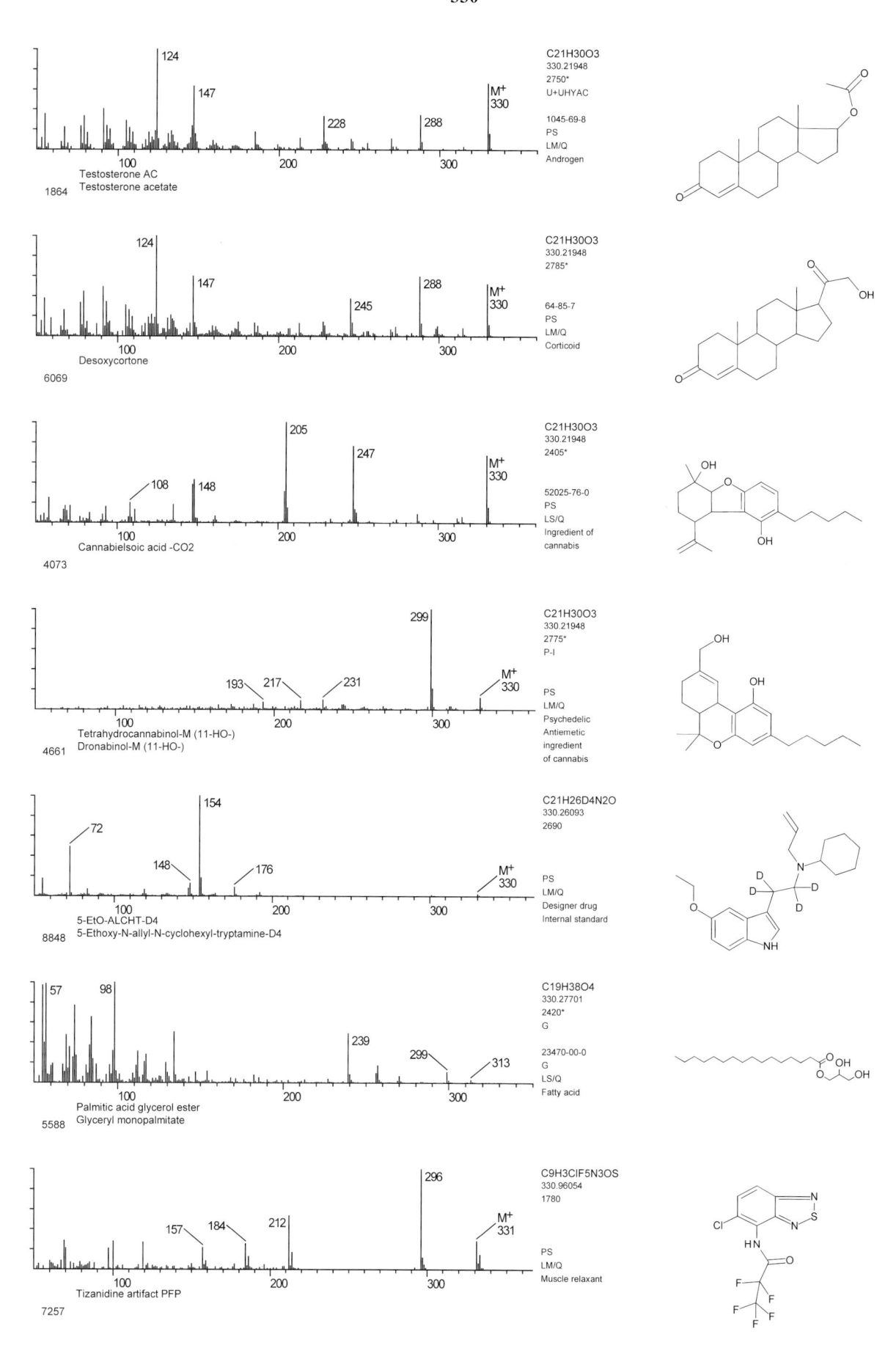

Spectrum	Compound	Formula/Info
1864	Testosterone AC / Testosterone acetate	C21H30O3, 330.21948, 2750*, U+UHYAC, 1045-69-8, PS, LM/Q, Androgen
Peaks: 124, 147, 228, 288, M+ 330		
6069	Desoxycortone	C21H30O3, 330.21948, 2785*, 64-85-7, PS, LM/Q, Corticoid
Peaks: 124, 147, 245, 288, M+ 330		
4073	Cannabielsoic acid -CO2	C21H30O3, 330.21948, 2405*, 52025-76-0, PS, LS/Q, Ingredient of cannabis
Peaks: 108, 148, 205, 247, M+ 330		
4661	Tetrahydrocannabinol-M (11-HO-) / Dronabinol-M (11-HO-)	C21H30O3, 330.21948, 2775*, P-I, PS, LM/Q, Psychedelic Antiemetic ingredient of cannabis
Peaks: 193, 217, 231, 299, M+ 330		
8848	5-EtO-ALCHT-D4 / 5-Ethoxy-N-allyl-N-cyclohexyl-tryptamine-D4	C21H26D4N2O, 330.26093, 2690, PS, LM/Q, Designer drug Internal standard
Peaks: 72, 148, 154, 176, M+ 330		
5588	Palmitic acid glycerol ester / Glyceryl monopalmitate	C19H38O4, 330.27701, 2420*, G, 23470-00-0, G, LS/Q, Fatty acid
Peaks: 57, 98, 239, 299, 313		
7257	Tizanidine artifact PFP	C9H3ClF5N3OS, 330.96054, 1780, PS, LM/Q, Muscle relaxant
Peaks: 157, 184, 212, 296, M+ 331		

1096

331

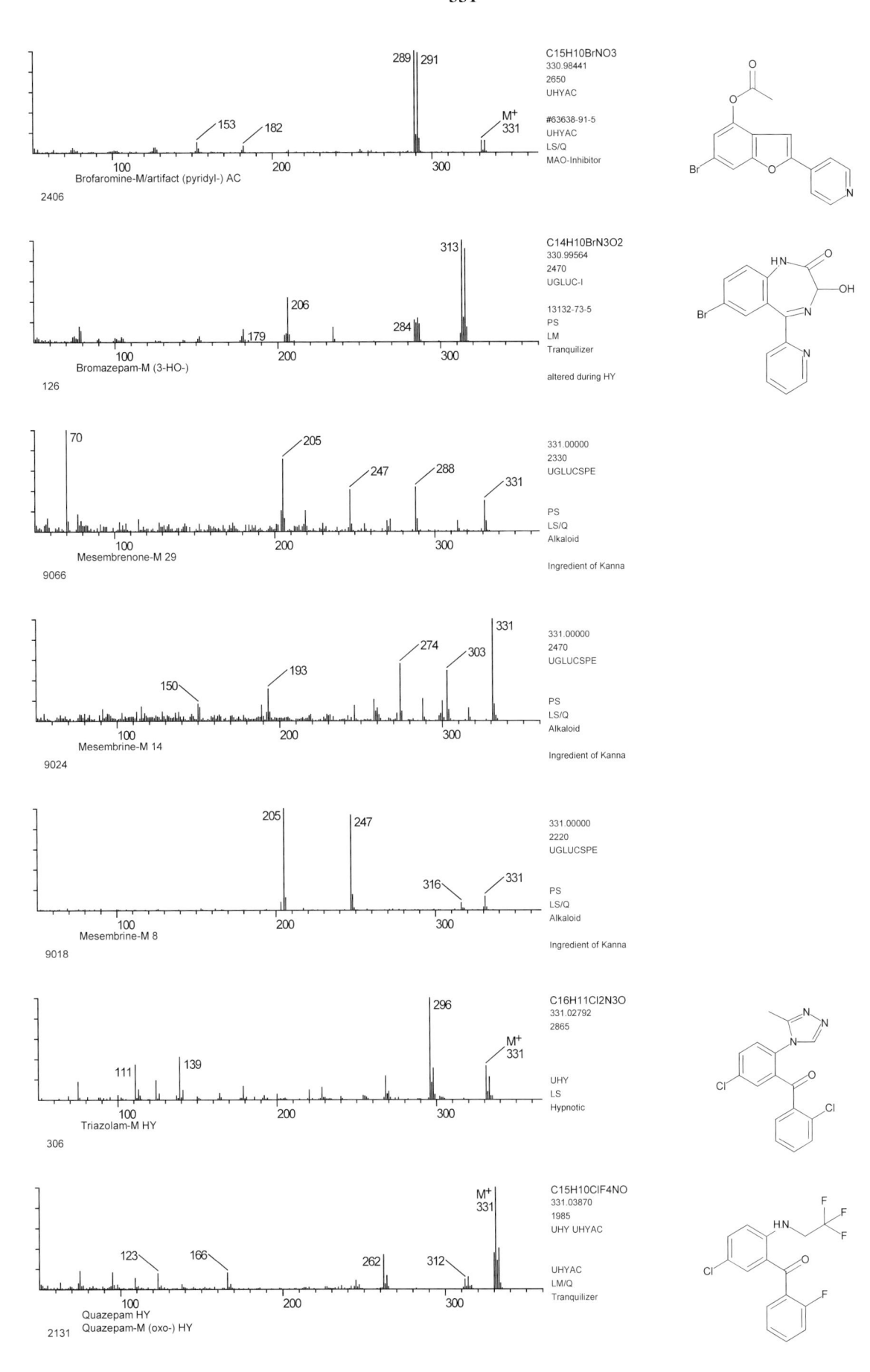

Spectrum label	Formula / Info
Brofaromine-M/artifact (pyridyl-) AC — 2406 — peaks: 153, 182, 289, 291, M+ 331	C15H10BrNO3, 330.98441, 2650, UHYAC, #63638-91-5, UHYAC, LS/Q, MAO-Inhibitor
Bromazepam-M (3-HO-) — 126 — peaks: 179, 206, 284, 313	C14H10BrN3O2, 330.99564, 2470, UGLUC-I, 13132-73-5, PS, LM, Tranquilizer, altered during HY
Mesembrenone-M 29 — 9066 — peaks: 70, 205, 247, 288, 331	331.00000, 2330, UGLUCSPE, PS, LS/Q, Alkaloid, Ingredient of Kanna
Mesembrine-M 14 — 9024 — peaks: 150, 193, 274, 303, 331	331.00000, 2470, UGLUCSPE, PS, LS/Q, Alkaloid, Ingredient of Kanna
Mesembrine-M 8 — 9018 — peaks: 205, 247, 316, 331	331.00000, 2220, UGLUCSPE, PS, LS/Q, Alkaloid, Ingredient of Kanna
Triazolam-M HY — 306 — peaks: 111, 139, 296, M+ 331	C16H11Cl2N3O, 331.02792, 2865, UHY, LS, Hypnotic
Quazepam HY / Quazepam-M (oxo-) HY — 2131 — peaks: 123, 166, 262, 312, M+ 331	C15H10ClF4NO, 331.03870, 1985, UHY UHYAC, UHYAC, LM/Q, Tranquilizer

1097

331

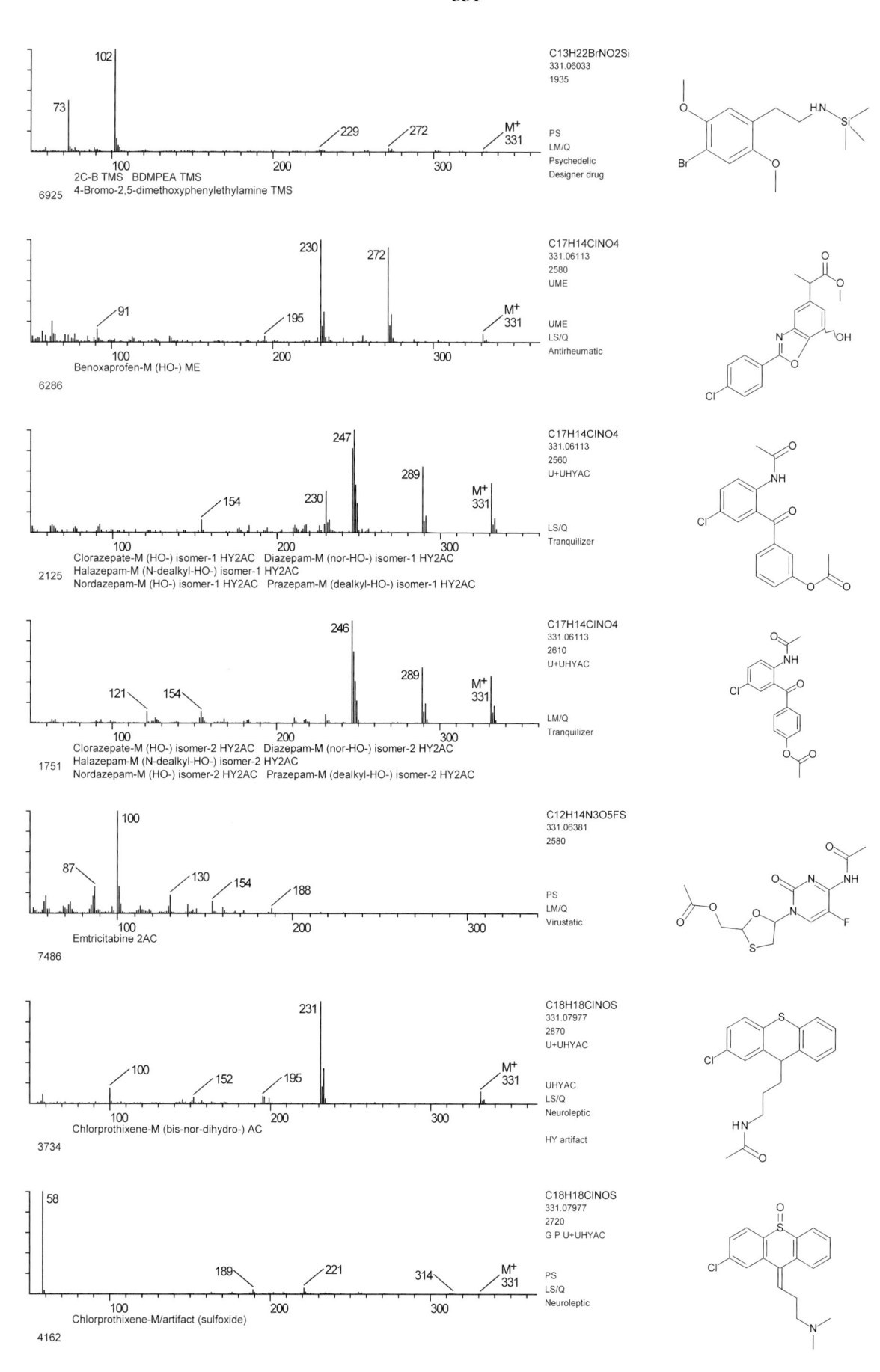

C13H22BrNO2Si
331.06033
1935

PS
LM/Q
Psychedelic
Designer drug

2C-B TMS   BDMPEA TMS
4-Bromo-2,5-dimethoxyphenylethylamine TMS
6925

C17H14ClNO4
331.06113
2580
UME

UME
LS/Q
Antirheumatic

Benoxaprofen-M (HO-) ME
6286

C17H14ClNO4
331.06113
2560
U+UHYAC

LS/Q
Tranquilizer

Clorazepate-M (HO-) isomer-1 HY2AC   Diazepam-M (nor-HO-) isomer-1 HY2AC
Halazepam-M (N-dealkyl-HO-) isomer-1 HY2AC
Nordazepam-M (HO-) isomer-1 HY2AC   Prazepam-M (dealkyl-HO-) isomer-1 HY2AC
2125

C17H14ClNO4
331.06113
2610
U+UHYAC

LM/Q
Tranquilizer

Clorazepate-M (HO-) isomer-2 HY2AC   Diazepam-M (nor-HO-) isomer-2 HY2AC
Halazepam-M (N-dealkyl-HO-) isomer-2 HY2AC
Nordazepam-M (HO-) isomer-2 HY2AC   Prazepam-M (dealkyl-HO-) isomer-2 HY2AC
1751

C12H14N3O5FS
331.06381
2580

PS
LM/Q
Virustatic

Emtricitabine 2AC
7486

C18H18ClNOS
331.07977
2870
U+UHYAC

UHYAC
LS/Q
Neuroleptic
HY artifact

Chlorprothixene-M (bis-nor-dihydro-) AC
3734

C18H18ClNOS
331.07977
2720
G P U+UHYAC

PS
LS/Q
Neuroleptic

Chlorprothixene-M/artifact (sulfoxide)
4162

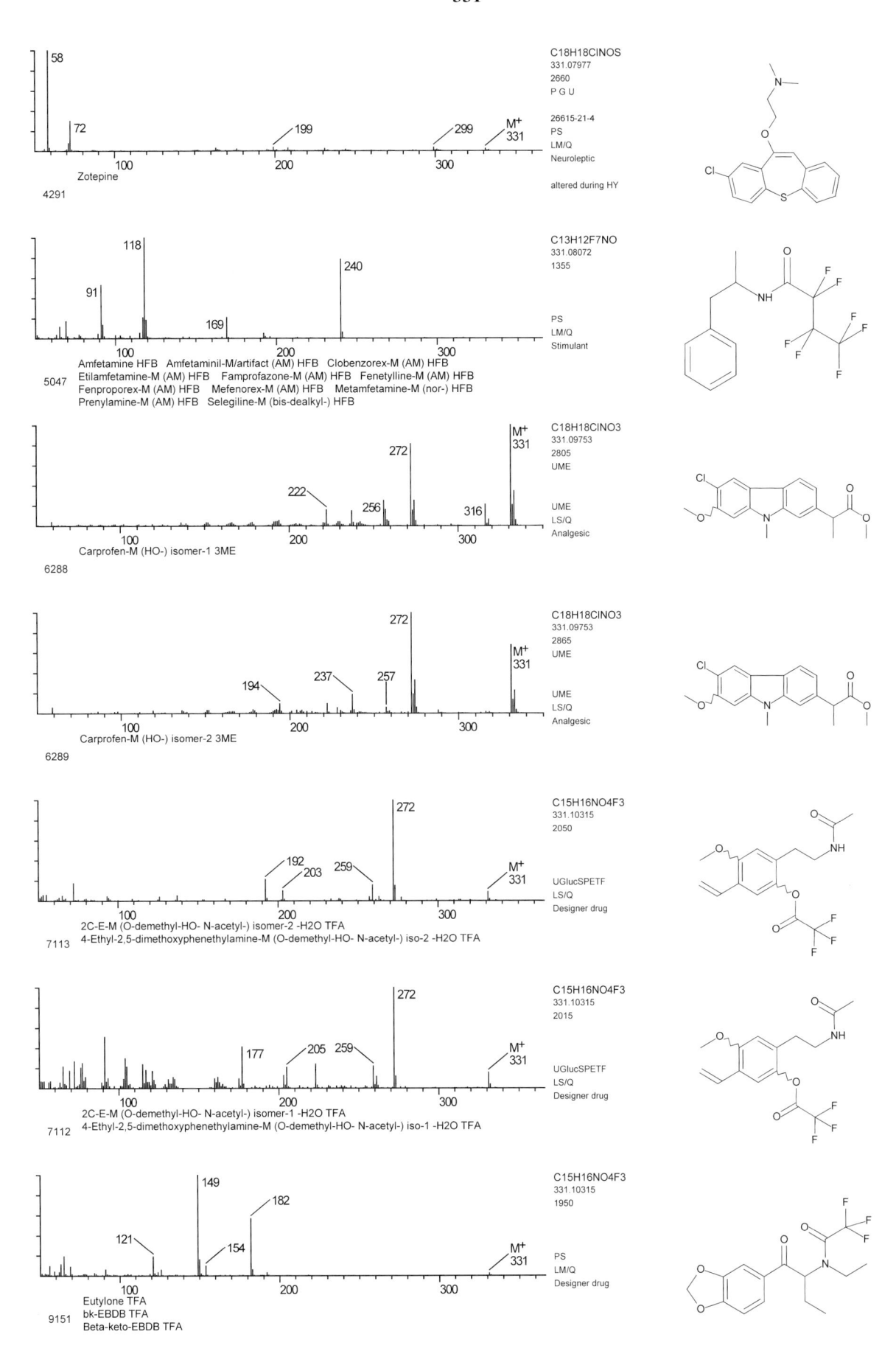

Zotepine 4291	C18H18ClNOS 331.07977 2660 P G U 26615-21-4 PS LM/Q Neuroleptic altered during HY

Peaks: 58, 72, 199, 299, M+ 331

Amfetamine HFB Amfetaminil-M/artifact (AM) HFB Clobenzorex-M (AM) HFB Etilamfetamine-M (AM) HFB Famprofazone-M (AM) HFB Fenetylline-M (AM) HFB Fenproporex-M (AM) HFB Mefenorex-M (AM) HFB Metamfetamine-M (nor-) HFB Prenylamine-M (AM) HFB Selegiline-M (bis-dealkyl-) HFB 5047	C13H12F7NO 331.08072 1355 PS LM/Q Stimulant

Peaks: 91, 118, 169, 240

Carprofen-M (HO-) isomer-1 3ME 6288	C18H18ClNO3 331.09753 2805 UME UME LS/Q Analgesic

Peaks: 222, 256, 272, 316, M+ 331

Carprofen-M (HO-) isomer-2 3ME 6289	C18H18ClNO3 331.09753 2865 UME UME LS/Q Analgesic

Peaks: 194, 237, 257, 272, M+ 331

2C-E-M (O-demethyl-HO- N-acetyl-) isomer-2 -H2O TFA 4-Ethyl-2,5-dimethoxyphenethylamine-M (O-demethyl-HO- N-acetyl-) iso-2 -H2O TFA 7113	C15H16NO4F3 331.10315 2050 UGlucSPETF LS/Q Designer drug

Peaks: 192, 203, 259, 272, M+ 331

2C-E-M (O-demethyl-HO- N-acetyl-) isomer-1 -H2O TFA 4-Ethyl-2,5-dimethoxyphenethylamine-M (O-demethyl-HO- N-acetyl-) iso-1 -H2O TFA 7112	C15H16NO4F3 331.10315 2015 UGlucSPETF LS/Q Designer drug

Peaks: 177, 205, 259, 272, M+ 331

Eutylone TFA bk-EBDB TFA Beta-keto-EBDB TFA 9151	C15H16NO4F3 331.10315 1950 PS LM/Q Designer drug

Peaks: 121, 149, 154, 182, M+ 331

331

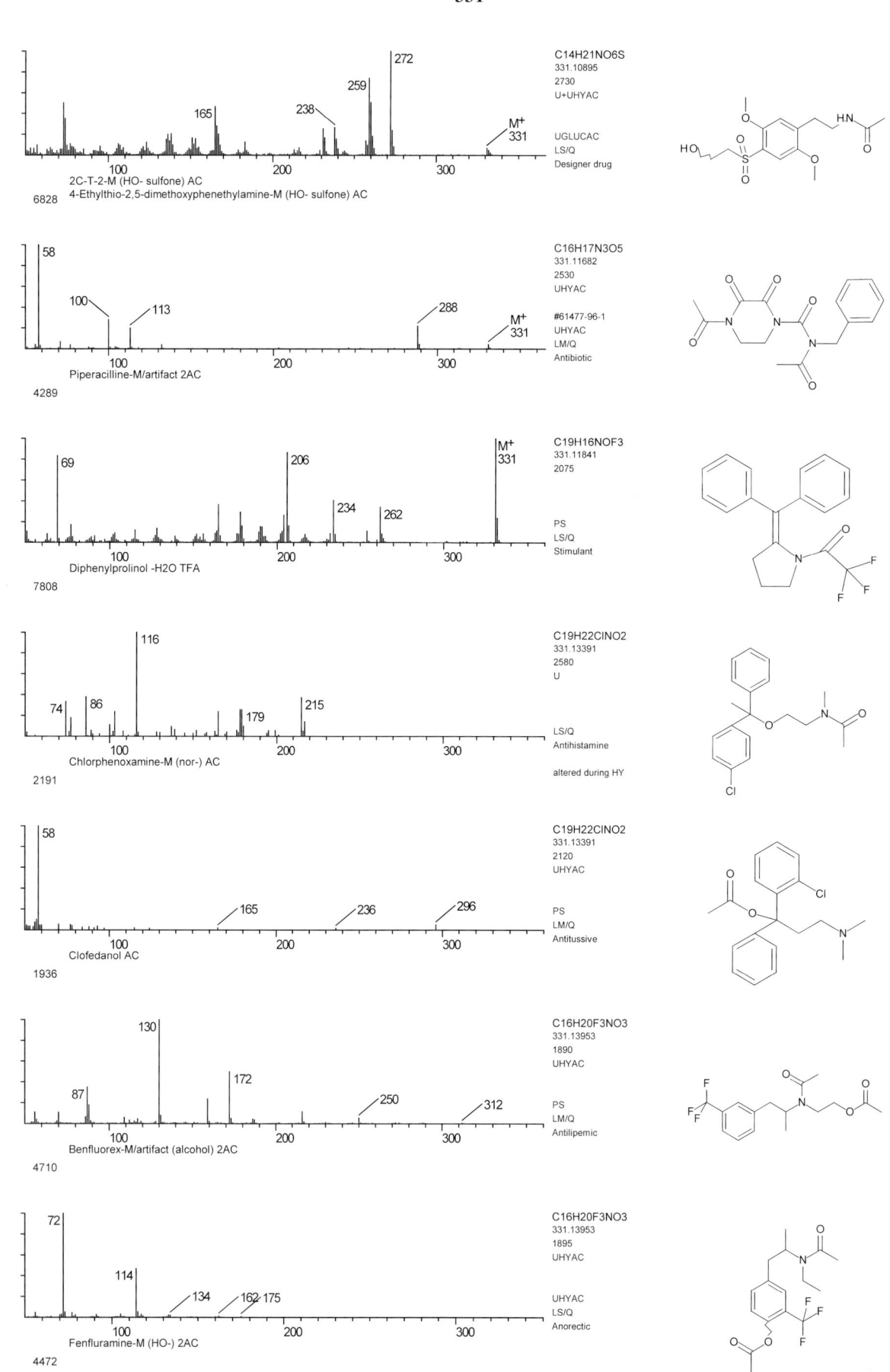

2C-T-2-M (HO- sulfone) AC
4-Ethylthio-2,5-dimethoxyphenethylamine-M (HO- sulfone) AC
6828

C14H21NO6S
331.10895
2730
U+UHYAC

UGLUCAC
LS/Q
Designer drug

Piperacilline-M/artifact 2AC
4289

C16H17N3O5
331.11682
2530
UHYAC

#61477-96-1
UHYAC
LM/Q
Antibiotic

Diphenylprolinol -H2O TFA
7808

C19H16NOF3
331.11841
2075

PS
LS/Q
Stimulant

Chlorphenoxamine-M (nor-) AC
2191

C19H22ClNO2
331.13391
2580
U

LS/Q
Antihistamine
altered during HY

Clofedanol AC
1936

C19H22ClNO2
331.13391
2120
UHYAC

PS
LM/Q
Antitussive

Benfluorex-M/artifact (alcohol) 2AC
4710

C16H20F3NO3
331.13953
1890
UHYAC

PS
LM/Q
Antilipemic

Fenfluramine-M (HO-) 2AC
4472

C16H20F3NO3
331.13953
1895
UHYAC

UHYAC
LS/Q
Anorectic

1100

331

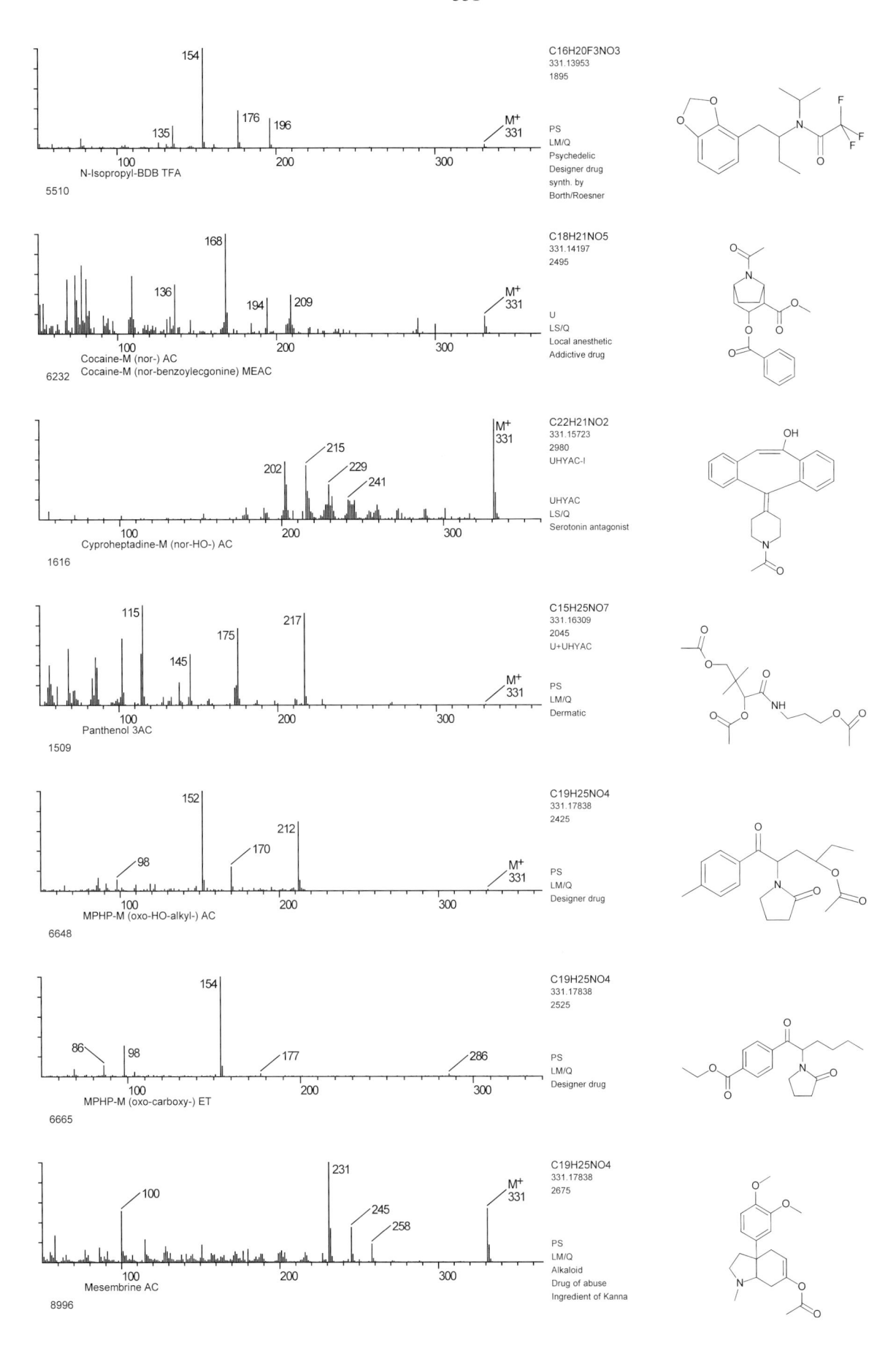

154, 135, 176, 196, M+ 331	C16H20F3NO3 331.13953 1895 PS LM/Q Psychedelic Designer drug synth. by Borth/Roesner	
N-Isopropyl-BDB TFA 5510		
168, 136, 194, 209, M+ 331	C18H21NO5 331.14197 2495 U LS/Q Local anesthetic Addictive drug	
Cocaine-M (nor-) AC 6232 Cocaine-M (nor-benzoylecgonine) MEAC		
202, 215, 229, 241, M+ 331	C22H21NO2 331.15723 2980 UHYAC-I UHYAC LS/Q Serotonin antagonist	
Cyproheptadine-M (nor-HO-) AC 1616		
115, 145, 175, 217, M+ 331	C15H25NO7 331.16309 2045 U+UHYAC PS LM/Q Dermatic	
Panthenol 3AC 1509		
98, 152, 170, 212, M+ 331	C19H25NO4 331.17838 2425 PS LM/Q Designer drug	
MPHP-M (oxo-HO-alkyl-) AC 6648		
86, 98, 154, 177, 286	C19H25NO4 331.17838 2525 PS LM/Q Designer drug	
MPHP-M (oxo-carboxy-) ET 6665		
100, 231, 245, 258, M+ 331	C19H25NO4 331.17838 2675 PS LM/Q Alkaloid Drug of abuse Ingredient of Kanna	
Mesembrine AC 8996		

1101

331

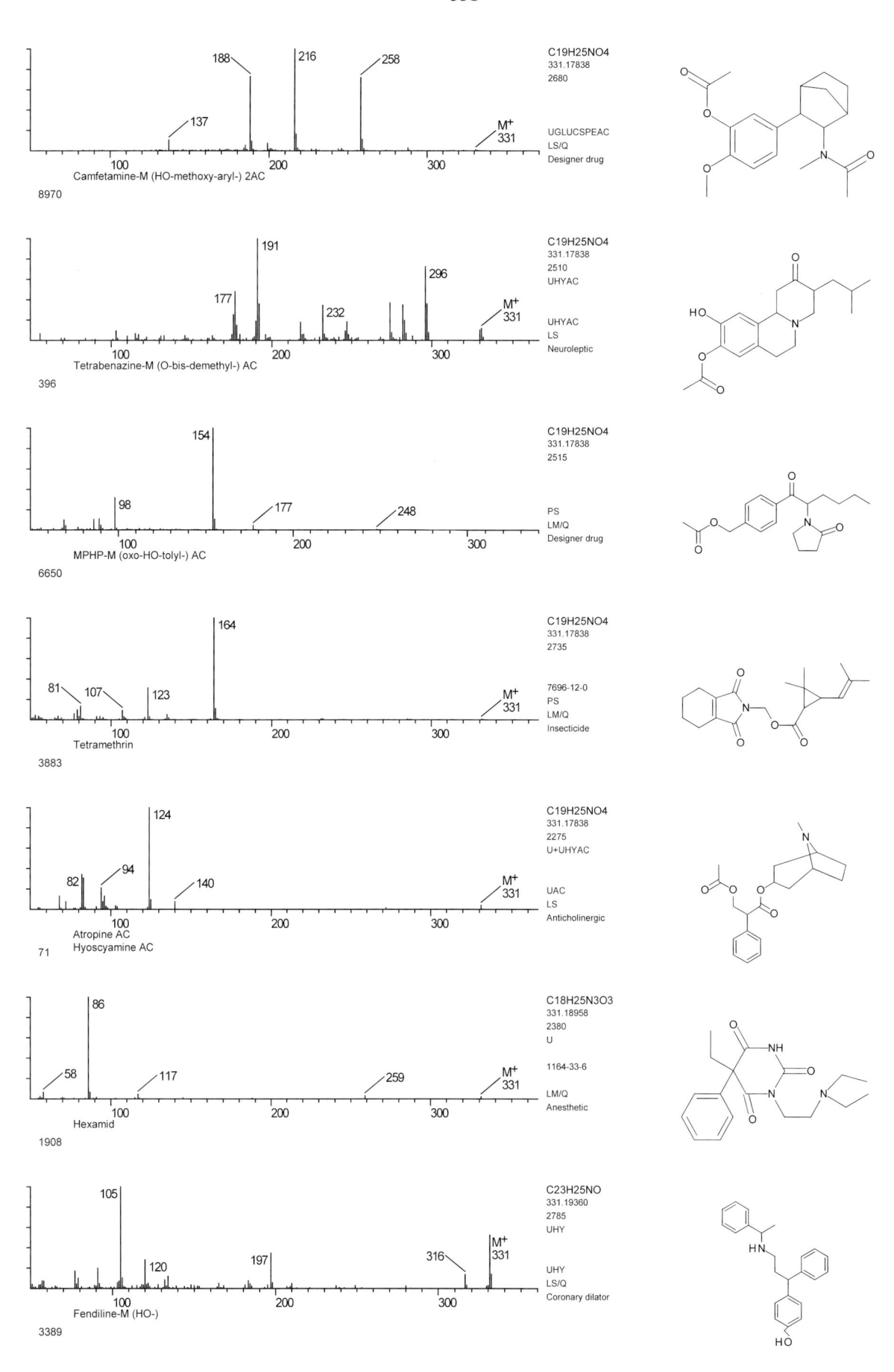

Spectrum peaks	Formula / info	Name
137, 188, 216, 258, M+ 331	C19H25NO4; 331.17838; 2680; UGLUCSPEAC; LS/Q; Designer drug	Camfetamine-M (HO-methoxy-aryl-) 2AC — 8970
177, 191, 232, 296, M+ 331	C19H25NO4; 331.17838; 2510; UHYAC; UHYAC; LS; Neuroleptic	Tetrabenazine-M (O-bis-demethyl-) AC — 396
98, 154, 177, 248	C19H25NO4; 331.17838; 2515; PS; LM/Q; Designer drug	MPHP-M (oxo-HO-tolyl-) AC — 6650
81, 107, 123, 164, M+ 331	C19H25NO4; 331.17838; 2735; 7696-12-0; PS; LM/Q; Insecticide	Tetramethrin — 3883
82, 94, 124, 140, M+ 331	C19H25NO4; 331.17838; 2275; U+UHYAC; UAC; LS; Anticholinergic	Atropine AC / Hyoscyamine AC — 71
58, 86, 117, 259, M+ 331	C18H25N3O3; 331.18958; 2380; U; 1164-33-6; LM/Q; Anesthetic	Hexamid — 1908
105, 120, 197, 316, M+ 331	C23H25NO; 331.19360; 2785; UHY; UHY; LS/Q; Coronary dilator	Fendiline-M (HO-) — 3389

1102

331

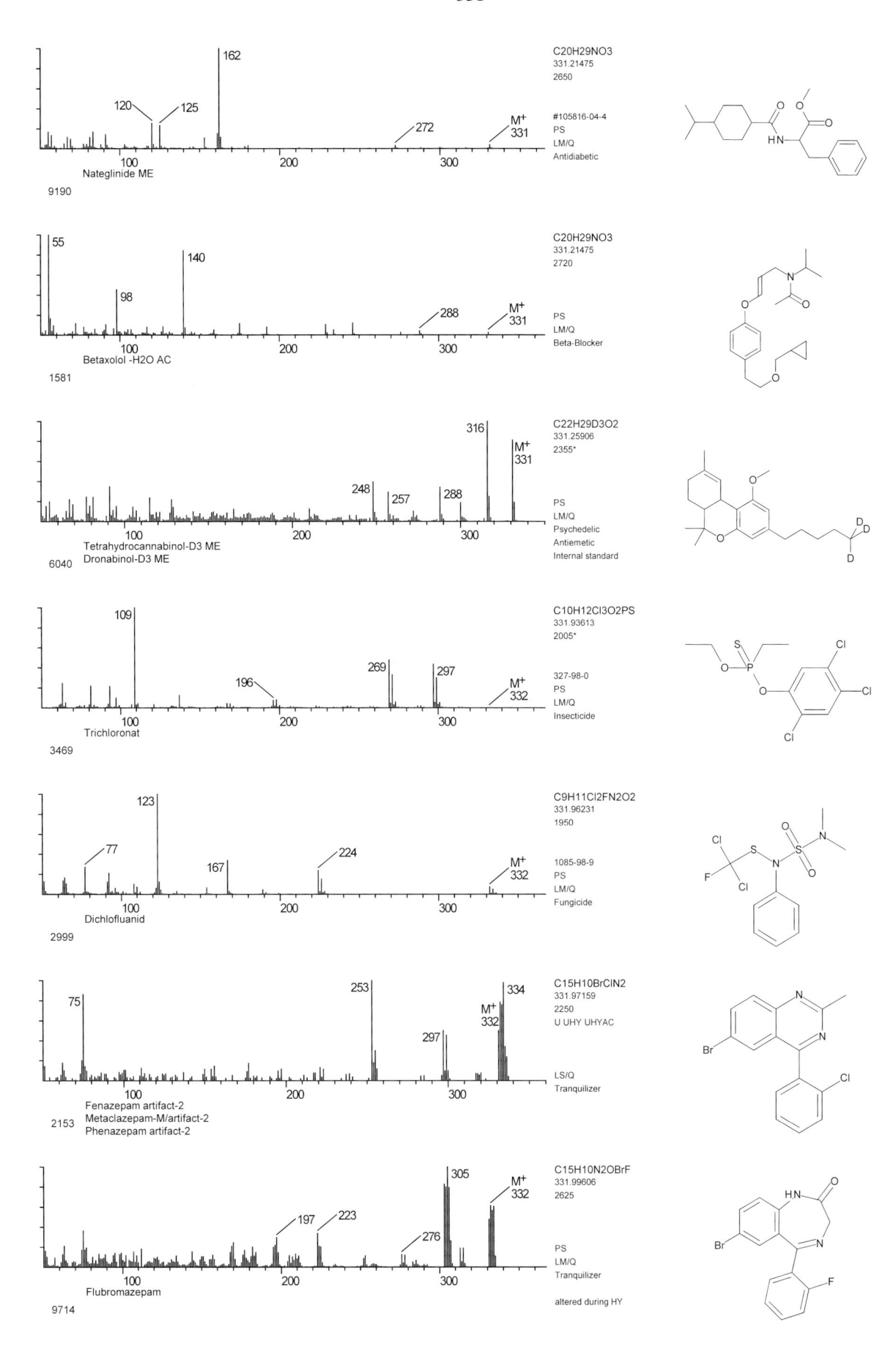

Nateglinide ME
9190
Peaks: 120, 125, 162, 272, M+ 331

C20H29NO3
331.21475
2650

#105816-04-4
PS
LM/Q
Antidiabetic

Betaxolol -H2O AC
1581
Peaks: 55, 98, 140, 288, M+ 331

C20H29NO3
331.21475
2720

PS
LM/Q
Beta-Blocker

Tetrahydrocannabinol-D3 ME
Dronabinol-D3 ME
6040
Peaks: 248, 257, 288, 316, M+ 331

C22H29D3O2
331.25906
2355*

PS
LM/Q
Psychedelic
Antiemetic
Internal standard

Trichloronat
3469
Peaks: 109, 196, 269, 297, M+ 332

C10H12Cl3O2PS
331.93613
2005*

327-98-0
PS
LM/Q
Insecticide

Dichlofluanid
2999
Peaks: 77, 123, 167, 224, M+ 332

C9H11Cl2FN2O2
331.96231
1950

1085-98-9
PS
LM/Q
Fungicide

Fenazepam artifact-2
Metaclazepam-M/artifact-2
Phenazepam artifact-2
2153
Peaks: 75, 253, 297, M+ 332, 334

C15H10BrClN2
331.97159
2250
U UHY UHYAC

LS/Q
Tranquilizer

Flubromazepam
9714
Peaks: 197, 223, 276, 305, M+ 332

C15H10N2OBrF
331.99606
2625

PS
LM/Q
Tranquilizer
altered during HY

332

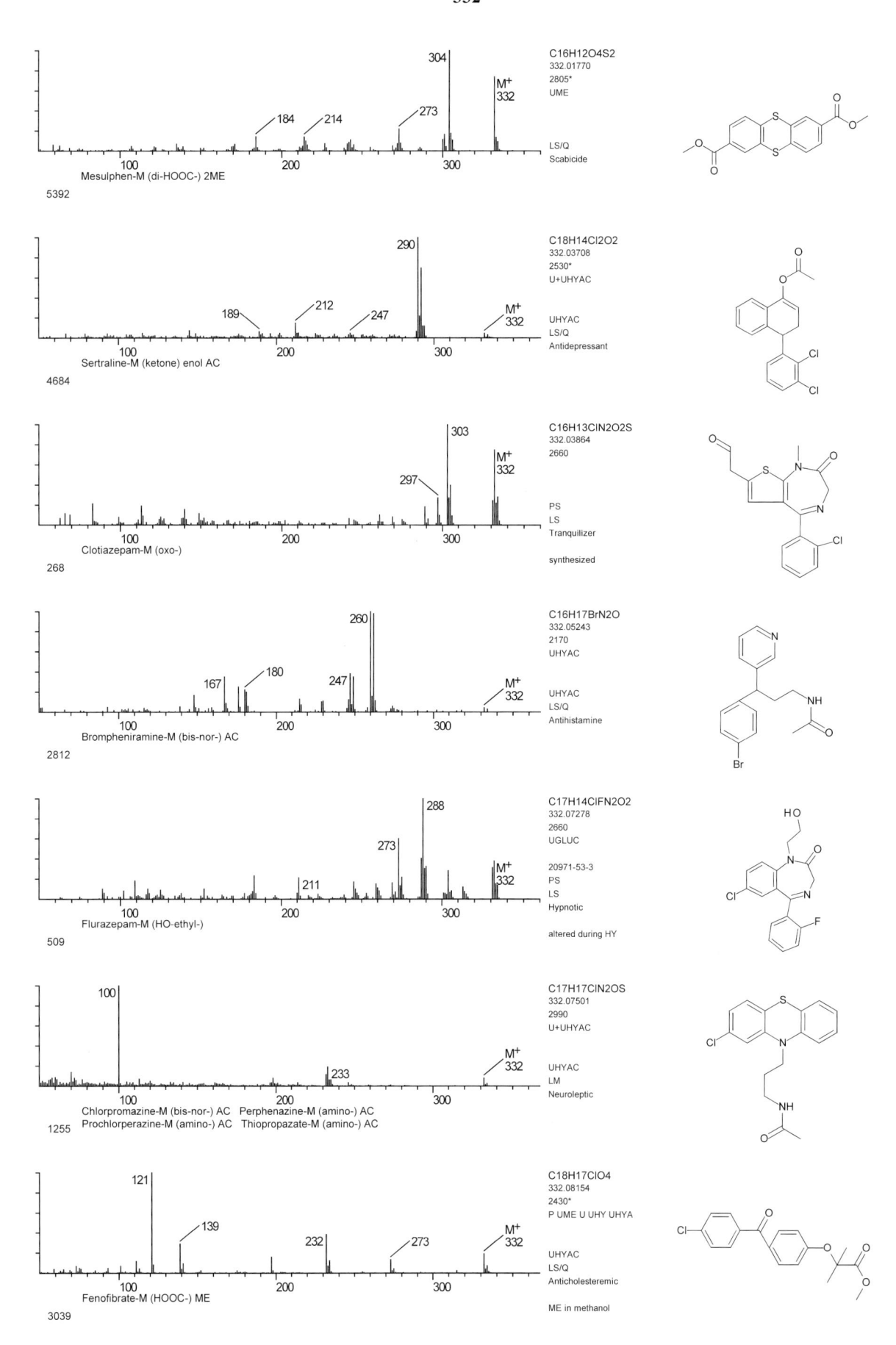

Mesulphen-M (di-HOOC-) 2ME — 5392
Peaks: 184, 214, 273, 304, M+ 332
C16H12O4S2
332.01770
2805*
UME
LS/Q
Scabicide

Sertraline-M (ketone) enol AC — 4684
Peaks: 189, 212, 247, 290, M+ 332
C18H14Cl2O2
332.03708
2530*
U+UHYAC
UHYAC
LS/Q
Antidepressant

Clotiazepam-M (oxo-) — 268
Peaks: 297, 303, M+ 332
C16H13ClN2O2S
332.03864
2660
PS
LS
Tranquilizer
synthesized

Brompheniramine-M (bis-nor-) AC — 2812
Peaks: 167, 180, 247, 260, M+ 332
C16H17BrN2O
332.05243
2170
UHYAC
UHYAC
LS/Q
Antihistamine

Flurazepam-M (HO-ethyl-) — 509
Peaks: 211, 273, 288, M+ 332
C17H14ClFN2O2
332.07278
2660
UGLUC
20971-53-3
PS
LS
Hypnotic
altered during HY

Chlorpromazine-M (bis-nor-) AC   Perphenazine-M (amino-) AC
Prochlorperazine-M (amino-) AC   Thiopropazate-M (amino-) AC — 1255
Peaks: 100, 233, M+ 332
C17H17ClN2OS
332.07501
2990
U+UHYAC
UHYAC
LM
Neuroleptic

Fenofibrate-M (HOOC-) ME — 3039
Peaks: 121, 139, 232, 273, M+ 332
C18H17ClO4
332.08154
2430*
P UME U UHY UHYA
UHYAC
LS/Q
Anticholesteremic
ME in methanol

1104

332

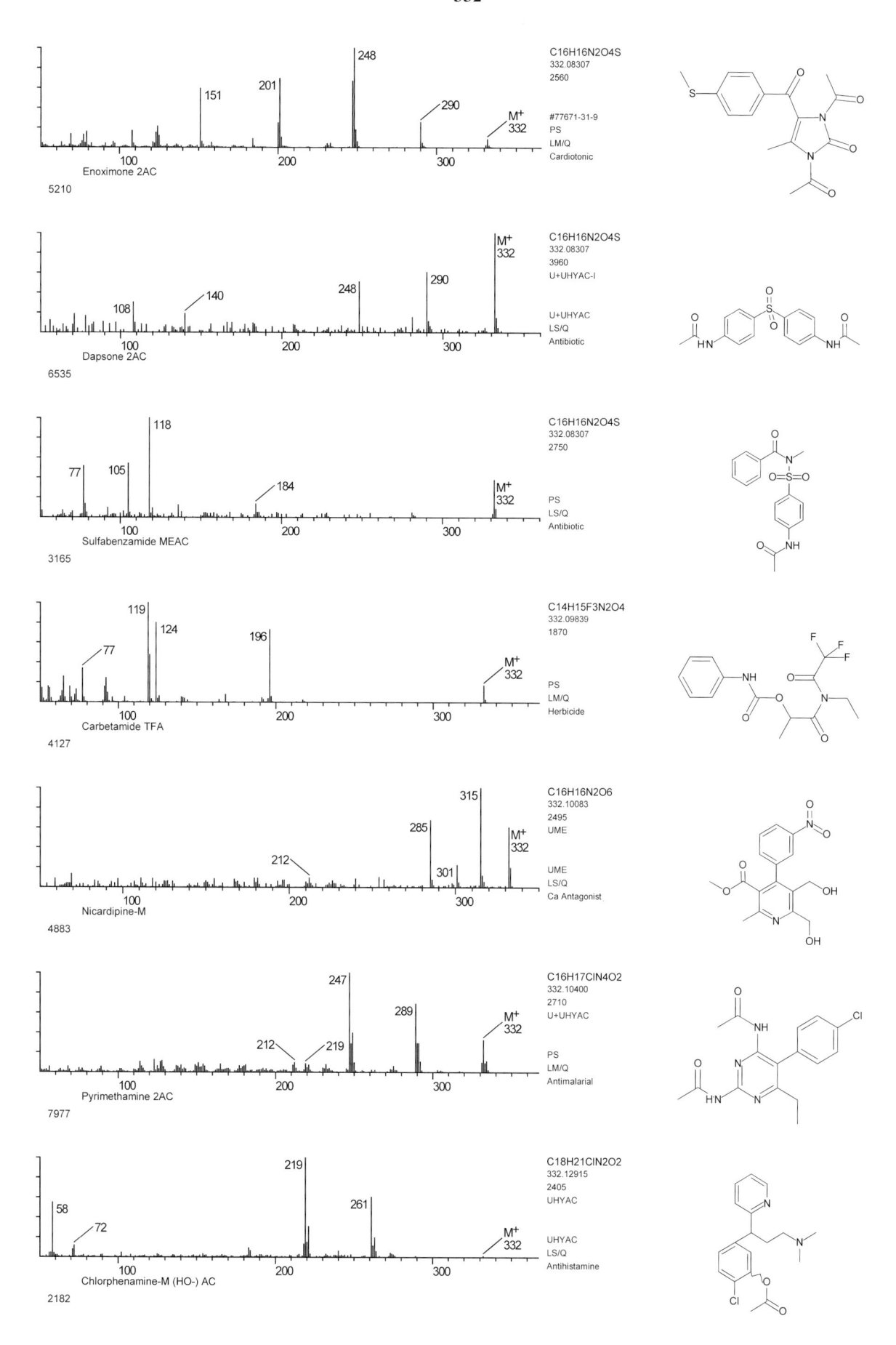

Enoxime 2AC — C16H16N2O4S, 332.08307, 2560, #77671-31-9, PS, LM/Q, Cardiotonic
Peaks: 151, 201, 248, 290, M+ 332
5210

Dapsone 2AC — C16H16N2O4S, 332.08307, 3960, U+UHYAC-I, U+UHYAC, LS/Q, Antibiotic
Peaks: 108, 140, 248, 290, M+ 332
6535

Sulfabenzamide MEAC — C16H16N2O4S, 332.08307, 2750, PS, LS/Q, Antibiotic
Peaks: 77, 105, 118, 184, M+ 332
3165

Carbetamide TFA — C14H15F3N2O4, 332.09839, 1870, PS, LM/Q, Herbicide
Peaks: 77, 119, 124, 196, M+ 332
4127

Nicardipine-M — C16H16N2O6, 332.10083, 2495, UME, UME, LS/Q, Ca Antagonist
Peaks: 212, 285, 301, 315, M+ 332
4883

Pyrimethamine 2AC — C16H17ClN4O2, 332.10400, 2710, U+UHYAC, PS, LM/Q, Antimalarial
Peaks: 212, 219, 247, 289, M+ 332
7977

Chlorphenamine-M (HO-) AC — C18H21ClN2O2, 332.12915, 2405, UHYAC, UHYAC, LS/Q, Antihistamine
Peaks: 58, 72, 219, 261, M+ 332
2182

1105

332

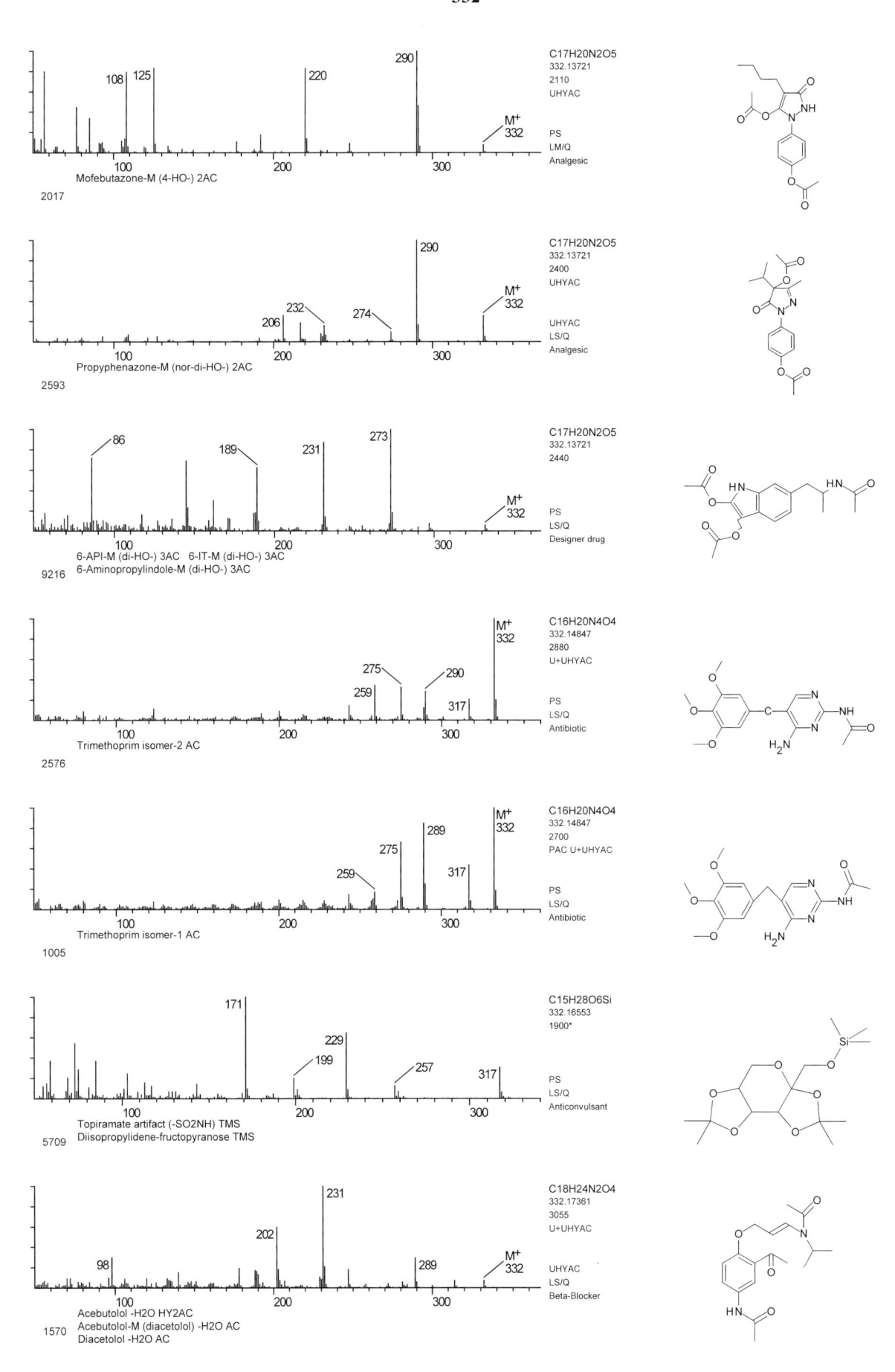

108 125 220 290 M+ 332	C17H20N2O5 332.13721 2110 UHYAC PS LM/Q Analgesic

Mofebutazone-M (4-HO-) 2AC
2017

290 206 232 274 M+ 332	C17H20N2O5 332.13721 2400 UHYAC UHYAC LS/Q Analgesic

Propyphenazone-M (nor-di-HO-) 2AC
2593

86 189 231 273 M+ 332	C17H20N2O5 332.13721 2440 PS LS/Q Designer drug

6-API-M (di-HO-) 3AC   6-IT-M (di-HO-) 3AC
6-Aminopropylindole-M (di-HO-) 3AC
9216

M+ 332 275 259 290 317	C16H20N4O4 332.14847 2880 U+UHYAC PS LS/Q Antibiotic

Trimethoprim isomer-2 AC
2576

M+ 332 275 289 259 317	C16H20N4O4 332.14847 2700 PAC U+UHYAC PS LS/Q Antibiotic

Trimethoprim isomer-1 AC
1005

171 229 199 257 317	C15H28O6Si 332.16553 1900* PS LS/Q Anticonvulsant

Topiramate artifact (-SO2NH) TMS
Diisopropylidene-fructopyranose TMS
5709

231 202 98 289 M+ 332	C18H24N2O4 332.17361 3055 U+UHYAC UHYAC LS/Q Beta-Blocker

Acebutolol -H2O HY2AC
Acebutolol-M (diacetolol) -H2O AC
Diacetolol -H2O AC
1570

1106

332

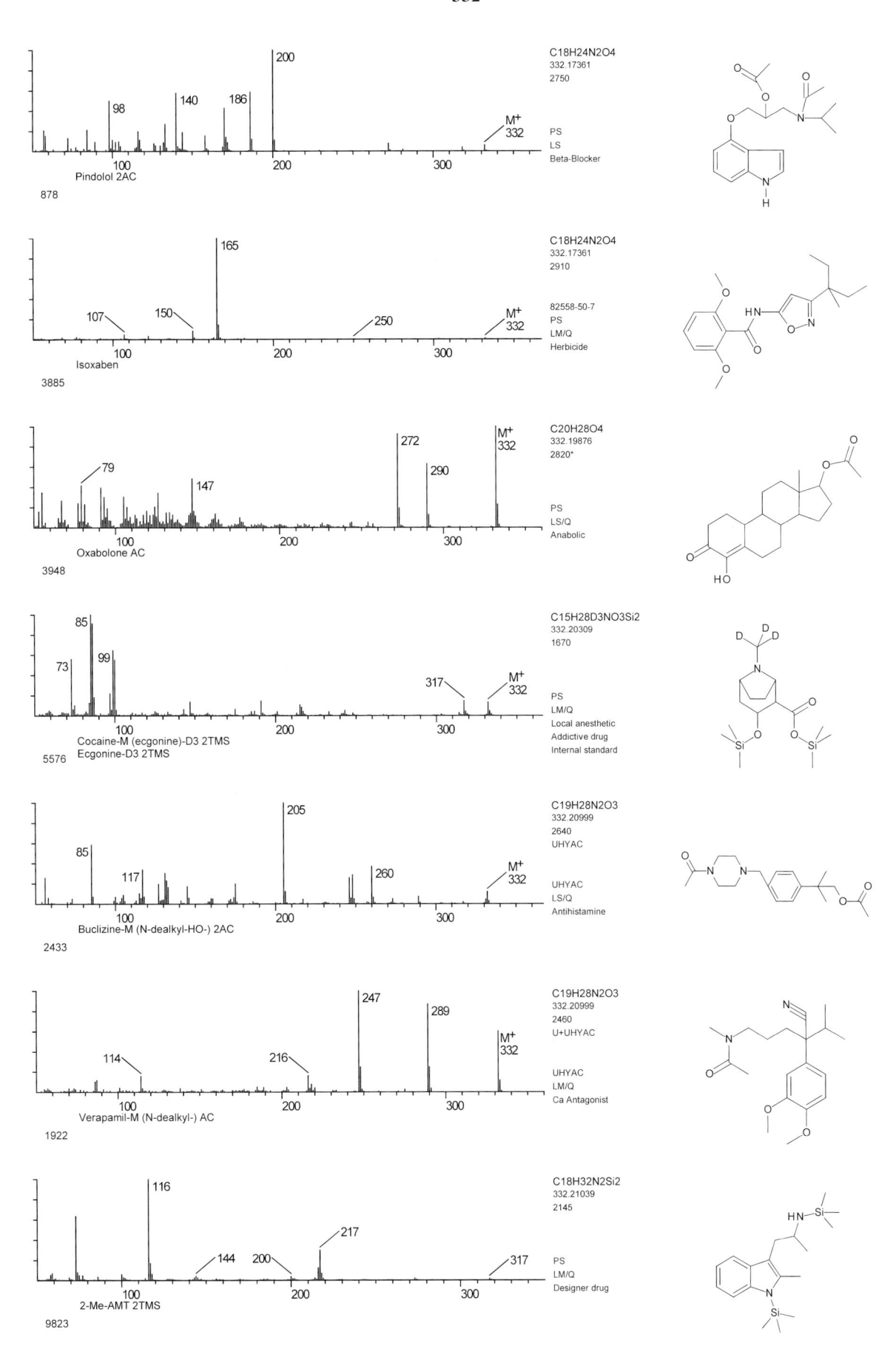

Pindolol 2AC	C18H24N2O4
878	332.17361
Peaks: 98, 140, 186, 200, M+ 332	2750
	PS
	LS
	Beta-Blocker

Isoxaben	C18H24N2O4
3885	332.17361
Peaks: 107, 150, 165, 250, M+ 332	2910
	82558-50-7
	PS
	LM/Q
	Herbicide

Oxabolone AC	C20H28O4
3948	332.19876
Peaks: 79, 147, 272, 290, M+ 332	2820*
	PS
	LS/Q
	Anabolic

Cocaine-M (ecgonine)-D3 2TMS	C15H28D3NO3Si2
Ecgonine-D3 2TMS	332.20309
5576	1670
Peaks: 73, 85, 99, 317, M+ 332	PS
	LM/Q
	Local anesthetic
	Addictive drug
	Internal standard

Buclizine-M (N-dealkyl-HO-) 2AC	C19H28N2O3
2433	332.20999
Peaks: 85, 117, 205, 260, M+ 332	2640
	UHYAC
	UHYAC
	LS/Q
	Antihistamine

Verapamil-M (N-dealkyl-) AC	C19H28N2O3
1922	332.20999
Peaks: 114, 216, 247, 289, M+ 332	2460
	U+UHYAC
	UHYAC
	LM/Q
	Ca Antagonist

2-Me-AMT 2TMS	C18H32N2Si2
9823	332.21039
Peaks: 116, 144, 200, 217, 317	2145
	PS
	LM/Q
	Designer drug

1107

332

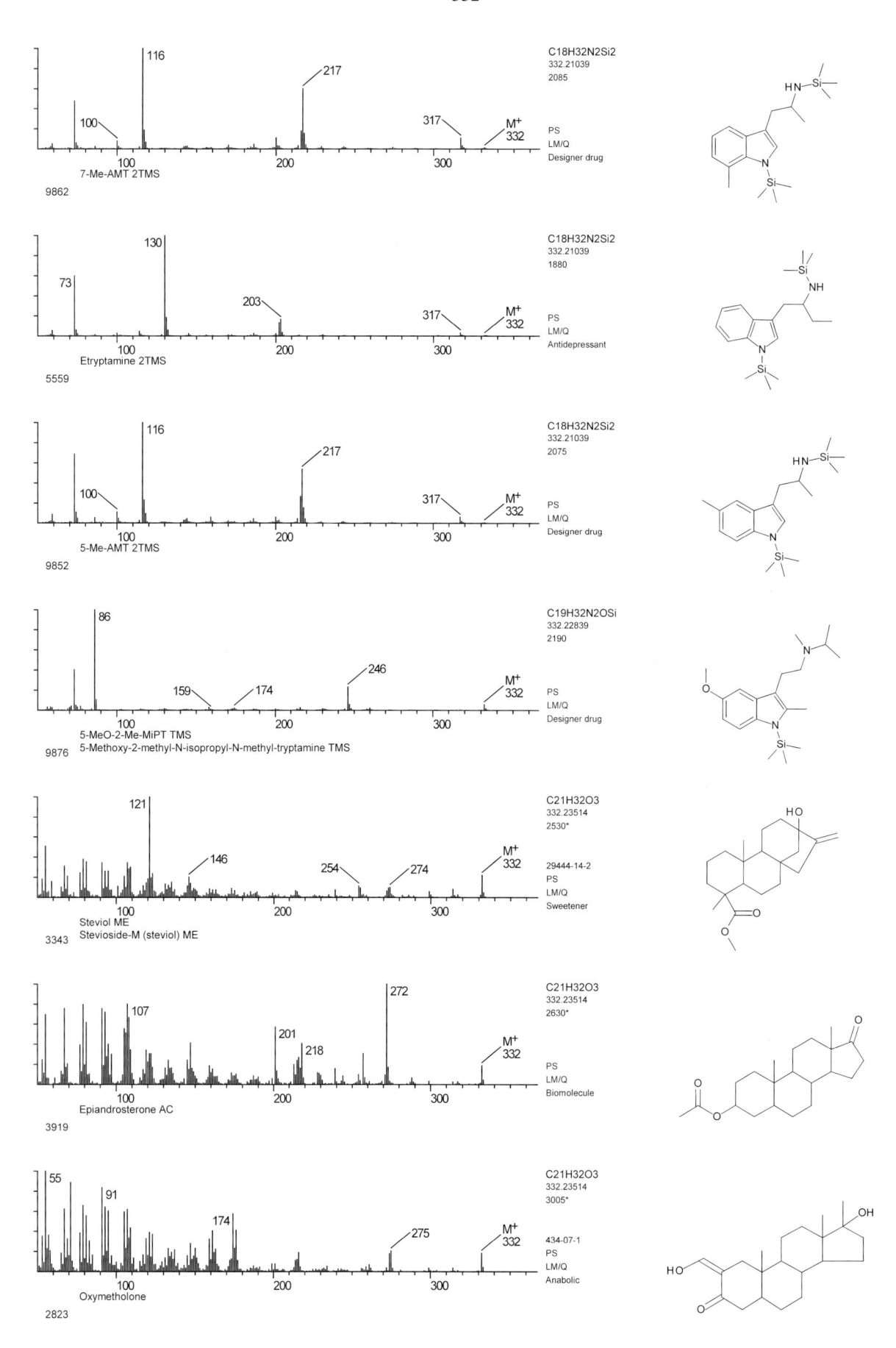

332

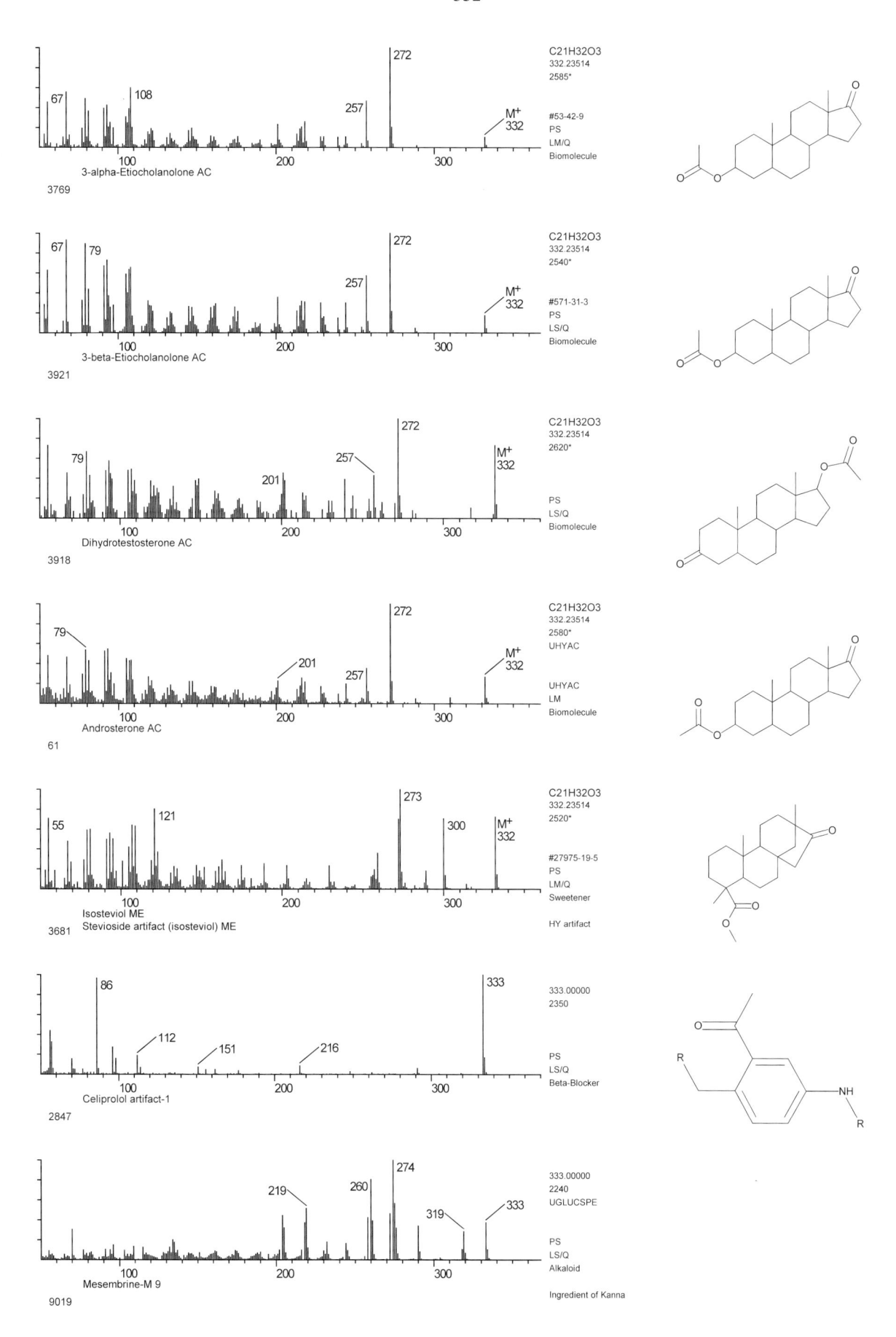

3-alpha-Etiocholanolone AC	C21H32O3 332.23514 2585* #53-42-9 PS LM/Q Biomolecule	
3769		
3-beta-Etiocholanolone AC	C21H32O3 332.23514 2540* #571-31-3 PS LS/Q Biomolecule	
3921		
Dihydrotestosterone AC	C21H32O3 332.23514 2620* PS LS/Q Biomolecule	
3918		
Androsterone AC	C21H32O3 332.23514 2580* UHYAC UHYAC LM Biomolecule	
61		
Isosteviol ME Stevioside artifact (isosteviol) ME	C21H32O3 332.23514 2520* #27975-19-5 PS LM/Q Sweetener HY artifact	
3681		
Celiprolol artifact-1	333.00000 2350 PS LS/Q Beta-Blocker	
2847		
Mesembrine-M 9	333.00000 2240 UGLUCSPE PS LS/Q Alkaloid Ingredient of Kanna	
9019		

333

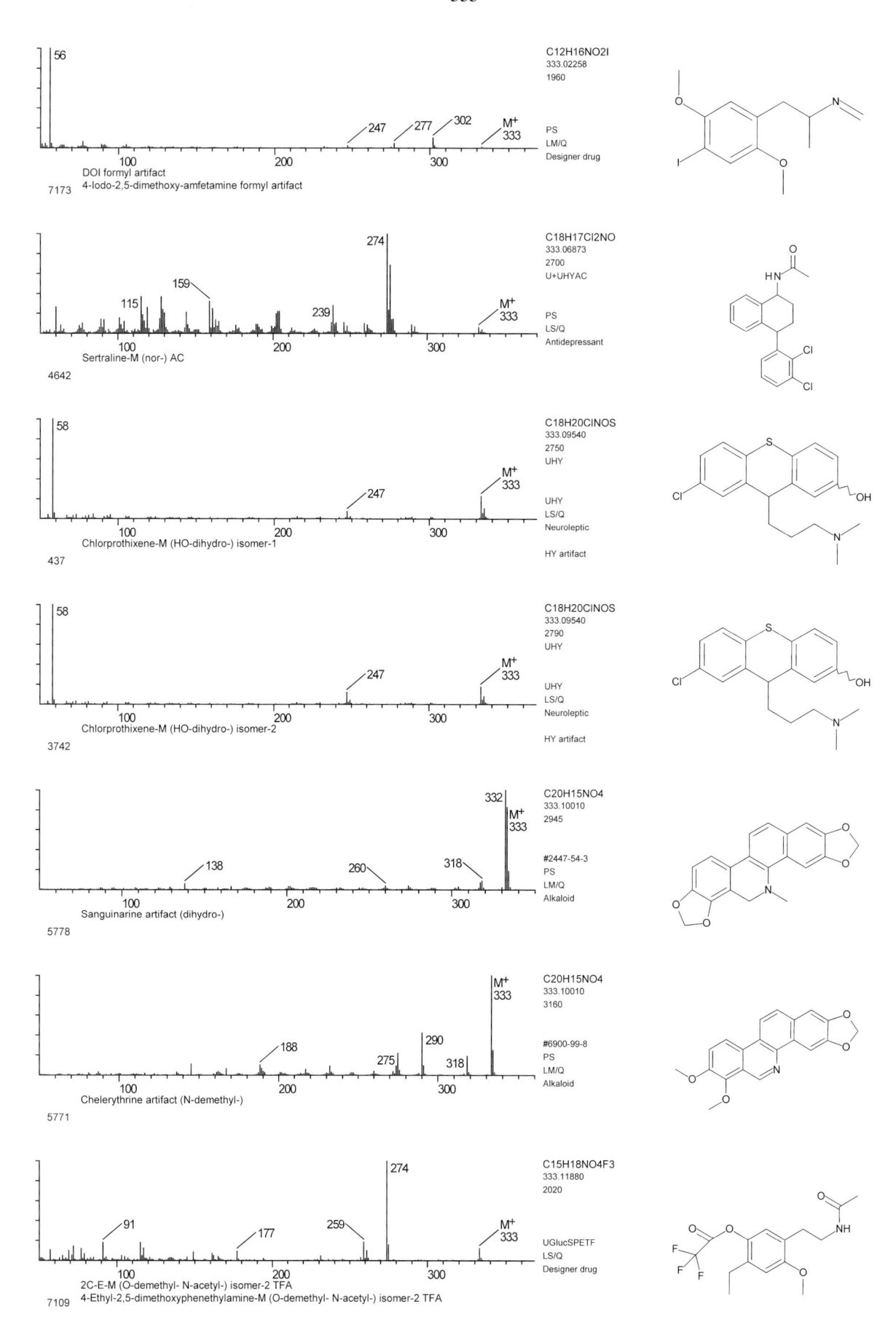

C12H16NO2I
333.02258
1960

PS
LM/Q
Designer drug

DOI formyl artifact
4-Iodo-2,5-dimethoxy-amfetamine formyl artifact
7173

C18H17Cl2NO
333.06873
2700
U+UHYAC

PS
LS/Q
Antidepressant

Sertraline-M (nor-) AC
4642

C18H20ClNOS
333.09540
2750
UHY

UHY
LS/Q
Neuroleptic
HY artifact

Chlorprothixene-M (HO-dihydro-) isomer-1
437

C18H20ClNOS
333.09540
2790
UHY

UHY
LS/Q
Neuroleptic
HY artifact

Chlorprothixene-M (HO-dihydro-) isomer-2
3742

C20H15NO4
333.10010
2945

#2447-54-3
PS
LM/Q
Alkaloid

Sanguinarine artifact (dihydro-)
5778

C20H15NO4
333.10010
3160

#6900-99-8
PS
LM/Q
Alkaloid

Chelerythrine artifact (N-demethyl-)
5771

C15H18NO4F3
333.11880
2020

UGlucSPETF
LS/Q
Designer drug

2C-E-M (O-demethyl- N-acetyl-) isomer-2 TFA
4-Ethyl-2,5-dimethoxyphenethylamine-M (O-demethyl- N-acetyl-) isomer-2 TFA
7109

1110

333

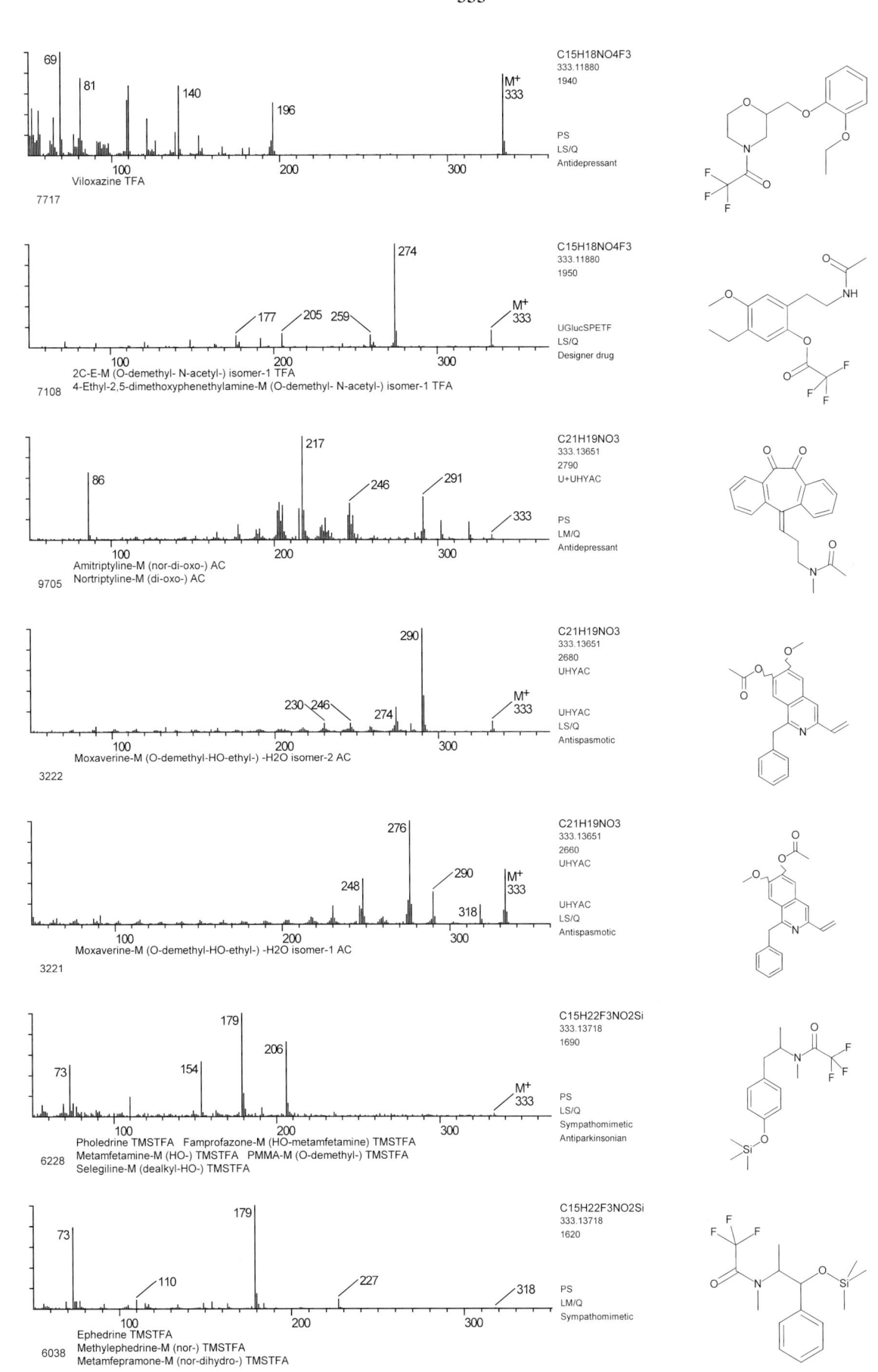

Spectrum	Formula / Info
69, 81, 140, 196, M+ 333 — Viloxazine TFA — 7717	C15H18NO4F3 333.11880 1940 PS LS/Q Antidepressant
177, 205, 259, 274, M+ 333 — 2C-E-M (O-demethyl- N-acetyl-) isomer-1 TFA / 4-Ethyl-2,5-dimethoxyphenethylamine-M (O-demethyl- N-acetyl-) isomer-1 TFA — 7108	C15H18NO4F3 333.11880 1950 UGlucSPETF LS/Q Designer drug
86, 217, 246, 291, 333 — Amitriptyline-M (nor-di-oxo-) AC / Nortriptyline-M (di-oxo-) AC — 9705	C21H19NO3 333.13651 2790 U+UHYAC PS LM/Q Antidepressant
230, 246, 274, 290, M+ 333 — Moxaverine-M (O-demethyl-HO-ethyl-) -H2O isomer-2 AC — 3222	C21H19NO3 333.13651 2680 UHYAC UHYAC LS/Q Antispasmotic
248, 276, 290, 318, M+ 333 — Moxaverine-M (O-demethyl-HO-ethyl-) -H2O isomer-1 AC — 3221	C21H19NO3 333.13651 2660 UHYAC UHYAC LS/Q Antispasmotic
73, 154, 179, 206, M+ 333 — Pholedrine TMSTFA Famprofazone-M (HO-metamfetamine) TMSTFA / Metamfetamine-M (HO-) TMSTFA PMMA-M (O-demethyl-) TMSTFA / Selegiline-M (dealkyl-HO-) TMSTFA — 6228	C15H22F3NO2Si 333.13718 1690 PS LS/Q Sympathomimetic Antiparkinsonian
73, 110, 179, 227, 318 — Ephedrine TMSTFA / Methylephedrine-M (nor-) TMSTFA / Metamfepramone-M (nor-dihydro-) TMSTFA — 6038	C15H22F3NO2Si 333.13718 1620 PS LM/Q Sympathomimetic

333

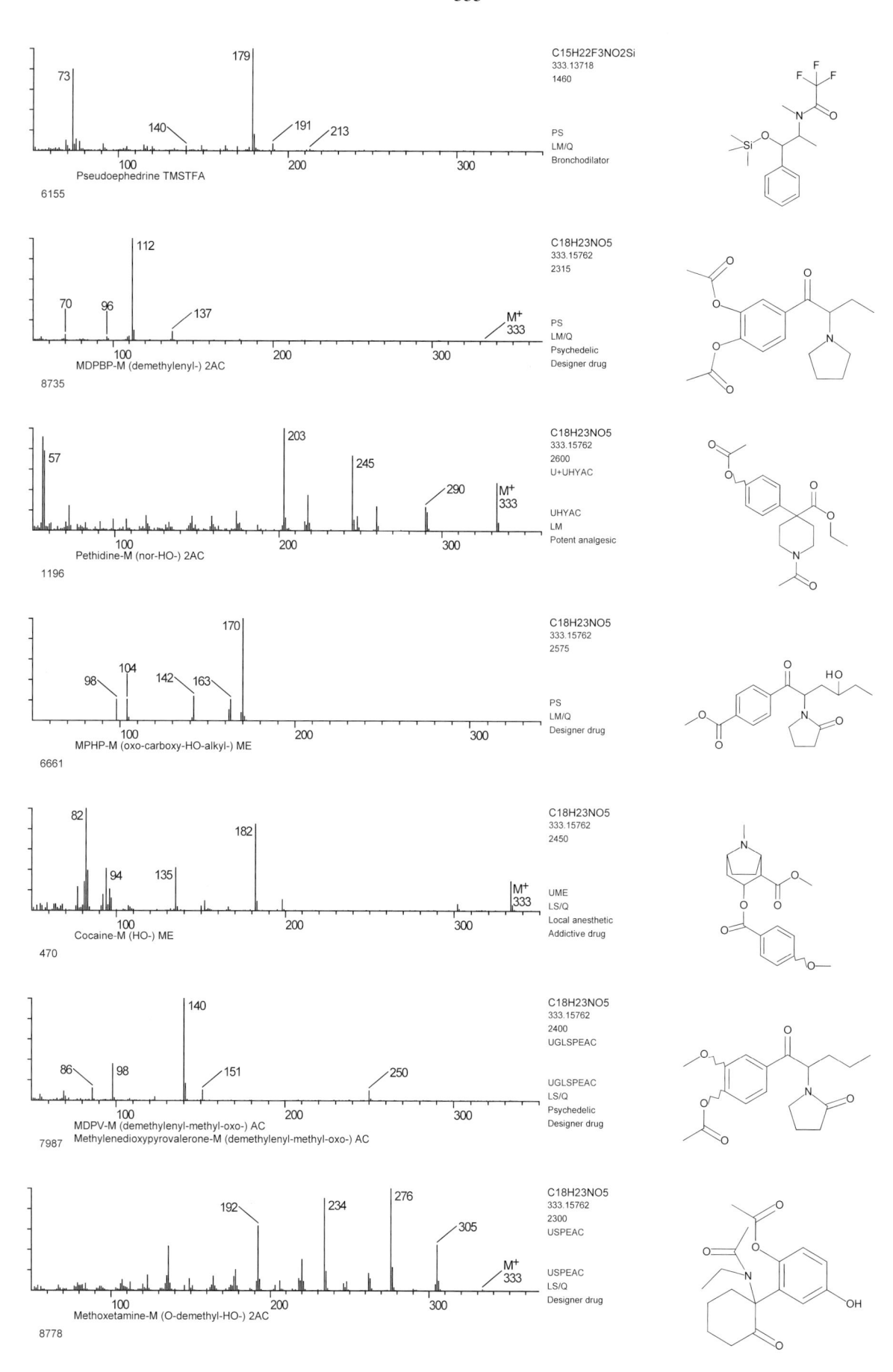

Pseudoephedrine TMSTFA — peaks 73, 140, 179, 191, 213	C15H22F3NO2Si 333.13718 1460 PS LM/Q Bronchodilator
6155	
MDPBP-M (demethylenyl-) 2AC — peaks 70, 96, 112, 137, M+ 333	C18H23NO5 333.15762 2315 PS LM/Q Psychedelic Designer drug
8735	
Pethidine-M (nor-HO-) 2AC — peaks 57, 203, 245, 290, M+ 333	C18H23NO5 333.15762 2600 U+UHYAC UHYAC LM Potent analgesic
1196	
MPHP-M (oxo-carboxy-HO-alkyl-) ME — peaks 98, 104, 142, 163, 170	C18H23NO5 333.15762 2575 PS LM/Q Designer drug
6661	
Cocaine-M (HO-) ME — peaks 82, 94, 135, 182, M+ 333	C18H23NO5 333.15762 2450 UME LS/Q Local anesthetic Addictive drug
470	
MDPV-M (demethylenyl-methyl-oxo-) AC Methylenedioxypyrovalerone-M (demethylenyl-methyl-oxo-) AC — peaks 86, 98, 140, 151, 250	C18H23NO5 333.15762 2400 UGLSPEAC UGLSPEAC LS/Q Psychedelic Designer drug
7987	
Methoxetamine-M (O-demethyl-HO-) 2AC — peaks 192, 234, 276, 305, M+ 333	C18H23NO5 333.15762 2300 USPEAC USPEAC LS/Q Designer drug
8778	

333

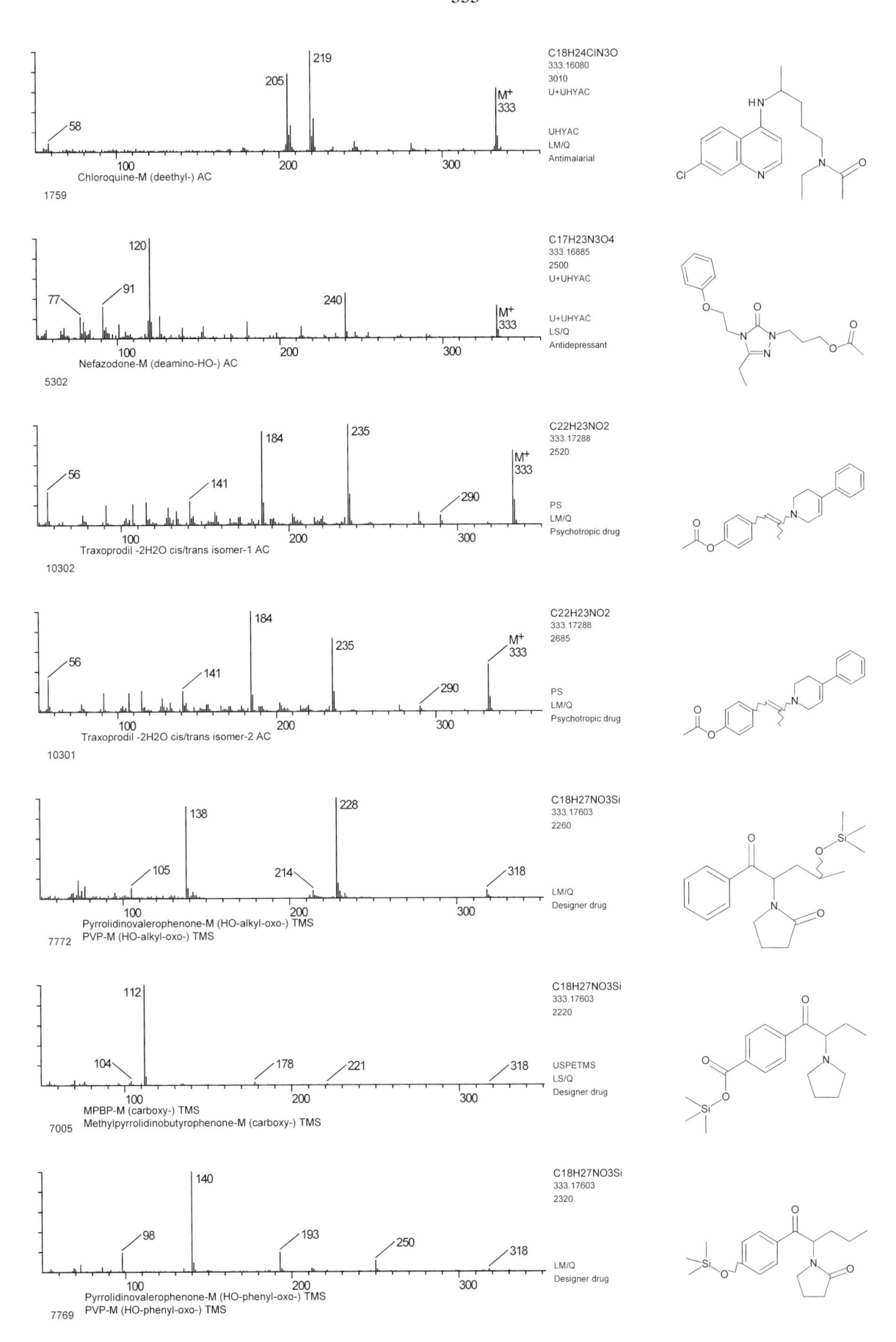

C18H24ClN3O
333.16080
3010
U+UHYAC

UHYAC
LM/Q
Antimalarial

Chloroquine-M (deethyl-) AC
1759

C17H23N3O4
333.16885
2500
U+UHYAC

U+UHYAC
LS/Q
Antidepressant

Nefazodone-M (deamino-HO-) AC
5302

C22H23NO2
333.17288
2520

PS
LM/Q
Psychotropic drug

Traxoprodil -2H2O cis/trans isomer-1 AC
10302

C22H23NO2
333.17288
2685

PS
LM/Q
Psychotropic drug

Traxoprodil -2H2O cis/trans isomer-2 AC
10301

C18H27NO3Si
333.17603
2260

LM/Q
Designer drug

Pyrrolidinovalerophenone-M (HO-alkyl-oxo-) TMS
PVP-M (HO-alkyl-oxo-) TMS
7772

C18H27NO3Si
333.17603
2220

USPETMS
LS/Q
Designer drug

MPBP-M (carboxy-) TMS
Methylpyrrolidinobutyrophenone-M (carboxy-) TMS
7005

C18H27NO3Si
333.17603
2320

LM/Q
Designer drug

Pyrrolidinovalerophenone-M (HO-phenyl-oxo-) TMS
PVP-M (HO-phenyl-oxo-) TMS
7769

333

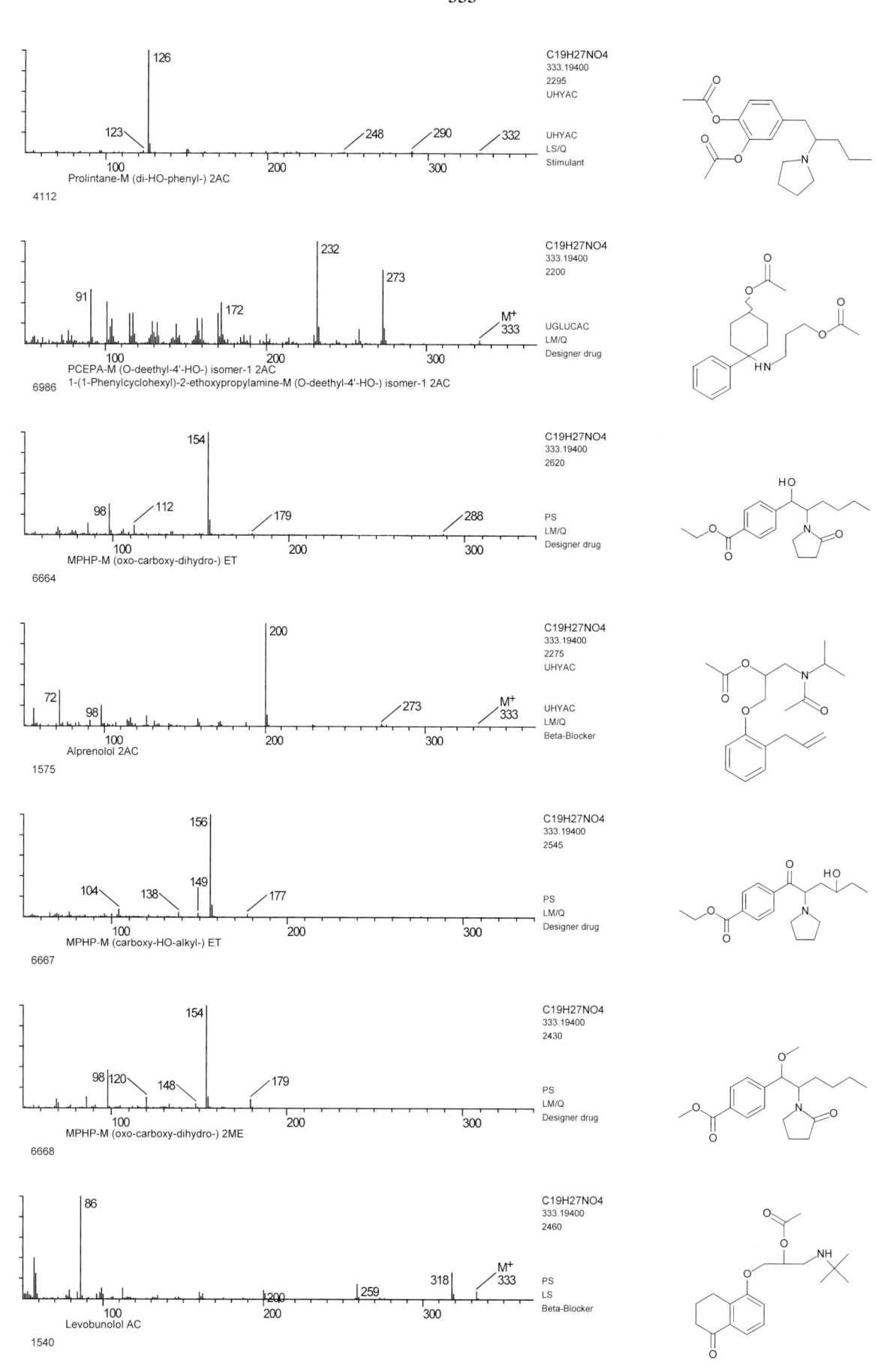

Prolintane-M (di-HO-phenyl-) 2AC — peaks 126, 123, 248, 290, 332	C19H27NO4 333.19400 2295 UHYAC UHYAC LS/Q Stimulant
4112	

PCEPA-M (O-deethyl-4'-HO-) isomer-1 2AC 1-(1-Phenylcyclohexyl)-2-ethoxypropylamine-M (O-deethyl-4'-HO-) isomer-1 2AC — peaks 91, 172, 232, 273, M+ 333	C19H27NO4 333.19400 2200 UGLUCAC LM/Q Designer drug
6986	

MPHP-M (oxo-carboxy-dihydro-) ET — peaks 98, 112, 154, 179, 288	C19H27NO4 333.19400 2620 PS LM/Q Designer drug
6664	

Alprenolol 2AC — peaks 72, 98, 200, 273, M+ 333	C19H27NO4 333.19400 2275 UHYAC UHYAC LM/Q Beta-Blocker
1575	

MPHP-M (carboxy-HO-alkyl-) ET — peaks 104, 138, 149, 156, 177	C19H27NO4 333.19400 2545 PS LM/Q Designer drug
6667	

MPHP-M (oxo-carboxy-dihydro-) 2ME — peaks 98, 120, 148, 154, 179	C19H27NO4 333.19400 2430 PS LM/Q Designer drug
6668	

Levobunolol AC — peaks 86, 259, 318, M+ 333	C19H27NO4 333.19400 2460 PS LS Beta-Blocker
1540	

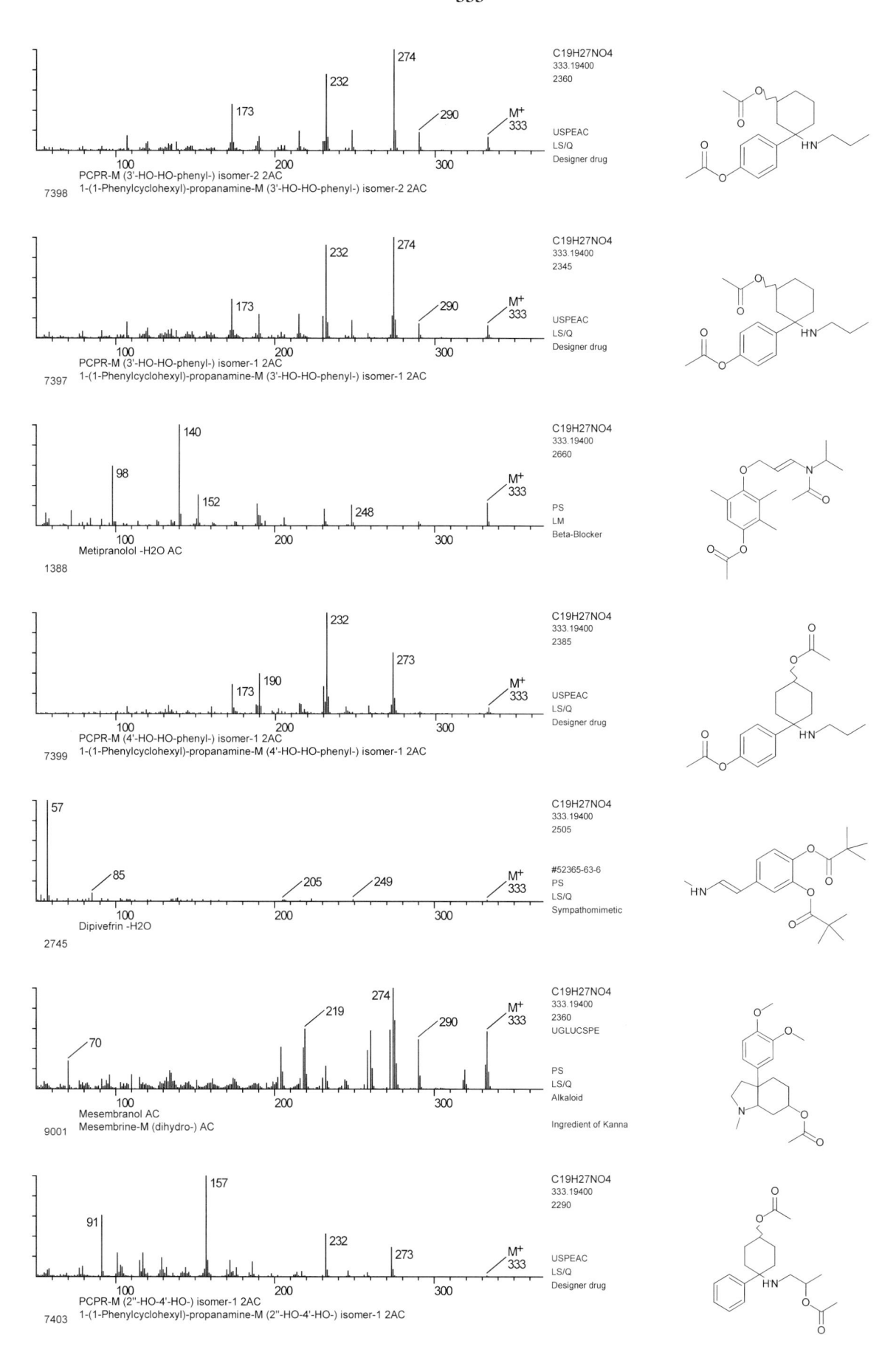

7398	PCPR-M (3'-HO-HO-phenyl-) isomer-2 2AC 1-(1-Phenylcyclohexyl)-propanamine-M (3'-HO-HO-phenyl-) isomer-2 2AC	C19H27NO4 333.19400 2360 USPEAC LS/Q Designer drug
7397	PCPR-M (3'-HO-HO-phenyl-) isomer-1 2AC 1-(1-Phenylcyclohexyl)-propanamine-M (3'-HO-HO-phenyl-) isomer-1 2AC	C19H27NO4 333.19400 2345 USPEAC LS/Q Designer drug
1388	Metipranolol -H2O AC	C19H27NO4 333.19400 2660 PS LM Beta-Blocker
7399	PCPR-M (4'-HO-HO-phenyl-) isomer-1 2AC 1-(1-Phenylcyclohexyl)-propanamine-M (4'-HO-HO-phenyl-) isomer-1 2AC	C19H27NO4 333.19400 2385 USPEAC LS/Q Designer drug
2745	Dipivefrin -H2O	C19H27NO4 333.19400 2505 #52365-63-6 PS LS/Q Sympathomimetic
9001	Mesembranol AC Mesembrine-M (dihydro-) AC	C19H27NO4 333.19400 2360 UGLUCSPE PS LS/Q Alkaloid Ingredient of Kanna
7403	PCPR-M (2''-HO-4'-HO-) isomer-1 2AC 1-(1-Phenylcyclohexyl)-propanamine-M (2''-HO-4'-HO-) isomer-1 2AC	C19H27NO4 333.19400 2290 USPEAC LS/Q Designer drug

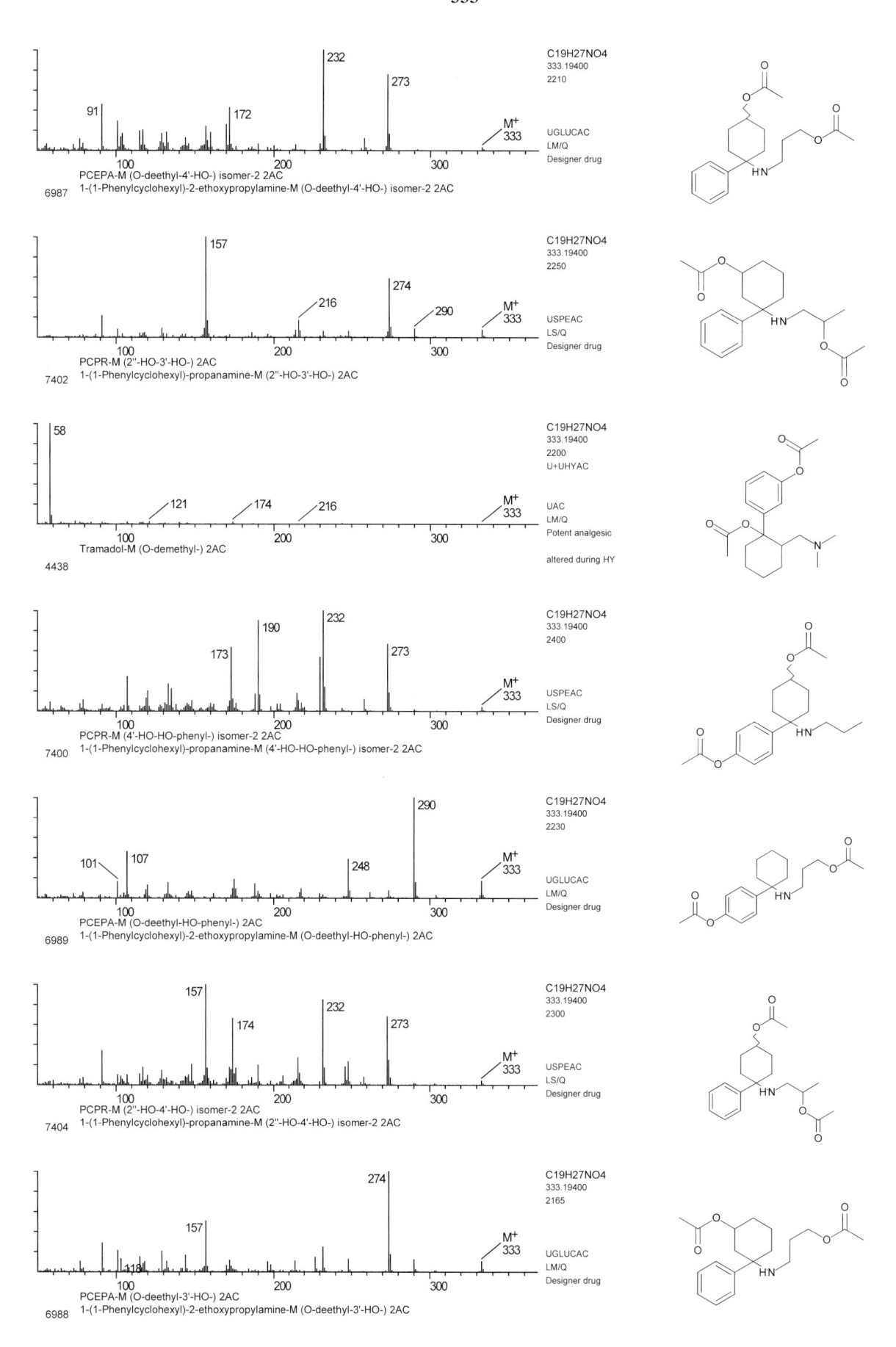

6987	PCEPA-M (O-deethyl-4'-HO-) isomer-2 2AC 1-(1-Phenylcyclohexyl)-2-ethoxypropylamine-M (O-deethyl-4'-HO-) isomer-2 2AC	C19H27NO4 333.19400 2210 UGLUCAC LM/Q Designer drug
7402	PCPR-M (2''-HO-3'-HO-) 2AC 1-(1-Phenylcyclohexyl)-propanamine-M (2''-HO-3'-HO-) 2AC	C19H27NO4 333.19400 2250 USPEAC LS/Q Designer drug
4438	Tramadol-M (O-demethyl-) 2AC	C19H27NO4 333.19400 2200 U+UHYAC UAC LM/Q Potent analgesic altered during HY
7400	PCPR-M (4'-HO-HO-phenyl-) isomer-2 2AC 1-(1-Phenylcyclohexyl)-propanamine-M (4'-HO-HO-phenyl-) isomer-2 2AC	C19H27NO4 333.19400 2400 USPEAC LS/Q Designer drug
6989	PCEPA-M (O-deethyl-HO-phenyl-) 2AC 1-(1-Phenylcyclohexyl)-2-ethoxypropylamine-M (O-deethyl-HO-phenyl-) 2AC	C19H27NO4 333.19400 2230 UGLUCAC LM/Q Designer drug
7404	PCPR-M (2''-HO-4'-HO-) isomer-2 2AC 1-(1-Phenylcyclohexyl)-propanamine-M (2''-HO-4'-HO-) isomer-2 2AC	C19H27NO4 333.19400 2300 USPEAC LS/Q Designer drug
6988	PCEPA-M (O-deethyl-3'-HO-) 2AC 1-(1-Phenylcyclohexyl)-2-ethoxypropylamine-M (O-deethyl-3'-HO-) 2AC	C19H27NO4 333.19400 2165 UGLUCAC LM/Q Designer drug

333

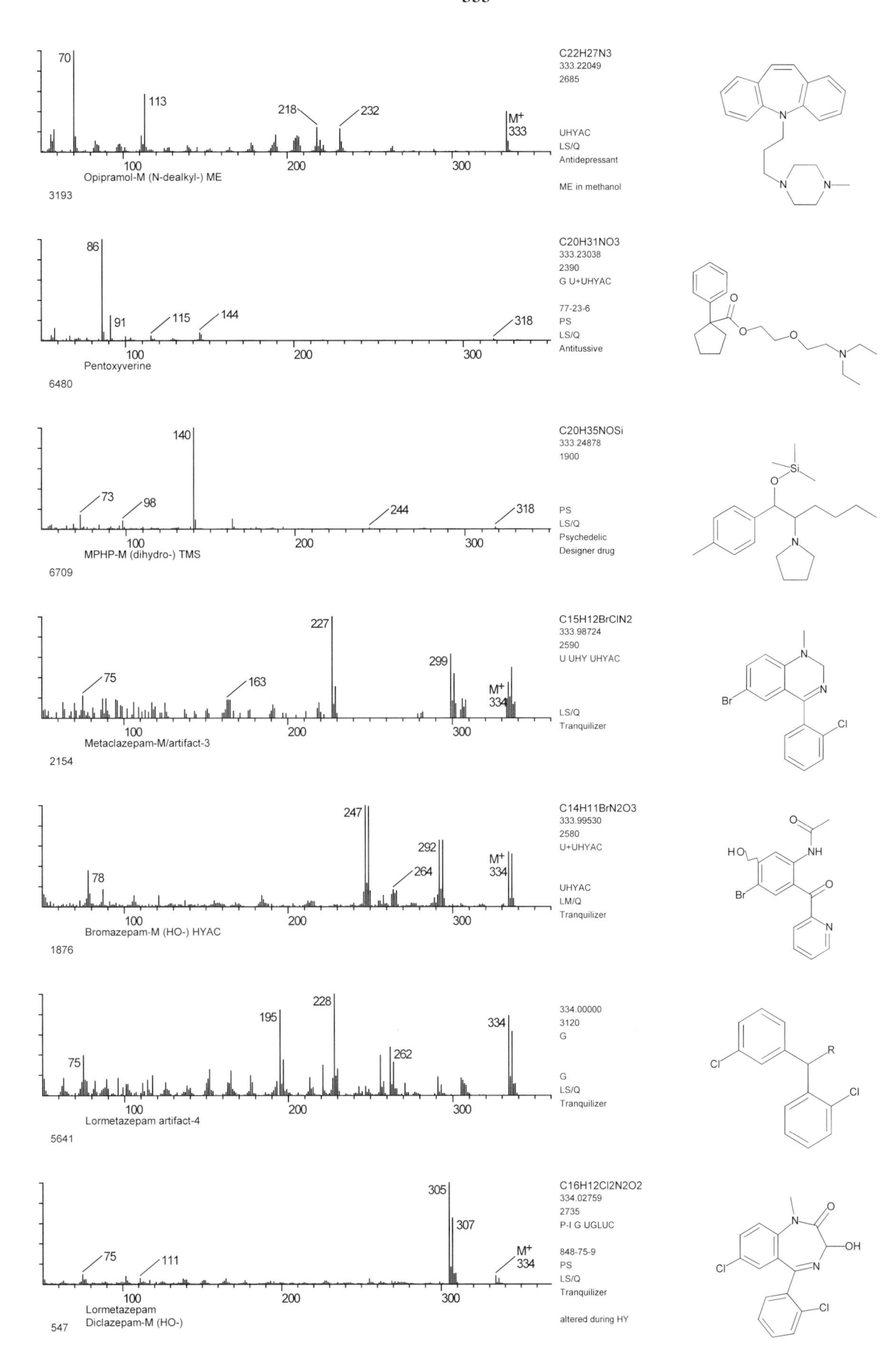

Spectrum	Compound	Formula / Data
3193	Opipramol-M (N-dealkyl-) ME — peaks 70, 113, 218, 232, M+ 333	C22H27N3; 333.22049; 2685; UHYAC; LS/Q; Antidepressant; ME in methanol
6480	Pentoxyverine — peaks 86, 91, 115, 144, 318	C20H31NO3; 333.23038; 2390; G U+UHYAC; 77-23-6; PS; LS/Q; Antitussive
6709	MPHP-M (dihydro-) TMS — peaks 73, 98, 140, 244, 318	C20H35NOSi; 333.24878; 1900; PS; LS/Q; Psychedelic Designer drug
2154	Metaclazepam-M/artifact-3 — peaks 75, 163, 227, 299, M+ 334	C15H12BrClN2; 333.98724; 2590; U UHY UHYAC; LS/Q; Tranquilizer
1876	Bromazepam-M (HO-) HYAC — peaks 78, 247, 264, 292, M+ 334	C14H11BrN2O3; 333.99530; 2580; U+UHYAC; UHYAC; LM/Q; Tranquilizer
5641	Lormetazepam artifact-4 — peaks 75, 195, 228, 262, 334	334.00000; 3120; G; G; LS/Q; Tranquilizer
547	Lormetazepam Diclazepam-M (HO-) — peaks 75, 111, 305, 307, M+ 334	C16H12Cl2N2O2; 334.02759; 2735; P-I G UGLUC; 848-75-9; PS; LS/Q; Tranquilizer; altered during HY

334

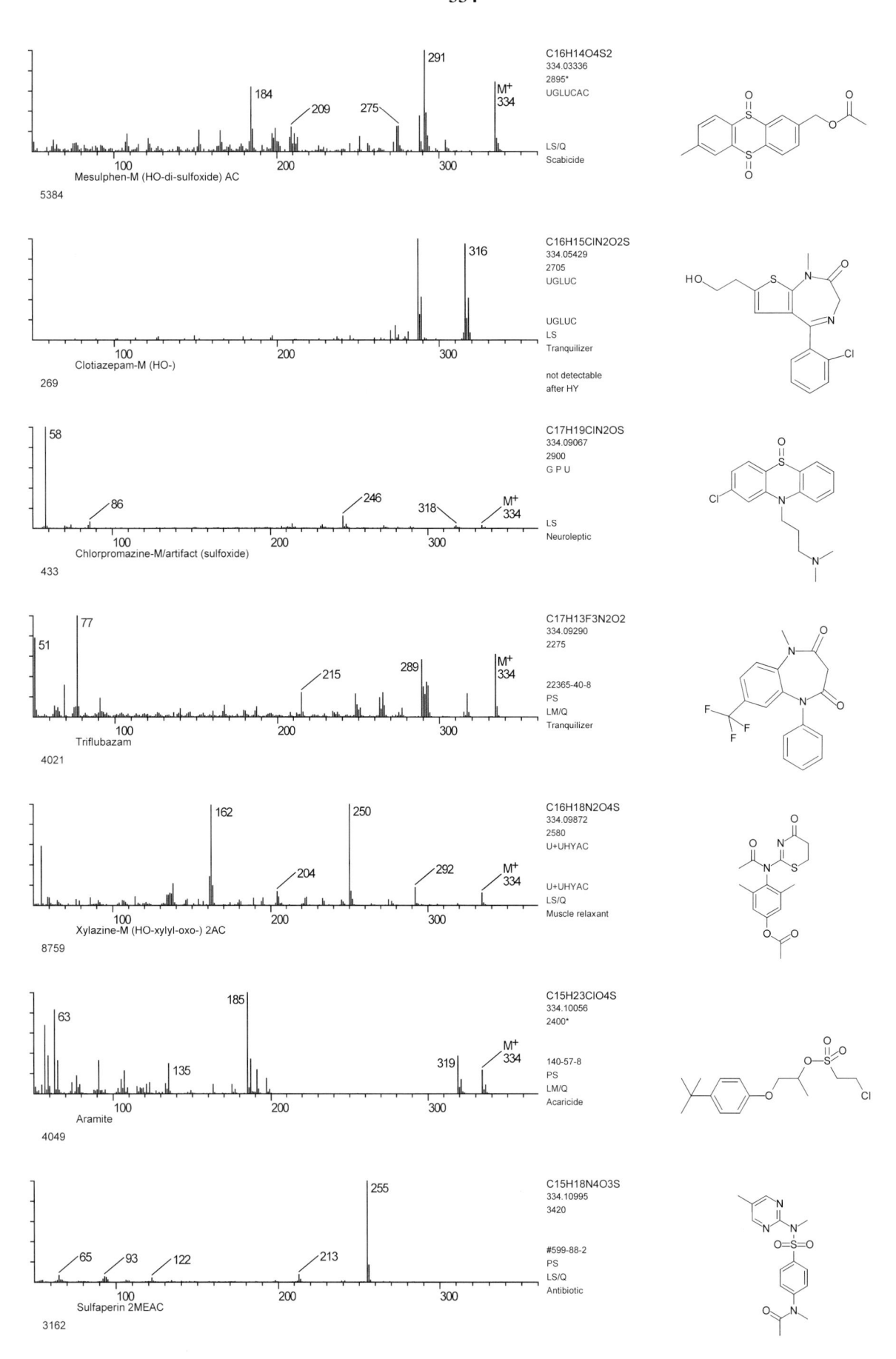

Mesulphen-M (HO-di-sulfoxide) AC — peaks: 184, 209, 275, 291, M+ 334	C16H14O4S2 334.03336 2895* UGLUCAC LS/Q Scabicide	
5384		
Clotiazepam-M (HO-) — peaks: 316	C16H15ClN2O2S 334.05429 2705 UGLUC UGLUC LS Tranquilizer not detectable after HY	
269		
Chlorpromazine-M/artifact (sulfoxide) — peaks: 58, 86, 246, 318, M+ 334	C17H19ClN2OS 334.09067 2900 G P U LS Neuroleptic	
433		
Triflubazam — peaks: 51, 77, 215, 289, M+ 334	C17H13F3N2O2 334.09290 2275 22365-40-8 PS LM/Q Tranquilizer	
4021		
Xylazine-M (HO-xylyl-oxo-) 2AC — peaks: 162, 204, 250, 292, M+ 334	C16H18N2O4S 334.09872 2580 U+UHYAC U+UHYAC LS/Q Muscle relaxant	
8759		
Aramite — peaks: 63, 135, 185, 319, M+ 334	C15H23ClO4S 334.10056 2400* 140-57-8 PS LM/Q Acaricide	
4049		
Sulfaperin 2MEAC — peaks: 65, 93, 122, 213, 255	C15H18N4O3S 334.10995 3420 #599-88-2 PS LS/Q Antibiotic	
3162		

334

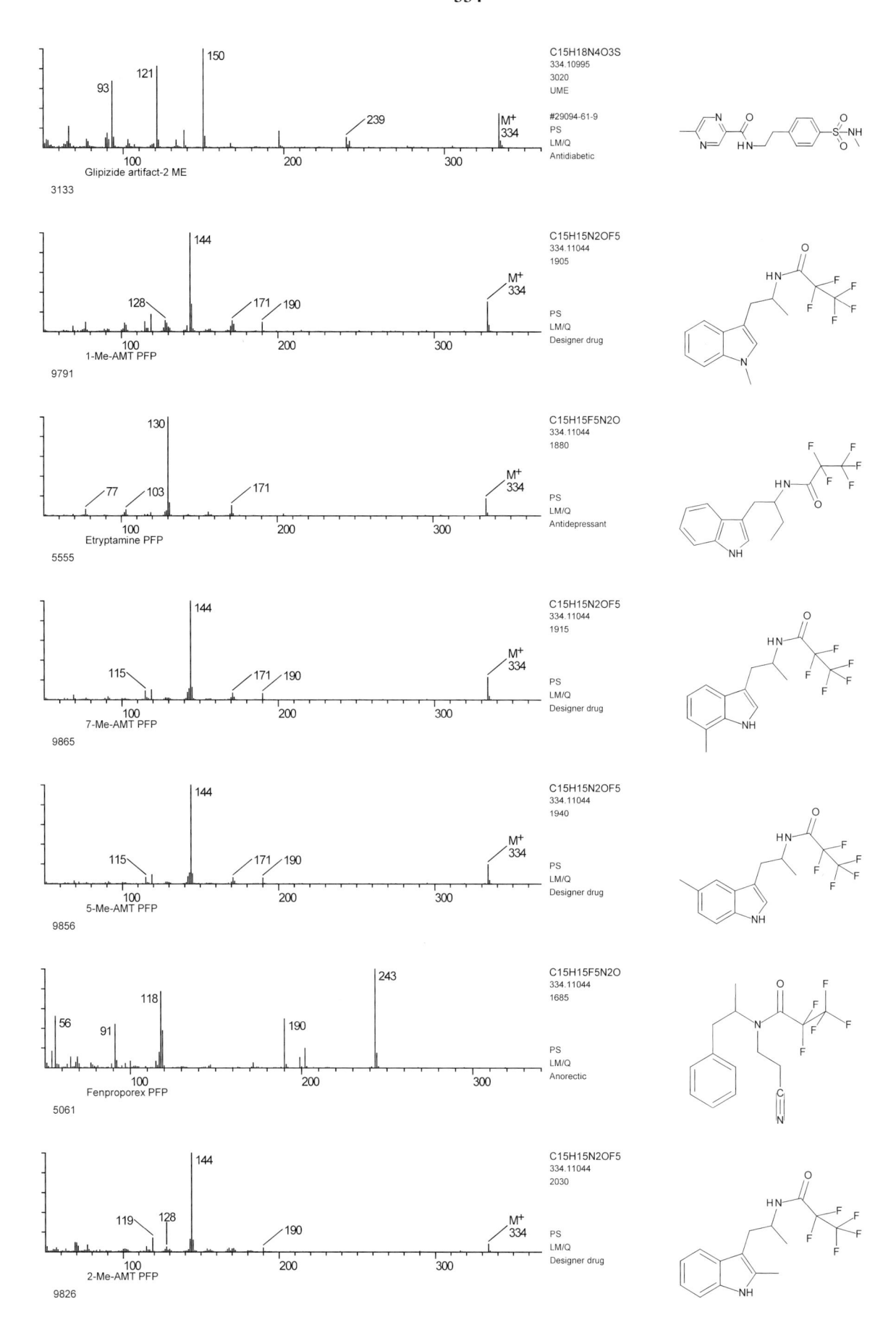

Glipizide artifact-2 ME — 3133
Peaks: 93, 121, 150, 239, M+ 334
C15H18N4O3S
334.10995
3020
UME
#29094-61-9
PS
LM/Q
Antidiabetic

1-Me-AMT PFP — 9791
Peaks: 128, 144, 171, 190, M+ 334
C15H15N2OF5
334.11044
1905
PS
LM/Q
Designer drug

Etryptamine PFP — 5555
Peaks: 77, 103, 130, 171, M+ 334
C15H15F5N2O
334.11044
1880
PS
LM/Q
Antidepressant

7-Me-AMT PFP — 9865
Peaks: 115, 144, 171, 190, M+ 334
C15H15N2OF5
334.11044
1915
PS
LM/Q
Designer drug

5-Me-AMT PFP — 9856
Peaks: 115, 144, 171, 190, M+ 334
C15H15N2OF5
334.11044
1940
PS
LM/Q
Designer drug

Fenproporex PFP — 5061
Peaks: 56, 91, 118, 190, 243
C15H15F5N2O
334.11044
1685
PS
LM/Q
Anorectic

2-Me-AMT PFP — 9826
Peaks: 119, 128, 144, 190, M+ 334
C15H15N2OF5
334.11044
2030
PS
LM/Q
Designer drug

334

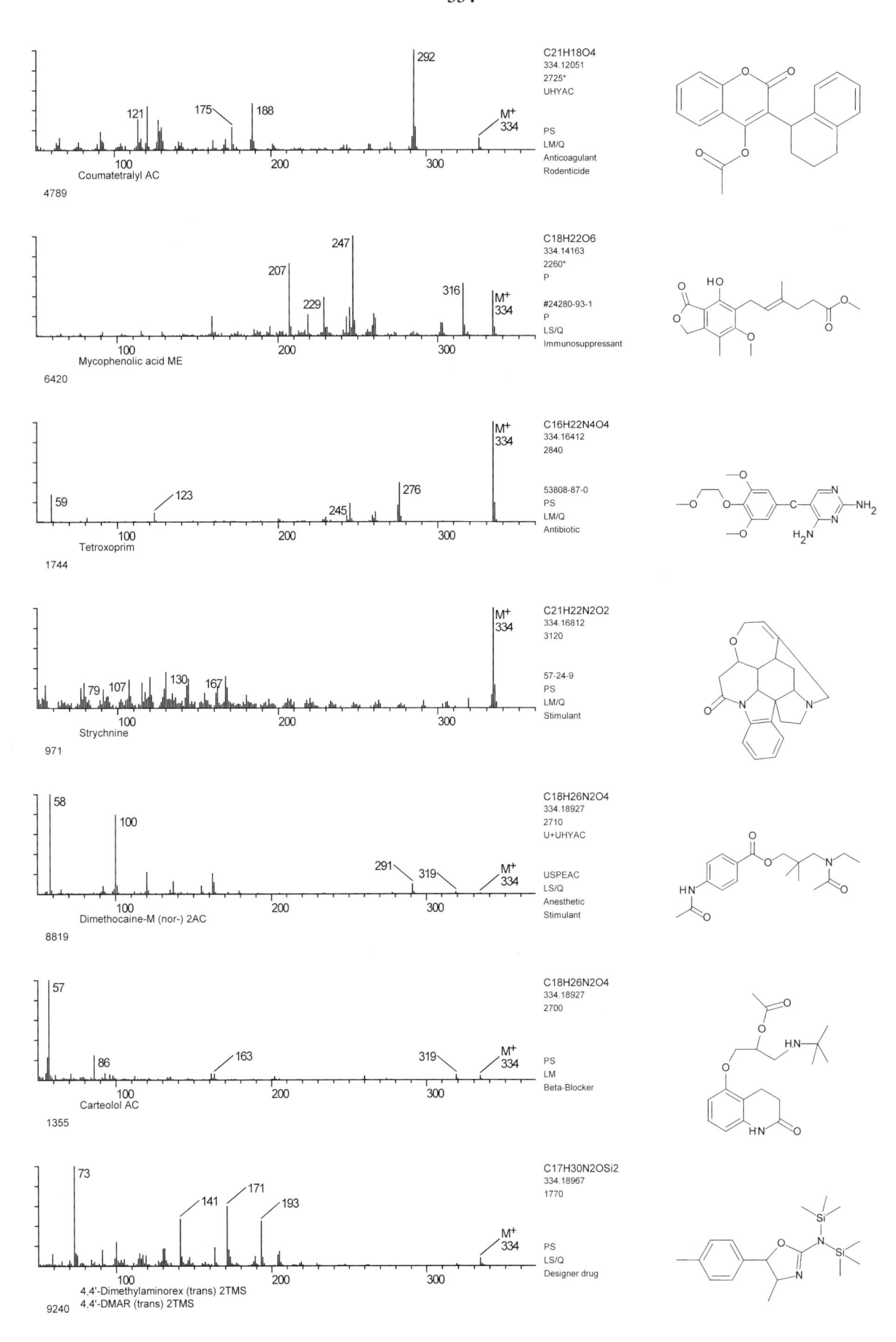

Coumatetralyl AC — 4789
Peaks: 121, 175, 188, 292, M+ 334
C21H18O4
334.12051
2725*
UHYAC
PS
LM/Q
Anticoagulant
Rodenticide

Mycophenolic acid ME — 6420
Peaks: 207, 229, 247, 316, M+ 334
C18H22O6
334.14163
2260*
P
#24280-93-1
P
LS/Q
Immunosuppressant

Tetroxoprim — 1744
Peaks: 59, 123, 245, 276, M+ 334
C16H22N4O4
334.16412
2840
53808-87-0
PS
LM/Q
Antibiotic

Strychnine — 971
Peaks: 79, 107, 130, 167, M+ 334
C21H22N2O2
334.16812
3120
57-24-9
PS
LM/Q
Stimulant

Dimethocaine-M (nor-) 2AC — 8819
Peaks: 58, 100, 291, 319, M+ 334
C18H26N2O4
334.18927
2710
U+UHYAC
USPEAC
LS/Q
Anesthetic
Stimulant

Carteolol AC — 1355
Peaks: 57, 86, 163, 319, M+ 334
C18H26N2O4
334.18927
2700
PS
LM
Beta-Blocker

4,4'-Dimethylaminorex (trans) 2TMS — 9240
4,4'-DMAR (trans) 2TMS
Peaks: 73, 141, 171, 193, M+ 334
C17H30N2OSi2
334.18967
1770
PS
LS/Q
Designer drug

1120

334

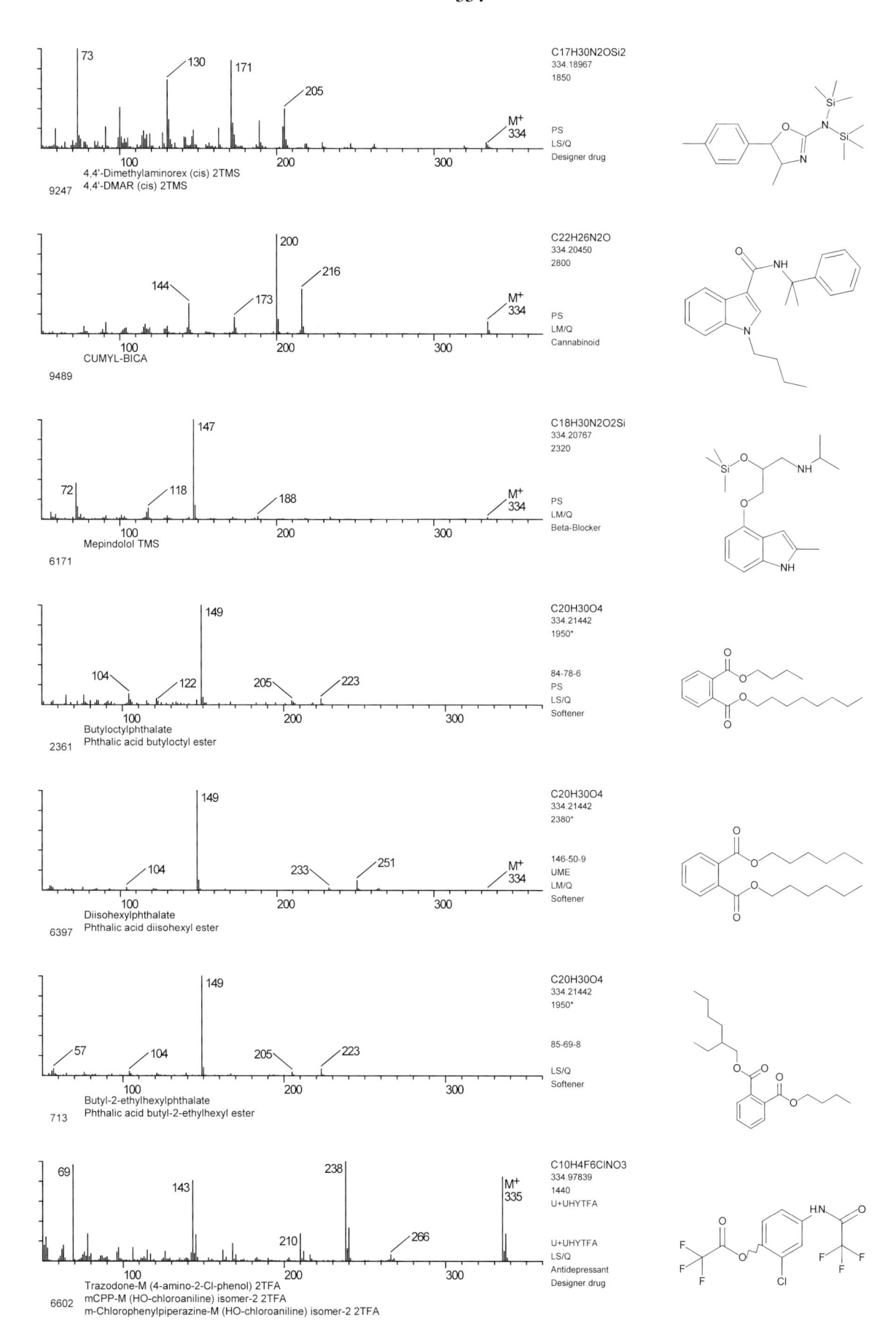

9247 — 4,4'-Dimethylaminorex (cis) 2TMS / 4,4'-DMAR (cis) 2TMS
C17H30N2OSi2
334.18967
1850
PS
LS/Q
Designer drug
Peaks: 73, 130, 171, 205, M+ 334

9489 — CUMYL-BICA
C22H26N2O
334.20450
2800
PS
LM/Q
Cannabinoid
Peaks: 144, 173, 200, 216, M+ 334

6171 — Mepindolol TMS
C18H30N2O2Si
334.20767
2320
PS
LM/Q
Beta-Blocker
Peaks: 72, 118, 147, 188, M+ 334

2361 — Butyloctylphthalate / Phthalic acid butyloctyl ester
C20H30O4
334.21442
1950*
84-78-6
PS
LS/Q
Softener
Peaks: 104, 122, 149, 205, 223

6397 — Diisohexylphthalate / Phthalic acid diisohexyl ester
C20H30O4
334.21442
2380*
146-50-9
UME
LM/Q
Softener
Peaks: 104, 149, 233, 251, M+ 334

713 — Butyl-2-ethylhexylphthalate / Phthalic acid butyl-2-ethylhexyl ester
C20H30O4
334.21442
1950*
85-69-8
LS/Q
Softener
Peaks: 57, 104, 149, 205, 223

6602 — Trazodone-M (4-amino-2-Cl-phenol) 2TFA / mCPP-M (HO-chloroaniline) isomer-2 2TFA / m-Chlorophenylpiperazine-M (HO-chloroaniline) isomer-2 2TFA
C10H4F6ClNO3
334.97839
1440
U+UHYTFA
U+UHYTFA
LS/Q
Antidepressant
Designer drug
Peaks: 69, 143, 210, 238, 266, M+ 335

335

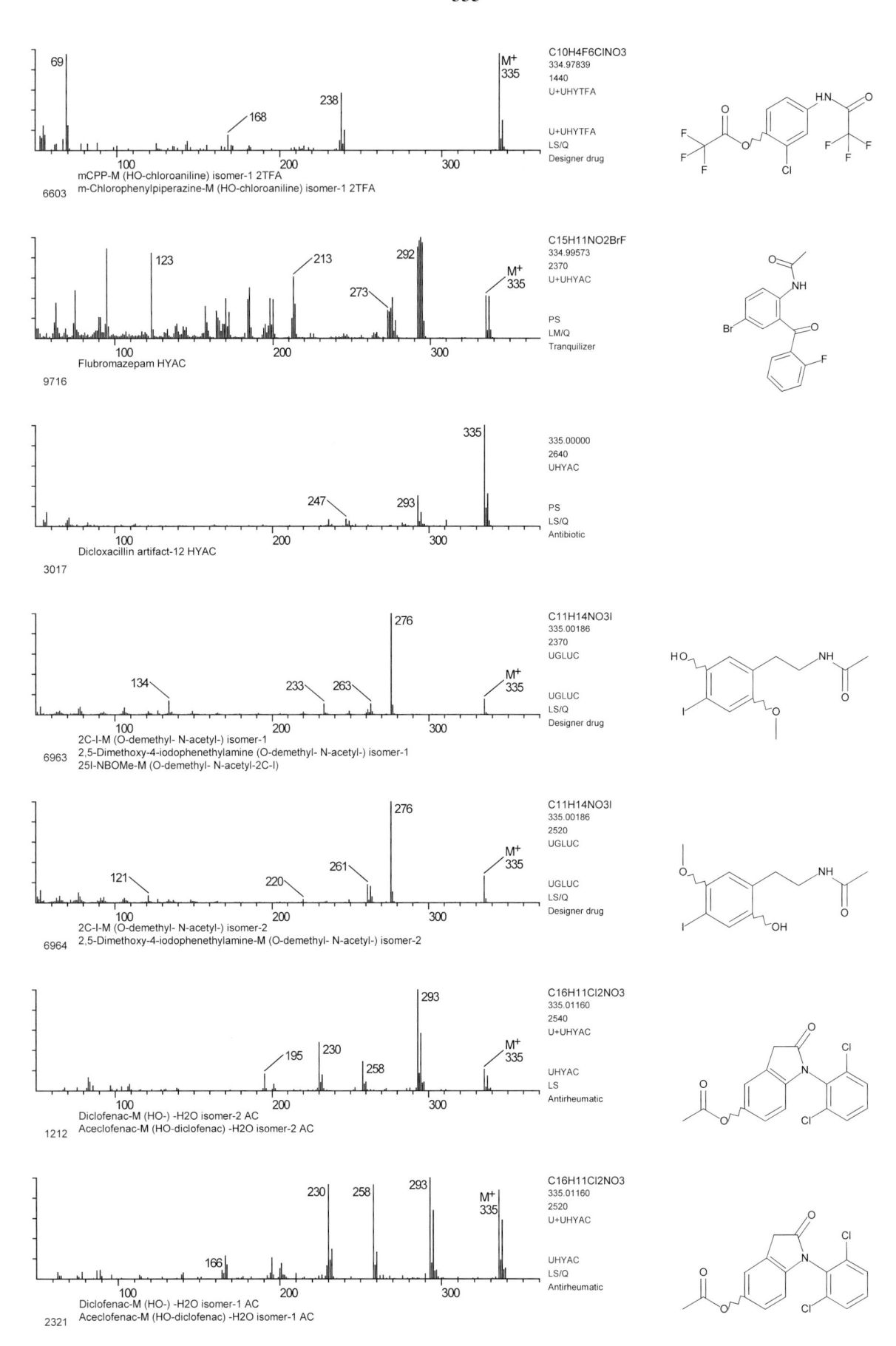

C10H4F6ClNO3
334.97839
1440
U+UHYTFA

U+UHYTFA
LS/Q
Designer drug

6603
mCPP-M (HO-chloroaniline) isomer-1 2TFA
m-Chlorophenylpiperazine-M (HO-chloroaniline) isomer-1 2TFA

C15H11NO2BrF
334.99573
2370
U+UHYAC

PS
LM/Q
Tranquilizer

9716
Flubromazepam HYAC

335.00000
2640
UHYAC

PS
LS/Q
Antibiotic

3017
Dicloxacillin artifact-12 HYAC

C11H14NO3I
335.00186
2370
UGLUC

UGLUC
LS/Q
Designer drug

6963
2C-I-M (O-demethyl- N-acetyl-) isomer-1
2,5-Dimethoxy-4-iodophenethylamine (O-demethyl- N-acetyl-) isomer-1
25I-NBOMe-M (O-demethyl- N-acetyl-2C-I)

C11H14NO3I
335.00186
2520
UGLUC

UGLUC
LS/Q
Designer drug

6964
2C-I-M (O-demethyl- N-acetyl-) isomer-2
2,5-Dimethoxy-4-iodophenethylamine-M (O-demethyl- N-acetyl-) isomer-2

C16H11Cl2NO3
335.01160
2540
U+UHYAC

UHYAC
LS
Antirheumatic

1212
Diclofenac-M (HO-) -H2O isomer-2 AC
Aceclofenac-M (HO-diclofenac) -H2O isomer-2 AC

C16H11Cl2NO3
335.01160
2520
U+UHYAC

UHYAC
LS/Q
Antirheumatic

2321
Diclofenac-M (HO-) -H2O isomer-1 AC
Aceclofenac-M (HO-diclofenac) -H2O isomer-1 AC

1122

335

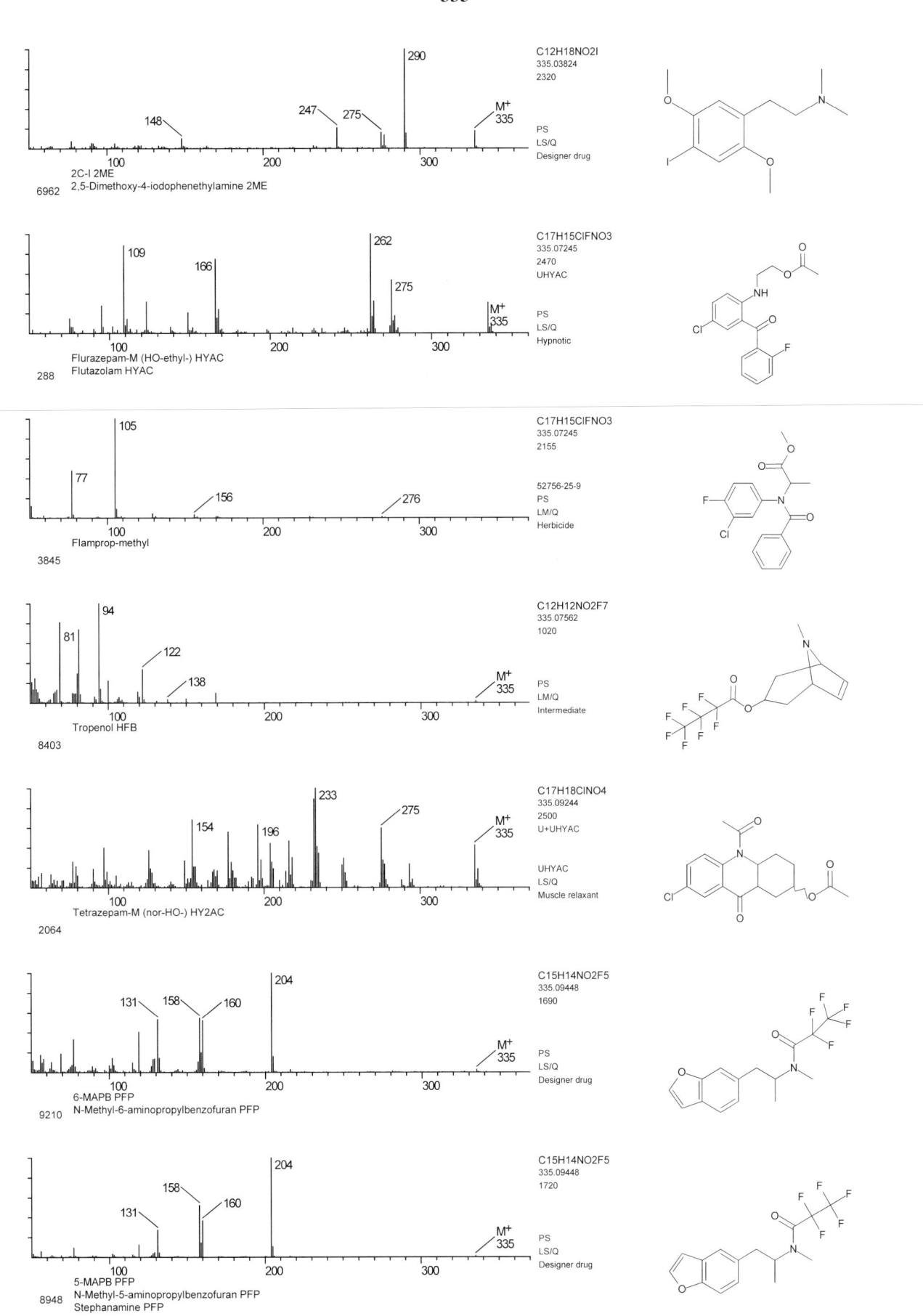

6962	2C-I 2ME 2,5-Dimethoxy-4-iodophenethylamine 2ME	C12H18NO2I 335.03824 2320 PS LS/Q Designer drug
288	Flurazepam-M (HO-ethyl-) HYAC Flutazolam HYAC	C17H15ClFNO3 335.07245 2470 UHYAC PS LS/Q Hypnotic
3845	Flamprop-methyl	C17H15ClFNO3 335.07245 2155 52756-25-9 PS LM/Q Herbicide
8403	Tropenol HFB	C12H12NO2F7 335.07562 1020 PS LM/Q Intermediate
2064	Tetrazepam-M (nor-HO-) HY2AC	C17H18ClNO4 335.09244 2500 U+UHYAC UHYAC LS/Q Muscle relaxant
9210	6-MAPB PFP N-Methyl-6-aminopropylbenzofuran PFP	C15H14NO2F5 335.09448 1690 PS LS/Q Designer drug
8948	5-MAPB PFP N-Methyl-5-aminopropylbenzofuran PFP Stephanamine PFP	C15H14NO2F5 335.09448 1720 PS LS/Q Designer drug

335

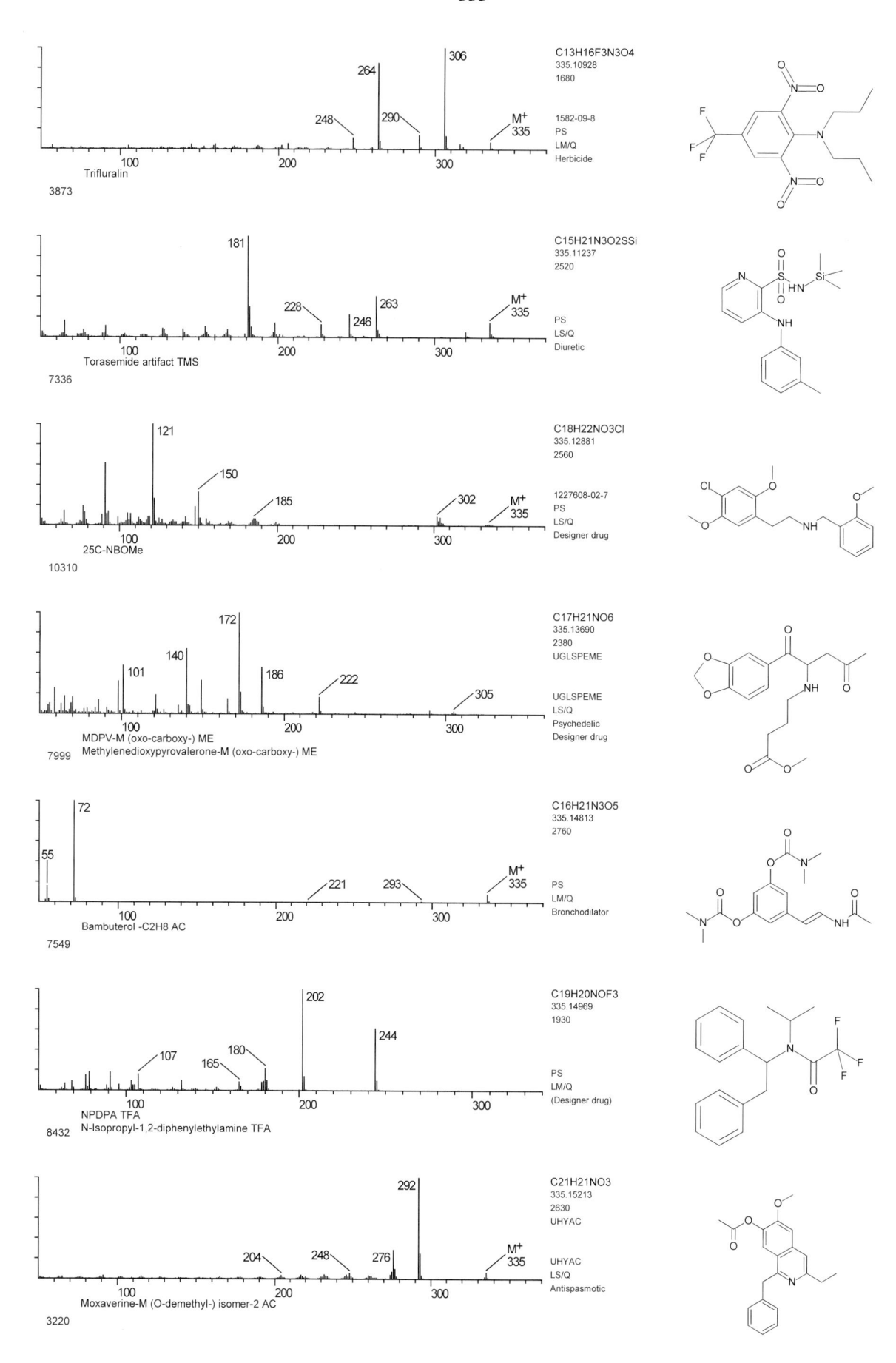

Trifluralin — C13H16F3N3O4, 335.10928, 1680, 1582-09-8, PS, LM/Q, Herbicide
Peaks: 264, 306, 248, 290, M+ 335
3873

Torasemide artifact TMS — C15H21N3O2SSi, 335.11237, 2520, PS, LS/Q, Diuretic
Peaks: 181, 228, 246, 263, M+ 335
7336

25C-NBOMe — C18H22NO3Cl, 335.12881, 2560, 1227608-02-7, PS, LS/Q, Designer drug
Peaks: 121, 150, 185, 302, M+ 335
10310

MDPV-M (oxo-carboxy-) ME / Methylenedioxypyrovalerone-M (oxo-carboxy-) ME — C17H21NO6, 335.13690, 2380, UGLSPEME, UGLSPEME, LS/Q, Psychedelic Designer drug
Peaks: 101, 140, 172, 186, 222, 305
7999

Bambuterol -C2H8 AC — C16H21N3O5, 335.14813, 2760, PS, LM/Q, Bronchodilator
Peaks: 55, 72, 221, 293, M+ 335
7549

NPDPA TFA / N-Isopropyl-1,2-diphenylethylamine TFA — C19H20NOF3, 335.14969, 1930, PS, LM/Q, (Designer drug)
Peaks: 107, 165, 180, 202, 244
8432

Moxaverine-M (O-demethyl-) isomer-2 AC — C21H21NO3, 335.15213, 2630, UHYAC, UHYAC, LS/Q, Antispasmotic
Peaks: 204, 248, 276, 292, M+ 335
3220

1124

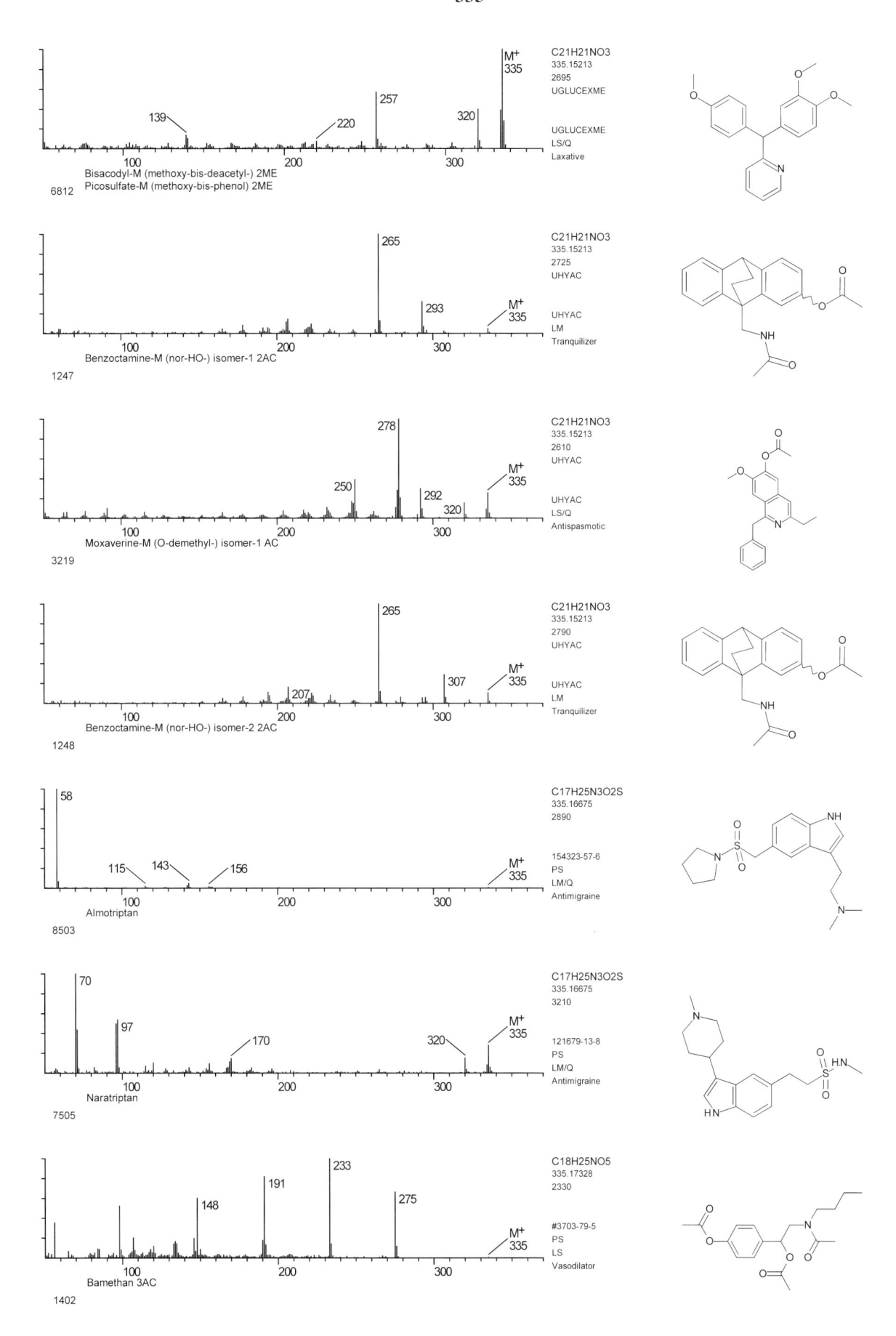

Bisacodyl-M (methoxy-bis-deacetyl-) 2ME / Picosulfate-M (methoxy-bis-phenol) 2ME	C21H21NO3, 335.15213, 2695, UGLUCEXME, UGLUCEXME, LS/Q, Laxative
Benzoctamine-M (nor-HO-) isomer-1 2AC	C21H21NO3, 335.15213, 2725, UHYAC, UHYAC, LM, Tranquilizer
Moxaverine-M (O-demethyl-) isomer-1 AC	C21H21NO3, 335.15213, 2610, UHYAC, UHYAC, LS/Q, Antispasmotic
Benzoctamine-M (nor-HO-) isomer-2 2AC	C21H21NO3, 335.15213, 2790, UHYAC, UHYAC, LM, Tranquilizer
Almotriptan	C17H25N3O2S, 335.16675, 2890, 154323-57-6, PS, LM/Q, Antimigraine
Naratriptan	C17H25N3O2S, 335.16675, 3210, 121679-13-8, PS, LM/Q, Antimigraine
Bamethan 3AC	C18H25NO5, 335.17328, 2330, #3703-79-5, PS, LS, Vasodilator

335

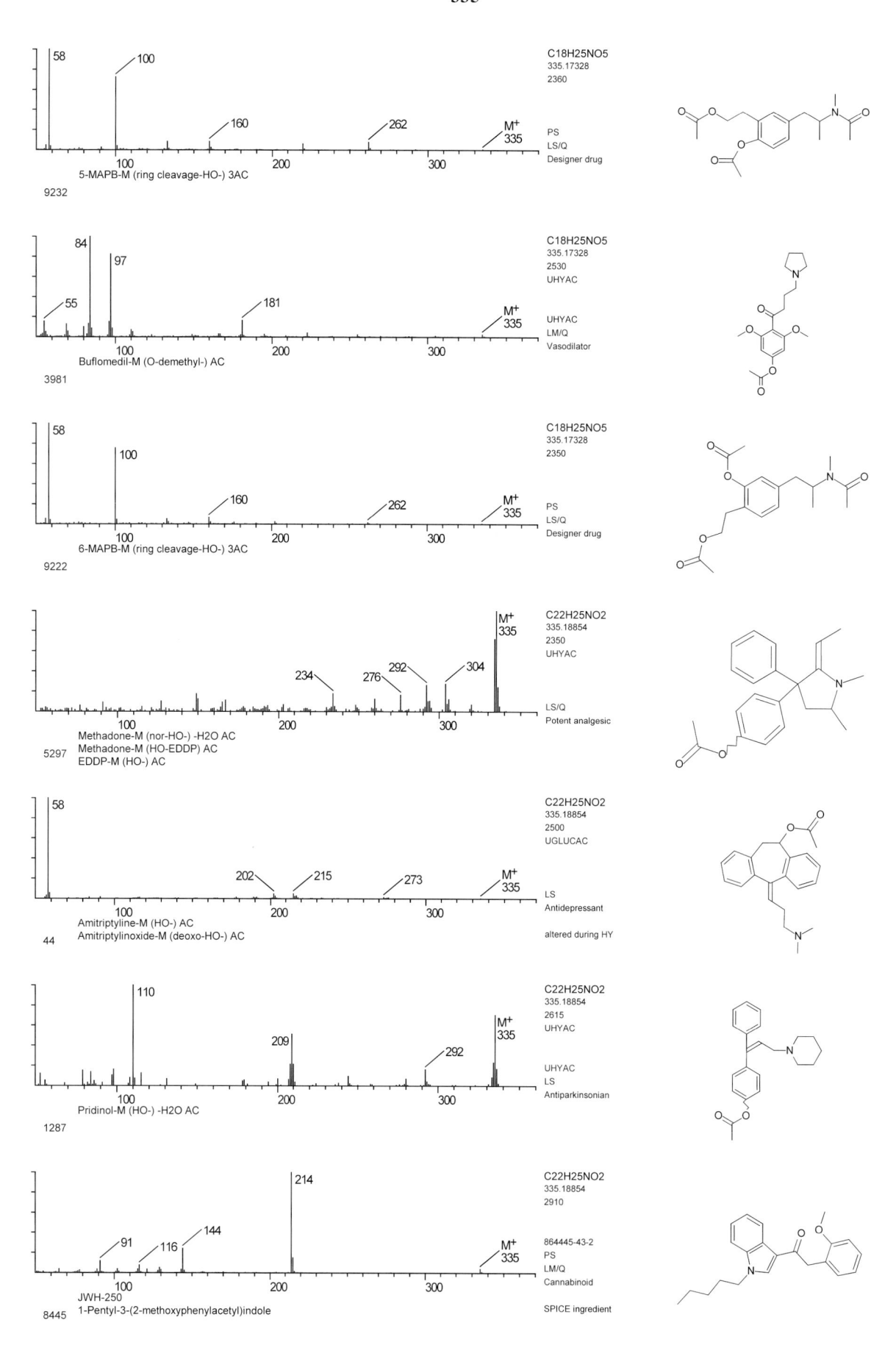

5-MAPB-M (ring cleavage-HO-) 3AC	C18H25NO5 335.17328 2360 PS LS/Q Designer drug
Buflomedil-M (O-demethyl-) AC	C18H25NO5 335.17328 2530 UHYAC UHYAC LM/Q Vasodilator
6-MAPB-M (ring cleavage-HO-) 3AC	C18H25NO5 335.17328 2350 PS LS/Q Designer drug
Methadone-M (nor-HO-) -H2O AC / Methadone-M (HO-EDDP) AC / EDDP-M (HO-) AC	C22H25NO2 335.18854 2350 UHYAC LS/Q Potent analgesic
Amitriptyline-M (HO-) AC / Amitriptylinoxide-M (deoxo-HO-) AC	C22H25NO2 335.18854 2500 UGLUCAC LS Antidepressant altered during HY
Pridinol-M (HO-) -H2O AC	C22H25NO2 335.18854 2615 UHYAC UHYAC LS Antiparkinsonian
JWH-250 1-Pentyl-3-(2-methoxyphenylacetyl)indole	C22H25NO2 335.18854 2910 864445-43-2 PS LM/Q Cannabinoid SPICE ingredient

1126

335

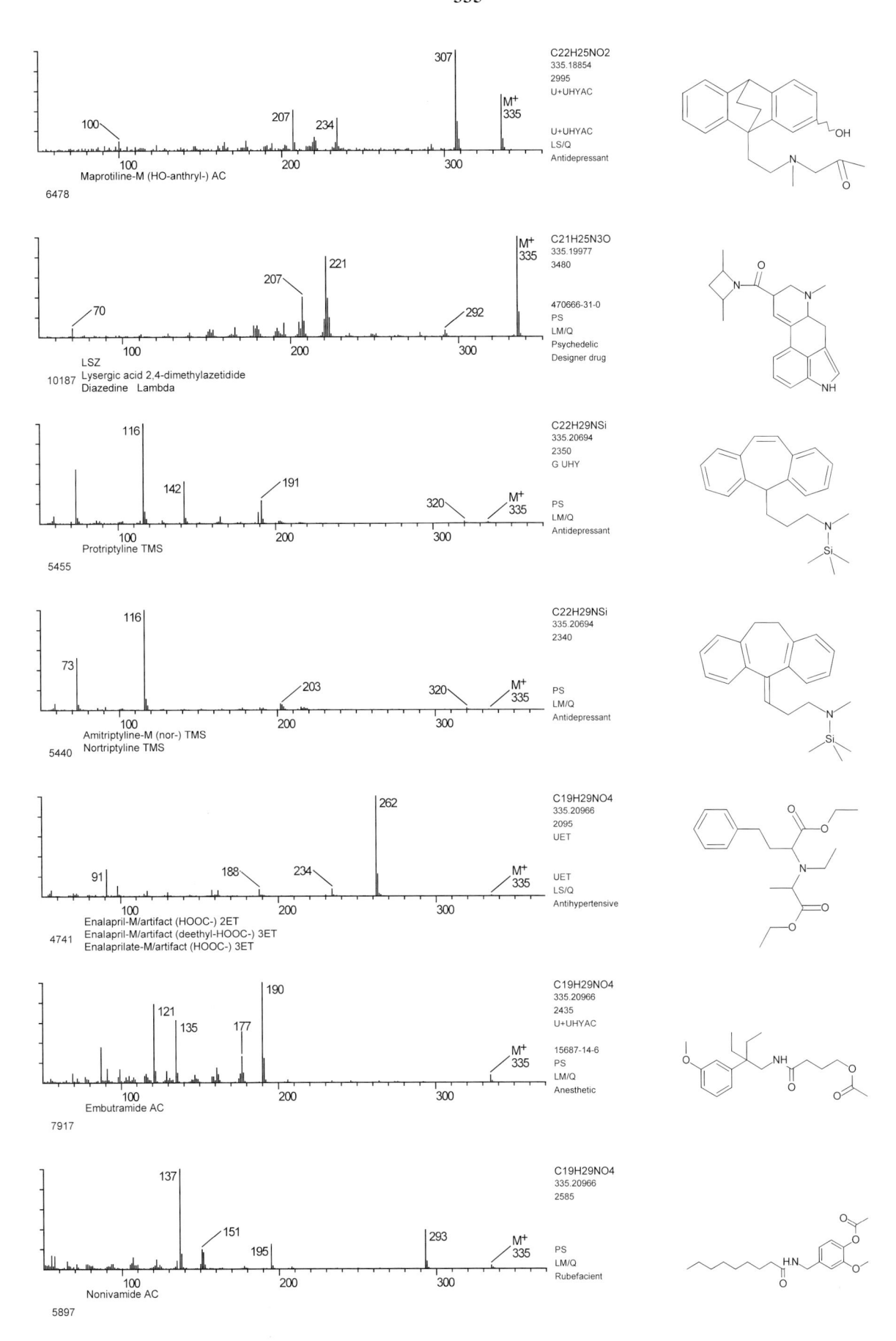

Spectrum	Compound	Formula / Info
1	Maprotiline-M (HO-anthryl-) AC — 6478	C22H25NO2, 335.18854, 2995, U+UHYAC, LS/Q, Antidepressant. Peaks: 100, 207, 234, 307, M+ 335
2	LSZ — Lysergic acid 2,4-dimethylazetidide / Diazedine Lambda — 10187	C21H25N3O, 335.19977, 3480, 470666-31-0, PS, LM/Q, Psychedelic, Designer drug. Peaks: 70, 207, 221, 292, M+ 335
3	Protriptyline TMS — 5455	C22H29NSi, 335.20694, 2350, G UHY, PS, LM/Q, Antidepressant. Peaks: 116, 142, 191, 320, M+ 335
4	Amitriptyline-M (nor-) TMS / Nortriptyline TMS — 5440	C22H29NSi, 335.20694, 2340, PS, LM/Q, Antidepressant. Peaks: 73, 116, 203, 320, M+ 335
5	Enalapril-M/artifact (HOOC-) 2ET / Enalapril-M/artifact (deethyl-HOOC-) 3ET / Enalaprilate-M/artifact (HOOC-) 3ET — 4741	C19H29NO4, 335.20966, 2095, UET, LS/Q, Antihypertensive. Peaks: 91, 188, 234, 262, M+ 335
6	Embutramide AC — 7917	C19H29NO4, 335.20966, 2435, U+UHYAC, 15687-14-6, PS, LM/Q, Anesthetic. Peaks: 121, 135, 177, 190, M+ 335
7	Nonivamide AC — 5897	C19H29NO4, 335.20966, 2585, PS, LM/Q, Rubefacient. Peaks: 137, 151, 195, 293, M+ 335

1127

335

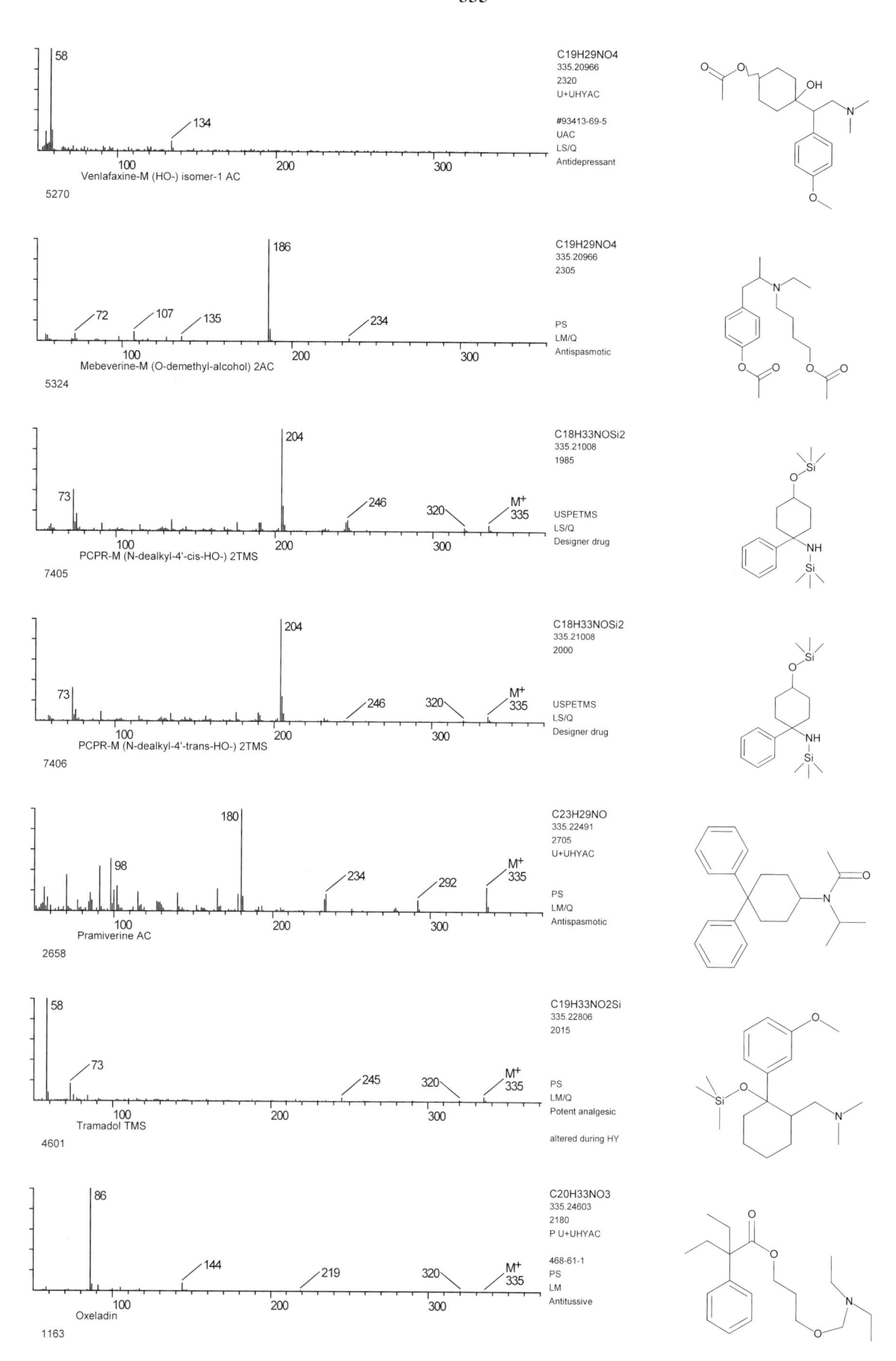

58, 134	C19H29NO4 335.20966 2320 U+UHYAC #93413-69-5 UAC LS/Q Antidepressant	
Venlafaxine-M (HO-) isomer-1 AC 5270		
72, 107, 135, 186, 234	C19H29NO4 335.20966 2305 PS LM/Q Antispasmotic	
Mebeverine-M (O-demethyl-alcohol) 2AC 5324		
73, 204, 246, 320, M+ 335	C18H33NOSi2 335.21008 1985 USPETMS LS/Q Designer drug	
PCPR-M (N-dealkyl-4'-cis-HO-) 2TMS 7405		
73, 204, 246, 320, M+ 335	C18H33NOSi2 335.21008 2000 USPETMS LS/Q Designer drug	
PCPR-M (N-dealkyl-4'-trans-HO-) 2TMS 7406		
98, 180, 234, 292, M+ 335	C23H29NO 335.22491 2705 U+UHYAC PS LM/Q Antispasmotic	
Pramiverine AC 2658		
58, 73, 245, 320, M+ 335	C19H33NO2Si 335.22806 2015 PS LM/Q Potent analgesic altered during HY	
Tramadol TMS 4601		
86, 144, 219, 320, M+ 335	C20H33NO3 335.24603 2180 P U+UHYAC 468-61-1 PS LM Antitussive	
Oxeladin 1163		

336

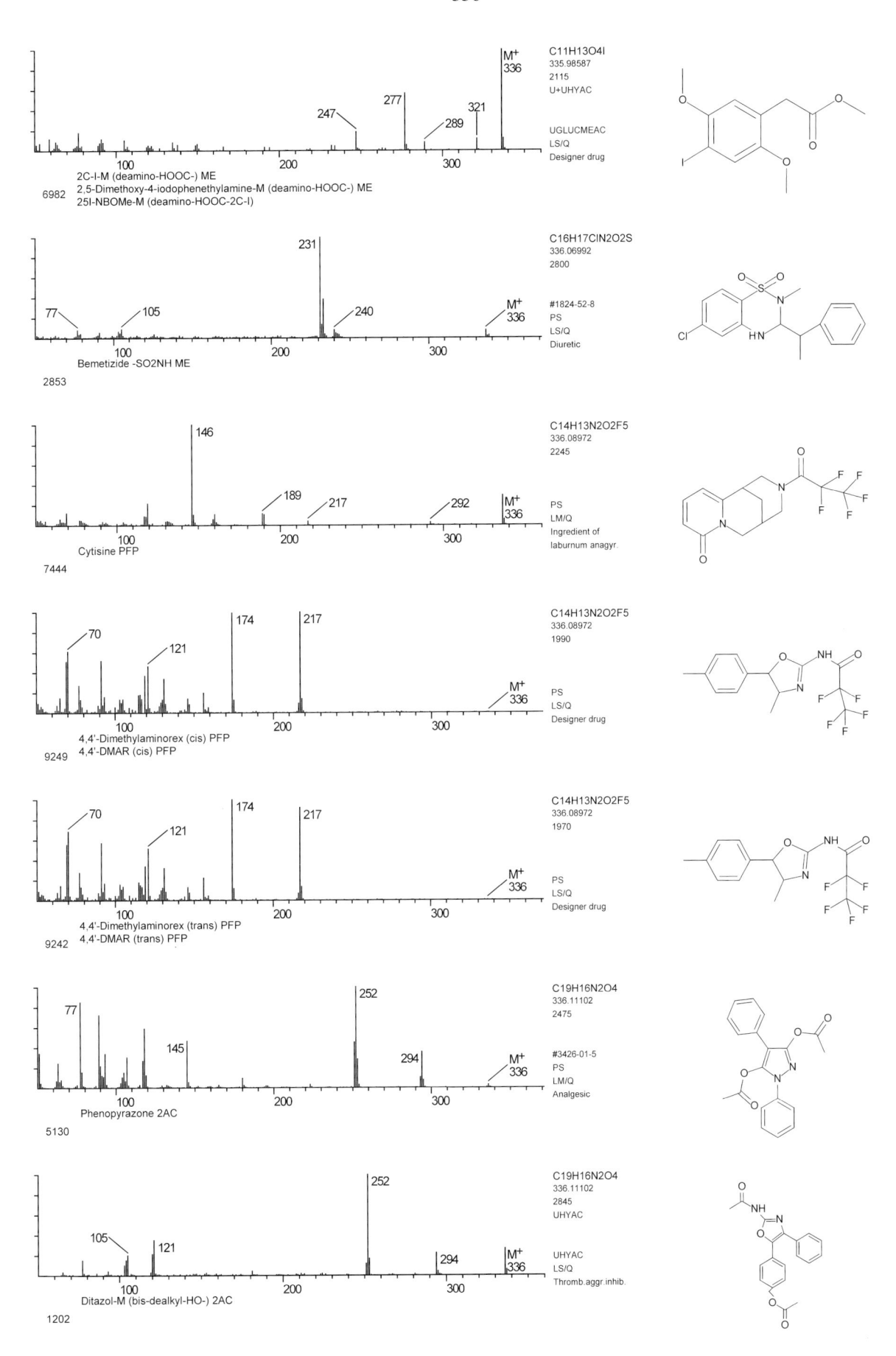

6982	2C-I-M (deamino-HOOC-) ME 2,5-Dimethoxy-4-iodophenethylamine-M (deamino-HOOC-) ME 25I-NBOMe-M (deamino-HOOC-2C-I)

Peaks: 247, 277, 289, 321, M+ 336
C11H13O4I
335.98587
2115
U+UHYAC
UGLUCMEAC
LS/Q
Designer drug

2853 — Bemetizide -SO2NH ME
Peaks: 77, 105, 231, 240, M+ 336
C16H17ClN2O2S
336.06992
2800
#1824-52-8
PS
LS/Q
Diuretic

7444 — Cytisine PFP
Peaks: 146, 189, 217, 292, M+ 336
C14H13N2O2F5
336.08972
2245
PS
LM/Q
Ingredient of laburnum anagyr.

9249 — 4,4'-Dimethylaminorex (cis) PFP / 4,4'-DMAR (cis) PFP
Peaks: 70, 121, 174, 217, M+ 336
C14H13N2O2F5
336.08972
1990
PS
LS/Q
Designer drug

9242 — 4,4'-Dimethylaminorex (trans) PFP / 4,4'-DMAR (trans) PFP
Peaks: 70, 121, 174, 217, M+ 336
C14H13N2O2F5
336.08972
1970
PS
LS/Q
Designer drug

5130 — Phenopyrazone 2AC
Peaks: 77, 145, 252, 294, M+ 336
C19H16N2O4
336.11102
2475
#3426-01-5
PS
LM/Q
Analgesic

1202 — Ditazol-M (bis-dealkyl-HO-) 2AC
Peaks: 105, 121, 252, 294, M+ 336
C19H16N2O4
336.11102
2845
UHYAC
UHYAC
LS/Q
Thromb.aggr.inhib.

336

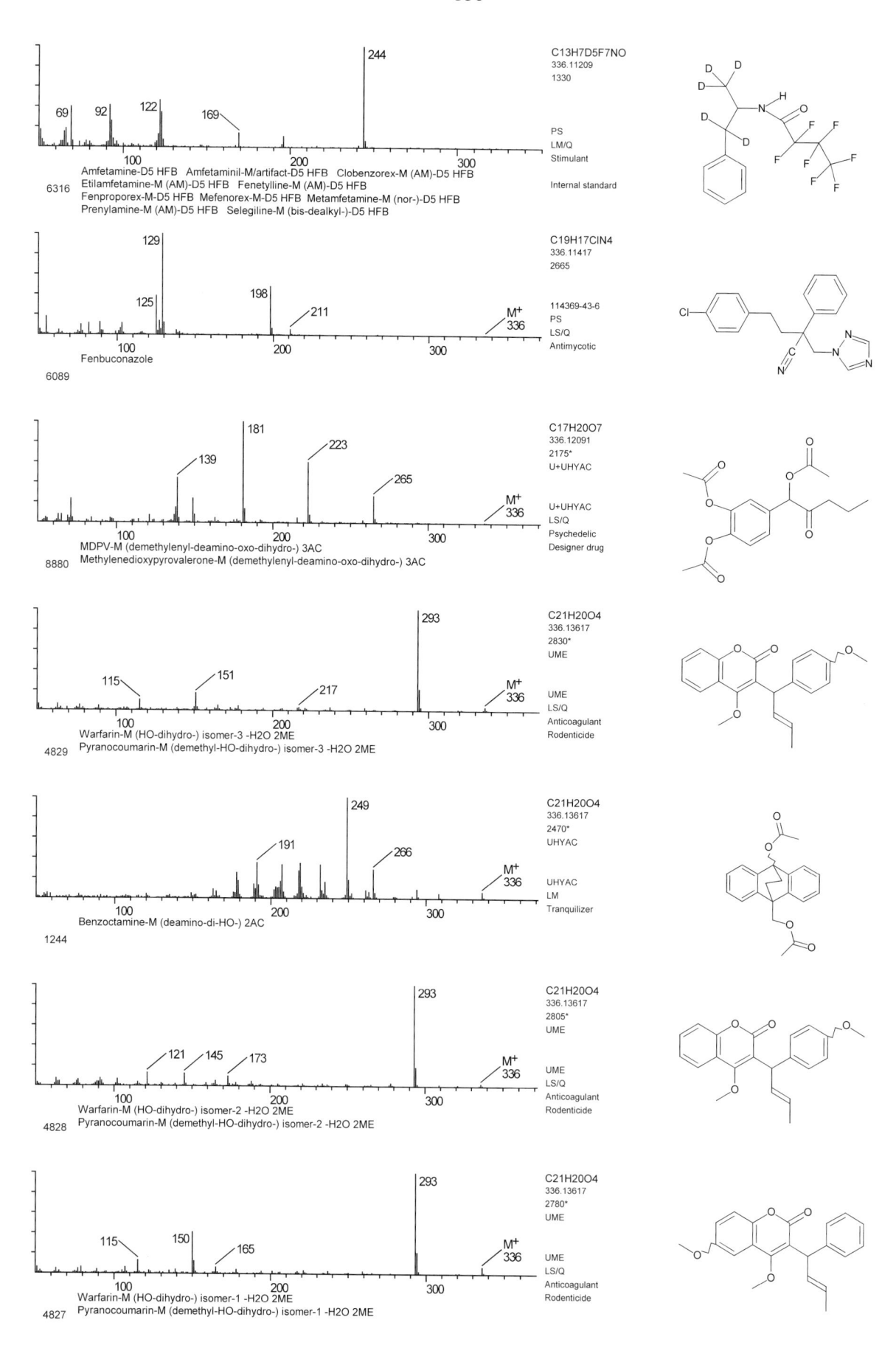

C13H7D5F7NO
336.11209
1330

PS
LM/Q
Stimulant

Internal standard

6316 Amfetamine-D5 HFB   Amfetaminil-M/artifact-D5 HFB   Clobenzorex-M (AM)-D5 HFB
Etilamfetamine-M (AM)-D5 HFB   Fenetylline-M (AM)-D5 HFB
Fenproporex-M-D5 HFB   Mefenorex-M-D5 HFB   Metamfetamine-M (nor-)-D5 HFB
Prenylamine-M (AM)-D5 HFB   Selegiline-M (bis-dealkyl-)-D5 HFB

C19H17ClN4
336.11417
2665

114369-43-6
PS
LS/Q
Antimycotic

6089 Fenbuconazole

C17H20O7
336.12091
2175*
U+UHYAC

U+UHYAC
LS/Q
Psychedelic
Designer drug

8880 MDPV-M (demethylenyl-deamino-oxo-dihydro-) 3AC
Methylenedioxypyrovalerone-M (demethylenyl-deamino-oxo-dihydro-) 3AC

C21H20O4
336.13617
2830*
UME

UME
LS/Q
Anticoagulant
Rodenticide

4829 Warfarin-M (HO-dihydro-) isomer-3 -H2O 2ME
Pyranocoumarin-M (demethyl-HO-dihydro-) isomer-3 -H2O 2ME

C21H20O4
336.13617
2470*
UHYAC

UHYAC
LM
Tranquilizer

1244 Benzoctamine-M (deamino-di-HO-) 2AC

C21H20O4
336.13617
2805*
UME

UME
LS/Q
Anticoagulant
Rodenticide

4828 Warfarin-M (HO-dihydro-) isomer-2 -H2O 2ME
Pyranocoumarin-M (demethyl-HO-dihydro-) isomer-2 -H2O 2ME

C21H20O4
336.13617
2780*
UME

UME
LS/Q
Anticoagulant
Rodenticide

4827 Warfarin-M (HO-dihydro-) isomer-1 -H2O 2ME
Pyranocoumarin-M (demethyl-HO-dihydro-) isomer-1 -H2O 2ME

336

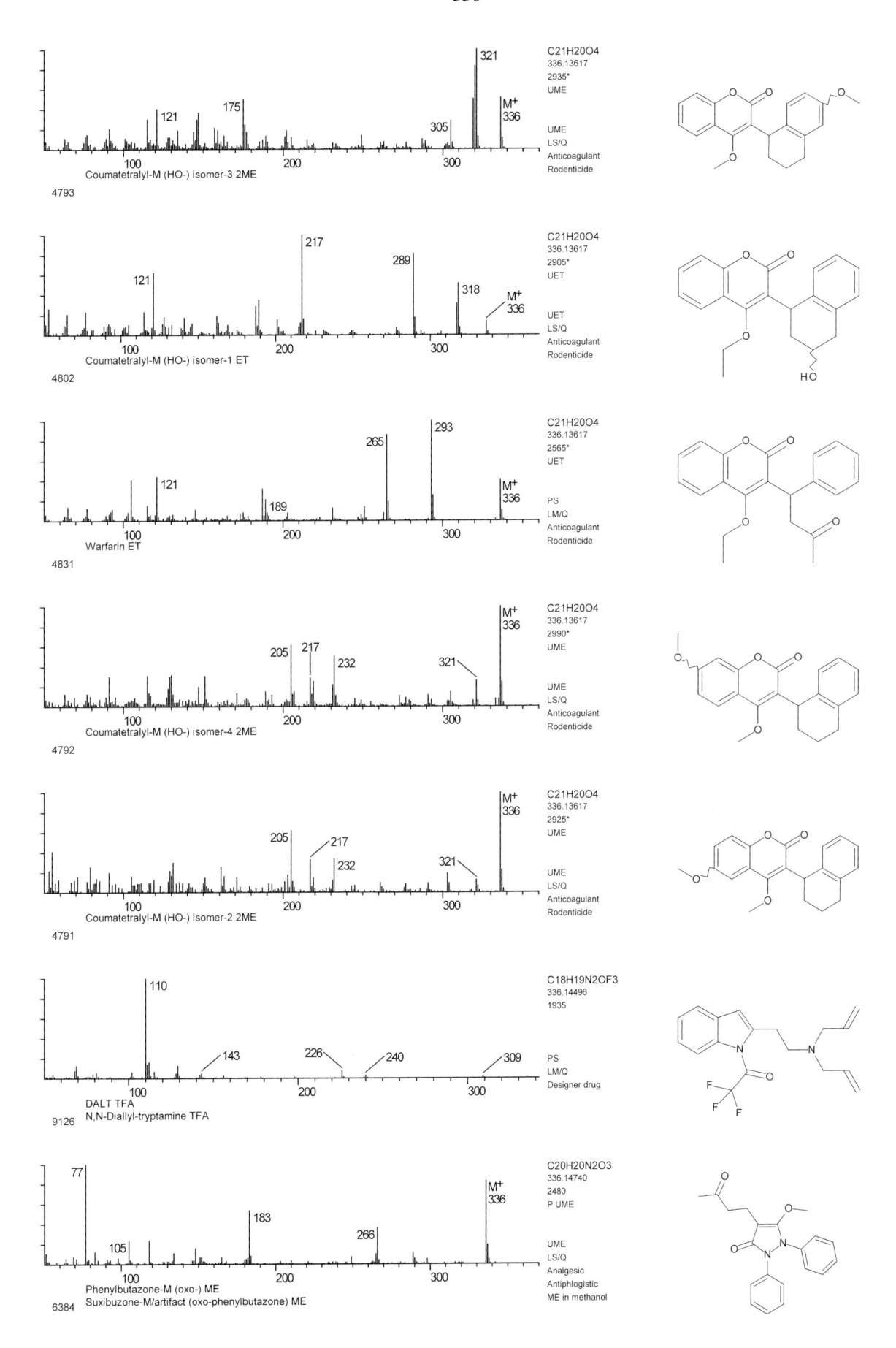

Spectrum	Formula / Info
4793 — Coumatetralyl-M (HO-) isomer-3 2ME; peaks 121, 175, 305, 321, M+ 336	C21H20O4; 336.13617; 2935*; UME; UME; LS/Q; Anticoagulant; Rodenticide
4802 — Coumatetralyl-M (HO-) isomer-1 ET; peaks 121, 217, 289, 318, M+ 336	C21H20O4; 336.13617; 2905*; UET; UET; LS/Q; Anticoagulant; Rodenticide
4831 — Warfarin ET; peaks 121, 189, 265, 293, M+ 336	C21H20O4; 336.13617; 2565*; UET; PS; LM/Q; Anticoagulant; Rodenticide
4792 — Coumatetralyl-M (HO-) isomer-4 2ME; peaks 205, 217, 232, 321, M+ 336	C21H20O4; 336.13617; 2990*; UME; UME; LS/Q; Anticoagulant; Rodenticide
4791 — Coumatetralyl-M (HO-) isomer-2 2ME; peaks 205, 217, 232, 321, M+ 336	C21H20O4; 336.13617; 2925*; UME; UME; LS/Q; Anticoagulant; Rodenticide
9126 — DALT TFA, N,N-Diallyl-tryptamine TFA; peaks 110, 143, 226, 240, 309	C18H19N2OF3; 336.14496; 1935; PS; LM/Q; Designer drug
6384 — Phenylbutazone-M (oxo-) ME / Suxibuzone-M/artifact (oxo-phenylbutazone) ME; peaks 77, 105, 183, 266, M+ 336	C20H20N2O3; 336.14740; 2480; P UME; UME; LS/Q; Analgesic; Antiphlogistic; ME in methanol

336

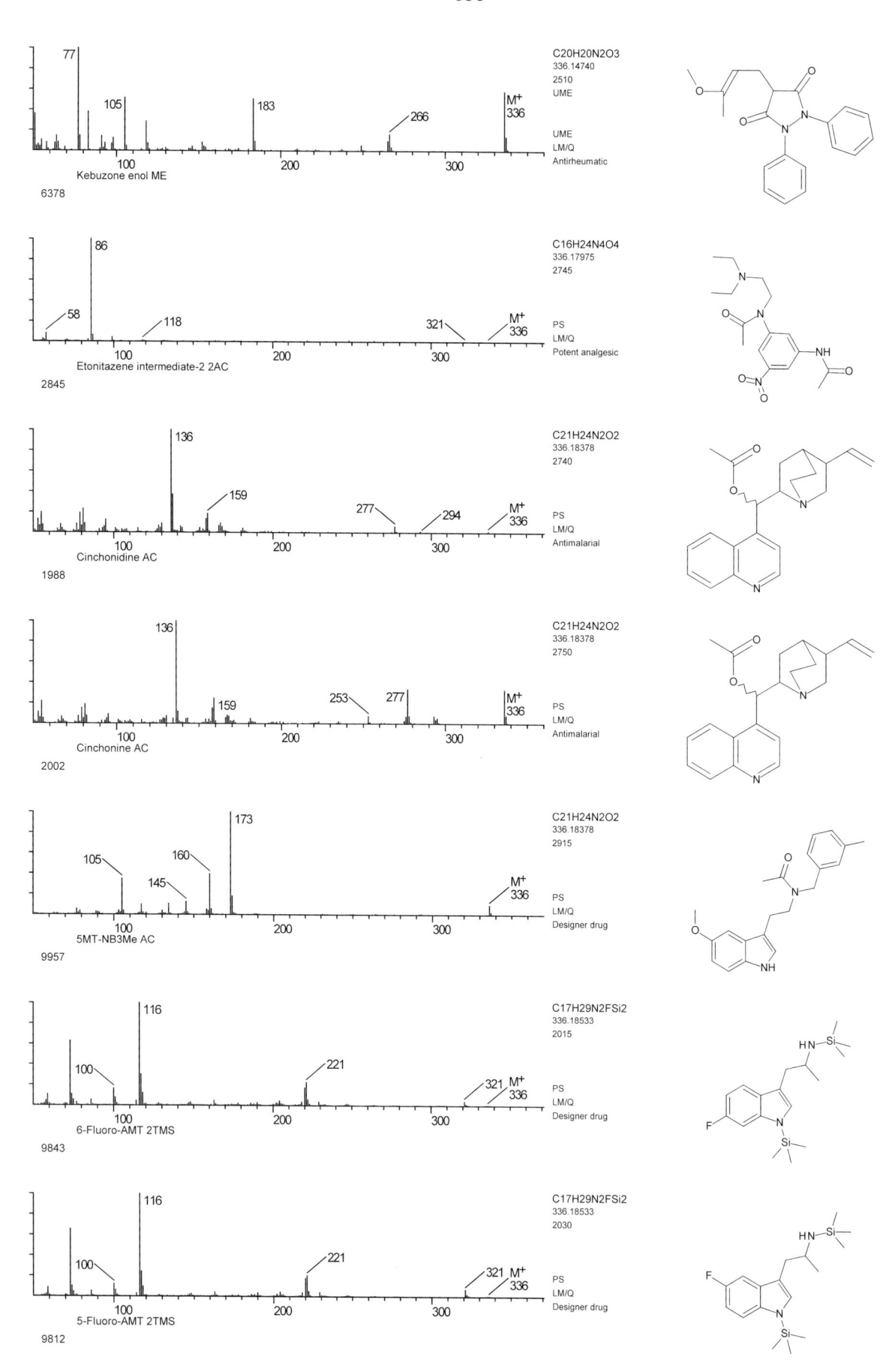

Kebuzone enol ME — 6378	peaks: 77, 105, 183, 266, M+ 336	C20H20N2O3 336.14740 2510 UME UME LM/Q Antirheumatic
Etonitazene intermediate-2 2AC — 2845	peaks: 58, 86, 118, 321, M+ 336	C16H24N4O4 336.17975 2745 PS LM/Q Potent analgesic
Cinchonidine AC — 1988	peaks: 136, 159, 277, 294, M+ 336	C21H24N2O2 336.18378 2740 PS LM/Q Antimalarial
Cinchonine AC — 2002	peaks: 136, 159, 253, 277, M+ 336	C21H24N2O2 336.18378 2750 PS LM/Q Antimalarial
5MT-NB3Me AC — 9957	peaks: 105, 145, 160, 173, M+ 336	C21H24N2O2 336.18378 2915 PS LM/Q Designer drug
6-Fluoro-AMT 2TMS — 9843	peaks: 100, 116, 221, 321, M+ 336	C17H29N2FSi2 336.18533 2015 PS LM/Q Designer drug
5-Fluoro-AMT 2TMS — 9812	peaks: 100, 116, 221, 321, M+ 336	C17H29N2FSi2 336.18533 2030 PS LM/Q Designer drug

336

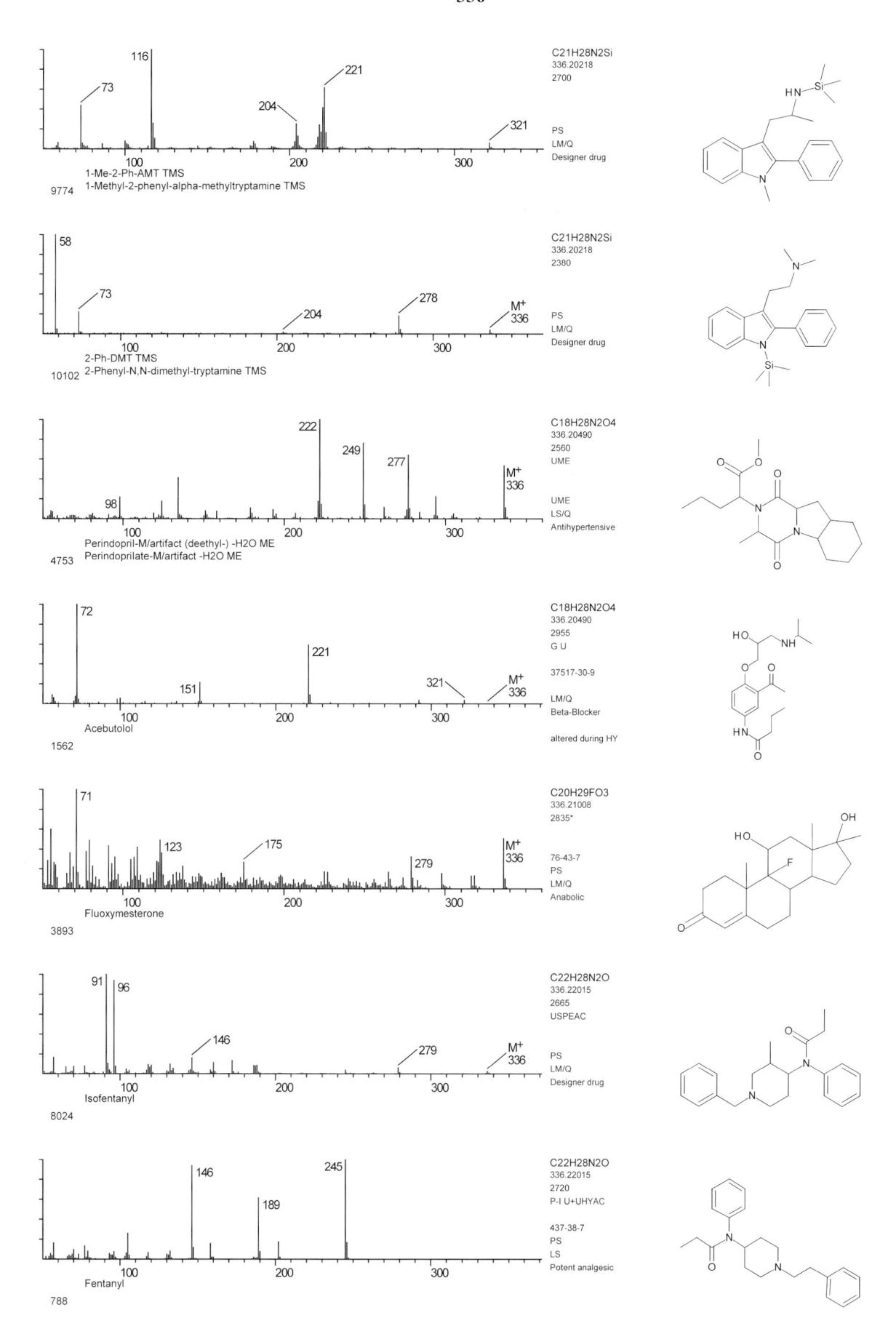

9774 — 1-Me-2-Ph-AMT TMS
1-Methyl-2-phenyl-alpha-methyltryptamine TMS
Peaks: 73, 116, 204, 221, 321
C21H28N2Si
336.20218
2700
PS
LM/Q
Designer drug

10102 — 2-Ph-DMT TMS
2-Phenyl-N,N-dimethyl-tryptamine TMS
Peaks: 58, 73, 204, 278, M+ 336
C21H28N2Si
336.20218
2380
PS
LM/Q
Designer drug

4753 — Perindopril-M/artifact (deethyl-) -H2O ME
Perindoprilate-M/artifact -H2O ME
Peaks: 98, 222, 249, 277, M+ 336
C18H28N2O4
336.20490
2560
UME
UME
LS/Q
Antihypertensive

1562 — Acebutolol
Peaks: 72, 151, 221, 321, M+ 336
C18H28N2O4
336.20490
2955
G U
37517-30-9
LM/Q
Beta-Blocker
altered during HY

3893 — Fluoxymesterone
Peaks: 71, 123, 175, 279, M+ 336
C20H29FO3
336.21008
2835*
76-43-7
PS
LM/Q
Anabolic

8024 — Isofentanyl
Peaks: 91, 96, 146, 279, M+ 336
C22H28N2O
336.22015
2665
USPEAC
PS
LM/Q
Designer drug

788 — Fentanyl
Peaks: 146, 189, 245
C22H28N2O
336.22015
2720
P-I U+UHYAC
437-38-7
PS
LS
Potent analgesic

336

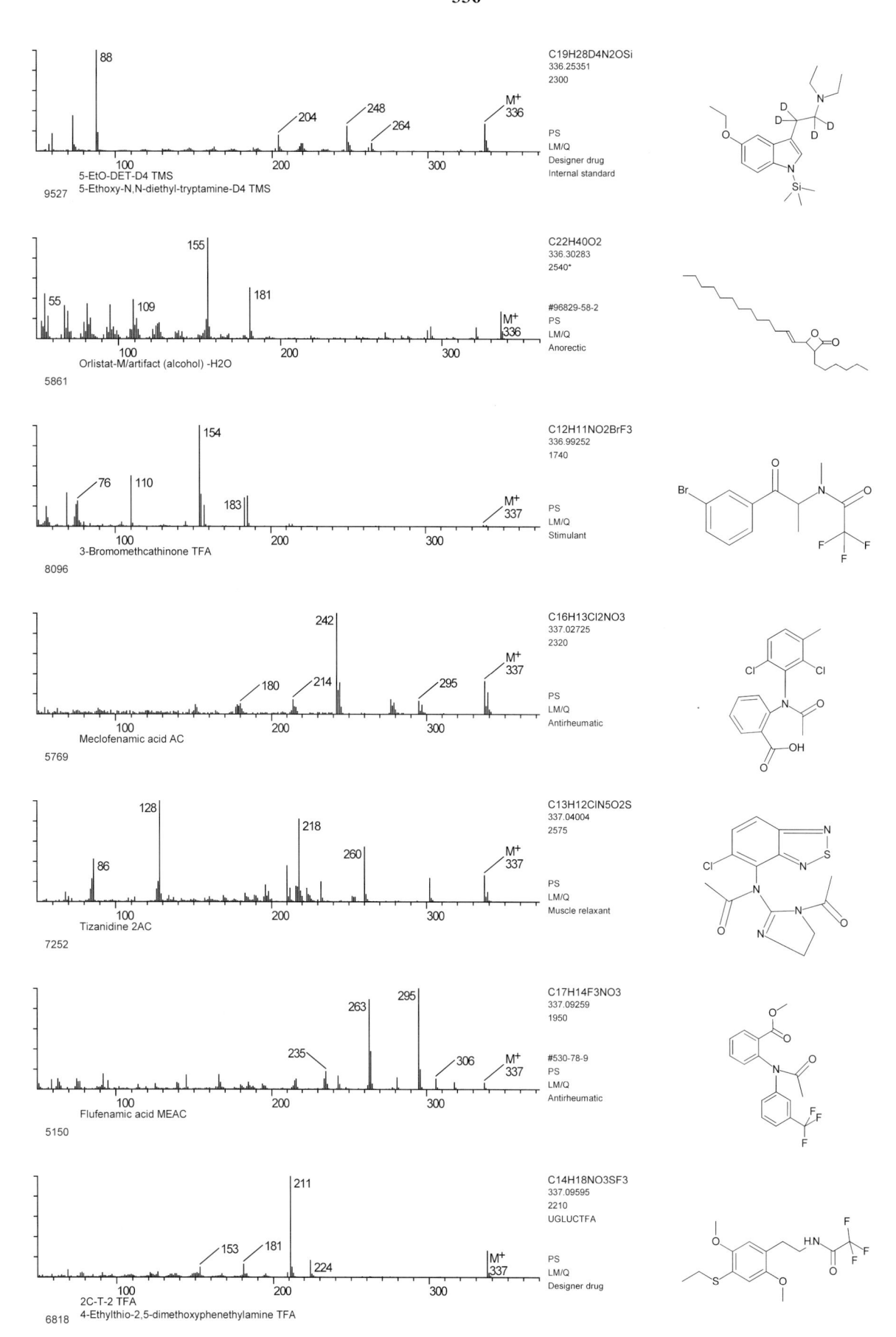

9527 5-EtO-DET-D4 TMS
5-Ethoxy-N,N-diethyl-tryptamine-D4 TMS

C19H28D4N2OSi
336.25351
2300

PS
LM/Q
Designer drug
Internal standard

Peaks: 88, 204, 248, 264, M+ 336

5861 Orlistat-M/artifact (alcohol) -H2O

C22H40O2
336.30283
2540*
#96829-58-2
PS
LM/Q
Anorectic

Peaks: 55, 109, 155, 181, M+ 336

8096 3-Bromomethcathinone TFA

C12H11NO2BrF3
336.99252
1740
PS
LM/Q
Stimulant

Peaks: 76, 110, 154, 183, M+ 337

5769 Meclofenamic acid AC

C16H13Cl2NO3
337.02725
2320
PS
LM/Q
Antirheumatic

Peaks: 180, 214, 242, 295, M+ 337

7252 Tizanidine 2AC

C13H12ClN5O2S
337.04004
2575
PS
LM/Q
Muscle relaxant

Peaks: 86, 128, 218, 260, M+ 337

5150 Flufenamic acid MEAC

C17H14F3NO3
337.09259
1950
#530-78-9
PS
LM/Q
Antirheumatic

Peaks: 235, 263, 295, 306, M+ 337

6818 2C-T-2 TFA
4-Ethylthio-2,5-dimethoxyphenethylamine TFA

C14H18NO3SF3
337.09595
2210
UGLUCTFA
PS
LM/Q
Designer drug

Peaks: 153, 181, 211, 224, M+ 337

337

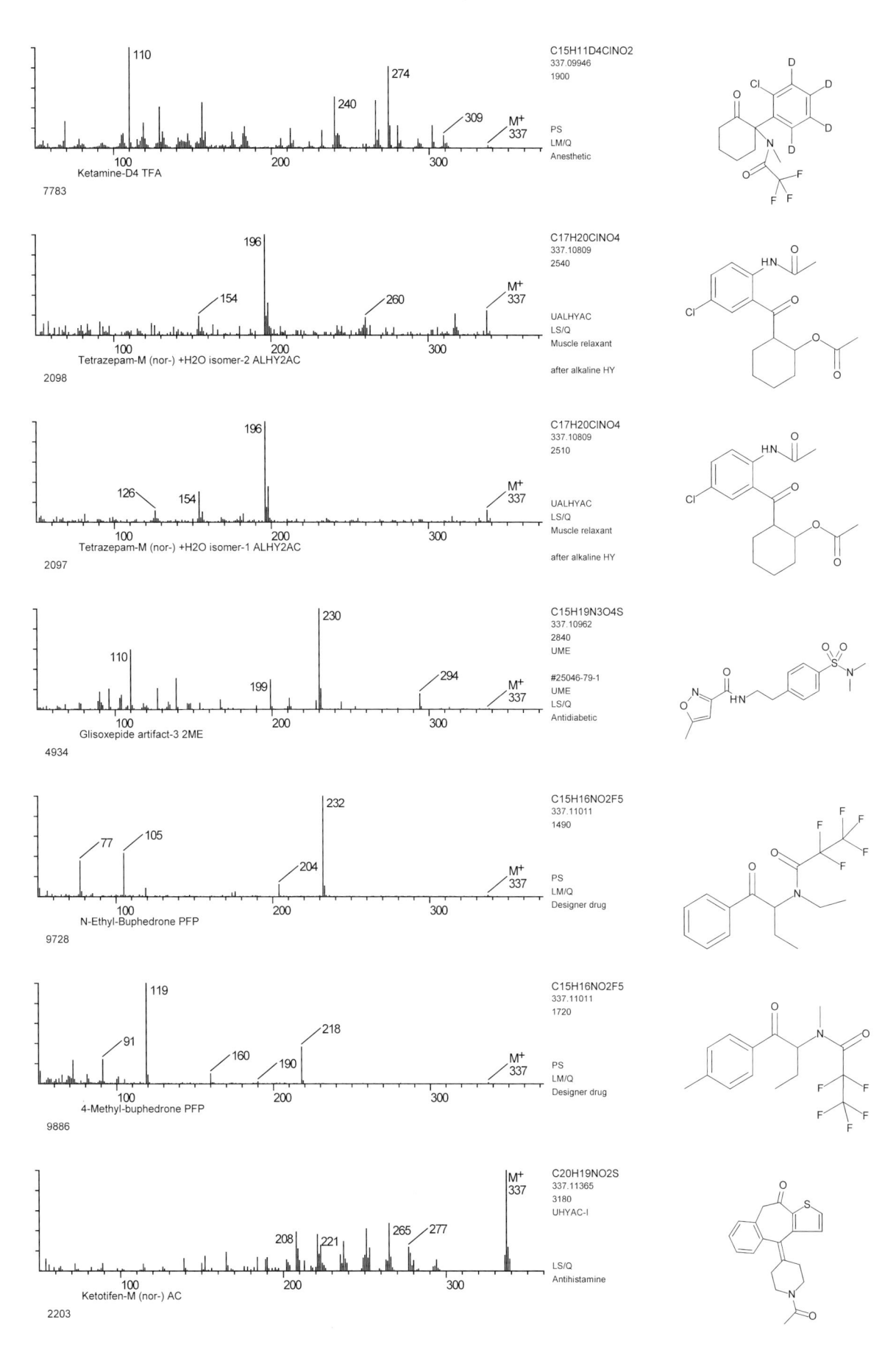

C15H11D4ClNO2
337.09946
1900

PS
LM/Q
Anesthetic

Ketamine-D4 TFA
7783

C17H20ClNO4
337.10809
2540

UALHYAC
LS/Q
Muscle relaxant

after alkaline HY

Tetrazepam-M (nor-) +H2O isomer-2 ALHY2AC
2098

C17H20ClNO4
337.10809
2510

UALHYAC
LS/Q
Muscle relaxant

after alkaline HY

Tetrazepam-M (nor-) +H2O isomer-1 ALHY2AC
2097

C15H19N3O4S
337.10962
2840
UME

#25046-79-1
UME
LS/Q
Antidiabetic

Glisoxepide artifact-3 2ME
4934

C15H16NO2F5
337.11011
1490

PS
LM/Q
Designer drug

N-Ethyl-Buphedrone PFP
9728

C15H16NO2F5
337.11011
1720

PS
LM/Q
Designer drug

4-Methyl-buphedrone PFP
9886

C20H19NO2S
337.11365
3180
UHYAC-I

LS/Q
Antihistamine

Ketotifen-M (nor-) AC
2203

1135

337

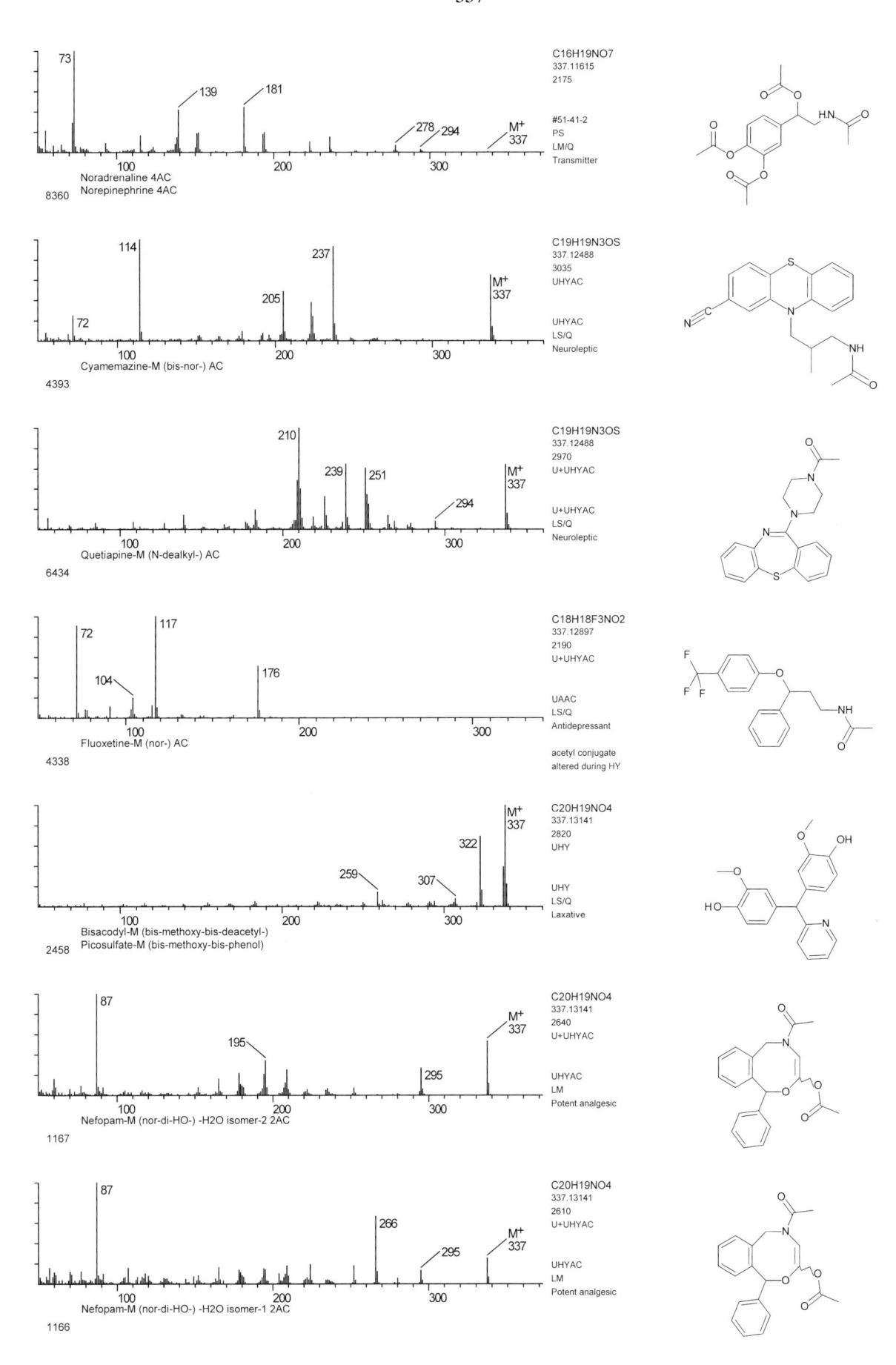

8360 Noradrenaline 4AC / Norepinephrine 4AC
C16H19NO7
337.11615
2175
#51-41-2
PS
LM/Q
Transmitter

4393 Cyamemazine-M (bis-nor-) AC
C19H19N3OS
337.12488
3035
UHYAC

UHYAC
LS/Q
Neuroleptic

6434 Quetiapine-M (N-dealkyl-) AC
C19H19N3OS
337.12488
2970
U+UHYAC

U+UHYAC
LS/Q
Neuroleptic

4338 Fluoxetine-M (nor-) AC
C18H18F3NO2
337.12897
2190
U+UHYAC

UAAC
LS/Q
Antidepressant

acetyl conjugate altered during HY

2458 Bisacodyl-M (bis-methoxy-bis-deacetyl-) / Picosulfate-M (bis-methoxy-bis-phenol)
C20H19NO4
337.13141
2820
UHY

UHY
LS/Q
Laxative

1167 Nefopam-M (nor-di-HO-) -H2O isomer-2 2AC
C20H19NO4
337.13141
2640
U+UHYAC

UHYAC
LM
Potent analgesic

1166 Nefopam-M (nor-di-HO-) -H2O isomer-1 2AC
C20H19NO4
337.13141
2610
U+UHYAC

UHYAC
LM
Potent analgesic

337

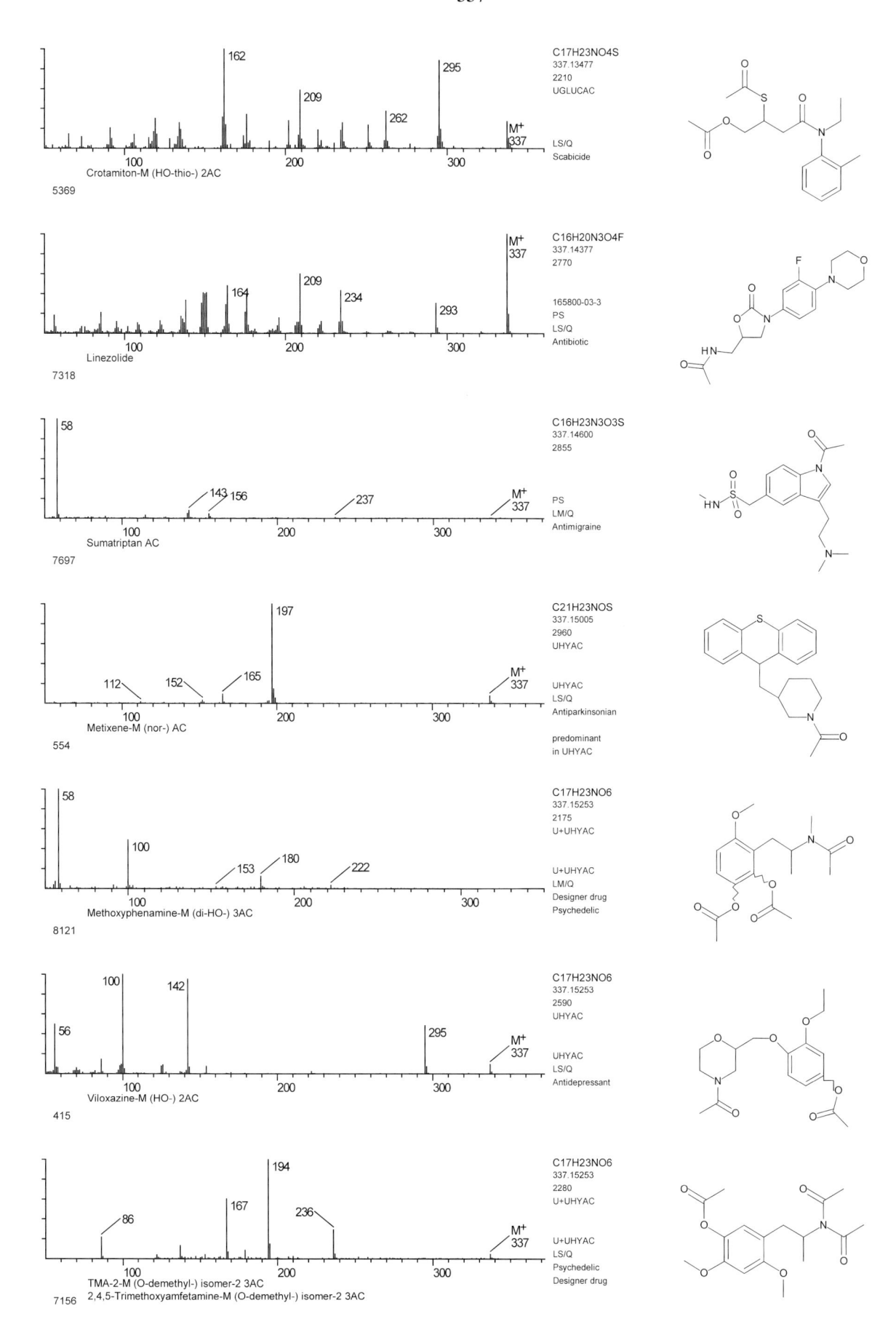

Crotamiton-M (HO-thio-) 2AC
5369
162, 209, 262, 295, M+ 337
C17H23NO4S
337.13477
2210
UGLUCAC
LS/Q
Scabicide

Linezolide
7318
164, 209, 234, 293, M+ 337
C16H20N3O4F
337.14377
2770
165800-03-3
PS
LS/Q
Antibiotic

Sumatriptan AC
7697
58, 143, 156, 237, M+ 337
C16H23N3O3S
337.14600
2855
PS
LM/Q
Antimigraine

Metixene-M (nor-) AC
554
112, 152, 165, 197, M+ 337
C21H23NOS
337.15005
2960
UHYAC
UHYAC
LS/Q
Antiparkinsonian
predominant in UHYAC

Methoxyphenamine-M (di-HO-) 3AC
8121
58, 100, 153, 180, 222
C17H23NO6
337.15253
2175
U+UHYAC
U+UHYAC
LM/Q
Designer drug
Psychedelic

Viloxazine-M (HO-) 2AC
415
56, 100, 142, 295, M+ 337
C17H23NO6
337.15253
2590
UHYAC
UHYAC
LS/Q
Antidepressant

TMA-2-M (O-demethyl-) isomer-2 3AC
2,4,5-Trimethoxyamfetamine-M (O-demethyl-) isomer-2 3AC
7156
86, 167, 194, 236, M+ 337
C17H23NO6
337.15253
2280
U+UHYAC
U+UHYAC
LS/Q
Psychedelic
Designer drug

1137

337

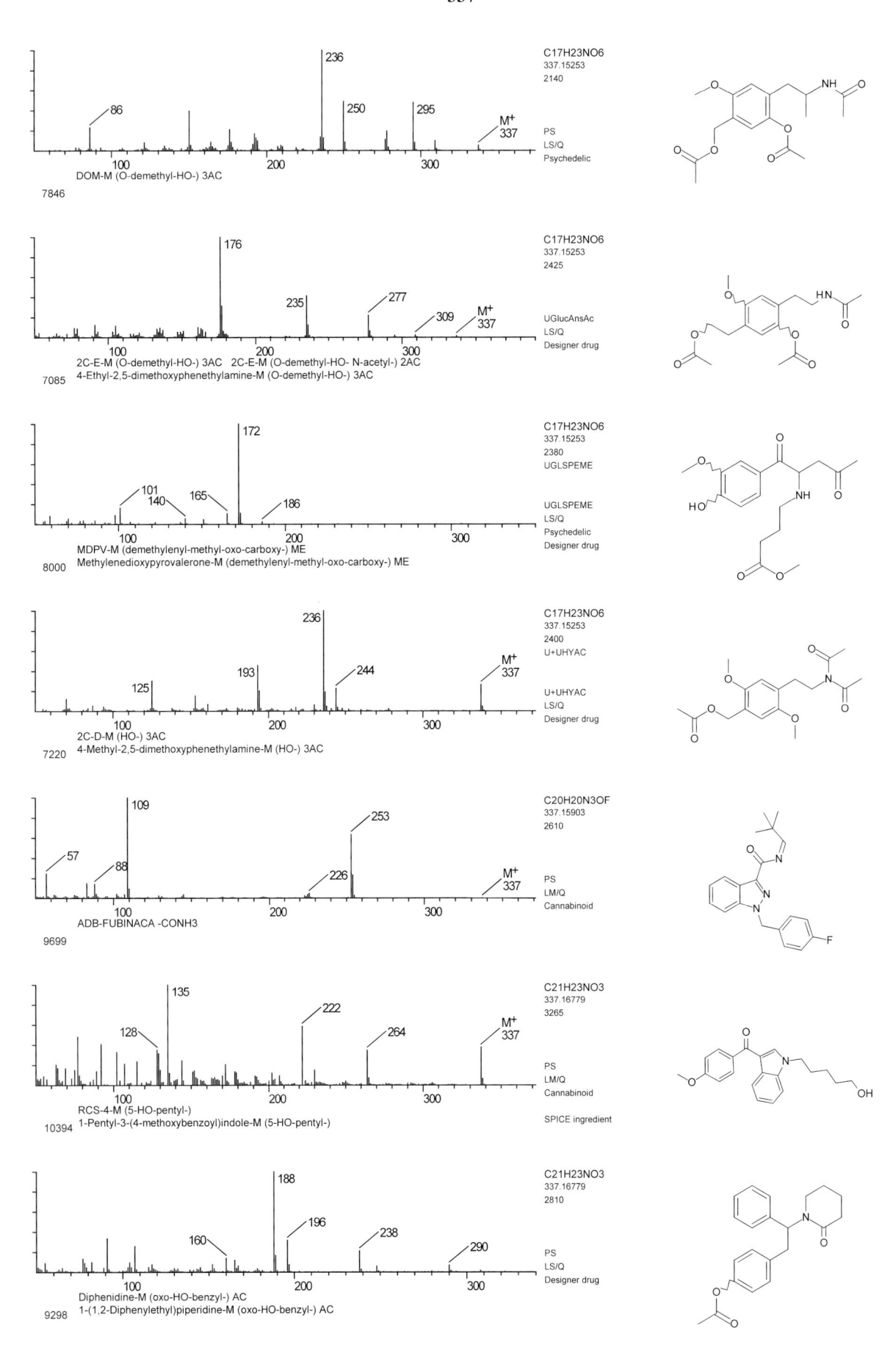

DOM-M (O-demethyl-HO-) 3AC
C17H23NO6
337.15253
2140
PS
LS/Q
Psychedelic
7846

2C-E-M (O-demethyl-HO-) 3AC 2C-E-M (O-demethyl-HO- N-acetyl-) 2AC
4-Ethyl-2,5-dimethoxyphenethylamine-M (O-demethyl-HO-) 3AC
C17H23NO6
337.15253
2425
UGlucAnsAc
LS/Q
Designer drug
7085

MDPV-M (demethylenyl-methyl-oxo-carboxy-) ME
Methylenedioxypyrovalerone-M (demethylenyl-methyl-oxo-carboxy-) ME
C17H23NO6
337.15253
2380
UGLSPEME
UGLSPEME
LS/Q
Psychedelic
Designer drug
8000

2C-D-M (HO-) 3AC
4-Methyl-2,5-dimethoxyphenethylamine-M (HO-) 3AC
C17H23NO6
337.15253
2400
U+UHYAC
U+UHYAC
LS/Q
Designer drug
7220

ADB-FUBINACA -CONH3
C20H20N3OF
337.15903
2610
PS
LM/Q
Cannabinoid
9699

RCS-4-M (5-HO-pentyl-)
1-Pentyl-3-(4-methoxybenzoyl)indole-M (5-HO-pentyl-)
C21H23NO3
337.16779
3265
PS
LM/Q
Cannabinoid
SPICE ingredient
10394

Diphenidine-M (oxo-HO-benzyl-) AC
1-(1,2-Diphenylethyl)piperidine-M (oxo-HO-benzyl-) AC
C21H23NO3
337.16779
2810
PS
LS/Q
Designer drug
9298

337

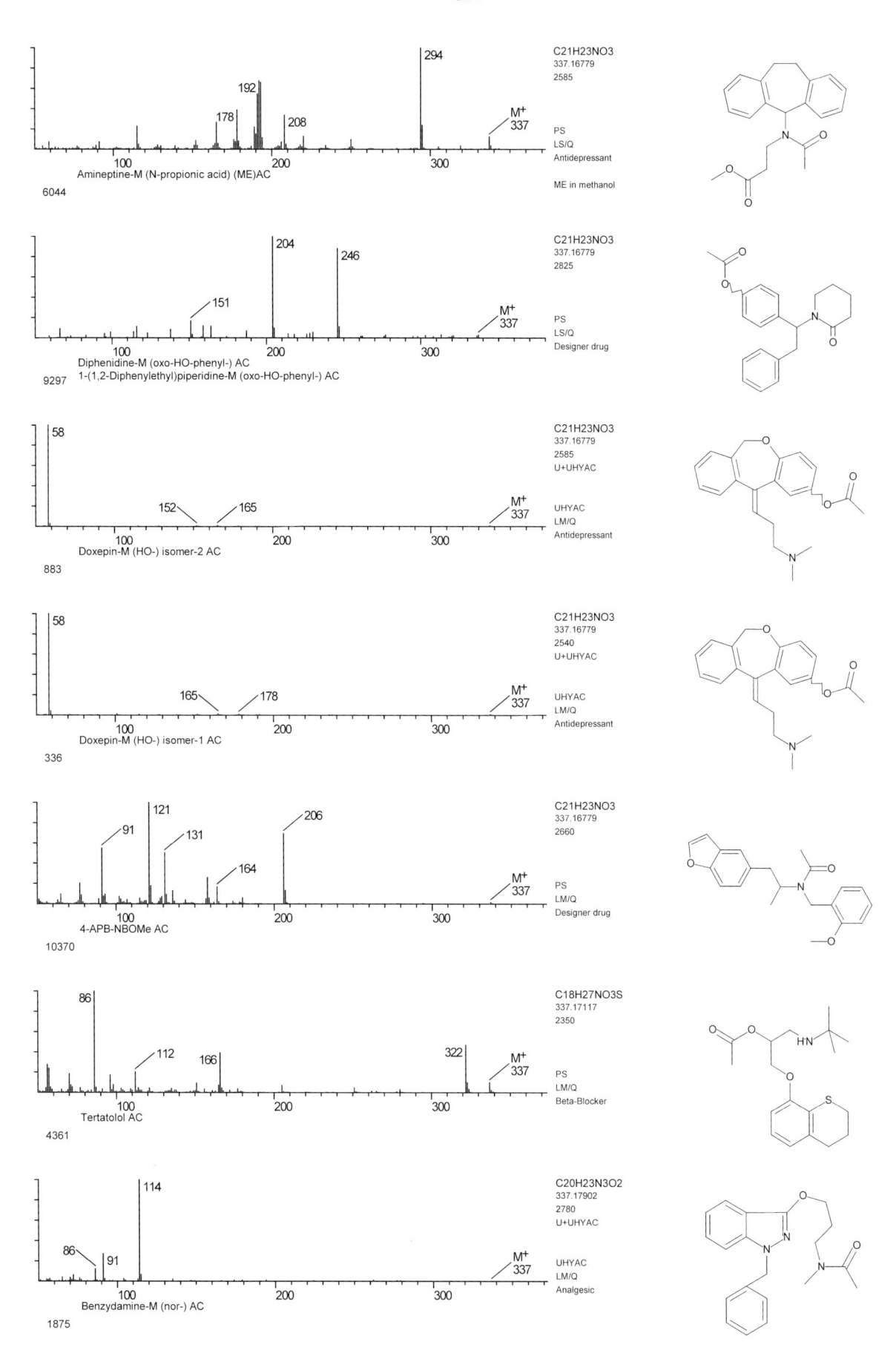

Spectrum peaks	Compound	Formula / Info
294, 192, 178, 208, M+ 337	Amineptine-M (N-propionic acid) (ME)AC — 6044	C21H23NO3 / 337.16779 / 2585 / PS / LS/Q / Antidepressant / ME in methanol
204, 246, 151, M+ 337	Diphenidine-M (oxo-HO-phenyl-) AC / 1-(1,2-Diphenylethyl)piperidine-M (oxo-HO-phenyl-) AC — 9297	C21H23NO3 / 337.16779 / 2825 / PS / LS/Q / Designer drug
58, 152, 165, M+ 337	Doxepin-M (HO-) isomer-2 AC — 883	C21H23NO3 / 337.16779 / 2585 / U+UHYAC / UHYAC / LM/Q / Antidepressant
58, 165, 178, M+ 337	Doxepin-M (HO-) isomer-1 AC — 336	C21H23NO3 / 337.16779 / 2540 / U+UHYAC / UHYAC / LM/Q / Antidepressant
91, 121, 131, 164, 206, M+ 337	4-APB-NBOMe AC — 10370	C21H23NO3 / 337.16779 / 2660 / PS / LM/Q / Designer drug
86, 112, 166, 322, M+ 337	Tertatolol AC — 4361	C18H27NO3S / 337.17117 / 2350 / PS / LM/Q / Beta-Blocker
86, 91, 114, M+ 337	Benzydamine-M (nor-) AC — 1875	C20H23N3O2 / 337.17902 / 2780 / U+UHYAC / UHYAC / LM/Q / Analgesic

337

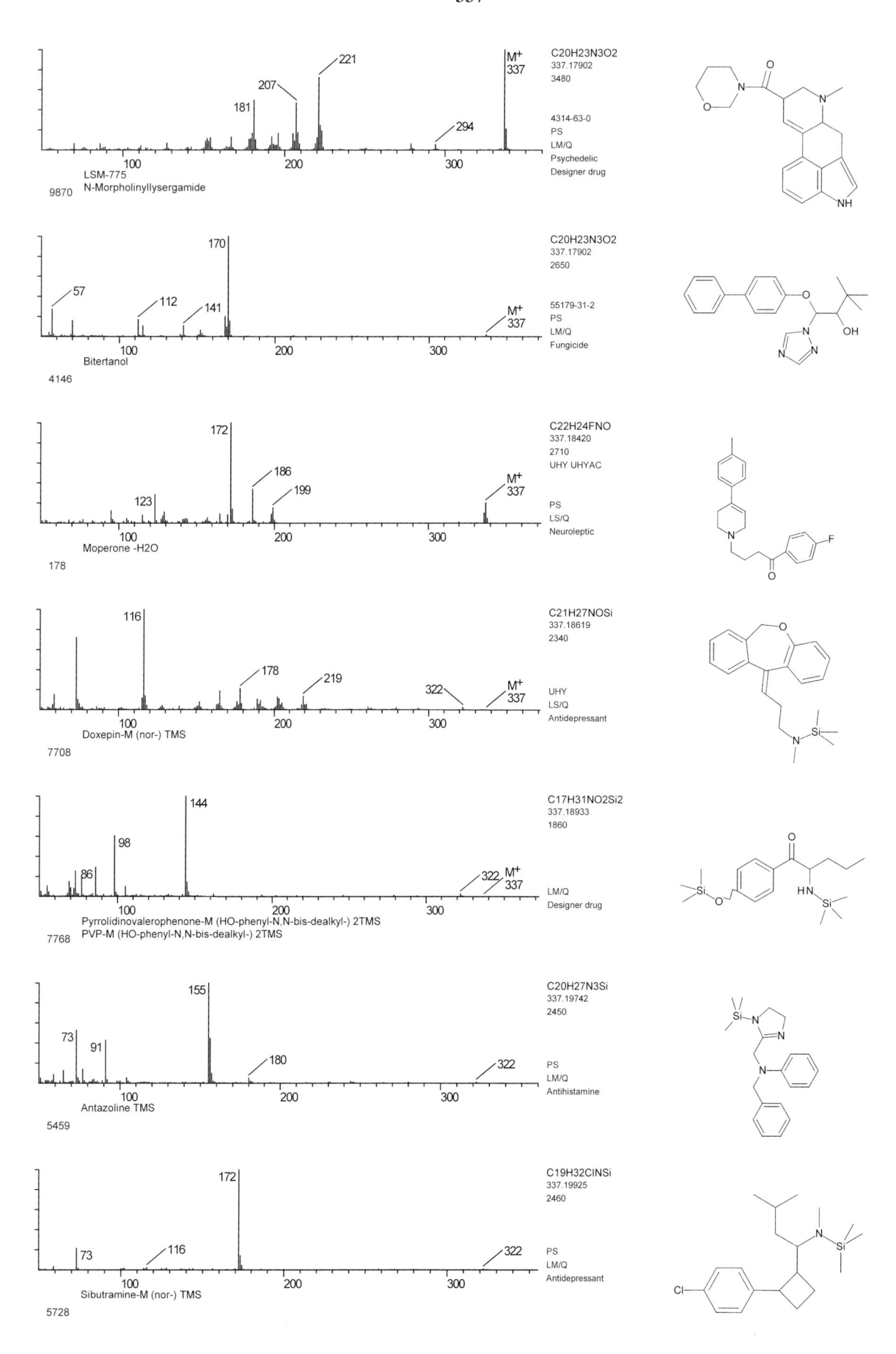

C20H23N3O2
337.17902
3480

4314-63-0
PS
LM/Q
Psychedelic
Designer drug

LSM-775
N-Morpholinyllysergamide
9870

C20H23N3O2
337.17902
2650

55179-31-2
PS
LM/Q
Fungicide

Bitertanol
4146

C22H24FNO
337.18420
2710
UHY UHYAC

PS
LS/Q
Neuroleptic

Moperone -H2O
178

C21H27NOSi
337.18619
2340

UHY
LS/Q
Antidepressant

Doxepin-M (nor-) TMS
7708

C17H31NO2Si2
337.18933
1860

LM/Q
Designer drug

Pyrrolidinovalerophenone-M (HO-phenyl-N,N-bis-dealkyl-) 2TMS
PVP-M (HO-phenyl-N,N-bis-dealkyl-) 2TMS
7768

C20H27N3Si
337.19742
2450

PS
LM/Q
Antihistamine

Antazoline TMS
5459

C19H32ClNSi
337.19925
2460

PS
LM/Q
Antidepressant

Sibutramine-M (nor-) TMS
5728

337

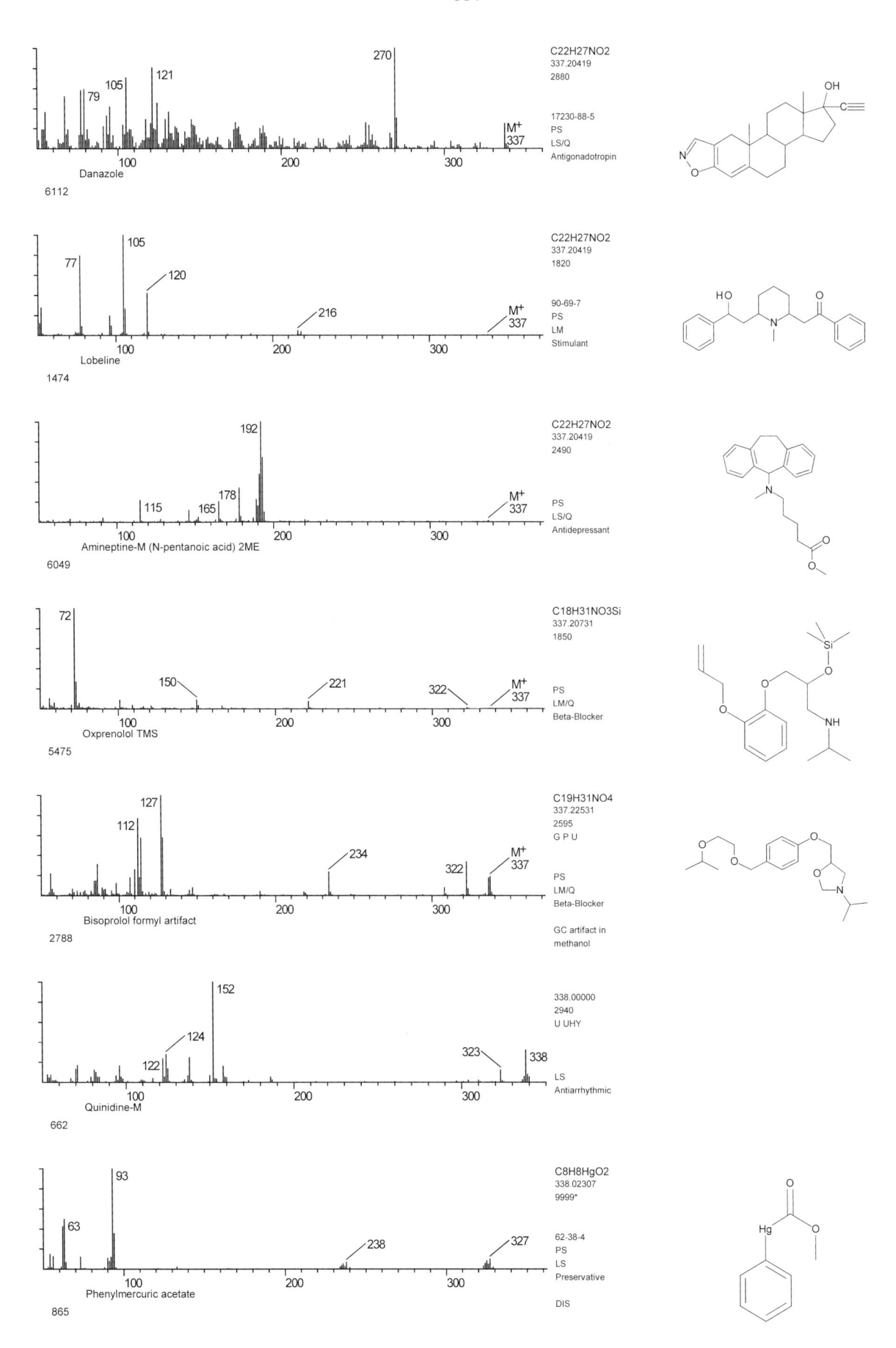

79, 105, 121, 270, M+ 337	C22H27NO2 337.20419 2880 17230-88-5 PS LS/Q Antigonadotropin	
Danazole 6112		
77, 105, 120, 216, M+ 337	C22H27NO2 337.20419 1820 90-69-7 PS LM Stimulant	
Lobeline 1474		
115, 165, 178, 192, M+ 337	C22H27NO2 337.20419 2490 PS LS/Q Antidepressant	
Amineptine-M (N-pentanoic acid) 2ME 6049		
72, 150, 221, 322, M+ 337	C18H31NO3Si 337.20731 1850 PS LM/Q Beta-Blocker	
Oxprenolol TMS 5475		
112, 127, 234, 322, M+ 337	C19H31NO4 337.22531 2595 G P U PS LM/Q Beta-Blocker GC artifact in methanol	
Bisoprolol formyl artifact 2788		
122, 124, 152, 323, 338	338.00000 2940 U UHY LS Antiarrhythmic	
Quinidine-M 662		
63, 93, 238, 327	C8H8HgO2 338.02307 9999* 62-38-4 PS LS Preservative DIS	
Phenylmercuric acetate 865		

1141

338

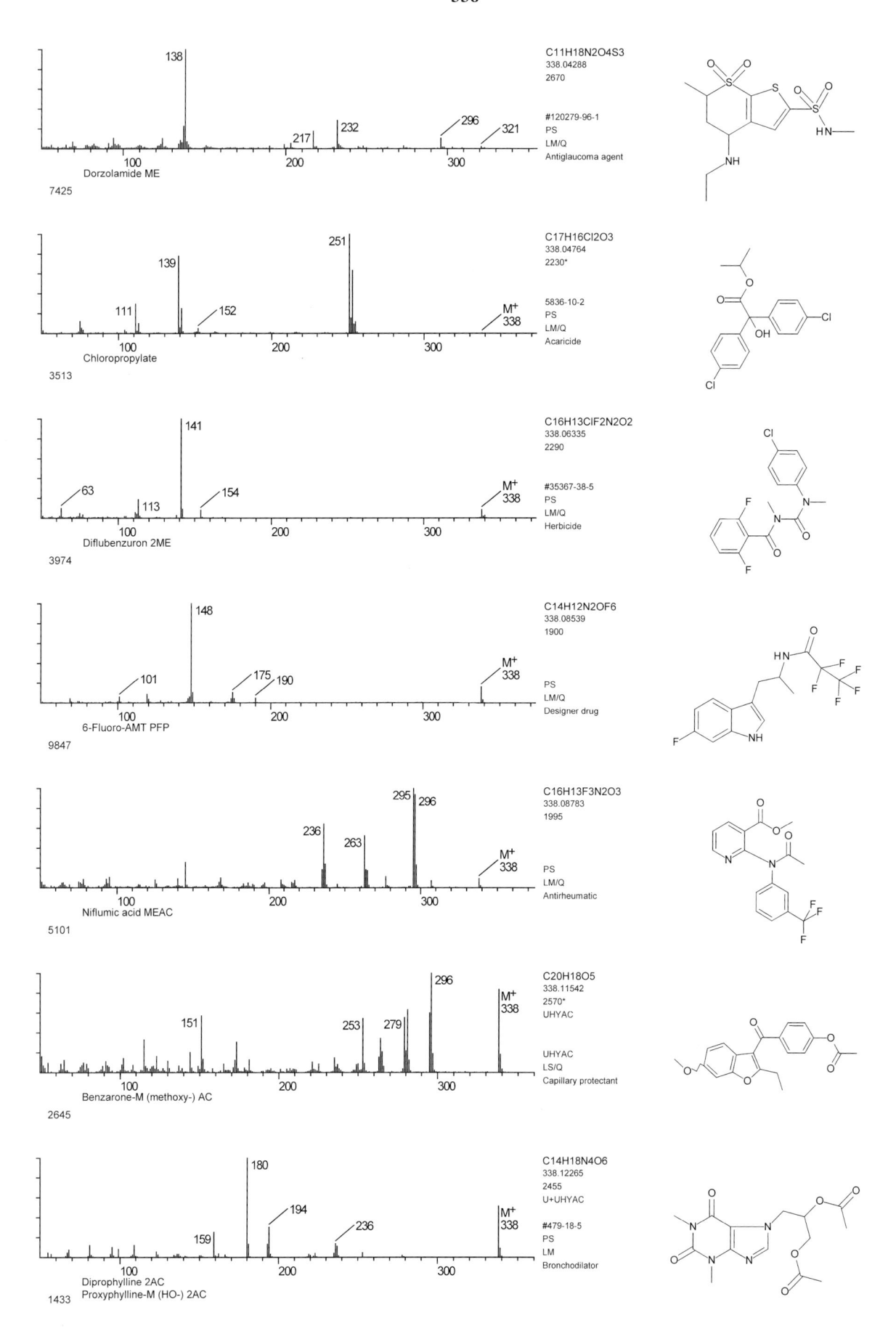

Spectrum	Formula / Info
Dorzolamide ME — 7425; peaks 138, 217, 232, 296, 321	C11H18N2O4S3; 338.04288; 2670; #120279-96-1; PS; LM/Q; Antiglaucoma agent
Chloropropylate — 3513; peaks 111, 139, 152, 251, M+ 338	C17H16Cl2O3; 338.04764; 2230*; 5836-10-2; PS; LM/Q; Acaricide
Diflubenzuron 2ME — 3974; peaks 63, 113, 141, 154, M+ 338	C16H13ClF2N2O2; 338.06335; 2290; #35367-38-5; PS; LM/Q; Herbicide
6-Fluoro-AMT PFP — 9847; peaks 101, 148, 175, 190, M+ 338	C14H12N2OF6; 338.08539; 1900; PS; LM/Q; Designer drug
Niflumic acid MEAC — 5101; peaks 236, 263, 295, 296, M+ 338	C16H13F3N2O3; 338.08783; 1995; PS; LM/Q; Antirheumatic
Benzarone-M (methoxy-) AC — 2645; peaks 151, 253, 279, 296, M+ 338	C20H18O5; 338.11542; 2570*; UHYAC; UHYAC; LS/Q; Capillary protectant
Diprophylline 2AC / Proxyphylline-M (HO-) 2AC — 1433; peaks 159, 180, 194, 236, M+ 338	C14H18N4O6; 338.12265; 2455; U+UHYAC; #479-18-5; PS; LM; Bronchodilator

338

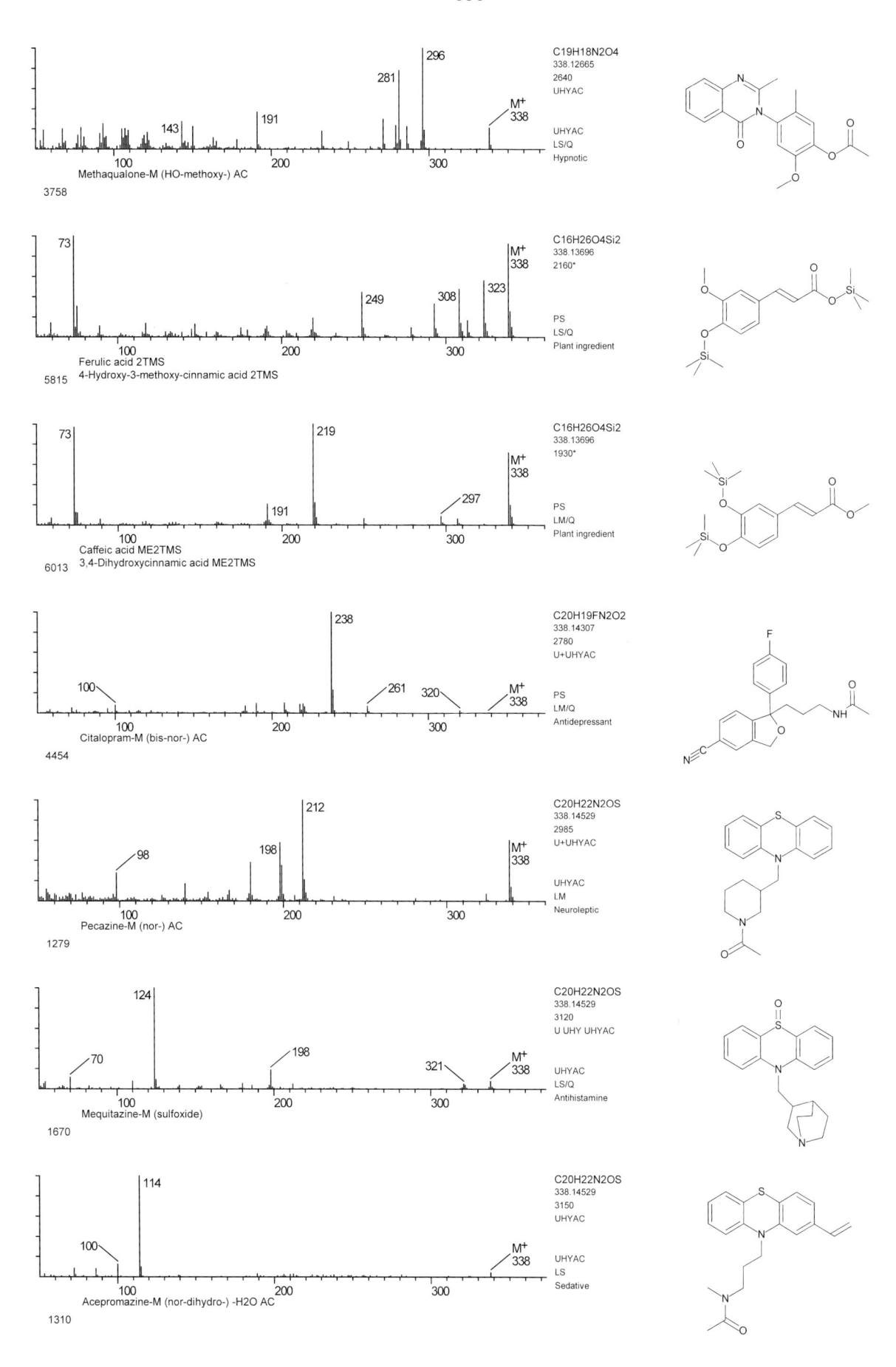

C19H18N2O4
338.12665
2640
UHYAC

UHYAC
LS/Q
Hypnotic

Methaqualone-M (HO-methoxy-) AC
3758

C16H26O4Si2
338.13696
2160*

PS
LS/Q
Plant ingredient

Ferulic acid 2TMS
4-Hydroxy-3-methoxy-cinnamic acid 2TMS
5815

C16H26O4Si2
338.13696
1930*

PS
LM/Q
Plant ingredient

Caffeic acid ME2TMS
3,4-Dihydroxycinnamic acid ME2TMS
6013

C20H19FN2O2
338.14307
2780
U+UHYAC

PS
LM/Q
Antidepressant

Citalopram-M (bis-nor-) AC
4454

C20H22N2OS
338.14529
2985
U+UHYAC

UHYAC
LM
Neuroleptic

Pecazine-M (nor-) AC
1279

C20H22N2OS
338.14529
3120
U UHY UHYAC

UHYAC
LS/Q
Antihistamine

Mequitazine-M (sulfoxide)
1670

C20H22N2OS
338.14529
3150
UHYAC

UHYAC
LS
Sedative

Acepromazine-M (nor-dihydro-) -H2O AC
1310

338

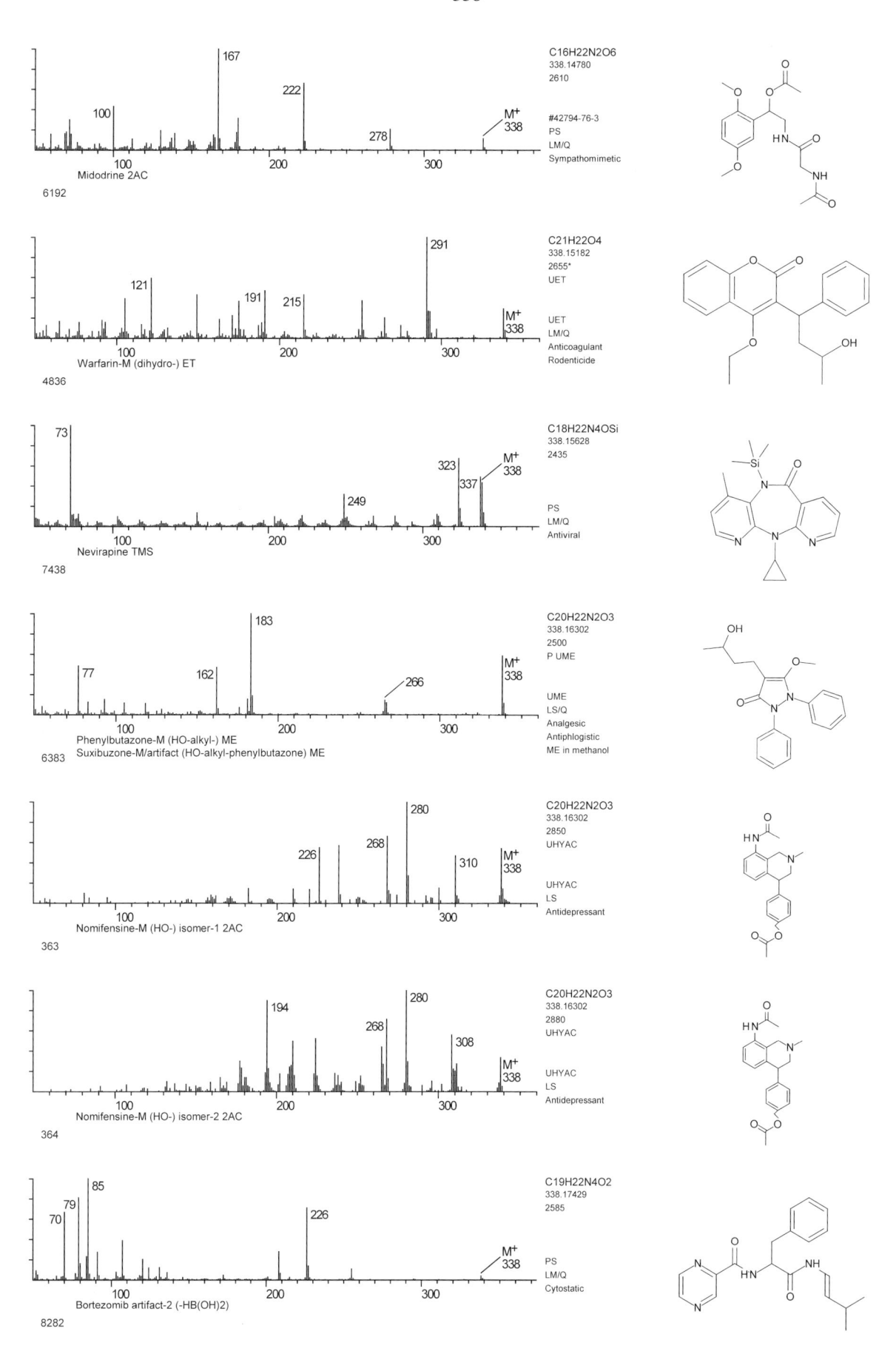

Midodrine 2AC — C16H22N2O6, 338.14780, 2610, #42794-76-3, PS, LM/Q, Sympathomimetic
6192

Warfarin-M (dihydro-) ET — C21H22O4, 338.15182, 2655*, UET, UET, LM/Q, Anticoagulant, Rodenticide
4836

Nevirapine TMS — C18H22N4OSi, 338.15628, 2435, PS, LM/Q, Antiviral
7438

Phenylbutazone-M (HO-alkyl-) ME / Suxibuzone-M/artifact (HO-alkyl-phenylbutazone) ME — C20H22N2O3, 338.16302, 2500, P UME, UME, LS/Q, Analgesic, Antiphlogistic, ME in methanol
6383

Nomifensine-M (HO-) isomer-1 2AC — C20H22N2O3, 338.16302, 2850, UHYAC, UHYAC, LS, Antidepressant
363

Nomifensine-M (HO-) isomer-2 2AC — C20H22N2O3, 338.16302, 2880, UHYAC, UHYAC, LS, Antidepressant
364

Bortezomib artifact-2 (-HB(OH)2) — C19H22N4O2, 338.17429, 2585, PS, LM/Q, Cytostatic
8282

1144

338

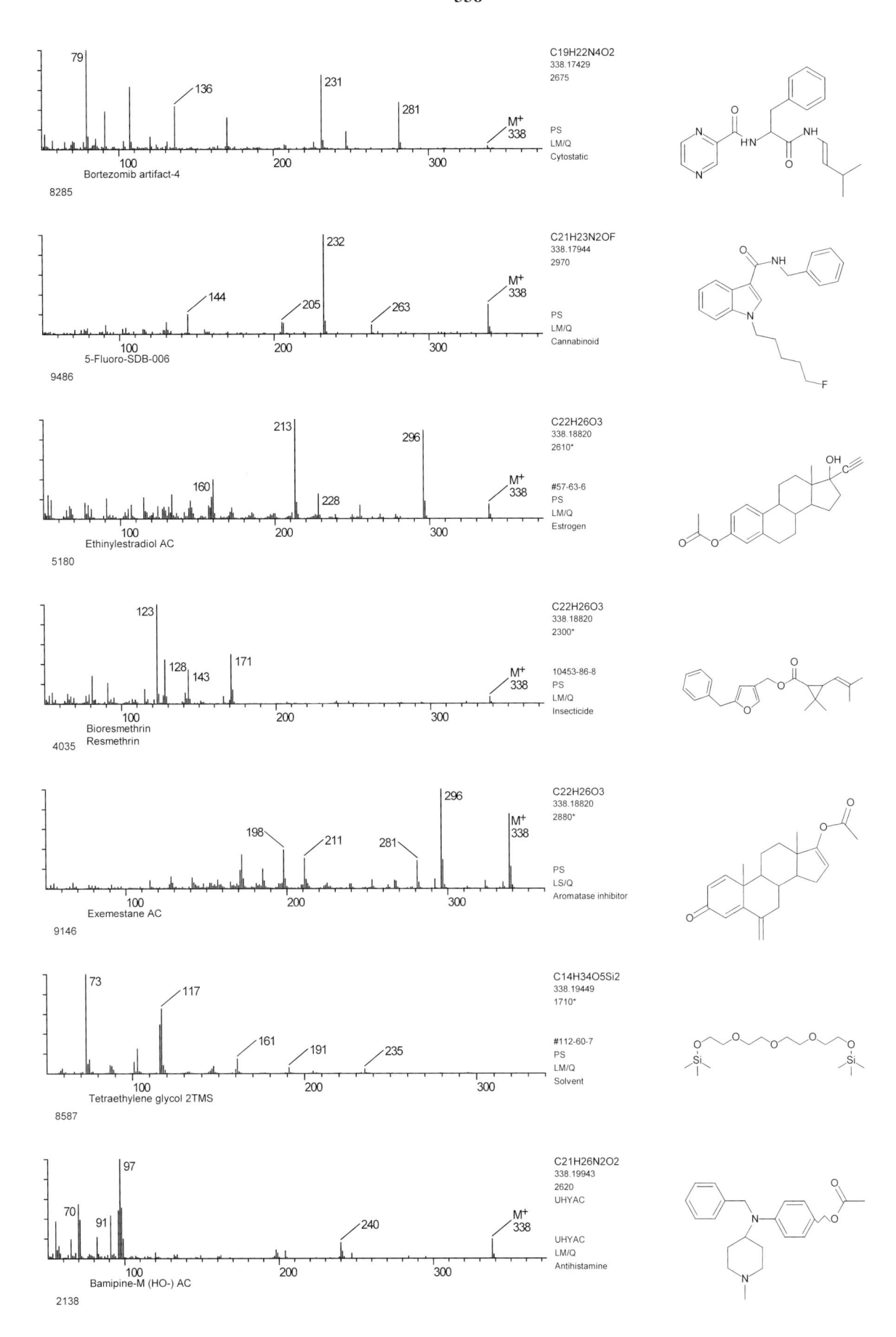

Spectrum	Formula / Info
Bortezomib artifact-4 (peaks: 79, 136, 231, 281, M+ 338)	C19H22N4O2; 338.17429; 2675; PS; LM/Q; Cytostatic; 8285
5-Fluoro-SDB-006 (peaks: 144, 205, 232, 263, M+ 338)	C21H23N2OF; 338.17944; 2970; PS; LM/Q; Cannabinoid; 9486
Ethinylestradiol AC (peaks: 160, 213, 228, 296, M+ 338)	C22H26O3; 338.18820; 2610*; #57-63-6; PS; LM/Q; Estrogen; 5180
Bioresmethrin / Resmethrin (peaks: 123, 128, 143, 171, M+ 338)	C22H26O3; 338.18820; 2300*; 10453-86-8; PS; LM/Q; Insecticide; 4035
Exemestane AC (peaks: 198, 211, 281, 296, M+ 338)	C22H26O3; 338.18820; 2880*; PS; LS/Q; Aromatase inhibitor; 9146
Tetraethylene glycol 2TMS (peaks: 73, 117, 161, 191, 235)	C14H34O5Si2; 338.19449; 1710*; #112-60-7; PS; LM/Q; Solvent; 8587
Bamipine-M (HO-) AC (peaks: 70, 91, 97, 240, M+ 338)	C21H26N2O2; 338.19943; 2620; UHYAC; UHYAC; LM/Q; Antihistamine; 2138

1145

338

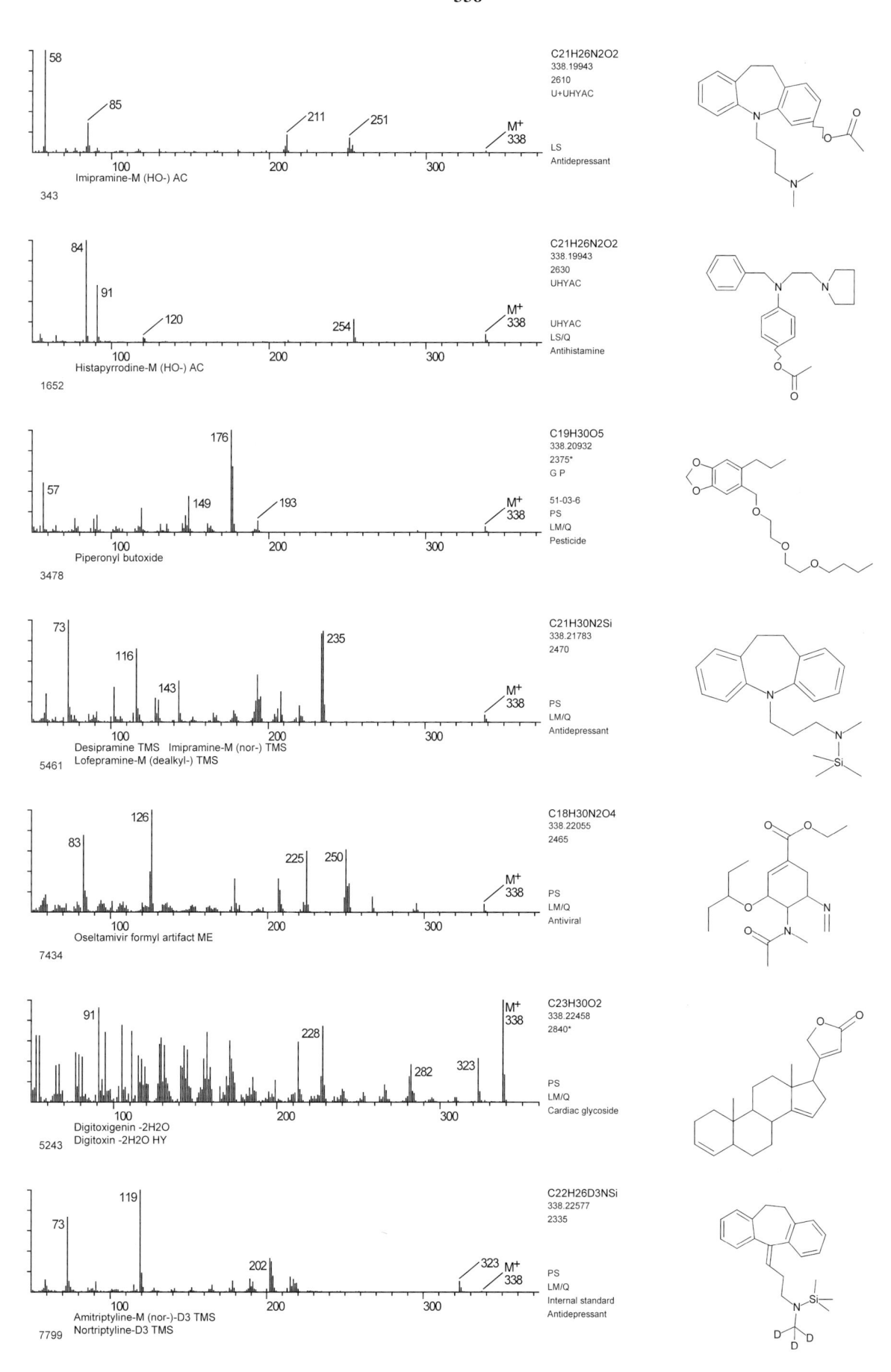

58, 85, 211, 251, M+ 338	C21H26N2O2 338.19943 2610 U+UHYAC LS Antidepressant

Imipramine-M (HO-) AC
343

84, 91, 120, 254, M+ 338	C21H26N2O2 338.19943 2630 UHYAC UHYAC LS/Q Antihistamine

Histapyrrodine-M (HO-) AC
1652

57, 149, 176, 193, M+ 338	C19H30O5 338.20932 2375* G P 51-03-6 PS LM/Q Pesticide

Piperonyl butoxide
3478

73, 116, 143, 235, M+ 338	C21H30N2Si 338.21783 2470 PS LM/Q Antidepressant

Desipramine TMS   Imipramine-M (nor-) TMS
Lofepramine-M (dealkyl-) TMS
5461

83, 126, 225, 250, M+ 338	C18H30N2O4 338.22055 2465 PS LM/Q Antiviral

Oseltamivir formyl artifact ME
7434

91, 228, 282, 323, M+ 338	C23H30O2 338.22458 2840* PS LM/Q Cardiac glycoside

Digitoxigenin -2H2O
Digitoxin -2H2O HY
5243

73, 119, 202, 323, M+ 338	C22H26D3NSi 338.22577 2335 PS LM/Q Internal standard Antidepressant

Amitriptyline-M (nor-)-D3 TMS
Nortriptyline-D3 TMS
7799

339

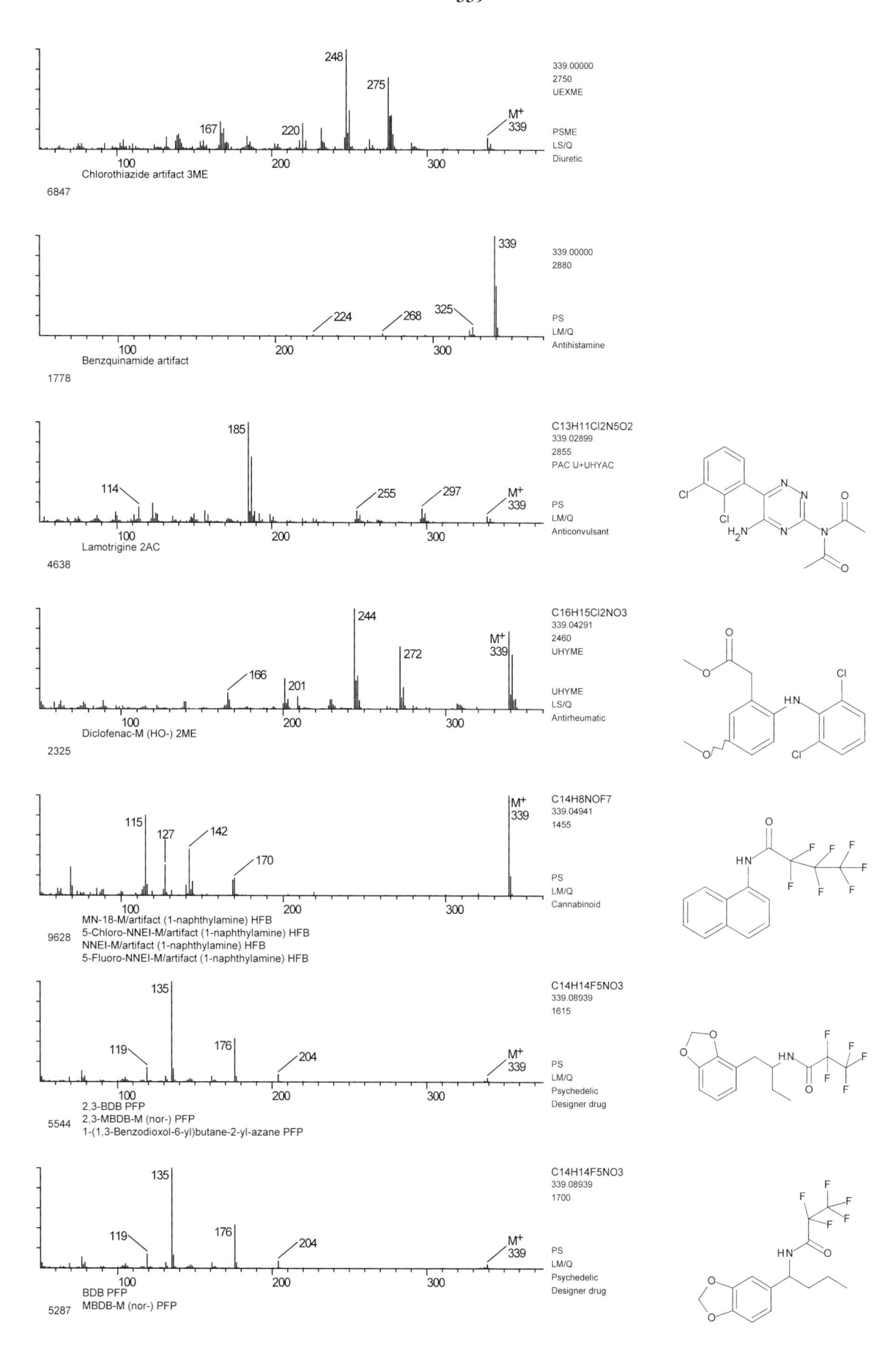

Chlorothiazide artifact 3ME — 339.00000, 2750, UEXME, PSME, LS/Q, Diuretic
6847

Benzquinamide artifact — 339.00000, 2880, PS, LM/Q, Antihistamine
1778

Lamotrigine 2AC — C13H11Cl2N5O2, 339.02899, 2855, PAC U+UHYAC, PS, LM/Q, Anticonvulsant
4638

Diclofenac-M (HO-) 2ME — C16H15Cl2NO3, 339.04291, 2460, UHYME, UHYME, LS/Q, Antirheumatic
2325

MN-18-M/artifact (1-naphthylamine) HFB
5-Chloro-NNEI-M/artifact (1-naphthylamine) HFB
NNEI-M/artifact (1-naphthylamine) HFB
5-Fluoro-NNEI-M/artifact (1-naphthylamine) HFB
— C14H8NOF7, 339.04941, 1455, PS, LM/Q, Cannabinoid
9628

2,3-BDB PFP
2,3-MBDB-M (nor-) PFP
1-(1,3-Benzodioxol-6-yl)butane-2-yl-azane PFP
— C14H14F5NO3, 339.08939, 1615, PS, LM/Q, Psychedelic, Designer drug
5544

BDB PFP
MBDB-M (nor-) PFP
— C14H14F5NO3, 339.08939, 1700, PS, LM/Q, Psychedelic, Designer drug
5287

339

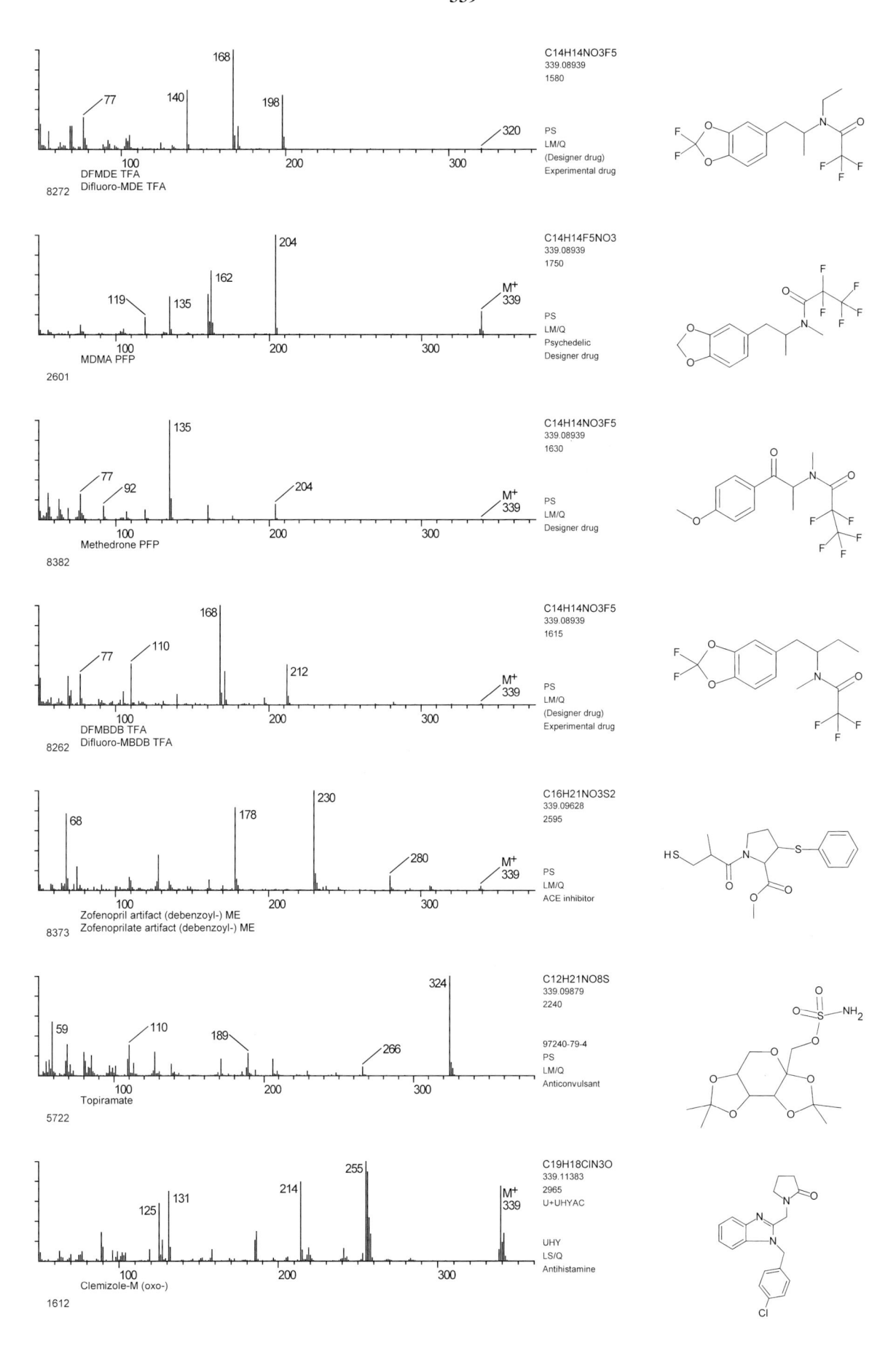

C14H14NO3F5
339.08939
1580

PS
LM/Q
(Designer drug)
Experimental drug

8272 DFMDE TFA
Difluoro-MDE TFA

Peaks: 77, 140, 168, 198, 320

C14H14F5NO3
339.08939
1750

M+ 339

PS
LM/Q
Psychedelic
Designer drug

2601 MDMA PFP

Peaks: 119, 135, 162, 204, 339

C14H14NO3F5
339.08939
1630

M+ 339

PS
LM/Q
Designer drug

8382 Methedrone PFP

Peaks: 77, 92, 135, 204, 339

C14H14NO3F5
339.08939
1615

M+ 339

PS
LM/Q
(Designer drug)
Experimental drug

8262 DFMBDB TFA
Difluoro-MBDB TFA

Peaks: 77, 110, 168, 212, 339

C16H21NO3S2
339.09628
2595

M+ 339

PS
LM/Q
ACE inhibitor

8373 Zofenopril artifact (debenzoyl-) ME
Zofenoprilate artifact (debenzoyl-) ME

Peaks: 68, 178, 230, 280, 339

C12H21NO8S
339.09879
2240

97240-79-4
PS
LM/Q
Anticonvulsant

5722 Topiramate

Peaks: 59, 110, 189, 266, 324

C19H18ClN3O
339.11383
2965
U+UHYAC

M+ 339

UHY
LS/Q
Antihistamine

1612 Clemizole-M (oxo-)

Peaks: 125, 131, 214, 255, 339

339

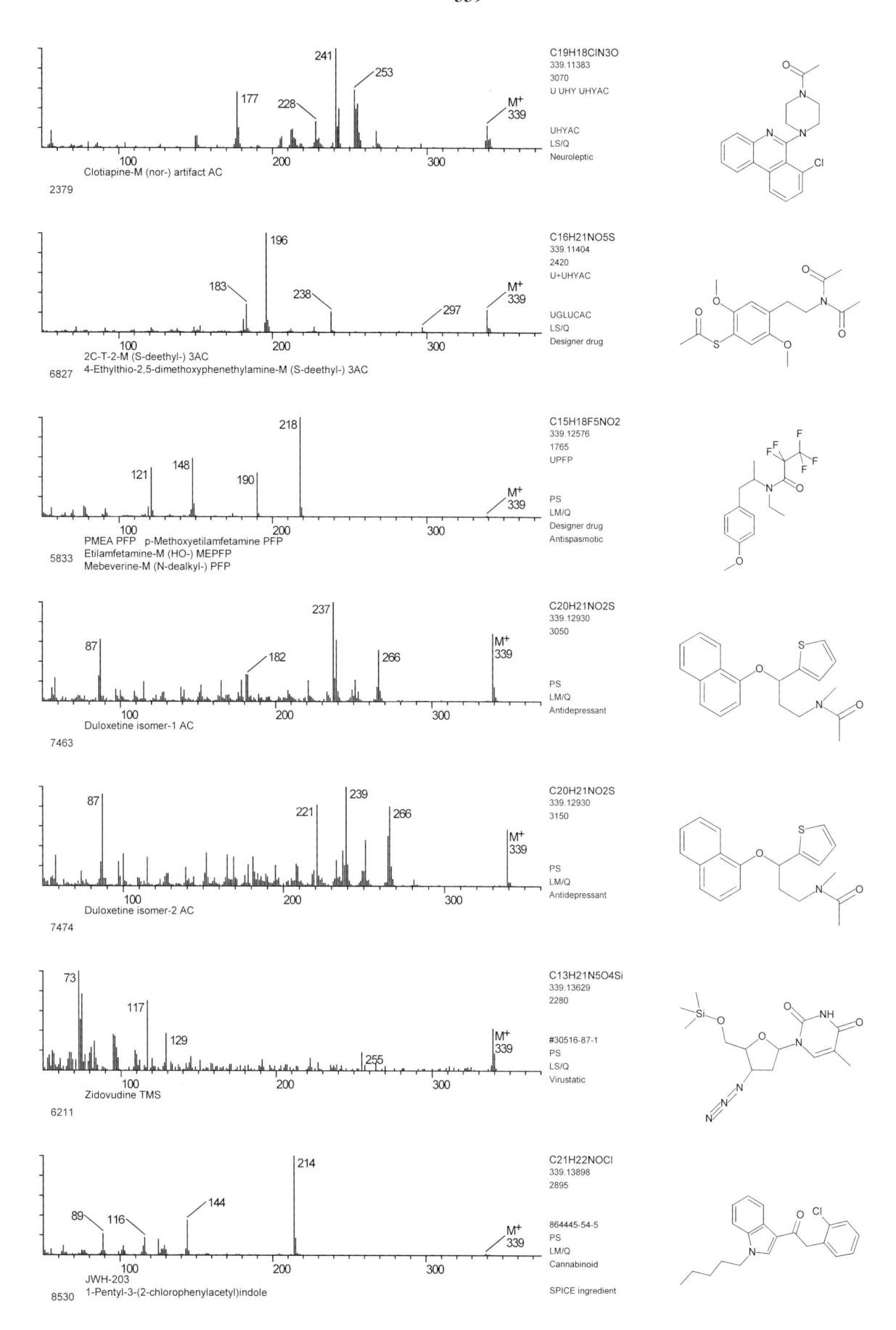

C19H18ClN3O
339.11383
3070
U UHY UHYAC

M+ 339

UHYAC
LS/Q
Neuroleptic

Clotiapine-M (nor-) artifact AC
2379

C16H21NO5S
339.11404
2420
U+UHYAC

M+ 339

UGLUCAC
LS/Q
Designer drug

2C-T-2-M (S-deethyl-) 3AC
4-Ethylthio-2,5-dimethoxyphenethylamine-M (S-deethyl-) 3AC
6827

C15H18F5NO2
339.12576
1765
UPFP

M+ 339

PS
LM/Q
Designer drug
Antispasmotic

PMEA PFP   p-Methoxyetilamfetamine PFP
Etilamfetamine-M (HO-) MEPFP
Mebeverine-M (N-dealkyl-) PFP
5833

C20H21NO2S
339.12930
3050

M+ 339

PS
LM/Q
Antidepressant

Duloxetine isomer-1 AC
7463

C20H21NO2S
339.12930
3150

M+ 339

PS
LM/Q
Antidepressant

Duloxetine isomer-2 AC
7474

C13H21N5O4Si
339.13629
2280

M+ 339

#30516-87-1
PS
LS/Q
Virustatic

Zidovudine TMS
6211

C21H22NOCl
339.13898
2895

M+ 339

864445-54-5
PS
LM/Q
Cannabinoid
SPICE ingredient

JWH-203
1-Pentyl-3-(2-chlorophenylacetyl)indole
8530

1149

339

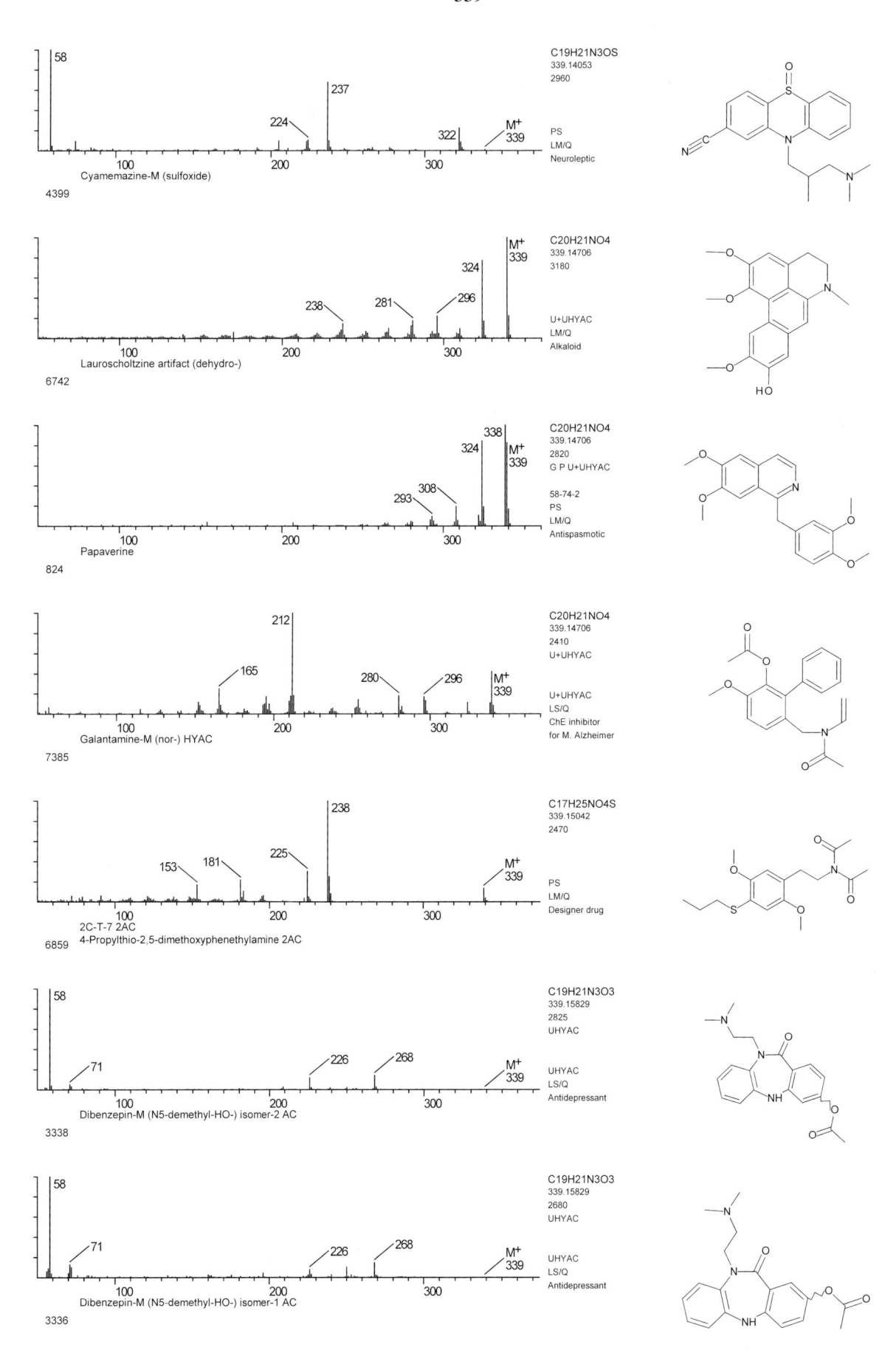

Cyamemazine-M (sulfoxide)
C19H21N3OS
339.14053
2960
PS
LM/Q
Neuroleptic

Lauroscholtzine artifact (dehydro-)
C20H21NO4
339.14706
3180
U+UHYAC
LM/Q
Alkaloid

Papaverine
C20H21NO4
339.14706
2820
G P U+UHYAC
58-74-2
PS
LM/Q
Antispasmotic

Galantamine-M (nor-) HYAC
C20H21NO4
339.14706
2410
U+UHYAC
U+UHYAC
LS/Q
ChE inhibitor
for M. Alzheimer

2C-T-7 2AC
4-Propylthio-2,5-dimethoxyphenethylamine 2AC
C17H25NO4S
339.15042
2470
PS
LM/Q
Designer drug

Dibenzepin-M (N5-demethyl-HO-) isomer-2 AC
C19H21N3O3
339.15829
2825
UHYAC
UHYAC
LS/Q
Antidepressant

Dibenzepin-M (N5-demethyl-HO-) isomer-1 AC
C19H21N3O3
339.15829
2680
UHYAC
UHYAC
LS/Q
Antidepressant

339

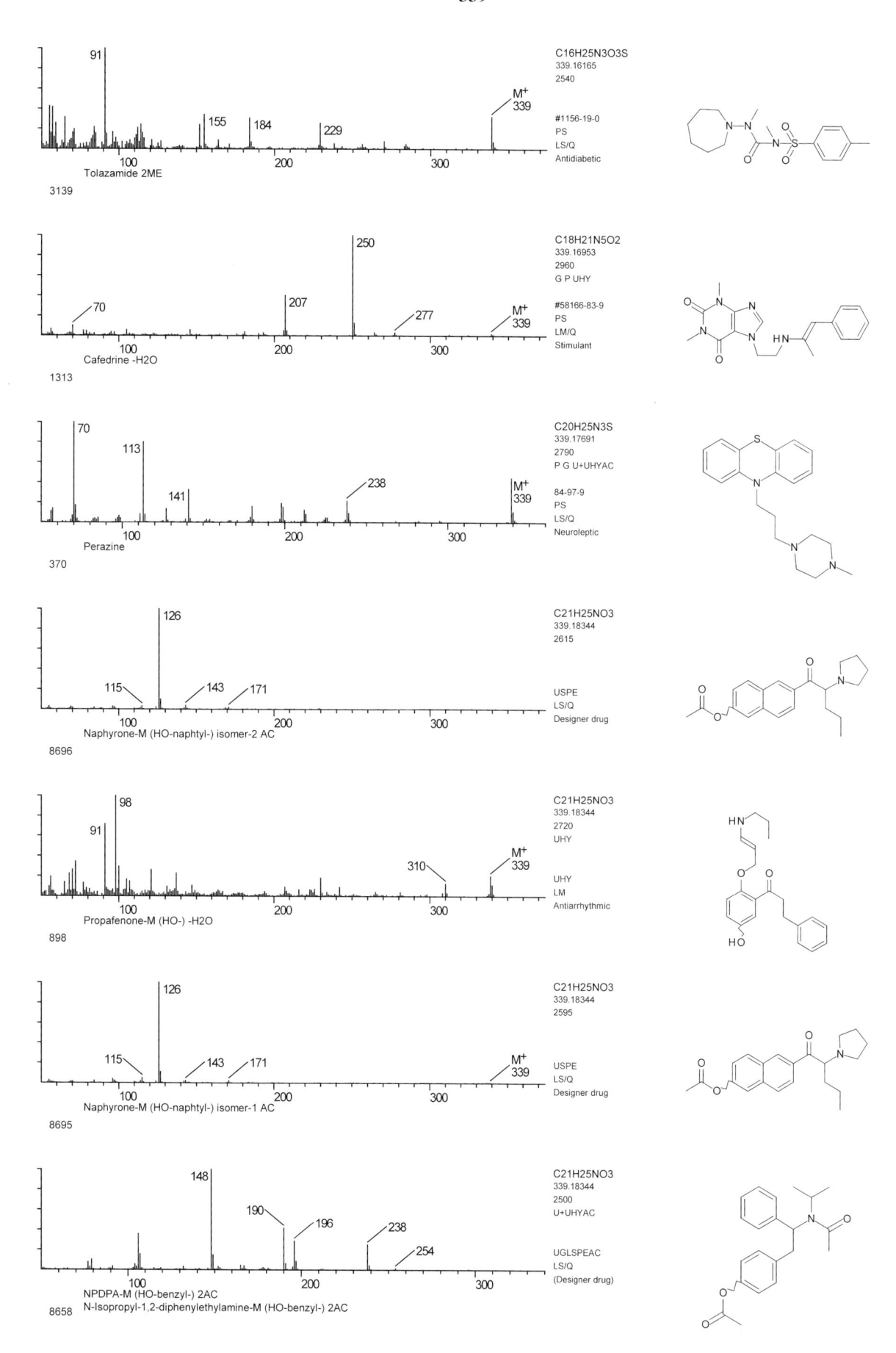

91, 155, 184, 229, M+ 339 — Tolazamide 2ME	C16H25N3O3S 339.16165 2540 #1156-19-0 PS LS/Q Antidiabetic
70, 207, 250, 277, M+ 339 — Cafedrine -H2O	C18H21N5O2 339.16953 2960 G P UHY #58166-83-9 PS LM/Q Stimulant
70, 113, 141, 238, M+ 339 — Perazine	C20H25N3S 339.17691 2790 P G U+UHYAC 84-97-9 PS LS/Q Neuroleptic
115, 126, 143, 171 — Naphyrone-M (HO-naphtyl-) isomer-2 AC	C21H25NO3 339.18344 2615 USPE LS/Q Designer drug
91, 98, 310, M+ 339 — Propafenone-M (HO-) -H2O	C21H25NO3 339.18344 2720 UHY UHY LM Antiarrhythmic
115, 126, 143, 171, M+ 339 — Naphyrone-M (HO-naphtyl-) isomer-1 AC	C21H25NO3 339.18344 2595 USPE LS/Q Designer drug
148, 190, 196, 238, 254 — NPDPA-M (HO-benzyl-) 2AC / N-Isopropyl-1,2-diphenylethylamine-M (HO-benzyl-) 2AC	C21H25NO3 339.18344 2500 U+UHYAC UGLSPEAC LS/Q (Designer drug)

339

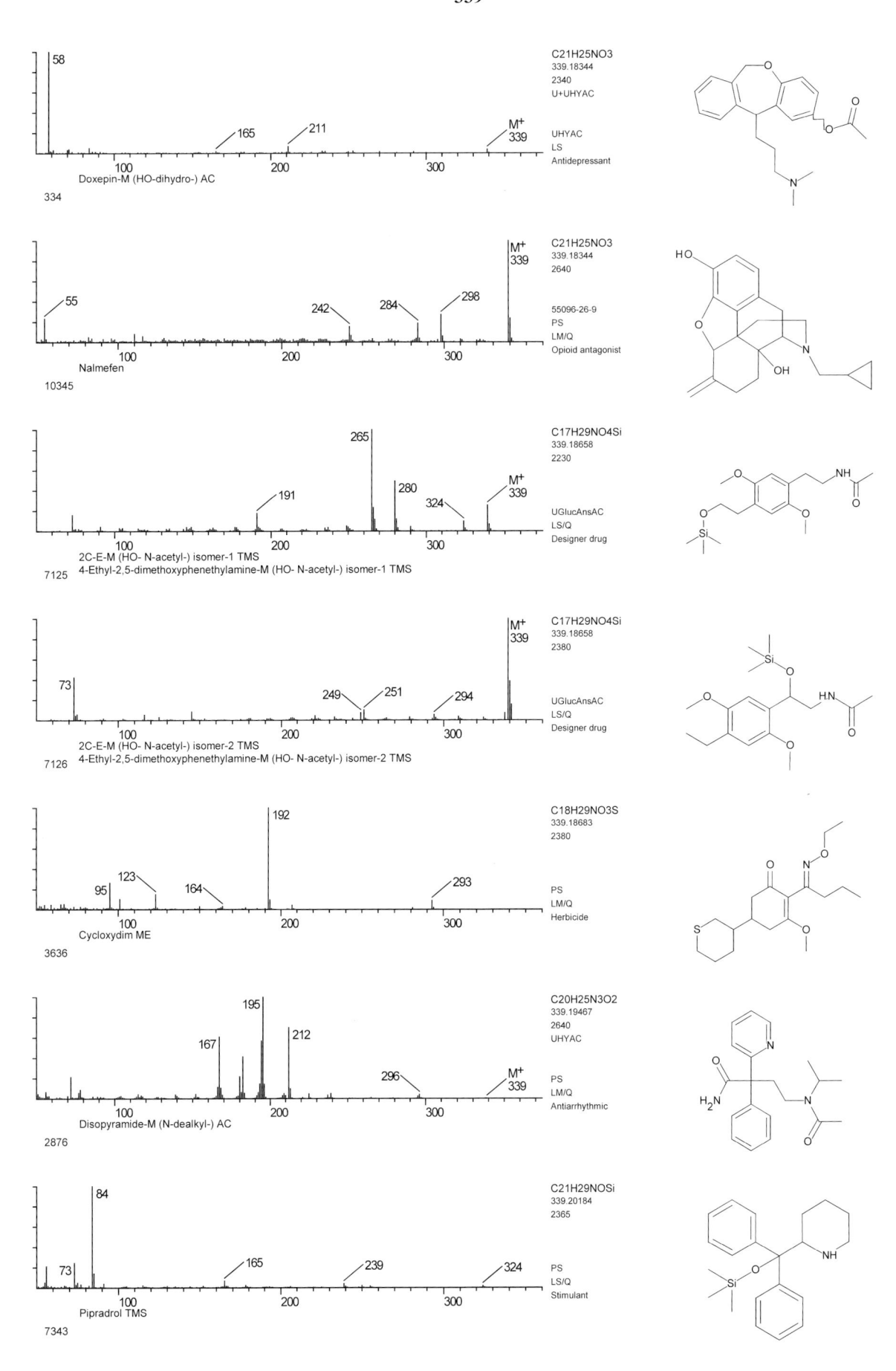

58, 165, 211, M+ 339	C21H25NO3 339.18344 2340 U+UHYAC UHYAC LS Antidepressant	
Doxepin-M (HO-dihydro-) AC 334		
55, 242, 284, 298, M+ 339	C21H25NO3 339.18344 2640 55096-26-9 PS LM/Q Opioid antagonist	
Nalmefen 10345		
191, 265, 280, 324, M+ 339	C17H29NO4Si 339.18658 2230 UGlucAnsAC LS/Q Designer drug	
2C-E-M (HO- N-acetyl-) isomer-1 TMS 4-Ethyl-2,5-dimethoxyphenethylamine-M (HO- N-acetyl-) isomer-1 TMS 7125		
73, 249, 251, 294, M+ 339	C17H29NO4Si 339.18658 2380 UGlucAnsAC LS/Q Designer drug	
2C-E-M (HO- N-acetyl-) isomer-2 TMS 4-Ethyl-2,5-dimethoxyphenethylamine-M (HO- N-acetyl-) isomer-2 TMS 7126		
95, 123, 164, 192, 293	C18H29NO3S 339.18683 2380 PS LM/Q Herbicide	
Cycloxydim ME 3636		
167, 195, 212, 296, M+ 339	C20H25N3O2 339.19467 2640 UHYAC PS LM/Q Antiarrhythmic	
Disopyramide-M (N-dealkyl-) AC 2876		
73, 84, 165, 239, 324	C21H29NOSi 339.20184 2365 PS LS/Q Stimulant	
Pipradrol TMS 7343		

339

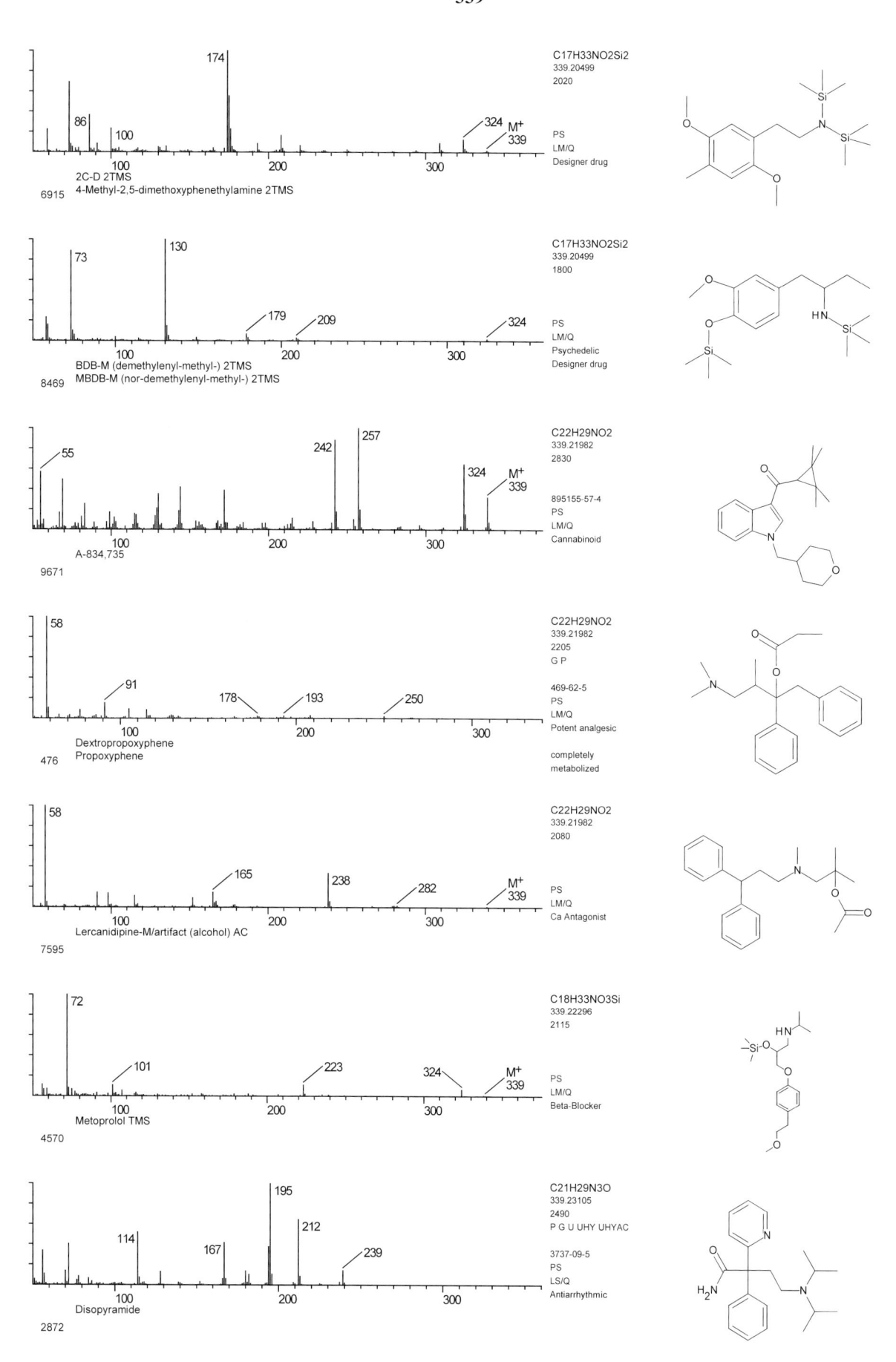

6915	2C-D 2TMS 4-Methyl-2,5-dimethoxyphenethylamine 2TMS	C17H33NO2Si2 339.20499 2020 PS LM/Q Designer drug
8469	BDB-M (demethylenyl-methyl-) 2TMS MBDB-M (nor-demethylenyl-methyl-) 2TMS	C17H33NO2Si2 339.20499 1800 PS LM/Q Psychedelic Designer drug
9671	A-834,735	C22H29NO2 339.21982 2830 895155-57-4 PS LM/Q Cannabinoid
476	Dextropropoxyphene Propoxyphene	C22H29NO2 339.21982 2205 G P 469-62-5 PS LM/Q Potent analgesic completely metabolized
7595	Lercanidipine-M/artifact (alcohol) AC	C22H29NO2 339.21982 2080 PS LM/Q Ca Antagonist
4570	Metoprolol TMS	C18H33NO3Si 339.22296 2115 PS LM/Q Beta-Blocker
2872	Disopyramide	C21H29N3O 339.23105 2490 P G U UHY UHYAC 3737-09-5 PS LS/Q Antiarrhythmic

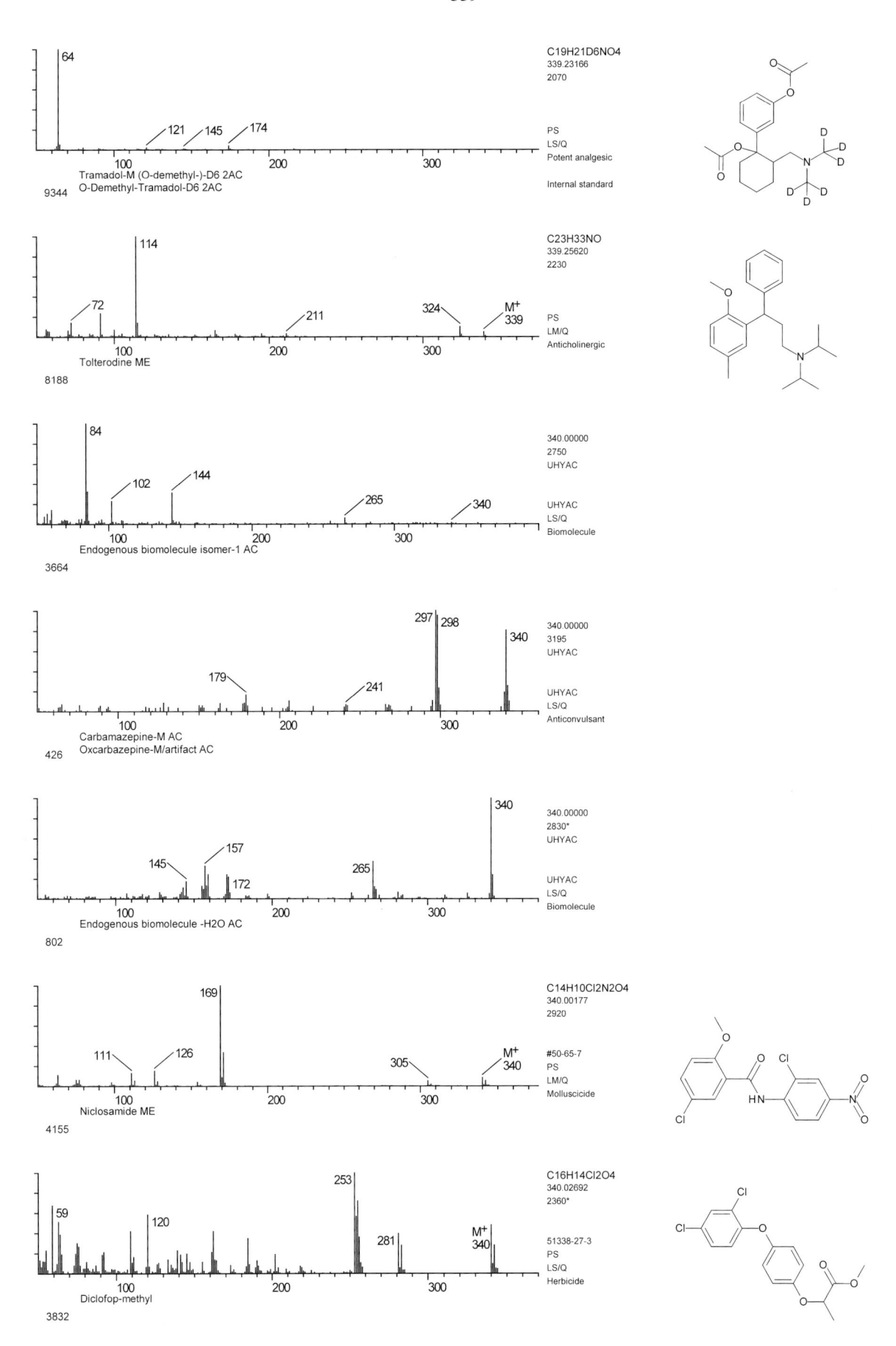

Tramadol-M (O-demethyl-)-D6 2AC
O-Demethyl-Tramadol-D6 2AC
9344

C19H21D6NO4
339.23166
2070

PS
LS/Q
Potent analgesic
Internal standard

Tolterodine ME
8188

C23H33NO
339.25620
2230

PS
LM/Q
Anticholinergic

Endogenous biomolecule isomer-1 AC
3664

340.00000
2750
UHYAC

UHYAC
LS/Q
Biomolecule

Carbamazepine-M AC
Oxcarbazepine-M/artifact AC
426

340.00000
3195
UHYAC

UHYAC
LS/Q
Anticonvulsant

Endogenous biomolecule -H2O AC
802

340.00000
2830*
UHYAC

UHYAC
LS/Q
Biomolecule

Niclosamide ME
4155

C14H10Cl2N2O4
340.00177
2920

#50-65-7
PS
LM/Q
Molluscicide

Diclofop-methyl
3832

C16H14Cl2O4
340.02692
2360*

51338-27-3
PS
LS/Q
Herbicide

340

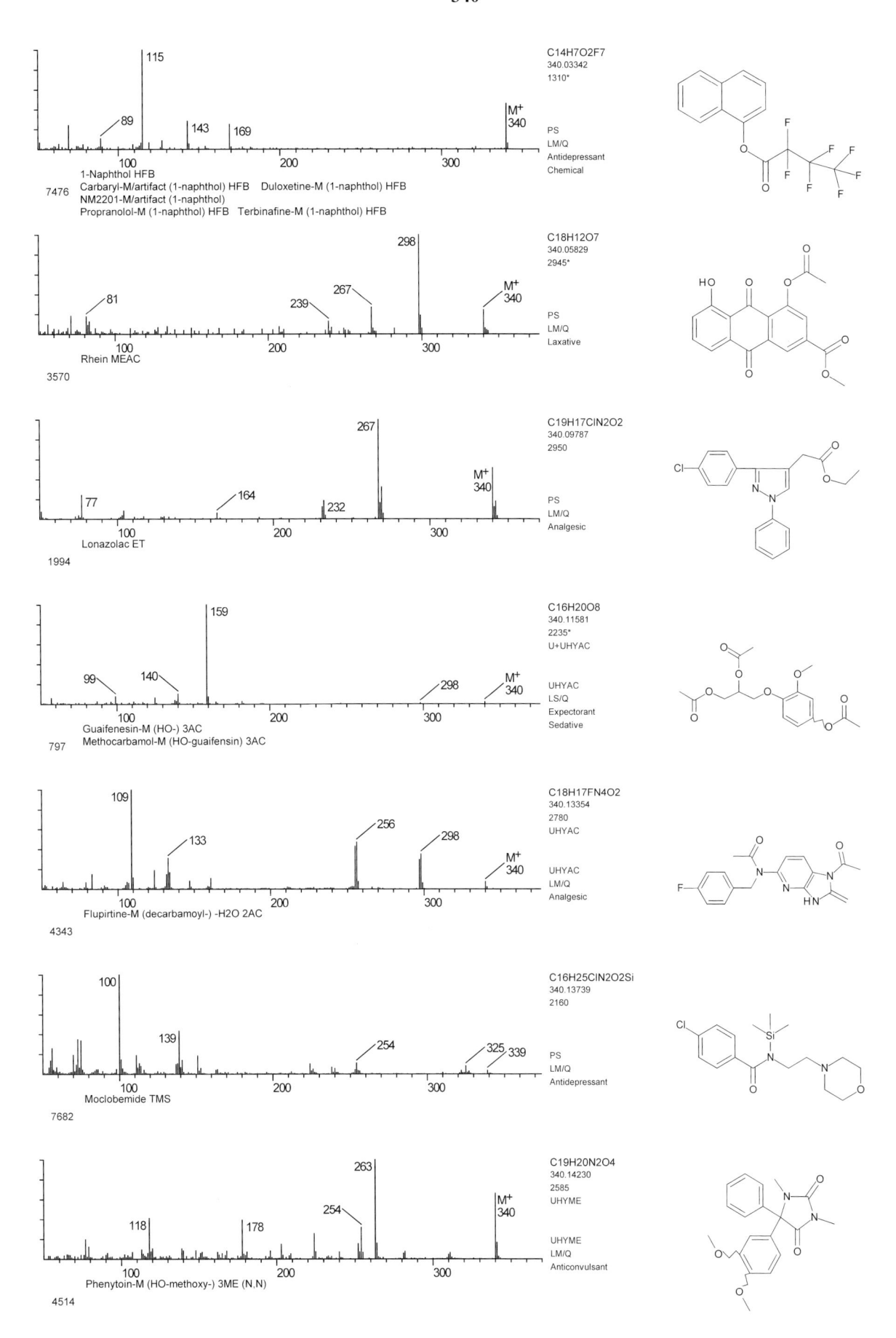

C14H7O2F7
340.03342
1310*
PS
LM/Q
Antidepressant
Chemical

1-Naphthol HFB
7476   Carbaryl-M/artifact (1-naphthol) HFB   Duloxetine-M (1-naphthol) HFB
NM2201-M/artifact (1-naphthol)
Propranolol-M (1-naphthol) HFB   Terbinafine-M (1-naphthol) HFB

C18H12O7
340.05829
2945*
PS
LM/Q
Laxative

Rhein MEAC
3570

C19H17ClN2O2
340.09787
2950
PS
LM/Q
Analgesic

Lonazolac ET
1994

C16H20O8
340.11581
2235*
U+UHYAC
UHYAC
LS/Q
Expectorant
Sedative

Guaifenesin-M (HO-) 3AC
797   Methocarbamol-M (HO-guaifensin) 3AC

C18H17FN4O2
340.13354
2780
UHYAC
UHYAC
LM/Q
Analgesic

Flupirtine-M (decarbamoyl-) -H2O 2AC
4343

C16H25ClN2O2Si
340.13739
2160
PS
LM/Q
Antidepressant

Moclobemide TMS
7682

C19H20N2O4
340.14230
2585
UHYME
UHYME
LM/Q
Anticonvulsant

Phenytoin-M (HO-methoxy-) 3ME (N,N)
4514

1155

340

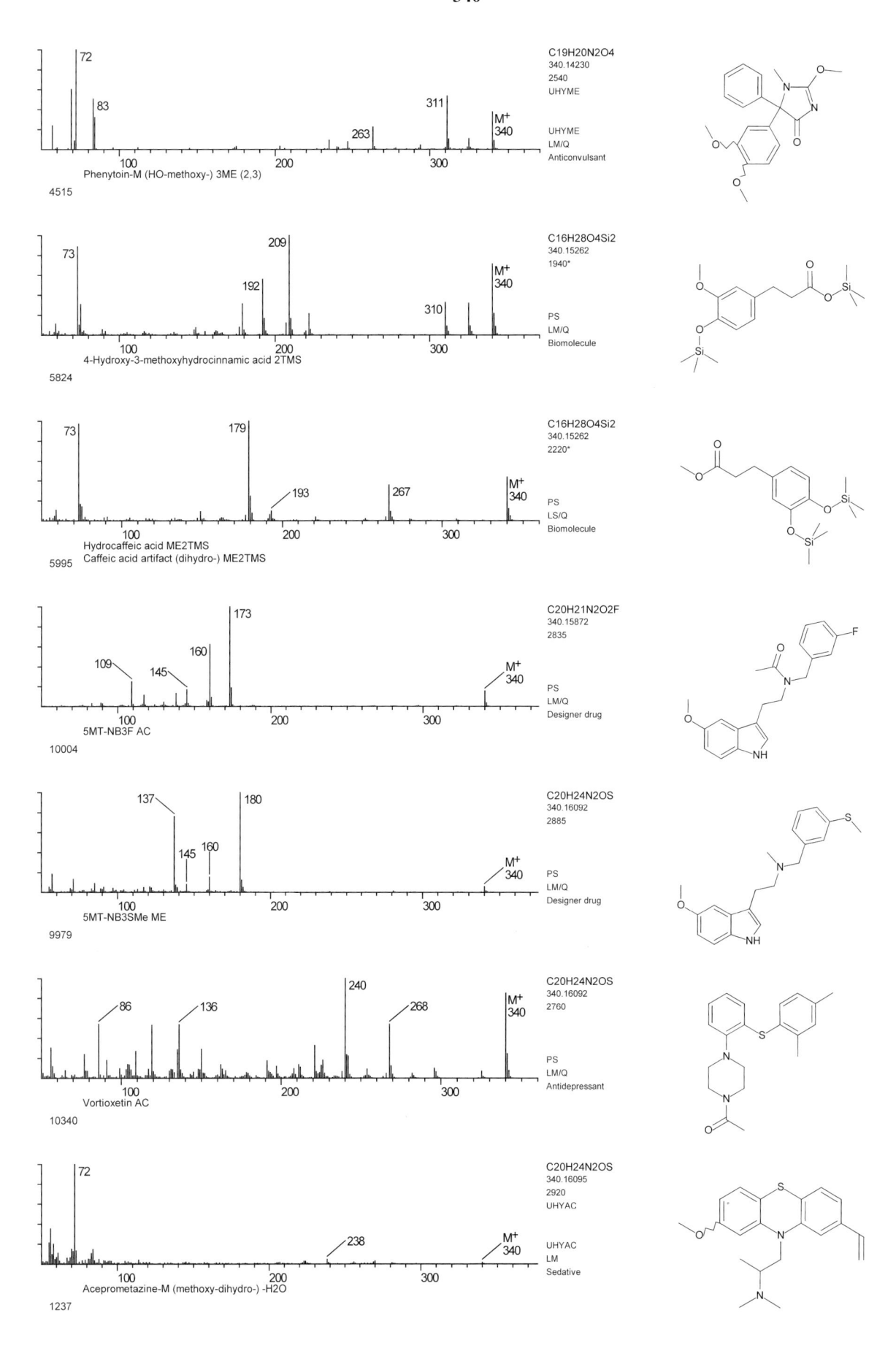

C19H20N2O4
340.14230
2540
UHYME

UHYME
LM/Q
Anticonvulsant

Phenytoin-M (HO-methoxy-) 3ME (2,3)
4515

C16H28O4Si2
340.15262
1940*

PS
LM/Q
Biomolecule

4-Hydroxy-3-methoxyhydrocinnamic acid 2TMS
5824

C16H28O4Si2
340.15262
2220*

PS
LS/Q
Biomolecule

Hydrocaffeic acid ME2TMS
Caffeic acid artifact (dihydro-) ME2TMS
5995

C20H21N2O2F
340.15872
2835

PS
LM/Q
Designer drug

5MT-NB3F AC
10004

C20H24N2OS
340.16092
2885

PS
LM/Q
Designer drug

5MT-NB3SMe ME
9979

C20H24N2OS
340.16092
2760

PS
LM/Q
Antidepressant

Vortioxetin AC
10340

C20H24N2OS
340.16095
2920
UHYAC

UHYAC
LM
Sedative

Aceprometazine-M (methoxy-dihydro-) -H2O
1237

340

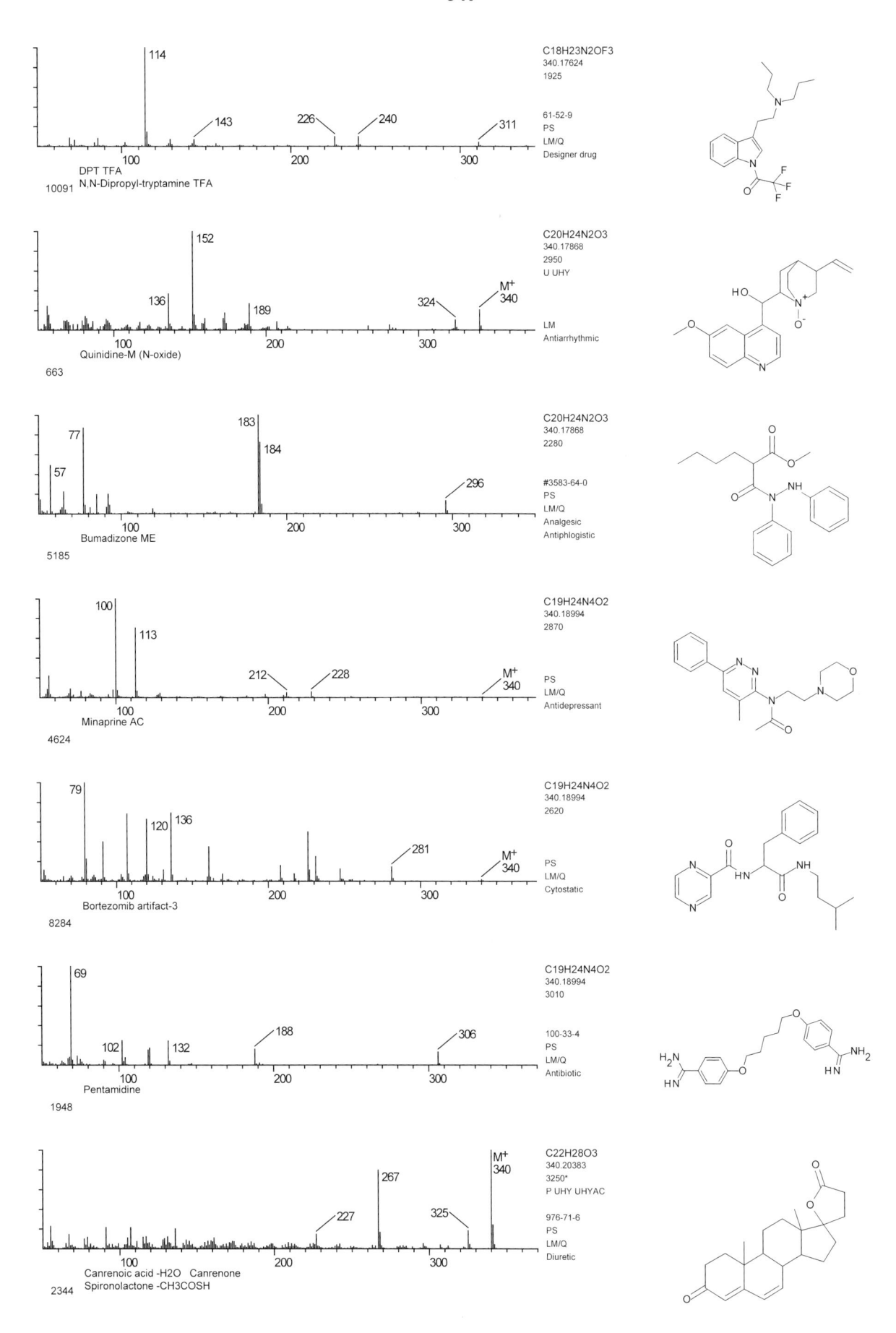

DPT TFA
N,N-Dipropyl-tryptamine TFA
10091

C18H23N2OF3
340.17624
1925

61-52-9
PS
LM/Q
Designer drug

Quinidine-M (N-oxide)
663

C20H24N2O3
340.17868
2950
U UHY

LM
Antiarrhythmic

Bumadizone ME
5185

C20H24N2O3
340.17868
2280

#3583-64-0
PS
LM/Q
Analgesic
Antiphlogistic

Minaprine AC
4624

C19H24N4O2
340.18994
2870

PS
LM/Q
Antidepressant

Bortezomib artifact-3
8284

C19H24N4O2
340.18994
2620

PS
LM/Q
Cytostatic

Pentamidine
1948

C19H24N4O2
340.18994
3010

100-33-4
PS
LM/Q
Antibiotic

Canrenoic acid -H2O   Canrenone
Spironolactone -CH3COSH
2344

C22H28O3
340.20383
3250*
P UHY UHYAC

976-71-6
PS
LM/Q
Diuretic

340

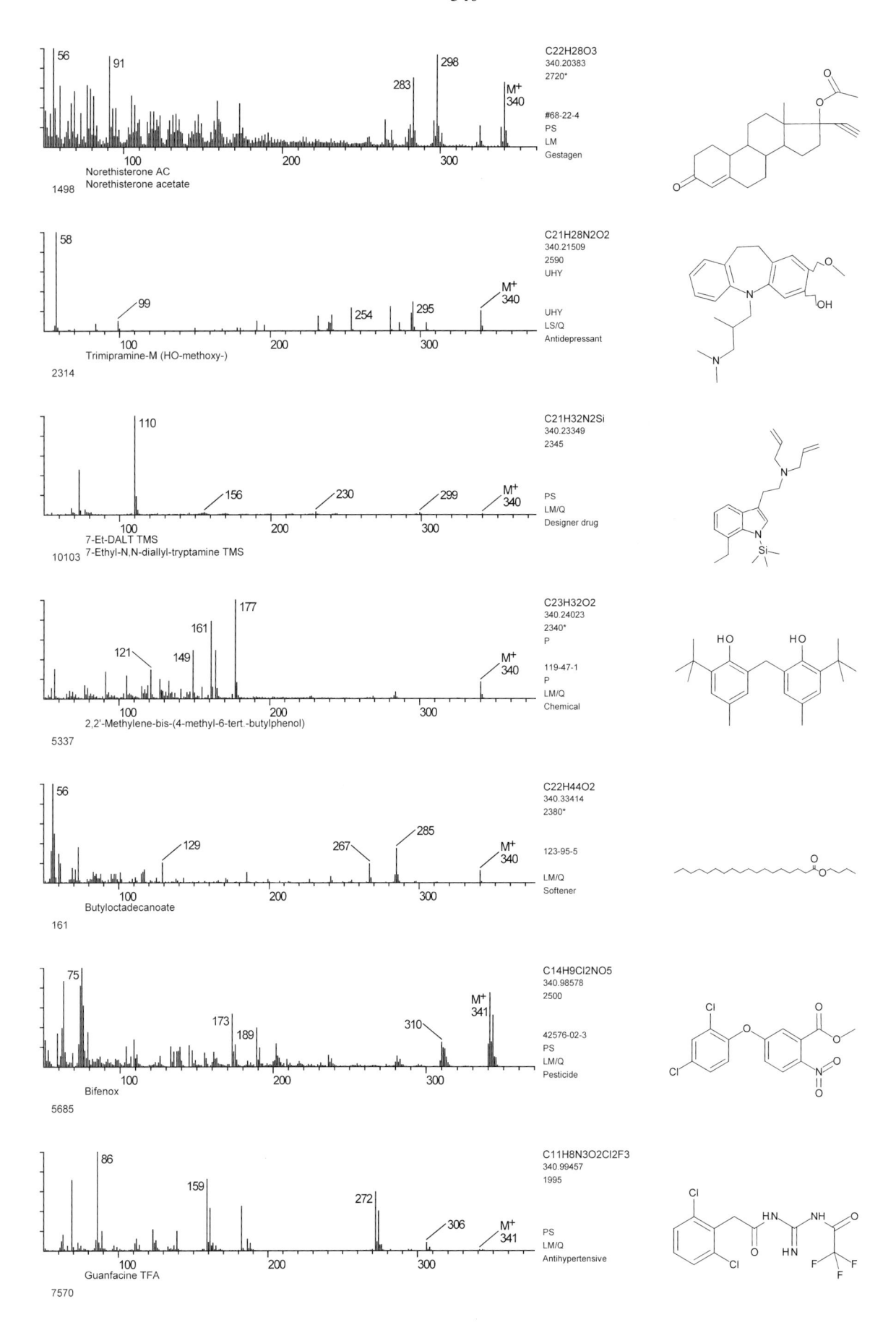

Norethisterone AC Norethisterone acetate 1498	C22H28O3 340.20383 2720* #68-22-4 PS LM Gestagen
Trimipramine-M (HO-methoxy-) 2314	C21H28N2O2 340.21509 2590 UHY UHY LS/Q Antidepressant
7-Et-DALT TMS 7-Ethyl-N,N-diallyl-tryptamine TMS 10103	C21H32N2Si 340.23349 2345 PS LM/Q Designer drug
2,2'-Methylene-bis-(4-methyl-6-tert.-butylphenol) 5337	C23H32O2 340.24023 2340* P 119-47-1 P LM/Q Chemical
Butyloctadecanoate 161	C22H44O2 340.33414 2380* 123-95-5 LM/Q Softener
Bifenox 5685	C14H9Cl2NO5 340.98578 2500 42576-02-3 PS LM/Q Pesticide
Guanfacine TFA 7570	C11H8N3O2Cl2F3 340.99457 1995 PS LM/Q Antihypertensive

1158

341

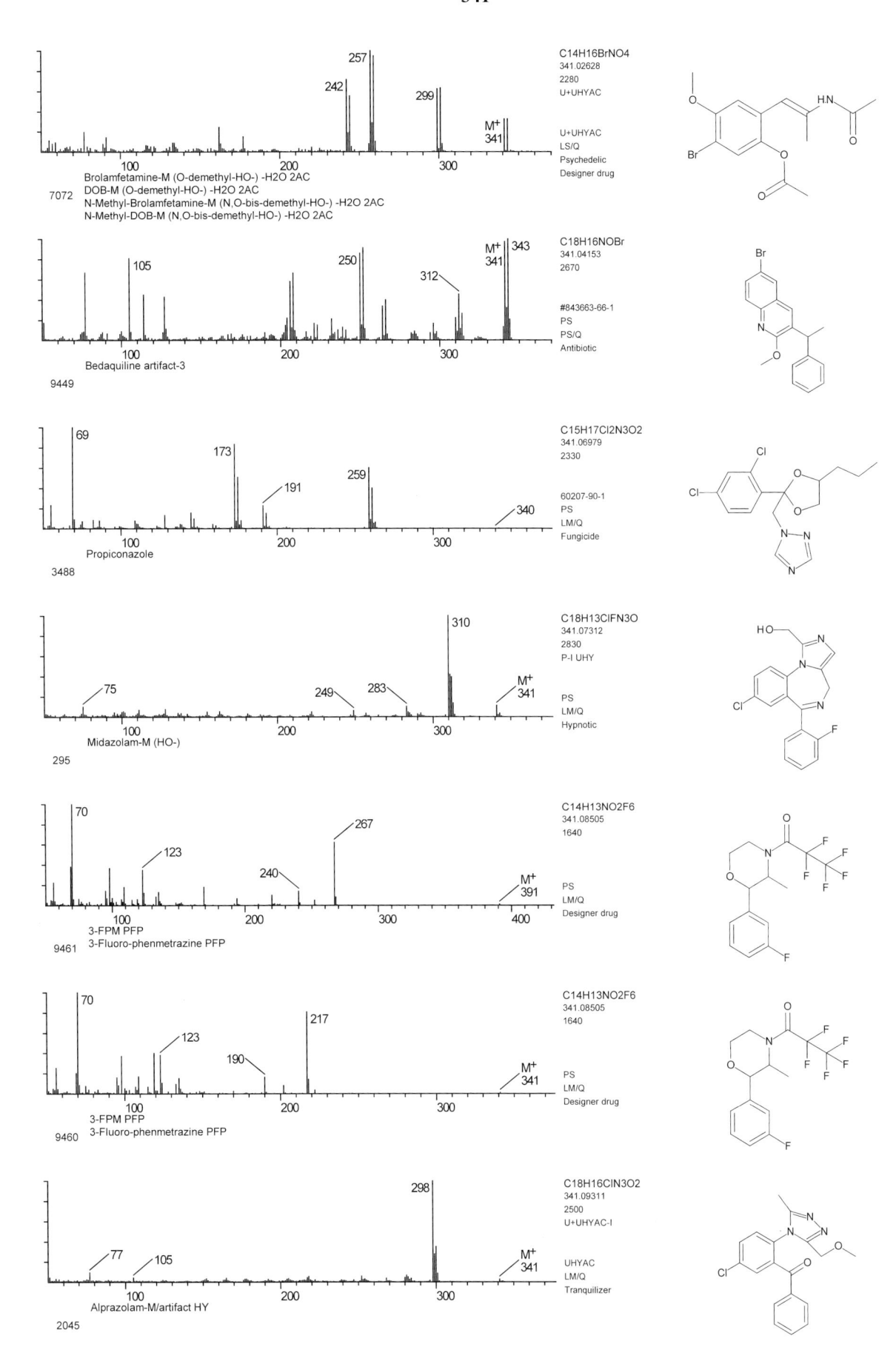

C14H16BrNO4
341.02628
2280
U+UHYAC

U+UHYAC
LS/Q
Psychedelic
Designer drug

Brolamfetamine-M (O-demethyl-HO-) -H2O 2AC
DOB-M (O-demethyl-HO-) -H2O 2AC
N-Methyl-Brolamfetamine-M (N,O-bis-demethyl-HO-) -H2O 2AC
N-Methyl-DOB-M (N,O-bis-demethyl-HO-) -H2O 2AC
7072

C18H16NOBr
341.04153
2670

#843663-66-1
PS
PS/Q
Antibiotic

Bedaquiline artifact-3
9449

C15H17Cl2N3O2
341.06979
2330

60207-90-1
PS
LM/Q
Fungicide

Propiconazole
3488

C18H13ClFN3O
341.07312
2830
P-I UHY

PS
LM/Q
Hypnotic

Midazolam-M (HO-)
295

C14H13NO2F6
341.08505
1640

PS
LM/Q
Designer drug

3-FPM PFP
3-Fluoro-phenmetrazine PFP
9461

C14H13NO2F6
341.08505
1640

PS
LM/Q
Designer drug

3-FPM PFP
3-Fluoro-phenmetrazine PFP
9460

C18H16ClN3O2
341.09311
2500
U+UHYAC-I

UHYAC
LM/Q
Tranquilizer

Alprazolam-M/artifact HY
2045

1159

341

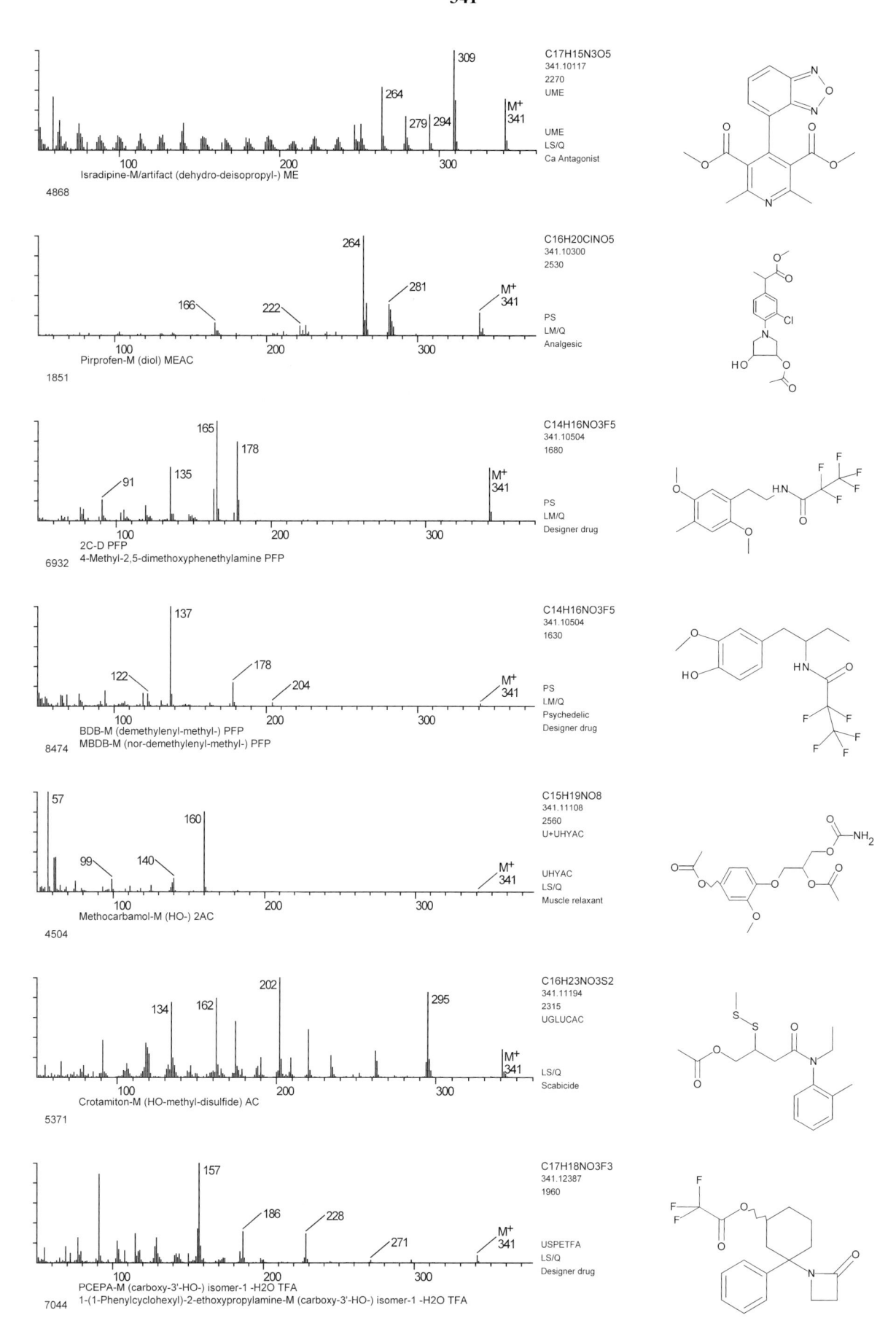

C17H15N3O5
341.10117
2270
UME

UME
LS/Q
Ca Antagonist

Isradipine-M/artifact (dehydro-deisopropyl-) ME
4868

C16H20ClNO5
341.10300
2530

PS
LM/Q
Analgesic

Pirprofen-M (diol) MEAC
1851

C14H16NO3F5
341.10504
1680

PS
LM/Q
Designer drug

2C-D PFP
4-Methyl-2,5-dimethoxyphenethylamine PFP
6932

C14H16NO3F5
341.10504
1630

PS
LM/Q
Psychedelic
Designer drug

BDB-M (demethylenyl-methyl-) PFP
MBDB-M (nor-demethylenyl-methyl-) PFP
8474

C15H19NO8
341.11108
2560
U+UHYAC

UHYAC
LS/Q
Muscle relaxant

Methocarbamol-M (HO-) 2AC
4504

C16H23NO3S2
341.11194
2315
UGLUCAC

LS/Q
Scabicide

Crotamiton-M (HO-methyl-disulfide) AC
5371

C17H18NO3F3
341.12387
1960

USPETFA
LS/Q
Designer drug

PCEPA-M (carboxy-3'-HO-) isomer-1 -H2O TFA
1-(1-Phenylcyclohexyl)-2-ethoxypropylamine-M (carboxy-3'-HO-) isomer-1 -H2O TFA
7044

1160

341

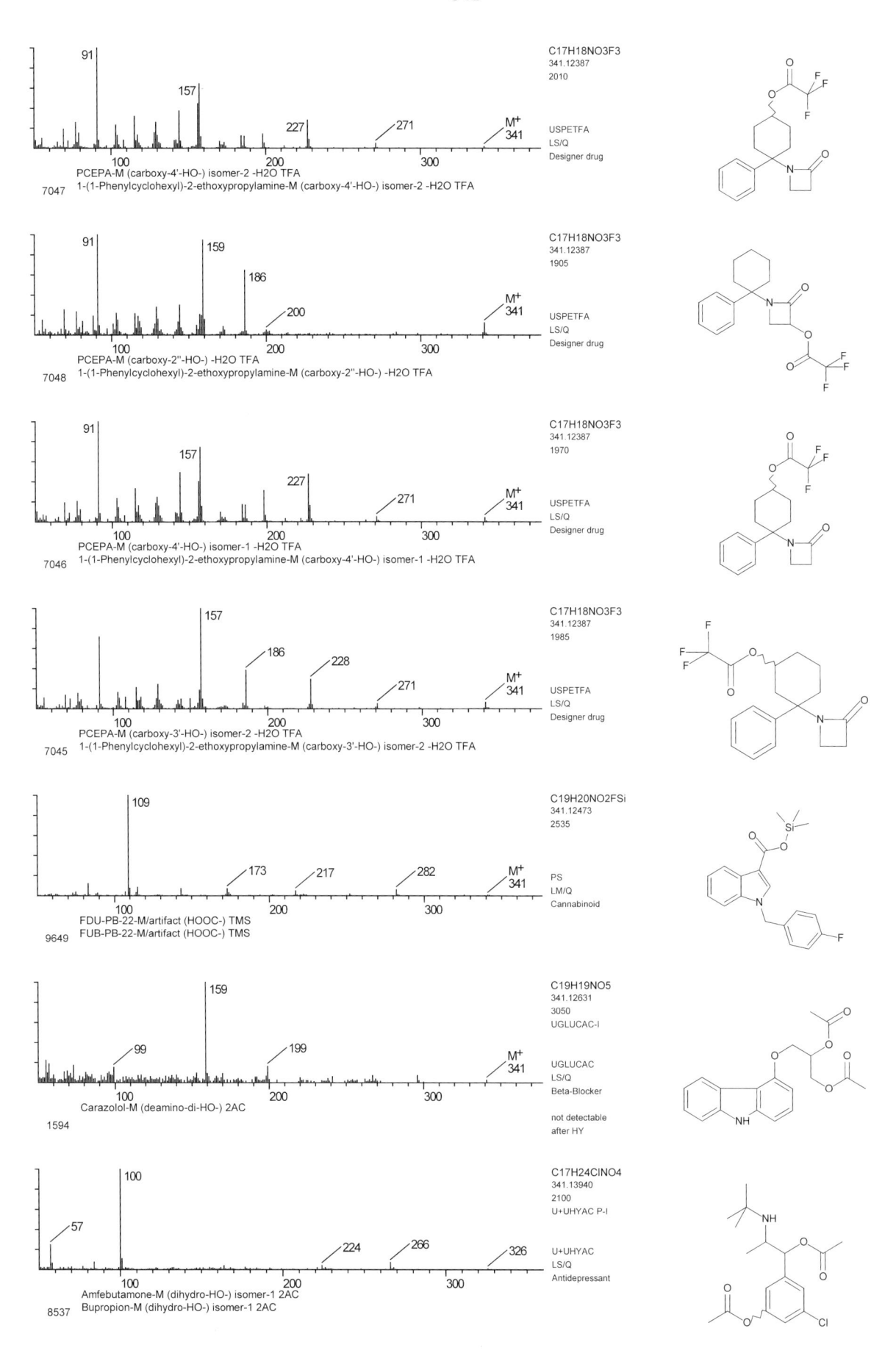

7047	PCEPA-M (carboxy-4'-HO-) isomer-2 -H2O TFA 1-(1-Phenylcyclohexyl)-2-ethoxypropylamine-M (carboxy-4'-HO-) isomer-2 -H2O TFA	C17H18NO3F3 341.12387 2010 USPETFA LS/Q Designer drug
7048	PCEPA-M (carboxy-2''-HO-) -H2O TFA 1-(1-Phenylcyclohexyl)-2-ethoxypropylamine-M (carboxy-2''-HO-) -H2O TFA	C17H18NO3F3 341.12387 1905 USPETFA LS/Q Designer drug
7046	PCEPA-M (carboxy-4'-HO-) isomer-1 -H2O TFA 1-(1-Phenylcyclohexyl)-2-ethoxypropylamine-M (carboxy-4'-HO-) isomer-1 -H2O TFA	C17H18NO3F3 341.12387 1970 USPETFA LS/Q Designer drug
7045	PCEPA-M (carboxy-3'-HO-) isomer-2 -H2O TFA 1-(1-Phenylcyclohexyl)-2-ethoxypropylamine-M (carboxy-3'-HO-) isomer-2 -H2O TFA	C17H18NO3F3 341.12387 1985 USPETFA LS/Q Designer drug
9649	FDU-PB-22-M/artifact (HOOC-) TMS FUB-PB-22-M/artifact (HOOC-) TMS	C19H20NO2FSi 341.12473 2535 PS LM/Q Cannabinoid
1594	Carazolol-M (deamino-di-HO-) 2AC	C19H19NO5 341.12631 3050 UGLUCAC-I UGLUCAC LS/Q Beta-Blocker not detectable after HY
8537	Amfebutamone-M (dihydro-HO-) isomer-1 2AC Bupropion-M (dihydro-HO-) isomer-1 2AC	C17H24ClNO4 341.13940 2100 U+UHYAC P-I U+UHYAC LS/Q Antidepressant

341

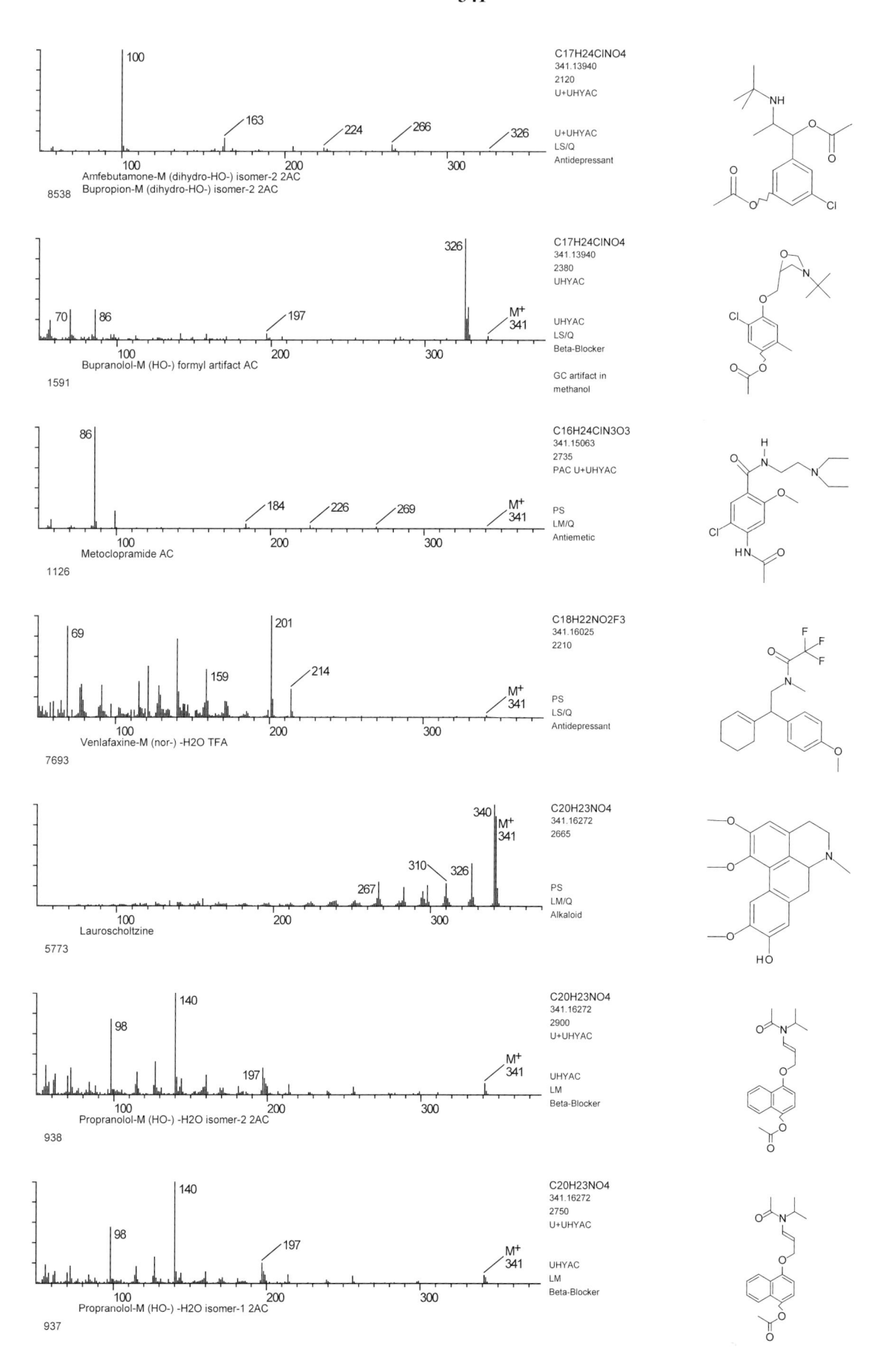

C17H24ClNO4
341.13940
2120
U+UHYAC

U+UHYAC
LS/Q
Antidepressant

Amfebutamone-M (dihydro-HO-) isomer-2 2AC
Bupropion-M (dihydro-HO-) isomer-2 2AC
8538

C17H24ClNO4
341.13940
2380
UHYAC

UHYAC
LS/Q
Beta-Blocker

GC artifact in methanol

Bupranolol-M (HO-) formyl artifact AC
1591

C16H24ClN3O3
341.15063
2735
PAC U+UHYAC

PS
LM/Q
Antiemetic

Metoclopramide AC
1126

C18H22NO2F3
341.16025
2210

PS
LS/Q
Antidepressant

Venlafaxine-M (nor-) -H2O TFA
7693

C20H23NO4
341.16272
2665

PS
LM/Q
Alkaloid

Lauroscholtzine
5773

C20H23NO4
341.16272
2900
U+UHYAC

UHYAC
LM
Beta-Blocker

Propranolol-M (HO-) -H2O isomer-2 2AC
938

C20H23NO4
341.16272
2750
U+UHYAC

UHYAC
LM
Beta-Blocker

Propranolol-M (HO-) -H2O isomer-1 2AC
937

1162

341

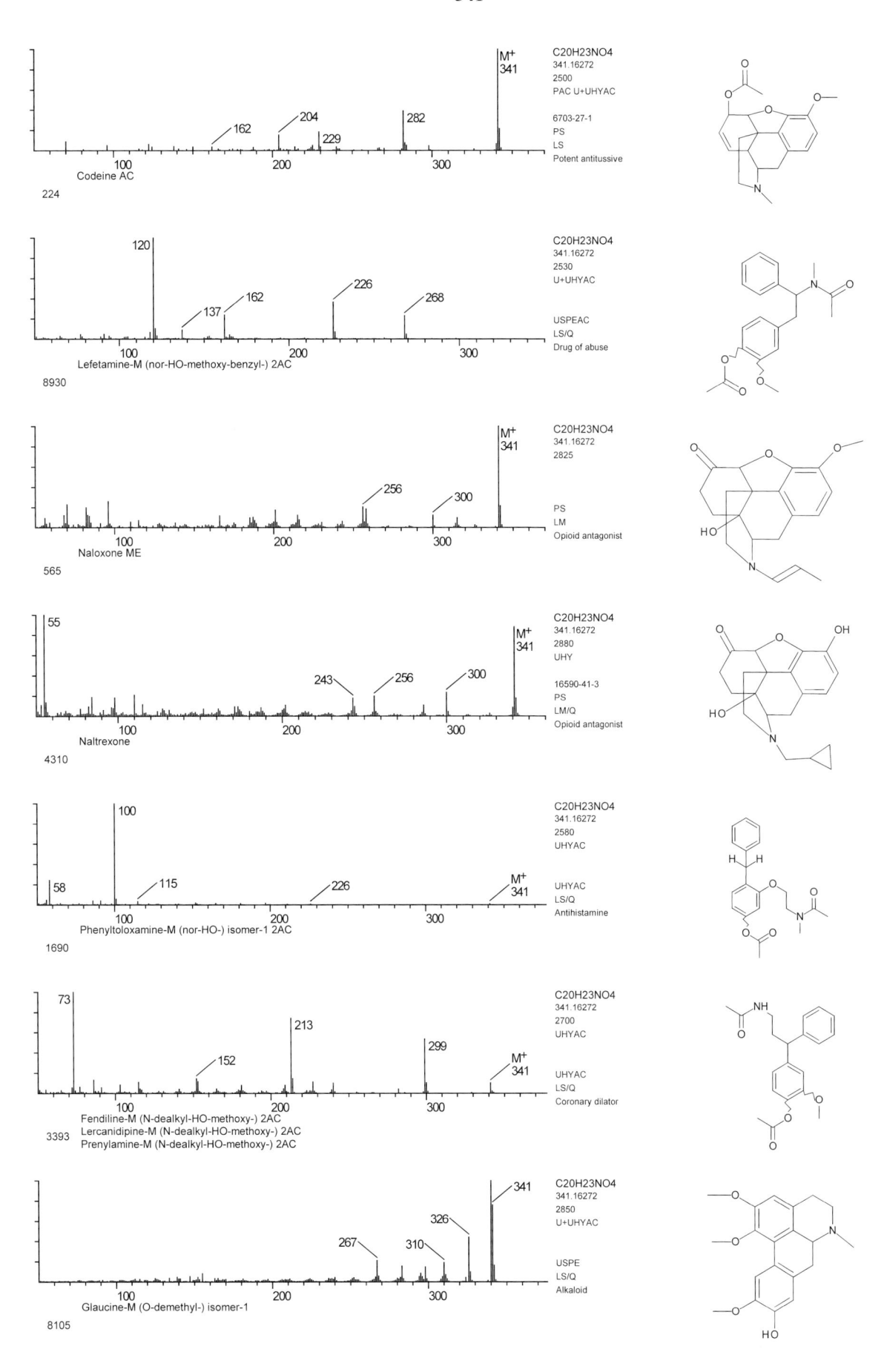

Compound	C20H23NO4 341.16272	Notes
Codeine AC	2500 PAC U+UHYAC 6703-27-1 PS LS	Potent antitussive
Lefetamine-M (nor-HO-methoxy-benzyl-) 2AC	2530 U+UHYAC USPEAC LS/Q	Drug of abuse
Naloxone ME	2825 PS LM	Opioid antagonist
Naltrexone	2880 UHY 16590-41-3 PS LM/Q	Opioid antagonist
Phenyltoloxamine-M (nor-HO-) isomer-1 2AC	2580 UHYAC UHYAC LS/Q	Antihistamine
Fendiline-M (N-dealkyl-HO-methoxy-) 2AC / Lercanidipine-M (N-dealkyl-HO-methoxy-) 2AC / Prenylamine-M (N-dealkyl-HO-methoxy-) 2AC	2700 UHYAC UHYAC LS/Q	Coronary dilator
Glaucine-M (O-demethyl-) isomer-1	2850 U+UHYAC USPE LS/Q	Alkaloid

341

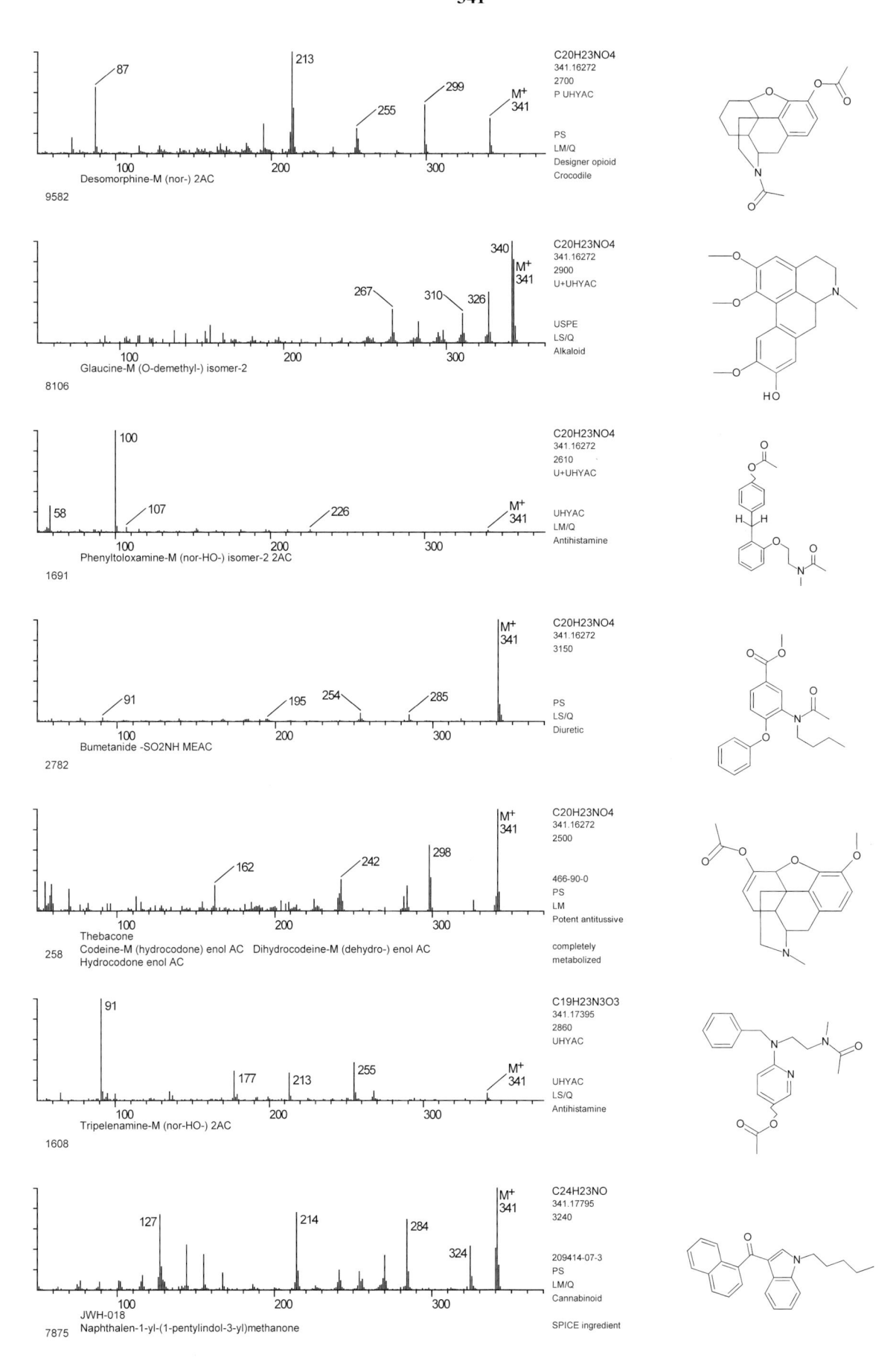

Desomorphine-M (nor-) 2AC
9582
87, 213, 255, 299, M+ 341
C20H23NO4
341.16272
2700
P UHYAC
PS
LM/Q
Designer opioid
Crocodile

Glaucine-M (O-demethyl-) isomer-2
8106
267, 310, 326, 340, M+ 341
C20H23NO4
341.16272
2900
U+UHYAC
USPE
LS/Q
Alkaloid

Phenyltoloxamine-M (nor-HO-) isomer-2 2AC
1691
58, 100, 107, 226, M+ 341
C20H23NO4
341.16272
2610
U+UHYAC
UHYAC
LM/Q
Antihistamine

Bumetanide -SO2NH MEAC
2782
91, 195, 254, 285, M+ 341
C20H23NO4
341.16272
3150
PS
LS/Q
Diuretic

Thebacone
Codeine-M (hydrocodone) enol AC   Dihydrocodeine-M (dehydro-) enol AC
Hydrocodone enol AC
258
162, 242, 298, M+ 341
C20H23NO4
341.16272
2500
466-90-0
PS
LM
Potent antitussive
completely metabolized

Tripelenamine-M (nor-HO-) 2AC
1608
91, 177, 213, 255, M+ 341
C19H23N3O3
341.17395
2860
UHYAC
UHYAC
LS/Q
Antihistamine

JWH-018
Naphthalen-1-yl-(1-pentylindol-3-yl)methanone
7875
127, 214, 284, 324, M+ 341
C24H23NO
341.17795
3240
209414-07-3
PS
LM/Q
Cannabinoid
SPICE ingredient

341

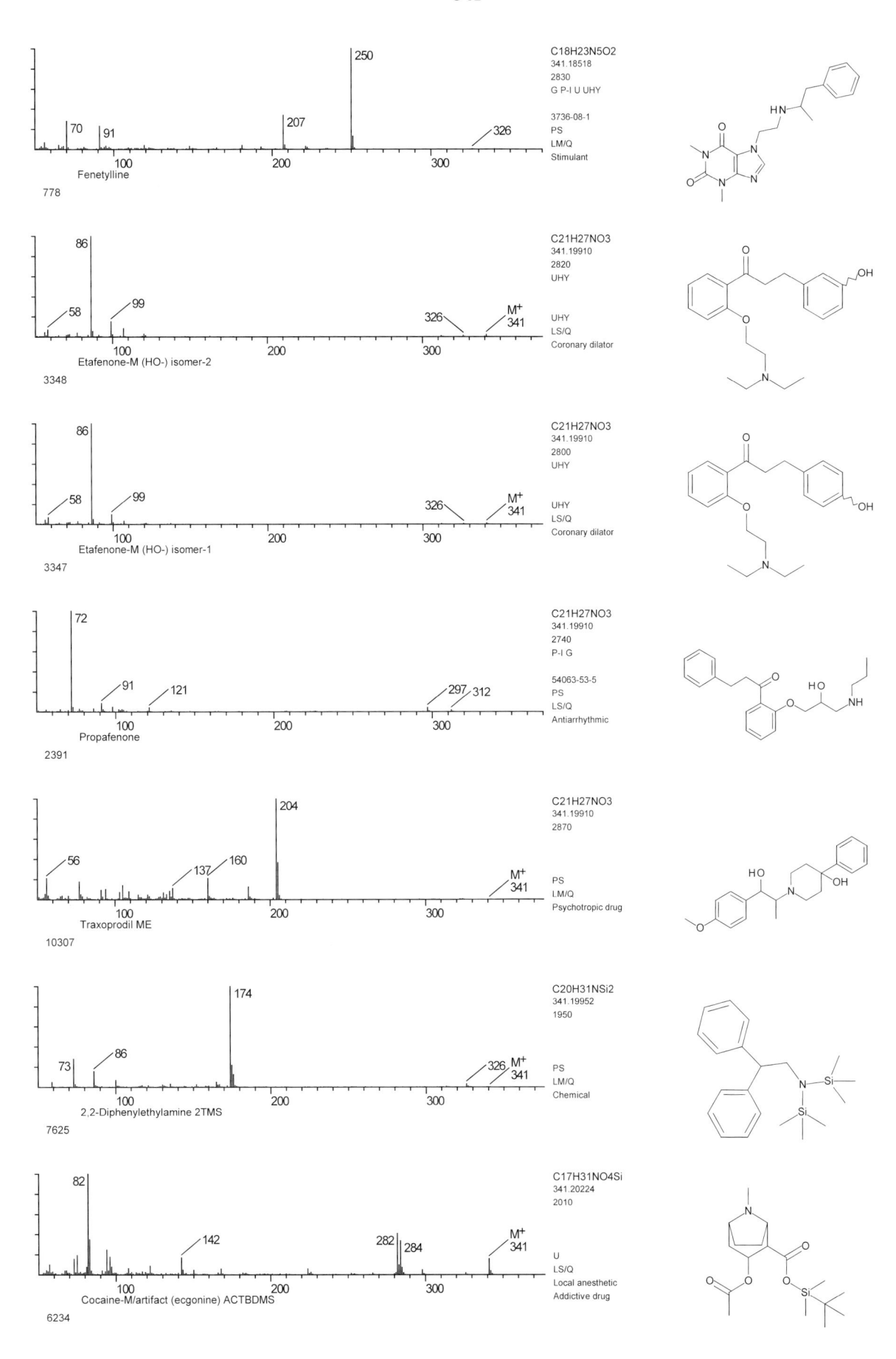

Fenetylline	C18H23N5O2 341.18518 2830 G P-I U UHY 3736-08-1 PS LM/Q Stimulant
Etafenone-M (HO-) isomer-2	C21H27NO3 341.19910 2820 UHY UHY LS/Q Coronary dilator
Etafenone-M (HO-) isomer-1	C21H27NO3 341.19910 2800 UHY UHY LS/Q Coronary dilator
Propafenone	C21H27NO3 341.19910 2740 P-I G 54063-53-5 PS LS/Q Antiarrhythmic
Traxoprodil ME	C21H27NO3 341.19910 2870 PS LM/Q Psychotropic drug
2,2-Diphenylethylamine 2TMS	C20H31NSi2 341.19952 1950 PS LM/Q Chemical
Cocaine-M/artifact (ecgonine) ACTBDMS	C17H31NO4Si 341.20224 2010 U LS/Q Local anesthetic Addictive drug

341

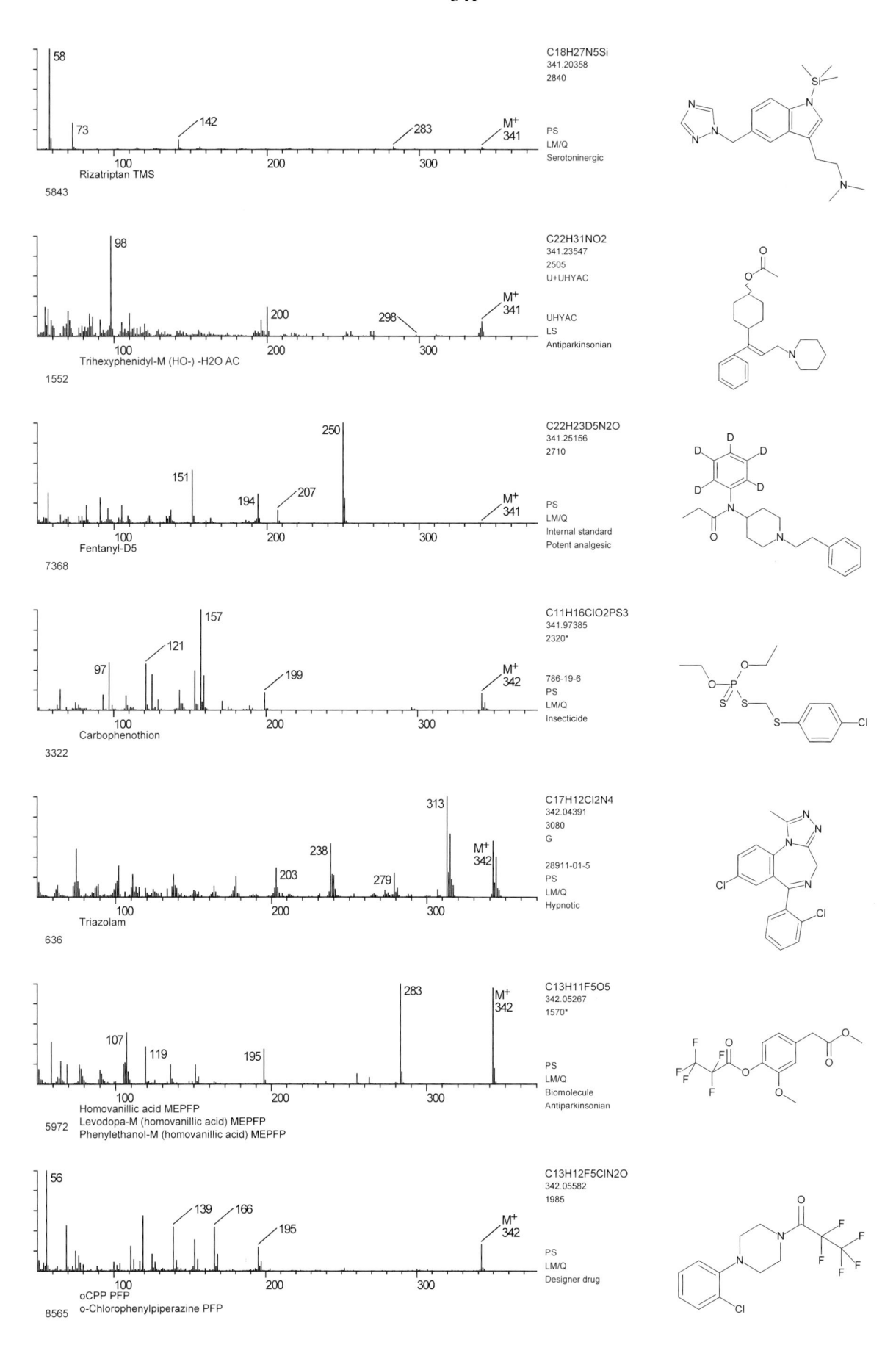

58, 73, 142, 283, M+ 341 — Rizatriptan TMS	C18H27N5Si 341.20358 2840 PS LM/Q Serotoninergic
98, 200, 298, M+ 341 — Trihexyphenidyl-M (HO-) -H2O AC	C22H31NO2 341.23547 2505 U+UHYAC UHYAC LS Antiparkinsonian
151, 194, 207, 250, M+ 341 — Fentanyl-D5	C22H23D5N2O 341.25156 2710 PS LM/Q Internal standard Potent analgesic
97, 121, 157, 199, M+ 342 — Carbophenothion	C11H16ClO2PS3 341.97385 2320* 786-19-6 PS LM/Q Insecticide
203, 238, 279, 313, M+ 342 — Triazolam	C17H12Cl2N4 342.04391 3080 G 28911-01-5 PS LM/Q Hypnotic
107, 119, 195, 283, M+ 342 — Homovanillic acid MEPFP / Levodopa-M (homovanillic acid) MEPFP / Phenylethanol-M (homovanillic acid) MEPFP	C13H11F5O5 342.05267 1570* PS LM/Q Biomolecule Antiparkinsonian
56, 139, 166, 195, M+ 342 — oCPP PFP / o-Chlorophenylpiperazine PFP	C13H12F5ClN2O 342.05582 1985 PS LM/Q Designer drug

342

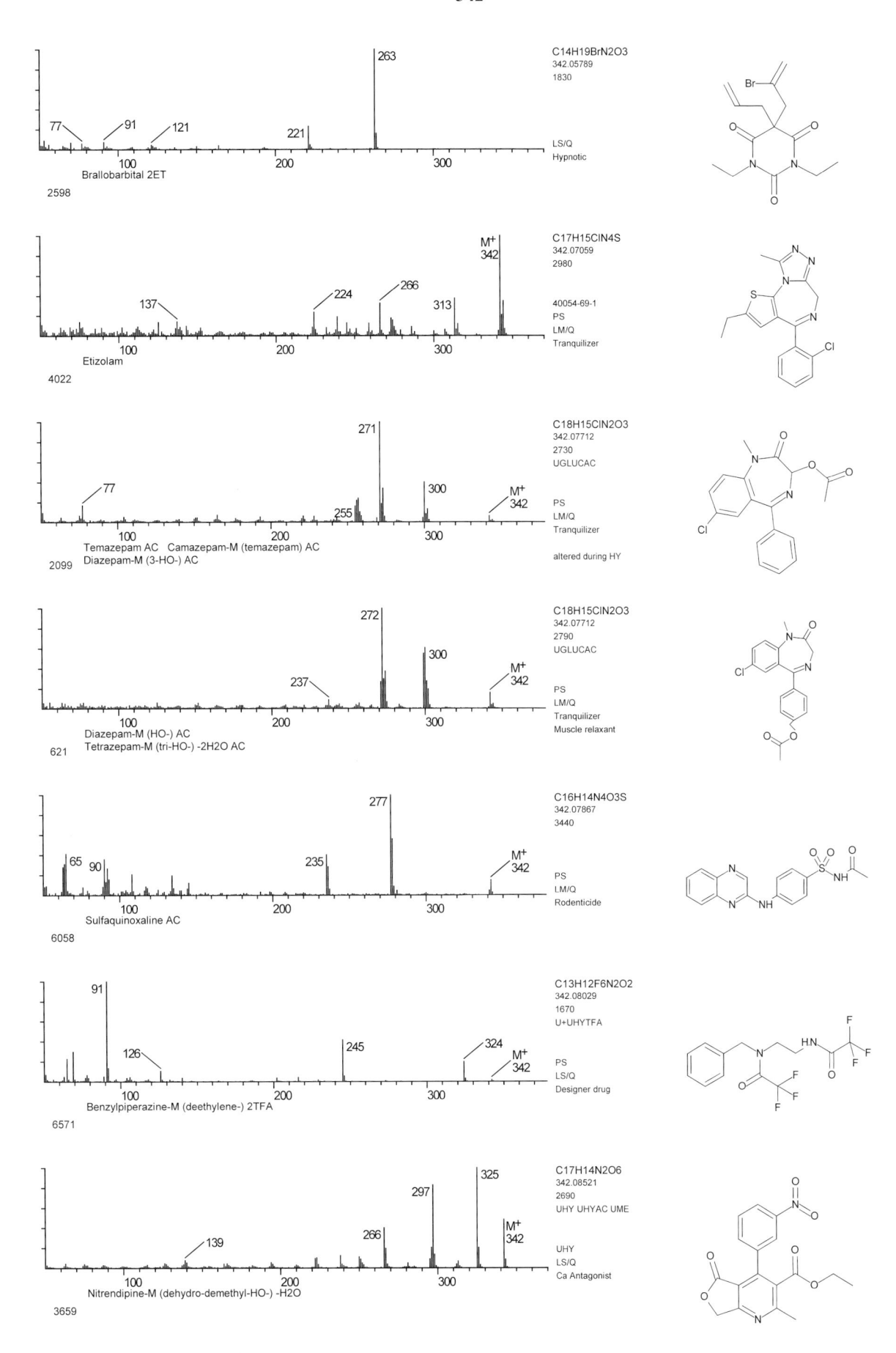

Brallobarbital 2ET
C14H19BrN2O3
342.05789
1830
LS/Q
Hypnotic
Peaks: 77, 91, 121, 221, 263
2598

Etizolam
C17H15ClN4S
342.07059
2980
40054-69-1
PS
LM/Q
Tranquilizer
Peaks: 137, 224, 266, 313, M+ 342
4022

Temazepam AC   Camazepam-M (temazepam) AC
Diazepam-M (3-HO-) AC
C18H15ClN2O3
342.07712
2730
UGLUCAC
PS
LM/Q
Tranquilizer
altered during HY
Peaks: 77, 255, 271, 300, M+ 342
2099

Diazepam-M (HO-) AC
Tetrazepam-M (tri-HO-) -2H2O AC
C18H15ClN2O3
342.07712
2790
UGLUCAC
PS
LM/Q
Tranquilizer
Muscle relaxant
Peaks: 237, 272, 300, M+ 342
621

Sulfaquinoxaline AC
C16H14N4O3S
342.07867
3440
PS
LM/Q
Rodenticide
Peaks: 65, 90, 235, 277, M+ 342
6058

Benzylpiperazine-M (deethylene-) 2TFA
C13H12F6N2O2
342.08029
1670
U+UHYTFA
PS
LS/Q
Designer drug
Peaks: 91, 126, 245, 324, M+ 342
6571

Nitrendipine-M (dehydro-demethyl-HO-) -H2O
C17H14N2O6
342.08521
2690
UHY UHYAC UME
UHY
LS/Q
Ca Antagonist
Peaks: 139, 266, 297, 325, M+ 342
3659

342

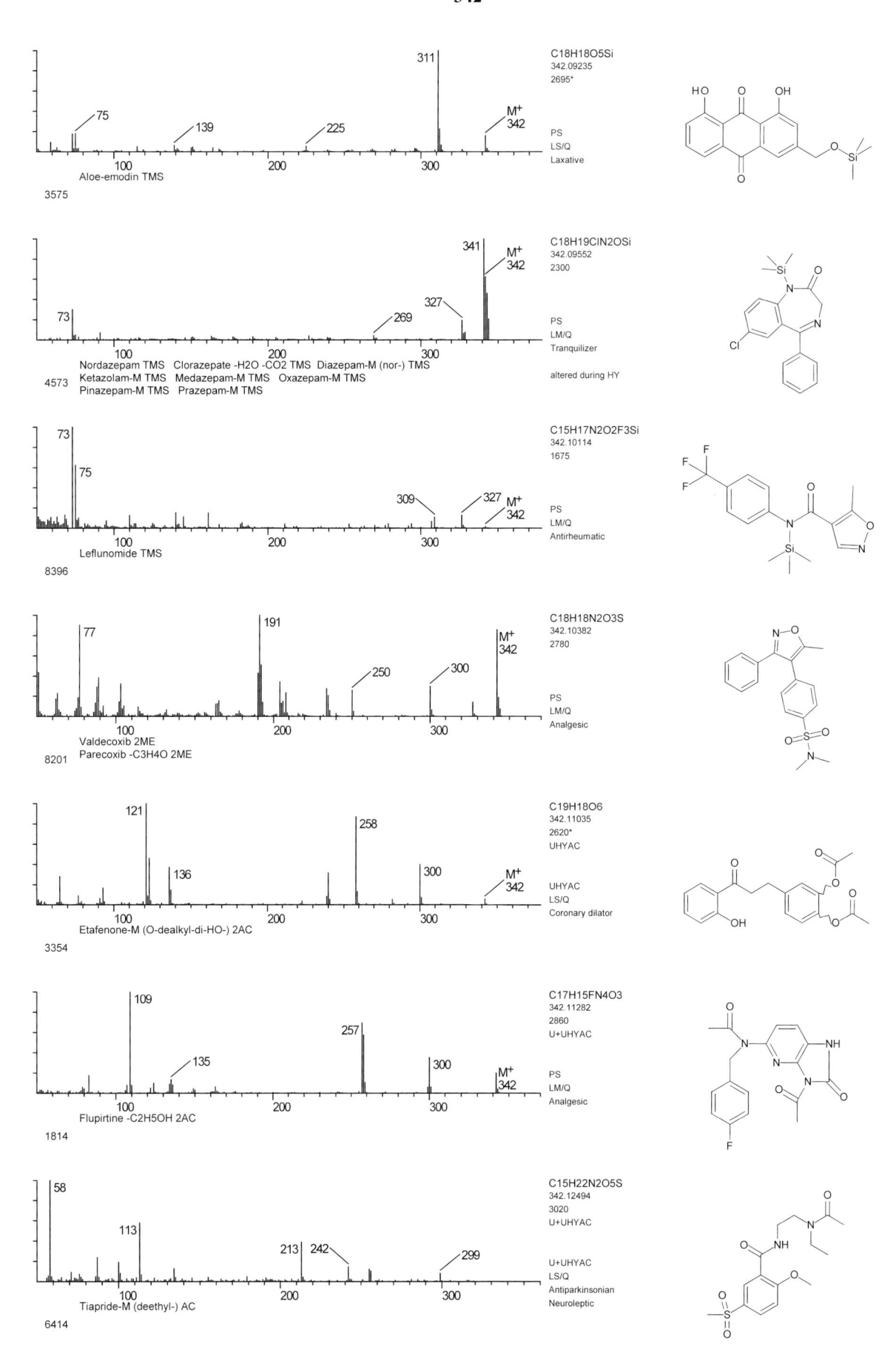

Aloe-emodin TMS
3575
C18H18O5Si
342.09235
2695*
PS
LS/Q
Laxative

Nordazepam TMS Clorazepate -H2O -CO2 TMS Diazepam-M (nor-) TMS
Ketazolam-M TMS Medazepam-M TMS Oxazepam-M TMS
Pinazepam-M TMS Prazepam-M TMS
4573
C18H19ClN2OSi
342.09552
2300
PS
LM/Q
Tranquilizer
altered during HY

Leflunomide TMS
8396
C15H17N2O2F3Si
342.10114
1675
PS
LM/Q
Antirheumatic

Valdecoxib 2ME
Parecoxib -C3H4O 2ME
8201
C18H18N2O3S
342.10382
2780
PS
LM/Q
Analgesic

Etafenone-M (O-dealkyl-di-HO-) 2AC
3354
C19H18O6
342.11035
2620*
UHYAC
UHYAC
LS/Q
Coronary dilator

Flupirtine -C2H5OH 2AC
1814
C17H15FN4O3
342.11282
2860
U+UHYAC
PS
LM/Q
Analgesic

Tiapride-M (deethyl-) AC
6414
C15H22N2O5S
342.12494
3020
U+UHYAC
U+UHYAC
LS/Q
Antiparkinsonian
Neuroleptic

342

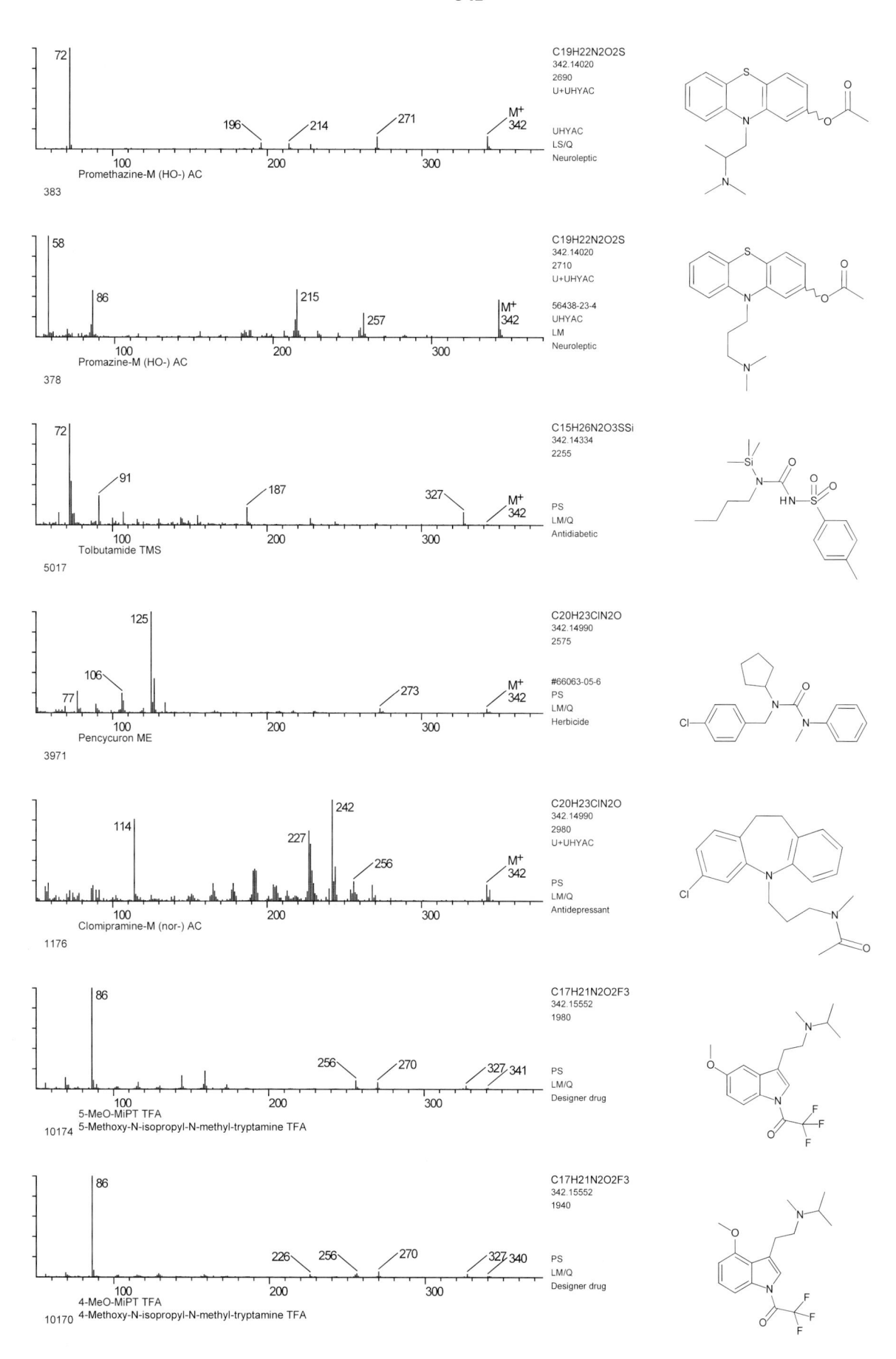

Promethazine-M (HO-) AC — 383	Peaks: 72, 196, 214, 271, M+ 342	C19H22N2O2S 342.14020 2690 U+UHYAC UHYAC LS/Q Neuroleptic
Promazine-M (HO-) AC — 378	Peaks: 58, 86, 215, 257, M+ 342	C19H22N2O2S 342.14020 2710 U+UHYAC 56438-23-4 UHYAC LM Neuroleptic
Tolbutamide TMS — 5017	Peaks: 72, 91, 187, 327, M+ 342	C15H26N2O3SSi 342.14334 2255 PS LM/Q Antidiabetic
Pencycuron ME — 3971	Peaks: 77, 106, 125, 273, M+ 342	C20H23ClN2O 342.14990 2575 #66063-05-6 PS LM/Q Herbicide
Clomipramine-M (nor-) AC — 1176	Peaks: 114, 227, 242, 256, M+ 342	C20H23ClN2O 342.14990 2980 U+UHYAC PS LM/Q Antidepressant
5-MeO-MiPT TFA 5-Methoxy-N-isopropyl-N-methyl-tryptamine TFA — 10174	Peaks: 86, 256, 270, 327, 341	C17H21N2O2F3 342.15552 1980 PS LM/Q Designer drug
4-MeO-MiPT TFA 4-Methoxy-N-isopropyl-N-methyl-tryptamine TFA — 10170	Peaks: 86, 226, 256, 270, 327, 340	C17H21N2O2F3 342.15552 1940 PS LM/Q Designer drug

342

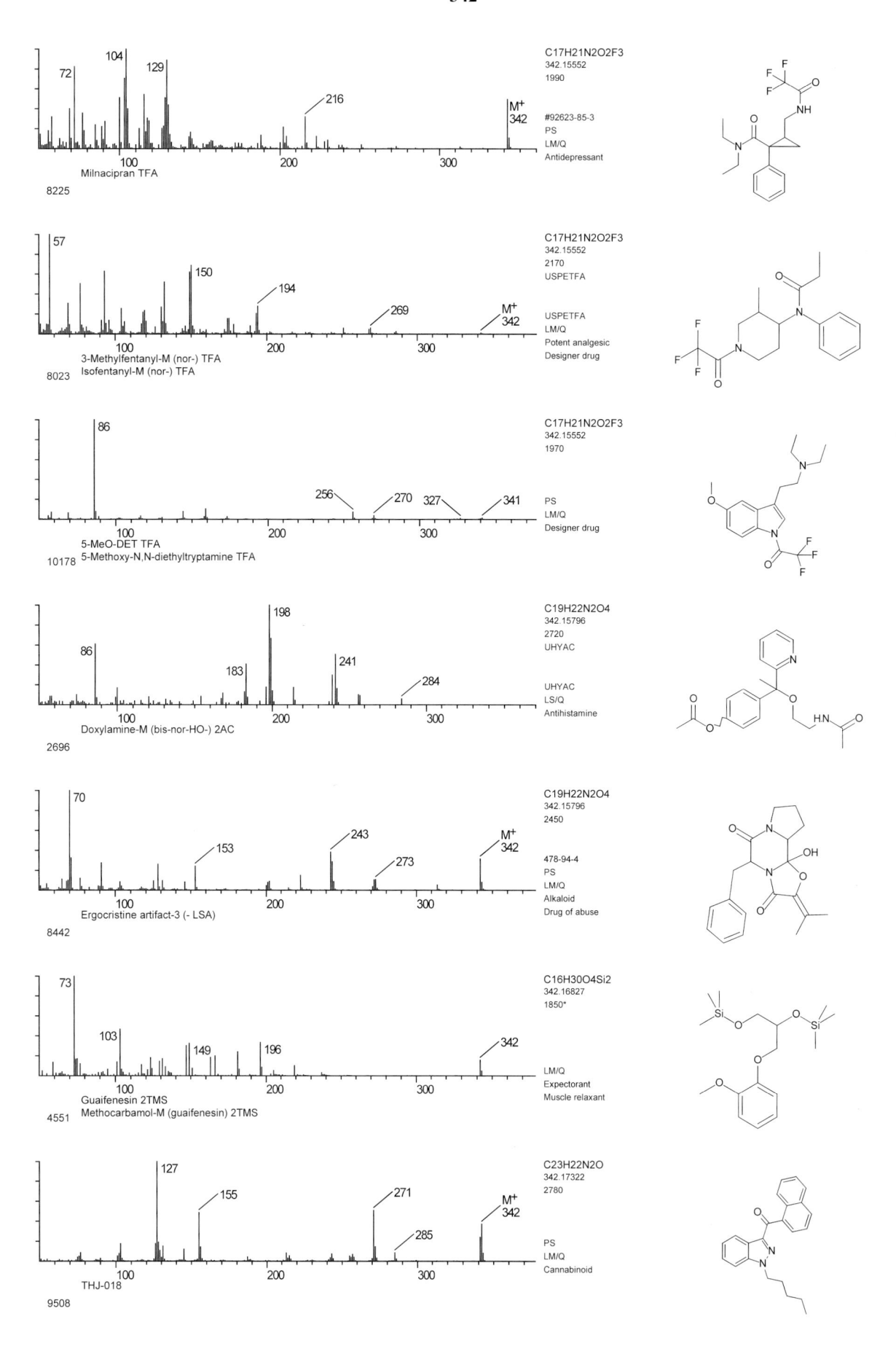

Milnacipran TFA — C17H21N2O2F3, 342.15552, 1990, #92623-85-3, PS, LM/Q, Antidepressant
Peaks: 72, 104, 129, 216, M+ 342
8225

3-Methylfentanyl-M (nor-) TFA / Isofentanyl-M (nor-) TFA — C17H21N2O2F3, 342.15552, 2170, USPETFA, USPETFA, LM/Q, Potent analgesic, Designer drug
Peaks: 57, 150, 194, 269, M+ 342
8023

5-MeO-DET TFA / 5-Methoxy-N,N-diethyltryptamine TFA — C17H21N2O2F3, 342.15552, 1970, PS, LM/Q, Designer drug
Peaks: 86, 256, 270, 327, 341
10178

Doxylamine-M (bis-nor-HO-) 2AC — C19H22N2O4, 342.15796, 2720, UHYAC, UHYAC, LS/Q, Antihistamine
Peaks: 86, 183, 198, 241, 284
2696

Ergocristine artifact-3 (- LSA) — C19H22N2O4, 342.15796, 2450, 478-94-4, PS, LM/Q, Alkaloid, Drug of abuse
Peaks: 70, 153, 243, 273, M+ 342
8442

Guaifenesin 2TMS / Methocarbamol-M (guaifenesin) 2TMS — C16H30O4Si2, 342.16827, 1850*, LM/Q, Expectorant, Muscle relaxant
Peaks: 73, 103, 149, 196, 342
4551

THJ-018 — C23H22N2O, 342.17322, 2780, PS, LM/Q, Cannabinoid
Peaks: 127, 155, 271, 285, M+ 342
9508

342

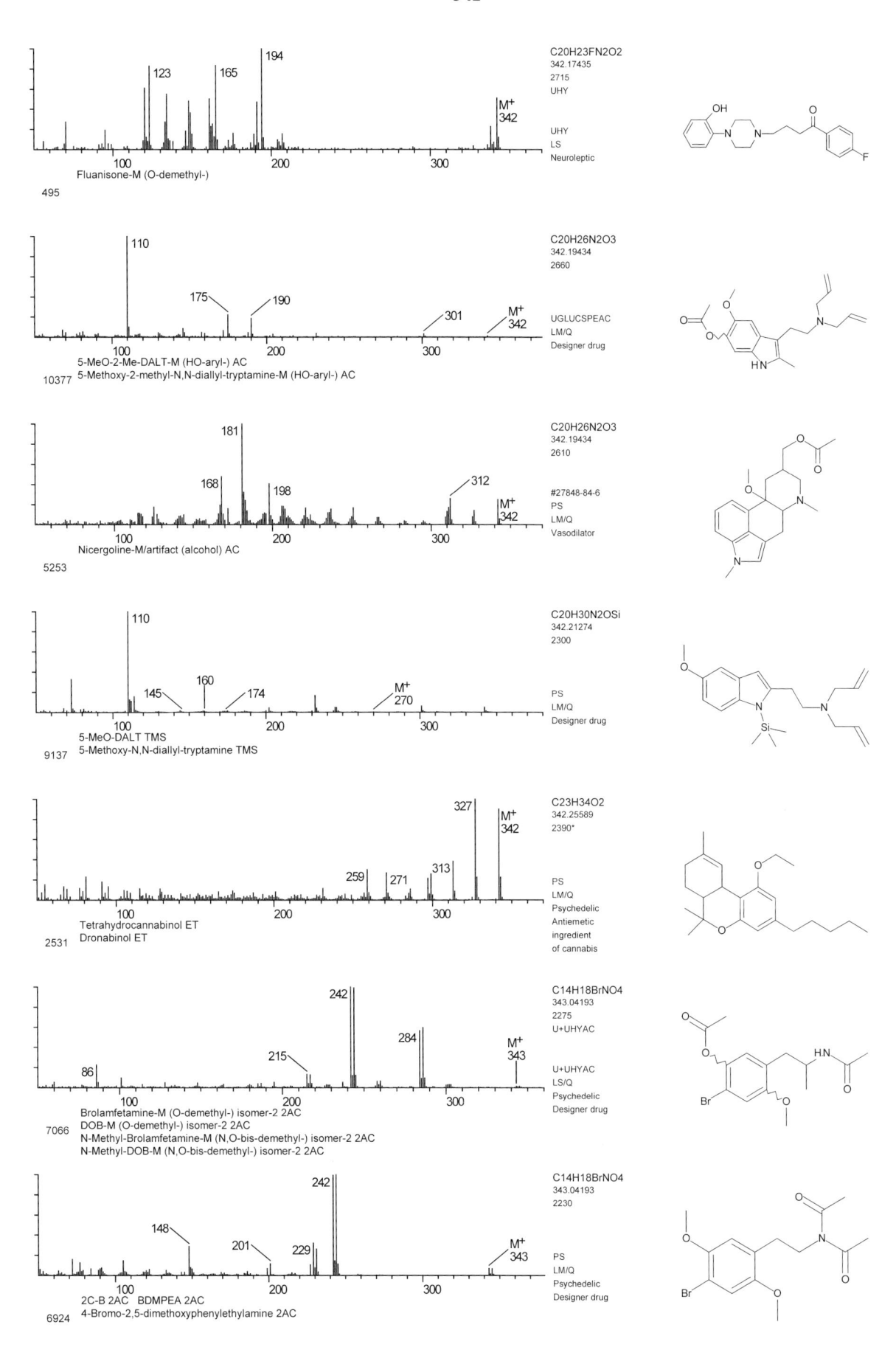

123, 165, 194, M+ 342	C20H23FN2O2 342.17435 2715 UHY UHY LS Neuroleptic	
Fluanisone-M (O-demethyl-) 495		

110, 175, 190, 301, M+ 342	C20H26N2O3 342.19434 2660 UGLUCSPEAC LM/Q Designer drug	
5-MeO-2-Me-DALT-M (HO-aryl-) AC 10377 5-Methoxy-2-methyl-N,N-diallyl-tryptamine-M (HO-aryl-) AC		

168, 181, 198, 312, M+ 342	C20H26N2O3 342.19434 2610 #27848-84-6 PS LM/Q Vasodilator	
Nicergoline-M/artifact (alcohol) AC 5253		

110, 145, 160, 174, M+ 270	C20H30N2OSi 342.21274 2300 PS LM/Q Designer drug	
5-MeO-DALT TMS 9137 5-Methoxy-N,N-diallyl-tryptamine TMS		

259, 271, 313, 327, M+ 342	C23H34O2 342.25589 2390* PS LM/Q Psychedelic Antiemetic ingredient of cannabis	
Tetrahydrocannabinol ET 2531 Dronabinol ET		

86, 215, 242, 284, M+ 343	C14H18BrNO4 343.04193 2275 U+UHYAC U+UHYAC LS/Q Psychedelic Designer drug	
Brolamfetamine-M (O-demethyl-) isomer-2 2AC 7066 DOB-M (O-demethyl-) isomer-2 2AC N-Methyl-Brolamfetamine-M (N,O-bis-demethyl-) isomer-2 2AC N-Methyl-DOB-M (N,O-bis-demethyl-) isomer-2 2AC		

148, 201, 229, 242, M+ 343	C14H18BrNO4 343.04193 2230 PS LM/Q Psychedelic Designer drug	
2C-B 2AC BDMPEA 2AC 6924 4-Bromo-2,5-dimethoxyphenylethylamine 2AC		

1171

343

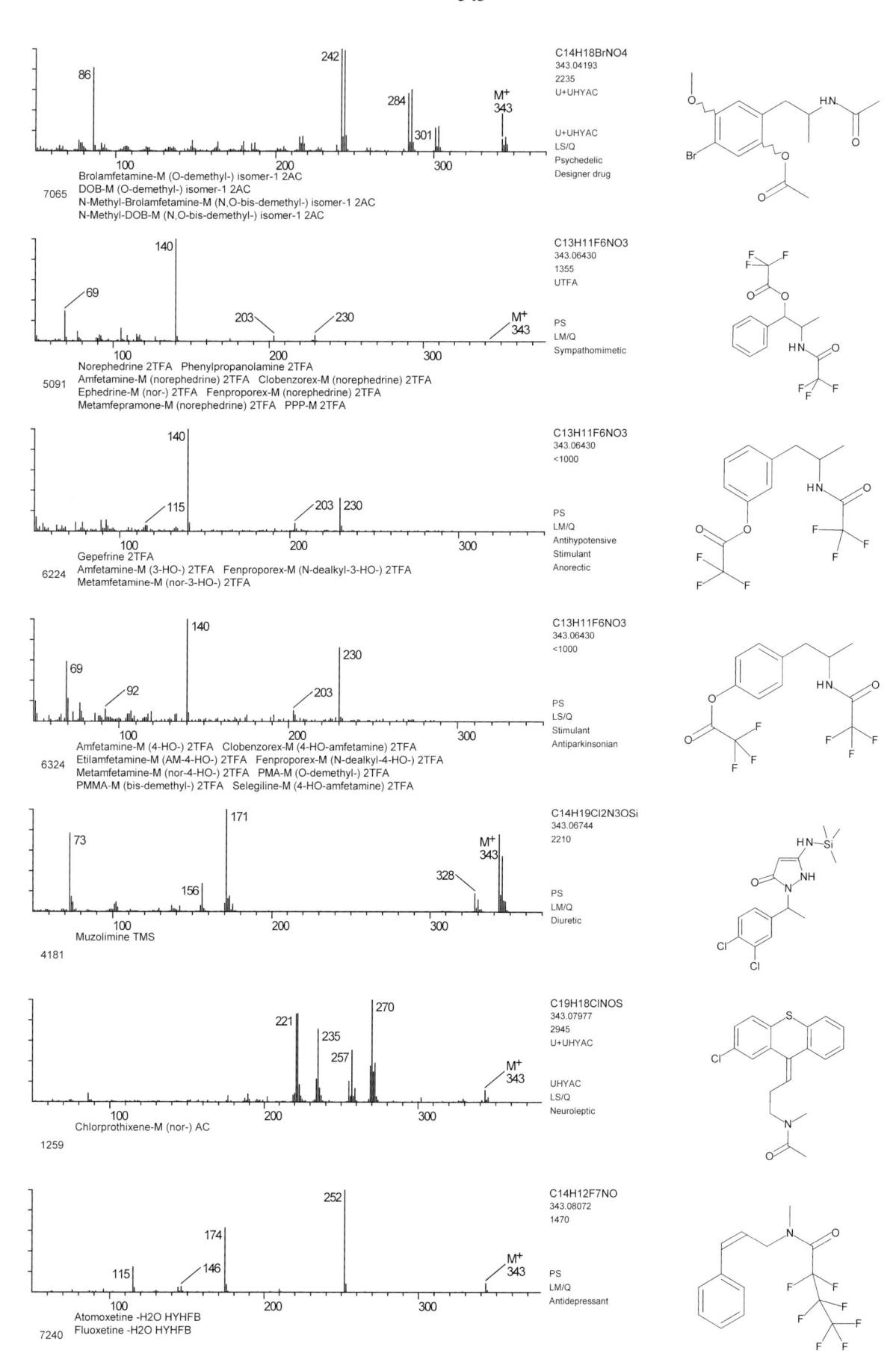

C14H18BrNO4
343.04193
2235
U+UHYAC

U+UHYAC
LS/Q
Psychedelic
Designer drug

Brolamfetamine-M (O-demethyl-) isomer-1 2AC
DOB-M (O-demethyl-) isomer-1 2AC
7065 N-Methyl-Brolamfetamine-M (N,O-bis-demethyl-) isomer-1 2AC
N-Methyl-DOB-M (N,O-bis-demethyl-) isomer-1 2AC

C13H11F6NO3
343.06430
1355
UTFA

PS
LM/Q
Sympathomimetic

Norephedrine 2TFA   Phenylpropanolamine 2TFA
Amfetamine-M (norephedrine) 2TFA   Clobenzorex-M (norephedrine) 2TFA
5091 Ephedrine-M (nor-) 2TFA   Fenproporex-M (norephedrine) 2TFA
Metamfepramone-M (norephedrine) 2TFA   PPP-M 2TFA

C13H11F6NO3
343.06430
<1000

PS
LM/Q
Antihypotensive
Stimulant
Anorectic

Gepefrine 2TFA
6224 Amfetamine-M (3-HO-) 2TFA   Fenproporex-M (N-dealkyl-3-HO-) 2TFA
Metamfetamine-M (nor-3-HO-) 2TFA

C13H11F6NO3
343.06430
<1000

PS
LS/Q
Stimulant
Antiparkinsonian

Amfetamine-M (4-HO-) 2TFA   Clobenzorex-M (4-HO-amfetamine) 2TFA
Etilamfetamine-M (AM-4-HO-) 2TFA   Fenproporex-M (N-dealkyl-4-HO-) 2TFA
6324 Metamfetamine-M (nor-4-HO-) 2TFA   PMA-M (O-demethyl-) 2TFA
PMMA-M (bis-demethyl-) 2TFA   Selegiline-M (4-HO-amfetamine) 2TFA

C14H19Cl2N3OSi
343.06744
2210

PS
LM/Q
Diuretic

Muzolimine TMS
4181

C19H18ClNOS
343.07977
2945
U+UHYAC

UHYAC
LS/Q
Neuroleptic

Chlorprothixene-M (nor-) AC
1259

C14H12F7NO
343.08072
1470

PS
LM/Q
Antidepressant

Atomoxetine -H2O HYHFB
7240 Fluoxetine -H2O HYHFB

343

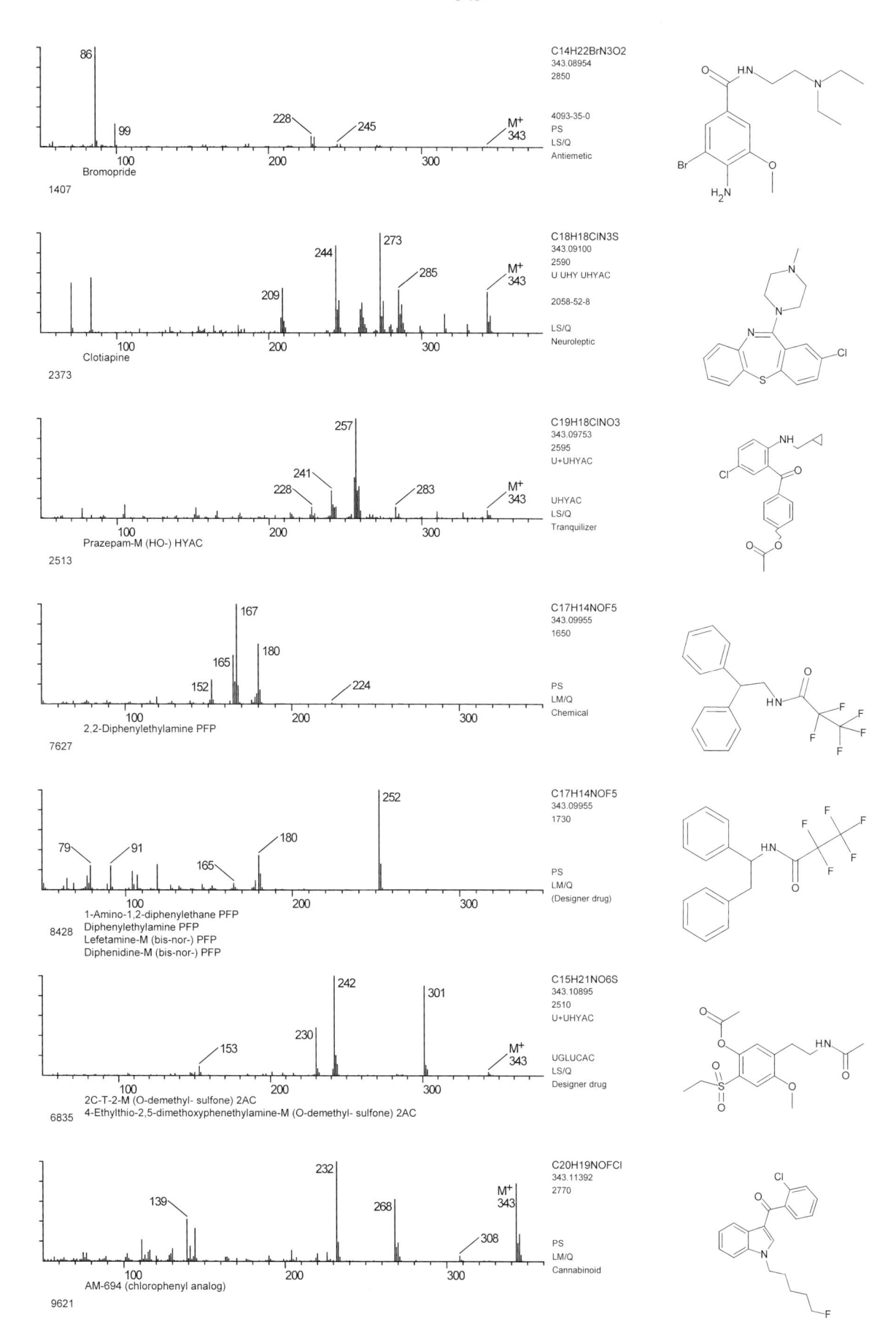

86, 99, 228, 245, M+ 343 — Bromopride — 1407	C14H22BrN3O2 343.08954 2850 4093-35-0 PS LS/Q Antiemetic	
209, 244, 273, 285, M+ 343 — Clotiapine — 2373	C18H18ClN3S 343.09100 2590 U UHY UHYAC 2058-52-8 LS/Q Neuroleptic	
228, 241, 257, 283, M+ 343 — Prazepam-M (HO-) HYAC — 2513	C19H18ClNO3 343.09753 2595 U+UHYAC UHYAC LS/Q Tranquilizer	
152, 165, 167, 180, 224 — 2,2-Diphenylethylamine PFP — 7627	C17H14NOF5 343.09955 1650 PS LM/Q Chemical	
79, 91, 165, 180, 252 — 1-Amino-1,2-diphenylethane PFP / Diphenylethylamine PFP / Lefetamine-M (bis-nor-) PFP / Diphenidine-M (bis-nor-) PFP — 8428	C17H14NOF5 343.09955 1730 PS LM/Q (Designer drug)	
153, 230, 242, 301, M+ 343 — 2C-T-2-M (O-demethyl- sulfone) 2AC / 4-Ethylthio-2,5-dimethoxyphenethylamine-M (O-demethyl- sulfone) 2AC — 6835	C15H21NO6S 343.10895 2510 U+UHYAC UGLUCAC LS/Q Designer drug	
139, 232, 268, 308, M+ 343 — AM-694 (chlorophenyl analog) — 9621	C20H19NOFCl 343.11392 2770 PS LM/Q Cannabinoid	

343

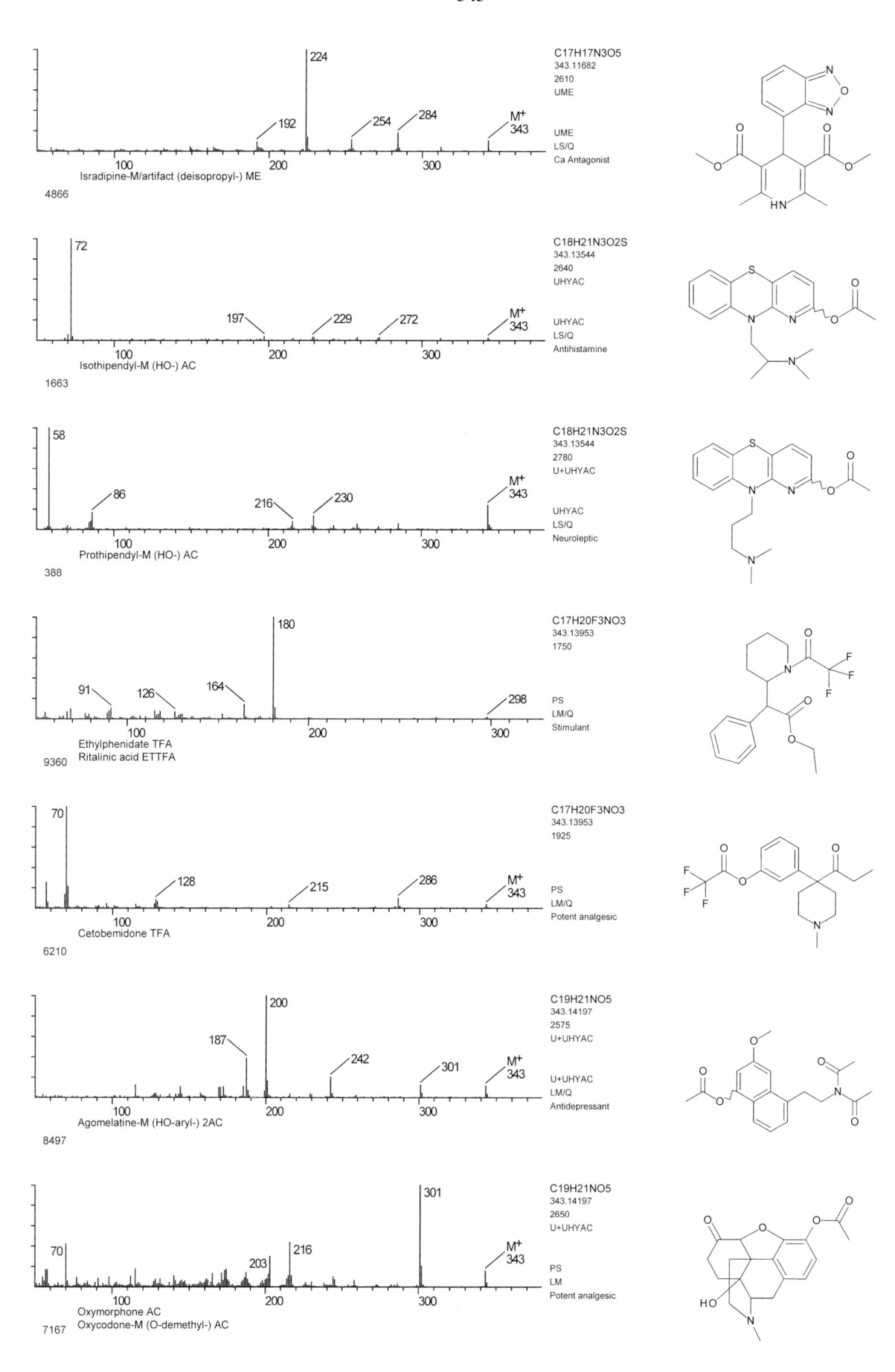

Isradipine-M/artifact (deisopropyl-) ME
4866

C17H17N3O5
343.11682
2610
UME

UME
LS/Q
Ca Antagonist

Isothipendyl-M (HO-) AC
1663

C18H21N3O2S
343.13544
2640
UHYAC

UHYAC
LS/Q
Antihistamine

Prothipendyl-M (HO-) AC
388

C18H21N3O2S
343.13544
2780
U+UHYAC

UHYAC
LS/Q
Neuroleptic

Ethylphenidate TFA
Ritalinic acid ETTFA
9360

C17H20F3NO3
343.13953
1750

PS
LM/Q
Stimulant

Cetobemidone TFA
6210

C17H20F3NO3
343.13953
1925

PS
LM/Q
Potent analgesic

Agomelatine-M (HO-aryl-) 2AC
8497

C19H21NO5
343.14197
2575
U+UHYAC

U+UHYAC
LM/Q
Antidepressant

Oxymorphone AC
Oxycodone-M (O-demethyl-) AC
7167

C19H21NO5
343.14197
2650
U+UHYAC

PS
LM
Potent analgesic

1174

343

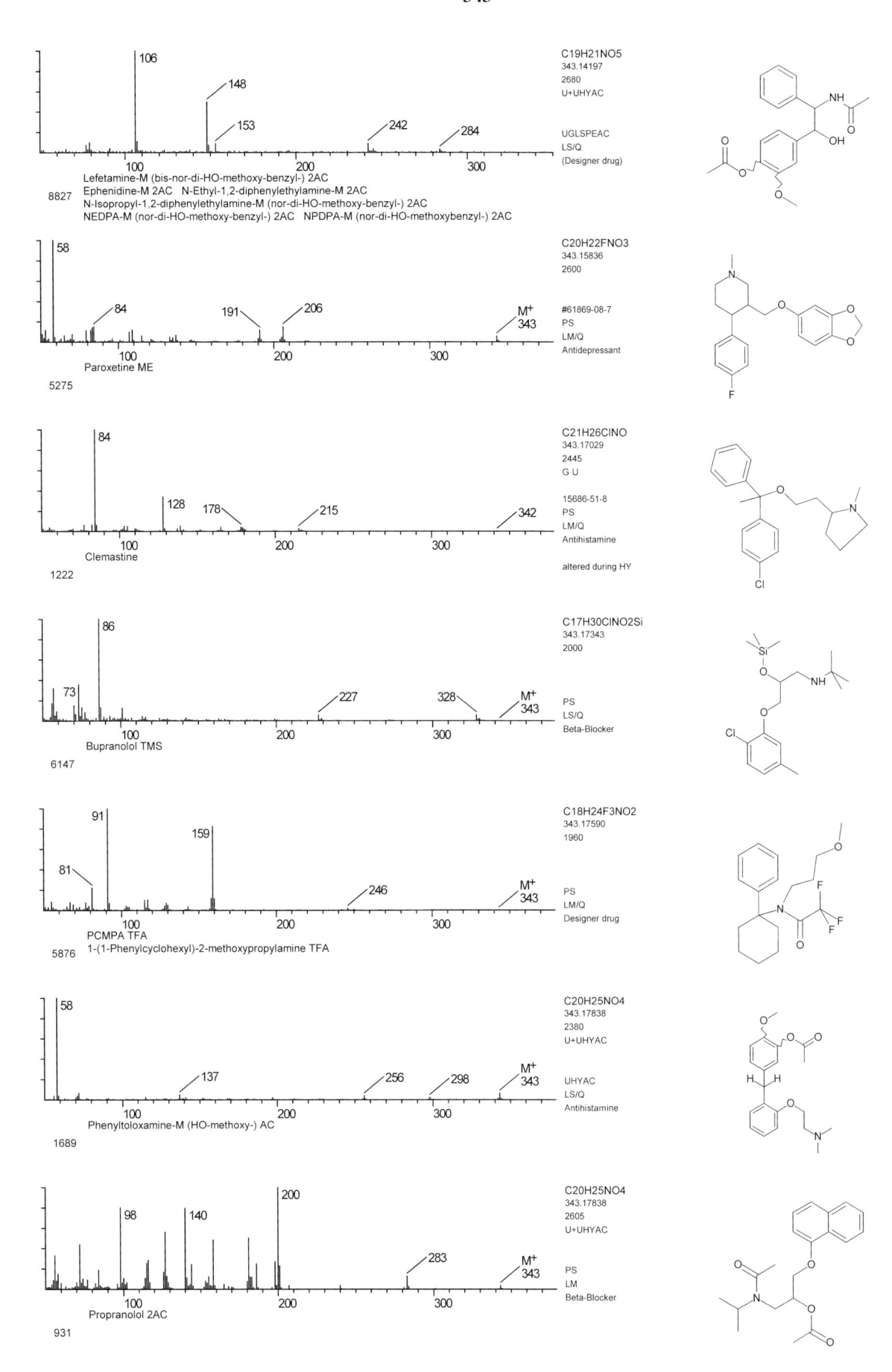

106, 148, 153, 242, 284	C19H21NO5 343.14197 2680 U+UHYAC UGLSPEAC LS/Q (Designer drug)	
8827 Lefetamine-M (bis-nor-di-HO-methoxy-benzyl-) 2AC Ephenidine-M 2AC N-Ethyl-1,2-diphenylethylamine-M 2AC N-Isopropyl-1,2-diphenylethylamine-M (nor-di-methoxy-benzyl) 2AC NEDPA-M (nor-di-HO-methoxy-benzyl) 2AC NPDPA-M (nor-di-HO-methoxybenzyl) 2AC		
58, 84, 191, 206, M+ 343	C20H22FNO3 343.15836 2600 #61869-08-7 PS LM/Q Antidepressant	
5275 Paroxetine ME		
84, 128, 178, 215, 342	C21H26ClNO 343.17029 2445 G U 15686-51-8 PS LM/Q Antihistamine altered during HY	
1222 Clemastine		
73, 86, 227, 328, M+ 343	C17H30ClNO2Si 343.17343 2000 PS LS/Q Beta-Blocker	
6147 Bupranolol TMS		
81, 91, 159, 246, M+ 343	C18H24F3NO2 343.17590 1960 PS LM/Q Designer drug	
5876 PCMPA TFA 1-(1-Phenylcyclohexyl)-2-methoxypropylamine TFA		
58, 137, 256, 298, M+ 343	C20H25NO4 343.17838 2380 U+UHYAC UHYAC LS/Q Antihistamine	
1689 Phenyltoloxamine-M (HO-methoxy-) AC		
98, 140, 200, 283, M+ 343	C20H25NO4 343.17838 2605 U+UHYAC PS LM Beta-Blocker	
931 Propranolol 2AC		

343

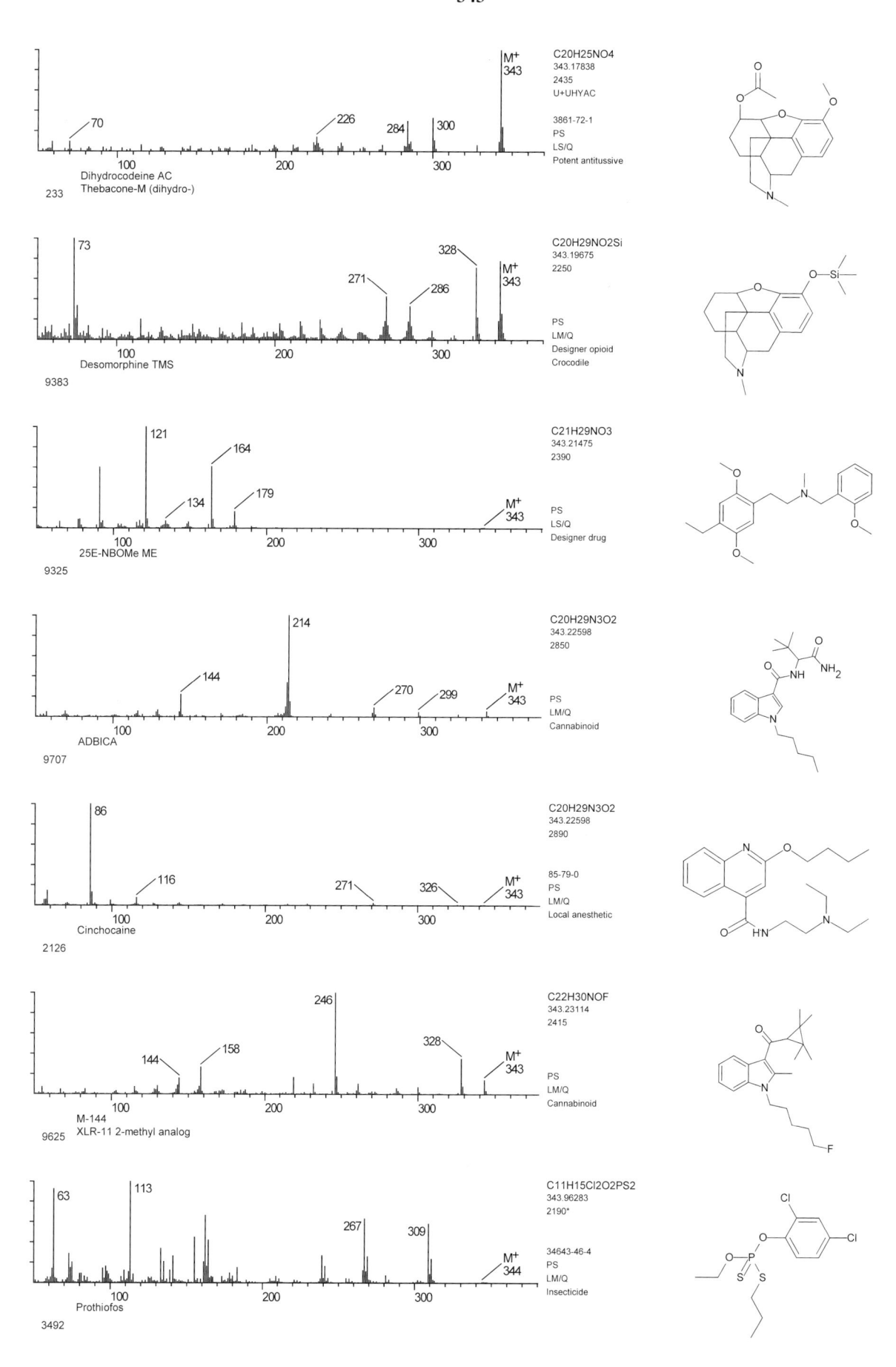

C20H25NO4
343.17838
2435
U+UHYAC

3861-72-1
PS
LS/Q
Potent antitussive

Dihydrocodeine AC
Thebacone-M (dihydro-)

C20H29NO2Si
343.19675
2250

PS
LM/Q
Designer opioid
Crocodile

Desomorphine TMS

C21H29NO3
343.21475
2390

PS
LS/Q
Designer drug

25E-NBOMe ME

C20H29N3O2
343.22598
2850

PS
LM/Q
Cannabinoid

ADBICA

C20H29N3O2
343.22598
2890

85-79-0
PS
LM/Q
Local anesthetic

Cinchocaine

C22H30NOF
343.23114
2415

PS
LM/Q
Cannabinoid

XLR-11 2-methyl analog

C11H15Cl2O2PS2
343.96283
2190*

34643-46-4
PS
LM/Q
Insecticide

Prothiofos

344

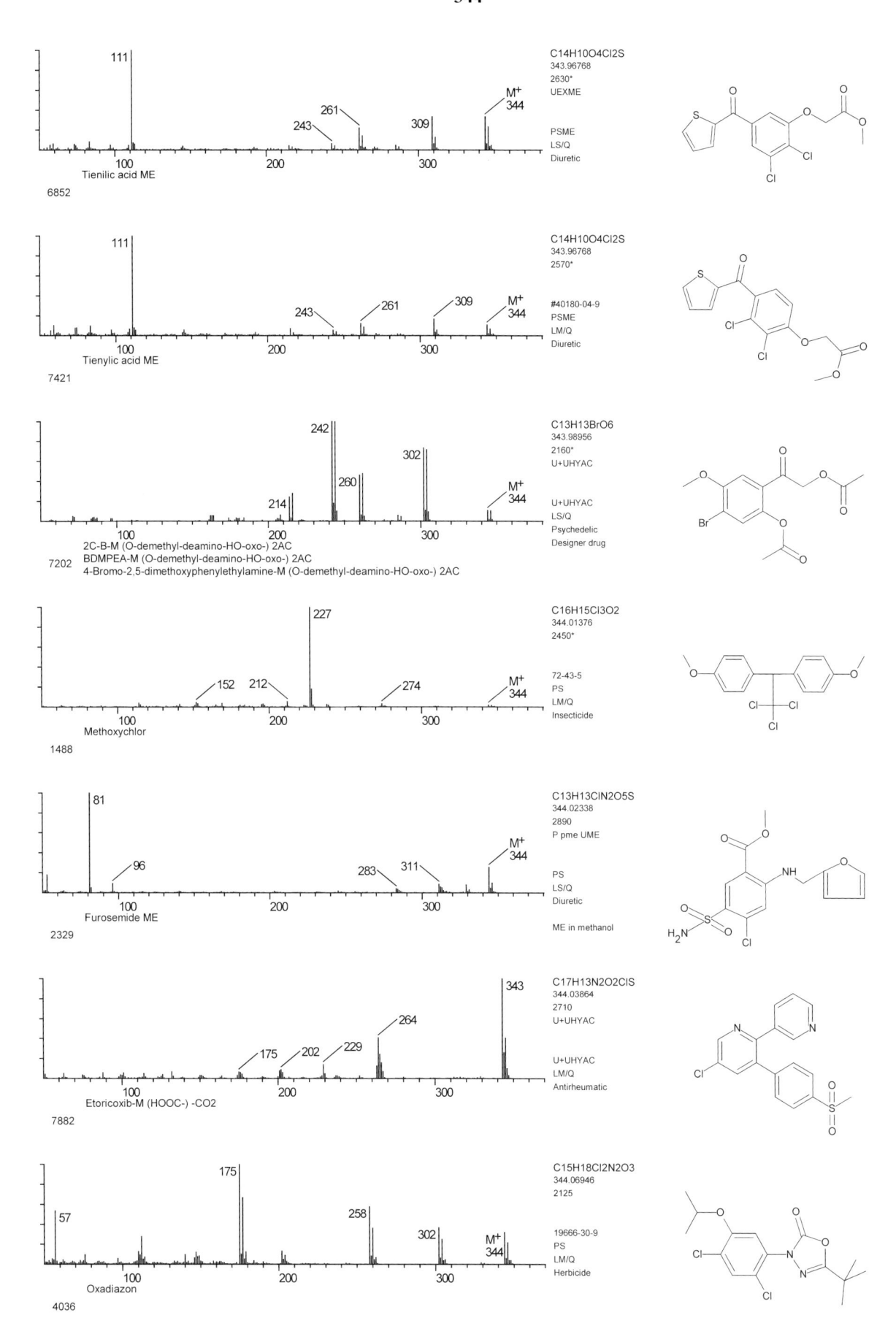

C14H10O4Cl2S
343.96768
2630*
UEXME

PSME
LS/Q
Diuretic

Tienilic acid ME
6852

C14H10O4Cl2S
343.96768
2570*

#40180-04-9
PSME
LM/Q
Diuretic

Tienylic acid ME
7421

C13H13BrO6
343.98956
2160*
U+UHYAC

U+UHYAC
LS/Q
Psychedelic
Designer drug

2C-B-M (O-demethyl-deamino-HO-oxo-) 2AC
BDMPEA-M (O-demethyl-deamino-HO-oxo-) 2AC
4-Bromo-2,5-dimethoxyphenylethylamine-M (O-demethyl-deamino-HO-oxo-) 2AC
7202

C16H15Cl3O2
344.01376
2450*

72-43-5
PS
LM/Q
Insecticide

Methoxychlor
1488

C13H13ClN2O5S
344.02338
2890
P pme UME

PS
LS/Q
Diuretic
ME in methanol

Furosemide ME
2329

C17H13N2O2ClS
344.03864
2710
U+UHYAC

U+UHYAC
LM/Q
Antirheumatic

Etoricoxib-M (HOOC-) -CO2
7882

C15H18Cl2N2O3
344.06946
2125

19666-30-9
PS
LM/Q
Herbicide

Oxadiazon
4036

344

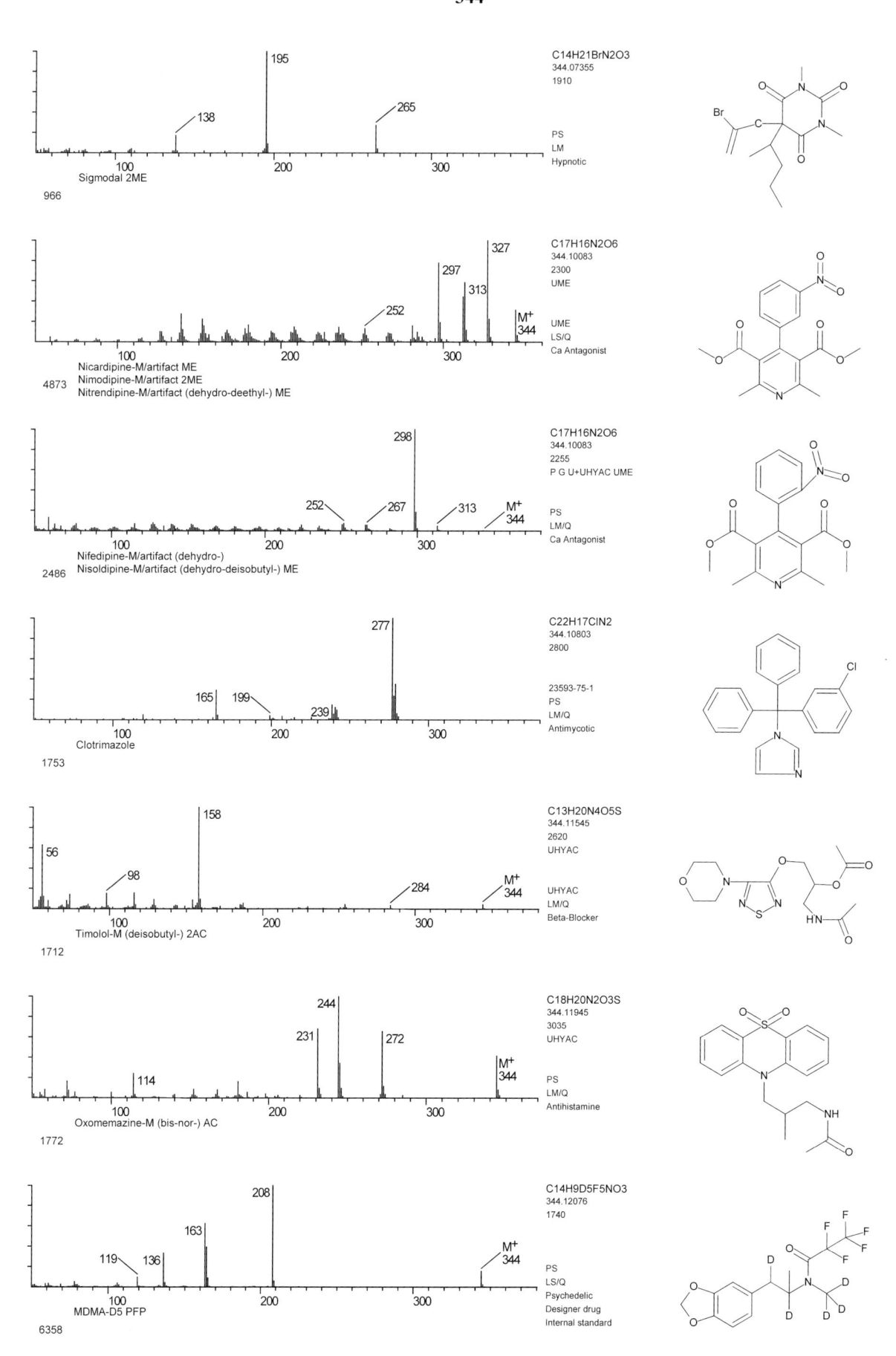

C14H21BrN2O3
344.07355
1910

PS
LM
Hypnotic

Sigmodal 2ME
966

C17H16N2O6
344.10083
2300
UME

UME
LS/Q
Ca Antagonist

Nicardipine-M/artifact ME
Nimodipine-M/artifact 2ME
Nitrendipine-M/artifact (dehydro-deethyl-) ME
4873

C17H16N2O6
344.10083
2255
P G U+UHYAC UME

PS
LM/Q
Ca Antagonist

Nifedipine-M/artifact (dehydro-)
Nisoldipine-M/artifact (dehydro-deisobutyl-) ME
2486

C22H17ClN2
344.10803
2800

23593-75-1
PS
LM/Q
Antimycotic

Clotrimazole
1753

C13H20N4O5S
344.11545
2620
UHYAC

UHYAC
LM/Q
Beta-Blocker

Timolol-M (deisobutyl-) 2AC
1712

C18H20N2O3S
344.11945
3035
UHYAC

PS
LM/Q
Antihistamine

Oxomemazine-M (bis-nor-) AC
1772

C14H9D5F5NO3
344.12076
1740

PS
LS/Q
Psychedelic
Designer drug
Internal standard

MDMA-D5 PFP
6358

344

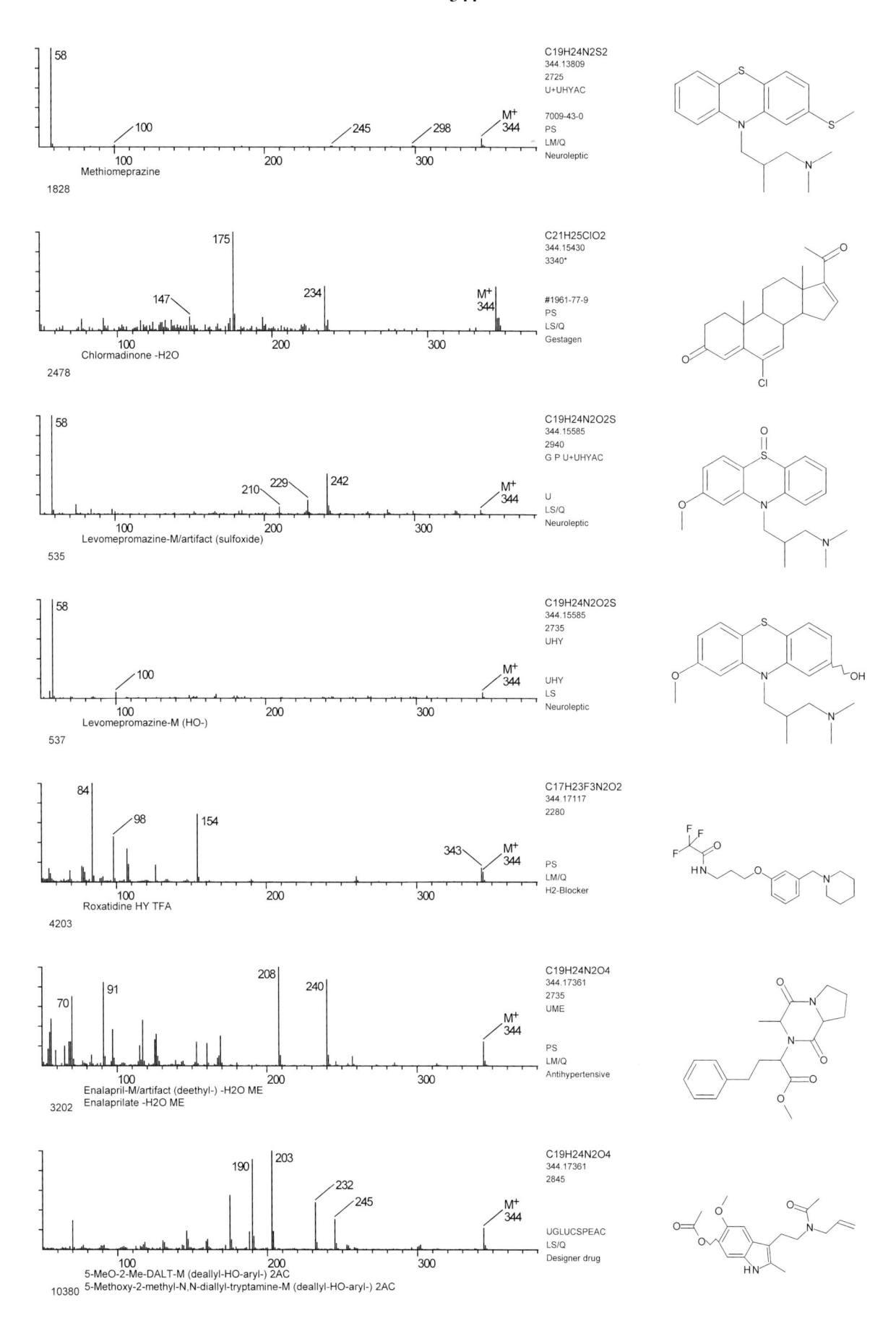

Spectrum peaks	Compound	Formula / Info
58, 100, 245, 298, M+ 344	Methiomeprazine — 1828	C19H24N2S2 / 344.13809 / 2725 / U+UHYAC / 7009-43-0 / PS / LM/Q / Neuroleptic
147, 175, 234, M+ 344	Chlormadinone -H2O — 2478	C21H25ClO2 / 344.15430 / 3340* / #1961-77-9 / PS / LS/Q / Gestagen
58, 210, 229, 242, M+ 344	Levomepromazine-M/artifact (sulfoxide) — 535	C19H24N2O2S / 344.15585 / 2940 / G P U+UHYAC / U / LS/Q / Neuroleptic
58, 100, M+ 344	Levomepromazine-M (HO-) — 537	C19H24N2O2S / 344.15585 / 2735 / UHY / UHY / LS / Neuroleptic
84, 98, 154, 343, M+ 344	Roxatidine HY TFA — 4203	C17H23F3N2O2 / 344.17117 / 2280 / PS / LM/Q / H2-Blocker
70, 91, 208, 240, M+ 344	Enalapril-M/artifact (deethyl-) -H2O ME / Enalaprilate -H2O ME — 3202	C19H24N2O4 / 344.17361 / 2735 / UME / PS / LM/Q / Antihypertensive
190, 203, 232, 245, M+ 344	5-MeO-2-Me-DALT-M (deallyl-HO-aryl-) 2AC / 5-Methoxy-2-methyl-N,N-diallyl-tryptamine-M (deallyl-HO-aryl-) 2AC — 10380	C19H24N2O4 / 344.17361 / 2845 / UGLUCSPEAC / LS/Q / Designer drug

344

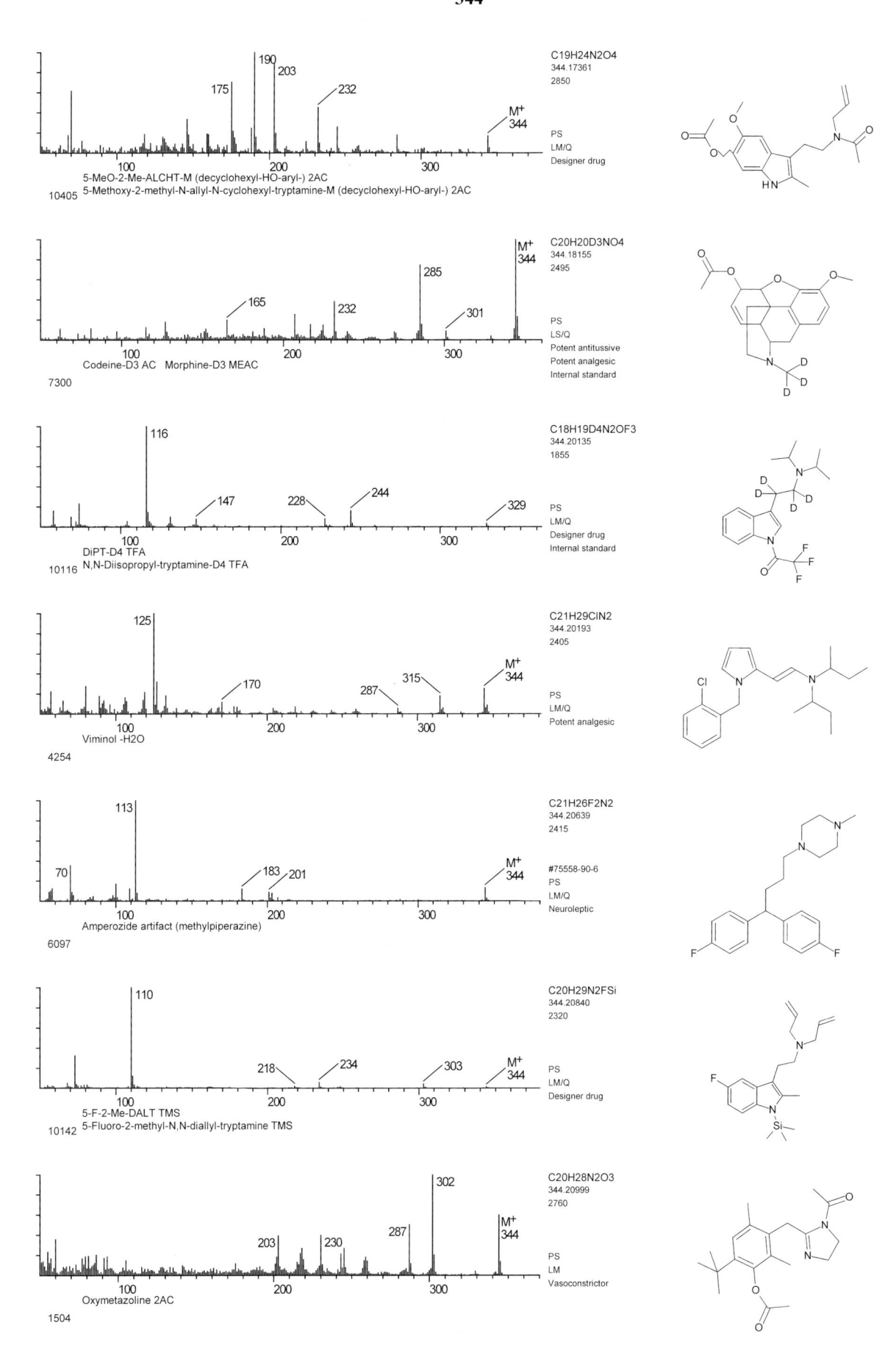

C19H24N2O4
344.17361
2850
PS
LM/Q
Designer drug

5-MeO-2-Me-ALCHT-M (decyclohexyl-HO-aryl-) 2AC
10405 5-Methoxy-2-methyl-N-allyl-N-cyclohexyl-tryptamine-M (decyclohexyl-HO-aryl-) 2AC

C20H20D3NO4
344.18155
2495
PS
LS/Q
Potent antitussive
Potent analgesic
Internal standard

Codeine-D3 AC   Morphine-D3 MEAC
7300

C18H19D4N2OF3
344.20135
1855
PS
LM/Q
Designer drug
Internal standard

DiPT-D4 TFA
10116 N,N-Diisopropyl-tryptamine-D4 TFA

C21H29ClN2
344.20193
2405
PS
LM/Q
Potent analgesic

Viminol -H2O
4254

C21H26F2N2
344.20639
2415
#75558-90-6
PS
LM/Q
Neuroleptic

Amperozide artifact (methylpiperazine)
6097

C20H29N2FSi
344.20840
2320
PS
LM/Q
Designer drug

5-F-2-Me-DALT TMS
10142 5-Fluoro-2-methyl-N,N-diallyl-tryptamine TMS

C20H28N2O3
344.20999
2760
PS
LM
Vasoconstrictor

Oxymetazoline 2AC
1504

344

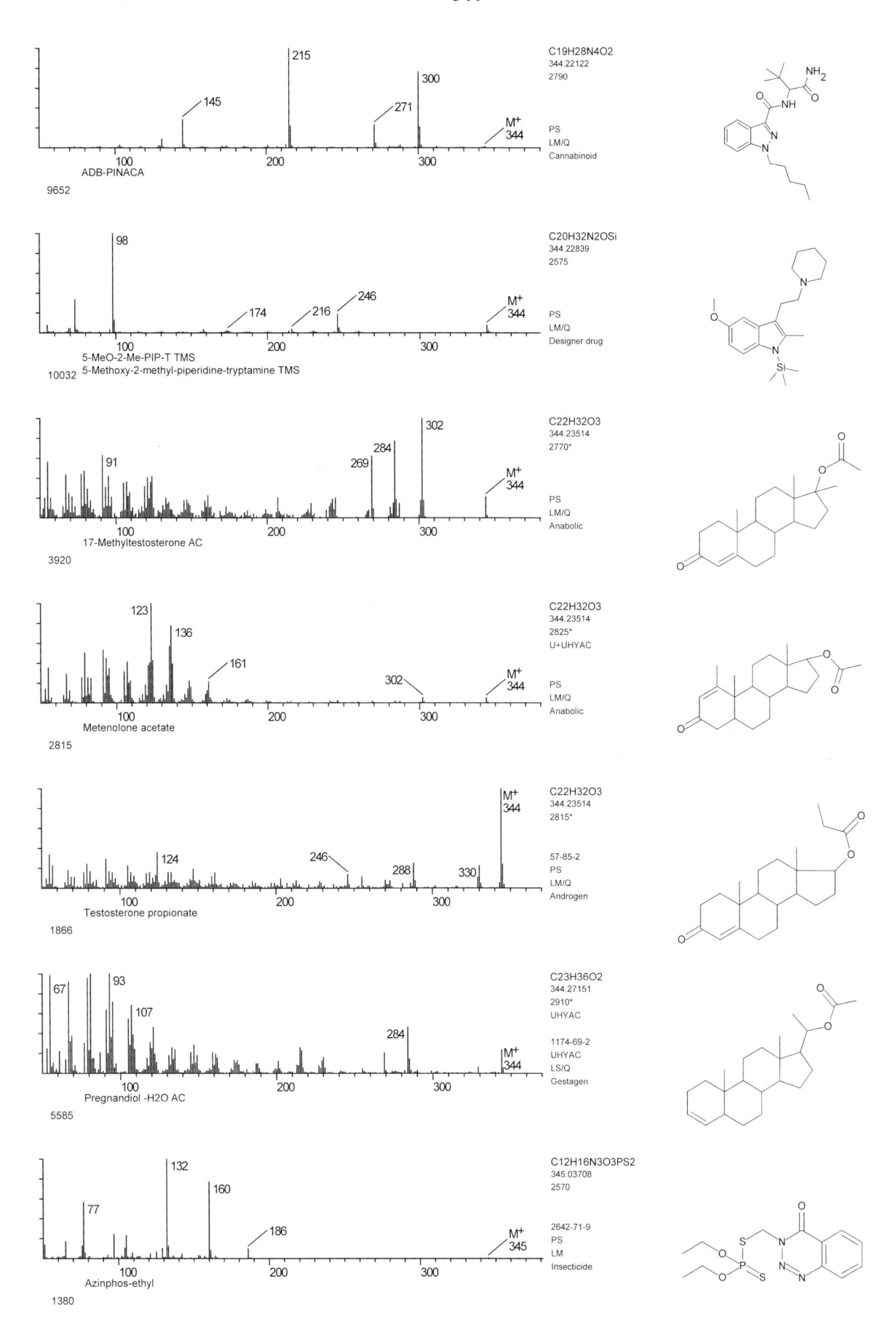

C19H28N4O2
344.22122
2790

PS
LM/Q
Cannabinoid

ADB-PINACA
9652

C20H32N2OSi
344.22839
2575

PS
LM/Q
Designer drug

5-MeO-2-Me-PIP-T TMS
5-Methoxy-2-methyl-piperidine-tryptamine TMS
10032

C22H32O3
344.23514
2770*

PS
LM/Q
Anabolic

17-Methyltestosterone AC
3920

C22H32O3
344.23514
2825*
U+UHYAC

PS
LM/Q
Anabolic

Metenolone acetate
2815

C22H32O3
344.23514
2815*

57-85-2
PS
LM/Q
Androgen

Testosterone propionate
1866

C23H36O2
344.27151
2910*
UHYAC

1174-69-2
UHYAC
LS/Q
Gestagen

Pregnandiol -H2O AC
5585

C12H16N3O3PS2
345.03708
2570

2642-71-9
PS
LM
Insecticide

Azinphos-ethyl
1380

1181

345

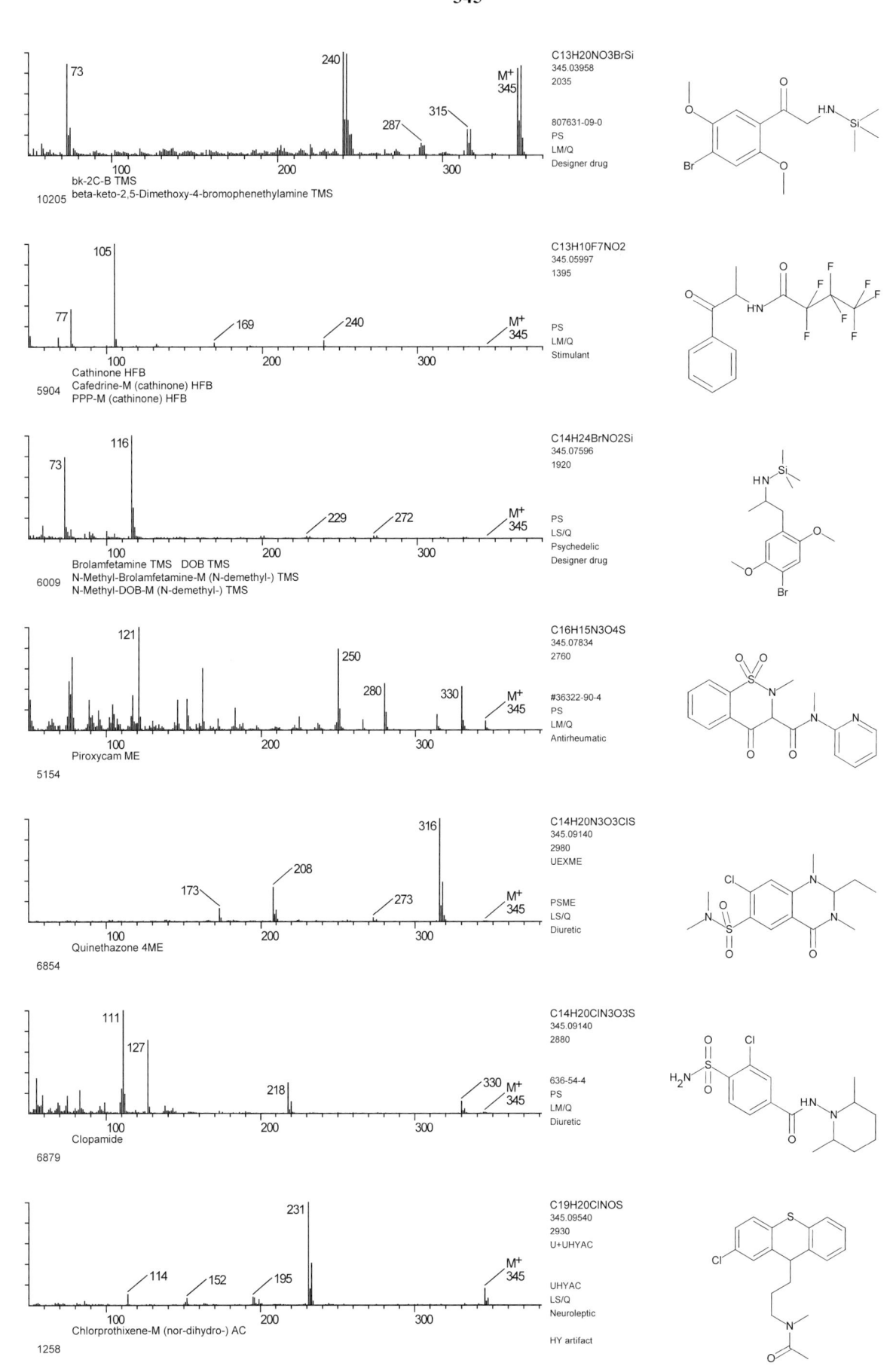

C13H20NO3BrSi
345.03958
2035

807631-09-0
PS
LM/Q
Designer drug

bk-2C-B TMS
beta-keto-2,5-Dimethoxy-4-bromophenethylamine TMS
10205

C13H10F7NO2
345.05997
1395

PS
LM/Q
Stimulant

Cathinone HFB
Cafedrine-M (cathinone) HFB
PPP-M (cathinone) HFB
5904

C14H24BrNO2Si
345.07596
1920

PS
LS/Q
Psychedelic
Designer drug

Brolamfetamine TMS   DOB TMS
N-Methyl-Brolamfetamine-M (N-demethyl-) TMS
N-Methyl-DOB-M (N-demethyl-) TMS
6009

C16H15N3O4S
345.07834
2760

#36322-90-4
PS
LM/Q
Antirheumatic

Piroxycam ME
5154

C14H20N3O3ClS
345.09140
2980
UEXME

PSME
LS/Q
Diuretic

Quinethazone 4ME
6854

C14H20ClN3O3S
345.09140
2880

636-54-4
PS
LM/Q
Diuretic

Clopamide
6879

C19H20ClNOS
345.09540
2930
U+UHYAC

UHYAC
LS/Q
Neuroleptic
HY artifact

Chlorprothixene-M (nor-dihydro-) AC
1258

345

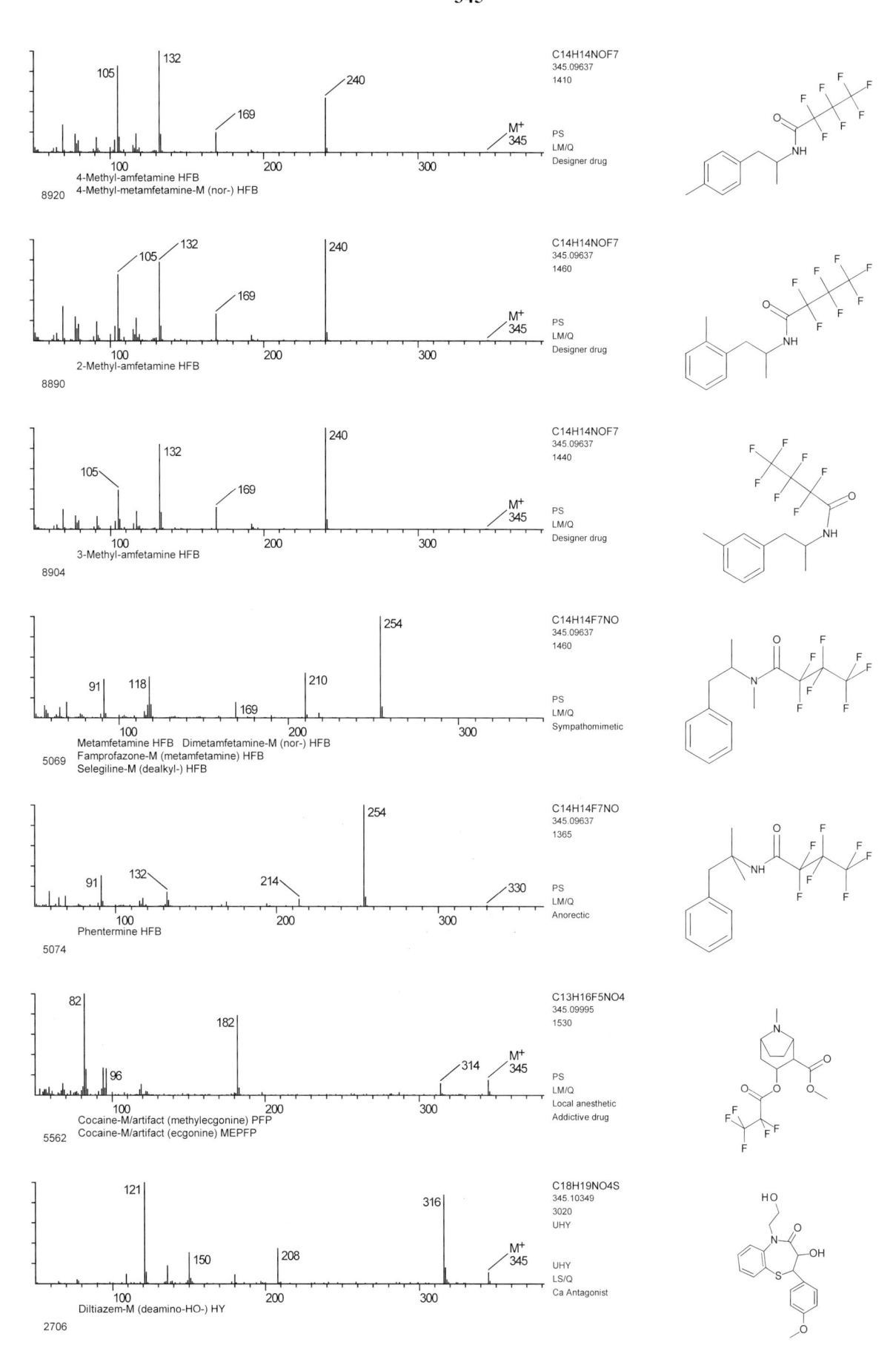

105, 132, 169, 240, M+ 345	C14H14NOF7 345.09637 1410 PS LM/Q Designer drug	4-Methyl-amfetamine HFB 4-Methyl-metamfetamine-M (nor-) HFB 8920
105, 132, 169, 240, M+ 345	C14H14NOF7 345.09637 1460 PS LM/Q Designer drug	2-Methyl-amfetamine HFB 8890
105, 132, 169, 240, M+ 345	C14H14NOF7 345.09637 1440 PS LM/Q Designer drug	3-Methyl-amfetamine HFB 8904
91, 118, 169, 210, 254	C14H14F7NO 345.09637 1460 PS LM/Q Sympathomimetic	Metamfetamine HFB Dimetamfetamine-M (nor-) HFB Famprofazone-M (metamfetamine) HFB Selegiline-M (dealkyl-) HFB 5069
91, 132, 214, 254, 330	C14H14F7NO 345.09637 1365 PS LM/Q Anorectic	Phentermine HFB 5074
82, 96, 182, 314, M+ 345	C13H16F5NO4 345.09995 1530 PS LM/Q Local anesthetic Addictive drug	Cocaine-M/artifact (methylecgonine) PFP Cocaine-M/artifact (ecgonine) MEPFP 5562
121, 150, 208, 316, M+ 345	C18H19NO4S 345.10349 3020 UHY UHY LS/Q Ca Antagonist	Diltiazem-M (deamino-HO-) HY 2706

345

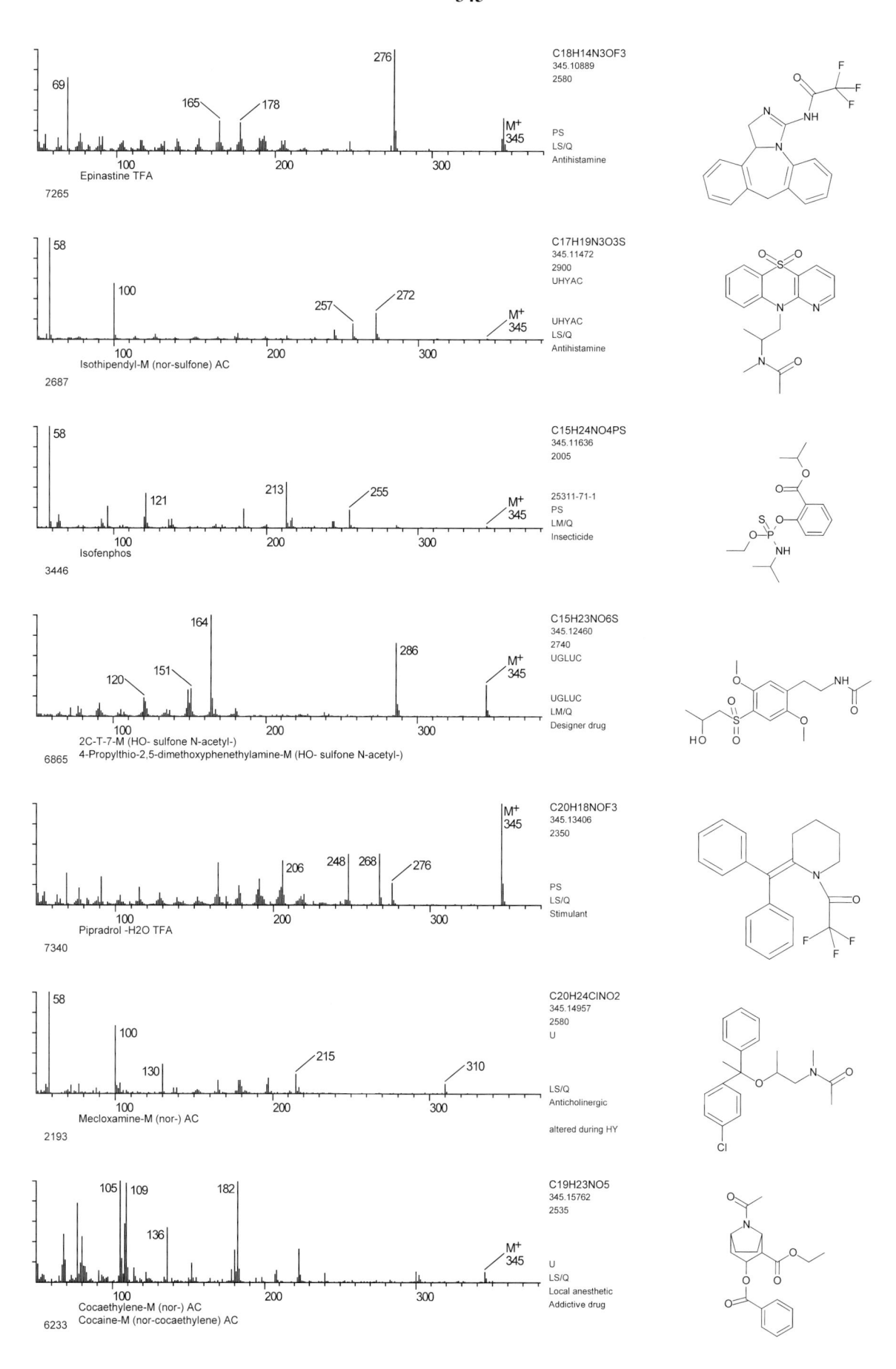

C18H14N3OF3
345.10889
2580

PS
LS/Q
Antihistamine

Epinastine TFA
7265

C17H19N3O3S
345.11472
2900
UHYAC

UHYAC
LS/Q
Antihistamine

Isothipendyl-M (nor-sulfone) AC
2687

C15H24NO4PS
345.11636
2005

25311-71-1
PS
LM/Q
Insecticide

Isofenphos
3446

C15H23NO6S
345.12460
2740
UGLUC

UGLUC
LM/Q
Designer drug

2C-T-7-M (HO- sulfone N-acetyl-)
4-Propylthio-2,5-dimethoxyphenethylamine-M (HO- sulfone N-acetyl-)
6865

C20H18NOF3
345.13406
2350

PS
LS/Q
Stimulant

Pipradrol -H2O TFA
7340

C20H24ClNO2
345.14957
2580
U

LS/Q
Anticholinergic

altered during HY

Mecloxamine-M (nor-) AC
2193

C19H23NO5
345.15762
2535

U
LS/Q
Local anesthetic
Addictive drug

Cocaethylene-M (nor-) AC
Cocaine-M (nor-cocaethylene) AC
6233

345

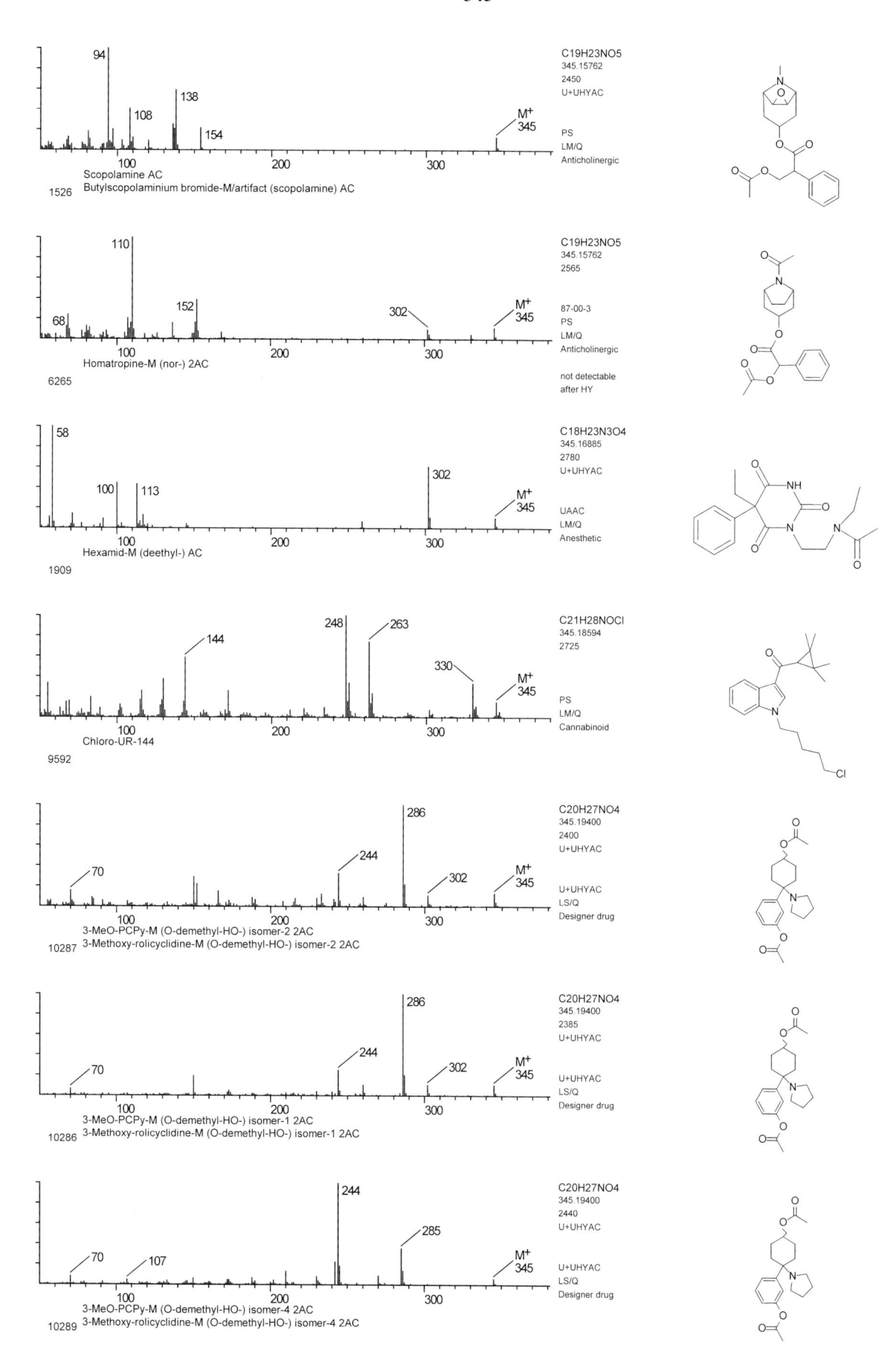

1526	Scopolamine AC Butylscopolaminium bromide-M/artifact (scopolamine) AC	C19H23NO5 345.15762 2450 U+UHYAC PS LM/Q Anticholinergic
6265	Homatropine-M (nor-) 2AC	C19H23NO5 345.15762 2565 87-00-3 PS LM/Q Anticholinergic not detectable after HY
1909	Hexamid-M (deethyl-) AC	C18H23N3O4 345.16885 2780 U+UHYAC UAAC LM/Q Anesthetic
9592	Chloro-UR-144	C21H28NOCl 345.18594 2725 PS LM/Q Cannabinoid
10287	3-MeO-PCPy-M (O-demethyl-HO-) isomer-2 2AC 3-Methoxy-rolicyclidine-M (O-demethyl-HO-) isomer-2 2AC	C20H27NO4 345.19400 2400 U+UHYAC U+UHYAC LS/Q Designer drug
10286	3-MeO-PCPy-M (O-demethyl-HO-) isomer-1 2AC 3-Methoxy-rolicyclidine-M (O-demethyl-HO-) isomer-1 2AC	C20H27NO4 345.19400 2385 U+UHYAC U+UHYAC LS/Q Designer drug
10289	3-MeO-PCPy-M (O-demethyl-HO-) isomer-4 2AC 3-Methoxy-rolicyclidine-M (O-demethyl-HO-) isomer-4 2AC	C20H27NO4 345.19400 2440 U+UHYAC U+UHYAC LS/Q Designer drug

C20H27NO4
345.19400
2420
U+UHYAC

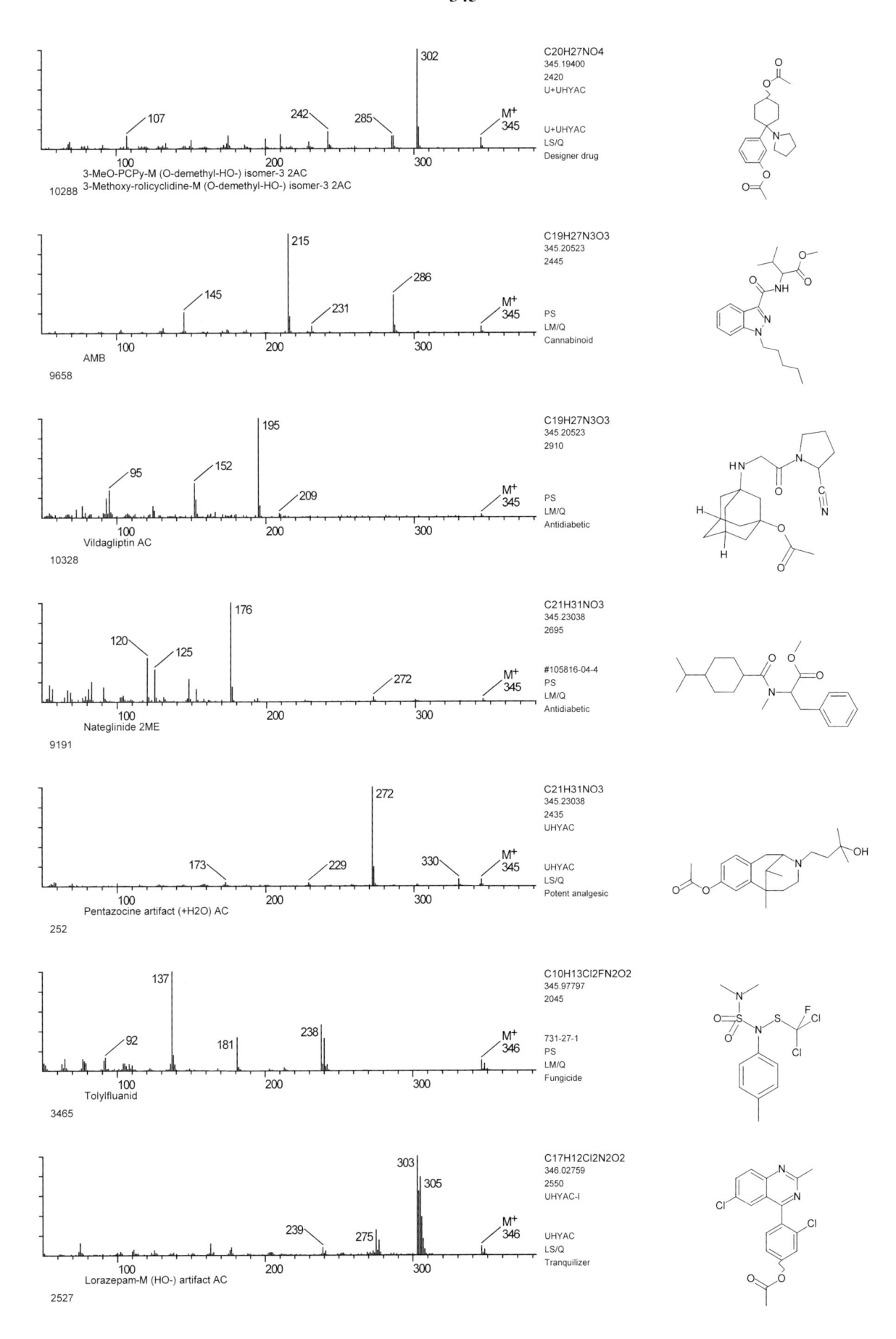

U+UHYAC
LS/Q
Designer drug

3-MeO-PCPy-M (O-demethyl-HO-) isomer-3 2AC
3-Methoxy-rolicyclidine-M (O-demethyl-HO-) isomer-3 2AC
10288

C19H27N3O3
345.20523
2445

PS
LM/Q
Cannabinoid

AMB
9658

C19H27N3O3
345.20523
2910

PS
LM/Q
Antidiabetic

Vildagliptin AC
10328

C21H31NO3
345.23038
2695

#105816-04-4
PS
LM/Q
Antidiabetic

Nateglinide 2ME
9191

C21H31NO3
345.23038
2435
UHYAC

UHYAC
LS/Q
Potent analgesic

Pentazocine artifact (+H2O) AC
252

C10H13Cl2FN2O2
345.97797
2045

731-27-1
PS
LM/Q
Fungicide

Tolylfluanid
3465

C17H12Cl2N2O2
346.02759
2550
UHYAC-I

UHYAC
LS/Q
Tranquilizer

Lorazepam-M (HO-) artifact AC
2527

346

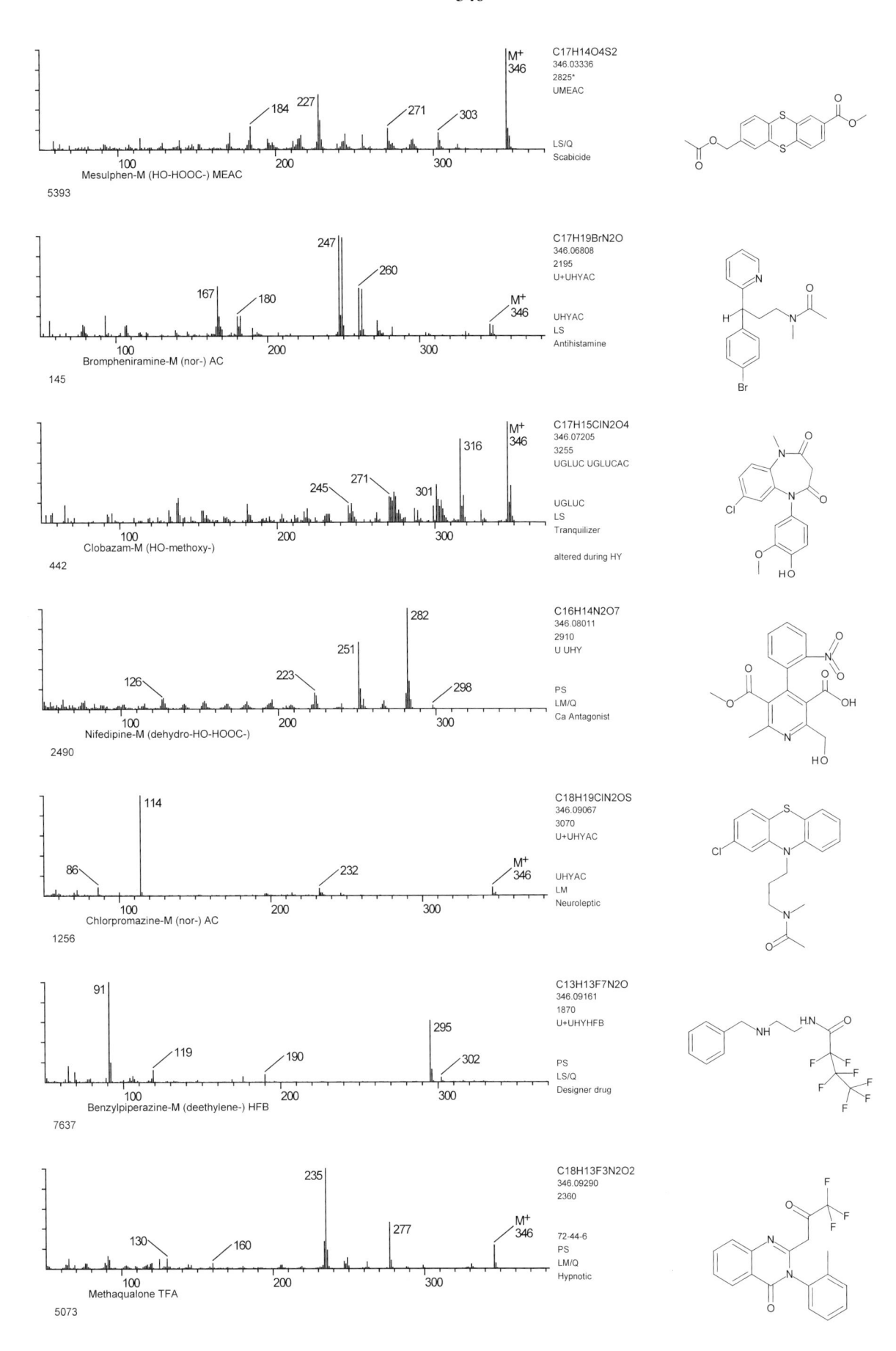

C17H14O4S2
346.03336
2825*
UMEAC

LS/Q
Scabicide

Mesulphen-M (HO-HOOC-) MEAC
5393

C17H19BrN2O
346.06808
2195
U+UHYAC

UHYAC
LS
Antihistamine

Brompheniramine-M (nor-) AC
145

C17H15ClN2O4
346.07205
3255
UGLUC UGLUCAC

UGLUC
LS
Tranquilizer

altered during HY

Clobazam-M (HO-methoxy-)
442

C16H14N2O7
346.08011
2910
U UHY

PS
LM/Q
Ca Antagonist

Nifedipine-M (dehydro-HO-HOOC-)
2490

C18H19ClN2OS
346.09067
3070
U+UHYAC

UHYAC
LM
Neuroleptic

Chlorpromazine-M (nor-) AC
1256

C13H13F7N2O
346.09161
1870
U+UHYHFB

PS
LS/Q
Designer drug

Benzylpiperazine-M (deethylene-) HFB
7637

C18H13F3N2O2
346.09290
2360

72-44-6
PS
LM/Q
Hypnotic

Methaqualone TFA
5073

346

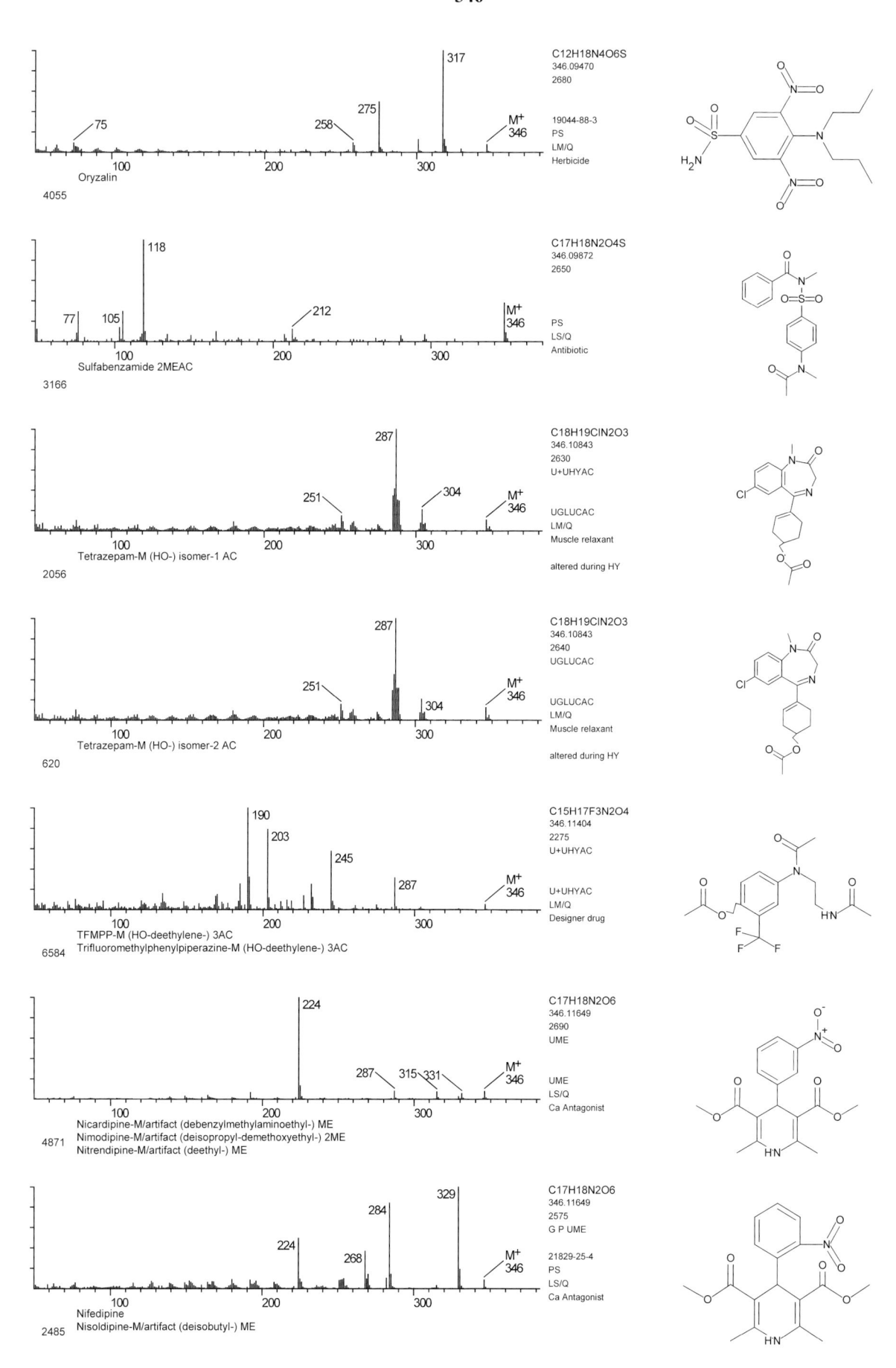

Oryzalin	C12H18N4O6S 346.09470 2680 19044-88-3 PS LM/Q Herbicide
4055	

Peaks: 75, 258, 275, 317, M+ 346

Sulfabenzamide 2MEAC	C17H18N2O4S 346.09872 2650 PS LS/Q Antibiotic
3166	

Peaks: 77, 105, 118, 212, M+ 346

Tetrazepam-M (HO-) isomer-1 AC	C18H19ClN2O3 346.10843 2630 U+UHYAC UGLUCAC LM/Q Muscle relaxant altered during HY
2056	

Peaks: 251, 287, 304, M+ 346

Tetrazepam-M (HO-) isomer-2 AC	C18H19ClN2O3 346.10843 2640 UGLUCAC UGLUCAC LM/Q Muscle relaxant altered during HY
620	

Peaks: 251, 287, 304, M+ 346

TFMPP-M (HO-deethylene-) 3AC Trifluoromethylphenylpiperazine-M (HO-deethylene-) 3AC	C15H17F3N2O4 346.11404 2275 U+UHYAC U+UHYAC LM/Q Designer drug
6584	

Peaks: 190, 203, 245, 287, M+ 346

Nicardipine-M/artifact (debenzylmethylaminoethyl-) ME Nimodipine-M/artifact (deisopropyl-demethoxyethyl-) 2ME Nitrendipine-M/artifact (deethyl-) ME	C17H18N2O6 346.11649 2690 UME UME LS/Q Ca Antagonist
4871	

Peaks: 224, 287, 315, 331, M+ 346

Nifedipine Nisoldipine-M/artifact (deisobutyl-) ME	C17H18N2O6 346.11649 2575 G P UME 21829-25-4 PS LS/Q Ca Antagonist
2485	

Peaks: 224, 268, 284, 329, M+ 346

346

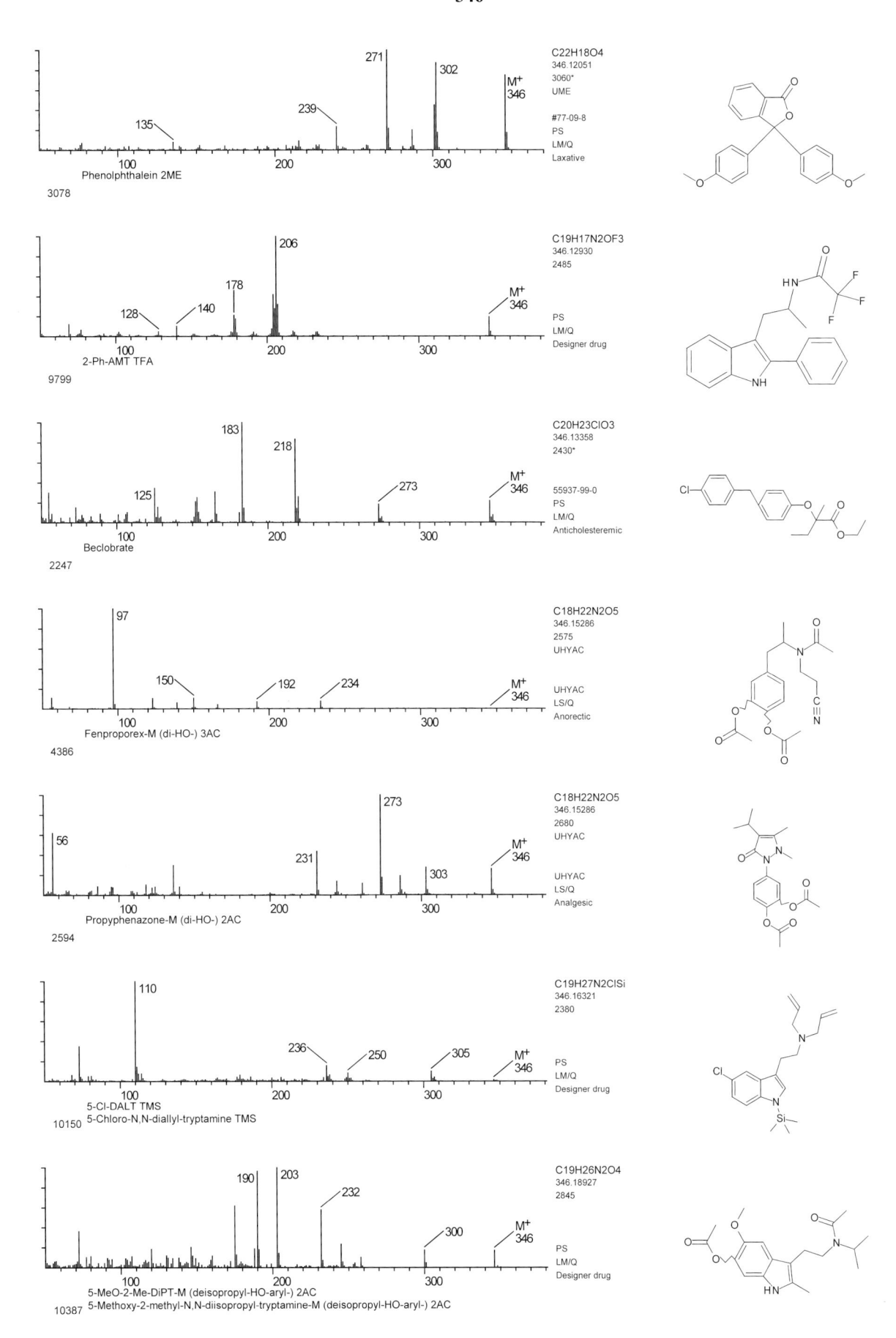

C22H18O4
346.12051
3060*
UME

#77-09-8
PS
LM/Q
Laxative

Phenolphthalein 2ME
3078

C19H17N2OF3
346.12930
2485

PS
LM/Q
Designer drug

2-Ph-AMT TFA
9799

C20H23ClO3
346.13358
2430*

55937-99-0
PS
LM/Q
Anticholesteremic

Beclobrate
2247

C18H22N2O5
346.15286
2575
UHYAC

UHYAC
LS/Q
Anorectic

Fenproporex-M (di-HO-) 3AC
4386

C18H22N2O5
346.15286
2680
UHYAC

UHYAC
LS/Q
Analgesic

Propyphenazone-M (di-HO-) 2AC
2594

C19H27N2ClSi
346.16321
2380

PS
LM/Q
Designer drug

5-Cl-DALT TMS
5-Chloro-N,N-diallyl-tryptamine TMS
10150

C19H26N2O4
346.18927
2845

PS
LM/Q
Designer drug

5-MeO-2-Me-DiPT-M (deisopropyl-HO-aryl-) 2AC
5-Methoxy-2-methyl-N,N-diisopropyl-tryptamine-M (deisopropyl-HO-aryl-) 2AC
10387

346

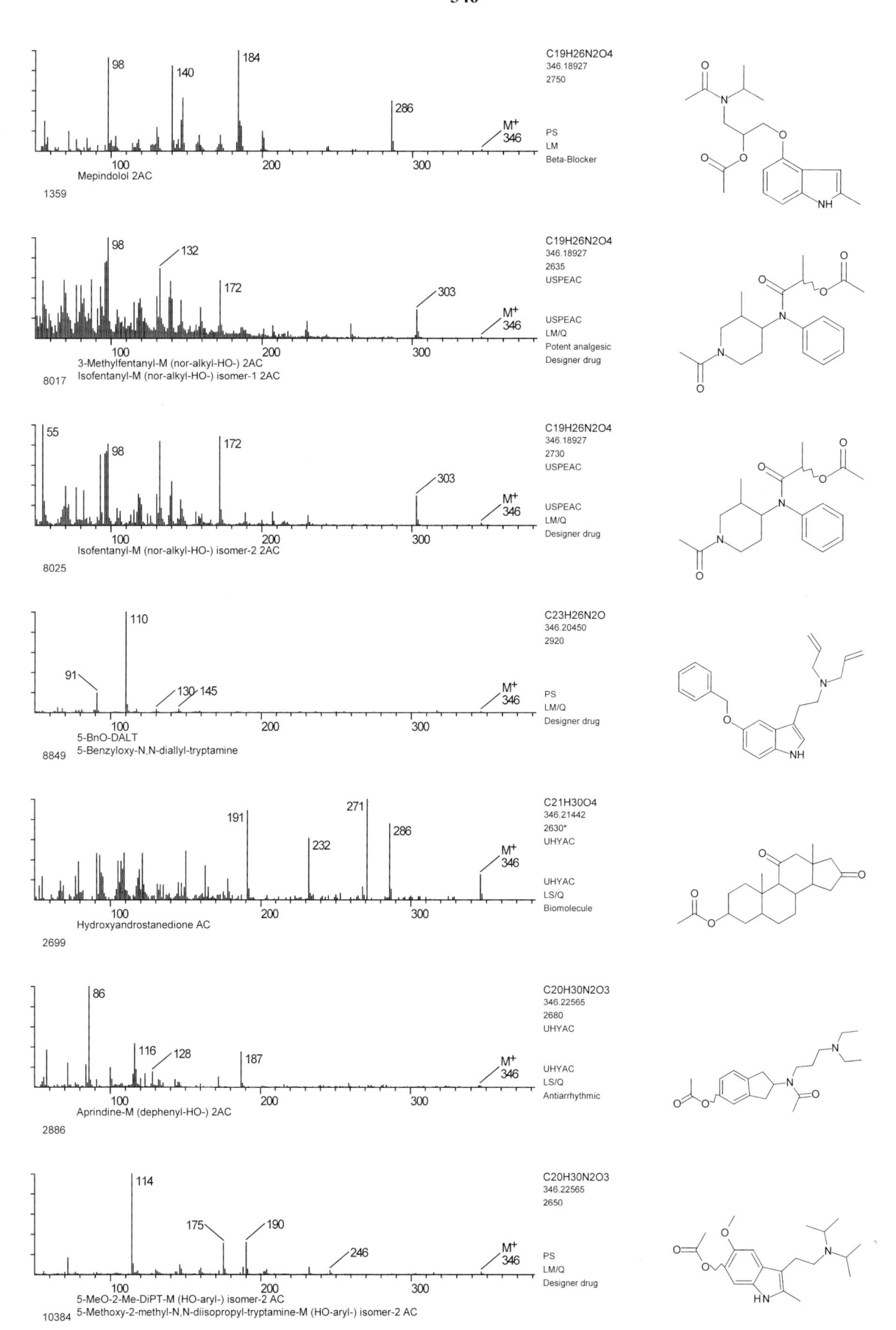

C19H26N2O4
346.18927
2750

PS
LM
Beta-Blocker

Mepindolol 2AC
1359

C19H26N2O4
346.18927
2635
USPEAC

USPEAC
LM/Q
Potent analgesic
Designer drug

3-Methylfentanyl-M (nor-alkyl-HO-) 2AC
Isofentanyl-M (nor-alkyl-HO-) isomer-1 2AC
8017

C19H26N2O4
346.18927
2730
USPEAC

USPEAC
LM/Q
Designer drug

Isofentanyl-M (nor-alkyl-HO-) isomer-2 2AC
8025

C23H26N2O
346.20450
2920

PS
LM/Q
Designer drug

5-BnO-DALT
5-Benzyloxy-N,N-diallyl-tryptamine
8849

C21H30O4
346.21442
2630*
UHYAC

UHYAC
LS/Q
Biomolecule

Hydroxyandrostanedione AC
2699

C20H30N2O3
346.22565
2680
UHYAC

UHYAC
LS/Q
Antiarrhythmic

Aprindine-M (dephenyl-HO-) 2AC
2886

C20H30N2O3
346.22565
2650

PS
LM/Q
Designer drug

5-MeO-2-Me-DiPT-M (HO-aryl-) isomer-2 AC
5-Methoxy-2-methyl-N,N-diisopropyl-tryptamine-M (HO-aryl-) isomer-2 AC
10384

346

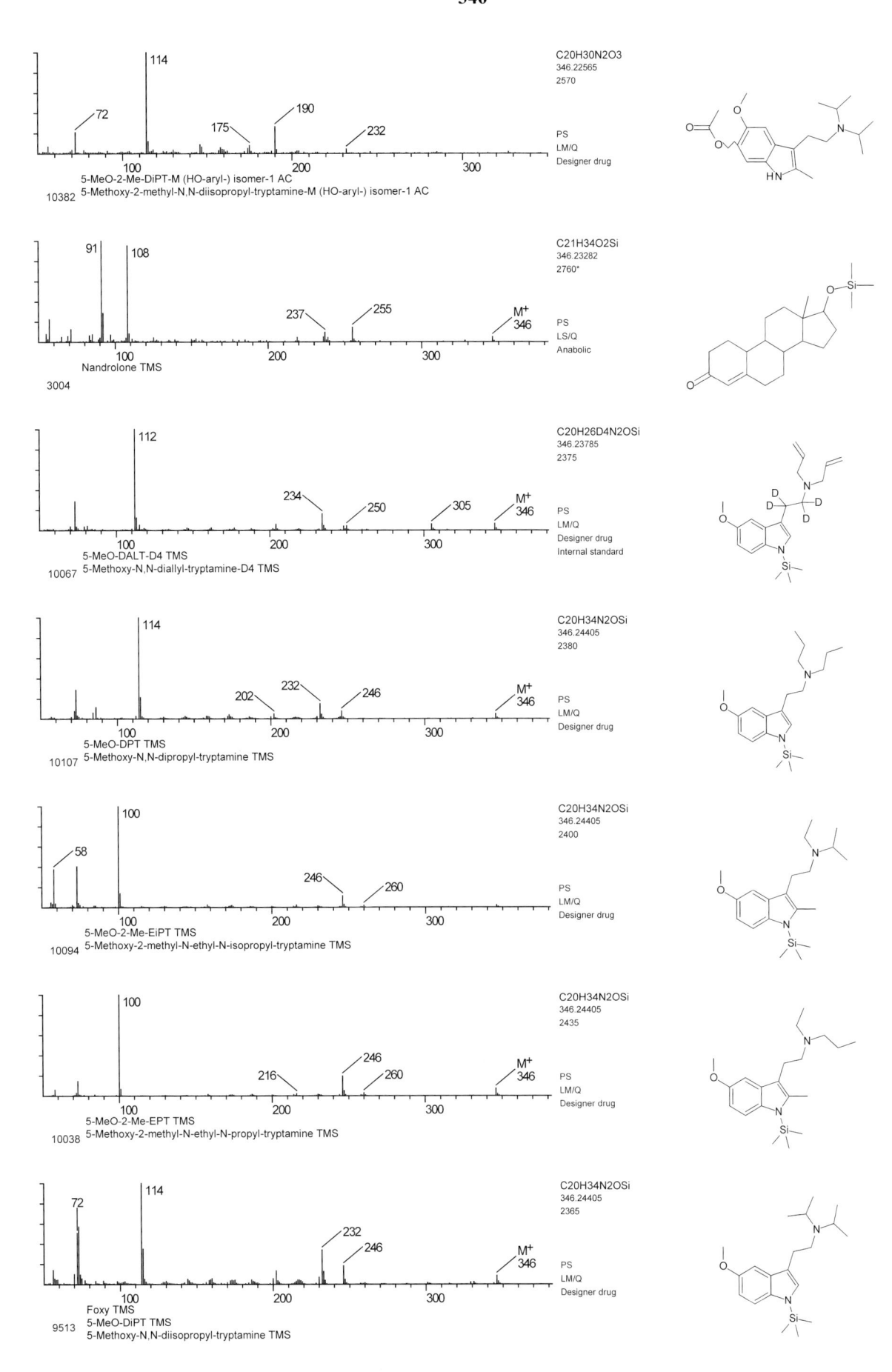

C20H30N2O3
346.22565
2570

PS
LM/Q
Designer drug

5-MeO-2-Me-DiPT-M (HO-aryl-) isomer-1 AC
10382 5-Methoxy-2-methyl-N,N-diisopropyl-tryptamine-M (HO-aryl-) isomer-1 AC

C21H34O2Si
346.23282
2760*

PS
LS/Q
Anabolic

Nandrolone TMS
3004

C20H26D4N2OSi
346.23785
2375

PS
LM/Q
Designer drug
Internal standard

5-MeO-DALT-D4 TMS
10067 5-Methoxy-N,N-diallyl-tryptamine-D4 TMS

C20H34N2OSi
346.24405
2380

PS
LM/Q
Designer drug

5-MeO-DPT TMS
10107 5-Methoxy-N,N-dipropyl-tryptamine TMS

C20H34N2OSi
346.24405
2400

PS
LM/Q
Designer drug

5-MeO-2-Me-EiPT TMS
10094 5-Methoxy-2-methyl-N-ethyl-N-isopropyl-tryptamine TMS

C20H34N2OSi
346.24405
2435

PS
LM/Q
Designer drug

5-MeO-2-Me-EPT TMS
10038 5-Methoxy-2-methyl-N-ethyl-N-propyl-tryptamine TMS

C20H34N2OSi
346.24405
2365

PS
LM/Q
Designer drug

Foxy TMS
9513 5-MeO-DiPT TMS
5-Methoxy-N,N-diisopropyl-tryptamine TMS

346

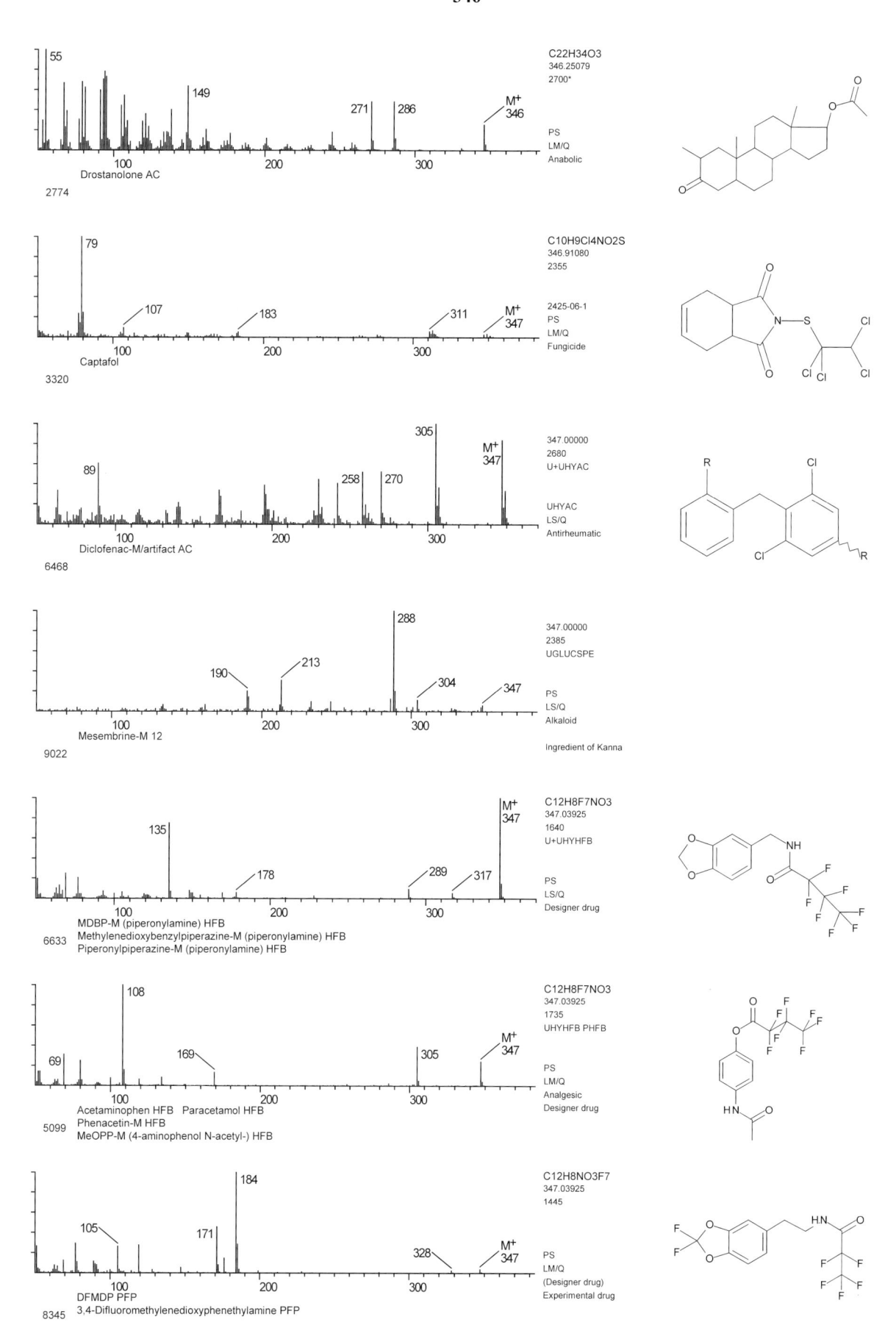

Drostanolone AC	55, 149, 271, 286, M+ 346	C22H34O3 346.25079 2700* PS LM/Q Anabolic
2774		
Captafol	79, 107, 183, 311, M+ 347	C10H9Cl4NO2S 346.91080 2355 2425-06-1 PS LM/Q Fungicide
3320		
Diclofenac-M/artifact AC	89, 258, 270, 305, M+ 347	347.00000 2680 U+UHYAC UHYAC LS/Q Antirheumatic
6468		
Mesembrine-M 12	190, 213, 288, 304, 347	347.00000 2385 UGLUCSPE PS LS/Q Alkaloid Ingredient of Kanna
9022		
MDBP-M (piperonylamine) HFB Methylenedioxybenzylpiperazine-M (piperonylamine) HFB Piperonylpiperazine-M (piperonylamine) HFB	135, 178, 289, 317, M+ 347	C12H8F7NO3 347.03925 1640 U+UHYHFB PS LS/Q Designer drug
6633		
Acetaminophen HFB Paracetamol HFB Phenacetin-M HFB MeOPP-M (4-aminophenol N-acetyl-) HFB	69, 108, 169, 305, M+ 347	C12H8F7NO3 347.03925 1735 UHYHFB PHFB PS LM/Q Analgesic Designer drug
5099		
DFMDP PFP 3,4-Difluoromethylenedioxyphenethylamine PFP	105, 171, 184, 328, M+ 347	C12H8NO3F7 347.03925 1445 PS LM/Q (Designer drug) Experimental drug
8345		

347

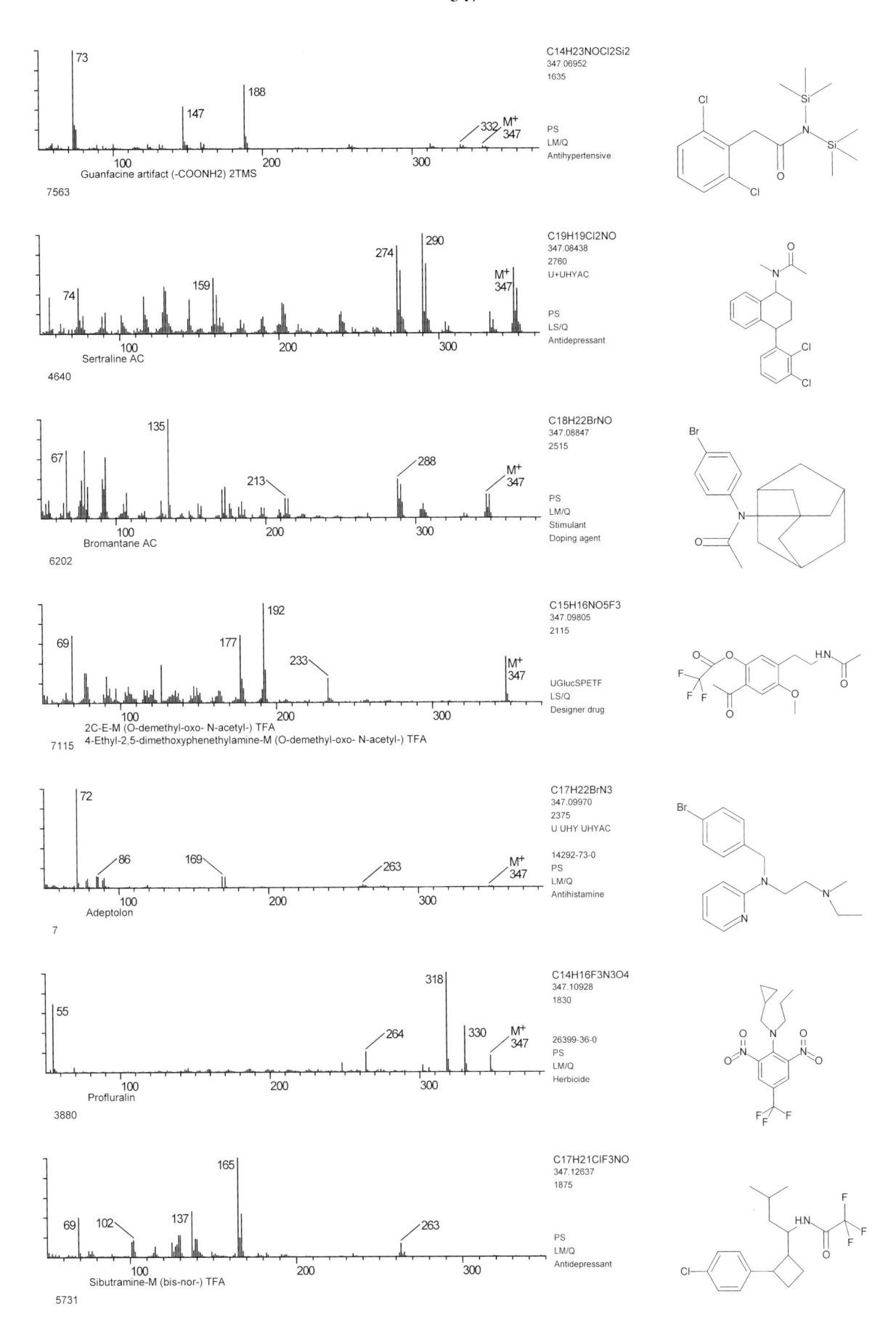

C14H23NOCl2Si2
347.06952
1635

PS
LM/Q
Antihypertensive

Guanfacine artifact (-COONH2) 2TMS
7563

C19H19Cl2NO
347.08438
2760
U+UHYAC

PS
LS/Q
Antidepressant

Sertraline AC
4640

C18H22BrNO
347.08847
2515

PS
LM/Q
Stimulant
Doping agent

Bromantane AC
6202

C15H16NO5F3
347.09805
2115

UGlucSPETF
LS/Q
Designer drug

2C-E-M (O-demethyl-oxo- N-acetyl-) TFA
4-Ethyl-2,5-dimethoxyphenethylamine-M (O-demethyl-oxo- N-acetyl-) TFA
7115

C17H22BrN3
347.09970
2375
U UHY UHYAC
14292-73-0
PS
LM/Q
Antihistamine

Adeptolon
7

C14H16F3N3O4
347.10928
1830

26399-36-0
PS
LM/Q
Herbicide

Profluralin
3880

C17H21ClF3NO
347.12637
1875

PS
LM/Q
Antidepressant

Sibutramine-M (bis-nor-) TFA
5731

347

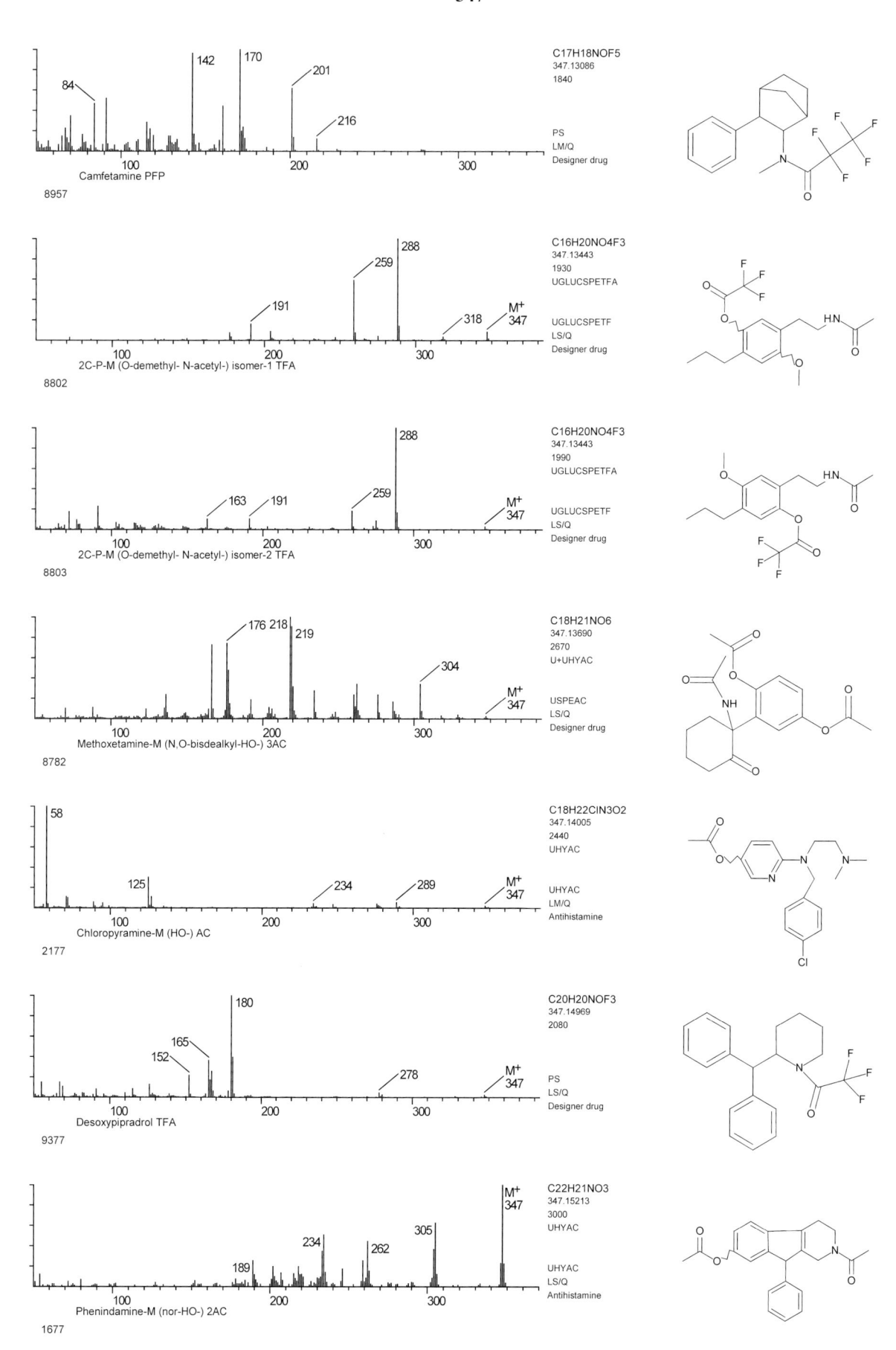

Camfetamine PFP — peaks 84, 142, 170, 201, 216	C17H18NOF5 347.13086 1840 PS LM/Q Designer drug 8957
2C-P-M (O-demethyl- N-acetyl-) isomer-1 TFA — peaks 191, 259, 288, 318, M+ 347	C16H20NO4F3 347.13443 1930 UGLUCSPETFA UGLUCSPETF LS/Q Designer drug 8802
2C-P-M (O-demethyl- N-acetyl-) isomer-2 TFA — peaks 163, 191, 259, 288, M+ 347	C16H20NO4F3 347.13443 1990 UGLUCSPETFA UGLUCSPETF LS/Q Designer drug 8803
Methoxetamine-M (N,O-bisdealkyl-HO-) 3AC — peaks 176, 218, 219, 304, M+ 347	C18H21NO6 347.13690 2670 U+UHYAC USPEAC LS/Q Designer drug 8782
Chloropyramine-M (HO-) AC — peaks 58, 125, 234, 289, M+ 347	C18H22ClN3O2 347.14005 2440 UHYAC UHYAC LM/Q Antihistamine 2177
Desoxypipradrol TFA — peaks 152, 165, 180, 278, M+ 347	C20H20NOF3 347.14969 2080 PS LS/Q Designer drug 9377
Phenindamine-M (nor-HO-) 2AC — peaks 189, 234, 262, 305, M+ 347	C22H21NO3 347.15213 3000 UHYAC UHYAC LS/Q Antihistamine 1677

347

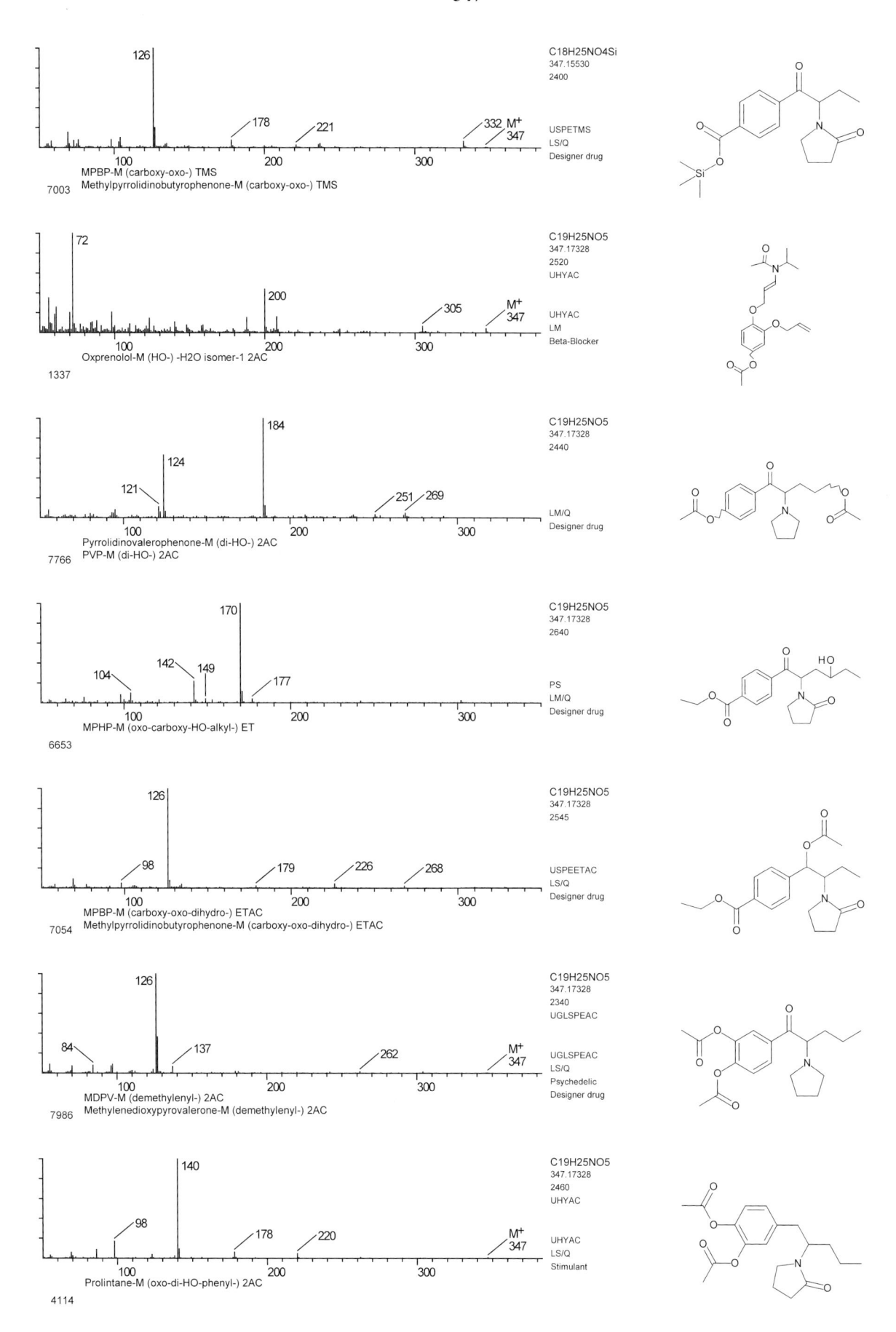

7003	MPBP-M (carboxy-oxo-) TMS Methylpyrrolidinobutyrophenone-M (carboxy-oxo-) TMS	C18H25NO4Si 347.15530 2400 USPETMS LS/Q Designer drug
1337	Oxprenolol-M (HO-) -H2O isomer-1 2AC	C19H25NO5 347.17328 2520 UHYAC UHYAC LM Beta-Blocker
7766	Pyrrolidinovalerophenone-M (di-HO-) 2AC PVP-M (di-HO-) 2AC	C19H25NO5 347.17328 2440 LM/Q Designer drug
6653	MPHP-M (oxo-carboxy-HO-alkyl-) ET	C19H25NO5 347.17328 2640 PS LM/Q Designer drug
7054	MPBP-M (carboxy-oxo-dihydro-) ETAC Methylpyrrolidinobutyrophenone-M (carboxy-oxo-dihydro-) ETAC	C19H25NO5 347.17328 2545 USPEETAC LS/Q Designer drug
7986	MDPV-M (demethylenyl-) 2AC Methylenedioxypyrovalerone-M (demethylenyl-) 2AC	C19H25NO5 347.17328 2340 UGLSPEAC UGLSPEAC LS/Q Psychedelic Designer drug
4114	Prolintane-M (oxo-di-HO-phenyl-) 2AC	C19H25NO5 347.17328 2460 UHYAC UHYAC LS/Q Stimulant

347

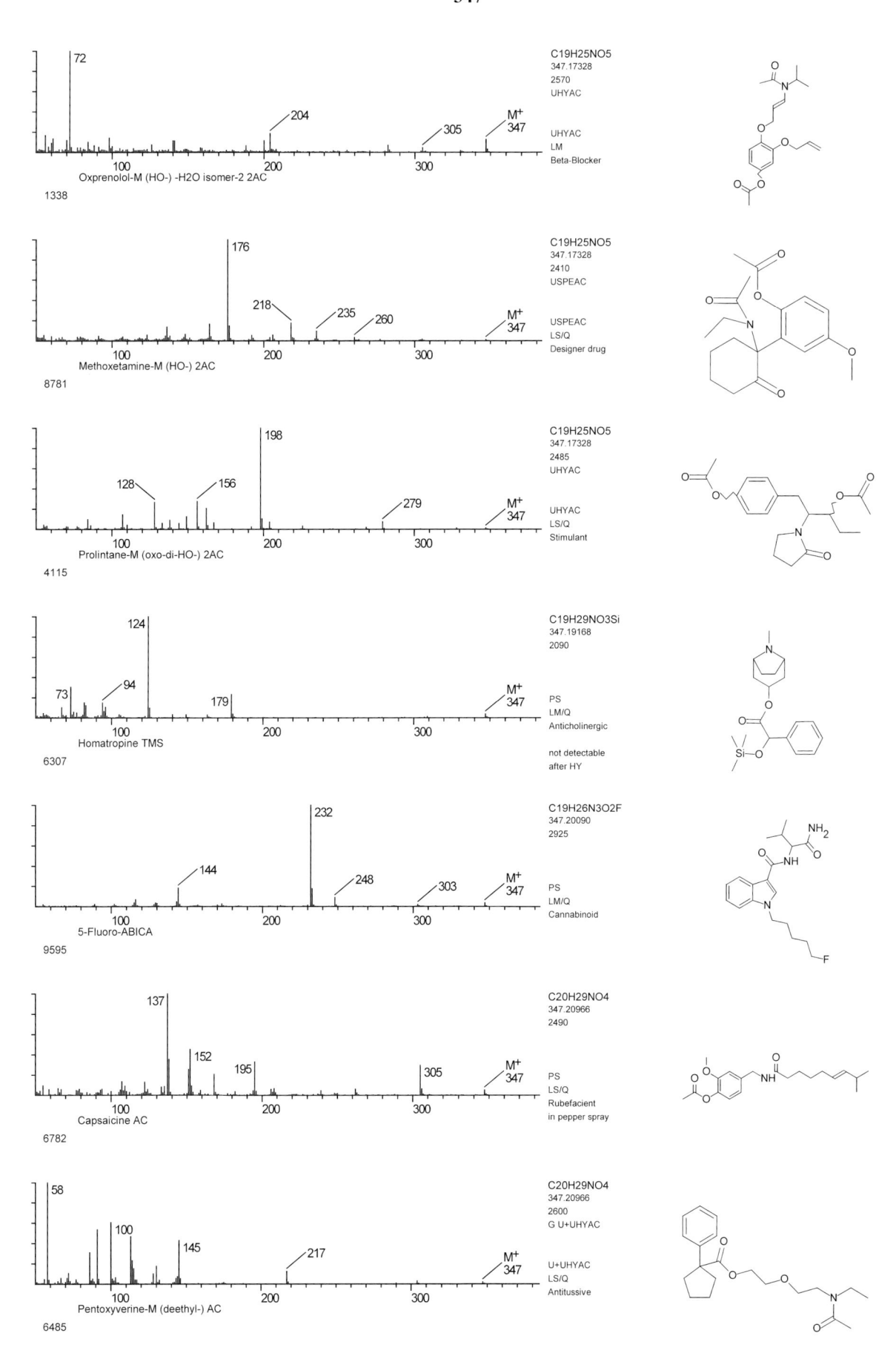

Oxprenolol-M (HO-) -H2O isomer-2 2AC 1338	72, 204, 305, M+ 347	C19H25NO5 347.17328 2570 UHYAC UHYAC LM Beta-Blocker
Methoxetamine-M (HO-) 2AC 8781	176, 218, 235, 260, M+ 347	C19H25NO5 347.17328 2410 USPEAC USPEAC LS/Q Designer drug
Prolintane-M (oxo-di-HO-) 2AC 4115	128, 156, 198, 279, M+ 347	C19H25NO5 347.17328 2485 UHYAC UHYAC LS/Q Stimulant
Homatropine TMS 6307	73, 94, 124, 179, M+ 347	C19H29NO3Si 347.19168 2090 PS LM/Q Anticholinergic not detectable after HY
5-Fluoro-ABICA 9595	144, 232, 248, 303, M+ 347	C19H26N3O2F 347.20090 2925 PS LM/Q Cannabinoid
Capsaicine AC 6782	137, 152, 195, 305, M+ 347	C20H29NO4 347.20966 2490 PS LS/Q Rubefacient in pepper spray
Pentoxyverine-M (deethyl-) AC 6485	58, 100, 145, 217, M+ 347	C20H29NO4 347.20966 2600 G U+UHYAC U+UHYAC LS/Q Antitussive

347

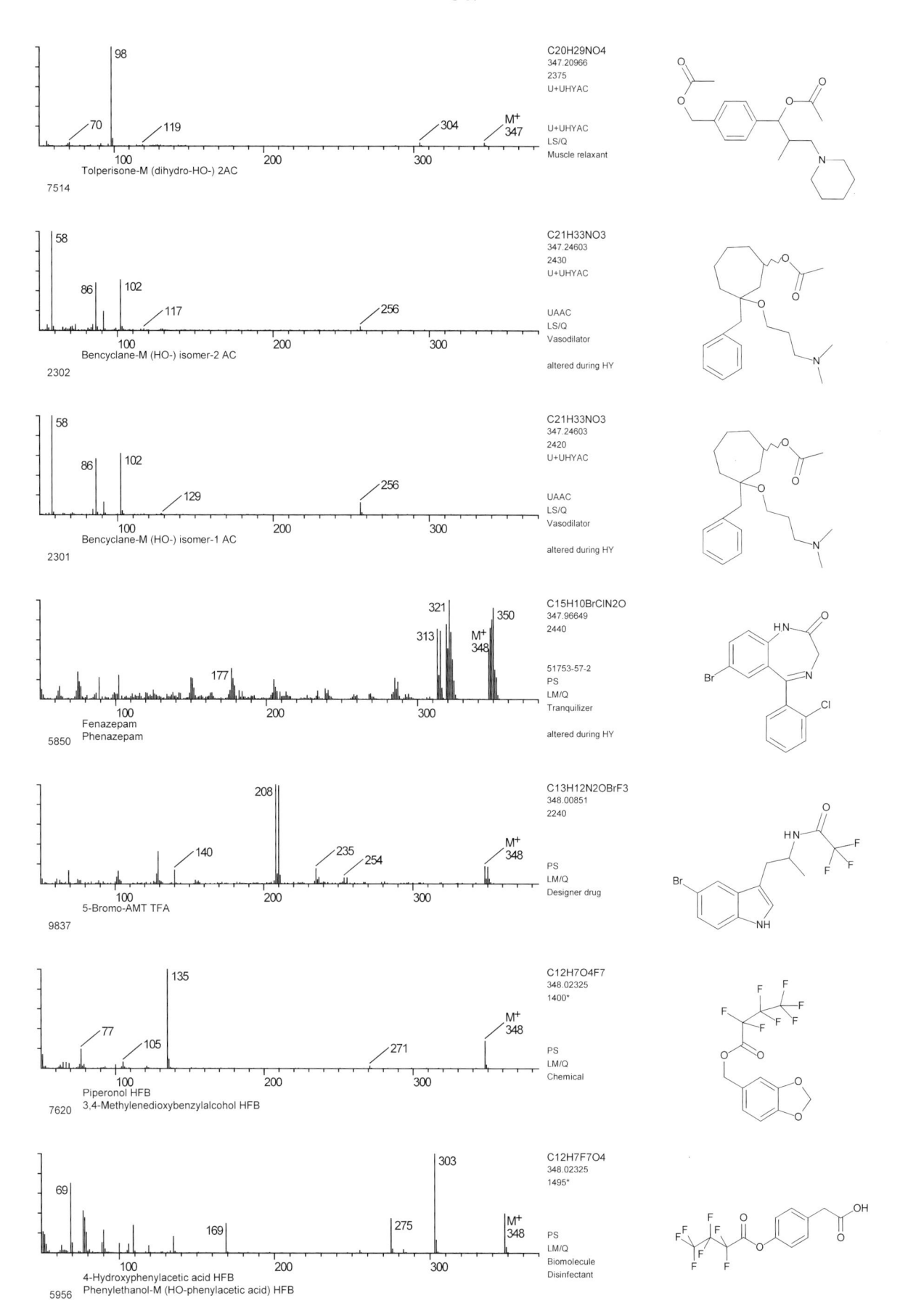

Tolperisone-M (dihydro-HO-) 2AC 7514	C20H29NO4 347.20966 2375 U+UHYAC U+UHYAC LS/Q Muscle relaxant
Bencyclane-M (HO-) isomer-2 AC 2302	C21H33NO3 347.24603 2430 U+UHYAC UAAC LS/Q Vasodilator altered during HY
Bencyclane-M (HO-) isomer-1 AC 2301	C21H33NO3 347.24603 2420 U+UHYAC UAAC LS/Q Vasodilator altered during HY
Fenazepam 5850 Phenazepam	C15H10BrClN2O 347.96649 2440 51753-57-2 PS LM/Q Tranquilizer altered during HY
5-Bromo-AMT TFA 9837	C13H12N2OBrF3 348.00851 2240 PS LM/Q Designer drug
Piperonol HFB 3,4-Methylenedioxybenzylalcohol HFB 7620	C12H7O4F7 348.02325 1400* PS LM/Q Chemical
4-Hydroxyphenylacetic acid HFB Phenylethanol-M (HO-phenylacetic acid) HFB 5956	C12H7F7O4 348.02325 1495* PS LM/Q Biomolecule Disinfectant

1197

348

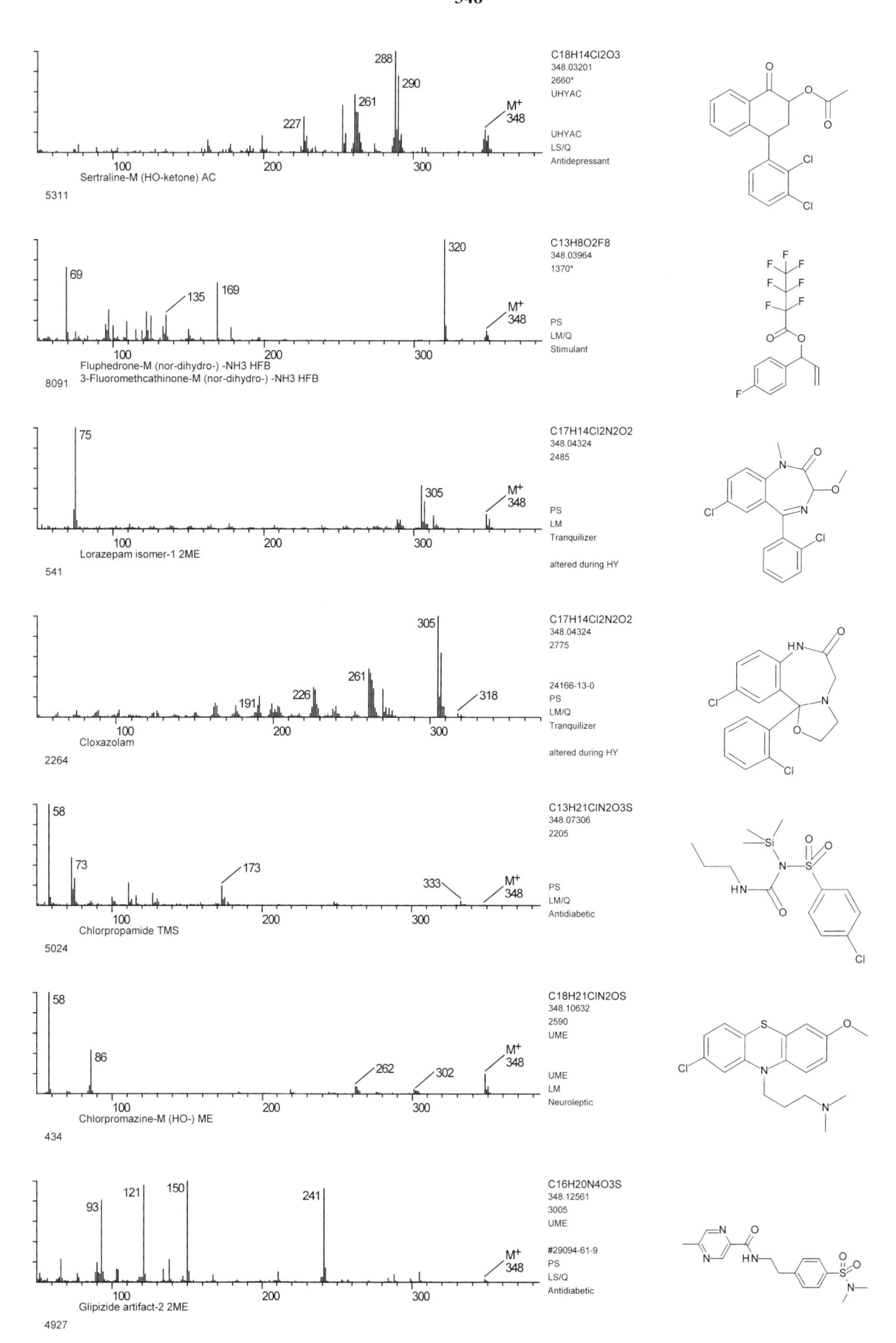

Sertraline-M (HO-ketone) AC 5311	227, 261, 288, 290, M+ 348	C18H14Cl2O3 348.03201 2660* UHYAC UHYAC LS/Q Antidepressant
Fluphedrone-M (nor-dihydro-) -NH3 HFB 3-Fluoromethcathinone-M (nor-dihydro-) -NH3 HFB 8091	69, 135, 169, 320, M+ 348	C13H8O2F8 348.03964 1370* PS LM/Q Stimulant
Lorazepam isomer-1 2ME 541	75, 305, M+ 348	C17H14Cl2N2O2 348.04324 2485 PS LM Tranquilizer altered during HY
Cloxazolam 2264	191, 226, 261, 305, 318	C17H14Cl2N2O2 348.04324 2775 24166-13-0 PS LM/Q Tranquilizer altered during HY
Chlorpropamide TMS 5024	58, 73, 173, 333, M+ 348	C13H21ClN2O3S 348.07306 2205 PS LM/Q Antidiabetic
Chlorpromazine-M (HO-) ME 434	58, 86, 262, 302, M+ 348	C18H21ClN2OS 348.10632 2590 UME UME LM Neuroleptic
Glipizide artifact-2 2ME 4927	93, 121, 150, 241, M+ 348	C16H20N4O3S 348.12561 3005 UME #29094-61-9 PS LS/Q Antidiabetic

348

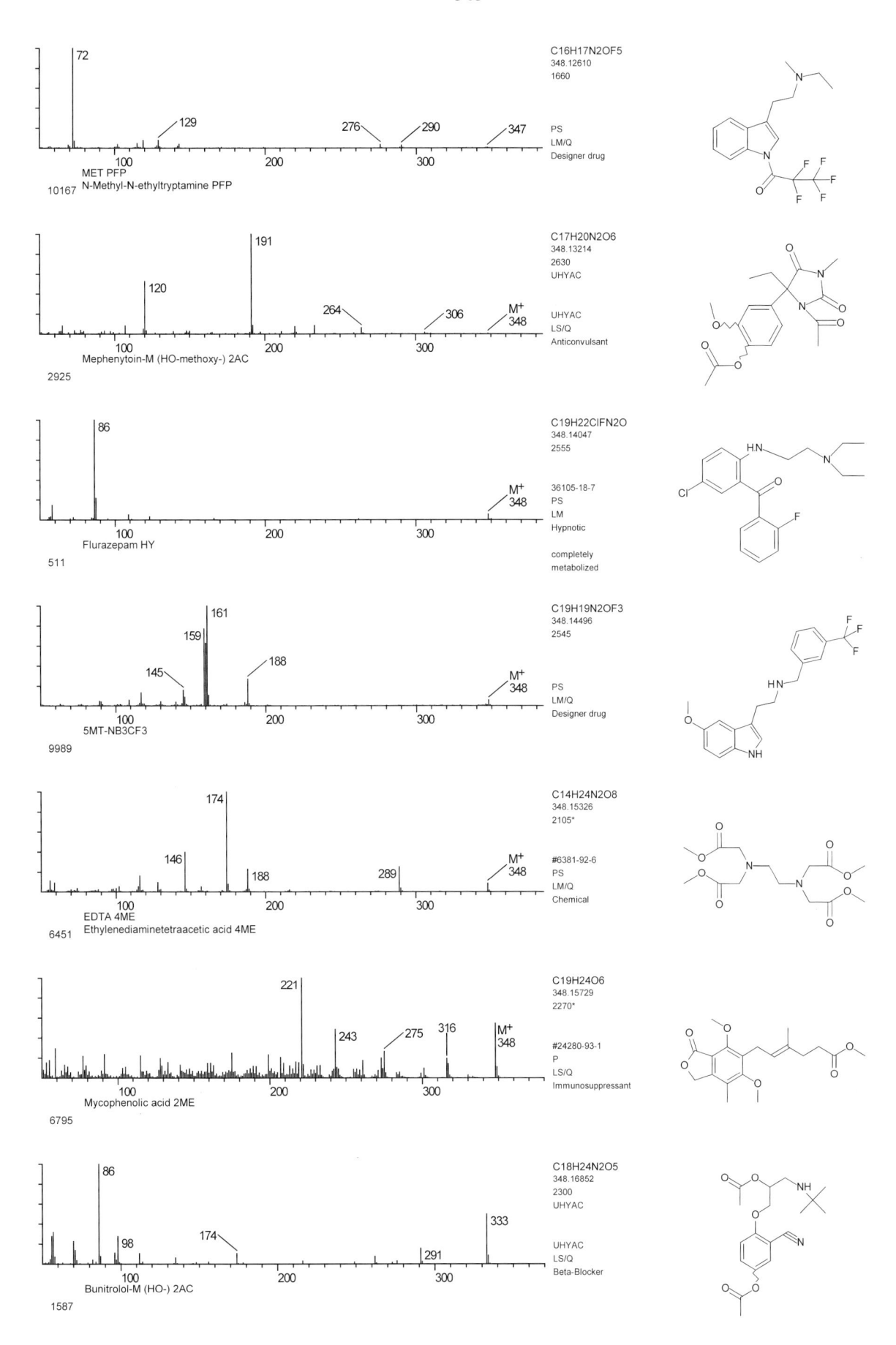

72, 129, 276, 290, 347	C16H17N2OF5 348.12610 1660 PS LM/Q Designer drug	
10167 MET PFP N-Methyl-N-ethyltryptamine PFP		

120, 191, 264, 306, M+ 348	C17H20N2O6 348.13214 2630 UHYAC UHYAC LS/Q Anticonvulsant	
2925 Mephenytoin-M (HO-methoxy-) 2AC		

86, M+ 348	C19H22ClFN2O 348.14047 2555 36105-18-7 PS LM Hypnotic completely metabolized	
511 Flurazepam HY		

145, 159, 161, 188, M+ 348	C19H19N2OF3 348.14496 2545 PS LM/Q Designer drug	
9989 5MT-NB3CF3		

146, 174, 188, 289, M+ 348	C14H24N2O8 348.15326 2105* #6381-92-6 PS LM/Q Chemical	
6451 EDTA 4ME Ethylenediaminetetraacetic acid 4ME		

221, 243, 275, 316, M+ 348	C19H24O6 348.15729 2270* #24280-93-1 P LS/Q Immunosuppressant	
6795 Mycophenolic acid 2ME		

86, 98, 174, 291, 333	C18H24N2O5 348.16852 2300 UHYAC UHYAC LS/Q Beta-Blocker	
1587 Bunitrolol-M (HO-) 2AC		

348

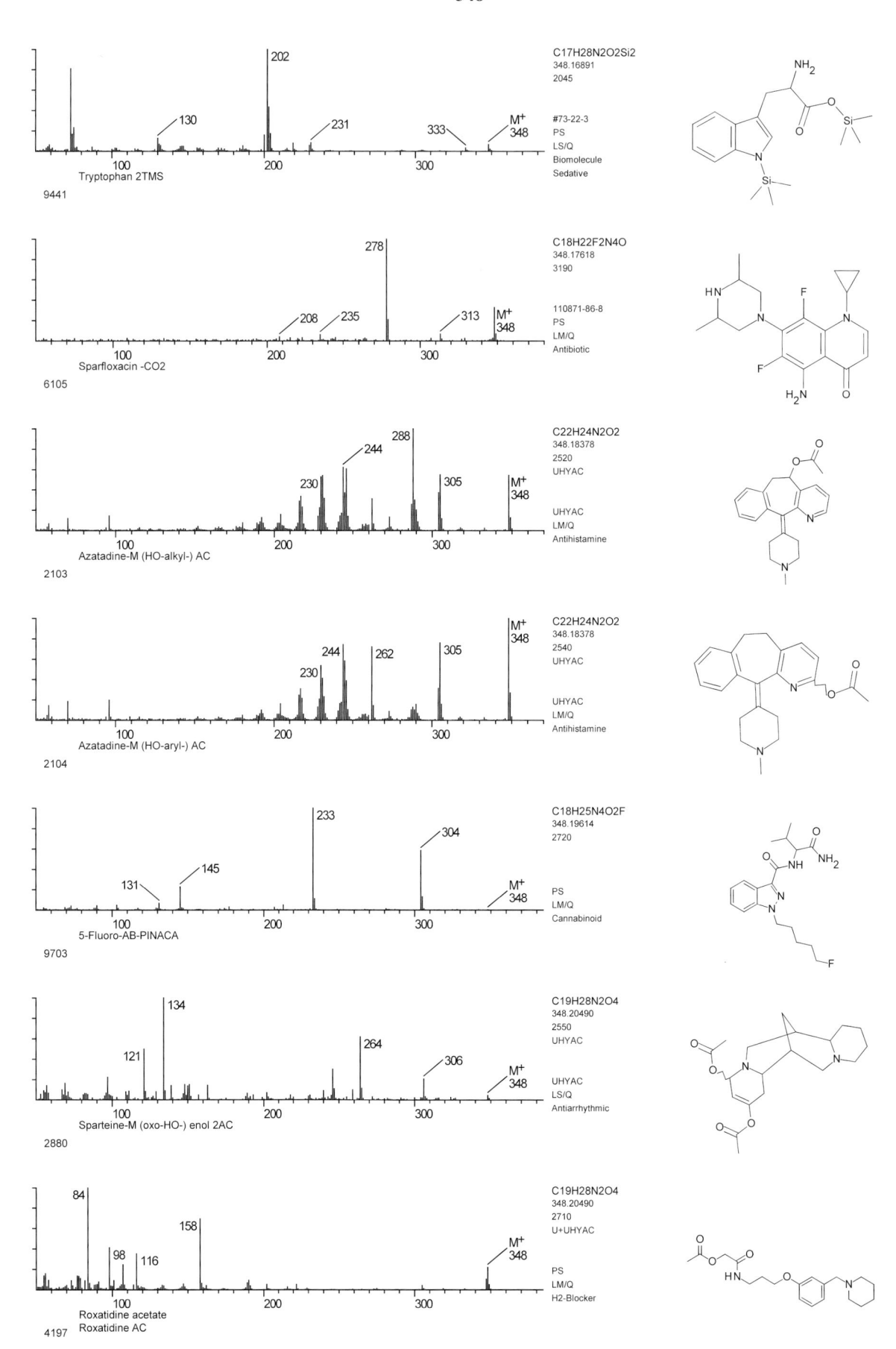

C17H28N2O2Si2
348.16891
2045

#73-22-3
PS
LS/Q
Biomolecule
Sedative

Tryptophan 2TMS
9441

C18H22F2N4O
348.17618
3190

110871-86-8
PS
LM/Q
Antibiotic

Sparfloxacin -CO2
6105

C22H24N2O2
348.18378
2520
UHYAC

UHYAC
LM/Q
Antihistamine

Azatadine-M (HO-alkyl-) AC
2103

C22H24N2O2
348.18378
2540
UHYAC

UHYAC
LM/Q
Antihistamine

Azatadine-M (HO-aryl-) AC
2104

C18H25N4O2F
348.19614
2720

PS
LM/Q
Cannabinoid

5-Fluoro-AB-PINACA
9703

C19H28N2O4
348.20490
2550
UHYAC

UHYAC
LS/Q
Antiarrhythmic

Sparteine-M (oxo-HO-) enol 2AC
2880

C19H28N2O4
348.20490
2710
U+UHYAC

PS
LM/Q
H2-Blocker

Roxatidine acetate
Roxatidine AC
4197

348

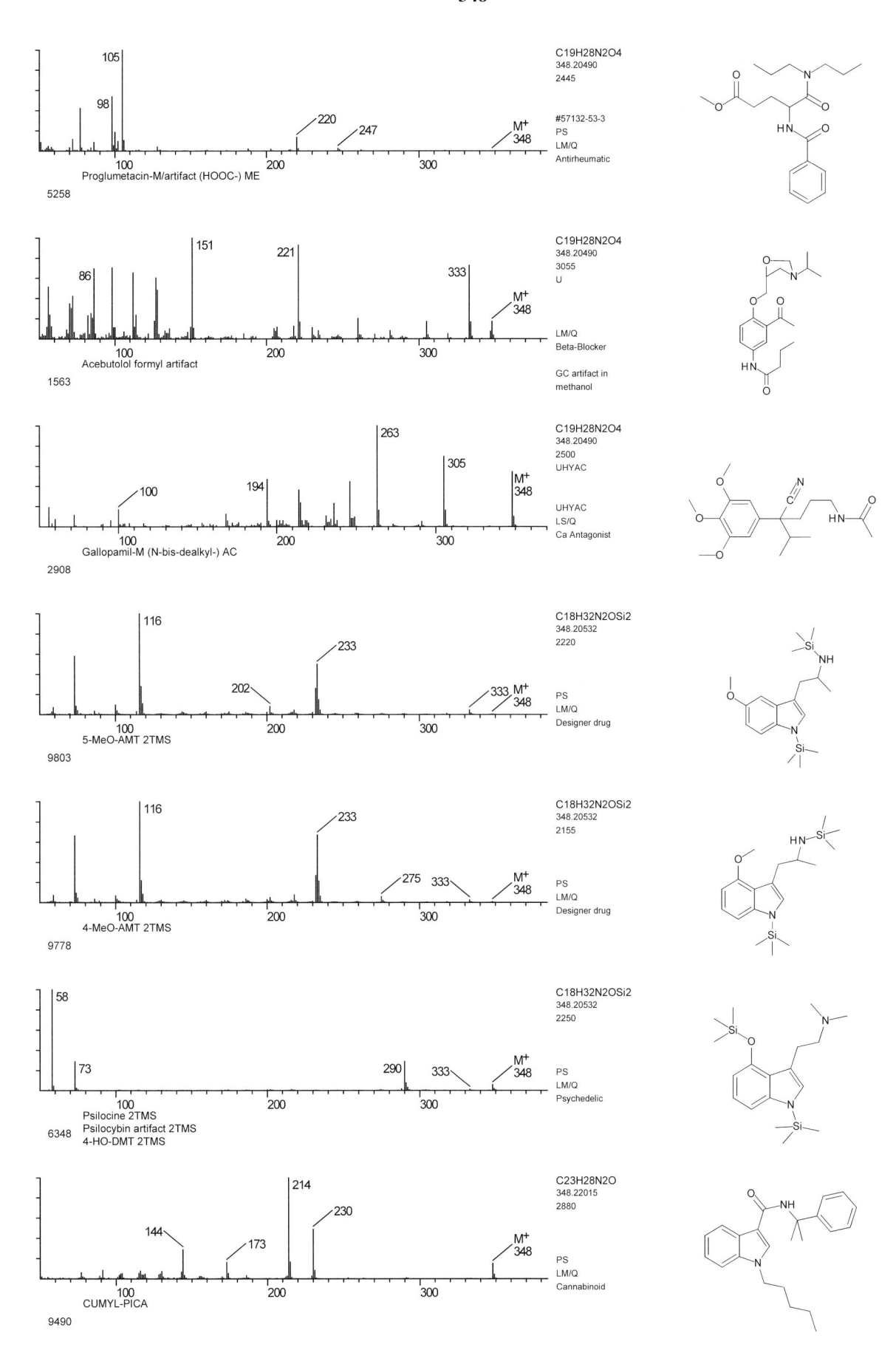

Proglumetacin-M/artifact (HOOC-) ME 5258	C19H28N2O4 348.20490 2445 #57132-53-3 PS LM/Q Antirheumatic	
Acebutolol formyl artifact 1563	C19H28N2O4 348.20490 3055 U LM/Q Beta-Blocker GC artifact in methanol	
Gallopamil-M (N-bis-dealkyl-) AC 2908	C19H28N2O4 348.20490 2500 UHYAC UHYAC LS/Q Ca Antagonist	
5-MeO-AMT 2TMS 9803	C18H32N2OSi2 348.20532 2220 PS LM/Q Designer drug	
4-MeO-AMT 2TMS 9778	C18H32N2OSi2 348.20532 2155 PS LM/Q Designer drug	
Psilocine 2TMS Psilocybin artifact 2TMS 4-HO-DMT 2TMS 6348	C18H32N2OSi2 348.20532 2250 PS LM/Q Psychedelic	
CUMYL-PICA 9490	C23H28N2O 348.22015 2880 PS LM/Q Cannabinoid	

348

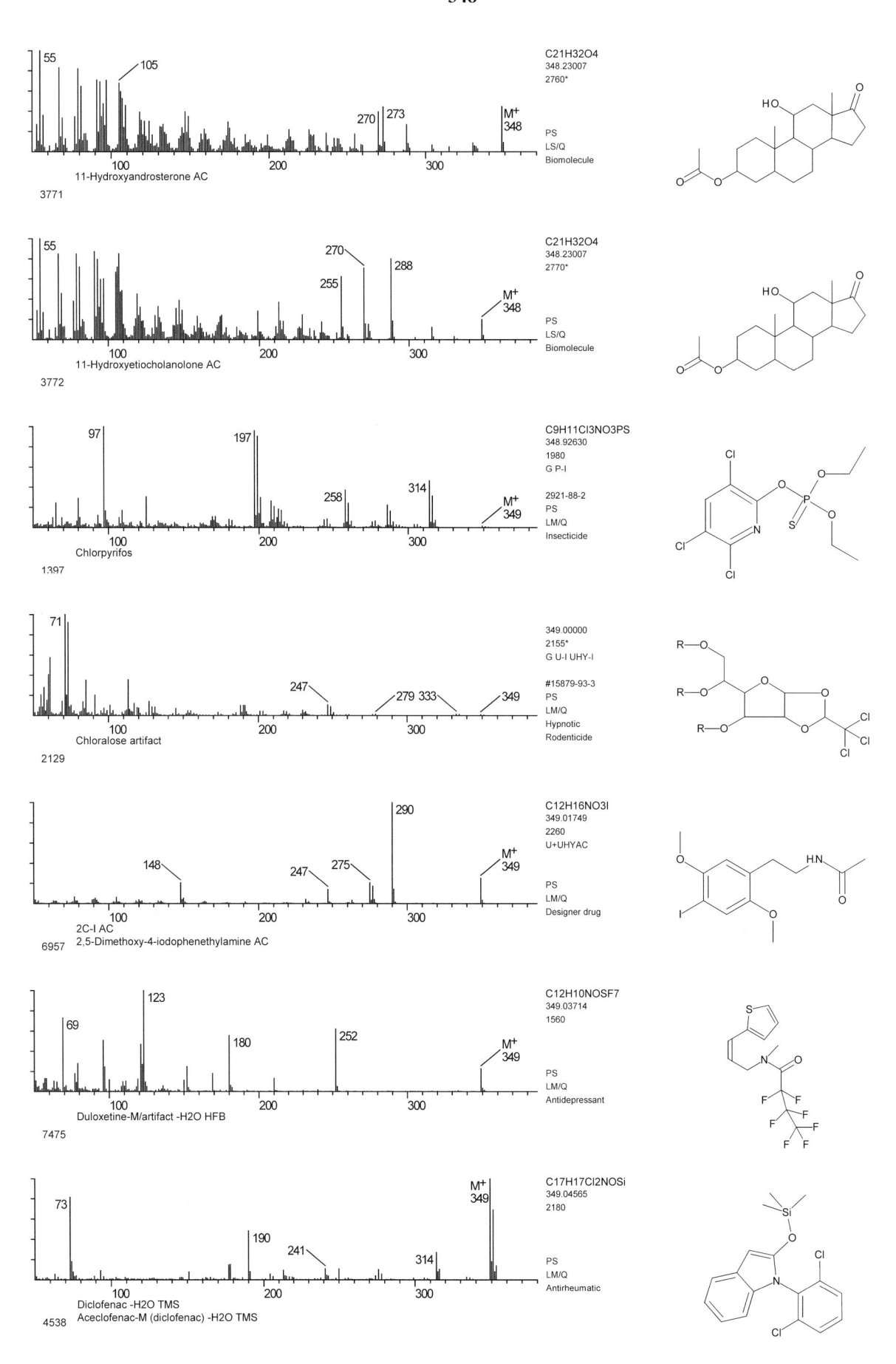

55, 105, 270, 273, M+ 348	C21H32O4
	348.23007
	2760*
	PS
	LS/Q
11-Hydroxyandrosterone AC	Biomolecule
3771	

55, 255, 270, 288, M+ 348	C21H32O4
	348.23007
	2770*
	PS
	LS/Q
11-Hydroxyetiocholanolone AC	Biomolecule
3772	

97, 197, 258, 314, M+ 349	C9H11Cl3NO3PS
	348.92630
	1980
	G P-I
	2921-88-2
	PS
	LM/Q
Chlorpyrifos	Insecticide
1397	

71, 247, 279, 333, 349	349.00000
	2155*
	G U-I UHY-I
	#15879-93-3
	PS
	LM/Q
	Hypnotic
Chloralose artifact	Rodenticide
2129	

148, 247, 275, 290, M+ 349	C12H16NO3I
	349.01749
	2260
	U+UHYAC
	PS
	LM/Q
2C-I AC	Designer drug
2,5-Dimethoxy-4-iodophenethylamine AC	
6957	

69, 123, 180, 252, M+ 349	C12H10NOSF7
	349.03714
	1560
	PS
	LM/Q
Duloxetine-M/artifact -H2O HFB	Antidepressant
7475	

73, 190, 241, 314, M+ 349	C17H17Cl2NOSi
	349.04565
	2180
	PS
	LM/Q
Diclofenac -H2O TMS	Antirheumatic
Aceclofenac-M (diclofenac) -H2O TMS	
4538	

349

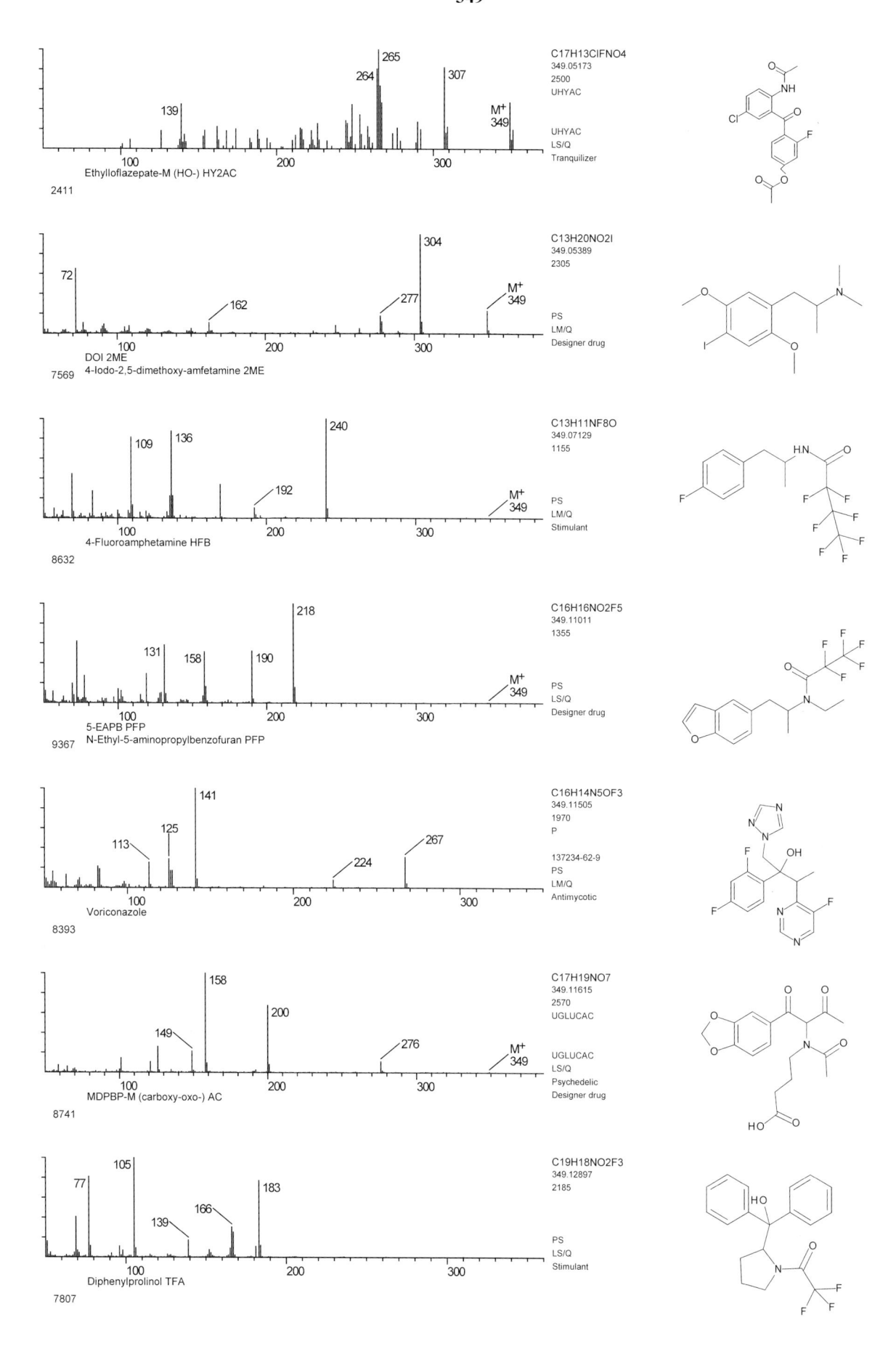

Ethylloflazepate-M (HO-) HY2AC — peaks 139, 264, 265, 307, M+ 349	C17H13ClFNO4 349.05173 2500 UHYAC UHYAC LS/Q Tranquilizer	
2411		
DOI 2ME 4-Iodo-2,5-dimethoxy-amfetamine 2ME — peaks 72, 162, 277, 304, M+ 349	C13H20NO2I 349.05389 2305 PS LM/Q Designer drug	
7569		
4-Fluoroamphetamine HFB — peaks 109, 136, 192, 240, M+ 349	C13H11NF8O 349.07129 1155 PS LM/Q Stimulant	
8632		
5-EAPB PFP N-Ethyl-5-aminopropylbenzofuran PFP — peaks 131, 158, 190, 218, M+ 349	C16H16NO2F5 349.11011 1355 PS LS/Q Designer drug	
9367		
Voriconazole — peaks 113, 125, 141, 224, 267	C16H14N5OF3 349.11505 1970 P 137234-62-9 PS LM/Q Antimycotic	
8393		
MDPBP-M (carboxy-oxo-) AC — peaks 149, 158, 200, 276, M+ 349	C17H19NO7 349.11615 2570 UGLUCAC UGLUCAC LS/Q Psychedelic Designer drug	
8741		
Diphenylprolinol TFA — peaks 77, 105, 139, 166, 183	C19H18NO2F3 349.12897 2185 PS LS/Q Stimulant	
7807		

1203

349

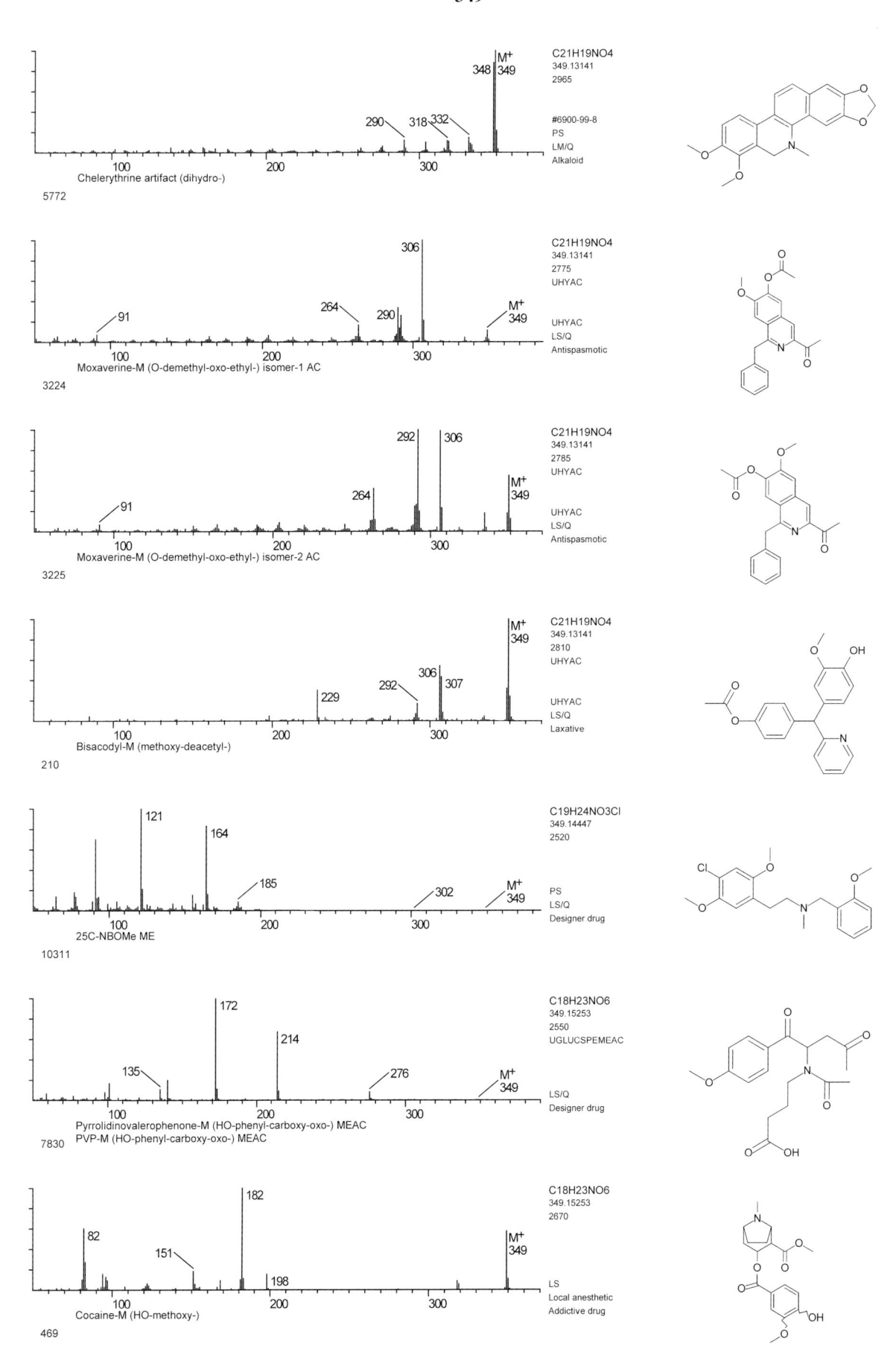

Chelerythrine artifact (dihydro-)
5772

C21H19NO4
349.13141
2965
#6900-99-8
PS
LM/Q
Alkaloid

Moxaverine-M (O-demethyl-oxo-ethyl-) isomer-1 AC
3224

C21H19NO4
349.13141
2775
UHYAC
UHYAC
LS/Q
Antispasmotic

Moxaverine-M (O-demethyl-oxo-ethyl-) isomer-2 AC
3225

C21H19NO4
349.13141
2785
UHYAC
UHYAC
LS/Q
Antispasmotic

Bisacodyl-M (methoxy-deacetyl-)
210

C21H19NO4
349.13141
2810
UHYAC
UHYAC
LS/Q
Laxative

25C-NBOMe ME
10311

C19H24NO3Cl
349.14447
2520
PS
LS/Q
Designer drug

Pyrrolidinovalerophenone-M (HO-phenyl-carboxy-oxo-) MEAC
PVP-M (HO-phenyl-carboxy-oxo-) MEAC
7830

C18H23NO6
349.15253
2550
UGLUCSPEMEAC
LS/Q
Designer drug

Cocaine-M (HO-methoxy-)
469

C18H23NO6
349.15253
2670
LS
Local anesthetic
Addictive drug

349

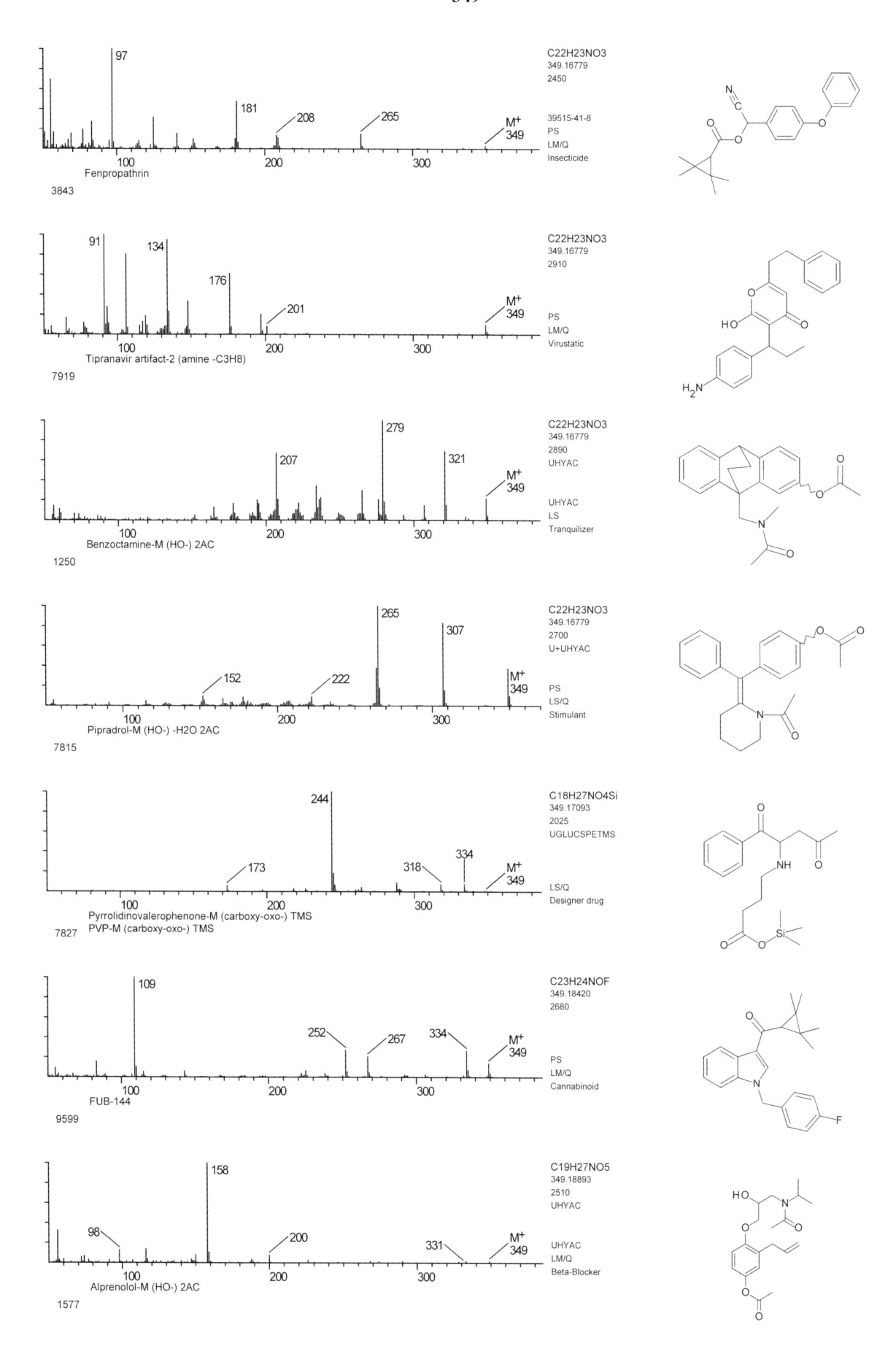

Spectrum label	Formula	Details
Fenpropathrin (3843)	C22H23NO3	349.16779, 2450, 39515-41-8, PS, LM/Q, Insecticide
Tipranavir artifact-2 (amine -C3H8) (7919)	C22H23NO3	349.16779, 2910, PS, LM/Q, Virustatic
Benzoctamine-M (HO-) 2AC (1250)	C22H23NO3	349.16779, 2890, UHYAC, UHYAC, LS, Tranquilizer
Pipradrol-M (HO-) -H2O 2AC (7815)	C22H23NO3	349.16779, 2700, U+UHYAC, PS, LS/Q, Stimulant
Pyrrolidinovalerophenone-M (carboxy-oxo-) TMS / PVP-M (carboxy-oxo-) TMS (7827)	C18H27NO4Si	349.17093, 2025, UGLUCSPETMS, LS/Q, Designer drug
FUB-144 (9599)	C23H24NOF	349.18420, 2680, PS, LM/Q, Cannabinoid
Alprenolol-M (HO-) 2AC (1577)	C19H27NO5	349.18893, 2510, UHYAC, UHYAC, LM/Q, Beta-Blocker

1205

349

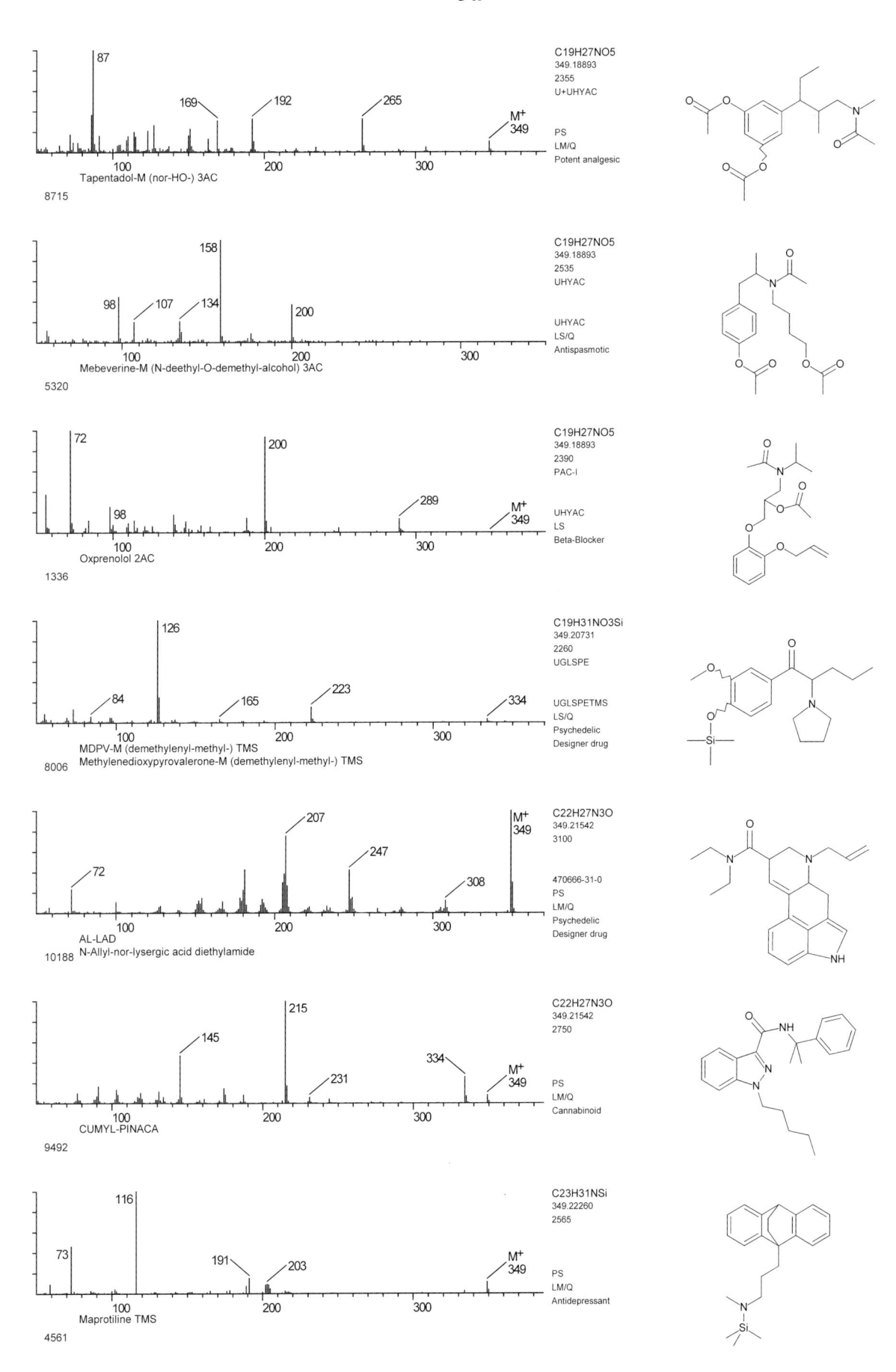

Spectrum	Formula / Info
Tapentadol-M (nor-HO-) 3AC — peaks 87, 169, 192, 265, M+ 349	C19H27NO5; 349.18893; 2355; U+UHYAC; PS; LM/Q; Potent analgesic
Mebeverine-M (N-deethyl-O-demethyl-alcohol) 3AC — peaks 98, 107, 134, 158, 200	C19H27NO5; 349.18893; 2535; UHYAC; UHYAC; LS/Q; Antispasmotic
Oxprenolol 2AC — peaks 72, 98, 200, 289, M+ 349	C19H27NO5; 349.18893; 2390; PAC-I; UHYAC; LS; Beta-Blocker
MDPV-M (demethylenyl-methyl-) TMS / Methylenedioxypyrovalerone-M (demethylenyl-methyl-) TMS — peaks 84, 126, 165, 223, 334	C19H31NO3Si; 349.20731; 2260; UGLSPE; UGLSPETMS; LS/Q; Psychedelic Designer drug
AL-LAD / N-Allyl-nor-lysergic acid diethylamide — peaks 72, 207, 247, 308, M+ 349	C22H27N3O; 349.21542; 3100; 470666-31-0; PS; LM/Q; Psychedelic Designer drug
CUMYL-PINACA — peaks 145, 215, 231, 334, M+ 349	C22H27N3O; 349.21542; 2750; PS; LM/Q; Cannabinoid
Maprotiline TMS — peaks 73, 116, 191, 203, M+ 349	C23H31NSi; 349.22260; 2565; PS; LM/Q; Antidepressant

349

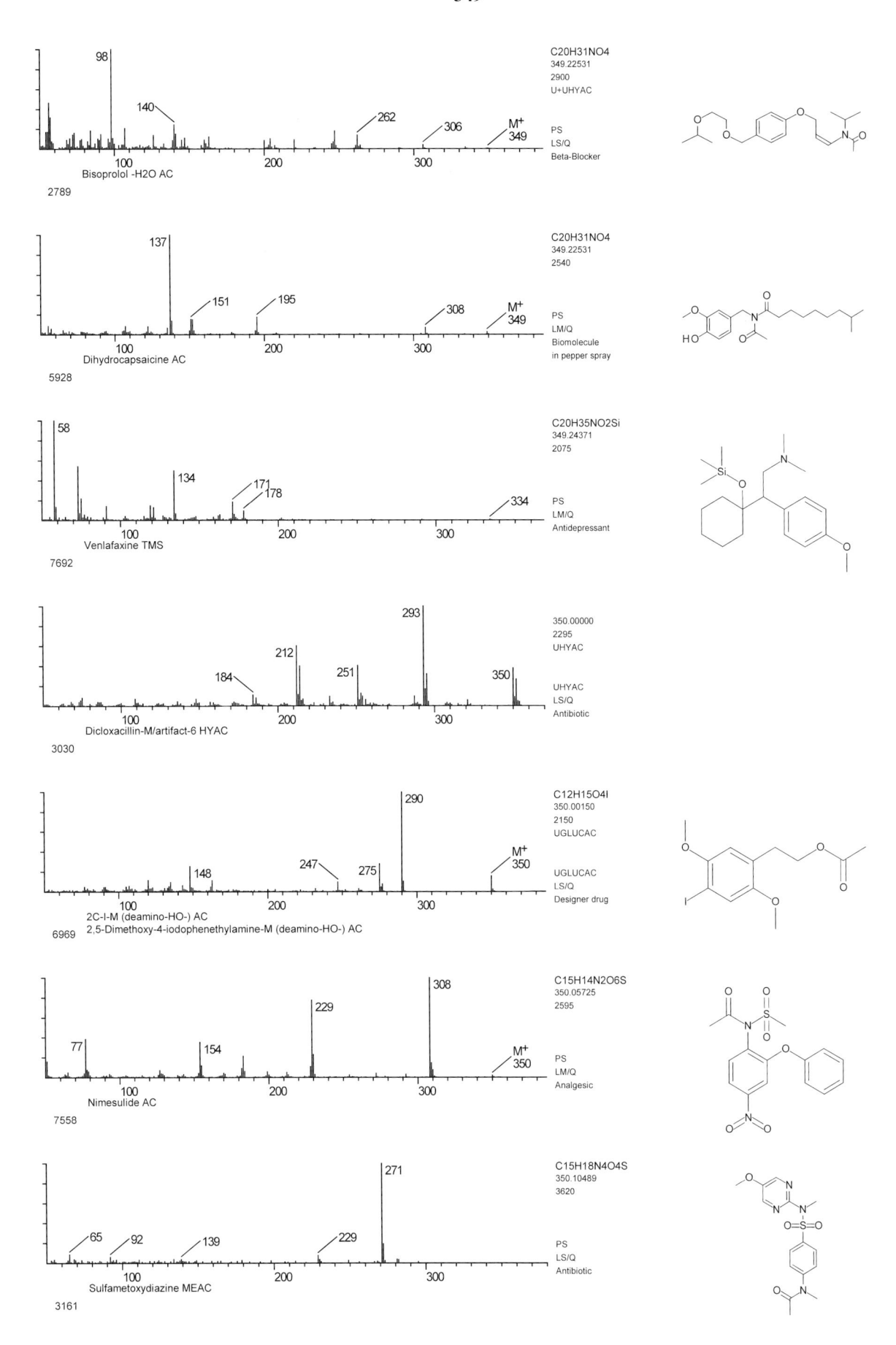

C20H31NO4
349.22531
2900
U+UHYAC

PS
LS/Q
Beta-Blocker

Bisoprolol -H2O AC
2789

C20H31NO4
349.22531
2540

PS
LM/Q
Biomolecule
in pepper spray

Dihydrocapsaicine AC
5928

C20H35NO2Si
349.24371
2075

PS
LM/Q
Antidepressant

Venlafaxine TMS
7692

350.00000
2295
UHYAC

UHYAC
LS/Q
Antibiotic

Dicloxacillin-M/artifact-6 HYAC
3030

C12H15O4I
350.00150
2150
UGLUCAC

UGLUCAC
LS/Q
Designer drug

2C-I-M (deamino-HO-) AC
2,5-Dimethoxy-4-iodophenethylamine-M (deamino-HO-) AC
6969

C15H14N2O6S
350.05725
2595

PS
LM/Q
Analgesic

Nimesulide AC
7558

C15H18N4O4S
350.10489
3620

PS
LS/Q
Antibiotic

Sulfametoxydiazine MEAC
3161

350

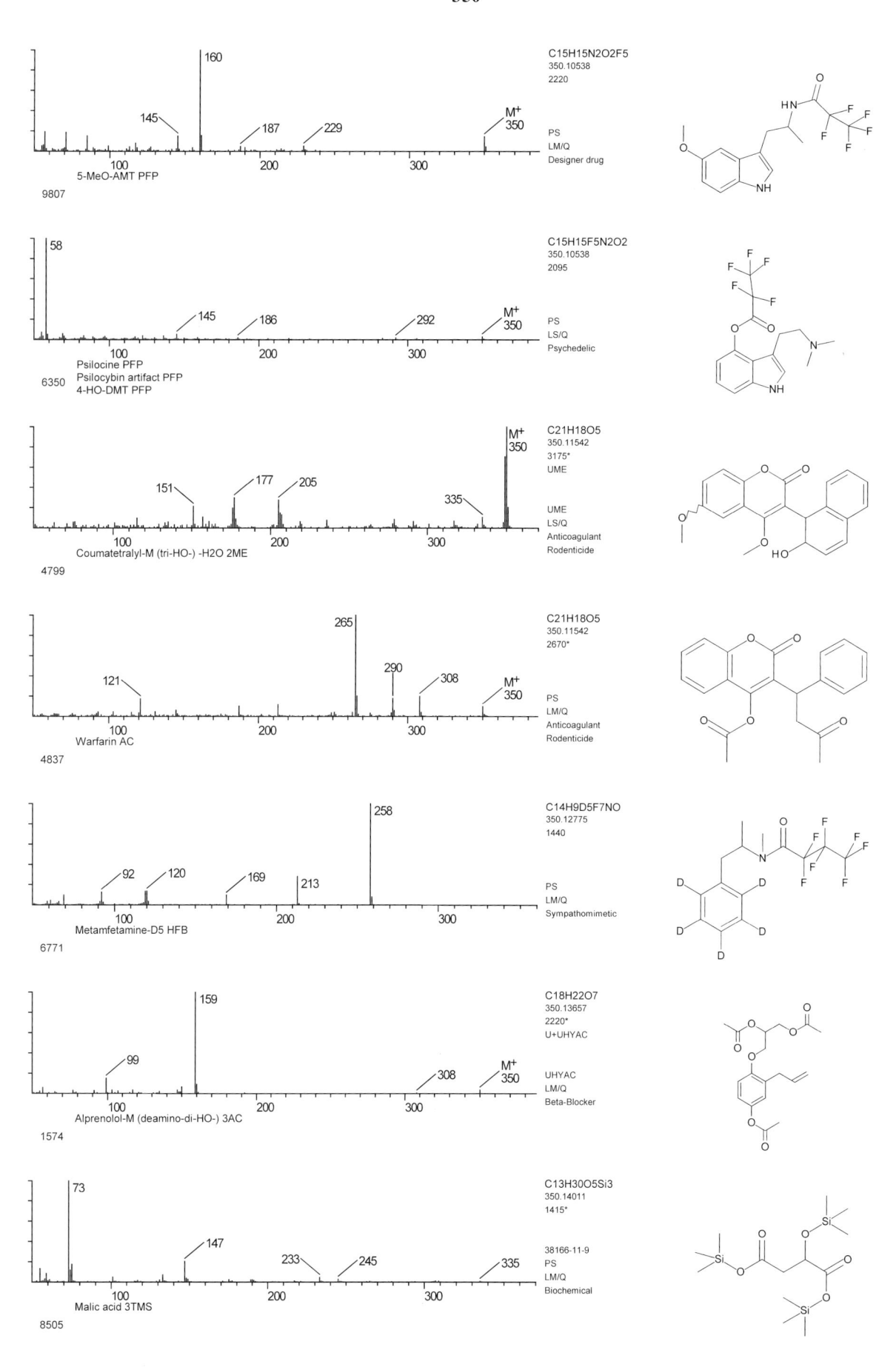

5-MeO-AMT PFP
9807
C15H15N2O2F5
350.10538
2220
PS
LM/Q
Designer drug

Psilocine PFP
Psilocybin artifact PFP
4-HO-DMT PFP
6350
C15H15F5N2O2
350.10538
2095
PS
LS/Q
Psychedelic

Coumatetralyl-M (tri-HO-) -H2O 2ME
4799
C21H18O5
350.11542
3175*
UME
UME
LS/Q
Anticoagulant
Rodenticide

Warfarin AC
4837
C21H18O5
350.11542
2670*
PS
LM/Q
Anticoagulant
Rodenticide

Metamfetamine-D5 HFB
6771
C14H9D5F7NO
350.12775
1440
PS
LM/Q
Sympathomimetic

Alprenolol-M (deamino-di-HO-) 3AC
1574
C18H22O7
350.13657
2220*
U+UHYAC
UHYAC
LM/Q
Beta-Blocker

Malic acid 3TMS
8505
C13H30O5Si3
350.14011
1415*
38166-11-9
PS
LM/Q
Biochemical

350

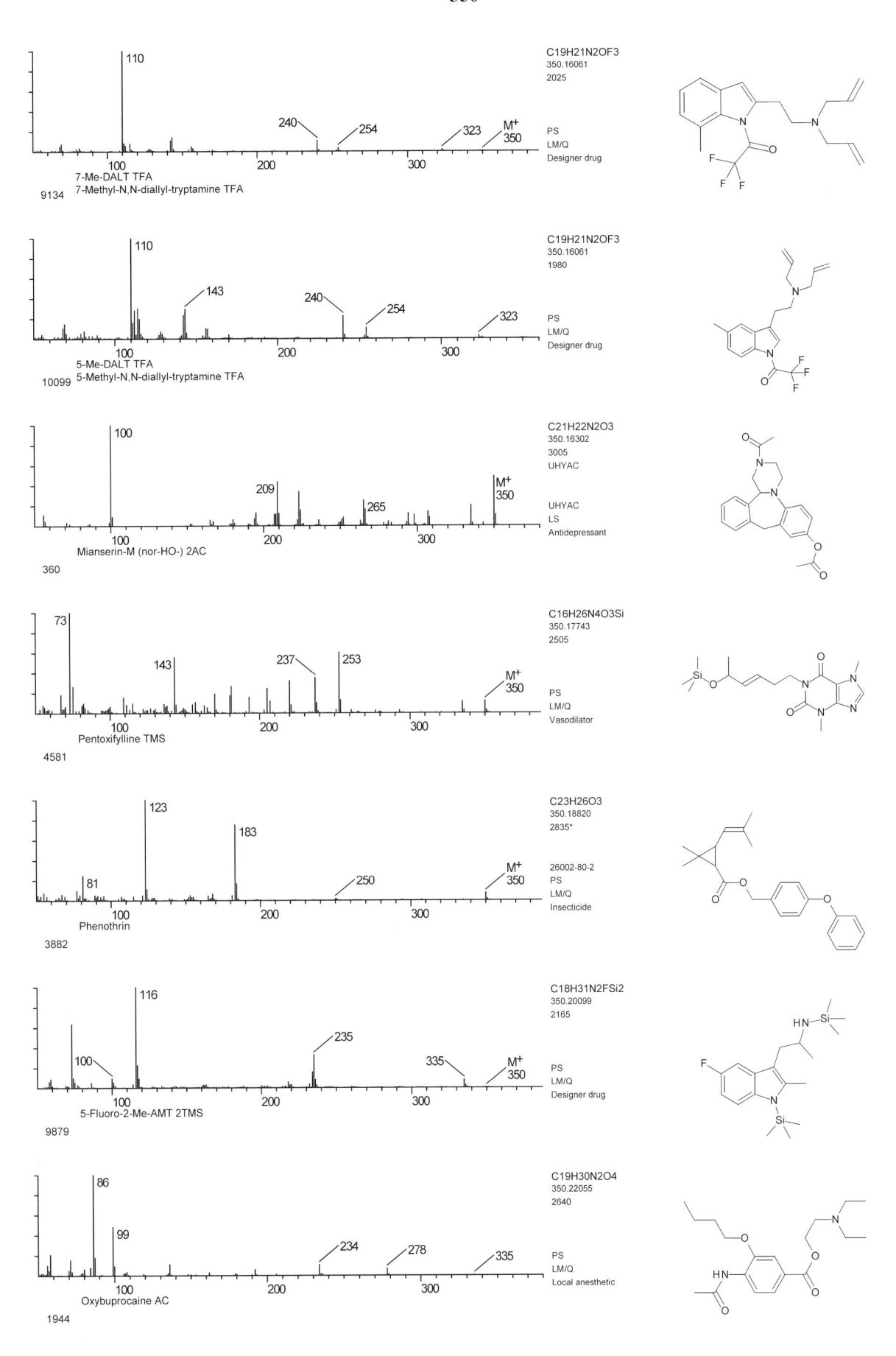

110, 240, 254, 323, M+ 350	C19H21N2OF3 350.16061 2025 PS LM/Q Designer drug

7-Me-DALT TFA
7-Methyl-N,N-diallyl-tryptamine TFA
9134

110, 143, 240, 254, 323	C19H21N2OF3 350.16061 1980 PS LM/Q Designer drug

5-Me-DALT TFA
5-Methyl-N,N-diallyl-tryptamine TFA
10099

100, 209, 265, M+ 350	C21H22N2O3 350.16302 3005 UHYAC UHYAC LS Antidepressant

Mianserin-M (nor-HO-) 2AC
360

73, 143, 237, 253, M+ 350	C16H26N4O3Si 350.17743 2505 PS LM/Q Vasodilator

Pentoxifylline TMS
4581

81, 123, 183, 250, M+ 350	C23H26O3 350.18820 2835* 26002-80-2 PS LM/Q Insecticide

Phenothrin
3882

100, 116, 235, 335, M+ 350	C18H31N2FSi2 350.20099 2165 PS LM/Q Designer drug

5-Fluoro-2-Me-AMT 2TMS
9879

86, 99, 234, 278, 335	C19H30N2O4 350.22055 2640 PS LM/Q Local anesthetic

Oxybuprocaine AC
1944

350

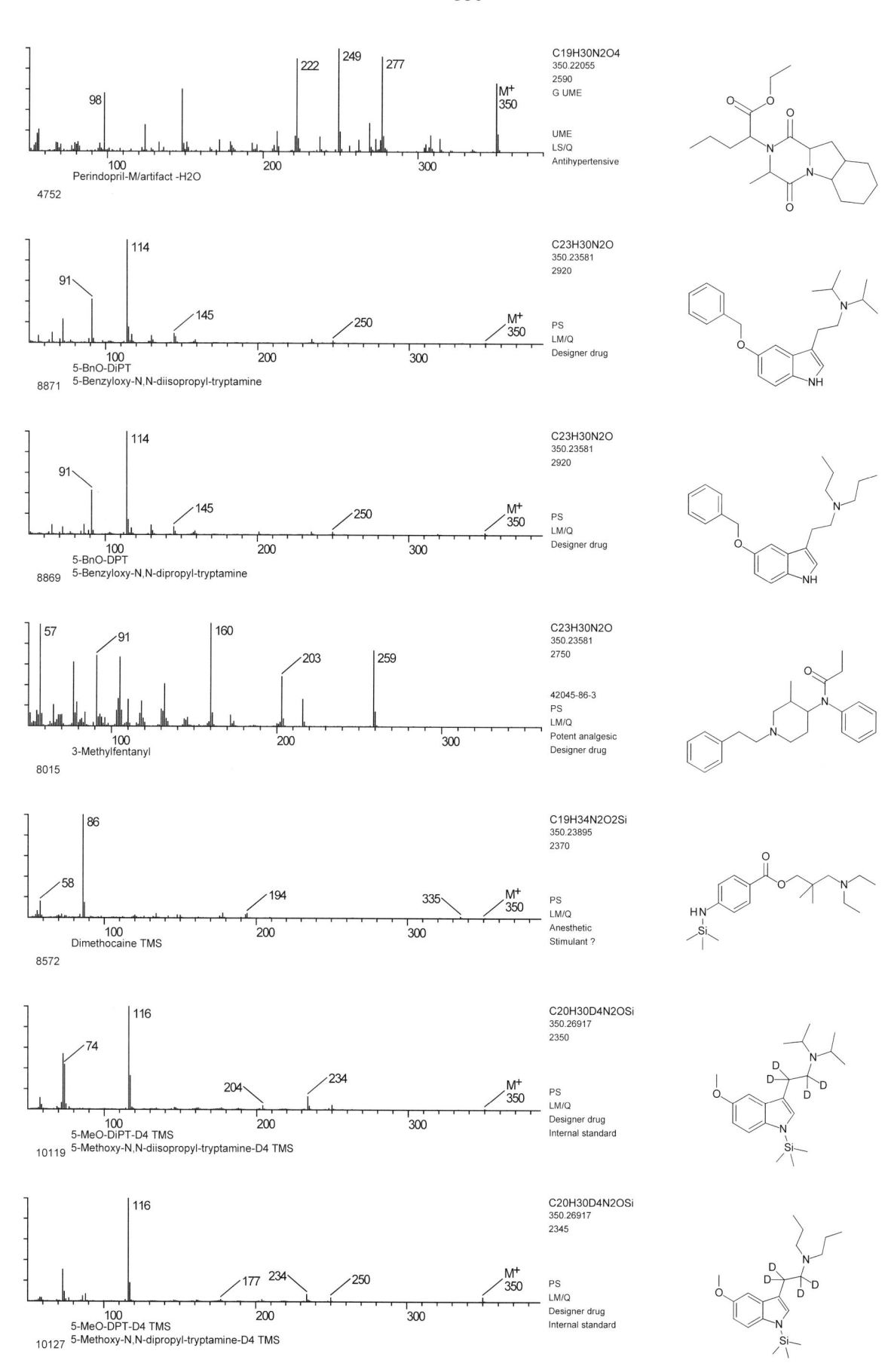

Perindopril-M/artifact -H2O 4752	98, 222, 249, 277, M+ 350	C19H30N2O4 350.22055 2590 G UME / UME / LS/Q / Antihypertensive
5-BnO-DiPT 5-Benzyloxy-N,N-diisopropyl-tryptamine 8871	91, 114, 145, 250, M+ 350	C23H30N2O 350.23581 2920 / PS / LM/Q / Designer drug
5-BnO-DPT 5-Benzyloxy-N,N-dipropyl-tryptamine 8869	91, 114, 145, 250, M+ 350	C23H30N2O 350.23581 2920 / PS / LM/Q / Designer drug
3-Methylfentanyl 8015	57, 91, 160, 203, 259	C23H30N2O 350.23581 2750 / 42045-86-3 / PS / LM/Q / Potent analgesic / Designer drug
Dimethocaine TMS 8572	58, 86, 194, 335, M+ 350	C19H34N2O2Si 350.23895 2370 / PS / LM/Q / Anesthetic / Stimulant ?
5-MeO-DiPT-D4 TMS 5-Methoxy-N,N-diisopropyl-tryptamine-D4 TMS 10119	74, 116, 204, 234, M+ 350	C20H30D4N2OSi 350.26917 2350 / PS / LM/Q / Designer drug / Internal standard
5-MeO-DPT-D4 TMS 5-Methoxy-N,N-dipropyl-tryptamine-D4 TMS 10127	116, 177, 234, 250, M+ 350	C20H30D4N2OSi 350.26917 2345 / PS / LM/Q / Designer drug / Internal standard

351

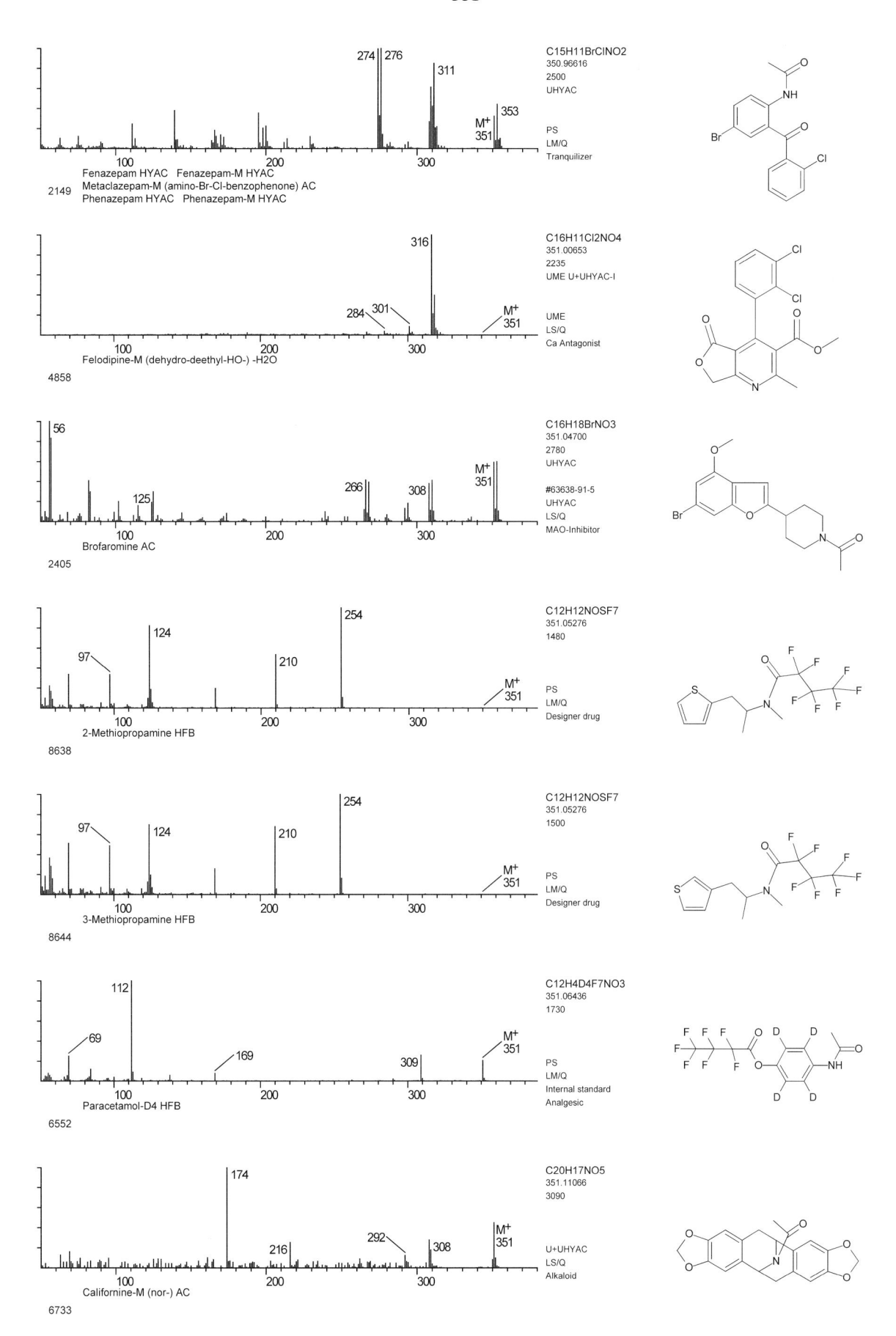

274, 276, 311, M+ 351, 353	C15H11BrClNO2 350.96616 2500 UHYAC PS LM/Q Tranquilizer

Fenazepam HYAC   Fenazepam-M HYAC
Metaclazepam-M (amino-Br-Cl-benzophenone) AC
Phenazepam HYAC   Phenazepam-M HYAC
2149

284, 301, 316, M+ 351	C16H11Cl2NO4 351.00653 2235 UME U+UHYAC-I UME LS/Q Ca Antagonist

Felodipine-M (dehydro-deethyl-HO-) -H2O
4858

56, 125, 266, 308, M+ 351	C16H18BrNO3 351.04700 2780 UHYAC #63638-91-5 UHYAC LS/Q MAO-Inhibitor

Brofaromine AC
2405

97, 124, 210, 254, M+ 351	C12H12NOSF7 351.05276 1480 PS LM/Q Designer drug

2-Methiopropamine HFB
8638

97, 124, 210, 254, M+ 351	C12H12NOSF7 351.05276 1500 PS LM/Q Designer drug

3-Methiopropamine HFB
8644

69, 112, 169, 309, M+ 351	C12H4D4F7NO3 351.06436 1730 PS LM/Q Internal standard Analgesic

Paracetamol-D4 HFB
6552

174, 216, 292, 308, M+ 351	C20H17NO5 351.11066 3090 U+UHYAC LS/Q Alkaloid

Californine-M (nor-) AC
6733

1211

351

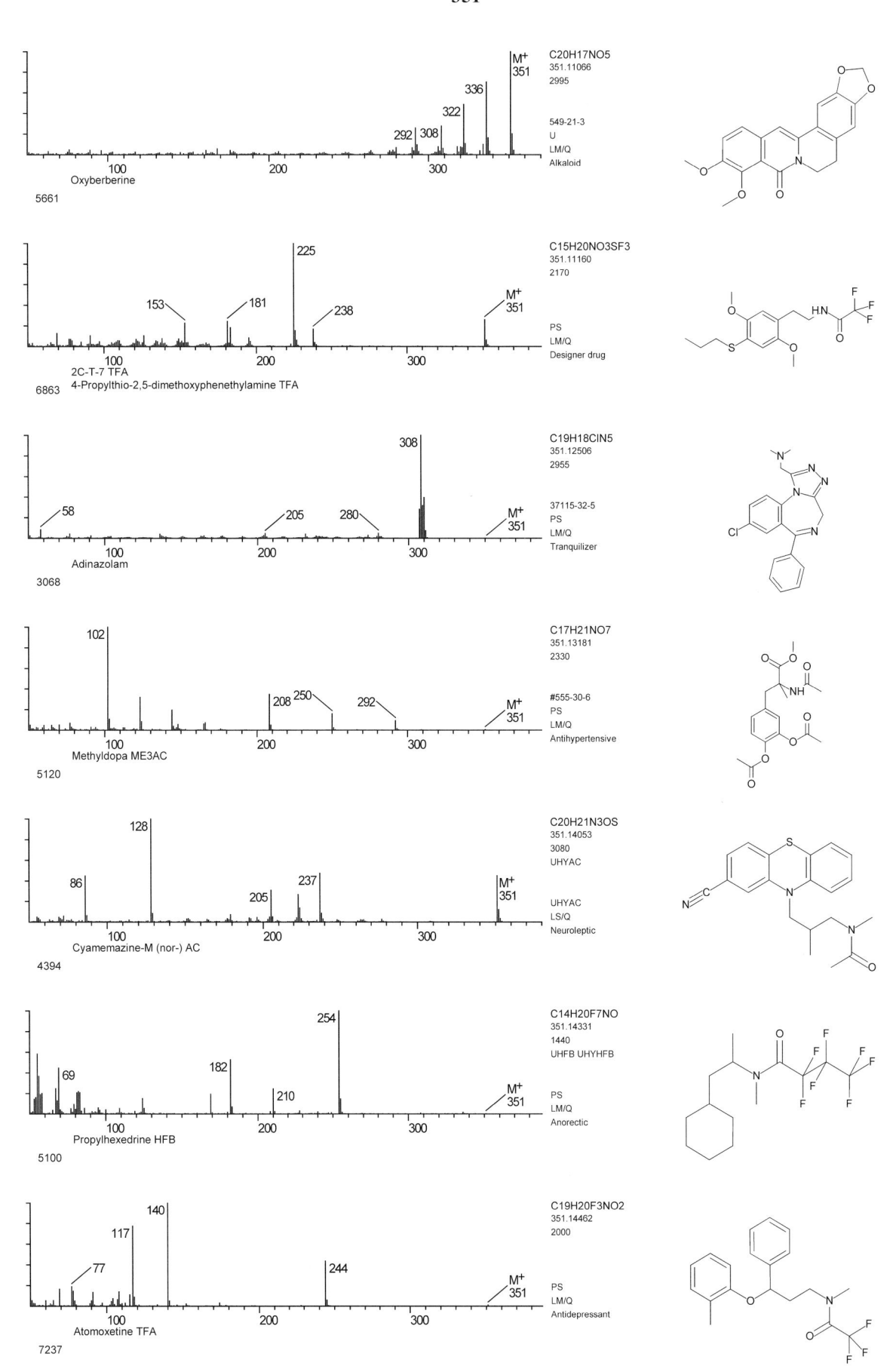

C20H17NO5
351.11066
2995

549-21-3
U
LM/Q
Alkaloid

Oxyberberine
5661

C15H20NO3SF3
351.11160
2170

PS
LM/Q
Designer drug

2C-T-7 TFA
4-Propylthio-2,5-dimethoxyphenethylamine TFA
6863

C19H18ClN5
351.12506
2955

37115-32-5
PS
LM/Q
Tranquilizer

Adinazolam
3068

C17H21NO7
351.13181
2330

#555-30-6
PS
LM/Q
Antihypertensive

Methyldopa ME3AC
5120

C20H21N3OS
351.14053
3080
UHYAC

UHYAC
LS/Q
Neuroleptic

Cyamemazine-M (nor-) AC
4394

C14H20F7NO
351.14331
1440
UHFB UHYHFB

PS
LM/Q
Anorectic

Propylhexedrine HFB
5100

C19H20F3NO2
351.14462
2000

PS
LM/Q
Antidepressant

Atomoxetine TFA
7237

1212

351

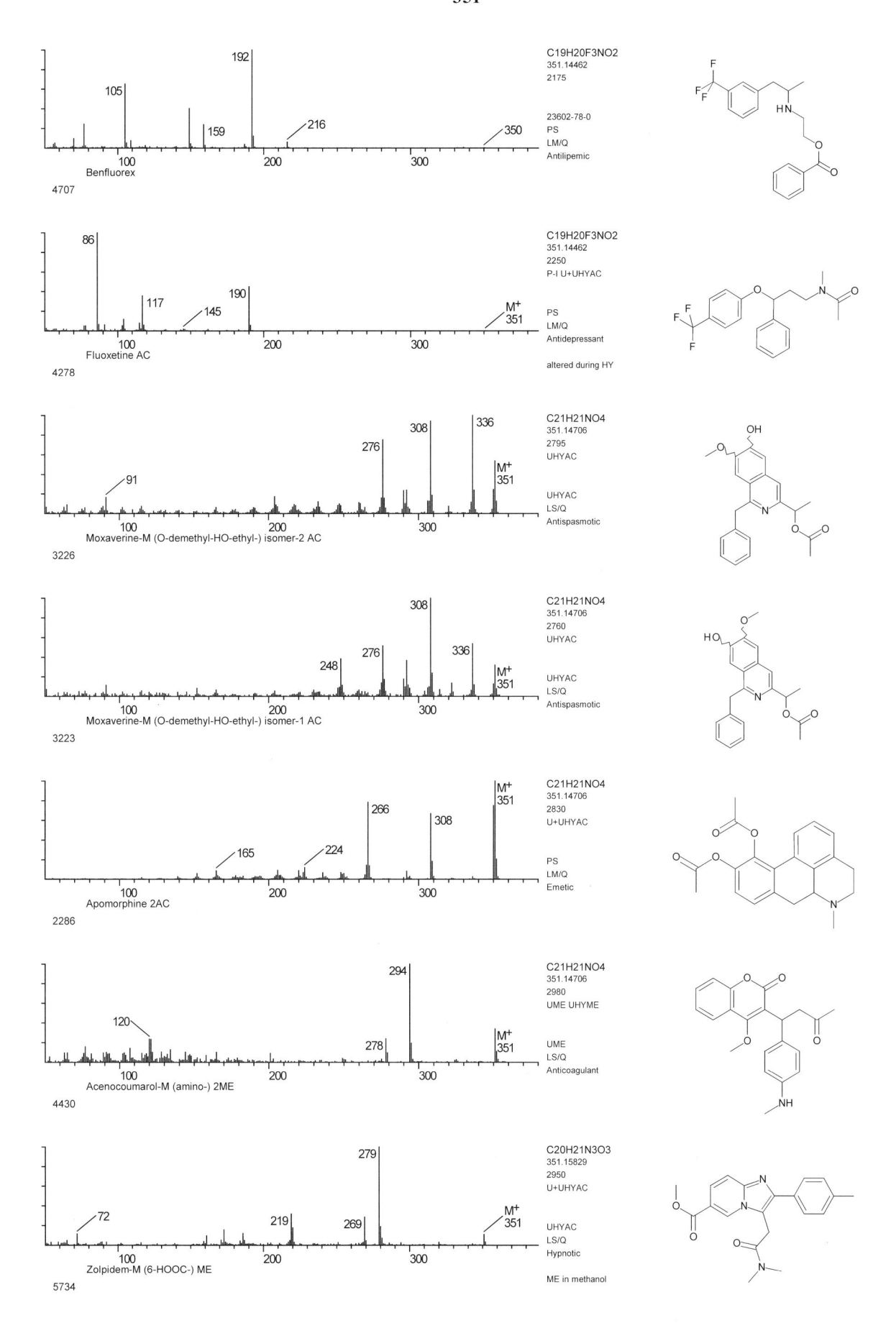

Spectrum: peaks 105, 159, 192, 216, 350	C19H20F3NO2 351.14462 2175 23602-78-0 PS LM/Q Antilipemic	(structure)
Benflurex 4707		
Spectrum: peaks 86, 117, 145, 190, M+ 351	C19H20F3NO2 351.14462 2250 P-I U+UHYAC PS LM/Q Antidepressant altered during HY	(structure)
Fluoxetine AC 4278		
Spectrum: peaks 91, 276, 308, 336, M+ 351	C21H21NO4 351.14706 2795 UHYAC UHYAC LS/Q Antispasmotic	(structure)
Moxaverine-M (O-demethyl-HO-ethyl-) isomer-2 AC 3226		
Spectrum: peaks 248, 276, 308, 336, M+ 351	C21H21NO4 351.14706 2760 UHYAC UHYAC LS/Q Antispasmotic	(structure)
Moxaverine-M (O-demethyl-HO-ethyl-) isomer-1 AC 3223		
Spectrum: peaks 165, 224, 266, 308, M+ 351	C21H21NO4 351.14706 2830 U+UHYAC PS LM/Q Emetic	(structure)
Apomorphine 2AC 2286		
Spectrum: peaks 120, 278, 294, M+ 351	C21H21NO4 351.14706 2980 UME UHYME UME LS/Q Anticoagulant	(structure)
Acenocoumarol-M (amino-) 2ME 4430		
Spectrum: peaks 72, 219, 269, 279, M+ 351	C20H21N3O3 351.15829 2950 U+UHYAC UHYAC LS/Q Hypnotic ME in methanol	(structure)
Zolpidem-M (6-HOOC-) ME 5734		

351

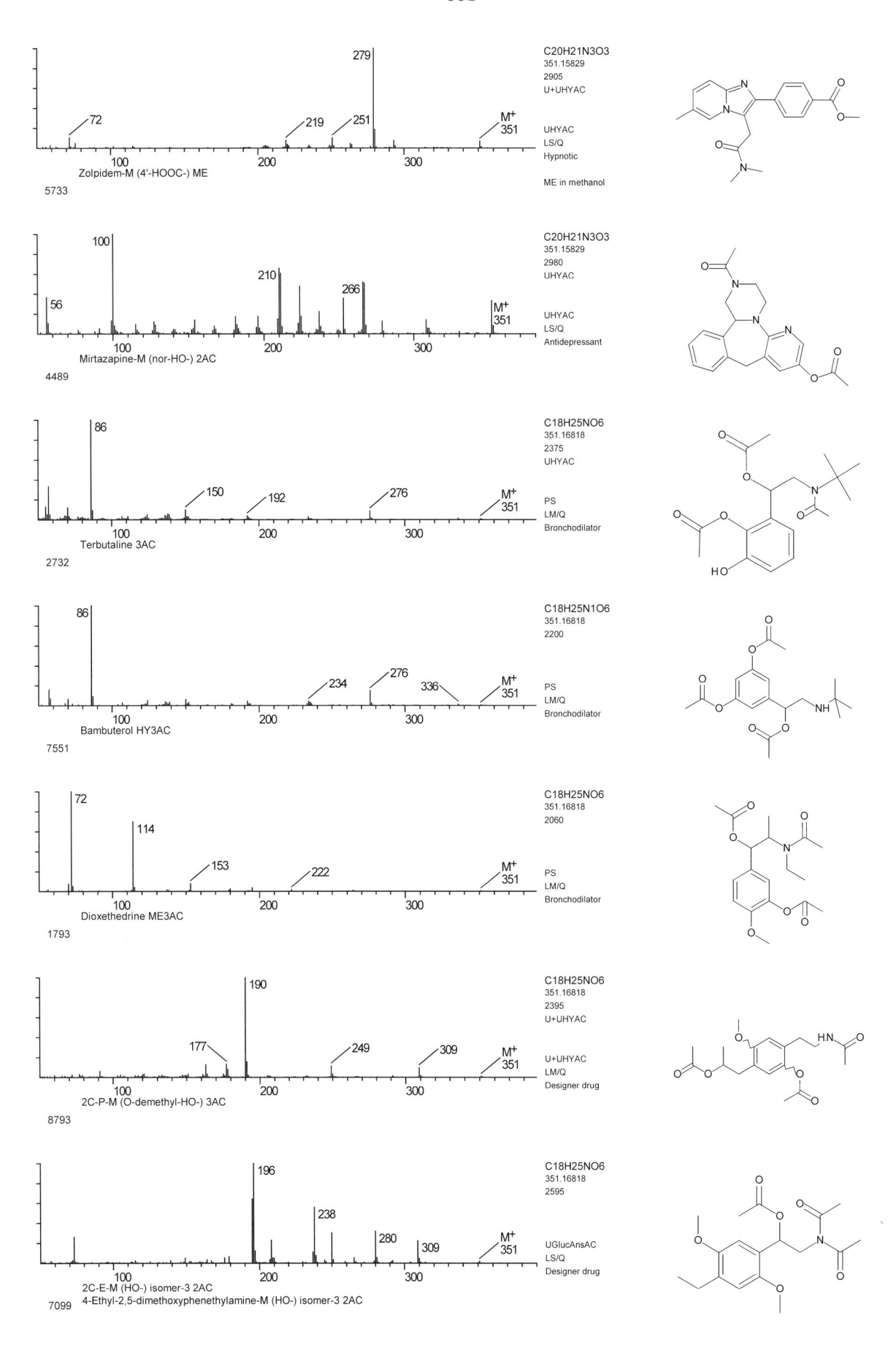

Zolpidem-M (4'-HOOC-) ME 5733	C20H21N3O3 351.15829 2905 U+UHYAC UHYAC LS/Q Hypnotic ME in methanol	
Mirtazapine-M (nor-HO-) 2AC 4489	C20H21N3O3 351.15829 2980 UHYAC UHYAC LS/Q Antidepressant	
Terbutaline 3AC 2732	C18H25NO6 351.16818 2375 UHYAC PS LM/Q Bronchodilator	
Bambuterol HY3AC 7551	C18H25N1O6 351.16818 2200 PS LM/Q Bronchodilator	
Dioxethedrine ME3AC 1793	C18H25NO6 351.16818 2060 PS LM/Q Bronchodilator	
2C-P-M (O-demethyl-HO-) 3AC 8793	C18H25NO6 351.16818 2395 U+UHYAC U+UHYAC LM/Q Designer drug	
2C-E-M (HO-) isomer-3 2AC 4-Ethyl-2,5-dimethoxyphenethylamine-M (HO-) isomer-3 2AC 7099	C18H25NO6 351.16818 2595 UGlucAnsAC LS/Q Designer drug	

351

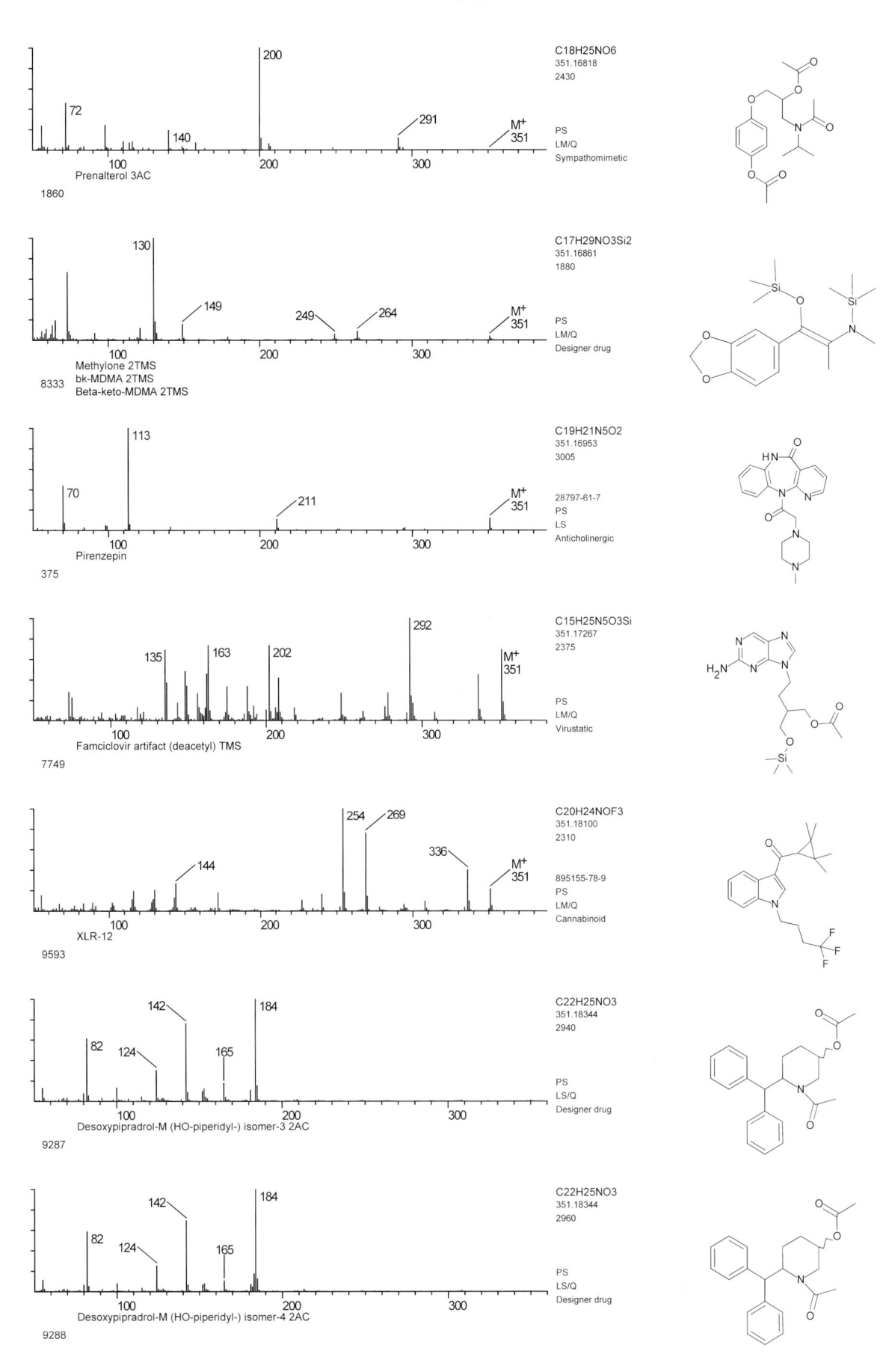

C18H25NO6
351.16818
2430

PS
LM/Q
Sympathomimetic

Prenalterol 3AC
1860

C17H29NO3Si2
351.16861
1880

PS
LM/Q
Designer drug

Methylone 2TMS
bk-MDMA 2TMS
Beta-keto-MDMA 2TMS
8333

C19H21N5O2
351.16953
3005

28797-61-7
PS
LS
Anticholinergic

Pirenzepin
375

C15H25N5O3Si
351.17267
2375

PS
LM/Q
Virustatic

Famciclovir artifact (deacetyl) TMS
7749

C20H24NOF3
351.18100
2310

895155-78-9
PS
LM/Q
Cannabinoid

XLR-12
9593

C22H25NO3
351.18344
2940

PS
LS/Q
Designer drug

Desoxypipradrol-M (HO-piperidyl-) isomer-3 2AC
9287

C22H25NO3
351.18344
2960

PS
LS/Q
Designer drug

Desoxypipradrol-M (HO-piperidyl-) isomer-4 2AC
9288

1215

C22H25NO3
351.18344
3000

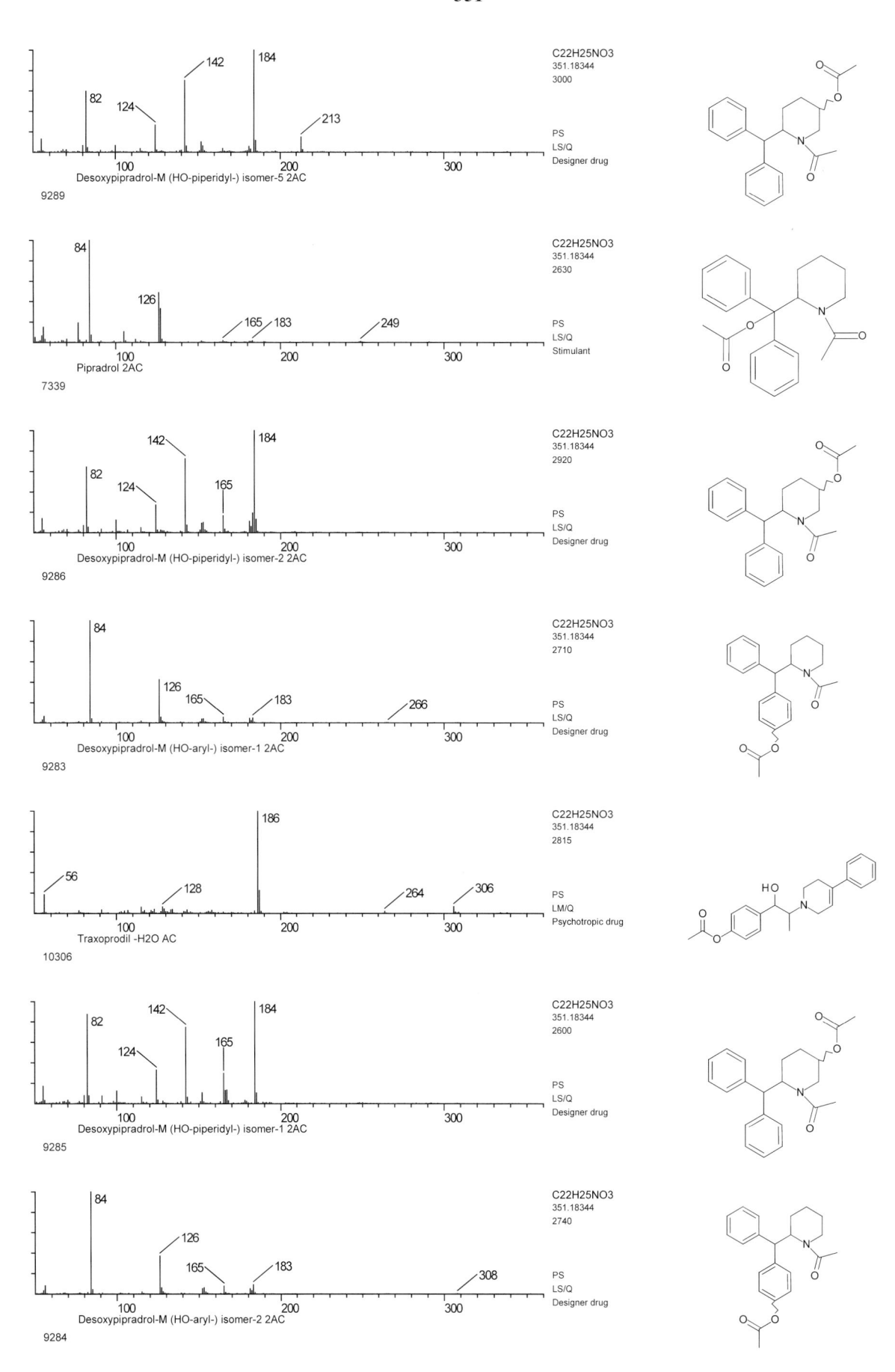

PS
LS/Q
Designer drug

Desoxypipradrol-M (HO-piperidyl-) isomer-5 2AC
9289

C22H25NO3
351.18344
2630

PS
LS/Q
Stimulant

Pipradrol 2AC
7339

C22H25NO3
351.18344
2920

PS
LS/Q
Designer drug

Desoxypipradrol-M (HO-piperidyl-) isomer-2 2AC
9286

C22H25NO3
351.18344
2710

PS
LS/Q
Designer drug

Desoxypipradrol-M (HO-aryl-) isomer-1 2AC
9283

C22H25NO3
351.18344
2815

PS
LM/Q
Psychotropic drug

Traxoprodil -H2O AC
10306

C22H25NO3
351.18344
2600

PS
LS/Q
Designer drug

Desoxypipradrol-M (HO-piperidyl-) isomer-1 2AC
9285

C22H25NO3
351.18344
2740

PS
LS/Q
Designer drug

Desoxypipradrol-M (HO-aryl-) isomer-2 2AC
9284

351

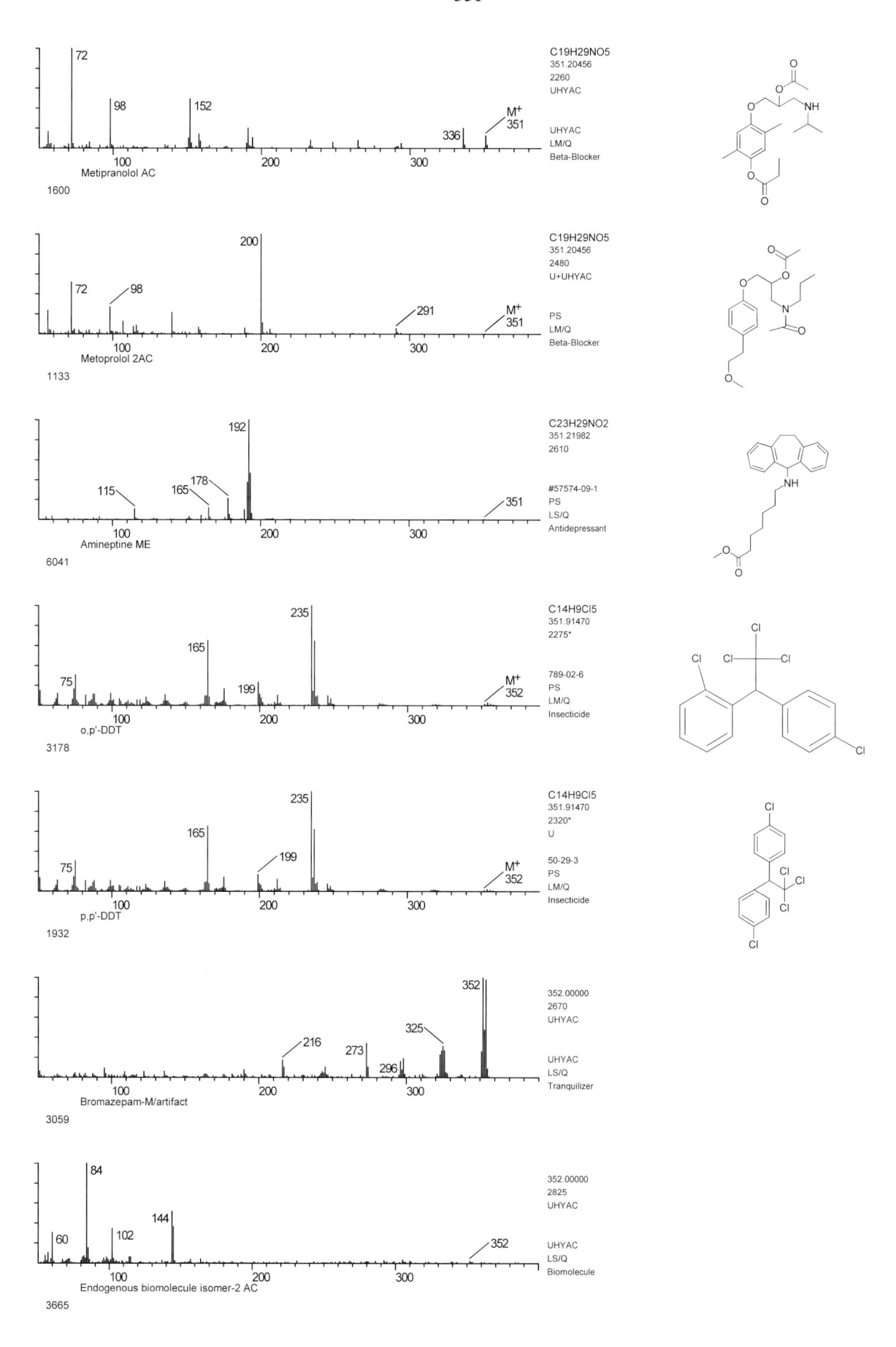

Spectrum	Compound	Formula/Info
1600	Metipranolol AC	C19H29NO5, 351.20456, 2260, UHYAC; UHYAC, LM/Q, Beta-Blocker
1133	Metoprolol 2AC	C19H29NO5, 351.20456, 2480, U+UHYAC; PS, LM/Q, Beta-Blocker
6041	Amineptine ME	C23H29NO2, 351.21982, 2610; #57574-09-1, PS, LS/Q, Antidepressant
3178	o,p'-DDT	C14H9Cl5, 351.91470, 2275*; 789-02-6, PS, LM/Q, Insecticide
1932	p,p'-DDT	C14H9Cl5, 351.91470, 2320*, U; 50-29-3, PS, LM/Q, Insecticide
3059	Bromazepam-M/artifact	352.00000, 2670, UHYAC; UHYAC, LS/Q, Tranquilizer
3665	Endogenous biomolecule isomer-2 AC	352.00000, 2825, UHYAC; UHYAC, LS/Q, Biomolecule

352

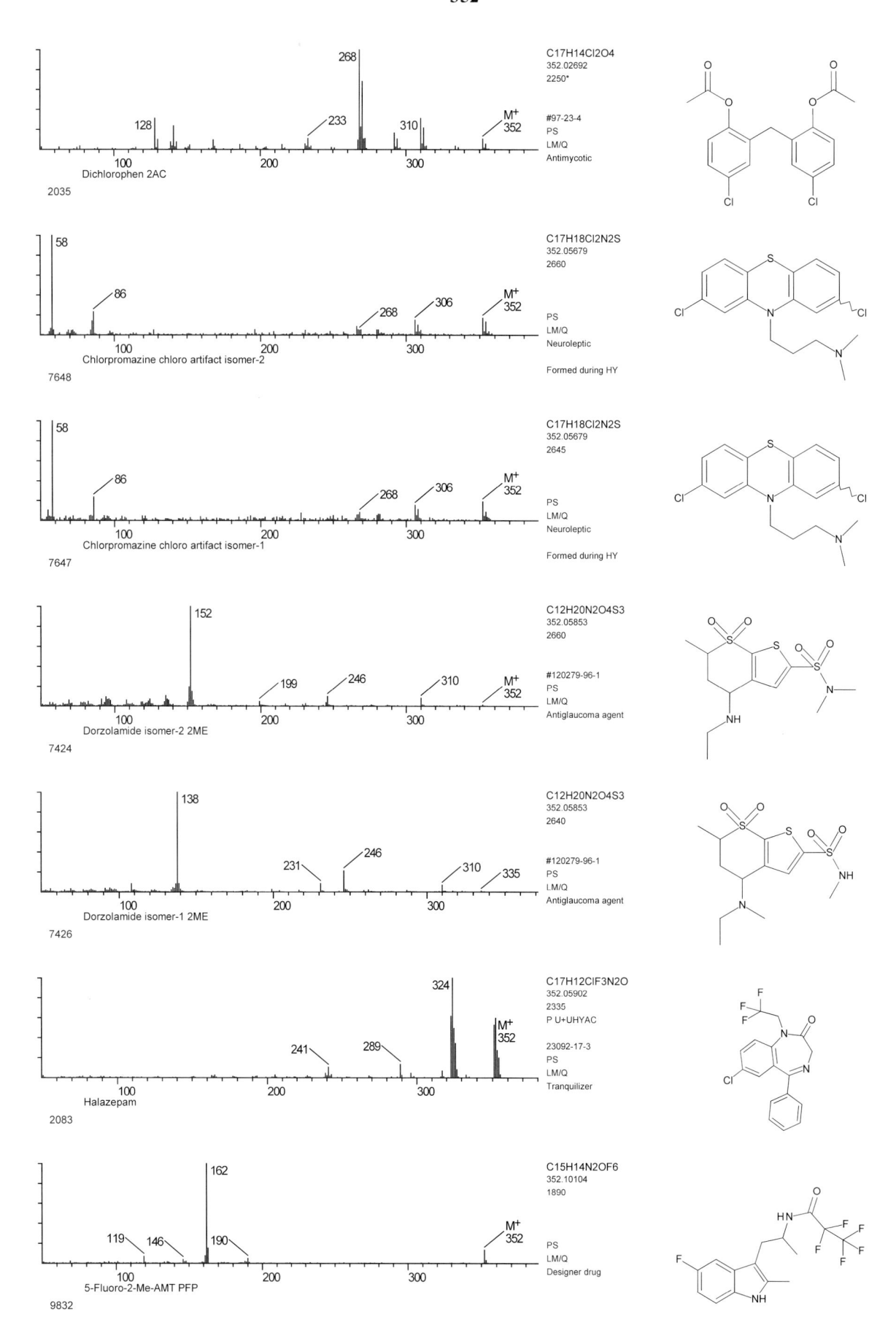

Dichlorophen 2AC — 2035	C17H14Cl2O4 352.02692 2250* #97-23-4 PS LM/Q Antimycotic
Peaks: 128, 233, 268, 310, M+ 352	

Chlorpromazine chloro artifact isomer-2 — 7648	C17H18Cl2N2S 352.05679 2660 PS LM/Q Neuroleptic Formed during HY
Peaks: 58, 86, 268, 306, M+ 352	

Chlorpromazine chloro artifact isomer-1 — 7647	C17H18Cl2N2S 352.05679 2645 PS LM/Q Neuroleptic Formed during HY
Peaks: 58, 86, 268, 306, M+ 352	

Dorzolamide isomer-2 2ME — 7424	C12H20N2O4S3 352.05853 2660 #120279-96-1 PS LM/Q Antiglaucoma agent
Peaks: 152, 199, 246, 310, M+ 352	

Dorzolamide isomer-1 2ME — 7426	C12H20N2O4S3 352.05853 2640 #120279-96-1 PS LM/Q Antiglaucoma agent
Peaks: 138, 231, 246, 310, 335	

Halazepam — 2083	C17H12ClF3N2O 352.05902 2335 P U+UHYAC 23092-17-3 PS LM/Q Tranquilizer
Peaks: 241, 289, 324, M+ 352	

5-Fluoro-2-Me-AMT PFP — 9832	C15H14N2OF6 352.10104 1890 PS LM/Q Designer drug
Peaks: 119, 146, 162, 190, M+ 352	

352

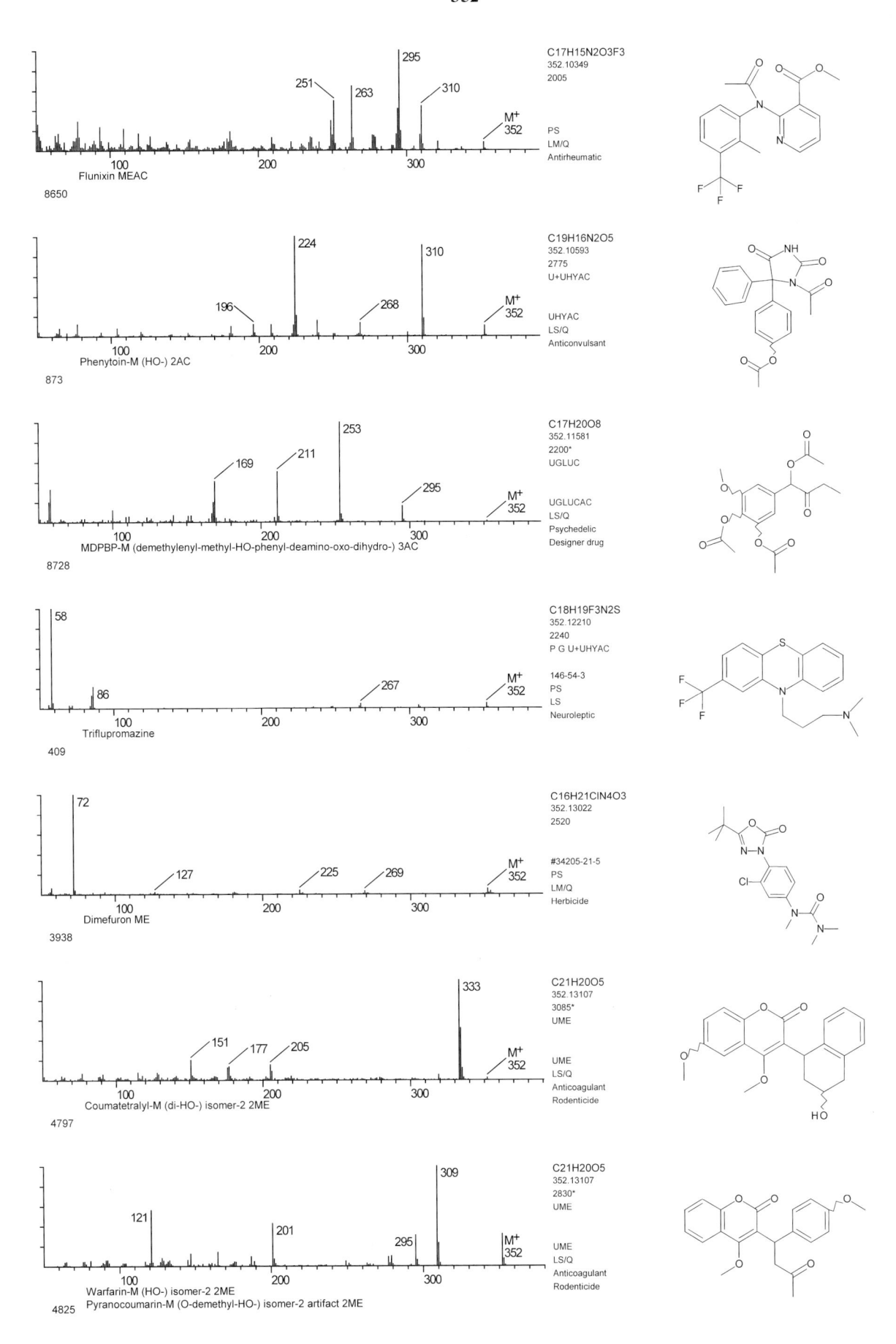

Spectrum	Formula / Info
Flunixin MEAC (8650), peaks 251, 263, 295, 310, M+ 352	C17H15N2O3F3, 352.10349, 2005, PS, LM/Q, Antirheumatic
Phenytoin-M (HO-) 2AC (873), peaks 196, 224, 268, 310, M+ 352	C19H16N2O5, 352.10593, 2775, U+UHYAC, UHYAC, LS/Q, Anticonvulsant
MDPBP-M (demethylenyl-methyl-HO-phenyl-deamino-oxo-dihydro-) 3AC (8728), peaks 169, 211, 253, 295, M+ 352	C17H20O8, 352.11581, 2200*, UGLUC, UGLUCAC, LS/Q, Psychedelic Designer drug
Triflupromazine (409), peaks 58, 86, 267, M+ 352	C18H19F3N2S, 352.12210, 2240, P G U+UHYAC, 146-54-3, PS, LS, Neuroleptic
Dimefuron ME (3938), peaks 72, 127, 225, 269, M+ 352	C16H21ClN4O3, 352.13022, 2520, #34205-21-5, PS, LM/Q, Herbicide
Coumatetralyl-M (di-HO-) isomer-2 2ME (4797), peaks 151, 177, 205, 333, M+ 352	C21H20O5, 352.13107, 3085*, UME, UME, LS/Q, Anticoagulant Rodenticide
Warfarin-M (HO-) isomer-2 2ME / Pyranocoumarin-M (O-demethyl-HO-) isomer-2 artifact 2ME (4825), peaks 121, 201, 295, 309, M+ 352	C21H20O5, 352.13107, 2830*, UME, UME, LS/Q, Anticoagulant Rodenticide

1219

352

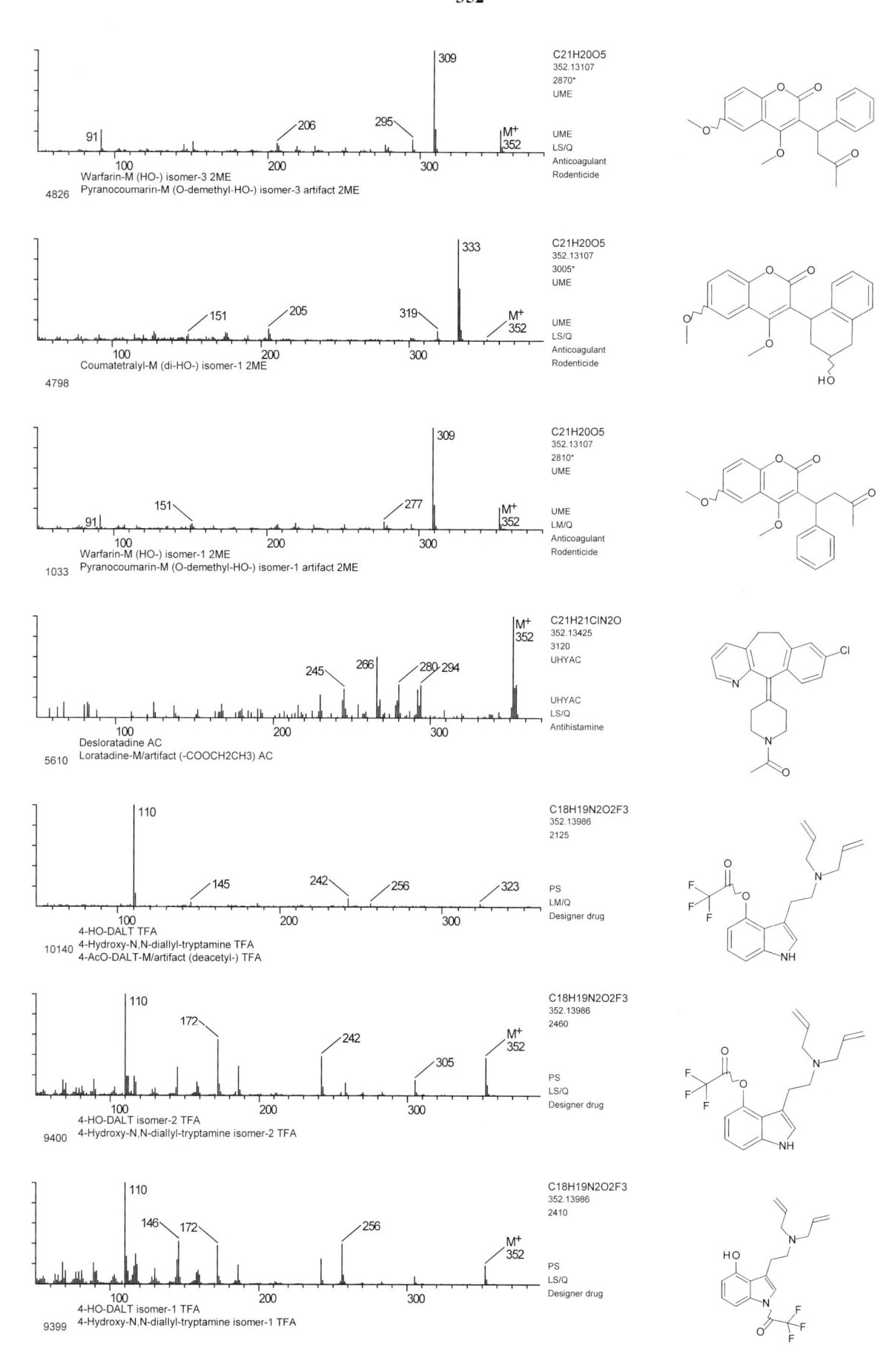

91, 206, 295, 309, M+ 352	C21H20O5 352.13107 2870* UME UME LS/Q Anticoagulant Rodenticide	

4826 Warfarin-M (HO-) isomer-3 2ME
Pyranocoumarin-M (O-demethyl-HO-) isomer-3 artifact 2ME

151, 205, 319, 333, M+ 352	C21H20O5 352.13107 3005* UME UME LS/Q Anticoagulant Rodenticide	

4798 Coumatetralyl-M (di-HO-) isomer-1 2ME

91, 151, 277, 309, M+ 352	C21H20O5 352.13107 2810* UME UME LM/Q Anticoagulant Rodenticide	

1033 Warfarin-M (HO-) isomer-1 2ME
Pyranocoumarin-M (O-demethyl-HO-) isomer-1 artifact 2ME

245, 266, 280, 294, M+ 352	C21H21ClN2O 352.13425 3120 UHYAC UHYAC LS/Q Antihistamine	

5610 Desloratadine AC
Loratadine-M/artifact (-COOCH2CH3) AC

110, 145, 242, 256, 323	C18H19N2O2F3 352.13986 2125 PS LM/Q Designer drug	

10140 4-HO-DALT TFA
4-Hydroxy-N,N-diallyl-tryptamine TFA
4-AcO-DALT-M/artifact (deacetyl-) TFA

110, 172, 242, 305, M+ 352	C18H19N2O2F3 352.13986 2460 PS LS/Q Designer drug	

9400 4-HO-DALT isomer-2 TFA
4-Hydroxy-N,N-diallyl-tryptamine isomer-2 TFA

110, 146, 172, 256, M+ 352	C18H19N2O2F3 352.13986 2410 PS LS/Q Designer drug	

9399 4-HO-DALT isomer-1 TFA
4-Hydroxy-N,N-diallyl-tryptamine isomer-1 TFA

352

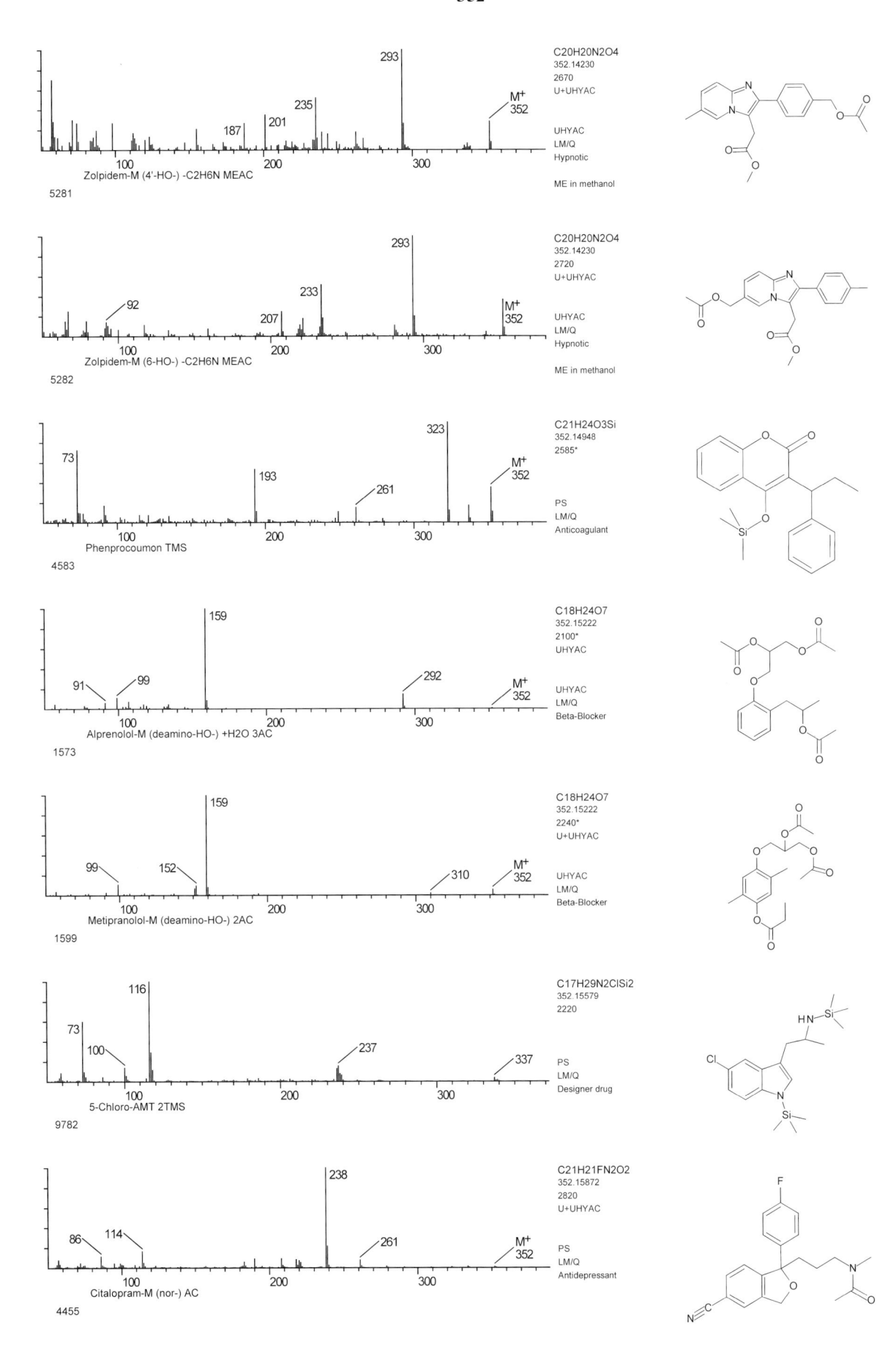

Zolpidem-M (4'-HO-) -C2H6N MEAC 5281	C20H20N2O4 352.14230 2670 U+UHYAC UHYAC LM/Q Hypnotic ME in methanol
Zolpidem-M (6-HO-) -C2H6N MEAC 5282	C20H20N2O4 352.14230 2720 U+UHYAC UHYAC LM/Q Hypnotic ME in methanol
Phenprocoumon TMS 4583	C21H24O3Si 352.14948 2585* PS LM/Q Anticoagulant
Alprenolol-M (deamino-HO-) +H2O 3AC 1573	C18H24O7 352.15222 2100* UHYAC UHYAC LM/Q Beta-Blocker
Metipranolol-M (deamino-HO-) 2AC 1599	C18H24O7 352.15222 2240* U+UHYAC UHYAC LM/Q Beta-Blocker
5-Chloro-AMT 2TMS 9782	C17H29N2ClSi2 352.15579 2220 PS LM/Q Designer drug
Citalopram-M (nor-) AC 4455	C21H21FN2O2 352.15872 2820 U+UHYAC PS LM/Q Antidepressant

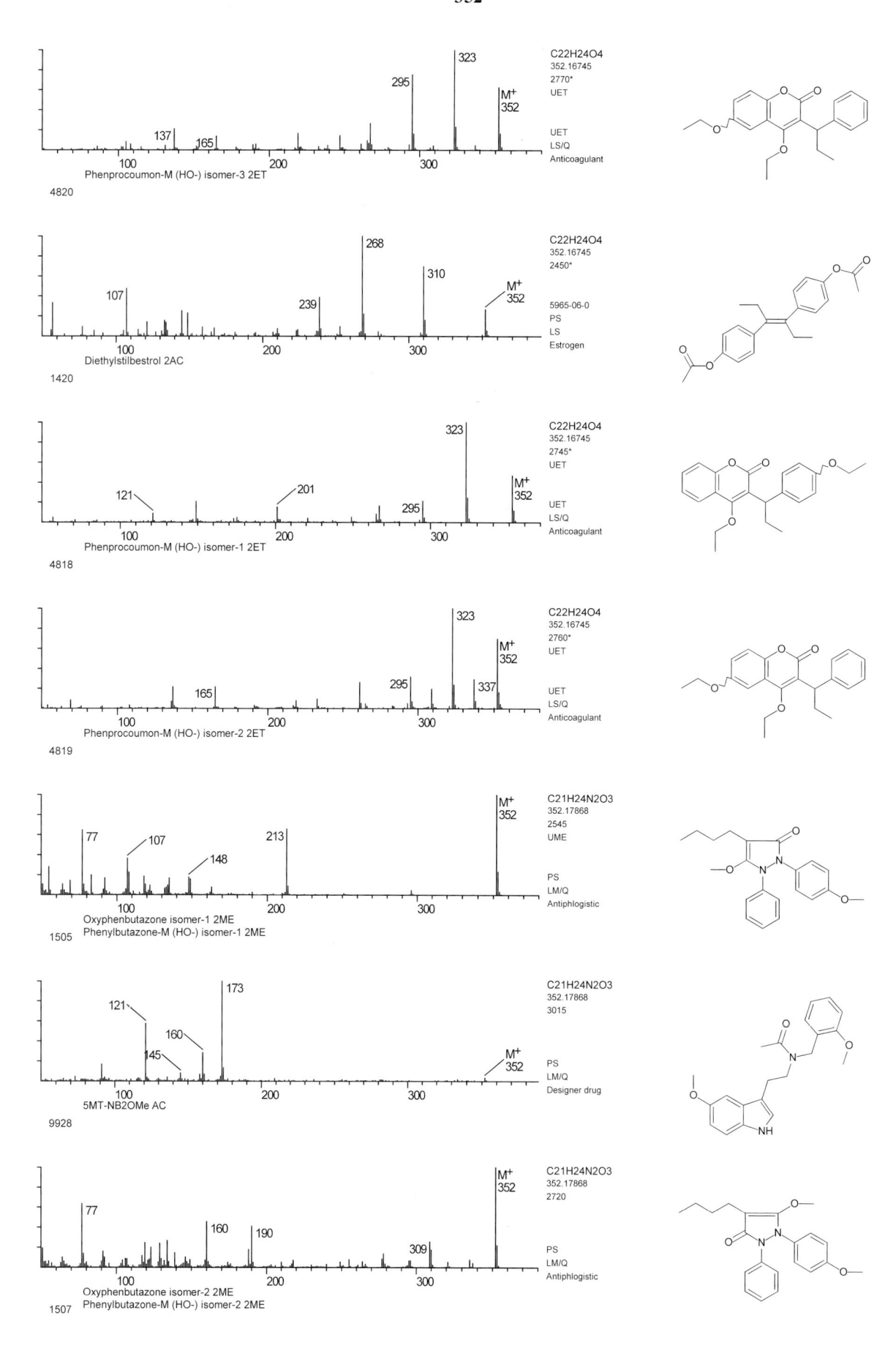

Phenprocoumon-M (HO-) isomer-3 2ET 4820	C22H24O4 352.16745 2770* UET UET LS/Q Anticoagulant
Diethylstilbestrol 2AC 1420	C22H24O4 352.16745 2450* 5965-06-0 PS LS Estrogen
Phenprocoumon-M (HO-) isomer-1 2ET 4818	C22H24O4 352.16745 2745* UET UET LS/Q Anticoagulant
Phenprocoumon-M (HO-) isomer-2 2ET 4819	C22H24O4 352.16745 2760* UET UET LS/Q Anticoagulant
Oxyphenbutazone isomer-1 2ME Phenylbutazone-M (HO-) isomer-1 2ME 1505	C21H24N2O3 352.17868 2545 UME PS LM/Q Antiphlogistic
5MT-NB2OMe AC 9928	C21H24N2O3 352.17868 3015 PS LM/Q Designer drug
Oxyphenbutazone isomer-2 2ME Phenylbutazone-M (HO-) isomer-2 2ME 1507	C21H24N2O3 352.17868 2720 PS LM/Q Antiphlogistic

352

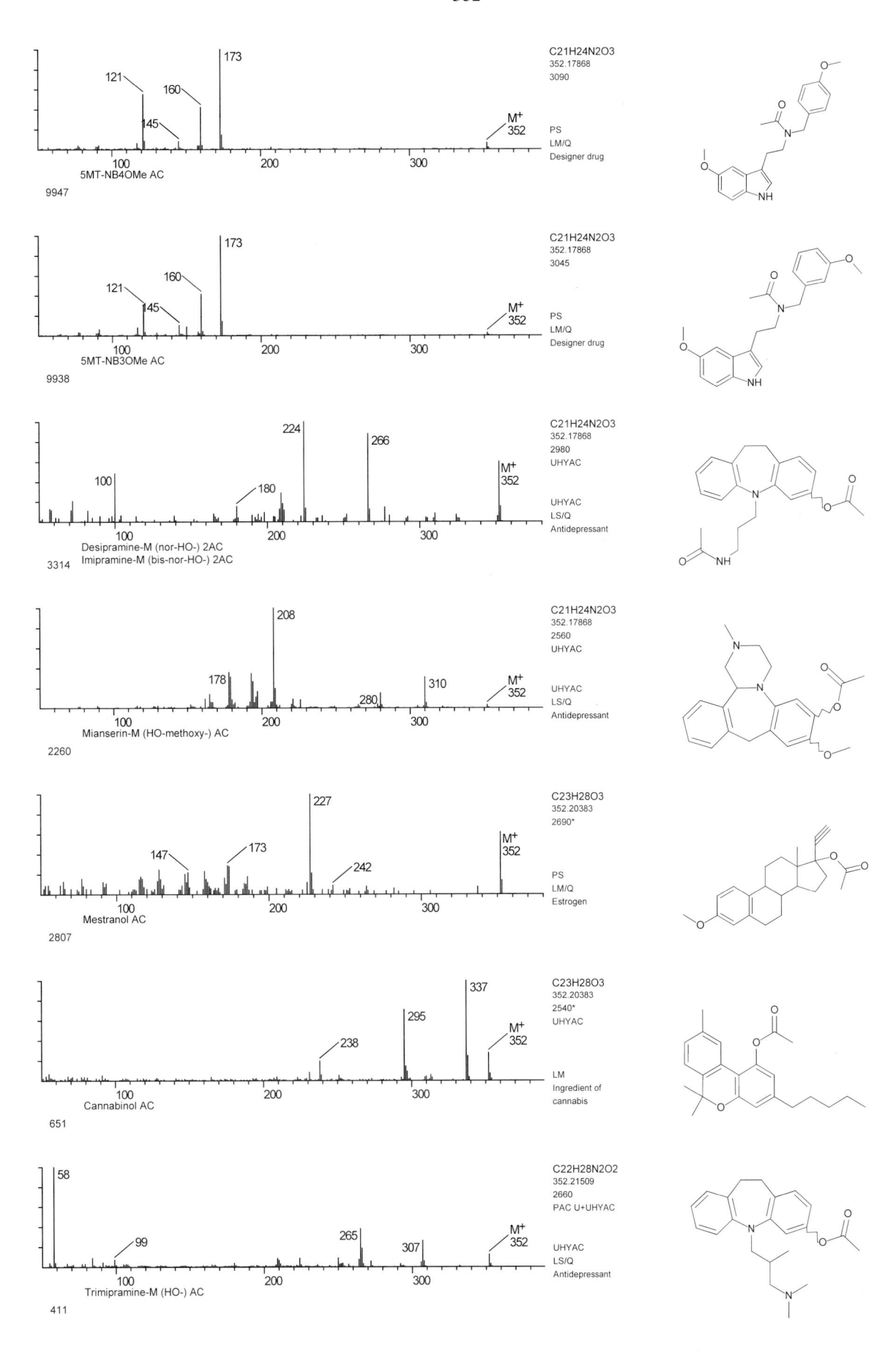

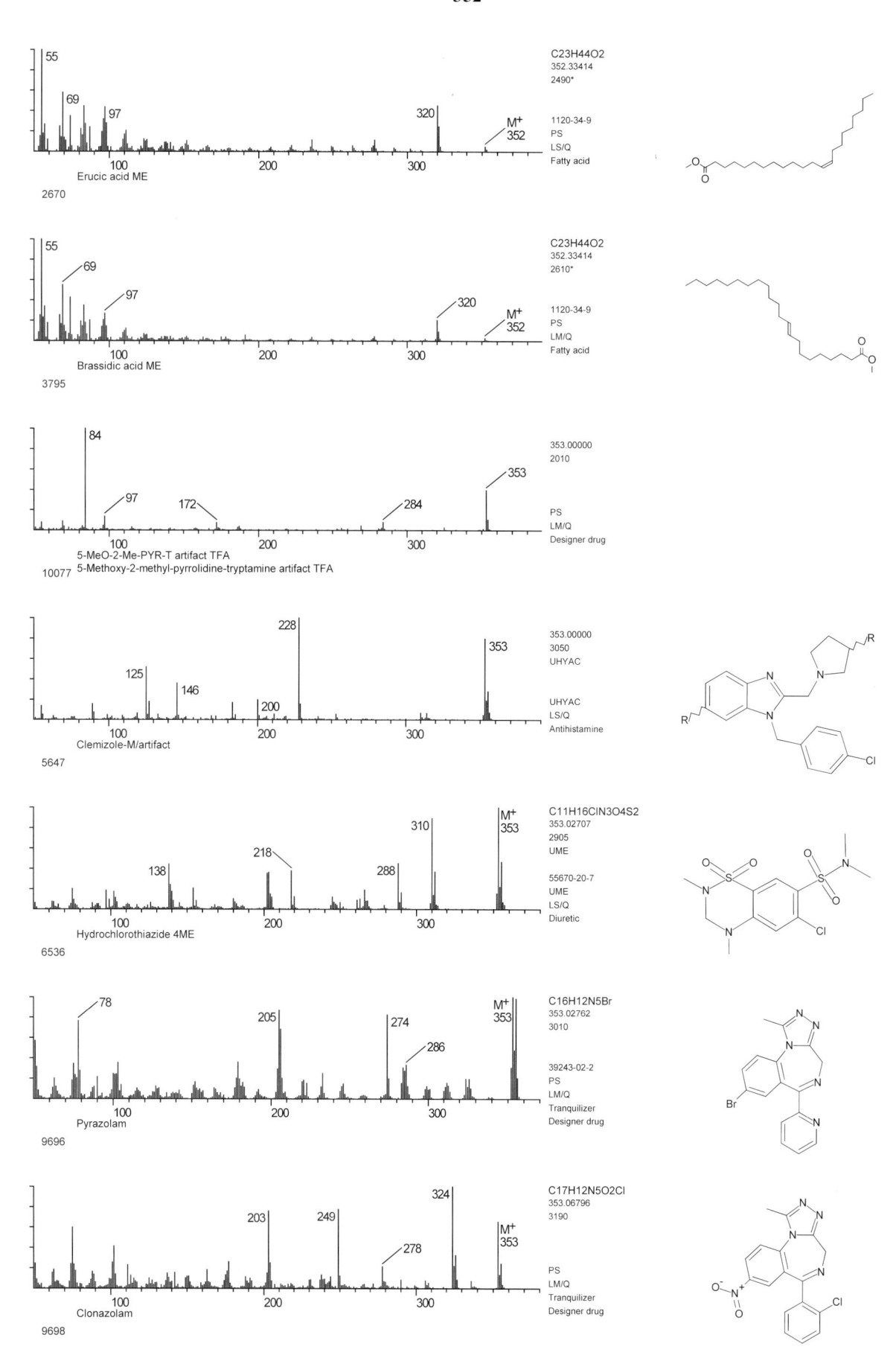

Erucic acid ME — 2670	55, 69, 97, 320, M+ 352	C23H44O2 352.33414 2490* 1120-34-9 PS LS/Q Fatty acid
Brassidic acid ME — 3795	55, 69, 97, 320, M+ 352	C23H44O2 352.33414 2610* 1120-34-9 PS LM/Q Fatty acid
5-MeO-2-Me-PYR-T artifact TFA 5-Methoxy-2-methyl-pyrrolidine-tryptamine artifact TFA — 10077	84, 97, 172, 284, 353	353.00000 2010 PS LM/Q Designer drug
Clemizole-M/artifact — 5647	125, 146, 200, 228, 353	353.00000 3050 UHYAC UHYAC LS/Q Antihistamine
Hydrochlorothiazide 4ME — 6536	138, 218, 288, 310, M+ 353	C11H16ClN3O4S2 353.02707 2905 UME 55670-20-7 UME LS/Q Diuretic
Pyrazolam — 9696	78, 205, 274, 286, M+ 353	C16H12N5Br 353.02762 3010 39243-02-2 PS LM/Q Tranquilizer Designer drug
Clonazolam — 9698	203, 249, 278, 324, M+ 353	C17H12N5O2Cl 353.06796 3190 PS LM/Q Tranquilizer Designer drug

353

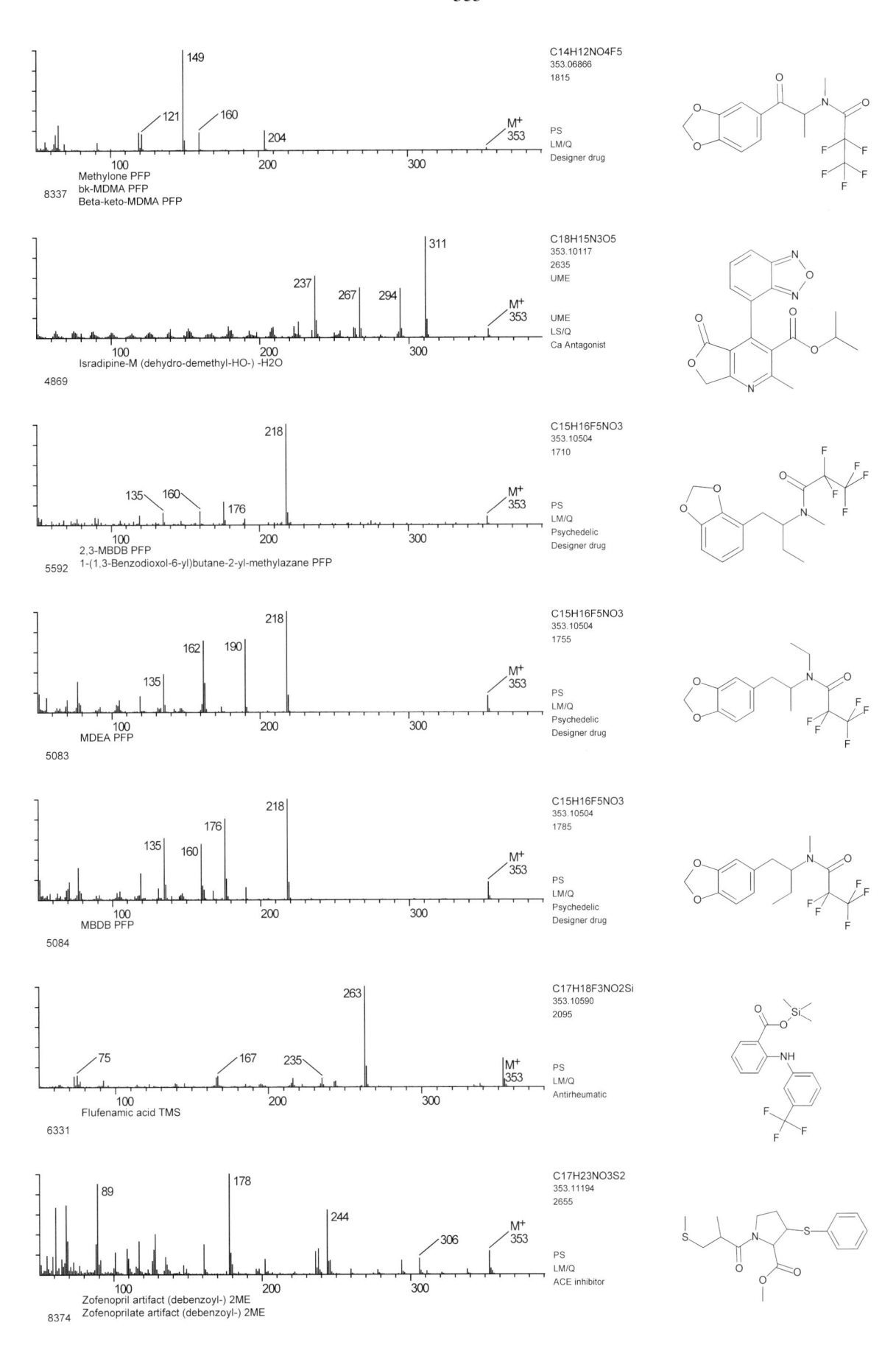

8337	Methylone PFP / bk-MDMA PFP / Beta-keto-MDMA PFP Peaks: 149, 121, 160, 204, M+ 353	C14H12NO4F5 353.06866 1815 PS LM/Q Designer drug
4869	Isradipine-M (dehydro-demethyl-HO-) -H2O Peaks: 311, 237, 267, 294, M+ 353	C18H15N3O5 353.10117 2635 UME UME LS/Q Ca Antagonist
5592	2,3-MBDB PFP / 1-(1,3-Benzodioxol-6-yl)butane-2-yl-methylazane PFP Peaks: 218, 135, 160, 176, M+ 353	C15H16F5NO3 353.10504 1710 PS LM/Q Psychedelic Designer drug
5083	MDEA PFP Peaks: 218, 162, 190, 135, M+ 353	C15H16F5NO3 353.10504 1755 PS LM/Q Psychedelic Designer drug
5084	MBDB PFP Peaks: 218, 176, 135, 160, M+ 353	C15H16F5NO3 353.10504 1785 PS LM/Q Psychedelic Designer drug
6331	Flufenamic acid TMS Peaks: 263, 75, 167, 235, M+ 353	C17H18F3NO2Si 353.10590 2095 PS LM/Q Antirheumatic
8374	Zofenopril artifact (debenzoyl-) 2ME / Zofenoprilate artifact (debenzoyl-) 2ME Peaks: 178, 89, 244, 306, M+ 353	C17H23NO3S2 353.11194 2655 PS LM/Q ACE inhibitor

353

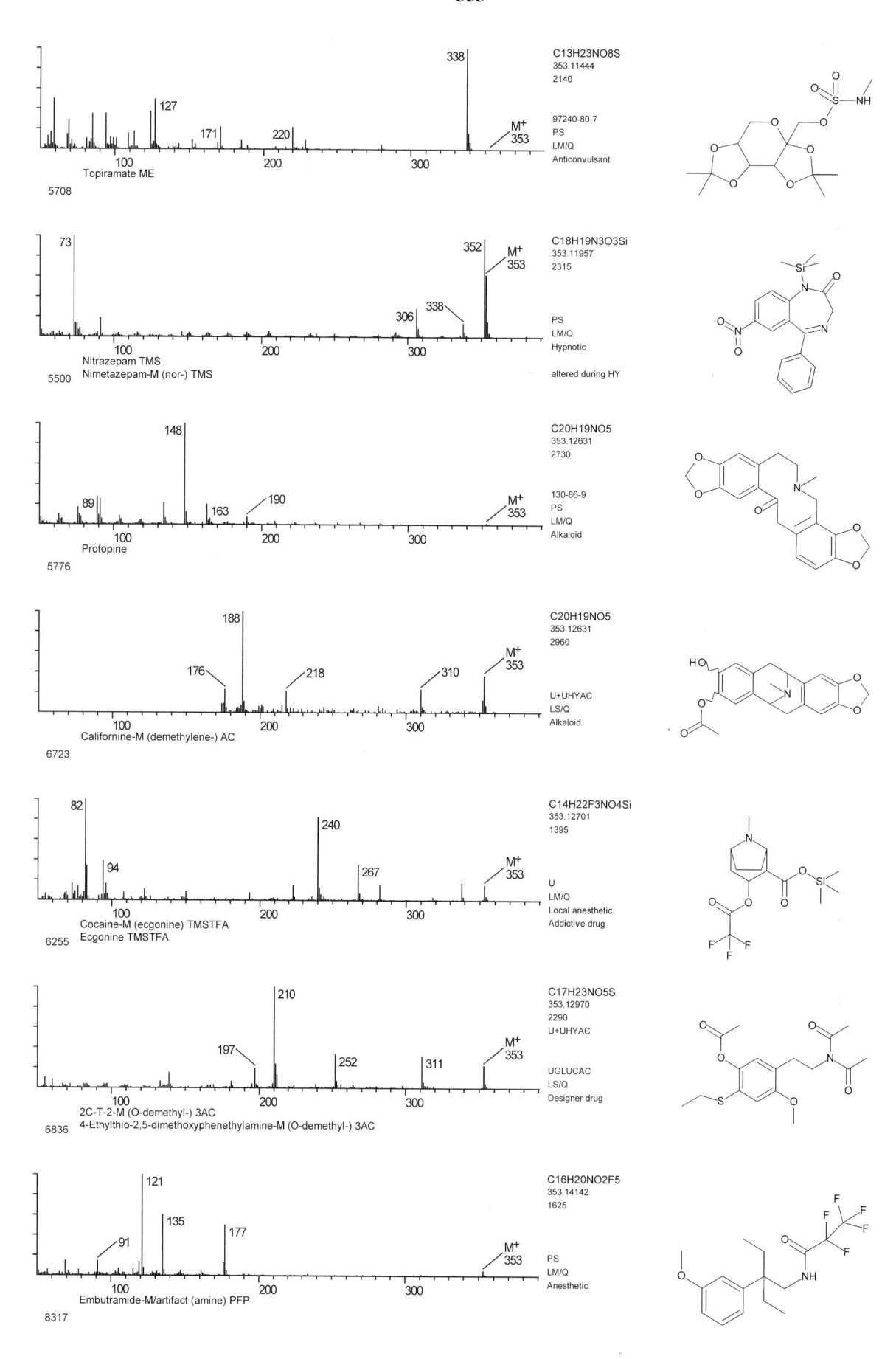

Topiramate ME — 5708
C13H23NO8S, 353.11444, 2140
97240-80-7
PS, LM/Q, Anticonvulsant
Peaks: 127, 171, 220, 338, M+ 353

Nitrazepam TMS / Nimetazepam-M (nor-) TMS — 5500
C18H19N3O3Si, 353.11957, 2315
PS, LM/Q, Hypnotic
altered during HY
Peaks: 73, 306, 338, 352, M+ 353

Protopine — 5776
C20H19NO5, 353.12631, 2730
130-86-9
PS, LM/Q, Alkaloid
Peaks: 89, 148, 163, 190, M+ 353

Californine-M (demethylene-) AC — 6723
C20H19NO5, 353.12631, 2960
U+UHYAC, LS/Q, Alkaloid
Peaks: 176, 188, 218, 310, M+ 353

Cocaine-M (ecgonine) TMSTFA / Ecgonine TMSTFA — 6255
C14H22F3NO4Si, 353.12701, 1395
U, LM/Q, Local anesthetic, Addictive drug
Peaks: 82, 94, 240, 267, M+ 353

2C-T-2-M (O-demethyl-) 3AC / 4-Ethylthio-2,5-dimethoxyphenethylamine-M (O-demethyl-) 3AC — 6836
C17H23NO5S, 353.12970, 2290
U+UHYAC, UGLUCAC, LS/Q, Designer drug
Peaks: 197, 210, 252, 311, M+ 353

Embutramide-M/artifact (amine) PFP — 8317
C16H20NO2F5, 353.14142, 1625
PS, LM/Q, Anesthetic
Peaks: 91, 121, 135, 177, M+ 353

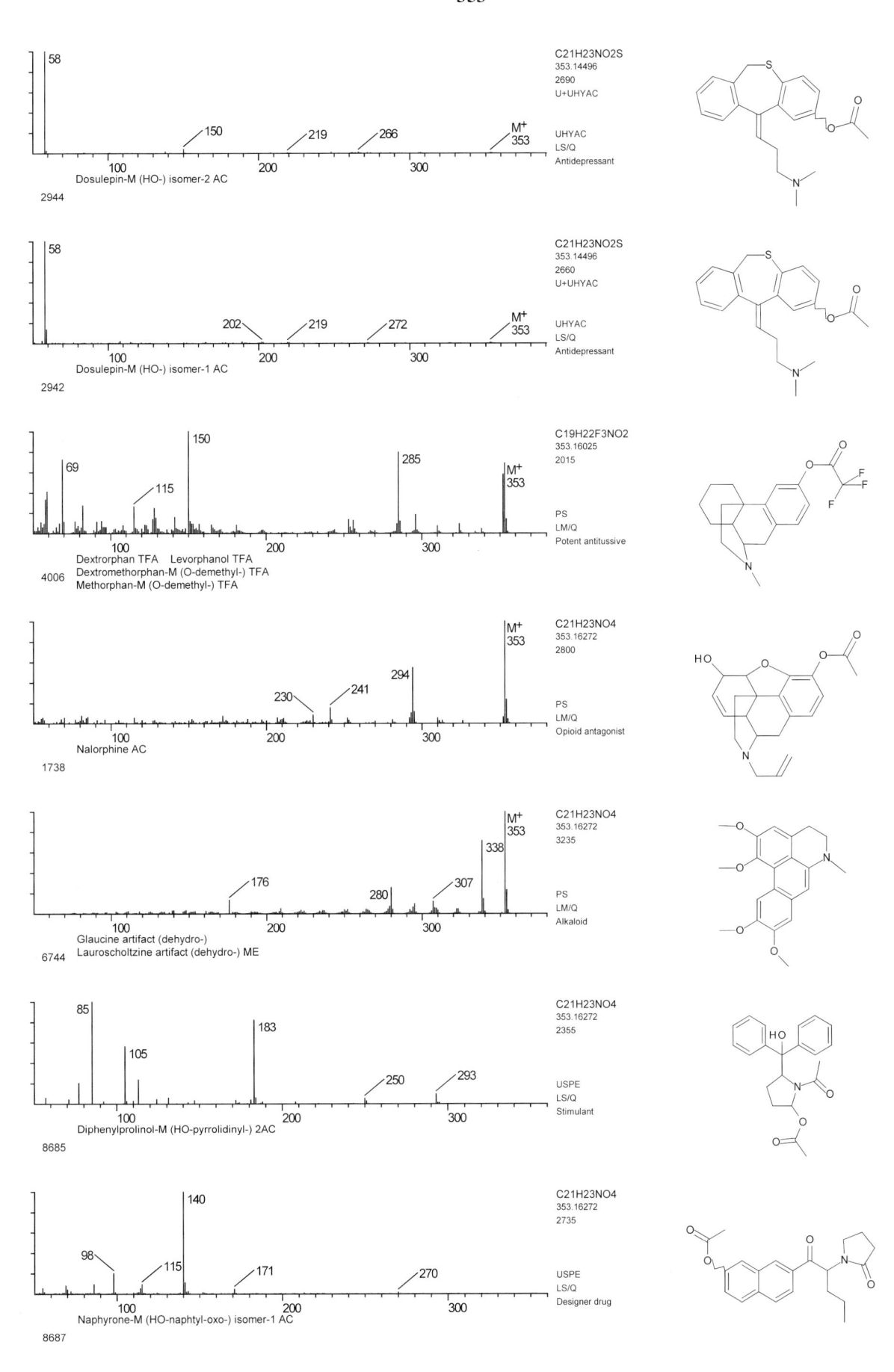

58 — 150 — 219 — 266 — M+ 353	C21H23NO2S 353.14496 2690 U+UHYAC UHYAC LS/Q Antidepressant	
Dosulepin-M (HO-) isomer-2 AC 2944		
58 — 202 — 219 — 272 — M+ 353	C21H23NO2S 353.14496 2660 U+UHYAC UHYAC LS/Q Antidepressant	
Dosulepin-M (HO-) isomer-1 AC 2942		
69, 115, 150, 285, M+ 353	C19H22F3NO2 353.16025 2015 PS LM/Q Potent antitussive	
Dextrorphan TFA Levorphanol TFA Dextromethorphan-M (O-demethyl-) TFA Methorphan-M (O-demethyl-) TFA 4006		
230, 241, 294, M+ 353	C21H23NO4 353.16272 2800 PS LM/Q Opioid antagonist	
Nalorphine AC 1738		
176, 280, 307, 338, M+ 353	C21H23NO4 353.16272 3235 PS LM/Q Alkaloid	
Glaucine artifact (dehydro-) Lauroscholtzine artifact (dehydro-) ME 6744		
85, 105, 183, 250, 293	C21H23NO4 353.16272 2355 USPE LS/Q Stimulant	
Diphenylprolinol-M (HO-pyrrolidinyl-) 2AC 8685		
98, 115, 140, 171, 270	C21H23NO4 353.16272 2735 USPE LS/Q Designer drug	
Naphyrone-M (HO-naphtyl-oxo-) isomer-1 AC 8687		

353

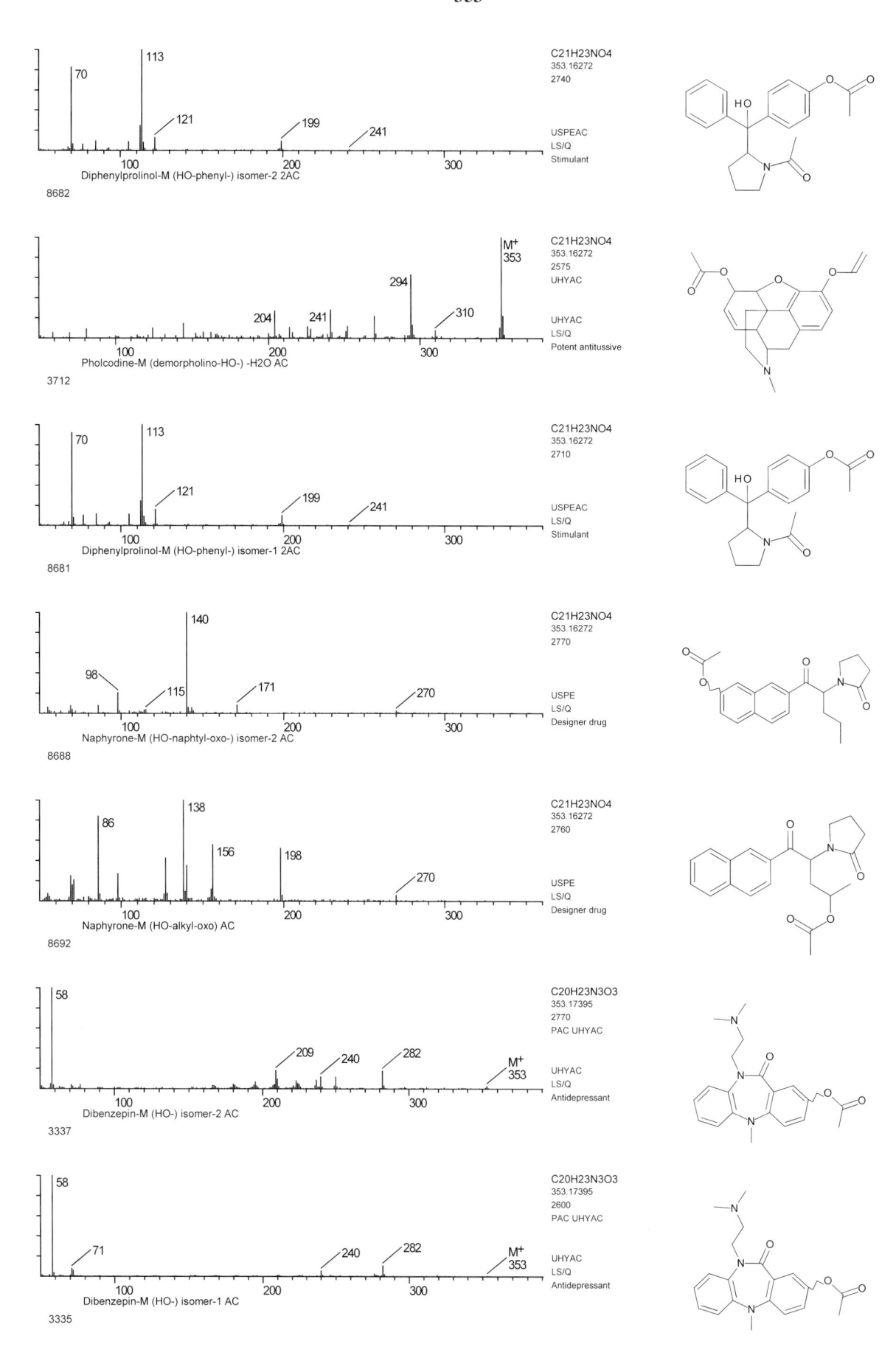

Diphenylprolinol-M (HO-phenyl-) isomer-2 2AC
8682
Peaks: 70, 113, 121, 199, 241
C21H23NO4
353.16272
2740
USPEAC
LS/Q
Stimulant

Pholcodine-M (demorpholino-HO-) -H2O AC
3712
Peaks: 204, 241, 294, 310, M+ 353
C21H23NO4
353.16272
2575
UHYAC
UHYAC
LS/Q
Potent antitussive

Diphenylprolinol-M (HO-phenyl-) isomer-1 2AC
8681
Peaks: 70, 113, 121, 199, 241
C21H23NO4
353.16272
2710
USPEAC
LS/Q
Stimulant

Naphyrone-M (HO-naphtyl-oxo-) isomer-2 AC
8688
Peaks: 98, 115, 140, 171, 270
C21H23NO4
353.16272
2770
USPE
LS/Q
Designer drug

Naphyrone-M (HO-alkyl-oxo) AC
8692
Peaks: 86, 138, 156, 198, 270
C21H23NO4
353.16272
2760
USPE
LS/Q
Designer drug

Dibenzepin-M (HO-) isomer-2 AC
3337
Peaks: 58, 209, 240, 282, M+ 353
C20H23N3O3
353.17395
2770
PAC UHYAC
UHYAC
LS/Q
Antidepressant

Dibenzepin-M (HO-) isomer-1 AC
3335
Peaks: 58, 71, 240, 282, M+ 353
C20H23N3O3
353.17395
2600
PAC UHYAC
UHYAC
LS/Q
Antidepressant

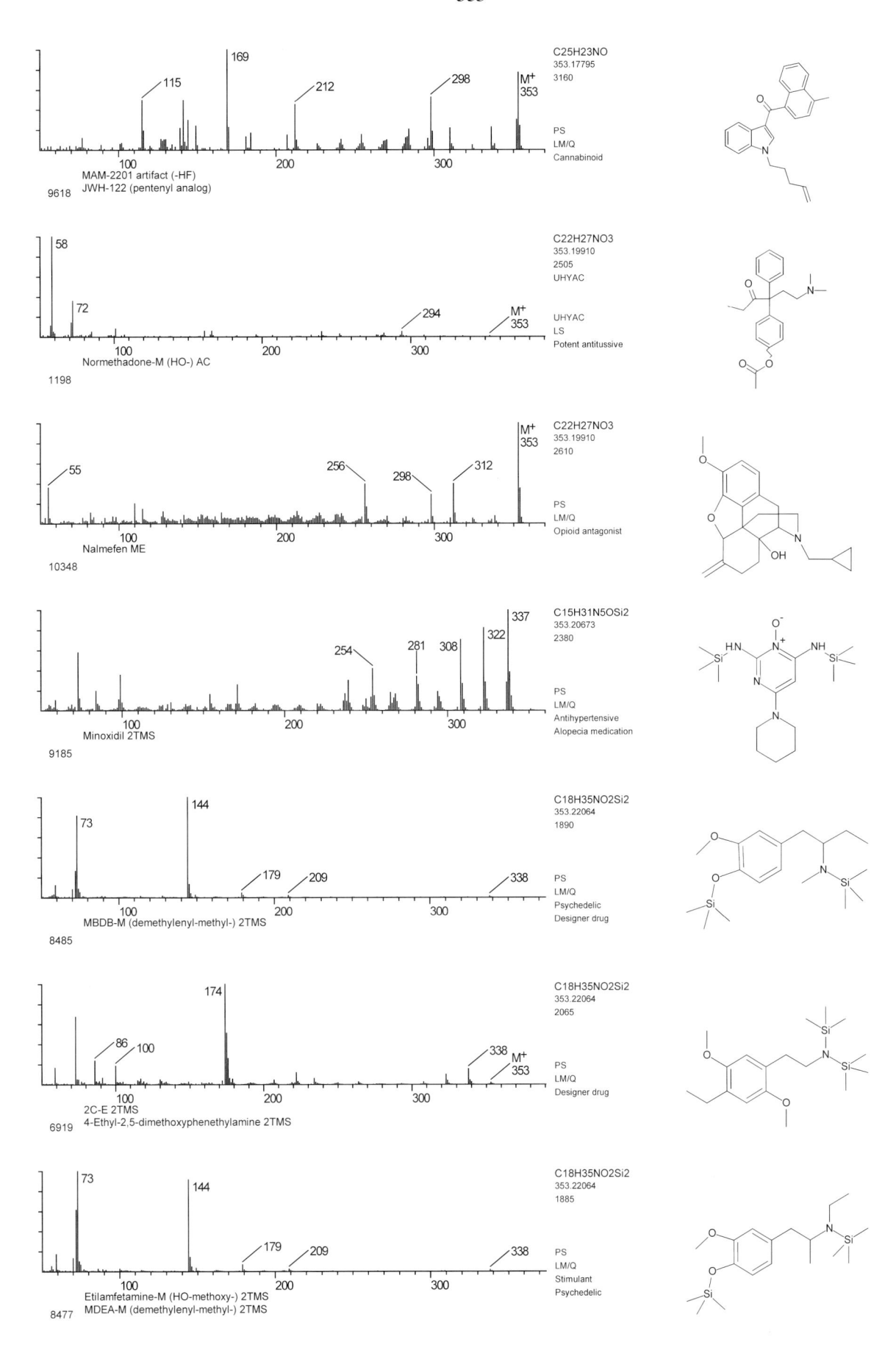

9618	MAM-2201 artifact (-HF) JWH-122 (pentenyl analog) Peaks: 115, 169, 212, 298, M+ 353	C25H23NO 353.17795 3160 PS LM/Q Cannabinoid
1198	Normethadone-M (HO-) AC Peaks: 58, 72, 294, M+ 353	C22H27NO3 353.19910 2505 UHYAC UHYAC LS Potent antitussive
10348	Nalmefen ME Peaks: 55, 256, 298, 312, M+ 353	C22H27NO3 353.19910 2610 PS LM/Q Opioid antagonist
9185	Minoxidil 2TMS Peaks: 254, 281, 308, 322, 337	C15H31N5OSi2 353.20673 2380 PS LM/Q Antihypertensive Alopecia medication
8485	MBDB-M (demethylenyl-methyl-) 2TMS Peaks: 73, 144, 179, 209, 338	C18H35NO2Si2 353.22064 1890 PS LM/Q Psychedelic Designer drug
6919	2C-E 2TMS 4-Ethyl-2,5-dimethoxyphenethylamine 2TMS Peaks: 86, 100, 174, 338, M+ 353	C18H35NO2Si2 353.22064 2065 PS LM/Q Designer drug
8477	Etilamfetamine-M (HO-methoxy-) 2TMS MDEA-M (demethylenyl-methyl-) 2TMS Peaks: 73, 144, 179, 209, 338	C18H35NO2Si2 353.22064 1885 PS LM/Q Stimulant Psychedelic

353

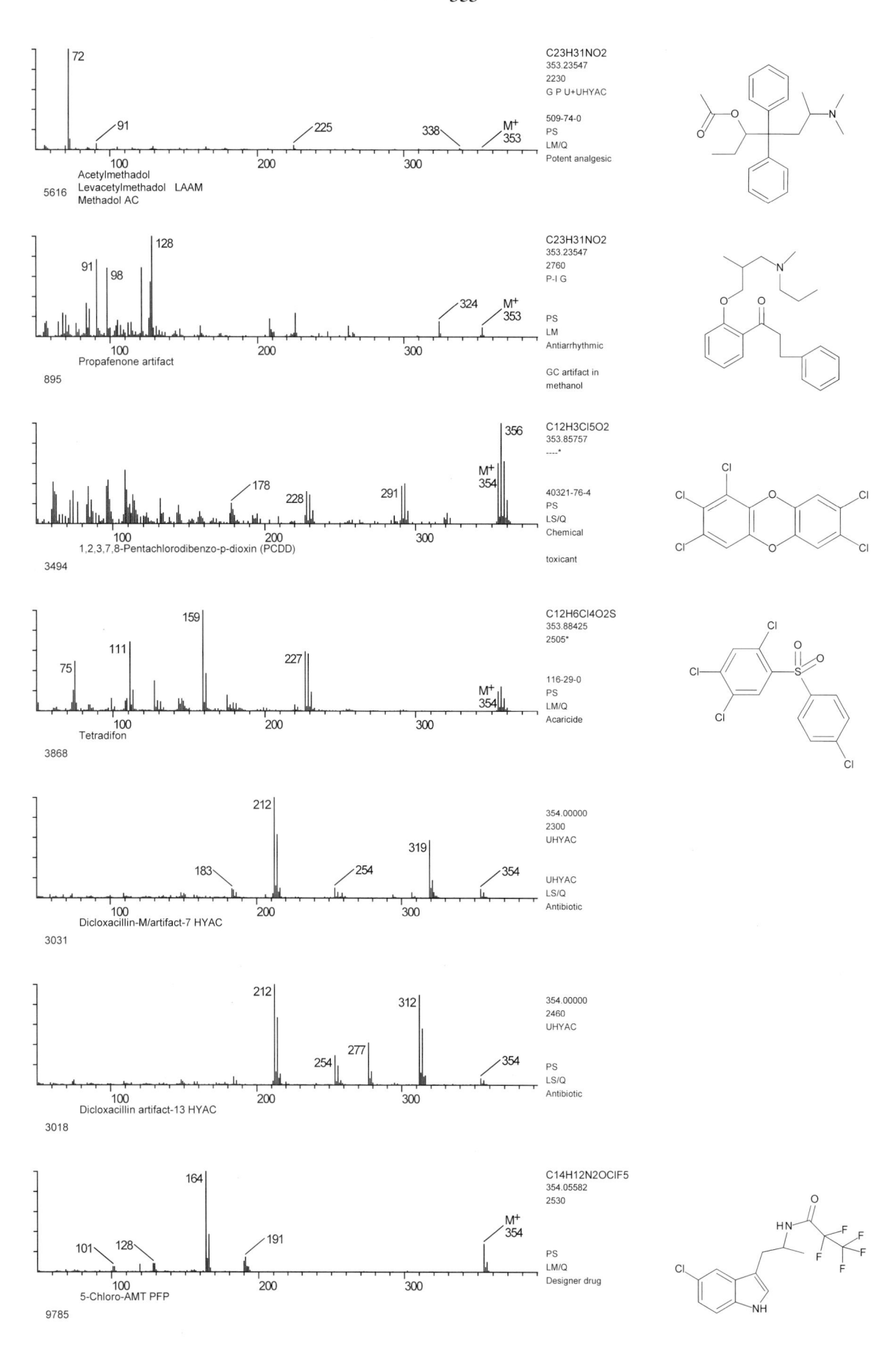

Acetylmethadol / Levacetylmethadol LAAM / Methadol AC
C23H31NO2
353.23547
2230
G P U+UHYAC
509-74-0
PS
LM/Q
Potent analgesic
Peaks: 72, 91, 225, 338, M+ 353
5616

Propafenone artifact
C23H31NO2
353.23547
2760
P-I G
PS
LM
Antiarrhythmic
GC artifact in methanol
Peaks: 91, 98, 128, 324, M+ 353
895

1,2,3,7,8-Pentachlorodibenzo-p-dioxin (PCDD)
C12H3Cl5O2
353.85757
----*
40321-76-4
PS
LS/Q
Chemical toxicant
Peaks: 178, 228, 291, M+ 354, 356
3494

Tetradifon
C12H6Cl4O2S
353.88425
2505*
116-29-0
PS
LM/Q
Acaricide
Peaks: 75, 111, 159, 227, M+ 354
3868

Dicloxacillin-M/artifact-7 HYAC
354.00000
2300
UHYAC
UHYAC
LS/Q
Antibiotic
Peaks: 183, 212, 254, 319, 354
3031

Dicloxacillin artifact-13 HYAC
354.00000
2460
UHYAC
PS
LS/Q
Antibiotic
Peaks: 212, 254, 277, 312, 354
3018

5-Chloro-AMT PFP
C14H12N2OClF5
354.05582
2530
PS
LM/Q
Designer drug
Peaks: 101, 128, 164, 191, M+ 354
9785

354

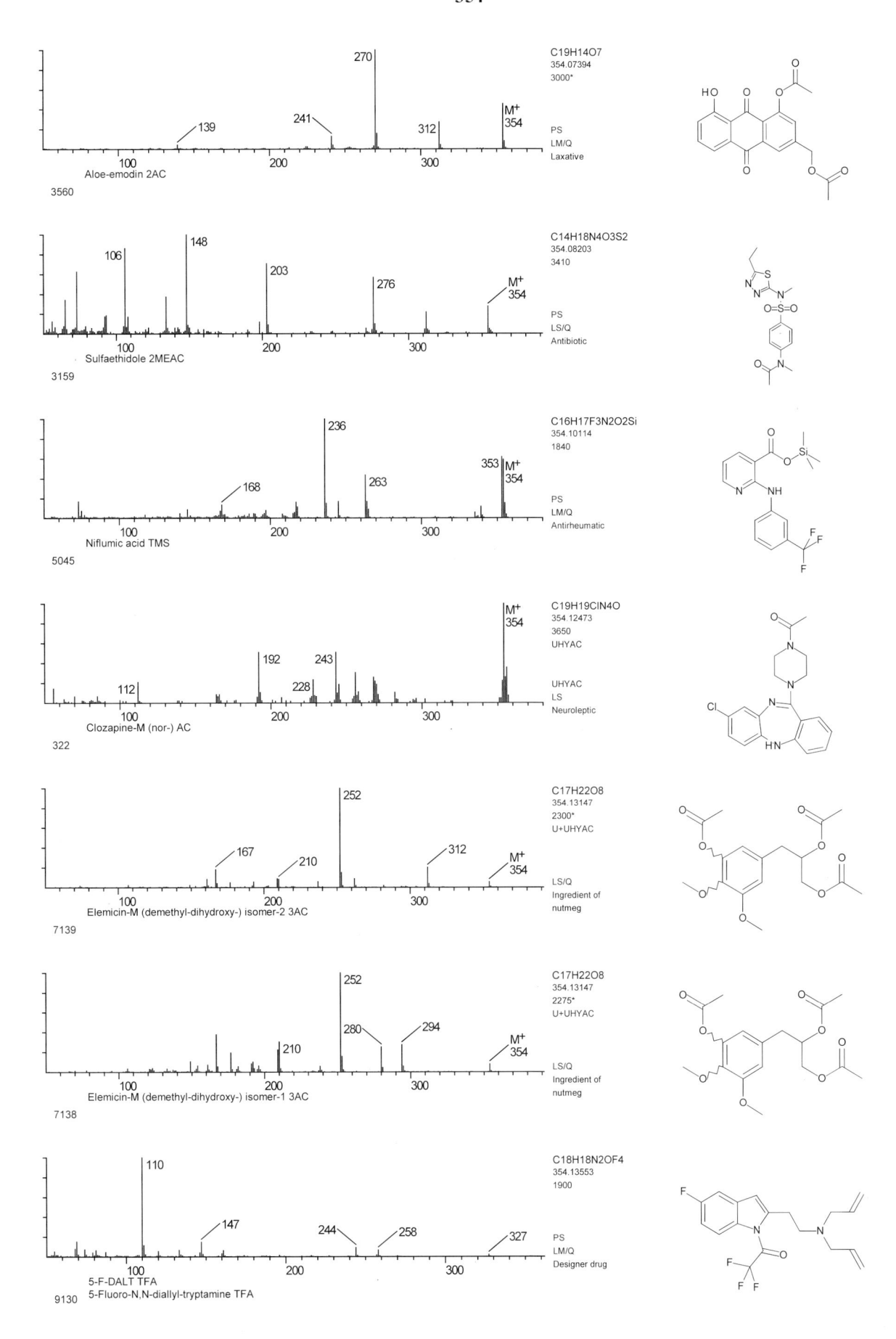

C19H14O7
354.07394
3000*

PS
LM/Q
Laxative

Aloe-emodin 2AC
3560

C14H18N4O3S2
354.08203
3410

PS
LS/Q
Antibiotic

Sulfaethidole 2MEAC
3159

C16H17F3N2O2Si
354.10114
1840

PS
LM/Q
Antirheumatic

Niflumic acid TMS
5045

C19H19ClN4O
354.12473
3650
UHYAC

UHYAC
LS
Neuroleptic

Clozapine-M (nor-) AC
322

C17H22O8
354.13147
2300*
U+UHYAC

LS/Q
Ingredient of nutmeg

Elemicin-M (demethyl-dihydroxy-) isomer-2 3AC
7139

C17H22O8
354.13147
2275*
U+UHYAC

LS/Q
Ingredient of nutmeg

Elemicin-M (demethyl-dihydroxy-) isomer-1 3AC
7138

C18H18N2OF4
354.13553
1900

PS
LM/Q
Designer drug

5-F-DALT TFA
5-Fluoro-N,N-diallyl-tryptamine TFA
9130

354

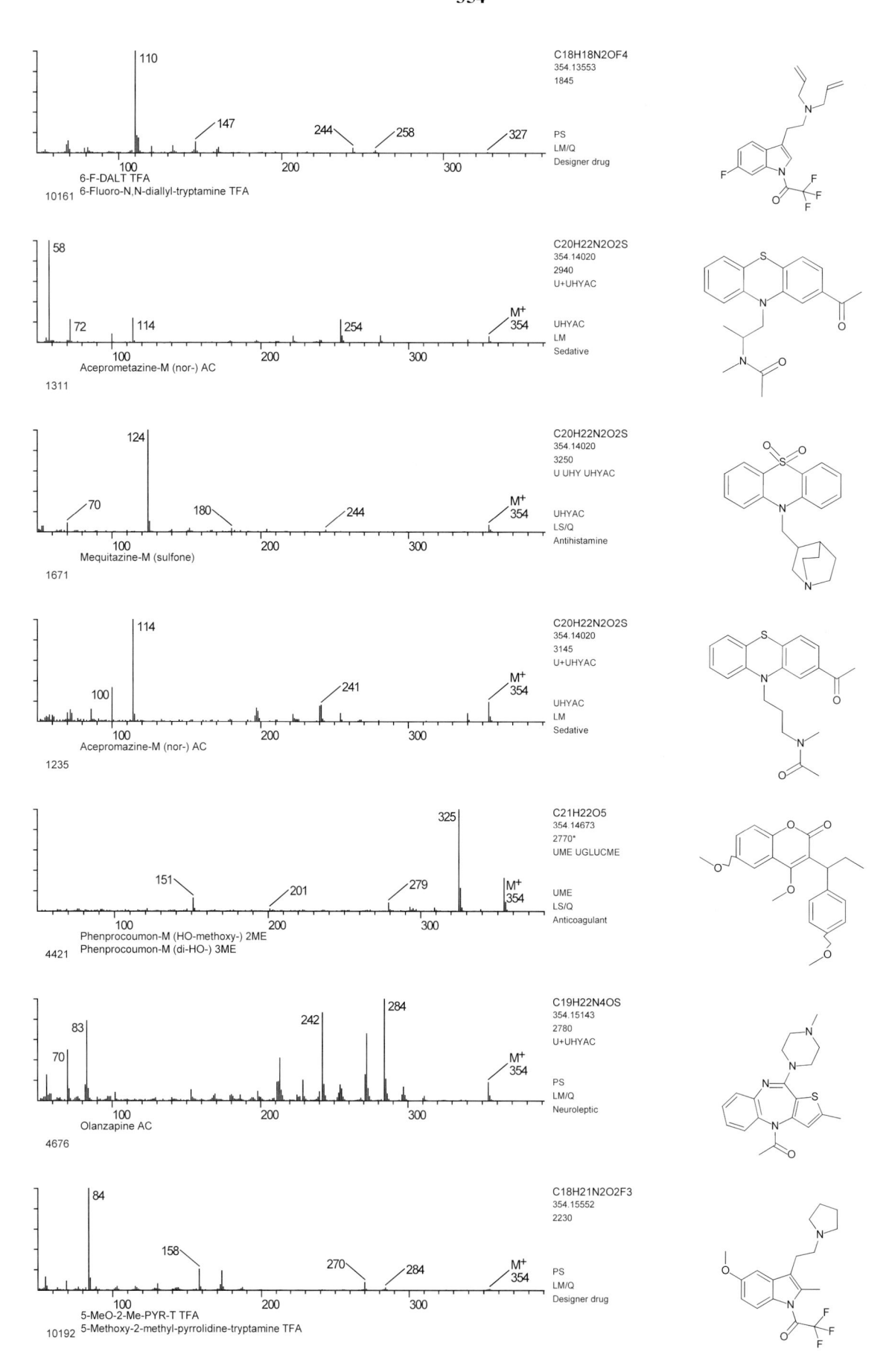

6-F-DALT TFA
10161 6-Fluoro-N,N-diallyl-tryptamine TFA
C18H18N2OF4
354.13553
1845
PS
LM/Q
Designer drug

Aceprometazine-M (nor-) AC
1311
C20H22N2O2S
354.14020
2940
U+UHYAC
UHYAC
LM
Sedative

Mequitazine-M (sulfone)
1671
C20H22N2O2S
354.14020
3250
U UHY UHYAC
UHYAC
LS/Q
Antihistamine

Acepromazine-M (nor-) AC
1235
C20H22N2O2S
354.14020
3145
U+UHYAC
UHYAC
LM
Sedative

Phenprocoumon-M (HO-methoxy-) 2ME
4421 Phenprocoumon-M (di-HO-) 3ME
C21H22O5
354.14673
2770*
UME UGLUCME
UME
LS/Q
Anticoagulant

Olanzapine AC
4676
C19H22N4OS
354.15143
2780
U+UHYAC
PS
LM/Q
Neuroleptic

5-MeO-2-Me-PYR-T TFA
10192 5-Methoxy-2-methyl-pyrrolidine-tryptamine TFA
C18H21N2O2F3
354.15552
2230
PS
LM/Q
Designer drug

354

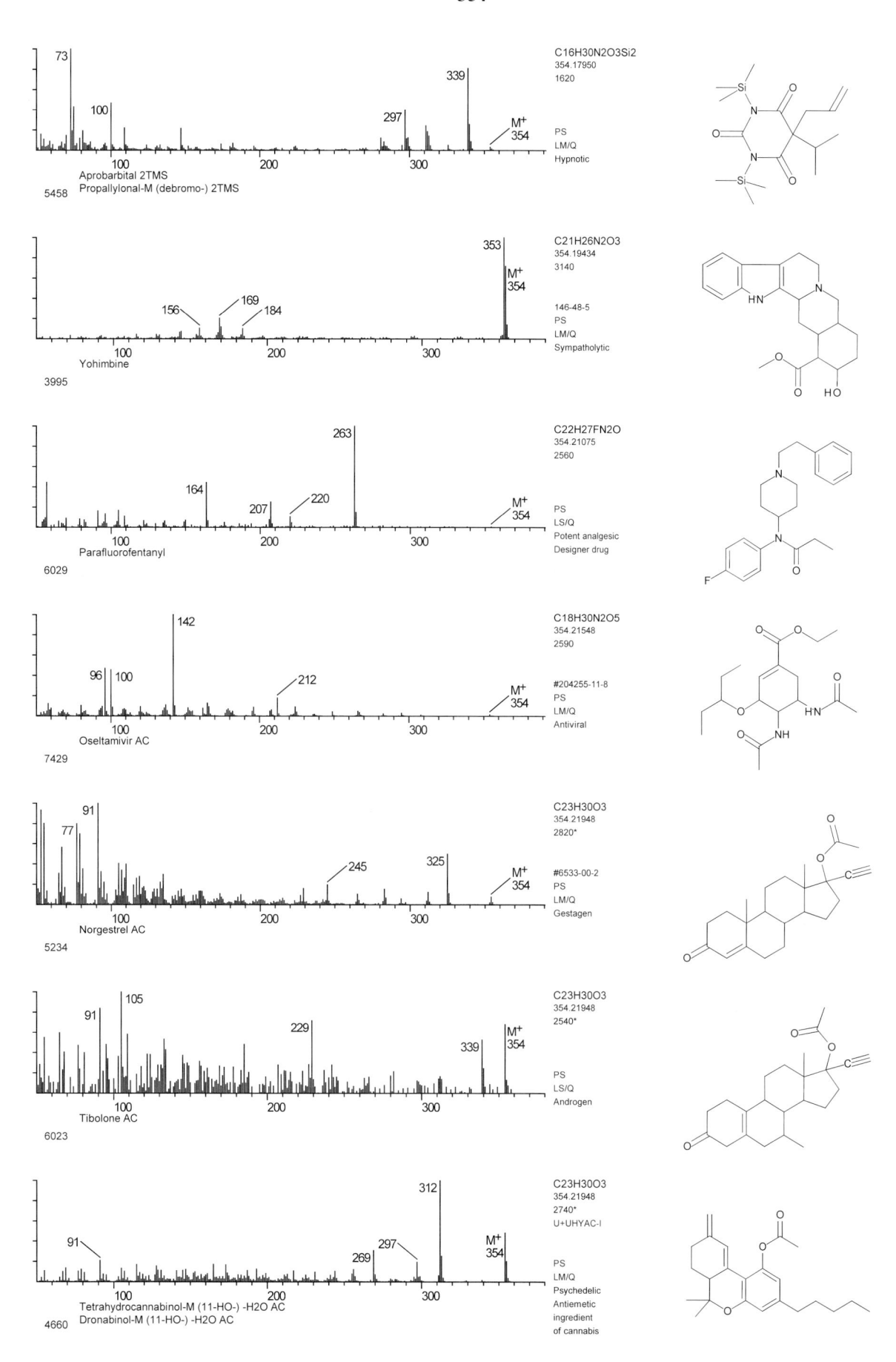

Aprobarbital 2TMS
Propallylonal-M (debromo-) 2TMS
5458
C16H30N2O3Si2
354.17950
1620
PS
LM/Q
Hypnotic
Peaks: 73, 100, 297, 339, M+ 354

Yohimbine
3995
C21H26N2O3
354.19434
3140
146-48-5
PS
LM/Q
Sympatholytic
Peaks: 156, 169, 184, 353, M+ 354

Parafluorofentanyl
6029
C22H27FN2O
354.21075
2560
PS
LS/Q
Potent analgesic
Designer drug
Peaks: 164, 207, 220, 263, M+ 354

Oseltamivir AC
7429
C18H30N2O5
354.21548
2590
#204255-11-8
PS
LM/Q
Antiviral
Peaks: 96, 100, 142, 212, M+ 354

Norgestrel AC
5234
C23H30O3
354.21948
2820*
#6533-00-2
PS
LM/Q
Gestagen
Peaks: 77, 91, 245, 325, M+ 354

Tibolone AC
6023
C23H30O3
354.21948
2540*
PS
LS/Q
Androgen
Peaks: 91, 105, 229, 339, M+ 354

Tetrahydrocannabinol-M (11-HO-) -H2O AC
Dronabinol-M (11-HO-) -H2O AC
4660
C23H30O3
354.21948
2740*
U+UHYAC-I
PS
LM/Q
Psychedelic
Antiemetic
ingredient
of cannabis
Peaks: 91, 269, 297, 312, M+ 354

1233

354

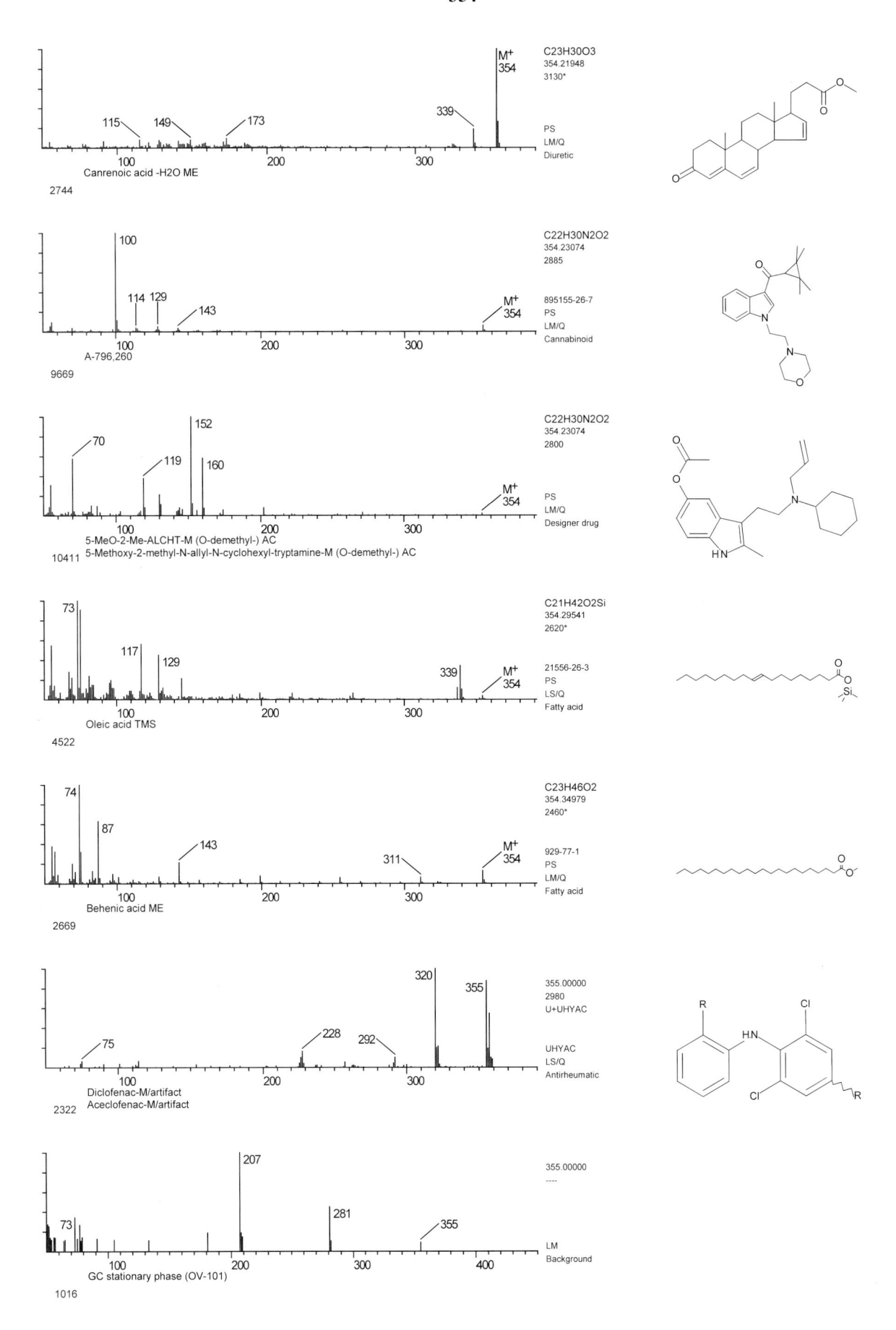

Canrenoic acid -H2O ME — 2744
C23H30O3, 354.21948, 3130*
M+ 354
PS, LM/Q, Diuretic
Peaks: 115, 149, 173, 339, 354

A-796,260 — 9669
C22H30N2O2, 354.23074, 2885
895155-26-7
PS, LM/Q, Cannabinoid
Peaks: 100, 114, 129, 143, 354 (M+)

5-MeO-2-Me-ALCHT-M (O-demethyl-) AC
5-Methoxy-2-methyl-N-allyl-N-cyclohexyl-tryptamine-M (O-demethyl-) AC — 10411
C22H30N2O2, 354.23074, 2800
PS, LM/Q, Designer drug
Peaks: 70, 119, 152, 160, 354 (M+)

Oleic acid TMS — 4522
C21H42O2Si, 354.29541, 2620*
21556-26-3
PS, LS/Q, Fatty acid
Peaks: 73, 117, 129, 339, 354 (M+)

Behenic acid ME — 2669
C23H46O2, 354.34979, 2460*
929-77-1
PS, LM/Q, Fatty acid
Peaks: 74, 87, 143, 311, 354 (M+)

Diclofenac-M/artifact
Aceclofenac-M/artifact — 2322
355.00000, 2980
U+UHYAC
UHYAC, LS/Q, Antirheumatic
Peaks: 75, 228, 292, 320, 355

GC stationary phase (OV-101) — 1016
355.00000
LM, Background
Peaks: 73, 207, 281, 355

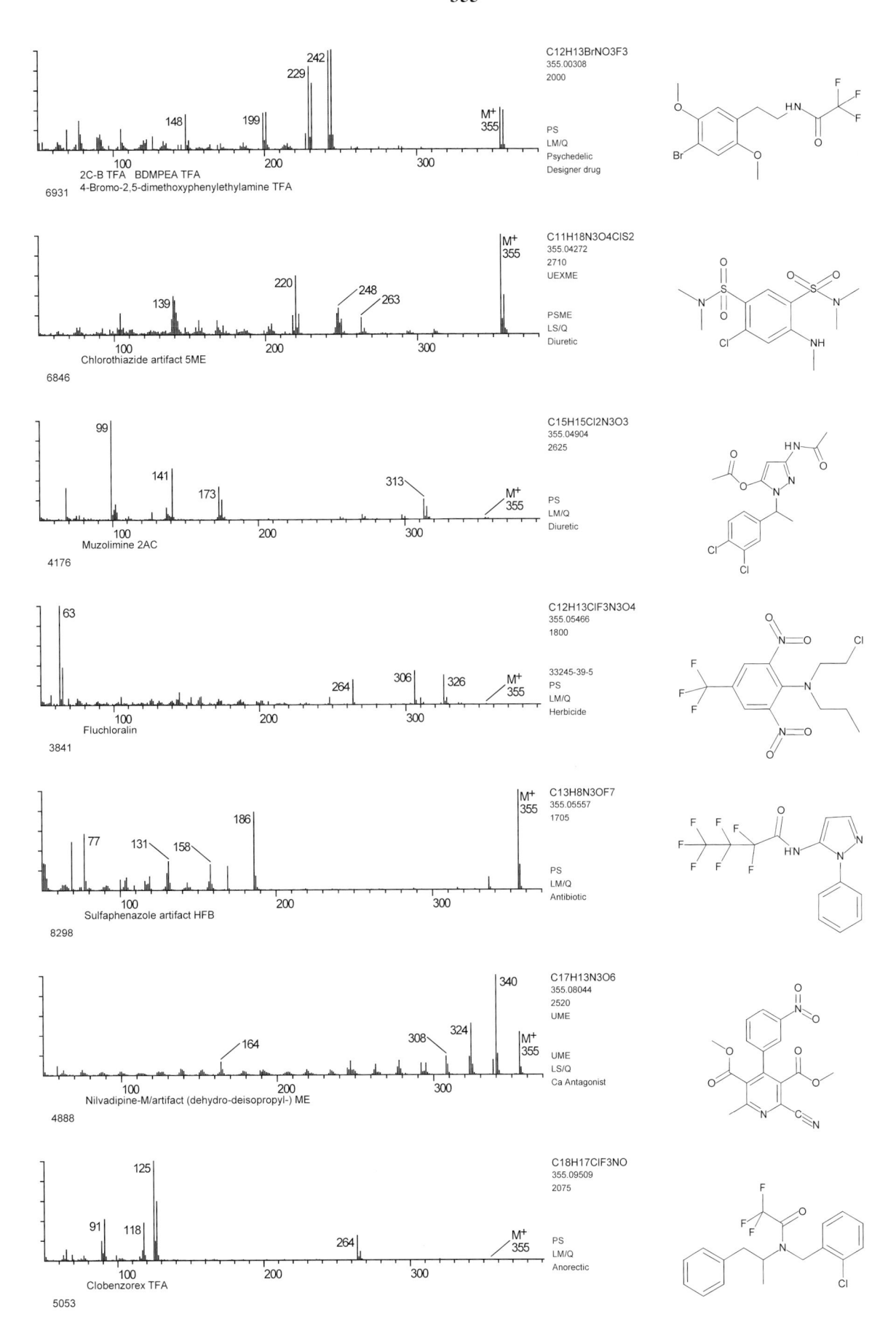

2C-B TFA BDMPEA TFA 4-Bromo-2,5-dimethoxyphenylethylamine TFA 6931	C12H13BrNO3F3 355.00308 2000 PS LM/Q Psychedelic Designer drug	Peaks: 148, 199, 229, 242, M+ 355
Chlorothiazide artifact 5ME 6846	C11H18N3O4ClS2 355.04272 2710 UEXME PSME LS/Q Diuretic	Peaks: 139, 220, 248, 263, M+ 355
Muzolimine 2AC 4176	C15H15Cl2N3O3 355.04904 2625 PS LM/Q Diuretic	Peaks: 99, 141, 173, 313, M+ 355
Fluchloralin 3841	C12H13ClF3N3O4 355.05466 1800 33245-39-5 PS LM/Q Herbicide	Peaks: 63, 264, 306, 326, M+ 355
Sulfaphenazole artifact HFB 8298	C13H8N3OF7 355.05557 1705 PS LM/Q Antibiotic	Peaks: 77, 131, 158, 186, M+ 355
Nilvadipine-M/artifact (dehydro-deisopropyl-) ME 4888	C17H13N3O6 355.08044 2520 UME UME LS/Q Ca Antagonist	Peaks: 164, 308, 324, 340, M+ 355
Clobenzorex TFA 5053	C18H17ClF3NO 355.09509 2075 PS LM/Q Anorectic	Peaks: 91, 118, 125, 264, M+ 355

355

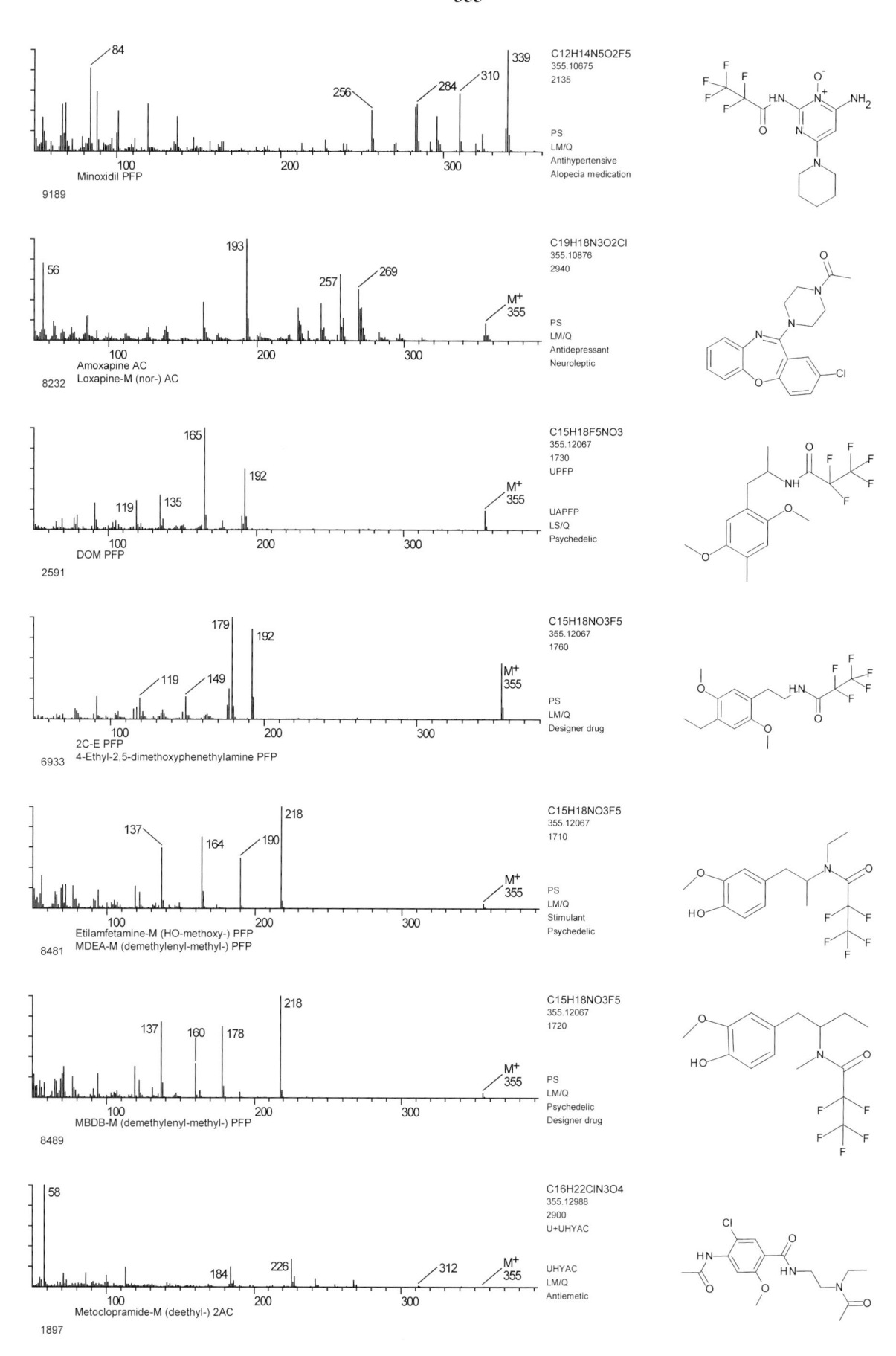

84, 256, 284, 310, 339	C12H14N5O2F5 355.10675 2135 PS LM/Q Antihypertensive Alopecia medication	Minoxidil PFP 9189
56, 193, 257, 269, M+ 355	C19H18N3O2Cl 355.10876 2940 PS LM/Q Antidepressant Neuroleptic	Amoxapine AC Loxapine-M (nor-) AC 8232
119, 135, 165, 192, M+ 355	C15H18F5NO3 355.12067 1730 UPFP UAPFP LS/Q Psychedelic	DOM PFP 2591
119, 149, 179, 192, M+ 355	C15H18NO3F5 355.12067 1760 PS LM/Q Designer drug	2C-E PFP 4-Ethyl-2,5-dimethoxyphenethylamine PFP 6933
137, 164, 190, 218, M+ 355	C15H18NO3F5 355.12067 1710 PS LM/Q Stimulant Psychedelic	Etilamfetamine-M (HO-methoxy-) PFP MDEA-M (demethylenyl-methyl-) PFP 8481
137, 160, 178, 218, M+ 355	C15H18NO3F5 355.12067 1720 PS LM/Q Psychedelic Designer drug	MBDB-M (demethylenyl-methyl-) PFP 8489
58, 184, 226, 312, M+ 355	C16H22ClN3O4 355.12988 2900 U+UHYAC UHYAC LM/Q Antiemetic	Metoclopramide-M (deethyl-) 2AC 1897

1236

355

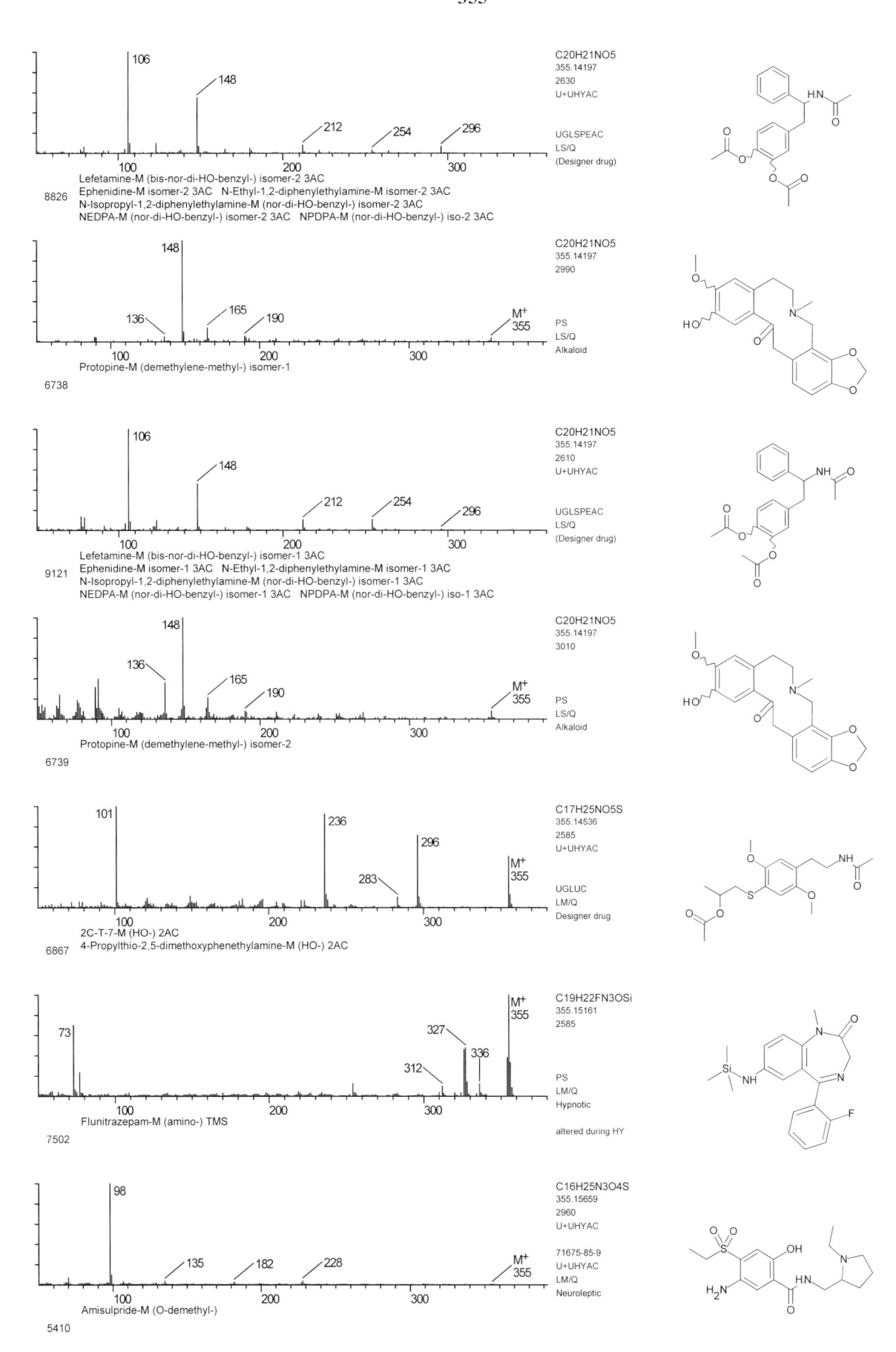

8826
Lefetamine-M (bis-nor-di-HO-benzyl-) isomer-2 3AC
Ephenidine-M isomer-2 3AC   N-Ethyl-1,2-diphenylethylamine-M isomer-2 3AC
N-Isopropyl-1,2-diphenylethylamine-M (nor-di-HO-benzyl-) isomer-2 3AC
NEDPA-M (nor-di-HO-benzyl-) isomer-2 3AC   NPDPA-M (nor-di-HO-benzyl-) iso-2 3AC

C20H21NO5
355.14197
2630
U+UHYAC

UGLSPEAC
LS/Q
(Designer drug)

6738
Protopine-M (demethylene-methyl-) isomer-1

C20H21NO5
355.14197
2990

PS
LS/Q
Alkaloid

9121
Lefetamine-M (bis-nor-di-HO-benzyl-) isomer-1 3AC
Ephenidine-M isomer-1 3AC   N-Ethyl-1,2-diphenylethylamine-M isomer-1 3AC
N-Isopropyl-1,2-diphenylethylamine-M (nor-di-HO-benzyl-) isomer-1 3AC
NEDPA-M (nor-di-HO-benzyl-) isomer-1 3AC   NPDPA-M (nor-di-HO-benzyl-) iso-1 3AC

C20H21NO5
355.14197
2610
U+UHYAC

UGLSPEAC
LS/Q
(Designer drug)

6739
Protopine-M (demethylene-methyl-) isomer-2

C20H21NO5
355.14197
3010

PS
LS/Q
Alkaloid

6867
2C-T-7-M (HO-) 2AC
4-Propylthio-2,5-dimethoxyphenethylamine-M (HO-) 2AC

C17H25NO5S
355.14536
2585
U+UHYAC

UGLUC
LM/Q
Designer drug

7502
Flunitrazepam-M (amino-) TMS

C19H22FN3OSi
355.15161
2585

PS
LM/Q
Hypnotic

altered during HY

5410
Amisulpride-M (O-demethyl-)

C16H25N3O4S
355.15659
2960
U+UHYAC

71675-85-9
U+UHYAC
LM/Q
Neuroleptic

1237

355

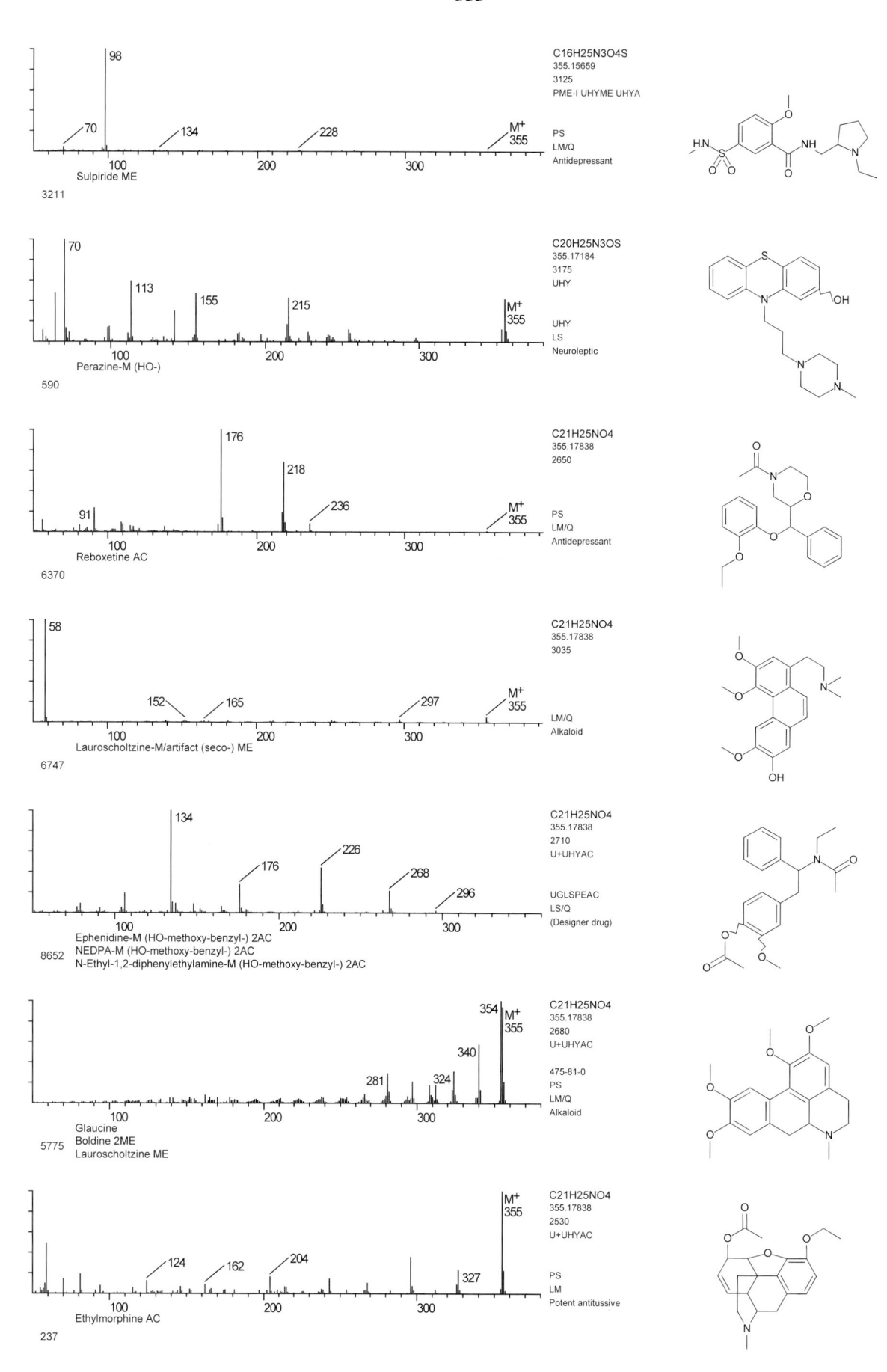

C16H25N3O4S
355.15659
3125
PME-I UHYME UHYA

PS
LM/Q
Antidepressant

Sulpiride ME
3211

C20H25N3OS
355.17184
3175
UHY

UHY
LS
Neuroleptic

Perazine-M (HO-)
590

C21H25NO4
355.17838
2650

PS
LM/Q
Antidepressant

Reboxetine AC
6370

C21H25NO4
355.17838
3035

LM/Q
Alkaloid

Lauroscholtzine-M/artifact (seco-) ME
6747

C21H25NO4
355.17838
2710
U+UHYAC

UGLSPEAC
LS/Q
(Designer drug)

Ephenidine-M (HO-methoxy-benzyl-) 2AC
NEDPA-M (HO-methoxy-benzyl-) 2AC
N-Ethyl-1,2-diphenylethylamine-M (HO-methoxy-benzyl-) 2AC
8652

C21H25NO4
355.17838
2680
U+UHYAC

475-81-0
PS
LM/Q
Alkaloid

Glaucine
Boldine 2ME
Lauroscholtzine ME
5775

C21H25NO4
355.17838
2530
U+UHYAC

PS
LM
Potent antitussive

Ethylmorphine AC
237

355

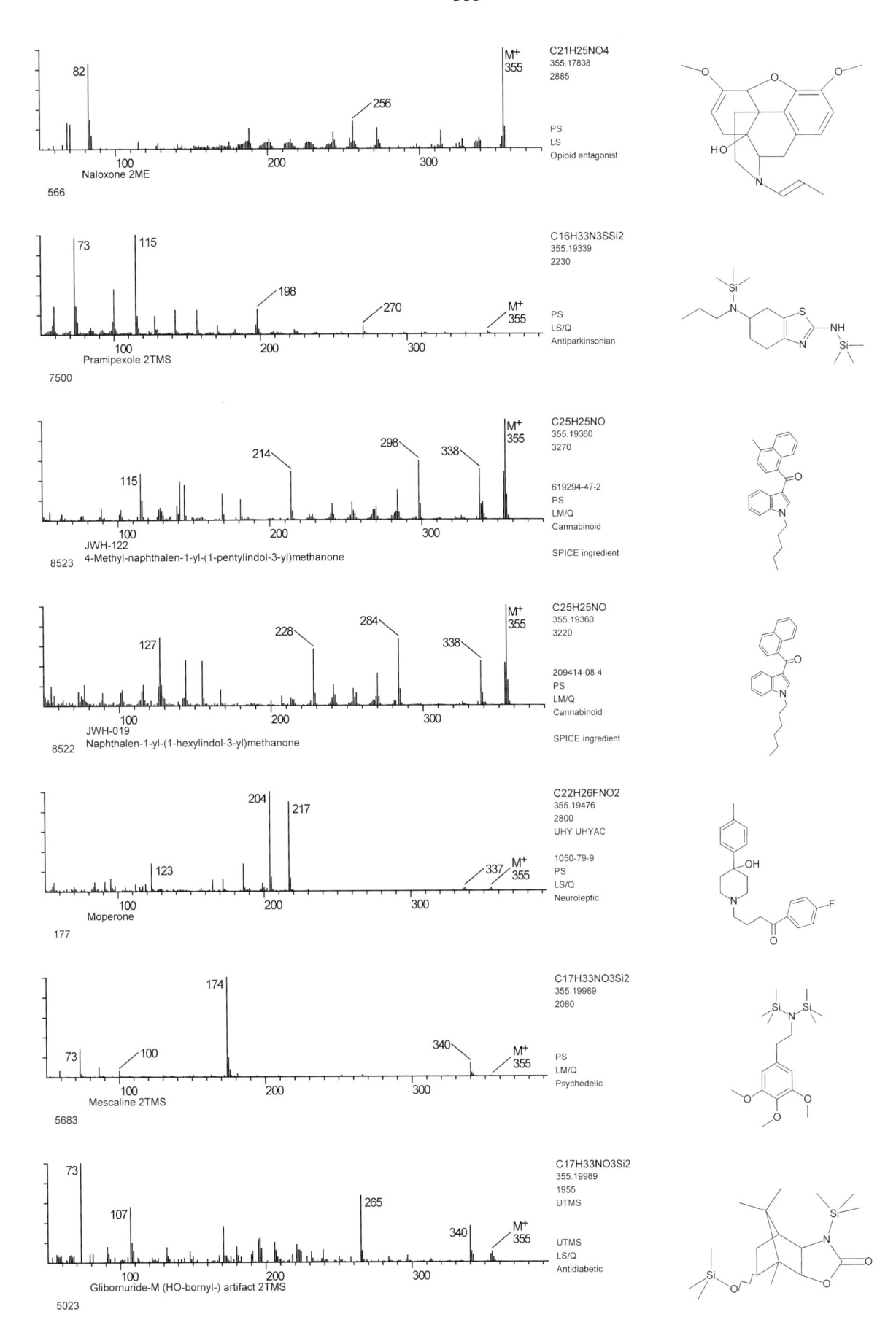

82, 256, M+ 355	C21H25NO4 355.17838 2885 PS LS Opioid antagonist	
Naloxone 2ME 566		

73, 115, 198, 270, M+ 355	C16H33N3SSi2 355.19339 2230 PS LS/Q Antiparkinsonian	
Pramipexole 2TMS 7500		

115, 214, 298, 338, M+ 355	C25H25NO 355.19360 3270 619294-47-2 PS LM/Q Cannabinoid SPICE ingredient	
JWH-122 4-Methyl-naphthalen-1-yl-(1-pentylindol-3-yl)methanone 8523		

127, 228, 284, 338, M+ 355	C25H25NO 355.19360 3220 209414-08-4 PS LM/Q Cannabinoid SPICE ingredient	
JWH-019 Naphthalen-1-yl-(1-hexylindol-3-yl)methanone 8522		

123, 204, 217, 337, M+ 355	C22H26FNO2 355.19476 2800 UHY UHYAC 1050-79-9 PS LS/Q Neuroleptic	
Moperone 177		

73, 100, 174, 340, M+ 355	C17H33NO3Si2 355.19989 2080 PS LM/Q Psychedelic	
Mescaline 2TMS 5683		

73, 107, 265, 340, M+ 355	C17H33NO3Si2 355.19989 1955 UTMS UTMS LS/Q Antidiabetic	
Glibornuride-M (HO-bornyl-) artifact 2TMS 5023		

1239

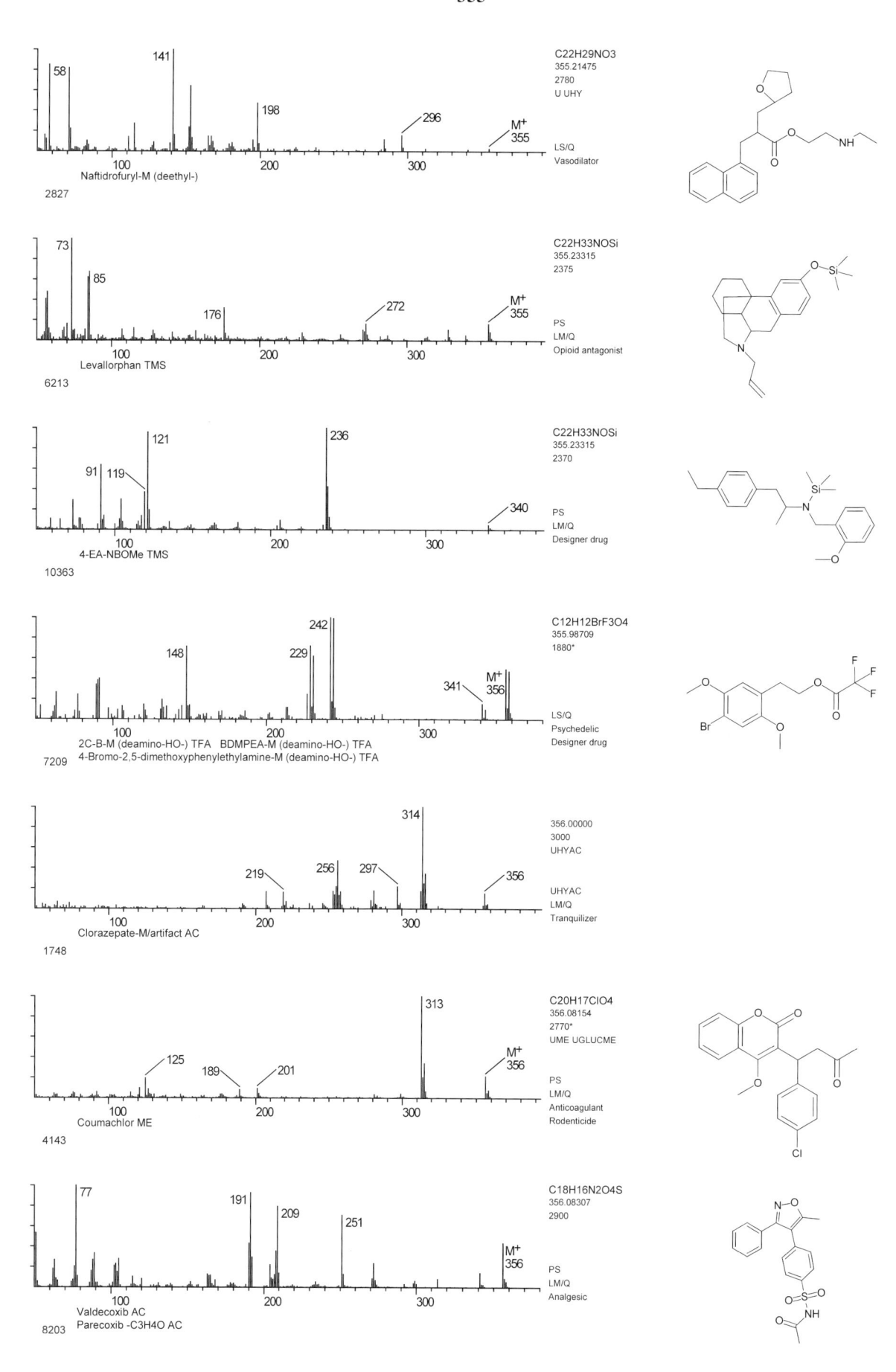

Spectrum	Formula / Info
Naftidrofuryl-M (deethyl-) — peaks 58, 141, 198, 296, M+ 355	C22H29NO3, 355.21475, 2780, U UHY, LS/Q, Vasodilator
Levallorphan TMS — peaks 73, 85, 176, 272, M+ 355	C22H33NOSi, 355.23315, 2375, PS, LM/Q, Opioid antagonist
4-EA-NBOMe TMS — peaks 91, 119, 121, 236, 340	C22H33NOSi, 355.23315, 2370, PS, LM/Q, Designer drug
2C-B-M (deamino-HO-) TFA / BDMPEA-M (deamino-HO-) TFA / 4-Bromo-2,5-dimethoxyphenylethylamine-M (deamino-HO-) TFA — peaks 148, 229, 242, 341, M+ 356	C12H12BrF3O4, 355.98709, 1880*, LS/Q, Psychedelic Designer drug
Clorazepate-M/artifact AC — peaks 219, 256, 297, 314, 356	356.00000, 3000, UHYAC, UHYAC, LM/Q, Tranquilizer
Coumachlor ME — peaks 125, 189, 201, 313, M+ 356	C20H17ClO4, 356.08154, 2770*, UME UGLUCME, PS, LM/Q, Anticoagulant Rodenticide
Valdecoxib AC / Parecoxib -C3H4O AC — peaks 77, 191, 209, 251, M+ 356	C18H16N2O4S, 356.08307, 2900, PS, LM/Q, Analgesic

356

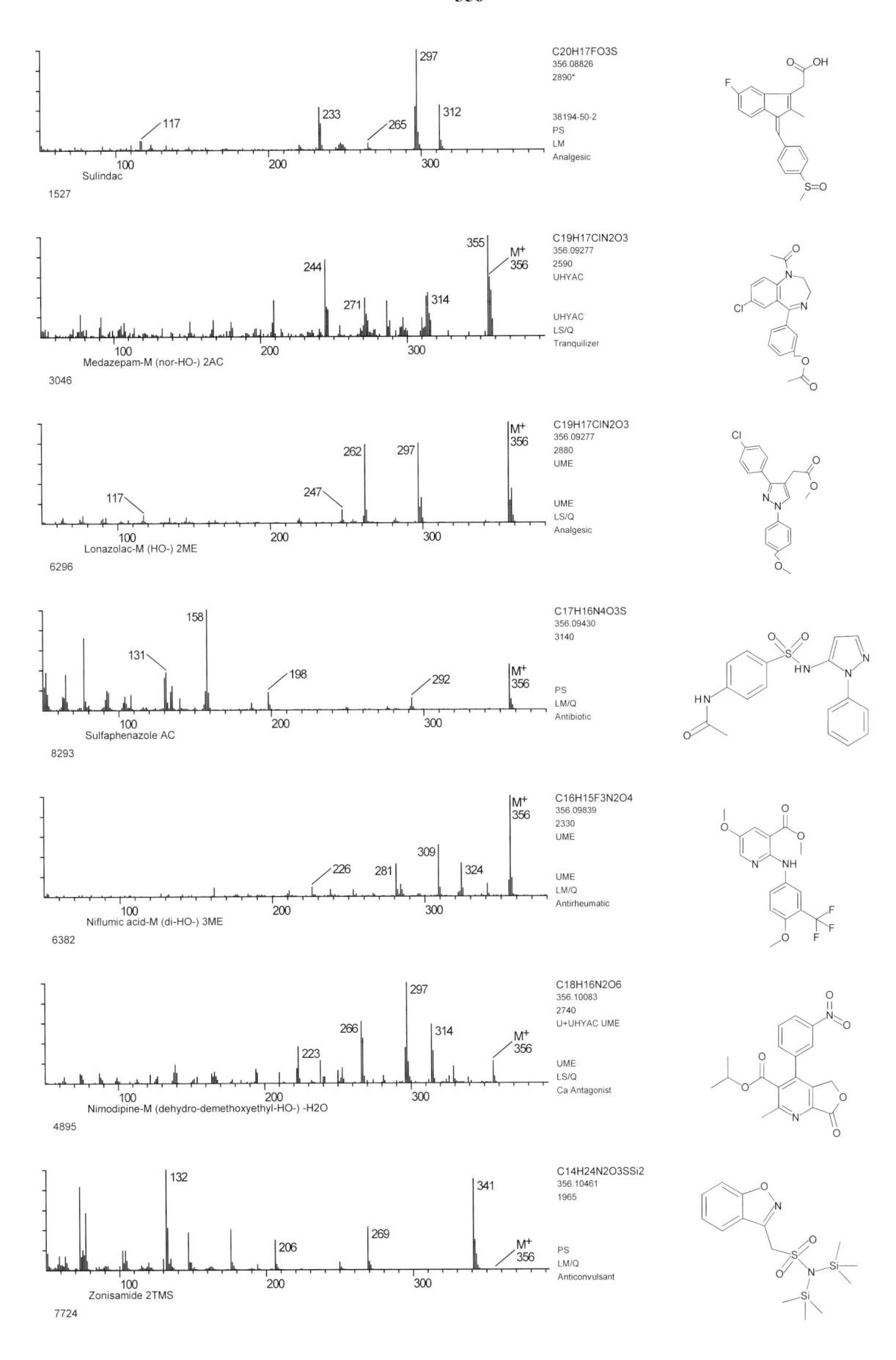

C20H17FO3S
356.08826
2890*

38194-50-2
PS
LM
Analgesic

Sulindac
1527

C19H17ClN2O3
356.09277
2590
UHYAC

UHYAC
LS/Q
Tranquilizer

Medazepam-M (nor-HO-) 2AC
3046

C19H17ClN2O3
356.09277
2880
UME

UME
LS/Q
Analgesic

Lonazolac-M (HO-) 2ME
6296

C17H16N4O3S
356.09430
3140

PS
LM/Q
Antibiotic

Sulfaphenazole AC
8293

C16H15F3N2O4
356.09839
2330
UME

UME
LM/Q
Antirheumatic

Niflumic acid-M (di-HO-) 3ME
6382

C18H16N2O6
356.10083
2740
U+UHYAC UME

UME
LS/Q
Ca Antagonist

Nimodipine-M (dehydro-demethoxyethyl-HO-) -H2O
4895

C14H24N2O3SSi2
356.10461
1965

PS
LM/Q
Anticonvulsant

Zonisamide 2TMS
7724

356

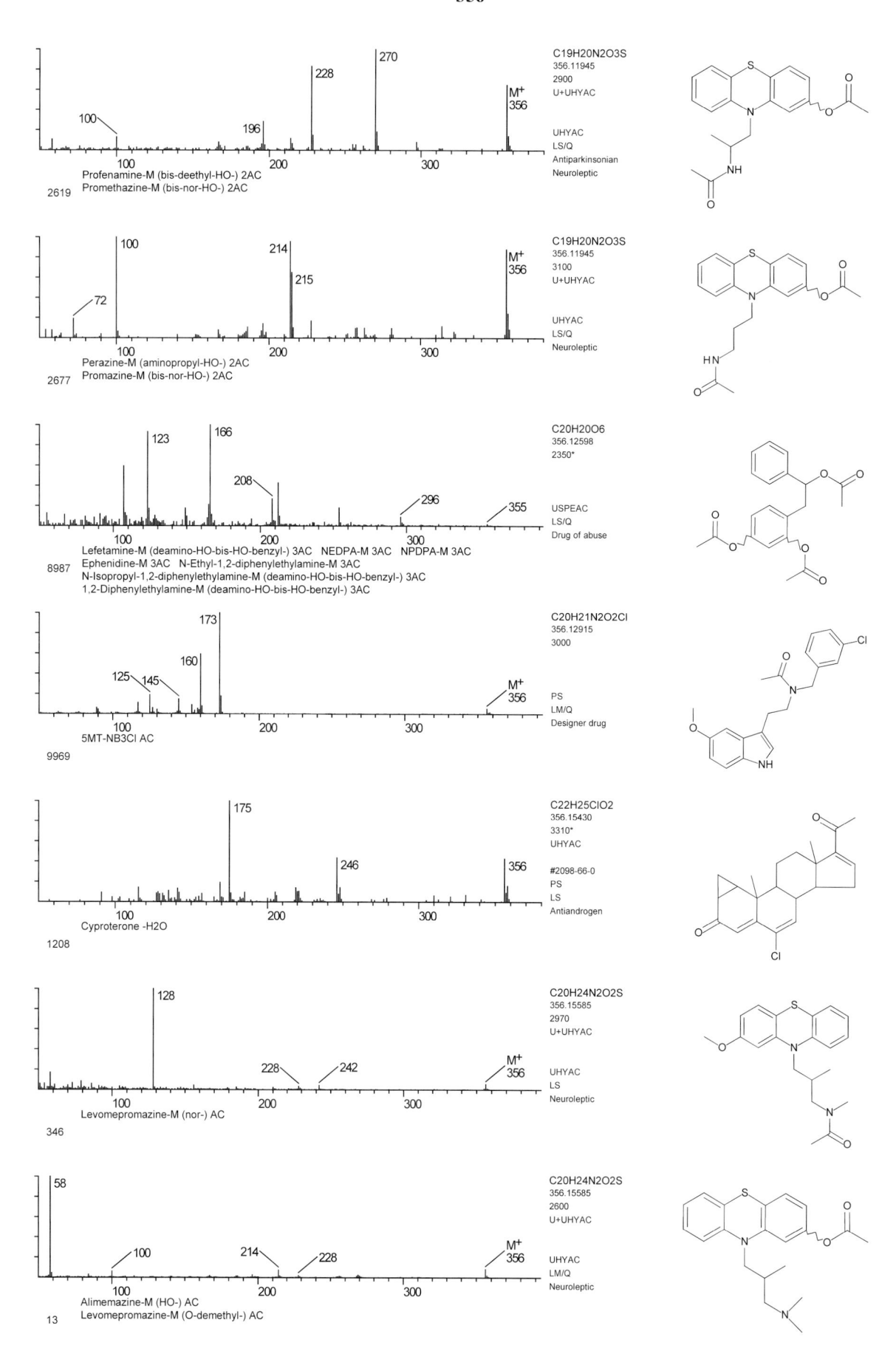

C19H20N2O3S
356.11945
2900
U+UHYAC

UHYAC
LS/Q
Antiparkinsonian
Neuroleptic

2619 Profenamine-M (bis-deethyl-HO-) 2AC
Promethazine-M (bis-nor-HO-) 2AC

C19H20N2O3S
356.11945
3100
U+UHYAC

UHYAC
LS/Q
Neuroleptic

2677 Perazine-M (aminopropyl-HO-) 2AC
Promazine-M (bis-nor-HO-) 2AC

C20H20O6
356.12598
2350*

USPEAC
LS/Q
Drug of abuse

Lefetamine-M (deamino-HO-bis-HO-benzyl-) 3AC   NEDPA-M 3AC   NPDPA-M 3AC
Ephenidine-M 3AC   N-Ethyl-1,2-diphenylethylamine-M 3AC
N-Isopropyl-1,2-diphenylethylamine-M (deamino-HO-bis-HO-benzyl-) 3AC
8987 1,2-Diphenylethylamine-M (deamino-HO-bis-HO-benzyl-) 3AC

C20H21N2O2Cl
356.12915
3000

PS
LM/Q
Designer drug

5MT-NB3Cl AC
9969

C22H25ClO2
356.15430
3310*
UHYAC

#2098-66-0
PS
LS
Antiandrogen

Cyproterone -H2O
1208

C20H24N2O2S
356.15585
2970
U+UHYAC

UHYAC
LS
Neuroleptic

Levomepromazine-M (nor-) AC
346

C20H24N2O2S
356.15585
2600
U+UHYAC

UHYAC
LM/Q
Neuroleptic

Alimemazine-M (HO-) AC
13 Levomepromazine-M (O-demethyl-) AC

356

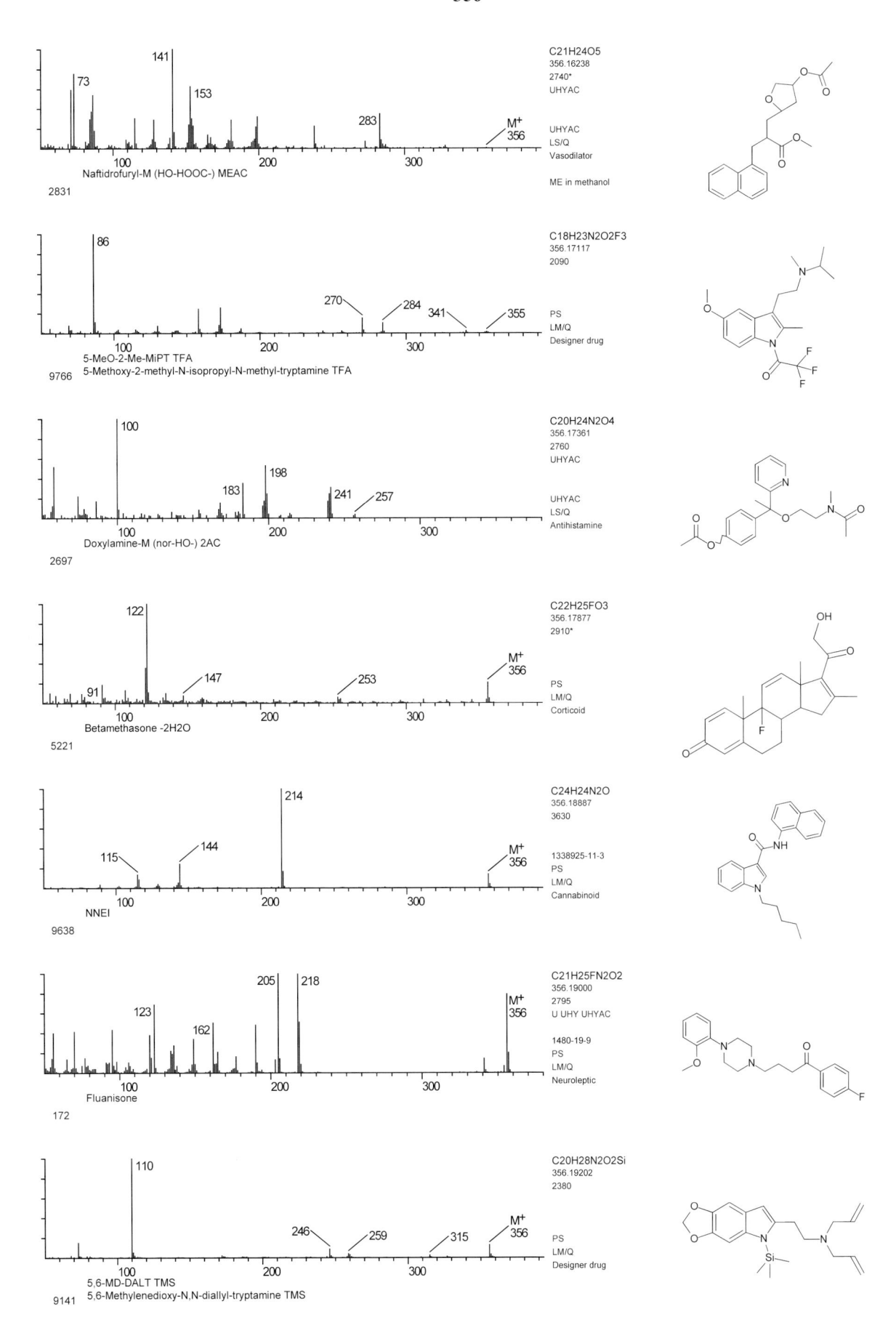

C21H24O5
356.16238
2740*
UHYAC

UHYAC
LS/Q
Vasodilator

ME in methanol

Naftidrofuryl-M (HO-HOOC-) MEAC
2831

C18H23N2O2F3
356.17117
2090

PS
LM/Q
Designer drug

5-MeO-2-Me-MiPT TFA
5-Methoxy-2-methyl-N-isopropyl-N-methyl-tryptamine TFA
9766

C20H24N2O4
356.17361
2760
UHYAC

UHYAC
LS/Q
Antihistamine

Doxylamine-M (nor-HO-) 2AC
2697

C22H25FO3
356.17877
2910*

PS
LM/Q
Corticoid

Betamethasone -2H2O
5221

C24H24N2O
356.18887
3630

1338925-11-3
PS
LM/Q
Cannabinoid

NNEI
9638

C21H25FN2O2
356.19000
2795
U UHY UHYAC

1480-19-9
PS
LM/Q
Neuroleptic

Fluanisone
172

C20H28N2O2Si
356.19202
2380

PS
LM/Q
Designer drug

5,6-MD-DALT TMS
5,6-Methylenedioxy-N,N-diallyl-tryptamine TMS
9141

356

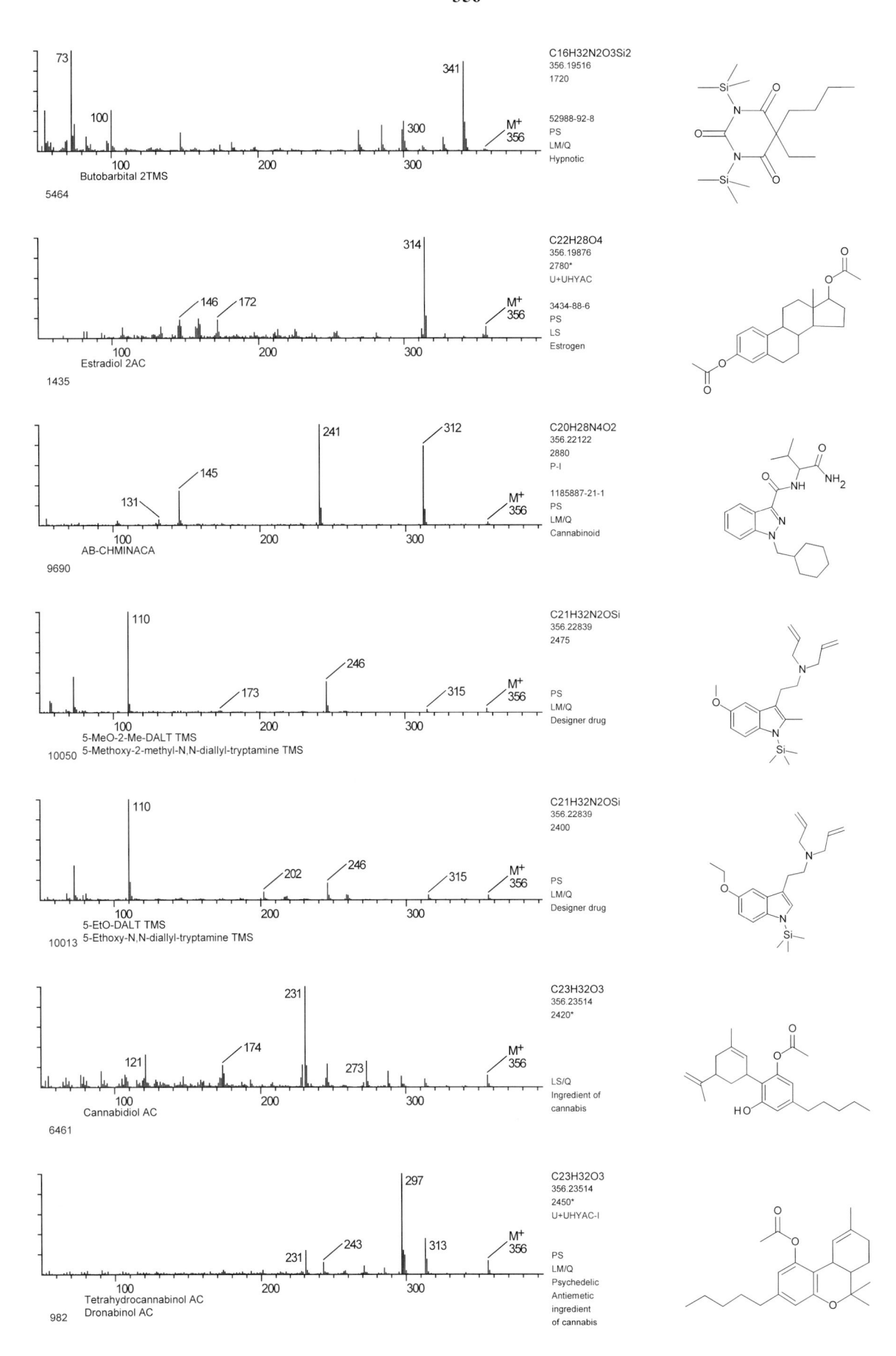

Butobarbital 2TMS	C16H32N2O3Si2 356.19516 1720 52988-92-8 PS LM/Q Hypnotic	
Estradiol 2AC	C22H28O4 356.19876 2780* U+UHYAC 3434-88-6 PS LS Estrogen	
AB-CHMINACA	C20H28N4O2 356.22122 2880 P-I 1185887-21-1 PS LM/Q Cannabinoid	
5-MeO-2-Me-DALT TMS 5-Methoxy-2-methyl-N,N-diallyl-tryptamine TMS	C21H32N2OSi 356.22839 2475 PS LM/Q Designer drug	
5-EtO-DALT TMS 5-Ethoxy-N,N-diallyl-tryptamine TMS	C21H32N2OSi 356.22839 2400 PS LM/Q Designer drug	
Cannabidiol AC	C23H32O3 356.23514 2420* LS/Q Ingredient of cannabis	
Tetrahydrocannabinol AC Dronabinol AC	C23H32O3 356.23514 2450* U+UHYAC-I PS LM/Q Psychedelic Antiemetic ingredient of cannabis	

356

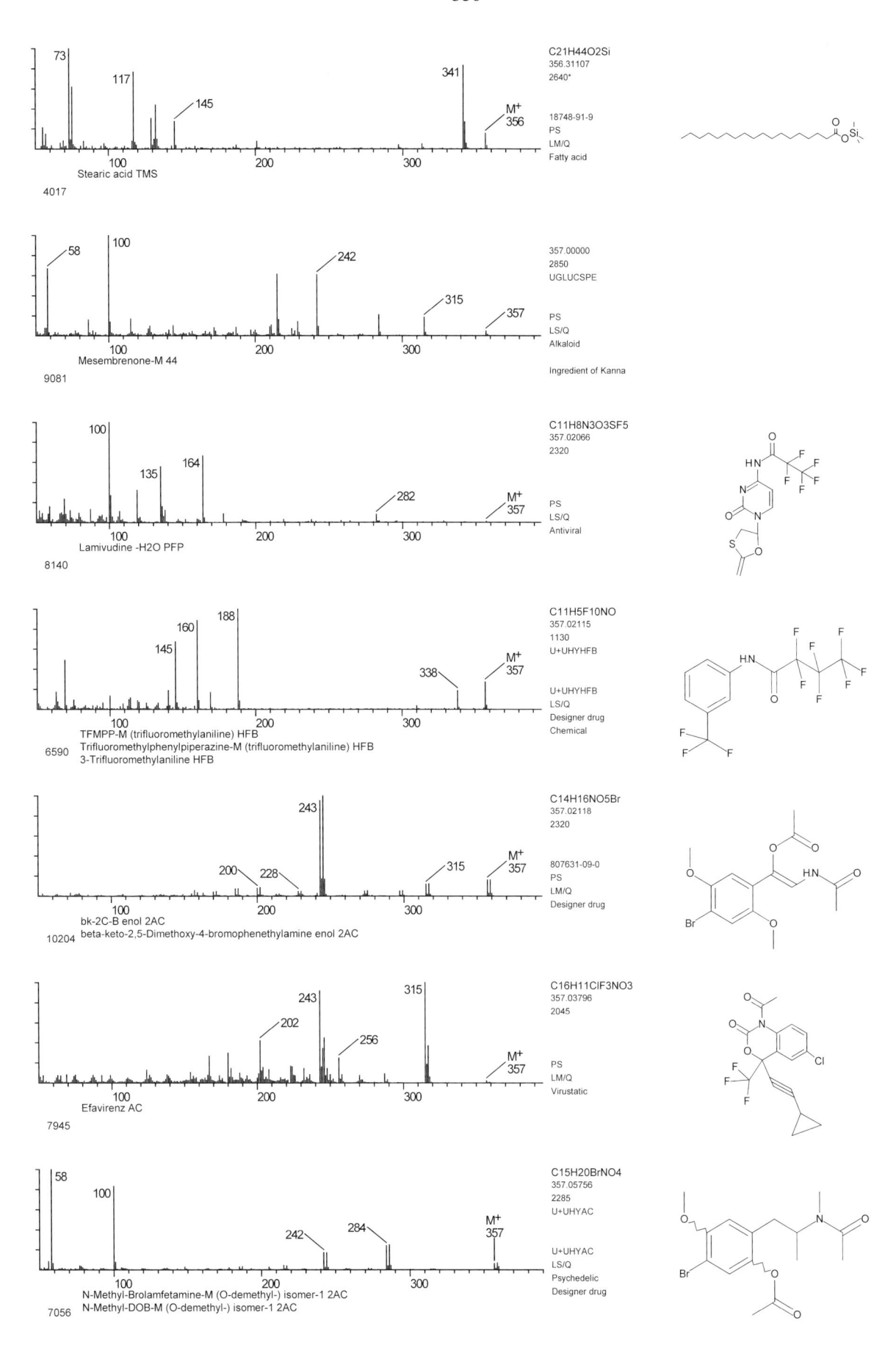

Stearic acid TMS
C21H44O2Si
356.31107
2640*
18748-91-9
PS
LM/Q
Fatty acid
4017

Mesembrenone-M 44
357.00000
2850
UGLUCSPE
PS
LS/Q
Alkaloid
Ingredient of Kanna
9081

Lamivudine -H2O PFP
C11H8N3O3SF5
357.02066
2320
PS
LS/Q
Antiviral
8140

TFMPP-M (trifluoromethylaniline) HFB
Trifluoromethylphenylpiperazine-M (trifluoromethylaniline) HFB
3-Trifluoromethylaniline HFB
C11H5F10NO
357.02115
1130
U+UHYHFB
U+UHYHFB
LS/Q
Designer drug
Chemical
6590

bk-2C-B enol 2AC
beta-keto-2,5-Dimethoxy-4-bromophenethylamine enol 2AC
C14H16NO5Br
357.02118
2320
807631-09-0
PS
LM/Q
Designer drug
10204

Efavirenz AC
C16H11ClF3NO3
357.03796
2045
PS
LM/Q
Virustatic
7945

N-Methyl-Brolamfetamine-M (O-demethyl-) isomer-1 2AC
N-Methyl-DOB-M (O-demethyl-) isomer-1 2AC
C15H20BrNO4
357.05756
2285
U+UHYAC
U+UHYAC
LS/Q
Psychedelic
Designer drug
7056

1245

357

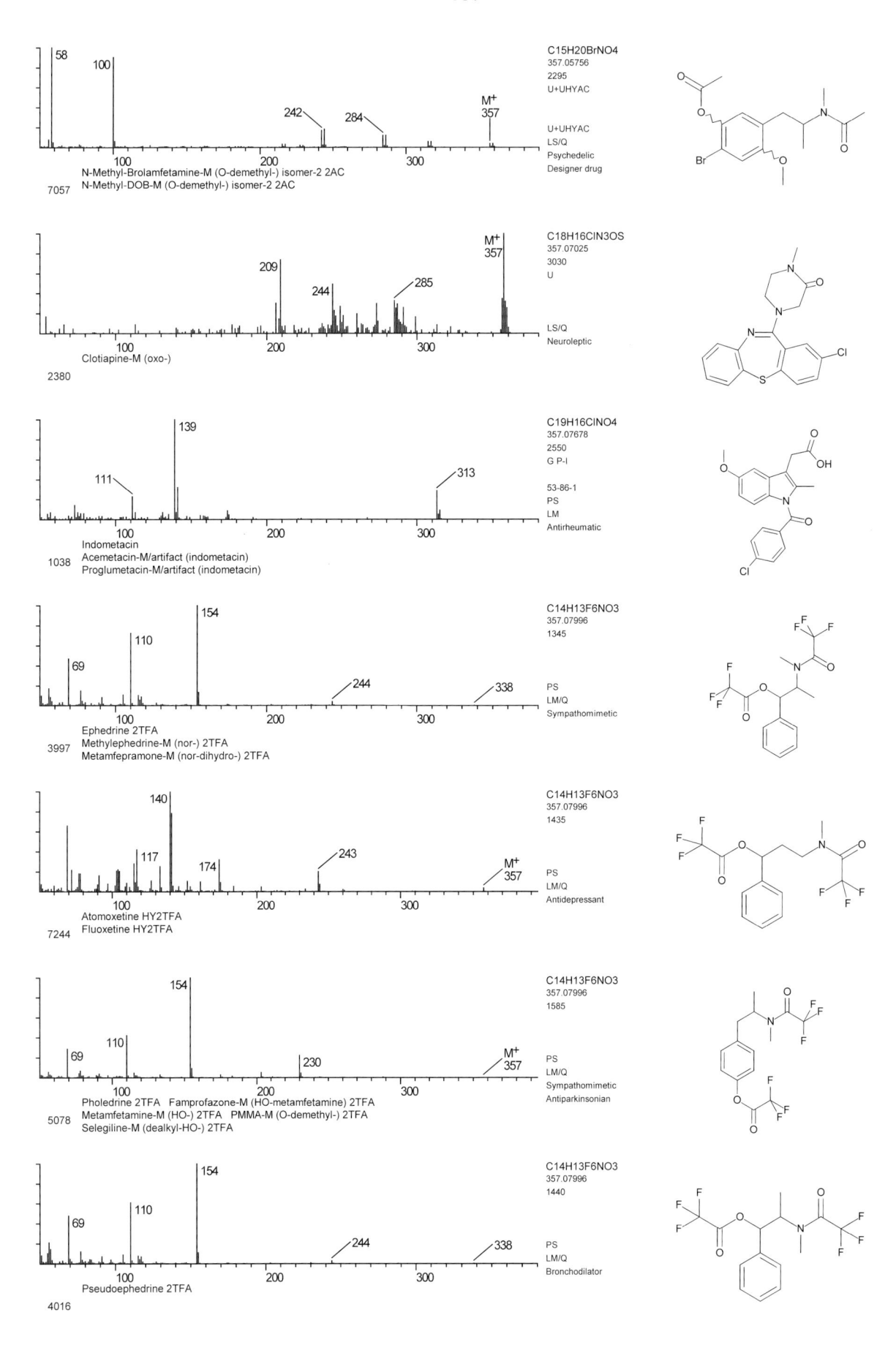

7057
N-Methyl-Brolamfetamine-M (O-demethyl-) isomer-2 2AC
N-Methyl-DOB-M (O-demethyl-) isomer-2 2AC

C15H20BrNO4
357.05756
2295
U+UHYAC

U+UHYAC
LS/Q
Psychedelic
Designer drug

2380
Clotiapine-M (oxo-)

C18H16ClN3OS
357.07025
3030
U

LS/Q
Neuroleptic

1038
Indometacin
Acemetacin-M/artifact (indometacin)
Proglumetacin-M/artifact (indometacin)

C19H16ClNO4
357.07678
2550
G P-I

53-86-1
PS
LM
Antirheumatic

3997
Ephedrine 2TFA
Methylephedrine-M (nor-) 2TFA
Metamfepramone-M (nor-dihydro-) 2TFA

C14H13F6NO3
357.07996
1345

PS
LM/Q
Sympathomimetic

7244
Atomoxetine HY2TFA
Fluoxetine HY2TFA

C14H13F6NO3
357.07996
1435

PS
LM/Q
Antidepressant

5078
Pholedrine 2TFA Famprofazone-M (HO-metamfetamine) 2TFA
Metamfetamine-M (HO-) 2TFA PMMA-M (O-demethyl-) 2TFA
Selegiline-M (dealkyl-HO-) 2TFA

C14H13F6NO3
357.07996
1585

PS
LM/Q
Sympathomimetic
Antiparkinsonian

4016
Pseudoephedrine 2TFA

C14H13F6NO3
357.07996
1440

PS
LM/Q
Bronchodilator

357

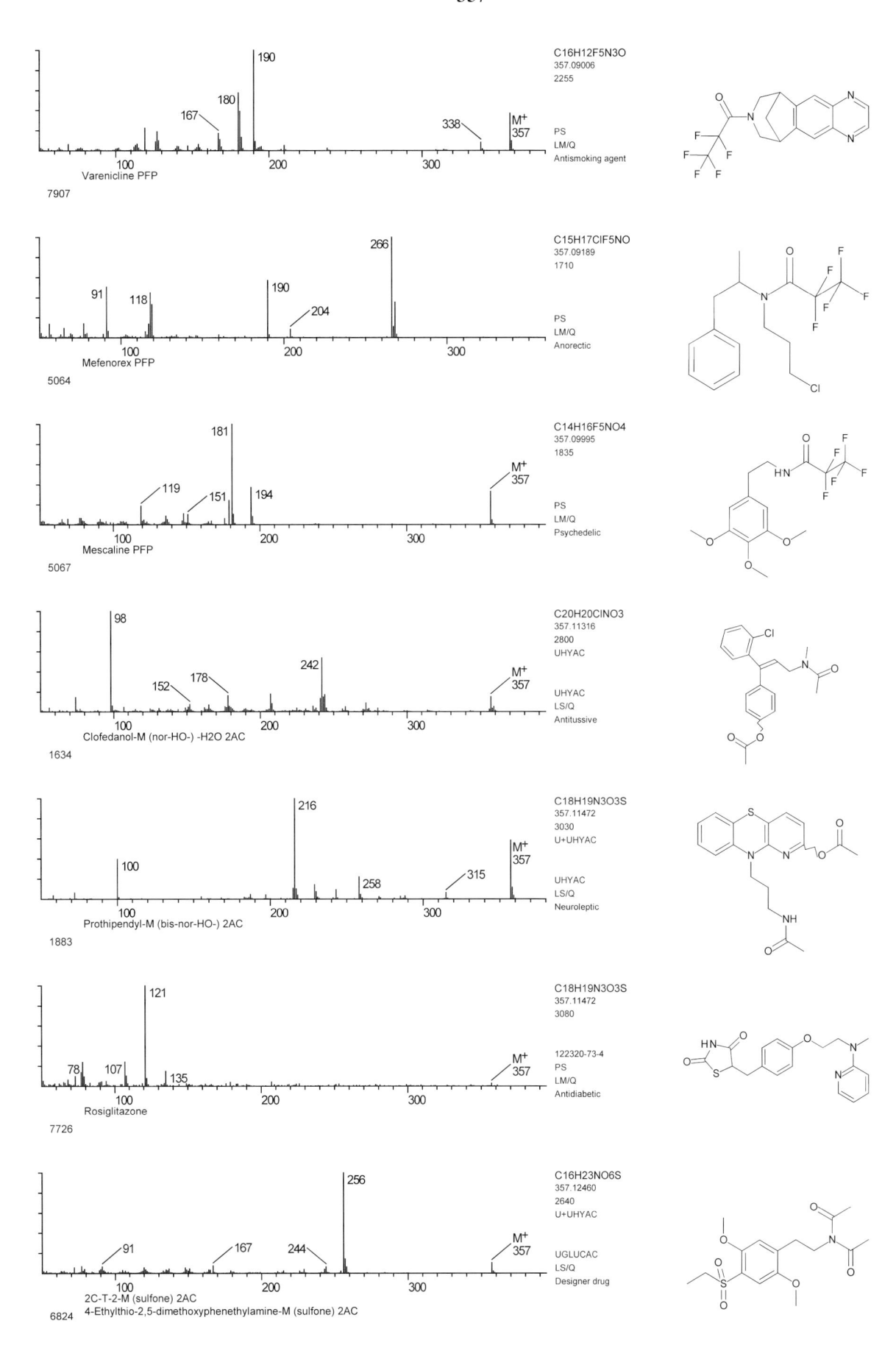

Varenicline PFP — 7907
Peaks: 167, 180, 190, 338, M+ 357
C16H12F5N3O
357.09006
2255
PS
LM/Q
Antismoking agent

Mefenorex PFP — 5064
Peaks: 91, 118, 190, 204, 266
C15H17ClF5NO
357.09189
1710
PS
LM/Q
Anorectic

Mescaline PFP — 5067
Peaks: 119, 151, 181, 194, M+ 357
C14H16F5NO4
357.09995
1835
PS
LM/Q
Psychedelic

Clofedanol-M (nor-HO-) -H2O 2AC — 1634
Peaks: 98, 152, 178, 242, M+ 357
C20H20ClNO3
357.11316
2800
UHYAC
UHYAC
LS/Q
Antitussive

Prothipendyl-M (bis-nor-HO-) 2AC — 1883
Peaks: 100, 216, 258, 315, M+ 357
C18H19N3O3S
357.11472
3030
U+UHYAC
UHYAC
LS/Q
Neuroleptic

Rosiglitazone — 7726
Peaks: 78, 107, 121, 135, M+ 357
C18H19N3O3S
357.11472
3080
122320-73-4
PS
LM/Q
Antidiabetic

2C-T-2-M (sulfone) 2AC
4-Ethylthio-2,5-dimethoxyphenethylamine-M (sulfone) 2AC — 6824
Peaks: 91, 167, 244, 256, M+ 357
C16H23NO6S
357.12460
2640
U+UHYAC
UGLUCAC
LS/Q
Designer drug

357

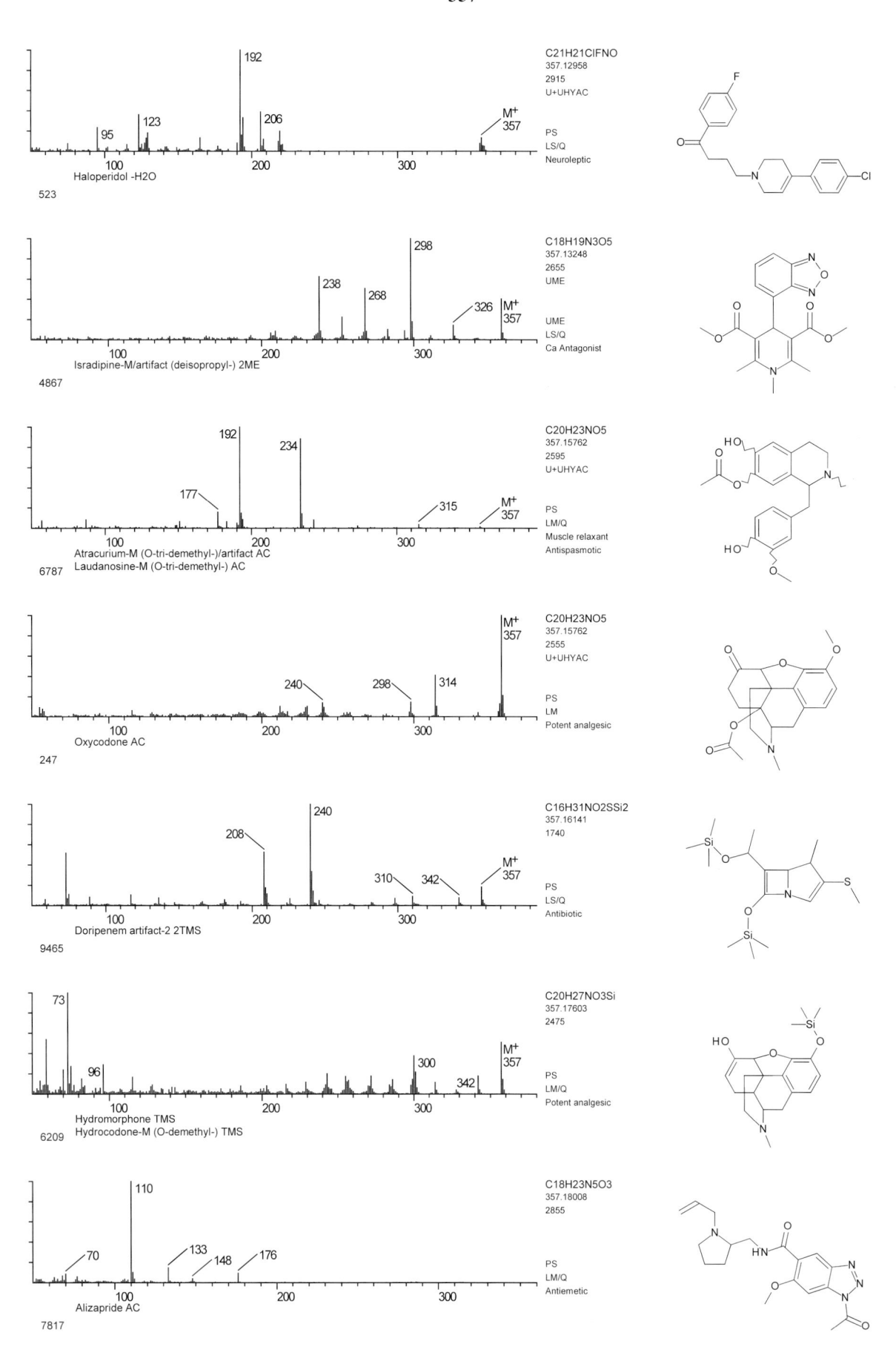

Haloperidol -H2O
523

C21H21ClFNO
357.12958
2915
U+UHYAC

PS
LS/Q
Neuroleptic

Isradipine-M/artifact (deisopropyl-) 2ME
4867

C18H19N3O5
357.13248
2655
UME

UME
LS/Q
Ca Antagonist

Atracurium-M (O-tri-demethyl-)/artifact AC
Laudanosine-M (O-tri-demethyl-) AC
6787

C20H23NO5
357.15762
2595
U+UHYAC

PS
LM/Q
Muscle relaxant
Antispasmotic

Oxycodone AC
247

C20H23NO5
357.15762
2555
U+UHYAC

PS
LM
Potent analgesic

Doripenem artifact-2 2TMS
9465

C16H31NO2SSi2
357.16141
1740

PS
LS/Q
Antibiotic

Hydromorphone TMS
Hydrocodone-M (O-demethyl-) TMS
6209

C20H27NO3Si
357.17603
2475

PS
LM/Q
Potent analgesic

Alizapride AC
7817

C18H23N5O3
357.18008
2855

PS
LM/Q
Antiemetic

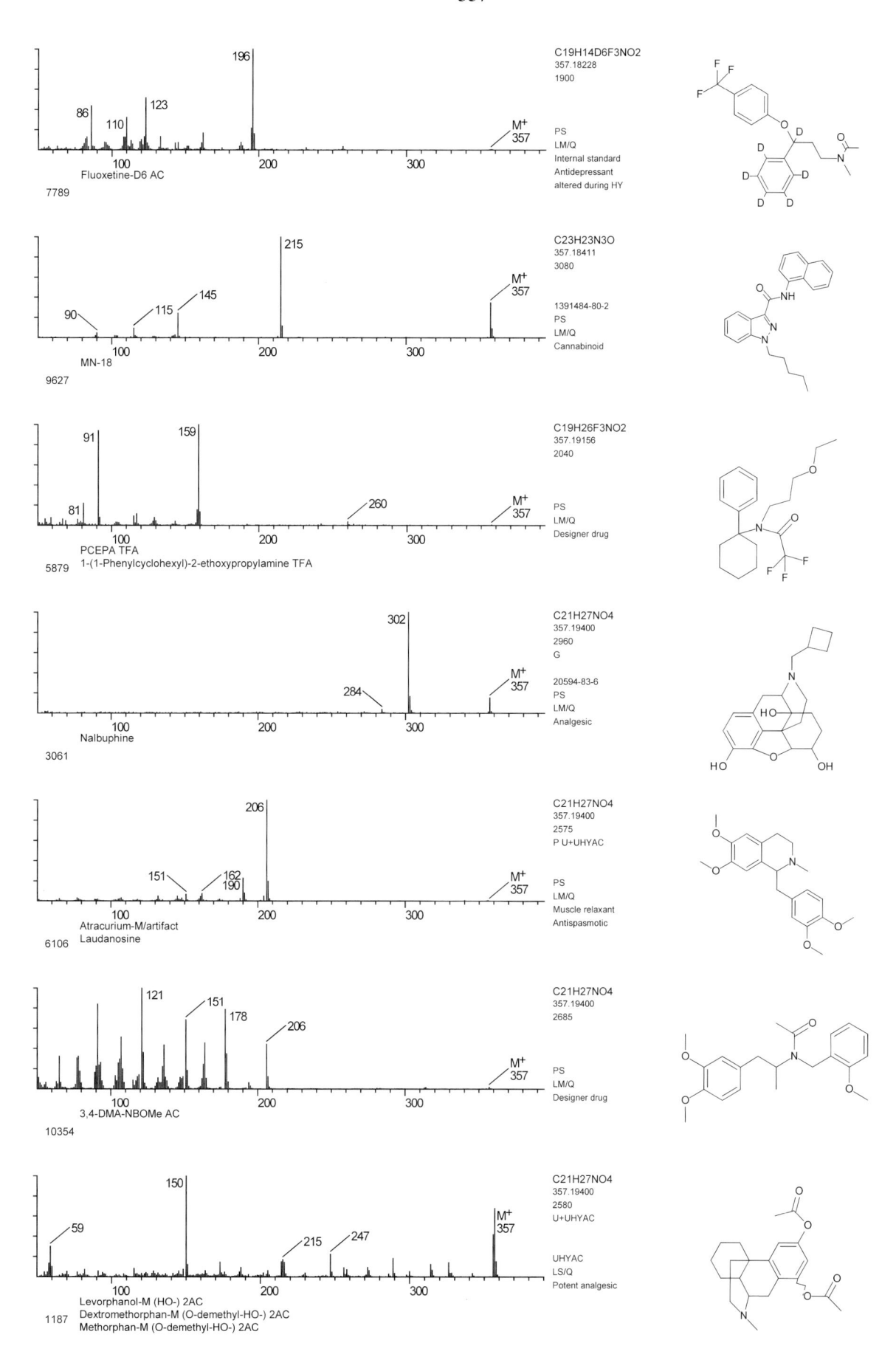

Fluoxetine-D6 AC 7789	C19H14D6F3NO2 357.18228 1900 PS LM/Q Internal standard Antidepressant altered during HY
MN-18 9627	C23H23N3O 357.18411 3080 1391484-80-2 PS LM/Q Cannabinoid
PCEPA TFA 1-(1-Phenylcyclohexyl)-2-ethoxypropylamine TFA 5879	C19H26F3NO2 357.19156 2040 PS LM/Q Designer drug
Nalbuphine 3061	C21H27NO4 357.19400 2960 G 20594-83-6 PS LM/Q Analgesic
Atracurium-M/artifact Laudanosine 6106	C21H27NO4 357.19400 2575 P U+UHYAC PS LM/Q Muscle relaxant Antispasmotic
3,4-DMA-NBOMe AC 10354	C21H27NO4 357.19400 2685 PS LM/Q Designer drug
Levorphanol-M (HO-) 2AC Dextromethorphan-M (O-demethyl-HO-) 2AC Methorphan-M (O-demethyl-HO-) 2AC 1187	C21H27NO4 357.19400 2580 U+UHYAC UHYAC LS/Q Potent analgesic

357

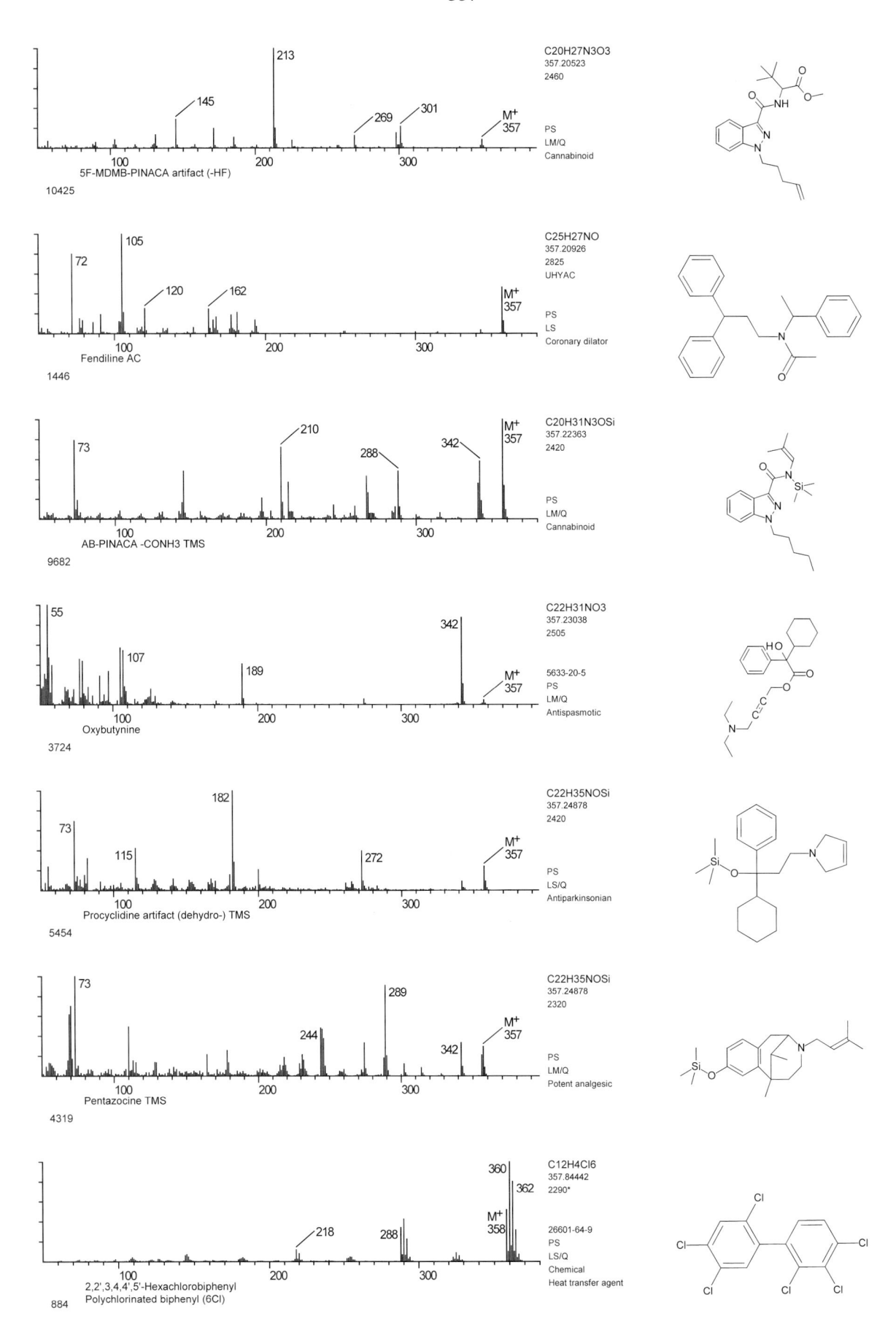

C20H27N3O3
357.20523
2460

PS
LM/Q
Cannabinoid

5F-MDMB-PINACA artifact (-HF)
10425

C25H27NO
357.20926
2825
UHYAC

PS
LS
Coronary dilator

Fendiline AC
1446

C20H31N3OSi
357.22363
2420

PS
LM/Q
Cannabinoid

AB-PINACA -CONH3 TMS
9682

C22H31NO3
357.23038
2505

5633-20-5
PS
LM/Q
Antispasmotic

Oxybutynine
3724

C22H35NOSi
357.24878
2420

PS
LS/Q
Antiparkinsonian

Procyclidine artifact (dehydro-) TMS
5454

C22H35NOSi
357.24878
2320

PS
LM/Q
Potent analgesic

Pentazocine TMS
4319

C12H4Cl6
357.84442
2290*

26601-64-9
PS
LS/Q
Chemical
Heat transfer agent

2,2',3,4,4',5'-Hexachlorobiphenyl
Polychlorinated biphenyl (6Cl)
884

1250

358

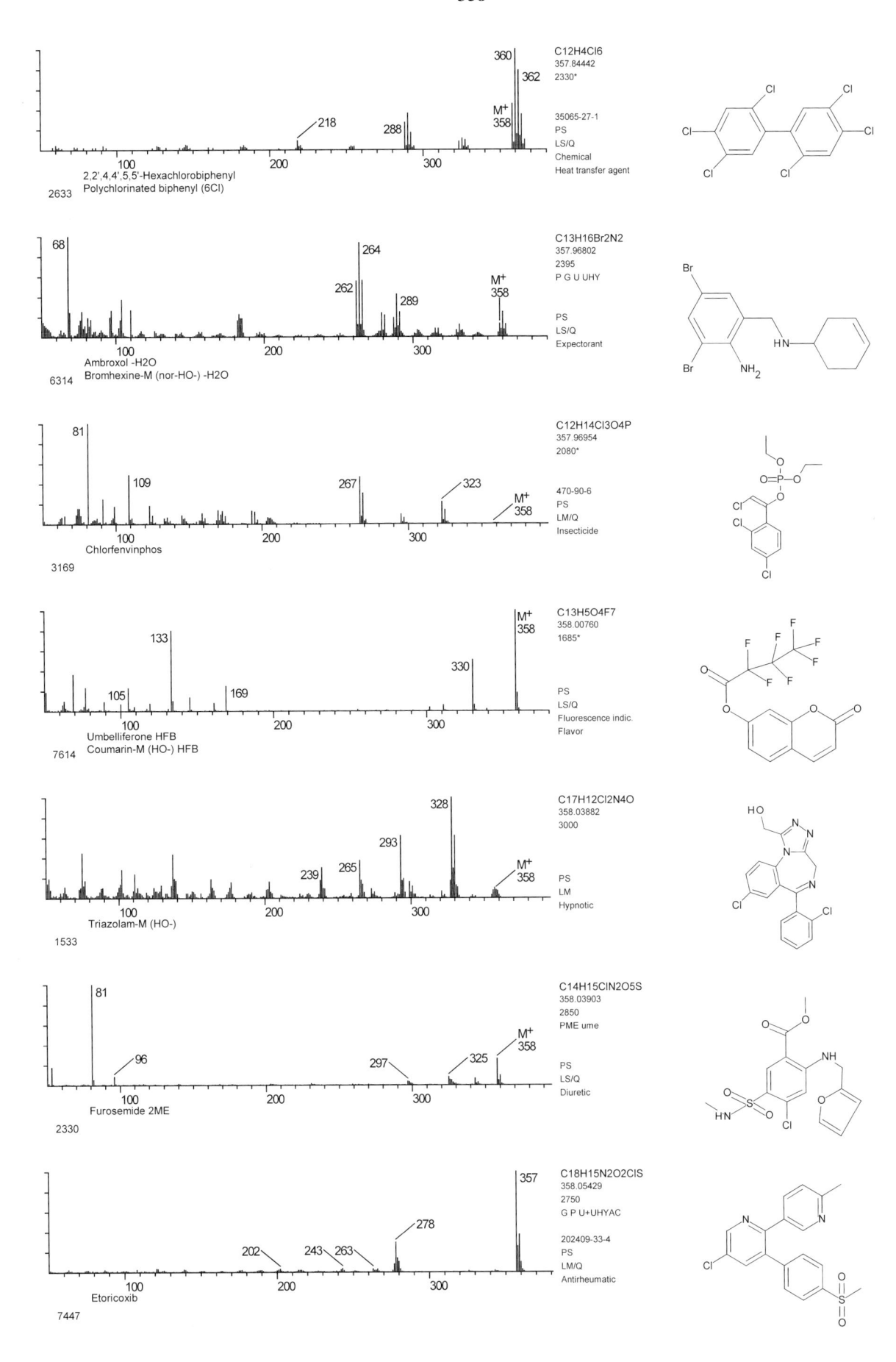

2633
2,2',4,4',5,5'-Hexachlorobiphenyl
Polychlorinated biphenyl (6Cl)
C12H4Cl6
357.84442
2330*
35065-27-1
PS
LS/Q
Chemical
Heat transfer agent

6314
Ambroxol -H2O
Bromhexine-M (nor-HO-) -H2O
C13H16Br2N2
357.96802
2395
P G U UHY
PS
LS/Q
Expectorant

3169
Chlorfenvinphos
C12H14Cl3O4P
357.96954
2080*
470-90-6
PS
LM/Q
Insecticide

7614
Umbelliferone HFB
Coumarin-M (HO-) HFB
C13H5O4F7
358.00760
1685*
PS
LS/Q
Fluorescence indic.
Flavor

1533
Triazolam-M (HO-)
C17H12Cl2N4O
358.03882
3000
PS
LM
Hypnotic

2330
Furosemide 2ME
C14H15ClN2O5S
358.03903
2850
PME ume
PS
LS/Q
Diuretic

7447
Etoricoxib
C18H15N2O2ClS
358.05429
2750
G P U+UHYAC
202409-33-4
PS
LM/Q
Antirheumatic

1251

358

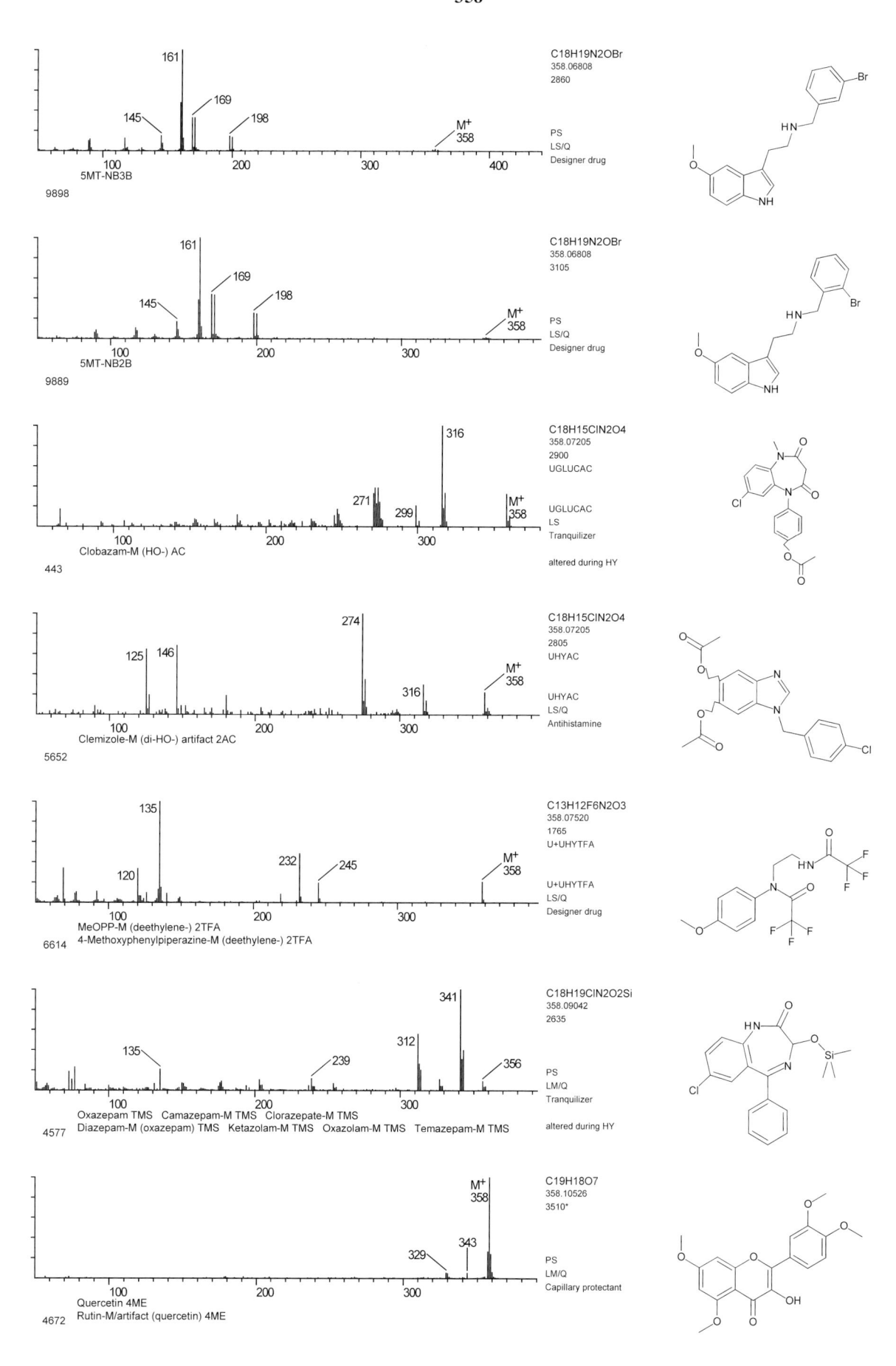

Spectrum	Formula / Info
5MT-NB3B (9898) — peaks: 145, 161, 169, 198, M+ 358	C18H19N2OBr; 358.06808; 2860; PS; LS/Q; Designer drug
5MT-NB2B (9889) — peaks: 145, 161, 169, 198, M+ 358	C18H19N2OBr; 358.06808; 3105; PS; LS/Q; Designer drug
Clobazam-M (HO-) AC (443) — peaks: 271, 299, 316, M+ 358	C18H15ClN2O4; 358.07205; 2900; UGLUCAC; UGLUCAC; LS; Tranquilizer; altered during HY
Clemizole-M (di-HO-) artifact 2AC (5652) — peaks: 125, 146, 274, 316, M+ 358	C18H15ClN2O4; 358.07205; 2805; UHYAC; UHYAC; LS/Q; Antihistamine
MeOPP-M (deethylene-) 2TFA / 4-Methoxyphenylpiperazine-M (deethylene-) 2TFA (6614) — peaks: 120, 135, 232, 245, M+ 358	C13H12F6N2O3; 358.07520; 1765; U+UHYTFA; U+UHYTFA; LS/Q; Designer drug
Oxazepam TMS Camazepam-M TMS Clorazepate-M TMS / Diazepam-M (oxazepam) TMS Ketazolam-M TMS Oxazolam-M TMS Temazepam-M TMS (4577) — peaks: 135, 239, 312, 341, 356	C18H19ClN2O2Si; 358.09042; 2635; PS; LM/Q; Tranquilizer; altered during HY
Quercetin 4ME / Rutin-M/artifact (quercetin) 4ME (4672) — peaks: 329, 343, M+ 358	C19H18O7; 358.10526; 3510*; PS; LM/Q; Capillary protectant

358

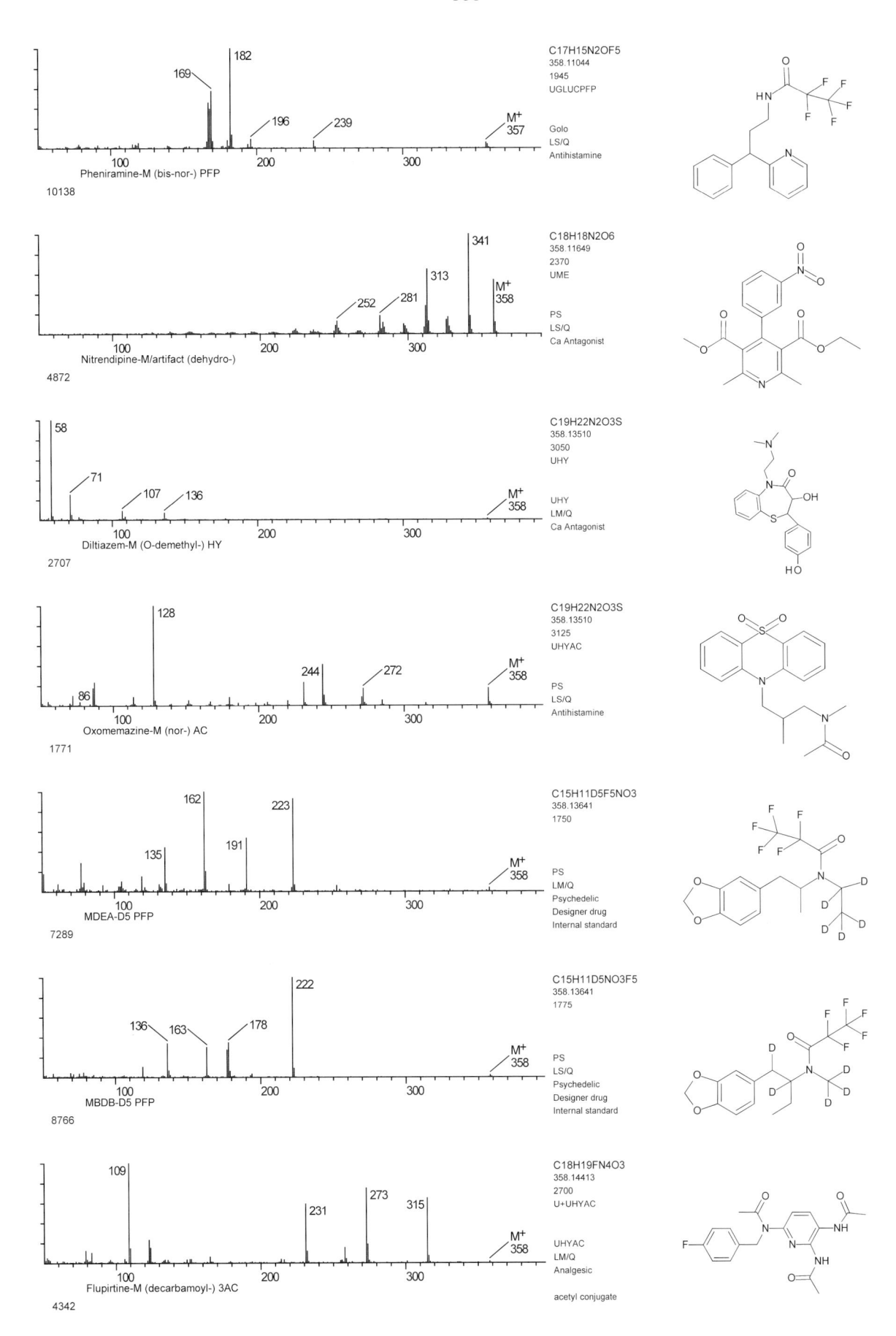

C17H15N2OF5
358.11044
1945
UGLUCPFP

Golo
LS/Q
Antihistamine

Pheniramine-M (bis-nor-) PFP
10138

C18H18N2O6
358.11649
2370
UME

PS
LS/Q
Ca Antagonist

Nitrendipine-M/artifact (dehydro-)
4872

C19H22N2O3S
358.13510
3050
UHY

UHY
LM/Q
Ca Antagonist

Diltiazem-M (O-demethyl-) HY
2707

C19H22N2O3S
358.13510
3125
UHYAC

PS
LS/Q
Antihistamine

Oxomemazine-M (nor-) AC
1771

C15H11D5F5NO3
358.13641
1750

PS
LM/Q
Psychedelic
Designer drug
Internal standard

MDEA-D5 PFP
7289

C15H11D5NO3F5
358.13641
1775

PS
LS/Q
Psychedelic
Designer drug
Internal standard

MBDB-D5 PFP
8766

C18H19FN4O3
358.14413
2700
U+UHYAC

UHYAC
LM/Q
Analgesic
acetyl conjugate

Flupirtine-M (decarbamoyl-) 3AC
4342

358

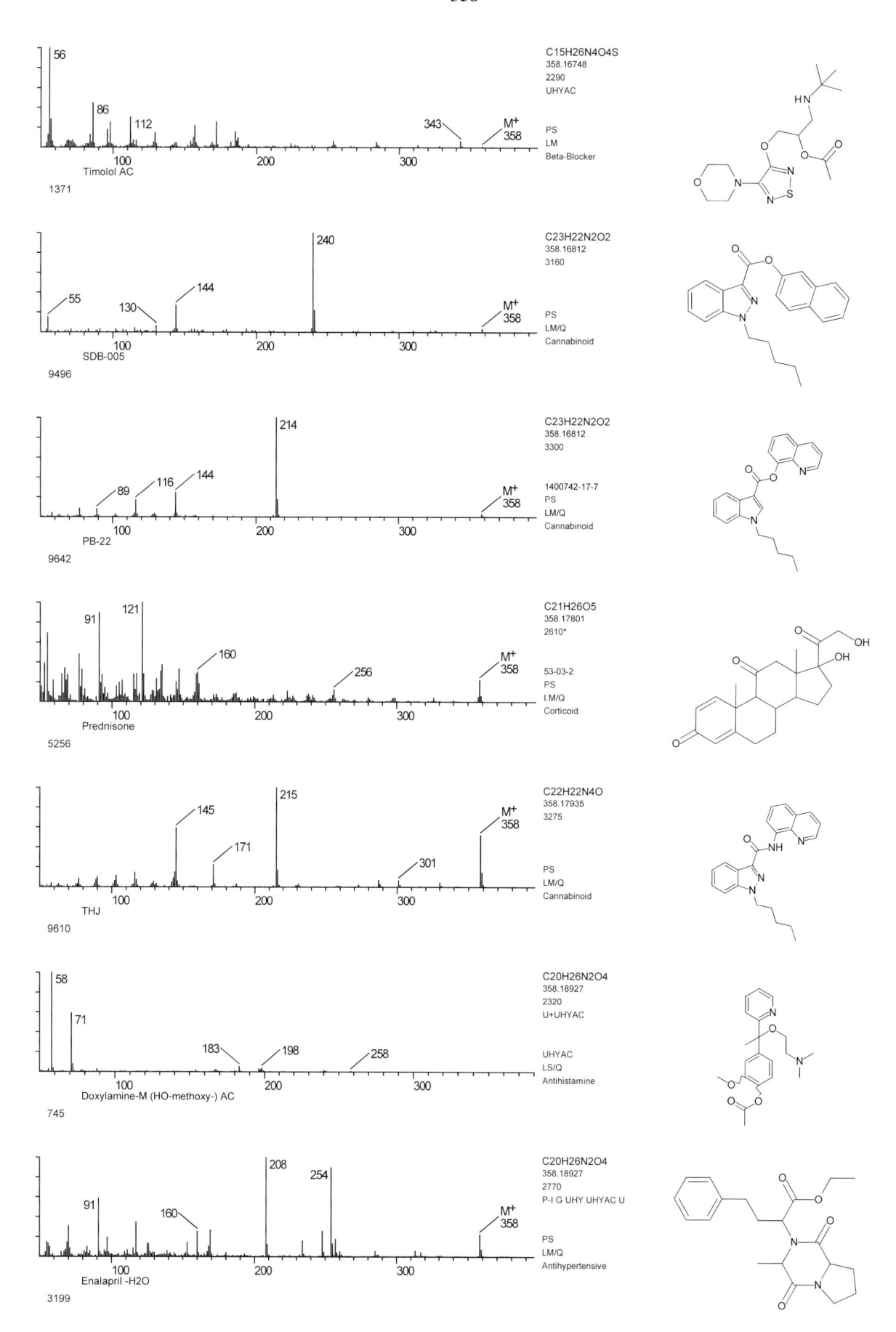

C15H26N4O4S
358.16748
2290
UHYAC
PS
LM
Beta-Blocker

Timolol AC
1371

C23H22N2O2
358.16812
3160

PS
LM/Q
Cannabinoid

SDB-005
9496

C23H22N2O2
358.16812
3300
1400742-17-7
PS
LM/Q
Cannabinoid

PB-22
9642

C21H26O5
358.17801
2610*
53-03-2
PS
LM/Q
Corticoid

Prednisone
5256

C22H22N4O
358.17935
3275

PS
LM/Q
Cannabinoid

THJ
9610

C20H26N2O4
358.18927
2320
U+UHYAC

UHYAC
LS/Q
Antihistamine

Doxylamine-M (HO-methoxy-) AC
745

C20H26N2O4
358.18927
2770
P-I G UHY UHYAC U

PS
LM/Q
Antihypertensive

Enalapril -H2O
3199

1254

358

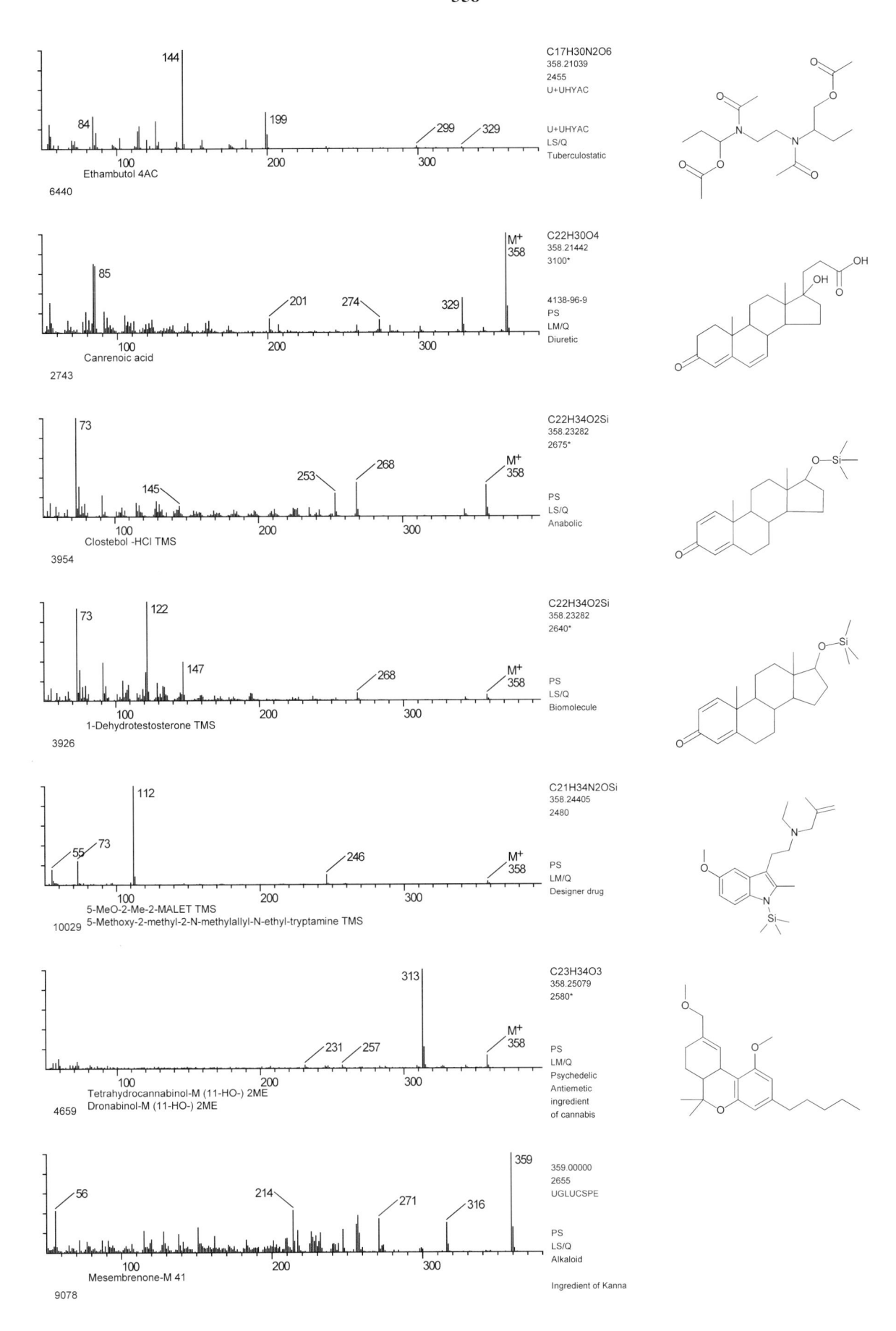

Ethambutol 4AC
84, 144, 199, 299, 329
C17H30N2O6
358.21039
2455
U+UHYAC
U+UHYAC
LS/Q
Tuberculostatic
6440

Canrenoic acid
85, 201, 274, 329, M+ 358
C22H30O4
358.21442
3100*
4138-96-9
PS
LM/Q
Diuretic
2743

Clostebol -HCl TMS
73, 145, 253, 268, M+ 358
C22H34O2Si
358.23282
2675*
PS
LS/Q
Anabolic
3954

1-Dehydrotestosterone TMS
73, 122, 147, 268, M+ 358
C22H34O2Si
358.23282
2640*
PS
LS/Q
Biomolecule
3926

5-MeO-2-Me-2-MALET TMS
5-Methoxy-2-methyl-2-N-methylallyl-N-ethyl-tryptamine TMS
55, 73, 112, 246, M+ 358
C21H34N2OSi
358.24405
2480
PS
LM/Q
Designer drug
10029

Tetrahydrocannabinol-M (11-HO-) 2ME
Dronabinol-M (11-HO-) 2ME
231, 257, 313, M+ 358
C23H34O3
358.25079
2580*
PS
LM/Q
Psychedelic
Antiemetic
ingredient of cannabis
4659

Mesembrenone-M 41
56, 214, 271, 316, 359
359.00000
2655
UGLUCSPE
PS
LS/Q
Alkaloid
Ingredient of Kanna
9078

359

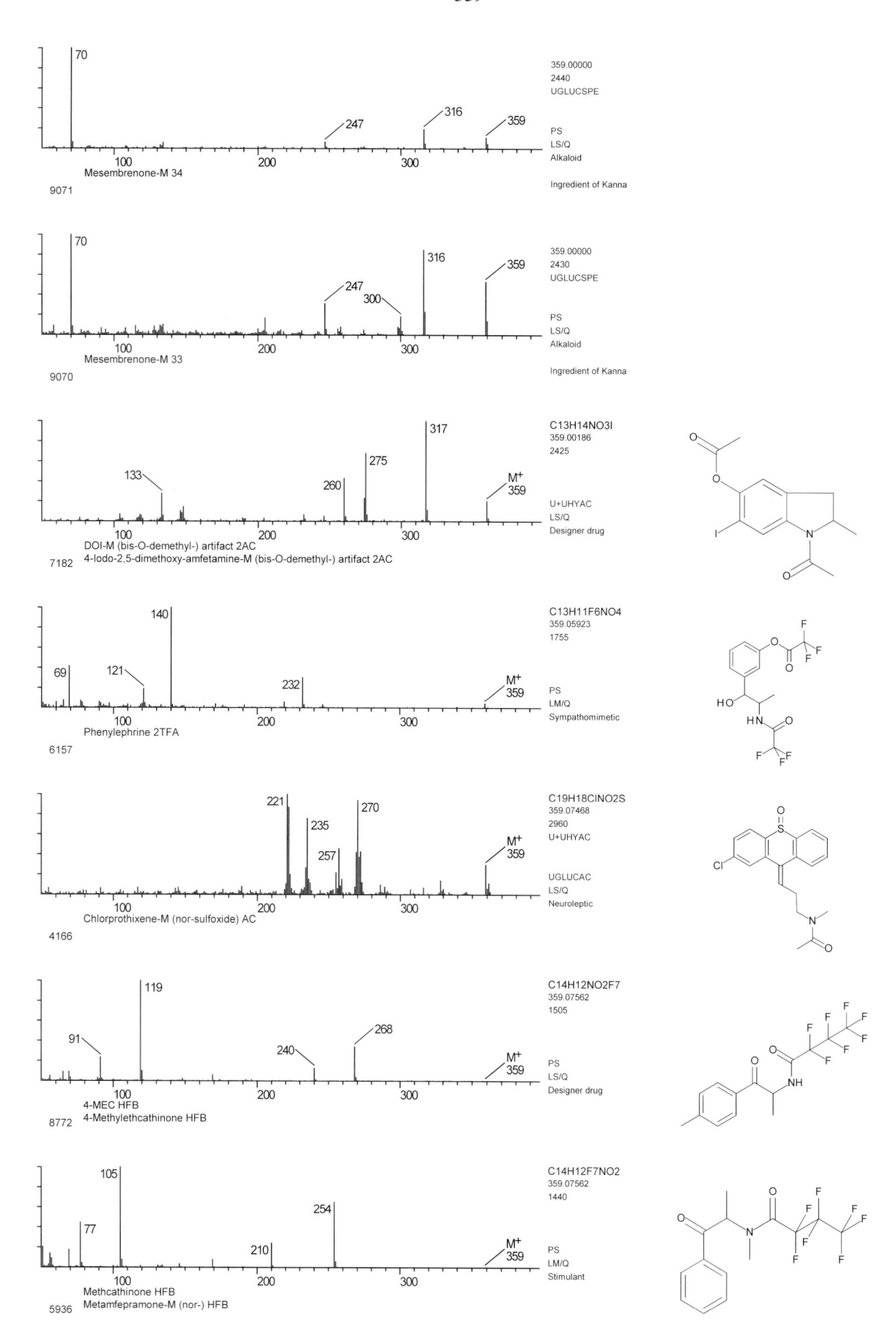

m/z	Label	Formula / Info
70, 247, 316, 359	Mesembrenone-M 34	359.00000 / 2440 / UGLUCSPE / PS / LS/Q / Alkaloid / Ingredient of Kanna / 9071
70, 247, 300, 316, 359	Mesembrenone-M 33	359.00000 / 2430 / UGLUCSPE / PS / LS/Q / Alkaloid / Ingredient of Kanna / 9070
133, 260, 275, 317, 359 (M+)	DOI-M (bis-O-demethyl-) artifact 2AC / 4-Iodo-2,5-dimethoxy-amfetamine-M (bis-O-demethyl-) artifact 2AC	C13H14NO3I / 359.00186 / 2425 / U+UHYAC / LS/Q / Designer drug / 7182
69, 121, 140, 232, 359 (M+)	Phenylephrine 2TFA	C13H11F6NO4 / 359.05923 / 1755 / PS / LM/Q / Sympathomimetic / 6157
221, 235, 257, 270, 359 (M+)	Chlorprothixene-M (nor-sulfoxide) AC	C19H18ClNO2S / 359.07468 / 2960 / U+UHYAC / UGLUCAC / LS/Q / Neuroleptic / 4166
91, 119, 240, 268, 359 (M+)	4-MEC HFB / 4-Methylethcathinone HFB	C14H12NO2F7 / 359.07562 / 1505 / PS / LS/Q / Designer drug / 8772
77, 105, 210, 254, 359 (M+)	Methcathinone HFB / Metamfepramone-M (nor-) HFB	C14H12F7NO2 / 359.07562 / 1440 / PS / LM/Q / Stimulant / 5936

359

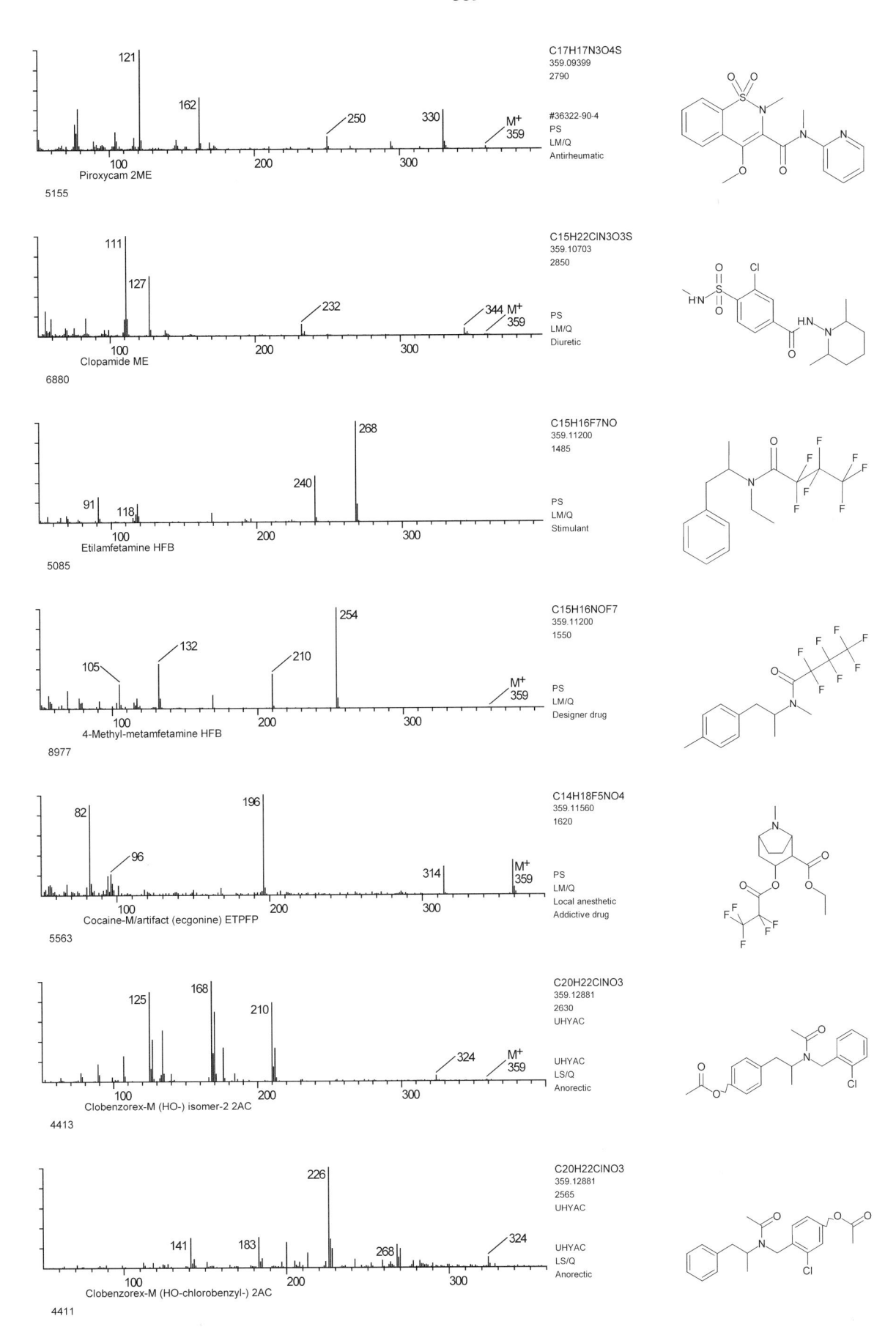

Spectrum peaks	Compound info
121, 162, 250, 330, 359 M+	C17H17N3O4S 359.09399 2790 #36322-90-4 PS LM/Q Antirheumatic

Piroxycam 2ME
5155

| 111, 127, 232, 344, 359 M+ | C15H22ClN3O3S 359.10703 2850 PS LM/Q Diuretic |

Clopamide ME
6880

| 91, 118, 240, 268 | C15H16F7NO 359.11200 1485 PS LM/Q Stimulant |

Etilamfetamine HFB
5085

| 105, 132, 210, 254, 359 M+ | C15H16NOF7 359.11200 1550 PS LM/Q Designer drug |

4-Methyl-metamfetamine HFB
8977

| 82, 96, 196, 314, 359 M+ | C14H18F5NO4 359.11560 1620 PS LM/Q Local anesthetic Addictive drug |

Cocaine-M/artifact (ecgonine) ETPFP
5563

| 125, 168, 210, 324, 359 M+ | C20H22ClNO3 359.12881 2630 UHYAC UHYAC LS/Q Anorectic |

Clobenzorex-M (HO-) isomer-2 2AC
4413

| 141, 183, 226, 268, 324 | C20H22ClNO3 359.12881 2565 UHYAC UHYAC LS/Q Anorectic |

Clobenzorex-M (HO-chlorobenzyl-) 2AC
4411

359

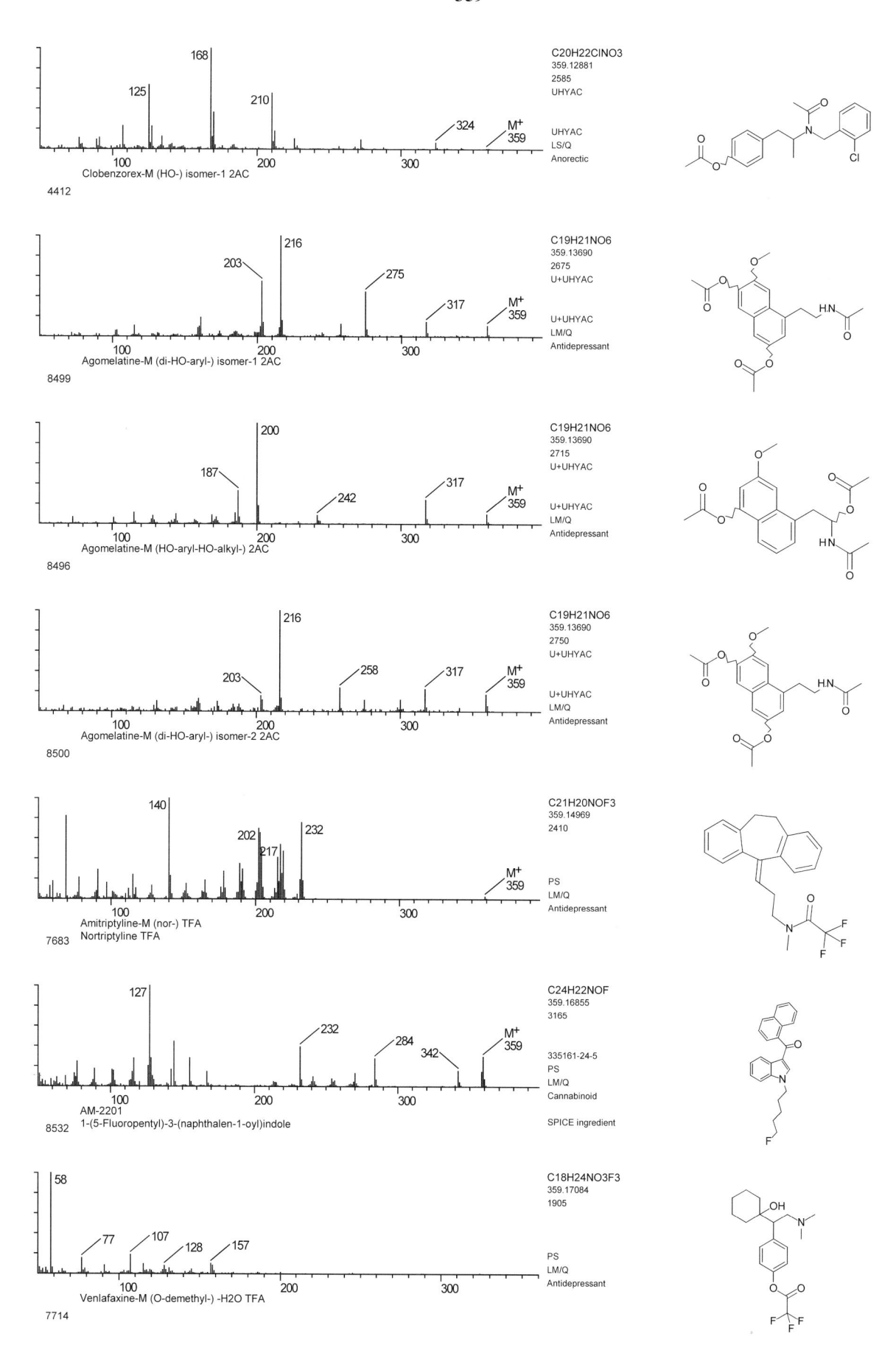

125, 168, 210, 324, M+ 359	Clobenzorex-M (HO-) isomer-1 2AC 4412	C20H22ClNO3 359.12881 2585 UHYAC UHYAC LS/Q Anorectic
203, 216, 275, 317, M+ 359	Agomelatine-M (di-HO-aryl-) isomer-1 2AC 8499	C19H21NO6 359.13690 2675 U+UHYAC U+UHYAC LM/Q Antidepressant
187, 200, 242, 317, M+ 359	Agomelatine-M (HO-aryl-HO-alkyl-) 2AC 8496	C19H21NO6 359.13690 2715 U+UHYAC U+UHYAC LM/Q Antidepressant
203, 216, 258, 317, M+ 359	Agomelatine-M (di-HO-aryl-) isomer-2 2AC 8500	C19H21NO6 359.13690 2750 U+UHYAC U+UHYAC LM/Q Antidepressant
140, 202, 217, 232, M+ 359	Amitriptyline-M (nor-) TFA Nortriptyline TFA 7683	C21H20NOF3 359.14969 2410 PS LM/Q Antidepressant
127, 232, 284, 342, M+ 359	AM-2201 1-(5-Fluoropentyl)-3-(naphthalen-1-oyl)indole 8532	C24H22NOF 359.16855 3165 335161-24-5 PS LM/Q Cannabinoid SPICE ingredient
58, 77, 107, 128, 157	Venlafaxine-M (O-demethyl-) -H2O TFA 7714	C18H24NO3F3 359.17084 1905 PS LM/Q Antidepressant

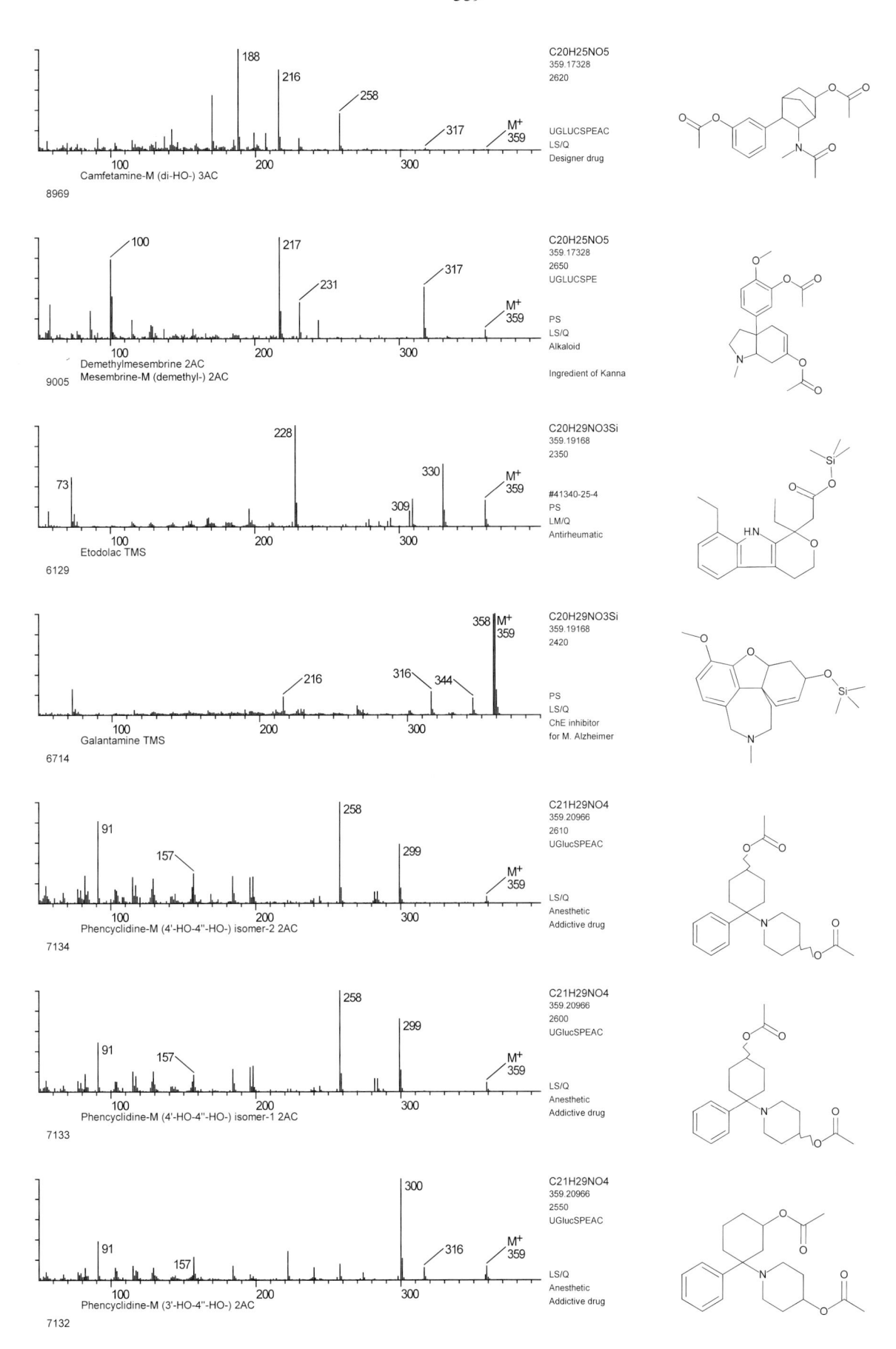

359

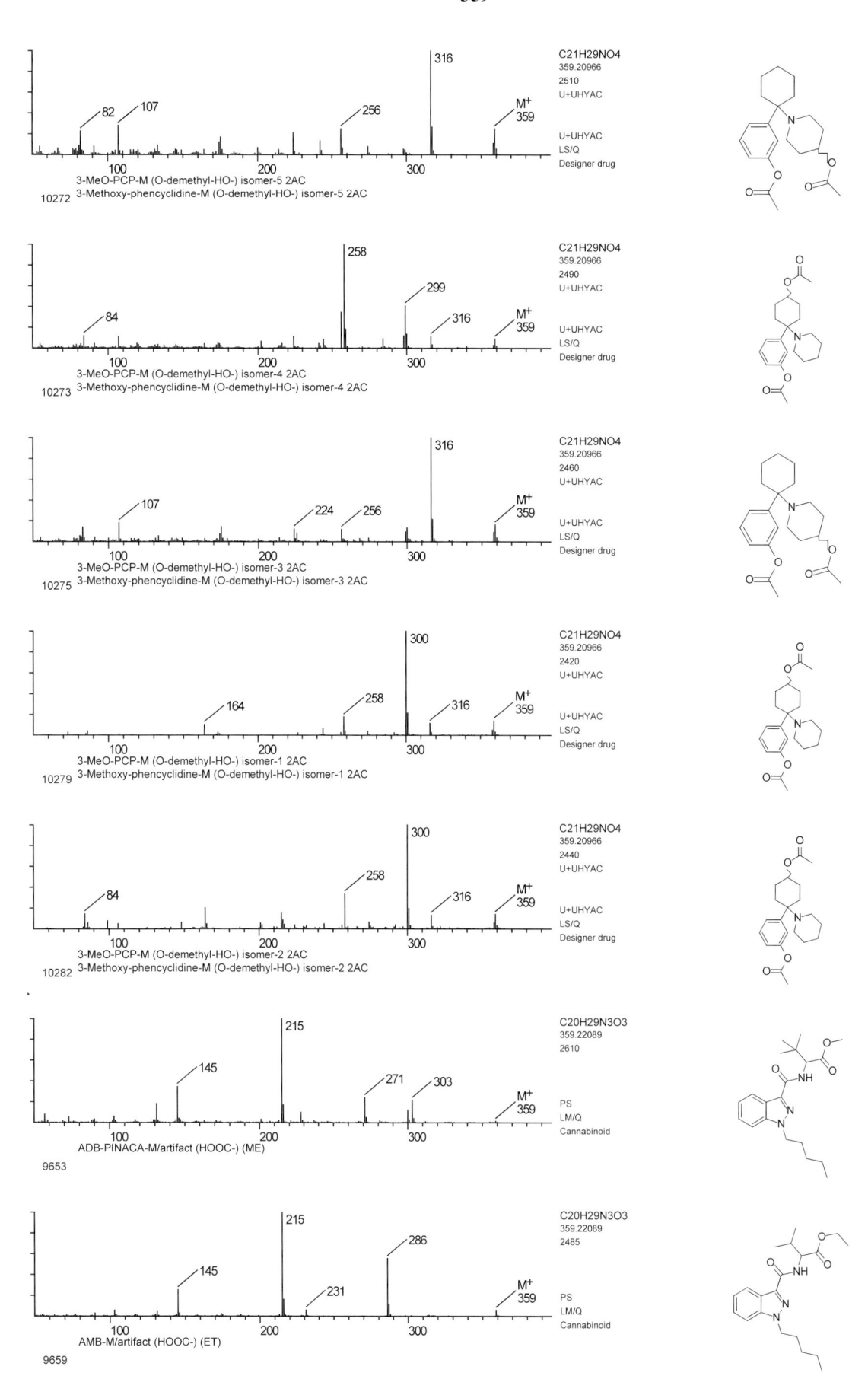

Spectrum: peaks 82, 107, 256, 316, M+ 359	C21H29NO4 359.20966 2510 U+UHYAC U+UHYAC LS/Q Designer drug	
10272	3-MeO-PCP-M (O-demethyl-HO-) isomer-5 2AC 3-Methoxy-phencyclidine-M (O-demethyl-HO-) isomer-5 2AC	

Spectrum: peaks 84, 258, 299, 316, M+ 359	C21H29NO4 359.20966 2490 U+UHYAC U+UHYAC LS/Q Designer drug	
10273	3-MeO-PCP-M (O-demethyl-HO-) isomer-4 2AC 3-Methoxy-phencyclidine-M (O-demethyl-HO-) isomer-4 2AC	

Spectrum: peaks 107, 224, 256, 316, M+ 359	C21H29NO4 359.20966 2460 U+UHYAC U+UHYAC LS/Q Designer drug	
10275	3-MeO-PCP-M (O-demethyl-HO-) isomer-3 2AC 3-Methoxy-phencyclidine-M (O-demethyl-HO-) isomer-3 2AC	

Spectrum: peaks 164, 258, 300, 316, M+ 359	C21H29NO4 359.20966 2420 U+UHYAC U+UHYAC LS/Q Designer drug	
10279	3-MeO-PCP-M (O-demethyl-HO-) isomer-1 2AC 3-Methoxy-phencyclidine-M (O-demethyl-HO-) isomer-1 2AC	

Spectrum: peaks 84, 258, 300, 316, M+ 359	C21H29NO4 359.20966 2440 U+UHYAC U+UHYAC LS/Q Designer drug	
10282	3-MeO-PCP-M (O-demethyl-HO-) isomer-2 2AC 3-Methoxy-phencyclidine-M (O-demethyl-HO-) isomer-2 2AC	

Spectrum: peaks 145, 215, 271, 303, M+ 359	C20H29N3O3 359.22089 2610 PS LM/Q Cannabinoid	
9653	ADB-PINACA-M/artifact (HOOC-) (ME)	

Spectrum: peaks 145, 215, 231, 286, M+ 359	C20H29N3O3 359.22089 2485 PS LM/Q Cannabinoid	
9659	AMB-M/artifact (HOOC-) (ET)	

359

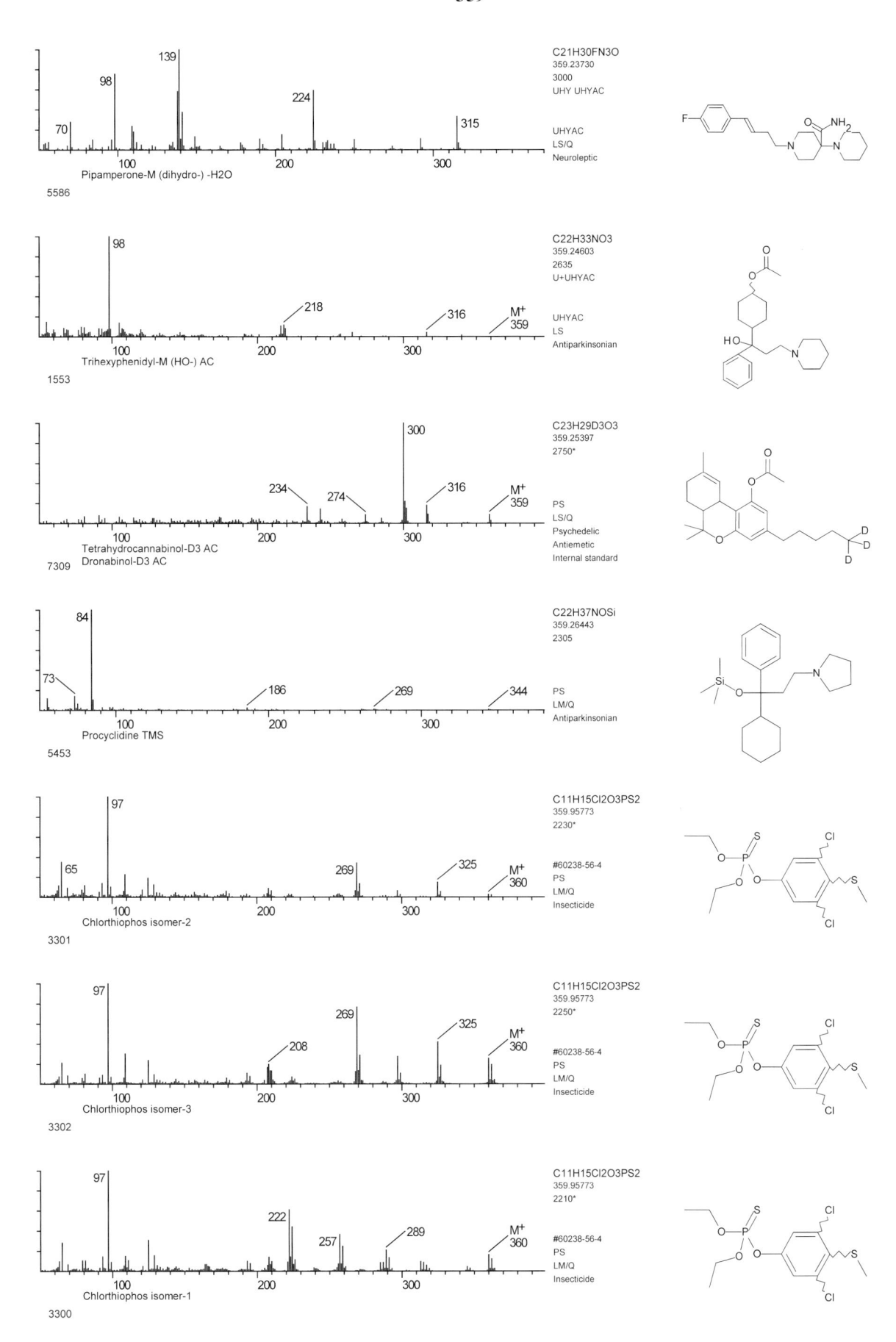

C21H30FN3O
359.23730
3000
UHY UHYAC

UHYAC
LS/Q
Neuroleptic

Pipamperone-M (dihydro-) -H2O
5586

C22H33NO3
359.24603
2635
U+UHYAC

UHYAC
LS
Antiparkinsonian

Trihexyphenidyl-M (HO-) AC
1553

C23H29D3O3
359.25397
2750*

PS
LS/Q
Psychedelic
Antiemetic
Internal standard

Tetrahydrocannabinol-D3 AC
Dronabinol-D3 AC
7309

C22H37NOSi
359.26443
2305

PS
LM/Q
Antiparkinsonian

Procyclidine TMS
5453

C11H15Cl2O3PS2
359.95773
2230*

#60238-56-4
PS
LM/Q
Insecticide

Chlorthiophos isomer-2
3301

C11H15Cl2O3PS2
359.95773
2250*

#60238-56-4
PS
LM/Q
Insecticide

Chlorthiophos isomer-3
3302

C11H15Cl2O3PS2
359.95773
2210*

#60238-56-4
PS
LM/Q
Insecticide

Chlorthiophos isomer-1
3300

360

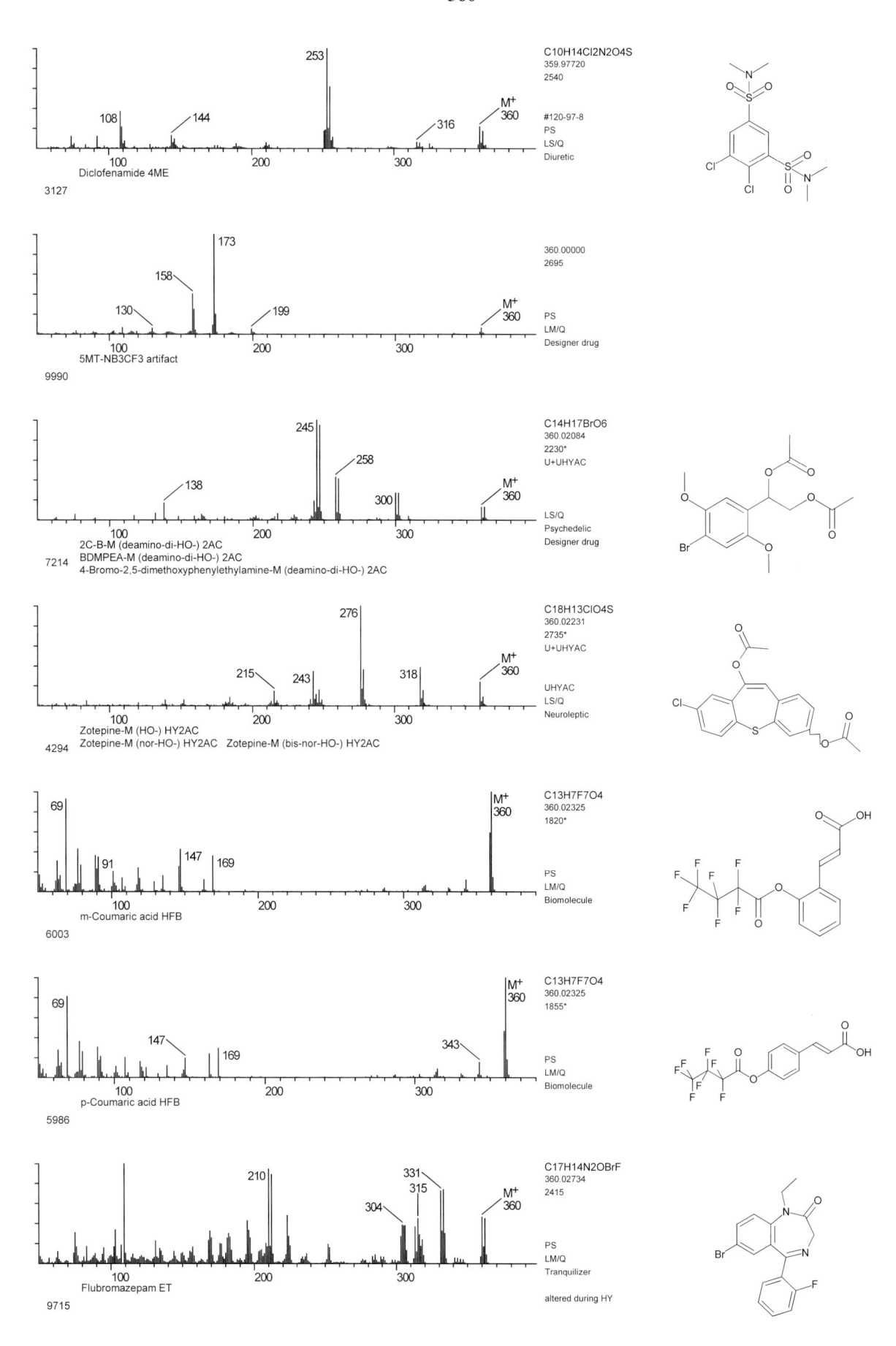

C10H14Cl2N2O4S
359.97720
2540

#120-97-8
PS
LS/Q
Diuretic

Diclofenamide 4ME
3127

360.00000
2695

PS
LM/Q
Designer drug

5MT-NB3CF3 artifact
9990

C14H17BrO6
360.02084
2230*
U+UHYAC

LS/Q
Psychedelic
Designer drug

2C-B-M (deamino-di-HO-) 2AC
BDMPEA-M (deamino-di-HO-) 2AC
4-Bromo-2,5-dimethoxyphenylethylamine-M (deamino-di-HO-) 2AC
7214

C18H13ClO4S
360.02231
2735*
U+UHYAC

UHYAC
LS/Q
Neuroleptic

Zotepine-M (HO-) HY2AC
Zotepine-M (nor-HO-) HY2AC   Zotepine-M (bis-nor-HO-) HY2AC
4294

C13H7F7O4
360.02325
1820*

PS
LM/Q
Biomolecule

m-Coumaric acid HFB
6003

C13H7F7O4
360.02325
1855*

PS
LM/Q
Biomolecule

p-Coumaric acid HFB
5986

C17H14N2OBrF
360.02734
2415

PS
LM/Q
Tranquilizer

altered during HY

Flubromazepam ET
9715

360

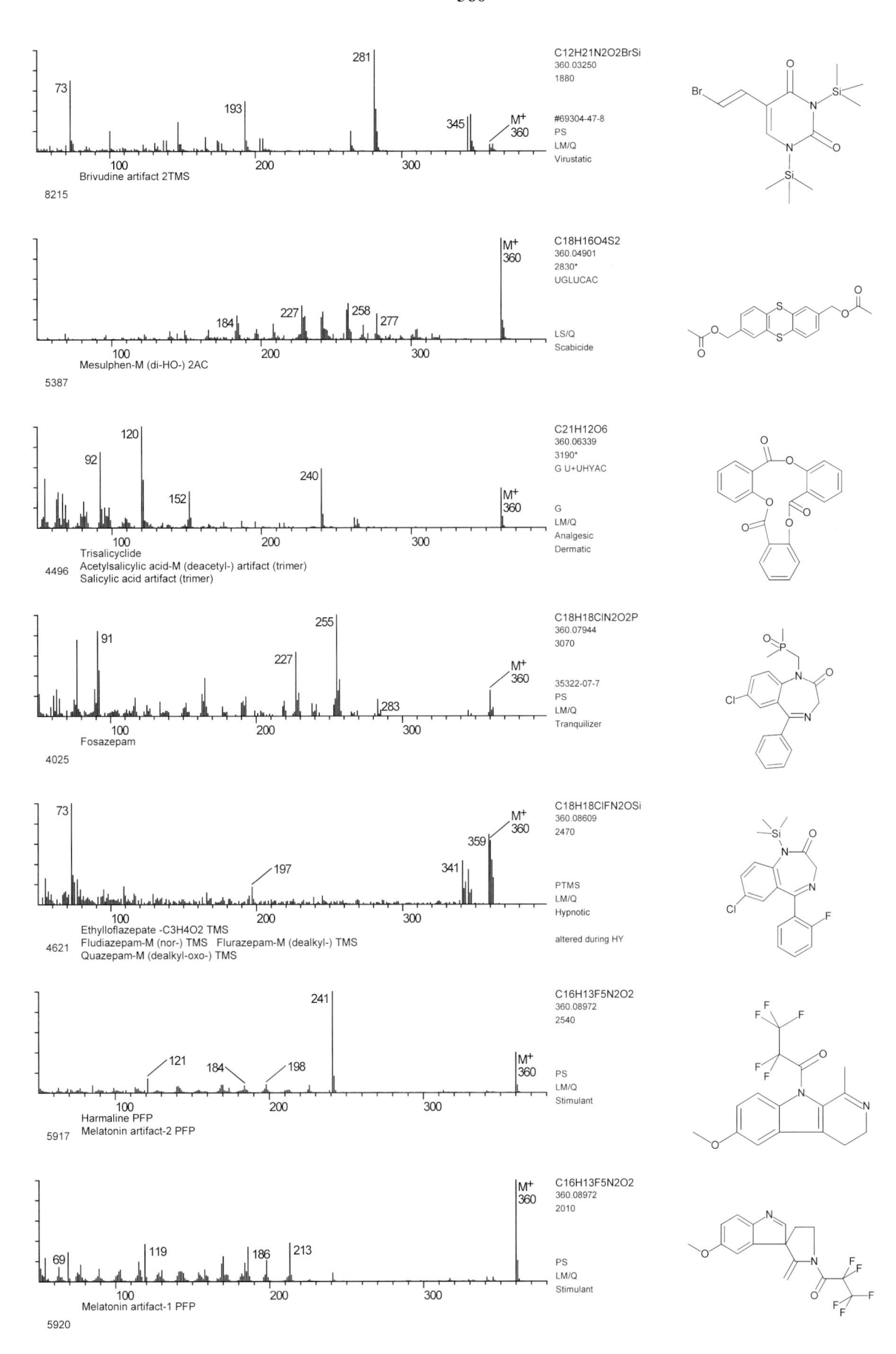

Brivudine artifact 2TMS
C12H21N2O2BrSi
360.03250
1880
#69304-47-8
PS
LM/Q
Virustatic

Mesulphen-M (di-HO-) 2AC
C18H16O4S2
360.04901
2830*
UGLUCAC
LS/Q
Scabicide

Trisalicyclide
Acetylsalicylic acid-M (deacetyl-) artifact (trimer)
Salicylic acid artifact (trimer)
C21H12O6
360.06339
3190*
G U+UHYAC
G
LM/Q
Analgesic
Dermatic

Fosazepam
C18H18ClN2O2P
360.07944
3070
35322-07-7
PS
LM/Q
Tranquilizer

Ethylloflazepate -C3H4O2 TMS
Fludiazepam-M (nor-) TMS   Flurazepam-M (dealkyl-) TMS
Quazepam-M (dealkyl-oxo-) TMS
C18H18ClFN2OSi
360.08609
2470
PTMS
LM/Q
Hypnotic
altered during HY

Harmaline PFP
Melatonin artifact-2 PFP
C16H13F5N2O2
360.08972
2540
PS
LM/Q
Stimulant

Melatonin artifact-1 PFP
C16H13F5N2O2
360.08972
2010
PS
LM/Q
Stimulant

360

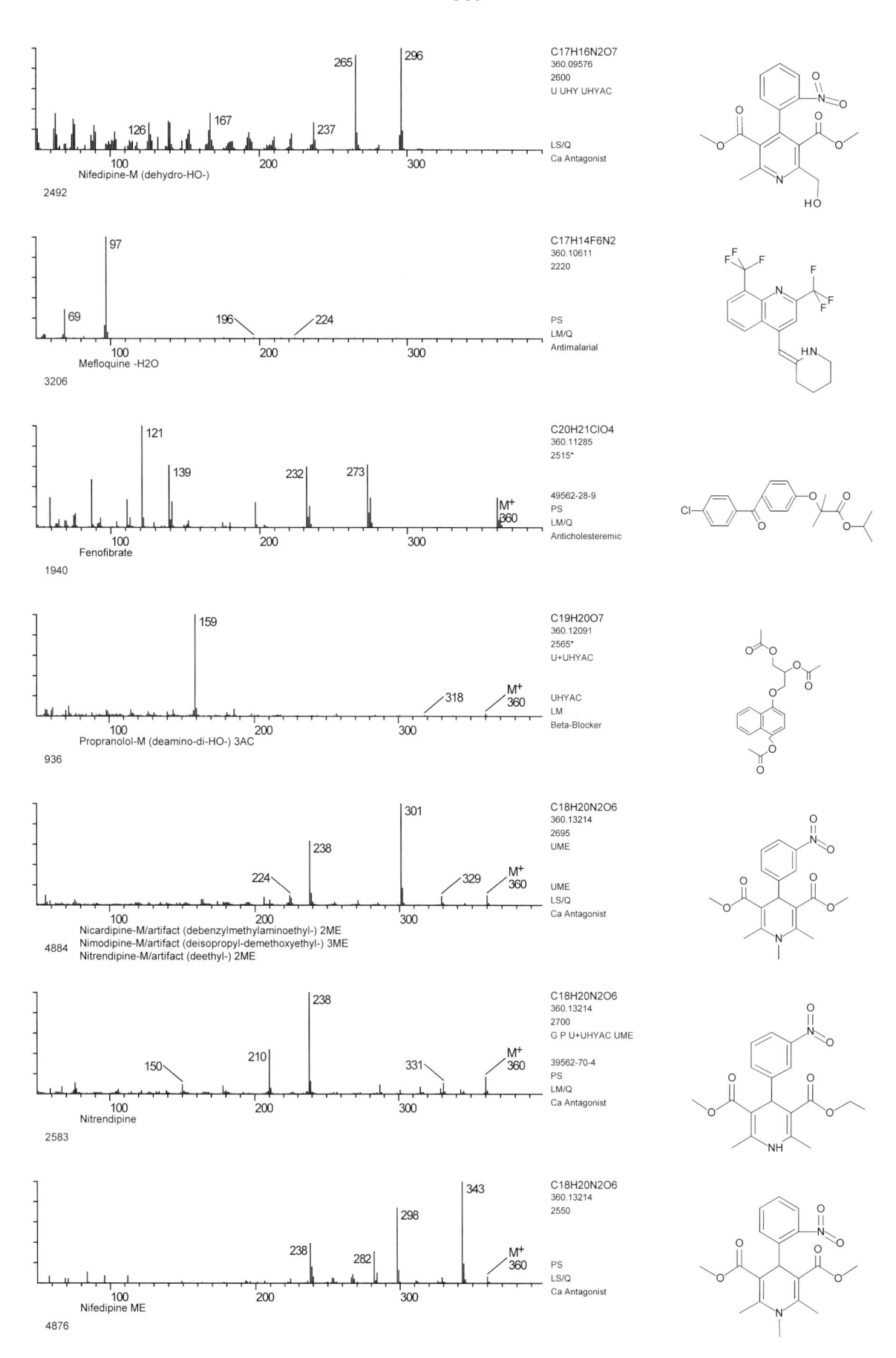

C17H16N2O7
360.09576
2600
U UHY UHYAC

LS/Q
Ca Antagonist

Nifedipine-M (dehydro-HO-)
2492

C17H14F6N2
360.10611
2220

PS
LM/Q
Antimalarial

Mefloquine -H2O
3206

C20H21ClO4
360.11285
2515*

49562-28-9
PS
LM/Q
Anticholesteremic

Fenofibrate
1940

C19H20O7
360.12091
2565*
U+UHYAC

UHYAC
LM
Beta-Blocker

Propranolol-M (deamino-di-HO-) 3AC
936

C18H20N2O6
360.13214
2695
UME

UME
LS/Q
Ca Antagonist

Nicardipine-M/artifact (debenzylmethylaminoethyl-) 2ME
Nimodipine-M/artifact (deisopropyl-demethoxyethyl-) 3ME
Nitrendipine-M/artifact (deethyl-) 2ME
4884

C18H20N2O6
360.13214
2700
G P U+UHYAC UME

39562-70-4
PS
LM/Q
Ca Antagonist

Nitrendipine
2583

C18H20N2O6
360.13214
2550

PS
LS/Q
Ca Antagonist

Nifedipine ME
4876

360

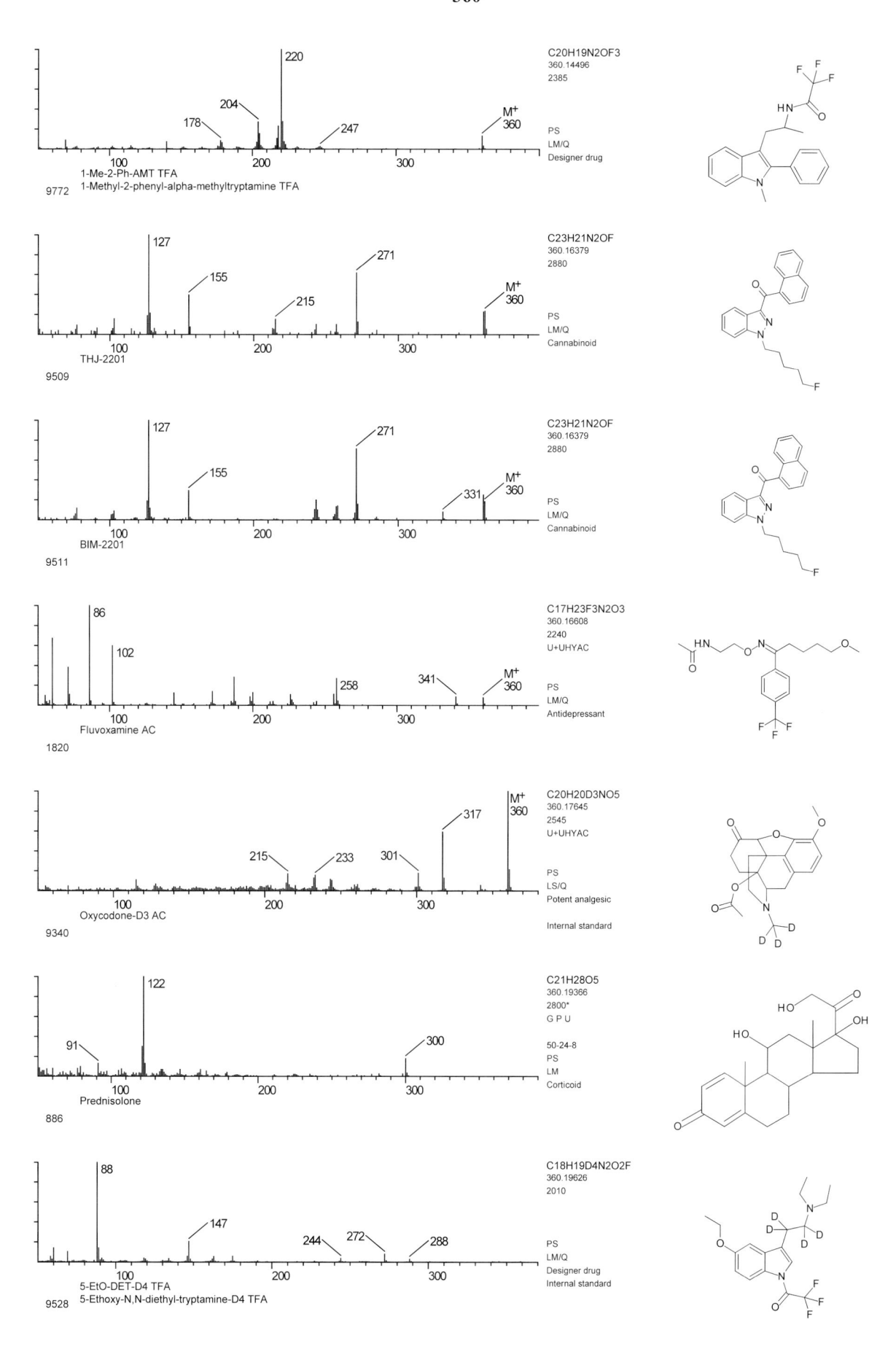

360

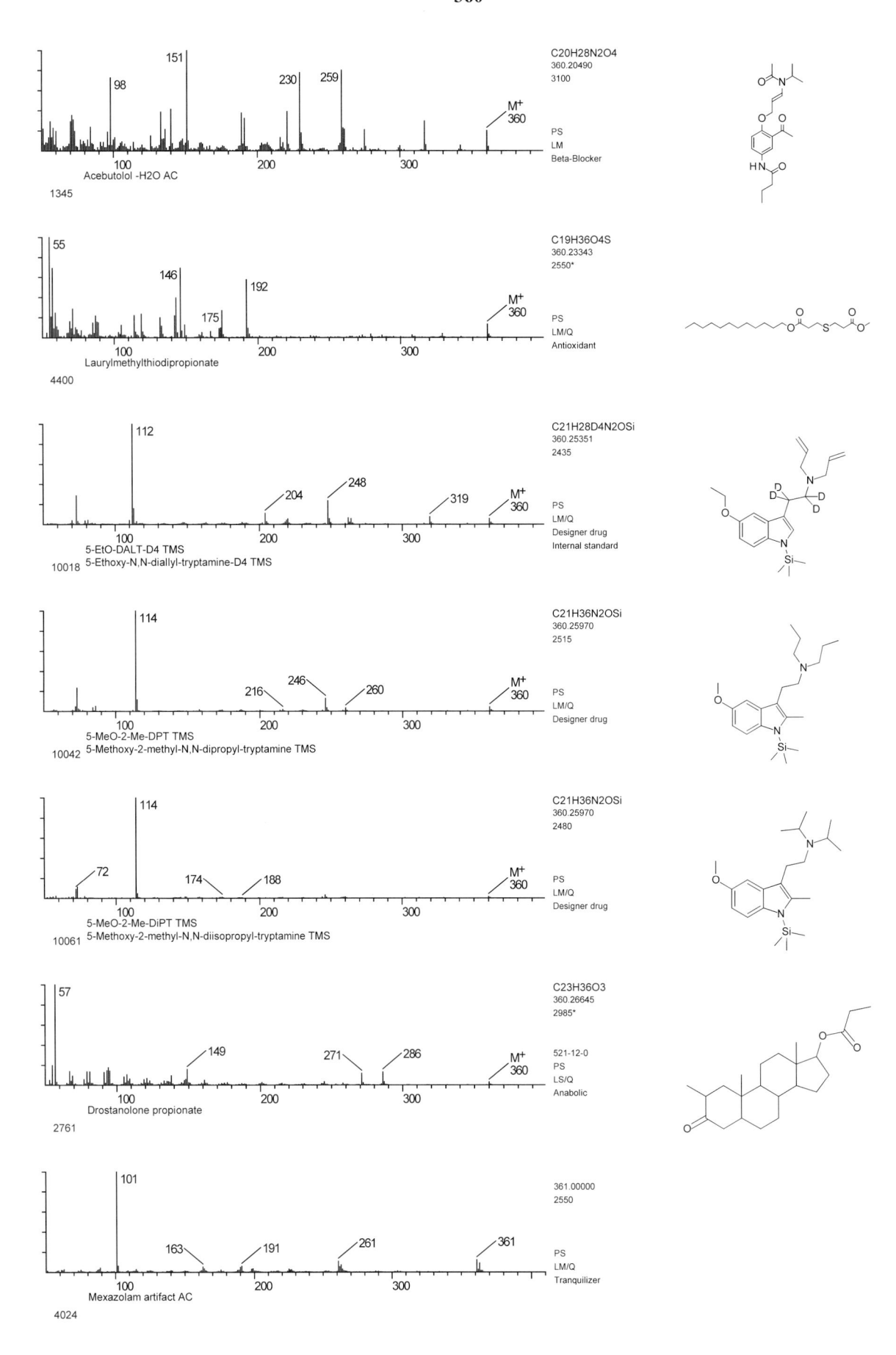

Acebutolol -H2O AC Peaks: 98, 151, 230, 259, M+ 360 1345	C20H28N2O4 360.20490 3100 PS LM Beta-Blocker
Laurylmethylthiodipropionate Peaks: 55, 146, 175, 192, M+ 360 4400	C19H36O4S 360.23343 2550* PS LM/Q Antioxidant
5-EtO-DALT-D4 TMS 5-Ethoxy-N,N-diallyl-tryptamine-D4 TMS Peaks: 112, 204, 248, 319, M+ 360 10018	C21H28D4N2OSi 360.25351 2435 PS LM/Q Designer drug Internal standard
5-MeO-2-Me-DPT TMS 5-Methoxy-2-methyl-N,N-dipropyl-tryptamine TMS Peaks: 114, 216, 246, 260, M+ 360 10042	C21H36N2OSi 360.25970 2515 PS LM/Q Designer drug
5-MeO-2-Me-DiPT TMS 5-Methoxy-2-methyl-N,N-diisopropyl-tryptamine TMS Peaks: 72, 114, 174, 188, M+ 360 10061	C21H36N2OSi 360.25970 2480 PS LM/Q Designer drug
Drostanolone propionate Peaks: 57, 149, 271, 286, M+ 360 2761	C23H36O3 360.26645 2985* 521-12-0 PS LS/Q Anabolic
Mexazolam artifact AC Peaks: 101, 163, 191, 261, 361 4024	361.00000 2550 PS LM/Q Tranquilizer

1266

361

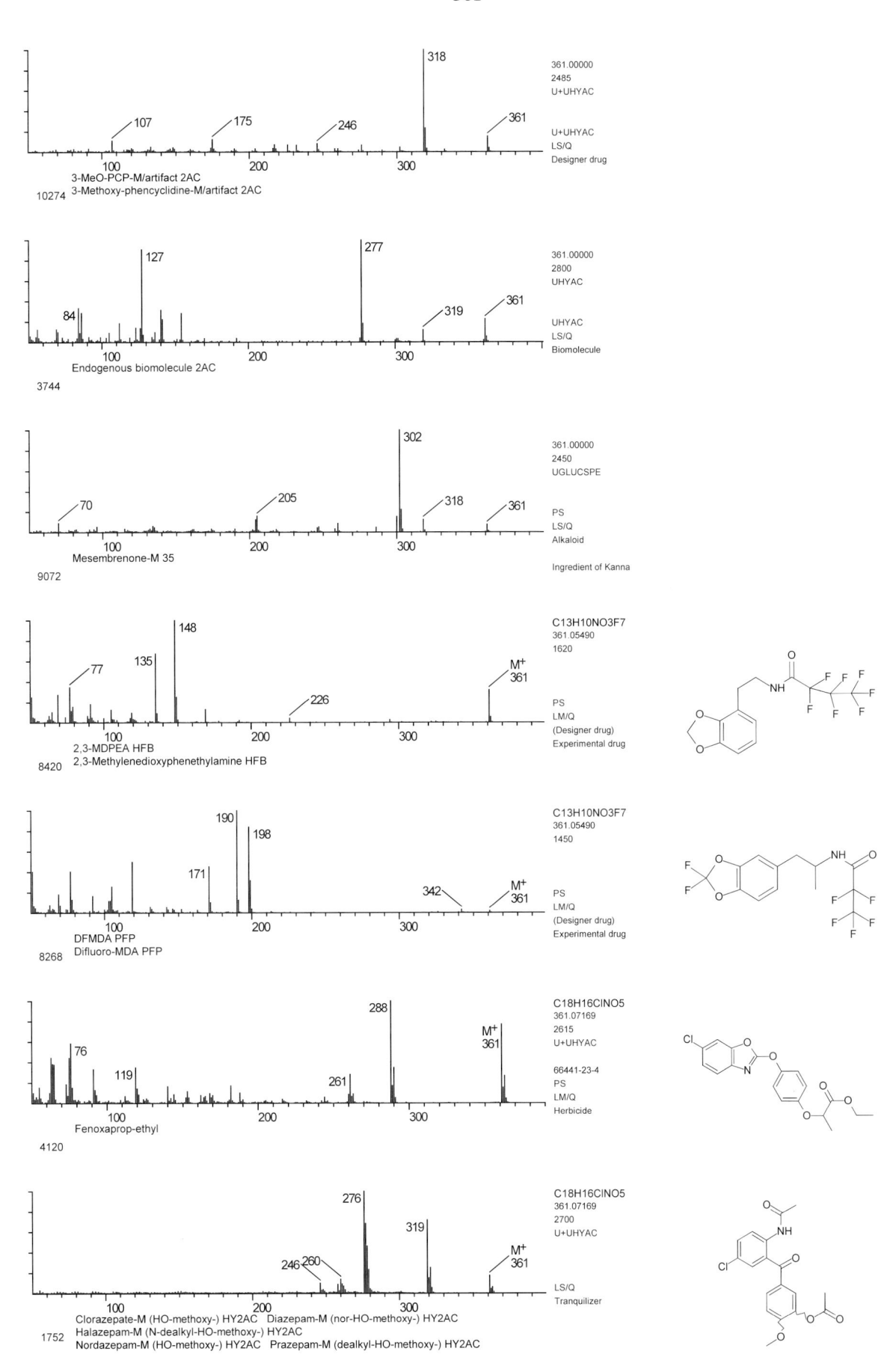

361.00000
2485
U+UHYAC

U+UHYAC
LS/Q
Designer drug

3-MeO-PCP-M/artifact 2AC
3-Methoxy-phencyclidine-M/artifact 2AC
10274

361.00000
2800
UHYAC

UHYAC
LS/Q
Biomolecule

Endogenous biomolecule 2AC
3744

361.00000
2450
UGLUCSPE

PS
LS/Q
Alkaloid
Ingredient of Kanna

Mesembrenone-M 35
9072

C13H10NO3F7
361.05490
1620

PS
LM/Q
(Designer drug)
Experimental drug

2,3-MDPEA HFB
2,3-Methylenedioxyphenethylamine HFB
8420

C13H10NO3F7
361.05490
1450

PS
LM/Q
(Designer drug)
Experimental drug

DFMDA PFP
Difluoro-MDA PFP
8268

C18H16ClNO5
361.07169
2615
U+UHYAC

66441-23-4
PS
LM/Q
Herbicide

Fenoxaprop-ethyl
4120

C18H16ClNO5
361.07169
2700
U+UHYAC

LS/Q
Tranquilizer

Clorazepate-M (HO-methoxy-) HY2AC   Diazepam-M (nor-HO-methoxy-) HY2AC
Halazepam-M (N-dealkyl-HO-methoxy-) HY2AC
Nordazepam-M (HO-methoxy-) HY2AC   Prazepam-M (dealkyl-HO-methoxy-) HY2AC
1752

361

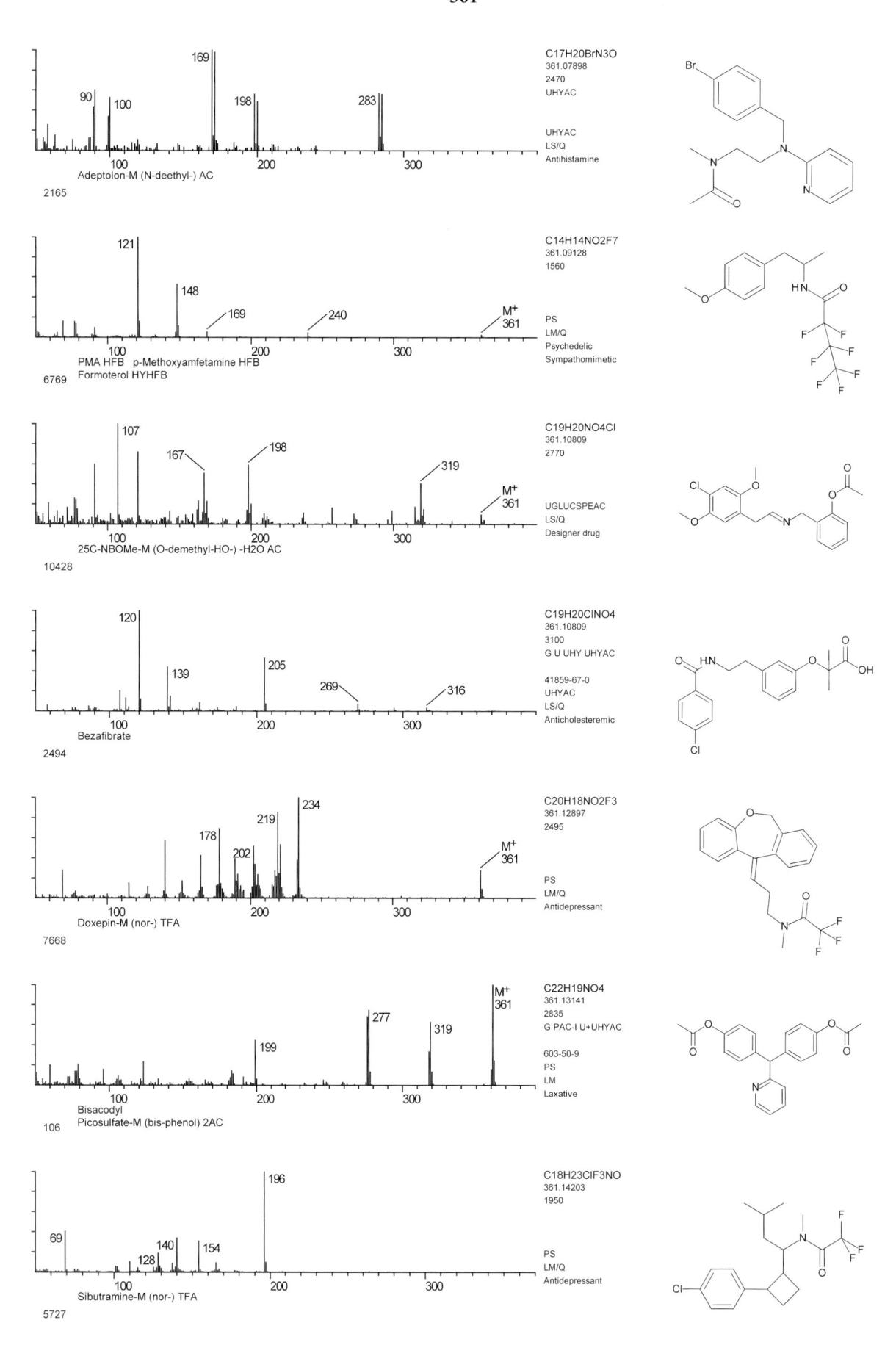

C17H20BrN3O
361.07898
2470
UHYAC

UHYAC
LS/Q
Antihistamine

Adeptolon-M (N-deethyl-) AC
2165

C14H14NO2F7
361.09128
1560

PS
LM/Q
Psychedelic
Sympathomimetic

PMA HFB p-Methoxyamfetamine HFB
Formoterol HYHFB
6769

C19H20NO4Cl
361.10809
2770

UGLUCSPEAC
LS/Q
Designer drug

25C-NBOMe-M (O-demethyl-HO-) -H2O AC
10428

C19H20ClNO4
361.10809
3100
G U UHY UHYAC

41859-67-0
UHYAC
LS/Q
Anticholesteremic

Bezafibrate
2494

C20H18NO2F3
361.12897
2495

PS
LM/Q
Antidepressant

Doxepin-M (nor-) TFA
7668

C22H19NO4
361.13141
2835
G PAC-I U+UHYAC

603-50-9
PS
LM
Laxative

Bisacodyl
Picosulfate-M (bis-phenol) 2AC
106

C18H23ClF3NO
361.14203
1950

PS
LM/Q
Antidepressant

Sibutramine-M (nor-) TFA
5727

361

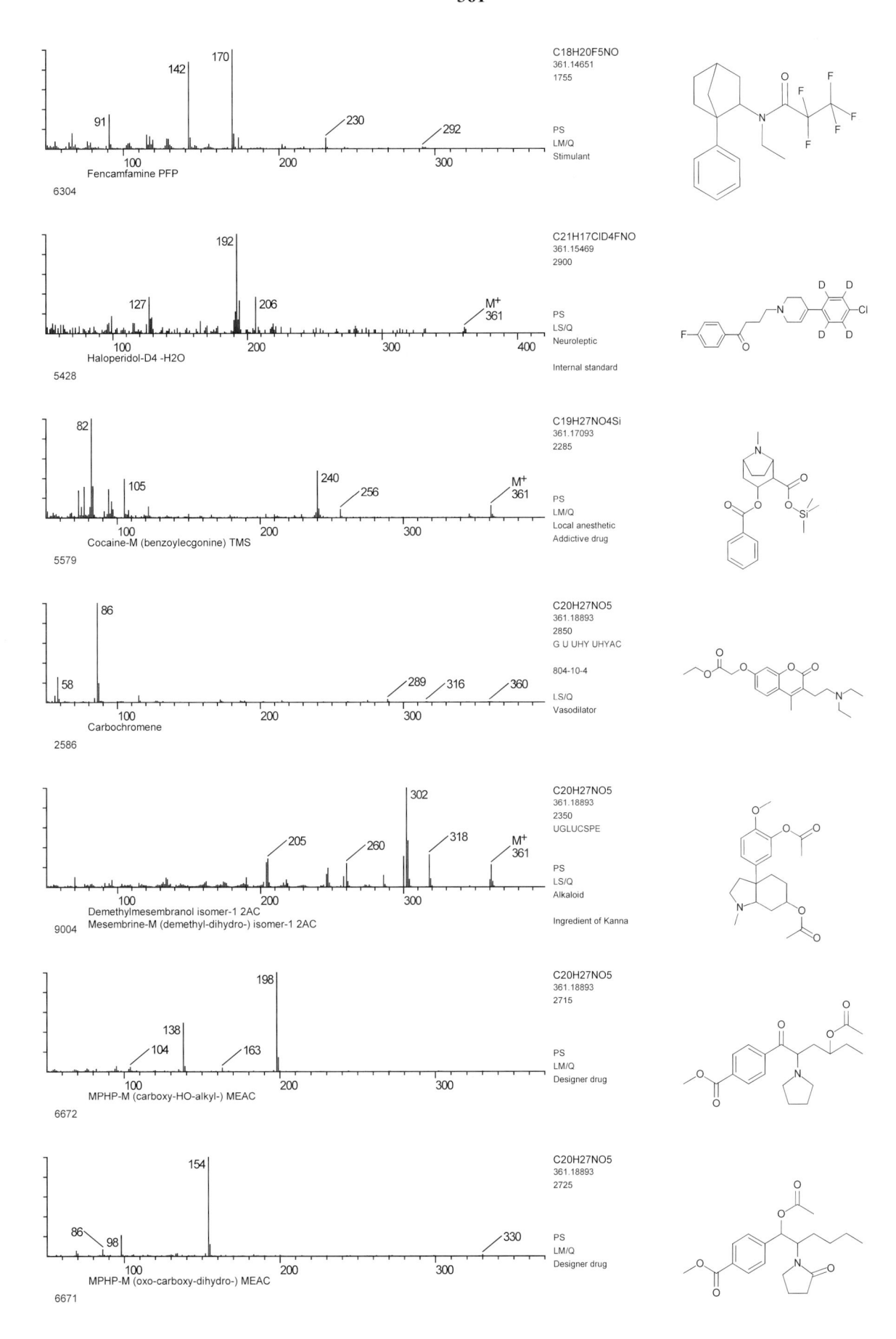

Fencamfamine PFP
6304
91, 142, 170, 230, 292
C18H20F5NO
361.14651
1755
PS
LM/Q
Stimulant

Haloperidol-D4 -H2O
5428
127, 192, 206, M+ 361
C21H17ClD4FNO
361.15469
2900
PS
LS/Q
Neuroleptic
Internal standard

Cocaine-M (benzoylecgonine) TMS
5579
82, 105, 240, 256, M+ 361
C19H27NO4Si
361.17093
2285
PS
LM/Q
Local anesthetic
Addictive drug

Carbochromene
2586
58, 86, 289, 316, 360
C20H27NO5
361.18893
2850
G U UHY UHYAC
804-10-4
LS/Q
Vasodilator

Demethylmesembranol isomer-1 2AC
Mesembrine-M (demethyl-dihydro-) isomer-1 2AC
9004
205, 260, 302, 318, M+ 361
C20H27NO5
361.18893
2350
UGLUCSPE
PS
LS/Q
Alkaloid
Ingredient of Kanna

MPHP-M (carboxy-HO-alkyl-) MEAC
6672
104, 138, 163, 198
C20H27NO5
361.18893
2715
PS
LM/Q
Designer drug

MPHP-M (oxo-carboxy-dihydro-) MEAC
6671
86, 98, 154, 330
C20H27NO5
361.18893
2725
PS
LM/Q
Designer drug

361

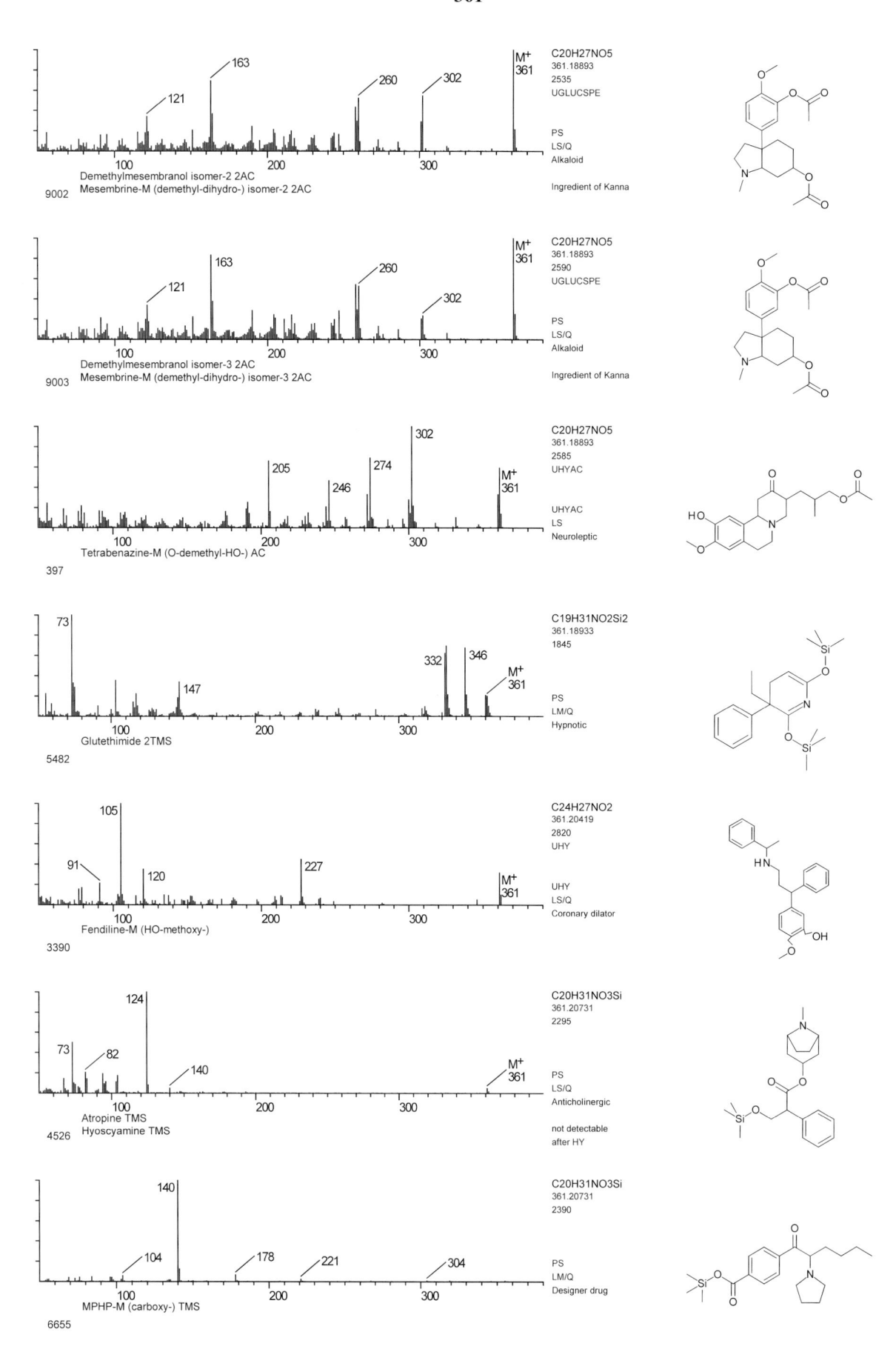

Demethylmesembranol isomer-2 2AC Mesembrine-M (demethyl-dihydro-) isomer-2 2AC 9002	C20H27NO5 361.18893 2535 UGLUCSPE PS LS/Q Alkaloid Ingredient of Kanna
Demethylmesembranol isomer-3 2AC Mesembrine-M (demethyl-dihydro-) isomer-3 2AC 9003	C20H27NO5 361.18893 2590 UGLUCSPE PS LS/Q Alkaloid Ingredient of Kanna
Tetrabenazine-M (O-demethyl-HO-) AC 397	C20H27NO5 361.18893 2585 UHYAC UHYAC LS Neuroleptic
Glutethimide 2TMS 5482	C19H31NO2Si2 361.18933 1845 PS LM/Q Hypnotic
Fendiline-M (HO-methoxy-) 3390	C24H27NO2 361.20419 2820 UHY UHY LS/Q Coronary dilator
Atropine TMS Hyoscyamine TMS 4526	C20H31NO3Si 361.20731 2295 PS LS/Q Anticholinergic not detectable after HY
MPHP-M (carboxy-) TMS 6655	C20H31NO3Si 361.20731 2390 PS LM/Q Designer drug

361

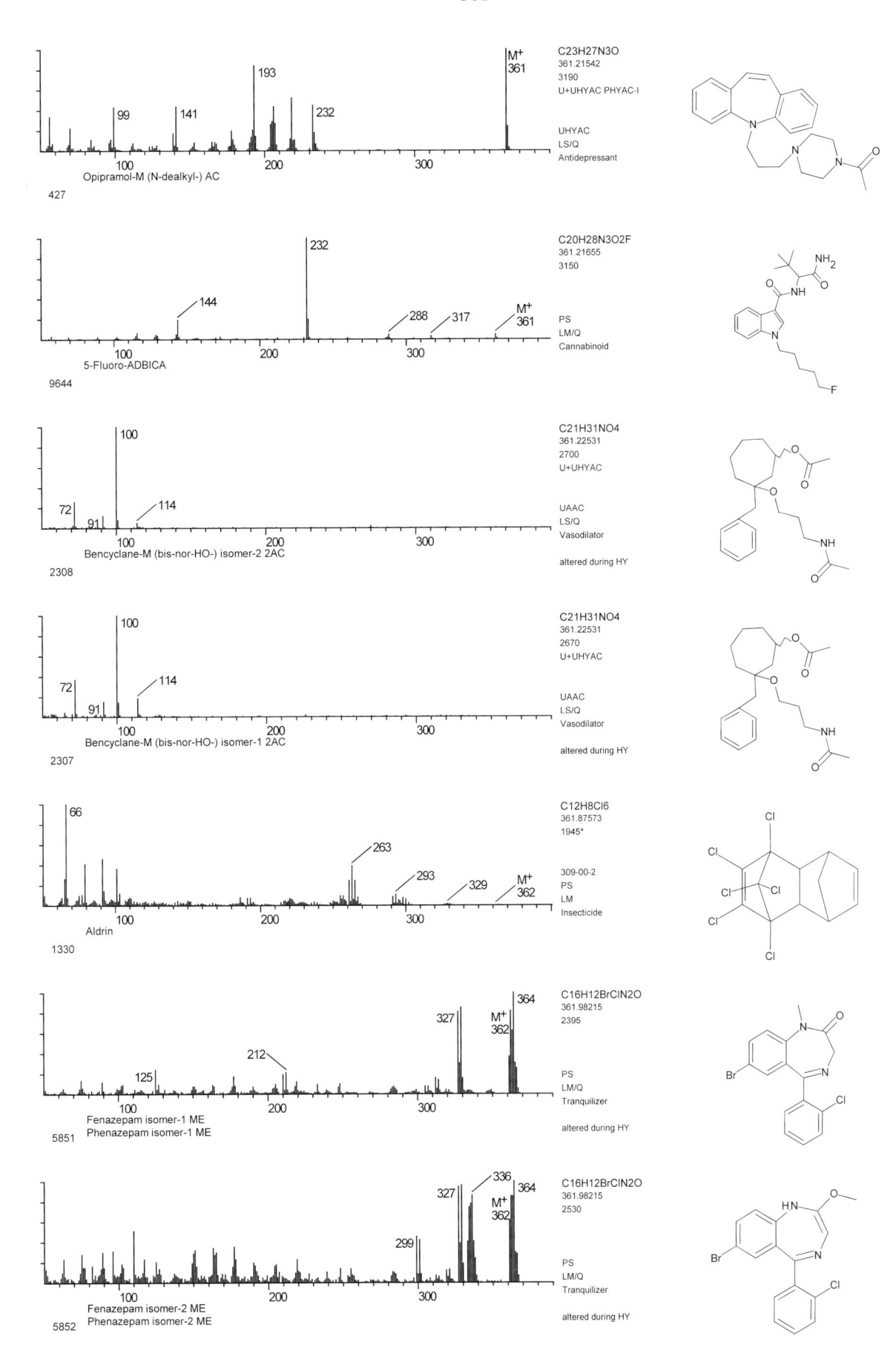

Spectrum	Compound	Formula / Data
Peaks: 99, 141, 193, 232, M+ 361	Opipramol-M (N-dealkyl-) AC 427	C23H27N3O 361.21542 3190 U+UHYAC PHYAC-I UHYAC LS/Q Antidepressant
Peaks: 144, 232, 288, 317, M+ 361	5-Fluoro-ADBICA 9644	C20H28N3O2F 361.21655 3150 PS LM/Q Cannabinoid
Peaks: 72, 91, 100, 114	Bencyclane-M (bis-nor-HO-) isomer-2 2AC 2308	C21H31NO4 361.22531 2700 U+UHYAC UAAC LS/Q Vasodilator altered during HY
Peaks: 72, 91, 100, 114	Bencyclane-M (bis-nor-HO-) isomer-1 2AC 2307	C21H31NO4 361.22531 2670 U+UHYAC UAAC LS/Q Vasodilator altered during HY
Peaks: 66, 263, 293, 329, M+ 362	Aldrin 1330	C12H8Cl6 361.87573 1945* 309-00-2 PS LM Insecticide
Peaks: 125, 212, 327, M+ 362, 364	Fenazepam isomer-1 ME Phenazepam isomer-1 ME 5851	C16H12BrClN2O 361.98215 2395 PS LM/Q Tranquilizer altered during HY
Peaks: 299, 327, 336, M+ 362, 364	Fenazepam isomer-2 ME Phenazepam isomer-2 ME 5852	C16H12BrClN2O 361.98215 2530 PS LM/Q Tranquilizer altered during HY

C14H16ClO5PS
362.01447
2575*

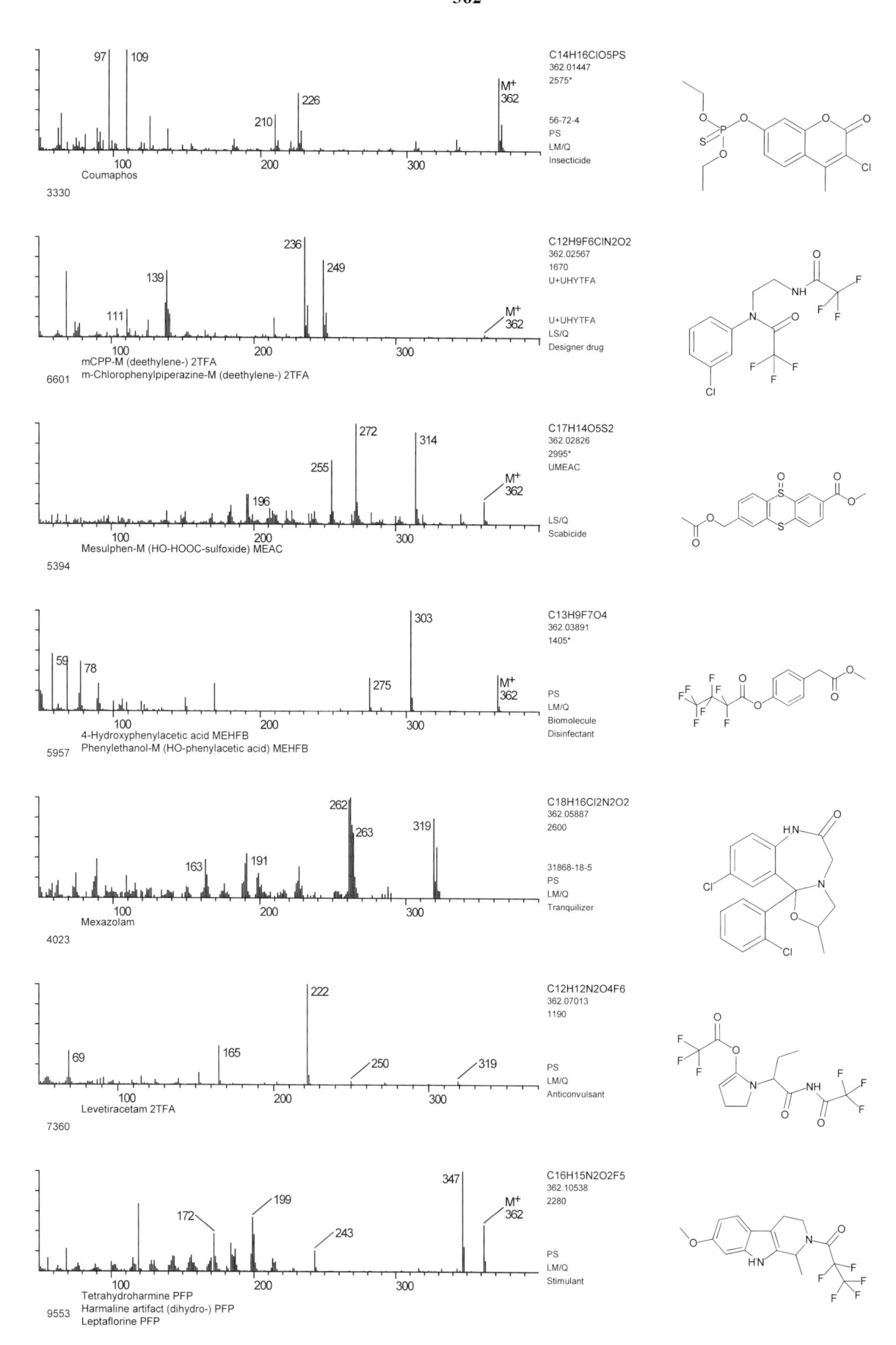

56-72-4
PS
LM/Q
Insecticide

Coumaphos
3330

C12H9F6ClN2O2
362.02567
1670
U+UHYTFA

U+UHYTFA
LS/Q
Designer drug

mCPP-M (deethylene-) 2TFA
m-Chlorophenylpiperazine-M (deethylene-) 2TFA
6601

C17H14O5S2
362.02826
2995*
UMEAC

LS/Q
Scabicide

Mesulphen-M (HO-HOOC-sulfoxide) MEAC
5394

C13H9F7O4
362.03891
1405*

PS
LM/Q
Biomolecule
Disinfectant

4-Hydroxyphenylacetic acid MEHFB
Phenylethanol-M (HO-phenylacetic acid) MEHFB
5957

C18H16Cl2N2O2
362.05887
2600

31868-18-5
PS
LM/Q
Tranquilizer

Mexazolam
4023

C12H12N2O4F6
362.07013
1190

PS
LM/Q
Anticonvulsant

Levetiracetam 2TFA
7360

C16H15N2O2F5
362.10538
2280

PS
LM/Q
Stimulant

Tetrahydroharmine PFP
Harmaline artifact (dihydro-) PFP
Leptaflorine PFP
9553

362

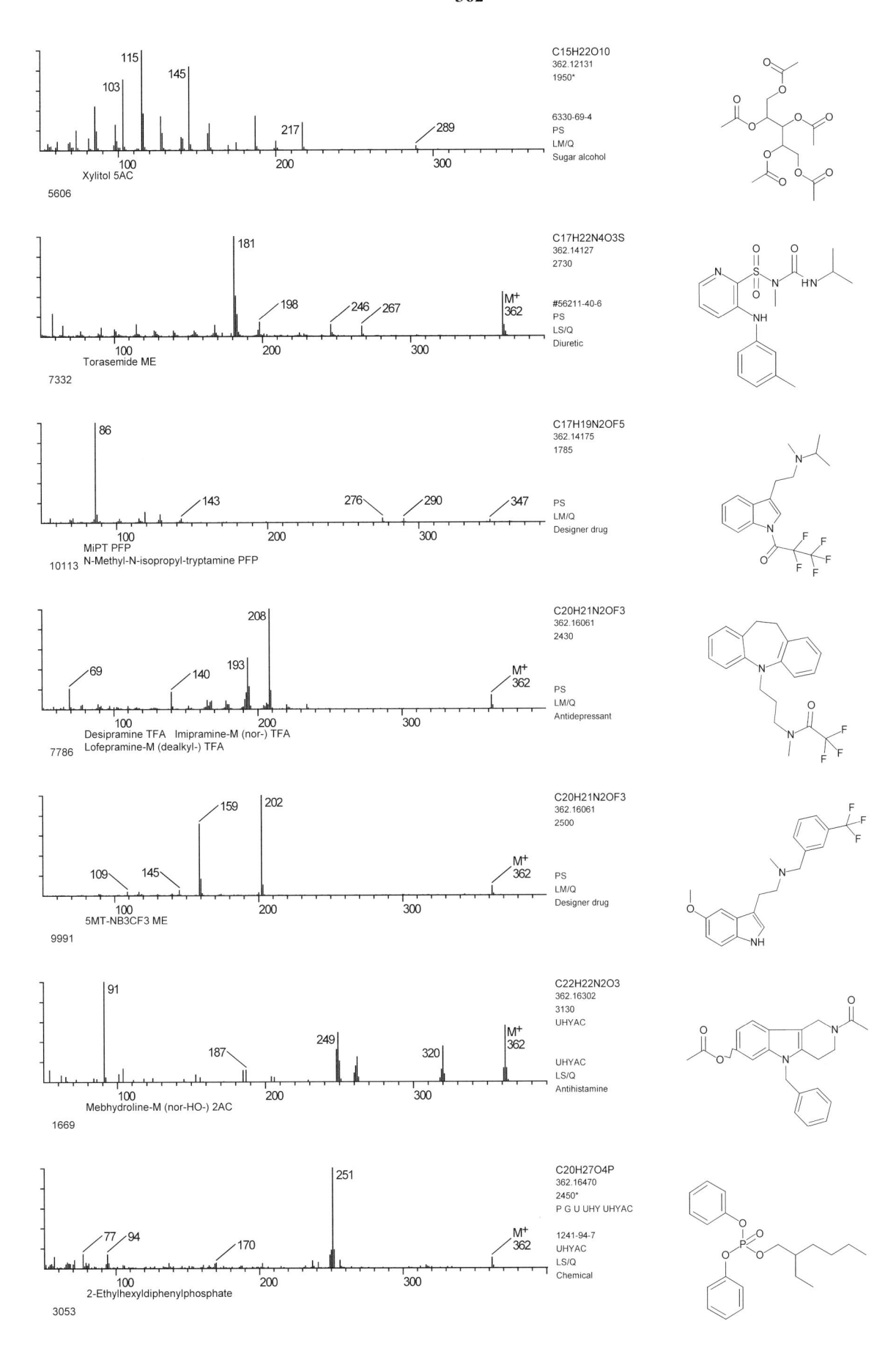

Spectrum peaks	Formula / Info
103, 115, 145, 217, 289 — Xylitol 5AC — 5606	C15H22O10; 362.12131; 1950*; 6330-69-4; PS; LM/Q; Sugar alcohol
181, 198, 246, 267, M+ 362 — Torasemide ME — 7332	C17H22N4O3S; 362.14127; 2730; #56211-40-6; PS; LS/Q; Diuretic
86, 143, 276, 290, 347 — MiPT PFP / N-Methyl-N-isopropyl-tryptamine PFP — 10113	C17H19N2OF5; 362.14175; 1785; PS; LM/Q; Designer drug
69, 140, 193, 208, M+ 362 — Desipramine TFA / Imipramine-M (nor-) TFA / Lofepramine-M (dealkyl-) TFA — 7786	C20H21N2OF3; 362.16061; 2430; PS; LM/Q; Antidepressant
109, 145, 159, 202, M+ 362 — 5MT-NB3CF3 ME — 9991	C20H21N2OF3; 362.16061; 2500; PS; LM/Q; Designer drug
91, 187, 249, 320, M+ 362 — Mebhydroline-M (nor-HO-) 2AC — 1669	C22H22N2O3; 362.16302; 3130; UHYAC; UHYAC; LS/Q; Antihistamine
77, 94, 170, 251, M+ 362 — 2-Ethylhexyldiphenylphosphate — 3053	C20H27O4P; 362.16470; 2450*; P G U UHY UHYAC; 1241-94-7; UHYAC; LS/Q; Chemical

362

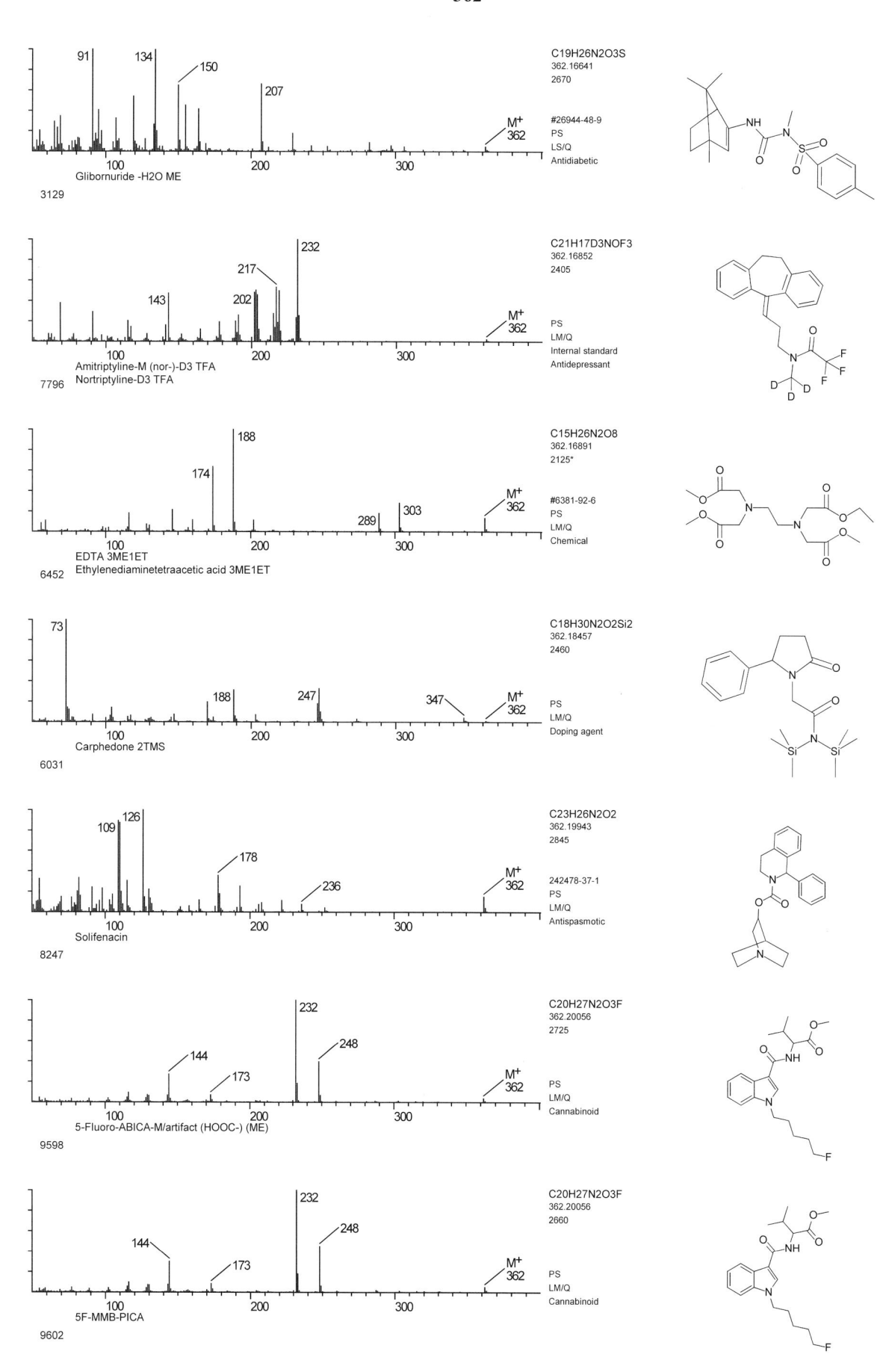

Glibornuride -H2O ME
3129
C19H26N2O3S
362.16641
2670
#26944-48-9
PS
LS/Q
Antidiabetic
Peaks: 91, 134, 150, 207, M+ 362

Amitriptyline-M (nor-)-D3 TFA / Nortriptyline-D3 TFA
7796
C21H17D3NOF3
362.16852
2405
PS
LM/Q
Internal standard
Antidepressant
Peaks: 143, 202, 217, 232, M+ 362

EDTA 3ME1ET / Ethylenediaminetetraacetic acid 3ME1ET
6452
C15H26N2O8
362.16891
2125*
#6381-92-6
PS
LM/Q
Chemical
Peaks: 174, 188, 289, 303, M+ 362

Carphedone 2TMS
6031
C18H30N2O2Si2
362.18457
2460
PS
LM/Q
Doping agent
Peaks: 73, 188, 247, 347, M+ 362

Solifenacin
8247
C23H26N2O2
362.19943
2845
242478-37-1
PS
LM/Q
Antispasmotic
Peaks: 109, 126, 178, 236, M+ 362

5-Fluoro-ABICA-M/artifact (HOOC-) (ME)
9598
C20H27N2O3F
362.20056
2725
PS
LM/Q
Cannabinoid
Peaks: 144, 173, 232, 248, M+ 362

5F-MMB-PICA
9602
C20H27N2O3F
362.20056
2660
PS
LM/Q
Cannabinoid
Peaks: 144, 173, 232, 248, M+ 362

362

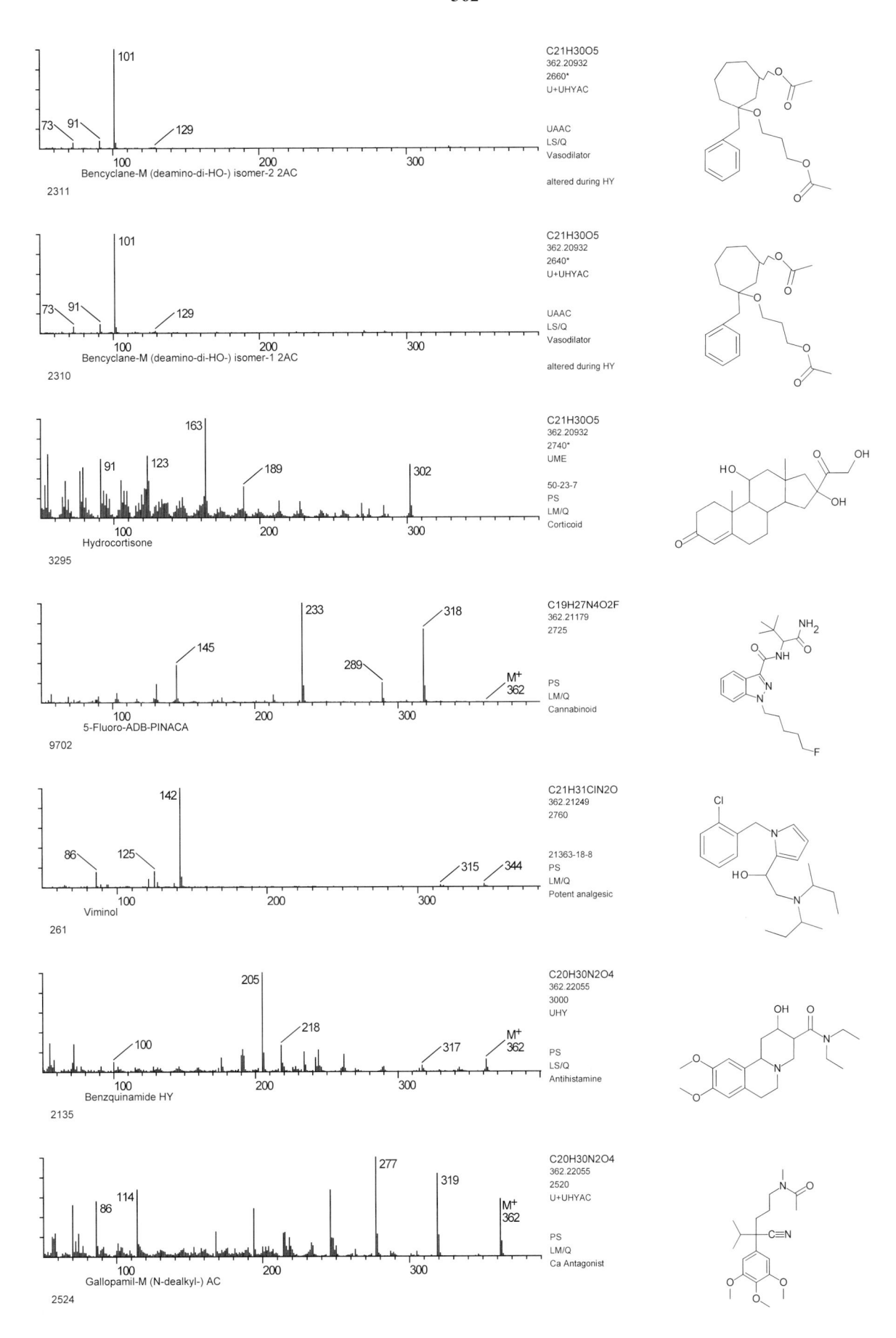

C21H30O5
362.20932
2660*
U+UHYAC

UAAC
LS/Q
Vasodilator

altered during HY

Bencyclane-M (deamino-di-HO-) isomer-2 2AC
2311

C21H30O5
362.20932
2640*
U+UHYAC

UAAC
LS/Q
Vasodilator

altered during HY

Bencyclane-M (deamino-di-HO-) isomer-1 2AC
2310

C21H30O5
362.20932
2740*
UME

50-23-7
PS
LM/Q
Corticoid

Hydrocortisone
3295

C19H27N4O2F
362.21179
2725

PS
LM/Q
Cannabinoid

5-Fluoro-ADB-PINACA
9702

C21H31ClN2O
362.21249
2760

21363-18-8
PS
LM/Q
Potent analgesic

Viminol
261

C20H30N2O4
362.22055
3000
UHY

PS
LS/Q
Antihistamine

Benzquinamide HY
2135

C20H30N2O4
362.22055
2520
U+UHYAC

PS
LM/Q
Ca Antagonist

Gallopamil-M (N-dealkyl-) AC
2524

362

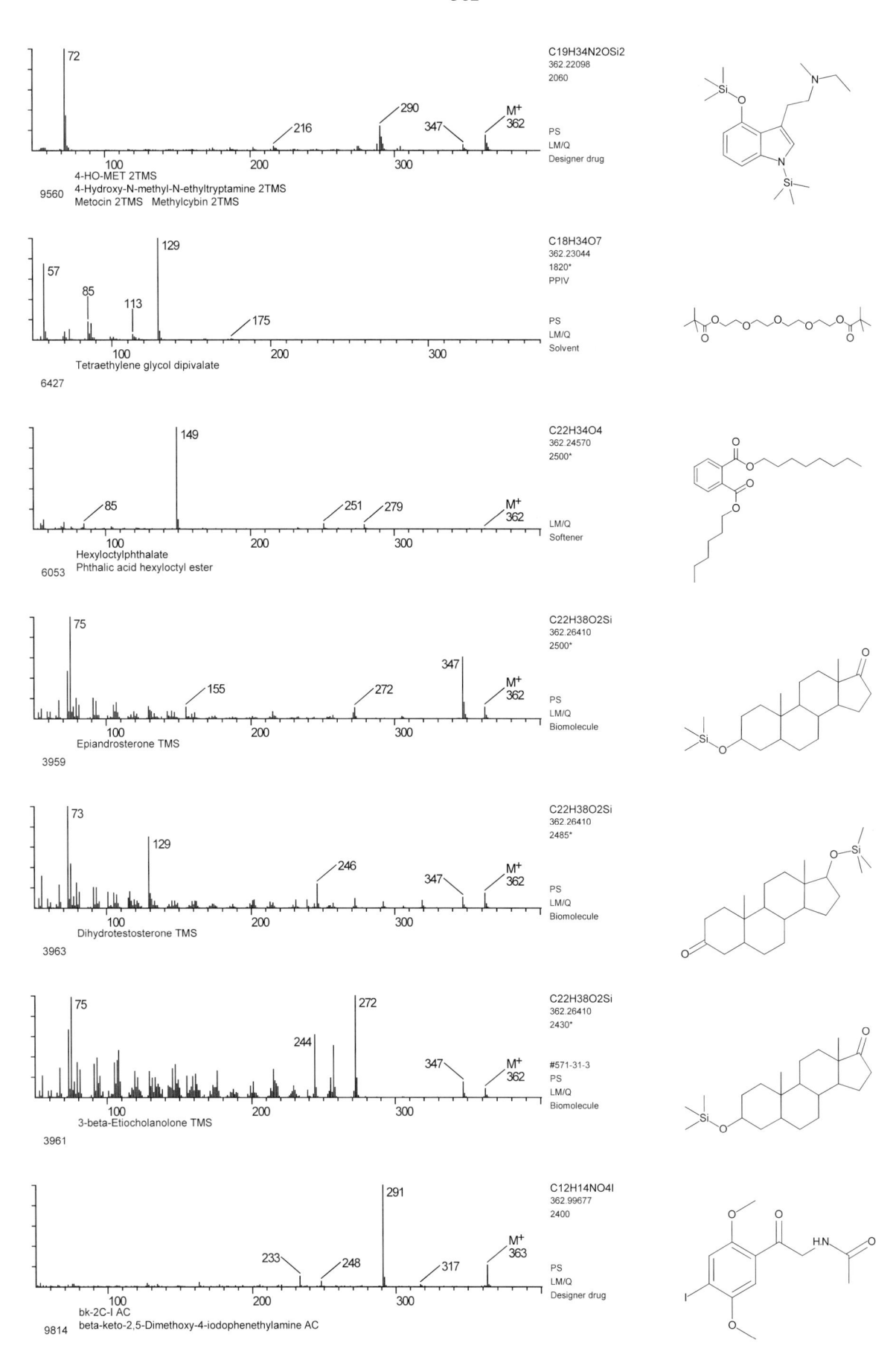

C19H34N2OSi2
362.22098
2060

PS
LM/Q
Designer drug

9560
4-HO-MET 2TMS
4-Hydroxy-N-methyl-N-ethyltryptamine 2TMS
Metocin 2TMS Methylcybin 2TMS

C18H34O7
362.23044
1820*
PPIV

PS
LM/Q
Solvent

6427
Tetraethylene glycol dipivalate

C22H34O4
362.24570
2500*

LM/Q
Softener

6053
Hexyloctylphthalate
Phthalic acid hexyloctyl ester

C22H38O2Si
362.26410
2500*

PS
LM/Q
Biomolecule

3959
Epiandrosterone TMS

C22H38O2Si
362.26410
2485*

PS
LM/Q
Biomolecule

3963
Dihydrotestosterone TMS

C22H38O2Si
362.26410
2430*

#571-31-3
PS
LM/Q
Biomolecule

3961
3-beta-Etiocholanolone TMS

C12H14NO4I
362.99677
2400

PS
LM/Q
Designer drug

9814
bk-2C-I AC
beta-keto-2,5-Dimethoxy-4-iodophenethylamine AC

363

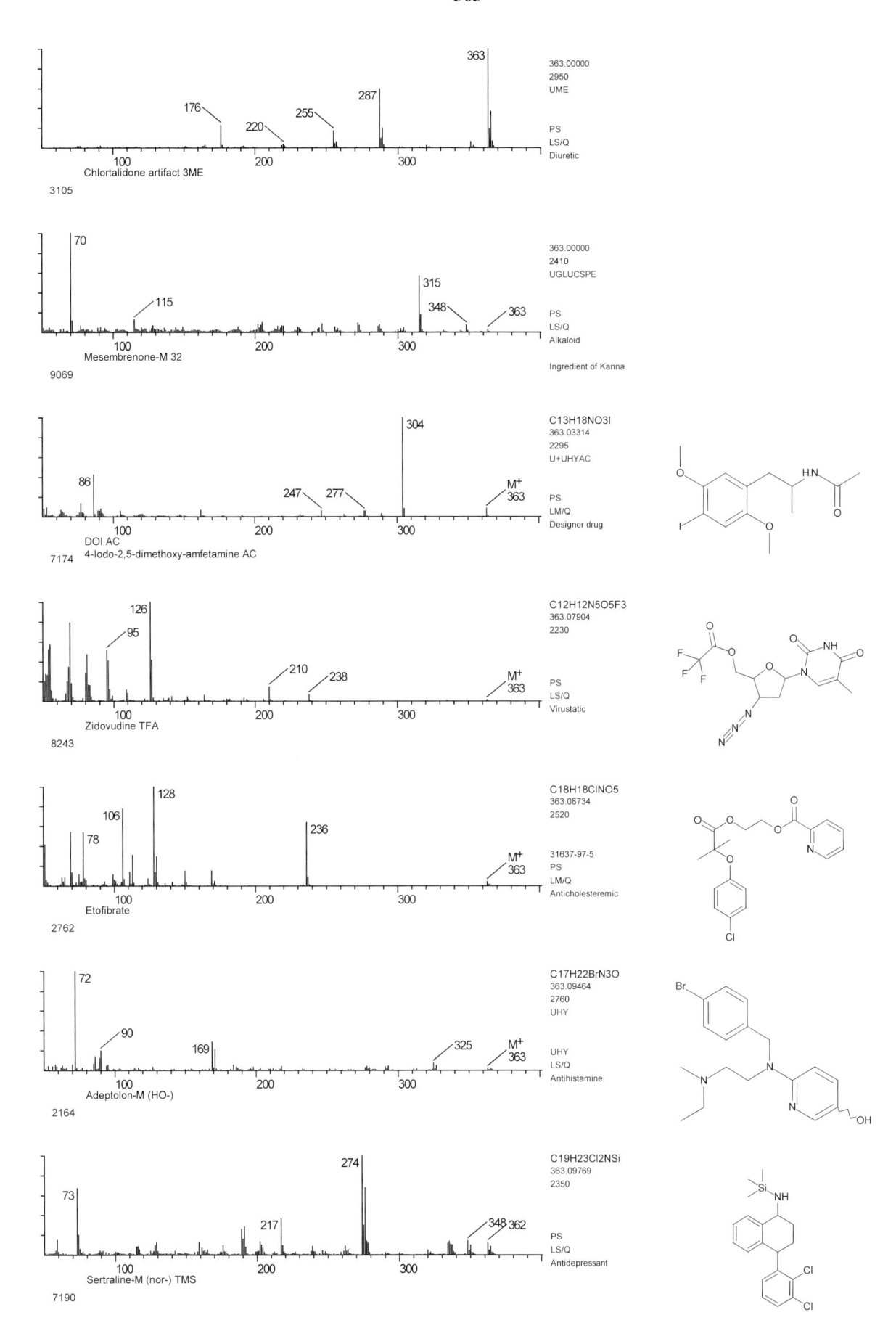

Chlortalidone artifact 3ME — peaks: 176, 220, 255, 287, 363	363.00000, 2950, UME, PS, LS/Q, Diuretic
3105	
Mesembrenone-M 32 — peaks: 70, 115, 315, 348, 363	363.00000, 2410, UGLUCSPE, PS, LS/Q, Alkaloid, Ingredient of Kanna
9069	
DOI AC / 4-Iodo-2,5-dimethoxy-amfetamine AC — peaks: 86, 247, 277, 304, M+ 363	C13H18NO3I, 363.03314, 2295, U+UHYAC, PS, LM/Q, Designer drug
7174	
Zidovudine TFA — peaks: 95, 126, 210, 238, M+ 363	C12H12N5O5F3, 363.07904, 2230, PS, LS/Q, Virustatic
8243	
Etofibrate — peaks: 78, 106, 128, 236, M+ 363	C18H18ClNO5, 363.08734, 2520, 31637-97-5, PS, LM/Q, Anticholesteremic
2762	
Adeptolon-M (HO-) — peaks: 72, 90, 169, 325, M+ 363	C17H22BrN3O, 363.09464, 2760, UHY, UHY, LS/Q, Antihistamine
2164	
Sertraline-M (nor-) TMS — peaks: 73, 217, 274, 348, 362	C19H23Cl2NSi, 363.09769, 2350, PS, LS/Q, Antidepressant
7190	

363

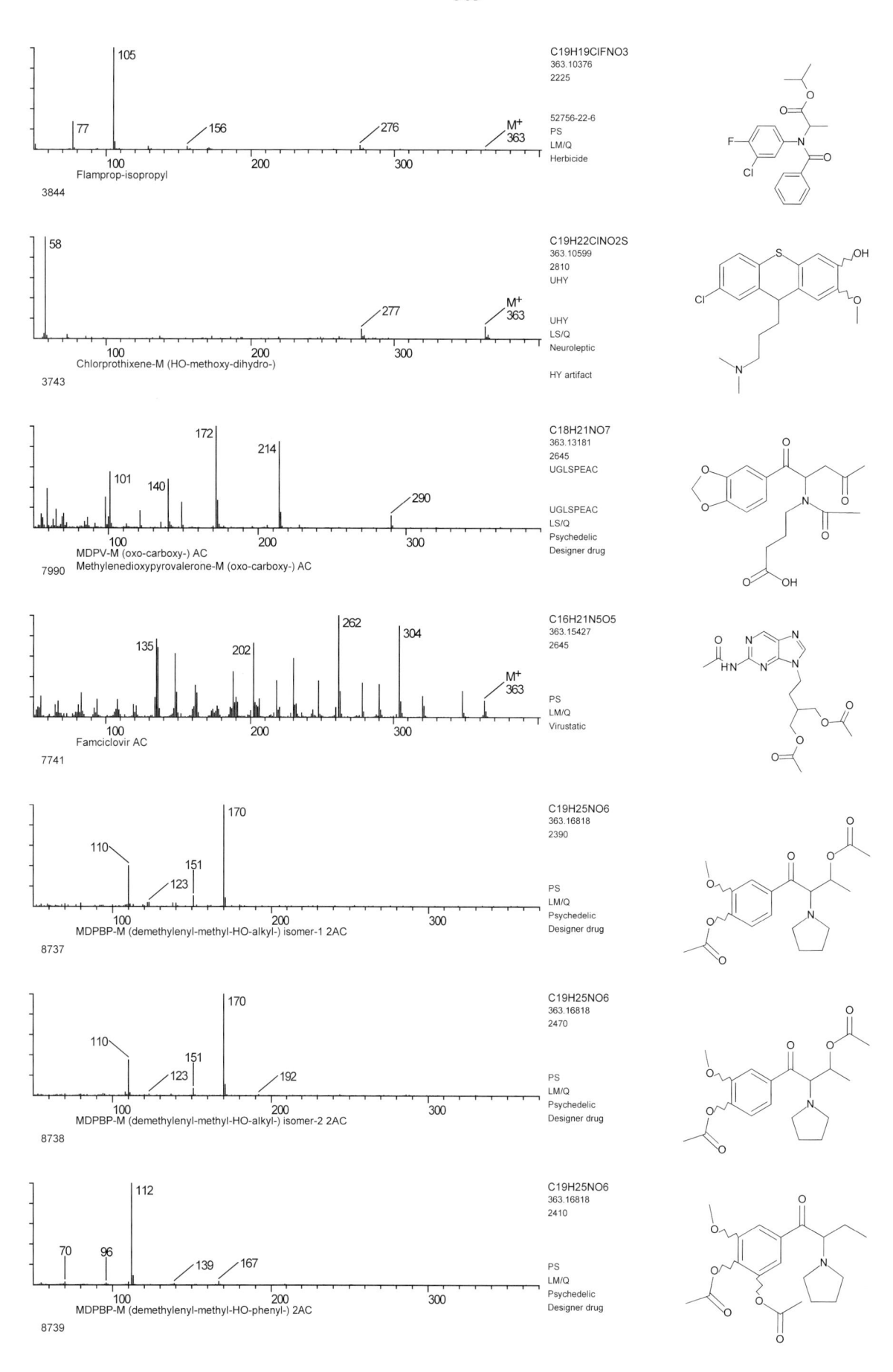

Flamprop-isopropyl — 3844	C19H19ClFNO3 363.10376 2225 52756-22-6 PS LM/Q Herbicide
Peaks: 77, 105, 156, 276, M+ 363	
Chlorprothixene-M (HO-methoxy-dihydro-) — 3743	C19H22ClNO2S 363.10599 2810 UHY UHY LS/Q Neuroleptic HY artifact
Peaks: 58, 277, M+ 363	
MDPV-M (oxo-carboxy-) AC Methylenedioxypyrovalerone-M (oxo-carboxy-) AC — 7990	C18H21NO7 363.13181 2645 UGLSPEAC UGLSPEAC LS/Q Psychedelic Designer drug
Peaks: 101, 140, 172, 214, 290	
Famciclovir AC — 7741	C16H21N5O5 363.15427 2645 PS LM/Q Virustatic
Peaks: 135, 202, 262, 304, M+ 363	
MDPBP-M (demethylenyl-methyl-HO-alkyl-) isomer-1 2AC — 8737	C19H25NO6 363.16818 2390 PS LM/Q Psychedelic Designer drug
Peaks: 110, 123, 151, 170	
MDPBP-M (demethylenyl-methyl-HO-alkyl-) isomer-2 2AC — 8738	C19H25NO6 363.16818 2470 PS LM/Q Psychedelic Designer drug
Peaks: 110, 123, 151, 170, 192	
MDPBP-M (demethylenyl-methyl-HO-phenyl-) 2AC — 8739	C19H25NO6 363.16818 2410 PS LM/Q Psychedelic Designer drug
Peaks: 70, 96, 112, 139, 167	

363

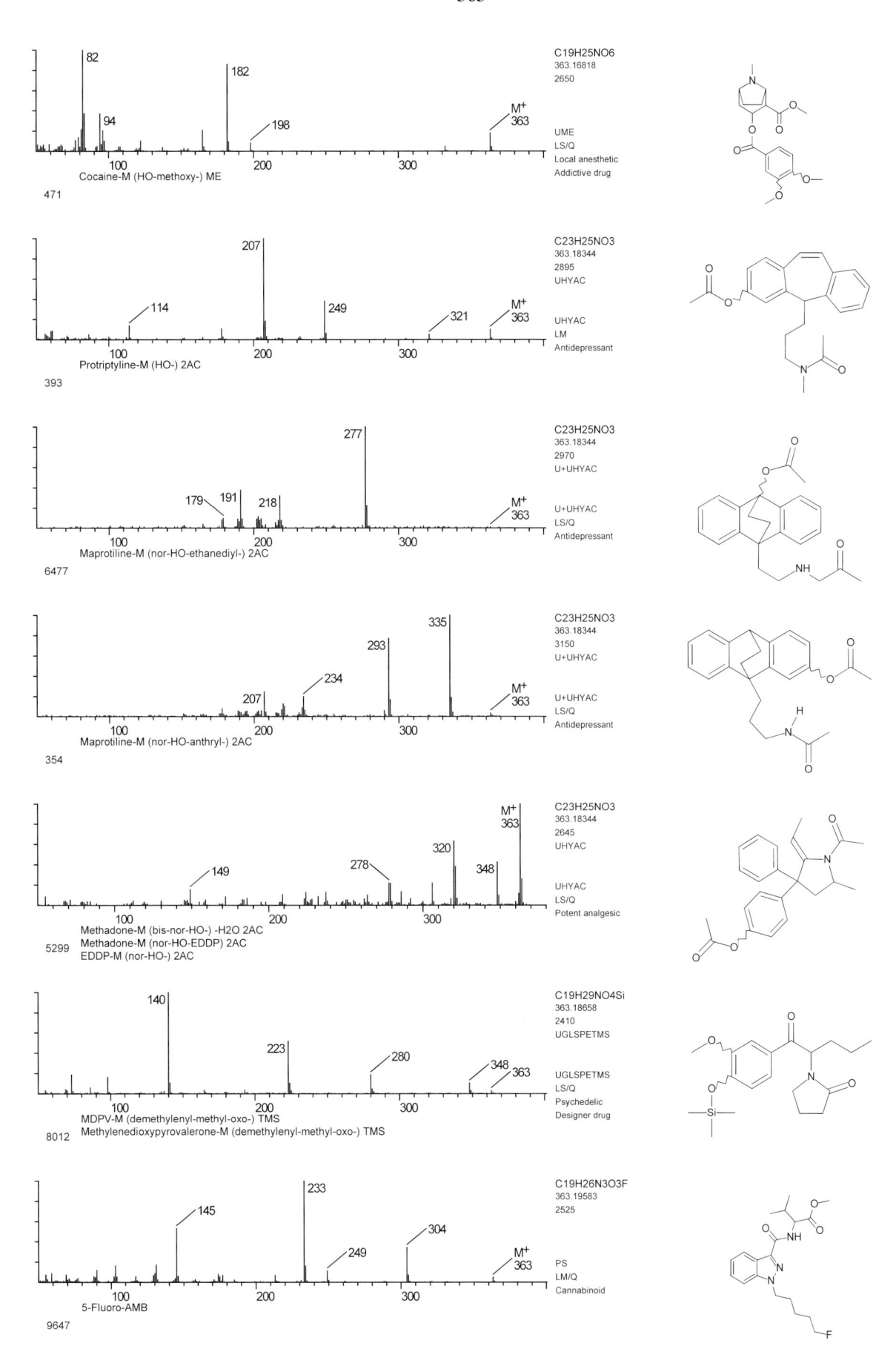

Cocaine-M (HO-methoxy-) ME
471
C19H25NO6
363.16818
2650
UME
LS/Q
Local anesthetic
Addictive drug

Protriptyline-M (HO-) 2AC
393
C23H25NO3
363.18344
2895
UHYAC
UHYAC
LM
Antidepressant

Maprotiline-M (nor-HO-ethanediyl-) 2AC
6477
C23H25NO3
363.18344
2970
U+UHYAC
U+UHYAC
LS/Q
Antidepressant

Maprotiline-M (nor-HO-anthryl-) 2AC
354
C23H25NO3
363.18344
3150
U+UHYAC
U+UHYAC
LS/Q
Antidepressant

Methadone-M (bis-nor-HO-) -H2O 2AC
Methadone-M (nor-HO-EDDP) 2AC
EDDP-M (nor-HO-) 2AC
5299
C23H25NO3
363.18344
2645
UHYAC
UHYAC
LS/Q
Potent analgesic

MDPV-M (demethylenyl-methyl-oxo-) TMS
Methylenedioxypyrovalerone-M (demethylenyl-methyl-oxo-) TMS
8012
C19H29NO4Si
363.18658
2410
UGLSPETMS
UGLSPETMS
LS/Q
Psychedelic
Designer drug

5-Fluoro-AMB
9647
C19H26N3O3F
363.19583
2525
PS
LM/Q
Cannabinoid

363

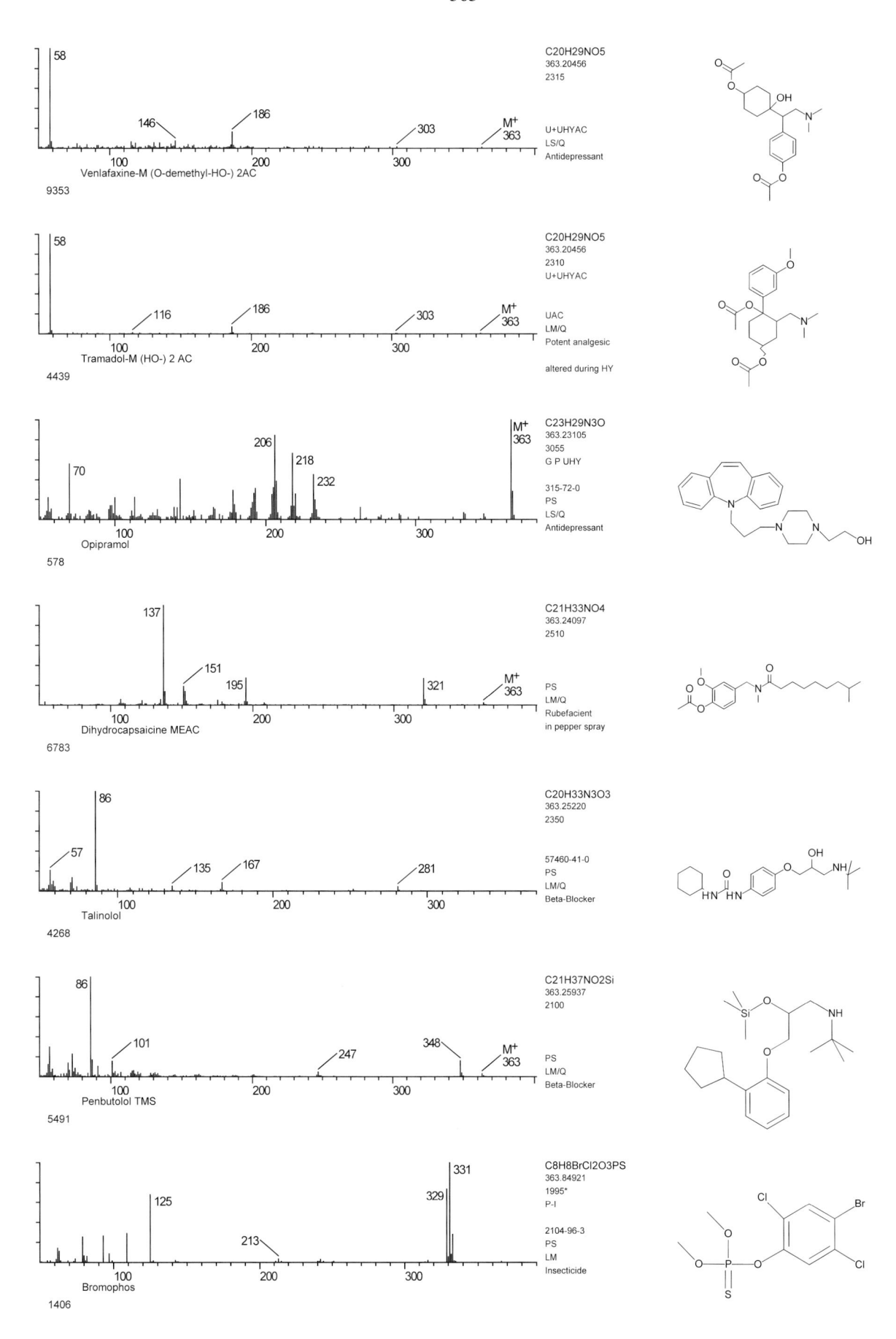

Compound	Formula	Mass	Notes
Venlafaxine-M (O-demethyl-HO-) 2AC	C20H29NO5	363.20456	2315, U+UHYAC, LS/Q, Antidepressant
Tramadol-M (HO-) 2 AC	C20H29NO5	363.20456	2310, U+UHYAC, UAC, LM/Q, Potent analgesic, altered during HY
Opipramol	C23H29N3O	363.23105	3055, G P UHY, 315-72-0, PS, LS/Q, Antidepressant
Dihydrocapsaicine MEAC	C21H33NO4	363.24097	2510, PS, LM/Q, Rubefacient in pepper spray
Talinolol	C20H33N3O3	363.25220	2350, 57460-41-0, PS, LM/Q, Beta-Blocker
Penbutolol TMS	C21H37NO2Si	363.25937	2100, PS, LM/Q, Beta-Blocker
Bromophos	C8H8BrCl2O3PS	363.84921	1995*, P-I, 2104-96-3, PS, LM, Insecticide

364

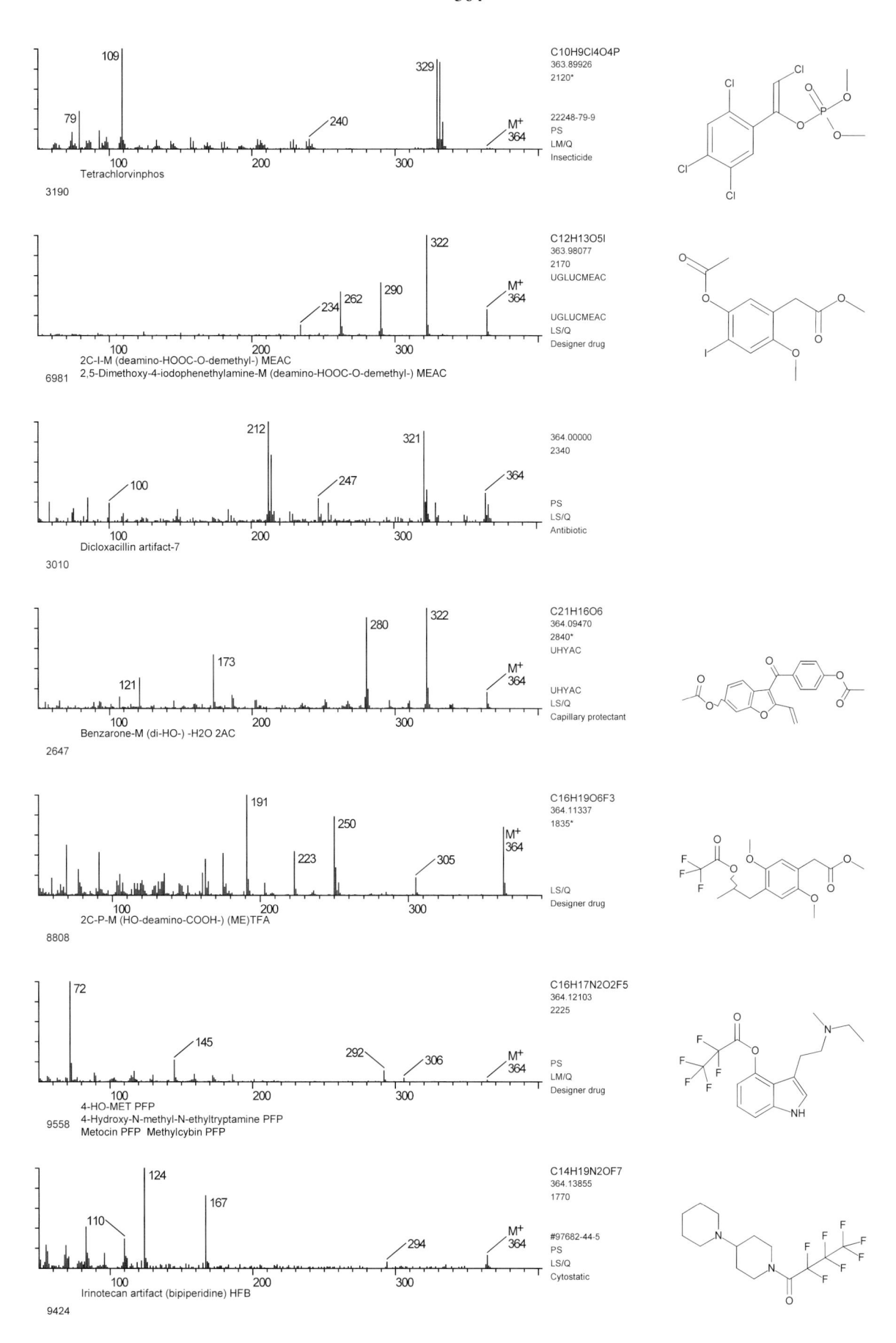

C10H9Cl4O4P
363.89926
2120*

22248-79-9
PS
LM/Q
Insecticide

Tetrachlorvinphos
3190

C12H13O5I
363.98077
2170
UGLUCMEAC

UGLUCMEAC
LS/Q
Designer drug

2C-I-M (deamino-HOOC-O-demethyl-) MEAC
2,5-Dimethoxy-4-iodophenethylamine-M (deamino-HOOC-O-demethyl-) MEAC
6981

364.00000
2340

PS
LS/Q
Antibiotic

Dicloxacillin artifact-7
3010

C21H16O6
364.09470
2840*
UHYAC

UHYAC
LS/Q
Capillary protectant

Benzarone-M (di-HO-) -H2O 2AC
2647

C16H19O6F3
364.11337
1835*

LS/Q
Designer drug

2C-P-M (HO-deamino-COOH-) (ME)TFA
8808

C16H17N2O2F5
364.12103
2225

PS
LM/Q
Designer drug

4-HO-MET PFP
4-Hydroxy-N-methyl-N-ethyltryptamine PFP
Metocin PFP Methylcybin PFP
9558

C14H19N2OF7
364.13855
1770

#97682-44-5
PS
LS/Q
Cytostatic

Irinotecan artifact (bipiperidine) HFB
9424

364

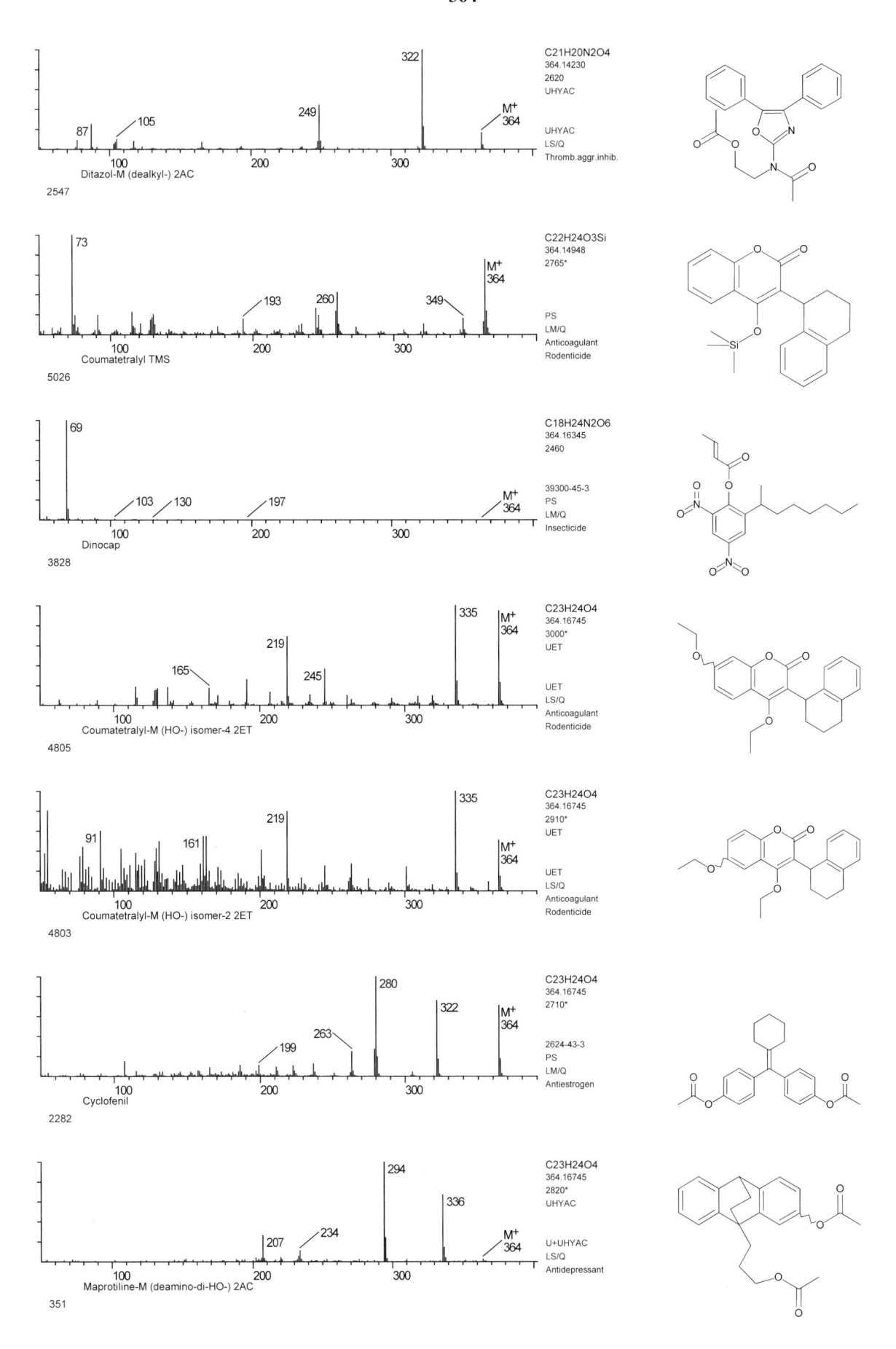

Spectrum	Compound	Formula/Data
1	Ditazol-M (dealkyl-) 2AC	C21H20N2O4, 364.14230, 2620, UHYAC / UHYAC, LS/Q, Thromb.aggr.inhib.
2	Coumatetralyl TMS	C22H24O3Si, 364.14948, 2765*, PS, LM/Q, Anticoagulant, Rodenticide
3	Dinocap	C18H24N2O6, 364.16345, 2460, 39300-45-3, PS, LM/Q, Insecticide
4	Coumatetralyl-M (HO-) isomer-4 2ET	C23H24O4, 364.16745, 3000*, UET / UET, LS/Q, Anticoagulant, Rodenticide
5	Coumatetralyl-M (HO-) isomer-2 2ET	C23H24O4, 364.16745, 2910*, UET / UET, LS/Q, Anticoagulant, Rodenticide
6	Cyclofenil	C23H24O4, 364.16745, 2710*, 2624-43-3, PS, LM/Q, Antiestrogen
7	Maprotiline-M (deamino-di-HO-) 2AC	C23H24O4, 364.16745, 2820*, UHYAC / U+UHYAC, LS/Q, Antidepressant

Key peaks:
- Ditazol-M: 87, 105, 249, 322, M+ 364 (2547)
- Coumatetralyl TMS: 73, 193, 260, 349, M+ 364 (5026)
- Dinocap: 69, 103, 130, 197, M+ 364 (3828)
- Coumatetralyl-M isomer-4: 165, 219, 245, 335, M+ 364 (4805)
- Coumatetralyl-M isomer-2: 91, 161, 219, 335, M+ 364 (4803)
- Cyclofenil: 199, 263, 280, 322, M+ 364 (2282)
- Maprotiline-M: 207, 234, 294, 336, M+ 364 (351)

364

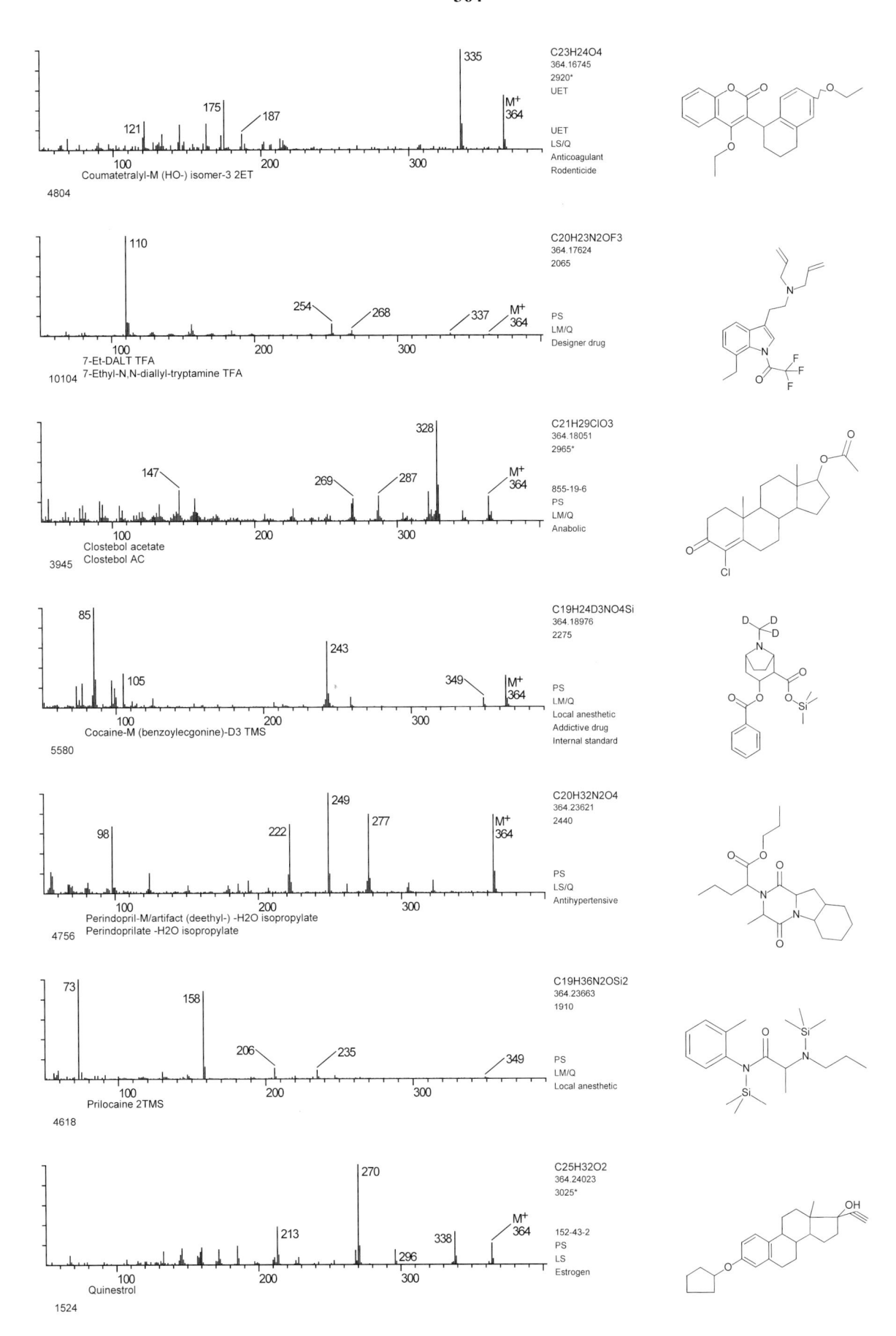

Coumatetralyl-M (HO-) isomer-3 2ET — peaks 121, 175, 187, 335, M+ 364	C23H24O4 364.16745 2920* UET UET LS/Q Anticoagulant Rodenticide	
4804		
7-Et-DALT TFA 7-Ethyl-N,N-diallyl-tryptamine TFA — peaks 110, 254, 268, 337, M+ 364	C20H23N2OF3 364.17624 2065 PS LM/Q Designer drug	
10104		
Clostebol acetate Clostebol AC — peaks 147, 269, 287, 328, M+ 364	C21H29ClO3 364.18051 2965* 855-19-6 PS LM/Q Anabolic	
3945		
Cocaine-M (benzoylecgonine)-D3 TMS — peaks 85, 105, 243, 349, M+ 364	C19H24D3NO4Si 364.18976 2275 PS LM/Q Local anesthetic Addictive drug Internal standard	
5580		
Perindopril-M/artifact (deethyl-) -H2O isopropylate Perindoprilate -H2O isopropylate — peaks 98, 222, 249, 277, M+ 364	C20H32N2O4 364.23621 2440 PS LS/Q Antihypertensive	
4756		
Prilocaine 2TMS — peaks 73, 158, 206, 235, 349	C19H36N2OSi2 364.23663 1910 PS LM/Q Local anesthetic	
4618		
Quinestrol — peaks 213, 270, 296, 338, M+ 364	C25H32O2 364.24023 3025* 152-43-2 PS LS Estrogen	
1524		

364

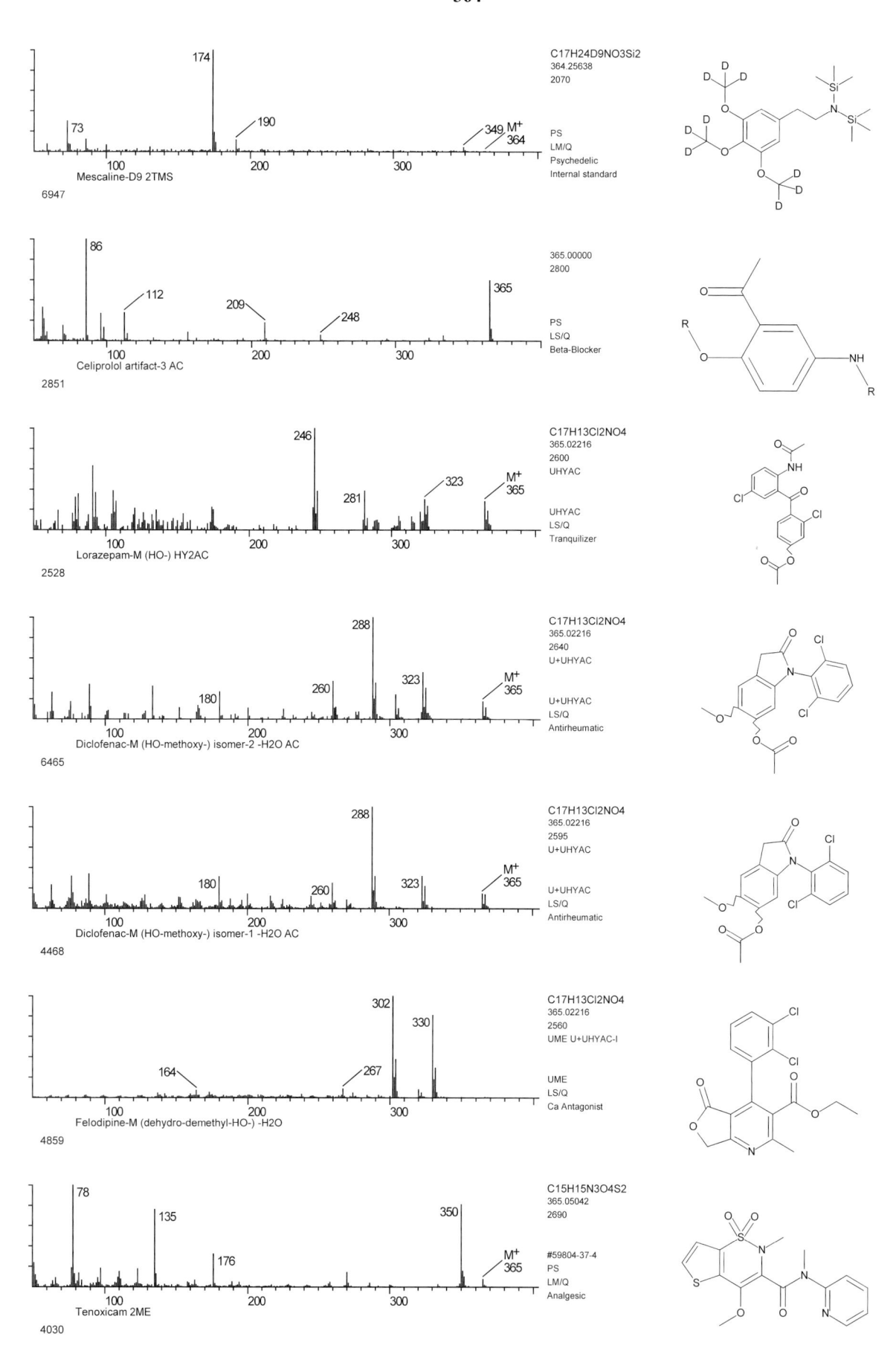

Spectrum peaks	Compound info
73, 174, 190, 349, 364 M+	C17H24D9NO3Si2 364.25638 2070 PS LM/Q Psychedelic Internal standard

Mescaline-D9 2TMS
6947

| 86, 112, 209, 248, 365 | 365.00000
2800
PS
LS/Q
Beta-Blocker |

Celiprolol artifact-3 AC
2851

| 246, 281, 323, 365 M+ | C17H13Cl2NO4
365.02216
2600
UHYAC
UHYAC
LS/Q
Tranquilizer |

Lorazepam-M (HO-) HY2AC
2528

| 180, 260, 288, 323, 365 M+ | C17H13Cl2NO4
365.02216
2640
U+UHYAC
U+UHYAC
LS/Q
Antirheumatic |

Diclofenac-M (HO-methoxy-) isomer-2 -H2O AC
6465

| 180, 260, 288, 323, 365 M+ | C17H13Cl2NO4
365.02216
2595
U+UHYAC
U+UHYAC
LS/Q
Antirheumatic |

Diclofenac-M (HO-methoxy-) isomer-1 -H2O AC
4468

| 164, 267, 302, 330 | C17H13Cl2NO4
365.02216
2560
UME U+UHYAC-I
UME
LS/Q
Ca Antagonist |

Felodipine-M (dehydro-demethyl-HO-) -H2O
4859

| 78, 135, 176, 350, 365 M+ | C15H15N3O4S2
365.05042
2690
#59804-37-4
PS
LM/Q
Analgesic |

Tenoxicam 2ME
4030

365

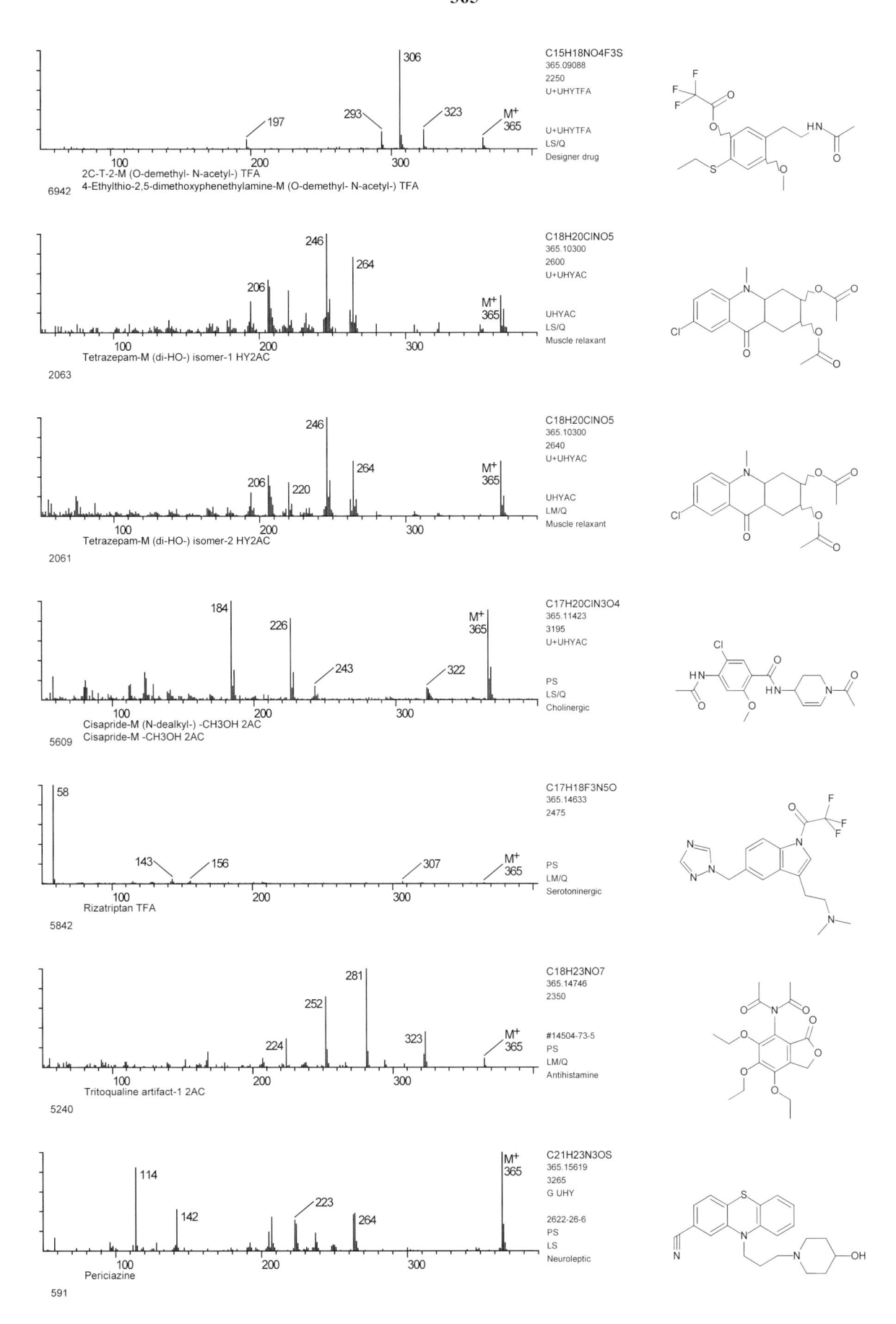

Spectrum peaks	Formula / Info	Compound
306, 323, 293, 197, M+ 365	C15H18NO4F3S / 365.09088 / 2250 / U+UHYTFA / U+UHYTFA / LS/Q / Designer drug	2C-T-2-M (O-demethyl- N-acetyl-) TFA
4-Ethylthio-2,5-dimethoxyphenethylamine-M (O-demethyl- N-acetyl-) TFA
6942
246, 264, 206, M+ 365	C18H20ClNO5 / 365.10300 / 2600 / U+UHYAC / UHYAC / LS/Q / Muscle relaxant	Tetrazepam-M (di-HO-) isomer-1 HY2AC
2063
246, 264, 206, 220, M+ 365	C18H20ClNO5 / 365.10300 / 2640 / U+UHYAC / UHYAC / LM/Q / Muscle relaxant	Tetrazepam-M (di-HO-) isomer-2 HY2AC
2061
184, 226, 243, 322, M+ 365	C17H20ClN3O4 / 365.11423 / 3195 / U+UHYAC / PS / LS/Q / Cholinergic	Cisapride-M (N-dealkyl-) -CH3OH 2AC
Cisapride-M -CH3OH 2AC
5609
58, 143, 156, 307, M+ 365	C17H18F3N5O / 365.14633 / 2475 / PS / LM/Q / Serotoninergic	Rizatriptan TFA
5842
281, 252, 224, 323, M+ 365	C18H23NO7 / 365.14746 / 2350 / #14504-73-5 / PS / LM/Q / Antihistamine	Tritoqualine artifact-1 2AC
5240
114, 142, 223, 264, M+ 365	C21H23N3OS / 365.15619 / 3265 / G UHY / 2622-26-6 / PS / LS / Neuroleptic	Periciazine
591

365

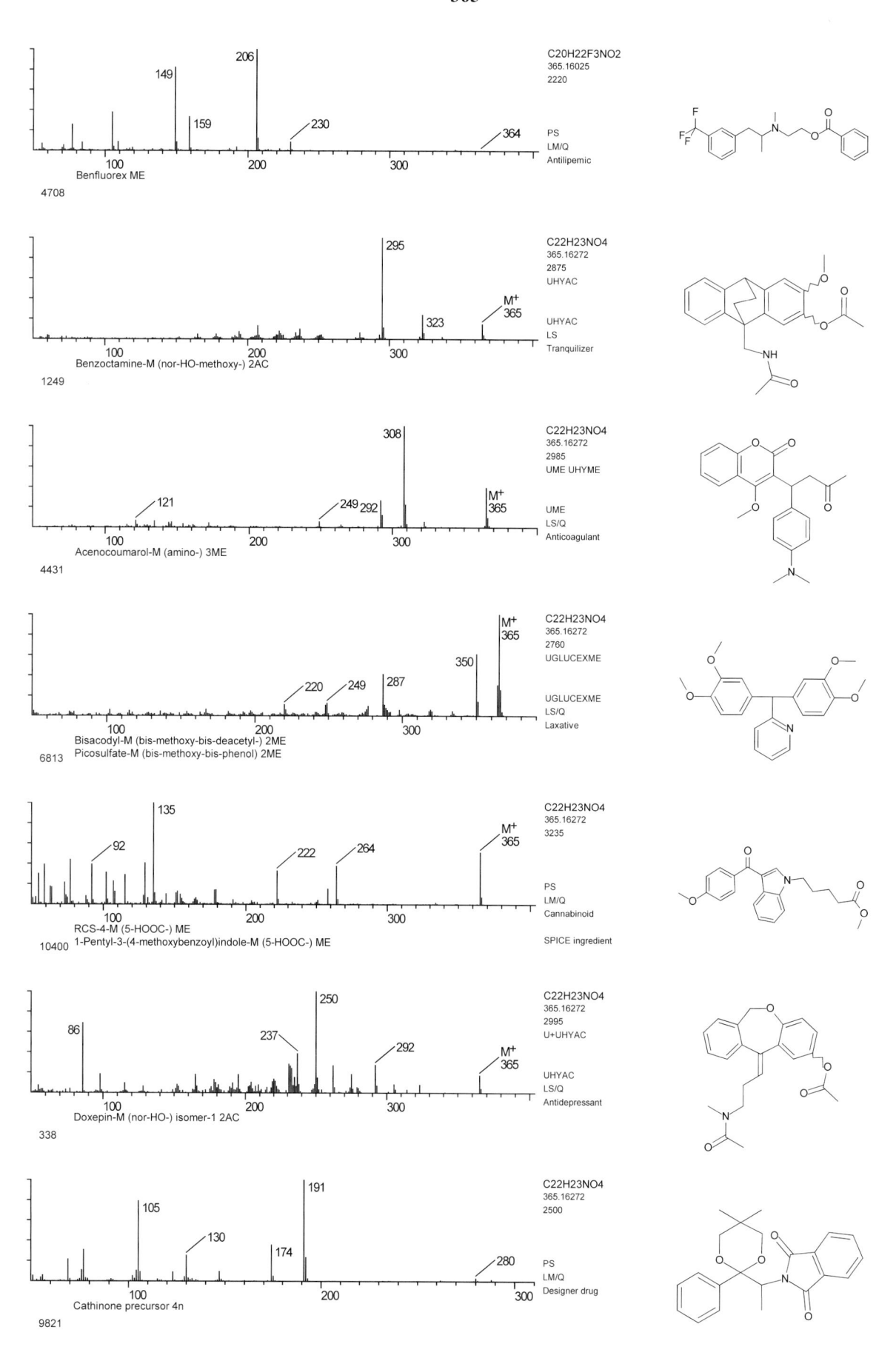

Benfluorex ME	C20H22F3NO2 365.16025 2220 PS LM/Q Antilipemic
Benzoctamine-M (nor-HO-methoxy-) 2AC	C22H23NO4 365.16272 2875 UHYAC UHYAC LS Tranquilizer
Acenocoumarol-M (amino-) 3ME	C22H23NO4 365.16272 2985 UME UHYME UME LS/Q Anticoagulant
Bisacodyl-M (bis-methoxy-bis-deacetyl-) 2ME Picosulfate-M (bis-methoxy-bis-phenol) 2ME	C22H23NO4 365.16272 2760 UGLUCEXME UGLUCEXME LS/Q Laxative
RCS-4-M (5-HOOC-) ME 1-Pentyl-3-(4-methoxybenzoyl)indole-M (5-HOOC-) ME	C22H23NO4 365.16272 3235 PS LM/Q Cannabinoid SPICE ingredient
Doxepin-M (nor-HO-) isomer-1 2AC	C22H23NO4 365.16272 2995 U+UHYAC UHYAC LS/Q Antidepressant
Cathinone precursor 4n	C22H23NO4 365.16272 2500 PS LM/Q Designer drug

365

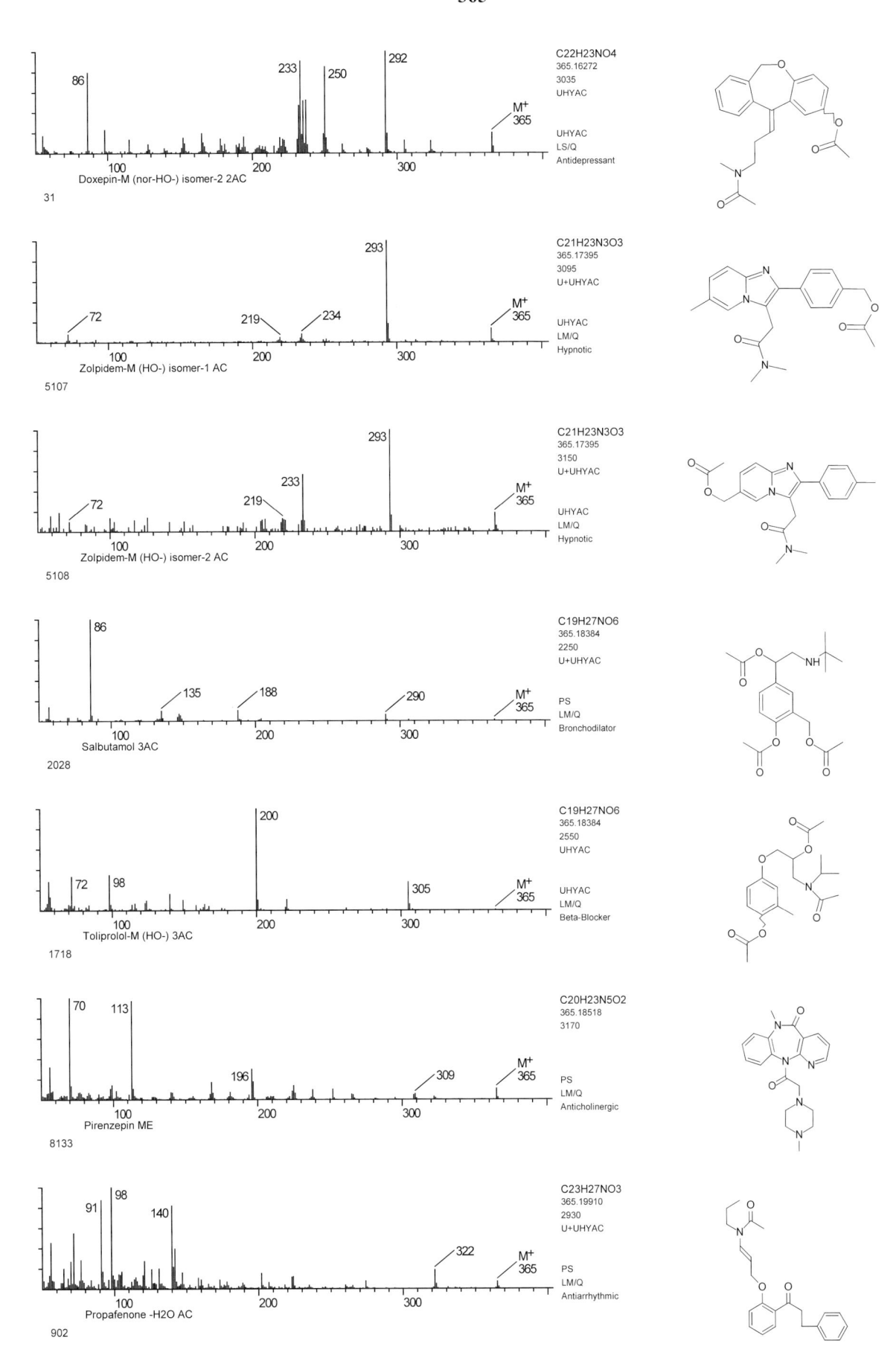

Doxepin-M (nor-HO-) isomer-2 2AC — peaks 86, 233, 250, 292, M+ 365	C22H23NO4 365.16272 3035 UHYAC UHYAC LS/Q Antidepressant
Zolpidem-M (HO-) isomer-1 AC — peaks 72, 219, 234, 293, M+ 365	C21H23N3O3 365.17395 3095 U+UHYAC UHYAC LM/Q Hypnotic
Zolpidem-M (HO-) isomer-2 AC — peaks 72, 219, 233, 293, M+ 365	C21H23N3O3 365.17395 3150 U+UHYAC UHYAC LM/Q Hypnotic
Salbutamol 3AC — peaks 86, 135, 188, 290, M+ 365	C19H27NO6 365.18384 2250 U+UHYAC PS LM/Q Bronchodilator
Toliprolol-M (HO-) 3AC — peaks 72, 98, 200, 305, M+ 365	C19H27NO6 365.18384 2550 UHYAC UHYAC LM/Q Beta-Blocker
Pirenzepin ME — peaks 70, 113, 196, 309, M+ 365	C20H23N5O2 365.18518 3170 PS LM/Q Anticholinergic
Propafenone -H2O AC — peaks 91, 98, 140, 322, M+ 365	C23H27NO3 365.19910 2930 U+UHYAC PS LM/Q Antiarrhythmic

365

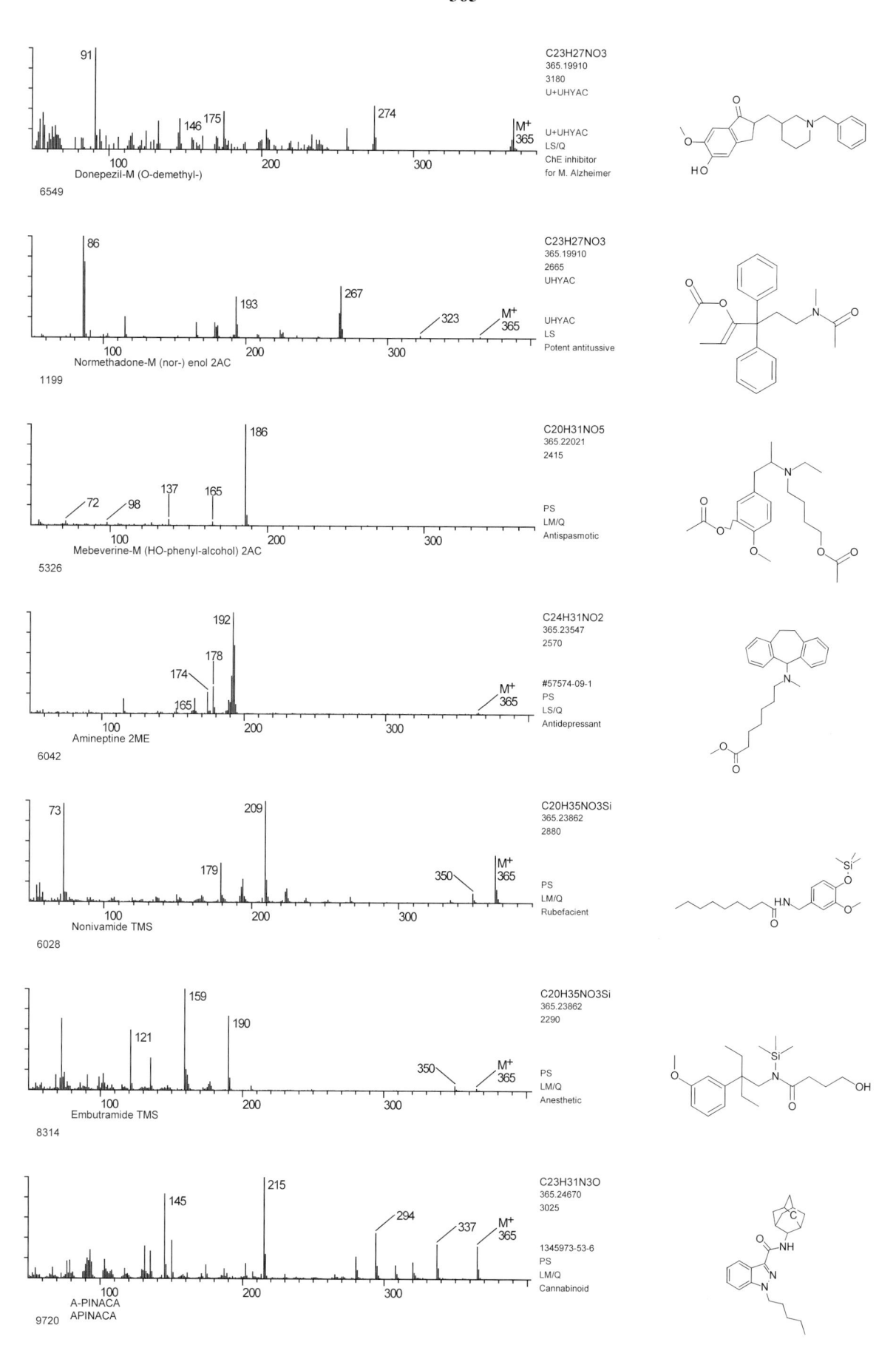

Donepezil-M (O-demethyl-) — 6549	C23H27NO3, 365.19910, 3180, U+UHYAC / U+UHYAC LS/Q / ChE inhibitor for M. Alzheimer. Peaks: 91, 146, 175, 274, M+ 365
Normethadone-M (nor-) enol 2AC — 1199	C23H27NO3, 365.19910, 2665, UHYAC / UHYAC LS / Potent antitussive. Peaks: 86, 193, 267, 323, M+ 365
Mebeverine-M (HO-phenyl-alcohol) 2AC — 5326	C20H31NO5, 365.22021, 2415, PS / LM/Q / Antispasmotic. Peaks: 72, 98, 137, 165, 186
Amineptine 2ME — 6042	C24H31NO2, 365.23547, 2570, #57574-09-1, PS / LS/Q / Antidepressant. Peaks: 165, 174, 178, 192, M+ 365
Nonivamide TMS — 6028	C20H35NO3Si, 365.23862, 2880, PS / LM/Q / Rubefacient. Peaks: 73, 179, 209, 350, M+ 365
Embutramide TMS — 8314	C20H35NO3Si, 365.23862, 2290, PS / LM/Q / Anesthetic. Peaks: 121, 159, 190, 350, M+ 365
A-PINACA APINACA — 9720	C23H31N3O, 365.24670, 3025, 1345973-53-6, PS / LM/Q / Cannabinoid. Peaks: 145, 215, 294, 337, M+ 365

366

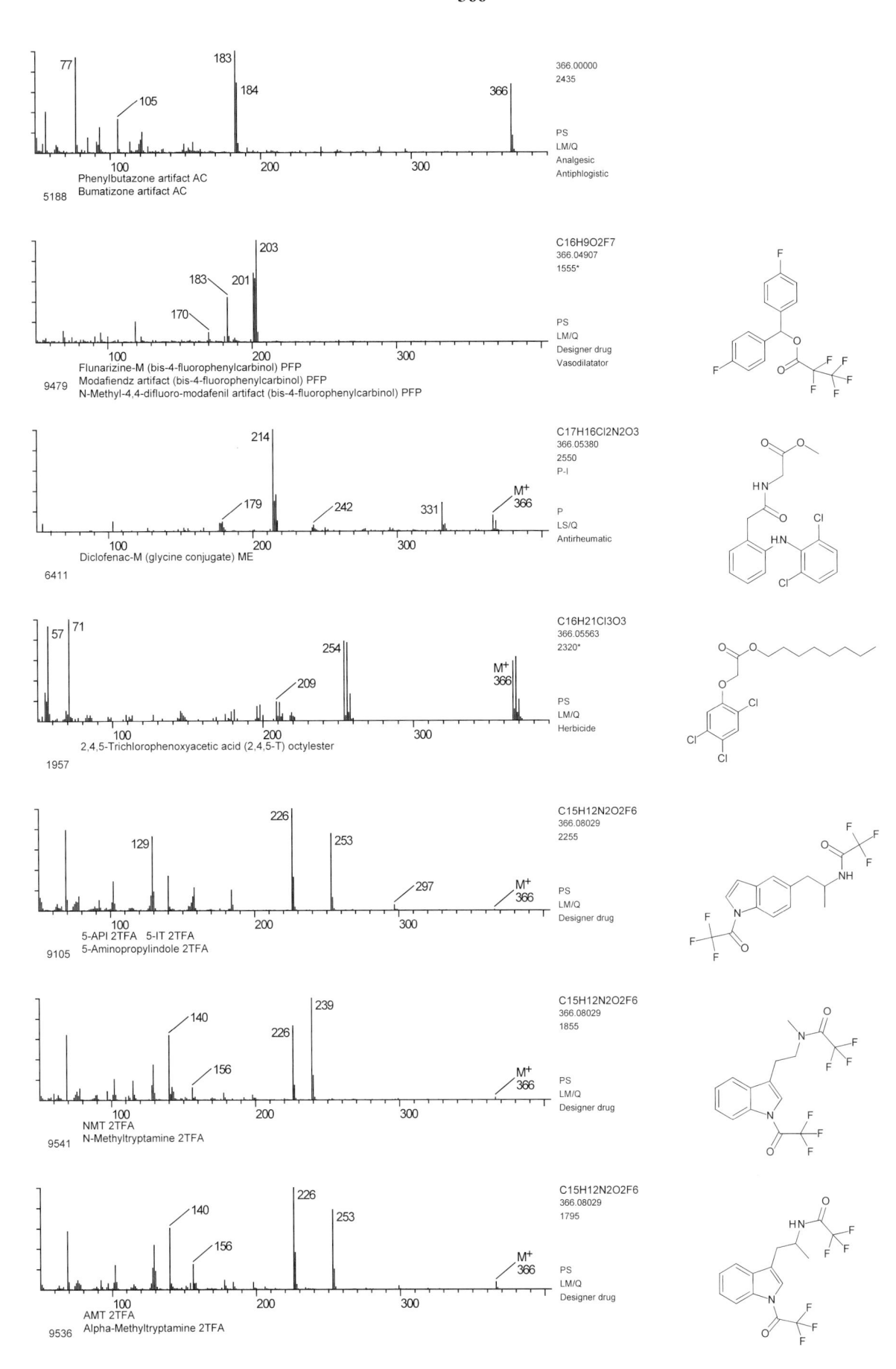

5188	Phenylbutazone artifact AC / Bumatizone artifact AC — 366.00000, 2435, PS, LM/Q, Analgesic, Antiphlogistic
9479	Flunarizine-M (bis-4-fluorophenylcarbinol) PFP / Modafiendz artifact (bis-4-fluorophenylcarbinol) PFP / N-Methyl-4,4-difluoro-modafenil artifact (bis-4-fluorophenylcarbinol) PFP — $C_{16}H_9O_2F_7$, 366.04907, 1555*, PS, LM/Q, Designer drug, Vasodilatator
6411	Diclofenac-M (glycine conjugate) ME — $C_{17}H_{16}Cl_2N_2O_3$, 366.05380, 2550, P-I, P, LS/Q, Antirheumatic
1957	2,4,5-Trichlorophenoxyacetic acid (2,4,5-T) octylester — $C_{16}H_{21}Cl_3O_3$, 366.05563, 2320*, PS, LM/Q, Herbicide
9105	5-API 2TFA / 5-IT 2TFA / 5-Aminopropylindole 2TFA — $C_{15}H_{12}N_2O_2F_6$, 366.08029, 2255, PS, LM/Q, Designer drug
9541	NMT 2TFA / N-Methyltryptamine 2TFA — $C_{15}H_{12}N_2O_2F_6$, 366.08029, 1855, PS, LM/Q, Designer drug
9536	AMT 2TFA / Alpha-Methyltryptamine 2TFA — $C_{15}H_{12}N_2O_2F_6$, 366.08029, 1795, PS, LM/Q, Designer drug

366

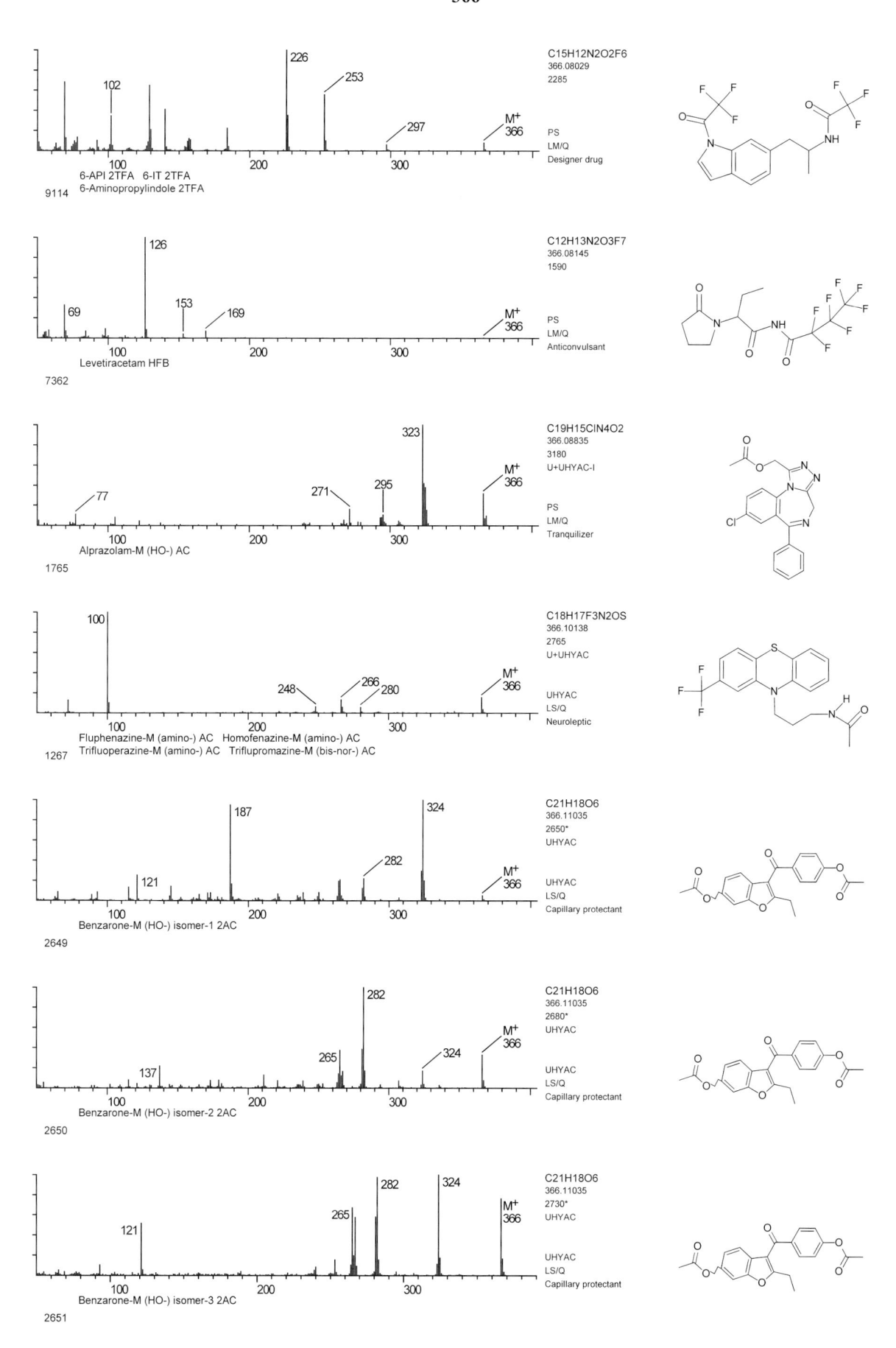

C15H12N2O2F6
366.08029
2285

PS
LM/Q
Designer drug

6-API 2TFA 6-IT 2TFA
6-Aminopropylindole 2TFA
9114

C12H13N2O3F7
366.08145
1590

PS
LM/Q
Anticonvulsant

Levetiracetam HFB
7362

C19H15ClN4O2
366.08835
3180
U+UHYAC-I

PS
LM/Q
Tranquilizer

Alprazolam-M (HO-) AC
1765

C18H17F3N2OS
366.10138
2765
U+UHYAC

UHYAC
LS/Q
Neuroleptic

Fluphenazine-M (amino-) AC   Homofenazine-M (amino-) AC
Trifluoperazine-M (amino-) AC   Triflupromazine-M (bis-nor-) AC
1267

C21H18O6
366.11035
2650*
UHYAC

UHYAC
LS/Q
Capillary protectant

Benzarone-M (HO-) isomer-1 2AC
2649

C21H18O6
366.11035
2680*
UHYAC

UHYAC
LS/Q
Capillary protectant

Benzarone-M (HO-) isomer-2 2AC
2650

C21H18O6
366.11035
2730*
UHYAC

UHYAC
LS/Q
Capillary protectant

Benzarone-M (HO-) isomer-3 2AC
2651

366

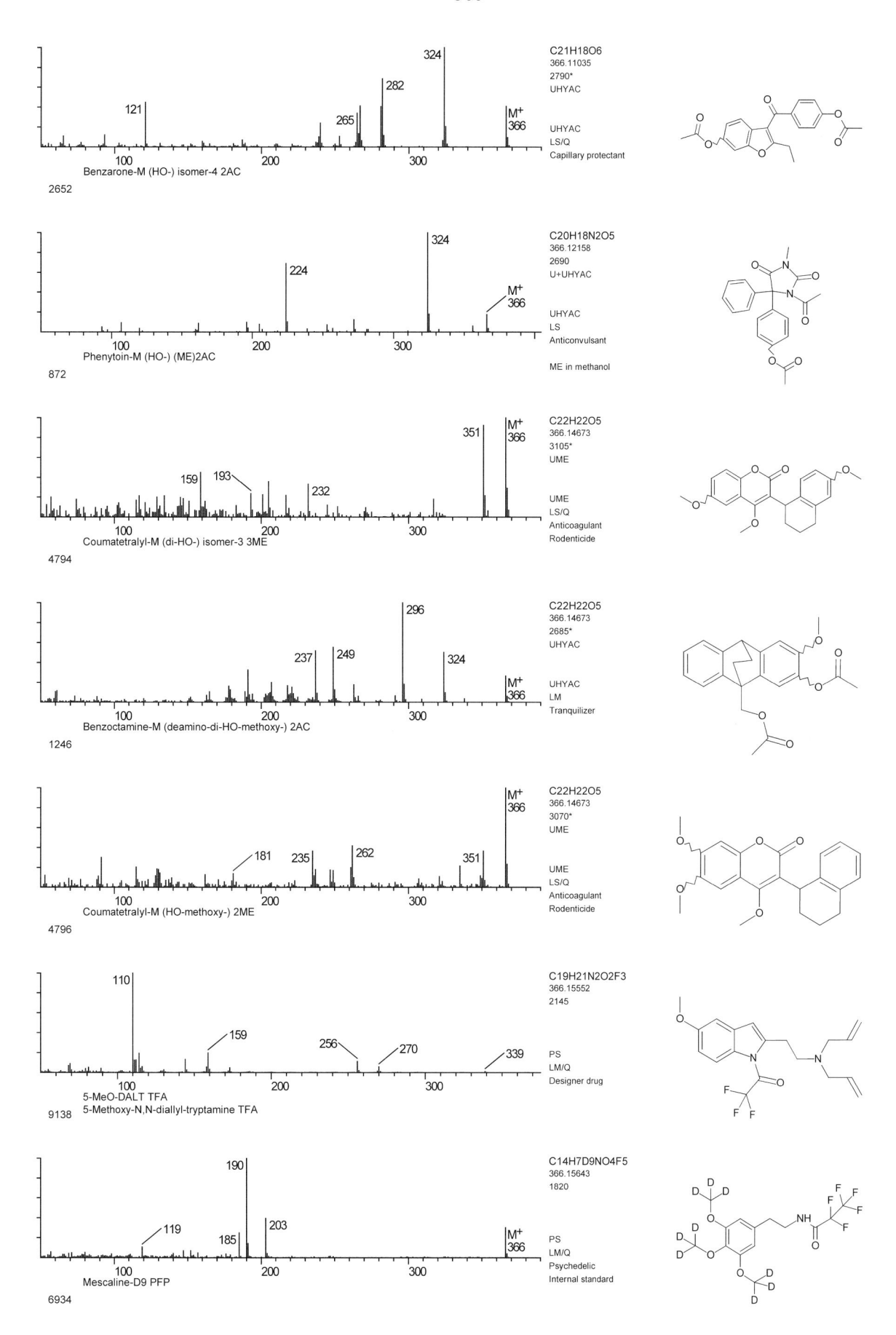

Benzarone-M (HO-) isomer-4 2AC — 2652
C21H18O6
366.11035
2790*
UHYAC

UHYAC
LS/Q
Capillary protectant

Peaks: 121, 265, 282, 324, M+ 366

Phenytoin-M (HO-) (ME)2AC — 872
C20H18N2O5
366.12158
2690
U+UHYAC

UHYAC
LS
Anticonvulsant
ME in methanol

Peaks: 224, 324, M+ 366

Coumatetralyl-M (di-HO-) isomer-3 3ME — 4794
C22H22O5
366.14673
3105*
UME

UME
LS/Q
Anticoagulant
Rodenticide

Peaks: 159, 193, 232, 351, M+ 366

Benzoctamine-M (deamino-di-HO-methoxy-) 2AC — 1246
C22H22O5
366.14673
2685*
UHYAC

UHYAC
LM
Tranquilizer

Peaks: 237, 249, 296, 324, M+ 366

Coumatetralyl-M (HO-methoxy-) 2ME — 4796
C22H22O5
366.14673
3070*
UME

UME
LS/Q
Anticoagulant
Rodenticide

Peaks: 181, 235, 262, 351, M+ 366

5-MeO-DALT TFA
5-Methoxy-N,N-diallyl-tryptamine TFA — 9138
C19H21N2O2F3
366.15552
2145

PS
LM/Q
Designer drug

Peaks: 110, 159, 256, 270, 339

Mescaline-D9 PFP — 6934
C14H7D9NO4F5
366.15643
1820

PS
LM/Q
Psychedelic
Internal standard

Peaks: 119, 185, 190, 203, M+ 366

366

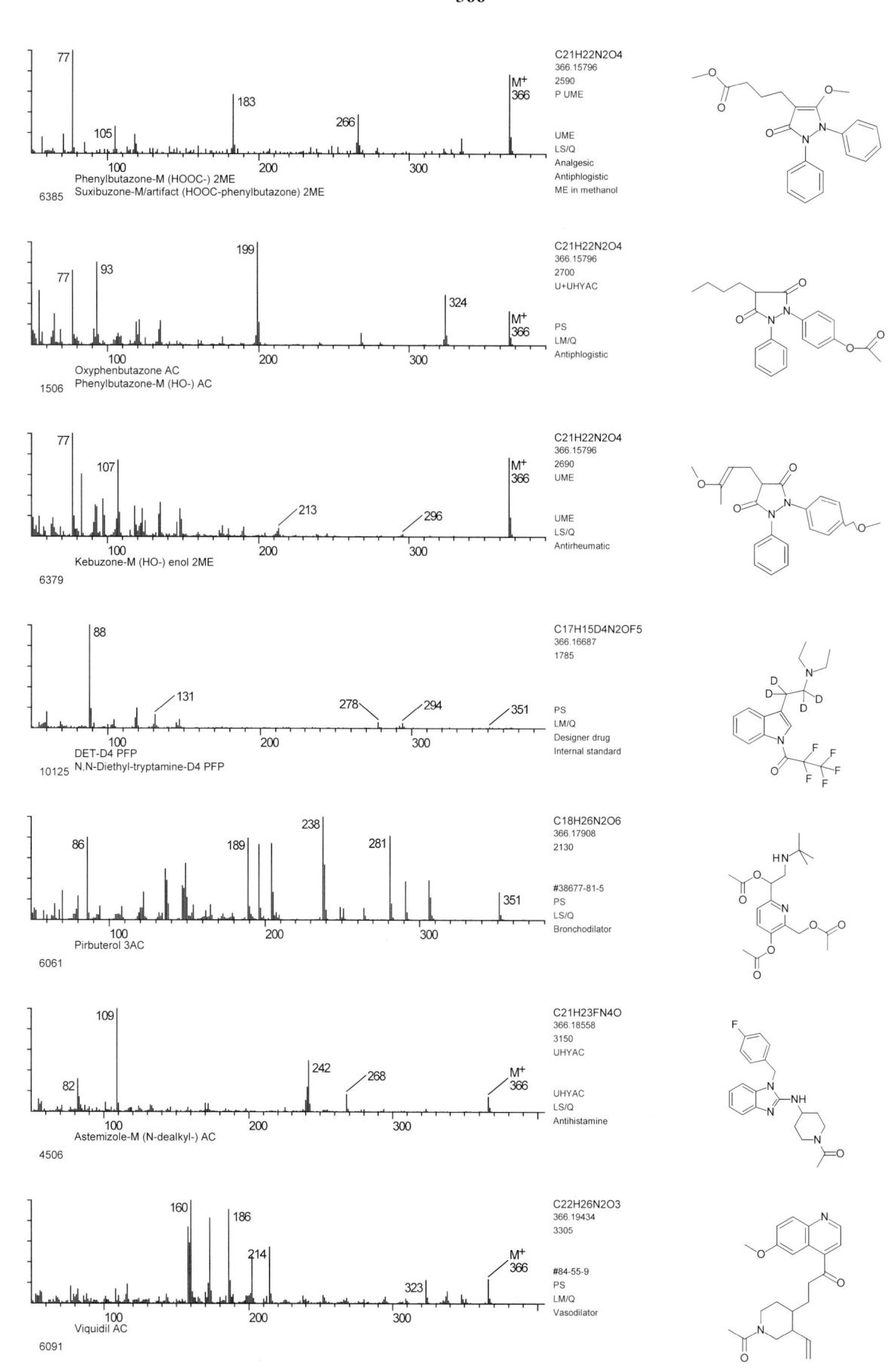

C21H22N2O4
366.15796
2590
P UME

UME
LS/Q
Analgesic
Antiphlogistic
ME in methanol

Phenylbutazone-M (HOOC-) 2ME
Suxibuzone-M/artifact (HOOC-phenylbutazone) 2ME
6385

C21H22N2O4
366.15796
2700
U+UHYAC

PS
LM/Q
Antiphlogistic

Oxyphenbutazone AC
Phenylbutazone-M (HO-) AC
1506

C21H22N2O4
366.15796
2690
UME

UME
LS/Q
Antirheumatic

Kebuzone-M (HO-) enol 2ME
6379

C17H15D4N2OF5
366.16687
1785

PS
LM/Q
Designer drug
Internal standard

DET-D4 PFP
N,N-Diethyl-tryptamine-D4 PFP
10125

C18H26N2O6
366.17908
2130

#38677-81-5
PS
LS/Q
Bronchodilator

Pirbuterol 3AC
6061

C21H23FN4O
366.18558
3150
UHYAC

UHYAC
LS/Q
Antihistamine

Astemizole-M (N-dealkyl-) AC
4506

C22H26N2O3
366.19434
3305

#84-55-9
PS
LM/Q
Vasodilator

Viquidil AC
6091

366

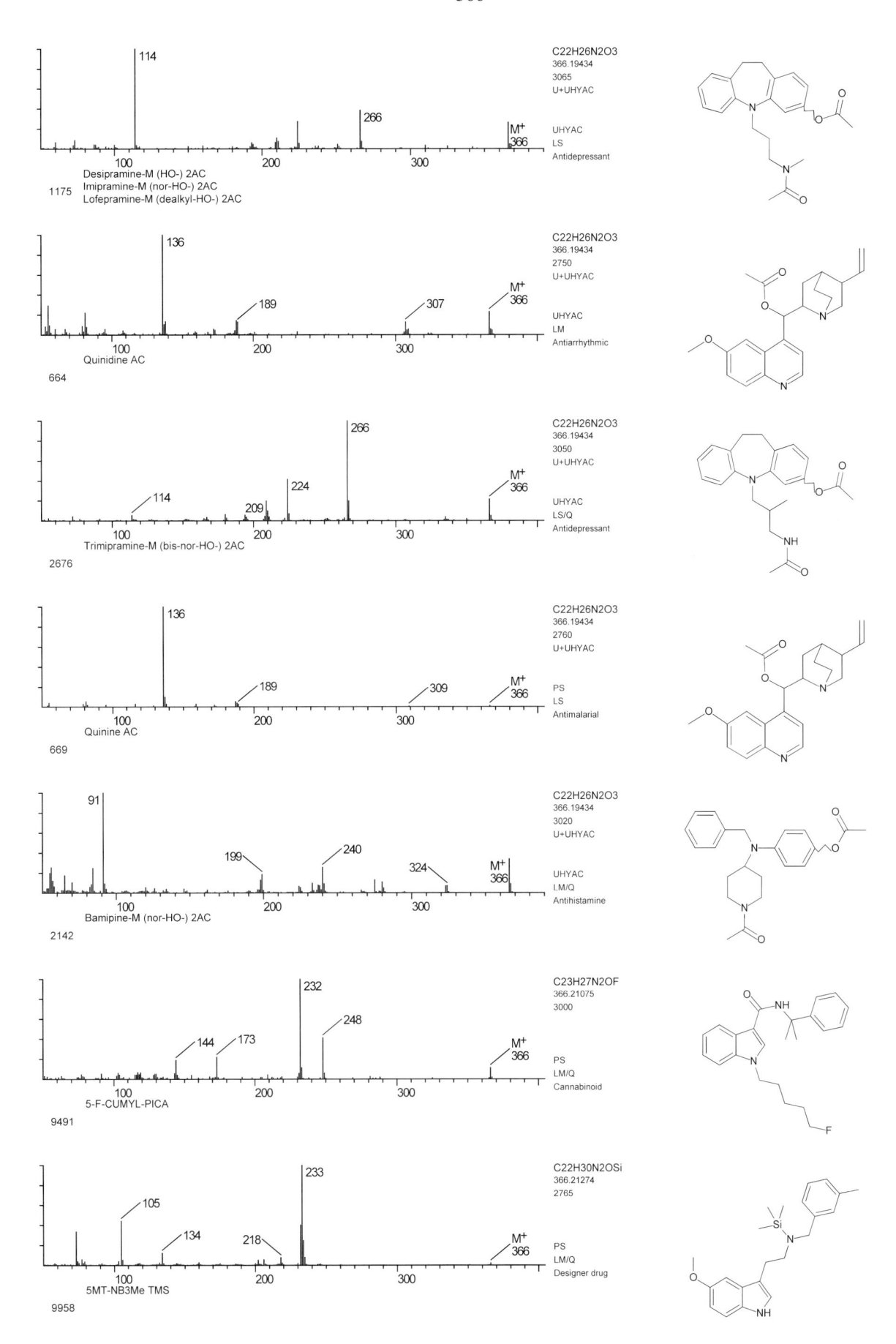

1175
Desipramine-M (HO-) 2AC
Imipramine-M (nor-HO-) 2AC
Lofepramine-M (dealkyl-HO-) 2AC

C22H26N2O3
366.19434
3065
U+UHYAC

UHYAC
LS
Antidepressant

664
Quinidine AC

C22H26N2O3
366.19434
2750
U+UHYAC

UHYAC
LM
Antiarrhythmic

2676
Trimipramine-M (bis-nor-HO-) 2AC

C22H26N2O3
366.19434
3050
U+UHYAC

UHYAC
LS/Q
Antidepressant

669
Quinine AC

C22H26N2O3
366.19434
2760
U+UHYAC

PS
LS
Antimalarial

2142
Bamipine-M (nor-HO-) 2AC

C22H26N2O3
366.19434
3020
U+UHYAC

UHYAC
LM/Q
Antihistamine

9491
5-F-CUMYL-PICA

C23H27N2OF
366.21075
3000

PS
LM/Q
Cannabinoid

9958
5MT-NB3Me TMS

C22H30N2OSi
366.21274
2765

PS
LM/Q
Designer drug

366

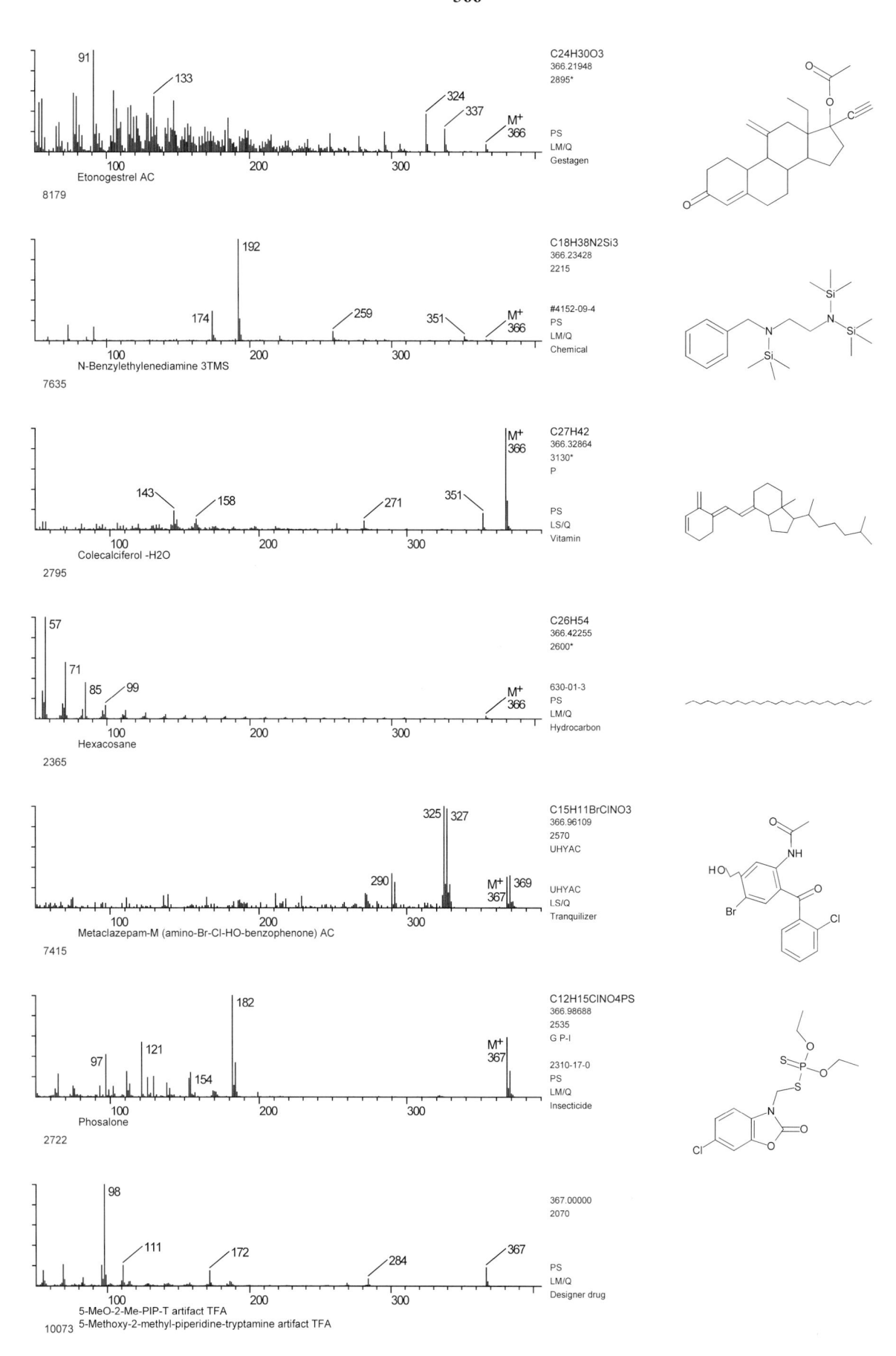

C24H30O3
366.21948
2895*

PS
LM/Q
Gestagen

Etonogestrel AC
8179

C18H38N2Si3
366.23428
2215

#4152-09-4
PS
LM/Q
Chemical

N-Benzylethylenediamine 3TMS
7635

C27H42
366.32864
3130*
P

PS
LS/Q
Vitamin

Colecalciferol -H2O
2795

C26H54
366.42255
2600*

630-01-3
PS
LM/Q
Hydrocarbon

Hexacosane
2365

C15H11BrClNO3
366.96109
2570
UHYAC

UHYAC
LS/Q
Tranquilizer

Metaclazepam-M (amino-Br-Cl-HO-benzophenone) AC
7415

C12H15ClNO4PS
366.98688
2535
G P-I

2310-17-0
PS
LM/Q
Insecticide

Phosalone
2722

367.00000
2070

PS
LM/Q
Designer drug

5-MeO-2-Me-PIP-T artifact TFA
5-Methoxy-2-methyl-piperidine-tryptamine artifact TFA
10073

367

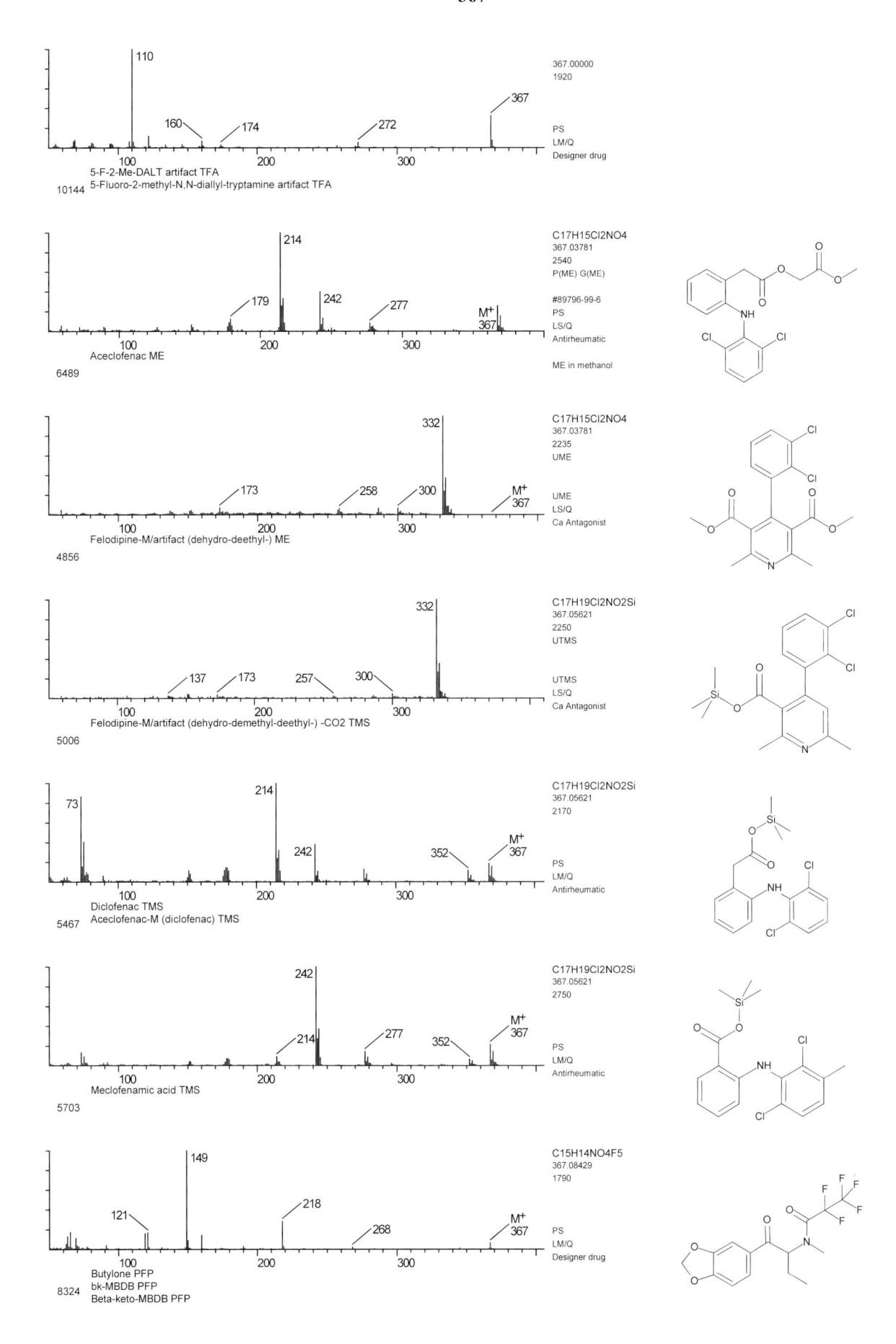

Peaks: 110, 160, 174, 272, 367	367.00000 1920 PS LM/Q Designer drug	
5-F-2-Me-DALT artifact TFA 10144 5-Fluoro-2-methyl-N,N-diallyl-tryptamine artifact TFA		
Peaks: 179, 214, 242, 277, M+ 367	C17H15Cl2NO4 367.03781 2540 P(ME) G(ME) #89796-99-6 PS LS/Q Antirheumatic ME in methanol	
Aceclofenac ME 6489		
Peaks: 173, 258, 300, 332, M+ 367	C17H15Cl2NO4 367.03781 2235 UME UME LS/Q Ca Antagonist	
Felodipine-M/artifact (dehydro-deethyl-) ME 4856		
Peaks: 137, 173, 257, 300, 332	C17H19Cl2NO2Si 367.05621 2250 UTMS UTMS LS/Q Ca Antagonist	
Felodipine-M/artifact (dehydro-demethyl-deethyl-) -CO2 TMS 5006		
Peaks: 73, 214, 242, 352, M+ 367	C17H19Cl2NO2Si 367.05621 2170 PS LM/Q Antirheumatic	
Diclofenac TMS 5467 Aceclofenac-M (diclofenac) TMS		
Peaks: 214, 242, 277, 352, M+ 367	C17H19Cl2NO2Si 367.05621 2750 PS LM/Q Antirheumatic	
Meclofenamic acid TMS 5703		
Peaks: 121, 149, 218, 268, M+ 367	C15H14NO4F5 367.08429 1790 PS LM/Q Designer drug	
Butylone PFP 8324 bk-MBDB PFP Beta-keto-MBDB PFP		

367

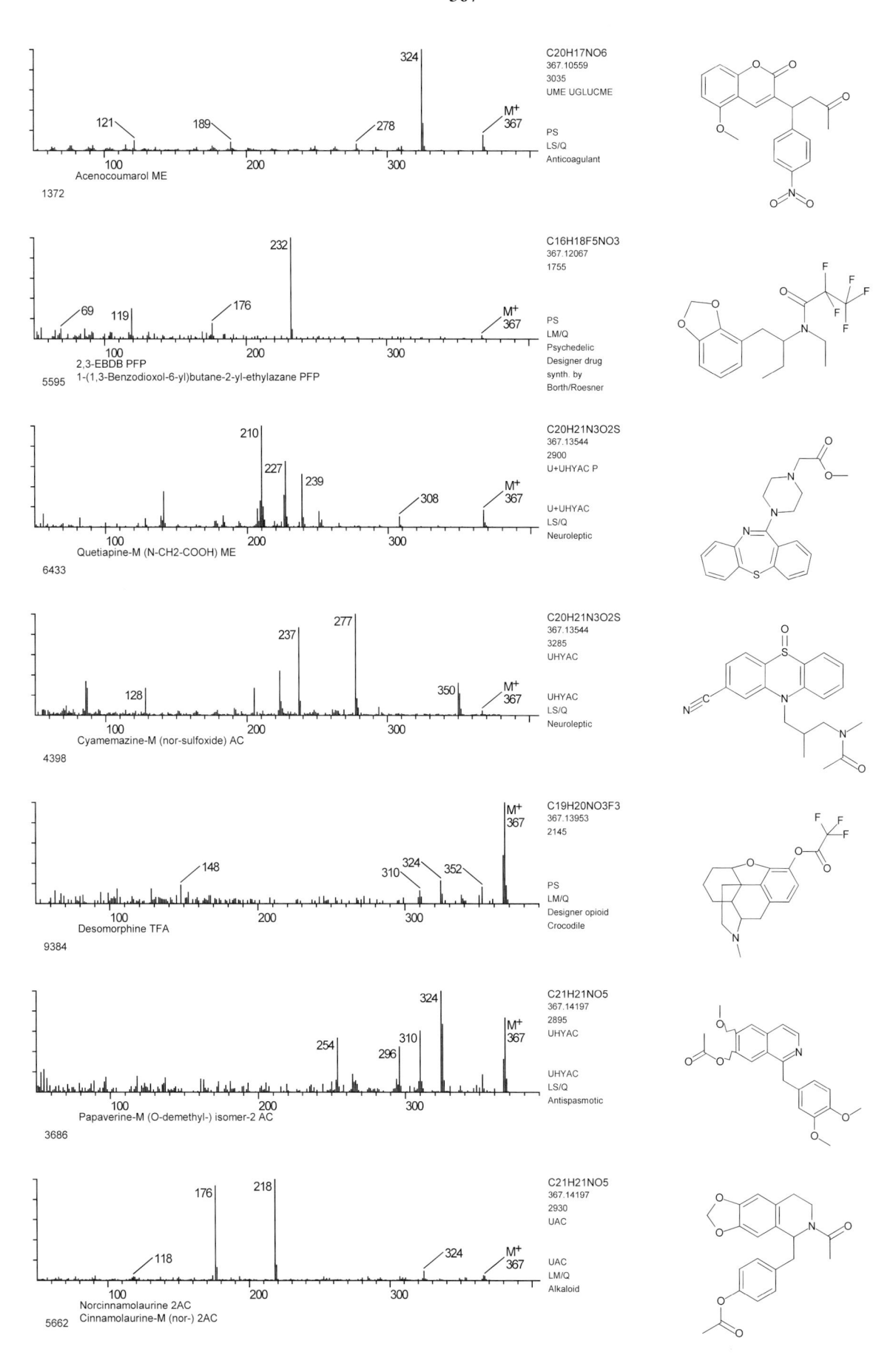

324 peak, 121, 189, 278, M+ 367 Acenocoumarol ME 1372	C20H17NO6 367.10559 3035 UME UGLUCME PS LS/Q Anticoagulant

232 peak, 69, 119, 176, M+ 367 2,3-EBDB PFP 1-(1,3-Benzodioxol-6-yl)butane-2-yl-ethylazane PFP 5595	C16H18F5NO3 367.12067 1755 PS LM/Q Psychedelic Designer drug synth. by Borth/Roesner

210, 227, 239, 308, M+ 367 Quetiapine-M (N-CH2-COOH) ME 6433	C20H21N3O2S 367.13544 2900 U+UHYAC P U+UHYAC LS/Q Neuroleptic

237, 277, 128, 350, M+ 367 Cyamemazine-M (nor-sulfoxide) AC 4398	C20H21N3O2S 367.13544 3285 UHYAC UHYAC LS/Q Neuroleptic

M+ 367, 148, 310, 324, 352 Desomorphine TFA 9384	C19H20NO3F3 367.13953 2145 PS LM/Q Designer opioid Crocodile

324, 254, 296, 310, M+ 367 Papaverine-M (O-demethyl-) isomer-2 AC 3686	C21H21NO5 367.14197 2895 UHYAC UHYAC LS/Q Antispasmotic

176, 218, 118, 324, M+ 367 Norcinnamolaurine 2AC Cinnamolaurine-M (nor-) 2AC 5662	C21H21NO5 367.14197 2930 UAC UAC LM/Q Alkaloid

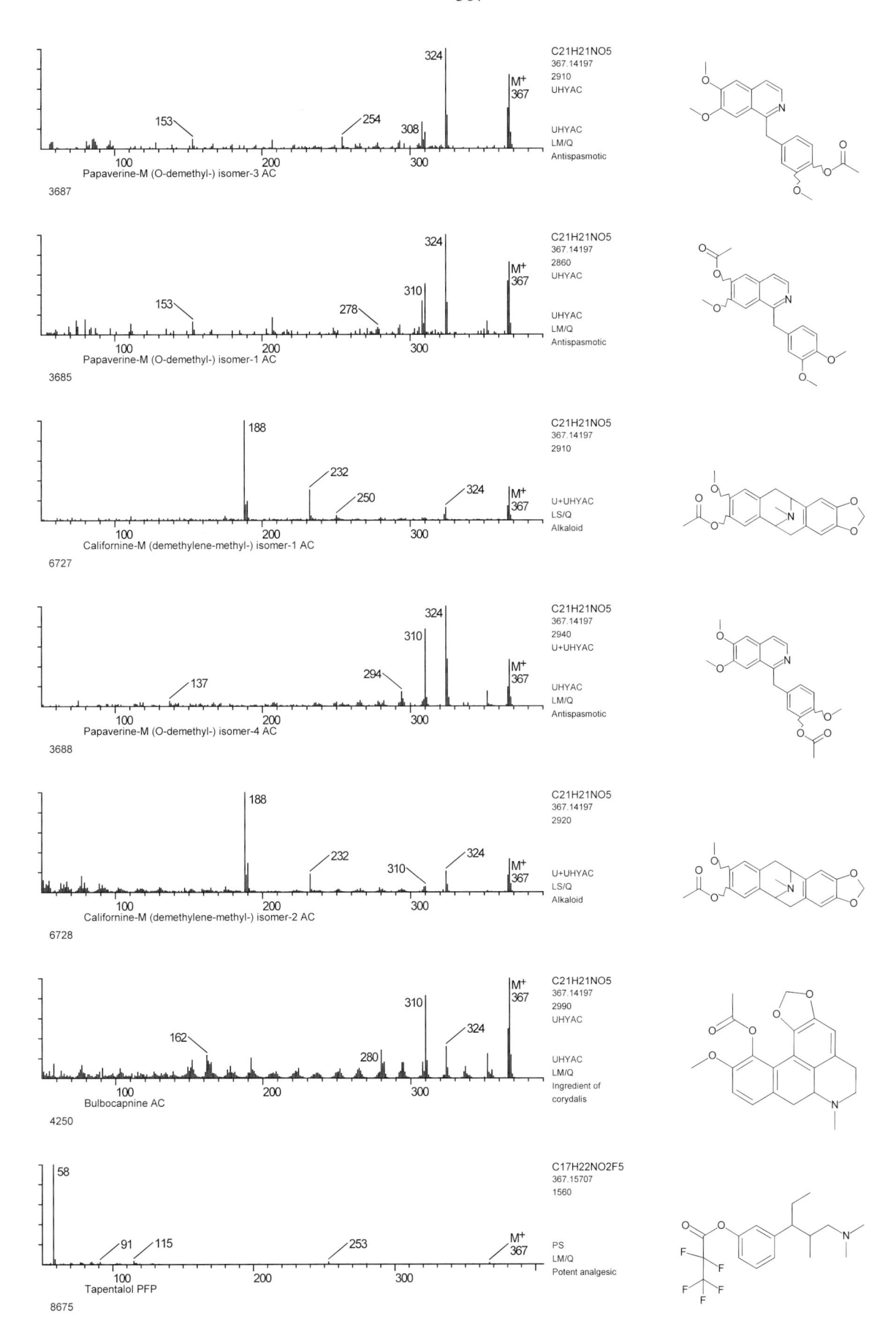

Papaverine-M (O-demethyl-) isomer-3 AC — 3687	peaks: 153, 254, 308, 324, M+ 367	C21H21NO5; 367.14197; 2910; UHYAC / UHYAC LM/Q; Antispasmotic
Papaverine-M (O-demethyl-) isomer-1 AC — 3685	peaks: 153, 278, 310, 324, M+ 367	C21H21NO5; 367.14197; 2860; UHYAC / UHYAC LM/Q; Antispasmotic
Californine-M (demethylene-methyl-) isomer-1 AC — 6727	peaks: 188, 232, 250, 324, M+ 367	C21H21NO5; 367.14197; 2910; U+UHYAC / LS/Q; Alkaloid
Papaverine-M (O-demethyl-) isomer-4 AC — 3688	peaks: 137, 294, 310, 324, M+ 367	C21H21NO5; 367.14197; 2940; U+UHYAC / UHYAC LM/Q; Antispasmotic
Californine-M (demethylene-methyl-) isomer-2 AC — 6728	peaks: 188, 232, 310, 324, M+ 367	C21H21NO5; 367.14197; 2920; U+UHYAC / LS/Q; Alkaloid
Bulbocapnine AC — 4250	peaks: 162, 280, 310, 324, M+ 367	C21H21NO5; 367.14197; 2990; UHYAC / UHYAC LM/Q; Ingredient of corydalis
Tapentalol PFP — 8675	peaks: 58, 91, 115, 253, M+ 367	C17H22NO2F5; 367.15707; 1560; PS / LM/Q; Potent analgesic

367

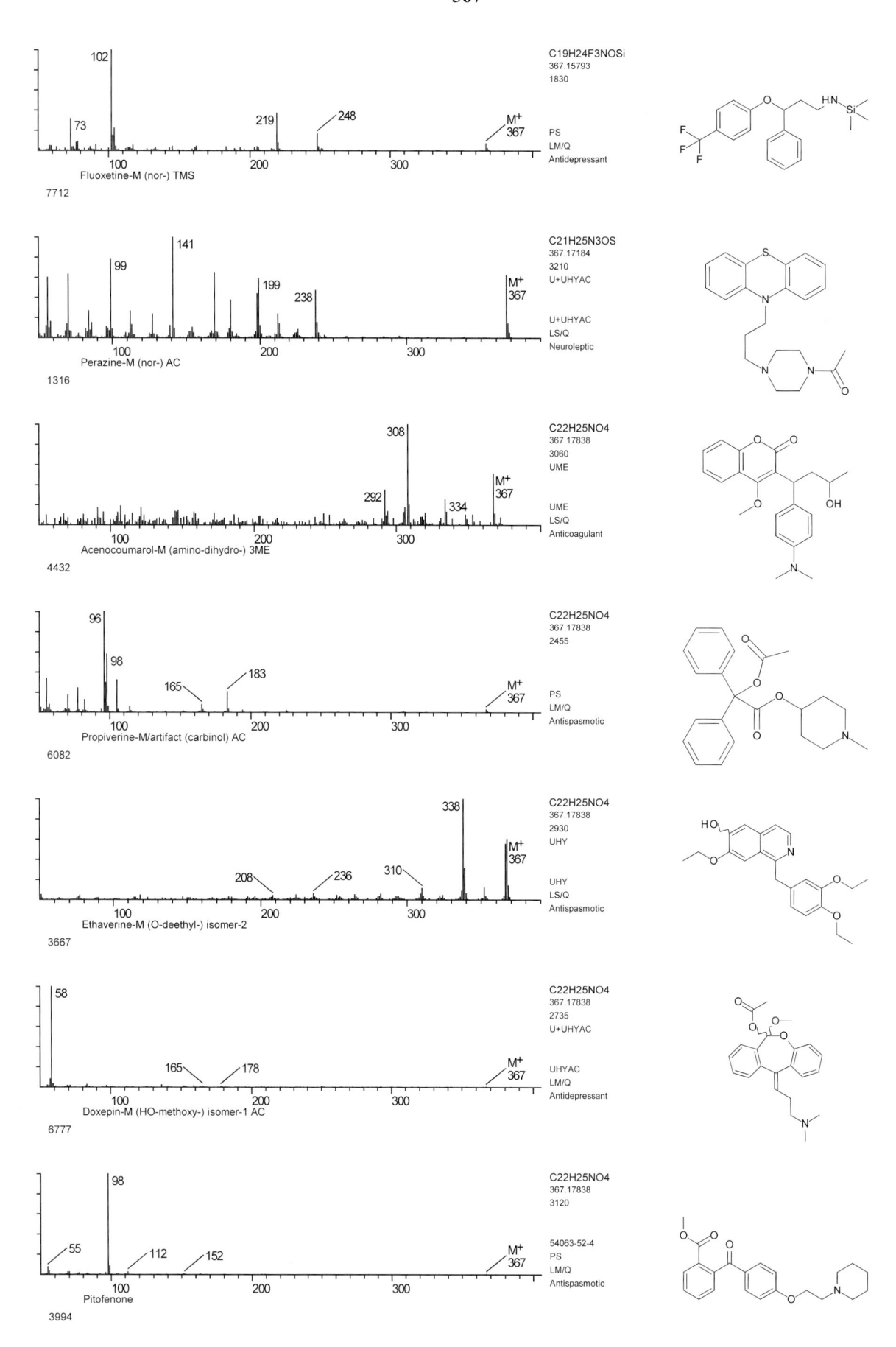

Fluoxetine-M (nor-) TMS	73, 102, 219, 248, M+ 367	C19H24F3NOSi 367.15793 1830 PS LM/Q Antidepressant
7712		
Perazine-M (nor-) AC	99, 141, 199, 238, M+ 367	C21H25N3OS 367.17184 3210 U+UHYAC U+UHYAC LS/Q Neuroleptic
1316		
Acenocoumarol-M (amino-dihydro-) 3ME	292, 308, 334, M+ 367	C22H25NO4 367.17838 3060 UME UME LS/Q Anticoagulant
4432		
Propiverine-M/artifact (carbinol) AC	96, 98, 165, 183, M+ 367	C22H25NO4 367.17838 2455 PS LM/Q Antispasmotic
6082		
Ethaverine-M (O-deethyl-) isomer-2	208, 236, 310, 338, M+ 367	C22H25NO4 367.17838 2930 UHY UHY LS/Q Antispasmotic
3667		
Doxepin-M (HO-methoxy-) isomer-1 AC	58, 165, 178, M+ 367	C22H25NO4 367.17838 2735 U+UHYAC UHYAC LM/Q Antidepressant
6777		
Pitofenone	55, 98, 112, 152, M+ 367	C22H25NO4 367.17838 3120 54063-52-4 PS LM/Q Antispasmotic
3994		

367

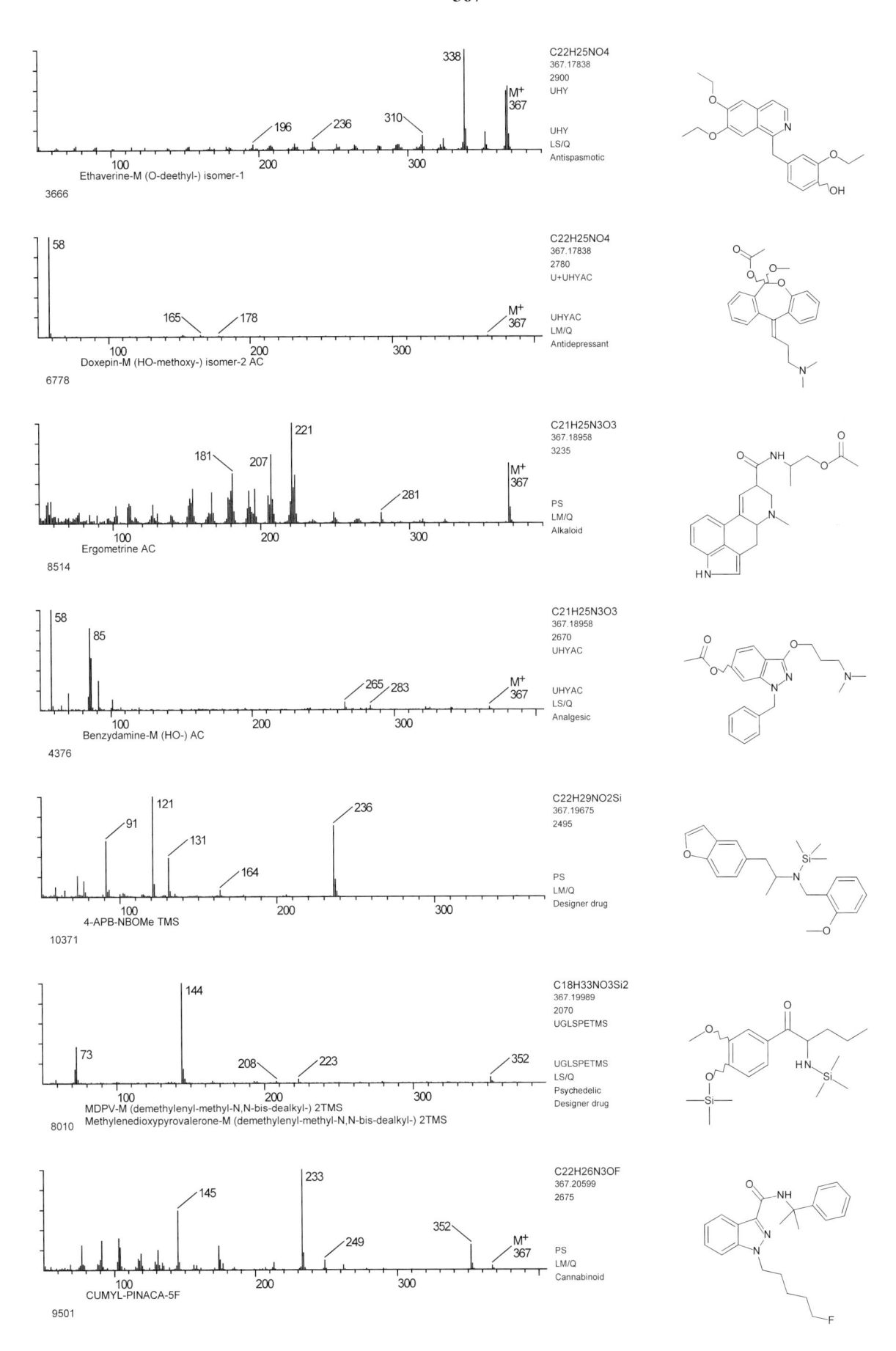

Ethaverine-M (O-deethyl-) isomer-1	C22H25NO4 367.17838 2900 UHY UHY LS/Q Antispasmotic
Doxepin-M (HO-methoxy-) isomer-2 AC	C22H25NO4 367.17838 2780 U+UHYAC UHYAC LM/Q Antidepressant
Ergometrine AC	C21H25N3O3 367.18958 3235 PS LM/Q Alkaloid
Benzydamine-M (HO-) AC	C21H25N3O3 367.18958 2670 UHYAC UHYAC LS/Q Analgesic
4-APB-NBOMe TMS	C22H29NO2Si 367.19675 2495 PS LM/Q Designer drug
MDPV-M (demethylenyl-methyl-N,N-bis-dealkyl-) 2TMS Methylenedioxypyrovalerone-M (demethylenyl-methyl-N,N-bis-dealkyl-) 2TMS	C18H33NO3Si2 367.19989 2070 UGLSPETMS UGLSPETMS LS/Q Psychedelic Designer drug
CUMYL-PINACA-5F	C22H26N3OF 367.20599 2675 PS LM/Q Cannabinoid

367

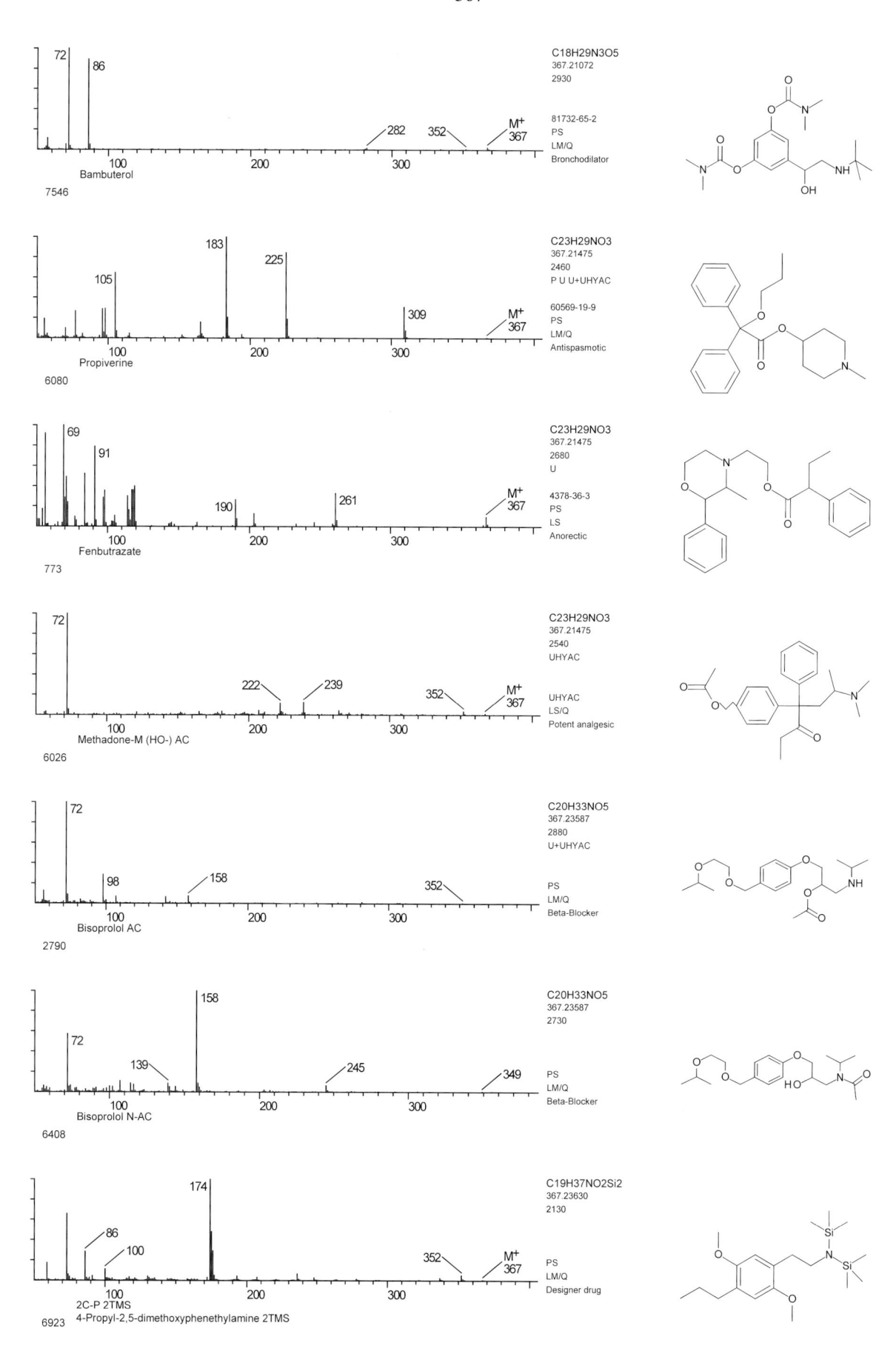

Bambuterol — peaks: 72, 86, 282, 352, M+ 367	C18H29N3O5 367.21072 2930 81732-65-2 PS LM/Q Bronchodilator
7546	

Propiverine — peaks: 105, 183, 225, 309, M+ 367	C23H29NO3 367.21475 2460 P U U+UHYAC 60569-19-9 PS LM/Q Antispasmotic
6080	

Fenbutrazate — peaks: 69, 91, 190, 261, M+ 367	C23H29NO3 367.21475 2680 U 4378-36-3 PS LS Anorectic
773	

Methadone-M (HO-) AC — peaks: 72, 222, 239, 352, M+ 367	C23H29NO3 367.21475 2540 UHYAC UHYAC LS/Q Potent analgesic
6026	

Bisoprolol AC — peaks: 72, 98, 158, 352	C20H33NO5 367.23587 2880 U+UHYAC PS LM/Q Beta-Blocker
2790	

Bisoprolol N-AC — peaks: 72, 139, 158, 245, 349	C20H33NO5 367.23587 2730 PS LM/Q Beta-Blocker
6408	

2C-P 2TMS 4-Propyl-2,5-dimethoxyphenethylamine 2TMS — peaks: 86, 100, 174, 352, M+ 367	C19H37NO2Si2 367.23630 2130 PS LM/Q Designer drug
6923	

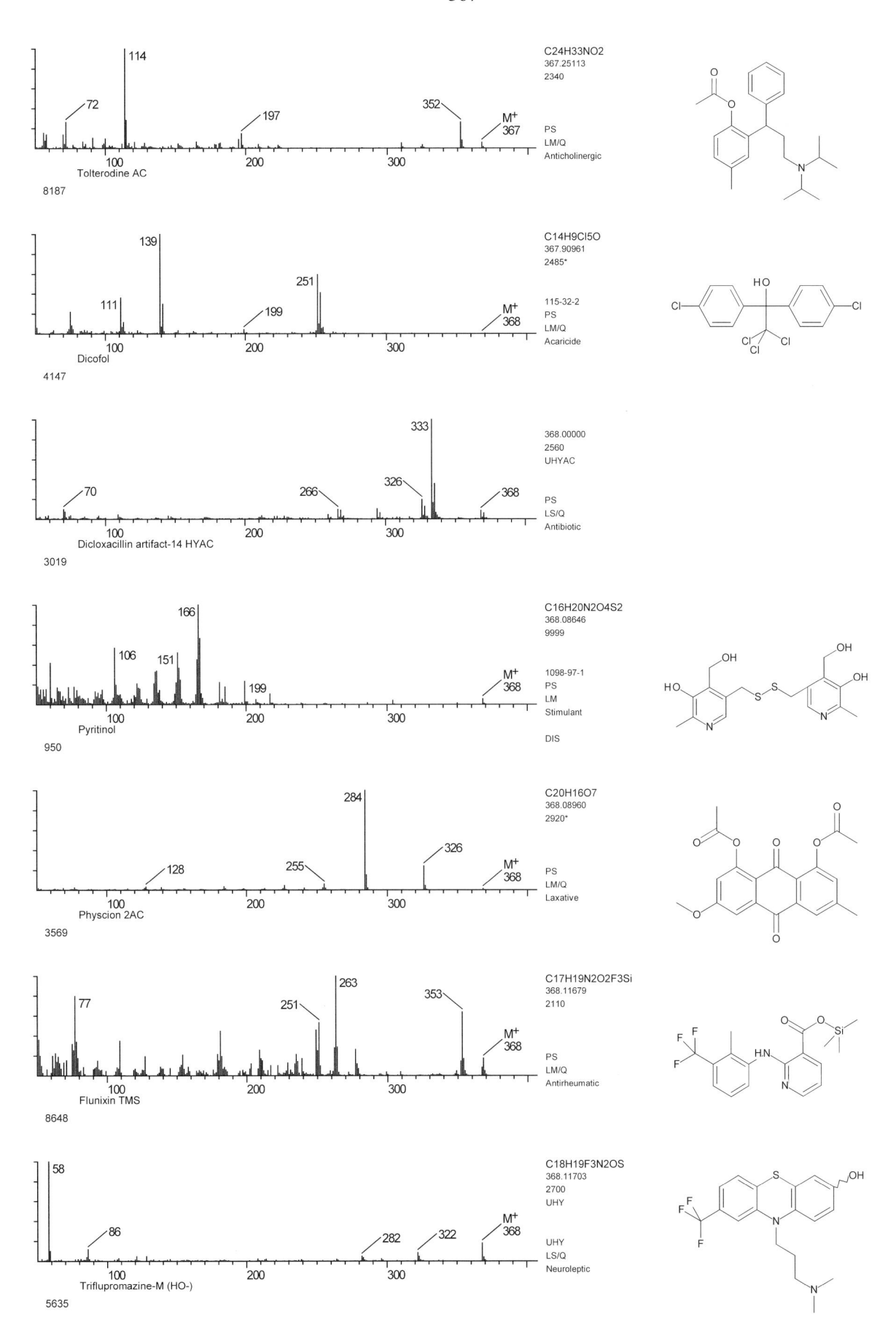

Tolterodine AC
C24H33NO2
367.25113
2340
PS
LM/Q
Anticholinergic
8187

Peaks: 72, 114, 197, 352, M+ 367

Dicofol
C14H9Cl5O
367.90961
2485*
115-32-2
PS
LM/Q
Acaricide
4147

Peaks: 111, 139, 199, 251, M+ 368

Dicloxacillin artifact-14 HYAC
368.00000
2560
UHYAC
PS
LS/Q
Antibiotic
3019

Peaks: 70, 266, 326, 333, 368

Pyritinol
C16H20N2O4S2
368.08646
9999
1098-97-1
PS
LM
Stimulant
DIS
950

Peaks: 106, 151, 166, 199, M+ 368

Physcion 2AC
C20H16O7
368.08960
2920*
PS
LM/Q
Laxative
3569

Peaks: 128, 255, 284, 326, M+ 368

Flunixin TMS
C17H19N2O2F3Si
368.11679
2110
PS
LM/Q
Antirheumatic
8648

Peaks: 77, 251, 263, 353, M+ 368

Triflupromazine-M (HO-)
C18H19F3N2OS
368.11703
2700
UHY
PS
UHY
LS/Q
Neuroleptic
5635

Peaks: 58, 86, 282, 322, M+ 368

368

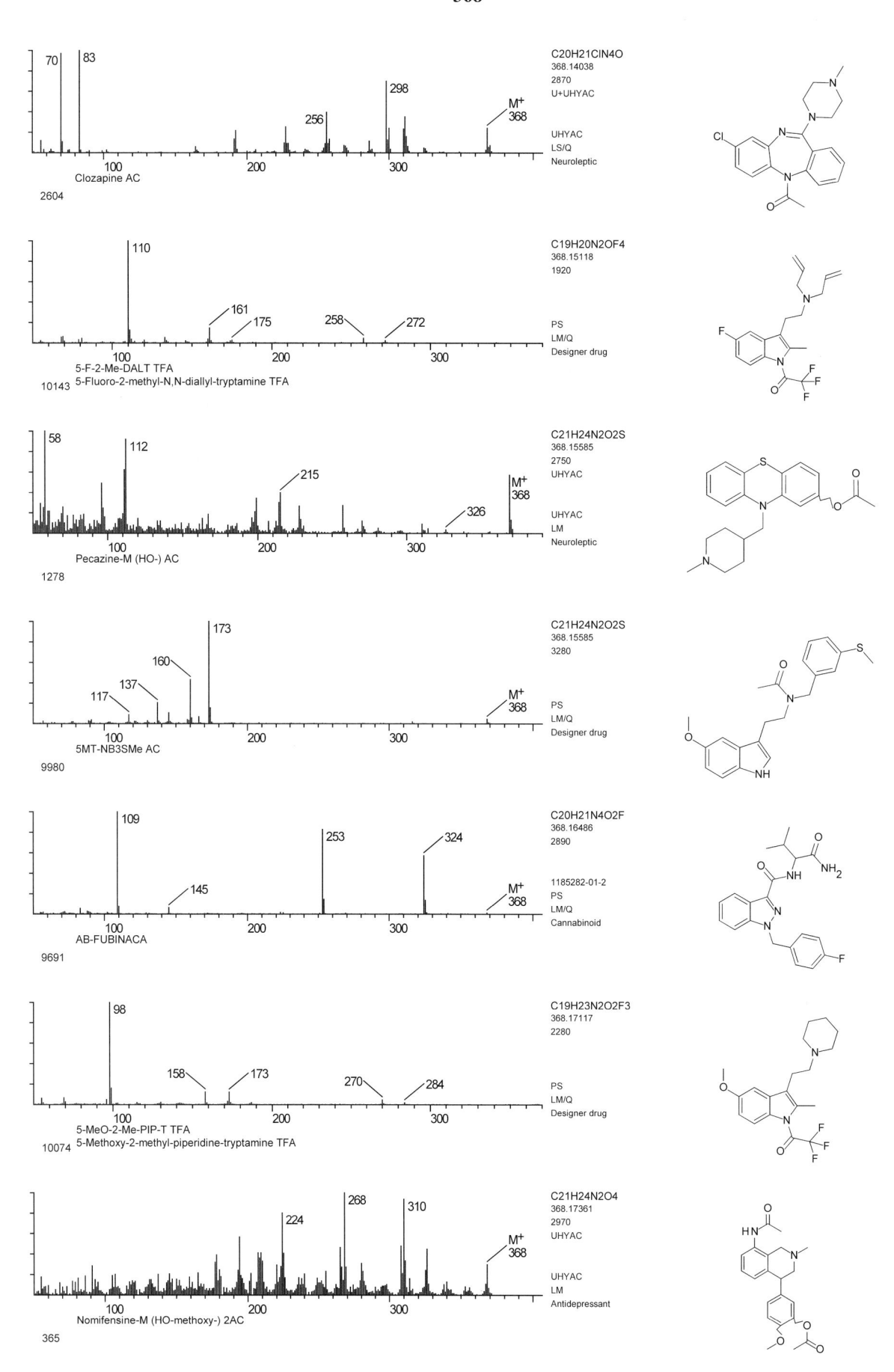

- Clozapine AC — 70, 83, 256, 298, M+ 368
  C20H21ClN4O
  368.14038
  2870
  U+UHYAC
  UHYAC
  LS/Q
  Neuroleptic
  2604

- 5-F-2-Me-DALT TFA — 110, 161, 175, 258, 272
  5-Fluoro-2-methyl-N,N-diallyl-tryptamine TFA
  C19H20N2OF4
  368.15118
  1920
  PS
  LM/Q
  Designer drug
  10143

- Pecazine-M (HO-) AC — 58, 112, 215, 326, M+ 368
  C21H24N2O2S
  368.15585
  2750
  UHYAC
  UHYAC
  LM
  Neuroleptic
  1278

- 5MT-NB3SMe AC — 117, 137, 160, 173, M+ 368
  C21H24N2O2S
  368.15585
  3280
  PS
  LM/Q
  Designer drug
  9980

- AB-FUBINACA — 109, 145, 253, 324, M+ 368
  C20H21N4O2F
  368.16486
  2890
  1185282-01-2
  PS
  LM/Q
  Cannabinoid
  9691

- 5-MeO-2-Me-PIP-T TFA — 98, 158, 173, 270, 284
  5-Methoxy-2-methyl-piperidine-tryptamine TFA
  C19H23N2O2F3
  368.17117
  2280
  PS
  LM/Q
  Designer drug
  10074

- Nomifensine-M (HO-methoxy-) 2AC — 224, 268, 310, M+ 368
  C21H24N2O4
  368.17361
  2970
  UHYAC
  UHYAC
  LM
  Antidepressant
  365

1302

368

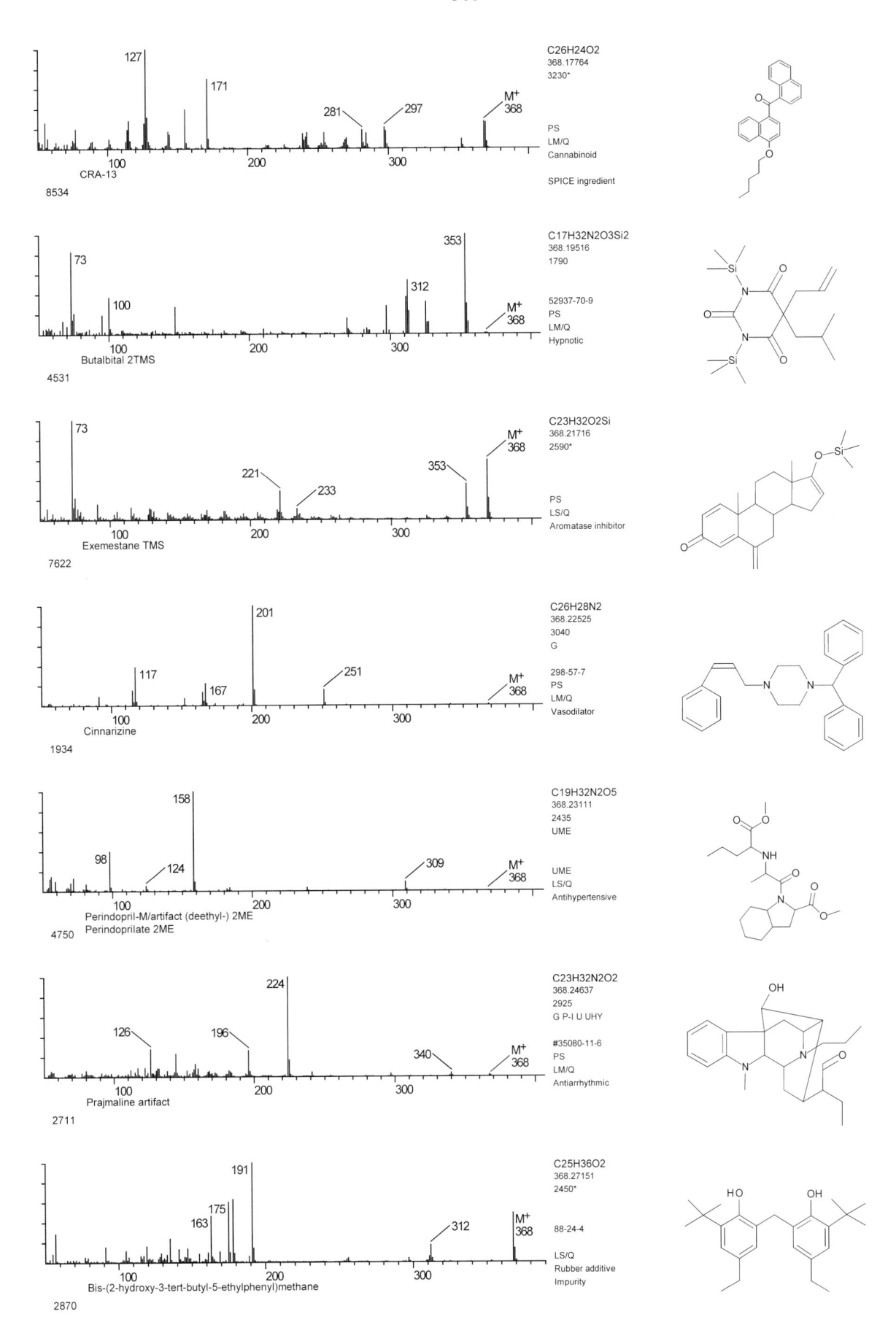

C26H24O2
368.17764
3230*

PS
LM/Q
Cannabinoid

SPICE ingredient

CRA-13
8534

C17H32N2O3Si2
368.19516
1790

52937-70-9
PS
LM/Q
Hypnotic

Butalbital 2TMS
4531

C23H32O2Si
368.21716
2590*

PS
LS/Q
Aromatase inhibitor

Exemestane TMS
7622

C26H28N2
368.22525
3040
G

298-57-7
PS
LM/Q
Vasodilator

Cinnarizine
1934

C19H32N2O5
368.23111
2435
UME

UME
LS/Q
Antihypertensive

Perindopril-M/artifact (deethyl-) 2ME
Perindoprilate 2ME
4750

C23H32N2O2
368.24637
2925
G P-I U UHY

#35080-11-6
PS
LM/Q
Antiarrhythmic

Prajmaline artifact
2711

C25H36O2
368.27151
2450*

88-24-4
LS/Q
Rubber additive
Impurity

Bis-(2-hydroxy-3-tert-butyl-5-ethylphenyl)methane
2870

368

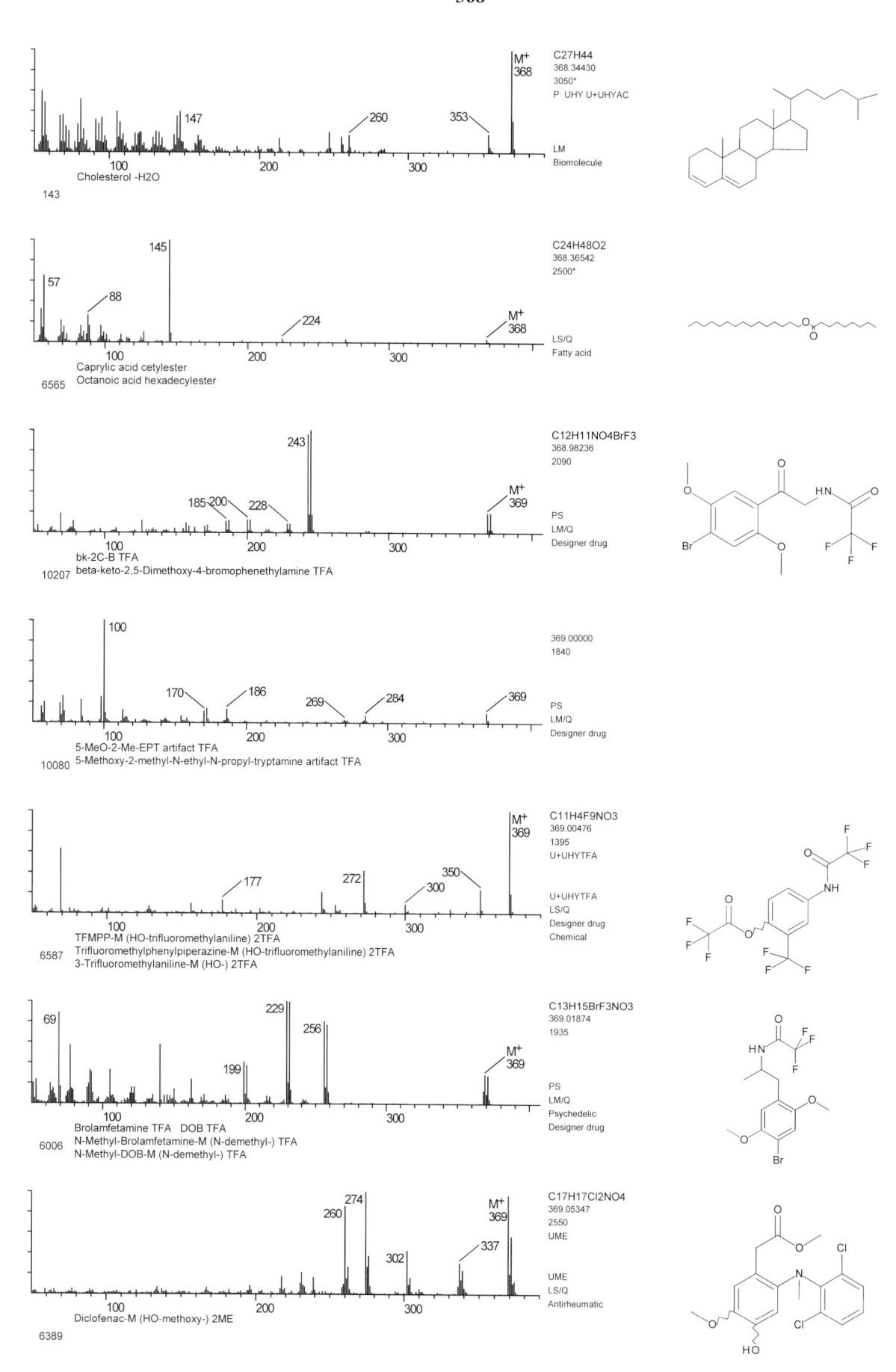

C27H44
368.34430
3050*
P UHY U+UHYAC

LM
Biomolecule

Cholesterol -H2O
143

C24H48O2
368.36542
2500*

LS/Q
Fatty acid

Caprylic acid cetylester
Octanoic acid hexadecylester
6565

C12H11NO4BrF3
368.98236
2090

PS
LM/Q
Designer drug

bk-2C-B TFA
beta-keto-2,5-Dimethoxy-4-bromophenethylamine TFA
10207

369.00000
1840

PS
LM/Q
Designer drug

5-MeO-2-Me-EPT artifact TFA
5-Methoxy-2-methyl-N-ethyl-N-propyl-tryptamine artifact TFA
10080

C11H4F9NO3
369.00476
1395
U+UHYTFA

U+UHYTFA
LS/Q
Designer drug
Chemical

TFMPP-M (HO-trifluoromethylaniline) 2TFA
Trifluoromethylphenylpiperazine-M (HO-trifluoromethylaniline) 2TFA
3-Trifluoromethylaniline-M (HO-) 2TFA
6587

C13H15BrF3NO3
369.01874
1935

PS
LM/Q
Psychedelic
Designer drug

Brolamfetamine TFA   DOB TFA
N-Methyl-Brolamfetamine-M (N-demethyl-) TFA
N-Methyl-DOB-M (N-demethyl-) TFA
6006

C17H17Cl2NO4
369.05347
2550
UME

UME
LS/Q
Antirheumatic

Diclofenac-M (HO-methoxy-) 2ME
6389

369

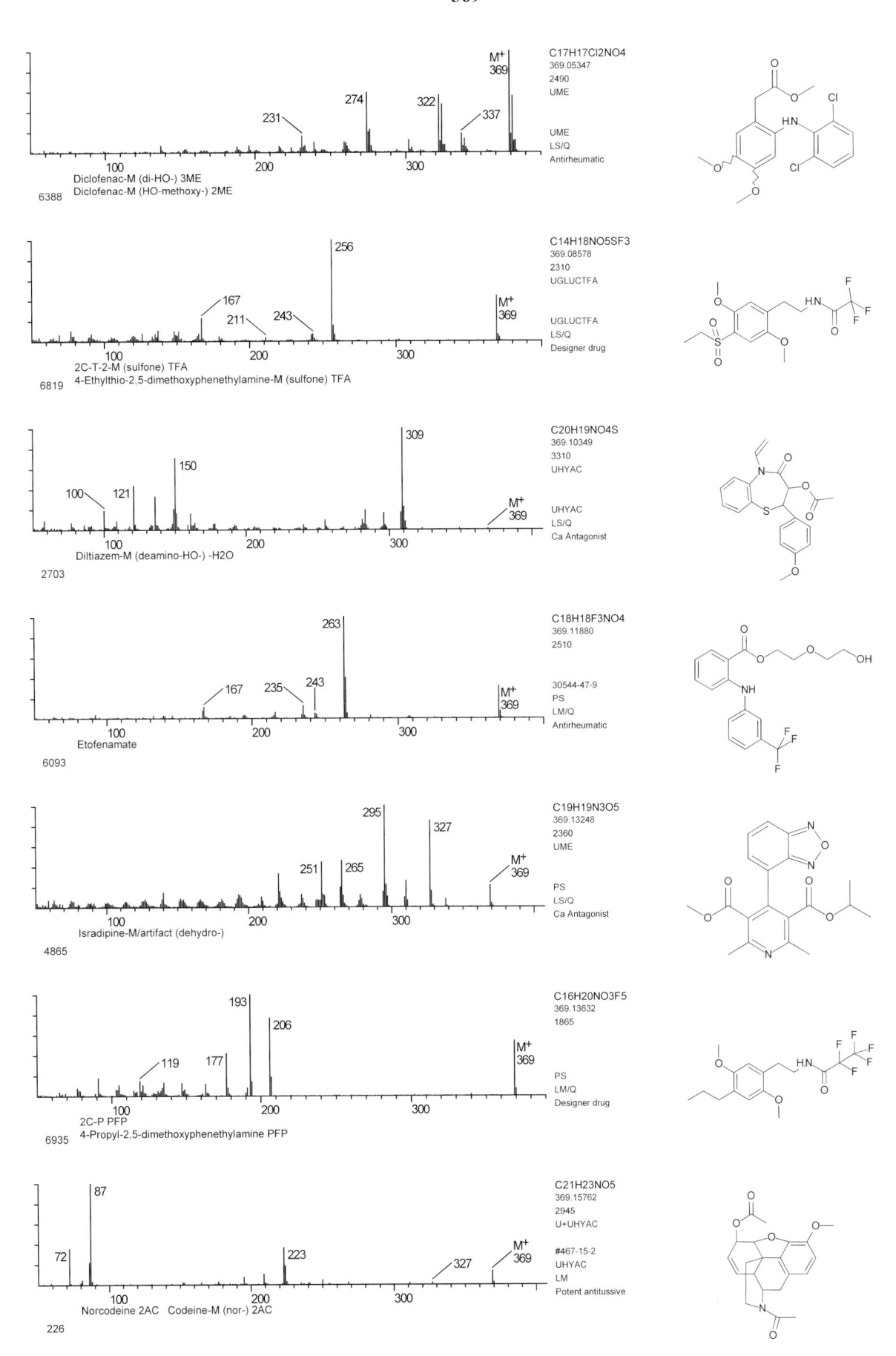

Spectrum peaks	Formula / Info
231, 274, 322, 337, M+ 369	C17H17Cl2NO4 369.05347 2490 UME UME LS/Q Antirheumatic Diclofenac-M (di-HO-) 3ME Diclofenac-M (HO-methoxy-) 2ME 6388
167, 211, 243, 256, M+ 369	C14H18NO5SF3 369.08578 2310 UGLUCTFA UGLUCTFA LS/Q Designer drug 2C-T-2-M (sulfone) TFA 4-Ethylthio-2,5-dimethoxyphenethylamine-M (sulfone) TFA 6819
100, 121, 150, 309, M+ 369	C20H19NO4S 369.10349 3310 UHYAC UHYAC LS/Q Ca Antagonist Diltiazem-M (deamino-HO-) -H2O 2703
167, 235, 243, 263, M+ 369	C18H18F3NO4 369.11880 2510 30544-47-9 PS LM/Q Antirheumatic Etofenamate 6093
251, 265, 295, 327, M+ 369	C19H19N3O5 369.13248 2360 UME PS LS/Q Ca Antagonist Isradipine-M/artifact (dehydro-) 4865
119, 177, 193, 206, M+ 369	C16H20NO3F5 369.13632 1865 PS LM/Q Designer drug 2C-P PFP 4-Propyl-2,5-dimethoxyphenethylamine PFP 6935
72, 87, 223, 327, M+ 369	C21H23NO5 369.15762 2945 U+UHYAC #467-15-2 UHYAC LM Potent antitussive Norcodeine 2AC Codeine-M (nor-) 2AC 226

Naloxone AC
361

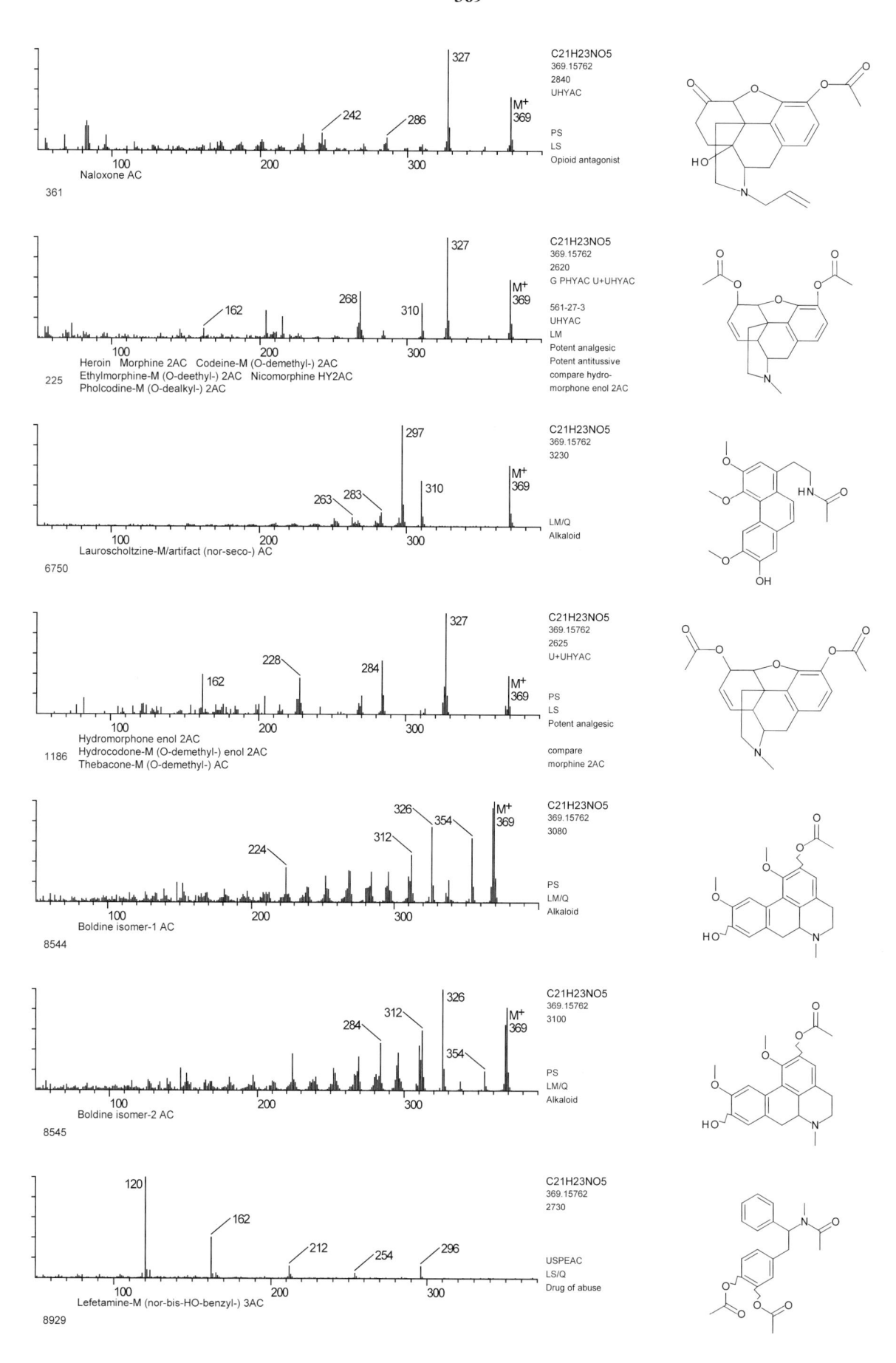

C21H23NO5
369.15762
2840
UHYAC

PS
LS
Opioid antagonist

Heroin   Morphine 2AC   Codeine-M (O-demethyl-) 2AC
Ethylmorphine-M (O-deethyl-) 2AC   Nicomorphine HY2AC
Pholcodine-M (O-dealkyl-) 2AC
225

C21H23NO5
369.15762
2620
G PHYAC U+UHYAC

561-27-3
UHYAC
LM
Potent analgesic
Potent antitussive
compare hydro-
morphone enol 2AC

Lauroscholtzine-M/artifact (nor-seco-) AC
6750

C21H23NO5
369.15762
3230

LM/Q
Alkaloid

Hydromorphone enol 2AC
Hydrocodone-M (O-demethyl-) enol 2AC
Thebacone-M (O-demethyl-) AC
1186

C21H23NO5
369.15762
2625
U+UHYAC

PS
LS
Potent analgesic

compare
morphine 2AC

Boldine isomer-1 AC
8544

C21H23NO5
369.15762
3080

PS
LM/Q
Alkaloid

Boldine isomer-2 AC
8545

C21H23NO5
369.15762
3100

PS
LM/Q
Alkaloid

Lefetamine-M (nor-bis-HO-benzyl-) 3AC
8929

C21H23NO5
369.15762
2730

USPEAC
LS/Q
Drug of abuse

369

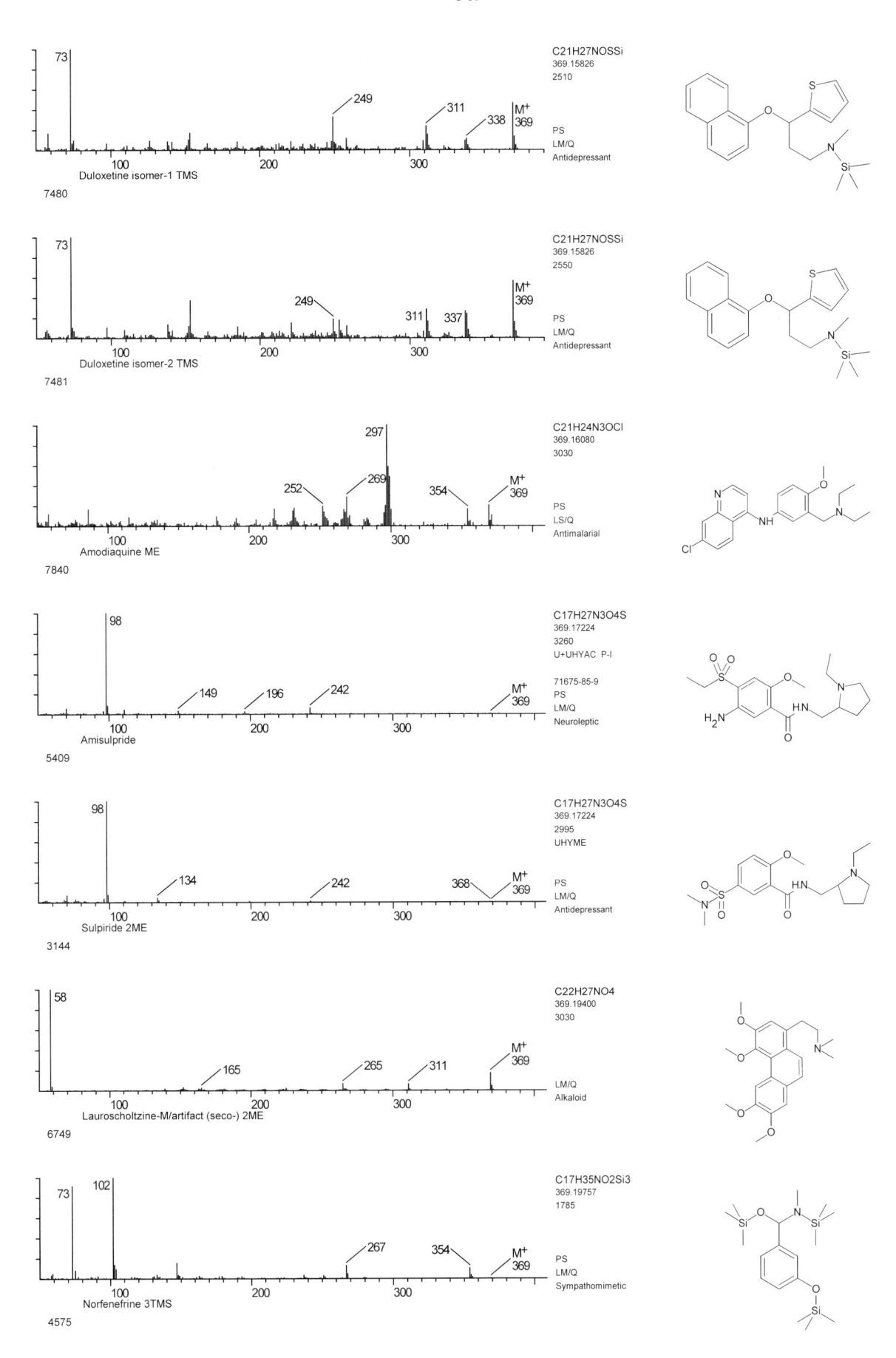

Duloxetine isomer-1 TMS	C21H27NOSSi 369.15826 2510 PS LM/Q Antidepressant	m/z: 73, 249, 311, 338, M+ 369
7480		
Duloxetine isomer-2 TMS	C21H27NOSSi 369.15826 2550 PS LM/Q Antidepressant	m/z: 73, 249, 311, 337, M+ 369
7481		
Amodiaquine ME	C21H24N3OCl 369.16080 3030 PS LS/Q Antimalarial	m/z: 252, 269, 297, 354, M+ 369
7840		
Amisulpride	C17H27N3O4S 369.17224 3260 U+UHYAC P-I 71675-85-9 PS LM/Q Neuroleptic	m/z: 98, 149, 196, 242, M+ 369
5409		
Sulpiride 2ME	C17H27N3O4S 369.17224 2995 UHYME PS LM/Q Antidepressant	m/z: 98, 134, 242, 368, M+ 369
3144		
Laviroscholtzine-M/artifact (seco-) 2ME	C22H27NO4 369.19400 3030 LM/Q Alkaloid	m/z: 58, 165, 265, 311, M+ 369
6749		
Norfenefrine 3TMS	C17H35NO2Si3 369.19757 1785 PS LM/Q Sympathomimetic	m/z: 73, 102, 267, 354, M+ 369
4575		

369

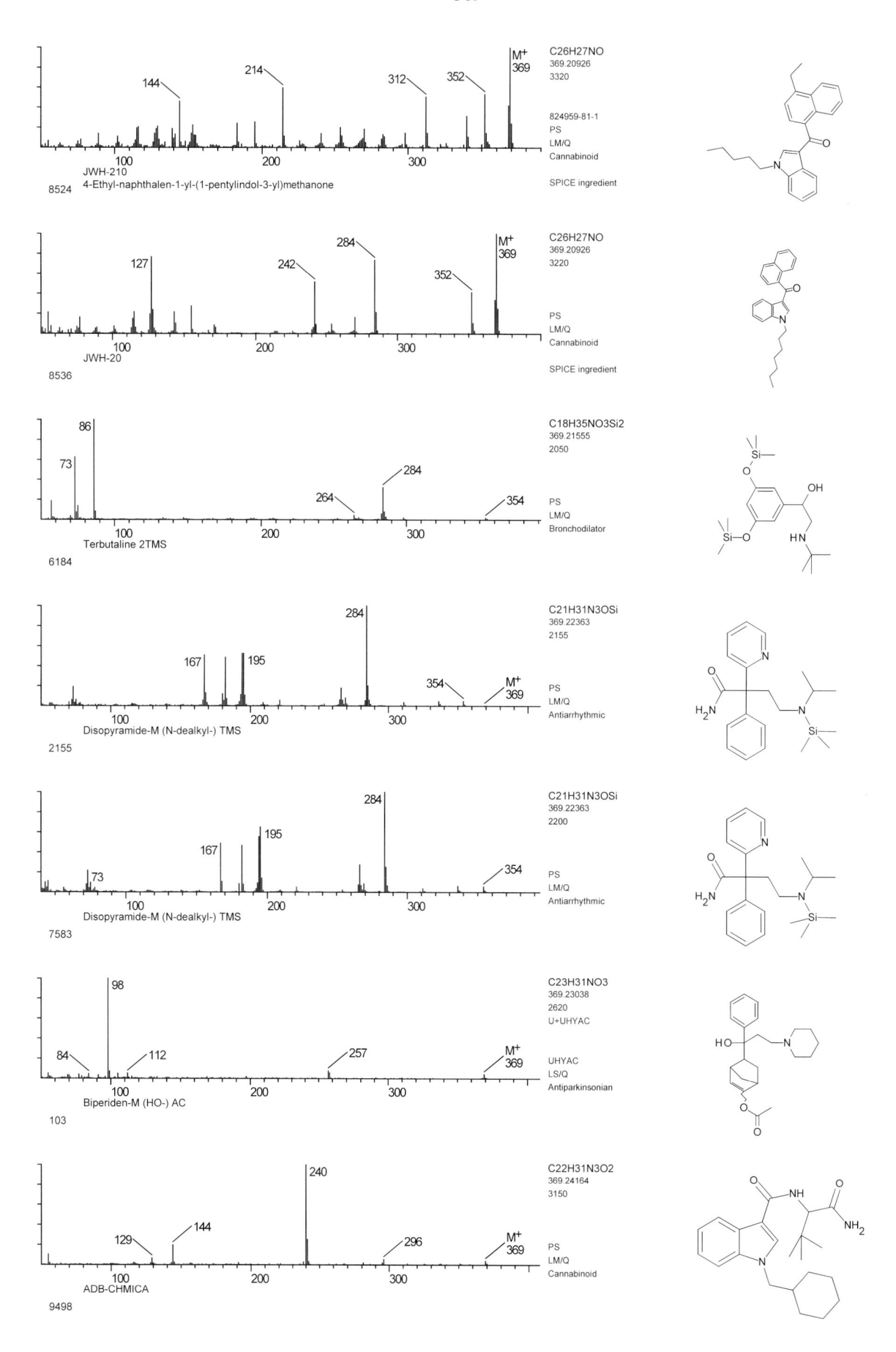

Spectrum 1	Peaks: 144, 214, 312, 352, M+ 369	C26H27NO 369.20926 3320 824959-81-1 PS LM/Q Cannabinoid SPICE ingredient
8524 JWH-210 4-Ethyl-naphthalen-1-yl-(1-pentylindol-3-yl)methanone		
Spectrum 2	Peaks: 127, 242, 284, 352, M+ 369	C26H27NO 369.20926 3220 PS LM/Q Cannabinoid SPICE ingredient
8536 JWH-20		
Spectrum 3	Peaks: 73, 86, 264, 284, 354	C18H35NO3Si2 369.21555 2050 PS LM/Q Bronchodilator
6184 Terbutaline 2TMS		
Spectrum 4	Peaks: 167, 195, 284, 354, M+ 369	C21H31N3OSi 369.22363 2155 PS LM/Q Antiarrhythmic
2155 Disopyramide-M (N-dealkyl-) TMS		
Spectrum 5	Peaks: 73, 167, 195, 284, 354	C21H31N3OSi 369.22363 2200 PS LM/Q Antiarrhythmic
7583 Disopyramide-M (N-dealkyl-) TMS		
Spectrum 6	Peaks: 84, 98, 112, 257, M+ 369	C23H31NO3 369.23038 2620 U+UHYAC UHYAC LS/Q Antiparkinsonian
103 Biperiden-M (HO-) AC		
Spectrum 7	Peaks: 129, 144, 240, 296, M+ 369	C22H31N3O2 369.24164 3150 PS LM/Q Cannabinoid
9498 ADB-CHMICA		

370

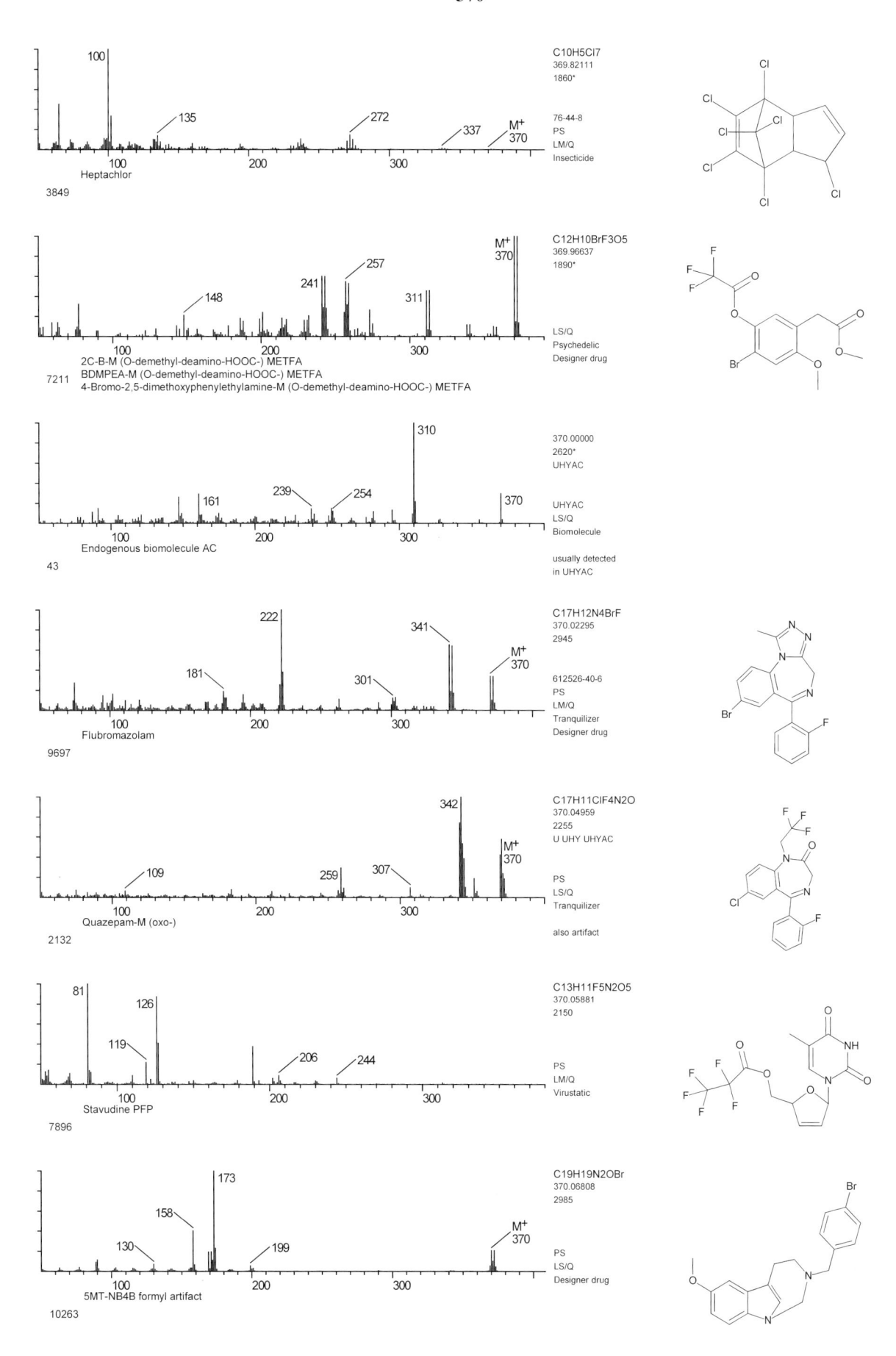

C10H5Cl7
369.82111
1860*
76-44-8
PS
LM/Q
Insecticide

Heptachlor
3849

C12H10BrF3O5
369.96637
1890*

LS/Q
Psychedelic
Designer drug

2C-B-M (O-demethyl-deamino-HOOC-) METFA
BDMPEA-M (O-demethyl-deamino-HOOC-) METFA
4-Bromo-2,5-dimethoxyphenylethylamine-M (O-demethyl-deamino-HOOC-) METFA
7211

370.00000
2620*
UHYAC

UHYAC
LS/Q
Biomolecule

usually detected in UHYAC

Endogenous biomolecule AC
43

C17H12N4BrF
370.02295
2945

612526-40-6
PS
LM/Q
Tranquilizer
Designer drug

Flubromazolam
9697

C17H11ClF4N2O
370.04959
2255
U UHY UHYAC

PS
LS/Q
Tranquilizer

also artifact

Quazepam-M (oxo-)
2132

C13H11F5N2O5
370.05881
2150

PS
LM/Q
Virustatic

Stavudine PFP
7896

C19H19N2OBr
370.06808
2985

PS
LS/Q
Designer drug

5MT-NB4B formyl artifact
10263

370

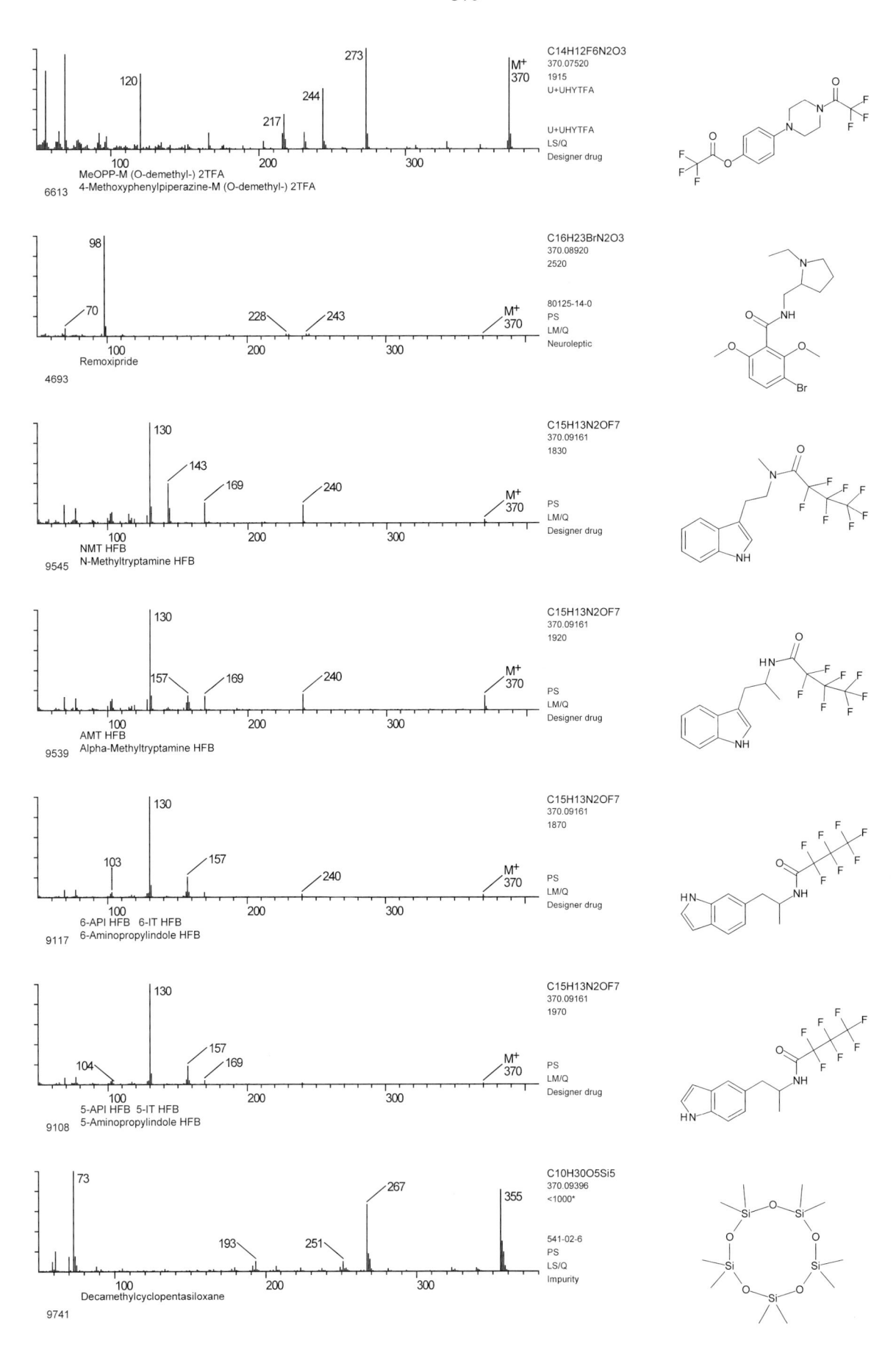

6613	MeOPP-M (O-demethyl-) 2TFA 4-Methoxyphenylpiperazine-M (O-demethyl-) 2TFA	C14H12F6N2O3 370.07520 1915 U+UHYTFA U+UHYTFA LS/Q Designer drug
4693	Remoxipride	C16H23BrN2O3 370.08920 2520 80125-14-0 PS LM/Q Neuroleptic
9545	NMT HFB N-Methyltryptamine HFB	C15H13N2OF7 370.09161 1830 PS LM/Q Designer drug
9539	AMT HFB Alpha-Methyltryptamine HFB	C15H13N2OF7 370.09161 1920 PS LM/Q Designer drug
9117	6-API HFB 6-IT HFB 6-Aminopropylindole HFB	C15H13N2OF7 370.09161 1870 PS LM/Q Designer drug
9108	5-API HFB 5-IT HFB 5-Aminopropylindole HFB	C15H13N2OF7 370.09161 1970 PS LM/Q Designer drug
9741	Decamethylcyclopentasiloxane	C10H30O5Si5 370.09396 <1000* 541-02-6 PS LS/Q Impurity

1310

370

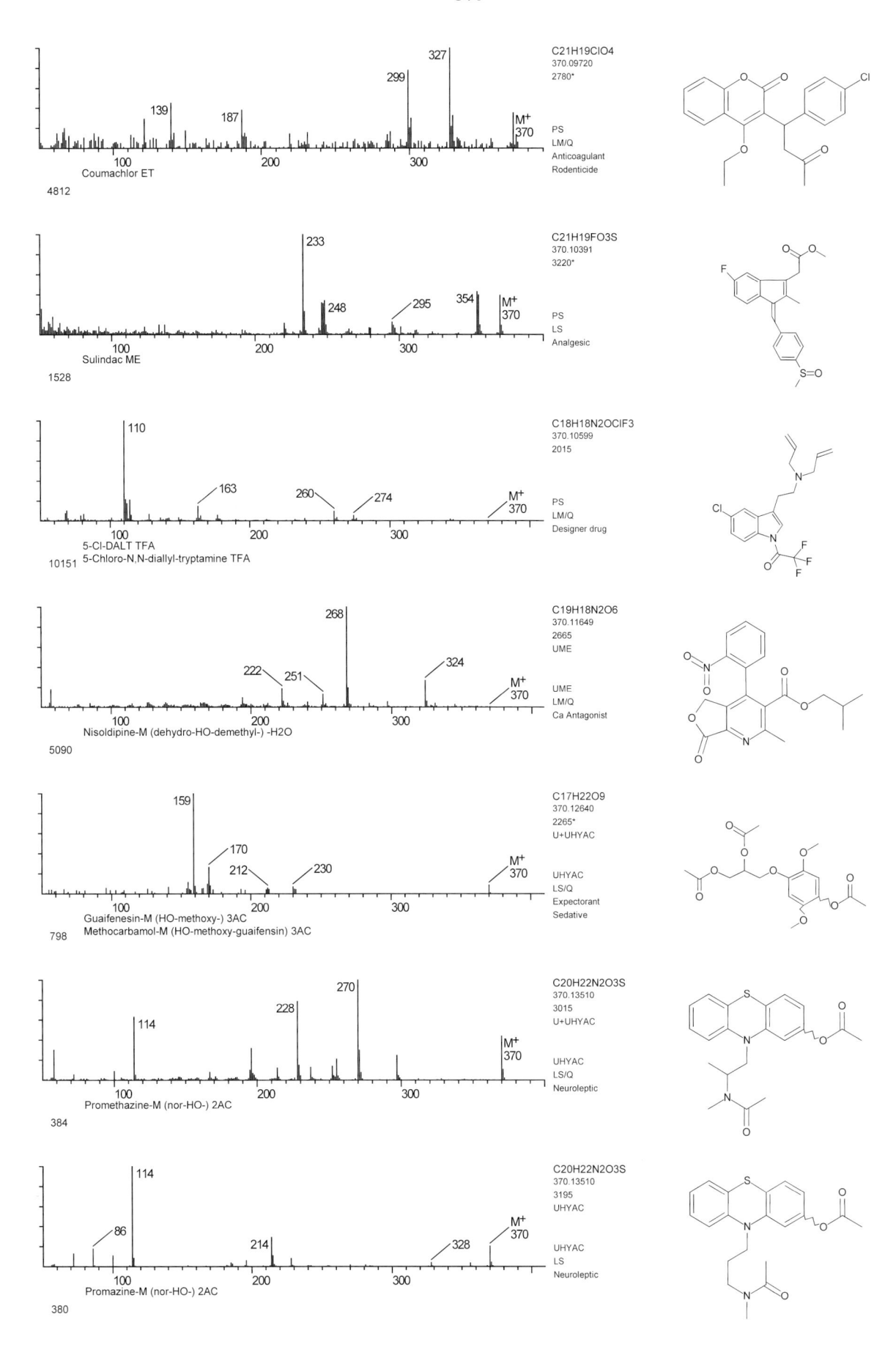

Coumachlor ET	139, 187, 299, 327, M+ 370	C21H19ClO4 370.09720 2780* PS LM/Q Anticoagulant Rodenticide
Sulindac ME	233, 248, 295, 354, M+ 370	C21H19FO3S 370.10391 3220* PS LS Analgesic
5-Cl-DALT TFA 5-Chloro-N,N-diallyl-tryptamine TFA	110, 163, 260, 274, M+ 370	C18H18N2OClF3 370.10599 2015 PS LM/Q Designer drug
Nisoldipine-M (dehydro-HO-demethyl-) -H2O	222, 251, 268, 324, M+ 370	C19H18N2O6 370.11649 2665 UME UME LM/Q Ca Antagonist
Guaifenesin-M (HO-methoxy-) 3AC Methocarbamol-M (HO-methoxy-guaifensin) 3AC	159, 170, 212, 230, M+ 370	C17H22O9 370.12640 2265* U+UHYAC UHYAC LS/Q Expectorant Sedative
Promethazine-M (nor-HO-) 2AC	114, 228, 270, M+ 370	C20H22N2O3S 370.13510 3015 U+UHYAC UHYAC LS/Q Neuroleptic
Promazine-M (nor-HO-) 2AC	86, 114, 214, 328, M+ 370	C20H22N2O3S 370.13510 3195 UHYAC UHYAC LS Neuroleptic

370

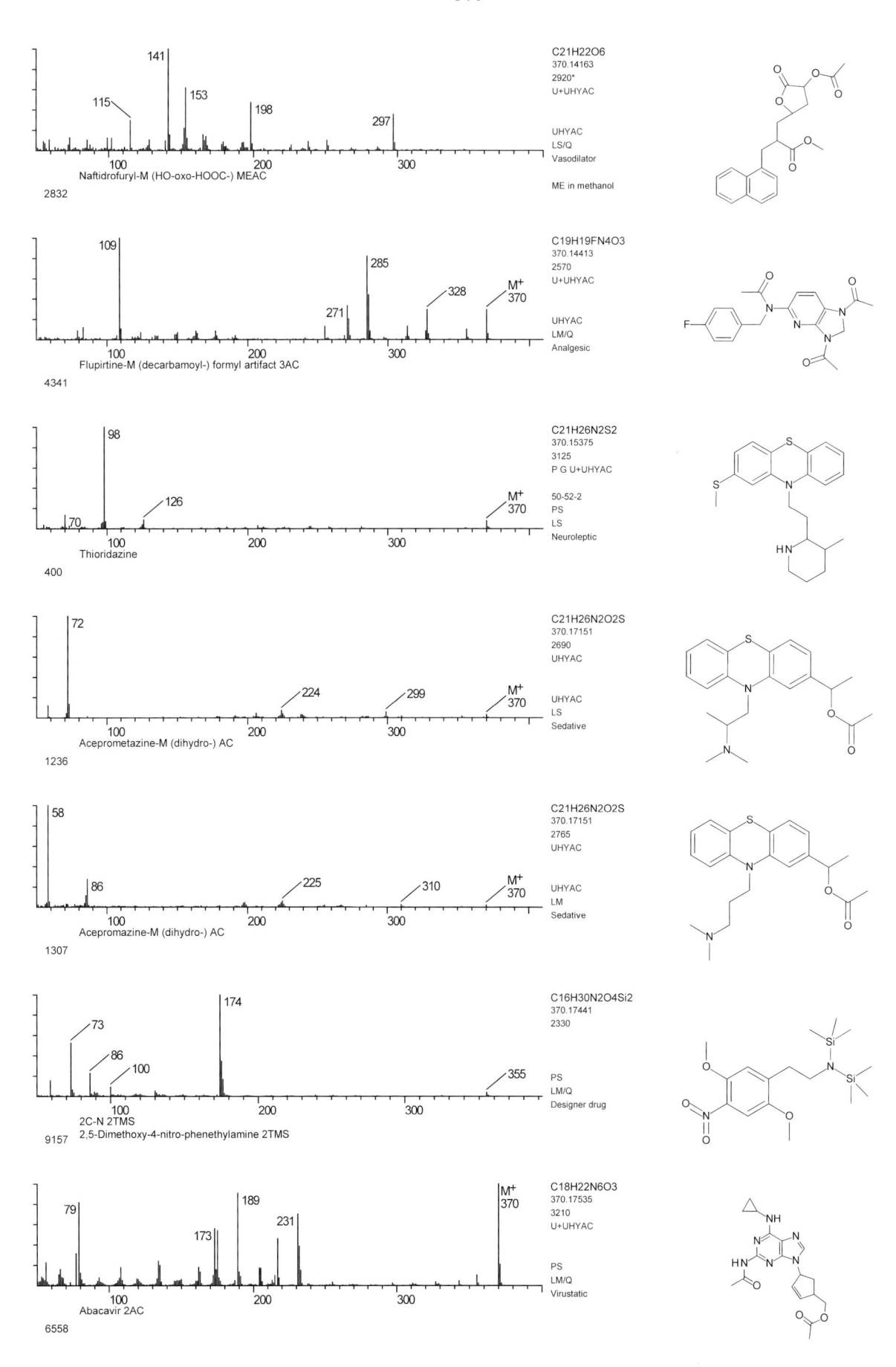

Naftidrofuryl-M (HO-oxo-HOOC-) MEAC
2832
C21H22O6
370.14163
2920*
U+UHYAC

UHYAC
LS/Q
Vasodilator
ME in methanol

Flupirtine-M (decarbamoyl-) formyl artifact 3AC
4341
C19H19FN4O3
370.14413
2570
U+UHYAC

UHYAC
LM/Q
Analgesic

Thioridazine
400
C21H26N2S2
370.15375
3125
P G U+UHYAC

50-52-2
PS
LS
Neuroleptic

Aceprometazine-M (dihydro-) AC
1236
C21H26N2O2S
370.17151
2690
UHYAC

UHYAC
LS
Sedative

Acepromazine-M (dihydro-) AC
1307
C21H26N2O2S
370.17151
2765
UHYAC

UHYAC
LM
Sedative

2C-N 2TMS
2,5-Dimethoxy-4-nitro-phenethylamine 2TMS
9157
C16H30N2O4Si2
370.17441
2330

PS
LM/Q
Designer drug

Abacavir 2AC
6558
C18H22N6O3
370.17535
3210
U+UHYAC

PS
LM/Q
Virustatic

1312

370

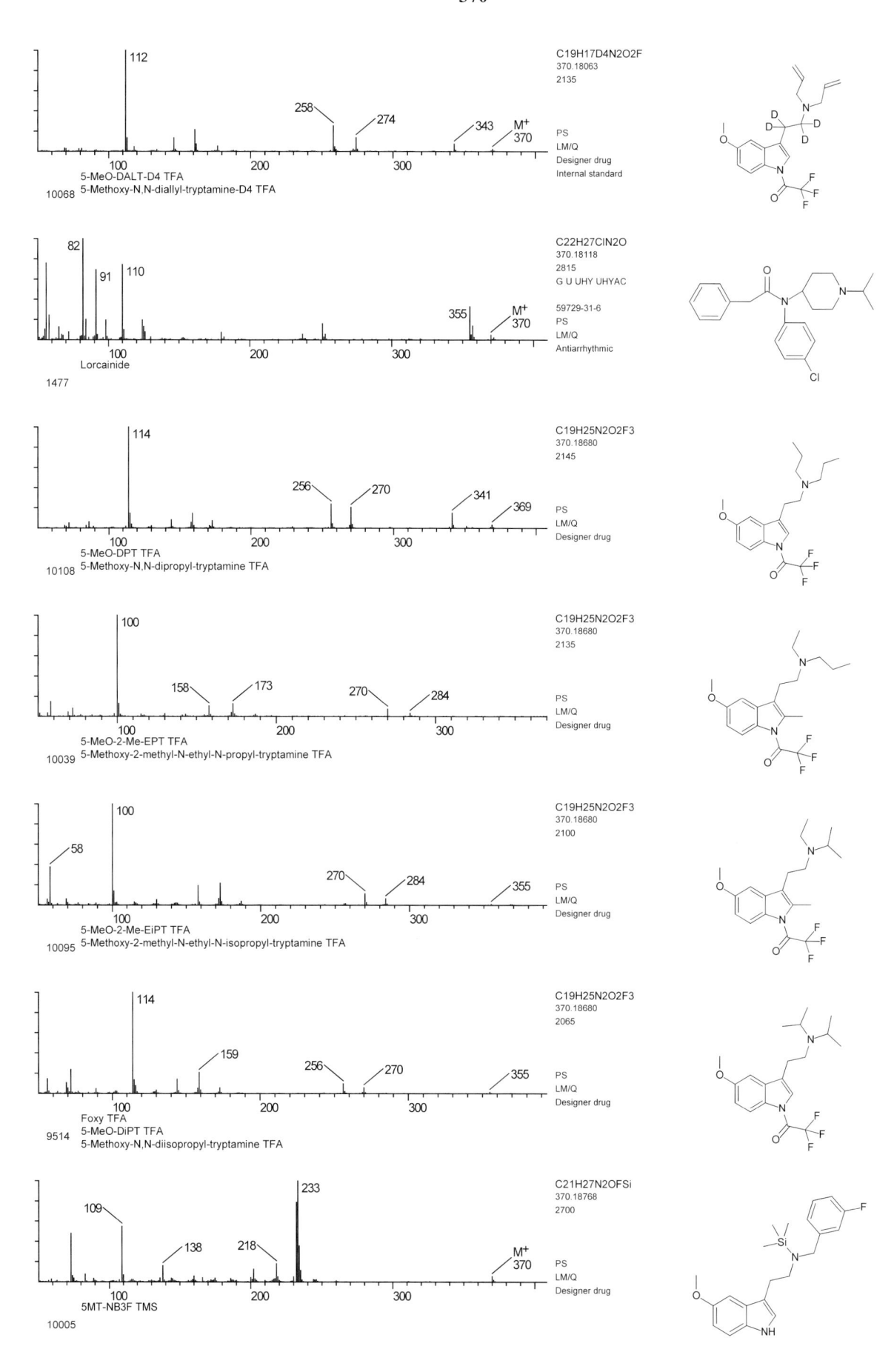

C19H17D4N2O2F
370.18063
2135

PS
LM/Q
Designer drug
Internal standard

5-MeO-DALT-D4 TFA
5-Methoxy-N,N-diallyl-tryptamine-D4 TFA
10068

C22H27ClN2O
370.18118
2815
G U UHY UHYAC
59729-31-6
PS
LM/Q
Antiarrhythmic

Lorcainide
1477

C19H25N2O2F3
370.18680
2145
PS
LM/Q
Designer drug

5-MeO-DPT TFA
5-Methoxy-N,N-dipropyl-tryptamine TFA
10108

C19H25N2O2F3
370.18680
2135
PS
LM/Q
Designer drug

5-MeO-2-Me-EPT TFA
5-Methoxy-2-methyl-N-ethyl-N-propyl-tryptamine TFA
10039

C19H25N2O2F3
370.18680
2100
PS
LM/Q
Designer drug

5-MeO-2-Me-EiPT TFA
5-Methoxy-2-methyl-N-ethyl-N-isopropyl-tryptamine TFA
10095

C19H25N2O2F3
370.18680
2065
PS
LM/Q
Designer drug

Foxy TFA
5-MeO-DiPT TFA
5-Methoxy-N,N-diisopropyl-tryptamine TFA
9514

C21H27N2OFSi
370.18768
2700
PS
LM/Q
Designer drug

5MT-NB3F TMS
10005

1313

370

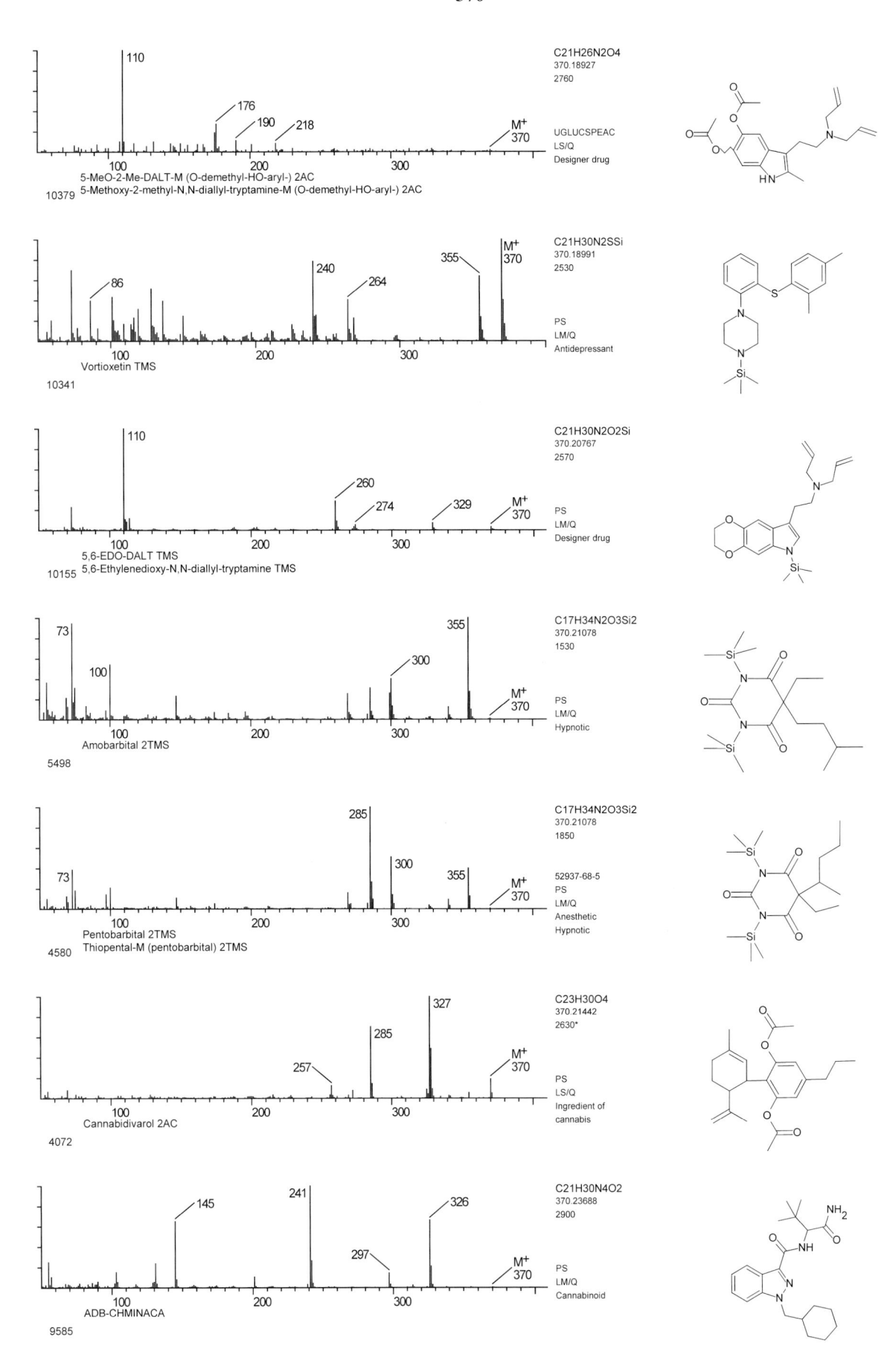

C21H26N2O4
370.18927
2760

UGLUCSPEAC
LS/Q
Designer drug

5-MeO-2-Me-DALT-M (O-demethyl-HO-aryl-) 2AC
10379 5-Methoxy-2-methyl-N,N-diallyl-tryptamine-M (O-demethyl-HO-aryl-) 2AC

C21H30N2SSi
370.18991
2530

PS
LM/Q
Antidepressant

Vortioxetin TMS
10341

C21H30N2O2Si
370.20767
2570

PS
LM/Q
Designer drug

5,6-EDO-DALT TMS
10155 5,6-Ethylenedioxy-N,N-diallyl-tryptamine TMS

C17H34N2O3Si2
370.21078
1530

PS
LM/Q
Hypnotic

Amobarbital 2TMS
5498

C17H34N2O3Si2
370.21078
1850

52937-68-5
PS
LM/Q
Anesthetic
Hypnotic

Pentobarbital 2TMS
4580 Thiopental-M (pentobarbital) 2TMS

C23H30O4
370.21442
2630*

PS
LS/Q
Ingredient of cannabis

Cannabidivarol 2AC
4072

C21H30N4O2
370.23688
2900

PS
LM/Q
Cannabinoid

ADB-CHMINACA
9585

370

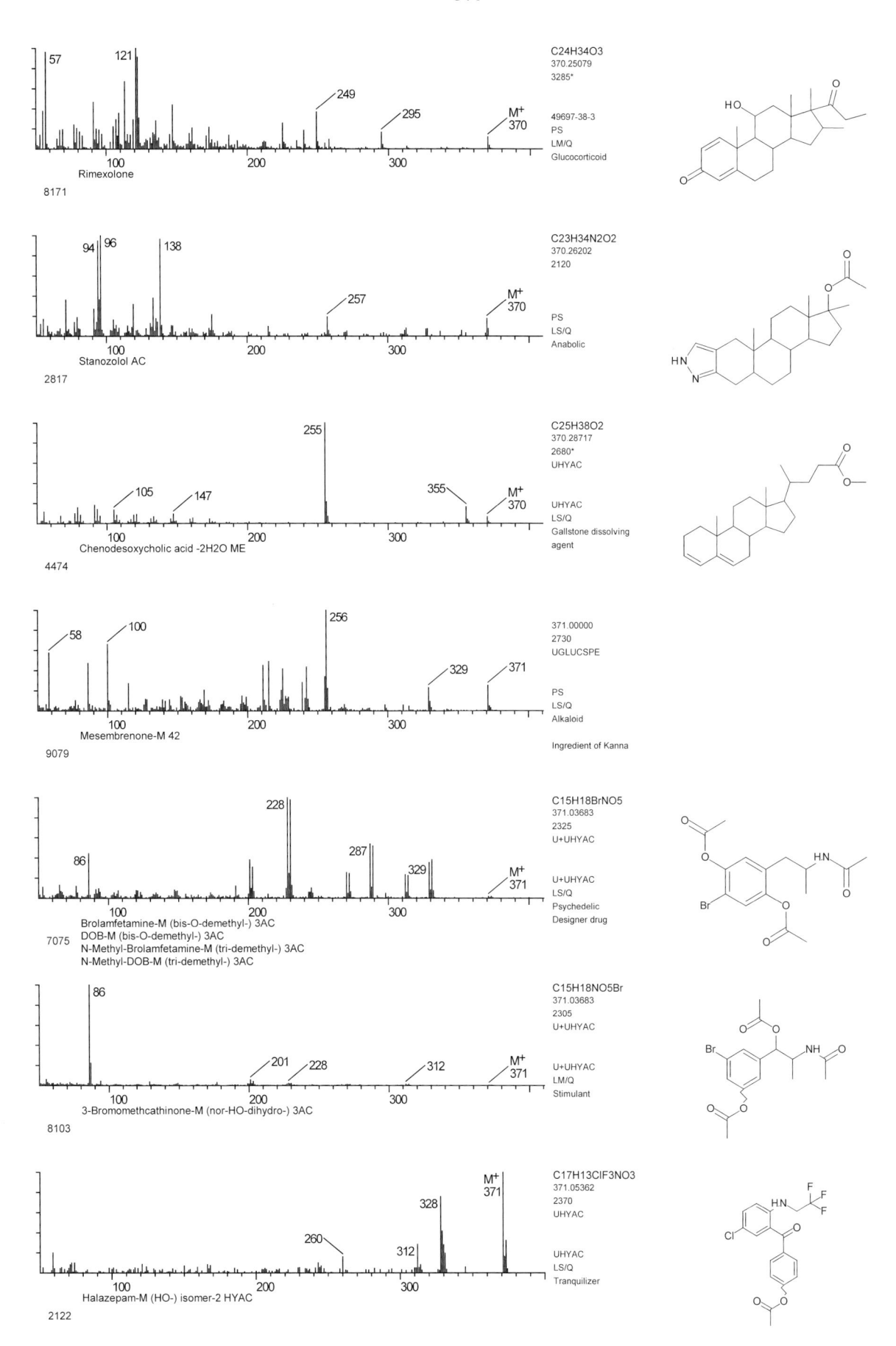

Rimexolone
8171
C24H34O3
370.25079
3285*
49697-38-3
PS
LM/Q
Glucocorticoid

Stanozolol AC
2817
C23H34N2O2
370.26202
2120
PS
LS/Q
Anabolic

Chenodesoxycholic acid -2H2O ME
4474
C25H38O2
370.28717
2680*
UHYAC
UHYAC
LS/Q
Gallstone dissolving agent

Mesembrenone-M 42
9079
371.00000
2730
UGLUCSPE
PS
LS/Q
Alkaloid
Ingredient of Kanna

Brolamfetamine-M (bis-O-demethyl-) 3AC
DOB-M (bis-O-demethyl-) 3AC
N-Methyl-Brolamfetamine-M (tri-demethyl-) 3AC
N-Methyl-DOB-M (tri-demethyl-) 3AC
7075
C15H18BrNO5
371.03683
2325
U+UHYAC
U+UHYAC
LS/Q
Psychedelic
Designer drug

3-Bromomethcathinone-M (nor-HO-dihydro-) 3AC
8103
C15H18NO5Br
371.03683
2305
U+UHYAC
U+UHYAC
LM/Q
Stimulant

Halazepam-M (HO-) isomer-2 HYAC
2122
C17H13ClF3NO3
371.05362
2370
UHYAC
UHYAC
LS/Q
Tranquilizer

1315

371

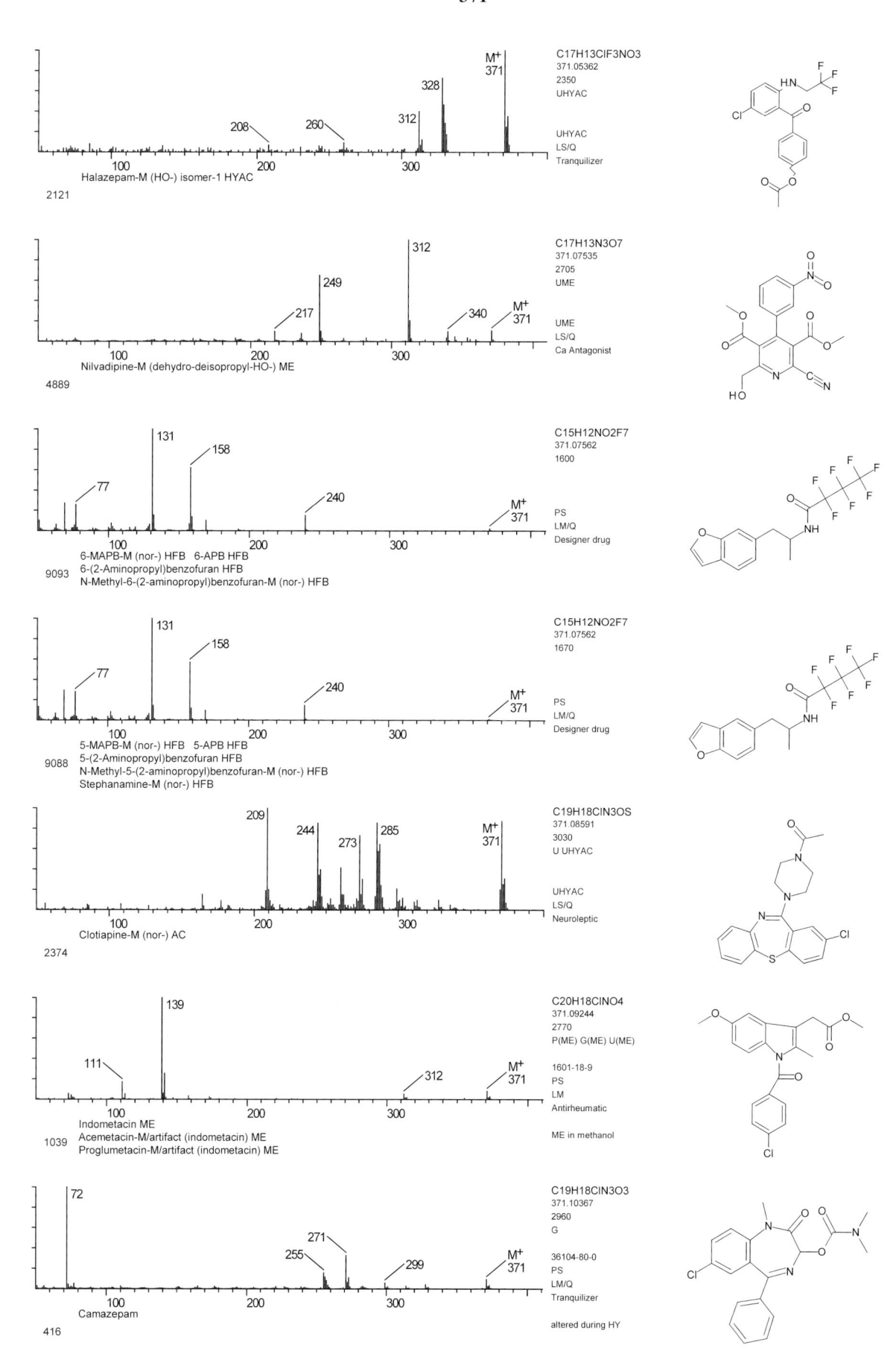

C17H13ClF3NO3
371.05362
2350
UHYAC

UHYAC
LS/Q
Tranquilizer

Halazepam-M (HO-) isomer-1 HYAC
2121

C17H13N3O7
371.07535
2705
UME

UME
LS/Q
Ca Antagonist

Nilvadipine-M (dehydro-deisopropyl-HO-) ME
4889

C15H12NO2F7
371.07562
1600

PS
LM/Q
Designer drug

6-MAPB-M (nor-) HFB   6-APB HFB
6-(2-Aminopropyl)benzofuran HFB
N-Methyl-6-(2-aminopropyl)benzofuran-M (nor-) HFB
9093

C15H12NO2F7
371.07562
1670

PS
LM/Q
Designer drug

5-MAPB-M (nor-) HFB   5-APB HFB
5-(2-Aminopropyl)benzofuran HFB
N-Methyl-5-(2-aminopropyl)benzofuran-M (nor-) HFB
Stephanamine-M (nor-) HFB
9088

C19H18ClN3OS
371.08591
3030
U UHYAC

UHYAC
LS/Q
Neuroleptic

Clotiapine-M (nor-) AC
2374

C20H18ClNO4
371.09244
2770
P(ME) G(ME) U(ME)

1601-18-9
PS
LM
Antirheumatic

Indometacin ME
Acemetacin-M/artifact (indometacin) ME
Proglumetacin-M/artifact (indometacin) ME
1039
ME in methanol

C19H18ClN3O3
371.10367
2960
G

36104-80-0
PS
LM/Q
Tranquilizer

Camazepam
416
altered during HY

371

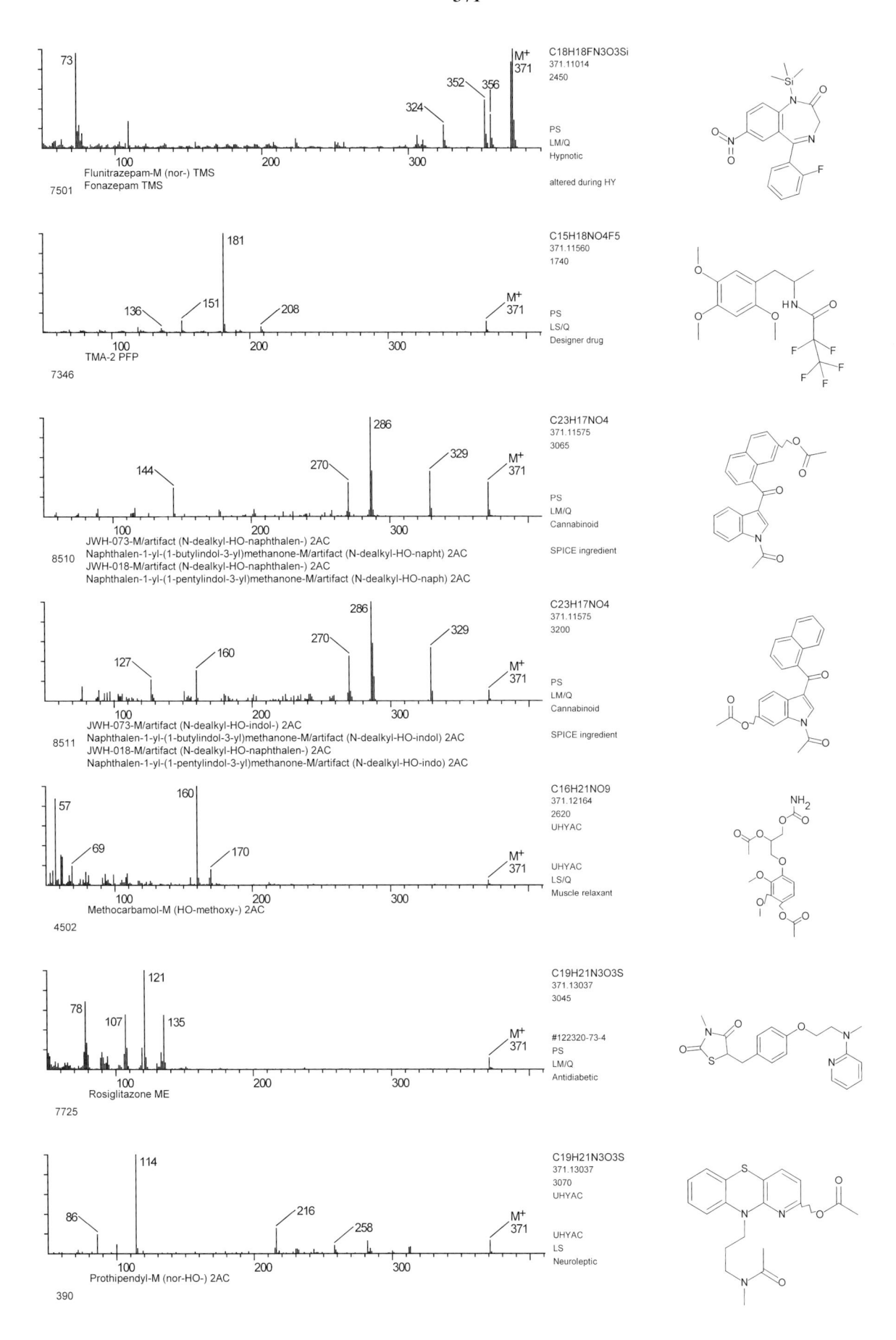

Flunitrazepam-M (nor-) TMS / Fonazepam TMS — 7501	C18H18FN3O3Si 371.11014 2450 PS LM/Q Hypnotic altered during HY
TMA-2 PFP — 7346	C15H18NO4F5 371.11560 1740 PS LS/Q Designer drug
JWH-073-M/artifact (N-dealkyl-HO-naphthalen-) 2AC Naphthalen-1-yl-(1-butylindol-3-yl)methanone-M/artifact (N-dealkyl-HO-napht) 2AC JWH-018-M/artifact (N-dealkyl-HO-naphthalen-) 2AC Naphthalen-1-yl-(1-pentylindol-3-yl)methanone-M/artifact (N-dealkyl-HO-naph) 2AC — 8510	C23H17NO4 371.11575 3065 PS LM/Q Cannabinoid SPICE ingredient
JWH-073-M/artifact (N-dealkyl-HO-indol-) 2AC Naphthalen-1-yl-(1-butylindol-3-yl)methanone-M/artifact (N-dealkyl-HO-indol) 2AC JWH-018-M/artifact (N-dealkyl-HO-naphthalen-) 2AC Naphthalen-1-yl-(1-pentylindol-3-yl)methanone-M/artifact (N-dealkyl-HO-indo) 2AC — 8511	C23H17NO4 371.11575 3200 PS LM/Q Cannabinoid SPICE ingredient
Methocarbamol-M (HO-methoxy-) 2AC — 4502	C16H21NO9 371.12164 2620 UHYAC UHYAC LS/Q Muscle relaxant
Rosiglitazone ME — 7725	C19H21N3O3S 371.13037 3045 #122320-73-4 PS LM/Q Antidiabetic
Prothipendyl-M (nor-HO-) 2AC — 390	C19H21N3O3S 371.13037 3070 UHYAC UHYAC LS Neuroleptic

371

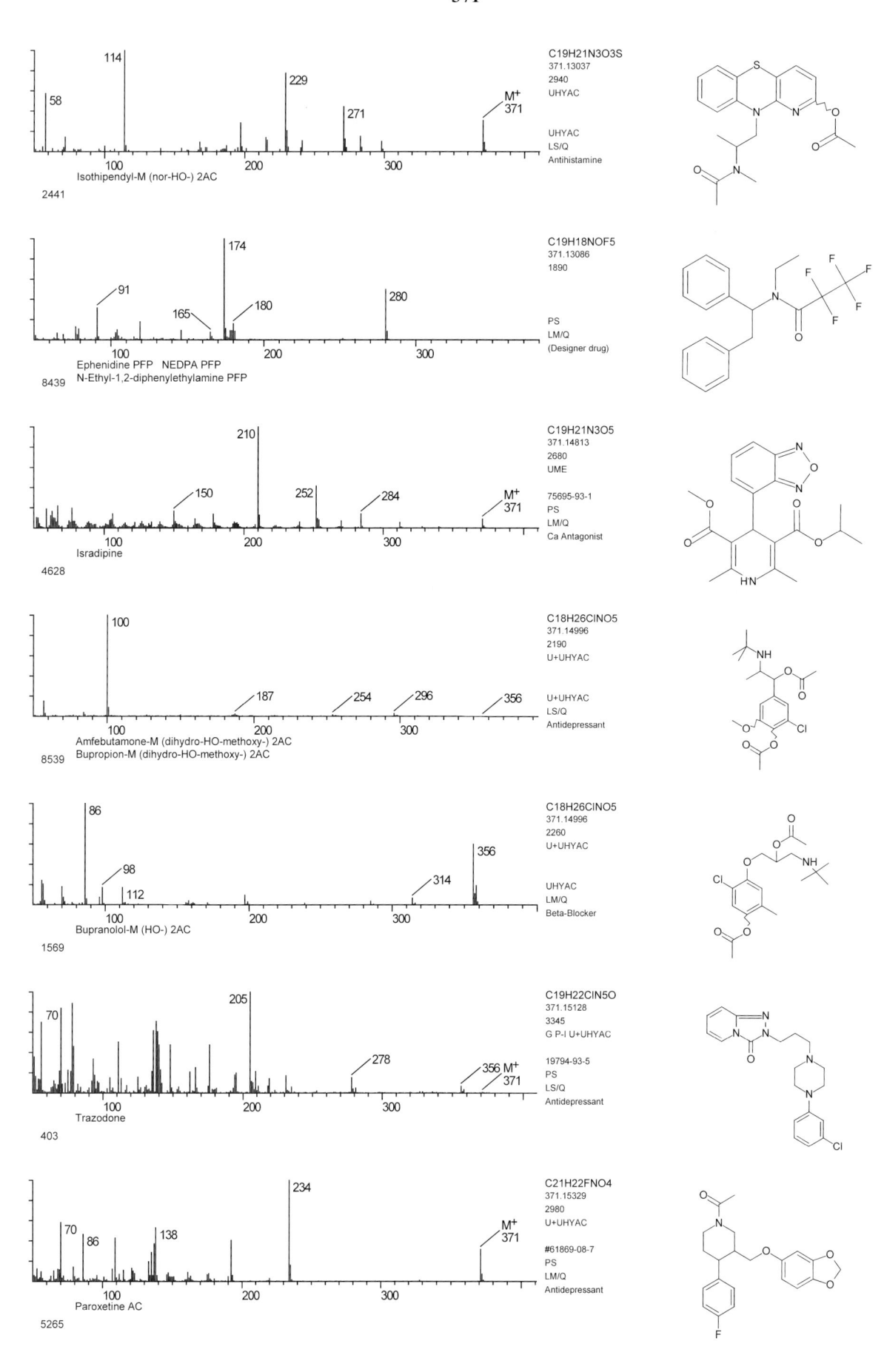

C19H21N3O3S
371.13037
2940
UHYAC

UHYAC
LS/Q
Antihistamine

Isothipendyl-M (nor-HO-) 2AC
2441

C19H18NOF5
371.13086
1890

PS
LM/Q
(Designer drug)

Ephenidine PFP   NEDPA PFP
N-Ethyl-1,2-diphenylethylamine PFP
8439

C19H21N3O5
371.14813
2680
UME

75695-93-1
PS
LM/Q
Ca Antagonist

Isradipine
4628

C18H26ClNO5
371.14996
2190
U+UHYAC

U+UHYAC
LS/Q
Antidepressant

Amfebutamone-M (dihydro-HO-methoxy-) 2AC
Bupropion-M (dihydro-HO-methoxy-) 2AC
8539

C18H26ClNO5
371.14996
2260
U+UHYAC

UHYAC
LM/Q
Beta-Blocker

Bupranolol-M (HO-) 2AC
1569

C19H22ClN5O
371.15128
3345
G P-I U+UHYAC

19794-93-5
PS
LS/Q
Antidepressant

Trazodone
403

C21H22FNO4
371.15329
2980
U+UHYAC

#61869-08-7
PS
LM/Q
Antidepressant

Paroxetine AC
5265

1318

371

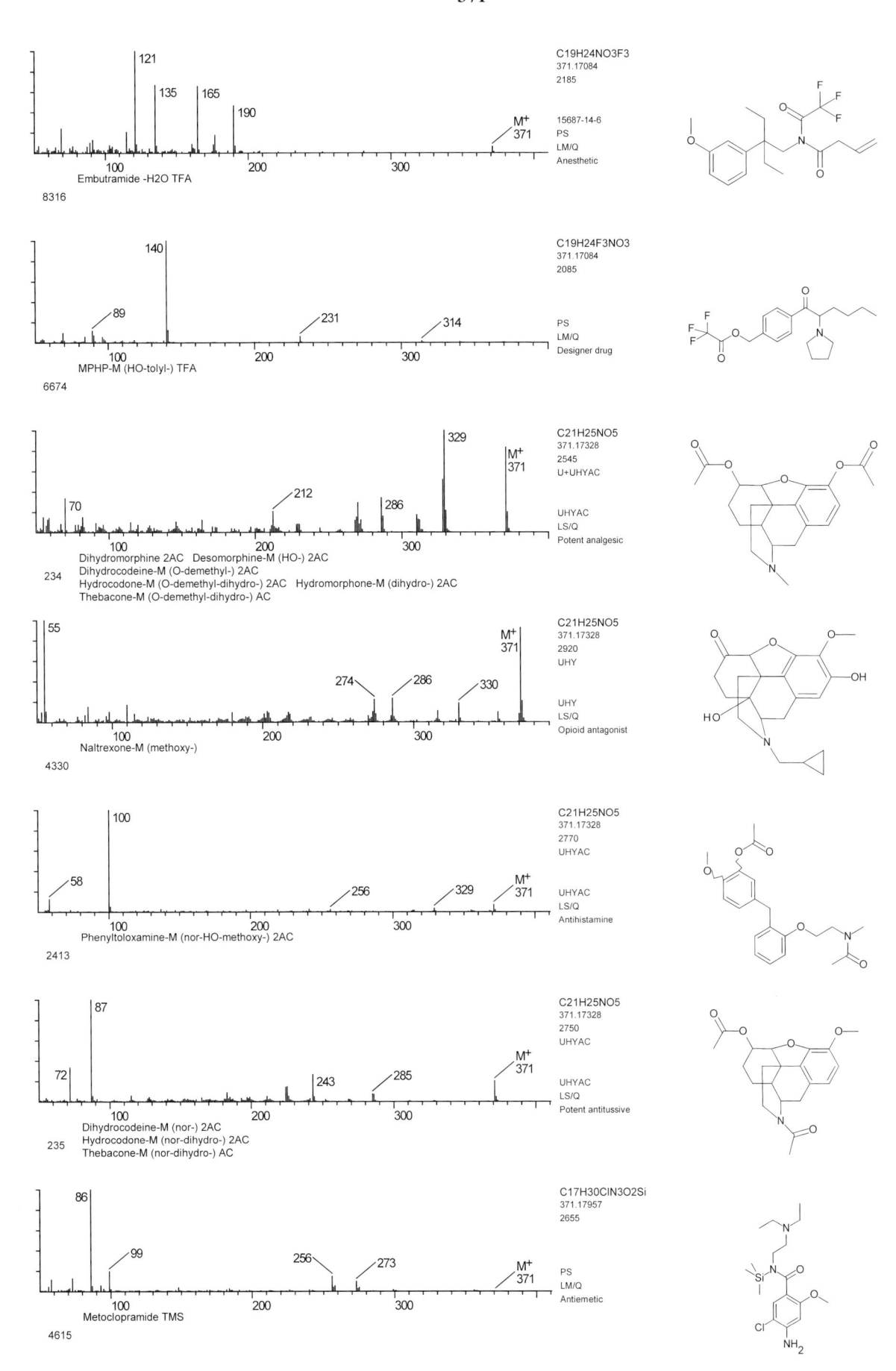

C19H24NO3F3
371.17084
2185

15687-14-6
PS
LM/Q
Anesthetic

Embutramide -H2O TFA
8316

C19H24F3NO3
371.17084
2085

PS
LM/Q
Designer drug

MPHP-M (HO-tolyl-) TFA
6674

C21H25NO5
371.17328
2545
U+UHYAC

UHYAC
LS/Q
Potent analgesic

Dihydromorphine 2AC   Desomorphine-M (HO-) 2AC
Dihydrocodeine-M (O-demethyl-) 2AC
Hydrocodone-M (O-demethyl-dihydro-) 2AC   Hydromorphone-M (dihydro-) 2AC
Thebacone-M (O-demethyl-dihydro-) AC
234

C21H25NO5
371.17328
2920
UHY

UHY
LS/Q
Opioid antagonist

Naltrexone-M (methoxy-)
4330

C21H25NO5
371.17328
2770
UHYAC

UHYAC
LS/Q
Antihistamine

Phenyltoloxamine-M (nor-HO-methoxy-) 2AC
2413

C21H25NO5
371.17328
2750
UHYAC

UHYAC
LS/Q
Potent antitussive

Dihydrocodeine-M (nor-) 2AC
Hydrocodone-M (nor-dihydro-) 2AC
Thebacone-M (nor-dihydro-) AC
235

C17H30ClN3O2Si
371.17957
2655

PS
LM/Q
Antiemetic

Metoclopramide TMS
4615

371

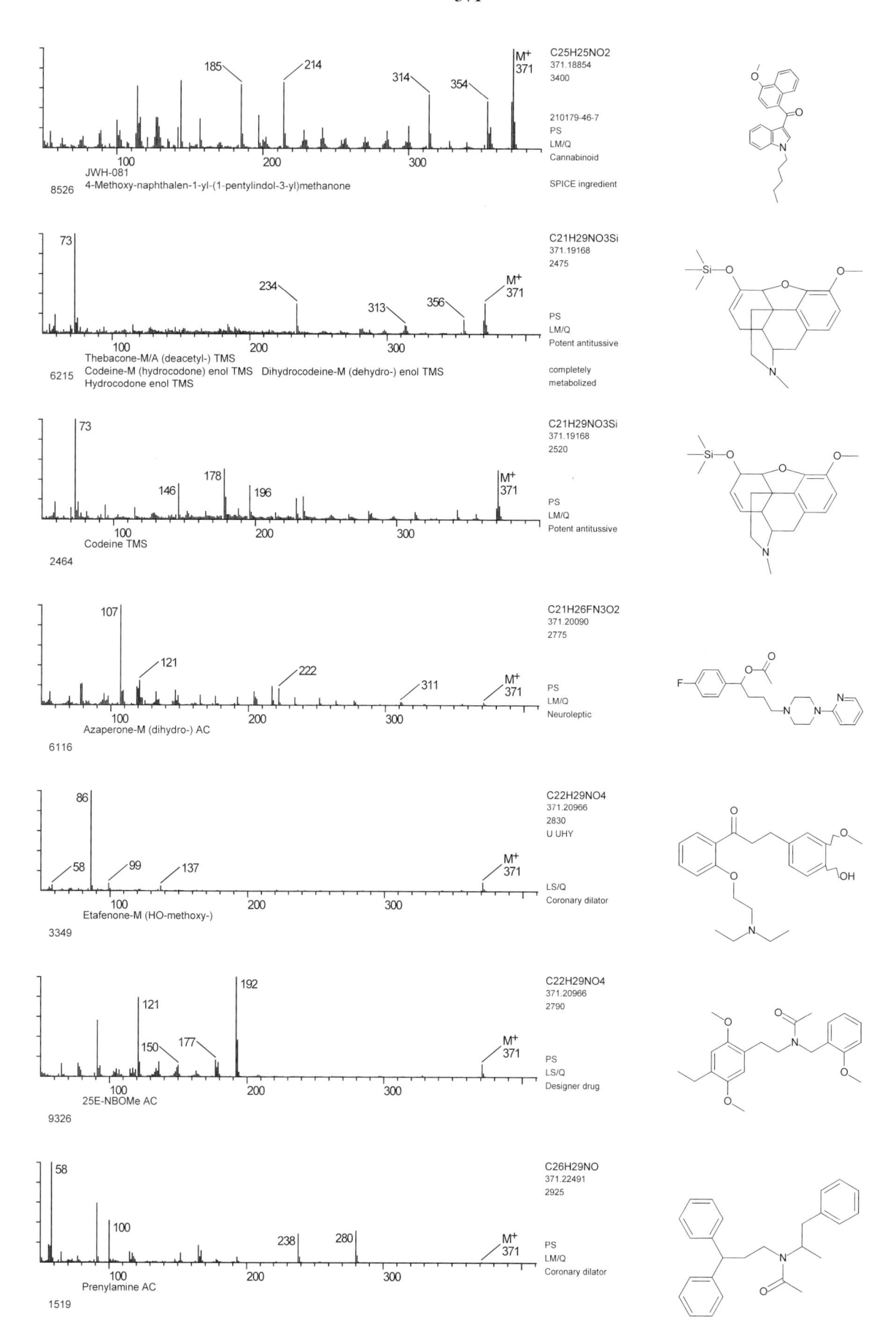

C25H25NO2
371.18854
3400

210179-46-7
PS
LM/Q
Cannabinoid

JWH-081
4-Methoxy-naphthalen-1-yl-(1-pentylindol-3-yl)methanone
SPICE ingredient

8526

C21H29NO3Si
371.19168
2475

PS
LM/Q
Potent antitussive

Thebacone-M/A (deacetyl-) TMS
Codeine-M (hydrocodone) enol TMS   Dihydrocodeine-M (dehydro-) enol TMS
Hydrocodone enol TMS

6215

completely metabolized

C21H29NO3Si
371.19168
2520

PS
LM/Q
Potent antitussive

Codeine TMS

2464

C21H26FN3O2
371.20090
2775

PS
LM/Q
Neuroleptic

Azaperone-M (dihydro-) AC

6116

C22H29NO4
371.20966
2830
U UHY

LS/Q
Coronary dilator

Etafenone-M (HO-methoxy-)

3349

C22H29NO4
371.20966
2790

PS
LS/Q
Designer drug

25E-NBOMe AC

9326

C26H29NO
371.22491
2925

PS
LM/Q
Coronary dilator

Prenylamine AC

1519

1320

371

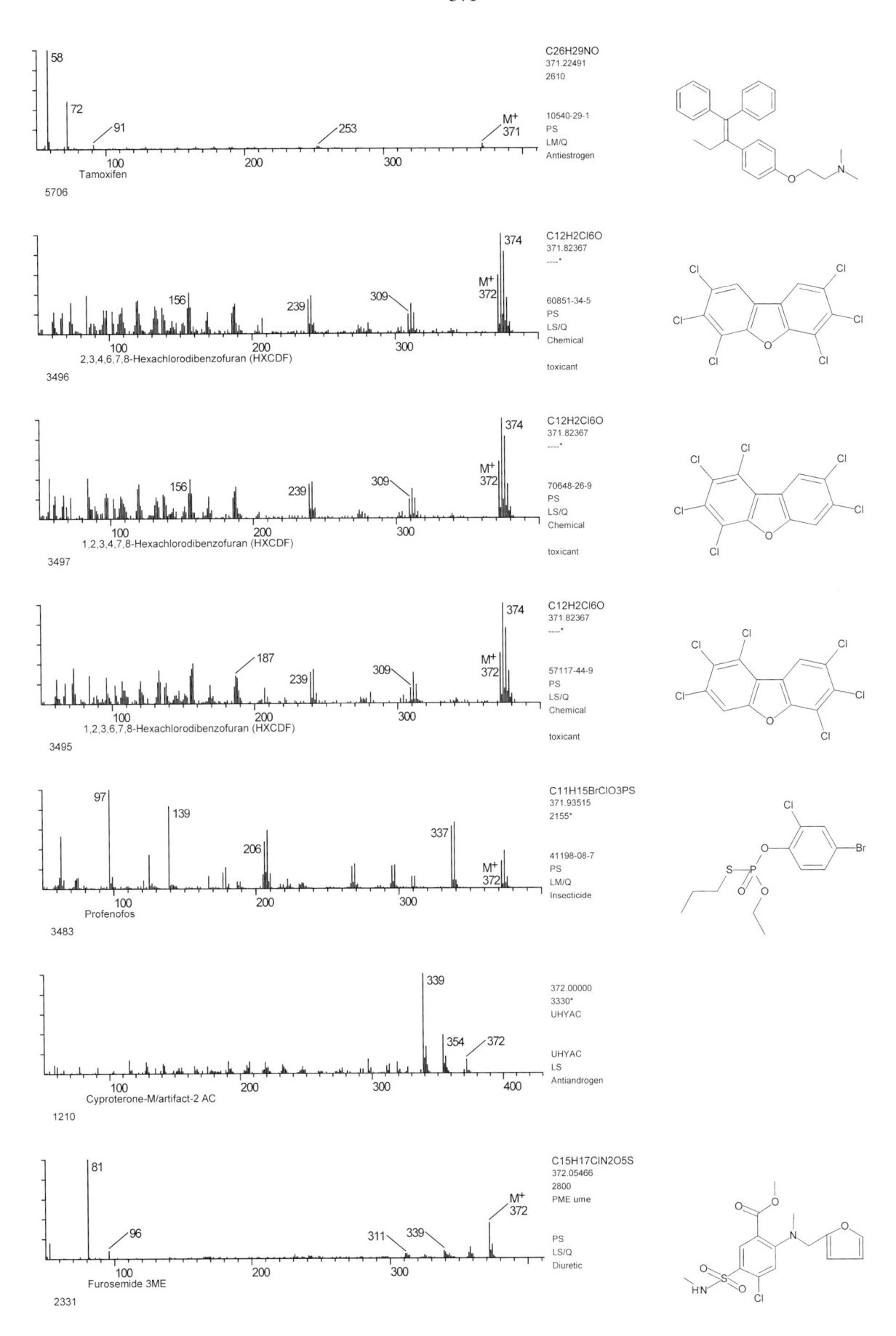

Tamoxifen (5706)
Peaks: 58, 72, 91, 253, M+ 371
C26H29NO
371.22491
2610
10540-29-1
PS
LM/Q
Antiestrogen

2,3,4,6,7,8-Hexachlorodibenzofuran (HXCDF) (3496)
Peaks: 156, 239, 309, M+ 372, 374
C12H2Cl6O
371.82367
----*
60851-34-5
PS
LS/Q
Chemical toxicant

1,2,3,4,7,8-Hexachlorodibenzofuran (HXCDF) (3497)
Peaks: 156, 239, 309, M+ 372, 374
C12H2Cl6O
371.82367
----*
70648-26-9
PS
LS/Q
Chemical toxicant

1,2,3,6,7,8-Hexachlorodibenzofuran (HXCDF) (3495)
Peaks: 187, 239, 309, M+ 372, 374
C12H2Cl6O
371.82367
----*
57117-44-9
PS
LS/Q
Chemical toxicant

Profenofos (3483)
Peaks: 97, 139, 206, 337, M+ 372
C11H15BrClO3PS
371.93515
2155*
41198-08-7
PS
LM/Q
Insecticide

Cyproterone-M/artifact-2 AC (1210)
Peaks: 339, 354, 372
372.00000
3330*
UHYAC
UHYAC
LS
Antiandrogen

Furosemide 3ME (2331)
Peaks: 81, 96, 311, 339, M+ 372
C15H17ClN2O5S
372.05466
2800
PME ume
PS
LS/Q
Diuretic

372

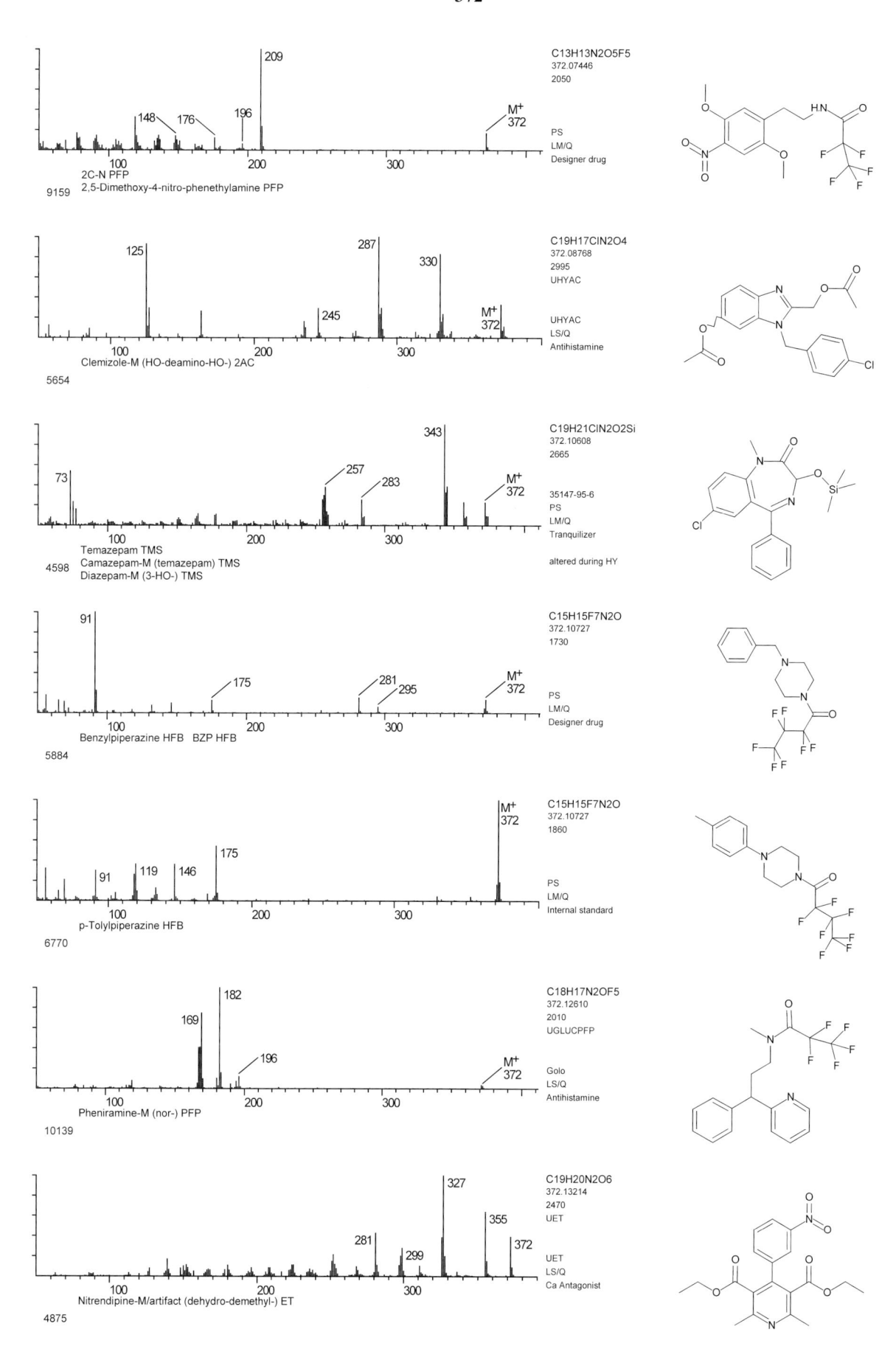

2C-N PFP
2,5-Dimethoxy-4-nitro-phenethylamine PFP
9159
Peaks: 148, 176, 196, 209, M+ 372
C13H13N2O5F5
372.07446
2050
PS
LM/Q
Designer drug

Clemizole-M (HO-deamino-HO-) 2AC
5654
Peaks: 125, 245, 287, 330, M+ 372
C19H17ClN2O4
372.08768
2995
UHYAC
UHYAC
LS/Q
Antihistamine

Temazepam TMS
Camazepam-M (temazepam) TMS
Diazepam-M (3-HO-) TMS
4598
Peaks: 73, 257, 283, 343, M+ 372
C19H21ClN2O2Si
372.10608
2665
35147-95-6
PS
LM/Q
Tranquilizer
altered during HY

Benzylpiperazine HFB   BZP HFB
5884
Peaks: 91, 175, 281, 295, M+ 372
C15H15F7N2O
372.10727
1730
PS
LM/Q
Designer drug

p-Tolylpiperazine HFB
6770
Peaks: 91, 119, 146, 175, M+ 372
C15H15F7N2O
372.10727
1860
PS
LM/Q
Internal standard

Pheniramine-M (nor-) PFP
10139
Peaks: 169, 182, 196, M+ 372
C18H17N2OF5
372.12610
2010
UGLUCPFP
Golo
LS/Q
Antihistamine

Nitrendipine-M/artifact (dehydro-demethyl-) ET
4875
Peaks: 281, 299, 327, 355, 372
C19H20N2O6
372.13214
2470
UET
UET
LS/Q
Ca Antagonist

372

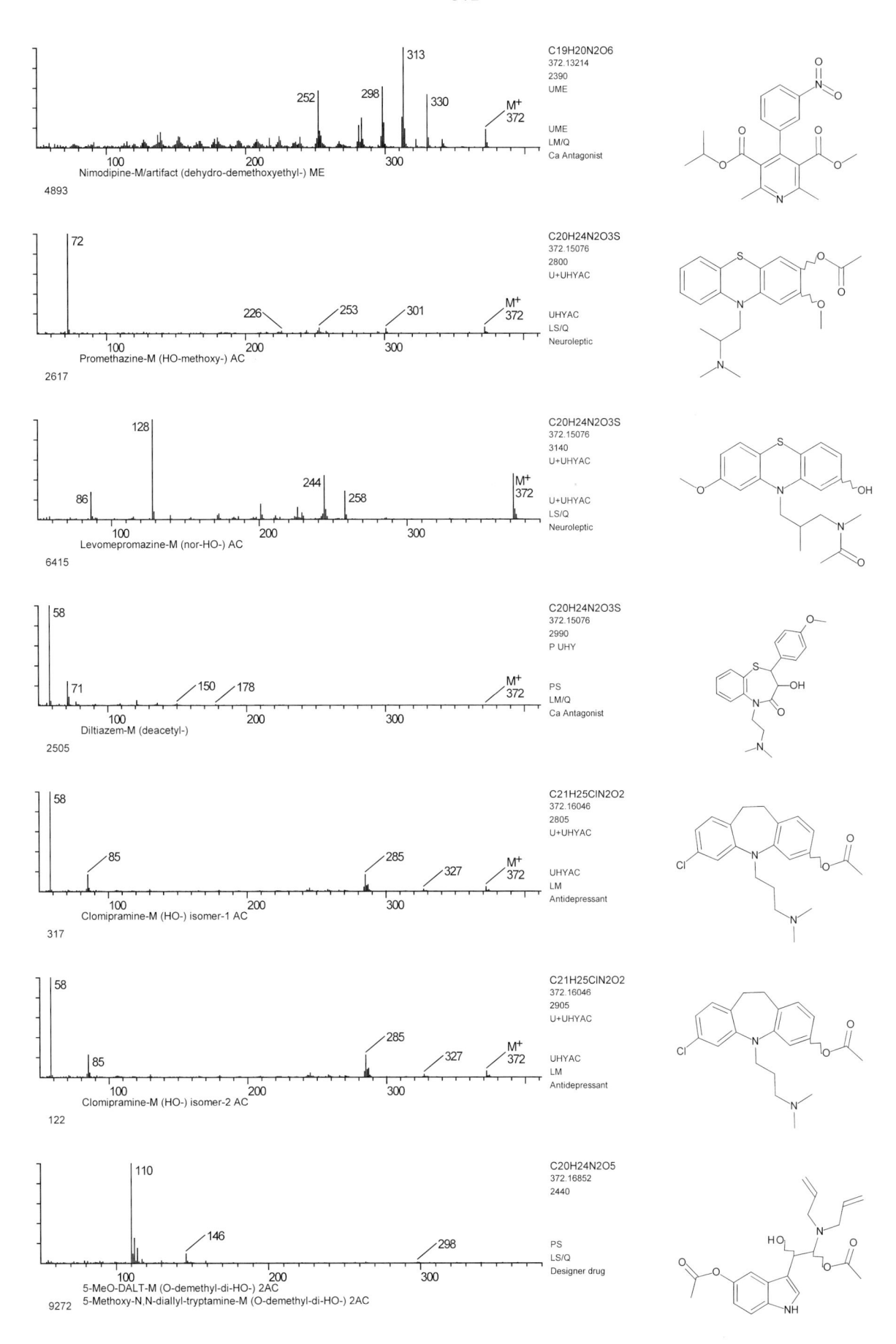

Nimodipine-M/artifact (dehydro-demethoxyethyl-) ME
C19H20N2O6
372.13214
2390
UME

UME
LM/Q
Ca Antagonist

Promethazine-M (HO-methoxy-) AC
C20H24N2O3S
372.15076
2800
U+UHYAC

UHYAC
LS/Q
Neuroleptic

Levomepromazine-M (nor-HO-) AC
C20H24N2O3S
372.15076
3140
U+UHYAC

U+UHYAC
LS/Q
Neuroleptic

Diltiazem-M (deacetyl-)
C20H24N2O3S
372.15076
2990
P UHY

PS
LM/Q
Ca Antagonist

Clomipramine-M (HO-) isomer-1 AC
C21H25ClN2O2
372.16046
2805
U+UHYAC

UHYAC
LM
Antidepressant

Clomipramine-M (HO-) isomer-2 AC
C21H25ClN2O2
372.16046
2905
U+UHYAC

UHYAC
LM
Antidepressant

5-MeO-DALT-M (O-demethyl-di-HO-) 2AC
5-Methoxy-N,N-diallyl-tryptamine-M (O-demethyl-di-HO-) 2AC
C20H24N2O5
372.16852
2440

PS
LS/Q
Designer drug

372

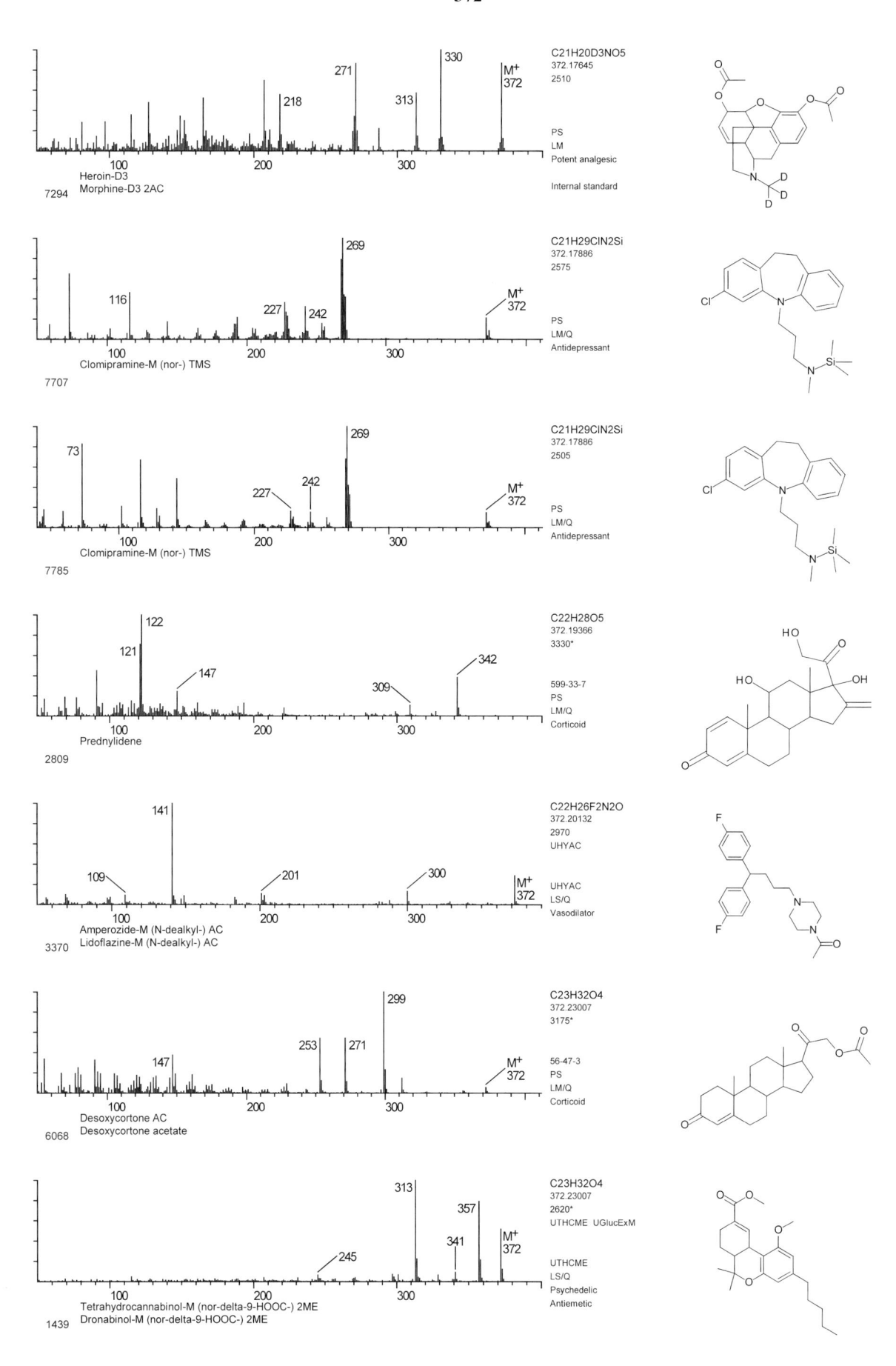

7294	Heroin-D3 Morphine-D3 2AC	peaks: 218, 271, 313, 330, M+ 372	C21H20D3NO5 372.17645 2510 PS LM Potent analgesic Internal standard
7707	Clomipramine-M (nor-) TMS	peaks: 116, 227, 242, 269, M+ 372	C21H29ClN2Si 372.17886 2575 PS LM/Q Antidepressant
7785	Clomipramine-M (nor-) TMS	peaks: 73, 227, 242, 269, M+ 372	C21H29ClN2Si 372.17886 2505 PS LM/Q Antidepressant
2809	Prednylidene	peaks: 121, 122, 147, 309, 342	C22H28O5 372.19366 3330* 599-33-7 PS LM/Q Corticoid
3370	Amperozide-M (N-dealkyl-) AC Lidoflazine-M (N-dealkyl-) AC	peaks: 109, 141, 201, 300, M+ 372	C22H26F2N2O 372.20132 2970 UHYAC UHYAC LS/Q Vasodilator
6068	Desoxycortone AC Desoxycortone acetate	peaks: 147, 253, 271, 299, M+ 372	C23H32O4 372.23007 3175* 56-47-3 PS LM/Q Corticoid
1439	Tetrahydrocannabinol-M (nor-delta-9-HOOC-) 2ME Dronabinol-M (nor-delta-9-HOOC-) 2ME	peaks: 245, 313, 341, 357, M+ 372	C23H32O4 372.23007 2620* UTHCME UGlucExM UTHCME LS/Q Psychedelic Antiemetic

1324

372

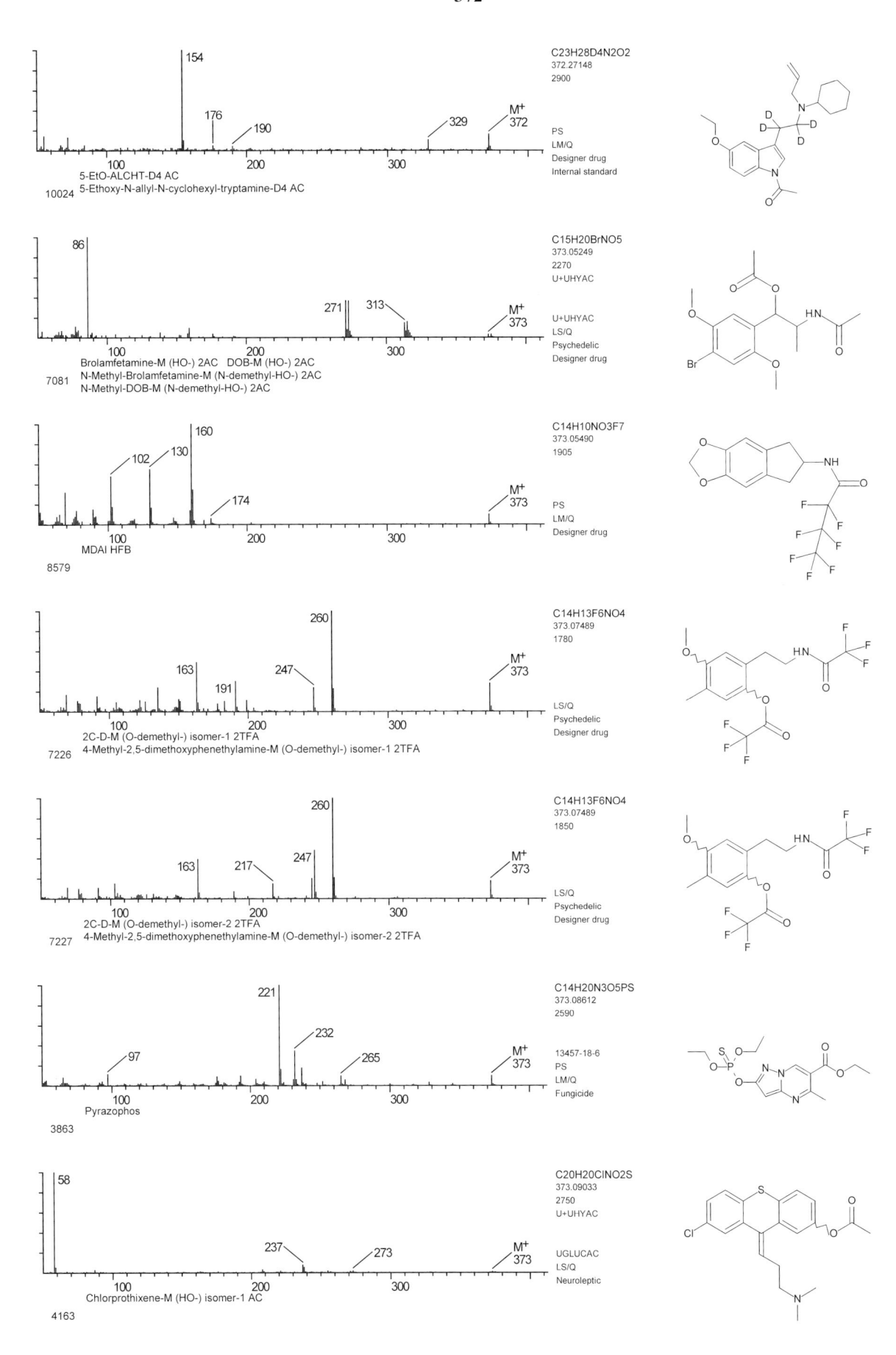

10024 5-EtO-ALCHT-D4 AC
5-Ethoxy-N-allyl-N-cyclohexyl-tryptamine-D4 AC
C23H28D4N2O2
372.27148
2900
PS
LM/Q
Designer drug
Internal standard
M+ 372
Peaks: 154, 176, 190, 329

7081 Brolamfetamine-M (HO-) 2AC   DOB-M (HO-) 2AC
N-Methyl-Brolamfetamine-M (N-demethyl-HO-) 2AC
N-Methyl-DOB-M (N-demethyl-HO-) 2AC
C15H20BrNO5
373.05249
2270
U+UHYAC
U+UHYAC
LS/Q
Psychedelic
Designer drug
M+ 373
Peaks: 86, 271, 313

8579 MDAI HFB
C14H10NO3F7
373.05490
1905
PS
LM/Q
Designer drug
M+ 373
Peaks: 102, 130, 160, 174

7226 2C-D-M (O-demethyl-) isomer-1 2TFA
4-Methyl-2,5-dimethoxyphenethylamine-M (O-demethyl-) isomer-1 2TFA
C14H13F6NO4
373.07489
1780
LS/Q
Psychedelic
Designer drug
M+ 373
Peaks: 163, 191, 247, 260

7227 2C-D-M (O-demethyl-) isomer-2 2TFA
4-Methyl-2,5-dimethoxyphenethylamine-M (O-demethyl-) isomer-2 2TFA
C14H13F6NO4
373.07489
1850
LS/Q
Psychedelic
Designer drug
M+ 373
Peaks: 163, 217, 247, 260

3863 Pyrazophos
C14H20N3O5PS
373.08612
2590
13457-18-6
PS
LM/Q
Fungicide
M+ 373
Peaks: 97, 221, 232, 265

4163 Chlorprothixene-M (HO-) isomer-1 AC
C20H20ClNO2S
373.09033
2750
U+UHYAC
UGLUCAC
LS/Q
Neuroleptic
M+ 373
Peaks: 58, 237, 273

373

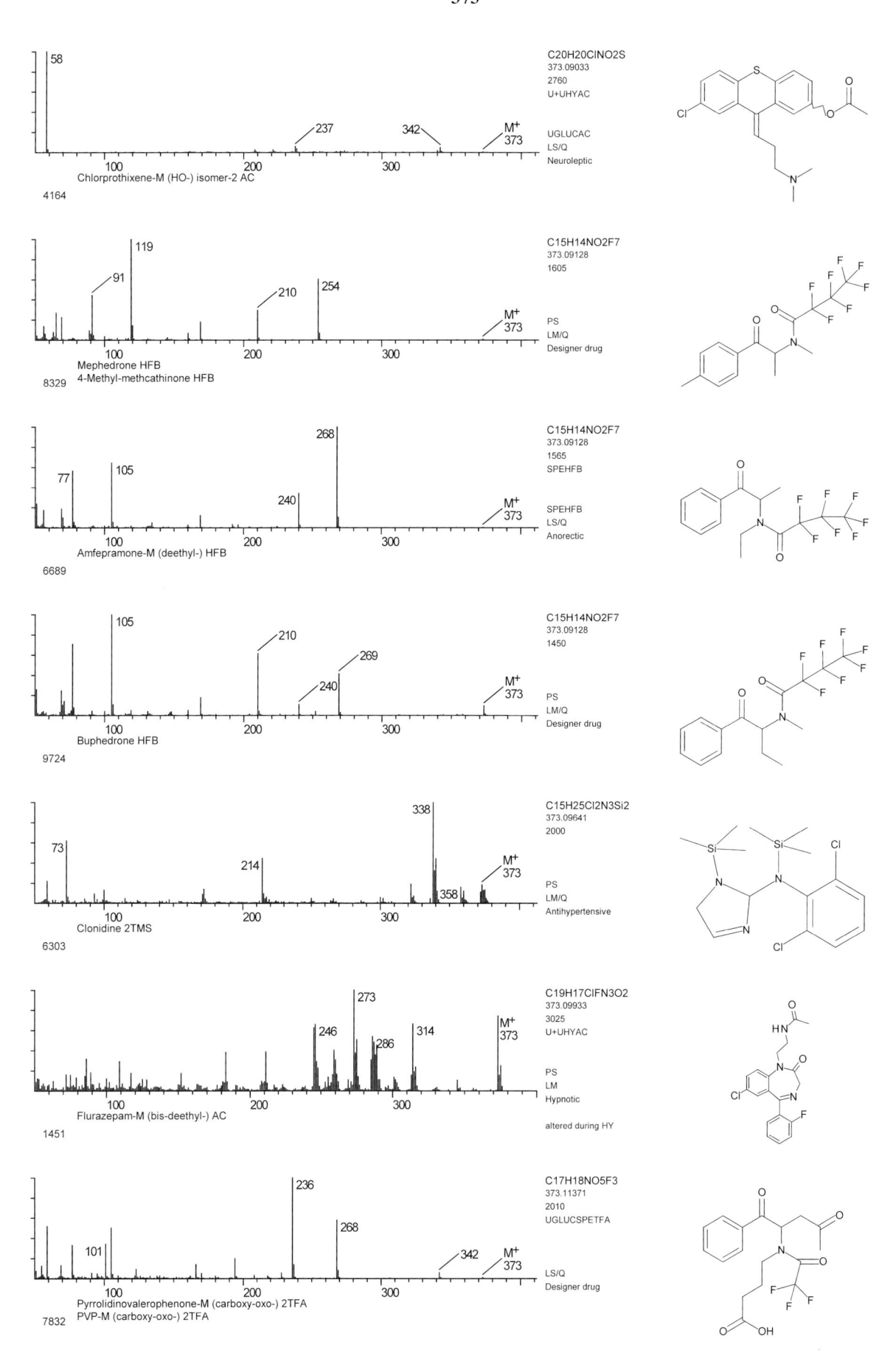

Chlorprothixene-M (HO-) isomer-2 AC
4164
C20H20ClNO2S
373.09033
2760
U+UHYAC
UGLUCAC
LS/Q
Neuroleptic

Mephedrone HFB
4-Methyl-methcathinone HFB
8329
C15H14NO2F7
373.09128
1605
PS
LM/Q
Designer drug

Amfepramone-M (deethyl-) HFB
6689
C15H14NO2F7
373.09128
1565
SPEHFB
SPEHFB
LS/Q
Anorectic

Buphedrone HFB
9724
C15H14NO2F7
373.09128
1450
PS
LM/Q
Designer drug

Clonidine 2TMS
6303
C15H25Cl2N3Si2
373.09641
2000
PS
LM/Q
Antihypertensive

Flurazepam-M (bis-deethyl-) AC
1451
C19H17ClFN3O2
373.09933
3025
U+UHYAC
PS
LM
Hypnotic
altered during HY

Pyrrolidinovalerophenone-M (carboxy-oxo-) 2TFA
PVP-M (carboxy-oxo-) 2TFA
7832
C17H18NO5F3
373.11371
2010
UGLUCSPETFA
LS/Q
Designer drug

373

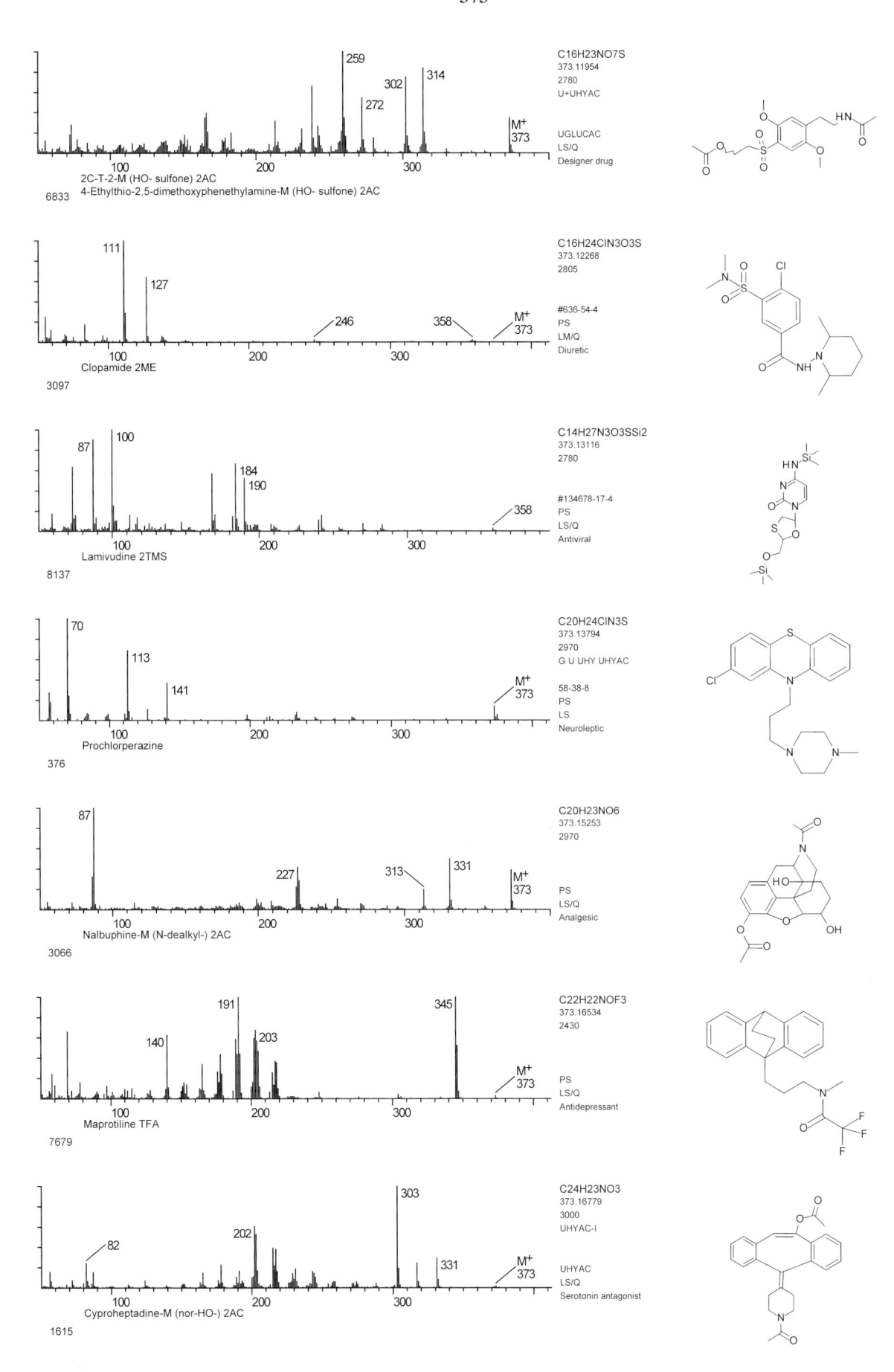

259, 272, 302, 314, M+ 373	C16H23NO7S 373.11954 2780 U+UHYAC UGLUCAC LS/Q Designer drug
2C-T-2-M (HO- sulfone) 2AC 4-Ethylthio-2,5-dimethoxyphenethylamine-M (HO- sulfone) 2AC 6833	
111, 127, 246, 358, M+ 373	C16H24ClN3O3S 373.12268 2805 #636-54-4 PS LM/Q Diuretic
Clopamide 2ME 3097	
87, 100, 184, 190, 358	C14H27N3O3SSi2 373.13116 2780 #134678-17-4 PS LS/Q Antiviral
Lamivudine 2TMS 8137	
70, 113, 141, M+ 373	C20H24ClN3S 373.13794 2970 G U UHY UHYAC 58-38-8 PS LS Neuroleptic
Prochlorperazine 376	
87, 227, 313, 331, M+ 373	C20H23NO6 373.15253 2970 PS LS/Q Analgesic
Nalbuphine-M (N-dealkyl-) 2AC 3066	
140, 191, 203, 345, M+ 373	C22H22NOF3 373.16534 2430 PS LS/Q Antidepressant
Maprotiline TFA 7679	
82, 202, 303, 331, M+ 373	C24H23NO3 373.16779 3000 UHYAC-I UHYAC LS/Q Serotonin antagonist
Cyproheptadine-M (nor-HO-) 2AC 1615	

373

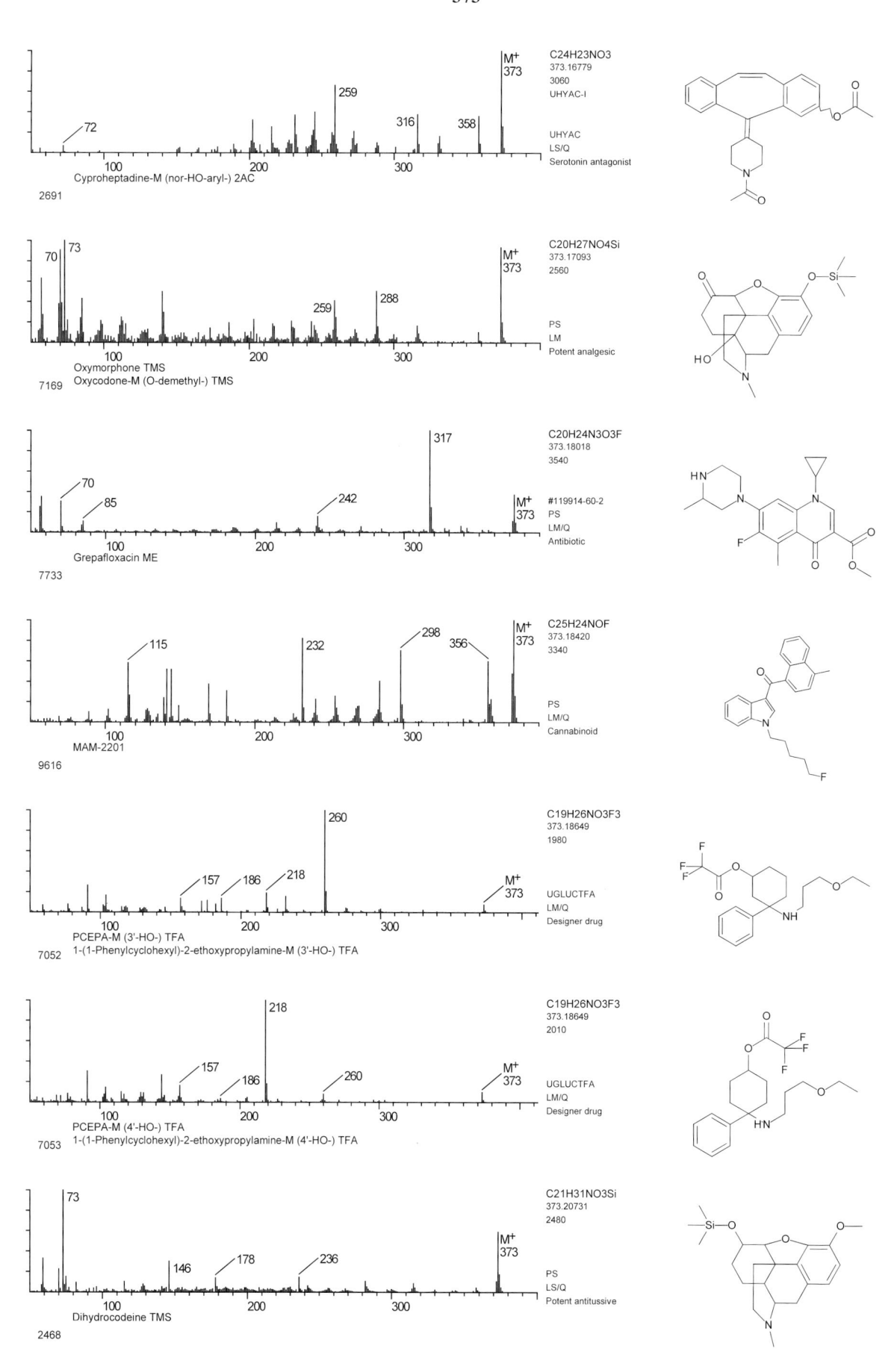

Cyproheptadine-M (nor-HO-aryl-) 2AC
2691
72, 259, 316, 358, M+ 373
C24H23NO3
373.16779
3060
UHYAC-I
UHYAC
LS/Q
Serotonin antagonist

Oxymorphone TMS
Oxycodone-M (O-demethyl-) TMS
7169
70, 73, 259, 288, M+ 373
C20H27NO4Si
373.17093
2560
PS
LM
Potent analgesic

Grepafloxacin ME
7733
70, 85, 242, 317, M+ 373
C20H24N3O3F
373.18018
3540
#119914-60-2
PS
LM/Q
Antibiotic

MAM-2201
9616
115, 232, 298, 356, M+ 373
C25H24NOF
373.18420
3340
PS
LM/Q
Cannabinoid

PCEPA-M (3'-HO-) TFA
1-(1-Phenylcyclohexyl)-2-ethoxypropylamine-M (3'-HO-) TFA
7052
157, 186, 218, 260, M+ 373
C19H26NO3F3
373.18649
1980
UGLUCTFA
LM/Q
Designer drug

PCEPA-M (4'-HO-) TFA
1-(1-Phenylcyclohexyl)-2-ethoxypropylamine-M (4'-HO-) TFA
7053
157, 186, 218, 260, M+ 373
C19H26NO3F3
373.18649
2010
UGLUCTFA
LM/Q
Designer drug

Dihydrocodeine TMS
2468
73, 146, 178, 236, M+ 373
C21H31NO3Si
373.20731
2480
PS
LS/Q
Potent antitussive

1328

373

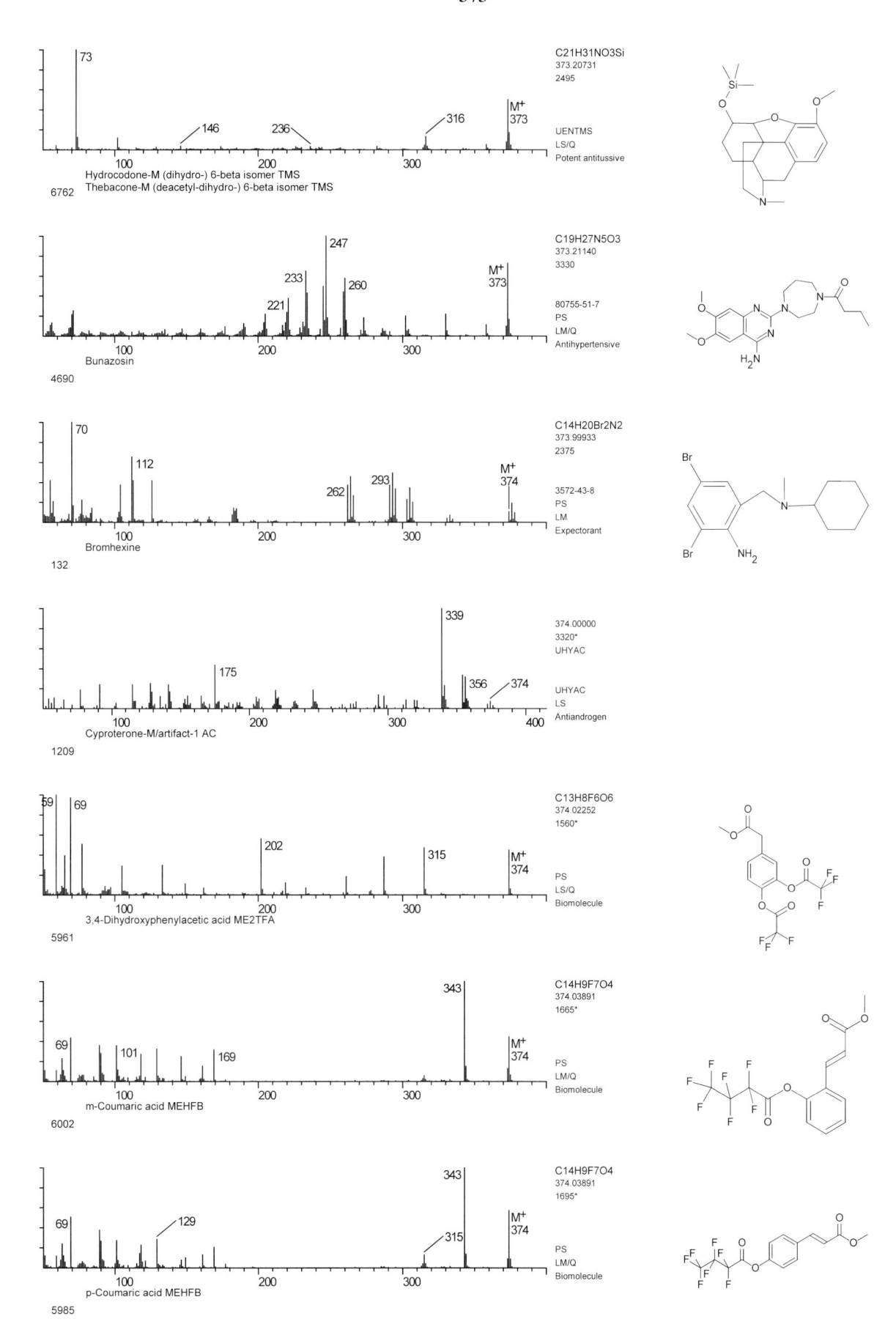

Hydrocodone-M (dihydro-) 6-beta isomer TMS
Thebacone-M (deacetyl-dihydro-) 6-beta isomer TMS
Peaks: 73, 146, 236, 316, M+ 373
C21H31NO3Si
373.20731
2495
UENTMS
LS/Q
Potent antitussive
6762

Bunazosin
Peaks: 221, 233, 247, 260, M+ 373
C19H27N5O3
373.21140
3330
80755-51-7
PS
LM/Q
Antihypertensive
4690

Bromhexine
Peaks: 70, 112, 262, 293, M+ 374
C14H20Br2N2
373.99933
2375
3572-43-8
PS
LM
Expectorant
132

Cyproterone-M/artifact-1 AC
Peaks: 175, 339, 356, 374
374.00000
3320*
UHYAC
UHYAC
LS
Antiandrogen
1209

3,4-Dihydroxyphenylacetic acid ME2TFA
Peaks: 59, 69, 202, 315, M+ 374
C13H8F6O6
374.02252
1560*
PS
LS/Q
Biomolecule
5961

m-Coumaric acid MEHFB
Peaks: 69, 101, 169, 343, M+ 374
C14H9F7O4
374.03891
1665*
PS
LM/Q
Biomolecule
6002

p-Coumaric acid MEHFB
Peaks: 69, 129, 315, 343, M+ 374
C14H9F7O4
374.03891
1695*
PS
LM/Q
Biomolecule
5985

374

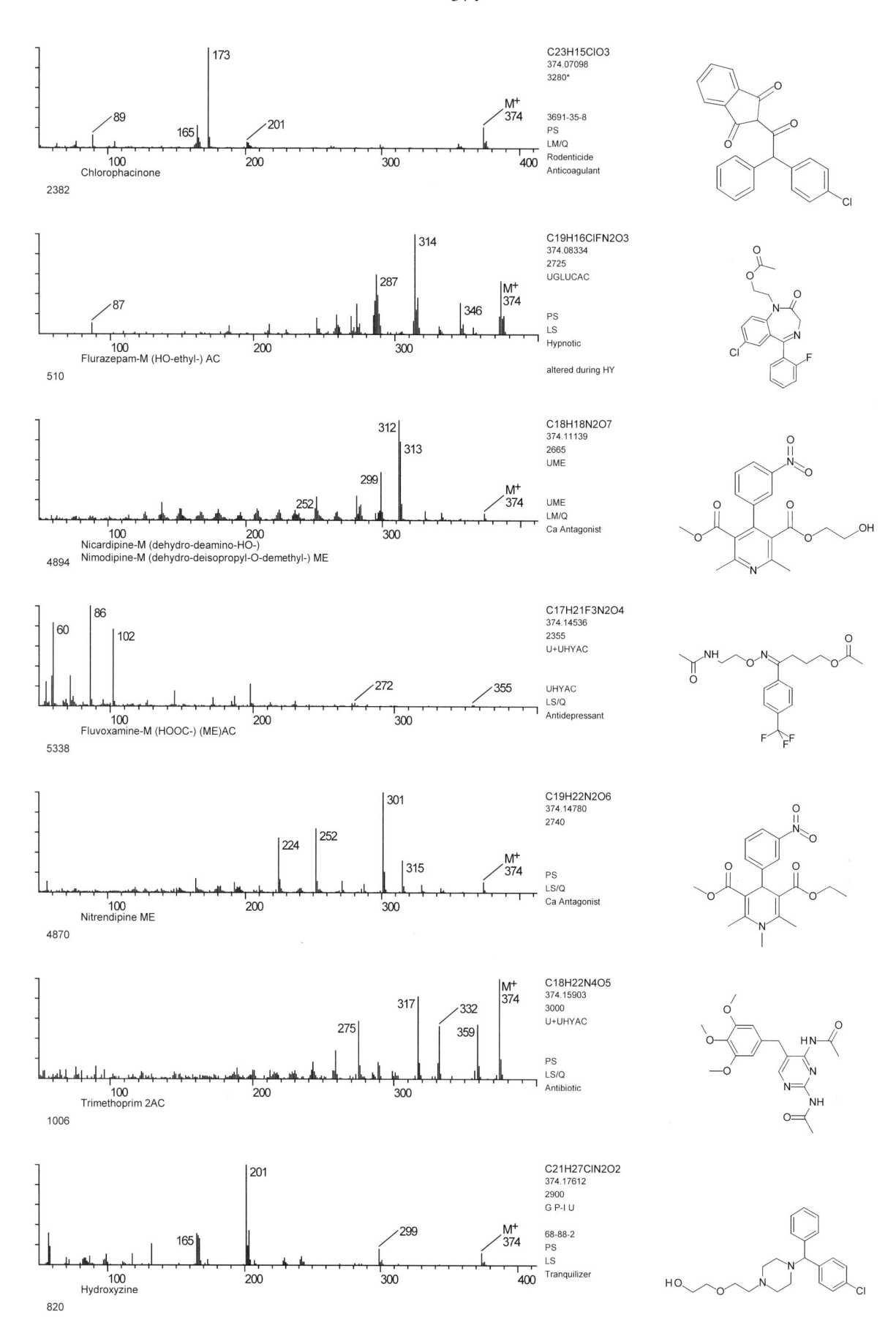

Chlorophacinone — 2382
Peaks: 89, 165, 173, 201, M+ 374
C23H15ClO3
374.07098
3280*
3691-35-8
PS
LM/Q
Rodenticide
Anticoagulant

Flurazepam-M (HO-ethyl-) AC — 510
Peaks: 87, 287, 314, 346, M+ 374
C19H16ClFN2O3
374.08334
2725
UGLUCAC
PS
LS
Hypnotic
altered during HY

Nicardipine-M (dehydro-deamino-HO-)
Nimodipine-M (dehydro-deisopropyl-O-demethyl-) ME — 4894
Peaks: 252, 299, 312, 313, M+ 374
C18H18N2O7
374.11139
2665
UME
UME
LM/Q
Ca Antagonist

Fluvoxamine-M (HOOC-) (ME)AC — 5338
Peaks: 60, 86, 102, 272, 355
C17H21F3N2O4
374.14536
2355
U+UHYAC
UHYAC
LS/Q
Antidepressant

Nitrendipine ME — 4870
Peaks: 224, 252, 301, 315, M+ 374
C19H22N2O6
374.14780
2740
PS
LS/Q
Ca Antagonist

Trimethoprim 2AC — 1006
Peaks: 275, 317, 332, 359, M+ 374
C18H22N4O5
374.15903
3000
U+UHYAC
PS
LS/Q
Antibiotic

Hydroxyzine — 820
Peaks: 165, 201, 299, M+ 374
C21H27ClN2O2
374.17612
2900
G P-I U
68-88-2
PS
LS
Tranquilizer

374

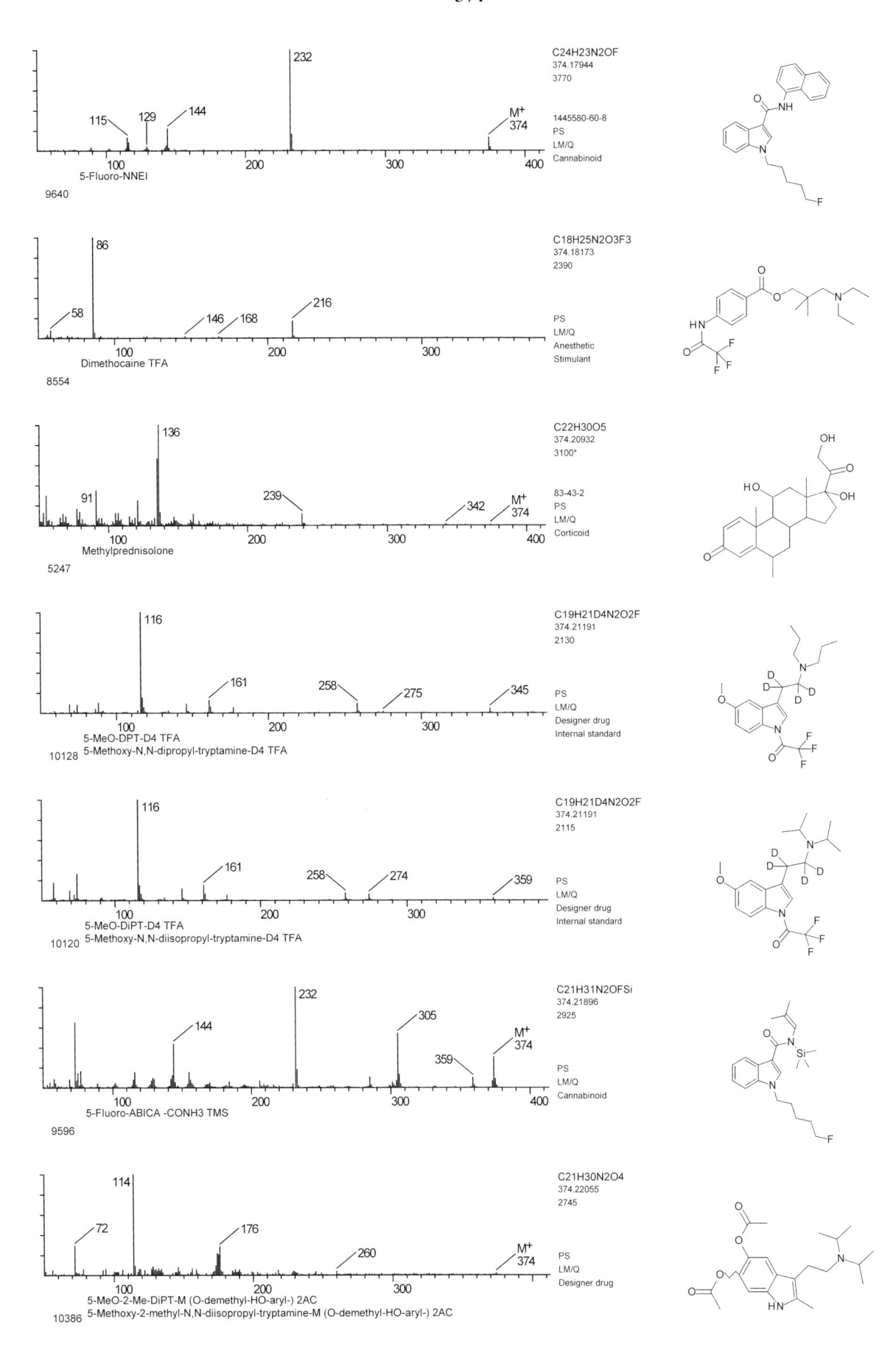

5-Fluoro-NNEI	C24H23N2OF 374.17944 3770 1445580-60-8 PS LM/Q Cannabinoid	
Dimethocaine TFA	C18H25N2O3F3 374.18173 2390 PS LM/Q Anesthetic Stimulant	
Methylprednisolone	C22H30O5 374.20932 3100* 83-43-2 PS LM/Q Corticoid	
5-MeO-DPT-D4 TFA 5-Methoxy-N,N-dipropyl-tryptamine-D4 TFA	C19H21D4N2O2F 374.21191 2130 PS LM/Q Designer drug Internal standard	
5-MeO-DiPT-D4 TFA 5-Methoxy-N,N-diisopropyl-tryptamine-D4 TFA	C19H21D4N2O2F 374.21191 2115 PS LM/Q Designer drug Internal standard	
5-Fluoro-ABICA -CONH3 TMS	C21H31N2OFSi 374.21896 2925 PS LM/Q Cannabinoid	
5-MeO-2-Me-DiPT-M (O-demethyl-HO-aryl-) 2AC 5-Methoxy-2-methyl-N,N-diisopropyl-tryptamine-M (O-demethyl-HO-aryl-) 2AC	C21H30N2O4 374.22055 2745 PS LM/Q Designer drug	

374

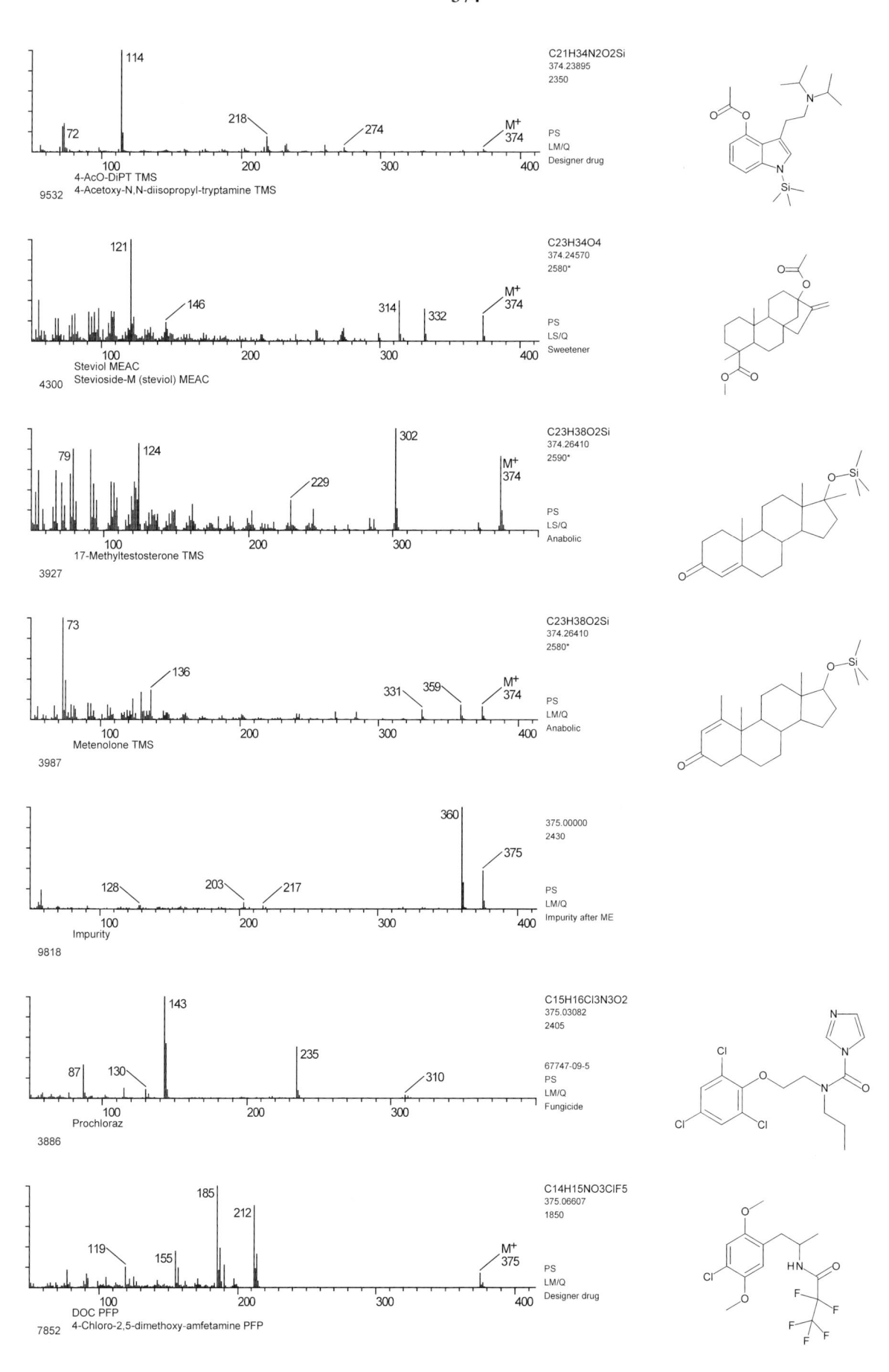

C21H34N2O2Si
374.23895
2350

PS
LM/Q
Designer drug

4-AcO-DiPT TMS
4-Acetoxy-N,N-diisopropyl-tryptamine TMS
9532

C23H34O4
374.24570
2580*

PS
LS/Q
Sweetener

Steviol MEAC
Stevioside-M (steviol) MEAC
4300

C23H38O2Si
374.26410
2590*

PS
LS/Q
Anabolic

17-Methyltestosterone TMS
3927

C23H38O2Si
374.26410
2580*

PS
LM/Q
Anabolic

Metenolone TMS
3987

375.00000
2430

PS
LM/Q
Impurity after ME

Impurity
9818

C15H16Cl3N3O2
375.03082
2405

67747-09-5
PS
LM/Q
Fungicide

Prochloraz
3886

C14H15NO3ClF5
375.06607
1850

PS
LM/Q
Designer drug

DOC PFP
4-Chloro-2,5-dimethoxy-amfetamine PFP
7852

375

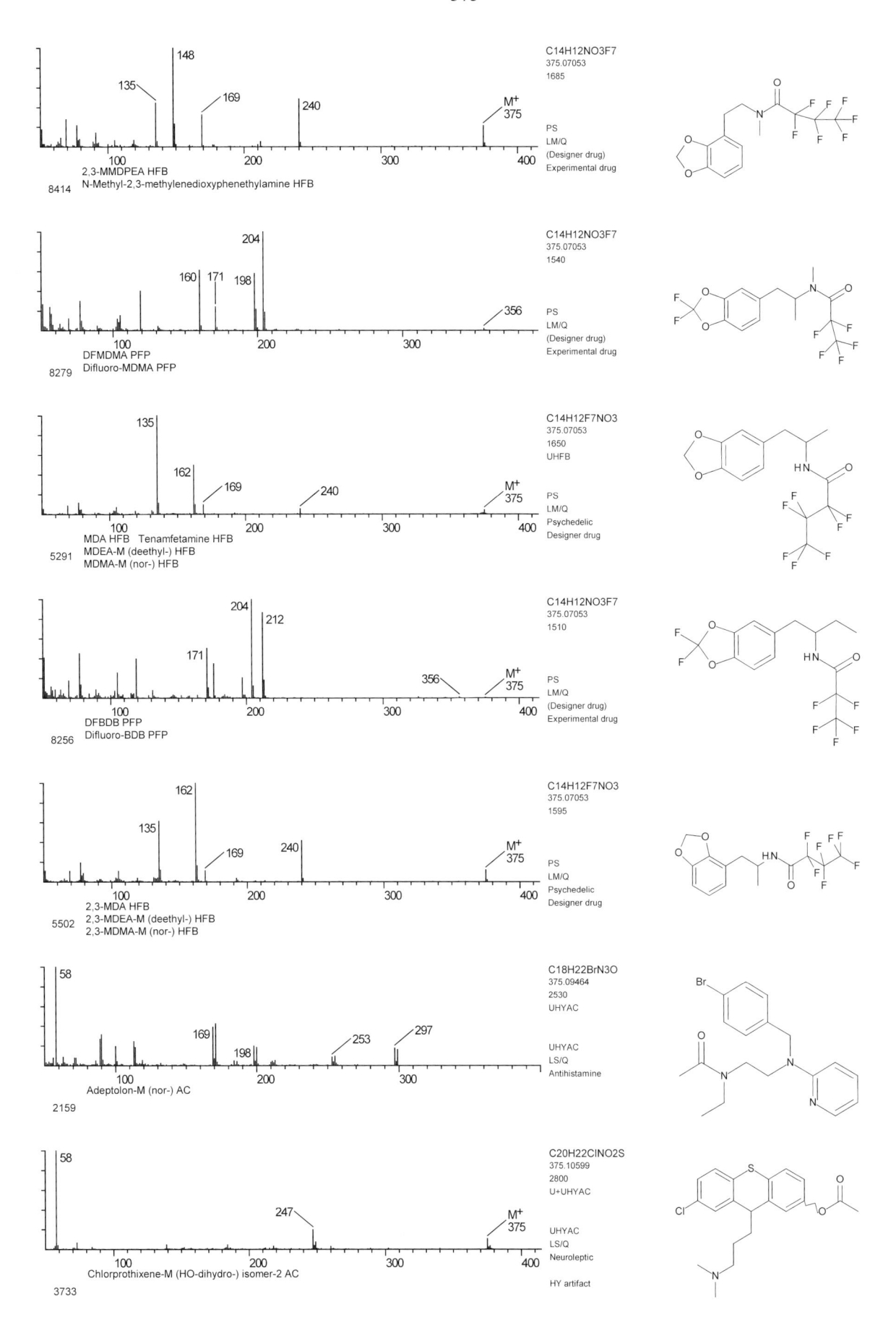

8414	2,3-MMDPEA HFB N-Methyl-2,3-methylenedioxyphenethylamine HFB Peaks: 135, 148, 169, 240, M+ 375	C14H12NO3F7 375.07053 1685 PS LM/Q (Designer drug) Experimental drug
8279	DFMDMA PFP Difluoro-MDMA PFP Peaks: 160, 171, 198, 204, 356	C14H12NO3F7 375.07053 1540 PS LM/Q (Designer drug) Experimental drug
5291	MDA HFB Tenamfetamine HFB MDEA-M (deethyl-) HFB MDMA-M (nor-) HFB Peaks: 135, 162, 169, 240, M+ 375	C14H12F7NO3 375.07053 1650 UHFB PS LM/Q Psychedelic Designer drug
8256	DFBDB PFP Difluoro-BDB PFP Peaks: 171, 204, 212, 356, M+ 375	C14H12NO3F7 375.07053 1510 PS LM/Q (Designer drug) Experimental drug
5502	2,3-MDA HFB 2,3-MDEA-M (deethyl-) HFB 2,3-MDMA-M (nor-) HFB Peaks: 135, 162, 169, 240, M+ 375	C14H12F7NO3 375.07053 1595 PS LM/Q Psychedelic Designer drug
2159	Adeptolon-M (nor-) AC Peaks: 58, 169, 198, 253, 297	C18H22BrN3O 375.09464 2530 UHYAC UHYAC LS/Q Antihistamine
3733	Chlorprothixene-M (HO-dihydro-) isomer-2 AC Peaks: 58, 247, M+ 375	C20H22ClNO2S 375.10599 2800 U+UHYAC UHYAC LS/Q Neuroleptic HY artifact

1333

375

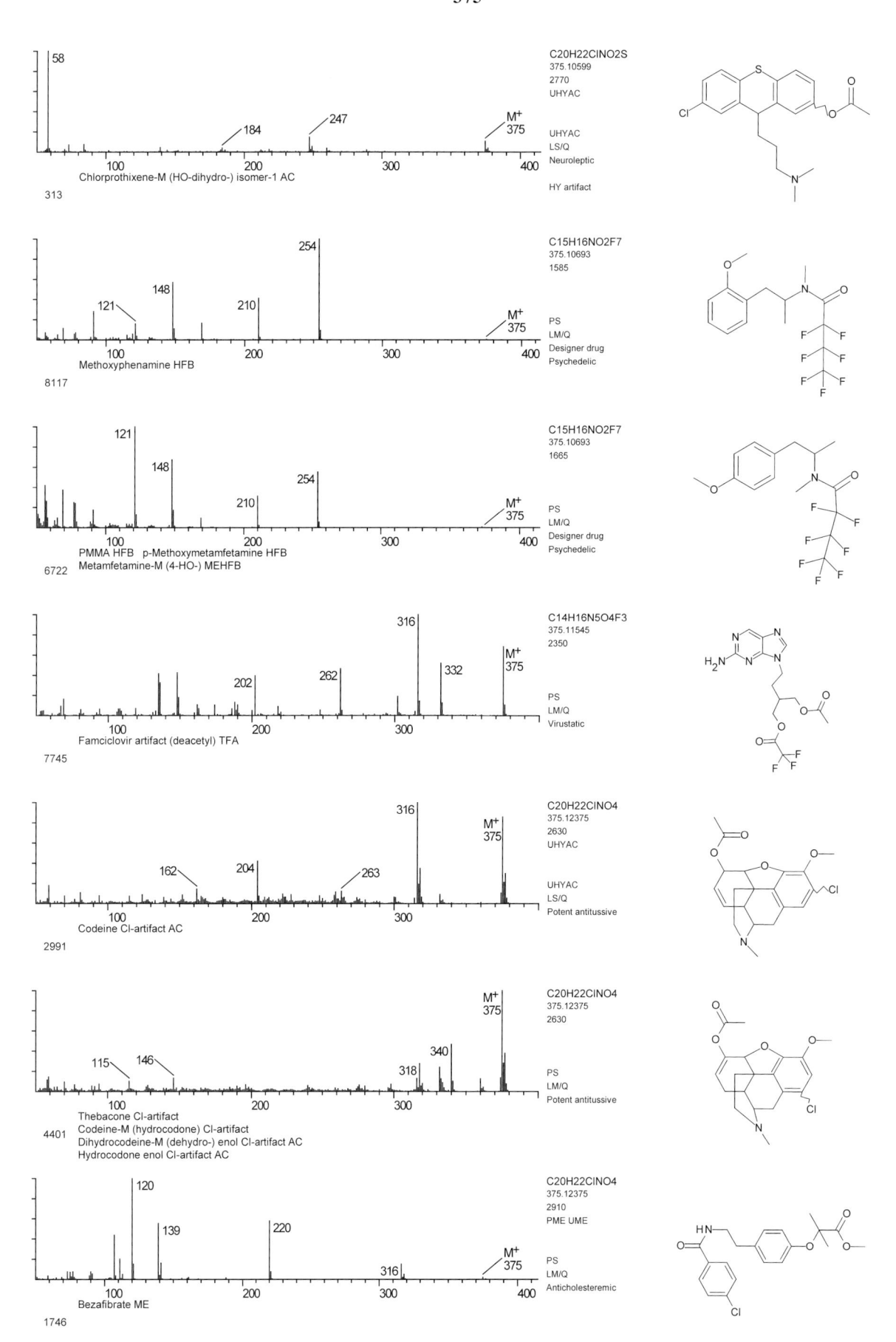

Chlorprothixene-M (HO-dihydro-) isomer-1 AC 313	Peaks: 58, 184, 247, M+ 375	C20H22ClNO2S 375.10599 2770 UHYAC UHYAC LS/Q Neuroleptic HY artifact
Methoxyphenamine HFB 8117	Peaks: 121, 148, 210, 254, M+ 375	C15H16NO2F7 375.10693 1585 PS LM/Q Designer drug Psychedelic
PMMA HFB p-Methoxymetamfetamine HFB Metamfetamine-M (4-HO-) MEHFB 6722	Peaks: 121, 148, 210, 254, M+ 375	C15H16NO2F7 375.10693 1665 PS LM/Q Designer drug Psychedelic
Famciclovir artifact (deacetyl) TFA 7745	Peaks: 202, 262, 316, 332, M+ 375	C14H16N5O4F3 375.11545 2350 PS LM/Q Virustatic
Codeine Cl-artifact AC 2991	Peaks: 162, 204, 263, 316, M+ 375	C20H22ClNO4 375.12375 2630 UHYAC UHYAC LS/Q Potent antitussive
Thebacone Cl-artifact Codeine-M (hydrocodone) Cl-artifact Dihydrocodeine-M (dehydro-) enol Cl-artifact AC Hydrocodone enol Cl-artifact AC 4401	Peaks: 115, 146, 318, 340, M+ 375	C20H22ClNO4 375.12375 2630 PS LM/Q Potent antitussive
Bezafibrate ME 1746	Peaks: 120, 139, 220, 316, M+ 375	C20H22ClNO4 375.12375 2910 PME UME PS LM/Q Anticholesteremic

375

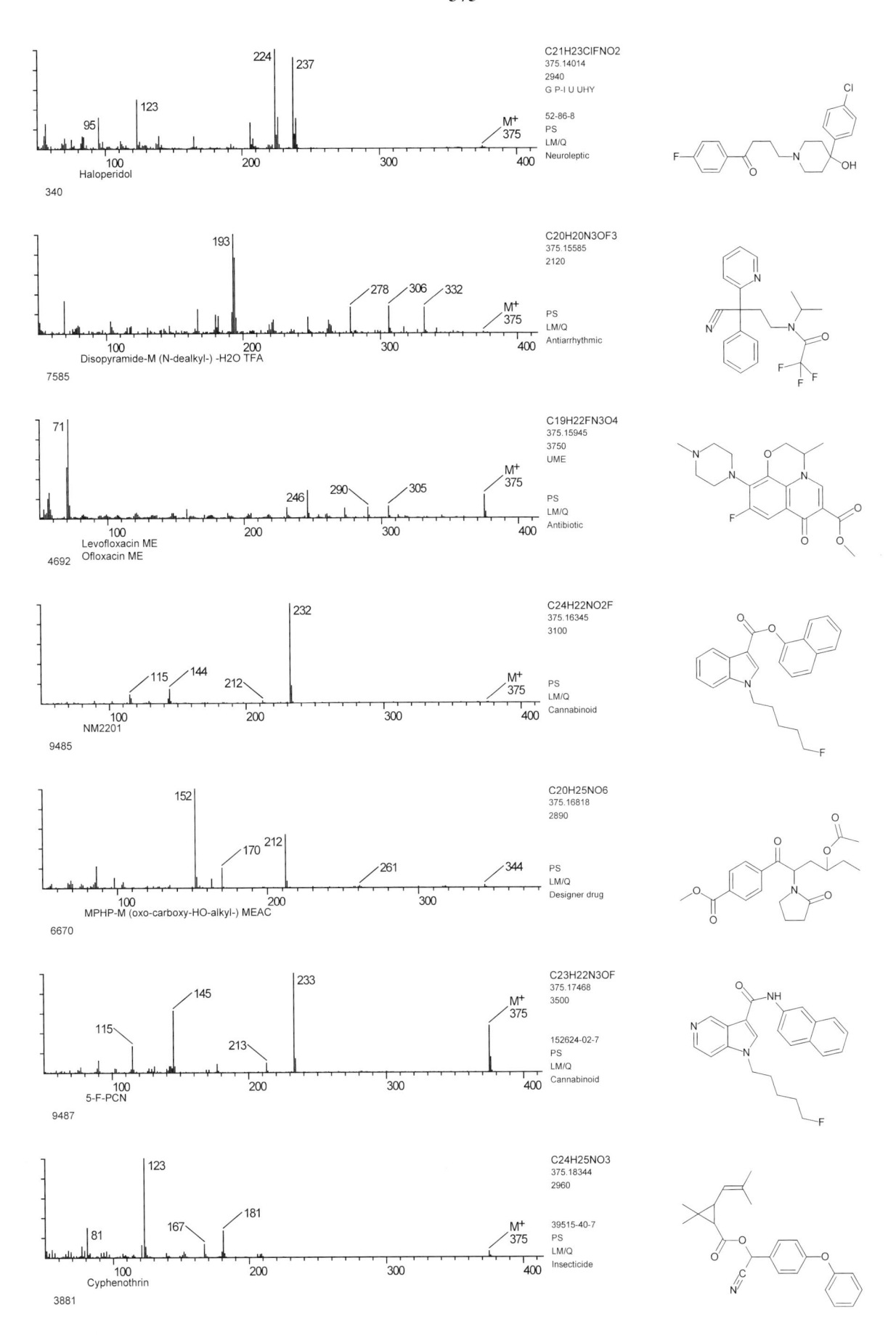

Haloperidol — peaks at 95, 123, 224, 237, M+ 375	C21H23ClFNO2 375.14014 2940 G P-I U UHY 52-86-8 PS LM/Q Neuroleptic

340

Disopyramide-M (N-dealkyl-) -H2O TFA — peaks at 193, 278, 306, 332, M+ 375	C20H20N3OF3 375.15585 2120 PS LM/Q Antiarrhythmic

7585

Levofloxacin ME / Ofloxacin ME — peaks at 71, 246, 290, 305, M+ 375	C19H22FN3O4 375.15945 3750 UME PS LM/Q Antibiotic

4692

NM2201 — peaks at 115, 144, 212, 232, M+ 375	C24H22NO2F 375.16345 3100 PS LM/Q Cannabinoid

9485

MPHP-M (oxo-carboxy-HO-alkyl-) MEAC — peaks at 152, 170, 212, 261, 344	C20H25NO6 375.16818 2890 PS LM/Q Designer drug

6670

5-F-PCN — peaks at 115, 145, 213, 233, M+ 375	C23H22N3OF 375.17468 3500 152624-02-7 PS LM/Q Cannabinoid

9487

Cyphenothrin — peaks at 81, 123, 167, 181, M+ 375	C24H25NO3 375.18344 2960 39515-40-7 PS LM/Q Insecticide

3881

375

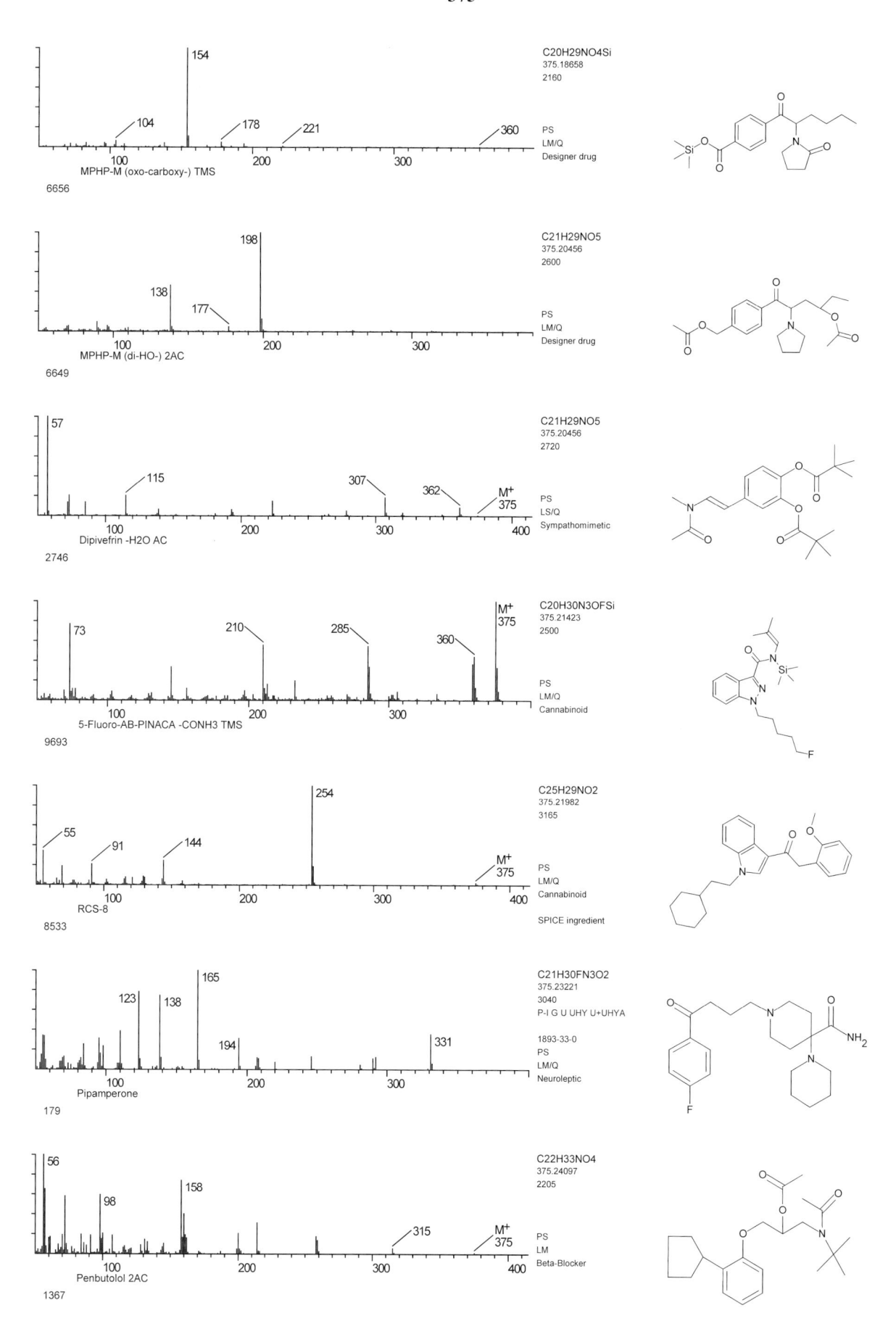

MPHP-M (oxo-carboxy-) TMS 6656	Peaks: 104, 154, 178, 221, 360	C20H29NO4Si 375.18658 2160 PS LM/Q Designer drug
MPHP-M (di-HO-) 2AC 6649	Peaks: 138, 177, 198	C21H29NO5 375.20456 2600 PS LM/Q Designer drug
Dipivefrin -H2O AC 2746	Peaks: 57, 115, 307, 362, M+ 375	C21H29NO5 375.20456 2720 PS LS/Q Sympathomimetic
5-Fluoro-AB-PINACA -CONH3 TMS 9693	Peaks: 73, 210, 285, 360, M+ 375	C20H30N3OFSi 375.21423 2500 PS LM/Q Cannabinoid
RCS-8 8533	Peaks: 55, 91, 144, 254, M+ 375	C25H29NO2 375.21982 3165 PS LM/Q Cannabinoid SPICE ingredient
Pipamperone 179	Peaks: 123, 138, 165, 194, 331	C21H30FN3O2 375.23221 3040 P-I G U UHY U+UHYA 1893-33-0 PS LM/Q Neuroleptic
Penbutolol 2AC 1367	Peaks: 56, 98, 158, 315, M+ 375	C22H33NO4 375.24097 2205 PS LM Beta-Blocker

375

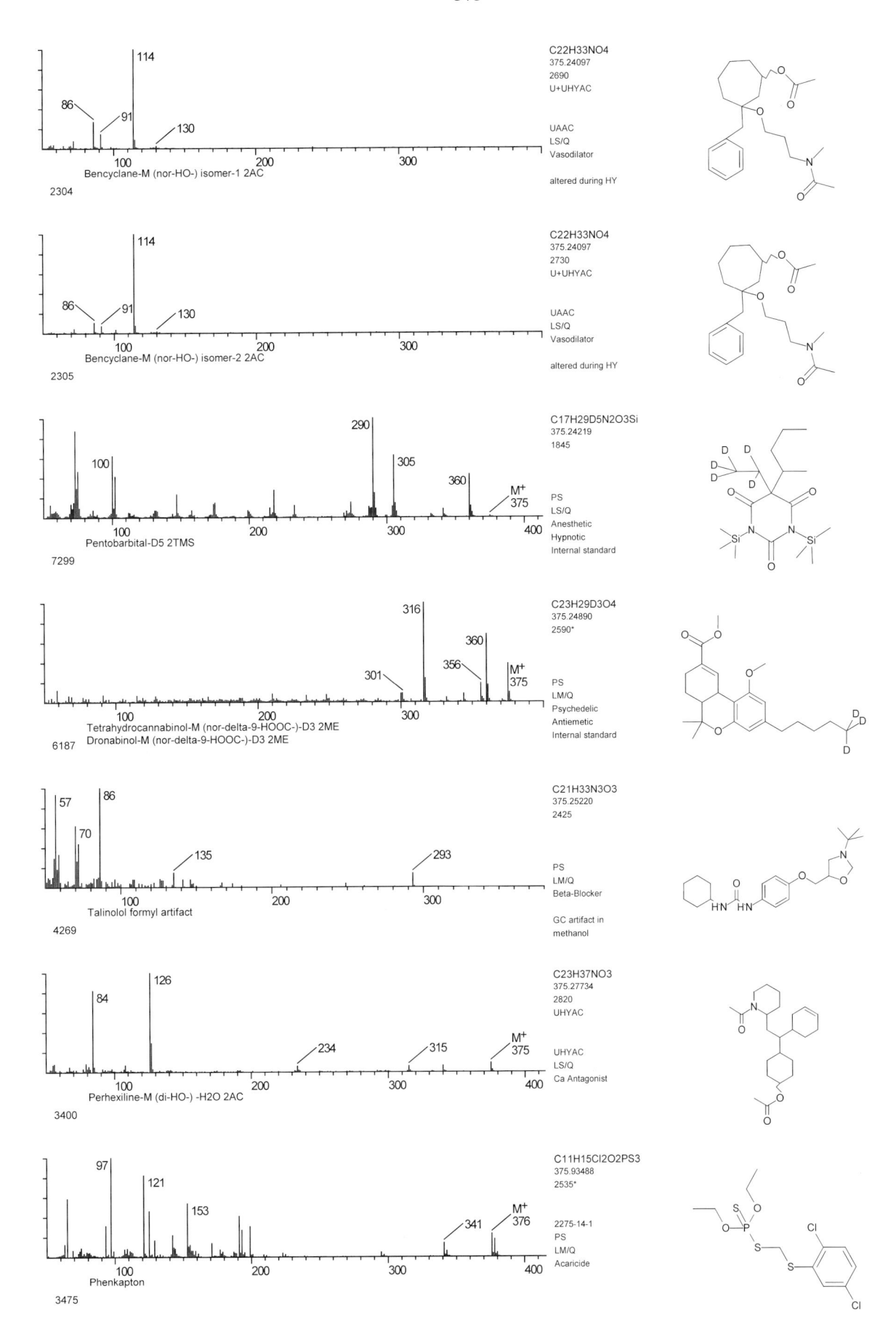

Bencyclane-M (nor-HO-) isomer-1 2AC — 2304
Peaks: 86, 91, 114, 130
C22H33NO4
375.24097
2690
U+UHYAC
UAAC
LS/Q
Vasodilator
altered during HY

Bencyclane-M (nor-HO-) isomer-2 2AC — 2305
Peaks: 86, 91, 114, 130
C22H33NO4
375.24097
2730
U+UHYAC
UAAC
LS/Q
Vasodilator
altered during HY

Pentobarbital-D5 2TMS — 7299
Peaks: 100, 290, 305, 360, M+ 375
C17H29D5N2O3Si
375.24219
1845
PS
LS/Q
Anesthetic
Hypnotic
Internal standard

Tetrahydrocannabinol-M (nor-delta-9-HOOC-)-D3 2ME / Dronabinol-M (nor-delta-9-HOOC-)-D3 2ME — 6187
Peaks: 301, 316, 356, 360, M+ 375
C23H29D3O4
375.24890
2590*
PS
LM/Q
Psychedelic
Antiemetic
Internal standard

Talinolol formyl artifact — 4269
Peaks: 57, 70, 86, 135, 293
C21H33N3O3
375.25220
2425
PS
LM/Q
Beta-Blocker
GC artifact in methanol

Perhexiline-M (di-HO-) -H2O 2AC — 3400
Peaks: 84, 126, 234, 315, M+ 375
C23H37NO3
375.27734
2820
UHYAC
UHYAC
LS/Q
Ca Antagonist

Phenkapton — 3475
Peaks: 97, 121, 153, 341, M+ 376
C11H15Cl2O2PS3
375.93488
2535*
2275-14-1
PS
LM/Q
Acaricide

376

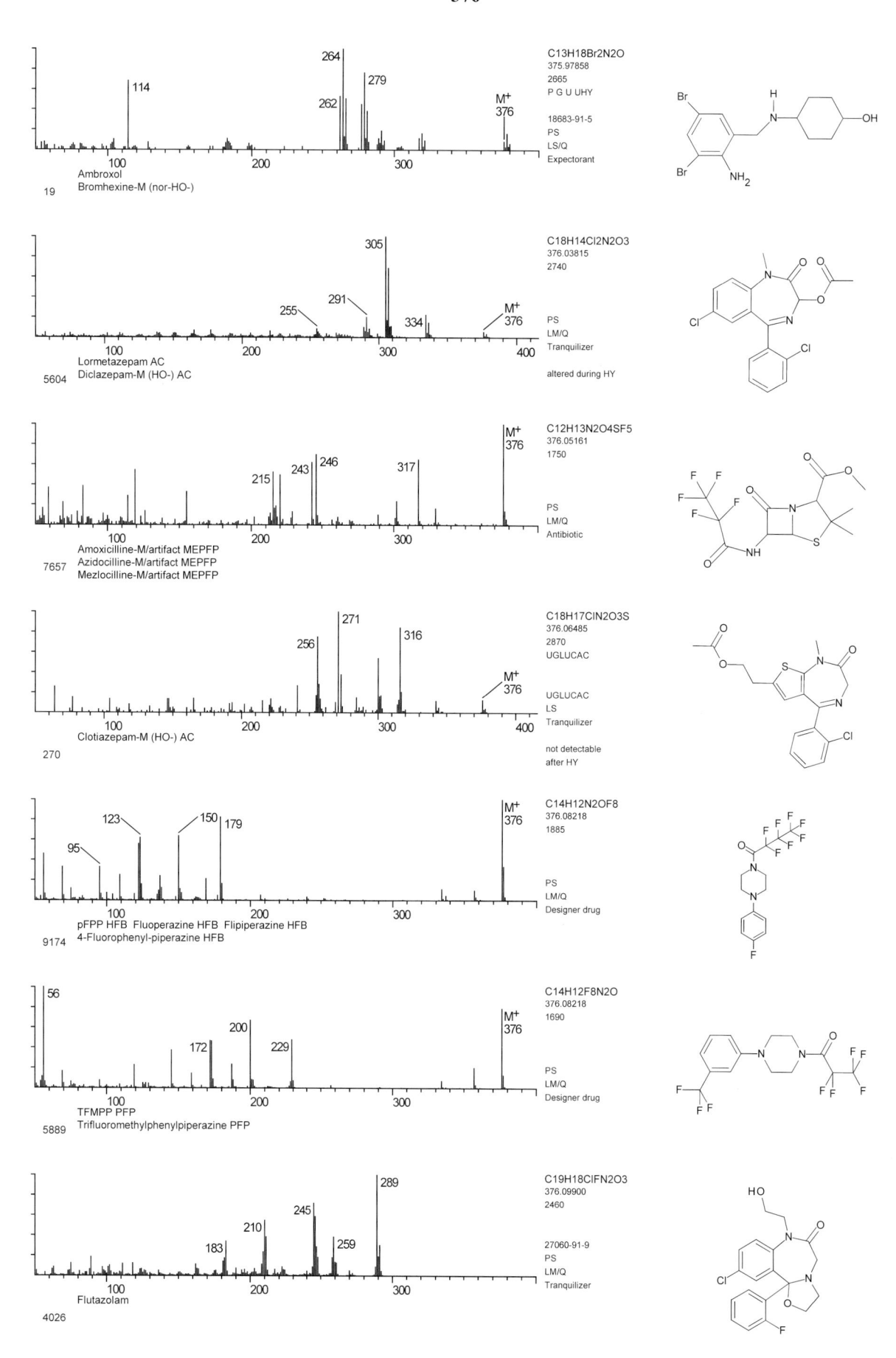

C13H18Br2N2O
375.97858
2665
P G U UHY

18683-91-5
PS
LS/Q
Expectorant

Ambroxol
Bromhexine-M (nor-HO-)
19

C18H14Cl2N2O3
376.03815
2740

PS
LM/Q
Tranquilizer

altered during HY

Lormetazepam AC
Diclazepam-M (HO-) AC
5604

C12H13N2O4SF5
376.05161
1750

PS
LM/Q
Antibiotic

Amoxicilline-M/artifact MEPFP
Azidocilline-M/artifact MEPFP
Mezlocilline-M/artifact MEPFP
7657

C18H17ClN2O3S
376.06485
2870
UGLUCAC

UGLUCAC
LS
Tranquilizer

not detectable after HY

Clotiazepam-M (HO-) AC
270

C14H12N2OF8
376.08218
1885

PS
LM/Q
Designer drug

pFPP HFB Fluoperazine HFB Flipiperazine HFB
4-Fluorophenyl-piperazine HFB
9174

C14H12F8N2O
376.08218
1690

PS
LM/Q
Designer drug

TFMPP PFP
Trifluoromethylphenylpiperazine PFP
5889

C19H18ClFN2O3
376.09900
2460

27060-91-9
PS
LM/Q
Tranquilizer

Flutazolam
4026

376

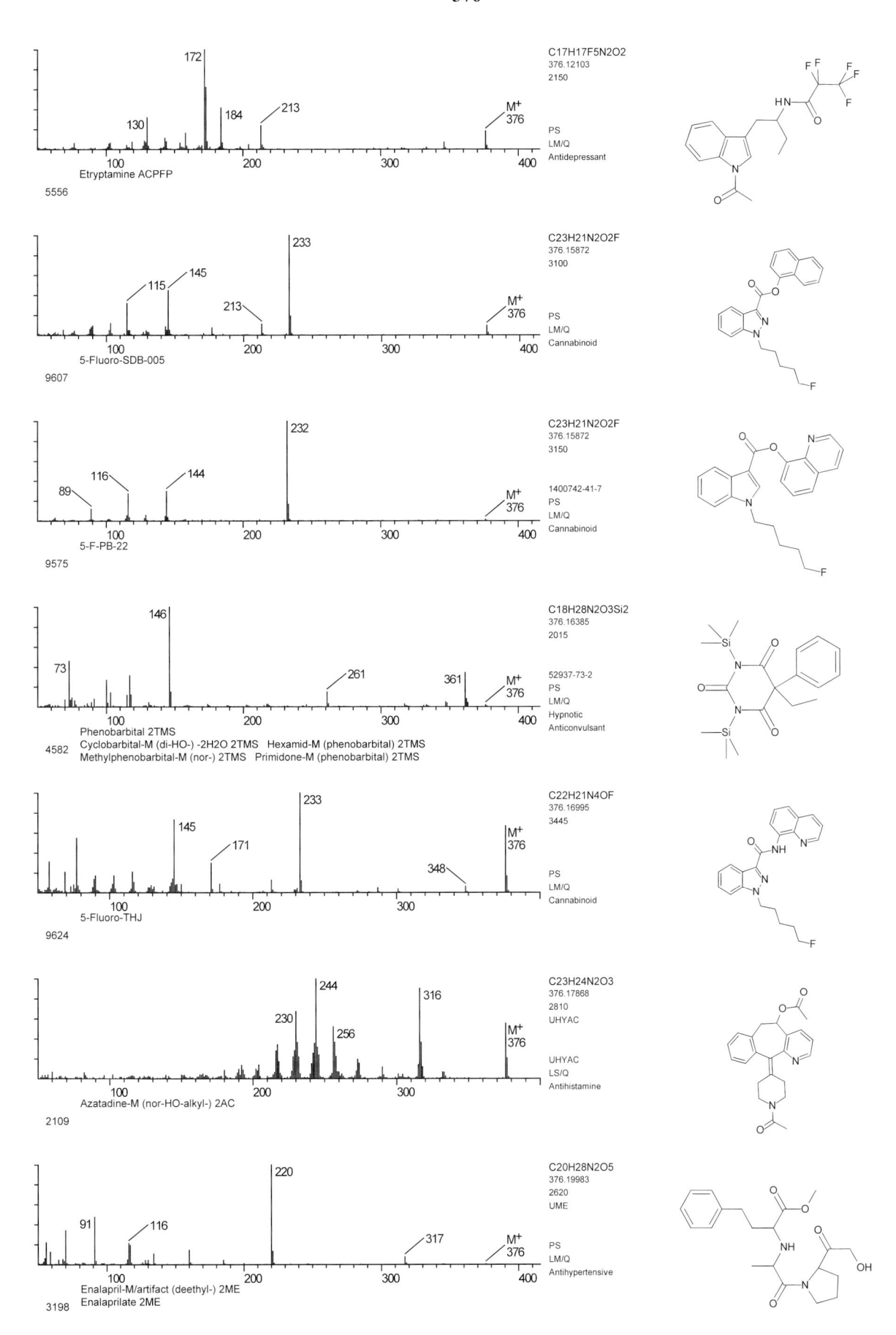

Etryptamine ACPFP
5556
Peaks: 130, 172, 184, 213, M+ 376

C17H17F5N2O2
376.12103
2150

PS
LM/Q
Antidepressant

5-Fluoro-SDB-005
9607
Peaks: 115, 145, 213, 233, M+ 376

C23H21N2O2F
376.15872
3100

PS
LM/Q
Cannabinoid

5-F-PB-22
9575
Peaks: 89, 116, 144, 232, M+ 376

C23H21N2O2F
376.15872
3150

1400742-41-7
PS
LM/Q
Cannabinoid

Phenobarbital 2TMS
Cyclobarbital-M (di-HO-) -2H2O 2TMS   Hexamid-M (phenobarbital) 2TMS
Methylphenobarbital-M (nor-) 2TMS   Primidone-M (phenobarbital) 2TMS
4582
Peaks: 73, 146, 261, 361, M+ 376

C18H28N2O3Si2
376.16385
2015

52937-73-2
PS
LM/Q
Hypnotic
Anticonvulsant

5-Fluoro-THJ
9624
Peaks: 145, 171, 233, 348, M+ 376

C22H21N4OF
376.16995
3445

PS
LM/Q
Cannabinoid

Azatadine-M (nor-HO-alkyl) 2AC
2109
Peaks: 230, 244, 256, 316, M+ 376

C23H24N2O3
376.17868
2810
UHYAC

UHYAC
LS/Q
Antihistamine

Enalapril-M/artifact (deethyl-) 2ME
Enalaprilate 2ME
3198
Peaks: 91, 116, 220, 317, M+ 376

C20H28N2O5
376.19983
2620
UME

PS
LM/Q
Antihypertensive

1339

376

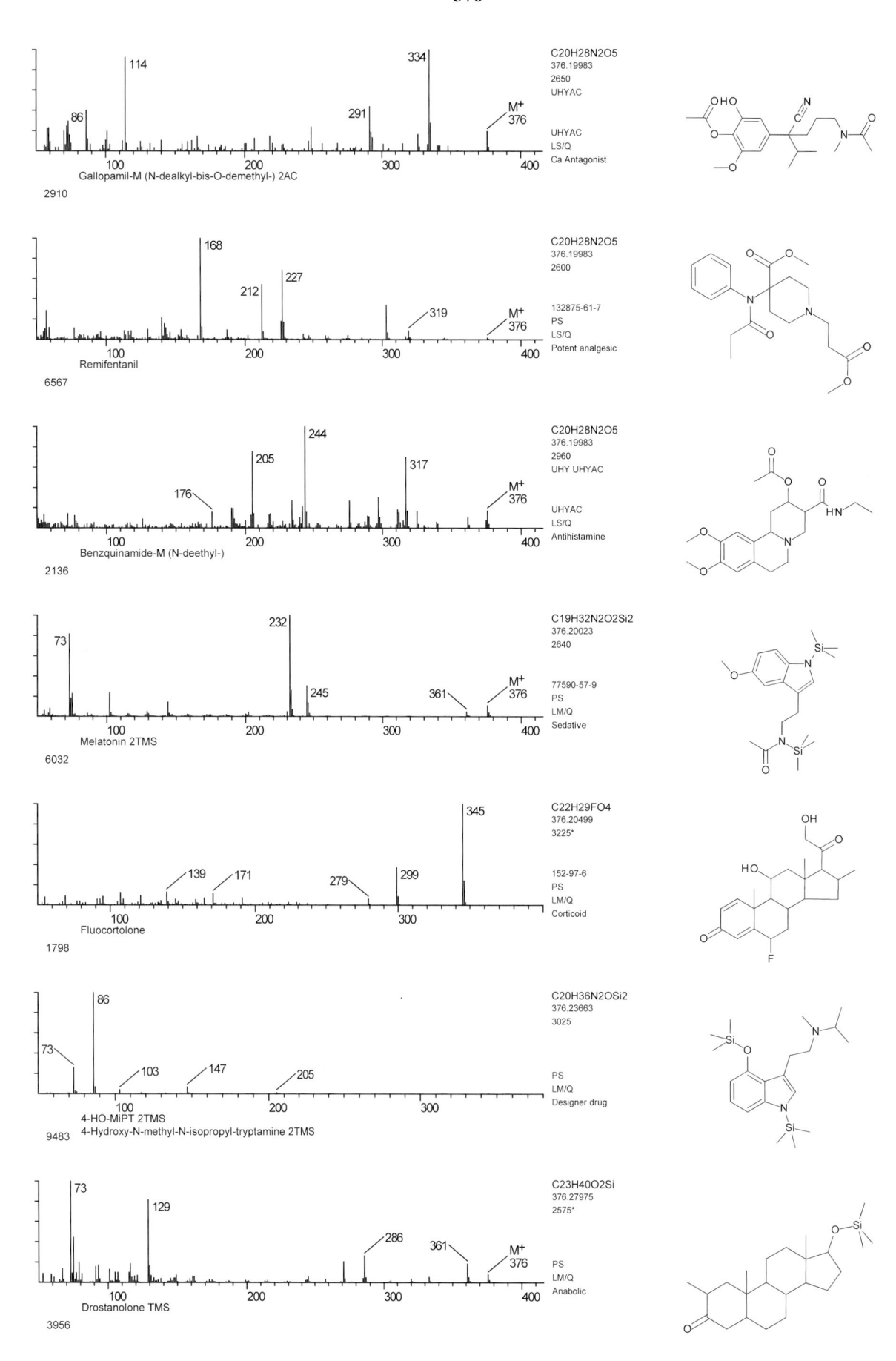

Gallopamil-M (N-dealkyl-bis-O-demethyl-) 2AC 2910 Peaks: 86, 114, 291, 334, M+ 376	C20H28N2O5 376.19983 2650 UHYAC UHYAC LS/Q Ca Antagonist
Remifentanil 6567 Peaks: 168, 212, 227, 319, M+ 376	C20H28N2O5 376.19983 2600 132875-61-7 PS LS/Q Potent analgesic
Benzquinamide-M (N-deethyl-) 2136 Peaks: 176, 205, 244, 317, M+ 376	C20H28N2O5 376.19983 2960 UHY UHYAC UHYAC LS/Q Antihistamine
Melatonin 2TMS 6032 Peaks: 73, 232, 245, 361, M+ 376	C19H32N2O2Si2 376.20023 2640 77590-57-9 PS LM/Q Sedative
Fluocortolone 1798 Peaks: 139, 171, 279, 299, 345	C22H29FO4 376.20499 3225* 152-97-6 PS LM/Q Corticoid
4-HO-MiPT 2TMS 4-Hydroxy-N-methyl-N-isopropyl-tryptamine 2TMS 9483 Peaks: 73, 86, 103, 147, 205	C20H36N2OSi2 376.23663 3025 PS LM/Q Designer drug
Drostanolone TMS 3956 Peaks: 73, 129, 286, 361, M+ 376	C23H40O2Si 376.27975 2575* PS LM/Q Anabolic

376

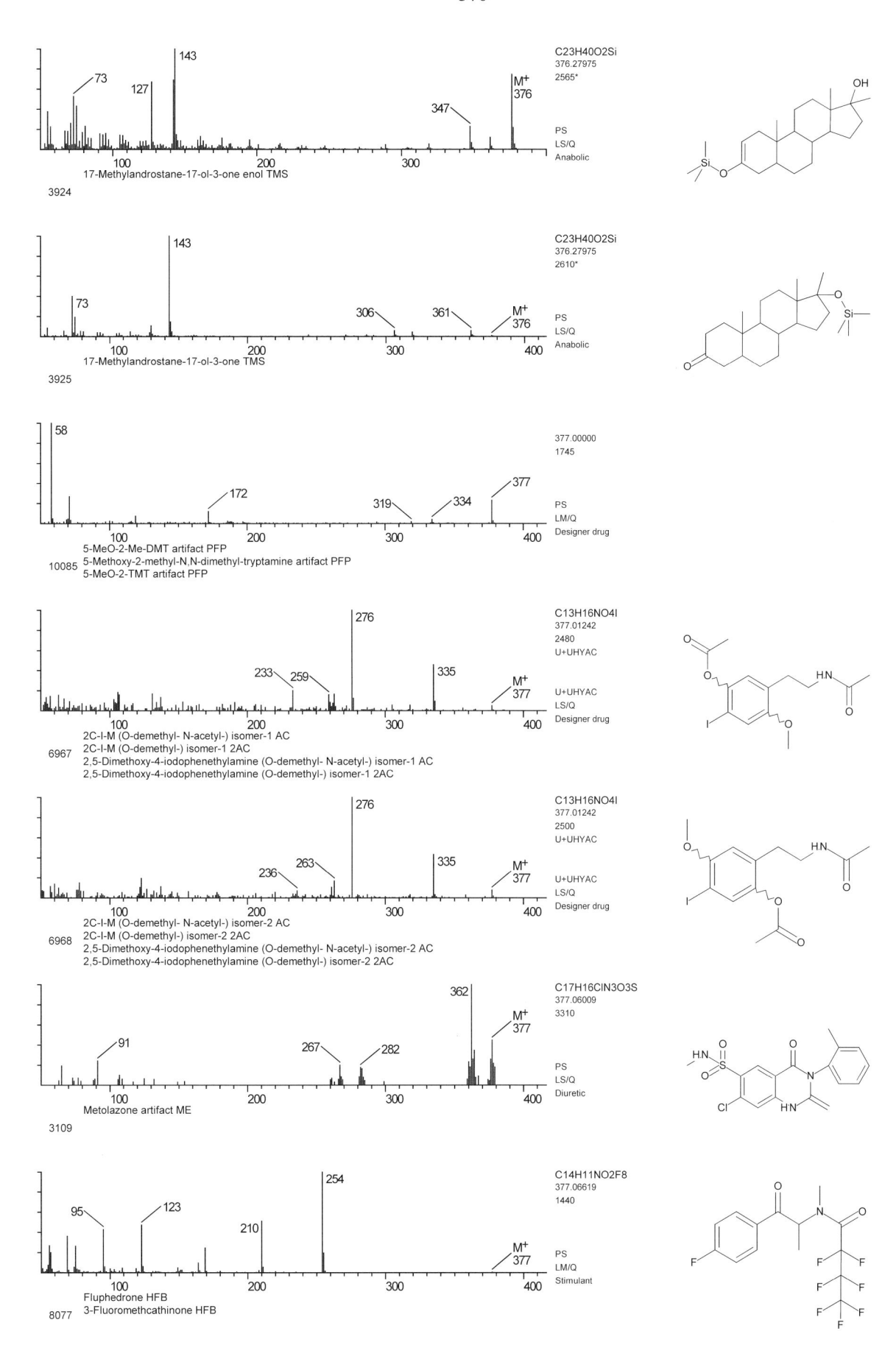

3924 — 17-Methylandrostane-17-ol-3-one enol TMS
Peaks: 73, 127, 143, 347, M+ 376
C23H40O2Si
376.27975
2565*
PS
LS/Q
Anabolic

3925 — 17-Methylandrostane-17-ol-3-one TMS
Peaks: 73, 143, 306, 361, M+ 376
C23H40O2Si
376.27975
2610*
PS
LS/Q
Anabolic

10085 — 5-MeO-2-Me-DMT artifact PFP
5-Methoxy-2-methyl-N,N-dimethyl-tryptamine artifact PFP
5-MeO-2-TMT artifact PFP
Peaks: 58, 172, 319, 334, 377
377.00000
1745
PS
LM/Q
Designer drug

6967 — 2C-I-M (O-demethyl- N-acetyl-) isomer-1 AC
2C-I-M (O-demethyl-) isomer-1 2AC
2,5-Dimethoxy-4-iodophenethylamine (O-demethyl- N-acetyl-) isomer-1 AC
2,5-Dimethoxy-4-iodophenethylamine (O-demethyl-) isomer-1 2AC
Peaks: 233, 259, 276, 335, M+ 377
C13H16NO4I
377.01242
2480
U+UHYAC
U+UHYAC
LS/Q
Designer drug

6968 — 2C-I-M (O-demethyl- N-acetyl-) isomer-2 AC
2C-I-M (O-demethyl-) isomer-2 2AC
2,5-Dimethoxy-4-iodophenethylamine (O-demethyl- N-acetyl-) isomer-2 AC
2,5-Dimethoxy-4-iodophenethylamine (O-demethyl-) isomer-2 2AC
Peaks: 236, 263, 276, 335, M+ 377
C13H16NO4I
377.01242
2500
U+UHYAC
U+UHYAC
LS/Q
Designer drug

3109 — Metolazone artifact ME
Peaks: 91, 267, 282, 362, M+ 377
C17H16ClN3O3S
377.06009
3310
PS
LS/Q
Diuretic

8077 — Fluphedrone HFB
3-Fluoromethcathinone HFB
Peaks: 95, 123, 210, 254, M+ 377
C14H11NO2F8
377.06619
1440
PS
LM/Q
Stimulant

377

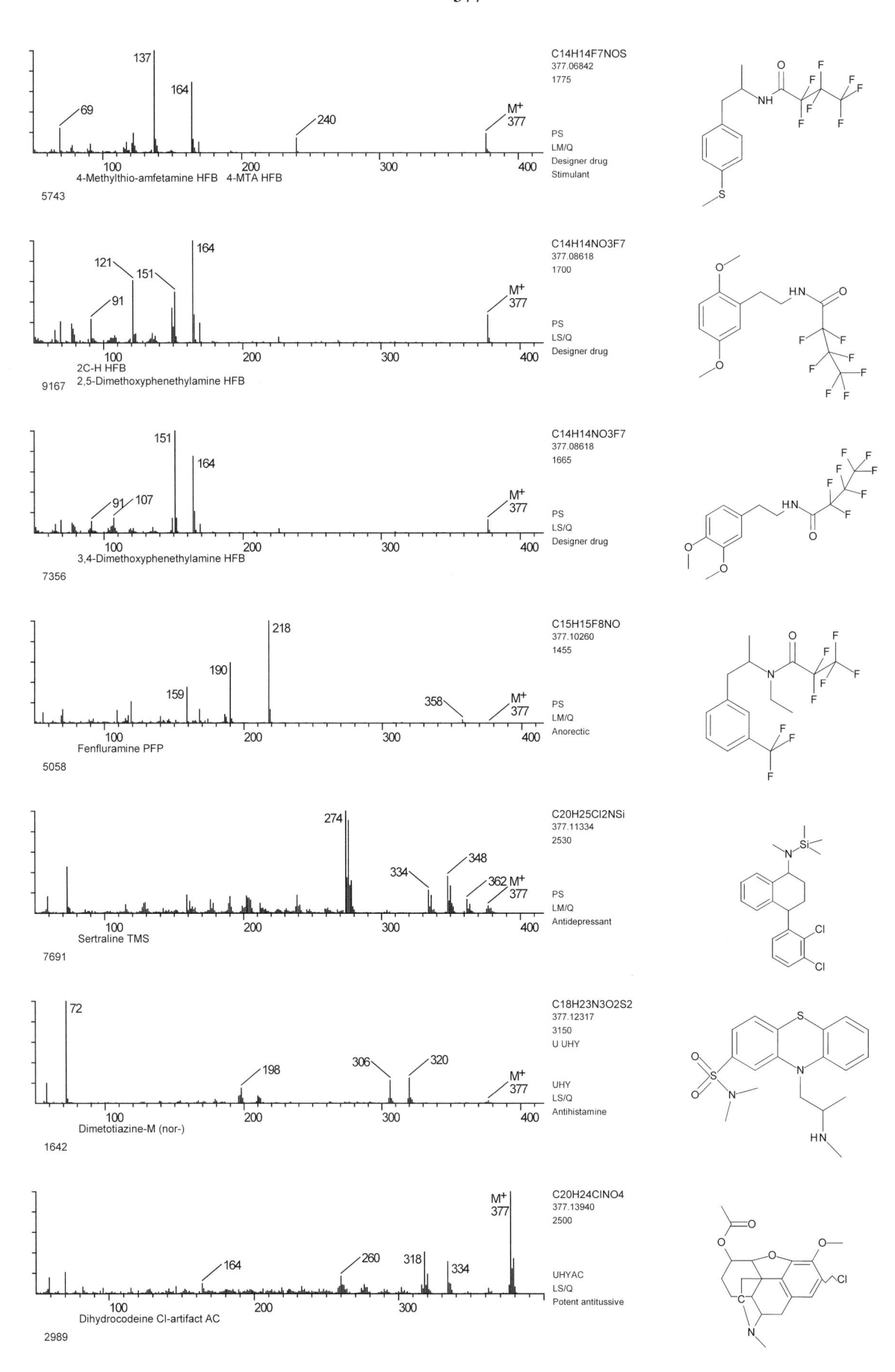

Spectrum label	Formula	Mass	Index
4-Methylthio-amfetamine HFB / 4-MTA HFB (5743)	C14H14F7NOS	377.06842	1775 PS LM/Q Designer drug Stimulant
2C-H HFB / 2,5-Dimethoxyphenethylamine HFB (9167)	C14H14NO3F7	377.08618	1700 PS LS/Q Designer drug
3,4-Dimethoxyphenethylamine HFB (7356)	C14H14NO3F7	377.08618	1665 PS LS/Q Designer drug
Fenfluramine PFP (5058)	C15H15F8NO	377.10260	1455 PS LM/Q Anorectic
Sertraline TMS (7691)	C20H25Cl2NSi	377.11334	2530 PS LM/Q Antidepressant
Dimetotiazine-M (nor-) (1642)	C18H23N3O2S2	377.12317	3150 U UHY UHY LS/Q Antihistamine
Dihydrocodeine Cl-artifact AC (2989)	C20H24ClNO4	377.13940	2500 UHYAC LS/Q Potent antitussive

377

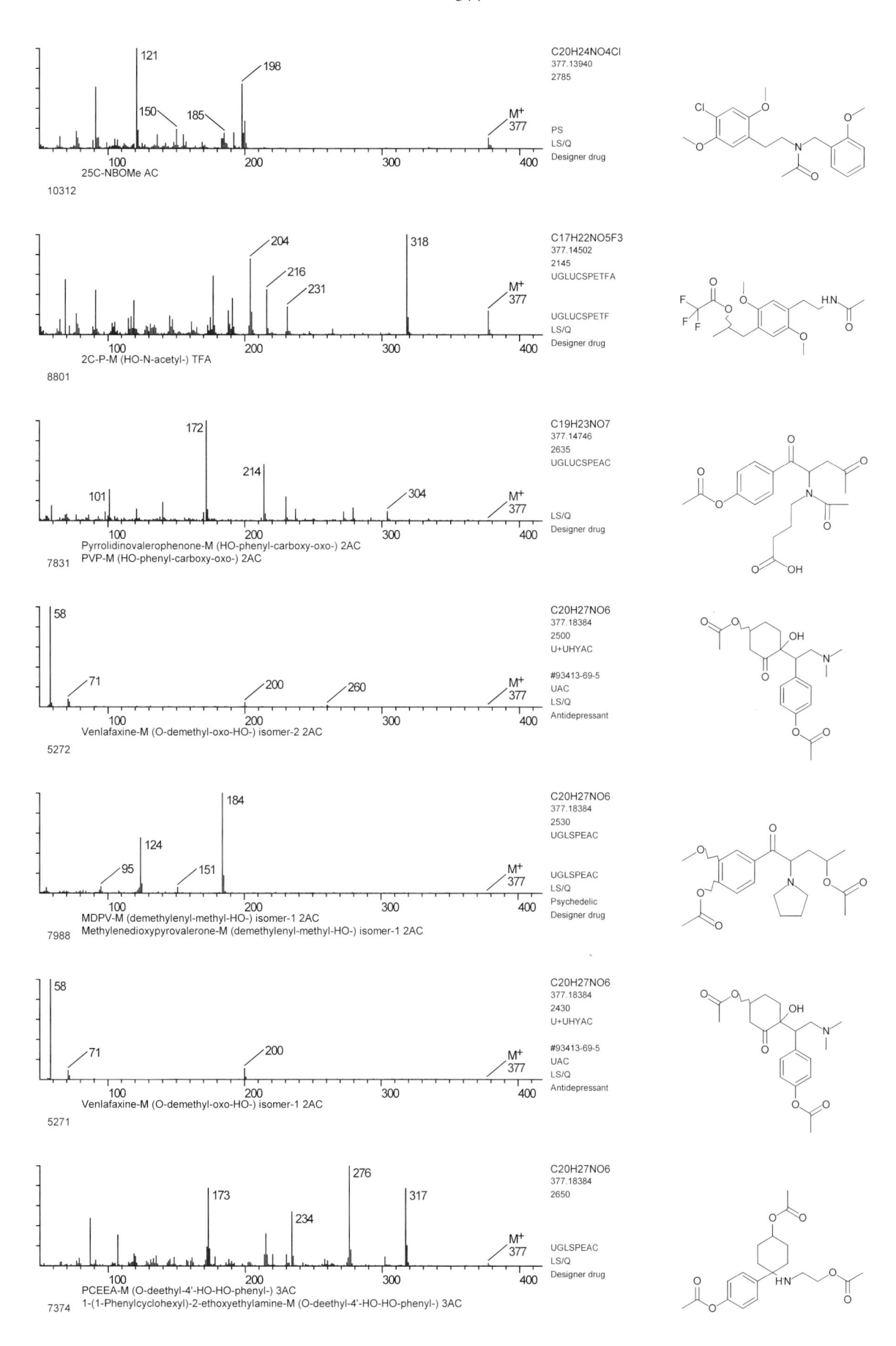

Spectrum label	Formula / Info
25C-NBOMe AC (10312) — peaks 121, 150, 185, 198, M+ 377	C20H24NO4Cl / 377.13940 / 2785 / PS / LS/Q / Designer drug
2C-P-M (HO-N-acetyl-) TFA (8801) — peaks 204, 216, 231, 318, M+ 377	C17H22NO5F3 / 377.14502 / 2145 / UGLUCSPETFA / UGLUCSPETF / LS/Q / Designer drug
Pyrrolidinovalerophenone-M (HO-phenyl-carboxy-oxo-) 2AC / PVP-M (HO-phenyl-carboxy-oxo-) 2AC (7831) — peaks 101, 172, 214, 304, M+ 377	C19H23NO7 / 377.14746 / 2635 / UGLUCSPEAC / LS/Q / Designer drug
Venlafaxine-M (O-demethyl-oxo-HO-) isomer-2 2AC (5272) — peaks 58, 71, 200, 260, M+ 377	C20H27NO6 / 377.18384 / 2500 / U+UHYAC / #93413-69-5 / UAC / LS/Q / Antidepressant
MDPV-M (demethylenyl-methyl-HO-) isomer-1 2AC / Methylenedioxypyrovalerone-M (demethylenyl-methyl-HO-) isomer-1 2AC (7988) — peaks 95, 124, 151, 184, M+ 377	C20H27NO6 / 377.18384 / 2530 / UGLSPEAC / UGLSPEAC / LS/Q / Psychedelic Designer drug
Venlafaxine-M (O-demethyl-oxo-HO-) isomer-1 2AC (5271) — peaks 58, 71, 200, M+ 377	C20H27NO6 / 377.18384 / 2430 / U+UHYAC / #93413-69-5 / UAC / LS/Q / Antidepressant
PCEEA-M (O-deethyl-4'-HO-HO-phenyl) 3AC / 1-(1-Phenylcyclohexyl)-2-ethoxyethylamine-M (O-deethyl-4'-HO-HO-phenyl-) 3AC (7374) — peaks 173, 234, 276, 317, M+ 377	C20H27NO6 / 377.18384 / 2650 / UGLSPEAC / LS/Q / Designer drug

377

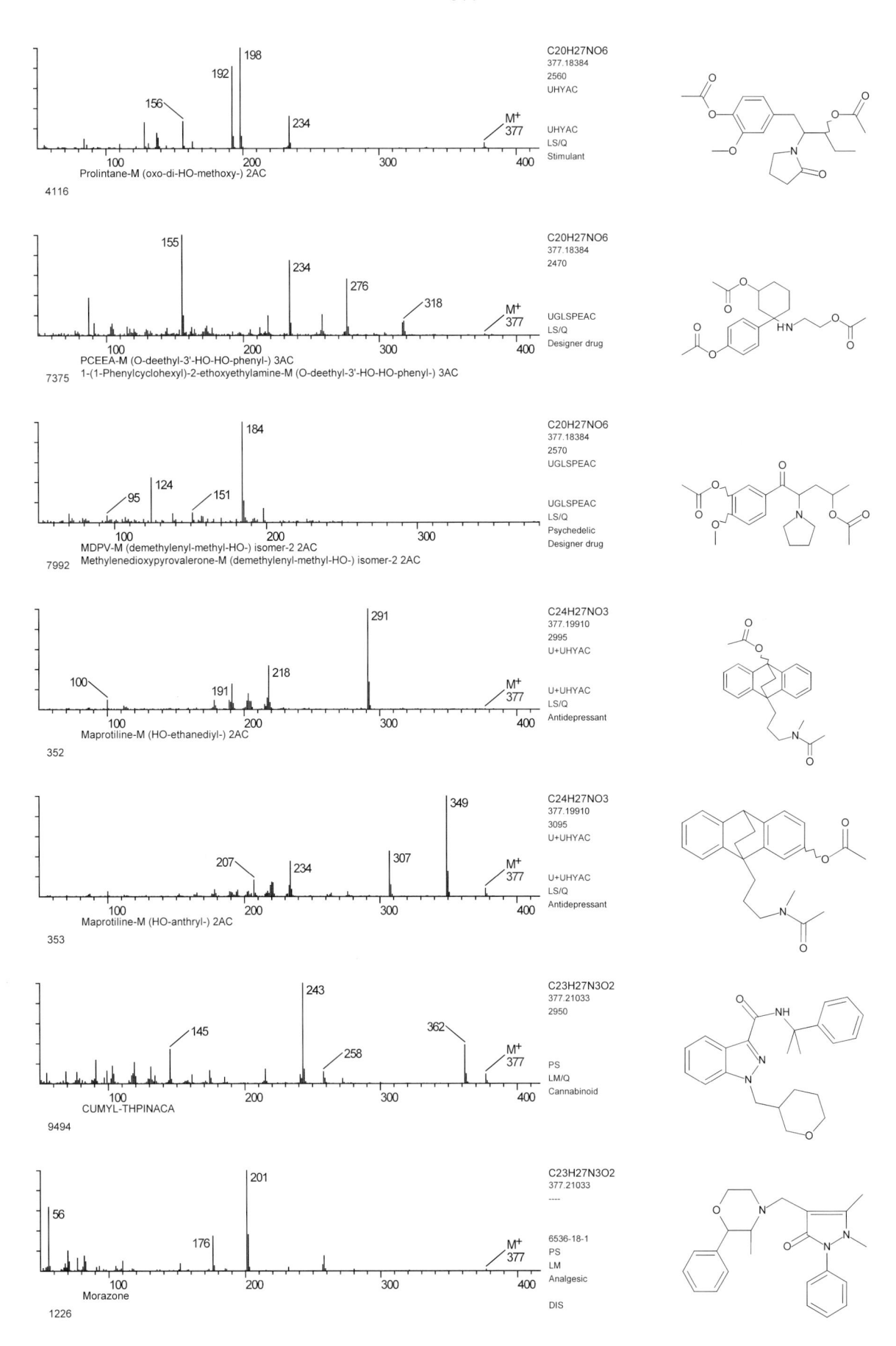

C20H27NO6
377.18384
2560
UHYAC

UHYAC
LS/Q
Stimulant

Prolintane-M (oxo-di-HO-methoxy-) 2AC
4116

C20H27NO6
377.18384
2470

UGLSPEAC
LS/Q
Designer drug

PCEEA-M (O-deethyl-3'-HO-HO-phenyl-) 3AC
1-(1-Phenylcyclohexyl)-2-ethoxyethylamine-M (O-deethyl-3'-HO-HO-phenyl-) 3AC
7375

C20H27NO6
377.18384
2570
UGLSPEAC

UGLSPEAC
LS/Q
Psychedelic
Designer drug

MDPV-M (demethylenyl-methyl-HO-) isomer-2 2AC
Methylenedioxypyrovalerone-M (demethylenyl-methyl-HO-) isomer-2 2AC
7992

C24H27NO3
377.19910
2995
U+UHYAC

U+UHYAC
LS/Q
Antidepressant

Maprotiline-M (HO-ethanediyl-) 2AC
352

C24H27NO3
377.19910
3095
U+UHYAC

U+UHYAC
LS/Q
Antidepressant

Maprotiline-M (HO-anthryl-) 2AC
353

C23H27N3O2
377.21033
2950

PS
LM/Q
Cannabinoid

CUMYL-THPINACA
9494

C23H27N3O2
377.21033

6536-18-1
PS
LM
Analgesic
DIS

Morazone
1226

377

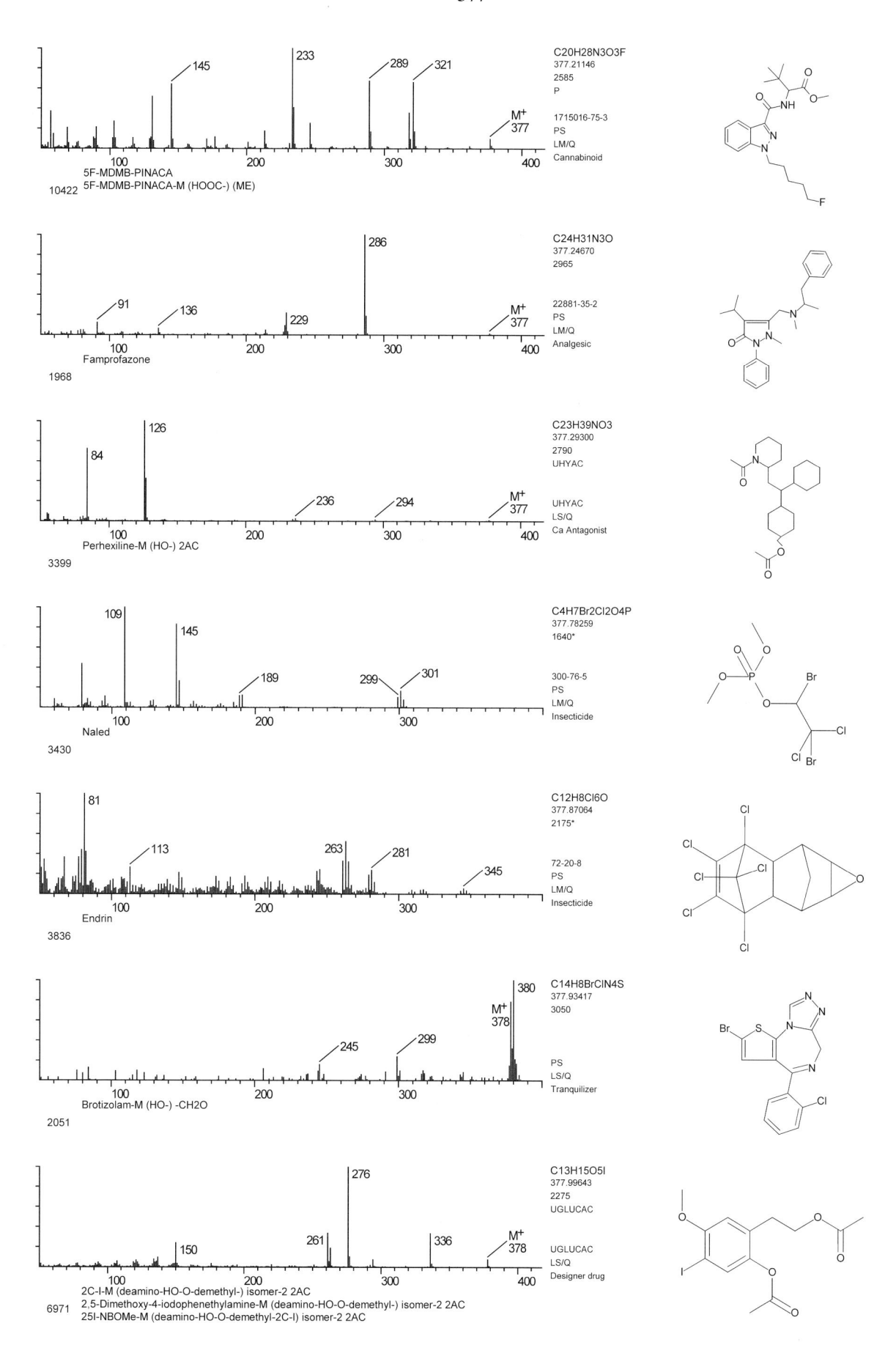

C20H28N3O3F
377.21146
2585
P

1715016-75-3
PS
LM/Q
Cannabinoid

5F-MDMB-PINACA
5F-MDMB-PINACA-M (HOOC-) (ME)
10422

C24H31N3O
377.24670
2965

22881-35-2
PS
LM/Q
Analgesic

Famprofazone
1968

C23H39NO3
377.29300
2790
UHYAC

UHYAC
LS/Q
Ca Antagonist

Perhexiline-M (HO-) 2AC
3399

C4H7Br2Cl2O4P
377.78259
1640*

300-76-5
PS
LM/Q
Insecticide

Naled
3430

C12H8Cl6O
377.87064
2175*

72-20-8
PS
LM/Q
Insecticide

Endrin
3836

C14H8BrClN4S
377.93417
3050

PS
LS/Q
Tranquilizer

Brotizolam-M (HO-) -CH2O
2051

C13H15O5I
377.99643
2275
UGLUCAC

UGLUCAC
LS/Q
Designer drug

2C-I-M (deamino-HO-O-demethyl-) isomer-2 2AC
2,5-Dimethoxy-4-iodophenethylamine-M (deamino-HO-O-demethyl-) isomer-2 2AC
25I-NBOMe-M (deamino-HO-O-demethyl-2C-I) isomer-2 2AC
6971

1345

378

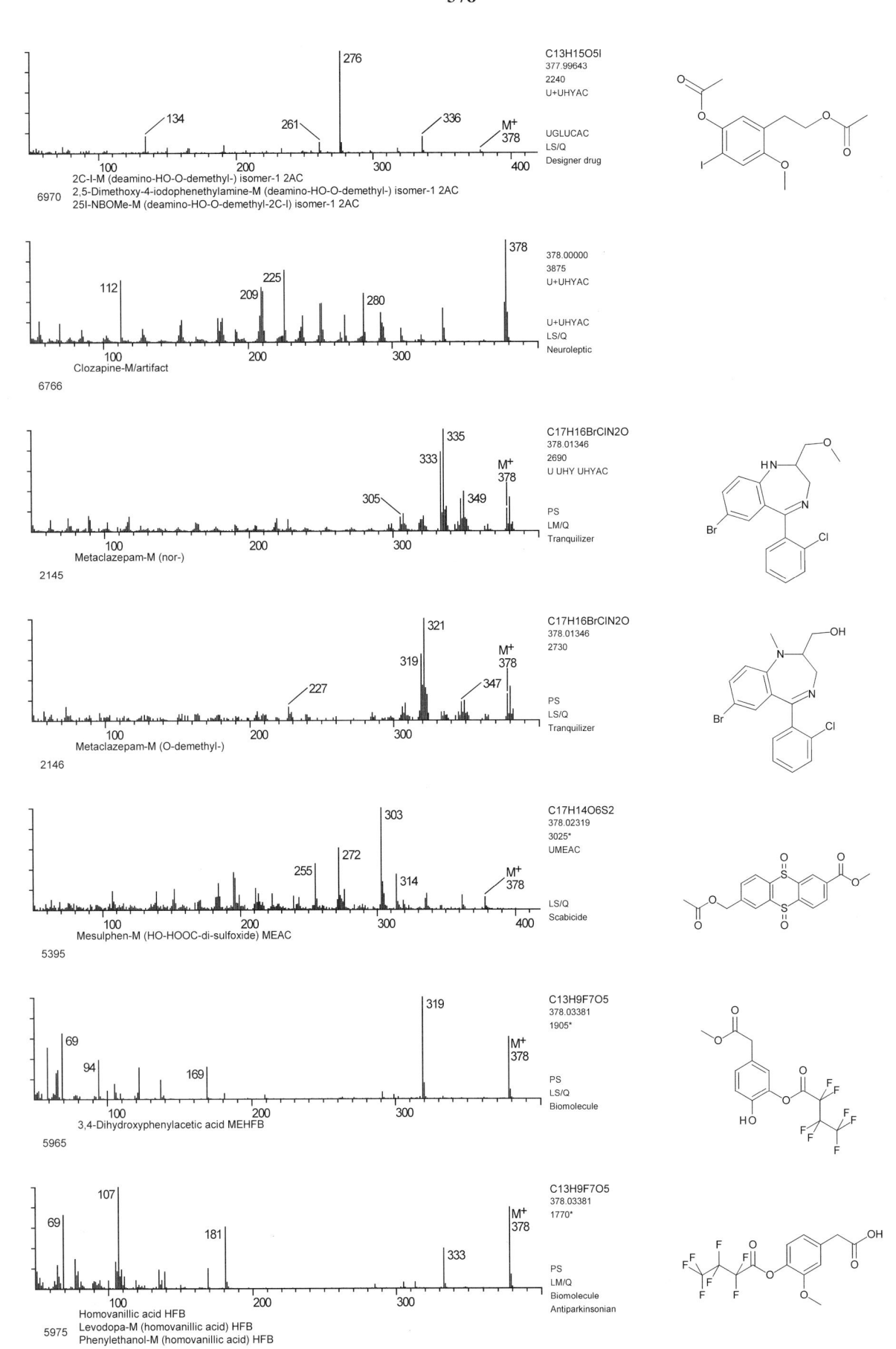

C13H15O5I
377.99643
2240
U+UHYAC

UGLUCAC
LS/Q
Designer drug

2C-I-M (deamino-HO-O-demethyl-) isomer-1 2AC
2,5-Dimethoxy-4-iodophenethylamine-M (deamino-HO-O-demethyl-) isomer-1 2AC
25I-NBOMe-M (deamino-HO-O-demethyl-2C-I) isomer-1 2AC
6970

378.00000
3875
U+UHYAC

U+UHYAC
LS/Q
Neuroleptic

Clozapine-M/artifact
6766

C17H16BrClN2O
378.01346
2690
U UHY UHYAC

PS
LM/Q
Tranquilizer

Metaclazepam-M (nor-)
2145

C17H16BrClN2O
378.01346
2730

PS
LS/Q
Tranquilizer

Metaclazepam-M (O-demethyl-)
2146

C17H14O6S2
378.02319
3025*
UMEAC

LS/Q
Scabicide

Mesulphen-M (HO-HOOC-di-sulfoxide) MEAC
5395

C13H9F7O5
378.03381
1905*

PS
LS/Q
Biomolecule

3,4-Dihydroxyphenylacetic acid MEHFB
5965

C13H9F7O5
378.03381
1770*

PS
LM/Q
Biomolecule
Antiparkinsonian

Homovanillic acid HFB
Levodopa-M (homovanillic acid) HFB
Phenylethanol-M (homovanillic acid) HFB
5975

378

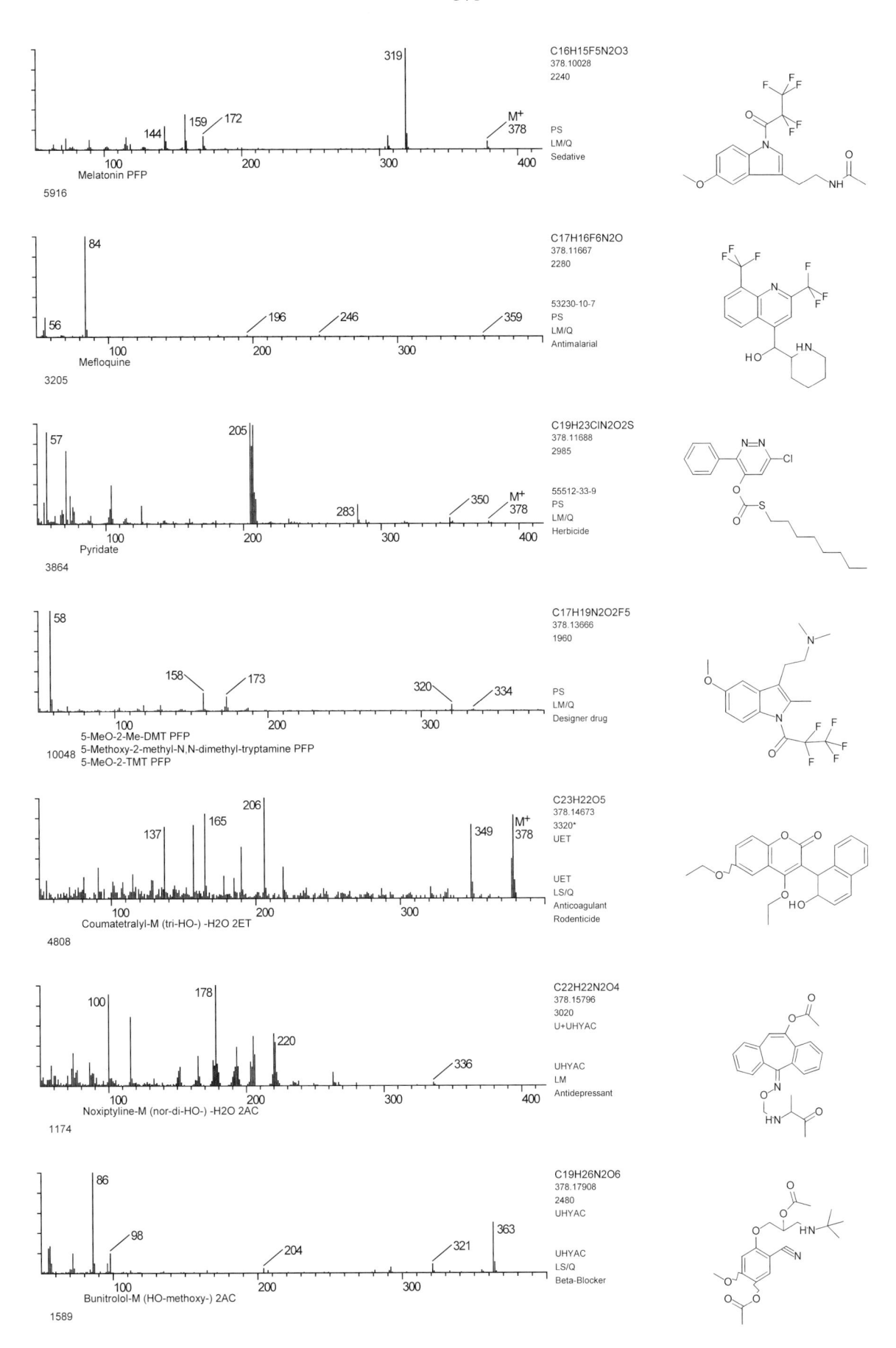

C16H15F5N2O3
378.10028
2240

PS
LM/Q
Sedative

Melatonin PFP
5916

C17H16F6N2O
378.11667
2280

53230-10-7
PS
LM/Q
Antimalarial

Mefloquine
3205

C19H23ClN2O2S
378.11688
2985

55512-33-9
PS
LM/Q
Herbicide

Pyridate
3864

C17H19N2O2F5
378.13666
1960

PS
LM/Q
Designer drug

5-MeO-2-Me-DMT PFP
5-Methoxy-2-methyl-N,N-dimethyl-tryptamine PFP
5-MeO-2-TMT PFP
10048

C23H22O5
378.14673
3320*
UET

UET
LS/Q
Anticoagulant
Rodenticide

Coumatetralyl-M (tri-HO-) -H2O 2ET
4808

C22H22N2O4
378.15796
3020
U+UHYAC

UHYAC
LM
Antidepressant

Noxiptyline-M (nor-di-HO-) -H2O 2AC
1174

C19H26N2O6
378.17908
2480
UHYAC

UHYAC
LS/Q
Beta-Blocker

Bunitrolol-M (HO-methoxy-) 2AC
1589

378

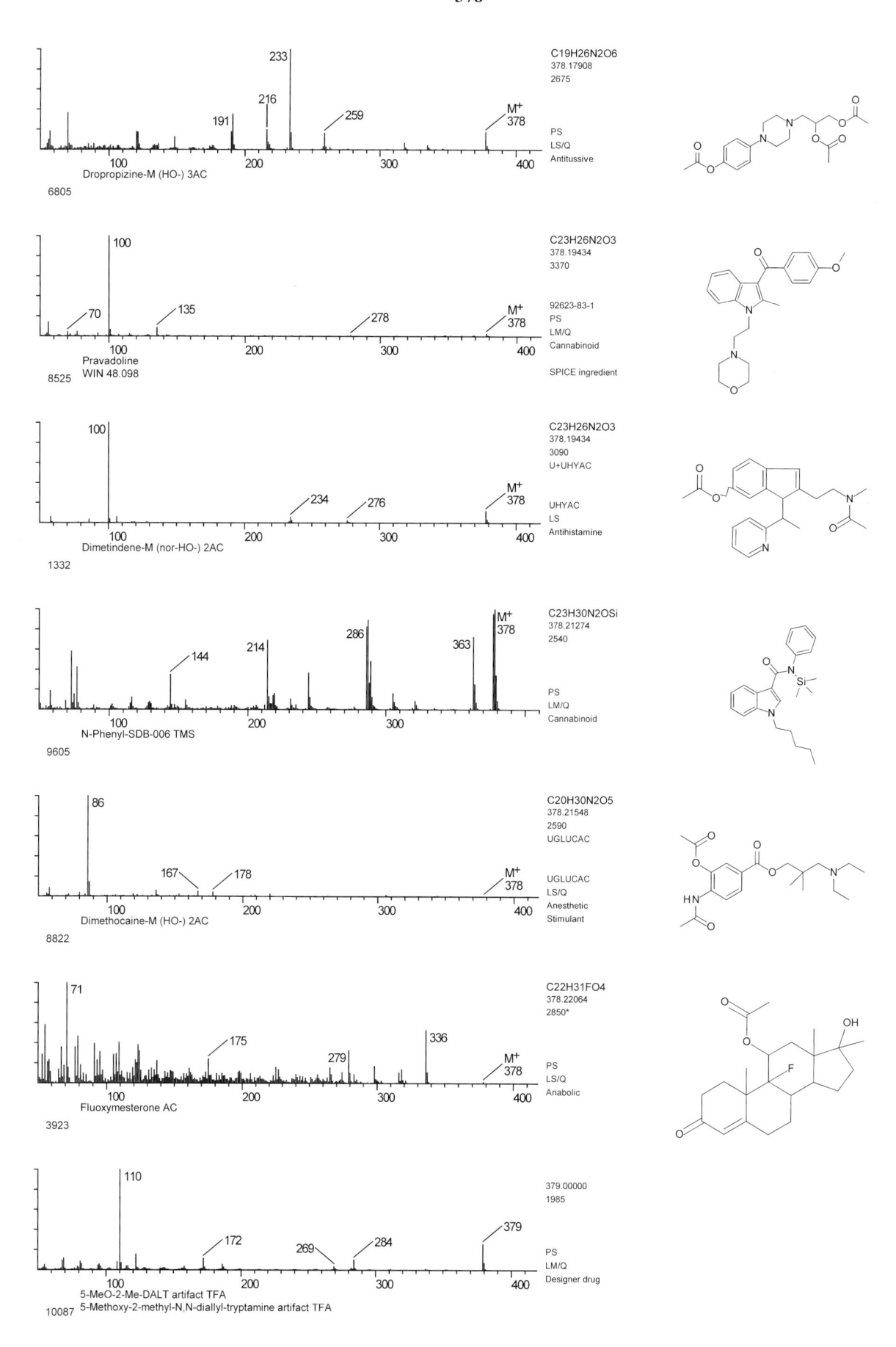

Dropropizine-M (HO-) 3AC — C19H26N2O6, 378.17908, 2675, PS, LS/Q, Antitussive
Peaks: 191, 216, 233, 259, M+ 378
(6805)

Pravadoline / WIN 48.098 — C23H26N2O3, 378.19434, 3370, 92623-83-1, PS, LM/Q, Cannabinoid, SPICE ingredient
Peaks: 70, 100, 135, 278, M+ 378
(8525)

Dimetindene-M (nor-HO-) 2AC — C23H26N2O3, 378.19434, 3090, U+UHYAC, UHYAC, LS, Antihistamine
Peaks: 100, 234, 276, M+ 378
(1332)

N-Phenyl-SDB-006 TMS — C23H30N2OSi, 378.21274, 2540, PS, LM/Q, Cannabinoid
Peaks: 144, 214, 286, 363, M+ 378
(9605)

Dimethocaine-M (HO-) 2AC — C20H30N2O5, 378.21548, 2590, UGLUCAC, UGLUCAC, LS/Q, Anesthetic, Stimulant
Peaks: 86, 167, 178, M+ 378
(8822)

Fluoxymesterone AC — C22H31FO4, 378.22064, 2850*, PS, LS/Q, Anabolic
Peaks: 71, 175, 279, 336, M+ 378
(3923)

5-MeO-2-Me-DALT artifact TFA / 5-Methoxy-2-methyl-N,N-diallyl-tryptamine artifact TFA — 379.00000, 1985, PS, LM/Q, Designer drug
Peaks: 110, 172, 269, 284, 379
(10087)

1348

379

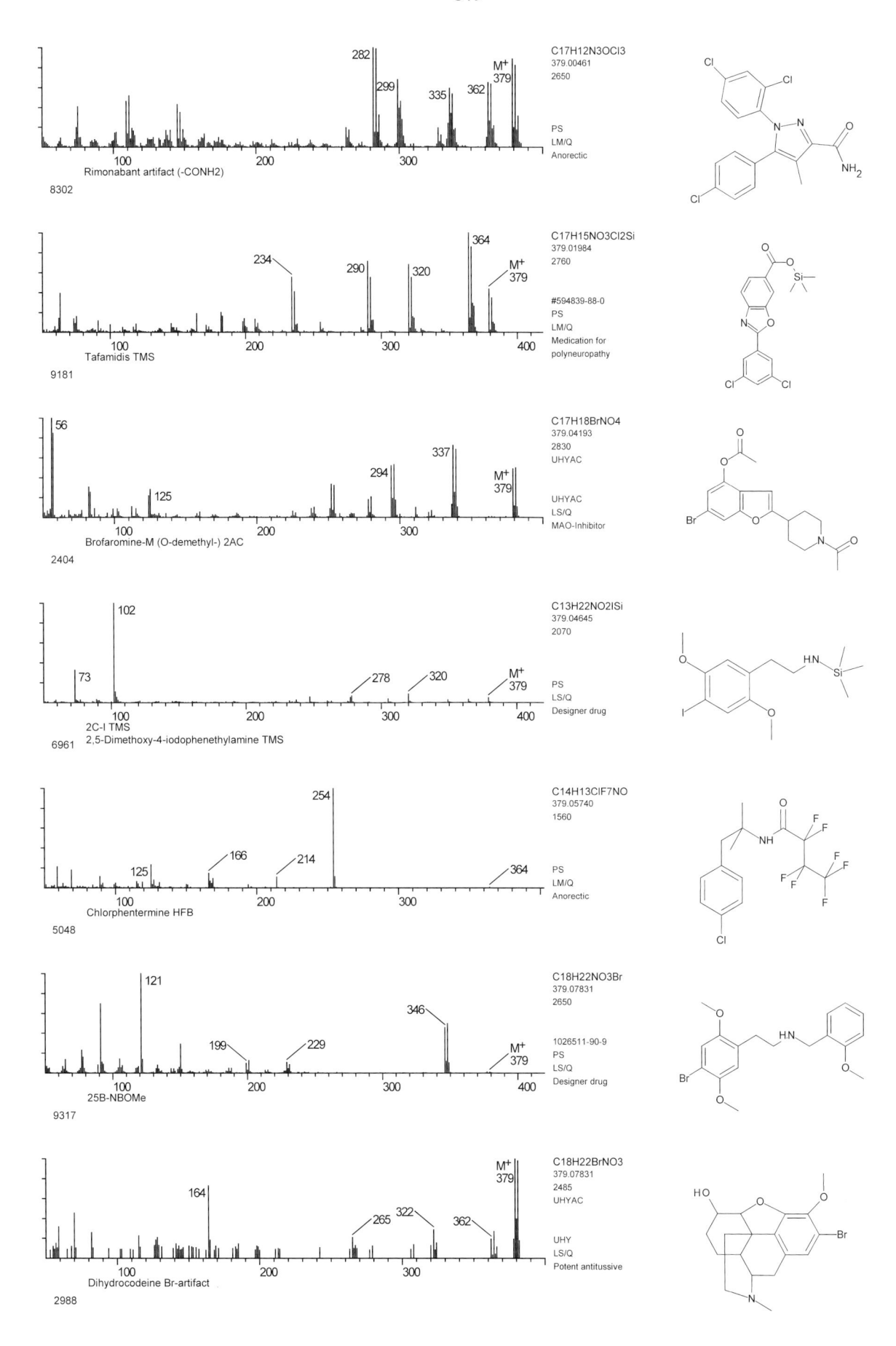

Rimonabant artifact (-CONH2)	peaks: 282, 299, 335, 362, M+ 379	C17H12N3OCl3 379.00461 2650 PS LM/Q Anorectic
Tafamidis TMS	peaks: 234, 290, 320, 364, M+ 379	C17H15NO3Cl2Si 379.01984 2760 #594839-88-0 PS LM/Q Medication for polyneuropathy
Brofaromine-M (O-demethyl-) 2AC	peaks: 56, 125, 294, 337, M+ 379	C17H18BrNO4 379.04193 2830 UHYAC UHYAC LS/Q MAO-Inhibitor
2C-I TMS 2,5-Dimethoxy-4-iodophenethylamine TMS	peaks: 73, 102, 278, 320, M+ 379	C13H22NO2ISi 379.04645 2070 PS LS/Q Designer drug
Chlorphentermine HFB	peaks: 125, 166, 214, 254, 364	C14H13ClF7NO 379.05740 1560 PS LM/Q Anorectic
25B-NBOMe	peaks: 121, 199, 229, 346, M+ 379	C18H22NO3Br 379.07831 2650 1026511-90-9 PS LS/Q Designer drug
Dihydrocodeine Br-artifact	peaks: 164, 265, 322, 362, M+ 379	C18H22BrNO3 379.07831 2485 UHYAC UHY LS/Q Potent antitussive

379

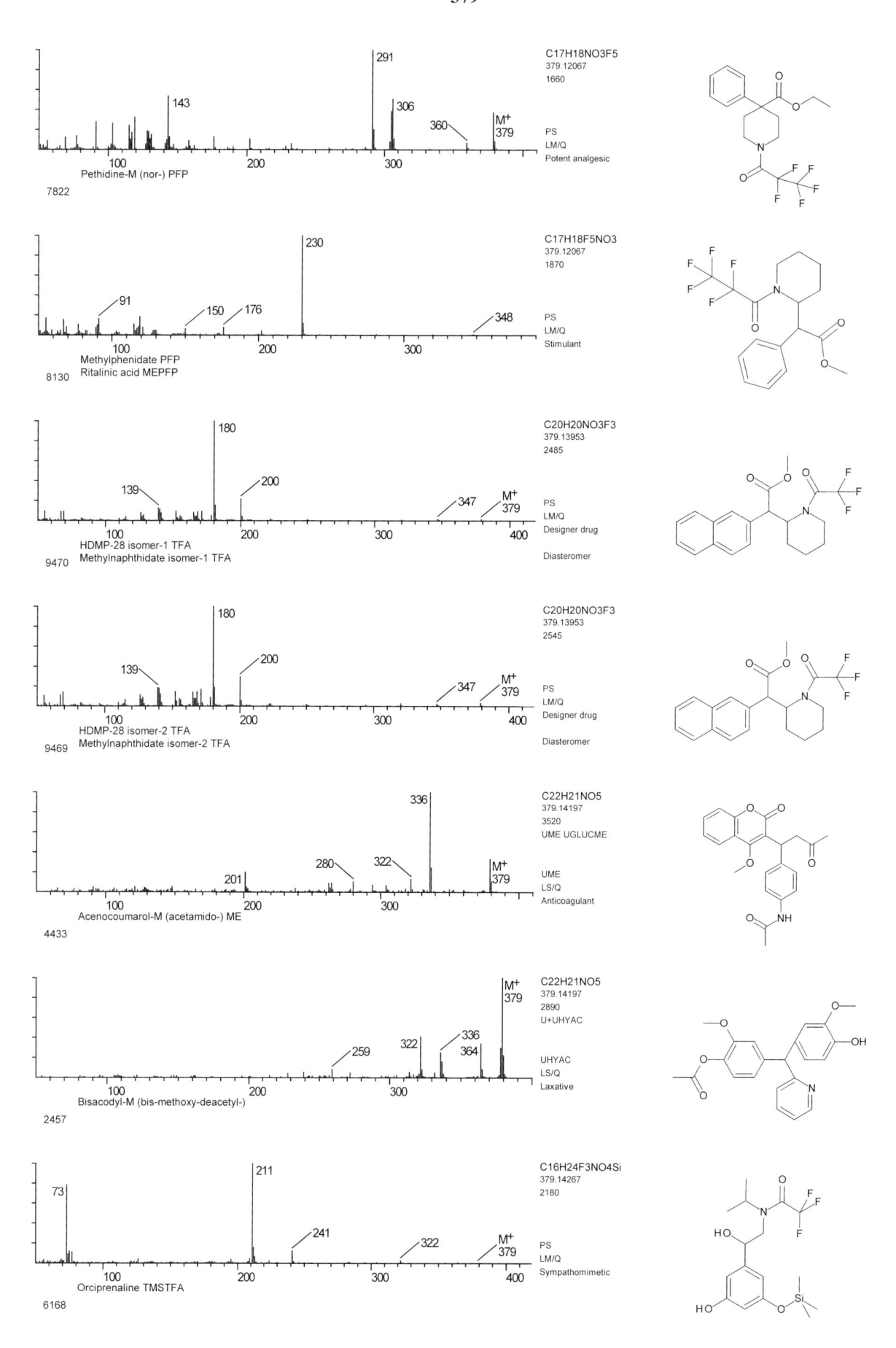

Pethidine-M (nor-) PFP	291, 143, 306, 360, M+ 379	C17H18NO3F5 379.12067 1660 PS LM/Q Potent analgesic
7822		
Methylphenidate PFP Ritalinic acid MEPFP	230, 91, 150, 176, 348	C17H18F5NO3 379.12067 1870 PS LM/Q Stimulant
8130		
HDMP-28 isomer-1 TFA Methylnaphthidate isomer-1 TFA	180, 139, 200, 347, M+ 379	C20H20NO3F3 379.13953 2485 PS LM/Q Designer drug Diasteromer
9470		
HDMP-28 isomer-2 TFA Methylnaphthidate isomer-2 TFA	180, 139, 200, 347, M+ 379	C20H20NO3F3 379.13953 2545 PS LM/Q Designer drug Diasteromer
9469		
Acenocoumarol-M (acetamido-) ME	336, 201, 280, 322, M+ 379	C22H21NO5 379.14197 3520 UME UGLUCME UME LS/Q Anticoagulant
4433		
Bisacodyl-M (bis-methoxy-deacetyl-)	M+ 379, 259, 322, 336, 364	C22H21NO5 379.14197 2890 U+UHYAC UHYAC LS/Q Laxative
2457		
Orciprenaline TMSTFA	211, 73, 241, 322, M+ 379	C16H24F3NO4Si 379.14267 2180 PS LM/Q Sympathomimetic
6168		

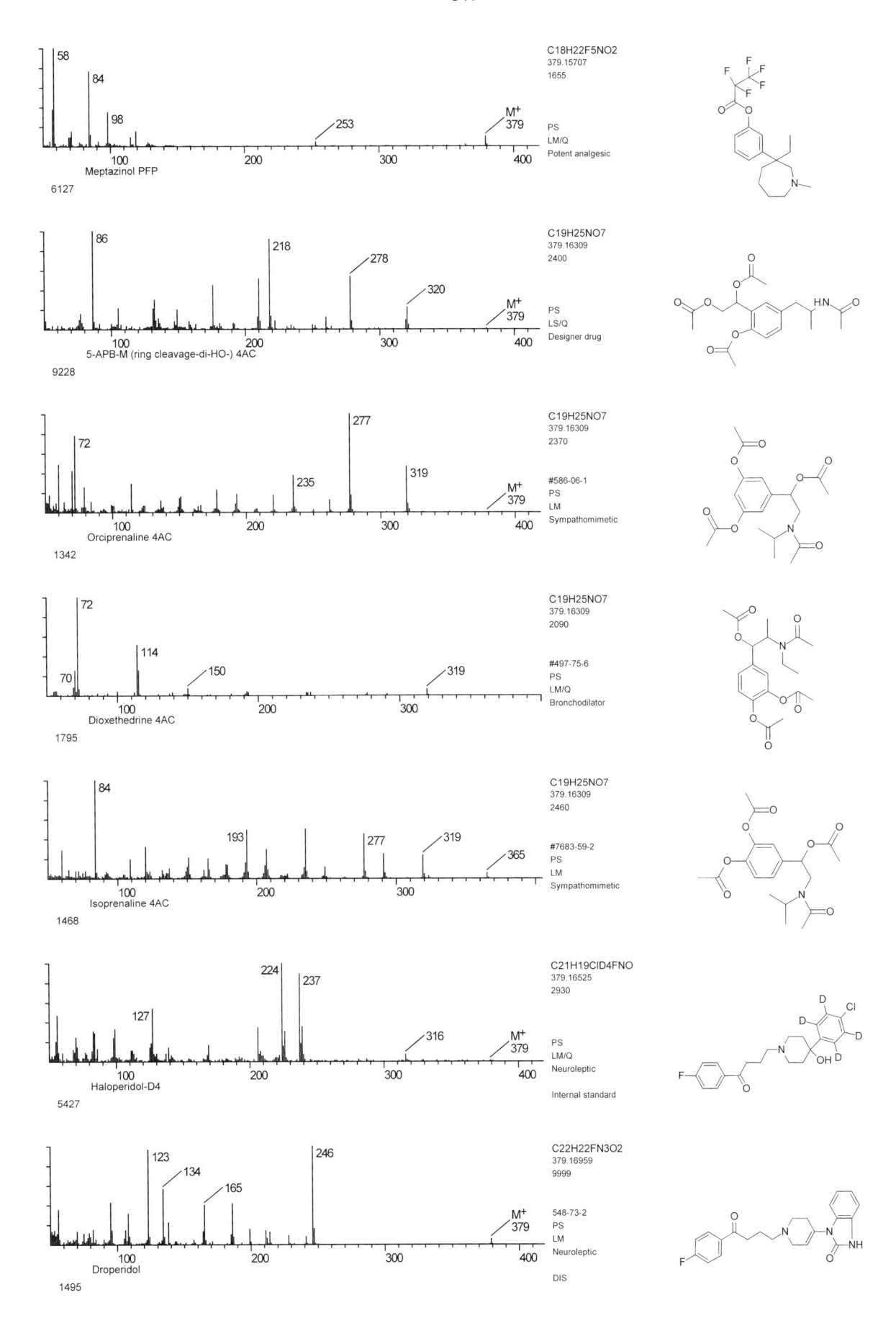

58, 84, 98, 253, M+ 379	Meptazinol PFP	C18H22F5NO2 379.15707 1655 PS LM/Q Potent analgesic
86, 218, 278, 320, M+ 379	5-APB-M (ring cleavage-di-HO-) 4AC	C19H25NO7 379.16309 2400 PS LS/Q Designer drug
72, 235, 277, 319, M+ 379	Orciprenaline 4AC	C19H25NO7 379.16309 2370 #586-06-1 PS LM Sympathomimetic
70, 72, 114, 150, 319	Dioxethedrine 4AC	C19H25NO7 379.16309 2090 #497-75-6 PS LM/Q Bronchodilator
84, 193, 277, 319, 365	Isoprenaline 4AC	C19H25NO7 379.16309 2460 #7683-59-2 PS LM Sympathomimetic
127, 224, 237, 316, M+ 379	Haloperidol-D4	C21H19ClD4FNO 379.16525 2930 PS LM/Q Neuroleptic Internal standard
123, 134, 165, 246, M+ 379	Droperidol	C22H22FN3O2 379.16959 9999 548-73-2 PS LM Neuroleptic DIS

379

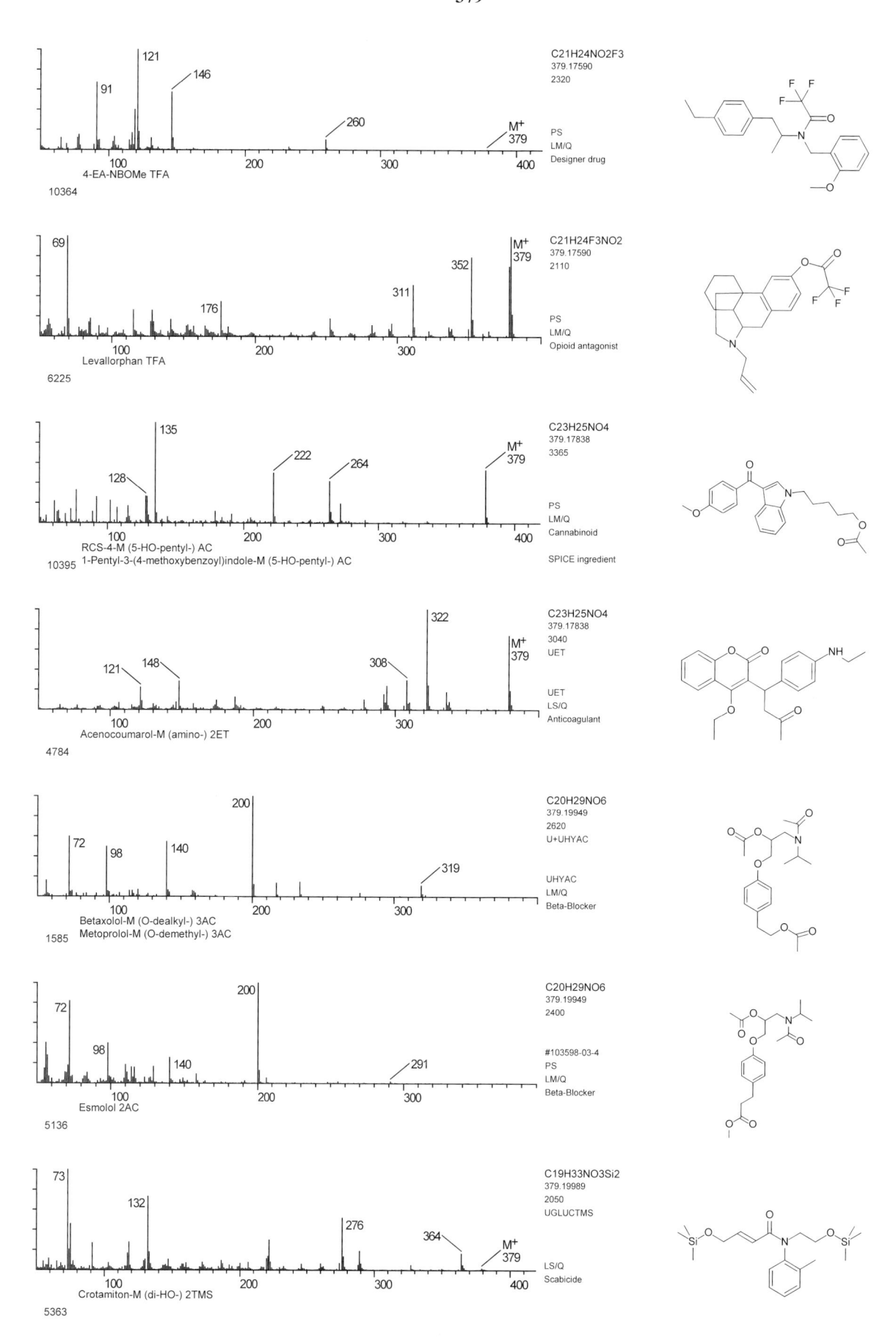

Spectrum	Compound	Formula	Data
1	4-EA-NBOMe TFA	C21H24NO2F3	379.17590, 2320, PS, LM/Q, Designer drug; peaks 91, 121, 146, 260, M+ 379
2	Levallorphan TFA	C21H24F3NO2	379.17590, 2110, PS, LM/Q, Opioid antagonist; peaks 69, 176, 311, 352, M+ 379
3	RCS-4-M (5-HO-pentyl-) AC / 1-Pentyl-3-(4-methoxybenzoyl)indole-M (5-HO-pentyl-) AC	C23H25NO4	379.17838, 3365, PS, LM/Q, Cannabinoid, SPICE ingredient; peaks 128, 135, 222, 264, M+ 379
4	Acenocoumarol-M (amino-) 2ET	C23H25NO4	379.17838, 3040, UET, UET, LS/Q, Anticoagulant; peaks 121, 148, 308, 322, M+ 379
5	Betaxolol-M (O-dealkyl-) 3AC / Metoprolol-M (O-demethyl-) 3AC	C20H29NO6	379.19949, 2620, U+UHYAC, UHYAC, LM/Q, Beta-Blocker; peaks 72, 98, 140, 200, 319
6	Esmolol 2AC	C20H29NO6	379.19949, 2400, #103598-03-4, PS, LM/Q, Beta-Blocker; peaks 72, 98, 140, 200, 291
7	Crotamiton-M (di-HO-) 2TMS	C19H33NO3Si2	379.19989, 2050, UGLUCTMS, LS/Q, Scabicide; peaks 73, 132, 276, 364, M+ 379

379

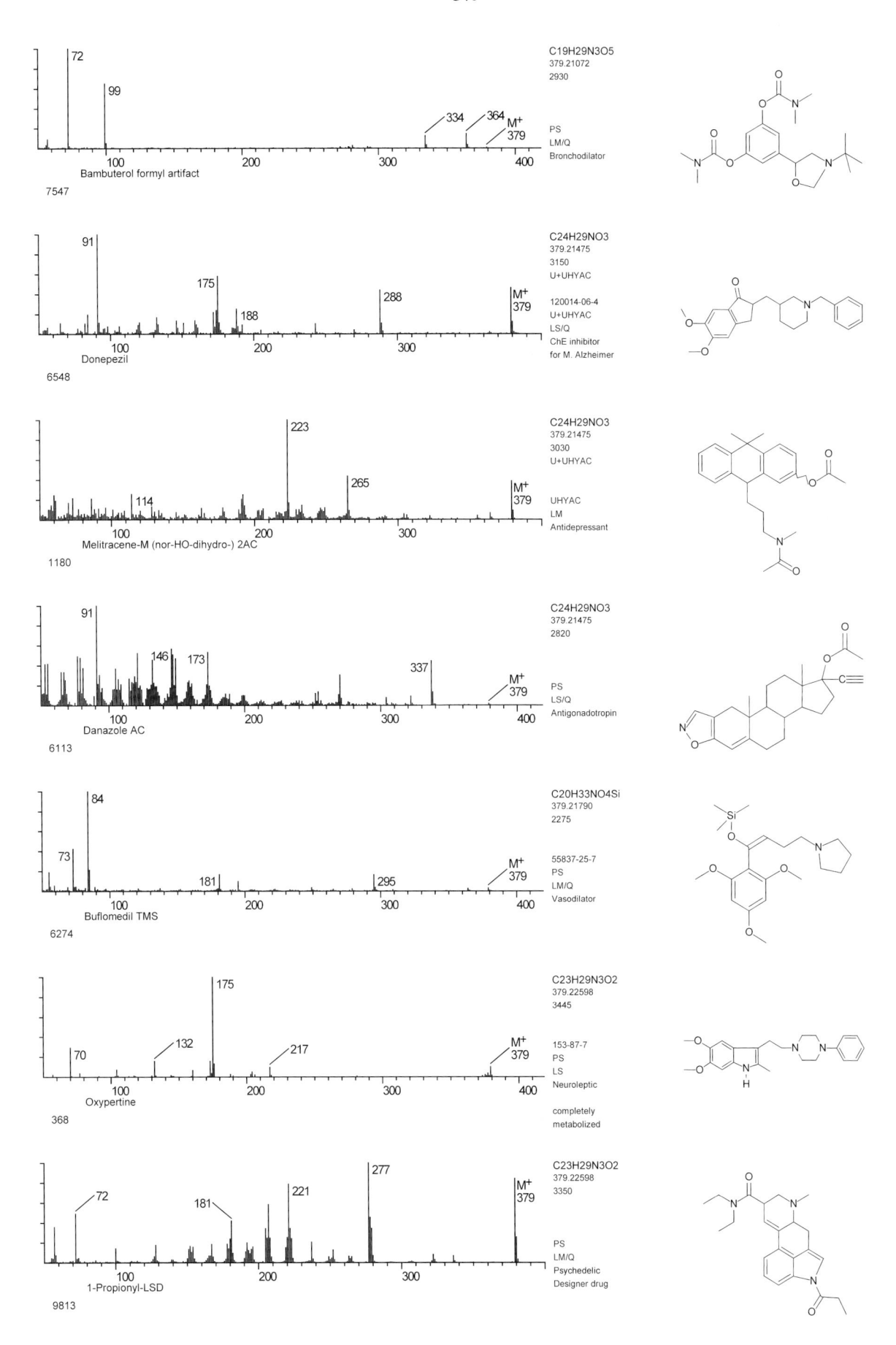

72, 99, 334, 364, M+ 379	Bambuterol formyl artifact	C19H29N3O5 379.21072 2930 PS LM/Q Bronchodilator
91, 175, 188, 288, M+ 379	Donepezil	C24H29NO3 379.21475 3150 U+UHYAC 120014-06-4 U+UHYAC LS/Q ChE inhibitor for M. Alzheimer
114, 223, 265, M+ 379	Melitracene-M (nor-HO-dihydro-) 2AC	C24H29NO3 379.21475 3030 U+UHYAC UHYAC LM Antidepressant
91, 146, 173, 337, M+ 379	Danazole AC	C24H29NO3 379.21475 2820 PS LS/Q Antigonadotropin
73, 84, 181, 295, M+ 379	Buflomedil TMS	C20H33NO4Si 379.21790 2275 55837-25-7 PS LM/Q Vasodilator
70, 132, 175, 217, M+ 379	Oxypertine	C23H29N3O2 379.22598 3445 153-87-7 PS LS Neuroleptic completely metabolized
72, 181, 221, 277, M+ 379	1-Propionyl-LSD	C23H29N3O2 379.22598 3350 PS LM/Q Psychedelic Designer drug

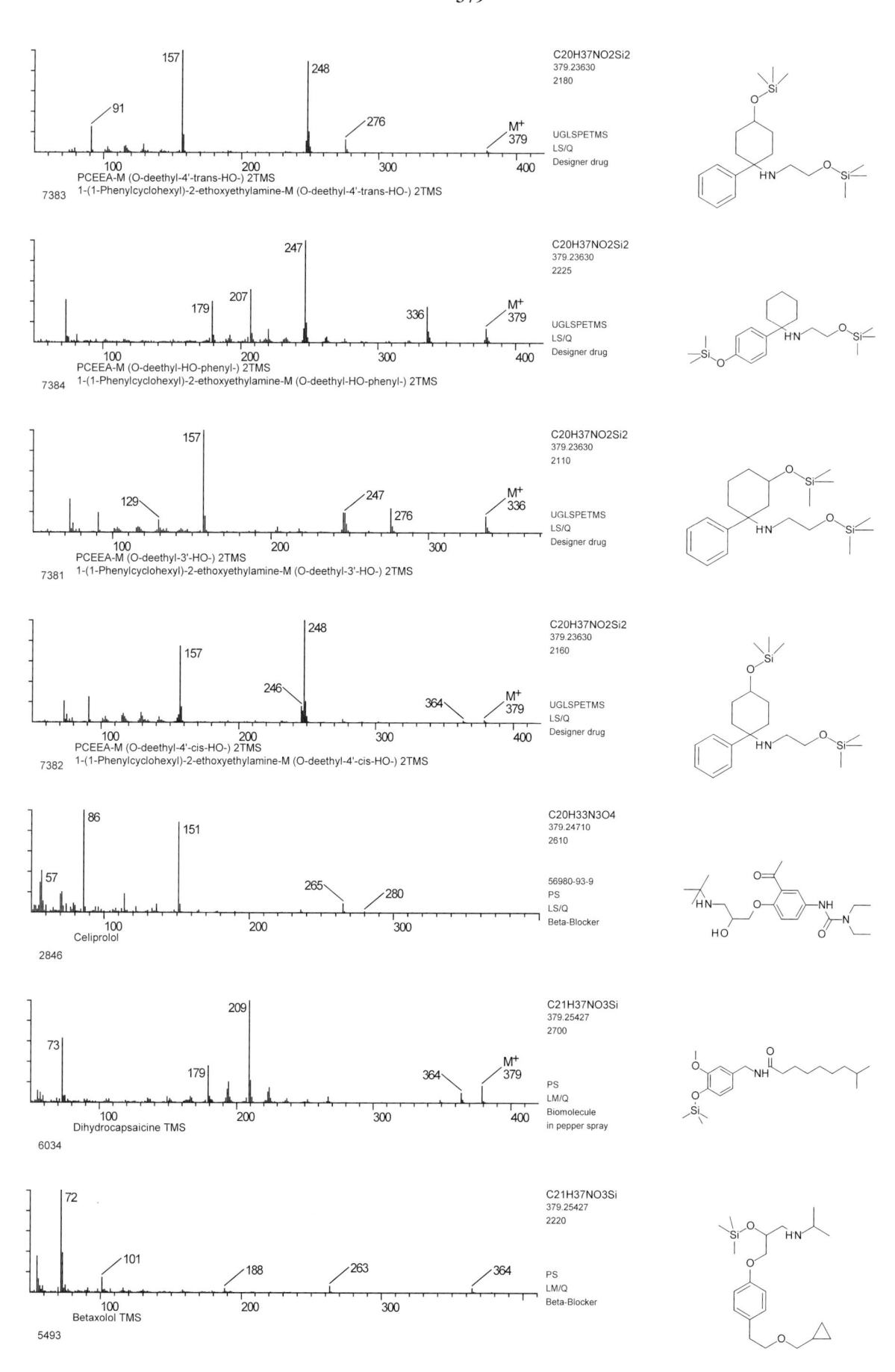

C20H37NO2Si2 379.23630 2180 UGLSPETMS LS/Q Designer drug	7383 PCEEA-M (O-deethyl-4'-trans-HO-) 2TMS 1-(1-Phenylcyclohexyl)-2-ethoxyethylamine-M (O-deethyl-4'-trans-HO-) 2TMS Peaks: 91, 157, 248, 276, M+ 379
C20H37NO2Si2 379.23630 2225 UGLSPETMS LS/Q Designer drug	7384 PCEEA-M (O-deethyl-HO-phenyl-) 2TMS 1-(1-Phenylcyclohexyl)-2-ethoxyethylamine-M (O-deethyl-HO-phenyl-) 2TMS Peaks: 179, 207, 247, 336, M+ 379
C20H37NO2Si2 379.23630 2110 UGLSPETMS LS/Q Designer drug	7381 PCEEA-M (O-deethyl-3'-HO-) 2TMS 1-(1-Phenylcyclohexyl)-2-ethoxyethylamine-M (O-deethyl-3'-HO-) 2TMS Peaks: 129, 157, 247, 276, M+ 336
C20H37NO2Si2 379.23630 2160 UGLSPETMS LS/Q Designer drug	7382 PCEEA-M (O-deethyl-4'-cis-HO-) 2TMS 1-(1-Phenylcyclohexyl)-2-ethoxyethylamine-M (O-deethyl-4'-cis-HO-) 2TMS Peaks: 157, 246, 248, 364, M+ 379
C20H33N3O4 379.24710 2610 56980-93-9 PS LS/Q Beta-Blocker	2846 Celiprolol Peaks: 57, 86, 151, 265, 280
C21H37NO3Si 379.25427 2700 PS LM/Q Biomolecule in pepper spray	6034 Dihydrocapsaicine TMS Peaks: 73, 179, 209, 364, M+ 379
C21H37NO3Si 379.25427 2220 PS LM/Q Beta-Blocker	5493 Betaxolol TMS Peaks: 72, 101, 188, 263, 364

380

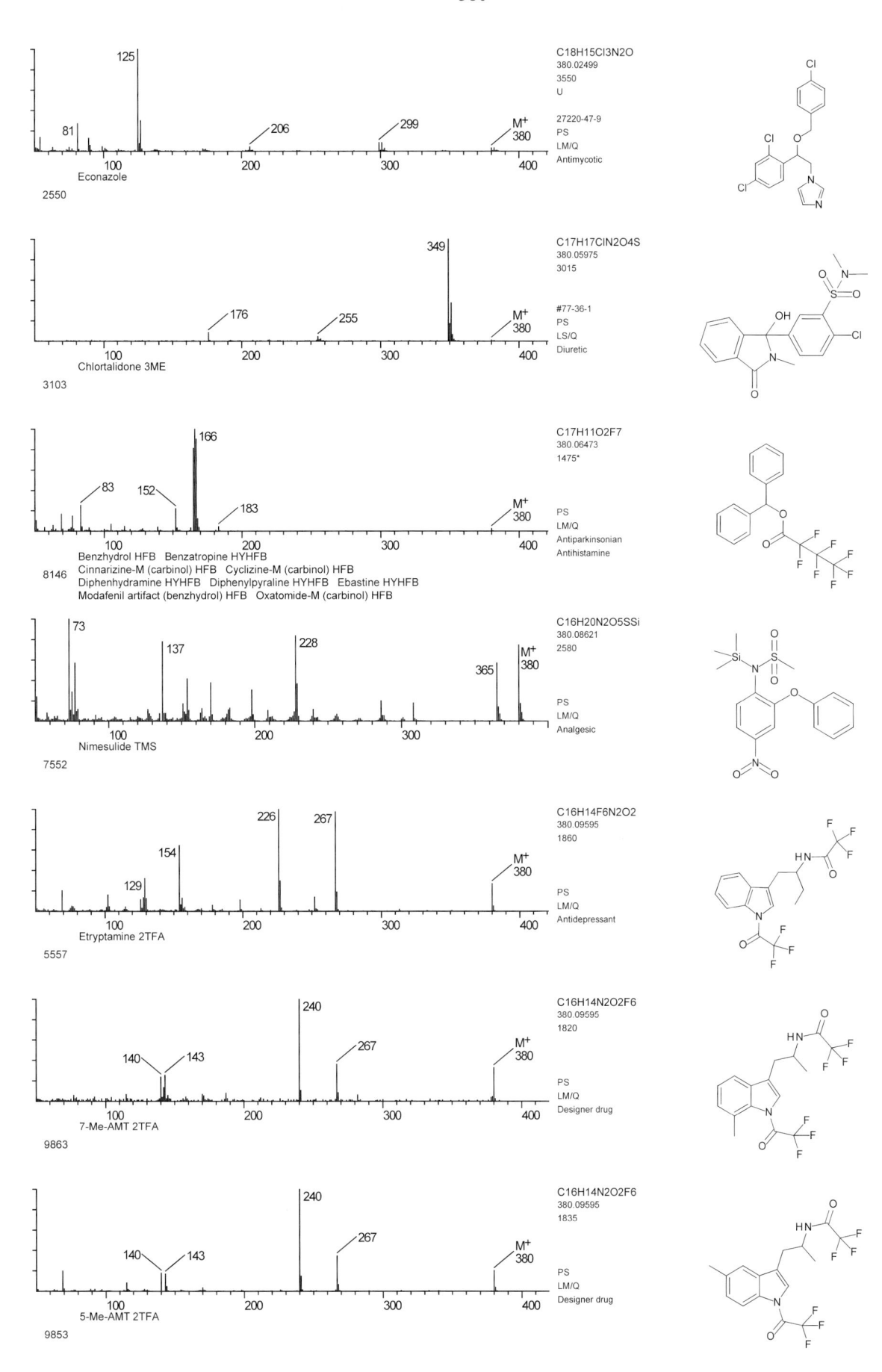

Econazole	C18H15Cl3N2O 380.02499 3550 U 27220-47-9 PS LM/Q Antimycotic
Peaks: 81, 125, 206, 299, M+ 380	
2550	

Chlortalidone 3ME	C17H17ClN2O4S 380.05975 3015 #77-36-1 PS LS/Q Diuretic
Peaks: 176, 255, 349, M+ 380	
3103	

Benzhydrol HFB Benzatropine HYHFB Cinnarizine-M (carbinol) HFB Cyclizine-M (carbinol) HFB Diphenhydramine HYHFB Diphenylpyraline HYHFB Ebastine HYHFB Modafenil artifact (benzhydrol) HFB Oxatomide-M (carbinol) HFB	C17H11O2F7 380.06473 1475* PS LM/Q Antiparkinsonian Antihistamine
Peaks: 83, 152, 166, 183, M+ 380	
8146	

Nimesulide TMS	C16H20N2O5SSi 380.08621 2580 PS LM/Q Analgesic
Peaks: 73, 137, 228, 365, M+ 380	
7552	

Etryptamine 2TFA	C16H14F6N2O2 380.09595 1860 PS LM/Q Antidepressant
Peaks: 129, 154, 226, 267, M+ 380	
5557	

7-Me-AMT 2TFA	C16H14N2O2F6 380.09595 1820 PS LM/Q Designer drug
Peaks: 140, 143, 240, 267, M+ 380	
9863	

5-Me-AMT 2TFA	C16H14N2O2F6 380.09595 1835 PS LM/Q Designer drug
Peaks: 140, 143, 240, 267, M+ 380	
9853	

380

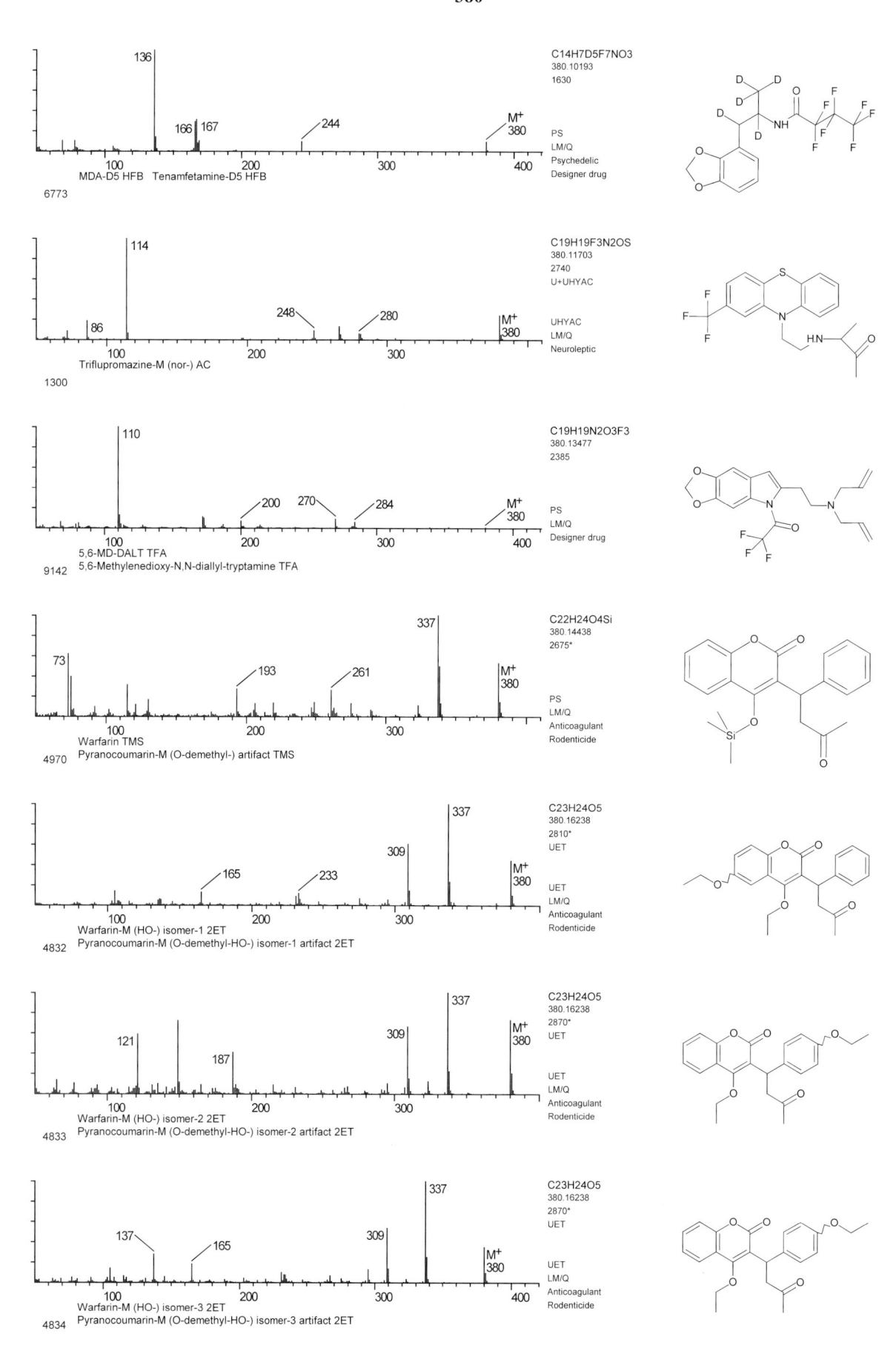

136 peak; 166, 167; 244; M+ 380	C14H7D5F7NO3 380.10193 1630 PS LM/Q Psychedelic Designer drug

6773 MDA-D5 HFB Tenamfetamine-D5 HFB

114 peak; 86; 248; 280; M+ 380	C19H19F3N2OS 380.11703 2740 U+UHYAC UHYAC LM/Q Neuroleptic

1300 Triflupromazine-M (nor-) AC

110 peak; 200; 270; 284; M+ 380	C19H19N2O3F3 380.13477 2385 PS LM/Q Designer drug

9142 5,6-MD-DALT TFA
5,6-Methylenedioxy-N,N-diallyl-tryptamine TFA

73; 193; 261; 337; M+ 380	C22H24O4Si 380.14438 2675* PS LM/Q Anticoagulant Rodenticide

4970 Warfarin TMS
Pyranocoumarin-M (O-demethyl-) artifact TMS

165; 233; 309; 337; M+ 380	C23H24O5 380.16238 2810* UET UET LM/Q Anticoagulant Rodenticide

4832 Warfarin-M (HO-) isomer-1 2ET
Pyranocoumarin-M (O-demethyl-HO-) isomer-1 artifact 2ET

121; 187; 309; 337; M+ 380	C23H24O5 380.16238 2870* UET UET LM/Q Anticoagulant Rodenticide

4833 Warfarin-M (HO-) isomer-2 2ET
Pyranocoumarin-M (O-demethyl-HO-) isomer-2 artifact 2ET

137; 165; 309; 337; M+ 380	C23H24O5 380.16238 2870* UET UET LM/Q Anticoagulant Rodenticide

4834 Warfarin-M (HO-) isomer-3 2ET
Pyranocoumarin-M (O-demethyl-HO-) isomer-3 artifact 2ET

380

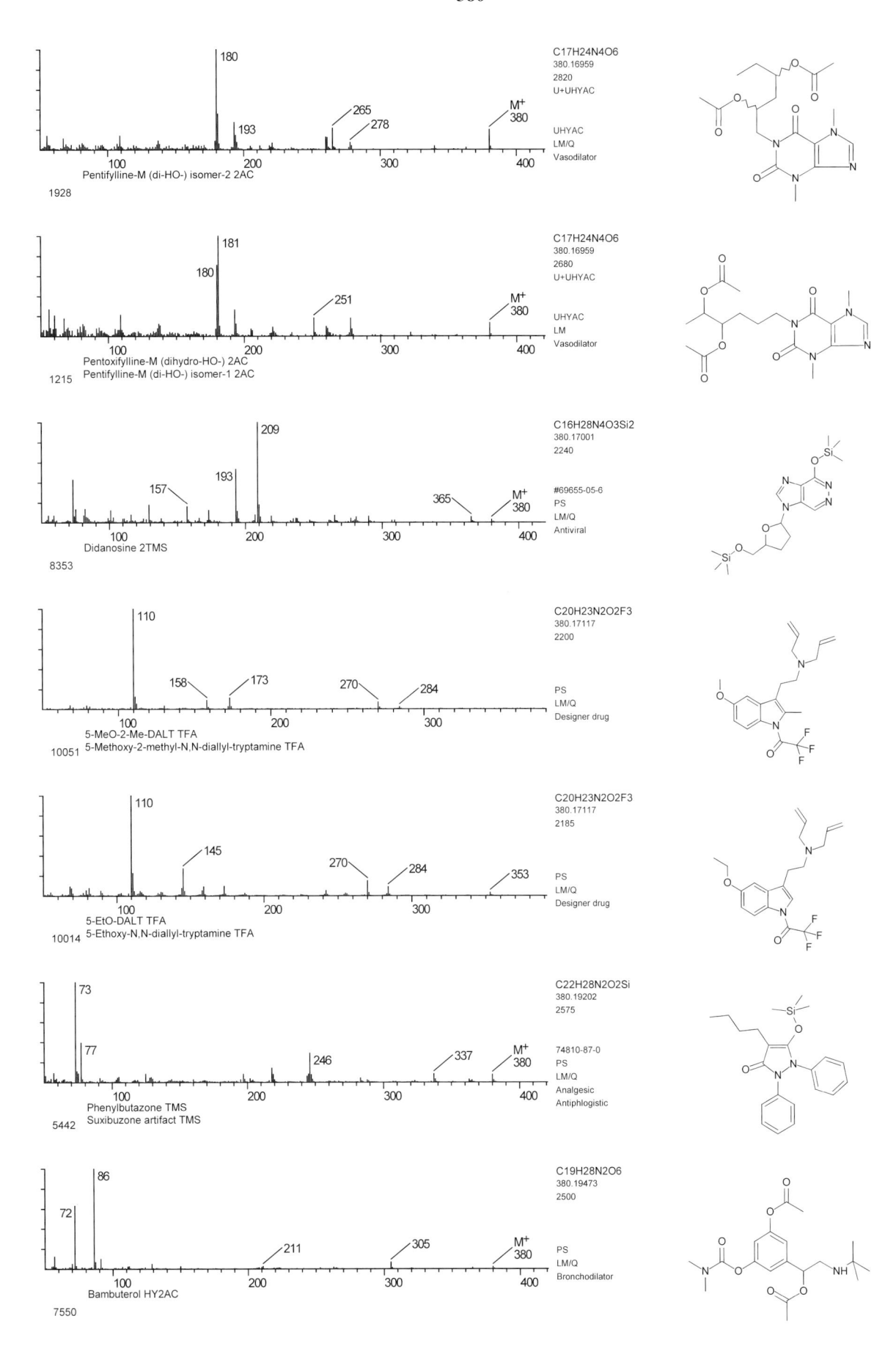

Spectrum label	Formula	Mass	ID
Pentifylline-M (di-HO-) isomer-2 2AC (1928)	C17H24N4O6	380.16959	2820, U+UHYAC, UHYAC, LM/Q, Vasodilator
Pentoxifylline-M (dihydro-HO-) 2AC / Pentifylline-M (di-HO-) isomer-1 2AC (1215)	C17H24N4O6	380.16959	2680, U+UHYAC, UHYAC, LM, Vasodilator
Didanosine 2TMS (8353)	C16H28N4O3Si2	380.17001	2240, #69655-05-6, PS, LM/Q, Antiviral
5-MeO-2-Me-DALT TFA / 5-Methoxy-2-methyl-N,N-diallyl-tryptamine TFA (10051)	C20H23N2O2F3	380.17117	2200, PS, LM/Q, Designer drug
5-EtO-DALT TFA / 5-Ethoxy-N,N-diallyl-tryptamine TFA (10014)	C20H23N2O2F3	380.17117	2185, PS, LM/Q, Designer drug
Phenylbutazone TMS / Suxibuzone artifact TMS (5442)	C22H28N2O2Si	380.19202	2575, 74810-87-0, PS, LM/Q, Analgesic, Antiphlogistic
Bambuterol HY2AC (7550)	C19H28N2O6	380.19473	2500, PS, LM/Q, Bronchodilator

380

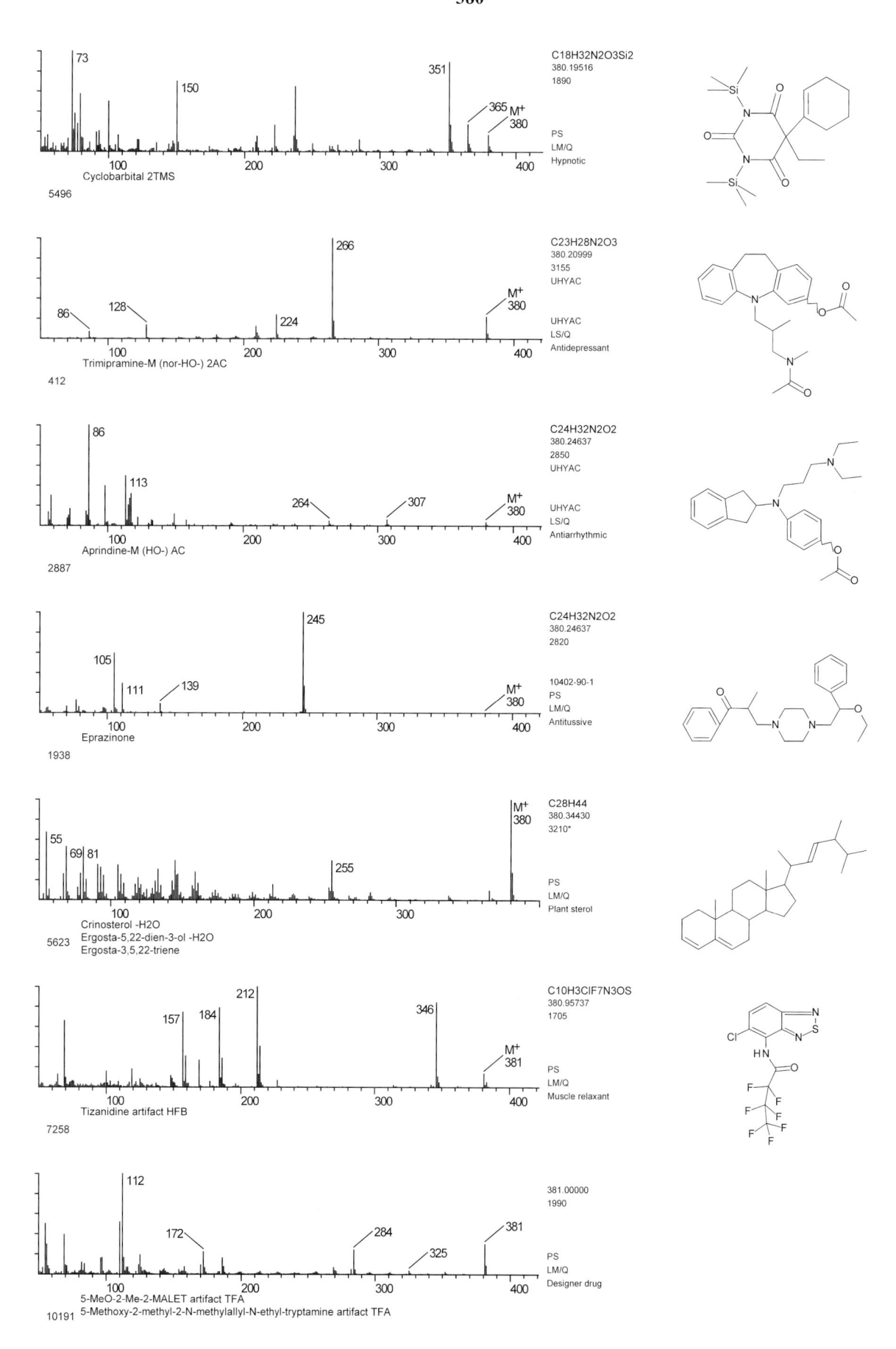

73, 150, 351, 365, M+ 380	C18H32N2O3Si2 380.19516 1890 PS LM/Q Hypnotic
Cyclobarbital 2TMS 5496	

86, 128, 224, 266, M+ 380	C23H28N2O3 380.20999 3155 UHYAC UHYAC LS/Q Antidepressant
Trimipramine-M (nor-HO-) 2AC 412	

86, 113, 264, 307, M+ 380	C24H32N2O2 380.24637 2850 UHYAC UHYAC LS/Q Antiarrhythmic
Aprindine-M (HO-) AC 2887	

105, 111, 139, 245, M+ 380	C24H32N2O2 380.24637 2820 10402-90-1 PS LM/Q Antitussive
Eprazinone 1938	

55, 69, 81, 255, M+ 380	C28H44 380.34430 3210* PS LM/Q Plant sterol
Crinosterol -H2O Ergosta-5,22-dien-3-ol -H2O Ergosta-3,5,22-triene 5623	

157, 184, 212, 346, M+ 381	C10H3ClF7N3OS 380.95737 1705 PS LM/Q Muscle relaxant
Tizanidine artifact HFB 7258	

112, 172, 284, 325, 381	381.00000 1990 PS LM/Q Designer drug
5-MeO-2-Me-2-MALET artifact TFA 5-Methoxy-2-methyl-2-N-methylallyl-N-ethyl-tryptamine artifact TFA 10191	

1358

381

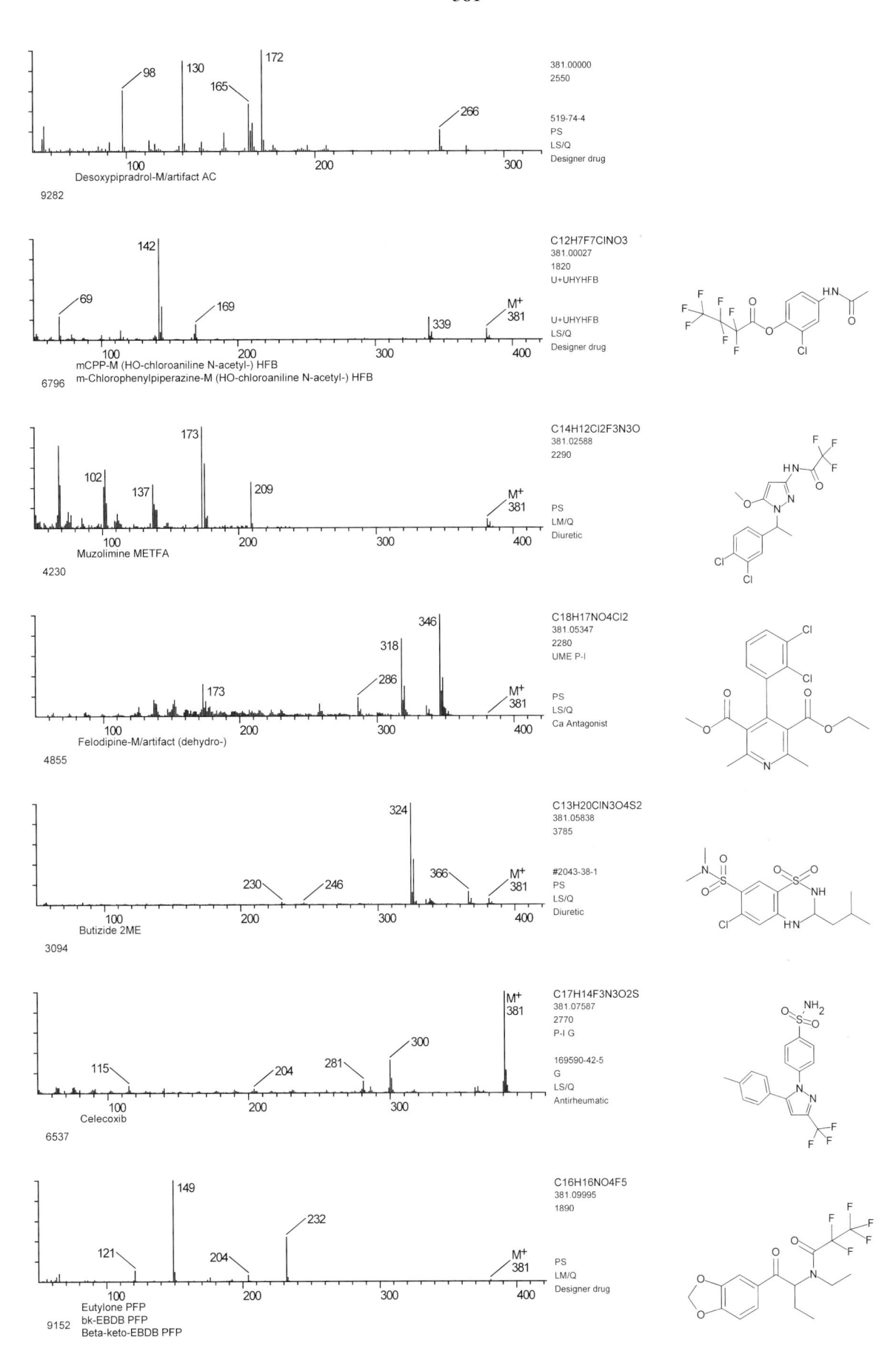

381.00000
2550

519-74-4
PS
LS/Q
Designer drug

Desoxypipradrol-M/artifact AC
9282

C12H7F7ClNO3
381.00027
1820
U+UHYHFB

U+UHYHFB
LS/Q
Designer drug

mCPP-M (HO-chloroaniline N-acetyl-) HFB
m-Chlorophenylpiperazine-M (HO-chloroaniline N-acetyl-) HFB
6796

C14H12Cl2F3N3O
381.02588
2290

PS
LM/Q
Diuretic

Muzolimine METFA
4230

C18H17NO4Cl2
381.05347
2280
UME P-I

PS
LS/Q
Ca Antagonist

Felodipine-M/artifact (dehydro-)
4855

C13H20ClN3O4S2
381.05838
3785

#2043-38-1
PS
LS/Q
Diuretic

Butizide 2ME
3094

C17H14F3N3O2S
381.07587
2770
P-I G

169590-42-5
G
LS/Q
Antirheumatic

Celecoxib
6537

C16H16NO4F5
381.09995
1890

PS
LM/Q
Designer drug

Eutylone PFP
bk-EBDB PFP
Beta-keto-EBDB PFP
9152

381

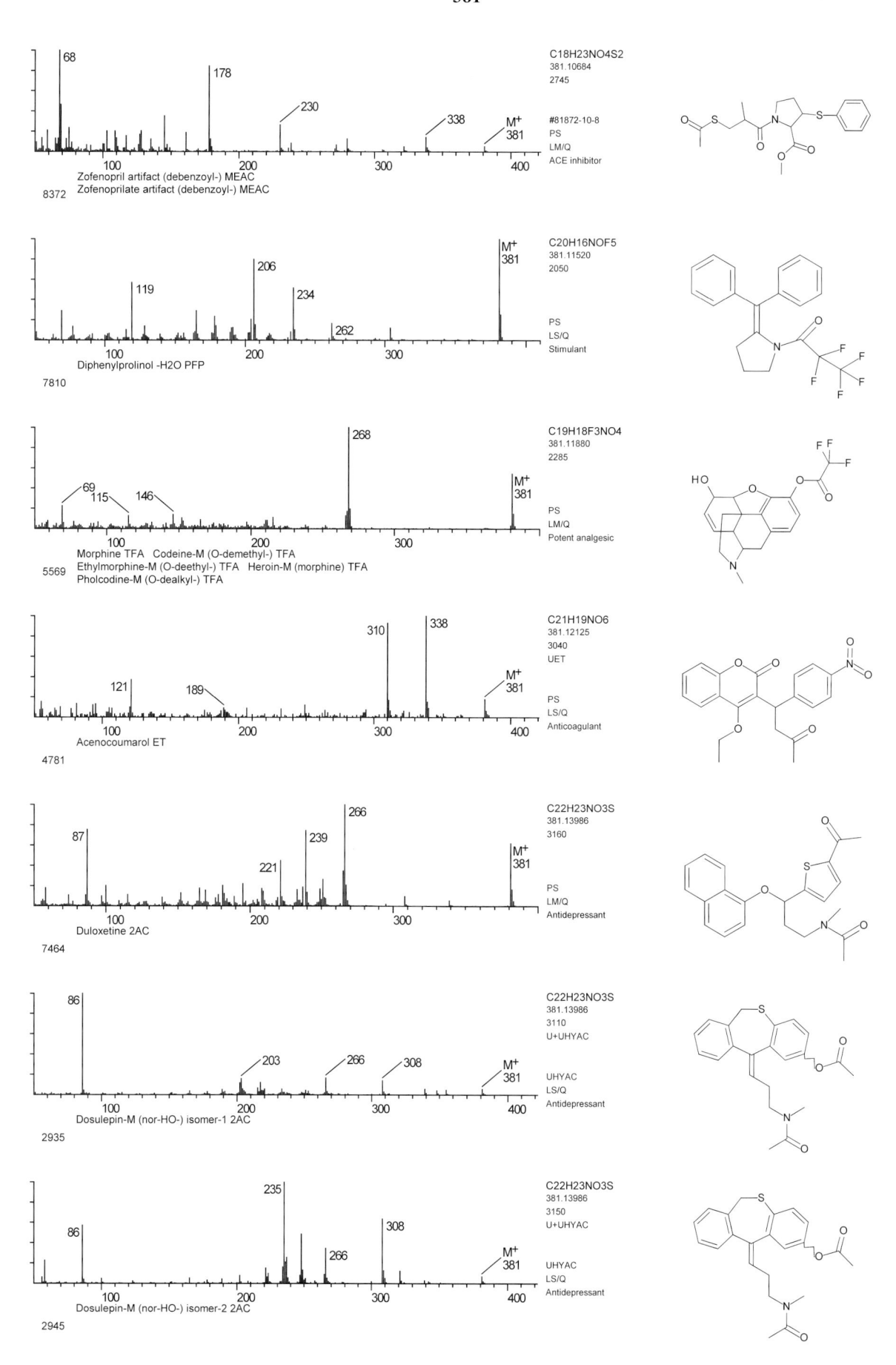

C18H23NO4S2
381.10684
2745

#81872-10-8
PS
LM/Q
ACE inhibitor

Zofenopril artifact (debenzoyl-) MEAC
Zofenoprilate artifact (debenzoyl-) MEAC
8372

C20H16NOF5
381.11520
2050

PS
LS/Q
Stimulant

Diphenylprolinol -H2O PFP
7810

C19H18F3NO4
381.11880
2285

PS
LM/Q
Potent analgesic

Morphine TFA   Codeine-M (O-demethyl-) TFA
Ethylmorphine-M (O-deethyl-) TFA   Heroin-M (morphine) TFA
Pholcodine-M (O-dealkyl-) TFA
5569

C21H19NO6
381.12125
3040
UET

PS
LS/Q
Anticoagulant

Acenocoumarol ET
4781

C22H23NO3S
381.13986
3160

PS
LM/Q
Antidepressant

Duloxetine 2AC
7464

C22H23NO3S
381.13986
3110
U+UHYAC

UHYAC
LS/Q
Antidepressant

Dosulepin-M (nor-HO-) isomer-1 2AC
2935

C22H23NO3S
381.13986
3150
U+UHYAC

UHYAC
LS/Q
Antidepressant

Dosulepin-M (nor-HO-) isomer-2 2AC
2945

381

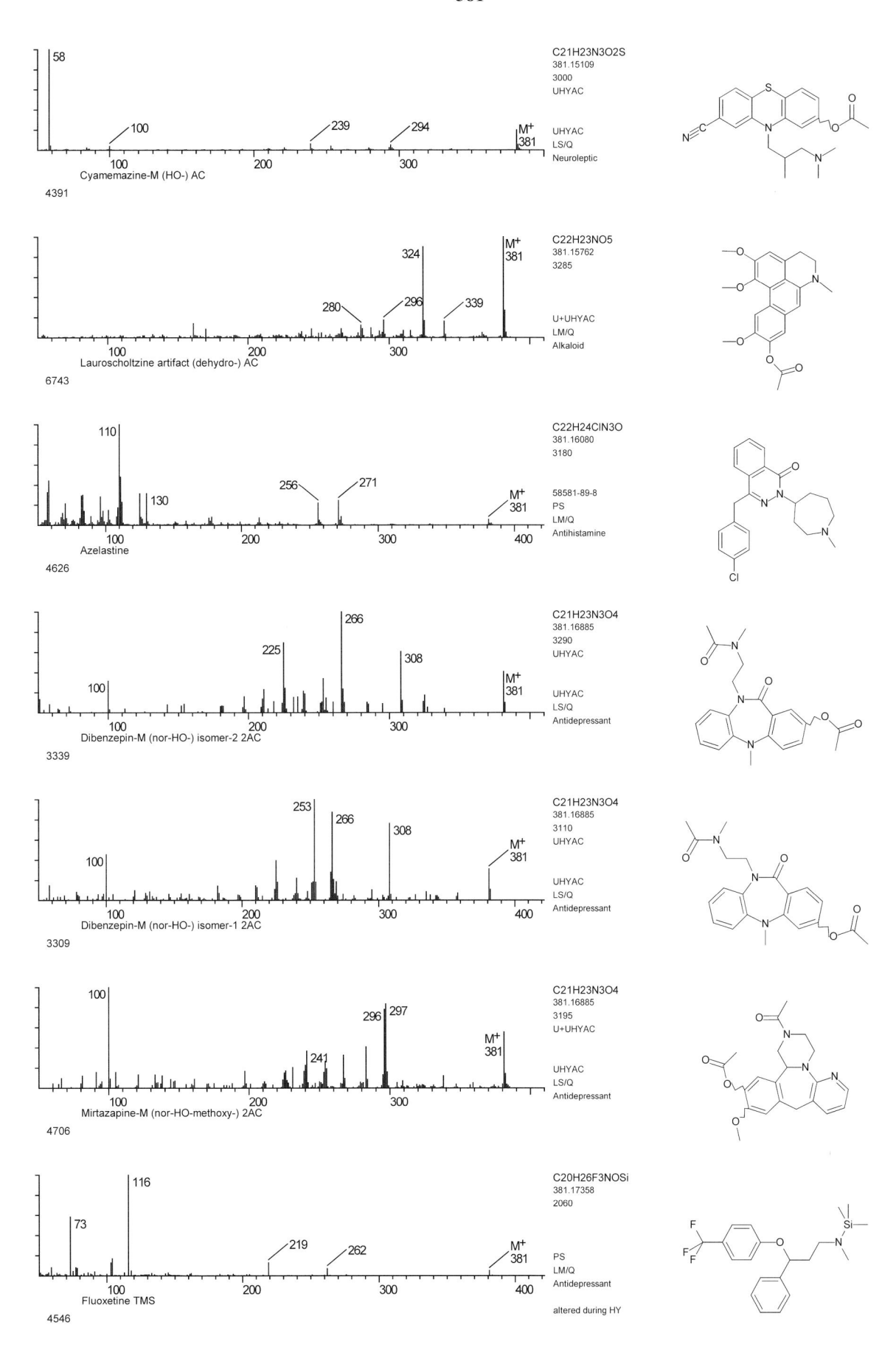

C21H23N3O2S
381.15109
3000
UHYAC

UHYAC
LS/Q
Neuroleptic

Cyamemazine-M (HO-) AC
4391

C22H23NO5
381.15762
3285

U+UHYAC
LM/Q
Alkaloid

Lauroscholtzine artifact (dehydro-) AC
6743

C22H24ClN3O
381.16080
3180
58581-89-8
PS
LM/Q
Antihistamine

Azelastine
4626

C21H23N3O4
381.16885
3290
UHYAC

UHYAC
LS/Q
Antidepressant

Dibenzepin-M (nor-HO-) isomer-2 2AC
3339

C21H23N3O4
381.16885
3110
UHYAC

UHYAC
LS/Q
Antidepressant

Dibenzepin-M (nor-HO-) isomer-1 2AC
3309

C21H23N3O4
381.16885
3195
U+UHYAC

UHYAC
LS/Q
Antidepressant

Mirtazapine-M (nor-HO-methoxy-) 2AC
4706

C20H26F3NOSi
381.17358
2060

PS
LM/Q
Antidepressant

altered during HY

Fluoxetine TMS
4546

381

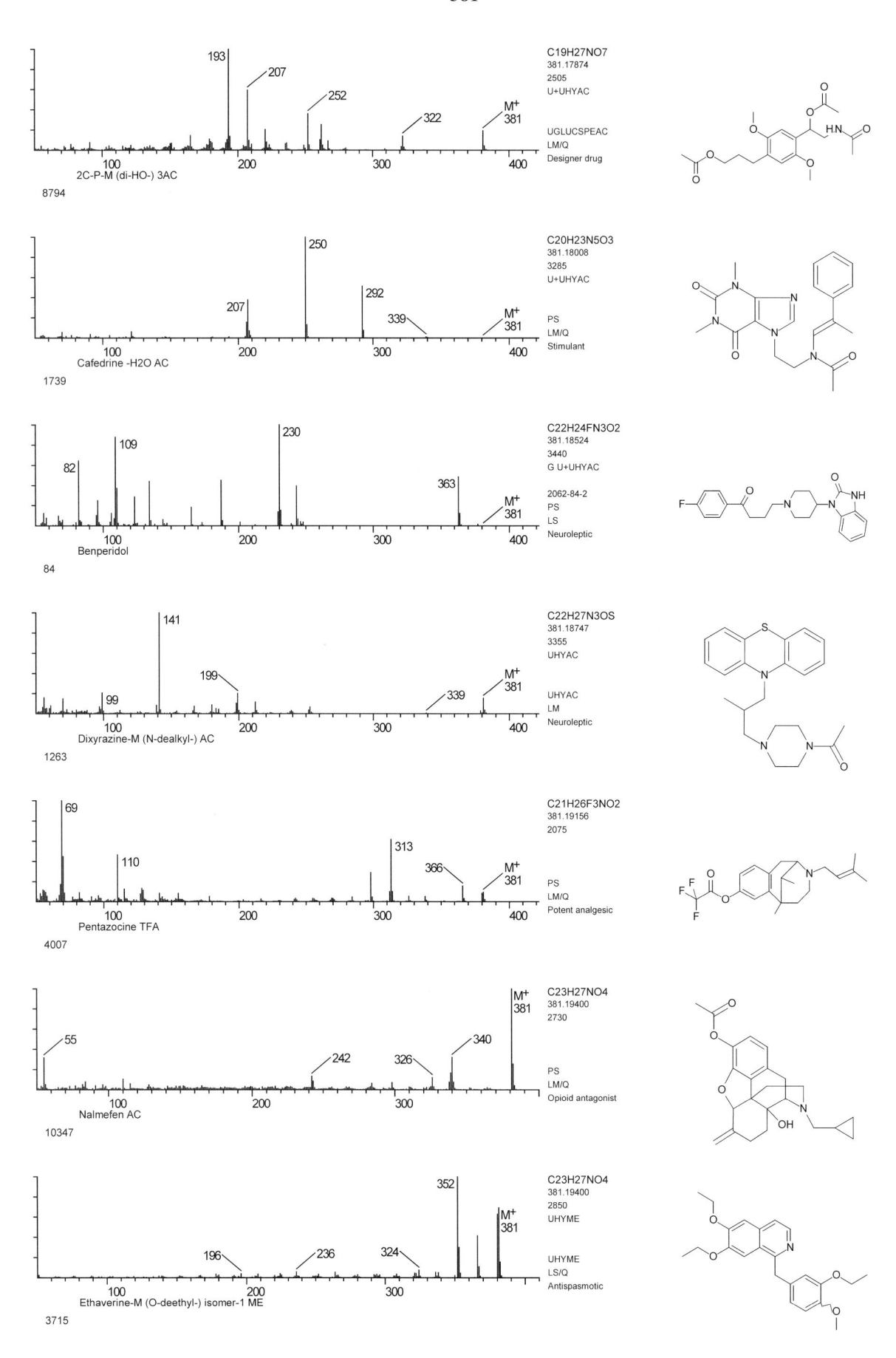

2C-P-M (di-HO-) 3AC
8794
C19H27NO7
381.17874
2505
U+UHYAC

UGLUCSPEAC
LM/Q
Designer drug

Cafedrine -H2O AC
1739
C20H23N5O3
381.18008
3285
U+UHYAC

PS
LM/Q
Stimulant

Benperidol
84
C22H24FN3O2
381.18524
3440
G U+UHYAC

2062-84-2
PS
LS
Neuroleptic

Dixyrazine-M (N-dealkyl-) AC
1263
C22H27N3OS
381.18747
3355
UHYAC

UHYAC
LM
Neuroleptic

Pentazocine TFA
4007
C21H26F3NO2
381.19156
2075

PS
LM/Q
Potent analgesic

Nalmefen AC
10347
C23H27NO4
381.19400
2730

PS
LM/Q
Opioid antagonist

Ethaverine-M (O-deethyl-) isomer-1 ME
3715
C23H27NO4
381.19400
2850
UHYME

UHYME
LS/Q
Antispasmotic

381

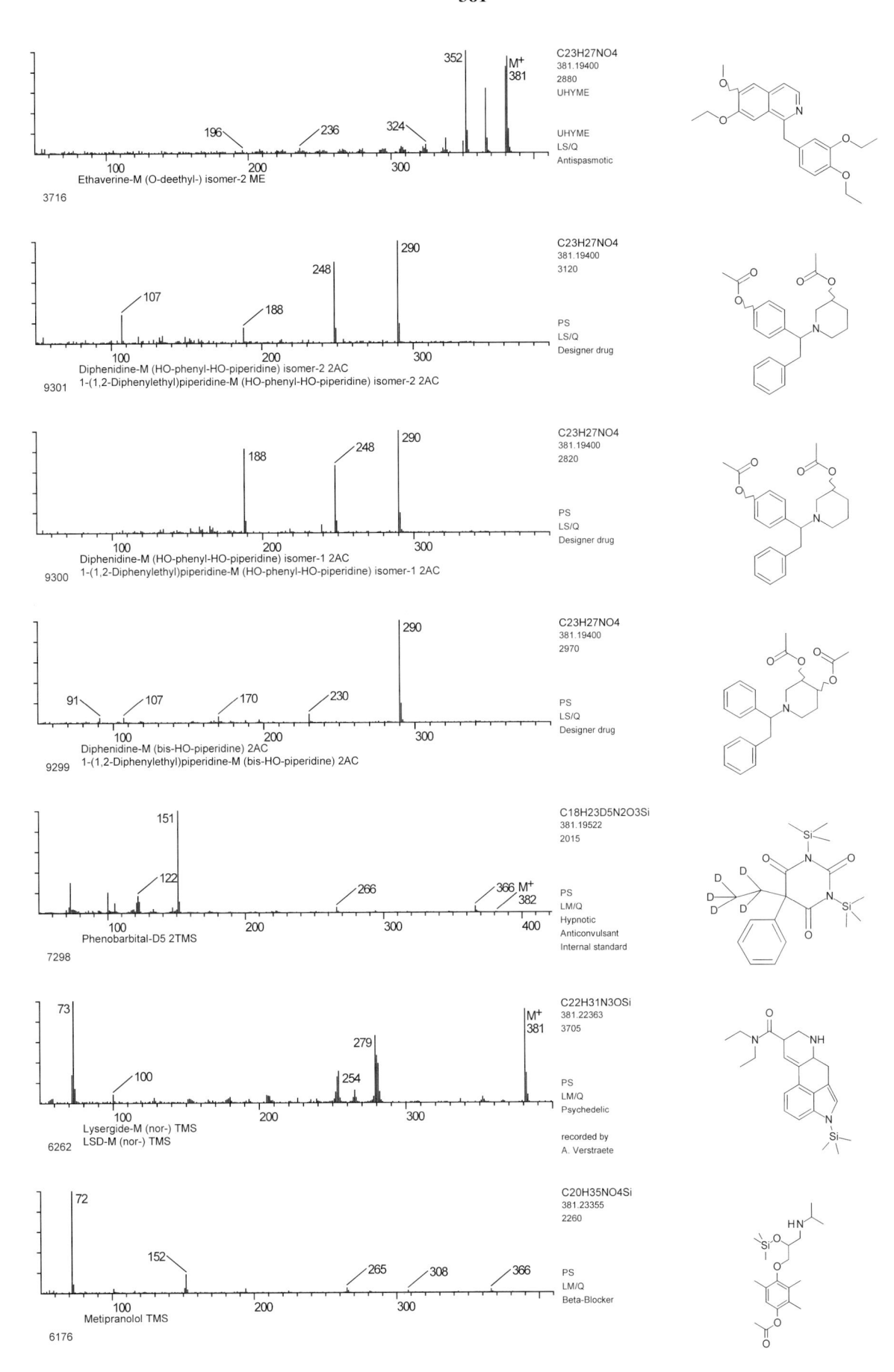

Spectrum	Compound
352, M+ 381; 196, 236, 324	Ethaverine-M (O-deethyl-) isomer-2 ME — C23H27NO4, 381.19400, 2880, UHYME / UHYME, LS/Q, Antispasmotic — 3716
290, 248, 188, 107	Diphenidine-M (HO-phenyl-HO-piperidine) isomer-2 2AC / 1-(1,2-Diphenylethyl)piperidine-M (HO-phenyl-HO-piperidine) isomer-2 2AC — C23H27NO4, 381.19400, 3120, PS, LS/Q, Designer drug — 9301
290, 248, 188	Diphenidine-M (HO-phenyl-HO-piperidine) isomer-1 2AC / 1-(1,2-Diphenylethyl)piperidine-M (HO-phenyl-HO-piperidine) isomer-1 2AC — C23H27NO4, 381.19400, 2820, PS, LS/Q, Designer drug — 9300
290; 91, 107, 170, 230	Diphenidine-M (bis-HO-piperidine) 2AC / 1-(1,2-Diphenylethyl)piperidine-M (bis-HO-piperidine) 2AC — C23H27NO4, 381.19400, 2970, PS, LS/Q, Designer drug — 9299
151, 122, 266, 366, M+ 382	Phenobarbital-D5 2TMS — C18H23D5N2O3Si, 381.19522, 2015, PS, LM/Q, Hypnotic, Anticonvulsant, Internal standard — 7298
73, 100, 254, 279, M+ 381	Lysergide-M (nor-) TMS / LSD-M (nor-) TMS — C22H31N3OSi, 381.22363, 3705, PS, LM/Q, Psychedelic, recorded by A. Verstraete — 6262
72, 152, 265, 308, 366	Metipranolol TMS — C20H35NO4Si, 381.23355, 2260, PS, LM/Q, Beta-Blocker — 6176

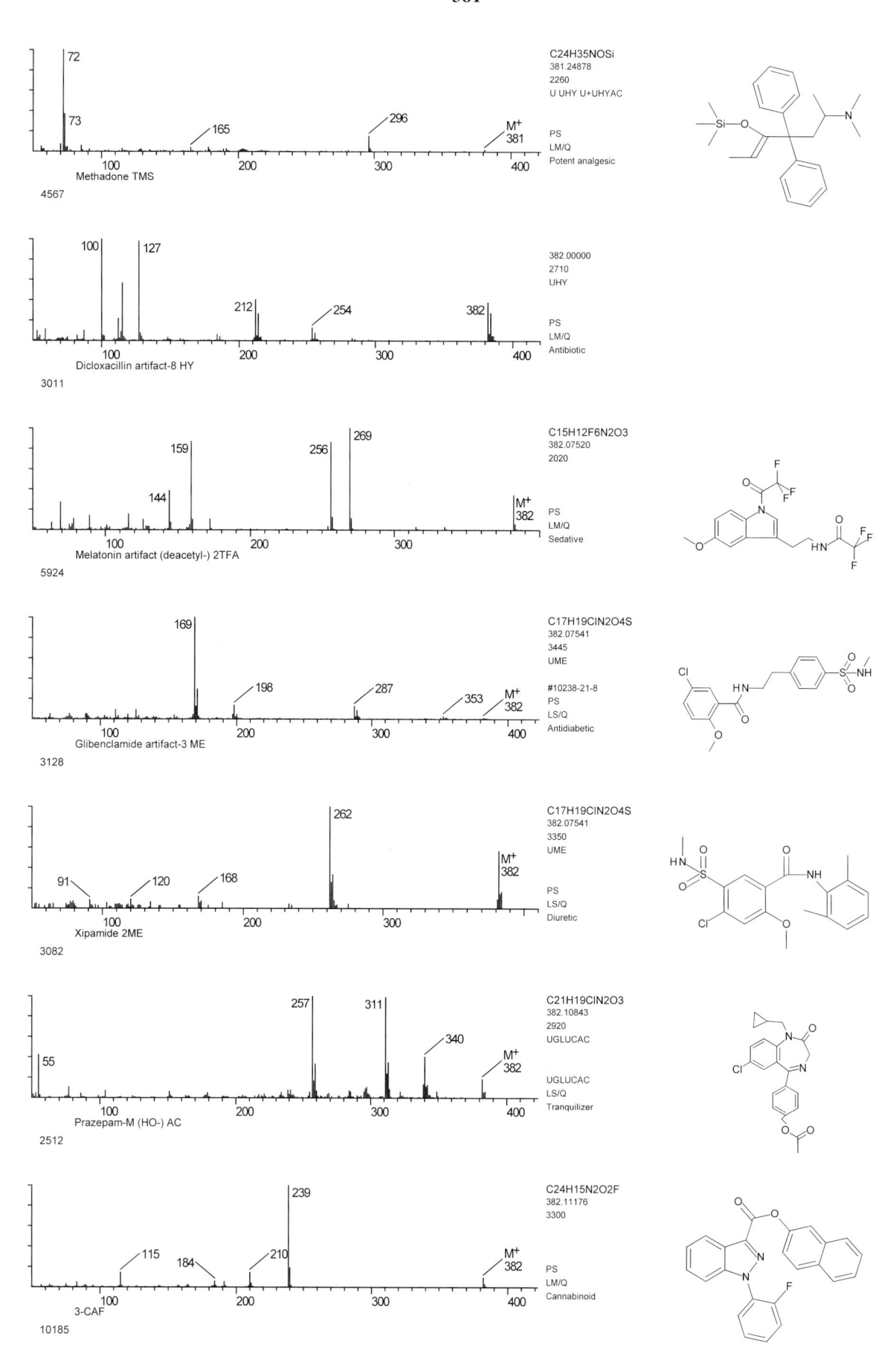

Spectrum	Compound	Formula / Info
72, 73, 165, 296, 381 M+	Methadone TMS	C24H35NOSi / 381.24878 / 2260 / U UHY U+UHYAC / PS / LM/Q / Potent analgesic / 4567
100, 127, 212, 254, 382	Dicloxacillin artifact-8 HY	382.00000 / 2710 / UHY / PS / LM/Q / Antibiotic / 3011
144, 159, 256, 269, 382 M+	Melatonin artifact (deacetyl-) 2TFA	C15H12F6N2O3 / 382.07520 / 2020 / PS / LM/Q / Sedative / 5924
169, 198, 287, 353, 382 M+	Glibenclamide artifact-3 ME	C17H19ClN2O4S / 382.07541 / 3445 / UME / #10238-21-8 / PS / LS/Q / Antidiabetic / 3128
91, 120, 168, 262, 382 M+	Xipamide 2ME	C17H19ClN2O4S / 382.07541 / 3350 / UME / PS / LS/Q / Diuretic / 3082
55, 257, 311, 340, 382 M+	Prazepam-M (HO-) AC	C21H19ClN2O3 / 382.10843 / 2920 / UGLUCAC / UGLUCAC / LS/Q / Tranquilizer / 2512
115, 184, 210, 239, 382 M+	3-CAF	C24H15N2O2F / 382.11176 / 3300 / PS / LM/Q / Cannabinoid / 10185

382

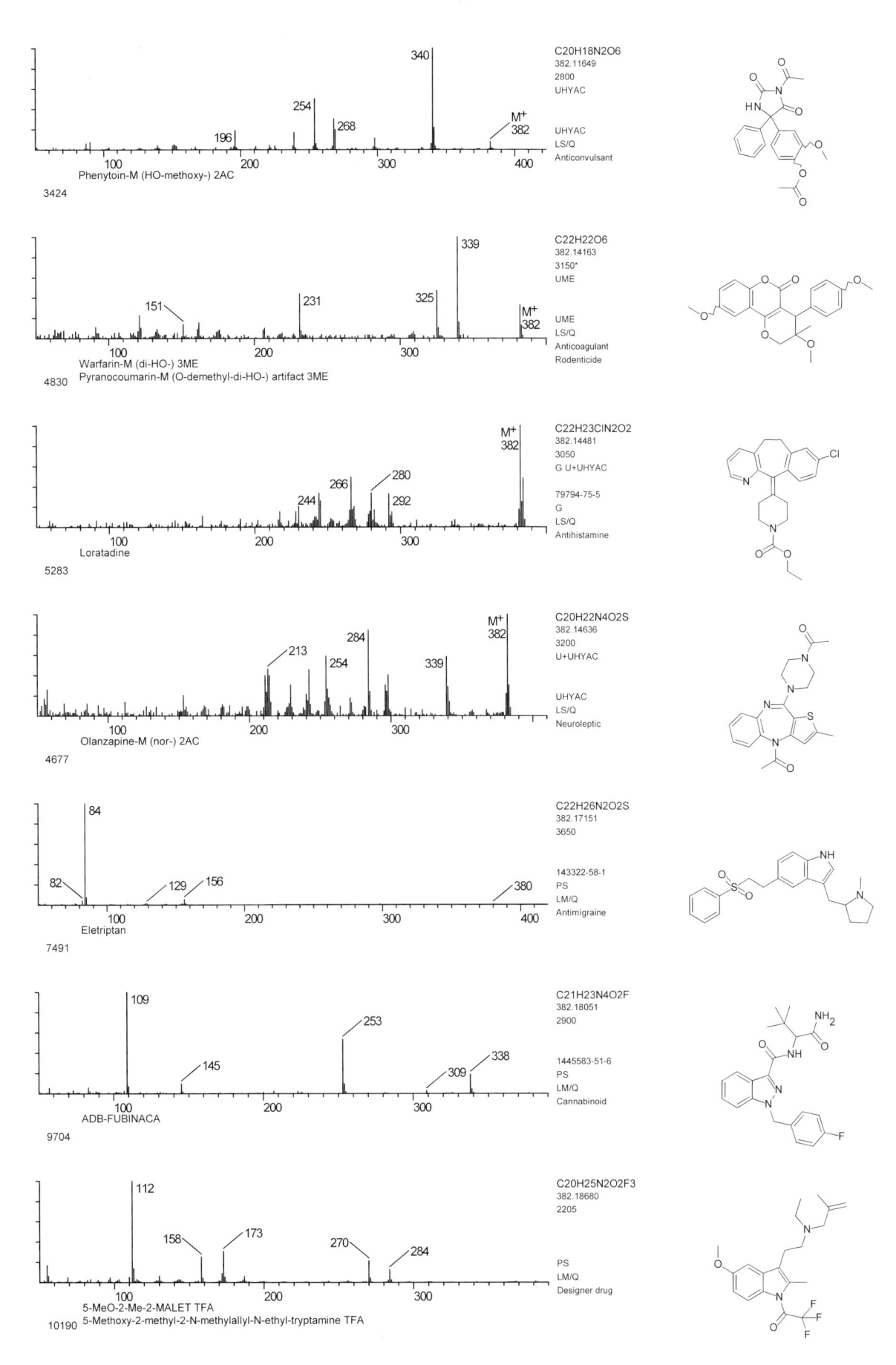

C20H18N2O6
382.11649
2800
UHYAC

UHYAC
LS/Q
Anticonvulsant

Phenytoin-M (HO-methoxy-) 2AC
3424

C22H22O6
382.14163
3150*
UME

UME
LS/Q
Anticoagulant
Rodenticide

Warfarin-M (di-HO-) 3ME
Pyranocoumarin-M (O-demethyl-di-HO-) artifact 3ME
4830

C22H23ClN2O2
382.14481
3050
G U+UHYAC

79794-75-5
G
LS/Q
Antihistamine

Loratadine
5283

C20H22N4O2S
382.14636
3200
U+UHYAC

UHYAC
LS/Q
Neuroleptic

Olanzapine-M (nor-) 2AC
4677

C22H26N2O2S
382.17151
3650

143322-58-1
PS
LM/Q
Antimigraine

Eletriptan
7491

C21H23N4O2F
382.18051
2900

1445583-51-6
PS
LM/Q
Cannabinoid

ADB-FUBINACA
9704

C20H25N2O2F3
382.18680
2205

PS
LM/Q
Designer drug

5-MeO-2-Me-2-MALET TFA
5-Methoxy-2-methyl-2-N-methylallyl-N-ethyl-tryptamine TFA
10190

382

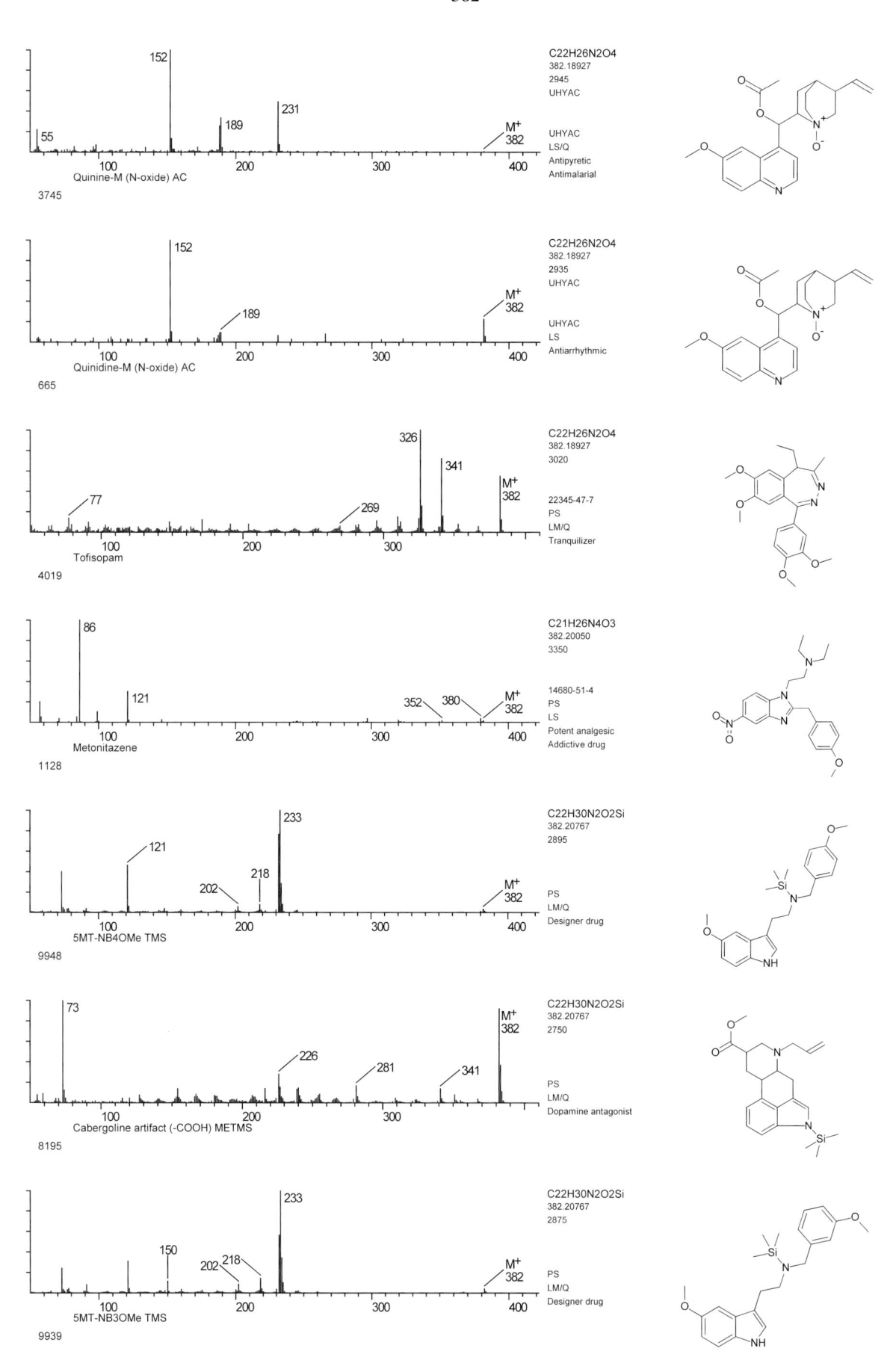

Quinine-M (N-oxide) AC — peaks 55, 152, 189, 231, M+ 382	C22H26N2O4 382.18927 2945 UHYAC UHYAC LS/Q Antipyretic Antimalarial	
3745		
Quinidine-M (N-oxide) AC — peaks 152, 189, M+ 382	C22H26N2O4 382.18927 2935 UHYAC UHYAC LS Antiarrhythmic	
665		
Tofisopam — peaks 77, 269, 326, 341, M+ 382	C22H26N2O4 382.18927 3020 22345-47-7 PS LM/Q Tranquilizer	
4019		
Metonitazene — peaks 86, 121, 352, 380, M+ 382	C21H26N4O3 382.20050 3350 14680-51-4 PS LS Potent analgesic Addictive drug	
1128		
5MT-NB4OMe TMS — peaks 121, 202, 218, 233, M+ 382	C22H30N2O2Si 382.20767 2895 PS LM/Q Designer drug	
9948		
Cabergoline artifact (-COOH) METMS — peaks 73, 226, 281, 341, M+ 382	C22H30N2O2Si 382.20767 2750 PS LM/Q Dopamine antagonist	
8195		
5MT-NB3OMe TMS — peaks 150, 202, 218, 233, M+ 382	C22H30N2O2Si 382.20767 2875 PS LM/Q Designer drug	
9939		

382

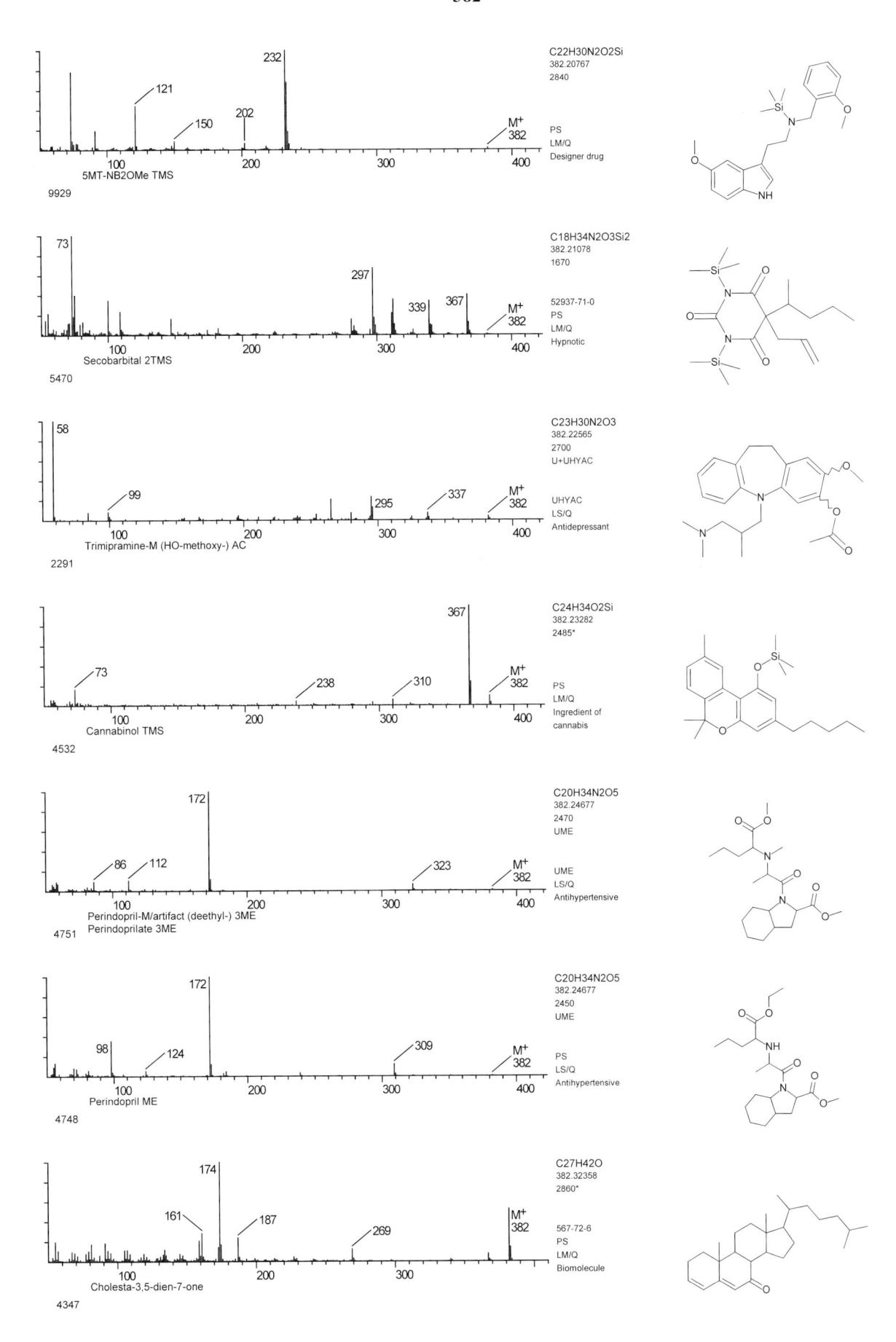

5MT-NB2OMe TMS — peaks: 121, 150, 202, 232, M+ 382	C22H30N2O2Si / 382.20767 / 2840 / PS / LM/Q / Designer drug
Secobarbital 2TMS — peaks: 73, 297, 339, 367, M+ 382	C18H34N2O3Si2 / 382.21078 / 1670 / 52937-71-0 / PS / LM/Q / Hypnotic
Trimipramine-M (HO-methoxy-) AC — peaks: 58, 99, 295, 337, M+ 382	C23H30N2O3 / 382.22565 / 2700 / U+UHYAC / UHYAC / LS/Q / Antidepressant
Cannabinol TMS — peaks: 73, 238, 310, 367, M+ 382	C24H34O2Si / 382.23282 / 2485* / PS / LM/Q / Ingredient of cannabis
Perindopril-M/artifact (deethyl-) 3ME; Perindoprilate 3ME — peaks: 86, 112, 172, 323, M+ 382	C20H34N2O5 / 382.24677 / 2470 / UME / UME / LS/Q / Antihypertensive
Perindopril ME — peaks: 98, 124, 172, 309, M+ 382	C20H34N2O5 / 382.24677 / 2450 / UME / PS / LS/Q / Antihypertensive
Cholesta-3,5-dien-7-one — peaks: 161, 174, 187, 269, M+ 382	C27H42O / 382.32358 / 2860* / 567-72-6 / PS / LM/Q / Biomolecule

382

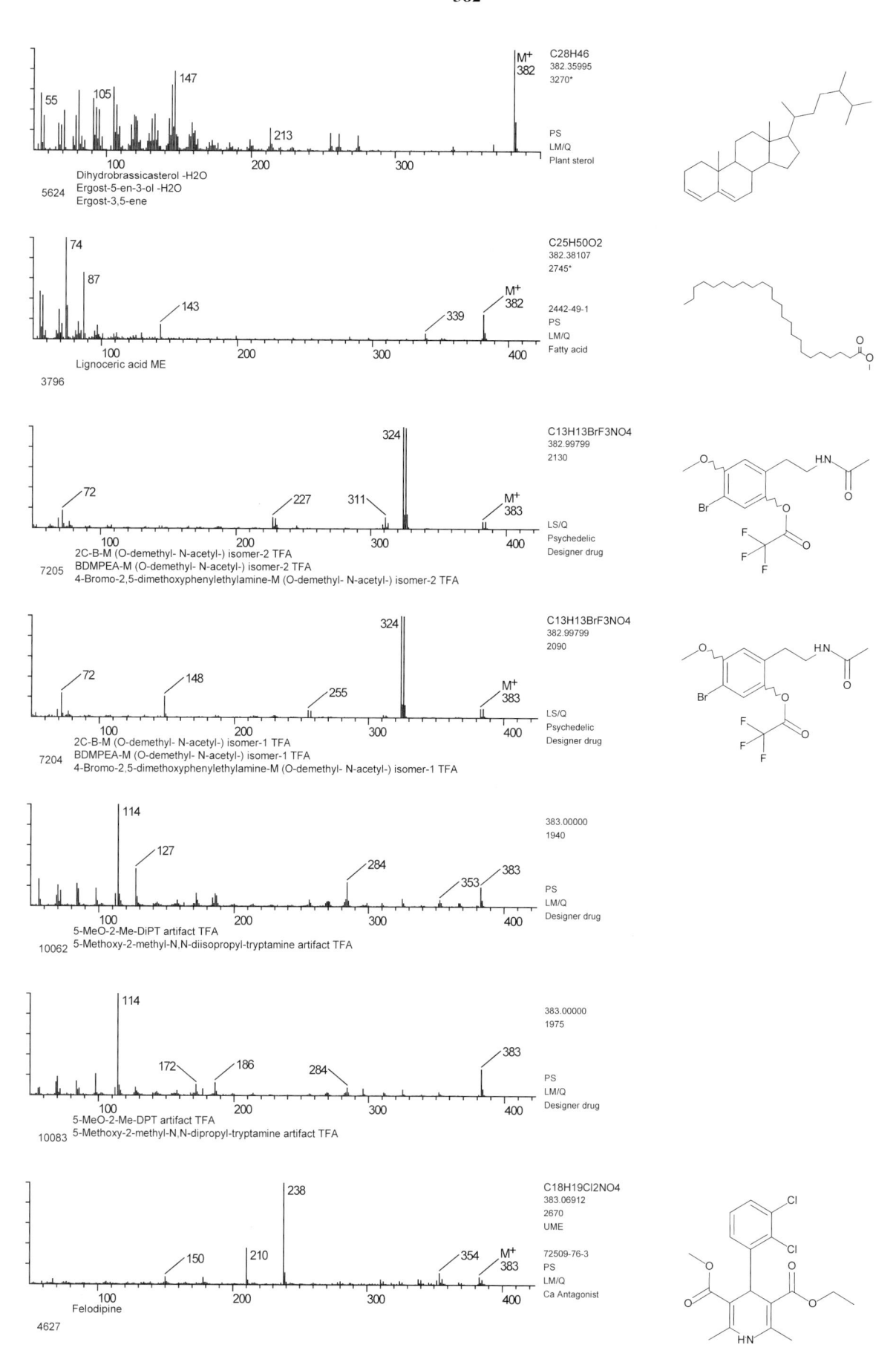

C28H46
382.35995
3270*

PS
LM/Q
Plant sterol

Dihydrobrassicasterol -H2O
Ergost-5-en-3-ol -H2O
5624 Ergost-3,5-ene

C25H50O2
382.38107
2745*

2442-49-1
PS
LM/Q
Fatty acid

Lignoceric acid ME
3796

C13H13BrF3NO4
382.99799
2130

LS/Q
Psychedelic
Designer drug

2C-B-M (O-demethyl- N-acetyl-) isomer-2 TFA
BDMPEA-M (O-demethyl- N-acetyl-) isomer-2 TFA
7205 4-Bromo-2,5-dimethoxyphenylethylamine-M (O-demethyl- N-acetyl-) isomer-2 TFA

C13H13BrF3NO4
382.99799
2090

LS/Q
Psychedelic
Designer drug

2C-B-M (O-demethyl- N-acetyl-) isomer-1 TFA
BDMPEA-M (O-demethyl- N-acetyl-) isomer-1 TFA
7204 4-Bromo-2,5-dimethoxyphenylethylamine-M (O-demethyl- N-acetyl-) isomer-1 TFA

383.00000
1940

PS
LM/Q
Designer drug

5-MeO-2-Me-DiPT artifact TFA
10062 5-Methoxy-2-methyl-N,N-diisopropyl-tryptamine artifact TFA

383.00000
1975

PS
LM/Q
Designer drug

5-MeO-2-Me-DPT artifact TFA
10083 5-Methoxy-2-methyl-N,N-dipropyl-tryptamine artifact TFA

C18H19Cl2NO4
383.06912
2670
UME

72509-76-3
PS
LM/Q
Ca Antagonist

Felodipine
4627

383

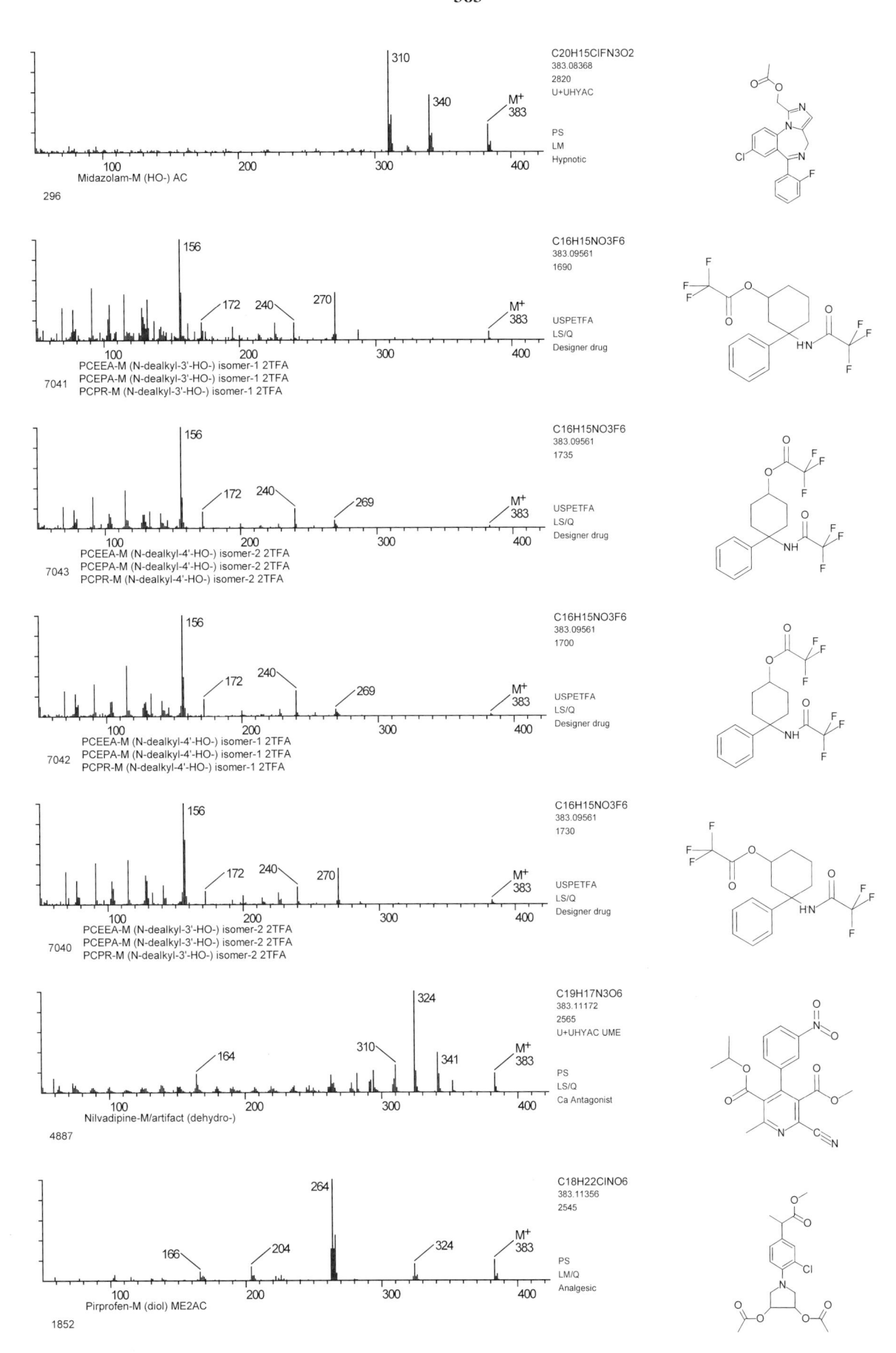

Midazolam-M (HO-) AC — 296	310, 340, M+ 383	C20H15ClFN3O2 / 383.08368 / 2820 / U+UHYAC / PS / LM / Hypnotic
PCEEA-M (N-dealkyl-3'-HO-) isomer-1 2TFA / PCEPA-M (N-dealkyl-3'-HO-) isomer-1 2TFA / PCPR-M (N-dealkyl-3'-HO-) isomer-1 2TFA — 7041	156, 172, 240, 270, M+ 383	C16H15NO3F6 / 383.09561 / 1690 / USPETFA / LS/Q / Designer drug
PCEEA-M (N-dealkyl-4'-HO-) isomer-2 2TFA / PCEPA-M (N-dealkyl-4'-HO-) isomer-2 2TFA / PCPR-M (N-dealkyl-4'-HO-) isomer-2 2TFA — 7043	156, 172, 240, 269, M+ 383	C16H15NO3F6 / 383.09561 / 1735 / USPETFA / LS/Q / Designer drug
PCEEA-M (N-dealkyl-4'-HO-) isomer-1 2TFA / PCEPA-M (N-dealkyl-4'-HO-) isomer-1 2TFA / PCPR-M (N-dealkyl-4'-HO-) isomer-1 2TFA — 7042	156, 172, 240, 269, M+ 383	C16H15NO3F6 / 383.09561 / 1700 / USPETFA / LS/Q / Designer drug
PCEEA-M (N-dealkyl-3'-HO-) isomer-2 2TFA / PCEPA-M (N-dealkyl-3'-HO-) isomer-2 2TFA / PCPR-M (N-dealkyl-3'-HO-) isomer-2 2TFA — 7040	156, 172, 240, 270, M+ 383	C16H15NO3F6 / 383.09561 / 1730 / USPETFA / LS/Q / Designer drug
Nilvadipine-M/artifact (dehydro-) — 4887	164, 310, 324, 341, M+ 383	C19H17N3O6 / 383.11172 / 2565 / U+UHYAC UME / PS / LS/Q / Ca Antagonist
Pirprofen-M (diol) ME2AC — 1852	166, 204, 264, 324, M+ 383	C18H22ClNO6 / 383.11356 / 2545 / PS / LM/Q / Analgesic

383

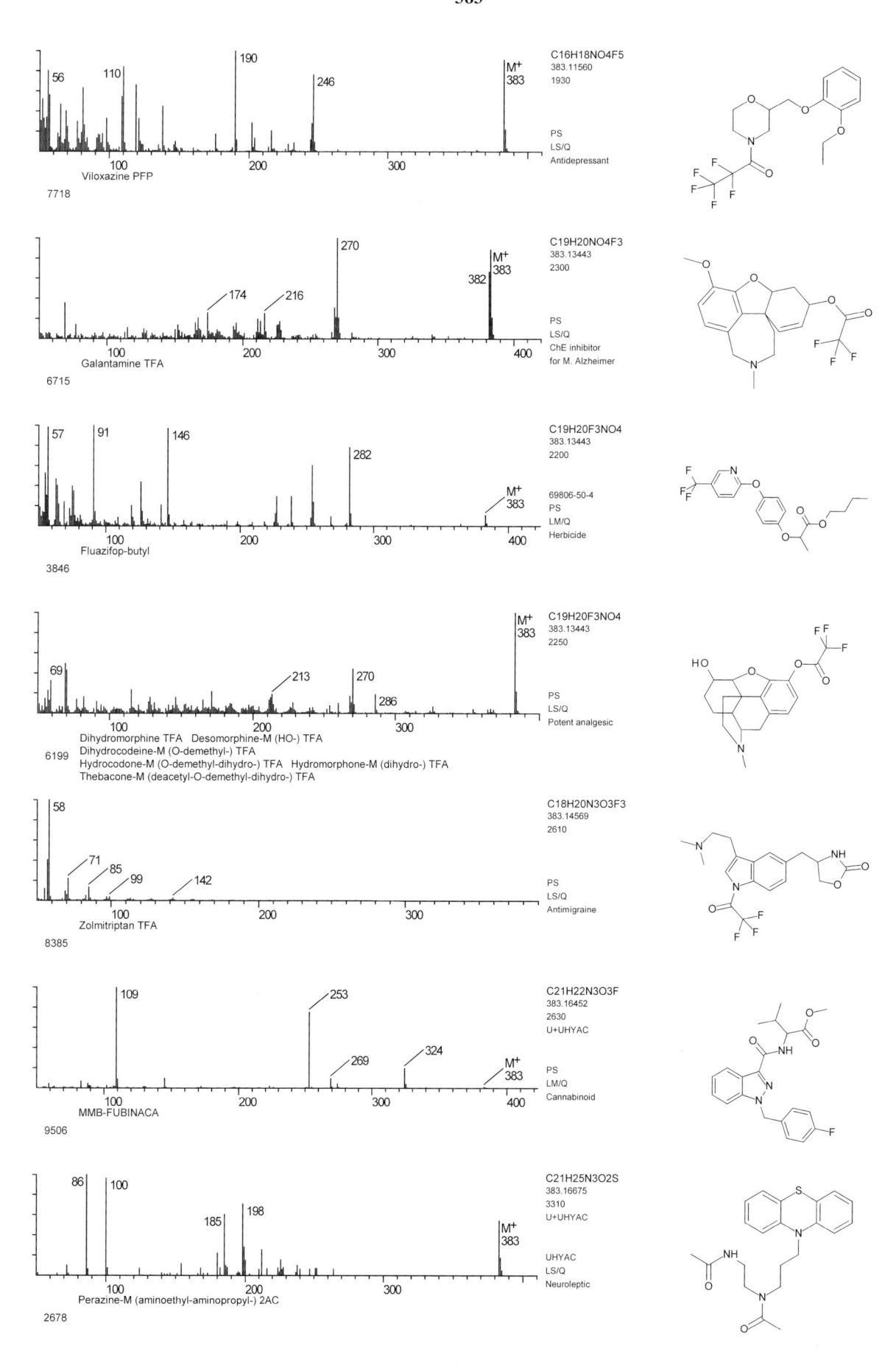

C16H18NO4F5
383.11560
1930

PS
LS/Q
Antidepressant

Viloxazine PFP
7718

C19H20NO4F3
383.13443
2300

PS
LS/Q
ChE inhibitor
for M. Alzheimer

Galantamine TFA
6715

C19H20F3NO4
383.13443
2200
69806-50-4
PS
LM/Q
Herbicide

Fluazifop-butyl
3846

C19H20F3NO4
383.13443
2250

PS
LS/Q
Potent analgesic

Dihydromorphine TFA   Desomorphine-M (HO-) TFA
Dihydrocodeine-M (O-demethyl-) TFA
6199   Hydrocodone-M (O-demethyl-dihydro-) TFA   Hydromorphone-M (dihydro-) TFA
Thebacone-M (deacetyl-O-demethyl-dihydro-) TFA

C18H20N3O3F3
383.14569
2610

PS
LS/Q
Antimigraine

Zolmitriptan TFA
8385

C21H22N3O3F
383.16452
2630
U+UHYAC

PS
LM/Q
Cannabinoid

MMB-FUBINACA
9506

C21H25N3O2S
383.16675
3310
U+UHYAC

UHYAC
LS/Q
Neuroleptic

Perazine-M (aminoethyl-aminopropyl-) 2AC
2678

1370

383

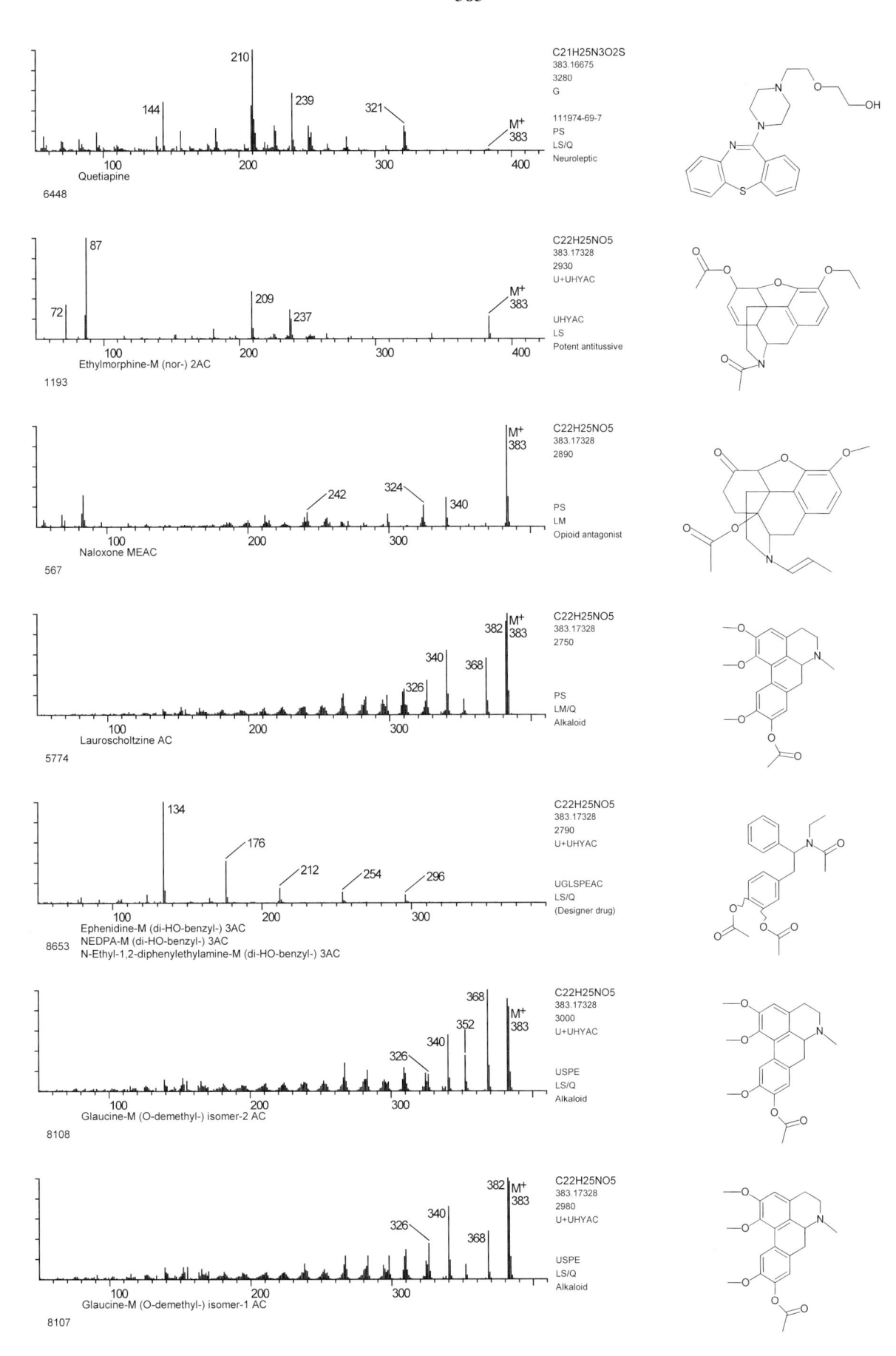

Spectrum	Compound	Formula data
1	Quetiapine (6448) peaks: 144, 210, 239, 321, M+ 383	C21H25N3O2S, 383.16675, 3280, G, 111974-69-7, PS, LS/Q, Neuroleptic
2	Ethylmorphine-M (nor-) 2AC (1193) peaks: 72, 87, 209, 237, M+ 383	C22H25NO5, 383.17328, 2930, U+UHYAC, UHYAC, LS, Potent antitussive
3	Naloxone MEAC (567) peaks: 242, 324, 340, M+ 383	C22H25NO5, 383.17328, 2890, PS, LM, Opioid antagonist
4	Lauroscholtzine AC (5774) peaks: 326, 340, 368, 382, M+ 383	C22H25NO5, 383.17328, 2750, PS, LM/Q, Alkaloid
5	Ephenidine-M (di-HO-benzyl-) 3AC / NEDPA-M (di-HO-benzyl-) 3AC / N-Ethyl-1,2-diphenylethylamine-M (di-HO-benzyl-) 3AC (8653) peaks: 134, 176, 212, 254, 296	C22H25NO5, 383.17328, 2790, U+UHYAC, UGLSPEAC, LS/Q, (Designer drug)
6	Glaucine-M (O-demethyl-) isomer-2 AC (8108) peaks: 326, 340, 352, 368, M+ 383	C22H25NO5, 383.17328, 3000, U+UHYAC, USPE, LS/Q, Alkaloid
7	Glaucine-M (O-demethyl-) isomer-1 AC (8107) peaks: 326, 340, 368, 382, M+ 383	C22H25NO5, 383.17328, 2980, U+UHYAC, USPE, LS/Q, Alkaloid

383

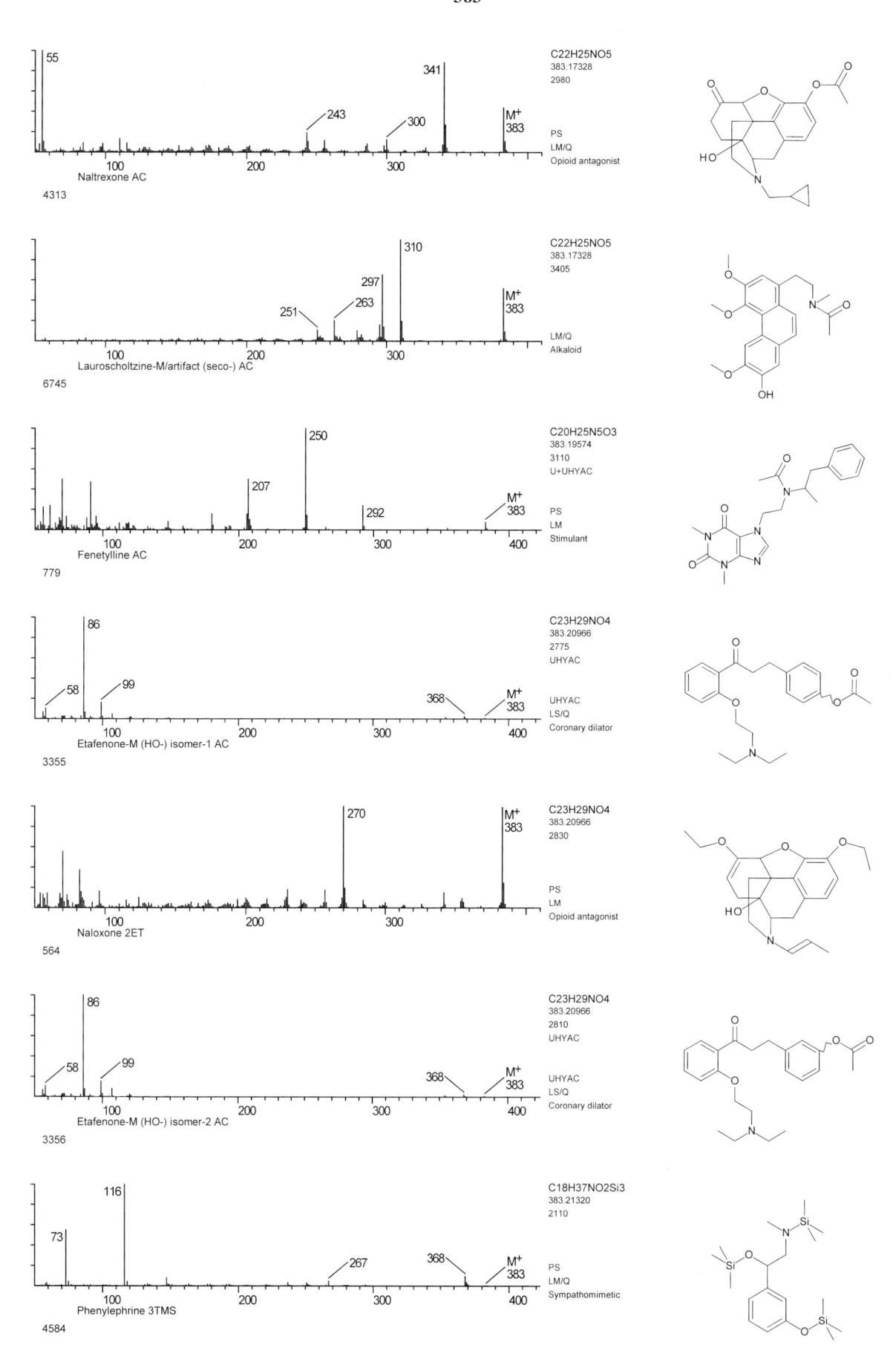

Naltrexone AC — C22H25NO5, 383.17328, 2980, PS, LM/Q, Opioid antagonist
Peaks: 55, 243, 300, 341, M+ 383
4313

Lauroscholtzine-M/artifact (seco-) AC — C22H25NO5, 383.17328, 3405, LM/Q, Alkaloid
Peaks: 251, 263, 297, 310, M+ 383
6745

Fenetylline AC — C20H25N5O3, 383.19574, 3110, U+UHYAC, PS, LM, Stimulant
Peaks: 207, 250, 292, M+ 383
779

Etafenone-M (HO-) isomer-1 AC — C23H29NO4, 383.20966, 2775, UHYAC, UHYAC, LS/Q, Coronary dilator
Peaks: 58, 86, 99, 368, M+ 383
3355

Naloxone 2ET — C23H29NO4, 383.20966, 2830, PS, LM, Opioid antagonist
Peaks: 270, M+ 383
564

Etafenone-M (HO-) isomer-2 AC — C23H29NO4, 383.20966, 2810, UHYAC, UHYAC, LS/Q, Coronary dilator
Peaks: 58, 86, 99, 368, M+ 383
3356

Phenylephrine 3TMS — C18H37NO2Si3, 383.21320, 2110, PS, LM/Q, Sympathomimetic
Peaks: 73, 116, 267, 368, M+ 383
4584

383

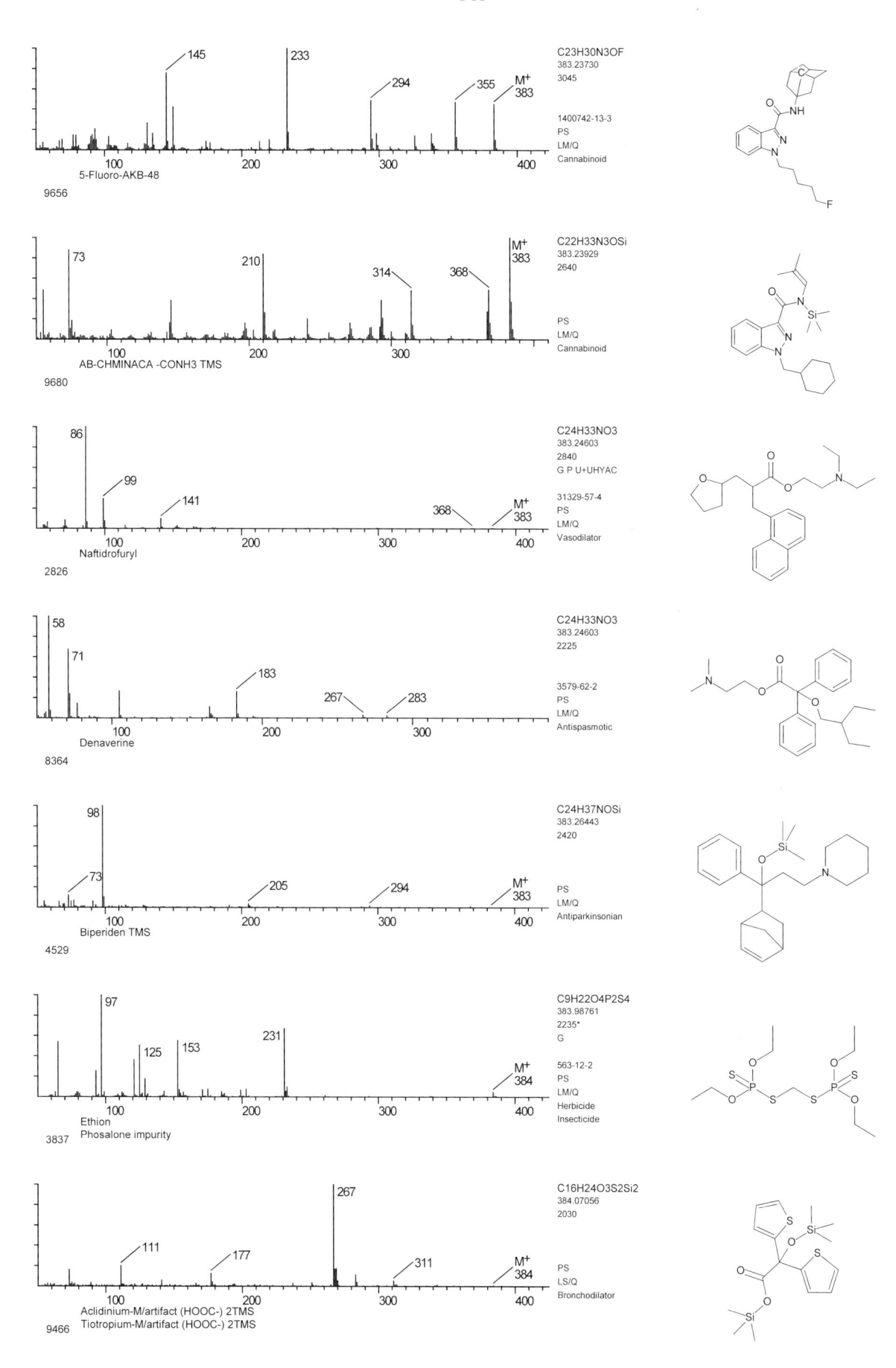

C23H30N3OF
383.23730
3045

1400742-13-3
PS
LM/Q
Cannabinoid

5-Fluoro-AKB-48
9656

Peaks: 145, 233, 294, 355, M+ 383

C22H33N3OSi
383.23929
2640

PS
LM/Q
Cannabinoid

AB-CHMINACA -CONH3 TMS
9680

Peaks: 73, 210, 314, 368, M+ 383

C24H33NO3
383.24603
2840

G P U+UHYAC
31329-57-4
PS
LM/Q
Vasodilator

Naftidrofuryl
2826

Peaks: 86, 99, 141, 368, M+ 383

C24H33NO3
383.24603
2225

3579-62-2
PS
LM/Q
Antispasmotic

Denaverine
8364

Peaks: 58, 71, 183, 267, 283

C24H37NOSi
383.26443
2420

PS
LM/Q
Antiparkinsonian

Biperiden TMS
4529

Peaks: 73, 98, 205, 294, M+ 383

C9H22O4P2S4
383.98761
2235*
G

563-12-2
PS
LM/Q
Herbicide
Insecticide

Ethion
Phosalone impurity
3837

Peaks: 97, 125, 153, 231, M+ 384

C16H24O3S2Si2
384.07056
2030

PS
LS/Q
Bronchodilator

Aclidinium-M/artifact (HOOC-) 2TMS
Tiotropium-M/artifact (HOOC-) 2TMS
9466

Peaks: 111, 177, 267, 311, M+ 384

1373

384

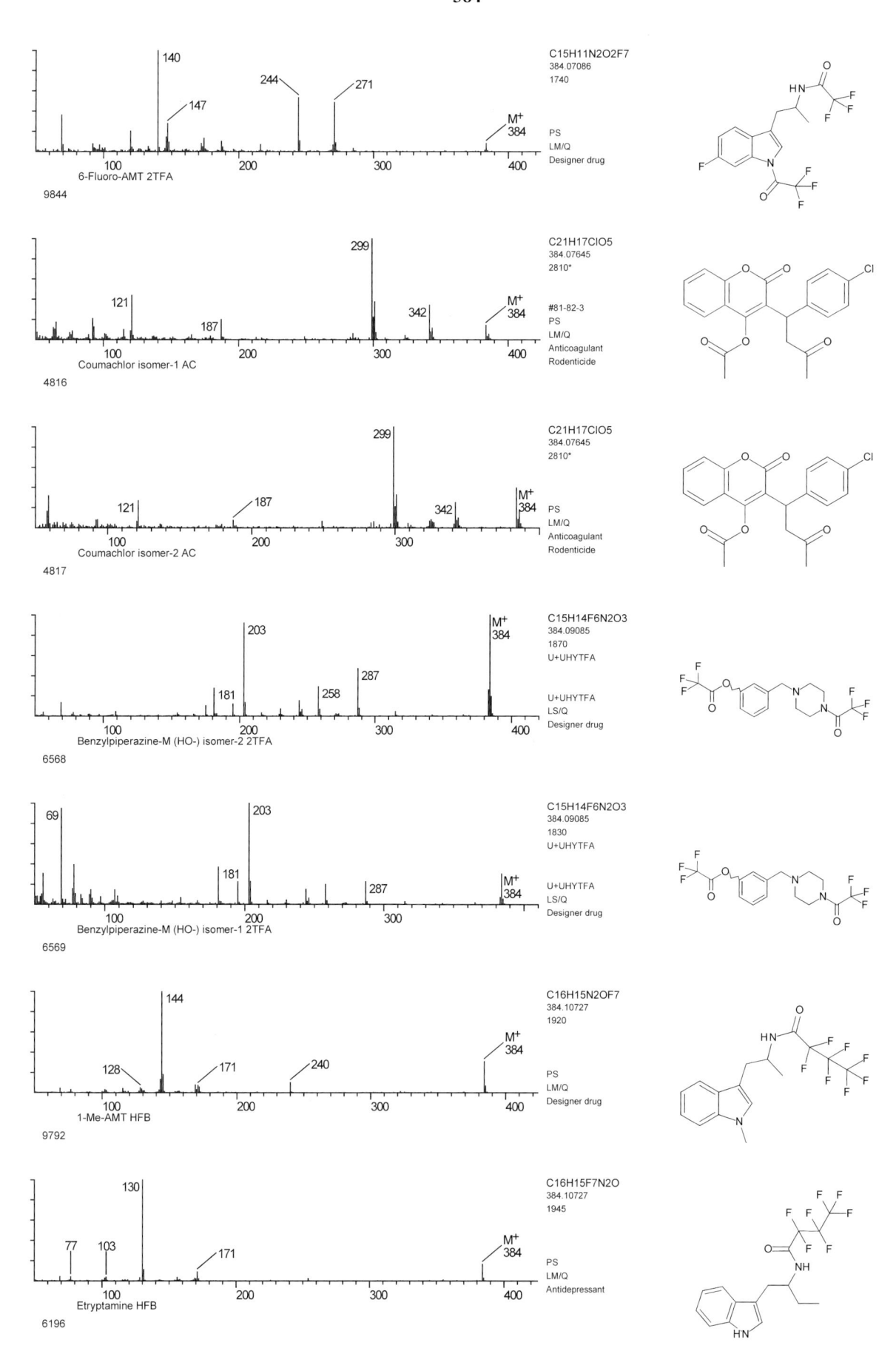

6-Fluoro-AMT 2TFA — 9844	C15H11N2O2F7 · 384.07086 · 1740 · PS · LM/Q · Designer drug
Coumachlor isomer-1 AC — 4816	C21H17ClO5 · 384.07645 · 2810* · #81-82-3 · PS · LM/Q · Anticoagulant · Rodenticide
Coumachlor isomer-2 AC — 4817	C21H17ClO5 · 384.07645 · 2810* · PS · LM/Q · Anticoagulant · Rodenticide
Benzylpiperazine-M (HO-) isomer-2 2TFA — 6568	C15H14F6N2O3 · 384.09085 · 1870 · U+UHYTFA · U+UHYTFA · LS/Q · Designer drug
Benzylpiperazine-M (HO-) isomer-1 2TFA — 6569	C15H14F6N2O3 · 384.09085 · 1830 · U+UHYTFA · U+UHYTFA · LS/Q · Designer drug
1-Me-AMT HFB — 9792	C16H15N2OF7 · 384.10727 · 1920 · PS · LM/Q · Designer drug
Etryptamine HFB — 6196	C16H15F7N2O · 384.10727 · 1945 · PS · LM/Q · Antidepressant

384

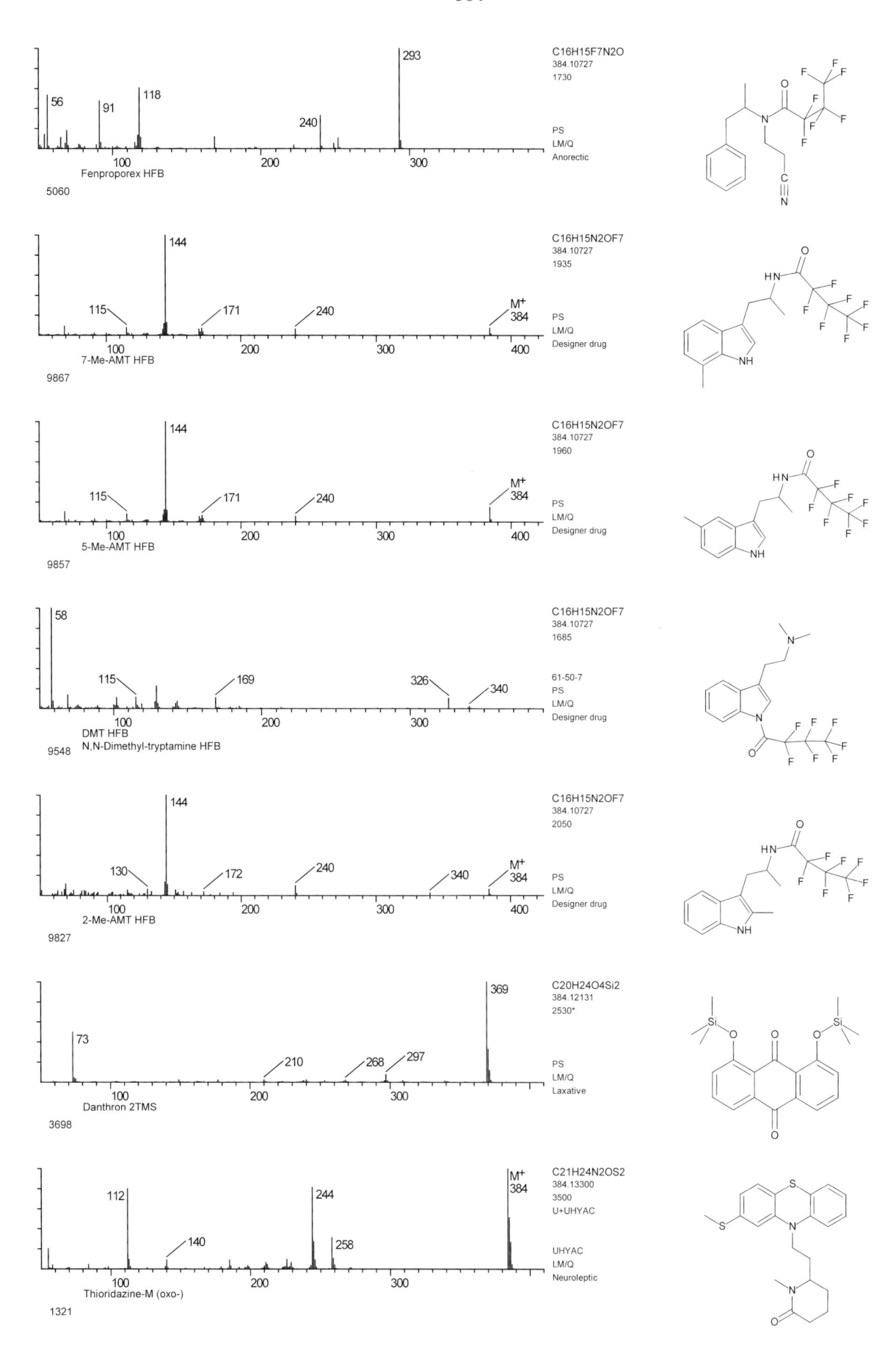

Fenproporex HFB	56, 91, 118, 240, 293	C16H15F7N2O 384.10727 1730 PS LM/Q Anorectic
7-Me-AMT HFB	115, 144, 171, 240, M+ 384	C16H15N2OF7 384.10727 1935 PS LM/Q Designer drug
5-Me-AMT HFB	115, 144, 171, 240, M+ 384	C16H15N2OF7 384.10727 1960 PS LM/Q Designer drug
DMT HFB / N,N-Dimethyl-tryptamine HFB	58, 115, 169, 326, 340	C16H15N2OF7 384.10727 1685 61-50-7 PS LM/Q Designer drug
2-Me-AMT HFB	130, 144, 172, 240, 340, M+ 384	C16H15N2OF7 384.10727 2050 PS LM/Q Designer drug
Danthron 2TMS	73, 210, 268, 297, 369	C20H24O4Si2 384.12131 2530* PS LM/Q Laxative
Thioridazine-M (oxo-)	112, 140, 244, 258, M+ 384	C21H24N2OS2 384.13300 3500 U+UHYAC UHYAC LM/Q Neuroleptic

384

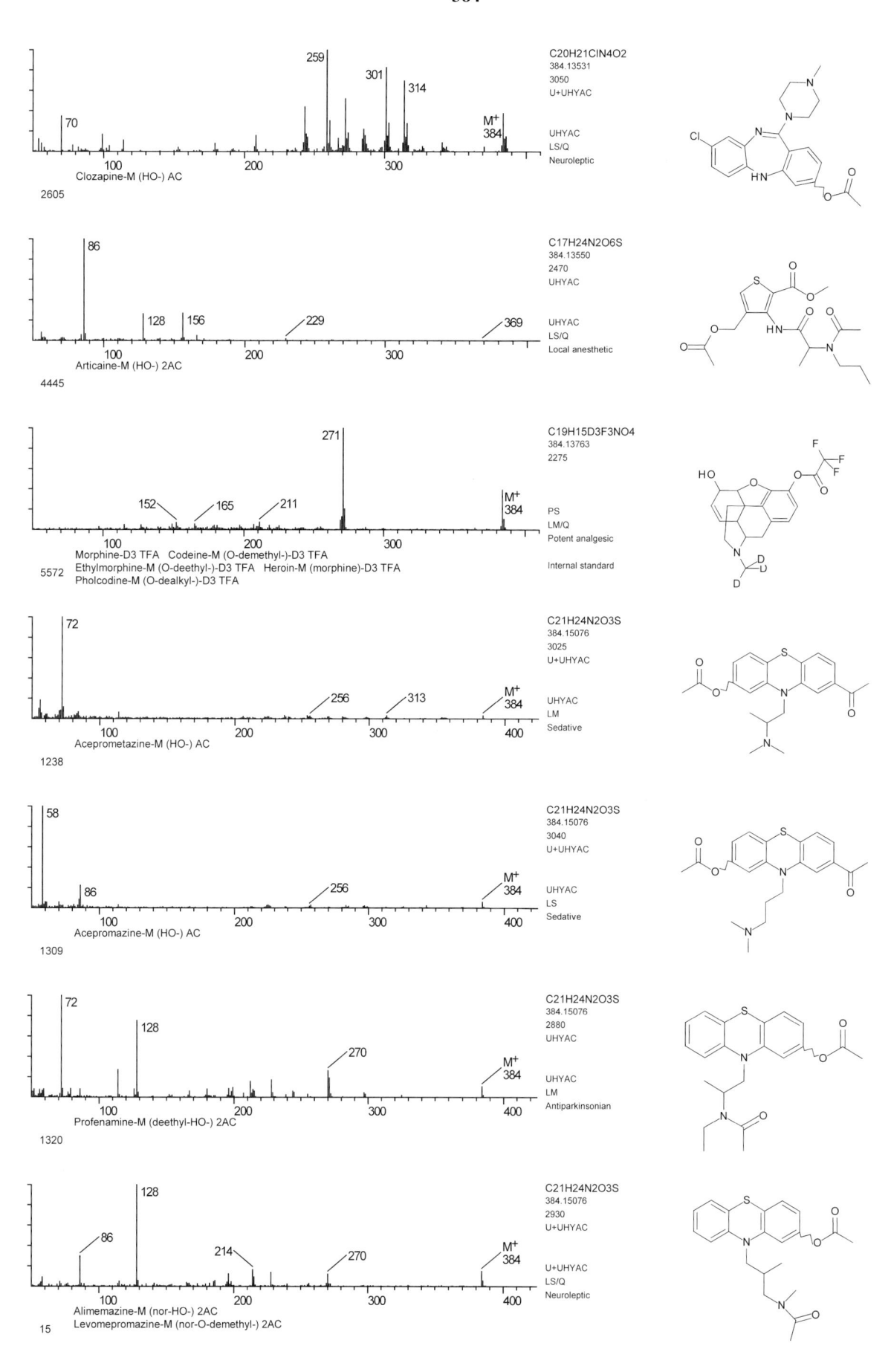

C20H21ClN4O2
384.13531
3050
U+UHYAC

UHYAC
LS/Q
Neuroleptic

Clozapine-M (HO-) AC
2605

C17H24N2O6S
384.13550
2470
UHYAC

UHYAC
LS/Q
Local anesthetic

Articaine-M (HO-) 2AC
4445

C19H15D3F3NO4
384.13763
2275

PS
LM/Q
Potent analgesic

Internal standard

Morphine-D3 TFA   Codeine-M (O-demethyl-)-D3 TFA
Ethylmorphine-M (O-deethyl-)-D3 TFA   Heroin-M (morphine)-D3 TFA
Pholcodine-M (O-dealkyl-)-D3 TFA
5572

C21H24N2O3S
384.15076
3025
U+UHYAC

UHYAC
LM
Sedative

Aceprometazine-M (HO-) AC
1238

C21H24N2O3S
384.15076
3040
U+UHYAC

UHYAC
LS
Sedative

Acepromazine-M (HO-) AC
1309

C21H24N2O3S
384.15076
2880
UHYAC

UHYAC
LM
Antiparkinsonian

Profenamine-M (deethyl-HO-) 2AC
1320

C21H24N2O3S
384.15076
2930
U+UHYAC

U+UHYAC
LS/Q
Neuroleptic

Alimemazine-M (nor-HO-) 2AC
Levomepromazine-M (nor-O-demethyl-) 2AC
15

1376

384

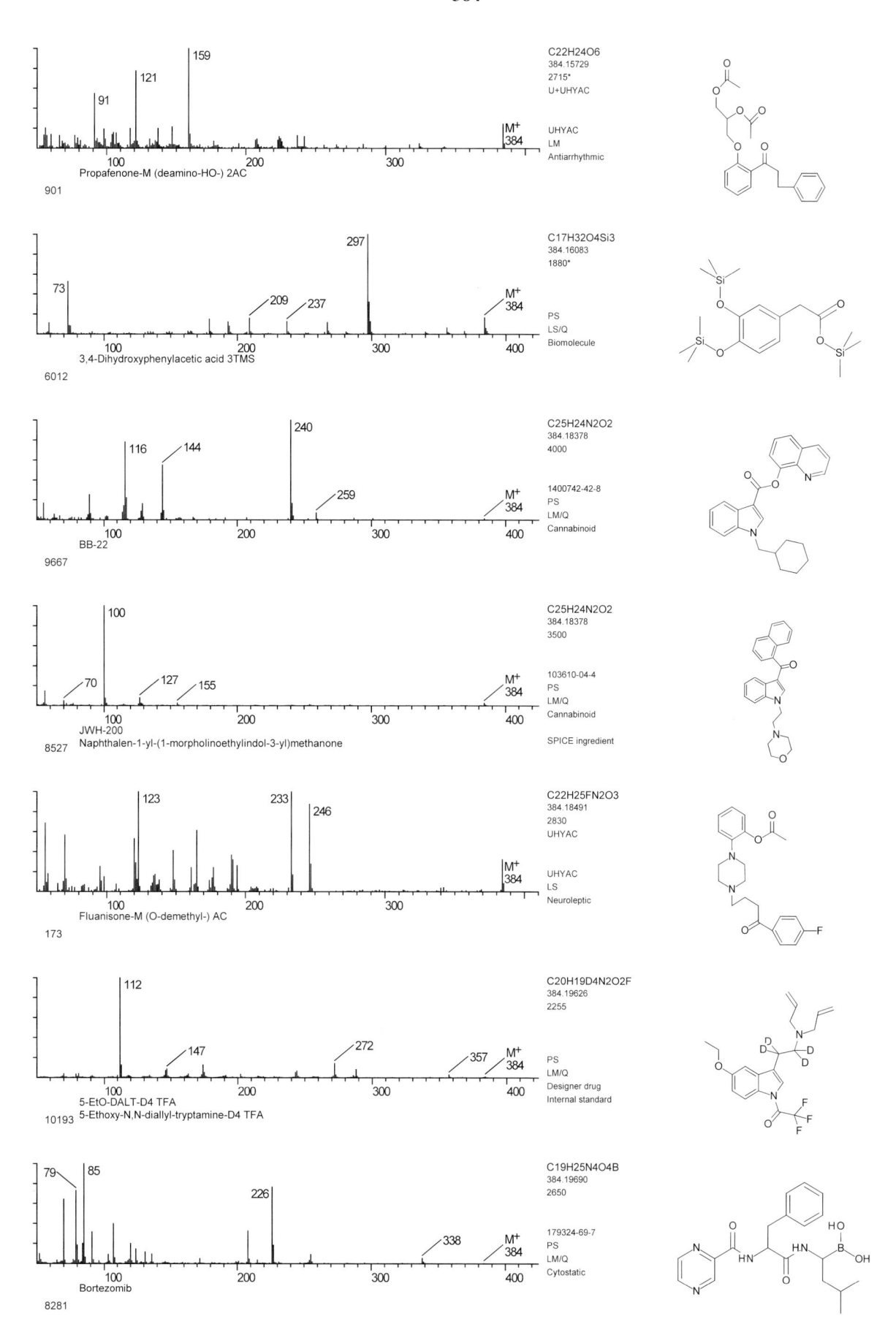

C22H24O6
384.15729
2715*
U+UHYAC

UHYAC
LM
Antiarrhythmic

Propafenone-M (deamino-HO-) 2AC
901

C17H32O4Si3
384.16083
1880*

PS
LS/Q
Biomolecule

3,4-Dihydroxyphenylacetic acid 3TMS
6012

C25H24N2O2
384.18378
4000

1400742-42-8
PS
LM/Q
Cannabinoid

BB-22
9667

C25H24N2O2
384.18378
3500

103610-04-4
PS
LM/Q
Cannabinoid

SPICE ingredient

JWH-200
Naphthalen-1-yl-(1-morpholinoethylindol-3-yl)methanone
8527

C22H25FN2O3
384.18491
2830
UHYAC

UHYAC
LS
Neuroleptic

Fluanisone-M (O-demethyl-) AC
173

C20H19D4N2O2F
384.19626
2255

PS
LM/Q
Designer drug
Internal standard

5-EtO-DALT-D4 TFA
5-Ethoxy-N,N-diallyl-tryptamine-D4 TFA
10193

C19H25N4O4B
384.19690
2650

179324-69-7
PS
LM/Q
Cytostatic

Bortezomib
8281

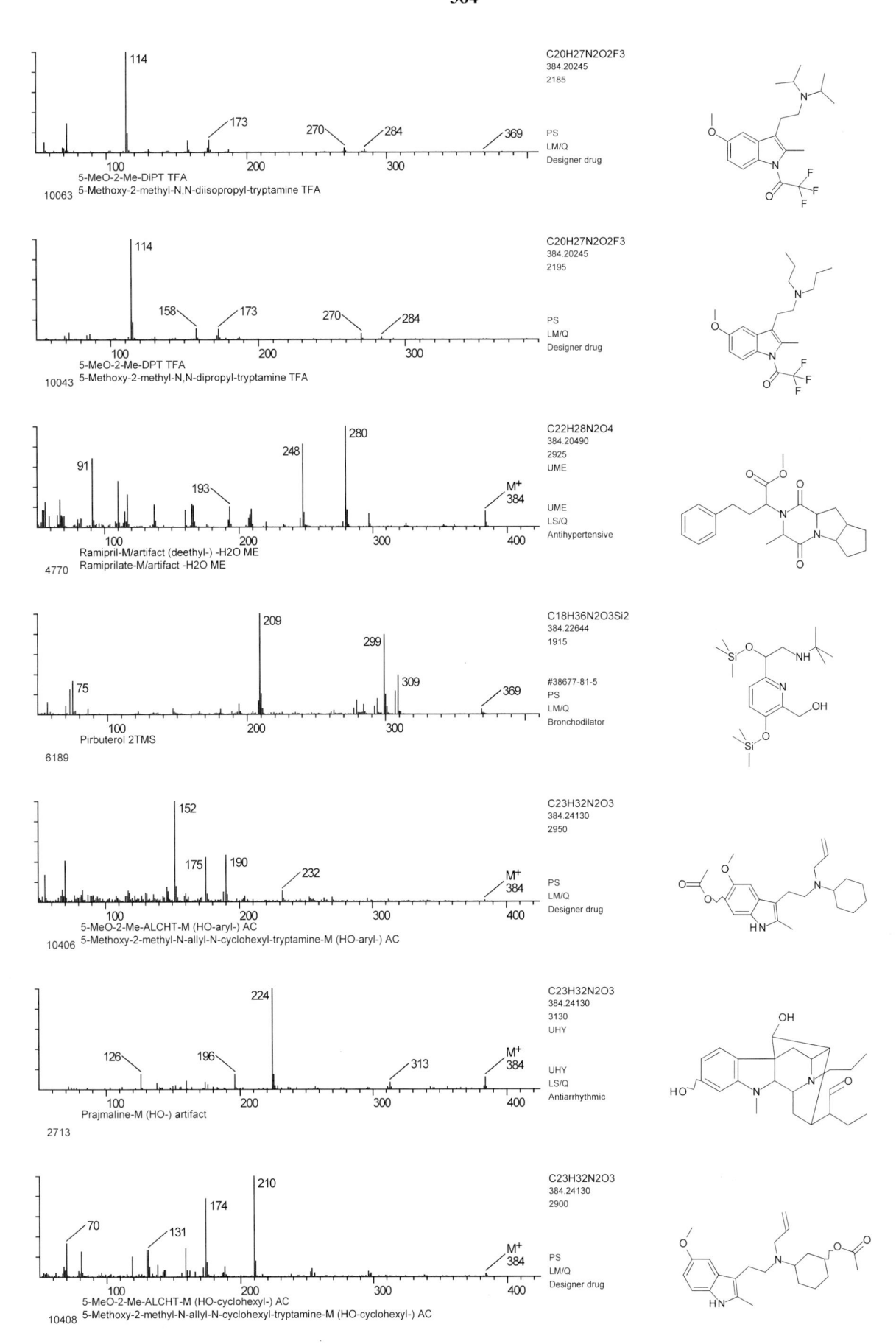

114, 173, 270, 284, 369	C20H27N2O2F3 384.20245 2185 PS LM/Q Designer drug
5-MeO-2-Me-DiPT TFA 10063 5-Methoxy-2-methyl-N,N-diisopropyl-tryptamine TFA	
114, 158, 173, 270, 284	C20H27N2O2F3 384.20245 2195 PS LM/Q Designer drug
5-MeO-2-Me-DPT TFA 10043 5-Methoxy-2-methyl-N,N-dipropyl-tryptamine TFA	
91, 193, 248, 280, M+ 384	C22H28N2O4 384.20490 2925 UME UME LS/Q Antihypertensive
Ramipril-M/artifact (deethyl-) -H2O ME 4770 Ramiprilate-M/artifact -H2O ME	
75, 209, 299, 309, 369	C18H36N2O3Si2 384.22644 1915 #38677-81-5 PS LM/Q Bronchodilator
Pirbuterol 2TMS 6189	
152, 175, 190, 232, M+ 384	C23H32N2O3 384.24130 2950 PS LM/Q Designer drug
5-MeO-2-Me-ALCHT-M (HO-aryl-) AC 10406 5-Methoxy-2-methyl-N-allyl-N-cyclohexyl-tryptamine-M (HO-aryl-) AC	
126, 196, 224, 313, M+ 384	C23H32N2O3 384.24130 3130 UHY UHY LS/Q Antiarrhythmic
Prajmaline-M (HO-) artifact 2713	
70, 131, 174, 210, M+ 384	C23H32N2O3 384.24130 2900 PS LM/Q Designer drug
5-MeO-2-Me-ALCHT-M (HO-cyclohexyl-) AC 10408 5-Methoxy-2-methyl-N-allyl-N-cyclohexyl-tryptamine-M (HO-cyclohexyl-) AC	

384

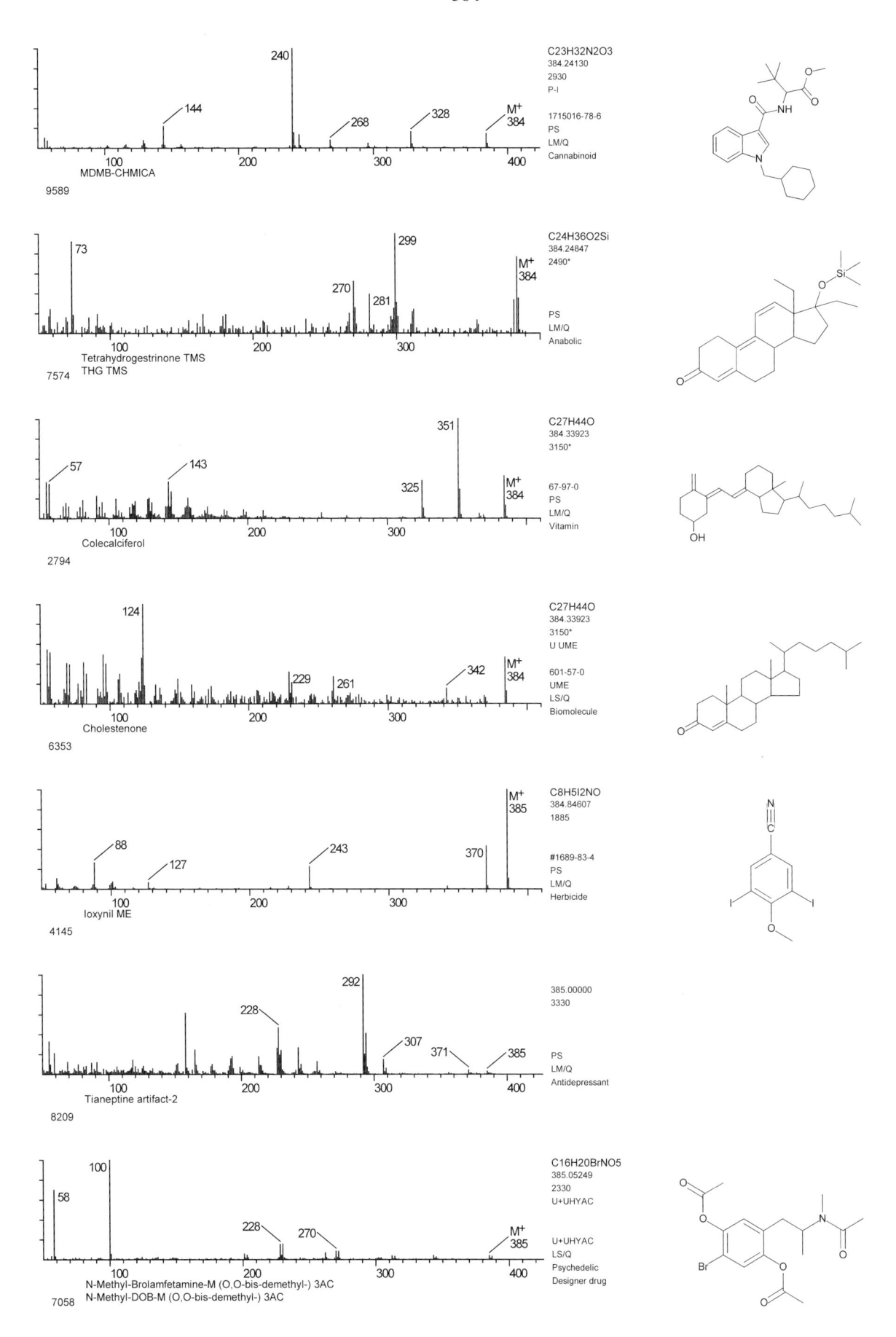

C23H32N2O3
384.24130
2930
P-I
1715016-78-6
PS
LM/Q
Cannabinoid

MDMB-CHMICA
9589

C24H36O2Si
384.24847
2490*

PS
LM/Q
Anabolic

Tetrahydrogestrinone TMS
THG TMS
7574

C27H44O
384.33923
3150*

67-97-0
PS
LM/Q
Vitamin

Colecalciferol
2794

C27H44O
384.33923
3150*
U UME

601-57-0
UME
LS/Q
Biomolecule

Cholestenone
6353

C8H5I2NO
384.84607
1885

#1689-83-4
PS
LM/Q
Herbicide

Ioxynil ME
4145

385.00000
3330

PS
LM/Q
Antidepressant

Tianeptine artifact-2
8209

C16H20BrNO5
385.05249
2330
U+UHYAC

U+UHYAC
LS/Q
Psychedelic
Designer drug

N-Methyl-Brolamfetamine-M (O,O-bis-demethyl-) 3AC
N-Methyl-DOB-M (O,O-bis-demethyl-) 3AC
7058

385

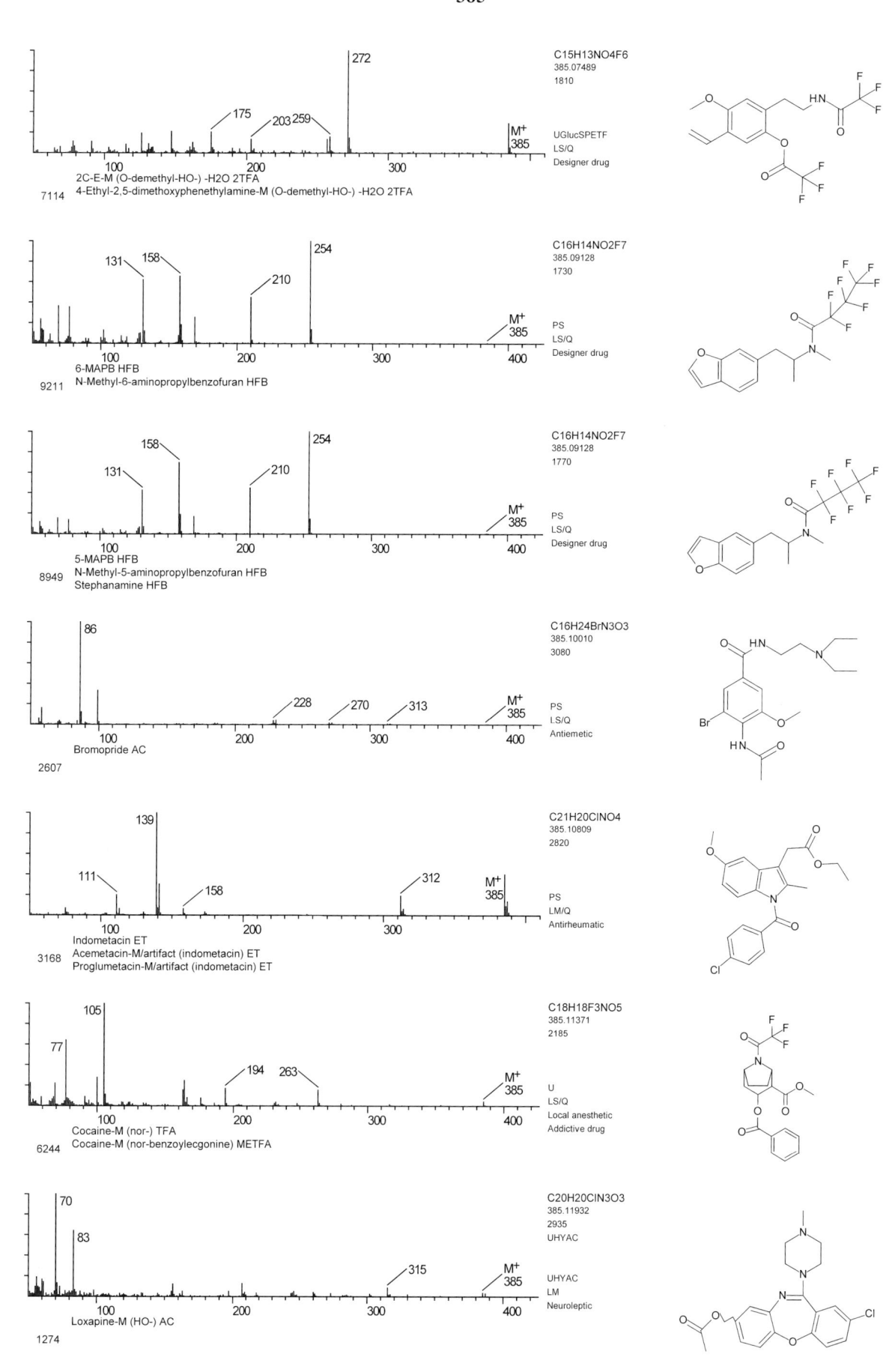

- 2C-E-M (O-demethyl-HO-) -H2O 2TFA
- 4-Ethyl-2,5-dimethoxyphenethylamine-M (O-demethyl-HO-) -H2O 2TFA
- 7114

C15H13NO4F6
385.07489
1810
UGlucSPETF
LS/Q
Designer drug

Peaks: 175, 203, 259, 272, M+ 385

- 6-MAPB HFB
- N-Methyl-6-aminopropylbenzofuran HFB
- 9211

C16H14NO2F7
385.09128
1730
PS
LS/Q
Designer drug

Peaks: 131, 158, 210, 254, M+ 385

- 5-MAPB HFB
- N-Methyl-5-aminopropylbenzofuran HFB
- Stephanamine HFB
- 8949

C16H14NO2F7
385.09128
1770
PS
LS/Q
Designer drug

Peaks: 131, 158, 210, 254, M+ 385

- Bromopride AC
- 2607

C16H24BrN3O3
385.10010
3080
PS
LS/Q
Antiemetic

Peaks: 86, 228, 270, 313, M+ 385

- Indometacin ET
- Acemetacin-M/artifact (indometacin) ET
- Proglumetacin-M/artifact (indometacin) ET
- 3168

C21H20ClNO4
385.10809
2820
PS
LM/Q
Antirheumatic

Peaks: 111, 139, 158, 312, M+ 385

- Cocaine-M (nor-) TFA
- Cocaine-M (nor-benzoylecgonine) METFA
- 6244

C18H18F3NO5
385.11371
2185
U
LS/Q
Local anesthetic
Addictive drug

Peaks: 77, 105, 194, 263, M+ 385

- Loxapine-M (HO-) AC
- 1274

C20H20ClN3O3
385.11932
2935
UHYAC
UHYAC
LM
Neuroleptic

Peaks: 70, 83, 315, M+ 385

385

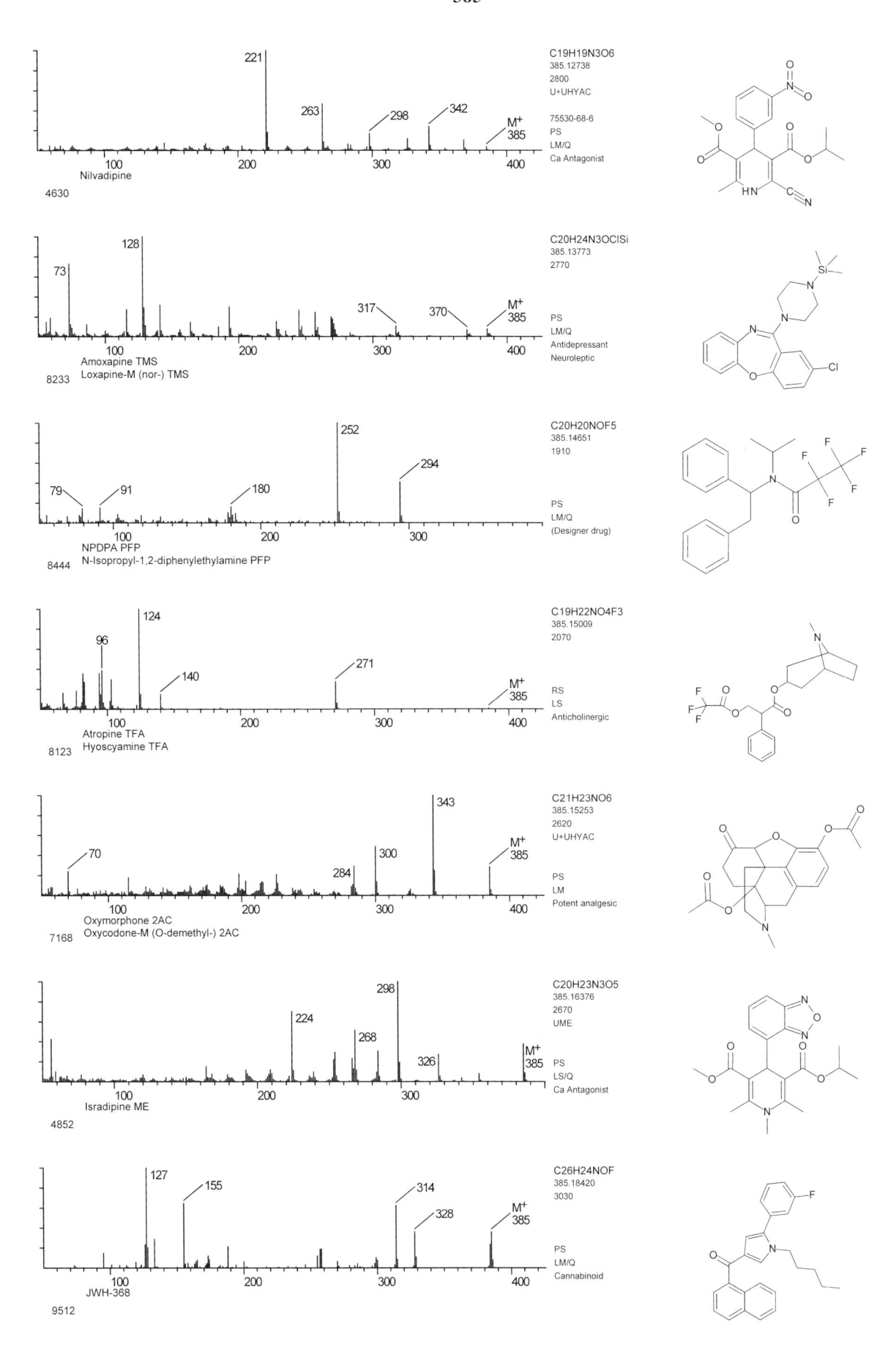

Nilvadipine	221, 263, 298, 342, M+ 385	C19H19N3O6 385.12738 2800 U+UHYAC 75530-68-6 PS LM/Q Ca Antagonist
4630		

Amoxapine TMS Loxapine-M (nor-) TMS	73, 128, 317, 370, M+ 385	C20H24N3OClSi 385.13773 2770 PS LM/Q Antidepressant Neuroleptic
8233		

NPDPA PFP N-Isopropyl-1,2-diphenylethylamine PFP	79, 91, 180, 252, 294	C20H20NOF5 385.14651 1910 PS LM/Q (Designer drug)
8444		

Atropine TFA Hyoscyamine TFA	96, 124, 140, 271, M+ 385	C19H22NO4F3 385.15009 2070 RS LS Anticholinergic
8123		

Oxymorphone 2AC Oxycodone-M (O-demethyl-) 2AC	70, 284, 300, 343, M+ 385	C21H23NO6 385.15253 2620 U+UHYAC PS LM Potent analgesic
7168		

Isradipine ME	224, 268, 298, 326, M+ 385	C20H23N3O5 385.16376 2670 UME PS LS/Q Ca Antagonist
4852		

JWH-368	127, 155, 314, 328, M+ 385	C26H24NOF 385.18420 3030 PS LM/Q Cannabinoid
9512		

385

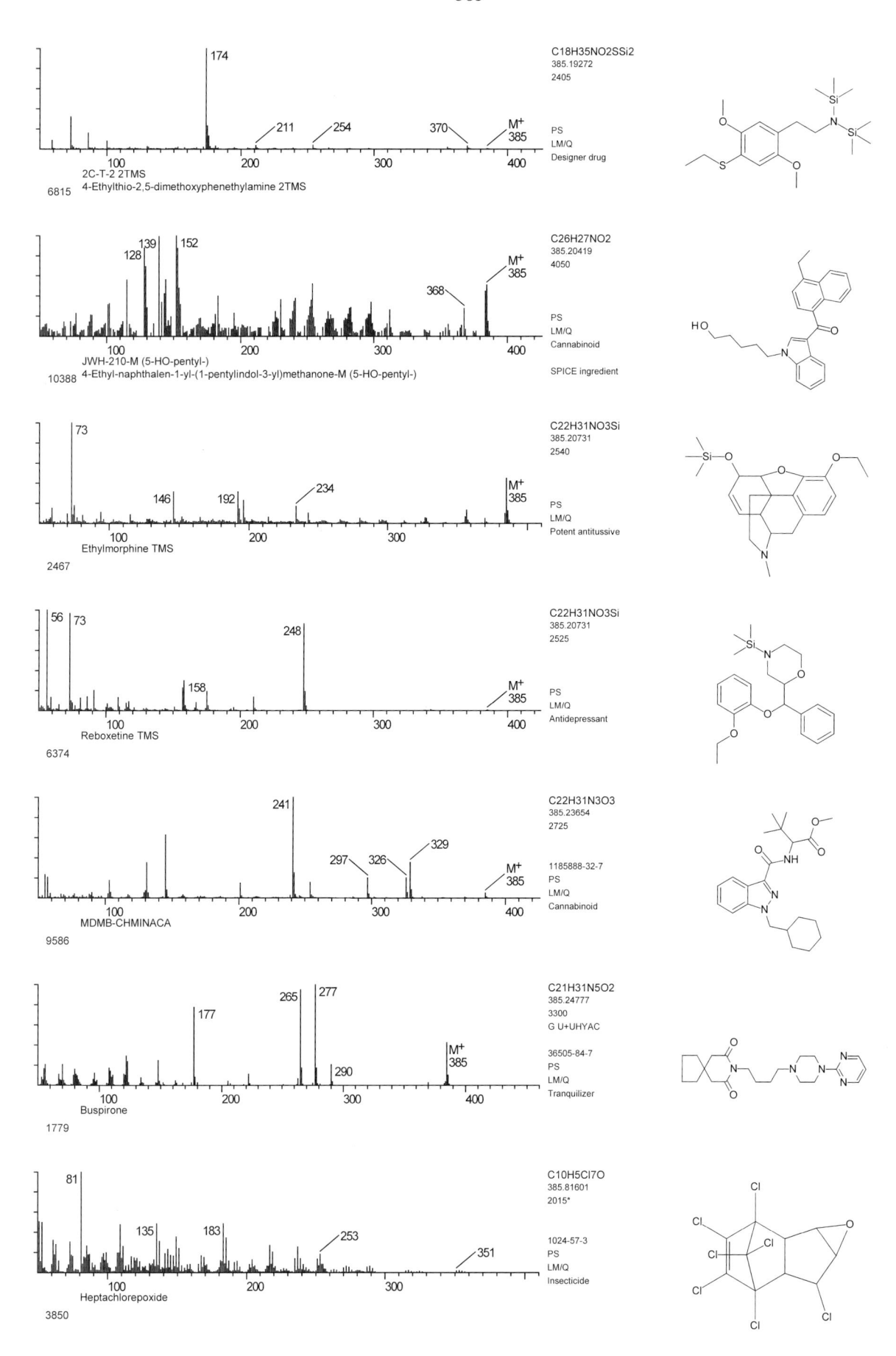

Spectrum	Compound	Formula / Info
1	2C-T-2 2TMS — 4-Ethylthio-2,5-dimethoxyphenethylamine 2TMS (6815)	C18H35NO2SSi2; 385.19272; 2405; PS; LM/Q; Designer drug; peaks 174, 211, 254, 370, M+ 385
2	JWH-210-M (5-HO-pentyl-) — 4-Ethyl-naphthalen-1-yl-(1-pentylindol-3-yl)methanone-M (5-HO-pentyl-) (10388)	C26H27NO2; 385.20419; 4050; PS; LM/Q; Cannabinoid; SPICE ingredient; peaks 128, 139, 152, 368, M+ 385
3	Ethylmorphine TMS (2467)	C22H31NO3Si; 385.20731; 2540; PS; LM/Q; Potent antitussive; peaks 73, 146, 192, 234, M+ 385
4	Reboxetine TMS (6374)	C22H31NO3Si; 385.20731; 2525; PS; LM/Q; Antidepressant; peaks 56, 73, 158, 248, M+ 385
5	MDMB-CHMINACA (9586)	C22H31N3O3; 385.23654; 2725; 1185888-32-7; PS; LM/Q; Cannabinoid; peaks 241, 297, 326, 329, M+ 385
6	Buspirone (1779)	C21H31N5O2; 385.24777; 3300; G U+UHYAC; 36505-84-7; PS; LM/Q; Tranquilizer; peaks 177, 265, 277, 290, M+ 385
7	Heptachlorepoxide (3850)	C10H5Cl7O; 385.81601; 2015*; 1024-57-3; PS; LM/Q; Insecticide; peaks 81, 135, 183, 253, 351

386

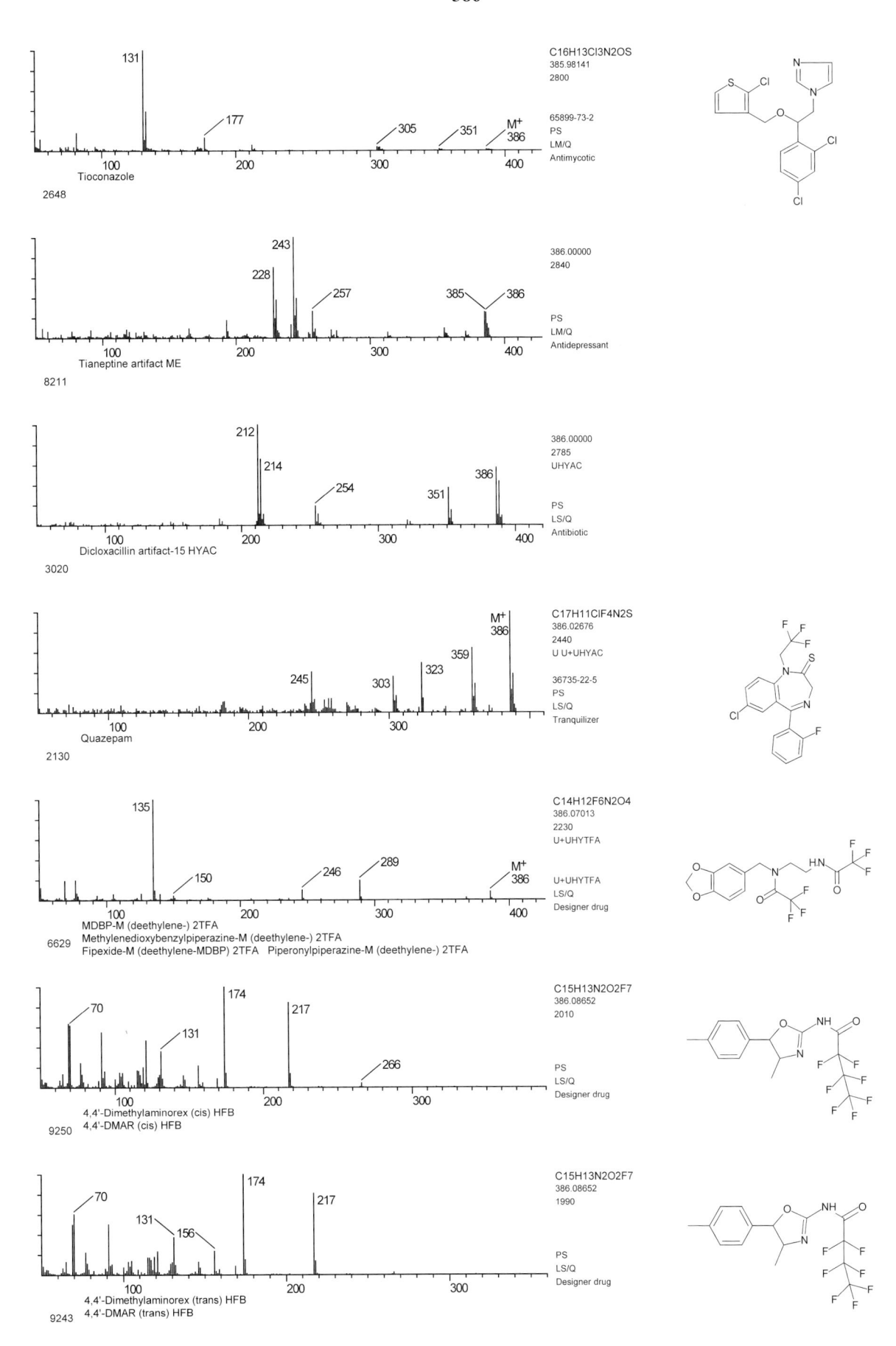

C16H13Cl3N2OS
385.98141
2800

65899-73-2
PS
LM/Q
Antimycotic

Tioconazole

386.00000
2840

PS
LM/Q
Antidepressant

Tianeptine artifact ME

386.00000
2785
UHYAC

PS
LS/Q
Antibiotic

Dicloxacillin artifact-15 HYAC

C17H11ClF4N2S
386.02676
2440
U U+UHYAC

36735-22-5
PS
LS/Q
Tranquilizer

Quazepam

C14H12F6N2O4
386.07013
2230
U+UHYTFA

U+UHYTFA
LS/Q
Designer drug

MDBP-M (deethylene-) 2TFA
Methylenedioxybenzylpiperazine-M (deethylene-) 2TFA
Fipexide-M (deethylene-MDBP) 2TFA   Piperonylpiperazine-M (deethylene-) 2TFA

C15H13N2O2F7
386.08652
2010

PS
LS/Q
Designer drug

4,4'-Dimethylaminorex (cis) HFB
4,4'-DMAR (cis) HFB

C15H13N2O2F7
386.08652
1990

PS
LS/Q
Designer drug

4,4'-Dimethylaminorex (trans) HFB
4,4'-DMAR (trans) HFB

386

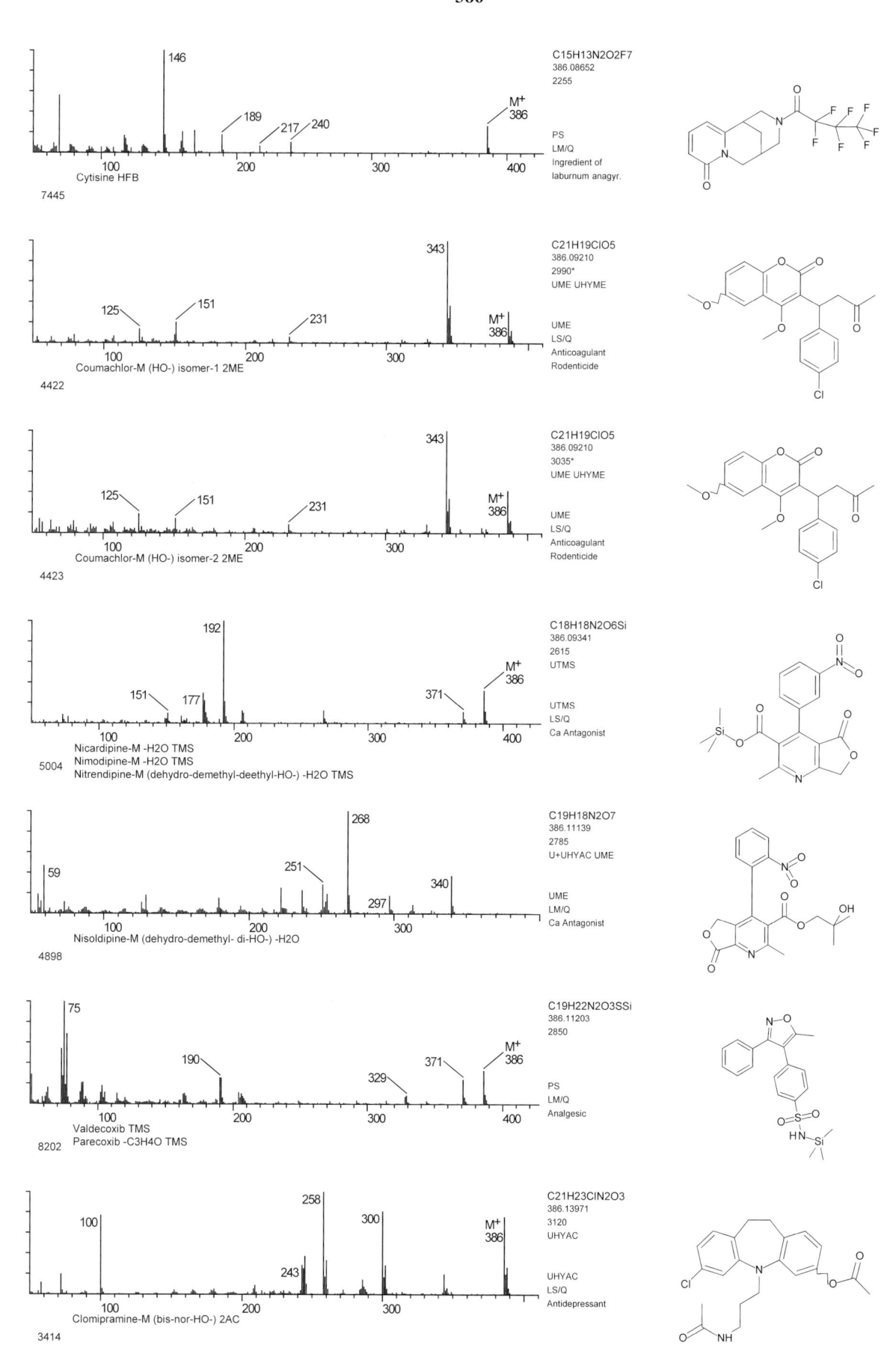

C15H13N2O2F7
386.08652
2255

PS
LM/Q
Ingredient of
laburnum anagyr.

Cytisine HFB
7445

C21H19ClO5
386.09210
2990*
UME UHYME

UME
LS/Q
Anticoagulant
Rodenticide

Coumachlor-M (HO-) isomer-1 2ME
4422

C21H19ClO5
386.09210
3035*
UME UHYME

UME
LS/Q
Anticoagulant
Rodenticide

Coumachlor-M (HO-) isomer-2 2ME
4423

C18H18N2O6Si
386.09341
2615
UTMS

UTMS
LS/Q
Ca Antagonist

Nicardipine-M -H2O TMS
Nimodipine-M -H2O TMS
Nitrendipine-M (dehydro-demethyl-deethyl-HO-) -H2O TMS
5004

C19H18N2O7
386.11139
2785
U+UHYAC UME

UME
LM/Q
Ca Antagonist

Nisoldipine-M (dehydro-demethyl- di-HO-) -H2O
4898

C19H22N2O3SSi
386.11203
2850

PS
LM/Q
Analgesic

Valdecoxib TMS
Parecoxib -C3H4O TMS
8202

C21H23ClN2O3
386.13971
3120
UHYAC

UHYAC
LS/Q
Antidepressant

Clomipramine-M (bis-nor-HO-) 2AC
3414

386

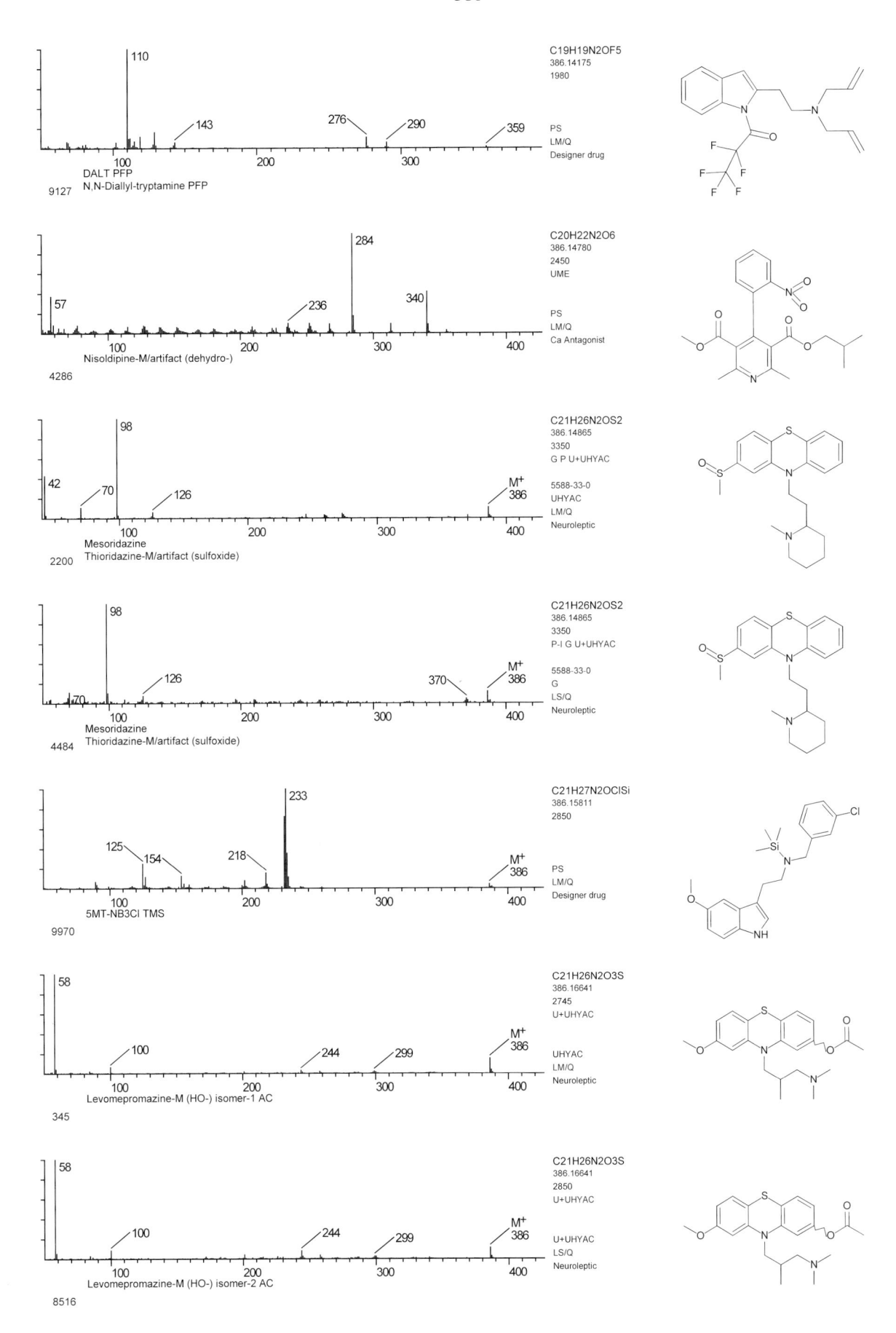

9127	DALT PFP N,N-Diallyl-tryptamine PFP	C19H19N2OF5 386.14175 1980 PS LM/Q Designer drug
4286	Nisoldipine-M/artifact (dehydro-)	C20H22N2O6 386.14780 2450 UME PS LM/Q Ca Antagonist
2200	Mesoridazine Thioridazine-M/artifact (sulfoxide)	C21H26N2OS2 386.14865 3350 G P U+UHYAC 5588-33-0 UHYAC LM/Q Neuroleptic
4484	Mesoridazine Thioridazine-M/artifact (sulfoxide)	C21H26N2OS2 386.14865 3350 P-I G U+UHYAC 5588-33-0 G LS/Q Neuroleptic
9970	5MT-NB3Cl TMS	C21H27N2OClSi 386.15811 2850 PS LM/Q Designer drug
345	Levomepromazine-M (HO-) isomer-1 AC	C21H26N2O3S 386.16641 2745 U+UHYAC UHYAC LM/Q Neuroleptic
8516	Levomepromazine-M (HO-) isomer-2 AC	C21H26N2O3S 386.16641 2850 U+UHYAC U+UHYAC LS/Q Neuroleptic

386

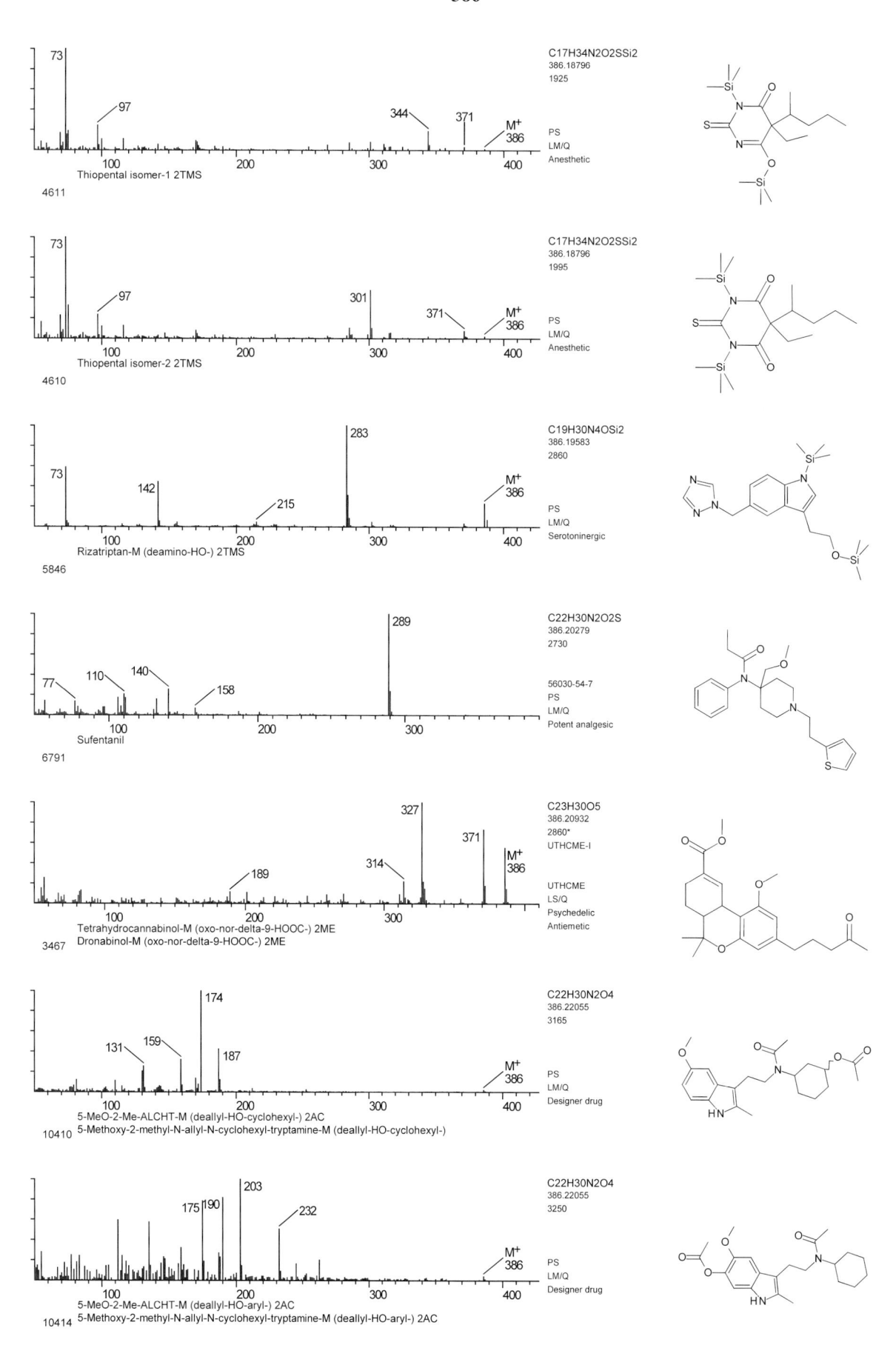

Thiopental isomer-1 2TMS — 4611	C17H34N2O2SSi2 386.18796 1925 PS LM/Q Anesthetic
Thiopental isomer-2 2TMS — 4610	C17H34N2O2SSi2 386.18796 1995 PS LM/Q Anesthetic
Rizatriptan-M (deamino-HO-) 2TMS — 5846	C19H30N4OSi2 386.19583 2860 PS LM/Q Serotoninergic
Sufentanil — 6791	C22H30N2O2S 386.20279 2730 56030-54-7 PS LM/Q Potent analgesic
Tetrahydrocannabinol-M (oxo-nor-delta-9-HOOC-) 2ME Dronabinol-M (oxo-nor-delta-9-HOOC-) 2ME — 3467	C23H30O5 386.20932 2860* UTHCME-I UTHCME LS/Q Psychedelic Antiemetic
5-MeO-2-Me-ALCHT-M (deallyl-HO-cyclohexyl-) 2AC 5-Methoxy-2-methyl-N-allyl-N-cyclohexyl-tryptamine-M (deallyl-HO-cyclohexyl-) — 10410	C22H30N2O4 386.22055 3165 PS LM/Q Designer drug
5-MeO-2-Me-ALCHT-M (deallyl-HO-aryl-) 2AC 5-Methoxy-2-methyl-N-allyl-N-cyclohexyl-tryptamine-M (deallyl-HO-aryl-) 2AC — 10414	C22H30N2O4 386.22055 3250 PS LM/Q Designer drug

386

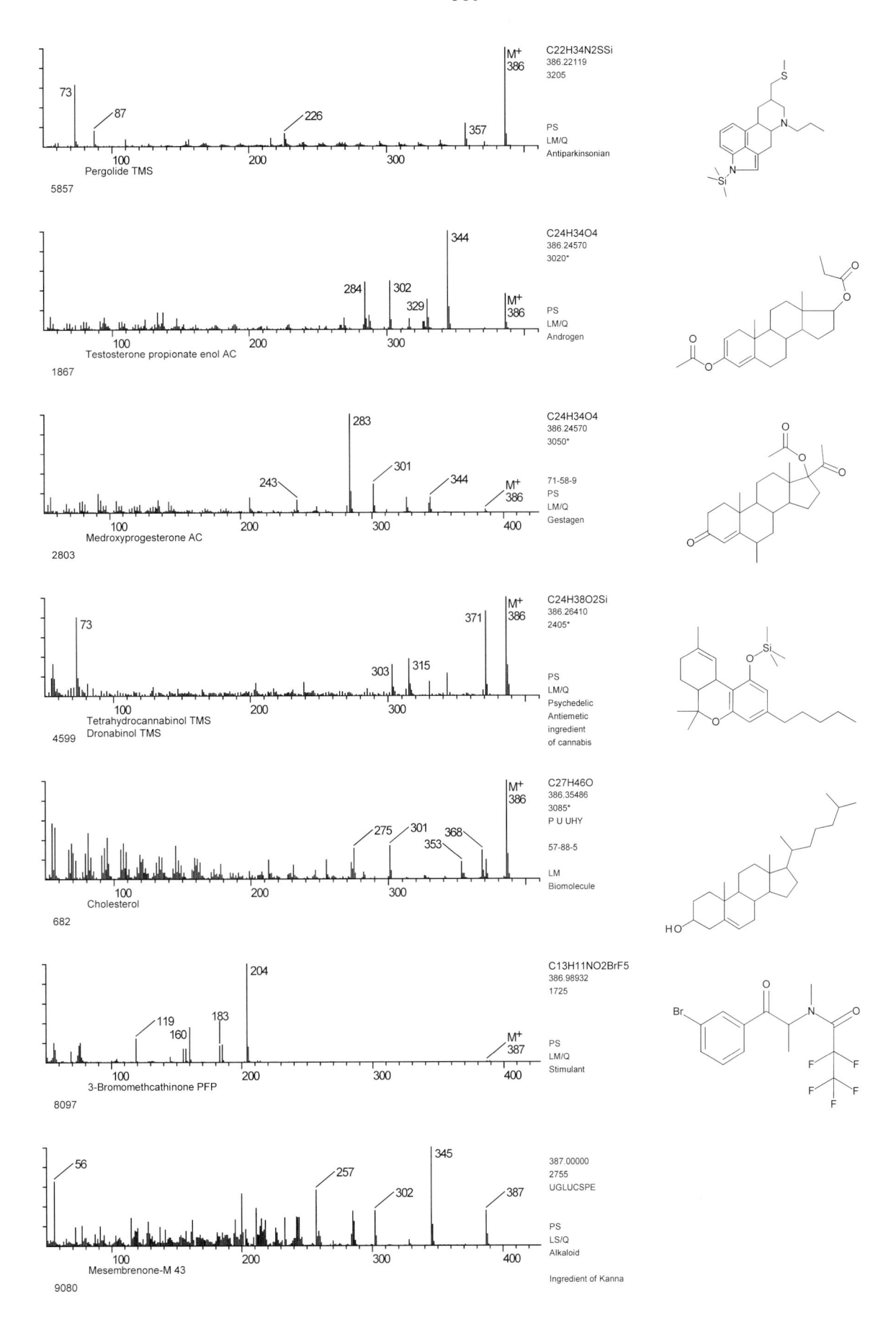

Pergolide TMS — 5857	C22H34N2SSi / 386.22119 / 3205 / PS / LM/Q / Antiparkinsonian. Peaks: 73, 87, 226, 357, M⁺ 386
Testosterone propionate enol AC — 1867	C24H34O4 / 386.24570 / 3020* / PS / LM/Q / Androgen. Peaks: 284, 302, 329, 344, M⁺ 386
Medroxyprogesterone AC — 2803	C24H34O4 / 386.24570 / 3050* / 71-58-9 / PS / LM/Q / Gestagen. Peaks: 243, 283, 301, 344, M⁺ 386
Tetrahydrocannabinol TMS / Dronabinol TMS — 4599	C24H38O2Si / 386.26410 / 2405* / PS / LM/Q / Psychedelic, Antiemetic ingredient of cannabis. Peaks: 73, 303, 315, 371, M⁺ 386
Cholesterol — 682	C27H46O / 386.35486 / 3085* / P U UHY / 57-88-5 / LM / Biomolecule. Peaks: 275, 301, 353, 368, M⁺ 386
3-Bromomethcathinone PFP — 8097	C13H11NO2BrF5 / 386.98932 / 1725 / PS / LM/Q / Stimulant. Peaks: 119, 160, 183, 204, M⁺ 387
Mesembrenone-M 43 — 9080	387.00000 / 2755 / UGLUCSPE / PS / LS/Q / Alkaloid / Ingredient of Kanna. Peaks: 56, 257, 302, 345, 387

387

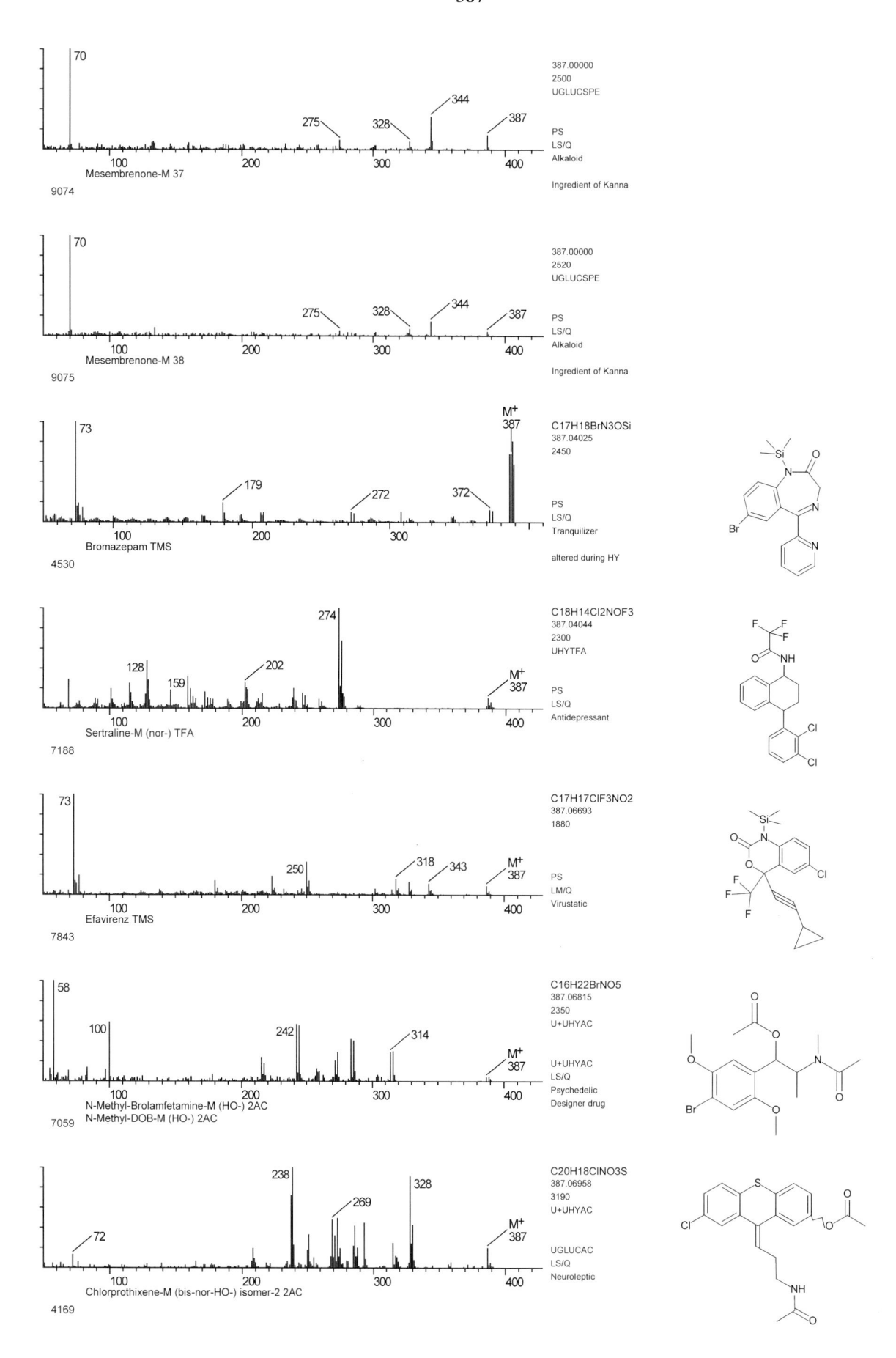

Mesembrenone-M 37
9074
387.00000
2500
UGLUCSPE
PS
LS/Q
Alkaloid
Ingredient of Kanna

Mesembrenone-M 38
9075
387.00000
2520
UGLUCSPE
PS
LS/Q
Alkaloid
Ingredient of Kanna

Bromazepam TMS
4530
C17H18BrN3OSi
387.04025
2450
PS
LS/Q
Tranquilizer
altered during HY

Sertraline-M (nor-) TFA
7188
C18H14Cl2NOF3
387.04044
2300
UHYTFA
PS
LS/Q
Antidepressant

Efavirenz TMS
7843
C17H17ClF3NO2
387.06693
1880
PS
LM/Q
Virustatic

N-Methyl-Brolamfetamine-M (HO-) 2AC
N-Methyl-DOB-M (HO-) 2AC
7059
C16H22BrNO5
387.06815
2350
U+UHYAC
U+UHYAC
LS/Q
Psychedelic
Designer drug

Chlorprothixene-M (bis-nor-HO-) isomer-2 2AC
4169
C20H18ClNO3S
387.06958
3190
U+UHYAC
UGLUCAC
LS/Q
Neuroleptic

387

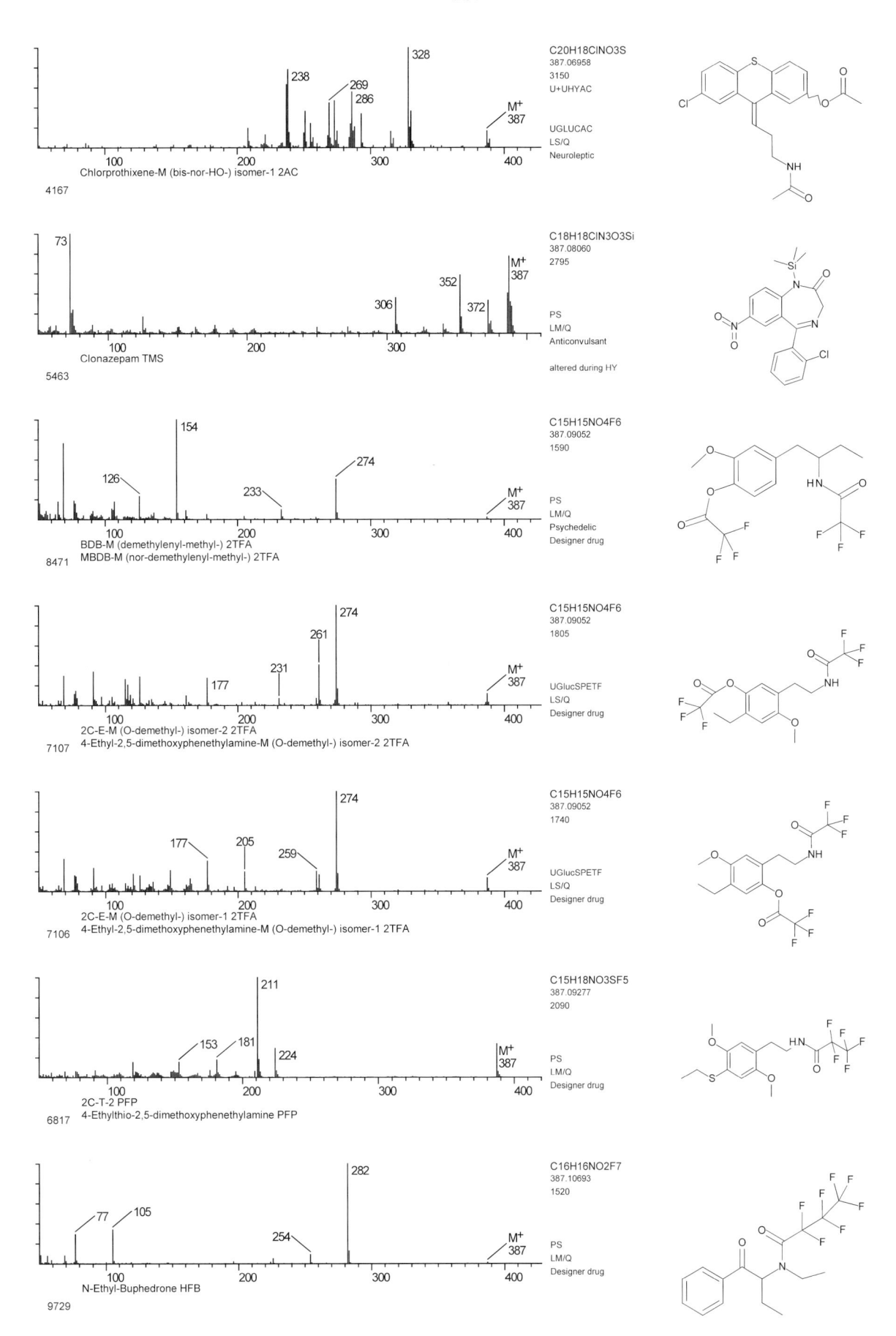

Chlorprothixene-M (bis-nor-HO-) isomer-1 2AC 4167	238, 269, 286, 328, M+ 387	C20H18ClNO3S 387.06958 3150 U+UHYAC UGLUCAC LS/Q Neuroleptic
Clonazepam TMS 5463	73, 306, 352, 372, M+ 387	C18H18ClN3O3Si 387.08060 2795 PS LM/Q Anticonvulsant altered during HY
BDB-M (demethylenyl-methyl-) 2TFA MBDB-M (nor-demethylenyl-methyl-) 2TFA 8471	126, 154, 233, 274, M+ 387	C15H15NO4F6 387.09052 1590 PS LM/Q Psychedelic Designer drug
2C-E-M (O-demethyl-) isomer-2 2TFA 4-Ethyl-2,5-dimethoxyphenethylamine-M (O-demethyl-) isomer-2 2TFA 7107	177, 231, 261, 274, M+ 387	C15H15NO4F6 387.09052 1805 UGlucSPETF LS/Q Designer drug
2C-E-M (O-demethyl-) isomer-1 2TFA 4-Ethyl-2,5-dimethoxyphenethylamine-M (O-demethyl-) isomer-1 2TFA 7106	177, 205, 259, 274, M+ 387	C15H15NO4F6 387.09052 1740 UGlucSPETF LS/Q Designer drug
2C-T-2 PFP 4-Ethylthio-2,5-dimethoxyphenethylamine PFP 6817	153, 181, 211, 224, M+ 387	C15H18NO3SF5 387.09277 2090 PS LM/Q Designer drug
N-Ethyl-Buphedrone HFB 9729	77, 105, 254, 282, M+ 387	C16H16NO2F7 387.10693 1520 PS LM/Q Designer drug

387

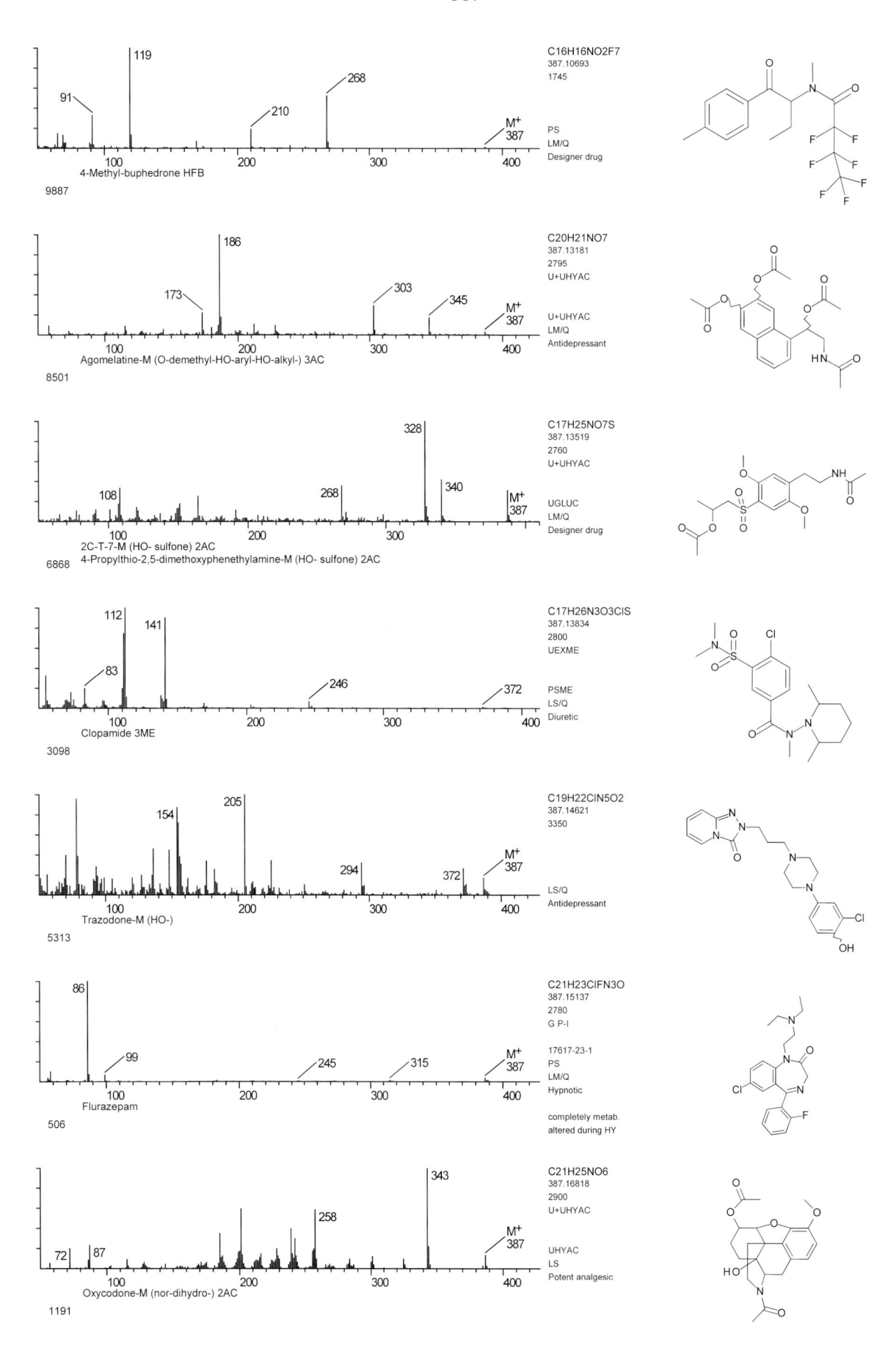

4-Methyl-buphedrone HFB
9887

C16H16NO2F7
387.10693
1745

PS
LM/Q
Designer drug

Agomelatine-M (O-demethyl-HO-aryl-HO-alkyl-) 3AC
8501

C20H21NO7
387.13181
2795
U+UHYAC

U+UHYAC
LM/Q
Antidepressant

2C-T-7-M (HO- sulfone) 2AC
4-Propylthio-2,5-dimethoxyphenethylamine-M (HO- sulfone) 2AC
6868

C17H25NO7S
387.13519
2760
U+UHYAC

UGLUC
LM/Q
Designer drug

Clopamide 3ME
3098

C17H26N3O3ClS
387.13834
2800
UEXME

PSME
LS/Q
Diuretic

Trazodone-M (HO-)
5313

C19H22ClN5O2
387.14621
3350

LS/Q
Antidepressant

Flurazepam
506

C21H23ClFN3O
387.15137
2780
G P-I

17617-23-1
PS
LM/Q
Hypnotic

completely metab.
altered during HY

Oxycodone-M (nor-dihydro-) 2AC
1191

C21H25NO6
387.16818
2900
U+UHYAC

UHYAC
LS
Potent analgesic

387

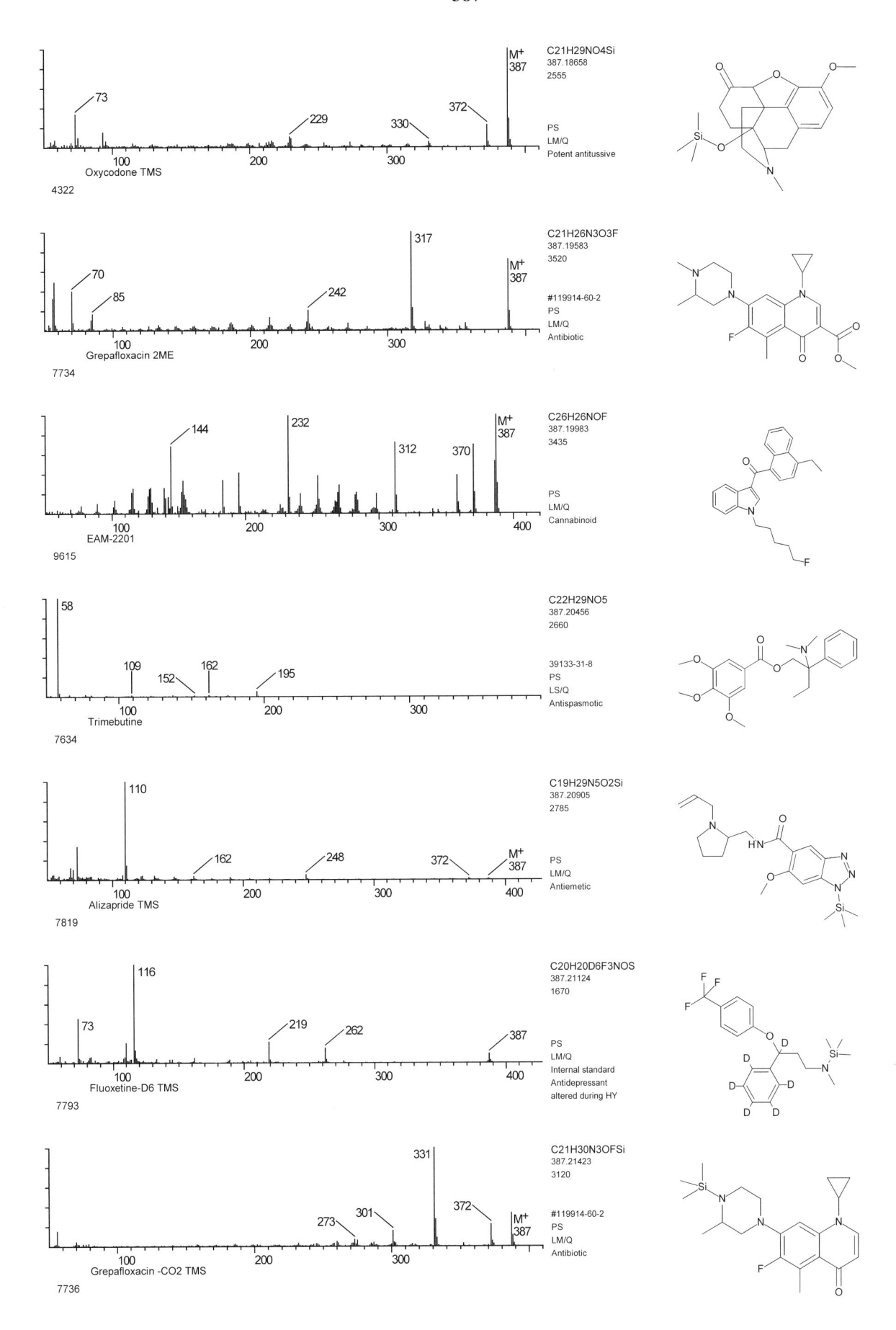

C21H29NO4Si
387.18658
2555

PS
LM/Q
Potent antitussive

Oxycodone TMS
4322

C21H26N3O3F
387.19583
3520

#119914-60-2
PS
LM/Q
Antibiotic

Grepafloxacin 2ME
7734

C26H26NOF
387.19983
3435

PS
LM/Q
Cannabinoid

EAM-2201
9615

C22H29NO5
387.20456
2660

39133-31-8
PS
LS/Q
Antispasmotic

Trimebutine
7634

C19H29N5O2Si
387.20905
2785

PS
LM/Q
Antiemetic

Alizapride TMS
7819

C20H20D6F3NOS
387.21124
1670

PS
LM/Q
Internal standard
Antidepressant
altered during HY

Fluoxetine-D6 TMS
7793

C21H30N3OFSi
387.21423
3120

#119914-60-2
PS
LM/Q
Antibiotic

Grepafloxacin -CO2 TMS
7736

387

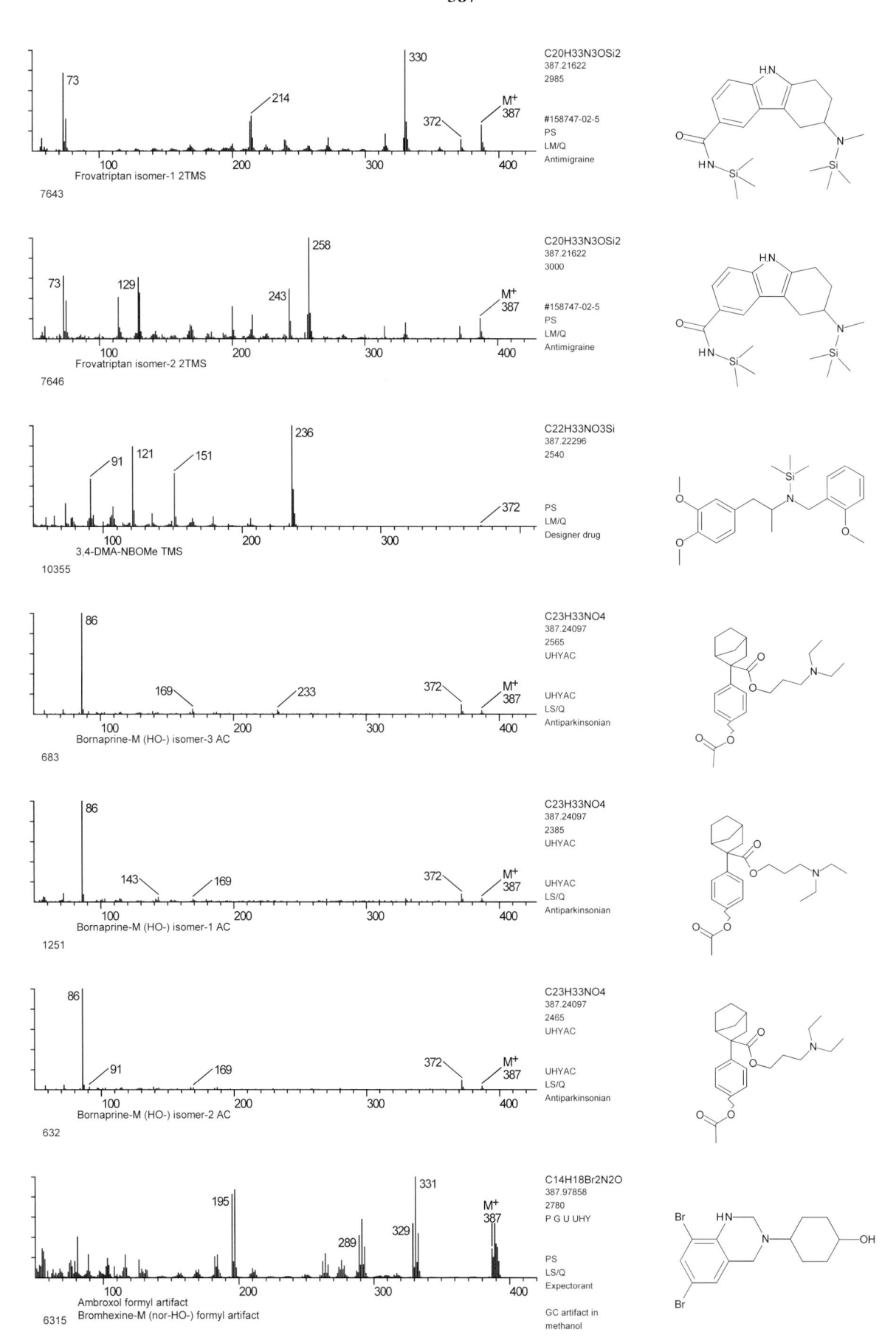

Frovatriptan isomer-1 2TMS
73, 214, 330, 372, M+ 387
C20H33N3OSi2
387.21622
2985
#158747-02-5
PS
LM/Q
Antimigraine
7643

Frovatriptan isomer-2 2TMS
73, 129, 243, 258, M+ 387
C20H33N3OSi2
387.21622
3000
#158747-02-5
PS
LM/Q
Antimigraine
7646

3,4-DMA-NBOMe TMS
91, 121, 151, 236, 372
C22H33NO3Si
387.22296
2540
PS
LM/Q
Designer drug
10355

Bornaprine-M (HO-) isomer-3 AC
86, 169, 233, 372, M+ 387
C23H33NO4
387.24097
2565
UHYAC
UHYAC
LS/Q
Antiparkinsonian
683

Bornaprine-M (HO-) isomer-1 AC
86, 143, 169, 372, M+ 387
C23H33NO4
387.24097
2385
UHYAC
UHYAC
LS/Q
Antiparkinsonian
1251

Bornaprine-M (HO-) isomer-2 AC
86, 91, 169, 372, M+ 387
C23H33NO4
387.24097
2465
UHYAC
UHYAC
LS/Q
Antiparkinsonian
632

Ambroxol formyl artifact
Bromhexine-M (nor-HO-) formyl artifact
195, 289, 329, 331, M+ 387
C14H18Br2N2O
387.97858
2780
P G U UHY
PS
LS/Q
Expectorant
GC artifact in methanol
6315

388

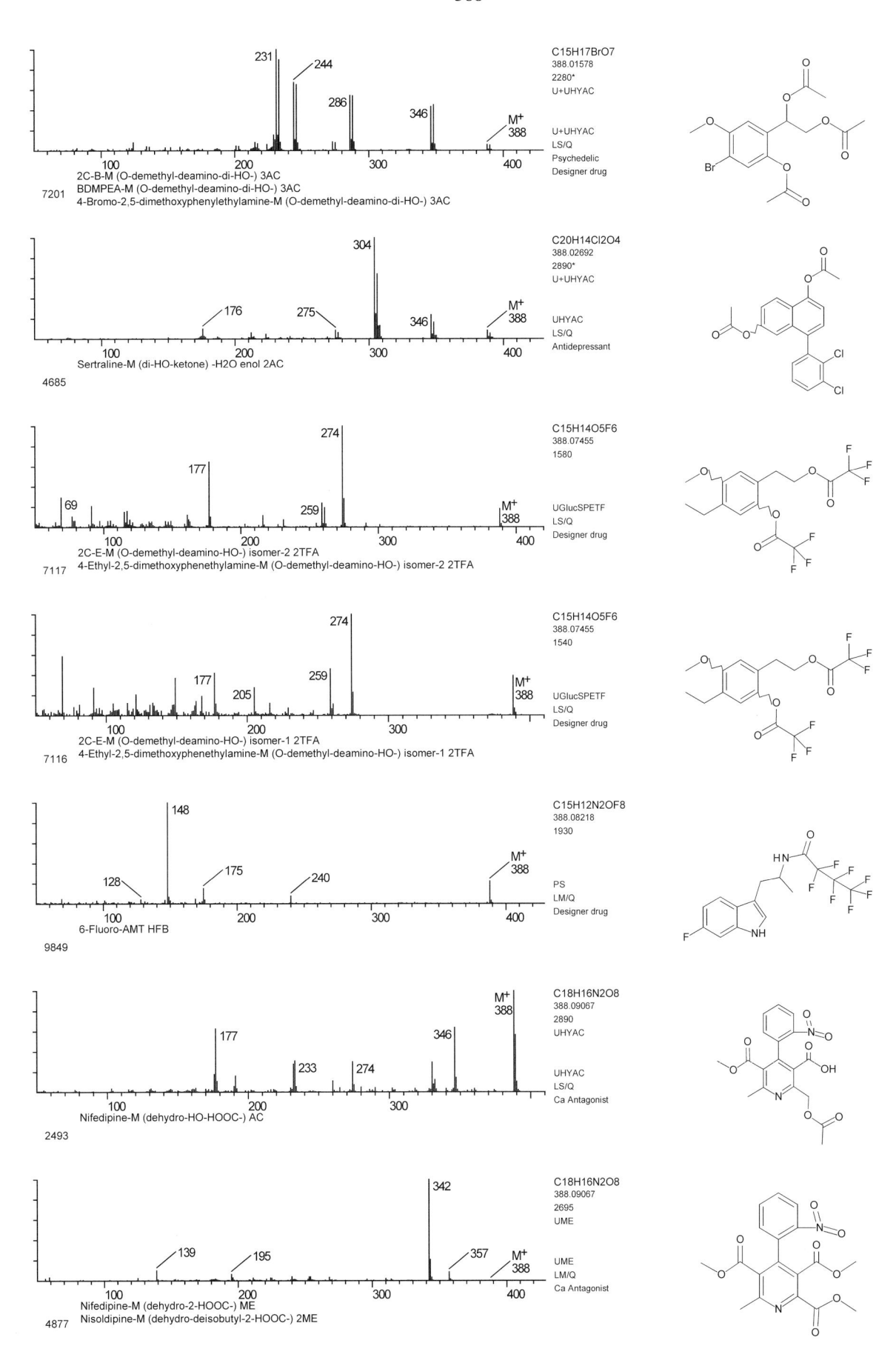

7201	2C-B-M (O-demethyl-deamino-di-HO-) 3AC BDMPEA-M (O-demethyl-deamino-di-HO-) 3AC 4-Bromo-2,5-dimethoxyphenylethylamine-M (O-demethyl-deamino-di-HO-) 3AC	C15H17BrO7 388.01578 2280* U+UHYAC U+UHYAC LS/Q Psychedelic Designer drug
4685	Sertraline-M (di-HO-ketone) -H2O enol 2AC	C20H14Cl2O4 388.02692 2890* U+UHYAC UHYAC LS/Q Antidepressant
7117	2C-E-M (O-demethyl-deamino-HO-) isomer-2 2TFA 4-Ethyl-2,5-dimethoxyphenethylamine-M (O-demethyl-deamino-HO-) isomer-2 2TFA	C15H14O5F6 388.07455 1580 UGlucSPETF LS/Q Designer drug
7116	2C-E-M (O-demethyl-deamino-HO-) isomer-1 2TFA 4-Ethyl-2,5-dimethoxyphenethylamine-M (O-demethyl-deamino-HO-) isomer-1 2TFA	C15H14O5F6 388.07455 1540 UGlucSPETF LS/Q Designer drug
9849	6-Fluoro-AMT HFB	C15H12N2OF8 388.08218 1930 PS LM/Q Designer drug
2493	Nifedipine-M (dehydro-HO-HOOC-) AC	C18H16N2O8 388.09067 2890 UHYAC UHYAC LS/Q Ca Antagonist
4877	Nifedipine-M (dehydro-2-HOOC-) ME Nisoldipine-M (dehydro-deisobutyl-2-HOOC-) 2ME	C18H16N2O8 388.09067 2695 UME UME LM/Q Ca Antagonist

1393

388

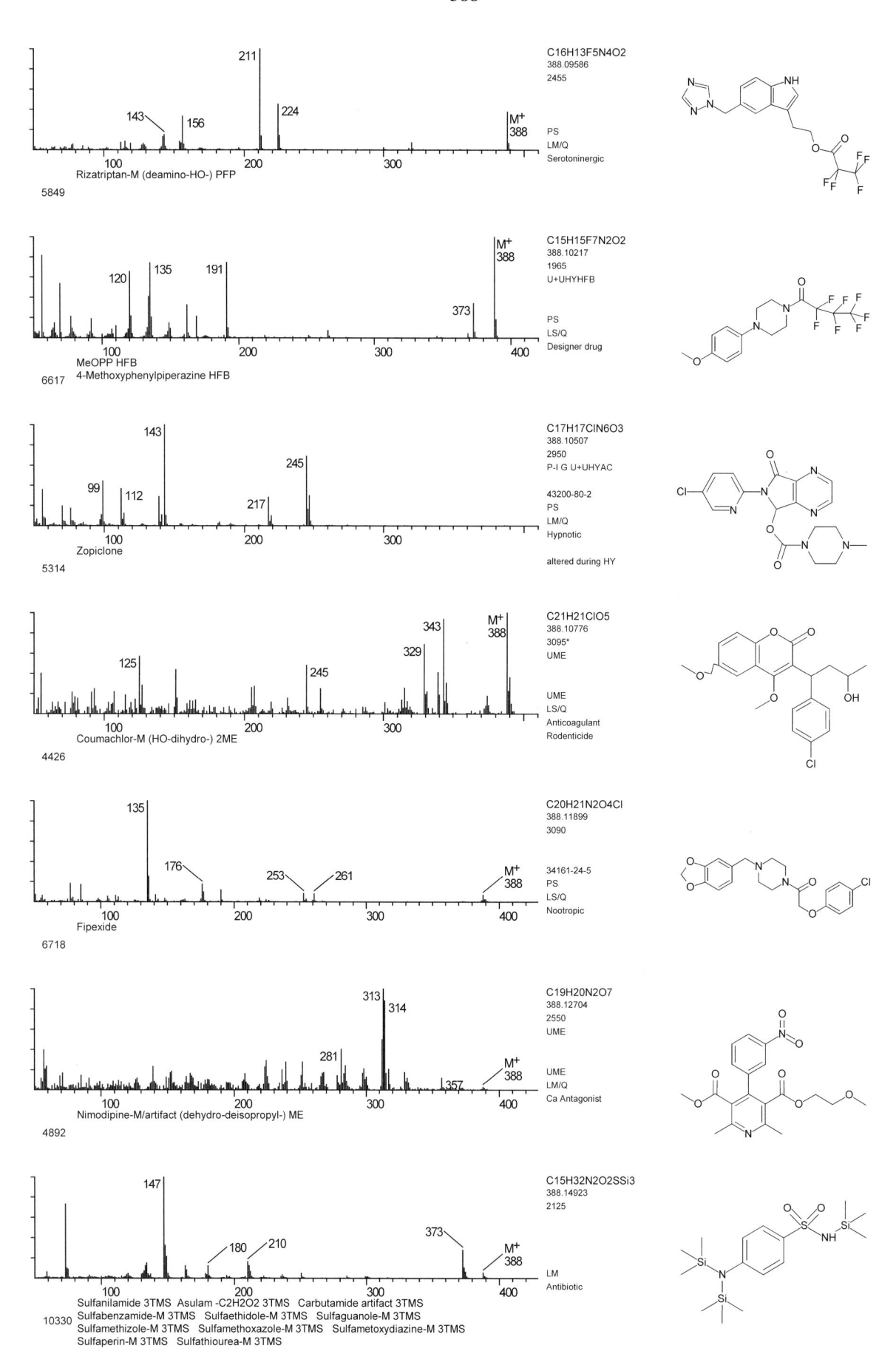

C16H13F5N4O2
388.09586
2455

PS
LM/Q
Serotoninergic

Rizatriptan-M (deamino-HO-) PFP
5849

C15H15F7N2O2
388.10217
1965
U+UHYHFB

PS
LS/Q
Designer drug

MeOPP HFB
4-Methoxyphenylpiperazine HFB
6617

C17H17ClN6O3
388.10507
2950
P-I G U+UHYAC

43200-80-2
PS
LM/Q
Hypnotic

Zopiclone
5314
altered during HY

C21H21ClO5
388.10776
3095*
UME

UME
LS/Q
Anticoagulant
Rodenticide

Coumachlor-M (HO-dihydro-) 2ME
4426

C20H21N2O4Cl
388.11899
3090

34161-24-5
PS
LS/Q
Nootropic

Fipexide
6718

C19H20N2O7
388.12704
2550
UME

UME
LM/Q
Ca Antagonist

Nimodipine-M/artifact (dehydro-deisopropyl-) ME
4892

C15H32N2O2SSi3
388.14923
2125

LM
Antibiotic

Sulfanilamide 3TMS   Asulam -C2H2O2 3TMS   Carbutamide artifact 3TMS
Sulfabenzamide-M 3TMS   Sulfaethidole-M 3TMS   Sulfaguanole-M 3TMS
10330   Sulfamethizole-M 3TMS   Sulfamethoxazole-M 3TMS   Sulfametoxydiazine-M 3TMS
Sulfaperin-M 3TMS   Sulfathiourea-M 3TMS

388

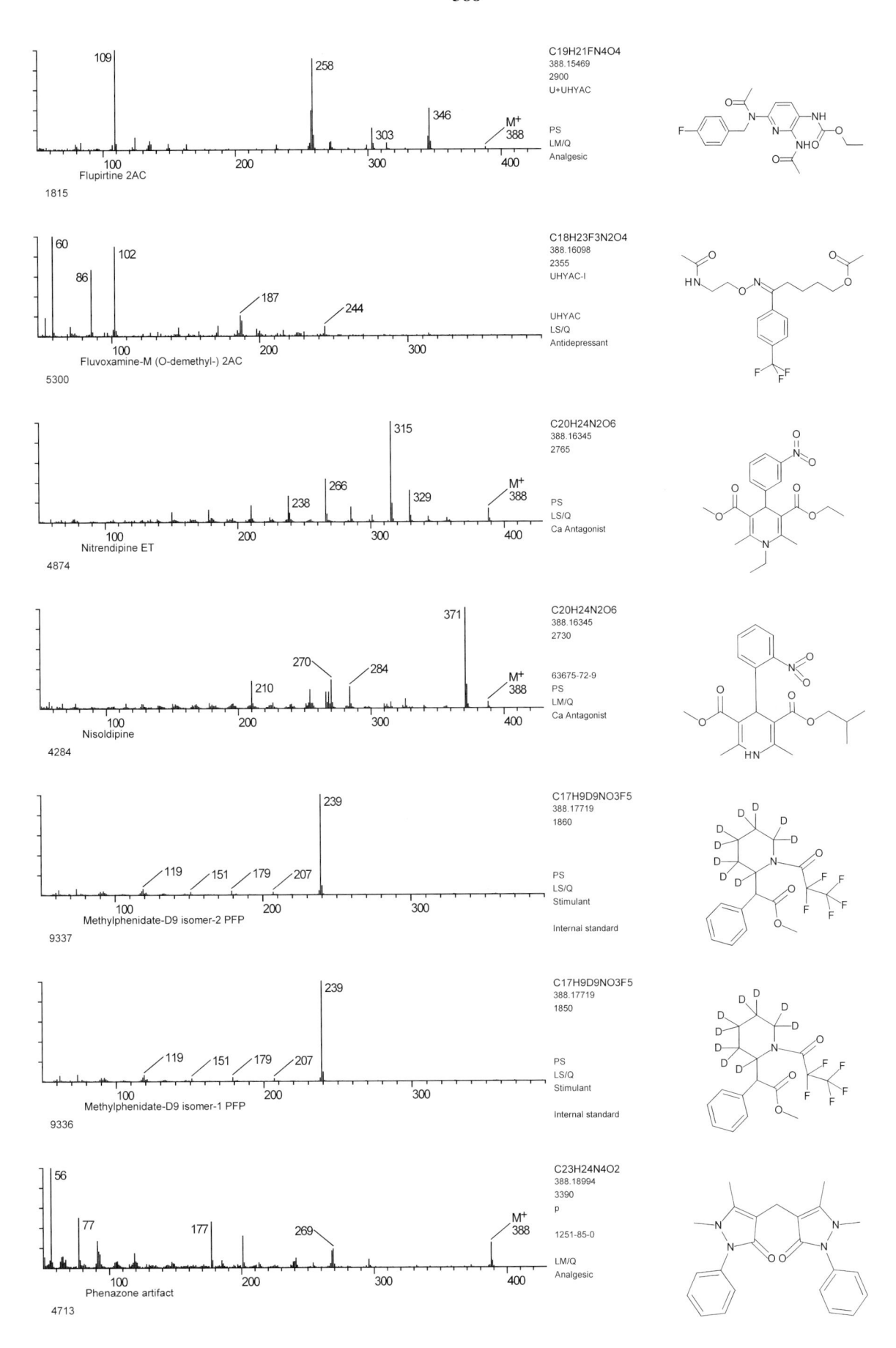

109, 258, 303, 346, M+ 388	C19H21FN4O4 388.15469 2900 U+UHYAC PS LM/Q Analgesic	
Flupirtine 2AC 1815		
60, 86, 102, 187, 244	C18H23F3N2O4 388.16098 2355 UHYAC-I UHYAC LS/Q Antidepressant	
Fluvoxamine-M (O-demethyl-) 2AC 5300		
238, 266, 315, 329, M+ 388	C20H24N2O6 388.16345 2765 PS LS/Q Ca Antagonist	
Nitrendipine ET 4874		
210, 270, 284, 371, M+ 388	C20H24N2O6 388.16345 2730 63675-72-9 PS LM/Q Ca Antagonist	
Nisoldipine 4284		
119, 151, 179, 207, 239	C17H9D9NO3F5 388.17719 1860 PS LS/Q Stimulant Internal standard	
Methylphenidate-D9 isomer-2 PFP 9337		
119, 151, 179, 207, 239	C17H9D9NO3F5 388.17719 1850 PS LS/Q Stimulant Internal standard	
Methylphenidate-D9 isomer-1 PFP 9336		
56, 77, 177, 269, M+ 388	C23H24N4O2 388.18994 3390 p 1251-85-0 LM/Q Analgesic	
Phenazone artifact 4713		

1395

388

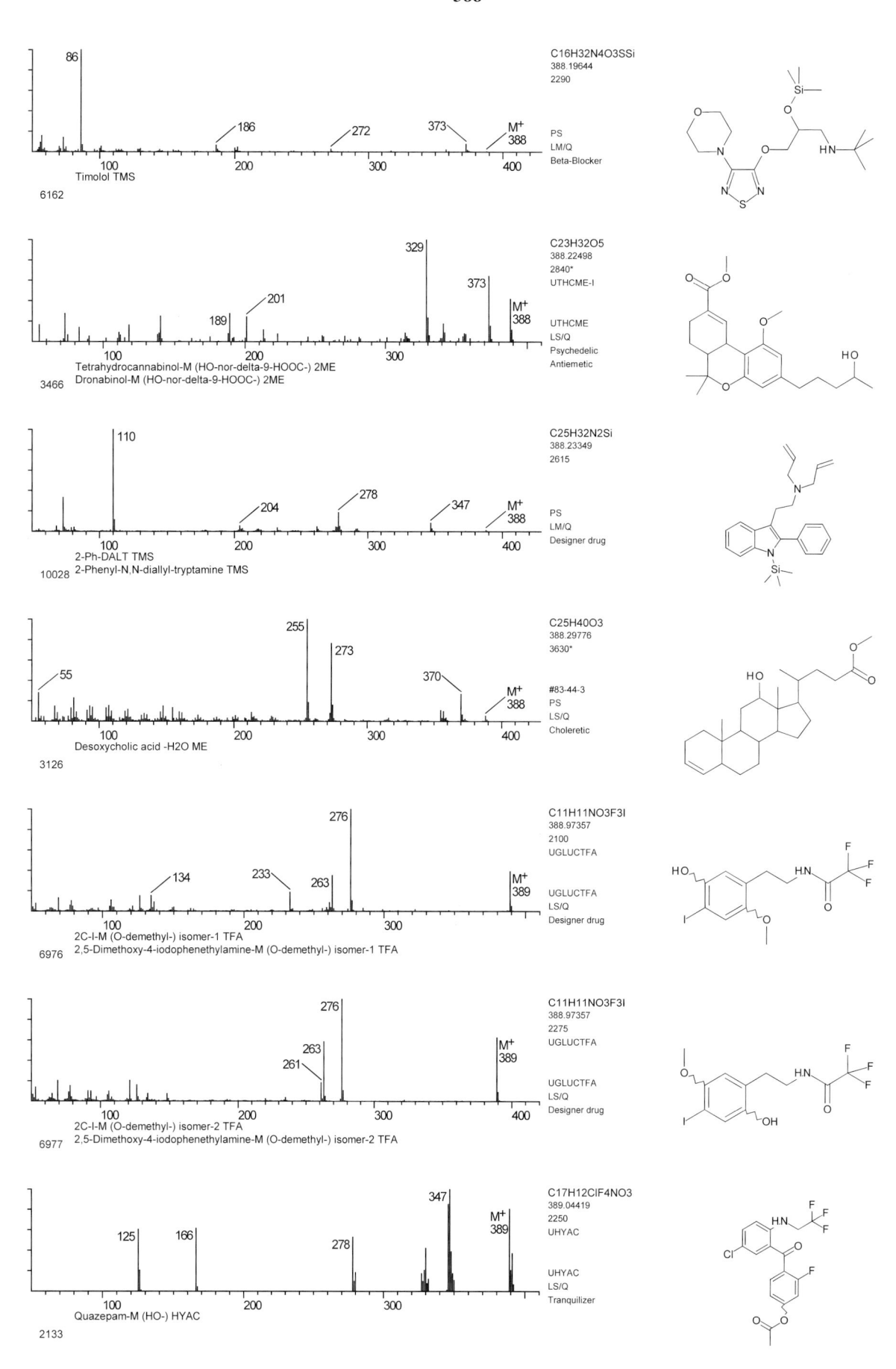

C16H32N4O3SSi
388.19644
2290

PS
LM/Q
Beta-Blocker

Timolol TMS
6162

C23H32O5
388.22498
2840*
UTHCME-I

UTHCME
LS/Q
Psychedelic
Antiemetic

Tetrahydrocannabinol-M (HO-nor-delta-9-HOOC-) 2ME
Dronabinol-M (HO-nor-delta-9-HOOC-) 2ME
3466

C25H32N2Si
388.23349
2615

PS
LM/Q
Designer drug

2-Ph-DALT TMS
2-Phenyl-N,N-diallyl-tryptamine TMS
10028

C25H40O3
388.29776
3630*
#83-44-3

PS
LS/Q
Choleretic

Desoxycholic acid -H2O ME
3126

C11H11NO3F3I
388.97357
2100
UGLUCTFA

UGLUCTFA
LS/Q
Designer drug

2C-I-M (O-demethyl-) isomer-1 TFA
2,5-Dimethoxy-4-iodophenethylamine-M (O-demethyl-) isomer-1 TFA
6976

C11H11NO3F3I
388.97357
2275
UGLUCTFA

UGLUCTFA
LS/Q
Designer drug

2C-I-M (O-demethyl-) isomer-2 TFA
2,5-Dimethoxy-4-iodophenethylamine-M (O-demethyl-) isomer-2 TFA
6977

C17H12ClF4NO3
389.04419
2250
UHYAC

UHYAC
LS/Q
Tranquilizer

Quazepam-M (HO-) HYAC
2133

1396

389

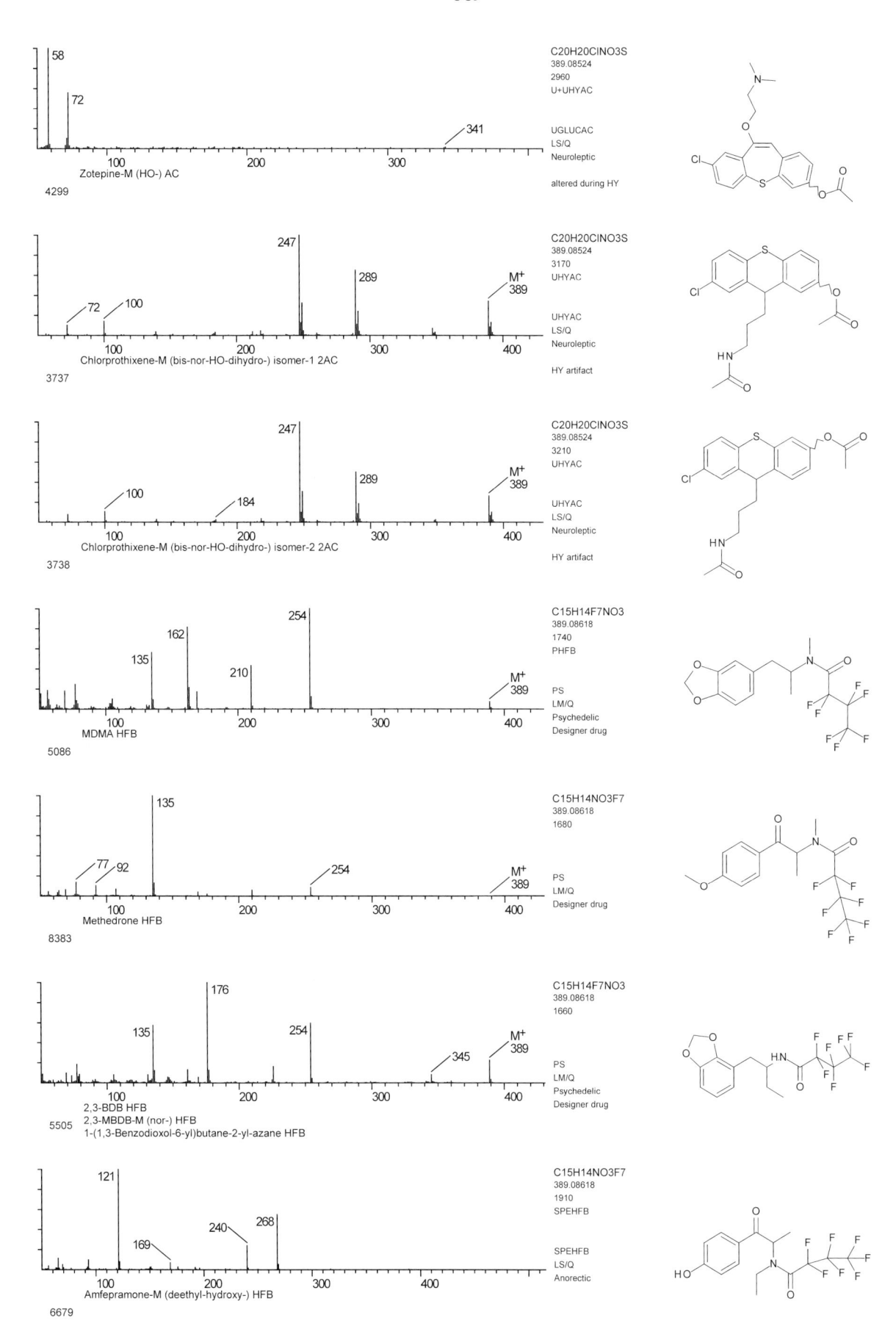

Zotepine-M (HO-) AC 4299	C20H20ClNO3S 389.08524 2960 U+UHYAC UGLUCAC LS/Q Neuroleptic altered during HY	
Chlorprothixene-M (bis-nor-HO-dihydro-) isomer-1 2AC 3737	C20H20ClNO3S 389.08524 3170 UHYAC UHYAC LS/Q Neuroleptic HY artifact	
Chlorprothixene-M (bis-nor-HO-dihydro-) isomer-2 2AC 3738	C20H20ClNO3S 389.08524 3210 UHYAC UHYAC LS/Q Neuroleptic HY artifact	
MDMA HFB 5086	C15H14F7NO3 389.08618 1740 PHFB PS LM/Q Psychedelic Designer drug	
Methedrone HFB 8383	C15H14NO3F7 389.08618 1680 PS LM/Q Designer drug	
2,3-BDB HFB 2,3-MBDB-M (nor-) HFB 1-(1,3-Benzodioxol-6-yl)butane-2-yl-azane HFB 5505	C15H14F7NO3 389.08618 1660 PS LM/Q Psychedelic Designer drug	
Amfepramone-M (deethyl-hydroxy-) HFB 6679	C15H14NO3F7 389.08618 1910 SPEHFB SPEHFB LS/Q Anorectic	

389

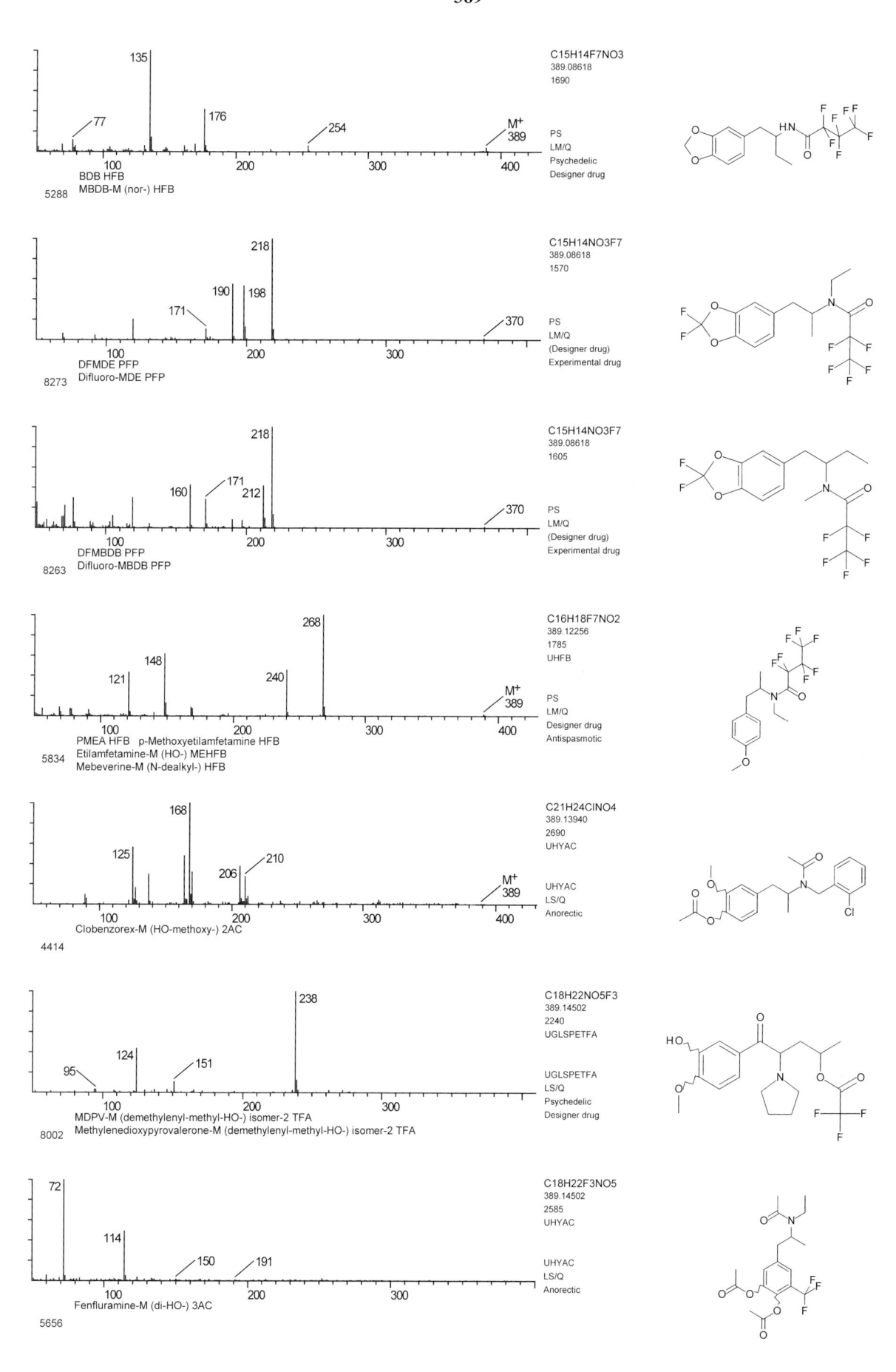

C15H14F7NO3
389.08618
1690

PS
LM/Q
Psychedelic
Designer drug

BDB HFB
MBDB-M (nor-) HFB
5288

C15H14NO3F7
389.08618
1570

PS
LM/Q
(Designer drug)
Experimental drug

DFMDE PFP
Difluoro-MDE PFP
8273

C15H14NO3F7
389.08618
1605

PS
LM/Q
(Designer drug)
Experimental drug

DFMBDB PFP
Difluoro-MBDB PFP
8263

C16H18F7NO2
389.12256
1785
UHFB

PS
LM/Q
Designer drug
Antispasmotic

PMEA HFB   p-Methoxyetilamfetamine HFB
Etilamfetamine-M (HO-) MEHFB
5834 Mebeverine-M (N-dealkyl-) HFB

C21H24ClNO4
389.13940
2690
UHYAC

UHYAC
LS/Q
Anorectic

Clobenzorex-M (HO-methoxy-) 2AC
4414

C18H22NO5F3
389.14502
2240
UGLSPETFA

UGLSPETFA
LS/Q
Psychedelic
Designer drug

MDPV-M (demethylenyl-methyl-HO-) isomer-2 TFA
8002 Methylenedioxypyrovalerone-M (demethylenyl-methyl-HO-) isomer-2 TFA

C18H22F3NO5
389.14502
2585
UHYAC

UHYAC
LS/Q
Anorectic

Fenfluramine-M (di-HO-) 3AC
5656

389

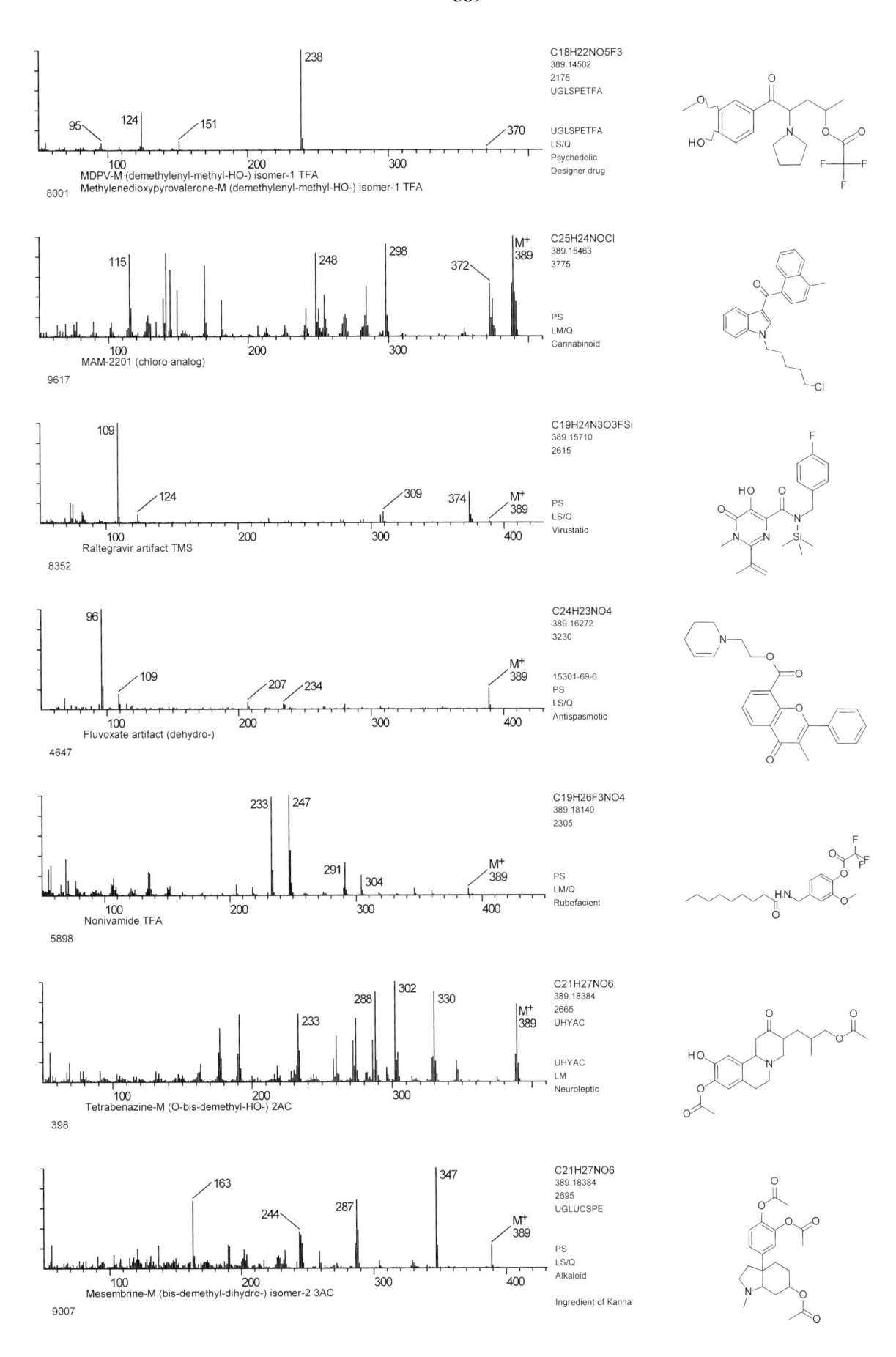

MDPV-M (demethylenyl-methyl-HO-) isomer-1 TFA Methylenedioxypyrovalerone-M (demethylenyl-methyl-HO-) isomer-1 TFA 8001	C18H22NO5F3 389.14502 2175 UGLSPETFA UGLSPETFA LS/Q Psychedelic Designer drug	Peaks: 95, 124, 151, 238, 370
MAM-2201 (chloro analog) 9617	C25H24NOCl 389.15463 3775 PS LM/Q Cannabinoid	Peaks: 115, 248, 298, 372, M+ 389
Raltegravir artifact TMS 8352	C19H24N3O3FSi 389.15710 2615 PS LS/Q Virustatic	Peaks: 109, 124, 309, 374, M+ 389
Fluvoxate artifact (dehydro-) 4647	C24H23NO4 389.16272 3230 15301-69-6 PS LS/Q Antispasmotic	Peaks: 96, 109, 207, 234, M+ 389
Nonivamide TFA 5898	C19H26F3NO4 389.18140 2305 PS LM/Q Rubefacient	Peaks: 233, 247, 291, 304, M+ 389
Tetrabenazine-M (O-bis-demethyl-HO-) 2AC 398	C21H27NO6 389.18384 2665 UHYAC UHYAC LM Neuroleptic	Peaks: 233, 288, 302, 330, M+ 389
Mesembrine-M (bis-demethyl-dihydro-) isomer-2 3AC 9007	C21H27NO6 389.18384 2695 UGLUCSPE PS LS/Q Alkaloid Ingredient of Kanna	Peaks: 163, 244, 287, 347, M+ 389

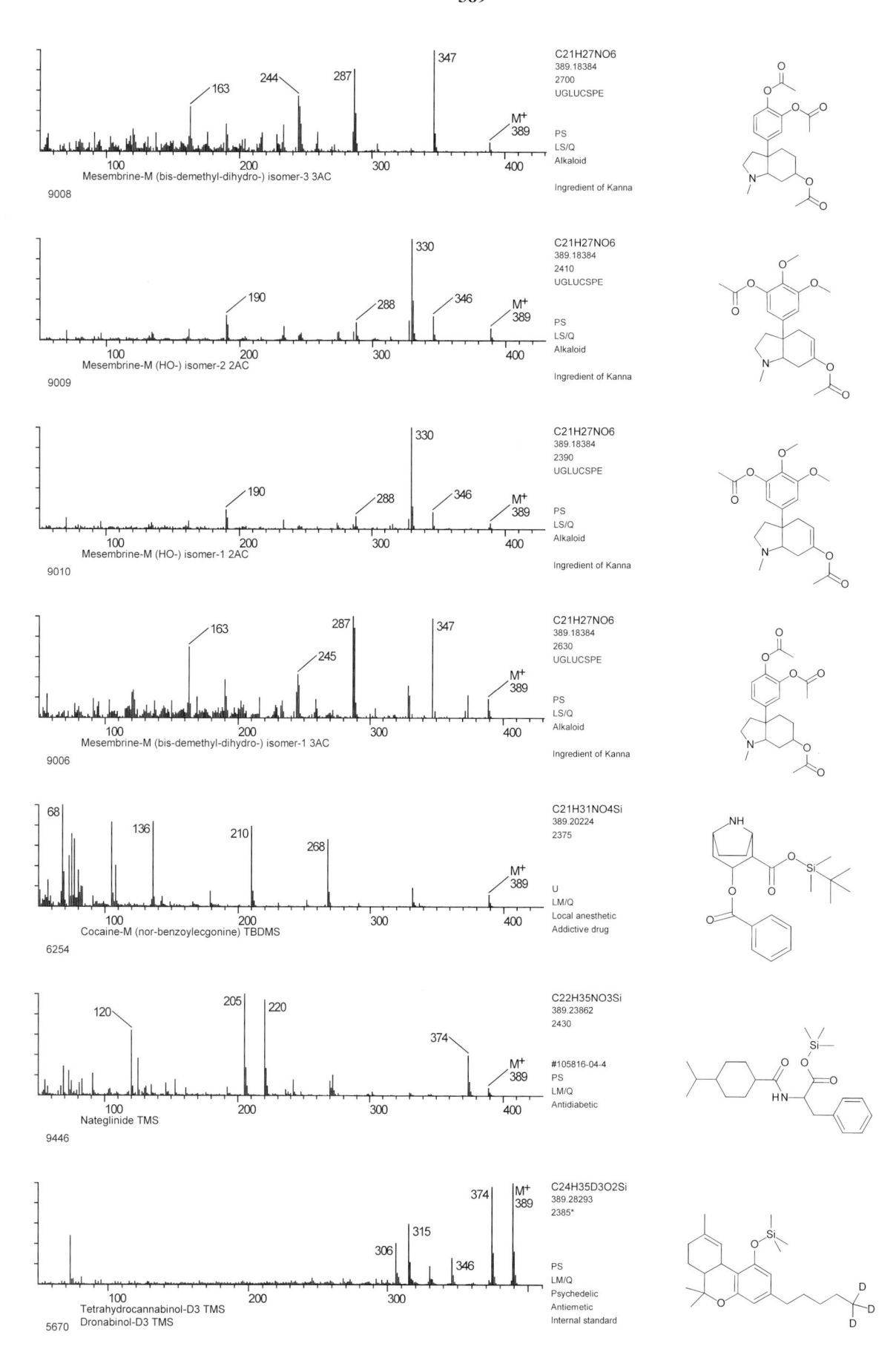

	C21H27NO6 389.18384 2700 UGLUCSPE PS LS/Q Alkaloid Ingredient of Kanna

Mesembrine-M (bis-demethyl-dihydro-) isomer-3 3AC
9008

	C21H27NO6 389.18384 2410 UGLUCSPE PS LS/Q Alkaloid Ingredient of Kanna

Mesembrine-M (HO-) isomer-2 2AC
9009

	C21H27NO6 389.18384 2390 UGLUCSPE PS LS/Q Alkaloid Ingredient of Kanna

Mesembrine-M (HO-) isomer-1 2AC
9010

	C21H27NO6 389.18384 2630 UGLUCSPE PS LS/Q Alkaloid Ingredient of Kanna

Mesembrine-M (bis-demethyl-dihydro-) isomer-1 3AC
9006

	C21H31NO4Si 389.20224 2375 U LM/Q Local anesthetic Addictive drug

Cocaine-M (nor-benzoylecgonine) TBDMS
6254

	C22H35NO3Si 389.23862 2430 #105816-04-4 PS LM/Q Antidiabetic

Nateglinide TMS
9446

	C24H35D3O2Si 389.28293 2385* PS LM/Q Psychedelic Antiemetic Internal standard

Tetrahydrocannabinol-D3 TMS
Dronabinol-D3 TMS
5670

390

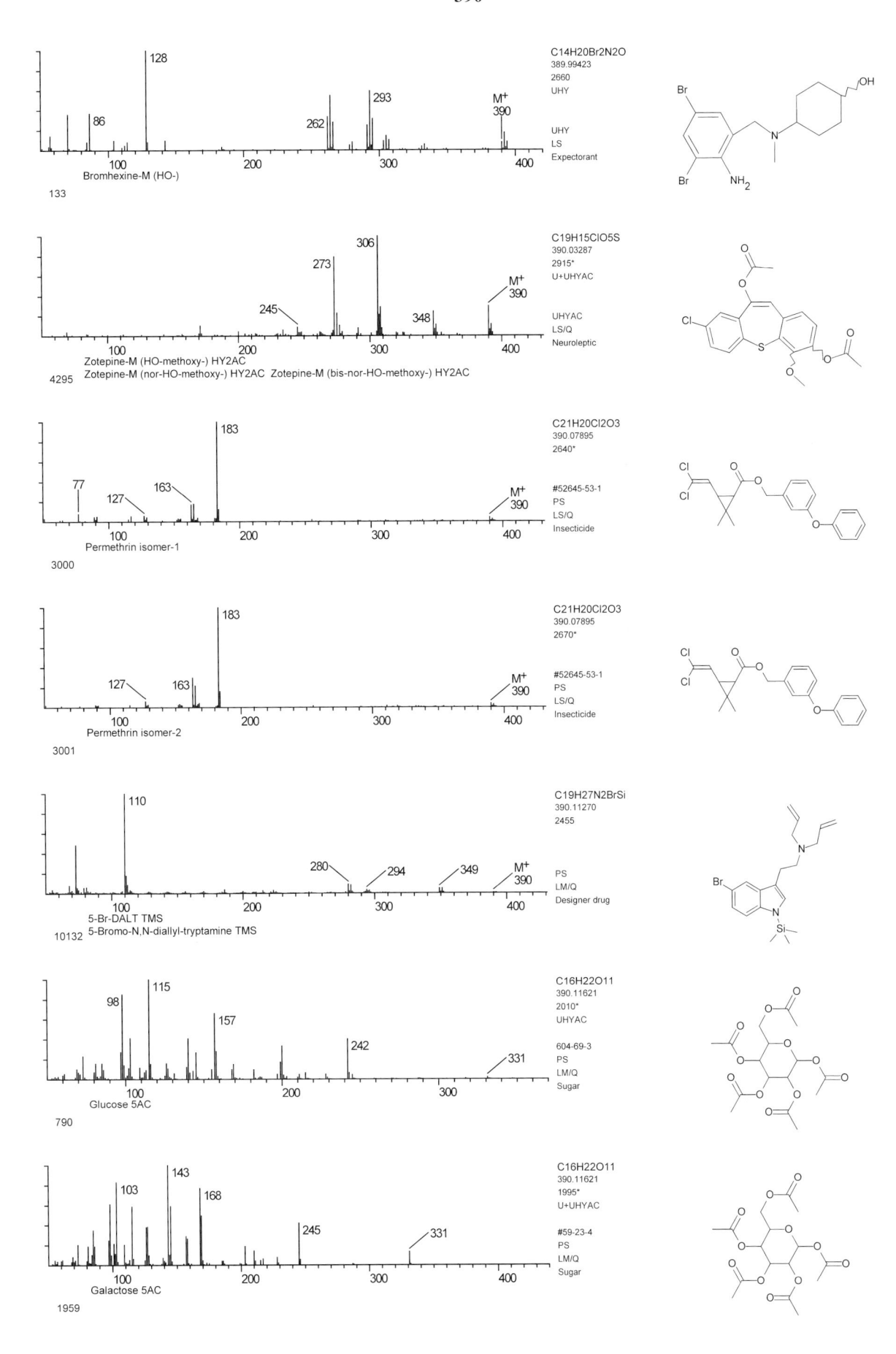

Bromhexine-M (HO-) — 133
C14H20Br2N2O
389.99423
2660
UHY
UHY
LS
Expectorant
Peaks: 86, 128, 262, 293, M+ 390

Zotepine-M (HO-methoxy-) HY2AC — 4295
Zotepine-M (nor-HO-methoxy-) HY2AC Zotepine-M (bis-nor-HO-methoxy-) HY2AC
C19H15ClO5S
390.03287
2915*
U+UHYAC
UHYAC
LS/Q
Neuroleptic
Peaks: 245, 273, 306, 348, M+ 390

Permethrin isomer-1 — 3000
C21H20Cl2O3
390.07895
2640*
#52645-53-1
PS
LS/Q
Insecticide
Peaks: 77, 127, 163, 183, M+ 390

Permethrin isomer-2 — 3001
C21H20Cl2O3
390.07895
2670*
#52645-53-1
PS
LS/Q
Insecticide
Peaks: 127, 163, 183, M+ 390

5-Br-DALT TMS — 10132
5-Bromo-N,N-diallyl-tryptamine TMS
C19H27N2BrSi
390.11270
2455
PS
LM/Q
Designer drug
Peaks: 110, 280, 294, 349, M+ 390

Glucose 5AC — 790
C16H22O11
390.11621
2010*
UHYAC
604-69-3
PS
LM/Q
Sugar
Peaks: 98, 115, 157, 242, 331

Galactose 5AC — 1959
C16H22O11
390.11621
1995*
U+UHYAC
#59-23-4
PS
LM/Q
Sugar
Peaks: 103, 143, 168, 245, 331

390

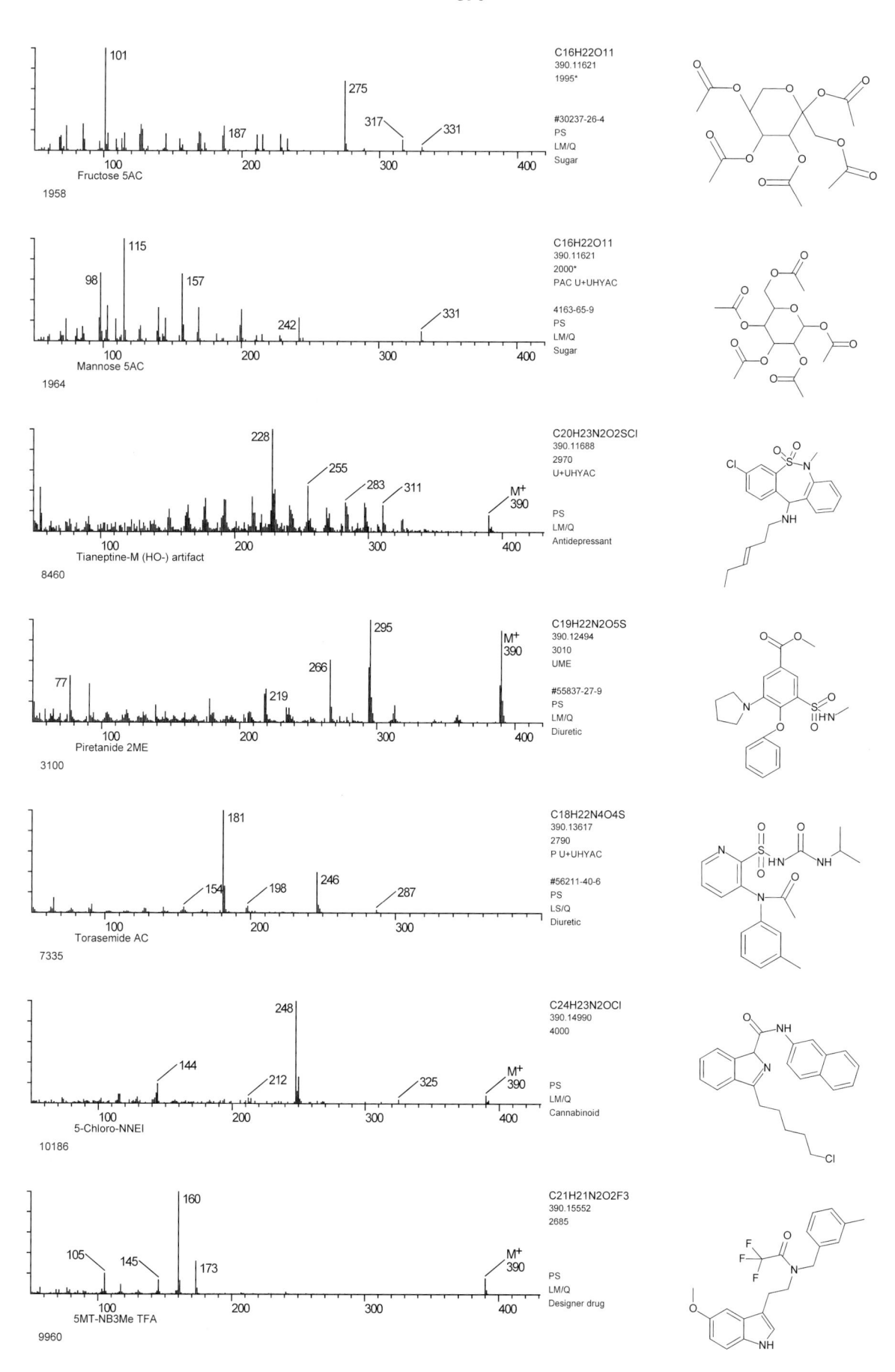

Fructose 5AC 1958	C16H22O11 390.11621 1995* #30237-26-4 PS LM/Q Sugar	peaks: 101, 187, 275, 317, 331
Mannose 5AC 1964	C16H22O11 390.11621 2000* PAC U+UHYAC 4163-65-9 PS LM/Q Sugar	peaks: 98, 115, 157, 242, 331
Tianeptine-M (HO-) artifact 8460	C20H23N2O2SCl 390.11688 2970 U+UHYAC PS LM/Q Antidepressant	peaks: 228, 255, 283, 311, M+ 390
Piretanide 2ME 3100	C19H22N2O5S 390.12494 3010 UME #55837-27-9 PS LM/Q Diuretic	peaks: 77, 219, 266, 295, M+ 390
Torasemide AC 7335	C18H22N4O4S 390.13617 2790 P U+UHYAC #56211-40-6 PS LS/Q Diuretic	peaks: 154, 181, 198, 246, 287
5-Chloro-NNEI 10186	C24H23N2OCl 390.14990 4000 PS LM/Q Cannabinoid	peaks: 144, 212, 248, 325, M+ 390
5MT-NB3Me TFA 9960	C21H21N2O2F3 390.15552 2685 PS LM/Q Designer drug	peaks: 105, 145, 160, 173, M+ 390

390

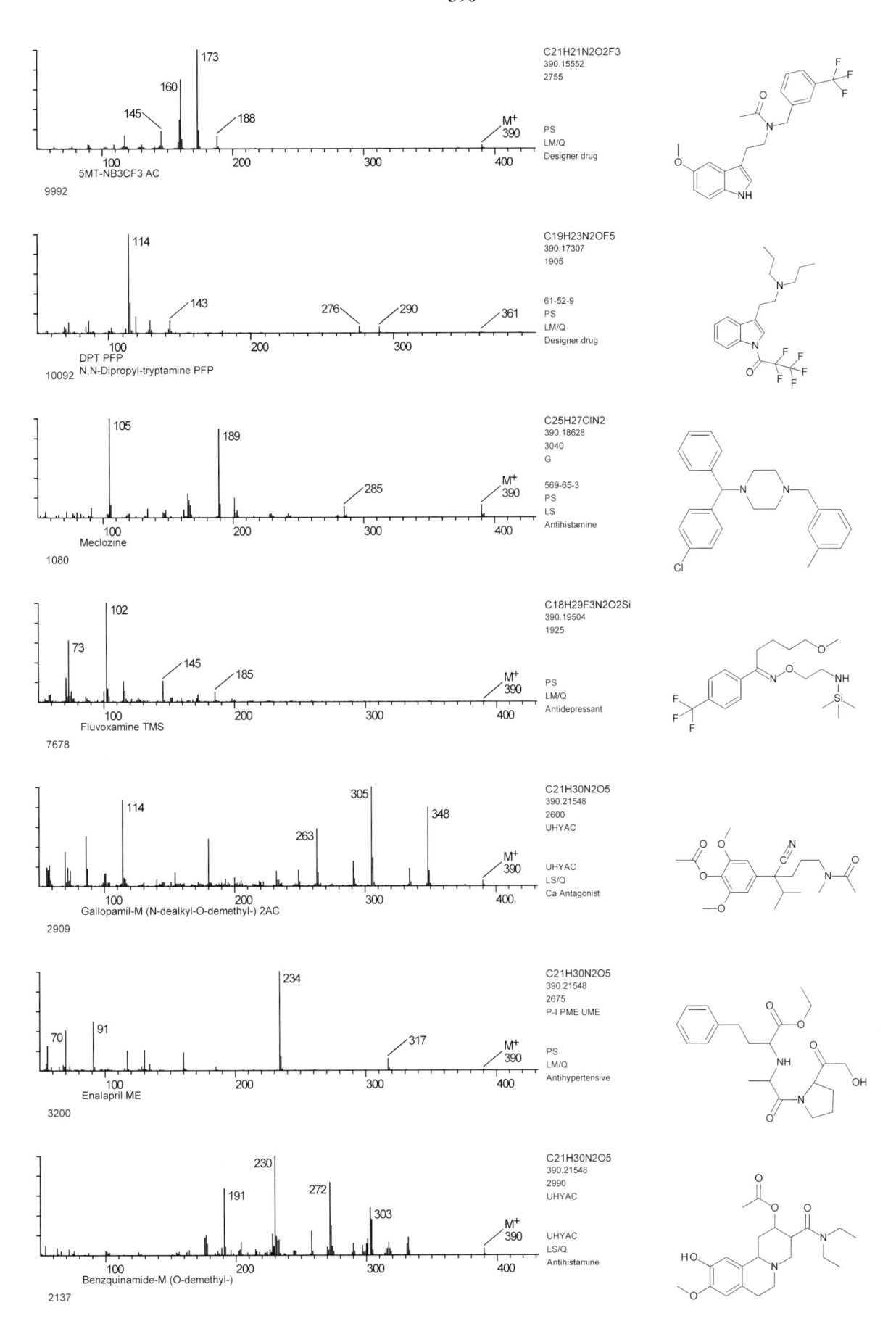

C21H21N2O2F3
390.15552
2755

PS
LM/Q
Designer drug

5MT-NB3CF3 AC
9992

C19H23N2OF5
390.17307
1905

61-52-9
PS
LM/Q
Designer drug

DPT PFP
N,N-Dipropyl-tryptamine PFP
10092

C25H27ClN2
390.18628
3040
G

569-65-3
PS
LS
Antihistamine

Meclozine
1080

C18H29F3N2O2Si
390.19504
1925

PS
LM/Q
Antidepressant

Fluvoxamine TMS
7678

C21H30N2O5
390.21548
2600
UHYAC

UHYAC
LS/Q
Ca Antagonist

Gallopamil-M (N-dealkyl-O-demethyl-) 2AC
2909

C21H30N2O5
390.21548
2675
P-I PME UME

PS
LM/Q
Antihypertensive

Enalapril ME
3200

C21H30N2O5
390.21548
2990
UHYAC

UHYAC
LS/Q
Antihistamine

Benzquinamide-M (O-demethyl-)
2137

390

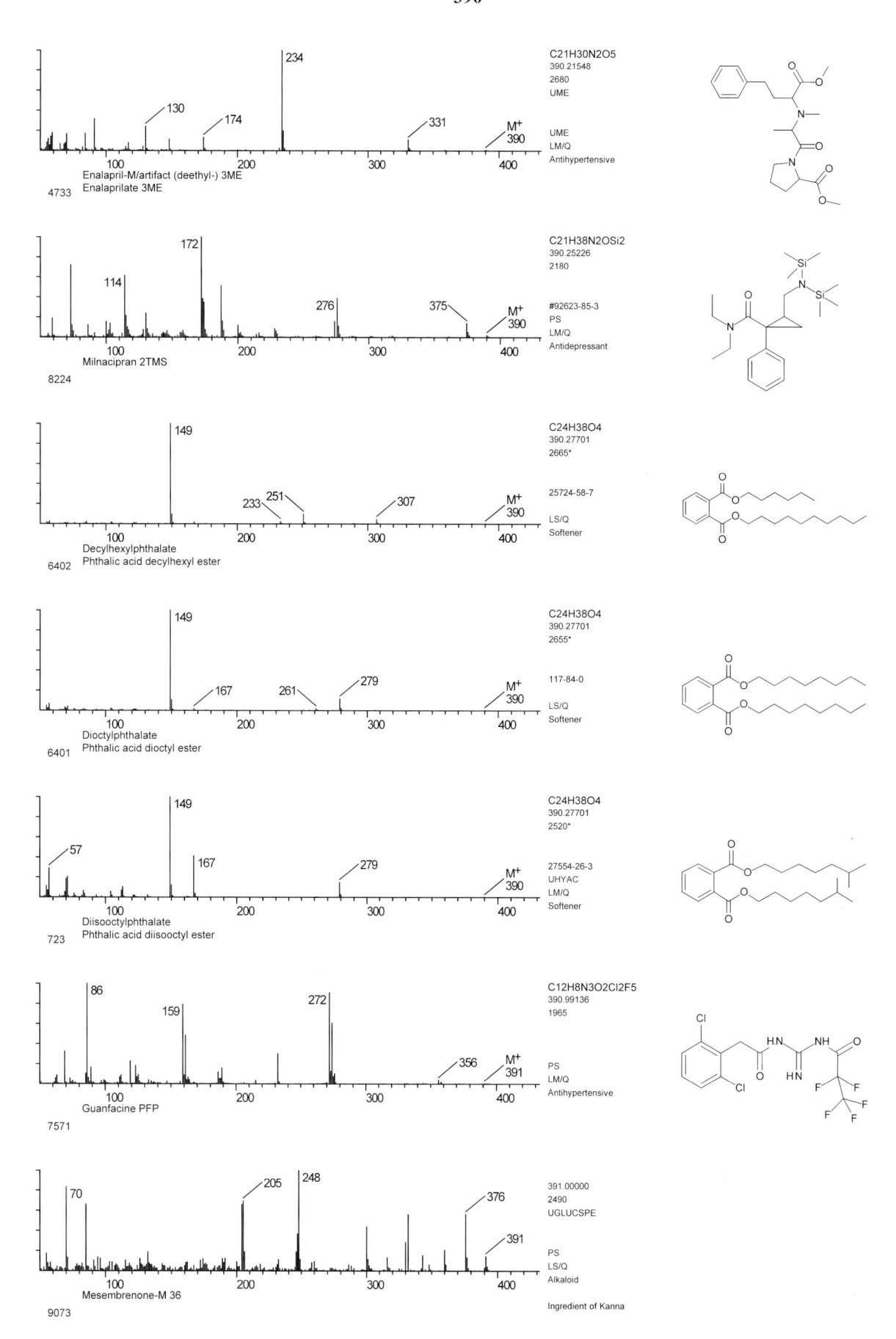

4733 Enalapril-M/artifact (deethyl-) 3ME / Enalaprilate 3ME
Peaks: 130, 174, 234, 331, M+ 390
C21H30N2O5; 390.21548; 2680; UME; UME; LM/Q; Antihypertensive

8224 Milnacipran 2TMS
Peaks: 114, 172, 276, 375, M+ 390
C21H38N2OSi2; 390.25226; 2180; #92623-85-3; PS; LM/Q; Antidepressant

6402 Decylhexylphthalate / Phthalic acid decylhexyl ester
Peaks: 149, 233, 251, 307, M+ 390
C24H38O4; 390.27701; 2665*; 25724-58-7; LS/Q; Softener

6401 Dioctylphthalate / Phthalic acid dioctyl ester
Peaks: 149, 167, 261, 279, M+ 390
C24H38O4; 390.27701; 2655*; 117-84-0; LS/Q; Softener

723 Diisooctylphthalate / Phthalic acid diisooctyl ester
Peaks: 57, 149, 167, 279, M+ 390
C24H38O4; 390.27701; 2520*; 27554-26-3; UHYAC; LM/Q; Softener

7571 Guanfacine PFP
Peaks: 86, 159, 272, 356, M+ 391
C12H8N3O2Cl2F5; 390.99136; 1965; PS; LM/Q; Antihypertensive

9073 Mesembrenone-M 36
Peaks: 70, 205, 248, 376, 391
391.00000; 2490; UGLUCSPE; PS; LS/Q; Alkaloid; Ingredient of Kanna

391

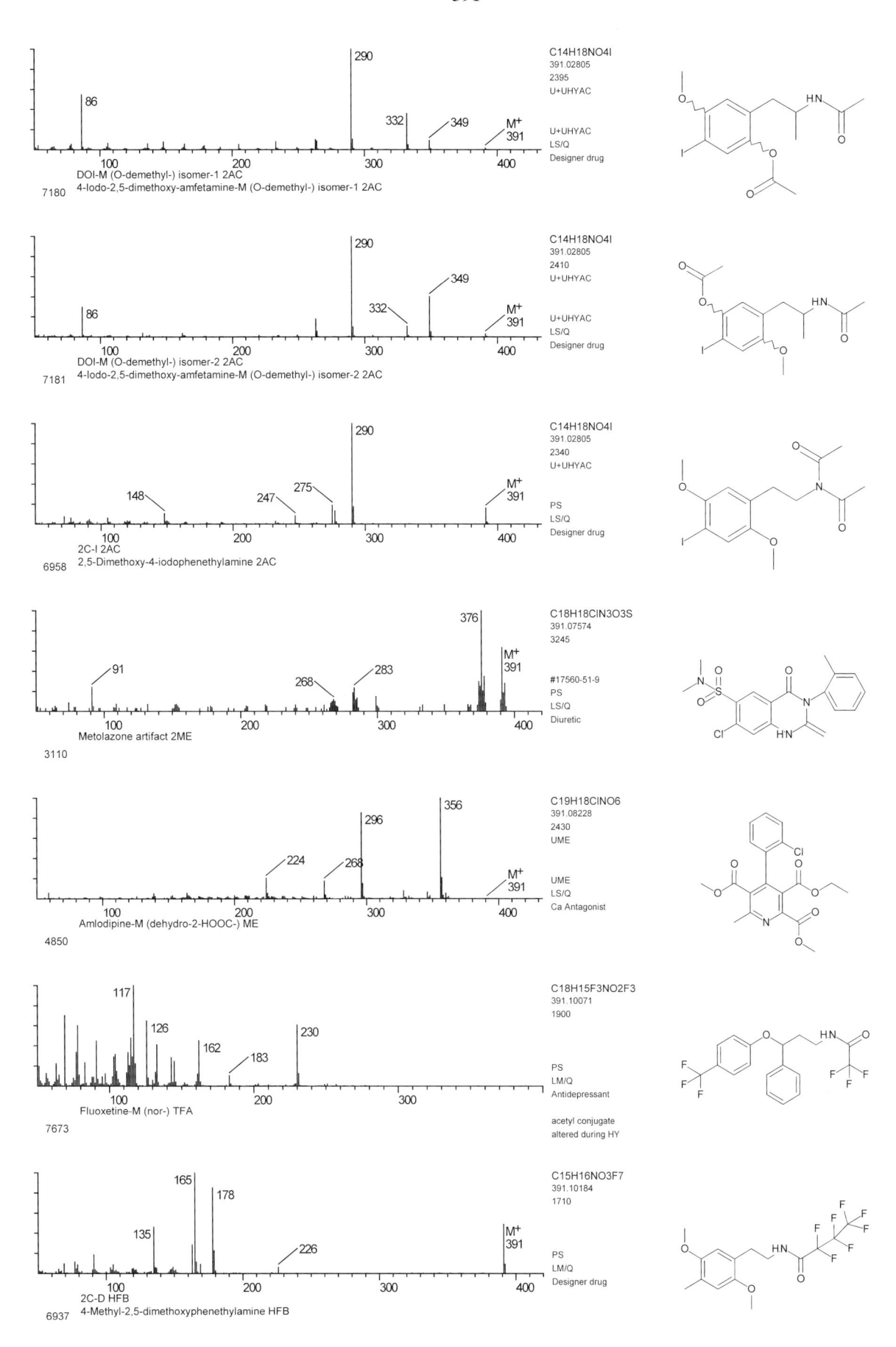

Spectrum	Compound	Formula / Info
7180	DOI-M (O-demethyl-) isomer-1 2AC 4-Iodo-2,5-dimethoxy-amfetamine-M (O-demethyl-) isomer-1 2AC Peaks: 86, 290, 332, 349, M+ 391	C14H18NO4I 391.02805 2395 U+UHYAC U+UHYAC LS/Q Designer drug
7181	DOI-M (O-demethyl-) isomer-2 2AC 4-Iodo-2,5-dimethoxy-amfetamine-M (O-demethyl-) isomer-2 2AC Peaks: 86, 290, 332, 349, M+ 391	C14H18NO4I 391.02805 2410 U+UHYAC U+UHYAC LS/Q Designer drug
6958	2C-I 2AC 2,5-Dimethoxy-4-iodophenethylamine 2AC Peaks: 148, 247, 275, 290, M+ 391	C14H18NO4I 391.02805 2340 U+UHYAC PS LS/Q Designer drug
3110	Metolazone artifact 2ME Peaks: 91, 268, 283, 376, M+ 391	C18H18ClN3O3S 391.07574 3245 #17560-51-9 PS LS/Q Diuretic
4850	Amlodipine-M (dehydro-2-HOOC-) ME Peaks: 224, 268, 296, 356, M+ 391	C19H18ClNO6 391.08228 2430 UME UME LS/Q Ca Antagonist
7673	Fluoxetine-M (nor-) TFA Peaks: 117, 126, 162, 183, 230	C18H15F3NO2F3 391.10071 1900 PS LM/Q Antidepressant acetyl conjugate altered during HY
6937	2C-D HFB 4-Methyl-2,5-dimethoxyphenethylamine HFB Peaks: 135, 165, 178, 226, M+ 391	C15H16NO3F7 391.10184 1710 PS LM/Q Designer drug

391

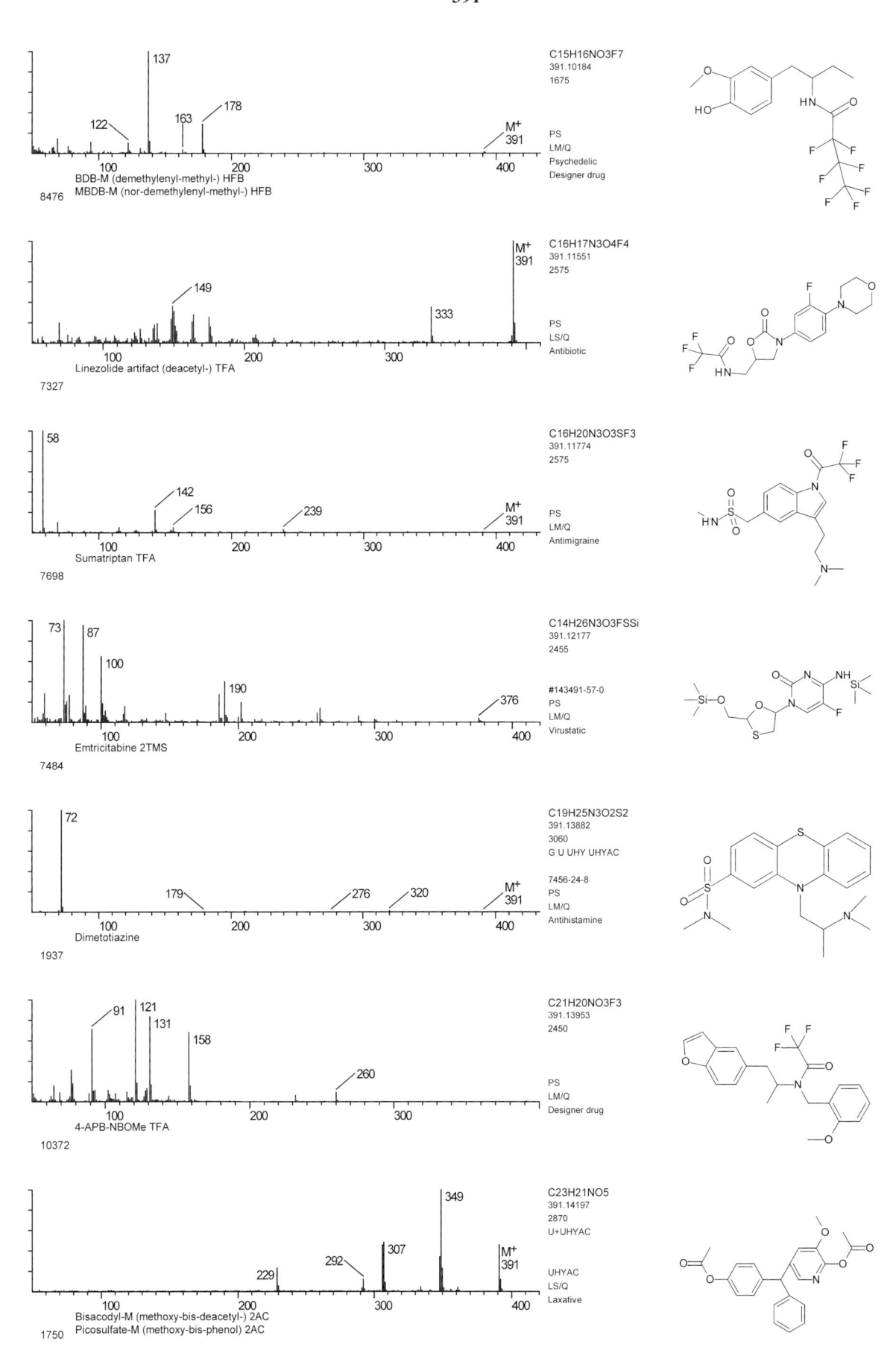

C15H16NO3F7
391.10184
1675

PS
LM/Q
Psychedelic
Designer drug

BDB-M (demethylenyl-methyl-) HFB
MBDB-M (nor-demethylenyl-methyl-) HFB
8476

C16H17N3O4F4
391.11551
2575

PS
LS/Q
Antibiotic

Linezolide artifact (deacetyl-) TFA
7327

C16H20N3O3SF3
391.11774
2575

PS
LM/Q
Antimigraine

Sumatriptan TFA
7698

C14H26N3O3FSSi
391.12177
2455
#143491-57-0
PS
LM/Q
Virustatic

Emtricitabine 2TMS
7484

C19H25N3O2S2
391.13882
3060
G U UHY UHYAC
7456-24-8
PS
LM/Q
Antihistamine

Dimetotiazine
1937

C21H20NO3F3
391.13953
2450

PS
LM/Q
Designer drug

4-APB-NBOMe TFA
10372

C23H21NO5
391.14197
2870
U+UHYAC

UHYAC
LS/Q
Laxative

Bisacodyl-M (methoxy-bis-deacetyl-) 2AC
Picosulfate-M (methoxy-bis-phenol) 2AC
1750

1406

391

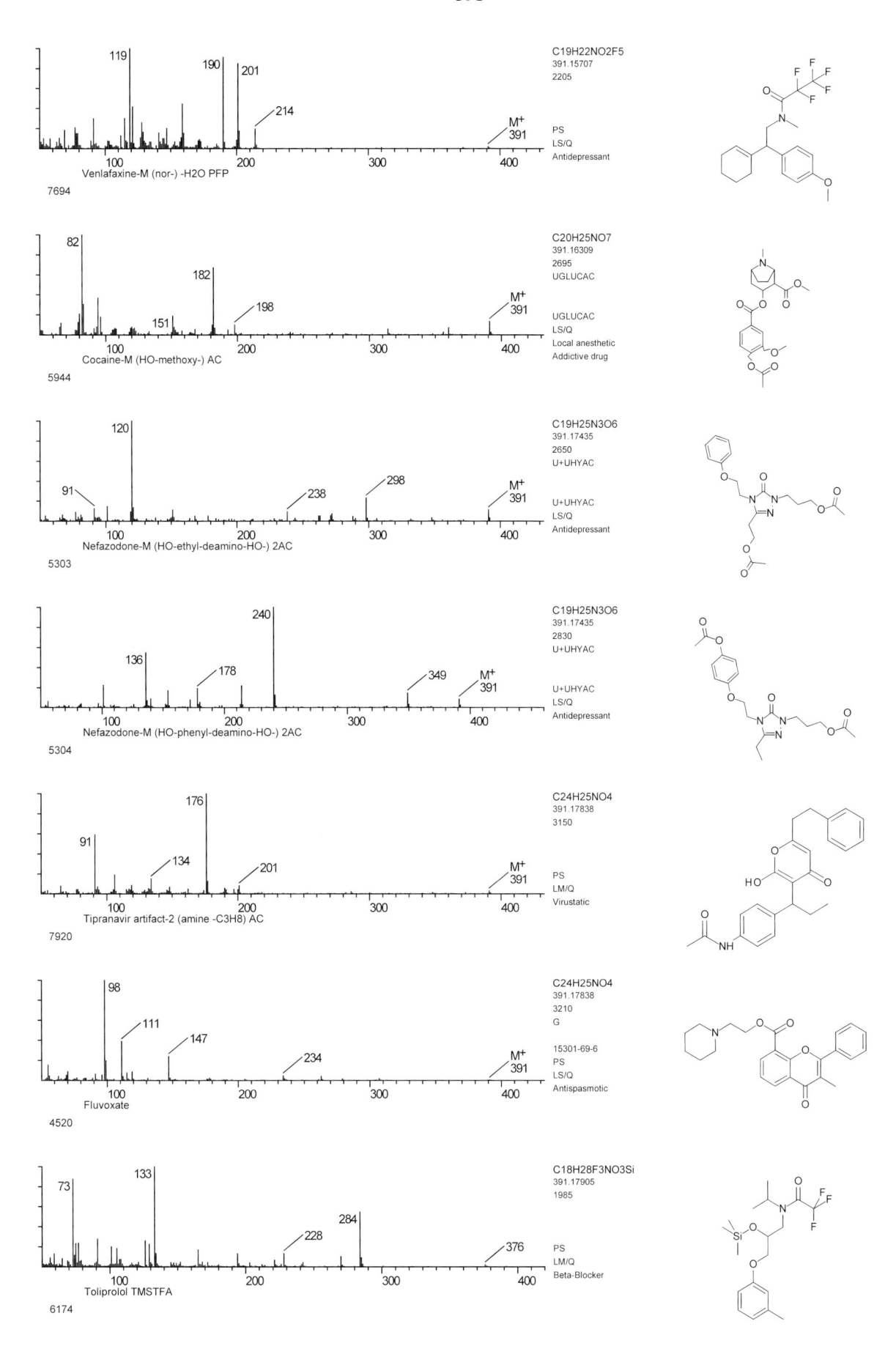

Venlafaxine-M (nor-) -H2O PFP	C19H22NO2F5 391.15707 2205 PS LS/Q Antidepressant	
7694		
Cocaine-M (HO-methoxy-) AC	C20H25NO7 391.16309 2695 UGLUCAC UGLUCAC LS/Q Local anesthetic Addictive drug	
5944		
Nefazodone-M (HO-ethyl-deamino-HO-) 2AC	C19H25N3O6 391.17435 2650 U+UHYAC U+UHYAC LS/Q Antidepressant	
5303		
Nefazodone-M (HO-phenyl-deamino-HO-) 2AC	C19H25N3O6 391.17435 2830 U+UHYAC U+UHYAC LS/Q Antidepressant	
5304		
Tipranavir artifact-2 (amine -C3H8) AC	C24H25NO4 391.17838 3150 PS LM/Q Virustatic	
7920		
Fluvoxate	C24H25NO4 391.17838 3210 G 15301-69-6 PS LS/Q Antispasmotic	
4520		
Toliprolol TMSTFA	C18H28F3NO3Si 391.17905 1985 PS LM/Q Beta-Blocker	
6174		

391

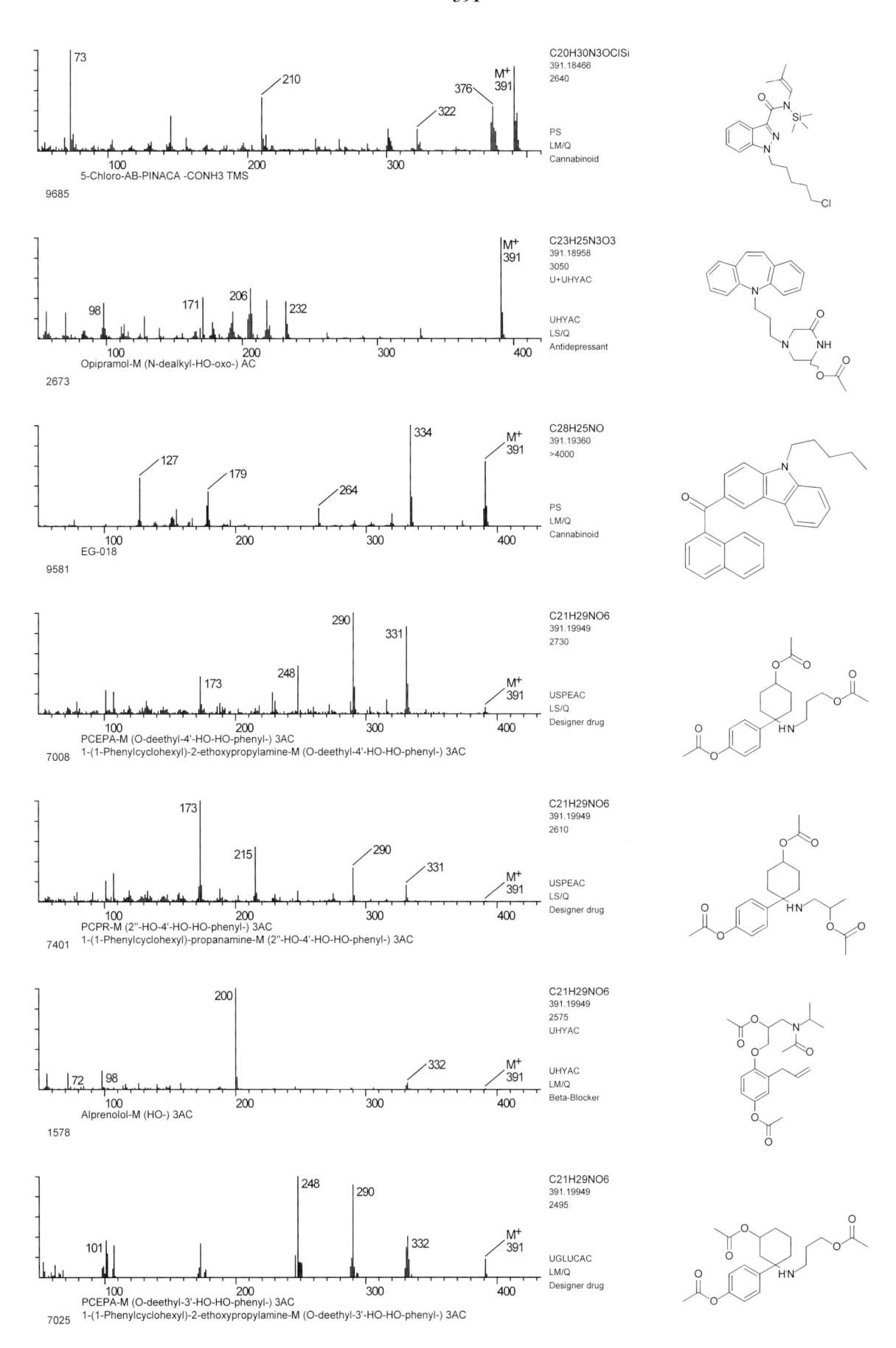

C20H30N3OClSi
391.18466
2640

PS
LM/Q
Cannabinoid

5-Chloro-AB-PINACA -CONH3 TMS
9685

C23H25N3O3
391.18958
3050
U+UHYAC

UHYAC
LS/Q
Antidepressant

Opipramol-M (N-dealkyl-HO-oxo-) AC
2673

C28H25NO
391.19360
>4000

PS
LM/Q
Cannabinoid

EG-018
9581

C21H29NO6
391.19949
2730

USPEAC
LS/Q
Designer drug

PCEPA-M (O-deethyl-4'-HO-HO-phenyl-) 3AC
1-(1-Phenylcyclohexyl)-2-ethoxypropylamine-M (O-deethyl-4'-HO-HO-phenyl-) 3AC
7008

C21H29NO6
391.19949
2610

USPEAC
LS/Q
Designer drug

PCPR-M (2''-HO-4'-HO-phenyl-) 3AC
1-(1-Phenylcyclohexyl)-propanamine-M (2''-HO-4'-HO-phenyl-) 3AC
7401

C21H29NO6
391.19949
2575
UHYAC

UHYAC
LM/Q
Beta-Blocker

Alprenolol-M (HO-) 3AC
1578

C21H29NO6
391.19949
2495

UGLUCAC
LM/Q
Designer drug

PCEPA-M (O-deethyl-3'-HO-HO-phenyl-) 3AC
1-(1-Phenylcyclohexyl)-2-ethoxypropylamine-M (O-deethyl-3'-HO-HO-phenyl-) 3AC
7025

391

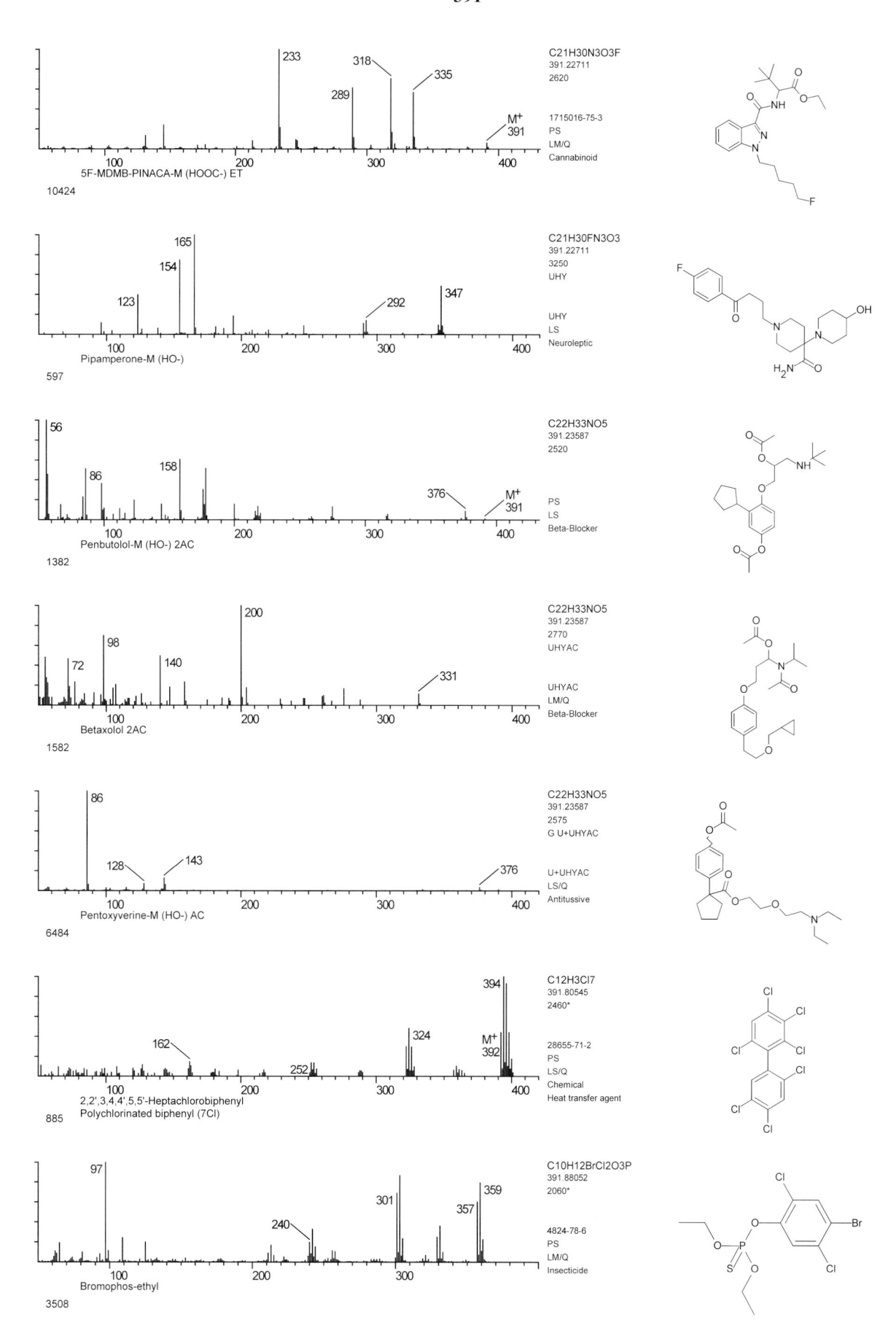

C21H30N3O3F
391.22711
2620

1715016-75-3
PS
LM/Q
Cannabinoid

5F-MDMB-PINACA-M (HOOC-) ET
10424

C21H30FN3O3
391.22711
3250
UHY

UHY
LS
Neuroleptic

Pipamperone-M (HO-)
597

C22H33NO5
391.23587
2520

PS
LS
Beta-Blocker

Penbutolol-M (HO-) 2AC
1382

C22H33NO5
391.23587
2770
UHYAC

UHYAC
LM/Q
Beta-Blocker

Betaxolol 2AC
1582

C22H33NO5
391.23587
2575
G U+UHYAC

U+UHYAC
LS/Q
Antitussive

Pentoxyverine-M (HO-) AC
6484

C12H3Cl7
391.80545
2460*

28655-71-2
PS
LS/Q
Chemical
Heat transfer agent

2,2',3,4,4',5,5'-Heptachlorobiphenyl
Polychlorinated biphenyl (7Cl)
885

C10H12BrCl2O3P
391.88052
2060*

4824-78-6
PS
LM/Q
Insecticide

Bromophos-ethyl
3508

392

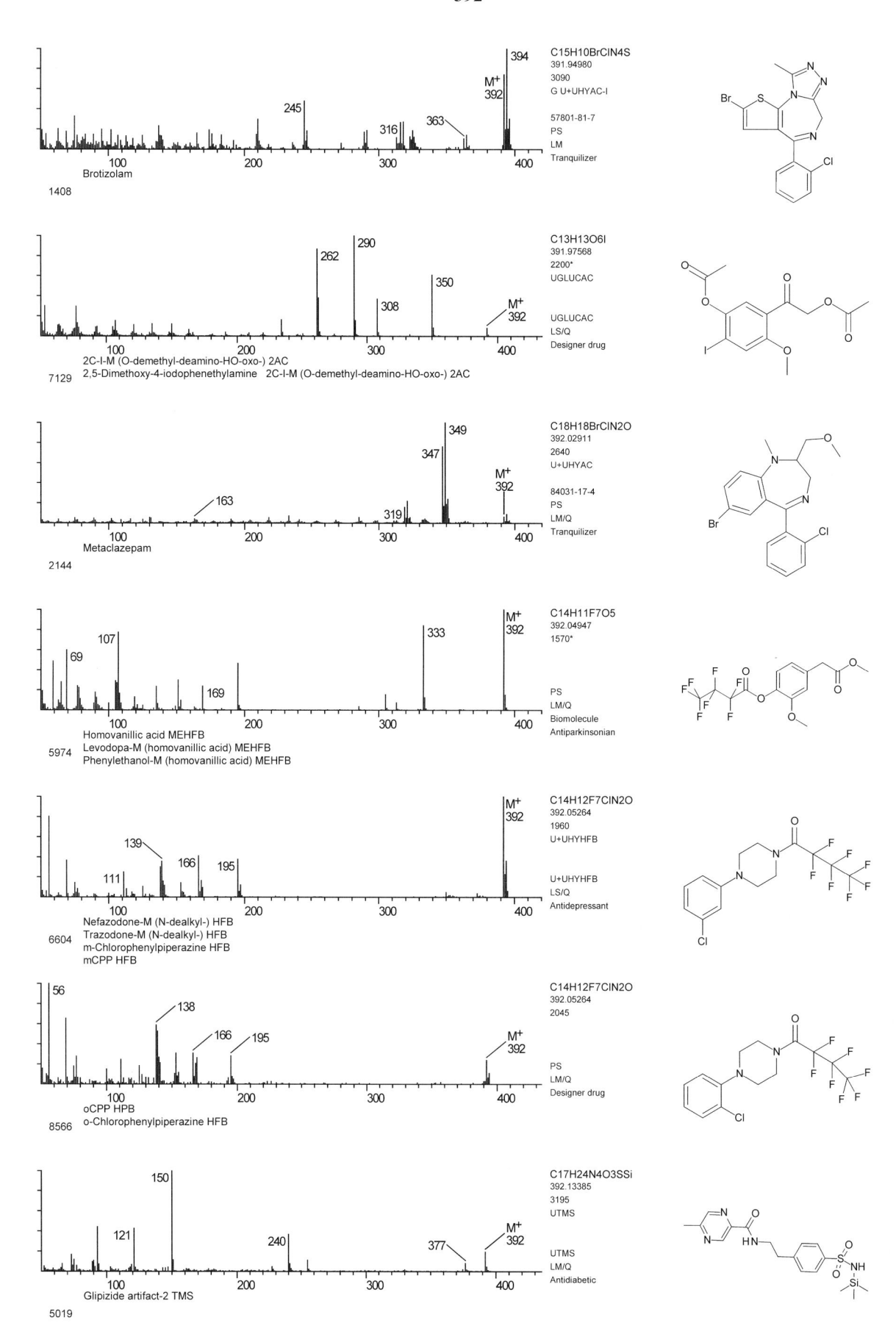

Brotizolam — C15H10BrClN4S, 391.94980, 3090, G U+UHYAC-I, 57801-81-7, PS, LM, Tranquilizer
Peaks: 245, 316, 363, M+ 392, 394
1408

2C-I-M (O-demethyl-deamino-HO-oxo-) 2AC — C13H13O6I, 391.97568, 2200*, UGLUCAC, UGLUCAC, LS/Q, Designer drug
2,5-Dimethoxy-4-iodophenethylamine 2C-I-M (O-demethyl-deamino-HO-oxo-) 2AC
Peaks: 262, 290, 308, 350, M+ 392
7129

Metaclazepam — C18H18BrClN2O, 392.02911, 2640, U+UHYAC, 84031-17-4, PS, LM/Q, Tranquilizer
Peaks: 163, 319, 347, 349, M+ 392
2144

Homovanillic acid MEHFB — C14H11F7O5, 392.04947, 1570*, PS, LM/Q, Biomolecule, Antiparkinsonian
Levodopa-M (homovanillic acid) MEHFB
Phenylethanol-M (homovanillic acid) MEHFB
Peaks: 69, 107, 169, 333, M+ 392
5974

Nefazodone-M (N-dealkyl-) HFB — C14H12F7ClN2O, 392.05264, 1960, U+UHYHFB, U+UHYHFB, LS/Q, Antidepressant
Trazodone-M (N-dealkyl-) HFB
m-Chlorophenylpiperazine HFB
mCPP HFB
Peaks: 111, 139, 166, 195, M+ 392
6604

oCPP HPB — C14H12F7ClN2O, 392.05264, 2045, PS, LM/Q, Designer drug
o-Chlorophenylpiperazine HFB
Peaks: 56, 138, 166, 195, M+ 392
8566

Glipizide artifact-2 TMS — C17H24N4O3SSi, 392.13385, 3195, UTMS, UTMS, LM/Q, Antidiabetic
Peaks: 121, 150, 240, 377, M+ 392
5019

392

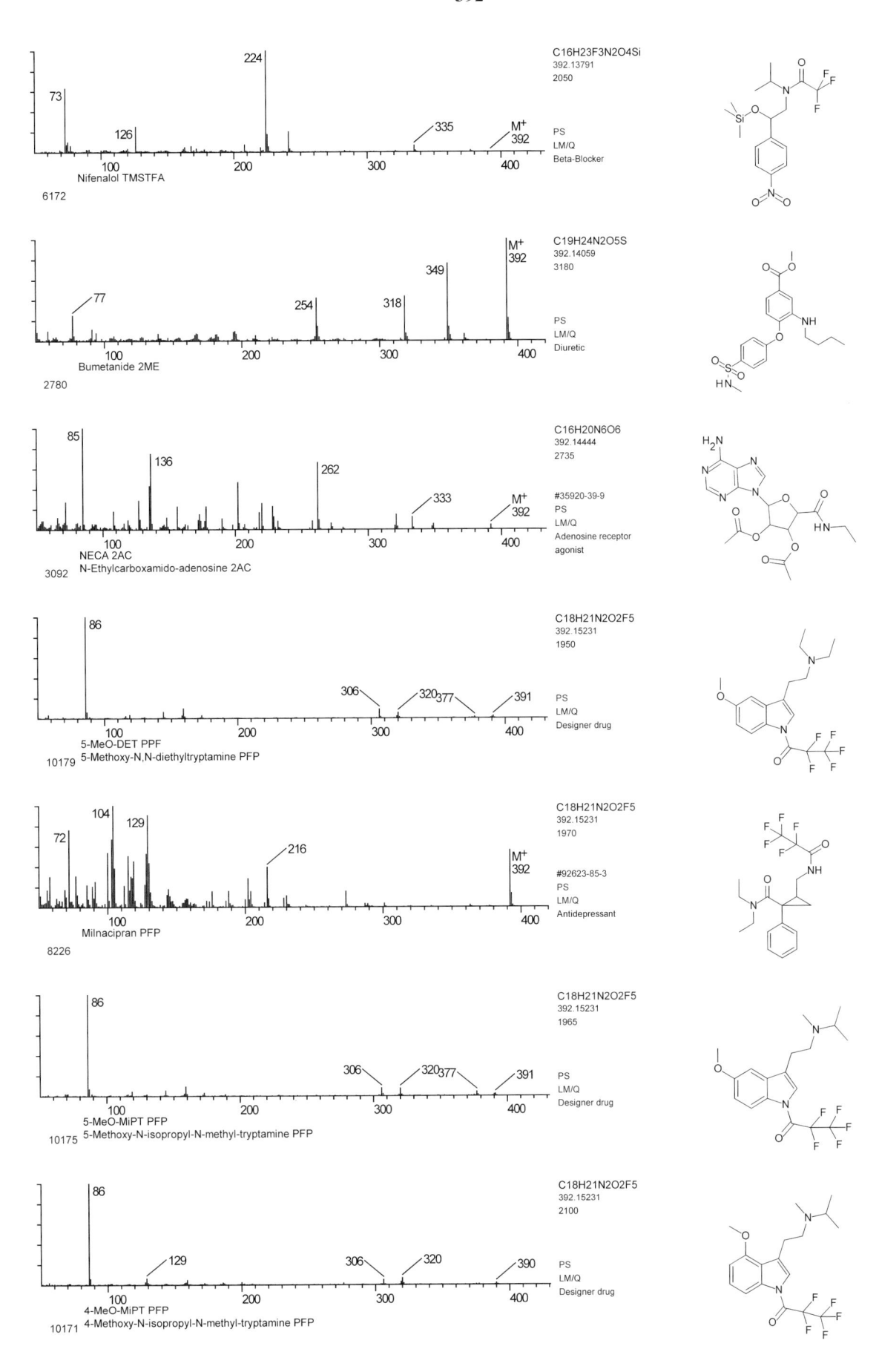

Nifenalol TMSTFA	C16H23F3N2O4Si 392.13791 2050 PS LM/Q Beta-Blocker	
Bumetanide 2ME	C19H24N2O5S 392.14059 3180 PS LM/Q Diuretic	
NECA 2AC N-Ethylcarboxamido-adenosine 2AC	C16H20N6O6 392.14444 2735 #35920-39-9 PS LM/Q Adenosine receptor agonist	
5-MeO-DET PPF 5-Methoxy-N,N-diethyltryptamine PFP	C18H21N2O2F5 392.15231 1950 PS LM/Q Designer drug	
Milnacipran PFP	C18H21N2O2F5 392.15231 1970 #92623-85-3 PS LM/Q Antidepressant	
5-MeO-MiPT PFP 5-Methoxy-N-isopropyl-N-methyl-tryptamine PFP	C18H21N2O2F5 392.15231 1965 PS LM/Q Designer drug	
4-MeO-MiPT PFP 4-Methoxy-N-isopropyl-N-methyl-tryptamine PFP	C18H21N2O2F5 392.15231 2100 PS LM/Q Designer drug	

1411

392

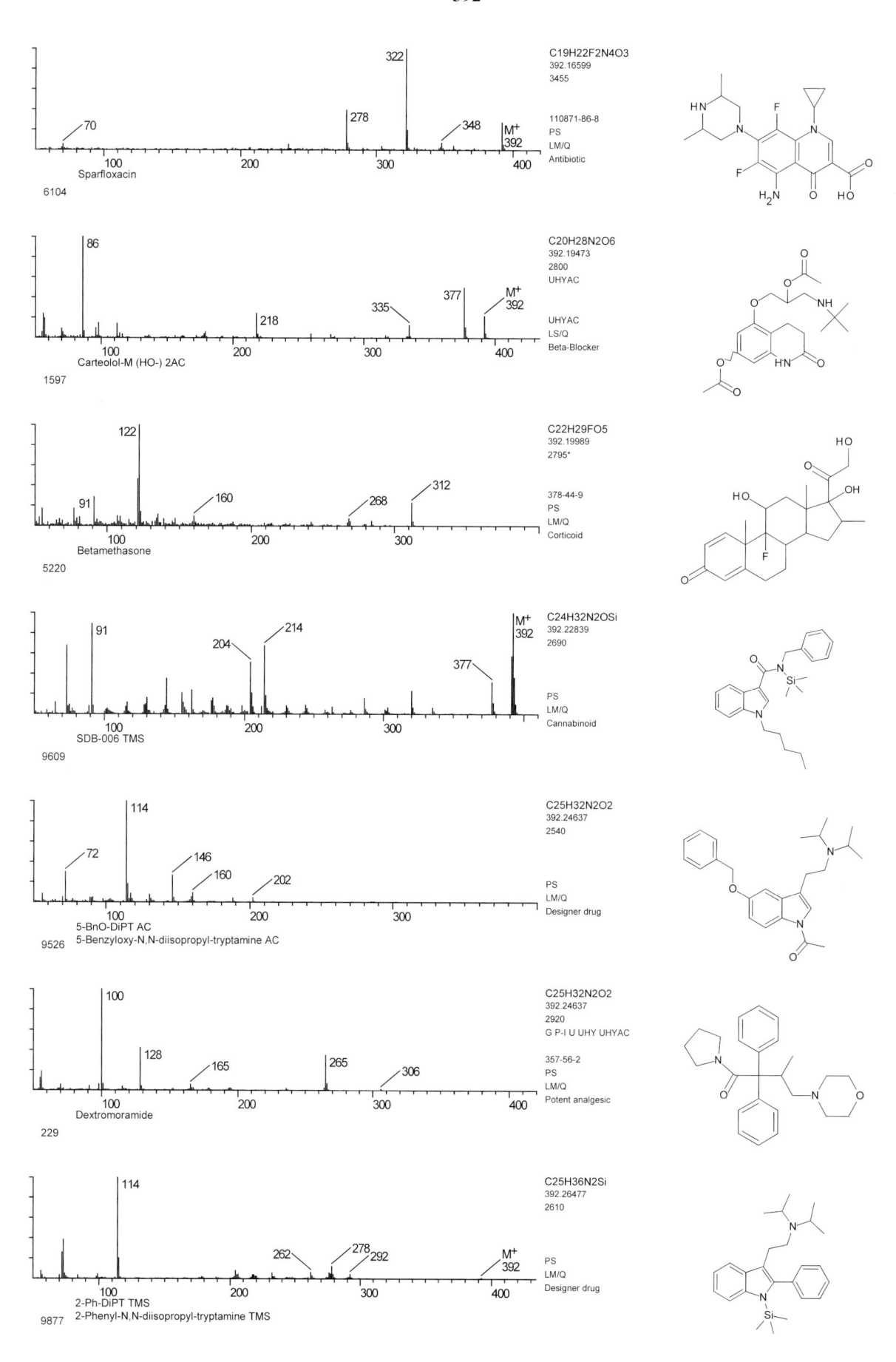

C19H22F2N4O3
392.16599
3455

110871-86-8
PS
LM/Q
Antibiotic

Sparfloxacin
6104

C20H28N2O6
392.19473
2800
UHYAC

UHYAC
LS/Q
Beta-Blocker

Carteolol-M (HO-) 2AC
1597

C22H29FO5
392.19989
2795*

378-44-9
PS
LM/Q
Corticoid

Betamethasone
5220

C24H32N2OSi
392.22839
2690

PS
LM/Q
Cannabinoid

SDB-006 TMS
9609

C25H32N2O2
392.24637
2540

PS
LM/Q
Designer drug

5-BnO-DiPT AC
5-Benzyloxy-N,N-diisopropyl-tryptamine AC
9526

C25H32N2O2
392.24637
2920
G P-I U UHY UHYAC

357-56-2
PS
LM/Q
Potent analgesic

Dextromoramide
229

C25H36N2Si
392.26477
2610

PS
LM/Q
Designer drug

2-Ph-DiPT TMS
2-Phenyl-N,N-diisopropyl-tryptamine TMS
9877

393

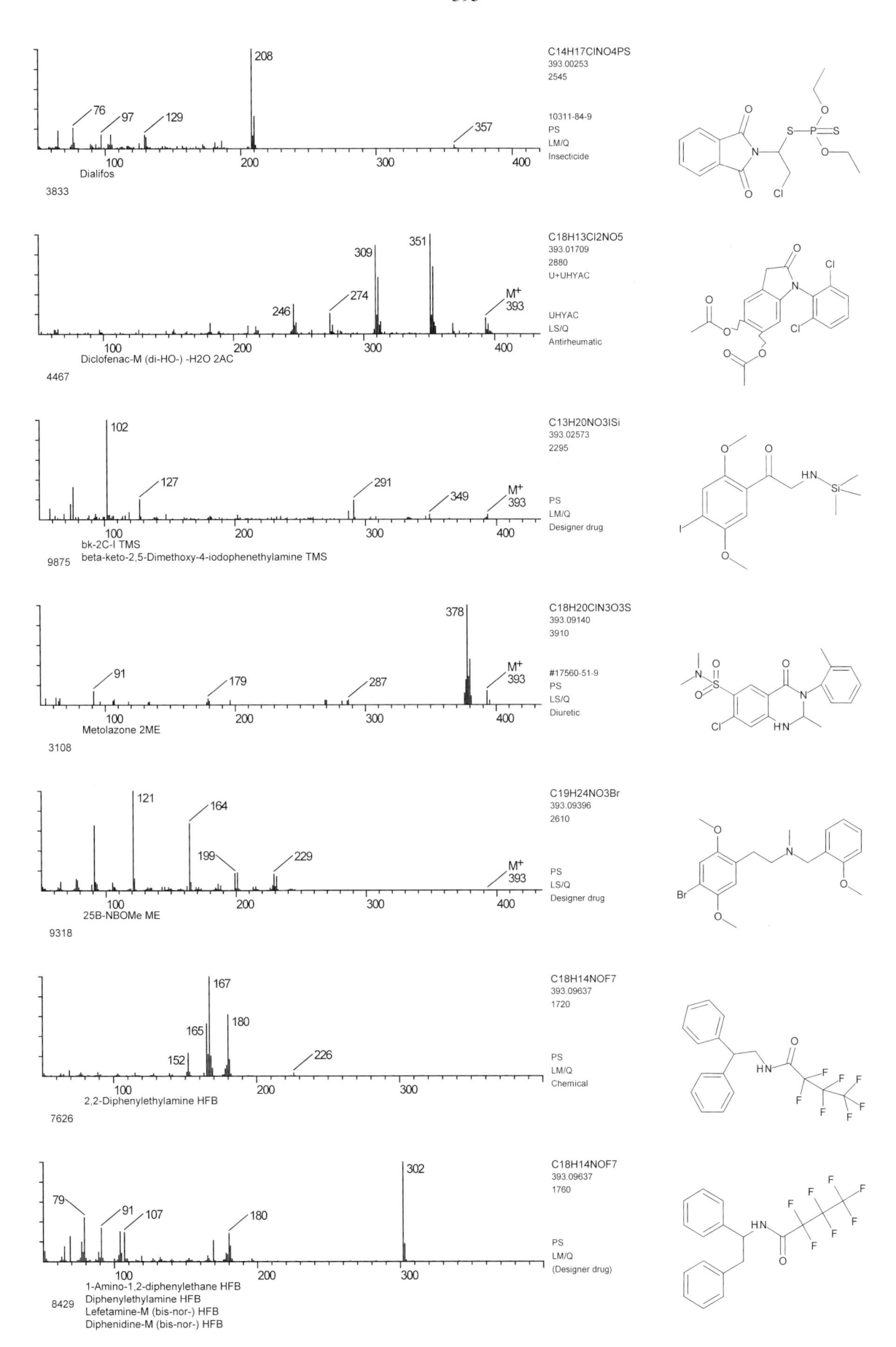

C14H17ClNO4PS
393.00253
2545

10311-84-9
PS
LM/Q
Insecticide

Dialifos
3833

C18H13Cl2NO5
393.01709
2880
U+UHYAC

UHYAC
LS/Q
Antirheumatic

Diclofenac-M (di-HO-) -H2O 2AC
4467

C13H20NO3ISi
393.02573
2295

PS
LM/Q
Designer drug

bk-2C-I TMS
beta-keto-2,5-Dimethoxy-4-iodophenethylamine TMS
9875

C18H20ClN3O3S
393.09140
3910

#17560-51-9
PS
LS/Q
Diuretic

Metolazone 2ME
3108

C19H24NO3Br
393.09396
2610

PS
LS/Q
Designer drug

25B-NBOMe ME
9318

C18H14NOF7
393.09637
1720

PS
LM/Q
Chemical

2,2-Diphenylethylamine HFB
7626

C18H14NOF7
393.09637
1760

PS
LM/Q
(Designer drug)

1-Amino-1,2-diphenylethane HFB
Diphenylethylamine HFB
Lefetamine-M (bis-nor-) HFB
Diphenidine-M (bis-nor-) HFB
8429

393

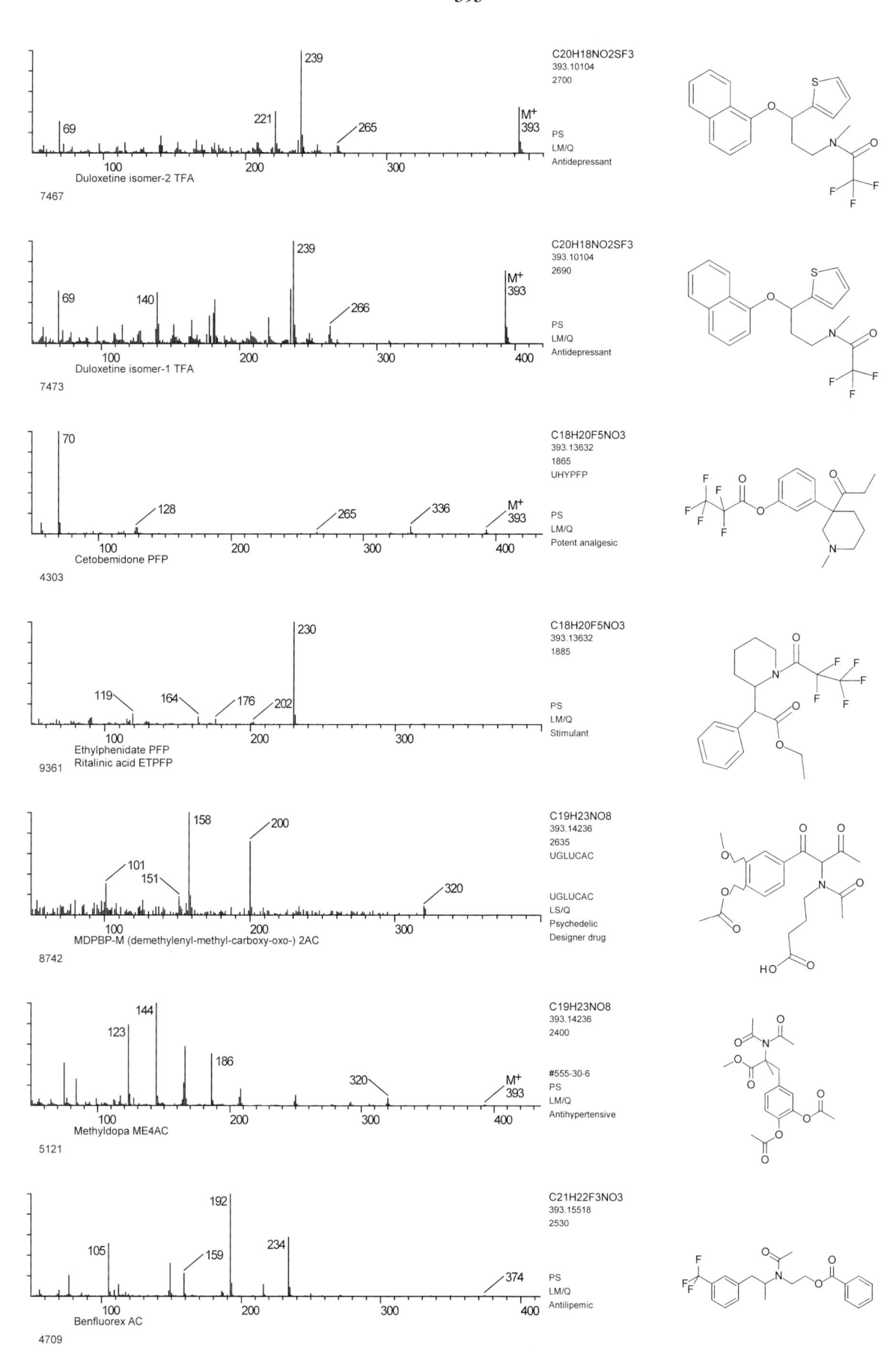

Duloxetine isomer-2 TFA — 7467
C20H18NO2SF3
393.10104
2700
PS
LM/Q
Antidepressant
Peaks: 69, 221, 239, 265, M+ 393

Duloxetine isomer-1 TFA — 7473
C20H18NO2SF3
393.10104
2690
PS
LM/Q
Antidepressant
Peaks: 69, 140, 239, 266, M+ 393

Cetobemidone PFP — 4303
C18H20F5NO3
393.13632
1865
UHYPFP
PS
LM/Q
Potent analgesic
Peaks: 70, 128, 265, 336, M+ 393

Ethylphenidate PFP / Ritalinic acid ETPFP — 9361
C18H20F5NO3
393.13632
1885
PS
LM/Q
Stimulant
Peaks: 119, 164, 176, 202, 230

MDPBP-M (demethylenyl-methyl-carboxy-oxo-) 2AC — 8742
C19H23NO8
393.14236
2635
UGLUCAC
UGLUCAC
LS/Q
Psychedelic
Designer drug
Peaks: 101, 151, 158, 200, 320

Methyldopa ME4AC — 5121
C19H23NO8
393.14236
2400
#555-30-6
PS
LM/Q
Antihypertensive
Peaks: 123, 144, 186, 320, M+ 393

Benfluorex AC — 4709
C21H22F3NO3
393.15518
2530
PS
LM/Q
Antilipemic
Peaks: 105, 159, 192, 234, 374

393

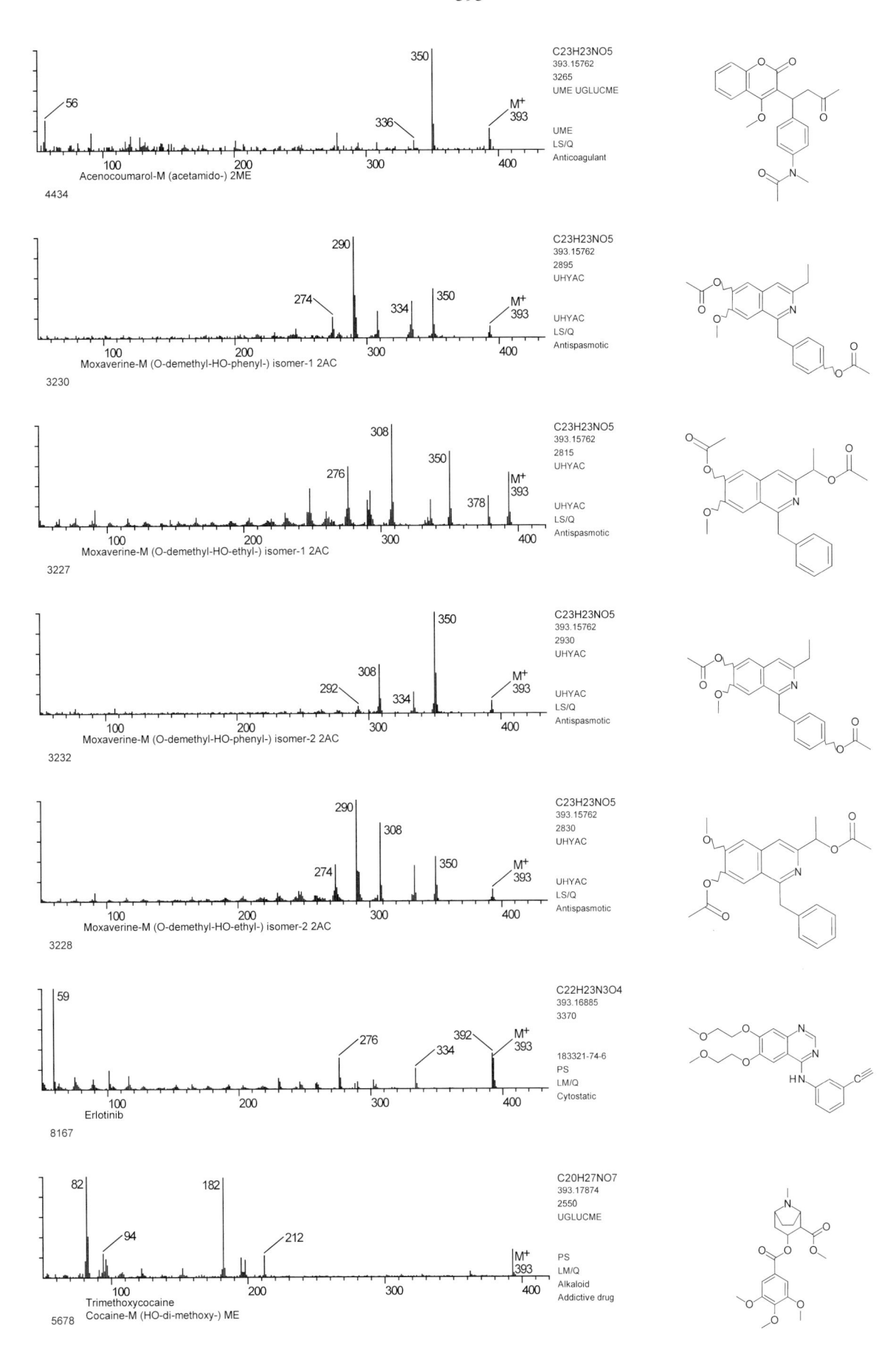

Acenocoumarol-M (acetamido-) 2ME	C23H23NO5 393.15762 3265 UME UGLUCME UME LS/Q Anticoagulant
Moxaverine-M (O-demethyl-HO-phenyl-) isomer-1 2AC	C23H23NO5 393.15762 2895 UHYAC UHYAC LS/Q Antispasmotic
Moxaverine-M (O-demethyl-HO-ethyl-) isomer-1 2AC	C23H23NO5 393.15762 2815 UHYAC UHYAC LS/Q Antispasmotic
Moxaverine-M (O-demethyl-HO-phenyl-) isomer-2 2AC	C23H23NO5 393.15762 2930 UHYAC UHYAC LS/Q Antispasmotic
Moxaverine-M (O-demethyl-HO-ethyl-) isomer-2 2AC	C23H23NO5 393.15762 2830 UHYAC UHYAC LS/Q Antispasmotic
Erlotinib	C22H23N3O4 393.16885 3370 183321-74-6 PS LM/Q Cytostatic
Trimethoxycocaine Cocaine-M (HO-di-methoxy-) ME	C20H27NO7 393.17874 2550 UGLUCME PS LM/Q Alkaloid Addictive drug

393

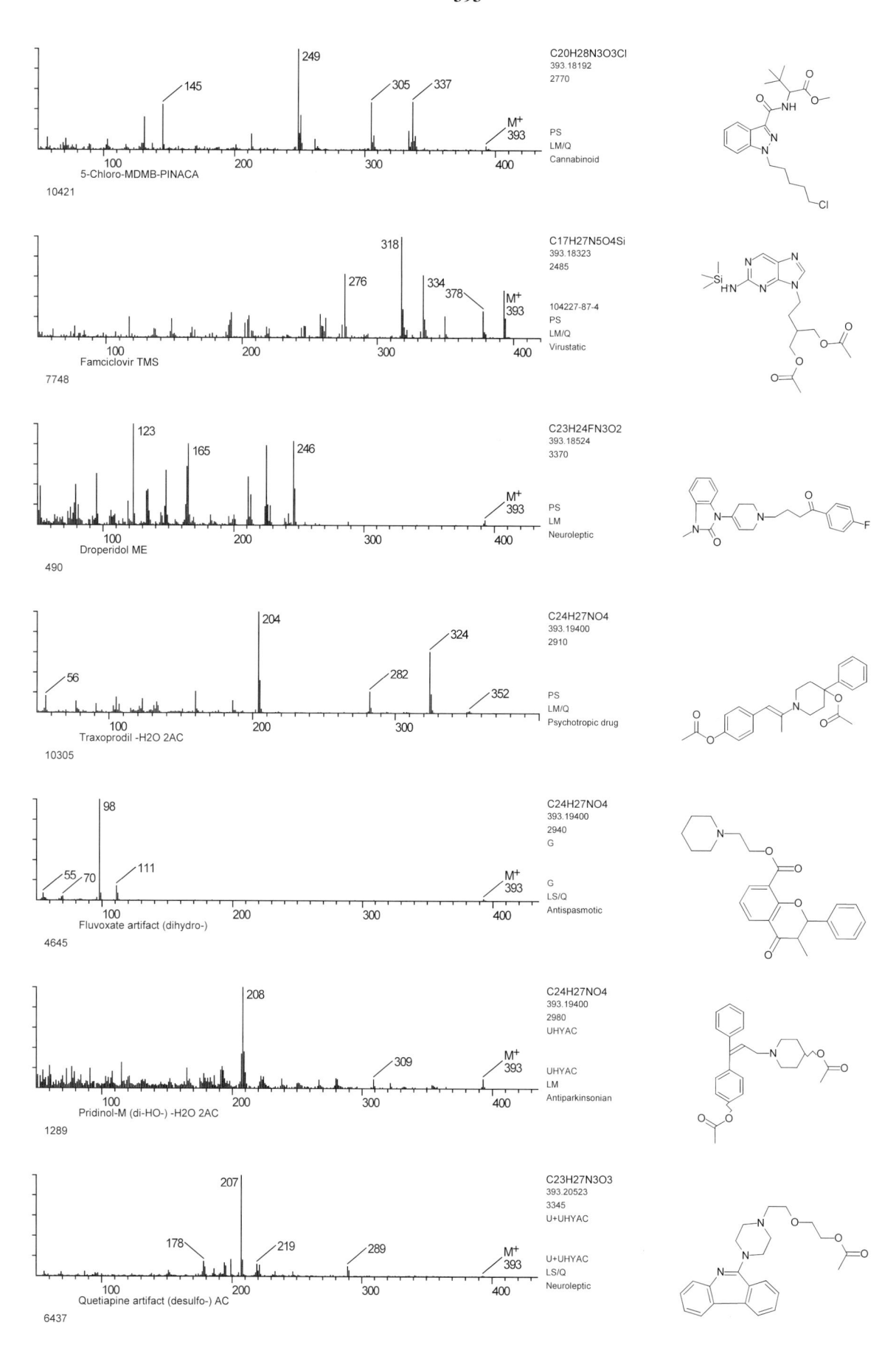

5-Chloro-MDMB-PINACA
C20H28N3O3Cl
393.18192
2770
PS
LM/Q
Cannabinoid
10421
Peaks: 145, 249, 305, 337, M+ 393

Famciclovir TMS
C17H27N5O4Si
393.18323
2485
104227-87-4
PS
LM/Q
Virustatic
7748
Peaks: 276, 318, 334, 378, M+ 393

Droperidol ME
C23H24FN3O2
393.18524
3370
PS
LM
Neuroleptic
490
Peaks: 123, 165, 246, M+ 393

Traxoprodil -H2O 2AC
C24H27NO4
393.19400
2910
PS
LM/Q
Psychotropic drug
10305
Peaks: 56, 204, 282, 324, 352

Fluvoxate artifact (dihydro-)
C24H27NO4
393.19400
2940
G
G
LS/Q
Antispasmotic
4645
Peaks: 55, 70, 98, 111, M+ 393

Pridinol-M (di-HO-) -H2O 2AC
C24H27NO4
393.19400
2980
UHYAC
UHYAC
LM
Antiparkinsonian
1289
Peaks: 208, 309, M+ 393

Quetiapine artifact (desulfo-) AC
C23H27N3O3
393.20523
3345
U+UHYAC
U+UHYAC
LS/Q
Neuroleptic
6437
Peaks: 178, 207, 219, 289, M+ 393

1416

393

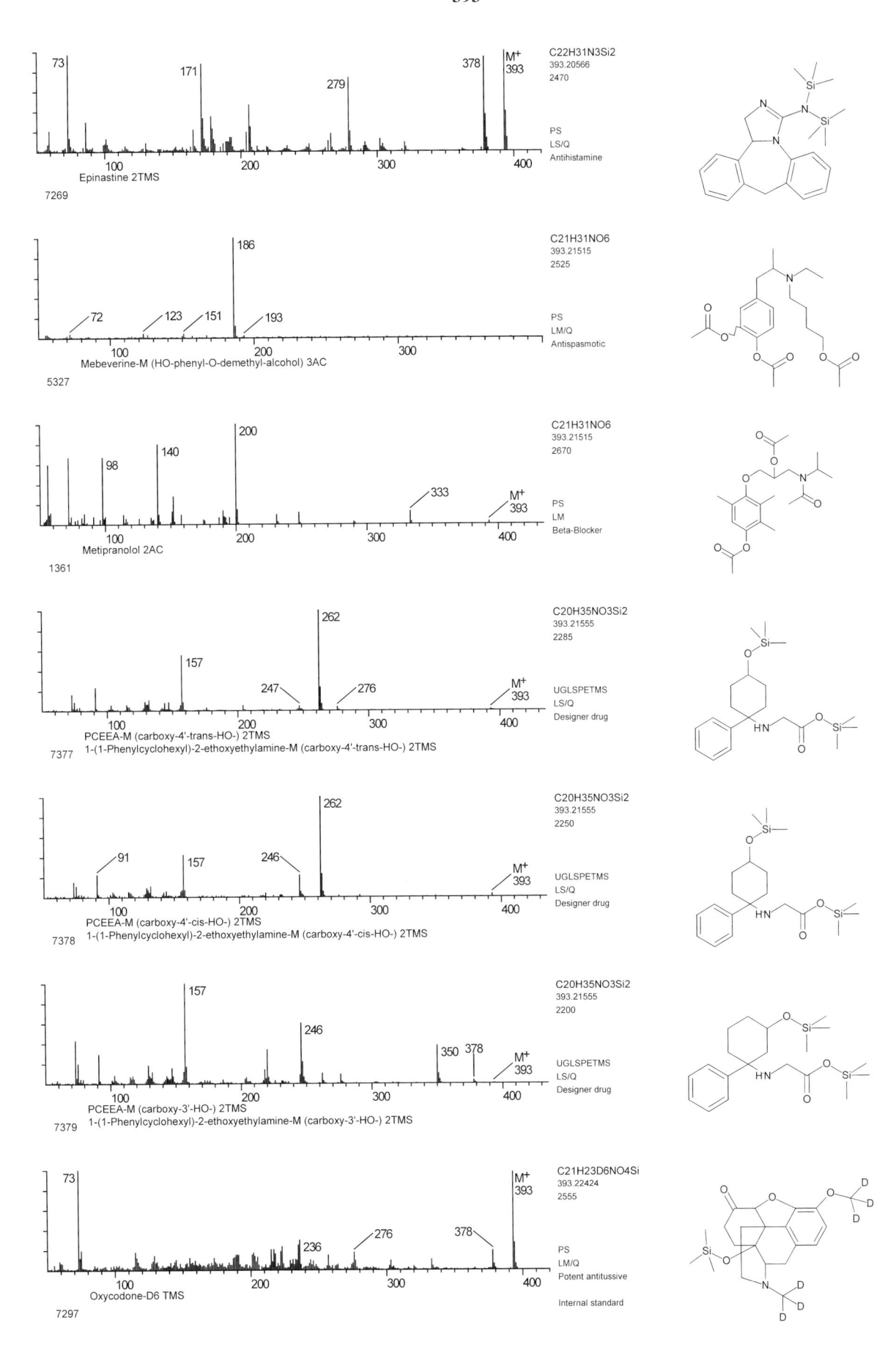

Epinastine 2TMS — 7269
C22H31N3Si2, 393.20566, 2470
PS, LS/Q, Antihistamine
Peaks: 73, 171, 279, 378, M+ 393

Mebeverine-M (HO-phenyl-O-demethyl-alcohol) 3AC — 5327
C21H31NO6, 393.21515, 2525
PS, LM/Q, Antispasmotic
Peaks: 72, 123, 151, 186, 193

Metipranolol 2AC — 1361
C21H31NO6, 393.21515, 2670
PS, LM, Beta-Blocker
Peaks: 98, 140, 200, 333, M+ 393

PCEEA-M (carboxy-4'-trans-HO-) 2TMS — 7377
1-(1-Phenylcyclohexyl)-2-ethoxyethylamine-M (carboxy-4'-trans-HO-) 2TMS
C20H35NO3Si2, 393.21555, 2285
UGLSPETMS, LS/Q, Designer drug
Peaks: 157, 247, 262, 276, M+ 393

PCEEA-M (carboxy-4'-cis-HO-) 2TMS — 7378
1-(1-Phenylcyclohexyl)-2-ethoxyethylamine-M (carboxy-4'-cis-HO-) 2TMS
C20H35NO3Si2, 393.21555, 2250
UGLSPETMS, LS/Q, Designer drug
Peaks: 91, 157, 246, 262, M+ 393

PCEEA-M (carboxy-3'-HO-) 2TMS — 7379
1-(1-Phenylcyclohexyl)-2-ethoxyethylamine-M (carboxy-3'-HO-) 2TMS
C20H35NO3Si2, 393.21555, 2200
UGLSPETMS, LS/Q, Designer drug
Peaks: 157, 246, 350, 378, M+ 393

Oxycodone-D6 TMS — 7297
C21H23D6NO4Si, 393.22424, 2555
PS, LM/Q, Potent antitussive, Internal standard
Peaks: 73, 236, 276, 378, M+ 393

393

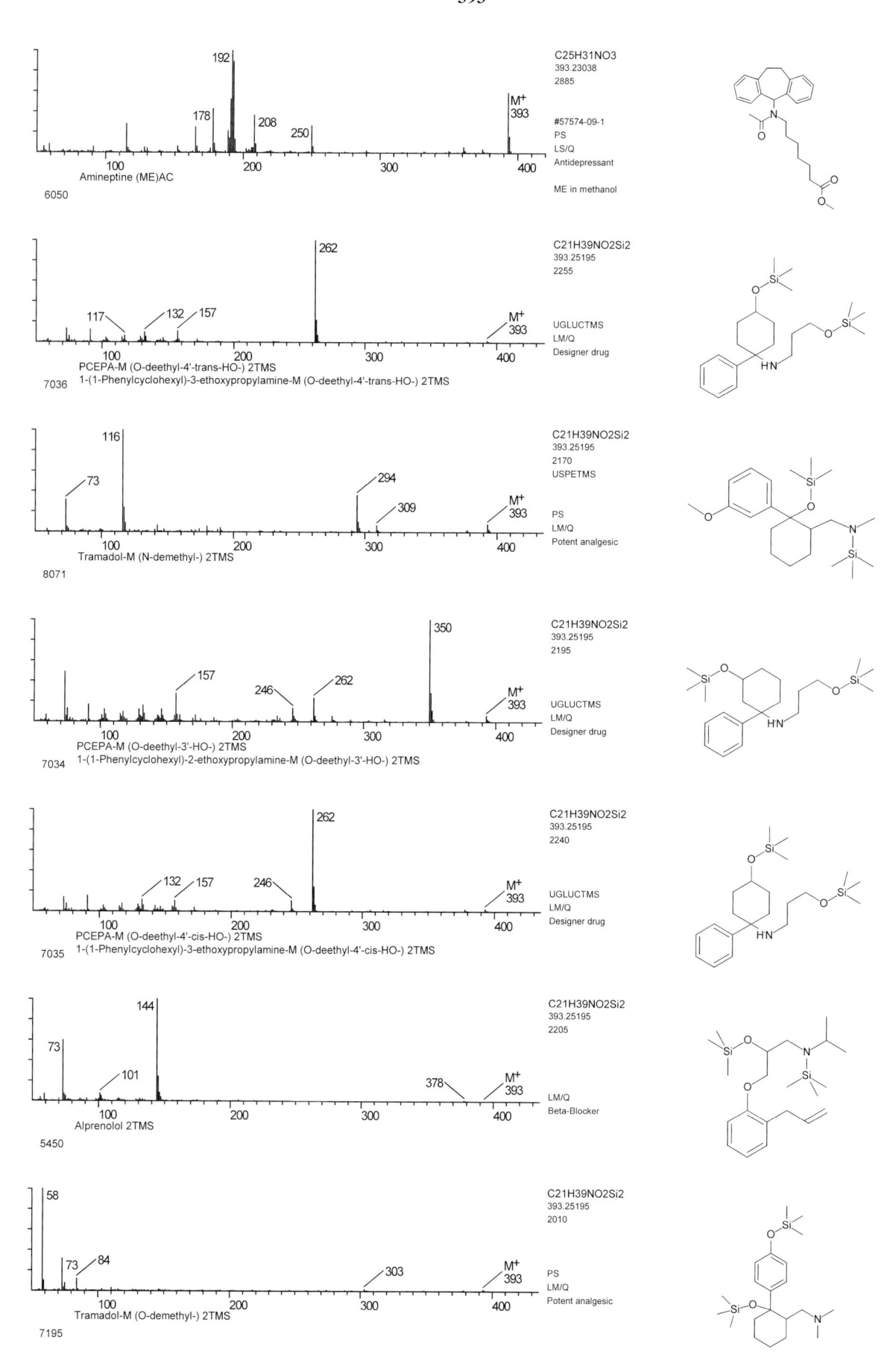

Amineptine (ME)AC — 6050
Peaks: 100, 178, 192, 208, 250, 393 (M+)
C25H31NO3
393.23038
2885
#57574-09-1
PS
LS/Q
Antidepressant
ME in methanol

PCEPA-M (O-deethyl-4'-trans-HO-) 2TMS — 7036
1-(1-Phenylcyclohexyl)-3-ethoxypropylamine-M (O-deethyl-4'-trans-HO-) 2TMS
Peaks: 117, 132, 157, 262, 393 (M+)
C21H39NO2Si2
393.25195
2255
UGLUCTMS
LM/Q
Designer drug

Tramadol-M (N-demethyl-) 2TMS — 8071
Peaks: 73, 116, 294, 309, 393 (M+)
C21H39NO2Si2
393.25195
2170
USPETMS
PS
LM/Q
Potent analgesic

PCEPA-M (O-deethyl-3'-HO-) 2TMS — 7034
1-(1-Phenylcyclohexyl)-2-ethoxypropylamine-M (O-deethyl-3'-HO-) 2TMS
Peaks: 157, 246, 262, 350, 393 (M+)
C21H39NO2Si2
393.25195
2195
UGLUCTMS
LM/Q
Designer drug

PCEPA-M (O-deethyl-4'-cis-HO-) 2TMS — 7035
1-(1-Phenylcyclohexyl)-3-ethoxypropylamine-M (O-deethyl-4'-cis-HO-) 2TMS
Peaks: 132, 157, 246, 262, 393 (M+)
C21H39NO2Si2
393.25195
2240
UGLUCTMS
LM/Q
Designer drug

Alprenolol 2TMS — 5450
Peaks: 73, 101, 144, 378, 393 (M+)
C21H39NO2Si2
393.25195
2205
LM/Q
Beta-Blocker

Tramadol-M (O-demethyl-) 2TMS — 7195
Peaks: 58, 73, 84, 303, 393 (M+)
C21H39NO2Si2
393.25195
2010
PS
LM/Q
Potent analgesic

393

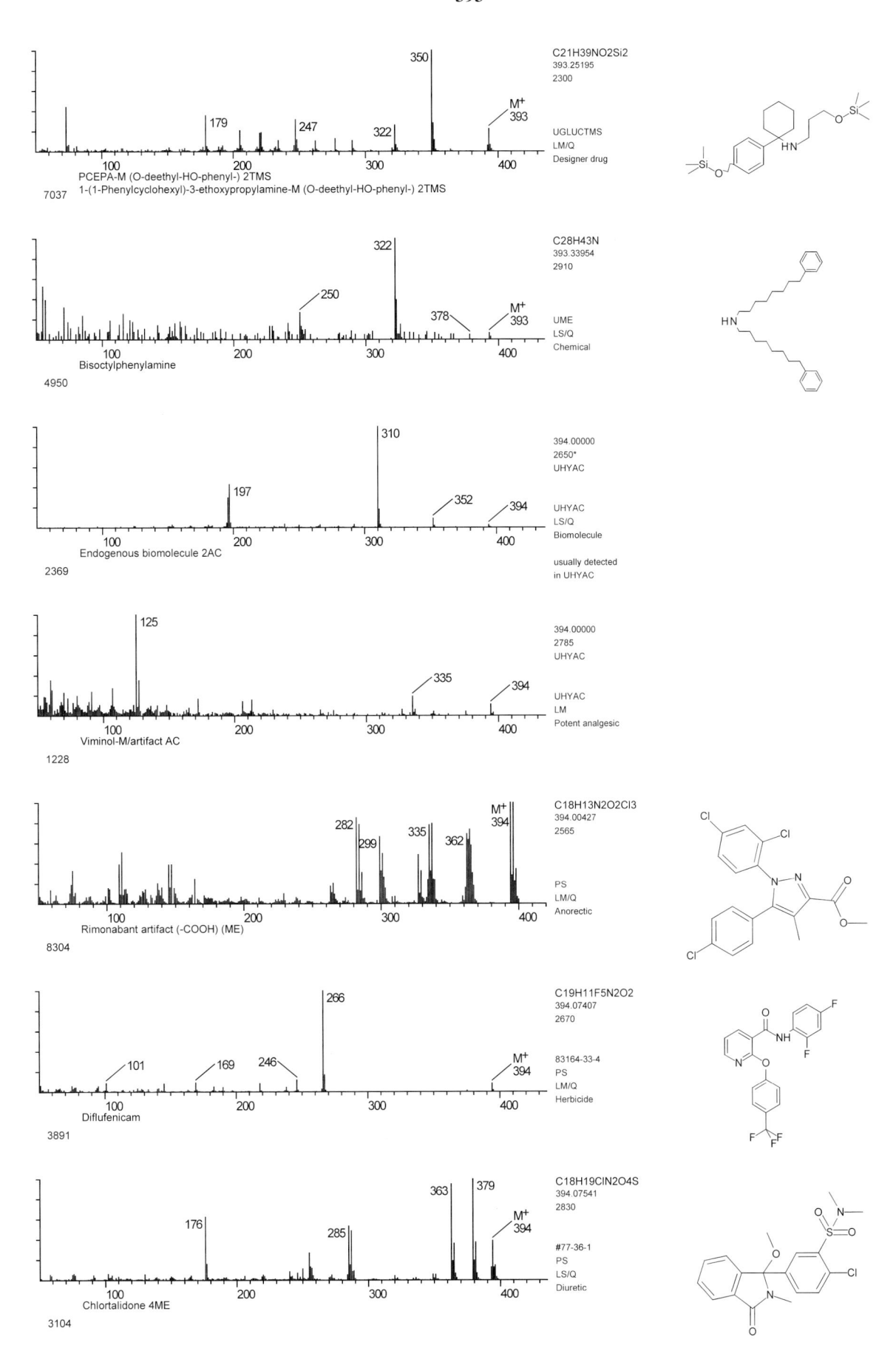

C21H39NO2Si2
393.25195
2300

UGLUCTMS
LM/Q
Designer drug

PCEPA-M (O-deethyl-HO-phenyl-) 2TMS
7037 1-(1-Phenylcyclohexyl)-3-ethoxypropylamine-M (O-deethyl-HO-phenyl-) 2TMS

C28H43N
393.33954
2910

UME
LS/Q
Chemical

Bisoctylphenylamine
4950

394.00000
2650*
UHYAC

UHYAC
LS/Q
Biomolecule

Endogenous biomolecule 2AC
2369

usually detected in UHYAC

394.00000
2785
UHYAC

UHYAC
LM
Potent analgesic

Viminol-M/artifact AC
1228

C18H13N2O2Cl3
394.00427
2565

PS
LM/Q
Anorectic

Rimonabant artifact (-COOH) (ME)
8304

C19H11F5N2O2
394.07407
2670

83164-33-4
PS
LM/Q
Herbicide

Diflufenicam
3891

C18H19ClN2O4S
394.07541
2830

#77-36-1
PS
LS/Q
Diuretic

Chlortalidone 4ME
3104

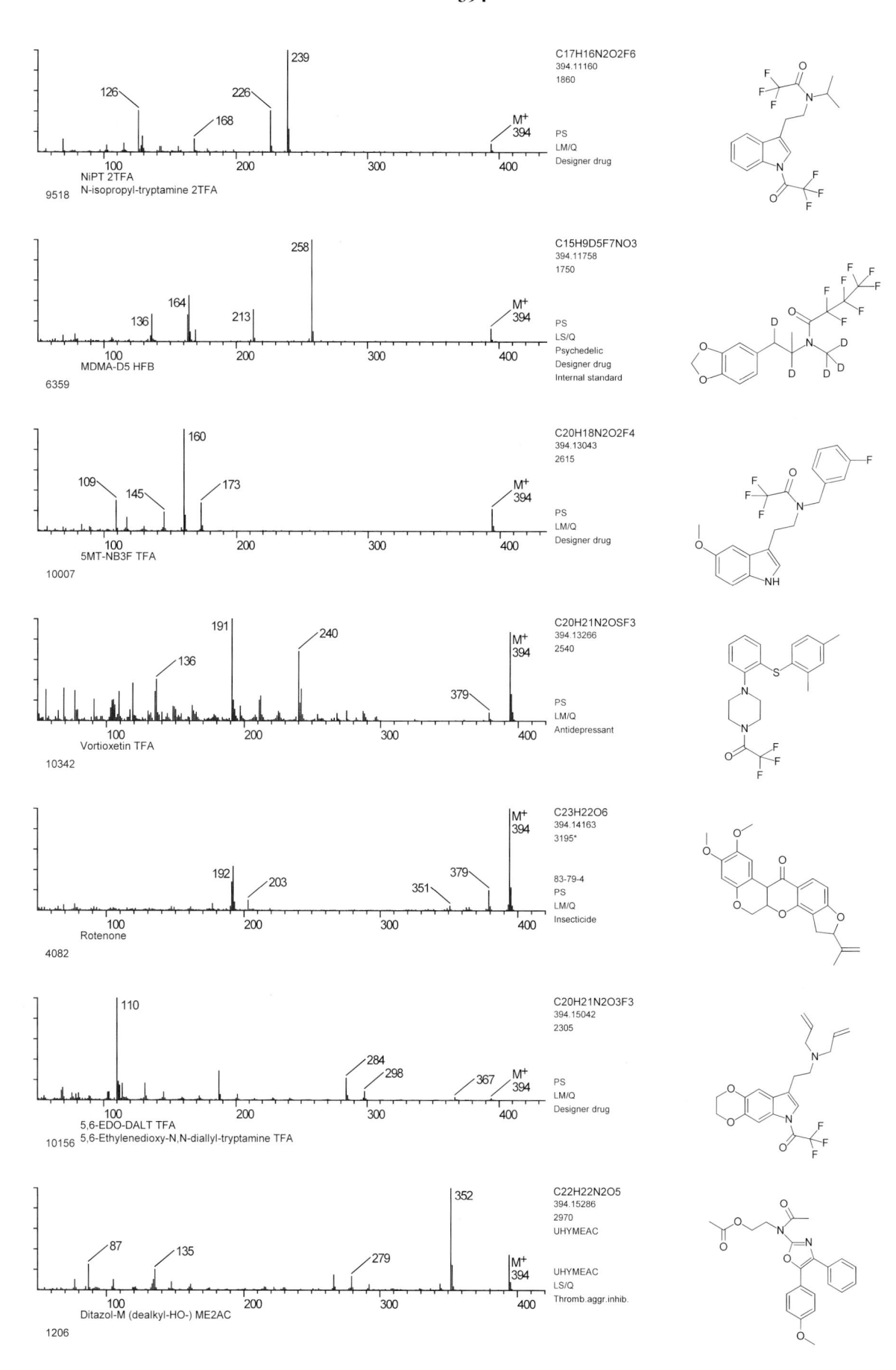

NiPT 2TFA N-isopropyl-tryptamine 2TFA 9518	C17H16N2O2F6 394.11160 1860 PS LM/Q Designer drug
MDMA-D5 HFB 6359	C15H9D5F7NO3 394.11758 1750 PS LS/Q Psychedelic Designer drug Internal standard
5MT-NB3F TFA 10007	C20H18N2O2F4 394.13043 2615 PS LM/Q Designer drug
Vortioxetin TFA 10342	C20H21N2OSF3 394.13266 2540 PS LM/Q Antidepressant
Rotenone 4082	C23H22O6 394.14163 3195* 83-79-4 PS LM/Q Insecticide
5,6-EDO-DALT TFA 5,6-Ethylenedioxy-N,N-diallyl-tryptamine TFA 10156	C20H21N2O3F3 394.15042 2305 PS LM/Q Designer drug
Ditazol-M (dealkyl-HO-) ME2AC 1206	C22H22N2O5 394.15286 2970 UHYMEAC UHYMEAC LS/Q Thromb.aggr.inhib.

394

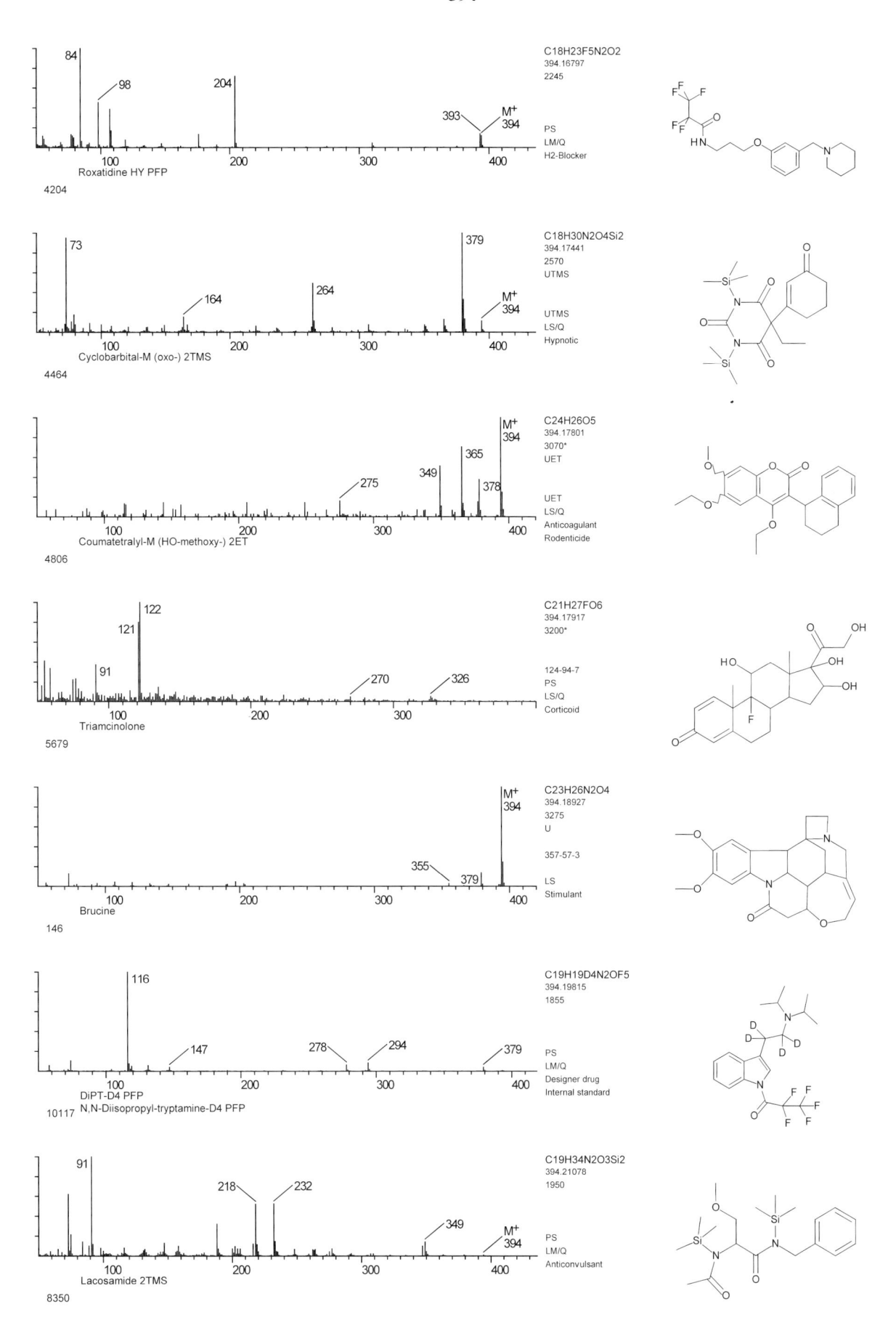

C18H23F5N2O2
394.16797
2245

PS
LM/Q
H2-Blocker

Roxatidine HY PFP
4204

C18H30N2O4Si2
394.17441
2570
UTMS

UTMS
LS/Q
Hypnotic

Cyclobarbital-M (oxo-) 2TMS
4464

C24H26O5
394.17801
3070*
UET

UET
LS/Q
Anticoagulant
Rodenticide

Coumatetralyl-M (HO-methoxy-) 2ET
4806

C21H27FO6
394.17917
3200*

124-94-7
PS
LS/Q
Corticoid

Triamcinolone
5679

C23H26N2O4
394.18927
3275
U

357-57-3
LS
Stimulant

Brucine
146

C19H19D4N2OF5
394.19815
1855

PS
LM/Q
Designer drug
Internal standard

DiPT-D4 PFP
N,N-Diisopropyl-tryptamine-D4 PFP
10117

C19H34N2O3Si2
394.21078
1950

PS
LM/Q
Anticonvulsant

Lacosamide 2TMS
8350

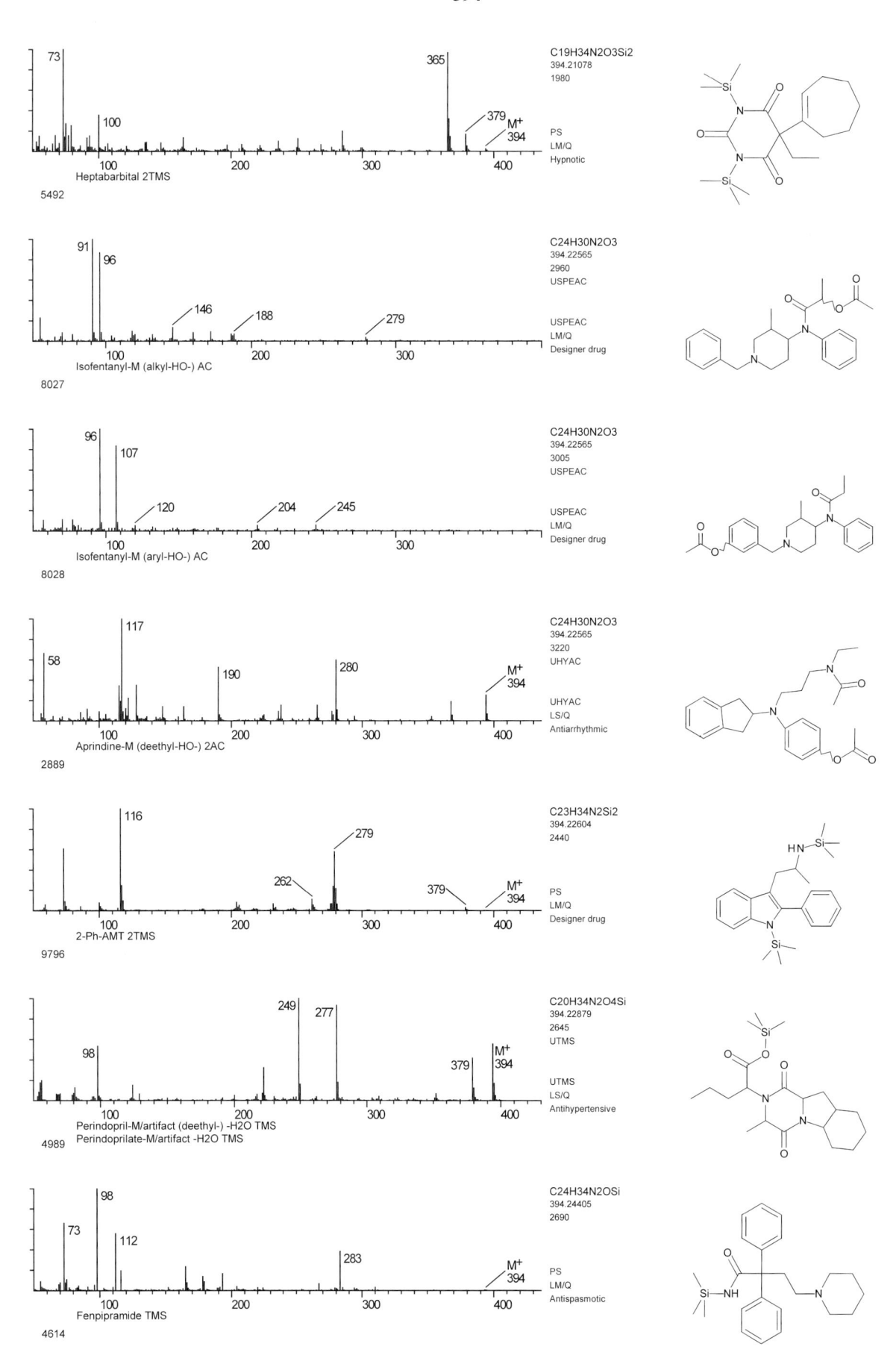

73, 100, 365, 379, M+ 394	C19H34N2O3Si2
Heptabarbital 2TMS	394.21078
5492	1980
	PS
	LM/Q
	Hypnotic

91, 96, 146, 188, 279	C24H30N2O3
Isofentanyl-M (alkyl-HO-) AC	394.22565
8027	2960
	USPEAC
	USPEAC
	LM/Q
	Designer drug

96, 107, 120, 204, 245	C24H30N2O3
Isofentanyl-M (aryl-HO-) AC	394.22565
8028	3005
	USPEAC
	USPEAC
	LM/Q
	Designer drug

58, 117, 190, 280, M+ 394	C24H30N2O3
Aprindine-M (deethyl-HO-) 2AC	394.22565
2889	3220
	UHYAC
	UHYAC
	LS/Q
	Antiarrhythmic

116, 262, 279, 379, M+ 394	C23H34N2Si2
2-Ph-AMT 2TMS	394.22604
9796	2440
	PS
	LM/Q
	Designer drug

98, 249, 277, 379, M+ 394	C20H34N2O4Si
Perindopril-M/artifact (deethyl-) -H2O TMS	394.22879
Perindoprilate-M/artifact -H2O TMS	2645
4989	UTMS
	UTMS
	LS/Q
	Antihypertensive

73, 98, 112, 283, M+ 394	C24H34N2OSi
Fenpipramide TMS	394.24405
4614	2690
	PS
	LM/Q
	Antispasmotic

394

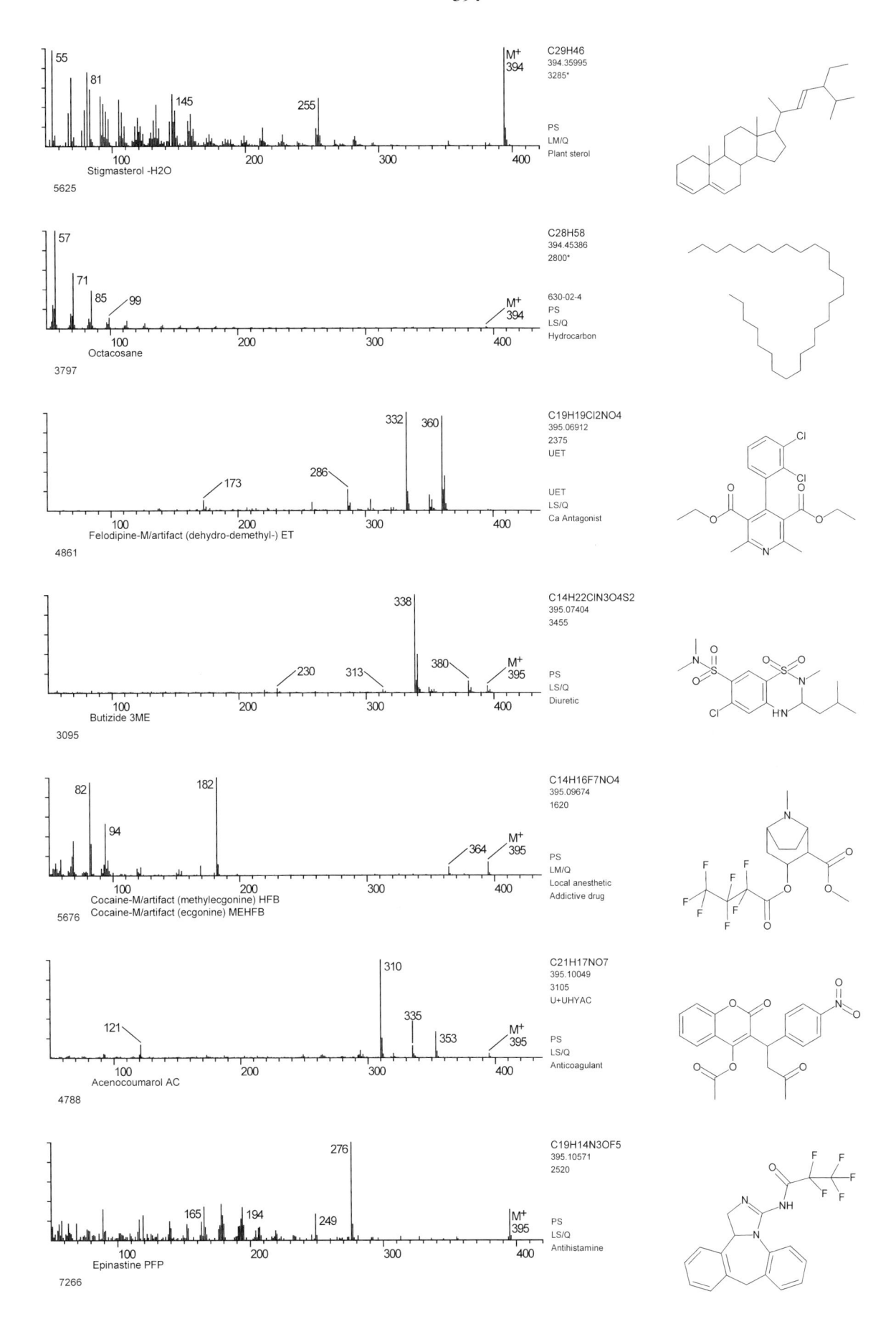

55, 81, 145, 255, M+ 394	C29H46 394.35995 3285* PS LM/Q Plant sterol	Stigmasterol -H2O 5625
57, 71, 85, 99, M+ 394	C28H58 394.45386 2800* 630-02-4 PS LS/Q Hydrocarbon	Octacosane 3797
173, 286, 332, 360	C19H19Cl2NO4 395.06912 2375 UET UET LS/Q Ca Antagonist	Felodipine-M/artifact (dehydro-demethyl-) ET 4861
230, 313, 338, 380, M+ 395	C14H22ClN3O4S2 395.07404 3455 PS LS/Q Diuretic	Butizide 3ME 3095
82, 94, 182, 364, M+ 395	C14H16F7NO4 395.09674 1620 PS LM/Q Local anesthetic Addictive drug	Cocaine-M/artifact (methylecgonine) HFB Cocaine-M/artifact (ecgonine) MEHFB 5676
121, 310, 335, 353, M+ 395	C21H17NO7 395.10049 3105 U+UHYAC PS LS/Q Anticoagulant	Acenocoumarol AC 4788
165, 194, 249, 276, M+ 395	C19H14N3OF5 395.10571 2520 PS LS/Q Antihistamine	Epinastine PFP 7266

1423

395

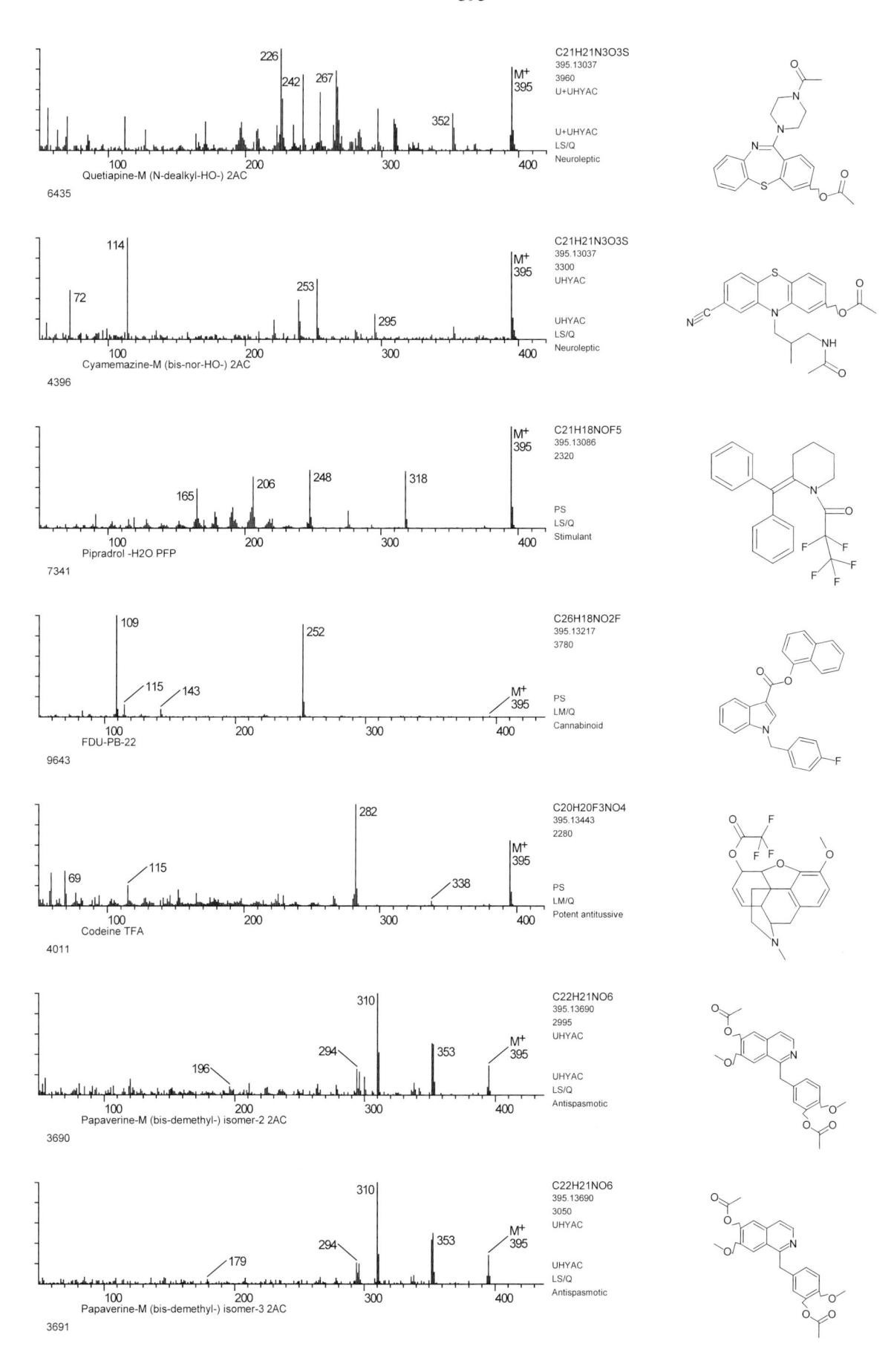

C21H21N3O3S
395.13037
3960
U+UHYAC

U+UHYAC
LS/Q
Neuroleptic

Quetiapine-M (N-dealkyl-HO-) 2AC
6435

C21H21N3O3S
395.13037
3300
UHYAC

UHYAC
LS/Q
Neuroleptic

Cyamemazine-M (bis-nor-HO-) 2AC
4396

C21H18NOF5
395.13086
2320

PS
LS/Q
Stimulant

Pipradrol -H2O PFP
7341

C26H18NO2F
395.13217
3780

PS
LM/Q
Cannabinoid

FDU-PB-22
9643

C20H20F3NO4
395.13443
2280

PS
LM/Q
Potent antitussive

Codeine TFA
4011

C22H21NO6
395.13690
2995
UHYAC

UHYAC
LS/Q
Antispasmotic

Papaverine-M (bis-demethyl-) isomer-2 2AC
3690

C22H21NO6
395.13690
3050
UHYAC

UHYAC
LS/Q
Antispasmotic

Papaverine-M (bis-demethyl-) isomer-3 2AC
3691

1424

395

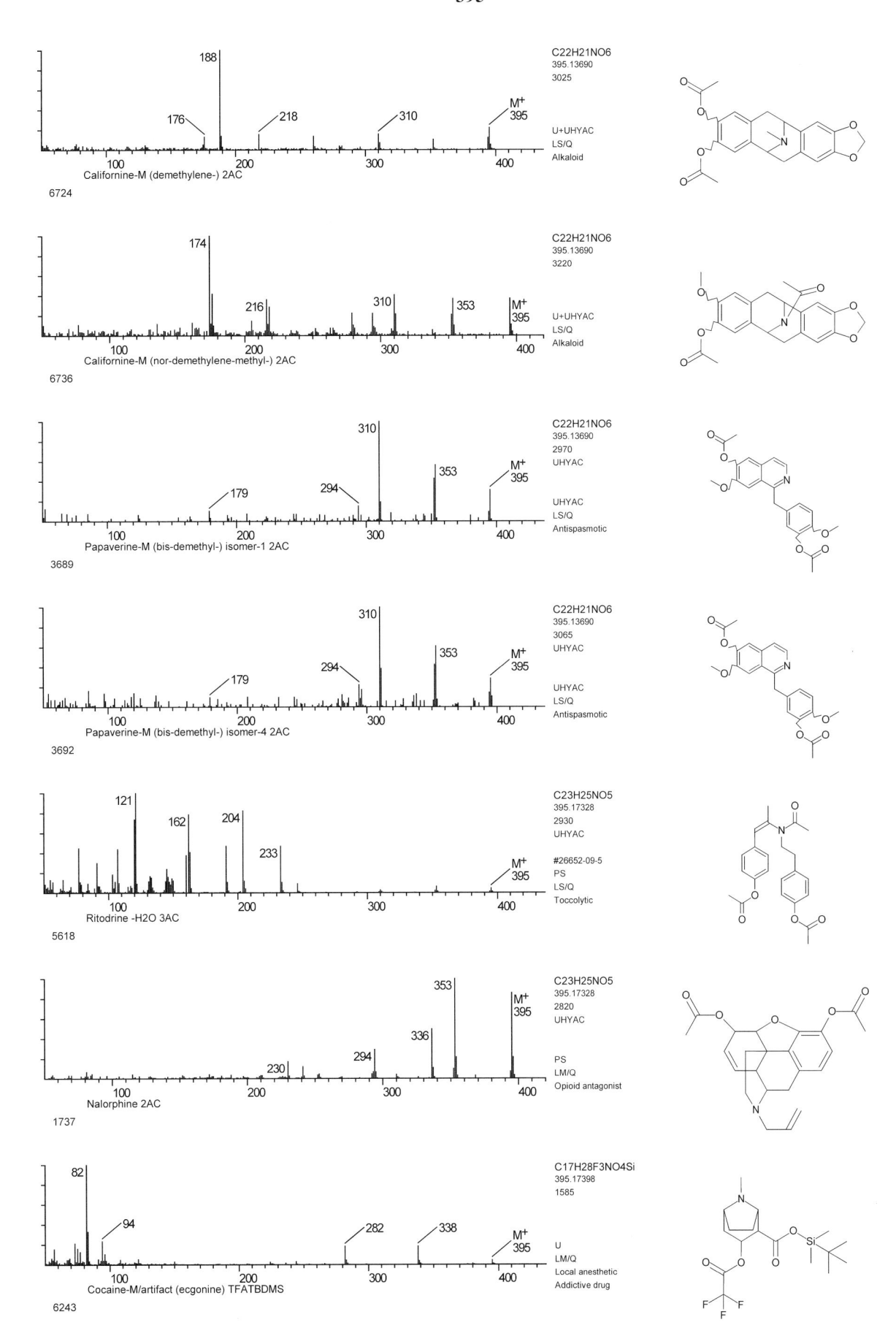

C22H21NO6
395.13690
3025
U+UHYAC
LS/Q
Alkaloid

Californine-M (demethylene-) 2AC
6724

C22H21NO6
395.13690
3220
U+UHYAC
LS/Q
Alkaloid

Californine-M (nor-demethylene-methyl-) 2AC
6736

C22H21NO6
395.13690
2970
UHYAC

UHYAC
LS/Q
Antispasmotic

Papaverine-M (bis-demethyl-) isomer-1 2AC
3689

C22H21NO6
395.13690
3065
UHYAC

UHYAC
LS/Q
Antispasmotic

Papaverine-M (bis-demethyl-) isomer-4 2AC
3692

C23H25NO5
395.17328
2930
UHYAC

#26652-09-5
PS
LS/Q
Toccolytic

Ritodrine -H2O 3AC
5618

C23H25NO5
395.17328
2820
UHYAC

PS
LM/Q
Opioid antagonist

Nalorphine 2AC
1737

C17H28F3NO4Si
395.17398
1585

U
LM/Q
Local anesthetic
Addictive drug

Cocaine-M/artifact (ecgonine) TFATBDMS
6243

395

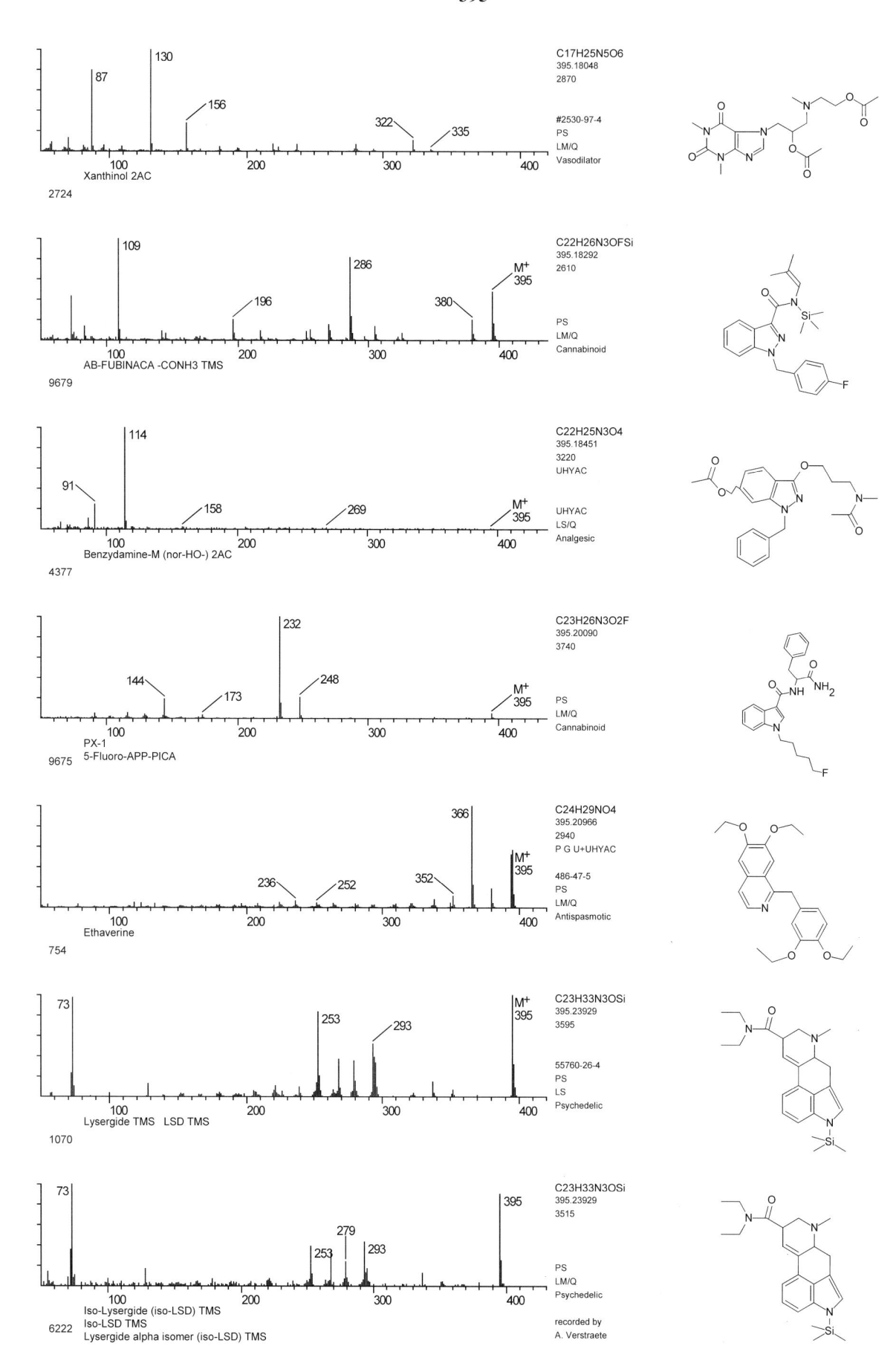

Spectrum peaks	Compound info
87, 130, 156, 322, 335	C17H25N5O6 / 395.18048 / 2870 / #2530-97-4 / PS / LM/Q / Vasodilator — Xanthinol 2AC — 2724
109, 196, 286, 380, M+ 395	C22H26N3OFSi / 395.18292 / 2610 / PS / LM/Q / Cannabinoid — AB-FUBINACA -CONH3 TMS — 9679
91, 114, 158, 269, M+ 395	C22H25N3O4 / 395.18451 / 3220 / UHYAC / UHYAC / LS/Q / Analgesic — Benzydamine-M (nor-HO-) 2AC — 4377
144, 173, 232, 248, M+ 395	C23H26N3O2F / 395.20090 / 3740 / PS / LM/Q / Cannabinoid — PX-1 / 5-Fluoro-APP-PICA — 9675
236, 252, 352, 366, M+ 395	C24H29NO4 / 395.20966 / 2940 / P G U+UHYAC / 486-47-5 / PS / LM/Q / Antispasmotic — Ethaverine — 754
73, 253, 293, M+ 395	C23H33N3OSi / 395.23929 / 3595 / 55760-26-4 / PS / LS / Psychedelic — Lysergide TMS LSD TMS — 1070
73, 253, 279, 293, 395	C23H33N3OSi / 395.23929 / 3515 / PS / LM/Q / Psychedelic — Iso-Lysergide (iso-LSD) TMS / Iso-LSD TMS / Lysergide alpha isomer (iso-LSD) TMS — 6222 / recorded by A. Verstraete

C23H33N3OSi
395.23929
3740

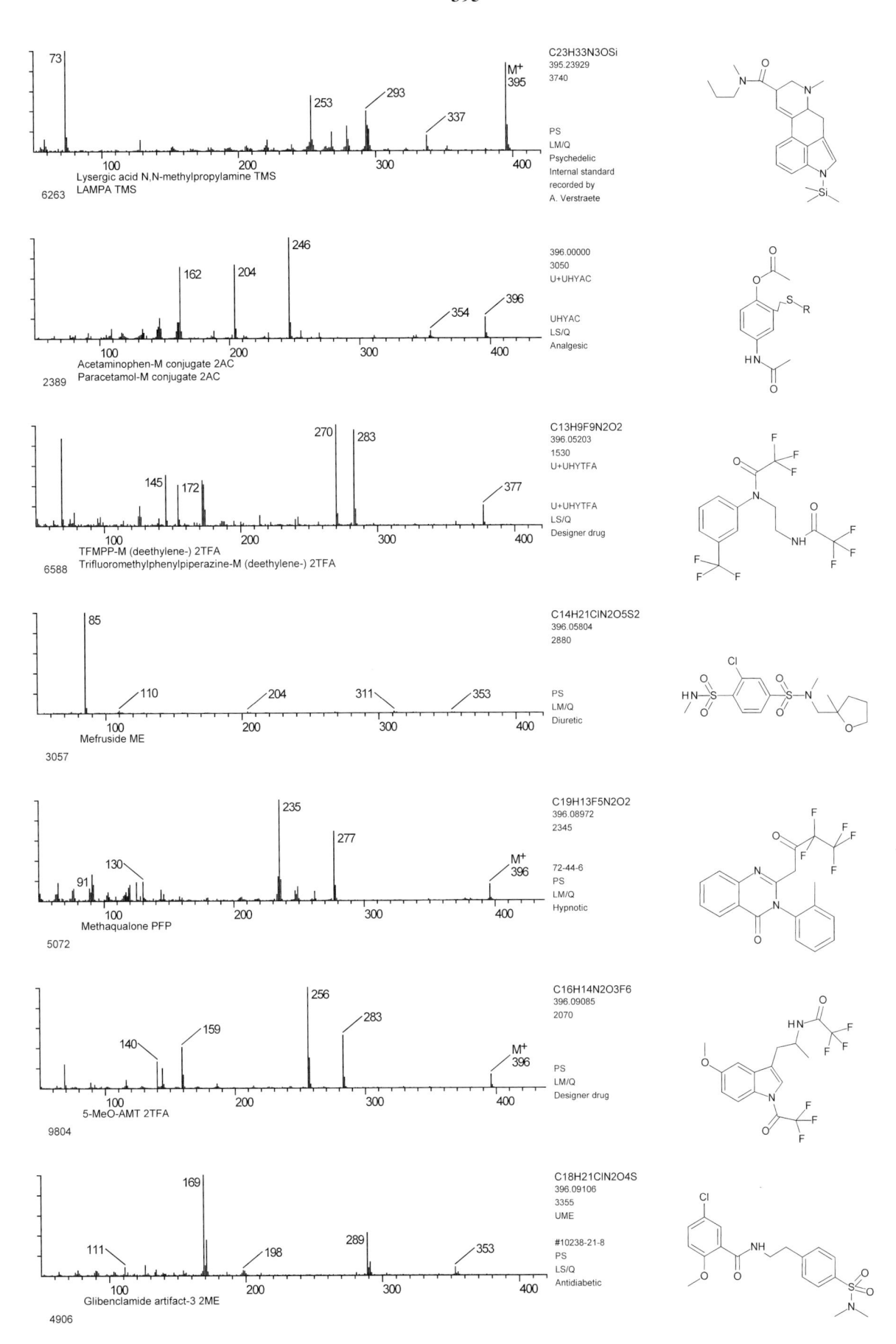

PS
LM/Q
Psychedelic
Internal standard
recorded by
A. Verstraete

Lysergic acid N,N-methylpropylamine TMS
LAMPA TMS
6263

396.00000
3050
U+UHYAC

UHYAC
LS/Q
Analgesic

Acetaminophen-M conjugate 2AC
Paracetamol-M conjugate 2AC
2389

C13H9F9N2O2
396.05203
1530
U+UHYTFA

U+UHYTFA
LS/Q
Designer drug

TFMPP-M (deethylene-) 2TFA
Trifluoromethylphenylpiperazine-M (deethylene-) 2TFA
6588

C14H21ClN2O5S2
396.05804
2880

PS
LM/Q
Diuretic

Mefruside ME
3057

C19H13F5N2O2
396.08972
2345

72-44-6
PS
LM/Q
Hypnotic

Methaqualone PFP
5072

C16H14N2O3F6
396.09085
2070

PS
LM/Q
Designer drug

5-MeO-AMT 2TFA
9804

C18H21ClN2O4S
396.09106
3355
UME

#10238-21-8
PS
LS/Q
Antidiabetic

Glibenclamide artifact-3 2ME
4906

396

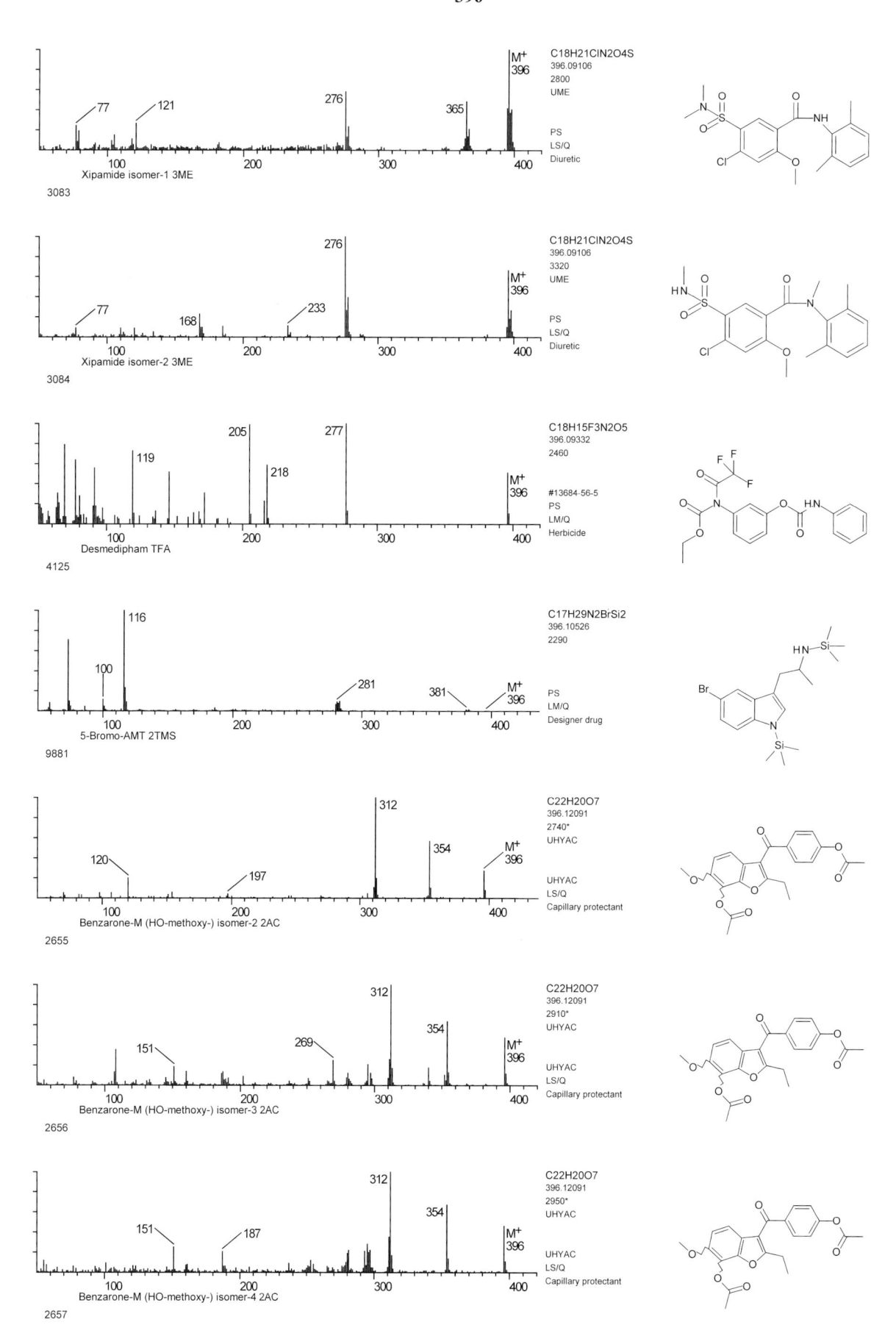

Xipamide isomer-1 3ME
3083
C18H21ClN2O4S
396.09106
2800
UME
PS
LS/Q
Diuretic

Xipamide isomer-2 3ME
3084
C18H21ClN2O4S
396.09106
3320
UME
PS
LS/Q
Diuretic

Desmedipham TFA
4125
C18H15F3N2O5
396.09332
2460
#13684-56-5
PS
LM/Q
Herbicide

5-Bromo-AMT 2TMS
9881
C17H29N2BrSi2
396.10526
2290
PS
LM/Q
Designer drug

Benzarone-M (HO-methoxy-) isomer-2 2AC
2655
C22H20O7
396.12091
2740*
UHYAC
UHYAC
LS/Q
Capillary protectant

Benzarone-M (HO-methoxy-) isomer-3 2AC
2656
C22H20O7
396.12091
2910*
UHYAC
UHYAC
LS/Q
Capillary protectant

Benzarone-M (HO-methoxy-) isomer-4 2AC
2657
C22H20O7
396.12091
2950*
UHYAC
UHYAC
LS/Q
Capillary protectant

396

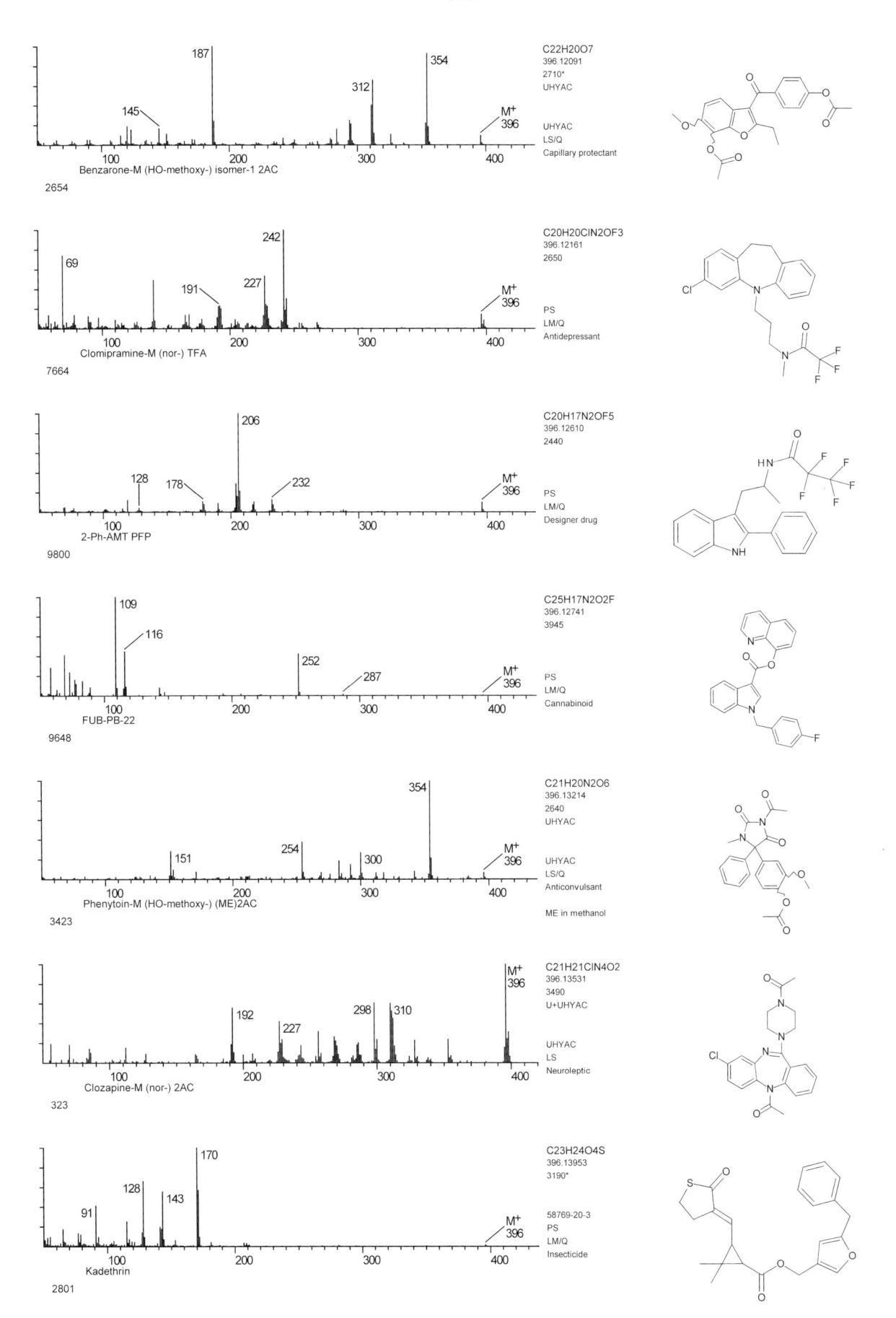

C22H20O7
396.12091
2710*
UHYAC

UHYAC
LS/Q
Capillary protectant

Benzarone-M (HO-methoxy-) isomer-1 2AC
2654

C20H20ClN2OF3
396.12161
2650

PS
LM/Q
Antidepressant

Clomipramine-M (nor-) TFA
7664

C20H17N2OF5
396.12610
2440

PS
LM/Q
Designer drug

2-Ph-AMT PFP
9800

C25H17N2O2F
396.12741
3945

PS
LM/Q
Cannabinoid

FUB-PB-22
9648

C21H20N2O6
396.13214
2640
UHYAC

UHYAC
LS/Q
Anticonvulsant

ME in methanol

Phenytoin-M (HO-methoxy-) (ME)2AC
3423

C21H21ClN4O2
396.13531
3490
U+UHYAC

UHYAC
LS
Neuroleptic

Clozapine-M (nor-) 2AC
323

C23H24O4S
396.13953
3190*

58769-20-3
PS
LM/Q
Insecticide

Kadethrin
2801

396

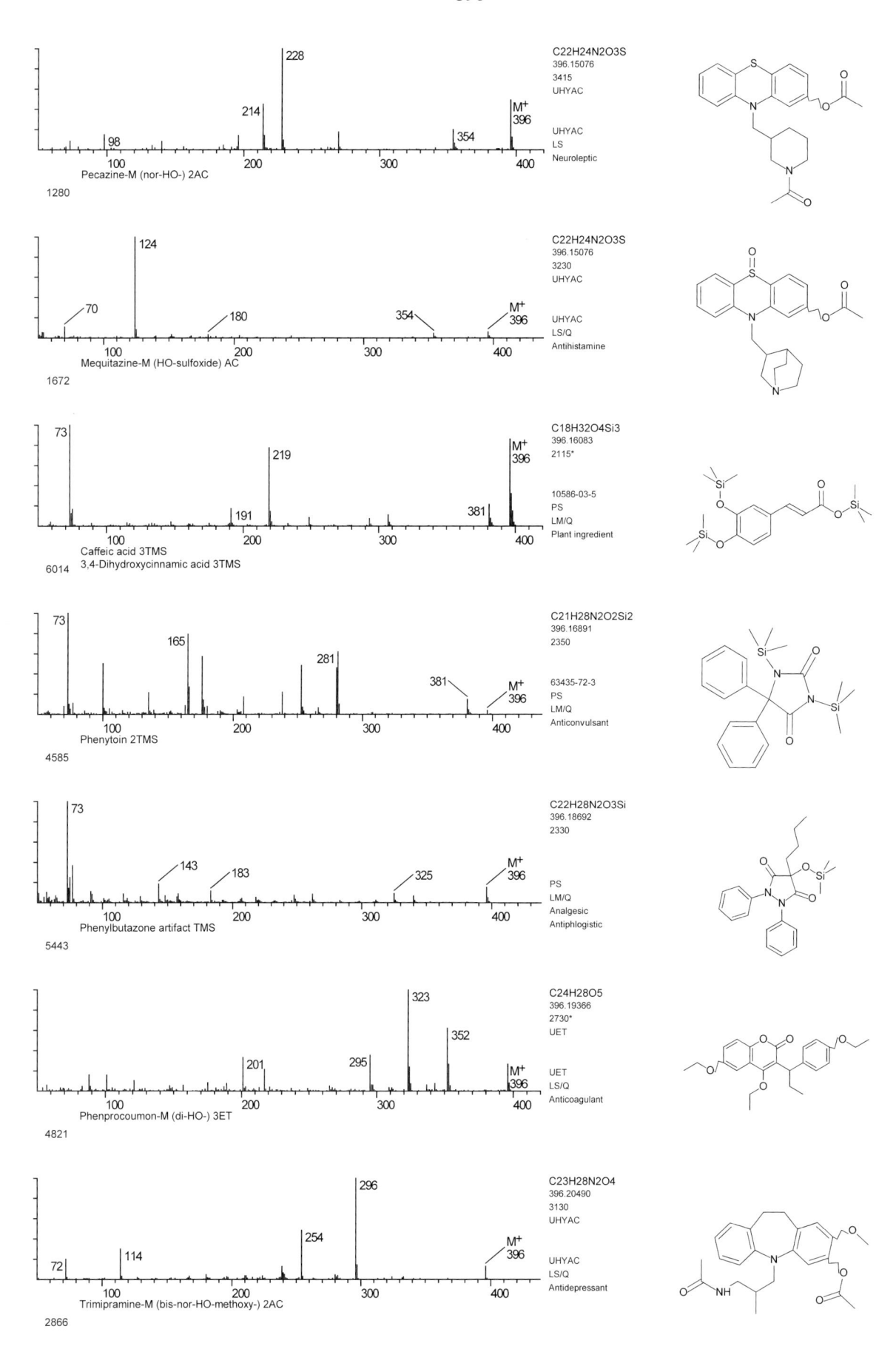

C22H24N2O3S
396.15076
3415
UHYAC

UHYAC
LS
Neuroleptic

Pecazine-M (nor-HO-) 2AC
1280

C22H24N2O3S
396.15076
3230
UHYAC

UHYAC
LS/Q
Antihistamine

Mequitazine-M (HO-sulfoxide) AC
1672

C18H32O4Si3
396.16083
2115*

10586-03-5
PS
LM/Q
Plant ingredient

Caffeic acid 3TMS
3,4-Dihydroxycinnamic acid 3TMS
6014

C21H28N2O2Si2
396.16891
2350

63435-72-3
PS
LM/Q
Anticonvulsant

Phenytoin 2TMS
4585

C22H28N2O3Si
396.18692
2330

PS
LM/Q
Analgesic
Antiphlogistic

Phenylbutazone artifact TMS
5443

C24H28O5
396.19366
2730*
UET

UET
LS/Q
Anticoagulant

Phenprocoumon-M (di-HO-) 3ET
4821

C23H28N2O4
396.20490
3130
UHYAC

UHYAC
LS/Q
Antidepressant

Trimipramine-M (bis-nor-HO-methoxy-) 2AC
2866

396

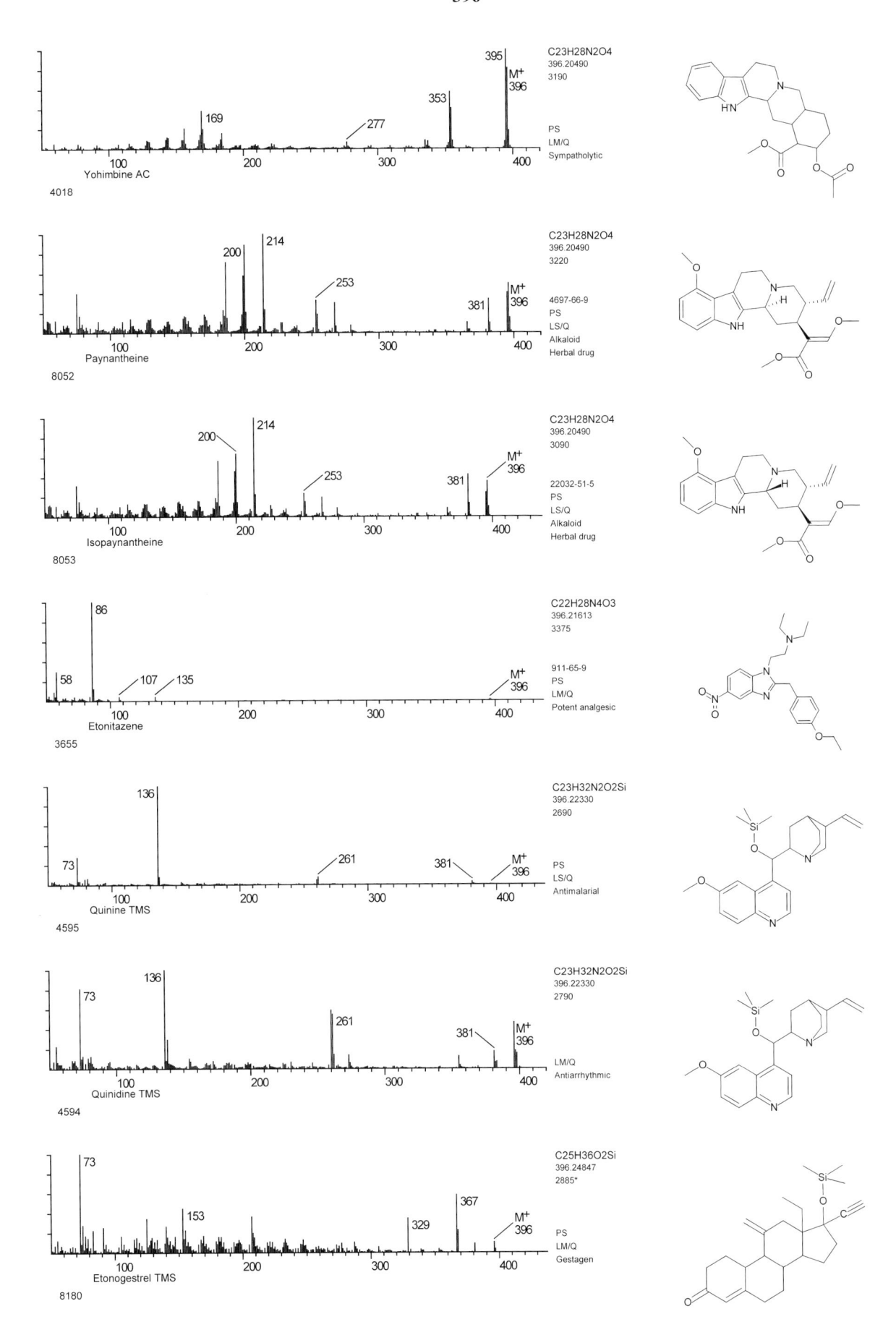

Yohimbine AC — 4018	peaks: 169, 277, 353, 395, M+ 396	C23H28N2O4, 396.20490, 3190, PS, LM/Q, Sympatholytic
Paynantheine — 8052	peaks: 200, 214, 253, 381, M+ 396	C23H28N2O4, 396.20490, 3220, 4697-66-9, PS, LS/Q, Alkaloid, Herbal drug
Isopaynantheine — 8053	peaks: 200, 214, 253, 381, M+ 396	C23H28N2O4, 396.20490, 3090, 22032-51-5, PS, LS/Q, Alkaloid, Herbal drug
Etonitazene — 3655	peaks: 58, 86, 107, 135, M+ 396	C22H28N4O3, 396.21613, 3375, 911-65-9, PS, LM/Q, Potent analgesic
Quinine TMS — 4595	peaks: 73, 136, 261, 381, M+ 396	C23H32N2O2Si, 396.22330, 2690, PS, LS/Q, Antimalarial
Quinidine TMS — 4594	peaks: 73, 136, 261, 381, M+ 396	C23H32N2O2Si, 396.22330, 2790, LM/Q, Antiarrhythmic
Etonogestrel TMS — 8180	peaks: 73, 153, 329, 367, M+ 396	C25H36O2Si, 396.24847, 2885*, PS, LM/Q, Gestagen

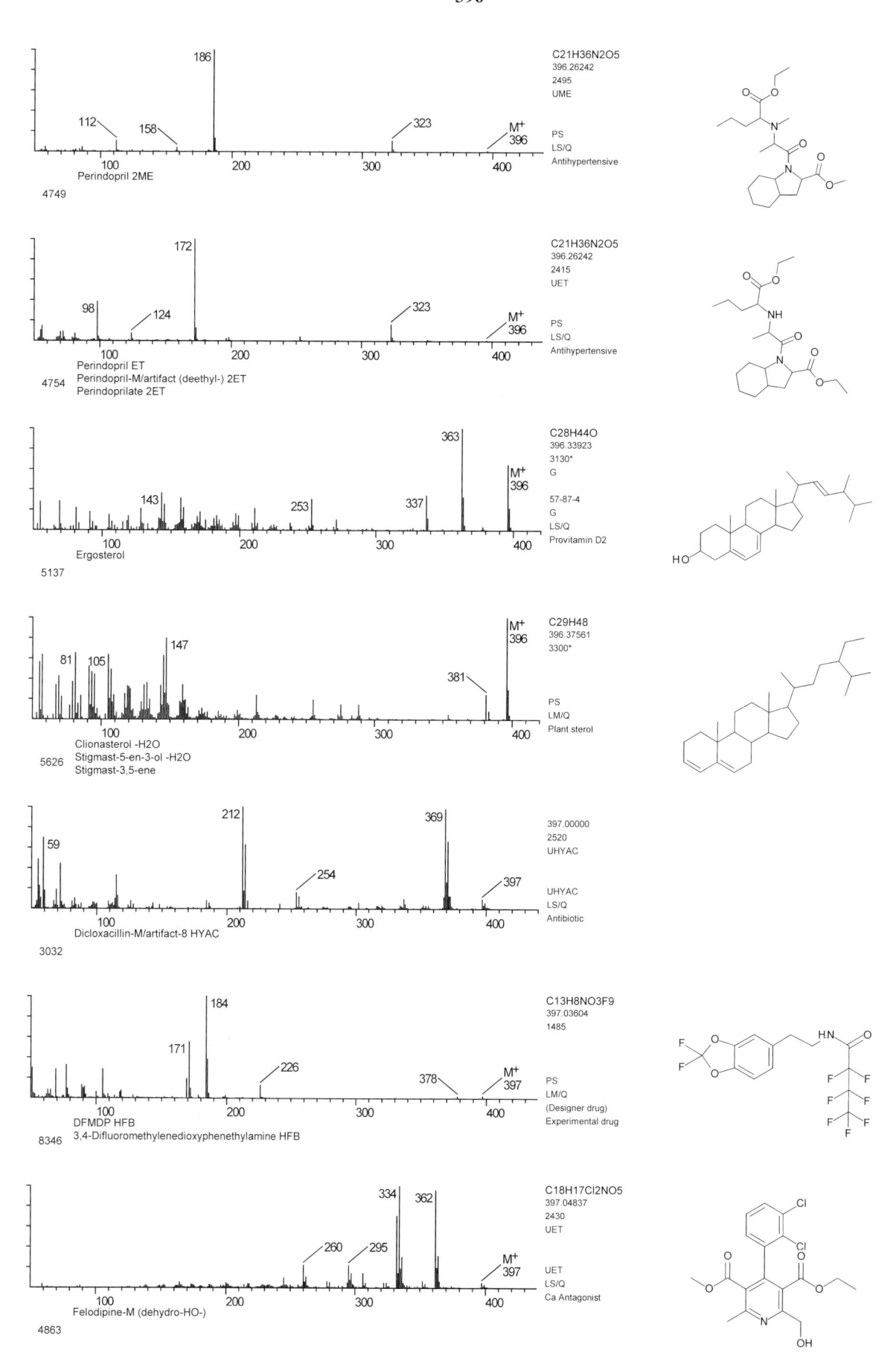

Perindopril 2ME	112, 158, 186, 323, M+ 396	C21H36N2O5 396.26242 2495 UME PS LS/Q Antihypertensive
4749		
Perindopril ET Perindopril-M/artifact (deethyl-) 2ET Perindoprilate 2ET	98, 124, 172, 323, M+ 396	C21H36N2O5 396.26242 2415 UET PS LS/Q Antihypertensive
4754		
Ergosterol	143, 253, 337, 363, M+ 396	C28H44O 396.33923 3130* G 57-87-4 G LS/Q Provitamin D2
5137		
Clionasterol -H2O Stigmast-5-en-3-ol -H2O Stigmast-3,5-ene	81, 105, 147, 381, M+ 396	C29H48 396.37561 3300* PS LM/Q Plant sterol
5626		
Dicloxacillin-M/artifact-8 HYAC	59, 212, 254, 369, 397	397.00000 2520 UHYAC UHYAC LS/Q Antibiotic
3032		
DFMDP HFB 3,4-Difluoromethylenedioxyphenethylamine HFB	171, 184, 226, 378, M+ 397	C13H8NO3F9 397.03604 1485 PS LM/Q (Designer drug) Experimental drug
8346		
Felodipine-M (dehydro-HO-)	260, 295, 334, 362, M+ 397	C18H17Cl2NO5 397.04837 2430 UET UET LS/Q Ca Antagonist
4863		

397

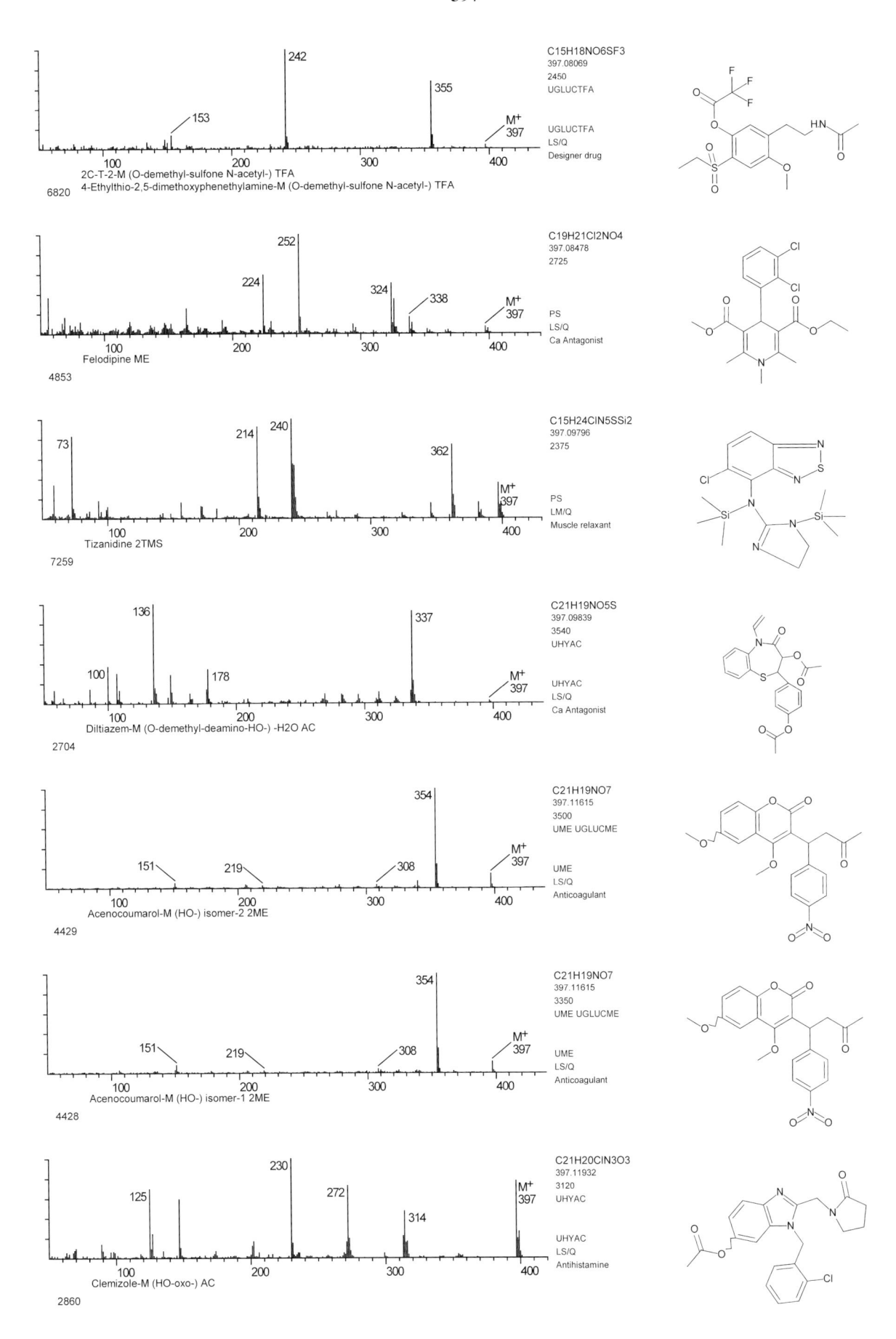

C15H18NO6SF3
397.08069
2450
UGLUCTFA

UGLUCTFA
LS/Q
Designer drug

2C-T-2-M (O-demethyl-sulfone N-acetyl-) TFA
4-Ethylthio-2,5-dimethoxyphenethylamine-M (O-demethyl-sulfone N-acetyl-) TFA
6820

C19H21Cl2NO4
397.08478
2725

PS
LS/Q
Ca Antagonist

Felodipine ME
4853

C15H24ClN5SSi2
397.09796
2375

PS
LM/Q
Muscle relaxant

Tizanidine 2TMS
7259

C21H19NO5S
397.09839
3540
UHYAC

UHYAC
LS/Q
Ca Antagonist

Diltiazem-M (O-demethyl-deamino-HO-) -H2O AC
2704

C21H19NO7
397.11615
3500
UME UGLUCME

UME
LS/Q
Anticoagulant

Acenocoumarol-M (HO-) isomer-2 2ME
4429

C21H19NO7
397.11615
3350
UME UGLUCME

UME
LS/Q
Anticoagulant

Acenocoumarol-M (HO-) isomer-1 2ME
4428

C21H20ClN3O3
397.11932
3120
UHYAC

UHYAC
LS/Q
Antihistamine

Clemizole-M (HO-oxo-) AC
2860

397

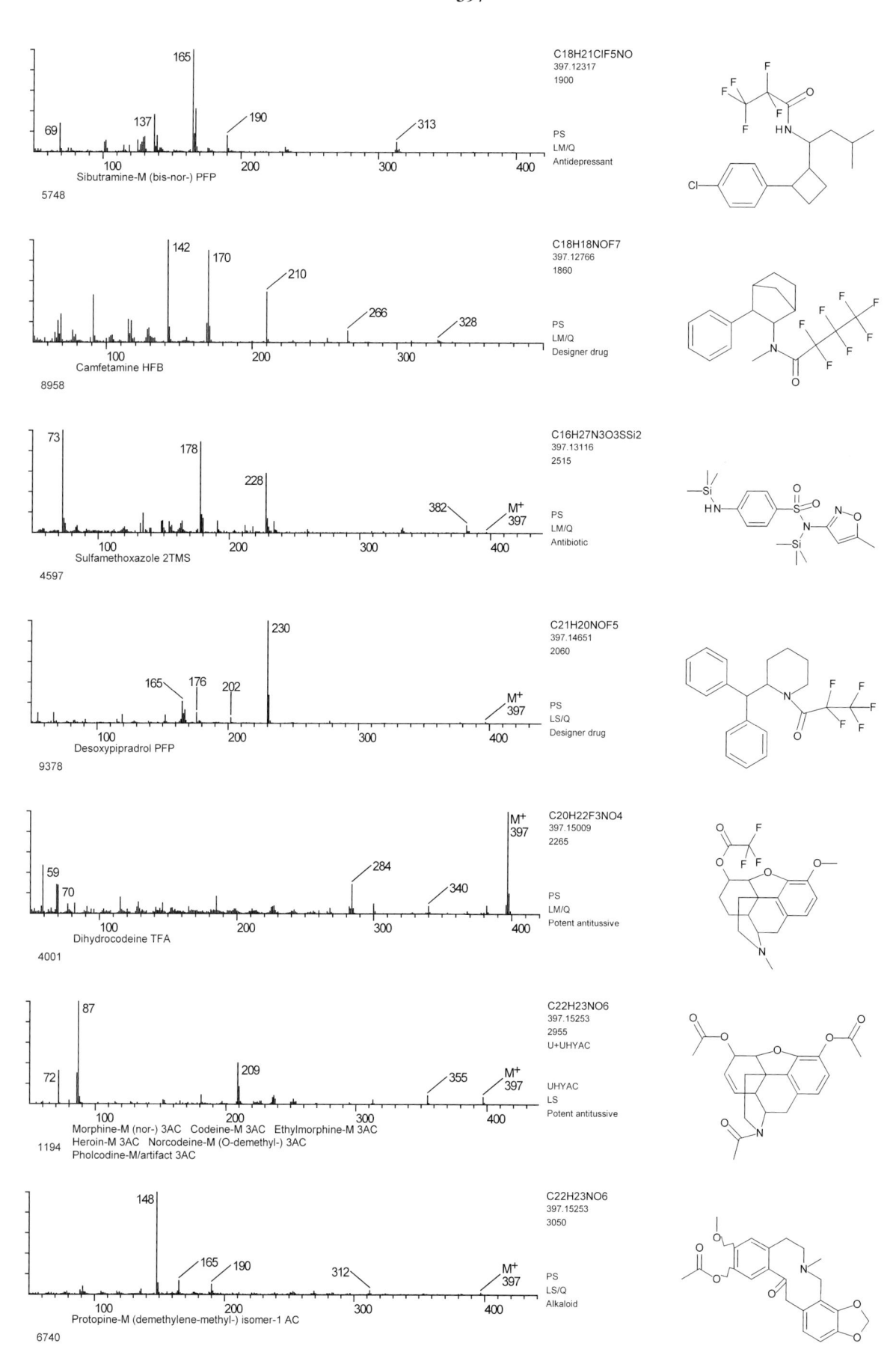

C18H21ClF5NO
397.12317
1900

PS
LM/Q
Antidepressant

Sibutramine-M (bis-nor-) PFP
5748

C18H18NOF7
397.12766
1860

PS
LM/Q
Designer drug

Camfetamine HFB
8958

C16H27N3O3SSi2
397.13116
2515

PS
LM/Q
Antibiotic

Sulfamethoxazole 2TMS
4597

C21H20NOF5
397.14651
2060

PS
LS/Q
Designer drug

Desoxypipradrol PFP
9378

C20H22F3NO4
397.15009
2265

PS
LM/Q
Potent antitussive

Dihydrocodeine TFA
4001

C22H23NO6
397.15253
2955
U+UHYAC

UHYAC
LS
Potent antitussive

Morphine-M (nor-) 3AC   Codeine-M 3AC   Ethylmorphine-M 3AC
Heroin-M 3AC   Norcodeine-M (O-demethyl-) 3AC
Pholcodine-M/artifact 3AC
1194

C22H23NO6
397.15253
3050

PS
LS/Q
Alkaloid

Protopine-M (demethylene-methyl-) isomer-1 AC
6740

1434

397

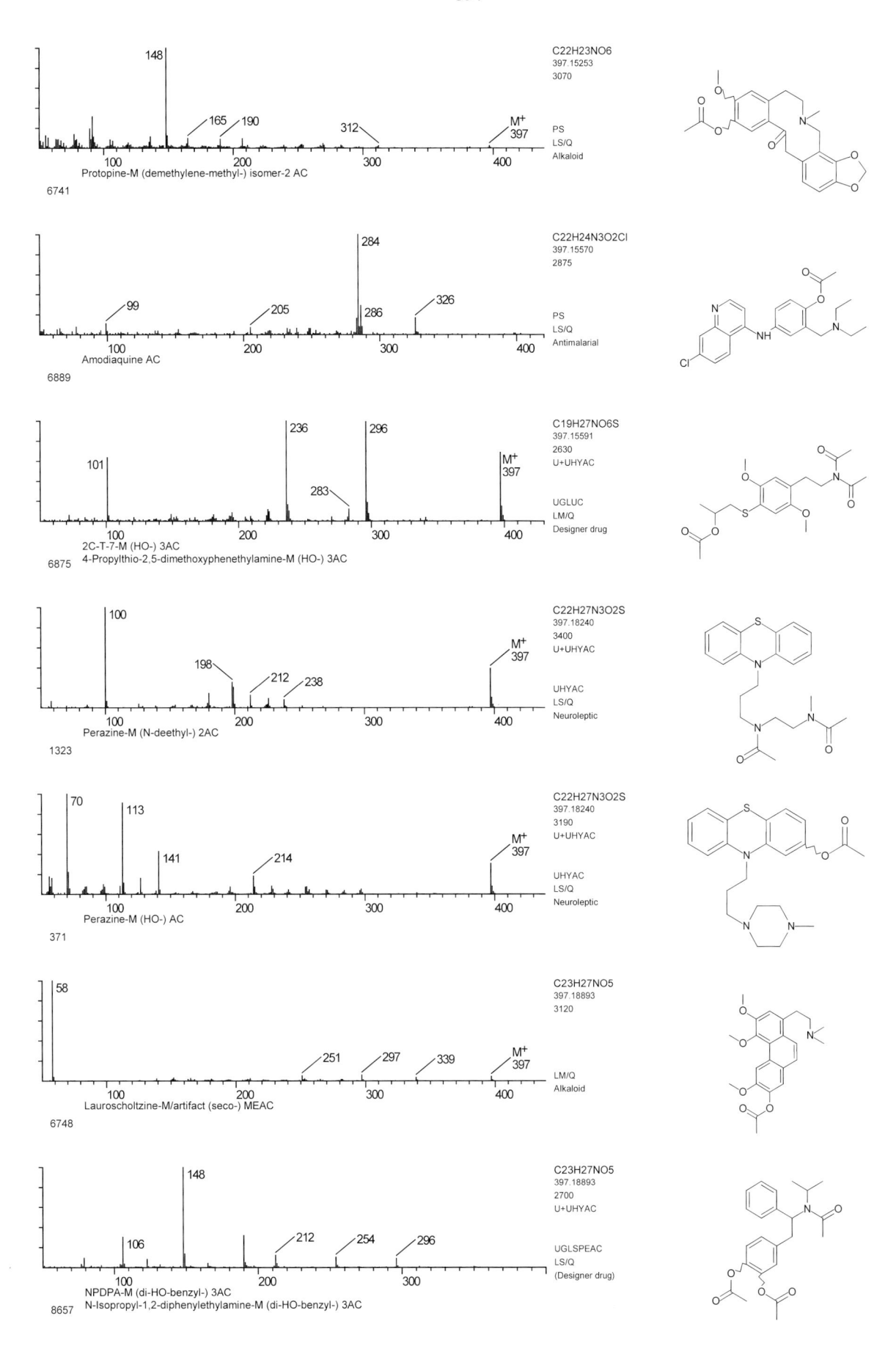

Protopine-M (demethylene-methyl-) isomer-2 AC	C22H23NO6 397.15253 3070 PS LS/Q Alkaloid
Amodiaquine AC	C22H24N3O2Cl 397.15570 2875 PS LS/Q Antimalarial
2C-T-7-M (HO-) 3AC 4-Propylthio-2,5-dimethoxyphenethylamine-M (HO-) 3AC	C19H27NO6S 397.15591 2630 U+UHYAC UGLUC LM/Q Designer drug
Perazine-M (N-deethyl-) 2AC	C22H27N3O2S 397.18240 3400 U+UHYAC UHYAC LS/Q Neuroleptic
Perazine-M (HO-) AC	C22H27N3O2S 397.18240 3190 U+UHYAC UHYAC LS/Q Neuroleptic
Lauroscholtzine-M/artifact (seco-) MEAC	C23H27NO5 397.18893 3120 LM/Q Alkaloid
NPDPA-M (di-HO-benzyl-) 3AC N-Isopropyl-1,2-diphenylethylamine-M (di-HO-benzyl-) 3AC	C23H27NO5 397.18893 2700 U+UHYAC UGLSPEAC LS/Q (Designer drug)

397

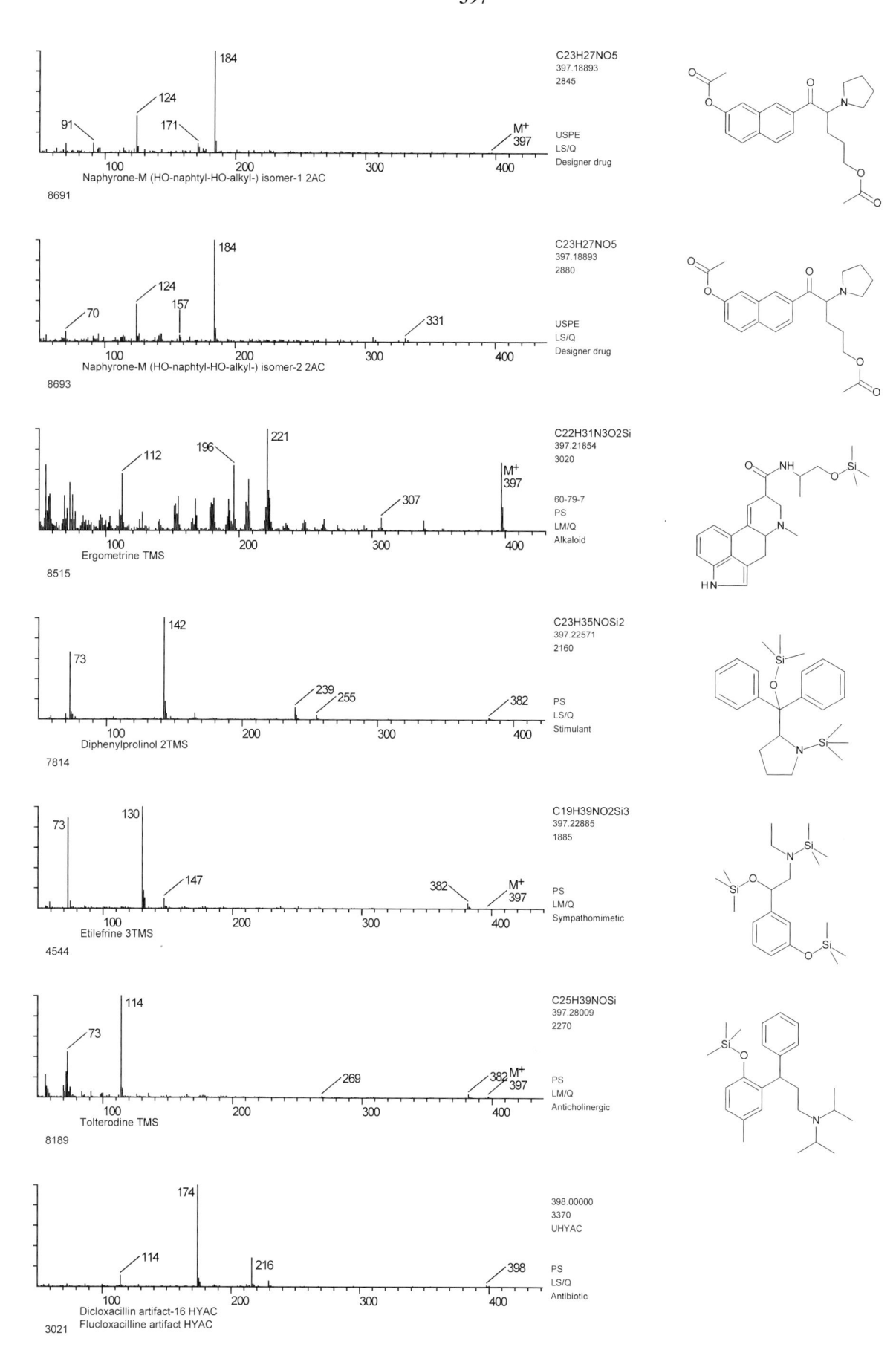

Naphyrone-M (HO-naphtyl-HO-alkyl-) isomer-1 2AC
8691
Peaks: 91, 124, 171, 184, M+ 397
C23H27NO5
397.18893
2845
USPE
LS/Q
Designer drug

Naphyrone-M (HO-naphtyl-HO-alkyl-) isomer-2 2AC
8693
Peaks: 70, 124, 157, 184, 331
C23H27NO5
397.18893
2880
USPE
LS/Q
Designer drug

Ergometrine TMS
8515
Peaks: 112, 196, 221, 307, M+ 397
C22H31N3O2Si
397.21854
3020
60-79-7
PS
LM/Q
Alkaloid

Diphenylprolinol 2TMS
7814
Peaks: 73, 142, 239, 255, 382
C23H35NOSi2
397.22571
2160
PS
LS/Q
Stimulant

Etilefrine 3TMS
4544
Peaks: 73, 130, 147, 382, M+ 397
C19H39NO2Si3
397.22885
1885
PS
LM/Q
Sympathomimetic

Tolterodine TMS
8189
Peaks: 73, 114, 269, 382, M+ 397
C25H39NOSi
397.28009
2270
PS
LM/Q
Anticholinergic

Dicloxacillin artifact-16 HYAC
Flucloxacilline artifact HYAC
3021
Peaks: 114, 174, 216, 398
398.00000
3370
UHYAC
PS
LS/Q
Antibiotic

398

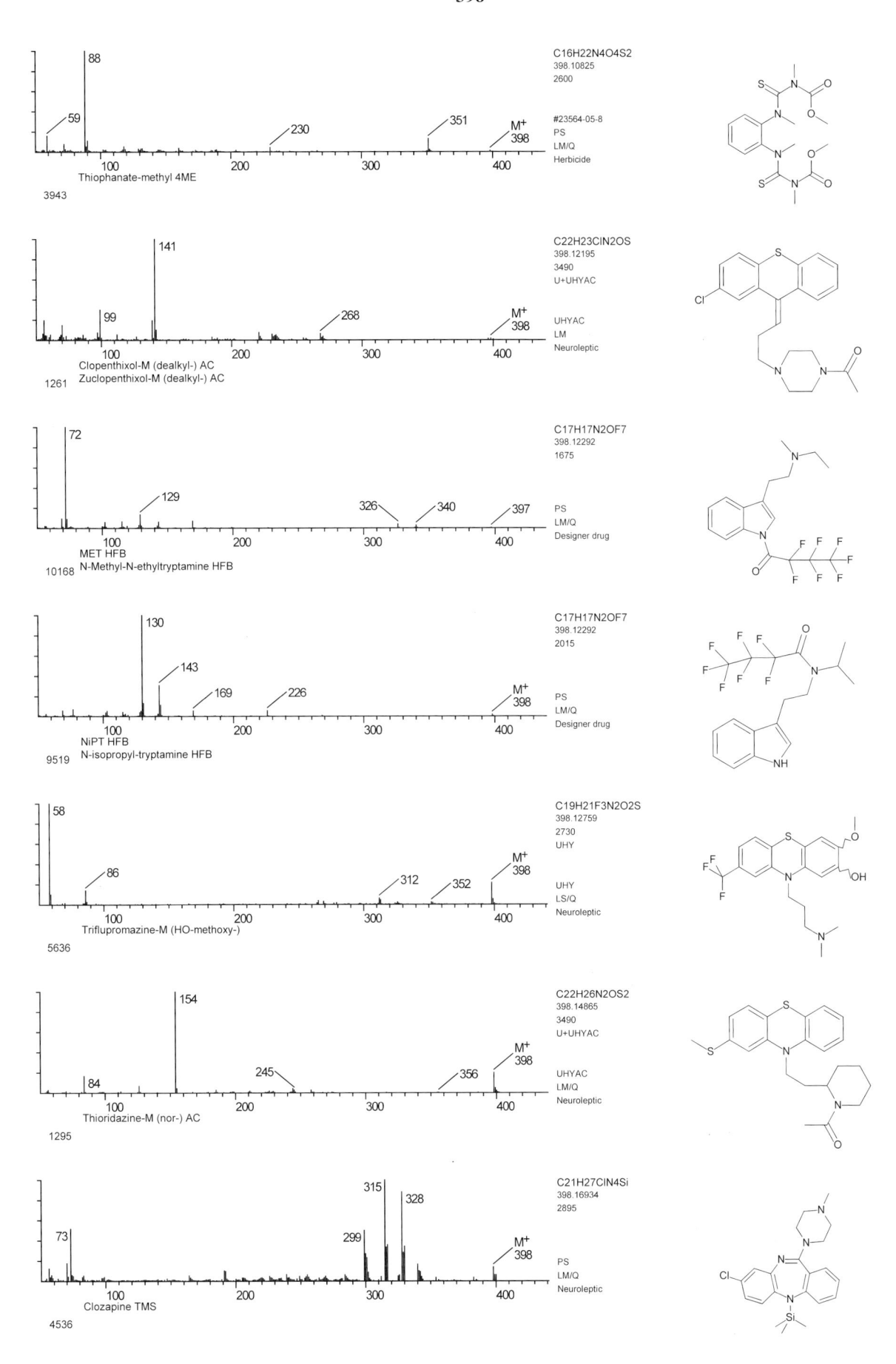

Thiophanate-methyl 4ME	C16H22N4O4S2 398.10825 2600 #23564-05-8 PS LM/Q Herbicide	Peaks: 59, 88, 230, 351, M+ 398
Clopenthixol-M (dealkyl-) AC / Zuclopenthixol-M (dealkyl-) AC	C22H23ClN2OS 398.12195 3490 U+UHYAC UHYAC LM Neuroleptic	Peaks: 99, 141, 268, M+ 398
MET HFB / N-Methyl-N-ethyltryptamine HFB	C17H17N2OF7 398.12292 1675 PS LM/Q Designer drug	Peaks: 72, 129, 326, 340, 397
NiPT HFB / N-isopropyl-tryptamine HFB	C17H17N2OF7 398.12292 2015 PS LM/Q Designer drug	Peaks: 130, 143, 169, 226, M+ 398
Triflupromazine-M (HO-methoxy-)	C19H21F3N2O2S 398.12759 2730 UHY UHY LS/Q Neuroleptic	Peaks: 58, 86, 312, 352, M+ 398
Thioridazine-M (nor-) AC	C22H26N2OS2 398.14865 3490 U+UHYAC UHYAC LM/Q Neuroleptic	Peaks: 84, 154, 245, 356, M+ 398
Clozapine TMS	C21H27ClN4Si 398.16934 2895 PS LM/Q Neuroleptic	Peaks: 73, 299, 315, 328, M+ 398

398

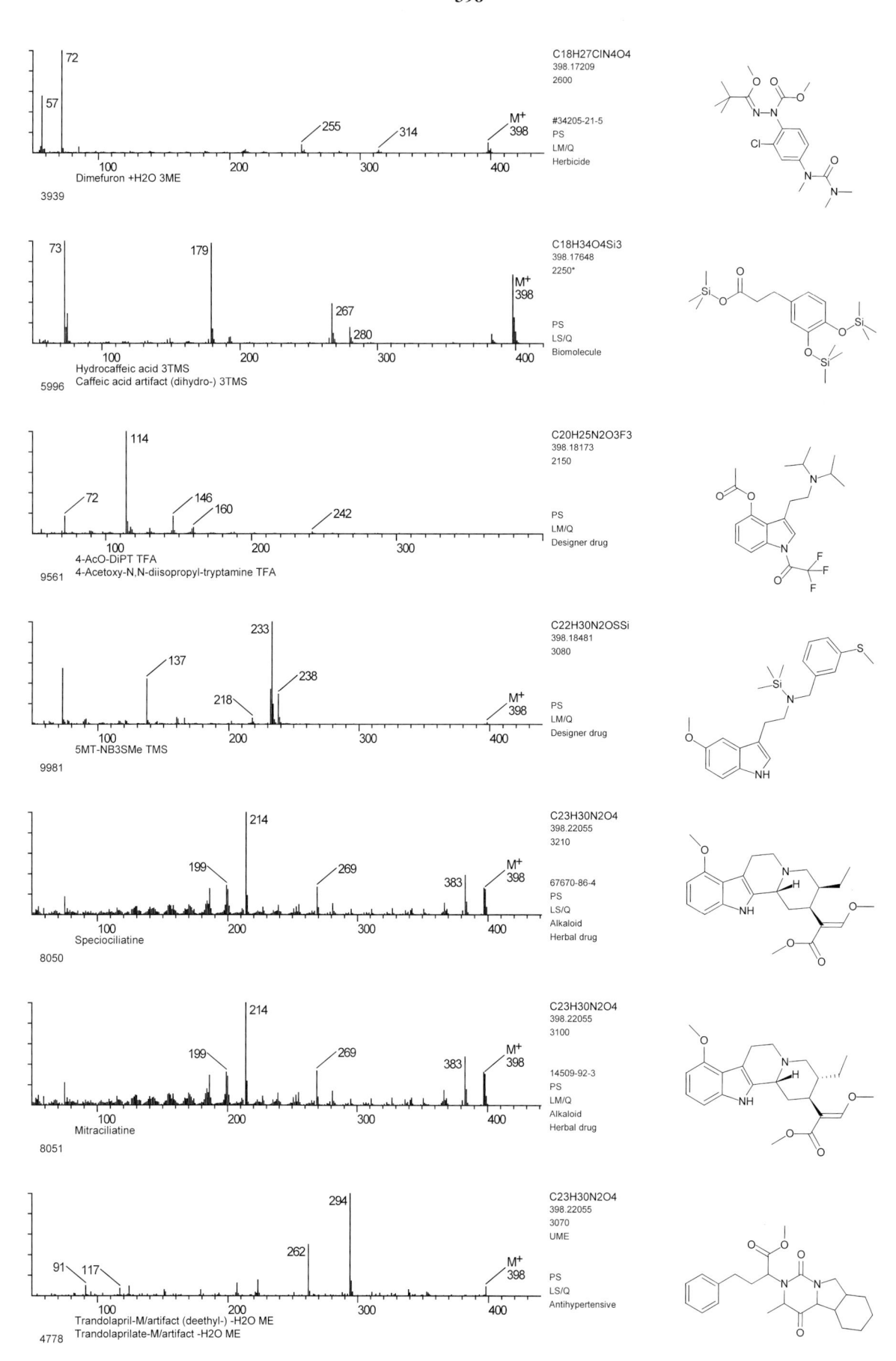

57, 72, 255, 314, M+ 398	Dimefuron +H2O 3ME	C18H27ClN4O4 398.17209 2600 #34205-21-5 PS LM/Q Herbicide
3939		

73, 179, 267, 280, M+ 398	Hydrocaffeic acid 3TMS Caffeic acid artifact (dihydro-) 3TMS	C18H34O4Si3 398.17648 2250* PS LS/Q Biomolecule
5996		

72, 114, 146, 160, 242	4-AcO-DiPT TFA 4-Acetoxy-N,N-diisopropyl-tryptamine TFA	C20H25N2O3F3 398.18173 2150 PS LM/Q Designer drug
9561		

137, 218, 233, 238, M+ 398	5MT-NB3SMe TMS	C22H30N2OSSi 398.18481 3080 PS LM/Q Designer drug
9981		

199, 214, 269, 383, M+ 398	Speciociliatine	C23H30N2O4 398.22055 3210 67670-86-4 PS LS/Q Alkaloid Herbal drug
8050		

199, 214, 269, 383, M+ 398	Mitraciliatine	C23H30N2O4 398.22055 3100 14509-92-3 PS LM/Q Alkaloid Herbal drug
8051		

91, 117, 262, 294, M+ 398	Trandolapril-M/artifact (deethyl-) -H2O ME Trandolaprilate-M/artifact -H2O ME	C23H30N2O4 398.22055 3070 UME PS LS/Q Antihypertensive
4778		

398

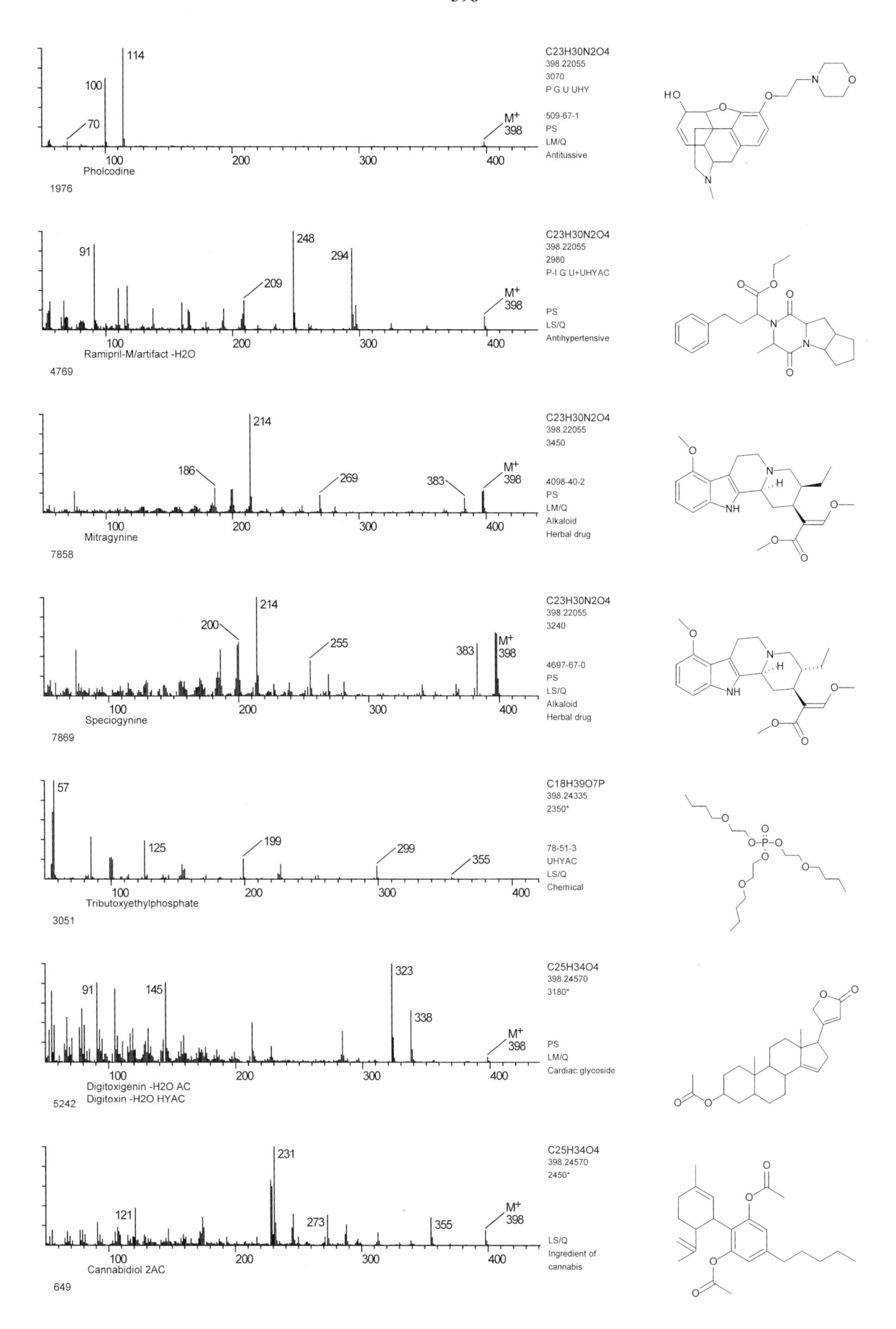

70, 100, 114, M+ 398 Pholcodine 1976	C23H30N2O4 398.22055 3070 P G U UHY 509-67-1 PS LM/Q Antitussive	
91, 209, 248, 294, M+ 398 Ramipril-M/artifact -H2O 4769	C23H30N2O4 398.22055 2980 P-I G U+UHYAC PS LS/Q Antihypertensive	
186, 214, 269, 383, M+ 398 Mitragynine 7858	C23H30N2O4 398.22055 3450 4098-40-2 PS LM/Q Alkaloid Herbal drug	
200, 214, 255, 383, M+ 398 Speciogynine 7869	C23H30N2O4 398.22055 3240 4697-67-0 PS LS/Q Alkaloid Herbal drug	
57, 125, 199, 299, 355 Tributoxyethylphosphate 3051	C18H39O7P 398.24335 2350* 78-51-3 UHYAC LS/Q Chemical	
91, 145, 323, 338, M+ 398 Digitoxigenin -H2O AC Digitoxin -H2O HYAC 5242	C25H34O4 398.24570 3180* PS LM/Q Cardiac glycoside	
121, 231, 273, 355, M+ 398 Cannabidiol 2AC 649	C25H34O4 398.24570 2450* LS/Q Ingredient of cannabis	

398

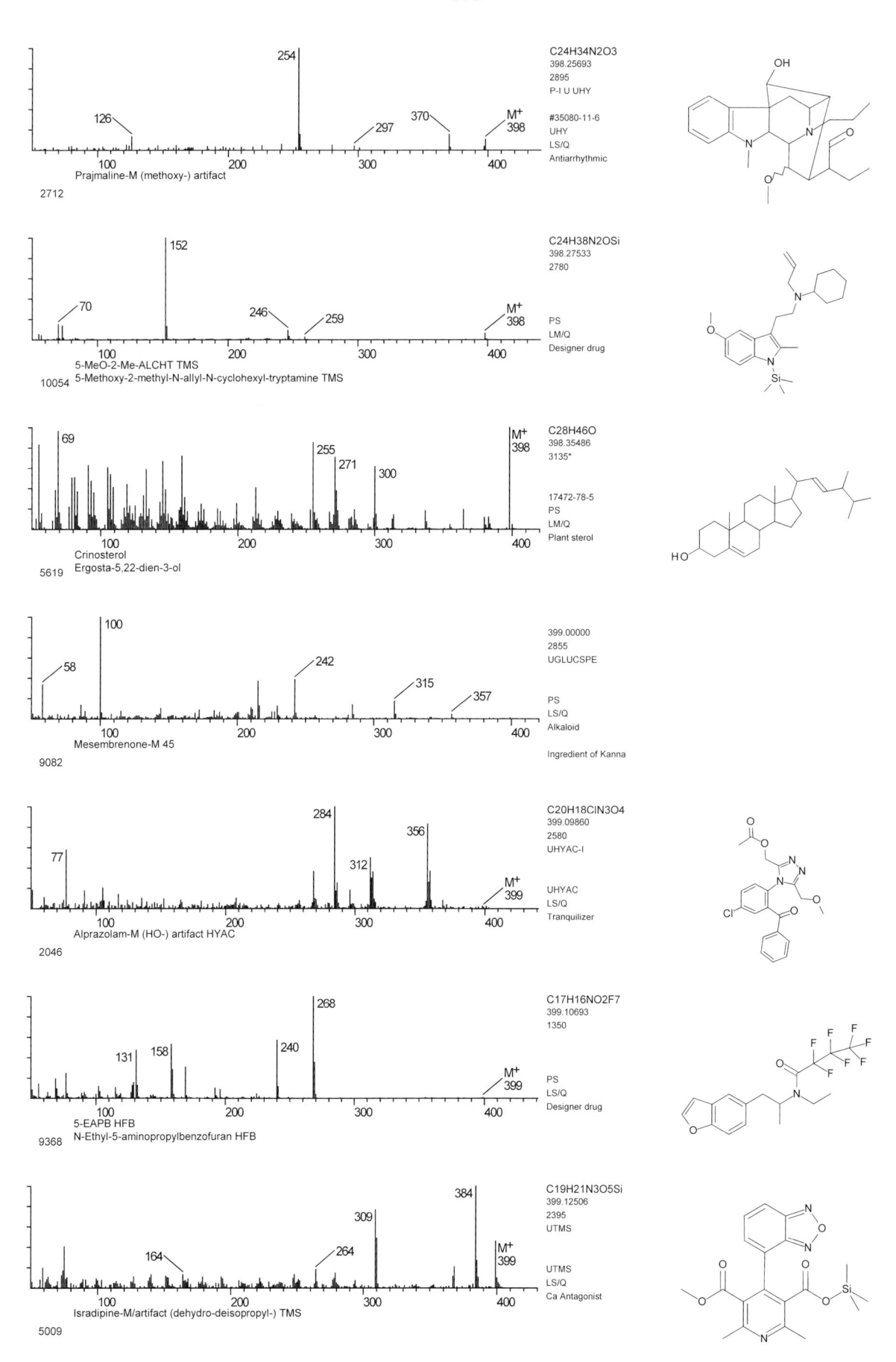

C24H34N2O3
398.25693
2895
P-I U UHY
#35080-11-6
UHY
LS/Q
Antiarrhythmic

Prajmaline-M (methoxy-) artifact
2712

C24H38N2OSi
398.27533
2780

PS
LM/Q
Designer drug

5-MeO-2-Me-ALCHT TMS
5-Methoxy-2-methyl-N-allyl-N-cyclohexyl-tryptamine TMS
10054

C28H46O
398.35486
3135*

17472-78-5
PS
LM/Q
Plant sterol

Crinosterol
Ergosta-5,22-dien-3-ol
5619

399.00000
2855
UGLUCSPE

PS
LS/Q
Alkaloid

Ingredient of Kanna

Mesembrenone-M 45
9082

C20H18ClN3O4
399.09860
2580
UHYAC-I

UHYAC
LS/Q
Tranquilizer

Alprazolam-M (HO-) artifact HYAC
2046

C17H16NO2F7
399.10693
1350

PS
LS/Q
Designer drug

5-EAPB HFB
N-Ethyl-5-aminopropylbenzofuran HFB
9368

C19H21N3O5Si
399.12506
2395
UTMS

UTMS
LS/Q
Ca Antagonist

Isradipine-M/artifact (dehydro-deisopropyl-) TMS
5009

399

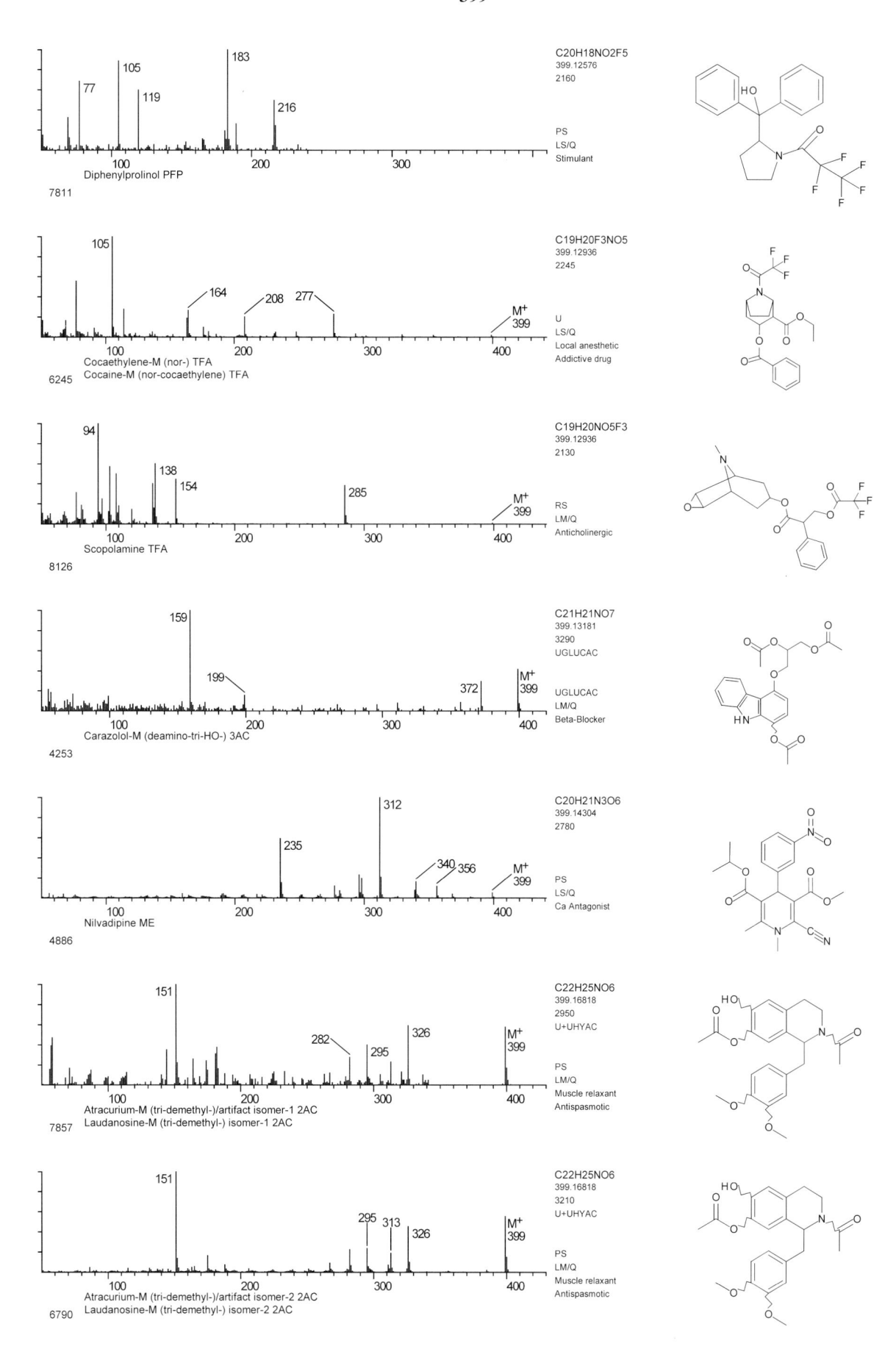

Diphenylprolinol PFP
7811
C20H18NO2F5
399.12576
2160

PS
LS/Q
Stimulant

Cocaethylene-M (nor-) TFA
Cocaine-M (nor-cocaethylene) TFA
6245
C19H20F3NO5
399.12936
2245

U
LS/Q
Local anesthetic
Addictive drug

Scopolamine TFA
8126
C19H20NO5F3
399.12936
2130

RS
LM/Q
Anticholinergic

Carazolol-M (deamino-tri-HO-) 3AC
4253
C21H21NO7
399.13181
3290
UGLUCAC

UGLUCAC
LM/Q
Beta-Blocker

Nilvadipine ME
4886
C20H21N3O6
399.14304
2780

PS
LS/Q
Ca Antagonist

Atracurium-M (tri-demethyl-)/artifact isomer-1 2AC
Laudanosine-M (tri-demethyl-) isomer-1 2AC
7857
C22H25NO6
399.16818
2950
U+UHYAC

PS
LM/Q
Muscle relaxant
Antispasmotic

Atracurium-M (tri-demethyl-)/artifact isomer-2 2AC
Laudanosine-M (tri-demethyl-) isomer-2 2AC
6790
C22H25NO6
399.16818
3210
U+UHYAC

PS
LM/Q
Muscle relaxant
Antispasmotic

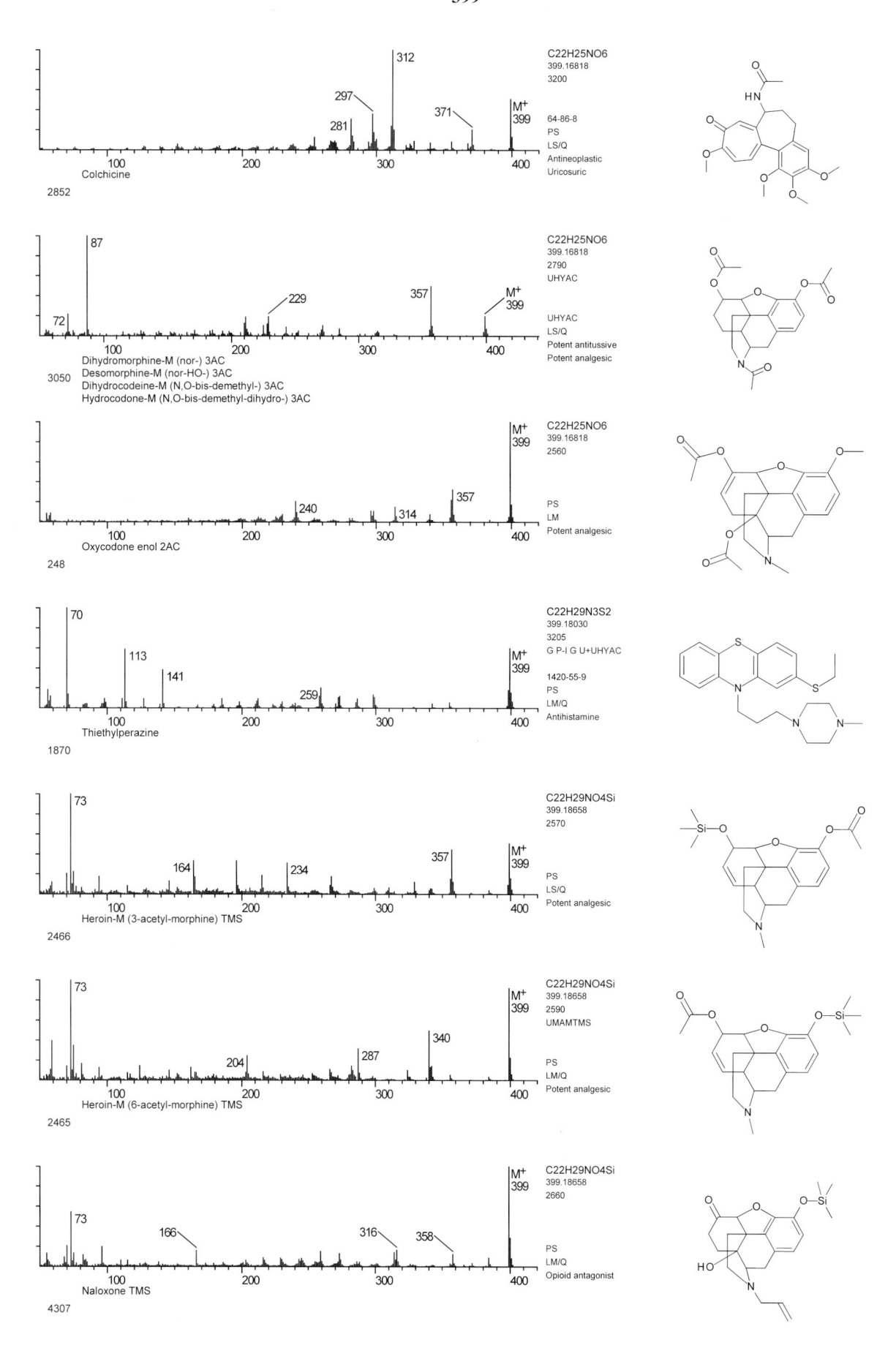

399

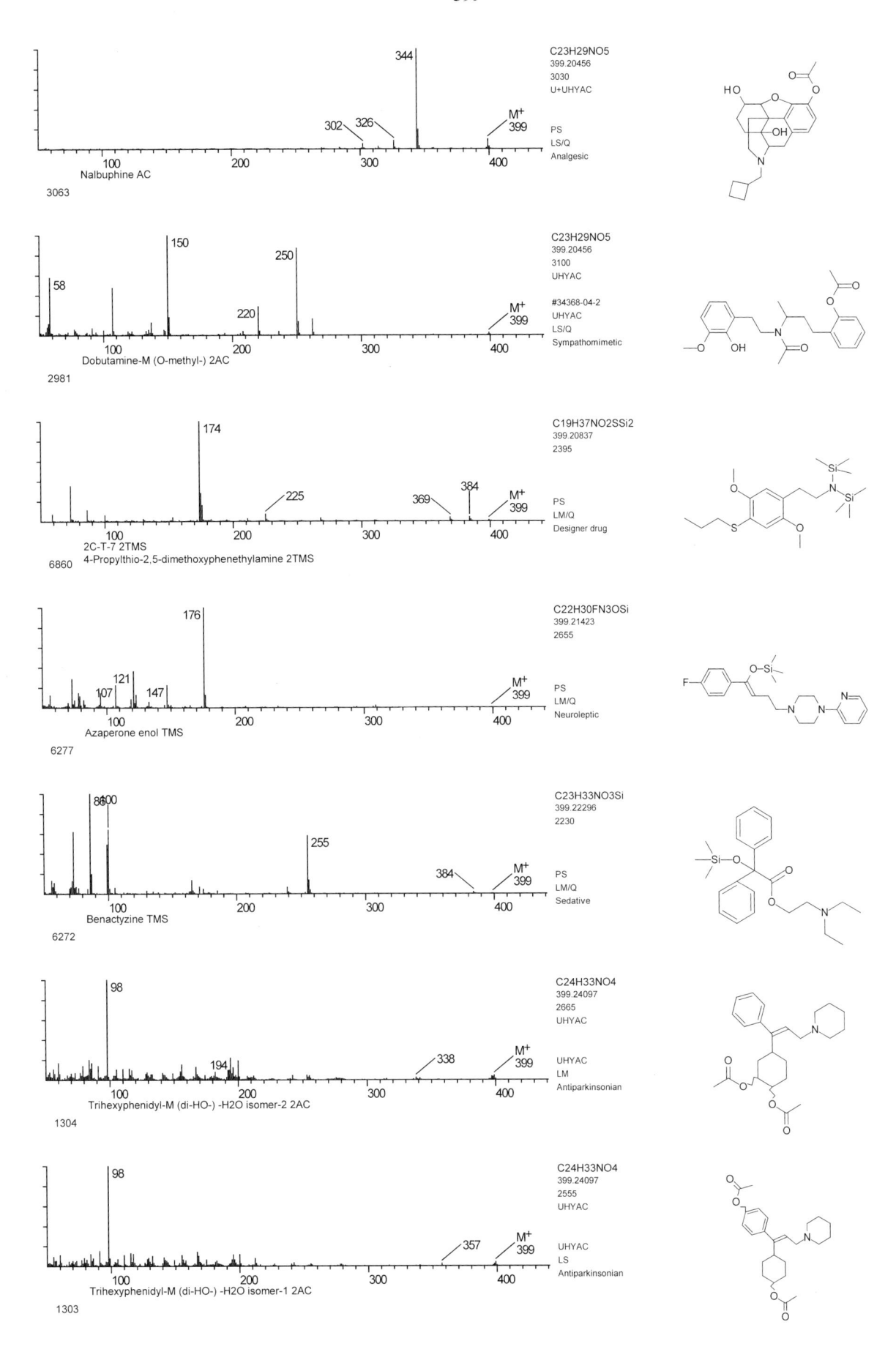

Spectrum	Formula	Data
Nalbuphine AC — 3063	C23H29NO5	399.20456, 3030, U+UHYAC, PS, LS/Q, Analgesic; peaks 302, 326, 344, M+ 399
Dobutamine-M (O-methyl-) 2AC — 2981	C23H29NO5	399.20456, 3100, UHYAC, #34368-04-2, UHYAC, LS/Q, Sympathomimetic; peaks 58, 150, 220, 250, M+ 399
2C-T-7 2TMS / 4-Propylthio-2,5-dimethoxyphenethylamine 2TMS — 6860	C19H37NO2SSi2	399.20837, 2395, PS, LM/Q, Designer drug; peaks 174, 225, 369, 384, M+ 399
Azaperone enol TMS — 6277	C22H30FN3OSi	399.21423, 2655, PS, LM/Q, Neuroleptic; peaks 107, 121, 147, 176, M+ 399
Benactyzine TMS — 6272	C23H33NO3Si	399.22296, 2230, PS, LM/Q, Sedative; peaks 86, 100, 255, 384, M+ 399
Trihexyphenidyl-M (di-HO-) -H2O isomer-2 2AC — 1304	C24H33NO4	399.24097, 2665, UHYAC, UHYAC, LM, Antiparkinsonian; peaks 98, 194, 338, M+ 399
Trihexyphenidyl-M (di-HO-) -H2O isomer-1 2AC — 1303	C24H33NO4	399.24097, 2555, UHYAC, UHYAC, LS, Antiparkinsonian; peaks 98, 357, M+ 399

400

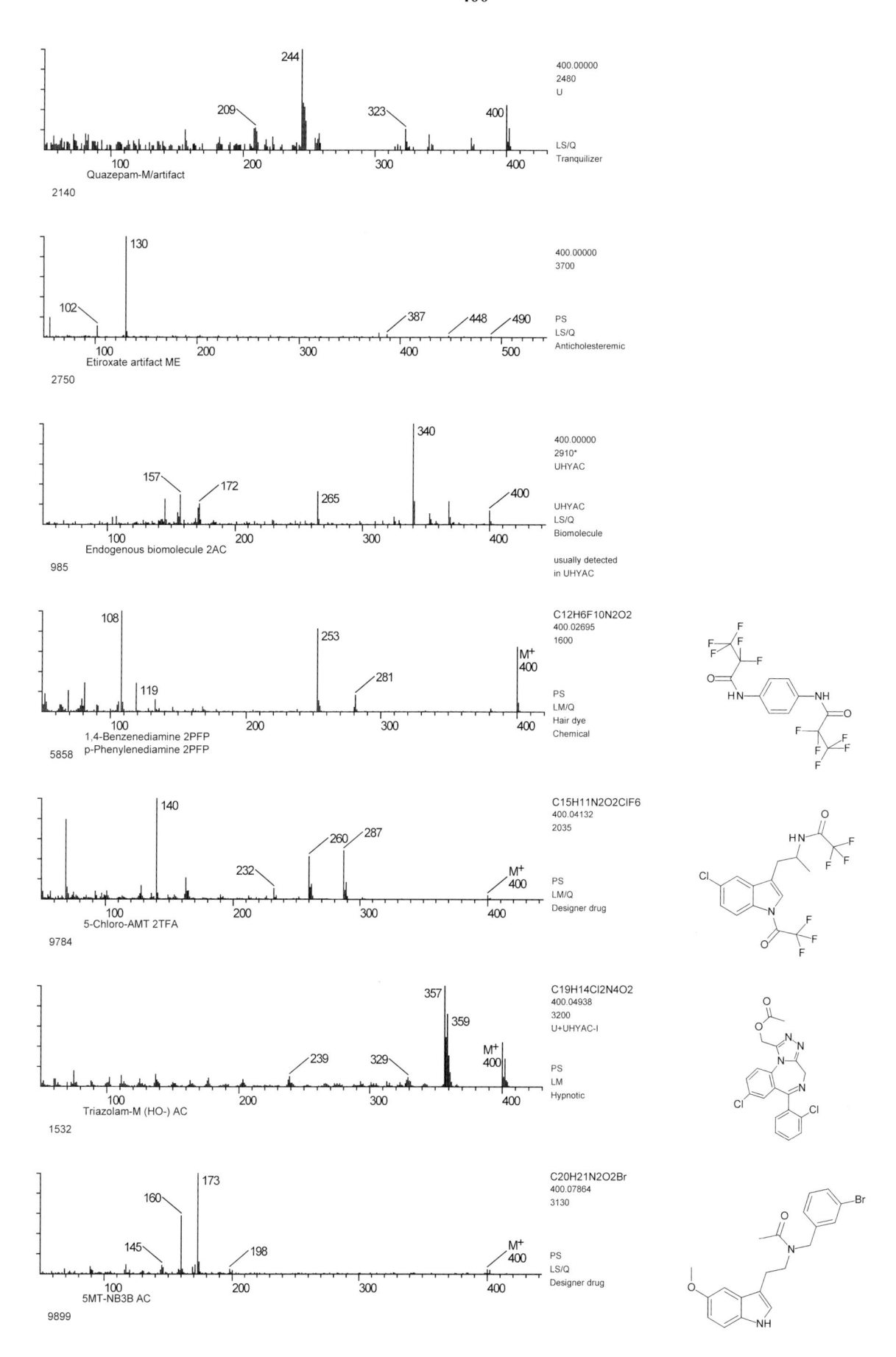

Spectrum label	m/z peaks	Info
Quazepam-M/artifact	209, 244, 323, 400	400.00000, 2480, U, LS/Q, Tranquilizer
Etiroxate artifact ME	102, 130, 387, 448, 490	400.00000, 3700, PS, LS/Q, Anticholesteremic
Endogenous biomolecule 2AC	157, 172, 265, 340, 400	400.00000, 2910*, UHYAC, UHYAC, LS/Q, Biomolecule usually detected in UHYAC
1,4-Benzenediamine 2PFP / p-Phenylenediamine 2PFP	108, 119, 253, 281, M+ 400	C12H6F10N2O2, 400.02695, 1600, PS, LM/Q, Hair dye Chemical
5-Chloro-AMT 2TFA	140, 232, 260, 287, M+ 400	C15H11N2O2ClF6, 400.04132, 2035, PS, LM/Q, Designer drug
Triazolam-M (HO-) AC	239, 329, 357, 359, M+ 400	C19H14Cl2N4O2, 400.04938, 3200, U+UHYAC-I, PS, LM, Hypnotic
5MT-NB3B AC	145, 160, 173, 198, M+ 400	C20H21N2O2Br, 400.07864, 3130, PS, LS/Q, Designer drug

400

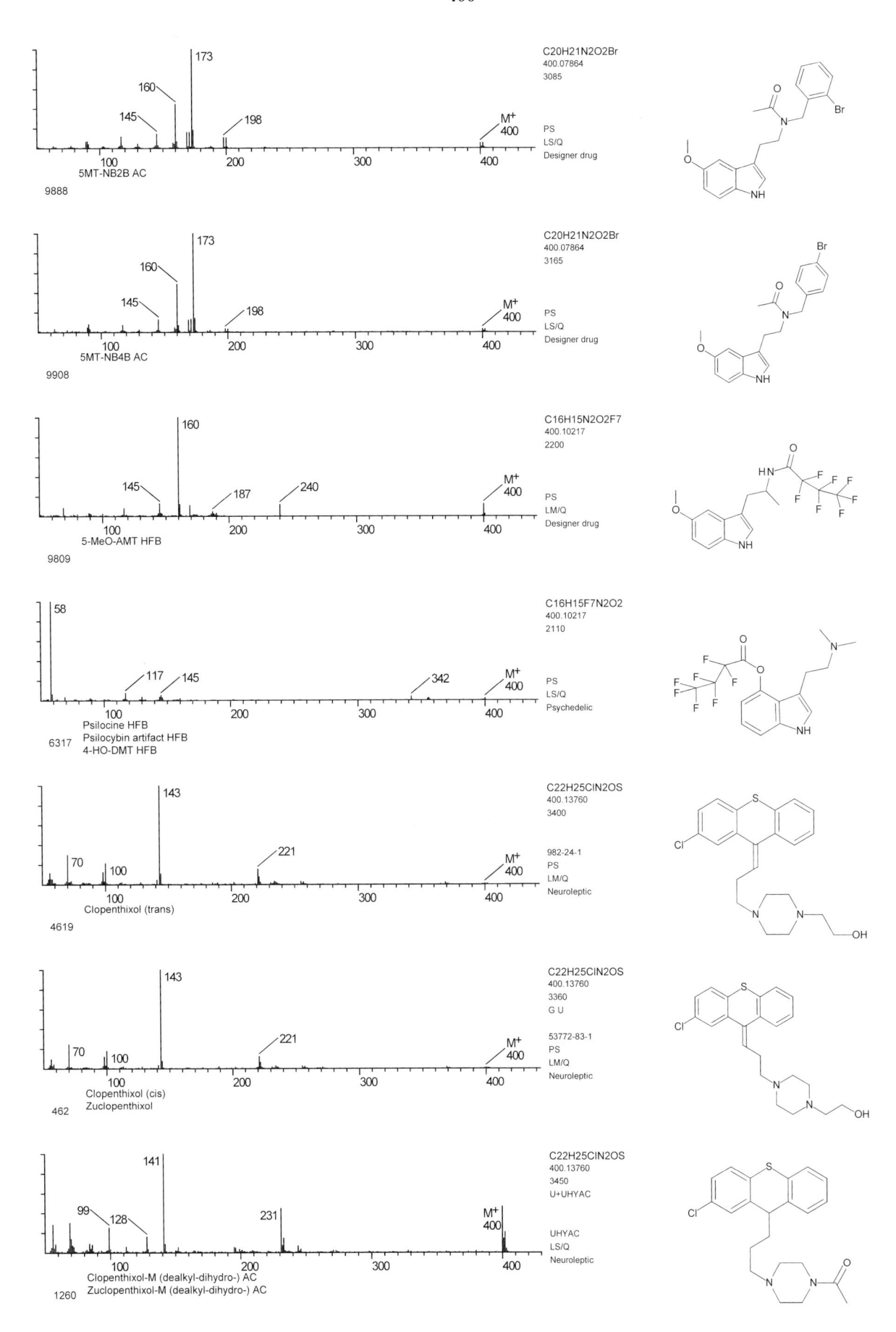

5MT-NB2B AC — peaks 145, 160, 173, 198, M+ 400	C20H21N2O2Br 400.07864 3085 PS LS/Q Designer drug
9888	

5MT-NB4B AC — peaks 145, 160, 173, 198, M+ 400	C20H21N2O2Br 400.07864 3165 PS LS/Q Designer drug
9908	

5-MeO-AMT HFB — peaks 145, 160, 187, 240, M+ 400	C16H15N2O2F7 400.10217 2200 PS LM/Q Designer drug
9809	

Psilocine HFB Psilocybin artifact HFB 4-HO-DMT HFB — peaks 58, 117, 145, 342, M+ 400	C16H15F7N2O2 400.10217 2110 PS LS/Q Psychedelic
6317	

Clopenthixol (trans) — peaks 70, 100, 143, 221, M+ 400	C22H25ClN2OS 400.13760 3400 982-24-1 PS LM/Q Neuroleptic
4619	

Clopenthixol (cis) Zuclopenthixol — peaks 70, 100, 143, 221, M+ 400	C22H25ClN2OS 400.13760 3360 G U 53772-83-1 PS LM/Q Neuroleptic
462	

Clopenthixol-M (dealkyl-dihydro-) AC Zuclopenthixol-M (dealkyl-dihydro-) AC — peaks 99, 128, 141, 231, M+ 400	C22H25ClN2OS 400.13760 3450 U+UHYAC UHYAC LS/Q Neuroleptic
1260	

400

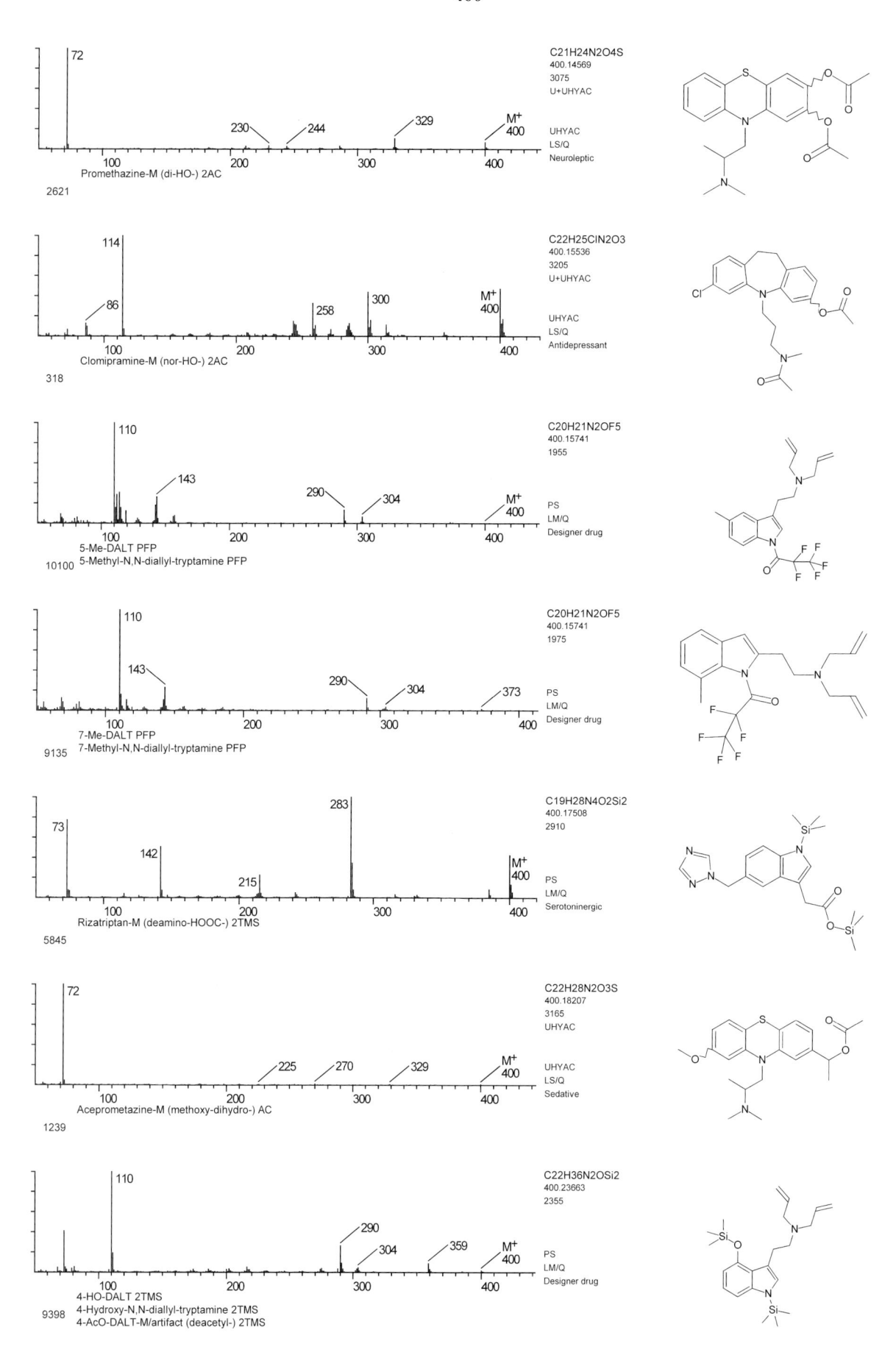

m/z peaks	Compound	Formula / Info
72, 230, 244, 329, 400 (M+)	Promethazine-M (di-HO-) 2AC	C21H24N2O4S, 400.14569, 3075, U+UHYAC, UHYAC, LS/Q, Neuroleptic
86, 114, 258, 300, 400 (M+)	Clomipramine-M (nor-HO-) 2AC	C22H25ClN2O3, 400.15536, 3205, U+UHYAC, UHYAC, LS/Q, Antidepressant
110, 143, 290, 304, 400 (M+)	5-Me-DALT PFP / 5-Methyl-N,N-diallyl-tryptamine PFP	C20H21N2OF5, 400.15741, 1955, PS, LM/Q, Designer drug
110, 143, 290, 304, 373, 400 (M+)	7-Me-DALT PFP / 7-Methyl-N,N-diallyl-tryptamine PFP	C20H21N2OF5, 400.15741, 1975, PS, LM/Q, Designer drug
73, 142, 215, 283, 400 (M+)	Rizatriptan-M (deamino-HOOC-) 2TMS	C19H28N4O2Si2, 400.17508, 2910, PS, LM/Q, Serotoninergic
72, 225, 270, 329, 400 (M+)	Aceprometazine-M (methoxy-dihydro-) AC	C22H28N2O3S, 400.18207, 3165, UHYAC, UHYAC, LS/Q, Sedative
110, 290, 304, 359, 400 (M+)	4-HO-DALT 2TMS / 4-Hydroxy-N,N-diallyl-tryptamine 2TMS / 4-AcO-DALT-M/artifact (deacetyl-) 2TMS	C22H36N2OSi2, 400.23663, 2355, PS, LM/Q, Designer drug

1446

400

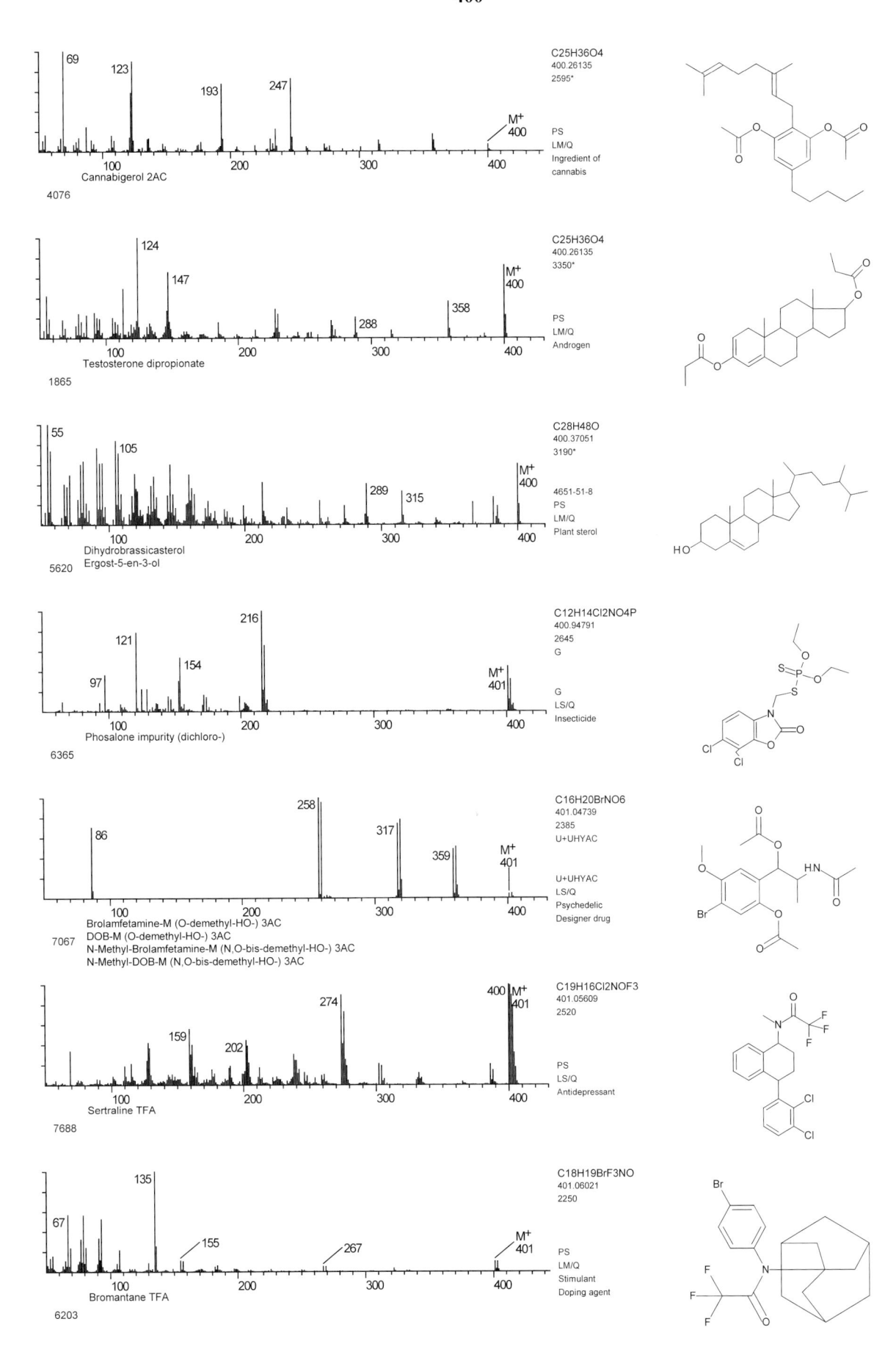

Cannabigerol 2AC
C25H36O4
400.26135
2595*
M+ 400
PS
LM/Q
Ingredient of cannabis
4076

Testosterone dipropionate
C25H36O4
400.26135
3350*
M+ 400
PS
LM/Q
Androgen
1865

Dihydrobrassicasterol / Ergost-5-en-3-ol
C28H48O
400.37051
3190*
M+ 400
4651-51-8
PS
LM/Q
Plant sterol
5620

Phosalone impurity (dichloro-)
C12H14Cl2NO4P
400.94791
2645
G
M+ 401
G
LS/Q
Insecticide
6365

Brolamfetamine-M (O-demethyl-HO-) 3AC
DOB-M (O-demethyl-HO-) 3AC
N-Methyl-Brolamfetamine-M (N,O-bis-demethyl-HO-) 3AC
N-Methyl-DOB-M (N,O-bis-demethyl-HO-) 3AC
C16H20BrNO6
401.04739
2385
U+UHYAC
M+ 401
U+UHYAC
LS/Q
Psychedelic
Designer drug
7067

Sertraline TFA
C19H16Cl2NOF3
401.05609
2520
M+ 400 / 401
PS
LS/Q
Antidepressant
7688

Bromantane TFA
C18H19BrF3NO
401.06021
2250
M+ 401
PS
LM/Q
Stimulant
Doping agent
6203

401

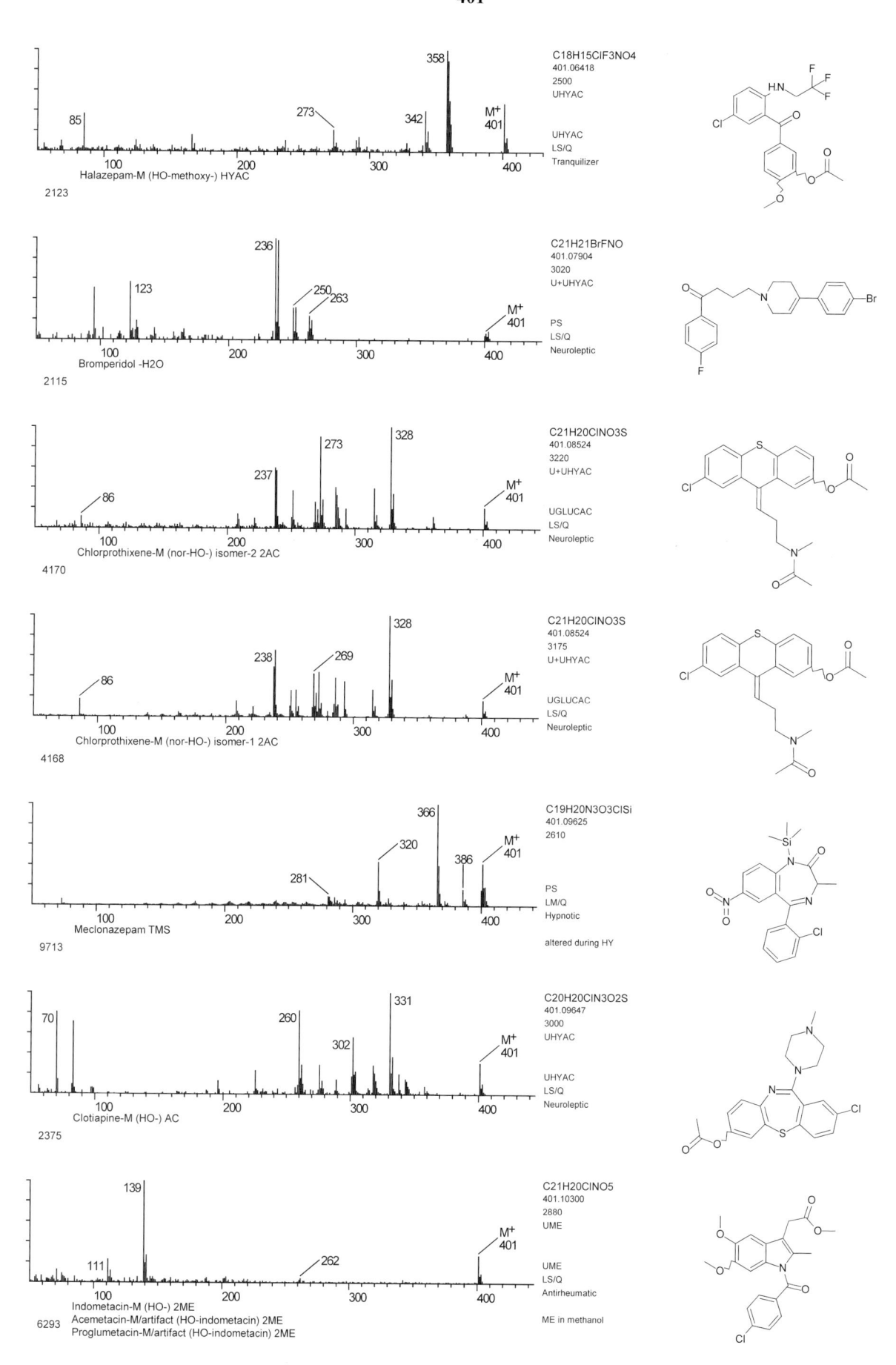

Halazepam-M (HO-methoxy-) HYAC 2123	C18H15ClF3NO4 401.06418 2500 UHYAC UHYAC LS/Q Tranquilizer	Peaks: 85, 273, 342, 358, M+ 401
Bromperidol -H2O 2115	C21H21BrFNO 401.07904 3020 U+UHYAC PS LS/Q Neuroleptic	Peaks: 123, 236, 250, 263, M+ 401
Chlorprothixene-M (nor-HO-) isomer-2 2AC 4170	C21H20ClNO3S 401.08524 3220 U+UHYAC UGLUCAC LS/Q Neuroleptic	Peaks: 86, 237, 273, 328, M+ 401
Chlorprothixene-M (nor-HO-) isomer-1 2AC 4168	C21H20ClNO3S 401.08524 3175 U+UHYAC UGLUCAC LS/Q Neuroleptic	Peaks: 86, 238, 269, 328, M+ 401
Meclonazepam TMS 9713	C19H20N3O3ClSi 401.09625 2610 PS LM/Q Hypnotic altered during HY	Peaks: 281, 320, 366, 386, M+ 401
Clotiapine-M (HO-) AC 2375	C20H20ClN3O2S 401.09647 3000 UHYAC UHYAC LS/Q Neuroleptic	Peaks: 70, 260, 302, 331, M+ 401
Indometacin-M (HO-) 2ME 6293 Acemetacin-M/artifact (HO-indometacin) 2ME Proglumetacin-M/artifact (HO-indometacin) 2ME	C21H20ClNO5 401.10300 2880 UME UME LS/Q Antirheumatic ME in methanol	Peaks: 111, 139, 262, M+ 401

401

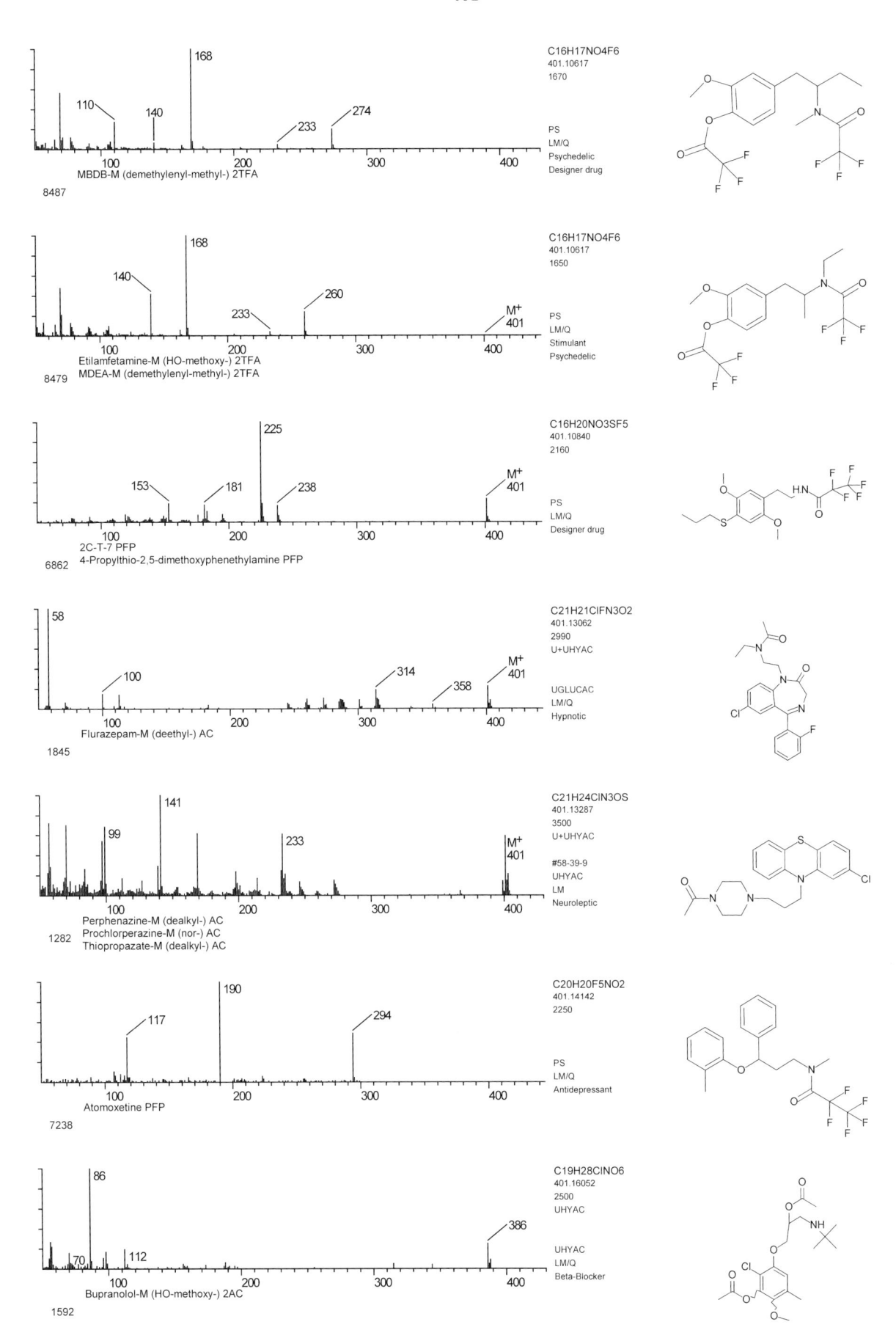

C16H17NO4F6
401.10617
1670

PS
LM/Q
Psychedelic
Designer drug

MBDB-M (demethylenyl-methyl-) 2TFA
8487

C16H17NO4F6
401.10617
1650

PS
LM/Q
Stimulant
Psychedelic

Etilamfetamine-M (HO-methoxy-) 2TFA
MDEA-M (demethylenyl-methyl-) 2TFA
8479

C16H20NO3SF5
401.10840
2160

PS
LM/Q
Designer drug

2C-T-7 PFP
4-Propylthio-2,5-dimethoxyphenethylamine PFP
6862

C21H21ClFN3O2
401.13062
2990
U+UHYAC

UGLUCAC
LM/Q
Hypnotic

Flurazepam-M (deethyl-) AC
1845

C21H24ClN3OS
401.13287
3500
U+UHYAC

#58-39-9
UHYAC
LM
Neuroleptic

Perphenazine-M (dealkyl-) AC
Prochlorperazine-M (nor-) AC
Thiopropazate-M (dealkyl-) AC
1282

C20H20F5NO2
401.14142
2250

PS
LM/Q
Antidepressant

Atomoxetine PFP
7238

C19H28ClNO6
401.16052
2500
UHYAC

UHYAC
LM/Q
Beta-Blocker

Bupranolol-M (HO-methoxy-) 2AC
1592

401

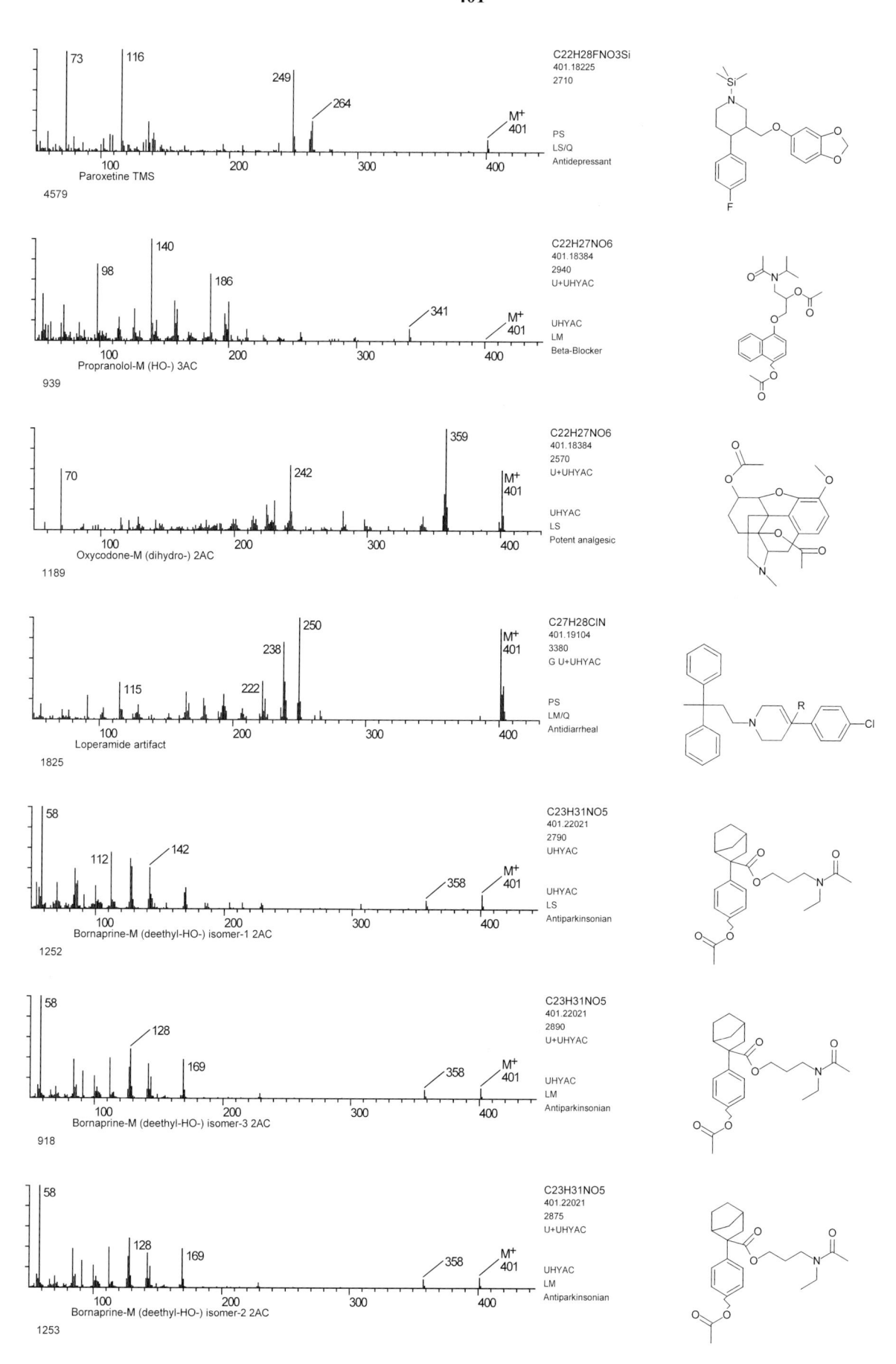

Spectrum	Formula / Info
Paroxetine TMS — peaks 73, 116, 249, 264, M+ 401 — 4579	C22H28FNO3Si / 401.18225 / 2710 / PS / LS/Q / Antidepressant
Propranolol-M (HO-) 3AC — peaks 98, 140, 186, 341, M+ 401 — 939	C22H27NO6 / 401.18384 / 2940 / U+UHYAC / UHYAC / LM / Beta-Blocker
Oxycodone-M (dihydro-) 2AC — peaks 70, 242, 359, M+ 401 — 1189	C22H27NO6 / 401.18384 / 2570 / U+UHYAC / UHYAC / LS / Potent analgesic
Loperamide artifact — peaks 115, 222, 238, 250, M+ 401 — 1825	C27H28ClN / 401.19104 / 3380 / G U+UHYAC / PS / LM/Q / Antidiarrheal
Bornaprine-M (deethyl-HO-) isomer-1 2AC — peaks 58, 112, 142, 358, M+ 401 — 1252	C23H31NO5 / 401.22021 / 2790 / UHYAC / UHYAC / LS / Antiparkinsonian
Bornaprine-M (deethyl-HO-) isomer-3 2AC — peaks 58, 128, 169, 358, M+ 401 — 918	C23H31NO5 / 401.22021 / 2890 / U+UHYAC / UHYAC / LM / Antiparkinsonian
Bornaprine-M (deethyl-HO-) isomer-2 2AC — peaks 58, 128, 169, 358, M+ 401 — 1253	C23H31NO5 / 401.22021 / 2875 / U+UHYAC / UHYAC / LM / Antiparkinsonian

401

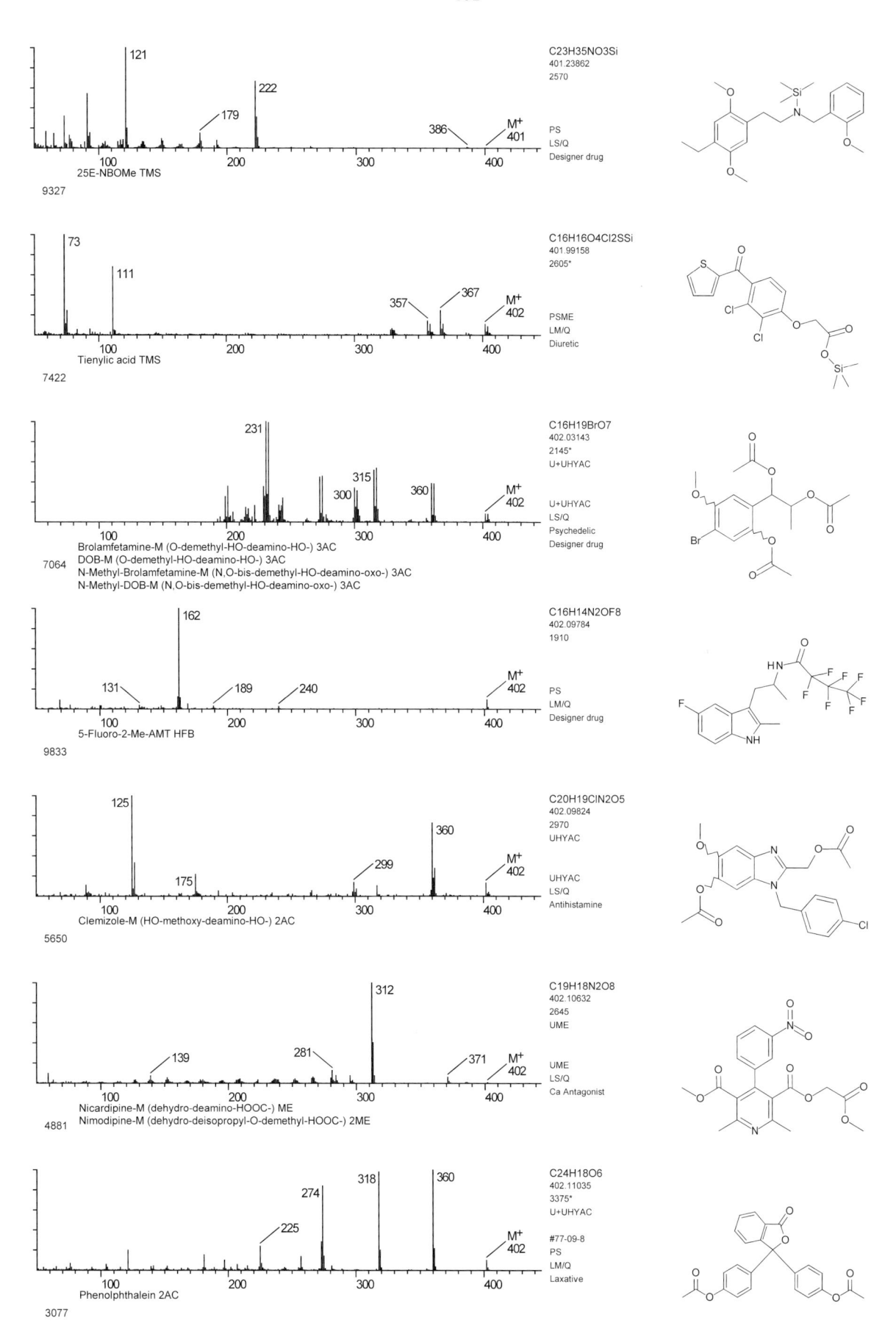

C23H35NO3Si
401.23862
2570
PS
LS/Q
Designer drug

25E-NBOMe TMS
9327

C16H16O4Cl2SSi
401.99158
2605*
PSME
LM/Q
Diuretic

Tienylic acid TMS
7422

C16H19BrO7
402.03143
2145*
U+UHYAC
U+UHYAC
LS/Q
Psychedelic
Designer drug

Brolamfetamine-M (O-demethyl-HO-deamino-HO-) 3AC
DOB-M (O-demethyl-HO-deamino-HO-) 3AC
N-Methyl-Brolamfetamine-M (N,O-bis-demethyl-HO-deamino-oxo-) 3AC
N-Methyl-DOB-M (N,O-bis-demethyl-HO-deamino-oxo-) 3AC
7064

C16H14N2OF8
402.09784
1910
PS
LM/Q
Designer drug

5-Fluoro-2-Me-AMT HFB
9833

C20H19ClN2O5
402.09824
2970
UHYAC
UHYAC
LS/Q
Antihistamine

Clemizole-M (HO-methoxy-deamino-HO-) 2AC
5650

C19H18N2O8
402.10632
2645
UME
UME
LS/Q
Ca Antagonist

Nicardipine-M (dehydro-deamino-HOOC-) ME
Nimodipine-M (dehydro-deisopropyl-O-demethyl-HOOC-) 2ME
4881

C24H18O6
402.11035
3375*
U+UHYAC
#77-09-8
PS
LM/Q
Laxative

Phenolphthalein 2AC
3077

402

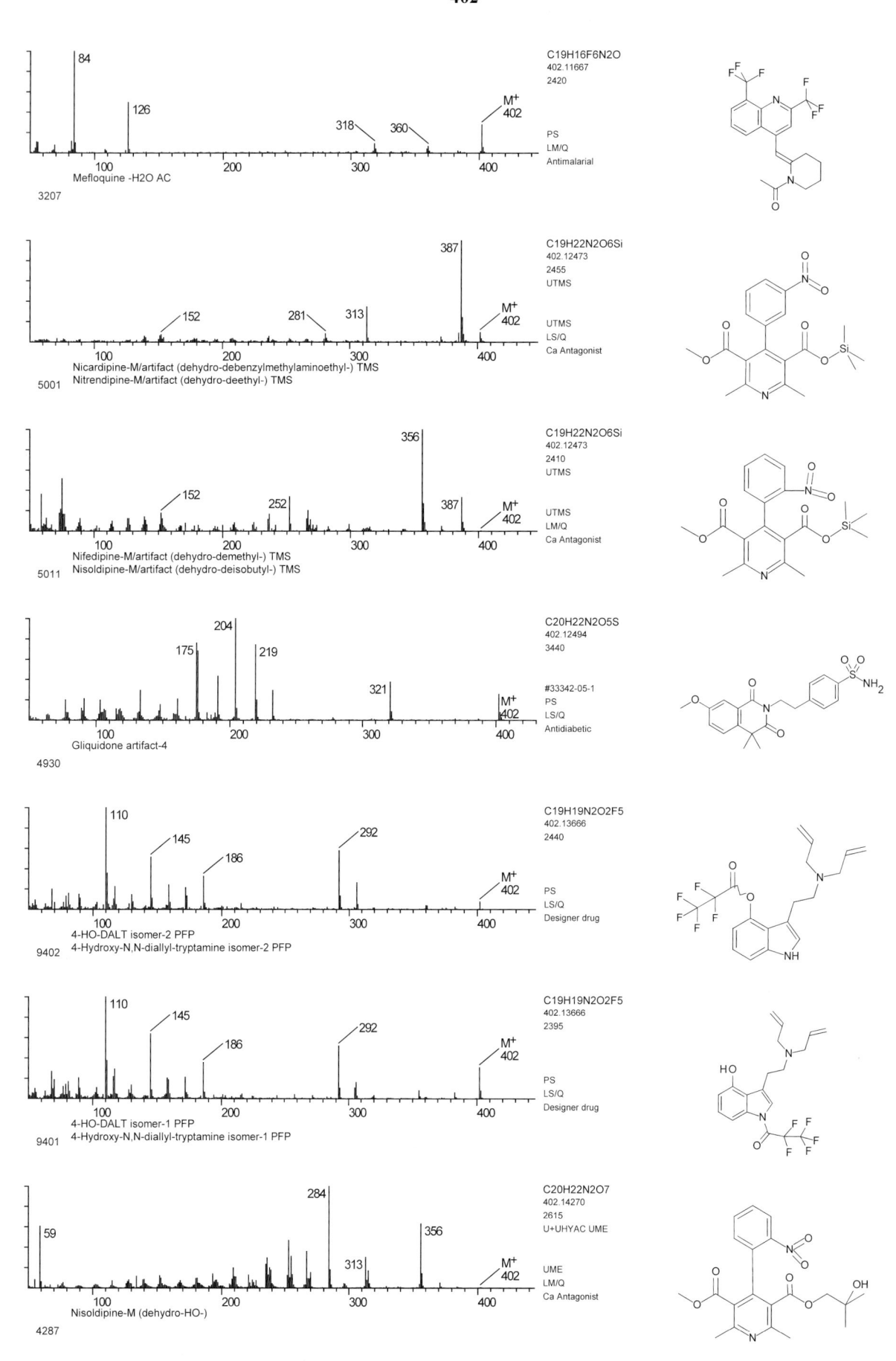

84, 126, 318, 360, M+ 402	C19H16F6N2O 402.11667 2420 PS LM/Q Antimalarial	
Mefloquine -H2O AC 3207		

152, 281, 313, 387, M+ 402	C19H22N2O6Si 402.12473 2455 UTMS UTMS LS/Q Ca Antagonist	
Nicardipine-M/artifact (dehydro-debenzylmethylaminoethyl-) TMS Nitrendipine-M/artifact (dehydro-deethyl-) TMS 5001		

152, 252, 356, 387, M+ 402	C19H22N2O6Si 402.12473 2410 UTMS UTMS LM/Q Ca Antagonist	
Nifedipine-M/artifact (dehydro-demethyl-) TMS Nisoldipine-M/artifact (dehydro-deisobutyl-) TMS 5011		

175, 204, 219, 321, M+ 402	C20H22N2O5S 402.12494 3440 #33342-05-1 PS LS/Q Antidiabetic	
Gliquidone artifact-4 4930		

110, 145, 186, 292, M+ 402	C19H19N2O2F5 402.13666 2440 PS LS/Q Designer drug	
4-HO-DALT isomer-2 PFP 4-Hydroxy-N,N-diallyl-tryptamine isomer-2 PFP 9402		

110, 145, 186, 292, M+ 402	C19H19N2O2F5 402.13666 2395 PS LS/Q Designer drug	
4-HO-DALT isomer-1 PFP 4-Hydroxy-N,N-diallyl-tryptamine isomer-1 PFP 9401		

59, 284, 313, 356, M+ 402	C20H22N2O7 402.14270 2615 U+UHYAC UME UME LM/Q Ca Antagonist	
Nisoldipine-M (dehydro-HO-) 4287		

402

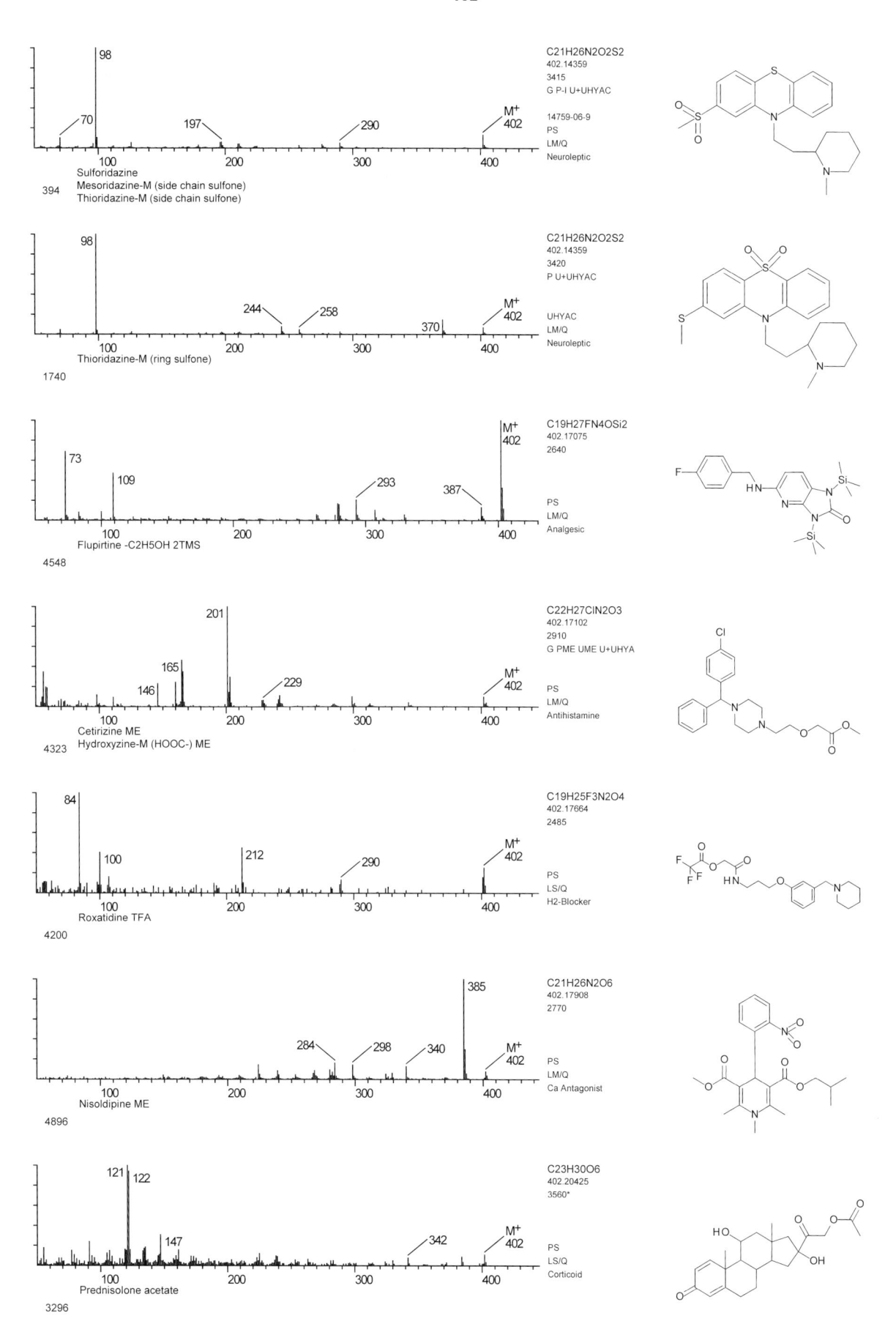

Sulforidazine Mesoridazine-M (side chain sulfone) Thioridazine-M (side chain sulfone) 394	C21H26N2O2S2 402.14359 3415 G P-I U+UHYAC 14759-06-9 PS LM/Q Neuroleptic	
Thioridazine-M (ring sulfone) 1740	C21H26N2O2S2 402.14359 3420 P U+UHYAC UHYAC LM/Q Neuroleptic	
Flupirtine -C2H5OH 2TMS 4548	C19H27FN4OSi2 402.17075 2640 PS LM/Q Analgesic	
Cetirizine ME Hydroxyzine-M (HOOC-) ME 4323	C22H27ClN2O3 402.17102 2910 G PME UME U+UHYA PS LM/Q Antihistamine	
Roxatidine TFA 4200	C19H25F3N2O4 402.17664 2485 PS LS/Q H2-Blocker	
Nisoldipine ME 4896	C21H26N2O6 402.17908 2770 PS LM/Q Ca Antagonist	
Prednisolone acetate 3296	C23H30O6 402.20425 3560* PS LS/Q Corticoid	

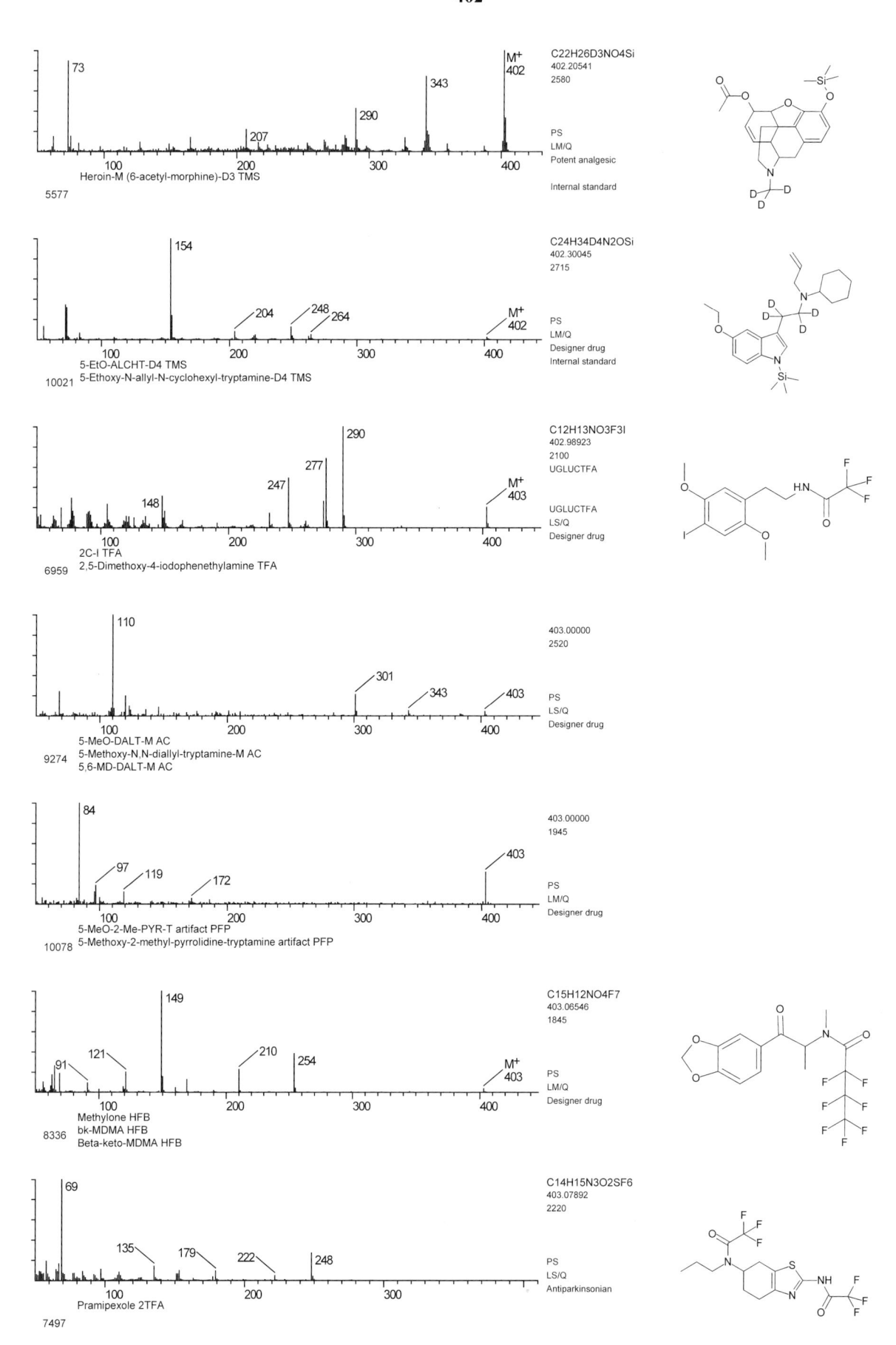

Heroin-M (6-acetyl-morphine)-D3 TMS — 5577
Peaks: 73, 207, 290, 343, M+ 402
C22H26D3NO4Si
402.20541
2580
PS
LM/Q
Potent analgesic
Internal standard

5-EtO-ALCHT-D4 TMS
5-Ethoxy-N-allyl-N-cyclohexyl-tryptamine-D4 TMS — 10021
Peaks: 154, 204, 248, 264, M+ 402
C24H34D4N2OSi
402.30045
2715
PS
LM/Q
Designer drug
Internal standard

2C-I TFA
2,5-Dimethoxy-4-iodophenethylamine TFA — 6959
Peaks: 148, 247, 277, 290, M+ 403
C12H13NO3F3I
402.98923
2100
UGLUCTFA
UGLUCTFA
LS/Q
Designer drug

5-MeO-DALT-M AC
5-Methoxy-N,N-diallyl-tryptamine-M AC
5,6-MD-DALT-M AC — 9274
Peaks: 110, 301, 343, 403
403.00000
2520
PS
LS/Q
Designer drug

5-MeO-2-Me-PYR-T artifact PFP
5-Methoxy-2-methyl-pyrrolidine-tryptamine artifact PFP — 10078
Peaks: 84, 97, 119, 172, 403
403.00000
1945
PS
LM/Q
Designer drug

Methylone HFB
bk-MDMA HFB
Beta-keto-MDMA HFB — 8336
Peaks: 91, 121, 149, 210, 254, M+ 403
C15H12NO4F7
403.06546
1845
PS
LM/Q
Designer drug

Pramipexole 2TFA — 7497
Peaks: 69, 135, 179, 222, 248
C14H15N3O2SF6
403.07892
2220
PS
LS/Q
Antiparkinsonian

403

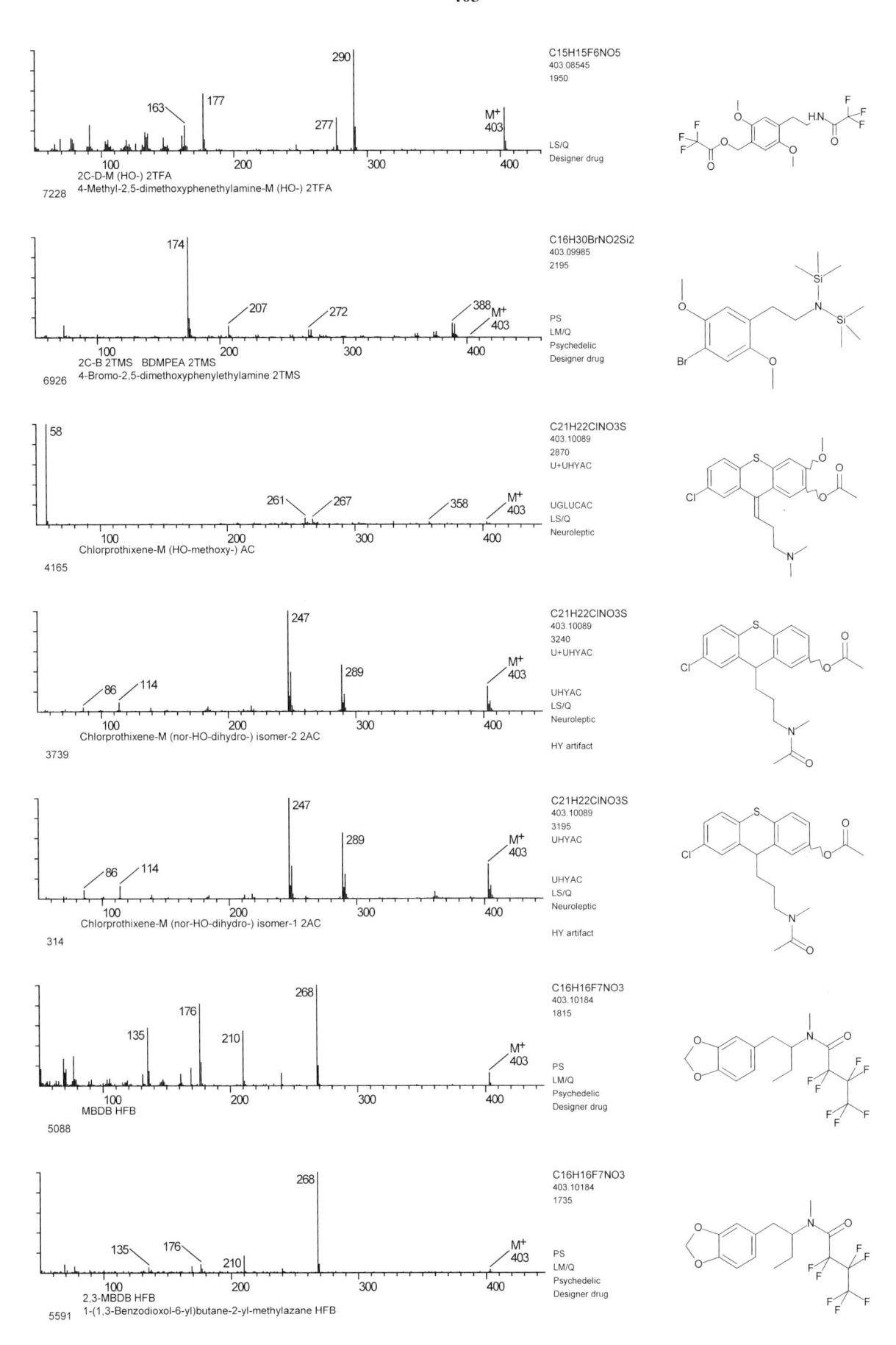

7228 2C-D-M (HO-) 2TFA
4-Methyl-2,5-dimethoxyphenethylamine-M (HO-) 2TFA

C15H15F6NO5
403.08545
1950

LS/Q
Designer drug

6926 2C-B 2TMS BDMPEA 2TMS
4-Bromo-2,5-dimethoxyphenylethylamine 2TMS

C16H30BrNO2Si2
403.09985
2195

PS
LM/Q
Psychedelic
Designer drug

4165 Chlorprothixene-M (HO-methoxy-) AC

C21H22ClNO3S
403.10089
2870
U+UHYAC

UGLUCAC
LS/Q
Neuroleptic

3739 Chlorprothixene-M (nor-HO-dihydro-) isomer-2 2AC

C21H22ClNO3S
403.10089
3240
U+UHYAC

UHYAC
LS/Q
Neuroleptic
HY artifact

314 Chlorprothixene-M (nor-HO-dihydro-) isomer-1 2AC

C21H22ClNO3S
403.10089
3195
UHYAC

UHYAC
LS/Q
Neuroleptic
HY artifact

5088 MBDB HFB

C16H16F7NO3
403.10184
1815

PS
LM/Q
Psychedelic
Designer drug

5591 2,3-MBDB HFB
1-(1,3-Benzodioxol-6-yl)butane-2-yl-methylazane HFB

C16H16F7NO3
403.10184
1735

PS
LM/Q
Psychedelic
Designer drug

403

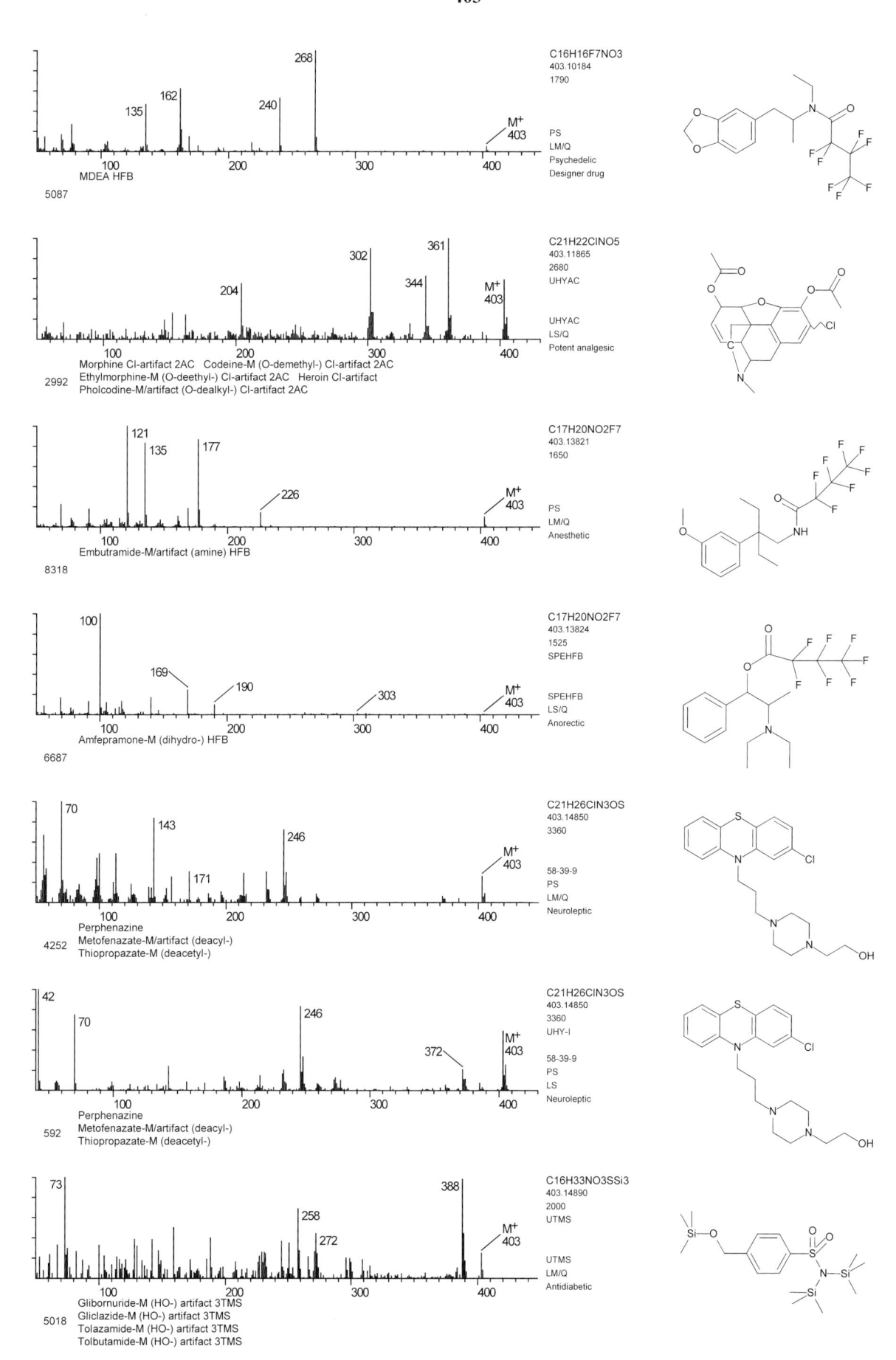

C16H16F7NO3
403.10184
1790
PS
LM/Q
Psychedelic
Designer drug

MDEA HFB
5087

C21H22ClNO5
403.11865
2680
UHYAC
UHYAC
LS/Q
Potent analgesic

Morphine Cl-artifact 2AC Codeine-M (O-demethyl-) Cl-artifact 2AC
Ethylmorphine-M (O-deethyl-) Cl-artifact 2AC Heroin Cl-artifact
Pholcodine-M/artifact (O-dealkyl-) Cl-artifact 2AC
2992

C17H20NO2F7
403.13821
1650
PS
LM/Q
Anesthetic

Embutramide-M/artifact (amine) HFB
8318

C17H20NO2F7
403.13824
1525
SPEHFB
SPEHFB
LS/Q
Anorectic

Amfepramone-M (dihydro-) HFB
6687

C21H26ClN3OS
403.14850
3360
58-39-9
PS
LM/Q
Neuroleptic

Perphenazine
Metofenazate-M/artifact (deacyl-)
Thiopropazate-M (deacetyl-)
4252

C21H26ClN3OS
403.14850
3360
UHY-I
58-39-9
PS
LS
Neuroleptic

Perphenazine
Metofenazate-M/artifact (deacyl-)
Thiopropazate-M (deacetyl-)
592

C16H33NO3SSi3
403.14890
2000
UTMS
UTMS
LM/Q
Antidiabetic

Glibornuride-M (HO-) artifact 3TMS
Gliclazide-M (HO-) artifact 3TMS
Tolazamide-M (HO-) artifact 3TMS
Tolbutamide-M (HO-) artifact 3TMS
5018

1456

403

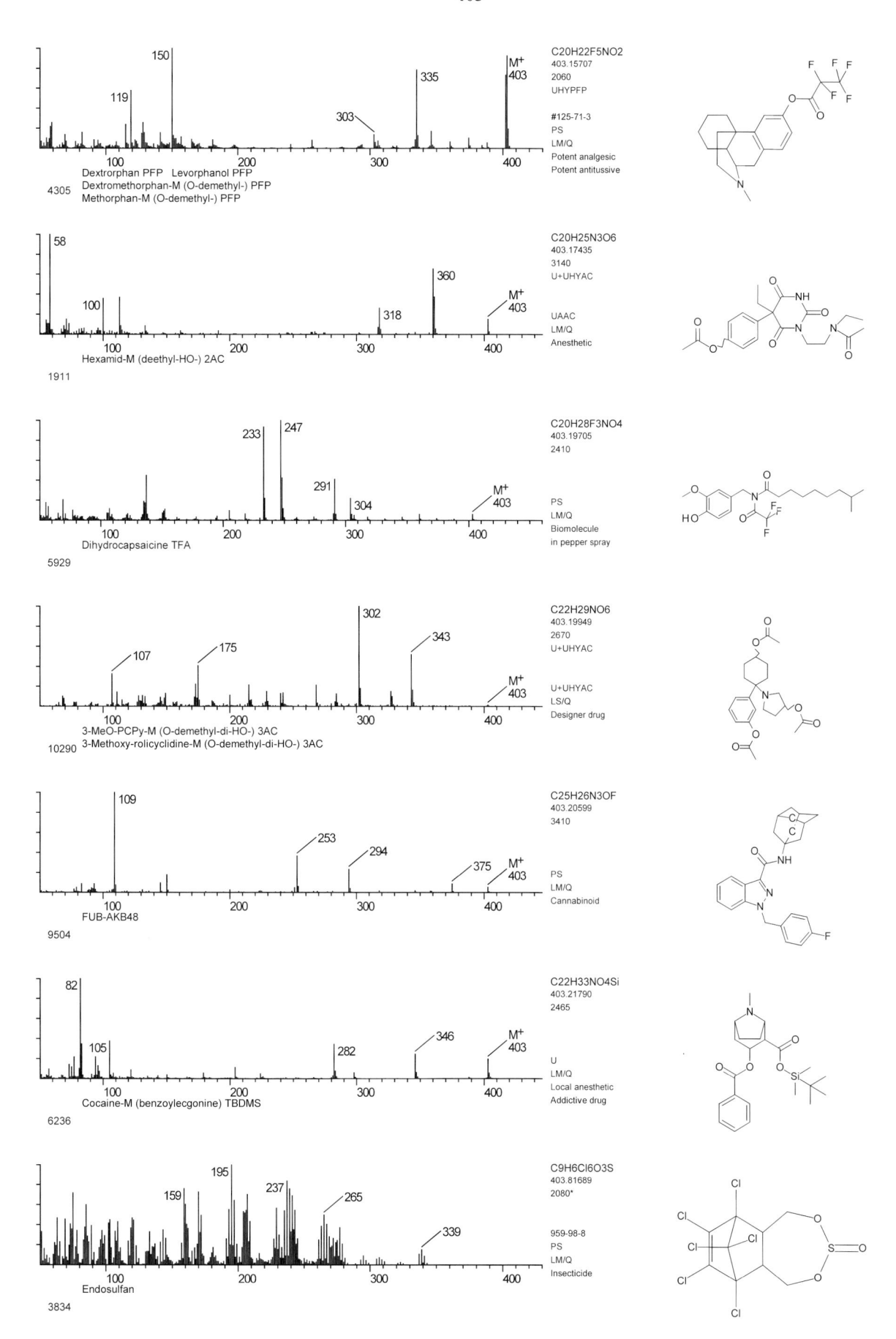

Spectrum label	Formula / Info
Dextrorphan PFP Levorphanol PFP Dextromethorphan-M (O-demethyl-) PFP Methorphan-M (O-demethyl-) PFP 4305	C20H22F5NO2 403.15707 2060 UHYPFP #125-71-3 PS LM/Q Potent analgesic Potent antitussive
Hexamid-M (deethyl-HO-) 2AC 1911	C20H25N3O6 403.17435 3140 U+UHYAC UAAC LM/Q Anesthetic
Dihydrocapsaicine TFA 5929	C20H28F3NO4 403.19705 2410 PS LM/Q Biomolecule in pepper spray
3-MeO-PCPy-M (O-demethyl-di-HO-) 3AC 3-Methoxy-rolicyclidine-M (O-demethyl-di-HO-) 3AC 10290	C22H29NO6 403.19949 2670 U+UHYAC U+UHYAC LS/Q Designer drug
FUB-AKB48 9504	C25H26N3OF 403.20599 3410 PS LM/Q Cannabinoid
Cocaine-M (benzoylecgonine) TBDMS 6236	C22H33NO4Si 403.21790 2465 U LM/Q Local anesthetic Addictive drug
Endosulfan 3834	C9H6Cl6O3S 403.81689 2080* 959-98-8 PS LM/Q Insecticide

1457

404

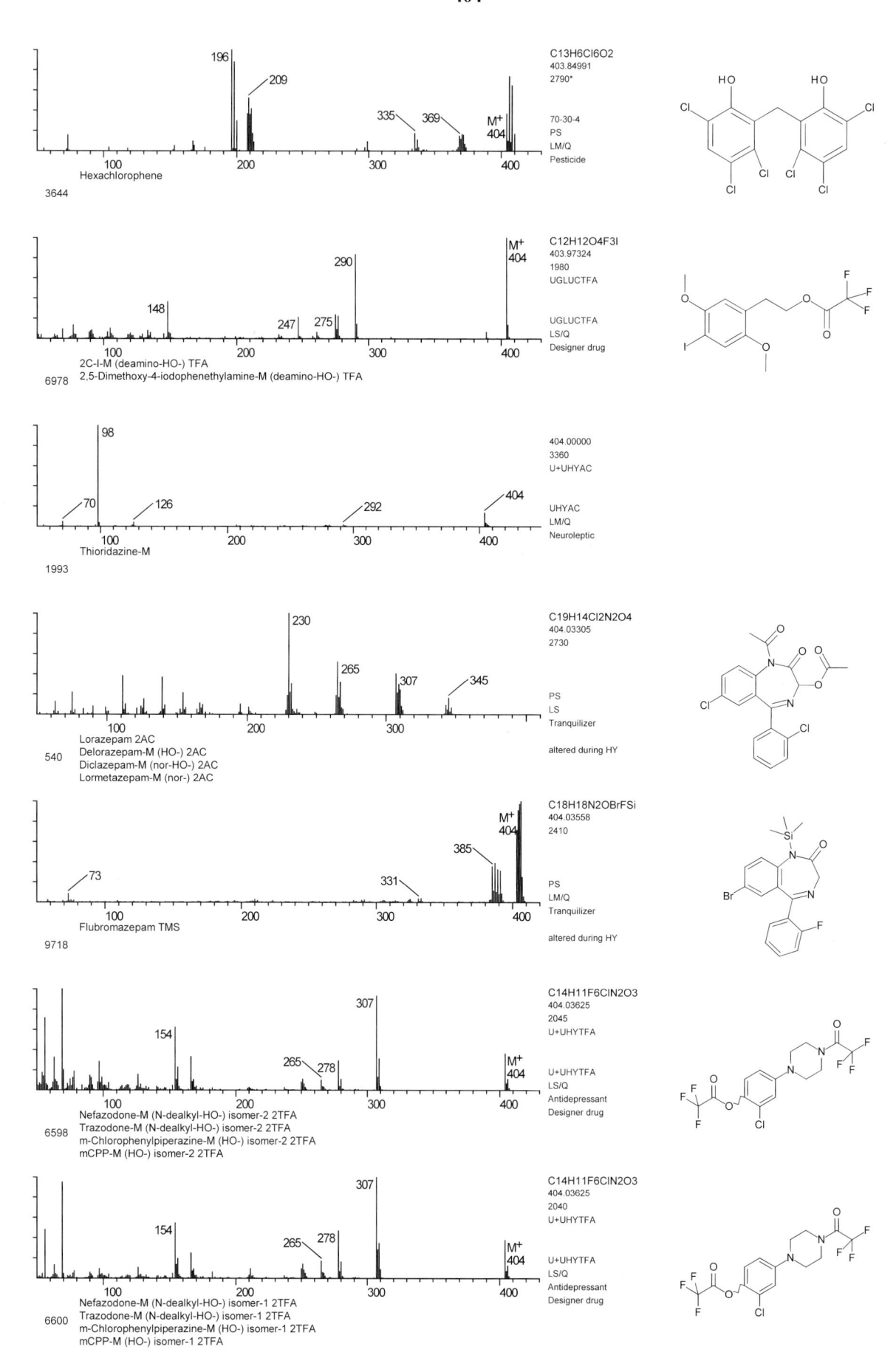

Spectrum	Formula / Info
Hexachlorophene (3644) — peaks 196, 209, 335, 369, M+ 404	C13H6Cl6O2, 403.84991, 2790*, 70-30-4, PS, LM/Q, Pesticide
2C-I-M (deamino-HO-) TFA / 2,5-Dimethoxy-4-iodophenethylamine-M (deamino-HO-) TFA (6978) — peaks 148, 247, 275, 290, M+ 404	C12H12O4F3I, 403.97324, 1980, UGLUCTFA, UGLUCTFA, LS/Q, Designer drug
Thioridazine-M (1993) — peaks 70, 98, 126, 292, 404	404.00000, 3360, U+UHYAC, UHYAC, LM/Q, Neuroleptic
Lorazepam 2AC / Delorazepam-M (HO-) 2AC / Diclazepam-M (nor-HO-) 2AC / Lormetazepam-M (nor-) 2AC (540) — peaks 230, 265, 307, 345	C19H14Cl2N2O4, 404.03305, 2730, PS, LS, Tranquilizer, altered during HY
Flubromazepam TMS (9718) — peaks 73, 331, 385, M+ 404	C18H18N2OBrFSi, 404.03558, 2410, PS, LM/Q, Tranquilizer, altered during HY
Nefazodone-M (N-dealkyl-HO-) isomer-2 2TFA / Trazodone-M (N-dealkyl-HO-) isomer-2 2TFA / m-Chlorophenylpiperazine-M (HO-) isomer-2 2TFA / mCPP-M (HO-) isomer-2 2TFA (6598) — peaks 154, 265, 278, 307, M+ 404	C14H11F6ClN2O3, 404.03625, 2045, U+UHYTFA, U+UHYTFA, LS/Q, Antidepressant, Designer drug
Nefazodone-M (N-dealkyl-HO-) isomer-1 2TFA / Trazodone-M (N-dealkyl-HO-) isomer-1 2TFA / m-Chlorophenylpiperazine-M (HO-) isomer-1 2TFA / mCPP-M (HO-) isomer-1 2TFA (6600) — peaks 154, 265, 278, 307, M+ 404	C14H11F6ClN2O3, 404.03625, 2040, U+UHYTFA, U+UHYTFA, LS/Q, Antidepressant, Designer drug

404

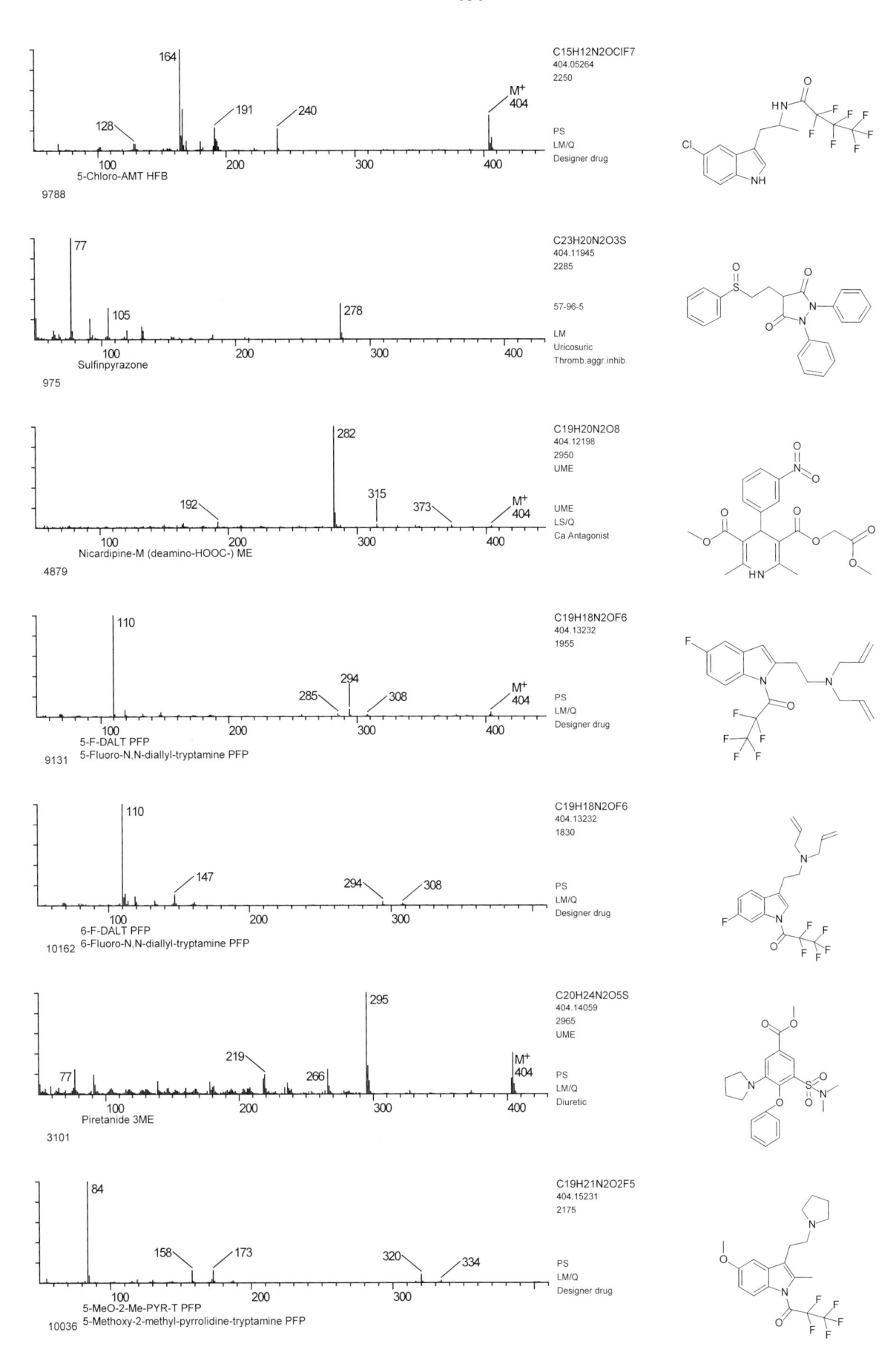

5-Chloro-AMT HFB — peaks: 128, 164, 191, 240, M+ 404	C15H12N2OClF7 404.05264 2250 PS LM/Q Designer drug	9788
Sulfinpyrazone — peaks: 77, 105, 278	C23H20N2O3S 404.11945 2285 57-96-5 LM Uricosuric Thromb.aggr.inhib.	975
Nicardipine-M (deamino-HOOC-) ME — peaks: 192, 282, 315, 373, M+ 404	C19H20N2O8 404.12198 2950 UME UME LS/Q Ca Antagonist	4879
5-F-DALT PFP / 5-Fluoro-N,N-diallyl-tryptamine PFP — peaks: 110, 285, 294, 308, M+ 404	C19H18N2OF6 404.13232 1955 PS LM/Q Designer drug	9131
6-F-DALT PFP / 6-Fluoro-N,N-diallyl-tryptamine PFP — peaks: 110, 147, 294, 308	C19H18N2OF6 404.13232 1830 PS LM/Q Designer drug	10162
Piretanide 3ME — peaks: 77, 219, 266, 295, M+ 404	C20H24N2O5S 404.14059 2965 UME PS LM/Q Diuretic	3101
5-MeO-2-Me-PYR-T PFP / 5-Methoxy-2-methyl-pyrrolidine-tryptamine PFP — peaks: 84, 158, 173, 320, 334	C19H21N2O2F5 404.15231 2175 PS LM/Q Designer drug	10036

1459

404

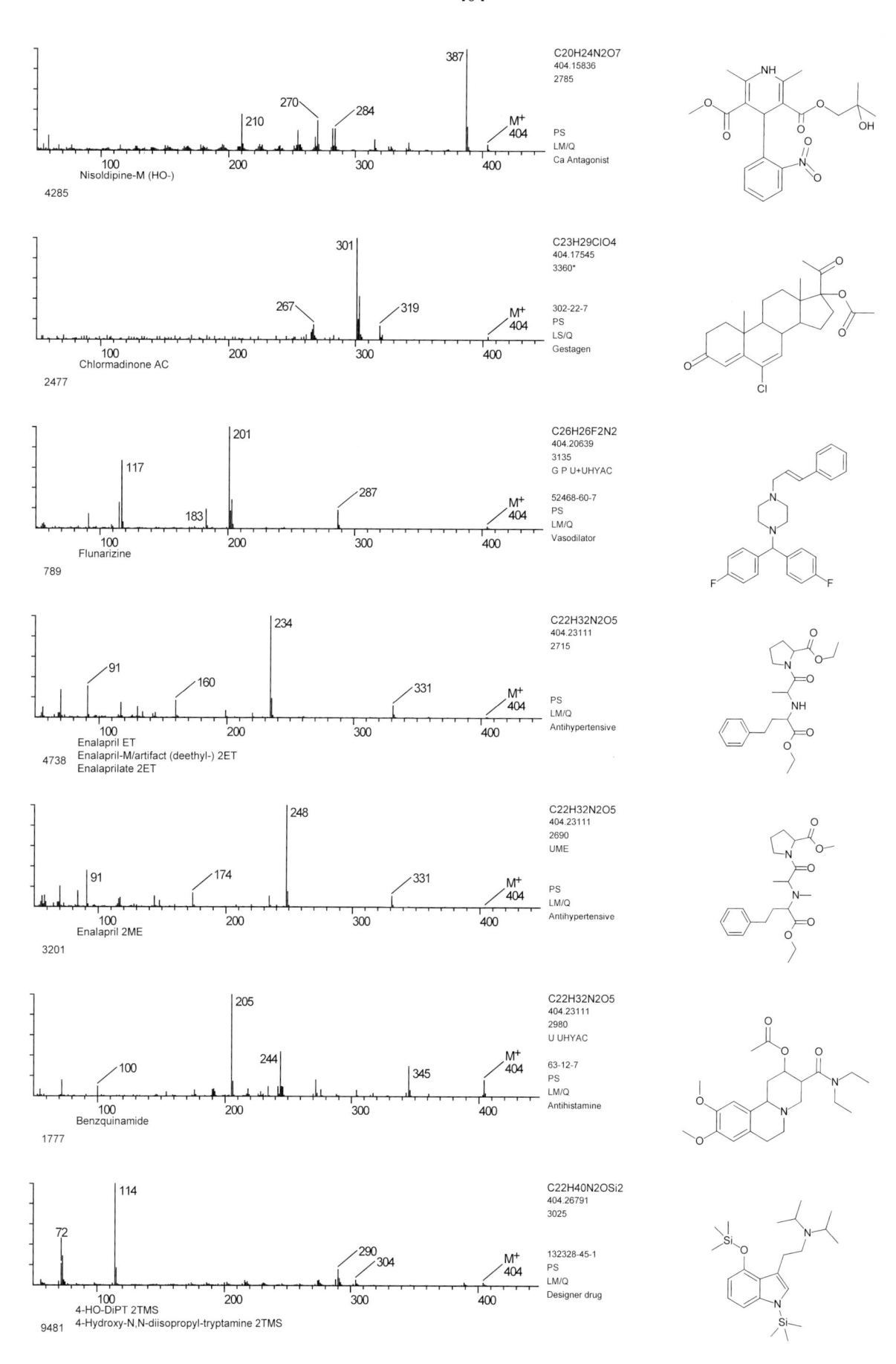

Nisoldipine-M (HO-)
C20H24N2O7
404.15836
2785
PS
LM/Q
Ca Antagonist
Peaks: 210, 270, 284, 387, M+ 404

Chlormadinone AC
C23H29ClO4
404.17545
3360*
302-22-7
PS
LS/Q
Gestagen
Peaks: 267, 301, 319, M+ 404

Flunarizine
C26H26F2N2
404.20639
3135
G P U+UHYAC
52468-60-7
PS
LM/Q
Vasodilator
Peaks: 117, 183, 201, 287, M+ 404

Enalapril ET
Enalapril-M/artifact (deethyl-) 2ET
Enalaprilate 2ET
C22H32N2O5
404.23111
2715
PS
LM/Q
Antihypertensive
Peaks: 91, 160, 234, 331, M+ 404

Enalapril 2ME
C22H32N2O5
404.23111
2690
UME
PS
LM/Q
Antihypertensive
Peaks: 91, 174, 248, 331, M+ 404

Benzquinamide
C22H32N2O5
404.23111
2980
U UHYAC
63-12-7
PS
LM/Q
Antihistamine
Peaks: 100, 205, 244, 345, M+ 404

4-HO-DiPT 2TMS
4-Hydroxy-N,N-diisopropyl-tryptamine 2TMS
C22H40N2OSi2
404.26791
3025
132328-45-1
PS
LM/Q
Designer drug
Peaks: 72, 114, 290, 304, M+ 404

405

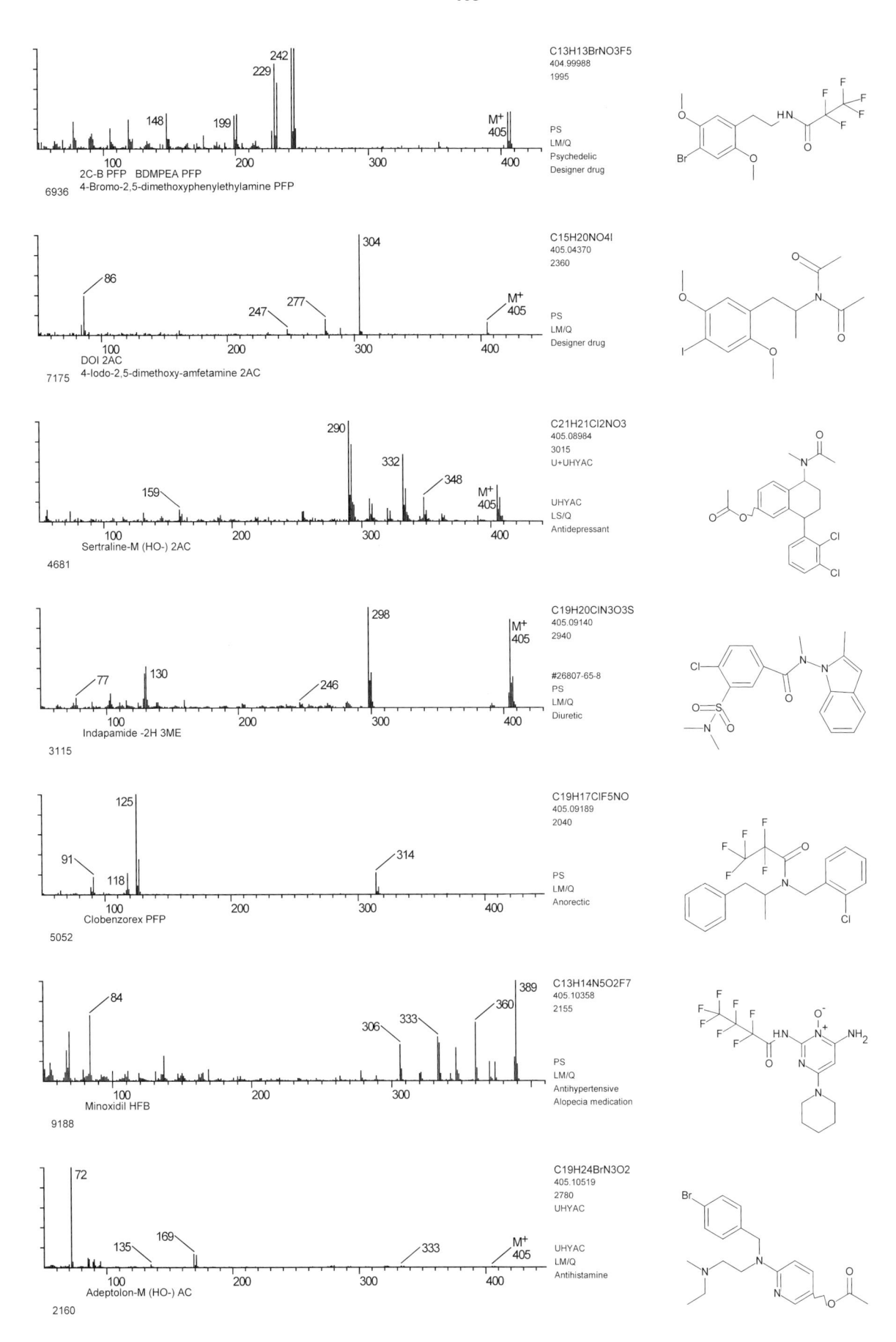

2C-B PFP BDMPEA PFP 4-Bromo-2,5-dimethoxyphenylethylamine PFP 6936	C13H13BrNO3F5 404.99988 1995 PS LM/Q Psychedelic Designer drug	
DOI 2AC 4-Iodo-2,5-dimethoxy-amfetamine 2AC 7175	C15H20NO4I 405.04370 2360 PS LM/Q Designer drug	
Sertraline-M (HO-) 2AC 4681	C21H21Cl2NO3 405.08984 3015 U+UHYAC UHYAC LS/Q Antidepressant	
Indapamide -2H 3ME 3115	C19H20ClN3O3S 405.09140 2940 #26807-65-8 PS LM/Q Diuretic	
Clobenzorex PFP 5052	C19H17ClF5NO 405.09189 2040 PS LM/Q Anorectic	
Minoxidil HFB 9188	C13H14N5O2F7 405.10358 2155 PS LM/Q Antihypertensive Alopecia medication	
Adeptolon-M (HO-) AC 2160	C19H24BrN3O2 405.10519 2780 UHYAC UHYAC LM/Q Antihistamine	

405

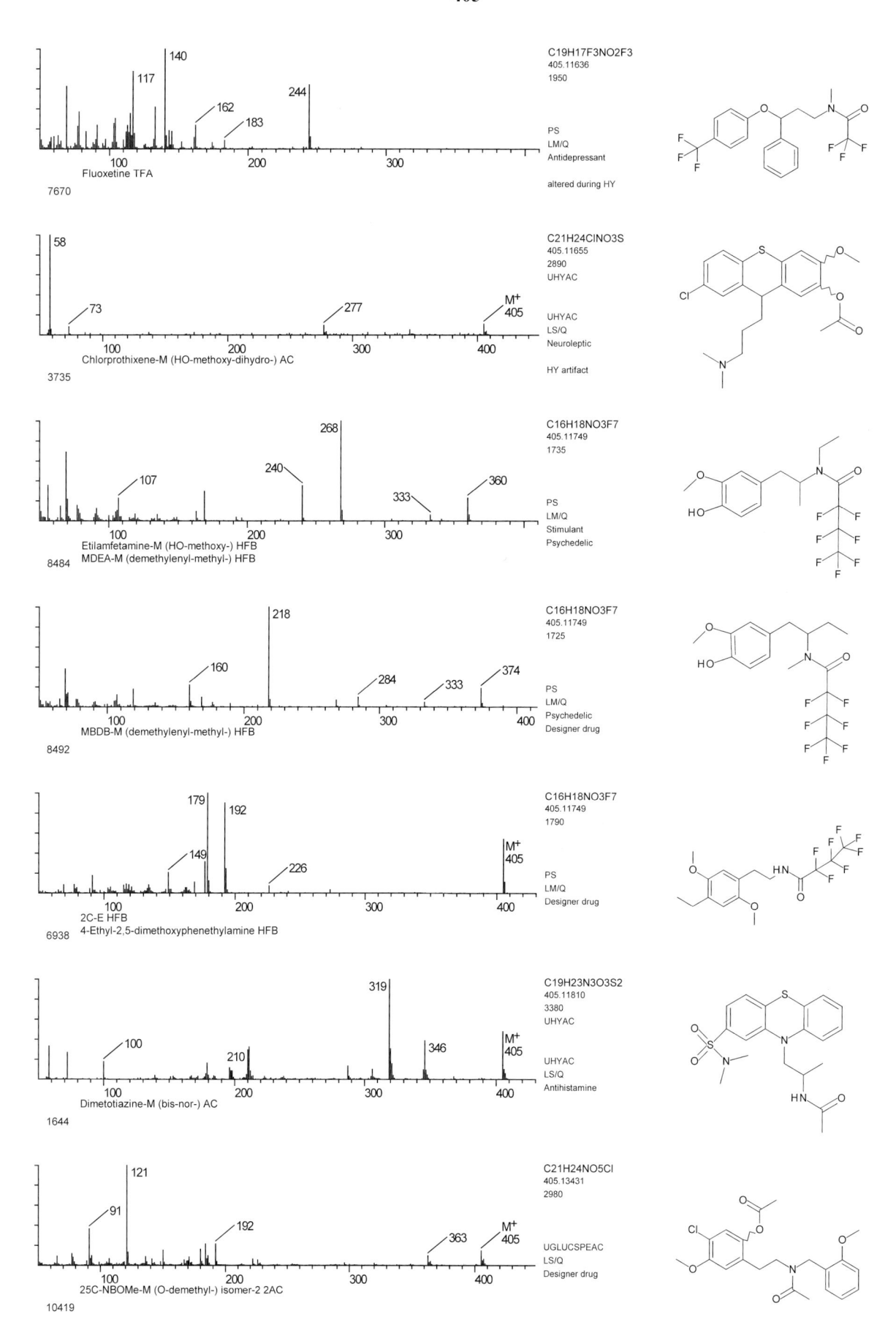

C19H17F3NO2F3
405.11636
1950

PS
LM/Q
Antidepressant

Fluoxetine TFA
7670

altered during HY

C21H24ClNO3S
405.11655
2890
UHYAC

UHYAC
LS/Q
Neuroleptic

Chlorprothixene-M (HO-methoxy-dihydro-) AC
3735

HY artifact

C16H18NO3F7
405.11749
1735

PS
LM/Q
Stimulant
Psychedelic

Etilamfetamine-M (HO-methoxy-) HFB
MDEA-M (demethylenyl-methyl-) HFB
8484

C16H18NO3F7
405.11749
1725

PS
LM/Q
Psychedelic
Designer drug

MBDB-M (demethylenyl-methyl-) HFB
8492

C16H18NO3F7
405.11749
1790

PS
LM/Q
Designer drug

2C-E HFB
4-Ethyl-2,5-dimethoxyphenethylamine HFB
6938

C19H23N3O3S2
405.11810
3380
UHYAC

UHYAC
LS/Q
Antihistamine

Dimetotiazine-M (bis-nor-) AC
1644

C21H24NO5Cl
405.13431
2980

UGLUCSPEAC
LS/Q
Designer drug

25C-NBOMe-M (O-demethyl-) isomer-2 2AC
10419

405

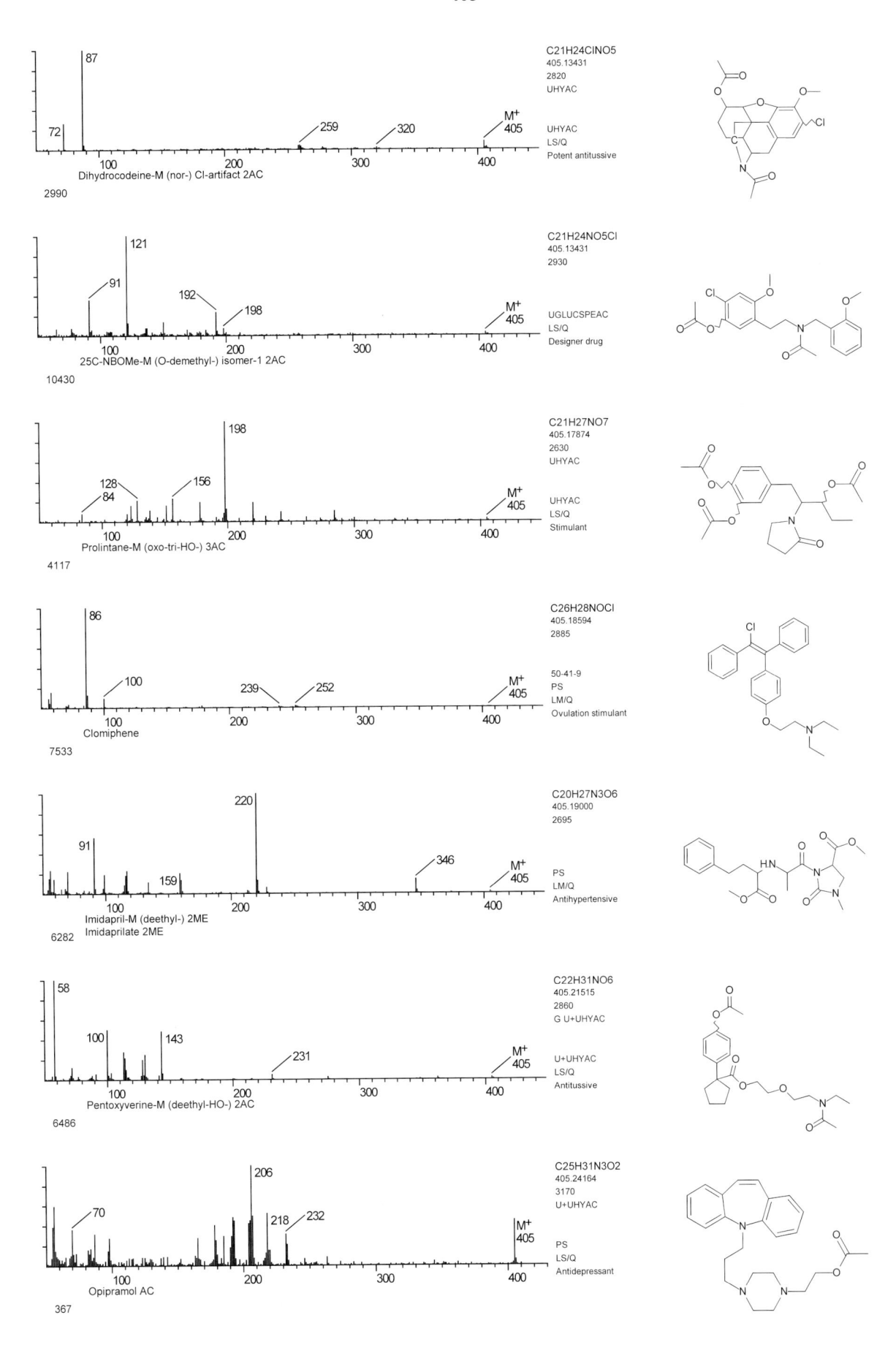

87, 72, 259, 320, M+ 405	C21H24ClNO5 405.13431 2820 UHYAC UHYAC LS/Q Potent antitussive	
Dihydrocodeine-M (nor-) Cl-artifact 2AC 2990		
121, 91, 192, 198, M+ 405	C21H24NO5Cl 405.13431 2930 UGLUCSPEAC LS/Q Designer drug	
25C-NBOMe-M (O-demethyl-) isomer-1 2AC 10430		
198, 128, 84, 156, M+ 405	C21H27NO7 405.17874 2630 UHYAC UHYAC LS/Q Stimulant	
Prolintane-M (oxo-tri-HO-) 3AC 4117		
86, 100, 239, 252, M+ 405	C26H28NOCl 405.18594 2885 50-41-9 PS LM/Q Ovulation stimulant	
Clomiphene 7533		
220, 91, 159, 346, M+ 405	C20H27N3O6 405.19000 2695 PS LM/Q Antihypertensive	
Imidapril-M (deethyl-) 2ME Imidaprilate 2ME 6282		
58, 100, 143, 231, M+ 405	C22H31NO6 405.21515 2860 G U+UHYAC U+UHYAC LS/Q Antitussive	
Pentoxyverine-M (deethyl-HO) 2AC 6486		
206, 70, 218, 232, M+ 405	C25H31N3O2 405.24164 3170 U+UHYAC PS LS/Q Antidepressant	
Opipramol AC 367		

405

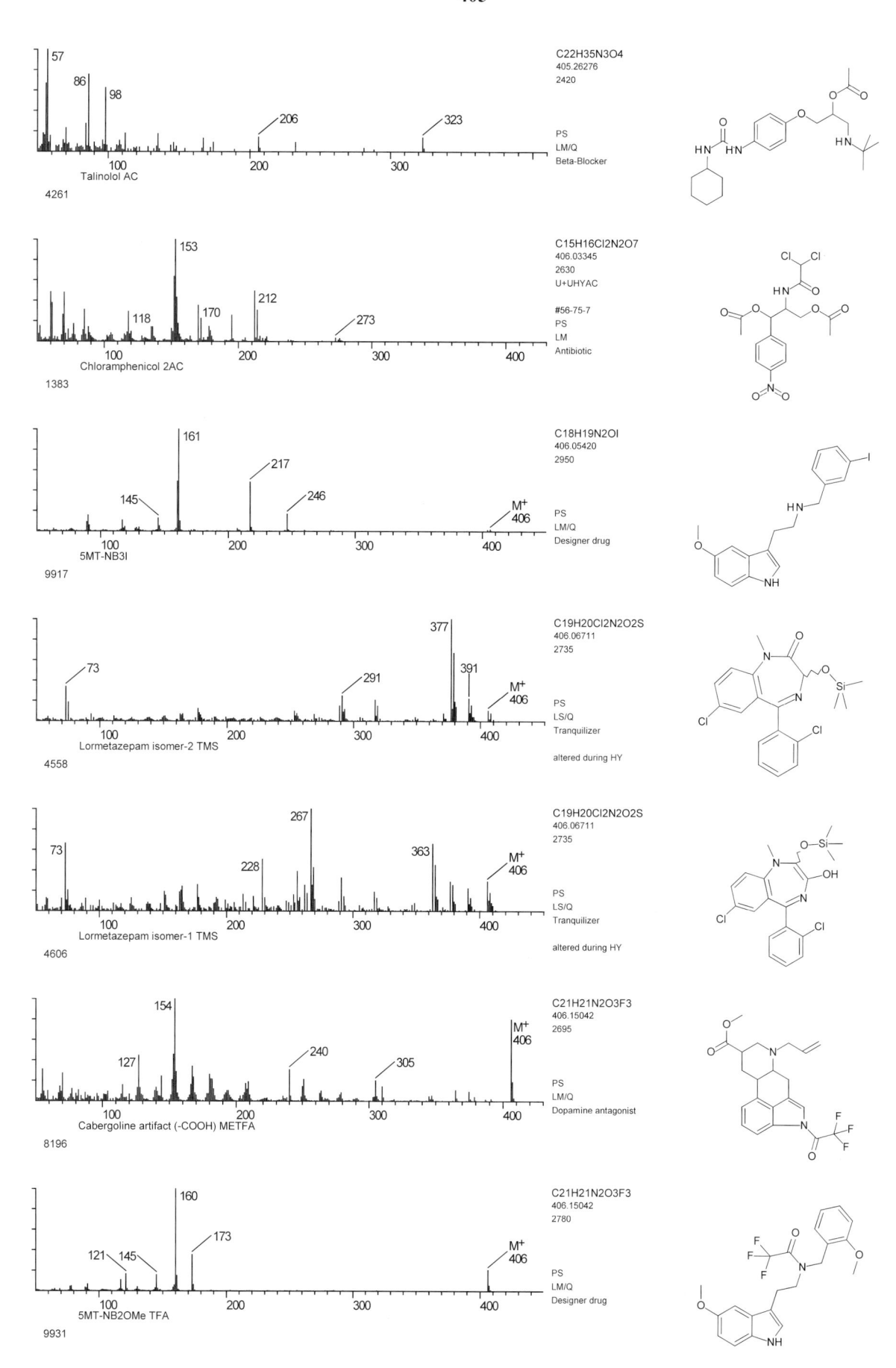

Talinolol AC
C22H35N3O4
405.26276
2420
PS
LM/Q
Beta-Blocker

Peaks: 57, 86, 98, 206, 323

Chloramphenicol 2AC
C15H16Cl2N2O7
406.03345
2630
U+UHYAC
#56-75-7
PS
LM
Antibiotic

Peaks: 118, 153, 170, 212, 273

5MT-NB3I
C18H19N2OI
406.05420
2950
PS
LM/Q
Designer drug

Peaks: 145, 161, 217, 246, M+ 406

Lormetazepam isomer-2 TMS
C19H20Cl2N2O2S
406.06711
2735
PS
LS/Q
Tranquilizer
altered during HY

Peaks: 73, 291, 377, 391, M+ 406

Lormetazepam isomer-1 TMS
C19H20Cl2N2O2S
406.06711
2735
PS
LS/Q
Tranquilizer
altered during HY

Peaks: 73, 228, 267, 363, M+ 406

Cabergoline artifact (-COOH) METFA
C21H21N2O3F3
406.15042
2695
PS
LM/Q
Dopamine antagonist

Peaks: 127, 154, 240, 305, M+ 406

5MT-NB2OMe TFA
C21H21N2O3F3
406.15042
2780
PS
LM/Q
Designer drug

Peaks: 121, 145, 160, 173, M+ 406

406

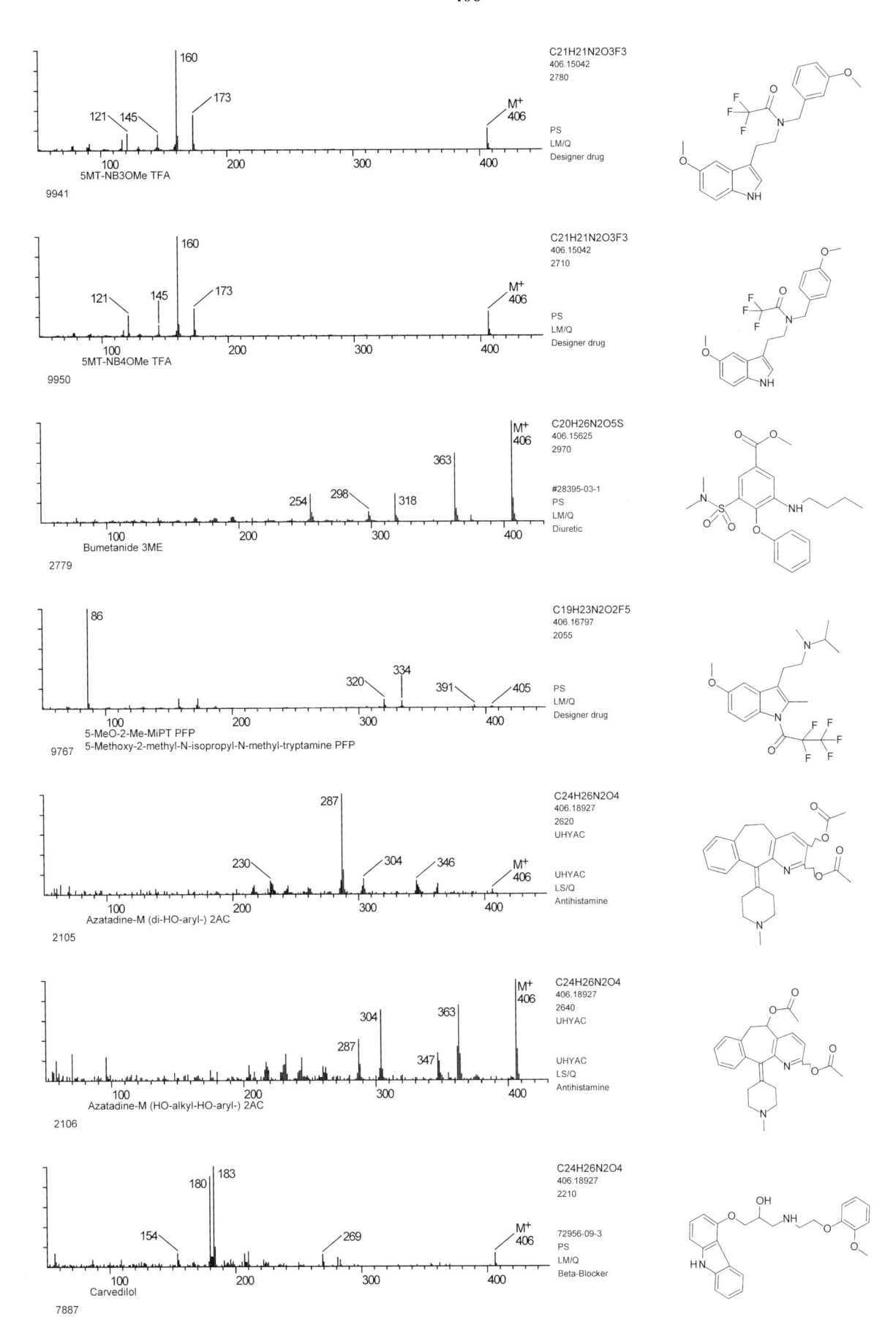

9941	121, 145, 160, 173, M+ 406 5MT-NB3OMe TFA	C21H21N2O3F3 406.15042 2780 PS LM/Q Designer drug
9950	121, 145, 160, 173, M+ 406 5MT-NB4OMe TFA	C21H21N2O3F3 406.15042 2710 PS LM/Q Designer drug
2779	254, 298, 318, 363, M+ 406 Bumetanide 3ME	C20H26N2O5S 406.15625 2970 #28395-03-1 PS LM/Q Diuretic
9767	86, 320, 334, 391, 405 5-MeO-2-Me-MiPT PFP 5-Methoxy-2-methyl-N-isopropyl-N-methyl-tryptamine PFP	C19H23N2O2F5 406.16797 2055 PS LM/Q Designer drug
2105	230, 287, 304, 346, M+ 406 Azatadine-M (di-HO-aryl-) 2AC	C24H26N2O4 406.18927 2620 UHYAC UHYAC LS/Q Antihistamine
2106	287, 304, 347, 363, M+ 406 Azatadine-M (HO-alkyl-HO-aryl-) 2AC	C24H26N2O4 406.18927 2640 UHYAC UHYAC LS/Q Antihistamine
7887	154, 180, 183, 269, M+ 406 Carvedilol	C24H26N2O4 406.18927 2210 72956-09-3 PS LM/Q Beta-Blocker

406

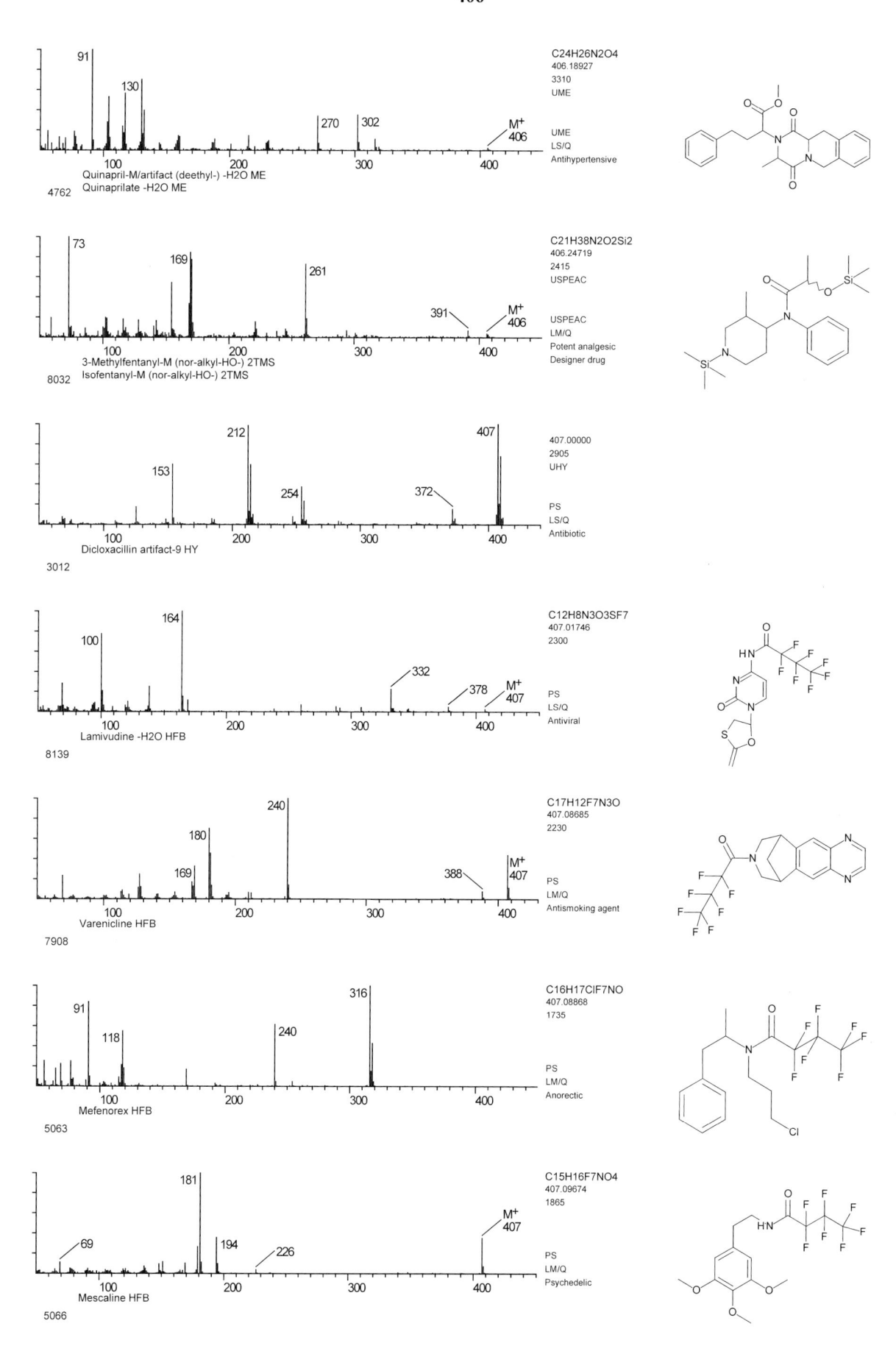

Spectrum label	Formula / Info
Quinapril-M/artifact (deethyl-) -H2O ME / Quinaprilate -H2O ME — 4762	C24H26N2O4, 406.18927, 3310, UME; UME LS/Q; Antihypertensive
3-Methylfentanyl-M (nor-alkyl-HO-) 2TMS / Isofentanyl-M (nor-alkyl-HO-) 2TMS — 8032	C21H38N2O2Si2, 406.24719, 2415, USPEAC; USPEAC LM/Q; Potent analgesic; Designer drug
Dicloxacillin artifact-9 HY — 3012	407.00000, 2905, UHY; PS LS/Q; Antibiotic
Lamivudine -H2O HFB — 8139	C12H8N3O3SF7, 407.01746, 2300; PS LS/Q; Antiviral
Varenicline HFB — 7908	C17H12F7N3O, 407.08685, 2230; PS LM/Q; Antismoking agent
Mefenorex HFB — 5063	C16H17ClF7NO, 407.08868, 1735; PS LM/Q; Anorectic
Mescaline HFB — 5066	C15H16F7NO4, 407.09674, 1865; PS LM/Q; Psychedelic

407

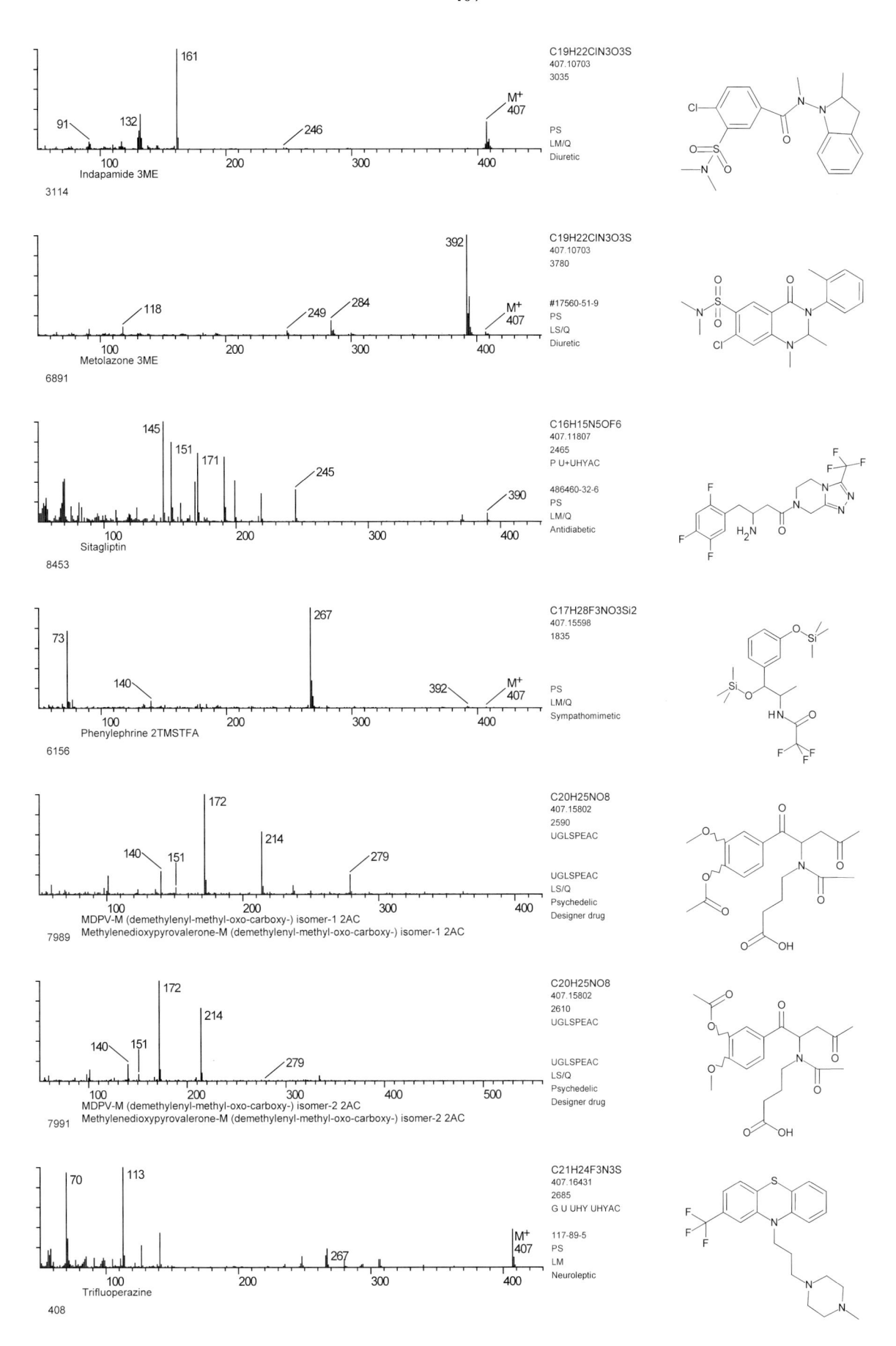

C19H22ClN3O3S
407.10703
3035

PS
LM/Q
Diuretic

Indapamide 3ME
3114

C19H22ClN3O3S
407.10703
3780

#17560-51-9
PS
LS/Q
Diuretic

Metolazone 3ME
6891

C16H15N5OF6
407.11807
2465
P U+UHYAC

486460-32-6
PS
LM/Q
Antidiabetic

Sitagliptin
8453

C17H28F3NO3Si2
407.15598
1835

PS
LM/Q
Sympathomimetic

Phenylephrine 2TMSTFA
6156

C20H25NO8
407.15802
2590
UGLSPEAC

UGLSPEAC
LS/Q
Psychedelic
Designer drug

MDPV-M (demethylenyl-methyl-oxo-carboxy-) isomer-1 2AC
Methylenedioxypyrovalerone-M (demethylenyl-methyl-oxo-carboxy-) isomer-1 2AC
7989

C20H25NO8
407.15802
2610
UGLSPEAC

UGLSPEAC
LS/Q
Psychedelic
Designer drug

MDPV-M (demethylenyl-methyl-oxo-carboxy-) isomer-2 2AC
Methylenedioxypyrovalerone-M (demethylenyl-methyl-oxo-carboxy-) isomer-2 2AC
7991

C21H24F3N3S
407.16431
2685
G U UHY UHYAC

117-89-5
PS
LM
Neuroleptic

Trifluoperazine
408

407

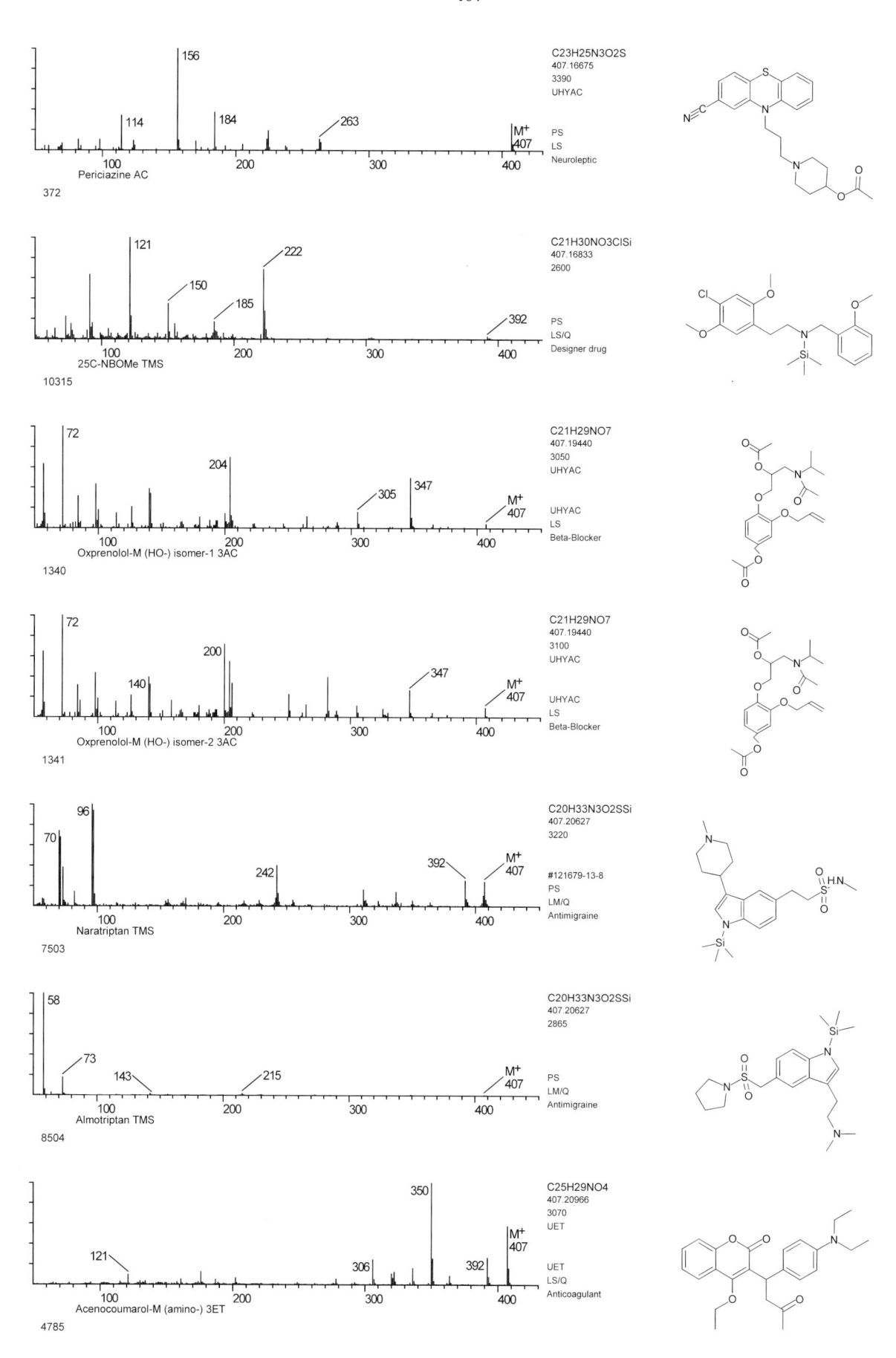

Periciazine AC — 372	C23H25N3O2S 407.16675 3390 UHYAC PS LS Neuroleptic
25C-NBOMe TMS — 10315	C21H30NO3ClSi 407.16833 2600 PS LS/Q Designer drug
Oxprenolol-M (HO-) isomer-1 3AC — 1340	C21H29NO7 407.19440 3050 UHYAC UHYAC LS Beta-Blocker
Oxprenolol-M (HO-) isomer-2 3AC — 1341	C21H29NO7 407.19440 3100 UHYAC UHYAC LS Beta-Blocker
Naratriptan TMS — 7503	C20H33N3O2SSi 407.20627 3220 #121679-13-8 PS LM/Q Antimigraine
Almotriptan TMS — 8504	C20H33N3O2SSi 407.20627 2865 PS LM/Q Antimigraine
Acenocoumarol-M (amino-) 3ET — 4785	C25H29NO4 407.20966 3070 UET UET LS/Q Anticoagulant

407

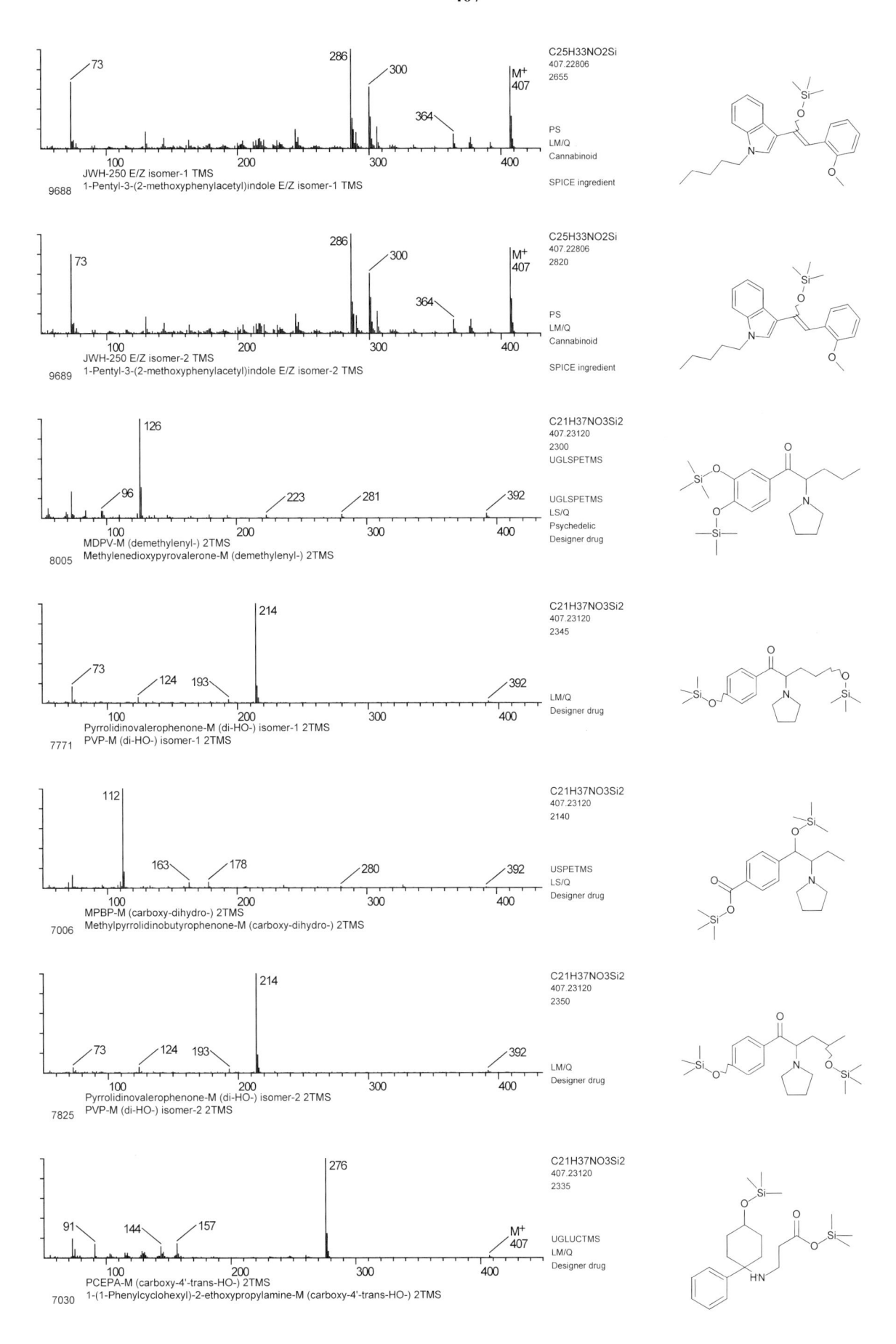

9688	JWH-250 E/Z isomer-1 TMS 1-Pentyl-3-(2-methoxyphenylacetyl)indole E/Z isomer-1 TMS	C25H33NO2Si 407.22806 2655 PS LM/Q Cannabinoid SPICE ingredient
9689	JWH-250 E/Z isomer-2 TMS 1-Pentyl-3-(2-methoxyphenylacetyl)indole E/Z isomer-2 TMS	C25H33NO2Si 407.22806 2820 PS LM/Q Cannabinoid SPICE ingredient
8005	MDPV-M (demethylenyl-) 2TMS Methylenedioxypyrovalerone-M (demethylenyl-) 2TMS	C21H37NO3Si2 407.23120 2300 UGLSPETMS UGLSPETMS LS/Q Psychedelic Designer drug
7771	Pyrrolidinovalerophenone-M (di-HO-) isomer-1 2TMS PVP-M (di-HO-) isomer-1 2TMS	C21H37NO3Si2 407.23120 2345 LM/Q Designer drug
7006	MPBP-M (carboxy-dihydro-) 2TMS Methylpyrrolidinobutyrophenone-M (carboxy-dihydro-) 2TMS	C21H37NO3Si2 407.23120 2140 USPETMS LS/Q Designer drug
7825	Pyrrolidinovalerophenone-M (di-HO-) isomer-2 2TMS PVP-M (di-HO-) isomer-2 2TMS	C21H37NO3Si2 407.23120 2350 LM/Q Designer drug
7030	PCEPA-M (carboxy-4'-trans-HO-) 2TMS 1-(1-Phenylcyclohexyl)-2-ethoxypropylamine-M (carboxy-4'-trans-HO-) 2TMS	C21H37NO3Si2 407.23120 2335 UGLUCTMS LM/Q Designer drug

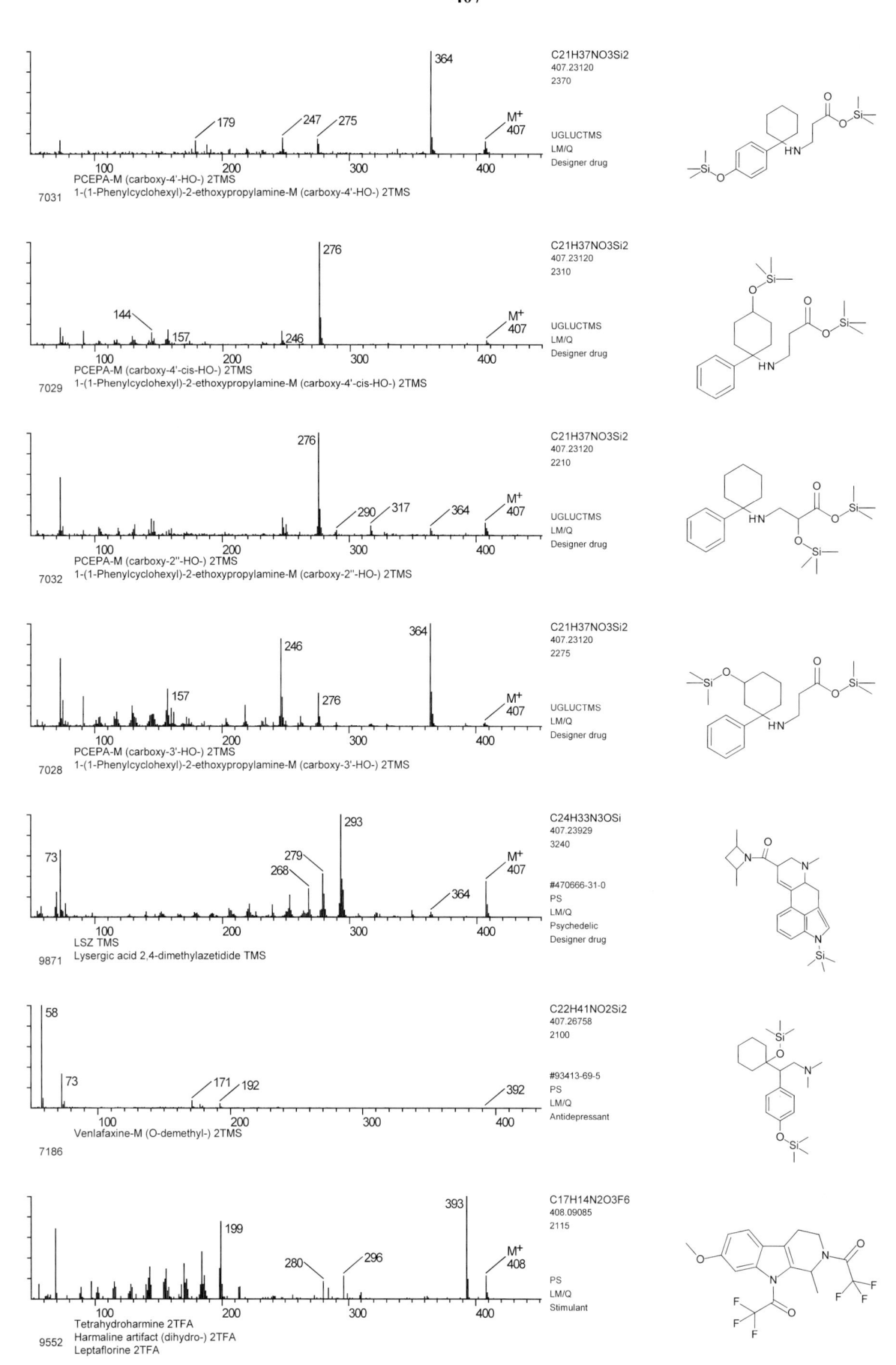

	C21H37NO3Si2 407.23120 2370 UGLUCTMS LM/Q Designer drug	

PCEPA-M (carboxy-4'-HO-) 2TMS
7031 1-(1-Phenylcyclohexyl)-2-ethoxypropylamine-M (carboxy-4'-HO-) 2TMS

C21H37NO3Si2
407.23120
2310
UGLUCTMS
LM/Q
Designer drug

PCEPA-M (carboxy-4'-cis-HO-) 2TMS
7029 1-(1-Phenylcyclohexyl)-2-ethoxypropylamine-M (carboxy-4'-cis-HO-) 2TMS

C21H37NO3Si2
407.23120
2210
UGLUCTMS
LM/Q
Designer drug

PCEPA-M (carboxy-2''-HO-) 2TMS
7032 1-(1-Phenylcyclohexyl)-2-ethoxypropylamine-M (carboxy-2''-HO-) 2TMS

C21H37NO3Si2
407.23120
2275
UGLUCTMS
LM/Q
Designer drug

PCEPA-M (carboxy-3'-HO-) 2TMS
7028 1-(1-Phenylcyclohexyl)-2-ethoxypropylamine-M (carboxy-3'-HO-) 2TMS

C24H33N3OSi
407.23929
3240
#470666-31-0
PS
LM/Q
Psychedelic
Designer drug

LSZ TMS
9871 Lysergic acid 2,4-dimethylazetidide TMS

C22H41NO2Si2
407.26758
2100
#93413-69-5
PS
LM/Q
Antidepressant

Venlafaxine-M (O-demethyl-) 2TMS
7186

C17H14N2O3F6
408.09085
2115
PS
LM/Q
Stimulant

Tetrahydroharmine 2TFA
9552 Harmaline artifact (dihydro-) 2TFA
Leptaflorine 2TFA

408

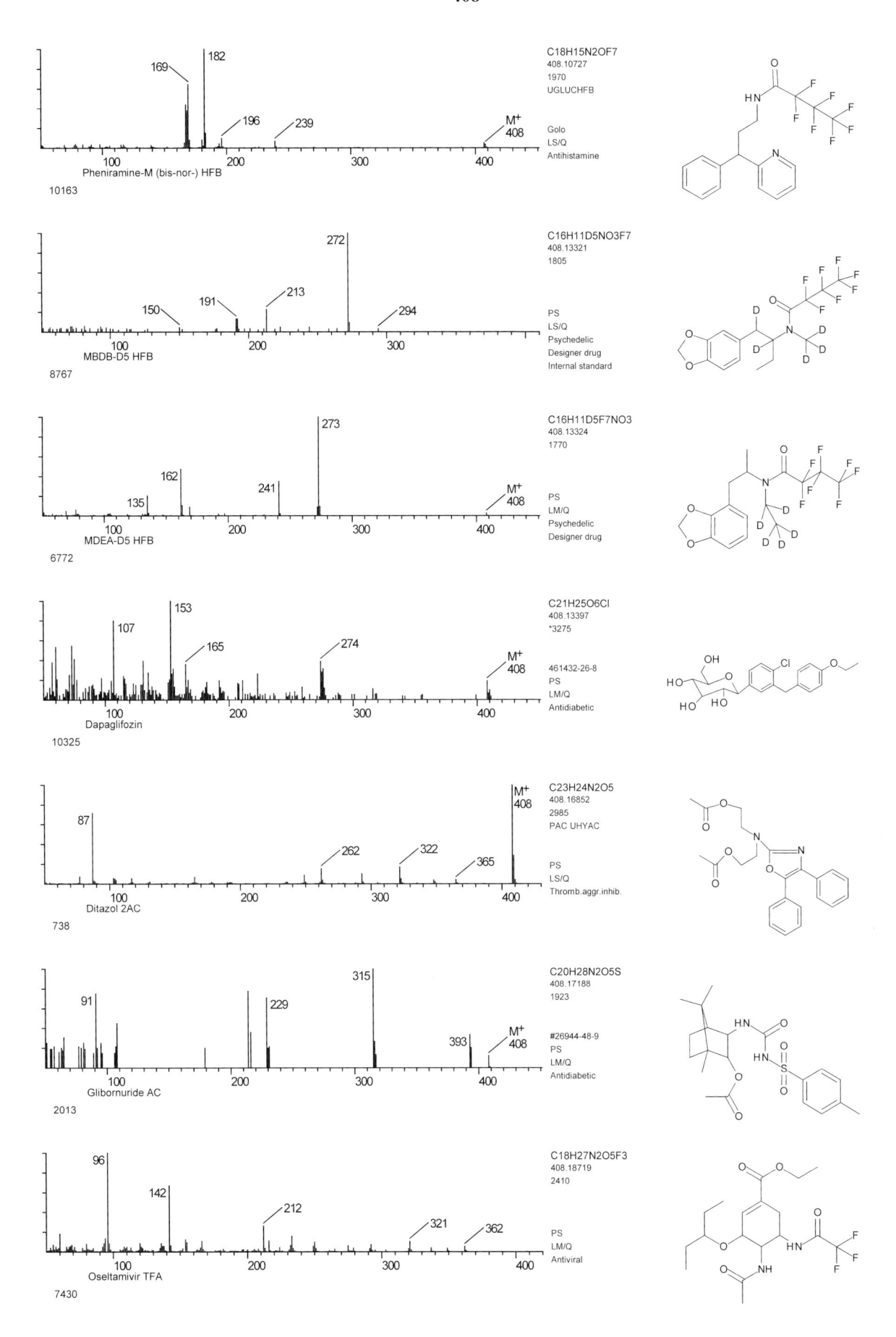

Spectrum	Formula / Info
Pheniramine-M (bis-nor-) HFB — peaks 169, 182, 196, 239, M+ 408	C18H15N2OF7 408.10727 1970 UGLUCHFB Golo LS/Q Antihistamine
MBDB-D5 HFB — peaks 150, 191, 213, 272, 294	C16H11D5NO3F7 408.13321 1805 PS LS/Q Psychedelic Designer drug Internal standard
MDEA-D5 HFB — peaks 135, 162, 241, 273, M+ 408	C16H11D5F7NO3 408.13324 1770 PS LM/Q Psychedelic Designer drug
Dapaglifozin — peaks 107, 153, 165, 274, M+ 408	C21H25O6Cl 408.13397 *3275 461432-26-8 PS LM/Q Antidiabetic
Ditazol 2AC — peaks 87, 262, 322, 365, M+ 408	C23H24N2O5 408.16852 2985 PAC UHYAC PS LS/Q Thromb.aggr.inhib.
Glibornuride AC — peaks 91, 229, 315, 393, M+ 408	C20H28N2O5S 408.17188 1923 #26944-48-9 PS LM/Q Antidiabetic
Oseltamivir TFA — peaks 96, 142, 212, 321, 362	C18H27N2O5F3 408.18719 2410 PS LM/Q Antiviral

408

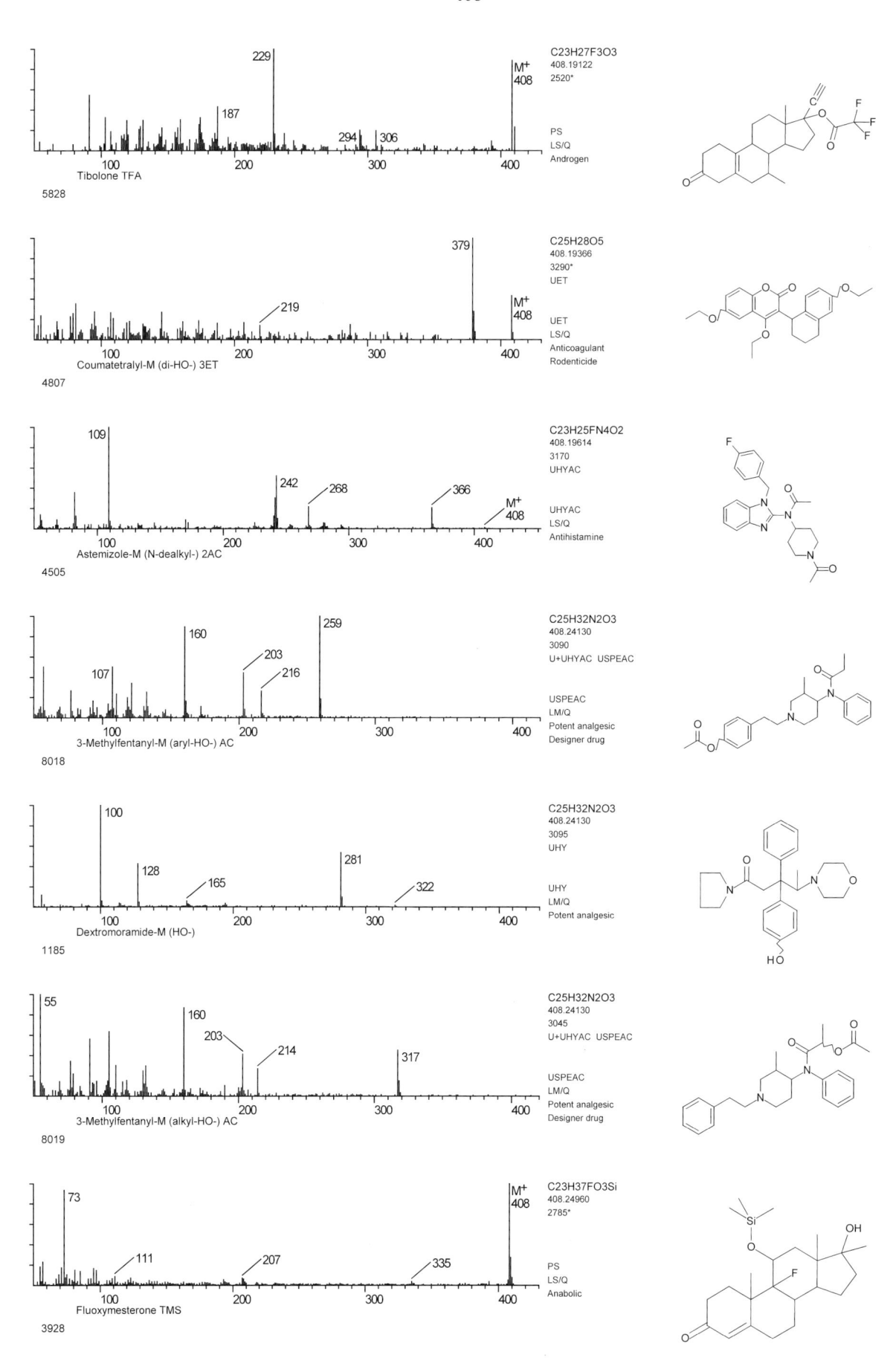

Tibolone TFA
5828
C23H27F3O3
408.19122
2520*
PS
LS/Q
Androgen

Coumatetralyl-M (di-HO-) 3ET
4807
C25H28O5
408.19366
3290*
UET
UET
LS/Q
Anticoagulant
Rodenticide

Astemizole-M (N-dealkyl-) 2AC
4505
C23H25FN4O2
408.19614
3170
UHYAC
UHYAC
LS/Q
Antihistamine

3-Methylfentanyl-M (aryl-HO-) AC
8018
C25H32N2O3
408.24130
3090
U+UHYAC USPEAC
USPEAC
LM/Q
Potent analgesic
Designer drug

Dextromoramide-M (HO-)
1185
C25H32N2O3
408.24130
3095
UHY
UHY
LM/Q
Potent analgesic

3-Methylfentanyl-M (alkyl-HO-) AC
8019
C25H32N2O3
408.24130
3045
U+UHYAC USPEAC
USPEAC
LM/Q
Potent analgesic
Designer drug

Fluoxymesterone TMS
3928
C23H37FO3Si
408.24960
2785*
PS
LS/Q
Anabolic

409

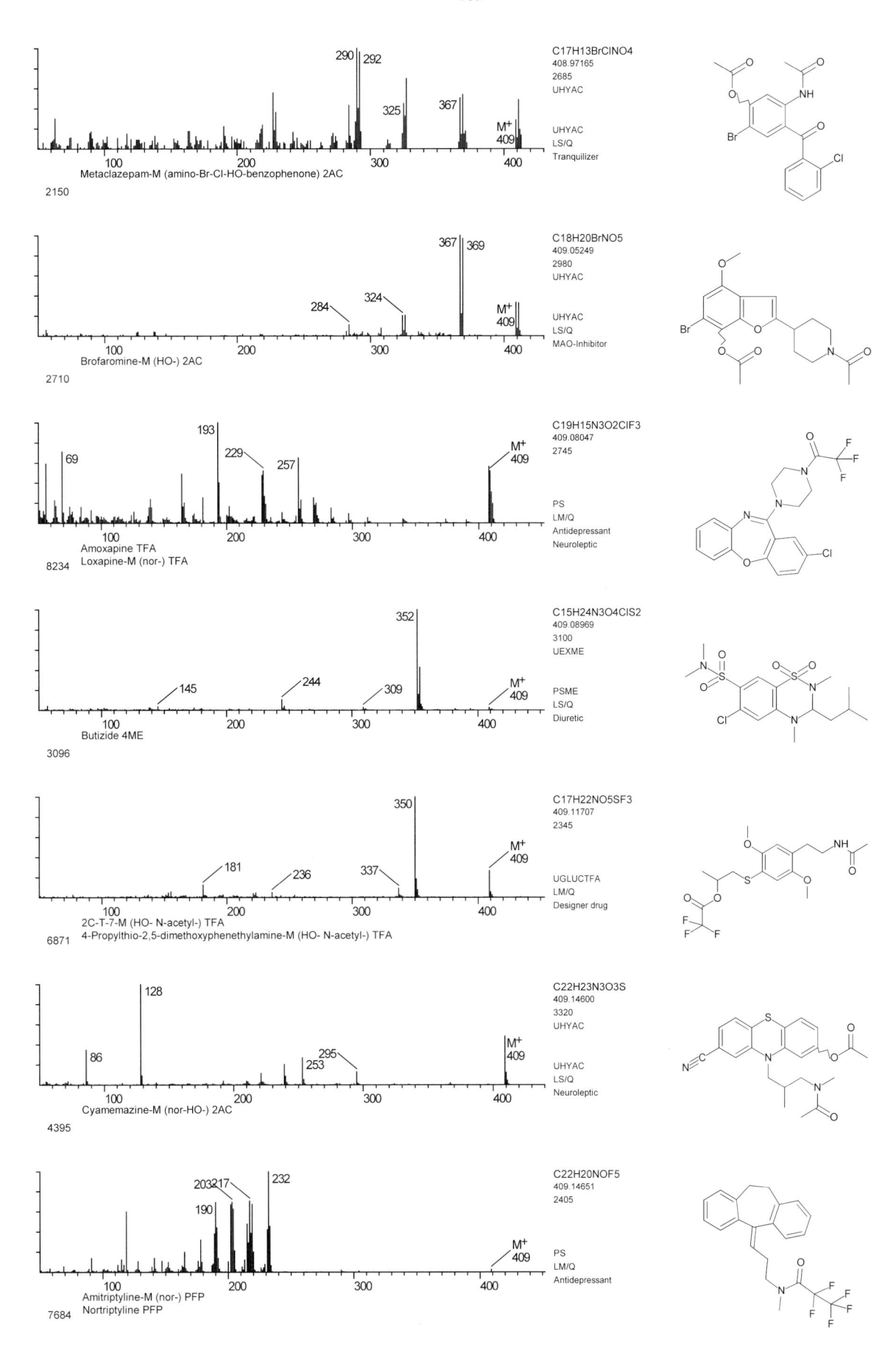

Metaclazepam-M (amino-Br-Cl-HO-benzophenone) 2AC
C17H13BrClNO4
408.97165
2685
UHYAC
UHYAC
LS/Q
Tranquilizer

Brofaromine-M (HO-) 2AC
C18H20BrNO5
409.05249
2980
UHYAC
UHYAC
LS/Q
MAO-Inhibitor

Amoxapine TFA
Loxapine-M (nor-) TFA
C19H15N3O2ClF3
409.08047
2745
PS
LM/Q
Antidepressant
Neuroleptic

Butizide 4ME
C15H24N3O4ClS2
409.08969
3100
UEXME
PSME
LS/Q
Diuretic

2C-T-7-M (HO- N-acetyl-) TFA
4-Propylthio-2,5-dimethoxyphenethylamine-M (HO- N-acetyl-) TFA
C17H22NO5SF3
409.11707
2345
UGLUCTFA
LM/Q
Designer drug

Cyamemazine-M (nor-HO-) 2AC
C22H23N3O3S
409.14600
3320
UHYAC
UHYAC
LS/Q
Neuroleptic

Amitriptyline-M (nor-) PFP
Nortriptyline PFP
C22H20NOF5
409.14651
2405
PS
LM/Q
Antidepressant

409

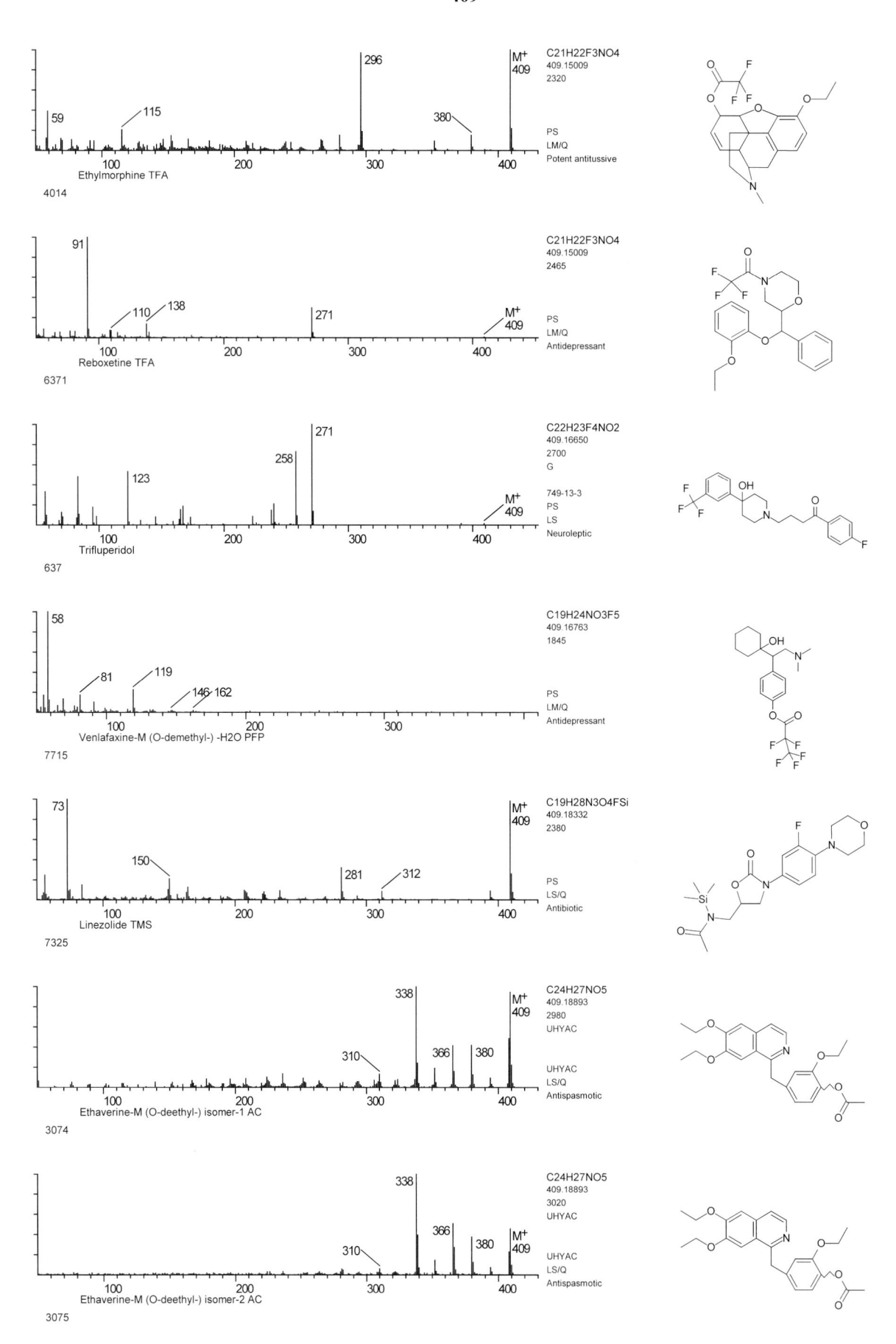

Ethylmorphine TFA — 4014	C21H22F3NO4, 409.15009, 2320, PS, LM/Q, Potent antitussive; peaks: 59, 115, 296, 380, M+ 409
Reboxetine TFA — 6371	C21H22F3NO4, 409.15009, 2465, PS, LM/Q, Antidepressant; peaks: 91, 110, 138, 271, M+ 409
Trifluperidol — 637	C22H23F4NO2, 409.16650, 2700, G, 749-13-3, PS, LS, Neuroleptic; peaks: 123, 258, 271, M+ 409
Venlafaxine-M (O-demethyl-) -H2O PFP — 7715	C19H24NO3F5, 409.16763, 1845, PS, LM/Q, Antidepressant; peaks: 58, 81, 119, 146, 162
Linezolide TMS — 7325	C19H28N3O4FSi, 409.18332, 2380, PS, LS/Q, Antibiotic; peaks: 73, 150, 281, 312, M+ 409
Ethaverine-M (O-deethyl-) isomer-1 AC — 3074	C24H27NO5, 409.18893, 2980, UHYAC, UHYAC, LS/Q, Antispasmotic; peaks: 310, 338, 366, 380, M+ 409
Ethaverine-M (O-deethyl-) isomer-2 AC — 3075	C24H27NO5, 409.18893, 3020, UHYAC, UHYAC, LS/Q, Antispasmotic; peaks: 310, 338, 366, 380, M+ 409

409

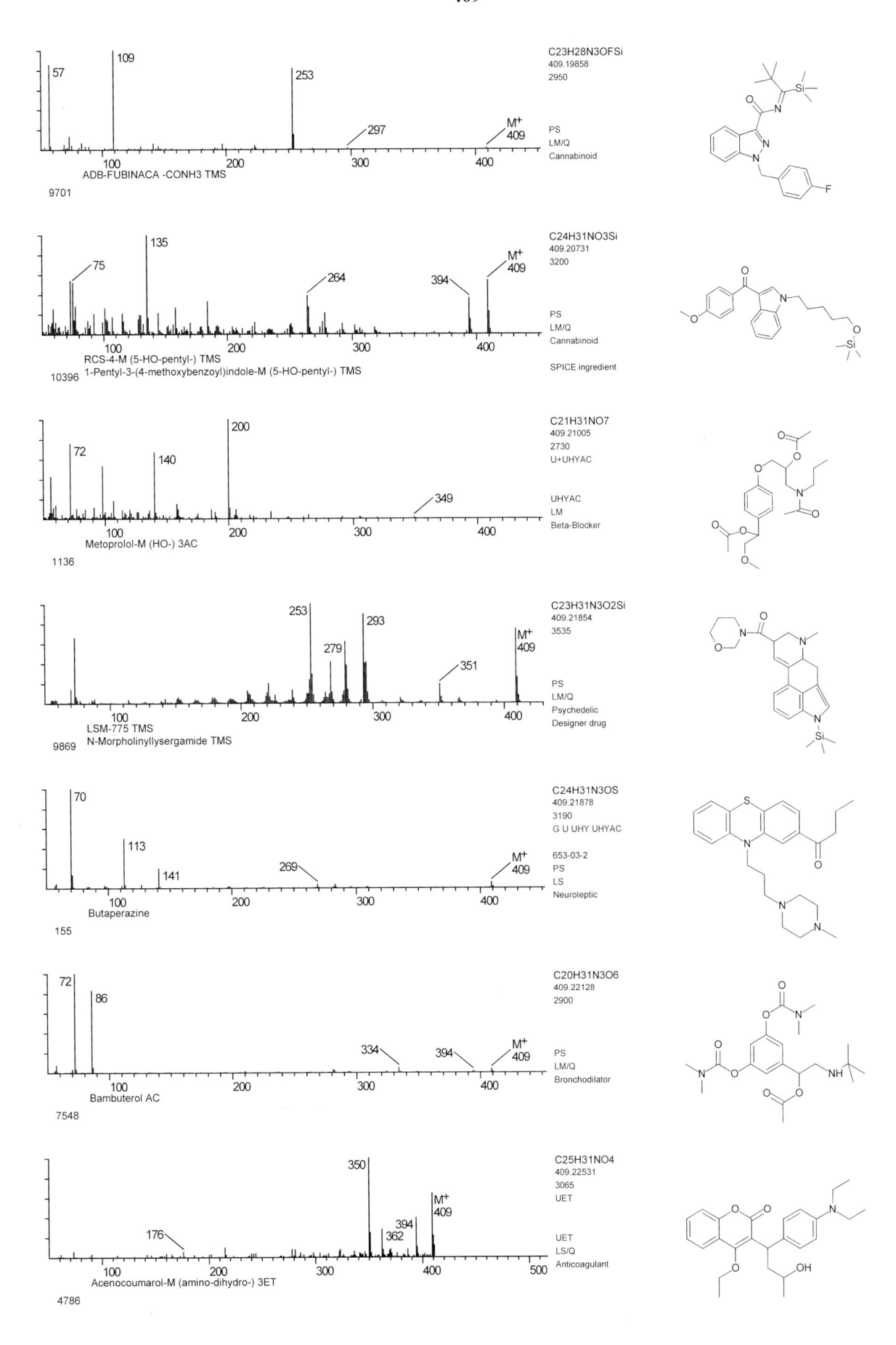

ADB-FUBINACA -CONH3 TMS
9701
C23H28N3OFSi
409.19858
2950
PS
LM/Q
Cannabinoid

RCS-4-M (5-HO-pentyl-) TMS
1-Pentyl-3-(4-methoxybenzoyl)indole-M (5-HO-pentyl) TMS
10396
C24H31NO3Si
409.20731
3200
PS
LM/Q
Cannabinoid
SPICE ingredient

Metoprolol-M (HO-) 3AC
1136
C21H31NO7
409.21005
2730
U+UHYAC
UHYAC
LM
Beta-Blocker

LSM-775 TMS
N-Morpholinyllysergamide TMS
9869
C23H31N3O2Si
409.21854
3535
PS
LM/Q
Psychedelic
Designer drug

Butaperazine
155
C24H31N3OS
409.21878
3190
G U UHY UHYAC
653-03-2
PS
LS
Neuroleptic

Bambuterol AC
7548
C20H31N3O6
409.22128
2900
PS
LM/Q
Bronchodilator

Acenocoumarol-M (amino-dihydro-) 3ET
4786
C25H31NO4
409.22531
3065
UET
UET
LS/Q
Anticoagulant

1475

409

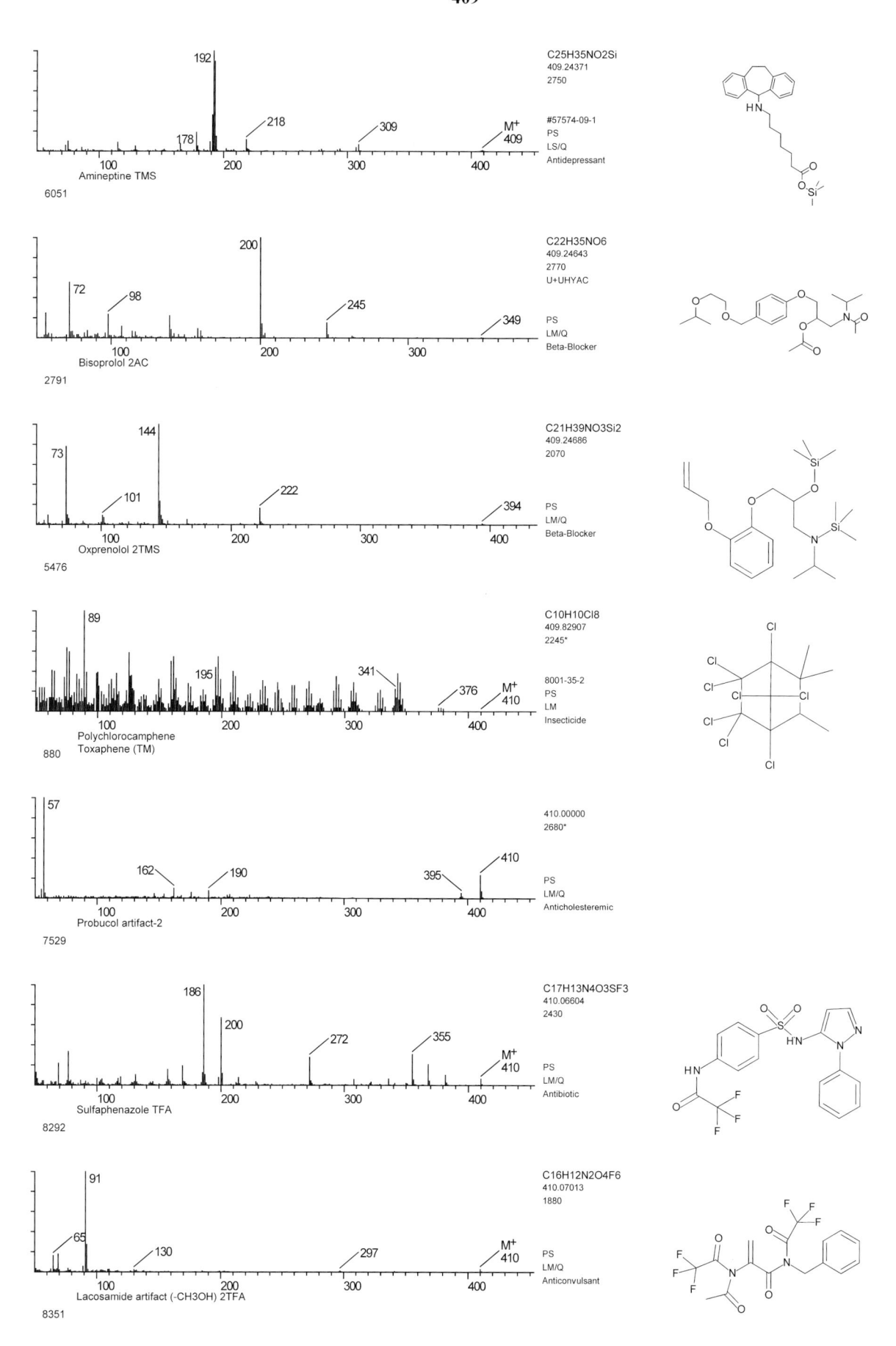

Amineptine TMS
C25H35NO2Si
409.24371
2750
#57574-09-1
PS
LS/Q
Antidepressant

Bisoprolol 2AC
C22H35NO6
409.24643
2770
U+UHYAC
PS
LM/Q
Beta-Blocker

Oxprenolol 2TMS
C21H39NO3Si2
409.24686
2070
PS
LM/Q
Beta-Blocker

Polychlorocamphene Toxaphene (TM)
C10H10Cl8
409.82907
2245*
8001-35-2
PS
LM
Insecticide

Probucol artifact-2
410.00000
2680*
PS
LM/Q
Anticholesteremic

Sulfaphenazole TFA
C17H13N4O3SF3
410.06604
2430
PS
LM/Q
Antibiotic

Lacosamide artifact (-CH3OH) 2TFA
C16H12N2O4F6
410.07013
1880
PS
LM/Q
Anticonvulsant

410

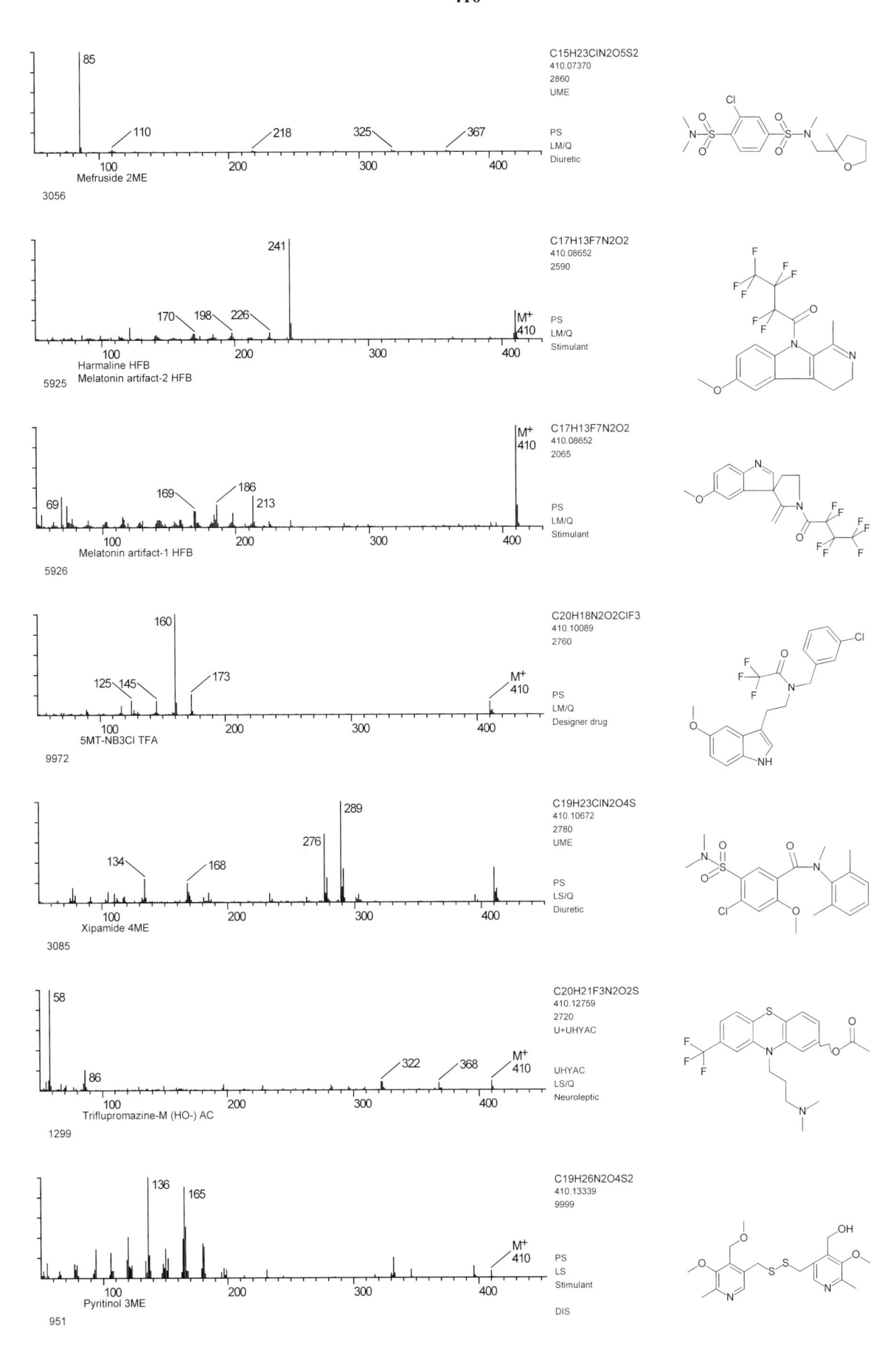

Spectrum label	Formula / data
3056 — Mefruside 2ME (85, 110, 218, 325, 367)	C15H23ClN2O5S2 / 410.07370 / 2860 / UME / PS / LM/Q / Diuretic
5925 — Harmaline HFB / Melatonin artifact-2 HFB (170, 198, 226, 241, M+ 410)	C17H13F7N2O2 / 410.08652 / 2590 / PS / LM/Q / Stimulant
5926 — Melatonin artifact-1 HFB (69, 169, 186, 213, M+ 410)	C17H13F7N2O2 / 410.08652 / 2065 / PS / LM/Q / Stimulant
9972 — 5MT-NB3Cl TFA (125, 145, 160, 173, M+ 410)	C20H18N2O2ClF3 / 410.10089 / 2760 / PS / LM/Q / Designer drug
3085 — Xipamide 4ME (134, 168, 276, 289)	C19H23ClN2O4S / 410.10672 / 2780 / UME / PS / LS/Q / Diuretic
1299 — Triflupromazine-M (HO-) AC (58, 86, 322, 368, M+ 410)	C20H21F3N2O2S / 410.12759 / 2720 / U+UHYAC / UHYAC / LS/Q / Neuroleptic
951 — Pyritinol 3ME (136, 165, M+ 410)	C19H26N2O4S2 / 410.13339 / 9999 / PS / LS / Stimulant / DIS

410

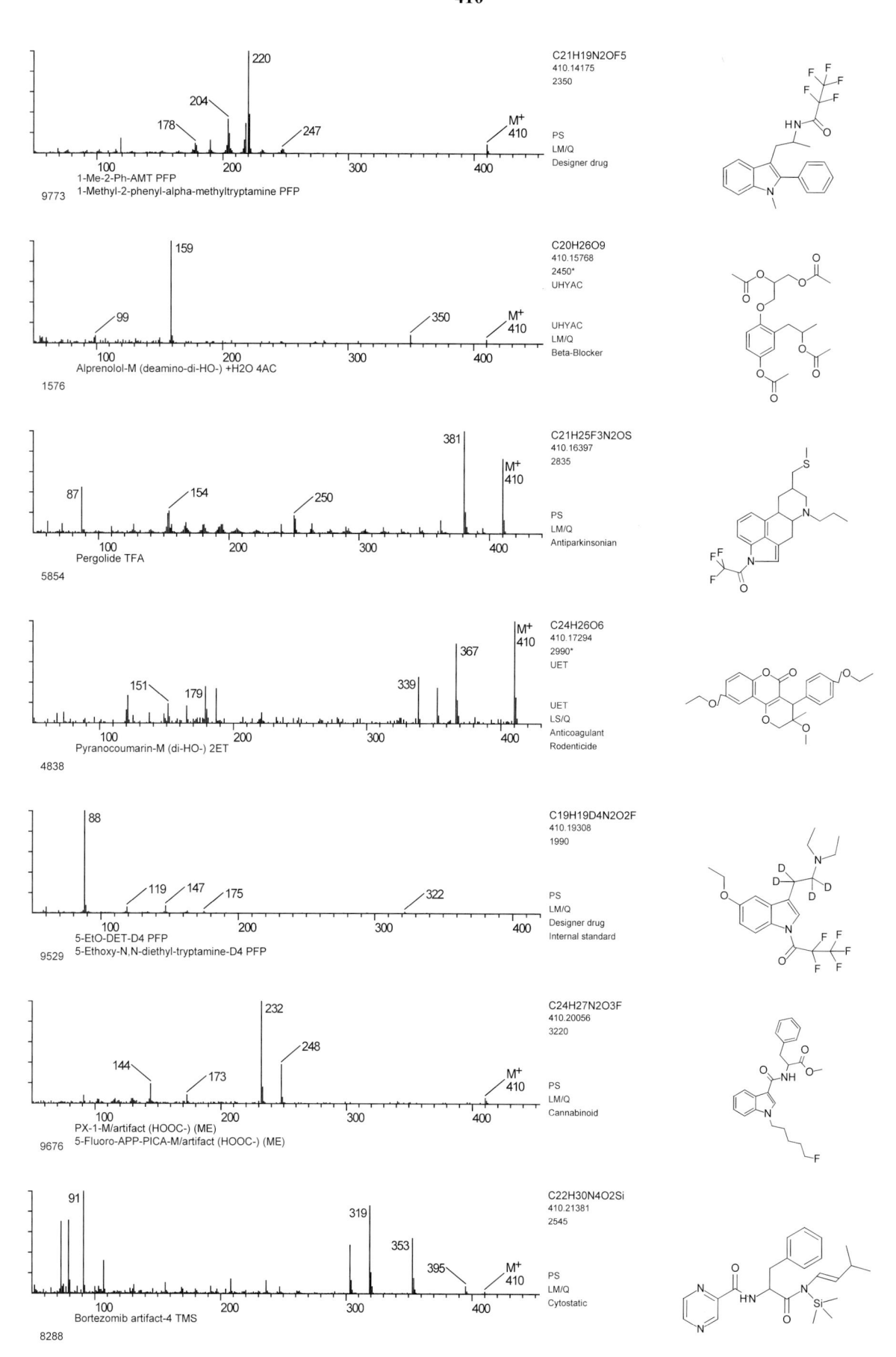

Spectrum	Formula / Info
1-Me-2-Ph-AMT PFP — 1-Methyl-2-phenyl-alpha-methyltryptamine PFP (9773)	C21H19N2OF5; 410.14175; 2350; PS; LM/Q; Designer drug
Alprenolol-M (deamino-di-HO-) +H2O 4AC (1576)	C20H26O9; 410.15768; 2450*; UHYAC; UHYAC; LM/Q; Beta-Blocker
Pergolide TFA (5854)	C21H25F3N2OS; 410.16397; 2835; PS; LM/Q; Antiparkinsonian
Pyranocoumarin-M (di-HO-) 2ET (4838)	C24H26O6; 410.17294; 2990*; UET; UET; LS/Q; Anticoagulant Rodenticide
5-EtO-DET-D4 PFP — 5-Ethoxy-N,N-diethyl-tryptamine-D4 PFP (9529)	C19H19D4N2O2F; 410.19308; 1990; PS; LM/Q; Designer drug Internal standard
PX-1-M/artifact (HOOC-) (ME) / 5-Fluoro-APP-PICA-M/artifact (HOOC-) (ME) (9676)	C24H27N2O3F; 410.20056; 3220; PS; LM/Q; Cannabinoid
Bortezomib artifact-4 TMS (8288)	C22H30N4O2Si; 410.21381; 2545; PS; LM/Q; Cytostatic

410

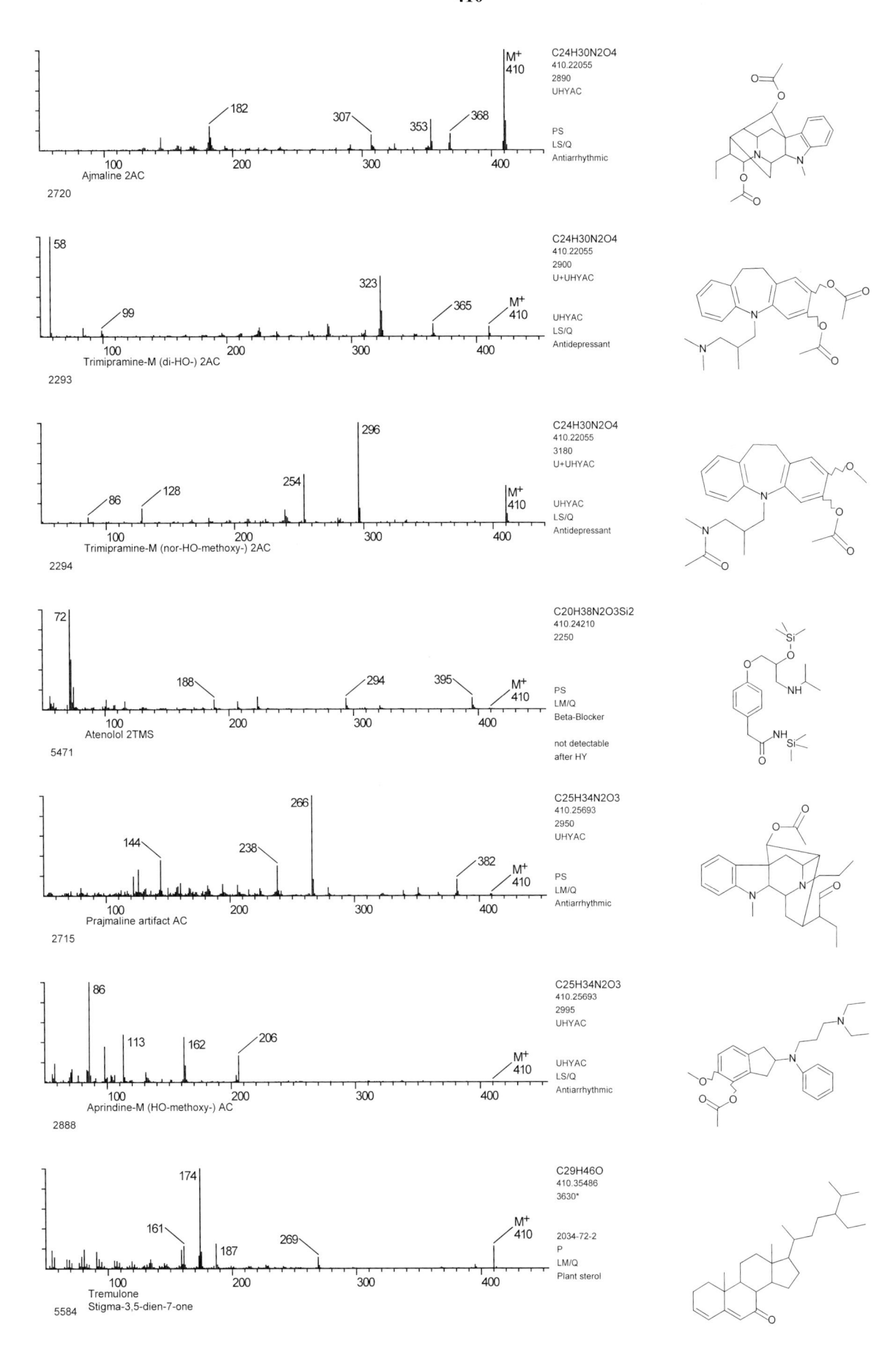

182, 307, 353, 368, M+ 410	C24H30N2O4 410.22055 2890 UHYAC PS LS/Q Antiarrhythmic	Ajmaline 2AC 2720
58, 99, 323, 365, M+ 410	C24H30N2O4 410.22055 2900 U+UHYAC UHYAC LS/Q Antidepressant	Trimipramine-M (di-HO-) 2AC 2293
86, 128, 254, 296, M+ 410	C24H30N2O4 410.22055 3180 U+UHYAC UHYAC LS/Q Antidepressant	Trimipramine-M (nor-HO-methoxy-) 2AC 2294
72, 188, 294, 395, M+ 410	C20H38N2O3Si2 410.24210 2250 PS LM/Q Beta-Blocker not detectable after HY	Atenolol 2TMS 5471
144, 238, 266, 382, M+ 410	C25H34N2O3 410.25693 2950 UHYAC PS LM/Q Antiarrhythmic	Prajmaline artifact AC 2715
86, 113, 162, 206, M+ 410	C25H34N2O3 410.25693 2995 UHYAC UHYAC LS/Q Antiarrhythmic	Aprindine-M (HO-methoxy-) AC 2888
161, 174, 187, 269, M+ 410	C29H46O 410.35486 3630* 2034-72-2 P LM/Q Plant sterol	Tremulone Stigma-3,5-dien-7-one 5584

410

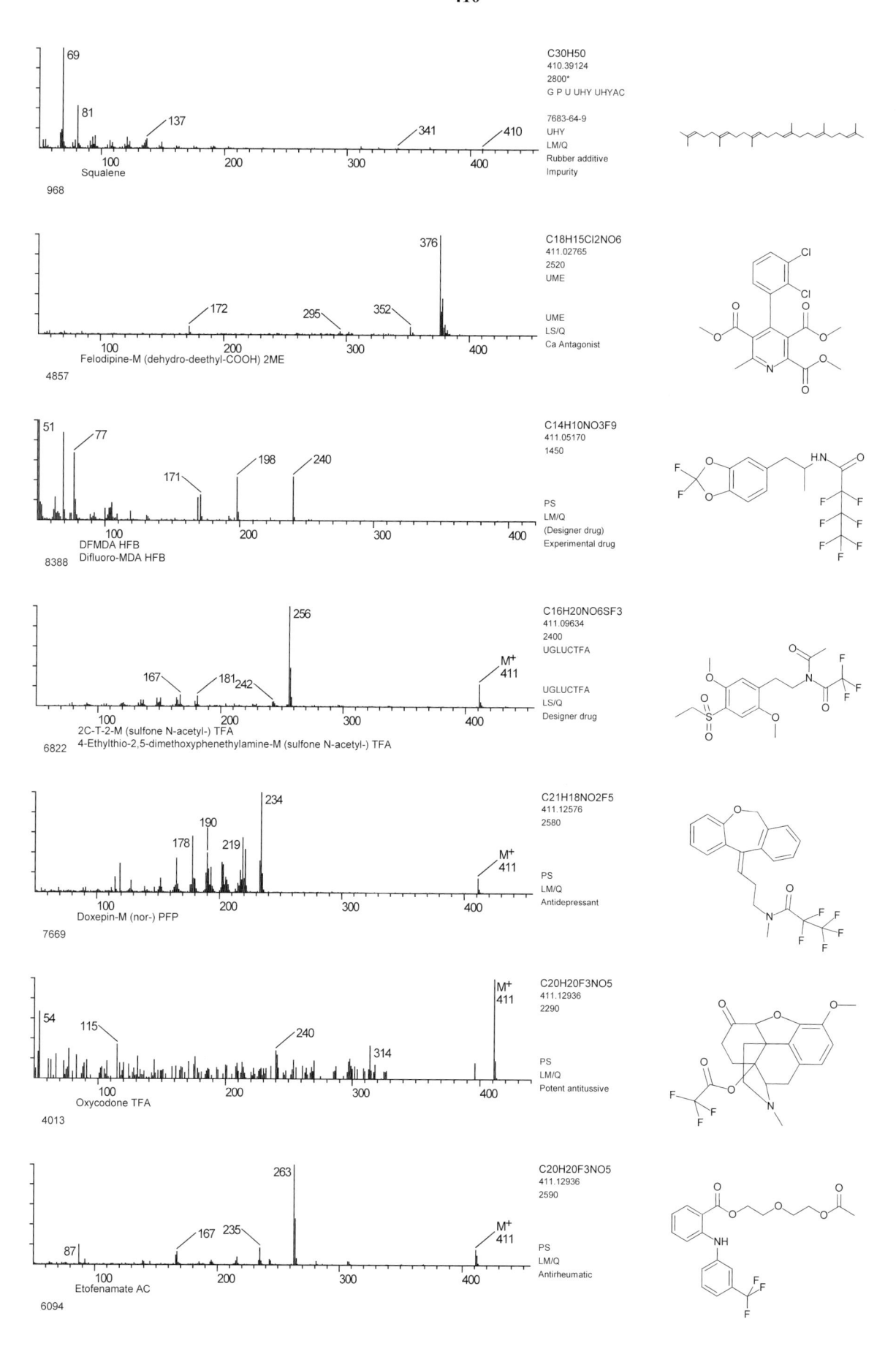

Squalene (968)	69, 81, 137, 341, 410	C30H50, 410.39124, 2800*, G P U UHY UHYAC, 7683-64-9, UHY, LM/Q, Rubber additive, Impurity
Felodipine-M (dehydro-deethyl-COOH) 2ME (4857)	172, 295, 352, 376	C18H15Cl2NO6, 411.02765, 2520, UME, UME, LS/Q, Ca Antagonist
DFMDA HFB / Difluoro-MDA HFB (8388)	51, 77, 171, 198, 240	C14H10NO3F9, 411.05170, 1450, PS, LM/Q, (Designer drug), Experimental drug
2C-T-2-M (sulfone N-acetyl-) TFA / 4-Ethylthio-2,5-dimethoxyphenethylamine-M (sulfone N-acetyl-) TFA (6822)	167, 181, 242, 256, M+ 411	C16H20NO6SF3, 411.09634, 2400, UGLUCTFA, UGLUCTFA, LS/Q, Designer drug
Doxepin-M (nor-) PFP (7669)	178, 190, 219, 234, M+ 411	C21H18NO2F5, 411.12576, 2580, PS, LM/Q, Antidepressant
Oxycodone TFA (4013)	54, 115, 240, 314, M+ 411	C20H20F3NO5, 411.12936, 2290, PS, LM/Q, Potent antitussive
Etofenamate AC (6094)	87, 167, 235, 263, M+ 411	C20H20F3NO5, 411.12936, 2590, PS, LM/Q, Antirheumatic

411

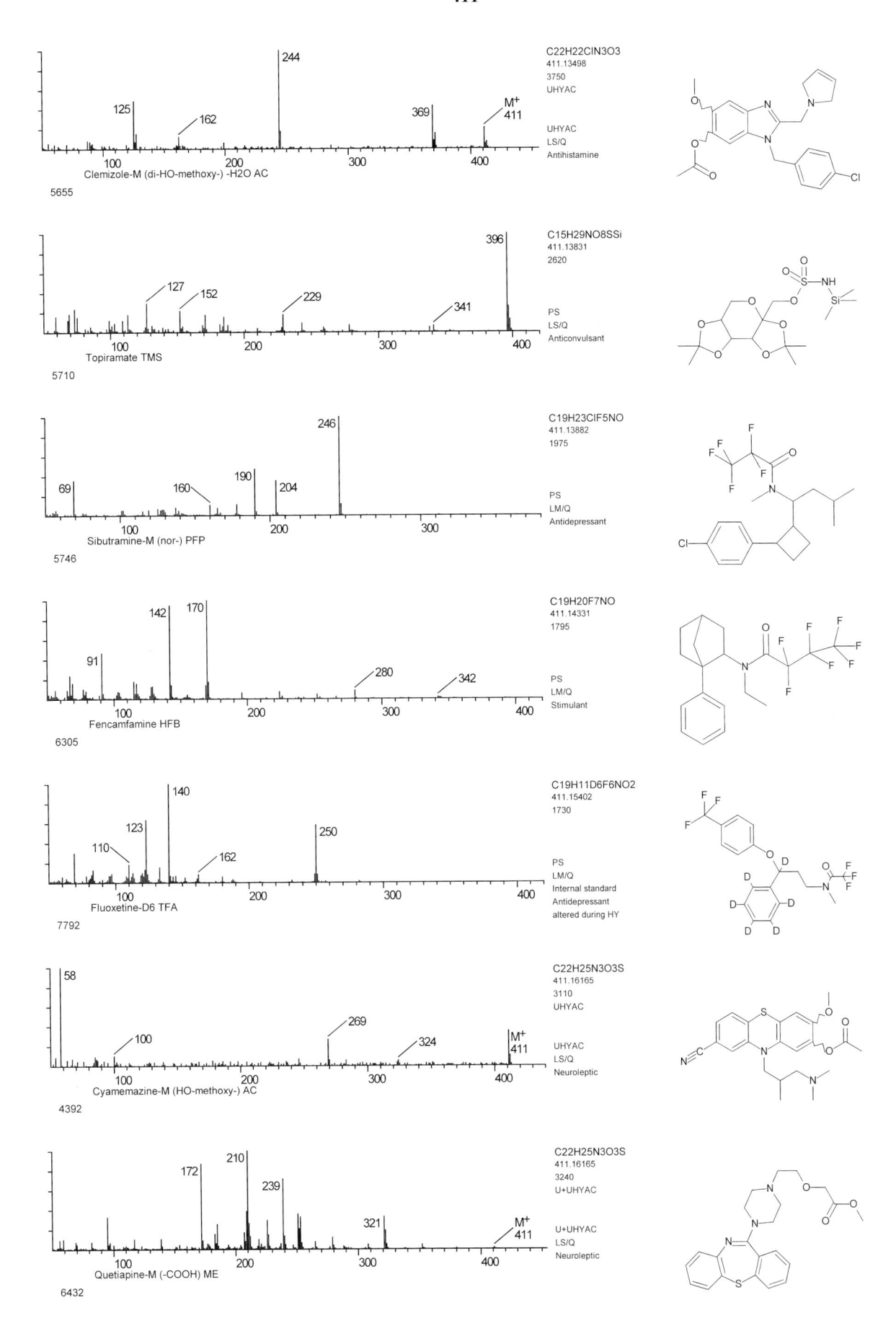

C22H22ClN3O3
411.13498
3750
UHYAC

UHYAC
LS/Q
Antihistamine

Clemizole-M (di-HO-methoxy-) -H2O AC
5655

C15H29NO8SSi
411.13831
2620

PS
LS/Q
Anticonvulsant

Topiramate TMS
5710

C19H23ClF5NO
411.13882
1975

PS
LM/Q
Antidepressant

Sibutramine-M (nor-) PFP
5746

C19H20F7NO
411.14331
1795

PS
LM/Q
Stimulant

Fencamfamine HFB
6305

C19H11D6F6NO2
411.15402
1730

PS
LM/Q
Internal standard
Antidepressant
altered during HY

Fluoxetine-D6 TFA
7792

C22H25N3O3S
411.16165
3110
UHYAC

UHYAC
LS/Q
Neuroleptic

Cyamemazine-M (HO-methoxy-) AC
4392

C22H25N3O3S
411.16165
3240
U+UHYAC

U+UHYAC
LS/Q
Neuroleptic

Quetiapine-M (-COOH) ME
6432

411

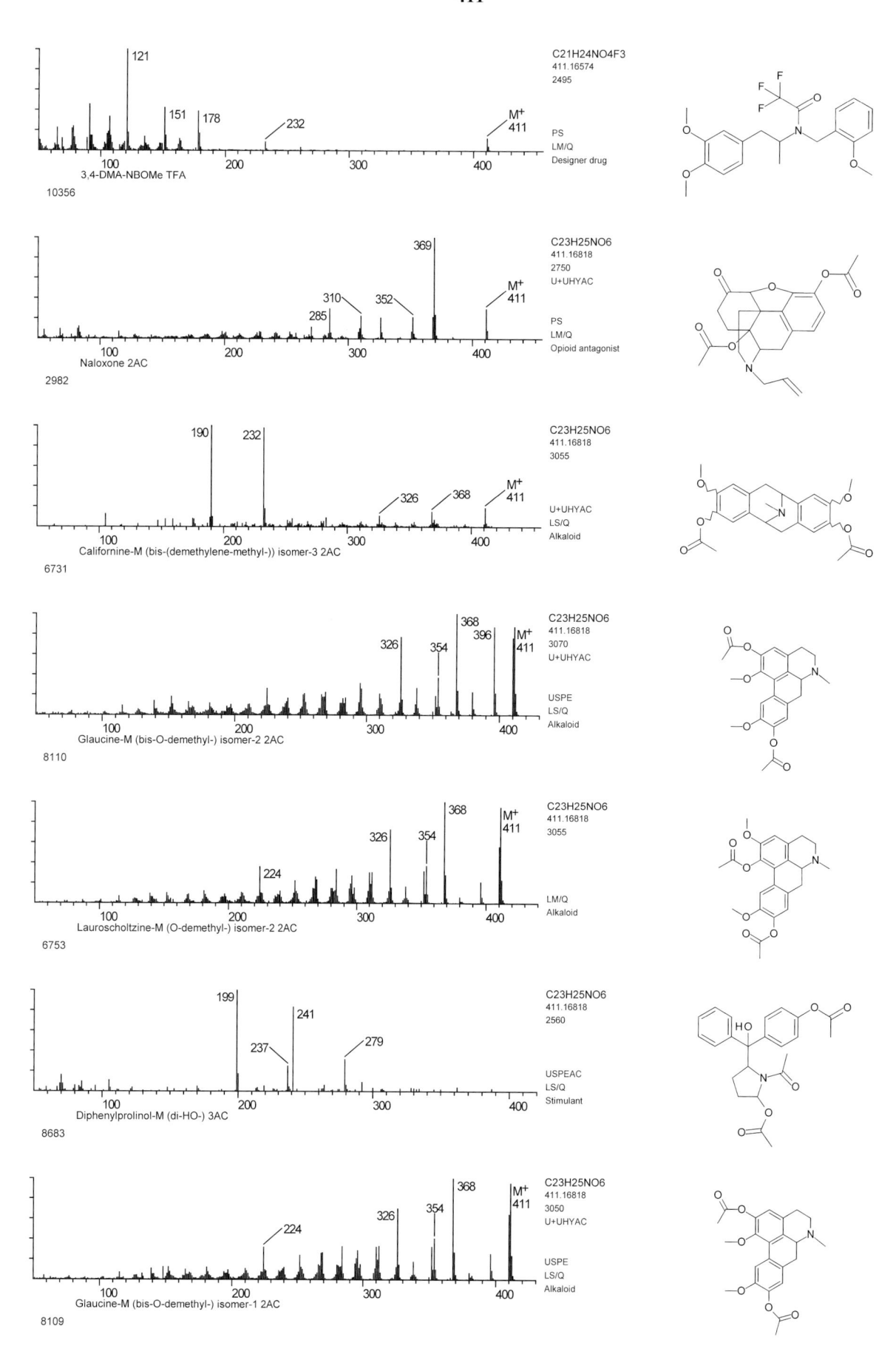

3,4-DMA-NBOMe TFA — C21H24NO4F3, 411.16574, 2495, PS, LM/Q, Designer drug
Peaks: 121, 151, 178, 232, M+ 411

Naloxone 2AC — C23H25NO6, 411.16818, 2750, U+UHYAC, PS, LM/Q, Opioid antagonist
Peaks: 285, 310, 352, 369, M+ 411

Californine-M (bis-(demethylene-methyl-)) isomer-3 2AC — C23H25NO6, 411.16818, 3055, U+UHYAC, LS/Q, Alkaloid
Peaks: 190, 232, 326, 368, M+ 411

Glaucine-M (bis-O-demethyl-) isomer-2 2AC — C23H25NO6, 411.16818, 3070, U+UHYAC, USPE, LS/Q, Alkaloid
Peaks: 326, 354, 368, 396, M+ 411

Lauroscholtzine-M (O-demethyl-) isomer-2 2AC — C23H25NO6, 411.16818, 3055, LM/Q, Alkaloid
Peaks: 224, 326, 354, 368, M+ 411

Diphenylprolinol-M (di-HO-) 3AC — C23H25NO6, 411.16818, 2560, USPEAC, LS/Q, Stimulant
Peaks: 199, 237, 241, 279

Glaucine-M (bis-O-demethyl-) isomer-1 2AC — C23H25NO6, 411.16818, 3050, U+UHYAC, USPE, LS/Q, Alkaloid
Peaks: 224, 326, 354, 368, M+ 411

411

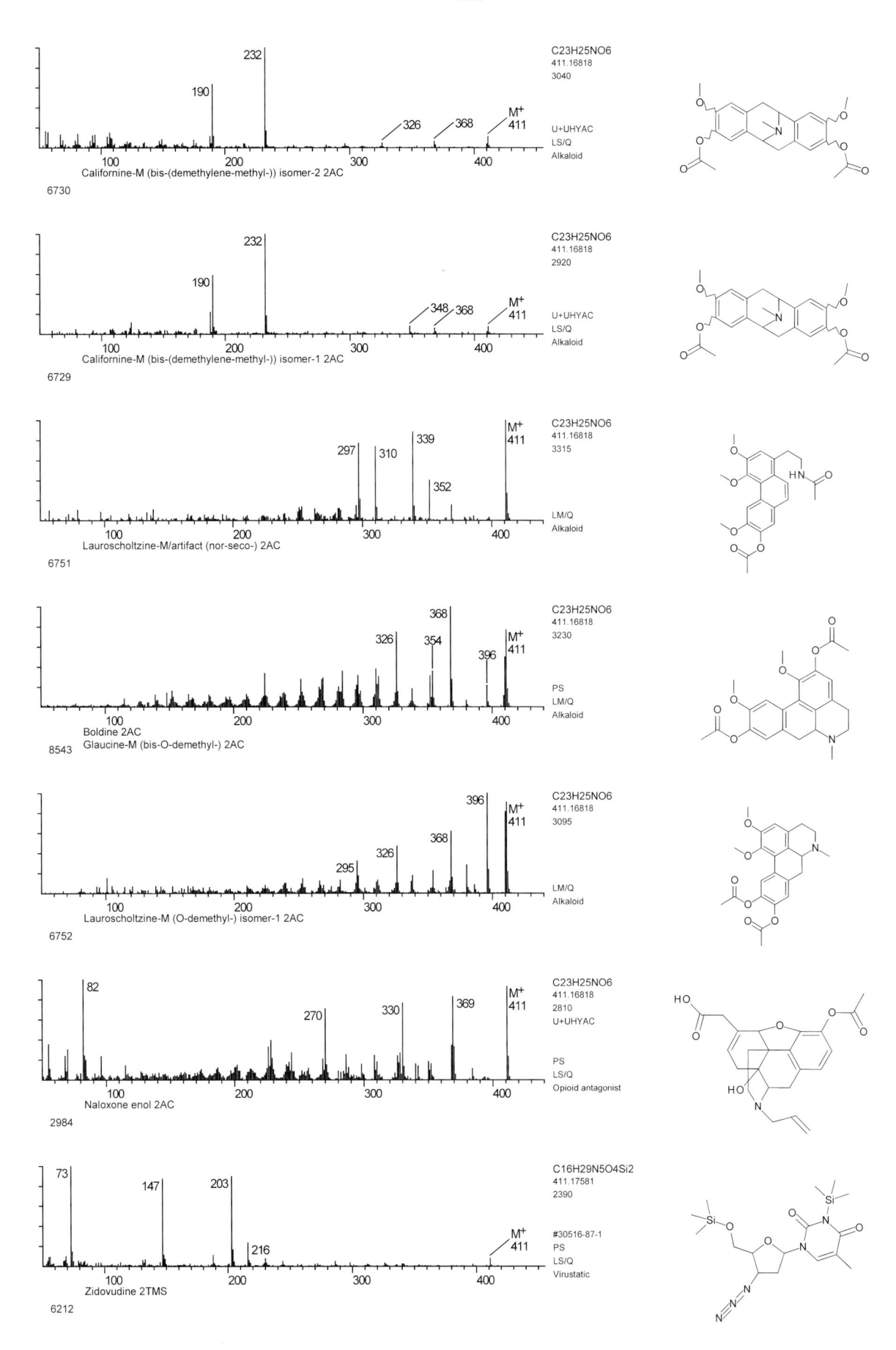

Spectrum	Compound	Formula / Data
6730	Californine-M (bis-(demethylene-methyl-)) isomer-2 2AC	C23H25NO6, 411.16818, 3040, U+UHYAC, LS/Q, Alkaloid
6729	Californine-M (bis-(demethylene-methyl-)) isomer-1 2AC	C23H25NO6, 411.16818, 2920, U+UHYAC, LS/Q, Alkaloid
6751	Lauroscholtzine-M/artifact (nor-seco-) 2AC	C23H25NO6, 411.16818, 3315, LM/Q, Alkaloid
8543	Boldine 2AC / Glaucine-M (bis-O-demethyl-) 2AC	C23H25NO6, 411.16818, 3230, PS, LM/Q, Alkaloid
6752	Lauroscholtzine-M (O-demethyl-) isomer-1 2AC	C23H25NO6, 411.16818, 3095, LM/Q, Alkaloid
2984	Naloxone enol 2AC	C23H25NO6, 411.16818, 2810, U+UHYAC, PS, LS/Q, Opioid antagonist
6212	Zidovudine 2TMS	C16H29N5O4Si2, 411.17581, 2390, #30516-87-1, PS, LS/Q, Virustatic

411

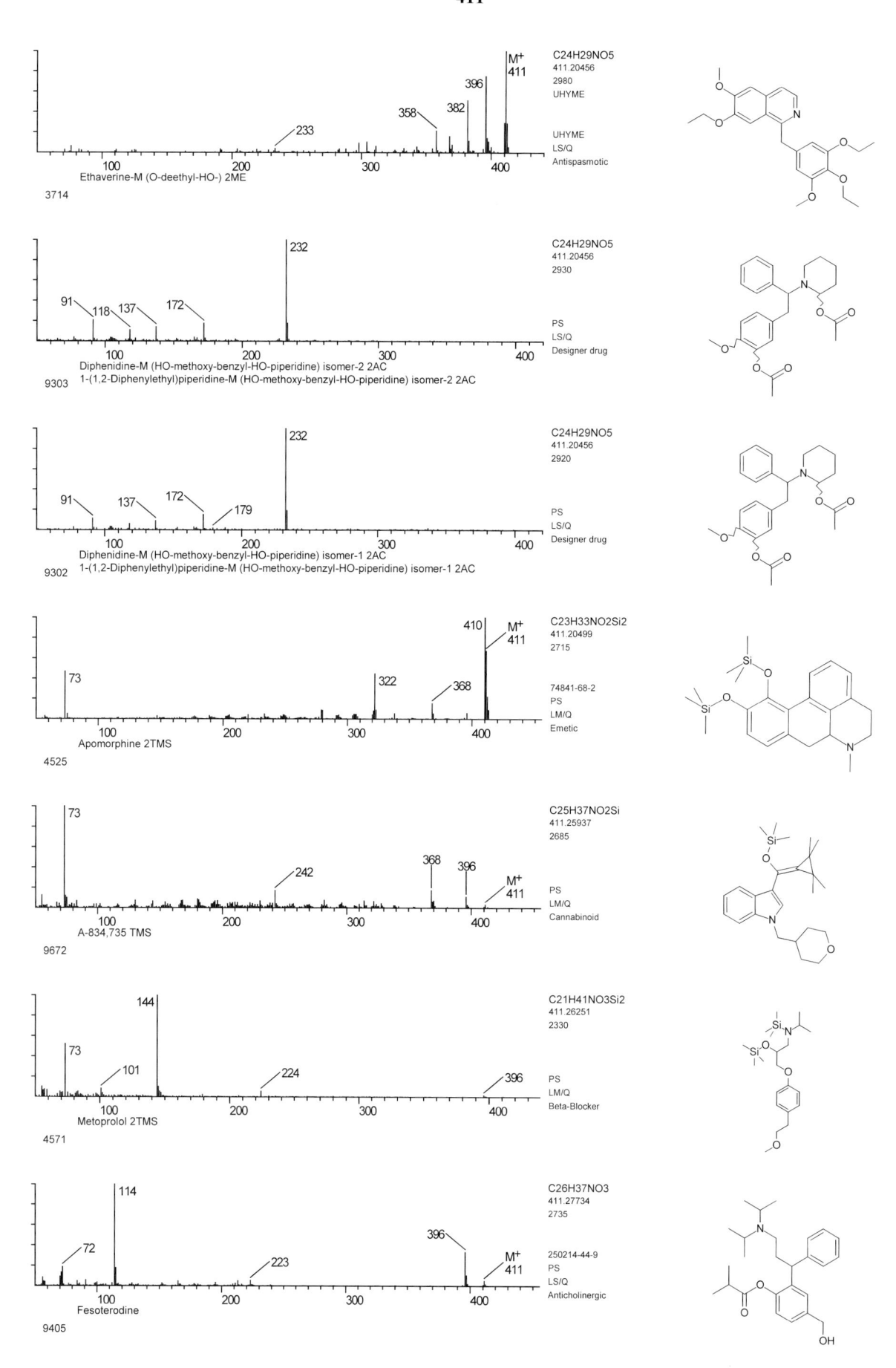

C24H29NO5
411.20456
2980
UHYME

UHYME
LS/Q
Antispasmotic

Ethaverine-M (O-deethyl-HO-) 2ME
3714

C24H29NO5
411.20456
2930

PS
LS/Q
Designer drug

Diphenidine-M (HO-methoxy-benzyl-HO-piperidine) isomer-2 2AC
9303 1-(1,2-Diphenylethyl)piperidine-M (HO-methoxy-benzyl-HO-piperidine) isomer-2 2AC

C24H29NO5
411.20456
2920

PS
LS/Q
Designer drug

Diphenidine-M (HO-methoxy-benzyl-HO-piperidine) isomer-1 2AC
9302 1-(1,2-Diphenylethyl)piperidine-M (HO-methoxy-benzyl-HO-piperidine) isomer-1 2AC

C23H33NO2Si2
411.20499
2715

74841-68-2
PS
LM/Q
Emetic

Apomorphine 2TMS
4525

C25H37NO2Si
411.25937
2685

PS
LM/Q
Cannabinoid

A-834,735 TMS
9672

C21H41NO3Si2
411.26251
2330

PS
LM/Q
Beta-Blocker

Metoprolol 2TMS
4571

C26H37NO3
411.27734
2735

250214-44-9
PS
LS/Q
Anticholinergic

Fesoterodine
9405

412

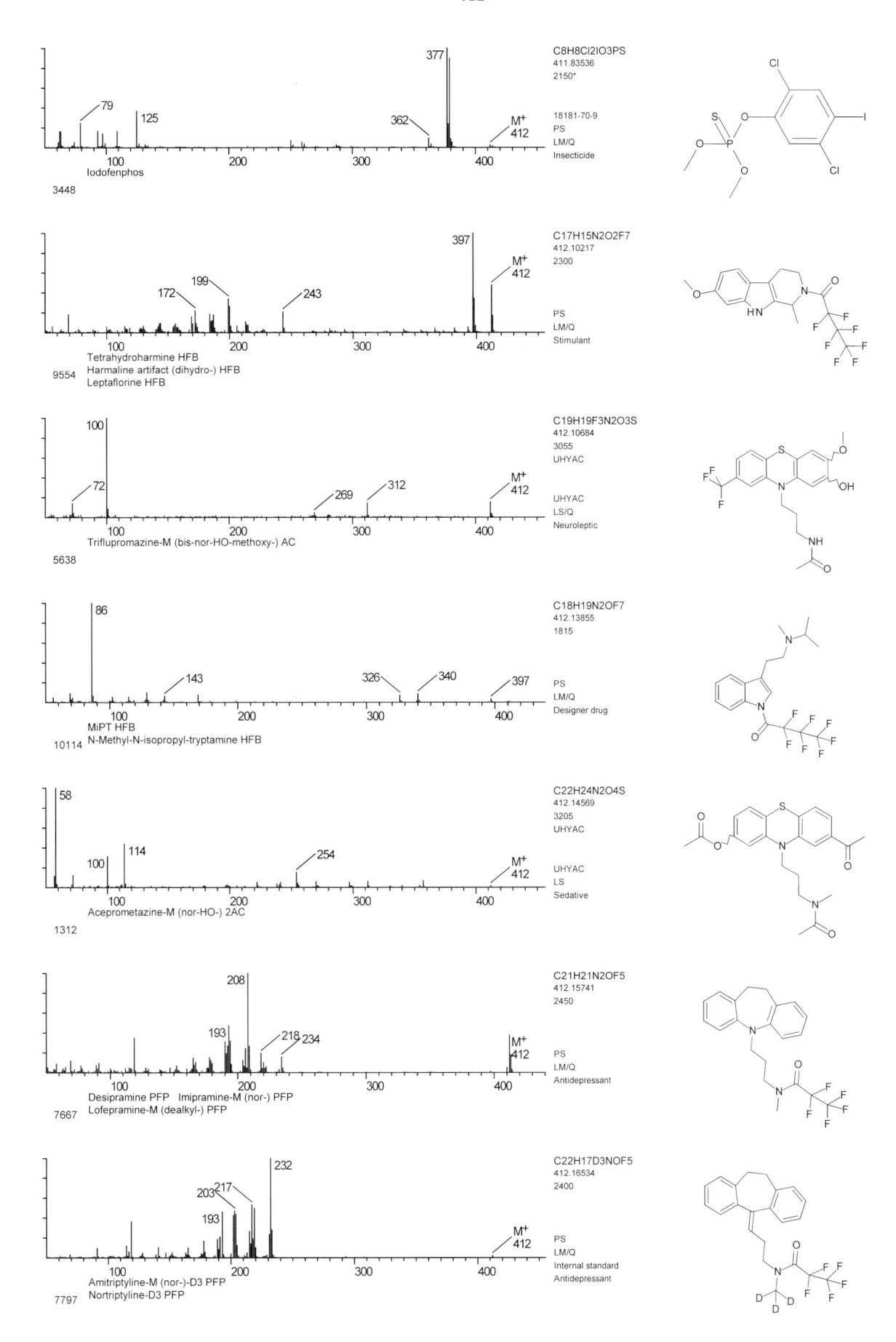

C8H8Cl2IO3PS
411.83536
2150*

18181-70-9
PS
LM/Q
Insecticide

Iodofenphos
3448

C17H15N2O2F7
412.10217
2300

PS
LM/Q
Stimulant

Tetrahydroharmine HFB
Harmaline artifact (dihydro-) HFB
Leptaflorine HFB
9554

C19H19F3N2O3S
412.10684
3055
UHYAC

UHYAC
LS/Q
Neuroleptic

Triflupromazine-M (bis-nor-HO-methoxy-) AC
5638

C18H19N2OF7
412.13855
1815

PS
LM/Q
Designer drug

MiPT HFB
N-Methyl-N-isopropyl-tryptamine HFB
10114

C22H24N2O4S
412.14569
3205
UHYAC

UHYAC
LS
Sedative

Aceprometazine-M (nor-HO-) 2AC
1312

C21H21N2OF5
412.15741
2450

PS
LM/Q
Antidepressant

Desipramine PFP   Imipramine-M (nor-) PFP
Lofepramine-M (dealkyl-) PFP
7667

C22H17D3NOF5
412.16534
2400

PS
LM/Q
Internal standard
Antidepressant

Amitriptyline-M (nor-)-D3 PFP
Nortriptyline-D3 PFP
7797

412

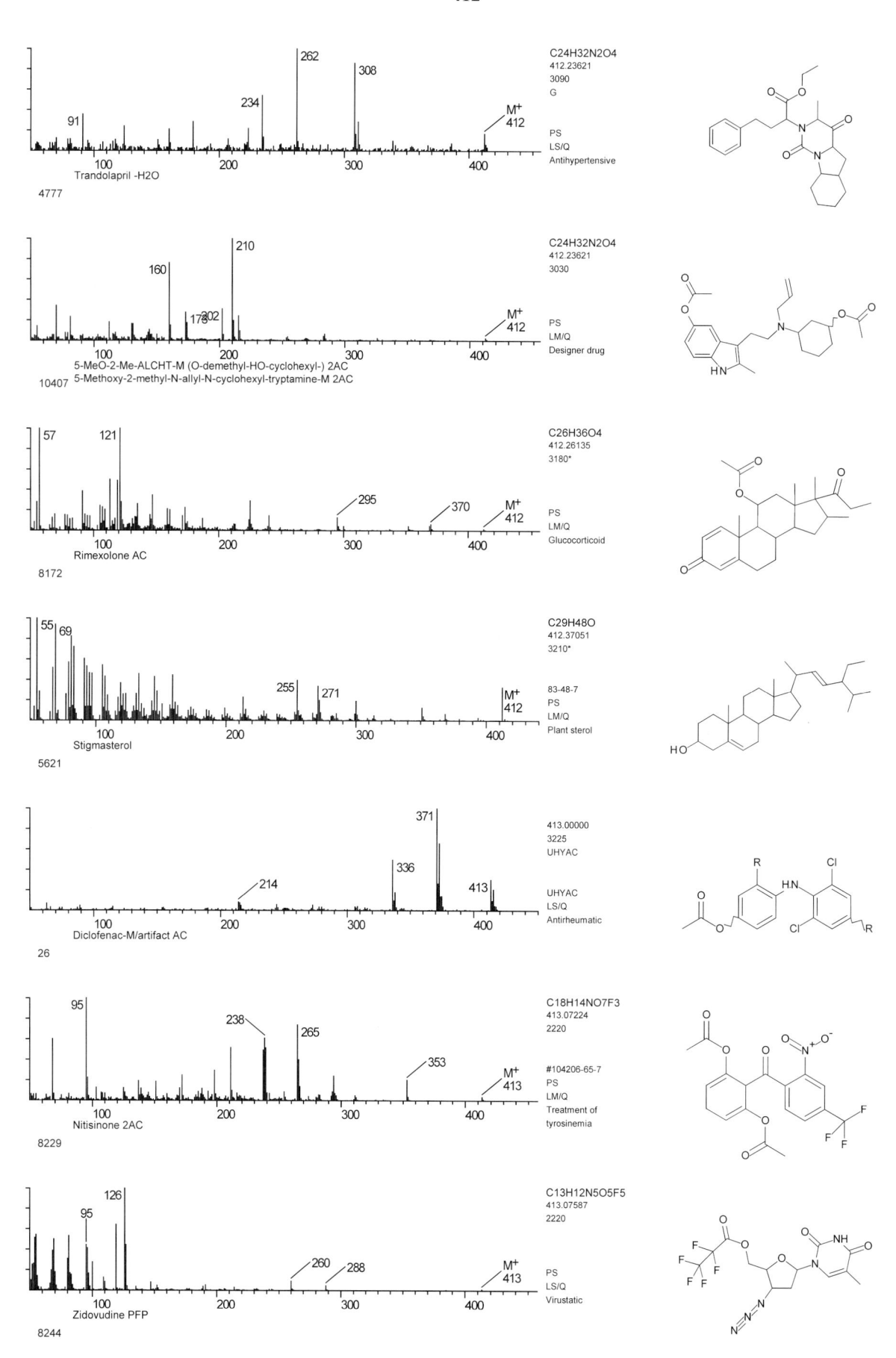

Trandolapril -H2O	C24H32N2O4 412.23621 3090 G PS LS/Q Antihypertensive
4777	
5-MeO-2-Me-ALCHT-M (O-demethyl-HO-cyclohexyl-) 2AC 5-Methoxy-2-methyl-N-allyl-N-cyclohexyl-tryptamine-M 2AC	C24H32N2O4 412.23621 3030 PS LM/Q Designer drug
10407	
Rimexolone AC	C26H36O4 412.26135 3180* PS LM/Q Glucocorticoid
8172	
Stigmasterol	C29H48O 412.37051 3210* 83-48-7 PS LM/Q Plant sterol
5621	
Diclofenac-M/artifact AC	413.00000 3225 UHYAC UHYAC LS/Q Antirheumatic
26	
Nitisinone 2AC	C18H14NO7F3 413.07224 2220 #104206-65-7 PS LM/Q Treatment of tyrosinemia
8229	
Zidovudine PFP	C13H12N5O5F5 413.07587 2220 PS LS/Q Virustatic
8244	

1486

413

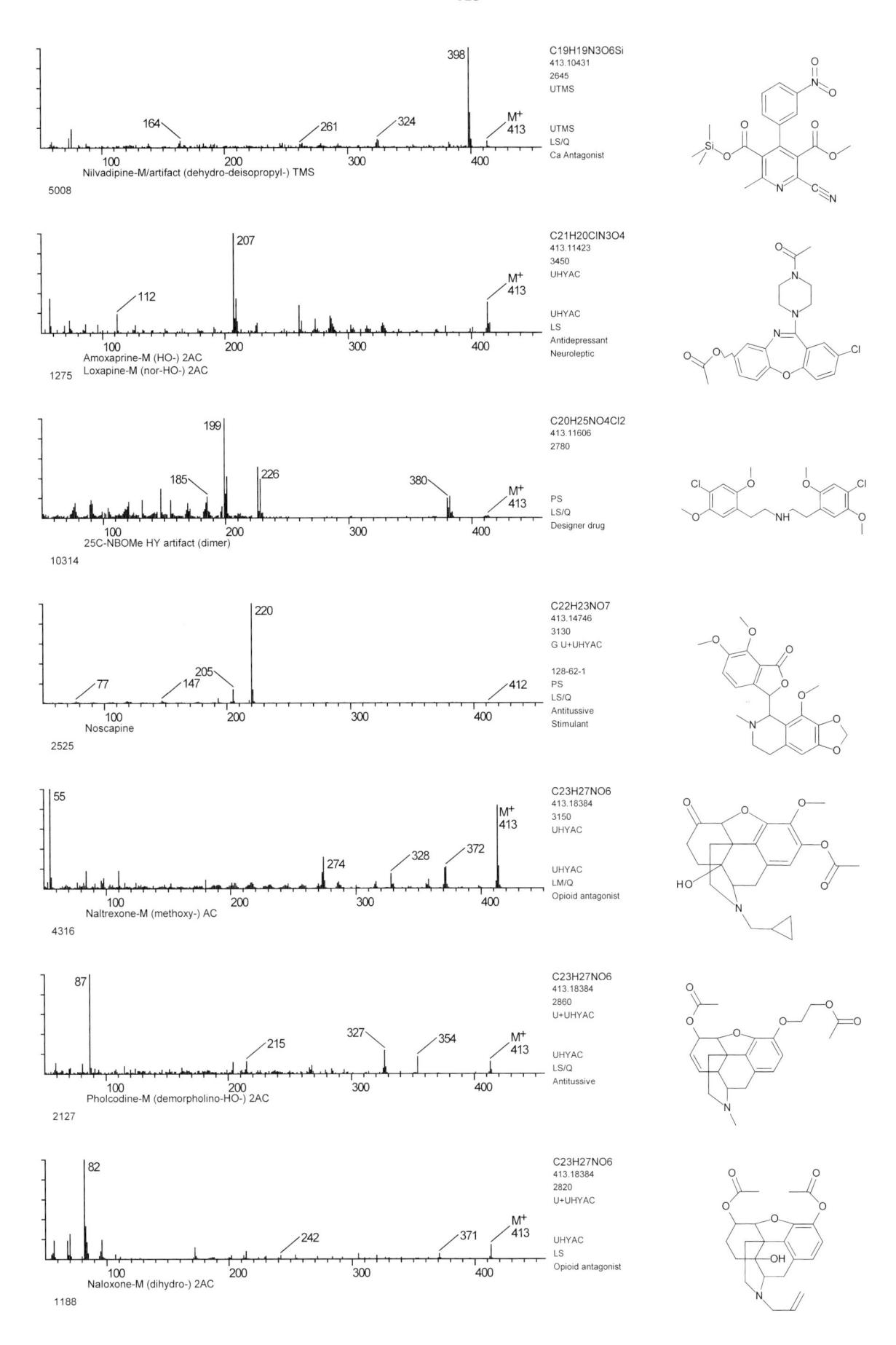

Nilvadipine-M/artifact (dehydro-deisopropyl-) TMS 5008	C19H19N3O6Si 413.10431 2645 UTMS UTMS LS/Q Ca Antagonist
Amoxaprine-M (HO-) 2AC Loxapine-M (nor-HO-) 2AC 1275	C21H20ClN3O4 413.11423 3450 UHYAC UHYAC LS Antidepressant Neuroleptic
25C-NBOMe HY artifact (dimer) 10314	C20H25NO4Cl2 413.11606 2780 PS LS/Q Designer drug
Noscapine 2525	C22H23NO7 413.14746 3130 G U+UHYAC 128-62-1 PS LS/Q Antitussive Stimulant
Naltrexone-M (methoxy-) AC 4316	C23H27NO6 413.18384 3150 UHYAC UHYAC LM/Q Opioid antagonist
Pholcodine-M (demorpholino-HO-) 2AC 2127	C23H27NO6 413.18384 2860 U+UHYAC UHYAC LS/Q Antitussive
Naloxone-M (dihydro-) 2AC 1188	C23H27NO6 413.18384 2820 U+UHYAC UHYAC LS Opioid antagonist

1487

413

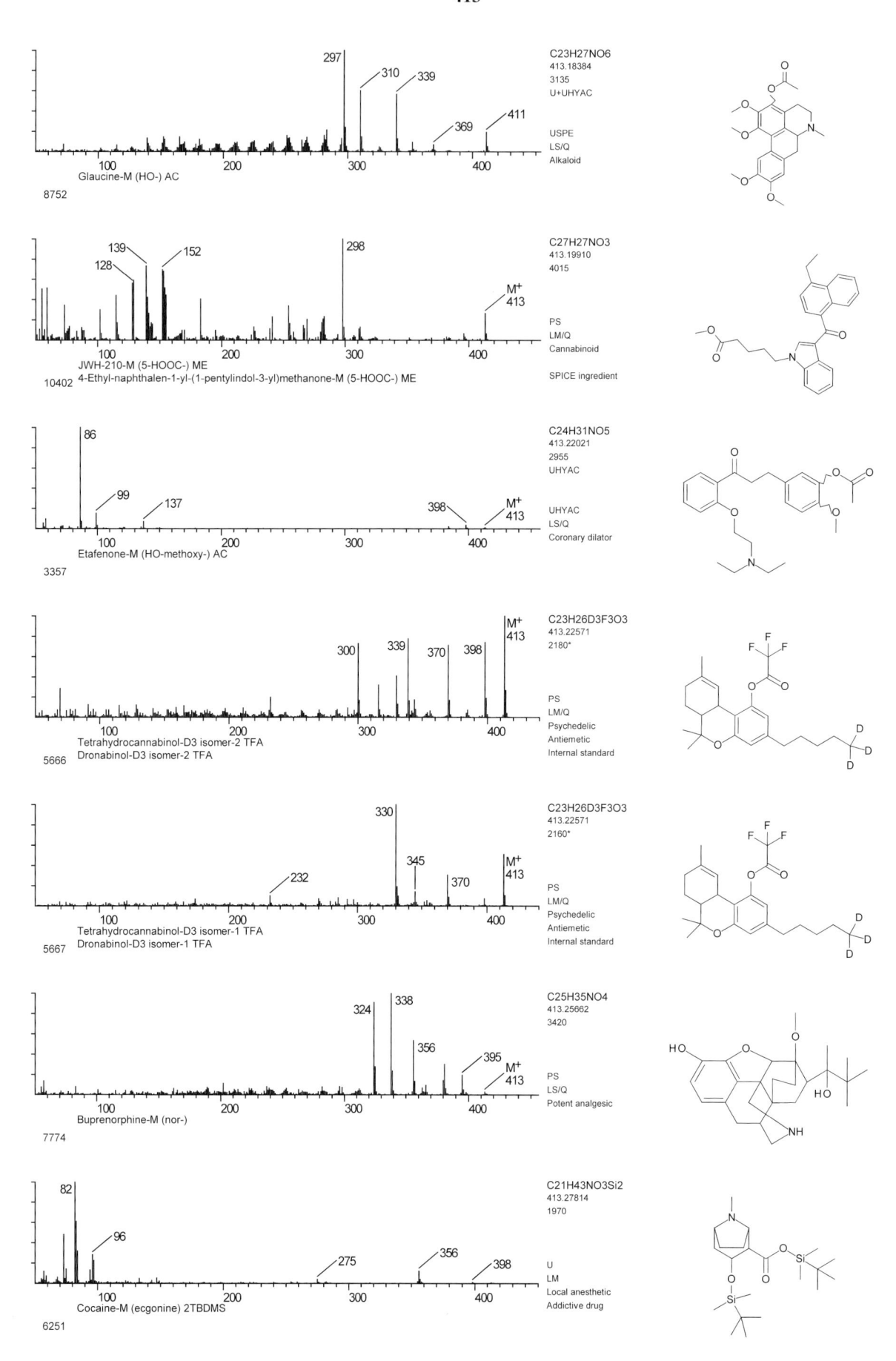

C23H27NO6
413.18384
3135
U+UHYAC

USPE
LS/Q
Alkaloid

Glaucine-M (HO-) AC
8752

C27H27NO3
413.19910
4015

PS
LM/Q
Cannabinoid
SPICE ingredient

JWH-210-M (5-HOOC-) ME
4-Ethyl-naphthalen-1-yl-(1-pentylindol-3-yl)methanone-M (5-HOOC-) ME
10402

C24H31NO5
413.22021
2955
UHYAC

UHYAC
LS/Q
Coronary dilator

Etafenone-M (HO-methoxy-) AC
3357

C23H26D3F3O3
413.22571
2180*

PS
LM/Q
Psychedelic
Antiemetic
Internal standard

Tetrahydrocannabinol-D3 isomer-2 TFA
Dronabinol-D3 isomer-2 TFA
5666

C23H26D3F3O3
413.22571
2160*

PS
LM/Q
Psychedelic
Antiemetic
Internal standard

Tetrahydrocannabinol-D3 isomer-1 TFA
Dronabinol-D3 isomer-1 TFA
5667

C25H35NO4
413.25662
3420

PS
LS/Q
Potent analgesic

Buprenorphine-M (nor-)
7774

C21H43NO3Si2
413.27814
1970

U
LM
Local anesthetic
Addictive drug

Cocaine-M (ecgonine) 2TBDMS
6251

1488

414

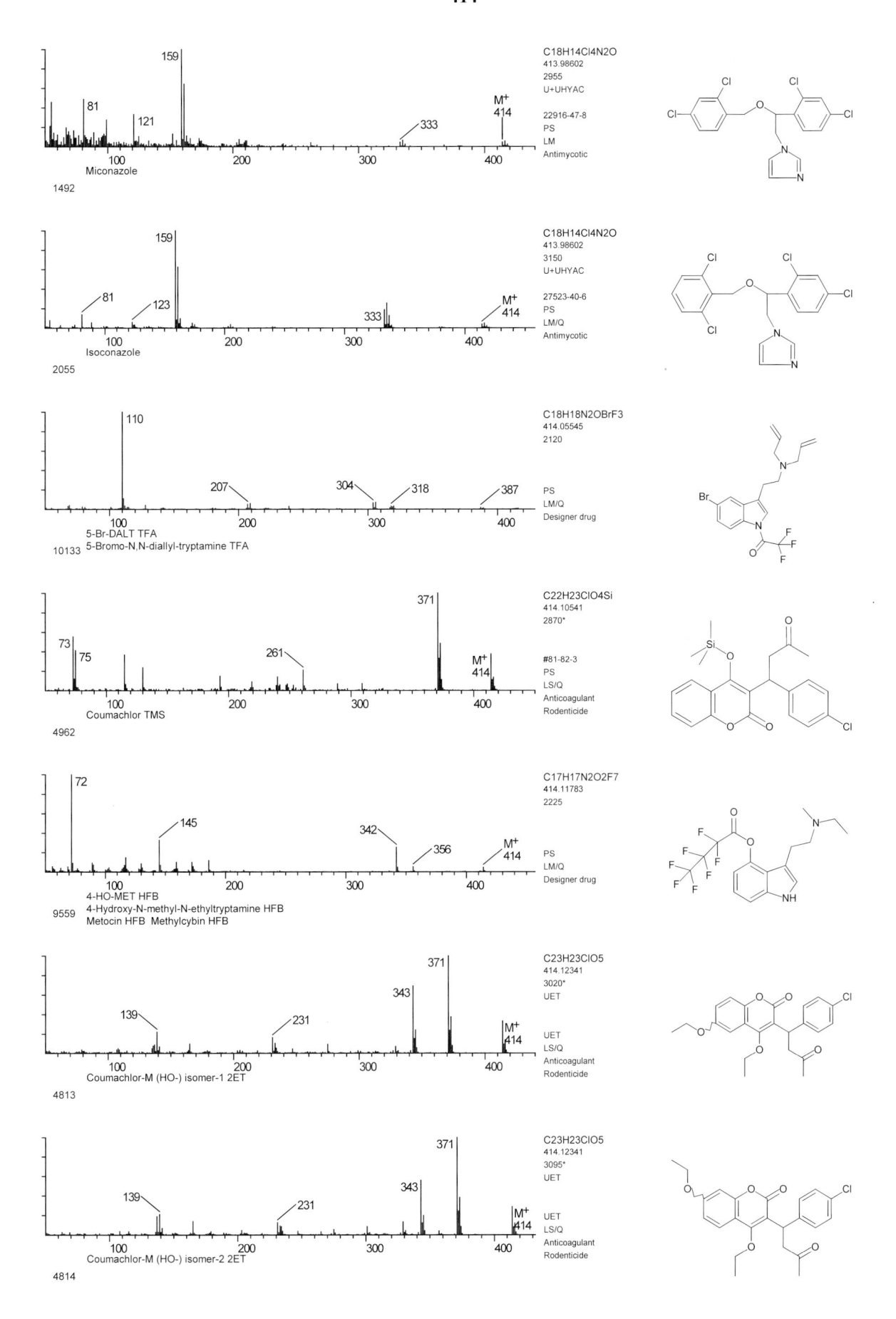

Spectrum	Compound	Formula / Data
1492	Miconazole	C18H14Cl4N2O, 413.98602, 2955, U+UHYAC, 22916-47-8, PS, LM, Antimycotic. Peaks: 81, 121, 159, 333, M+ 414
2055	Isoconazole	C18H14Cl4N2O, 413.98602, 3150, U+UHYAC, 27523-40-6, PS, LM/Q, Antimycotic. Peaks: 81, 123, 159, 333, M+ 414
10133	5-Br-DALT TFA / 5-Bromo-N,N-diallyl-tryptamine TFA	C18H18N2OBrF3, 414.05545, 2120, PS, LM/Q, Designer drug. Peaks: 110, 207, 304, 318, 387
4962	Coumachlor TMS	C22H23ClO4Si, 414.10541, 2870*, #81-82-3, PS, LS/Q, Anticoagulant, Rodenticide. Peaks: 73, 75, 261, 371, M+ 414
9559	4-HO-MET HFB / 4-Hydroxy-N-methyl-N-ethyltryptamine HFB / Metocin HFB Methylcybin HFB	C17H17N2O2F7, 414.11783, 2225, PS, LM/Q, Designer drug. Peaks: 72, 145, 342, 356, M+ 414
4813	Coumachlor-M (HO-) isomer-1 2ET	C23H23ClO5, 414.12341, 3020*, UET, LS/Q, Anticoagulant, Rodenticide. Peaks: 139, 231, 343, 371, M+ 414
4814	Coumachlor-M (HO-) isomer-2 2ET	C23H23ClO5, 414.12341, 3095*, UET, LS/Q, Anticoagulant, Rodenticide. Peaks: 139, 231, 343, 371, M+ 414

414

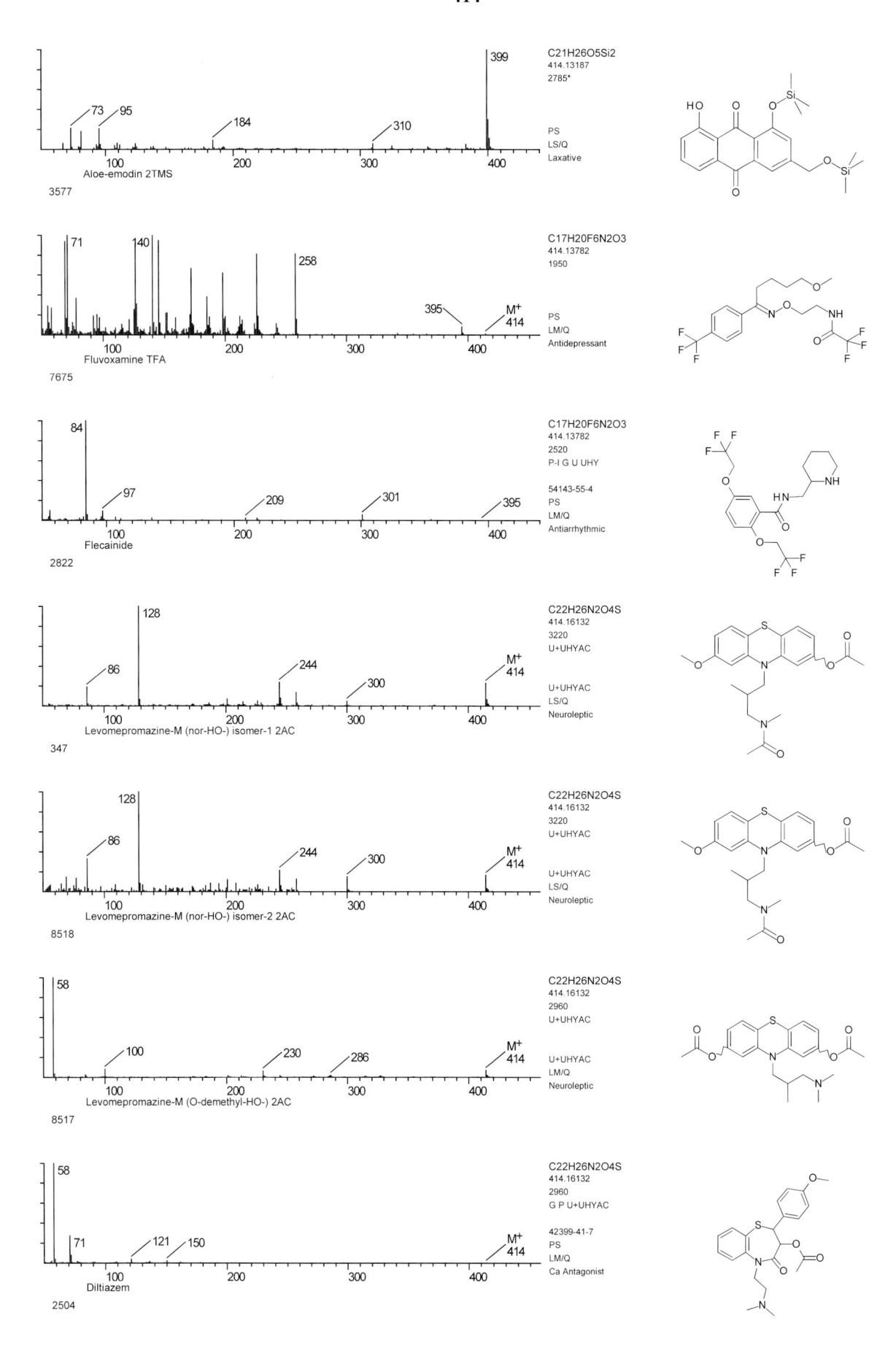

C21H26O5Si2
414.13187
2785*

PS
LS/Q
Laxative

Aloe-emodin 2TMS
3577

C17H20F6N2O3
414.13782
1950

PS
LM/Q
Antidepressant

Fluvoxamine TFA
7675

C17H20F6N2O3
414.13782
2520
P-I G U UHY

54143-55-4
PS
LM/Q
Antiarrhythmic

Flecainide
2822

C22H26N2O4S
414.16132
3220
U+UHYAC

U+UHYAC
LS/Q
Neuroleptic

Levomepromazine-M (nor-HO-) isomer-1 2AC
347

C22H26N2O4S
414.16132
3220
U+UHYAC

U+UHYAC
LS/Q
Neuroleptic

Levomepromazine-M (nor-HO-) isomer-2 2AC
8518

C22H26N2O4S
414.16132
2960
U+UHYAC

U+UHYAC
LM/Q
Neuroleptic

Levomepromazine-M (O-demethyl-HO-) 2AC
8517

C22H26N2O4S
414.16132
2960
G P U+UHYAC

42399-41-7
PS
LM/Q
Ca Antagonist

Diltiazem
2504

414

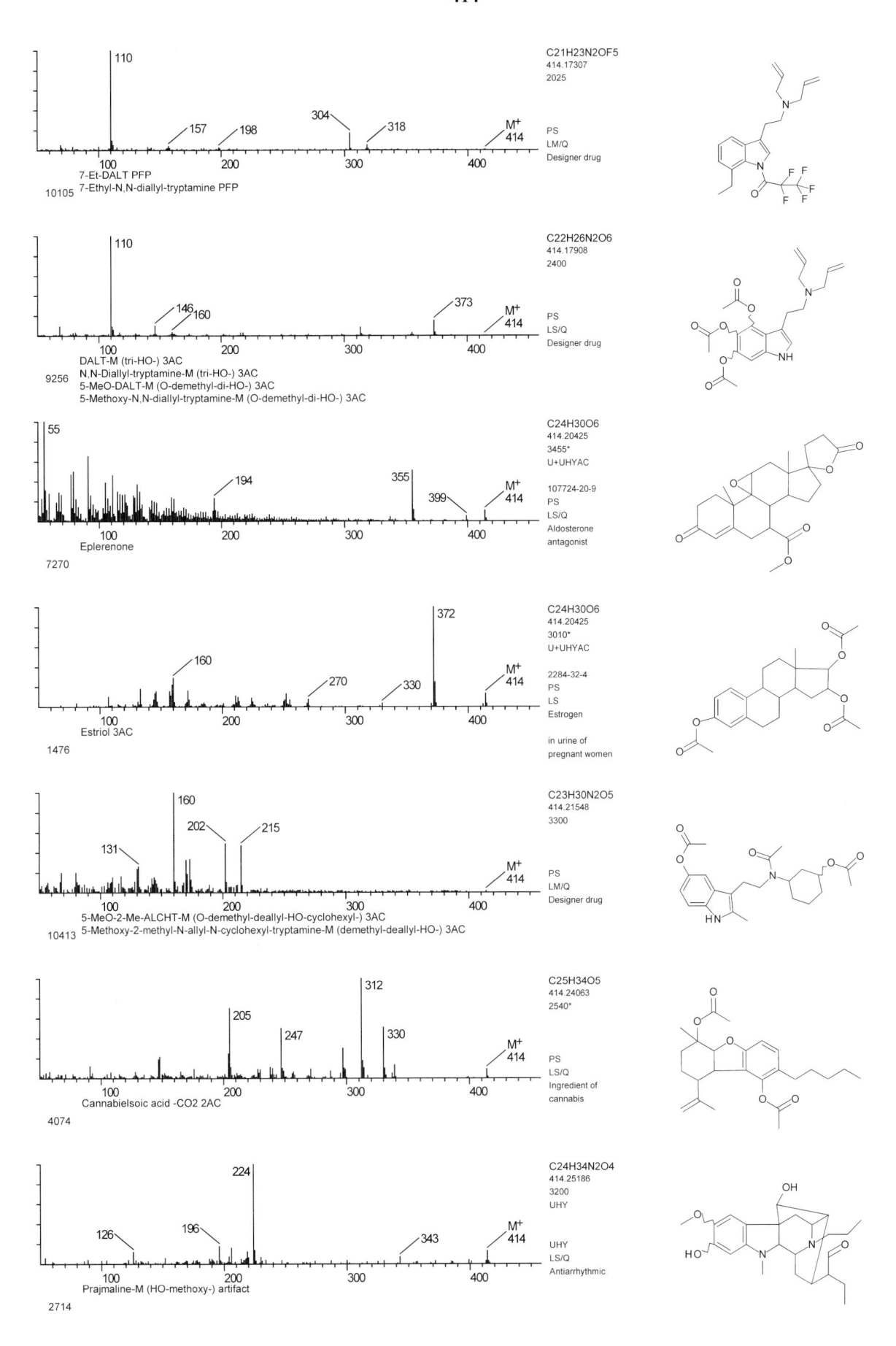

C21H23N2OF5
414.17307
2025

PS
LM/Q
Designer drug

7-Et-DALT PFP
7-Ethyl-N,N-diallyl-tryptamine PFP
10105

C22H26N2O6
414.17908
2400

PS
LS/Q
Designer drug

DALT-M (tri-HO-) 3AC
N,N-Diallyl-tryptamine-M (tri-HO-) 3AC
5-MeO-DALT-M (O-demethyl-di-HO-) 3AC
5-Methoxy-N,N-diallyl-tryptamine-M (O-demethyl-di-HO-) 3AC
9256

C24H30O6
414.20425
3455*
U+UHYAC

107724-20-9
PS
LS/Q
Aldosterone antagonist

Eplerenone
7270

C24H30O6
414.20425
3010*
U+UHYAC

2284-32-4
PS
LS
Estrogen

in urine of pregnant women

Estriol 3AC
1476

C23H30N2O5
414.21548
3300

PS
LM/Q
Designer drug

5-MeO-2-Me-ALCHT-M (O-demethyl-deallyl-HO-cyclohexyl-) 3AC
5-Methoxy-2-methyl-N-allyl-N-cyclohexyl-tryptamine-M (demethyl-deallyl-HO-) 3AC
10413

C25H34O5
414.24063
2540*

PS
LS/Q
Ingredient of cannabis

Cannabielsoic acid -CO2 2AC
4074

C24H34N2O4
414.25186
3200
UHY

UHY
LS/Q
Antiarrhythmic

Prajmaline-M (HO-methoxy-) artifact
2714

1491

414

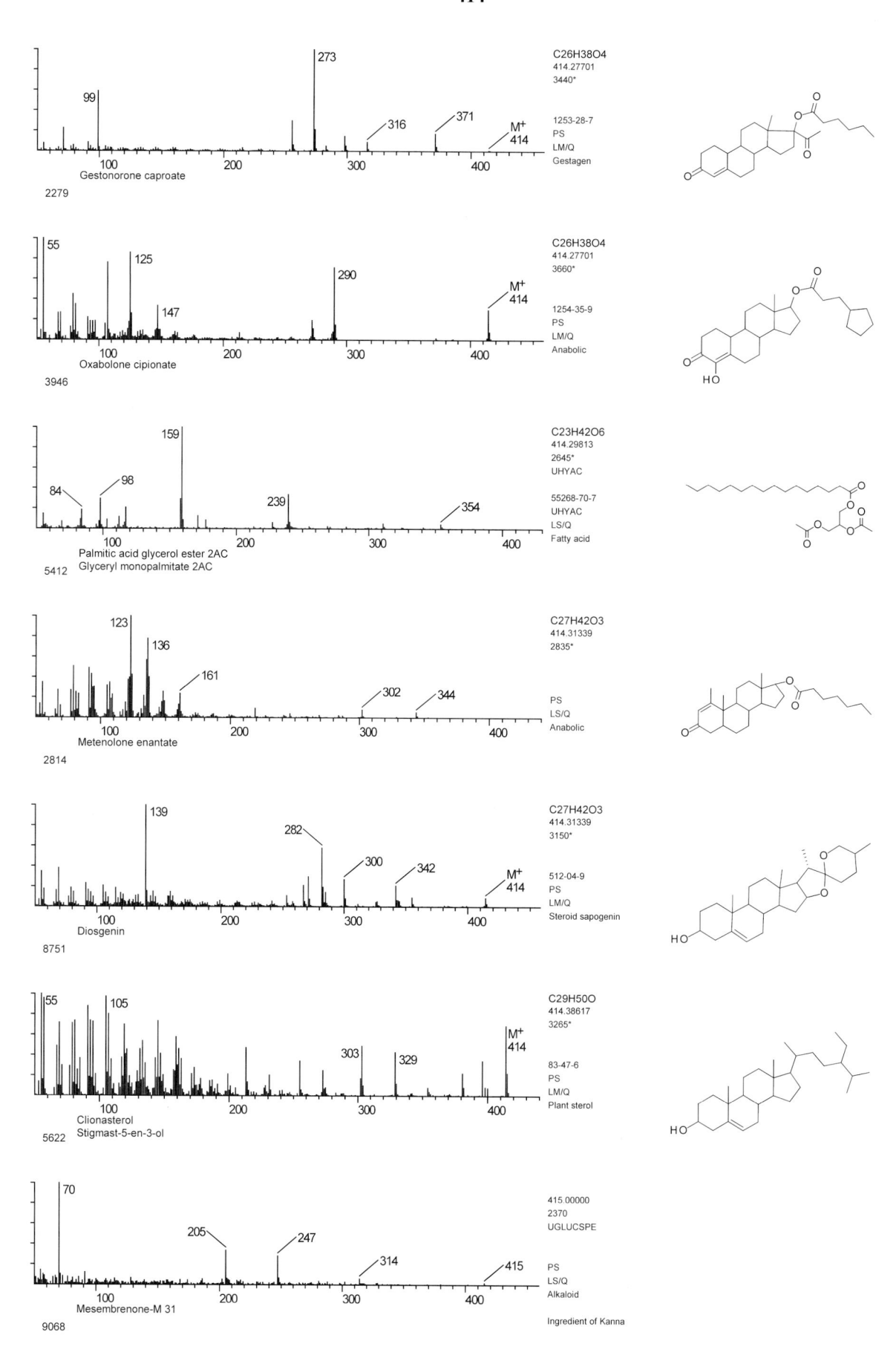

Gestonorone caproate (2279) — peaks: 99, 273, 316, 371, M+ 414	C26H38O4 414.27701 3440* 1253-28-7 PS LM/Q Gestagen	
Oxabolone cipionate (3946) — peaks: 55, 125, 147, 290, M+ 414	C26H38O4 414.27701 3660* 1254-35-9 PS LM/Q Anabolic	
Palmitic acid glycerol ester 2AC / Glyceryl monopalmitate 2AC (5412) — peaks: 84, 98, 159, 239, 354	C23H42O6 414.29813 2645* UHYAC 55268-70-7 UHYAC LS/Q Fatty acid	
Metenolone enantate (2814) — peaks: 123, 136, 161, 302, 344	C27H42O3 414.31339 2835* PS LS/Q Anabolic	
Diosgenin (8751) — peaks: 139, 282, 300, 342, M+ 414	C27H42O3 414.31339 3150* 512-04-9 PS LM/Q Steroid sapogenin	
Clionasterol / Stigmast-5-en-3-ol (5622) — peaks: 55, 105, 303, 329, M+ 414	C29H50O 414.38617 3265* 83-47-6 PS LM/Q Plant sterol	
Mesembrenone-M 31 (9068) — peaks: 70, 205, 247, 314, 415	415.00000 2370 UGLUCSPE PS LS/Q Alkaloid Ingredient of Kanna	

415

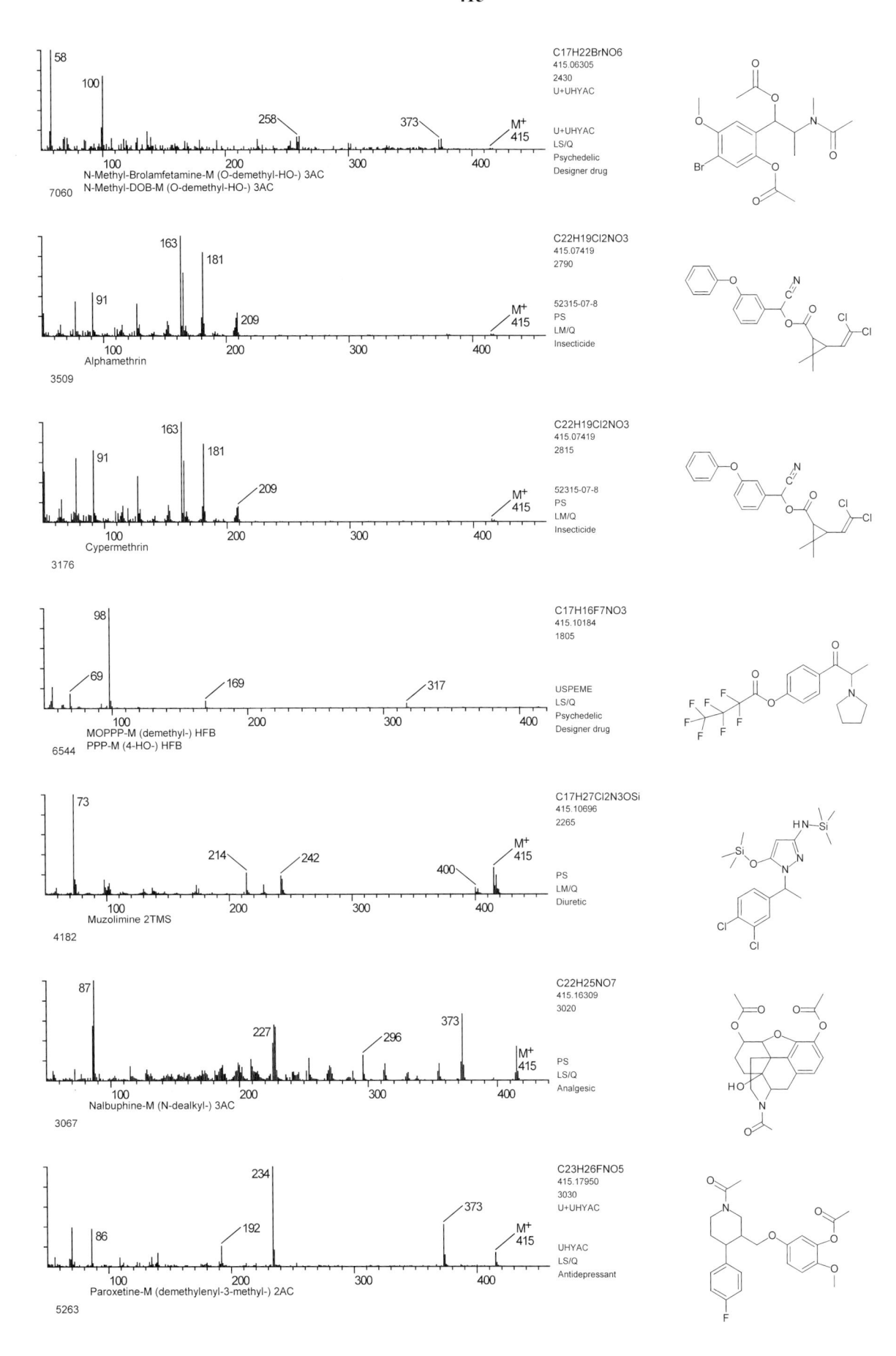

C17H22BrNO6
415.06305
2430
U+UHYAC

U+UHYAC
LS/Q
Psychedelic
Designer drug

7060 N-Methyl-Brolamfetamine-M (O-demethyl-HO-) 3AC
N-Methyl-DOB-M (O-demethyl-HO-) 3AC

C22H19Cl2NO3
415.07419
2790

52315-07-8
PS
LM/Q
Insecticide

3509 Alphamethrin

C22H19Cl2NO3
415.07419
2815

52315-07-8
PS
LM/Q
Insecticide

3176 Cypermethrin

C17H16F7NO3
415.10184
1805

USPEME
LS/Q
Psychedelic
Designer drug

6544 MOPPP-M (demethyl-) HFB
PPP-M (4-HO-) HFB

C17H27Cl2N3OSi
415.10696
2265

PS
LM/Q
Diuretic

4182 Muzolimine 2TMS

C22H25NO7
415.16309
3020

PS
LS/Q
Analgesic

3067 Nalbuphine-M (N-dealkyl-) 3AC

C23H26FNO5
415.17950
3030
U+UHYAC

UHYAC
LS/Q
Antidepressant

5263 Paroxetine-M (demethylenyl-3-methyl-) 2AC

415

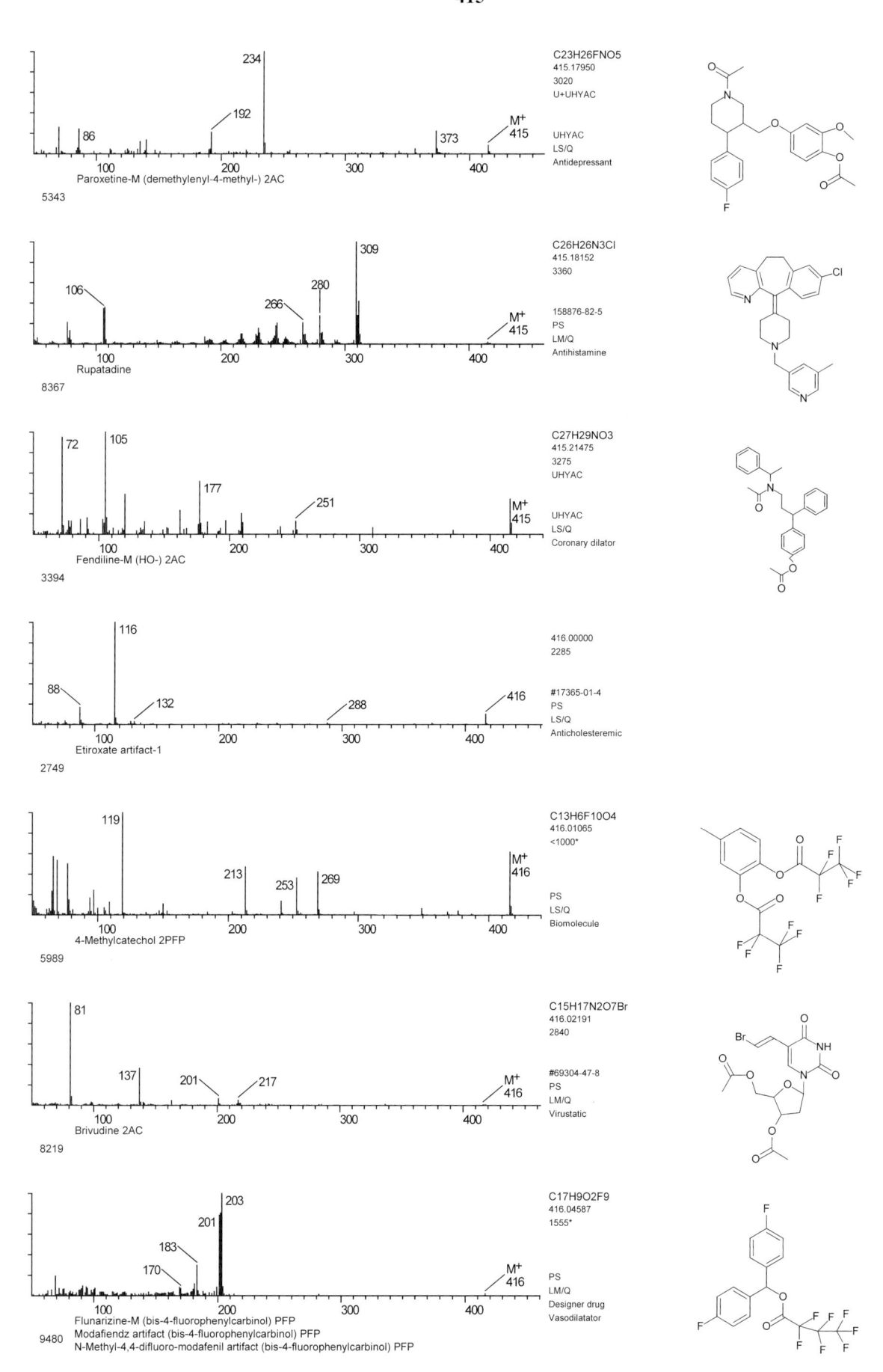

C23H26FNO5
415.17950
3020
U+UHYAC

UHYAC
LS/Q
Antidepressant

Paroxetine-M (demethylenyl-4-methyl-) 2AC
5343

C26H26N3Cl
415.18152
3360

158876-82-5
PS
LM/Q
Antihistamine

Rupatadine
8367

C27H29NO3
415.21475
3275
UHYAC

UHYAC
LS/Q
Coronary dilator

Fendiline-M (HO-) 2AC
3394

416.00000
2285

#17365-01-4
PS
LS/Q
Anticholesteremic

Etiroxate artifact-1
2749

C13H6F10O4
416.01065
<1000*

PS
LS/Q
Biomolecule

4-Methylcatechol 2PFP
5989

C15H17N2O7Br
416.02191
2840

#69304-47-8
PS
LM/Q
Virustatic

Brivudine 2AC
8219

C17H9O2F9
416.04587
1555*

PS
LM/Q
Designer drug
Vasodilatator

Flunarizine-M (bis-4-fluorophenylcarbinol) PFP
Modafiendz artifact (bis-4-fluorophenylcarbinol) PFP
N-Methyl-4,4-difluoro-modafenil artifact (bis-4-fluorophenylcarbinol) PFP
9480

416

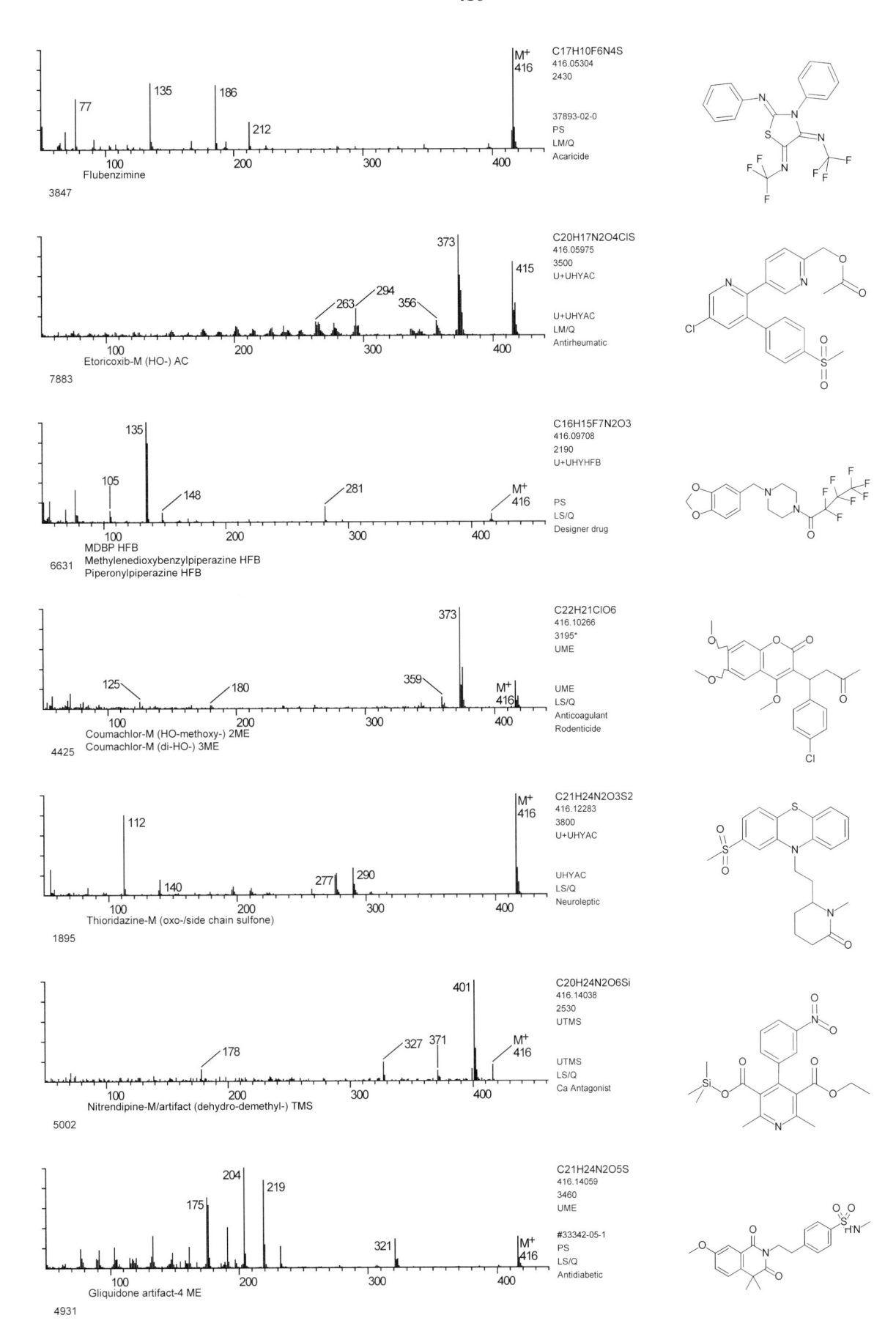

Flubenzimine	77, 135, 186, 212, M+ 416	C17H10F6N4S 416.05304 2430 37893-02-0 PS LM/Q Acaricide
3847		

Etoricoxib-M (HO-) AC	263, 294, 356, 373, 415	C20H17N2O4ClS 416.05975 3500 U+UHYAC U+UHYAC LM/Q Antirheumatic
7883		

MDBP HFB Methylenedioxybenzylpiperazine HFB Piperonylpiperazine HFB	105, 135, 148, 281, M+ 416	C16H15F7N2O3 416.09708 2190 U+UHYHFB PS LS/Q Designer drug
6631		

Coumachlor-M (HO-methoxy-) 2ME Coumachlor-M (di-HO-) 3ME	125, 180, 359, 373, M+ 416	C22H21ClO6 416.10266 3195* UME UME LS/Q Anticoagulant Rodenticide
4425		

Thioridazine-M (oxo-/side chain sulfone)	112, 140, 277, 290, M+ 416	C21H24N2O3S2 416.12283 3800 U+UHYAC UHYAC LS/Q Neuroleptic
1895		

Nitrendipine-M/artifact (dehydro-demethyl-) TMS	178, 327, 371, 401, M+ 416	C20H24N2O6Si 416.14038 2530 UTMS UTMS LS/Q Ca Antagonist
5002		

Gliquidone artifact-4 ME	175, 204, 219, 321, M+ 416	C21H24N2O5S 416.14059 3460 UME #33342-05-1 PS LS/Q Antidiabetic
4931		

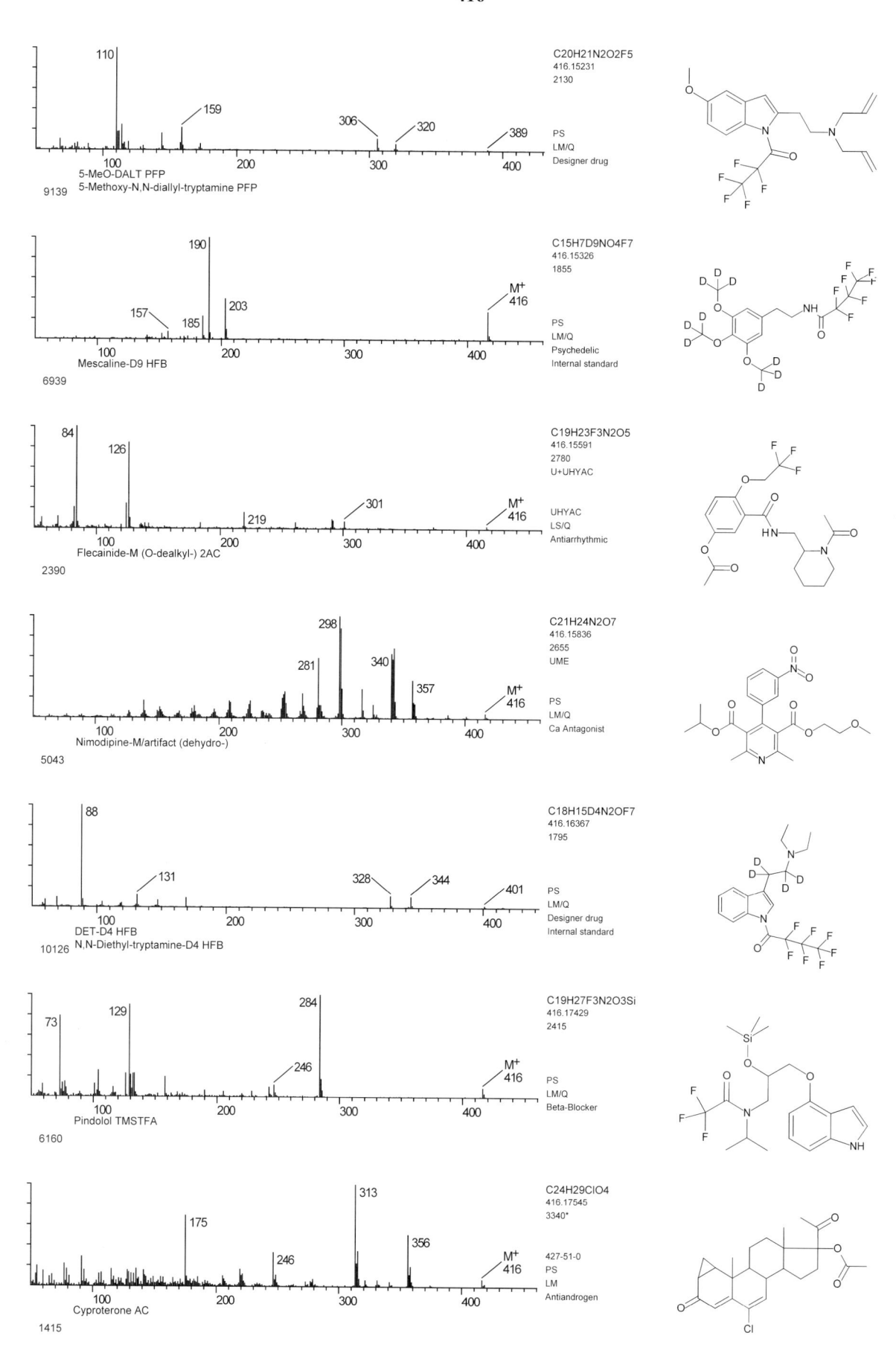

5-MeO-DALT PFP 5-Methoxy-N,N-diallyl-tryptamine PFP 9139	C20H21N2O2F5 416.15231 2130 PS LM/Q Designer drug	Peaks: 110, 159, 306, 320, 389
Mescaline-D9 HFB 6939	C15H7D9NO4F7 416.15326 1855 PS LM/Q Psychedelic Internal standard	Peaks: 157, 185, 190, 203, M+ 416
Flecainide-M (O-dealkyl-) 2AC 2390	C19H23F3N2O5 416.15591 2780 U+UHYAC UHYAC LS/Q Antiarrhythmic	Peaks: 84, 126, 219, 301, M+ 416
Nimodipine-M/artifact (dehydro-) 5043	C21H24N2O7 416.15836 2655 UME PS LM/Q Ca Antagonist	Peaks: 281, 298, 340, 357, M+ 416
DET-D4 HFB N,N-Diethyl-tryptamine-D4 HFB 10126	C18H15D4N2OF7 416.16367 1795 PS LM/Q Designer drug Internal standard	Peaks: 88, 131, 328, 344, 401
Pindolol TMSTFA 6160	C19H27F3N2O3Si 416.17429 2415 PS LM/Q Beta-Blocker	Peaks: 73, 129, 246, 284, M+ 416
Cyproterone AC 1415	C24H29ClO4 416.17545 3340* 427-51-0 PS LM Antiandrogen	Peaks: 175, 246, 313, 356, M+ 416

416

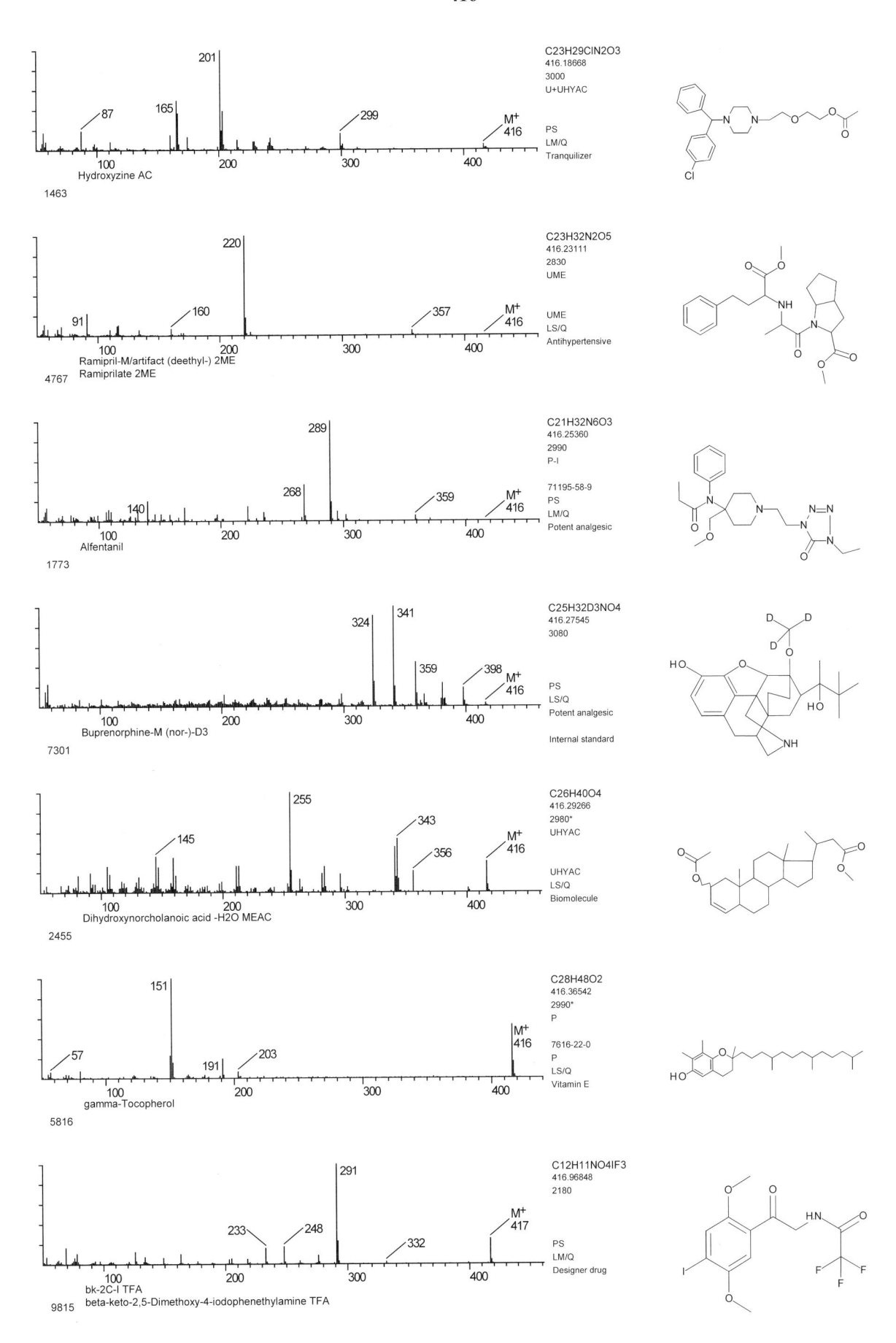

C23H29ClN2O3
416.18668
3000
U+UHYAC

PS
LM/Q
Tranquilizer

Hydroxyzine AC
1463

C23H32N2O5
416.23111
2830
UME

UME
LS/Q
Antihypertensive

Ramipril-M/artifact (deethyl-) 2ME
Ramiprilate 2ME
4767

C21H32N6O3
416.25360
2990
P-I
71195-58-9
PS
LM/Q
Potent analgesic

Alfentanil
1773

C25H32D3NO4
416.27545
3080

PS
LS/Q
Potent analgesic

Internal standard

Buprenorphine-M (nor-)-D3
7301

C26H40O4
416.29266
2980*
UHYAC

UHYAC
LS/Q
Biomolecule

Dihydroxynorcholanoic acid -H2O MEAC
2455

C28H48O2
416.36542
2990*
P

7616-22-0
P
LS/Q
Vitamin E

gamma-Tocopherol
5816

C12H11NO4IF3
416.96848
2180

PS
LM/Q
Designer drug

bk-2C-I TFA
beta-keto-2,5-Dimethoxy-4-iodophenethylamine TFA
9815

417

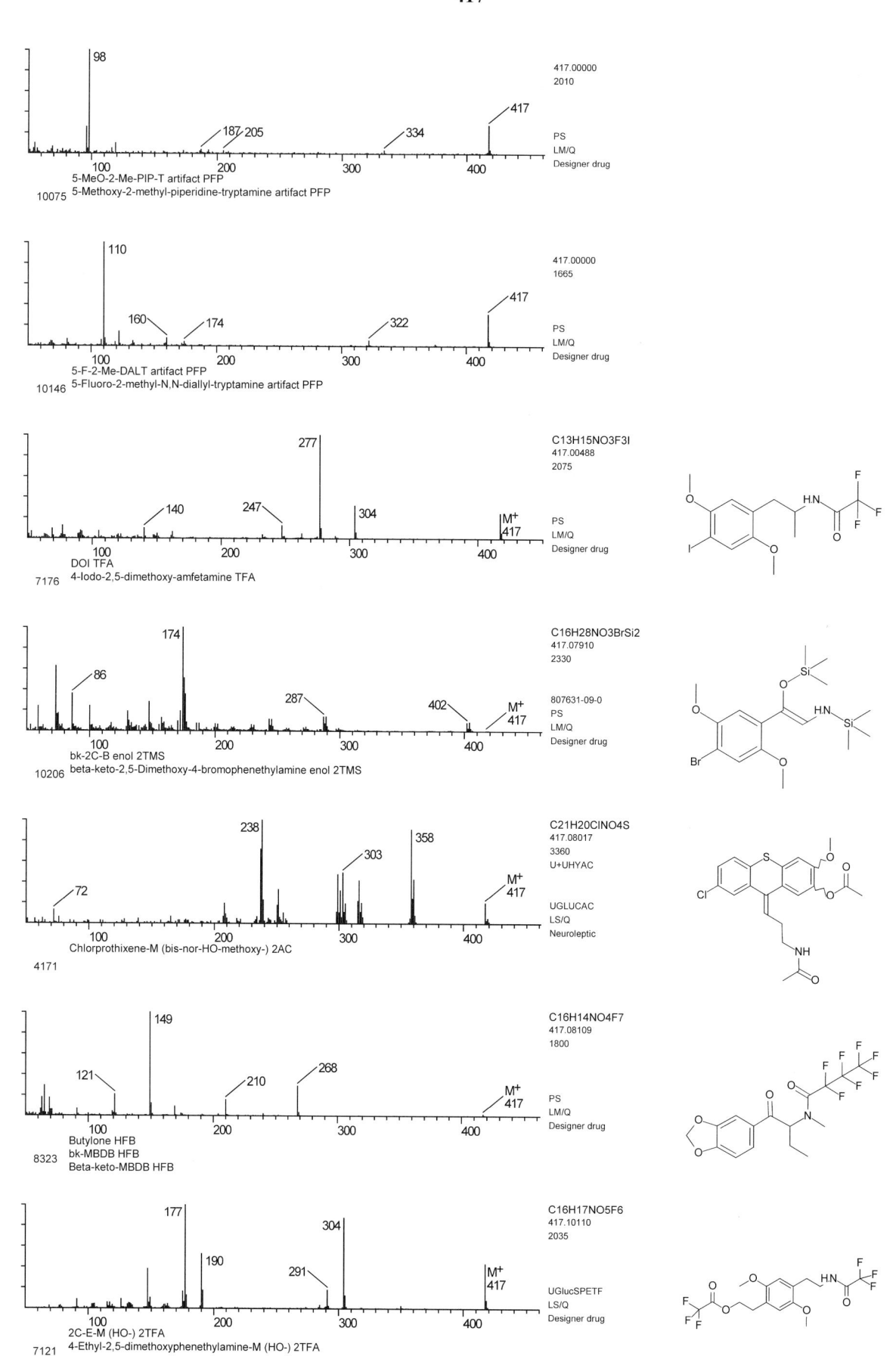

5-MeO-2-Me-PIP-T artifact PFP
10075 5-Methoxy-2-methyl-piperidine-tryptamine artifact PFP

417.00000
2010
PS
LM/Q
Designer drug

5-F-2-Me-DALT artifact PFP
10146 5-Fluoro-2-methyl-N,N-diallyl-tryptamine artifact PFP

417.00000
1665
PS
LM/Q
Designer drug

DOI TFA
7176 4-Iodo-2,5-dimethoxy-amfetamine TFA

C13H15NO3F3I
417.00488
2075
PS
LM/Q
Designer drug

bk-2C-B enol 2TMS
10206 beta-keto-2,5-Dimethoxy-4-bromophenethylamine enol 2TMS

C16H28NO3BrSi2
417.07910
2330
807631-09-0
PS
LM/Q
Designer drug

Chlorprothixene-M (bis-nor-HO-methoxy-) 2AC
4171

C21H20ClNO4S
417.08017
3360
U+UHYAC
UGLUCAC
LS/Q
Neuroleptic

Butylone HFB
bk-MBDB HFB
8323 Beta-keto-MBDB HFB

C16H14NO4F7
417.08109
1800
PS
LM/Q
Designer drug

2C-E-M (HO-) 2TFA
7121 4-Ethyl-2,5-dimethoxyphenethylamine-M (HO-) 2TFA

C16H17NO5F6
417.10110
2035
UGlucSPETF
LS/Q
Designer drug

417

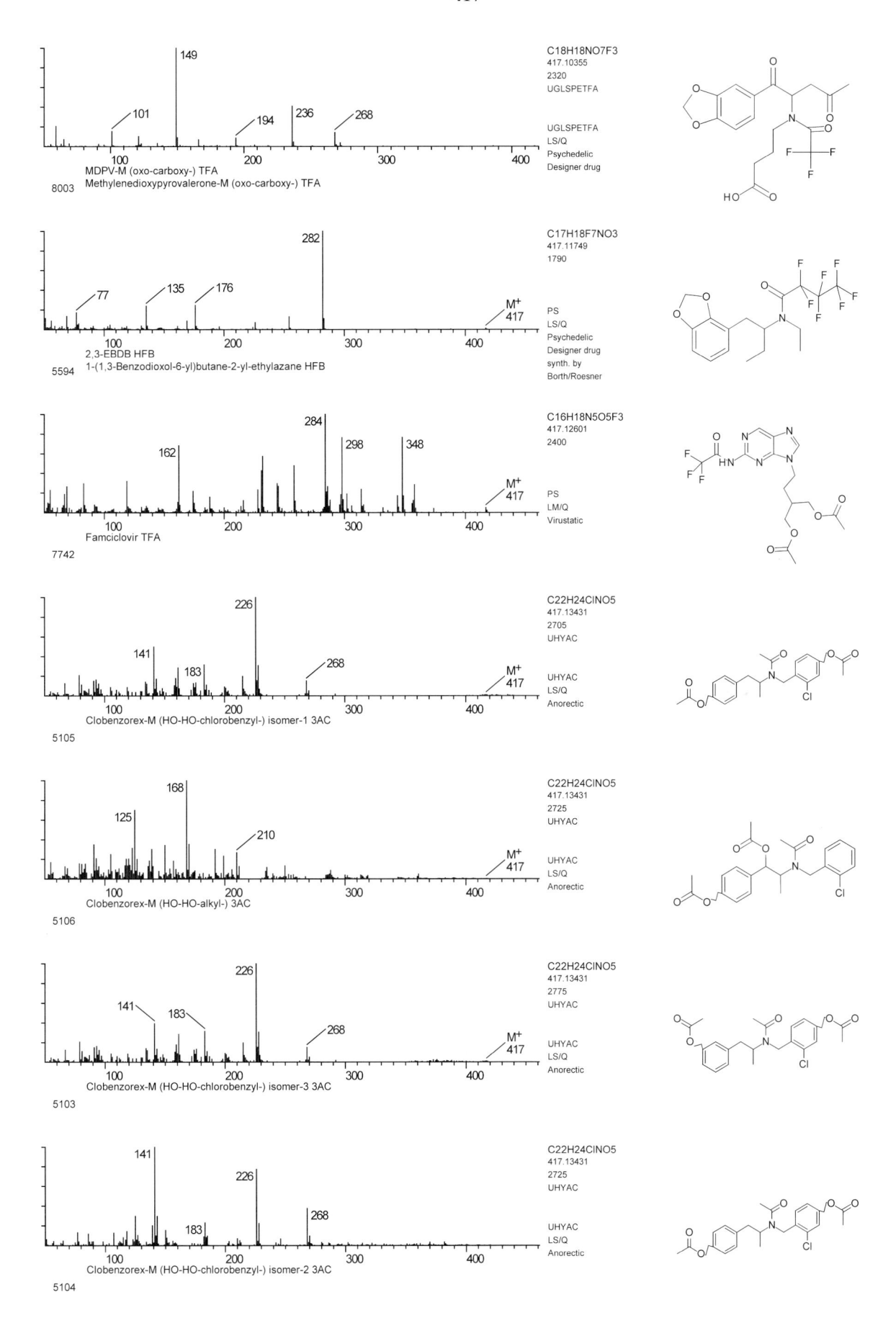

8003	MDPV-M (oxo-carboxy-) TFA Methylenedioxypyrovalerone-M (oxo-carboxy-) TFA Peaks: 101, 149, 194, 236, 268	C18H18NO7F3 417.10355 2320 UGLSPETFA UGLSPETFA LS/Q Psychedelic Designer drug
5594	2,3-EBDB HFB 1-(1,3-Benzodioxol-6-yl)butane-2-yl-ethylazane HFB Peaks: 77, 135, 176, 282, M+ 417	C17H18F7NO3 417.11749 1790 PS LS/Q Psychedelic Designer drug synth. by Borth/Roesner
7742	Famciclovir TFA Peaks: 162, 284, 298, 348, M+ 417	C16H18N5O5F3 417.12601 2400 PS LM/Q Virustatic
5105	Clobenzorex-M (HO-HO-chlorobenzyl-) isomer-1 3AC Peaks: 141, 183, 226, 268, M+ 417	C22H24ClNO5 417.13431 2705 UHYAC UHYAC LS/Q Anorectic
5106	Clobenzorex-M (HO-HO-alkyl-) 3AC Peaks: 125, 168, 210, M+ 417	C22H24ClNO5 417.13431 2725 UHYAC UHYAC LS/Q Anorectic
5103	Clobenzorex-M (HO-HO-chlorobenzyl-) isomer-3 3AC Peaks: 141, 183, 226, 268, M+ 417	C22H24ClNO5 417.13431 2775 UHYAC UHYAC LS/Q Anorectic
5104	Clobenzorex-M (HO-HO-chlorobenzyl-) isomer-2 3AC Peaks: 141, 183, 226, 268	C22H24ClNO5 417.13431 2725 UHYAC UHYAC LS/Q Anorectic

417

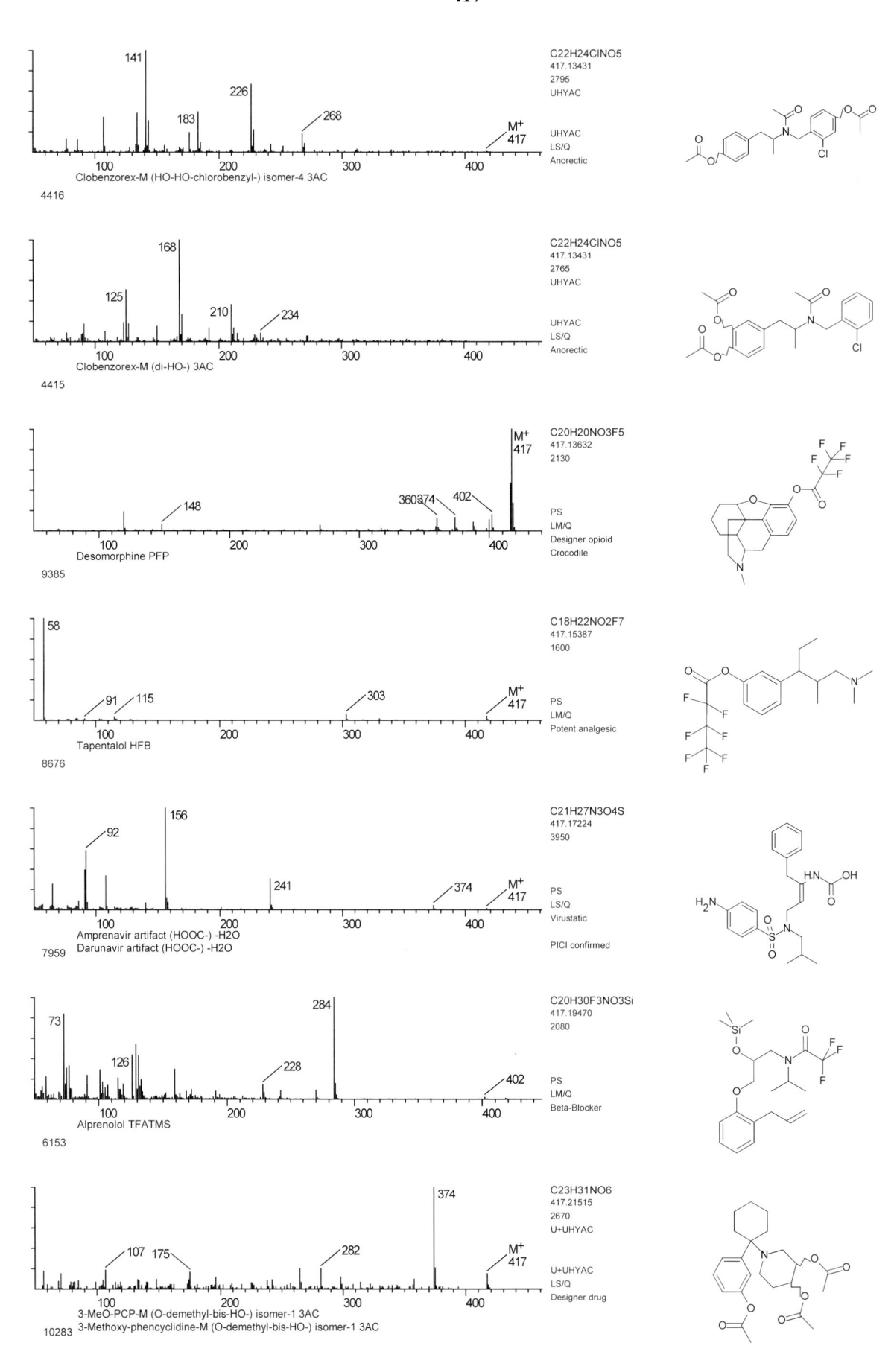

C22H24ClNO5
417.13431
2795
UHYAC

UHYAC
LS/Q
Anorectic

Clobenzorex-M (HO-HO-chlorobenzyl-) isomer-4 3AC
4416

C22H24ClNO5
417.13431
2765
UHYAC

UHYAC
LS/Q
Anorectic

Clobenzorex-M (di-HO-) 3AC
4415

C20H20NO3F5
417.13632
2130

PS
LM/Q
Designer opioid
Crocodile

Desomorphine PFP
9385

C18H22NO2F7
417.15387
1600

PS
LM/Q
Potent analgesic

Tapentalol HFB
8676

C21H27N3O4S
417.17224
3950

PS
LS/Q
Virustatic
PICI confirmed

Amprenavir artifact (HOOC-) -H2O
Darunavir artifact (HOOC-) -H2O
7959

C20H30F3NO3Si
417.19470
2080

PS
LM/Q
Beta-Blocker

Alprenolol TFATMS
6153

C23H31NO6
417.21515
2670
U+UHYAC

U+UHYAC
LS/Q
Designer drug

3-MeO-PCP-M (O-demethyl-bis-HO-) isomer-1 3AC
3-Methoxy-phencyclidine-M (O-demethyl-bis-HO-) isomer-1 3AC
10283

1500

417

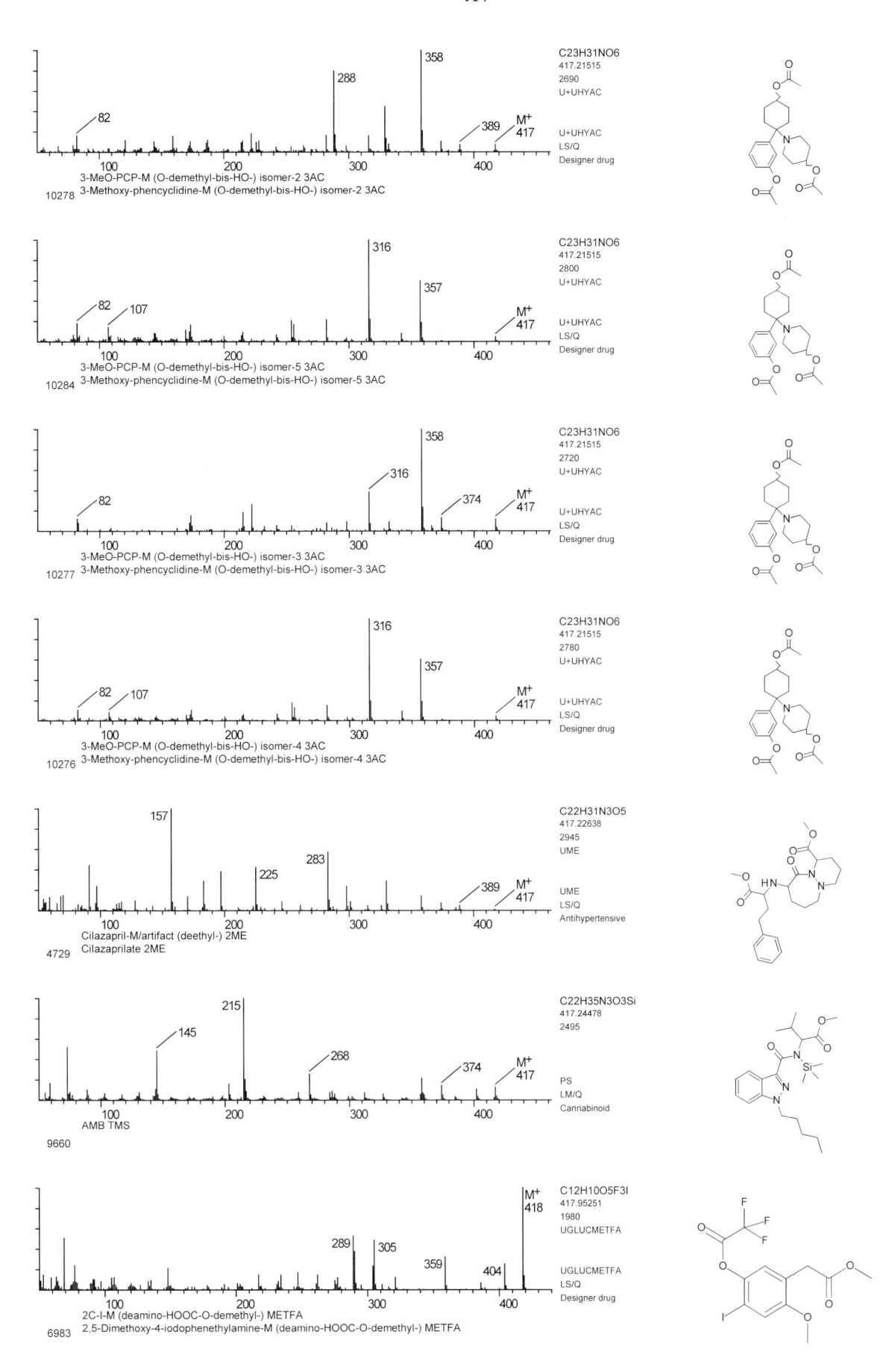

C23H31NO6 417.21515 2690 U+UHYAC U+UHYAC LS/Q Designer drug	10278 3-MeO-PCP-M (O-demethyl-bis-HO-) isomer-2 3AC 3-Methoxy-phencyclidine-M (O-demethyl-bis-HO-) isomer-2 3AC
C23H31NO6 417.21515 2800 U+UHYAC U+UHYAC LS/Q Designer drug	10284 3-MeO-PCP-M (O-demethyl-bis-HO-) isomer-5 3AC 3-Methoxy-phencyclidine-M (O-demethyl-bis-HO-) isomer-5 3AC
C23H31NO6 417.21515 2720 U+UHYAC U+UHYAC LS/Q Designer drug	10277 3-MeO-PCP-M (O-demethyl-bis-HO-) isomer-3 3AC 3-Methoxy-phencyclidine-M (O-demethyl-bis-HO-) isomer-3 3AC
C23H31NO6 417.21515 2780 U+UHYAC U+UHYAC LS/Q Designer drug	10276 3-MeO-PCP-M (O-demethyl-bis-HO-) isomer-4 3AC 3-Methoxy-phencyclidine-M (O-demethyl-bis-HO-) isomer-4 3AC
C22H31N3O5 417.22638 2945 UME UME LS/Q Antihypertensive	4729 Cilazapril-M/artifact (deethyl-) 2ME Cilazaprilate 2ME
C22H35N3O3Si 417.24478 2495 PS LM/Q Cannabinoid	9660 AMB TMS
C12H10O5F3I 417.95251 1980 UGLUCMETFA UGLUCMETFA LS/Q Designer drug	6983 2C-I-M (deamino-HOOC-O-demethyl-) METFA 2,5-Dimethoxy-4-iodophenethylamine-M (deamino-HOOC-O-demethyl-) METFA

418

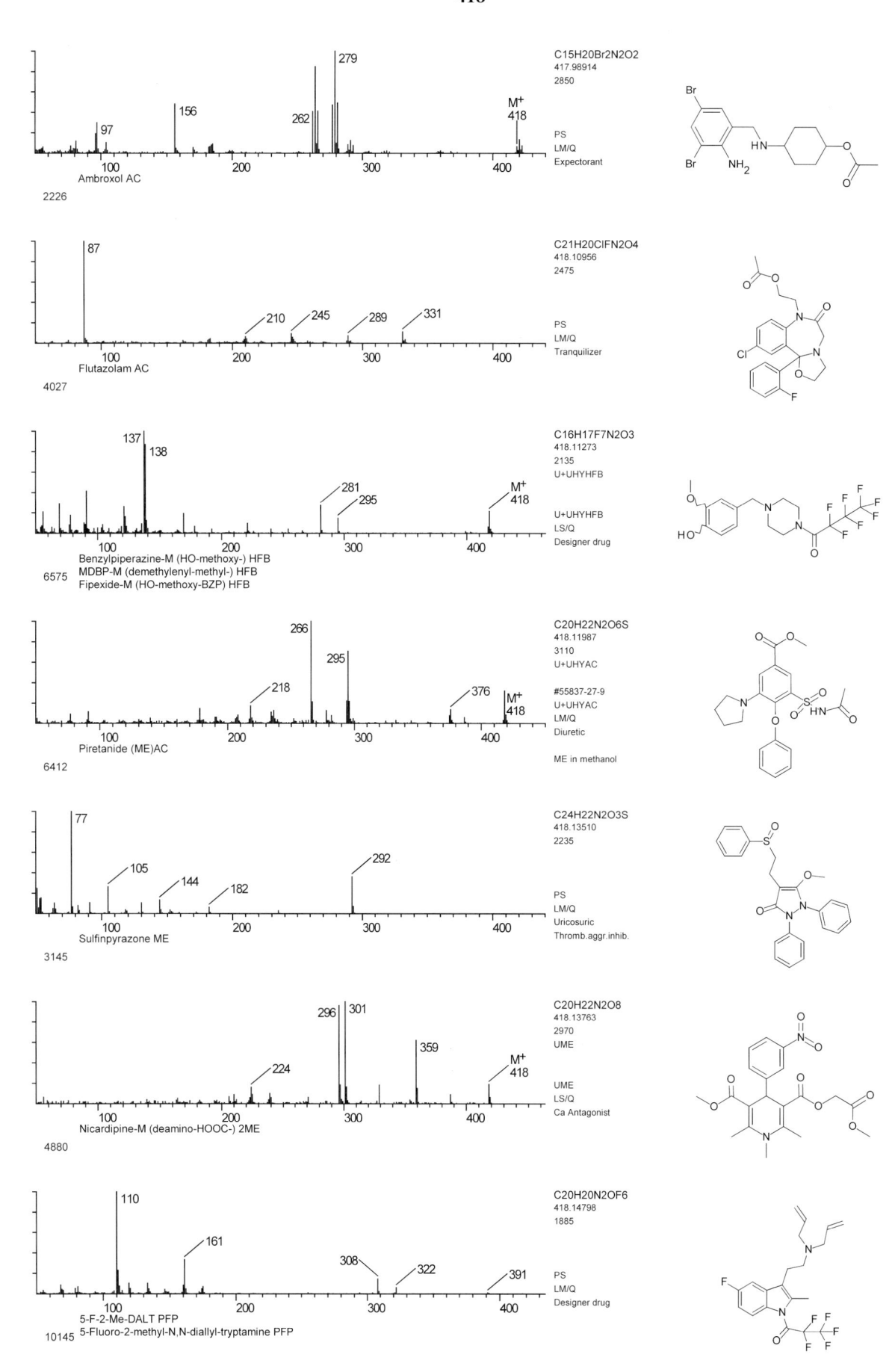

C15H20Br2N2O2
417.98914
2850

PS
LM/Q
Expectorant

Ambroxol AC
2226

C21H20ClFN2O4
418.10956
2475

PS
LM/Q
Tranquilizer

Flutazolam AC
4027

C16H17F7N2O3
418.11273
2135
U+UHYHFB

U+UHYHFB
LS/Q
Designer drug

Benzylpiperazine-M (HO-methoxy-) HFB
MDBP-M (demethylenyl-methyl-) HFB
Fipexide-M (HO-methoxy-BZP) HFB
6575

C20H22N2O6S
418.11987
3110
U+UHYAC

#55837-27-9
U+UHYAC
LM/Q
Diuretic

ME in methanol

Piretanide (ME)AC
6412

C24H22N2O3S
418.13510
2235

PS
LM/Q
Uricosuric
Thromb.aggr.inhib.

Sulfinpyrazone ME
3145

C20H22N2O8
418.13763
2970
UME

UME
LS/Q
Ca Antagonist

Nicardipine-M (deamino-HOOC-) 2ME
4880

C20H20N2OF6
418.14798
1885

PS
LM/Q
Designer drug

5-F-2-Me-DALT PFP
5-Fluoro-2-methyl-N,N-diallyl-tryptamine PFP
10145

1502

418

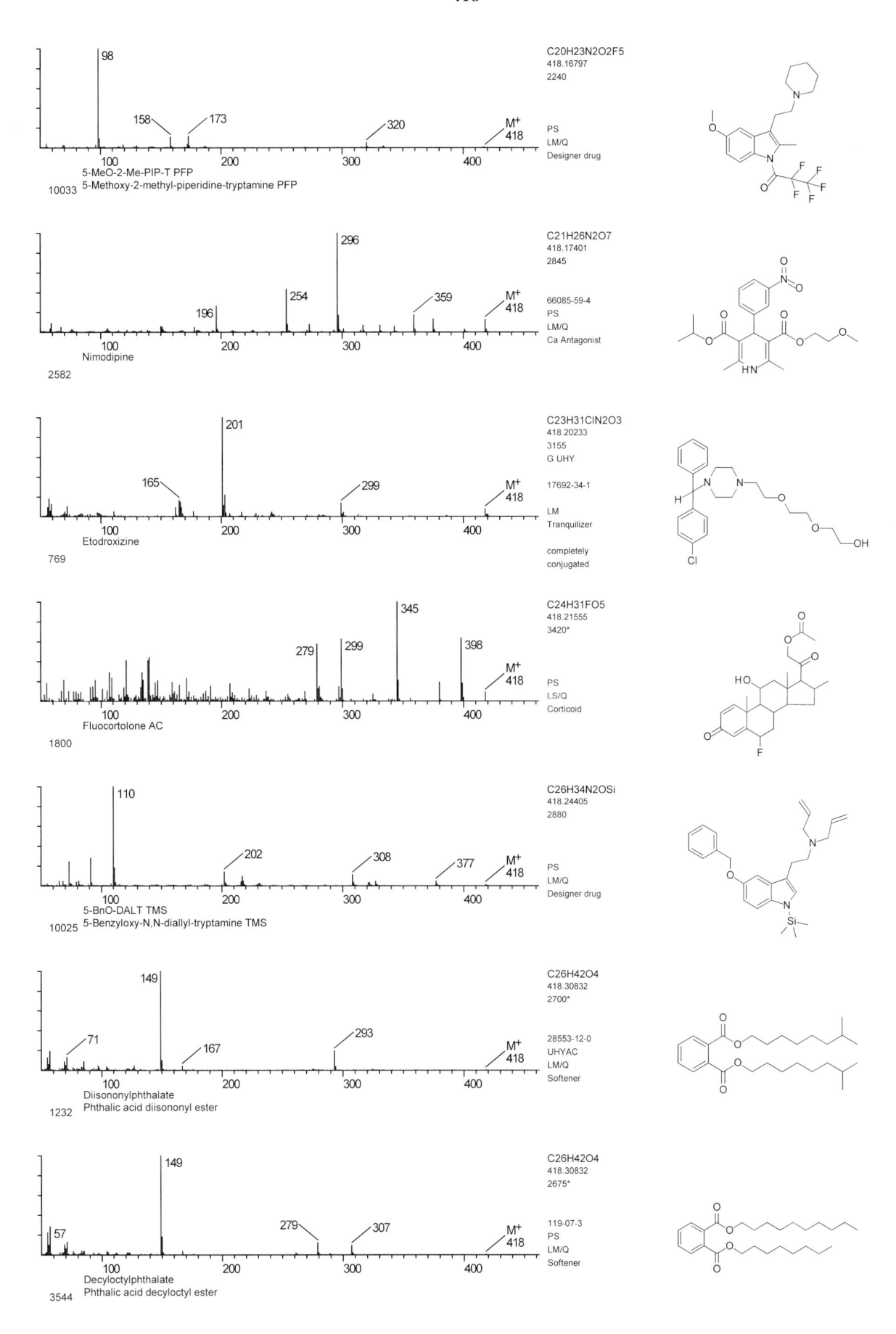

5-MeO-2-Me-PIP-T PFP 5-Methoxy-2-methyl-piperidine-tryptamine PFP 10033	C20H23N2O2F5 418.16797 2240 PS LM/Q Designer drug
Nimodipine 2582	C21H26N2O7 418.17401 2845 66085-59-4 PS LM/Q Ca Antagonist
Etodroxizine 769	C23H31ClN2O3 418.20233 3155 G UHY 17692-34-1 LM Tranquilizer completely conjugated
Fluocortolone AC 1800	C24H31FO5 418.21555 3420* PS LS/Q Corticoid
5-BnO-DALT TMS 5-Benzyloxy-N,N-diallyl-tryptamine TMS 10025	C26H34N2OSi 418.24405 2880 PS LM/Q Designer drug
Diisononylphthalate Phthalic acid diisonyl ester 1232	C26H42O4 418.30832 2700* 28553-12-0 UHYAC LM/Q Softener
Decyloctylphthalate Phthalic acid decyloctyl ester 3544	C26H42O4 418.30832 2675* 119-07-3 PS LM/Q Softener

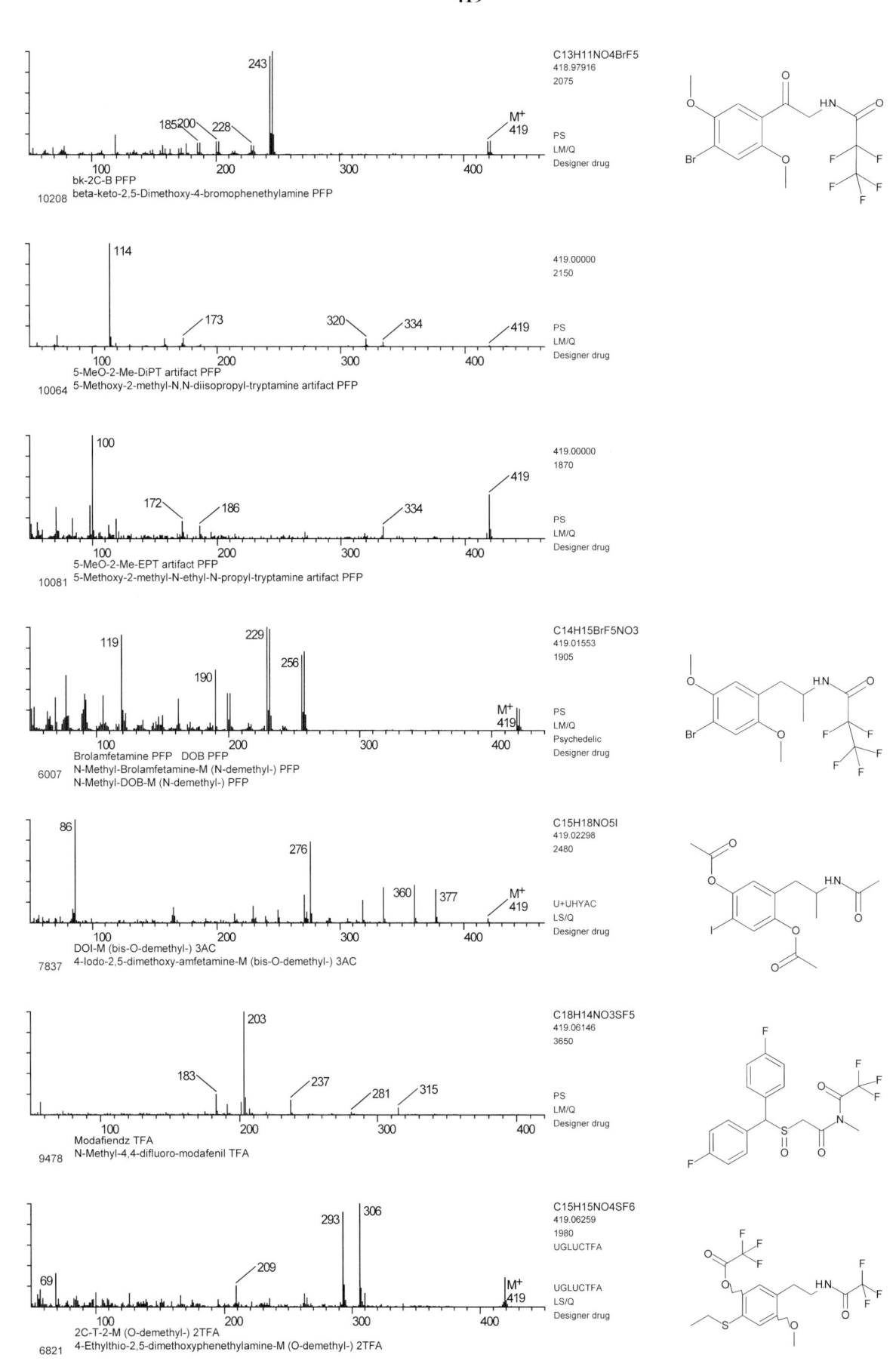

bk-2C-B PFP	C13H11NO4BrF5
beta-keto-2,5-Dimethoxy-4-bromophenethylamine PFP	418.97916
10208	2075
	PS
	LM/Q
	Designer drug

Peaks: 185, 200, 228, 243, M+ 419

5-MeO-2-Me-DiPT artifact PFP	419.00000
5-Methoxy-2-methyl-N,N-diisopropyl-tryptamine artifact PFP	2150
10064	PS
	LM/Q
	Designer drug

Peaks: 114, 173, 320, 334, 419

5-MeO-2-Me-EPT artifact PFP	419.00000
5-Methoxy-2-methyl-N-ethyl-N-propyl-tryptamine artifact PFP	1870
10081	PS
	LM/Q
	Designer drug

Peaks: 100, 172, 186, 334, 419

Brolamfetamine PFP DOB PFP	C14H15BrF5NO3
N-Methyl-Brolamfetamine-M (N-demethyl-) PFP	419.01553
N-Methyl-DOB-M (N-demethyl-) PFP	1905
6007	PS
	LM/Q
	Psychedelic
	Designer drug

Peaks: 119, 190, 229, 256, M+ 419

DOI-M (bis-O-demethyl-) 3AC	C15H18NO5I
4-Iodo-2,5-dimethoxy-amfetamine-M (bis-O-demethyl-) 3AC	419.02298
7837	2480
	U+UHYAC
	LS/Q
	Designer drug

Peaks: 86, 276, 360, 377, M+ 419

Modafiendz TFA	C18H14NO3SF5
N-Methyl-4,4-difluoro-modafenil TFA	419.06146
9478	3650
	PS
	LM/Q
	Designer drug

Peaks: 183, 203, 237, 281, 315

2C-T-2-M (O-demethyl-) 2TFA	C15H15NO4SF6
4-Ethylthio-2,5-dimethoxyphenethylamine-M (O-demethyl-) 2TFA	419.06259
6821	1980
	UGLUCTFA
	UGLUCTFA
	LS/Q
	Designer drug

Peaks: 69, 209, 293, 306, M+ 419

419

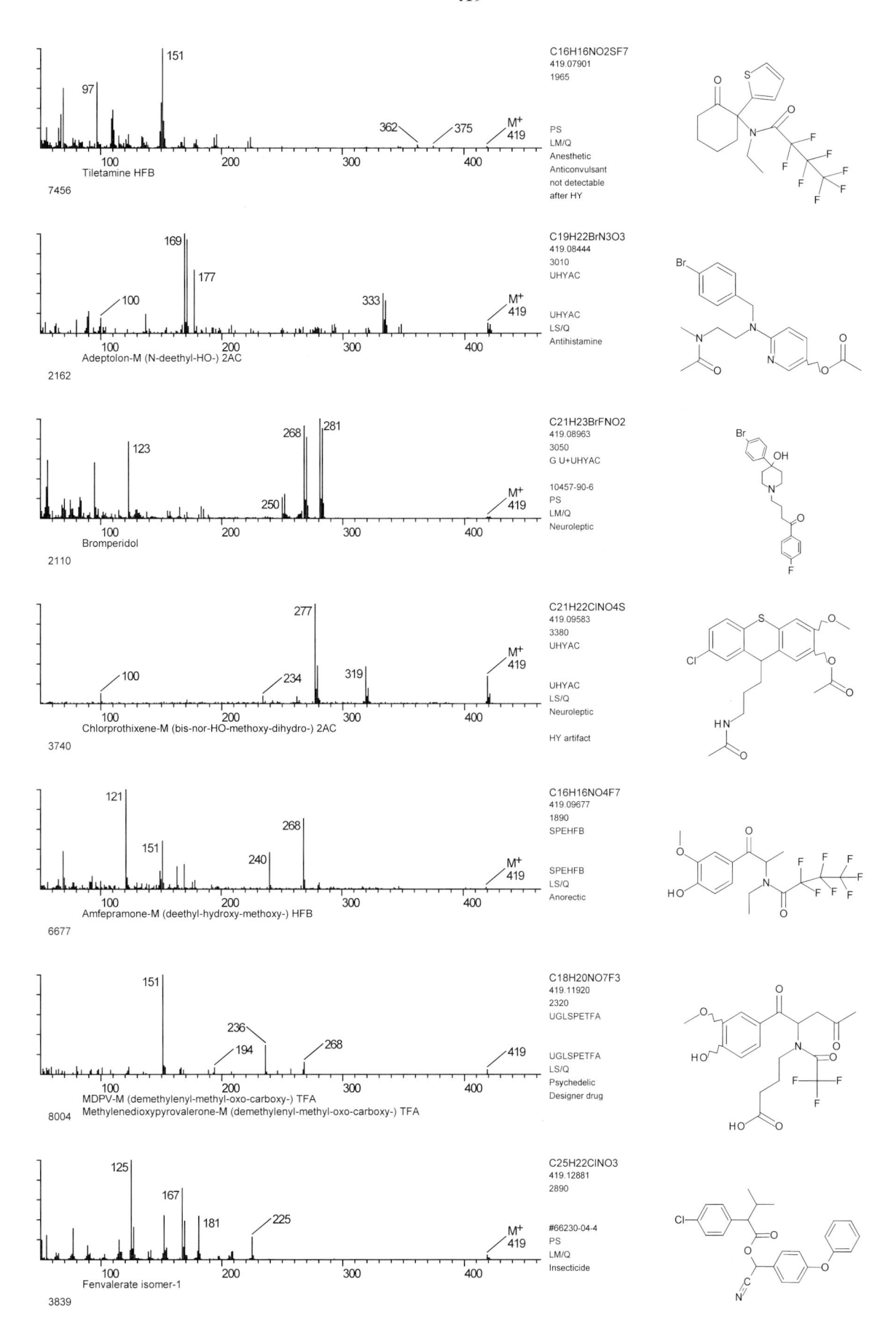

C16H16NO2SF7
419.07901
1965

PS
LM/Q
Anesthetic
Anticonvulsant
not detectable
after HY

Tiletamine HFB
7456

C19H22BrN3O3
419.08444
3010
UHYAC

UHYAC
LS/Q
Antihistamine

Adeptolon-M (N-deethyl-HO-) 2AC
2162

C21H23BrFNO2
419.08963
3050
G U+UHYAC

10457-90-6
PS
LM/Q
Neuroleptic

Bromperidol
2110

C21H22ClNO4S
419.09583
3380
UHYAC

UHYAC
LS/Q
Neuroleptic
HY artifact

Chlorprothixene-M (bis-nor-HO-methoxy-dihydro-) 2AC
3740

C16H16NO4F7
419.09677
1890
SPEHFB

SPEHFB
LS/Q
Anorectic

Amfepramone-M (deethyl-hydroxy-methoxy-) HFB
6677

C18H20NO7F3
419.11920
2320
UGLSPETFA

UGLSPETFA
LS/Q
Psychedelic
Designer drug

MDPV-M (demethylenyl-methyl-oxo-carboxy-) TFA
Methylenedioxypyrovalerone-M (demethylenyl-methyl-oxo-carboxy-) TFA
8004

C25H22ClNO3
419.12881
2890

#66230-04-4
PS
LM/Q
Insecticide

Fenvalerate isomer-1
3839

1505

419

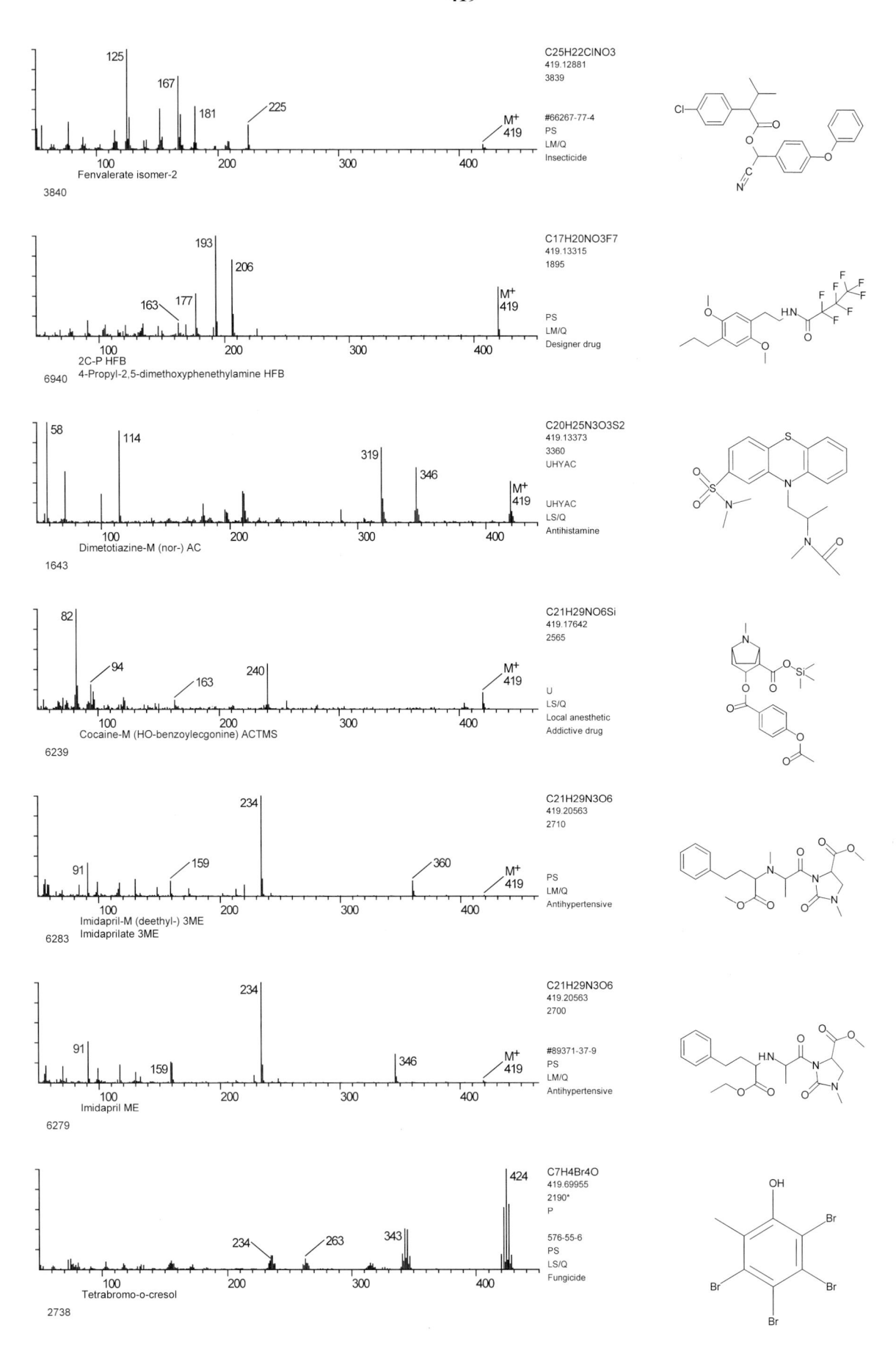

Fenvalerate isomer-2
3840
Peaks: 125, 167, 181, 225, M+ 419
C25H22ClNO3
419.12881
3839
#66267-77-4
PS
LM/Q
Insecticide

2C-P HFB
4-Propyl-2,5-dimethoxyphenethylamine HFB
6940
Peaks: 163, 177, 193, 206, M+ 419
C17H20NO3F7
419.13315
1895
PS
LM/Q
Designer drug

Dimetotiazine-M (nor-) AC
1643
Peaks: 58, 114, 319, 346, M+ 419
C20H25N3O3S2
419.13373
3360
UHYAC
UHYAC
LS/Q
Antihistamine

Cocaine-M (HO-benzoylecgonine) ACTMS
6239
Peaks: 82, 94, 163, 240, M+ 419
C21H29NO6Si
419.17642
2565
U
LS/Q
Local anesthetic
Addictive drug

Imidapril-M (deethyl-) 3ME
Imidaprilate 3ME
6283
Peaks: 91, 159, 234, 360, M+ 419
C21H29N3O6
419.20563
2710
PS
LM/Q
Antihypertensive

Imidapril ME
6279
Peaks: 91, 159, 234, 346, M+ 419
C21H29N3O6
419.20563
2700
#89371-37-9
PS
LM/Q
Antihypertensive

Tetrabromo-o-cresol
2738
Peaks: 234, 263, 343, 424
C7H4Br4O
419.69955
2190*
P
576-55-6
PS
LS/Q
Fungicide

420

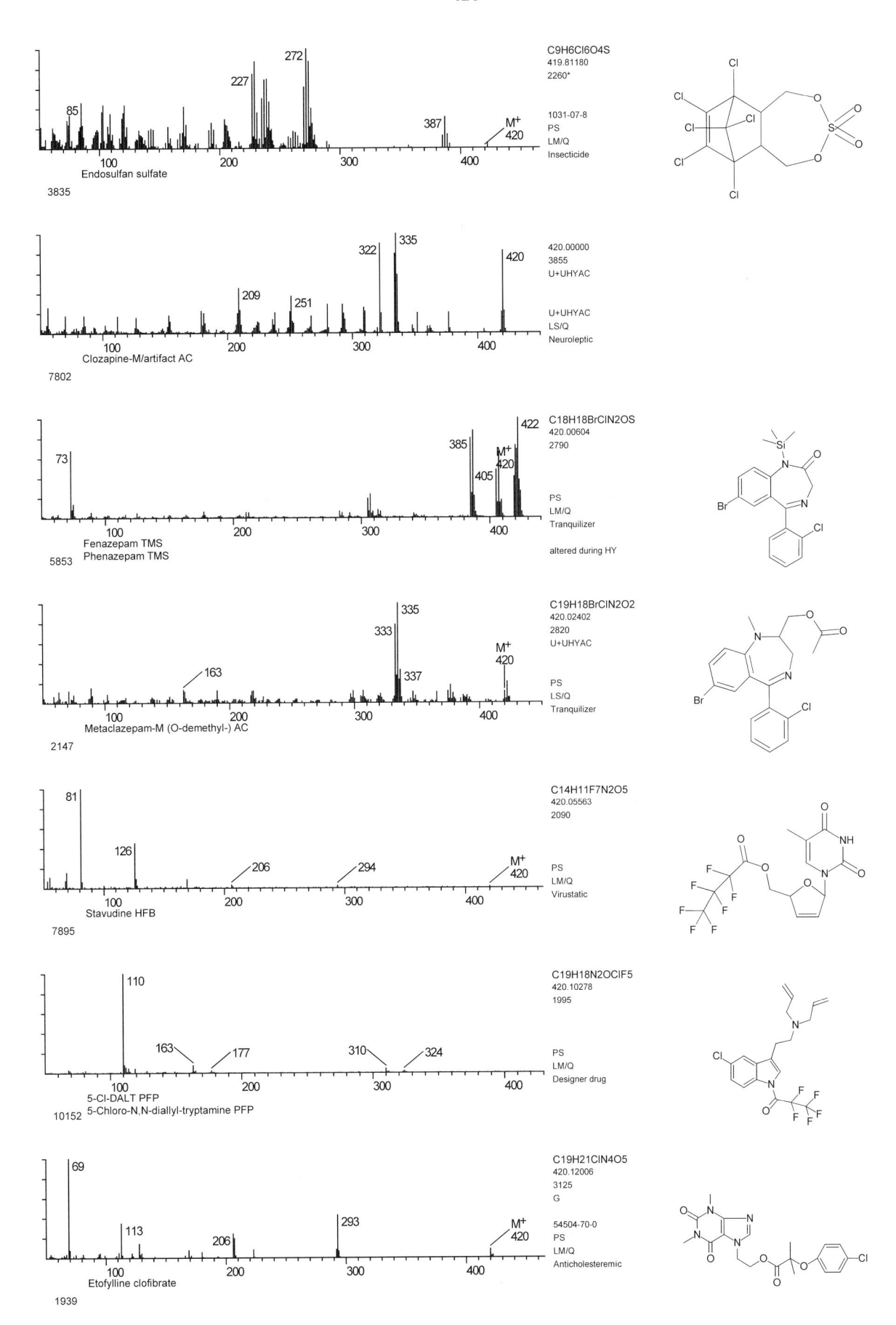

C9H6Cl6O4S
419.81180
2260*

1031-07-8
PS
LM/Q
Insecticide

Endosulfan sulfate
3835

C18H34N8O2 — 420.00000
3855
U+UHYAC

U+UHYAC
LS/Q
Neuroleptic

Clozapine-M/artifact AC
7802

C18H18BrClN2OS
420.00604
2790

PS
LM/Q
Tranquilizer

altered during HY

Fenazepam TMS
Phenazepam TMS
5853

C19H18BrClN2O2
420.02402
2820
U+UHYAC

PS
LS/Q
Tranquilizer

Metaclazepam-M (O-demethyl-) AC
2147

C14H11F7N2O5
420.05563
2090

PS
LM/Q
Virustatic

Stavudine HFB
7895

C19H18N2OClF5
420.10278
1995

PS
LM/Q
Designer drug

5-Cl-DALT PFP
5-Chloro-N,N-diallyl-tryptamine PFP
10152

C19H21ClN4O5
420.12006
3125
G

54504-70-0
PS
LM/Q
Anticholesteremic

Etofylline clofibrate
1939

1507

420

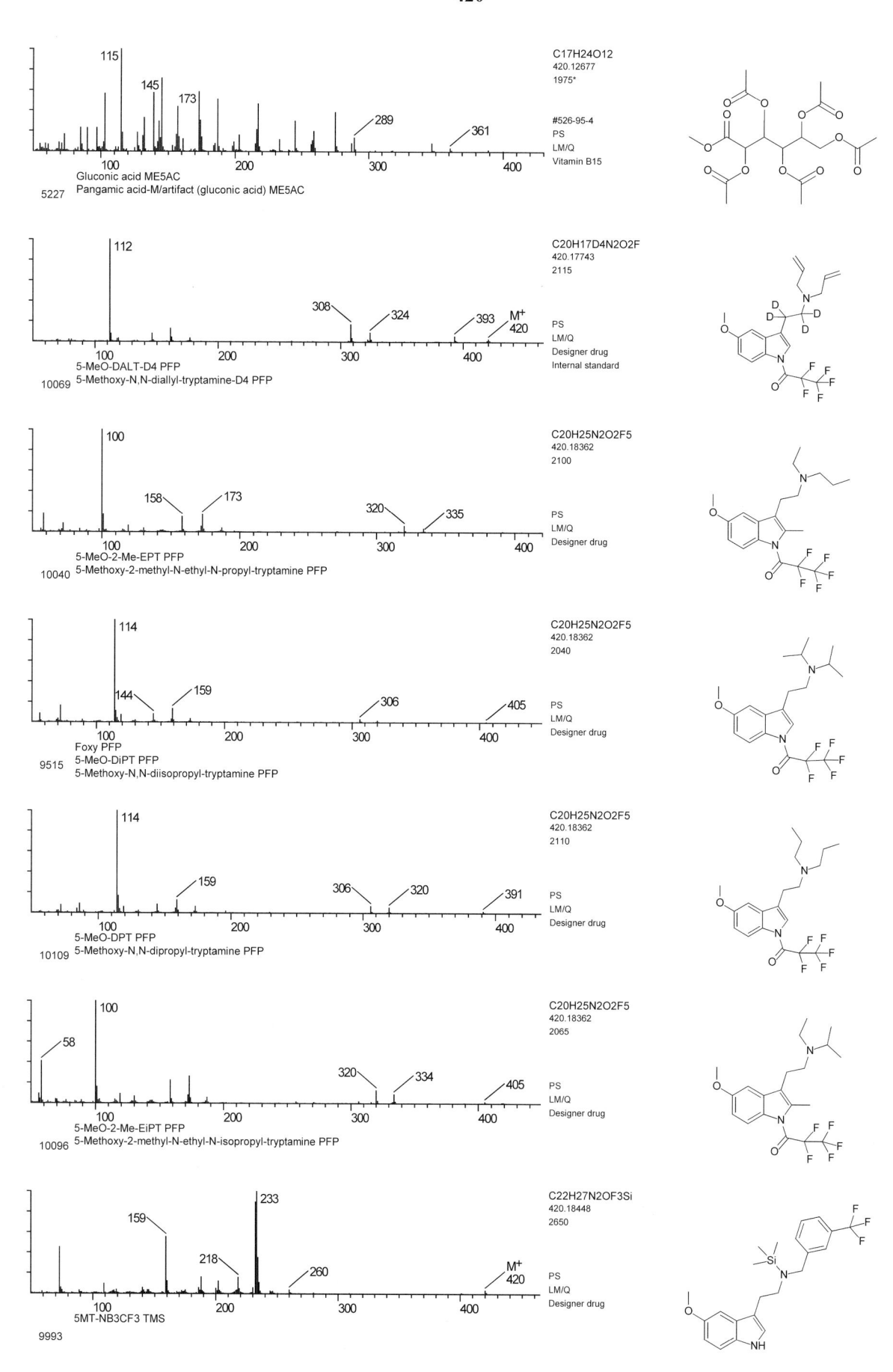

C17H24O12
420.12677
1975*
#526-95-4
PS
LM/Q
Vitamin B15

Gluconic acid ME5AC
Pangamic acid-M/artifact (gluconic acid) ME5AC
5227

C20H17D4N2O2F
420.17743
2115
PS
LM/Q
Designer drug
Internal standard

5-MeO-DALT-D4 PFP
5-Methoxy-N,N-diallyl-tryptamine-D4 PFP
10069

C20H25N2O2F5
420.18362
2100
PS
LM/Q
Designer drug

5-MeO-2-Me-EPT PFP
5-Methoxy-2-methyl-N-ethyl-N-propyl-tryptamine PFP
10040

C20H25N2O2F5
420.18362
2040
PS
LM/Q
Designer drug

Foxy PFP
5-MeO-DiPT PFP
5-Methoxy-N,N-diisopropyl-tryptamine PFP
9515

C20H25N2O2F5
420.18362
2110
PS
LM/Q
Designer drug

5-MeO-DPT PFP
5-Methoxy-N,N-dipropyl-tryptamine PFP
10109

C20H25N2O2F5
420.18362
2065
PS
LM/Q
Designer drug

5-MeO-2-Me-EiPT PFP
5-Methoxy-2-methyl-N-ethyl-N-isopropyl-tryptamine PFP
10096

C22H27N2OF3Si
420.18448
2650
PS
LM/Q
Designer drug

5MT-NB3CF3 TMS
9993

420

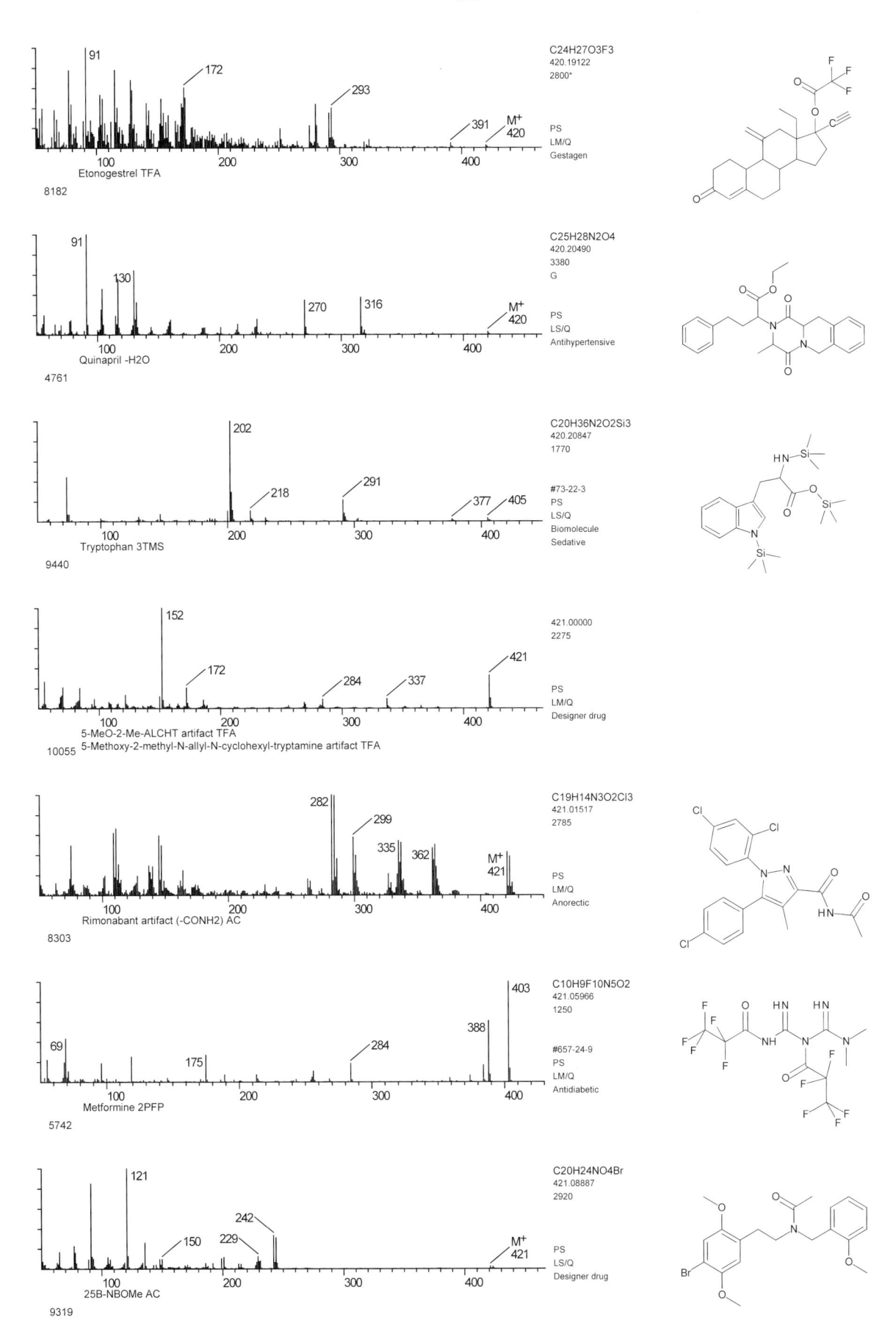

C24H27O3F3
420.19122
2800*

PS
LM/Q
Gestagen

Etonogestrel TFA
8182

C25H28N2O4
420.20490
3380
G

PS
LS/Q
Antihypertensive

Quinapril -H2O
4761

C20H36N2O2Si3
420.20847
1770

#73-22-3
PS
LS/Q
Biomolecule
Sedative

Tryptophan 3TMS
9440

421.00000
2275

PS
LM/Q
Designer drug

5-MeO-2-Me-ALCHT artifact TFA
5-Methoxy-2-methyl-N-allyl-N-cyclohexyl-tryptamine artifact TFA
10055

C19H14N3O2Cl3
421.01517
2785

PS
LM/Q
Anorectic

Rimonabant artifact (-CONH2) AC
8303

C10H9F10N5O2
421.05966
1250

#657-24-9
PS
LM/Q
Antidiabetic

Metformine 2PFP
5742

C20H24NO4Br
421.08887
2920

PS
LS/Q
Designer drug

25B-NBOMe AC
9319

1509

421

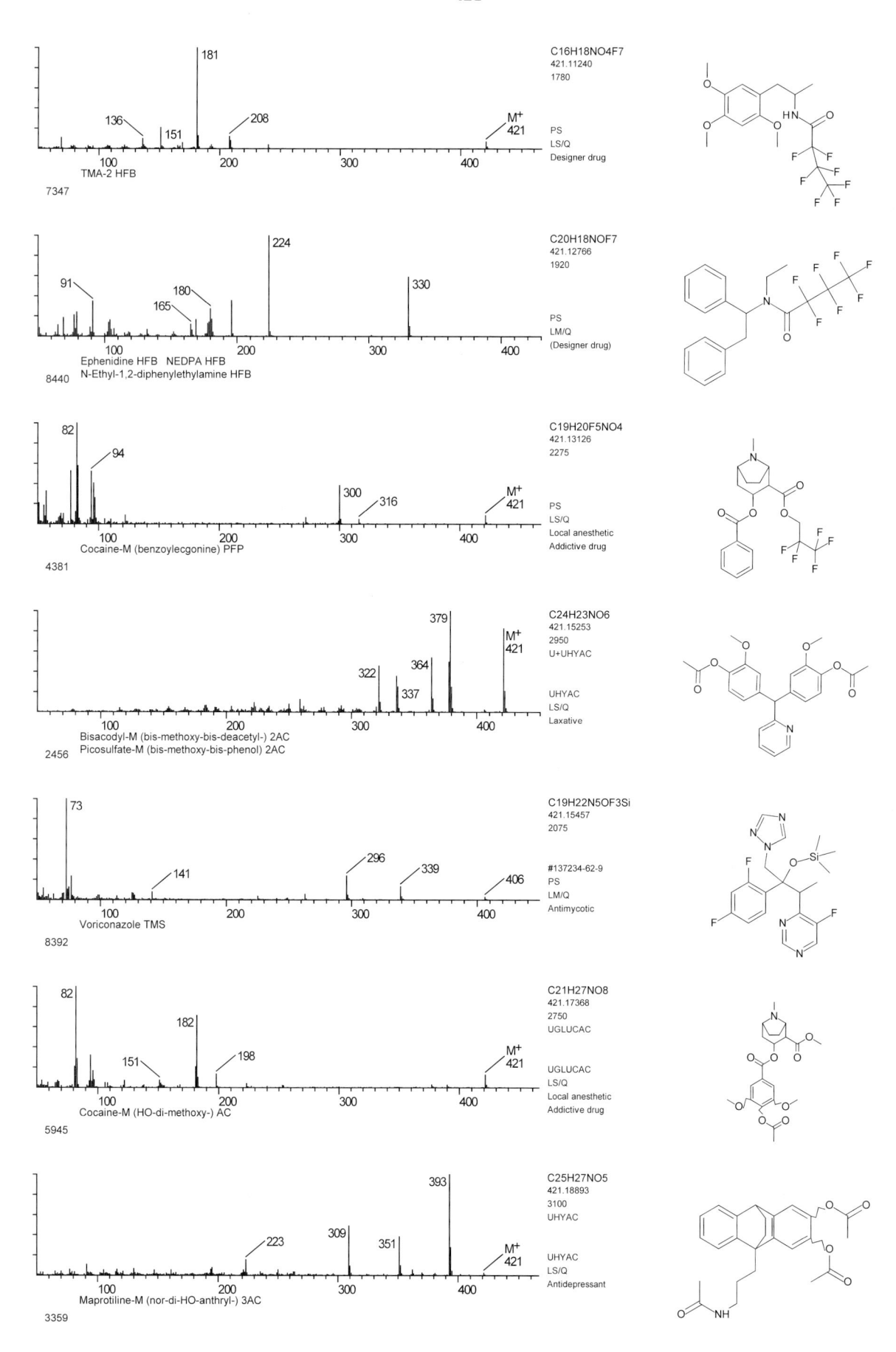

TMA-2 HFB	C16H18NO4F7 421.11240 1780 PS LS/Q Designer drug
7347 — peaks: 136, 151, 181, 208, M+ 421	

Ephenidine HFB NEDPA HFB N-Ethyl-1,2-diphenylethylamine HFB	C20H18NOF7 421.12766 1920 PS LM/Q (Designer drug)
8440 — peaks: 91, 165, 180, 224, 330	

Cocaine-M (benzoylecgonine) PFP	C19H20F5NO4 421.13126 2275 PS LS/Q Local anesthetic Addictive drug
4381 — peaks: 82, 94, 300, 316, M+ 421	

Bisacodyl-M (bis-methoxy-bis-deacetyl-) 2AC Picosulfate-M (bis-methoxy-bis-phenol) 2AC	C24H23NO6 421.15253 2950 U+UHYAC UHYAC LS/Q Laxative
2456 — peaks: 322, 337, 364, 379, M+ 421	

Voriconazole TMS	C19H22N5OF3Si 421.15457 2075 #137234-62-9 PS LM/Q Antimycotic
8392 — peaks: 73, 141, 296, 339, 406	

Cocaine-M (HO-di-methoxy-) AC	C21H27NO8 421.17368 2750 UGLUCAC UGLUCAC LS/Q Local anesthetic Addictive drug
5945 — peaks: 82, 151, 182, 198, M+ 421	

Maprotiline-M (nor-di-HO-anthryl-) 3AC	C25H27NO5 421.18893 3100 UHYAC UHYAC LS/Q Antidepressant
3359 — peaks: 223, 309, 351, 393, M+ 421	

421

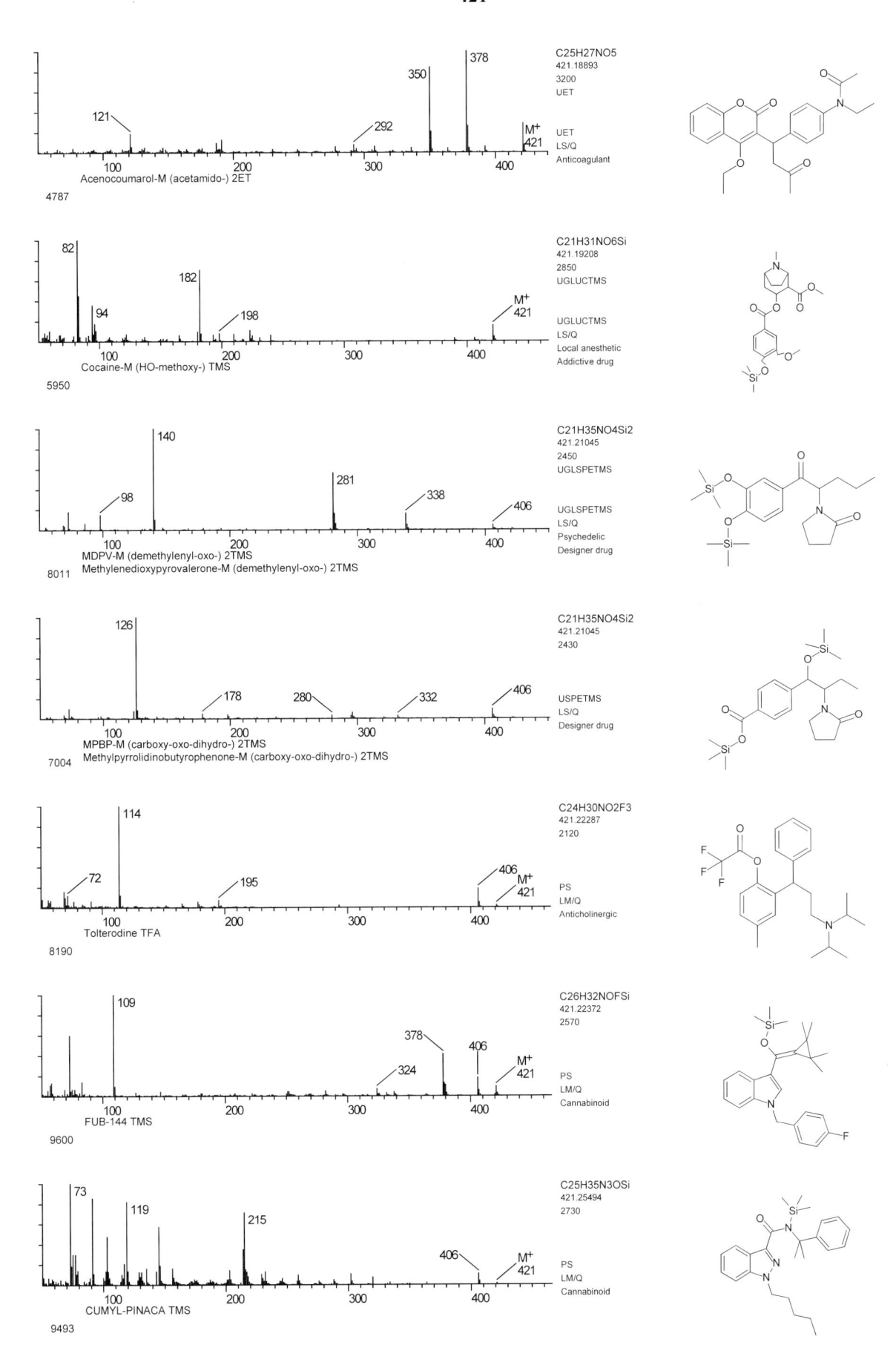

C25H27NO5
421.18893
3200
UET

UET
LS/Q
Anticoagulant

Acenocoumarol-M (acetamido-) 2ET
4787

C21H31NO6Si
421.19208
2850
UGLUCTMS

UGLUCTMS
LS/Q
Local anesthetic
Addictive drug

Cocaine-M (HO-methoxy-) TMS
5950

C21H35NO4Si2
421.21045
2450
UGLSPETMS

UGLSPETMS
LS/Q
Psychedelic
Designer drug

MDPV-M (demethylenyl-oxo-) 2TMS
Methylenedioxypyrovalerone-M (demethylenyl-oxo-) 2TMS
8011

C21H35NO4Si2
421.21045
2430

USPETMS
LS/Q
Designer drug

MPBP-M (carboxy-oxo-dihydro-) 2TMS
Methylpyrrolidinobutyrophenone-M (carboxy-oxo-dihydro-) 2TMS
7004

C24H30NO2F3
421.22287
2120

PS
LM/Q
Anticholinergic

Tolterodine TFA
8190

C26H32NOFSi
421.22372
2570

PS
LM/Q
Cannabinoid

FUB-144 TMS
9600

C25H35N3OSi
421.25494
2730

PS
LM/Q
Cannabinoid

CUMYL-PINACA TMS
9493

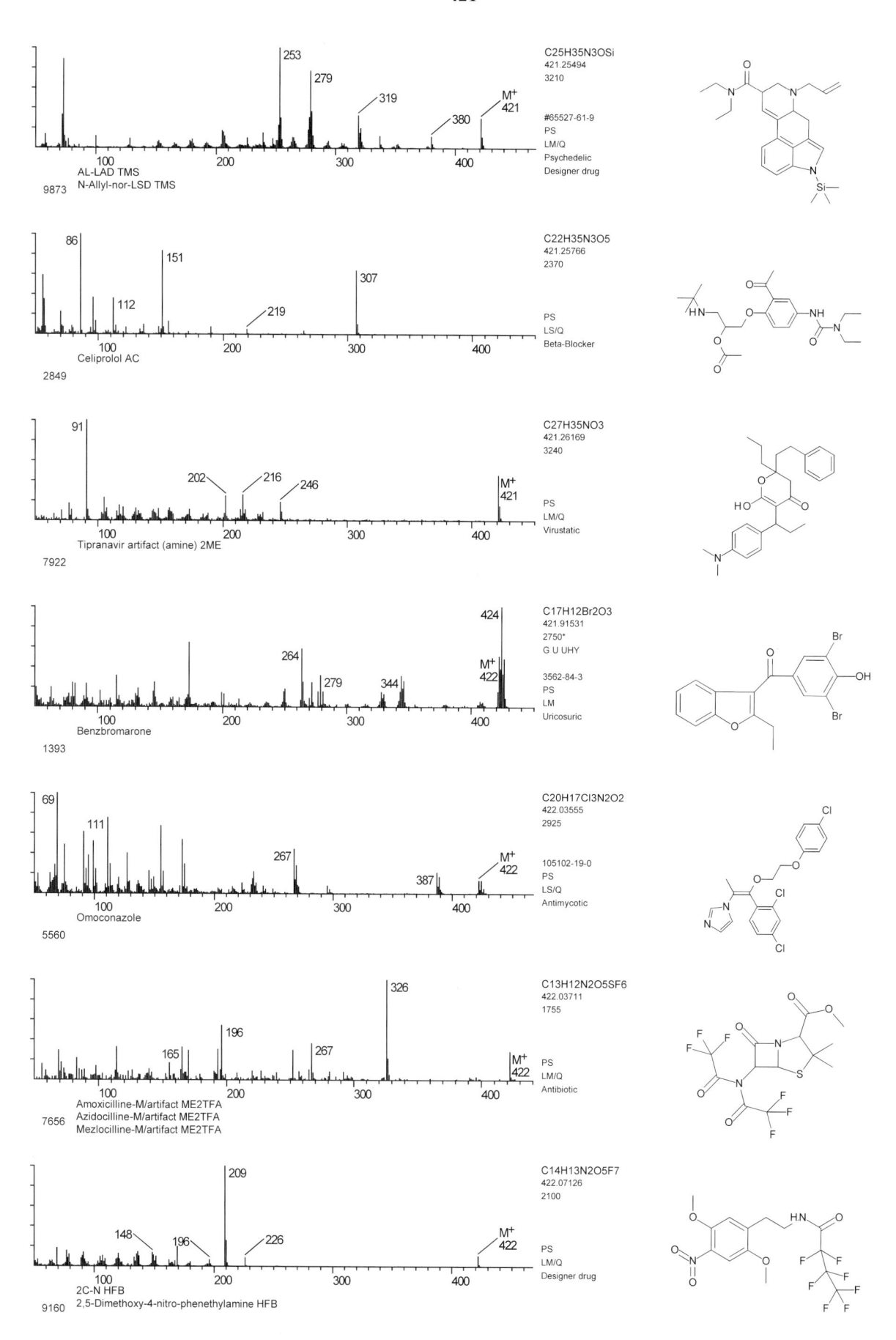

9873	AL-LAD TMS / N-Allyl-nor-LSD TMS — peaks 253, 279, 319, 380, M+ 421	C25H35N3OSi 421.25494 3210 #65527-61-9 PS LM/Q Psychedelic Designer drug
2849	Celiprolol AC — peaks 86, 112, 151, 219, 307	C22H35N3O5 421.25766 2370 PS LS/Q Beta-Blocker
7922	Tipranavir artifact (amine) 2ME — peaks 91, 202, 216, 246, M+ 421	C27H35NO3 421.26169 3240 PS LM/Q Virustatic
1393	Benzbromarone — peaks 264, 279, 344, M+ 422, 424	C17H12Br2O3 421.91531 2750* G U UHY 3562-84-3 PS LM Uricosuric
5560	Omoconazole — peaks 69, 111, 267, 387, M+ 422	C20H17Cl3N2O2 422.03555 2925 105102-19-0 PS LS/Q Antimycotic
7656	Amoxicilline-M/artifact ME2TFA / Azidocilline-M/artifact ME2TFA / Mezlocilline-M/artifact ME2TFA — peaks 165, 196, 267, 326, M+ 422	C13H12N2O5SF6 422.03711 1755 PS LM/Q Antibiotic
9160	2C-N HFB / 2,5-Dimethoxy-4-nitro-phenethylamine HFB — peaks 148, 196, 209, 226, M+ 422	C14H13N2O5F7 422.07126 2100 PS LM/Q Designer drug

422

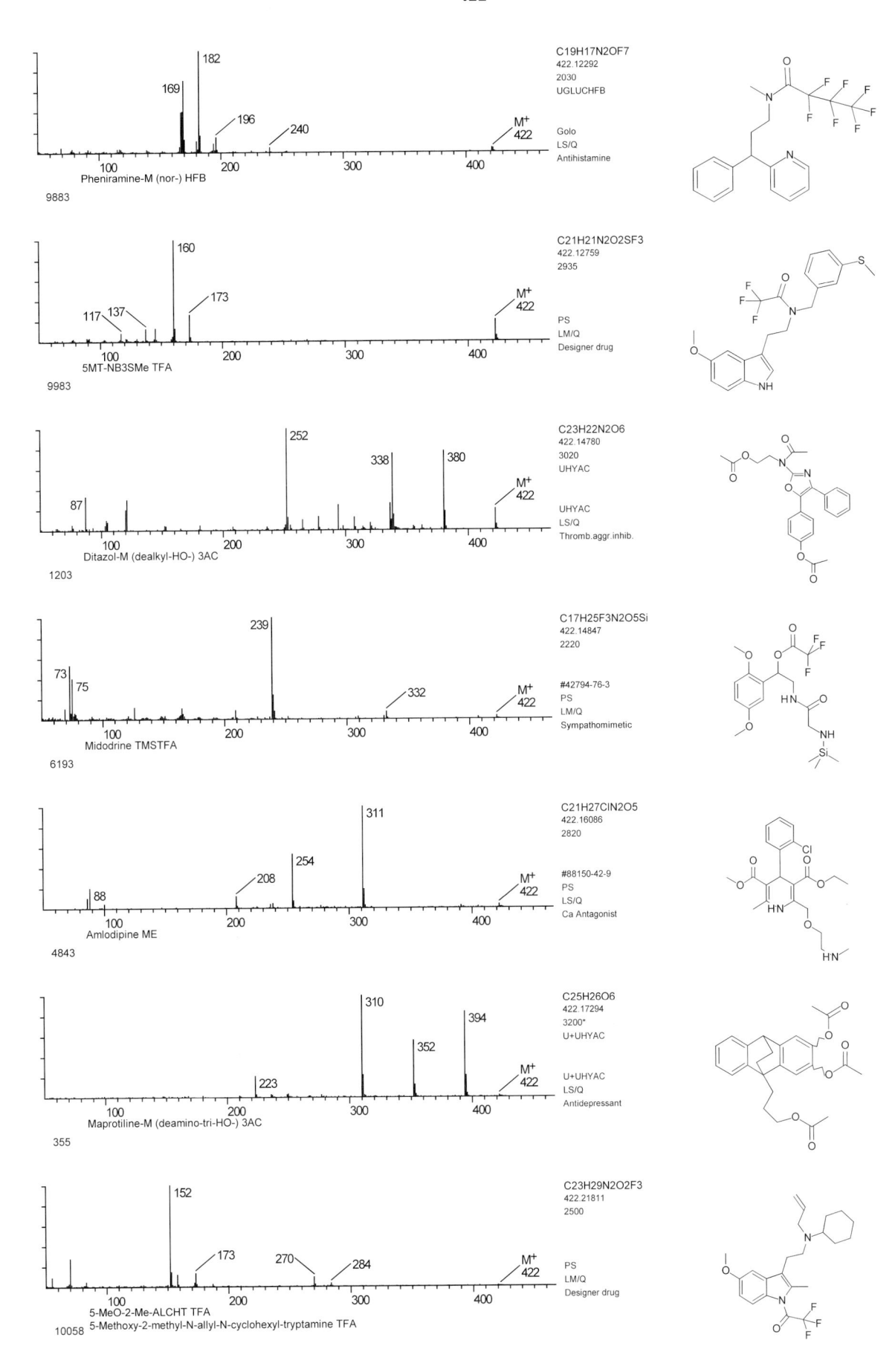

C19H17N2OF7
422.12292
2030
UGLUCHFB

Golo
LS/Q
Antihistamine

Pheniramine-M (nor-) HFB
9883

C21H21N2O2SF3
422.12759
2935

PS
LM/Q
Designer drug

5MT-NB3SMe TFA
9983

C23H22N2O6
422.14780
3020
UHYAC

UHYAC
LS/Q
Thromb.aggr.inhib.

Ditazol-M (dealkyl-HO-) 3AC
1203

C17H25F3N2O5Si
422.14847
2220

#42794-76-3
PS
LM/Q
Sympathomimetic

Midodrine TMSTFA
6193

C21H27ClN2O5
422.16086
2820

#88150-42-9
PS
LS/Q
Ca Antagonist

Amlodipine ME
4843

C25H26O6
422.17294
3200*
U+UHYAC

U+UHYAC
LS/Q
Antidepressant

Maprotiline-M (deamino-tri-HO-) 3AC
355

C23H29N2O2F3
422.21811
2500

PS
LM/Q
Designer drug

5-MeO-2-Me-ALCHT TFA
5-Methoxy-2-methyl-N-allyl-N-cyclohexyl-tryptamine TFA
10058

1513

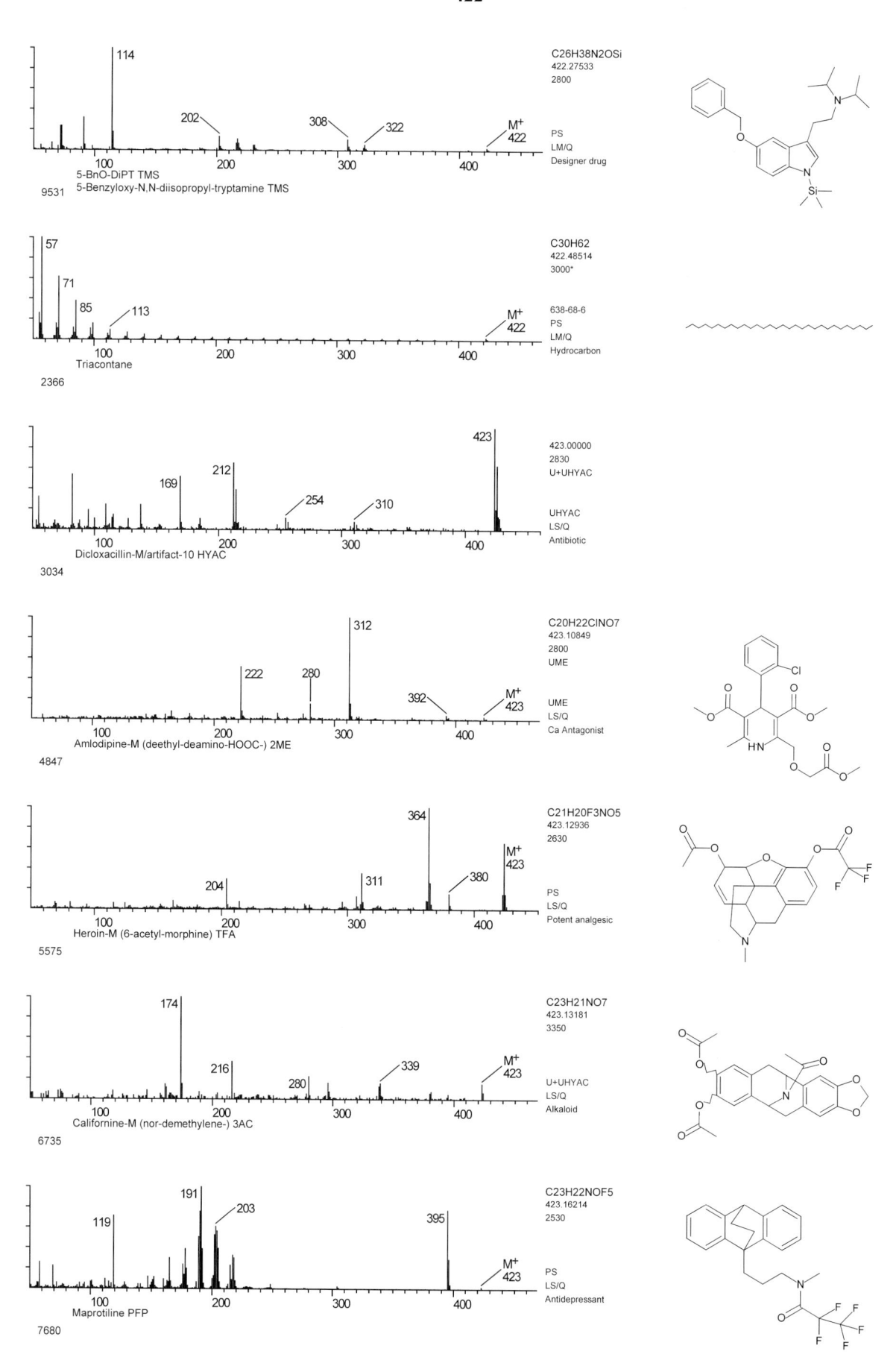

5-BnO-DiPT TMS
5-Benzyloxy-N,N-diisopropyl-tryptamine TMS
9531	Peaks: 114, 202, 308, 322, M+ 422	C26H38N2OSi
422.27533
2800
PS
LM/Q
Designer drug
Triacontane
2366	Peaks: 57, 71, 85, 113, M+ 422	C30H62
422.48514
3000*
638-68-6
PS
LM/Q
Hydrocarbon
Dicloxacillin-M/artifact-10 HYAC
3034	Peaks: 169, 212, 254, 310, 423	423.00000
2830
U+UHYAC
UHYAC
LS/Q
Antibiotic
Amlodipine-M (deethyl-deamino-HOOC-) 2ME
4847	Peaks: 222, 280, 312, 392, M+ 423	C20H22ClNO7
423.10849
2800
UME
UME
LS/Q
Ca Antagonist
Heroin-M (6-acetyl-morphine) TFA
5575	Peaks: 204, 311, 364, 380, M+ 423	C21H20F3NO5
423.12936
2630
PS
LS/Q
Potent analgesic
Californine-M (nor-demethylene-) 3AC
6735	Peaks: 174, 216, 280, 339, M+ 423	C23H21NO7
423.13181
3350
U+UHYAC
LS/Q
Alkaloid
Maprotiline PFP
7680	Peaks: 119, 191, 203, 395, M+ 423	C23H22NOF5
423.16214
2530
PS
LS/Q
Antidepressant

423

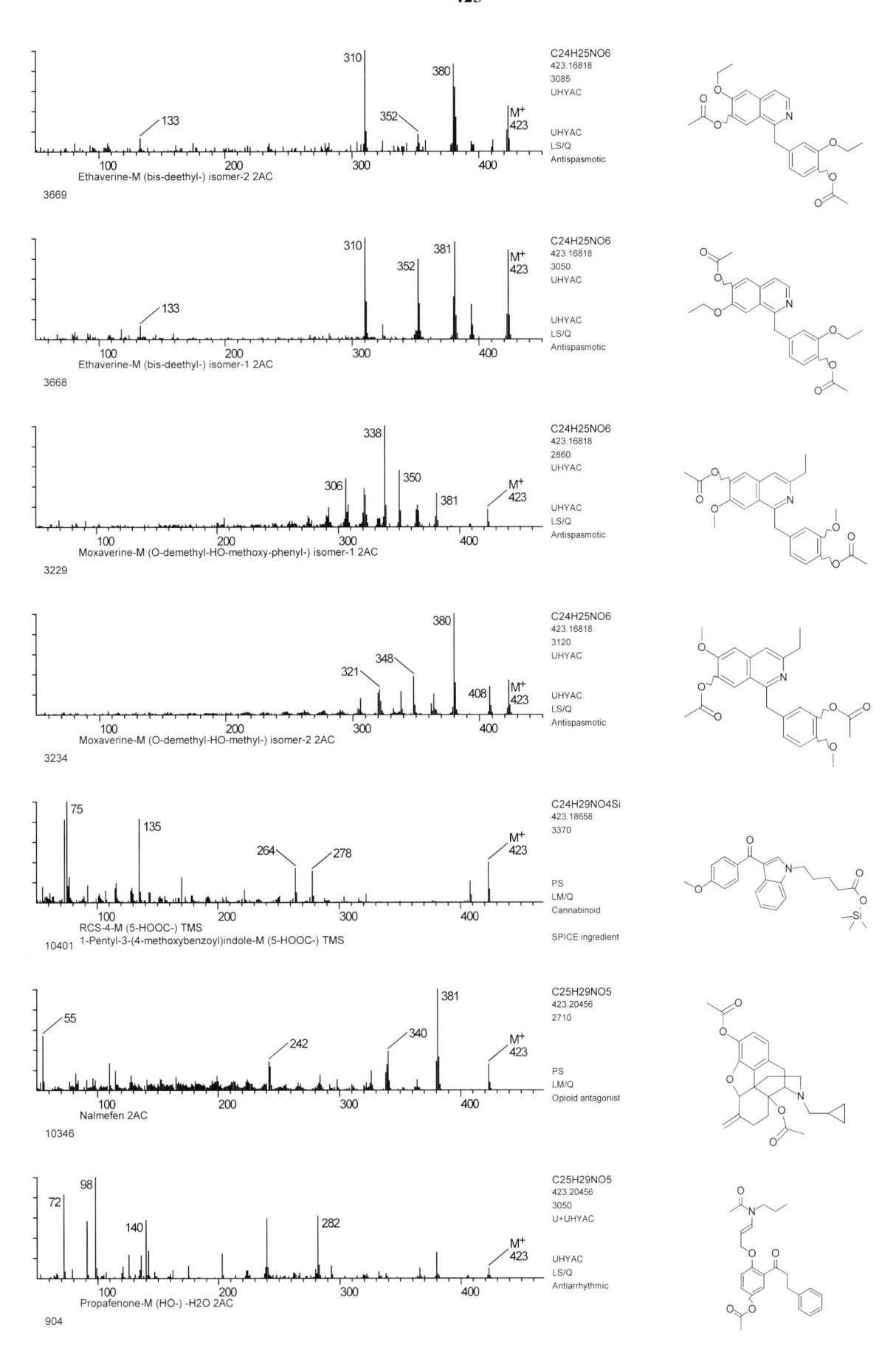

3669 — Ethaverine-M (bis-deethyl-) isomer-2 2AC — C24H25NO6, 423.16818, 3085, UHYAC / UHYAC LS/Q, Antispasmotic — peaks: 133, 310, 352, 380, M+ 423

3668 — Ethaverine-M (bis-deethyl-) isomer-1 2AC — C24H25NO6, 423.16818, 3050, UHYAC / UHYAC LS/Q, Antispasmotic — peaks: 133, 310, 352, 381, M+ 423

3229 — Moxaverine-M (O-demethyl-HO-methoxy-phenyl-) isomer-1 2AC — C24H25NO6, 423.16818, 2860, UHYAC / UHYAC LS/Q, Antispasmotic — peaks: 306, 338, 350, 381, M+ 423

3234 — Moxaverine-M (O-demethyl-HO-methyl-) isomer-2 2AC — C24H25NO6, 423.16818, 3120, UHYAC / UHYAC LS/Q, Antispasmotic — peaks: 321, 348, 380, 408, M+ 423

10401 — RCS-4-M (5-HOOC-) TMS / 1-Pentyl-3-(4-methoxybenzoyl)indole-M (5-HOOC-) TMS — C24H29NO4Si, 423.18658, 3370, PS LM/Q, Cannabinoid, SPICE ingredient — peaks: 75, 135, 264, 278, M+ 423

10346 — Nalmefen 2AC — C25H29NO5, 423.20456, 2710, PS LM/Q, Opioid antagonist — peaks: 55, 242, 340, 381, M+ 423

904 — Propafenone-M (HO-) -H2O 2AC — C25H29NO5, 423.20456, 3050, U+UHYAC / UHYAC LS/Q, Antiarrhythmic — peaks: 72, 98, 140, 282, M+ 423

423

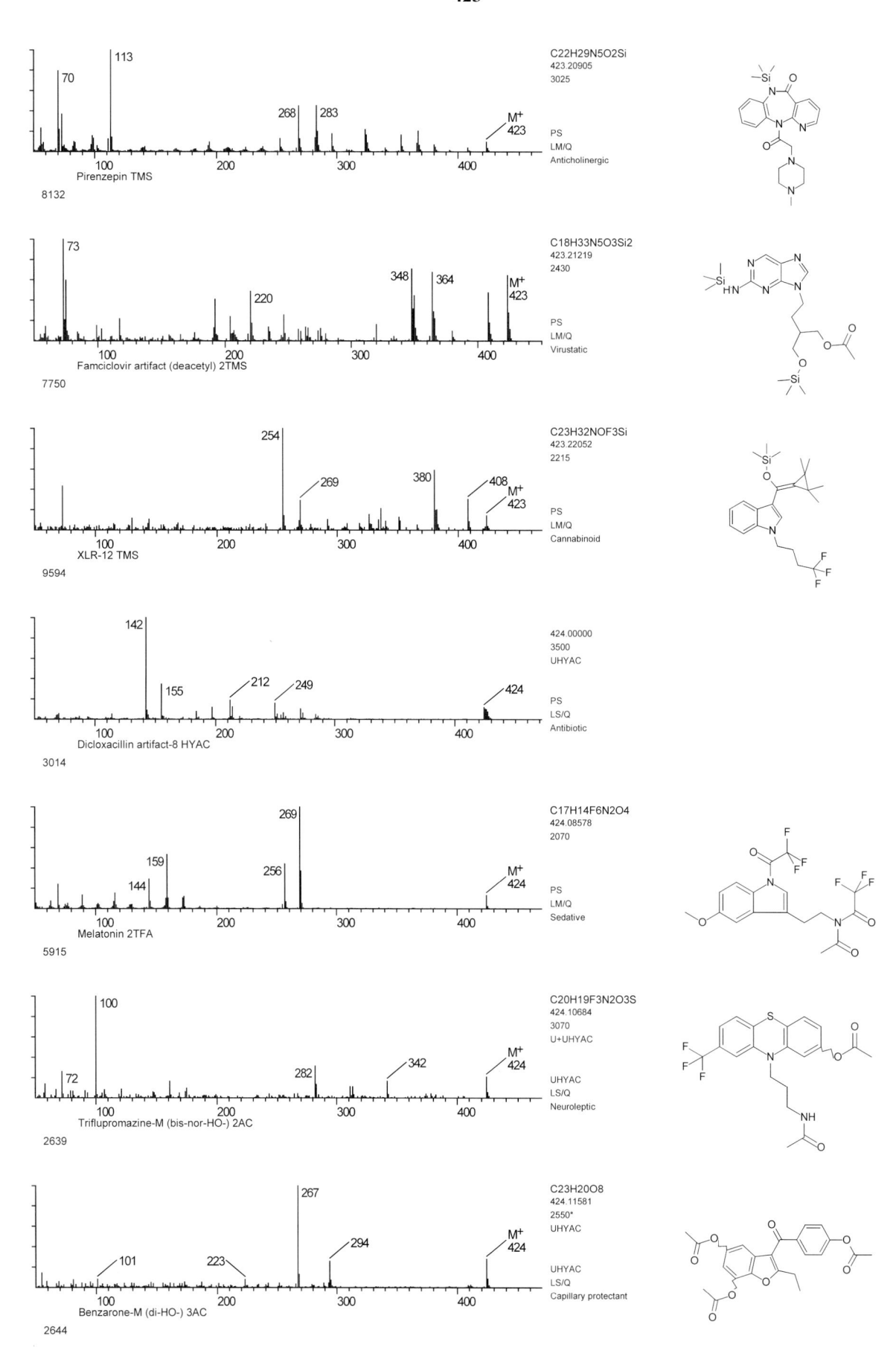

Pirenzepin TMS — C22H29N5O2Si, 423.20905, 3025, PS, LM/Q, Anticholinergic
Peaks: 70, 113, 268, 283, M+ 423
8132

Famciclovir artifact (deacetyl) 2TMS — C18H33N5O3Si2, 423.21219, 2430, PS, LM/Q, Virustatic
Peaks: 73, 220, 348, 364, M+ 423
7750

XLR-12 TMS — C23H32NOF3Si, 423.22052, 2215, PS, LM/Q, Cannabinoid
Peaks: 254, 269, 380, 408, M+ 423
9594

Dicloxacillin artifact-8 HYAC — 424.00000, 3500, UHYAC, PS, LS/Q, Antibiotic
Peaks: 142, 155, 212, 249, 424
3014

Melatonin 2TFA — C17H14F6N2O4, 424.08578, 2070, PS, LM/Q, Sedative
Peaks: 144, 159, 256, 269, M+ 424
5915

Triflupromazine-M (bis-nor-HO-) 2AC — C20H19F3N2O3S, 424.10684, 3070, U+UHYAC, UHYAC, LS/Q, Neuroleptic
Peaks: 72, 100, 282, 342, M+ 424
2639

Benzarone-M (di-HO-) 3AC — C23H20O8, 424.11581, 2550*, UHYAC, UHYAC, LS/Q, Capillary protectant
Peaks: 101, 223, 267, 294, M+ 424
2644

424

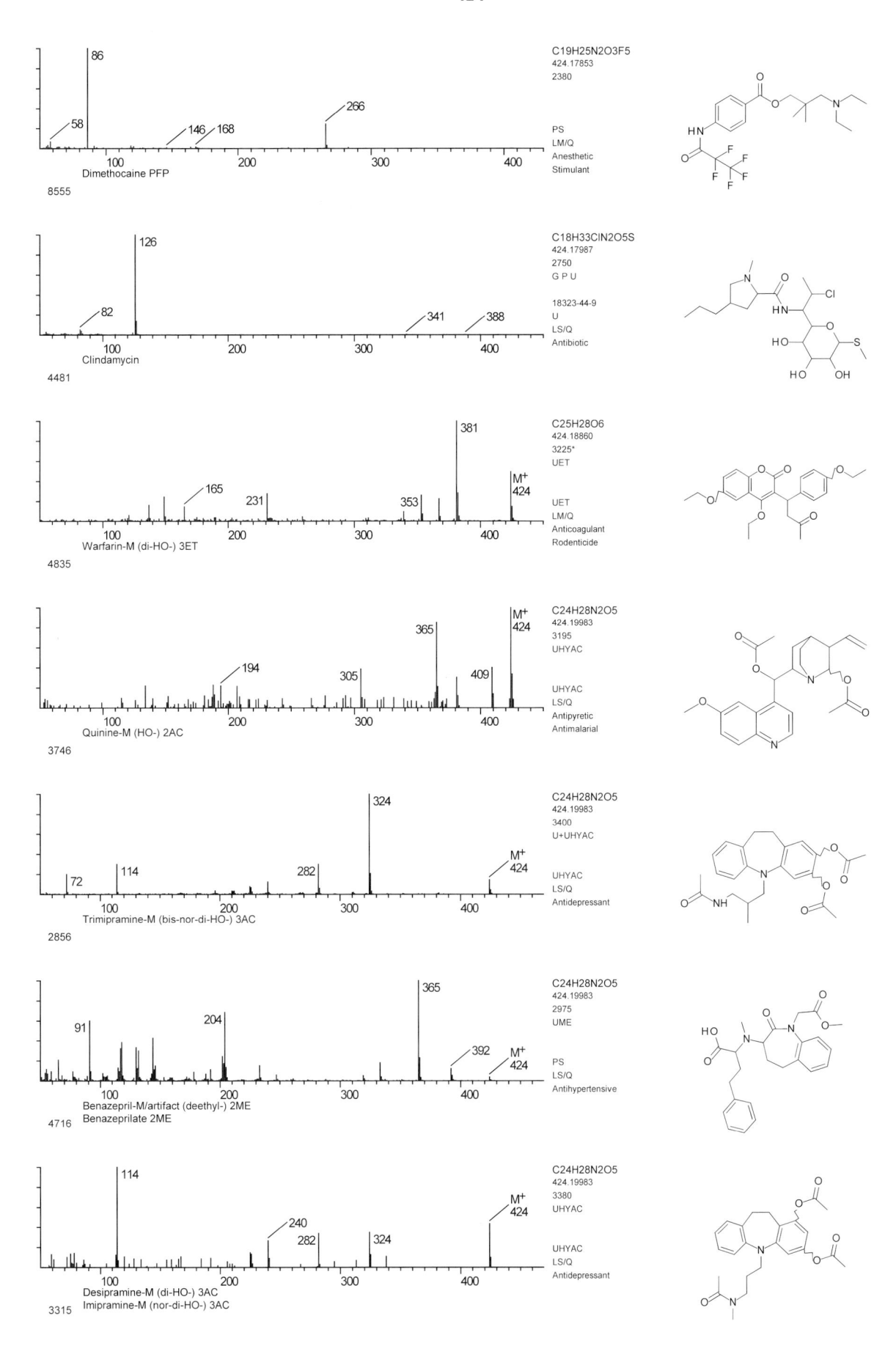

Dimethocaine PFP	C19H25N2O3F5 424.17853 2380 PS LM/Q Anesthetic Stimulant
Peaks: 58, 86, 146, 168, 266	
8555	

Clindamycin	C18H33ClN2O5S 424.17987 2750 G P U 18323-44-9 U LS/Q Antibiotic
Peaks: 82, 126, 341, 388	
4481	

Warfarin-M (di-HO-) 3ET	C25H28O6 424.18860 3225* UET UET LM/Q Anticoagulant Rodenticide
Peaks: 165, 231, 353, 381, M+ 424	
4835	

Quinine-M (HO-) 2AC	C24H28N2O5 424.19983 3195 UHYAC UHYAC LS/Q Antipyretic Antimalarial
Peaks: 194, 305, 365, 409, M+ 424	
3746	

Trimipramine-M (bis-nor-di-HO-) 3AC	C24H28N2O5 424.19983 3400 U+UHYAC UHYAC LS/Q Antidepressant
Peaks: 72, 114, 282, 324, M+ 424	
2856	

Benazepril-M/artifact (deethyl-) 2ME Benazeprilate 2ME	C24H28N2O5 424.19983 2975 UME PS LS/Q Antihypertensive
Peaks: 91, 204, 365, 392, M+ 424	
4716	

Desipramine-M (di-HO-) 3AC Imipramine-M (nor-di-HO-) 3AC	C24H28N2O5 424.19983 3380 UHYAC UHYAC LS/Q Antidepressant
Peaks: 114, 240, 282, 324, M+ 424	
3315	

424

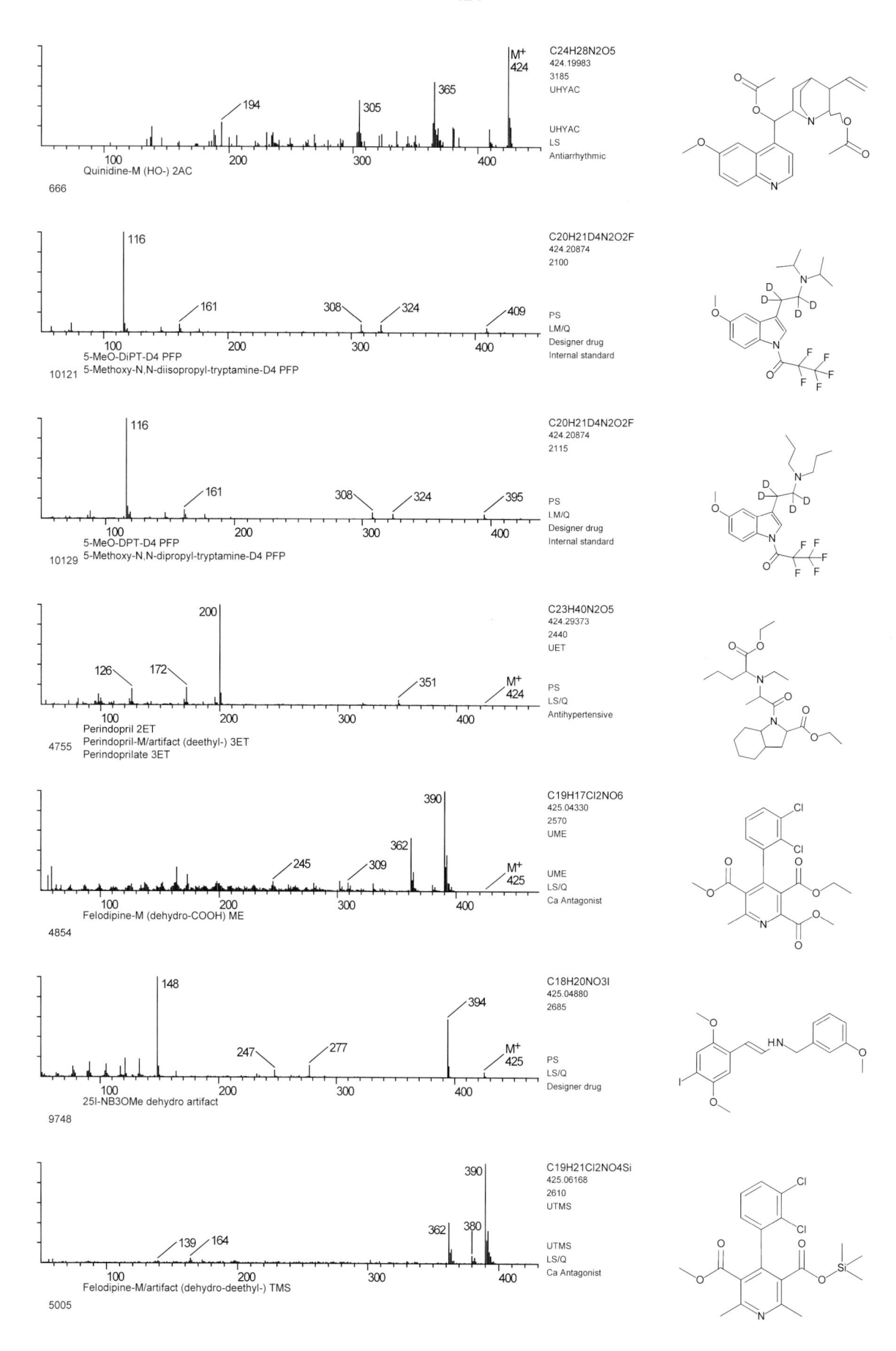

Quinidine-M (HO-) 2AC 666	C24H28N2O5 424.19983 3185 UHYAC UHYAC LS Antiarrhythmic Peaks: 194, 305, 365, M+ 424
5-MeO-DiPT-D4 PFP 5-Methoxy-N,N-diisopropyl-tryptamine-D4 PFP 10121	C20H21D4N2O2F 424.20874 2100 PS LM/Q Designer drug Internal standard Peaks: 116, 161, 308, 324, 409
5-MeO-DPT-D4 PFP 5-Methoxy-N,N-dipropyl-tryptamine-D4 PFP 10129	C20H21D4N2O2F 424.20874 2115 PS LM/Q Designer drug Internal standard Peaks: 116, 161, 308, 324, 395
Perindopril 2ET Perindopril-M/artifact (deethyl-) 3ET Perindoprilate 3ET 4755	C23H40N2O5 424.29373 2440 UET PS LS/Q Antihypertensive Peaks: 126, 172, 200, 351, M+ 424
Felodipine-M (dehydro-COOH) ME 4854	C19H17Cl2NO6 425.04330 2570 UME UME LS/Q Ca Antagonist Peaks: 245, 309, 362, 390, M+ 425
25I-NB3OMe dehydro artifact 9748	C18H20NO3I 425.04880 2685 PS LS/Q Designer drug Peaks: 148, 247, 277, 394, M+ 425
Felodipine-M/artifact (dehydro-deethyl-) TMS 5005	C19H21Cl2NO4Si 425.06168 2610 UTMS UTMS LS/Q Ca Antagonist Peaks: 139, 164, 362, 380, 390

425

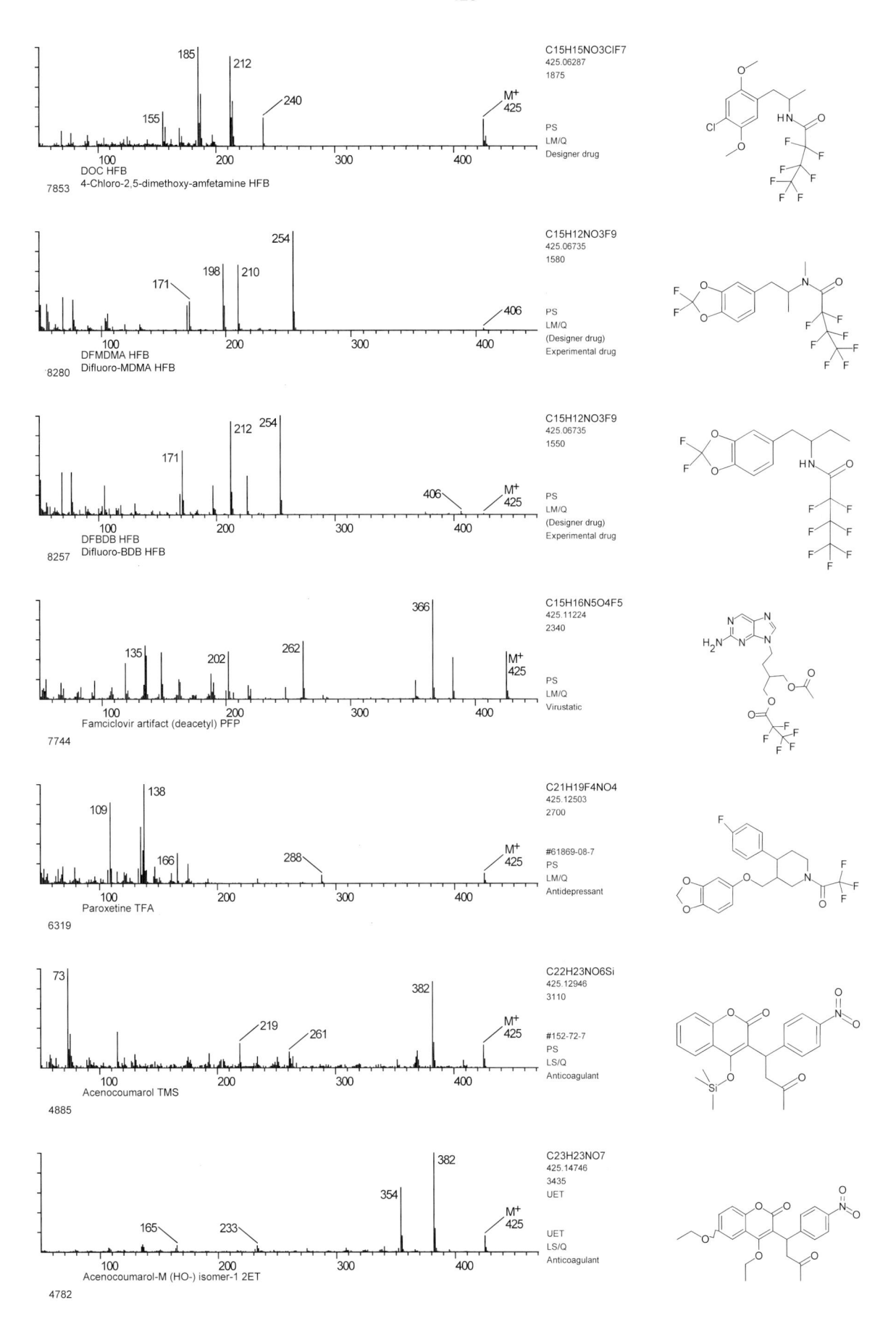

C15H15NO3ClF7
425.06287
1875

PS
LM/Q
Designer drug

7853 DOC HFB
4-Chloro-2,5-dimethoxy-amfetamine HFB

C15H12NO3F9
425.06735
1580

PS
LM/Q
(Designer drug)
Experimental drug

8280 DFMDMA HFB
Difluoro-MDMA HFB

C15H12NO3F9
425.06735
1550

PS
LM/Q
(Designer drug)
Experimental drug

8257 DFBDB HFB
Difluoro-BDB HFB

C15H16N5O4F5
425.11224
2340

PS
LM/Q
Virustatic

7744 Famciclovir artifact (deacetyl) PFP

C21H19F4NO4
425.12503
2700
#61869-08-7
PS
LM/Q
Antidepressant

6319 Paroxetine TFA

C22H23NO6Si
425.12946
3110
#152-72-7
PS
LS/Q
Anticoagulant

4885 Acenocoumarol TMS

C23H23NO7
425.14746
3435
UET

UET
LS/Q
Anticoagulant

4782 Acenocoumarol-M (HO-) isomer-1 2ET

425

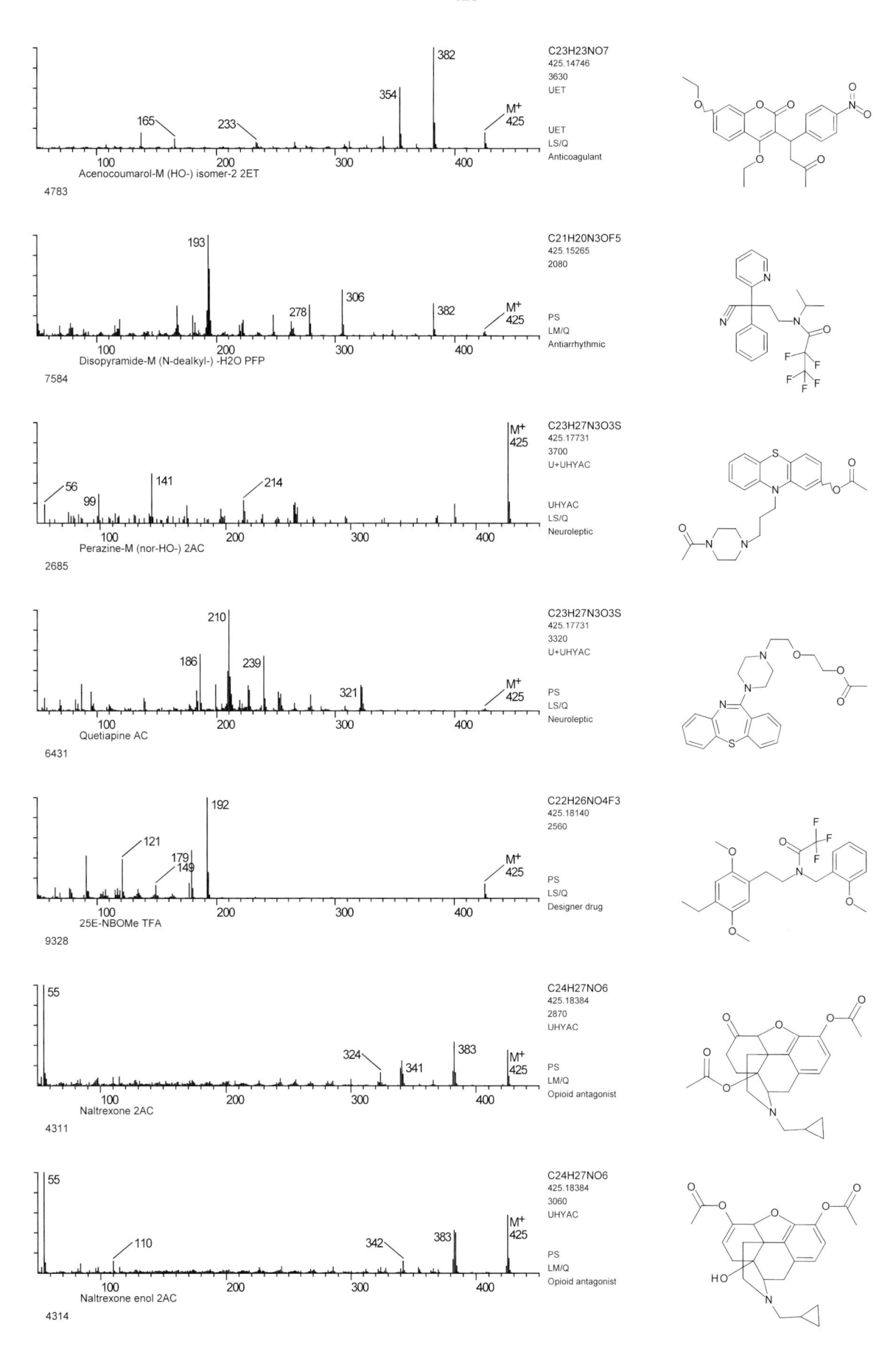

C23H23NO7
425.14746
3630
UET

UET
LS/Q
Anticoagulant

Acenocoumarol-M (HO-) isomer-2 2ET
4783

C21H20N3OF5
425.15265
2080

PS
LM/Q
Antiarrhythmic

Disopyramide-M (N-dealkyl-) -H2O PFP
7584

C23H27N3O3S
425.17731
3700
U+UHYAC

UHYAC
LS/Q
Neuroleptic

Perazine-M (nor-HO-) 2AC
2685

C23H27N3O3S
425.17731
3320
U+UHYAC

PS
LS/Q
Neuroleptic

Quetiapine AC
6431

C22H26NO4F3
425.18140
2560

PS
LS/Q
Designer drug

25E-NBOMe TFA
9328

C24H27NO6
425.18384
2870
UHYAC

PS
LM/Q
Opioid antagonist

Naltrexone 2AC
4311

C24H27NO6
425.18384
3060
UHYAC

PS
LM/Q
Opioid antagonist

Naltrexone enol 2AC
4314

425

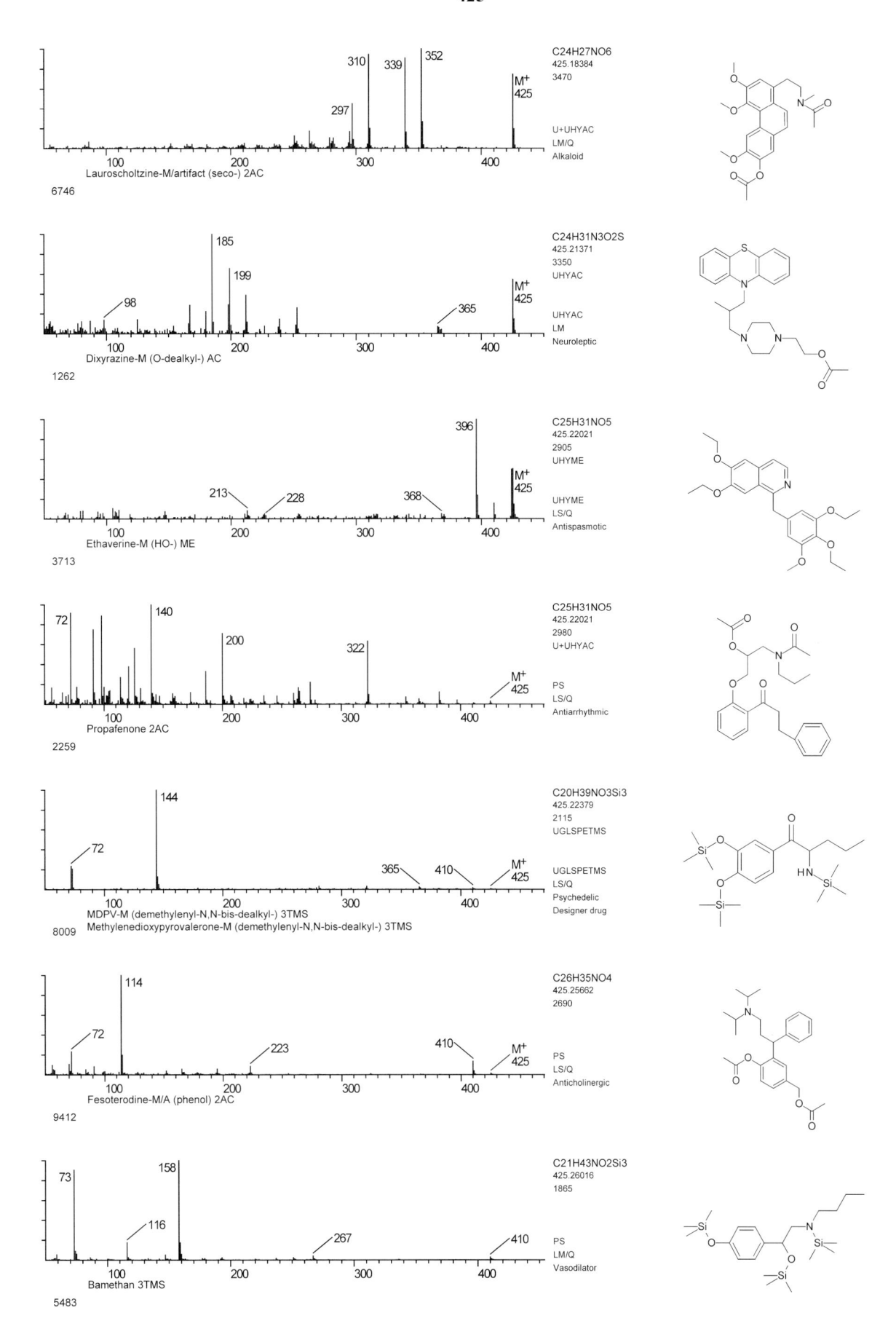

m/z peaks	Compound info
297, 310, 339, 352, M+ 425	C24H27NO6 / 425.18384 / 3470 / U+UHYAC / LM/Q / Alkaloid Lauroscholtzine-M/artifact (seco-) 2AC / 6746
98, 185, 199, 365, M+ 425	C24H31N3O2S / 425.21371 / 3350 / UHYAC / UHYAC / LM / Neuroleptic Dixyrazine-M (O-dealkyl-) AC / 1262
213, 228, 368, 396, M+ 425	C25H31NO5 / 425.22021 / 2905 / UHYME / UHYME / LS/Q / Antispasmotic Ethaverine-M (HO-) ME / 3713
72, 140, 200, 322, M+ 425	C25H31NO5 / 425.22021 / 2980 / U+UHYAC / PS / LS/Q / Antiarrhythmic Propafenone 2AC / 2259
72, 144, 365, 410, M+ 425	C20H39NO3Si3 / 425.22379 / 2115 / UGLSPETMS / UGLSPETMS / LS/Q / Psychedelic Designer drug MDPV-M (demethylenyl-N,N-bis-dealkyl-) 3TMS Methylenedioxypyrovalerone-M (demethylenyl-N,N-bis-dealkyl-) 3TMS / 8009
72, 114, 223, 410, M+ 425	C26H35NO4 / 425.25662 / 2690 / PS / LS/Q / Anticholinergic Fesoterodine-M/A (phenol) 2AC / 9412
73, 116, 158, 267, 410	C21H43NO2Si3 / 425.26016 / 1865 / PS / LM/Q / Vasodilator Bamethan 3TMS / 5483

425

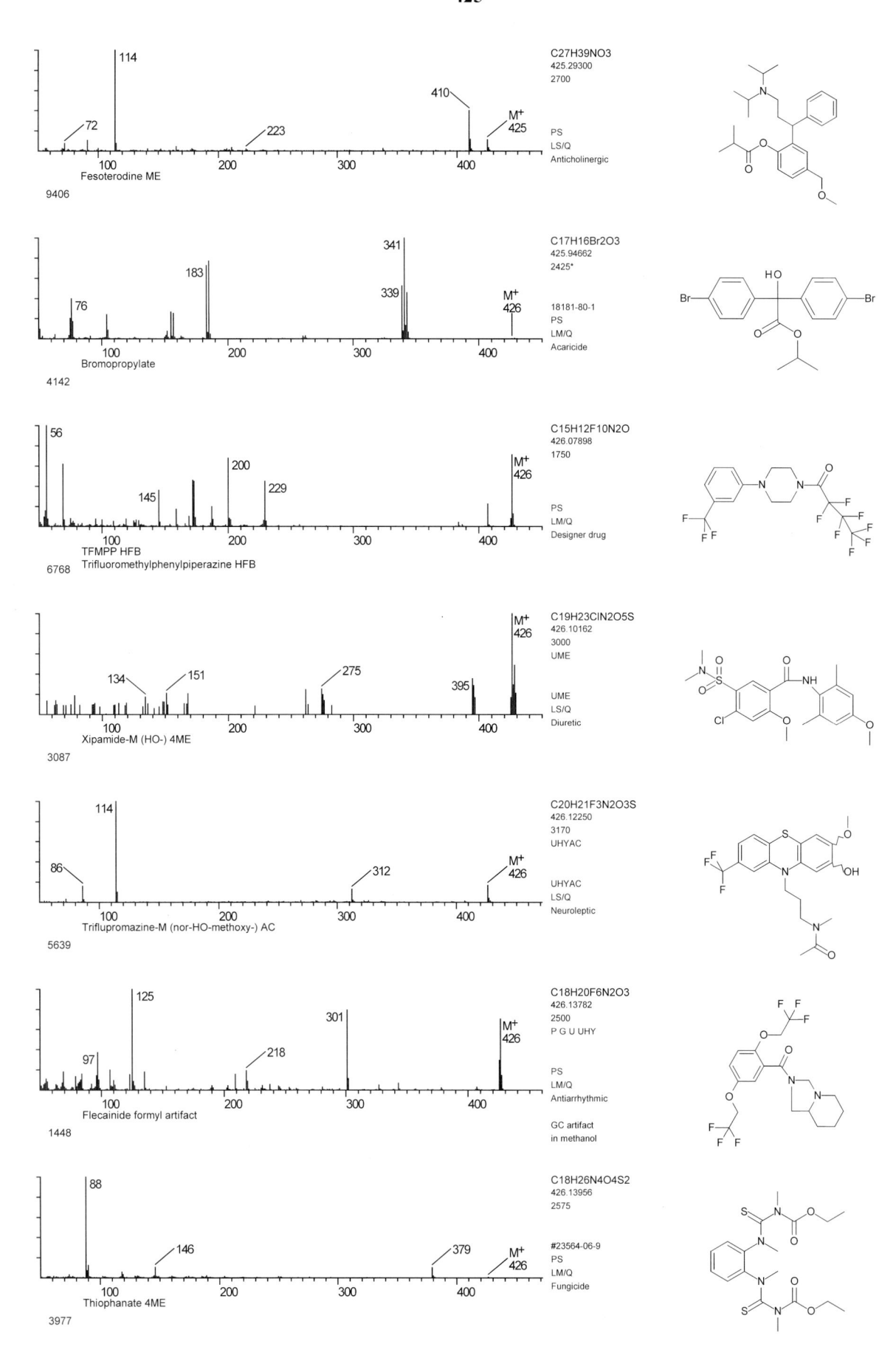

C27H39NO3
425.29300
2700

PS
LS/Q
Anticholinergic

Fesoterodine ME
9406

C17H16Br2O3
425.94662
2425*

18181-80-1
PS
LM/Q
Acaricide

Bromopropylate
4142

C15H12F10N2O
426.07898
1750

PS
LM/Q
Designer drug

TFMPP HFB
Trifluoromethylphenylpiperazine HFB
6768

C19H23ClN2O5S
426.10162
3000
UME

UME
LS/Q
Diuretic

Xipamide-M (HO-) 4ME
3087

C20H21F3N2O3S
426.12250
3170
UHYAC

UHYAC
LS/Q
Neuroleptic

Triflupromazine-M (nor-HO-methoxy-) AC
5639

C18H20F6N2O3
426.13782
2500
P G U UHY

PS
LM/Q
Antiarrhythmic

Flecainide formyl artifact
GC artifact
in methanol
1448

C18H26N4O4S2
426.13956
2575

#23564-06-9
PS
LM/Q
Fungicide

Thiophanate 4ME
3977

426

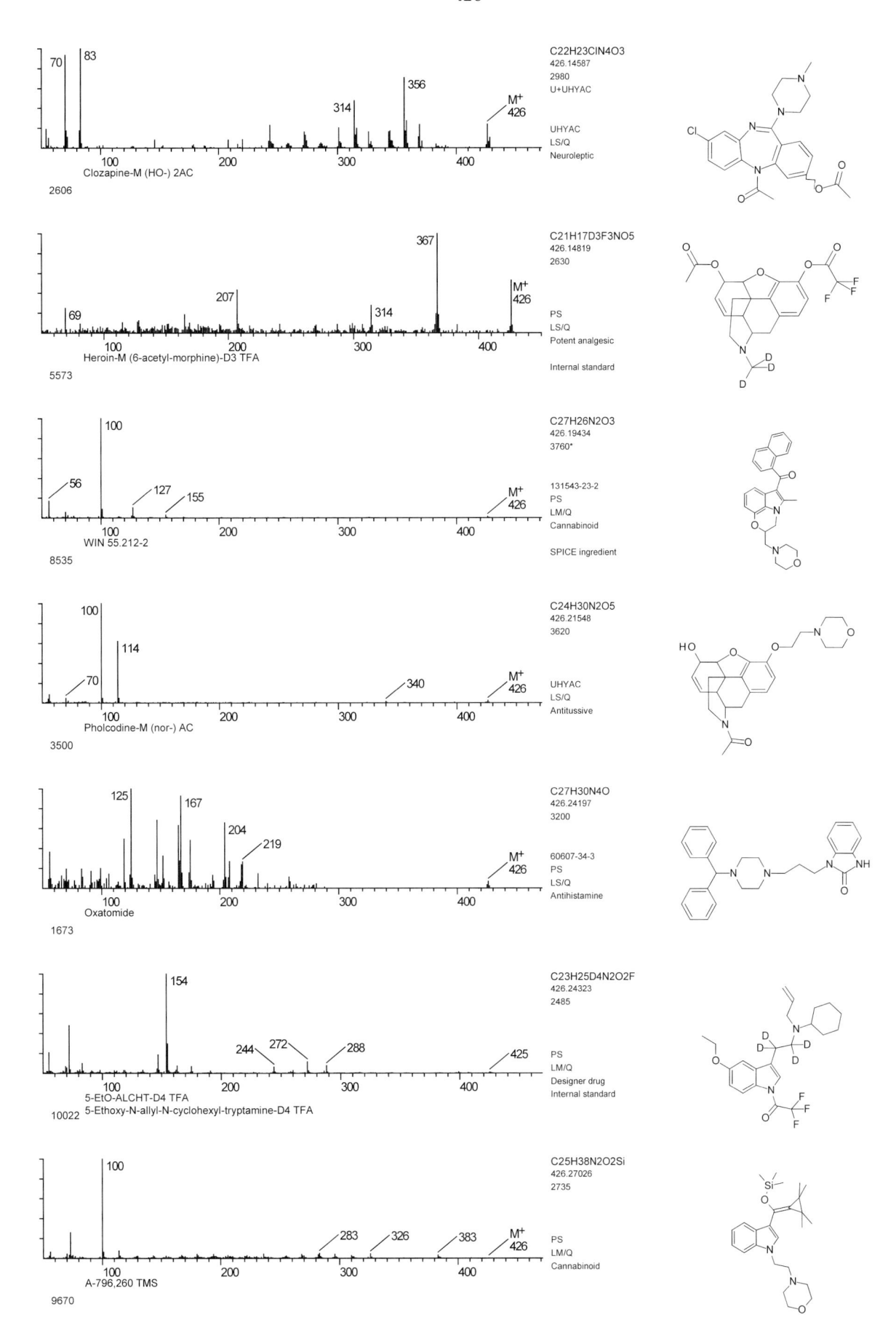

C22H23ClN4O3
426.14587
2980
U+UHYAC

UHYAC
LS/Q
Neuroleptic

Clozapine-M (HO-) 2AC
2606

C21H17D3F3NO5
426.14819
2630

PS
LS/Q
Potent analgesic

Internal standard

Heroin-M (6-acetyl-morphine)-D3 TFA
5573

C27H26N2O3
426.19434
3760*

131543-23-2
PS
LM/Q
Cannabinoid

SPICE ingredient

WIN 55,212-2
8535

C24H30N2O5
426.21548
3620

UHYAC
LS/Q
Antitussive

Pholcodine-M (nor-) AC
3500

C27H30N4O
426.24197
3200

60607-34-3
PS
LS/Q
Antihistamine

Oxatomide
1673

C23H25D4N2O2F
426.24323
2485

PS
LM/Q
Designer drug
Internal standard

5-EtO-ALCHT-D4 TFA
5-Ethoxy-N-allyl-N-cyclohexyl-tryptamine-D4 TFA
10022

C25H38N2O2Si
426.27026
2735

PS
LM/Q
Cannabinoid

A-796,260 TMS
9670

426

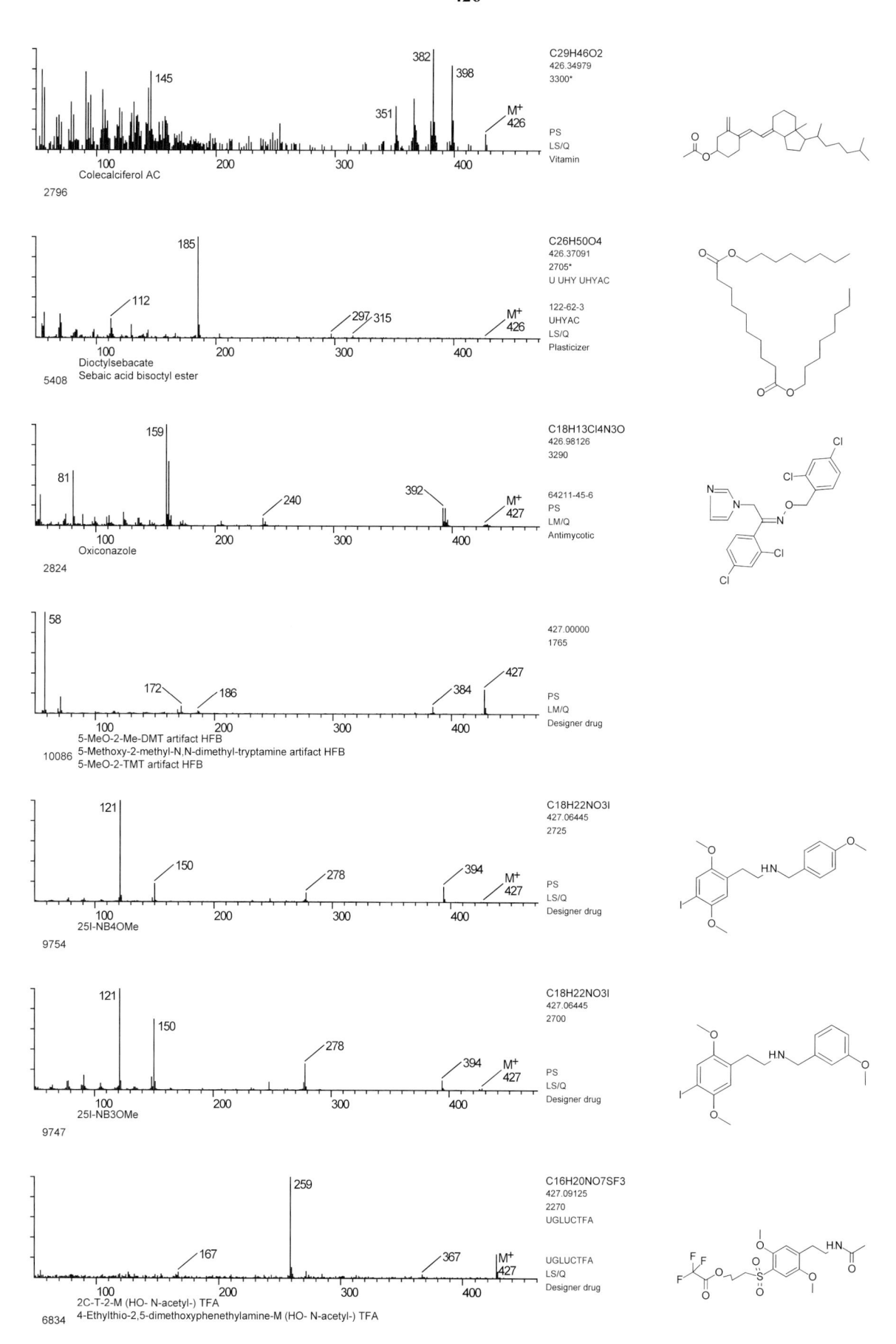

C29H46O2
426.34979
3300*

M+ 426
PS
LS/Q
Vitamin

Colecalciferol AC
2796

C26H50O4
426.37091
2705*
U UHY UHYAC
122-62-3
UHYAC
LS/Q
Plasticizer

Dioctylsebacate
Sebaic acid bisoctyl ester
5408

C18H13Cl4N3O
426.98126
3290
64211-45-6
PS
LM/Q
Antimycotic

Oxiconazole
2824

427.00000
1765

PS
LM/Q
Designer drug

5-MeO-2-Me-DMT artifact HFB
5-Methoxy-2-methyl-N,N-dimethyl-tryptamine artifact HFB
5-MeO-2-TMT artifact HFB
10086

C18H22NO3I
427.06445
2725

PS
LS/Q
Designer drug

25I-NB4OMe
9754

C18H22NO3I
427.06445
2700

PS
LS/Q
Designer drug

25I-NB3OMe
9747

C16H20NO7SF3
427.09125
2270
UGLUCTFA

UGLUCTFA
LS/Q
Designer drug

2C-T-2-M (HO- N-acetyl-) TFA
4-Ethylthio-2,5-dimethoxyphenethylamine-M (HO- N-acetyl-) TFA
6834

1524

427

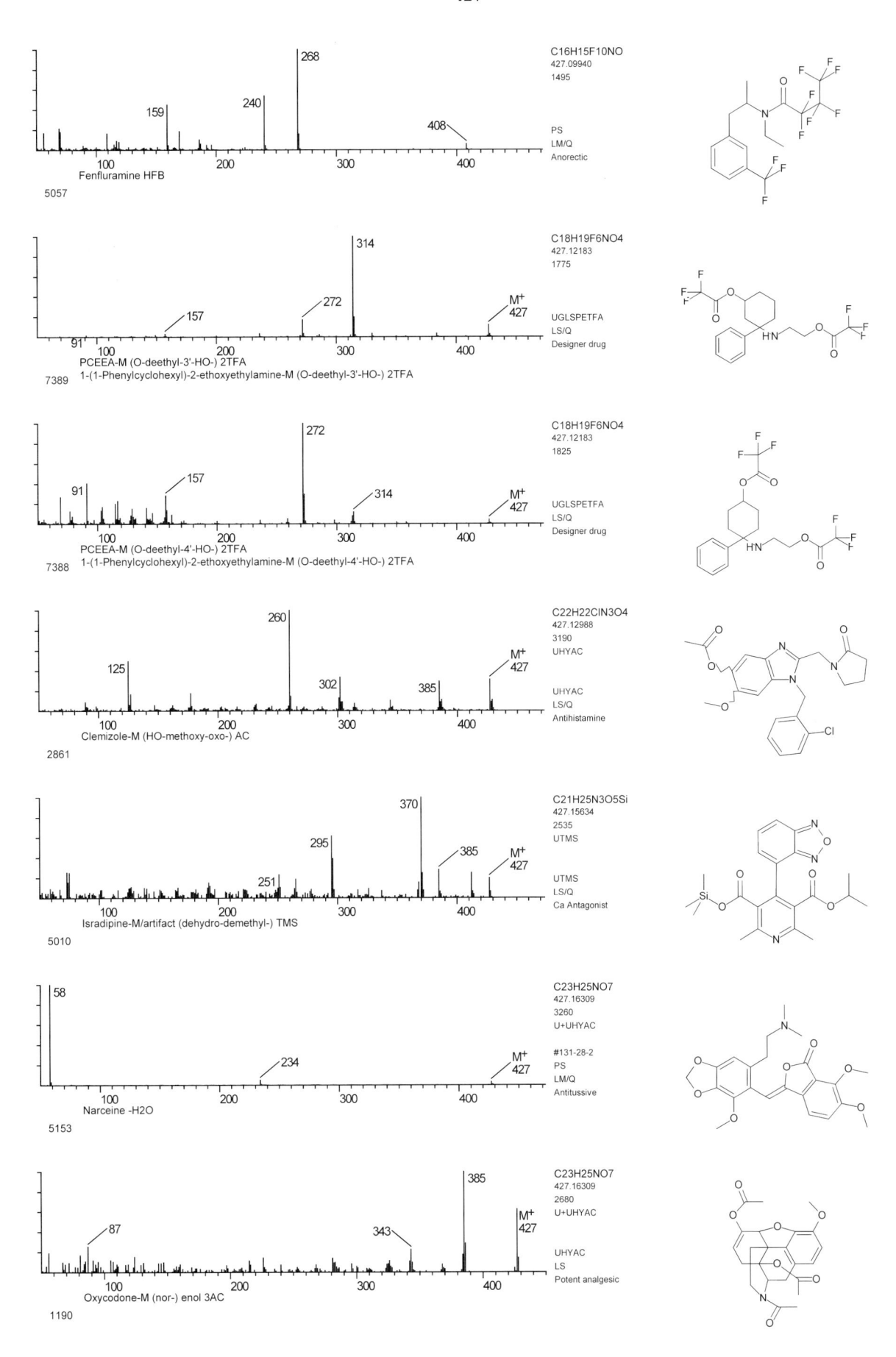

C16H15F10NO
427.09940
1495

PS
LM/Q
Anorectic

Fenfluramine HFB
5057

C18H19F6NO4
427.12183
1775

UGLSPETFA
LS/Q
Designer drug

PCEEA-M (O-deethyl-3'-HO-) 2TFA
1-(1-Phenylcyclohexyl)-2-ethoxyethylamine-M (O-deethyl-3'-HO-) 2TFA
7389

C18H19F6NO4
427.12183
1825

UGLSPETFA
LS/Q
Designer drug

PCEEA-M (O-deethyl-4'-HO-) 2TFA
1-(1-Phenylcyclohexyl)-2-ethoxyethylamine-M (O-deethyl-4'-HO-) 2TFA
7388

C22H22ClN3O4
427.12988
3190

UHYAC

UHYAC
LS/Q
Antihistamine

Clemizole-M (HO-methoxy-oxo-) AC
2861

C21H25N3O5Si
427.15634
2535

UTMS

UTMS
LS/Q
Ca Antagonist

Isradipine-M/artifact (dehydro-demethyl-) TMS
5010

C23H25NO7
427.16309
3260

U+UHYAC

#131-28-2
PS
LM/Q
Antitussive

Narceine -H2O
5153

C23H25NO7
427.16309
2680

U+UHYAC

UHYAC
LS
Potent analgesic

Oxycodone-M (nor-) enol 3AC
1190

427

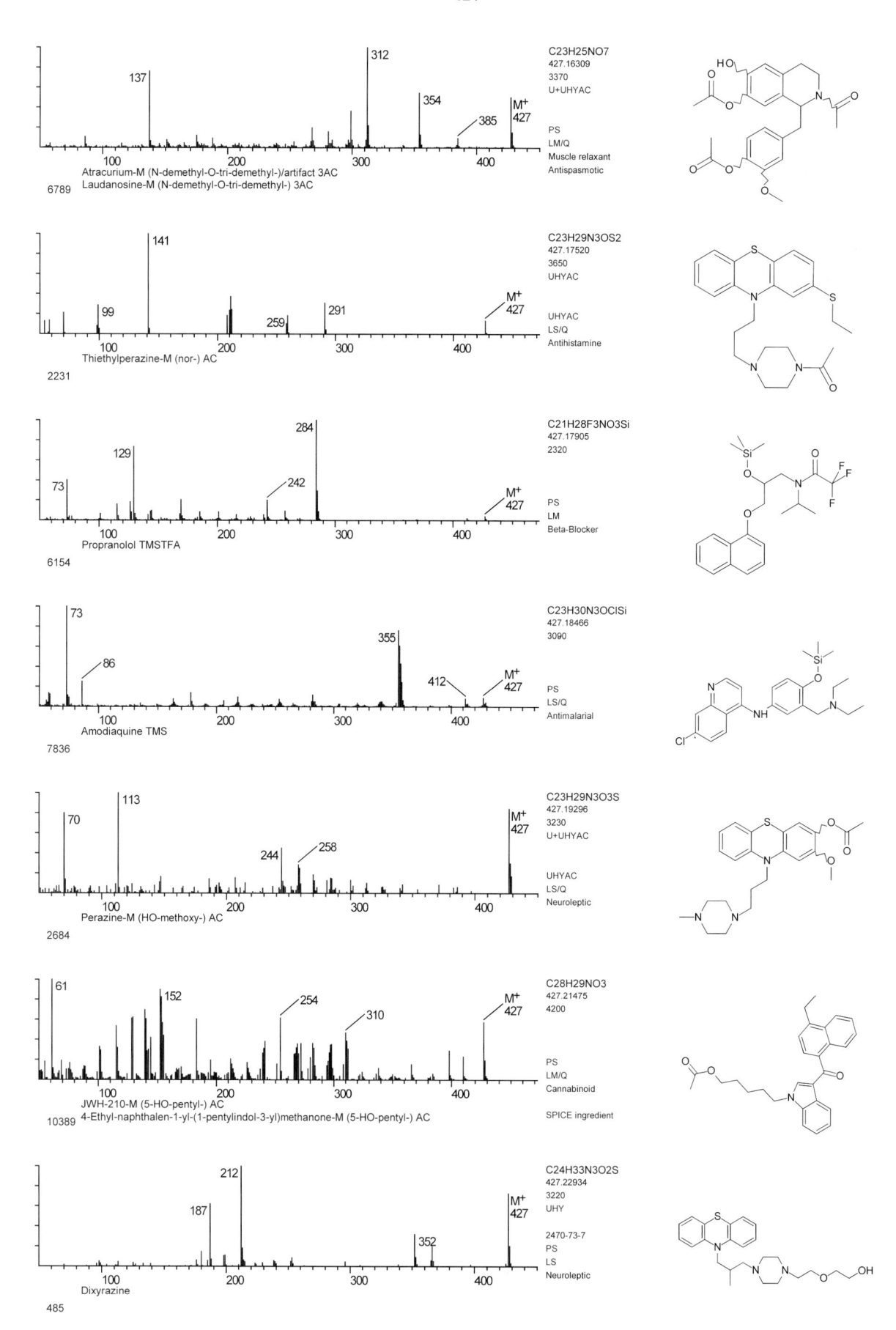

Atracurium-M (N-demethyl-O-tri-demethyl-)/artifact 3AC	C23H25NO7
Laudanosine-M (N-demethyl-O-tri-demethyl-) 3AC	427.16309
6789	3370
	U+UHYAC
	PS
	LM/Q
	Muscle relaxant
	Antispasmotic

Peaks: 137, 312, 354, 385, M+ 427

Thiethylperazine-M (nor-) AC	C23H29N3OS2
2231	427.17520
	3650
	UHYAC
	UHYAC
	LS/Q
	Antihistamine

Peaks: 99, 141, 259, 291, M+ 427

Propranolol TMSTFA	C21H28F3NO3Si
6154	427.17905
	2320
	PS
	LM
	Beta-Blocker

Peaks: 73, 129, 242, 284, M+ 427

Amodiaquine TMS	C23H30N3OClSi
7836	427.18466
	3090
	PS
	LS/Q
	Antimalarial

Peaks: 73, 86, 355, 412, M+ 427

Perazine-M (HO-methoxy-) AC	C23H29N3O3S
2684	427.19296
	3230
	U+UHYAC
	UHYAC
	LS/Q
	Neuroleptic

Peaks: 70, 113, 244, 258, M+ 427

JWH-210-M (5-HO-pentyl-) AC	C28H29NO3
4-Ethyl-naphthalen-1-yl-(1-pentylindol-3-yl)methanone-M (5-HO-pentyl-) AC	427.21475
10389	4200
	PS
	LM/Q
	Cannabinoid
	SPICE ingredient

Peaks: 61, 152, 254, 310, M+ 427

Dixyrazine	C24H33N3O2S
485	427.22934
	3220
	UHY
	2470-73-7
	PS
	LS
	Neuroleptic

Peaks: 187, 212, 352, M+ 427

1526

427

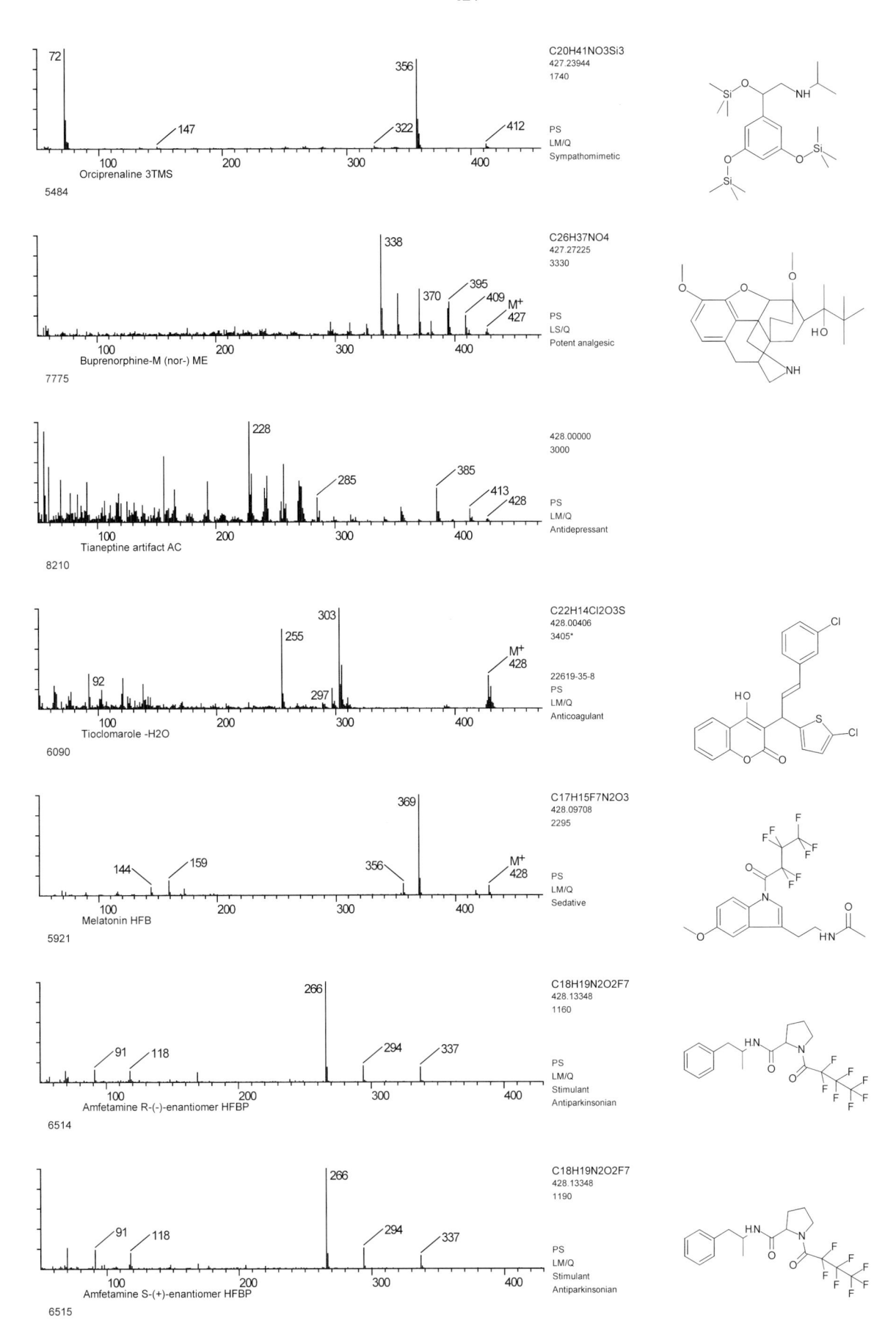

Orciprenaline 3TMS — 5484
Peaks: 72, 147, 322, 356, 412
C20H41NO3Si3
427.23944
1740
PS
LM/Q
Sympathomimetic

Buprenorphine-M (nor-) ME — 7775
Peaks: 338, 370, 395, 409, M+ 427
C26H37NO4
427.27225
3330
PS
LS/Q
Potent analgesic

Tianeptine artifact AC — 8210
Peaks: 228, 285, 385, 413, 428
428.00000
3000
PS
LM/Q
Antidepressant

Tioclomarole -H2O — 6090
Peaks: 92, 255, 297, 303, M+ 428
C22H14Cl2O3S
428.00406
3405*
22619-35-8
PS
LM/Q
Anticoagulant

Melatonin HFB — 5921
Peaks: 144, 159, 356, 369, M+ 428
C17H15F7N2O3
428.09708
2295
PS
LM/Q
Sedative

Amfetamine R-(-)-enantiomer HFBP — 6514
Peaks: 91, 118, 266, 294, 337
C18H19N2O2F7
428.13348
1160
PS
LM/Q
Stimulant
Antiparkinsonian

Amfetamine S-(+)-enantiomer HFBP — 6515
Peaks: 91, 118, 266, 294, 337
C18H19N2O2F7
428.13348
1190
PS
LM/Q
Stimulant
Antiparkinsonian

428

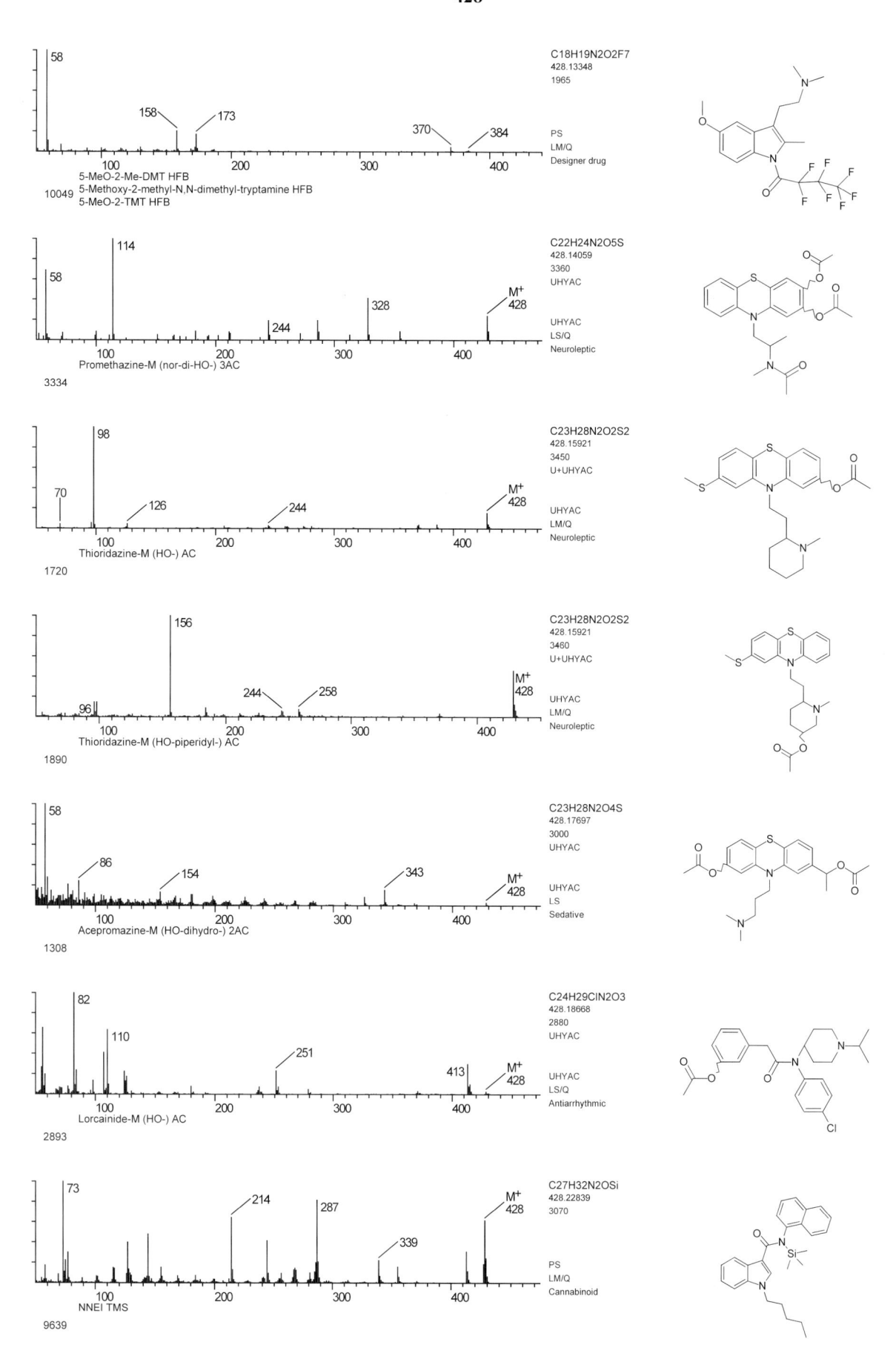

58, 158, 173, 370, 384	C18H19N2O2F7 428.13348 1965 PS LM/Q Designer drug

5-MeO-2-Me-DMT HFB
5-Methoxy-2-methyl-N,N-dimethyl-tryptamine HFB
5-MeO-2-TMT HFB
10049

58, 114, 244, 328, M+ 428	C22H24N2O5S 428.14059 3360 UHYAC UHYAC LS/Q Neuroleptic

Promethazine-M (nor-di-HO-) 3AC
3334

70, 98, 126, 244, M+ 428	C23H28N2O2S2 428.15921 3450 U+UHYAC UHYAC LM/Q Neuroleptic

Thioridazine-M (HO-) AC
1720

96, 156, 244, 258, M+ 428	C23H28N2O2S2 428.15921 3460 U+UHYAC UHYAC LM/Q Neuroleptic

Thioridazine-M (HO-piperidyl-) AC
1890

58, 86, 154, 343, M+ 428	C23H28N2O4S 428.17697 3000 UHYAC UHYAC LS Sedative

Acepromazine-M (HO-dihydro-) 2AC
1308

82, 110, 251, 413, M+ 428	C24H29ClN2O3 428.18668 2880 UHYAC UHYAC LS/Q Antiarrhythmic

Lorcainide-M (HO-) AC
2893

73, 214, 287, 339, M+ 428	C27H32N2OSi 428.22839 3070 PS LM/Q Cannabinoid

NNEI TMS
9639

429

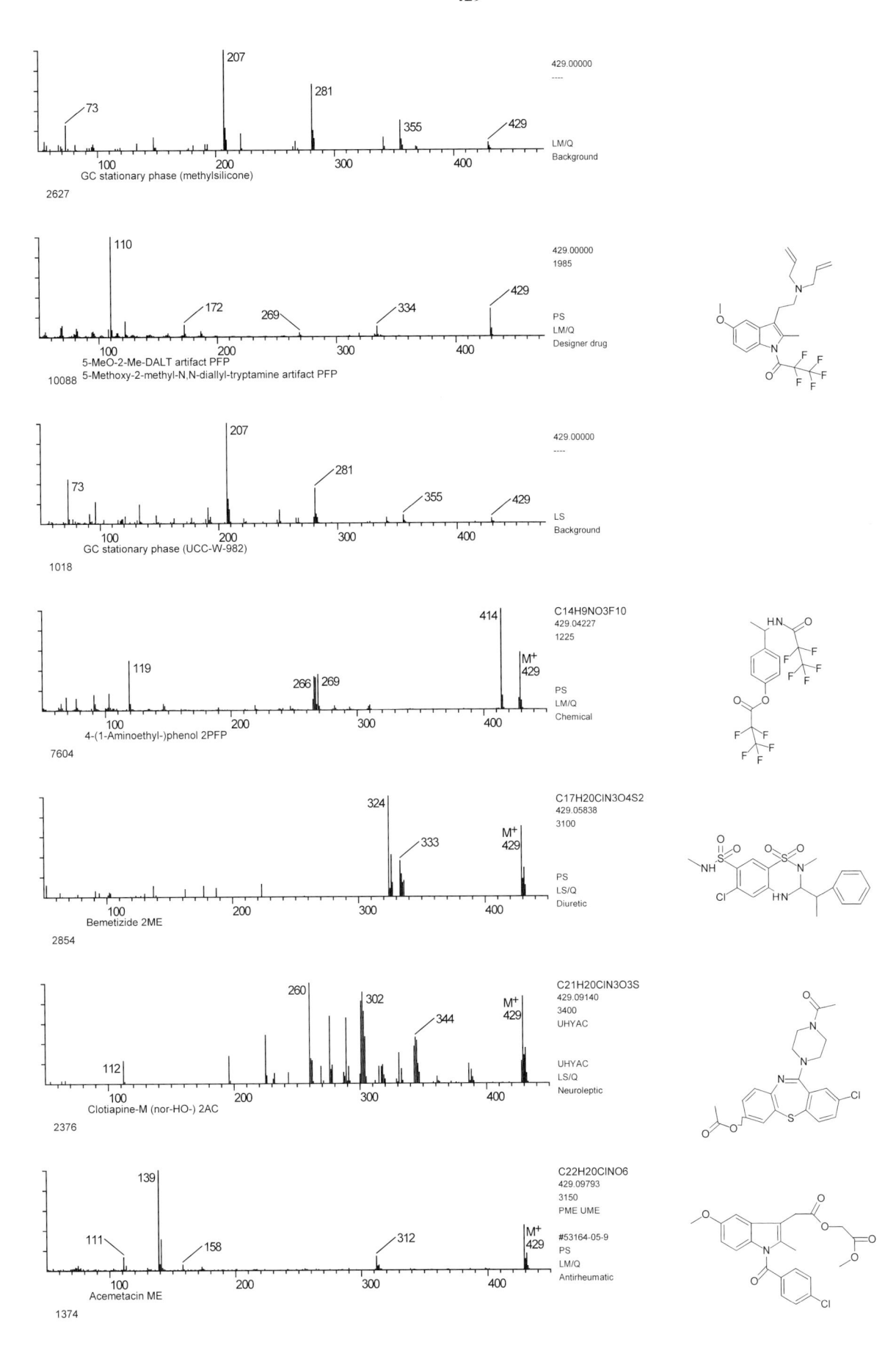

m/z			
73, 207, 281, 355, 429		429.00000 ---- PS LM/Q Background	

GC stationary phase (methylsilicone)
2627

110, 172, 269, 334, 429 — 429.00000 1985 PS LM/Q Designer drug

5-MeO-2-Me-DALT artifact PFP
5-Methoxy-2-methyl-N,N-diallyl-tryptamine artifact PFP
10088

73, 207, 281, 355, 429 — 429.00000 ---- LS Background

GC stationary phase (UCC-W-982)
1018

119, 266, 269, 414, M+ 429 — C14H9NO3F10 429.04227 1225 PS LM/Q Chemical

4-(1-Aminoethyl-)phenol 2PFP
7604

324, 333, M+ 429 — C17H20ClN3O4S2 429.05838 3100 PS LS/Q Diuretic

Bemetizide 2ME
2854

112, 260, 302, 344, M+ 429 — C21H20ClN3O3S 429.09140 3400 UHYAC UHYAC LS/Q Neuroleptic

Clotiapine-M (nor-HO-) 2AC
2376

111, 139, 158, 312, M+ 429 — C22H20ClNO6 429.09793 3150 PME UME #53164-05-9 PS LM/Q Antirheumatic

Acemetacin ME
1374

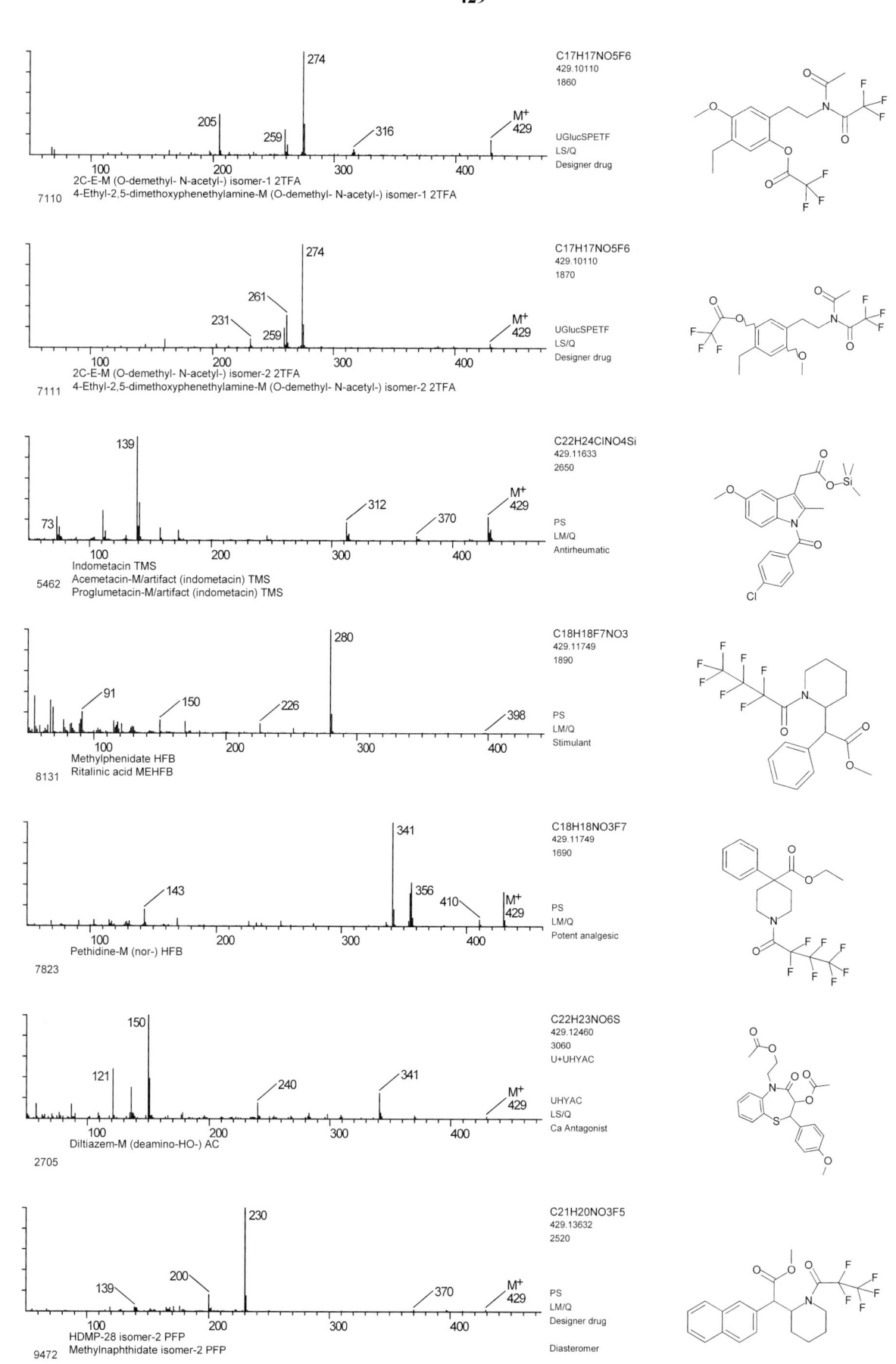

2C-E-M (O-demethyl- N-acetyl-) isomer-1 2TFA 4-Ethyl-2,5-dimethoxyphenethylamine-M (O-demethyl- N-acetyl-) isomer-1 2TFA 7110	C17H17NO5F6 429.10110 1860 UGlucSPETF LS/Q Designer drug
2C-E-M (O-demethyl- N-acetyl-) isomer-2 2TFA 4-Ethyl-2,5-dimethoxyphenethylamine-M (O-demethyl- N-acetyl-) isomer-2 2TFA 7111	C17H17NO5F6 429.10110 1870 UGlucSPETF LS/Q Designer drug
Indometacin TMS Acemetacin-M/artifact (indometacin) TMS Proglumetacin-M/artifact (indometacin) TMS 5462	C22H24ClNO4Si 429.11633 2650 PS LM/Q Antirheumatic
Methylphenidate HFB Ritalinic acid MEHFB 8131	C18H18F7NO3 429.11749 1890 PS LM/Q Stimulant
Pethidine-M (nor-) HFB 7823	C18H18NO3F7 429.11749 1690 PS LM/Q Potent analgesic
Diltiazem-M (deamino-HO-) AC 2705	C22H23NO6S 429.12460 3060 U+UHYAC UHYAC LS/Q Ca Antagonist
HDMP-28 isomer-2 PFP Methylnaphthidate isomer-2 PFP 9472	C21H20NO3F5 429.13632 2520 PS LM/Q Designer drug Diasteromer

429

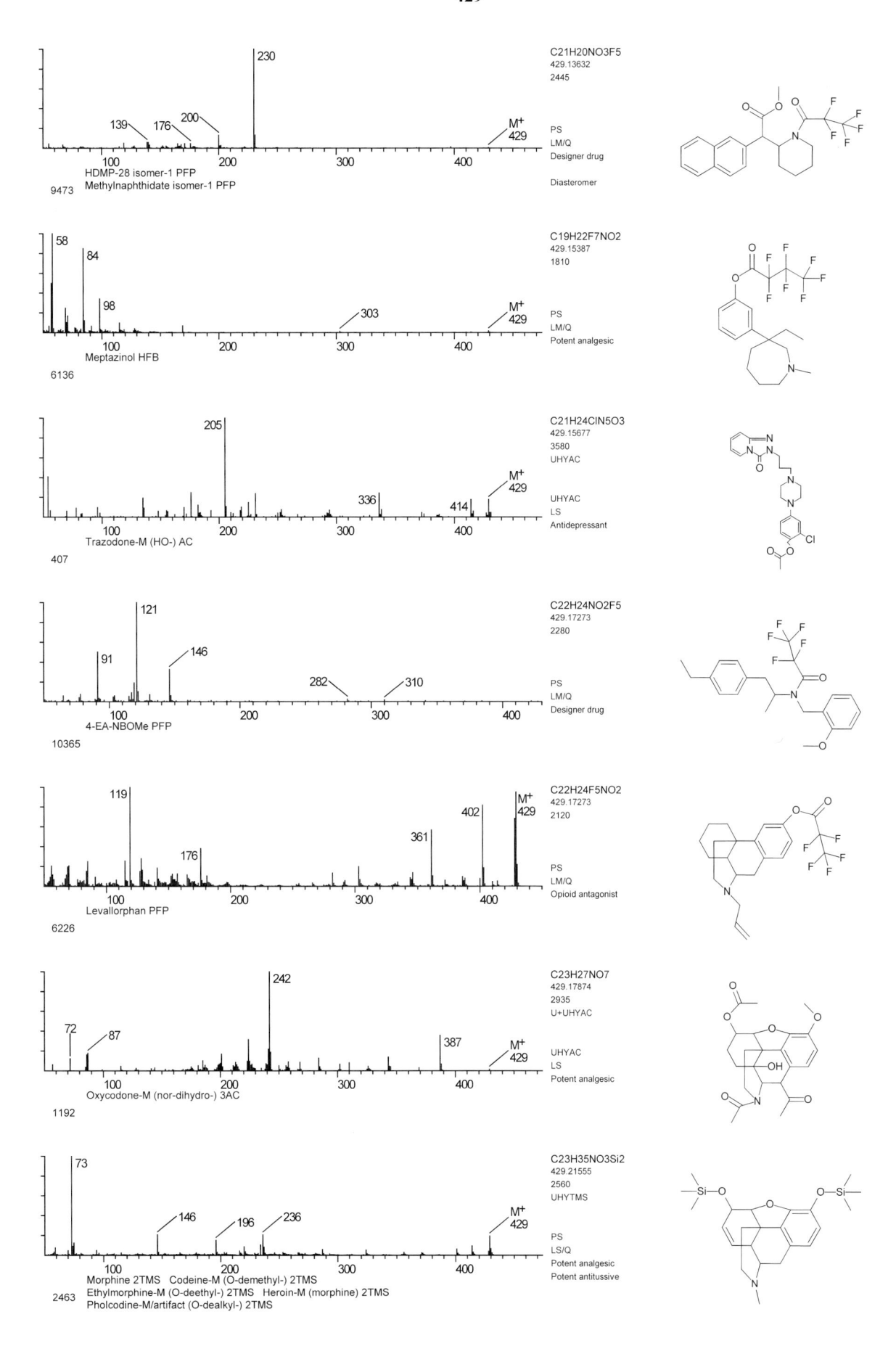

HDMP-28 isomer-1 PFP Methylnaphthidate isomer-1 PFP 9473	C21H20NO3F5 429.13632 2445 PS LM/Q Designer drug Diasteromer
Meptazinol HFB 6136	C19H22F7NO2 429.15387 1810 PS LM/Q Potent analgesic
Trazodone-M (HO-) AC 407	C21H24ClN5O3 429.15677 3580 UHYAC UHYAC LS Antidepressant
4-EA-NBOMe PFP 10365	C22H24NO2F5 429.17273 2280 PS LM/Q Designer drug
Levallorphan PFP 6226	C22H24F5NO2 429.17273 2120 PS LM/Q Opioid antagonist
Oxycodone-M (nor-dihydro-) 3AC 1192	C23H27NO7 429.17874 2935 U+UHYAC UHYAC LS Potent analgesic
Morphine 2TMS Codeine-M (O-demethyl-) 2TMS Ethylmorphine-M (O-deethyl-) 2TMS Heroin-M (morphine) 2TMS Pholcodine-M/artifact (O-dealkyl-) 2TMS 2463	C23H35NO3Si2 429.21555 2560 UHYTMS PS LS/Q Potent analgesic Potent antitussive

1531

429

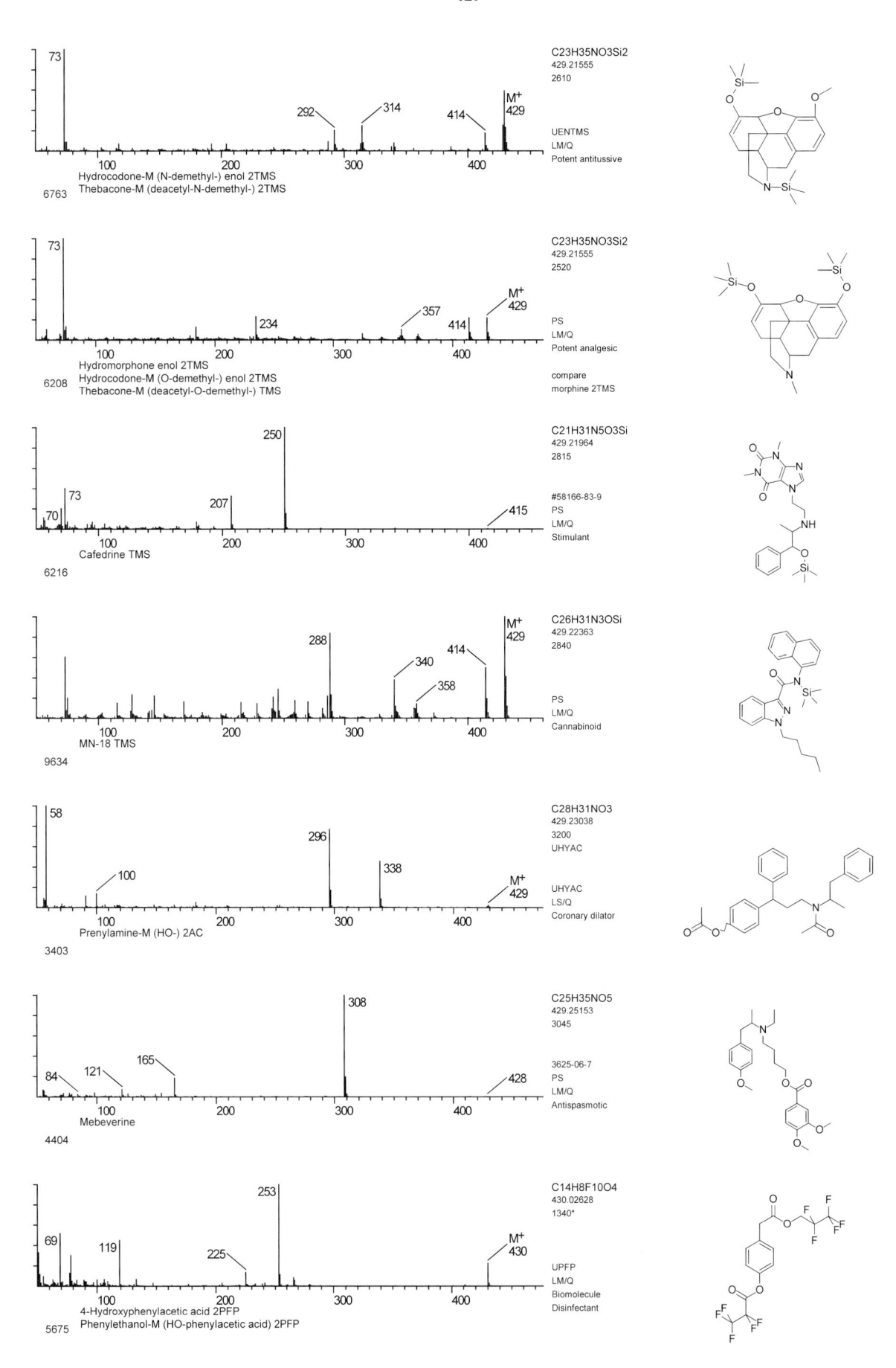

C23H35NO3Si2
429.21555
2610

UENTMS
LM/Q
Potent antitussive

Hydrocodone-M (N-demethyl-) enol 2TMS
Thebacone-M (deacetyl-N-demethyl-) 2TMS
6763

C23H35NO3Si2
429.21555
2520

PS
LM/Q
Potent analgesic

compare
morphine 2TMS

Hydromorphone enol 2TMS
Hydrocodone-M (O-demethyl-) enol 2TMS
Thebacone-M (deacetyl-O-demethyl-) TMS
6208

C21H31N5O3Si
429.21964
2815

#58166-83-9
PS
LM/Q
Stimulant

Cafedrine TMS
6216

C26H31N3OSi
429.22363
2840

PS
LM/Q
Cannabinoid

MN-18 TMS
9634

C28H31NO3
429.23038
3200
UHYAC

UHYAC
LS/Q
Coronary dilator

Prenylamine-M (HO-) 2AC
3403

C25H35NO5
429.25153
3045

3625-06-7
PS
LM/Q
Antispasmotic

Mebeverine
4404

C14H8F10O4
430.02628
1340*

UPFP
LM/Q
Biomolecule
Disinfectant

4-Hydroxyphenylacetic acid 2PFP
Phenylethanol-M (HO-phenylacetic acid) 2PFP
5675

430

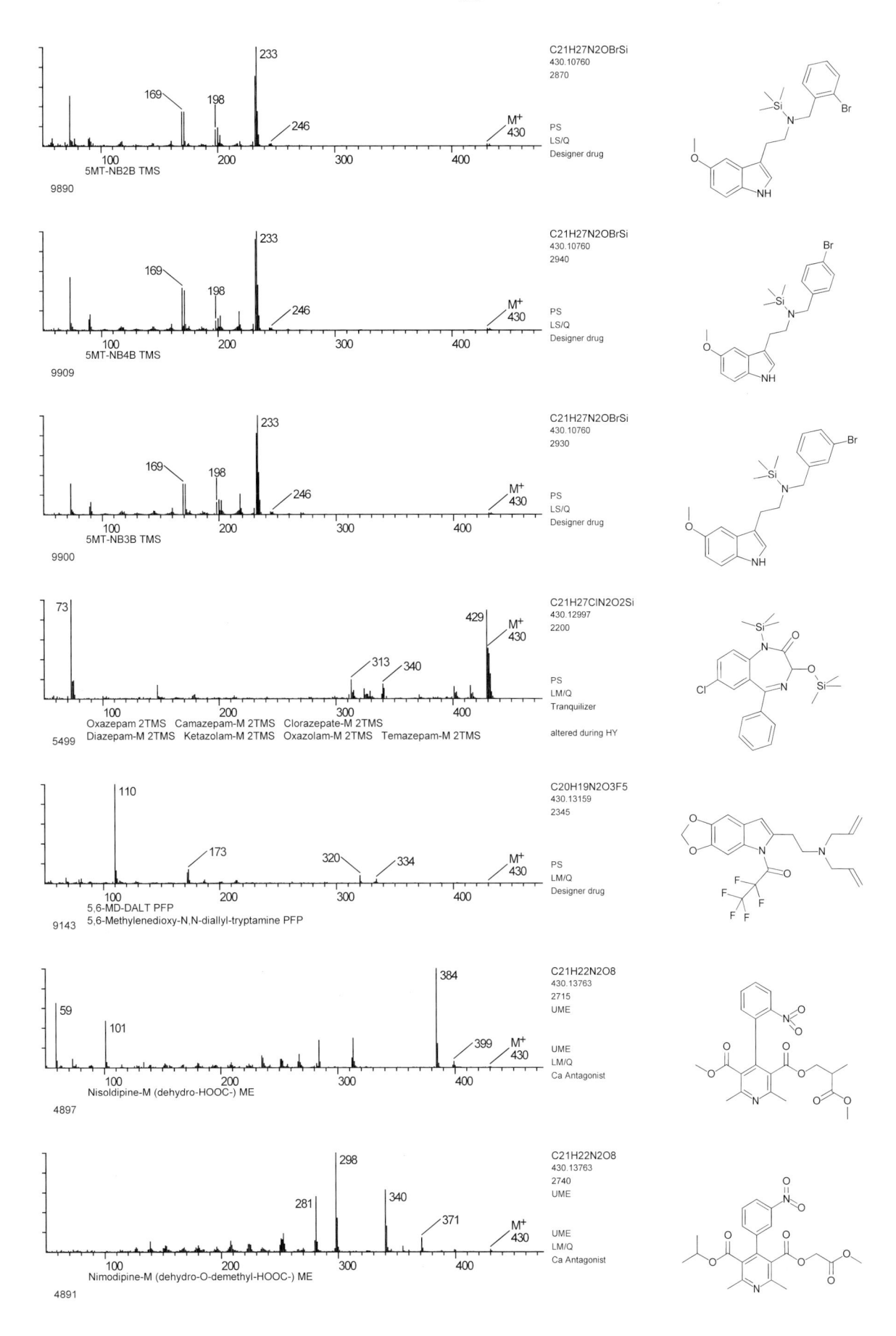

5MT-NB2B TMS — 9890	C21H27N2OBrSi 430.10760 2870 PS LS/Q Designer drug
Peaks: 169, 198, 233, 246, M+ 430	

5MT-NB4B TMS — 9909	C21H27N2OBrSi 430.10760 2940 PS LS/Q Designer drug
Peaks: 169, 198, 233, 246, M+ 430	

5MT-NB3B TMS — 9900	C21H27N2OBrSi 430.10760 2930 PS LS/Q Designer drug
Peaks: 169, 198, 233, 246, M+ 430	

Oxazepam 2TMS, Camazepam-M 2TMS, Clorazepate-M 2TMS, Diazepam-M 2TMS, Ketazolam-M 2TMS, Oxazolam-M 2TMS, Temazepam-M 2TMS — 5499	C21H27ClN2O2Si 430.12997 2200 PS LM/Q Tranquilizer altered during HY
Peaks: 73, 313, 340, 429, M+ 430	

5,6-MD-DALT PFP 5,6-Methylenedioxy-N,N-diallyl-tryptamine PFP — 9143	C20H19N2O3F5 430.13159 2345 PS LM/Q Designer drug
Peaks: 110, 173, 320, 334, M+ 430	

Nisoldipine-M (dehydro-HOOC-) ME — 4897	C21H22N2O8 430.13763 2715 UME UME LM/Q Ca Antagonist
Peaks: 59, 101, 384, 399, M+ 430	

Nimodipine-M (dehydro-O-demethyl-HOOC-) ME — 4891	C21H22N2O8 430.13763 2740 UME UME LM/Q Ca Antagonist
Peaks: 281, 298, 340, 371, M+ 430	

430

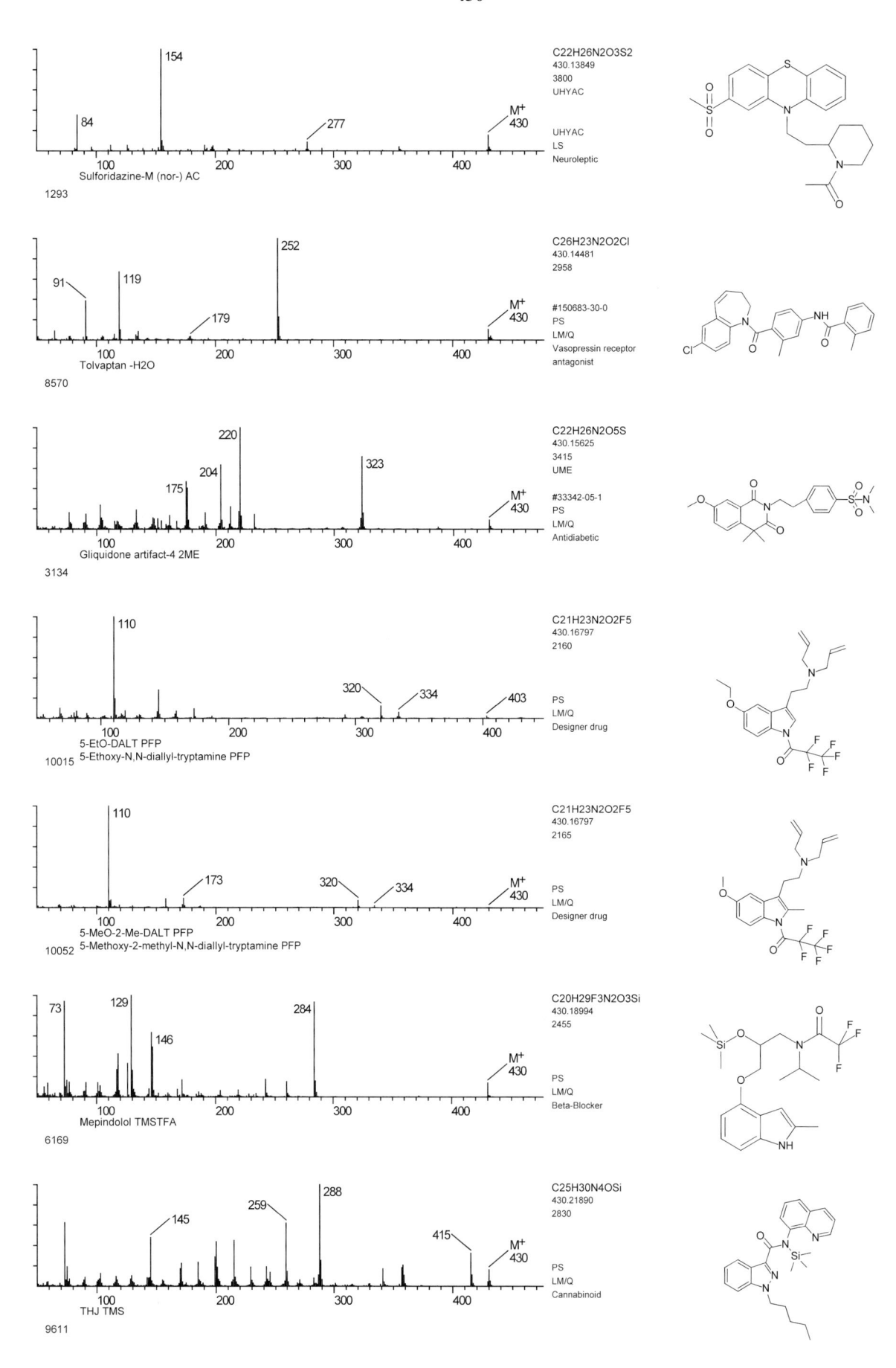

C22H26N2O3S2
430.13849
3800
UHYAC

UHYAC
LS
Neuroleptic

Sulforidazine-M (nor-) AC
1293

C26H23N2O2Cl
430.14481
2958
#150683-30-0
PS
LM/Q
Vasopressin receptor antagonist

Tolvaptan -H2O
8570

C22H26N2O5S
430.15625
3415
UME
#33342-05-1
PS
LM/Q
Antidiabetic

Gliquidone artifact-4 2ME
3134

C21H23N2O2F5
430.16797
2160

PS
LM/Q
Designer drug

5-EtO-DALT PFP
5-Ethoxy-N,N-diallyl-tryptamine PFP
10015

C21H23N2O2F5
430.16797
2165

PS
LM/Q
Designer drug

5-MeO-2-Me-DALT PFP
5-Methoxy-2-methyl-N,N-diallyl-tryptamine PFP
10052

C20H29F3N2O3Si
430.18994
2455

PS
LM/Q
Beta-Blocker

Mepindolol TMSTFA
6169

C25H30N4OSi
430.21890
2830

PS
LM/Q
Cannabinoid

THJ TMS
9611

430

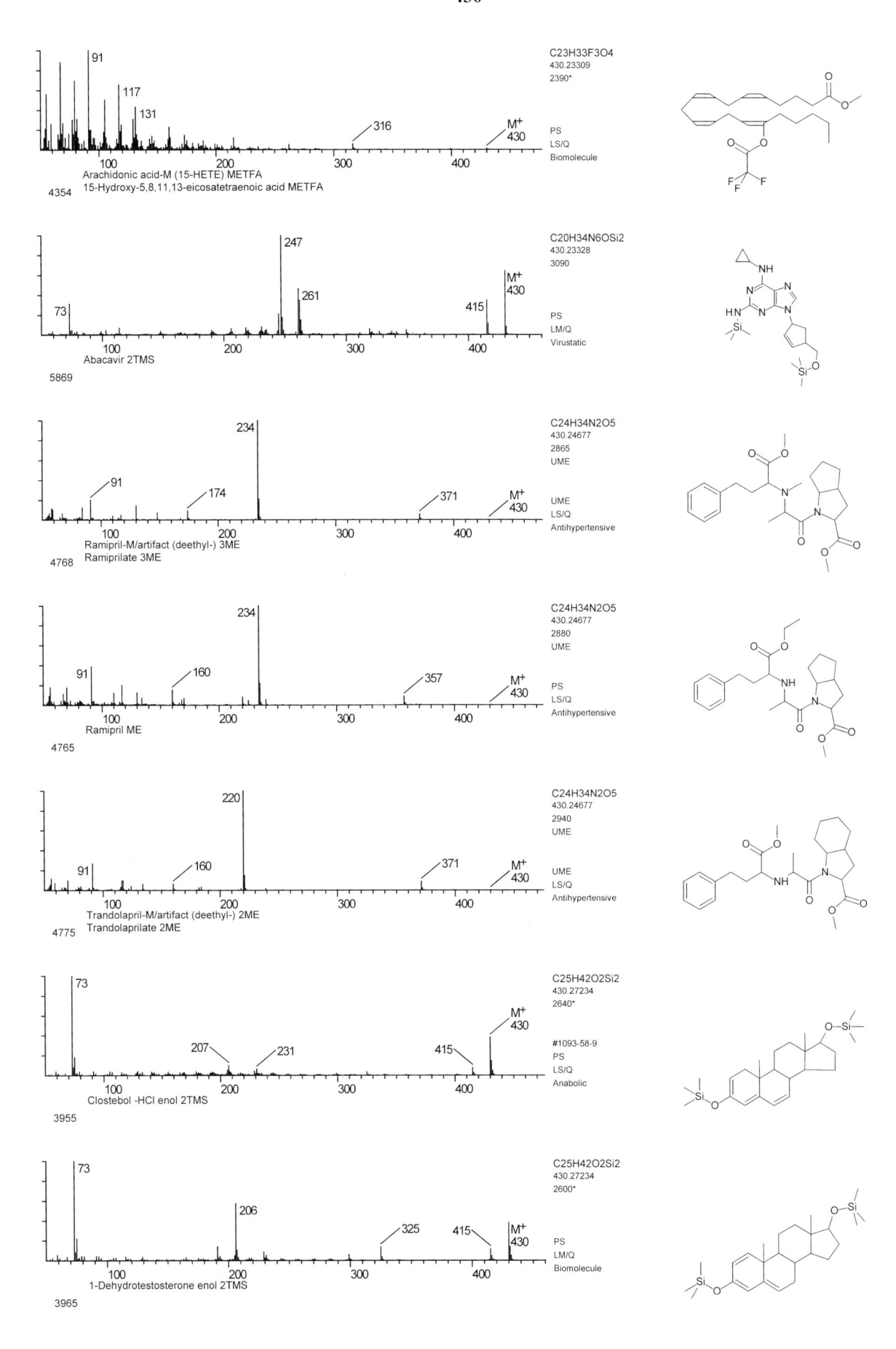

4354 Arachidonic acid-M (15-HETE) METFA
15-Hydroxy-5,8,11,13-eicosatetraenoic acid METFA
C23H33F3O4
430.23309
2390*
PS
LS/Q
Biomolecule

5869 Abacavir 2TMS
C20H34N6OSi2
430.23328
3090
PS
LM/Q
Virustatic

4768 Ramipril-M/artifact (deethyl-) 3ME
Ramiprilate 3ME
C24H34N2O5
430.24677
2865
UME
UME
LS/Q
Antihypertensive

4765 Ramipril ME
C24H34N2O5
430.24677
2880
UME
PS
LS/Q
Antihypertensive

4775 Trandolapril-M/artifact (deethyl-) 2ME
Trandolaprilate 2ME
C24H34N2O5
430.24677
2940
UME
UME
LS/Q
Antihypertensive

3955 Clostebol -HCl enol 2TMS
C25H42O2Si2
430.27234
2640*
#1093-58-9
PS
LS/Q
Anabolic

3965 1-Dehydrotestosterone enol 2TMS
C25H42O2Si2
430.27234
2600*
PS
LM/Q
Biomolecule

430

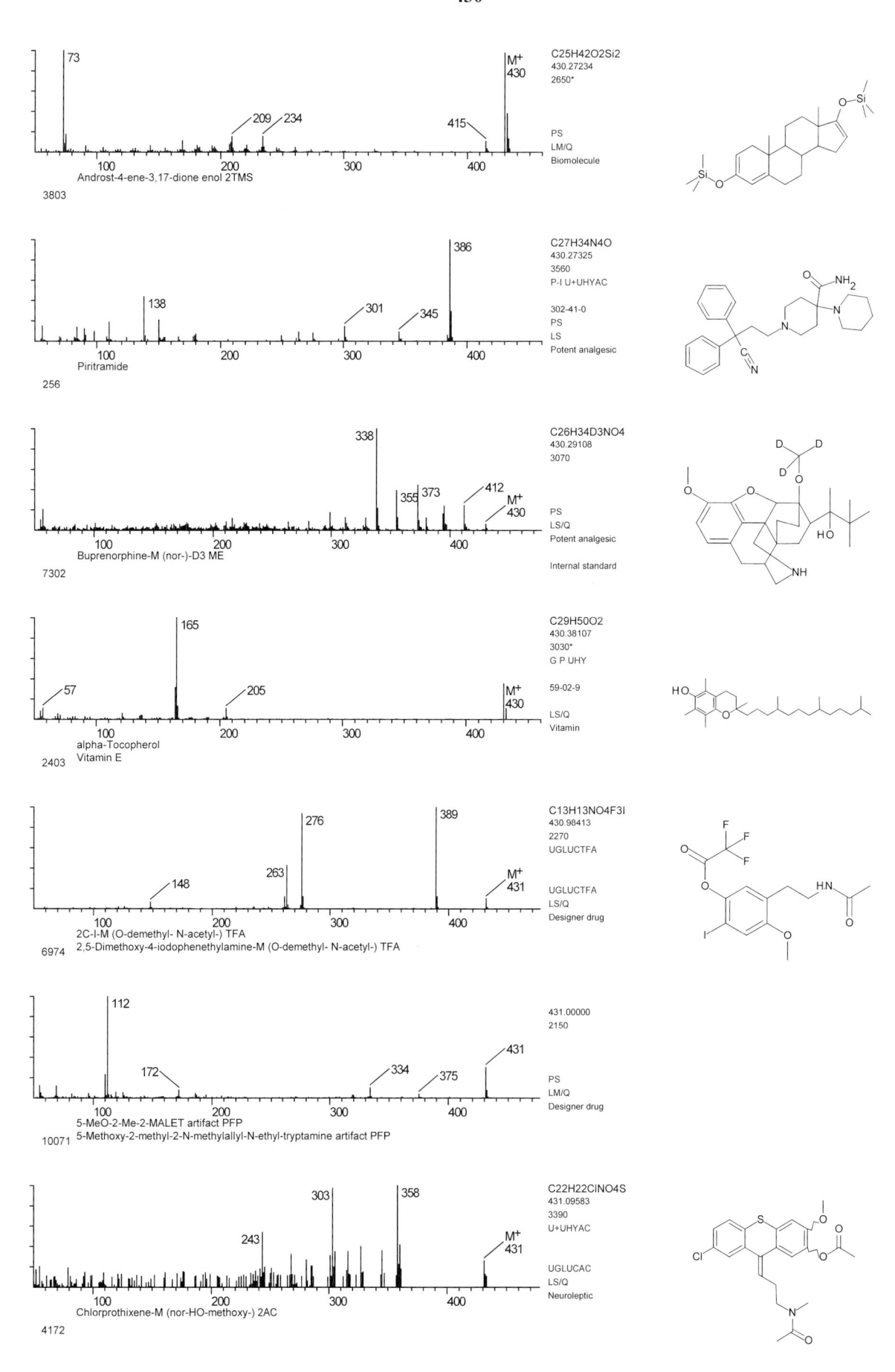

Androst-4-ene-3,17-dione enol 2TMS 3803	C25H42O2Si2 430.27234 2650* PS LM/Q Biomolecule	
Piritramide 256	C27H34N4O 430.27325 3560 P-I U+UHYAC 302-41-0 PS LS Potent analgesic	
Buprenorphine-M (nor-)-D3 ME 7302	C26H34D3NO4 430.29108 3070 PS LS/Q Potent analgesic Internal standard	
alpha-Tocopherol Vitamin E 2403	C29H50O2 430.38107 3030* G P UHY 59-02-9 LS/Q Vitamin	
2C-I-M (O-demethyl- N-acetyl-) TFA 2,5-Dimethoxy-4-iodophenethylamine-M (O-demethyl- N-acetyl-) TFA 6974	C13H13NO4F3I 430.98413 2270 UGLUCTFA UGLUCTFA LS/Q Designer drug	
5-MeO-2-Me-2-MALET artifact PFP 5-Methoxy-2-methyl-2-N-methylallyl-N-ethyl-tryptamine artifact PFP 10071	431.00000 2150 PS LM/Q Designer drug	
Chlorprothixene-M (nor-HO-methoxy-) 2AC 4172	C22H22ClNO4S 431.09583 3390 U+UHYAC UGLUCAC LS/Q Neuroleptic	

431

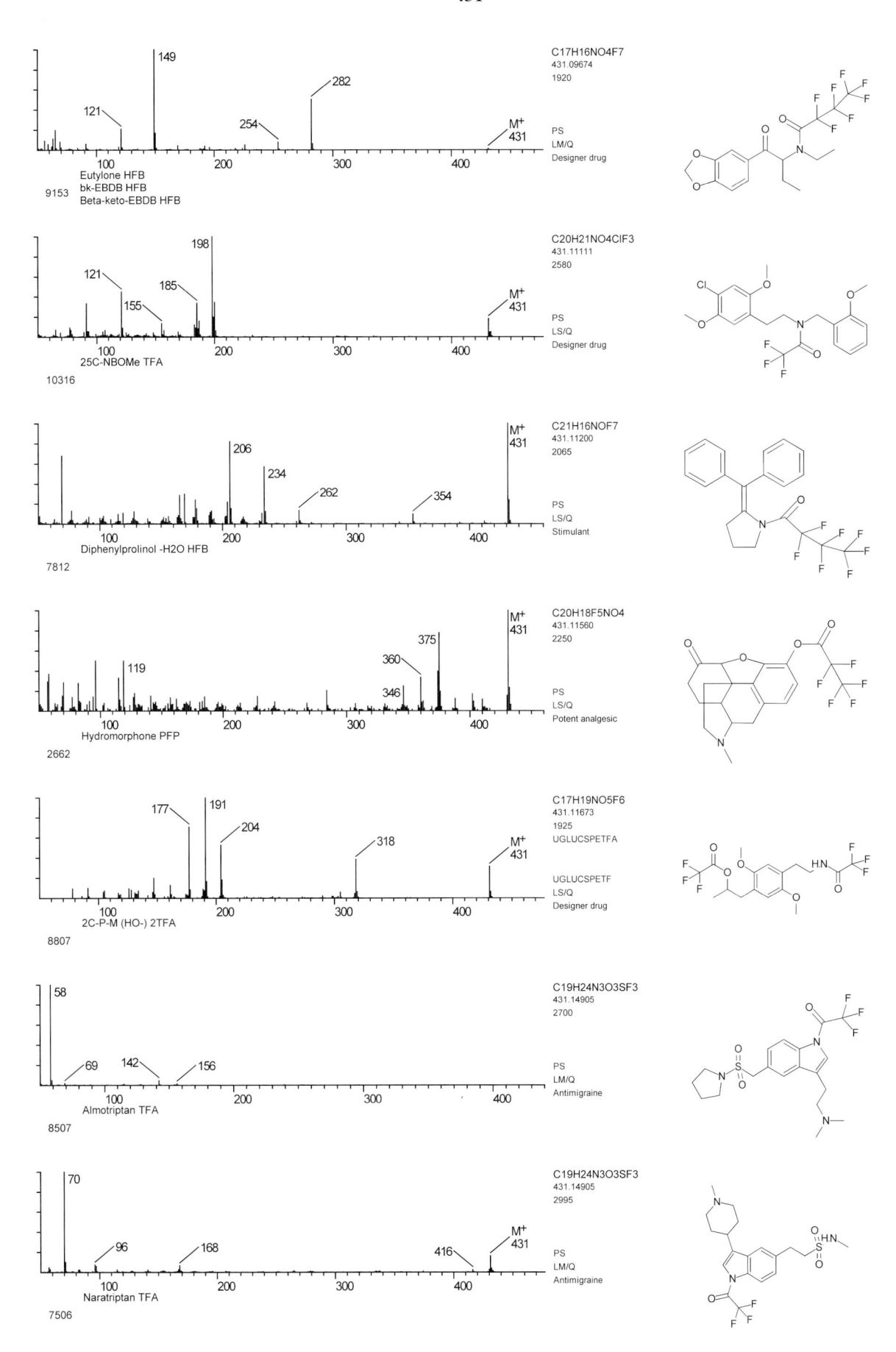

C17H16NO4F7
431.09674
1920

PS
LM/Q
Designer drug

9153 Eutylone HFB
bk-EBDB HFB
Beta-keto-EBDB HFB

C20H21NO4ClF3
431.11111
2580

PS
LS/Q
Designer drug

10316 25C-NBOMe TFA

C21H16NOF7
431.11200
2065

PS
LS/Q
Stimulant

7812 Diphenylprolinol -H2O HFB

C20H18F5NO4
431.11560
2250

PS
LS/Q
Potent analgesic

2662 Hydromorphone PFP

C17H19NO5F6
431.11673
1925
UGLUCSPETFA

UGLUCSPETF
LS/Q
Designer drug

8807 2C-P-M (HO-) 2TFA

C19H24N3O3SF3
431.14905
2700

PS
LM/Q
Antimigraine

8507 Almotriptan TFA

C19H24N3O3SF3
431.14905
2995

PS
LM/Q
Antimigraine

7506 Naratriptan TFA

431

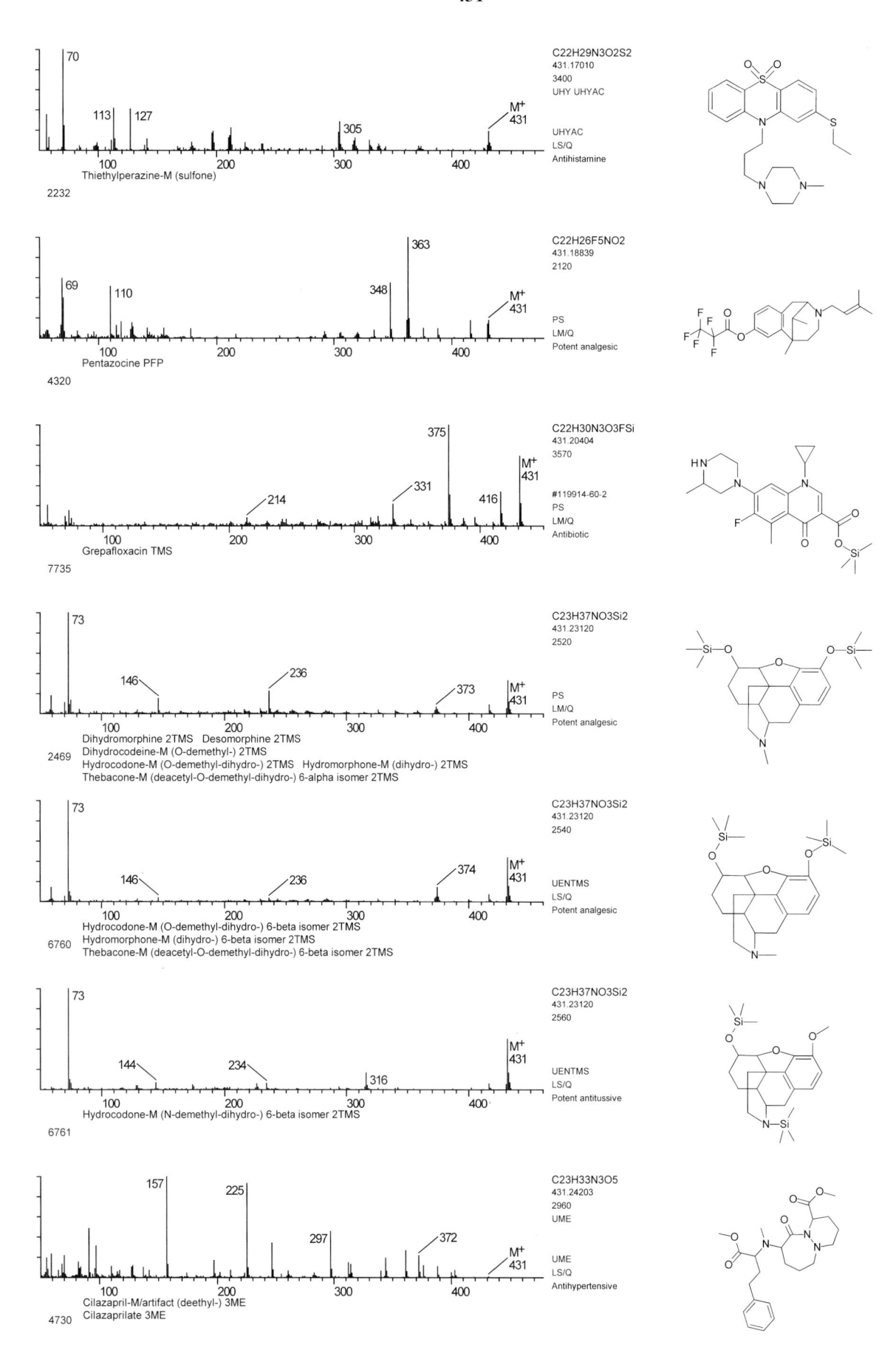

C22H29N3O2S2
431.17010
3400
UHY UHYAC

UHYAC
LS/Q
Antihistamine

Thiethylperazine-M (sulfone)
2232

C22H26F5NO2
431.18839
2120

PS
LM/Q
Potent analgesic

Pentazocine PFP
4320

C22H30N3O3FSi
431.20404
3570

#119914-60-2
PS
LM/Q
Antibiotic

Grepafloxacin TMS
7735

C23H37NO3Si2
431.23120
2520

PS
LM/Q
Potent analgesic

Dihydromorphine 2TMS   Desomorphine 2TMS
Dihydrocodeine-M (O-demethyl-) 2TMS
Hydrocodone-M (O-demethyl-dihydro-) 2TMS   Hydromorphone-M (dihydro-) 2TMS
Thebacone-M (deacetyl-O-demethyl-dihydro-) 6-alpha isomer 2TMS
2469

C23H37NO3Si2
431.23120
2540

UENTMS
LS/Q
Potent analgesic

Hydrocodone-M (O-demethyl-dihydro-) 6-beta isomer 2TMS
Hydromorphone-M (dihydro-) 6-beta isomer 2TMS
Thebacone-M (deacetyl-O-demethyl-dihydro-) 6-beta isomer 2TMS
6760

C23H37NO3Si2
431.23120
2560

UENTMS
LS/Q
Potent antitussive

Hydrocodone-M (N-demethyl-dihydro-) 6-beta isomer 2TMS
6761

C23H33N3O5
431.24203
2960
UME

UME
LS/Q
Antihypertensive

Cilazapril-M/artifact (deethyl-) 3ME
Cilazaprilate 3ME
4730

431

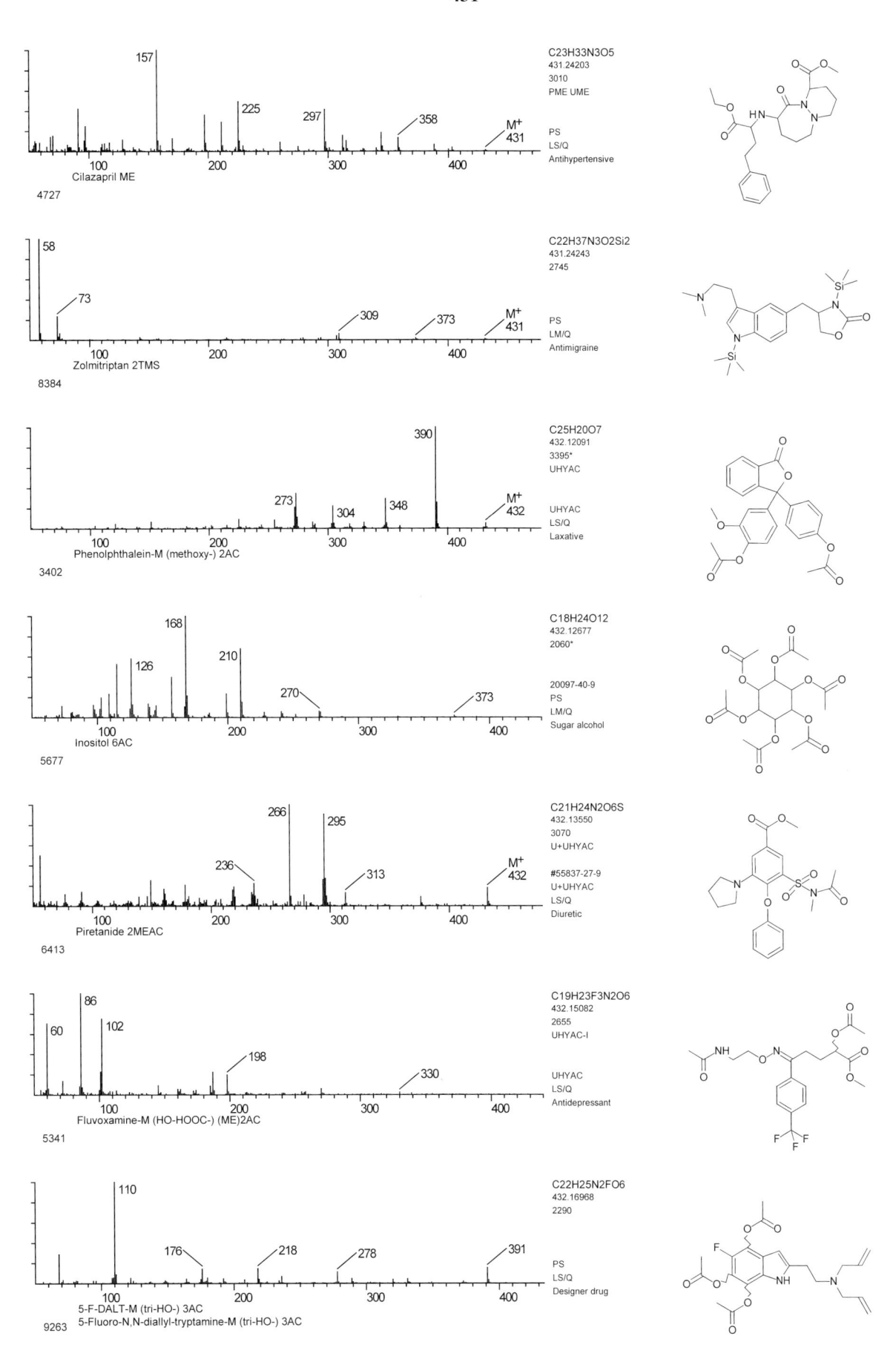

Cilazapril ME — 4727 Peaks: 157, 225, 297, 358, M+ 431	C23H33N3O5 431.24203 3010 PME UME PS LS/Q Antihypertensive
Zolmitriptan 2TMS — 8384 Peaks: 58, 73, 309, 373, M+ 431	C22H37N3O2Si2 431.24243 2745 PS LM/Q Antimigraine
Phenolphthalein-M (methoxy-) 2AC — 3402 Peaks: 273, 304, 348, 390, M+ 432	C25H20O7 432.12091 3395* UHYAC UHYAC LS/Q Laxative
Inositol 6AC — 5677 Peaks: 126, 168, 210, 270, 373	C18H24O12 432.12677 2060* 20097-40-9 PS LM/Q Sugar alcohol
Piretanide 2MEAC — 6413 Peaks: 236, 266, 295, 313, M+ 432	C21H24N2O6S 432.13550 3070 U+UHYAC #55837-27-9 U+UHYAC LS/Q Diuretic
Fluvoxamine-M (HO-HOOC-) (ME)2AC — 5341 Peaks: 60, 86, 102, 198, 330	C19H23F3N2O6 432.15082 2655 UHYAC-I UHYAC LS/Q Antidepressant
5-F-DALT-M (tri-HO-) 3AC — 9263 5-Fluoro-N,N-diallyl-tryptamine-M (tri-HO-) 3AC Peaks: 110, 176, 218, 278, 391	C22H25N2FO6 432.16968 2290 PS LS/Q Designer drug

432

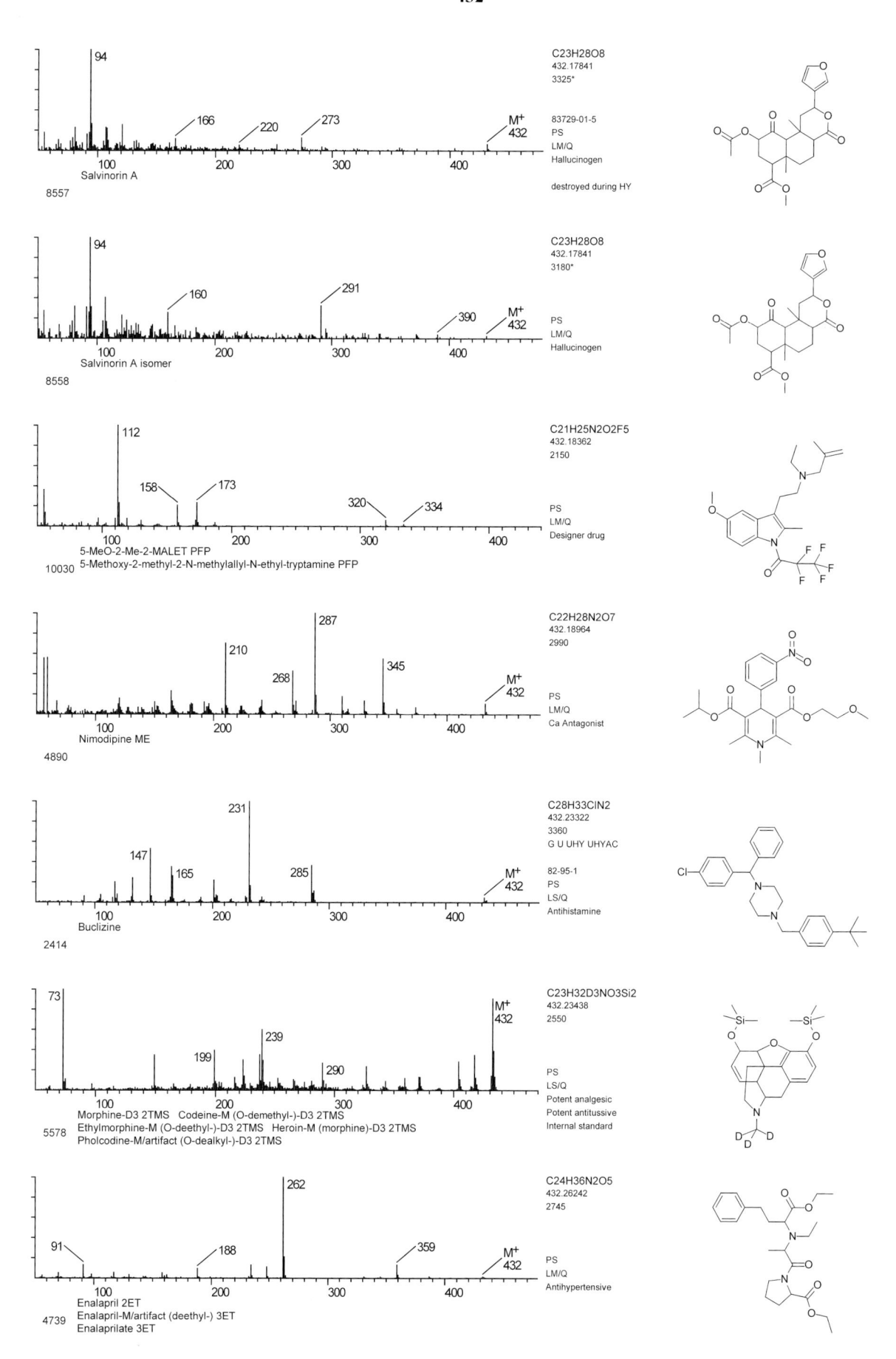

C23H28O8
432.17841
3325*

83729-01-5
PS
LM/Q
Hallucinogen

destroyed during HY

Salvinorin A
8557
peaks: 94, 166, 220, 273, M+ 432

C23H28O8
432.17841
3180*

PS
LM/Q
Hallucinogen

Salvinorin A isomer
8558
peaks: 94, 160, 291, 390, M+ 432

C21H25N2O2F5
432.18362
2150

PS
LM/Q
Designer drug

5-MeO-2-Me-2-MALET PFP
5-Methoxy-2-methyl-2-N-methylallyl-N-ethyl-tryptamine PFP
10030
peaks: 112, 158, 173, 320, 334

C22H28N2O7
432.18964
2990

PS
LM/Q
Ca Antagonist

Nimodipine ME
4890
peaks: 210, 268, 287, 345, M+ 432

C28H33ClN2
432.23322
3360
G U UHY UHYAC

82-95-1
PS
LS/Q
Antihistamine

Buclizine
2414
peaks: 147, 165, 231, 285, M+ 432

C23H32D3NO3Si2
432.23438
2550

PS
LS/Q
Potent analgesic
Potent antitussive
Internal standard

Morphine-D3 2TMS   Codeine-M (O-demethyl-)-D3 2TMS
Ethylmorphine-M (O-deethyl-)-D3 2TMS   Heroin-M (morphine)-D3 2TMS
Pholcodine-M/artifact (O-dealkyl-)-D3 2TMS
5578
peaks: 73, 199, 239, 290, M+ 432

C24H36N2O5
432.26242
2745

PS
LM/Q
Antihypertensive

Enalapril 2ET
Enalapril-M/artifact (deethyl-) 3ET
Enalaprilate 3ET
4739
peaks: 91, 188, 262, 359, M+ 432

432

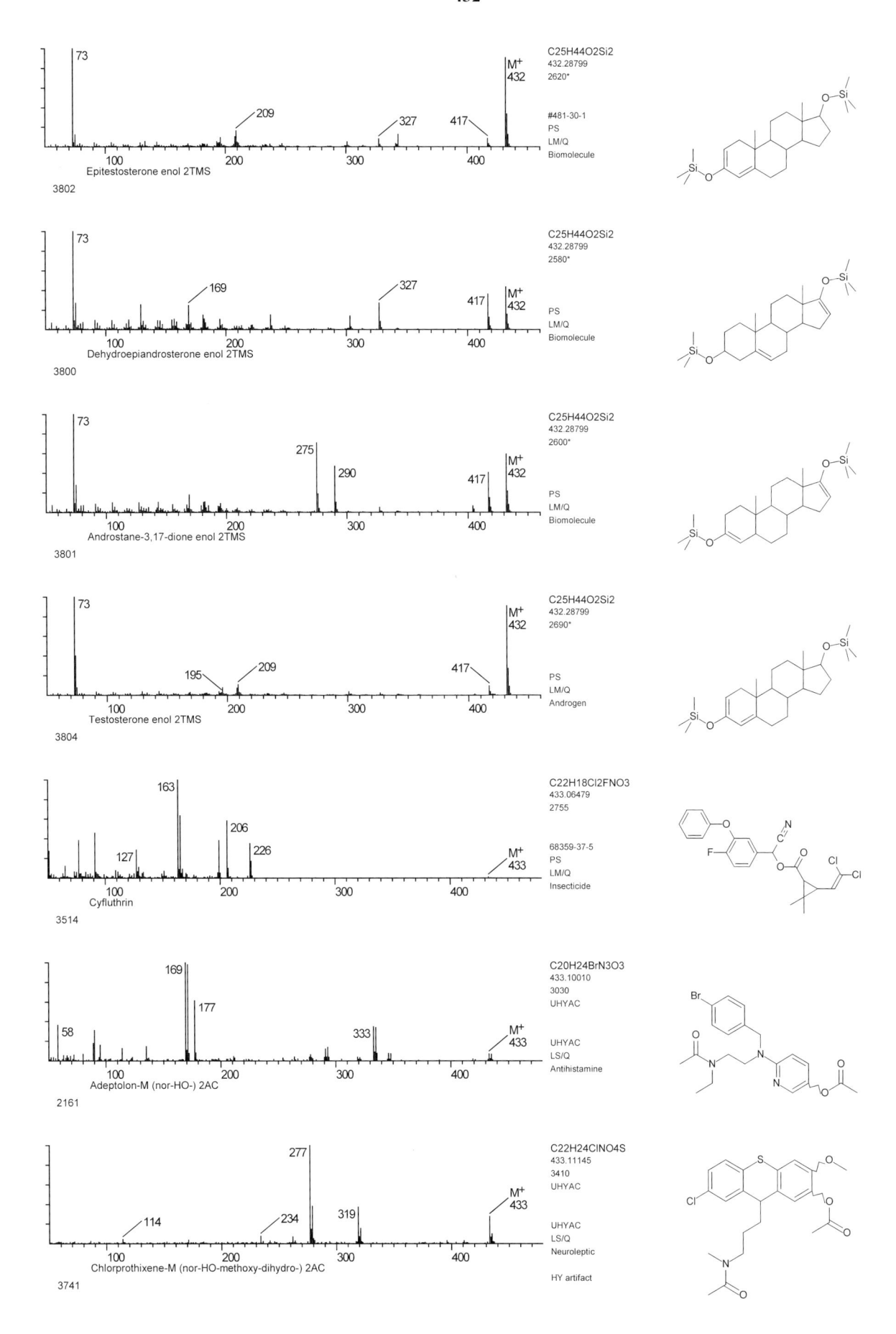

73, 209, 327, 417, M+ 432	C25H44O2Si2 432.28799 2620* #481-30-1 PS LM/Q Biomolecule

Epitestosterone enol 2TMS
3802

73, 169, 327, 417, M+ 432	C25H44O2Si2 432.28799 2580* PS LM/Q Biomolecule

Dehydroepiandrosterone enol 2TMS
3800

73, 275, 290, 417, M+ 432	C25H44O2Si2 432.28799 2600* PS LM/Q Biomolecule

Androstane-3,17-dione enol 2TMS
3801

73, 195, 209, 417, M+ 432	C25H44O2Si2 432.28799 2690* PS LM/Q Androgen

Testosterone enol 2TMS
3804

127, 163, 206, 226, M+ 433	C22H18Cl2FNO3 433.06479 2755 68359-37-5 PS LM/Q Insecticide

Cyfluthrin
3514

58, 169, 177, 333, M+ 433	C20H24BrN3O3 433.10010 3030 UHYAC UHYAC LS/Q Antihistamine

Adeptolon-M (nor-HO-) 2AC
2161

114, 234, 277, 319, M+ 433	C22H24ClNO4S 433.11145 3410 UHYAC UHYAC LS/Q Neuroleptic HY artifact

Chlorprothixene-M (nor-HO-methoxy-dihydro-) 2AC
3741

433

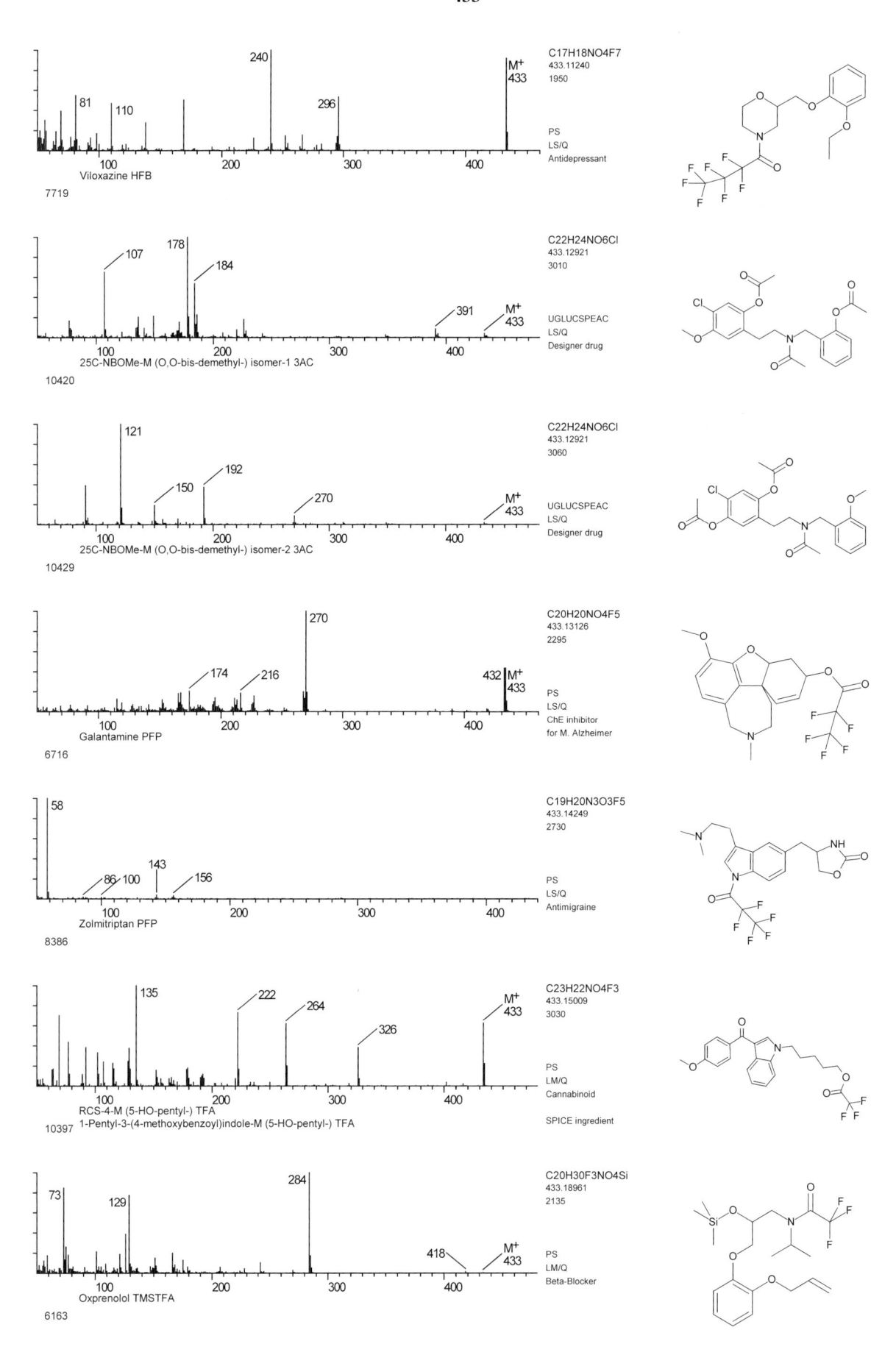

C17H18NO4F7
433.11240
1950

PS
LS/Q
Antidepressant

Viloxazine HFB
7719

C22H24NO6Cl
433.12921
3010

UGLUCSPEAC
LS/Q
Designer drug

25C-NBOMe-M (O,O-bis-demethyl-) isomer-1 3AC
10420

C22H24NO6Cl
433.12921
3060

UGLUCSPEAC
LS/Q
Designer drug

25C-NBOMe-M (O,O-bis-demethyl-) isomer-2 3AC
10429

C20H20NO4F5
433.13126
2295

PS
LS/Q
ChE inhibitor
for M. Alzheimer

Galantamine PFP
6716

C19H20N3O3F5
433.14249
2730

PS
LS/Q
Antimigraine

Zolmitriptan PFP
8386

C23H22NO4F3
433.15009
3030

PS
LM/Q
Cannabinoid
SPICE ingredient

RCS-4-M (5-HO-pentyl-) TFA
10397 1-Pentyl-3-(4-methoxybenzoyl)indole-M (5-HO-pentyl-) TFA

C20H30F3NO4Si
433.18961
2135

PS
LM/Q
Beta-Blocker

Oxprenolol TMSTFA
6163

1542

433

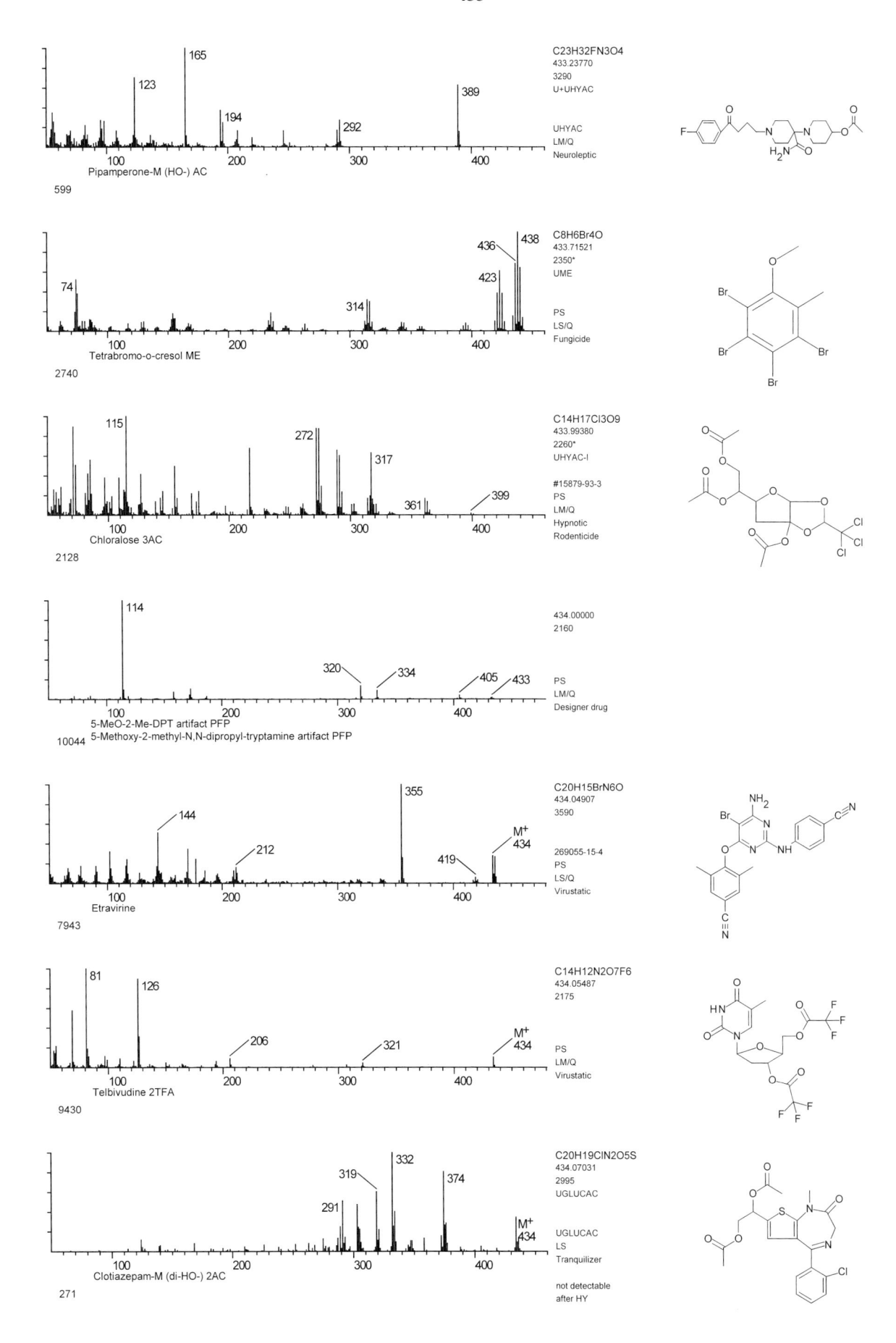

C23H32FN3O4
433.23770
3290
U+UHYAC

UHYAC
LM/Q
Neuroleptic

Pipamperone-M (HO-) AC
599

C8H6Br4O
433.71521
2350*
UME

PS
LS/Q
Fungicide

Tetrabromo-o-cresol ME
2740

C14H17Cl3O9
433.99380
2260*
UHYAC-I

#15879-93-3
PS
LM/Q
Hypnotic
Rodenticide

Chloralose 3AC
2128

434.00000
2160

PS
LM/Q
Designer drug

5-MeO-2-Me-DPT artifact PFP
5-Methoxy-2-methyl-N,N-dipropyl-tryptamine artifact PFP
10044

C20H15BrN6O
434.04907
3590

269055-15-4
PS
LS/Q
Virustatic

Etravirine
7943

C14H12N2O7F6
434.05487
2175

PS
LM/Q
Virustatic

Telbivudine 2TFA
9430

C20H19ClN2O5S
434.07031
2995
UGLUCAC

UGLUCAC
LS
Tranquilizer

not detectable
after HY

Clotiazepam-M (di-HO-) 2AC
271

1543

434

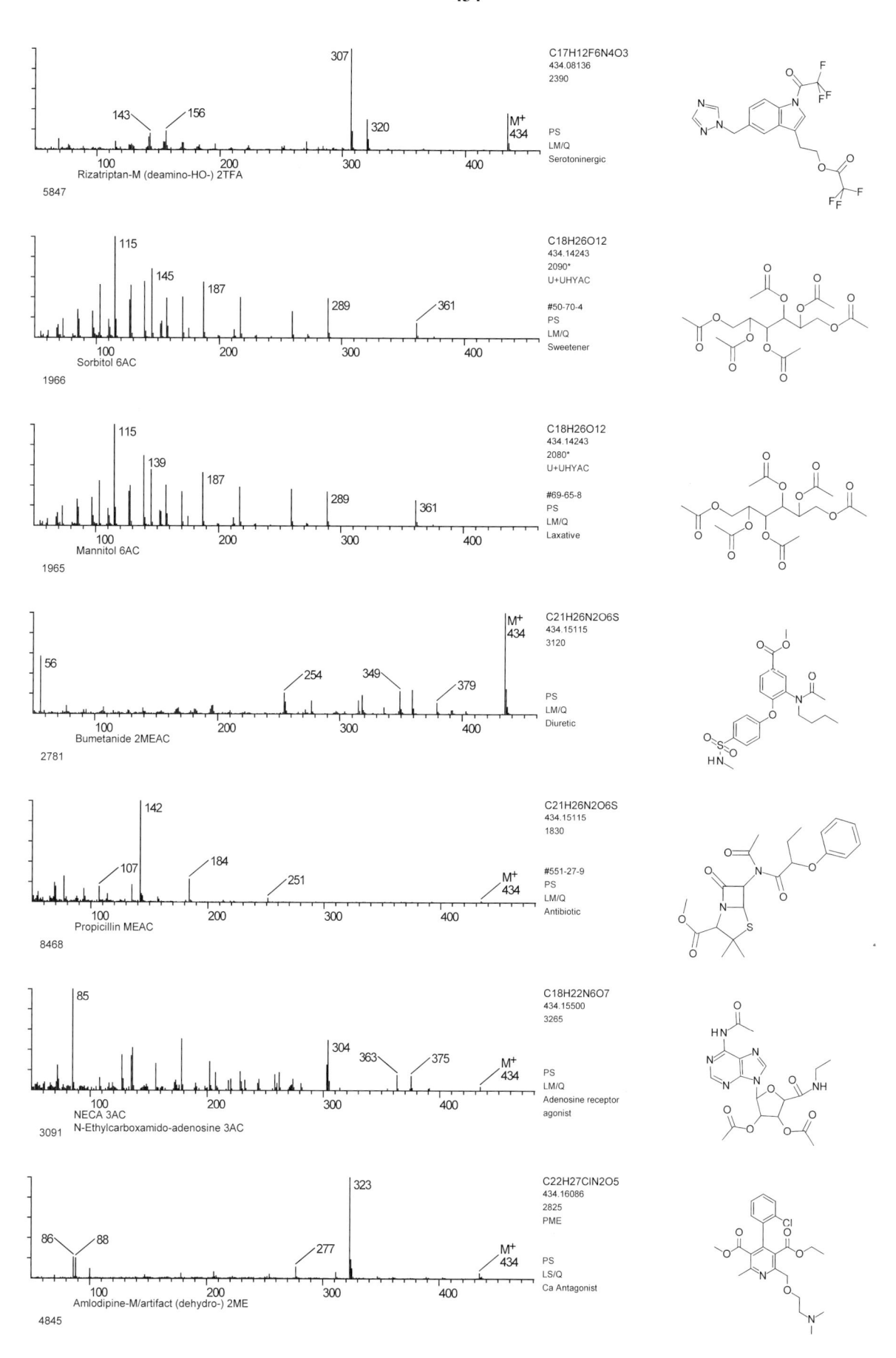

Rizatriptan-M (deamino-HO-) 2TFA — peaks 143, 156, 307, 320, M+ 434	C17H12F6N4O3 434.08136 2390 PS LM/Q Serotoninergic	
5847		
Sorbitol 6AC — peaks 115, 145, 187, 289, 361	C18H26O12 434.14243 2090* U+UHYAC #50-70-4 PS LM/Q Sweetener	
1966		
Mannitol 6AC — peaks 115, 139, 187, 289, 361	C18H26O12 434.14243 2080* U+UHYAC #69-65-8 PS LM/Q Laxative	
1965		
Bumetanide 2MEAC — peaks 56, 254, 349, 379, M+ 434	C21H26N2O6S 434.15115 3120 PS LM/Q Diuretic	
2781		
Propicillin MEAC — peaks 107, 142, 184, 251, M+ 434	C21H26N2O6S 434.15115 1830 #551-27-9 PS LM/Q Antibiotic	
8468		
NECA 3AC / N-Ethylcarboxamido-adenosine 3AC — peaks 85, 304, 363, 375, M+ 434	C18H22N6O7 434.15500 3265 PS LM/Q Adenosine receptor agonist	
3091		
Amlodipine-M/artifact (dehydro-) 2ME — peaks 86, 88, 277, 323, M+ 434	C22H27ClN2O5 434.16086 2825 PME PS LS/Q Ca Antagonist	
4845		

1544

434

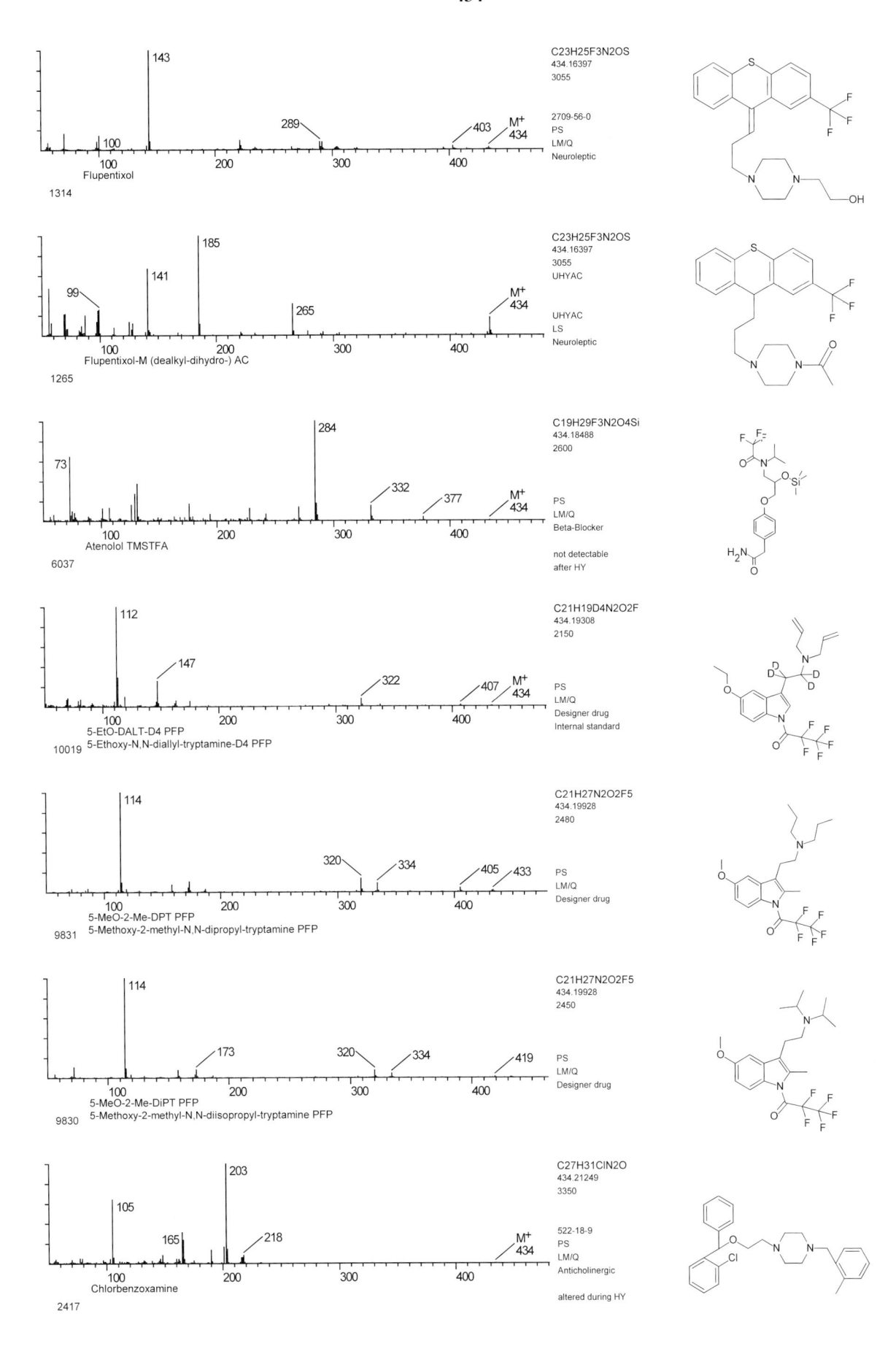

C23H25F3N2OS
434.16397
3055

2709-56-0
PS
LM/Q
Neuroleptic

Flupentixol
1314

C23H25F3N2OS
434.16397
3055
UHYAC

UHYAC
LS
Neuroleptic

Flupentixol-M (dealkyl-dihydro-) AC
1265

C19H29F3N2O4Si
434.18488
2600

PS
LM/Q
Beta-Blocker

not detectable
after HY

Atenolol TMSTFA
6037

C21H19D4N2O2F
434.19308
2150

PS
LM/Q
Designer drug
Internal standard

5-EtO-DALT-D4 PFP
10019 5-Ethoxy-N,N-diallyl-tryptamine-D4 PFP

C21H27N2O2F5
434.19928
2480

PS
LM/Q
Designer drug

5-MeO-2-Me-DPT PFP
9831 5-Methoxy-2-methyl-N,N-dipropyl-tryptamine PFP

C21H27N2O2F5
434.19928
2450

PS
LM/Q
Designer drug

5-MeO-2-Me-DiPT PFP
9830 5-Methoxy-2-methyl-N,N-diisopropyl-tryptamine PFP

C27H31ClN2O
434.21249
3350

522-18-9
PS
LM/Q
Anticholinergic

altered during HY

Chlorbenzoxamine
2417

434

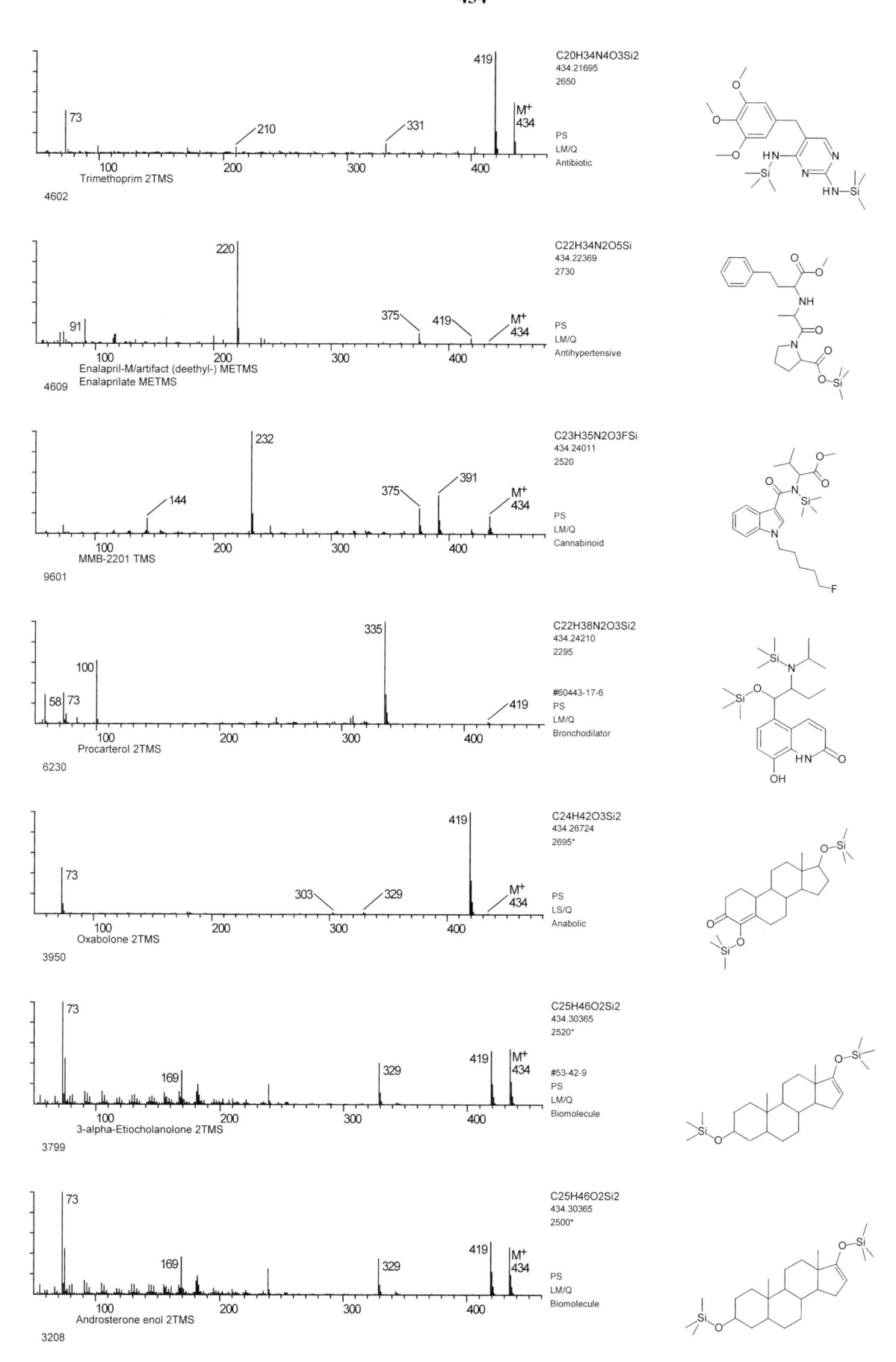

Trimethoprim 2TMS
C20H34N4O3Si2
434.21695
2650
PS
LM/Q
Antibiotic
Peaks: 73, 210, 331, 419, M+ 434
4602

Enalapril-M/artifact (deethyl-) METMS / Enalaprilate METMS
C22H34N2O5Si
434.22369
2730
PS
LM/Q
Antihypertensive
Peaks: 91, 220, 375, 419, M+ 434
4609

MMB-2201 TMS
C23H35N2O3FSi
434.24011
2520
PS
LM/Q
Cannabinoid
Peaks: 144, 232, 375, 391, M+ 434
9601

Procarterol 2TMS
C22H38N2O3Si2
434.24210
2295
#60443-17-6
PS
LM/Q
Bronchodilator
Peaks: 58, 73, 100, 335, 419
6230

Oxabolone 2TMS
C24H42O3Si2
434.26724
2695*
PS
LS/Q
Anabolic
Peaks: 73, 303, 329, 419, M+ 434
3950

3-alpha-Etiocholanolone 2TMS
C25H46O2Si2
434.30365
2520*
#53-42-9
PS
LM/Q
Biomolecule
Peaks: 73, 169, 329, 419, M+ 434
3799

Androsterone enol 2TMS
C25H46O2Si2
434.30365
2500*
PS
LM/Q
Biomolecule
Peaks: 73, 169, 329, 419, M+ 434
3208

434

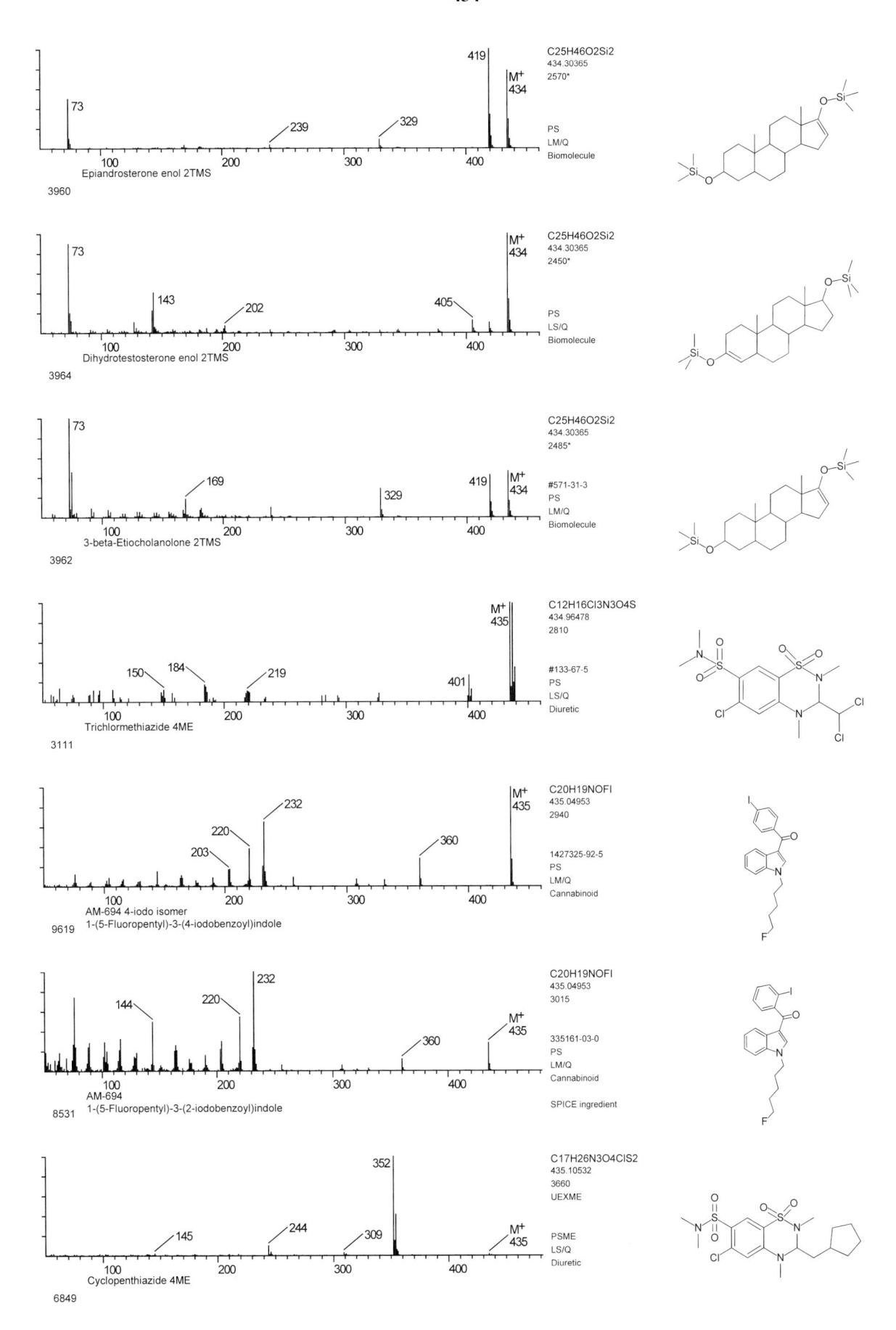

Epiandrosterone enol 2TMS — 3960
C25H46O2Si2
434.30365
2570*
PS
LM/Q
Biomolecule

Peaks: 73, 239, 329, 419, M+ 434

Dihydrotestosterone enol 2TMS — 3964
C25H46O2Si2
434.30365
2450*
PS
LS/Q
Biomolecule

Peaks: 73, 143, 202, 405, M+ 434

3-beta-Etiocholanolone 2TMS — 3962
C25H46O2Si2
434.30365
2485*
#571-31-3
PS
LM/Q
Biomolecule

Peaks: 73, 169, 329, 419, M+ 434

Trichlormethiazide 4ME — 3111
C12H16Cl3N3O4S
434.96478
2810
#133-67-5
PS
LS/Q
Diuretic

Peaks: 150, 184, 219, 401, M+ 435

AM-694 4-iodo isomer — 9619
1-(5-Fluoropentyl)-3-(4-iodobenzoyl)indole
C20H19NOFI
435.04953
2940
1427325-92-5
PS
LM/Q
Cannabinoid

Peaks: 203, 220, 232, 360, M+ 435

AM-694 — 8531
1-(5-Fluoropentyl)-3-(2-iodobenzoyl)indole
C20H19NOFI
435.04953
3015
335161-03-0
PS
LM/Q
Cannabinoid
SPICE ingredient

Peaks: 144, 220, 232, 360, M+ 435

Cyclopenthiazide 4ME — 6849
C17H26N3O4ClS2
435.10532
3660
UEXME
PSME
LS/Q
Diuretic

Peaks: 145, 244, 309, 352, M+ 435

1547

435

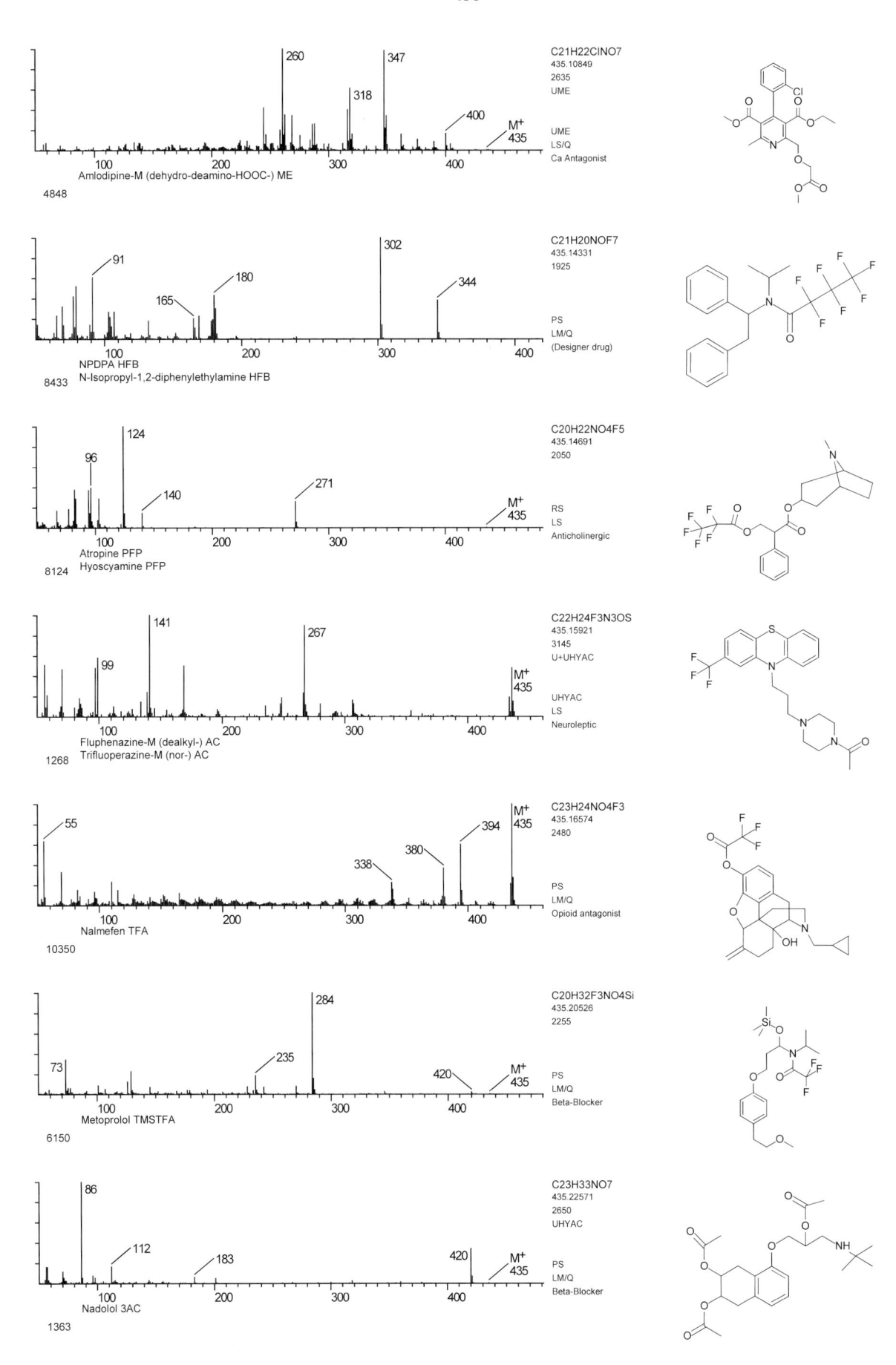

Amlodipine-M (dehydro-deamino-HOOC-) ME
4848

C21H22ClNO7
435.10849
2635
UME

UME
LS/Q
Ca Antagonist

NPDPA HFB
N-Isopropyl-1,2-diphenylethylamine HFB
8433

C21H20NOF7
435.14331
1925

PS
LM/Q
(Designer drug)

Atropine PFP
Hyoscyamine PFP
8124

C20H22NO4F5
435.14691
2050

RS
LS
Anticholinergic

Fluphenazine-M (dealkyl-) AC
Trifluoperazine-M (nor-) AC
1268

C22H24F3N3OS
435.15921
3145
U+UHYAC

UHYAC
LS
Neuroleptic

Nalmefen TFA
10350

C23H24NO4F3
435.16574
2480

PS
LM/Q
Opioid antagonist

Metoprolol TMSTFA
6150

C20H32F3NO4Si
435.20526
2255

PS
LM/Q
Beta-Blocker

Nadolol 3AC
1363

C23H33NO7
435.22571
2650
UHYAC

PS
LM/Q
Beta-Blocker

1548

435

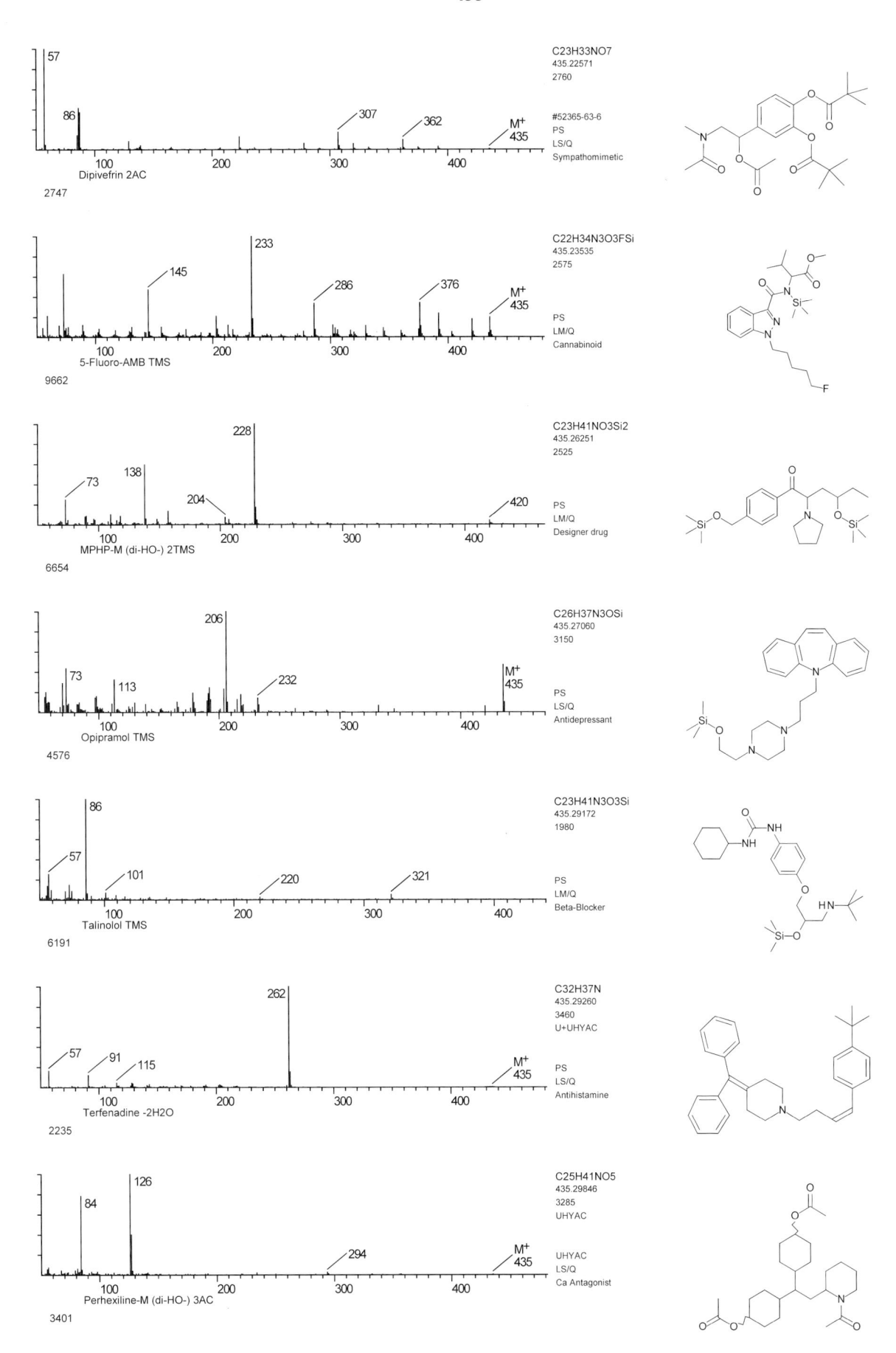

Dipivefrin 2AC — peaks: 57, 86, 307, 362, M+ 435	C23H33NO7 435.22571 2760 #52365-63-6 PS LS/Q Sympathomimetic
5-Fluoro-AMB TMS — peaks: 145, 233, 286, 376, M+ 435	C22H34N3O3FSi 435.23535 2575 PS LM/Q Cannabinoid
MPHP-M (di-HO-) 2TMS — peaks: 73, 138, 204, 228, 420	C23H41NO3Si2 435.26251 2525 PS LM/Q Designer drug
Opipramol TMS — peaks: 73, 113, 206, 232, M+ 435	C26H37N3OSi 435.27060 3150 PS LS/Q Antidepressant
Talinolol TMS — peaks: 57, 86, 101, 220, 321	C23H41N3O3Si 435.29172 1980 PS LM/Q Beta-Blocker
Terfenadine -2H2O — peaks: 57, 91, 115, 262, M+ 435	C32H37N 435.29260 3460 U+UHYAC PS LS/Q Antihistamine
Perhexiline-M (di-HO-) 3AC — peaks: 84, 126, 294, M+ 435	C25H41NO5 435.29846 3285 UHYAC UHYAC LS/Q Ca Antagonist

436

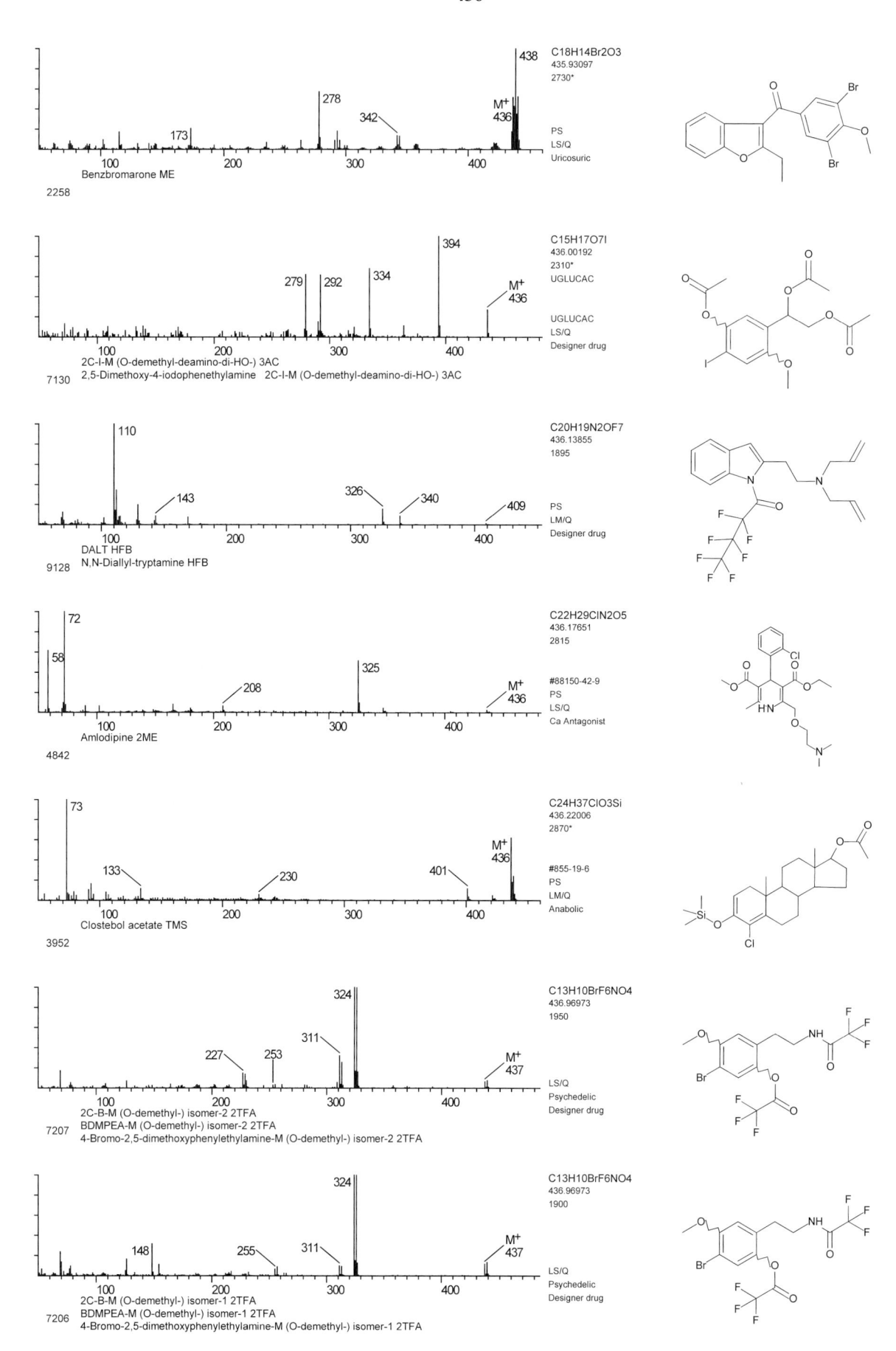

C18H14Br2O3
435.93097
2730*

PS
LS/Q
Uricosuric

Benzbromarone ME
2258

C15H17O7I
436.00192
2310*

UGLUCAC

UGLUCAC
LS/Q
Designer drug

2C-I-M (O-demethyl-deamino-di-HO-) 3AC
2,5-Dimethoxy-4-iodophenethylamine 2C-I-M (O-demethyl-deamino-di-HO-) 3AC
7130

C20H19N2OF7
436.13855
1895

PS
LM/Q
Designer drug

DALT HFB
N,N-Diallyl-tryptamine HFB
9128

C22H29ClN2O5
436.17651
2815

#88150-42-9
PS
LS/Q
Ca Antagonist

Amlodipine 2ME
4842

C24H37ClO3Si
436.22006
2870*

#855-19-6
PS
LM/Q
Anabolic

Clostebol acetate TMS
3952

C13H10BrF6NO4
436.96973
1950

LS/Q
Psychedelic
Designer drug

2C-B-M (O-demethyl-) isomer-2 2TFA
BDMPEA-M (O-demethyl-) isomer-2 2TFA
4-Bromo-2,5-dimethoxyphenylethylamine-M (O-demethyl-) isomer-2 2TFA
7207

C13H10BrF6NO4
436.96973
1900

LS/Q
Psychedelic
Designer drug

2C-B-M (O-demethyl-) isomer-1 2TFA
BDMPEA-M (O-demethyl-) isomer-1 2TFA
4-Bromo-2,5-dimethoxyphenylethylamine-M (O-demethyl-) isomer-1 2TFA
7206

1550

437

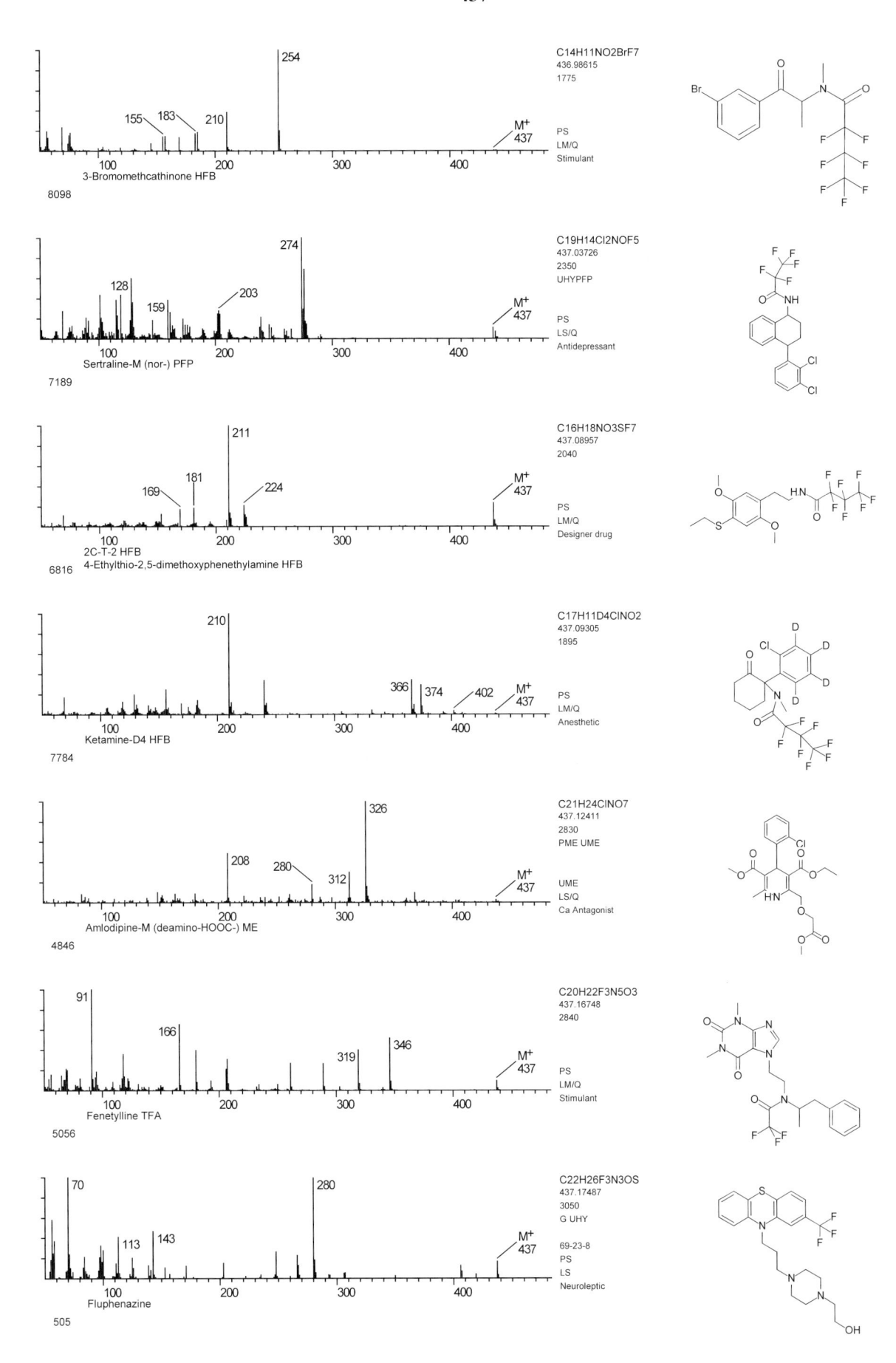

3-Bromomethcathinone HFB
8098
C14H11NO2BrF7
436.98615
1775
PS
LM/Q
Stimulant
Peaks: 155, 183, 210, 254, M+ 437

Sertraline-M (nor-) PFP
7189
C19H14Cl2NOF5
437.03726
2350
UHYPFP
PS
LS/Q
Antidepressant
Peaks: 128, 159, 203, 274, M+ 437

2C-T-2 HFB
4-Ethylthio-2,5-dimethoxyphenethylamine HFB
6816
C16H18NO3SF7
437.08957
2040
PS
LM/Q
Designer drug
Peaks: 169, 181, 211, 224, M+ 437

Ketamine-D4 HFB
7784
C17H11D4ClNO2
437.09305
1895
PS
LM/Q
Anesthetic
Peaks: 210, 366, 374, 402, M+ 437

Amlodipine-M (deamino-HOOC-) ME
4846
C21H24ClNO7
437.12411
2830
PME UME
UME
LS/Q
Ca Antagonist
Peaks: 208, 280, 312, 326, M+ 437

Fenetylline TFA
5056
C20H22F3N5O3
437.16748
2840
PS
LM/Q
Stimulant
Peaks: 91, 166, 319, 346, M+ 437

Fluphenazine
505
C22H26F3N3OS
437.17487
3050
G UHY
69-23-8
PS
LS
Neuroleptic
Peaks: 70, 113, 143, 280, M+ 437

437

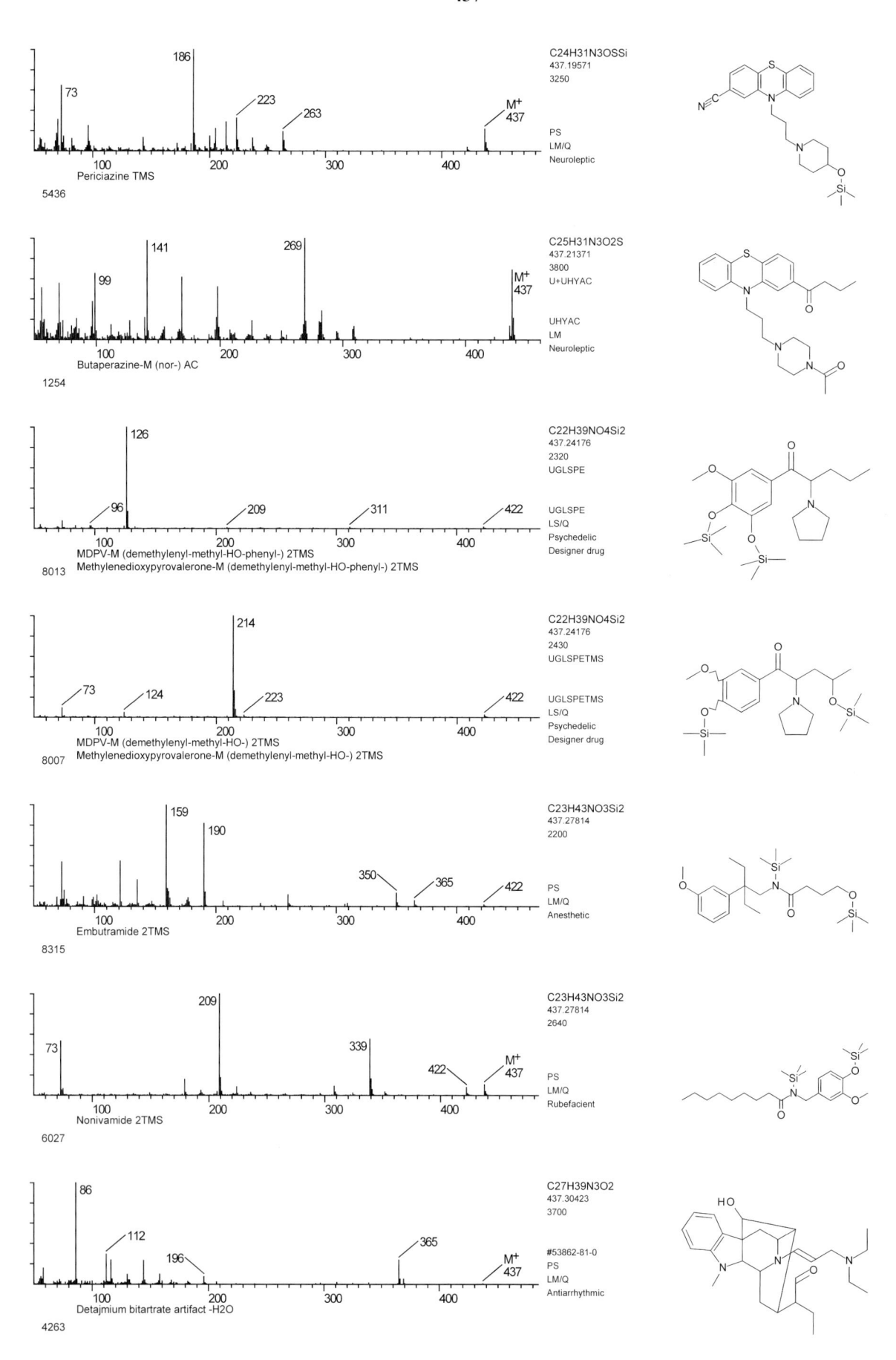

Spectrum	Formula / Info
Periciazine TMS (73, 186, 223, 263, M+ 437) — 5436	C24H31N3OSSi / 437.19571 / 3250 / PS / LM/Q / Neuroleptic
Butaperazine-M (nor-) AC (99, 141, 269, M+ 437) — 1254	C25H31N3O2S / 437.21371 / 3800 / U+UHYAC / UHYAC / LM / Neuroleptic
MDPV-M (demethylenyl-methyl-HO-phenyl-) 2TMS / Methylenedioxypyrovalerone-M (demethylenyl-methyl-HO-phenyl-) 2TMS (96, 126, 209, 311, 422) — 8013	C22H39NO4Si2 / 437.24176 / 2320 / UGLSPE / UGLSPE / LS/Q / Psychedelic / Designer drug
MDPV-M (demethylenyl-methyl-HO-) 2TMS / Methylenedioxypyrovalerone-M (demethylenyl-methyl-HO-) 2TMS (73, 124, 214, 223, 422) — 8007	C22H39NO4Si2 / 437.24176 / 2430 / UGLSPETMS / UGLSPETMS / LS/Q / Psychedelic / Designer drug
Embutramide 2TMS (159, 190, 350, 365, 422) — 8315	C23H43NO3Si2 / 437.27814 / 2200 / PS / LM/Q / Anesthetic
Nonivamide 2TMS (73, 209, 339, 422, M+ 437) — 6027	C23H43NO3Si2 / 437.27814 / 2640 / PS / LM/Q / Rubefacient
Detajmium bitartrate artifact -H2O (86, 112, 196, 365, M+ 437) — 4263	C27H39N3O2 / 437.30423 / 3700 / #53862-81-0 / PS / LM/Q / Antiarrhythmic

438

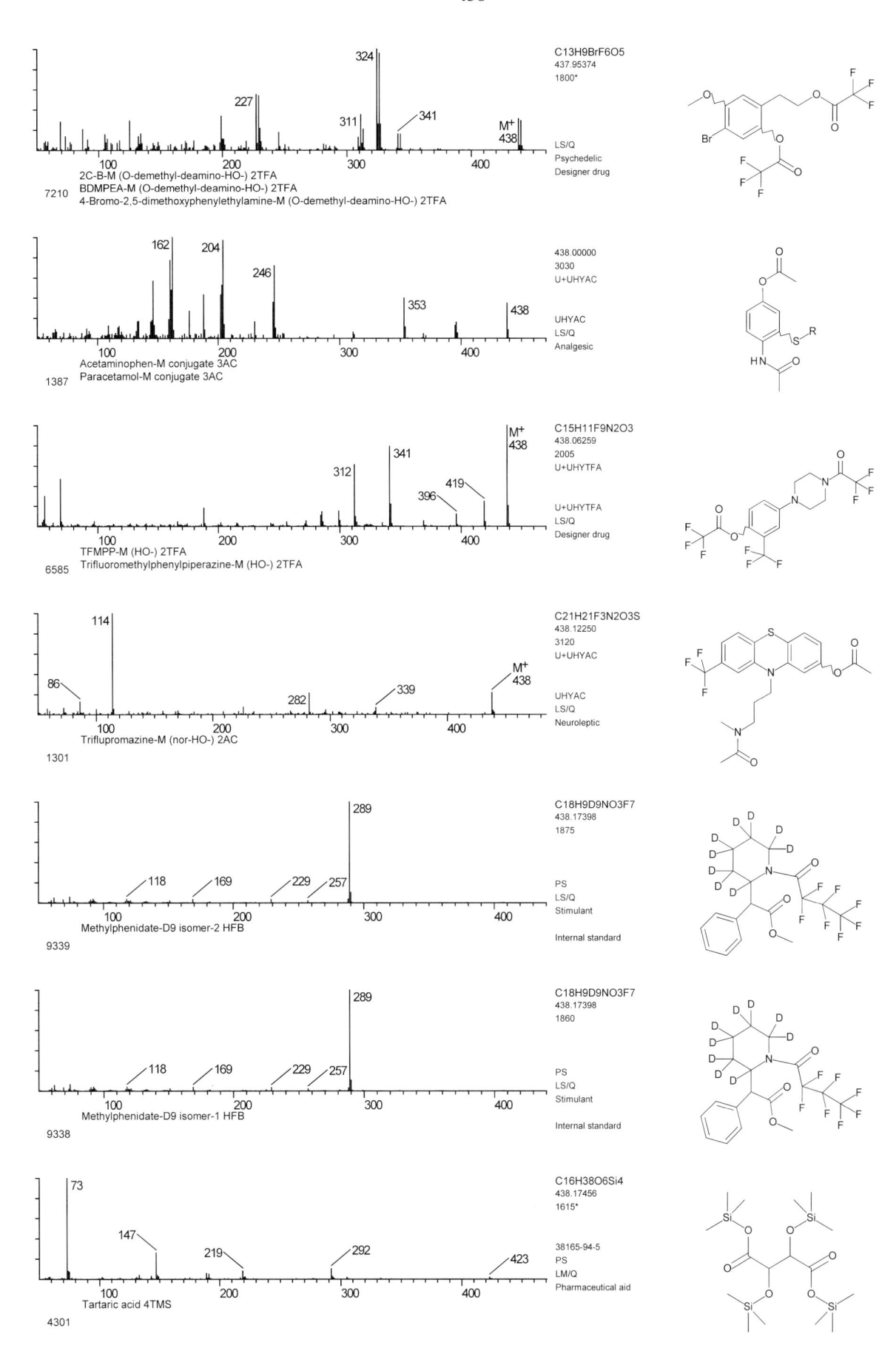

7210
2C-B-M (O-demethyl-deamino-HO-) 2TFA
BDMPEA-M (O-demethyl-deamino-HO-) 2TFA
4-Bromo-2,5-dimethoxyphenylethylamine-M (O-demethyl-deamino-HO-) 2TFA

C13H9BrF6O5
437.95374
1800*

LS/Q
Psychedelic
Designer drug

1387
Acetaminophen-M conjugate 3AC
Paracetamol-M conjugate 3AC

438.00000
3030
U+UHYAC

UHYAC
LS/Q
Analgesic

6585
TFMPP-M (HO-) 2TFA
Trifluoromethylphenylpiperazine-M (HO-) 2TFA

C15H11F9N2O3
438.06259
2005
U+UHYTFA

U+UHYTFA
LS/Q
Designer drug

1301
Triflupromazine-M (nor-HO-) 2AC

C21H21F3N2O3S
438.12250
3120
U+UHYAC

UHYAC
LS/Q
Neuroleptic

9339
Methylphenidate-D9 isomer-2 HFB

C18H9D9NO3F7
438.17398
1875

PS
LS/Q
Stimulant
Internal standard

9338
Methylphenidate-D9 isomer-1 HFB

C18H9D9NO3F7
438.17398
1860

PS
LS/Q
Stimulant
Internal standard

4301
Tartaric acid 4TMS

C16H38O6Si4
438.17456
1615*

38165-94-5
PS
LM/Q
Pharmaceutical aid

438

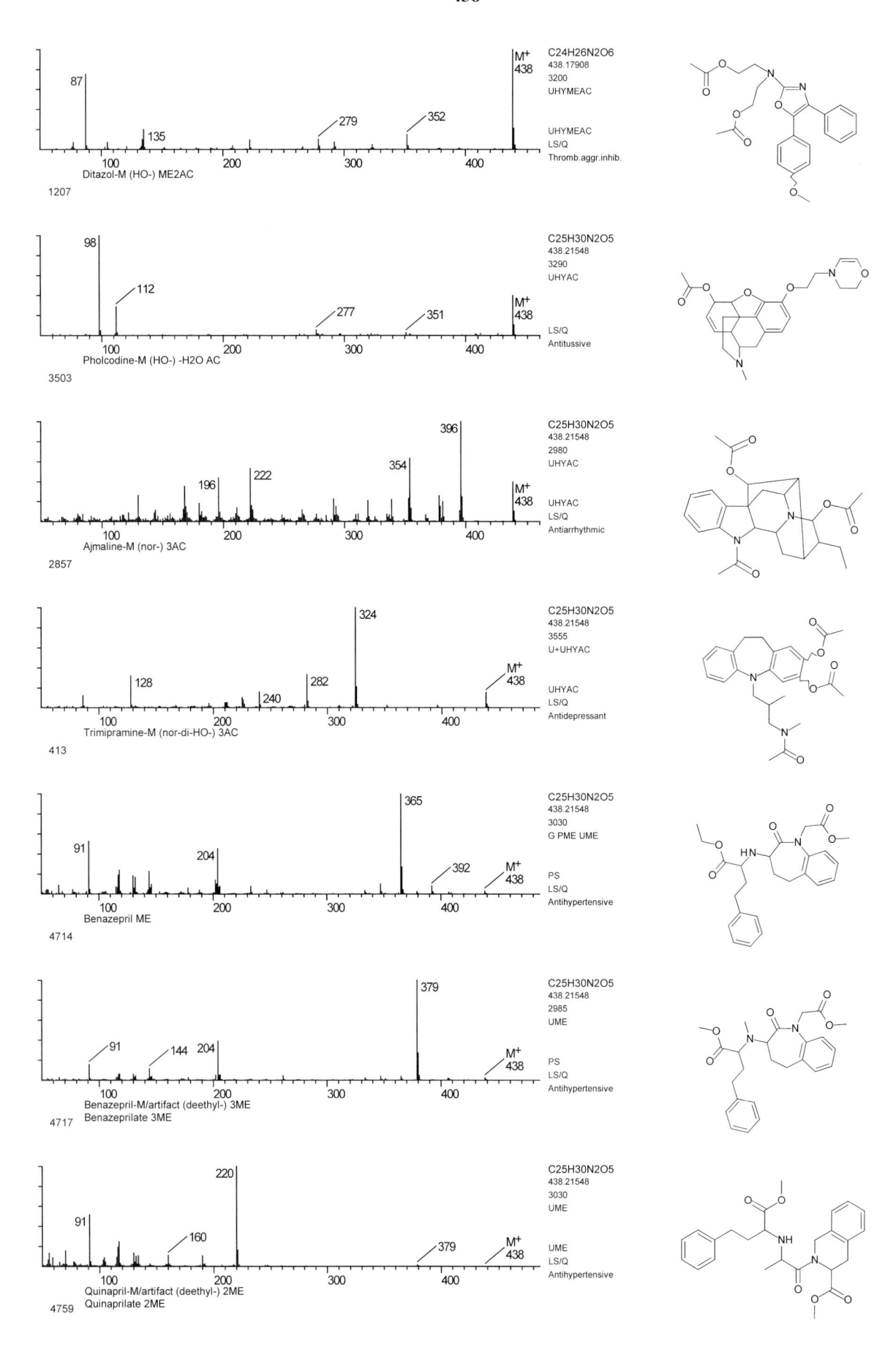

1207 — Ditazol-M (HO-) ME2AC
C24H26N2O6
438.17908
3200
UHYMEAC
UHYMEAC
LS/Q
Thromb.aggr.inhib.
Peaks: 87, 135, 279, 352, M+ 438

3503 — Pholcodine-M (HO-) -H2O AC
C25H30N2O5
438.21548
3290
UHYAC
LS/Q
Antitussive
Peaks: 98, 112, 277, 351, M+ 438

2857 — Ajmaline-M (nor-) 3AC
C25H30N2O5
438.21548
2980
UHYAC
UHYAC
LS/Q
Antiarrhythmic
Peaks: 196, 222, 354, 396, M+ 438

413 — Trimipramine-M (nor-di-HO-) 3AC
C25H30N2O5
438.21548
3555
U+UHYAC
UHYAC
LS/Q
Antidepressant
Peaks: 128, 240, 282, 324, M+ 438

4714 — Benazepril ME
C25H30N2O5
438.21548
3030
G PME UME
PS
LS/Q
Antihypertensive
Peaks: 91, 204, 365, 392, M+ 438

4717 — Benazepril-M/artifact (deethyl-) 3ME / Benazeprilate 3ME
C25H30N2O5
438.21548
2985
UME
PS
LS/Q
Antihypertensive
Peaks: 91, 144, 204, 379, M+ 438

4759 — Quinapril-M/artifact (deethyl-) 2ME / Quinaprilate 2ME
C25H30N2O5
438.21548
3030
UME
UME
LS/Q
Antihypertensive
Peaks: 91, 160, 220, 379, M+ 438

438

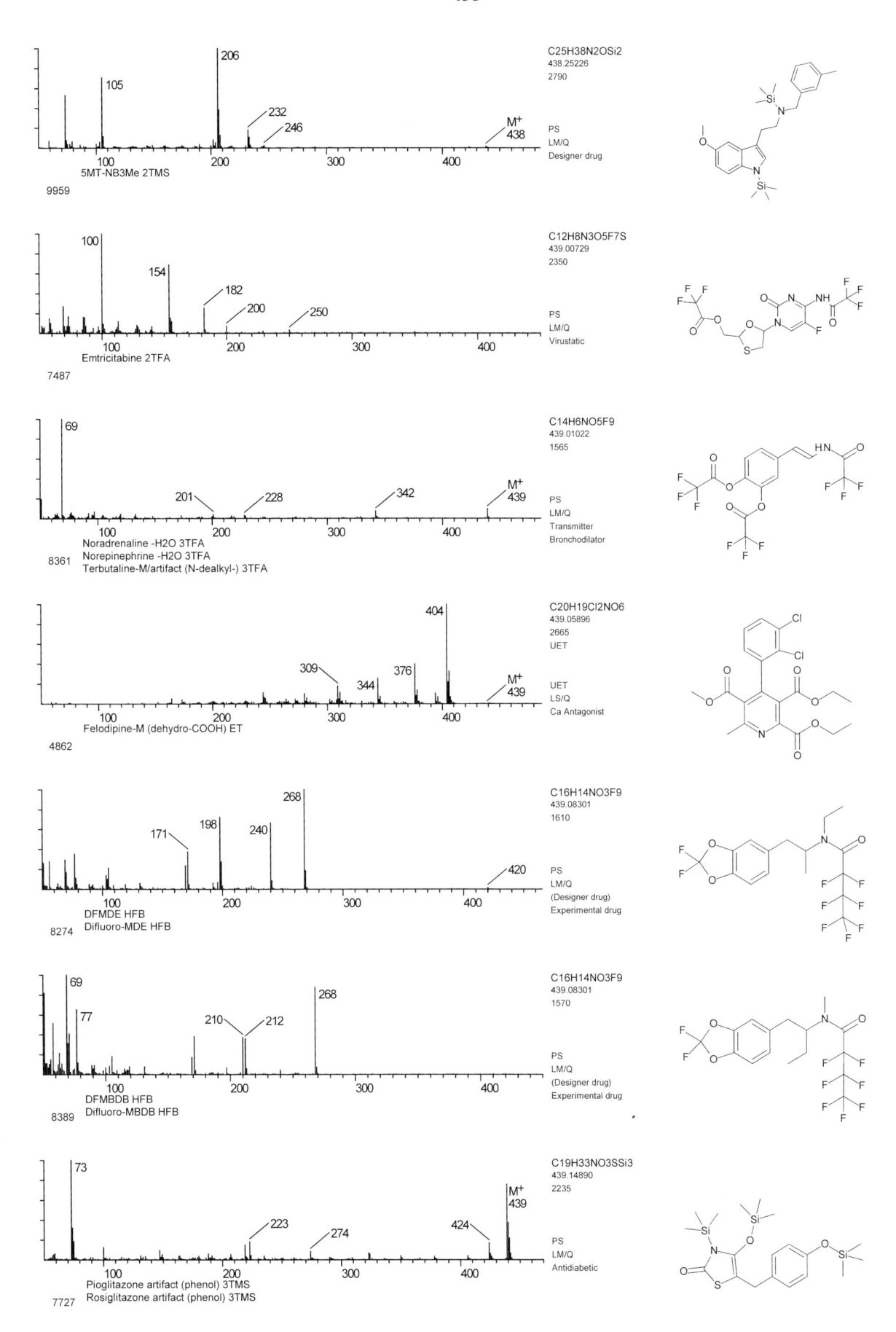

5MT-NB3Me 2TMS — peaks 105, 206, 232, 246, M+ 438	C25H38N2OSi2 438.25226 2790 PS LM/Q Designer drug	
9959		
Emtricitabine 2TFA — peaks 100, 154, 182, 200, 250	C12H8N3O5F7S 439.00729 2350 PS LM/Q Virustatic	
7487		
Noradrenaline -H2O 3TFA / Norepinephrine -H2O 3TFA / Terbutaline-M/artifact (N-dealkyl-) 3TFA — peaks 69, 201, 228, 342, M+ 439	C14H6NO5F9 439.01022 1565 PS LM/Q Transmitter Bronchodilator	
8361		
Felodipine-M (dehydro-COOH) ET — peaks 309, 344, 376, 404, M+ 439	C20H19Cl2NO6 439.05896 2665 UET UET LS/Q Ca Antagonist	
4862		
DFMDE HFB / Difluoro-MDE HFB — peaks 171, 198, 240, 268, 420	C16H14NO3F9 439.08301 1610 PS LM/Q (Designer drug) Experimental drug	
8274		
DFMBDB HFB / Difluoro-MBDB HFB — peaks 69, 77, 210, 212, 268	C16H14NO3F9 439.08301 1570 PS LM/Q (Designer drug) Experimental drug	
8389		
Pioglitazone artifact (phenol) 3TMS / Rosiglitazone artifact (phenol) 3TMS — peaks 73, 223, 274, 424, M+ 439	C19H33NO3SSi3 439.14890 2235 PS LM/Q Antidiabetic	
7727		

439

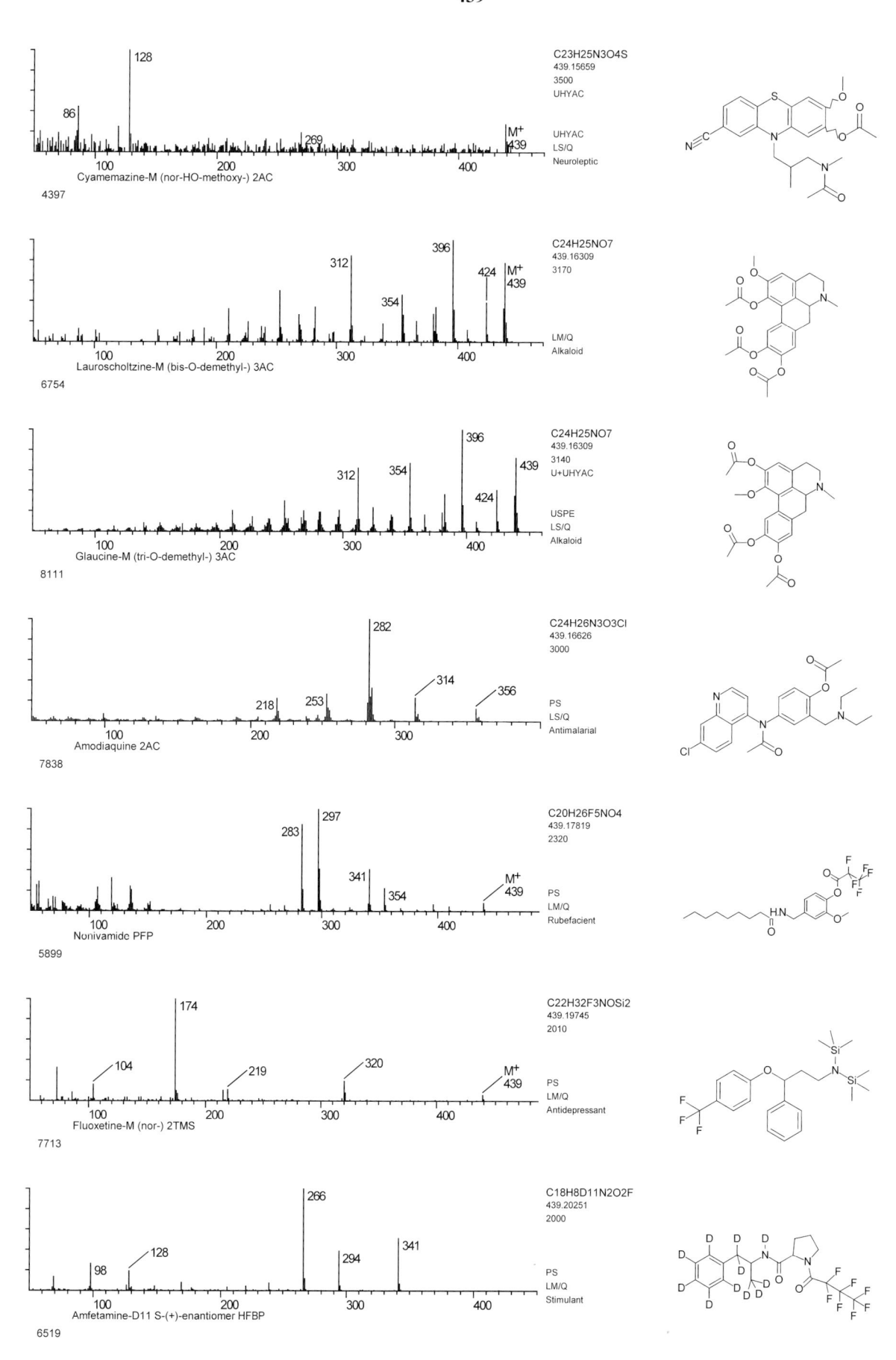

C23H25N3O4S
439.15659
3500
UHYAC

UHYAC
LS/Q
Neuroleptic

Cyamemazine-M (nor-HO-methoxy-) 2AC
4397

C24H25NO7
439.16309
3170

LM/Q
Alkaloid

Lauroscholtzine-M (bis-O-demethyl-) 3AC
6754

C24H25NO7
439.16309
3140
U+UHYAC

USPE
LS/Q
Alkaloid

Glaucine-M (tri-O-demethyl-) 3AC
8111

C24H26N3O3Cl
439.16626
3000

PS
LS/Q
Antimalarial

Amodiaquine 2AC
7838

C20H26F5NO4
439.17819
2320

PS
LM/Q
Rubefacient

Nonivamide PFP
5899

C22H32F3NOSi2
439.19745
2010

PS
LM/Q
Antidepressant

Fluoxetine-M (nor-) 2TMS
7713

C18H8D11N2O2F
439.20251
2000

PS
LM/Q
Stimulant

Amfetamine-D11 S-(+)-enantiomer HFBP
6519

439

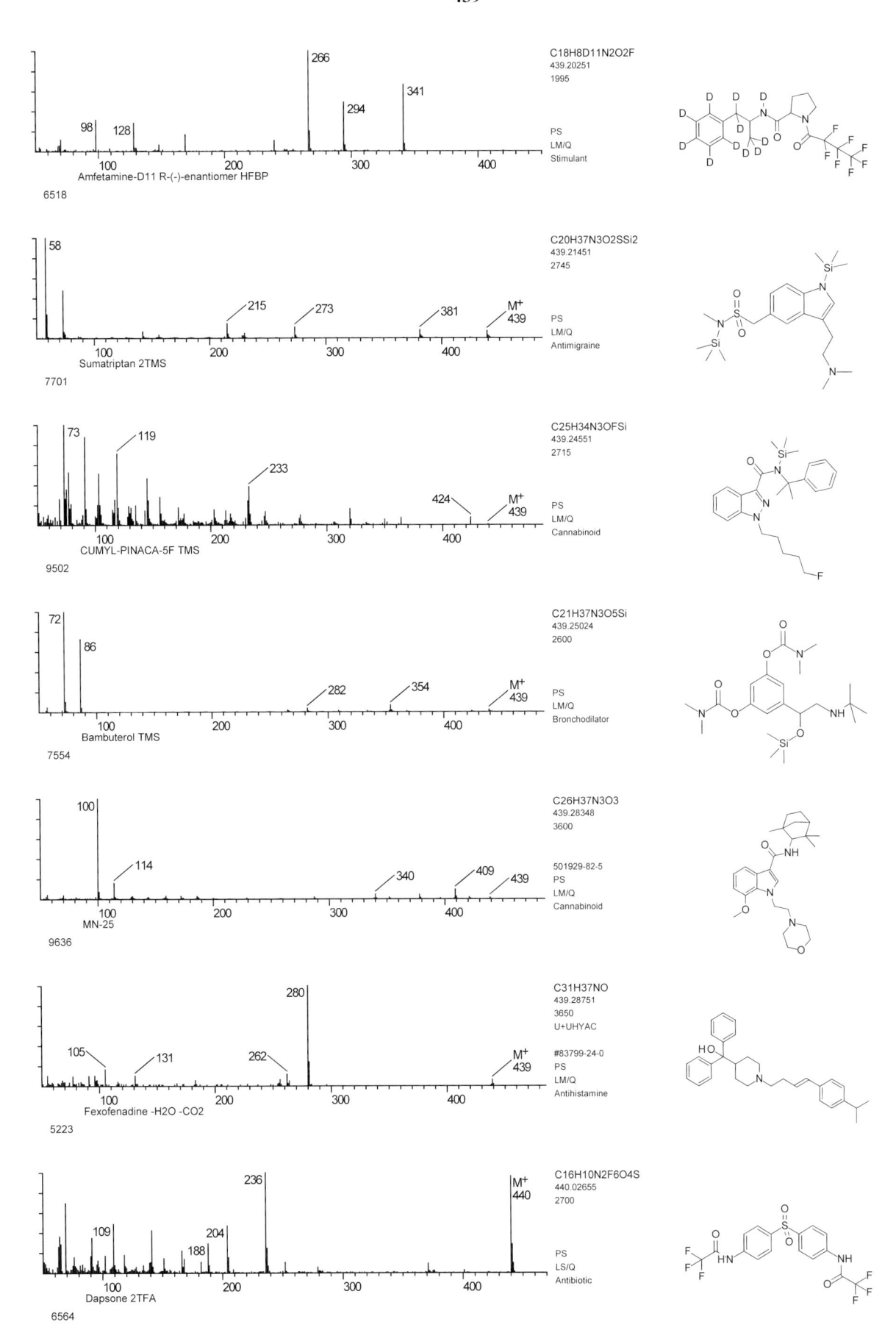

Compound	Formula	Mass	Other
Amfetamine-D11 R-(-)-enantiomer HFBP (6518)	C18H8D11N2O2F	439.20251	1995; PS; LM/Q; Stimulant
Sumatriptan 2TMS (7701)	C20H37N3O2SSi2	439.21451	2745; PS; LM/Q; Antimigraine
CUMYL-PINACA-5F TMS (9502)	C25H34N3OFSi	439.24551	2715; PS; LM/Q; Cannabinoid
Bambuterol TMS (7554)	C21H37N3O5Si	439.25024	2600; PS; LM/Q; Bronchodilator
MN-25 (9636)	C26H37N3O3	439.28348	3600; 501929-82-5; PS; LM/Q; Cannabinoid
Fexofenadine -H2O -CO2 (5223)	C31H37NO	439.28751	3650; U+UHYAC; #83799-24-0; PS; LM/Q; Antihistamine
Dapsone 2TFA (6564)	C16H10N2F6O4S	440.02655	2700; PS; LS/Q; Antibiotic

Key peaks:
- Amfetamine-D11 R-(-)-enantiomer HFBP: 98, 128, 266, 294, 341
- Sumatriptan 2TMS: 58, 215, 273, 381, M+ 439
- CUMYL-PINACA-5F TMS: 73, 119, 233, 424, M+ 439
- Bambuterol TMS: 72, 86, 282, 354, M+ 439
- MN-25: 100, 114, 340, 409, 439
- Fexofenadine -H2O -CO2: 105, 131, 262, 280, M+ 439
- Dapsone 2TFA: 109, 188, 204, 236, M+ 440

440

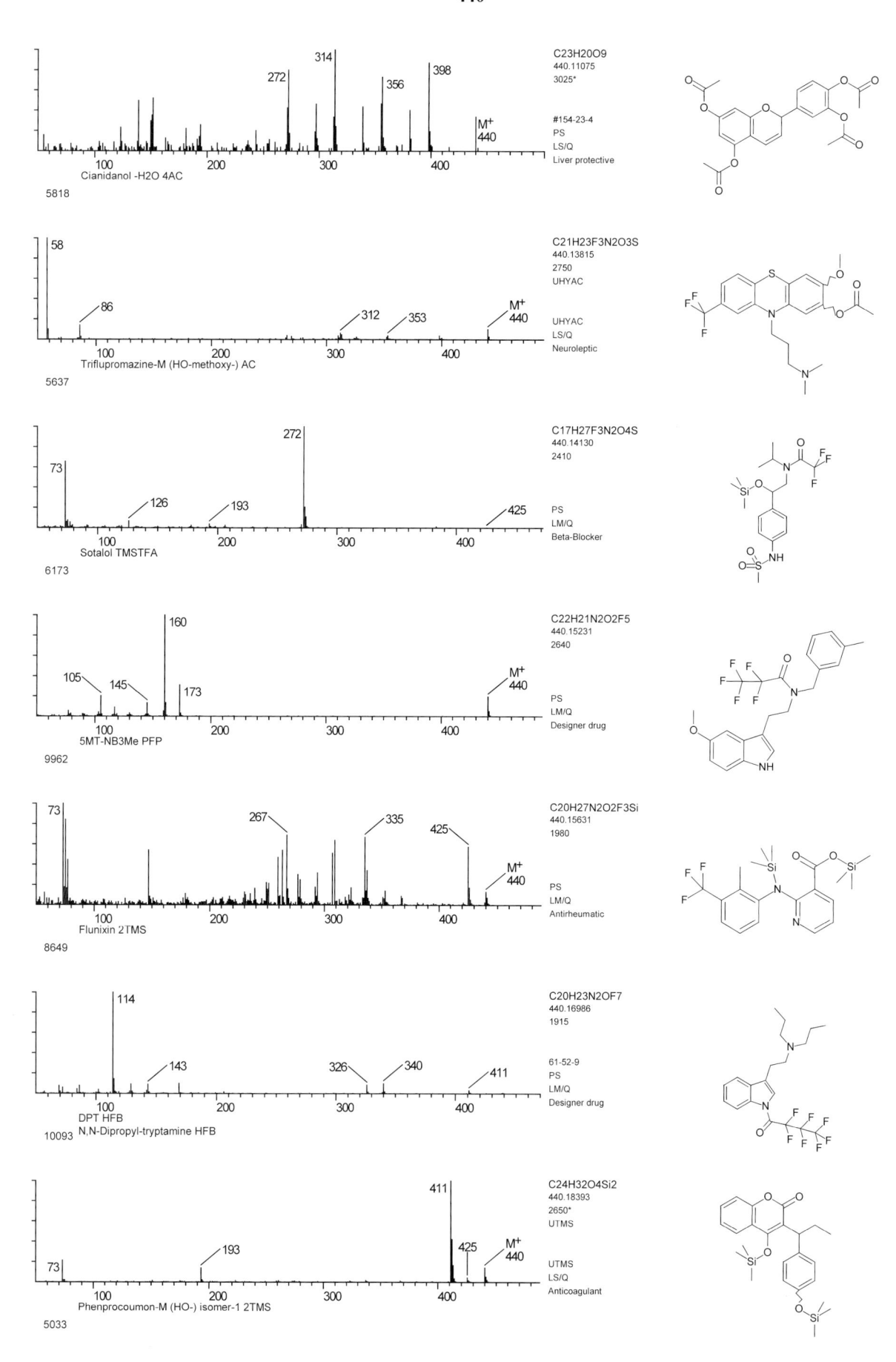

Cianidanol -H2O 4AC (5818) — peaks: 272, 314, 356, 398, M+ 440	C23H20O9 440.11075 3025* #154-23-4 PS LS/Q Liver protective
Triflupromazine-M (HO-methoxy-) AC (5637) — peaks: 58, 86, 312, 353, M+ 440	C21H23F3N2O3S 440.13815 2750 UHYAC UHYAC LS/Q Neuroleptic
Sotalol TMSTFA (6173) — peaks: 73, 126, 193, 272, 425	C17H27F3N2O4S 440.14130 2410 PS LM/Q Beta-Blocker
5MT-NB3Me PFP (9962) — peaks: 105, 145, 160, 173, M+ 440	C22H21N2O2F5 440.15231 2640 PS LM/Q Designer drug
Flunixin 2TMS (8649) — peaks: 73, 267, 335, 425, M+ 440	C20H27N2O2F3Si 440.15631 1980 PS LM/Q Antirheumatic
DPT HFB / N,N-Dipropyl-tryptamine HFB (10093) — peaks: 114, 143, 326, 340, 411	C20H23N2OF7 440.16986 1915 61-52-9 PS LM/Q Designer drug
Phenprocoumon-M (HO-) isomer-1 2TMS (5033) — peaks: 73, 193, 411, 425, M+ 440	C24H32O4Si2 440.18393 2650* UTMS UTMS LS/Q Anticoagulant

440

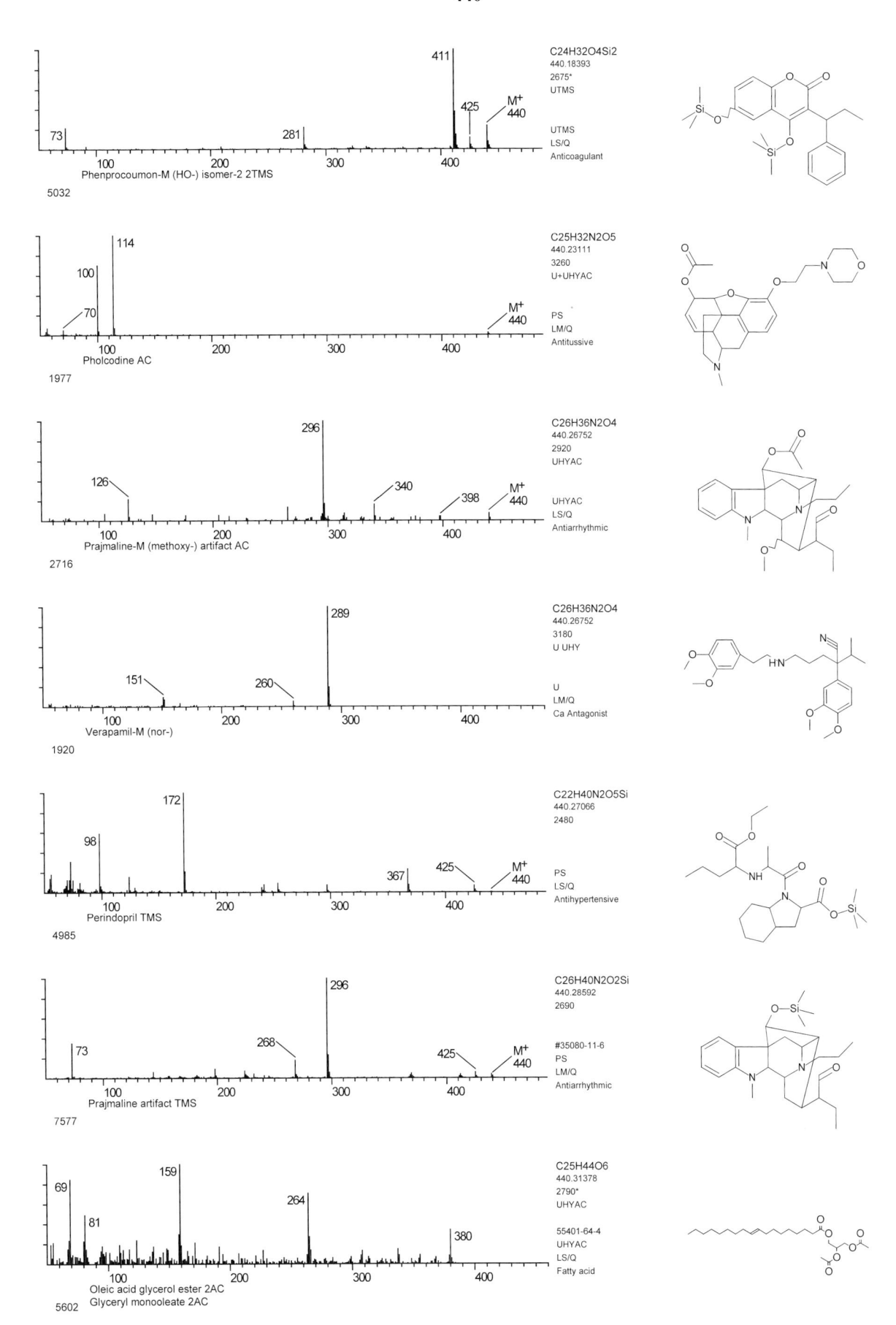

Compound	Formula	Details
Phenprocoumon-M (HO-) isomer-2 2TMS (5032)	C24H32O4Si2	440.18393, 2675*, UTMS, UTMS, LS/Q, Anticoagulant. Peaks: 73, 281, 411, 425, M+ 440
Pholcodine AC (1977)	C25H32N2O5	440.23111, 3260, U+UHYAC, PS, LM/Q, Antitussive. Peaks: 70, 100, 114, M+ 440
Prajmaline-M (methoxy-) artifact AC (2716)	C26H36N2O4	440.26752, 2920, UHYAC, UHYAC, LS/Q, Antiarrhythmic. Peaks: 126, 296, 340, 398, M+ 440
Verapamil-M (nor-) (1920)	C26H36N2O4	440.26752, 3180, U UHY, U, LM/Q, Ca Antagonist. Peaks: 151, 260, 289, M+ 440
Perindopril TMS (4985)	C22H40N2O5Si	440.27066, 2480, PS, LS/Q, Antihypertensive. Peaks: 98, 172, 367, 425, M+ 440
Prajmaline artifact TMS (7577)	C26H40N2O2Si	440.28592, 2690, #35080-11-6, PS, LM/Q, Antiarrhythmic. Peaks: 73, 268, 296, 425, M+ 440
Oleic acid glycerol ester 2AC / Glyceryl monooleate 2AC (5602)	C25H44O6	440.31378, 2790*, UHYAC, 55401-64-4, UHYAC, LS/Q, Fatty acid. Peaks: 69, 81, 159, 264, 380

440

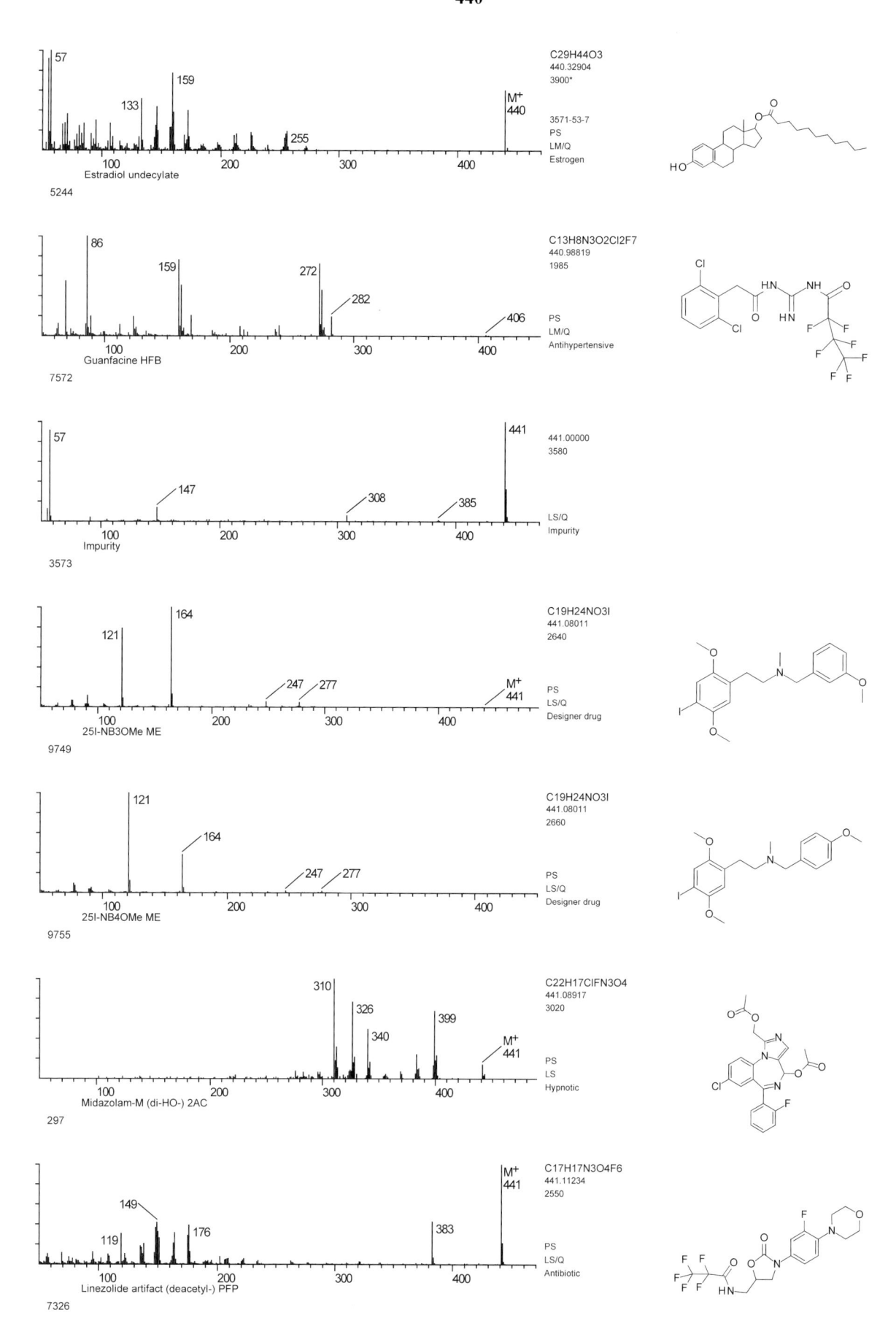

C29H44O3
440.32904
3900*
3571-53-7
PS
LM/Q
Estrogen

Estradiol undecylate
5244

C13H8N3O2Cl2F7
440.98819
1985
PS
LM/Q
Antihypertensive

Guanfacine HFB
7572

441.00000
3580
LS/Q
Impurity

Impurity
3573

C19H24NO3I
441.08011
2640
PS
LS/Q
Designer drug

25I-NB3OMe ME
9749

C19H24NO3I
441.08011
2660
PS
LS/Q
Designer drug

25I-NB4OMe ME
9755

C22H17ClFN3O4
441.08917
3020
PS
LS
Hypnotic

Midazolam-M (di-HO-) 2AC
297

C17H17N3O4F6
441.11234
2550
PS
LS/Q
Antibiotic

Linezolide artifact (deacetyl-) PFP
7326

1560

441

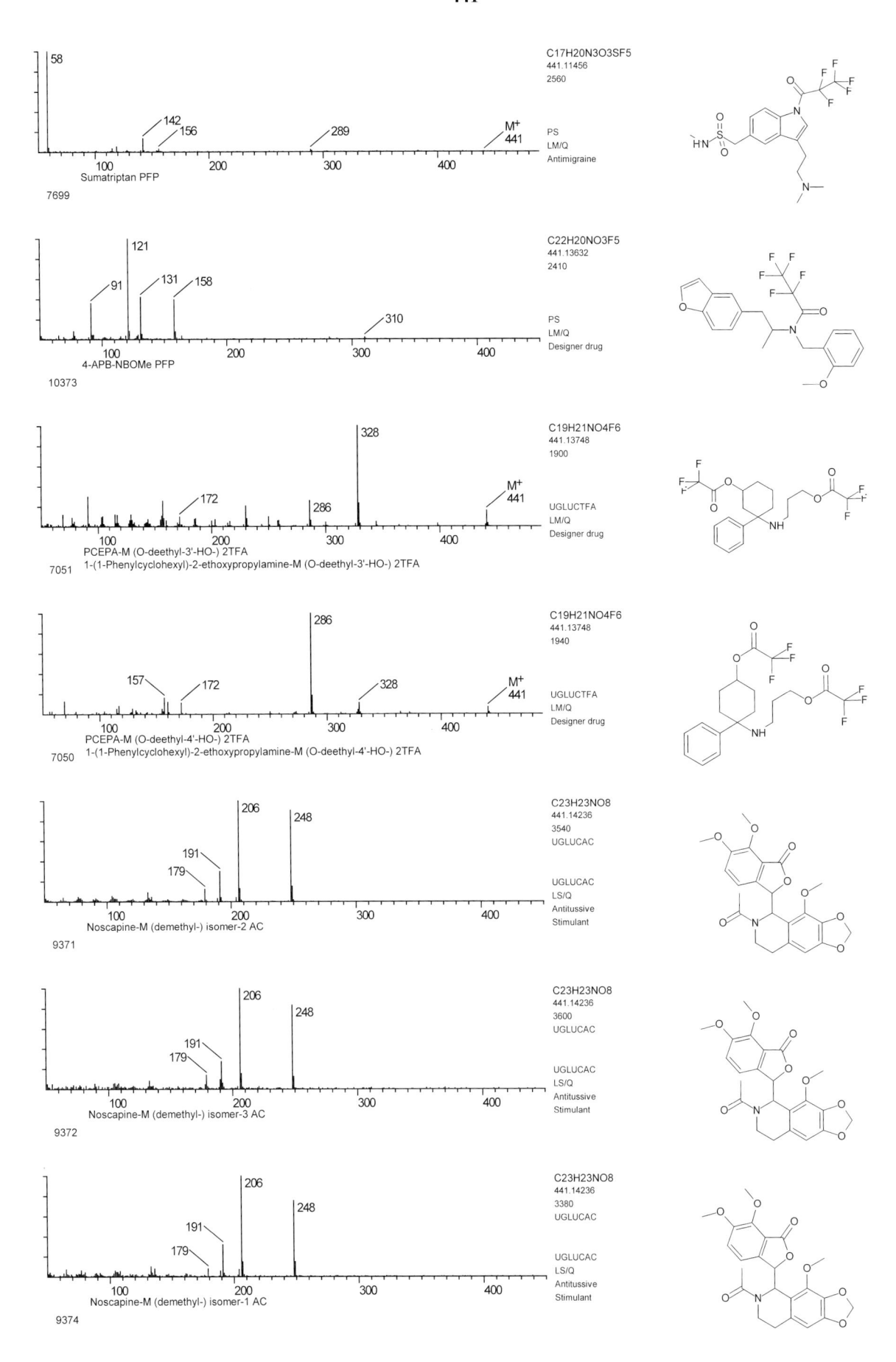

Spectrum	Formula / Info
58, 142, 156, 289, M+ 441 — Sumatriptan PFP — 7699	C17H20N3O3SF5 / 441.11456 / 2560 / PS / LM/Q / Antimigraine
91, 121, 131, 158, 310 — 4-APB-NBOMe PFP — 10373	C22H20NO3F5 / 441.13632 / 2410 / PS / LM/Q / Designer drug
172, 286, 328, M+ 441 — PCEPA-M (O-deethyl-3'-HO-) 2TFA / 1-(1-Phenylcyclohexyl)-2-ethoxypropylamine-M (O-deethyl-3'-HO-) 2TFA — 7051	C19H21NO4F6 / 441.13748 / 1900 / UGLUCTFA / LM/Q / Designer drug
157, 172, 286, 328, M+ 441 — PCEPA-M (O-deethyl-4'-HO-) 2TFA / 1-(1-Phenylcyclohexyl)-2-ethoxypropylamine-M (O-deethyl-4'-HO-) 2TFA — 7050	C19H21NO4F6 / 441.13748 / 1940 / UGLUCTFA / LM/Q / Designer drug
179, 191, 206, 248 — Noscapine-M (demethyl-) isomer-2 AC — 9371	C23H23NO8 / 441.14236 / 3540 / UGLUCAC / UGLUCAC / LS/Q / Antitussive / Stimulant
179, 191, 206, 248 — Noscapine-M (demethyl-) isomer-3 AC — 9372	C23H23NO8 / 441.14236 / 3600 / UGLUCAC / UGLUCAC / LS/Q / Antitussive / Stimulant
179, 191, 206, 248 — Noscapine-M (demethyl-) isomer-1 AC — 9374	C23H23NO8 / 441.14236 / 3380 / UGLUCAC / UGLUCAC / LS/Q / Antitussive / Stimulant

441

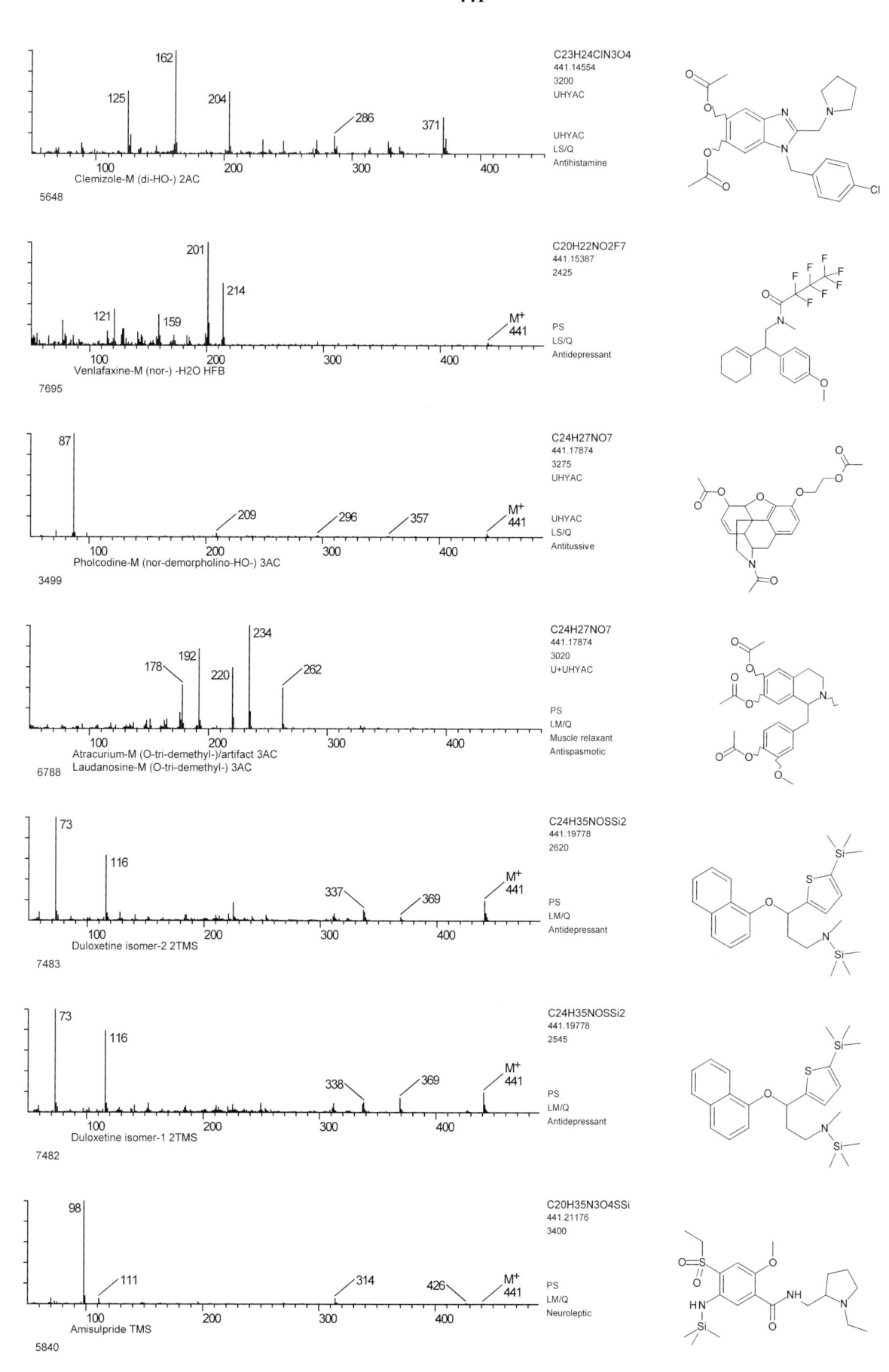

Clemizole-M (di-HO-) 2AC
5648
C23H24ClN3O4
441.14554
3200
UHYAC

UHYAC
LS/Q
Antihistamine

Venlafaxine-M (nor-) -H2O HFB
7695
C20H22NO2F7
441.15387
2425

PS
LS/Q
Antidepressant

Pholcodine-M (nor-demorpholino-HO-) 3AC
3499
C24H27NO7
441.17874
3275
UHYAC

UHYAC
LS/Q
Antitussive

Atracurium-M (O-tri-demethyl-)/artifact 3AC
Laudanosine-M (O-tri-demethyl-) 3AC
6788
C24H27NO7
441.17874
3020
U+UHYAC

PS
LM/Q
Muscle relaxant
Antispasmotic

Duloxetine isomer-2 2TMS
7483
C24H35NOSSi2
441.19778
2620

PS
LM/Q
Antidepressant

Duloxetine isomer-1 2TMS
7482
C24H35NOSSi2
441.19778
2545

PS
LM/Q
Antidepressant

Amisulpride TMS
5840
C20H35N3O4SSi
441.21176
3400

PS
LM/Q
Neuroleptic

441

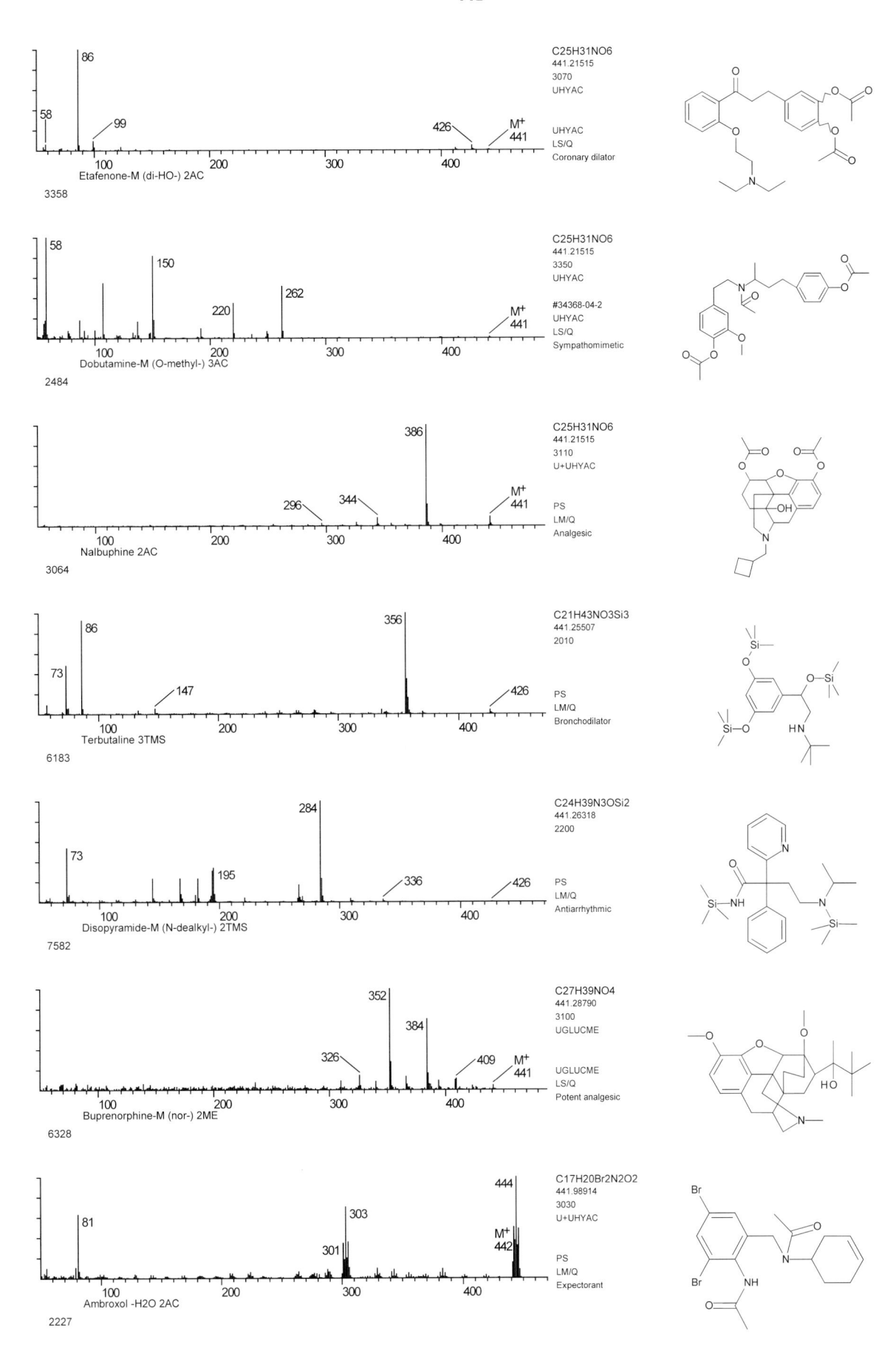

Etafenone-M (di-HO-) 2AC
C25H31NO6
441.21515
3070
UHYAC
UHYAC
LS/Q
Coronary dilator
3358

Dobutamine-M (O-methyl-) 3AC
C25H31NO6
441.21515
3350
UHYAC
#34368-04-2
UHYAC
LS/Q
Sympathomimetic
2484

Nalbuphine 2AC
C25H31NO6
441.21515
3110
U+UHYAC
PS
LM/Q
Analgesic
3064

Terbutaline 3TMS
C21H43NO3Si3
441.25507
2010
PS
LM/Q
Bronchodilator
6183

Disopyramide-M (N-dealkyl-) 2TMS
C24H39N3OSi2
441.26318
2200
PS
LM/Q
Antiarrhythmic
7582

Buprenorphine-M (nor-) 2ME
C27H39NO4
441.28790
3100
UGLUCME
UGLUCME
LS/Q
Potent analgesic
6328

Ambroxol -H2O 2AC
C17H20Br2N2O2
441.98914
3030
U+UHYAC
PS
LM/Q
Expectorant
2227

1563

442

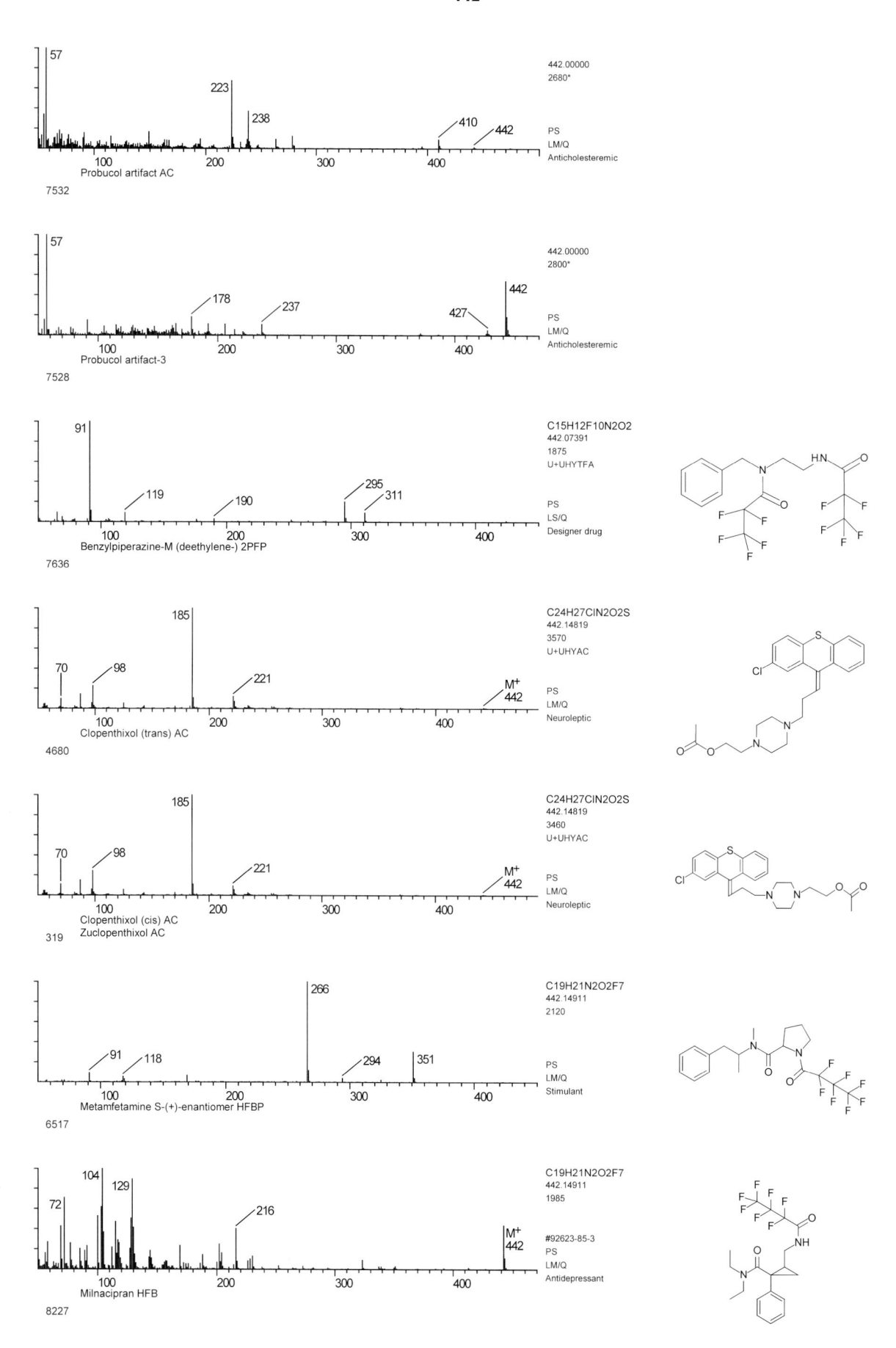

Probucol artifact AC — 7532	peaks: 57, 223, 238, 410, 442	442.00000 2680* PS LM/Q Anticholesteremic
Probucol artifact-3 — 7528	peaks: 57, 178, 237, 427, 442	442.00000 2800* PS LM/Q Anticholesteremic
Benzylpiperazine-M (deethylene-) 2PFP — 7636	peaks: 91, 119, 190, 295, 311	C15H12F10N2O2 442.07391 1875 U+UHYTFA PS LS/Q Designer drug
Clopenthixol (trans) AC — 4680	peaks: 70, 98, 185, 221, M+ 442	C24H27ClN2O2S 442.14819 3570 U+UHYAC PS LM/Q Neuroleptic
Clopenthixol (cis) AC / Zuclopenthixol AC — 319	peaks: 70, 98, 185, 221, M+ 442	C24H27ClN2O2S 442.14819 3460 U+UHYAC PS LM/Q Neuroleptic
Metamfetamine S-(+)-enantiomer HFBP — 6517	peaks: 91, 118, 266, 294, 351	C19H21N2O2F7 442.14911 2120 PS LM/Q Stimulant
Milnacipran HFB — 8227	peaks: 72, 104, 129, 216, M+ 442	C19H21N2O2F7 442.14911 1985 #92623-85-3 PS LM/Q Antidepressant

442

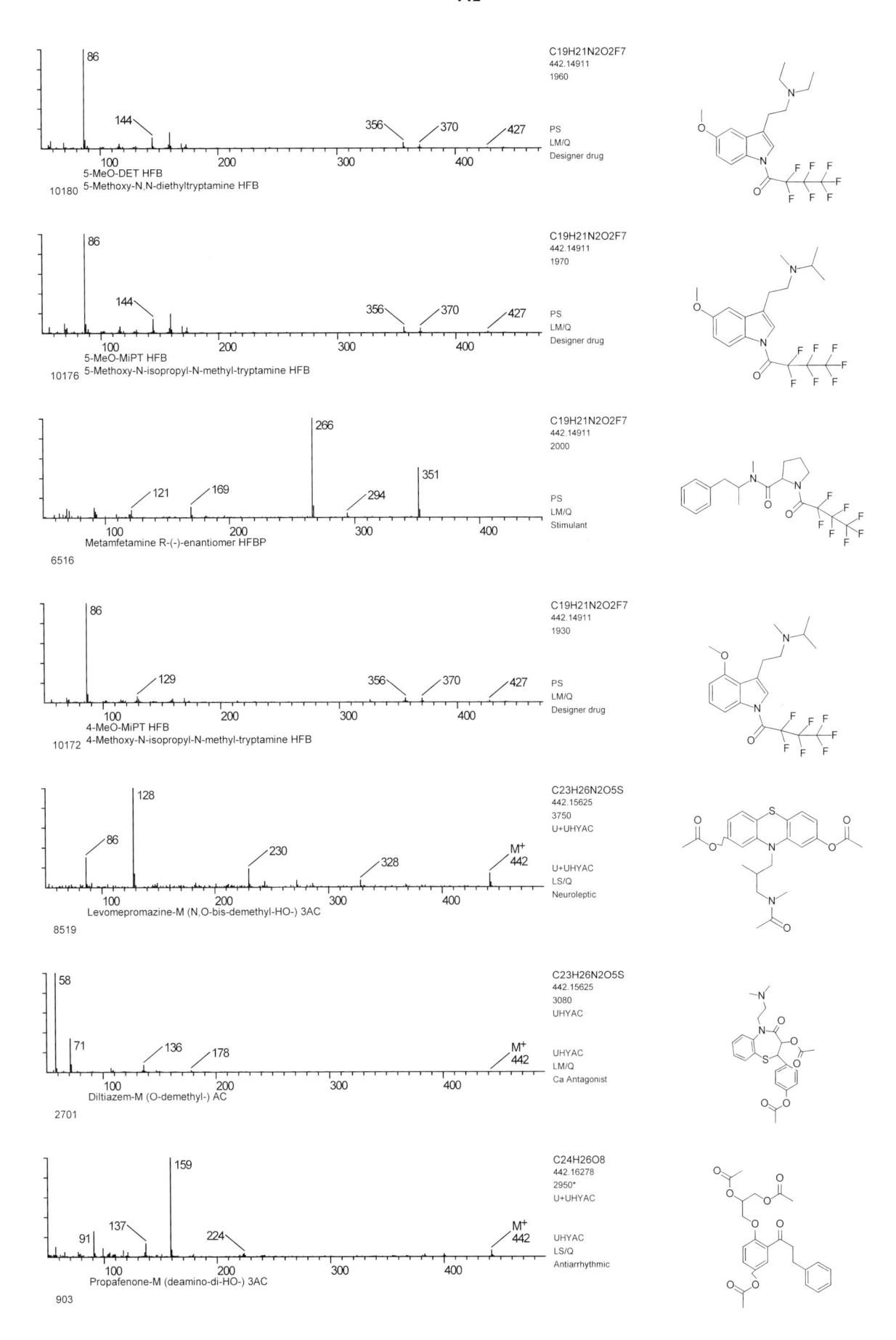

Peaks: 86, 144, 356, 370, 427	C19H21N2O2F7 442.14911 1960 PS LM/Q Designer drug	5-MeO-DET HFB 5-Methoxy-N,N-diethyltryptamine HFB 10180
Peaks: 86, 144, 356, 370, 427	C19H21N2O2F7 442.14911 1970 PS LM/Q Designer drug	5-MeO-MiPT HFB 5-Methoxy-N-isopropyl-N-methyl-tryptamine HFB 10176
Peaks: 121, 169, 266, 294, 351	C19H21N2O2F7 442.14911 2000 PS LM/Q Stimulant	Metamfetamine R-(-)-enantiomer HFBP 6516
Peaks: 86, 129, 356, 370, 427	C19H21N2O2F7 442.14911 1930 PS LM/Q Designer drug	4-MeO-MiPT HFB 4-Methoxy-N-isopropyl-N-methyl-tryptamine HFB 10172
Peaks: 86, 128, 230, 328, M+ 442	C23H26N2O5S 442.15625 3750 U+UHYAC U+UHYAC LS/Q Neuroleptic	Levomepromazine-M (N,O-bis-demethyl-HO-) 3AC 8519
Peaks: 58, 71, 136, 178, M+ 442	C23H26N2O5S 442.15625 3080 UHYAC UHYAC LM/Q Ca Antagonist	Diltiazem-M (O-demethyl-) AC 2701
Peaks: 91, 137, 159, 224, M+ 442	C24H26O8 442.16278 2950* U+UHYAC UHYAC LS/Q Antiarrhythmic	Propafenone-M (deamino-di-HO-) 3AC 903

442

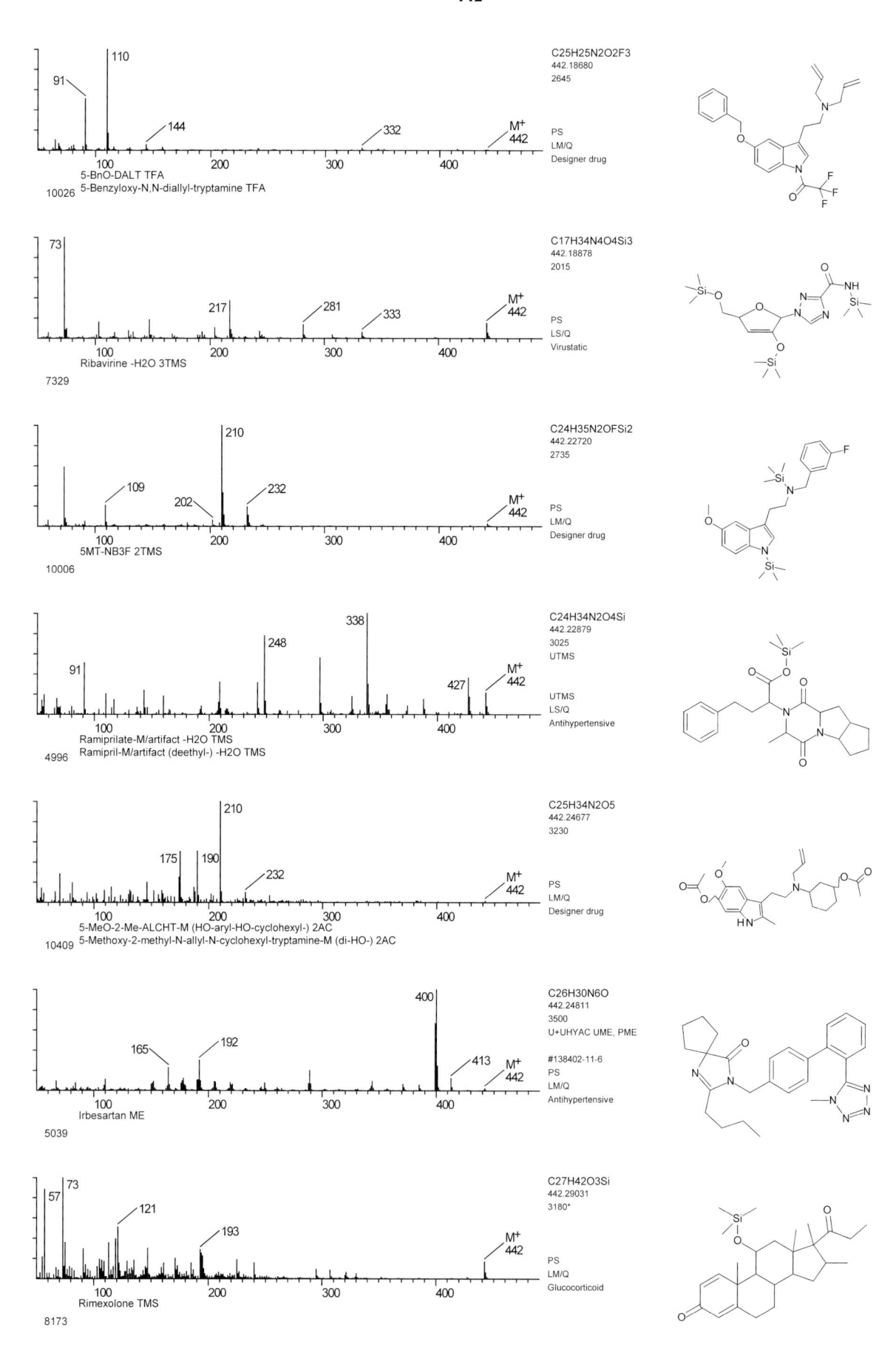

C25H25N2O2F3
442.18680
2645

PS
LM/Q
Designer drug

5-BnO-DALT TFA
5-Benzyloxy-N,N-diallyl-tryptamine TFA
10026

C17H34N4O4Si3
442.18878
2015

PS
LS/Q
Virustatic

Ribavirine -H2O 3TMS
7329

C24H35N2OFSi2
442.22720
2735

PS
LM/Q
Designer drug

5MT-NB3F 2TMS
10006

C24H34N2O4Si
442.22879
3025
UTMS

UTMS
LS/Q
Antihypertensive

Ramiprilate-M/artifact -H2O TMS
Ramipril-M/artifact (deethyl-) -H2O TMS
4996

C25H34N2O5
442.24677
3230

PS
LM/Q
Designer drug

5-MeO-2-Me-ALCHT-M (HO-aryl-HO-cyclohexyl-) 2AC
5-Methoxy-2-methyl-N-allyl-N-cyclohexyl-tryptamine-M (di-HO-) 2AC
10409

C26H30N6O
442.24811
3500
U+UHYAC UME, PME

#138402-11-6
PS
LM/Q
Antihypertensive

Irbesartan ME
5039

C27H42O3Si
442.29031
3180*

PS
LM/Q
Glucocorticoid

Rimexolone TMS
8173

1566

442

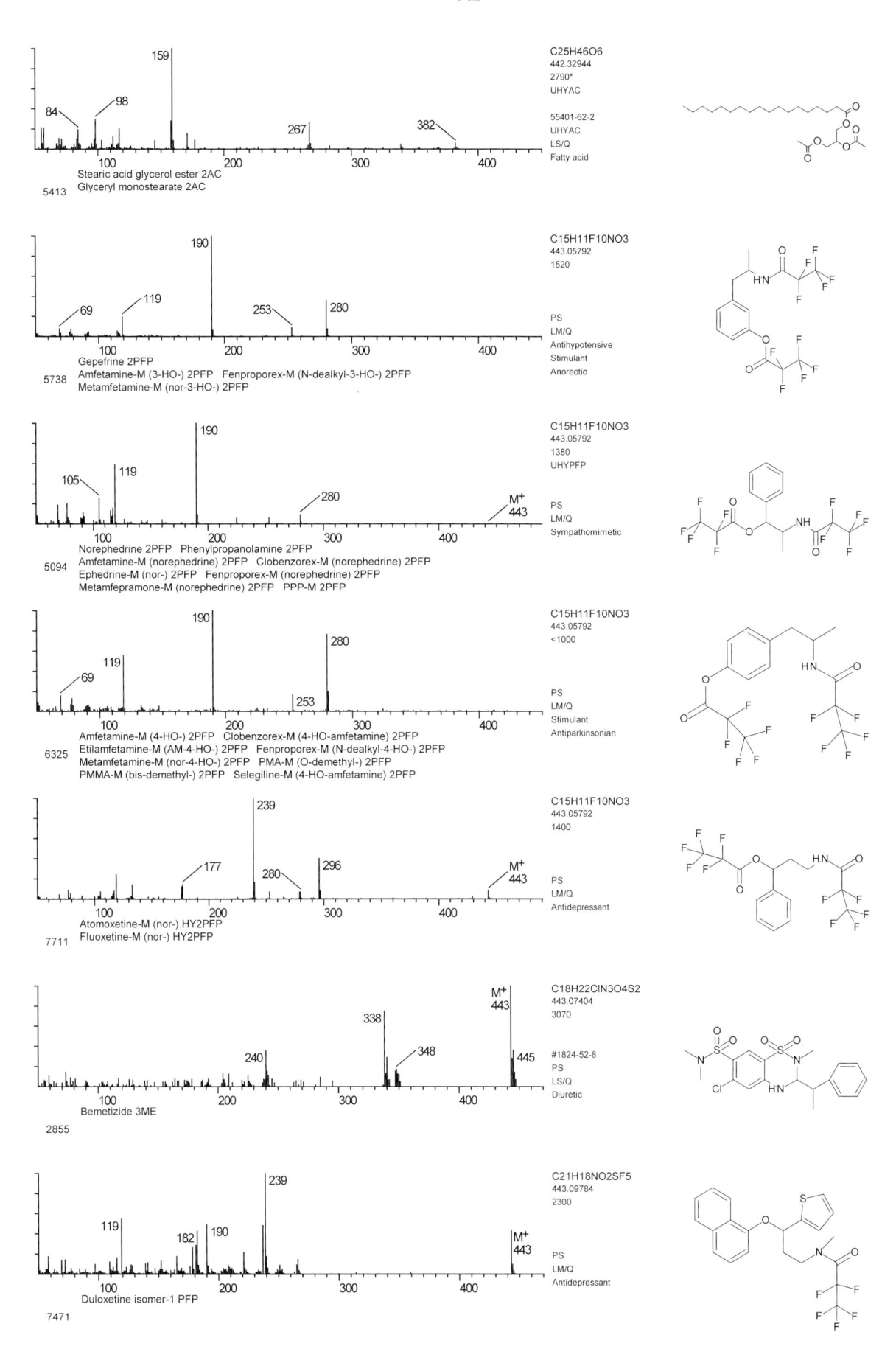

5413	Spectrum: peaks at 84, 98, 159, 267, 382	C25H46O6 442.32944 2790* UHYAC 55401-62-2 UHYAC LS/Q Fatty acid
	Stearic acid glycerol ester 2AC Glyceryl monostearate 2AC	
5738	Spectrum: peaks at 69, 119, 190, 253, 280	C15H11F10NO3 443.05792 1520 PS LM/Q Antihypotensive Stimulant Anorectic
	Gepefrine 2PFP Amfetamine-M (3-HO-) 2PFP Fenproporex-M (N-dealkyl-3-HO-) 2PFP Metamfetamine-M (nor-3-HO-) 2PFP	
5094	Spectrum: peaks at 105, 119, 190, 280, M+ 443	C15H11F10NO3 443.05792 1380 UHYPFP PS LM/Q Sympathomimetic
	Norephedrine 2PFP Phenylpropanolamine 2PFP Amfetamine-M (norephedrine) 2PFP Clobenzorex-M (norephedrine) 2PFP Ephedrine-M (nor-) 2PFP Fenproporex-M (norephedrine) 2PFP Metamfepramone-M (norephedrine) 2PFP PPP-M 2PFP	
6325	Spectrum: peaks at 69, 119, 190, 253, 280	C15H11F10NO3 443.05792 <1000 PS LM/Q Stimulant Antiparkinsonian
	Amfetamine-M (4-HO-) 2PFP Clobenzorex-M (4-HO-amfetamine) 2PFP Etilamfetamine-M (AM-4-HO-) 2PFP Fenproporex-M (N-dealkyl-4-HO-) 2PFP Metamfetamine-M (nor-4-HO-) 2PFP PMA-M (O-demethyl-) 2PFP PMMA-M (bis-demethyl-) 2PFP Selegiline-M (4-HO-amfetamine) 2PFP	
7711	Spectrum: peaks at 177, 239, 280, 296, M+ 443	C15H11F10NO3 443.05792 1400 PS LM/Q Antidepressant
	Atomoxetine-M (nor-) HY2PFP Fluoxetine-M (nor-) HY2PFP	
2855	Spectrum: peaks at 240, 338, 348, M+ 443, 445	C18H22ClN3O4S2 443.07404 3070 #1824-52-8 PS LS/Q Diuretic
	Bemetizide 3ME	
7471	Spectrum: peaks at 119, 182, 190, 239, M+ 443	C21H18NO2SF5 443.09784 2300 PS LM/Q Antidepressant
	Duloxetine isomer-1 PFP	

443

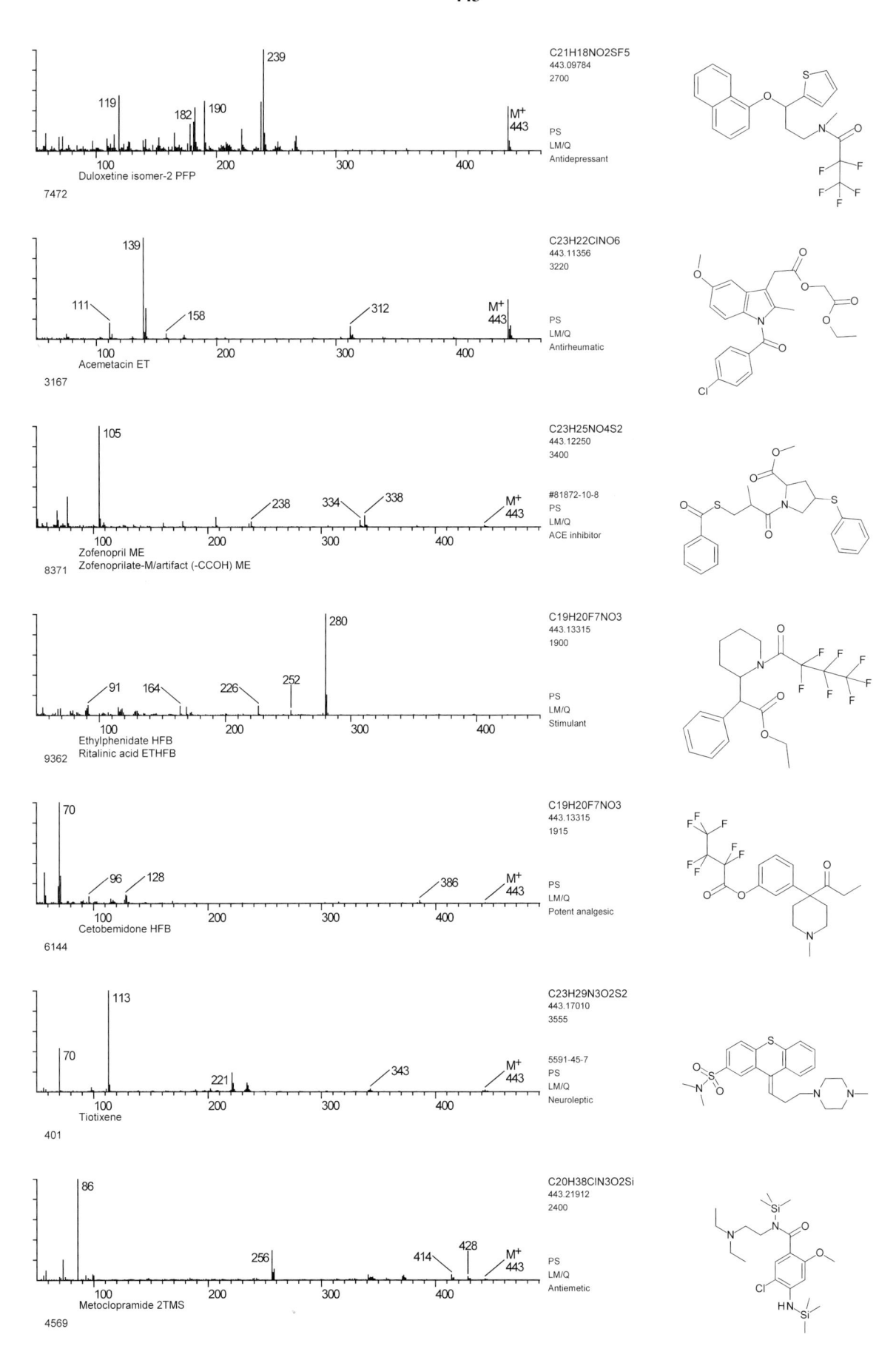

C21H18NO2SF5
443.09784
2700

PS
LM/Q
Antidepressant

Duloxetine isomer-2 PFP
7472

C23H22ClNO6
443.11356
3220

PS
LM/Q
Antirheumatic

Acemetacin ET
3167

C23H25NO4S2
443.12250
3400
#81872-10-8
PS
LM/Q
ACE inhibitor

Zofenopril ME
Zofenoprilate-M/artifact (-CCOH) ME
8371

C19H20F7NO3
443.13315
1900

PS
LM/Q
Stimulant

Ethylphenidate HFB
Ritalinic acid ETHFB
9362

C19H20F7NO3
443.13315
1915

PS
LM/Q
Potent analgesic

Cetobemidone HFB
6144

C23H29N3O2S2
443.17010
3555
5591-45-7
PS
LM/Q
Neuroleptic

Tiotixene
401

C20H38ClN3O2Si
443.21912
2400

PS
LM/Q
Antiemetic

Metoclopramide 2TMS
4569

1568

444

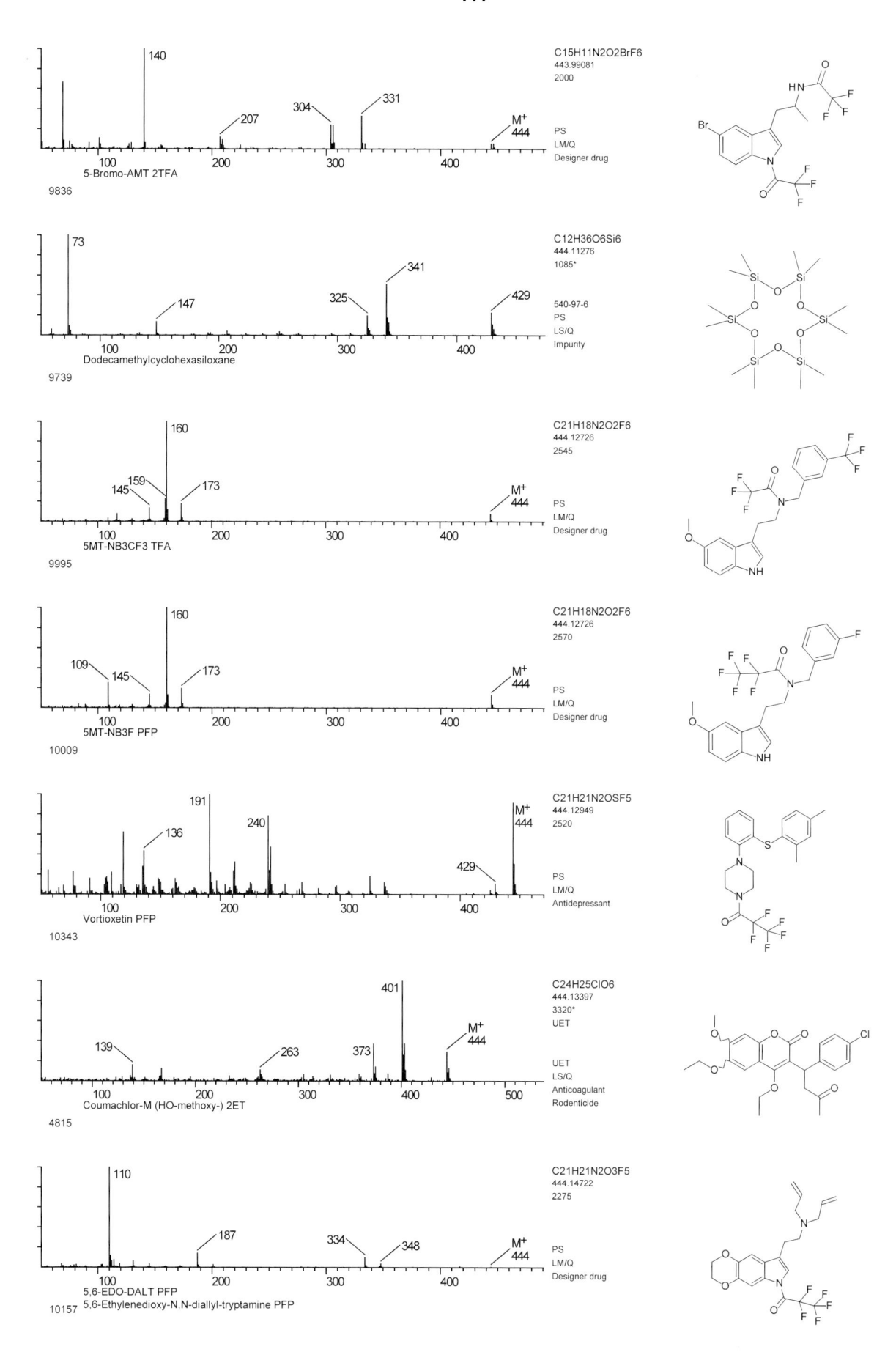

Spectrum peaks	Formula / Info
140, 207, 304, 331, M+ 444 — 5-Bromo-AMT 2TFA (9836)	C15H11N2O2BrF6, 443.99081, 2000, PS, LM/Q, Designer drug
73, 147, 325, 341, 429 — Dodecamethylcyclohexasiloxane (9739)	C12H36O6Si6, 444.11276, 1085*, 540-97-6, PS, LS/Q, Impurity
145, 159, 160, 173, M+ 444 — 5MT-NB3CF3 TFA (9995)	C21H18N2O2F6, 444.12726, 2545, PS, LM/Q, Designer drug
109, 145, 160, 173, M+ 444 — 5MT-NB3F PFP (10009)	C21H18N2O2F6, 444.12726, 2570, PS, LM/Q, Designer drug
136, 191, 240, 429, M+ 444 — Vortioxetin PFP (10343)	C21H21N2OSF5, 444.12949, 2520, PS, LM/Q, Antidepressant
139, 263, 373, 401, M+ 444 — Coumachlor-M (HO-methoxy-) 2ET (4815)	C24H25ClO6, 444.13397, 3320*, UET, UET, LS/Q, Anticoagulant, Rodenticide
110, 187, 334, 348, M+ 444 — 5,6-EDO-DALT PFP, 5,6-Ethylenedioxy-N,N-diallyl-tryptamine PFP (10157)	C21H21N2O3F5, 444.14722, 2275, PS, LM/Q, Designer drug

444

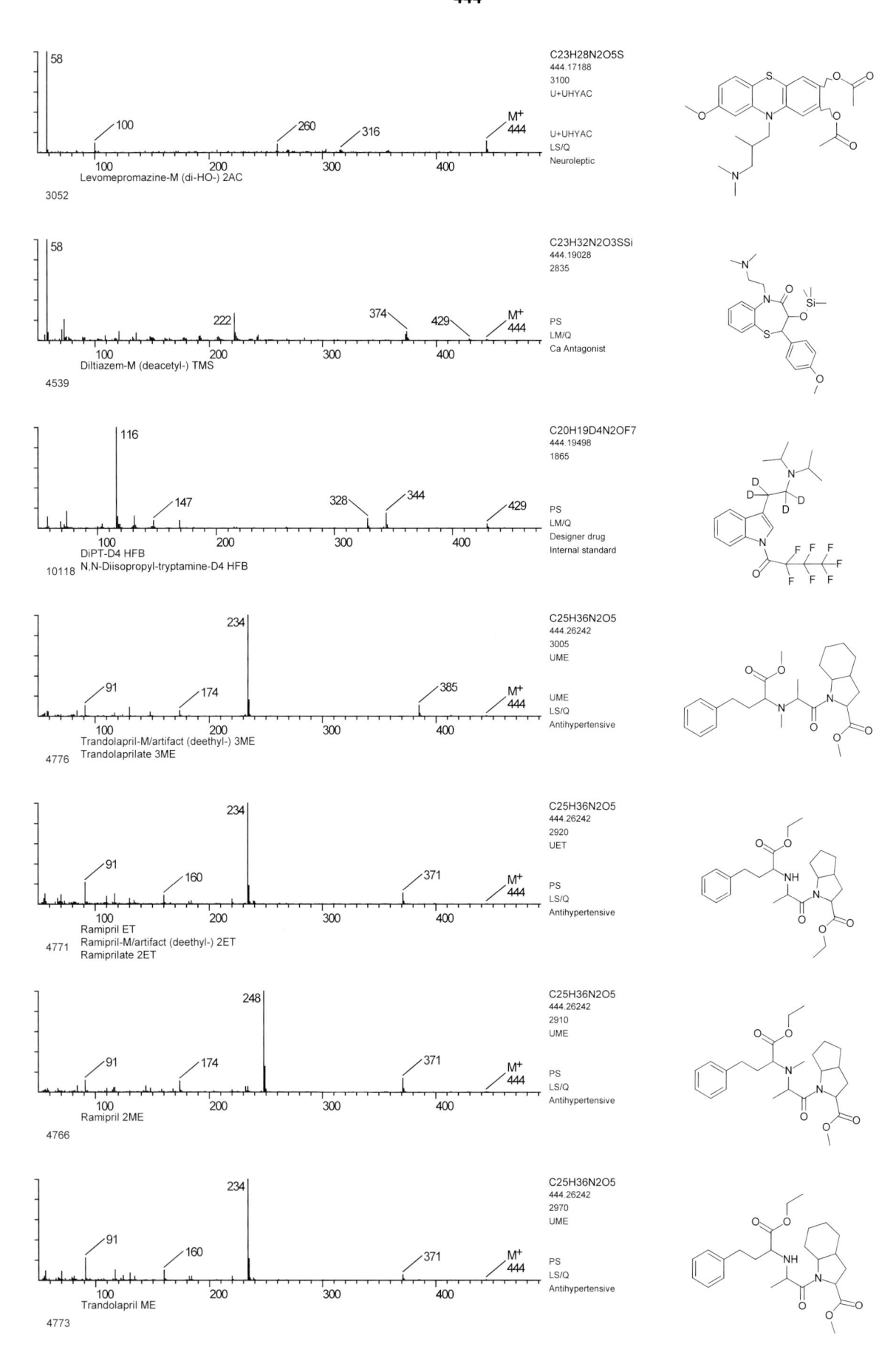

C23H28N2O5S
444.17188
3100
U+UHYAC

U+UHYAC
LS/Q
Neuroleptic

Levomepromazine-M (di-HO-) 2AC
3052

C23H32N2O3SSi
444.19028
2835

PS
LM/Q
Ca Antagonist

Diltiazem-M (deacetyl-) TMS
4539

C20H19D4N2OF7
444.19498
1865

PS
LM/Q
Designer drug
Internal standard

DiPT-D4 HFB
N,N-Diisopropyl-tryptamine-D4 HFB
10118

C25H36N2O5
444.26242
3005
UME

UME
LS/Q
Antihypertensive

Trandolapril-M/artifact (deethyl-) 3ME
Trandolaprilate 3ME
4776

C25H36N2O5
444.26242
2920
UET

PS
LS/Q
Antihypertensive

Ramipril ET
Ramipril-M/artifact (deethyl-) 2ET
Ramiprilate 2ET
4771

C25H36N2O5
444.26242
2910
UME

PS
LS/Q
Antihypertensive

Ramipril 2ME
4766

C25H36N2O5
444.26242
2970
UME

PS
LS/Q
Antihypertensive

Trandolapril ME
4773

1570

444

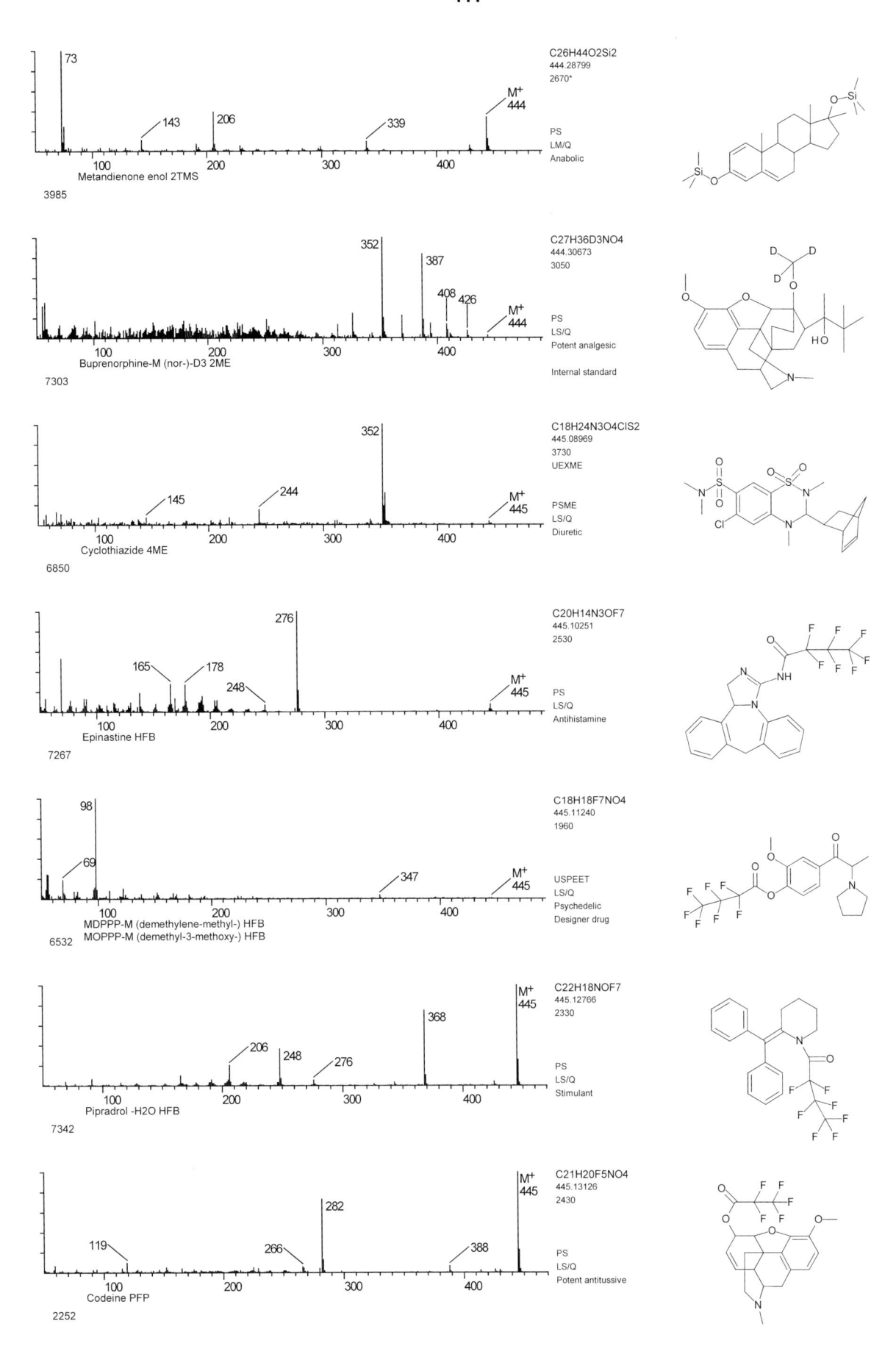

Spectrum peaks	Compound info
73, 143, 206, 339, M+ 444	C26H44O2Si2 / 444.28799 / 2670* / PS / LM/Q / Anabolic
Metandienone enol 2TMS — 3985	
352, 387, 408, 426, M+ 444	C27H36D3NO4 / 444.30673 / 3050 / PS / LS/Q / Potent analgesic / Internal standard
Buprenorphine-M (nor-)-D3 2ME — 7303	
145, 244, 352, M+ 445	C18H24N3O4ClS2 / 445.08969 / 3730 / UEXME / PSME / LS/Q / Diuretic
Cyclothiazide 4ME — 6850	
165, 178, 248, 276, M+ 445	C20H14N3OF7 / 445.10251 / 2530 / PS / LS/Q / Antihistamine
Epinastine HFB — 7267	
69, 98, 347, M+ 445	C18H18F7NO4 / 445.11240 / 1960 / USPEET / LS/Q / Psychedelic / Designer drug
MDPPP-M (demethylene-methyl-) HFB / MOPPP-M (demethyl-3-methoxy-) HFB — 6532	
206, 248, 276, 368, M+ 445	C22H18NOF7 / 445.12766 / 2330 / PS / LS/Q / Stimulant
Pipradrol -H2O HFB — 7342	
119, 266, 282, 388, M+ 445	C21H20F5NO4 / 445.13126 / 2430 / PS / LS/Q / Potent antitussive
Codeine PFP — 2252	

445

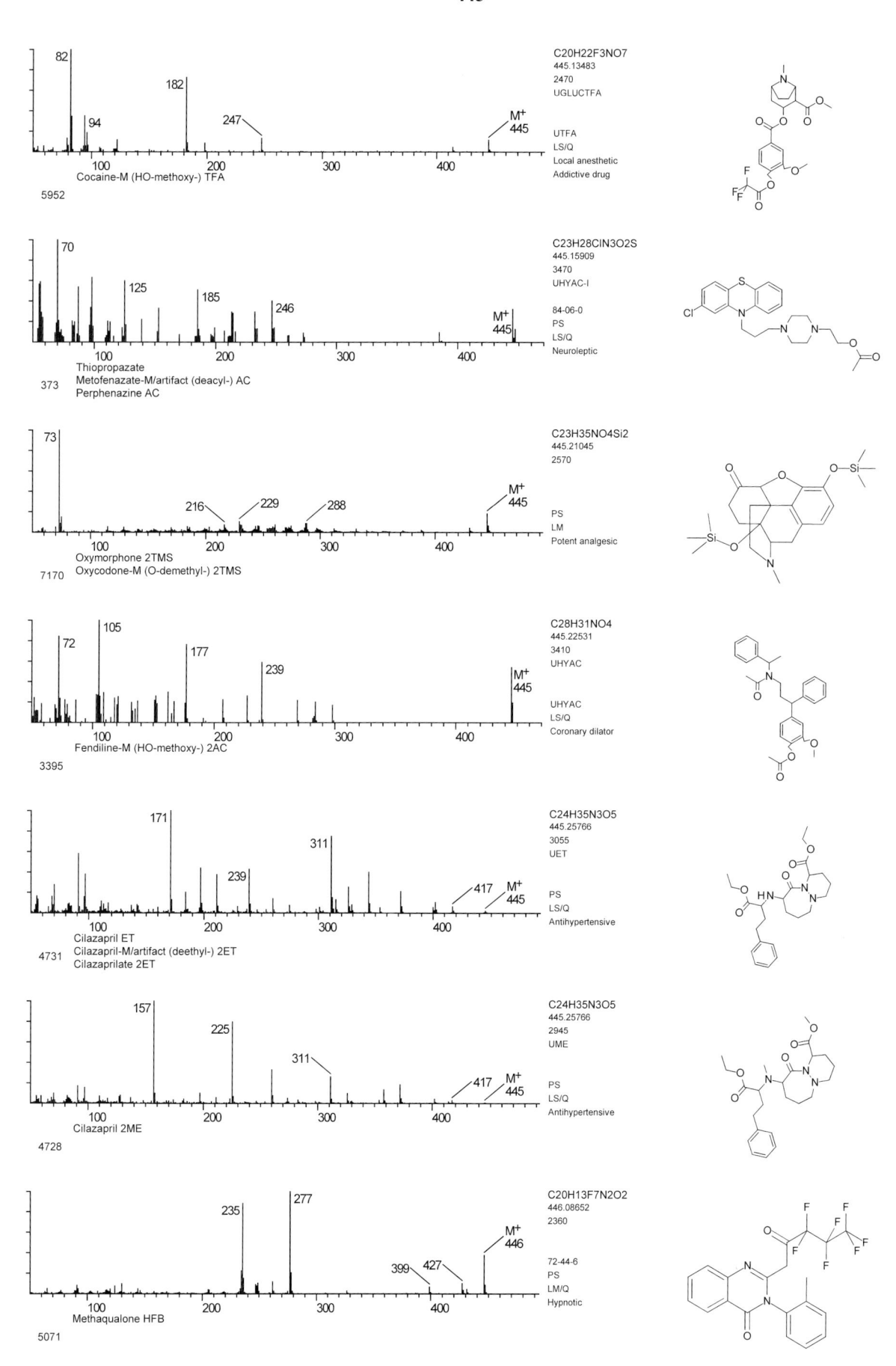

Cocaine-M (HO-methoxy-) TFA
5952

C20H22F3NO7
445.13483
2470
UGLUCTFA

UTFA
LS/Q
Local anesthetic
Addictive drug

Thiopropazate
Metofenazate-M/artifact (deacyl-) AC
Perphenazine AC
373

C23H28ClN3O2S
445.15909
3470
UHYAC-I

84-06-0
PS
LS/Q
Neuroleptic

Oxymorphone 2TMS
Oxycodone-M (O-demethyl-) 2TMS
7170

C23H35NO4Si2
445.21045
2570

PS
LM
Potent analgesic

Fendiline-M (HO-methoxy-) 2AC
3395

C28H31NO4
445.22531
3410
UHYAC

UHYAC
LS/Q
Coronary dilator

Cilazapril ET
Cilazapril-M/artifact (deethyl-) 2ET
Cilazaprilate 2ET
4731

C24H35N3O5
445.25766
3055
UET

PS
LS/Q
Antihypertensive

Cilazapril 2ME
4728

C24H35N3O5
445.25766
2945
UME

PS
LS/Q
Antihypertensive

Methaqualone HFB
5071

C20H13F7N2O2
446.08652
2360

72-44-6
PS
LM/Q
Hypnotic

446

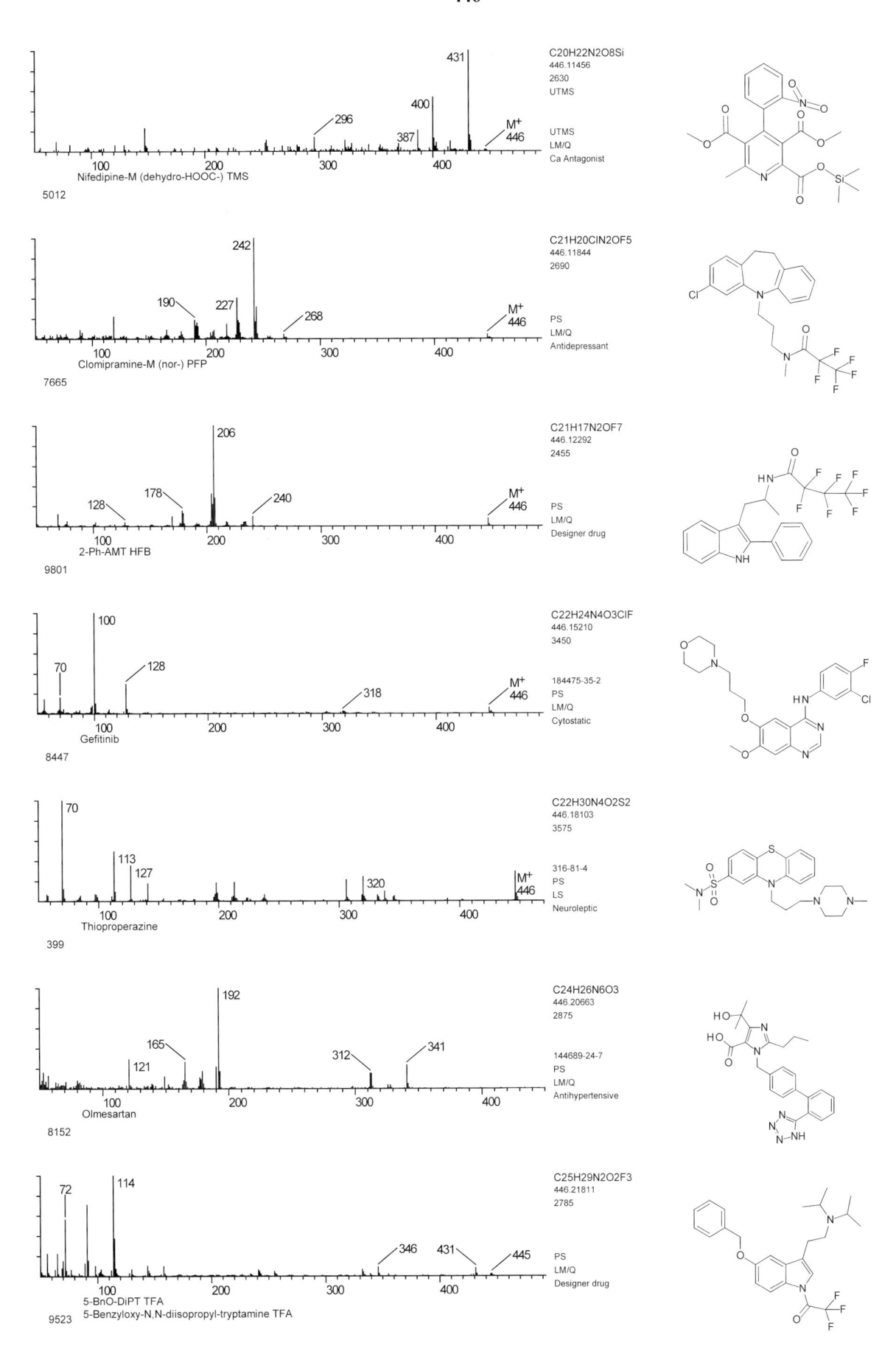

Nifedipine-M (dehydro-HOOC-) TMS
5012
C20H22N2O8Si
446.11456
2630
UTMS
UTMS
LM/Q
Ca Antagonist

Clomipramine-M (nor-) PFP
7665
C21H20ClN2OF5
446.11844
2690
PS
LM/Q
Antidepressant

2-Ph-AMT HFB
9801
C21H17N2OF7
446.12292
2455
PS
LM/Q
Designer drug

Gefitinib
8447
C22H24N4O3ClF
446.15210
3450
184475-35-2
PS
LM/Q
Cytostatic

Thioproperazine
399
C22H30N4O2S2
446.18103
3575
316-81-4
PS
LS
Neuroleptic

Olmesartan
8152
C24H26N6O3
446.20663
2875
144689-24-7
PS
LM/Q
Antihypertensive

5-BnO-DiPT TFA
5-Benzyloxy-N,N-diisopropyl-tryptamine TFA
9523
C25H29N2O2F3
446.21811
2785
PS
LM/Q
Designer drug

446

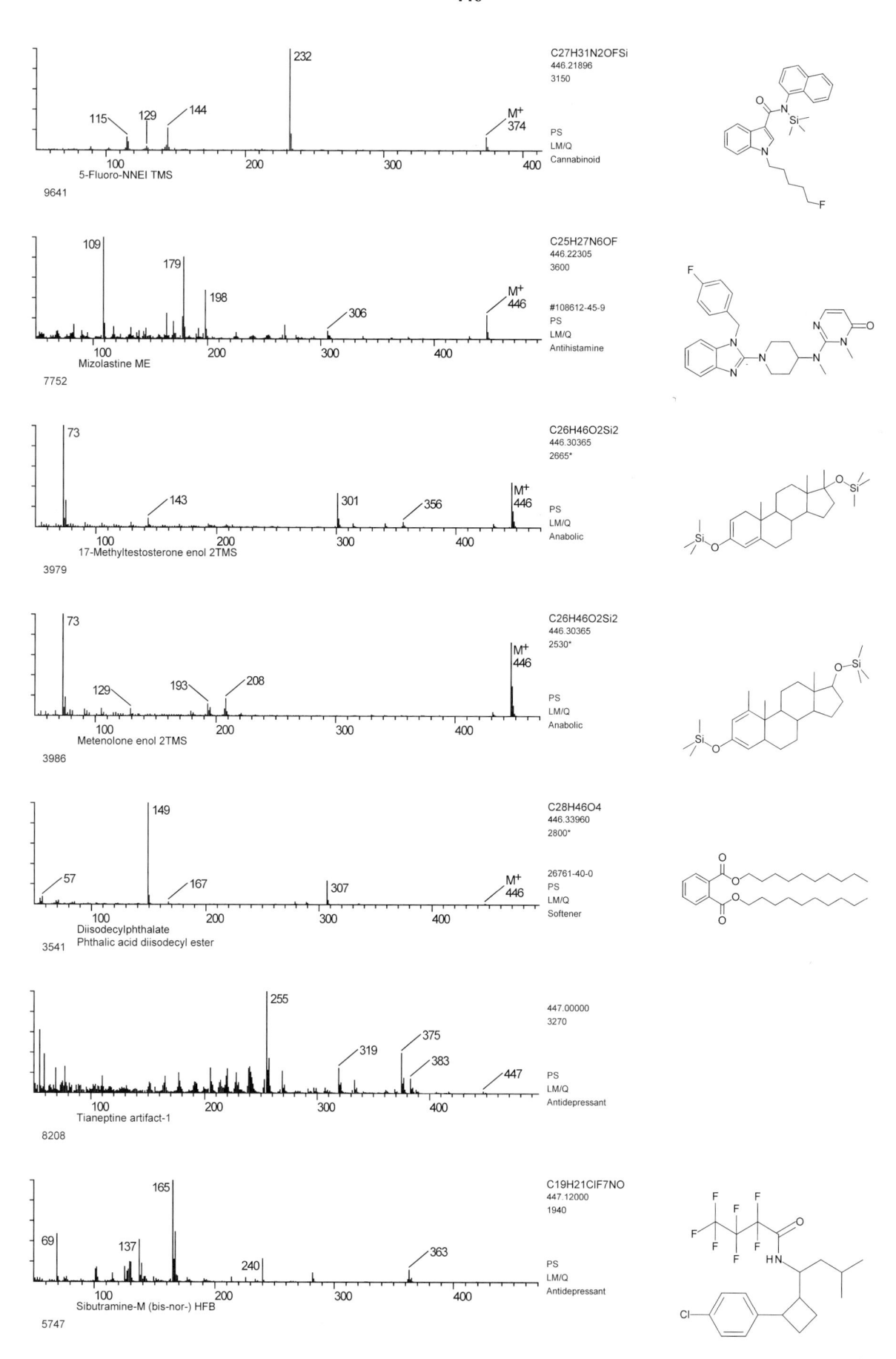

C27H31N2OFSi
446.21896
3150

PS
LM/Q
Cannabinoid

5-Fluoro-NNEI TMS
9641

C25H27N6OF
446.22305
3600

#108612-45-9
PS
LM/Q
Antihistamine

Mizolastine ME
7752

C26H46O2Si2
446.30365
2665*

PS
LM/Q
Anabolic

17-Methyltestosterone enol 2TMS
3979

C26H46O2Si2
446.30365
2530*

PS
LM/Q
Anabolic

Metenolone enol 2TMS
3986

C28H46O4
446.33960
2800*

26761-40-0
PS
LM/Q
Softener

Diisodecylphthalate
Phthalic acid diisodecyl ester
3541

447.00000
3270

PS
LM/Q
Antidepressant

Tianeptine artifact-1
8208

C19H21ClF7NO
447.12000
1940

PS
LM/Q
Antidepressant

Sibutramine-M (bis-nor-) HFB
5747

447

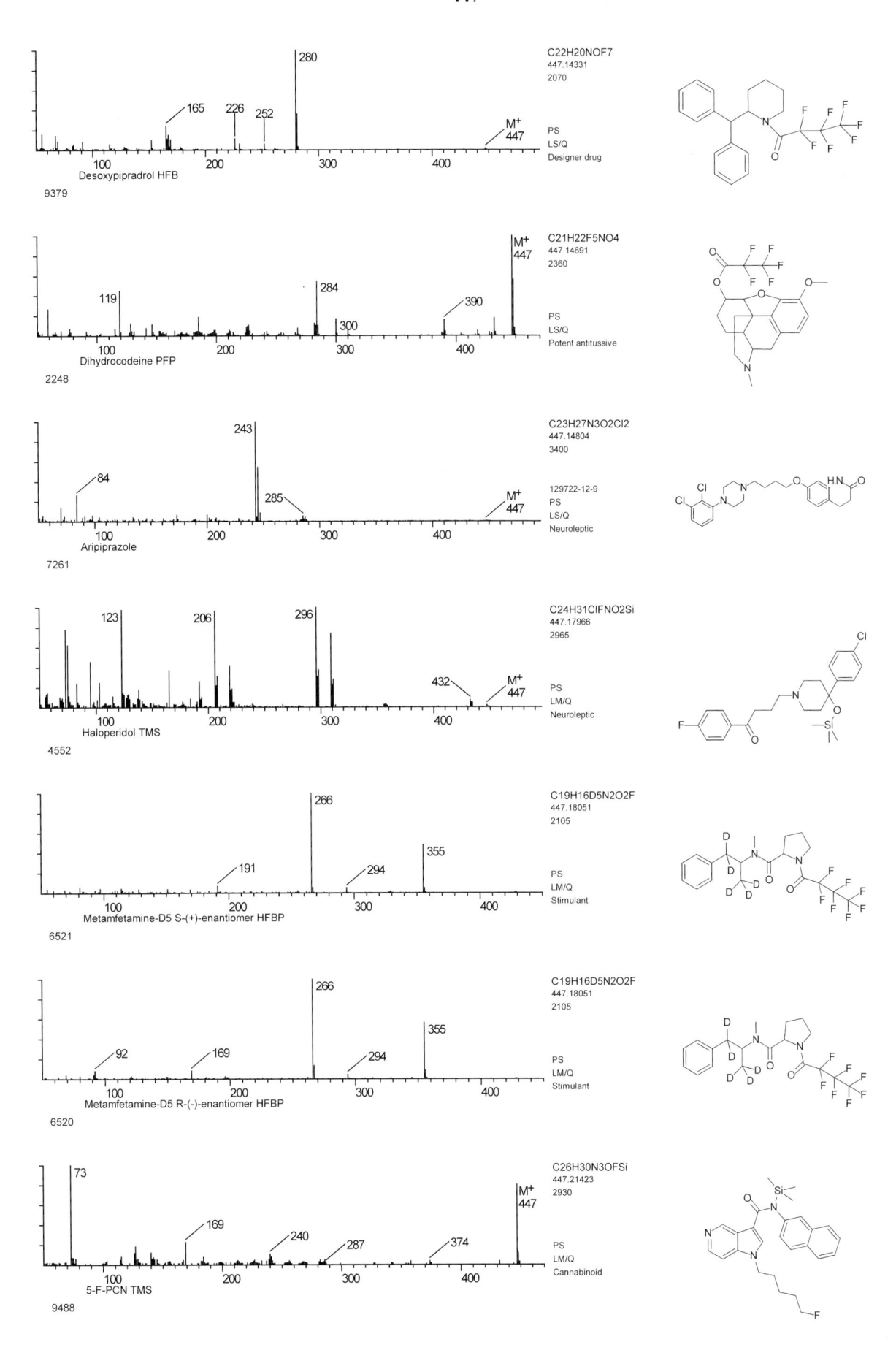

Spectrum	Compound
Desoxypipradrol HFB — peaks 165, 226, 252, 280, M+ 447 — 9379	C22H20NOF7 / 447.14331 / 2070 / PS / LS/Q / Designer drug
Dihydrocodeine PFP — peaks 119, 284, 300, 390, M+ 447 — 2248	C21H22F5NO4 / 447.14691 / 2360 / PS / LS/Q / Potent antitussive
Aripiprazole — peaks 84, 243, 285, M+ 447 — 7261	C23H27N3O2Cl2 / 447.14804 / 3400 / 129722-12-9 / PS / LS/Q / Neuroleptic
Haloperidol TMS — peaks 123, 206, 296, 432, M+ 447 — 4552	C24H31ClFNO2Si / 447.17966 / 2965 / PS / LM/Q / Neuroleptic
Metamfetamine-D5 S-(+)-enantiomer HFBP — peaks 191, 266, 294, 355 — 6521	C19H16D5N2O2F / 447.18051 / 2105 / PS / LM/Q / Stimulant
Metamfetamine-D5 R-(-)-enantiomer HFBP — peaks 92, 169, 266, 294, 355 — 6520	C19H16D5N2O2F / 447.18051 / 2105 / PS / LM/Q / Stimulant
5-F-PCN TMS — peaks 73, 169, 240, 287, 374, M+ 447 — 9488	C26H30N3OFSi / 447.21423 / 2930 / PS / LM/Q / Cannabinoid

448

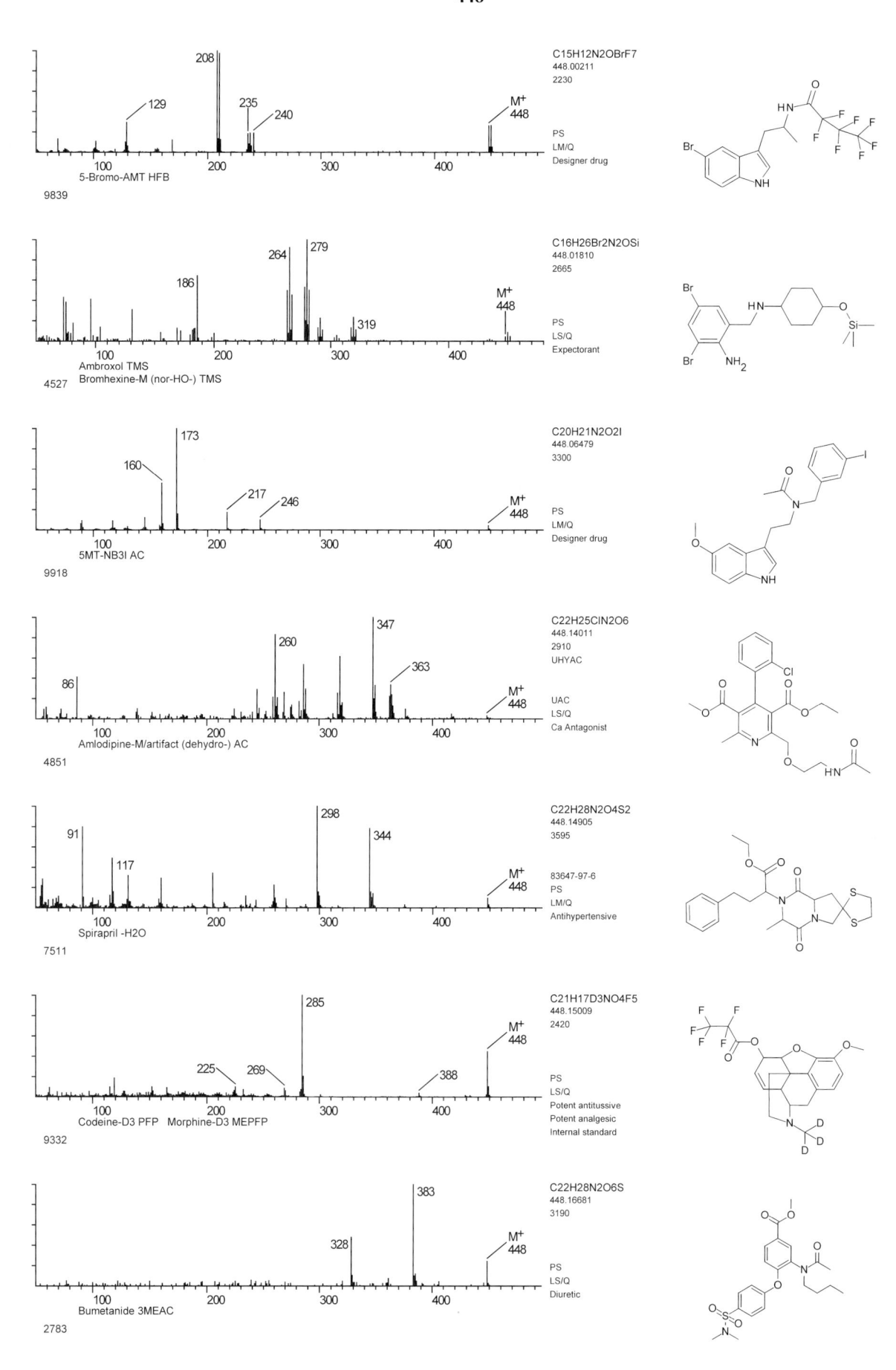

C15H12N2OBrF7
448.00211
2230

PS
LM/Q
Designer drug

5-Bromo-AMT HFB
9839

C16H26Br2N2OSi
448.01810
2665

PS
LS/Q
Expectorant

Ambroxol TMS
Bromhexine-M (nor-HO-) TMS
4527

C20H21N2O2I
448.06479
3300

PS
LM/Q
Designer drug

5MT-NB3I AC
9918

C22H25ClN2O6
448.14011
2910
UHYAC

UAC
LS/Q
Ca Antagonist

Amlodipine-M/artifact (dehydro-) AC
4851

C22H28N2O4S2
448.14905
3595

83647-97-6
PS
LM/Q
Antihypertensive

Spirapril -H2O
7511

C21H17D3NO4F5
448.15009
2420

PS
LS/Q
Potent antitussive
Potent analgesic
Internal standard

Codeine-D3 PFP Morphine-D3 MEPFP
9332

C22H28N2O6S
448.16681
3190

PS
LS/Q
Diuretic

Bumetanide 3MEAC
2783

448

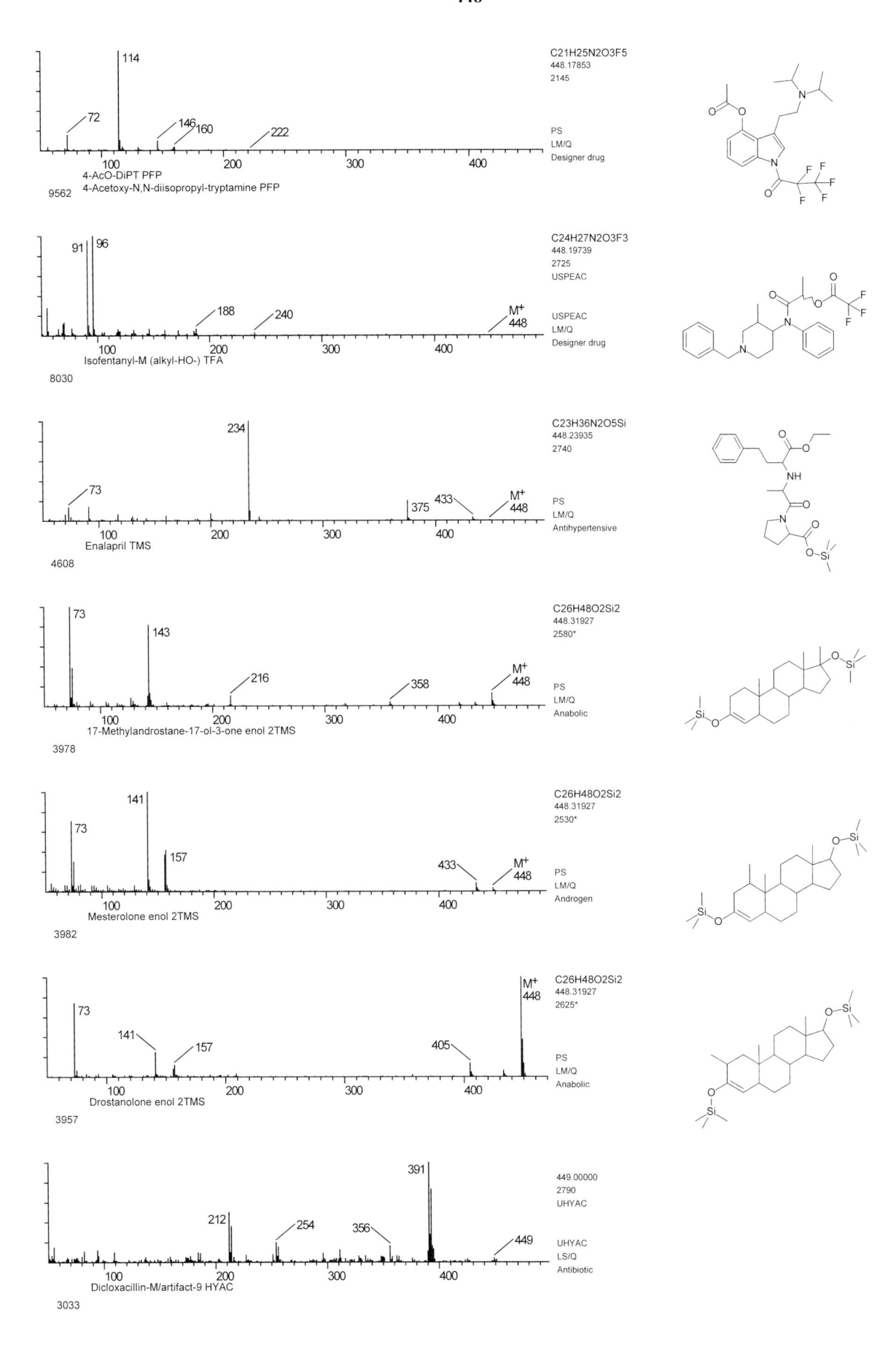

C21H25N2O3F5
448.17853
2145

PS
LM/Q
Designer drug

4-AcO-DiPT PFP
4-Acetoxy-N,N-diisopropyl-tryptamine PFP
9562

C24H27N2O3F3
448.19739
2725
USPEAC

USPEAC
LM/Q
Designer drug

Isofentanyl-M (alkyl-HO-) TFA
8030

C23H36N2O5Si
448.23935
2740

PS
LM/Q
Antihypertensive

Enalapril TMS
4608

C26H48O2Si2
448.31927
2580*

PS
LM/Q
Anabolic

17-Methylandrostane-17-ol-3-one enol 2TMS
3978

C26H48O2Si2
448.31927
2530*

PS
LM/Q
Androgen

Mesterolone enol 2TMS
3982

C26H48O2Si2
448.31927
2625*

PS
LM/Q
Anabolic

Drostanolone enol 2TMS
3957

449.00000
2790
UHYAC

UHYAC
LS/Q
Antibiotic

Dicloxacillin-M/artifact-9 HYAC
3033

449

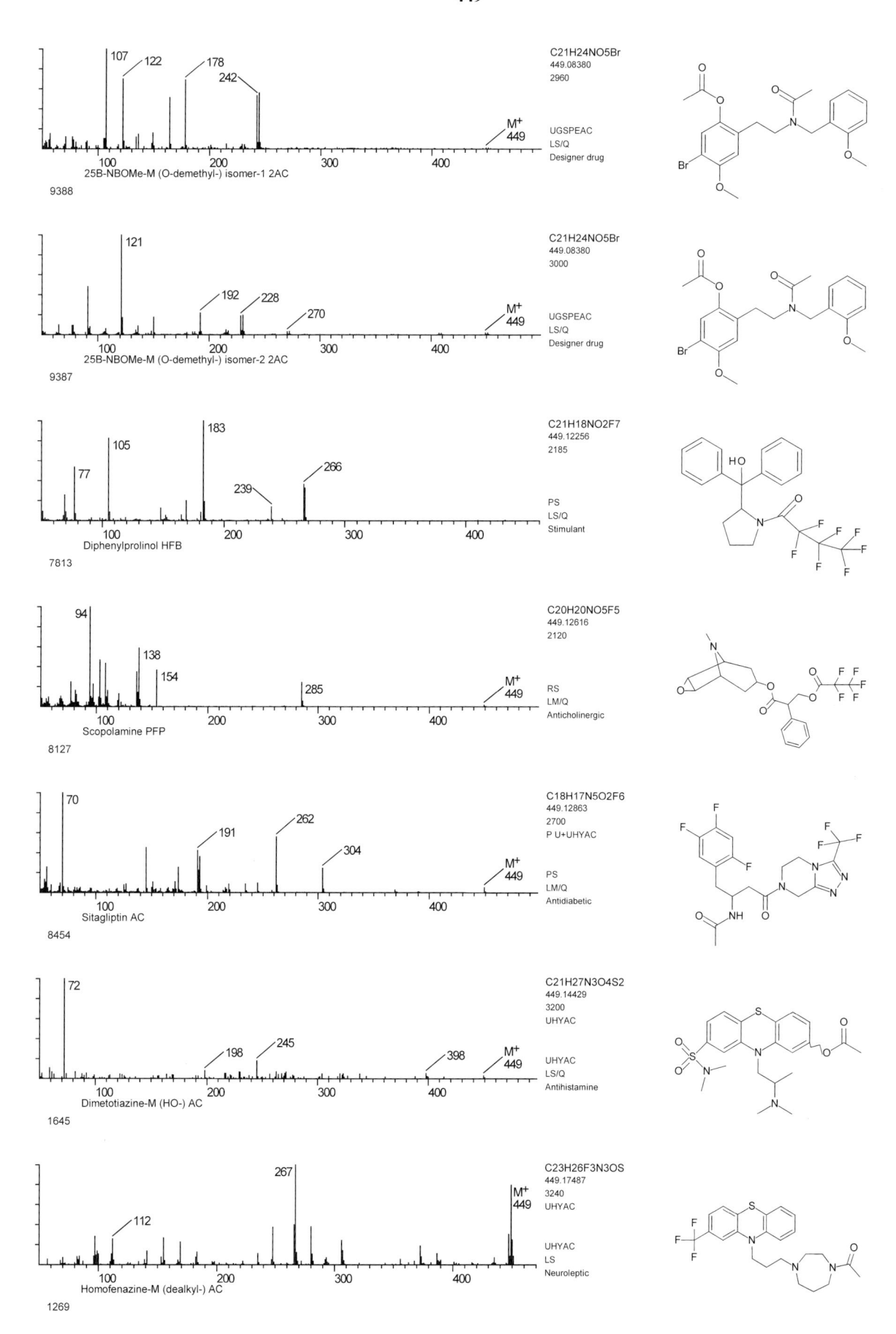

C21H24NO5Br
449.08380
2960

UGSPEAC
LS/Q
Designer drug

25B-NBOMe-M (O-demethyl-) isomer-1 2AC
9388

C21H24NO5Br
449.08380
3000

UGSPEAC
LS/Q
Designer drug

25B-NBOMe-M (O-demethyl-) isomer-2 2AC
9387

C21H18NO2F7
449.12256
2185

PS
LS/Q
Stimulant

Diphenylprolinol HFB
7813

C20H20NO5F5
449.12616
2120

RS
LM/Q
Anticholinergic

Scopolamine PFP
8127

C18H17N5O2F6
449.12863
2700
P U+UHYAC

PS
LM/Q
Antidiabetic

Sitagliptin AC
8454

C21H27N3O4S2
449.14429
3200
UHYAC

UHYAC
LS/Q
Antihistamine

Dimetotiazine-M (HO-) AC
1645

C23H26F3N3OS
449.17487
3240
UHYAC

UHYAC
LS
Neuroleptic

Homofenazine-M (dealkyl-) AC
1269

449

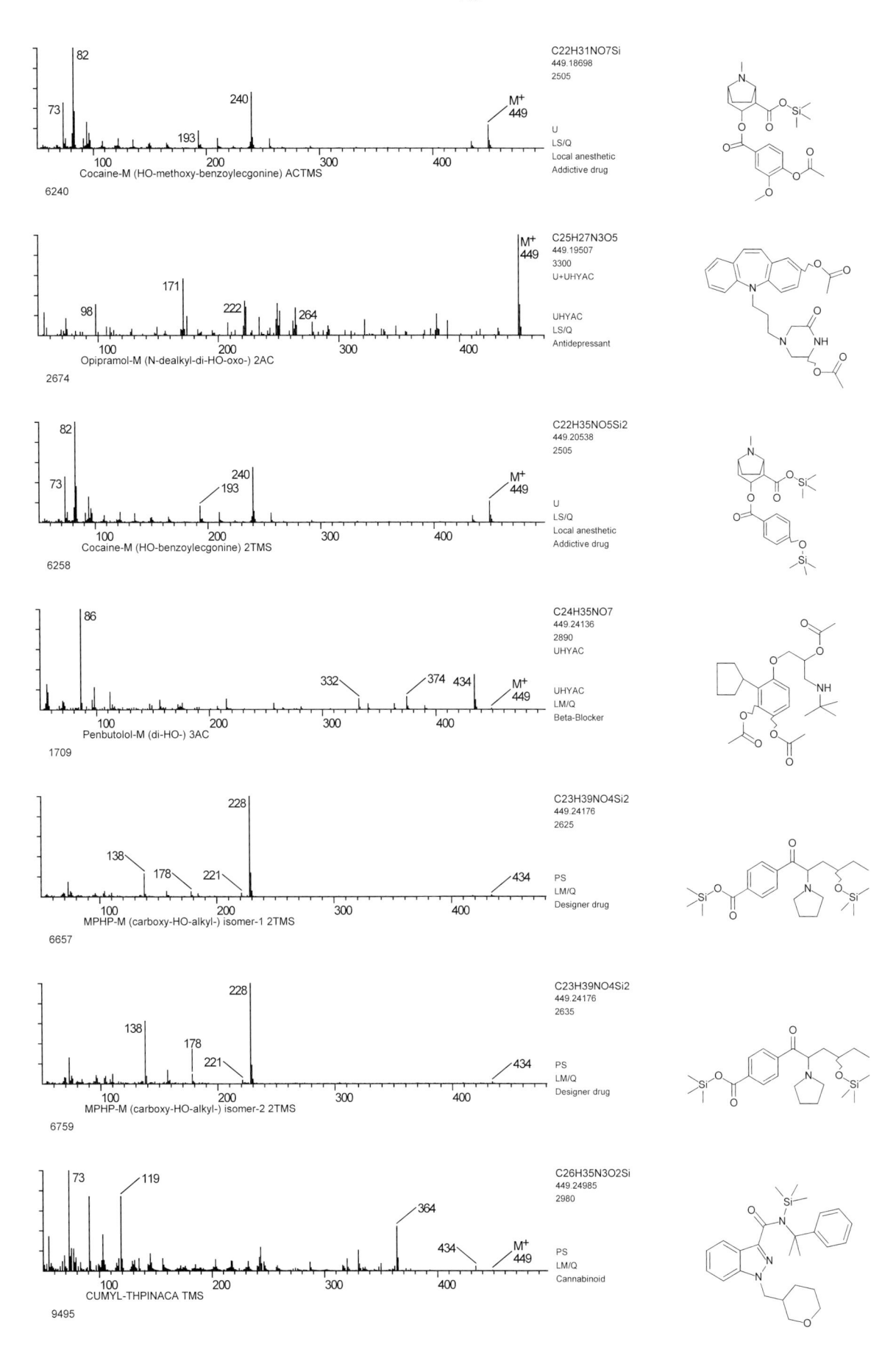

Cocaine-M (HO-methoxy-benzoylecgonine) ACTMS
6240
C22H31NO7Si
449.18698
2505
U
LS/Q
Local anesthetic
Addictive drug

Opipramol-M (N-dealkyl-di-HO-oxo-) 2AC
2674
C25H27N3O5
449.19507
3300
U+UHYAC
UHYAC
LS/Q
Antidepressant

Cocaine-M (HO-benzoylecgonine) 2TMS
6258
C22H35NO5Si2
449.20538
2505
U
LS/Q
Local anesthetic
Addictive drug

Penbutolol-M (di-HO-) 3AC
1709
C24H35NO7
449.24136
2890
UHYAC
UHYAC
LM/Q
Beta-Blocker

MPHP-M (carboxy-HO-alkyl-) isomer-1 2TMS
6657
C23H39NO4Si2
449.24176
2625
PS
LM/Q
Designer drug

MPHP-M (carboxy-HO-alkyl-) isomer-2 2TMS
6759
C23H39NO4Si2
449.24176
2635
PS
LM/Q
Designer drug

CUMYL-THPINACA TMS
9495
C26H35N3O2Si
449.24985
2980
PS
LM/Q
Cannabinoid

449

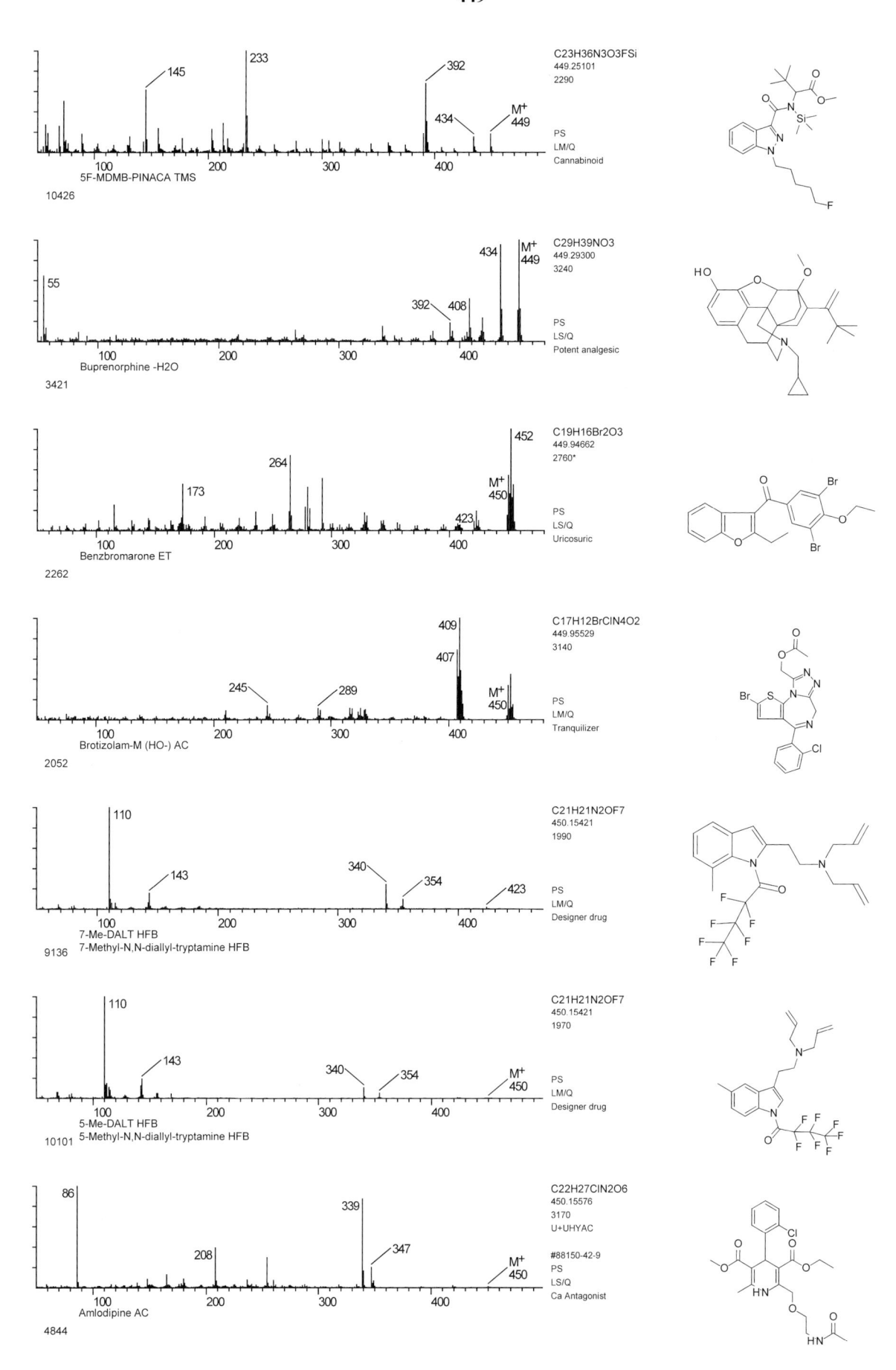

Spectrum label	Formula / data
5F-MDMB-PINACA TMS (10426), peaks 145, 233, 392, 434, M+ 449	C23H36N3O3FSi; 449.25101; 2290; PS; LM/Q; Cannabinoid
Buprenorphine -H2O (3421), peaks 55, 392, 408, 434, M+ 449	C29H39NO3; 449.29300; 3240; PS; LS/Q; Potent analgesic
Benzbromarone ET (2262), peaks 173, 264, 423, M+ 450, 452	C19H16Br2O3; 449.94662; 2760*; PS; LS/Q; Uricosuric
Brotizolam-M (HO-) AC (2052), peaks 245, 289, 407, 409, M+ 450	C17H12BrClN4O2; 449.95529; 3140; PS; LM/Q; Tranquilizer
7-Me-DALT HFB (9136) 7-Methyl-N,N-diallyl-tryptamine HFB, peaks 110, 143, 340, 354, 423	C21H21N2OF7; 450.15421; 1990; PS; LM/Q; Designer drug
5-Me-DALT HFB (10101) 5-Methyl-N,N-diallyl-tryptamine HFB, peaks 110, 143, 340, 354, M+ 450	C21H21N2OF7; 450.15421; 1970; PS; LM/Q; Designer drug
Amlodipine AC (4844), peaks 86, 208, 339, 347, M+ 450	C22H27ClN2O6; 450.15576; 3170; U+UHYAC; #88150-42-9; PS; LS/Q; Ca Antagonist

450

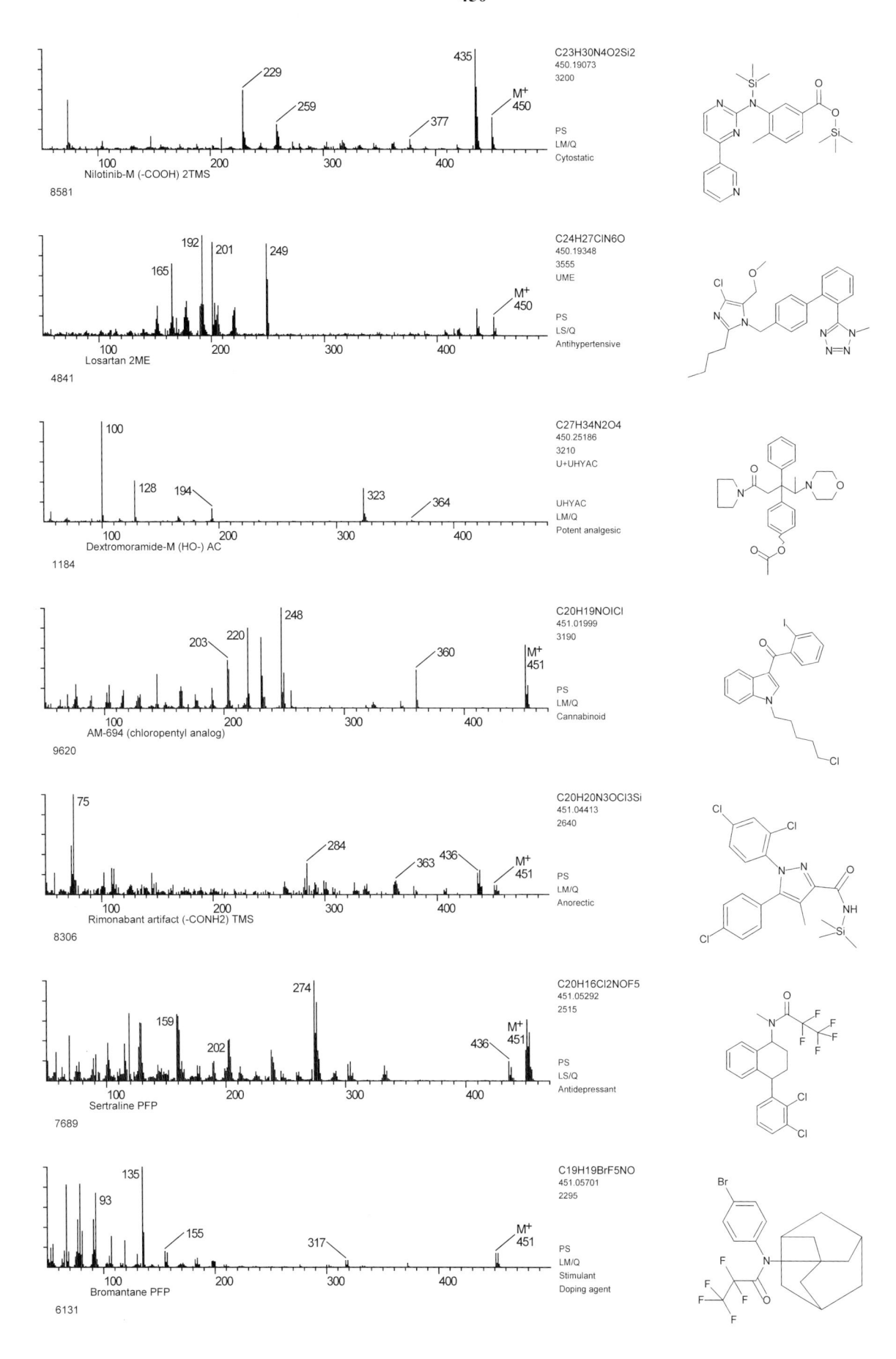

C23H30N4O2Si2 450.19073 3200 PS LM/Q Cytostatic	Nilotinib-M (-COOH) 2TMS 8581 Peaks: 229, 259, 377, 435, M+ 450
C24H27ClN6O 450.19348 3555 UME PS LS/Q Antihypertensive	Losartan 2ME 4841 Peaks: 165, 192, 201, 249, M+ 450
C27H34N2O4 450.25186 3210 U+UHYAC UHYAC LM/Q Potent analgesic	Dextromoramide-M (HO-) AC 1184 Peaks: 100, 128, 194, 323, 364
C20H19NOICl 451.01999 3190 PS LM/Q Cannabinoid	AM-694 (chloropentyl analog) 9620 Peaks: 203, 220, 248, 360, M+ 451
C20H20N3OCl3Si 451.04413 2640 PS LM/Q Anorectic	Rimonabant artifact (-CONH2) TMS 8306 Peaks: 75, 284, 363, 436, M+ 451
C20H16Cl2NOF5 451.05292 2515 PS LS/Q Antidepressant	Sertraline PFP 7689 Peaks: 159, 202, 274, 436, M+ 451
C19H19BrF5NO 451.05701 2295 PS LM/Q Stimulant Doping agent	Bromantane PFP 6131 Peaks: 93, 135, 155, 317, M+ 451

451

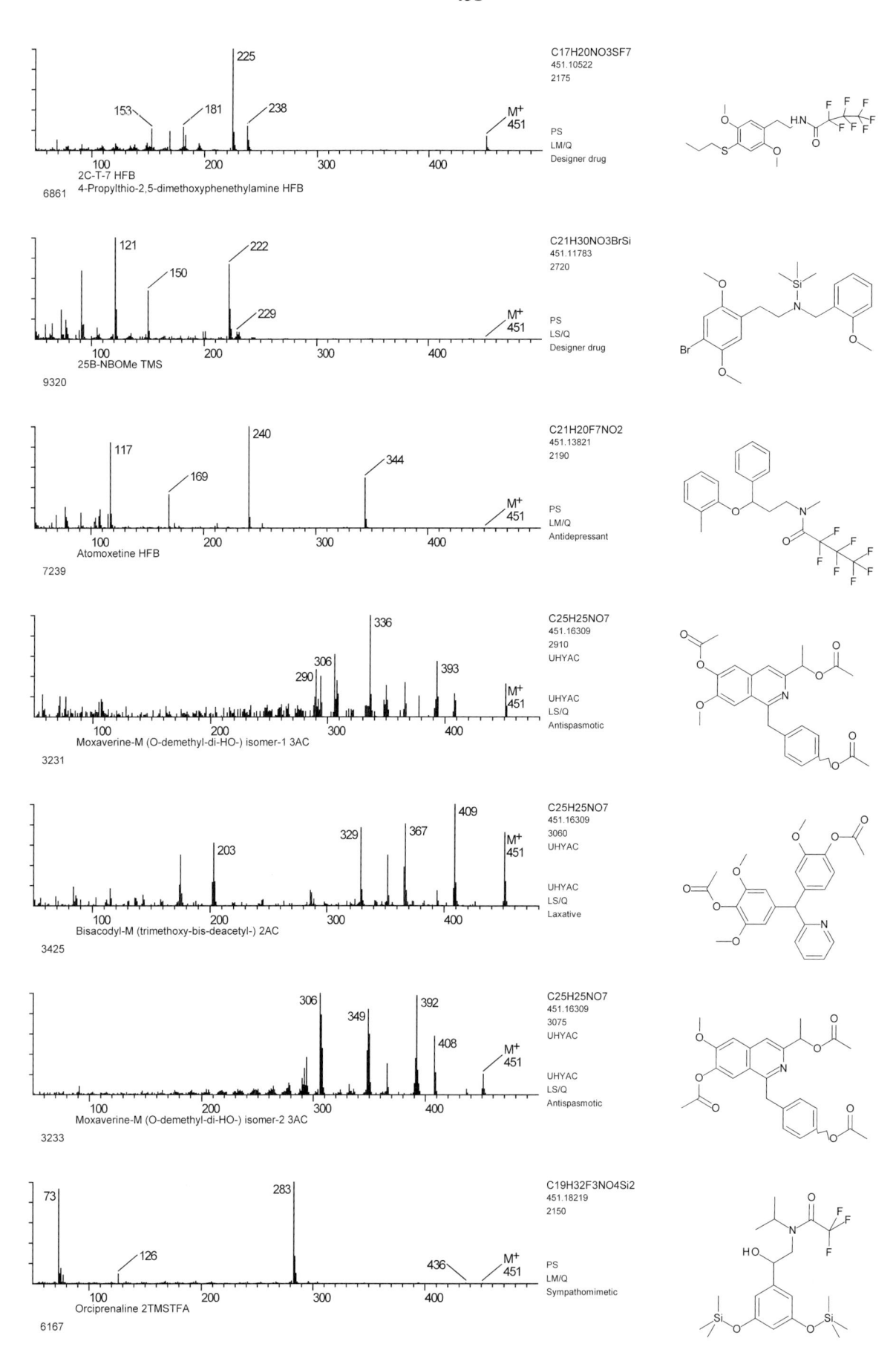

C17H20NO3SF7
451.10522
2175

PS
LM/Q
Designer drug

2C-T-7 HFB
4-Propylthio-2,5-dimethoxyphenethylamine HFB
6861

C21H30NO3BrSi
451.11783
2720

PS
LS/Q
Designer drug

25B-NBOMe TMS
9320

C21H20F7NO2
451.13821
2190

PS
LM/Q
Antidepressant

Atomoxetine HFB
7239

C25H25NO7
451.16309
2910
UHYAC

UHYAC
LS/Q
Antispasmotic

Moxaverine-M (O-demethyl-di-HO-) isomer-1 3AC
3231

C25H25NO7
451.16309
3060
UHYAC

UHYAC
LS/Q
Laxative

Bisacodyl-M (trimethoxy-bis-deacetyl-) 2AC
3425

C25H25NO7
451.16309
3075
UHYAC

UHYAC
LS/Q
Antispasmotic

Moxaverine-M (O-demethyl-di-HO-) isomer-2 3AC
3233

C19H32F3NO4Si2
451.18219
2150

PS
LM/Q
Sympathomimetic

Orciprenaline 2TMSTFA
6167

451

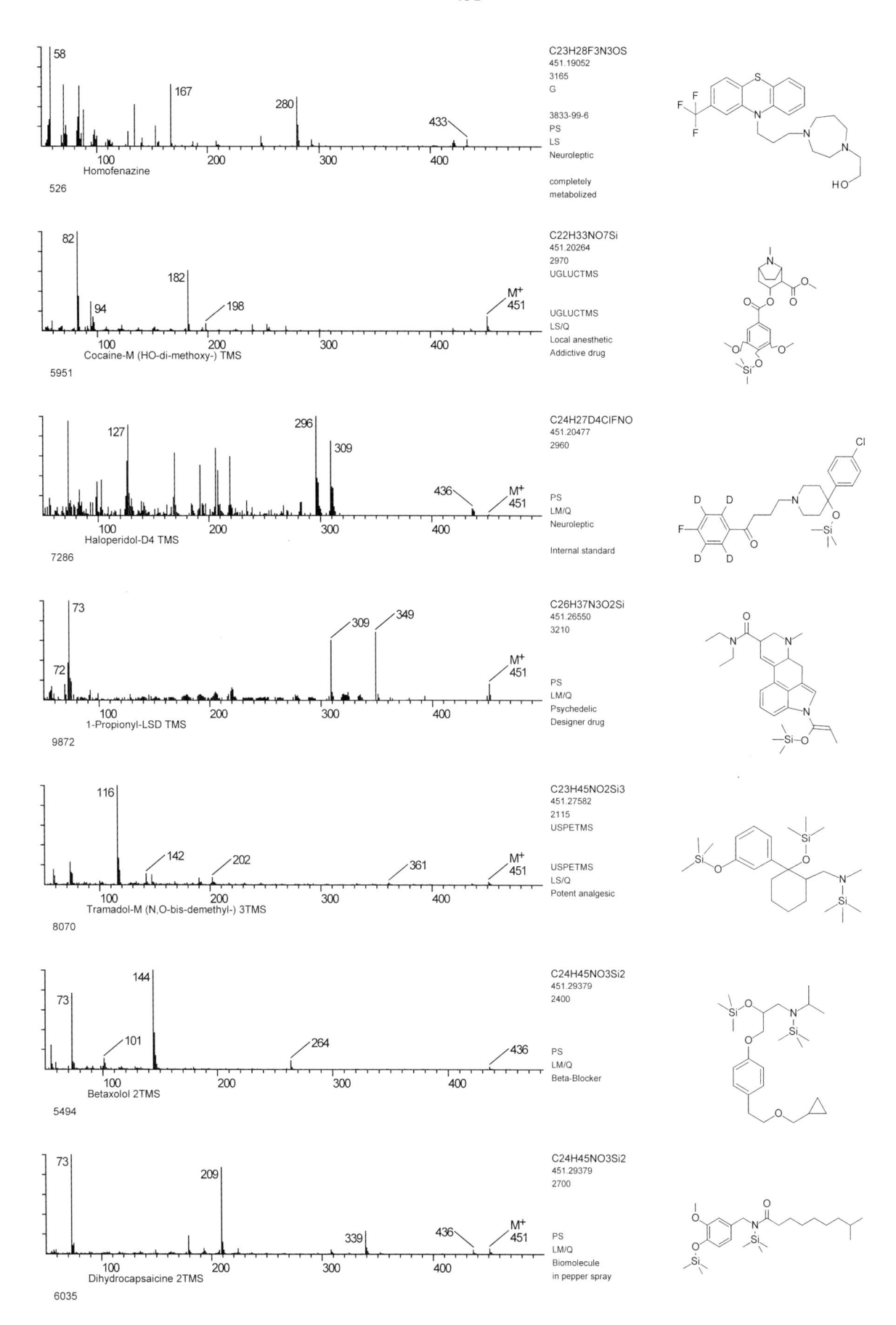

Homofenazine — 58, 167, 280, 433; 526	C23H28F3N3OS 451.19052 3165 G 3833-99-6 PS LS Neuroleptic completely metabolized	
Cocaine-M (HO-di-methoxy-) TMS — 82, 94, 182, 198, M+ 451; 5951	C22H33NO7Si 451.20264 2970 UGLUCTMS UGLUCTMS LS/Q Local anesthetic Addictive drug	
Haloperidol-D4 TMS — 127, 296, 309, 436, M+ 451; 7286	C24H27D4ClFNO 451.20477 2960 PS LM/Q Neuroleptic Internal standard	
1-Propionyl-LSD TMS — 72, 73, 309, 349, M+ 451; 9872	C26H37N3O2Si 451.26550 3210 PS LM/Q Psychedelic Designer drug	
Tramadol-M (N,O-bis-demethyl-) 3TMS — 116, 142, 202, 361, M+ 451; 8070	C23H45NO2Si3 451.27582 2115 USPETMS USPETMS LS/Q Potent analgesic	
Betaxolol 2TMS — 73, 101, 144, 264, 436; 5494	C24H45NO3Si2 451.29379 2400 PS LM/Q Beta-Blocker	
Dihydrocapsaicine 2TMS — 73, 209, 339, 436, M+ 451; 6035	C24H45NO3Si2 451.29379 2700 PS LM/Q Biomolecule in pepper spray	

452

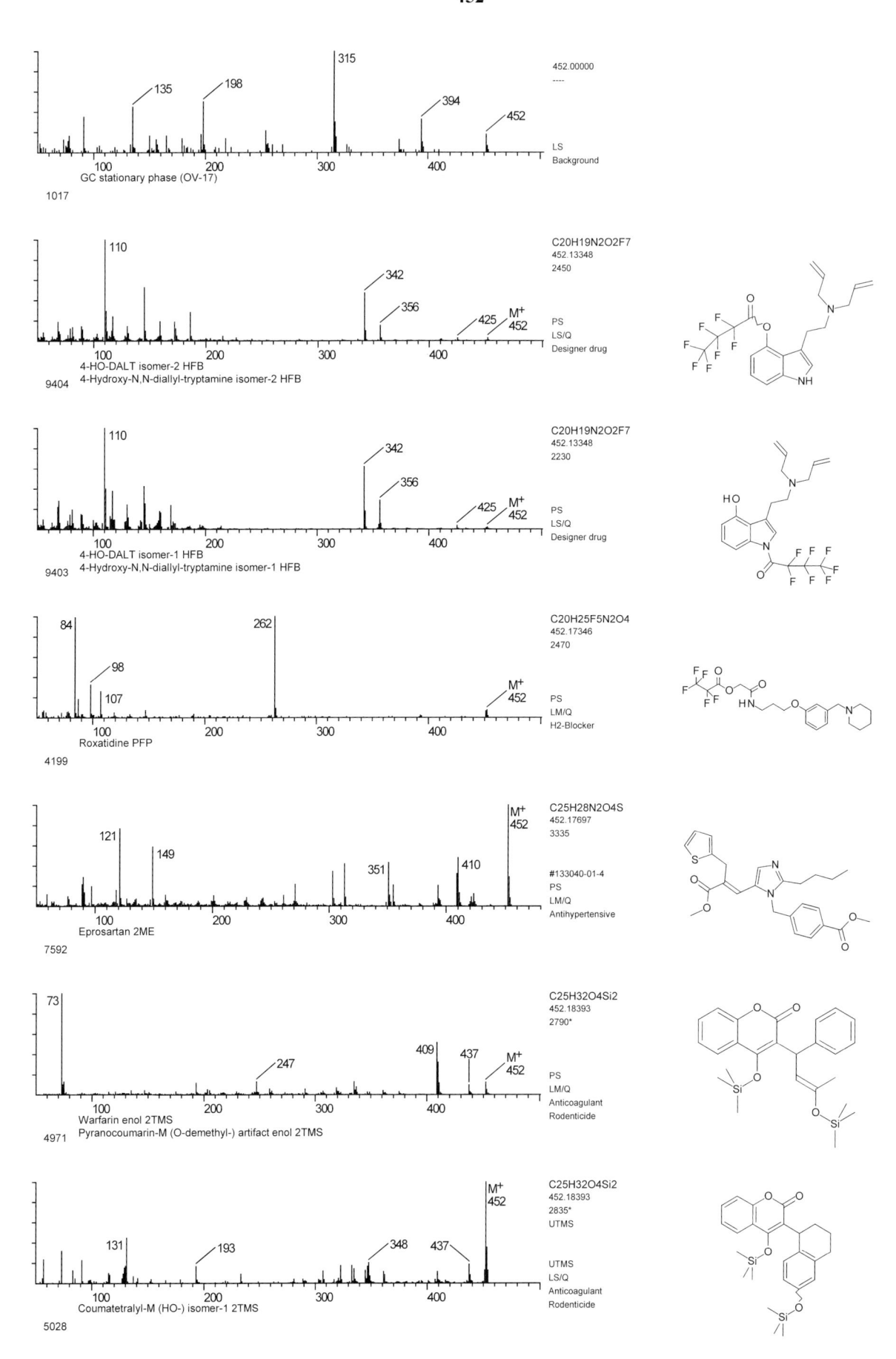

452.00000

LS
Background
GC stationary phase (OV-17)
1017

C20H19N2O2F7
452.13348
2450
PS
LS/Q
Designer drug
4-HO-DALT isomer-2 HFB
4-Hydroxy-N,N-diallyl-tryptamine isomer-2 HFB
9404

C20H19N2O2F7
452.13348
2230
PS
LS/Q
Designer drug
4-HO-DALT isomer-1 HFB
4-Hydroxy-N,N-diallyl-tryptamine isomer-1 HFB
9403

C20H25F5N2O4
452.17346
2470
PS
LM/Q
H2-Blocker
Roxatidine PFP
4199

C25H28N2O4S
452.17697
3335
#133040-01-4
PS
LM/Q
Antihypertensive
Eprosartan 2ME
7592

C25H32O4Si2
452.18393
2790*
PS
LM/Q
Anticoagulant
Rodenticide
Warfarin enol 2TMS
Pyranocoumarin-M (O-demethyl-) artifact enol 2TMS
4971

C25H32O4Si2
452.18393
2835*
UTMS
UTMS
LS/Q
Anticoagulant
Rodenticide
Coumatetralyl-M (HO-) isomer-1 2TMS
5028

1584

452

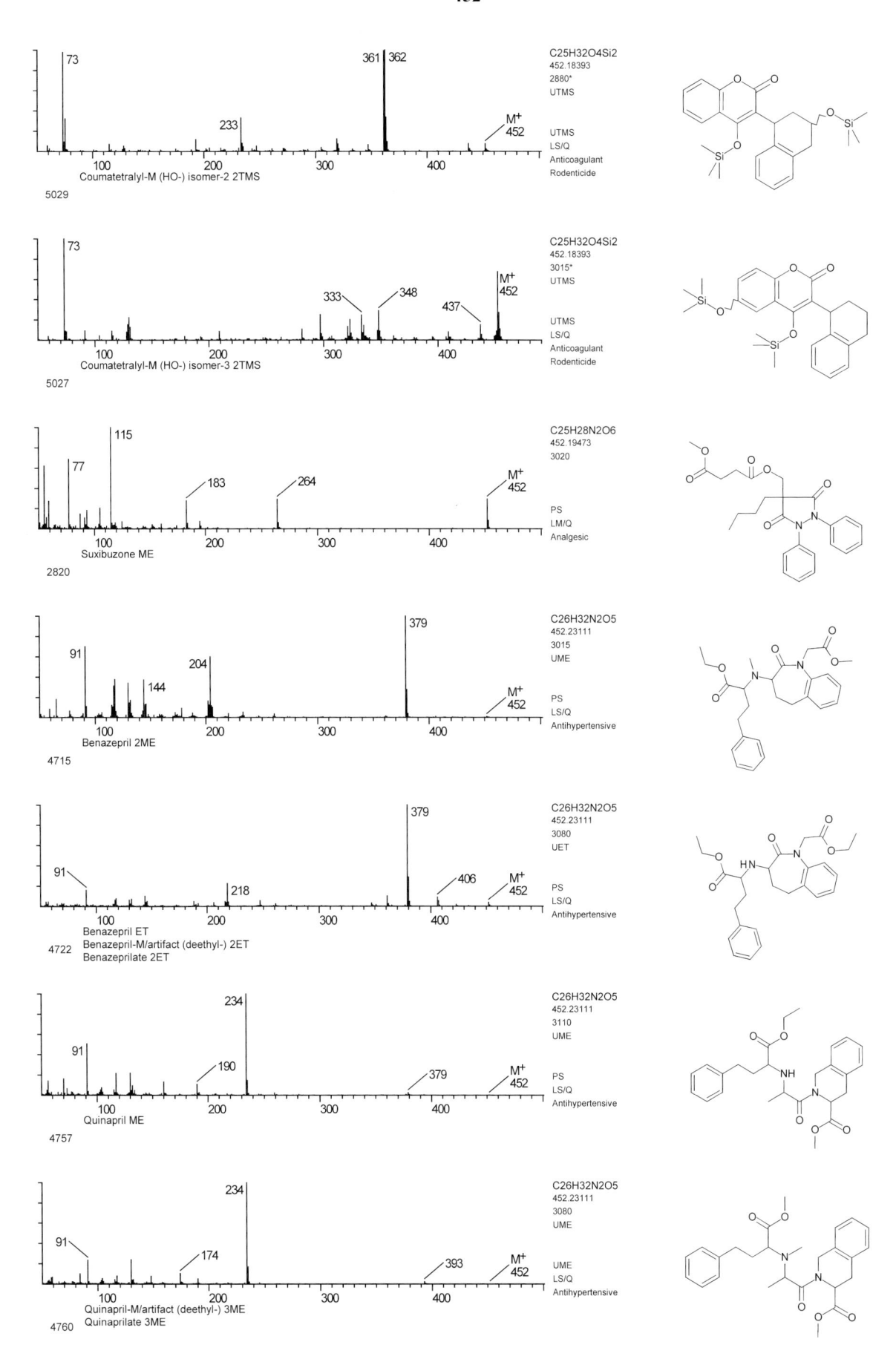

Spectrum	Formula / Info
Coumatetralyl-M (HO-) isomer-2 2TMS — 5029	C25H32O4Si2, 452.18393, 2880*, UTMS, LS/Q, Anticoagulant Rodenticide
Coumatetralyl-M (HO-) isomer-3 2TMS — 5027	C25H32O4Si2, 452.18393, 3015*, UTMS, LS/Q, Anticoagulant Rodenticide
Suxibuzone ME — 2820	C25H28N2O6, 452.19473, 3020, PS, LM/Q, Analgesic
Benazepril 2ME — 4715	C26H32N2O5, 452.23111, 3015, UME, PS, LS/Q, Antihypertensive
Benazepril ET / Benazepril-M/artifact (deethyl-) 2ET / Benazeprilate 2ET — 4722	C26H32N2O5, 452.23111, 3080, UET, PS, LS/Q, Antihypertensive
Quinapril ME — 4757	C26H32N2O5, 452.23111, 3110, UME, PS, LS/Q, Antihypertensive
Quinapril-M/artifact (deethyl-) 3ME / Quinaprilate 3ME — 4760	C26H32N2O5, 452.23111, 3080, UME, UME, LS/Q, Antihypertensive

452

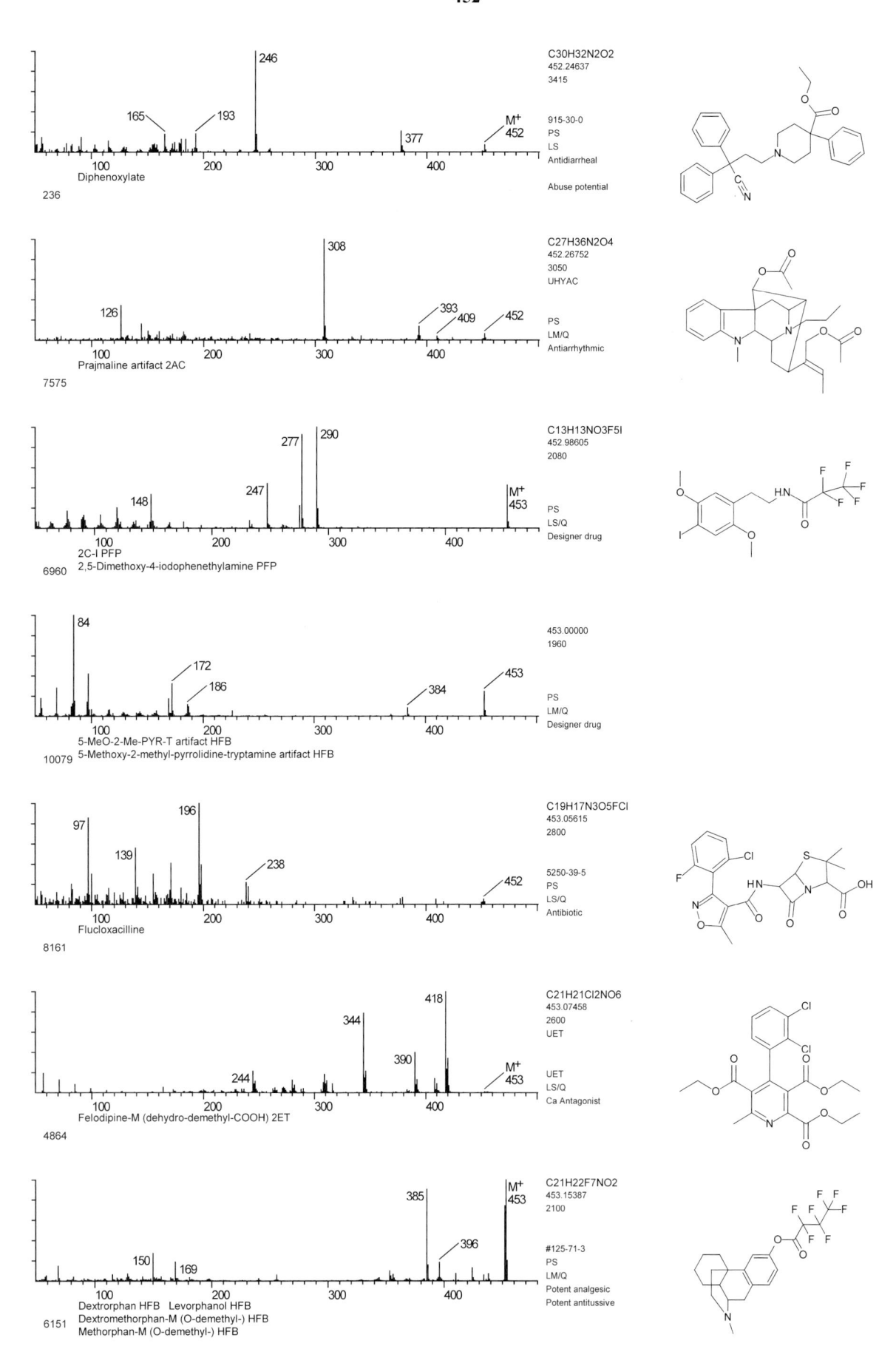

C30H32N2O2
452.24637
3415

915-30-0
PS
LS
Antidiarrheal

Diphenoxylate
236

Abuse potential

C27H36N2O4
452.26752
3050
UHYAC

PS
LM/Q
Antiarrhythmic

Prajmaline artifact 2AC
7575

C13H13NO3F5I
452.98605
2080

PS
LS/Q
Designer drug

2C-I PFP
2,5-Dimethoxy-4-iodophenethylamine PFP
6960

453.00000
1960

PS
LM/Q
Designer drug

5-MeO-2-Me-PYR-T artifact HFB
5-Methoxy-2-methyl-pyrrolidine-tryptamine artifact HFB
10079

C19H17N3O5FCl
453.05615
2800

5250-39-5
PS
LS/Q
Antibiotic

Flucloxacilline
8161

C21H21Cl2NO6
453.07458
2600
UET

UET
LS/Q
Ca Antagonist

Felodipine-M (dehydro-demethyl-COOH) 2ET
4864

C21H22F7NO2
453.15387
2100

#125-71-3
PS
LM/Q
Potent analgesic
Potent antitussive

Dextrorphan HFB   Levorphanol HFB
Dextromethorphan-M (O-demethyl-) HFB
6151 Methorphan-M (O-demethyl-) HFB

453

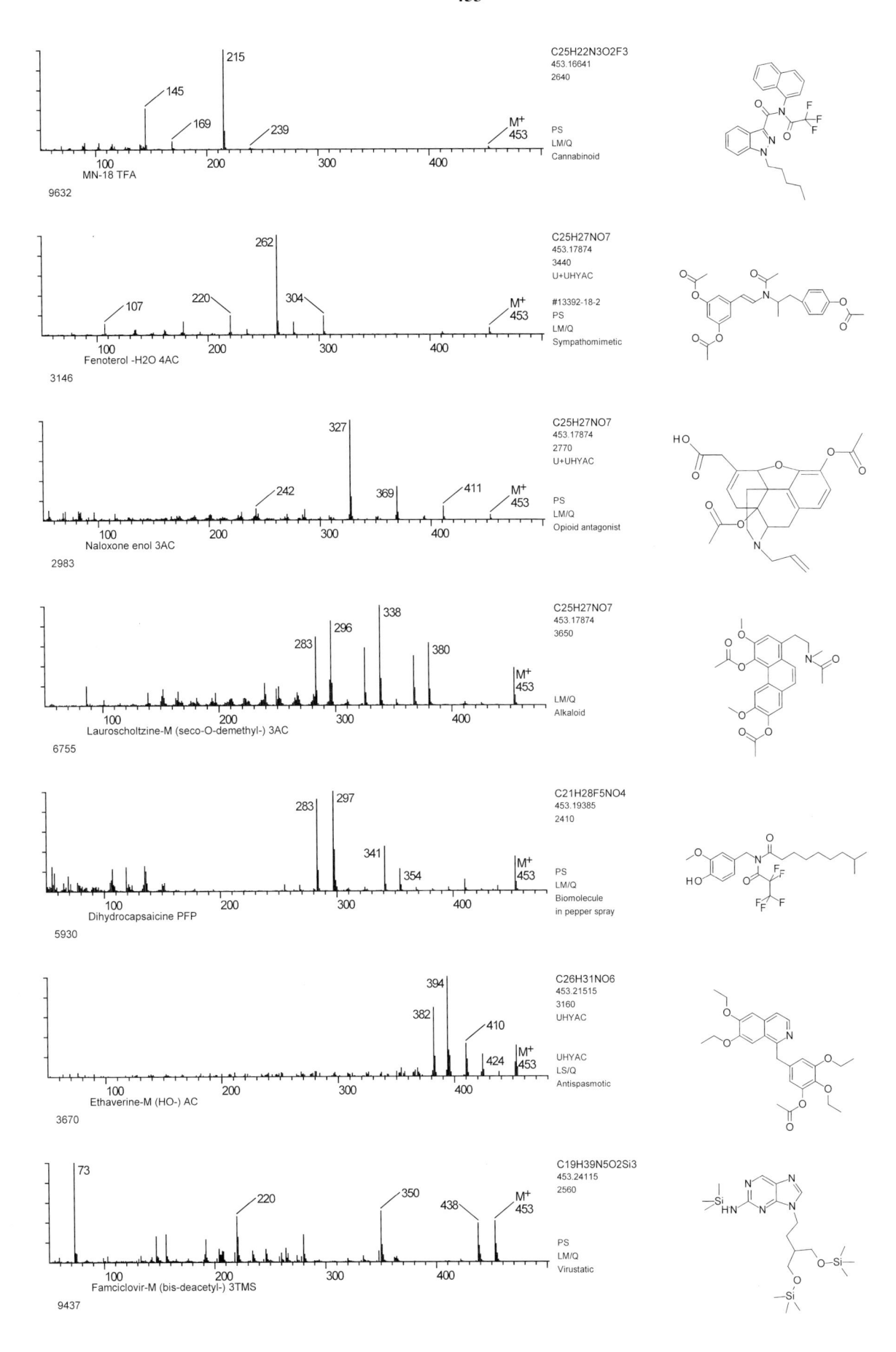

MN-18 TFA — 9632
C25H22N3O2F3
453.16641
2640
PS
LM/Q
Cannabinoid
Peaks: 145, 169, 215, 239, M+ 453

Fenoterol -H2O 4AC — 3146
C25H27NO7
453.17874
3440
U+UHYAC
#13392-18-2
PS
LM/Q
Sympathomimetic
Peaks: 107, 220, 262, 304, M+ 453

Naloxone enol 3AC — 2983
C25H27NO7
453.17874
2770
U+UHYAC
PS
LM/Q
Opioid antagonist
Peaks: 242, 327, 369, 411, M+ 453

Lauroscholtzine-M (seco-O-demethyl-) 3AC — 6755
C25H27NO7
453.17874
3650
LM/Q
Alkaloid
Peaks: 283, 296, 338, 380, M+ 453

Dihydrocapsaicine PFP — 5930
C21H28F5NO4
453.19385
2410
PS
LM/Q
Biomolecule in pepper spray
Peaks: 283, 297, 341, 354, M+ 453

Ethaverine-M (HO-) AC — 3670
C26H31NO6
453.21515
3160
UHYAC
UHYAC
LS/Q
Antispasmotic
Peaks: 382, 394, 410, 424, M+ 453

Famciclovir-M (bis-deacetyl-) 3TMS — 9437
C19H39N5O2Si3
453.24115
2560
PS
LM/Q
Virustatic
Peaks: 73, 220, 350, 438, M+ 453

453

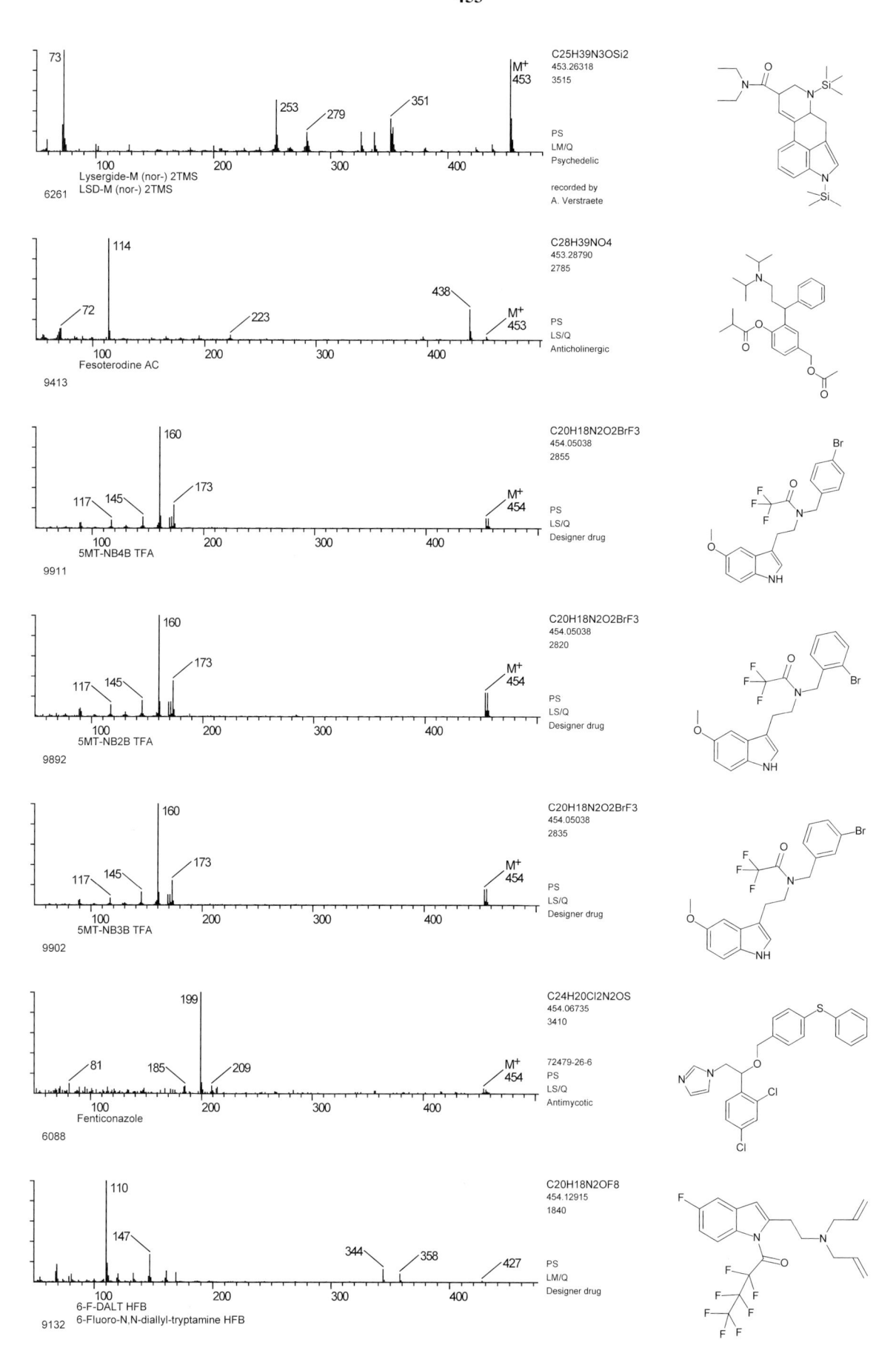

73, 253, 279, 351, M+ 453	C25H39N3OSi2 453.26318 3515 PS LM/Q Psychedelic recorded by A. Verstraete
6261 Lysergide-M (nor-) 2TMS LSD-M (nor-) 2TMS	
72, 114, 223, 438, M+ 453	C28H39NO4 453.28790 2785 PS LS/Q Anticholinergic
9413 Fesoterodine AC	
117, 145, 160, 173, M+ 454	C20H18N2O2BrF3 454.05038 2855 PS LS/Q Designer drug
9911 5MT-NB4B TFA	
117, 145, 160, 173, M+ 454	C20H18N2O2BrF3 454.05038 2820 PS LS/Q Designer drug
9892 5MT-NB2B TFA	
117, 145, 160, 173, M+ 454	C20H18N2O2BrF3 454.05038 2835 PS LS/Q Designer drug
9902 5MT-NB3B TFA	
81, 185, 199, 209, M+ 454	C24H20Cl2N2OS 454.06735 3410 72479-26-6 PS LS/Q Antimycotic
6088 Fenticonazole	
110, 147, 344, 358, 427	C20H18N2OF8 454.12915 1840 PS LM/Q Designer drug
9132 6-F-DALT HFB 6-Fluoro-N,N-diallyl-tryptamine HFB	

454

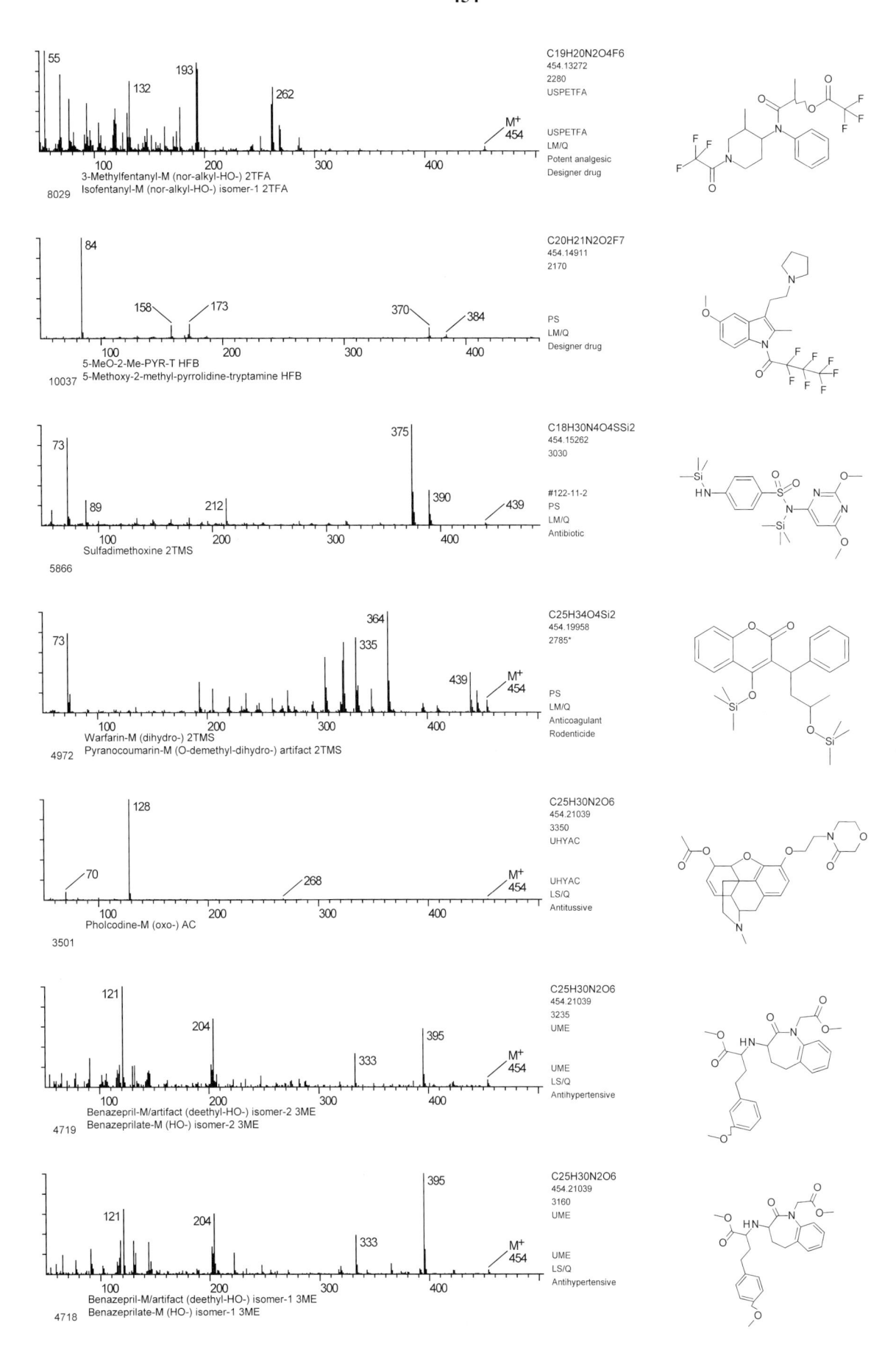

	C19H20N2O4F6
	454.13272
	2280
	USPETFA
	USPETFA
	LM/Q
	Potent analgesic
	Designer drug

3-Methylfentanyl-M (nor-alkyl-HO-) 2TFA
Isofentanyl-M (nor-alkyl-HO-) isomer-1 2TFA
8029

	C20H21N2O2F7
	454.14911
	2170
	PS
	LM/Q
	Designer drug

5-MeO-2-Me-PYR-T HFB
5-Methoxy-2-methyl-pyrrolidine-tryptamine HFB
10037

	C18H30N4O4SSi2
	454.15262
	3030
	#122-11-2
	PS
	LM/Q
	Antibiotic

Sulfadimethoxine 2TMS
5866

	C25H34O4Si2
	454.19958
	2785*
	PS
	LM/Q
	Anticoagulant
	Rodenticide

Warfarin-M (dihydro-) 2TMS
Pyranocoumarin-M (O-demethyl-dihydro-) artifact 2TMS
4972

	C25H30N2O6
	454.21039
	3350
	UHYAC
	UHYAC
	LS/Q
	Antitussive

Pholcodine-M (oxo-) AC
3501

	C25H30N2O6
	454.21039
	3235
	UME
	UME
	LS/Q
	Antihypertensive

Benazepril-M/artifact (deethyl-HO-) isomer-2 3ME
Benazeprilate-M (HO-) isomer-2 3ME
4719

	C25H30N2O6
	454.21039
	3160
	UME
	UME
	LS/Q
	Antihypertensive

Benazepril-M/artifact (deethyl-HO-) isomer-1 3ME
Benazeprilate-M (HO-) isomer-1 3ME
4718

454

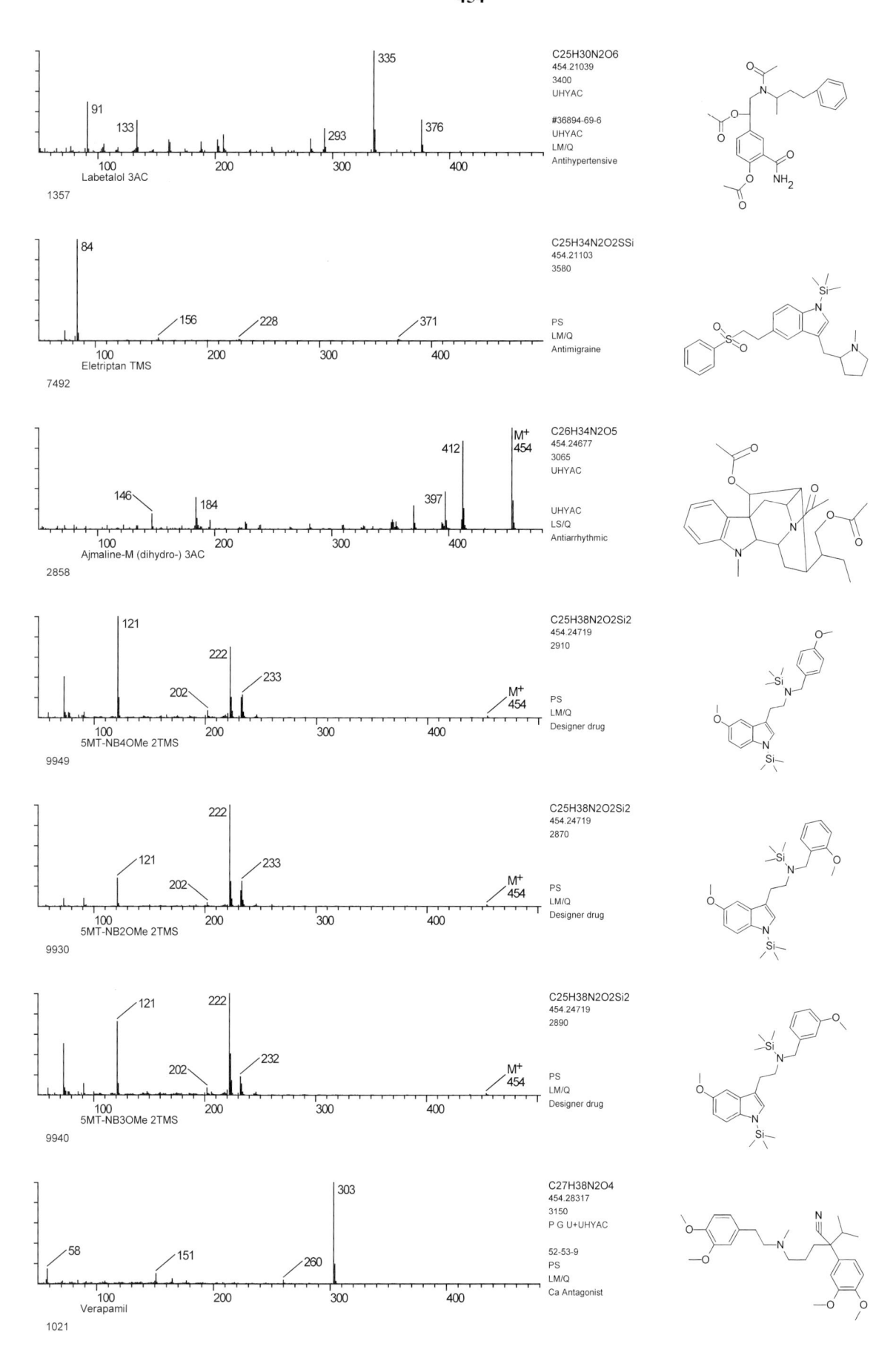

C25H30N2O6
454.21039
3400
UHYAC

#36894-69-6
UHYAC
LM/Q
Antihypertensive

Labetalol 3AC
1357

C25H34N2O2SSi
454.21103
3580

PS
LM/Q
Antimigraine

Eletriptan TMS
7492

C26H34N2O5
454.24677
3065
UHYAC

UHYAC
LS/Q
Antiarrhythmic

Ajmaline-M (dihydro-) 3AC
2858

C25H38N2O2Si2
454.24719
2910

PS
LM/Q
Designer drug

5MT-NB4OMe 2TMS
9949

C25H38N2O2Si2
454.24719
2870

PS
LM/Q
Designer drug

5MT-NB2OMe 2TMS
9930

C25H38N2O2Si2
454.24719
2890

PS
LM/Q
Designer drug

5MT-NB3OMe 2TMS
9940

C27H38N2O4
454.28317
3150
P G U+UHYAC

52-53-9
PS
LM/Q
Ca Antagonist

Verapamil
1021

1590

454

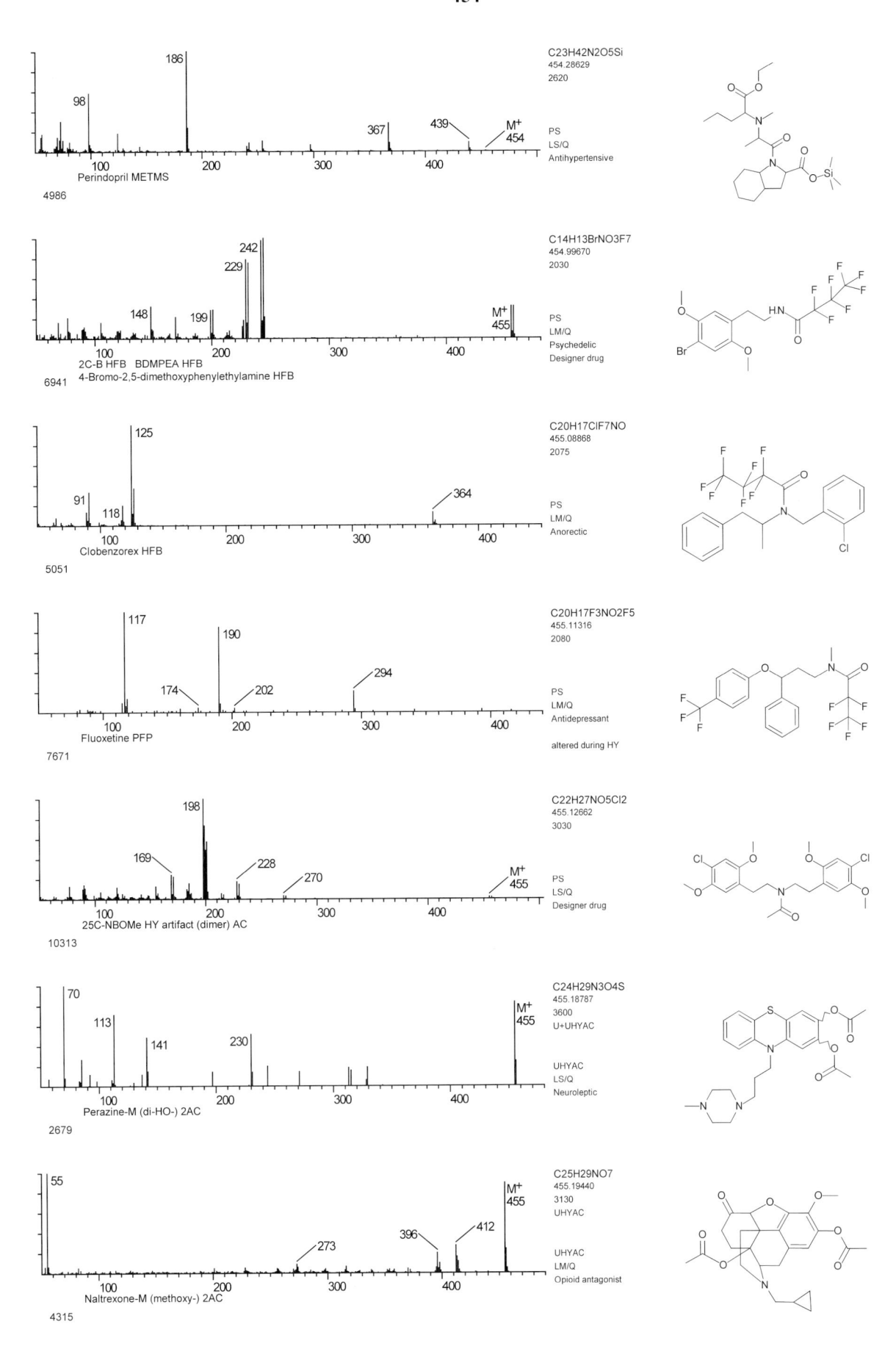

C23H42N2O5Si
454.28629
2620

PS
LS/Q
Antihypertensive

Perindopril METMS
4986

C14H13BrNO3F7
454.99670
2030

PS
LM/Q
Psychedelic
Designer drug

2C-B HFB BDMPEA HFB
4-Bromo-2,5-dimethoxyphenylethylamine HFB
6941

C20H17ClF7NO
455.08868
2075

PS
LM/Q
Anorectic

Clobenzorex HFB
5051

C20H17F3NO2F5
455.11316
2080

PS
LM/Q
Antidepressant

altered during HY

Fluoxetine PFP
7671

C22H27NO5Cl2
455.12662
3030

PS
LS/Q
Designer drug

25C-NBOMe HY artifact (dimer) AC
10313

C24H29N3O4S
455.18787
3600
U+UHYAC

UHYAC
LS/Q
Neuroleptic

Perazine-M (di-HO-) 2AC
2679

C25H29NO7
455.19440
3130
UHYAC

UHYAC
LM/Q
Opioid antagonist

Naltrexone-M (methoxy-) 2AC
4315

455

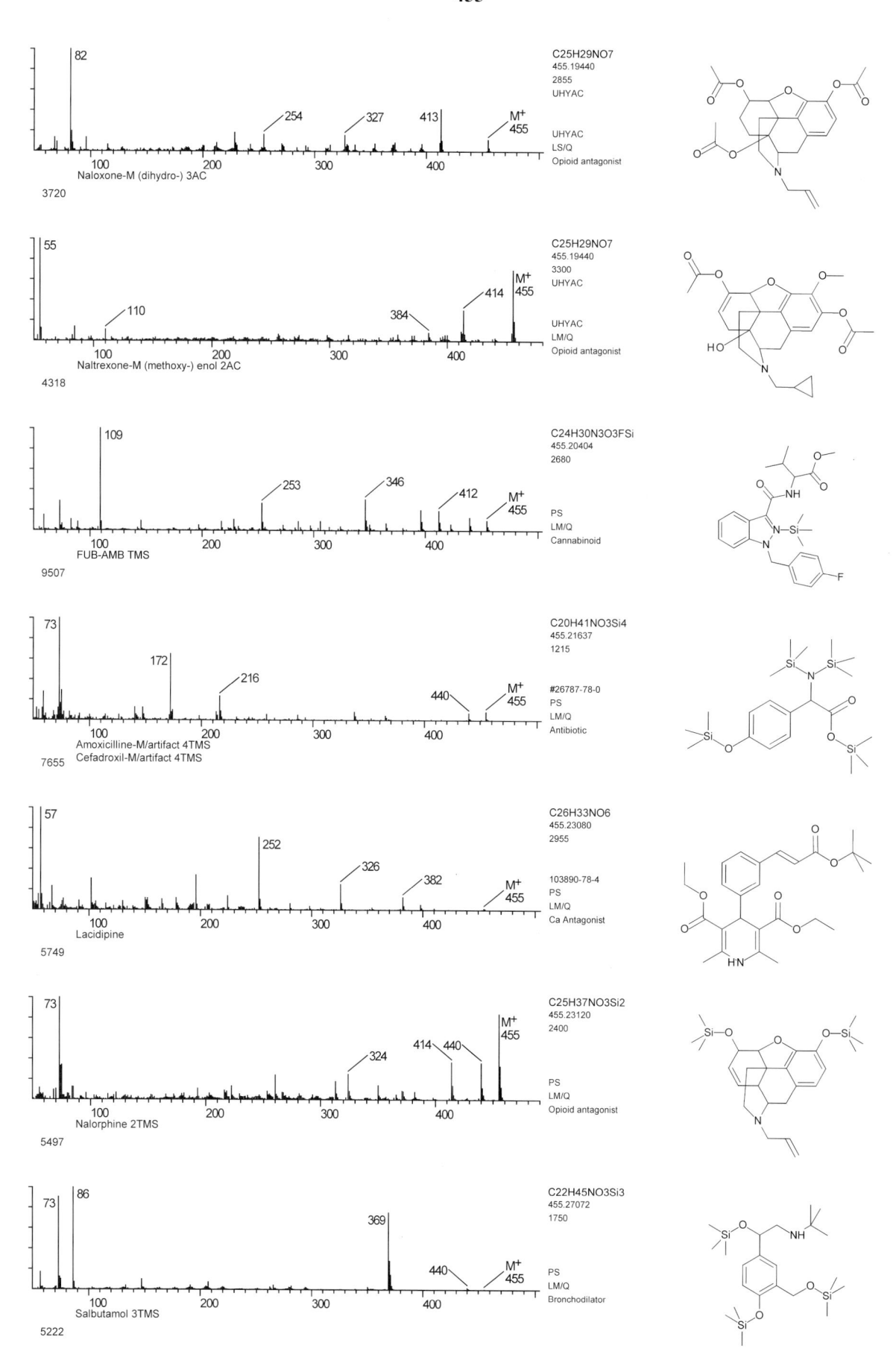

Naloxone-M (dihydro-) 3AC — C25H29NO7, 455.19440, 2855, UHYAC / UHYAC, LS/Q, Opioid antagonist
Peaks: 82, 254, 327, 413, M+ 455
3720

Naltrexone-M (methoxy-) enol 2AC — C25H29NO7, 455.19440, 3300, UHYAC / UHYAC, LM/Q, Opioid antagonist
Peaks: 55, 110, 384, 414, M+ 455
4318

FUB-AMB TMS — C24H30N3O3FSi, 455.20404, 2680, PS, LM/Q, Cannabinoid
Peaks: 109, 253, 346, 412, M+ 455
9507

Amoxicilline-M/artifact 4TMS / Cefadroxil-M/artifact 4TMS — C20H41NO3Si4, 455.21637, 1215, #26787-78-0, PS, LM/Q, Antibiotic
Peaks: 73, 172, 216, 440, M+ 455
7655

Lacidipine — C26H33NO6, 455.23080, 2955, 103890-78-4, PS, LM/Q, Ca Antagonist
Peaks: 57, 252, 326, 382, M+ 455
5749

Nalorphine 2TMS — C25H37NO3Si2, 455.23120, 2400, PS, LM/Q, Opioid antagonist
Peaks: 73, 324, 414, 440, M+ 455
5497

Salbutamol 3TMS — C22H45NO3Si3, 455.27072, 1750, PS, LM/Q, Bronchodilator
Peaks: 73, 86, 369, 440, M+ 455
5222

455

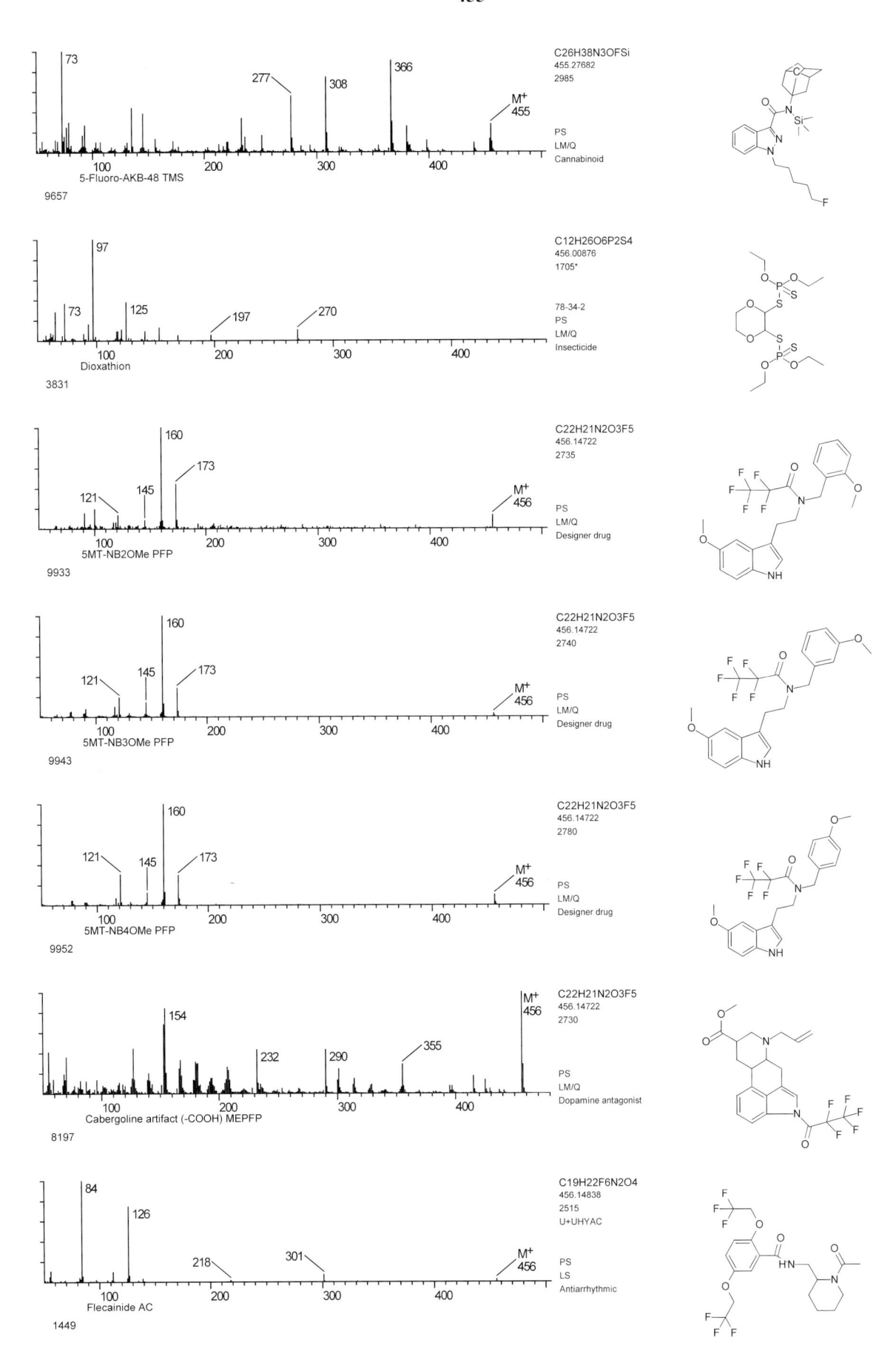

Spectrum	Formula	Info
5-Fluoro-AKB-48 TMS (9657) peaks: 73, 277, 308, 366, M+ 455	C26H38N3OFSi	455.27682, 2985, PS, LM/Q, Cannabinoid
Dioxathion (3831) peaks: 73, 97, 125, 197, 270	C12H26O6P2S4	456.00876, 1705*, 78-34-2, PS, LM/Q, Insecticide
5MT-NB2OMe PFP (9933) peaks: 121, 145, 160, 173, M+ 456	C22H21N2O3F5	456.14722, 2735, PS, LM/Q, Designer drug
5MT-NB3OMe PFP (9943) peaks: 121, 145, 160, 173, M+ 456	C22H21N2O3F5	456.14722, 2740, PS, LM/Q, Designer drug
5MT-NB4OMe PFP (9952) peaks: 121, 145, 160, 173, M+ 456	C22H21N2O3F5	456.14722, 2780, PS, LM/Q, Designer drug
Cabergoline artifact (-COOH) MEPFP (8197) peaks: 154, 232, 290, 355, M+ 456	C22H21N2O3F5	456.14722, 2730, PS, LM/Q, Dopamine antagonist
Flecainide AC (1449) peaks: 84, 126, 218, 301, M+ 456	C19H22F6N2O4	456.14838, 2515, U+UHYAC, PS, LS, Antiarrhythmic

456

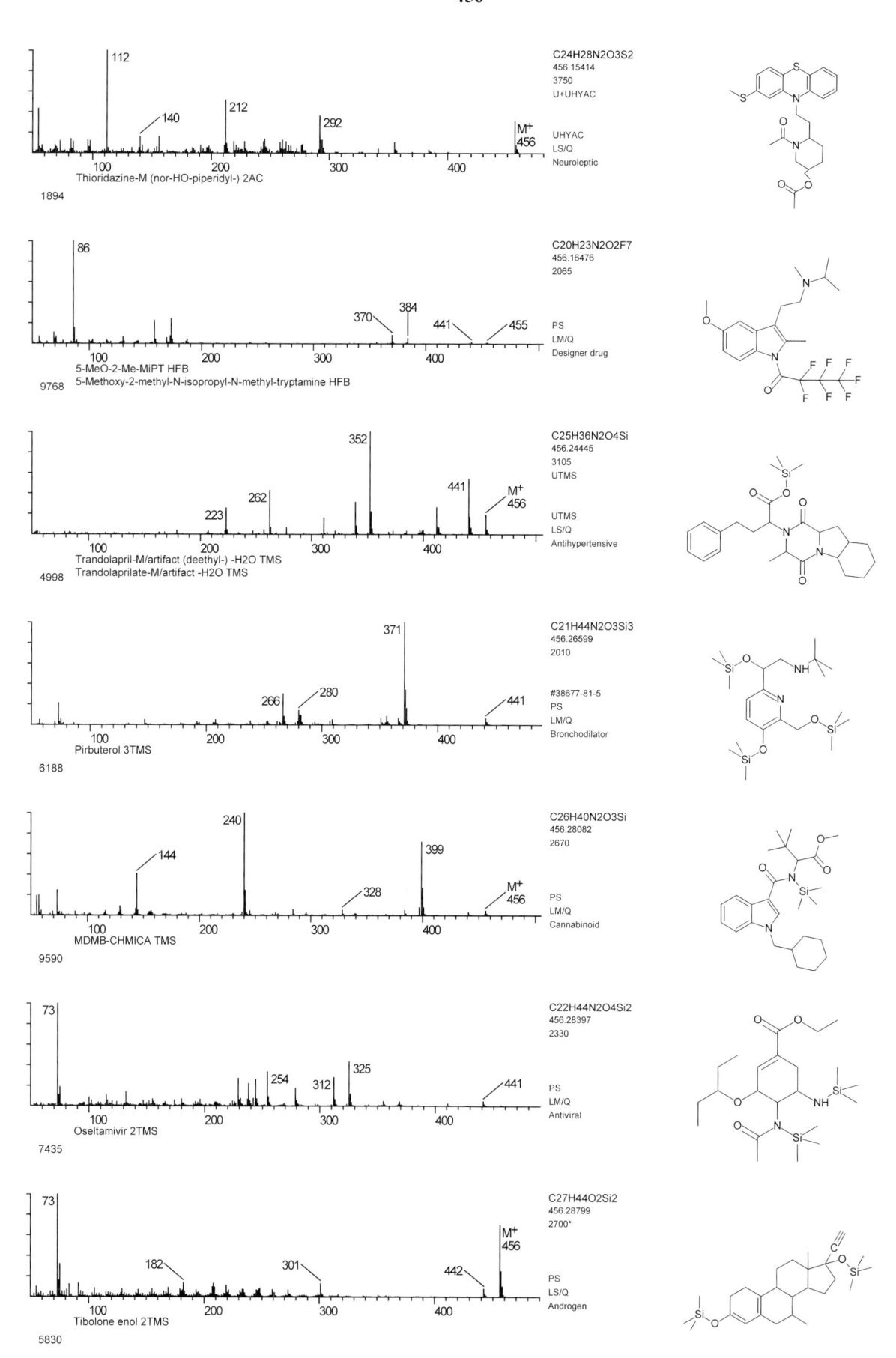

112, 140, 212, 292, M+ 456
Thioridazine-M (nor-HO-piperidyl-) 2AC
1894
C24H28N2O3S2
456.15414
3750
U+UHYAC
UHYAC
LS/Q
Neuroleptic

86, 370, 384, 441, 455
5-MeO-2-Me-MiPT HFB
5-Methoxy-2-methyl-N-isopropyl-N-methyl-tryptamine HFB
9768
C20H23N2O2F7
456.16476
2065
PS
LM/Q
Designer drug

223, 262, 352, 441, M+ 456
Trandolapril-M/artifact (deethyl-) -H2O TMS
Trandolaprilate-M/artifact -H2O TMS
4998
C25H36N2O4Si
456.24445
3105
UTMS
UTMS
LS/Q
Antihypertensive

266, 280, 371, 441
Pirbuterol 3TMS
6188
C21H44N2O3Si3
456.26599
2010
#38677-81-5
PS
LM/Q
Bronchodilator

144, 240, 328, 399, M+ 456
MDMB-CHMICA TMS
9590
C26H40N2O3Si
456.28082
2670
PS
LM/Q
Cannabinoid

73, 254, 312, 325, 441
Oseltamivir 2TMS
7435
C22H44N2O4Si2
456.28397
2330
PS
LM/Q
Antiviral

73, 182, 301, 442, M+ 456
Tibolone enol 2TMS
5830
C27H44O2Si2
456.28799
2700*
PS
LS/Q
Androgen

1594

457

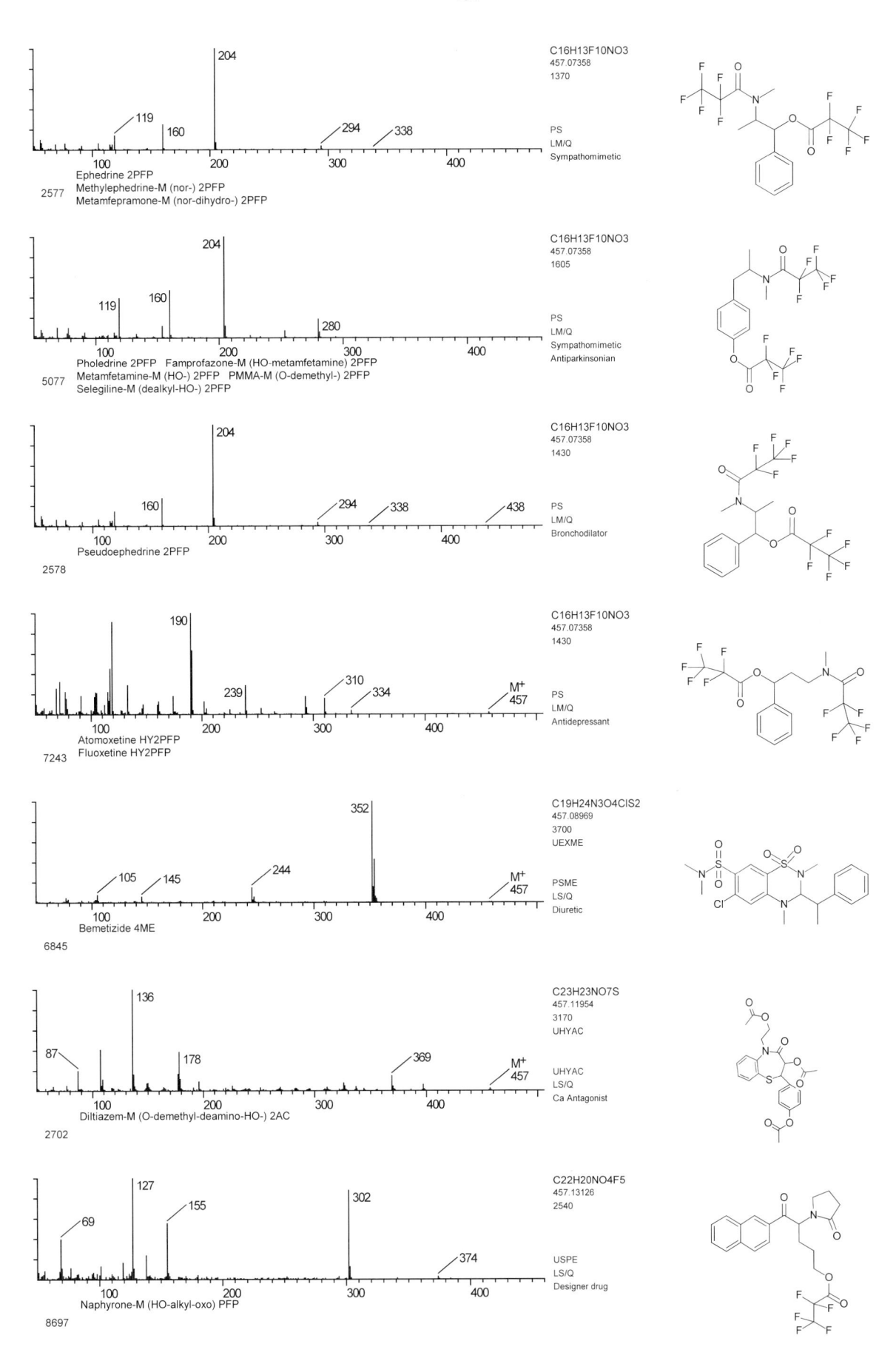

Spectrum info	Formula / Details
Peaks: 119, 160, 204, 294, 338	C16H13F10NO3 457.07358 1370 PS LM/Q Sympathomimetic
2577	Ephedrine 2PFP Methylephedrine-M (nor-) 2PFP Metamfepramone-M (nor-dihydro-) 2PFP
Peaks: 119, 160, 204, 280	C16H13F10NO3 457.07358 1605 PS LM/Q Sympathomimetic Antiparkinsonian
5077	Pholedrine 2PFP Famprofazone-M (HO-metamfetamine) 2PFP Metamfetamine-M (HO-) 2PFP PMMA-M (O-demethyl-) 2PFP Selegiline-M (dealkyl-HO-) 2PFP
Peaks: 160, 204, 294, 338, 438	C16H13F10NO3 457.07358 1430 PS LM/Q Bronchodilator
2578	Pseudoephedrine 2PFP
Peaks: 190, 239, 310, 334, M+ 457	C16H13F10NO3 457.07358 1430 PS LM/Q Antidepressant
7243	Atomoxetine HY2PFP Fluoxetine HY2PFP
Peaks: 105, 145, 244, 352, M+ 457	C19H24N3O4ClS2 457.08969 3700 UEXME PSME LS/Q Diuretic
6845	Bemetizide 4ME
Peaks: 87, 136, 178, 369, M+ 457	C23H23NO7S 457.11954 3170 UHYAC UHYAC LS/Q Ca Antagonist
2702	Diltiazem-M (O-demethyl-deamino-HO-) 2AC
Peaks: 69, 127, 155, 302, 374	C22H20NO4F5 457.13126 2540 USPE LS/Q Designer drug
8697	Naphyrone-M (HO-alkyl-oxo) PFP

457

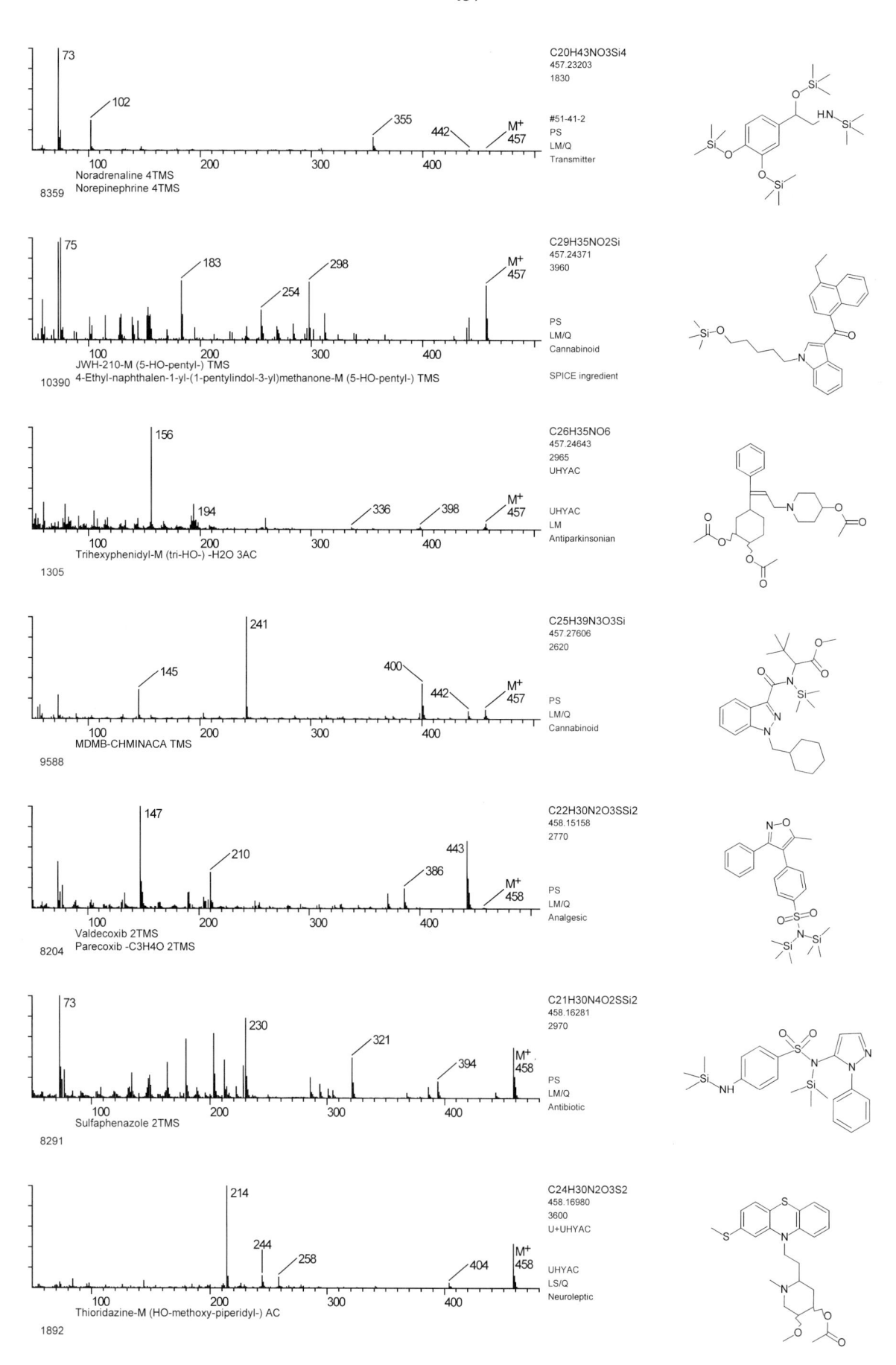

Spectrum	Formula	Data
8359 Noradrenaline 4TMS / Norepinephrine 4TMS	C20H43NO3Si4	457.23203, 1830, #51-41-2, PS, LM/Q, Transmitter
Peaks: 73, 102, 355, 442, M+ 457		
10390 JWH-210-M (5-HO-pentyl-) TMS / 4-Ethyl-naphthalen-1-yl-(1-pentylindol-3-yl)methanone-M (5-HO-pentyl-) TMS	C29H35NO2Si	457.24371, 3960, PS, LM/Q, Cannabinoid, SPICE ingredient
Peaks: 75, 183, 254, 298, M+ 457		
1305 Trihexyphenidyl-M (tri-HO-) -H2O 3AC	C26H35NO6	457.24643, 2965, UHYAC, UHYAC, LM, Antiparkinsonian
Peaks: 156, 194, 336, 398, M+ 457		
9588 MDMB-CHMINACA TMS	C25H39N3O3Si	457.27606, 2620, PS, LM/Q, Cannabinoid
Peaks: 145, 241, 400, 442, M+ 457		
8204 Valdecoxib 2TMS / Parecoxib -C3H4O 2TMS	C22H30N2O3SSi2	458.15158, 2770, PS, LM/Q, Analgesic
Peaks: 147, 210, 386, 443, M+ 458		
8291 Sulfaphenazole 2TMS	C21H30N4O2SSi2	458.16281, 2970, PS, LM/Q, Antibiotic
Peaks: 73, 230, 321, 394, M+ 458		
1892 Thioridazine-M (HO-methoxy-piperidyl-) AC	C24H30N2O3S2	458.16980, 3600, U+UHYAC, UHYAC, LS/Q, Neuroleptic
Peaks: 214, 244, 258, 404, M+ 458		

458

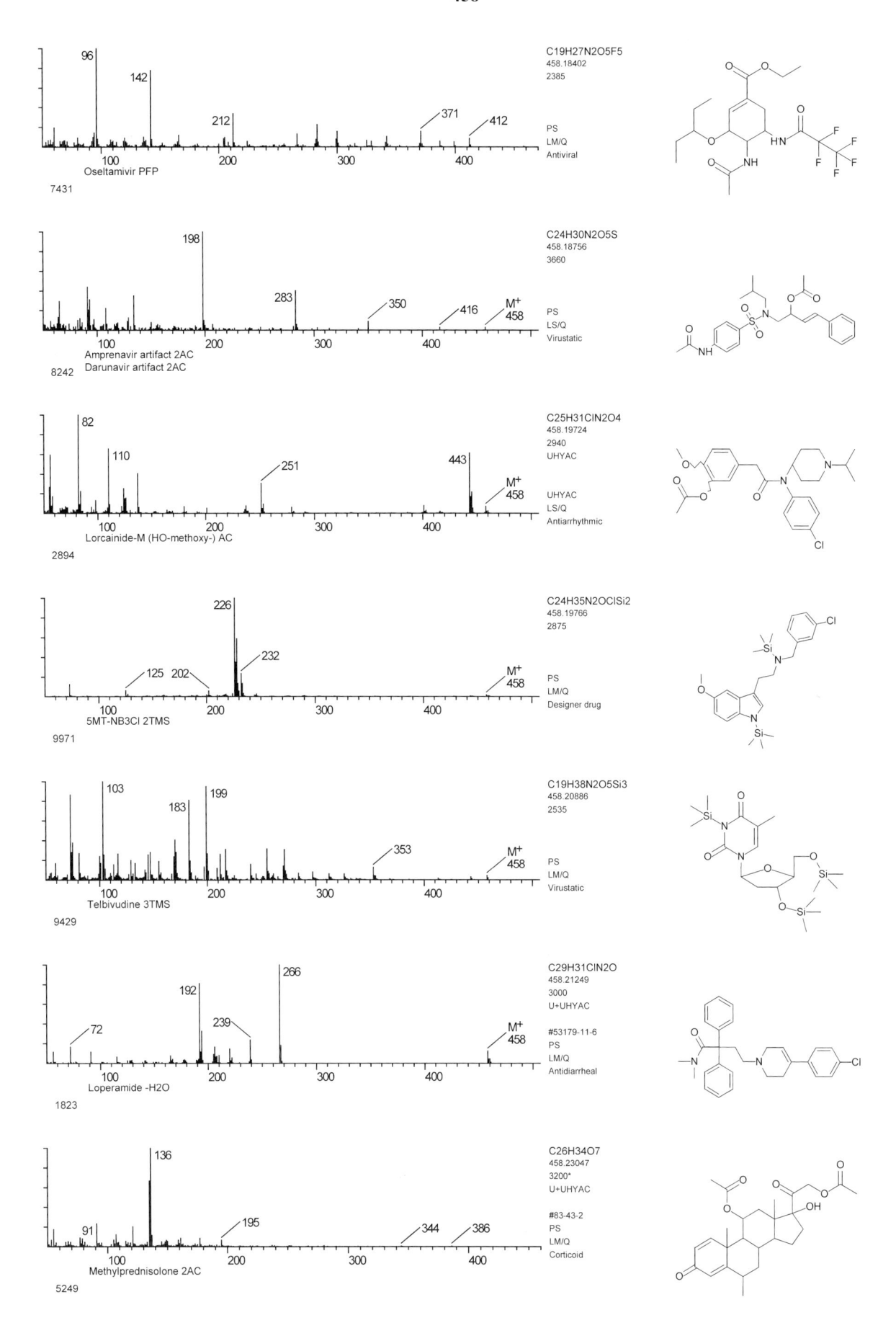

Oseltamivir PFP	C19H27N2O5F5 458.18402 2385 PS LM/Q Antiviral
Peaks: 96, 142, 212, 371, 412	
7431	

Amprenavir artifact 2AC Darunavir artifact 2AC	C24H30N2O5S 458.18756 3660 PS LS/Q Virustatic
Peaks: 198, 283, 350, 416, M+ 458	
8242	

Lorcainide-M (HO-methoxy-) AC	C25H31ClN2O4 458.19724 2940 UHYAC UHYAC LS/Q Antiarrhythmic
Peaks: 82, 110, 251, 443, M+ 458	
2894	

5MT-NB3Cl 2TMS	C24H35N2OClSi2 458.19766 2875 PS LM/Q Designer drug
Peaks: 125, 202, 226, 232, M+ 458	
9971	

Telbivudine 3TMS	C19H38N2O5Si3 458.20886 2535 PS LM/Q Virustatic
Peaks: 103, 183, 199, 353, M+ 458	
9429	

Loperamide -H2O	C29H31ClN2O 458.21249 3000 U+UHYAC #53179-11-6 PS LM/Q Antidiarrheal
Peaks: 72, 192, 239, 266, M+ 458	
1823	

Methylprednisolone 2AC	C26H34O7 458.23047 3200* U+UHYAC #83-43-2 PS LM/Q Corticoid
Peaks: 91, 136, 195, 344, 386	
5249	

458

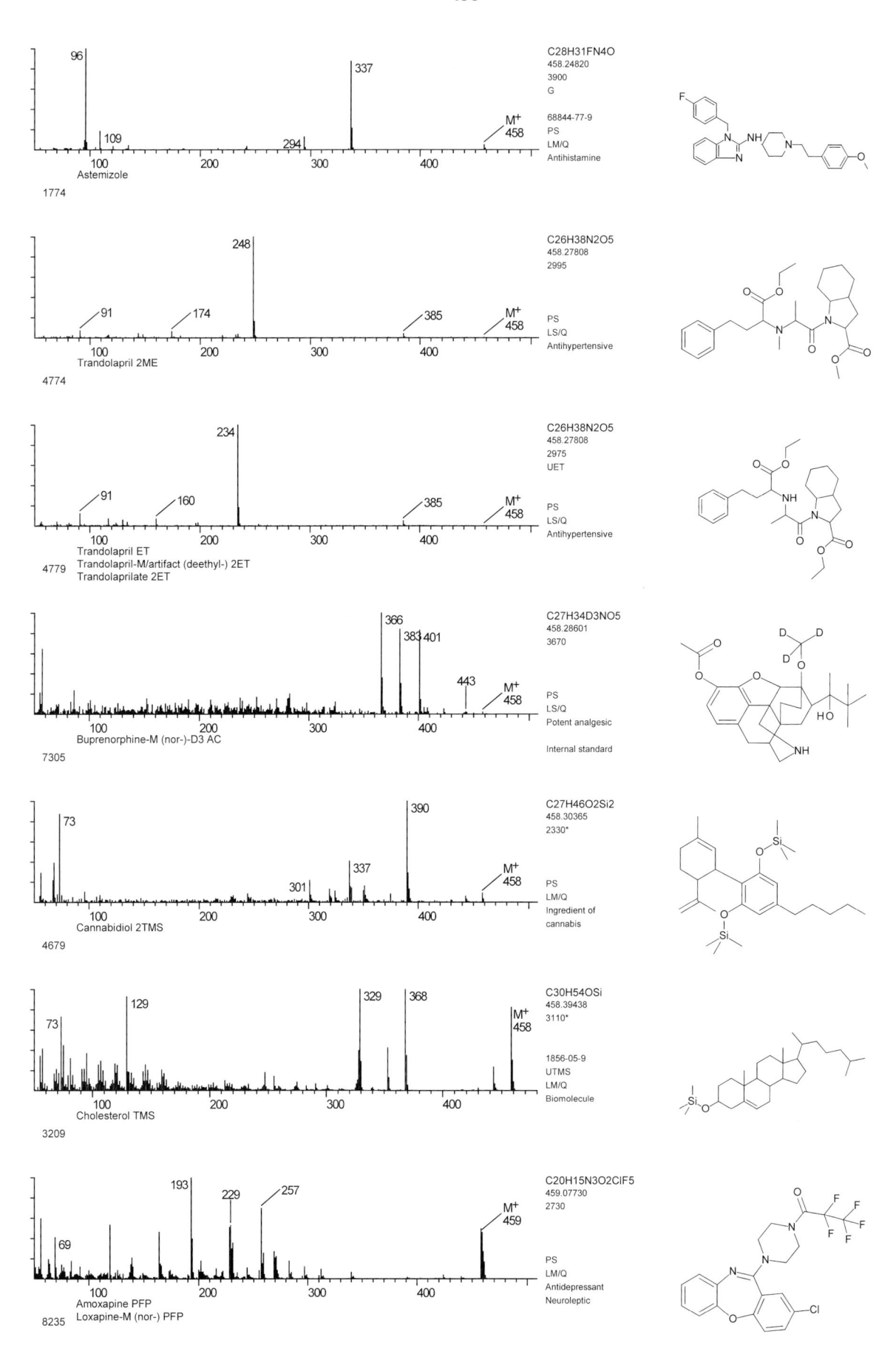

C28H31FN4O
458.24820
3900
G
68844-77-9
PS
LM/Q
Antihistamine

Astemizole
1774

C26H38N2O5
458.27808
2995

PS
LS/Q
Antihypertensive

Trandolapril 2ME
4774

C26H38N2O5
458.27808
2975
UET

PS
LS/Q
Antihypertensive

Trandolapril ET
Trandolapril-M/artifact (deethyl-) 2ET
Trandolaprilate 2ET
4779

C27H34D3NO5
458.28601
3670

PS
LS/Q
Potent analgesic

Buprenorphine-M (nor-)-D3 AC
Internal standard
7305

C27H46O2Si2
458.30365
2330*

PS
LM/Q
Ingredient of cannabis

Cannabidiol 2TMS
4679

C30H54OSi
458.39438
3110*

1856-05-9
UTMS
LM/Q
Biomolecule

Cholesterol TMS
3209

C20H15N3O2ClF5
459.07730
2730

PS
LM/Q
Antidepressant
Neuroleptic

Amoxapine PFP
Loxapine-M (nor-) PFP
8235

1598

459

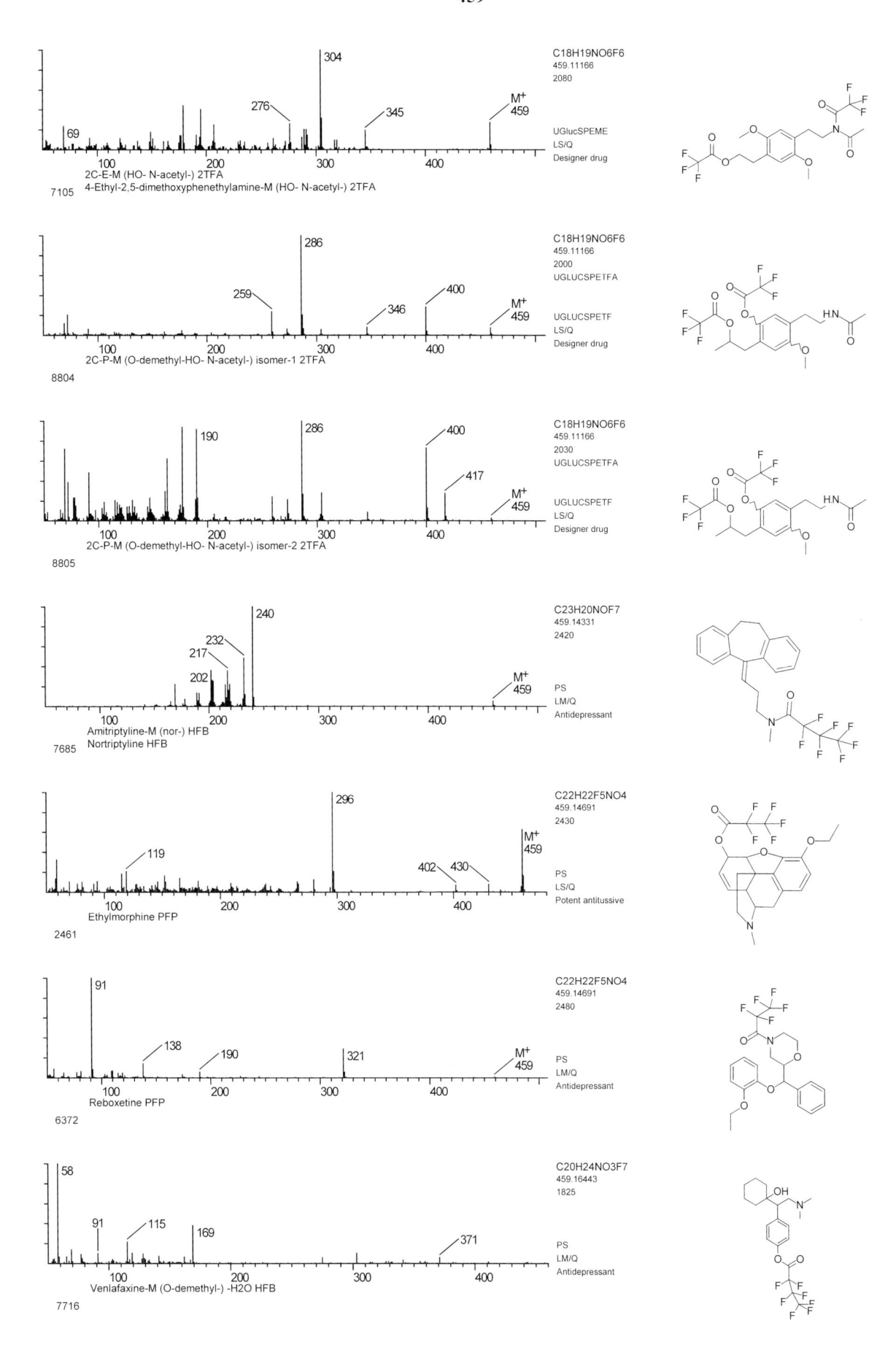

7105 2C-E-M (HO- N-acetyl-) 2TFA
4-Ethyl-2,5-dimethoxyphenethylamine-M (HO- N-acetyl-) 2TFA
C18H19NO6F6
459.11166
2080
UGlucSPEME
LS/Q
Designer drug

8804 2C-P-M (O-demethyl-HO- N-acetyl-) isomer-1 2TFA
C18H19NO6F6
459.11166
2000
UGLUCSPETFA
UGLUCSPETF
LS/Q
Designer drug

8805 2C-P-M (O-demethyl-HO- N-acetyl-) isomer-2 2TFA
C18H19NO6F6
459.11166
2030
UGLUCSPETFA
UGLUCSPETF
LS/Q
Designer drug

7685 Amitriptyline-M (nor-) HFB
Nortriptyline HFB
C23H20NOF7
459.14331
2420
PS
LM/Q
Antidepressant

2461 Ethylmorphine PFP
C22H22F5NO4
459.14691
2430
PS
LS/Q
Potent antitussive

6372 Reboxetine PFP
C22H22F5NO4
459.14691
2480
PS
LM/Q
Antidepressant

7716 Venlafaxine-M (O-demethyl-) -H2O HFB
C20H24NO3F7
459.16443
1825
PS
LM/Q
Antidepressant

459

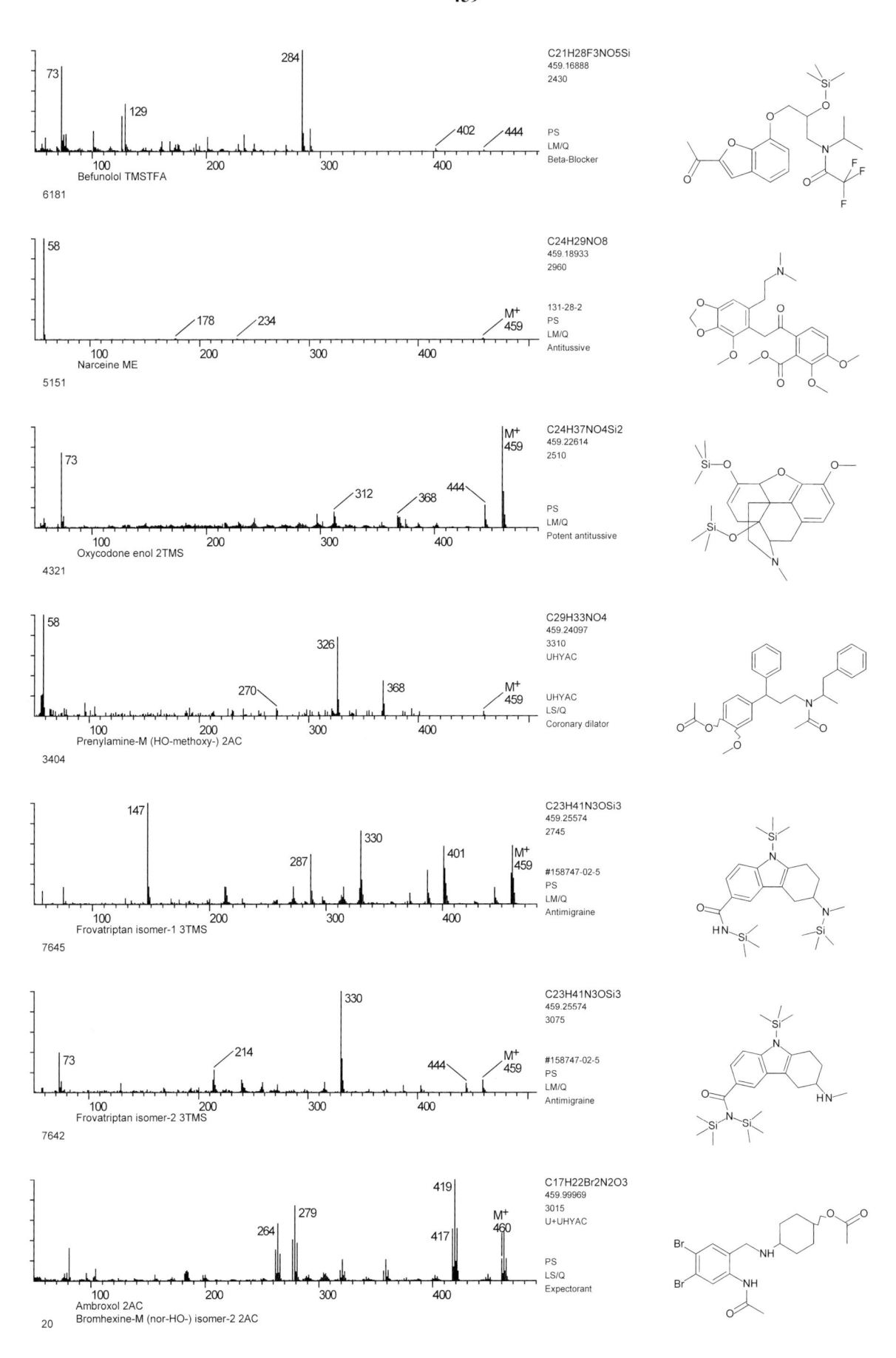

C21H28F3NO5Si
459.16888
2430

PS
LM/Q
Beta-Blocker

Befunolol TMSTFA
6181

C24H29NO8
459.18933
2960

131-28-2
PS
LM/Q
Antitussive

Narceine ME
5151

C24H37NO4Si2
459.22614
2510

PS
LM/Q
Potent antitussive

Oxycodone enol 2TMS
4321

C29H33NO4
459.24097
3310
UHYAC

UHYAC
LS/Q
Coronary dilator

Prenylamine-M (HO-methoxy-) 2AC
3404

C23H41N3OSi3
459.25574
2745

#158747-02-5
PS
LM/Q
Antimigraine

Frovatriptan isomer-1 3TMS
7645

C23H41N3OSi3
459.25574
3075

#158747-02-5
PS
LM/Q
Antimigraine

Frovatriptan isomer-2 3TMS
7642

C17H22Br2N2O3
459.99969
3015
U+UHYAC

PS
LS/Q
Expectorant

Ambroxol 2AC
Bromhexine-M (nor-HO-) isomer-2 2AC
20

460

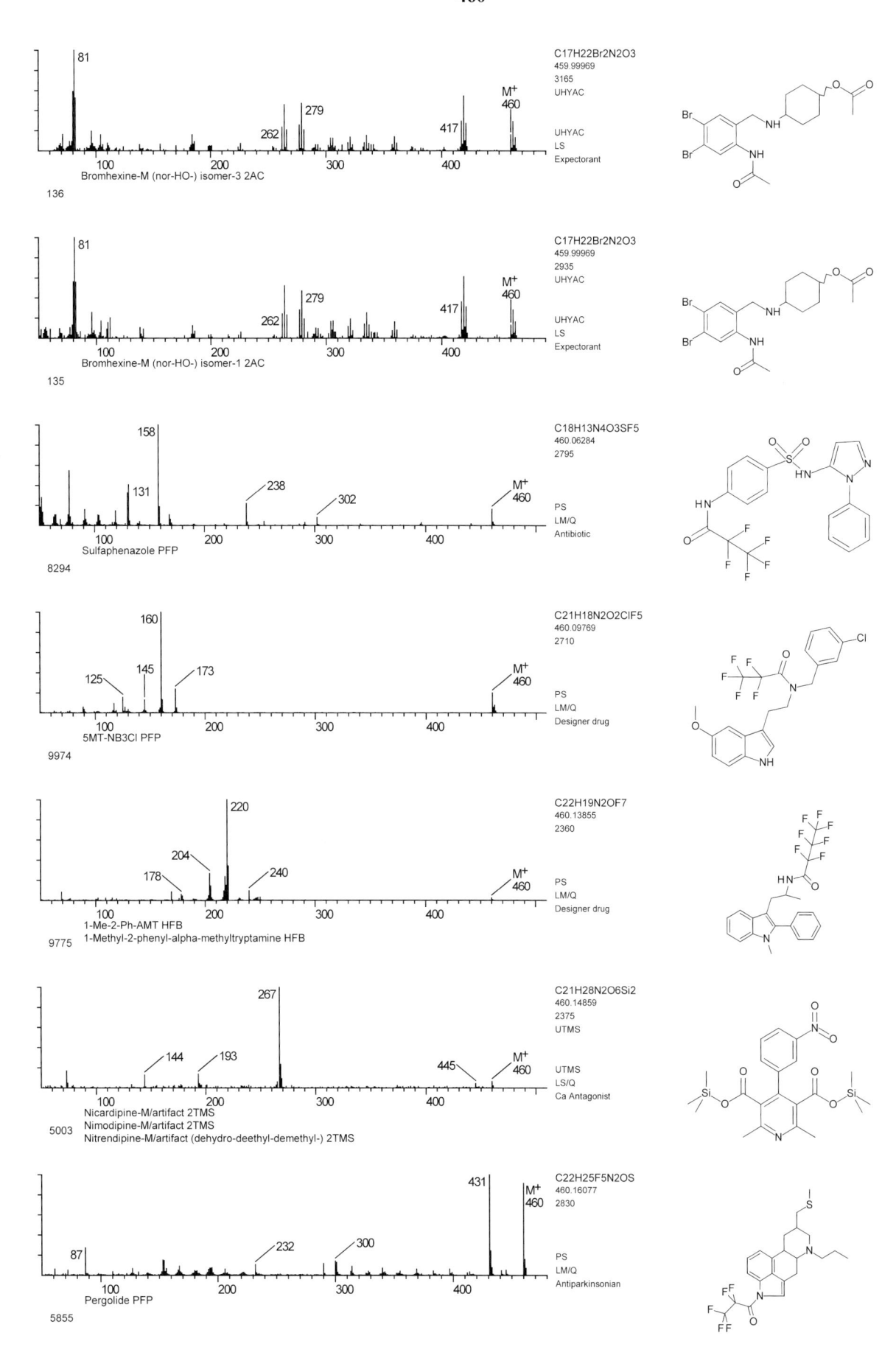

Bromhexine-M (nor-HO-) isomer-3 2AC	C17H22Br2N2O3 459.99969 3165 UHYAC UHYAC LS Expectorant	
Bromhexine-M (nor-HO-) isomer-1 2AC	C17H22Br2N2O3 459.99969 2935 UHYAC UHYAC LS Expectorant	
Sulfaphenazole PFP	C18H13N4O3SF5 460.06284 2795 PS LM/Q Antibiotic	
5MT-NB3Cl PFP	C21H18N2O2ClF5 460.09769 2710 PS LM/Q Designer drug	
1-Me-2-Ph-AMT HFB 1-Methyl-2-phenyl-alpha-methyltryptamine HFB	C22H19N2OF7 460.13855 2360 PS LM/Q Designer drug	
Nicardipine-M/artifact 2TMS Nimodipine-M/artifact 2TMS Nitrendipine-M/artifact (dehydro-deethyl-demethyl-) 2TMS	C21H28N2O6Si2 460.14859 2375 UTMS UTMS LS/Q Ca Antagonist	
Pergolide PFP	C22H25F5N2OS 460.16077 2830 PS LM/Q Antiparkinsonian	

1601

460

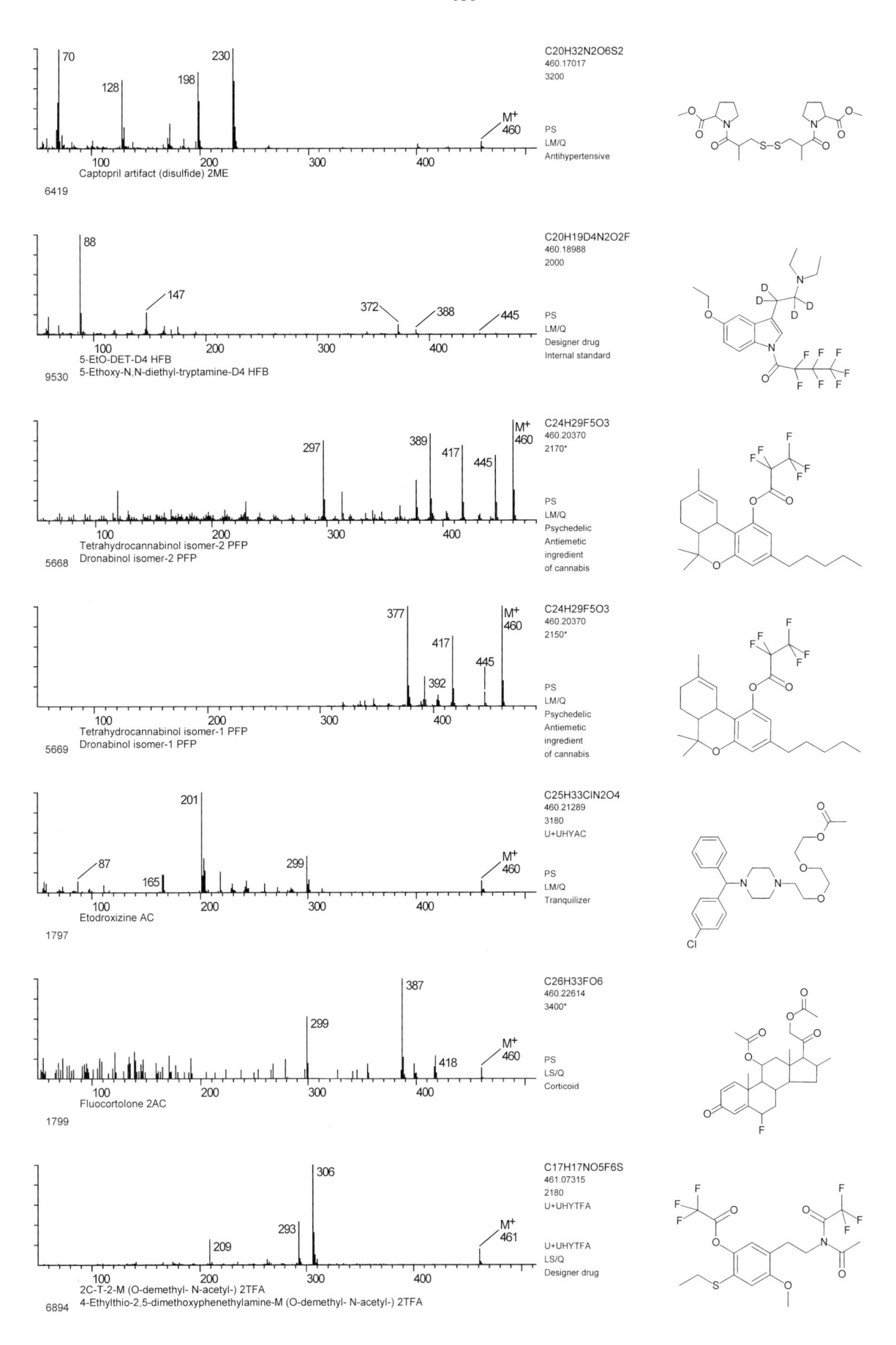

C20H32N2O6S2
460.17017
3200

PS
LM/Q
Antihypertensive

Captopril artifact (disulfide) 2ME
6419

C20H19D4N2O2F
460.18988
2000

PS
LM/Q
Designer drug
Internal standard

5-EtO-DET-D4 HFB
5-Ethoxy-N,N-diethyl-tryptamine-D4 HFB
9530

C24H29F5O3
460.20370
2170*

PS
LM/Q
Psychedelic
Antiemetic
ingredient
of cannabis

Tetrahydrocannabinol isomer-2 PFP
Dronabinol isomer-2 PFP
5668

C24H29F5O3
460.20370
2150*

PS
LM/Q
Psychedelic
Antiemetic
ingredient
of cannabis

Tetrahydrocannabinol isomer-1 PFP
Dronabinol isomer-1 PFP
5669

C25H33ClN2O4
460.21289
3180
U+UHYAC

PS
LM/Q
Tranquilizer

Etodroxizine AC
1797

C26H33FO6
460.22614
3400*

PS
LS/Q
Corticoid

Fluocortolone 2AC
1799

C17H17NO5F6S
461.07315
2180
U+UHYTFA

U+UHYTFA
LS/Q
Designer drug

2C-T-2-M (O-demethyl- N-acetyl-) 2TFA
4-Ethylthio-2,5-dimethoxyphenethylamine-M (O-demethyl- N-acetyl-) 2TFA
6894

1602

461

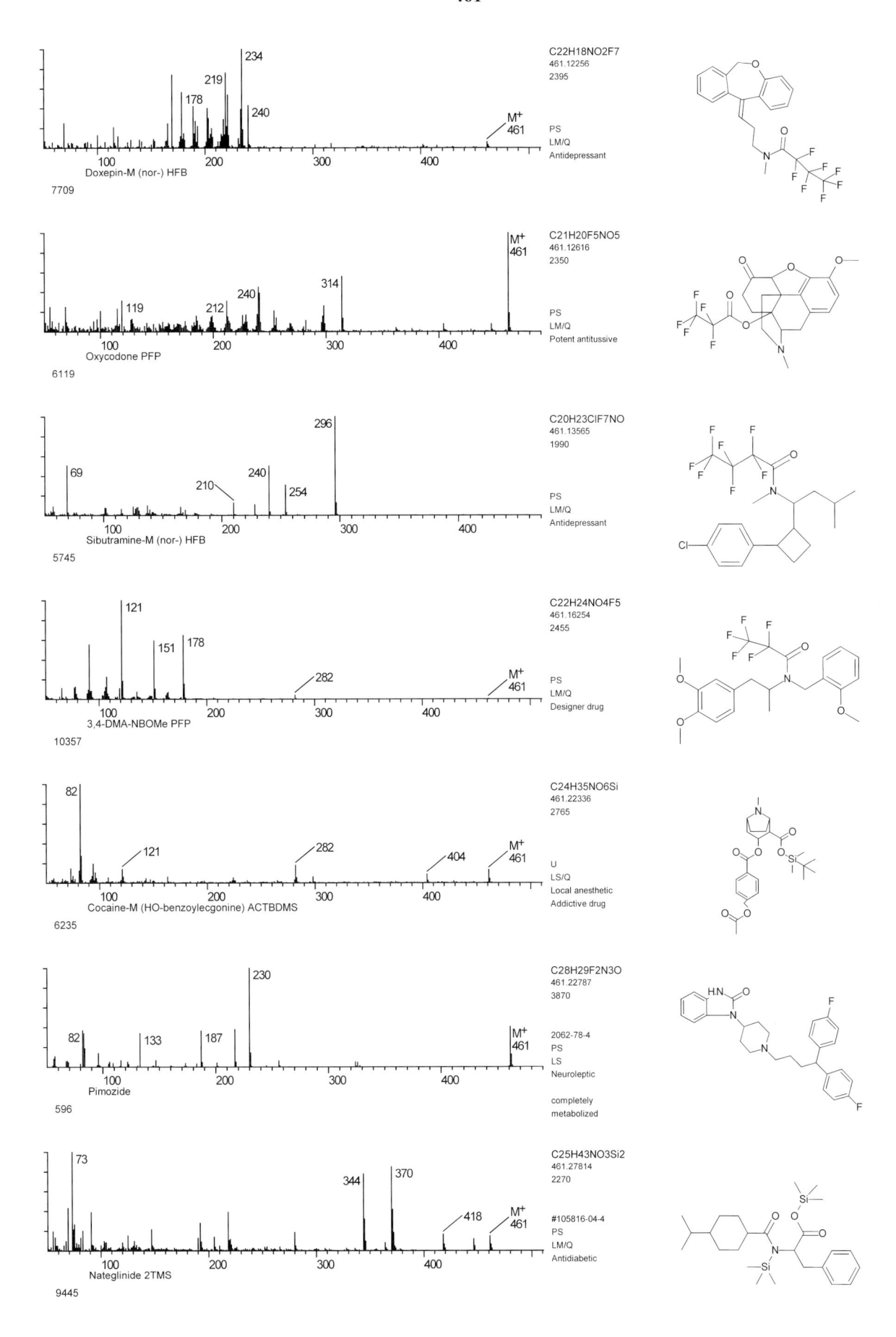

Spectrum label	Formula / data
Doxepin-M (nor-) HFB — 7709; peaks 178, 219, 234, 240, M+ 461	C22H18NO2F7; 461.12256; 2395; PS; LM/Q; Antidepressant
Oxycodone PFP — 6119; peaks 119, 212, 240, 314, M+ 461	C21H20F5NO5; 461.12616; 2350; PS; LM/Q; Potent antitussive
Sibutramine-M (nor-) HFB — 5745; peaks 69, 210, 240, 254, 296	C20H23ClF7NO; 461.13565; 1990; PS; LM/Q; Antidepressant
3,4-DMA-NBOMe PFP — 10357; peaks 121, 151, 178, 282, M+ 461	C22H24NO4F5; 461.16254; 2455; PS; LM/Q; Designer drug
Cocaine-M (HO-benzoylecgonine) ACTBDMS — 6235; peaks 82, 121, 282, 404, M+ 461	C24H35NO6Si; 461.22336; 2765; U; LS/Q; Local anesthetic; Addictive drug
Pimozide — 596; peaks 82, 133, 187, 230, M+ 461	C28H29F2N3O; 461.22787; 3870; 2062-78-4; PS; LS; Neuroleptic; completely metabolized
Nateglinide 2TMS — 9445; peaks 73, 344, 370, 418, M+ 461	C25H43NO3Si2; 461.27814; 2270; #105816-04-4; PS; LM/Q; Antidiabetic

462

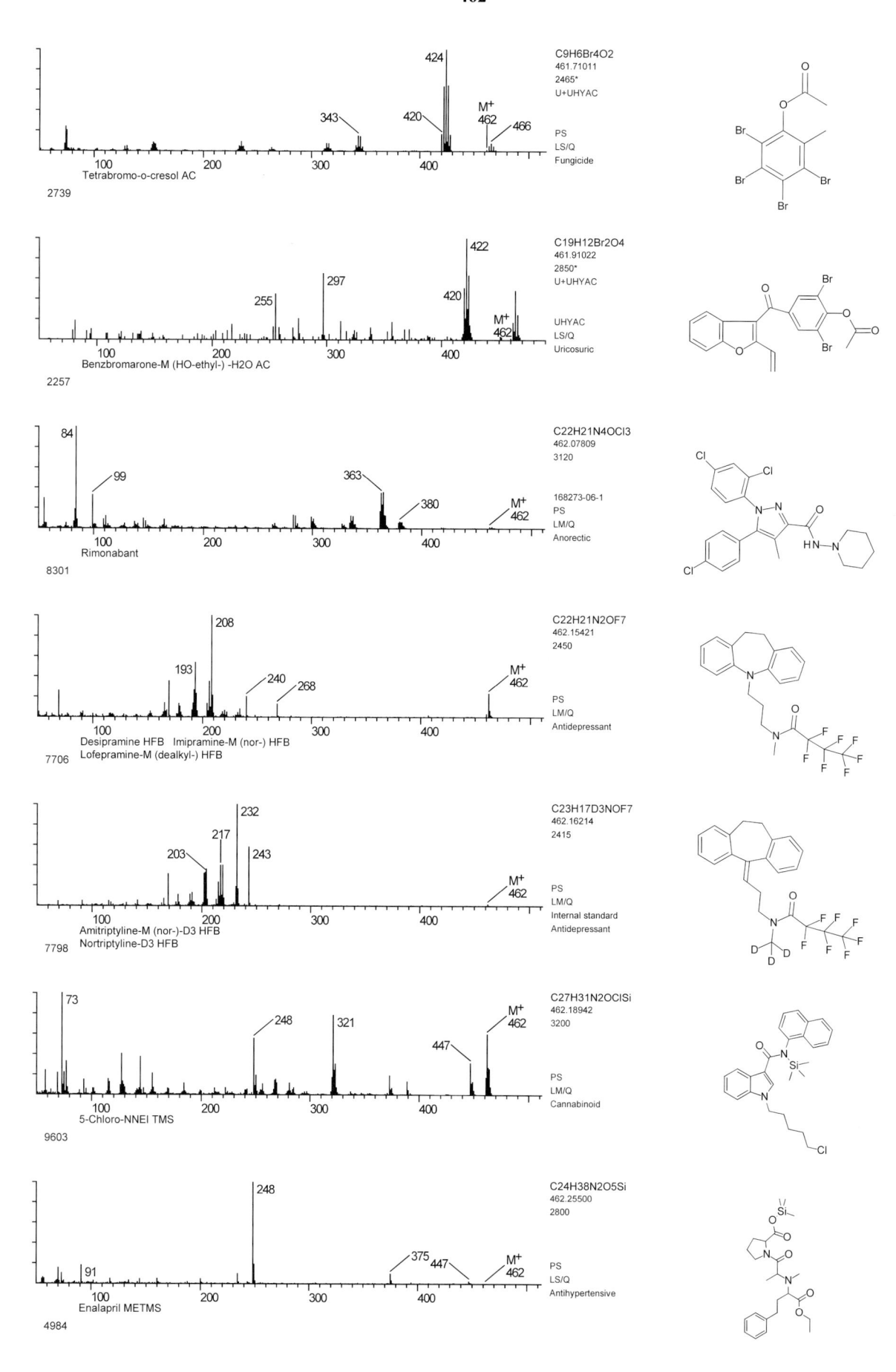

Tetrabromo-o-cresol AC — peaks: 343, 420, 424, M+ 462, 466	C9H6Br4O2 461.71011 2465* U+UHYAC PS LS/Q Fungicide
2739	

Benzbromarone-M (HO-ethyl-) -H2O AC — peaks: 255, 297, 420, 422, M+ 462	C19H12Br2O4 461.91022 2850* U+UHYAC UHYAC LS/Q Uricosuric
2257	

Rimonabant — peaks: 84, 99, 363, 380, M+ 462	C22H21N4OCl3 462.07809 3120 168273-06-1 PS LM/Q Anorectic
8301	

Desipramine HFB Imipramine-M (nor-) HFB Lofepramine-M (dealkyl-) HFB — peaks: 193, 208, 240, 268, M+ 462	C22H21N2OF7 462.15421 2450 PS LM/Q Antidepressant
7706	

Amitriptyline-M (nor-)-D3 HFB Nortriptyline-D3 HFB — peaks: 203, 217, 232, 243, M+ 462	C23H17D3NOF7 462.16214 2415 PS LM/Q Internal standard Antidepressant
7798	

5-Chloro-NNEI TMS — peaks: 73, 248, 321, 447, M+ 462	C27H31N2OClSi 462.18942 3200 PS LM/Q Cannabinoid
9603	

Enalapril METMS — peaks: 91, 248, 375, 447, M+ 462	C24H38N2O5Si 462.25500 2800 PS LS/Q Antihypertensive
4984	

463

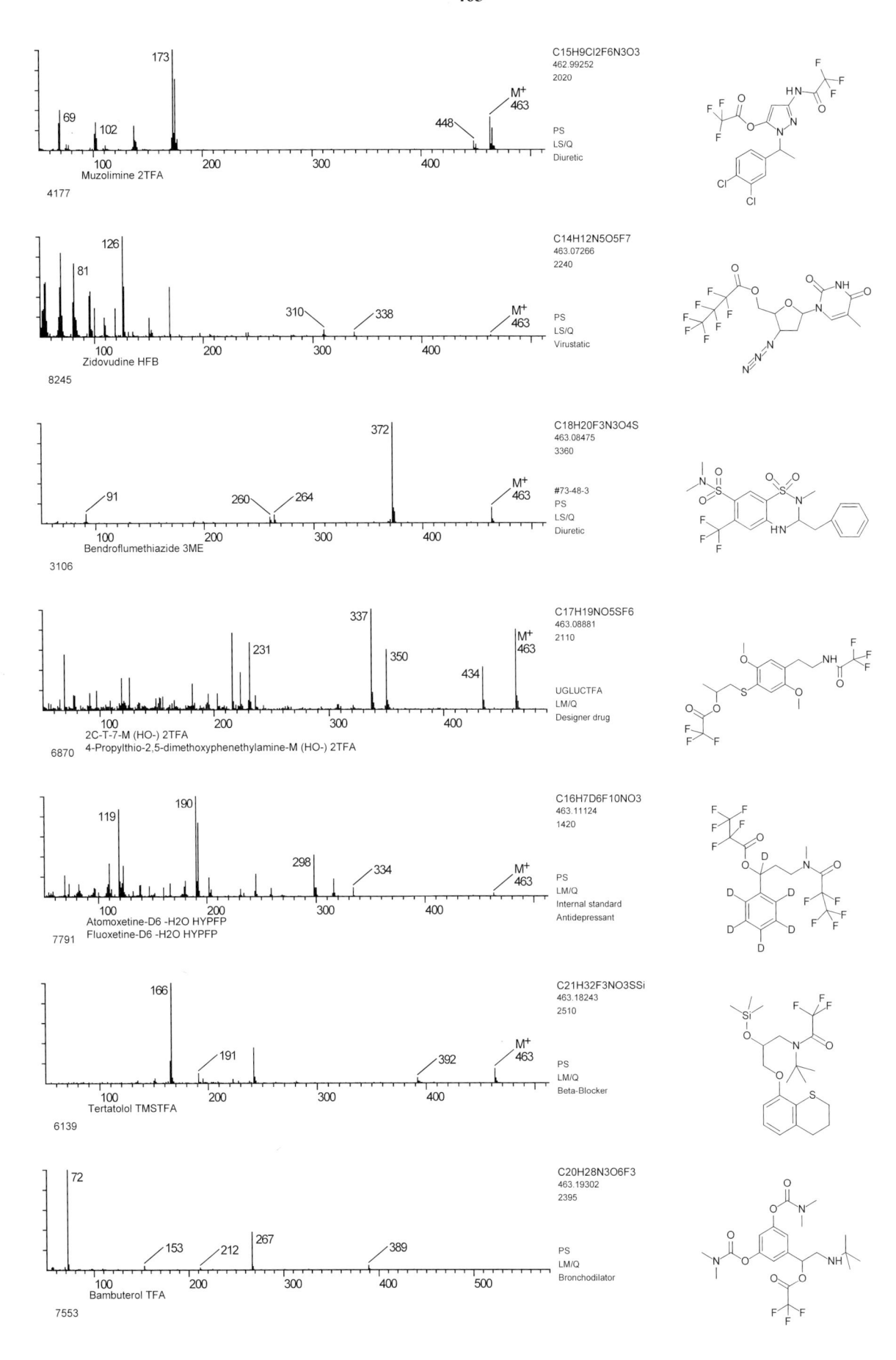

Muzolimine 2TFA — 4177
69, 102, 173, 448, M+ 463
C15H9Cl2F6N3O3
462.99252
2020
PS
LS/Q
Diuretic

Zidovudine HFB — 8245
81, 126, 310, 338, M+ 463
C14H12N5O5F7
463.07266
2240
PS
LS/Q
Virustatic

Bendroflumethiazide 3ME — 3106
91, 260, 264, 372, M+ 463
C18H20F3N3O4S
463.08475
3360
#73-48-3
PS
LS/Q
Diuretic

2C-T-7-M (HO-) 2TFA
4-Propylthio-2,5-dimethoxyphenethylamine-M (HO-) 2TFA — 6870
231, 337, 350, 434, M+ 463
C17H19NO5SF6
463.08881
2110
UGLUCTFA
LM/Q
Designer drug

Atomoxetine-D6 -H2O HYPFP
Fluoxetine-D6 -H2O HYPFP — 7791
119, 190, 298, 334, M+ 463
C16H7D6F10NO3
463.11124
1420
PS
LM/Q
Internal standard
Antidepressant

Tertatolol TMSTFA — 6139
166, 191, 392, M+ 463
C21H32F3NO3SSi
463.18243
2510
PS
LM/Q
Beta-Blocker

Bambuterol TFA — 7553
72, 153, 212, 267, 389
C20H28N3O6F3
463.19302
2395
PS
LM/Q
Bronchodilator

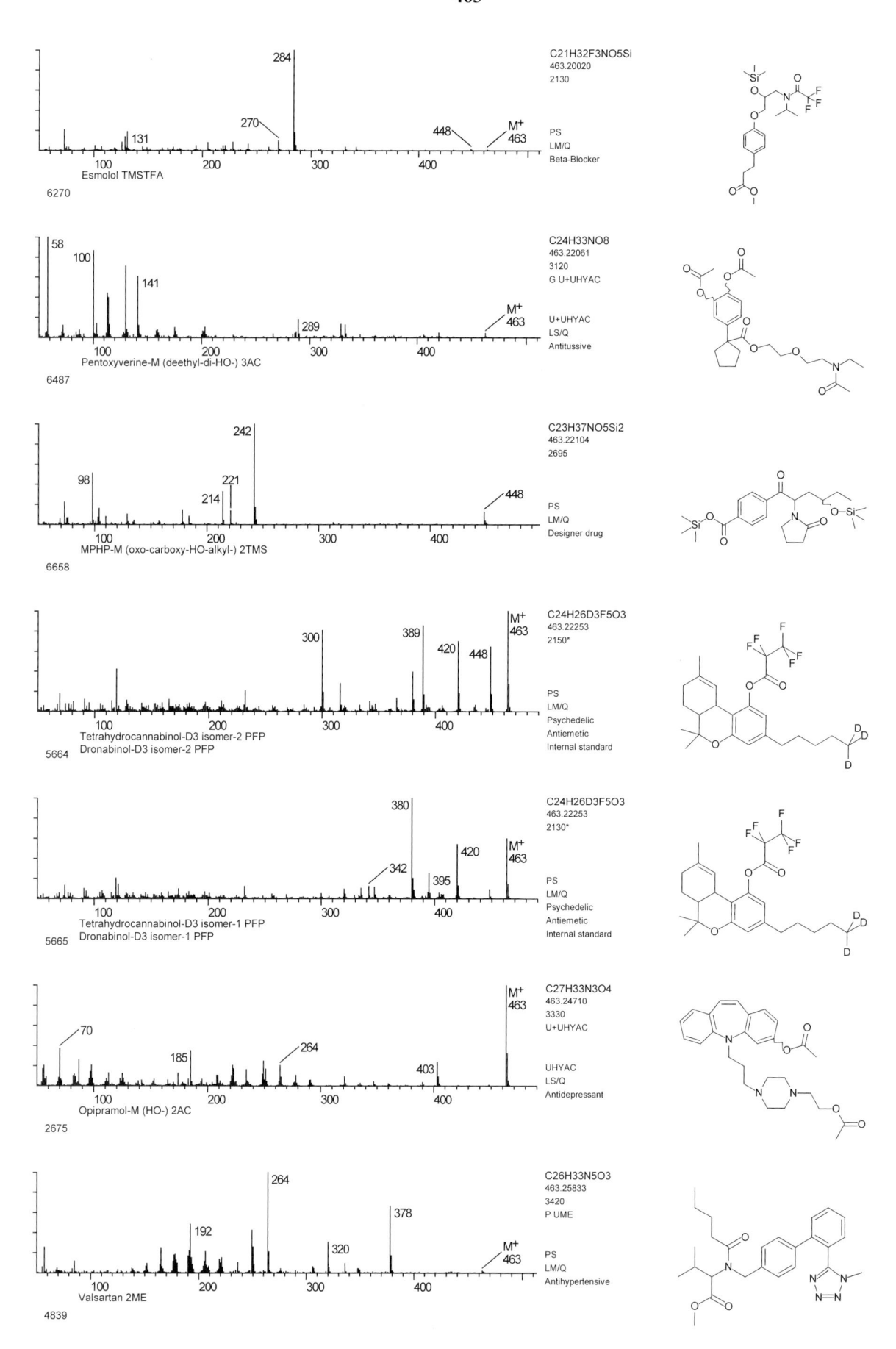

Esmolol TMSTFA
6270
C21H32F3NO5Si
463.20020
2130
PS
LM/Q
Beta-Blocker

Pentoxyverine-M (deethyl-di-HO-) 3AC
6487
C24H33NO8
463.22061
3120
G U+UHYAC
U+UHYAC
LS/Q
Antitussive

MPHP-M (oxo-carboxy-HO-alkyl-) 2TMS
6658
C23H37NO5Si2
463.22104
2695
PS
LM/Q
Designer drug

Tetrahydrocannabinol-D3 isomer-2 PFP
Dronabinol-D3 isomer-2 PFP
5664
C24H26D3F5O3
463.22253
2150*
PS
LM/Q
Psychedelic
Antiemetic
Internal standard

Tetrahydrocannabinol-D3 isomer-1 PFP
Dronabinol-D3 isomer-1 PFP
5665
C24H26D3F5O3
463.22253
2130*
PS
LM/Q
Psychedelic
Antiemetic
Internal standard

Opipramol-M (HO-) 2AC
2675
C27H33N3O4
463.24710
3330
U+UHYAC
UHYAC
LS/Q
Antidepressant

Valsartan 2ME
4839
C26H33N5O3
463.25833
3420
P UME
PS
LM/Q
Antihypertensive

463

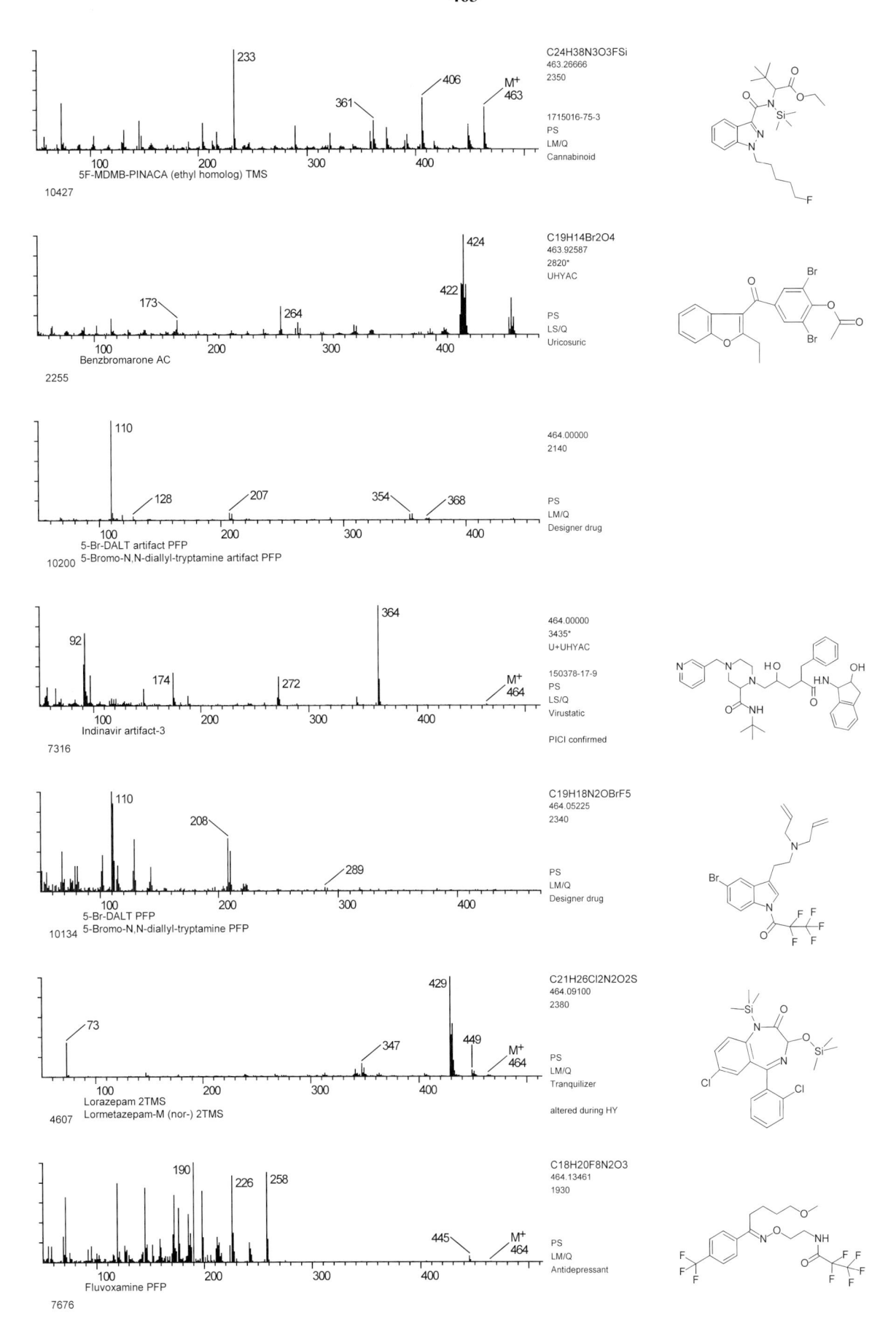

Spectrum	Compound	Formula / Data
233, 361, 406, M+ 463	5F-MDMB-PINACA (ethyl homolog) TMS — 10427	C24H38N3O3FSi, 463.26666, 2350, 1715016-75-3, PS, LM/Q, Cannabinoid
173, 264, 422, 424	Benzbromarone AC — 2255	C19H14Br2O4, 463.92587, 2820*, UHYAC, PS, LS/Q, Uricosuric
110, 128, 207, 354, 368	5-Br-DALT artifact PFP / 5-Bromo-N,N-diallyl-tryptamine artifact PFP — 10200	464.00000, 2140, PS, LM/Q, Designer drug
92, 174, 272, 364, M+ 464	Indinavir artifact-3 — 7316	464.00000, 3435*, U+UHYAC, 150378-17-9, PS, LS/Q, Virustatic, PICI confirmed
110, 208, 289	5-Br-DALT PFP / 5-Bromo-N,N-diallyl-tryptamine PFP — 10134	C19H18N2OBrF5, 464.05225, 2340, PS, LM/Q, Designer drug
73, 347, 429, 449, M+ 464	Lorazepam 2TMS / Lormetazepam-M (nor-) 2TMS — 4607	C21H26Cl2N2O2S, 464.09100, 2380, PS, LM/Q, Tranquilizer, altered during HY
190, 226, 258, 445, M+ 464	Fluvoxamine PFP — 7676	C18H20F8N2O3, 464.13461, 1930, PS, LM/Q, Antidepressant

464

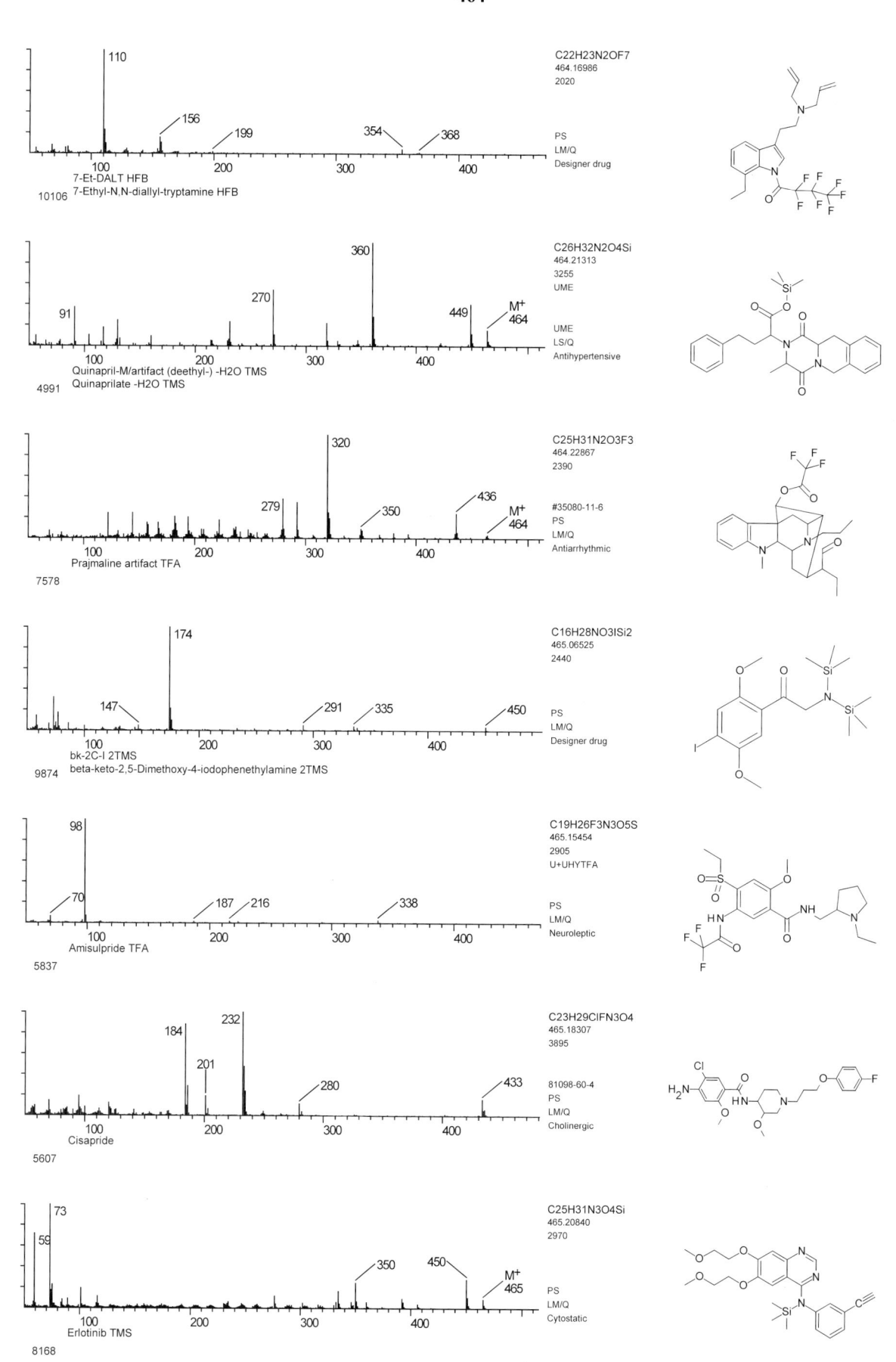

7-Et-DALT HFB 7-Ethyl-N,N-diallyl-tryptamine HFB 10106	C22H23N2OF7 464.16986 2020 PS LM/Q Designer drug
Quinapril-M/artifact (deethyl-) -H2O TMS Quinaprilate -H2O TMS 4991	C26H32N2O4Si 464.21313 3255 UME UME LS/Q Antihypertensive
Prajmaline artifact TFA 7578	C25H31N2O3F3 464.22867 2390 #35080-11-6 PS LM/Q Antiarrhythmic
bk-2C-I 2TMS beta-keto-2,5-Dimethoxy-4-iodophenethylamine 2TMS 9874	C16H28NO3ISi2 465.06525 2440 PS LM/Q Designer drug
Amisulpride TFA 5837	C19H26F3N3O5S 465.15454 2905 U+UHYTFA PS LM/Q Neuroleptic
Cisapride 5607	C23H29ClFN3O4 465.18307 3895 81098-60-4 PS LM/Q Cholinergic
Erlotinib TMS 8168	C25H31N3O4Si 465.20840 2970 PS LM/Q Cytostatic

465

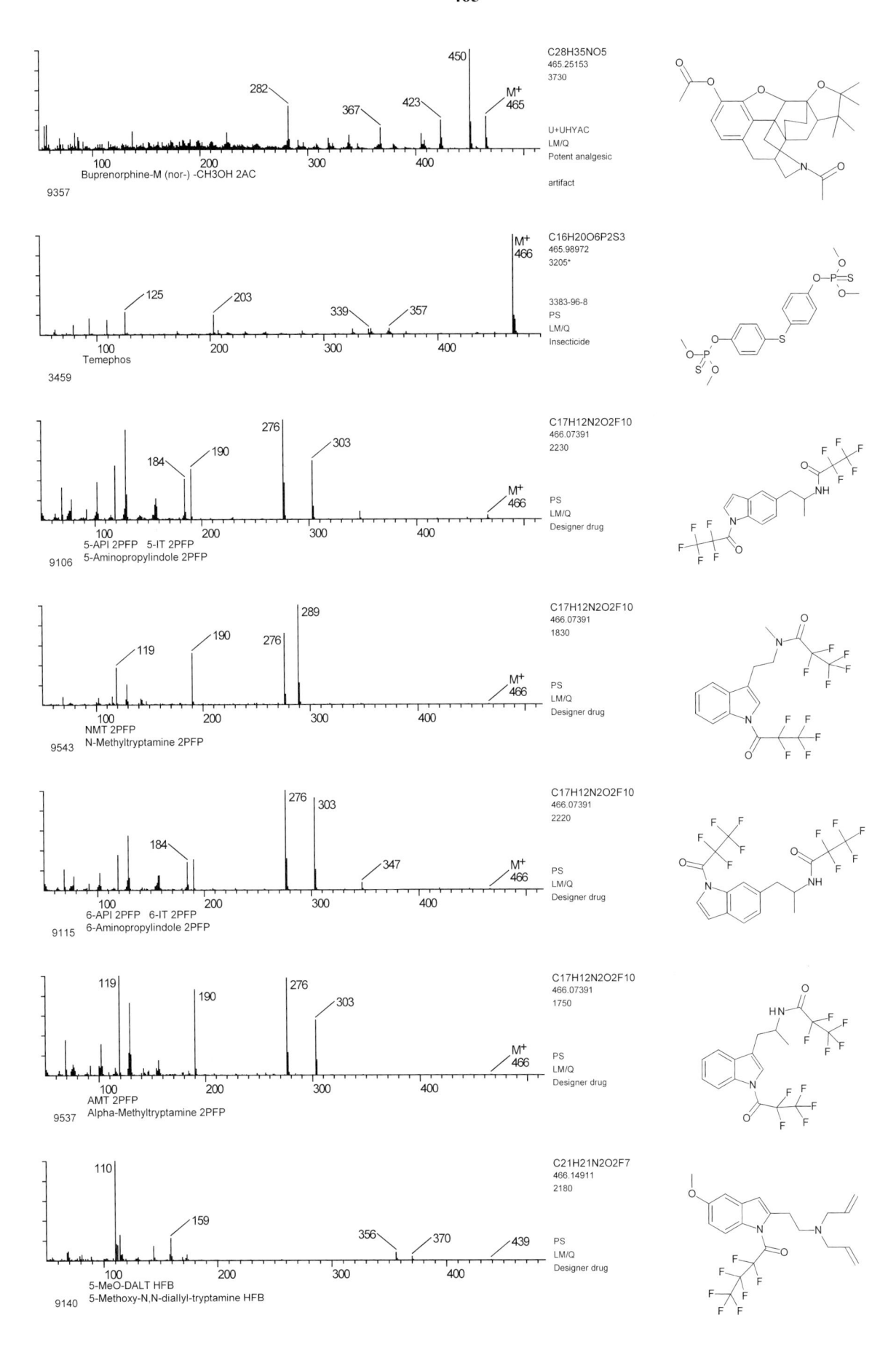

C28H35NO5
465.25153
3730

U+UHYAC
LM/Q
Potent analgesic

9357 Buprenorphine-M (nor-) -CH3OH 2AC
artifact

C16H20O6P2S3
465.98972
3205*

3383-96-8
PS
LM/Q
Insecticide

3459 Temephos

C17H12N2O2F10
466.07391
2230

PS
LM/Q
Designer drug

9106 5-API 2PFP 5-IT 2PFP
5-Aminopropylindole 2PFP

C17H12N2O2F10
466.07391
1830

PS
LM/Q
Designer drug

9543 NMT 2PFP
N-Methyltryptamine 2PFP

C17H12N2O2F10
466.07391
2220

PS
LM/Q
Designer drug

9115 6-API 2PFP 6-IT 2PFP
6-Aminopropylindole 2PFP

C17H12N2O2F10
466.07391
1750

PS
LM/Q
Designer drug

9537 AMT 2PFP
Alpha-Methyltryptamine 2PFP

C21H21N2O2F7
466.14911
2180

PS
LM/Q
Designer drug

9140 5-MeO-DALT HFB
5-Methoxy-N,N-diallyl-tryptamine HFB

1609

466

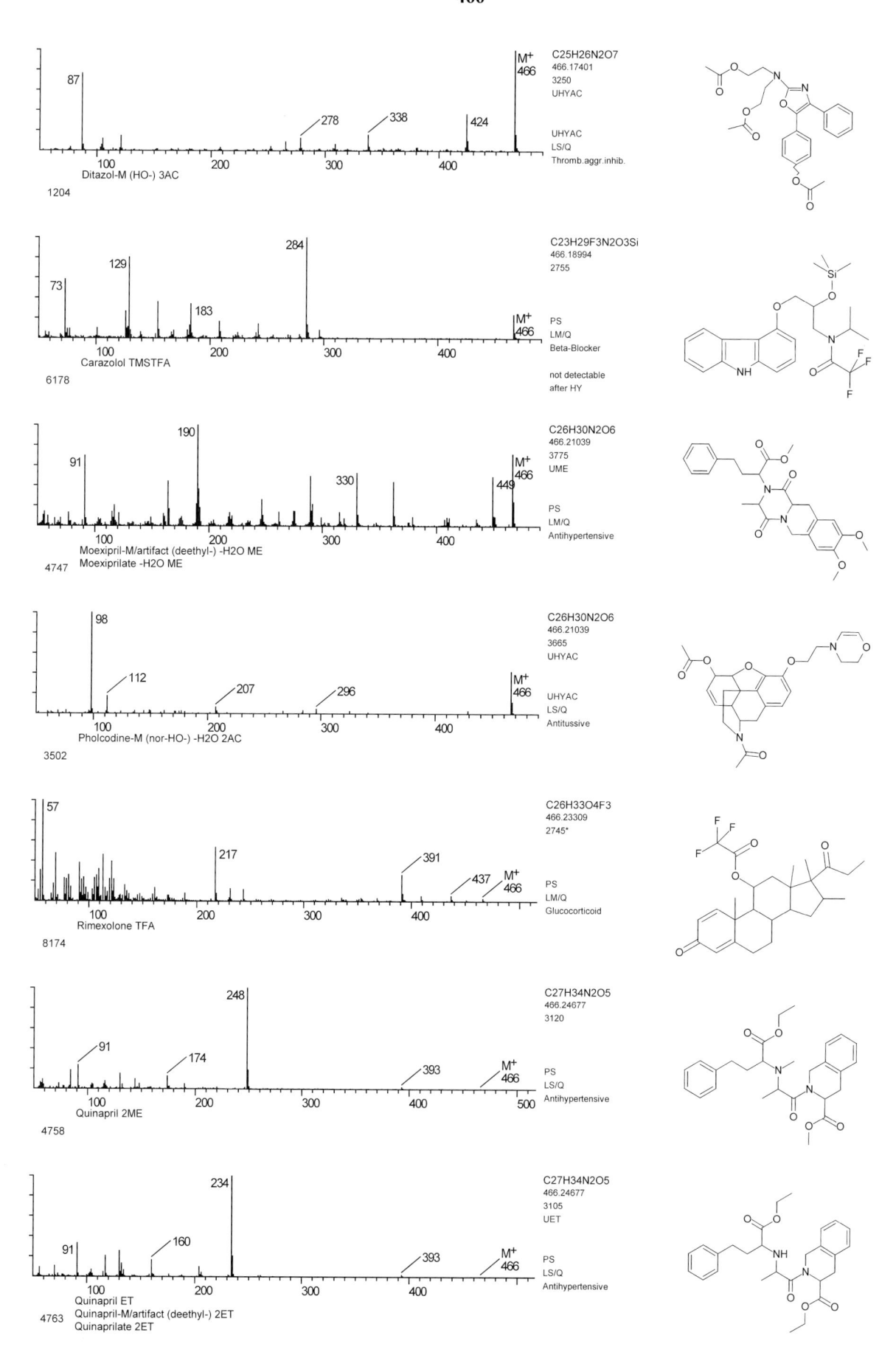

87, 278, 338, 424, M+ 466	C25H26N2O7 466.17401 3250 UHYAC	
Ditazol-M (HO-) 3AC 1204	UHYAC LS/Q Thromb.aggr.inhib.	

73, 129, 183, 284, M+ 466	C23H29F3N2O3Si 466.18994 2755	
Carazolol TMSTFA 6178	PS LM/Q Beta-Blocker not detectable after HY	

91, 190, 330, 449, M+ 466	C26H30N2O6 466.21039 3775 UME	
Moexipril-M/artifact (deethyl-) -H2O ME Moexiprilate -H2O ME 4747	PS LM/Q Antihypertensive	

98, 112, 207, 296, M+ 466	C26H30N2O6 466.21039 3665 UHYAC	
Pholcodine-M (nor-HO-) -H2O 2AC 3502	UHYAC LS/Q Antitussive	

57, 217, 391, 437, M+ 466	C26H33O4F3 466.23309 2745*	
Rimexolone TFA 8174	PS LM/Q Glucocorticoid	

91, 174, 248, 393, M+ 466	C27H34N2O5 466.24677 3120	
Quinapril 2ME 4758	PS LS/Q Antihypertensive	

91, 160, 234, 393, M+ 466	C27H34N2O5 466.24677 3105 UET	
Quinapril ET Quinapril-M/artifact (deethyl-) 2ET Quinaprilate 2ET 4763	PS LS/Q Antihypertensive	

466

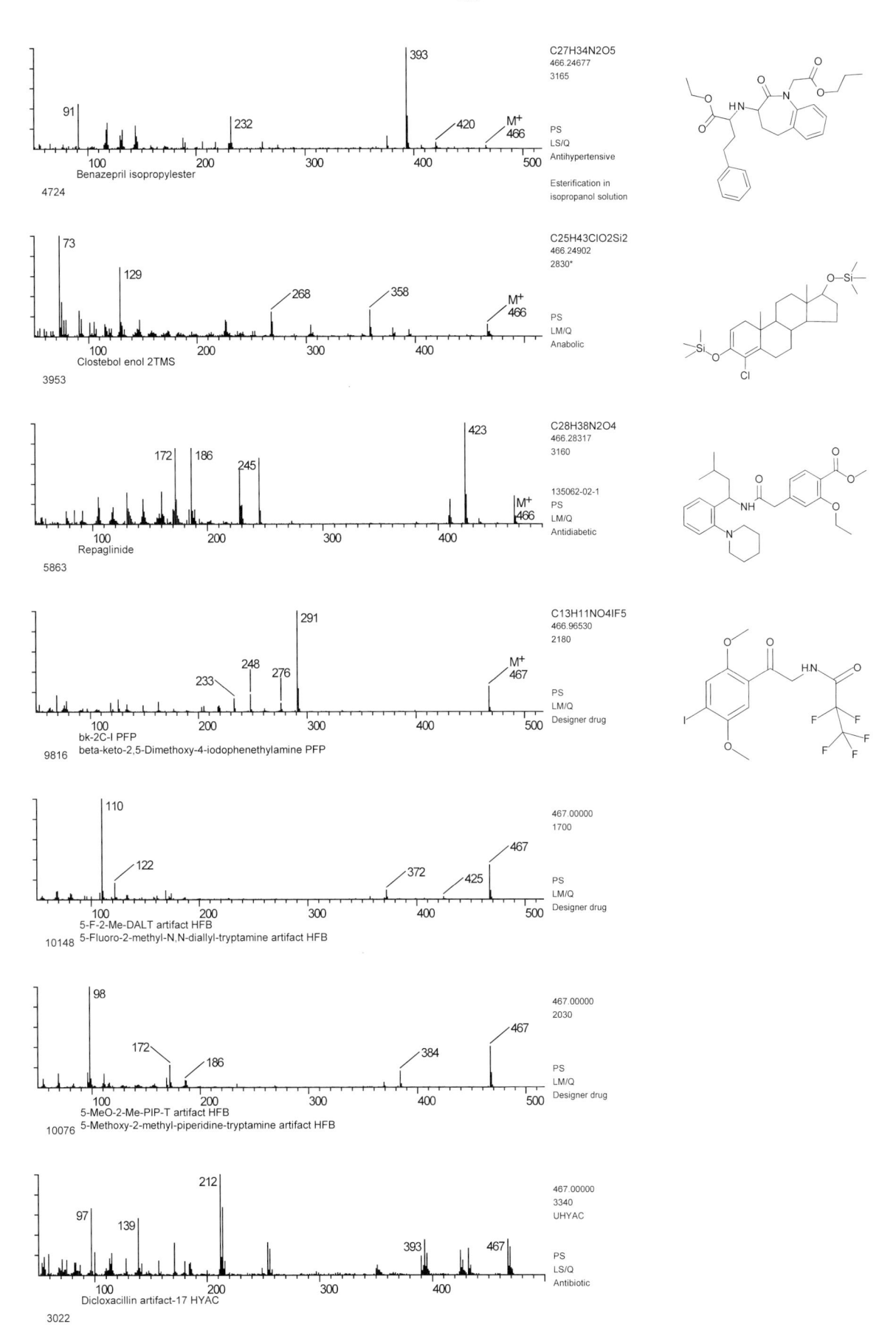

Spectrum	Compound	Formula / Data
4724	Benazepril isopropylester	C27H34N2O5, 466.24677, 3165, PS, LS/Q, Antihypertensive. Esterification in isopropanol solution. Peaks: 91, 232, 393, 420, M+ 466
3953	Clostebol enol 2TMS	C25H43ClO2Si2, 466.24902, 2830*, PS, LM/Q, Anabolic. Peaks: 73, 129, 268, 358, M+ 466
5863	Repaglinide	C28H38N2O4, 466.28317, 3160, 135062-02-1, PS, LM/Q, Antidiabetic. Peaks: 172, 186, 245, 423, M+ 466
9816	bk-2C-I PFP (beta-keto-2,5-Dimethoxy-4-iodophenethylamine PFP)	C13H11NO4IF5, 466.96530, 2180, PS, LM/Q, Designer drug. Peaks: 233, 248, 276, 291, M+ 467
10148	5-F-2-Me-DALT artifact HFB (5-Fluoro-2-methyl-N,N-diallyl-tryptamine artifact HFB)	467.00000, 1700, PS, LM/Q, Designer drug. Peaks: 110, 122, 372, 425, 467
10076	5-MeO-2-Me-PIP-T artifact HFB (5-Methoxy-2-methyl-piperidine-tryptamine artifact HFB)	467.00000, 2030, PS, LM/Q, Designer drug. Peaks: 98, 172, 186, 384, 467
3022	Dicloxacillin artifact-17 HYAC	467.00000, 3340, UHYAC, PS, LS/Q, Antibiotic. Peaks: 97, 139, 212, 393, 467

467

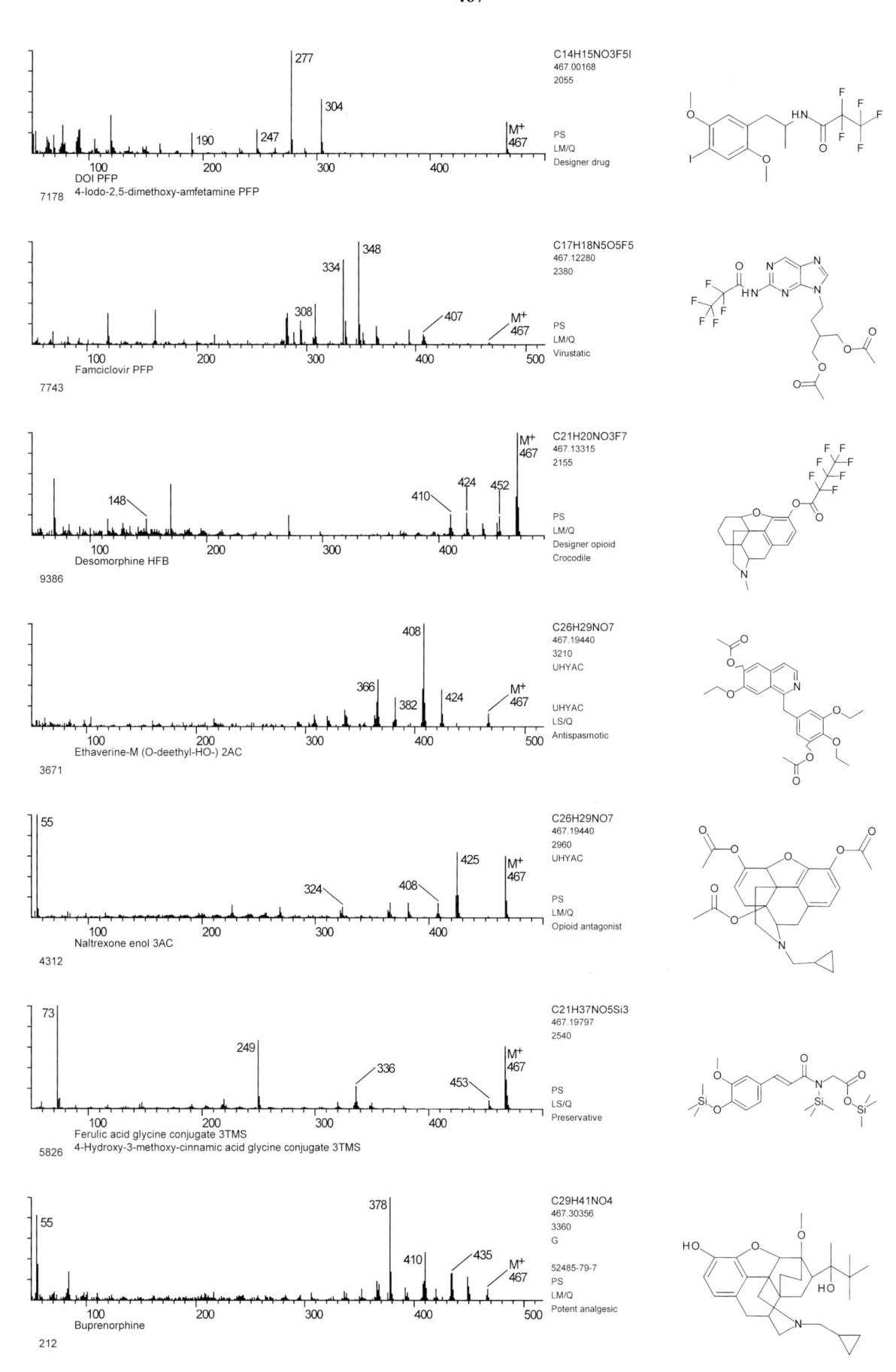

DOI PFP 7178 4-Iodo-2,5-dimethoxy-amfetamine PFP	C14H15NO3F5I 467.00168 2055 PS LM/Q Designer drug
Famciclovir PFP 7743	C17H18N5O5F5 467.12280 2380 PS LM/Q Virustatic
Desomorphine HFB 9386	C21H20NO3F7 467.13315 2155 PS LM/Q Designer opioid Crocodile
Ethaverine-M (O-deethyl-HO-) 2AC 3671	C26H29NO7 467.19440 3210 UHYAC UHYAC LS/Q Antispasmotic
Naltrexone enol 3AC 4312	C26H29NO7 467.19440 2960 UHYAC PS LM/Q Opioid antagonist
Ferulic acid glycine conjugate 3TMS 5826 4-Hydroxy-3-methoxy-cinnamic acid glycine conjugate 3TMS	C21H37NO5Si3 467.19797 2540 PS LS/Q Preservative
Buprenorphine 212	C29H41NO4 467.30356 3360 G 52485-79-7 PS LM/Q Potent analgesic

1612

C28H41N3O3
467.31479
3240

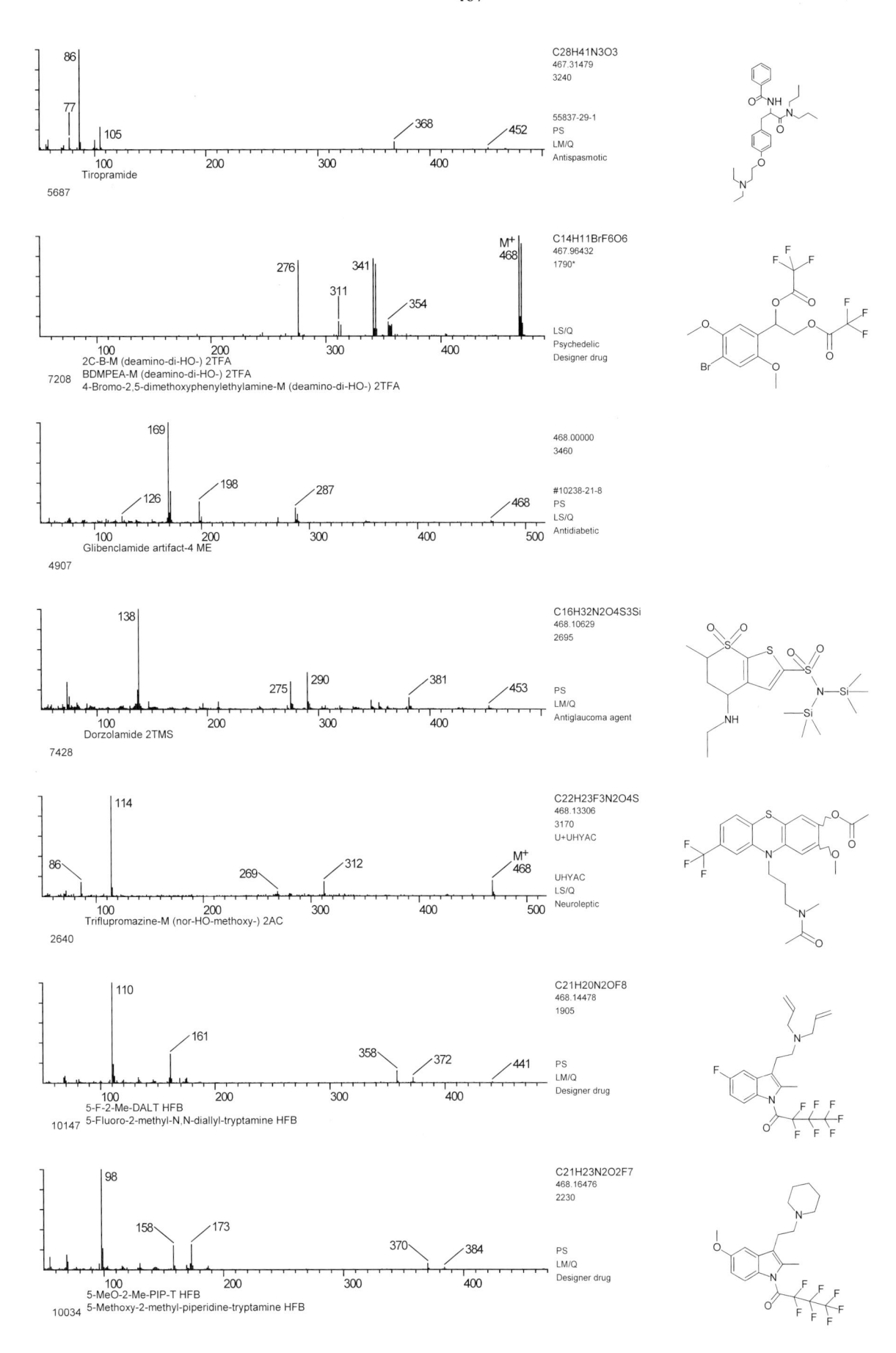

55837-29-1
PS
LM/Q
Antispasmotic

Tiropramide

C14H11BrF6O6
467.96432
1790*

LS/Q
Psychedelic
Designer drug

2C-B-M (deamino-di-HO-) 2TFA
BDMPEA-M (deamino-di-HO-) 2TFA
4-Bromo-2,5-dimethoxyphenylethylamine-M (deamino-di-HO-) 2TFA

468.00000
3460

#10238-21-8
PS
LS/Q
Antidiabetic

Glibenclamide artifact-4 ME

C16H32N2O4S3Si
468.10629
2695

PS
LM/Q
Antiglaucoma agent

Dorzolamide 2TMS

C22H23F3N2O4S
468.13306
3170
U+UHYAC

UHYAC
LS/Q
Neuroleptic

Triflupromazine-M (nor-HO-methoxy-) 2AC

C21H20N2OF8
468.14478
1905

PS
LM/Q
Designer drug

5-F-2-Me-DALT HFB
5-Fluoro-2-methyl-N,N-diallyl-tryptamine HFB

C21H23N2O2F7
468.16476
2230

PS
LM/Q
Designer drug

5-MeO-2-Me-PIP-T HFB
5-Methoxy-2-methyl-piperidine-tryptamine HFB

468

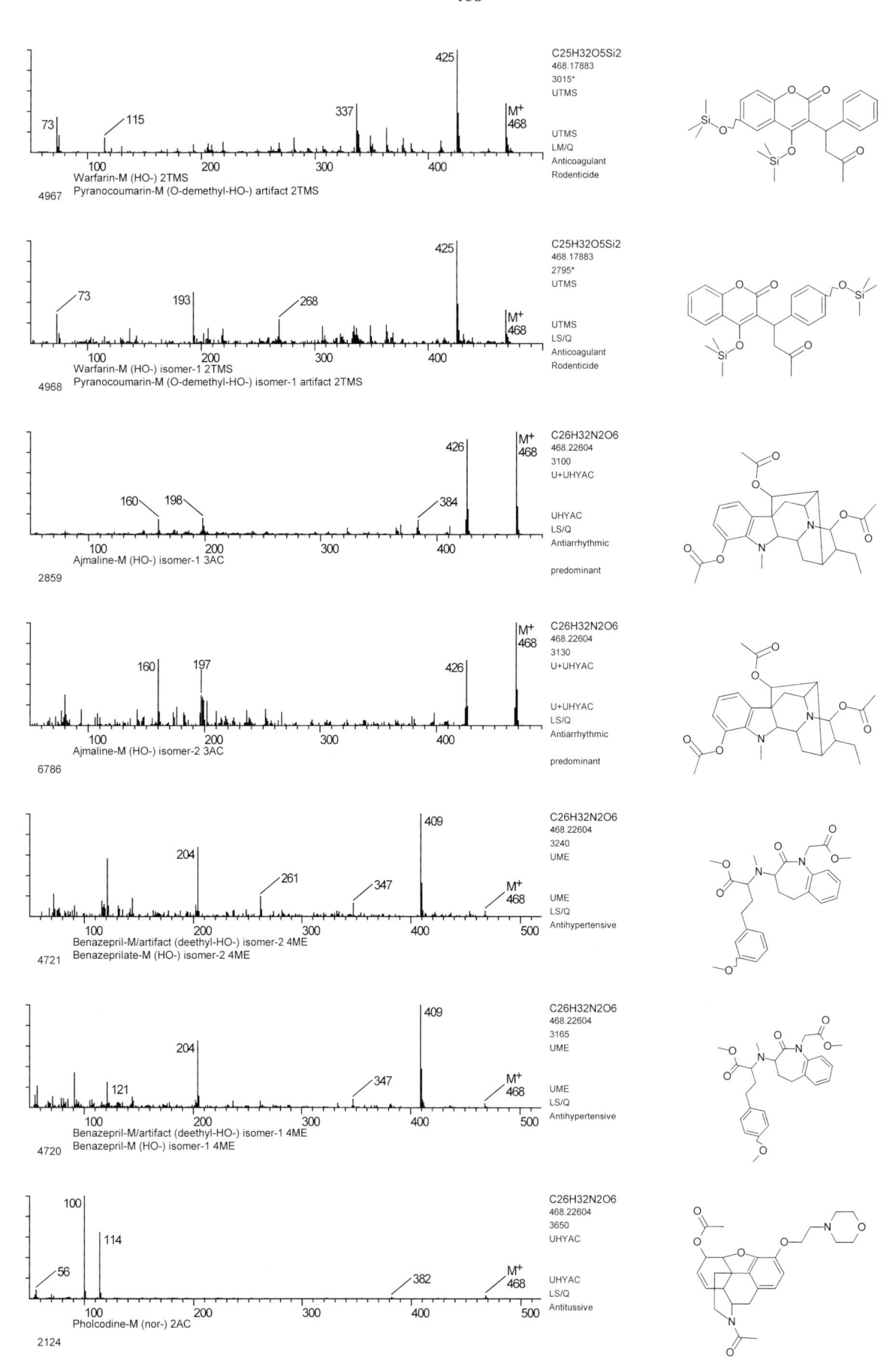

4967 Warfarin-M (HO-) 2TMS / Pyranocoumarin-M (O-demethyl-HO-) artifact 2TMS	C25H32O5Si2 468.17883 3015* UTMS / UTMS LM/Q Anticoagulant Rodenticide
4968 Warfarin-M (HO-) isomer-1 2TMS / Pyranocoumarin-M (O-demethyl-HO-) isomer-1 artifact 2TMS	C25H32O5Si2 468.17883 2795* UTMS / UTMS LS/Q Anticoagulant Rodenticide
2859 Ajmaline-M (HO-) isomer-1 3AC	C26H32N2O6 468.22604 3100 U+UHYAC / UHYAC LS/Q Antiarrhythmic predominant
6786 Ajmaline-M (HO-) isomer-2 3AC	C26H32N2O6 468.22604 3130 U+UHYAC / U+UHYAC LS/Q Antiarrhythmic predominant
4721 Benazepril-M/artifact (deethyl-HO-) isomer-2 4ME / Benazeprilate-M (HO-) isomer-2 4ME	C26H32N2O6 468.22604 3240 UME / UME LS/Q Antihypertensive
4720 Benazepril-M/artifact (deethyl-HO-) isomer-1 4ME / Benazepril-M (HO-) isomer-1 4ME	C26H32N2O6 468.22604 3165 UME / UME LS/Q Antihypertensive
2124 Pholcodine-M (nor-) 2AC	C26H32N2O6 468.22604 3650 UHYAC / UHYAC LS/Q Antitussive

468

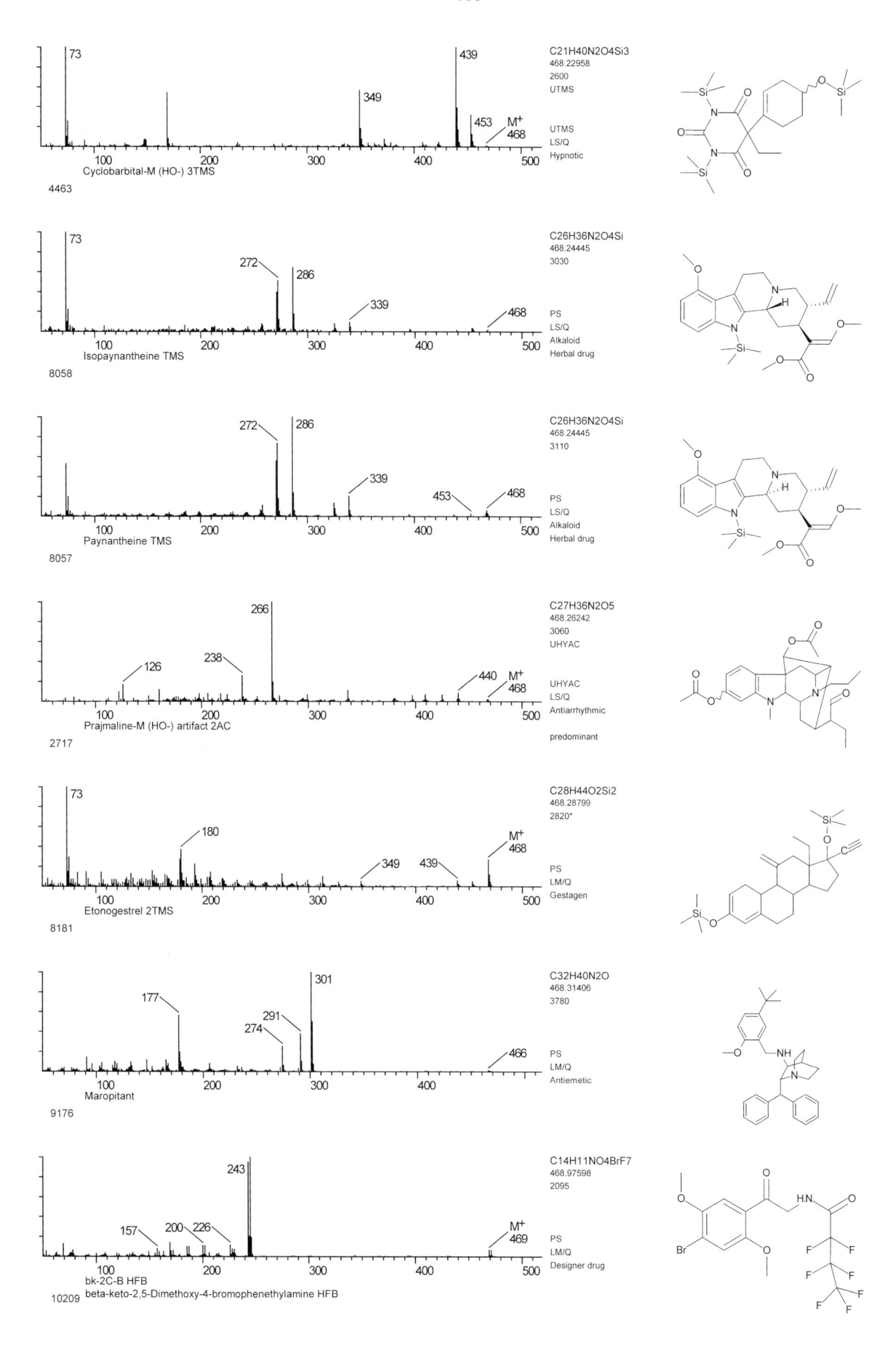

Cyclobarbital-M (HO-) 3TMS
4463
73, 349, 439, 453, M+ 468
C21H40N2O4Si3
468.22958
2600
UTMS
UTMS
LS/Q
Hypnotic

Isopaynantheine TMS
8058
73, 272, 286, 339, 468
C26H36N2O4Si
468.24445
3030
PS
LS/Q
Alkaloid
Herbal drug

Paynantheine TMS
8057
272, 286, 339, 453, 468
C26H36N2O4Si
468.24445
3110
PS
LS/Q
Alkaloid
Herbal drug

Prajmaline-M (HO-) artifact 2AC
2717
126, 238, 266, 440, M+ 468
C27H36N2O5
468.26242
3060
UHYAC
UHYAC
LS/Q
Antiarrhythmic
predominant

Etonogestrel 2TMS
8181
73, 180, 349, 439, M+ 468
C28H44O2Si2
468.28799
2820*
PS
LM/Q
Gestagen

Maropitant
9176
177, 274, 291, 301, 466
C32H40N2O
468.31406
3780
PS
LM/Q
Antiemetic

bk-2C-B HFB
beta-keto-2,5-Dimethoxy-4-bromophenethylamine HFB
10209
157, 200, 226, 243, M+ 469
C14H11NO4BrF7
468.97598
2095
PS
LM/Q
Designer drug

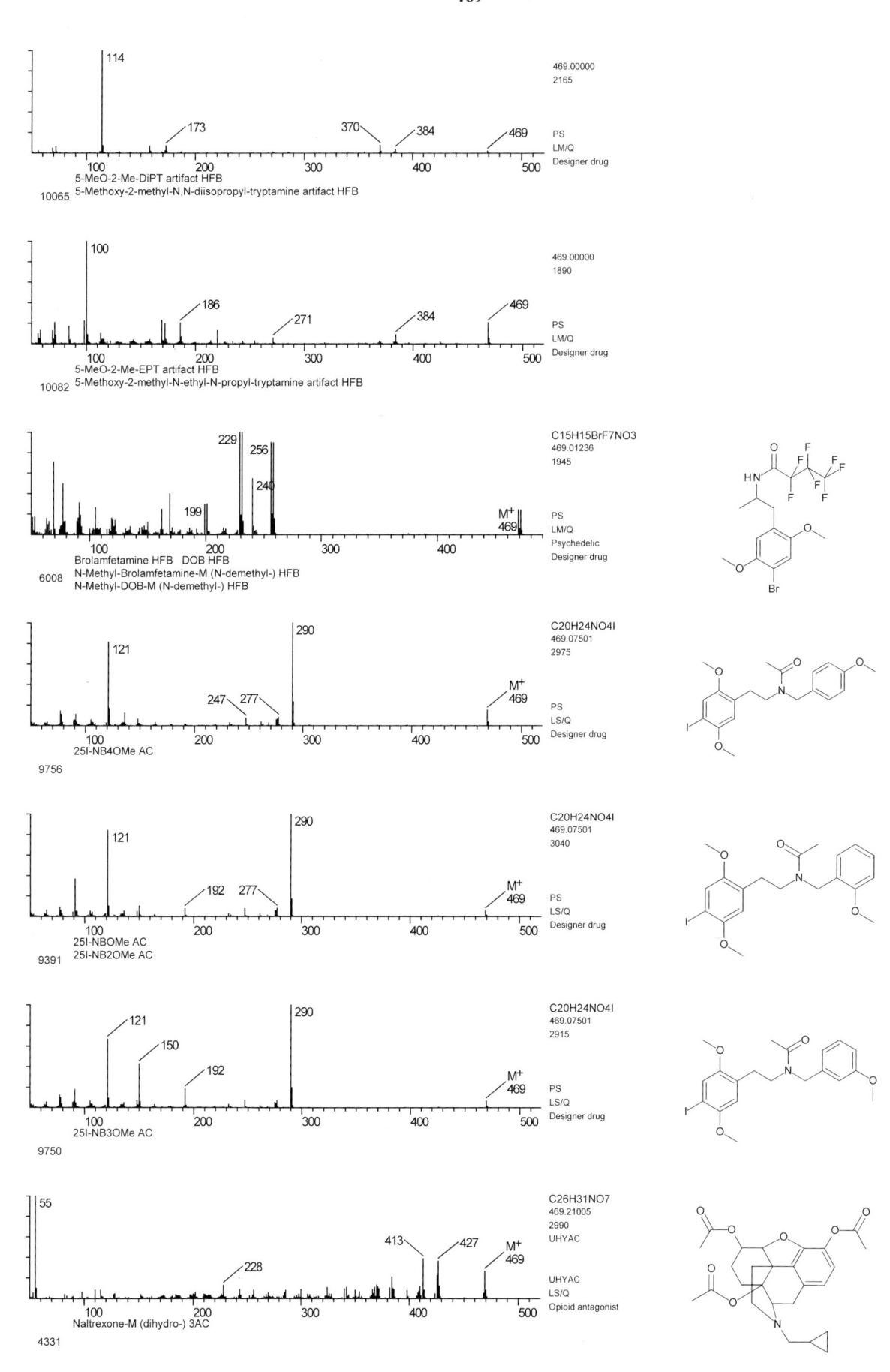

		469.00000
		2165
114, 173, 370, 384, 469		PS
		LM/Q
		Designer drug

5-MeO-2-Me-DiPT artifact HFB
5-Methoxy-2-methyl-N,N-diisopropyl-tryptamine artifact HFB
10065

		469.00000
		1890
100, 186, 271, 384, 469		PS
		LM/Q
		Designer drug

5-MeO-2-Me-EPT artifact HFB
5-Methoxy-2-methyl-N-ethyl-N-propyl-tryptamine artifact HFB
10082

		C15H15BrF7NO3
		469.01236
		1945
199, 229, 240, 256, M+ 469		PS
		LM/Q
		Psychedelic
		Designer drug

Brolamfetamine HFB   DOB HFB
N-Methyl-Brolamfetamine-M (N-demethyl-) HFB
N-Methyl-DOB-M (N-demethyl-) HFB
6008

		C20H24NO4I
		469.07501
		2975
121, 247, 277, 290, M+ 469		PS
		LS/Q
		Designer drug

25I-NB4OMe AC
9756

		C20H24NO4I
		469.07501
		3040
121, 192, 277, 290, M+ 469		PS
		LS/Q
		Designer drug

25I-NBOMe AC
25I-NB2OMe AC
9391

		C20H24NO4I
		469.07501
		2915
121, 150, 192, 290, M+ 469		PS
		LS/Q
		Designer drug

25I-NB3OMe AC
9750

		C26H31NO7
		469.21005
		2990
55, 228, 413, 427, M+ 469		UHYAC
		UHYAC
		LS/Q
		Opioid antagonist

Naltrexone-M (dihydro-) 3AC
4331

469

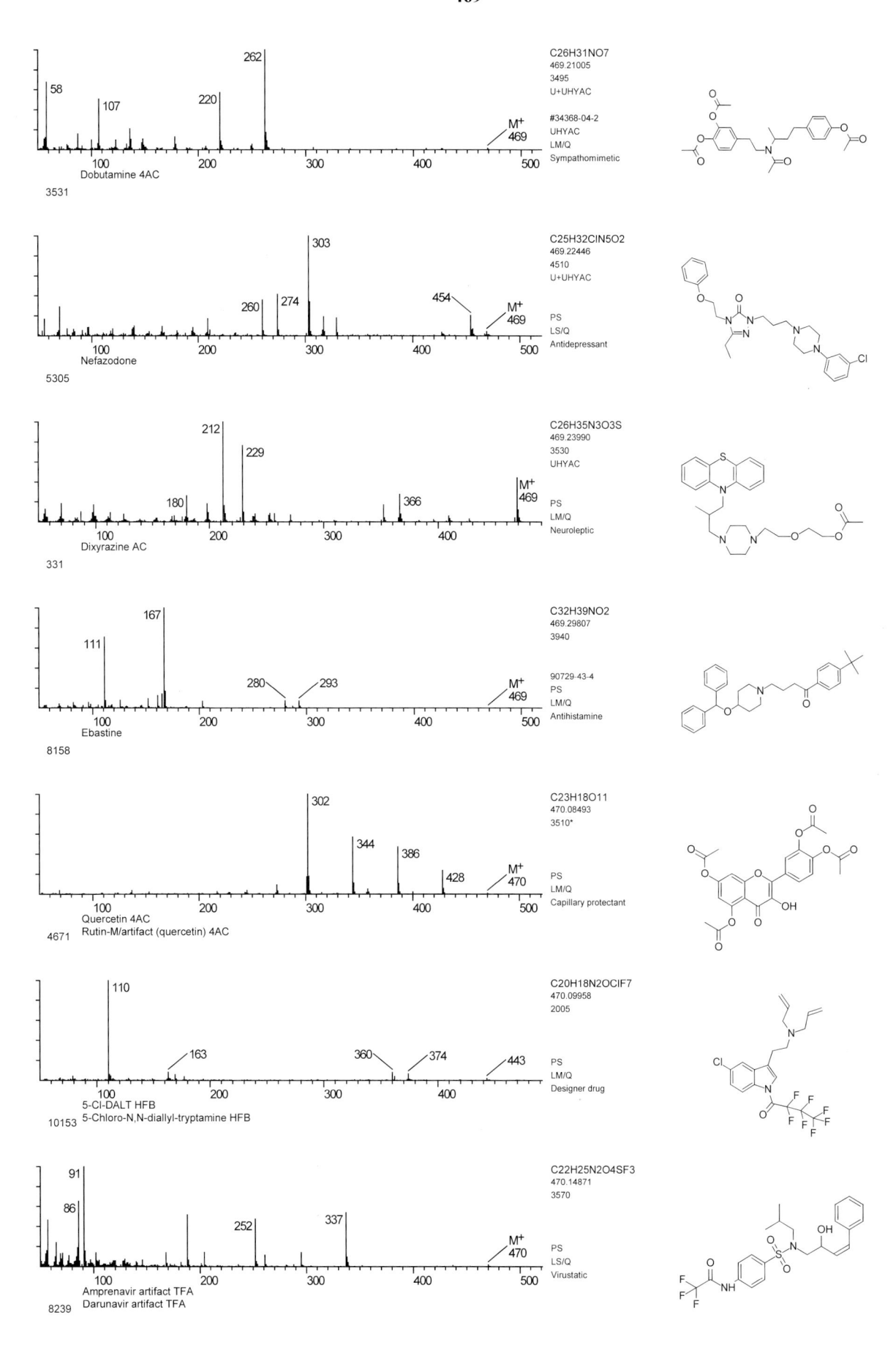

Dobutamine 4AC	C26H31NO7 469.21005 3495 U+UHYAC #34368-04-2 UHYAC LM/Q Sympathomimetic
Nefazodone	C25H32ClN5O2 469.22446 4510 U+UHYAC PS LS/Q Antidepressant
Dixyrazine AC	C26H35N3O3S 469.23990 3530 UHYAC PS LM/Q Neuroleptic
Ebastine	C32H39NO2 469.29807 3940 90729-43-4 PS LM/Q Antihistamine
Quercetin 4AC Rutin-M/artifact (quercetin) 4AC	C23H18O11 470.08493 3510* PS LM/Q Capillary protectant
5-Cl-DALT HFB 5-Chloro-N,N-diallyl-tryptamine HFB	C20H18N2OClF7 470.09958 2005 PS LM/Q Designer drug
Amprenavir artifact TFA Darunavir artifact TFA	C22H25N2O4SF3 470.14871 3570 PS LS/Q Virustatic

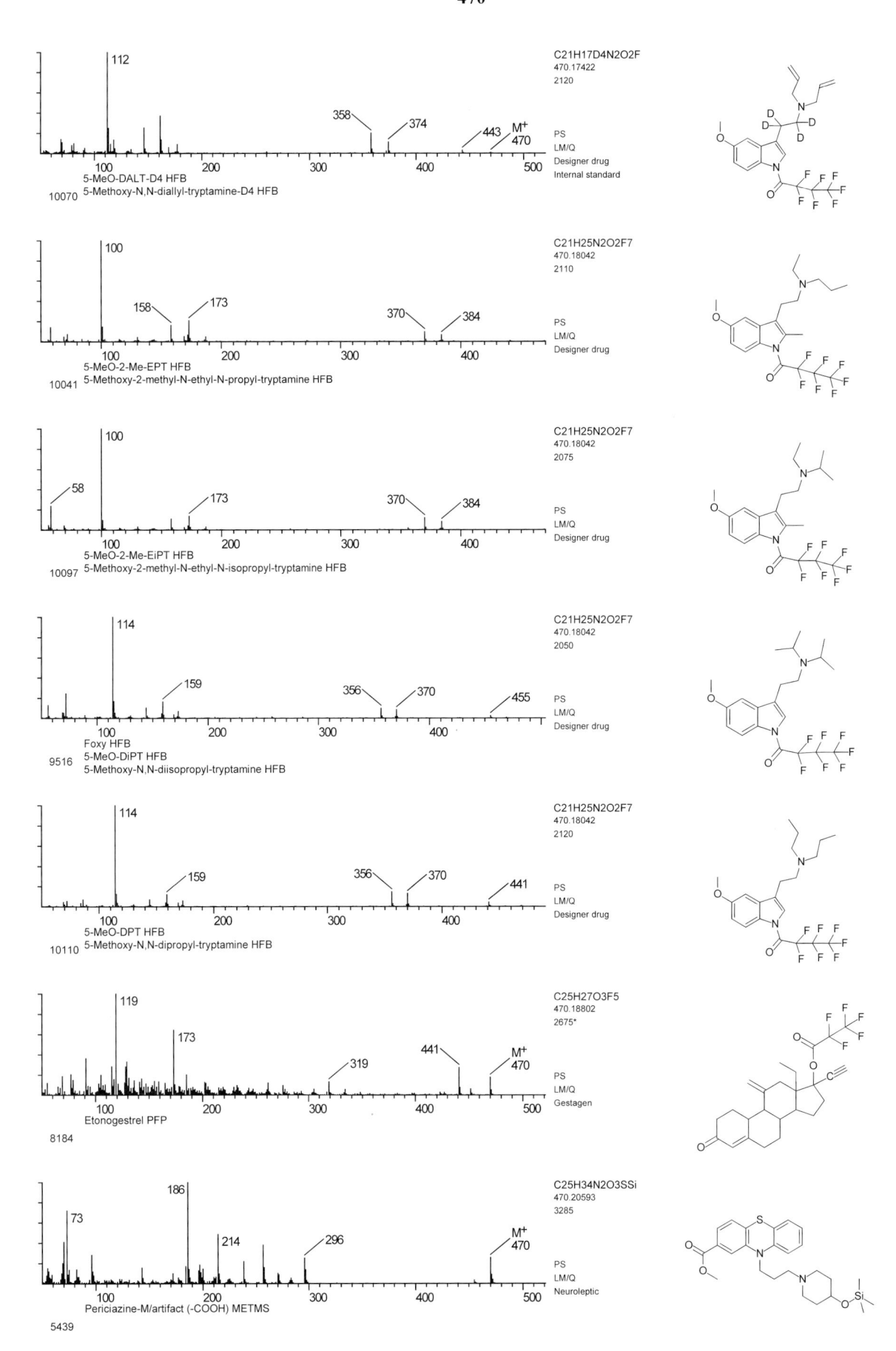

112 ... 358 374 443 M⁺ 470	C21H17D4N2O2F
470.17422
2120

PS
LM/Q
Designer drug
Internal standard |
| 10070 5-MeO-DALT-D4 HFB
5-Methoxy-N,N-diallyl-tryptamine-D4 HFB | |
| 100 ... 158 173 ... 370 384 | C21H25N2O2F7
470.18042
2110

PS
LM/Q
Designer drug |
| 10041 5-MeO-2-Me-EPT HFB
5-Methoxy-2-methyl-N-ethyl-N-propyl-tryptamine HFB | |
| 58 100 ... 173 ... 370 384 | C21H25N2O2F7
470.18042
2075

PS
LM/Q
Designer drug |
| 10097 5-MeO-2-Me-EiPT HFB
5-Methoxy-2-methyl-N-ethyl-N-isopropyl-tryptamine HFB | |
| 114 ... 159 ... 356 370 ... 455 | C21H25N2O2F7
470.18042
2050

PS
LM/Q
Designer drug |
| 9516 Foxy HFB
5-MeO-DiPT HFB
5-Methoxy-N,N-diisopropyl-tryptamine HFB | |
| 114 ... 159 ... 356 370 441 | C21H25N2O2F7
470.18042
2120

PS
LM/Q
Designer drug |
| 10110 5-MeO-DPT HFB
5-Methoxy-N,N-dipropyl-tryptamine HFB | |
| 119 173 ... 319 441 M⁺ 470 | C25H27O3F5
470.18802
2675*

PS
LM/Q
Gestagen |
| 8184 Etonogestrel PFP | |
| 73 186 214 296 M⁺ 470 | C25H34N2O3SSi
470.20593
3285

PS
LM/Q
Neuroleptic |
| 5439 Periciazine-M/artifact (-COOH) METMS | |

470

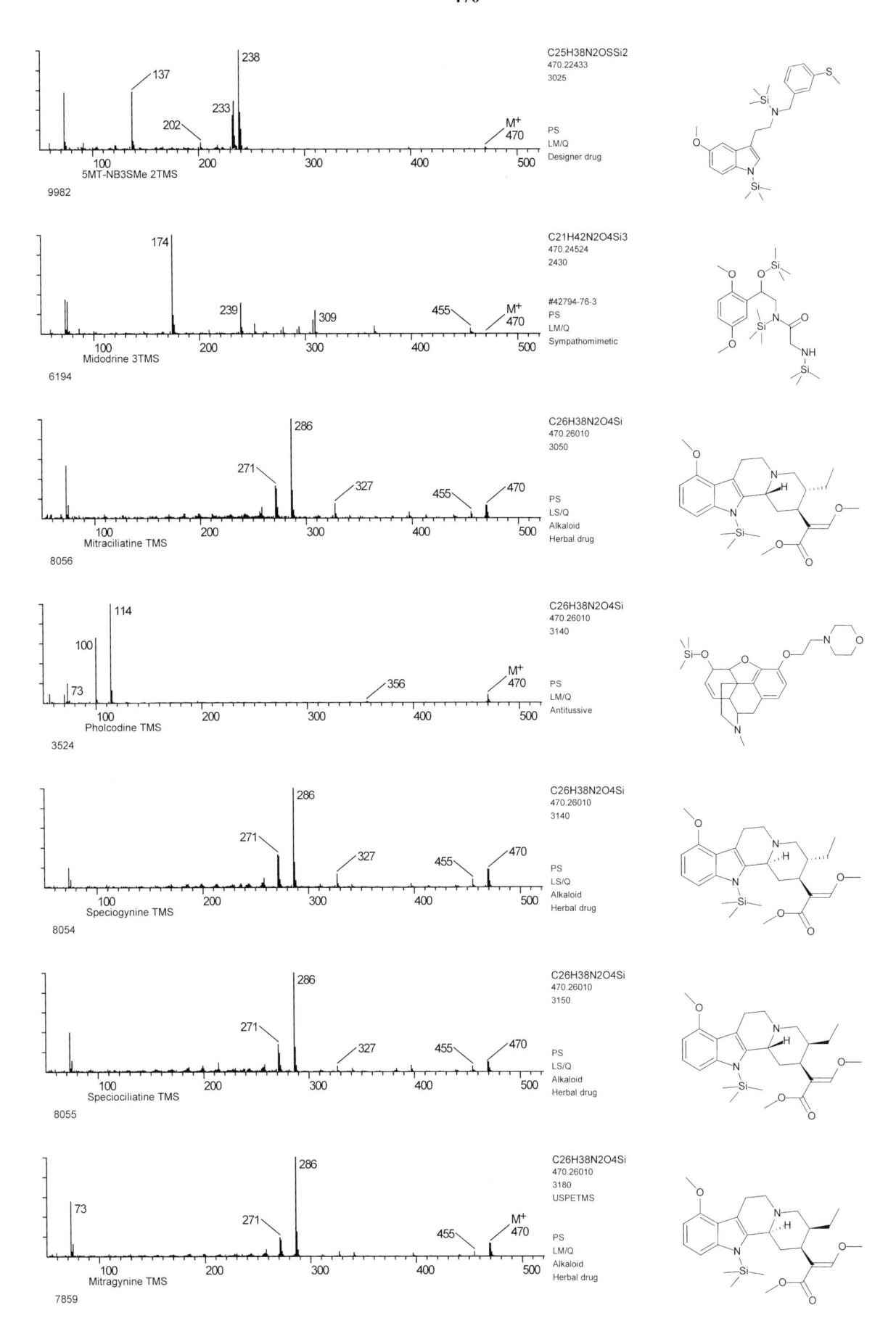

C25H38N2OSSi2
470.22433
3025

PS
LM/Q
Designer drug

5MT-NB3SMe 2TMS
9982

C21H42N2O4Si3
470.24524
2430

#42794-76-3
PS
LM/Q
Sympathomimetic

Midodrine 3TMS
6194

C26H38N2O4Si
470.26010
3050

PS
LS/Q
Alkaloid
Herbal drug

Mitraciliatine TMS
8056

C26H38N2O4Si
470.26010
3140

PS
LM/Q
Antitussive

Pholcodine TMS
3524

C26H38N2O4Si
470.26010
3140

PS
LS/Q
Alkaloid
Herbal drug

Speciogynine TMS
8054

C26H38N2O4Si
470.26010
3150

PS
LS/Q
Alkaloid
Herbal drug

Speciociliatine TMS
8055

C26H38N2O4Si
470.26010
3180
USPETMS

PS
LM/Q
Alkaloid
Herbal drug

Mitragynine TMS
7859

470

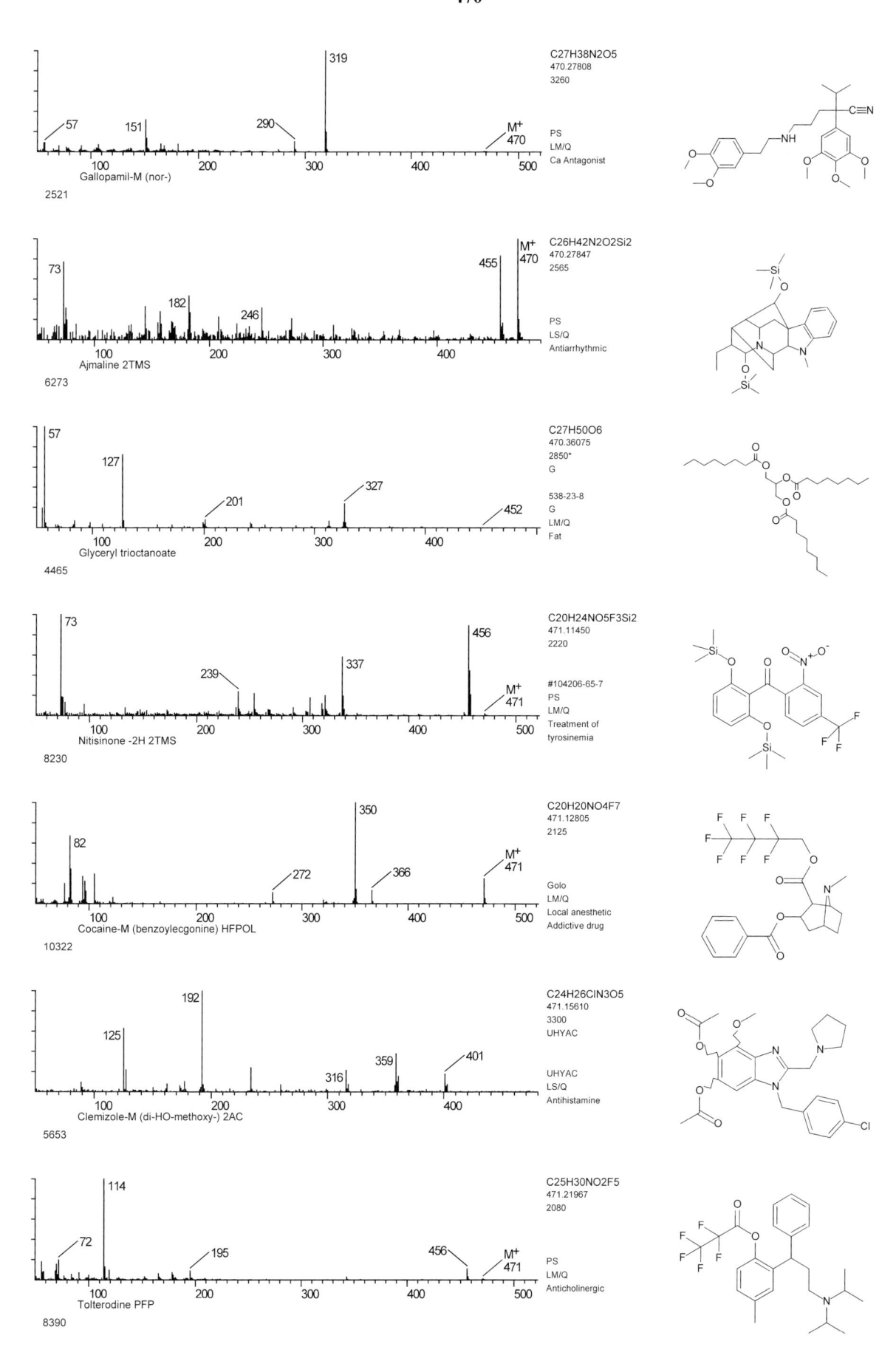

C27H38N2O5
470.27808
3260

PS
LM/Q
Ca Antagonist

Gallopamil-M (nor-)
2521

C26H42N2O2Si2
470.27847
2565

PS
LS/Q
Antiarrhythmic

Ajmaline 2TMS
6273

C27H50O6
470.36075
2850*
G

538-23-8
G
LM/Q
Fat

Glyceryl trioctanoate
4465

C20H24NO5F3Si2
471.11450
2220

#104206-65-7
PS
LM/Q
Treatment of tyrosinemia

Nitisinone -2H 2TMS
8230

C20H20NO4F7
471.12805
2125

Golo
LM/Q
Local anesthetic
Addictive drug

Cocaine-M (benzoylecgonine) HFPOL
10322

C24H26ClN3O5
471.15610
3300
UHYAC

UHYAC
LS/Q
Antihistamine

Clemizole-M (di-HO-methoxy-) 2AC
5653

C25H30NO2F5
471.21967
2080

PS
LM/Q
Anticholinergic

Tolterodine PFP
8390

471

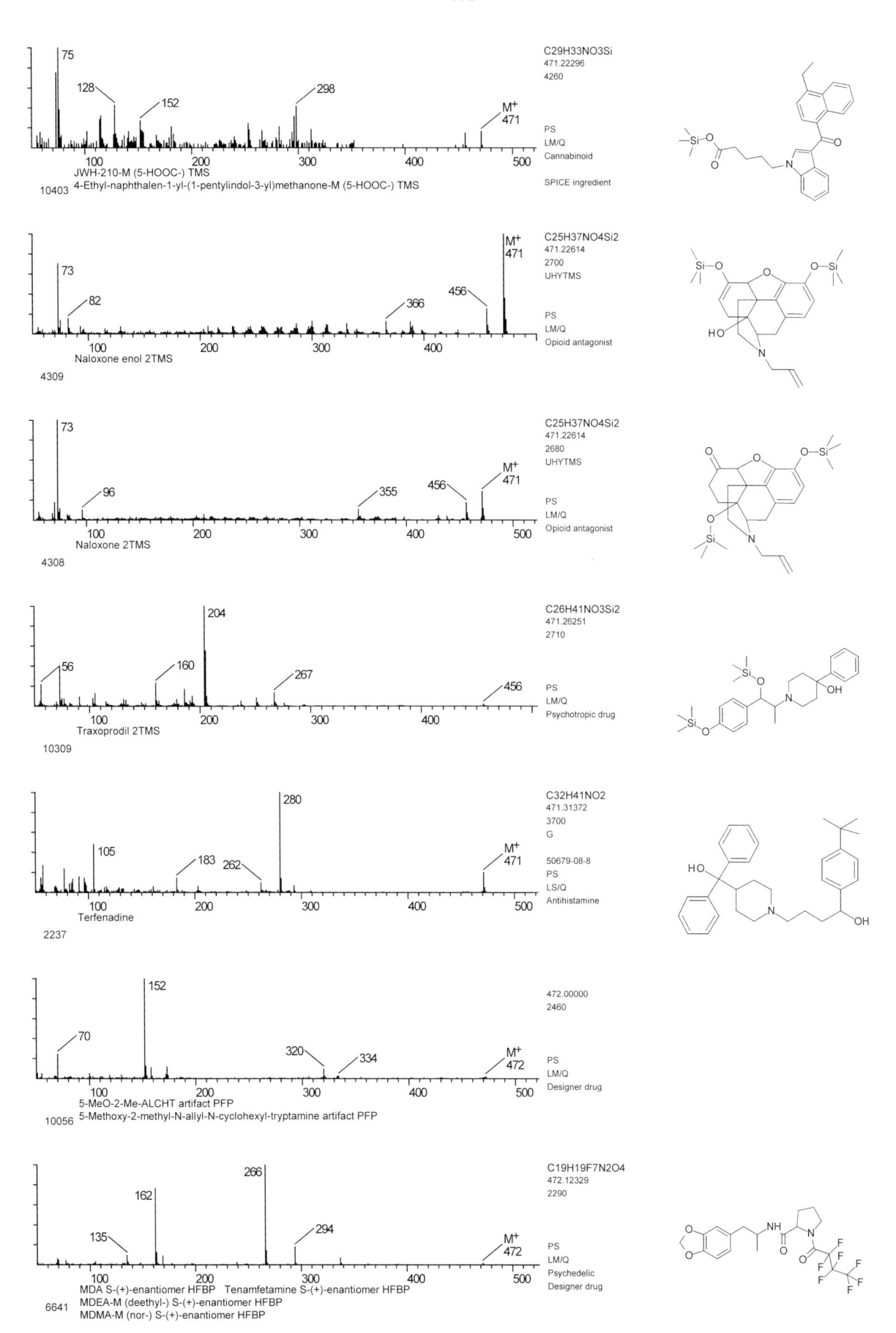

Spectrum	Compound	Formula / Info
10403	JWH-210-M (5-HOOC-) TMS; 4-Ethyl-naphthalen-1-yl-(1-pentylindol-3-yl)methanone-M (5-HOOC-) TMS; peaks 75, 128, 152, 298, M+ 471	C29H33NO3Si; 471.22296; 4260; PS; LM/Q; Cannabinoid; SPICE ingredient
4309	Naloxone enol 2TMS; peaks 73, 82, 366, 456, M+ 471	C25H37NO4Si2; 471.22614; 2700; UHYTMS; PS; LM/Q; Opioid antagonist
4308	Naloxone 2TMS; peaks 73, 96, 355, 456, M+ 471	C25H37NO4Si2; 471.22614; 2680; UHYTMS; PS; LM/Q; Opioid antagonist
10309	Traxoprodil 2TMS; peaks 56, 160, 204, 267, 456	C26H41NO3Si2; 471.26251; 2710; PS; LM/Q; Psychotropic drug
2237	Terfenadine; peaks 105, 183, 262, 280, M+ 471	C32H41NO2; 471.31372; 3700; G; 50679-08-8; PS; LS/Q; Antihistamine
10056	5-MeO-2-Me-ALCHT artifact PFP; 5-Methoxy-2-methyl-N-allyl-N-cyclohexyl-tryptamine artifact PFP; peaks 70, 152, 320, 334, M+ 472	472.00000; 2460; PS; LM/Q; Designer drug
6641	MDA S-(+)-enantiomer HFBP; Tenamfetamine S-(+)-enantiomer HFBP; MDEA-M (deethyl-) S-(+)-enantiomer HFBP; MDMA-M (nor-) S-(+)-enantiomer HFBP; peaks 135, 162, 266, 294, M+ 472	C19H19F7N2O4; 472.12329; 2290; PS; LM/Q; Psychedelic; Designer drug

472

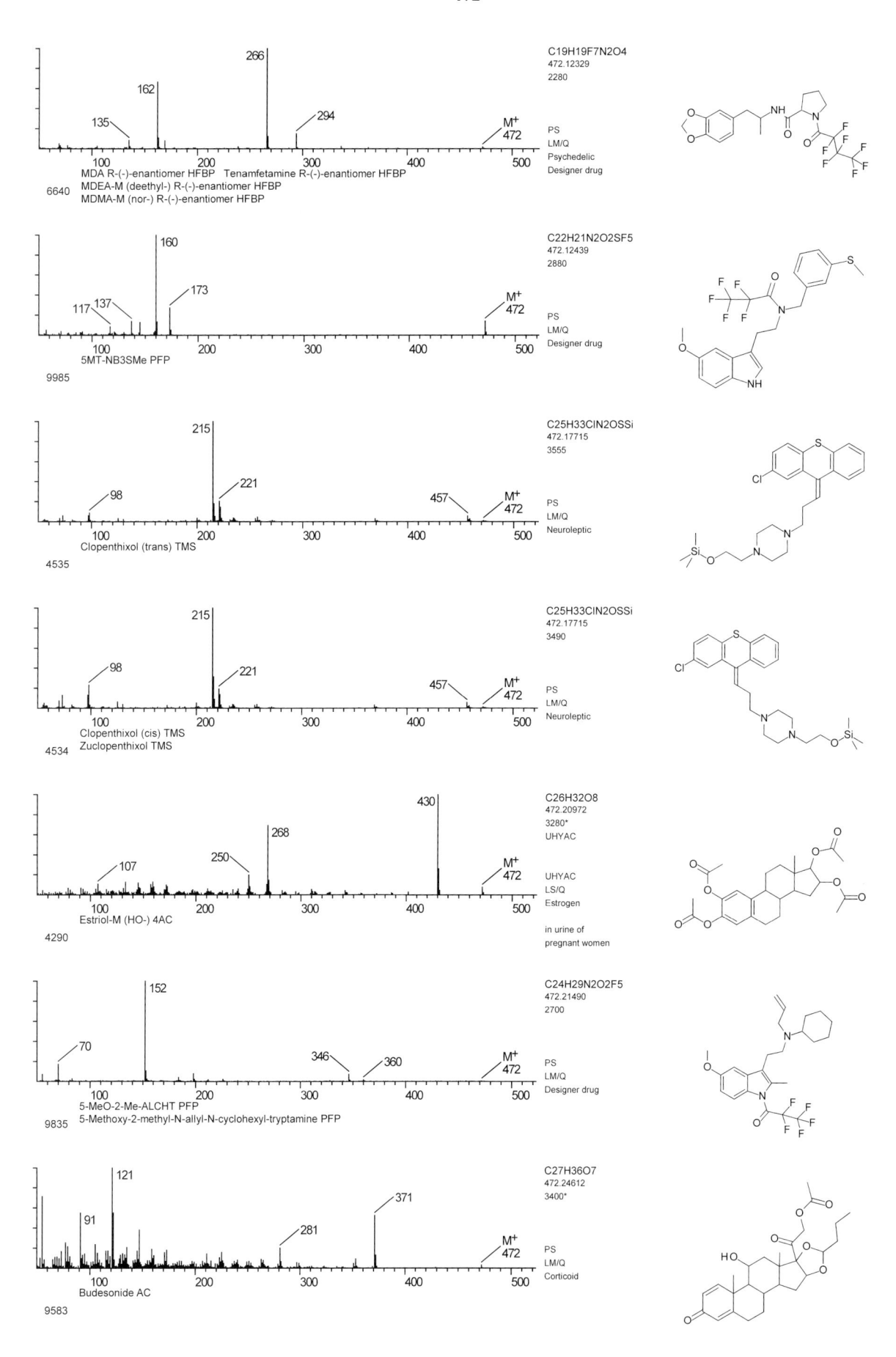

C19H19F7N2O4
472.12329
2280
PS
LM/Q
Psychedelic
Designer drug

MDA R-(-)-enantiomer HFBP   Tenamfetamine R-(-)-enantiomer HFBP
MDEA-M (deethyl-) R-(-)-enantiomer HFBP
MDMA-M (nor-) R-(-)-enantiomer HFBP
6640

C22H21N2O2SF5
472.12439
2880
PS
LM/Q
Designer drug

5MT-NB3SMe PFP
9985

C25H33ClN2OSSi
472.17715
3555
PS
LM/Q
Neuroleptic

Clopenthixol (trans) TMS
4535

C25H33ClN2OSSi
472.17715
3490
PS
LM/Q
Neuroleptic

Clopenthixol (cis) TMS
Zuclopenthixol TMS
4534

C26H32O8
472.20972
3280*
UHYAC
UHYAC
LS/Q
Estrogen
in urine of pregnant women

Estriol-M (HO-) 4AC
4290

C24H29N2O2F5
472.21490
2700
PS
LM/Q
Designer drug

5-MeO-2-Me-ALCHT PFP
5-Methoxy-2-methyl-N-allyl-N-cyclohexyl-tryptamine PFP
9835

C27H36O7
472.24612
3400*
PS
LM/Q
Corticoid

Budesonide AC
9583

1622

472

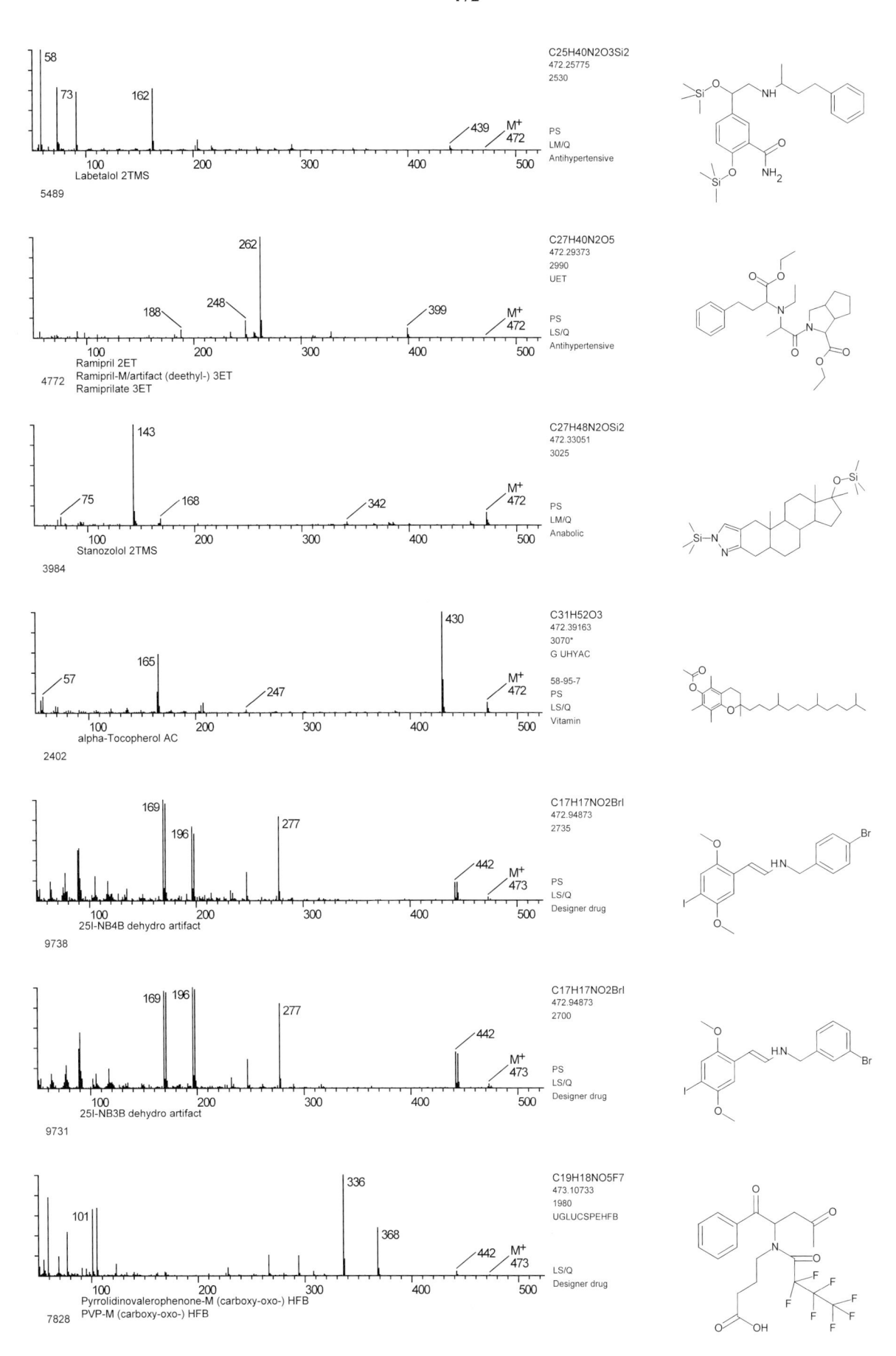

Spectrum	Formula / Info
Labetalol 2TMS (5489) — peaks 58, 73, 162, 439, M+ 472	C25H40N2O3Si2, 472.25775, 2530, PS, LM/Q, Antihypertensive
Ramipril 2ET / Ramipril-M/artifact (deethyl-) 3ET / Ramiprilate 3ET (4772) — peaks 188, 248, 262, 399, M+ 472	C27H40N2O5, 472.29373, 2990, UET, PS, LS/Q, Antihypertensive
Stanozolol 2TMS (3984) — peaks 75, 143, 168, 342, M+ 472	C27H48N2OSi2, 472.33051, 3025, PS, LM/Q, Anabolic
alpha-Tocopherol AC (2402) — peaks 57, 165, 247, 430, M+ 472	C31H52O3, 472.39163, 3070*, G UHYAC, 58-95-7, PS, LS/Q, Vitamin
25I-NB4B dehydro artifact (9738) — peaks 169, 196, 277, 442, M+ 473	C17H17NO2BrI, 472.94873, 2735, PS, LS/Q, Designer drug
25I-NB3B dehydro artifact (9731) — peaks 169, 196, 277, 442, M+ 473	C17H17NO2BrI, 472.94873, 2700, PS, LS/Q, Designer drug
Pyrrolidinovalerophenone-M (carboxy-oxo-) HFB / PVP-M (carboxy-oxo-) HFB (7828) — peaks 101, 336, 368, 442, M+ 473	C19H18NO5F7, 473.10733, 1980, UGLUCSPEHFB, LS/Q, Designer drug

473

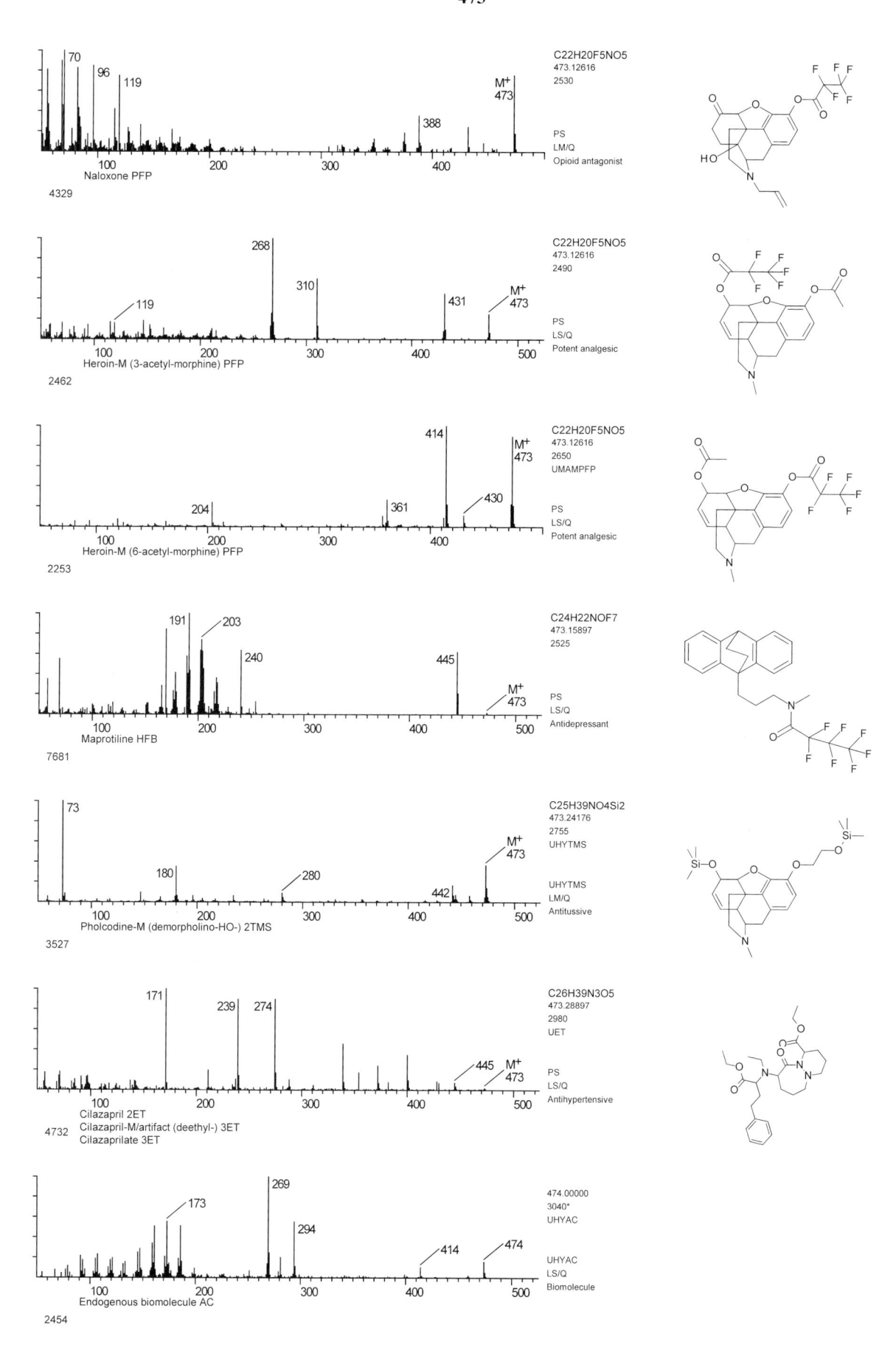

- Naloxone PFP — C22H20F5NO5, 473.12616, 2530, PS, LM/Q, Opioid antagonist — 4329
  - Peaks: 70, 96, 119, 388, M+ 473

- Heroin-M (3-acetyl-morphine) PFP — C22H20F5NO5, 473.12616, 2490, PS, LS/Q, Potent analgesic — 2462
  - Peaks: 119, 268, 310, 431, M+ 473

- Heroin-M (6-acetyl-morphine) PFP — C22H20F5NO5, 473.12616, 2650, UMAMPFP, PS, LS/Q, Potent analgesic — 2253
  - Peaks: 204, 361, 414, 430, M+ 473

- Maprotiline HFB — C24H22NOF7, 473.15897, 2525, PS, LS/Q, Antidepressant — 7681
  - Peaks: 191, 203, 240, 445, M+ 473

- Pholcodine-M (demorpholino-HO-) 2TMS — C25H39NO4Si2, 473.24176, 2755, UHYTMS, UHYTMS, LM/Q, Antitussive — 3527
  - Peaks: 73, 180, 280, 442, M+ 473

- Cilazapril 2ET / Cilazapril-M/artifact (deethyl-) 3ET / Cilazaprilate 3ET — C26H39N3O5, 473.28897, 2980, UET, PS, LS/Q, Antihypertensive — 4732
  - Peaks: 171, 239, 274, 445, M+ 473

- Endogenous biomolecule AC — 474.00000, 3040*, UHYAC, UHYAC, LS/Q, Biomolecule — 2454
  - Peaks: 173, 269, 294, 414, 474

474

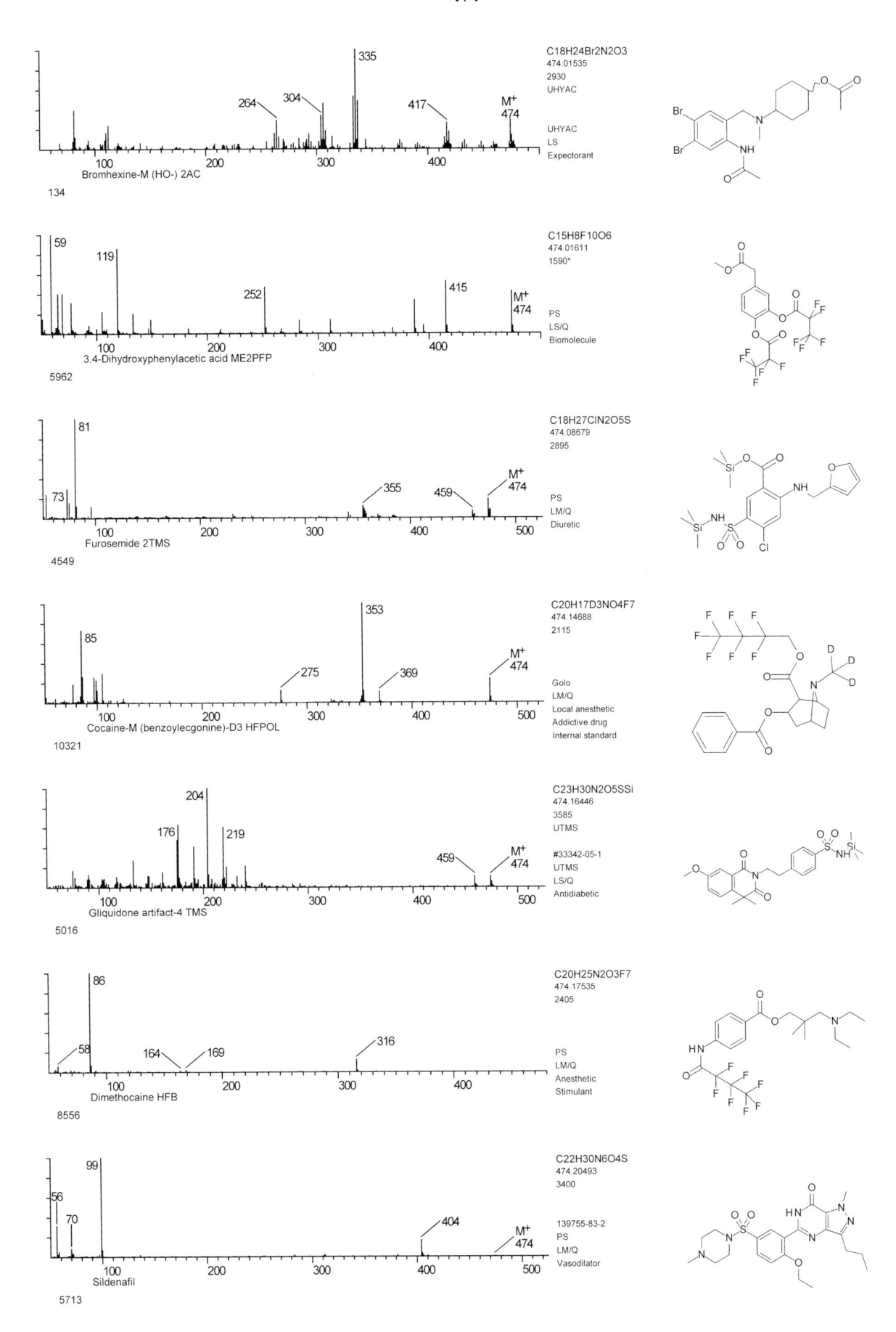

Bromhexine-M (HO-) 2AC
134
C18H24Br2N2O3
474.01535
2930
UHYAC
UHYAC
LS
Expectorant
Peaks: 264, 304, 335, 417, M+ 474

3,4-Dihydroxyphenylacetic acid ME2PFP
5962
C15H8F10O6
474.01611
1590*
PS
LS/Q
Biomolecule
Peaks: 59, 119, 252, 415, M+ 474

Furosemide 2TMS
4549
C18H27ClN2O5S
474.08679
2895
PS
LM/Q
Diuretic
Peaks: 73, 81, 355, 459, M+ 474

Cocaine-M (benzoylecgonine)-D3 HFPOL
10321
C20H17D3NO4F7
474.14688
2115
Golo
LM/Q
Local anesthetic
Addictive drug
Internal standard
Peaks: 85, 275, 353, 369, M+ 474

Gliquidone artifact-4 TMS
5016
C23H30N2O5SSi
474.16446
3585
UTMS
#33342-05-1
UTMS
LS/Q
Antidiabetic
Peaks: 176, 204, 219, 459, M+ 474

Dimethocaine HFB
8556
C20H25N2O3F7
474.17535
2405
PS
LM/Q
Anesthetic
Stimulant
Peaks: 58, 86, 164, 169, 316

Sildenafil
5713
C22H30N6O4S
474.20493
3400
139755-83-2
PS
LM/Q
Vasodilator
Peaks: 56, 70, 99, 404, M+ 474

1625

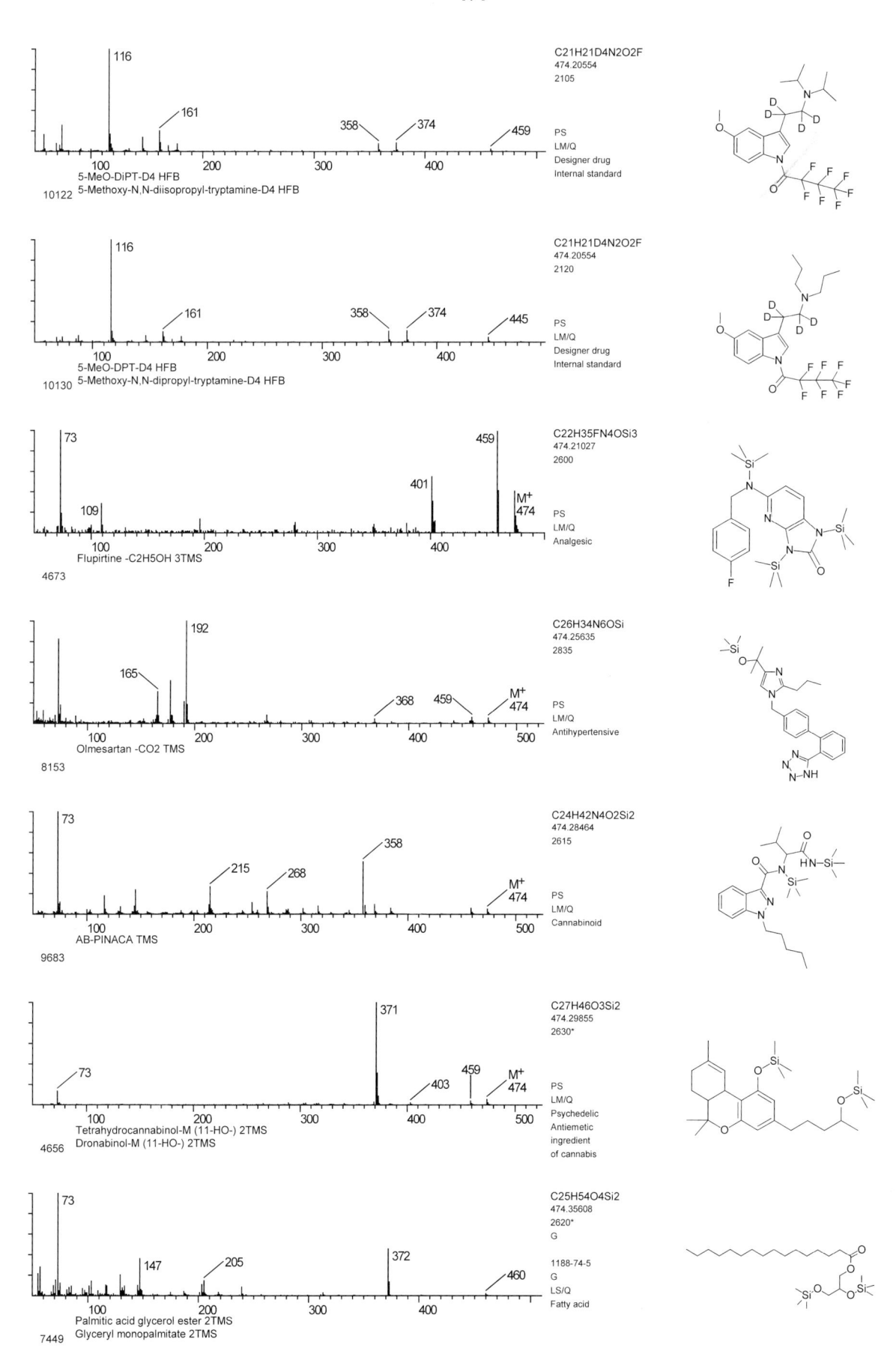

116, 161, 358, 374, 459	C21H21D4N2O2F
	474.20554
	2105
	PS
	LM/Q
5-MeO-DiPT-D4 HFB	Designer drug
10122 5-Methoxy-N,N-diisopropyl-tryptamine-D4 HFB	Internal standard

116, 161, 358, 374, 445	C21H21D4N2O2F
	474.20554
	2120
	PS
	LM/Q
5-MeO-DPT-D4 HFB	Designer drug
10130 5-Methoxy-N,N-dipropyl-tryptamine-D4 HFB	Internal standard

73, 109, 401, 459, M+ 474	C22H35FN4OSi3
	474.21027
	2600
	PS
	LM/Q
Flupirtine -C2H5OH 3TMS	Analgesic
4673	

165, 192, 368, 459, M+ 474	C26H34N6OSi
	474.25635
	2835
	PS
	LM/Q
Olmesartan -CO2 TMS	Antihypertensive
8153	

73, 215, 268, 358, M+ 474	C24H42N4O2Si2
	474.28464
	2615
	PS
	LM/Q
AB-PINACA TMS	Cannabinoid
9683	

73, 371, 403, 459, M+ 474	C27H46O3Si2
	474.29855
	2630*
	PS
	LM/Q
	Psychedelic
Tetrahydrocannabinol-M (11-HO-) 2TMS	Antiemetic
4656 Dronabinol-M (11-HO-) 2TMS	ingredient of cannabis

73, 147, 205, 372, 460	C25H54O4Si2
	474.35608
	2620*
	G
	1188-74-5
	G
	LS/Q
Palmitic acid glycerol ester 2TMS	Fatty acid
7449 Glyceryl monopalmitate 2TMS	

474

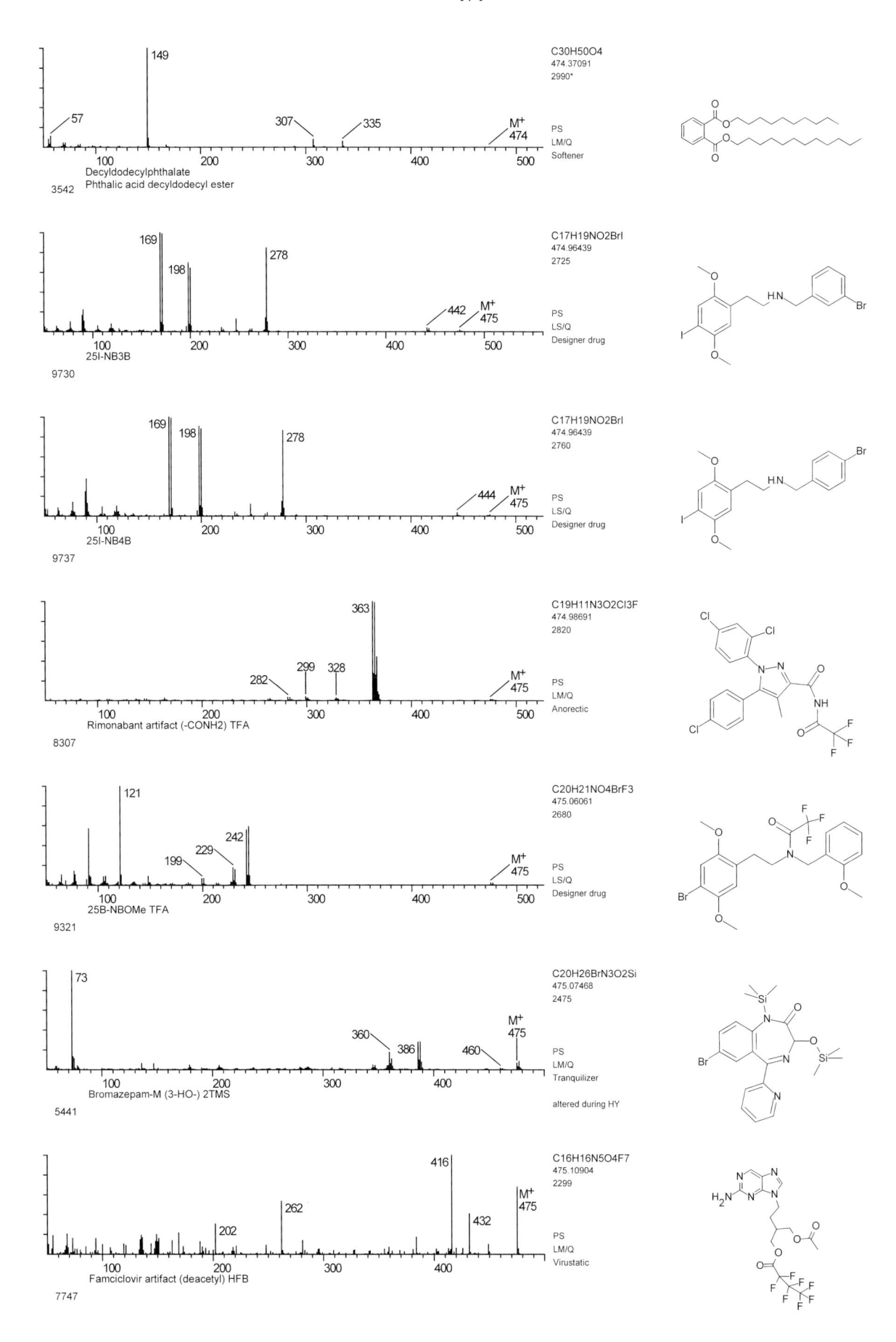

3542	57, 149, 307, 335, M+ 474	C30H50O4 474.37091 2990* PS LM/Q Softener Decyldodecylphthalate Phthalic acid decyldodecyl ester
9730	169, 198, 278, 442, M+ 475	C17H19NO2BrI 474.96439 2725 PS LS/Q Designer drug 25I-NB3B
9737	169, 198, 278, 444, M+ 475	C17H19NO2BrI 474.96439 2760 PS LS/Q Designer drug 25I-NB4B
8307	282, 299, 328, 363, M+ 475	C19H11N3O2Cl3F 474.98691 2820 PS LM/Q Anorectic Rimonabant artifact (-CONH2) TFA
9321	121, 199, 229, 242, M+ 475	C20H21NO4BrF3 475.06061 2680 PS LS/Q Designer drug 25B-NBOMe TFA
5441	73, 360, 386, 460, M+ 475	C20H26BrN3O2Si 475.07468 2475 PS LM/Q Tranquilizer altered during HY Bromazepam-M (3-HO-) 2TMS
7747	202, 262, 416, 432, M+ 475	C16H16N5O4F7 475.10904 2299 PS LM/Q Virustatic Famciclovir artifact (deacetyl) HFB

475

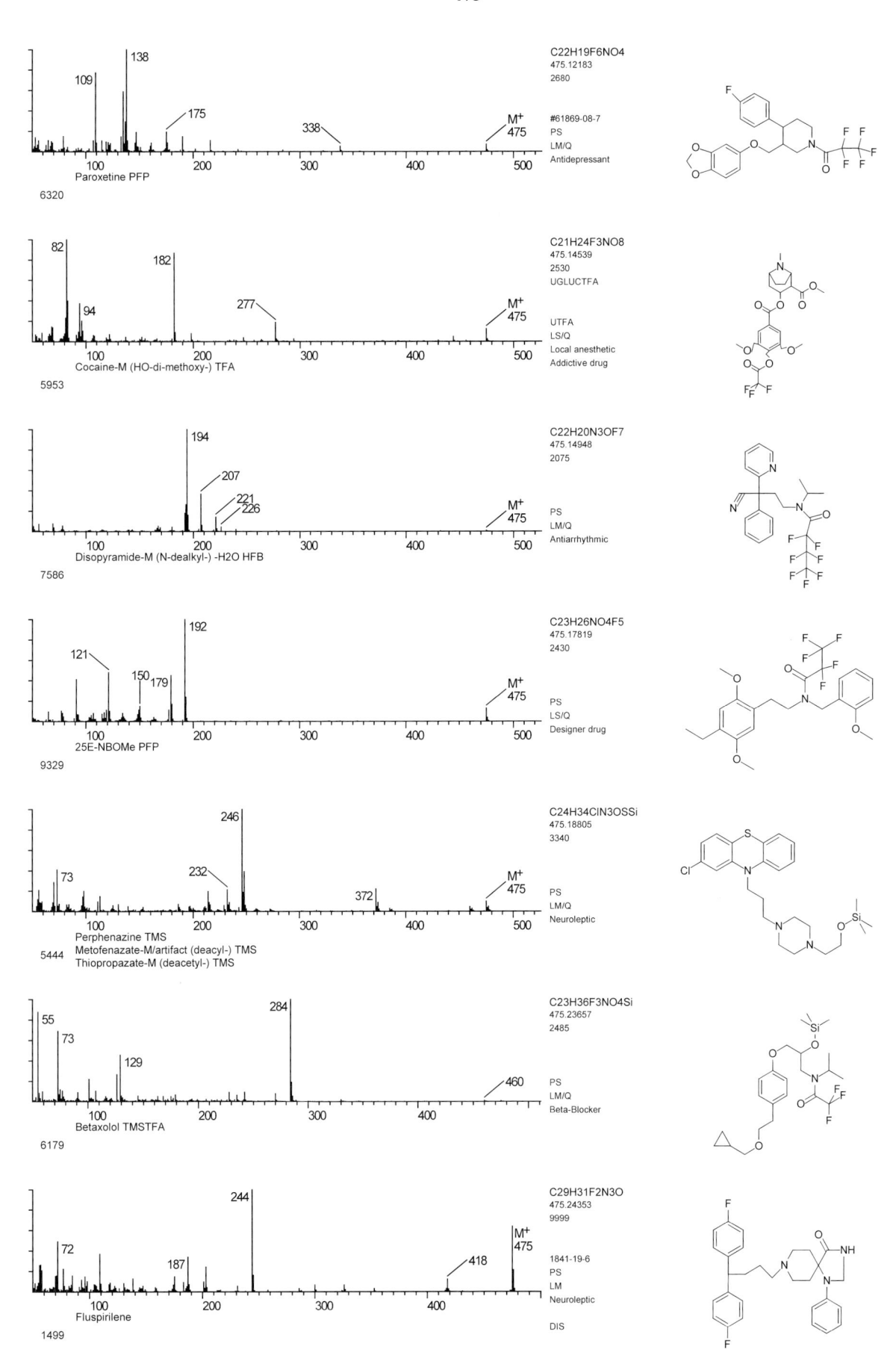

109, 138, 175, 338, M+ 475	C22H19F6NO4 475.12183 2680 #61869-08-7 PS LM/Q Antidepressant	
Paroxetine PFP 6320		

82, 94, 182, 277, M+ 475	C21H24F3NO8 475.14539 2530 UGLUCTFA UTFA LS/Q Local anesthetic Addictive drug	
Cocaine-M (HO-di-methoxy-) TFA 5953		

194, 207, 221, 226, M+ 475	C22H20N3OF7 475.14948 2075 PS LM/Q Antiarrhythmic	
Disopyramide-M (N-dealkyl-) -H2O HFB 7586		

121, 150, 179, 192, M+ 475	C23H26NO4F5 475.17819 2430 PS LS/Q Designer drug	
25E-NBOMe PFP 9329		

73, 232, 246, 372, M+ 475	C24H34ClN3OSSi 475.18805 3340 PS LM/Q Neuroleptic	
Perphenazine TMS Metofenazate-M/artifact (deacyl-) TMS Thiopropazate-M (deacetyl-) TMS 5444		

55, 73, 129, 284, 460	C23H36F3NO4Si 475.23657 2485 PS LM/Q Beta-Blocker	
Betaxolol TMSTFA 6179		

72, 187, 244, 418, M+ 475	C29H31F2N3O 475.24353 9999 1841-19-6 PS LM Neuroleptic DIS	
Fluspirilene 1499		

1628

475

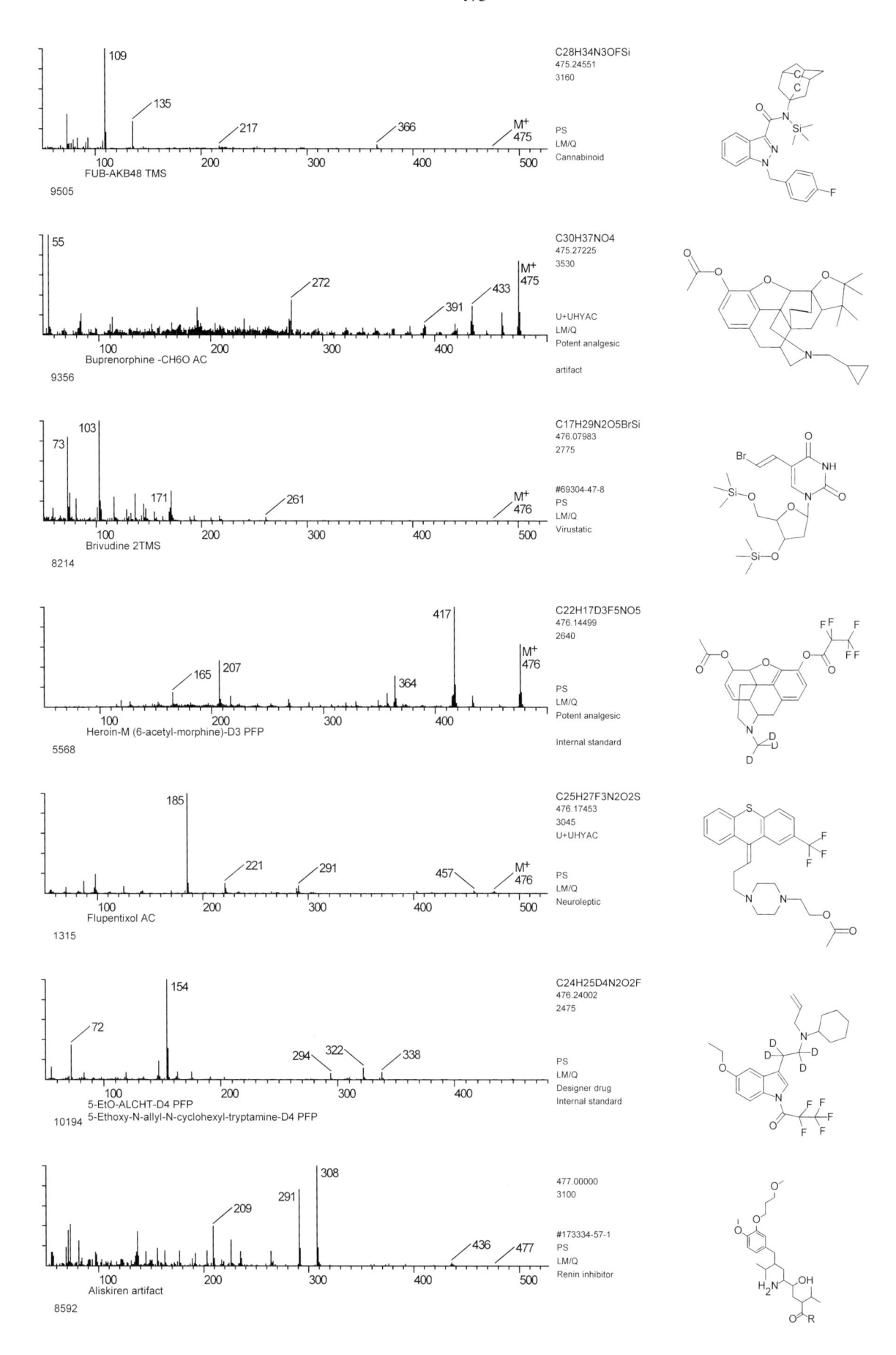

109, 135, 217, 366, M+ 475	C28H34N3OFSi 475.24551 3160 PS LM/Q Cannabinoid	
FUB-AKB48 TMS 9505		
55, 272, 391, 433, M+ 475	C30H37NO4 475.27225 3530 U+UHYAC LM/Q Potent analgesic artifact	
Buprenorphine -CH6O AC 9356		
73, 103, 171, 261, M+ 476	C17H29N2O5BrSi 476.07983 2775 #69304-47-8 PS LM/Q Virustatic	
Brivudine 2TMS 8214		
165, 207, 364, 417, M+ 476	C22H17D3F5NO5 476.14499 2640 PS LM/Q Potent analgesic Internal standard	
Heroin-M (6-acetyl-morphine)-D3 PFP 5568		
185, 221, 291, 457, M+ 476	C25H27F3N2O2S 476.17453 3045 U+UHYAC PS LM/Q Neuroleptic	
Flupentixol AC 1315		
72, 154, 294, 322, 338	C24H25D4N2O2F 476.24002 2475 PS LM/Q Designer drug Internal standard	
5-EtO-ALCHT-D4 PFP 10194 5-Ethoxy-N-allyl-N-cyclohexyl-tryptamine-D4 PFP		
209, 291, 308, 436, 477	477.00000 3100 #173334-57-1 PS LM/Q Renin inhibitor	
Aliskiren artifact 8592		

477

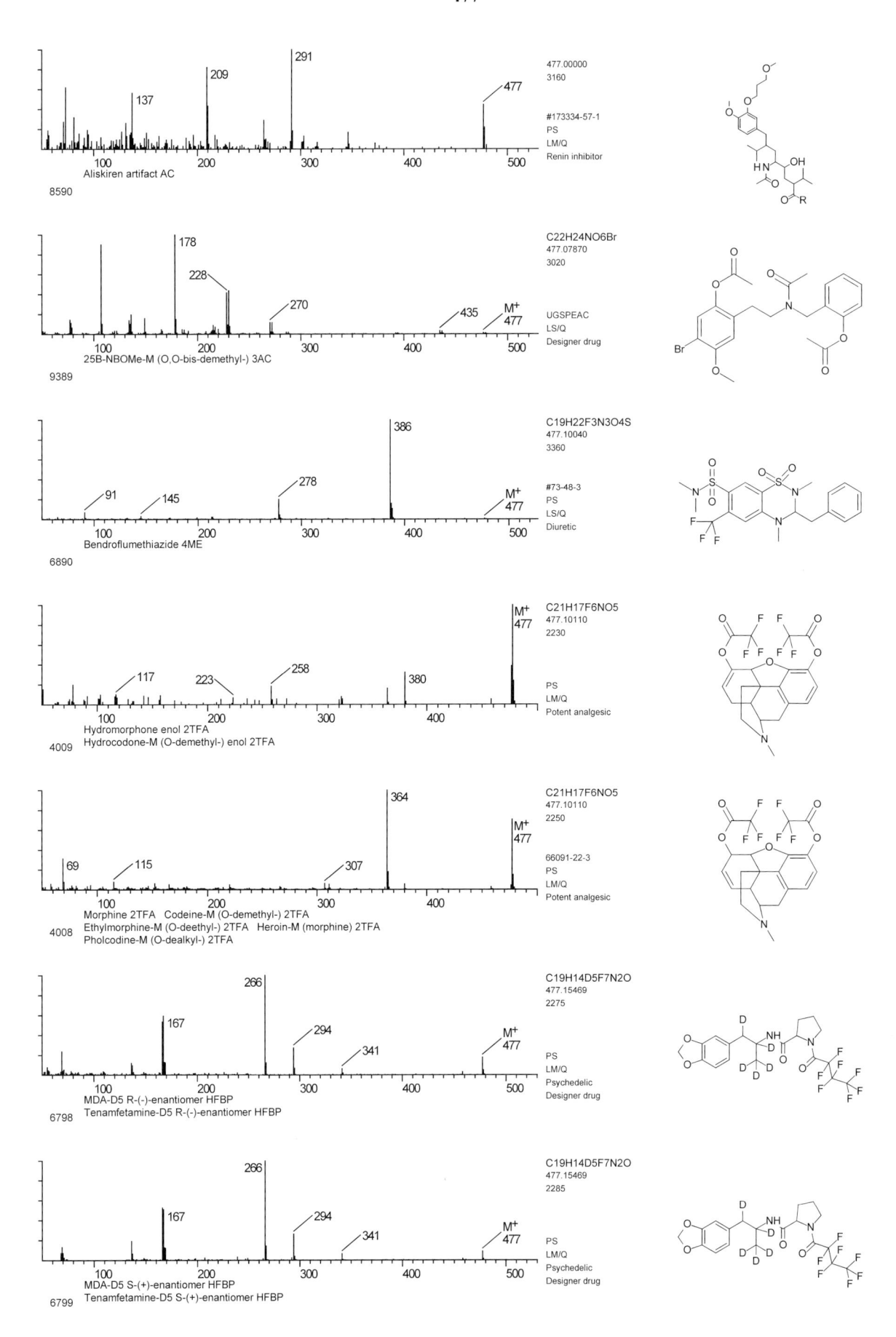

477.00000
3160

#173334-57-1
PS
LM/Q
Renin inhibitor

Aliskiren artifact AC
8590

C22H24NO6Br
477.07870
3020

UGSPEAC
LS/Q
Designer drug

25B-NBOMe-M (O,O-bis-demethyl-) 3AC
9389

C19H22F3N3O4S
477.10040
3360

#73-48-3
PS
LS/Q
Diuretic

Bendroflumethiazide 4ME
6890

C21H17F6NO5
477.10110
2230

PS
LM/Q
Potent analgesic

Hydromorphone enol 2TFA
Hydrocodone-M (O-demethyl-) enol 2TFA
4009

C21H17F6NO5
477.10110
2250

66091-22-3
PS
LM/Q
Potent analgesic

Morphine 2TFA   Codeine-M (O-demethyl-) 2TFA
Ethylmorphine-M (O-deethyl-) 2TFA   Heroin-M (morphine) 2TFA
Pholcodine-M (O-dealkyl-) 2TFA
4008

C19H14D5F7N2O
477.15469
2275

PS
LM/Q
Psychedelic
Designer drug

MDA-D5 R-(-)-enantiomer HFBP
Tenamfetamine-D5 R-(-)-enantiomer HFBP
6798

C19H14D5F7N2O
477.15469
2285

PS
LM/Q
Psychedelic
Designer drug

MDA-D5 S-(+)-enantiomer HFBP
Tenamfetamine-D5 S-(+)-enantiomer HFBP
6799

477

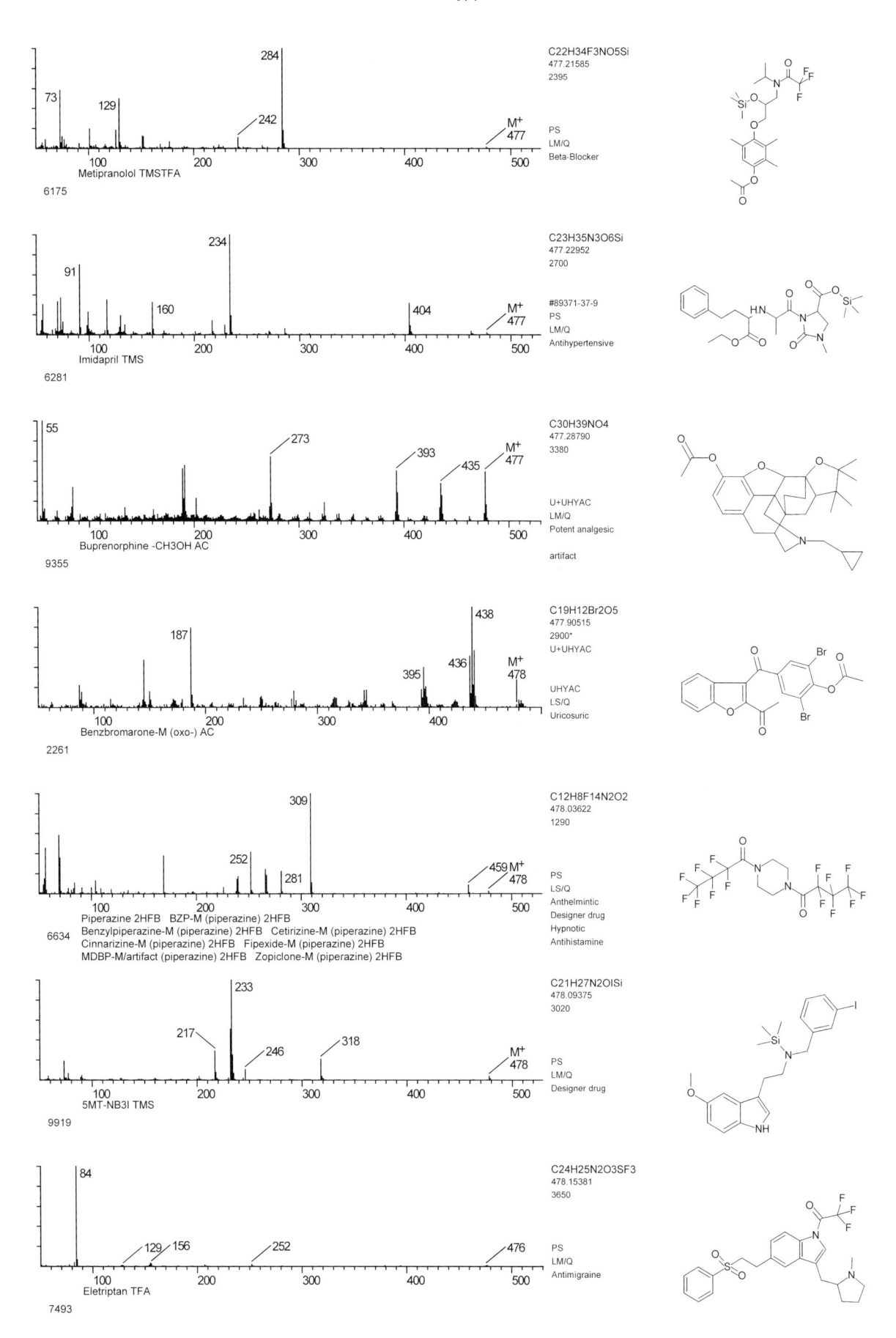

Metipranolol TMSTFA — peaks 73, 129, 242, 284, M+ 477	C22H34F3NO5Si 477.21585 2395 PS LM/Q Beta-Blocker
Imidapril TMS — peaks 91, 160, 234, 404, M+ 477	C23H35N3O6Si 477.22952 2700 #89371-37-9 PS LM/Q Antihypertensive
Buprenorphine -CH3OH AC — peaks 55, 273, 393, 435, M+ 477	C30H39NO4 477.28790 3380 U+UHYAC LM/Q Potent analgesic artifact
Benzbromarone-M (oxo-) AC — peaks 187, 395, 436, 438, M+ 478	C19H12Br2O5 477.90515 2900* U+UHYAC UHYAC LS/Q Uricosuric
Piperazine 2HFB BZP-M (piperazine) 2HFB Benzylpiperazine-M (piperazine) 2HFB Cetirizine-M (piperazine) 2HFB Cinnarizine-M (piperazine) 2HFB Fipexide-M (piperazine) 2HFB MDBP-M/artifact (piperazine) 2HFB Zopiclone-M (piperazine) 2HFB peaks 252, 281, 309, 459, M+ 478	C12H8F14N2O2 478.03622 1290 PS LS/Q Anthelmintic Designer drug Hypnotic Antihistamine
5MT-NB3I TMS — peaks 217, 233, 246, 318, M+ 478	C21H27N2OISi 478.09375 3020 PS LM/Q Designer drug
Eletriptan TFA — peaks 84, 129, 156, 252, 476	C24H25N2O3SF3 478.15381 3650 PS LM/Q Antimigraine

478

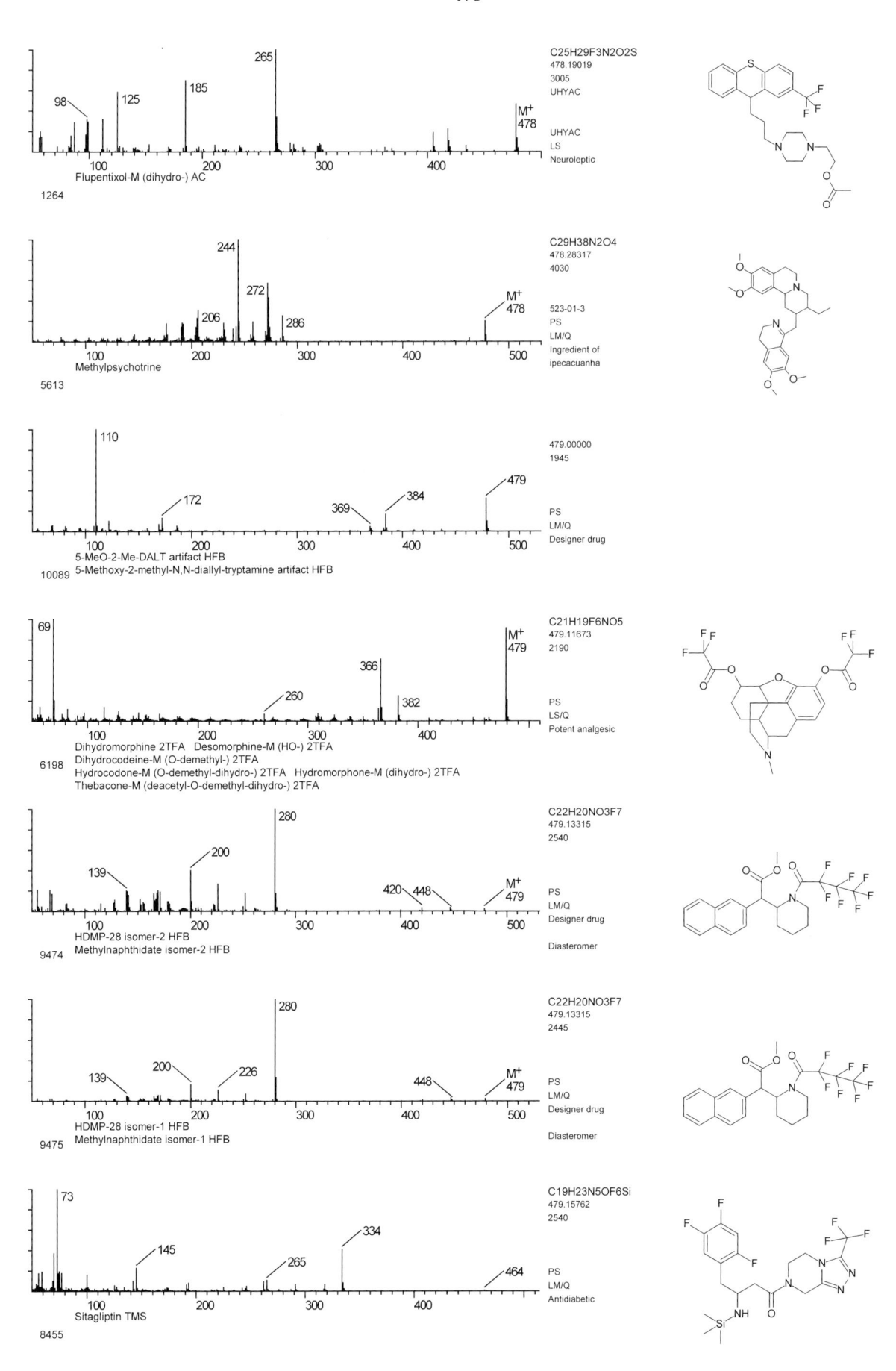

C25H29F3N2O2S
478.19019
3005
UHYAC

UHYAC
LS
Neuroleptic

Flupentixol-M (dihydro-) AC
1264

C29H38N2O4
478.28317
4030

523-01-3
PS
LM/Q
Ingredient of ipecacuanha

Methylpsychotrine
5613

479.00000
1945

PS
LM/Q
Designer drug

5-MeO-2-Me-DALT artifact HFB
5-Methoxy-2-methyl-N,N-diallyl-tryptamine artifact HFB
10089

C21H19F6NO5
479.11673
2190

PS
LS/Q
Potent analgesic

Dihydromorphine 2TFA   Desomorphine-M (HO-) 2TFA
Dihydrocodeine-M (O-demethyl-) 2TFA
Hydrocodone-M (O-demethyl-dihydro-) 2TFA   Hydromorphone-M (dihydro-) 2TFA
Thebacone-M (deacetyl-O-demethyl-dihydro-) 2TFA
6198

C22H20NO3F7
479.13315
2540

PS
LM/Q
Designer drug
Diasteromer

HDMP-28 isomer-2 HFB
Methylnaphthidate isomer-2 HFB
9474

C22H20NO3F7
479.13315
2445

PS
LM/Q
Designer drug
Diasteromer

HDMP-28 isomer-1 HFB
Methylnaphthidate isomer-1 HFB
9475

C19H23N5OF6Si
479.15762
2540

PS
LM/Q
Antidiabetic

Sitagliptin TMS
8455

1632

479

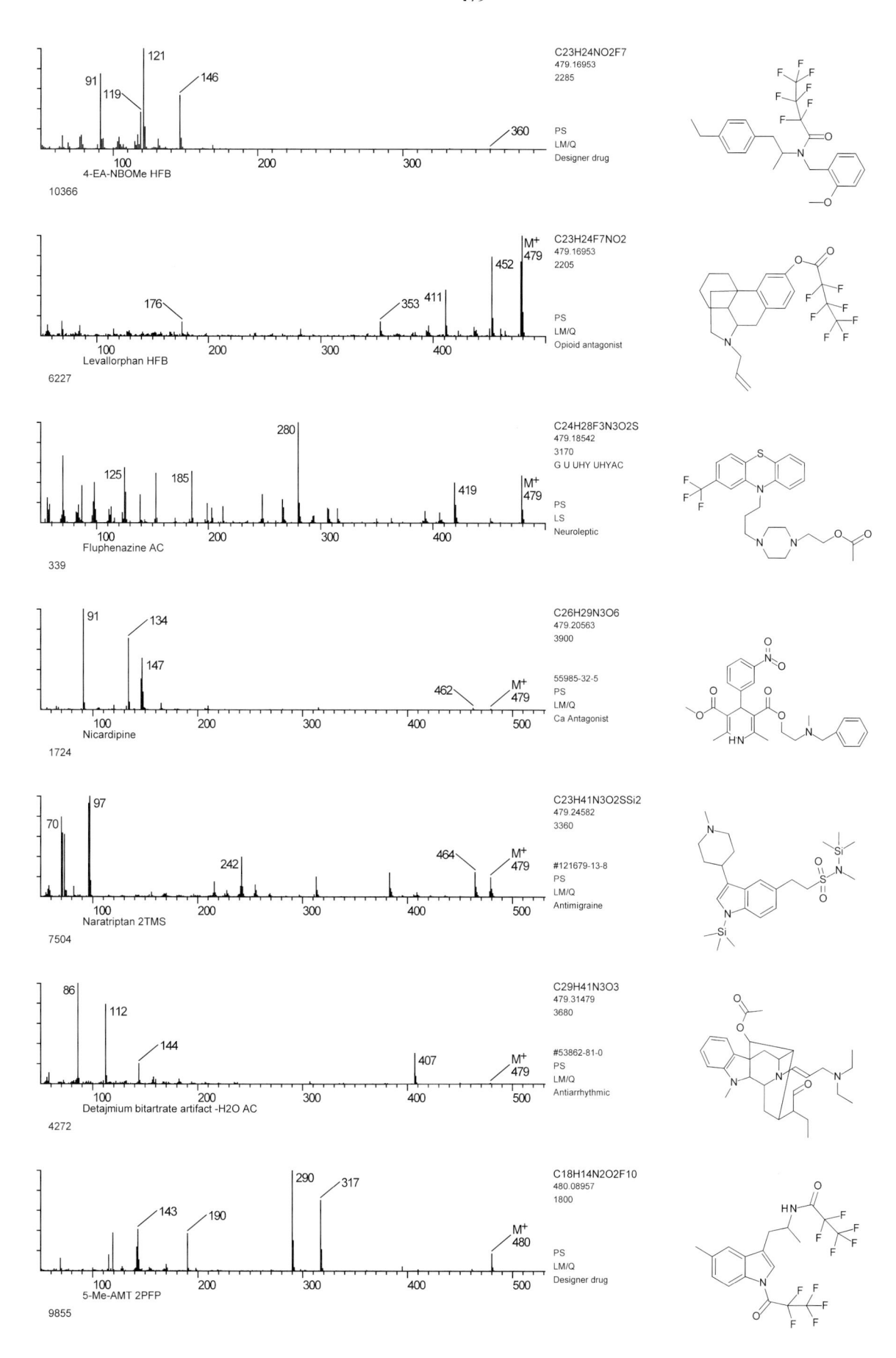

91, 119, 121, 146, 360	C23H24NO2F7 479.16953 2285 PS LM/Q Designer drug
4-EA-NBOMe HFB 10366	
176, 353, 411, 452, M+ 479	C23H24F7NO2 479.16953 2205 PS LM/Q Opioid antagonist
Levallorphan HFB 6227	
125, 185, 280, 419, M+ 479	C24H28F3N3O2S 479.18542 3170 G U UHY UHYAC PS LS Neuroleptic
Fluphenazine AC 339	
91, 134, 147, 462, M+ 479	C26H29N3O6 479.20563 3900 55985-32-5 PS LM/Q Ca Antagonist
Nicardipine 1724	
70, 97, 242, 464, M+ 479	C23H41N3O2SSi2 479.24582 3360 #121679-13-8 PS LM/Q Antimigraine
Naratriptan 2TMS 7504	
86, 112, 144, 407, M+ 479	C29H41N3O3 479.31479 3680 #53862-81-0 PS LM/Q Antiarrhythmic
Detajmium bitartrate artifact -H2O AC 4272	
143, 190, 290, 317, M+ 480	C18H14N2O2F10 480.08957 1800 PS LM/Q Designer drug
5-Me-AMT 2PFP 9855	

480

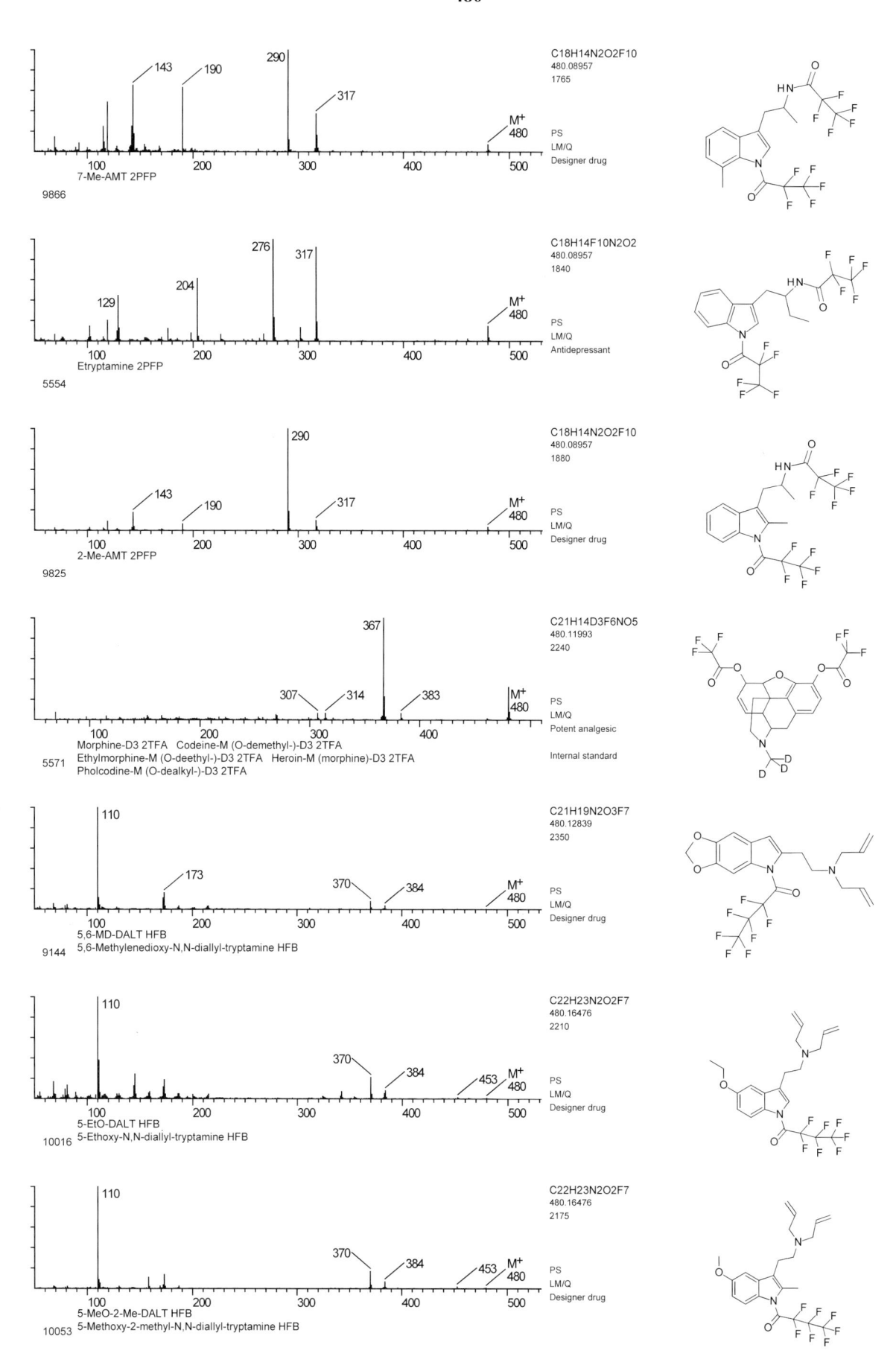

C18H14N2O2F10
480.08957
1765
PS
LM/Q
Designer drug

7-Me-AMT 2PFP
9866

C18H14F10N2O2
480.08957
1840
PS
LM/Q
Antidepressant

Etryptamine 2PFP
5554

C18H14N2O2F10
480.08957
1880
PS
LM/Q
Designer drug

2-Me-AMT 2PFP
9825

C21H14D3F6NO5
480.11993
2240
PS
LM/Q
Potent analgesic
Internal standard

Morphine-D3 2TFA   Codeine-M (O-demethyl-)-D3 2TFA
Ethylmorphine-M (O-deethyl-)-D3 2TFA   Heroin-M (morphine)-D3 2TFA
5571 Pholcodine-M (O-dealkyl-)-D3 2TFA

C21H19N2O3F7
480.12839
2350
PS
LM/Q
Designer drug

5,6-MD-DALT HFB
9144 5,6-Methylenedioxy-N,N-diallyl-tryptamine HFB

C22H23N2O2F7
480.16476
2210
PS
LM/Q
Designer drug

5-EtO-DALT HFB
10016 5-Ethoxy-N,N-diallyl-tryptamine HFB

C22H23N2O2F7
480.16476
2175
PS
LM/Q
Designer drug

5-MeO-2-Me-DALT HFB
10053 5-Methoxy-2-methyl-N,N-diallyl-tryptamine HFB

480

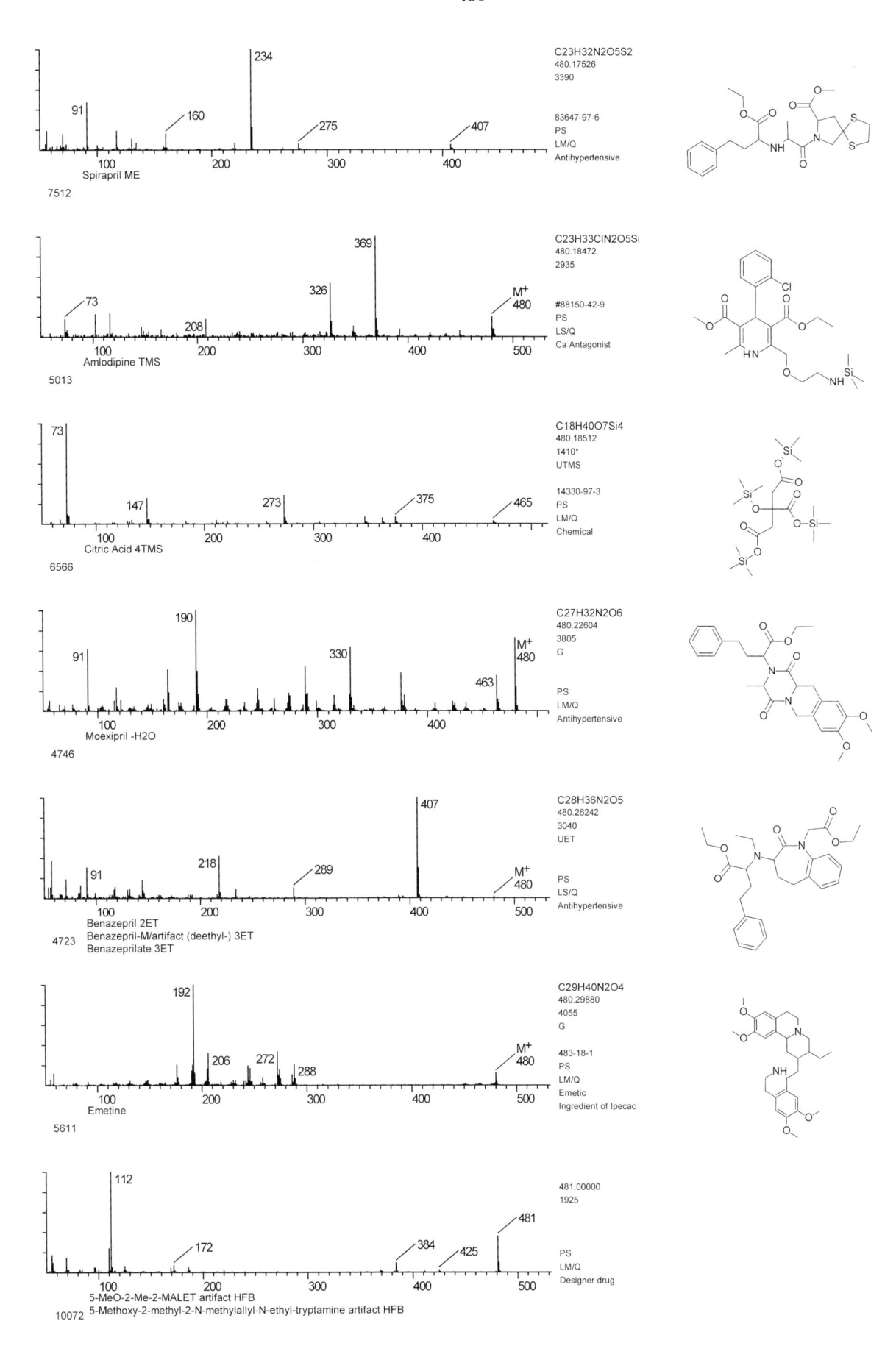

Spirapril ME — C23H32N2O5S2, 480.17526, 3390, 83647-97-6, PS, LM/Q, Antihypertensive
Peaks: 91, 160, 234, 275, 407
7512

Amlodipine TMS — C23H33ClN2O5Si, 480.18472, 2935, #88150-42-9, PS, LS/Q, Ca Antagonist
Peaks: 73, 208, 326, 369, M+ 480
5013

Citric Acid 4TMS — C18H40O7Si4, 480.18512, 1410*, UTMS, 14330-97-3, PS, LM/Q, Chemical
Peaks: 73, 147, 273, 375, 465
6566

Moexipril -H2O — C27H32N2O6, 480.22604, 3805, G, PS, LM/Q, Antihypertensive
Peaks: 91, 190, 330, 463, M+ 480
4746

Benazepril 2ET / Benazepril-M/artifact (deethyl-) 3ET / Benazeprilate 3ET — C28H36N2O5, 480.26242, 3040, UET, PS, LS/Q, Antihypertensive
Peaks: 91, 218, 289, 407, M+ 480
4723

Emetine — C29H40N2O4, 480.29880, 4055, G, 483-18-1, PS, LM/Q, Emetic, Ingredient of Ipecac
Peaks: 192, 206, 272, 288, M+ 480
5611

5-MeO-2-Me-2-MALET artifact HFB / 5-Methoxy-2-methyl-2-N-methylallyl-N-ethyl-tryptamine artifact HFB — 481.00000, 1925, PS, LM/Q, Designer drug
Peaks: 112, 172, 384, 425, 481
10072

481

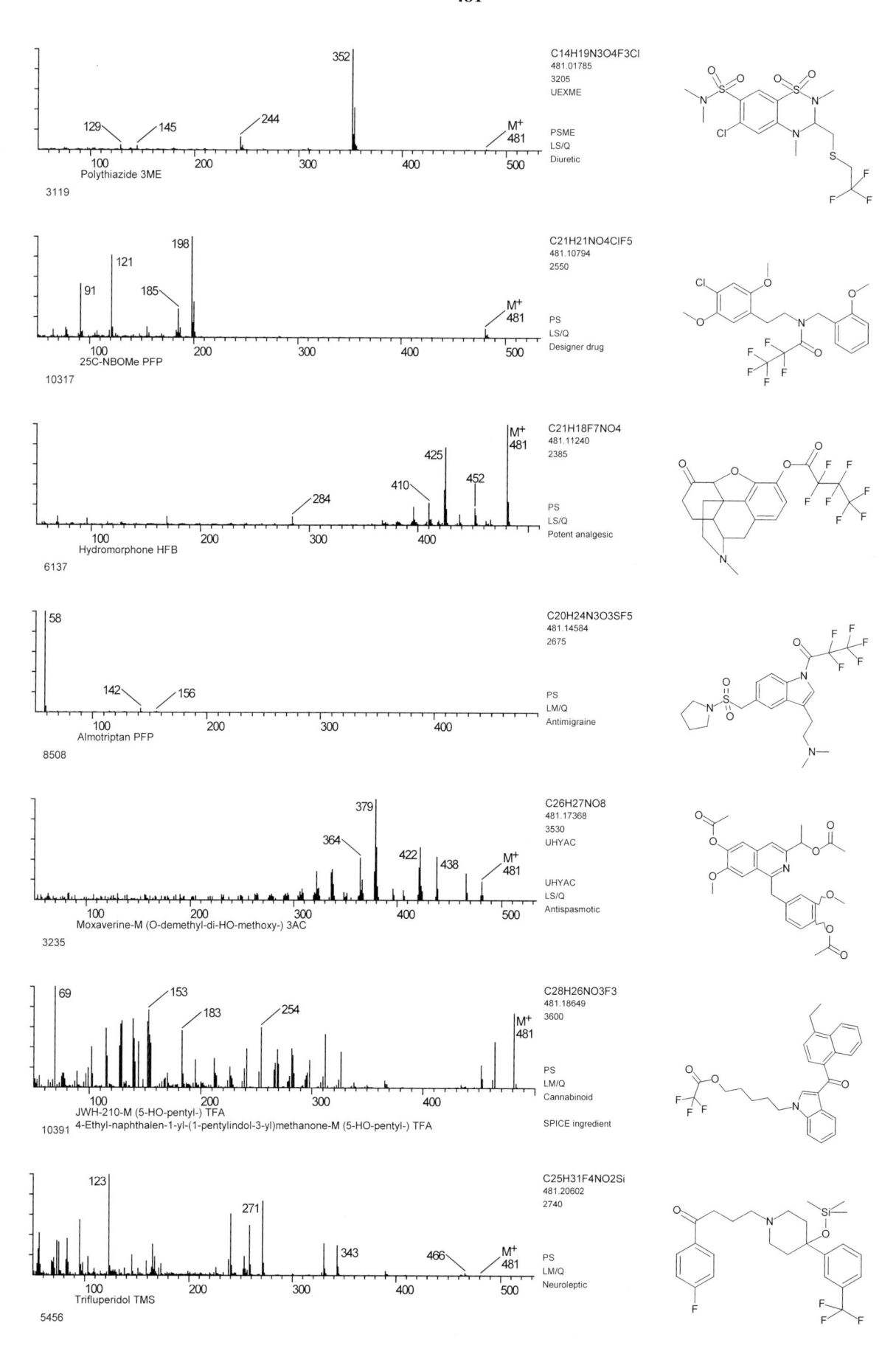

C14H19N3O4F3Cl
481.01785
3205
UEXME

PSME
LS/Q
Diuretic

Polythiazide 3ME
3119

Peaks: 129, 145, 244, 352, M+ 481

C21H21NO4ClF5
481.10794
2550

PS
LS/Q
Designer drug

25C-NBOMe PFP
10317

Peaks: 91, 121, 185, 198, M+ 481

C21H18F7NO4
481.11240
2385

PS
LS/Q
Potent analgesic

Hydromorphone HFB
6137

Peaks: 284, 410, 425, 452, M+ 481

C20H24N3O3SF5
481.14584
2675

PS
LM/Q
Antimigraine

Almotriptan PFP
8508

Peaks: 58, 142, 156

C26H27NO8
481.17368
3530
UHYAC

UHYAC
LS/Q
Antispasmotic

Moxaverine-M (O-demethyl-di-HO-methoxy-) 3AC
3235

Peaks: 364, 379, 422, 438, M+ 481

C28H26NO3F3
481.18649
3600

PS
LM/Q
Cannabinoid
SPICE ingredient

JWH-210-M (5-HO-pentyl-) TFA
4-Ethyl-naphthalen-1-yl-(1-pentylindol-3-yl)methanone-M (5-HO-pentyl-) TFA
10391

Peaks: 69, 153, 183, 254, M+ 481

C25H31F4NO2Si
481.20602
2740

PS
LM/Q
Neuroleptic

Trifluperidol TMS
5456

Peaks: 123, 271, 343, 466, M+ 481

481

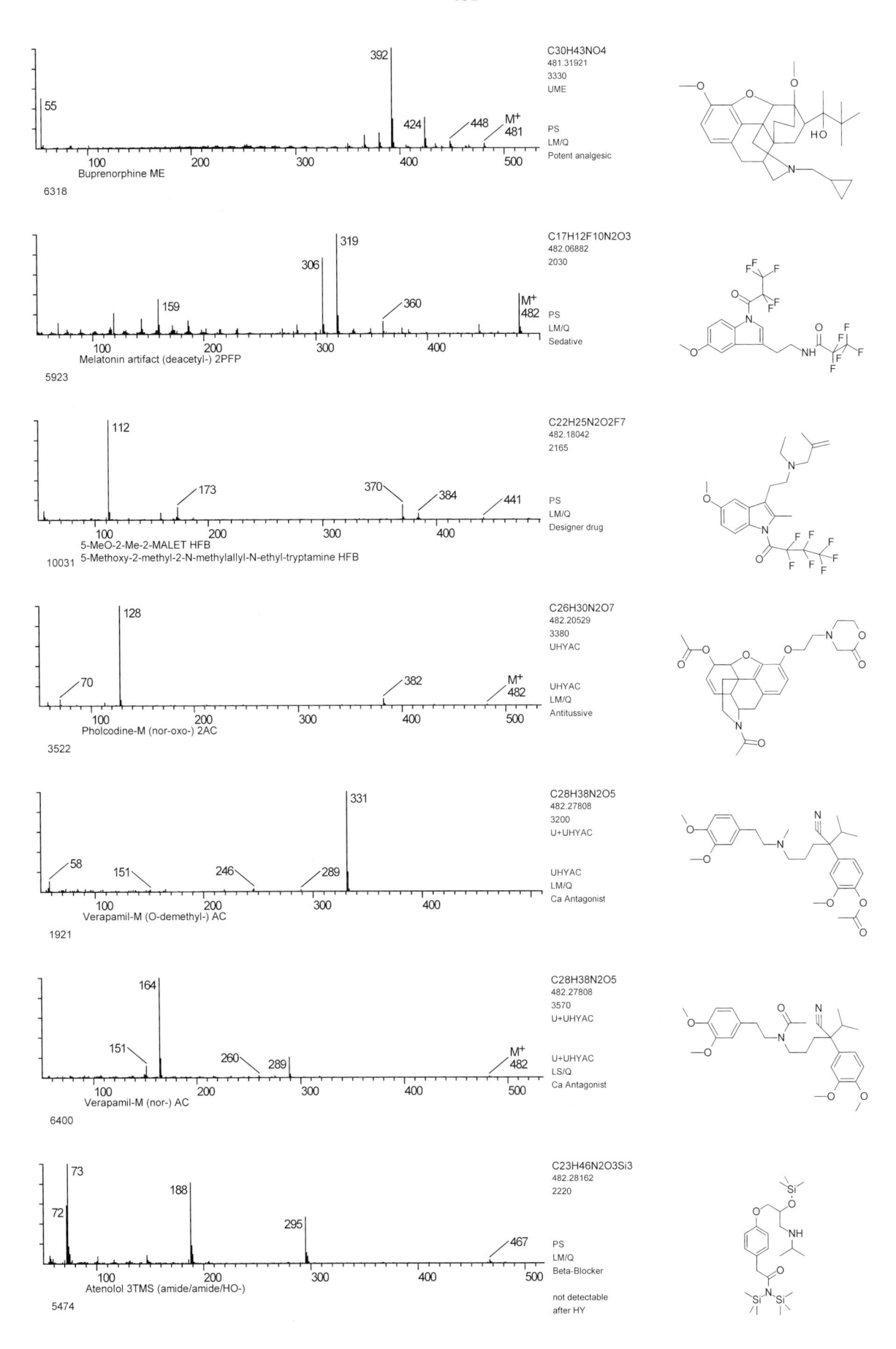

C30H43NO4
481.31921
3330
UME

PS
LM/Q
Potent analgesic

Buprenorphine ME
6318

C17H12F10N2O3
482.06882
2030

PS
LM/Q
Sedative

Melatonin artifact (deacetyl-) 2PFP
5923

C22H25N2O2F7
482.18042
2165

PS
LM/Q
Designer drug

5-MeO-2-Me-2-MALET HFB
5-Methoxy-2-methyl-2-N-methylallyl-N-ethyl-tryptamine HFB
10031

C26H30N2O7
482.20529
3380
UHYAC

UHYAC
LM/Q
Antitussive

Pholcodine-M (nor-oxo-) 2AC
3522

C28H38N2O5
482.27808
3200
U+UHYAC

UHYAC
LM/Q
Ca Antagonist

Verapamil-M (O-demethyl-) AC
1921

C28H38N2O5
482.27808
3570
U+UHYAC

U+UHYAC
LS/Q
Ca Antagonist

Verapamil-M (nor-) AC
6400

C23H46N2O3Si3
482.28162
2220

PS
LM/Q
Beta-Blocker

not detectable
after HY

Atenolol 3TMS (amide/amide/HO-)
5474

1637

482

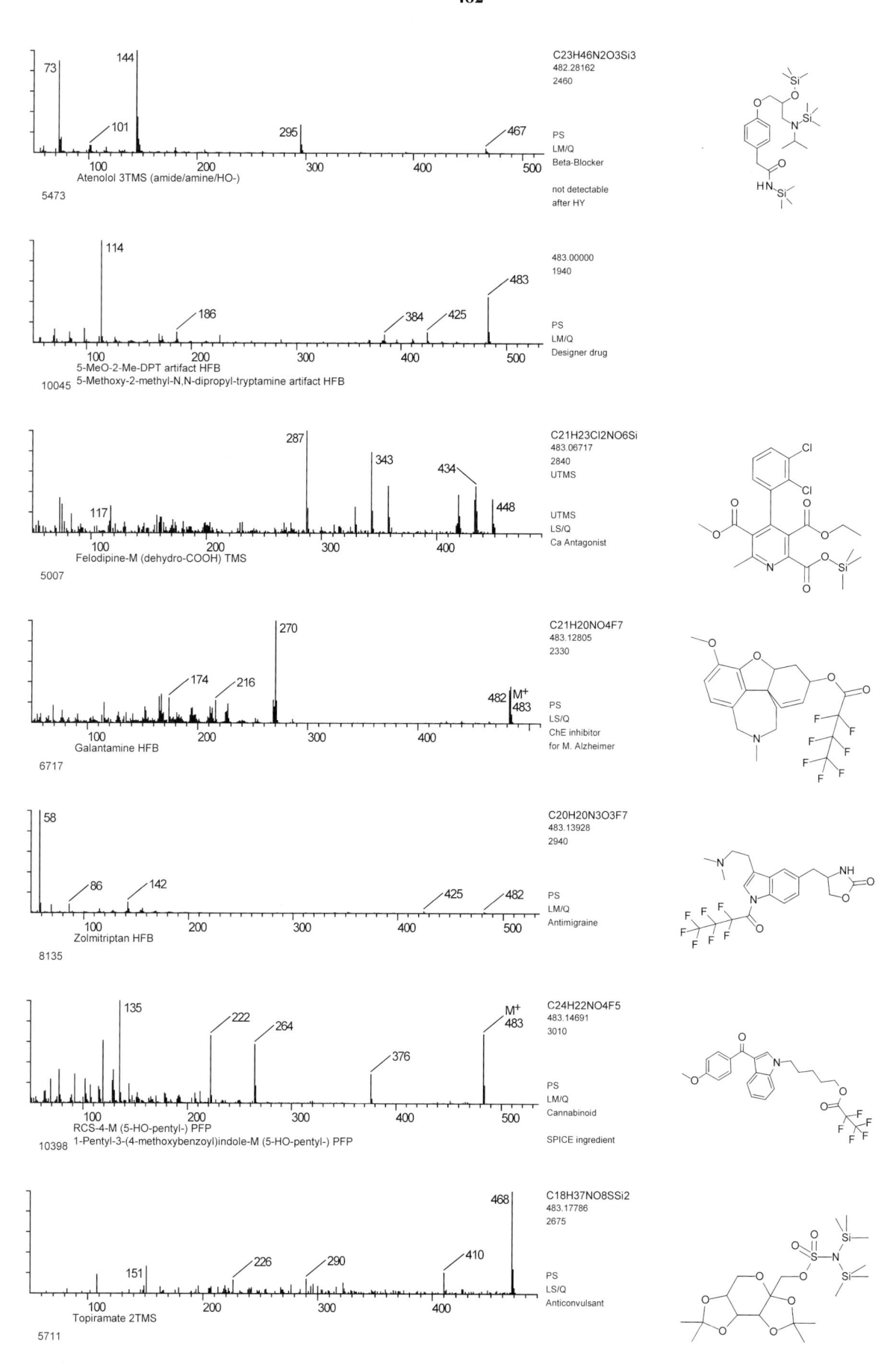

Atenolol 3TMS (amide/amine/HO-)
5473
73, 101, 144, 295, 467
C23H46N2O3Si3
482.28162
2460
PS
LM/Q
Beta-Blocker
not detectable after HY

5-MeO-2-Me-DPT artifact HFB
5-Methoxy-2-methyl-N,N-dipropyl-tryptamine artifact HFB
10045
114, 186, 384, 425, 483
483.00000
1940
PS
LM/Q
Designer drug

Felodipine-M (dehydro-COOH) TMS
5007
117, 287, 343, 434, 448
C21H23Cl2NO6Si
483.06717
2840
UTMS
UTMS
LS/Q
Ca Antagonist

Galantamine HFB
6717
174, 216, 270, 482, 483 M+
C21H20NO4F7
483.12805
2330
PS
LS/Q
ChE inhibitor for M. Alzheimer

Zolmitriptan HFB
8135
58, 86, 142, 425, 482
C20H20N3O3F7
483.13928
2940
PS
LM/Q
Antimigraine

RCS-4-M (5-HO-pentyl-) PFP
1-Pentyl-3-(4-methoxybenzoyl)indole-M (5-HO-pentyl-) PFP
10398
135, 222, 264, 376, 483 M+
C24H22NO4F5
483.14691
3010
PS
LM/Q
Cannabinoid
SPICE ingredient

Topiramate 2TMS
5711
151, 226, 290, 410, 468
C18H37NO8SSi2
483.17786
2675
PS
LS/Q
Anticonvulsant

483

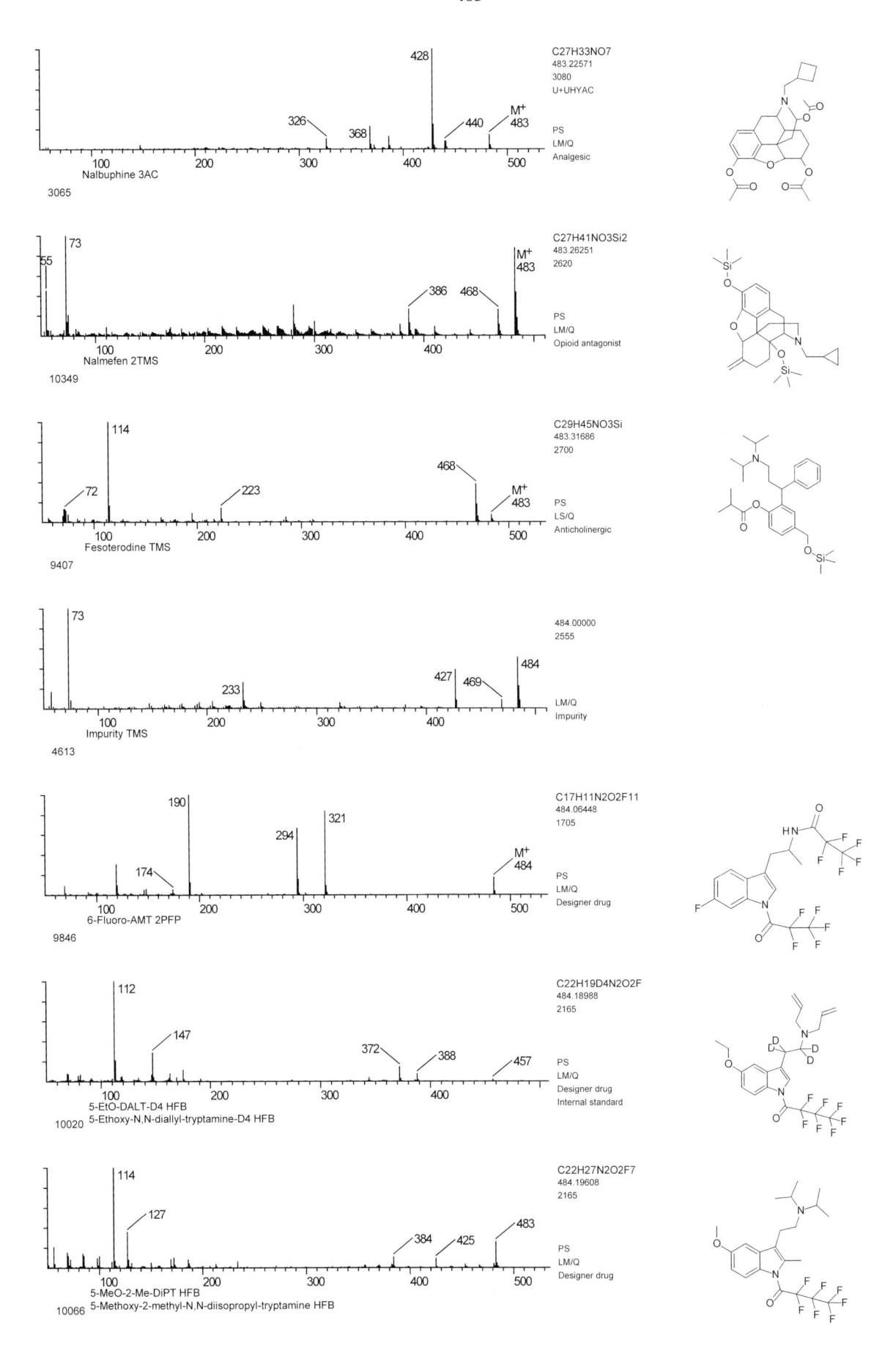

C27H33NO7
483.22571
3080
U+UHYAC

PS
LM/Q
Analgesic

Nalbuphine 3AC
3065

C27H41NO3Si2
483.26251
2620

PS
LM/Q
Opioid antagonist

Nalmefen 2TMS
10349

C29H45NO3Si
483.31686
2700

PS
LS/Q
Anticholinergic

Fesoterodine TMS
9407

484.00000
2555

LM/Q
Impurity

Impurity TMS
4613

C17H11N2O2F11
484.06448
1705

PS
LM/Q
Designer drug

6-Fluoro-AMT 2PFP
9846

C22H19D4N2O2F
484.18988
2165

PS
LM/Q
Designer drug
Internal standard

5-EtO-DALT-D4 HFB
5-Ethoxy-N,N-diallyl-tryptamine-D4 HFB
10020

C22H27N2O2F7
484.19608
2165

PS
LM/Q
Designer drug

5-MeO-2-Me-DiPT HFB
5-Methoxy-2-methyl-N,N-diisopropyl-tryptamine HFB
10066

1639

484

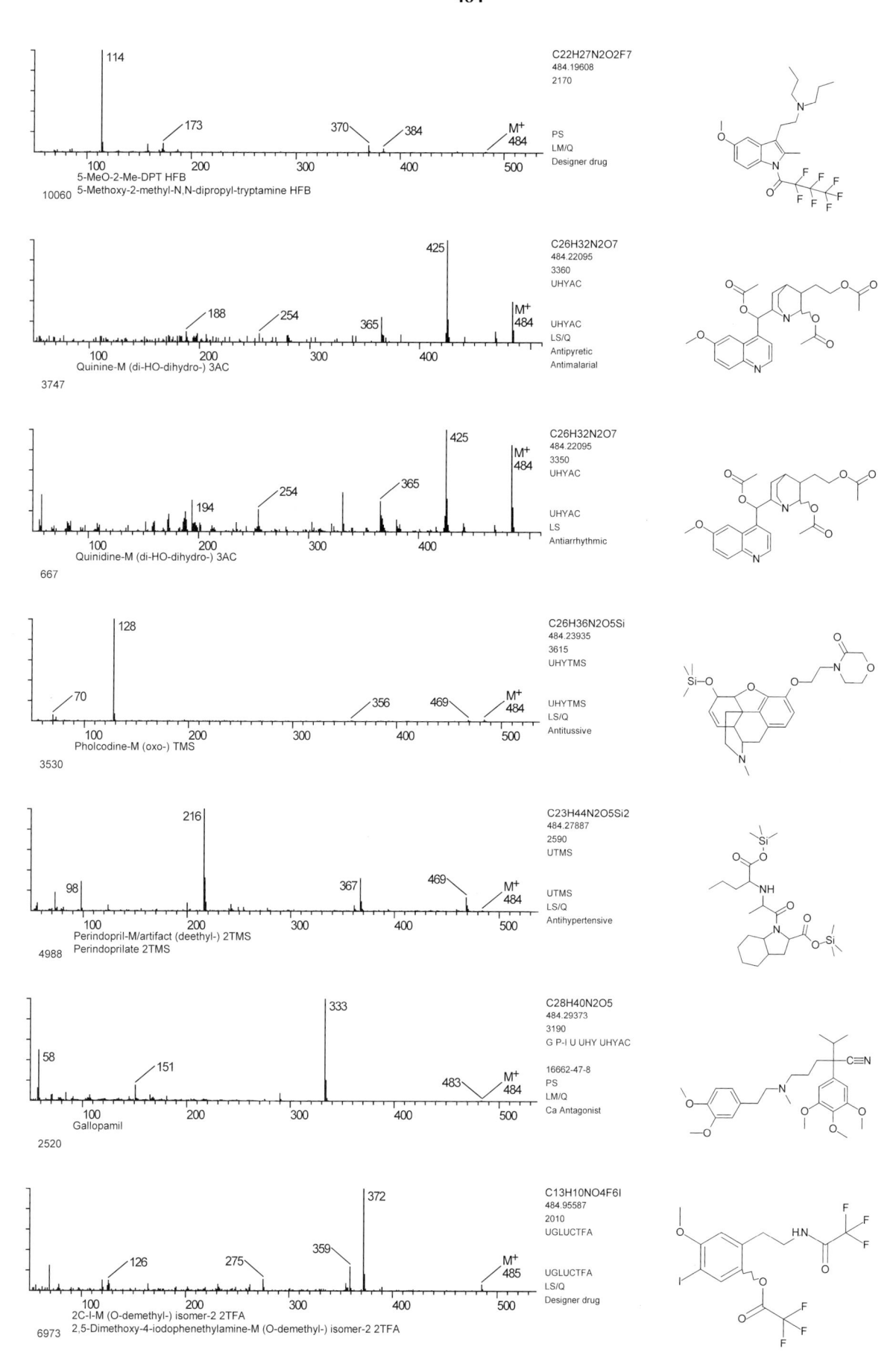

m/z peaks	Compound	Formula / Data
114, 173, 370, 384, M+ 484	5-MeO-2-Me-DPT HFB / 5-Methoxy-2-methyl-N,N-dipropyl-tryptamine HFB (10060)	C22H27N2O2F7; 484.19608; 2170; PS; LM/Q; Designer drug
188, 254, 365, 425, M+ 484	Quinine-M (di-HO-dihydro-) 3AC (3747)	C26H32N2O7; 484.22095; 3360; UHYAC; UHYAC; LS/Q; Antipyretic; Antimalarial
194, 254, 365, 425, M+ 484	Quinidine-M (di-HO-dihydro-) 3AC (667)	C26H32N2O7; 484.22095; 3350; UHYAC; UHYAC; LS; Antiarrhythmic
70, 128, 356, 469, M+ 484	Pholcodine-M (oxo-) TMS (3530)	C26H36N2O5Si; 484.23935; 3615; UHYTMS; UHYTMS; LS/Q; Antitussive
98, 216, 367, 469, M+ 484	Perindopril-M/artifact (deethyl-) 2TMS / Perindoprilate 2TMS (4988)	C23H44N2O5Si2; 484.27887; 2590; UTMS; UTMS; LS/Q; Antihypertensive
58, 151, 333, 483, M+ 484	Gallopamil (2520)	C28H40N2O5; 484.29373; 3190; G P-I U UHY UHYAC; 16662-47-8; PS; LM/Q; Ca Antagonist
126, 275, 359, 372, M+ 485	2C-I-M (O-demethyl-) isomer-2 2TFA / 2,5-Dimethoxy-4-iodophenethylamine-M (O-demethyl-) isomer-2 2TFA (6973)	C13H10NO4F6I; 484.95587; 2010; UGLUCTFA; UGLUCTFA; LS/Q; Designer drug

485

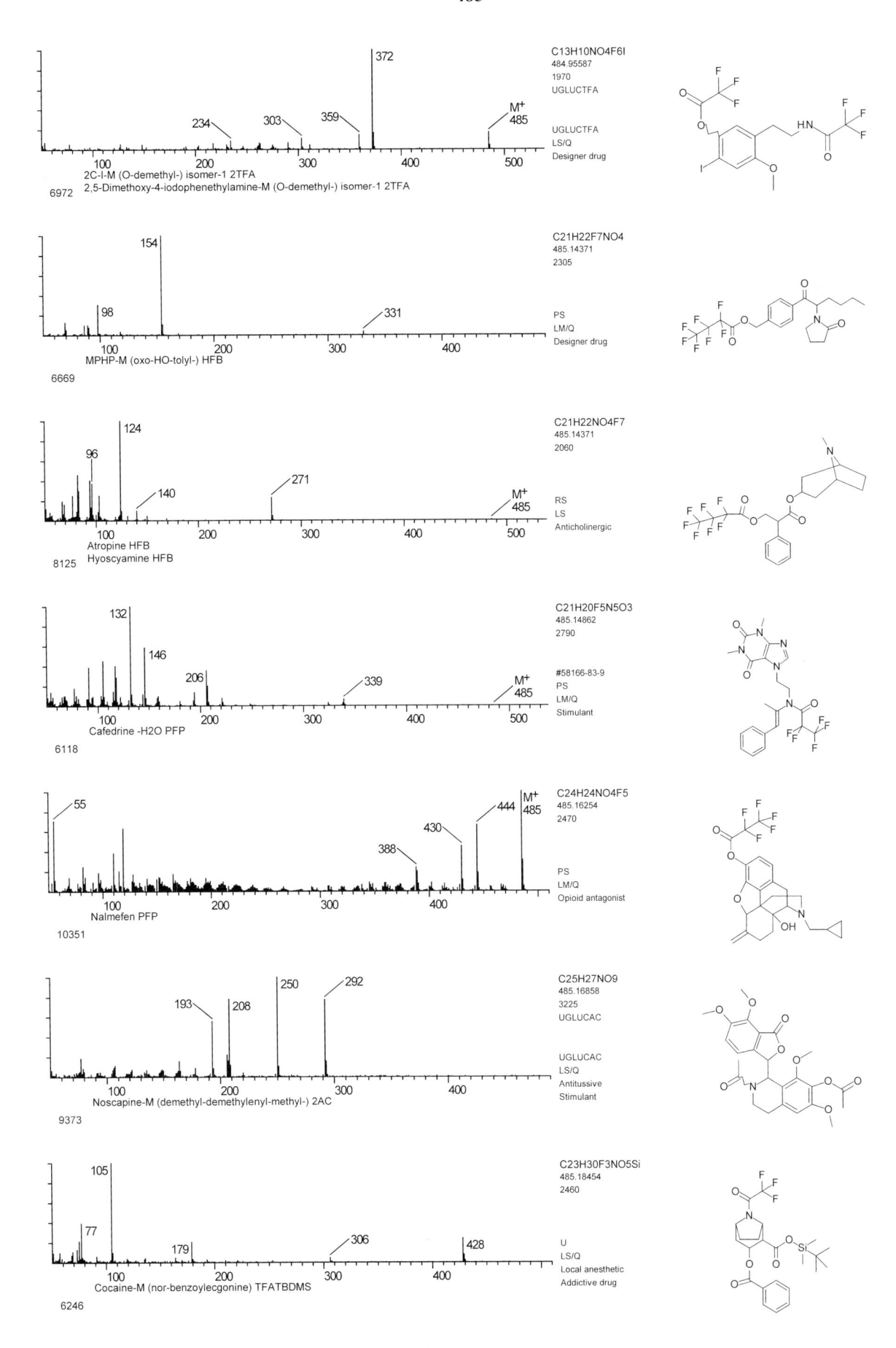

2C-I-M (O-demethyl-) isomer-1 2TFA
2,5-Dimethoxy-4-iodophenethylamine-M (O-demethyl-) isomer-1 2TFA
6972

C13H10NO4F6I
484.95587
1970
UGLUCTFA

UGLUCTFA
LS/Q
Designer drug

MPHP-M (oxo-HO-tolyl-) HFB
6669

C21H22F7NO4
485.14371
2305

PS
LM/Q
Designer drug

Atropine HFB
Hyoscyamine HFB
8125

C21H22NO4F7
485.14371
2060

RS
LS
Anticholinergic

Cafedrine -H2O PFP
6118

C21H20F5N5O3
485.14862
2790

#58166-83-9
PS
LM/Q
Stimulant

Nalmefen PFP
10351

C24H24NO4F5
485.16254
2470

PS
LM/Q
Opioid antagonist

Noscapine-M (demethyl-demethylenyl-methyl-) 2AC
9373

C25H27NO9
485.16858
3225
UGLUCAC

UGLUCAC
LS/Q
Antitussive
Stimulant

Cocaine-M (nor-benzoylecgonine) TFATBDMS
6246

C23H30F3NO5Si
485.18454
2460

U
LS/Q
Local anesthetic
Addictive drug

485

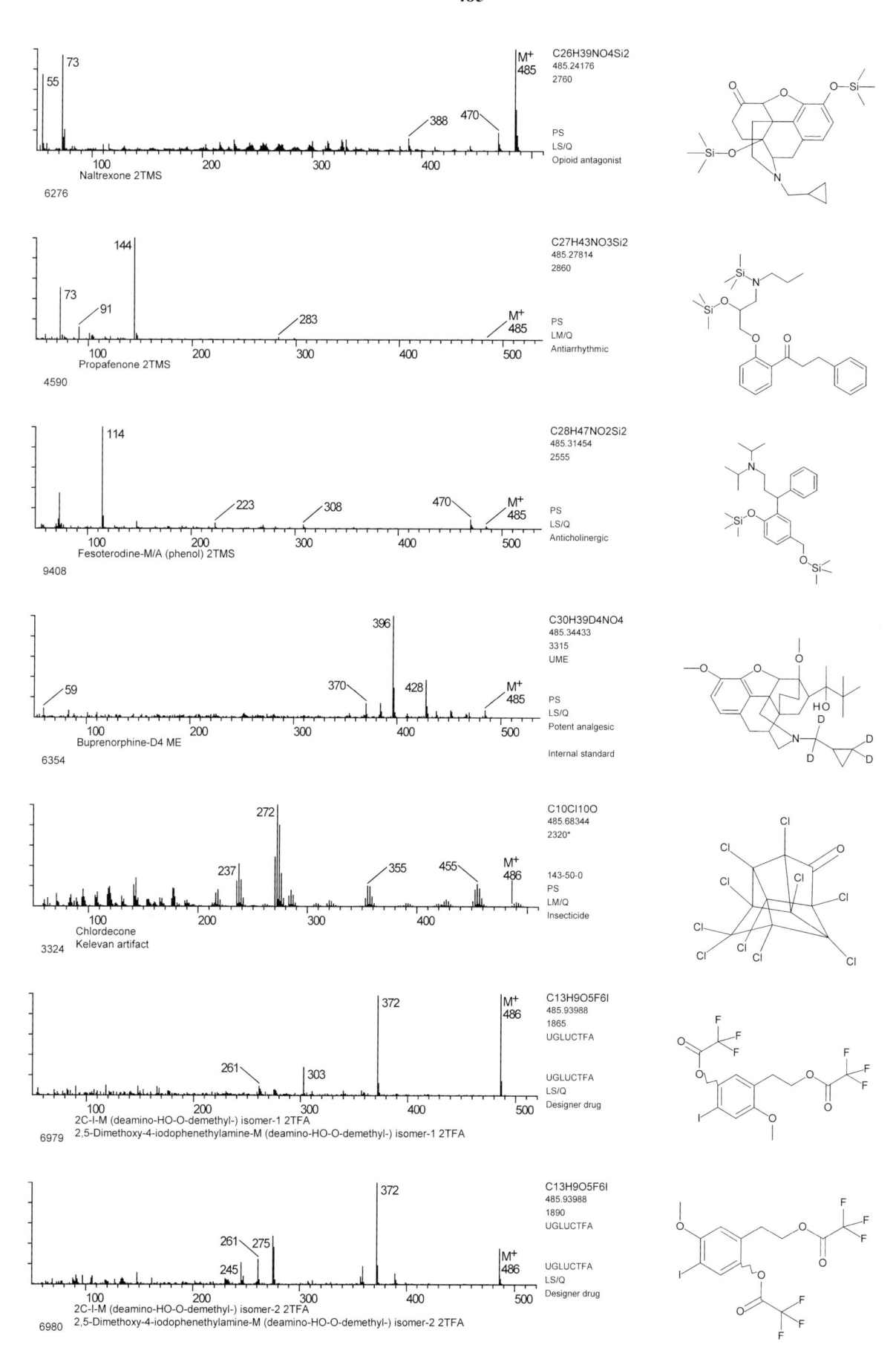

C26H39NO4Si2
485.24176
2760

PS
LS/Q
Opioid antagonist

Naltrexone 2TMS
6276

C27H43NO3Si2
485.27814
2860

PS
LM/Q
Antiarrhythmic

Propafenone 2TMS
4590

C28H47NO2Si2
485.31454
2555

PS
LS/Q
Anticholinergic

Fesoterodine-M/A (phenol) 2TMS
9408

C30H39D4NO4
485.34433
3315
UME

PS
LS/Q
Potent analgesic

Buprenorphine-D4 ME
Internal standard
6354

C10Cl10O
485.68344
2320*

143-50-0
PS
LM/Q
Insecticide

Chlordecone
Kelevan artifact
3324

C13H9O5F6I
485.93988
1865
UGLUCTFA

UGLUCTFA
LS/Q
Designer drug

2C-I-M (deamino-HO-O-demethyl-) isomer-1 2TFA
2,5-Dimethoxy-4-iodophenethylamine-M (deamino-HO-O-demethyl-) isomer-1 2TFA
6979

C13H9O5F6I
485.93988
1890
UGLUCTFA

UGLUCTFA
LS/Q
Designer drug

2C-I-M (deamino-HO-O-demethyl-) isomer-2 2TFA
2,5-Dimethoxy-4-iodophenethylamine-M (deamino-HO-O-demethyl-) isomer-2 2TFA
6980

486

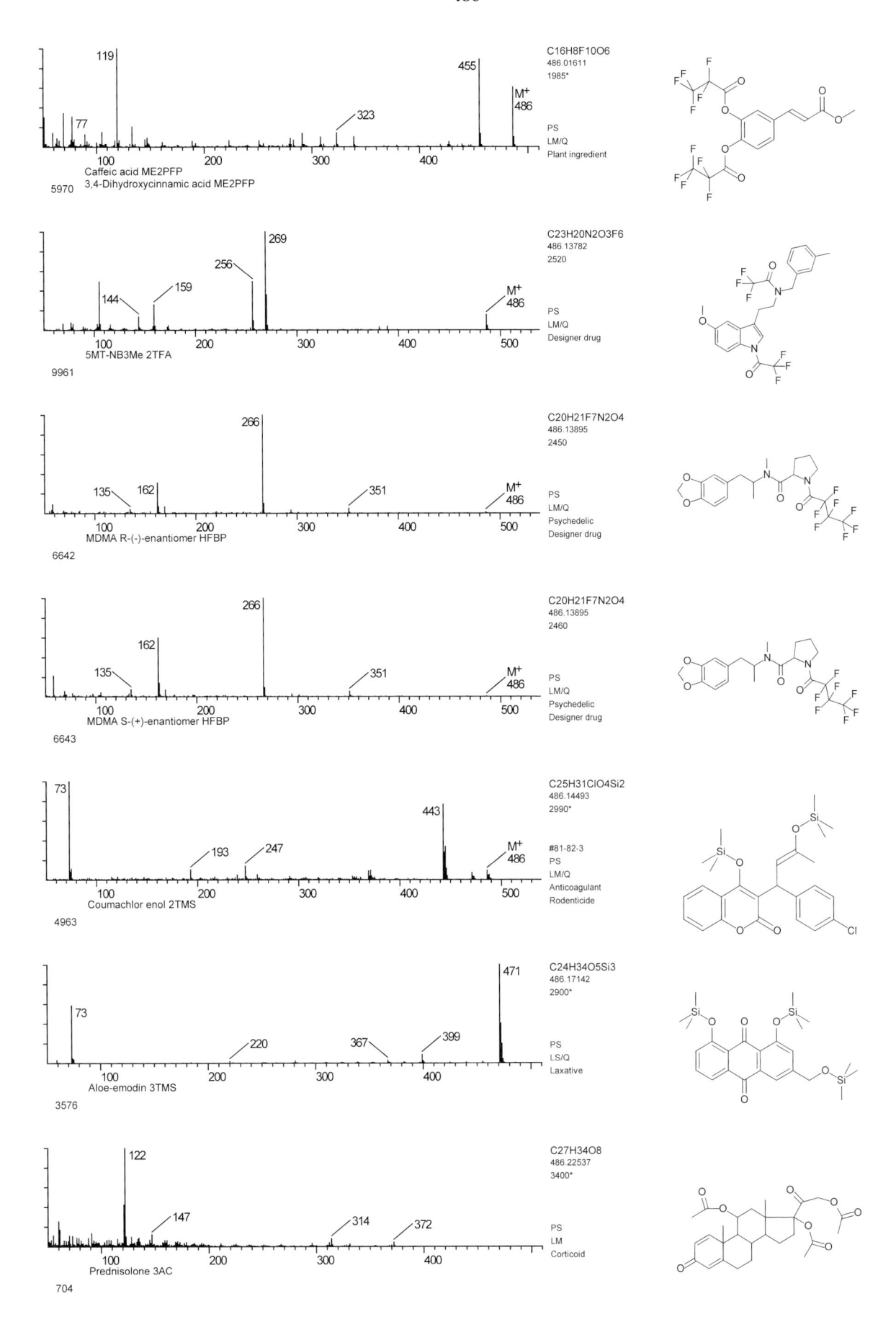

Spectrum	Compound	Formula / Mass / RI
5970	Caffeic acid ME2PFP / 3,4-Dihydroxycinnamic acid ME2PFP — peaks 77, 119, 323, 455, M+ 486	C16H8F10O6, 486.01611, 1985*, PS, LM/Q, Plant ingredient
9961	5MT-NB3Me 2TFA — peaks 144, 159, 256, 269, M+ 486	C23H20N2O3F6, 486.13782, 2520, PS, LM/Q, Designer drug
6642	MDMA R-(−)-enantiomer HFBP — peaks 135, 162, 266, 351, M+ 486	C20H21F7N2O4, 486.13895, 2450, PS, LM/Q, Psychedelic, Designer drug
6643	MDMA S-(+)-enantiomer HFBP — peaks 135, 162, 266, 351, M+ 486	C20H21F7N2O4, 486.13895, 2460, PS, LM/Q, Psychedelic, Designer drug
4963	Coumachlor enol 2TMS — peaks 73, 193, 247, 443, M+ 486	C25H31ClO4Si2, 486.14493, 2990*, #81-82-3, PS, LM/Q, Anticoagulant, Rodenticide
3576	Aloe-emodin 3TMS — peaks 73, 220, 367, 399, 471	C24H34O5Si3, 486.17142, 2900*, PS, LS/Q, Laxative
704	Prednisolone 3AC — peaks 122, 147, 314, 372	C27H34O8, 486.22537, 3400*, PS, LM, Corticoid

486

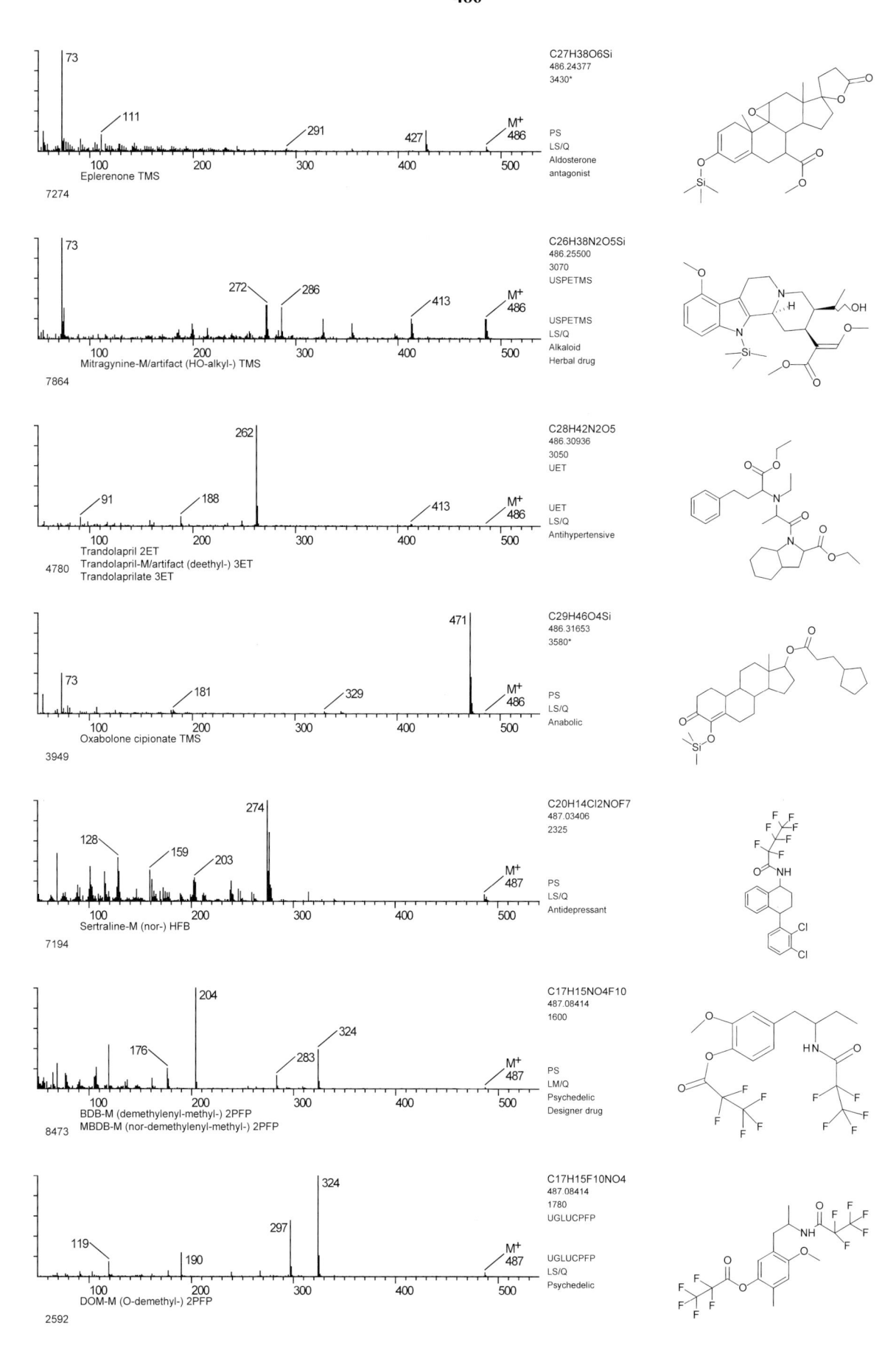

7274 Eplerenone TMS — peaks: 73, 111, 291, 427, M+ 486	C27H38O6Si 486.24377 3430* PS LS/Q Aldosterone antagonist
7864 Mitragynine-M/artifact (HO-alkyl-) TMS — peaks: 73, 272, 286, 413, M+ 486	C26H38N2O5Si 486.25500 3070 USPETMS USPETMS LS/Q Alkaloid Herbal drug
4780 Trandolapril 2ET / Trandolapril-M/artifact (deethyl-) 3ET / Trandolaprilate 3ET — peaks: 91, 188, 262, 413, M+ 486	C28H42N2O5 486.30936 3050 UET UET LS/Q Antihypertensive
3949 Oxabolone cipionate TMS — peaks: 73, 181, 329, 471, M+ 486	C29H46O4Si 486.31653 3580* PS LS/Q Anabolic
7194 Sertraline-M (nor-) HFB — peaks: 128, 159, 203, 274, M+ 487	C20H14Cl2NOF7 487.03406 2325 PS LS/Q Antidepressant
8473 BDB-M (demethylenyl-methyl-) 2PFP / MBDB-M (nor-demethylenyl-methyl-) 2PFP — peaks: 176, 204, 283, 324, M+ 487	C17H15NO4F10 487.08414 1600 PS LM/Q Psychedelic Designer drug
2592 DOM-M (O-demethyl-) 2PFP — peaks: 119, 190, 297, 324, M+ 487	C17H15F10NO4 487.08414 1780 UGLUCPFP UGLUCPFP LS/Q Psychedelic

487

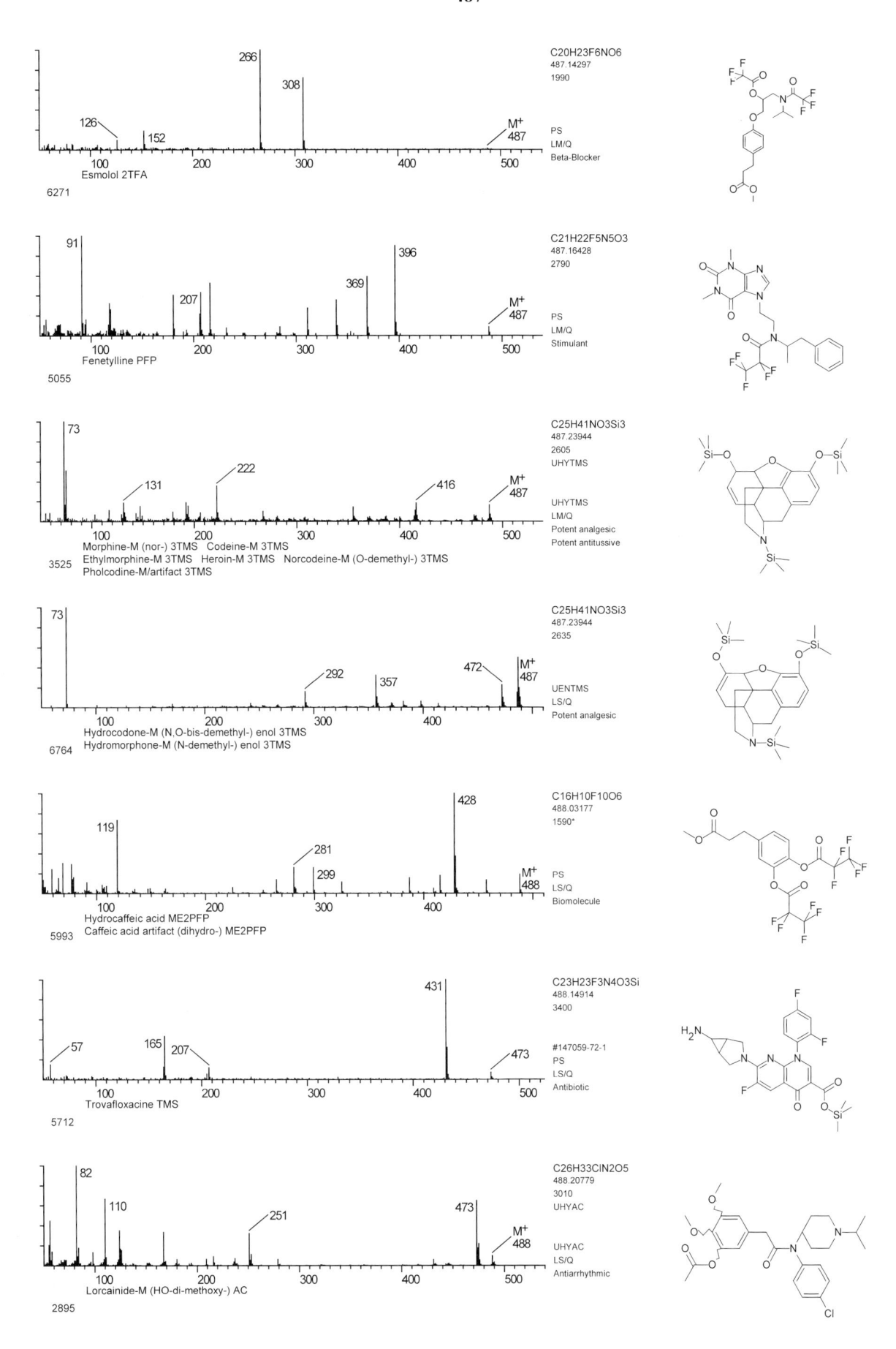

Esmolol 2TFA — C20H23F6NO6, 487.14297, 1990, PS, LM/Q, Beta-Blocker
Peaks: 126, 152, 266, 308, M+ 487
6271

Fenetylline PFP — C21H22F5N5O3, 487.16428, 2790, PS, LM/Q, Stimulant
Peaks: 91, 207, 369, 396, M+ 487
5055

Morphine-M (nor-) 3TMS   Codeine-M 3TMS
Ethylmorphine-M 3TMS   Heroin-M 3TMS   Norcodeine-M (O-demethyl-) 3TMS
Pholcodine-M/artifact 3TMS
— C25H41NO3Si3, 487.23944, 2605, UHYTMS, UHYTMS, LM/Q, Potent analgesic, Potent antitussive
Peaks: 73, 131, 222, 416, M+ 487
3525

Hydrocodone-M (N,O-bis-demethyl-) enol 3TMS
Hydromorphone-M (N-demethyl-) enol 3TMS
— C25H41NO3Si3, 487.23944, 2635, UENTMS, LS/Q, Potent analgesic
Peaks: 73, 292, 357, 472, M+ 487
6764

Hydrocaffeic acid ME2PFP
Caffeic acid artifact (dihydro-) ME2PFP
— C16H10F10O6, 488.03177, 1590*, PS, LS/Q, Biomolecule
Peaks: 119, 281, 299, 428, M+ 488
5993

Trovafloxacine TMS — C23H23F3N4O3Si, 488.14914, 3400, #147059-72-1, PS, LS/Q, Antibiotic
Peaks: 57, 165, 207, 431, 473
5712

Lorcainide-M (HO-di-methoxy-) AC — C26H33ClN2O5, 488.20779, 3010, UHYAC, UHYAC, LS/Q, Antiarrhythmic
Peaks: 82, 110, 251, 473, M+ 488
2895

488

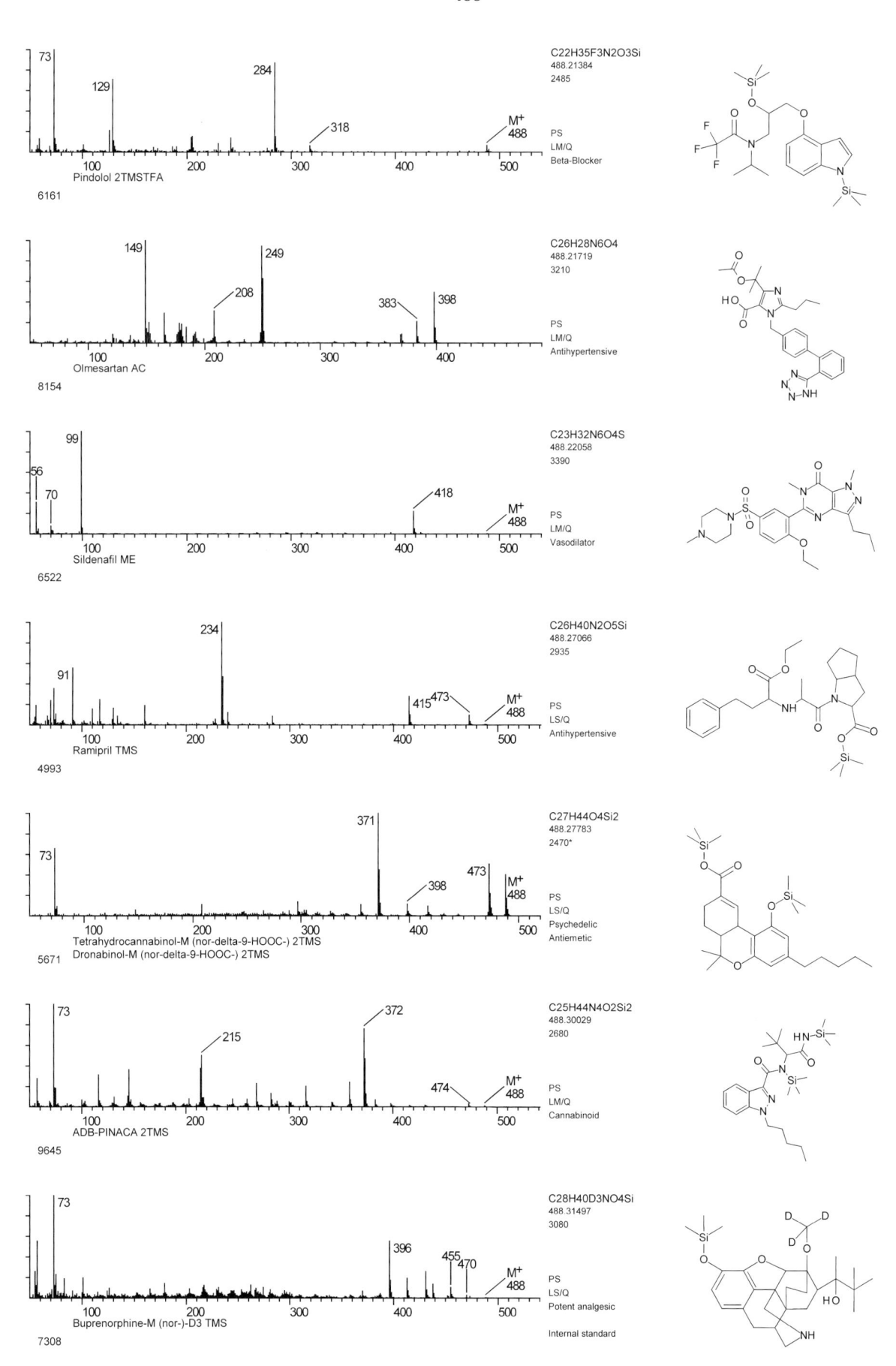

C22H35F3N2O3Si
488.21384
2485

PS
LM/Q
Beta-Blocker

Pindolol 2TMSTFA
6161

C26H28N6O4
488.21719
3210

PS
LM/Q
Antihypertensive

Olmesartan AC
8154

C23H32N6O4S
488.22058
3390

PS
LM/Q
Vasodilator

Sildenafil ME
6522

C26H40N2O5Si
488.27066
2935

PS
LS/Q
Antihypertensive

Ramipril TMS
4993

C27H44O4Si2
488.27783
2470*

PS
LS/Q
Psychedelic
Antiemetic

Tetrahydrocannabinol-M (nor-delta-9-HOOC-) 2TMS
Dronabinol-M (nor-delta-9-HOOC-) 2TMS
5671

C25H44N4O2Si2
488.30029
2680

PS
LM/Q
Cannabinoid

ADB-PINACA 2TMS
9645

C28H40D3NO4Si
488.31497
3080

PS
LS/Q
Potent analgesic

Internal standard

Buprenorphine-M (nor-)-D3 TMS
7308

489

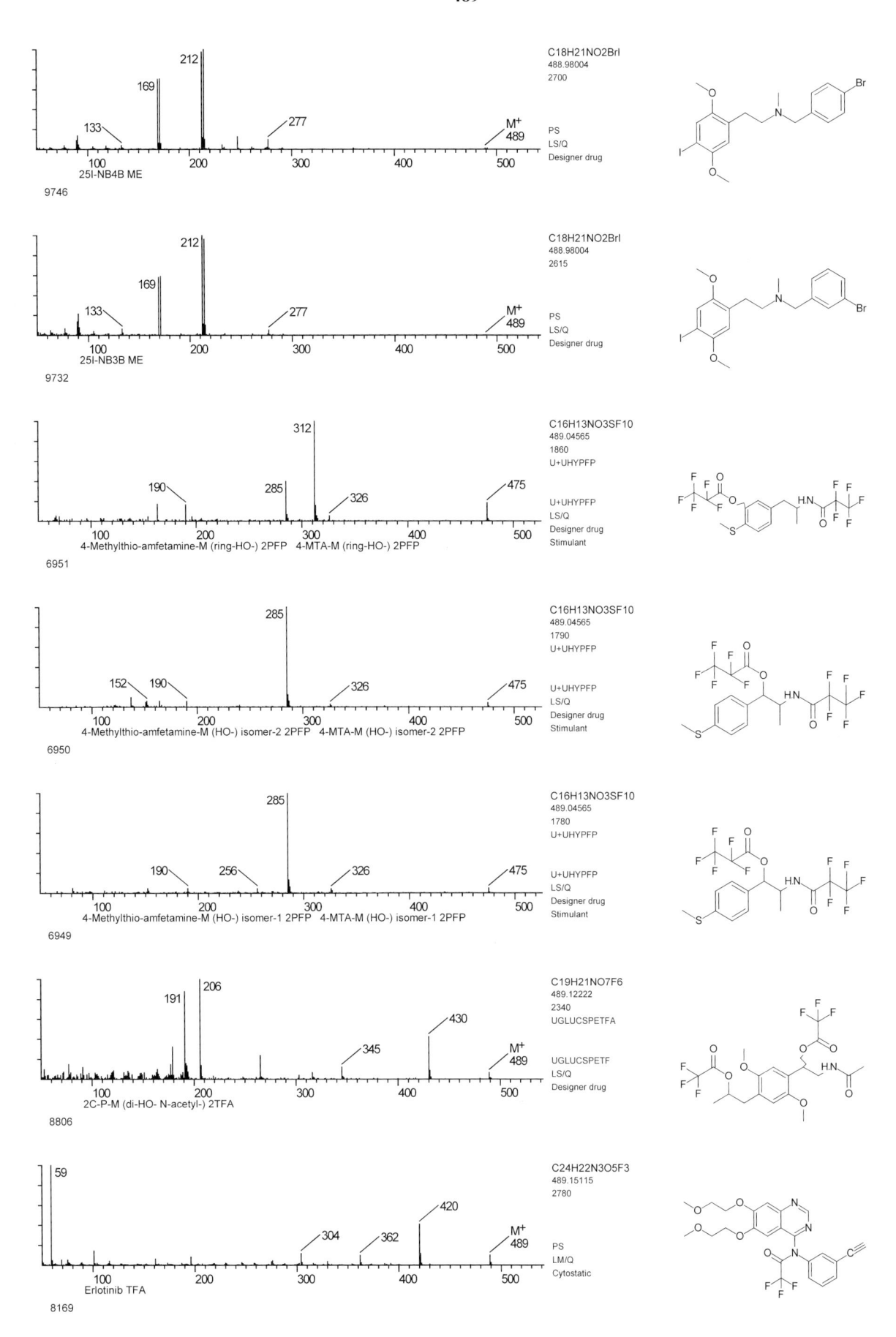

25I-NB4B ME — 9746	C18H21NO2BrI 488.98004 2700 PS LS/Q Designer drug	Peaks: 133, 169, 212, 277, M+ 489
25I-NB3B ME — 9732	C18H21NO2BrI 488.98004 2615 PS LS/Q Designer drug	Peaks: 133, 169, 212, 277, M+ 489
4-Methylthio-amfetamine-M (ring-HO-) 2PFP 4-MTA-M (ring-HO-) 2PFP — 6951	C16H13NO3SF10 489.04565 1860 U+UHYPFP LS/Q Designer drug Stimulant	Peaks: 190, 285, 312, 326, 475
4-Methylthio-amfetamine-M (HO-) isomer-2 2PFP 4-MTA-M (HO-) isomer-2 2PFP — 6950	C16H13NO3SF10 489.04565 1790 U+UHYPFP LS/Q Designer drug Stimulant	Peaks: 152, 190, 285, 326, 475
4-Methylthio-amfetamine-M (HO-) isomer-1 2PFP 4-MTA-M (HO-) isomer-1 2PFP — 6949	C16H13NO3SF10 489.04565 1780 U+UHYPFP LS/Q Designer drug Stimulant	Peaks: 190, 256, 285, 326, 475
2C-P-M (di-HO- N-acetyl-) 2TFA — 8806	C19H21NO7F6 489.12222 2340 UGLUCSPETFA UGLUCSPETF LS/Q Designer drug	Peaks: 191, 206, 345, 430, M+ 489
Erlotinib TFA — 8169	C24H22N3O5F3 489.15115 2780 PS LM/Q Cytostatic	Peaks: 59, 304, 362, 420, M+ 489

1647

489

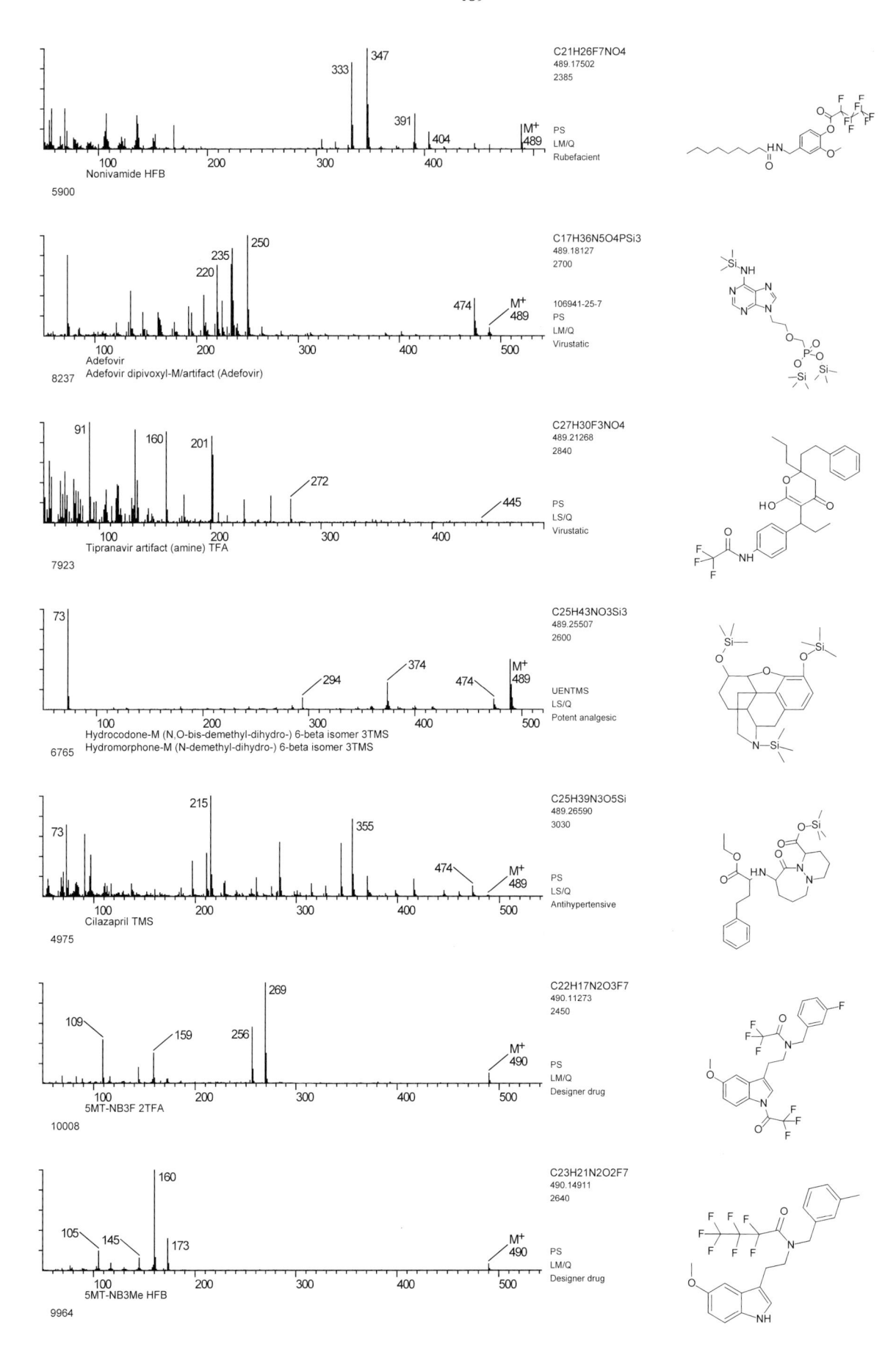

Spectrum	Formula / Info
Nonivamide HFB	C21H26F7NO4; 489.17502; 2385; PS; LM/Q; Rubefacient; peaks 333, 347, 391, 404, M+ 489
Adefovir / Adefovir dipivoxyl-M/artifact (Adefovir)	C17H36N5O4PSi3; 489.18127; 2700; 106941-25-7; PS; LM/Q; Virustatic; peaks 220, 235, 250, 474, M+ 489
Tipranavir artifact (amine) TFA	C27H30F3NO4; 489.21268; 2840; PS; LS/Q; Virustatic; peaks 91, 160, 201, 272, 445
Hydrocodone-M (N,O-bis-demethyl-dihydro-) 6-beta isomer 3TMS / Hydromorphone-M (N-demethyl-dihydro-) 6-beta isomer 3TMS	C25H43NO3Si3; 489.25507; 2600; UENTMS; LS/Q; Potent analgesic; peaks 73, 294, 374, 474, M+ 489
Cilazapril TMS	C25H39N3O5Si; 489.26590; 3030; PS; LS/Q; Antihypertensive; peaks 73, 215, 355, 474, M+ 489
5MT-NB3F 2TFA	C22H17N2O3F7; 490.11273; 2450; PS; LM/Q; Designer drug; peaks 109, 159, 256, 269, M+ 490
5MT-NB3Me HFB	C23H21N2O2F7; 490.14911; 2640; PS; LM/Q; Designer drug; peaks 105, 145, 160, 173, M+ 490

490

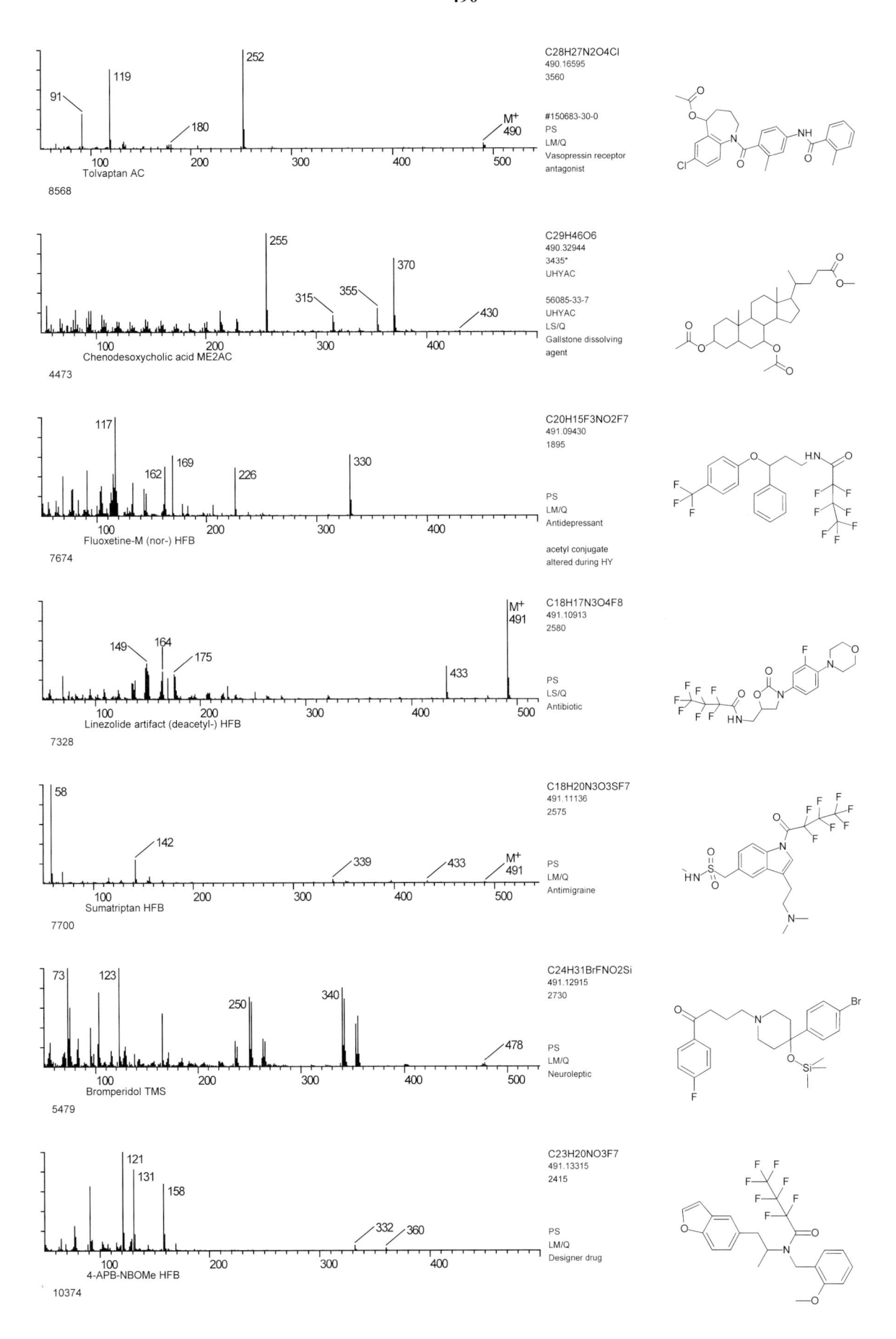

Tolvaptan AC — 8568
Peaks: 91, 119, 180, 252, M+ 490
C28H27N2O4Cl
490.16595
3560
#150683-30-0
PS
LM/Q
Vasopressin receptor antagonist

Chenodesoxycholic acid ME2AC — 4473
Peaks: 255, 315, 355, 370, 430
C29H46O6
490.32944
3435*
UHYAC
56085-33-7
UHYAC
LS/Q
Gallstone dissolving agent

Fluoxetine-M (nor-) HFB — 7674
Peaks: 117, 162, 169, 226, 330
C20H15F3NO2F7
491.09430
1895
PS
LM/Q
Antidepressant
acetyl conjugate altered during HY

Linezolide artifact (deacetyl-) HFB — 7328
Peaks: 149, 164, 175, 433, M+ 491
C18H17N3O4F8
491.10913
2580
PS
LS/Q
Antibiotic

Sumatriptan HFB — 7700
Peaks: 58, 142, 339, 433, M+ 491
C18H20N3O3SF7
491.11136
2575
PS
LM/Q
Antimigraine

Bromperidol TMS — 5479
Peaks: 73, 123, 250, 340, 478
C24H31BrFNO2Si
491.12915
2730
PS
LM/Q
Neuroleptic

4-APB-NBOMe HFB — 10374
Peaks: 121, 131, 158, 332, 360
C23H20NO3F7
491.13315
2415
PS
LM/Q
Designer drug

1649

491

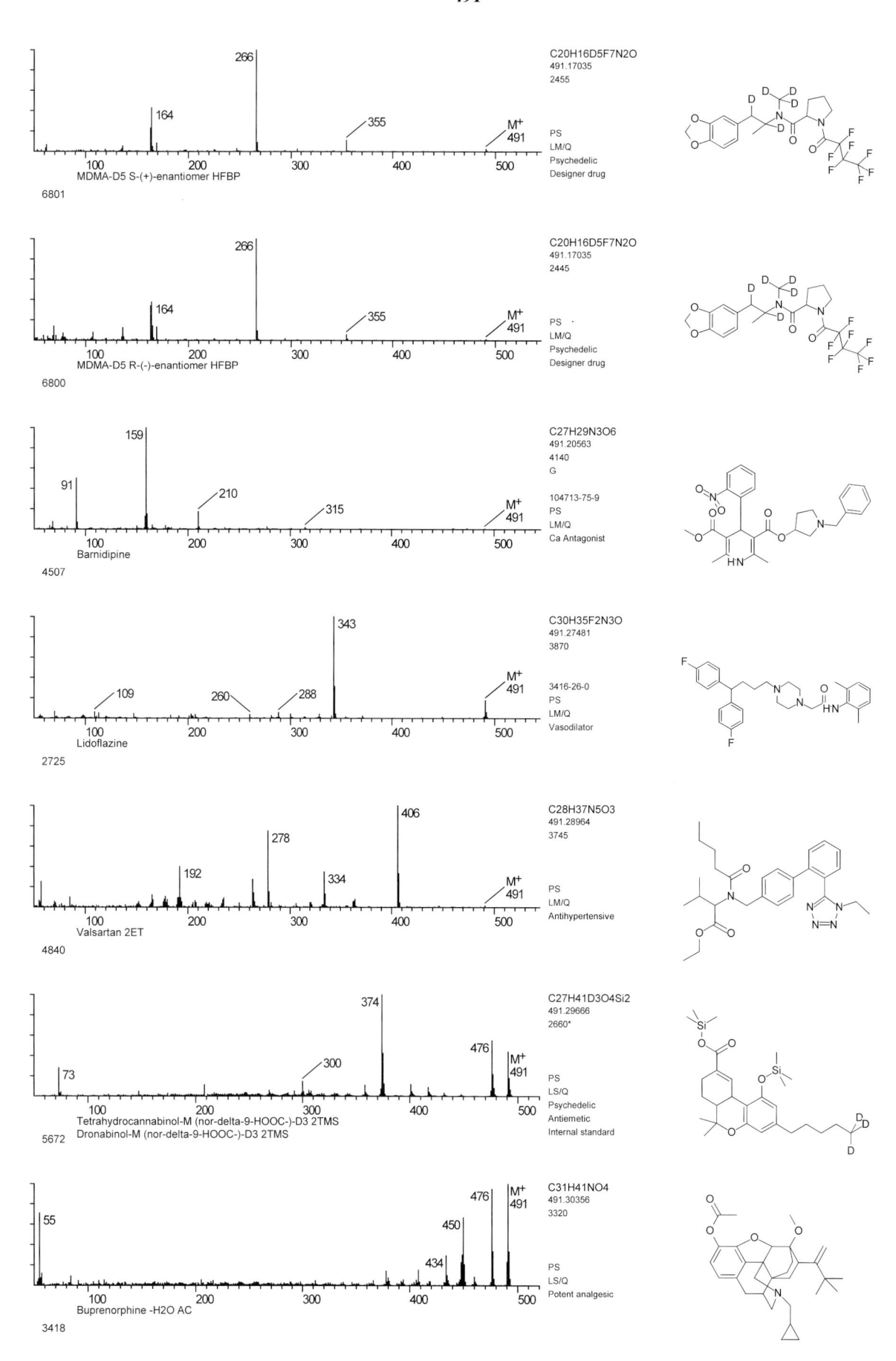

m/z peaks	Compound	Formula / Info
164, 266, 355, M+ 491	MDMA-D5 S-(+)-enantiomer HFBP 6801	C20H16D5F7N2O; 491.17035; 2455; PS; LM/Q; Psychedelic; Designer drug
164, 266, 355, M+ 491	MDMA-D5 R-(−)-enantiomer HFBP 6800	C20H16D5F7N2O; 491.17035; 2445; PS; LM/Q; Psychedelic; Designer drug
91, 159, 210, 315, M+ 491	Barnidipine 4507	C27H29N3O6; 491.20563; 4140; G; 104713-75-9; PS; LM/Q; Ca Antagonist
109, 260, 288, 343, M+ 491	Lidoflazine 2725	C30H35F2N3O; 491.27481; 3870; 3416-26-0; PS; LM/Q; Vasodilator
192, 278, 334, 406, M+ 491	Valsartan 2ET 4840	C28H37N5O3; 491.28964; 3745; PS; LM/Q; Antihypertensive
73, 300, 374, 476, M+ 491	Tetrahydrocannabinol-M (nor-delta-9-HOOC-)-D3 2TMS / Dronabinol-M (nor-delta-9-HOOC-)-D3 2TMS 5672	C27H41D3O4Si2; 491.29666; 2660*; PS; LS/Q; Psychedelic; Antiemetic; Internal standard
55, 434, 450, 476, M+ 491	Buprenorphine -H2O AC 3418	C31H41NO4; 491.30356; 3320; PS; LS/Q; Potent analgesic

492

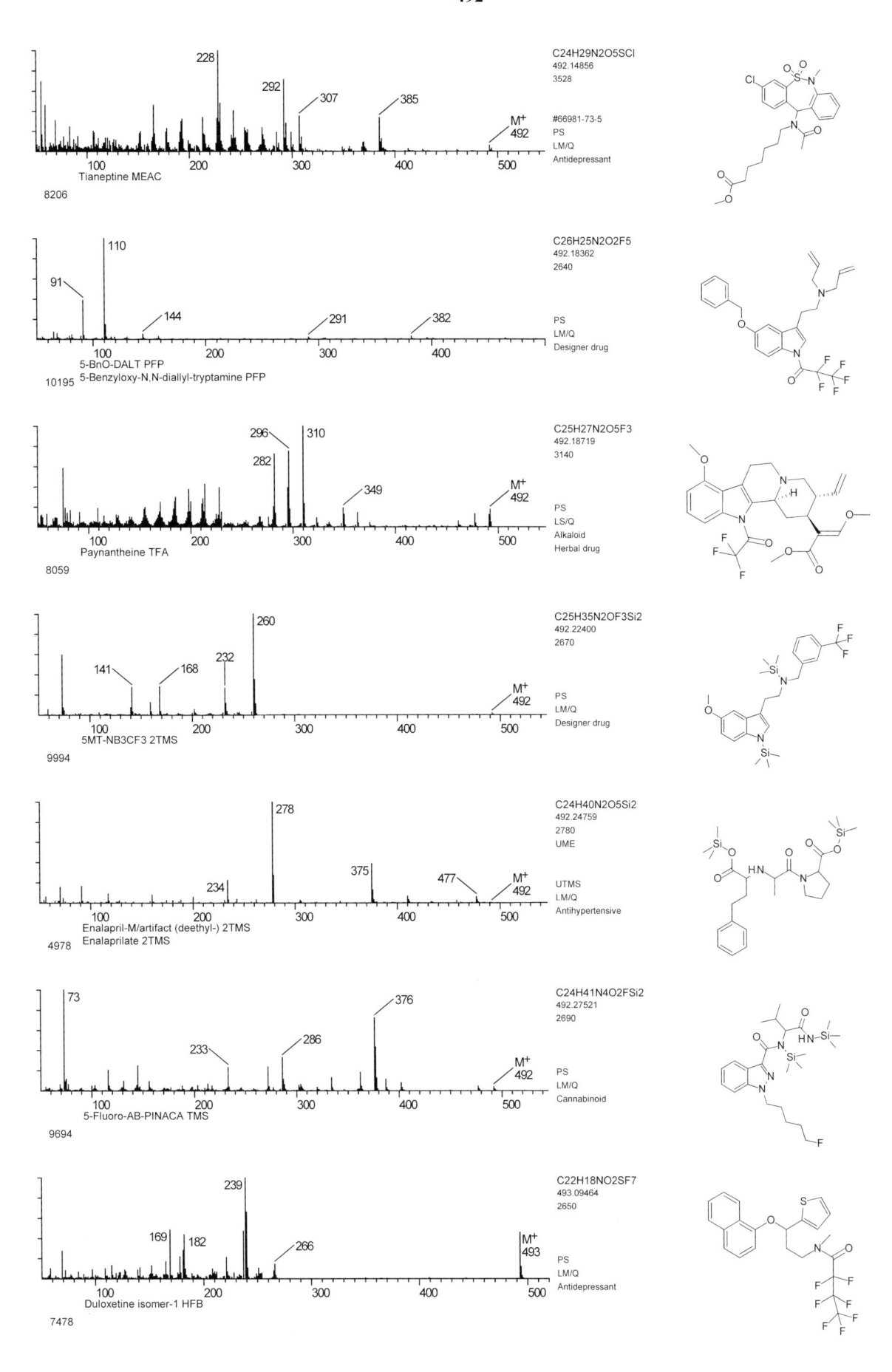

Spectrum peaks	Formula / Info
228, 292, 307, 385, M+ 492	C24H29N2O5SCl; 492.14856; 3528; #66981-73-5; PS; LM/Q; Antidepressant; Tianeptine MEAC; 8206
91, 110, 144, 291, 382	C26H25N2O2F5; 492.18362; 2640; PS; LM/Q; Designer drug; 5-BnO-DALT PFP; 5-Benzyloxy-N,N-diallyl-tryptamine PFP; 10195
282, 296, 310, 349, M+ 492	C25H27N2O5F3; 492.18719; 3140; PS; LS/Q; Alkaloid; Herbal drug; Paynantheine TFA; 8059
141, 168, 232, 260, M+ 492	C25H35N2OF3Si2; 492.22400; 2670; PS; LM/Q; Designer drug; 5MT-NB3CF3 2TMS; 9994
234, 278, 375, 477, M+ 492	C24H40N2O5Si2; 492.24759; 2780; UME; UTMS; LM/Q; Antihypertensive; Enalapril-M/artifact (deethyl-) 2TMS; Enalaprilate 2TMS; 4978
73, 233, 286, 376, M+ 492	C24H41N4O2FSi2; 492.27521; 2690; PS; LM/Q; Cannabinoid; 5-Fluoro-AB-PINACA TMS; 9694
169, 182, 239, 266, M+ 493	C22H18NO2SF7; 493.09464; 2650; PS; LM/Q; Antidepressant; Duloxetine isomer-1 HFB; 7478

493

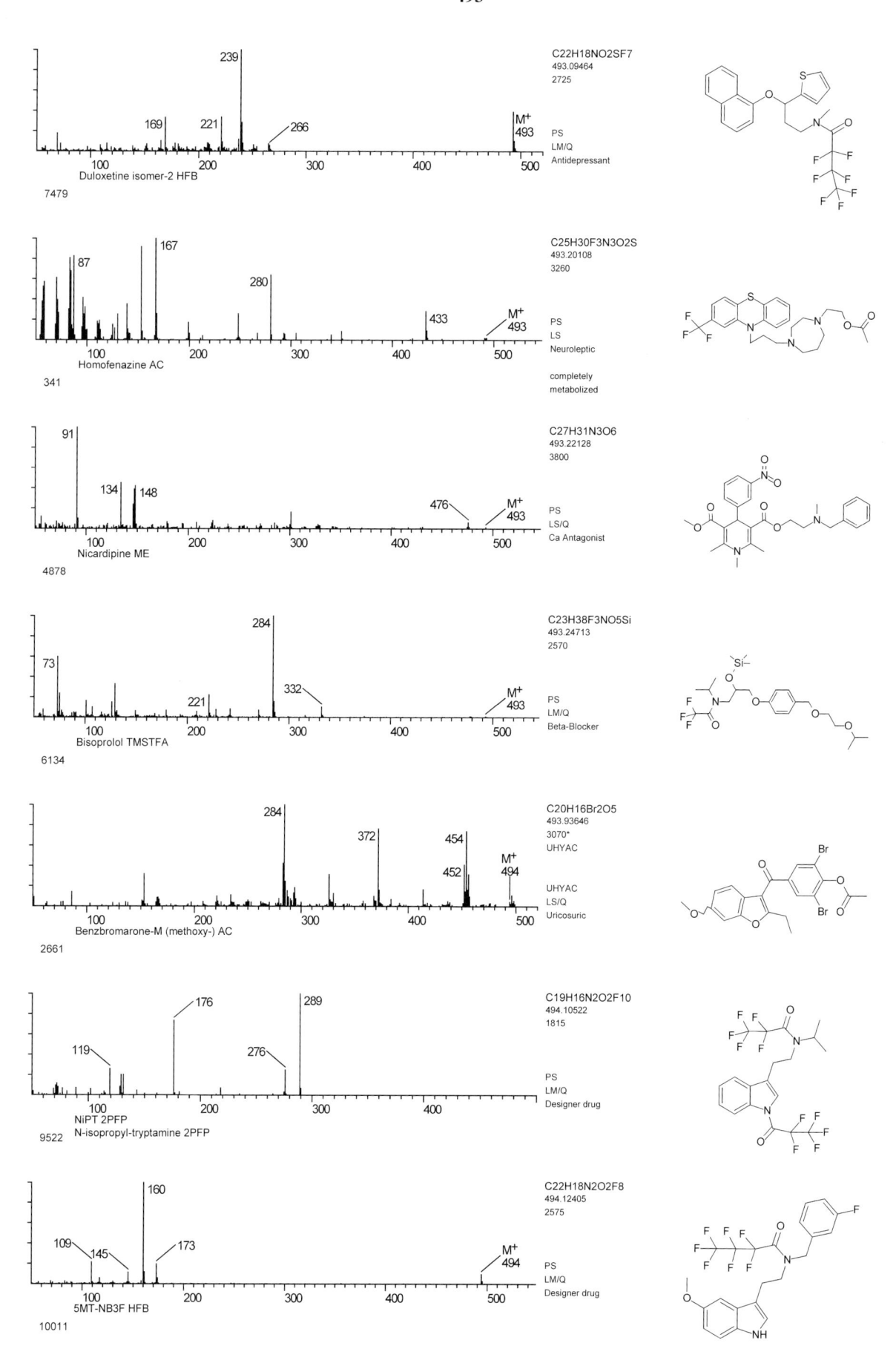

Duloxetine isomer-2 HFB
7479
C22H18NO2SF7
493.09464
2725
PS
LM/Q
Antidepressant
Peaks: 169, 221, 239, 266, M+ 493

Homofenazine AC
341
C25H30F3N3O2S
493.20108
3260
PS
LS
Neuroleptic
completely metabolized
Peaks: 87, 167, 280, 433, M+ 493

Nicardipine ME
4878
C27H31N3O6
493.22128
3800
PS
LS/Q
Ca Antagonist
Peaks: 91, 134, 148, 476, M+ 493

Bisoprolol TMSTFA
6134
C23H38F3NO5Si
493.24713
2570
PS
LM/Q
Beta-Blocker
Peaks: 73, 221, 284, 332, M+ 493

Benzbromarone-M (methoxy-) AC
2661
C20H16Br2O5
493.93646
3070*
UHYAC
UHYAC
LS/Q
Uricosuric
Peaks: 284, 372, 452, 454, M+ 494

NiPT 2PFP
N-isopropyl-tryptamine 2PFP
9522
C19H16N2O2F10
494.10522
1815
PS
LM/Q
Designer drug
Peaks: 119, 176, 276, 289

5MT-NB3F HFB
10011
C22H18N2O2F8
494.12405
2575
PS
LM/Q
Designer drug
Peaks: 109, 145, 160, 173, M+ 494

1652

494

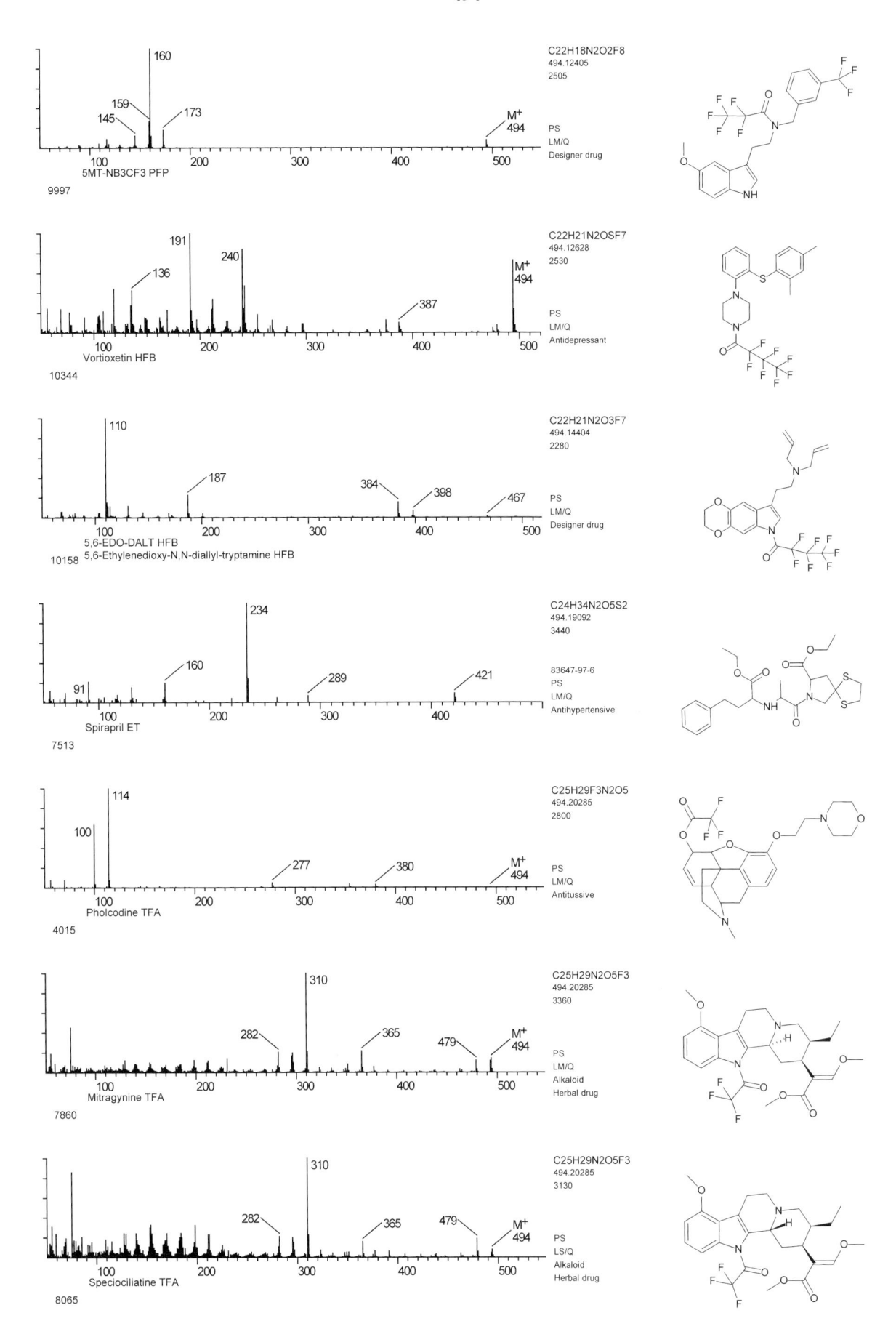

5MT-NB3CF3 PFP	peaks: 145, 159, 160, 173, M+ 494	C22H18N2O2F8 494.12405 2505 PS LM/Q Designer drug
9997		

Vortioxetin HFB	peaks: 136, 191, 240, 387, M+ 494	C22H21N2OSF7 494.12628 2530 PS LM/Q Antidepressant
10344		

5,6-EDO-DALT HFB 5,6-Ethylenedioxy-N,N-diallyl-tryptamine HFB	peaks: 110, 187, 384, 398, 467	C22H21N2O3F7 494.14404 2280 PS LM/Q Designer drug
10158		

Spirapril ET	peaks: 91, 160, 234, 289, 421	C24H34N2O5S2 494.19092 3440 83647-97-6 PS LM/Q Antihypertensive
7513		

Pholcodine TFA	peaks: 100, 114, 277, 380, M+ 494	C25H29F3N2O5 494.20285 2800 PS LM/Q Antitussive
4015		

Mitragynine TFA	peaks: 282, 310, 365, 479, M+ 494	C25H29N2O5F3 494.20285 3360 PS LM/Q Alkaloid Herbal drug
7860		

Speciociliatine TFA	peaks: 282, 310, 365, 479, M+ 494	C25H29N2O5F3 494.20285 3130 PS LS/Q Alkaloid Herbal drug
8065		

1653

494

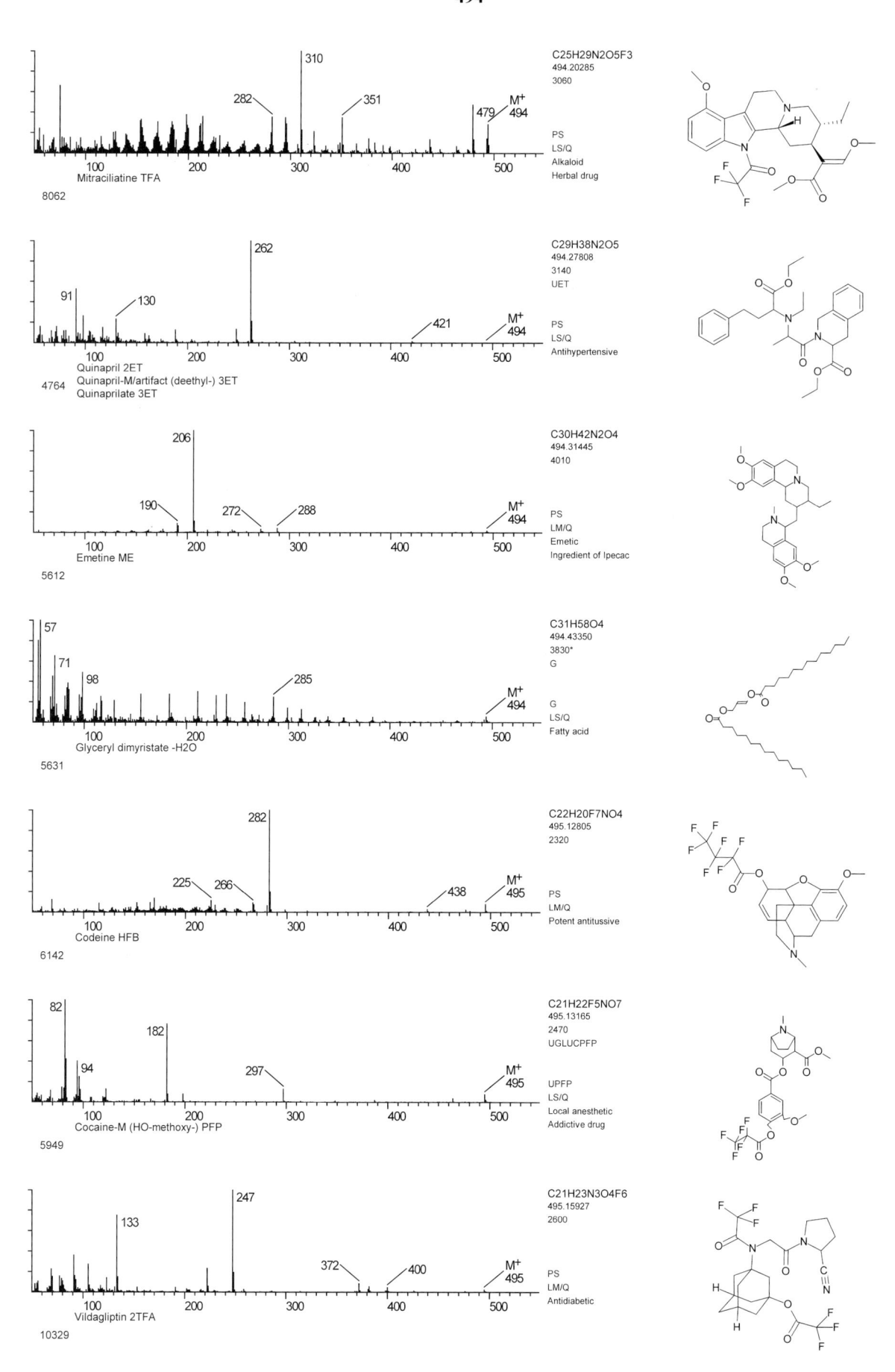

Mitraciliatine TFA — peaks at 282, 310, 351, 479, M+ 494	C25H29N2O5F3 494.20285 3060 PS LS/Q Alkaloid Herbal drug
Quinapril 2ET / Quinapril-M/artifact (deethyl-) 3ET / Quinaprilate 3ET — peaks at 91, 130, 262, 421, M+ 494	C29H38N2O5 494.27808 3140 UET PS LS/Q Antihypertensive
Emetine ME — peaks at 190, 206, 272, 288, M+ 494	C30H42N2O4 494.31445 4010 PS LM/Q Emetic Ingredient of Ipecac
Glyceryl dimyristate -H2O — peaks at 57, 71, 98, 285, M+ 494	C31H58O4 494.43350 3830* G G LS/Q Fatty acid
Codeine HFB — peaks at 225, 266, 282, 438, M+ 495	C22H20F7NO4 495.12805 2320 PS LM/Q Potent antitussive
Cocaine-M (HO-methoxy-) PFP — peaks at 82, 94, 182, 297, M+ 495	C21H22F5NO7 495.13165 2470 UGLUCPFP UPFP LS/Q Local anesthetic Addictive drug
Vildagliptin 2TFA — peaks at 133, 247, 372, 400, M+ 495	C21H23N3O4F6 495.15927 2600 PS LM/Q Antidiabetic

495

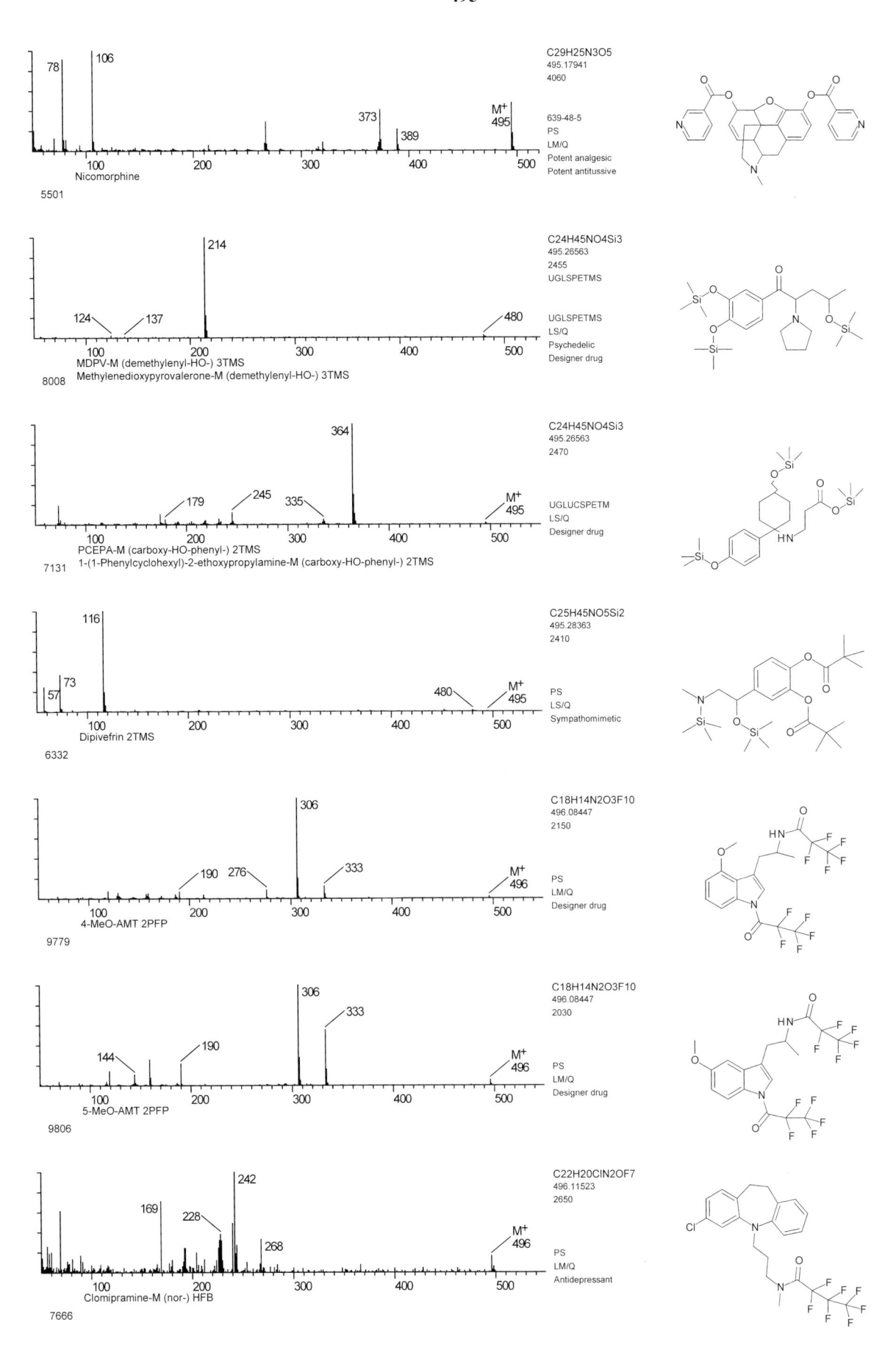

Nicomorphine — C29H25N3O5, 495.17941, 4060, 639-48-5, PS, LM/Q, Potent analgesic, Potent antitussive
Peaks: 78, 106, 373, 389, M+ 495
5501

MDPV-M (demethylenyl-HO-) 3TMS
Methylenedioxypyrovalerone-M (demethylenyl-HO-) 3TMS — C24H45NO4Si3, 495.26563, 2455, UGLSPETMS, UGLSPETMS, LS/Q, Psychedelic, Designer drug
Peaks: 124, 137, 214, 480
8008

PCEPA-M (carboxy-HO-phenyl-) 2TMS
1-(1-Phenylcyclohexyl)-2-ethoxypropylamine-M (carboxy-HO-phenyl-) 2TMS — C24H45NO4Si3, 495.26563, 2470, UGLUCSPETM, LS/Q, Designer drug
Peaks: 179, 245, 335, 364, M+ 495
7131

Dipivefrin 2TMS — C25H45NO5Si2, 495.28363, 2410, PS, LS/Q, Sympathomimetic
Peaks: 57, 73, 116, 480, M+ 495
6332

4-MeO-AMT 2PFP — C18H14N2O3F10, 496.08447, 2150, PS, LM/Q, Designer drug
Peaks: 190, 276, 306, 333, M+ 496
9779

5-MeO-AMT 2PFP — C18H14N2O3F10, 496.08447, 2030, PS, LM/Q, Designer drug
Peaks: 144, 190, 306, 333, M+ 496
9806

Clomipramine-M (nor-) HFB — C22H20ClN2OF7, 496.11523, 2650, PS, LM/Q, Antidepressant
Peaks: 169, 228, 242, 268, M+ 496
7666

496

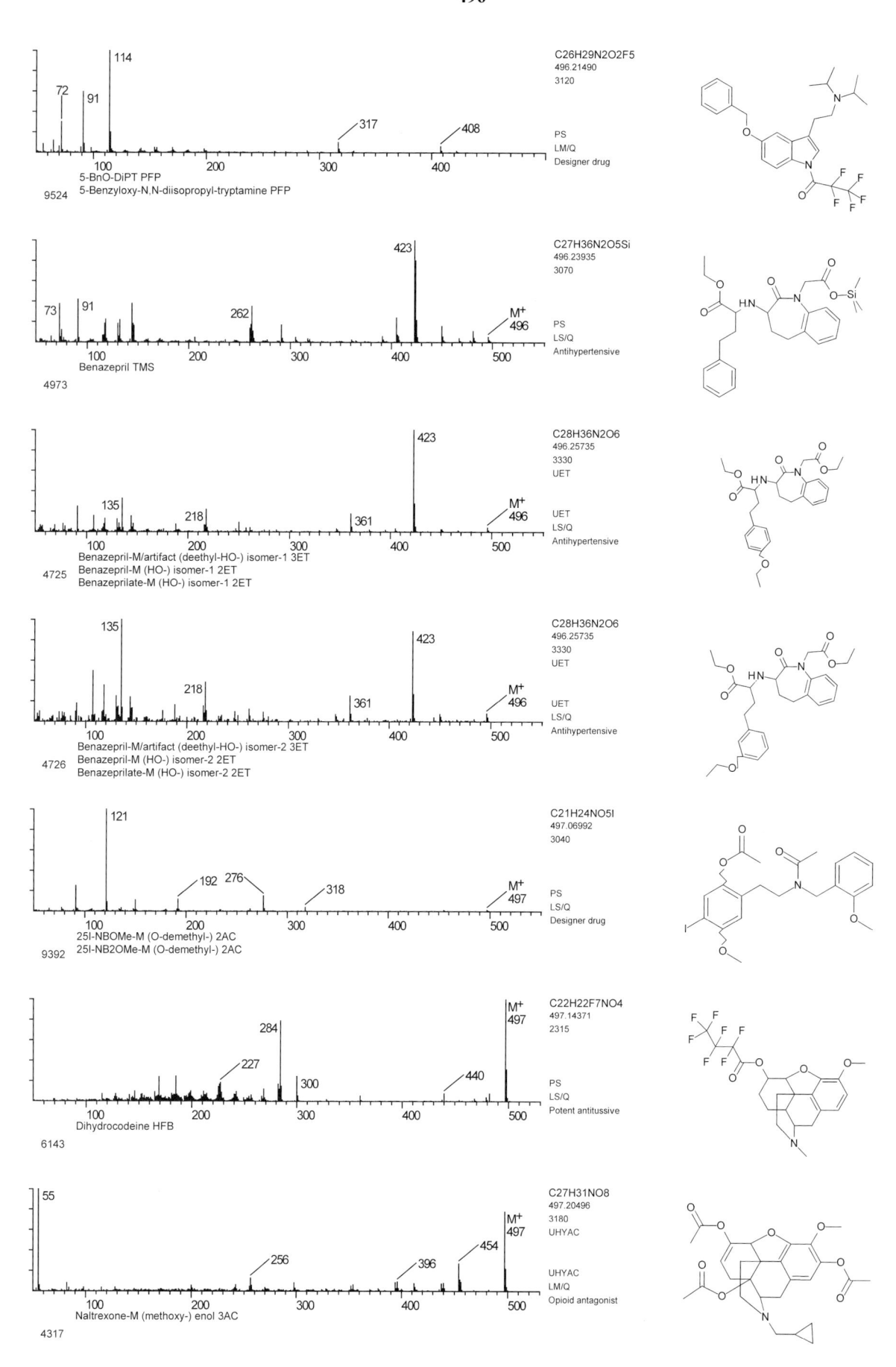

5-BnO-DiPT PFP 5-Benzyloxy-N,N-diisopropyl-tryptamine PFP 9524	Peaks: 72, 91, 114, 317, 408	C26H29N2O2F5 496.21490 3120 PS LM/Q Designer drug
Benazepril TMS 4973	Peaks: 73, 91, 262, 423, M+ 496	C27H36N2O5Si 496.23935 3070 PS LS/Q Antihypertensive
Benazepril-M/artifact (deethyl-HO-) isomer-1 3ET Benazepril-M (HO-) isomer-1 2ET Benazeprilate-M (HO-) isomer-1 2ET 4725	Peaks: 135, 218, 361, 423, M+ 496	C28H36N2O6 496.25735 3330 UET UET LS/Q Antihypertensive
Benazepril-M/artifact (deethyl-HO-) isomer-2 3ET Benazepril-M (HO-) isomer-2 2ET Benazeprilate-M (HO-) isomer-2 2ET 4726	Peaks: 135, 218, 361, 423, M+ 496	C28H36N2O6 496.25735 3330 UET UET LS/Q Antihypertensive
25I-NBOMe-M (O-demethyl-) 2AC 25I-NB2OMe-M (O-demethyl-) 2AC 9392	Peaks: 121, 192, 276, 318, M+ 497	C21H24NO5I 497.06992 3040 PS LS/Q Designer drug
Dihydrocodeine HFB 6143	Peaks: 227, 284, 300, 440, M+ 497	C22H22F7NO4 497.14371 2315 PS LS/Q Potent antitussive
Naltrexone-M (methoxy-) enol 3AC 4317	Peaks: 55, 256, 396, 454, M+ 497	C27H31NO8 497.20496 3180 UHYAC UHYAC LM/Q Opioid antagonist

497

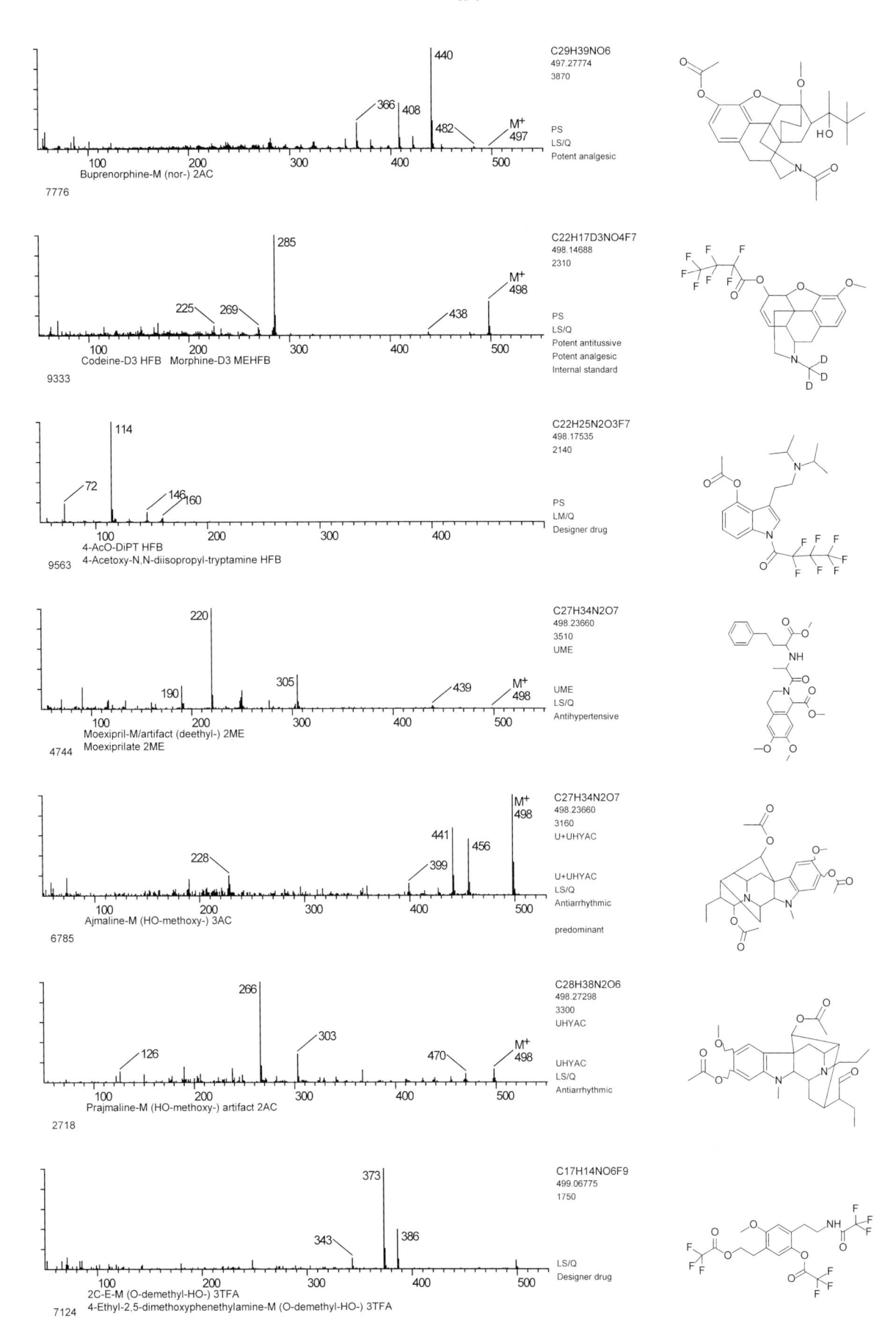

C29H39NO6
497.27774
3870

PS
LS/Q
Potent analgesic

Buprenorphine-M (nor-) 2AC
7776

C22H17D3NO4F7
498.14688
2310

PS
LS/Q
Potent antitussive
Potent analgesic
Internal standard

Codeine-D3 HFB Morphine-D3 MEHFB
9333

C22H25N2O3F7
498.17535
2140

PS
LM/Q
Designer drug

4-AcO-DiPT HFB
4-Acetoxy-N,N-diisopropyl-tryptamine HFB
9563

C27H34N2O7
498.23660
3510
UME

UME
LS/Q
Antihypertensive

Moexipril-M/artifact (deethyl-) 2ME
Moexiprilate 2ME
4744

C27H34N2O7
498.23660
3160
U+UHYAC

U+UHYAC
LS/Q
Antiarrhythmic

predominant

Ajmaline-M (HO-methoxy-) 3AC
6785

C28H38N2O6
498.27298
3300
UHYAC

UHYAC
LS/Q
Antiarrhythmic

Prajmaline-M (HO-methoxy-) artifact 2AC
2718

C17H14NO6F9
499.06775
1750

LS/Q
Designer drug

2C-E-M (O-demethyl-HO-) 3TFA
4-Ethyl-2,5-dimethoxyphenethylamine-M (O-demethyl-HO-) 3TFA
7124

1657

499

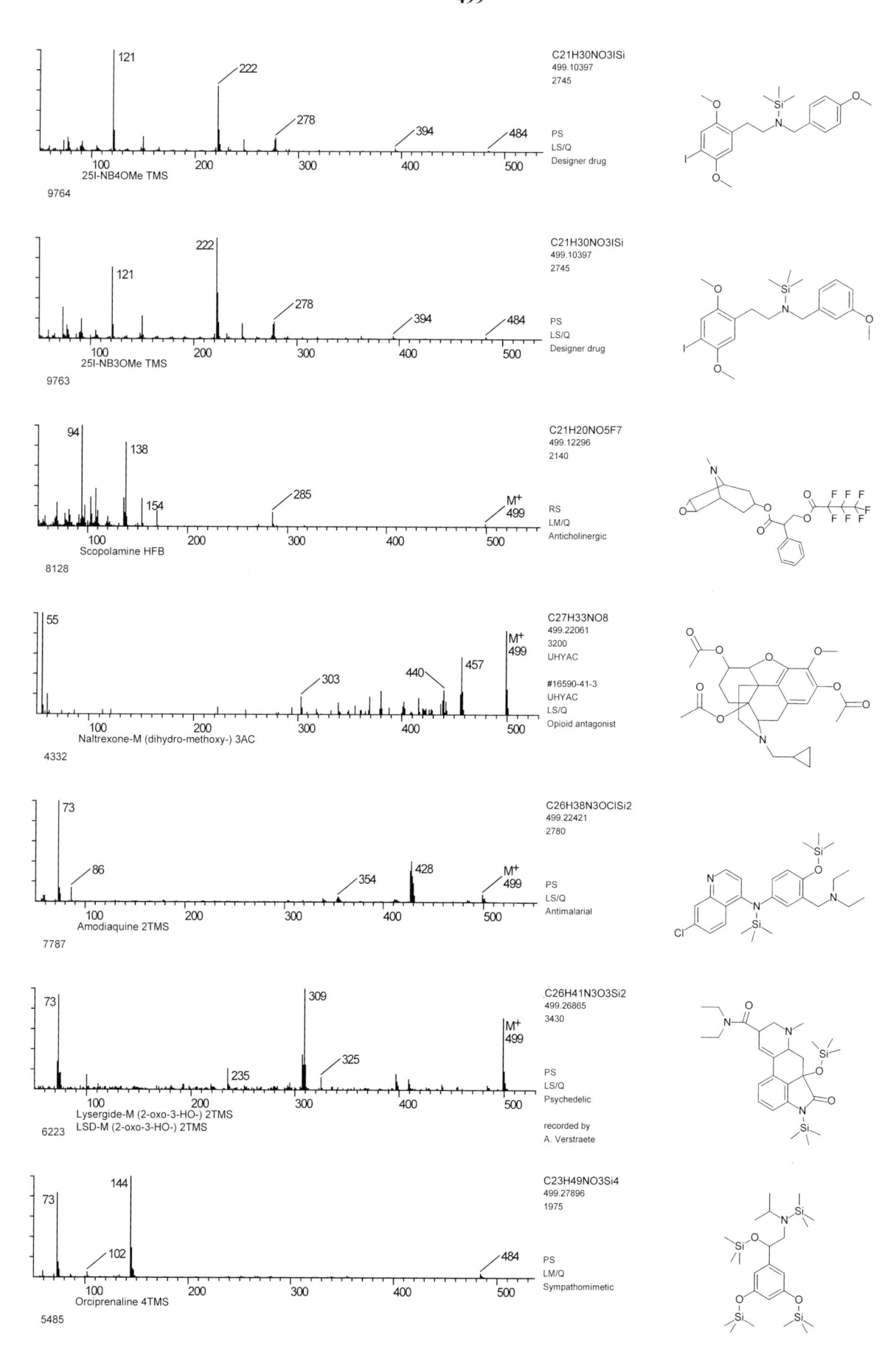

121, 222, 278, 394, 484	C21H30NO3ISi 499.10397 2745 PS LS/Q Designer drug	25I-NB4OMe TMS 9764
121, 222, 278, 394, 484	C21H30NO3ISi 499.10397 2745 PS LS/Q Designer drug	25I-NB3OMe TMS 9763
94, 138, 154, 285, M+ 499	C21H20NO5F7 499.12296 2140 RS LM/Q Anticholinergic	Scopolamine HFB 8128
55, 303, 440, 457, M+ 499	C27H33NO8 499.22061 3200 UHYAC #16590-41-3 UHYAC LS/Q Opioid antagonist	Naltrexone-M (dihydro-methoxy-) 3AC 4332
73, 86, 354, 428, M+ 499	C26H38N3OClSi2 499.22421 2780 PS LS/Q Antimalarial	Amodiaquine 2TMS 7787
73, 235, 309, 325, M+ 499	C26H41N3O3Si2 499.26865 3430 PS LS/Q Psychedelic recorded by A. Verstraete	Lysergide-M (2-oxo-3-HO-) 2TMS LSD-M (2-oxo-3-HO-) 2TMS 6223
73, 102, 144, 484	C23H49NO3Si4 499.27896 1975 PS LM/Q Sympathomimetic	Orciprenaline 4TMS 5485

500

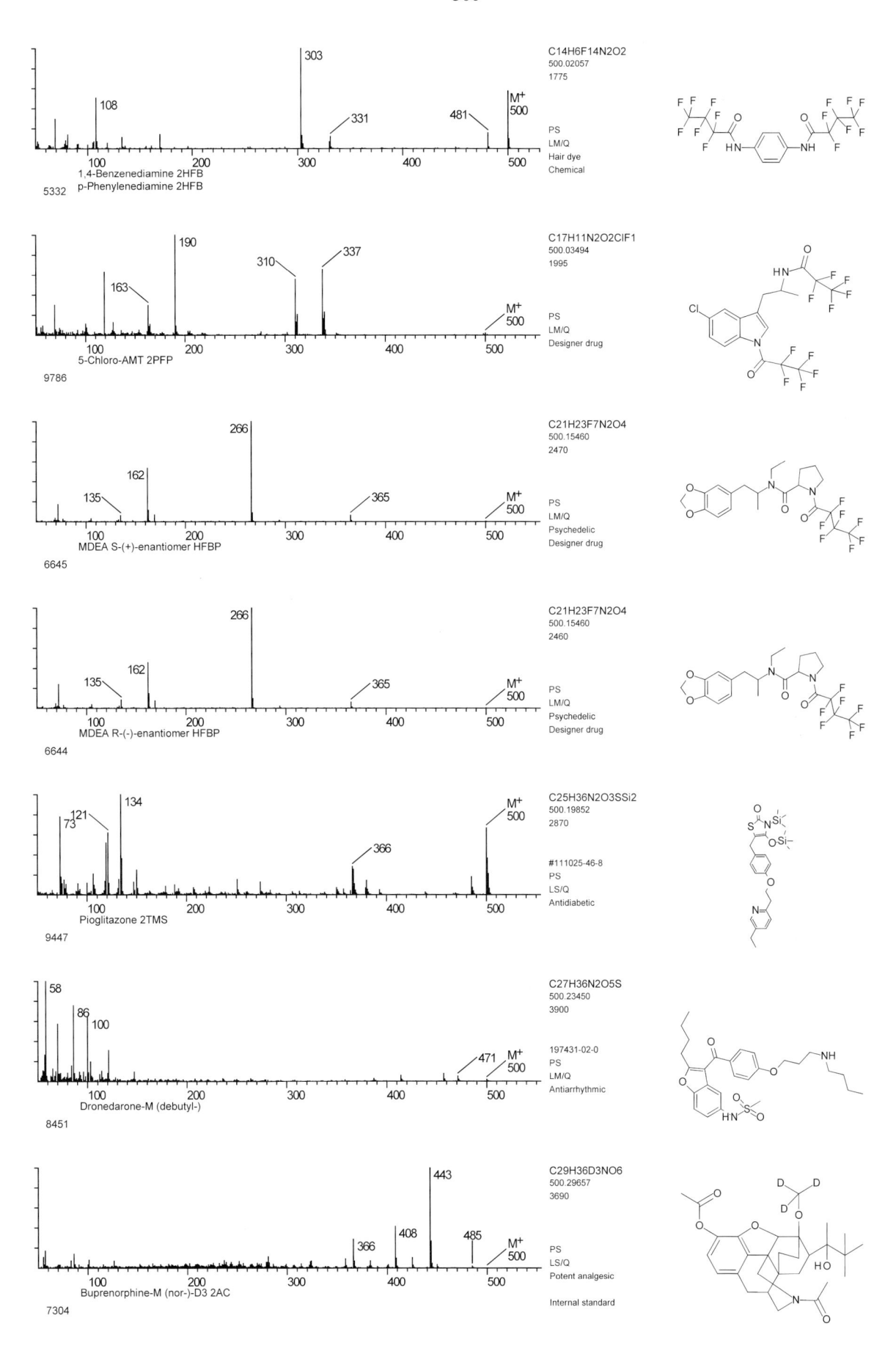

5332	1,4-Benzenediamine 2HFB / p-Phenylenediamine 2HFB peaks: 108, 303, 331, 481, M+ 500	C14H6F14N2O2 500.02057 1775 PS LM/Q Hair dye Chemical
9786	5-Chloro-AMT 2PFP peaks: 163, 190, 310, 337, M+ 500	C17H11N2O2ClF1 500.03494 1995 PS LM/Q Designer drug
6645	MDEA S-(+)-enantiomer HFBP peaks: 135, 162, 266, 365, M+ 500	C21H23F7N2O4 500.15460 2470 PS LM/Q Psychedelic Designer drug
6644	MDEA R-(−)-enantiomer HFBP peaks: 135, 162, 266, 365, M+ 500	C21H23F7N2O4 500.15460 2460 PS LM/Q Psychedelic Designer drug
9447	Pioglitazone 2TMS peaks: 73, 121, 134, 366, M+ 500	C25H36N2O3SSi2 500.19852 2870 #111025-46-8 PS LS/Q Antidiabetic
8451	Dronedarone-M (debutyl-) peaks: 58, 86, 100, 471, M+ 500	C27H36N2O5S 500.23450 3900 197431-02-0 PS LM/Q Antiarrhythmic
7304	Buprenorphine-M (nor-)-D3 2AC peaks: 366, 408, 443, 485, M+ 500	C29H36D3NO6 500.29657 3690 PS LS/Q Potent analgesic Internal standard

500

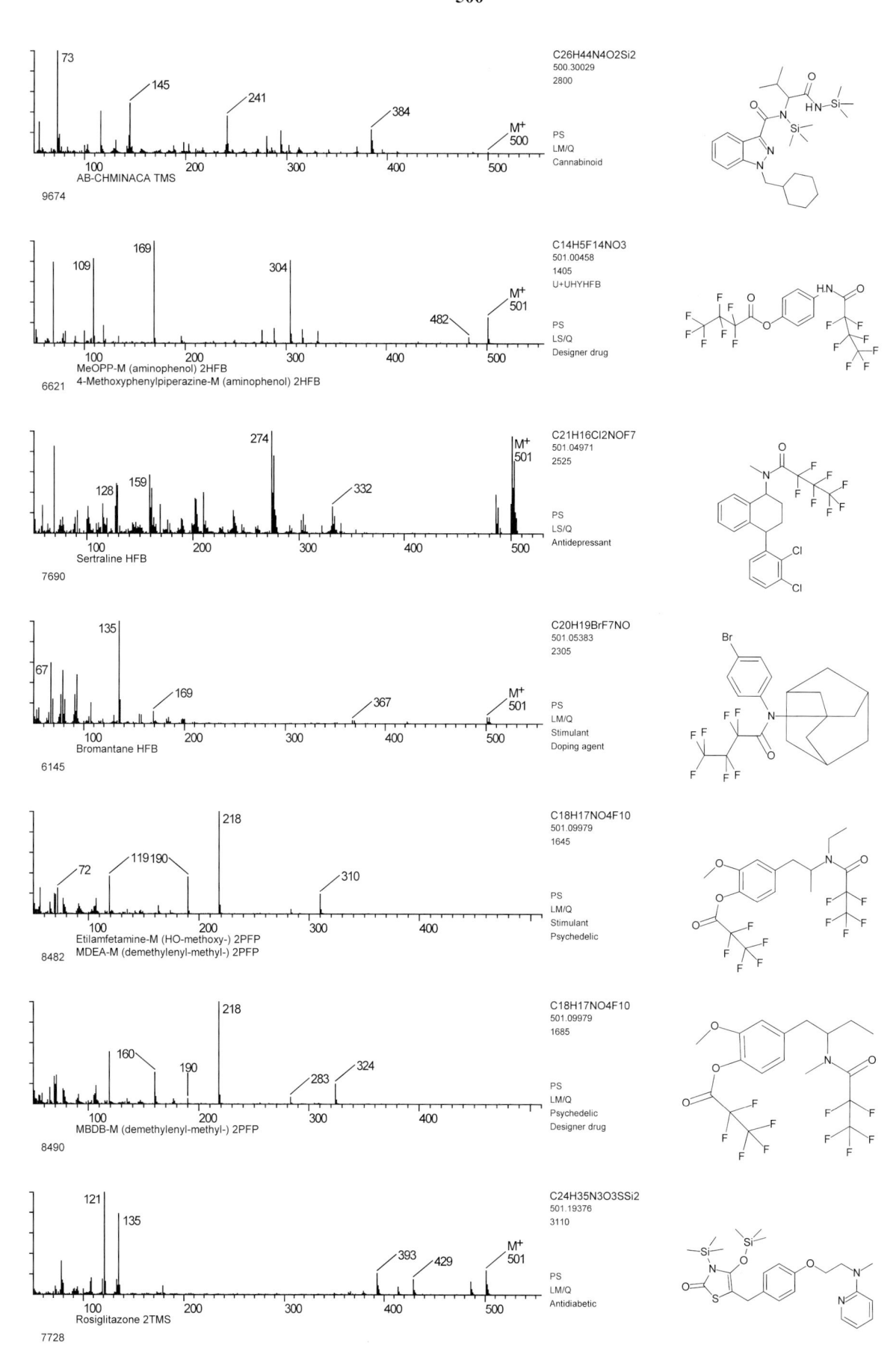

C26H44N4O2Si2
500.30029
2800

PS
LM/Q
Cannabinoid

AB-CHMINACA TMS
9674

C14H5F14NO3
501.00458
1405
U+UHYHFB

PS
LS/Q
Designer drug

MeOPP-M (aminophenol) 2HFB
4-Methoxyphenylpiperazine-M (aminophenol) 2HFB
6621

C21H16Cl2NOF7
501.04971
2525

PS
LS/Q
Antidepressant

Sertraline HFB
7690

C20H19BrF7NO
501.05383
2305

PS
LM/Q
Stimulant
Doping agent

Bromantane HFB
6145

C18H17NO4F10
501.09979
1645

PS
LM/Q
Stimulant
Psychedelic

Etilamfetamine-M (HO-methoxy-) 2PFP
MDEA-M (demethylenyl-methyl-) 2PFP
8482

C18H17NO4F10
501.09979
1685

PS
LM/Q
Psychedelic
Designer drug

MBDB-M (demethylenyl-methyl-) 2PFP
8490

C24H35N3O3SSi2
501.19376
3110

PS
LM/Q
Antidiabetic

Rosiglitazone 2TMS
7728

502

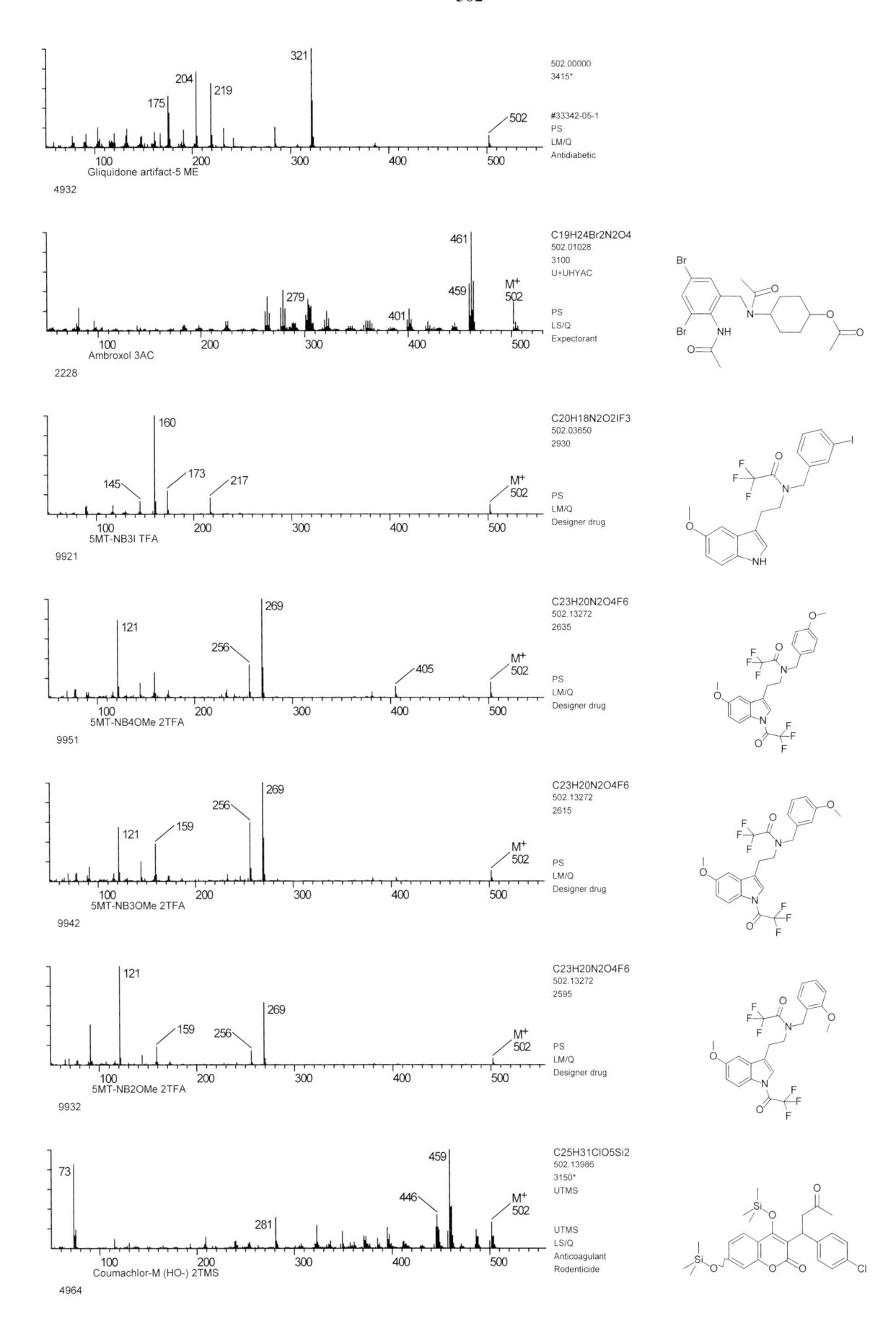

Gliquidone artifact-5 ME	502.00000 3415* #33342-05-1 PS LM/Q Antidiabetic
Ambroxol 3AC	C19H24Br2N2O4 502.01028 3100 U+UHYAC PS LS/Q Expectorant
5MT-NB3I TFA	C20H18N2O2IF3 502.03650 2930 PS LM/Q Designer drug
5MT-NB4OMe 2TFA	C23H20N2O4F6 502.13272 2635 PS LM/Q Designer drug
5MT-NB3OMe 2TFA	C23H20N2O4F6 502.13272 2615 PS LM/Q Designer drug
5MT-NB2OMe 2TFA	C23H20N2O4F6 502.13272 2595 PS LM/Q Designer drug
Coumachlor-M (HO-) 2TMS	C25H31ClO5Si2 502.13986 3150* UTMS UTMS LS/Q Anticoagulant Rodenticide

502

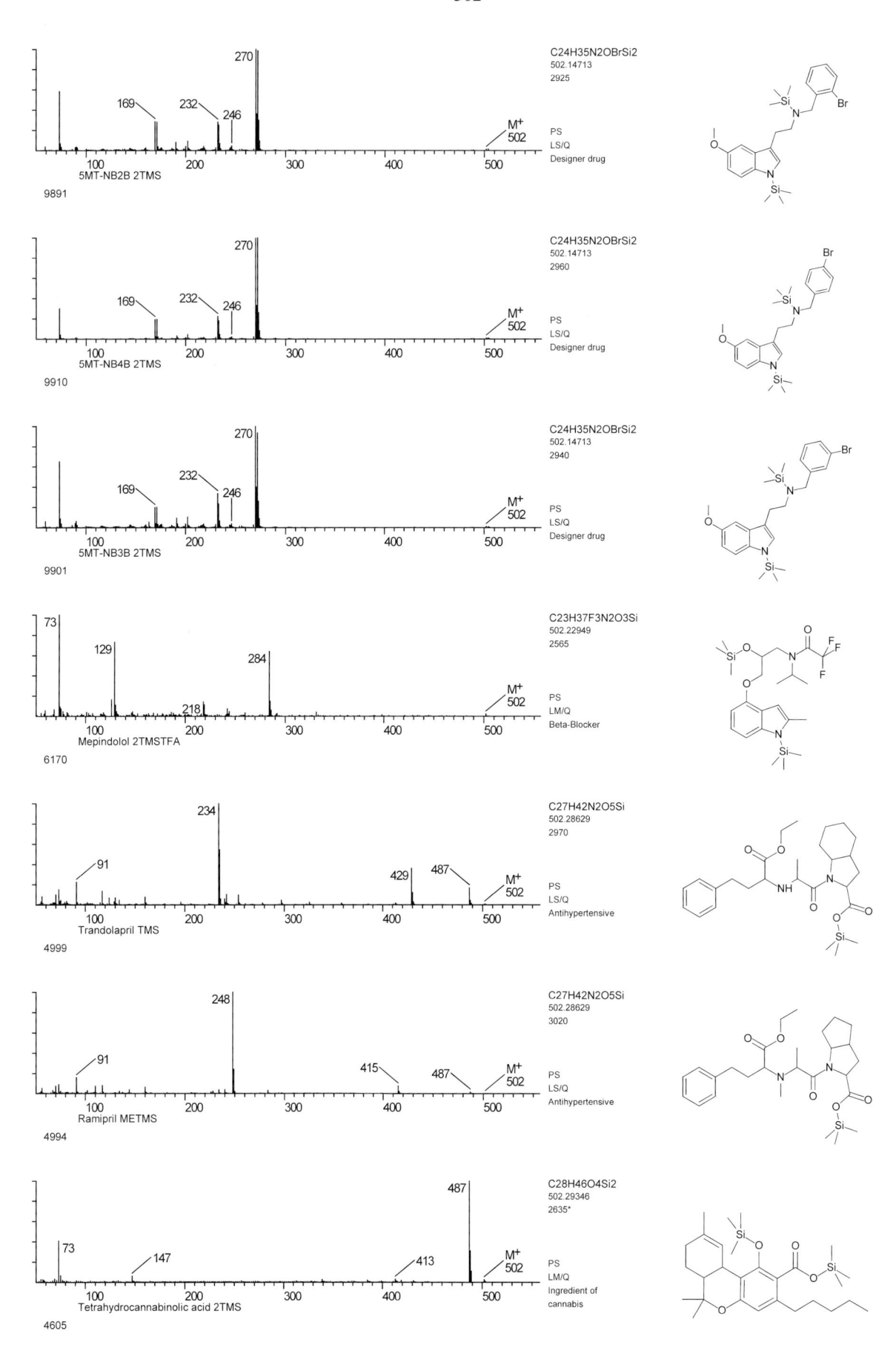

5MT-NB2B 2TMS — peaks 169, 232, 246, 270, M+ 502	C24H35N2OBrSi2 502.14713 2925 PS LS/Q Designer drug	9891
5MT-NB4B 2TMS — peaks 169, 232, 246, 270, M+ 502	C24H35N2OBrSi2 502.14713 2960 PS LS/Q Designer drug	9910
5MT-NB3B 2TMS — peaks 169, 232, 246, 270, M+ 502	C24H35N2OBrSi2 502.14713 2940 PS LS/Q Designer drug	9901
Mepindolol 2TMSTFA — peaks 73, 129, 218, 284, M+ 502	C23H37F3N2O3Si 502.22949 2565 PS LM/Q Beta-Blocker	6170
Trandolapril TMS — peaks 91, 234, 429, 487, M+ 502	C27H42N2O5Si 502.28629 2970 PS LS/Q Antihypertensive	4999
Ramipril METMS — peaks 91, 248, 415, 487, M+ 502	C27H42N2O5Si 502.28629 3020 PS LS/Q Antihypertensive	4994
Tetrahydrocannabinolic acid 2TMS — peaks 73, 147, 413, 487, M+ 502	C28H46O4Si2 502.29346 2635* PS LM/Q Ingredient of cannabis	4605

1662

502

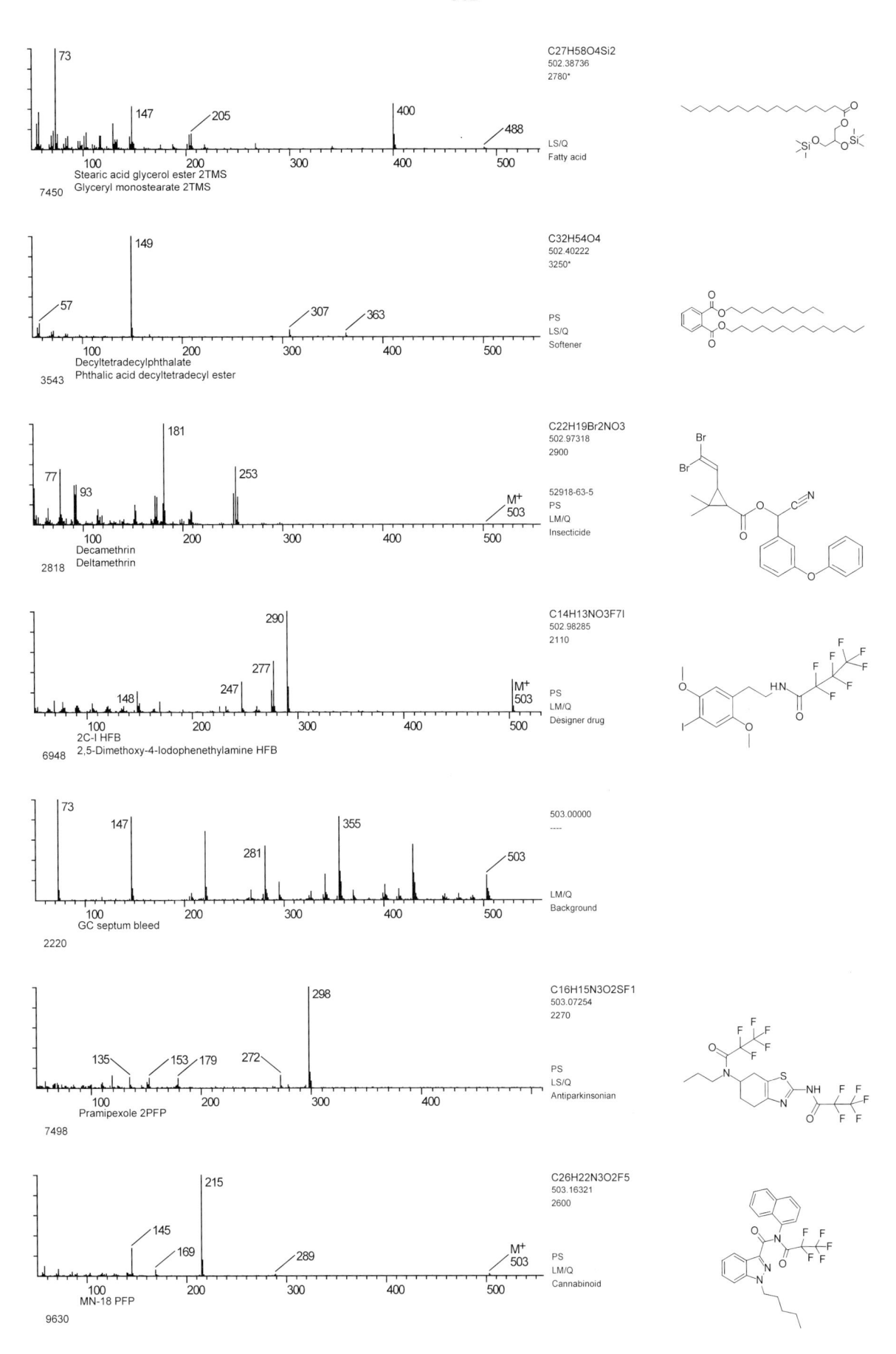

7450 Stearic acid glycerol ester 2TMS / Glyceryl monostearate 2TMS Peaks: 73, 147, 205, 400, 488	C27H58O4Si2 502.38736 2780* LS/Q Fatty acid
3543 Decyltetradecylphthalate / Phthalic acid decyltetradecyl ester Peaks: 57, 149, 307, 363	C32H54O4 502.40222 3250* PS LS/Q Softener
2818 Decamethrin / Deltamethrin Peaks: 77, 93, 181, 253, M+ 503	C22H19Br2NO3 502.97318 2900 52918-63-5 PS LM/Q Insecticide
6948 2C-I HFB / 2,5-Dimethoxy-4-Iodophenethylamine HFB Peaks: 148, 247, 277, 290, M+ 503	C14H13NO3F7I 502.98285 2110 PS LM/Q Designer drug
2220 GC septum bleed Peaks: 73, 147, 281, 355, 503	503.00000 ---- LM/Q Background
7498 Pramipexole 2PFP Peaks: 135, 153, 179, 272, 298	C16H15N3O2SF1 503.07254 2270 PS LS/Q Antiparkinsonian
9630 MN-18 PFP Peaks: 145, 169, 215, 289, M+ 503	C26H22N3O2F5 503.16321 2600 PS LM/Q Cannabinoid

503

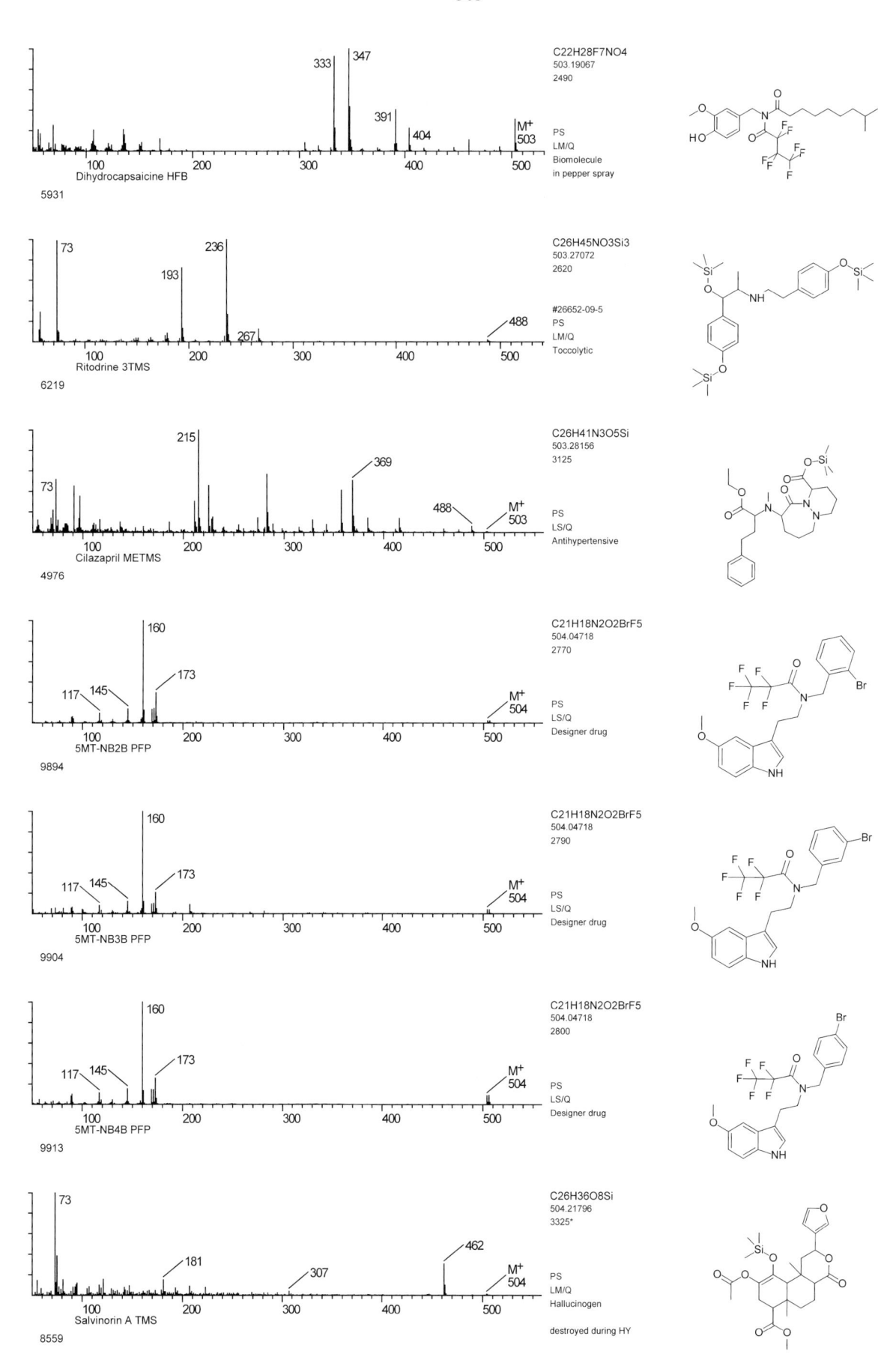

Dihydrocapsaicine HFB — 5931
Peaks: 333, 347, 391, 404, M+ 503
C22H28F7NO4
503.19067
2490
PS
LM/Q
Biomolecule in pepper spray

Ritodrine 3TMS — 6219
Peaks: 73, 193, 236, 267, 488
C26H45NO3Si3
503.27072
2620
#26652-09-5
PS
LM/Q
Toccolytic

Cilazapril METMS — 4976
Peaks: 73, 215, 369, 488, M+ 503
C26H41N3O5Si
503.28156
3125
PS
LS/Q
Antihypertensive

5MT-NB2B PFP — 9894
Peaks: 117, 145, 160, 173, M+ 504
C21H18N2O2BrF5
504.04718
2770
PS
LS/Q
Designer drug

5MT-NB3B PFP — 9904
Peaks: 117, 145, 160, 173, M+ 504
C21H18N2O2BrF5
504.04718
2790
PS
LS/Q
Designer drug

5MT-NB4B PFP — 9913
Peaks: 117, 145, 160, 173, M+ 504
C21H18N2O2BrF5
504.04718
2800
PS
LS/Q
Designer drug

Salvinorin A TMS — 8559
Peaks: 73, 181, 307, 462, M+ 504
C26H36O8Si
504.21796
3325*
PS
LM/Q
Hallucinogen
destroyed during HY

1664

504

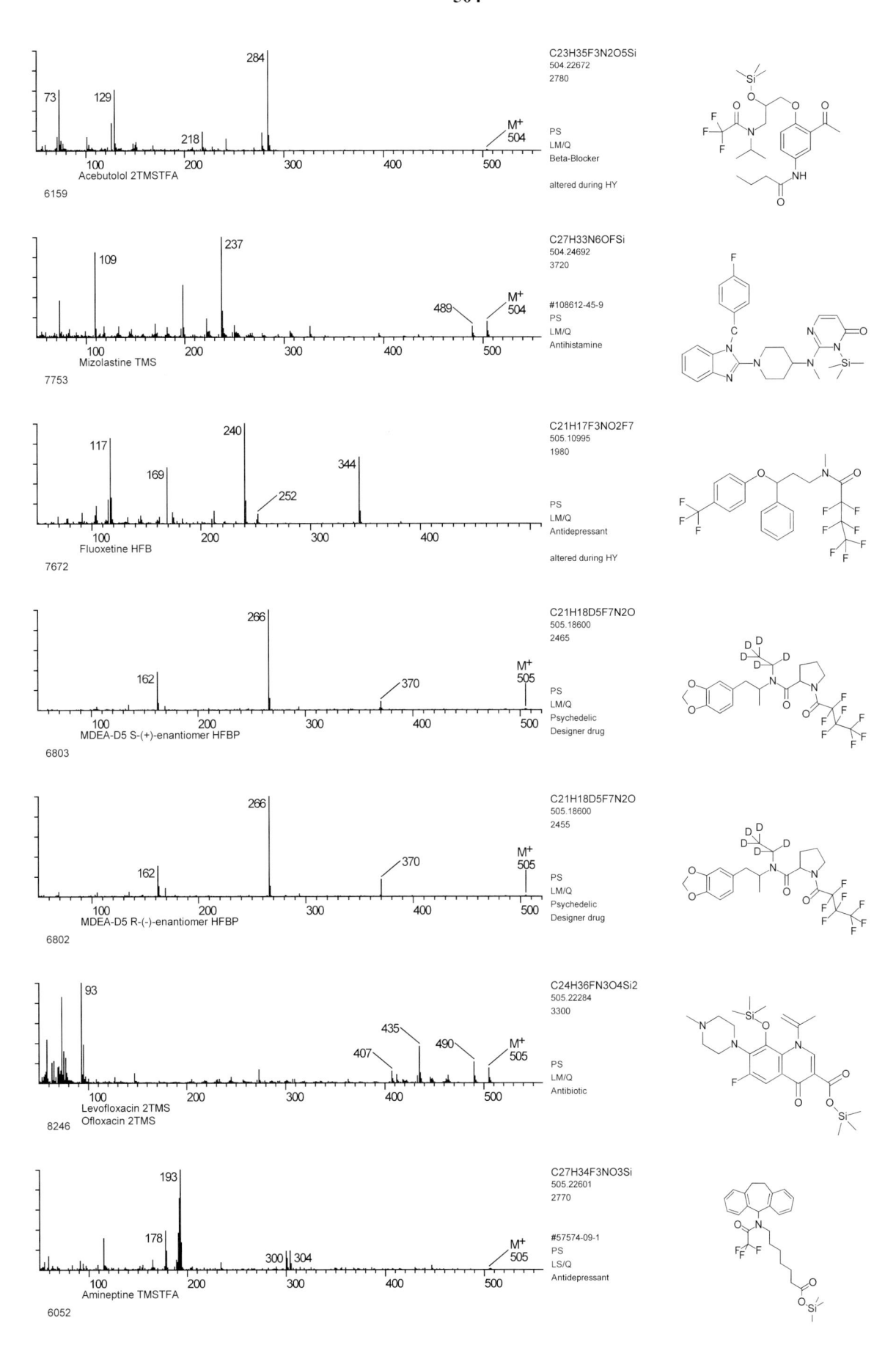

Acebutolol 2TMSTFA — 6159
Peaks: 73, 129, 218, 284, M⁺ 504
C23H35F3N2O5Si
504.22672
2780
PS
LM/Q
Beta-Blocker
altered during HY

Mizolastine TMS — 7753
Peaks: 109, 237, 489, M⁺ 504
C27H33N6OFSi
504.24692
3720
#108612-45-9
PS
LM/Q
Antihistamine

Fluoxetine HFB — 7672
Peaks: 117, 169, 240, 252, 344
C21H17F3NO2F7
505.10995
1980
PS
LM/Q
Antidepressant
altered during HY

MDEA-D5 S-(+)-enantiomer HFBP — 6803
Peaks: 162, 266, 370, M⁺ 505
C21H18D5F7N2O
505.18600
2465
PS
LM/Q
Psychedelic
Designer drug

MDEA-D5 R-(-)-enantiomer HFBP — 6802
Peaks: 162, 266, 370, M⁺ 505
C21H18D5F7N2O
505.18600
2455
PS
LM/Q
Psychedelic
Designer drug

Levofloxacin 2TMS / Ofloxacin 2TMS — 8246
Peaks: 93, 407, 435, 490, M⁺ 505
C24H36FN3O4Si2
505.22284
3300
PS
LM/Q
Antibiotic

Amineptine TMSTFA — 6052
Peaks: 178, 193, 300, 304, M⁺ 505
C27H34F3NO3Si
505.22601
2770
#57574-09-1
PS
LS/Q
Antidepressant

506

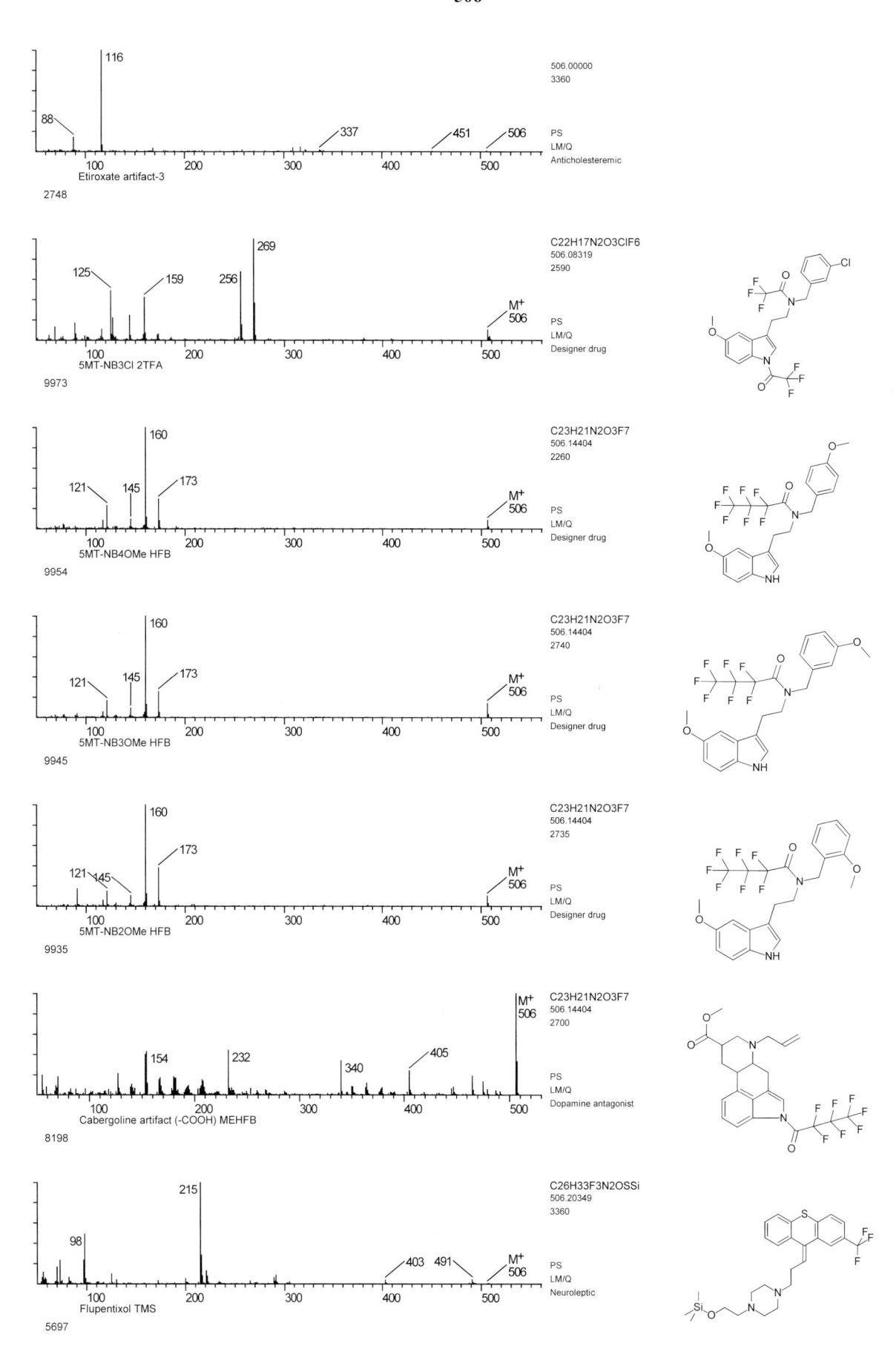

Etiroxate artifact-3 — peaks: 88, 116, 337, 451, 506	506.00000 3360 PS LM/Q Anticholesteremic	
2748		
5MT-NB3Cl 2TFA — peaks: 125, 159, 256, 269, M+ 506	C22H17N2O3ClF6 506.08319 2590 PS LM/Q Designer drug	
9973		
5MT-NB4OMe HFB — peaks: 121, 145, 160, 173, M+ 506	C23H21N2O3F7 506.14404 2260 PS LM/Q Designer drug	
9954		
5MT-NB3OMe HFB — peaks: 121, 145, 160, 173, M+ 506	C23H21N2O3F7 506.14404 2740 PS LM/Q Designer drug	
9945		
5MT-NB2OMe HFB — peaks: 121, 145, 160, 173, M+ 506	C23H21N2O3F7 506.14404 2735 PS LM/Q Designer drug	
9935		
Cabergoline artifact (-COOH) MEHFB — peaks: 154, 232, 340, 405, M+ 506	C23H21N2O3F7 506.14404 2700 PS LM/Q Dopamine antagonist	
8198		
Flupentixol TMS — peaks: 98, 215, 403, 491, M+ 506	C26H33F3N2OSSi 506.20349 3360 PS LM/Q Neuroleptic	
5697		

1666

506

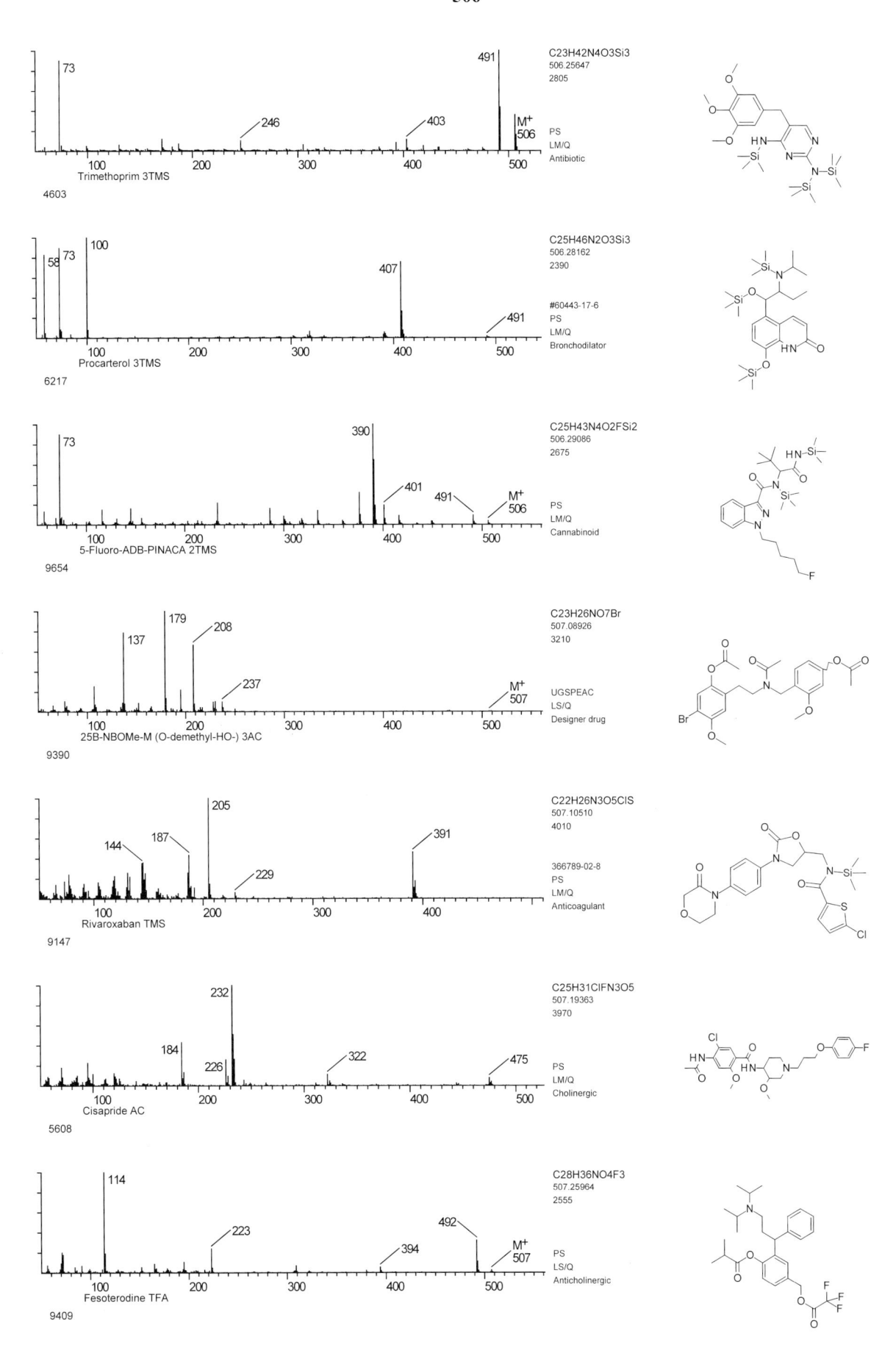

Trimethoprim 3TMS — peaks 73, 246, 403, 491, M+ 506	C23H42N4O3Si3 506.25647 2805 PS LM/Q Antibiotic
4603	

Procaterol 3TMS — peaks 58, 73, 100, 407, 491	C25H46N2O3Si3 506.28162 2390 #60443-17-6 PS LM/Q Bronchodilator
6217	

5-Fluoro-ADB-PINACA 2TMS — peaks 73, 390, 401, 491, M+ 506	C25H43N4O2FSi2 506.29086 2675 PS LM/Q Cannabinoid
9654	

25B-NBOMe-M (O-demethyl-HO-) 3AC — peaks 137, 179, 208, 237, M+ 507	C23H26NO7Br 507.08926 3210 UGSPEAC LS/Q Designer drug
9390	

Rivaroxaban TMS — peaks 144, 187, 205, 229, 391	C22H26N3O5ClS 507.10510 4010 366789-02-8 PS LM/Q Anticoagulant
9147	

Cisapride AC — peaks 184, 226, 232, 322, 475	C25H31ClFN3O5 507.19363 3970 PS LM/Q Cholinergic
5608	

Fesoterodine TFA — peaks 114, 223, 394, 492, M+ 507	C28H36NO4F3 507.25964 2555 PS LS/Q Anticholinergic
9409	

1667

508

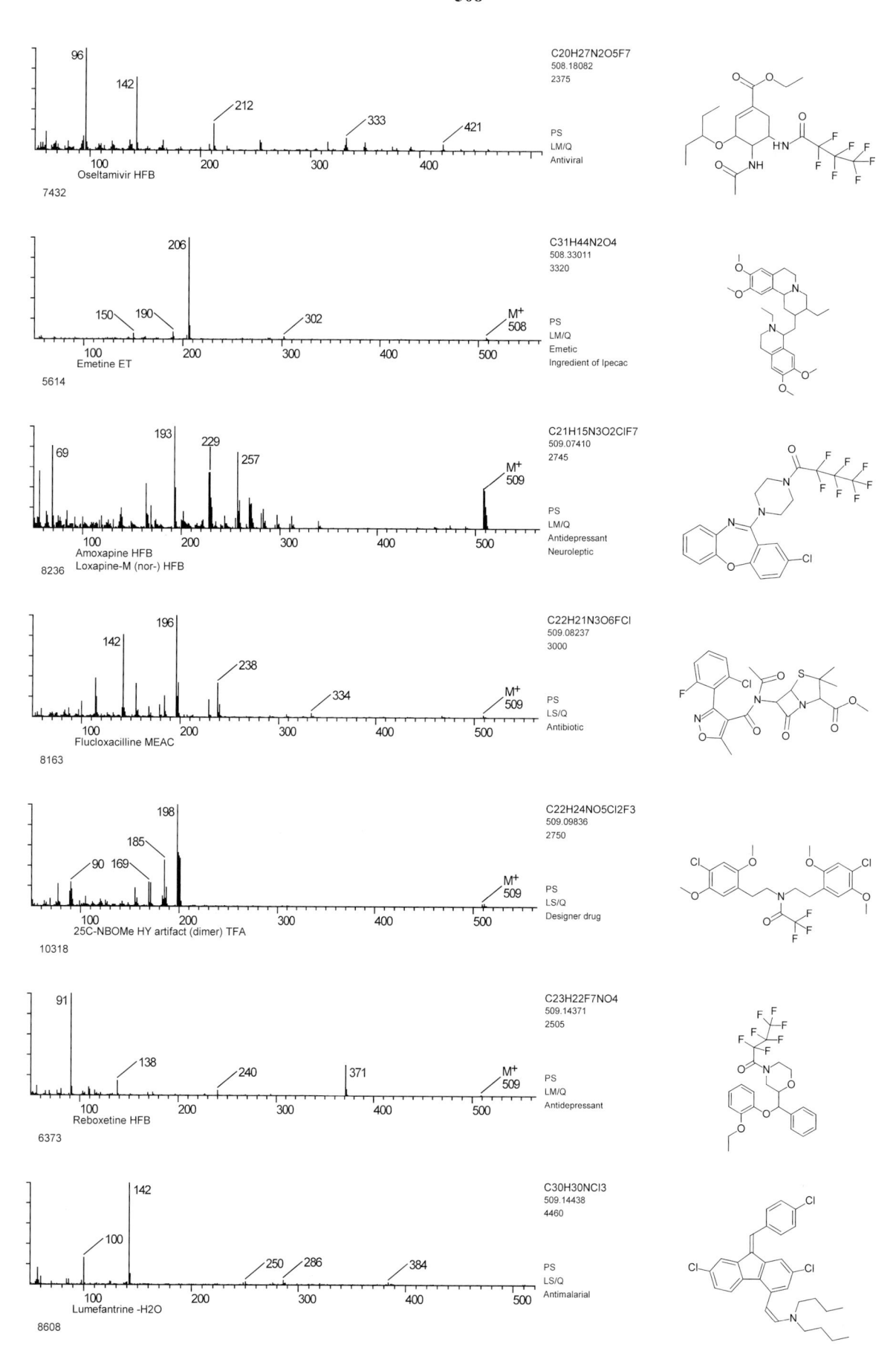

C20H27N2O5F7
508.18082
2375

PS
LM/Q
Antiviral

Oseltamivir HFB
7432

C31H44N2O4
508.33011
3320

PS
LM/Q
Emetic
Ingredient of Ipecac

Emetine ET
5614

C21H15N3O2ClF7
509.07410
2745

PS
LM/Q
Antidepressant
Neuroleptic

Amoxapine HFB
Loxapine-M (nor-) HFB
8236

C22H21N3O6FCl
509.08237
3000

PS
LS/Q
Antibiotic

Flucloxacilline MEAC
8163

C22H24NO5Cl2F3
509.09836
2750

PS
LS/Q
Designer drug

25C-NBOMe HY artifact (dimer) TFA
10318

C23H22F7NO4
509.14371
2505

PS
LM/Q
Antidepressant

Reboxetine HFB
6373

C30H30NCl3
509.14438
4460

PS
LS/Q
Antimalarial

Lumefantrine -H2O
8608

509

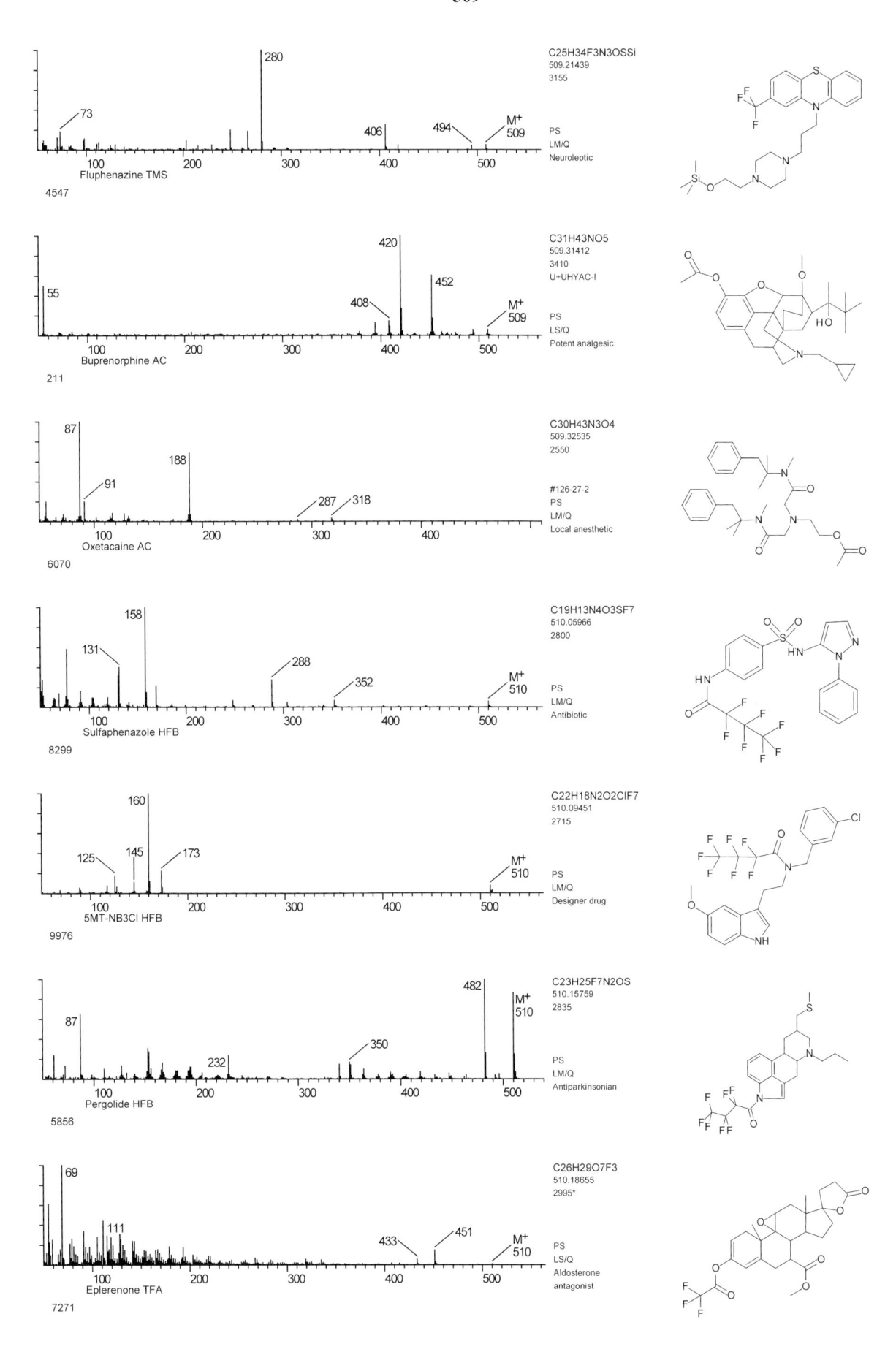

Spectrum	Compound	Formula / Info
73, 280, 406, 494, M+ 509	Fluphenazine TMS	C25H34F3N3OSSi / 509.21439 / 3155 / PS / LM/Q / Neuroleptic
55, 408, 420, 452, M+ 509	Buprenorphine AC	C31H43NO5 / 509.31412 / 3410 / U+UHYAC-I / PS / LS/Q / Potent analgesic
87, 91, 188, 287, 318	Oxetacaine AC	C30H43N3O4 / 509.32535 / 2550 / #126-27-2 / PS / LM/Q / Local anesthetic
131, 158, 288, 352, M+ 510	Sulfaphenazole HFB	C19H13N4O3SF7 / 510.05966 / 2800 / PS / LM/Q / Antibiotic
125, 145, 160, 173, M+ 510	5MT-NB3Cl HFB	C22H18N2O2ClF7 / 510.09451 / 2715 / PS / LM/Q / Designer drug
87, 232, 350, 482, M+ 510	Pergolide HFB	C23H25F7N2OS / 510.15759 / 2835 / PS / LM/Q / Antiparkinsonian
69, 111, 433, 451, M+ 510	Eplerenone TFA	C26H29O7F3 / 510.18655 / 2995* / PS / LS/Q / Aldosterone antagonist

510

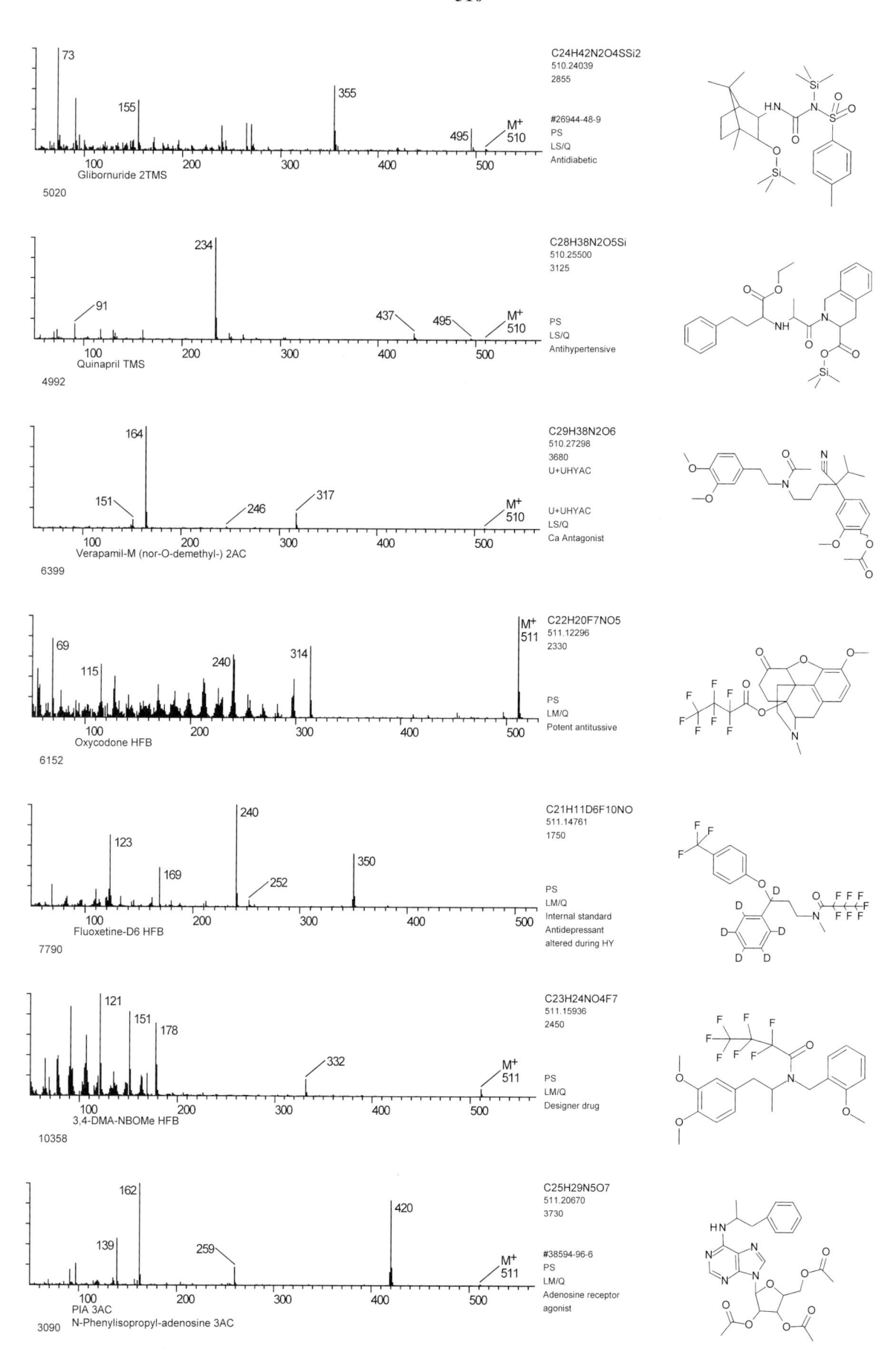

Glibornuride 2TMS — 5020
Peaks: 73, 155, 355, 495, M+ 510
C24H42N2O4SSi2
510.24039
2855
#26944-48-9
PS
LS/Q
Antidiabetic

Quinapril TMS — 4992
Peaks: 91, 234, 437, 495, M+ 510
C28H38N2O5Si
510.25500
3125
PS
LS/Q
Antihypertensive

Verapamil-M (nor-O-demethyl-) 2AC — 6399
Peaks: 151, 164, 246, 317, M+ 510
C29H38N2O6
510.27298
3680
U+UHYAC
U+UHYAC
LS/Q
Ca Antagonist

Oxycodone HFB — 6152
Peaks: 69, 115, 240, 314, M+ 511
C22H20F7NO5
511.12296
2330
PS
LM/Q
Potent antitussive

Fluoxetine-D6 HFB — 7790
Peaks: 123, 169, 240, 252, 350
C21H11D6F10NO
511.14761
1750
PS
LM/Q
Internal standard
Antidepressant
altered during HY

3,4-DMA-NBOMe HFB — 10358
Peaks: 121, 151, 178, 332, M+ 511
C23H24NO4F7
511.15936
2450
PS
LM/Q
Designer drug

PIA 3AC / N-Phenylisopropyl-adenosine 3AC — 3090
Peaks: 139, 162, 259, 420, M+ 511
C25H29N5O7
511.20670
3730
#38594-96-6
PS
LM/Q
Adenosine receptor agonist

511

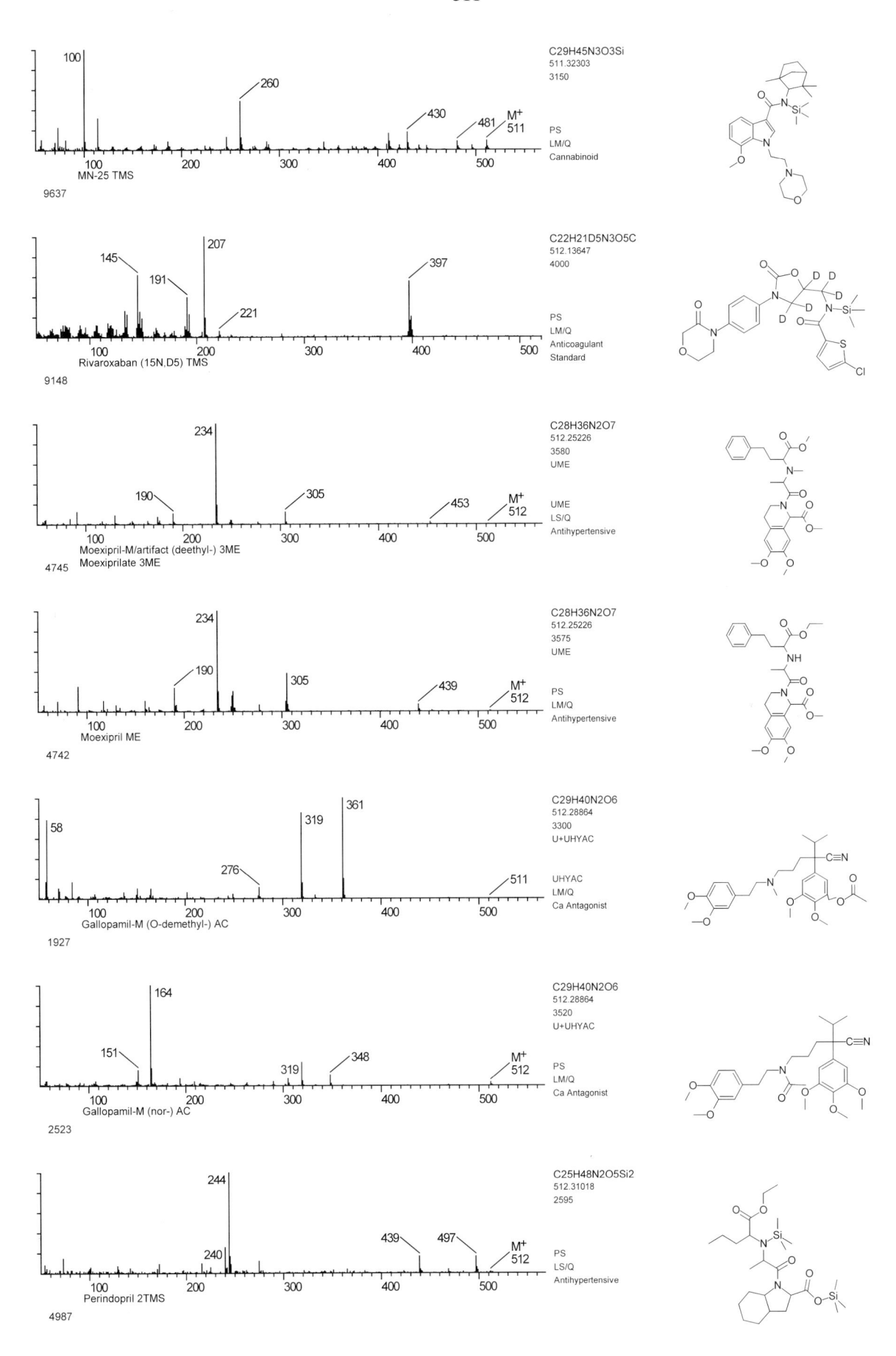

Spectrum	Formula / Info
MN-25 TMS (9637) — peaks: 100, 260, 430, 481, M+ 511	C29H45N3O3Si; 511.32303; 3150; PS; LM/Q; Cannabinoid
Rivaroxaban (15N,D5) TMS (9148) — peaks: 145, 191, 207, 221, 397	C22H21D5N3O5C; 512.13647; 4000; PS; LM/Q; Anticoagulant Standard
Moexipril-M/artifact (deethyl-) 3ME / Moexiprilate 3ME (4745) — peaks: 190, 234, 305, 453, M+ 512	C28H36N2O7; 512.25226; 3580; UME; UME; LS/Q; Antihypertensive
Moexipril ME (4742) — peaks: 190, 234, 305, 439, M+ 512	C28H36N2O7; 512.25226; 3575; UME; PS; LM/Q; Antihypertensive
Gallopamil-M (O-demethyl-) AC (1927) — peaks: 58, 276, 319, 361, 511	C29H40N2O6; 512.28864; 3300; U+UHYAC; UHYAC; LM/Q; Ca Antagonist
Gallopamil-M (nor-) AC (2523) — peaks: 151, 164, 319, 348, M+ 512	C29H40N2O6; 512.28864; 3520; U+UHYAC; PS; LM/Q; Ca Antagonist
Perindopril 2TMS (4987) — peaks: 240, 244, 439, 497, M+ 512	C25H48N2O5Si2; 512.31018; 2595; PS; LS/Q; Antihypertensive

512

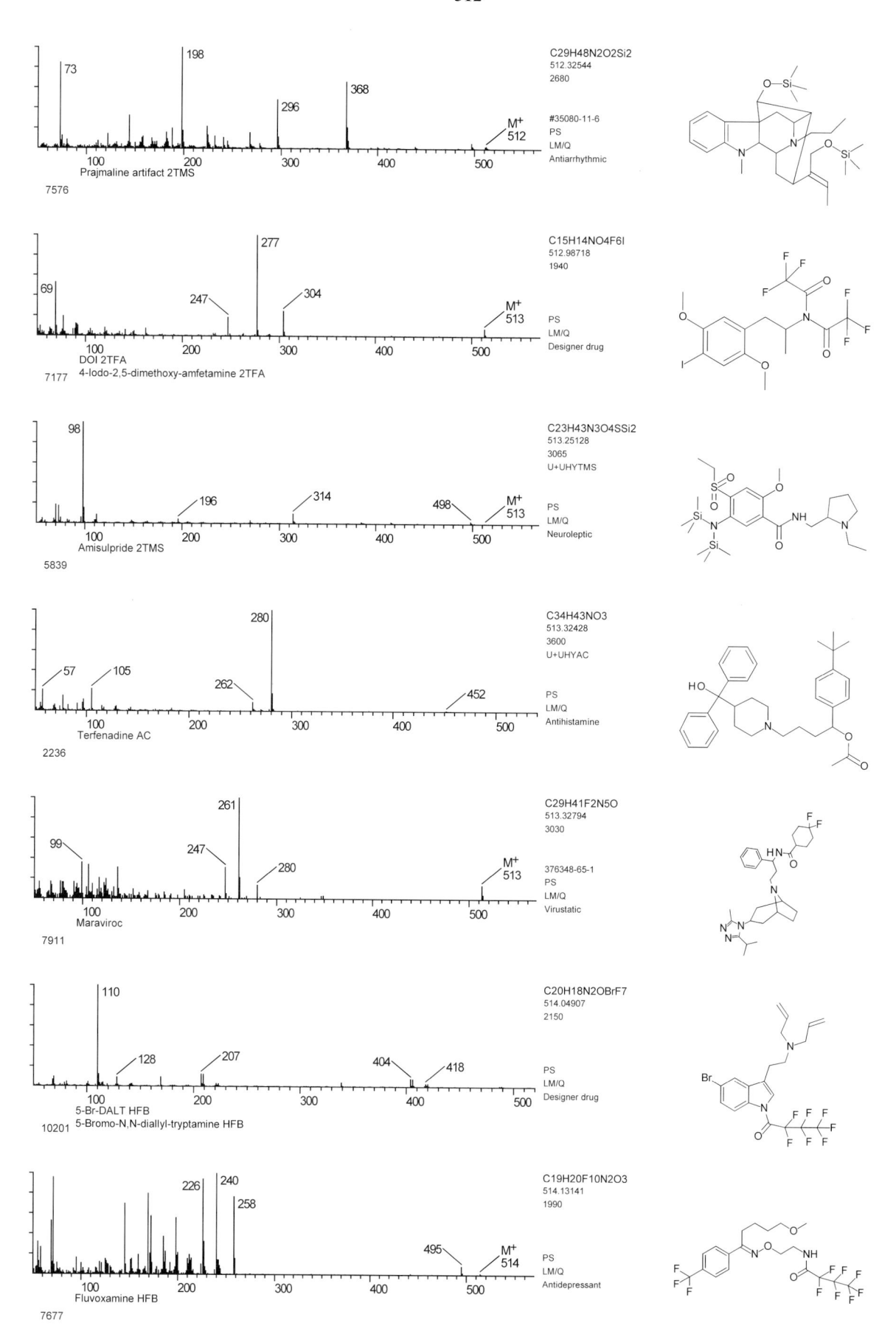

Prajmaline artifact 2TMS — 7576
C29H48N2O2Si2
512.32544
2680
#35080-11-6
PS
LM/Q
Antiarrhythmic
Peaks: 73, 198, 296, 368, M+ 512

DOI 2TFA — 7177
4-Iodo-2,5-dimethoxy-amfetamine 2TFA
C15H14NO4F6I
512.98718
1940
PS
LM/Q
Designer drug
Peaks: 69, 247, 277, 304, M+ 513

Amisulpride 2TMS — 5839
C23H43N3O4SSi2
513.25128
3065
U+UHYTMS
PS
LM/Q
Neuroleptic
Peaks: 98, 196, 314, 498, M+ 513

Terfenadine AC — 2236
C34H43NO3
513.32428
3600
U+UHYAC
PS
LM/Q
Antihistamine
Peaks: 57, 105, 262, 280, 452

Maraviroc — 7911
C29H41F2N5O
513.32794
3030
376348-65-1
PS
LM/Q
Virustatic
Peaks: 99, 247, 261, 280, M+ 513

5-Br-DALT HFB — 10201
5-Bromo-N,N-diallyl-tryptamine HFB
C20H18N2OBrF7
514.04907
2150
PS
LM/Q
Designer drug
Peaks: 110, 128, 207, 404, 418

Fluvoxamine HFB — 7677
C19H20F10N2O3
514.13141
1990
PS
LM/Q
Antidepressant
Peaks: 226, 240, 258, 495, M+ 514

514

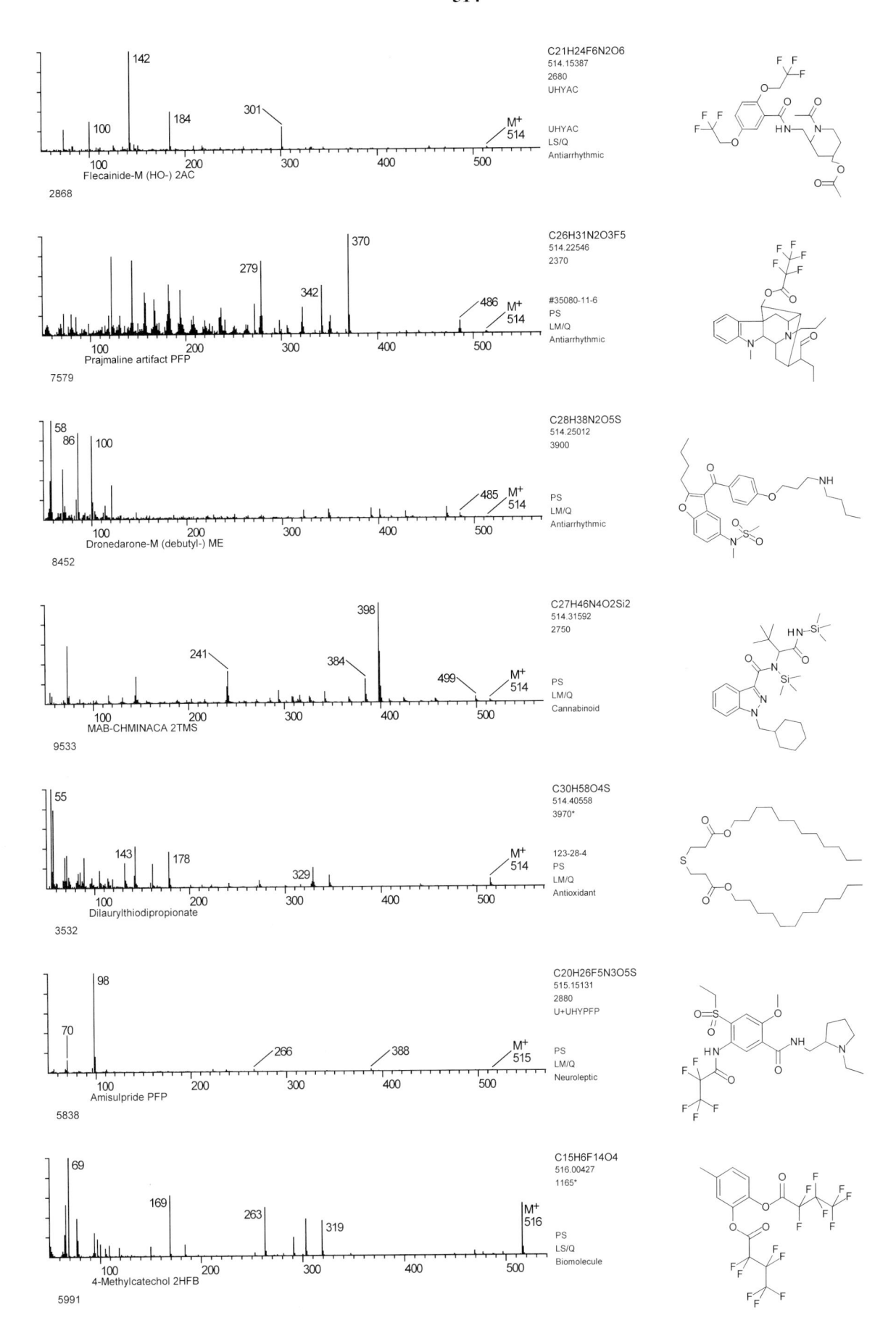

142, 100, 184, 301, M+ 514	Flecainide-M (HO-) 2AC — 2868	C21H24F6N2O6 514.15387 2680 UHYAC UHYAC LS/Q Antiarrhythmic
370, 279, 342, 486, M+ 514	Prajmaline artifact PFP — 7579	C26H31N2O3F5 514.22546 2370 #35080-11-6 PS LM/Q Antiarrhythmic
58, 86, 100, 485, M+ 514	Dronedarone-M (debutyl-) ME — 8452	C28H38N2O5S 514.25012 3900 PS LM/Q Antiarrhythmic
398, 241, 384, 499, M+ 514	MAB-CHMINACA 2TMS — 9533	C27H46N4O2Si2 514.31592 2750 PS LM/Q Cannabinoid
55, 143, 178, 329, M+ 514	Dilaurylthiodipropionate — 3532	C30H58O4S 514.40558 3970* 123-28-4 PS LM/Q Antioxidant
98, 70, 266, 388, M+ 515	Amisulpride PFP — 5838	C20H26F5N3O5S 515.15131 2880 U+UHYPFP PS LM/Q Neuroleptic
69, 169, 263, 319, M+ 516	4-Methylcatechol 2HFB — 5991	C15H6F14O4 516.00427 1165* PS LS/Q Biomolecule

516

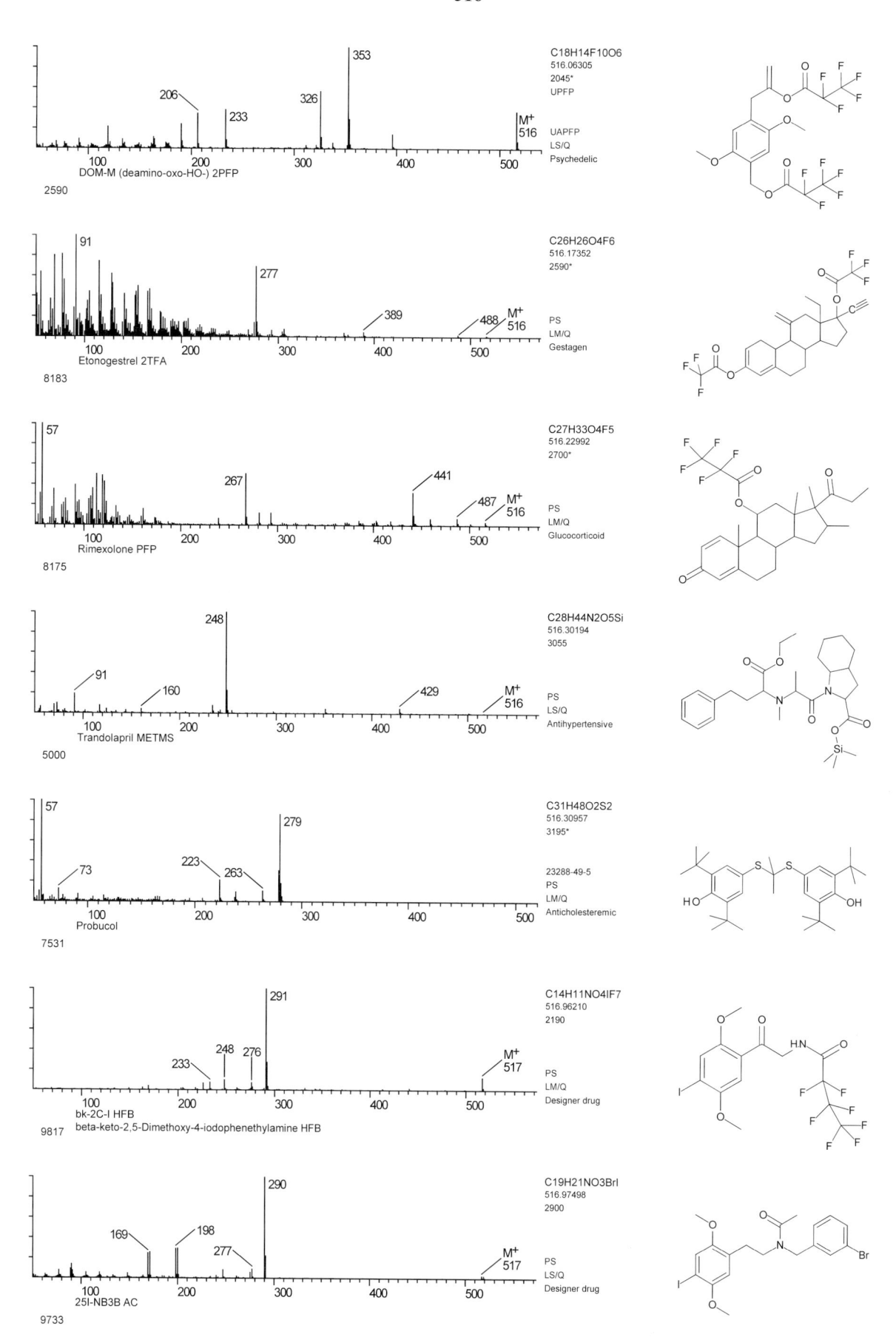

C18H14F10O6
516.06305
2045*
UPFP
UAPFP
LS/Q
Psychedelic

DOM-M (deamino-oxo-HO-) 2PFP
2590

C26H26O4F6
516.17352
2590*
PS
LM/Q
Gestagen

Etonogestrel 2TFA
8183

C27H33O4F5
516.22992
2700*
PS
LM/Q
Glucocorticoid

Rimexolone PFP
8175

C28H44N2O5Si
516.30194
3055
PS
LS/Q
Antihypertensive

Trandolapril METMS
5000

C31H48O2S2
516.30957
3195*
23288-49-5
PS
LM/Q
Anticholesteremic

Probucol
7531

C14H11NO4IF7
516.96210
2190
PS
LM/Q
Designer drug

bk-2C-I HFB
beta-keto-2,5-Dimethoxy-4-iodophenethylamine HFB
9817

C19H21NO3BrI
516.97498
2900
PS
LS/Q
Designer drug

25I-NB3B AC
9733

1674

517

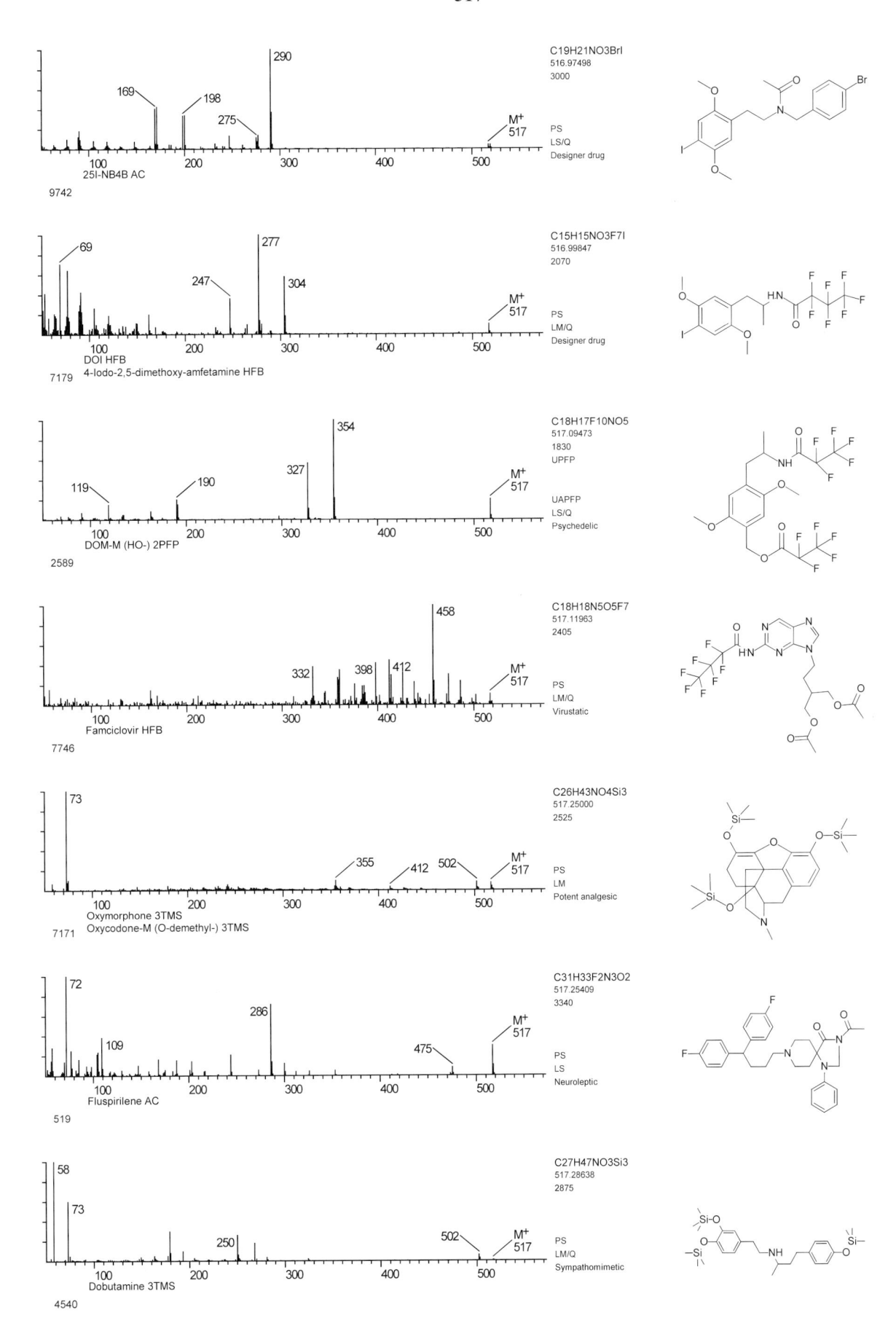

Spectrum labels	Formula / Info
25I-NB4B AC (169, 198, 275, 290, M+ 517) — 9742	C19H21NO3BrI / 516.97498 / 3000 / PS / LS/Q / Designer drug
DOI HFB — 4-Iodo-2,5-dimethoxy-amfetamine HFB (69, 247, 277, 304, M+ 517) — 7179	C15H15NO3F7I / 516.99847 / 2070 / PS / LM/Q / Designer drug
DOM-M (HO-) 2PFP (119, 190, 327, 354, M+ 517) — 2589	C18H17F10NO5 / 517.09473 / 1830 / UPFP / UAPFP / LS/Q / Psychedelic
Famciclovir HFB (332, 398, 412, 458, M+ 517) — 7746	C18H18N5O5F7 / 517.11963 / 2405 / PS / LM/Q / Virustatic
Oxymorphone 3TMS / Oxycodone-M (O-demethyl-) 3TMS (73, 355, 412, 502, M+ 517) — 7171	C26H43NO4Si3 / 517.25000 / 2525 / PS / LM / Potent analgesic
Fluspirilene AC (72, 109, 286, 475, M+ 517) — 519	C31H33F2N3O2 / 517.25409 / 3340 / PS / LS / Neuroleptic
Dobutamine 3TMS (58, 73, 250, 502, M+ 517) — 4540	C27H47NO3Si3 / 517.28638 / 2875 / PS / LM/Q / Sympathomimetic

518

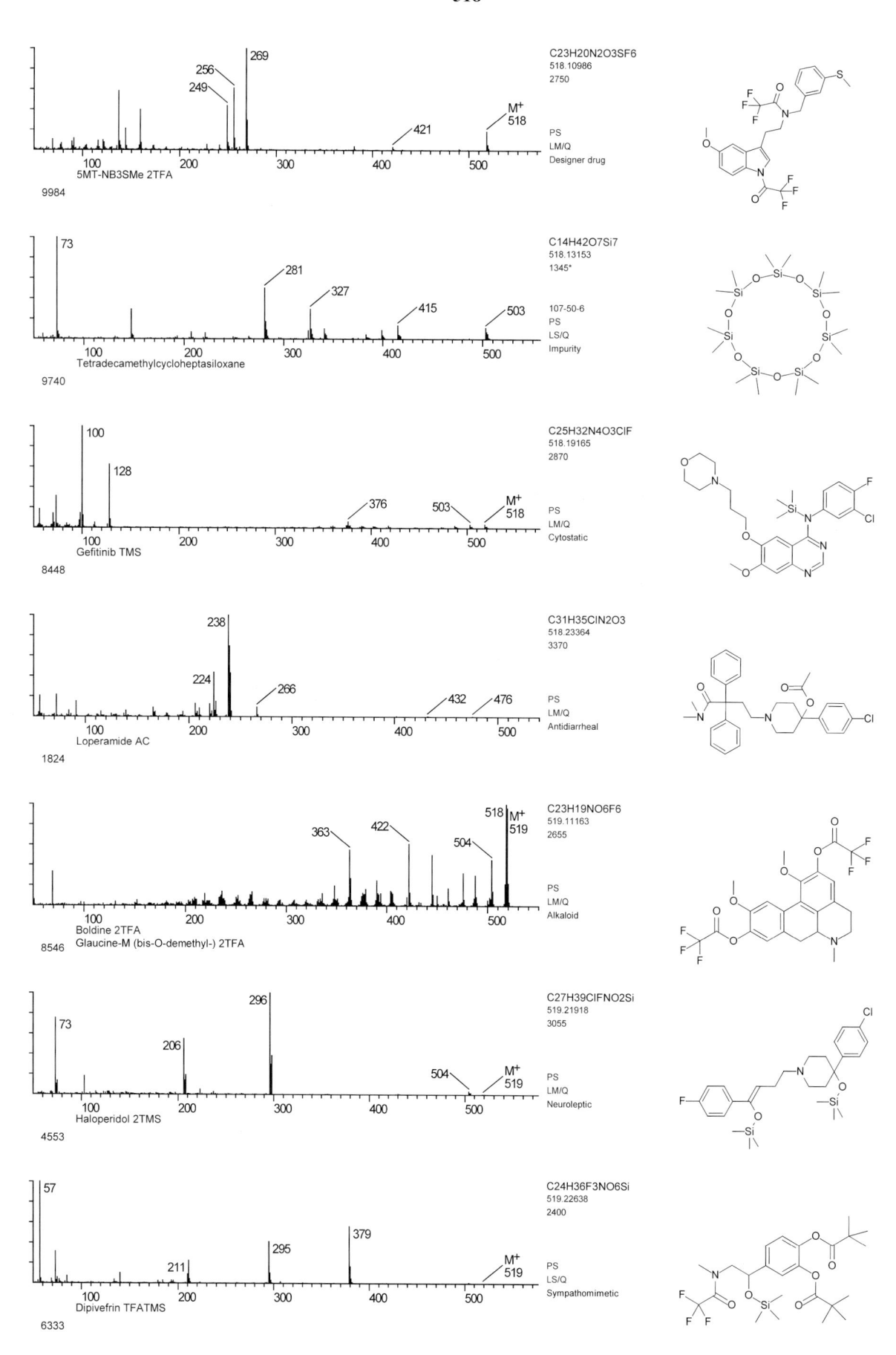

Spectrum label	Formula / Mass / CAS	Category
5MT-NB3SMe 2TFA — peaks 249, 256, 269, 421, M+ 518 — 9984	C23H20N2O3SF6; 518.10986; 2750; PS; LM/Q	Designer drug
Tetradecamethylcycloheptasiloxane — peaks 73, 281, 327, 415, 503 — 9740	C14H42O7Si7; 518.13153; 1345*; 107-50-6; PS; LS/Q	Impurity
Gefitinib TMS — peaks 100, 128, 376, 503, M+ 518 — 8448	C25H32N4O3ClF; 518.19165; 2870; PS; LM/Q	Cytostatic
Loperamide AC — peaks 224, 238, 266, 432, 476 — 1824	C31H35ClN2O3; 518.23364; 3370; PS; LM/Q	Antidiarrheal
Boldine 2TFA / Glaucine-M (bis-O-demethyl-) 2TFA — peaks 363, 422, 504, 518, M+ 519 — 8546	C23H19NO6F6; 519.11163; 2655; PS; LM/Q	Alkaloid
Haloperidol 2TMS — peaks 73, 206, 296, 504, M+ 519 — 4553	C27H39ClFNO2Si; 519.21918; 3055; PS; LM/Q	Neuroleptic
Dipivefrin TFATMS — peaks 57, 211, 295, 379, M+ 519 — 6333	C24H36F3NO6Si; 519.22638; 2400; PS; LS/Q	Sympathomimetic

519

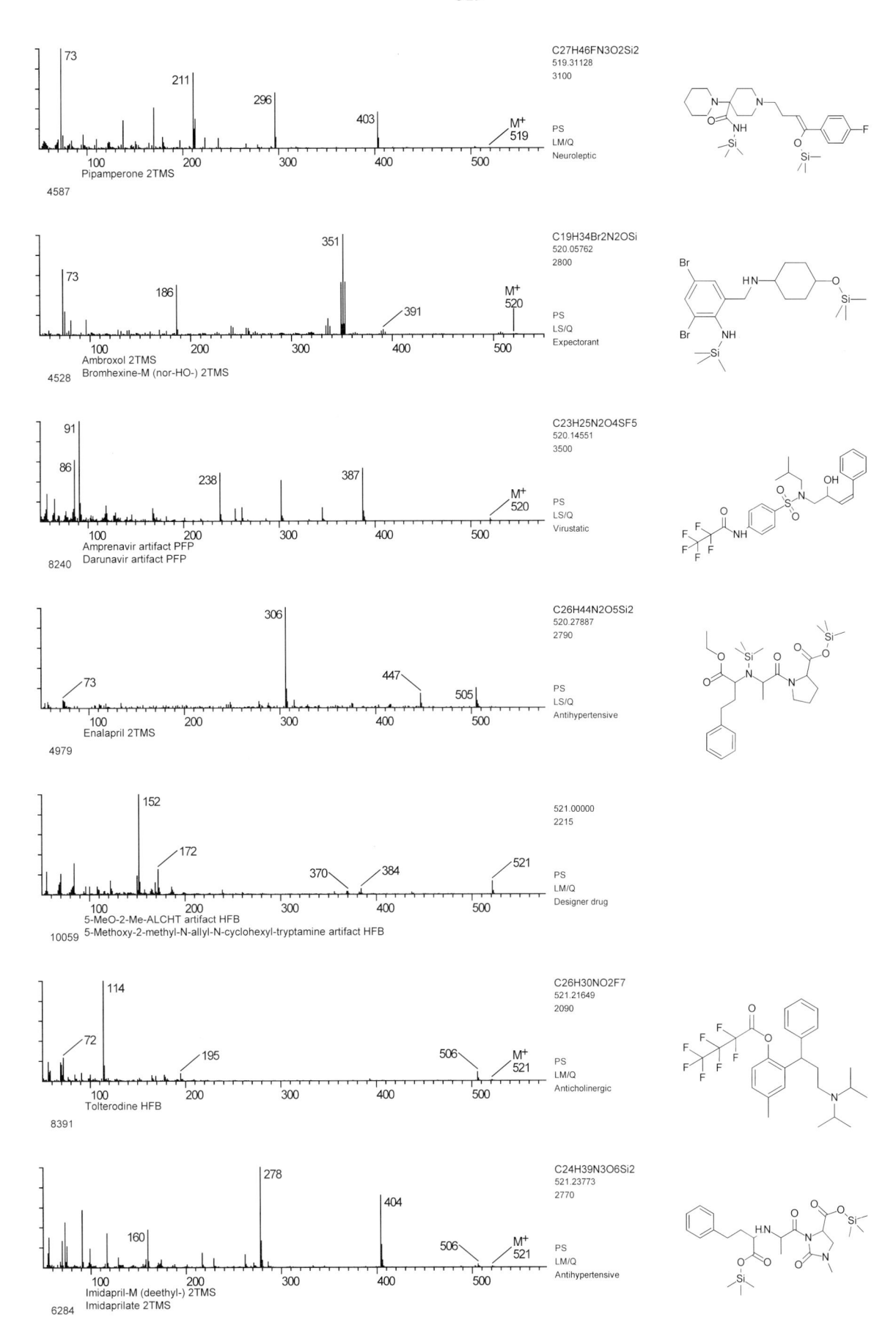

C27H46FN3O2Si2
519.31128
3100
PS
LM/Q
Neuroleptic

Pipamperone 2TMS
4587

C19H34Br2N2OSi
520.05762
2800
PS
LS/Q
Expectorant

Ambroxol 2TMS
Bromhexine-M (nor-HO-) 2TMS
4528

C23H25N2O4SF5
520.14551
3500
PS
LS/Q
Virustatic

Amprenavir artifact PFP
Darunavir artifact PFP
8240

C26H44N2O5Si2
520.27887
2790
PS
LS/Q
Antihypertensive

Enalapril 2TMS
4979

521.00000
2215
PS
LM/Q
Designer drug

5-MeO-2-Me-ALCHT artifact HFB
5-Methoxy-2-methyl-N-allyl-N-cyclohexyl-tryptamine artifact HFB
10059

C26H30NO2F7
521.21649
2090
PS
LM/Q
Anticholinergic

Tolterodine HFB
8391

C24H39N3O6Si2
521.23773
2770
PS
LM/Q
Antihypertensive

Imidapril-M (deethyl-) 2TMS
Imidaprilate 2TMS
6284

522

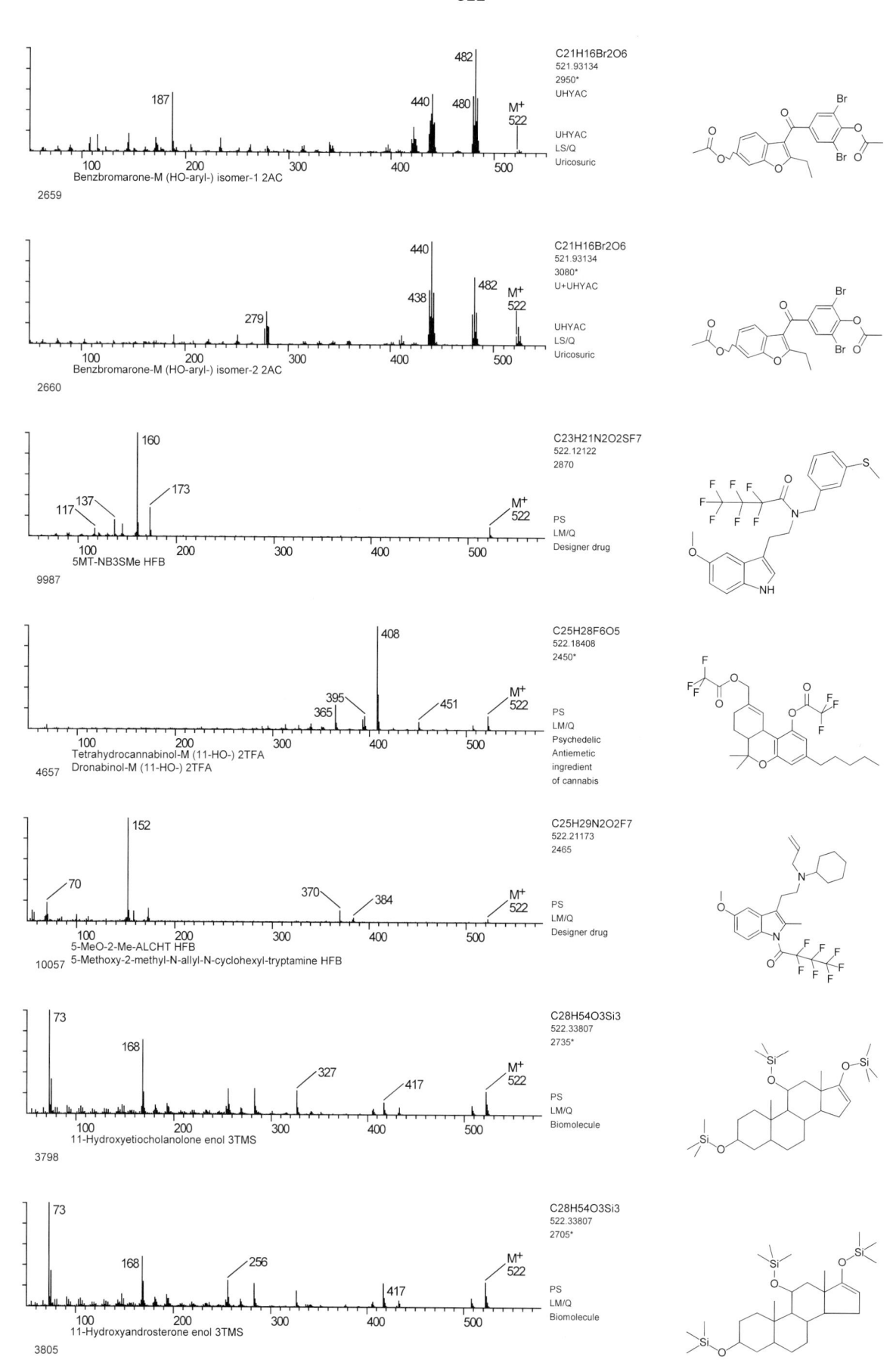

Benzbromarone-M (HO-aryl-) isomer-1 2AC — 2659
C21H16Br2O6, 521.93134, 2950*, UHYAC
UHYAC LS/Q Uricosuric
Peaks: 187, 440, 480, 482, M+ 522

Benzbromarone-M (HO-aryl-) isomer-2 2AC — 2660
C21H16Br2O6, 521.93134, 3080*, U+UHYAC
UHYAC LS/Q Uricosuric
Peaks: 279, 438, 440, 482, M+ 522

5MT-NB3SMe HFB — 9987
C23H21N2O2SF7, 522.12122, 2870
PS LM/Q Designer drug
Peaks: 117, 137, 160, 173, M+ 522

Tetrahydrocannabinol-M (11-HO-) 2TFA / Dronabinol-M (11-HO-) 2TFA — 4657
C25H28F6O5, 522.18408, 2450*
PS LM/Q Psychedelic Antiemetic ingredient of cannabis
Peaks: 365, 395, 408, 451, M+ 522

5-MeO-2-Me-ALCHT HFB / 5-Methoxy-2-methyl-N-allyl-N-cyclohexyl-tryptamine HFB — 10057
C25H29N2O2F7, 522.21173, 2465
PS LM/Q Designer drug
Peaks: 70, 152, 370, 384, M+ 522

11-Hydroxyetiocholanolone enol 3TMS — 3798
C28H54O3Si3, 522.33807, 2735*
PS LM/Q Biomolecule
Peaks: 73, 168, 327, 417, M+ 522

11-Hydroxyandrosterone enol 3TMS — 3805
C28H54O3Si3, 522.33807, 2705*
PS LM/Q Biomolecule
Peaks: 73, 168, 256, 417, M+ 522

523

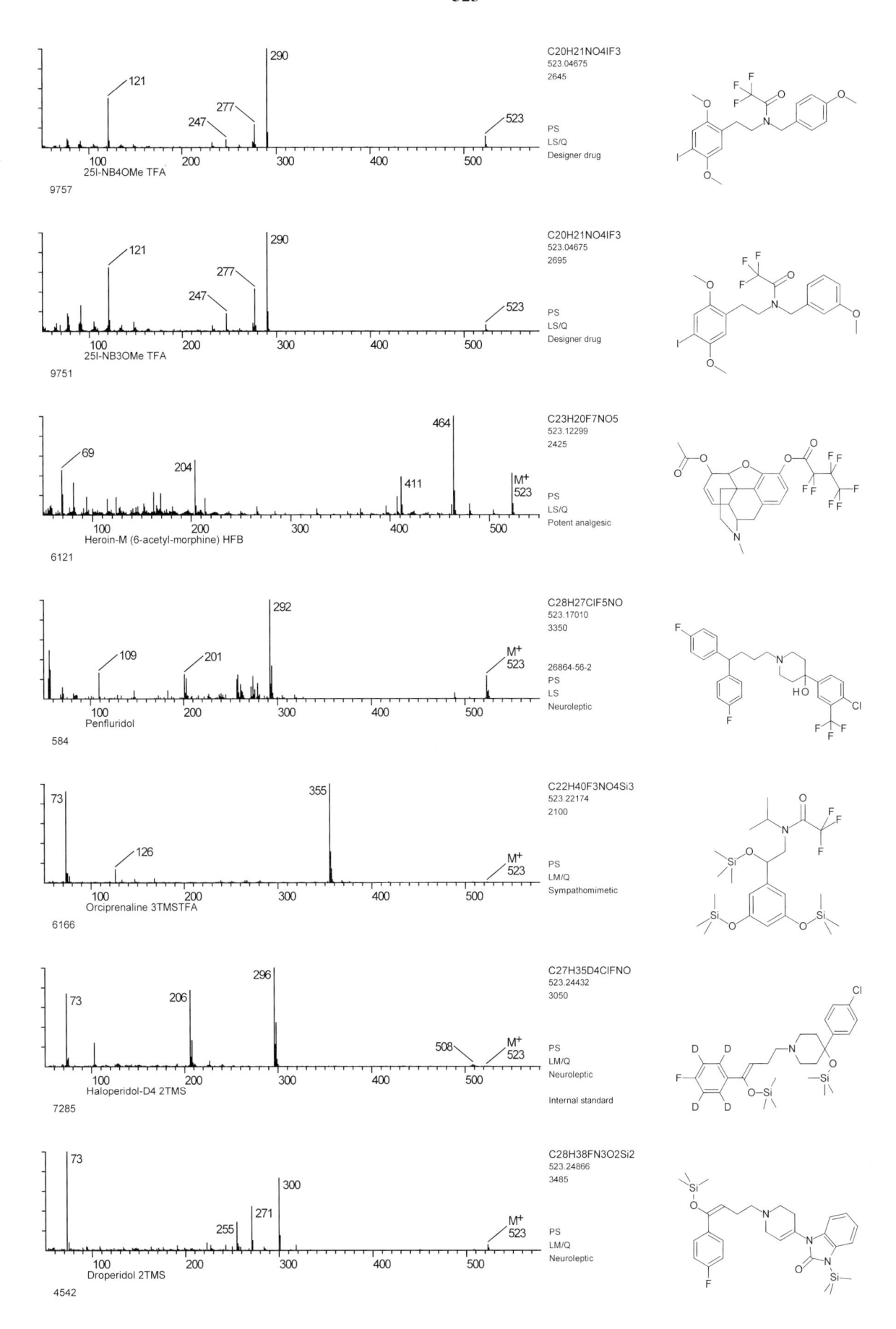

Spectrum label	Formula	Mass	Index
25I-NB4OMe TFA (9757)	C20H21NO4IF3	523.04675	2645
Peaks: 121, 247, 277, 290, 523		PS LS/Q	Designer drug
25I-NB3OMe TFA (9751)	C20H21NO4IF3	523.04675	2695
Peaks: 121, 247, 277, 290, 523		PS LS/Q	Designer drug
Heroin-M (6-acetyl-morphine) HFB (6121)	C23H20F7NO5	523.12299	2425
Peaks: 69, 204, 411, 464, M+ 523		PS LS/Q	Potent analgesic
Penfluridol (584)	C28H27ClF5NO	523.17010	3350
Peaks: 109, 201, 292, M+ 523		26864-56-2 PS LS	Neuroleptic
Orciprenaline 3TMSTFA (6166)	C22H40F3NO4Si3	523.22174	2100
Peaks: 73, 126, 355, M+ 523		PS LM/Q	Sympathomimetic
Haloperidol-D4 2TMS (7285)	C27H35D4ClFNO	523.24432	3050
Peaks: 73, 206, 296, 508, M+ 523		PS LM/Q	Neuroleptic; Internal standard
Droperidol 2TMS (4542)	C28H38FN3O2Si2	523.24866	3485
Peaks: 73, 255, 271, 300, M+ 523		PS LM/Q	Neuroleptic

524

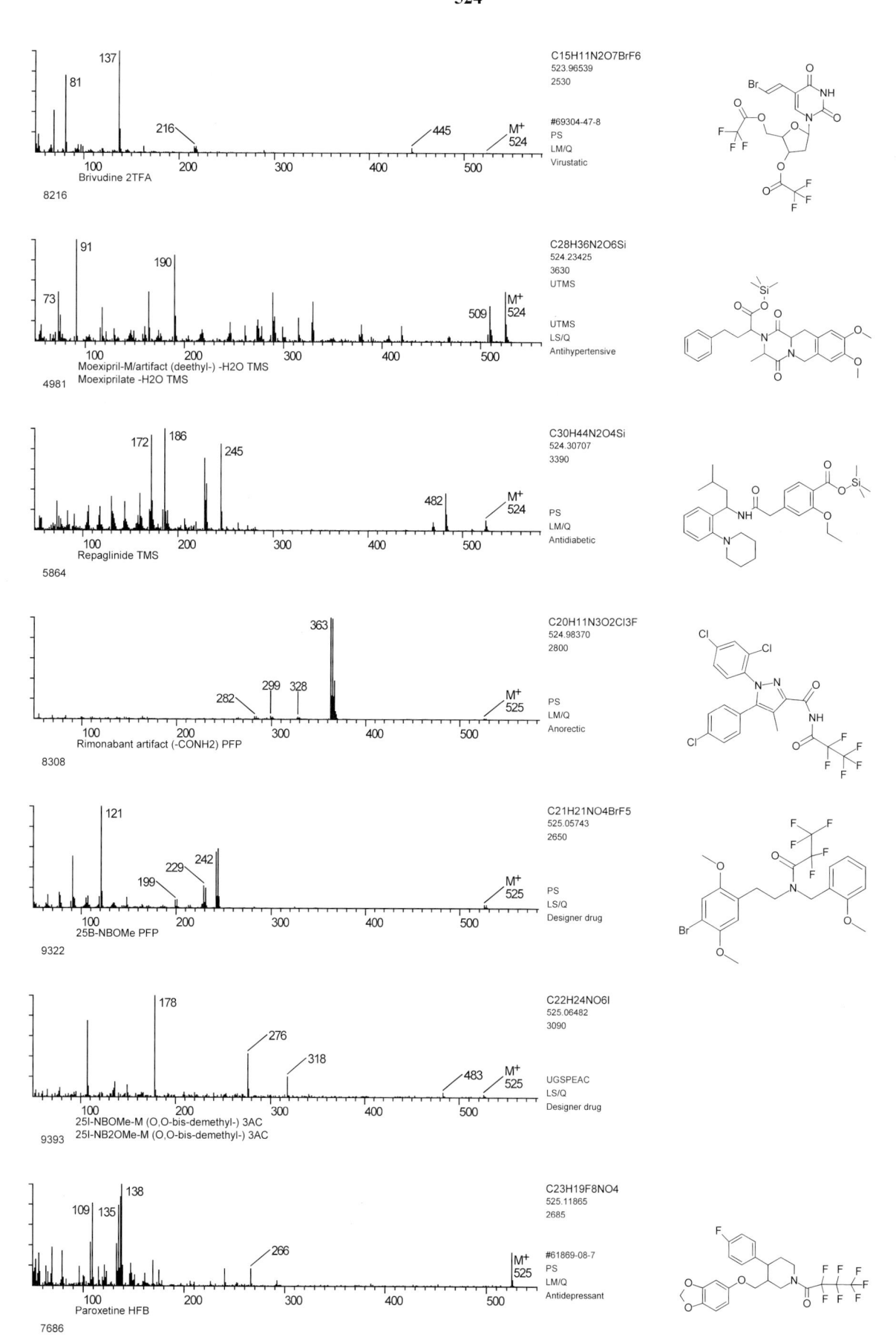

C15H11N2O7BrF6
523.96539
2530

#69304-47-8
PS
LM/Q
Virustatic

Brivudine 2TFA
8216

Peaks: 81, 137, 216, 445, M+ 524

C28H36N2O6Si
524.23425
3630

UTMS

UTMS
LS/Q
Antihypertensive

Moexipril-M/artifact (deethyl-) -H2O TMS
Moexiprilate -H2O TMS
4981

Peaks: 73, 91, 190, 509, M+ 524

C30H44N2O4Si
524.30707
3390

PS
LM/Q
Antidiabetic

Repaglinide TMS
5864

Peaks: 172, 186, 245, 482, M+ 524

C20H11N3O2Cl3F
524.98370
2800

PS
LM/Q
Anorectic

Rimonabant artifact (-CONH2) PFP
8308

Peaks: 282, 299, 328, 363, M+ 525

C21H21NO4BrF5
525.05743
2650

PS
LS/Q
Designer drug

25B-NBOMe PFP
9322

Peaks: 121, 199, 229, 242, M+ 525

C22H24NO6I
525.06482
3090

UGSPEAC
LS/Q
Designer drug

25I-NBOMe-M (O,O-bis-demethyl-) 3AC
25I-NB2OMe-M (O,O-bis-demethyl-) 3AC
9393

Peaks: 178, 276, 318, 483, M+ 525

C23H19F8NO4
525.11865
2685

#61869-08-7
PS
LM/Q
Antidepressant

Paroxetine HFB
7686

Peaks: 109, 135, 138, 266, M+ 525

1680

525

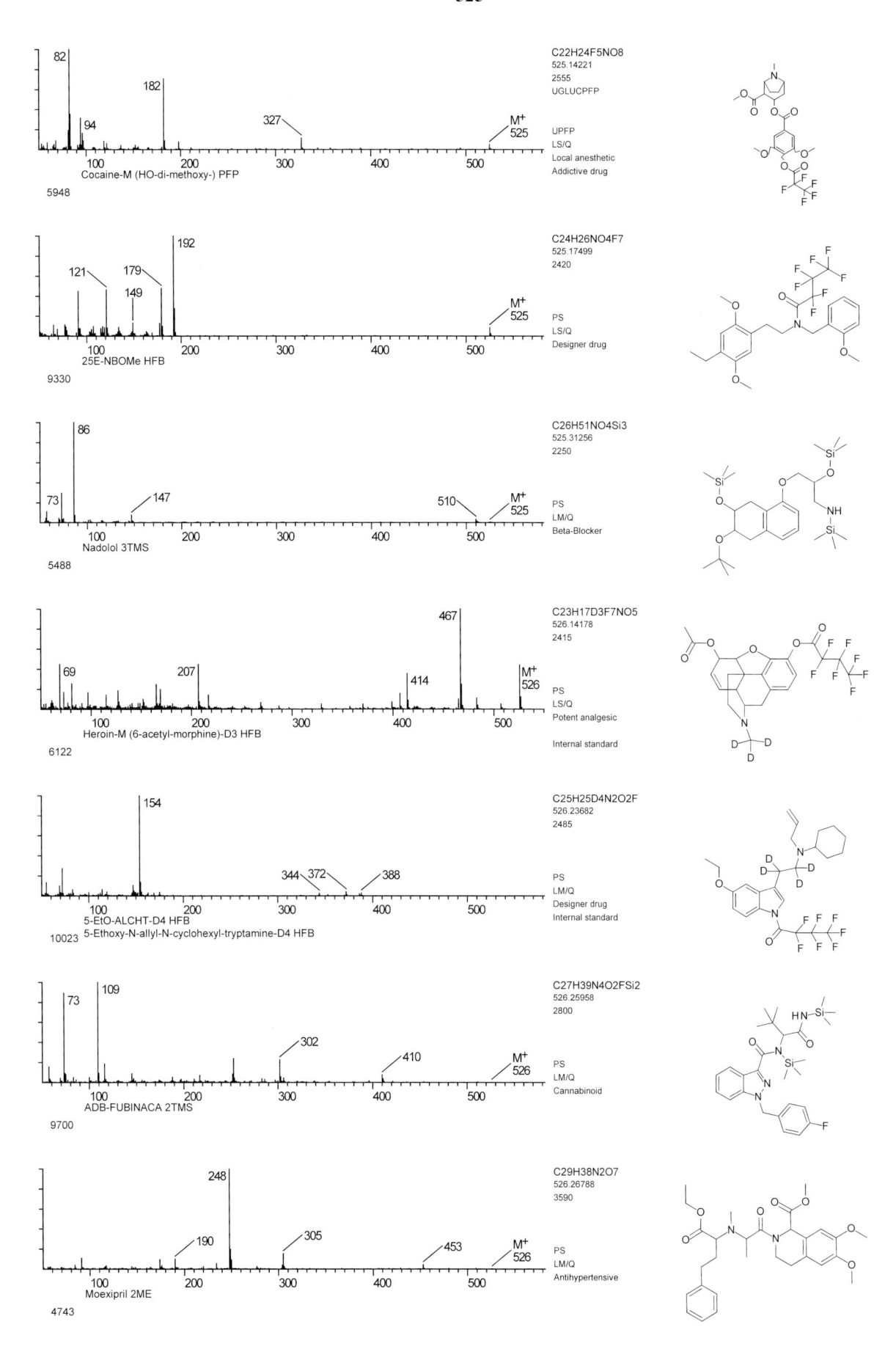

Cocaine-M (HO-di-methoxy-) PFP 5948 Peaks: 82, 94, 182, 327, M+ 525	C22H24F5NO8 525.14221 2555 UGLUCPFP UPFP LS/Q Local anesthetic Addictive drug	
25E-NBOMe HFB 9330 Peaks: 121, 149, 179, 192, M+ 525	C24H26NO4F7 525.17499 2420 PS LS/Q Designer drug	
Nadolol 3TMS 5488 Peaks: 73, 86, 147, 510, M+ 525	C26H51NO4Si3 525.31256 2250 PS LM/Q Beta-Blocker	
Heroin-M (6-acetyl-morphine)-D3 HFB 6122 Peaks: 69, 207, 414, 467, M+ 526	C23H17D3F7NO5 526.14178 2415 PS LS/Q Potent analgesic Internal standard	
5-EtO-ALCHT-D4 HFB 5-Ethoxy-N-allyl-N-cyclohexyl-tryptamine-D4 HFB 10023 Peaks: 154, 344, 372, 388	C25H25D4N2O2F 526.23682 2485 PS LM/Q Designer drug Internal standard	
ADB-FUBINACA 2TMS 9700 Peaks: 73, 109, 302, 410, M+ 526	C27H39N4O2FSi2 526.25958 2800 PS LM/Q Cannabinoid	
Moexipril 2ME 4743 Peaks: 190, 248, 305, 453, M+ 526	C29H38N2O7 526.26788 3590 PS LM/Q Antihypertensive	

526

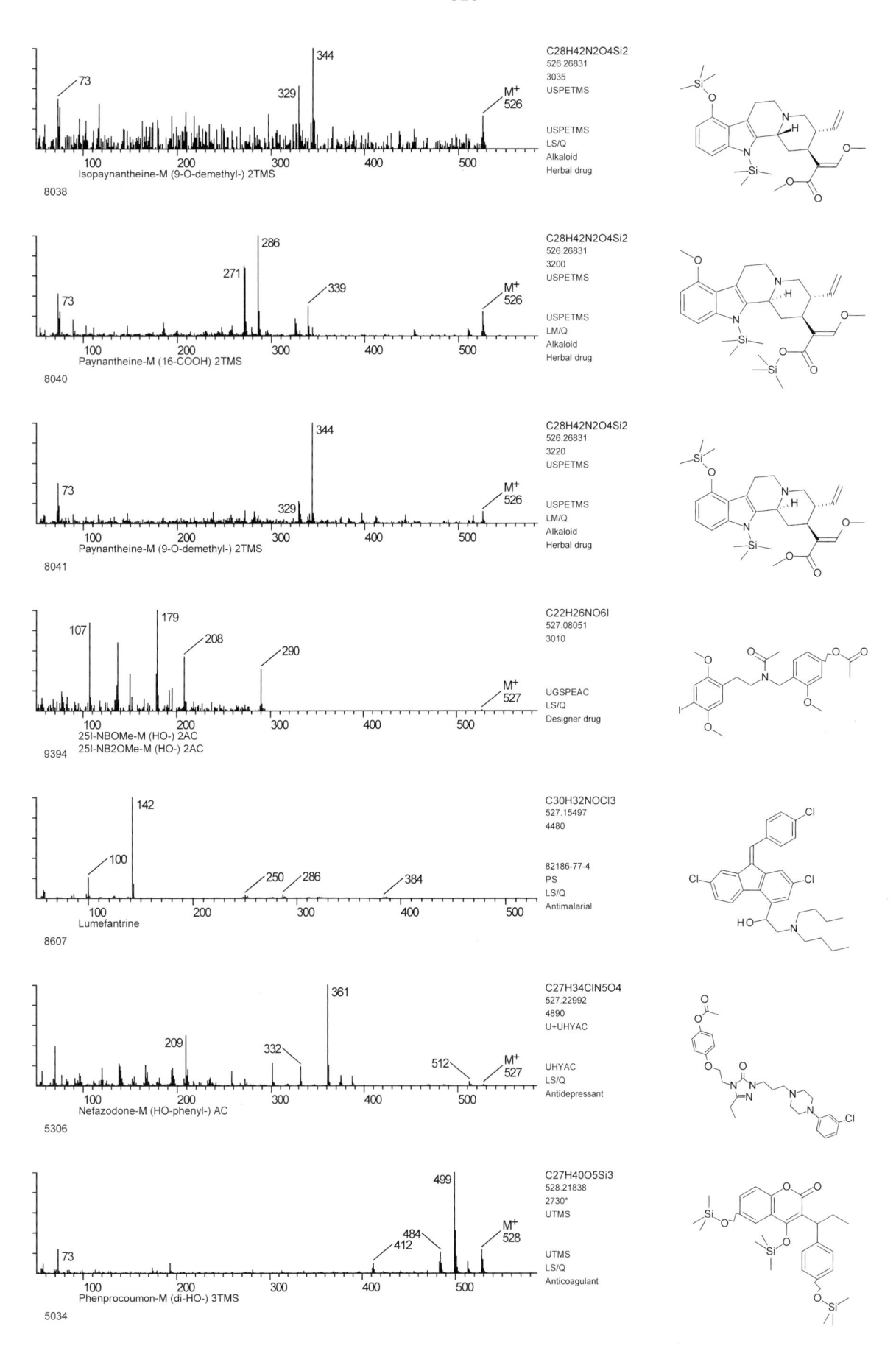

Isopaynantheine-M (9-O-demethyl-) 2TMS 8038	C28H42N2O4Si2 526.26831 3035 USPETMS USPETMS LS/Q Alkaloid Herbal drug
Paynantheine-M (16-COOH) 2TMS 8040	C28H42N2O4Si2 526.26831 3200 USPETMS USPETMS LM/Q Alkaloid Herbal drug
Paynantheine-M (9-O-demethyl-) 2TMS 8041	C28H42N2O4Si2 526.26831 3220 USPETMS USPETMS LM/Q Alkaloid Herbal drug
25I-NBOMe-M (HO-) 2AC 25I-NB2OMe-M (HO-) 2AC 9394	C22H26NO6I 527.08051 3010 UGSPEAC LS/Q Designer drug
Lumefantrine 8607	C30H32NOCl3 527.15497 4480 82186-77-4 PS LS/Q Antimalarial
Nefazodone-M (HO-phenyl-) AC 5306	C27H34ClN5O4 527.22992 4890 U+UHYAC UHYAC LS/Q Antidepressant
Phenprocoumon-M (di-HO-) 3TMS 5034	C27H40O5Si3 528.21838 2730* UTMS UTMS LS/Q Anticoagulant

1682

528

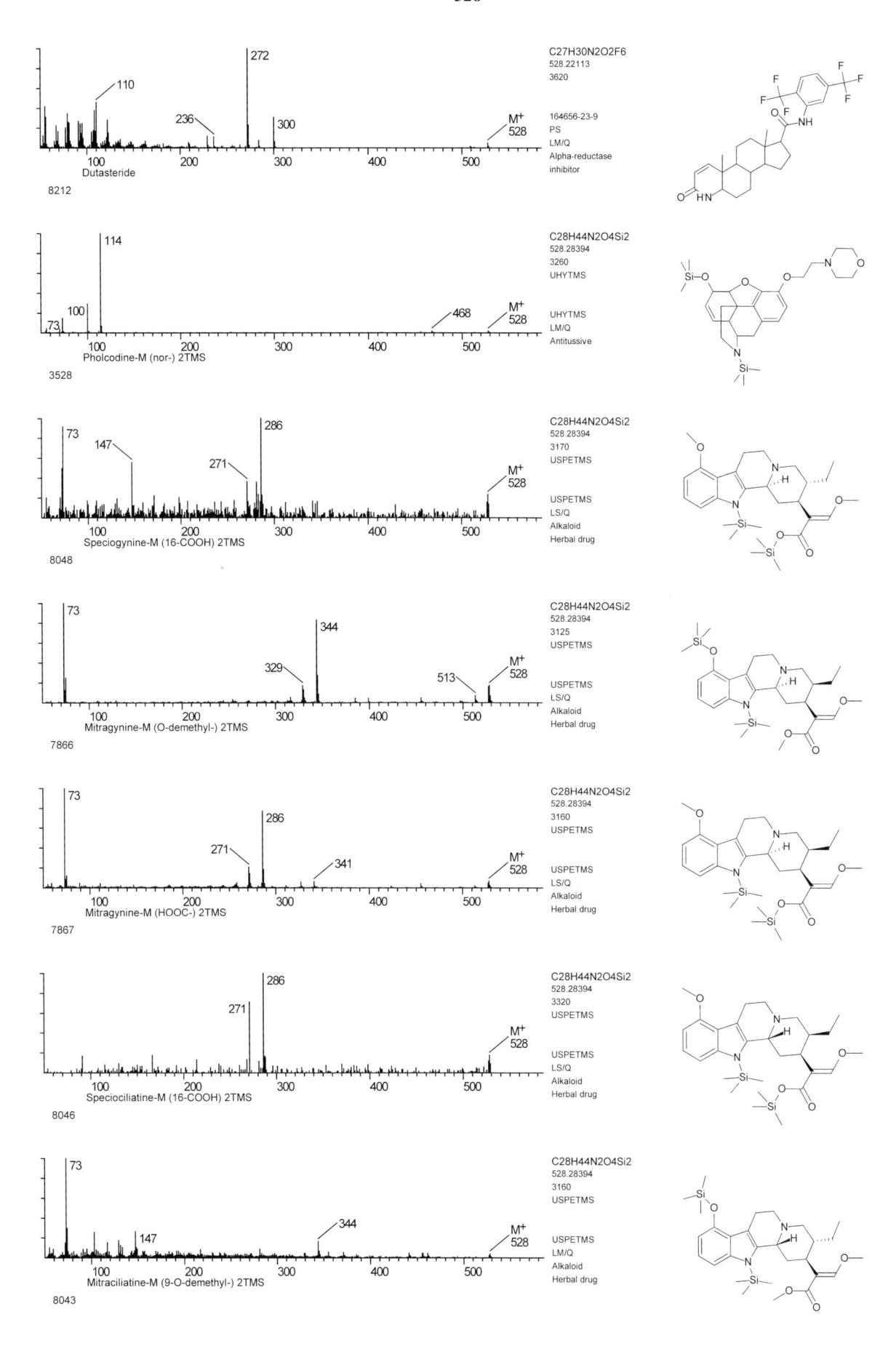

Spectrum	Formula / Info
8212 — Dutasteride (peaks: 110, 236, 272, 300, M+ 528)	C27H30N2O2F6 / 528.22113 / 3620 / 164656-23-9 / PS / LM/Q / Alpha-reductase inhibitor
3528 — Pholcodine-M (nor-) 2TMS (peaks: 73, 100, 114, 468, M+ 528)	C28H44N2O4Si2 / 528.28394 / 3260 / UHYTMS / UHYTMS / LM/Q / Antitussive
8048 — Speciogynine-M (16-COOH) 2TMS (peaks: 73, 147, 271, 286, M+ 528)	C28H44N2O4Si2 / 528.28394 / 3170 / USPETMS / USPETMS / LS/Q / Alkaloid / Herbal drug
7866 — Mitragynine-M (O-demethyl-) 2TMS (peaks: 73, 329, 344, 513, M+ 528)	C28H44N2O4Si2 / 528.28394 / 3125 / USPETMS / USPETMS / LS/Q / Alkaloid / Herbal drug
7867 — Mitragynine-M (HOOC-) 2TMS (peaks: 73, 271, 286, 341, M+ 528)	C28H44N2O4Si2 / 528.28394 / 3160 / USPETMS / USPETMS / LS/Q / Alkaloid / Herbal drug
8046 — Speciociliatine-M (16-COOH) 2TMS (peaks: 271, 286, M+ 528)	C28H44N2O4Si2 / 528.28394 / 3320 / USPETMS / USPETMS / LS/Q / Alkaloid / Herbal drug
8043 — Mitraciliatine-M (9-O-demethyl-) 2TMS (peaks: 73, 147, 344, M+ 528)	C28H44N2O4Si2 / 528.28394 / 3160 / USPETMS / USPETMS / LM/Q / Alkaloid / Herbal drug

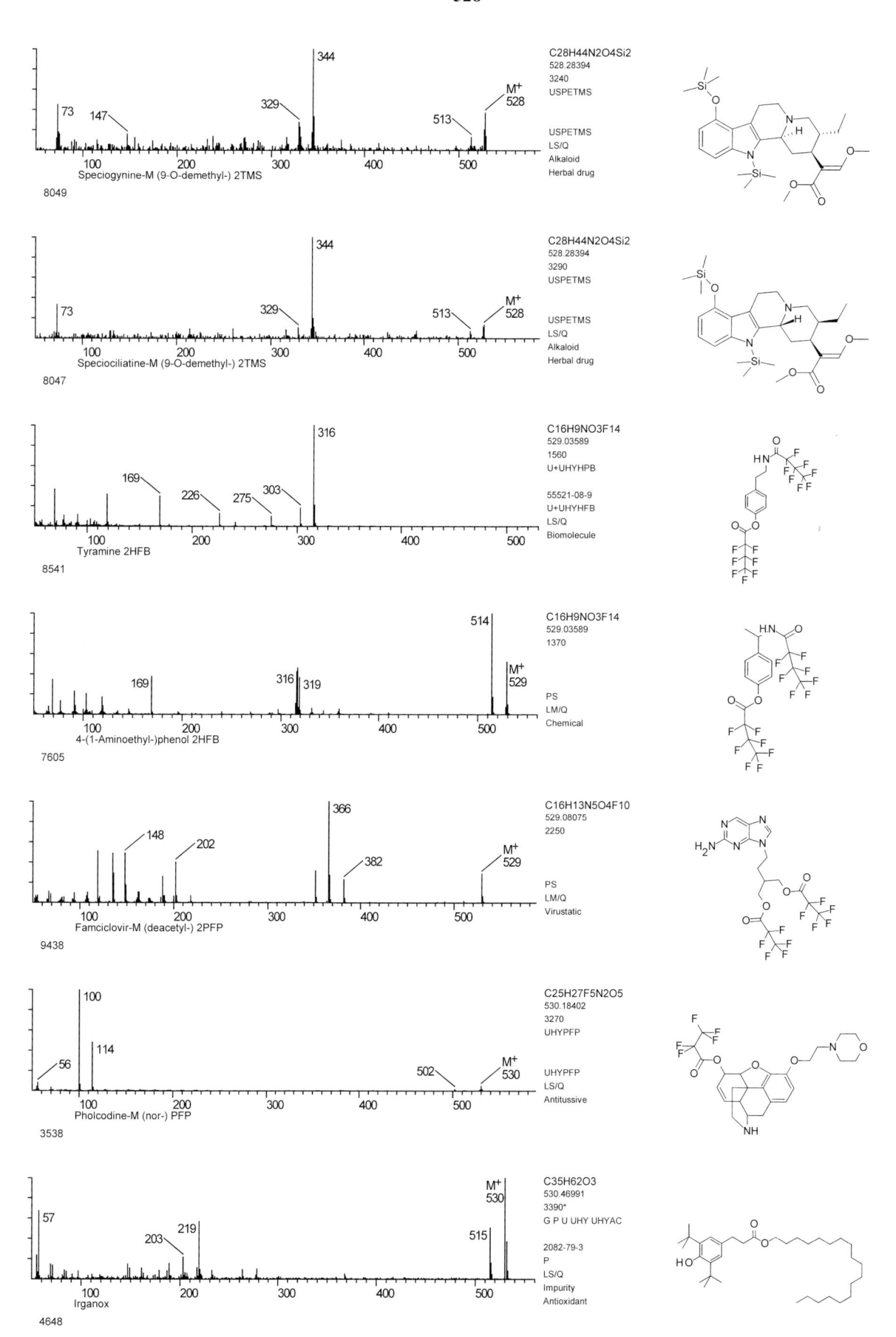

Speciogynine-M (9-O-demethyl-) 2TMS 8049	C28H44N2O4Si2 528.28394 3240 USPETMS USPETMS LS/Q Alkaloid Herbal drug
Speciociliatine-M (9-O-demethyl-) 2TMS 8047	C28H44N2O4Si2 528.28394 3290 USPETMS USPETMS LS/Q Alkaloid Herbal drug
Tyramine 2HFB 8541	C16H9NO3F14 529.03589 1560 U+UHYHPB 55521-08-9 U+UHYHFB LS/Q Biomolecule
4-(1-Aminoethyl-)phenol 2HFB 7605	C16H9NO3F14 529.03589 1370 PS LM/Q Chemical
Famciclovir-M (deacetyl-) 2PFP 9438	C16H13N5O4F10 529.08075 2250 PS LM/Q Virustatic
Pholcodine-M (nor-) PFP 3538	C25H27F5N2O5 530.18402 3270 UHYPFP UHYPFP LS/Q Antitussive
Irganox 4648	C35H62O3 530.46991 3390* G P U UHY UHYAC 2082-79-3 P LS/Q Impurity Antioxidant

531

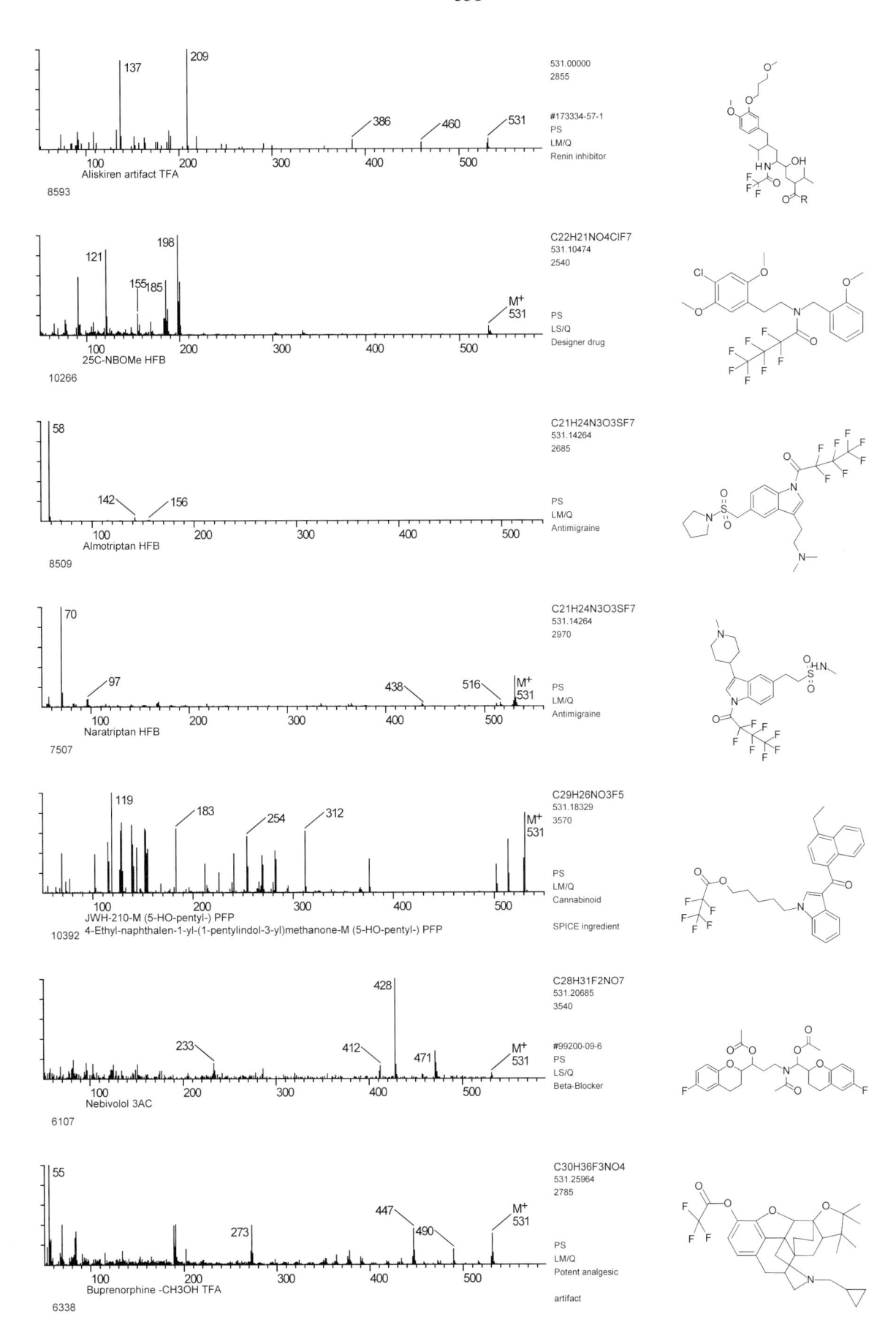

Aliskiren artifact TFA
531.00000
2855
#173334-57-1
PS
LM/Q
Renin inhibitor

Peaks: 137, 209, 386, 460, 531

8593

25C-NBOMe HFB
C22H21NO4ClF7
531.10474
2540
M+ 531
PS
LS/Q
Designer drug

Peaks: 121, 155, 185, 198

10266

Almotriptan HFB
C21H24N3O3SF7
531.14264
2685
PS
LM/Q
Antimigraine

Peaks: 58, 142, 156

8509

Naratriptan HFB
C21H24N3O3SF7
531.14264
2970
M+ 531
PS
LM/Q
Antimigraine

Peaks: 70, 97, 438, 516

7507

JWH-210-M (5-HO-pentyl-) PFP
4-Ethyl-naphthalen-1-yl-(1-pentylindol-3-yl)methanone-M (5-HO-pentyl-) PFP
C29H26NO3F5
531.18329
3570
M+ 531
PS
LM/Q
Cannabinoid
SPICE ingredient

Peaks: 119, 183, 254, 312

10392

Nebivolol 3AC
C28H31F2NO7
531.20685
3540
#99200-09-6
PS
LS/Q
Beta-Blocker
M+ 531

Peaks: 233, 412, 428, 471

6107

Buprenorphine -CH3OH TFA
C30H36F3NO4
531.25964
2785
PS
LM/Q
Potent analgesic
artifact
M+ 531

Peaks: 55, 273, 447, 490

6338

Pholcodine-M (nor-demorpholino-HO-) 3TMS

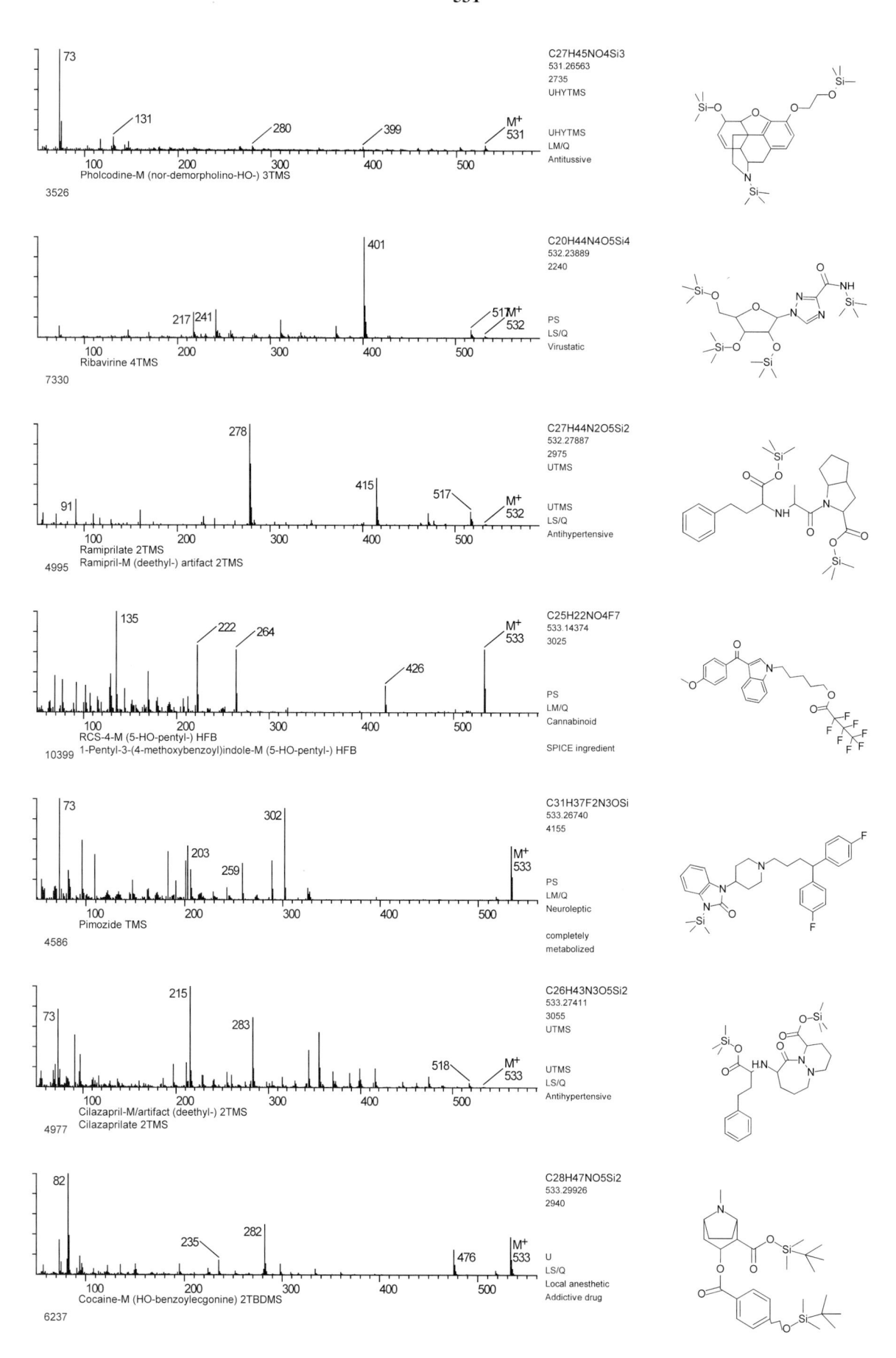

C27H45NO4Si3
531.26563
2735
UHYTMS

UHYTMS
LM/Q
Antitussive

3526

Ribavirine 4TMS

C20H44N4O5Si4
532.23889
2240

PS
LS/Q
Virustatic

7330

Ramiprilate 2TMS
Ramipril-M (deethyl-) artifact 2TMS

C27H44N2O5Si2
532.27887
2975
UTMS

UTMS
LS/Q
Antihypertensive

4995

RCS-4-M (5-HO-pentyl-) HFB
1-Pentyl-3-(4-methoxybenzoyl)indole-M (5-HO-pentyl-) HFB

C25H22NO4F7
533.14374
3025

PS
LM/Q
Cannabinoid

SPICE ingredient

10399

Pimozide TMS

C31H37F2N3OSi
533.26740
4155

PS
LM/Q
Neuroleptic

completely metabolized

4586

Cilazapril-M/artifact (deethyl-) 2TMS
Cilazaprilate 2TMS

C26H43N3O5Si2
533.27411
3055
UTMS

UTMS
LS/Q
Antihypertensive

4977

Cocaine-M (HO-benzoylecgonine) 2TBDMS

C28H47NO5Si2
533.29926
2940

U
LS/Q
Local anesthetic
Addictive drug

6237

534

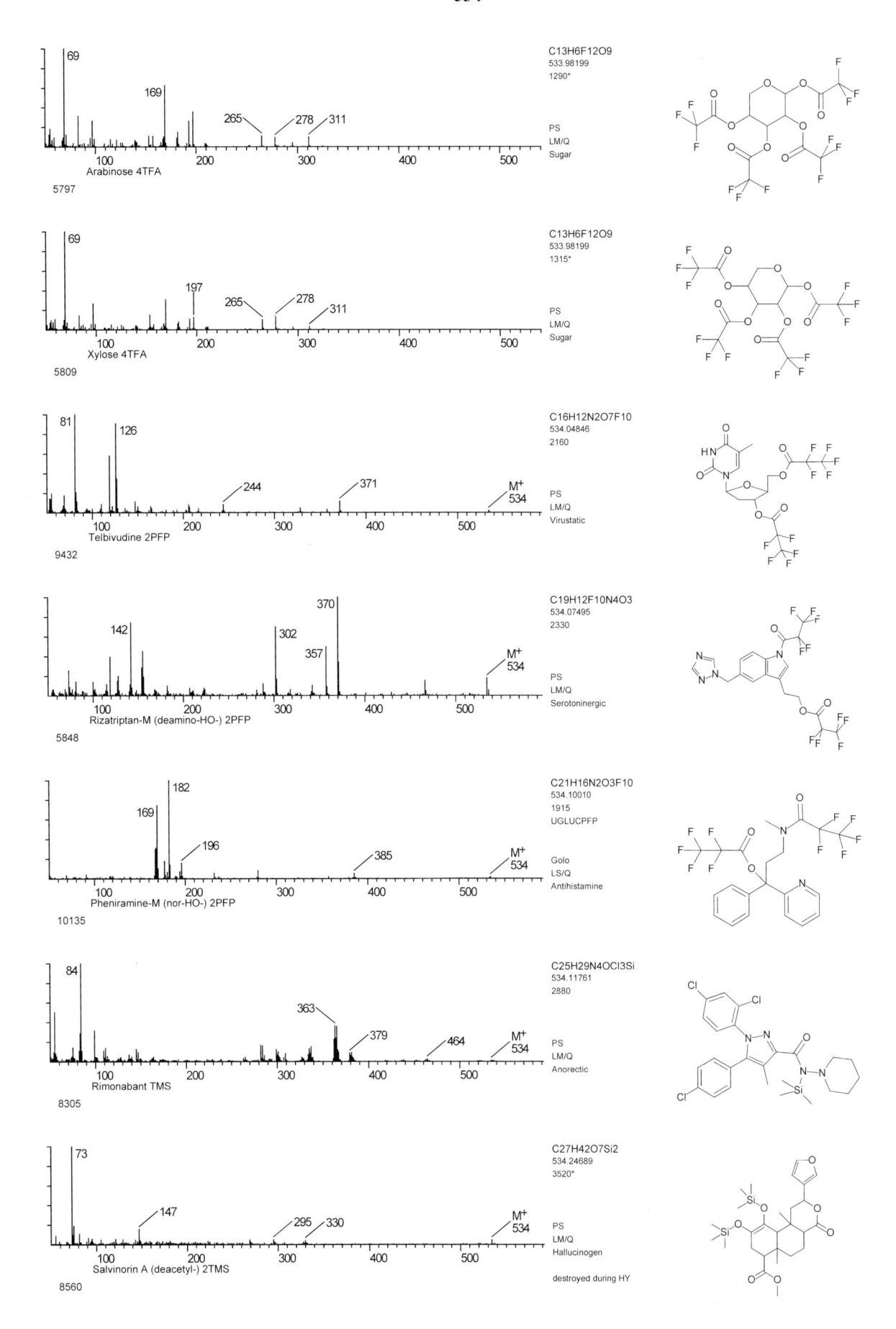

Spectrum	Formula / Mass	Info
5797 — Arabinose 4TFA; peaks 69, 169, 265, 278, 311	C13H6F12O9 533.98199 1290*	PS LM/Q Sugar
5809 — Xylose 4TFA; peaks 69, 197, 265, 278, 311	C13H6F12O9 533.98199 1315*	PS LM/Q Sugar
9432 — Telbivudine 2PFP; peaks 81, 126, 244, 371, M+ 534	C16H12N2O7F10 534.04846 2160	PS LM/Q Virustatic
5848 — Rizatriptan-M (deamino-HO-) 2PFP; peaks 142, 302, 357, 370, M+ 534	C19H12F10N4O3 534.07495 2330	PS LM/Q Serotoninergic
10135 — Pheniramine-M (nor-HO-) 2PFP; peaks 169, 182, 196, 385, M+ 534	C21H16N2O3F10 534.10010 1915 UGLUCPFP	Golo LS/Q Antihistamine
8305 — Rimonabant TMS; peaks 84, 363, 379, 464, M+ 534	C25H29N4OCl3Si 534.11761 2880	PS LM/Q Anorectic
8560 — Salvinorin A (deacetyl-) 2TMS; peaks 73, 147, 295, 330, M+ 534	C27H42O7Si2 534.24689 3520*	PS LM/Q Hallucinogen destroyed during HY

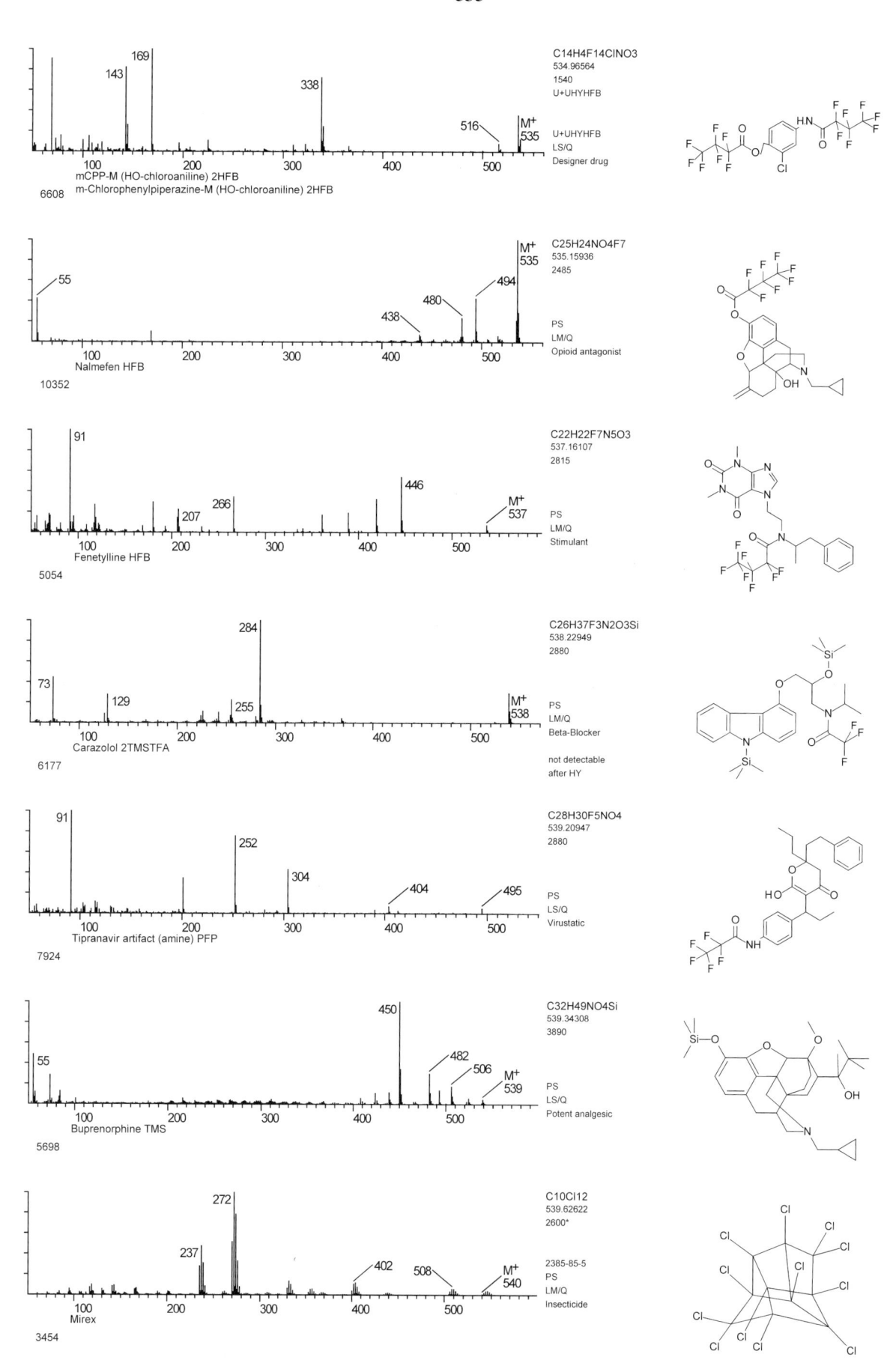

mCPP-M (HO-chloroaniline) 2HFB m-Chlorophenylpiperazine-M (HO-chloroaniline) 2HFB 6608	C14H4F14ClNO3 534.96564 1540 U+UHYHFB U+UHYHFB LS/Q Designer drug
Nalmefen HFB 10352	C25H24NO4F7 535.15936 2485 PS LM/Q Opioid antagonist
Fenetylline HFB 5054	C22H22F7N5O3 537.16107 2815 PS LM/Q Stimulant
Carazolol 2TMSTFA 6177	C26H37F3N2O3Si 538.22949 2880 PS LM/Q Beta-Blocker not detectable after HY
Tipranavir artifact (amine) PFP 7924	C28H30F5NO4 539.20947 2880 PS LS/Q Virustatic
Buprenorphine TMS 5698	C32H49NO4Si 539.34308 3890 PS LS/Q Potent analgesic
Mirex 3454	C10Cl12 539.62622 2600* 2385-85-5 PS LM/Q Insecticide

540

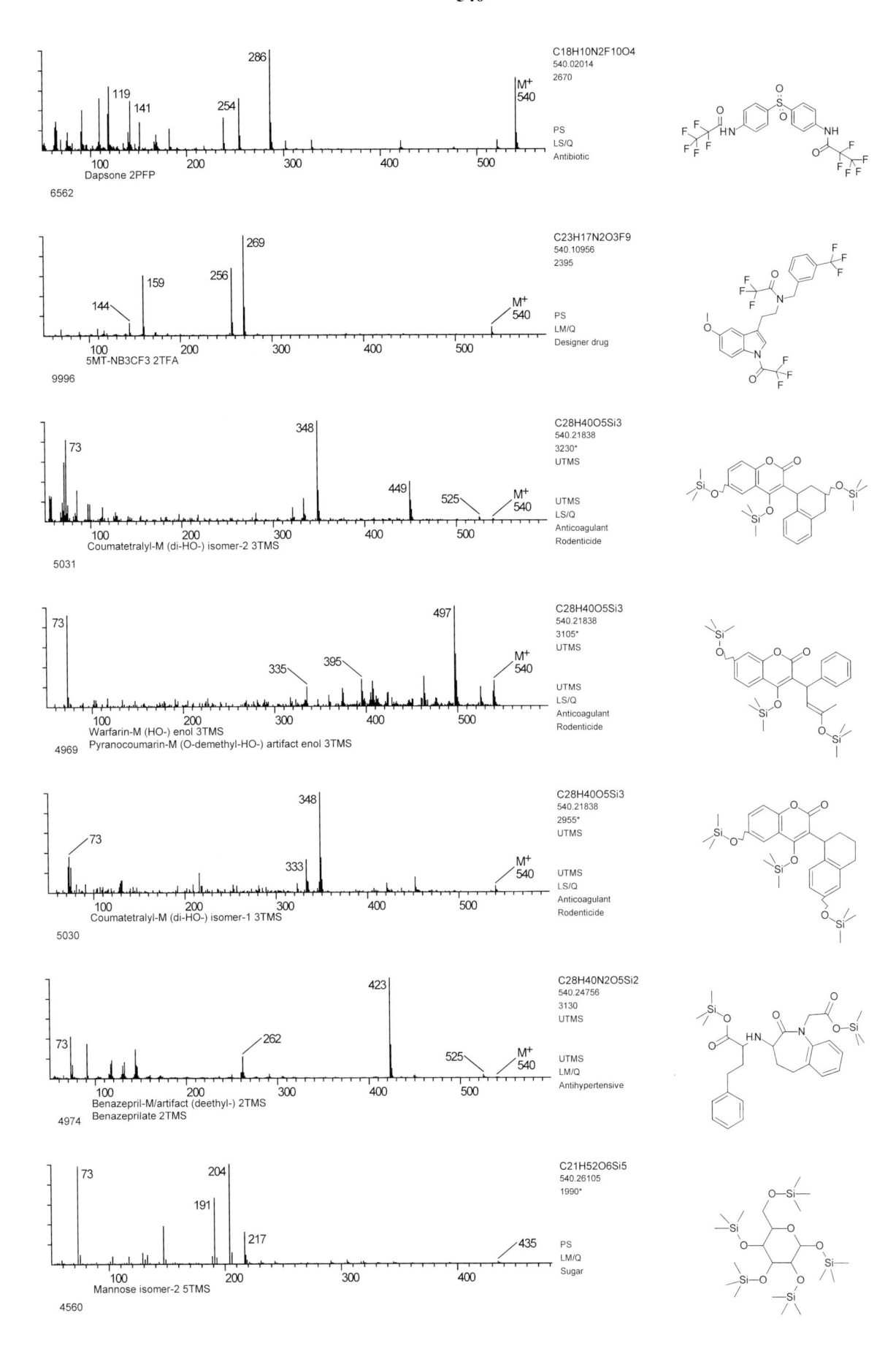

C18H10N2F10O4
540.02014
2670

PS
LS/Q
Antibiotic

Dapsone 2PFP
6562

C23H17N2O3F9
540.10956
2395

PS
LM/Q
Designer drug

5MT-NB3CF3 2TFA
9996

C28H40O5Si3
540.21838
3230*
UTMS

UTMS
LS/Q
Anticoagulant
Rodenticide

Coumatetralyl-M (di-HO-) isomer-2 3TMS
5031

C28H40O5Si3
540.21838
3105*
UTMS

UTMS
LS/Q
Anticoagulant
Rodenticide

Warfarin-M (HO-) enol 3TMS
Pyranocoumarin-M (O-demethyl-HO-) artifact enol 3TMS
4969

C28H40O5Si3
540.21838
2955*
UTMS

UTMS
LS/Q
Anticoagulant
Rodenticide

Coumatetralyl-M (di-HO-) isomer-1 3TMS
5030

C28H40N2O5Si2
540.24756
3130
UTMS

UTMS
LM/Q
Antihypertensive

Benazepril-M/artifact (deethyl-) 2TMS
Benazeprilate 2TMS
4974

C21H52O6Si5
540.26105
1990*

PS
LM/Q
Sugar

Mannose isomer-2 5TMS
4560

540

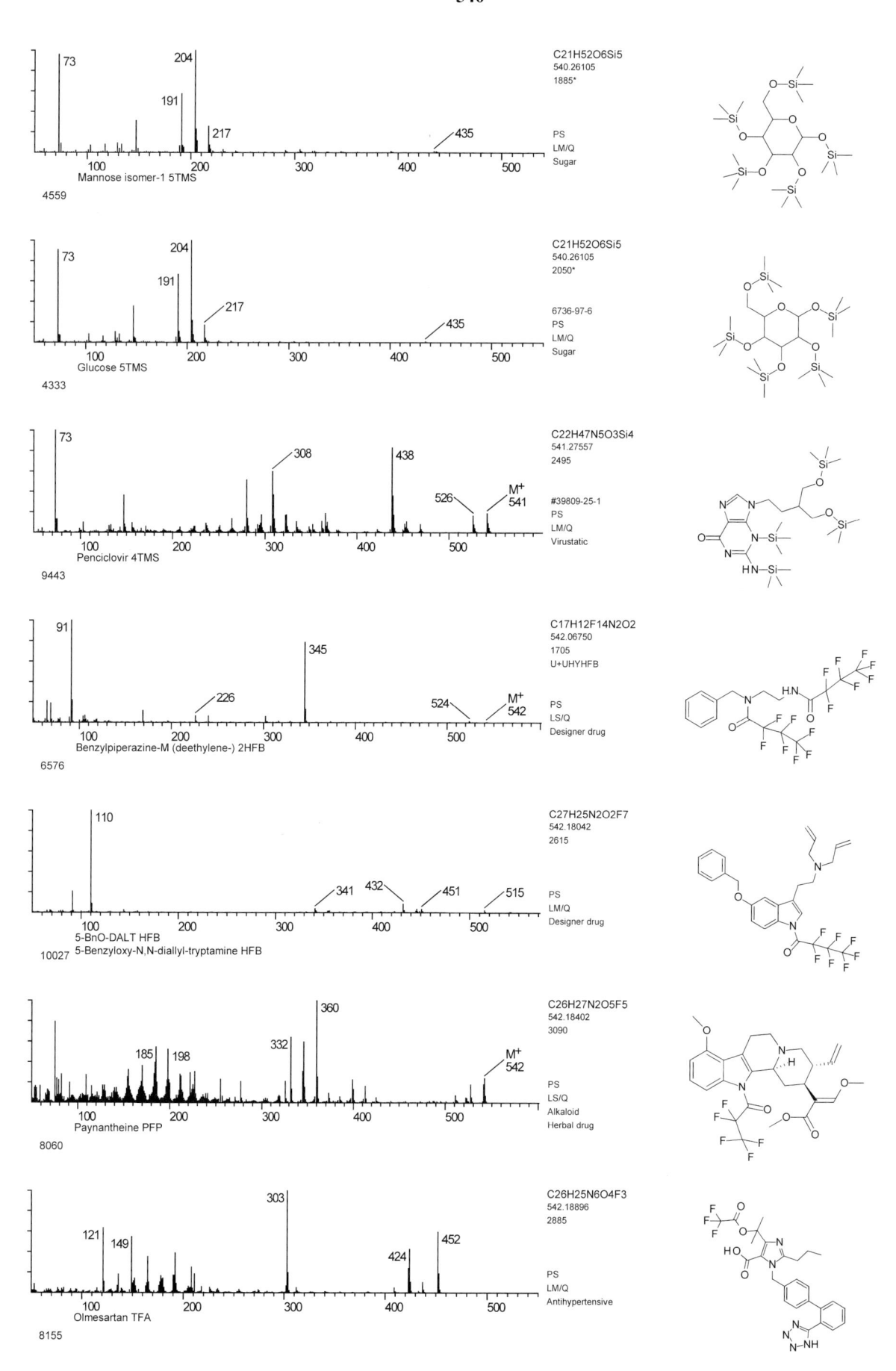

C21H52O6Si5
540.26105
1885*

PS
LM/Q
Sugar

Mannose isomer-1 5TMS
4559

C21H52O6Si5
540.26105
2050*

6736-97-6
PS
LM/Q
Sugar

Glucose 5TMS
4333

C22H47N5O3Si4
541.27557
2495

#39809-25-1
PS
LM/Q
Virustatic

Penciclovir 4TMS
9443

C17H12F14N2O2
542.06750
1705
U+UHYHFB

PS
LS/Q
Designer drug

Benzylpiperazine-M (deethylene-) 2HFB
6576

C27H25N2O2F7
542.18042
2615

PS
LM/Q
Designer drug

5-BnO-DALT HFB
5-Benzyloxy-N,N-diallyl-tryptamine HFB
10027

C26H27N2O5F5
542.18402
3090

PS
LS/Q
Alkaloid
Herbal drug

Paynantheine PFP
8060

C26H25N6O4F3
542.18896
2885

PS
LM/Q
Antihypertensive

Olmesartan TFA
8155

1690

542

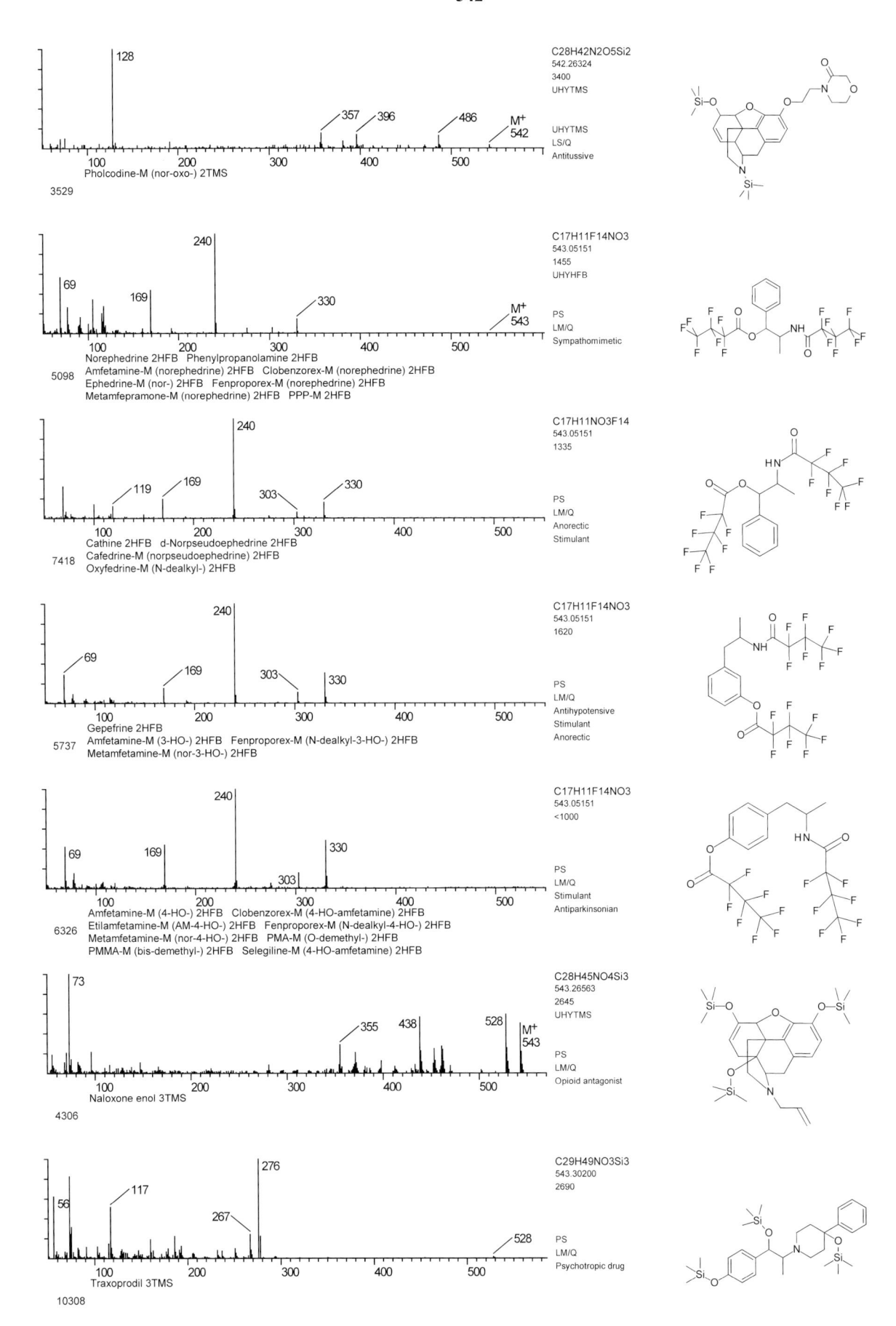

C28H42N2O5Si2
542.26324
3400
UHYTMS

UHYTMS
LS/Q
Antitussive

Pholcodine-M (nor-oxo-) 2TMS
3529

C17H11F14NO3
543.05151
1455
UHYHFB

PS
LM/Q
Sympathomimetic

Norephedrine 2HFB   Phenylpropanolamine 2HFB
Amfetamine-M (norephedrine) 2HFB   Clobenzorex-M (norephedrine) 2HFB
Ephedrine-M (nor-) 2HFB   Fenproporex-M (norephedrine) 2HFB
Metamfepramone-M (norephedrine) 2HFB   PPP-M 2HFB
5098

C17H11NO3F14
543.05151
1335

PS
LM/Q
Anorectic
Stimulant

Cathine 2HFB   d-Norpseudoephedrine 2HFB
Cafedrine-M (norpseudoephedrine) 2HFB
Oxyfedrine-M (N-dealkyl-) 2HFB
7418

C17H11F14NO3
543.05151
1620

PS
LM/Q
Antihypotensive
Stimulant
Anorectic

Gepefrine 2HFB
Amfetamine-M (3-HO-) 2HFB   Fenproporex-M (N-dealkyl-3-HO-) 2HFB
Metamfetamine-M (nor-3-HO-) 2HFB
5737

C17H11F14NO3
543.05151
<1000

PS
LM/Q
Stimulant
Antiparkinsonian

Amfetamine-M (4-HO-) 2HFB   Clobenzorex-M (4-HO-amfetamine) 2HFB
Etilamfetamine-M (AM-4-HO-) 2HFB   Fenproporex-M (N-dealkyl-4-HO-) 2HFB
Metamfetamine-M (nor-4-HO-) 2HFB   PMA-M (O-demethyl-) 2HFB
PMMA-M (bis-demethyl-) 2HFB   Selegiline-M (4-HO-amfetamine) 2HFB
6326

C28H45NO4Si3
543.26563
2645
UHYTMS

PS
LM/Q
Opioid antagonist

Naloxone enol 3TMS
4306

C29H49NO3Si3
543.30200
2690

PS
LM/Q
Psychotropic drug

Traxoprodil 3TMS
10308

1691

544

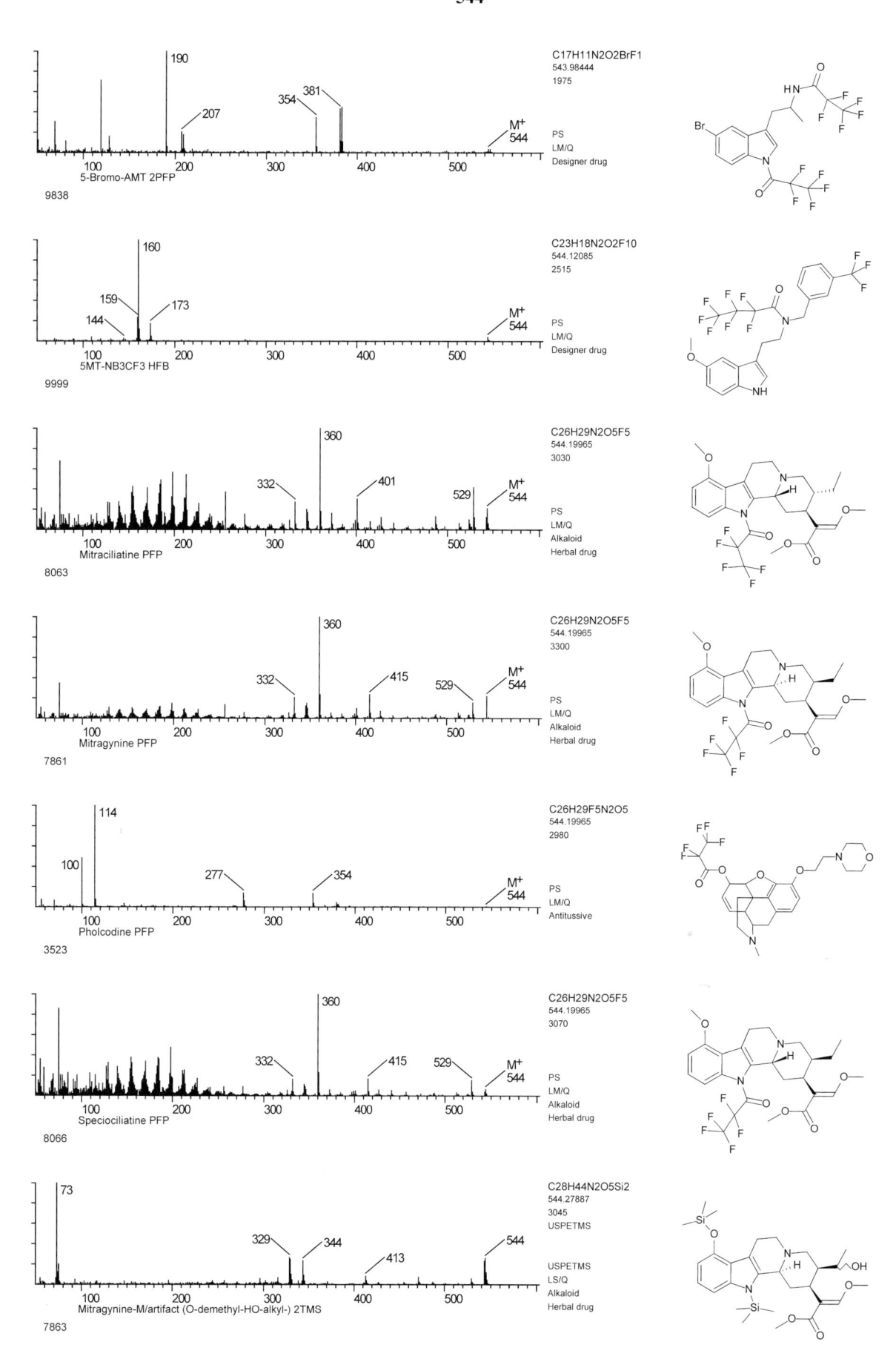

544

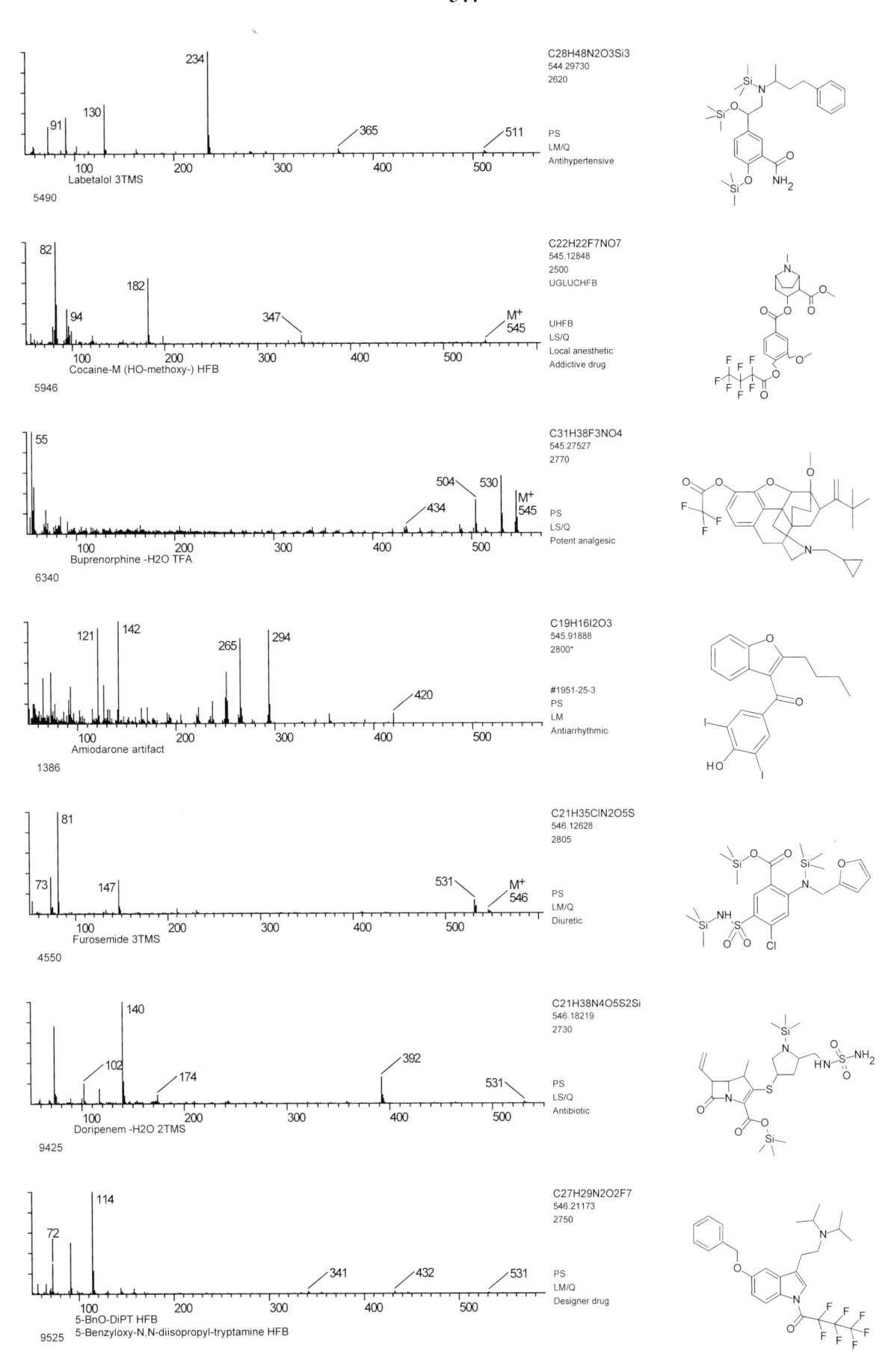

Labetalol 3TMS — 5490
C28H48N2O3Si3
544.29730
2620
PS
LM/Q
Antihypertensive
Peaks: 91, 130, 234, 365, 511

Cocaine-M (HO-methoxy-) HFB — 5946
C22H22F7NO7
545.12848
2500
UGLUCHFB
UHFB
LS/Q
Local anesthetic
Addictive drug
Peaks: 82, 94, 182, 347, M+ 545

Buprenorphine -H2O TFA — 6340
C31H38F3NO4
545.27527
2770
PS
LS/Q
Potent analgesic
Peaks: 55, 434, 504, 530, M+ 545

Amiodarone artifact — 1386
C19H16I2O3
545.91888
2800*
#1951-25-3
PS
LM
Antiarrhythmic
Peaks: 121, 142, 265, 294, 420

Furosemide 3TMS — 4550
C21H35ClN2O5S
546.12628
2805
PS
LM/Q
Diuretic
Peaks: 73, 81, 147, 531, M+ 546

Doripenem -H2O 2TMS — 9425
C21H38N4O5S2Si
546.18219
2730
PS
LS/Q
Antibiotic
Peaks: 102, 140, 174, 392, 531

5-BnO-DiPT HFB — 9525
5-Benzyloxy-N,N-diisopropyl-tryptamine HFB
C27H29N2O2F7
546.21173
2750
PS
LM/Q
Designer drug
Peaks: 72, 114, 341, 432, 531

546

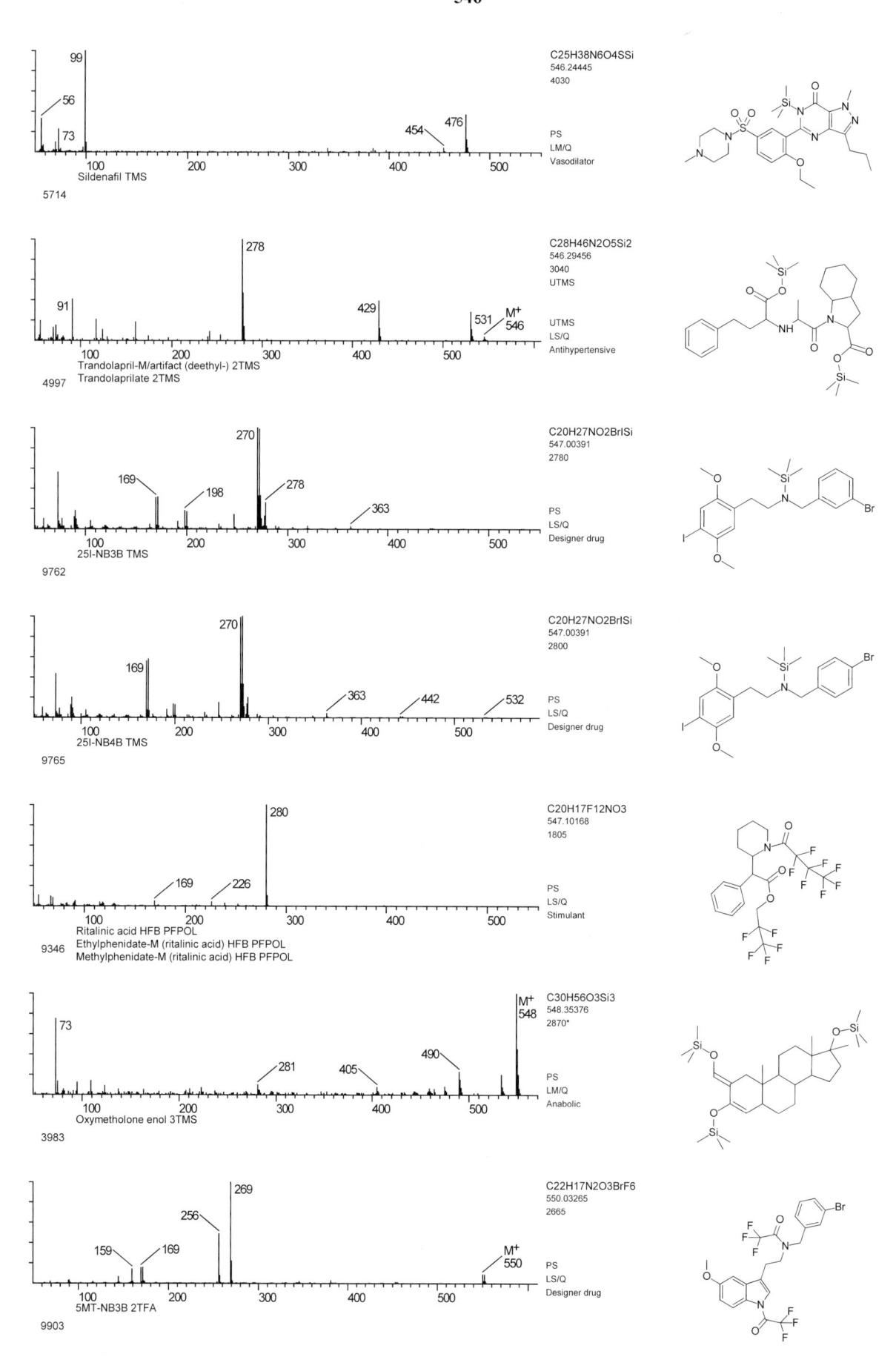

Spectrum	Formula / Data
Sildenafil TMS — 5714	C25H38N6O4SSi, 546.24445, 4030, PS, LM/Q, Vasodilator. Peaks: 56, 73, 99, 454, 476
Trandolapril-M/artifact (deethyl-) 2TMS / Trandolaprilate 2TMS — 4997	C28H46N2O5Si2, 546.29456, 3040, UTMS, UTMS, LS/Q, Antihypertensive. Peaks: 91, 278, 429, 531, M+ 546
25I-NB3B TMS — 9762	C20H27NO2BrISi, 547.00391, 2780, PS, LS/Q, Designer drug. Peaks: 169, 198, 270, 278, 363
25I-NB4B TMS — 9765	C20H27NO2BrISi, 547.00391, 2800, PS, LS/Q, Designer drug. Peaks: 169, 270, 363, 442, 532
Ritalinic acid HFB PFPOL / Ethylphenidate-M (ritalinic acid) HFB PFPOL / Methylphenidate-M (ritalinic acid) HFB PFPOL — 9346	C20H17F12NO3, 547.10168, 1805, PS, LS/Q, Stimulant. Peaks: 169, 226, 280
Oxymetholone enol 3TMS — 3983	C30H56O3Si3, 548.35376, 2870*, PS, LM/Q, Anabolic. Peaks: 73, 281, 405, 490, M+ 548
5MT-NB3B 2TFA — 9903	C22H17N2O3BrF6, 550.03265, 2665, PS, LS/Q, Designer drug. Peaks: 159, 169, 256, 269, M+ 550

550

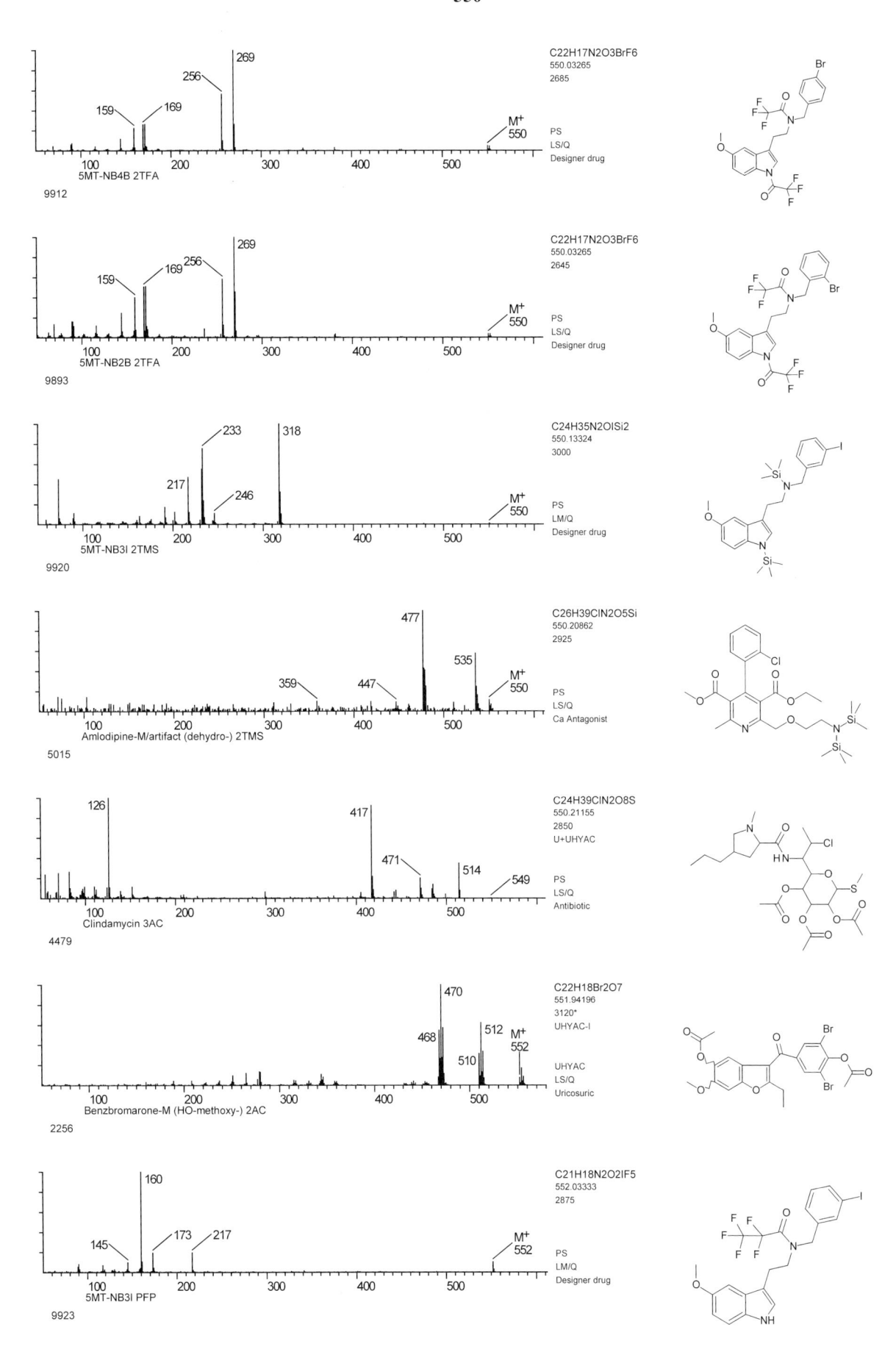

Spectrum	Formula / Info
5MT-NB4B 2TFA (9912); peaks 159, 169, 256, 269, M⁺ 550	C22H17N2O3BrF6, 550.03265, 2685, PS, LS/Q, Designer drug
5MT-NB2B 2TFA (9893); peaks 159, 169, 256, 269, M⁺ 550	C22H17N2O3BrF6, 550.03265, 2645, PS, LS/Q, Designer drug
5MT-NB3I 2TMS (9920); peaks 217, 233, 246, 318, M⁺ 550	C24H35N2OISi2, 550.13324, 3000, PS, LM/Q, Designer drug
Amlodipine-M/artifact (dehydro-) 2TMS (5015); peaks 359, 447, 477, 535, M⁺ 550	C26H39ClN2O5Si, 550.20862, 2925, PS, LS/Q, Ca Antagonist
Clindamycin 3AC (4479); peaks 126, 417, 471, 514, 549	C24H39ClN2O8S, 550.21155, 2850, U+UHYAC, PS, LS/Q, Antibiotic
Benzbromarone-M (HO-methoxy-) 2AC (2256); peaks 468, 470, 510, 512, M⁺ 552	C22H18Br2O7, 551.94196, 3120*, UHYAC-I, UHYAC, LS/Q, Uricosuric
5MT-NB3I PFP (9923); peaks 145, 160, 173, 217, M⁺ 552	C21H18N2O2IF5, 552.03333, 2875, PS, LM/Q, Designer drug

1695

552

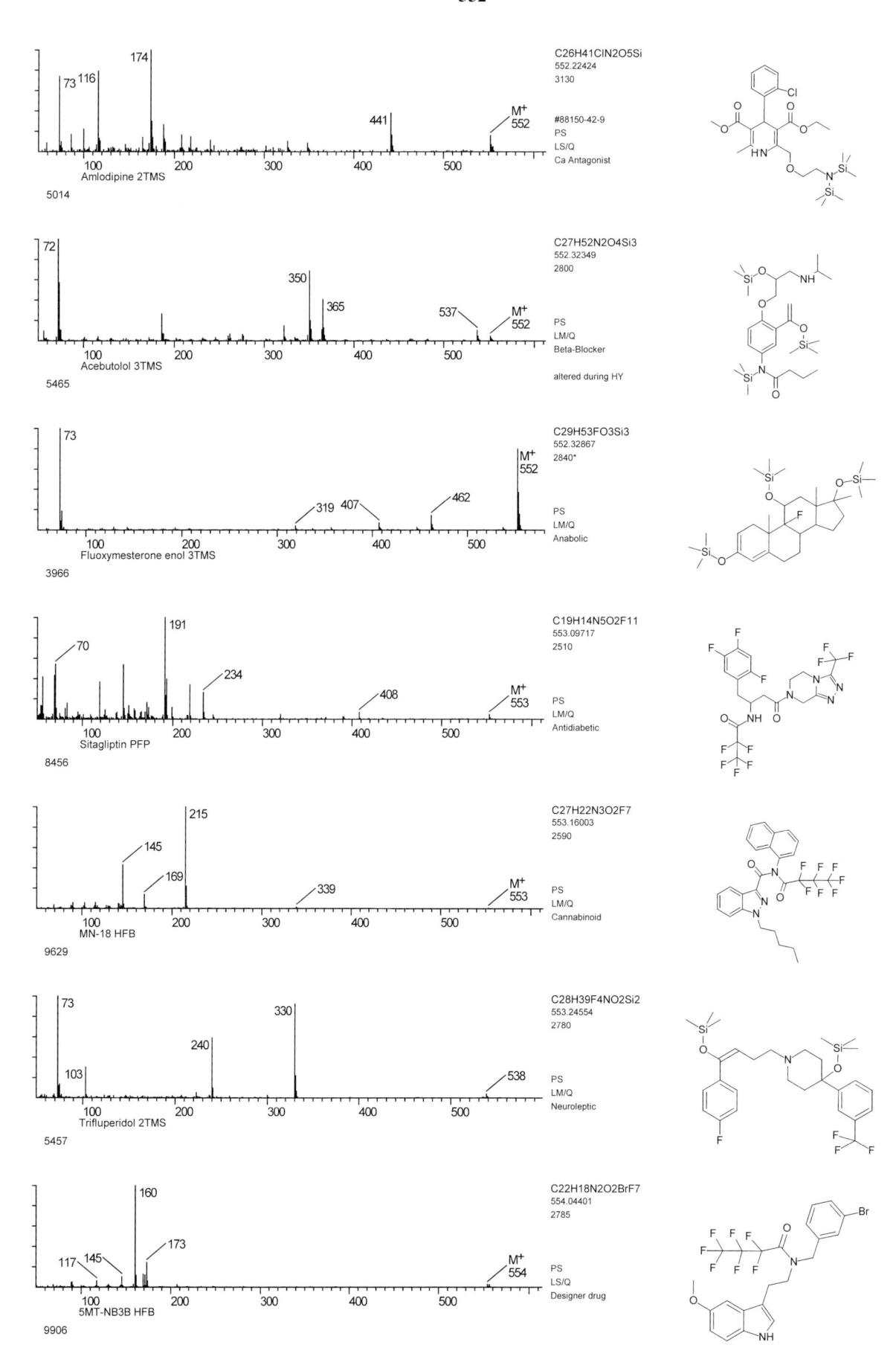

Amlodipine 2TMS — 5014
Peaks: 73, 116, 174, 441, M+ 552
C26H41ClN2O5Si
552.22424
3130
#88150-42-9
PS
LS/Q
Ca Antagonist

Acebutolol 3TMS — 5465
Peaks: 72, 350, 365, 537, M+ 552
C27H52N2O4Si3
552.32349
2800
PS
LM/Q
Beta-Blocker
altered during HY

Fluoxymesterone enol 3TMS — 3966
Peaks: 73, 319, 407, 462, M+ 552
C29H53FO3Si3
552.32867
2840*
PS
LM/Q
Anabolic

Sitagliptin PFP — 8456
Peaks: 70, 191, 234, 408, M+ 553
C19H14N5O2F11
553.09717
2510
PS
LM/Q
Antidiabetic

MN-18 HFB — 9629
Peaks: 145, 169, 215, 339, M+ 553
C27H22N3O2F7
553.16003
2590
PS
LM/Q
Cannabinoid

Trifluperidol 2TMS — 5457
Peaks: 73, 103, 240, 330, 538
C28H39F4NO2Si2
553.24554
2780
PS
LM/Q
Neuroleptic

5MT-NB3B HFB — 9906
Peaks: 117, 145, 160, 173, M+ 554
C22H18N2O2BrF7
554.04401
2785
PS
LS/Q
Designer drug

554

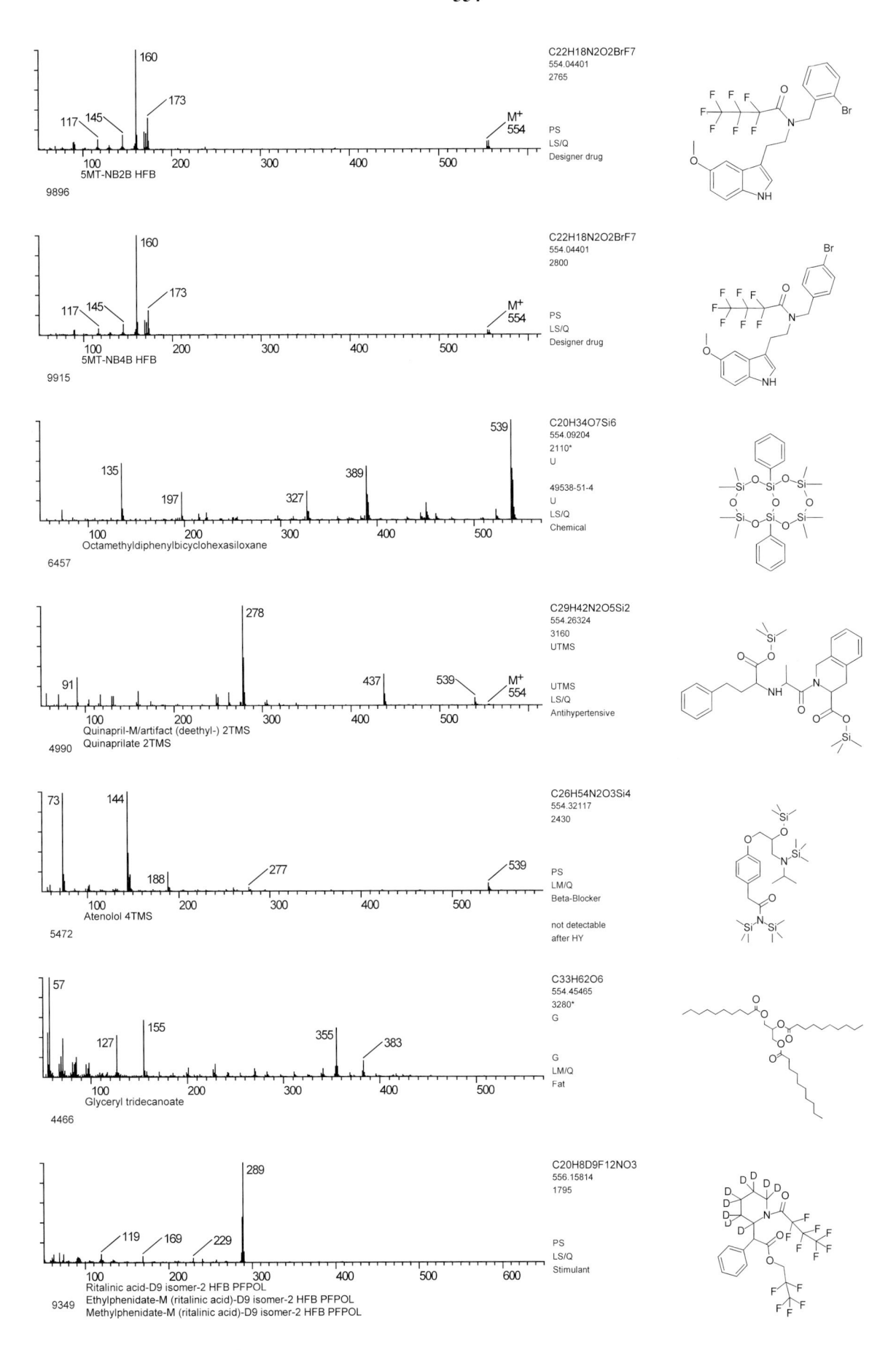

C22H18N2O2BrF7
554.04401
2765

PS
LS/Q
Designer drug

5MT-NB2B HFB
9896

C22H18N2O2BrF7
554.04401
2800

PS
LS/Q
Designer drug

5MT-NB4B HFB
9915

C20H34O7Si6
554.09204
2110*
U

49538-51-4
U
LS/Q
Chemical

Octamethyldiphenylbicyclohexasiloxane
6457

C29H42N2O5Si2
554.26324
3160
UTMS

UTMS
LS/Q
Antihypertensive

Quinapril-M/artifact (deethyl-) 2TMS
Quinaprilate 2TMS
4990

C26H54N2O3Si4
554.32117
2430

PS
LM/Q
Beta-Blocker

not detectable
after HY

Atenolol 4TMS
5472

C33H62O6
554.45465
3280*
G

G
LM/Q
Fat

Glyceryl tridecanoate
4466

C20H8D9F12NO3
556.15814
1795

PS
LS/Q
Stimulant

Ritalinic acid-D9 isomer-2 HFB PFPOL
Ethylphenidate-M (ritalinic acid)-D9 isomer-2 HFB PFPOL
Methylphenidate-M (ritalinic acid)-D9 isomer-2 HFB PFPOL
9349

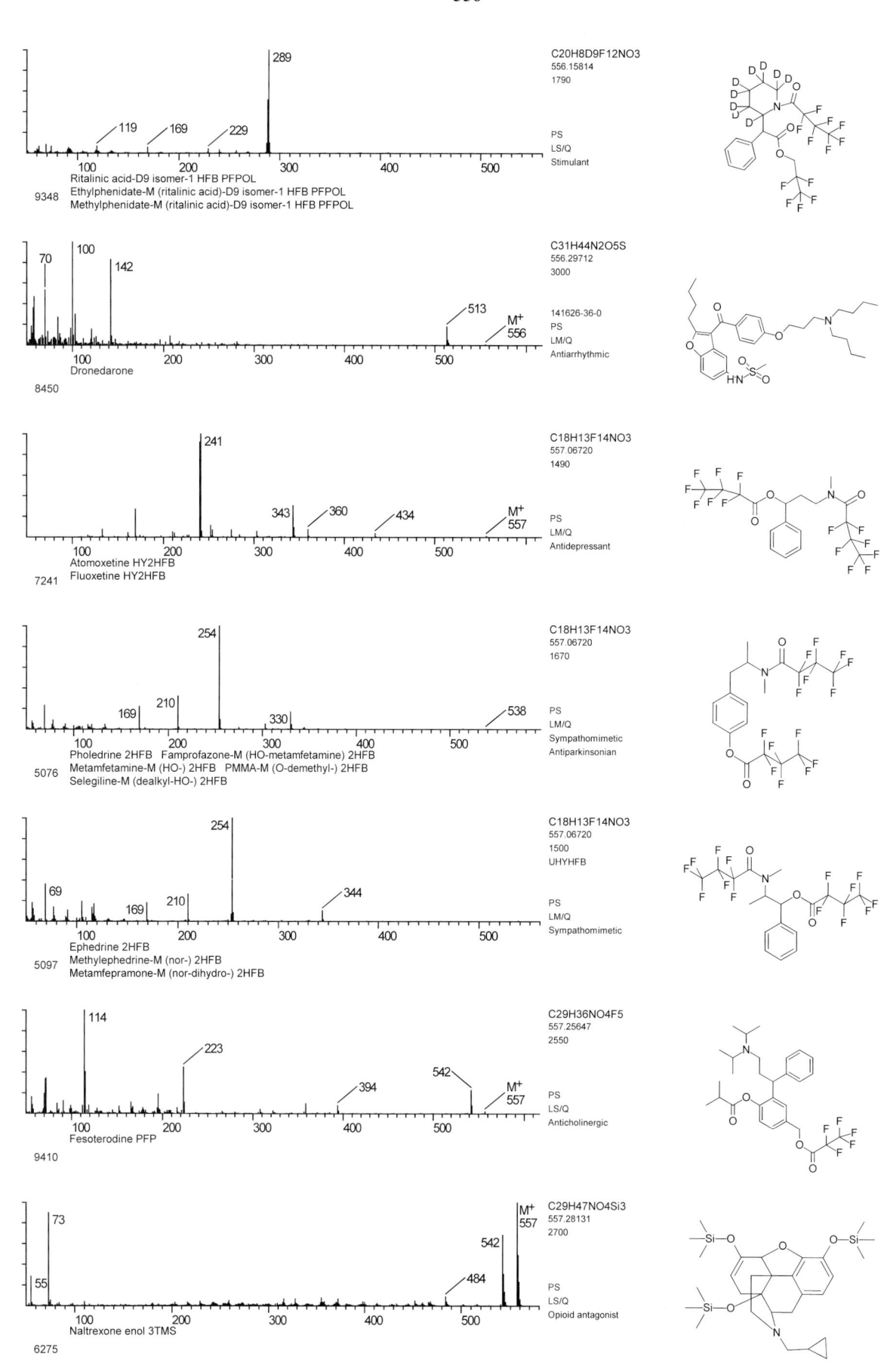

9348
Ritalinic acid-D9 isomer-1 HFB PFPOL
Ethylphenidate-M (ritalinic acid)-D9 isomer-1 HFB PFPOL
Methylphenidate-M (ritalinic acid)-D9 isomer-1 HFB PFPOL

C20H8D9F12NO3
556.15814
1790

PS
LS/Q
Stimulant

8450
Dronedarone

C31H44N2O5S
556.29712
3000

141626-36-0
PS
LM/Q
Antiarrhythmic

7241
Atomoxetine HY2HFB
Fluoxetine HY2HFB

C18H13F14NO3
557.06720
1490

PS
LM/Q
Antidepressant

5076
Pholedrine 2HFB   Famprofazone-M (HO-metamfetamine) 2HFB
Metamfetamine-M (HO-) 2HFB   PMMA-M (O-demethyl-) 2HFB
Selegiline-M (dealkyl-HO-) 2HFB

C18H13F14NO3
557.06720
1670

PS
LM/Q
Sympathomimetic
Antiparkinsonian

5097
Ephedrine 2HFB
Methylephedrine-M (nor-) 2HFB
Metamfepramone-M (nor-dihydro-) 2HFB

C18H13F14NO3
557.06720
1500
UHYHFB

PS
LM/Q
Sympathomimetic

9410
Fesoterodine PFP

C29H36NO4F5
557.25647
2550

PS
LS/Q
Anticholinergic

6275
Naltrexone enol 3TMS

C29H47NO4Si3
557.28131
2700

PS
LS/Q
Opioid antagonist

557

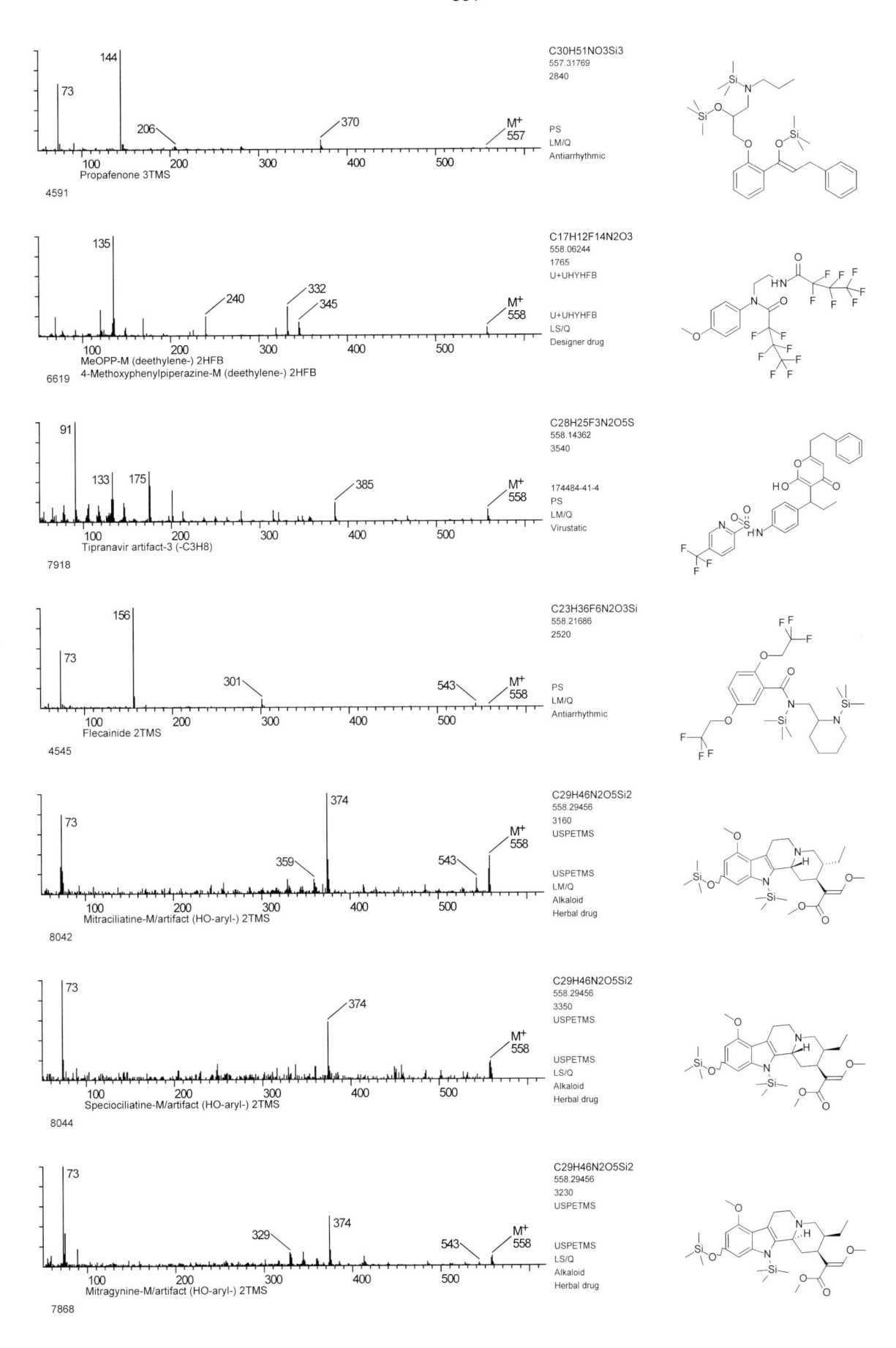

73, 144, 206, 370, M+ 557	C30H51NO3Si3 557.31769 2840 PS LM/Q Antiarrhythmic
Propafenone 3TMS 4591	
135, 240, 332, 345, M+ 558	C17H12F14N2O3 558.06244 1765 U+UHYHFB U+UHYHFB LS/Q Designer drug
MeOPP-M (deethylene-) 2HFB 4-Methoxyphenylpiperazine-M (deethylene-) 2HFB 6619	
91, 133, 175, 385, M+ 558	C28H25F3N2O5S 558.14362 3540 174484-41-4 PS LM/Q Virustatic
Tipranavir artifact-3 (-C3H8) 7918	
73, 156, 301, 543, M+ 558	C23H36F6N2O3Si 558.21686 2520 PS LM/Q Antiarrhythmic
Flecainide 2TMS 4545	
73, 359, 374, 543, M+ 558	C29H46N2O5Si2 558.29456 3160 USPETMS USPETMS LM/Q Alkaloid Herbal drug
Mitraciliatine-M/artifact (HO-aryl-) 2TMS 8042	
73, 374, M+ 558	C29H46N2O5Si2 558.29456 3350 USPETMS USPETMS LS/Q Alkaloid Herbal drug
Speciociliatine-M/artifact (HO-aryl-) 2TMS 8044	
73, 329, 374, 543, M+ 558	C29H46N2O5Si2 558.29456 3230 USPETMS USPETMS LS/Q Alkaloid Herbal drug
Mitragynine-M/artifact (HO-aryl-) 2TMS 7868	

559

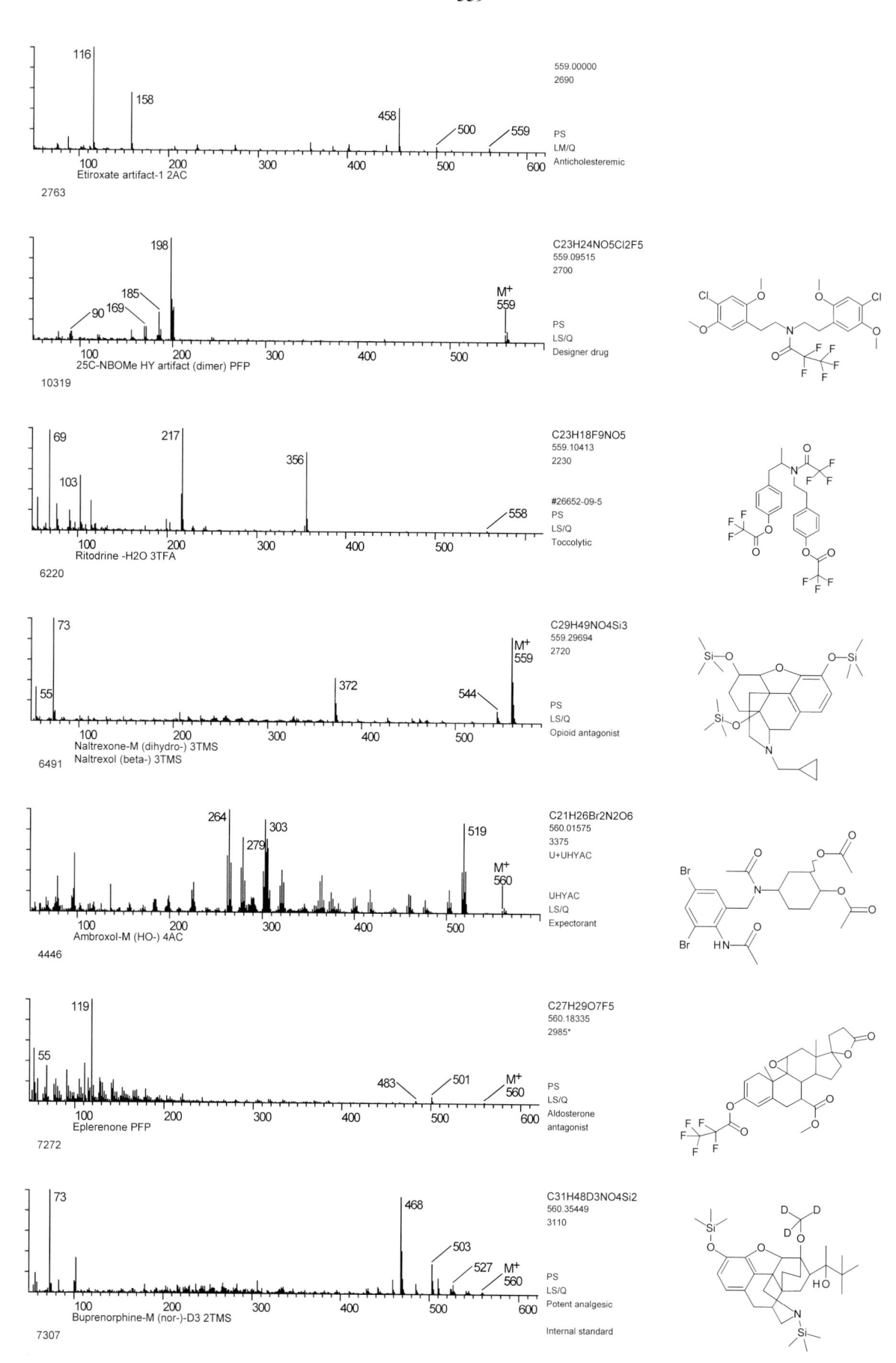

116, 158, 458, 500, 559	559.00000 / 2690 / PS / LM/Q / Anticholesteremic	
Etiroxate artifact-1 2AC / 2763		

90, 169, 185, 198, M+ 559	C23H24NO5Cl2F5 / 559.09515 / 2700 / PS / LS/Q / Designer drug	(structure)
25C-NBOMe HY artifact (dimer) PFP / 10319		

69, 103, 217, 356, 558	C23H18F9NO5 / 559.10413 / 2230 / #26652-09-5 / PS / LS/Q / Toccolytic	(structure)
Ritodrine -H2O 3TFA / 6220		

55, 73, 372, 544, M+ 559	C29H49NO4Si3 / 559.29694 / 2720 / PS / LS/Q / Opioid antagonist	(structure)
Naltrexone-M (dihydro-) 3TMS / Naltrexol (beta-) 3TMS / 6491		

264, 279, 303, 519, M+ 560	C21H26Br2N2O6 / 560.01575 / 3375 / U+UHYAC / UHYAC / LS/Q / Expectorant	(structure)
Ambroxol-M (HO-) 4AC / 4446		

55, 119, 483, 501, M+ 560	C27H29O7F5 / 560.18335 / 2985* / PS / LS/Q / Aldosterone antagonist	(structure)
Eplerenone PFP / 7272		

73, 468, 503, 527, M+ 560	C31H48D3NO4Si2 / 560.35449 / 3110 / PS / LS/Q / Potent analgesic / Internal standard	(structure)
Buprenorphine-M (nor-)-D3 2TMS / 7307		

561

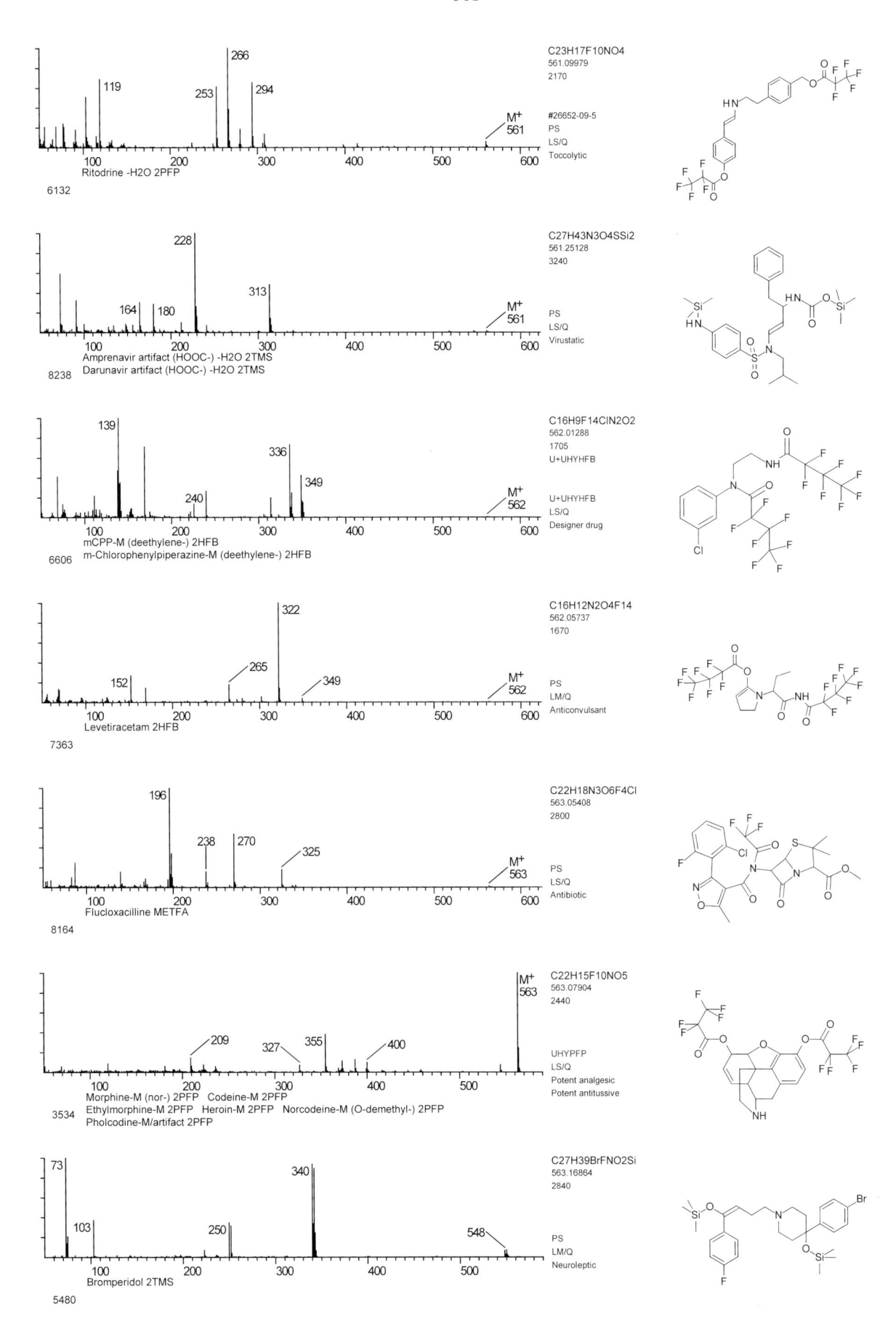

C23H17F10NO4
561.09979
2170

#26652-09-5
PS
LS/Q
Toccolytic

Ritodrine -H2O 2PFP
6132

C27H43N3O4SSi2
561.25128
3240

PS
LS/Q
Virustatic

Amprenavir artifact (HOOC-) -H2O 2TMS
Darunavir artifact (HOOC-) -H2O 2TMS
8238

C16H9F14ClN2O2
562.01288
1705
U+UHYHFB

U+UHYHFB
LS/Q
Designer drug

mCPP-M (deethylene-) 2HFB
m-Chlorophenylpiperazine-M (deethylene-) 2HFB
6606

C16H12N2O4F14
562.05737
1670

PS
LM/Q
Anticonvulsant

Levetiracetam 2HFB
7363

C22H18N3O6F4Cl
563.05408
2800

PS
LS/Q
Antibiotic

Flucloxacilline METFA
8164

C22H15F10NO5
563.07904
2440

UHYPFP
LS/Q
Potent analgesic
Potent antitussive

Morphine-M (nor-) 2PFP   Codeine-M 2PFP
Ethylmorphine-M 2PFP   Heroin-M 2PFP   Norcodeine-M (O-demethyl-) 2PFP
Pholcodine-M/artifact 2PFP
3534

C27H39BrFNO2Si
563.16864
2840

PS
LM/Q
Neuroleptic

Bromperidol 2TMS
5480

563

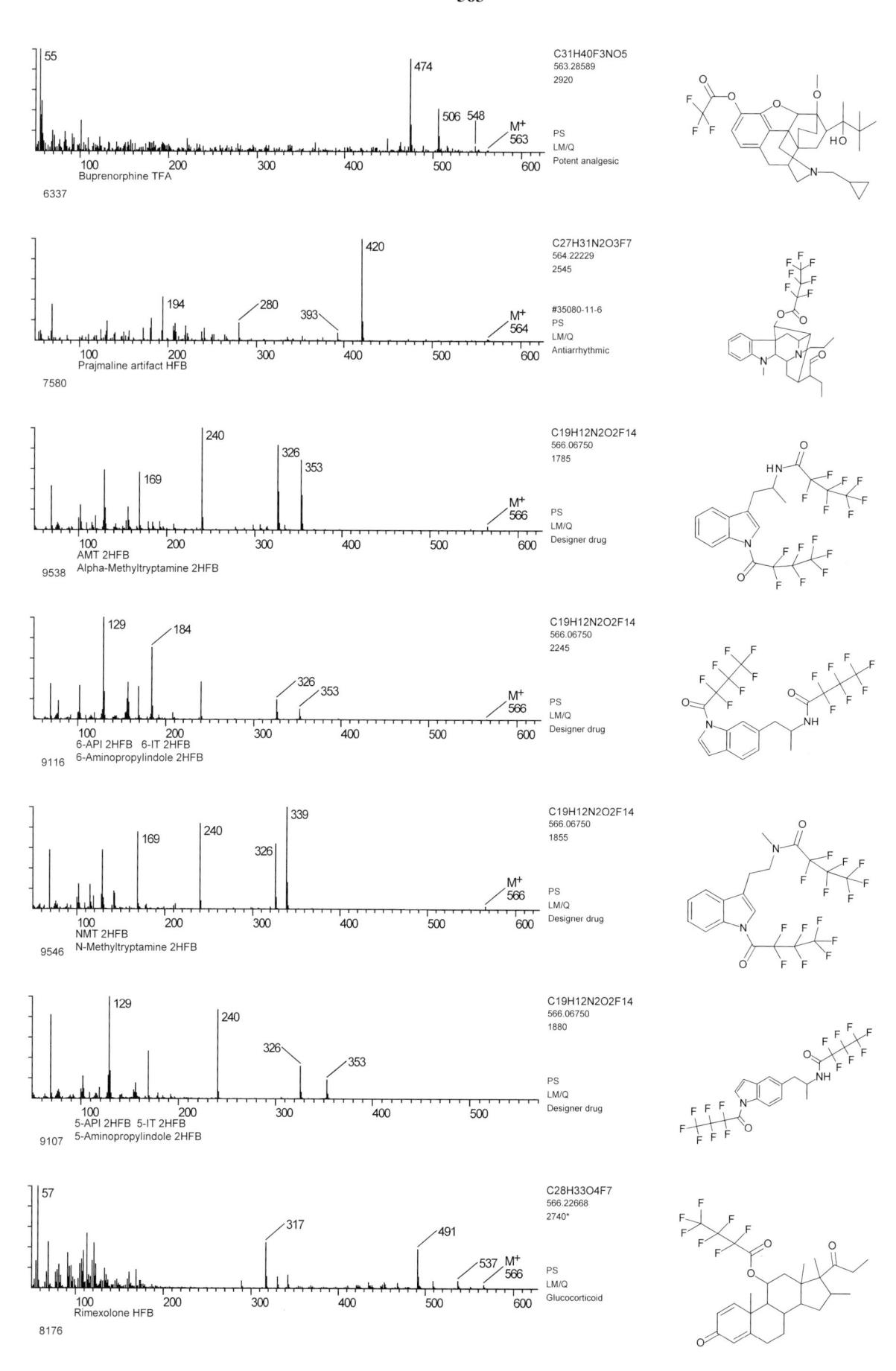

C31H40F3NO5
563.28589
2920

PS
LM/Q
Potent analgesic

Buprenorphine TFA
6337

C27H31N2O3F7
564.22229
2545

#35080-11-6
PS
LM/Q
Antiarrhythmic

Prajmaline artifact HFB
7580

C19H12N2O2F14
566.06750
1785

PS
LM/Q
Designer drug

AMT 2HFB
Alpha-Methyltryptamine 2HFB
9538

C19H12N2O2F14
566.06750
2245

PS
LM/Q
Designer drug

6-API 2HFB 6-IT 2HFB
6-Aminopropylindole 2HFB
9116

C19H12N2O2F14
566.06750
1855

PS
LM/Q
Designer drug

NMT 2HFB
N-Methyltryptamine 2HFB
9546

C19H12N2O2F14
566.06750
1880

PS
LM/Q
Designer drug

5-API 2HFB 5-IT 2HFB
5-Aminopropylindole 2HFB
9107

C28H33O4F7
566.22668
2740*

PS
LM/Q
Glucocorticoid

Rimexolone HFB
8176

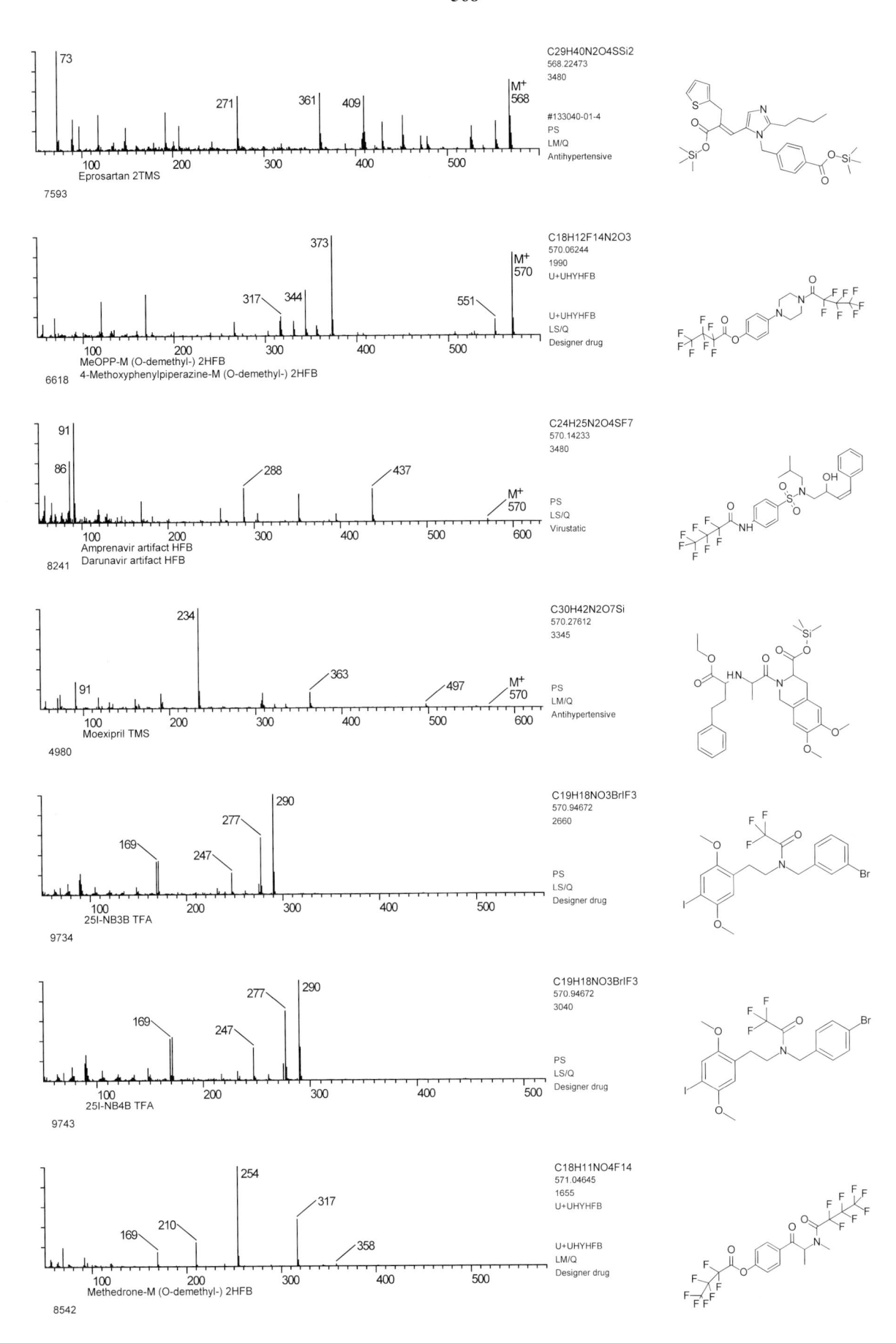

73, 271, 361, 409, M+ 568	C29H40N2O4SSi2 568.22473 3480 #133040-01-4 PS LM/Q Antihypertensive	
Eprosartan 2TMS 7593		
373, 317, 344, 551, M+ 570	C18H12F14N2O3 570.06244 1990 U+UHYHFB U+UHYHFB LS/Q Designer drug	
MeOPP-M (O-demethyl-) 2HFB 4-Methoxyphenylpiperazine-M (O-demethyl-) 2HFB 6618		
91, 86, 288, 437, M+ 570	C24H25N2O4SF7 570.14233 3480 PS LS/Q Virustatic	
Amprenavir artifact HFB Darunavir artifact HFB 8241		
234, 91, 363, 497, M+ 570	C30H42N2O7Si 570.27612 3345 PS LM/Q Antihypertensive	
Moexipril TMS 4980		
169, 247, 277, 290	C19H18NO3BrIF3 570.94672 2660 PS LS/Q Designer drug	
25I-NB3B TFA 9734		
169, 247, 277, 290	C19H18NO3BrIF3 570.94672 3040 PS LS/Q Designer drug	
25I-NB4B TFA 9743		
169, 210, 254, 317, 358	C18H11NO4F14 571.04645 1655 U+UHYHFB U+UHYHFB LM/Q Designer drug	
Methedrone-M (O-demethyl-) 2HFB 8542		

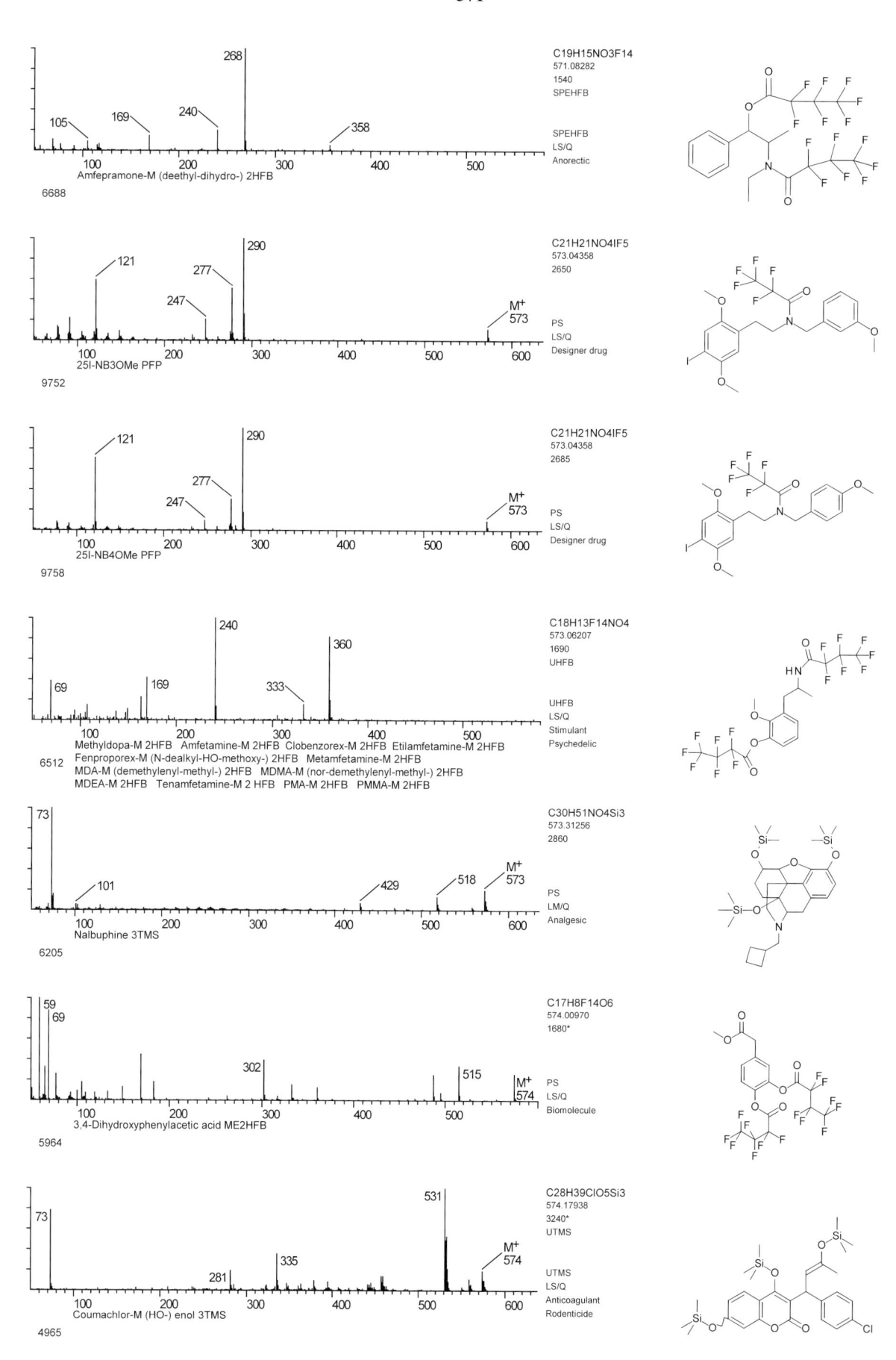

Spectrum	Formula / Info
268, 105, 169, 240, 358 — Amfepramone-M (deethyl-dihydro-) 2HFB — 6688	C19H15NO3F14 / 571.08282 / 1540 / SPEHFB / SPEHFB / LS/Q / Anorectic
290, 121, 247, 277, M+ 573 — 25I-NB3OMe PFP — 9752	C21H21NO4IF5 / 573.04358 / 2650 / PS / LS/Q / Designer drug
290, 121, 247, 277, M+ 573 — 25I-NB4OMe PFP — 9758	C21H21NO4IF5 / 573.04358 / 2685 / PS / LS/Q / Designer drug
240, 360, 69, 169, 333 — Methyldopa-M 2HFB Amfetamine-M 2HFB Clobenzorex-M 2HFB Etilamfetamine-M 2HFB Fenproporex-M (N-dealkyl-HO-methoxy-) 2HFB Metamfetamine-M 2HFB MDA-M (demethylenyl-methyl-) 2HFB MDMA-M (nor-demethylenyl-methyl-) 2HFB MDEA-M 2HFB Tenamfetamine-M 2 HFB PMA-M 2HFB PMMA-M 2HFB — 6512	C18H13F14NO4 / 573.06207 / 1690 / UHFB / UHFB / LS/Q / Stimulant / Psychedelic
73, 101, 429, 518, M+ 573 — Nalbuphine 3TMS — 6205	C30H51NO4Si3 / 573.31256 / 2860 / PS / LM/Q / Analgesic
59, 69, 302, 515, M+ 574 — 3,4-Dihydroxyphenylacetic acid ME2HFB — 5964	C17H8F14O6 / 574.00970 / 1680* / PS / LS/Q / Biomolecule
73, 531, 281, 335, M+ 574 — Coumachlor-M (HO-) enol 3TMS — 4965	C28H39ClO5Si3 / 574.17938 / 3240* / UTMS / UTMS / LS/Q / Anticoagulant / Rodenticide

574

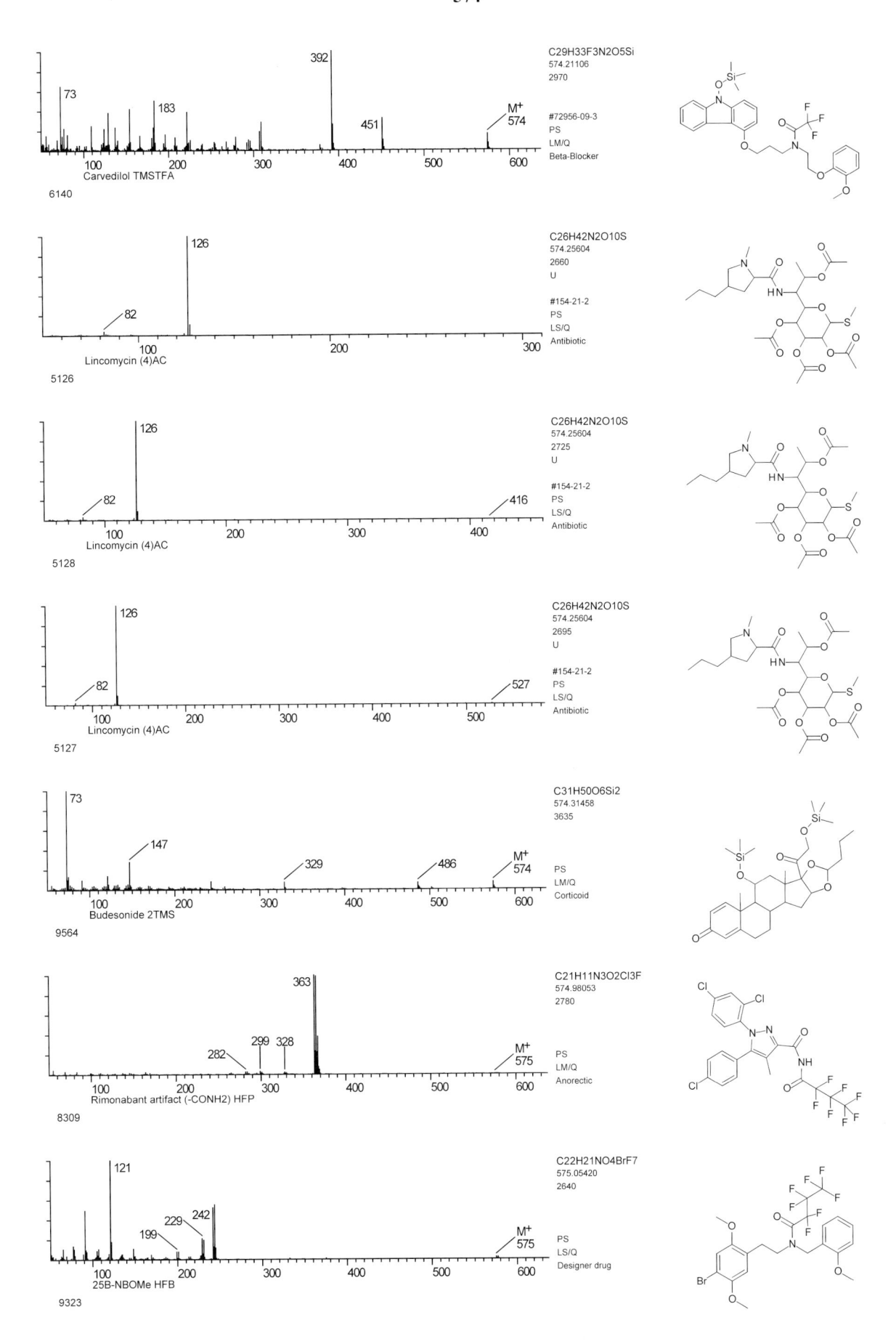

C29H33F3N2O5Si
574.21106
2970

#72956-09-3
PS
LM/Q
Beta-Blocker

Carvedilol TMSTFA
6140

C26H42N2O10S
574.25604
2660
U

#154-21-2
PS
LS/Q
Antibiotic

Lincomycin (4)AC
5126

C26H42N2O10S
574.25604
2725
U

#154-21-2
PS
LS/Q
Antibiotic

Lincomycin (4)AC
5128

C26H42N2O10S
574.25604
2695
U

#154-21-2
PS
LS/Q
Antibiotic

Lincomycin (4)AC
5127

C31H50O6Si2
574.31458
3635

PS
LM/Q
Corticoid

Budesonide 2TMS
9564

C21H11N3O2Cl3F
574.98053
2780

PS
LM/Q
Anorectic

Rimonabant artifact (-CONH2) HFP
8309

C22H21NO4BrF7
575.05420
2640

PS
LS/Q
Designer drug

25B-NBOMe HFB
9323

1705

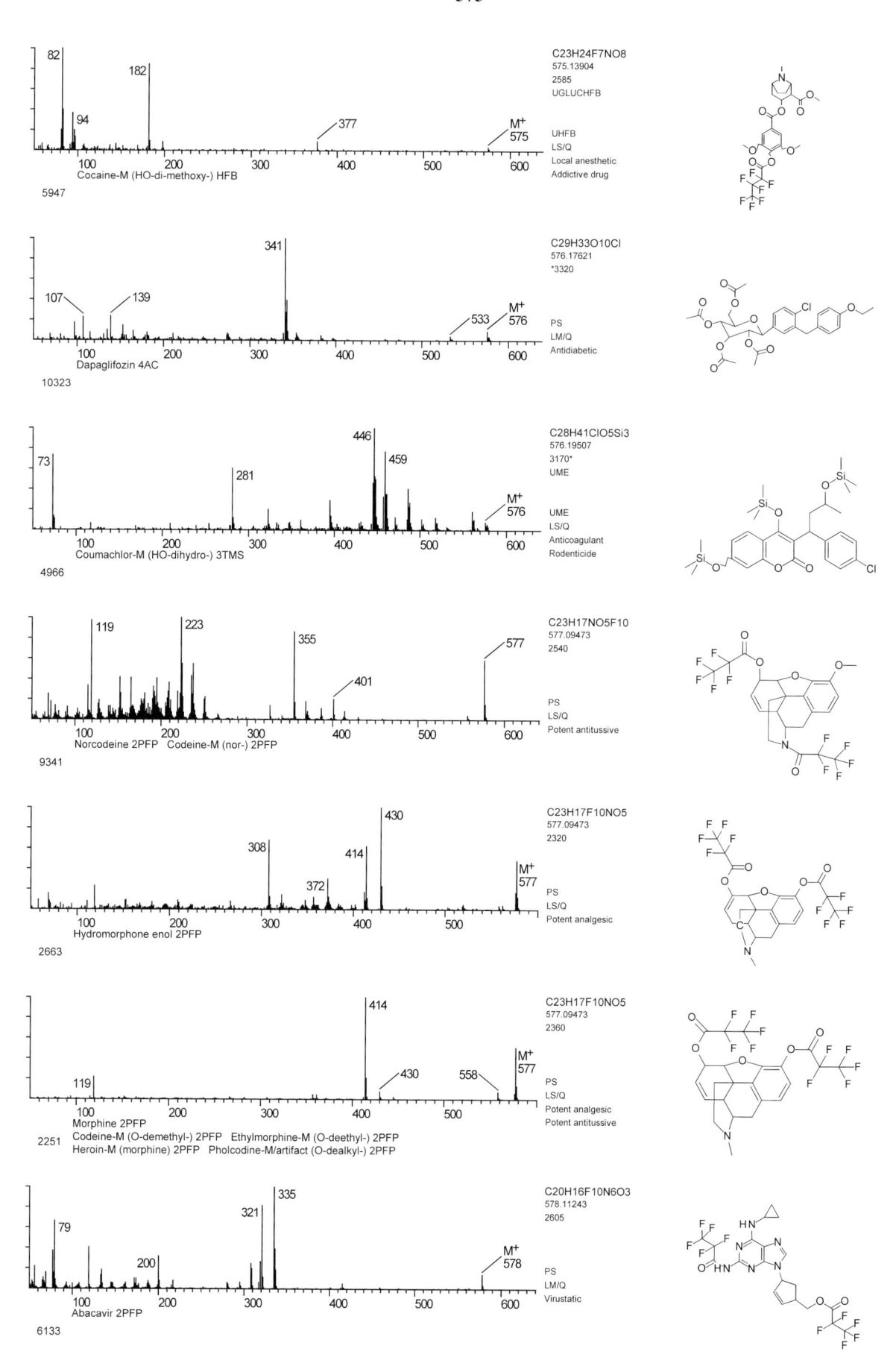

Cocaine-M (HO-di-methoxy-) HFB 5947	C23H24F7NO8 575.13904 2585 UGLUCHFB UHFB LS/Q Local anesthetic Addictive drug
Dapaglifozin 4AC 10323	C29H33O10Cl 576.17621 *3320 PS LM/Q Antidiabetic
Coumachlor-M (HO-dihydro-) 3TMS 4966	C28H41ClO5Si3 576.19507 3170* UME UME LS/Q Anticoagulant Rodenticide
Norcodeine 2PFP Codeine-M (nor-) 2PFP 9341	C23H17NO5F10 577.09473 2540 PS LS/Q Potent antitussive
Hydromorphone enol 2PFP 2663	C23H17F10NO5 577.09473 2320 PS LS/Q Potent analgesic
Morphine 2PFP Codeine-M (O-demethyl-) 2PFP Ethylmorphine-M (O-deethyl-) 2PFP Heroin-M (morphine) 2PFP Pholcodine-M/artifact (O-dealkyl-) 2PFP 2251	C23H17F10NO5 577.09473 2360 PS LS/Q Potent analgesic Potent antitussive
Abacavir 2PFP 6133	C20H16F10N6O3 578.11243 2605 PS LM/Q Virustatic

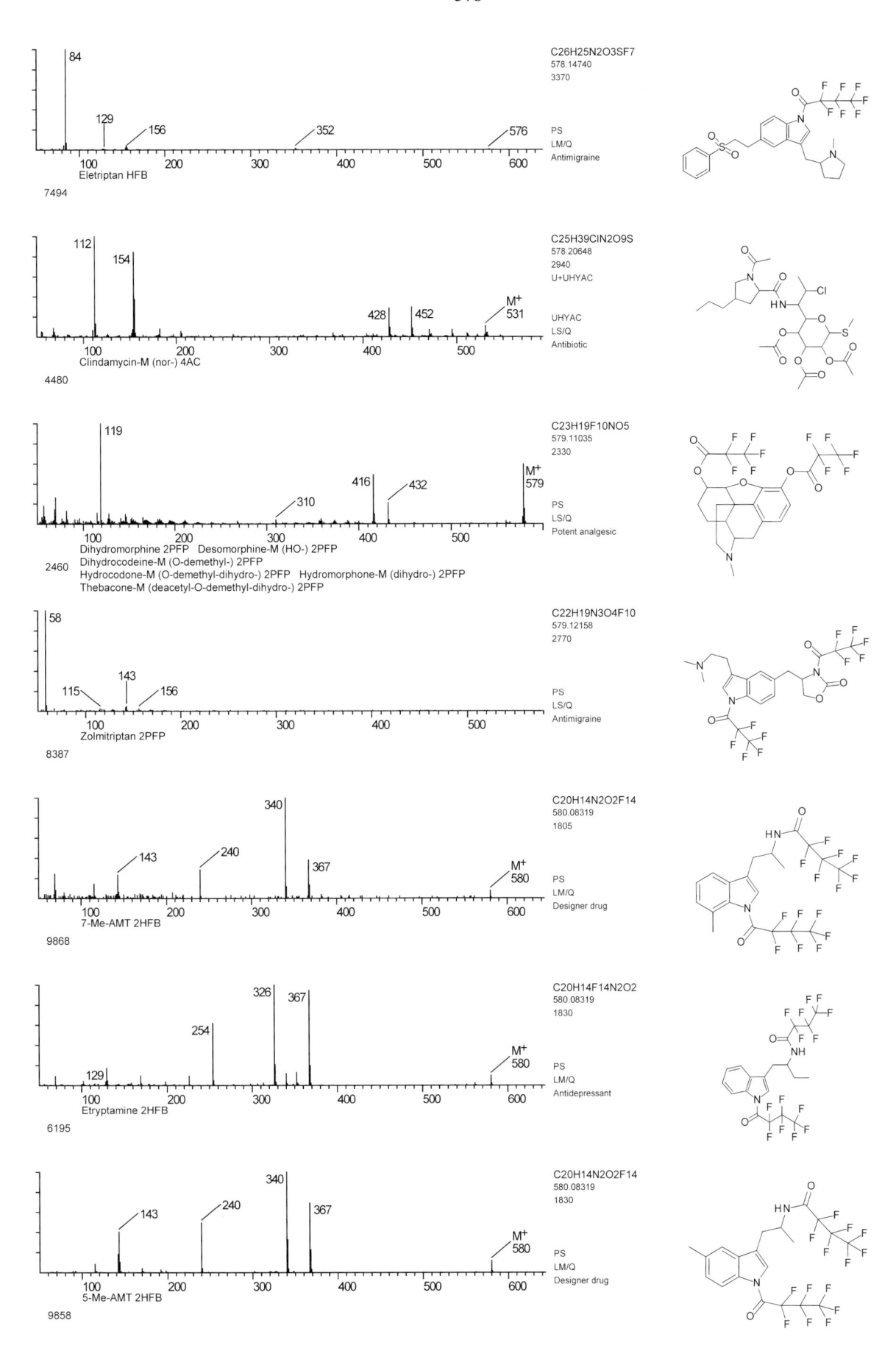

Eletriptan HFB	C26H25N2O3SF7
7494	578.14740
	3370
	PS
	LM/Q
	Antimigraine
Peaks: 84, 129, 156, 352, 576	

Clindamycin-M (nor-) 4AC	C25H39ClN2O9S
4480	578.20648
	2940
	U+UHYAC
	UHYAC
	LS/Q
	Antibiotic
Peaks: 112, 154, 428, 452, M+ 531	

Dihydromorphine 2PFP Desomorphine-M (HO-) 2PFP	C23H19F10NO5
Dihydrocodeine-M (O-demethyl-) 2PFP	579.11035
Hydrocodone-M (O-demethyl-dihydro-) 2PFP Hydromorphone-M (dihydro-) 2PFP	2330
Thebacone-M (deacetyl-O-demethyl-dihydro-) 2PFP	PS
2460	LS/Q
	Potent analgesic
Peaks: 119, 310, 416, 432, M+ 579	

Zolmitriptan 2PFP	C22H19N3O4F10
8387	579.12158
	2770
	PS
	LS/Q
	Antimigraine
Peaks: 58, 115, 143, 156	

7-Me-AMT 2HFB	C20H14N2O2F14
9868	580.08319
	1805
	PS
	LM/Q
	Designer drug
Peaks: 143, 240, 340, 367, M+ 580	

Etryptamine 2HFB	C20H14F14N2O2
6195	580.08319
	1830
	PS
	LM/Q
	Antidepressant
Peaks: 129, 254, 326, 367, M+ 580	

5-Me-AMT 2HFB	C20H14N2O2F14
9858	580.08319
	1830
	PS
	LM/Q
	Designer drug
Peaks: 143, 240, 340, 367, M+ 580	

580

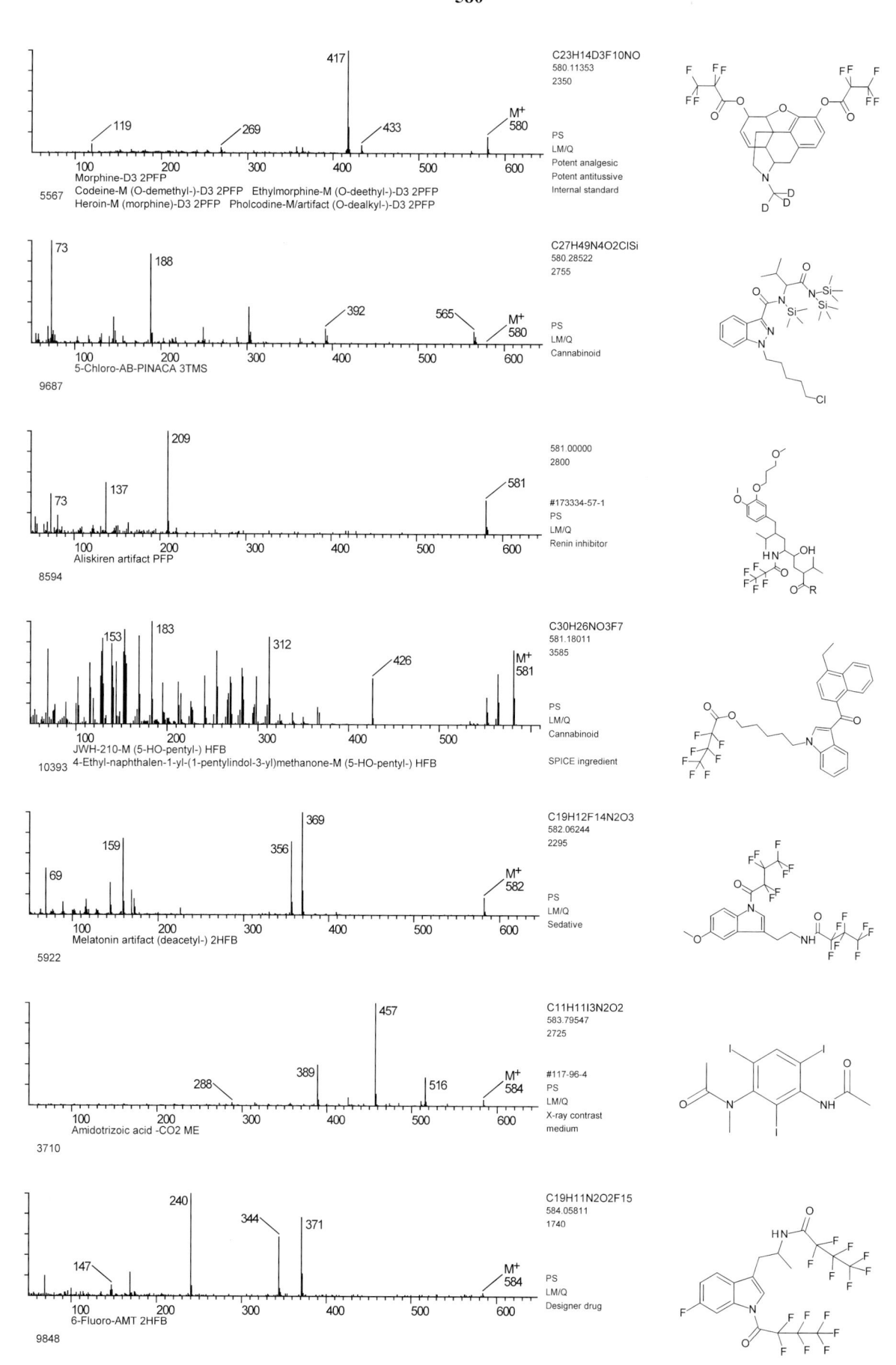

5567 Morphine-D3 2PFP
Codeine-M (O-demethyl-)-D3 2PFP Ethylmorphine-M (O-deethyl-)-D3 2PFP
Heroin-M (morphine)-D3 2PFP Pholcodine-M/artifact (O-dealkyl-)-D3 2PFP

Peaks: 119, 269, 417, 433, M+ 580

C23H14D3F10NO
580.11353
2350
PS
LM/Q
Potent analgesic
Potent antitussive
Internal standard

9687 5-Chloro-AB-PINACA 3TMS

Peaks: 73, 188, 392, 565, M+ 580

C27H49N4O2ClSi
580.28522
2755
PS
LM/Q
Cannabinoid

8594 Aliskiren artifact PFP

Peaks: 73, 137, 209, 581

581.00000
2800
#173334-57-1
PS
LM/Q
Renin inhibitor

10393 JWH-210-M (5-HO-pentyl-) HFB
4-Ethyl-naphthalen-1-yl-(1-pentylindol-3-yl)methanone-M (5-HO-pentyl-) HFB

Peaks: 153, 183, 312, 426, M+ 581

C30H26NO3F7
581.18011
3585
PS
LM/Q
Cannabinoid
SPICE ingredient

5922 Melatonin artifact (deacetyl-) 2HFB

Peaks: 69, 159, 356, 369, M+ 582

C19H12F14N2O3
582.06244
2295
PS
LM/Q
Sedative

3710 Amidotrizoic acid -CO2 ME

Peaks: 288, 389, 457, 516, M+ 584

C11H11I3N2O2
583.79547
2725
#117-96-4
PS
LM/Q
X-ray contrast medium

9848 6-Fluoro-AMT 2HFB

Peaks: 147, 240, 344, 371, M+ 584

C19H11N2O2F15
584.05811
1740
PS
LM/Q
Designer drug

584

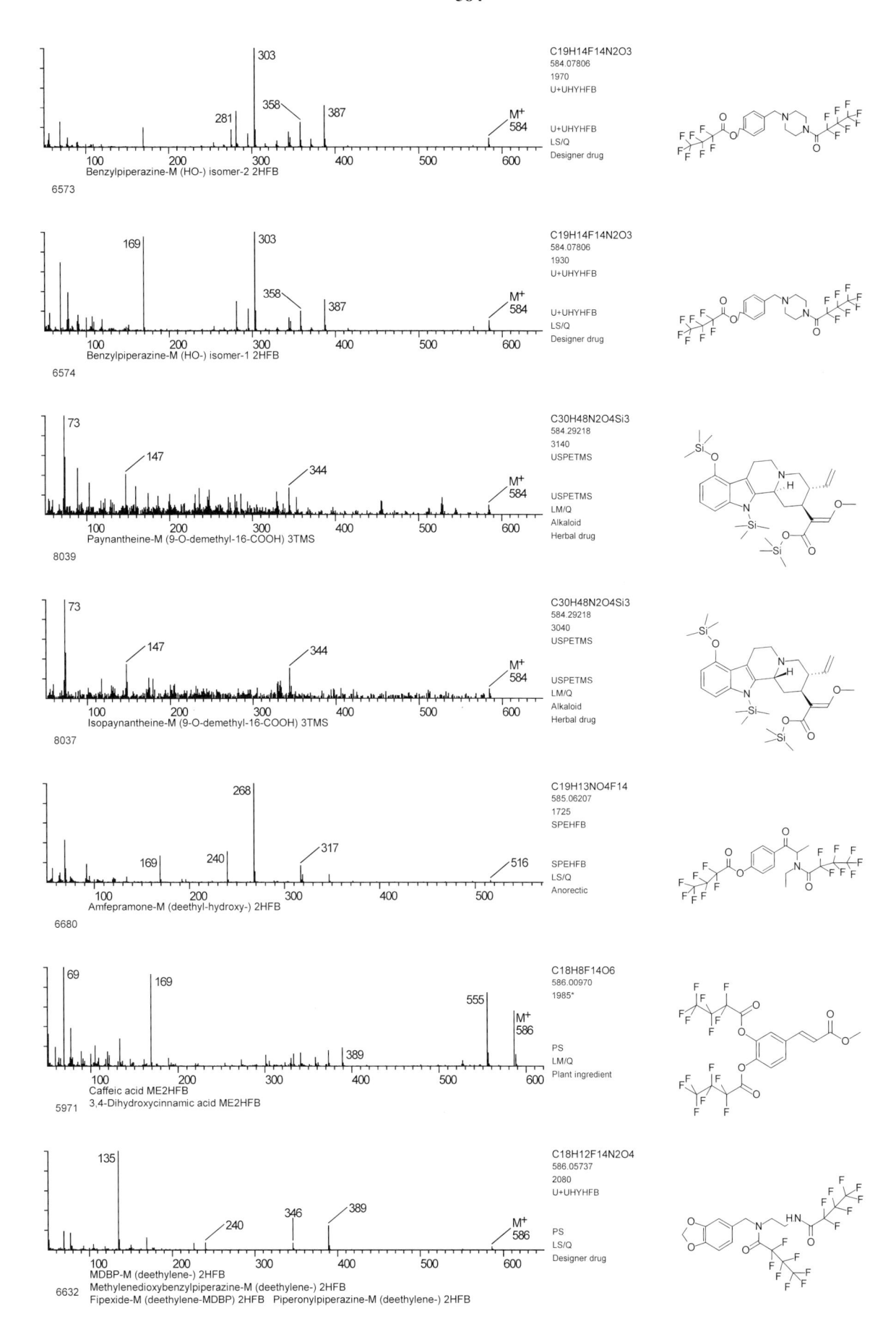

C19H14F14N2O3
584.07806
1970
U+UHYHFB
U+UHYHFB
LS/Q
Designer drug
Benzylpiperazine-M (HO-) isomer-2 2HFB
6573

C19H14F14N2O3
584.07806
1930
U+UHYHFB
U+UHYHFB
LS/Q
Designer drug
Benzylpiperazine-M (HO-) isomer-1 2HFB
6574

C30H48N2O4Si3
584.29218
3140
USPETMS
USPETMS
LM/Q
Alkaloid
Herbal drug
Paynantheine-M (9-O-demethyl-16-COOH) 3TMS
8039

C30H48N2O4Si3
584.29218
3040
USPETMS
USPETMS
LM/Q
Alkaloid
Herbal drug
Isopaynantheine-M (9-O-demethyl-16-COOH) 3TMS
8037

C19H13NO4F14
585.06207
1725
SPEHFB
SPEHFB
LS/Q
Anorectic
Amfepramone-M (deethyl-hydroxy-) 2HFB
6680

C18H8F14O6
586.00970
1985*
PS
LM/Q
Plant ingredient
Caffeic acid ME2HFB
3,4-Dihydroxycinnamic acid ME2HFB
5971

C18H12F14N2O4
586.05737
2080
U+UHYHFB
PS
LS/Q
Designer drug
MDBP-M (deethylene-) 2HFB
Methylenedioxybenzylpiperazine-M (deethylene-) 2HFB
Fipexide-M (deethylene-MDBP) 2HFB   Piperonylpiperazine-M (deethylene-) 2HFB
6632

1709

586

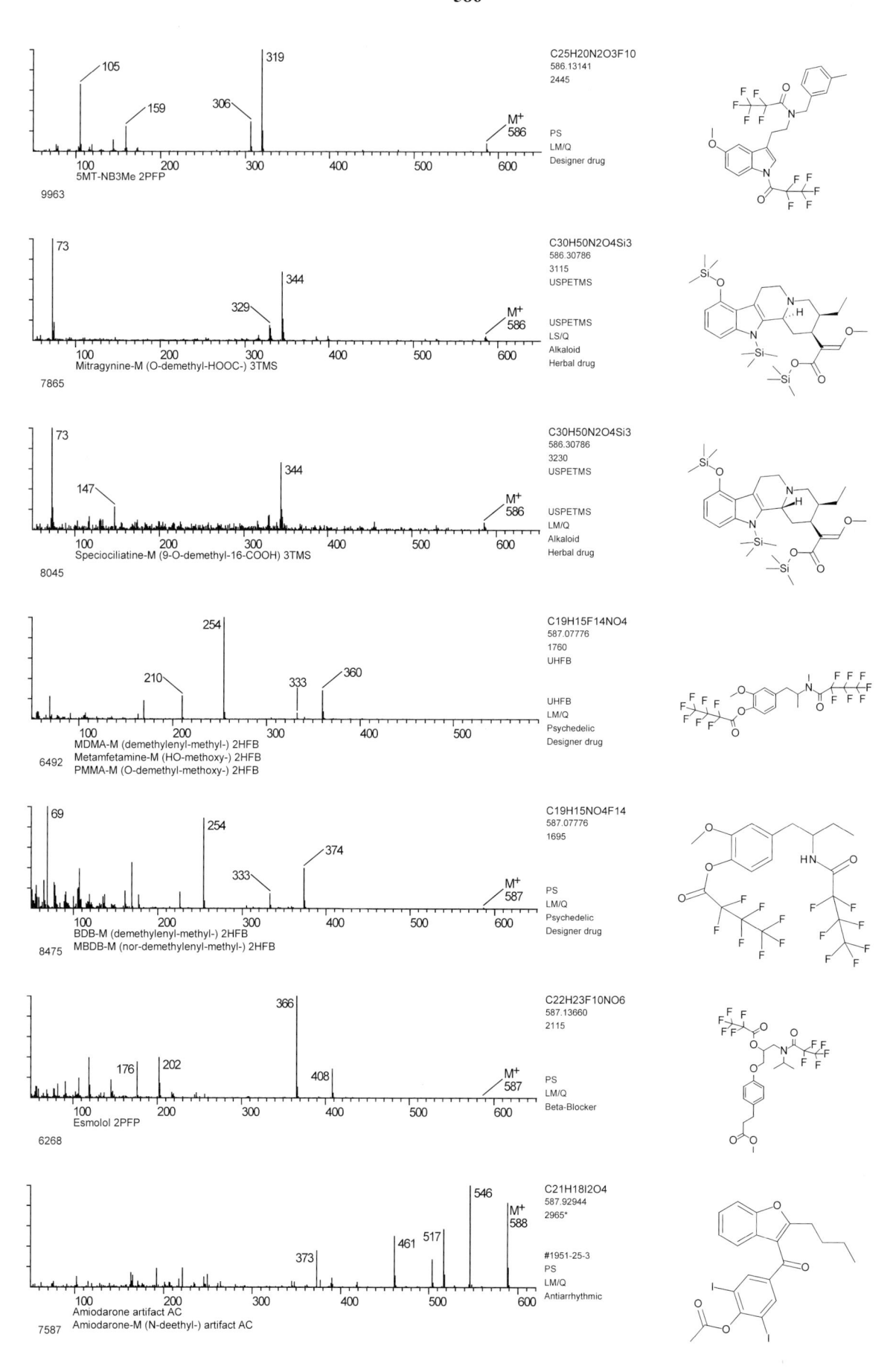

105, 159, 306, 319, M+ 586	C25H20N2O3F10 586.13141 2445 PS LM/Q Designer drug
5MT-NB3Me 2PFP 9963	

73, 329, 344, M+ 586	C30H50N2O4Si3 586.30786 3115 USPETMS USPETMS LS/Q Alkaloid Herbal drug
Mitragynine-M (O-demethyl-HOOC-) 3TMS 7865	

73, 147, 344, M+ 586	C30H50N2O4Si3 586.30786 3230 USPETMS USPETMS LM/Q Alkaloid Herbal drug
Speciociliatine-M (9-O-demethyl-16-COOH) 3TMS 8045	

210, 254, 333, 360	C19H15F14NO4 587.07776 1760 UHFB UHFB LM/Q Psychedelic Designer drug
MDMA-M (demethylenyl-methyl-) 2HFB Metamfetamine-M (HO-methoxy-) 2HFB PMMA-M (O-demethyl-methoxy-) 2HFB 6492	

69, 254, 333, 374, M+ 587	C19H15NO4F14 587.07776 1695 PS LM/Q Psychedelic Designer drug
BDB-M (demethylenyl-methyl-) 2HFB MBDB-M (nor-demethylenyl-methyl-) 2HFB 8475	

176, 202, 366, 408, M+ 587	C22H23F10NO6 587.13660 2115 PS LM/Q Beta-Blocker
Esmolol 2PFP 6268	

373, 461, 517, 546, M+ 588	C21H18I2O4 587.92944 2965* #1951-25-3 PS LM/Q Antiarrhythmic
Amiodarone artifact AC Amiodarone-M (N-deethyl-) artifact AC 7587	

1710

588

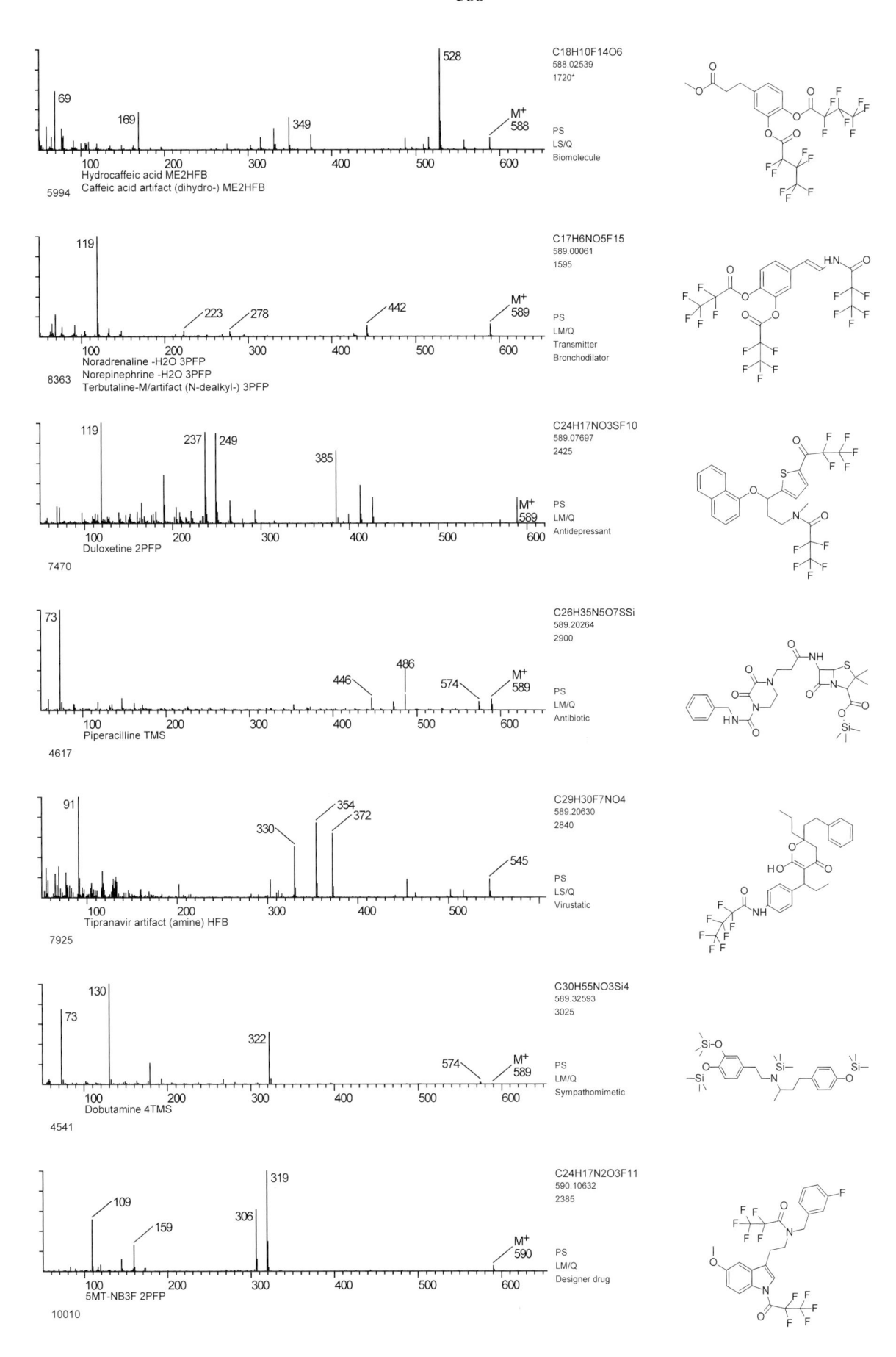

Spectrum peaks	Formula / Info
69, 169, 349, 528, M+ 588	C18H10F14O6 588.02539 1720* PS LS/Q Biomolecule Hydrocaffeic acid ME2HFB Caffeic acid artifact (dihydro-) ME2HFB 5994
119, 223, 278, 442, M+ 589	C17H6NO5F15 589.00061 1595 PS LM/Q Transmitter Bronchodilator Noradrenaline -H2O 3PFP Norepinephrine -H2O 3PFP Terbutaline-M/artifact (N-dealkyl-) 3PFP 8363
119, 237, 249, 385, M+ 589	C24H17NO3SF10 589.07697 2425 PS LM/Q Antidepressant Duloxetine 2PFP 7470
73, 446, 486, 574, M+ 589	C26H35N5O7SSi 589.20264 2900 PS LM/Q Antibiotic Piperacilline TMS 4617
91, 330, 354, 372, 545	C29H30F7NO4 589.20630 2840 PS LS/Q Virustatic Tipranavir artifact (amine) HFB 7925
73, 130, 322, 574, M+ 589	C30H55NO3Si4 589.32593 3025 PS LM/Q Sympathomimetic Dobutamine 4TMS 4541
109, 159, 306, 319, M+ 590	C24H17N2O3F11 590.10632 2385 PS LM/Q Designer drug 5MT-NB3F 2PFP 10010

1711

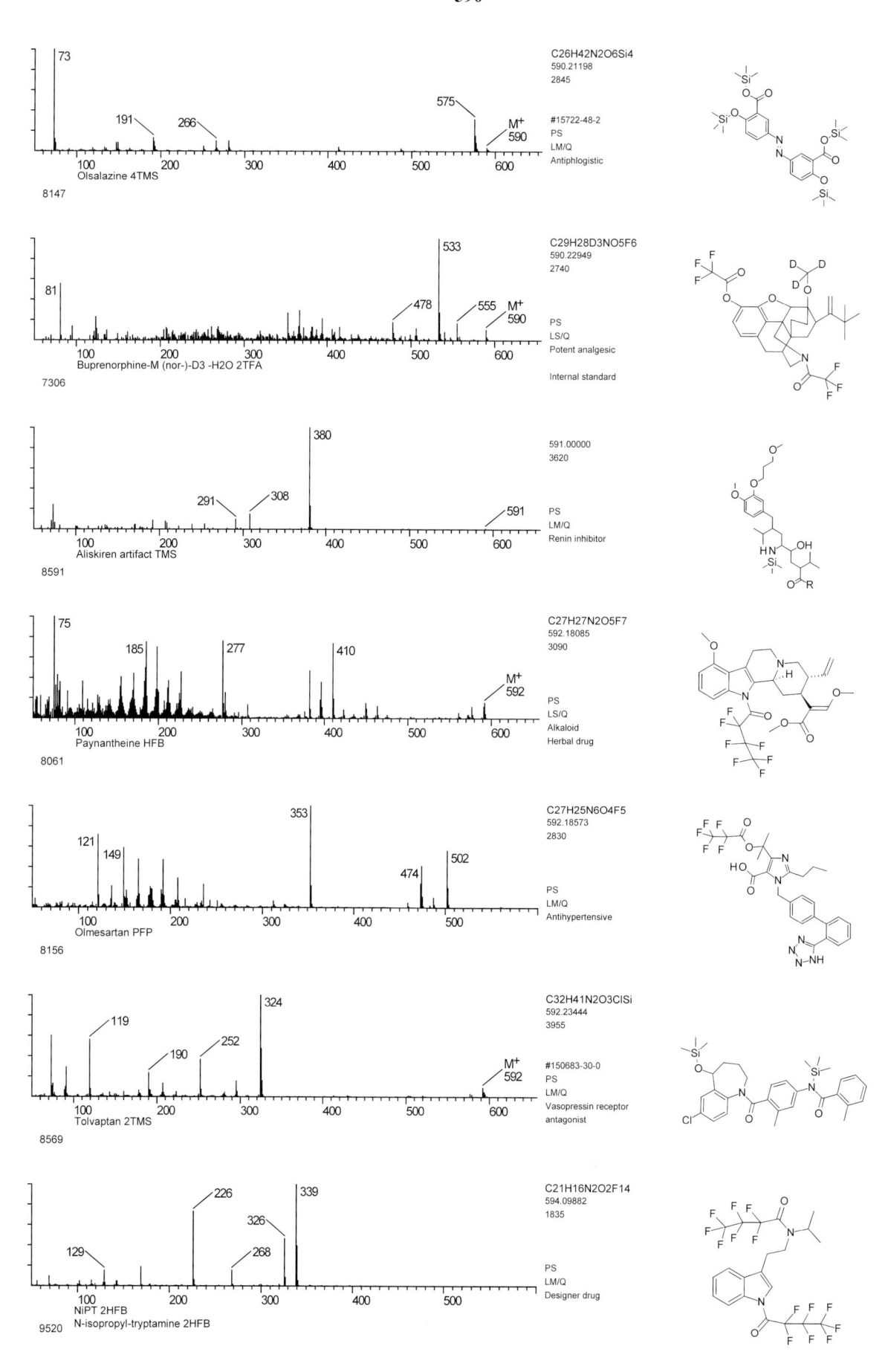

Olsalazine 4TMS	C26H42N2O6Si4 590.21198 2845 #15722-48-2 PS LM/Q Antiphlogistic	Peaks: 73, 191, 266, 575, M+ 590
8147		
Buprenorphine-M (nor-)-D3 -H2O 2TFA	C29H28D3NO5F6 590.22949 2740 PS LS/Q Potent analgesic Internal standard	Peaks: 81, 478, 533, 555, M+ 590
7306		
Aliskiren artifact TMS	591.00000 3620 PS LM/Q Renin inhibitor	Peaks: 291, 308, 380, 591
8591		
Paynantheine HFB	C27H27N2O5F7 592.18085 3090 PS LS/Q Alkaloid Herbal drug	Peaks: 75, 185, 277, 410, M+ 592
8061		
Olmesartan PFP	C27H25N6O4F5 592.18573 2830 PS LM/Q Antihypertensive	Peaks: 121, 149, 353, 474, 502
8156		
Tolvaptan 2TMS	C32H41N2O3ClSi 592.23444 3955 #150683-30-0 PS LM/Q Vasopressin receptor antagonist	Peaks: 119, 190, 252, 324, M+ 592
8569		
NiPT 2HFB N-isopropyl-tryptamine 2HFB	C21H16N2O2F14 594.09882 1835 PS LM/Q Designer drug	Peaks: 129, 226, 268, 326, 339
9520		

594

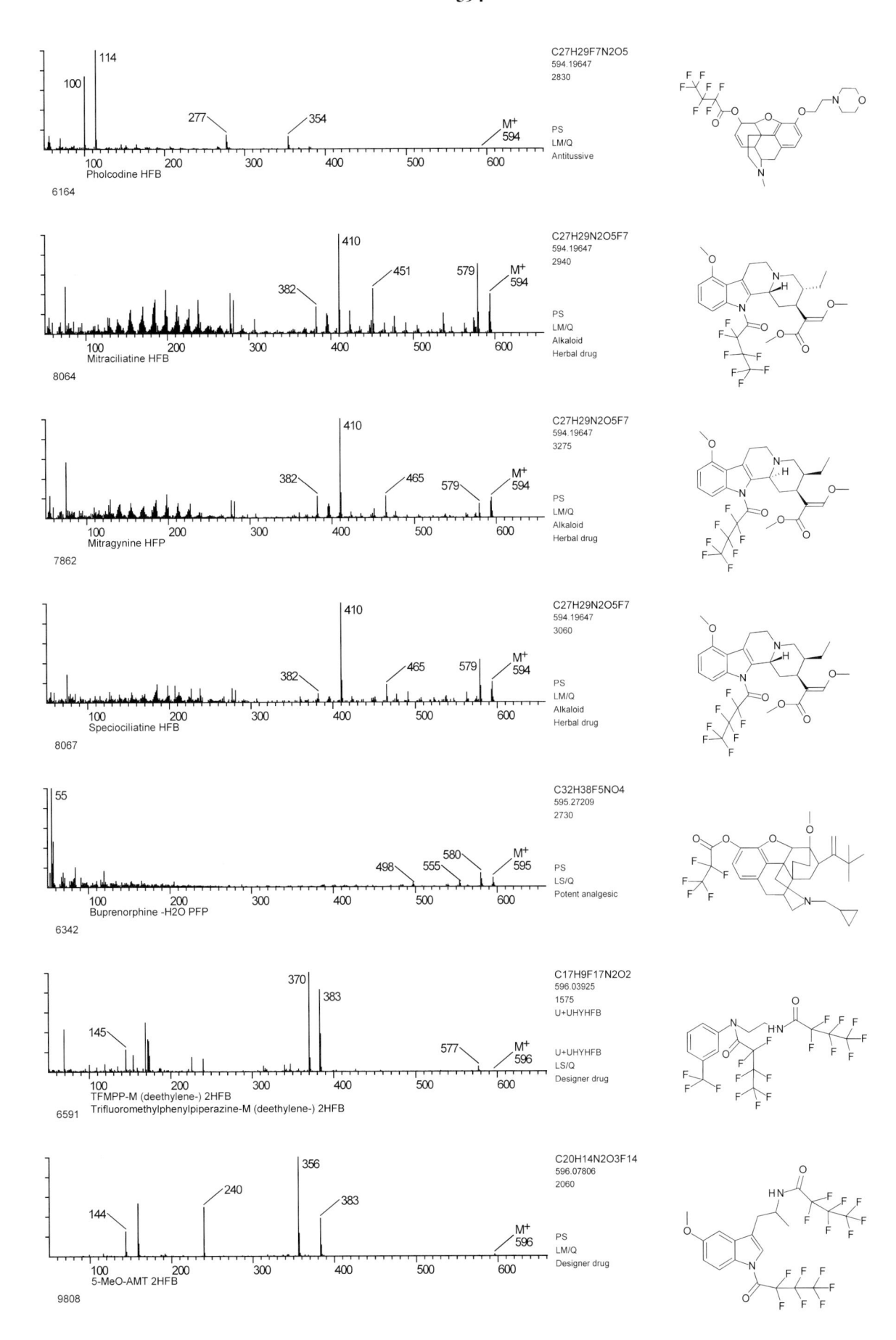

Spectrum	Formula / Mass	Info
Pholcodine HFB (6164)	C27H29F7N2O5 594.19647 2830	PS LM/Q Antitussive
Mitraciliatine HFB (8064)	C27H29N2O5F7 594.19647 2940	PS LM/Q Alkaloid Herbal drug
Mitragynine HFP (7862)	C27H29N2O5F7 594.19647 3275	PS LM/Q Alkaloid Herbal drug
Speciociliatine HFB (8067)	C27H29N2O5F7 594.19647 3060	PS LM/Q Alkaloid Herbal drug
Buprenorphine -H2O PFP (6342)	C32H38F5NO4 595.27209 2730	PS LS/Q Potent analgesic
TFMPP-M (deethylene-) 2HFB Trifluoromethylphenylpiperazine-M (deethylene-) 2HFB (6591)	C17H9F17N2O2 596.03925 1575 U+UHYHFB	U+UHYHFB LS/Q Designer drug
5-MeO-AMT 2HFB (9808)	C20H14N2O3F14 596.07806 2060	PS LM/Q Designer drug

1713

596

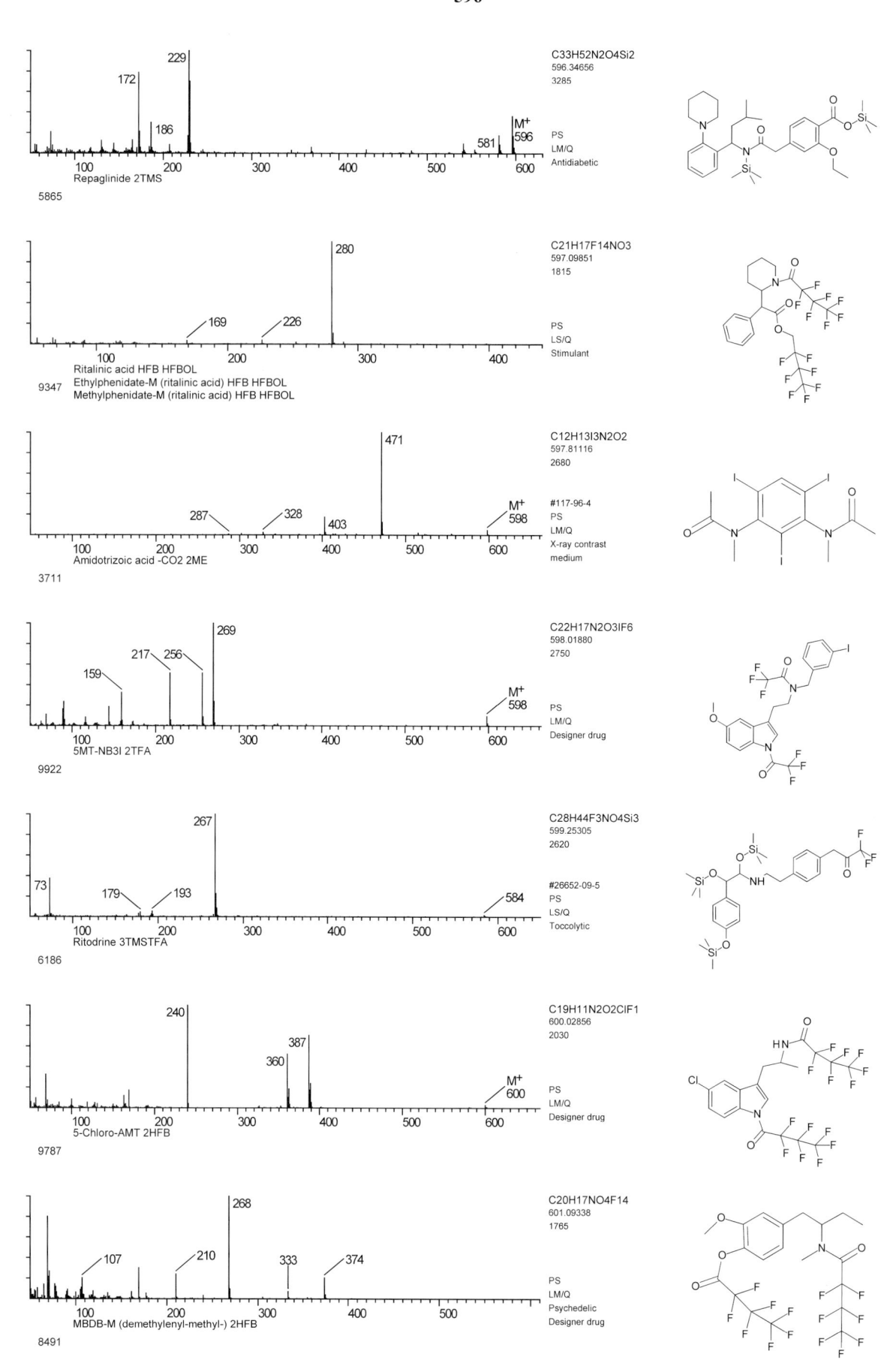

Spectrum peaks	Compound	Formula / Info
172, 186, 229, 581, M+ 596	Repaglinide 2TMS	C33H52N2O4Si2 596.34656 3285 PS LM/Q Antidiabetic
169, 226, 280	Ritalinic acid HFB HFBOL Ethylphenidate-M (ritalinic acid) HFB HFBOL Methylphenidate-M (ritalinic acid) HFB HFBOL	C21H17F14NO3 597.09851 1815 PS LS/Q Stimulant
287, 328, 403, 471, M+ 598	Amidotrizoic acid -CO2 2ME	C12H13I3N2O2 597.81116 2680 #117-96-4 PS LM/Q X-ray contrast medium
159, 217, 256, 269, M+ 598	5MT-NB3I 2TFA	C22H17N2O3IF6 598.01880 2750 PS LM/Q Designer drug
73, 179, 193, 267, 584	Ritodrine 3TMSTFA	C28H44F3NO4Si3 599.25305 2620 #26652-09-5 PS LS/Q Toccolytic
240, 360, 387, M+ 600	5-Chloro-AMT 2HFB	C19H11N2O2ClF1 600.02856 2030 PS LM/Q Designer drug
107, 210, 268, 333, 374	MBDB-M (demethylenyl-methyl-) 2HFB	C20H17NO4F14 601.09338 1765 PS LM/Q Psychedelic Designer drug

601

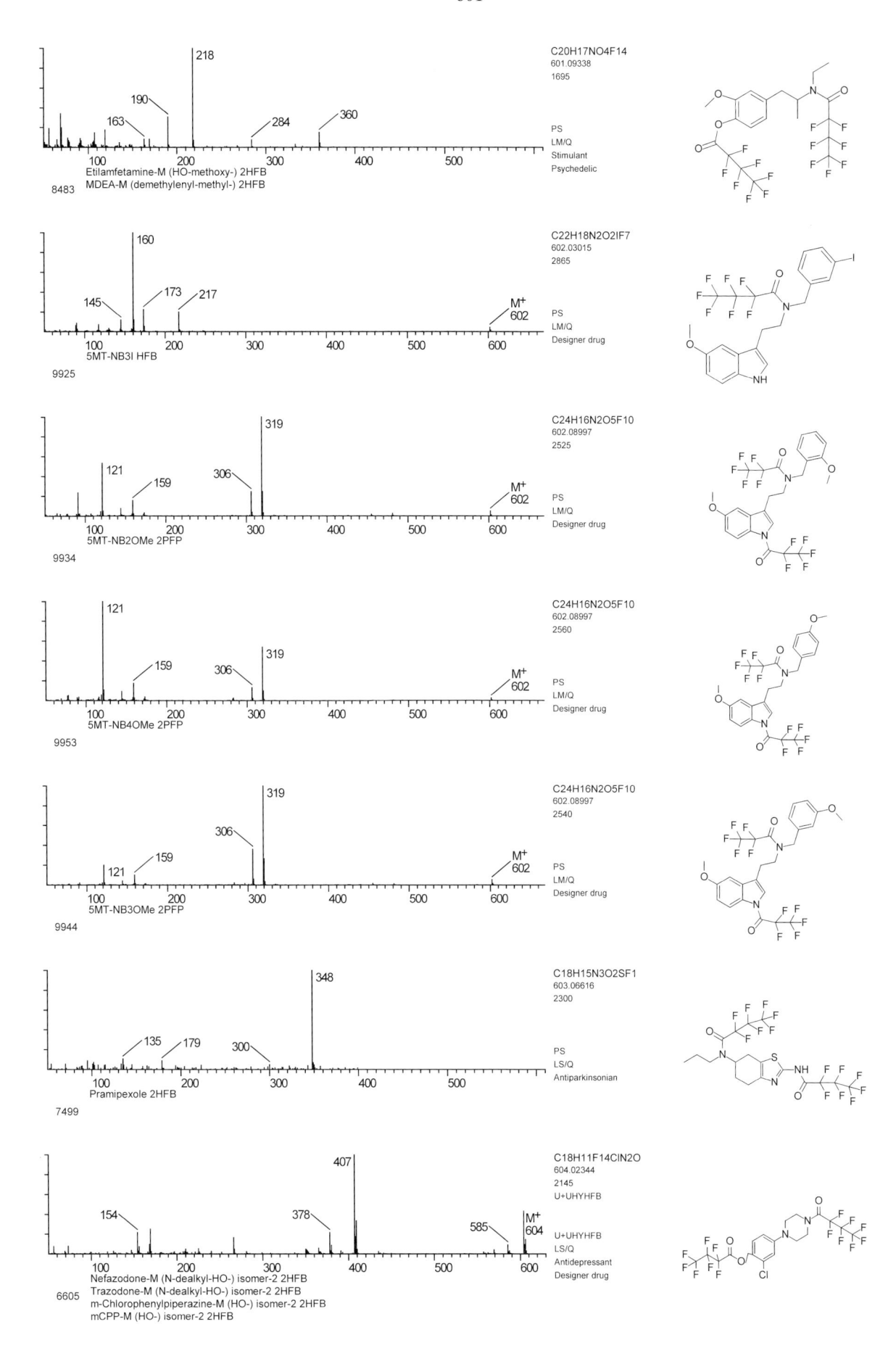

8483	Etilamfetamine-M (HO-methoxy-) 2HFB MDEA-M (demethylenyl-methyl-) 2HFB	C20H17NO4F14 601.09338 1695 PS LM/Q Stimulant Psychedelic
9925	5MT-NB3I HFB	C22H18N2O2IF7 602.03015 2865 PS LM/Q Designer drug
9934	5MT-NB2OMe 2PFP	C24H16N2O5F10 602.08997 2525 PS LM/Q Designer drug
9953	5MT-NB4OMe 2PFP	C24H16N2O5F10 602.08997 2560 PS LM/Q Designer drug
9944	5MT-NB3OMe 2PFP	C24H16N2O5F10 602.08997 2540 PS LM/Q Designer drug
7499	Pramipexole 2HFB	C18H15N3O2SF14 603.06616 2300 PS LS/Q Antiparkinsonian
6605	Nefazodone-M (N-dealkyl-HO-) isomer-2 2HFB Trazodone-M (N-dealkyl-HO-) isomer-2 2HFB m-Chlorophenylpiperazine-M (HO-) isomer-2 2HFB mCPP-M (HO-) isomer-2 2HFB	C18H11F14ClN2O 604.02344 2145 U+UHYHFB U+UHYHFB LS/Q Antidepressant Designer drug

1715

605

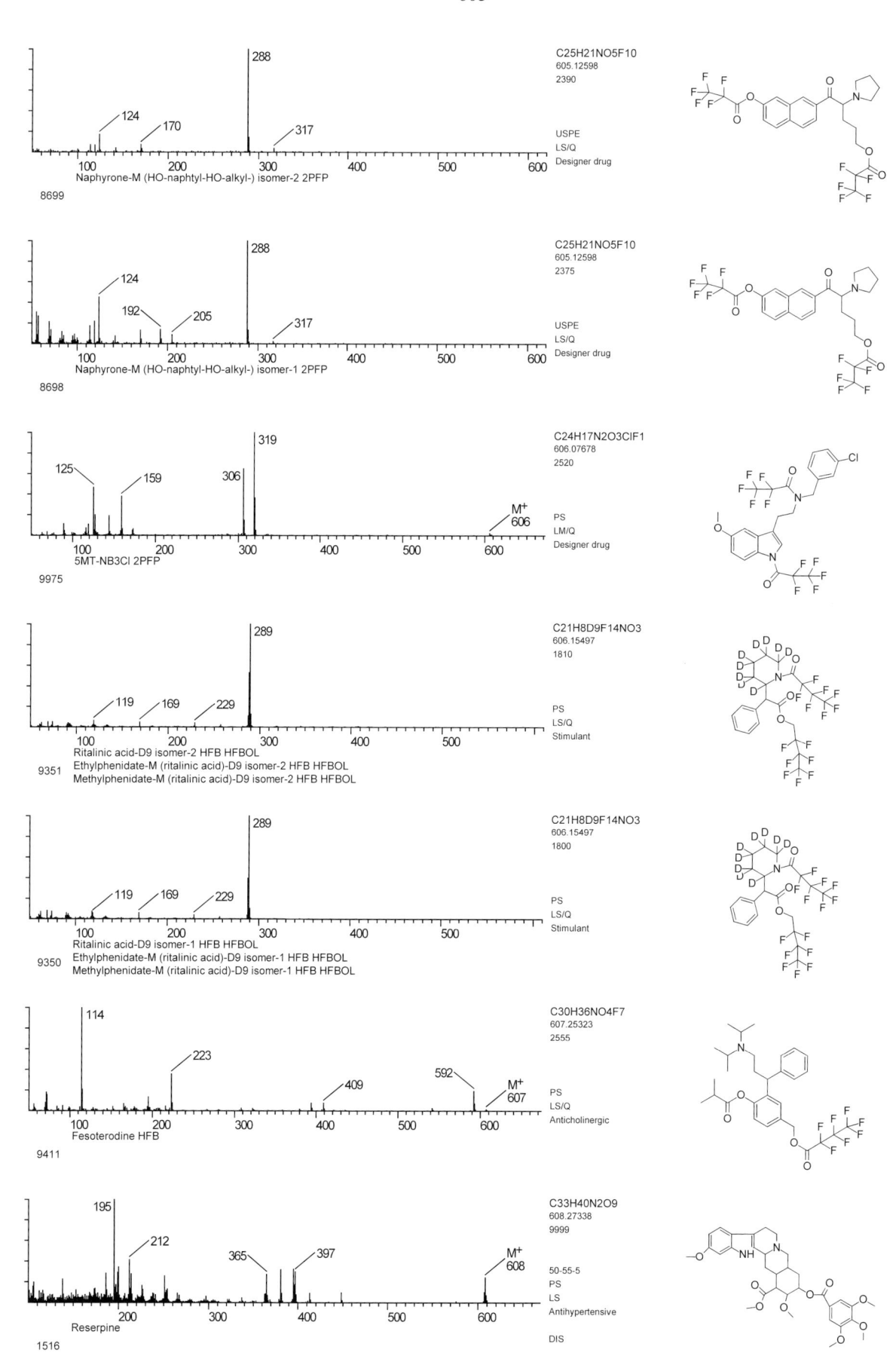

Spectrum	Formula / Info
8699 — Naphyrone-M (HO-naphtyl-HO-alkyl-) isomer-2 2PFP; peaks 124, 170, 288, 317	C25H21NO5F10; 605.12598; 2390; USPE; LS/Q; Designer drug
8698 — Naphyrone-M (HO-naphtyl-HO-alkyl-) isomer-1 2PFP; peaks 124, 192, 205, 288, 317	C25H21NO5F10; 605.12598; 2375; USPE; LS/Q; Designer drug
9975 — 5MT-NB3Cl 2PFP; peaks 125, 159, 306, 319, M+ 606	C24H17N2O3ClF1; 606.07678; 2520; PS; LM/Q; Designer drug
9351 — Ritalinic acid-D9 isomer-2 HFB HFBOL / Ethylphenidate-M (ritalinic acid)-D9 isomer-2 HFB HFBOL / Methylphenidate-M (ritalinic acid)-D9 isomer-2 HFB HFBOL; peaks 119, 169, 229, 289	C21H8D9F14NO3; 606.15497; 1810; PS; LS/Q; Stimulant
9350 — Ritalinic acid-D9 isomer-1 HFB HFBOL / Ethylphenidate-M (ritalinic acid)-D9 isomer-1 HFB HFBOL / Methylphenidate-M (ritalinic acid)-D9 isomer-1 HFB HFBOL; peaks 119, 169, 229, 289	C21H8D9F14NO3; 606.15497; 1800; PS; LS/Q; Stimulant
9411 — Fesoterodine HFB; peaks 114, 223, 409, 592, M+ 607	C30H36NO4F7; 607.25323; 2555; PS; LS/Q; Anticholinergic
1516 — Reserpine; peaks 195, 212, 365, 397, M+ 608	C33H40N2O9; 608.27338; 9999; 50-55-5; PS; LS; Antihypertensive; DIS

609

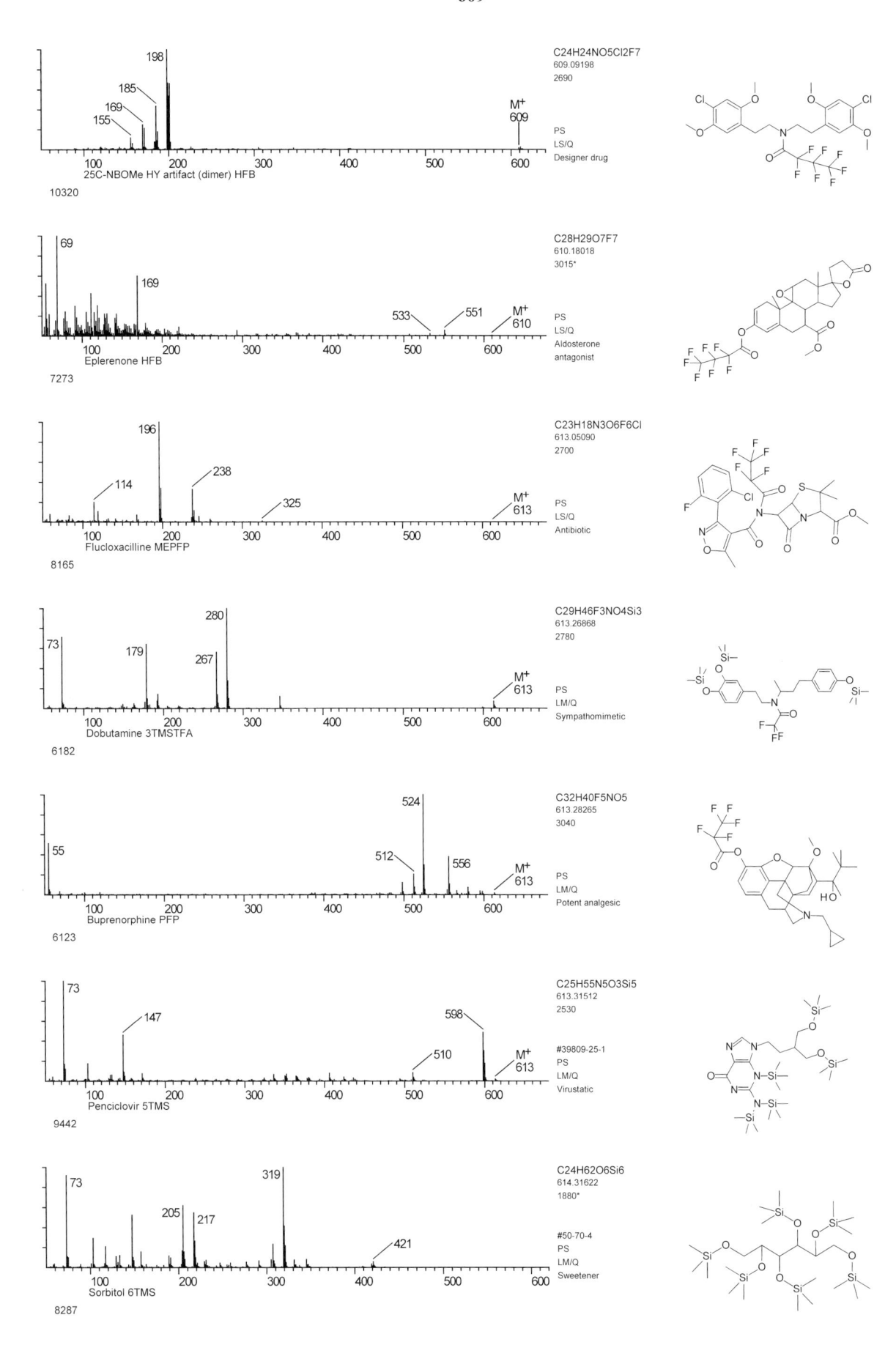

C24H24NO5Cl2F7
609.09198
2690

PS
LS/Q
Designer drug

25C-NBOMe HY artifact (dimer) HFB
10320

C28H29O7F7
610.18018
3015*

PS
LS/Q
Aldosterone antagonist

Eplerenone HFB
7273

C23H18N3O6F6Cl
613.05090
2700

PS
LS/Q
Antibiotic

Flucloxacilline MEPFP
8165

C29H46F3NO4Si3
613.26868
2780

PS
LM/Q
Sympathomimetic

Dobutamine 3TMSTFA
6182

C32H40F5NO5
613.28265
3040

PS
LM/Q
Potent analgesic

Buprenorphine PFP
6123

C25H55N5O3Si5
613.31512
2530

#39809-25-1
PS
LM/Q
Virustatic

Penciclovir 5TMS
9442

C24H62O6Si6
614.31622
1880*

#50-70-4
PS
LM/Q
Sweetener

Sorbitol 6TMS
8287

C20H15NO5F14
615.07269
1830
SPEHFB

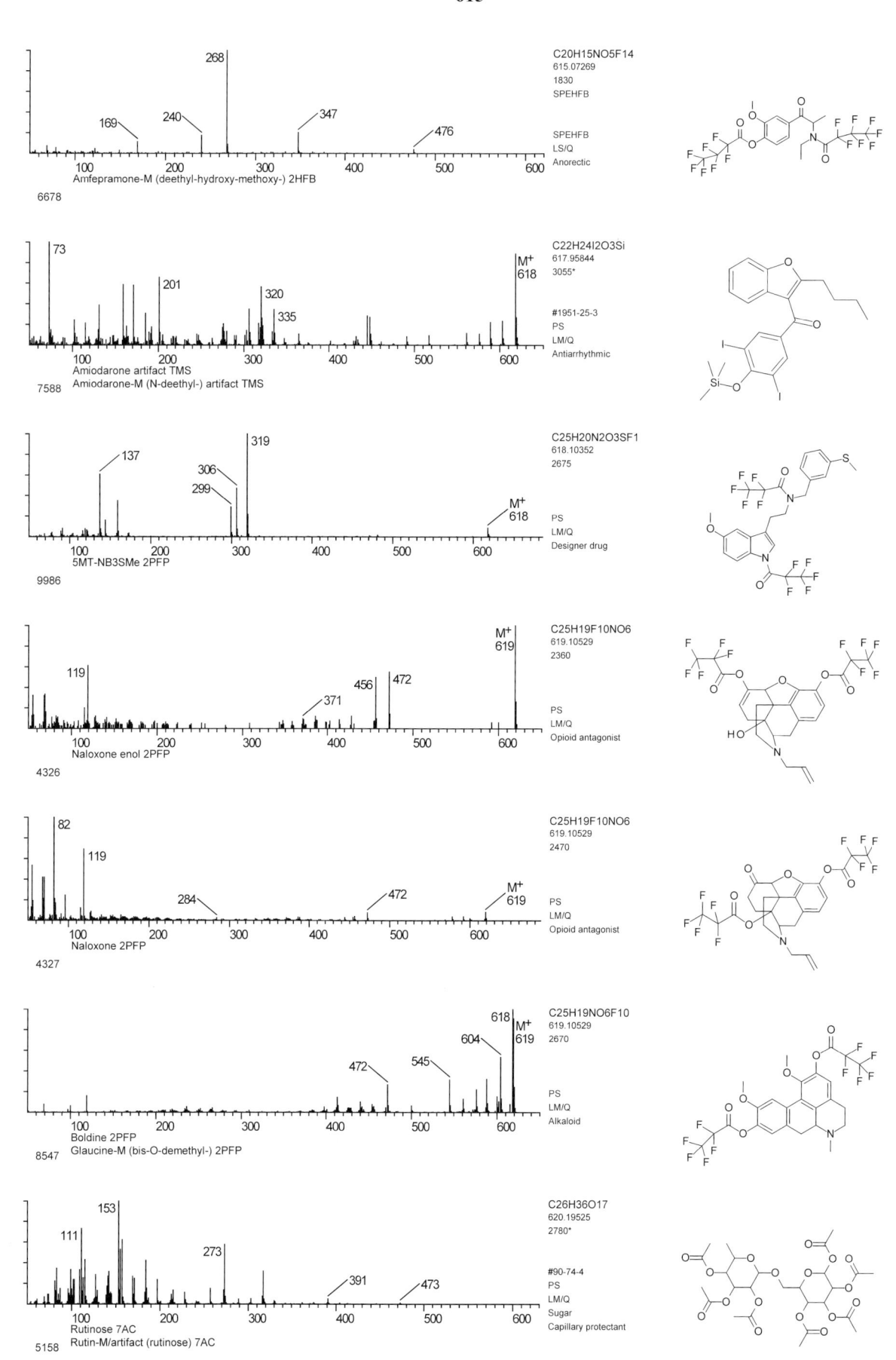

SPEHFB
LS/Q
Anorectic

Amfepramone-M (deethyl-hydroxy-methoxy-) 2HFB
6678

C22H24I2O3Si
617.95844
3055*

#1951-25-3
PS
LM/Q
Antiarrhythmic

Amiodarone artifact TMS
Amiodarone-M (N-deethyl-) artifact TMS
7588

C25H20N2O3SF1
618.10352
2675

PS
LM/Q
Designer drug

5MT-NB3SMe 2PFP
9986

C25H19F10NO6
619.10529
2360

PS
LM/Q
Opioid antagonist

Naloxone enol 2PFP
4326

C25H19F10NO6
619.10529
2470

PS
LM/Q
Opioid antagonist

Naloxone 2PFP
4327

C25H19NO6F10
619.10529
2670

PS
LM/Q
Alkaloid

Boldine 2PFP
Glaucine-M (bis-O-demethyl-) 2PFP
8547

C26H36O17
620.19525
2780*

#90-74-4
PS
LM/Q
Sugar
Capillary protectant

Rutinose 7AC
Rutin-M/artifact (rutinose) 7AC
5158

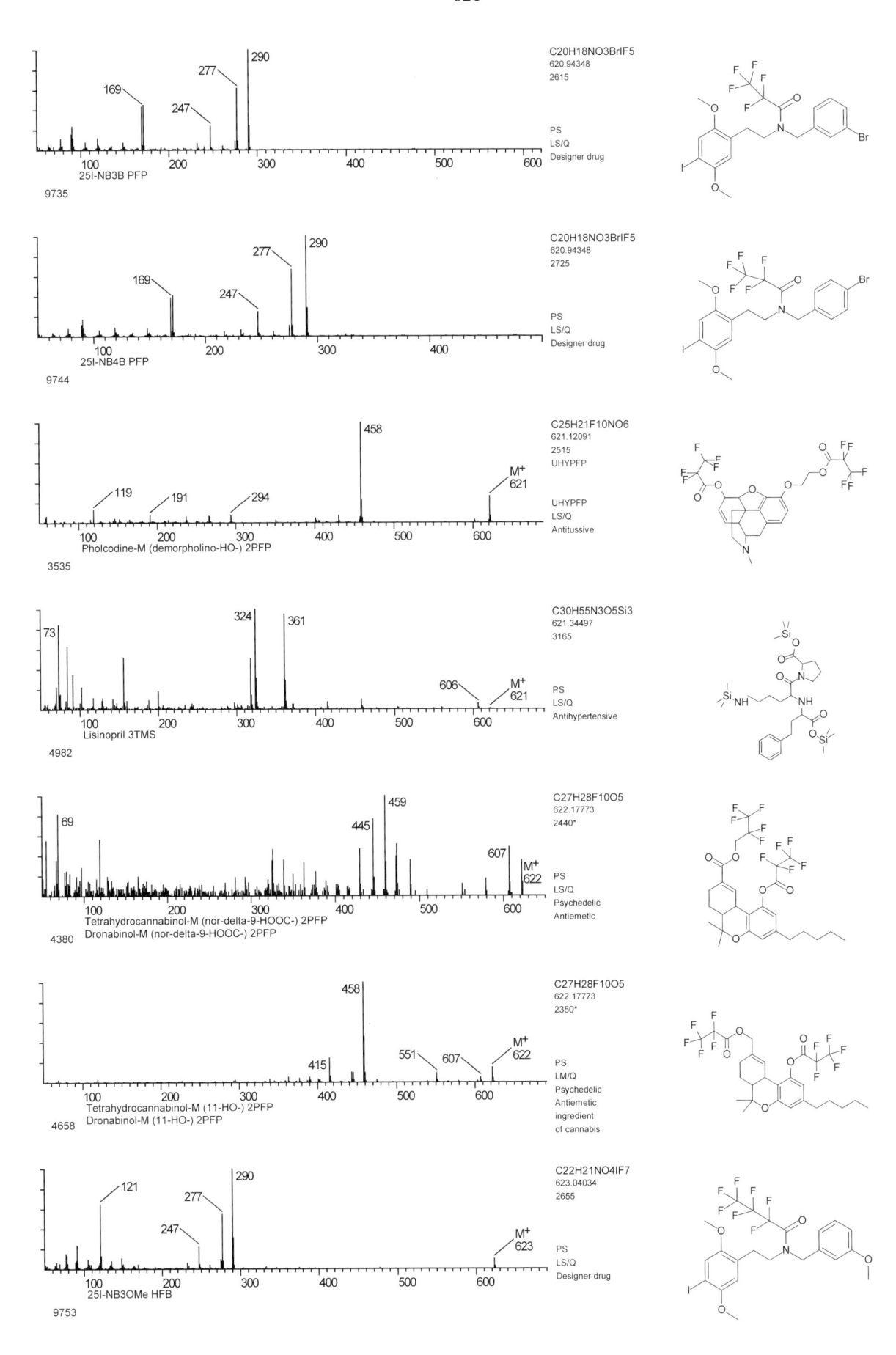

623

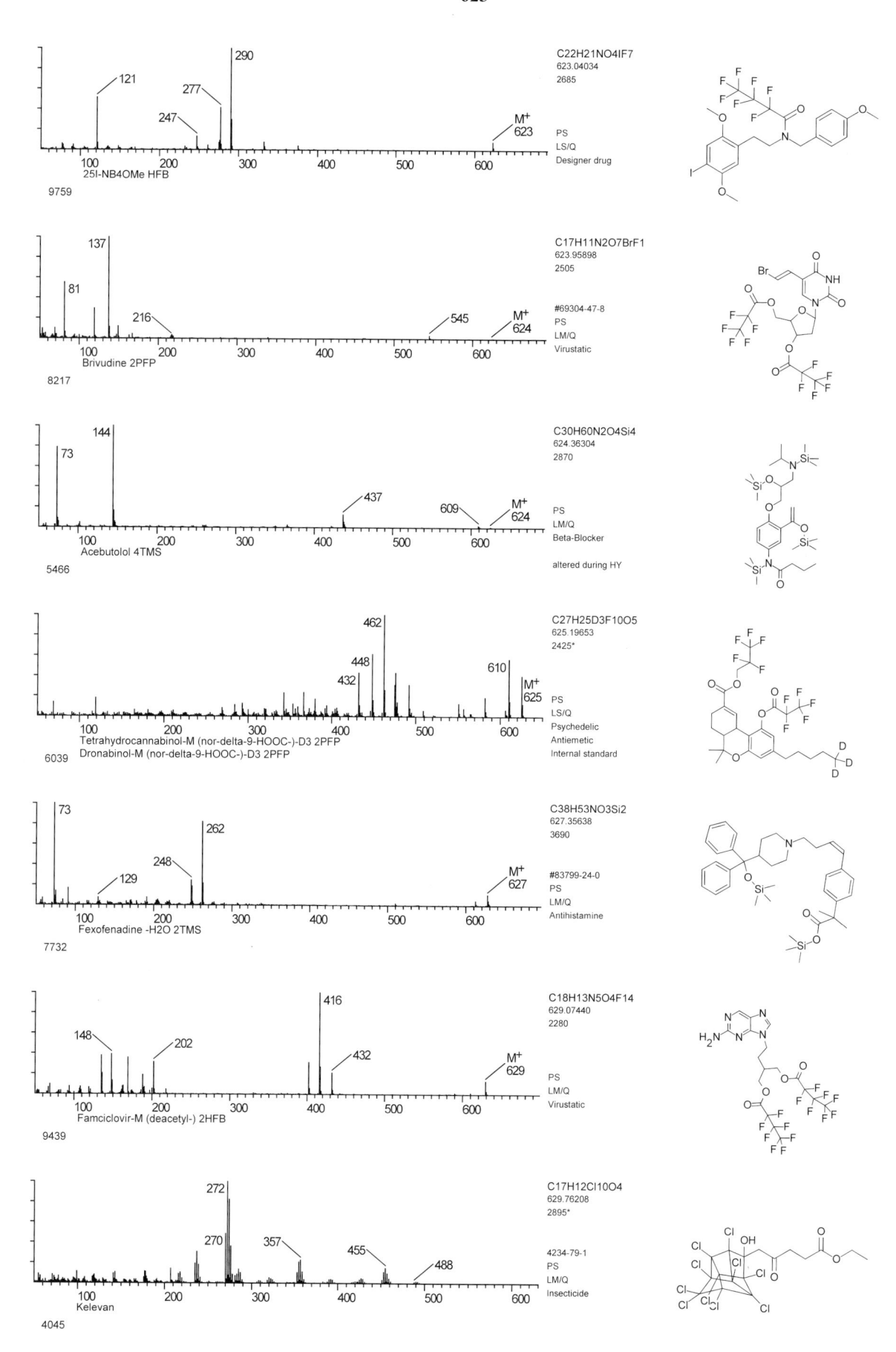

Spectrum	Formula / Info
25I-NB4OMe HFB — peaks: 121, 247, 277, 290, M+ 623 — 9759	C22H21NO4IF7, 623.04034, 2685, PS, LS/Q, Designer drug
Brivudine 2PFP — peaks: 81, 137, 216, 545, M+ 624 — 8217	C17H11N2O7BrF1, 623.95898, 2505, #69304-47-8, PS, LM/Q, Virustatic
Acebutolol 4TMS — peaks: 73, 144, 437, 609, M+ 624 — 5466	C30H60N2O4Si4, 624.36304, 2870, PS, LM/Q, Beta-Blocker, altered during HY
Tetrahydrocannabinol-M (nor-delta-9-HOOC-)-D3 2PFP / Dronabinol-M (nor-delta-9-HOOC-)-D3 2PFP — peaks: 432, 448, 462, 610, M+ 625 — 6039	C27H25D3F10O5, 625.19653, 2425*, PS, LS/Q, Psychedelic, Antiemetic, Internal standard
Fexofenadine -H2O 2TMS — peaks: 73, 129, 248, 262, M+ 627 — 7732	C38H53NO3Si2, 627.35638, 3690, #83799-24-0, PS, LM/Q, Antihistamine
Famciclovir-M (deacetyl-) 2HFB — peaks: 148, 202, 416, 432, M+ 629 — 9439	C18H13N5O4F14, 629.07440, 2280, PS, LM/Q, Virustatic
Kelevan — peaks: 270, 272, 357, 455, 488 — 4045	C17H12Cl10O4, 629.76208, 2895*, 4234-79-1, PS, LM/Q, Insecticide

630

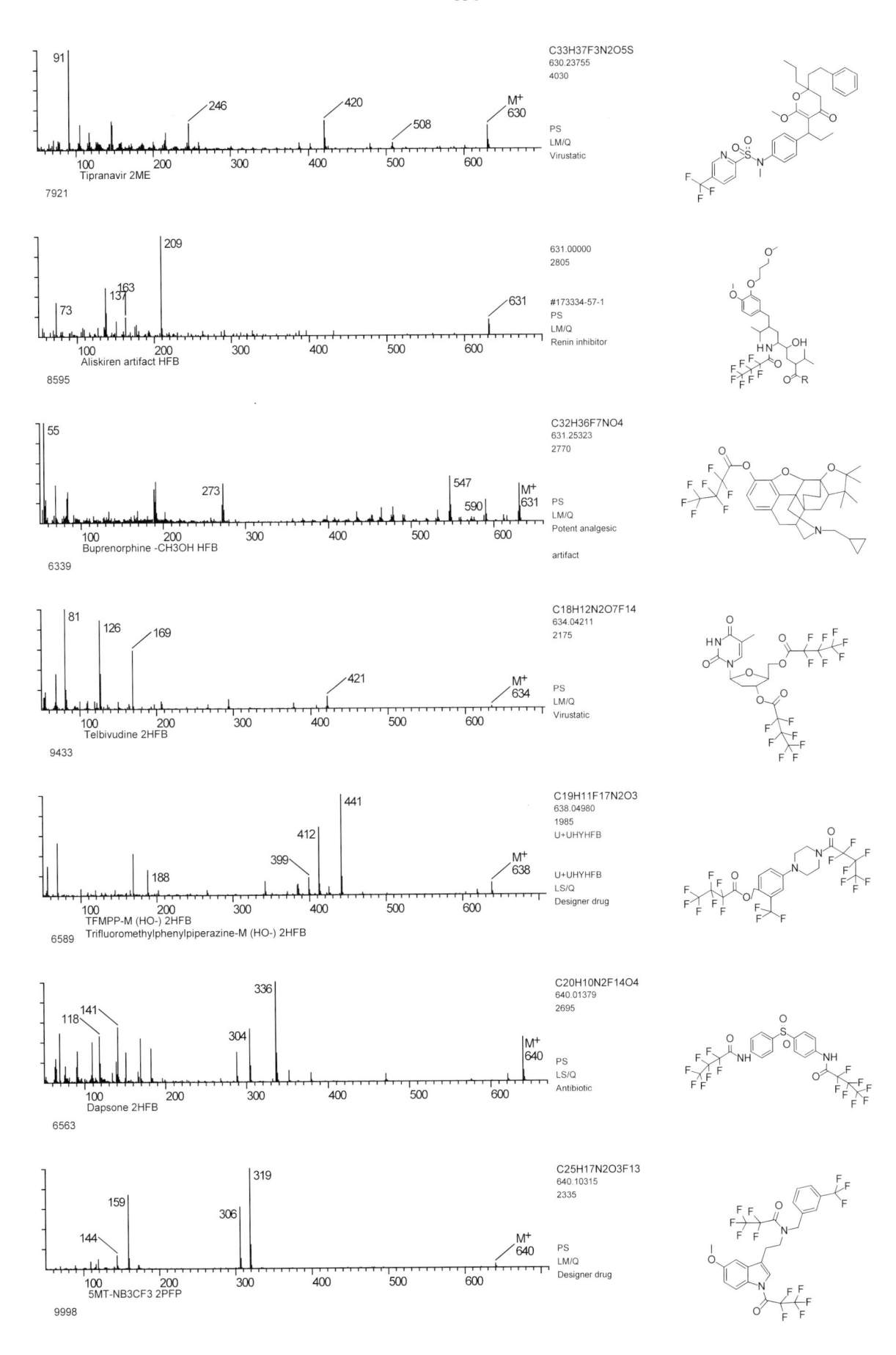

C33H37F3N2O5S
630.23755
4030

PS
LM/Q
Virustatic

Tipranavir 2ME
7921

631.00000
2805

#173334-57-1
PS
LM/Q
Renin inhibitor

Aliskiren artifact HFB
8595

C32H36F7NO4
631.25323
2770

PS
LM/Q
Potent analgesic
artifact

Buprenorphine -CH3OH HFB
6339

C18H12N2O7F14
634.04211
2175

PS
LM/Q
Virustatic

Telbivudine 2HFB
9433

C19H11F17N2O3
638.04980
1985
U+UHYHFB
U+UHYHFB
LS/Q
Designer drug

TFMPP-M (HO-) 2HFB
Trifluoromethylphenylpiperazine-M (HO-) 2HFB
6589

C20H10N2F14O4
640.01379
2695

PS
LS/Q
Antibiotic

Dapsone 2HFB
6563

C25H17N2O3F13
640.10315
2335

PS
LM/Q
Designer drug

5MT-NB3CF3 2PFP
9998

1721

642

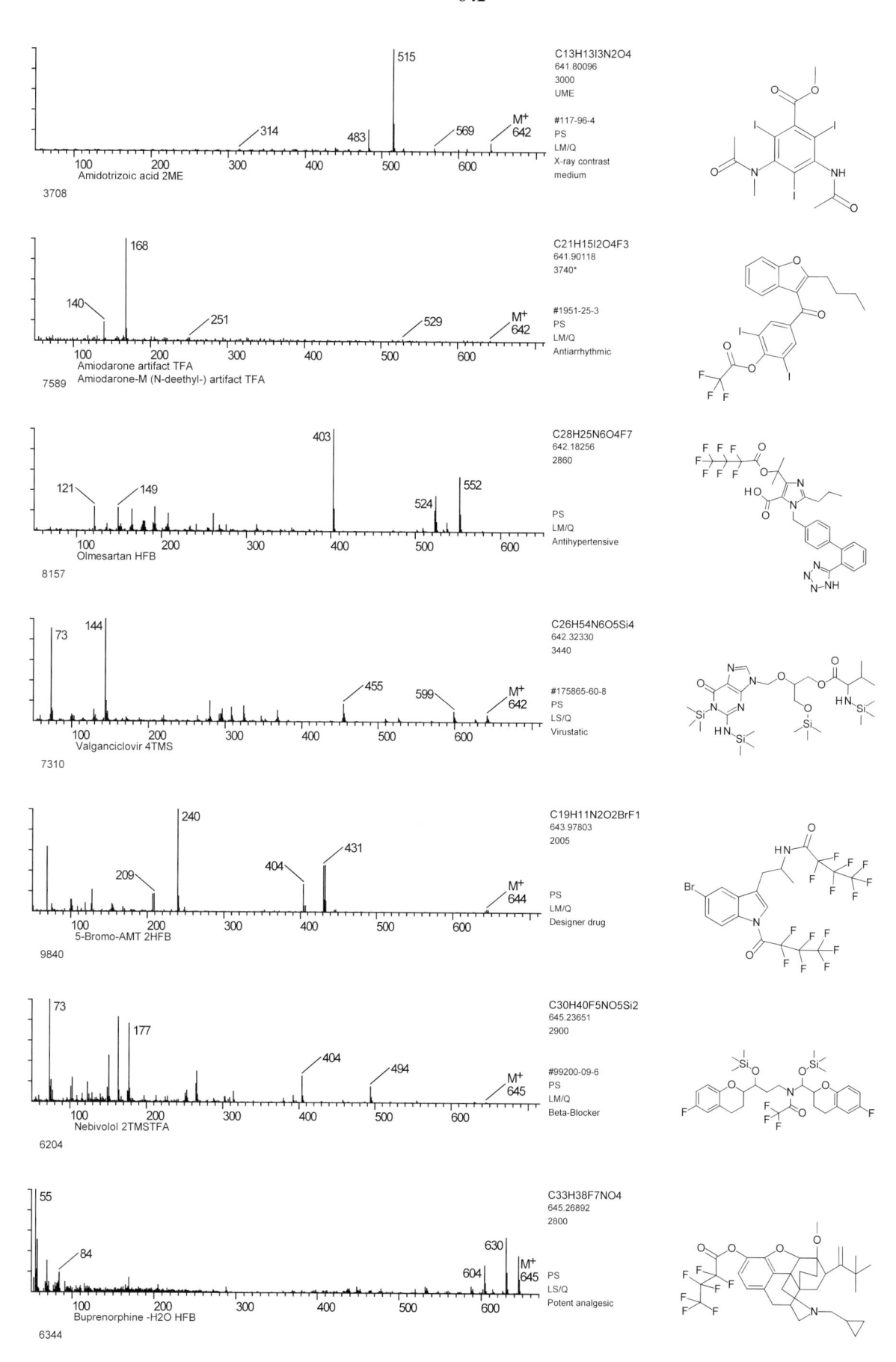

C13H13I3N2O4
641.80096
3000
UME
#117-96-4
PS
LM/Q
X-ray contrast medium

Amidotrizoic acid 2ME
3708

C21H15I2O4F3
641.90118
3740*
#1951-25-3
PS
LM/Q
Antiarrhythmic

Amiodarone artifact TFA
Amiodarone-M (N-deethyl-) artifact TFA
7589

C28H25N6O4F7
642.18256
2860
PS
LM/Q
Antihypertensive

Olmesartan HFB
8157

C26H54N6O5Si4
642.32330
3440
#175865-60-8
PS
LS/Q
Virustatic

Valganciclovir 4TMS
7310

C19H11N2O2BrF1
643.97803
2005
PS
LM/Q
Designer drug

5-Bromo-AMT 2HFB
9840

C30H40F5NO5Si2
645.23651
2900
#99200-09-6
PS
LM/Q
Beta-Blocker

Nebivolol 2TMSTFA
6204

C33H38F7NO4
645.26892
2800
PS
LS/Q
Potent analgesic

Buprenorphine -H2O HFB
6344

1722

645

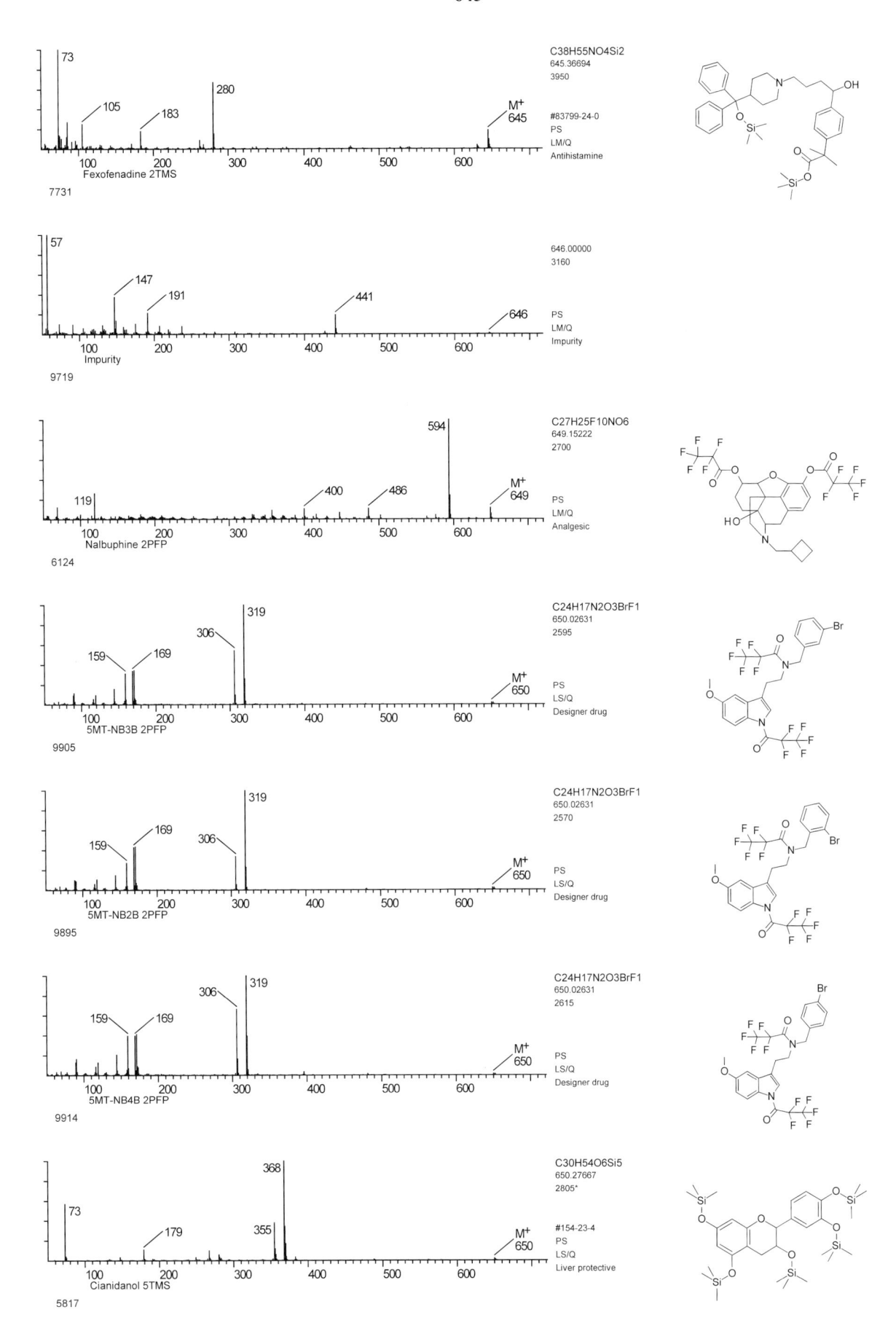

Fexofenadine 2TMS	C38H55NO4Si2 645.36694 3950 #83799-24-0 PS LM/Q Antihistamine
Impurity	646.00000 3160 PS LM/Q Impurity
Nalbuphine 2PFP	C27H25F10NO6 649.15222 2700 PS LM/Q Analgesic
5MT-NB3B 2PFP	C24H17N2O3BrF1 650.02631 2595 PS LS/Q Designer drug
5MT-NB2B 2PFP	C24H17N2O3BrF1 650.02631 2570 PS LS/Q Designer drug
5MT-NB4B 2PFP	C24H17N2O3BrF1 650.02631 2615 PS LS/Q Designer drug
Cianidanol 5TMS	C30H54O6Si5 650.27667 2805* #154-23-4 PS LS/Q Liver protective

1723

651

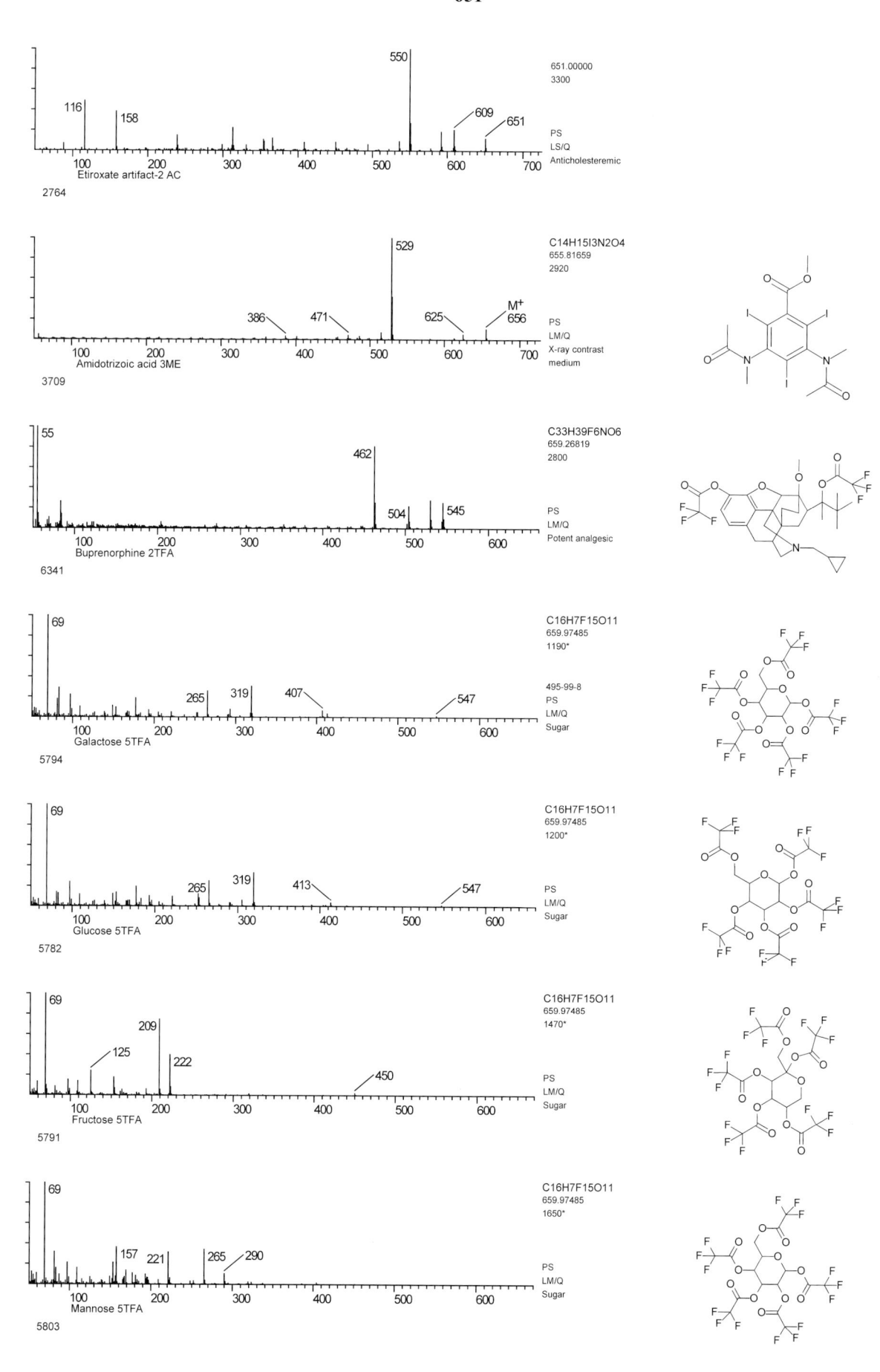

Etiroxate artifact-2 AC — 2764
Peaks: 116, 158, 550, 609, 651
651.00000; 3300; PS; LS/Q; Anticholesteremic

Amidotrizoic acid 3ME — 3709
Peaks: 386, 471, 529, 625, M+ 656
C14H15I3N2O4; 655.81659; 2920; PS; LM/Q; X-ray contrast medium

Buprenorphine 2TFA — 6341
Peaks: 55, 462, 504, 545
C33H39F6NO6; 659.26819; 2800; PS; LM/Q; Potent analgesic

Galactose 5TFA — 5794
Peaks: 69, 265, 319, 407, 547
C16H7F15O11; 659.97485; 1190*; 495-99-8; PS; LM/Q; Sugar

Glucose 5TFA — 5782
Peaks: 69, 265, 319, 413, 547
C16H7F15O11; 659.97485; 1200*; PS; LM/Q; Sugar

Fructose 5TFA — 5791
Peaks: 69, 125, 209, 222, 450
C16H7F15O11; 659.97485; 1470*; PS; LM/Q; Sugar

Mannose 5TFA — 5803
Peaks: 69, 157, 221, 265, 290
C16H7F15O11; 659.97485; 1650*; PS; LM/Q; Sugar

660

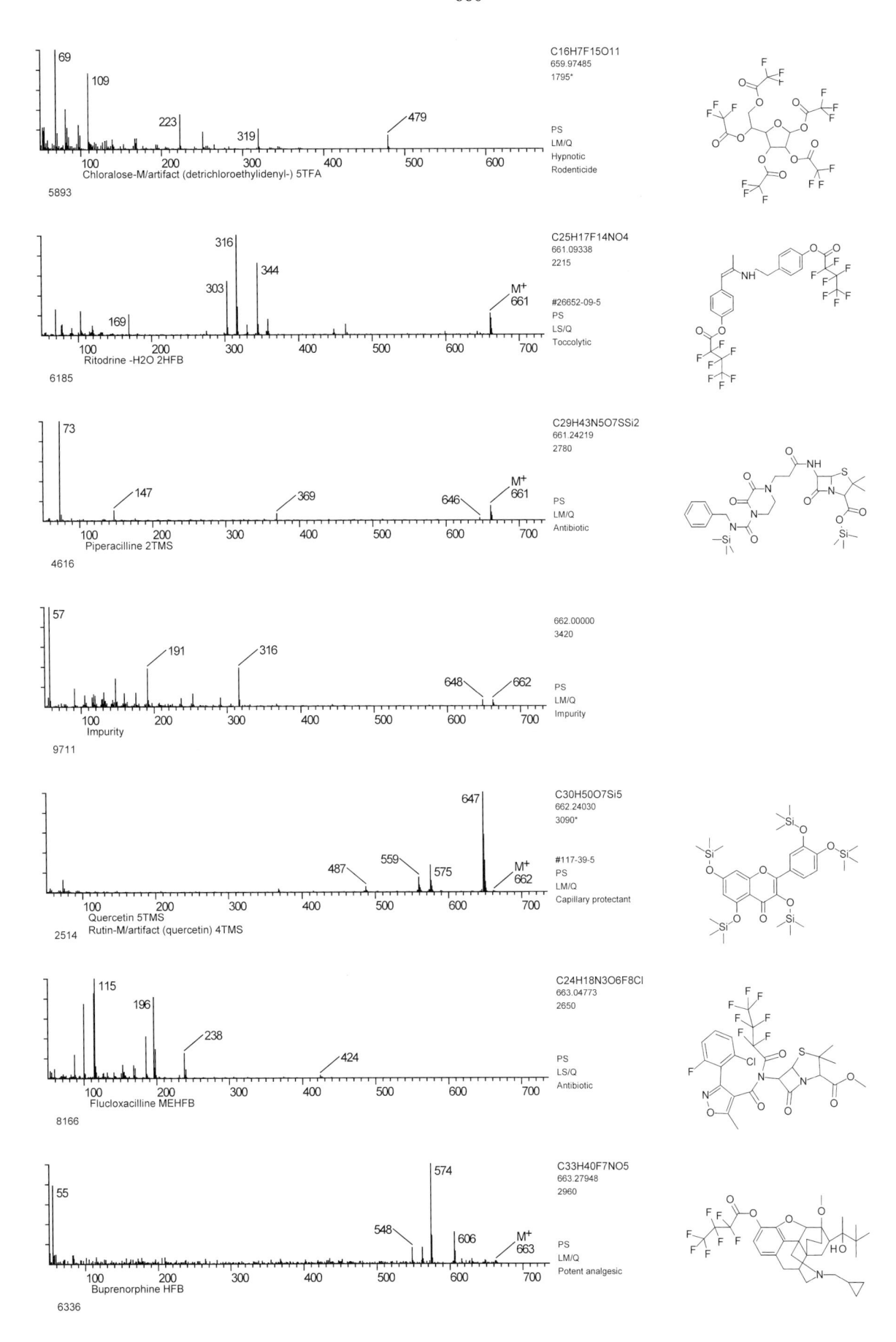

C16H7F15O11
659.97485
1795*

PS
LM/Q
Hypnotic
Rodenticide

Chloralose-M/artifact (detrichloroethylidenyl-) 5TFA
5893

C25H17F14NO4
661.09338
2215

#26652-09-5
PS
LS/Q
Toccolytic

Ritodrine -H2O 2HFB
6185

C29H43N5O7SSi2
661.24219
2780

PS
LM/Q
Antibiotic

Piperacilline 2TMS
4616

662.00000
3420

PS
LM/Q
Impurity

Impurity
9711

C30H50O7Si5
662.24030
3090*

#117-39-5
PS
LM/Q
Capillary protectant

Quercetin 5TMS
Rutin-M/artifact (quercetin) 4TMS
2514

C24H18N3O6F8Cl
663.04773
2650

PS
LS/Q
Antibiotic

Flucloxacilline MEHFB
8166

C33H40F7NO5
663.27948
2960

PS
LM/Q
Potent analgesic

Buprenorphine HFB
6336

1725

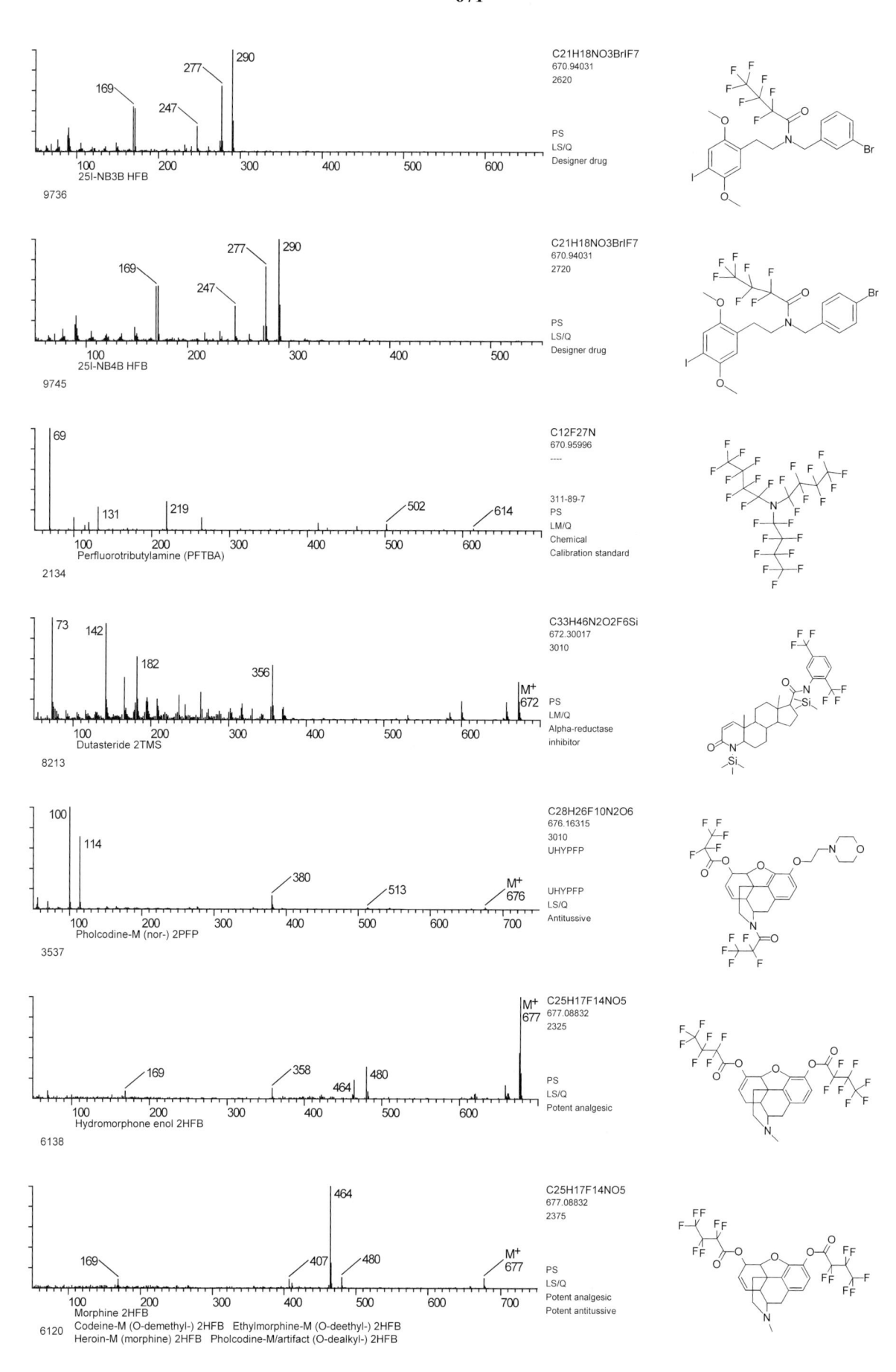

Spectrum label	Formula	Mass	CAS/ID
25I-NB3B HFB (9736)	C21H18NO3BrIF7	670.94031	2620 PS LS/Q Designer drug
25I-NB4B HFB (9745)	C21H18NO3BrIF7	670.94031	2720 PS LS/Q Designer drug
Perfluorotributylamine (PFTBA) (2134)	C12F27N	670.95996	311-89-7 PS LM/Q Chemical Calibration standard
Dutasteride 2TMS (8213)	C33H46N2O2F6Si	672.30017	3010 PS LM/Q Alpha-reductase inhibitor
Pholcodine-M (nor-) 2PFP (3537)	C28H26F10N2O6	676.16315	3010 UHYPFP UHYPFP LS/Q Antitussive
Hydromorphone enol 2HFB (6138)	C25H17F14NO5	677.08832	2325 PS LS/Q Potent analgesic
Morphine 2HFB; Codeine-M (O-demethyl-) 2HFB; Ethylmorphine-M (O-deethyl-) 2HFB; Heroin-M (morphine) 2HFB; Pholcodine-M/artifact (O-dealkyl-) 2HFB (6120)	C25H17F14NO5	677.08832	2375 PS LS/Q Potent analgesic Potent antitussive

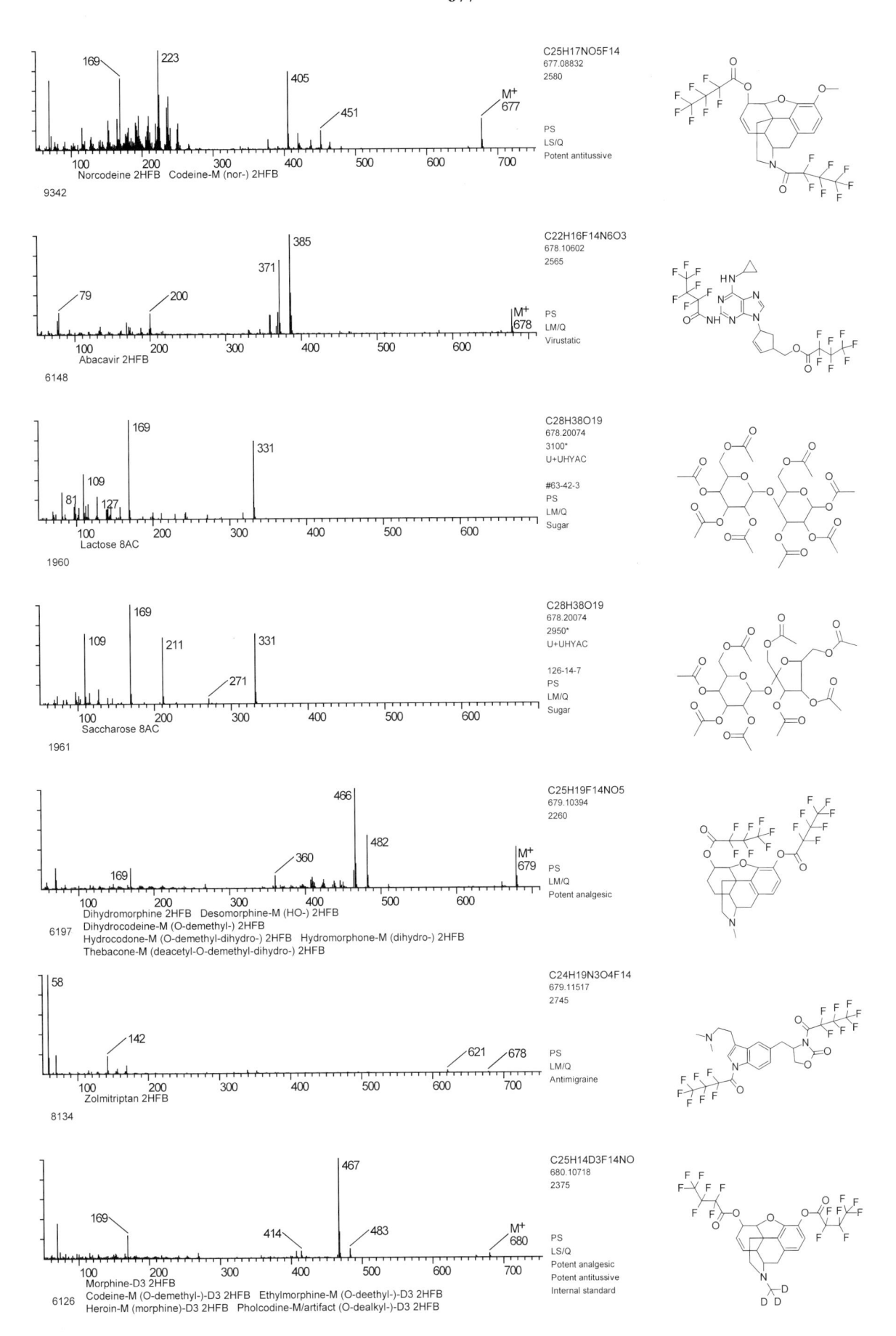

Norcodeine 2HFB Codeine-M (nor-) 2HFB 9342	C25H17NO5F14 677.08832 2580 PS LS/Q Potent antitussive	Peaks: 169, 223, 405, 451, M+ 677
Abacavir 2HFB 6148	C22H16F14N6O3 678.10602 2565 PS LM/Q Virustatic	Peaks: 79, 200, 371, 385, M+ 678
Lactose 8AC 1960	C28H38O19 678.20074 3100* U+UHYAC #63-42-3 PS LM/Q Sugar	Peaks: 81, 109, 127, 169, 331
Saccharose 8AC 1961	C28H38O19 678.20074 2950* U+UHYAC 126-14-7 PS LM/Q Sugar	Peaks: 109, 169, 211, 271, 331
Dihydromorphine 2HFB Desomorphine-M (HO-) 2HFB Dihydrocodeine-M (O-demethyl-) 2HFB Hydrocodone-M (O-demethyl-dihydro-) 2HFB Hydromorphone-M (dihydro-) 2HFB Thebacone-M (deacetyl-O-demethyl-dihydro-) 2HFB 6197	C25H19F14NO5 679.10394 2260 PS LM/Q Potent analgesic	Peaks: 169, 360, 466, 482, M+ 679
Zolmitriptan 2HFB 8134	C24H19N3O4F14 679.11517 2745 PS LM/Q Antimigraine	Peaks: 58, 142, 621, 678
Morphine-D3 2HFB Codeine-M (O-demethyl-)-D3 2HFB Ethylmorphine-M (O-deethyl-)-D3 2HFB Heroin-M (morphine)-D3 2HFB Pholcodine-M/artifact (O-dealkyl-)-D3 2HFB 6126	C25H14D3F14NO 680.10718 2375 PS LS/Q Potent analgesic Potent antitussive Internal standard	Peaks: 169, 414, 467, 483, M+ 680

686

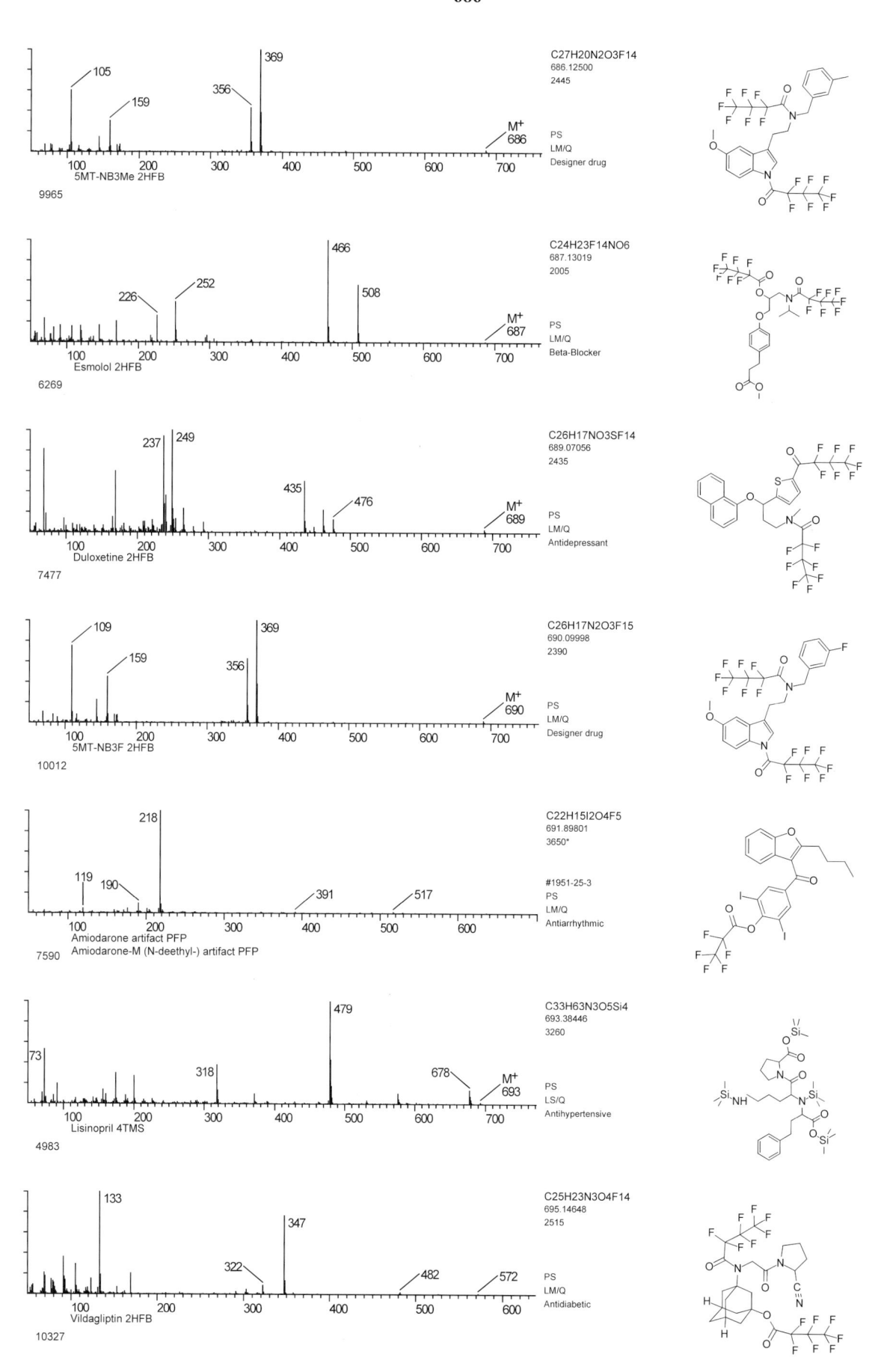

C27H20N2O3F14
686.12500
2445
PS
LM/Q
Designer drug

5MT-NB3Me 2HFB
9965

C24H23F14NO6
687.13019
2005
PS
LM/Q
Beta-Blocker

Esmolol 2HFB
6269

C26H17NO3SF14
689.07056
2435
PS
LM/Q
Antidepressant

Duloxetine 2HFB
7477

C26H17N2O3F15
690.09998
2390
PS
LM/Q
Designer drug

5MT-NB3F 2HFB
10012

C22H15I2O4F5
691.89801
3650*
#1951-25-3
PS
LM/Q
Antiarrhythmic

Amiodarone artifact PFP
Amiodarone-M (N-deethyl-) artifact PFP
7590

C33H63N3O5Si4
693.38446
3260
PS
LS/Q
Antihypertensive

Lisinopril 4TMS
4983

C25H23N3O4F14
695.14648
2515
PS
LM/Q
Antidiabetic

Vildagliptin 2HFB
10327

1728

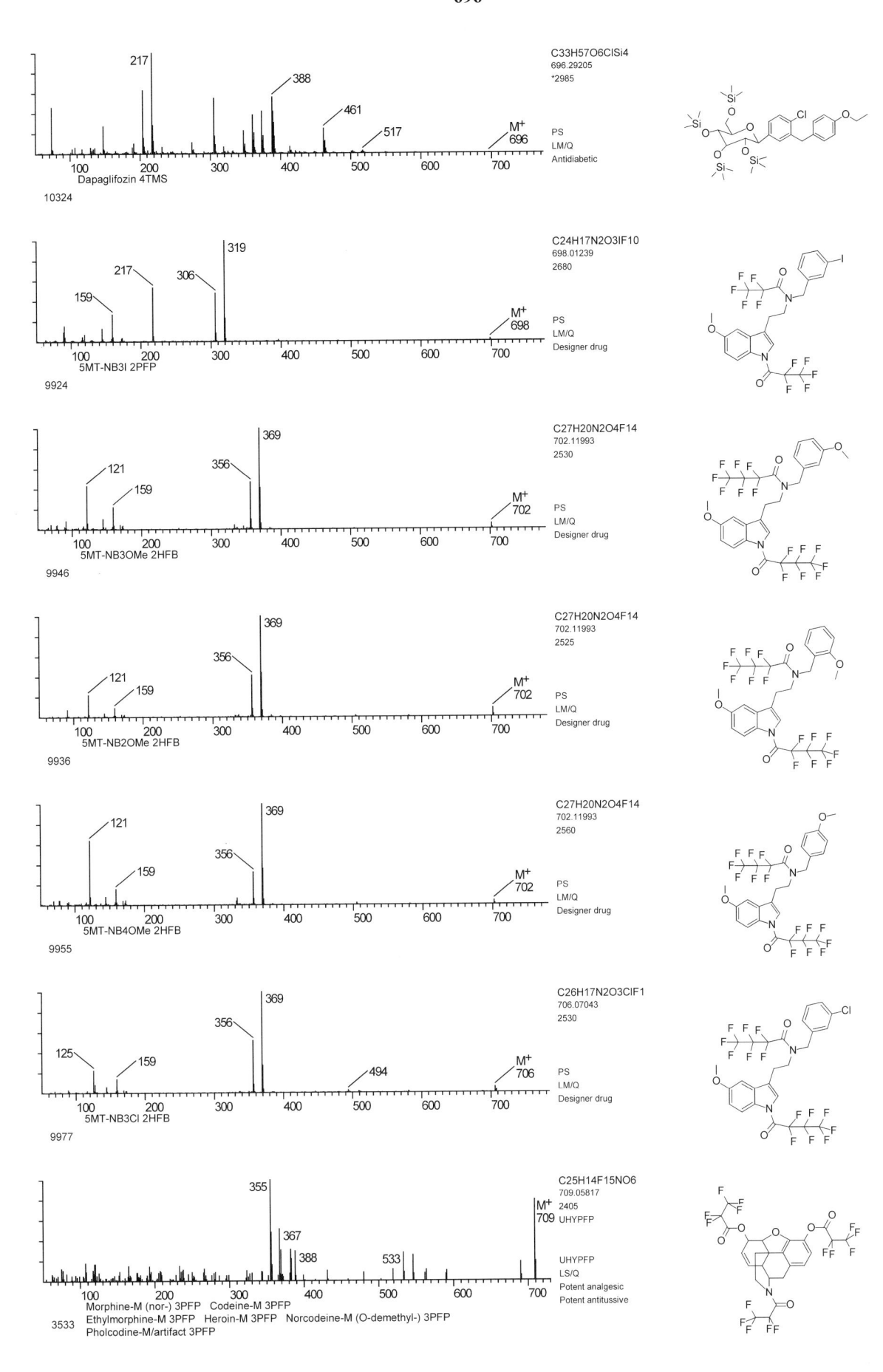

Dapaglifozin 4TMS (10324)	217, 388, 461, 517, M+ 696	C33H57O6ClSi4 696.29205 *2985 PS LM/Q Antidiabetic
5MT-NB3I 2PFP (9924)	159, 217, 306, 319, M+ 698	C24H17N2O3IF10 698.01239 2680 PS LM/Q Designer drug
5MT-NB3OMe 2HFB (9946)	121, 159, 356, 369, M+ 702	C27H20N2O4F14 702.11993 2530 PS LM/Q Designer drug
5MT-NB2OMe 2HFB (9936)	121, 159, 356, 369, M+ 702	C27H20N2O4F14 702.11993 2525 PS LM/Q Designer drug
5MT-NB4OMe 2HFB (9955)	121, 159, 356, 369, M+ 702	C27H20N2O4F14 702.11993 2560 PS LM/Q Designer drug
5MT-NB3Cl 2HFB (9977)	125, 159, 356, 369, 494, M+ 706	C26H17N2O3ClF14 706.07043 2530 PS LM/Q Designer drug
Morphine-M (nor-) 3PFP / Codeine-M 3PFP / Ethylmorphine-M 3PFP / Heroin-M 3PFP / Norcodeine-M (O-demethyl-) 3PFP / Pholcodine-M/artifact 3PFP (3533)	355, 367, 388, 533, M+ 709	C25H14F15NO6 709.05817 2405 UHYPFP UHYPFP LS/Q Potent analgesic Potent antitussive

709

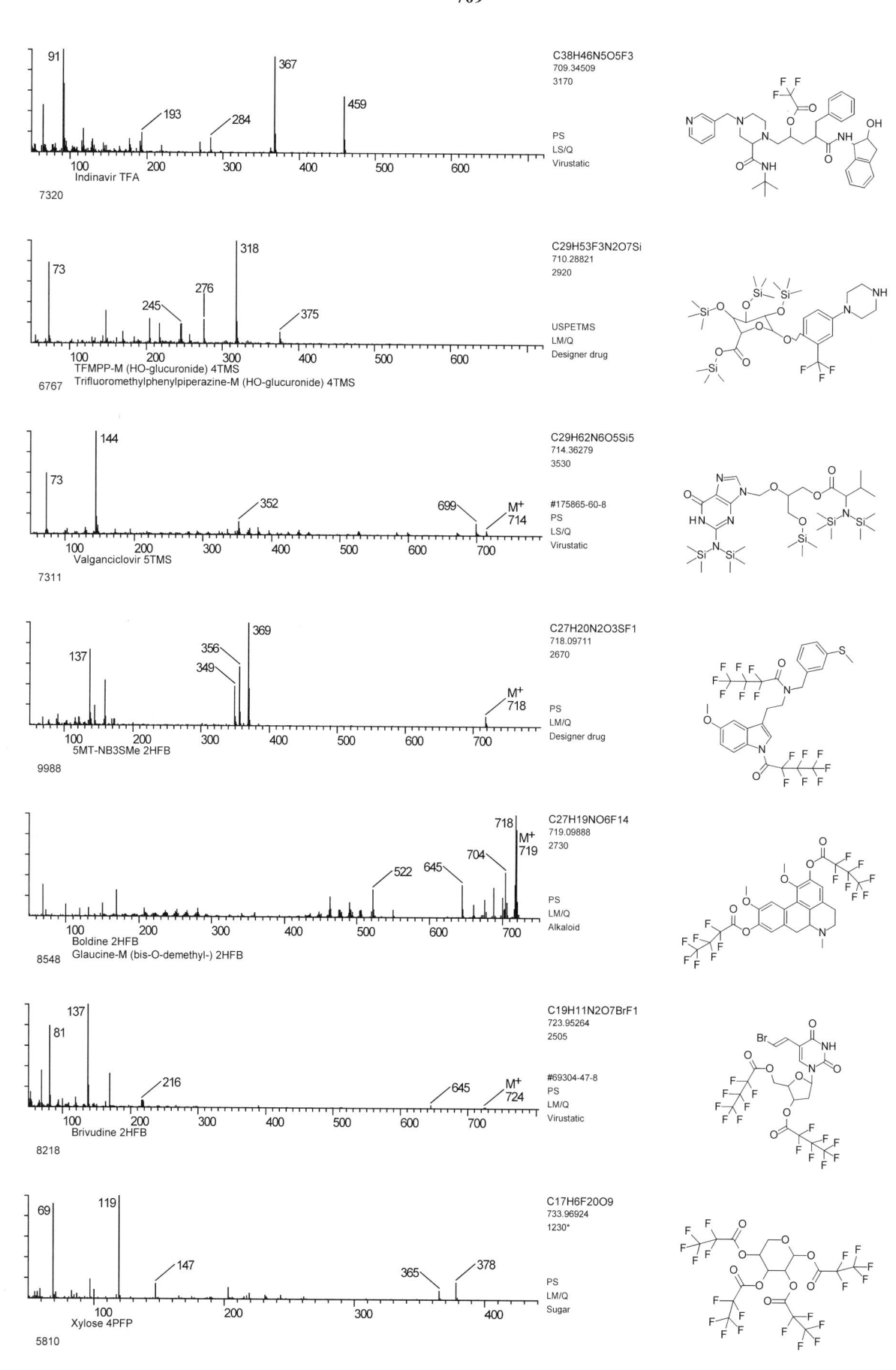

Spectrum peaks	Formula / Info
91, 193, 284, 367, 459	C38H46N5O5F3 709.34509 3170 PS LS/Q Virustatic Indinavir TFA 7320
73, 245, 276, 318, 375	C29H53F3N2O7Si 710.28821 2920 USPETMS LM/Q Designer drug TFMPP-M (HO-glucuronide) 4TMS Trifluoromethylphenylpiperazine-M (HO-glucuronide) 4TMS 6767
73, 144, 352, 699, M+ 714	C29H62N6O5Si5 714.36279 3530 #175865-60-8 PS LS/Q Virustatic Valganciclovir 5TMS 7311
137, 349, 356, 369, M+ 718	C27H20N2O3SF1 718.09711 2670 PS LM/Q Designer drug 5MT-NB3SMe 2HFB 9988
522, 645, 704, 718, M+ 719	C27H19NO6F14 719.09888 2730 PS LM/Q Alkaloid Boldine 2HFB Glaucine-M (bis-O-demethyl-) 2HFB 8548
81, 137, 216, 645, M+ 724	C19H11N2O7BrF1 723.95264 2505 #69304-47-8 PS LM/Q Virustatic Brivudine 2HFB 8218
69, 119, 147, 365, 378	C17H6F20O9 733.96924 1230* PS LM/Q Sugar Xylose 4PFP 5810

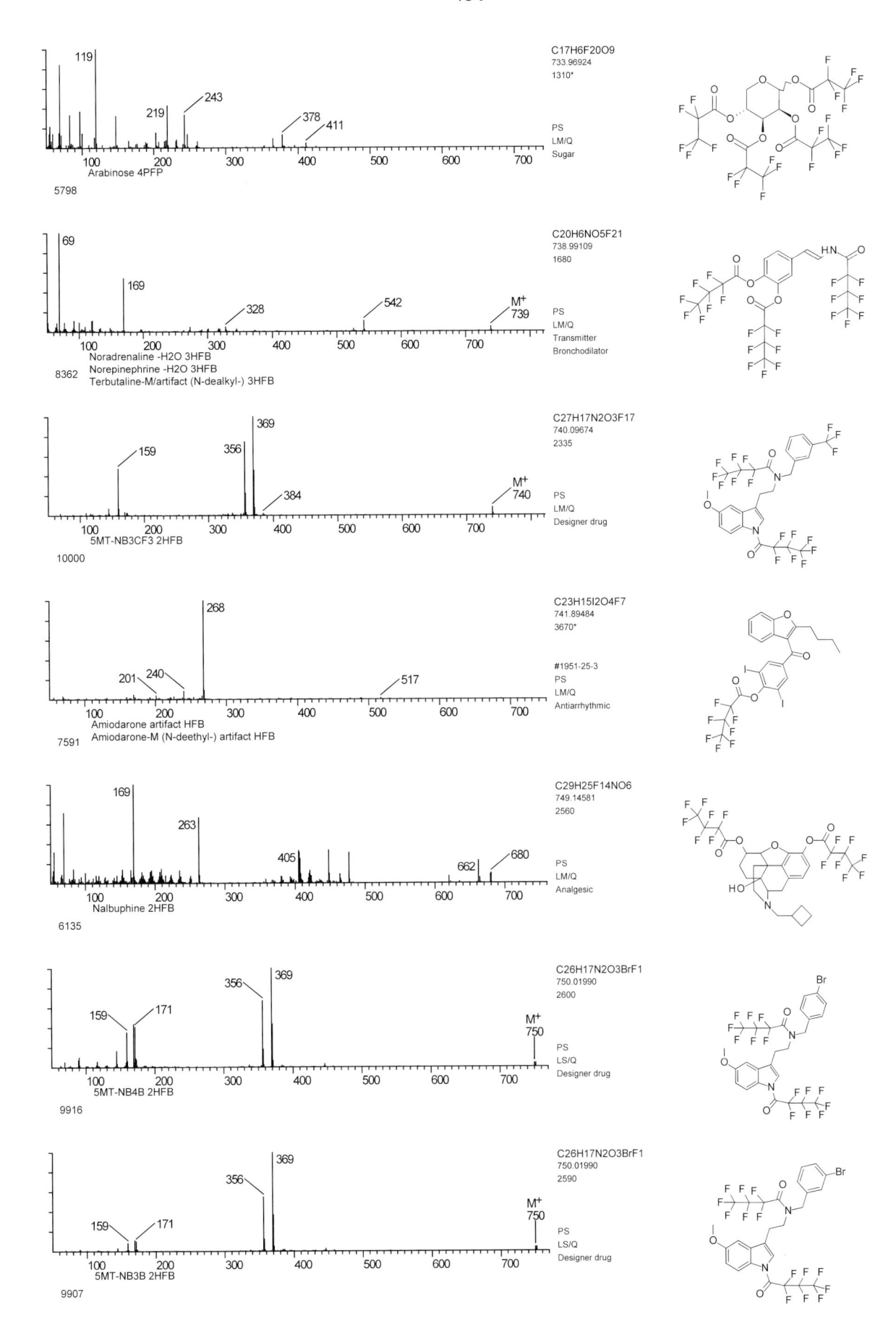

5798 Arabinose 4PFP Peaks: 119, 219, 243, 378, 411	C17H6F20O9 733.96924 1310* PS LM/Q Sugar
8362 Noradrenaline -H2O 3HFB Norepinephrine -H2O 3HFB Terbutaline-M/artifact (N-dealkyl-) 3HFB Peaks: 69, 169, 328, 542, M+ 739	C20H6NO5F21 738.99109 1680 PS LM/Q Transmitter Bronchodilator
10000 5MT-NB3CF3 2HFB Peaks: 159, 356, 369, 384, M+ 740	C27H17N2O3F17 740.09674 2335 PS LM/Q Designer drug
7591 Amiodarone artifact HFB Amiodarone-M (N-deethyl-) artifact HFB Peaks: 201, 240, 268, 517	C23H15I2O4F7 741.89484 3670* #1951-25-3 PS LM/Q Antiarrhythmic
6135 Nalbuphine 2HFB Peaks: 169, 263, 405, 662, 680	C29H25F14NO6 749.14581 2560 PS LM/Q Analgesic
9916 5MT-NB4B 2HFB Peaks: 159, 171, 356, 369, M+ 750	C26H17N2O3BrF1 750.01990 2600 PS LS/Q Designer drug
9907 5MT-NB3B 2HFB Peaks: 159, 171, 356, 369, M+ 750	C26H17N2O3BrF1 750.01990 2590 PS LS/Q Designer drug

750

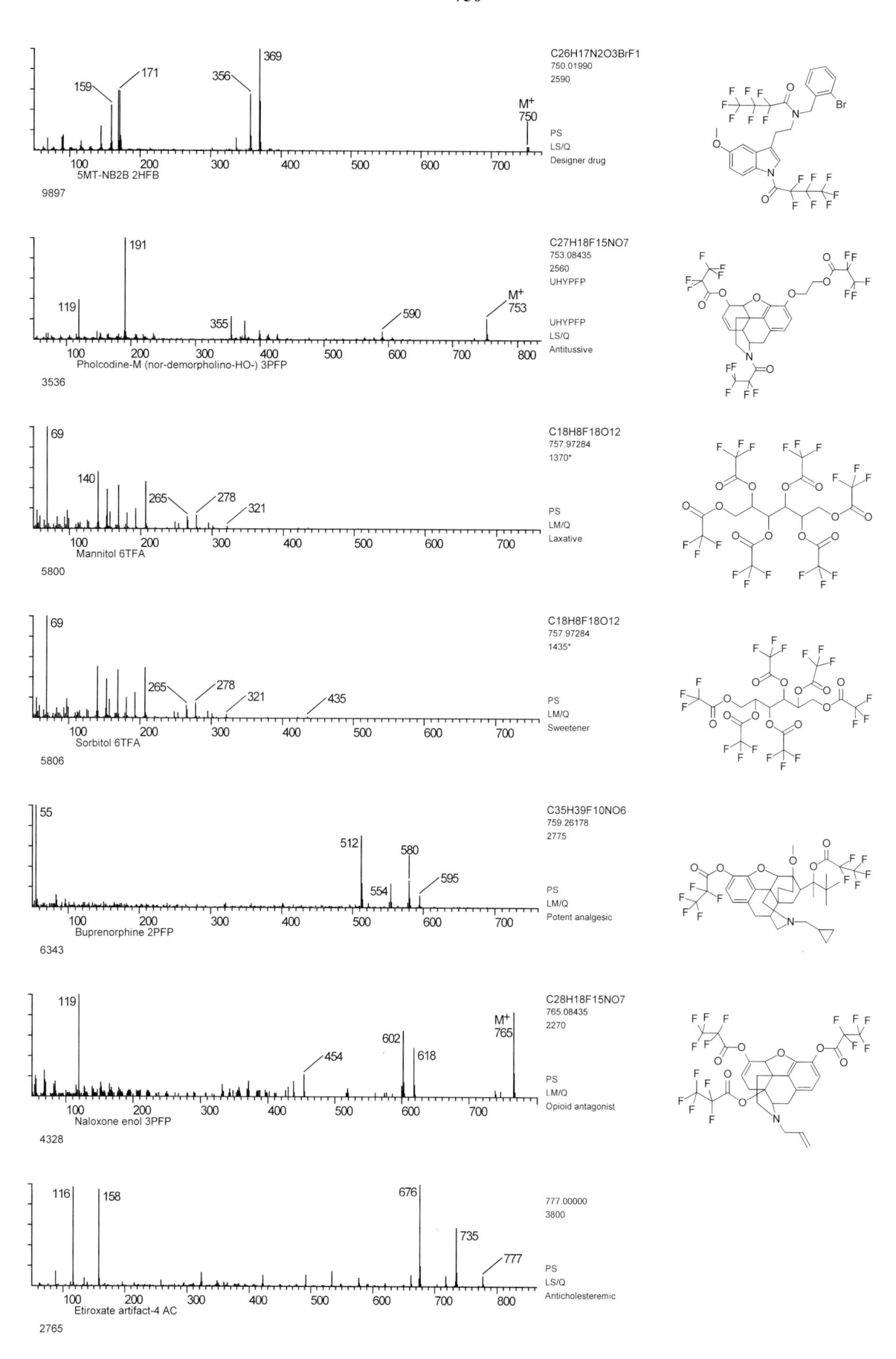

- 5MT-NB2B 2HFB — 9897 — C26H17N2O3BrF1, 750.01990, 2590, PS, LS/Q, Designer drug — peaks: 159, 171, 356, 369, M+ 750
- Pholcodine-M (nor-demorpholino-HO-) 3PFP — 3536 — C27H18F15NO7, 753.08435, 2560, UHYPFP, UHYPFP, LS/Q, Antitussive — peaks: 119, 191, 355, 590, M+ 753
- Mannitol 6TFA — 5800 — C18H8F18O12, 757.97284, 1370*, PS, PS, LM/Q, Laxative — peaks: 69, 140, 265, 278, 321
- Sorbitol 6TFA — 5806 — C18H8F18O12, 757.97284, 1435*, PS, LM/Q, Sweetener — peaks: 69, 265, 278, 321, 435
- Buprenorphine 2PFP — 6343 — C35H39F10NO6, 759.26178, 2775, PS, LM/Q, Potent analgesic — peaks: 55, 512, 554, 580, 595
- Naloxone enol 3PFP — 4328 — C28H18F15NO7, 765.08435, 2270, PS, LM/Q, Opioid antagonist — peaks: 119, 454, 602, 618, M+ 765
- Etiroxate artifact-4 AC — 2765 — 777.00000, 3800, PS, LS/Q, Anticholesteremic — peaks: 116, 158, 676, 735, 777

795

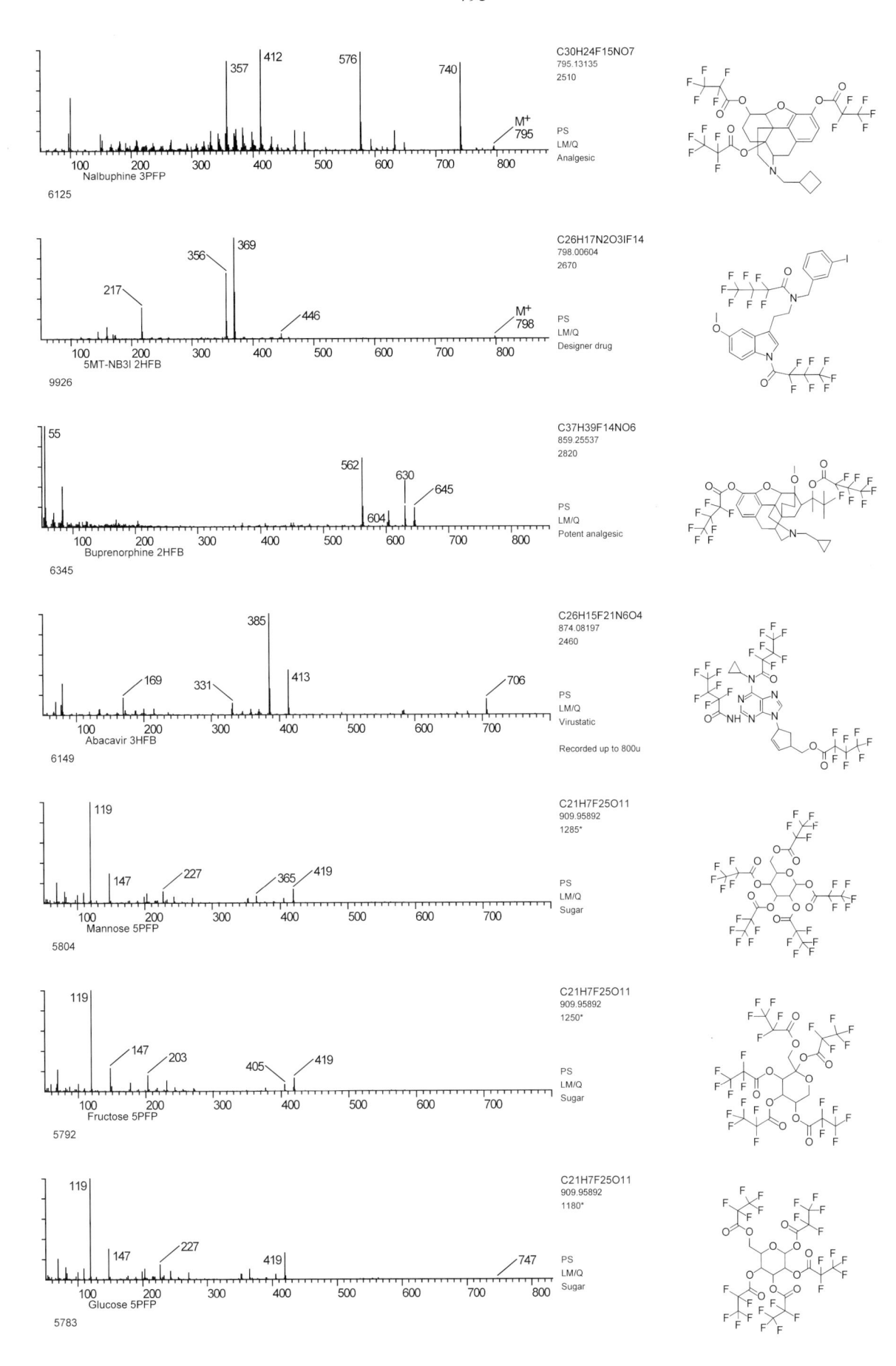

Spectrum	Formula	Mass	Description
Nalbuphine 3PFP (6125): 357, 412, 576, 740, M+ 795	C30H24F15NO7	795.13135 / 2510	PS LM/Q Analgesic
5MT-NB3I 2HFB (9926): 217, 356, 369, 446, M+ 798	C26H17N2O3IF14	798.00604 / 2670	PS LM/Q Designer drug
Buprenorphine 2HFB (6345): 55, 562, 604, 630, 645	C37H39F14NO6	859.25537 / 2820	PS LM/Q Potent analgesic
Abacavir 3HFB (6149): 169, 331, 385, 413, 706	C26H15F21N6O4	874.08197 / 2460	PS LM/Q Virustatic; Recorded up to 800u
Mannose 5PFP (5804): 119, 147, 227, 365, 419	C21H7F25O11	909.95892 / 1285*	PS LM/Q Sugar
Fructose 5PFP (5792): 119, 147, 203, 405, 419	C21H7F25O11	909.95892 / 1250*	PS LM/Q Sugar
Glucose 5PFP (5783): 119, 147, 227, 419, 747	C21H7F25O11	909.95892 / 1180*	PS LM/Q Sugar

1733

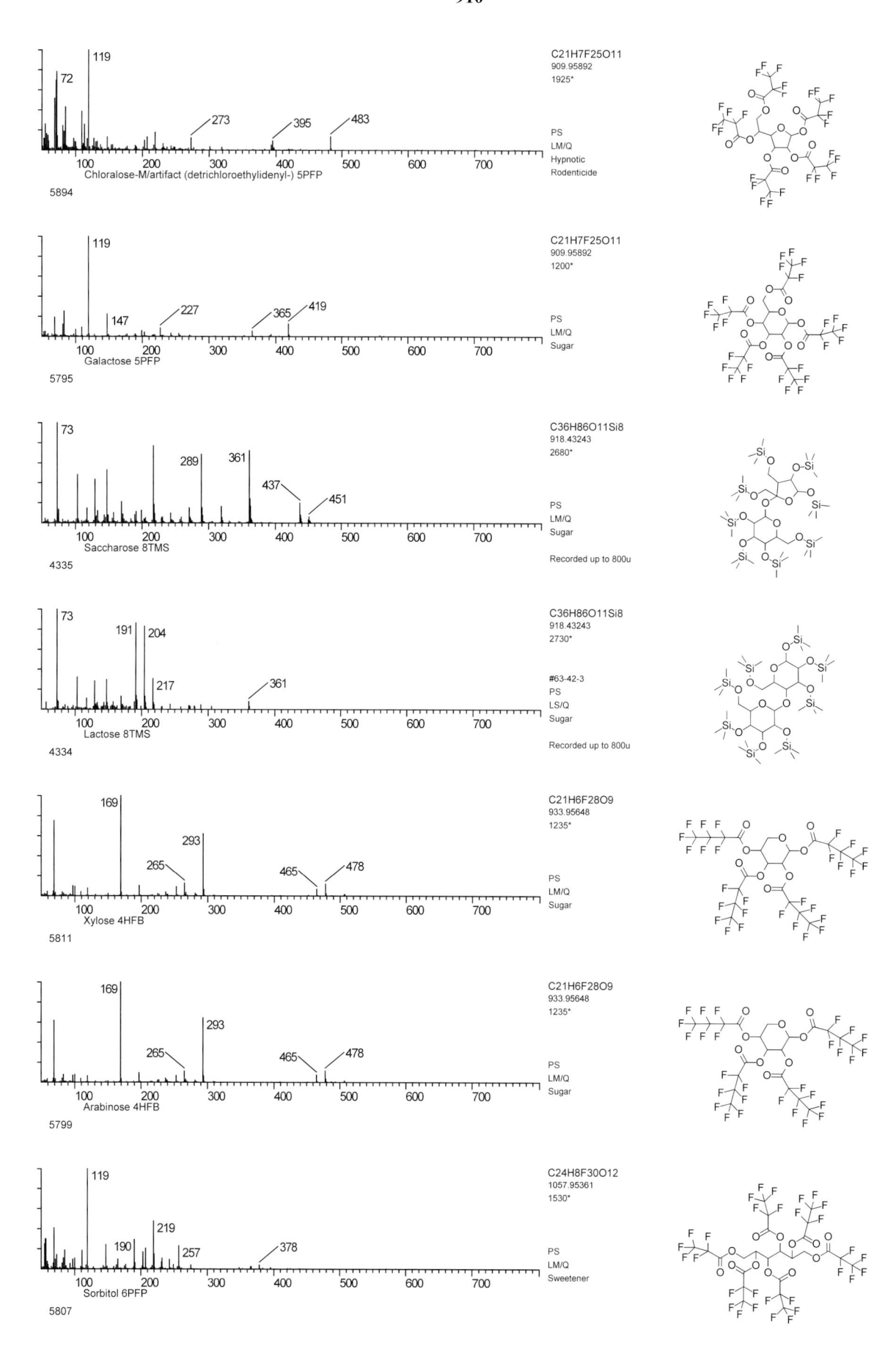

Chloralose-M/artifact (detrichloroethylidenyl-) 5PFP
C21H7F25O11
909.95892
1925*

PS
LM/Q
Hypnotic
Rodenticide
5894

Galactose 5PFP
C21H7F25O11
909.95892
1200*

PS
LM/Q
Sugar
5795

Saccharose 8TMS
C36H86O11Si8
918.43243
2680*

PS
LM/Q
Sugar
Recorded up to 800u
4335

Lactose 8TMS
C36H86O11Si8
918.43243
2730*

#63-42-3
PS
LS/Q
Sugar
Recorded up to 800u
4334

Xylose 4HFB
C21H6F28O9
933.95648
1235*

PS
LM/Q
Sugar
5811

Arabinose 4HFB
C21H6F28O9
933.95648
1235*

PS
LM/Q
Sugar
5799

Sorbitol 6PFP
C24H8F30O12
1057.95361
1530*

PS
LM/Q
Sweetener
5807

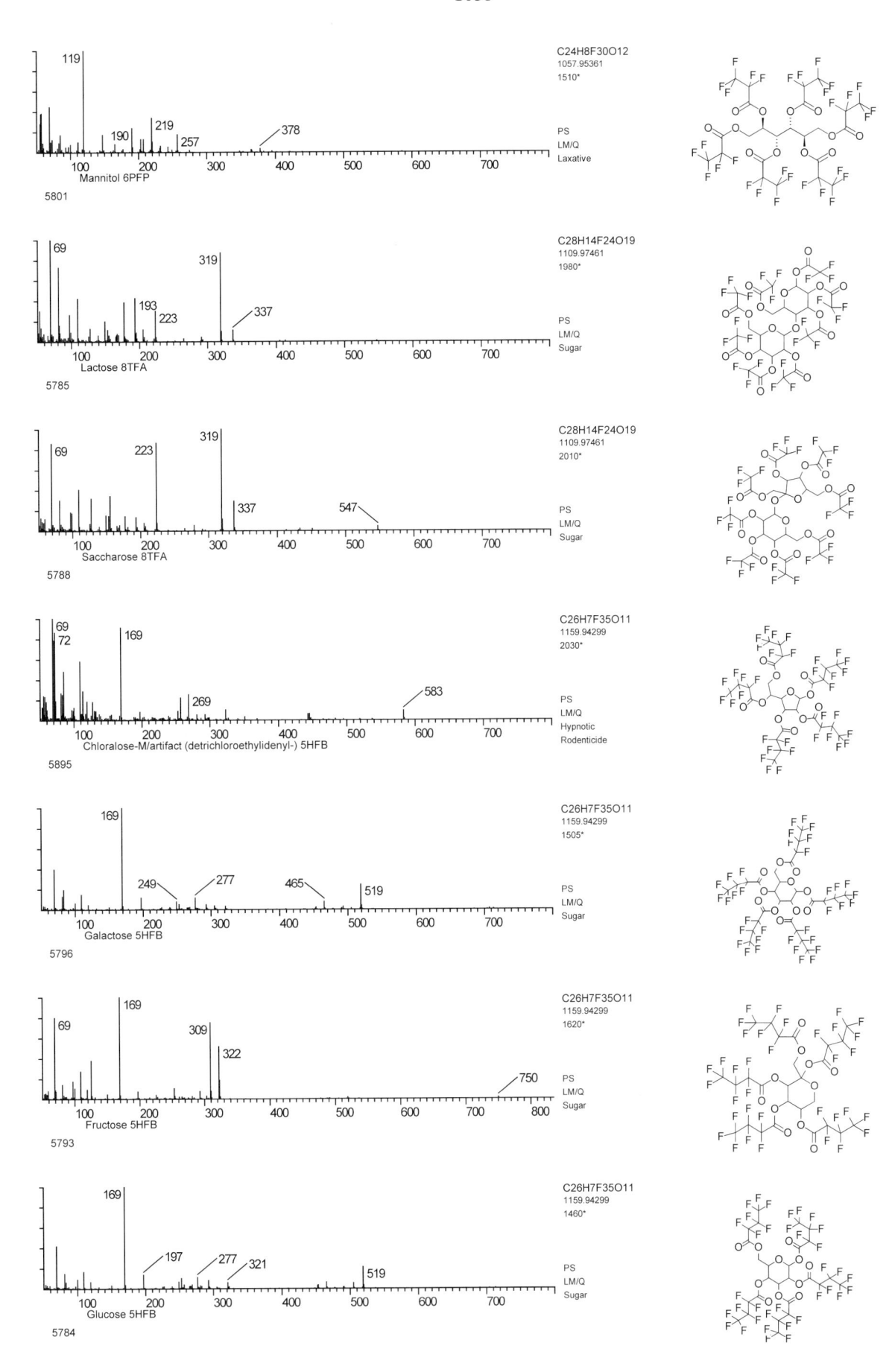

Spectrum	Formula	Mass	RI	Class	Name
5801	C24H8F30O12	1057.95361	1510*	PS LM/Q Laxative	Mannitol 6PFP
5785	C28H14F24O19	1109.97461	1980*	PS LM/Q Sugar	Lactose 8TFA
5788	C28H14F24O19	1109.97461	2010*	PS LM/Q Sugar	Saccharose 8TFA
5895	C26H7F35O11	1159.94299	2030*	PS LM/Q Hypnotic Rodenticide	Chloralose-M/artifact (detrichloroethylidenyl-) 5HFB
5796	C26H7F35O11	1159.94299	1505*	PS LM/Q Sugar	Galactose 5HFB
5793	C26H7F35O11	1159.94299	1620*	PS LM/Q Sugar	Fructose 5HFB
5784	C26H7F35O11	1159.94299	1460*	PS LM/Q Sugar	Glucose 5HFB

1160

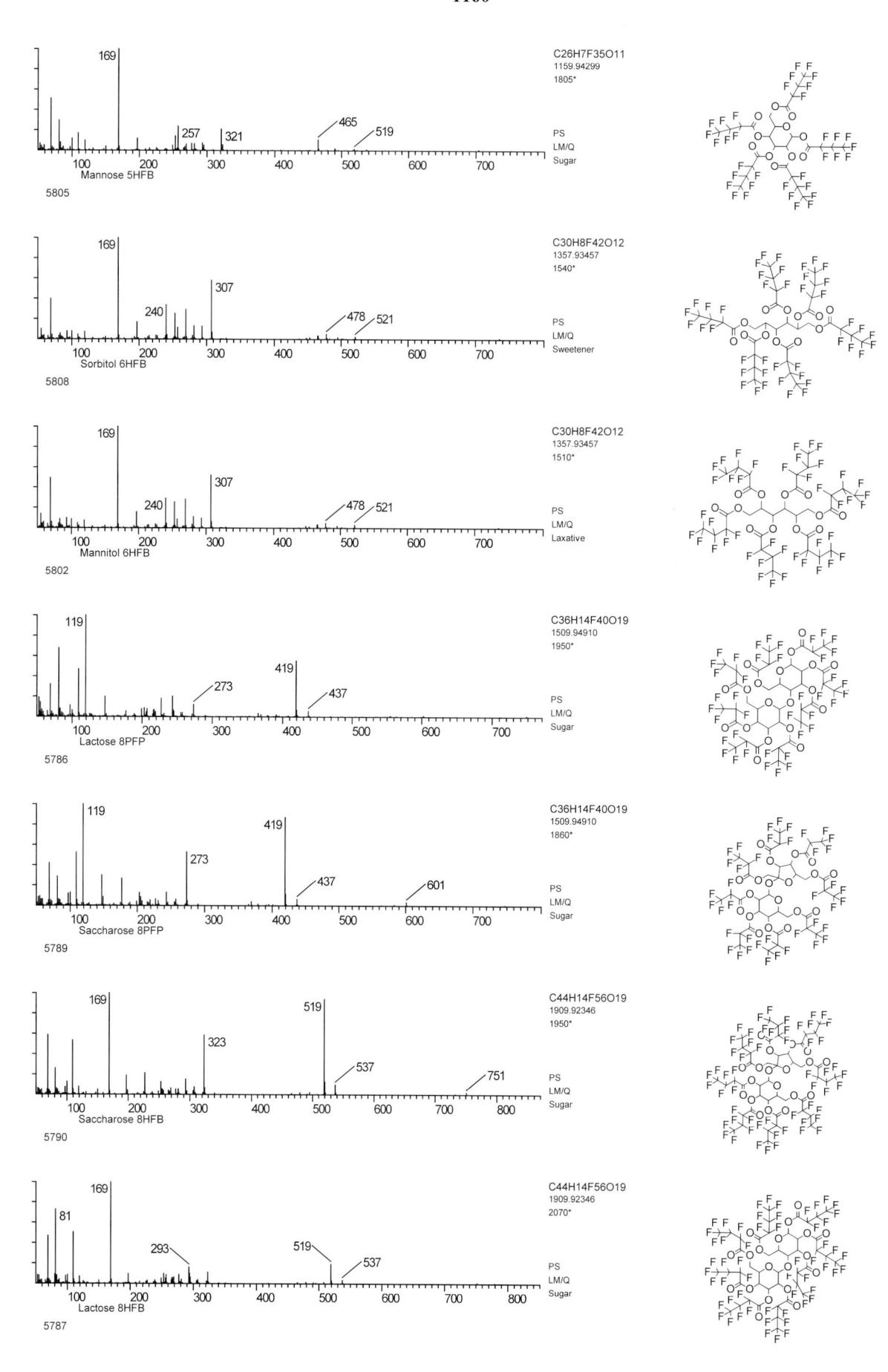

169, 257, 321, 465, 519	C26H7F35O11 1159.94299 1805* PS LM/Q Sugar	Mannose 5HFB 5805
169, 240, 307, 478, 521	C30H8F42O12 1357.93457 1540* PS LM/Q Sweetener	Sorbitol 6HFB 5808
169, 240, 307, 478, 521	C30H8F42O12 1357.93457 1510* PS LM/Q Laxative	Mannitol 6HFB 5802
119, 273, 419, 437	C36H14F40O19 1509.94910 1950* PS LM/Q Sugar	Lactose 8PFP 5786
119, 273, 419, 437, 601	C36H14F40O19 1509.94910 1860* PS LM/Q Sugar	Saccharose 8PFP 5789
169, 323, 519, 537, 751	C44H14F56O19 1909.92346 1950* PS LM/Q Sugar	Saccharose 8HFB 5790
81, 169, 293, 519, 537	C44H14F56O19 1909.92346 2070* PS LM/Q Sugar	Lactose 8HFB 5787